生命科学实验指南系列

精编分子生物学实验指南

（第五版）上册

〔美〕 F. M. 奥斯伯　R. 布伦特　R. E. 金斯顿　D. D. 穆尔
J. G. 塞德曼　J. A. 史密斯　K. 斯特拉尔　主编

金由辛　包慧中　赵丽云 等　译校

科 学 出 版 社
北　京

图字:01-2003-7127

内 容 简 介

本书是知名度很高、不断更新的《最新分子生物学实验方法汇编》(*Current Protocols in Molecular Biology*)系列的精编版本。新版对原有内容进行了修订和更新,包括:大肠杆菌、质粒和噬菌体,DNA的制备和分析,DNA和RNA的酶学操作,RNA的制备和分析,重组DNA文库的构建,重组DNA文库的筛选,DNA序列测定,克隆化DNA的诱变,DNA导入哺乳动物细胞,蛋白质分析,免疫学,DNA-蛋白质相互作用,酿酒酵母,原位杂交和免疫组织化学,聚合酶链反应,蛋白质的表达,蛋白质磷酸化的分析,生物信息学,蛋白质相互作用的分析等;又新增了染色质的装配与分析,核酸阵列,组合文库的建立和使用,单个细胞或一群细胞间差异表达基因的发现和分析四章内容。

本书可供高等院校和科研机构从事分子生物学研究的科研工作者和研究生参考。

书名原文:Short Protocols in Molecular Biology, 5th ed.

图书在版编目(CIP)数据

精编分子生物学实验指南:第5版/(美)奥斯伯(Ausubel, F. M.)等主编;金由辛等译校.—北京:科学出版社,2008
(生命科学实验指南系列)
ISBN 978-7-03-020336-6

Ⅰ.精… Ⅱ.①奥…②金… Ⅲ.分子生物学-实验-指南 Ⅳ.Q733

中国版本图书馆CIP数据核字(2008)第031929号

责任编辑:莫结胜 马学海 刘 晶/责任校对:陈玉凤
责任印制:赵 博/封面设计:耕者设计工作室

科学出版社出版
北京东黄城根北街16号
邮政编码:100717
http://www.sciencep.com

北京中科印刷有限公司印刷

科学出版社发行 各地新华书店经销

*

2008年5月第 一 版 开本:787×1092 1/16
2025年1月第六次印刷 印张:92 1/2
字数:2 063 000

定价:398.00元

(如有印装质量问题,我社负责调换)

参加翻译人员

（排名不分先后）

包慧中　陈祥龙　郭立涛　黄　冰　金由辛

李　伟　李　洋　秦文明　秦　越　史　毅

王佳佳　王文馨　吴金勇　姚成果　张艳荣

赵波涛　赵丽云

附：原书第四版参加翻译人员

（排名不分先后）

马学军	舒跃龙	颜子颖	王海林	金冬雁
李武平	李启明	周　蕊	匡治洲	郑丽舒
孙梅生	段招军	谢志萍	王　刚	张成海
衣作安	吴小兵	李亚洲	周　圆	蒋立新
王晓丹	伍志坚	董小岩	魏　博	

参编人员

Susan M. Abmayr
Pennsylvania State University
University Park, Pennsylvania

Lonnie D. Adams
The Upjohn Company
Kalamazoo, Michigan

Lisa M. Albright
Allison Park, Pennsylvania

Anthony T. Annunziato
Boston College
Chestnut Hill, Massachusetts

Oscar M. Aparicio
University of Southern California
Los Angeles, California

Alejandro Aruffo
Bristol-Myers Squibb
Princeton, New Jersey

Frederick M. Ausubel
Massachusetts General Hospital
& Harvard Medical School
Boston, Massachusetts

Omar Bagasra
Thomas Jefferson University
Philadelphia, Pennsylvania

Jim Bahre
Fuji Medical Systems, USA
Stamford, Connecticut

Albert S. Baldwin, Jr.
University of North Carolina
Chapel Hill, North Carolina

Cynthia Bamdad
Clinical Micro Sensors
Pasadena, California

Daniel M. Becker
Pennie & Edwards
Menlo Park, California

Sabine D. Bell
University of Texas
Austin, Texas

Timothy P. Bender
University of Virginia
Charlottesville, Virginia

Claude Besmond
Hôpital Robert Debré
Paris, France

Stephen M. Beverley
Harvard Medical School
Boston, Massachusetts

Michael Bittner
National Human Genome
Research Institute, NIH
Bethesda, Maryland

Seth Blackshaw
Harvard Medical School
Boston, Massachusetts

Kenneth D. Bloch
Massachusetts General Hospital
Charlestown, Massachusetts

Juan S. Bonifacino
National Institute of Child Health
& Human Development
Bethesda, Maryland

Ann Boyle
Current Protocols
Madison, Connecticut

Reinhard I. Boysen
Monash University
Victoria, Australia

Allan R. Brasier
Univerity of Texas
Galveston, Texas

Michael Brenowitz
Albert Einstein College
Bronx, New York

Roger Brent
The Molecular Sciences Institute
Berkeley, California

Terry Brown
University of Manchester
Institute of Science &
Technology
Manchester, United Kingdom

Kim Budelier
Qiagen, Inc.
Chatsworth, California

Stephen Buratowski
Harvard Medical School
Boston, Massachusetts

Dean Burgi
Genomyx
Foster City, California

Michael C. Byrne
Genetics Institute
Cambridge, Massachusetts

Andrés E. Carrasceo
Buenos Aires Medical School
Buenos Aires, Argentina

Miles W. Carroll
Oxford BioMedica
Oxford, United Kingdom

A. Nigel Carter
The Salk Institute
La Jolla, California

Anthony Celeste
Genetics Institute
Cambridge, Massachusetts

Constance Cepko
Harvard Medical School
Boston, Massachusetts

Claudia A. Chen
National Institute of Mental
Health
Bethesda, Maryland

Jin-Long Chen
Tularik, Inc.
South San Francisco, California

Jonathan D. Chesnut
Invitrogen Corporation
Carlsbad, California

Cheng-Ming Chiang
Case Western Reserve
University School of Medicine
Cleveland, Ohio

Lewis A. Chodosh
University of Pennsylvania
Philadelphia, Pennsylvania

Piotr Chomczynski
MRC
Cincinnati, Ohio

Joanne Chory
The Salk Institute for
Biological Studies
La Jolla, California

Valentina Ciccarone
Life Technologies, Inc.
Rockville, Maryland

Donald M. Coen
Harvard Medical School
Boston, Massachusetts

Donald Coling
University of California Berkeley
Berkeley, California

Martine A. Collart
CMU
Geneva, Switzerland

James F. Collawn
University of Alabama
Birmingham, Alabama

Helen M. Cooper
Ludwig Institute for Cancer Research
Victoria, Australia

Norman Cooper
National Institute of Allergy & Infectious Diseases
Bethesda, Maryland

Lynn M. Corcoran
Walter & Eliza Hall Institute
Victoria, Australia

Brendan Cormack
Johns Hopkins University Medical School
Baltimore, Maryland

Michele Cottler-Fox
University of Arkansas for Medical Sciences
Little Rock, Arkansas

Esteban C. Dell'Angelica
National Institute of Child Health & Human Development
Bethesda, Maryland

Joseph DeRisi
University of California, San Francisco
San Francisco, California

Michael P. DiGiovanna
Yale University School of Medicine
New Haven, Connecticut

Robert L. Dorit
Yale University
New Haven, Connecticut

David Dorris
Harvard Medical School
Boston, Massachusetts

Dennis Dowhan
Baylor College of Medicine
Houston, Texas

Nicholas C. Dracopoli
Bristol-Myers Squibb
Pennington, New Jersey

Allan Duby
Medical City
Dallas, Texas

Barbara Dunn
GenPharm International
Mountain View, California

Ben Dunn
University of Florida
Gainesville, Florida

Patricia L. Earl
National Institute of Allergy & Infectious Diseases
Bethesda, Maryland

Richard L. Eckert
Case Western Reserve School of Medicine
Cleveland, Ohio

Diane G. Edmondson
M.D. Anderson Cancer Center
Houston, Texas

Karen L. Elbing
Clark and Elbing LLP
Boston, Massachusetts

Elaine A. Elion
Harvard Medical School
Boston, Massachusetts

Andrew Ellington
University of Texas
Austin, Texas

Orna Elroy-Stein
Tel Aviv University
Tel Aviv, Israel

JoAnne Engebrecht
State University of New York
Stony Brook, New York

Michael J. Evelegh
ADI Diagnostics
Rexdale, Ontario

Rhonda Feinbaum
Massachusetts General Hospital
Boston, Massachusetts

Russell L. Finley, Jr.
Wayne State University School of Medicine
Detroit, Michigan

Michael Finney
MJ Research
Watertown, Massachusetts

Achim Fischer
BASF-LYNX Bioscience AG
Heidelberg, Germany

Maximillian T. Follettie
Genetics Institute
Cambridge, Massachusetts

John J. Fortin
Tropix, Inc.
Bedford, Massachusetts

Cecil H. Fox
Molecular Histology Laboratory
Gaithersburg, Maryland

Verna Frasca
Amersham Pharmacia Biotech
Piscataway, New Jersey

Steven A. Fuller
Univax Biologics
Rockville, Maryland

Dimitri V. Fyodorv
University of California, San Diego
San Diego, California

Sean R. Gallagher
Ionian Technologies
Upland, California

Subinay Ganguly
SmithKline Beecham
King of Prussia, Pennsylvania

Paul A. Garrity
University of California, Los Angeles
Los Angeles, California

David H. Gelfand
Roche Molecular Systems
Alameda, California

C. Ronald Geyer
University of Florida
Gainesville, Florida

Michael Gilman
Cold Spring Harbor Laboratory
Cold Spring Harbor, New York

Arthur Glatfelter
National Human Genome Research Institute, NIH
Bethesda, Maryland

Erica A. Golemis
Fox Chase Cancer Center
Philadelphia, Pennsylvania

Chris Gooden
National Human Genome Research Institute, NIH
Bethesda, Maryland

Michael E. Greenberg
Harvard Medical School
Boston, Massachusetts

John M. Greene
Gene Logic
Gaithersburg, Maryland

David Greenstein
Vanderbilt University School of Medicine
Nashville, Tennessee

Stefan Grünwald
Pharmingen
San Diego, California

Tod Gulick
Massachusetts General Hospital
Charleston, Massachusetts

Jeno Gyuris
Mitotix, Inc.
Cambridge, Massachusetts

Lars Hagel
Amersham Pharmacia Biotech
Uppsala, Sweden

John Hanson
MJ Research
Watertown, Massachusetts

Anna G. Haramis
European Molecular Biology Laboratory
Heidelberg, Germany

Grant Hartzog
Harvard Medical School
Boston, Massachusetts

Pamela Hawley-Nelson
Life Technologies, Inc.
Rockville, Maryland

Milton T. W. Hearn
Monash University
Victoria, Australia

Joseph S. Heilig
University of Colorado
Boulder, Colorado

Peter Heinrich
Consortium für Elektrochemische Industrie
Munich, Germany

William J. Henzel
Genentech, Inc.
South San Francisco, California

David E. Hill
Applied Biotechnology
Cambridge, Massachusetts

James P. Hoeffler
Invitrogen Corporation
Carlsbad, California

Charles S. Hoffman
Boston College
Chestnut Hill, Massachusetts

Diane Hollenbaugh
Bristol-Myers Squibb
Seattle, Washington

Shelley B. Hoover
Molecular Histology Laboratory
Gaithersburg, Maryland

Peter Hornbeck
University of Maryland
Baltimore, Maryland

Tony Hunter
The Salk Institute for Biological Studies
La Jolla, California

John G.R. Hurrell
FluorRx
Carmel, Indiana

Charles B-C. Hwang
SUNY Health and Science Center
Syracuse, New York

Nina Irwin
Cambridge, Massachusetts

Kenneth A. Jacobs
Genetics Institute
Cambridge, Massachusetts

Yuan Jiang
National Human Genome Research Institute, NIH
Bethesda, Maryland

Stephen Albert Johnston
University of Texas Southwestern Medical Center
Dallas, Texas

Bryan Jones
Bristol-Myers Squibb
Seattle, Washington

Jingyue Ju
Incyte Pharmaceuticals
Palo Alto, California

Bechara Kachar
National Institute on Deafness and Other Communication Disorders
Bethesda, Maryland

Mustak A. Kaderbhai
University College of Wales
Dyfed, United Kingdom

James T. Kadonaga
University of California San Diego
La Jolla, California

Jason A. Kahana
Ludwig Institute for Cancer Research
La Jolla, California

Steven R. Kain
Clontech Laboratories
Palo Alto, California

Randal J. Kaufman
University of Michigan
Ann Arbor, Michigan

Ning Ke
Iowa State University
Ames, Iowa

Marie Keaveney
Harvard Medical School
Boston, Massachusetts

Anthony D. Keefe
Massachusetts General Hospital
Boston, Massachusetts

Leslie A. Kerrigan
OSIRIS Therapeutics
Baltimore, Maryland

Jae Bum Kim
Harvard Medical School
Boston, Massachusetts

Robert E. Kingston
Massachusetts General Hospital & Harvard Medical School
Boston, Massachusetts

Carol M. Kissinger
Millipore
Burlington, Massachusetts

Lloyd B. Klickstein
Brigham and Women's Hospital
Boston, Massachusetts

Joan H.M. Knoll
Harvard Medical School
Boston, Massachusetts

Mikhail G. Kolonin
Wayne State University School of Medicine
Detroit, Michigan

Martha F. Kramer
Harvard Medical School
Boston, Massachusetts

Anuj Kumar
Yale University
New Haven, Connecticut

David M. Kurnit
University of Michigan Medical Center
Ann Arbor, Michigan

Edward R. LaVallie
Genetics Institute
Cambridge, Massachusetts

Kyu-Min Lee
Massachussets General Hospital
Boston, Massachusetts

Michael Lenardo
National Institute of Allergy & Infectious Diseases
Bethesda, Maryland

Mark E. Leverstein
University of California at San Diego
San Diego, California

Peng Liang
Vanderbilt-Ingram Cancer Center
Nashville, Tennessee

Peter Lichter
Deutsches Krebsforschungs-zentrum
Heidelberg, Germany

Peter Linsley
Bristol-Myers Squibb
Seattle, Washington

John Lueders
National Human Genome Research Institute, NIH
Bethesda, Maryland

Victoria Lundblad
Baylor College of Medicine
Houston, Texas

Thomas L. Madden
National Center for Biotechnology Information
Bethesda, Maryland

Chris S. Martin
Tropix, Inc.
Bedford, Massachusetts

David Martin
National Institute of Allergy & Infectious Diseases
Bethesda, Maryland

John M. McCoy
Genetics Institute
Cambridge, Massachusetts

Jill Meisenhelder
The Salk Institute
La Jolla, California

David D. Moore
Baylor College of Medicine
Houston, Texas

Malcolm Moos, Jr.
Center for Biologics Evaluation & Research
Food and Drug Administration
Bethesda, Maryland

Zarmik Moqtaderi
Harvard Medical School
Boston, Massachusetts

Richard Mortensen
University of Michigan Medical Center
Ann Arbor, Michigan

Bernard Moss
National Institute of Allergy & Infectious Diseases
Bethesda, Maryland

Paul R. Mueller
California Institute of Technology
Pasadena, California

Cheryl Isaac Murphy
Oncor Med
Gaithersburg, Maryland

Robert J. Nelson
Molecular Dynamics
Sunnyvale, California

B. Tracy Nixon
Pennsylvania State University
University Park, Pennsylvania

Marjorie Oettinger
Massachusetts General Hospital
Boston, Massachusetts

Osamu Ohara
Kazusa DNA Research Institute
Chiba, Japan

Hiroto Okayama
University of Tokyo
Tokyo, Japan

Salvatore Oliviero
University degli Studi di Siena
Siena, Italy

Arthur B. Pardee
Dana Farber Cancer Institute
Boston, Massachusetts

Mukesh Patel
Whitehead Institute for Biomedical Research
Cambridge, Massachusetts

Yvonne Paterson
University of Pennsylvania
Philadelphia, Pennsylvania

Warren Pear
Institute for Medicine and Engineering
Philadelphia, Pennsylvania

Fred A. Pereira
Baylor College of Medicine
Houston, Texas

Heather Perry-O'Keefe
Perceptive Biosystems
Framingham, Massachusetts

Kevin J. Petty
Merck
West Point, Pennsylvania

Mary C. Phelan
T.C. Thompson Children's Hospital
Chattanooga, Tennessee

Helen Piwnica-Worms
Washington University School of Medicine
St. Louis, Missouri

Jack D. Pollard, Jr.
Mintz Levin Cohn Glovsky Ferris and Popeo
Boston, Massachusetts

Roy M. Pollock
Ariad Pharmaceuticals, Inc.
Cambridge, Massachusetts

Kornelia Polyak
Harvard Medical School
Boston, Massachusetts

Roger Pomerantz
Thomas Jefferson University
Philadelphia, Pennsylvania

Huntington Potter
Harvard Medical School
Boston, Massachusetts

Thomas Quertermous
Massachusetts General Hospital
Boston, Massachusetts

Elisabeth Raleigh
New England Biolabs
Beverly, Massachusetts

K.J. Reddy
State University of New York
Binghamton, New York

Mark Reichardt
Lakeside Biotechnology
Chicago, Illinois

Ann Reynolds
University of Washington
Seattle, Washington

Randall K. Ribaudo
National Cancer Institute
Bethesda, Maryland

Eric J. Richards
Washington University
St. Louis, Missouri

Paul Riggs
New England Biolabs
Beverly, Massachusetts

Phil Robakiewicz
Worcester Polytechnic Institute
Worcester, Massachusetts

Melissa Rogers
University of South Florida
Tampa, Florida

Sharon Rogers
Lakeside Biotechnology
Chicago, Illinois

William G. Romanow
Corning Costar
Portsmith, New Hamphire

Sharon Y. Roth
M.D. Anderson Cancer Center
Houston, Texas

Robert R. Roussel
Fort Meade, Maryland

Colleen A. Ryan
Boston College
Chestnut Hill, Massachusetts

Elizabeth F. Ryder
Worcester Polytechnic Institute
Worcester, Massachusetts

Nicoletta Sacchi
Johns Hopkins University
Baltimore, Maryland

Brad St. Croix
Harvard Medical School
Boston, Massachusetts

Thomas P. St. John
ICOS Corporation
Bothwell, Washington

Joachim Sasse
Shriners Hospital for Crippled Children
Tampa, Florida

Stephen J. Scharf
Cetus Corporation
Emeryville, California

David G. Schatz
Howard Hughes Medical Institute & Yale University School of Medicine
New Haven, Connecticut

Paul Schendel
Genetics Institute
Cambridge, Massachusetts

Gavin R. Schnitzler
Tufts University School of Medicine
Boston, Massachusetts

Joachim Schorr
Diagen GmbH
Hilden, Germany

R.K. Scopes
La Trobe University
Bundoora, Australia

Brian Seed
Massachusetts General Hospital & Harvard Medical School
Boston, Massachusetts

Bartholomew M. Sefton
The Salk Institute
San Diego, California

Christine E. Seidman
Harvard Medical School
Boston, Massachusetts

J.G. Seidman
Harvard Medical School
Boston, Massachusetts

Kentaro Semba
University of Tokyo
Tokyo, Japan

Donald Senear
University of California
Irvine, California

Ilya Serebriiskii
Fox Chase Cancer Center
Philadelphia, Pennsylvania

Thikkavarapu Seshamma
Thomas Jefferson University
Philadelphia, Pennsylvania

Raj Shankarappa
University of Washington School of Medicine
Seattle, Washington

Jen Sheen
Massachusetts General Hospital & Harvard Medical School
Boston, Massachusetts

Shirish Shenolikar
Duke University Medical Center
Durham, North Carolina

L.A. Sherman
Purdue University
West Lafayette, Indiana

Penny Shockett
Yale University School of Medicine
New Haven, Connecticut

Pam A. Silver
Dana-Farber Cancer Institute
Boston, Massachusetts

Michael H. Simonian
Beckman-Coulter, Inc.
Fullerton, California

Harinder Singh
University of Chicago
Chicago, Illinois

Hazel Sive
Whitehead Institute for Biomedical Research
Cambridge, Massachusetts

Barton E. Slatko
New England Biolabs
Beverly, Massachusetts

Alan J. Smith
Stanford University Medical Center
Stanford, California

Carolyn L. Smith
National Institute of Neurological Disorders and Stroke
Bethesda, Maryland

Donald B. Smith
University of Edinburgh
Edinburgh, Scotland

John A. Smith
University of Alabama
Birmingham, Alabama

Michael Snyder
Yale University
New Haven, Connecticut

Timothy A. Springer
Center for Blood Research
Harvard Medical School
Boston, Massachusetts

Patrick Stanssens
Keygene N.V.
The Netherlands

David F. Stern
Yale University School of Medicine
New Haven, Connecticut

Julie M. Stone
Massachusetts General Hospital
Boston, Massachusetts

William M. Strauss
Harvard Medical School
Boston, Massachusetts

Kevin Struhl
Harvard Medical School
Boston, Massachusetts

John T. Stults
Genentech, Inc.
South San Francisco, California

Cynthia Sung
Bioengineering and Physical Science Program/NIH
Bethesda, Maryland

Jonathan C. Swaffield
University of Texas Southwestern Medical Center
Dallas, Texas

Stanley Tabor
Harvard Medical School
Boston, Massachusetts

Miyoko Takahashi
Spectral Diagnostics, Inc.
Toronto, Ontario

Douglas A. Treco
TKT, Inc.
Cambridge, Massachusetts

Steven J. Triezenberg
Michigan State University
East Lansing, Michigan

Peter van der Geer
University of California, San Diego
La Jolla, California

Baruch Velan
Israel Institute of Biological Research
Ness Ziona, Israel

Pieter Vos
Keygene N.V.
The Netherlands

Daniel Voytas
Iowa State University
Ames, Iowa

Simon Watkins
University of Pittsburgh Medical School
Pittsburgh, Pennsylvania

John H. Weis
University of Utah School of Medicine
Salt Lake City, Utah

Maryann Z. Whitley
Genetics Institute
Cambridge, Massachusetts

Alan Williams
Amersham Pharmacia Biotech
Piscataway, New Jersey

David S. Wilson
Zyomyx
Hayward, California

Kate Wilson
Australian Institute of Marine Science
Townsville, Australia

Fred Winston
Harvard Medical School
Boston, Massachusetts

Scott E. Winston
Univax Biologics
Rockville, Maryland

C. Richard Wobbe
Merk, Sharp & Dohme Research Lab
Rahway, New Jersey

Barbara Wold
California Institute of Technology
Pasadena, California

Tyra G. Wolfsberg
National Center for Biotechnology Information
Bethesda, Maryland

Jerry L. Workman
Pennsylvania State University
University Park, Pennsylvania

Shwu-Yuan Wu
Case Western Reserve University School of Medicine
Cleveland, Ohio

Linda S. Wyatt
National Institute of Allergy & Infectious Diseases
Bethesda, Maryland

Wayne M. Yokoyama
Washington University School of Medicine
St. Louis, Missouri

Ken Zarat
Brown University
Providence, Rhode Island

Rolf Zeller
University of Utrecht
The Netherlands

Ning Zhang
Tularik, Inc.
South San Francisco, California

Heng Zhou
Harvard Medical School
Boston, Massachusetts

Lou Zumstein
Invitrogen Therapeutics
Houston, Texas

译 者 序

20 世纪 80 年代初，当时的中国科学院上海生物化学研究所祁国荣研究员（时任该所核糖核酸研究室副主任，室主任为王德宝院士），第一个从国外带回了 *Molecular Cloning*: *A Laboratory Manual* 一书。该书通过上海生物化学研究所和中国生物化学学会传遍了中国生化与分子生物学界，大大促进了我国生化与分子生物学的学科发展。

80 年代后期起，该书有多种中文译本出版。其中由病毒基因工程国家重点实验室金冬雁博士、黎孟枫博士主译的《分子克隆实验指南》第二版自 1992 年发行以来已成为我国生命科学领域最畅销的图书之一，对我国生物技术的普及和提高发挥了十分重要的作用。

由病毒基因工程国家重点实验室颜子颖博士、王海林博士主译，金冬雁博士统校的《精编分子生物学实验指南》（*Short Protocols in Molecular Biology*，Fredrick M. Ausubel 等主编）第三版自 1998 年发行以来也已成为我国分子生物学技术领域深受欢迎的另一本参考书。

2004 年底，由病毒基因工程国家重点实验室马学军博士、舒跃龙博士主持，在上一版的基础上，《精编分子生物学实验指南》第四版被译出，由科学出版社出版发行。

2006 年夏，我正在美国访问期间，接到科学出版社马学海先生的电子邮件，询问我能否组织《精编分子生物学实验指南》第五版的翻译。当时我正在主持 *RNA Methodology* 一书的翻译（该书于 2007 年由化学工业出版社出版）。因此直到 2006 年冬季，*RNA Methodology* 的翻译已开始最后一遍校对时，我才接受了本书的翻译工作。

新版的内容覆盖了当今分子生物学的主要技术，它和《分子克隆实验指南》被西方学者并称为现代生物科学技术的"圣经"。《精编分子生物学实验指南》第五版全书共 23 章，除保留了第四版的内容外，增加了四章全新内容（第 20 章染色质的装配与分析；第 21 章核酸阵列；第 22 章组合文库的建立和使用；第 23 章单个细胞或一群细胞间差异表达基因的发现和分析）。此外部分章节还做了较大的删减和增改，反映了分子生物学主要技术的最新进展。例如：第 2 章新增了寡核苷酸的合成及纯化等；第 3 章删减了用限制性内切核酸酶部分消化及多酶消化进行 DNA 作图等；第 4 章新增了新转录 RNA 的鉴定等；第 6 章新增了用单克隆抗体表达克隆、用重组方法（RBA）筛选 λ 噬菌体文库等；第 7 章新增了小量制备用于化学测序的重组质粒 DNA、化学测序法等，删减了 DNA 和蛋白质序列的计算机处理和分析等；第 8 章新增了 PCR 介导的随机突变等，删减了无需表型选择的寡核苷酸的诱变及区域特异性诱变等；第 9 章新增了阳离子脂质体介导的真核细胞转染、用维多利亚水母绿色荧光蛋白（GFP）研究体内蛋白动力学等，删减了脂质体介导的转染等；第 10 章新增了定量氨基酸的分析，"多肽和蛋白质的 HPLC"中的准备工作、系统组装及标准操作条件，蛋白质和多肽的毛细管电泳等；第 11 章增加了老鼠的免疫、多克隆抗血清的制备等，删减了兔多克隆抗血清的制备等；第 13 章新增了酵母菌基因组转座子的诱变，以及斜面的制备与接种，邮寄和复苏细胞等；第 14 章新增了 RNA 在脊椎动物的胚胎和器官中的整体标本原位杂交和检测，荧光显微镜的原理及使用，共聚焦显微术基本原理，原位杂交检测，细胞凋亡形态的生化性质和流式细胞仪检测，β-半乳糖苷酶活性的整体封片免疫组化检测等；第 16 章新增了从哺乳动物细胞中表达和纯化抗原决定簇标记的多亚基蛋白复合体等，删减了麦芽糖结合蛋白融合蛋白的表达及纯化等；第 17 章新增了特异性识别酪氨酸磷酸化肽的抗体的制备，磷酸肽图谱和磷酸化位点的鉴定等；第 19 章新增了表面等离子共振技术，用共沉淀法检测蛋白质-蛋白质之间的相互作用，用 Far Western 分析识别蛋白质相互作用等。在第五版的附录部分新增了凝胶和印迹实验中放射性标记蛋白质和 DNA 的检测及定量（附录 3A）；删减了放射自显影；附录 3D 中新增了用 DNA 结合荧光染料 Hoechst33258 检测 DNA，以及用溴化乙锭荧光检测 DNA 和 RNA。

很高兴在德国获得博士学位并有多年海外工作经验的赵丽云女士于 2007 年仲春加盟我实验室，参加了本书的校对工作。我妻子包慧中女士是我大学和研究生时期的同学。她从生物高技术公司副总工程师、开发部主任位置上退休后，就一直在我实验室工作。她们两人为本书投入了大量的精力。其他参与本书翻译的人员有本实验室的史毅、陈祥龙、郭立涛、赵波涛四位博士，我的五位博士研究生以及在我实验室工作的其他单位的硕士生、博士生。希望本书的出版发行将一如既往地有助于我国分子生物学技术的进一步发展和提高。

金由辛
二零零七年十二月十日于上海
中国科学院上海生命科学研究院
生物化学与细胞生物学研究所分子生物学国家重点实验室

前　言

分子生物学已经发展成熟，并且实验研究已经进展到如此状态——以前特殊的实验程序，现在已成为常规操作——因此，《精编分子生物学实验指南》（*Short Protocols in Molecular Biology*，以下简称《精编》）的范围和概念也在不断改变。某些内容一度被认为对一般的读者显得过于复杂，如组合化学或染色质装配和分析，现在已被有规律地应用。基于这样的思考，我们增加了新的章节，并扩展了《精编》原有主题下的内容。

与前面的版本一样，两卷本的《精编分子生物学实验指南》第五版是已出版的《最新分子生物学实验方法汇编》（*Current Protocols in Molecular Biology*，以下简称《汇编》）一书中的实验方法的简编版本。它由《汇编》的核心手册和每季度更新的服务手册中提炼而来，涵盖了《汇编》中所有基本方法及其详细实验步骤。本书拟作为实验室手册使用，对象是那些熟悉《汇编》中各种详细解释的研究生和博士后人员，然而，在本书中对实验方法有详细的步骤说明，有经验的研究人员也可将本书作为独立的实验室操作指南。

虽然熟练掌握本书中的技术方法可使读者进行分子生物学和相关学科研究，但本书并不适用于替代研究生水平的分子生物学教材或作为这一领域的综合性读本。另外，我们推荐读者在使用本书时要对照参考《汇编》中的评述和详细注释。最后，我们极力要求读者通过在分子生物学实验室中的工作获得关于基本技术和实验室安全操作规程的第一手经验。

如何使用这本书

结构

本书按章编排，每种实验方案均可从各节中获得。每一节中列出材料、实验方案的步骤和每种技术的参考文献。在附录 5 中囊括了整本书全部的参考文献。本书的排列和结构与《汇编》基本一致。尽管各节的编号可能不完全相对应，但各节的标题在两个版本中是相同的。因此，拥有两种版本的使用者当需要更详细的解释时会发现对照参考《汇编》十分容易和便利。

在整本书中，许多试剂和实验程序被反复应用，不过我们并不是反复复制这些信息，而是在章节之间广泛地进行对照参考。书中前面各章（和附录 3）主要介绍常用的技术方法，如基本微生物学和酶、DNA、RNA 的基本操作方法，而后面的各章介绍的是更先进的技术方法。因此，在一种方案中无论什么时候用到某一特定的酶，均可对照参考第 3 章中适当的节，找到介绍该酶反应条件的内容（如 3.5 介绍逆转录酶）。同样，在整本书中读者可参照 1.3 铺平板或在平板上划线；参照 2.1 进行酚抽提和乙醇沉淀；参照 2.6 进行琼脂糖凝胶电泳等。因此，在本书的后面章节所介绍的方案中就省略了制备 、纯化和分析样品或目的分子的辅助程序。

附录提供了试剂和溶液的配方（附录 1），有用的测量值和数据（附录 2），常用的生物化学实验技术（附录 3），供应商的名称和地址（附录 4）。

方案

许多节中都含有几组方案。在每个节中首先出现的是基本方案，它一般也是首选的实验方法。备择方案在以下情况下使用：①使用不同的仪器或试剂可得到相似的结果；②起始材料需要方法有所改变；③对最终产物的要求与基本方案不同。辅助方案介绍了基本方案和备择方案所需的附加步骤。这些步骤之所以从核心方案中单列出来，是因为它们可能在本书中具有其他用途，或操作时与基本方案各步骤在时间上可以分开。

试剂与溶液

实验步骤开始之前，材料栏中列出了一个方案中所需要的各种试剂。除培养基和限制性内切核酸酶反应缓冲液配方外，相应的配方都在附录 1 中列出，并在括号中列出了这些配方的出处。尤其要注意这些特殊溶液中有些溶液的名称在一个节与另一个节中可能是相似的（如杂交液、裂解缓冲液等），但配方却不同；因此，在按适当的配方配制试剂时要仔细确认。为了避免混淆，在附录 1 中紧接每个试剂名称的括号内列出了使用每个配方的节序数，但常用缓冲液和溶液除外，如 TE 缓冲液、PBS。

【注】本书中实验方案中所使用的，以及所有试剂和溶液制备所使用的水，均应为去离子蒸馏水。

仪器

现代分子生物学实验室中标准仪器及相关用品在本文后列出，并在本书中广泛采用。在每个方案之前的材料栏中仅包括“特殊”仪器，即在实验室不易备有的或需要特殊制备的仪器。

供应商

在本书的某些实验中，我们推荐一些化学试剂、生物材料或实验仪器的供应商。但我们尽量避免这种做法，因为对某种品牌的喜好是主观的，而且一般并无广泛比较试验的基础。对所推荐的供应商，我们的原则是：这种特殊品牌实际上已被证实具有出众的品质；或者，这种材料在市场上很难找到。附录 4 列出了推荐的供应商的名称、地址和电话号码，但它们并非唯一的生物试剂供应商。读者也可使用自己喜好的品牌进行实验。

安全考虑

任何一个按这些方案进行实验的研究者都将操作以下有害材料：①放射性物质；②有毒化学物质和致癌或致畸试剂；③致病或具感染性的生物因子；④重组 DNA。使用这些材料时必须严格遵守地方和国家条例。本书对许多操作有害材料的情形都作了警示，但我们强调使用者应具有较好的实验室实践经验，在操作有害材料时必须小心谨慎。

在每个方案的材料栏中也将一些特殊的仪器列了出来。在此，我们并未试图将每个实验过程所需的所有仪器一一列出，而是提及那些在实验室可能并未常备或需要特别准备的仪器。下面列出了现代分子生物学实验室应备的标准仪器，如本书中的常用仪器，而它们并未包括在各个材料栏中。

高压设备

天平 分析天平和制备天平

桌布 塑料布垫（包括“蓝色垫子”）

离心机 很多实验需要低速（20 000r/min）冷冻离心机和超速（20 000～80 000r/min）离心机。制备质粒 DNA 时，使用垂直超速离心转头十分方便。至少需要一台可离心 1.5ml 微量离心管的微型离心机。另外，还应有一台大容量、低速度的离心机用来收获大量的细菌培养液，以及一台带适配器的台式吊桶式离心机用来甩干 96 孔微量酶标板

计算机和打印机

暗室和显影罐或 X-Omat 自动 X 射线胶片显影仪

过滤装置 用于在硝酸纤维滤膜或其他膜上收集酸沉淀

分部收集器

冷冻和冷藏冰柜 用于 4℃、－20℃和－70℃孵育或储存

通风橱

盖革氏计数器

干胶机

凝胶电泳装置 至少有一套可满足不同分子质量大小的水平电泳仪和一套小型水平电泳仪。对于从事大规模测序的研究人员，需要配备一套测序凝胶装置。一套用于聚丙烯酰胺蛋白质凝胶的垂直电泳仪，根据需要，配备一套用于双向蛋白质凝胶的专用电泳仪

加热块 由自动温度调节装置控制的、可插入试管和（或）微量离心管的金属加热块，可方便地用于酶反应实验

制冰机

恒温箱（37℃） 用于细菌培养。推荐采用可容纳组织培养转鼓的恒温箱，它可用于在标准的 18mm×150mm 试管中进行 5ml 培养液的培养。New Brunswick Scientific 公司生产一种便利和可定时的试管转鼓

恒温箱/摇床 可振摇 4L 烧瓶的封闭式摇床（如 New Brunswick 的恒温摇床），对于培养 1L 的大肠杆菌培养液是必要的。旋转式水浴摇床（New Brunswick R76）有利于烧瓶中小量培养液的培养

灯箱 用于观看放射自显影胶片

液氮

磁力搅拌器（最好带加热功能）

微量离心机 Eppendorf 型，最大转速为 12 000～14 000r/min

微量离心管 1.5ml

微波炉 用于熔化琼脂和琼脂糖

研钵和研杵

裁纸刀 大号，可用来裁切大小 46cm×57cm Whatman 滤纸

pH 计

pH 试纸

移液器 适用于 1～1000μl 一次性吸头，每一位研究人员最好配备一套移液器

Polaroid 照相机和 UV 透射仪 用于拍摄染色凝胶照片

刮细胞器 橡胶或塑料的

电源 300V 电源用于凝胶电泳。2000V 电源用于 DNA 测序

放射线保护屏（Lucite 或 Plexiglas）

放射性墨水

放射性废料收集箱 液体和固体废料

冰箱 4℃

防护眼罩

解剖刀和刀片

液体闪烁仪

封口机

摇床 定轨和平台，室温或 37℃

分光光度计 UV 和可见光

旋转真空蒸发器

热循环仪

组织培养箱 CO_2 加湿培养箱、相差显微镜、液氮储存罐和层流罩

UV 交联仪

UV 光源 长波和短波

UV 透射仪

真空干燥箱/冷冻干燥机

真空烤箱

涡旋混合器

水浴箱 至少两台可调温至 80℃

纯水仪 或玻璃蒸馏装置，纯化用于分子生物学实验的水

感　谢

John Wiley & Sons 公司最新方案部职员，为我们组合这些方案提供了所需要的支持和帮助。在这些帮助我们的人员中，我们特别感谢 Kathy Morgan、Beth Harkins、Scott Holmes、Davide R. Dickson、Katie Stence 和 Virginia Chanda。我们特别感谢我们的合作者，他们为本书提供材料、各章的注释或实地测试这些程序。对这些在我们自己的实验室及全世界的科学和工业实验室的人员，我们深表谢意。

Frederick M. Ausubel　Roger Brent
Robert E. Kingston　David D. Moore
J. G. Seidman　John A. Smith
Kevin Struhl

目　录

第1章　大肠杆菌、质粒和噬菌体

掌握最新的DNA操作技术，需要熟悉一些相关的基本概念和实验技巧。本章着重介绍了大肠杆菌以及用于将DNA引入细菌的质粒和噬菌体等载体的生物学特性和操作方法。

大肠杆菌是含有长约3000 kb的环状染色体的棒状细菌。它能在仅含碳水化合物如葡萄糖（提供碳源和能量）和提供氮、磷及微量元素的无机盐的极限培养基上快速生长（见1.1～1.3）。然而，如果用含氨基酸、核苷酸前体、维生素以及其他一些细胞不能合成的代谢成分的丰富培养基来培养，那么大肠杆菌的生长会更快。

当大肠杆菌在液体培养基中培养时，其开始裂殖前，先进入一个生长滞后期。在丰富培养基中，它能在20～30 min内复制一代，这种指数生长相称之为对数期。最后，当培养基中的营养成分和氧耗尽或当培养基中废物的含量达到抑制细菌快速生长的浓度时，菌体密度就达到一个比较恒定的值。在通常的实验室培养中，这一时相的细胞密度一般为1×10^9～2×10^9细胞/ml，细胞停止迅速分裂。这就是细菌生长的饱和期，而所谓的新鲜饱和即指当培养液中细胞密度刚达到这一水平。

除了极少数的例外，大多数应用于DNA重组技术的细菌是大肠杆菌K-12株的衍生菌株（见1.4）。在20世纪60年代，许多分子生物学研究进展均得益于对这个菌株以及以这个菌株为宿主菌的噬菌体和质粒所进行的研究；而且现在应用的很多克隆技术也都得益于这个时期的研究成果。

在克隆方案中经常使用细菌质粒（见1.5）。在天然的大肠杆菌分离株中可含有一些自主复制、环状的染色体外DNA分子，它们具有重要的生物学功能如抗生素抗性和产生限制酶。在20世纪70年代，利用自然存在的质粒中的DNA片段在实验室中构建了许多人工质粒，这些人工质粒以及它们的衍生质粒是重组DNA工作中最常用的载体。

质粒DNA可通过小量制备的方法得到分离（见1.6），也可以从粗裂解液中纯化得到大量的质粒DNA（见1.7）。小量制备十分快捷、简单，因此可以从大量克隆中同时制备和分析质粒DNA。通过氯化钙转化法或电穿孔转化法可将质粒DNA导入大肠杆菌（见1.8）。这两种方法均快速，易于操作，而且都有好的转化效率。电穿孔转化法能提供更高的转化效率，但需要电穿孔设备。在这两种转化方案中，均可为以后的使用而保存已经制备好可以摄入DNA的细胞（感受态细胞）。

接下来，介绍λ噬菌体的生物学特性（见1.9），然后讨论用作克隆载体的λ噬菌体衍生物（见1.10）。以后的实验方案描述制备单一噬斑（见1.11）、制备噬菌体制剂和测定其滴度（见1.12）以及提取噬菌体DNA的方法（见1.13）。

另一种不同的载体系列——M13mp载体，来源于一种丝状噬菌体（见1.14）。这种载体由于插入的DNA能以单链环状DNA或双链环状DNA的形式存在而得到广泛应用（见1.15）。单链DNA的获得为DNA序列测定（见第7章）和基因诱变（见第8

章）提供了新方法。

1.1 培养基的制备及细菌学工具

蛋白胨、酵母抽提物、琼脂（Bacto-agar）、营养肉汤和酪蛋白水解物（casamino acid）均购自Difco公司，NZ胺A（NZ amine A，酪蛋白的酶促水解物）购自Hunko Sheffield（Kraft）公司。

1.1.1 极限培养基

按以下配方配制5×极限培养基：在一个2L烧瓶中，将配方中的各成分加入水中，加热搅拌直至其溶解，然后倒入玻璃瓶中，拧松盖子，于15 $lb/in^2$①高压灭菌15 min，待培养基冷却至50℃以下（在这个温度时，手持瓶子可感觉热但能握得住），再加入其他补充成分和抗生素，玻璃瓶冷却至40℃以下，盖紧盖子。可于室温无限期保存。

5×M9培养基，每升

30 g　Na_2HPO_4
15 g　KH_2PO_4
5 g　NH_4Cl
2.5 g　NaCl
15 mg　$CaCl_2$（可加可不加）

5×M63培养基，每升

10 g　$(NH_4)_2SO_4$
68 g　KH_2PO_4
2.5 mg　$FeSO_4 \cdot 7H_2O$
用KOH调pH至7.0

5×A培养基，每升

5 g　$(NH_4)_2SO_4$
22.5 g　KH_2PO_4
52.5 g　K_2HPO_4
2.5 g　二水柠檬酸钠

1×培养基

用无菌水稀释5×培养基，并且每升加入以下无菌溶液：

1 ml 1 mol/L　$MgSO_4 \cdot 7H_2O$
10 ml　20%碳源（糖或甘油）

如果需要还可加入以下溶液：

0.1 ml 0.5%　维生素B_1（硫胺素）
5 ml 20%　酪蛋白水解物（casamino acid）（Difco）或L-氨基酸至40 μg/ml或DL-氨基酸至80 μg/ml
抗生素（表1.4.1）

1.1.2 丰富培养基

配制方法同极限培养基，但高压需25 min（除非特殊说明的），不需稀释。

① 1 lb/in^2=6.894 76×10^3 Pa。

H 培养基，每升

10 g 胰化蛋白胨

8 g NaCl

λ 肉汤培养基，每升

10 g 胰化蛋白胨

2.5 g NaCl

NZC 肉汤培养基，每升

10 g NZ 胺 A（NZ Amine A）

5 g NaCl

2 g $MgCl_2 \cdot 6H_2O$

高压 30 min

5 ml 20% 酪蛋白水解物(casamino acid)

LB 培养基，每升

10 g 胰化蛋白胨

5 g 酵母提取物

5 g NaCl

1 ml 1 mol/L NaOH

超级肉汤培养基，每升

32 g 胰化蛋白胨

20 g 酵母提取物

5 g NaCl

5 ml 1 mol/L NaOH

TB（超级肉汤培养基），每升

12 g Bacto 胰化蛋白胨

24 g Bacto 酵母提取物

4 ml 甘油

加水至 900 ml 并高压灭菌，加入 100 ml 无菌的 0.17 mol/L KH_2PO_4 和 0.72 mol/L K_2HPO_4

2×TY 培养基，每升

16 g 胰化蛋白胨

10 g 酵母提取物

5 g NaCl

胰化蛋白胨肉汤培养基，每升

10 g 胰化蛋白胨

5 g NaCl

TYGPN 培养基，每升

20 g 胰化蛋白胨

10 g 酵母提取物

10 ml 80%甘油

5 g Na_2HPO_4

10 g KNO_3

1.1.3 固体培养基

极限培养基平板

800 ml 水加入 15 g 琼脂，高压灭菌 15 min。然后加入 200 ml 无菌的 5×极限培养液和碳源。待冷却至 50℃，加入补充成分（见下面）。每个 10 cm 平板倒入 32～40 ml 培养基（每升培养基可制作 25～30 个平板）。于室温干燥 2～3 天，或将平板的上盖稍微打开，于 37℃或在层流通风橱干燥 30 min，将晾干的平板包裹好储存于 4℃。

丰富培养基平板

将水加入以下所列出的培养基配方的成分中，定容至 1 L，高压灭菌 25 min。待冷却至 50℃，加入补充成分（见下面）。每个 LB 或 H 培养基平板倒入 32～40 ml 培养基

(每升培养基可制作 25～30 个平板)，每个 λ 肉汤培养基平板倒入约 45 ml 培养基（每升培养基可制作 20 个平板)。平板的干燥和保存如上所述。

H 平板，每升

10 g　胰化蛋白胨
8 g　NaCl
15 g　琼脂

λ 肉汤平板，每升

10 g　胰化蛋白胨
2.5 g　NaCl
10 g　琼脂

LB 平板，每升

10 g　胰化蛋白胨
5 g　酵母提取物
5 g　NaCl
1 ml　1 mol/L NaOH
15 g　琼脂或者琼脂糖

添加物

其他的抗生素和半乳糖苷，见表 1.4.1 和表 1.4.2。

抗生素（如果需要）：

氨苄青霉素　50 μg/ml
四环素　12 μg/ml

半乳糖苷（如果需要）：

X-gal　终浓度为 20 μg/ml
IPTG　终浓度为 0.1 mmol/L

顶层琼脂培养基

顶层琼脂培养基常用于将噬菌体或细胞在平板的表面均匀分布成一薄层。以 1 L 的批量配制顶层培养基，高压灭菌 15 min 使之熔化，冷却至 50℃，轻轻旋转晃动使其混合均匀，分装至 100 ml 瓶中。再次高压灭菌，冷却，拧紧盖子，于室温保存。使用前，用水浴或者微波炉熔化顶层琼脂，冷却至 45～50℃并维持在该温度。顶层琼脂中琼脂的含量比普通平板的少，在该温度下，顶层琼脂可保持熔化状态数天。

H 顶层琼脂培养基，每升

10 g　胰化蛋白胨
8 g　NaCl
7 g　琼脂

LB 顶层培养基，每升

10 g　胰化蛋白胨
5 g　酵母提取物
5 g　NaCl
7 g　琼脂

λ 顶层琼脂培基，每升

10 g　胰化蛋白胨
2.5 g　NaCl
7 g　琼脂

顶层琼脂糖培养基，每升

10 g　胰化蛋白胨
8 g　NaCl
6 g　琼脂糖

穿刺琼脂培养基

穿刺琼脂培养基用来保存菌株（见 1.3）。加入胸腺嘧啶则可使 thy^- 细菌生长。据认为，半胱氨酸可很大程度地延长细菌在穿刺培养物中的存活时间。

穿刺培养基，每升

10 g 营养肉汤

5 g NaCl

6 g 琼脂

10 mg 半胱氨酸盐-Cl

10 mg 胸腺嘧啶

1.1.4 实验工具

接种环

接种环可以购买，也可以在实验室自制。将一个 28-G 18 in（1 in=2.54 cm）长白金丝的两端，插入一接种环的固定器，然后用笔尖抵住白金丝的中段同时旋转固定器，这样就可以制成一个接种环。每次使用前将接种环置于本生灯外焰中灼烧直至变红，使接种环灭菌。冷却时将接种环触碰无菌琼脂平板的表面直至其不发出嗞嗞声。

无菌牙签

将牙签以大头向下方式装在锡箔纸加盖的烧杯中高压灭菌。也可以将整盒牙签高压灭菌，从开盖的盒子里取出牙签使用时，拿牙签的中部。

涂布棒

涂布棒可以购买，也可在实验室自制。加热并弯曲一直径 4 mm 的玻璃管制备涂布棒（图 1.1.1）。持久度较差的涂布棒可以用巴斯德吸管制备。用之前对涂布棒灭菌，将涂布棒的三角部分浸没于乙醇中，取出并通过本生煤气灯（Bunsen burner）灯焰，点燃其上的乙醇。待涂布棒上的火焰熄灭后，将其触碰无菌琼脂平板的表面使其冷却。

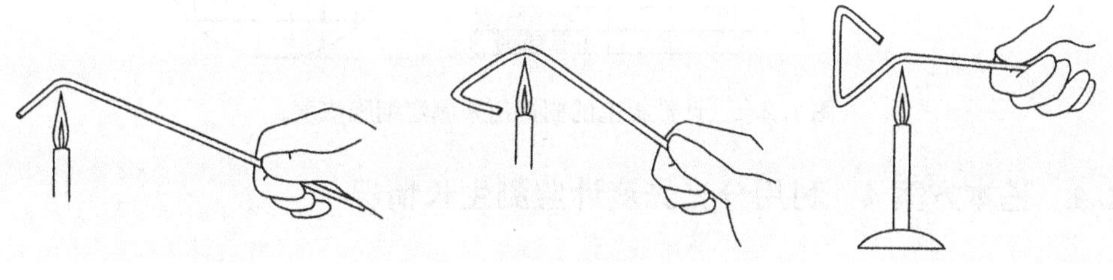

图 1.1.1 涂布棒的制作过程。

撰稿人：Karen L. Elbing and Roger Brent

1.2 在液体培养基中培养

1.2.1 基本方案 1 过夜培养

1）将 5 ml 预热的液体培养基移入一无菌的 16 mm 或 18 mm 管中。

2）用接种环挑一个单菌落，浸没于培养液中并轻轻振动接种环，使待接种的细菌分散在培养液中。
3）盖好试管，在摇床或转鼓式培养装置上以 60 r/min 速度，于 37℃培养至饱和（1×10^9～2×10^9 细胞/ml，≥6 h）。

1.2.2　基本方案 2　大体积培养

1）在一无菌的 Erlenmeyer 或 baffle 瓶中，用新鲜预热的培养液按 1∶100 的比例稀释过夜培养物，烧瓶的体积应该是培养液体积的 5 倍以上。
如果不摇动培养，所用烧瓶的体积应比培养液体积大 20 倍以上，以确保足够的通气。
2）37℃，剧烈摇动培养（约 300 r/min）。

1.2.3　基本方案 3　利用计数板监测生长情况

1）用一片干净的盖玻片盖住一片干净的计数玻片（或者血球计）。
2）小心地将一小滴培养液滴到盖玻片的边缘，这样培养液可扩散入盖玻片下。
3）在相差显微镜 400 倍下观察，并且按一个小方块中所见的每个细菌大约相当于 2×10^7 细胞/ml 计算细菌浓度（图 1.2.1）

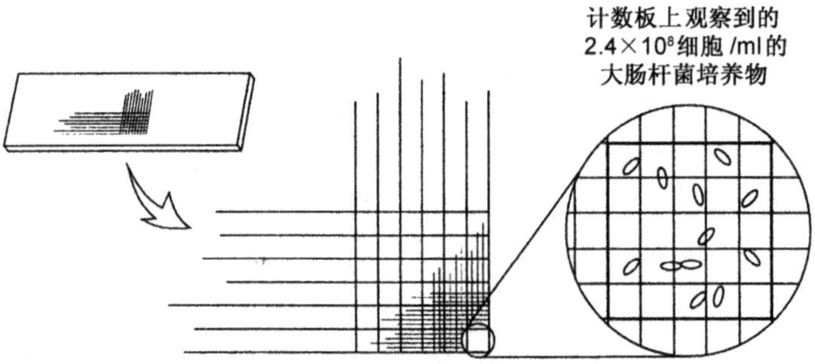

图 1.2.1　计数板上的栅格用来测定细胞浓度。

1.2.4　基本方案 4　利用分光光度计监测生长情况

因为仪器的差异性，分光光度计应该用一已知浓度的培养液进行校准。
1）测 OD_{600}。为了获得一个准确的读数，稀释培养液至 $OD_{600}<1$。
2）按每 0.1 OD 值大约相当于 10^8 细胞/ml 计算细菌浓度。

撰稿人：Karen L. Elbing and Roger Brent

1.3 固体培养基上培养

1.3.1 基本方案1 通过连续稀释法滴定和分离细菌菌落

1) 在3个16～18 mm的无菌培养试管中各加入5 ml LB培养液。
2) 吸取5 μl细菌培养液加入1号试管中振荡5 s。
3) 接着从1号试管吸5 μl稀释液加入2号试管振荡摇匀，再从2号试管吸5 μl稀释液加入3号试管振荡摇匀。
4) 从每个试管中分别取100 μl菌液涂布于LB平皿上，并且做好记号，待平板干后于37℃培养过夜。
5) 计算每毫升细菌细胞数：细菌细胞数/ml =10×菌落数×稀释倍数。
典型的饱和培养液含约10^9细胞/ml。噬菌体悬浮液也可以连续稀释；一般存储液含约10^{11}噬菌体/ml。
6) 包裹好有单个菌落的平板，保存于4℃以备进一步实验用。

1.3.2 基本方案2 通过平板划线法分离单菌落

1) 用接种环或无菌牙签将接种菌体从琼脂平板的一侧开始划线。
2) 重新消毒接种环或用新的无菌牙签，从第一划线处将样品划线至平板的其余部分（图1.3.1），重复划线至少一次。
3) 于37℃培养直至长出单菌落。
如果要从很多的菌液中分离单克隆，可以将平板分为4、6或8小份，在每小份中划出单克隆。

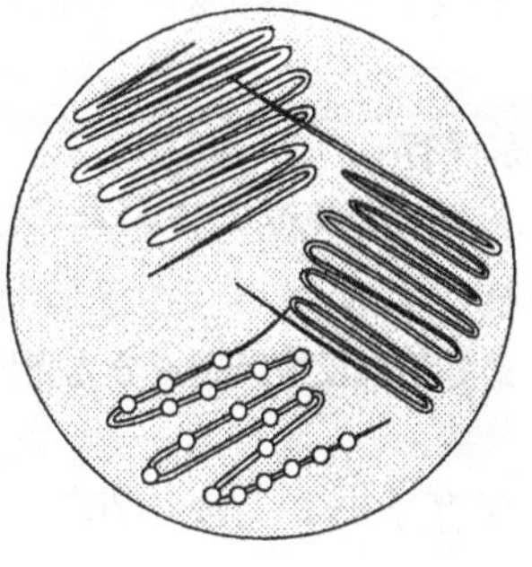

图1.3.1 通过连续划线稀释培养液，从而获得单克隆。

1.3.3 基本方案3 通过铺平板分离单个菌落

1) 吸取0.05～1 ml培养物至一只干的平板上。
2) 用涂布棒作圆周运动将培养液涂布均匀，或用涂布棒的边缘在平板的表面画光栅图案（一系列平行线），然后转动平板并与已涂布的平行线成直角重复涂布。
3) 于37℃培养箱内平板盖微开至平板完全晾干。盖上平板盖，培养直至长出单菌落。

1.3.4 基本方案4 影印平板

为了更好地分析单菌落，菌落可以从一个平板转移到另一个平板，而菌落原有的分布形式保持不变。

1) 用金属圈将一块无菌的绒布套在影印模具上。

无菌的滤纸块或一次性的影印平板均可使用。

2) 标记主平板的方向，然后将该平板向下轻轻地压在绒布上。

3) 按主平板的方向轻轻地将一个新鲜的平板压在有菌落痕迹的绒布上，如有必要重复操作。每一块绒布可以影印 10 个平板以上。

1.3.5　辅助方案　菌株的保存和复苏

大肠杆菌的许多菌株在穿刺瓶中可以保存数年，在－70℃则可以无限期保存。

穿刺保存

1) 在一个耐高压的带有橡皮塞或 Teflon 盖的气密性小瓶中加入 2/3 体积穿刺培养基。

2) 挑取一个单菌落，反复将接种环深刺入琼脂中。

3) 拧松盖子，于 37℃培养（8～12 h）直到在穿刺孔迹中的细菌生长至可见的雾状。

4) 拧紧盖子于 15～22℃存放于暗处。

5) 按以下方法复苏菌株：用一支无菌接种环挑取一些带有细菌的琼脂，然后涂布于 LB 平板上并划线以得到单菌落。

冷冻保存

1) 将 2 ml 对数生长中期培养液或 1 ml 新鲜饱和的培养液加入到一穿刺小瓶或 Nunc 小瓶中，这些小瓶中已装有 1 ml 甘油溶液（见附录 1）或含 7%二甲基亚砜（DMSO）。

最好使用反应级别或分光光度学级别的 DMSO 作为冻存液，因为这样的试剂在存储时通常盖得很严实。

2) 保存于－20℃或－70℃。

于－70℃保存时，大多数菌株可保持更长的存活时间。

3) 复苏时，用一无菌牙签或吸管刮取固体冰碴片，然后在 LB 平板上划线。仔细操作不要让其融化。

撰 稿 人：Karen L. Elbing and Roger Brent

1.4　经典细菌遗传学选论

克隆技术运用了很多源于经典细菌遗传学的知识，表 1.4.1 至表 1.4.5 概述了对克隆技术来说十分重要的一些信息。

参考文献：Miller，1972；Neidhardt et al.，1987.

撰 稿 人：Elisabeth A. Raleigh，Karen L. Elbing，and Roger Brent

表 1.4.1 抗生素的作用及细菌的抗性模式[a]

抗生素[b]	储存液浓度 /(mg/ml)	终浓度 /(μg/ml)	作用原理	抗性原理
氨苄青霉素[c]	4	50	杀菌;只能杀死正在生长的大肠杆菌,主要通过抑制肽聚糖交联而抑制细胞壁的合成	β-内酰胺酶能够在氨苄青霉素进入细胞之前将其水解
氯霉素(溶于甲醇)	10	20	杀菌;通过与50S核糖体亚基相互作用而抑制肽基转移酶,从而抑制蛋白质的合成	氯霉素乙酰转移酶可以灭活氯霉素
D-环丝氨酸[d](溶于0.1 mol/L pH8.0的磷酸钠缓冲液中)	10	200	杀菌;只能杀死生长中的大肠细菌;通过阻止L-丙氨酸转变为D-丙氨酸及抑制D-丙氨酸的肽键形成而抑制细菌细胞壁的合成	突变可破坏D-丙氨酸转运系统
庆大霉素	10	15	杀菌;通过与核糖体50S亚基的L6蛋白结合而抑制细菌的蛋白质合成	氨基糖苷乙酰转移酶和氨基糖苷核苷酸转移酶可以灭活庆大霉素,*rplF*基因(编码L6蛋白)的突变可阻止庆大霉素的结合
卡那霉素	10	30	杀菌;可以抑制蛋白质的合成;抑制转位及导致错码	氨基糖苷磷酸转移酶(也称为新霉素磷酸转移酶、氨基糖苷乙酰转移酶和氨基糖苷核苷酸转移酶)可以使卡那霉素失活
春日霉素	10	1000	杀菌;通过改变16S RNA的甲基化而导致30S核糖体亚基的改变,从而使蛋白质合成受到抑制	有些突变可以阻止春日霉素同核糖体的结合,而有些则是降低了对春日霉素的摄取
萘啶酮酸(用NaOH调pH至11)	5	15	抑菌;通过抑制DNA拓扑异构酶的活性而抑制细菌DNA的合成	宿主DNA拓扑异构酶的突变可阻止萘啶酮酸的结合
利福平[e](溶于甲醇)	34	150	抑菌;通过与RNA聚合酶β亚基结合而抑制RNA的合成。利福平的敏感性是显性的	RNA聚合酶的变异可以阻止利福平与其形成复合物。利福平的抗性是隐性的
壮观霉素	10	100	抑菌;抑制肽酰tRNA从A位到P位的移位	*rpsE*基因(编码S5蛋白)的突变可以阻止壮观霉素的结合。壮观霉素的敏感性是显性的,而抗性基因是隐性的
链霉素	50	30	杀菌;通过与30S核糖体亚单位的S12蛋白结合和抑制正确的翻译而抑制蛋白质合成。链霉素的敏感性是显性的	氨基糖苷磷酸转移酶可以灭活链霉素。*rpsL*基因(编码S12蛋白)突变可以阻止链霉素的结合。链霉素抗性是隐性的
四环素[e](溶于70%乙醇)	12	12	杀菌;通过阻止氨酰tRNA与核糖体A位的结合而抑制细菌蛋白质的合成	主动地将药物从细胞排出

a. 资料来自文献(Foster,1983;Gottlieb and Shaw,1967;Moazed and Noller,1987)。

b. 除了四环素保存于−20℃,其他均应保存于4℃。除非另有说明,所有的抗生素均溶于无菌的去离子水。

c. 羧苄青霉素可以以同样的浓度代替氨苄青霉素,羧苄青霉素溶于50%乙醇/50%水中,储存于−20℃。

d. D-环丝氨酸溶液不稳定,应该在临用前新配。

e. 对光敏感,应保存于黑暗处。

表 1.4.2 用于 DNA 克隆技术的乳糖类似物

半乳糖苷	储存浓度[a]	用途	特性	参考文献
异丙基-1-硫代-β-D-半乳糖苷(IPTG)	100 mmol/L	非常有效的诱导物	为非代谢性诱导物	Barkley and Bourgeois, 1978
5-溴-4-氯-3-吲哚-β-D-半乳糖苷(X-gal)	20 mg/ml	可以鉴别 $lacZ^+$ 细菌，特别在鉴定重组载体产生的 β-半乳糖苷酶时特别有用	β-半乳糖苷酶的非诱导性显色底物(分解 X-gal 产生蓝色)，蓝色的产生与 *lacY* 基因产物无关	Miller, 1972
邻硝基苯-β-D-半乳糖苷(ONPG)	10 mmol/L	用于 β-半乳糖苷酶的分析	β-半乳糖苷酶的显色底物(分解 ONPG 产生黄色)	Miller, 1972
6-O-β-D-半乳糖吡喃糖基 D-葡萄糖(别乳糖)			体内乳糖操作子诱导物，通过半乳糖苷酶可以将乳糖转化为别乳糖	Zabin and Fowler, 1978
苯基-β-D-半乳糖苷(P-gal)	2 mg/ml	作为 *lac* 组成型突变体的选择剂	半乳糖苷酶非诱导性底物，其摄取部分依赖于 *lacY* 基因产物	Miller, 1978
邻硝基苯-β-D-硫代半乳糖苷(TONPG)	10 mmol/L	可以作为 lac^- 突变体的选择剂	通过 *lac* 通透酶(*lacY* 基因产物)进入细胞，高浓度时抑制细胞生长	Miller, 1978

a. 除非另有说明上述储存液均溶解于无菌水中。X-gal 应该溶于 *N*, *N*-二甲基甲酰胺。

表 1.4.3 常用无义抑制基因[a]

抑制基因	图谱位置[b]	抑制类型	插入氨基酸	tRNA 基因
supD(*su1*)	43	琥珀抑制基因	丝氨酸	*serU*
supE(*su2*)	16	琥珀抑制基因	谷氨酸	*glnU*
supF(*su3*)	27	琥珀抑制基因	酪氨酸	*tyrT*
supB(*suB*)	16	赭石/琥珀抑制基因	谷氨酸	*glnU*
supC(*suC*)	27	赭石/琥珀抑制基因	酪氨酸	*tyrT*

a. 材料来自文献(Bachmann,1983;Celis and Smith,1979)。

b. 图谱位置以分钟表示，参见 Bachmann (1983)的描述。

表 1.4.4 常用的遗传标记及检测方法[a]

营养标记	划线或影印平板菌落于具有或不具有待检测的营养成分但含有其他各种必需的营养成分的平板上
抗生素抗性标记	划线或影印平板菌落于含有或不含有某种抗生素的平板上
其他标记	
$lacZ^+$	在含有 X-gal 和 IPTG 的 LB 平板上划线培养细菌(见 1.4)，$lacZ^+$ 菌落应该变蓝，而对照菌株($lacZ^-$)则不应变蓝
$lacZ\Delta M15$[b]	用pUC 质粒和对照质粒如 pBR322 转化大肠杆菌，将转化体划线于含有 X-gal 和 IPTG 的氨苄抗性 LB 平板上，pUC 质粒转化的菌落应该变蓝，而对照质粒如 pBR322 转化的菌落不应变蓝
F^+ 或 F'	将 M13 噬菌体涂布细菌层面上应该看到小的噬斑(见 1.15)

续表

recA	用一根牙签在 LB 平板上划一条水平线，同法将 *recA*$^+$对照菌也划一条水平线，然后用一纸板遮住平板的一半，用手提紫外灯在 254 nm 紫外光下以 300 ergs/cm^{2}照射平板(通常紫外灯离平板 50 cm 照射 20 s)。*recA*$^-$细菌对紫外线十分敏感，没有被纸板遮住的 *recA*$^-$细菌应被这一水平的射线杀死
recBCD	将λgam$^-$稀释液(见 1.9)和 λgam$^+$稀释液并排点在细菌层，二者应该形成大小几乎相同的噬斑
hsdS$^-$	(1)用来自于 *hsdS*$^-$或者 *hsdR*$^-$宿主菌的不同的稀释度的 λ 噬菌体感染突变菌株和野生型菌株。如果噬菌体来自于 *hsdS*$^-$宿主菌，那么它在 *hsdS*$^-$菌株中形成噬斑的效率比在野生型菌株中形成噬斑的效率要高 10^4～10^6 倍，如果是来自 *hsdR*$^-$(*hsdS*$^+$、*hsdM*$^+$)宿主菌，那么二者形成噬斑的效率应该是一样的 (2)重悬一个源于假设的 *hsdS*$^-$菌株的新鲜噬斑于 1 ml λ 噬菌体稀释缓冲液中，用 *hsdS*$^-$菌株和野生型菌株滴定 λ 噬菌体悬液，在 *hsdS*$^-$菌株上形成的噬斑数目应该比野生型菌株高 10^4～10^6 倍，每个噬斑约有 10^7 个噬菌体
hsdR$^-$ (*hsdS*$^+$ *hsdM*$^+$)	(1)同以上步骤(1)，只是噬菌体来源于 *hsdS*$^-$宿主菌 (2)重悬一个新鲜噬斑于 1 ml λ 噬菌体稀释缓冲液中，在 *hsdR*$^-$菌株和野生型菌株上进行滴定，二者形成噬斑的效率应该一样
dam	用带有 *MboI* 和 *BclI* 酶切位点的质粒，转化该菌株和野生型菌株，从两菌株中提取质粒，来自 *dam*$^-$菌株的质粒仍能被 *MboI* 和 *BclI* 识别
dcm	用带有 *ScrFI* 酶切位点的质粒转化该菌株和野生型菌株，从两菌株中提取质粒用 *ScrFI* 酶切鉴定。只有源于 *dcm*$^-$菌株的质粒才会被完全切开，即使是 DNA 被 *dcm* 甲基化，仍有一半的 *ScrFI* 位点可被切开
lon	在LB 平板上划线培养单菌落，同时用野生菌株划线培养作为对照，于 37℃培养，*lon*$^-$菌株克隆应该较大，发亮并且有黏性

a. 表中所用的方法涉及培养基的准备(见 1.1)，在平板上的划线和影印培养(见 1.3)以及 λ 噬菌体来源的载体的操作。

b. 编码 β-半乳糖苷酶的 Ω 片段。

表 1.4.5 常用的大肠杆菌菌株

菌株[a]	基因型	参考文献[b]
AR58	*sup*^{0} *galK2 galE*::Tn*10* (λ*cI*857 ΔH1 *bio*$^-$ *uvrB kil*$^-$ cIII$^-$) Str^r	A.Shatzman, pers comm.†
AR120	*sup*^{0} *galK2 nad*::Tn*10* (Tet^r) (λcI$^+$ *ind*$^+_{pL}$-*lacZ* 融合)Str^r	A.Shatzman, pers comm.†
AS1[c]	*endA1 thi-1 hsdR17*($r_K^- m_K^+$) *supE44* (λcI$^+$)	A.Shatzman, pers comm.†
BNN102[c]	C600 *hflA150 chr*::Tn*10 mcrA1 mcrB*	Young and Davis, 1983*
BW313[d]	*Hfr lysA*$^-$ *dut ung thi-1 recA spoT1*	Kunkel et al., 1987*†
C600	*thi-1 thr-1 leuB6 lacY1 tonA21 supE44 mcrA*	Appleyard, 1954*‡
CJ236[d]	*dut1 ung1 thi-1 relA1*/pCJ105(Cm^r)	Kunkel et al., 1987*; Joyce and Grindley, 1984+
DH1	*recA1 endA1 thi-1 hsdR17 supE44 gyrA96* (Nal^r) *relA1*	Hanahan, 1983*; D. Hanahan, pers.comm.†‡
DH5αF′[e]	*F′*/*endA1 hsdR17*($r_K^- m_K^+$)sup*E44 thi-1 recA1 gyrA*(Nal^r) *relA1* Δ(*lacZYA-argF*)$_{U169}$(*m80lacZ*Δ*M15*)	同 DH1 的参考文献
DK1	*hsdR2 hsdM*$^+$ *hsdS*$^+$ *araD139* Δ(*ara-leu*)$_{7697}$Δ(*lac*)$_{X74}$ *galU galK* rpsL (Str^r) *mcrA mcrB1* Δ(*srl-recA*)$_{306}$	D. Kurnit and B. Seed, pers. Comm.†‡
ER1451	*F′ traD36 proAB lacI*^{q} Δ(*lacZ*) *M15*/*endA gyrA96 thi-1 hsdR2*(或 *hsdR17*) *supE44* Δ(*lac-proAB*) *mcrB1 mcrA*	Raleigh et al., 1988†‡

续表

菌株[a]	基因型	参考文献[b]
HB101[f]	Δ(*gpt-proA*) *62 leuB6 thi-1 lacY1* $hsdS_B20$ *recA rpsL20*(Str^r) *ara-14 galK2 xyl-5 mtl-1 supE44* $mcrB_B$	Boyer and Roulland-Dussoix, 1969 *†‡
JM101[g]	F' *traD36* $proA^+$ $proB^+$ $lacI^q lacZ\Delta M15$/*supE thi* Δ(*lac-proAB*)	Yansich-Perron et al., 1985 *†‡
JM105[g]	F' *traD36* $proA^+$ $proB^+$ $lacI^q lacZ$ Δ*M15*/Δ$(lac\text{-}pro)_{X111}$ *thi rpsL* (Str^r) *endA sbcB supE hsdR*	同 JM101 的参考文献
JM107[g]	F' *traD36* $proA^+$ $proB^+$ $lacI^q$ Δ(*lacZ*) *M15*/*endA1 gyrA96* (Nal^r) *thi hsdR17 supE44 relA1* Δ(*lac-proAB*) *mcrA*	同 JM101 的参考文献
JM109[g]	F' *traD36* $proA^+$ $proB^+$ $lacI^q$ Δ(*lacZ*) *M15*/*recA1 endA1 gyrA96* (Nal^r) *thi hsdR17 supE44 relA1* Δ(*lac-proAB*) *mcrA*	同 JM101 的参考文献
K38	*HfrC* (λ)	Russel and Model, 1984; 见 16.2
KM392	*hsdR514*($r_K^- m_K^+$) *supE44 supF58lacY galK2 galT22 metB1 trp55 mcrA* Δlac_{U169} *proC*::Tn5	T. St. John, pers. comm.†; K. Moore‡
LE392	*hsdR514* ($r_K^- m_K^+$) *supE44 supF58lacY galK2 galT22 metB1 trp55 mcrA*	Borck, et al., 1976 *; N. Murray, pers.comm.†; L. Enquist‡
MC1061	*hsdR2* $hsdM^+$ $hsdS^+$ *araD139* $\Delta(ara\text{-}leu)_{7697}$ $\Delta(lac)_{X74}$ *galE15 galK16 rpsL* (Str^r) *mcrA mcrB1*	Casadaban and Cohen, 1980 *; M. Casadaban†‡
MM294	*endA thiA hsdR17 supE44*	Backman et al., 1976 *; M. Meselson†‡
NM539[h]	*supF hsdR* (P2*cox3*)	Frischauf et al., 1983 *; Lindahl and Sunshine, 1972†; N. Murray‡
P2392	*hsdR514*($r_K^- m_K^+$) *supE44 supF58lacY galK3 galT22 metB1 trp55 mcrA* (P2)	L. Klickstein, pers.comm.†
PR722	F' $\Delta(lacZ)_{E65}$ pro^+/*proC*:: *Tn5* $\Delta(lacIZYA)_{U169}$ *hsdS20 ara-14 galK2 rpsL20*(Str^r) *syl-5 mtl-1 supE44 leu*	P. Riggs, pers.comm.†
Q359	$hsdR^-$ $hsdM^+$ *supE tonA* ($\varphi80^r$)(P2)	Karn et al., 1980 *†‡
RR1	Δ(*gpt-proA*) *62 leuB6 thi-1 lacY1* $hsdS_B20$ *rpsL20* (Str^r) *ara-14 galK2 xyl-5 mtl-1 supE44* $mcrB_B$	Bolivar et al., 1977; 见 16.5
Y1088[i]	*supE supF metB trpR* $hsdR^-$ $hsdM^+$ *tonA21 strA* Δlac_{U169} *mcrA proC*::Tn5/pMC9	Huynh et al., 1984 *; Miller et al., 1984†; R. Young‡; M. Calos (pMC9)‡
Y1089[i]	Δlac_{U169} $proA^+$ Δ(*lon*) *araD139 strA hflA150 chr*::Tn*10*/pMC9	同 Y1088 的参考文献
Y1090[i]	Δlac_{U169} $proA^+$ Δ(*lon*) *araD139 strA supF trpC22*:: Tn*10 mcrA*/pMC9	同 Y1088 的参考文献

a. 大肠杆菌 K-12 原始菌株为 $F^+\lambda$ 溶源菌，但现在大多数常用的 K-12 衍生菌株除非有特别的说明都已经失去 F 因子和溶源噬菌体，除了在第二列中列出的细菌遗传标记外，所有其他的基因都是野生型的。

b. 所有 *mcr* 和 *mrr* 基因型均参考文献（Raleigh et al., 1988）。每个菌株的特殊信息均被标出：* 指的是菌株的基因型的参考文献；† 附加基因型信息的来源；‡ 被认为是负责原始菌株的构建。

c. AS1 又称之为 MM294cI^+，BNN102 又称之为 C600*hflA*。

d. CJ236 和 BW313 均常用于寡核苷酸介导的定向诱变，但 CJ236 菌株中带有的 pCJ105 质粒与这种应用无关。

e. DH5 是来自于 DH1 的衍生菌株，其转化效率比 DH1 略高。DH5α 和 DH5αF′都携带了缺失的 *lac* 操纵子和能够指导合成β-半乳糖苷酶 Ω 片段的 φ80 溶源噬菌体的衍生菌株，DH5αF′还带有 F′因子。DH5α 和 DH5αF′是专利菌株，它们可以某种方式制备使得其转化效率略高于 DH5。

f. 含有 *hsd* 基因的染色体区源于相应大肠杆菌 B 菌株。

g. 通过从省却脯氨酸极限培养平板上挑取单菌落可保证 JM 菌株中 F′因子的持续存在。这些菌株都能编码 β-半乳糖苷酶 Ω 片段，常与能编码 β-半乳糖苷酶 α 片段的载体一起应用，同时这些菌株也常与 M13 载体一起用于测序（见 1.9、1.10 和 7.4）。

h. 尚未知该菌株除了列出这些遗传标记是否还有其他遗传标记。

i. pMC9，如质粒所列的 Y 菌株的质粒，可以指导 *lac* 阻遏蛋白的大量合成，并且亦提供了四环素抗性和氨苄抗性（Miller et al., 1984）。

1.5 质粒载体

质粒在所有的细菌类群中都可发现，它们是独立于细菌染色体外自我复制的 DNA 分子。自然界中，质粒是在营养充足时出现，它在结构、大小、复制方式，每个细菌的拷贝数，在不同的细菌体内的繁殖力，在菌种之间的转移力等方面都会变化，可能最重要的是质粒所携带的特征的改变。大多数原核生物的质粒是双链环状的 DNA 分子；但是无论是在革兰氏阳性还是阴性菌体内都可发现线状质粒。质粒大小变化很大，可从几个到数百个 kb。质粒依靠宿主细胞提供的蛋白质进行复制，但也可使宿主细胞获得质粒编码的功能。质粒复制可以与细菌的细胞周期同步，导致菌体内质粒的拷贝数较低，质粒复制也可独立于细胞周期，使每个菌体内扩增了成百上千个质粒拷贝。一些质粒在菌种间可自由地转移它们的 DNA 分子，另一些只转移质粒给同种细菌，而有些却根本不转移它们的 DNA。质粒带有具有许多功能的基因，这些功能包括对抗生素和重金属的抗性、对诱变原的敏感性、对噬菌体的易感或抗性、产生限制酶、产生稀有的氨基酸和毒素、决定毒力、降解复杂有机分子，以及形成共生关系的能力和在生物界内转移 DNA 的能力。

质粒载体的选择

选择质粒载体的要素是要了解可用到的载体的特征和预测重组克隆所用于的实验。一些基本和特殊的特征将在后面讨论到。图 1.5.1 至图 1.5.10 为一些广泛应用的载体的图谱或者是一些有特殊功能从而在某些技术下发挥重要作用的载体。

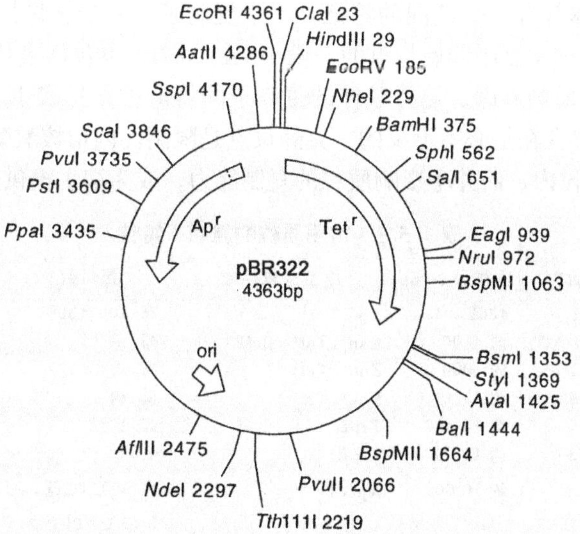

图 1.5.1 pBR322 是一种十分常用的克隆载体，许多其他载体都是由它衍生而来。它带有可扩增的 pMB1 复制子和编码氨苄青霉素抗性和四环素抗性的基因。外源 DNA 插入其中任何一个抗性基因均会使该抗性失活，从而使带有插入片段的质粒克隆因不能在含有抗生素的培养基上生长而被识别（Boliver et al., 1977）。序列来自 Sutcliffe (1978)。

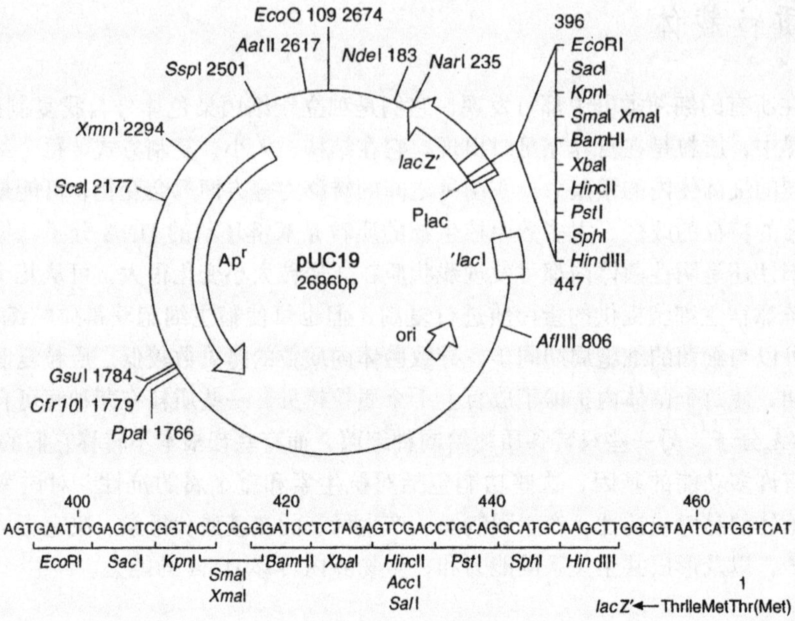

图 1.5.2　pUC19 属于在 *lacZ* 基因 α 区含有多接头的质粒载体家族中的一种。多接头同 M13mp 系列载体一致（图 1.14.2）。pUC19 和 pUC18 具有相同的多接头，只是方向相反。在合适的条件下，在多接头处含有插入片段的质粒可使菌株显白色，而不是显蓝色。这些从 pMB1 衍生的质粒可保持很高的拷贝数（每个基因组有 1000～3000 个拷贝数）。野生型和重组型都含有氨苄青霉素抗性，并且能够在氯霉素压力下扩增（Norrander et al., 1983），另外野生型质粒能够在合适的宿主菌（如 JM101 细菌细胞，表 1.4.5）中产生 $LacZ^+$ 表型。

所有的质粒载体都有三个共同的特征：一个复制子、一个选择性标志和一个克隆位点。复制子是含有 DNA 复制起始位点的一段 DNA（*ori*），也包括表达由质粒编码的复制必需的 RNA 和蛋白质的基因。选择载体的复制子的特征可参见表 1.5.1。选择性标志对于质粒在细胞内持续存在是必不可少的。克隆位点是限制性内切核酸酶切割位点，外源性 DNA 可由此插入质粒内，而并不影响质粒的复制能力，或为宿主提供选择性表型。

表 1.5.1　常用质粒的复制子特性

复制子	原型质粒	质粒大小/bp	原型质粒标志	拷贝数[a]	参考文献
pMB1	pBR322	4362	Ap^r, Tet^r	高，100～300	Bolivar et al., 1977
ColE1	pMK16	约 4500	Kan^r, Tet^r, $ColE1^{imm}$	高，＞15	Kahn et al., 1979
p15A	pACYC184	约 4000	Eml^r, Tet^r	高，约 15	Chang and Cohen, 1978
PSC101	pLG338	约 7300	Kan^r, Tet^r	低，约 6	Stoker et al., 1982
F	pDF41	约 12 800	TrpE	低，1～2	Kahn et al., 1979
R6K	pRK353	约 11 100	TrpE	低，＜15	Kahn et al., 1979
R1(R1*drd-17*)	pBEU50	约 10 000	Ap^r, Tet^r	在 30℃ 时低，在 ＞35℃[b] 时高	Uhlin et al., 1983
RK2	pRK2501	约 11 100	Kan^r, Tet^r	低，2～4	Kahn et al., 1979
λ*dv*	λ*dvgal*	—[c]	Gal	—	Jackson et al., 1972

a. 拷贝数是对原型质粒而言。由于复制子的突变，来自这些质粒的含有复制子的质粒载体可有不同的拷贝数，如 PUC(来源于 pMB1)有 1000～3000 个拷贝。

b. 为温度敏感株。

c. 不清楚。

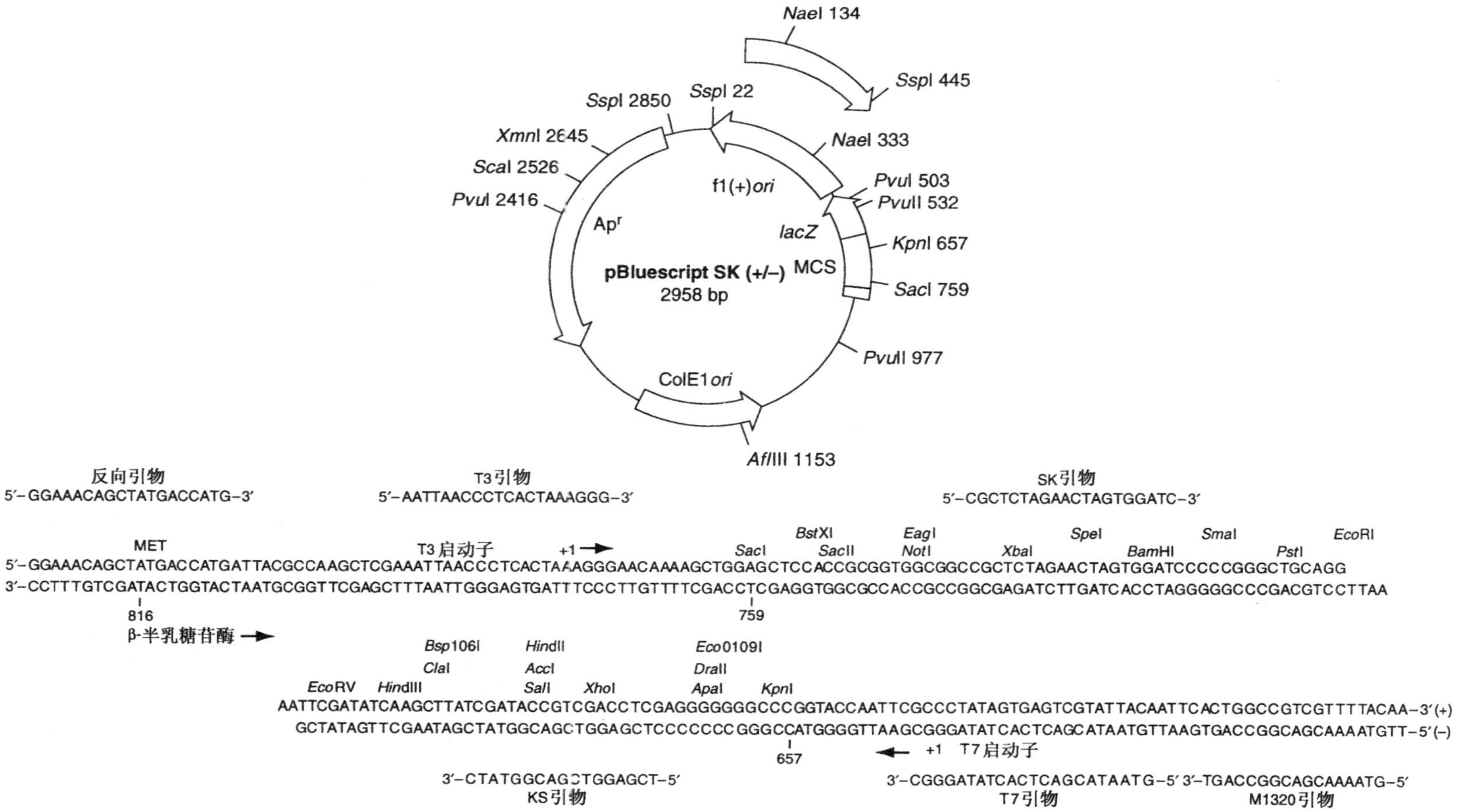

图 1.5.3 pBluescript SK(+/–) 是常用的噬菌粒载体，该载体的 *lacZ* 基因的α区域有多位点接头，在多克隆位点侧翼有 T3 和 T7 启动子序列。pBluescript SK(+) 的(+)方向存在 f1 丝状噬菌体的复制起始位点，这使得 *lacZ* 基因的正义链可以成为单链 DNA。pBluescript SK(–) 则在反方向(–)存在复制起始位点，f1(–)，这样就可以得到另一条链。*lacZ* 基因的α区域的多位点接头使得通过蓝白斑筛选来鉴别插入位点成为可能。T3 和 T7 启动子均可被噬菌体的 RNA 聚合酶识别，这样插入片段就可以从多位点接头的任意一边起始转录。

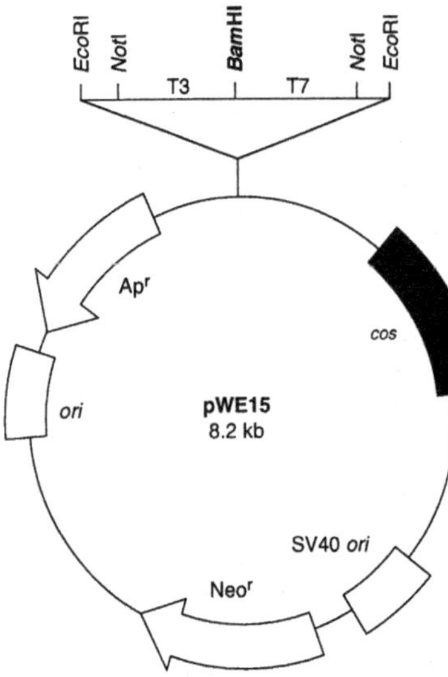

图 1.5.4　pWE15 是黏粒载体的例子，它用来克隆 35～45 kb 的 DNA 片段。*cos* 位点允许 DNA 被切开并包装入由合适的 λ 蛋白构成的头部。有单一的 *Bam*HI 克隆位点，两侧分别是 T3 和 T7 启动子序列。这些启动子对于制备与插入 DNA 末端相一致的标记 RNA 探针特别有用，RNA 探针可以鉴定用于染色体步移和黏粒叠连群（contig）构建的重叠的黏粒。位于克隆位点旁侧的 *Not*I 位点可用于从载体上切下一个完整的插入片段。来源于 *ColE*I 的起始点和氨苄青霉素抗性基因可作为复制和挑选细菌用。来源于新霉素磷酸转移酶基因的 SV40 启动子（包括 SV40 复制起始点）能够用于挑选真核细胞。pWE15 图谱经惠许摘自文献（Wahl et al., 1987）。

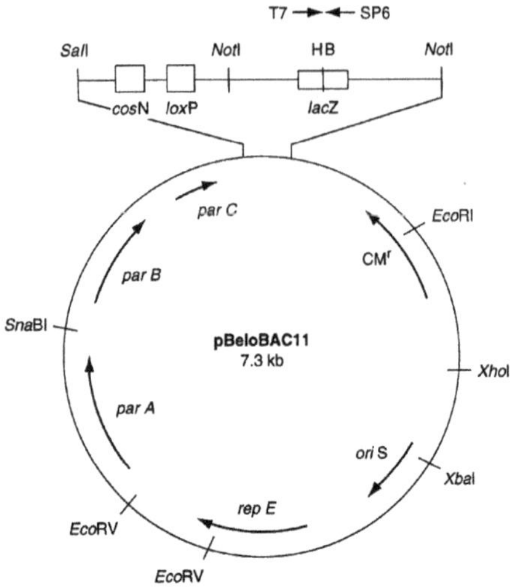

图 1.5.5　pBeloBAC11 是人造的细菌染色体载体家族中的一个例子，它以低拷贝数的 F 因子复制子作为基础。BAC 载体用于在 *E. coli* 中克隆大的 DNA 片段（100～500 kb），而且一般用在基因组图谱策略方面。*oriS*、*repE*、*parA*、*parB* 和 *parC* 基因是构成 F 因子复制子的必需的基因。*oriS* 和 *repE* 基因是质粒单向复制所需要的基因，而 *parABC* 位点保持每个大肠杆菌基因组稳定在 1～2 个拷贝。有两个插入 *lacZ* α 区的唯一的克隆位点（*Hind*III 和 *Bam*HI）。克隆区域其他的有用的特征是：①在克隆位点旁侧的 T7 和 SP6 启动子序列；②在克隆位点旁侧的切除插入片段的 *Not*I 限制性位点；③*loxP* 和 *cosN* 位点能被特异的酶切割。在 *loxP* 或 *cosN* 处切割后产生的末端通过末端标记和不完全限制性消化可作为固定的参照点用来构建一个有序的限制性图谱。pBeloBAC11 图谱经惠许摘自文献（Shizuya et al., 1992）。

拷贝数

复制子可以根据在特定生长条件下每个细菌细胞中质粒分子的数量，也就是拷贝数来分类。多拷贝的质粒易于制备大量的高纯度的质粒 DNA，而低拷贝质粒允许一个拷贝控制一克隆序列的基因含量。

选择性标志

编码抗生素抗性的基因对质粒载体来说是最普遍的细菌选择性标志（如 pBR322；图 1.5.1）。另一个显性的选择标志就是对 λ 噬菌体感染的免疫（也就是 λ 阻抑物）。有时也会用到一些隐性标志，如 *leuB*$^-$（亮氨酸存在时就不能生长）。

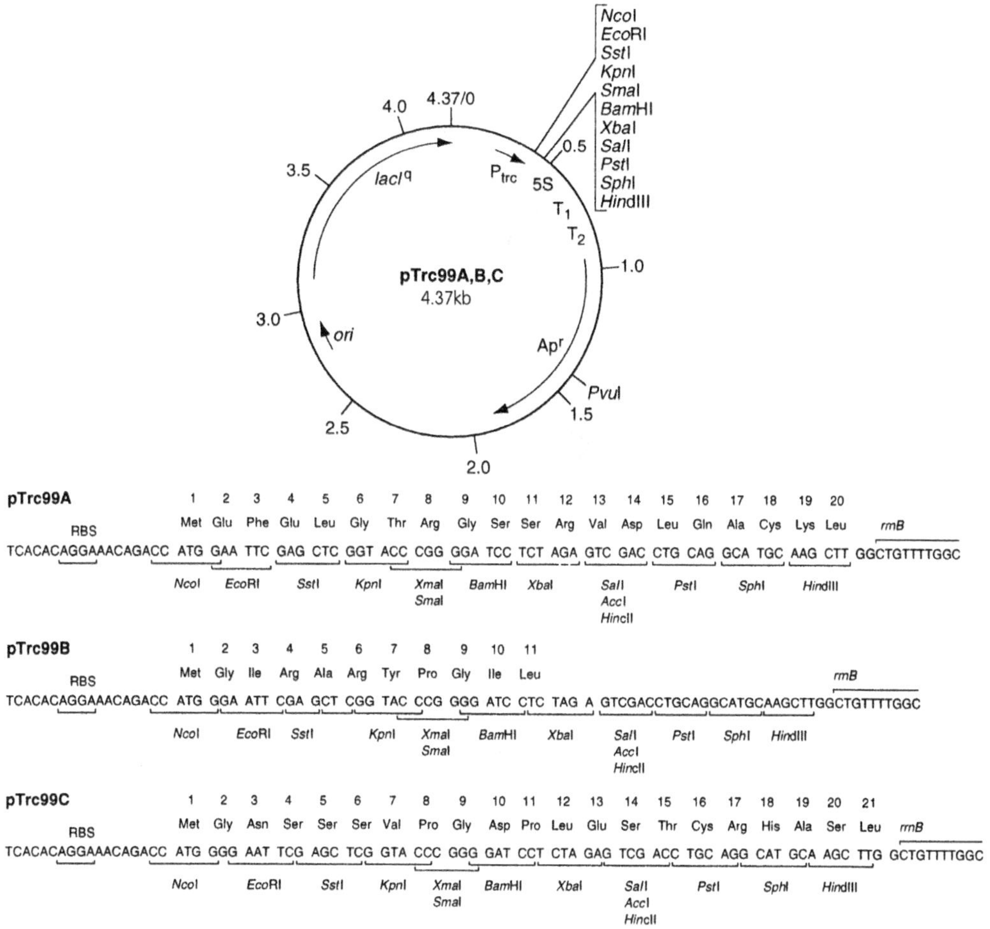

图 1.5.6 pTrc99A，B，C 是 pTrc 系列表达质粒载体，可用于基因在大肠杆菌的调控表达。这些质粒带有强的 trp/lac 融合启动子，*lacZ* 核糖体结合位点（RBS），可以以三种可读框插入外源片段的 pUC18 多克隆位点，以及 *rrnB* 转录终止子（见质粒图下的多接头序列）。这些载体可以表达非融合蛋白（从 *Nco*I 位点插入），也可表达融合蛋白（从其他位点以正确可读框插入）。质粒上带有 *lacI*^{q} 等位基因可以保证 lac/trp 融合启动子的完全阻遏［更详细的材料可以参考文献（Amann et al.，1988)］。

克隆位点

如今的载体都含有一多克隆位点（MCS）或多位点接头［包含约 20 个串联排列的限制性内切核酸酶位点（如 pUC19；图 1.5.2)］。这些位点在载体内通常是独一无二的，这样就可以防止插入片段插入不恰当的位置，如载体其他的特征导致破裂的位点。多克隆位点的存在可以确保载体适合大部分的 DNA 片段，可以针对插入片段提供特定的酶切位点图谱，在质粒重组操作方面具有更大的灵活性。在选择质粒载体时既要考虑在多接头处出现的是何位点，又要考虑到这个位点的顺序，因为必须确保特定的位点存在于多接头里。

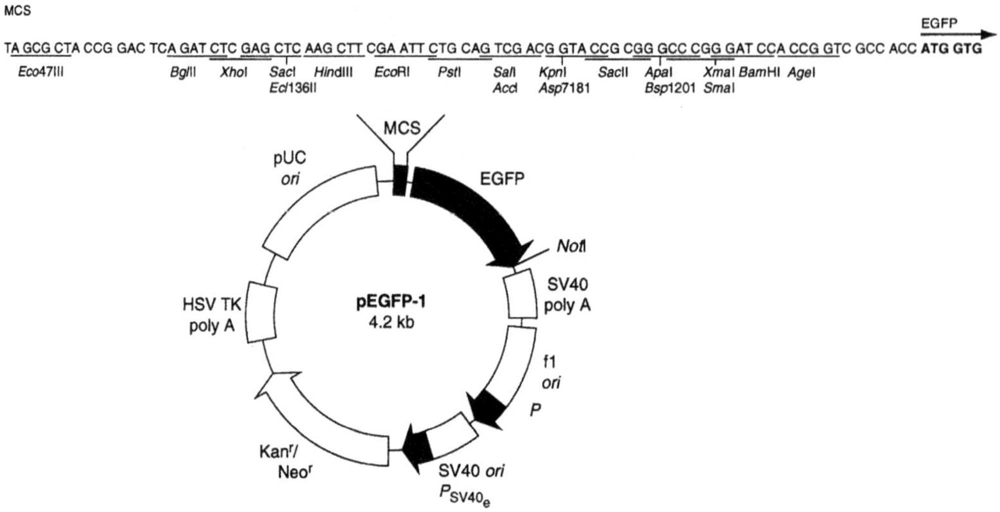

图 1.5.7　pEGFP-1（Clontech；Yang et al.，1996）是一个通过绿色荧光蛋白（GFP）衍生物的荧光来检测哺乳动物细胞里启动子活性的可选择的载体。这种载体在 SV40 早期启动子的下游区包含一个新霉素抗性基因，可供选择稳定转化的哺乳动物细胞。载体在 EGFP 基因上游区有一个多接头，以便插入多接头的启动子序列的功能能通过 EGFP 的活性来鉴定。EGFP 基因来自修饰的野生型的 GFP，以保证其能够在哺乳动物细胞内表达，它有与人类密码子偏爱相对应的沉默的碱基突变，位于编码区旁侧的序列已转变为 Kozak 的普遍翻译起始信号。载体骨架包含一个启动 ssDNA 表达的 f1 启动子，一个使载体能在大肠杆菌扩增的 pUC 来源的启动子和能选择细菌的卡拉霉素抗性基因。

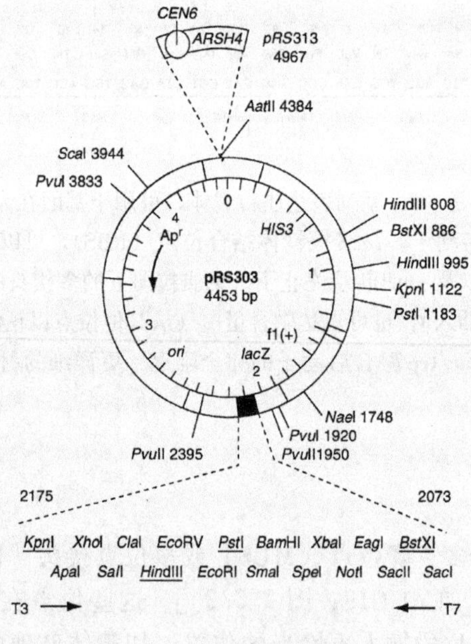

图 1.5.8　pRS303 是穿梭载体系列之一（也包括 pRS305 和 pRS306，文中没有显示），设计此载体有利于在酿酒酵母里操纵 DNA。载体有一个来源于 pBluescript 的骨架结构，使得该载体能够在酵母菌里复制和持续存在。这些载体含有一个自主的复制序列和着丝粒序列，*CEN6*，保证载体稳定地在酵母细胞内存在。这系列的载体差别只在于插入的酵母选择性标志不同；pRS303 带有 *HIS3* 标志，弥补了特殊的酵母菌株的不可逆的 *his3* 染色体的突变。pRS303 图谱经惠许摘自文献（Sikorski and Hieter，1989）。

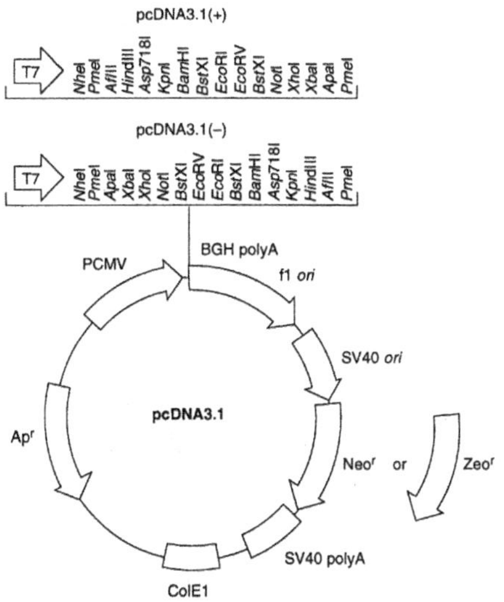

图 1.5.9 pcDNA3.1 是一个用于哺乳动物细胞里的可选择的克隆和表达载体。这个载体的特征包括有一个来源于 SV40 早期启动子的新霉素抗性基因（包含在 SV40 启动子里），并且此基因被用来选择哺乳动物细胞的 SV40 多腺苷酸化信号所终止。除此之外，由于 SV40 启动子的引入，载体能够作为一个附加体在表达 SV40 大 T 抗原的细胞内复制。多接头克隆位点位于巨细胞病毒强增强子-启动子序列的下游区，以及牛生长激素基因终止信号的上游区，以高水平的表达在载体内克隆的编码蛋白质序列。这个载体还含有其他的一些质粒载体具有的更多的典型特征，包括能在大肠杆菌扩增的 ColE1 复制子，可供选择大肠杆菌的氨苄青霉素抗性基因，能生成 ssDNA 的 f1 启动子和能使插入多接头的 DNA 在体外转录的 T7 启动子序列。

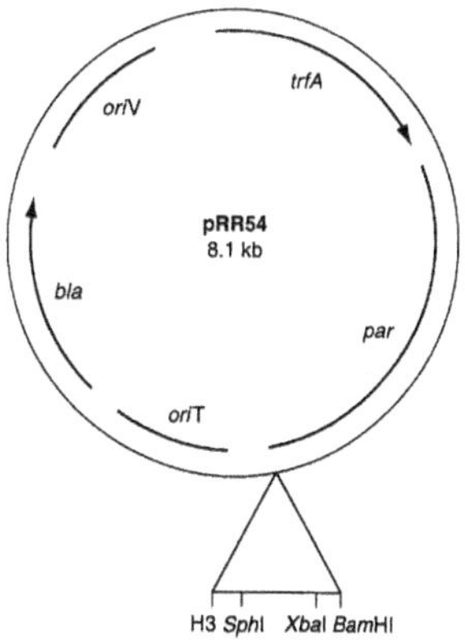

图 1.5.10 pRR54 是一个在广泛的宿主范围移动的典型载体。这种载体包含来源于天然的广范围宿主的 RK2 质粒的复制子和稳定序列。*oriV* 是自主的复制起点，*trfA* 编码复制需要的反式作用因子，而 *par* 编码增强质粒稳定性的位点。只要提供合适的反式移动机制，质粒可以配对进入多种革兰氏阴性的菌株，因为它含有两个质粒之间转移的起点 *oriT*。质粒携带 β-内酰胺酶基因，可供氨苄青霉素和羧苄青霉素选择有质粒的细菌。质粒图谱经惠许摘自（文献 Roberts et al.，1990）。

大小

大的质粒（>15 kb）不会很好转化而且 DNA 产量通常很低。在设计实验时要考虑到加入插入片段的最终载体大小，尽量用更小的载体。

兼容性

当多于一个质粒载体必须同时存在于同一个细菌细胞中，这两个质粒的复制子必须是兼容的。当它们不能稳定地共存时，则认为这两个质粒是不兼容的。

选择/检测插入片段

为了鉴别质粒中是否含有插入片段，对一些载体进行了工程改造，这样产生的多位点接头的分离会引起可见的表型。例如，*lacZ* 基因的应用（多位点接头的分离会引起白细胞的生长而抑制蓝细胞的生长，如 pUC19）和 *ccdB* 基因（调控细胞死亡）的应用（分离会促进细胞存活。）

其他特定的属性

和多位点接头两翼的序列互补的寡核苷酸（如引物）通常可以用作 PCR 扩增或测序。多位点接头两翼的不常出现的酶切位点（如 8 碱基的缺刻口）可以轻易地切割克隆片段。多位点接头两翼的噬菌体启动子能将插入的 DNA 片段大量地转录成 RNA 转录物。噬菌粒载体（如 pBluescript）既含有丝状噬菌体复制起始位点，也含有质粒起始位点，因此它们既可以生长和繁殖为质粒，也可以从任一条链生成单链 DNA。大肠杆菌的许多载体已经改造到可以接受大的插入片段，包括黏粒（如 pWE15）和人造的细菌染色体（如 pBeloBAC11）。表达载体（如 pTrc99A、B、C）是利用位于诱导型启动子下游的多位点接头来表达大量的重组蛋白。其他的质粒载体（如 pEGFP-1）可以简化报道基因融合的构建和操作，因为这种融合基因中目的启动子用于启动更易观察的标志基因。质粒载体可以根据不同的宿主（如 pRS303 适合酵母，而 pcDNA3.1 适合培养的哺乳动物细胞的稳定转染）进行改造或针对不同的细菌宿主种类之间转移（如 pRR54）而进行改造。

参考文献：Kaha et al., 1979.
撰 稿 人：Rhonda Feinbaum

1.6　质粒 DNA 的小量制备

质粒 DNA 的小量制备用于抽提微克级的质粒 DNA。

1.6.1　基本方案 1　碱裂解小量制备

碱裂解法是最常用的小量制备质粒 DNA 的方法。

材料（带√项见附录 1）

含适量抗生素（表 1.4.1）的 LB 培养基（见 1.1）
含质粒的细菌克隆
√葡萄糖/Tris/EDTA（GTE）溶液
√NaOH/SDS 溶液
√乙酸钾溶液，pH 4.8
95%和 70%乙醇

√TE 缓冲液

步骤

1) 接种一个单菌落于 5 ml 无菌 LB 培养液中，在 37℃培养至饱和状态（过夜）。
2) 取 1.5 ml 培养液以最大转速离心 20 s。弃上清。
3) 沉淀用 100 μl GTE 溶液彻底重悬并于室温静置 5 min。
4) 加入 200 μl NaOH/SDS 溶液，用指头敲击管壁混匀，于冰上放置 5 min。
5) 加入 150 μl 乙酸钾溶液，在涡旋混合器上振荡 2 s 混匀，于冰上放置 5 min。
6) 离心 3 min，然后吸取上清液移入干净的微量离心管中，加 0.8 ml 95%乙醇，于室温静置 2 min。
7) 室温离心 1 min，弃上清，用 1 ml 70%的乙醇清洗沉淀，然后真空干燥。
8) 沉淀用 30 μl TE 缓冲液重溶，于 4℃短期保存，于－20℃或－70℃长期保存，取 2.5～5 μl进行酶切分析。

   如有必要，在酶切反应液中加入 1 μl 10 mg/ml RNA 酶溶液（不含 DNA 酶，见 3.10）以去除污染的 RNA。

1.6.2 备选方案 96 孔微量滴定板碱裂解法

这个方案可以在一天内快速制备数以百计的质粒。

附加材料（亦见基本方案 1）

TYGPN 培养液（见 1.1）
异丙醇
96 孔微量滴定板（Dynatech PS 板或相当的物品）
多道加样器（8-prong Costar，12-prong Titer TeK）
多管涡旋混合器
Sorvall RT-6000 低速离心机，在 H-1000B 转子上带有微孔板卡槽（或相当设备）

1) 在 96 孔微量滴定板上每孔中加入 0.3 ml TYGPN 培养液，每孔中接种一个含有质粒的单菌落，于 37℃培养至饱和状态（约 48 h）。
2) 饱和培养液于 4℃，以 600 *g* 用带有微孔板卡槽的 H-1000B 转子离心 10 min，轻轻甩去每孔中的上清液。
3) 将平板夹在多管涡旋混合器上置 4 挡振荡 20 s，重悬细菌。
4) 每孔先加入 50 μl GTE 溶液，再加入 100 μl NaOH/SDS 溶液，放置 2 min。
5) 每孔加入 50 μl 乙酸钾溶液，盖上盖子或封口膜（Parafilm）。
6) 于涡旋混合器上置 4 挡剧烈振荡 20 s，然后于 4℃，600 *g* 离心 5 min。
7) 用枪头插入孔底的 U 字型的壁底，从每孔吸取 200 μl 上清液至另一块新的平板中。
8) 在新板每孔中加入 150 μl 异丙醇，盖好盖子，振动混匀，于－20℃冷冻 30 min。
9) 于 4℃，600 *g* 离心 25 min，弃上清。用冰冷的 70%乙醇洗涤沉淀，轻轻吸去上清，再用95%乙醇洗涤，同样轻轻吸去上清。

10) 空气中干燥30 min后用50 μl TE重溶沉淀。于4℃短期保存，于−20℃或−70℃长期保存。并每孔取10 μl进行分析。

1.6.3 基本方案2 煮沸小量制备法

推荐采用本方案从1～24个菌落培养液中制备少量的质粒DNA，尽管该方案十分快捷，但制备的DNA的质量要比碱裂解法差。

材料（带√项见附录1）

含有适当抗生素（表1.4.1）的LB培养基（见1.1）

含质粒的细菌克隆

√STET溶液

卵清溶菌酶

冰冷的异丙醇

√TE缓冲液

步骤

1) 接种一个单菌落于5 ml LB培养基中，于37℃培养至饱和状态或至少到对数生长中期（约6 h）。

2) 取1.5 ml菌液以最大转速离心20 s，弃上清。

3) 加入300 μl含200 μg溶菌酶的STET溶液重悬沉淀。在涡旋混合器上振荡混匀，冰上放置30 s～10 min。

为了获得高产量的DNA，一定要使菌体完全重悬。

4) 将管放入沸水中（100℃）1～2 min。

5) 离心15～30 min，吸上清移入一个新的微量离心管中。

6) 加入200 μl预冷的异丙醇，于−20℃放置15～30 min。

7) 以最大转速离心5 min，倒转离心管，弹数次，去除上清，真空干燥直至沉淀呈透明。

8) 沉淀溶于50 μl TE缓冲液中，于4℃短期保存，于−20℃或−70℃长期保存。取5 μl进行限制酶酶切分析。

如有必要，往待消化混合液中加入1 μl 10 mg/ml RNA酶溶液（不含DNA酶，见3.10）以去除污染的RNA。

参考文献：Birnboim，1983；He et al.，1991；Holmes and Quigley，1981.

撰 稿 人：JoAnne Engebrecht，Roger Brent，and Mustak A，Kaderbhai

1.7 质粒DNA的大量制备

1.7.1 基本方案1 碱裂解法制备粗制裂解物

大量碱裂解方法不仅相当快捷可靠，而且可获得相当纯净的粗制DNA。煮沸法的大量制备（Holmes and Quigley，1981；参考小量制备煮沸法，见 1.6）也简单易行，但得到的 DNA 比较粗制。高纯度的质粒 DNA 可通过氯化铯/溴化乙锭平衡离心法或层析法进一步纯化粗制 DNA 得到。

材料（带√项见附录 1）

含有氨苄青霉素或其他适当的选择性试剂（表 1.4.1）的 LB 培养基或丰富培养基（如超级肉汤或 TB 超级肉汤培养基；见 1.1）

带有质粒的大肠杆菌菌株

√葡萄糖/Tris/EDTA（GTE）溶液

卵清溶菌酶

√NaOH/SDS 溶液

√3 mol/L 乙酸钾溶液，pH 约 5.5

异丙醇

70%乙醇

约 20 ml 容量的高速离心管

步骤

1）往 5 ml 的含选择性试剂（通常是氨苄青霉素）的 LB 培养基或丰富培养基接种单菌落。于 37℃剧烈振荡培养过夜。

2）往 2 L 烧瓶中加入 500 ml 含有适当抗生素的 LB 培养基，然后加入 1 ml 过夜培养的大肠杆菌培养物，再于 37℃培养至饱和状态（$OD_{600}\approx4$）。

为提高产量，应采用表面积较大及带折流板的烧瓶以尽量增大通气度；振摇速度应大于 400 r/min。

3）于 4℃，6000 *g* 离心 10 min。

4）用 4 ml GTE 溶液重悬沉淀，并转移到一个容积≥20 ml 的高速离心管中。

5）加入 1 ml 新配的含 25 mg/ml 溶菌酶的 GTE 溶液（终浓度 5 mg/ml），彻底重悬沉淀，于室温放置 10 min。

如果 DNA 要用层析法纯化，加入 50 μg/ml RNA 酶 A 以降解 RNA。

6）加入 10 ml 新配的 NaOH/SDS 溶液，并且轻轻混匀直至液体变得均一、清亮而黏稠。于冰上放置 10 min。

7）加入 7.5 ml 3 mol/L 乙酸钾溶液，用吸管轻轻搅拌直至黏稠度下降并形成大的沉淀，于冰上放置 10 min。

8）于 4℃，20 000 *g* 离心 10 min，将上清轻轻倒入至另一个干净的离心管中，如果有可见的漂浮物可用数层纱布过滤。

9）加入 0.6 倍体积的异丙醇，颠倒混匀，室温放置 5～10 min。

10）室温，15 000 *g* 离心 10 min。弃上清，加入 2 ml 70%乙醇轻轻洗涤沉淀。

11）室温，15 000 *g* 短暂快速离心，吸去乙醇，并真空干燥。4℃无限期保存。

1.7.2　基本方案2　氯化铯/溴化乙锭平衡离心法

这种方法可以得到除去了大多数杂质的高纯度质粒DNA。但它需要使用溴化乙锭，并且需要长时间的超速离心来形成密度梯度。

材料（带√项见附录1）

来自于粗裂解物制备的沉淀或上清（见基本方案1或备择方案）
√TE缓冲液pH 7.5
氯化铯（CsCl）
√10 mg/ml溴化乙锭溶液
√Dowex AG50W-X8阳离子交换树脂
1 g/ml CsCl/TE溶液
0.2 mol/L NaCl/TE缓冲液
100%乙醇和70%乙醇
5 ml快封超离心管

步骤

1) 粗裂解物制备方案最后一步得到的沉淀溶于4 ml TE缓冲液中，加入4.4 g CsCl，溶解后，再加入0.4 ml 10 mg/ml溴化乙锭。如果用的是上清（也就是来自于备选方案），按上清的体积依比例扩大CsCl和溴化乙锭。

   注意：溴化乙锭是一种诱变剂并能造成环境污染，操作时应戴手套，并且妥善处理。

2) 将溶液转入一个5 ml的quick-seal快速封口的超离心管中，往管中加入1 g/ml CsCl/TE溶液，封好离心管。

3) 于20℃，500 000 *g*离心3.5 h或于20℃，以350 000 *g*离心14 h以上。

   注意：必须在温度不低于15℃下离心，这是为了防止对转子和离心机的损坏以及潜在的严重的人员伤害。

4) 小心地取出管子，从管的顶端插入一支20-G针头，然后用带另一20-G针头的3 ml注射器将质粒带吸出（针头插入质粒带下约1 cm）。

   注意：为了防止紫外线对眼睛的严重损伤，应戴紫外防护眼镜或面罩。操作溴化乙锭时要戴手套。

5) 为了得到更高纯度的质粒DNA，在新管中进行第二次超速离心，管顶加有含0.1 mg/ml溴化乙锭的CsCl/TE缓冲液。

6) 按质粒DNA/EB溶液的1.5～2倍体积装Dower AG50W-X8柱子，用数倍体积的TE/0.2 mol/L NaCl溶液清洗和平衡柱子。

7) 用注射器将混合有溴化乙锭的质粒DNA溶液直接加到树脂的顶部，注意不要摇动树脂。立即收集流出液。

8) 用2倍于上样质粒溶液体积的0.2 mol/L NaCl /TE溶液洗脱柱子两次，用同一管子收集流出液。

也可以用等体积 TE 饱和的正丁醇来除去溴化乙锭（见 2.1）。充分涡旋振荡混匀，然后除去有机相，重复几次直至在紫外灯下看不见红色，然后加入 3 倍体积 TE 缓冲液来稀释氯化铯，在本方法中产生的含有溴化乙锭的有机废物应该妥善处理。

9）加入 2 倍体积 100%乙醇于室温或－20℃沉淀质粒 DNA。于 4℃，以 10 000 *g* 离心 10 min。沉淀 DNA 时温度不要低于－20℃，以免氯化铯沉淀下来。

10）沉淀用 70%乙醇洗涤 1 遍，真空干燥，溶解于 TE 缓冲液，并于 4℃保存。

1.7.3 备择方案 利用阴离子交换层析或分子筛层析纯化质粒 DNA

用层析方法纯化质粒 DNA 主要利用质粒 DNA 与初始裂解物中其他分子的物理性质的差别。核酸带负电，因此可用离子交换层析的方法进行纯化（见 2.2）。大分子的质粒 DNA 可以通过凝胶过滤层析方法去除小分子杂质而得到纯化。现在许多离子交换层析纯化系统已经市场化了。因为没有一种方案适合所有的层析方法，所以用厂家所推荐的方法制备粗裂解物和装柱就尤为重要。

粗制裂解物的制备

在制备初始裂解物时使细菌培养容量和细胞浓度与预计的 DNA 含量和所用柱子对质粒 DNA 的结合力相适合是非常重要的。过载的柱子会使系统的性能降低。而且裂解物黏度过高，需要进行强有力的混合，会导致细菌基因组 DNA 的剪切和随后的质粒 DNA 的污染。

通过层析方法制备的质粒 DNA 最常见的污染物是高分子质量的 RNA。这种污染物通过往重悬的细胞沉淀里加入 50 μg/ml 的 RNA 酶 A（见基本方案 1 步骤 8）可降低。试剂同 Qiagen-tip 柱及包括 RNA 酶的 5 Prime→3 Prime 柱一起提供。

当粗裂解物上样到柱上时，粗裂解物中的固体物质会大大阻碍或完全阻止柱子的流动。固体物质的主要来源就是沉淀时的漂浮物（见基本方案 1 步骤 8）。为了确保没有漂浮物，可以将上清液用干酪包布过滤，并且在离心之前加氯仿抽提；也可以再次对上清液进行离心。粗裂解物在去除蛋白质和细胞碎片后可以直接加至 Qiagen-tip 柱。另外，Qia 滤器（Qiafilter）不需离心就可快速过滤细菌裂解物，去除蛋白质、细胞碎片甚至是小的 SDS 沉淀物。

柱容量

商用柱子有多种容量，这直接关系到培养液体积、质粒的拷贝数和细胞密度。低拷贝数的质粒和噬菌粒常需要大量的培养以获得足够的 DNA。高拷贝的质粒所需的培养容量则相对小一些。而用像极限肉汤这种支持高浓度细胞生长的培养基时，培养容量也相对小一些。Qiagen 提供的方法以表格的方式列举了提取不同来源的质粒推荐使用的培养体积。

柱子过载大量的裂解物会影响分离特性，导致产量和纯度下降。对于其他的大多数商业柱子来说，标准的方法是要保持大约 500 ml LB 培养基培养细菌的质粒在适当的拷贝数从而使柱子的质粒产量较高。

柱子过载质粒DNA并不会阻止对DNA的回收，但超出柱子容量的DNA初上柱就从柱子流过而被丢失。提高产量的方法之一是收集初次上样时从柱子流出的液体。有些柱子可通过质粒DNA的洗脱和初次流出液再上柱能够再生。只有某些柱子可以再生；需按照制造商的方法进行操作。

参考文献：Birnboim，1983；Holmes and Quigley，1981；Radloff et al.，1967.

撰稿人：J. S. Heilig，Karen L. Elbing，and Roger Brent

1.8 将质粒DNA导入细菌细胞

1.8.1 基本方案1 $CaCl_2$ 转化法

材料（带√项见附录1）

LB培养基（见1.1）

大肠杆菌单菌落

√$CaCl_2$ 溶液，预冷

质粒DNA（见1.6和1.7）：pBR322和目的质粒

带有氨苄青霉素或其他选择性试剂（表1.4.1）的LB平板（见1.1）

注意：所有与细菌接触的物品和液体都应该是无菌的。

步骤

1）接种一个单菌落于50 ml LB培养液中，于37℃中速摇床培养过夜（250 r/min）。

2）往一个2 L的烧瓶中加入400 ml LB培养液，再加入4 ml过夜培养液，于37℃摇床（250 r/min）培养至 OD_{590} 为0.375。

这一步的目的是使细菌快速生长（对数早期或中期）。

3）将培养液分装到8个50 ml预冷无菌的聚丙烯管中，于冰上放置5～10 min。

4）于4℃，1600 *g* 离心7 min。细胞沉淀用10 ml冰冷的 $CaCl_2$ 溶液重悬。

5）于4℃，1100 *g* 离心5 min。细胞沉淀用10 ml冰冷的 $CaCl_2$ 溶液重悬，冰上放置30 min。

6）于4℃，1100 *g* 离心5 min。用2 ml冰冷的 $CaCl_2$ 溶液重悬各管细胞。

7）为了长期保存，按每管250 μl的量分装于预冷的无菌聚丙烯管中，立即冻存于−70℃。

8）为检测感受态的效果，按照以下各步骤将10 ng pBR322转化到100 μl感受态细菌。将合适体积的转化物（1、10和25 μl）涂于含有氨苄青霉素的LB平板上，37℃培养过夜。

转化的大肠杆菌MC1061和DH1细胞一般可以产生 10^5～10^8 克隆数/μg DNA。

9）将10 ng DNA（10～25 μl）加入到一个15 ml无菌的圆底试管中，并放置冰上。

10）将盛有感受态细胞菌的管子握在手上使菌液迅速融化，立即将100 μl感受态细菌加入到管中，轻轻旋动，并放置冰上10 min。

11) 将管放入 42℃水浴 2 min 进行热激，然后加入 1 ml LB 培养液于每一支试管中，于 37℃置滚筒式摇床（250 r/min）培养 1 h。

12) 将几个稀释度菌液涂布于含合适抗生素的平板上，于 37℃培养 12～16 h。

对氨苄青霉素来说，最适宜的密度是每个平板上的细胞≤500，这样是为了防止弱抗性的卫星菌落的生长。

13) 短期保存，可以将平板和剩下的含质粒的细菌培养物储存于 4℃。长期保存则准备甘油或 DMSO 存储液（见 1.3），保存于－70℃。取出保存的细胞于选择性平板生长，用酶切检测质粒 DNA（见 3.1）。

1.8.2 备择方案 一步法制备和转化感受态细菌

这方法相当快捷，而且能够得到如同或稍低于基本方案 1 中的转化率。

附加材料（亦见基本方案 1，带√项见附录 1）

√2×转化储存液（TSS），预冷

含 20 mmol/L 葡萄糖的 LB 培养基（见 1.1）。

步骤

1) 准备新鲜的过夜菌（见基本方案 1 步骤 1）。按 1∶100 的比例将过夜培养的菌液加入到新鲜的 LB 培养液中，于 37℃培养至 OD_{600} 为 0.3～0.4。

2) 加入等体积冰冷的 2×TSS 于菌液中，在冰上温和地混匀。

3) 可以将菌液分成小份用干冰/乙醇浴冻存，于－70℃长期保存。用冻存感受态细菌进行转化时，冻存菌要缓慢融化，并立即使用。

4) 为检测感受态的效果，按照步骤将<10 ng 的 pBR322 转化到 100μl 感受态细菌。按照基本方案 1 的步骤 8 涂平板和计算转化效率。

转化效率大约为 10^7～10^8转化子/μg DNA。

5) 迅速融化冻存菌，将 100 μl 感受态细菌和 1～5 μl DNA（0.1～100 ng）加入到一个冰冷的聚丙烯管或玻璃管中，4℃放置 5～60 min。

6) 加入 0.9 ml 含 20 mmol/L 葡萄糖的 LB 培养液，37℃温和振荡培养 30～60 min。

7) 在平板上挑选转化体并保存（见基本方案 1 步骤 12 和 13）。

1.8.3 基本方案 2 高效率的电转化方法

高压电转化简单，快捷可靠，而且是目前效率最高的质粒 DNA 转化大肠杆菌方法。不过该方法需要电转化装置。

材料（带√项见附录 1）

大肠杆菌单菌落

LB 培养液（见 1.1）

预冷的水

预冷的 10%（V/V）甘油（可选）

√SOC 培养液，预热（37℃）

含有适当抗生素或其他选择性试剂（表 1.4.1）的 LB 平板（见 1.1）

1 L 的离心瓶和 50 ml 的窄底聚丙烯管，冰冷

带有脉冲控制仪的电转化仪或 200Ω 或 400Ω 的电阻器

预冷的电转化池，电极距离 0.2 cm

注意：所有与细菌接触的材料都应该是无菌的。

步骤

1）接种一个单菌落于 5 ml LB 培养液，37℃温和振摇培养 5 h 或过夜。

2）将 2.5 ml 培养物加入到盛有 500 ml LB 培养液的 2 L 烧瓶中，37℃，振摇（300 r/min）培养至 OD_{600} 为 0.5～0.6。

3）细菌在冰水浴冷却 10～15 min，然后转移到预冷的 1 L 离心瓶中。

4）于 2℃，5000 g 离心 20 min，弃上清，沉淀用 5 ml 预冷的水溶解。

5）加入 500 ml 冰冷的水，混匀，按步骤 3 重复离心 1 次。

6）立即将上清倒掉，用残余的液体重悬细胞。重复步骤 5）。

7）立即将上清倒掉，用残余的液体重悬细胞。

8a）对于立即使用：将悬浮液加入到预冷的 50 ml 聚丙烯管中，2℃ 5000 g 离心10 min。置冰上，估计细胞沉淀的体积（约 500 μl/500 ml 培养液），沉淀用等体积的冰冷水重悬，并按 50～300 μl 分装于预冷的微量离心管中。

新鲜制备的细菌其转化效率要高于冻存的细菌。细胞密度大约 2×10^{11} 细胞/ml。

8b）冻存细菌：加入 40 ml 冰冷的 10%（V/V）甘油，混合，然后按照步骤 8a 离心，估计沉淀的体积，然后加入等体积的冰冷的 10%甘油，重悬菌体。按 50～300 μl 分装于预冷的微量离心管中。于干冰上冷冻并储存于－80℃。

9）为检测感受态的效果，按照以下各步骤将 pBR322 转化到感受态细菌。将合适体积的转化物（1、10 和 25 μl）涂于含有氨苄青霉素的 LB 平板上，37℃培养过夜。计算转化率：每微克 DNA＝每滴液体体积（μl）含有的克隆数$\times10^5$。

新鲜生长的细胞，一般都有$>10^9$克隆数/μg DNA。有 $2.5\times10^{10}\sim14\times10^{10}$转化子/μg。

10）将电转化仪调到 2.5 kV、25 μF，脉冲控制器调到 200～400Ω。

11）将 1 μl 质粒 DNA（5 pg～0.5 ng）加入到盛有新鲜制备的细菌或融化的冻存细菌的小管中，混匀。

增大 DNA 体积和高浓度的盐离子（应小于 1 mmol/L）会降低转化效率。

12）将转化混合物转移到已放置冰上 5 min 预冷的电转化池中，用 Kimwpie 吸水纸吸干电转池的外表面，然后放入电转仪中，按操作进行脉冲电转化。

13）取出电转化池，马上把细胞转移至一个含 1 ml 预热的 SOC 培养液的无菌培养管中。于 37℃，中速振荡培养 30～60 min。

14）分小份涂布于含有抗生素的 LB 平板上，选择和保存转化子（见基本方案 1 步骤 12 和 13）。

参考文献：Dower et al., 1988; Hanahan, 1983.
撰 稿 人：Christine E. Seidman, Kevin Struhl, and Jen Sheen

1.9 λ噬菌体概述

λ噬菌体来源的载体的生物学特性已了解得很清楚。介绍它和有关的噬菌体的目的是一方面让读者学会运用λ载体（见1.11和第5、6章），另一方面让读者了解正在构建的新λ的载体。

λ噬菌体是一种温和噬菌体，这意味着它能以裂解或溶源的方式生长。当λ噬菌体感染细胞时，它把它的DNA注入宿主菌内。当它裂解性地生长时，拷贝了许多自身基因组，并把它们包装到新的噬菌体颗粒中，然后裂解宿主细胞释放子代噬菌体。当噬菌体溶源性地生长时，它把它的DNA插入到宿主染色体里。整合的噬菌体DNA随着宿主染色体的复制而复制。溶源状态对于其他的有同源免疫区域的λ噬菌体的重复感染有免疫力。有些时候（当细胞的DNA受到损伤等情况下），噬菌体DNA从染色体上切下来并开始溶源性地生长。温和噬菌体的噬斑是浑浊的，这是因为它们既包含裂解的细胞（来源于裂解性感染），又包含完整细胞（来源于溶源性感染）。

我们可以将λ噬菌体基因组分成分散的相关基因区，因为它允许构建许多以噬菌体为基础的克隆载体，这些载体去掉了对噬菌体裂解生长不需要的大的DNA片段（图1.9.1灰色区）。除了这些大的区域以外，包括 *cII*、*cro*、*cI* 及 *rex* 基因等许多免疫性区域对于其他的野生型的噬菌体的裂解性生长也不是必需的；甚至如果去除 t_{R2}、*N* 基因也不是必不可少的基因。

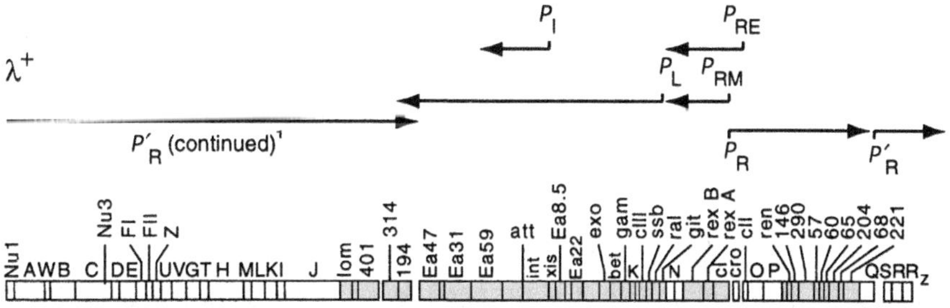

图1.9.1 λ噬菌体基因组。灰色区代表非必需的区域。

1.9.1 裂解性生长

早期基因表达

裂解性生长导致子代噬菌体的产生和最终宿主细胞的裂解。裂解性生长或者来源于非溶源性生长的噬菌体的感染，或者来源于溶源态里存在的 *cI* 抑制基因的失活。

转录从早期启动子 P_R 和 P_L 开始。P_R 转录在 t_{R1} 终止，编码 *cro* 基因。P_L 继续转录到 t_{L1}，编码 *N* 基因。*N* 基因的产物是抗终止因子；也就是说，它允许从 P_L 或 P_R 启动的转录分别通过 t_{L1} 和 t_{R1}。由 *N* 抗终止的 P_R 的转录终止于 t_{R2}，编码 *O*、*P* 和 *Q* 基因。

O 和 P 蛋白对于质粒 DNA 的复制是必需的；Q 蛋白是另一种抗终止蛋白，它针对位于 *Q* 基因右边的称作 P_R'的启动子启动的转录。从 P_R'启动的 Q 抗终止的转录通过另外的称为 t_{R65}的终止子和晚期区，然后通过头部和尾部基因，这些基因在进入宿主的噬菌体 DNA 成环时就已连接到相同的转录单位上，最后终止于 *b*。P_R'转录物编码头尾组装、DNA 包装及宿主细胞裂解所必需的蛋白质。

噬菌体功能实现需要 λ 噬菌体基因组的复制，以及随后包装到噬菌体头部和宿主的裂解以正确的时间顺序进行。

DNA 的复制

噬菌体裂解性生长时的复制需要宿主蛋白和噬菌体编码的蛋白质。裂解性 DNA 复制可以分为早期和晚期两个阶段。早期是从线状噬菌体 DNA 注入细菌内开始。DNA 两端分别有一个互补的由 *cos* 位点裂解产生的单链黏性末端。这些黏性末端碱基对由宿主酶催化连接形成共价闭合环状分子。经宿主拓扑异构酶催化超螺旋后，这种分子就能够启动 DNA 复制。复制在单一位点（称作 *ori*）开始，进行双向复制。这种类型的复制先形成一个 θ 形状的复制中间体，然后产生两个子代环状分子。

在噬菌体感染后的大约 15 min，复制进入晚期阶段。晚期是以滚环复制为特征，形成重复的全长的噬菌体基因组的长的多聚体（称作串联多聚体）。*gam* 基因的产物保护串联多聚体不被由宿主 *recB* 和 *recC* 基因编码的外切核酸酶分解。串联多聚体是噬菌体包装的底物。

包装和裂解

在感染后期，DNA 复制和 λ 噬菌体的包装同时发生。一旦串联多聚体的 DNA 形成，它们就浓缩到 λ 噬菌体的前头里（不完全的头部颗粒）。*cos* 位点被 λ 噬菌体蛋白识别，两个 *cos* 位点之间的 DNA 从串联多聚体分裂开，同时包装到单一的前头（使 DNA 线形化并重新产生黏性末端）。然后剩余的头部蛋白进行装配，独立装配的尾部吸附到头部形成完整的噬菌体。位于两个 *cos* 位点的 DNA 只有长度为 38～53 kb 才能包装成注入细胞的形式（在选择合适载体构建文库方面这是一个很重要的依据，见 5.1，5.2）。噬菌体裂解性生长的最后事件是裂解宿主细胞。噬菌体编码的蛋白质破坏细菌内膜降解细胞壁。

1.9.2 溶源性生长

基因表达

感染之后，野生型的 λ 噬菌体有时关闭大多数基因并整合到细菌染色体上；这样的噬菌体称为前噬菌体，包含它的细菌叫做溶源菌。*cI* 基因的产物——λ 阻抑物对于溶源性生长是必需的。这种蛋白质结合于操纵子 O_L和 O_R上，阻止早期基因的转录（从 P_L和 P_R开始）和防止裂解性生长。结合到 O_R上也促使从 P_{RM}的转录，它是一个转录 *cI* 基因启动子。因此 λ 阻抑物通过抑制对于裂解性生长所必需的基因的转录和促进自身的转录而保持溶源状态。大肠杆菌有一叫 hfl^- 的突变株，用来构建 λgt10 文库（见 1.11

和第5章)，在这个文库里野生型的噬菌体几乎总是以溶源的形式存在。

导致噬菌体整合发生的实际顺序是从黏性末端的结合和基因组的环化开始（这一点与裂解性生长相同)。然后 *cII* 结合到 P_{int}启动子上并激活它的转录。Int 蛋白就是这转录的产物。Int 蛋白催化噬菌体序列 *attP* 和细菌染色体上的一个位点 *attB* 的再结合，最终导致噬菌体的整合。

免疫性区域

许多噬菌体（包括434、21、82和80）都与λ噬菌体有关，这一点有显著的DNA同源性片段为证据。然而每一种噬菌体的独特区域是它的免疫区（图1.9.2)。这个区域包括许多重要的调节位点和基因，如 P_L与 P_R，*cI* 与 *cro*，O_R与 O_L以及 P_{RM}。被特定的一种λ噬菌体稳定溶源化的宿主细胞，对于第二种携带有相同的免疫区的溶源性噬菌体的感染有抵抗力，这是由于随后进入细胞的噬菌体从 P_L和 P_R启动的转录被抑制。但是溶源菌能够被带有不同免疫区的噬菌体感染。这种现象的发生是因为特定免疫区编码的抑制因子只特异性地识别和抑制它自身的启动子。

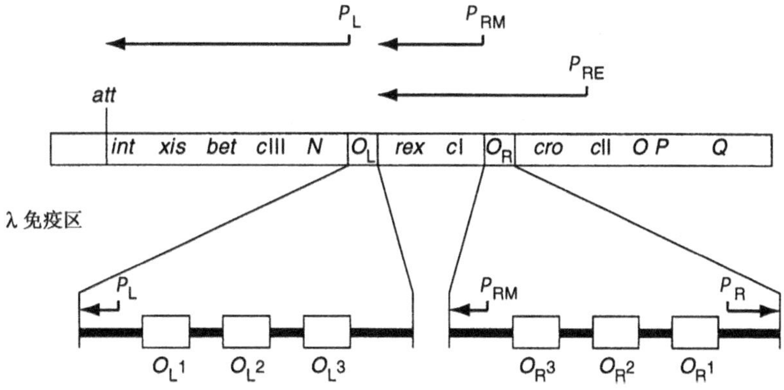

图1.9.2 λ免疫区

诱导

λ前噬菌体在从宿主染色体切下时诱导激活并开始裂解性生长过程。切割需要噬菌体 *int* 和 *xis* 基因产物。它们是从 *N* 抗终止的 P_L转录物合成。P_L转录的启动发生在 *cI* 的产物（λ阻抑物）失活后。诱导在λ溶源菌里以低频率自然地发生。可是，在以下两种情况下它的发生会更加频繁：①在SOS反应时λ阻抑物被切断（见后面)；②温度敏感的突变的阻抑物在非容许温度下的不稳定。

在实验室里，细菌的SOS反应经常由DNA的损伤所诱导，这种损伤是由于细胞接触了如UV或丝裂霉素C等因子引起。在发生这种反应期间，一种细菌的抑制蛋白LexA失活而各种细菌基因被诱导激活。λ和相关噬菌体的抑制蛋白同LexA非常相似因而也失活。一些克隆载体在 *cI* 基因内含有一个温度敏感的突变（cI^{ts})。因此阻抑物是稳定的，作用就像30℃的野生型的阻抑物，但在42℃是不稳定的。cI^{ts}突变允许单纯通过提高溶源菌生长的温度就可诱导裂解性生长。

参考文献：Hendrix et al., 1983.
撰 稿 人：Karen L. Elbing and Roger Brent

1.10　作为克隆载体的 λ 噬菌体

1.10.1　用 λ 噬菌体的优点

在 λ 噬菌体基因组中部约占基因组 1/3 的区域是裂解性生长的非必需区。用作克隆载体的 λ 噬菌体的衍生物多数包含位于一些或所有的非必需区旁侧的限制性位点。用 λ 噬菌体衍生的克隆载体的主要优点是在体外 DNA 能插入载体并包装到噬菌体里。尽管包装的效率只有接近 10%，但一旦包装成功，噬菌体在大肠杆菌上形成噬斑的效率就是 1。虽然细菌质粒的转化技术在近几年来已有了巨大的改进（见 1.8），但常规的最高可获得的效率大约是 10^8 转化子/μg pBR322，这意味着 1000 个质粒中还不到一个转化入细胞内。

1.10.2　选择插入的 DNA

一些噬菌体载体利用 λ 噬菌体包装有最小的基因组大小的要求，以致没有包含高于最小的插入片段的载体噬菌体不用检测。其他的一些噬菌体载体利用遗传学的方式区别保留不必需的基因片段的噬菌体和部分基因被外源 DNA 取代的重组噬菌体。由于插入物的选择不依赖于插入片段的大小，因此许多载体允许克隆小片段。

大小选择

λ 噬菌体的基因组如果小于野生型 λDNA 的 78%或大于它的 105%，那么它就不可能包装入噬菌体头部。当一个载体根据大小选择的话，生长不需要的区域要被切除；然后纯化噬菌体的左右臂并在有利于串联多聚体形成的条件下和切割的外源 DNA 连接。那些左右臂没有连到插入片段的噬菌体的 *cos* 位点将彼此太靠近而不被包装到有活性的噬菌体里。大小选择原则也就是针对不同大小的插入片段来选择不同的载体。但是两点特殊的大小选择原则有时在噬菌体克隆方面很有用处。首先，用 EDTA 或其他螯合试剂处理包装的噬菌体，这是因为包装的噬菌体富含大量比野生型短的基因组的存活的噬菌体。其次，噬菌体平铺到一个大肠杆菌的突变株（称为 pel^-）上，这样基因组长度大于野生型 DNA 的 110%的噬菌体就可以形成噬斑，而低于野生型 DNA 的噬菌体则不能形成噬斑。

spi^- 选择

red^+ gam^+ 噬菌体在一个对无关噬菌体 P2 呈溶源性的宿主上并不形成噬斑。这些噬菌体被称为是 spi^+(对 P2 干扰敏感)。red^- gam^- 噬菌体在 P2 溶源菌上却形成噬斑，因此称为 spi^-（Zissler et al., 1971)。P2 抑制 red^+ gam^+ 噬菌体生长只发生于对 *old* 基因来说是野生型的 P2。如 λ2001（Karn et al., 1984）和 λEMBL3（Frischauf et al.,

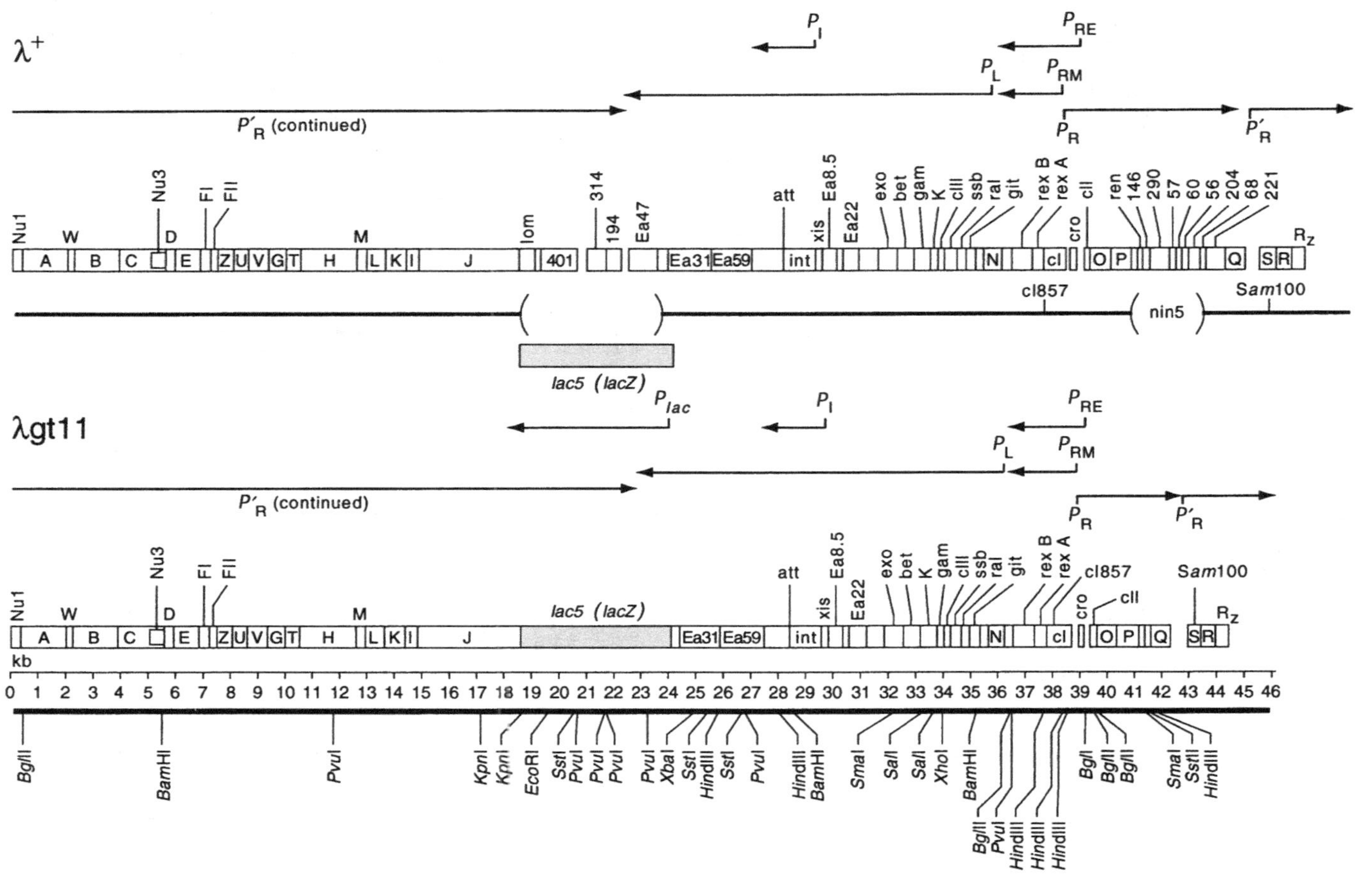

图 1.10.1 λgt11 可以在 *lacZ* 基因末端的 *Eco*RI 酶切位点插入小片段（0～4.8 kb）。如果这些小片段含有的编码序列和 *lacZ* 编码序列重合，那么插入的 DNA 在噬菌体感染的细胞中将以融合蛋白的方式表达，这样就可以用抗天然蛋白的血清进行鉴别这些噬菌体产生的噬斑。重组蛋白呈现 cI^-, int^+, red^+。重组体在 42℃可以形成产生融合蛋白的溶源体。λgt11 的全部基因型是 λlac5 srlλ3° cI857 srlλ4°nin5 srlλ5°Sam100(Young and Davis,1983)。

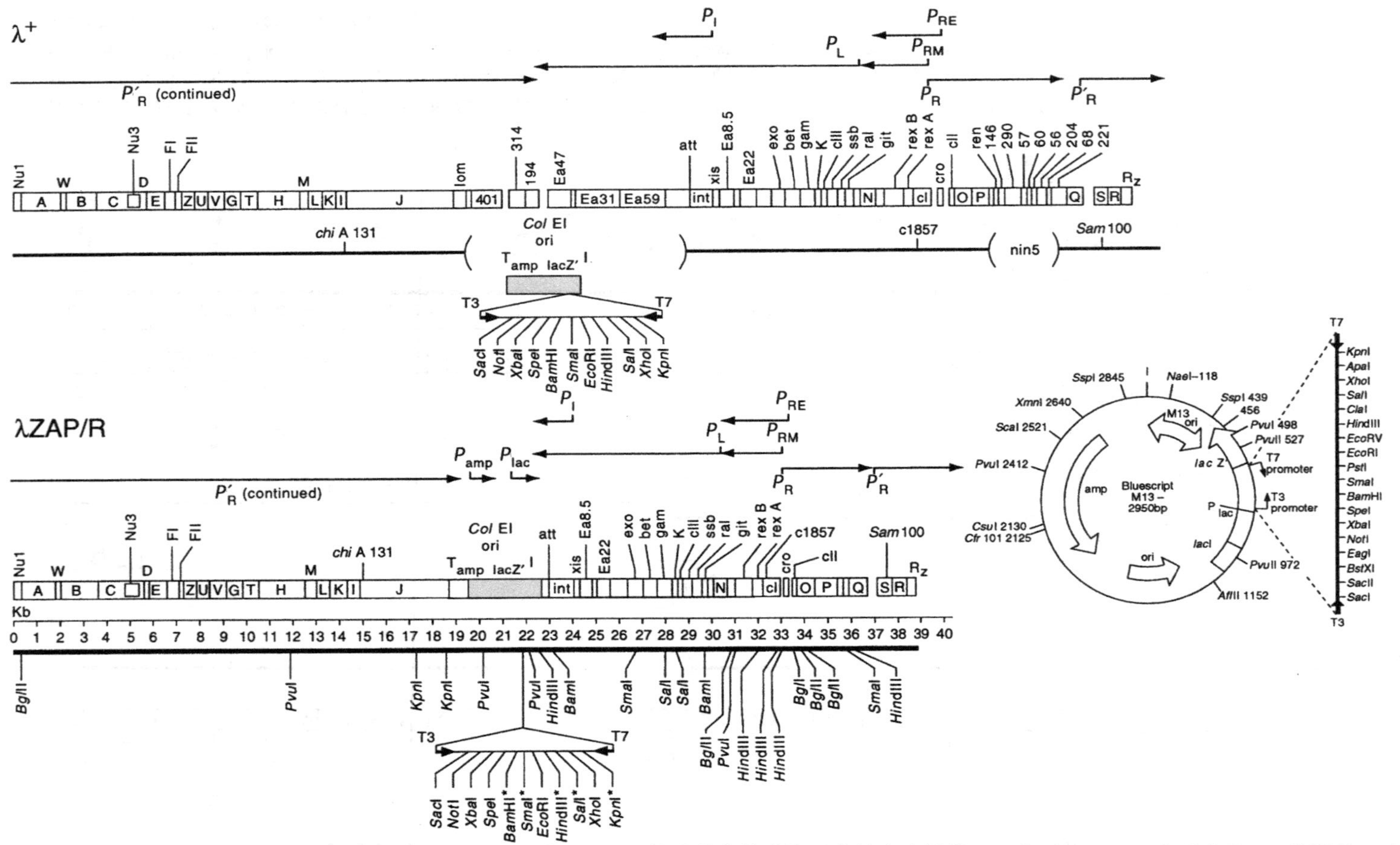

图1.10.2　λZAP（Stratagene）携带pBluescript SK(–),后者在f1或M13辅助噬菌体感染下在体内会被剪切。位于Bluescript序列内的*lacZ*基因的一多位点接头可以插入片段。和λgt11一样，如果插入的DNA片段在*lacZ*序列之内，也可以产生融合蛋白，因此可以用抗体进行鉴别该载体制备的库。在λZAP里，T7和T3启动子位于插入片段两翼，这样很容易得到RNA探针。pBluescriptM13(–),剪切的质粒（见右侧），一般可以作为环状双链DNA进行延伸，但是感染辅助噬菌体后可以作为单链DNA进行延伸。这些属性有利于克隆片段的测序，定点突变和单向缺失的构建。可以插入约10kb的DNA片段。唯一的*Xho*I、*Eco*RI、*Spe*I、*Xba*I、*Not*I和*Sac*I克隆位点均可用于克隆。λZAP/R见图示。λZAP/L有一反向多位点接头。

1983）等常用的载体都包含带有 *red*$^+$ 和 *gam*$^+$ 基因的片段。这些载体只有在 *red*$^+$ *gam*$^+$ 片段被删除并由一段外源 DNA 取代的条件下才能形成噬斑。

hfl$^-$ 选择

λ*cII* 基因产物对于感染性噬菌体高效合成抑制因子是必需的。*E. coli hflA* 和 *hflB* 基因编码降低 *cII* 基因产物稳定性的产物（Hoyt et al.，1982；Banuett et al.，1986）。当野生型的λ噬菌体感染 *hfl*$^-$ 的菌株时，产生大量的抑制因子，以致噬菌体几乎总是溶源性地存在于感染细胞里。结果是或者不形成噬斑或者形成非常模糊的噬斑。像λgt10 这样的载体在 *cI* 基因里有一限制性位点。当外来基因插到此位点时 *cI* 基因就会失活。载体噬菌体在 *hfl*$^-$ 菌株上不形成噬斑，但是含有取代 *cI* 基因的插入片段的噬菌体可形成清晰的正常大小的噬斑。

1.10.3 λ噬菌体来源的克隆载体的图谱

图 1.10.1 和图 1.10.2 分别表示载体 λgt11 和 λZAP。每一幅图的顶部表示野生型λ噬菌体图谱的简化形式。下边的线条表示用野生型的λ噬菌体基因组产生衍生物所发生的改变。删去的 λDNA 用圆括弧表示，而新插入的 DNA 用条形码表示。底部的线条表示由λ噬菌体产生的衍生株的转录物，遗传图谱和物理图谱。

参考文献：Hendrix，1983；Huynh et al.，1984；Murray，1983.

撰 稿 人：Karen L. Elbing，Rogen Brent，and Nina Irwin

1.11 λ噬菌体铺平板产生噬斑

1.11.1 基本方案 1 通过连续稀释法分离单个噬斑

这种方法能从单个噬斑中分离出纯的噬菌体部落，而且可以对噬菌体母液进行浓度测定。

材料（带√项见附录 1）

大肠杆菌

含 0.2%（*m*/*V*）麦芽糖和 10 mmol/L $MgSO_4$ 的λ肉汤培养基（见 1.1）

λ顶层琼脂培养基（见 1.1）

√悬浮培养基（SM）

新鲜λ肉汤平板，预热到 37℃

微波炉或煮沸水浴

45～50℃水浴

8 mm×80 mm 试管

37℃水浴或加热器

毛细管或牙签

注意：所有与大肠杆菌接触的材料都应是无菌的。

步骤

1) 在含 0.2%麦芽糖和 10 mmol/L $MgSO_4$ 的 λ 肉汤培养基培养大肠杆菌至饱和（见 1.2）。加 0.3 ml 的大肠杆菌培养液到 5 个 8 mm×80 mm 的试管里。

在把加有顶层琼脂培养基的瓶子放到微波炉前一定要松开瓶盖！

2) 在微波炉解冻状态下溶化顶层琼脂培养基，或煮沸水浴 15 min。室温下冷却瓶子 5 min，然后将加有溶化琼脂培养基的瓶子放于 45～50℃水浴。

3) 用 SM 将噬菌体溶菌液进行连续稀释（如 100 倍的稀释）。加第一个稀释液 0.1 ml 到一只大肠杆菌试管里，再加第二个稀释液的 0.1 ml 到另一只试管里，其他依次稀释。标记好大肠杆菌/噬菌体混合物的试管，以便它们彼此不混淆。将试管放于室温培养 20 min。

4) 将试管移到 37℃水浴或加热器 10 min。从水浴取出试管。

5) 往每一只试管加 2.5 ml 的顶层琼脂培养基，轻轻晃动使其混合，将试管内容物倒到平板上。轻柔地倾斜平板使琼脂糖培养基平铺到整个平板表面。将平板放于 37℃恒温箱培养 6～12 h。

最好制备同时符合以下两个条件的对照平板：没被感染的大肠杆菌的菌苔和不含细胞的顶层琼脂培养基。

6) 从一个噬斑不太密集的稀释平板上用无菌毛细管或牙签挑选单个噬斑。为了以备噬斑将来使用，用毛细管切下一块含有噬斑的琼脂并把它弹到含 1 ml 的 SM 的试管里（或把牙签尖放到液体里轻轻搅动）。如果需要，计数一个稀释平板上的噬斑并估计在最初的库里感染性噬菌体数。

1.11.2 基本方案 2 噬菌体转染和体外包装构建

λ 噬菌体衍生的克隆载体的文库需要大量噬菌体 DNA 分子，要复制这些分子，必须把它们导入细胞内以使它们能作为噬菌体生长。把噬菌体 DNA 导入细胞常用的方法是在体外把噬菌体 DNA 包装成完整颗粒后感染细胞，或者用转染，也就是将用 DNA 连接酶处理的环形化的噬菌体 DNA 转入感受态细胞里。

在体外包装，用噬菌体感染的大肠杆菌的溶菌液，这种溶菌液称为包装提取物。这些溶菌液包含噬菌体空的头部、未吸附的尾部和包装所需的噬菌体编码的蛋白质（见 1.9）。若有 ATP 存在，那么和提取物混合的串联多聚体的噬菌体 DNA 通过末端酶（可能是 A 和 Nul 蛋白的复合体）在一个 *cos* 位点处切断并通过一还不清楚的机制装入到噬菌体头部。DNA 直到末端酶遇到并切断分子上的下一个 *cos* 位点才停止继续装载到噬菌体头部。然后噬菌体尾部吸附到已填充的头部。

商业的提取物最常见的是每微克串联多聚体的噬菌体 DNA 产生 2×10^8～2×10^9 个噬斑形成颗粒。噬菌体 DNA 也可通过转化感受态细胞而导入大肠杆菌。在这个方法里，线状或环状噬菌体 DNA 可通过转化的方式导入感受态大肠杆菌（见 1.8）。在热激步骤后，将钙处理过的细胞和大肠杆菌混合，大肠杆菌已在λ肉汤培养基和麦芽糖培养基中培养，然后平铺在λ平板上37℃培养直到出现噬斑（见上文的基本方案1）。这种方法大多可以产生10^4个噬斑/μg噬菌体DNA。

参考文献：Enquist and Sternberg，1979.

撰稿人：Karen L. Elbing and Roger Brent

1.12 培养λ衍生的噬菌体载体

1.12.1 基本方案 通过平板裂解制备噬菌体库

材料（带√项见附录1）

大肠杆菌，λ噬菌体敏感菌株

LB培养基（见1.1）

新鲜的λ顶层琼脂培养基（见1.1）

λ噬斑（见1.11）

新鲜的λ平板（见1.1）预热至37℃

√悬浮培养基（SM）

氯仿

45～50℃水浴

毛细管或牙签

干净的显微镜用载玻片

注意：所有的与大肠杆菌接触的材料必须是无菌的。

步骤

1）在LB培养基上过夜培养λ敏感大肠杆菌菌株。将来自λ敏感大肠杆菌菌株的过夜培养新鲜菌液按1∶50稀释，加入培养管于37℃置滚筒式摇床培养至OD_{600}=0.4(2×10^8～3×10^8/ml)。

λ敏感大肠杆菌菌株支持裂解生长。

2）用微波炉加热溶化100 ml瓶装的新鲜λ顶层琼脂培养基。置于45～50℃水浴。

3）加0.75～1 ml的细胞到试管里。用毛细管或牙签挑选单个新鲜噬斑，将它弹到细胞里，轻轻旋动10 s。

4）加7.5 ml的顶层琼脂培养基并轻柔旋动，将等量的混合物加到3个预热的新鲜λ平板。于37℃温育平板，直到噬斑清晰可见并有90%～100%菌苔溶解（4～6 h）。

如果顶层琼脂培养基的琼脂由琼脂糖代替，那么提取的DNA是限制酶和连接酶合适的底物。

5）吸3 ml的SM到平板上。用一个洁净的显微镜用的载玻片从3个平板刮取顶层琼脂到一小离心管中（如15 ml）。

6）加3滴氯仿。猛烈旋动10s。置于室温10 min。

也可以加3 ml SM和3滴氯仿到平板，把平板放于4℃过夜然后离心液体（见步骤4）。

7) 于 4℃ 11 400 *g* 离心 10 min。取上清转移到一个带螺旋盖离心管，加入几滴氯仿，保存于 4℃。

平板裂解方法大约产生 10 ml 噬菌体库，其中含 10^{10}～10^{11} 个噬菌体/ml。存储液要标明日期，并且时不时地检测确定噬菌体的滴度（见 1.11）。加入 0.1%的白明胶会减缓噬菌体滴度下降的速度。溶菌产物可以冻存于 15%的甘油中。

1.12.2 备择方案 制备液体裂解物

附加材料（亦见基本方案 1；带√项见附录 1）

LB 培养基（见 1.1）

√λ 稀释缓冲液

10 mmol/L $MgCl_2$/10 mmol/L $CaCl_2$

NZC 肉汤

Corex 或 Nalgene 管

步骤

1) 将 λ 敏感大肠杆菌菌株于 37℃在 LB 培养基里过夜培养。
2) 用毛细管或牙签挑选单个新鲜噬斑，把它弹到加有 0.4 ml λ 稀释缓冲液的管里，将管放于 4℃，2 h，使之可以洗脱噬菌体。
3) 把 0.1 ml 的洗脱噬菌体和 0.1 ml 的饱和菌液及 0.1 ml 的 10 mmol/L $MgCl_2$/10 mmol/L $CaCl_2$ 溶液混合，放于 37℃水浴孵育 15 min。
4) 转移溶液到 50 ml NZC 肉汤培养基里并在 37℃剧烈振荡，直到裂解出现（通常为 6～8 h）。在 6 h 后不停地观察培养基，一出现变清就立即收获。
5) 加几滴氯仿裂解仍存在的细胞，转移溶液到 Corex 或 Nalgene 管里（去除氯仿），于 4℃以 12 000 *g* 旋转 10 min，以沉淀细胞碎片。
6) 把裂解液转移到带螺丝帽的管中，加几滴氯仿，短暂地混匀，然后放于 4℃保存。

液体裂解方法产生含约 10^{10}～10^{11} 个噬菌体/ml 的噬菌体库。

参考文献：Blattner et al.，1977.

撰 稿 人：Karen L. Elbing

1.13 从噬菌体裂解液中制备 λDNA

基本方案 通过分级平衡梯度离心制备 DNA

可以通过 CsCl 梯度制备和分离噬菌体，DNA 可以通过方法之一抽提。甲酰胺方法较为快捷和温和。

材料（带√项见附录 1）

液体 λ 裂解物（见 1.12）

√5×聚乙二醇（PEG）溶液
√悬浮培养基（SM）
氯化钾
√CsCl溶液
√低盐缓冲液（可选择）
√TE缓冲液，pH 8.0
2 mol/L Tris·Cl（pH 8.5）/0.2 mol/L EDTA（可选择，抽提甲酰胺用）
甲酰胺（高级，最好是再结晶的；可选择）
100%和70%（*V*/*V*）乙醇（可选择）
Beckman JA-10、JA-20、SW-28、VTi50转子和瓶/管（或相当的材料）
16 mm或18 mm的玻璃测试管
带有25-G针头的3 ml注射器
Beckman VTi50快速密封管
透析管

步骤

制备和浓缩噬菌体

1) 用25 ml的裂解液制备1000 ml的裂解液（见1.12）。把裂解液分到两个离心瓶里，于4℃，以17 700 *g*离心10 min以去除细胞碎片。

事前测定初始噬菌体裂解物的浓度将避免浪费时间（见1.11）。浓度应该≥10^9 pfu/ml。

2) 把上清转移到量筒里并加5×PEG溶液使其终浓度为1×PEG。轻柔地颠倒混匀。然后放于4℃过夜。
3) 留出50 ml上清备用。弃去剩余的上清，注意不要流失任何含有噬菌体的白色沉淀。把沉淀转移到Nalgcnc离心管里。用已准备好的上清涮洗量筒并转到离心管里。于4℃以3000 *g*离心10 min。
4) 把离心管放于冰上。小心地移去顶层液，小心不要移走任何厚重白色层。用最少的悬浮培养基（SM）重悬白色沉淀（加入的量不应超过白色噬菌体量的3倍）。把它转到一个125 ml的烧瓶里。
5) 确定配1 mol/L溶液所加入的固体KCl的量。把此量的KCl以基本相同的四份加到悬液里，每加完一次要充分地混匀。放置冰上15～30 min。
6) 在4 ℃以12 100*g*离心10 min。测定噬菌体的浓度（见1.11）并把上清放于16 mm或18 mm的玻璃试管里。

噬菌体浓度应为1×10^{12}～5×10^{13} pfu/ml。

分离噬菌体颗粒

7) 按下述方法把CsCl梯度溶液倒入一个SW-28离心管，每一层必须缓慢加入以免混合。

第一层：3.5 ml CsCl溶液，*d*=1.7 g/ml
第二层：2.5 ml CsCl溶液，*d*=1.5 g/ml

第三层：2.5 ml CsCl 溶液，*d*=1.3 g/ml

8) 小心地把λ噬菌体裂解液（来自步骤6的上清）加到梯度溶液的上部。填加悬浮培养基接近离心管顶端。用SW-28转子在4℃以104 000 *g*离心2 h。

9) 把一个25-G针头的3 ml注射器插到离心管里刚好低于噬菌体带的位置以恢复噬菌体带。

通常可见三条带：一条位于最低梯度的蓝色噬菌体带，一条含有噬菌体空头部的蓝色带，以及细胞碎屑的白色带。有时可缺少其中的一或两条带。但只要可见的条带位于 *d*=1.5 g/ml 层处，那么这就不是问题。

10) 移噬菌体到Beckman Vti50快速密封管。用CsCl溶液（*d*=1.5 g/ml）加满管。用VTi50转子在4℃以81 500 *g*离心24 h。用一个3 ml的注射器和25-G的针头吸取其中的条带。

应该只有一条带可见。

抽提噬菌体DNA

透析和苯酚/氯仿抽提：

11a) 在4℃，500 ml低盐缓冲液里搅拌透析不少于4 h。重复两次。

12a) 用等量的平衡苯酚通过温和地搅动20 min，抽提3次（见2.1）。用等量的氯仿抽提两次。

13a) 在4℃，500 ml pH 8.0的TE缓冲液中搅拌透析8 h。更换缓冲液一次。测量DNA浓度（见附录3D）。

甲酰胺抽提：

11b) 测量来自步骤8的噬菌体带的体积。加0.1体积的2 mol/L Tris·Cl（pH 8.5）/0.2 mol/L EDTA颠倒混匀。

12b) 加1体积的甲酰胺，混匀，于室温放置30 min。

13b) 在室温下加两倍体积（1体积相当于噬菌体带的最初体积）100%的乙醇。温和地混匀并微量离心1～2 min。用70%乙醇漂洗沉淀。用一个拉长的吸管吸去所有的乙醇小滴并用pH 8.0的TE缓冲液溶解湿沉淀。测量DNA浓度（见附录3D）。

如果起始裂解物的浓度约 2×10^{10} pfu/ml，那1 L的裂解物应该可以产生约1 mg DNA（两种方法均可）。

参考文献：Davis et al.，1980.

撰稿人：Karen L. Elbing，K. J. Reddy，and L. A. Sherman

1.14 源于丝状噬菌体的载体

在来自于丝状噬菌体的载体中，外源DNA插入双链载体DNA中，通过转化重新导入细菌中，在细菌中双链DNA复制产生新的双链环状DNA和源于载体双链中一条链的单链环状DNA。单链环状DNA被包装进入噬菌体颗粒，并从细菌中分泌出来

(不裂解细菌)。对感染的细胞库进行离心就可得到上清，该上清富含单链的噬菌体DNA 的颗粒。单链 DNA 可以从培养上清中纯化，并可用于序列测定（见第 7 章)、诱变（见第 8 章）及本书提及的其他技术。应用这些载体分离纯化单链 DNA 方法已经在 1.15 描述过。

丝状噬菌体载体的原型是 M13mp 系列（图 1.14.1 和图 1.14.2)。这些载体是 Joachim Messing 及其同事构建的。外源 DNA 可以插入位于噬菌体基因组非必需区的多接头中（图 1.14.3)，这个多接头以框的形式嵌于 *lacZ* 基因 α 片段内。M13mp 系列载体在含 X-gal 和 IPTG 的平板上的带有 *lacZ* Ω 片段的细菌菌层中可形成蓝色噬斑，而插入外源 DNA 的噬菌体只能形成白色噬斑。

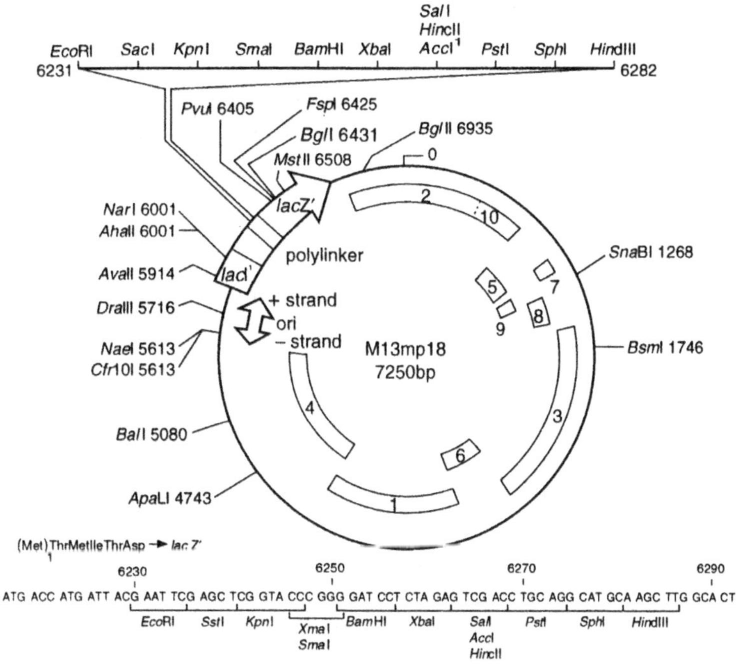

图 1.14.1 M13mp18 是 Messing 及其同事构建的 M13mp 载体中的一种。外源 DNA 插入多接头后灭活了 *lacZ* 基因的 α 片段。含有插入片段的噬菌体可形成无色噬斑；而没有插入外源 DNA 的载体形成蓝色噬斑。

参考文献：Messing，1983；Rasched and Oberer，1986.

撰 稿 人：David Greenstein and Roger Brent

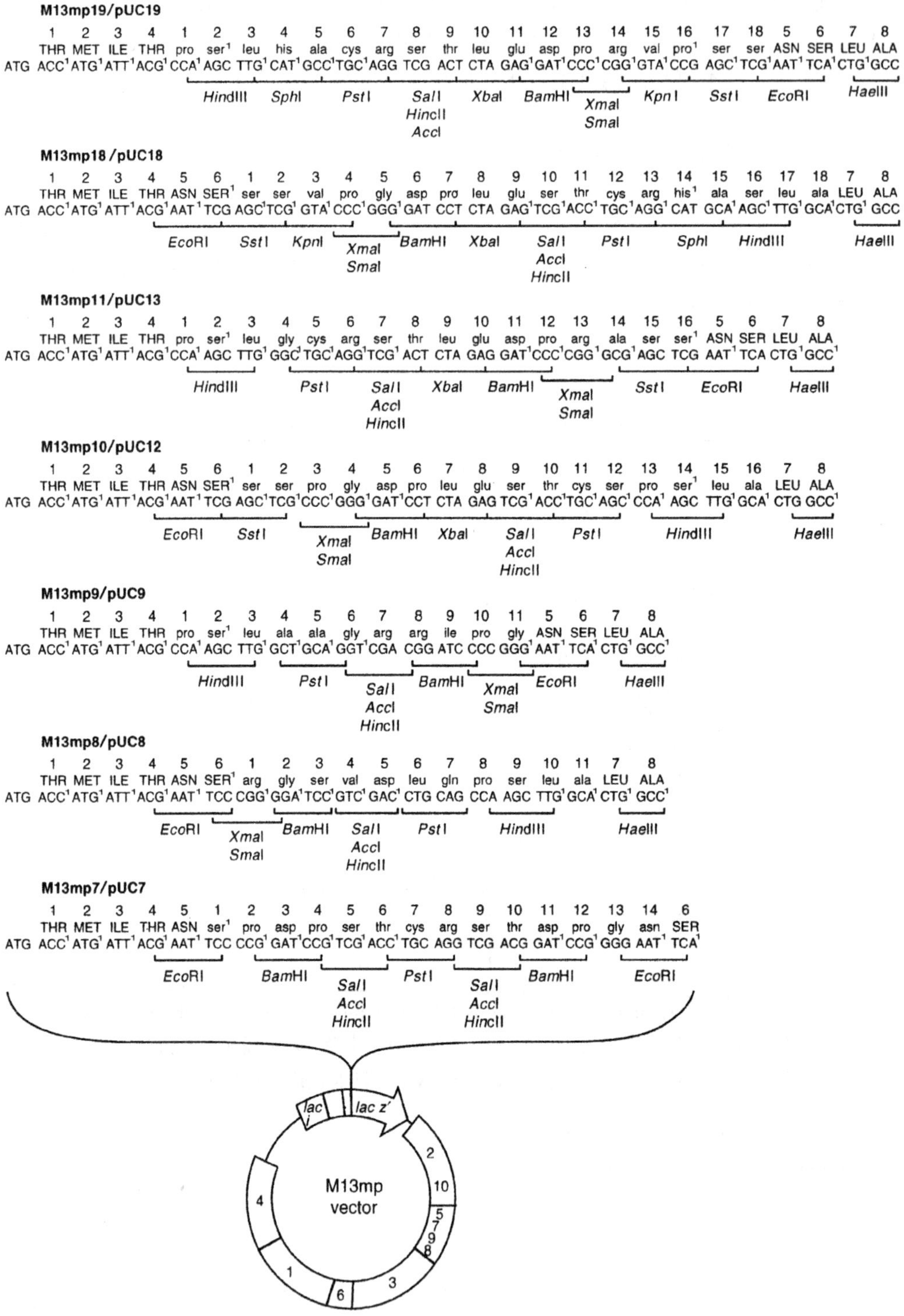

图 1.14.2　M13mp/pUC 多接头。图中列出这两个系列载体中常用的各个载体的多接头序列，加入 *lacZ* 基因的多接头所编码的氨基酸以小写字母表示，括号表明了多接头在载体上的位置。

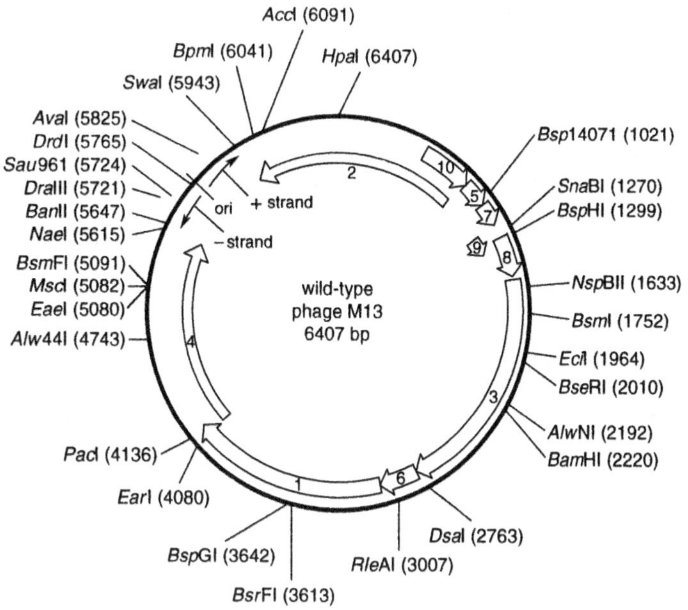

图 1.14.3　野生型 M13 噬菌体图谱。野生型 M13 噬菌体的生长周期被 Rasched 和 Oberer（1986）详细描述过。

1.15　利用 M13 噬菌体衍生载体制备单链 DNA

基本方案　利用辅助噬菌体从质粒制备单链 DNA

辅助噬菌体被用于启动来自含带有丝状噬菌体复制起点（常为 *f1* 复制起点）的质粒的单链 DNA 滚环复制。辅助噬菌体提供包装和运输等功能，因此单链 DNA 被包装进噬菌体外壳蛋白中并且分泌到上清液。

材料（带√项见附录 1）

含有丝状噬菌体复制起始位点，如 pUC118 或 pBS（Stratagene）的质粒的 F^+ 或 Hfr（雄性）大肠杆菌菌株（表 1.4.5）

2×YT 培养液（见 1.1）

适当的辅助噬菌体菌株，如 VCSM13（Stratagene）、IR-1、R408 或 M13K07

PEG 溶液：30%（*m*/*V*）聚乙二醇 8000 溶于 1.6 mol/L NaCl

√TE 缓冲液

√平衡酚

√3 mol/L 乙酸钠

100%和冰冷 70%（*V*/*V*）乙醇

37℃和 65℃水浴

步骤

1) 在含适当抗生素的 2×YT 培养液中 37℃培养新鲜过夜菌。按 1∶50 稀释，培养至 OD_{600} =0.1。用辅助噬菌体感染细胞，于 37℃剧烈振荡下培养 4.5 h。

   因为加入的一部分噬菌体总是要被回收，所以应该以噬菌体感染细菌的最低有效感染率（也称为感染复数或 MOI）进行感染操作。起始试验按 10、20 和 50 MOI 感染细胞。

2) 4000 *g* 离心 10 min，收集上清液并于 65℃加热灭活 15 min 以杀死残留细菌。
3) 转移 1.25 ml 的上清到一个新离心管中，加入 250 μl PEG 溶液，混匀，室温放置 15 min。
4) 离心 5 min，弃上清。再离心，用拉长的巴斯德吸管小心地吸出所有剩余的微量的 PEG 溶液。
5) 加入 200 μl TE 缓冲液，彻底重悬。加入 100 μl 平衡酚，剧烈振荡 1 min。静置 5 min，剧烈振荡混匀，离心 5 min。
6) 吸取 175 μl 上清（水相），转移到新离心管。加入 20 μl 的 3 mol/L 乙酸钠和 400 μl 的 100%乙醇。于－20℃静置 1 h 以上或在干冰/乙醇浴上放置 20 min。
7) 离心 5 min，弃上清。加入 1 ml 的冰冷 70%乙醇，再次离心，弃上清，真空干燥沉淀。
8) 用 25 μl TE 缓冲液溶解沉淀。

   一般每毫升培养液可以产生 0.2～1 μg 质粒单链 DNA。

9) 取 1～2 μl 单链 DNA 做琼脂糖凝胶分析（见 2.5），并用辅助噬菌体作为对照。余下的保存于－20℃。

参考文献：Enea and Zinder，1982；Russell et al.，1986；Viera and Messing，1987.

撰 稿 人：David Greenstein and Claude Besmond

第2章　DNA的制备和分析

用分子生物学技术研究复杂的基因组，首先必须制备纯净的高分子质量 DNA。本章 2.1～2.5 介绍了纯化细菌、植物细胞和哺乳动物细胞的基因组 DNA 的方法，这些方法由两部分组成：先是裂解细胞及溶解 DNA，接着采用酶学或化学方法去除杂蛋白、RNA 及其他大分子。这里所述的基本方法广泛适用于各种起始材料。本章还简要地汇编了进一步纯化和浓缩核酸的一般方法。

从某种程度上讲，分子生物学的所有方法都需要分离核酸。色谱技术常用于质粒与基因组 DNA 的分离，以及从细胞裂解液分离基因组 DNA（见 2.2）。凝胶电泳技术因其更高的分离度，成为一般情况下首选的分离方法。凝胶电泳技术既可用于分析，又可用于制备，其分离的核酸片段的分子质量范围从小于 10^3 Da 到大于 10^8 Da。为了实现如此大范围分离的需求，各种不同的电泳系统发展起来。

电泳及其应用

总的来说，应用凝胶电泳技术分离核酸比分离蛋白质要容易。核酸是带均匀负电荷的分子，对于双链 DNA 来说，基本不存在影响迁移率的复杂结构。影响核酸在凝胶上的迁移有多种重要的变量，这些变量包括：核酸的构象、凝胶孔径的大小、所用的电压梯度以及缓冲液的盐浓度，其中最基本的是凝胶孔径的大小，它决定了能被分离的片段的大小。在实际操作中，这意味着较大孔径的琼脂糖凝胶用于分离大于 500～10 000 bp 的片段（见 2.6 和 2.8），而较小孔径的聚丙烯酰胺凝胶或筛分型琼脂糖凝胶则用于分离小于 1000 bp 的片段（见 2.9）。本章还描述了凝胶电泳的分析型和制备型应用，以及利用脉冲电场凝胶电泳技术（见 2.7）在琼脂糖凝胶上分离更大的 DNA 片段。此外，DNA 毛细管电泳（见 2.10）还能够用于人工合成的寡核苷酸纯度分析，PCR 结果质量分析，并能进行限制性片段长度多态性（RFLP）和可变数目串联重复序列（VNTR）的 DNA 片段长度间的比较。

通常需从凝胶电泳分离的复杂的混合物中鉴别出某个特定的片段，这可以采用 Southern 杂交技术来完成，即先将所有片段从凝胶上转移至尼龙膜或硝酸纤维素膜上，然后用标记的核酸探针进行杂交，以鉴别出目的片段。本章全面总结了固定已分离的 DNA 片段的方法与所需材料（见 2.11）及相关的杂交技术（见 2.13）。这些方法为对复杂基因组中的单拷贝或多拷贝序列进行定位作图及鉴别做出了巨大贡献，并且促进了最初的真核基因克隆实验的完成。其他常见的凝胶电泳技术的应用包括单链 RNA 或 DNA 的分离。含有用作变性剂的高浓度尿素的聚丙烯酰胺凝胶，为分离短的（＜500 个核苷酸）单链 DNA 或 RNA 片段提供了一种强有力的系统。这种凝胶可以分辨大小仅相差一个核苷酸的片段，是各种 DNA 测序方法的核心，对于此种变性聚丙烯酰胺凝胶的详述见 7.7。这种凝胶也可用于需对单链片段进行分离的其他应用，特别包括如下技术：S1 核酸酶作图法分析 mRNA 结构（见 4.5）、核酸酶保护试验（见 4.6）或引物延伸（见 4.7）。变性聚丙烯酰胺凝胶还可用于制备，如小规模纯化放射性单链探针及大规模纯化合成寡核苷酸（见 2.15）。

对于相对较大的（>500 个核苷酸）单链片段的分离可用变性琼脂糖凝胶来完成，这在用 Northern 印迹杂交法对 mRNA 集群分析中尤为重要。在 4.8 中给出了应用含有甲醛的琼脂糖凝胶分离单链 RNA 的方法，4.5 描述了应用变性碱性琼脂糖凝胶纯化标记的单链 DNA 探针的方法。

凝胶和电路

凝胶电泳装置通常都是很简单的电路，可以用两个公式来理解。欧姆定律：$V=IR$，表示电压 V（以伏特计）等于电流 I（以毫安计）与电阻 R（以欧姆计）的乘积。在一个简单电路中，当给定电压时，所有电路元件都将有恒定的电流流过，而每个元件上的总电压降是其电阻的直接结果。对于凝胶装置的某一部分来说，电阻与横截面面积及电泳缓冲液的离子强度成反比。通常凝胶本身提供了电流环路中几乎所有的电阻，因此，加在凝胶上的电压基本上就是加在整个电路上的电压。当电流一定时，降低凝胶的厚度（以及凝胶面上的缓冲液层的高度）或降低缓冲液的离子强度，会增加电阻，从而增加通过凝胶的电压梯度，以及样品的电泳迁移率。

通常凝胶装置的散热能力限定了电压的使用上限，第二个有用的公式：$P=I^2R$，表示系统产生的功率，P（测量单位为瓦特）等于电阻与电流强度的平方的乘积。所做的功以热的形式表现，每一个凝胶装置在不升高凝胶温度的前提下只能输出一定的功率，当超过此功率时，电压的微小增加都会导致凝胶温度的明显增加，其结果可能是破坏性的。因此，知道某一特定的凝胶装置在功率多大的情况下热量可以容易地散发是十分重要的，超过这个范围电泳时需小心监控凝胶的温度。

两个例子可解释这两个公式的应用。第一个例子：进行电泳期间，随着与聚合作用相关的离子跑出凝胶之外，聚丙烯酰胺凝胶的电阻会有所增加，当凝胶在固定电流下进行电泳时，电压会随着时间的延长而升高（$V=IR$），功率也就会因此显著增加（$P=I^2R=VI$）。因此，如果在高电压下进行聚丙烯酰胺凝胶电泳，电源应设定为恒定输出功率。第二个例子：当一个电源同时供两个串联的凝胶装置电泳时，总电压中加到每一个凝胶上的分电压和该凝胶在电路的总电阻中所占的份额成正比（$V=IR_1+IR_2$），两个相同的凝胶将各自获得电源显示的总电压和功率的 50%。

最后，值得注意的是一些凝胶电泳系统采用了致死性的高电压，并且几乎所有的系统都具有潜在的危险性。所以，须使用具有足够屏蔽作用的装置，电源应正确接地及调试。而最重要的是进行凝胶电泳实验时应具备常识。

撰 稿 人：David D. Moore

2.1　水溶液中 DNA 的纯化和浓缩

本节介绍对单链或双链 DNA 溶液纯化和浓缩的基本方法。

特别注意：对高分子质量DNA分子进行操作时要特别小心，避免机械剪切力造成的DNA降解。不要使用小孔的移液管，颠倒混合溶液时动作要尽量轻柔。

2.1.1 基本方案 DNA的酚抽提和乙醇沉淀

材料（带√项见附录1）

待纯化的DNA溶液（DNA≤1 mg/ml）

√平衡苯酚

氯仿

异戊醇

√3 mol/L 乙酸钠，pH 5.2

70%和100%（*V*/*V*）乙醇，

√TE缓冲液，pH 8.0

Speedvac真空旋转蒸发器（Savant）

注意：苯酚能够造成皮肤的严重损伤，并能腐蚀衣物。进行苯酚操作时一定要戴手套，佩戴防护眼镜及穿实验服，并且要在通风橱中进行。准备一个玻璃容器用来盛装使用过的酚/氯仿混合液。

步骤

1) 往盛有待纯化DNA溶液的1.5 ml离心管加入等体积的酚/氯仿/异戊醇。在涡旋混合器上剧烈振荡10 s，室温下以最高速度离心15 s。
2) 用200 μl的微量移液器将含有DNA的上层（水）相小心地移入一只新管中，如果在水相和有机相交界处有白色沉淀物，重复步骤1、2。

   高浓度盐溶液会引起相位倒置，有机相可以通过它呈现的橘黄色进行辨认。
3) 往DNA溶液中加入1/10体积的3 mol/L pH 5.2的乙酸钠，在涡旋混合器上稍加振荡或用手指轻弹离心管壁几次使之混匀。
4) 加入2~2.5倍体积（加入盐溶液之后计算的体积）冰冷的100%乙醇，在涡旋混合器上振荡混匀并置于碎干冰上≥5 min（或于－70℃≥15 min，或于－20℃≥30 min）。
5) 在离心机上以最高速度离心5 min，弃去上清。加入1 ml 70%乙醇，颠倒离心管数次，再次离心。
6) 弃上清，在真空干燥器或真空旋转蒸发器（Speedvac evaporator）中干燥。将干燥的沉淀物溶于适当体积的水或TE缓冲液（pH 8.0）。

2.1.2 备择方案1 异丙醇沉淀DNA

异丙醇也可以用于沉淀DNA。在DNA溶液中加入等体积的异丙醇，可在一个离心管中沉淀初始体积较大的DNA溶液（如0.7 ml）。缺点是异丙醇蒸发需要较长的时间。此外，由于一些盐很难溶于异丙醇，所以需要额外增加洗涤次数。

2.1.3 辅助方案 1　丁醇浓缩 DNA

当起始溶液的体积较大时，可用仲丁醇（2-丁醇）抽提法先除去溶液中的水分子，减小其原初体积，再用基本方案纯化 DNA。

步骤

1) 将 0.1～0.4 ml DNA 溶液加入聚丙烯管中，向样品中加入等体积的仲丁醇，在涡旋混合器上振荡以充分混匀。
2) 室温下 1200 *g* 离心 5 min，或在微量离心机上以最高速度离心 10 s，移弃上相（仲丁醇）。
3) 重复步骤 1、2 直至得到所需体积的水溶液。
4) 下层水相用 25∶24∶1 的酚/氯仿/异戊醇抽提，乙醇沉淀。或者通过两次醚抽提去除仲丁醇（辅助方案 2）。

溶液中的盐浓度随着体积减少而成比例增高。DNA 可用乙醇沉淀来调整缓冲条件。

2.1.4 辅助方案 2　醚抽提法去除残存酚、氯仿或丁醇

通过酚、氯仿抽提法（基本方案）纯化的或通过丁醇（辅助方案 2）浓缩的 DNA 溶液，如果采用醚抽提法去除有机溶剂，可以无需进行乙醇沉淀而直接用于酶促反应和凝胶电泳实验，残存的醚随后可通过蒸发除去。这种方法只有在起始溶液的组分与后来的步骤兼容时才适用。

注意：醚极易燃，并且其蒸气能够导致昏迷。因此涉及醚的所有操作均应在通气良好的通风橱中进行。

材料（带√项见附录 1）

二乙基乙醚
√TE 缓冲液，pH 8.0
抽提后的 DNA 溶液
聚丙烯管

步骤

1) 在聚丙烯管中将等体积的乙醚与水或 TE 缓冲液（pH 8.0）混合，在涡旋混合器上剧烈振荡 10 s，待其分相后收集上相（水饱和醚）。
2) 往 DNA 样品中加入等体积的水饱和醚，在涡旋混合器上振荡以充分混匀。
3) 离心 5 s 或将管直立于管架上使之分相，移弃上相。
4) 重复步骤 2 和 3。
5) 样品在通风橱中敞开放置 15 min（体积＜100 μl），或在真空中放置 15 min（对于较大体积样品）除醚。

2.1.5 备择方案 2 硅膜离心柱法纯化 DNA

这个方法快捷、方便，产物纯，得率高。离心柱试剂盒一般都带有纯化细菌培养液中 DNA 所必需的材料，包括各种缓冲液。

附加材料（带√项见附录 1）

待纯化的 DNA 溶液
√6 mol/L 碘化钠（NaI）
硅膜离心柱（如 Qiagen、Promega、Invitrogen、Novagen 等公司的产品）
√洗涤液
√TE 缓冲液，pH 8.5

步骤

1) 将 3 倍体积的 6 mol/L NaI 加入到盛于 1.5 ml 离心管中的 DNA 溶液，混匀。
2) 将以上溶液加入硅膜离心柱，14 000 *g* 离心 1 min，分离离心柱和收集管，弃去收集管内穿流，重新组合离心管和收集管。
3) 加 750 μl 洗涤液，如上述步骤离心，弃去穿流。再离心 1 min 以去除残存的洗液（乙醇）。
4) 将离心柱转移至 1.5 ml 微量离心管中，并加 75～100 μl 水或 TE pH 8.5 缓冲液至膜的中间，孵育 2～10 min 后再次离心，收集 DNA 穿流液。

2.1.6 备择方案 3 RNA 及 DNA 稀溶液的纯化和浓缩

RNA 的纯化和浓缩

除需用 2.5 倍体积的乙醇沉淀外，RNA 的纯化步骤与基本方案中的一致。所有直接使用或配制缓冲液所用的水都需用焦碳酸二乙酯（DEPC，见附录）处理，以灭活 RNA 酶。

DNA 稀溶液

当 DNA 浓度较低时（<10 μg/ml）或 DNA 的量不到 1 μg 时，乙醇和水溶液的体积比应该增加到 3∶1，在干冰上放置的时间增加到 30 min，离心应在冷室中进行并延长至 15 min 以保证从这些溶液中回收 DNA。可以加入 10 μg 商品化的来源于大肠杆菌、酵母或牛肝的 tRNA 作为载体，用来有效地沉淀纳克量的标记或未标记的 DNA。DNA 将可与 tRNA 共沉淀。载体 tRNA 不会干扰大多数酶反应，但它可被多核苷酸激酶磷酸化，所以如果在随后的放射性标记反应中要用到此酶时，则不应加入 tRNA。回收小量的 DNA 短片段和寡核苷酸时，在加入乙醇之前先加入氯化镁溶液，使其终浓度<10 mmol/L，可提高回收效果。

大体积（>0.4～10 ml）的 DNA 水溶液

对于大体积的 DNA 溶液，可以简单地放大基本方案中的各试剂用量或者采用辅助方案 2 中的丁醇浓缩法。由于聚苯乙烯管不能经受酚/氯仿混合液，酚抽提须在盖紧的 15 ml 或 50 ml 聚丙烯管内进行。室温下，从不超过 1200 *g* 的速度离心 5 min。乙醇沉淀应该在硅化过的厚壁 Corning 玻璃试管（15 ml 或 30 ml）中进行，并于固定角式转子、4℃、8000 *g* 条件下离心 15 min。注意使用硅化玻璃试管以利于少量 DNA（<10 μg）的回收。

2.1.7 备择方案 4 乙醇沉淀法去除低分子质量的寡核苷酸和核苷三磷酸

乙酸铵取代乙酸钠能够优先沉淀较长的 DNA 分子，能够有效地去除小的单链或双链的寡核苷酸（<30 bp）及在 DNA 标记或其他 DNA 修饰反应中未掺入的核苷酸。T4 噬菌体多核苷酸激酶可被铵离子抑制，所以如果核酸需要进行磷酸化的话，则应避免使用本方案。

附加材料（亦见基本方案；带√项见附录 1）

4 mol/L 乙酸铵，pH 4.8

步骤

1) 在 DNA 溶液中加入等体积的 4 mol/L pH 4.8 的乙酸铵，涡旋振荡或指头弹打数次混匀。
2) 加入 2 倍体积（加入盐之后计算的体积）冰冷的 100%乙醇，在涡旋混合器上振荡混匀，置干冰上 5 min（或－70℃≥15min，或－20℃≥30min）。
3) 室温下以最高速度离心 5 min，小心移去上清。
4) 用 100 μl pH 8.0 的 TE 缓冲液溶解沉淀，重复步骤 1～3。
5) 往管中加入 1 ml 室温的 70%乙醇，颠倒数次，离心。沉淀置真空干燥器或真空旋转蒸发器干燥，最后用适量的水或者 TE pH 8.0 缓冲液溶解沉淀。

参考文献：Marmur，1961.

撰 稿 人：David Moore and Dennis Dowhan

2.2 阴离子交换色谱法纯化 DNA

基本方案

单一阴离子交换树脂可以选择性地结合核酸，能够快速地从 RNA、蛋白质、碳水化合物和其他代谢物的混合物中分离 DNA。本方案适用 Qiagen 公司提供的柱子；其他方案可从别的供应商处得到。由于离子交换树脂对 RNA、质粒 DNA 和大分子质量 DNA 结合能力不同，因此应该根据所要分离的核酸的种类去选择柱子的大小。

材料（带√项见附录 1）

带有质粒或噬菌体的细菌培养液，或哺乳动物、植物或细菌细胞培养液

适当大小的 Qiagen-tip

√QBT 缓冲液（平衡缓冲液）

√QC 缓冲液（洗涤缓冲液）

√QF 缓冲液（洗脱缓冲液）

异丙醇

70%（*V/V*）乙醇，冰冷

√TE 缓冲液，pH 8.0

步骤

1) 如提取质粒、科斯质粒或噬菌体 DNA，预备带有相应载体的菌株的细胞裂解液（见 1.7 和 1.13）。如提取基因组 DNA，预备哺乳动物、植物或细菌培养物的细胞裂解液（见 2.3～2.5）。从裂解液清液（见下文）中取出一份保存，进行分析型凝胶电泳，以确定生长和裂解条件是否为最佳。

   注意：制备质粒时，不需要进行溶菌酶的处理。制备质粒和噬菌体时需用 RNase A 处理。细菌裂解液清液可通过传统的离心或 Qiagen 过滤器过滤得到。阴离子去垢剂如 SDS 会抑制 DNA 的吸附。

2) 以两倍床体积的 QBT 缓冲液平衡适当大小的 Qiagen-tip，缓冲液因重力作用而自然流空。

3) 将细胞裂解液清液加入柱子，裂解液因重力作用进入树脂。取一小份流出液（50～500 μl，视柱子的大小而定）保存。

4) 以 3～6 倍床体积的 QC 缓冲液（视柱子的大小而定）清洗柱子两次，使缓冲液因重力作用而流过 Qiagen-tip。取一小份流出液保存。

5) 用 1～2 倍床体积的 QF 缓冲液（视柱子的大小而定）洗脱纯化的 DNA，使缓冲液因重力作用而流过 Qiagen-tip。取一小份洗脱液保存。

6) 向洗脱液中加入 0.7 倍体积的异丙醇，随即于 4℃，15 000 *g* 离心 30 min，弃去上清。用冰冷的 70%乙醇洗涤沉淀，于空气中干燥 10 min，以适当体积的 TE 缓冲液（pH 8.0）溶解沉淀。

7) 将步骤 1、3、4 和 5 收集的样品以 0.7 倍体积的异丙醇沉淀。70%乙醇清洗，干燥，重溶于 10 μl TE 缓冲液（pH 8.0）。各取 2 μl 进行 1%琼脂糖凝胶电泳分析（见 2.6）。

参考文献：Ehlert et al., 1993；QIAGEN, 1997.

撰 稿 人：Kim Budelier and Joachim Schorr

2.3　从哺乳动物组织中制备基因组 DNA

基本方案

材料（带√项见附录 1）

组织或培养细胞

√消化缓冲液

√PBS，冰冷

√7.5 mol/L 乙酸铵

100%及 70%乙醇

√TE 缓冲液，pH 8.0

步骤

1a) 全组织：

切下组织并立即剪成小块，置于液氮中冻结。将 200 mg～1 g 冻结的组织用预冷的研钵和研杵研碎，或用锤子将其捣为细粉末。每 100 mg 组织用 1.2 ml 消化缓冲液悬浮，悬浮要彻底，不可留下结块。

注意：如果是用肝组织，要除去胆囊，因其含有大量消化酶。

1b) 组织培养细胞：

收集悬浮生长或贴壁生长细胞培养液，贴壁生长细胞需先用胰酶消化（见附件 3F)，置离心机 4℃，500 *g* 离心 5 min，弃上清。细胞用 1～10 ml 冰冷的 PBS 悬浮、离心，如此洗涤 2 次。最后用消化液悬浮细胞，每 10^8 个细胞用 1 ml 消化缓冲液（如果细胞少于 3×10^7，用 0.3 ml 消化缓冲液)。

2) 将样品在盖紧的管中于 50℃摇荡下温育 12～18 h。

3) 用等体积的酚/氯仿/异戊醇抽提样品（见 2.1)，轻轻地混合，尽可能减小对 DNA 的剪切。置吊桶式转头 1700 *g* 离心 10 min。如果分相效果不好，加入 1 体积不含蛋白酶 K 的消化缓冲液再离心一次。如果在界面上有一层厚的白色物质，再抽提一次。

4) 将上层（水溶液）转移至一个新管中，加入 1/2 体积 7.5 mol/L 乙酸铵和 2 体积 100%乙醇，1700 *g* 离心 2 min。

注意：为避免高分子质量 DNA 被剪切，可用透析代替乙醇沉淀：在 100 倍体积的 TE 缓冲液中，至少透析两次，总共用的时间应在 24 h 以上。

5) 用 70%乙醇洗涤，空气干燥，沉淀用 TE 缓冲液溶解，使终浓度在 1 mg/ml 左右，于 4℃保存。

加入 0.1%的 SDS 和 1 μg/ml 无 DNA 酶的 RNA 酶（见 3.10)，37℃温育 1 h，以除去残留的 RNA。重复步骤 4)～5)。

1 g 组织或 10^9 个细胞能够得到约 2 mg 长度在 100 kb 以上的 DNA 片段。高纯度的 DNA 其 $A_{260}/A_{280}>1.8$。

参考文献：Gross-Bellard，1973.

撰 稿 人：William M. Strauss

2.4 从植物组织中制备基因组 DNA

2.4.1 基本方案 氯化铯离心法制备植物 DNA

材料（带√项见附录 1）

新鲜植物组织
√抽提缓冲液
10%（*m/V*）*N*-十二烷基肌氨酸
异丙醇
√TE 缓冲液，pH 8.0
氯化铯
√10 mg/ml 溴化乙锭
CsCl 饱和的异丙醇（以氯化铯饱和的水相平衡）
70%和 100%（*V/V*）乙醇
√3 mol/L 乙酸钠，pH 5.2
250ml 离心管
55℃水浴箱
5 ml 快速密封超速离心管
15G 针头和 1 ml 注射器

步骤

1) 收取 10～50 g 新鲜的植物组织，用去离子水洗涤，吸干，放入液氮中冻结，用研钵和研杵研成细粉。
2) 将冻结的细粉放入 250 ml 的离心瓶中，立即加入抽提缓冲液：每克植物 5～10 ml，轻轻搅拌混匀。
3) 加入 10%（*m/V*）十二烷基肌氨酸，使终浓度达 1%，于 55℃温育 1～2 h。
   注意：为了避免 DNA 被剪切，使用粗吸头，溶液不要在涡旋混合器上振荡或剧烈混合。
4) 4℃下，5500 *g* 离心 10 min，保留上清，必要时重复此步骤以除去残渣。
5) 加入 0.6 体积异丙醇，轻轻混合，如果看不见沉淀，于－20℃放置 30 min，4℃，7500 *g* 离心 15 min，弃上清。沉淀无需干燥，以 9 ml TE 缓冲液悬浮。
6) 加入 9.7 g 固体氯化铯，轻轻混合直至溶解，冰上放置 30 min，4℃，7500 *g* 离心 10 min，保留上清。
   注意：残留的十二烷基肌氨酸可能会形成一层分离相，可通过两层干酪纱布过滤除去。
7) 加入 0.5 ml 10 mg/ml 的溴化乙锭，冰上放置 30 min。4℃ 7500 *g* 离心 10 min。
8) 将上清转入两个 5 ml 的快封超速离心管中，封口。20℃ 525 000 *g* 离心 4 h，或 20℃，300 000 *g* 离心过夜。用 15-G 针头在离心管上方扎一小孔作为空气入口，把针头装到注射器上，在紧贴 DNA 带下方的管壁上扎入，收集 DNA 带。
9) 用氯化铯饱和的异丙醇重复抽提 DNA 去除溴化乙锭。

10) 加入 2 体积水和 6 体积 100% 乙醇，混匀，－20℃放置 1 h。4℃，7500 *g* 离心 10 min，沉淀用 TE 缓冲液悬浮。

11) 加入 1/10 体积的 3 mol/L 乙酸钠和 2 体积的 100% 乙醇重新沉淀。如果肉眼无法看见沉淀则－20℃温育。沉淀晾干后用 0.5～2 ml TE 缓冲液重悬。

每克新鲜植物组织可以得到 10～40 μg DNA（链长 50 kb）。

2.4.2　备择方案　CTAB 制备植物 DNA

这种方法只需稍加改变，就可以用于许多不同类型植物样品的提取，并且获得的量很高，抽提出的 DNA 虽然纯度不够高，但是足够用于许多分子生物学实验。

附加材料（亦见基本方案；带√项见附录 1）

2-巯基乙醇（2-ME）

√CTAB 抽提液 65℃

24∶1（*V*/*V*）氯仿/辛醇或氯仿/异戊醇

√CTAB/NaCl 溶液 65℃

√CTAB 沉淀液

√高盐 TE 缓冲液

异丙醇

80%（*V*/*V*）乙醇

粉碎器/匀浆器：研钵和研杵、捣碎机、Polytron（Brinkmann）或咖啡研磨器、抗有机溶剂的试管或烧杯

65℃水浴箱

步骤

1) 用液氮或干冰冷却粉碎器/匀浆器，将植物组织粉碎成为细粉，然后将冷冻的组织转移到一个抗有机溶剂的试管或烧杯中。

2) 往粉碎的组织中加入预热的 CTAB 抽提液，每克新鲜组织加 4 ml，混合使之充分湿润，于 65℃温育 10～60 min，不时混匀。

注意：在所需量的 CTAB 抽提液中加入 2-巯基乙醇，使终浓度达 2%（*V*/*V*）。将此溶液及 CTAB/NaCl 溶液加热至 65℃。对于冻干、脱水或干燥组织如种子，将 2-ME/CTAB 抽提液与无菌水以 1∶1 混合后使用。

3) 加入等体积的 24∶1 氯仿/辛醇或氯仿/异戊醇，颠倒使充分混合，于 4℃，7500 *g* 离心 5 min，回收上（水）相。

4) 在回收的上层相中加入 1/10 体积的 65℃的 CTAB/NaCl 溶液，颠倒混匀。重复步骤 3。

5) 加入正好 1 体积的 CTAB 沉淀液，颠倒混匀。如果看不见沉淀，于 65℃温育 30 min。于 4℃，500 *g* 离心 5 min。用高盐 TE 缓冲液重悬沉淀（每克起始材料 0.5～1 ml），如果沉淀难于重悬，于 65℃温育 30 min，重复直至所有的或大部分沉淀溶解。

6) 加入 0.6 体积的异丙醇，充分混匀，于 4℃，7500 *g*，离心 15 min。用 80% 乙醇洗涤

沉淀，干燥，用尽可能少的 TE 缓冲液重悬（每克起始材料 0.1～0.5 ml）。

每克新鲜的植物组织能够提取 100～500 μg DNA（长度约 50 kb）。

参考文献：Dellaporta et al.，1983；Murray and Thompson，1980.

撰 稿 人：Eric Richards，Mark Reichardt，and Sharon Rogers

2.5 从细菌中制备基因组 DNA

2.5.1 基本方案 细菌基因组 DNA 的小量制备

材料（带√项见附录 1）

细菌培养液

√TE 缓冲液

10%（*m*/*V*）十二烷基硫酸钠（SDS）

20 mg/ml 蛋白酶 K

5 mol/L NaCl

√CTAB/NaCl 溶液

氯仿

异戊醇

√平衡酚

异丙醇

70%（*V*/*V*）乙醇

步骤

1）培养 5 ml 的细菌培养液至饱和状态，取 1.5 ml 离心 2 min，或直至形成致密的沉淀。用 567 μl TE 缓冲液重悬。

2）加入 30 μl 10%的 SDS 和 3 μl 20 mg/ml 的蛋白酶 K，充分混匀，于 37℃温育 1 h。

3）加入 100 μl 5 mol/L NaCl，充分混匀。

如果 NaCl 浓度小于 0.5 mol/L，核酸也能够沉淀。

4）加入 80 μl CTAB/NaCl 溶液，充分混匀，于 65℃温育 10 min。

5）加入等体积（0.7～0.8 ml）24∶1 的氯仿/异戊醇，充分混匀，离心 4～5 min。将上清液转入一个新管中，如果难以移出上清，先用消毒牙签除去界面物质。

6）加入等体积 25∶24∶1 的酚/氯仿/异戊醇，充分抽提，离心 5 min，将上清液转入新的试管中。

7）加入 0.6 体积异丙醇，轻轻混合直到白色纤维状 DNA 沉淀形成，用一个封口的巴斯德管将沉淀转移至含 70%乙醇的新管中。也可室温离心，弃上清，加 70%乙醇洗涤。

8）室温离心 5 min，沉淀用冻干机干燥，重溶于 100 μl 的 TE 缓冲液。

得率一般为 5～20 μg DNA/ml 起始培养液（10^8～10^9 细胞/ml）。

2.5.2　备择方案　氯化铯法大规模制备细菌基因组DNA

附加材料（亦见基本方案；带√项见附录1）

氯化铯

√10 mg/ml溴化乙锭

CsCl饱和的异丙醇或水饱和的丁醇

√3 mol/L乙酸钠（pH 5.2）

50 ml Oak Ridge离心管

粗口吸管

BeckmanVTi80转子

4 ml密封离心管

长波长紫外灯

3 ml塑料注射器和15-G针头

步骤

1）培养100 ml细菌培养液至饱和状态，在50 ml Oak Ridge离心管中4000 *g*离心10 min。用9.5 ml的TE缓冲液轻轻悬浮细胞。

2）加0.5 ml 10%的SDS和50 μl 20 mg/ml的蛋白酶K，充分混合，于37℃温育1 h。

3）加1.8 ml 5 mol/L NaCl，充分混合。

4）加入1.5 ml CTAB/NaCl溶液，充分混合，于65℃温育20 min。

5）加等体积的24∶1氯仿/异戊醇抽提，室温下6000 *g*离心10 min，用宽口吸管将上清液转移至新管中。

如果省去氯化铯纯化，以氯仿/异戊醇或者酚/氯仿/异戊醇进行额外抽提很有必要。

6）加0.6体积的异丙醇，轻轻混合直至白色纤维状DNA沉淀形成，用一个封口的巴斯德管将沉淀转移至含1 ml 70%乙醇的新试管中。

7）10 000 *g*离心5 min，沉淀干燥后，用4 ml TE缓冲液重悬，用分光光度计检测DNA的浓度，将其调节到50～100 μg/ml。

8）每4 ml TE缓冲液加入4.3 g CsCl，并使之溶解。再加入200 μl的10 mg/ml的溴化乙锭。转移至4 ml快封口离心管中，调节体积，用TE缓冲液配制的CsCl（1.05 g/ml）平衡离心管。封住管口，置VTi80转子于15℃，以70 000 r/min离心4 h，或55 000 r/min离心过夜。

9）在长波紫外灯下观察梯度（应见一条单带），用15-G针头和3 ml塑料注射器（见2.4）取出条带。

10）用CsCl饱和的异丙醇或水饱和的丁醇抽提，以除去溴化乙锭。在2 L TE缓冲液中透析过夜以除去CsCl。

11）将DNA溶液转移到新管中，如果需要，可用1/10体积3 mol/L乙酸钠和0.6体积异丙醇沉淀染色体DNA，并将其溶至所需要的浓度。

得率一般为0.5～2 mg DNA/100 ml起始培养液（10^8～10^9细胞/ml）。

2.5.3 辅助方案 从所得到的 DNA 制备物中除去多糖

步骤

1) 将 NaCl 浓度调整到 0.7 mol/L，加入 0.1 体积的 CTAB/NaCl 溶液，进行 CTAB/NaCl 抽提（见基本方案步骤 4 和 5）。

   白色界面表示多糖和其他污染的大分子已经除去。

2) 重复上述步骤，直到看不见界面为止。

参考文献：Murray and Thompson，1980.

撰 稿 人：Kate Wilson

2.6 琼脂糖凝胶电泳

2.6.1 基本方案 DNA 片段在标准琼脂糖凝胶上的分离

本方案用于分离 0.5～25 kb 的 DNA 片段。

材料（带√项见附录 1）

√电泳缓冲液（TAE 或 TBE）

√电泳级琼脂糖

√10×加样缓冲液

DNA 样本

DNA 分子质量标准物（Marker，图 2.6.1）

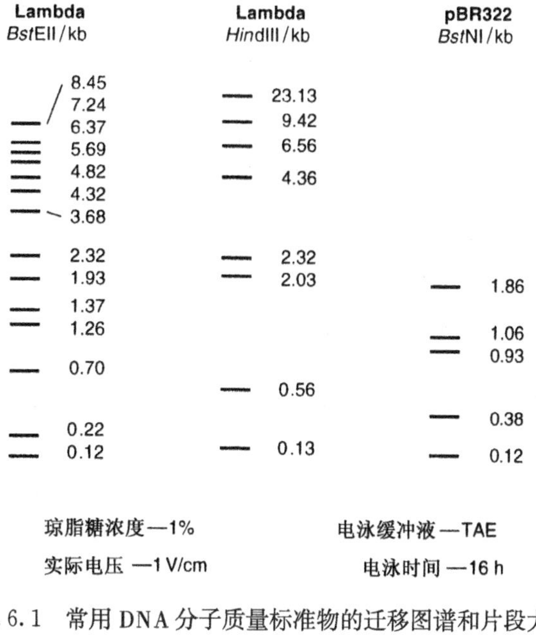

图 2.6.1 常用 DNA 分子质量标准物的迁移图谱和片段大小

√10 mg/ml 溴化乙锭溶液
55℃ 水浴箱
水平凝胶电泳装置
凝胶灌制平台
凝胶样品梳（狭槽型）
直流电源

步骤

1) 将电泳级琼脂糖加入 1×TAE 或 TBE 电泳缓冲液（表 2.6.1），在微波炉中或高压下溶化，混匀，冷却至 55℃，倒入已封好的凝胶灌制平台上，插上样品梳。确定没有气泡，等胶冷却变硬。

表 2.6.1 分离不同大小 DNA 片段的合适琼脂糖浓度

琼脂糖/%	DNA 片段的有效分离范围/kb
0.5	30～1
0.7	12～0.8
1.0	10～0.5
1.2	7～0.4
1.5	3～0.2

2) 待胶凝固后，小心拔出梳子，不要破坏加样槽，如果固胶平台是独立的，则连同平台放入电泳槽中，使电泳缓冲液高出凝胶表面约 1 mm，确定加样孔中没有气泡残存。
3) 用适量的 10×加样缓冲液制备 DNA 样品（终浓度 1×），然后用移液器将样品和 DNA 分子质量标准物加入样品孔中。
4) 接通电极，使 DNA 向阳极移动，在 1～10 V/cm 凝胶的电压降下进行电泳。通过上样缓冲液中溴酚蓝移动的进度控制电泳时间。
5) 当加样缓冲液中的溴酚蓝迁移至足够分离 DNA 片段的距离时，关闭电源。
   溴酚蓝的迁移率与大约 0.5 kb 的片段相同。
6) 用 0.5 μg/ml 溴化乙锭染色 10～30 min，在水中脱色 30 min。在紫外透射仪上可以看到 DNA 条带，还可以照相。
   在准备胶和电泳缓冲液中加入 0.5 μg/ml 溴化乙锭，可省略染色步骤。溴化乙锭须待凝胶冷却后加入。
   注意：溴化乙锭有潜在的致癌性，操作时要戴上手套。

2.6.2 辅助方案 微型凝胶及中型凝胶

微型凝胶和中型凝胶的电泳速度一般比大的凝胶要快，常用于快速分析。由于它们使用窄孔和薄胶，故对分离的片段进行电泳观察所需的 DNA 的量也较少。除了缩减缓冲液和凝胶体积之外，进行微型凝胶和中型凝胶电泳的方法和大型凝胶相似。同样，不管是对大胶或是小胶，影响 DNA 片段迁移率的参数是一样的。

当选择微型或中型凝胶装置时要考虑凝胶槽盛装缓冲液的体积，小胶通常要在高压下电泳（>10 V/cm），故电泳缓冲液会很快耗竭，所以选择一个有相对较大的缓冲液槽的凝胶装置比较有利。微型凝胶装置也可以由一些简单材料方便地制成（Sambrook et al., 1989）。用一个小的塑料盒（15 cm×8 cm×4 cm），在两端装配上插头和铂丝电极就成为一个微型凝胶电泳槽。

尽管用于灌制微型胶的托垫有商品供应，凝胶也可以铺在玻璃载玻片或其他无侧壁的小支持物上。此种凝胶仅靠表面张力固定于支持物上。铺胶后（如用 10 ml 灌制 5 cm×8 cm 凝胶），直接将梳子加在支持物上，两边用金属夹固定，这样形成的孔其底部没有凝胶，所以拔出梳子时要特别小心，以防凝胶与支持物脱离。

参考文献：Southern, 1979.

撰稿人：Daniel Voytas

2.7 脉冲场凝胶电泳

2.7.1 基本方案 倒转电场凝胶电泳

倒转电场凝胶电泳（有时称作 FIGE）用于分离分子质量约为 10～2000 kb 的 DNA 分子。为避免大于 100 kb 的 DNA 被剪切，要使用宽口吸管，并不要使用涡旋振荡仪。

材料（带√项见附录 1）

琼脂糖，标准品或倒转电泳凝胶级琼脂糖凝胶（如 SeaKem FastLane；FMC Bio-products）

√GTBE 缓冲液或 0.5×TBE 电泳缓冲液

已含有 DNA 样本的凝胶（见辅助方案）或液体样本

蠕动泵（Cole-Parmer Masterflex 或相当产品）

可编程的转换装置（MJ Research PPI-200 或相当产品）

恒压直流电源

步骤

1) 用 GTBE 或 0.5×TBE 缓冲液制备用于水平电泳的 1%琼脂糖凝胶（见 2.6）。为了减少热度，胶的厚度要尽量适合所加的样本。

注意：溴化乙锭仅适合分离小于 100 kb DNA 片段时使用。

2) 在加样孔中嵌入包埋在琼脂糖块内的样品，将胶放入胶盒中，覆盖以 2～3 mm 缓冲液，加入液体样本。

3) 对于微型凝胶调整循环速度至 5～10 ml/min，对于大型凝胶则用 20～50 ml/ min。将管端与凝胶槽中的再循环口相连，或直接放入缓冲液槽。

4) 将可编程的转换装置与恒压直流电源相连，然后将凝胶装置与转换装置相连。将转换装置调节到合适的转换程序（表 2.7.1），但不要开始转换。

最常用的正向和反向时间比是 3∶1。

表 2.7.1 脉冲场凝胶电泳分离片段大小及迁移速度经验公式[a,b]

倒转电场凝胶	
可分离的最大片段大小[c]/kb	$0.13\times(T+40)\times V^{1.1}\times(3-A)^{0.6}\times t^{0.875}$
可分离的最小片段大小/kb	0.75×最大分离片段大小
10 kb 片段的迁移速度/(cm/h)	$\frac{0.0016\times(T+25)\times V^{1.6}\times(R-1)}{A\times(R+1)}$
CHEF 或其他变角度凝胶	
分离良好的最大片段大小[c]/kb	$0.034\times(T+40)\times V^{1.1}\times(3-A)^{0.6}\times t^{0.875}$
分离良好的最小片段大小/kb	0.75×最大分离片段大小
10 kb 片段的迁移速度/(cm/h)	$\frac{0.0012\times(T+25)\times V^{1.6}\times\cos(\theta/2)}{A}$

a. 这些公式假定使用 0.5×TBE 缓冲液；对于 GTBE 和 TAE 缓冲液，分离的片段将稍大，并且电泳速度分别要快约 20%和 30%。

b. 变量：*T*，温度（℃）；*V*，电场强度（V/cm）；*A*，琼脂糖百分浓度（对于脉冲场级琼脂糖乘以 0.8）；*t*，脉冲时间（对于倒转电场凝胶指反向时间，单位 s）；*R*，正向与反向电泳时间比率；*θ*，改向角度。

c. 倒转电场凝胶不能分离此范围以外的长度，变角度凝胶可以分离此范围以外的片段，但效果不是很好。

5) 开始电泳直到溴酚蓝迁移 1 cm，开启转换装置及蠕动泵。
6) 电泳结束后，与标准的琼脂糖凝胶一样进行溴化乙锭染色及照相（见 2.6）。经酸处理使 DNA 脱嘌呤后，凝胶可进行 Southern 杂交（见 2.11）。

2.7.2 备择方案 钳位均匀电场电泳（CHEF 电泳）

在钳位均匀电场电泳中，通过周期性改变凝胶上电场的角度可以分离长达几百万碱基对的 DNA 分子。

附加材料（亦见基本方案）

CHEF 电泳分压环路（图 2.7.1）

多电极凝胶槽

步骤

1) 用 GTBE 或 0.5×TBE 缓冲液制备 CHEF 凝胶装置用的 1%琼脂糖凝胶。
2) 将在琼脂糖块中制备的样品插入样品孔中，将凝胶放入电泳槽，在其上覆盖 2～3 mm 高的缓冲液。
3) 调节循环装置至≥100 ml/ min，并且监测缓冲液温度。待缓冲液达到所需要的电泳温度后等 15 min，以确保凝胶在正确温度达到平衡。
4) 液相样品加样。
5) 将可编程的转换装置与稳压直流电源、分压环路及凝胶装置相连，把转换装置置于合适的转换程序（表 2.7.1），开始电泳。
6) 电泳结束后用溴化乙锭染色。与标准的琼脂糖凝胶一样进行照相（见 2.6）。

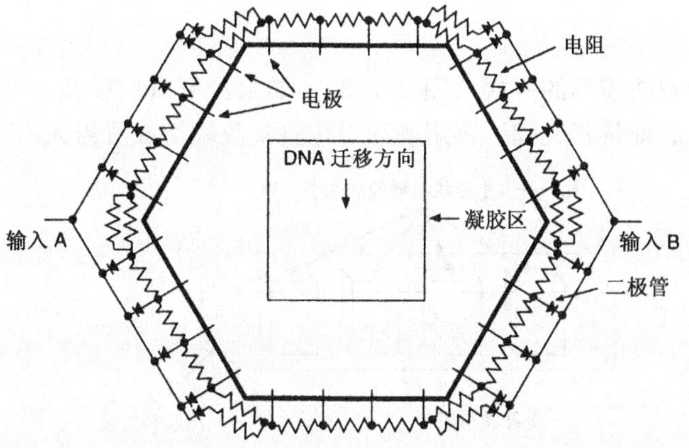

图 2.7.1 带有 24 个电极的六边形的 CHEF 凝胶的钳位电极电压环路［根据文献（Chu，1989）重绘］。24 个电极的位置及所导致的 DNA 迁移方向已绘出。该环路可由连接于输入 A 和输入 B 的凝胶反转控制器直接驱动。各电阻元件上的能耗使此环路的输入电压限制在约 250 V。所有的电阻器都是 470 Ω，1%的容差，功率为 3 W。二极管的型号为 1N4004（1A，400 V）。

2.7.3 辅助方案 高分子质量 DNA 样品和分子质量标准物的制备

材料（带√项见附录 1）

待制备样品（表 2.7.2）

1% 琼脂糖（见 2.6）

√裂解缓冲液

√储存缓冲液

400 mmol/L 苯甲基磺酰氟（PMSF），用乙醇配制

√10 mmol/L Tris · Cl，pH 8.0

合适的限制性内切核酸酶及缓冲液（见 3.1）

凝胶块模具或培养皿

表 2.7.2 高分子质量 DNA 样品和分子质量标准物的制备

初始材料	制备方法
细菌和噬菌体	按一定浓度重悬细菌（见 1.2）或噬菌体颗粒（见 1.13），该浓度应使每泳道含有所需量的 DNA。例如，在平均大小的泳道中 5×10^8 大肠杆菌/ml 可以产生约 100 ng DNA
λ 噬菌体梯状分子质量标准物	从浓缩的 λ 噬菌体原液开始制备。本方法对于某些批次的商品 λDNA 效果不好，原因可能是黏端遭到破坏。尝试做几个噬菌体稀释度，看哪一个最好。在裂解缓冲液中的第二次温育应该在 25℃，而不是 37℃。温育过程中，分子的黏端会复性，得到一系列长度不等的多聚体，电泳温度<25℃时，这些串联体将同时存在
线虫	用 10 mmol/L NaN_3 重悬使线虫麻醉，然后置于琼脂糖中
细胞核	按 4.10 的方法分离，每 10^5 个哺乳动物细胞核约含有 1 μg DNA
组织培养细胞	应用无血清培养基洗几遍，因为血清会抑制蛋白酶 K 的活性
酵母	酿酒酵母细胞在包埋于琼脂糖中之前应先按照 13.13 中基本方案所述方法除去细胞壁

步骤

1) 用胶带封住凝胶块模具的一端（图 2.7.2）。如果没有凝胶模具，可将含样品的凝胶浇注到培养皿底部待其凝固，再用剃须刀片将凝胶块切成所需大小。

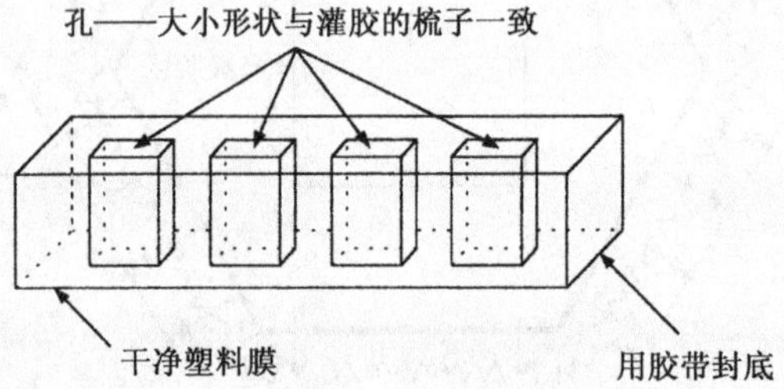

图 2.7.2 用于高分子质量 DNA 样品的模具，它们可在实验室中自行制作或向生产脉冲场电泳的厂商购买。

2) 用室温的水或缓冲液悬浮样品（表 2.7.2），使其浓度两倍于所需浓度；加入等体积的融化并冷却到 50℃的 1%琼脂糖，迅速混匀，倒入凝块模具中，置冰上凝固。
3) 取去胶带，将凝胶块推入装有≥20 倍体积的裂解缓冲液的 50 ml 锥形管中，于 50℃轻轻摇动温育过夜。
4) 倒掉裂解缓冲液，加入新鲜的裂解缓冲液，37℃温育过夜。
5) 倒掉裂解缓冲液，代之以 20 倍体积的储存缓冲液，于 4℃储存。
6) 对于要用于限制酶切的样品，室温下用≥10 倍体积的储存缓冲液加 1 mmol/L PMSF 洗 3 遍，每次 1 h。

   注意：PMSF 具有毒性及挥发性，应在通风橱中操作。
7) 室温下，用≥10 倍体积的 10 mmol/L Tris · Cl pH 8.0 洗 3 遍，每次 30 min。移入 1.5 ml 微量离心管中，弃去多余的液体。
8) 加入含有酶的 3×限制性缓冲液，使其为凝胶块体积的 1/2，于适当温度下温育。

参考文献：Chu et al., 1986；Schwartz and Cantor，1984.

撰 稿 人：Michael Finney

2.8 从琼脂糖凝胶中分离和纯化大的 DNA 限制酶切片段

2.8.1 基本方案 1 琼脂糖凝胶电洗脱

适于纯化数量较大的 DNA 片段（>500 ng），其片段大小范围为 50～20 000 bp。一般来说，对于 1 kb 以上长度的片段，其回收率可达 80%～90%，小片段回收率达 50%～60%。

材料（带√项见附录 1）

DNA 样本

√TAE 电泳缓冲液
√Elutip 高盐和低盐溶液
√2.5 mol/L NaCl
√TE 缓冲液 pH 8.0
Spectrapor 3 透析管（直径 11.5 mm，分子质量筛截 3500，Baxter）
Elutip-d 柱

步骤

1）消化 0.1～25 μg DNA（见 3.1），在制备型琼脂糖凝胶上电泳（见 2.6），染色及照相。
2）用 TAE 电泳缓冲液漂洗透析管 5 min，并在一端打上双结，用解剖刀切下目的条带装入管中，填入适量 TAE 电泳缓冲液，然后封口。
3）将透析管放入水平的凝胶电泳装置，填以 1×TAE 电泳缓冲液，使透析管刚刚浸没但不漂浮，将恒压调制到约 2 V/cm 进行电洗脱。对于 50～500 bp 片段电洗脱 30～45 min，500～2000 bp 片段 2 h，2000～4000 bp 片段则为 4 h，更大的片段采用 1 V/cm 电洗脱过夜。
4）电洗脱完成后，于 100 V 反转电极极性 30 s，使黏附于管壁上的 DNA 洗脱下来。
5）打开透析管，收集洗脱的 DNA，除去凝胶块。用 TAE 电泳缓冲液洗涤透析管，洗涤液与 DNA 洗脱液混合。
6）用注射器将 2 ml Elutip 高盐溶液推入 Elutip-d 柱，使其流入柱子，用同样的方法再推入 5 ml Elutip 低盐溶液。
7）将 DNA 溶液中 NaCl 浓度调节至 0.2 mol/L，以 20 滴/min 的速度上样，用 5 ml Elutip 低盐溶液，以 40 滴/min 的速度洗涤。
8）然后用 400 μl Elutip 高盐溶液，以 20 滴/min 的速度洗脱。如果需要的话，可再洗脱一次，以提高产率。
9）加入 2.5 倍 100％乙醇，置－20℃沉淀（见 2.1）。离心，沉淀用 70％乙醇洗涤、干燥，最后用 TE 缓冲液重悬并定量（见辅助方案）。

2.8.2 基本方案 2 NA-45 纸电泳

本方法简便，特别适用于回收 DNA 小片段（如＜2000 bp），有较高的得率（50％～90％）。

材料（带√项见附录 1）

DNA 样品
超纯琼脂糖（如 SeaKem GTG 琼脂糖，FMC Bioproducts）
NA-45 纸（Schleicher & Schuell）
√TE 缓冲液，pH 8.0
√NA-45 洗脱缓冲液

缓冲液平衡酚

氯仿

异戊醇

95%及70%（*V*/*V*）乙醇，冰冷

步骤

1）消化DNA，并在超纯琼脂糖凝胶电泳（见基本方案步骤1），直至目的DNA片段达到分离，停止电泳。

2）用一把干净的解剖刀片或剃须刀片，在贴近片段前后各切一细缝，用一把扁平镊子小心地分开切口，用另一把镊子在细缝中各插一小片NA-45纸。轻压凝胶的顶部和底部，以使细缝与纸接触。

3）用与前述电泳相同的电压和电流电泳10 min，直到DNA转移到纸上。

4）用镊子小心取出DNA条带下面的纸片（含有目的DNA片段），在TE缓冲液pH 8.0中轻洗3遍。将洗过的纸片放入含有400 μl NA-45洗脱缓冲液的1.5 ml离心管中，加热至70℃，对于小于500 bp的短片段，加热15 min；对大于1500 bp的片段则需1 h。

5）用400 μl平衡酚抽提1次（见2.1），酚/氯仿/异戊醇抽提2次，氯仿抽提2次。

6）加入1 ml 95%乙醇于－20℃沉淀过夜（见2.1）。用－20℃预冷的70%乙醇洗涤DNA沉淀，用TE缓冲液pH 8.0重悬DNA并定量（见辅助方案）。

2.8.3 基本方案3 低熔点琼脂糖凝胶分离DNA

大于1000 bp的DNA片段能够被从低熔点琼脂糖凝胶制备的凝胶条中分离，然后通过酚/氯仿抽提或Elutip-d柱子纯化，其产量一般为70%。

材料（带√项见附录1）

待分离的DNA

低熔点琼脂糖（SeaPlaque，FMC Bioproducts）

√TE缓冲液，pH 8.0

√缓冲液平衡酚

√高盐及低盐Elutip溶液

Elutip-d柱（Schleicher & Schuell）

步骤

1）消化DNA，并在1%的低熔点琼脂糖凝胶电泳（见基本方案1步骤1）。

2）用解剖刀切下目的带，将凝胶条于65℃熔化，加入TE缓冲液pH 8.0使琼脂糖的百分含量降至0.4%以下。

用于连接（见3.13）、转化（见1.12）或限制酶切（见3.1）可直接使用熔化的溶液。如用酚氯仿抽提，进行步骤3、4；如用Elutip-d柱子纯化，进行步骤5。

3）加入等体积的缓冲液平衡酚剧烈混合5～10 min，室温下，15 800 *g*离心10 min。收集水相，放在一边，用等体积的TE缓冲液pH 8.0重新抽提酚相及中间界面，如果较大界面仍然存在的话，进行第三次抽提。
4）乙醇沉淀合并的水相（见2.1），用合适的缓冲液溶解沉淀。如果需要的话，可用Elutip-d柱进一步纯化（步骤5）。
5）加10～20体积Elutip低盐溶液，并进行纯化（见基本方案1步骤6～8），所有的溶液保留在37℃。乙醇沉淀并定量（见基本方案1步骤9）。

2.8.4 备择方案1 β-琼脂糖酶消化法从低熔点琼脂糖凝胶中回收DNA

大于1000 bp的DNA片段能够被从低熔点琼脂糖凝胶制备的凝胶条中分离，然后通过β-琼脂糖酶消化法纯化，其产量一般为70%。

附加材料（亦见基本方案1；带√项见附录1）

低熔点琼脂糖凝胶（Seaplaque；FMC Bioproducts）
β-琼脂糖酶I（New England Biolabs或Calbiochem）
√β-琼脂糖酶缓冲液
异丙醇（可选）

步骤

1）消化DNA，并在1%的低熔点琼脂糖凝胶进行电泳（见基本方案步骤1）。
2）用解剖刀切下目的带，在冰上用2体积的1×β-琼脂糖酶缓冲液洗2次，每次30 min。往洗过的凝胶条中加入大致等体积的β-琼脂糖酶缓冲液，于65℃加热10 min，使凝胶完全熔化。
3）将熔化的凝胶冷却至40℃，每200 μl 1%的琼脂糖加1U的β-琼脂糖酶，继续温育1 h。

熔化的β-琼脂糖酶/DNA溶液可直接用于连接（见3.13）、转化（见1.12）或限制酶消化（见3.1）。如果进一步纯化大DNA片段（>50 kb），可通过透析除去溶液中的多糖及β-琼脂糖酶；如纯化小片段，则可按步骤4和5进行。

4）调节β-琼脂糖酶/DNA溶液的盐浓度至0.5 mol/L NaCl，加入等体积的异丙醇，置冰上冷却15 min，然后15 000 *g*离心15 min，将上清转移至一只干净管中。
5）加入2～3体积的异丙醇，充分混匀，于0℃冷却30 min。15 000 *g*离心15 min，弃上清，干燥沉淀，用pH 8.0的TE缓冲液或其他合适的缓冲液重悬。

2.8.5 备择方案2 硅膜离心柱从低熔点琼脂糖凝胶中回收DNA

本方法适用于回收大于100 bp的DNA片段，可用于标准琼脂糖凝胶，也能用于低熔点琼脂糖凝胶。一般产率为50%～80%。

附加材料（亦见基本方案 1；带√项见附录 1）

√6.6 mol/L 碘化钠（NaI）溶液

√结合缓冲液

硅膜离心柱（如 Qiagen，Promega，Invitrogen，Novagen）

√柱子洗涤液

步骤

1) 消化 DNA，用 1%低熔点琼脂糖凝胶进行电泳（见基本方案 1 步骤 1）。
2) 用解剖刀切出目的带，将凝胶条转移至一个 1.5 ml 试管中，加入相当于凝胶条 2.5 倍体积的 6.6 mol/L NaI 溶液（如 100 μl 凝胶条加入 250 μl），于 45～50℃温育 5 min 以熔解琼脂糖，间歇混合。
3) 冷却至室温，加入 2 体积（700 μl）结合缓冲液，充分混合。
4) 溶液加入硅膜离心柱 14 000 *g* 离心 1 min，分离离心柱、收集管子，弃去穿流，再组合。
5) 加用 750 μl 洗涤液，如上述步骤离心，弃去穿流。再离心 1 min 以去除残存的洗液（如乙醇）。
6) 将离心柱转移至 1.5 ml 微量离心管中，并加 75～100 μl 水或 TE 缓冲液 pH 8.5 至膜的中间，放置 2～10 min 以洗脱。再次离心，并收集 DNA 穿流液。

2.8.6 辅助方案 溴化乙锭斑点定量法对 DNA 浓度进行快速估测

材料（带√项见附录 1）

纯的 DNA 标准物

√TE 缓冲液，pH 8.0

√1 μg/ml 溴化乙锭

待定量的 DNA 样本

步骤

1) 用 TE 缓冲液 pH 8.0 配制下列 DNA 标准物：0、1、2.5、5、7.5、10 和 20 μg/ml。
2) 分别加入 4 μl 各 DNA 标准溶液及 4 μl 各未知浓度的 DNA 样品至 4 μl 1 μg/ml 的溴化乙锭溶液，充分混匀。
3) 将标准溶液和 DNA 样品/溴化乙锭溶液点到塑料膜上，置于紫外透析仪上照相，通过与标准溶液的荧光进行比较估测未知 DNA 的浓度。

参考文献：Wienand et al., 1978.

撰 稿 人：David Moore, Joanne Chory, Randall K. Ribaudo, and Dennis Dowhan

2.9 常规凝胶电泳分离小分子 DNA 片段

2.9.1 基本方案 1 非变性聚丙烯酰胺凝胶电泳

本方法适合回收小于 1000 bp 的 DNA 片段。从 2 cm×2 cm×1 mm 泳道中能够分离高达 5 μg 的 DNA。1.6 mm 厚的预备胶中能分离高达 25 μg 的 DNA 片段。数小时洗脱能够达到 60%～85%的产率。过夜洗脱能够达到定量回收。

材料（带√项见附录 1）

√10×TBE 电泳缓冲液 pH 8.0
√29∶1（*m*/*m*）丙烯酰胺/亚甲双丙烯酰胺
TEMED（*N*，*N*，*N*′，*N*′-四甲基乙二胺）
√10%过硫酸铵（APS，4℃保存小于一个月）
√5×加样缓冲液
DNA 样本
DNA 分子质量标准物
10 μg/ml 溴化乙锭
√洗脱缓冲液，pH 7.5
√TE 缓冲液，pH 7.5
丙烯酰胺凝胶电泳装置
玻璃板、垫片和梳子
直流电源
长波长紫外灯
3 ml 一次性小孔注射器
带硅玻璃纤维塞或 2 μm 过滤器的注射器

步骤

1) 准备胶溶液（表 2.9.1）。制备一块 5%，20 cm×16 cm×1.6 mm 的聚丙烯酰胺凝胶，可制备 60 ml 的胶溶液，制作过程如下：

6 ml 10×TBE 缓冲液
10 ml 29∶1 丙烯酰胺/甲叉双丙烯酰胺
44 ml 水

用磁力搅拌器剧烈搅拌 1 min 以确保彻底混合。

注意：丙烯酰胺具有神经毒性，接触丙烯酰胺粉末时必须戴手套、防护眼镜和外科防毒面具。商业制备的溶液具有较长的储藏寿命，帮助使用者避免了与具神经毒性的丙烯酰胺粉末的接触。

表 2.9.1 具有 DNA 片段最大分离度的丙烯酰胺浓度[a]

丙烯酰胺/%	分离片段的大小/bp	溴酚蓝指示剂的迁移/bp	二甲苯蓝指示剂的迁移/bp
3.5	100～1000	100	460
5.0	100～500	65	260
8.0	60～400	45	160
12.0	50～200	20	70
20.0	5～100	12	45

a. 数据采自文献（Maniatis and Ptashne，1973a，b；Maniatis et al.，1975）。

2) 加入 34 μl TEMED，旋转混匀，立即加入 250 μl 10%过硫酸铵，彻底混匀。将组合好的玻璃板一角提起使其与台面成 45°倒入胶液、插入梳子、用夹子将玻璃板夹紧以防凝胶聚合时胶与玻璃板分开。让凝胶在室温下聚合（约 30 min）。

   APS 一旦加入聚合反应即刻发生，因此操作时既要小心又要迅速。有关聚丙烯酰胺凝胶的制备和电泳的详细介绍见 7.7。

3) 拔去梳子和底部的垫片，洗去玻璃板上溢出的丙烯酰胺。
4) 将 1×TBE 缓冲液注入电泳槽下槽，将凝胶以一定的角度放入下槽，避免在玻璃板和胶底部之间形成气泡。将玻璃板与电泳槽上槽夹紧，注入足以覆盖样品孔的电泳缓冲液。
5) 直流电源，以 5 V/cm 压降（恒压）预电泳，预热凝胶至少 30 min。
6) 在 DNA 样品和分子质量 Marker 中加入 5×上样缓冲液，使终浓度为 1×，上样。在 5 V/cm 压降下进行电泳，直至获得所需要的分离度。避免过热。
7) 关闭电源，将凝胶装置水平置于工作台上，小心地将上方玻璃板与胶分开、移去，使胶仍留在另一块玻璃板上。
8) 凝胶和玻璃板用 0.5 μg/ml 溴化乙锭染色 5～10 min。如果必要的话，在水中脱色 10～30 min。2 μg 以上的 DNA 样本，可用紫外阴影技术（见 2.15）观察到。
9) 用塑料膜小心包裹胶和玻璃板，翻转，置紫外透析仪上照相。
10) 用手术刀或剃须刀片切下目的 DNA 条带。用 3 ml 小孔注射器推压将凝胶压成细小的碎片。
11) 收集碎片置于合适大小的离心管中，加入 2×洗脱缓冲液，室温下旋转孵育 4 h（<300 bp），或过夜（>750 bp）。
12) 室温下在台式离心机（约 500 *g*）上离心 10 min 或微型离心机上离心 1 min，沉淀凝胶碎片。将上清移入新的离心管中，小心不要混有凝胶碎片。
13) 用少量洗脱缓冲液洗涤凝胶碎片，离心，合并两次上清。
14) DNA 用两倍体积 100%乙醇沉淀（见 2.1），如果必要的话，加入 10 μg tRNA 或糖原。12 000 *g* 离心 10 min，沉淀用 100 μl TE 缓冲液 pH 7.5 溶解。
15) 如果需要的话，用 3 mol/L pH 5.2 乙酸钠和 2 体积 100%乙醇再沉淀一次（见 2.1）。
16) 沉淀物用 70%乙醇（见 2.1）洗两次，干燥，用适量 TE 缓冲液 pH 7.5 溶解。

2.9.2 备择方案 聚丙烯酰胺凝胶 DNA 小片段的电洗脱

本方法能够快速回收 DNA 片段（<300 bp），得率与基本方案 1 类似。

附加材料（亦见基本方案1）

小透析袋

水平凝胶电泳仪

步骤

1) 根据上述方案（见基本方案1步骤1～9）准备和进行凝胶电泳，切下目的DNA带但不压碎。
2) 将凝胶片放入具有合适截留值（MWCO）的小透析袋，加入足量的0.5×TBE缓冲液浸没凝胶。
3) 将透析袋放入含有0.5×TBE缓冲液的小水平电泳仪中。置4 V/cm电泳2 h（DNA <300 bp）或6 h（长的DNA片段）。

   如果需要完全的回收，则须采用紫外阴影技术，并在洗脱后染色以确保DNA已被定量回收。
4) 倒转凝胶装置的电极，电泳1 min，以释放任何吸附的DNA。收集透析袋内的DNA洗脱缓冲液，再次洗涤凝胶片及透析袋的内表面，回收残余的DNA。
5) 加0.1体积3 mol/L乙酸钠pH 5.2，乙醇沉淀（见基本方案1步骤14～16）。

2.9.3 基本方案2 筛分型琼脂糖凝胶电泳

筛分型琼脂糖因其孔径大小，可以分离小于1000 bp的核酸片段，能够区分小至8 bp的DNA片段。其产率一般为70%以上。筛分型琼脂糖经化学修饰，具有低的凝结（≤35℃）和熔化（≥65℃）温度。

步骤

1) 按照厂商的说明在合适的缓冲液中熔化2%～4%筛分型琼脂糖（如NuSieve GTG agarose）。制胶、上样及电泳同普通琼脂糖凝胶（见2.6）。

   筛分型琼脂糖凝胶在TBE缓冲液中比在TAE缓冲液中分离DNA速度要慢，但分离度明显要高。因此一般来说，小片段DNA（<300 bp）在TBE缓冲液中分离，而大片段DNA在TAE缓冲液中分离。
2) 按照2.8备择方案1用β-琼脂糖酶消化低熔点琼脂糖凝胶的方法，从筛分型琼脂糖凝胶分离DNA。

参考文献：Chrambach and Rodbard, 1971; FMC Marine Colloids product information.

撰 稿 人：Joanne Chory and Jack D. Pollard, Jr.

2.10 DNA的毛细管电泳

毛细管电泳（CE）在分离速度、分辨率、灵敏度和数据处理上比块状凝胶具有一系列的优点（见2.6、2.9和2.15）。CE分离发生于直径较小（50～100 μm）的毛细管内部，分离电压高达千伏，分离时间一般只需几分钟。DNA通过紫外吸收或荧光标记探测，避免了对溴化乙锭和放射性同位素使用的需求。CE 能够分离纳克量的 DNA，还能使几百碱基对大小的片段获得单个碱基的分离度。在适当的标准存在的条件下，根据相对电泳迁移率，可以很精确地测定 DNA 片段的大小。CE 是一种分析技术，由于只有少量 DNA 能够加入毛细管，因此很少用于制备。

仪器操作

以填充了液体或凝胶的熔融硅毛细管连接两个盛有缓冲液的容器，并于其上施加高电压，就得到了最简单的 CE 分离装置。产生的电场驱动目的分子从毛细管的一端迁移到另一端。核酸带负电，电泳时使用的极性与蛋白毛细管电泳相反。毛细管一般长约 20～50 cm，内径为 50～100 μm，总体积为 1～2 μl。相比较，块状凝胶孔的体积约 1000 μl。毛细管是薄壁的，有利于为了获得高效的电泳分离效果而施加的高压（10～30 kV）产生的热量散发，也因此使对流影响减到最小，对流会使电泳分离的条带变宽。熔融硅毛细管外壁包以聚酰亚胺层，可以防止熔融硅化玻璃的氧化，使原本脆弱的毛细管具有极好的拉伸强度。小心烧结毛细管的部分聚酰亚胺防护层使硅暴露，此裸露的部分插入到 UV 或荧光检测器的光路中，成为接通柱子的流通池。当 DNA 分子经过毛细管迁移时，也经过了检测器的光路，从而被检测。事实上，这种分离柱是一个容量非常低的贯流分析池。

在实际操作时，还需要一些基本的 CE 仪器，如合适的样品注射组件、检测器、温度控制器，以及高压保护装置。现有的商业化仪器在很多方面进行了改进，这些仪器及其性能见表 2.10.1。

表 2.10.1 毛细管电泳系统

生产厂家	型号[a]	自动加样装置	检测方法[b]	柱体温度
Hewlett-Packard	HP 3D-CE	48 位，10～40℃	二极管阵列	15～60℃
Bio-Rad	BioFocus	48 位，冷却	190～400 快速扫描	20～60℃
Beckman Coulter	P/ACE5000	24 位	UV	15～50℃
	P/ACE5010	24 位，冷却	UV	15～50℃
	P/ACE5500	24 位	二极管阵列	15～50℃
	P/ACE5510	24 位，冷却	二极管阵列	15～50℃
	477125-检测仪选择		1-color LIF with PMT	
	P/ACE MDQ	2×96 孔，冷却 5～60℃	UV 和二极管阵列	15～60℃
	CEQ2000 8 毛细管 DNA 测序仪[c]	96 孔，冷却	4-color LIF with CCD	45℃
P E Biosystems[c]	Prism 310 Genetic Analyzer	48 或 96 位样品，冷却	4-color LIF with CCD	30～60℃
Molecular Dynamics[c]	MegaBACE 1000 96 毛细管 DNA 测序仪	96 孔	LIF with 4-color scanning	45℃

a. 除非特别标明，所列单元均为单毛细管。

b. LIF，激光激发的荧光检测仪（laser induced fluorescence detector），使用 PMT（photomultiplier tube）或 CCD（charge-coupled device）照相机观察；UV，紫外检测仪。

c. 这种模式的 DNA 测序仪可向厂商购买。

毛细管的高场强和大的表面积体积比使 ssDNA 和 dsDNA 均能得到快速高效的分离。上样量可以仅为 1 μl，用紫外检测时，起始样品的浓度可以为 1 μg/ml，用激光引发的荧光检测时，起始样品浓度可以为 1 pg/ml 甚至更低。很清楚，毛细管电泳以其灵敏度、速度及多功能性，在核酸的分离上比凝胶电泳具有明显的优势。

特别注意：移去聚酰亚胺防护层会使毛细管易于破碎。非由制造商提供的毛细管操作时需特别小心以防止破碎。

分离理论

CE基于被分离物的大小和其离子特性分离不同种类的离子。置于电场中的离子(i)将平行于电场方向朝带相反电荷的电极迁移，其迁移速度（v_i）表述如下：

$$v_i = \mu_i E = \mu_i V/L$$

式中，μ_i表示离子的迁移率；E为电场（V/cm）；V是通过整个柱子的电压；L是柱子的总长度。给定的离子的电泳淌度等于：

$$m_i = q_i / 6\pi\eta a_i$$

式中，q_i是离子的电荷；a_i是离子的半径；η是缓冲液或凝胶基质的黏度。因为DNA的大小与电荷之比是固定的，所以为了仅根据离子的大小而不是电荷和大小来分离DNA，需在毛细管中加入筛分型介质。在毛细管电泳中有两种类型的凝胶用于DNA的分离：交联凝胶（静态凝胶）和非交联凝胶（流动性的聚合体或聚合体网状物）。交联凝胶是聚合于毛细管内部的被固定的凝胶，通常共价连接在毛细管的表面，在电泳过程中不迁移。非交联凝胶是黏性亲水的多聚体的溶液，可以泵入毛细管。分析小分子DNA如合成的寡核苷酸时，流动性的多聚体介质可以反复使用。注射样品的时间已足够同时清洗检测仪。有时，多聚体也可以一次性使用后丢弃，在下一次注射样品前更换新的介质，这种方法一般适用于样品中含有大分子质量的DNA如片段分析和DNA测序分析时。通常，经包被的毛细管有助于消除硅表面自身的电荷影响。然而，当使用纤维素类多聚体或一些经特殊修饰的丙烯酰胺时，也可以使用未包被的毛细管，因为纤维素类多聚体和丙烯酰胺与裸露的熔融硅毛细管的内表面强烈反应，形成了自己的包被。无论是使用交联的或非交联的凝胶，介质都对通过其中的DNA片段的移动产生了摩擦阻力，阻力的大小与DNA片段的大小成正比。摩擦阻力随分子质量、浓度和流动性凝胶聚合体的化学组成或交联性凝胶的孔径而变化，因此必须根据特定的DNA的大小进行优化。关于DNA在缠结的聚合体溶液中移动性理论的详细描述可见文献（Grossman，1991）。

策略计划

CE分离单链DNA和双链DNA采用的共同手段是使用包被的毛细管和不带电的筛分介质。分离介质包括交联聚丙烯酰胺凝胶、非交联聚丙烯酰胺或流动性多聚体，如羟丙基甲基纤维素（HPMC）、羟乙基纤维素（HEC）或聚氧化乙烯（PEO）。交联凝胶直接聚合在毛细管内表面，在不失分辨率的前提下，能被用于30～100次分离。流动性聚合体具有在每次分离结束后能从毛细管排出并以新鲜的介质替换的优势。这类毛细管可用于几百次上样，直至包被面失落或机械性破损。

合适的介质的选用对分离的质量有很重要的影响。交联的聚丙烯酰胺最适于分离合成的寡核苷酸。流动性的聚合体可用于寡核苷酸的分析和自动化分离序列梯度。分析双链DNA片段时，常规只使用流动性的聚合体。选用介质的一般性原则是DNA片段越大，介质的筛分能力越弱。

分离缓冲液通常使用 Tris/硼酸/EDTA（TBE）混合物的变异形式（附录 1），pH 为碱性。分离单链 DNA（如合成的寡核苷酸）时，缓冲液中通常含有脲作为变性剂。样品通过电动力或压力，注射加入毛细管。电压为 1～10 kV，分离时间为 10～45 min。

无论溴化乙锭（EB）存在还是不存在，DNA 片段都能在 260 nm 的紫外光下被检测。如果使用荧光检测方法进行检测，可以将检测的灵敏度提高两个数量级。因为 DNA 本身不含有天然的荧光物质，因此必须在电泳缓冲液中加入嵌合染料如酞菁衍生物或罗丹明衍生物，或者在电泳分离之前与 DNA 共价结合。除了能提高检测的灵敏度，这些嵌合染料还能提高分辨率，物理性地破坏 DNA 结构使条带更锐利。特定染料的选择取决于它们的激发光和发散光光谱及它们与特定仪器检测系统的兼容性。特效嵌合染料包括：噻唑橙（Aldrich）、YOPRO-1、YOYO-1 和 Sybr Green（Molecular Probes）。增加的灵敏度对于分析从生物液体中扩增的 PCR 产物尤其有用。目标产物的量通常都很小，盐与蛋白质的存在使得普通的 CE 分析不适合。然而，PCR 反应完成后，样品可以用水稀释，其中的一小份可以采用荧光检测仪 CE 分析。

给定的 DNA 片段的迁移率可能会因经过一系列注射后发生改变。这种现象与下列因素有关：聚合体的老化、毛细管包被的丢失或缓冲液导电性的降低。DNA 的绝对迁移率取决于样品中的盐浓度（样品因此而产生导电），高盐会降低迁移率。样品可以用水稀释并延长加样的时间，或者在加样之前对样品进行去盐。当样品精确的大小很重要时，在电泳前的样品中加入分子质量标准物。

用 CE 分析合成的寡核苷酸，需选择在低分子质量范围有高分辨率的介质。从自动序列梯度分离荧光标记的片段代表了 CE 应用的一个特例，需要选择具有更大的分离度范围的介质。这些梯度大小范围从 20 到大于 1000 个碱基，能够由于单碱基的差异而得到高精确度的分离。3 种用于 DNA 测序的 CE 自动装置见表 2.10.1。

2.10.1　基本方案 1　寡核苷酸的分离

本方案用可替换的、流动性的聚合体作为分离介质，分析并纯化合成的寡核苷酸，工作缓冲液中含有脲使 DNA 保持单链构象。这种方法对大于 100 个碱基的 DNA 应该提供单碱基差异的分辨率。介质的选用通常取决于所使用的仪器。推荐在起始时使用试剂盒作为分离参照。线性聚丙烯酰胺常用于寡核苷酸的分离。

材料

ssDNA 100-R 分离试剂盒（Beckmen Coulter；表 2.10.1）包括：
- 长 60 cm、内径 100μm、包被的毛细管
- ssDNA 100-R 分离凝胶溶液
- 工作缓冲液：Tris/硼酸电泳缓冲液（4℃可储存 30 天）
- 多聚（A）$_{40-60}$ 分子质量标准物（溶于水，浓度为 100 μg/ml，3 OD_{260} U/ml，－20℃保存）

干燥的单链 DNA 寡核苷酸样品

CE 装置（如 Beckman Coulter P/ACE 5510；表 2.10.1）

步骤

1) 颠倒 CE 装置电极的标准极性（参考厂家说明）。
2) 用去离子水在装置上清洗毛细管 5 min。
3) 从介质瓶以压力冲洗（基于 20 psi 的冲洗压力）将 ssDNA 100-R 凝胶溶液填入毛细管，约 20 min。

此溶液可以在仪器上保存 5 天，超过则必须丢弃。

4) 用工作缓冲液平衡毛细管，在 20 min 内使电压从 0 升到 8.1 kV，并于 8.1 kV 保持 10 min。
5) 将进口容器换成盛水的容器，于 7.5 kV 注射 1 s。
6) 将分子质量标准物管安装于进口处，于 7.5 kV 注射 10 s。
7) 更换成工作缓冲液容器并于 30℃，8.1 kV 电泳 40 min。确定分子质量标准物的分离效果与试剂盒提供的例子相比令人满意（图 2.10.1）。
8) 将待分析的样品以约 10 μg/ml 的浓度溶于水中。用自动上样器上样，于 7.5 kV 注射 10 s。于 30℃，8.1 kV 电泳 40 min。
9) 当分辨率开始变差时（至少可使用 15 次），或在开始进行新的分离系列时（如每天开始的时候）更换介质。每次导入新鲜基质的时候平衡毛细管（步骤 2～7）。不需要在样品之间进一步平衡。

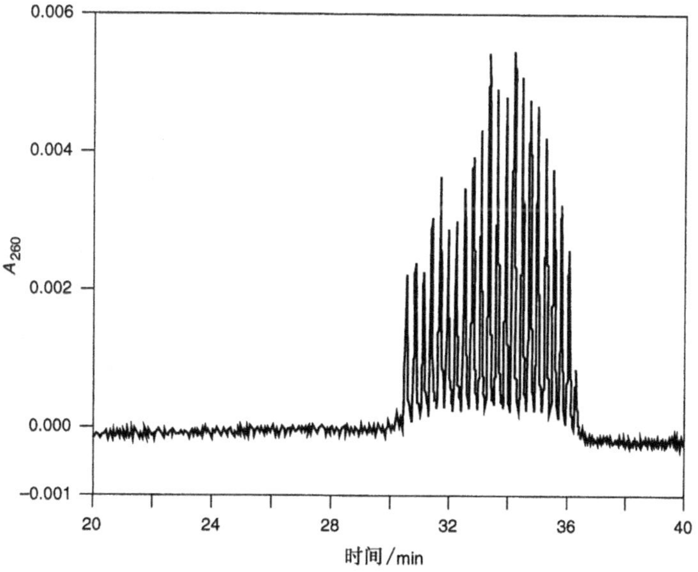

图 2.10.1 合成 poly (A)$_{40-60}$寡核苷酸标准混合物的 CE 分离。

2.10.2 基本方案 2 定量 PCR 分析

定量 PCR 结合 CE 分离技术，通过共同注射样品和嵌合染料，或者使用共价修饰、荧光标记的寡核苷酸探针，可以扩增和定量任何目标 DNA 序列。DNA 定量可以通过对已知浓度的第二目标序列的共扩增，或向每份样品中加入已知量的 DNA 来实现。

材料

LIFluor dsDNA 1000 试剂盒（Beckman Coulter；表 2.10.2）包括：

凝胶缓冲液混合物（分离凝胶和 TBE 缓冲液）

EnhanCE 嵌合染料内径

长 65 cm、内径 100 μm、包被的毛细管

分子质量标准物：*Hae*III 消化的 φX-174 DNA（溶于去离子水，浓度为 10 μg/ml，保存于－20℃）

包含扩增子的 PCR 反应混合物

带有荧光检测仪的 CE 装置（如 Beckman Coulter P/ACE 5510；表 2.10.1）

表 2.10.2 CE 系统的供应品和试剂盒

生产厂家	产品编号	供应品和试剂盒	应用信息
Beckman Coulter	338485	eCAP ssDNA 100kit	10～100 碱基的寡核苷酸和反义 DNA
	477410	eCAP dsDNA 1000kit	100～1000 bp，dsDNA 线性
	477407	LIFluor dsDNA 1000kit	100～1000 bp，dsDNA 线性，LIF 检测
PE Biosystems	402838	POP-4	微卫星凝胶，差异显示，使用＃402839 毛细管和＃402824 缓冲液的 AFLP
	402844	POP-6	使用 61cm＃402840 毛细管和＃402824 缓冲液的 DNA 测序终止凝胶
	402844	POP-6	使用 47cm＃402839 毛细管和＃402824 缓冲液的 DNA 高速测序终止凝胶
	401885	GeneScan	使用＃402839 毛细管和＃402824 缓冲液的 VNTRs，SSCP，RT-PCR 的凝胶
	402091	DNA Sequencing Polymer	使用＃401821 毛细管和＃401884 缓冲液的标记探针测序凝胶
Hewlett-Packard	5063～6509	dsDNA，PCR kit	100～1000 bp 的线性 dsDNA
	5063～6530	寡核苷酸溶液试剂盒	10～100 碱基的寡核苷酸和反义 DNA

步骤

1）根据厂家说明准备凝胶缓冲液混合物并加入 0.4 μg/ml 嵌合染料，可以于 4℃保存 30 天。

2）颠倒 CE 装置电极的标准极性（参照厂家说明）。

3）如果是新的毛细管，用凝胶缓冲液于高压（20 psi）下冲洗 10 min。

4）将分子质量标准物管安装于进口处，低压（0.5 psi）下上样 10 s。于 25℃，9.4 kV 电泳 30 min。分离完成后，用 3 min 高压洗涤更换凝胶介质。

经过一系列注射以后，缓冲液中的离子被消耗，每 30 次注射之后更换入口凝胶缓冲液池。

5）评估分辨率和分离的线性关系，并与预期的分布比较。

6）PCR 产物用水稀释 10 倍，重复步骤 4 分析。

一些应用需要共同注射分子质量标准物和样本。在这种情况下，注入分子质量标准物 10 s 后，再注射样本 10 s。

2.10.3 备择方案 基因型分析

应用毛细管凝胶电泳进行基因型分析可视为片段大小 RT-PCR 分析应用的一个扩展（见基本方案 2）。其两个主要的区别是目标 DNA 的来源不同和使用的分析方法不同。基因型分析起始于基因组 DNA，或者直接通过限制性片段长度多态性（RFLP；Jarcho，1994）分析，或者通过扩增然后根据变数串联重复（VNTR；Sozer et al.，1998）分析。片段可以通过紫外检测或通过荧光检测。因为片段大小的范围相似，用于定量 PCR 分析的 Beckman Coulter dsDNA 1000 试剂盒也可用于基因型分析。本方案中 CE 的安装，上样和电泳条件均与定量 PCR 一致（见基本方案 2）。

在 VNTR 分析中，需要测定串联重复的数量，因此选用与预期重复数目大小相符合的分子质量标准物十分重要。分子质量标准物可以从很多供应商处得到，例如，D1S80 等位基因分子质量标准物，其范围为 300～700 bp，重复单位为 16 bp，可以从 Lifecodes 公司得到。为了达到最好的精确度，最好在注射样品时共注射分子质量标准物。RFLP 只需要带型比较，但是在进行多样品分析的校准时仍需要分子质量标准物。

参考文献：Ulfelder and McCord，1997.

撰 稿 人：Alan J. Smith and Robert J. Nelson

2.11 Southern 印迹法

Southern 印迹法是将 DNA 片段从电泳凝胶中转移并固定在膜支持物上，因此该膜半永久性地重现出凝胶电泳的带型。

注意：操作时应戴手套，以防手受酸碱溶液的损伤，以及避免污染膜。夹取膜时使用干净的平头镊子。

2.11.1 基本方案 用高盐缓冲液在尼龙膜或硝酸纤维素膜上进行 Southern 印迹

Southern 印迹是通过向上的毛细管作用将 DNA 从琼脂糖凝胶转移到膜上的。尼龙膜毛吸能力较强，并能反复加探针 10 次以上。硝酸纤维素膜使用某些类型的杂交探针会产生较弱的背景。

材料（带√项见附录 1）

待分析的 DNA 样本

√0.25 mol/L HCl

变性液：1.5 mol/L NaCl/0.5 mol/L NaOH

中和液：1.5 mol/L NaCl/0.5 mol/L Tris · Cl，pH 7.0

√20×SSC

略大于胶的海绵，用蒸馏水洗净

3MM Whatman 滤纸

尼龙膜或硝酸纤维素膜（表 2.11.1），剪成与凝胶一样大小

254 nm 紫外透射仪，或紫外灯箱（如 Stratagene Stratalinker；用于尼龙膜）

表 2.11.1　用于固定核酸的材料的性质[a]

	硝酸纤维素膜	支撑型硝酸纤维素膜	不带电荷的尼龙膜	带正电荷的尼龙膜	活化纸
应用	ssDNA，RNA 蛋白质	ssDNA，RNA 蛋白质	ssDNA，dsDNA，DNA，蛋白质	ssDNA，dsDNA，RNA，蛋白质	ssDNA，RNA
结合能力（μg 核酸/cm^2）	80～100	80～100	400～600	400～600	2～40
拉伸强度	差	好	好	好	好
核酸结合的形式[b]	非共价	非共价	共价	共价	共价
有效截留核酸的下限	500核苷酸	500核苷酸	50 核苷酸或碱基对	50 核苷酸或碱基对	5核苷酸
重复探测的可行性	差（易脆）	差（信号丢失）	好	好	好
商品举例	Schleicher & Schuell BA83，BA85；Amersham Hybond-C；PALL Biodyne A	Schleicher & Schuell BA-S；Amersham Hybond-C extra	Amersham Hybond-N；Stratagene Duralon-UV；Du Pont NEN GeneScreen	Schleicher & Schuell Nytran；Amersham Hybond-N+；Bio-Rad ZetaProbe；PALL Biodyne B；Du Pont NEN GeneScreen Plus	Schlercher & Schuell APT 纸

a. 本表以 Brown（1991）文献为基础，经 BIOS Scientific Publishers Ltd. 允许使用。

b. 经合适的固定程序之后（见正文）。

步骤

1）用适当的限制酶消化 DNA（见 3.1），与合适的 DNA 分子质量标准物一起进行琼脂糖凝胶电泳。用溴化乙锭染色，在凝胶的侧沿放一把直尺进行照相，便于以后识别电泳带在膜上的位置（见 2.6）。

在达到目的带被分离的前提下，使用最小的琼脂糖的浓度配置凝胶，其厚度应≤7 mm。

2）将凝胶置于干净的玻璃盘中，按下列顺序处理（所有步骤在室温下进行）：

蒸馏水洗涤

注入约 10 倍于凝胶体积的 0.25 mol/L HCl，置混合板上缓缓摇动，洗涤 30 min。

蒸馏水洗涤

用约 10 倍体积的变性液，洗涤 2 次，伴摇晃。

蒸馏水洗涤

用约 10 倍体积的中和液，洗涤 2 次，伴摇晃。

若 pH>9.0，重复在中和液中的洗涤。

如果不需要有效转移大于 5 kb 片段的话，酸洗步骤可省略。

3）将稍大于凝胶的海绵，轻轻置于一个盛有足以浸没海绵一半高度的 20×SSC 的平皿中。剪下 3 张与海绵同样大小的 Whatman 3MM 滤纸，用 20×SSC 浸湿后放在海绵上（图 2.11.1A）。也可将固体支持物置于盘中，以 Whatman 3MM 滤纸覆盖，并使它的每一端都能浸于缓冲液中（图 2.11.1B）。

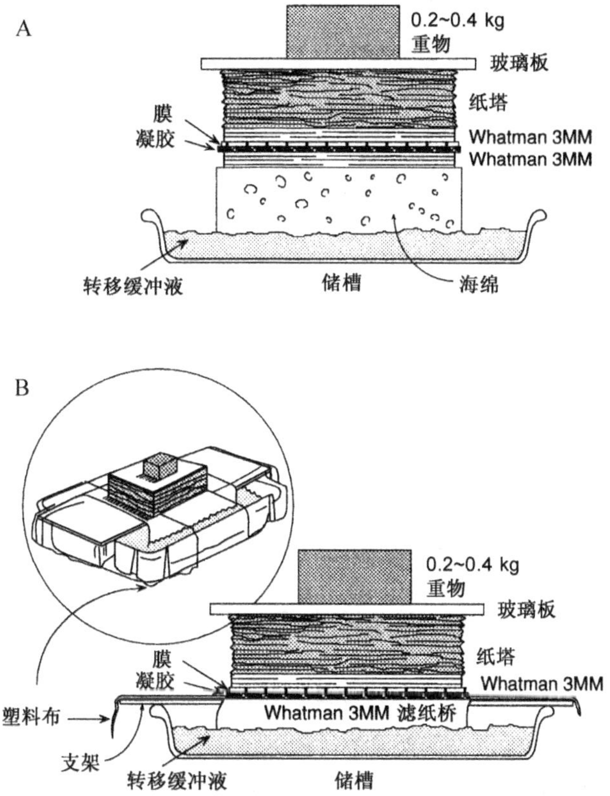

图 2.11.1 向上毛细管转移法的转移叠层系统。A. 海绵法；B. 滤纸桥法。

4）将胶置于滤纸上，并以 4 个塑料外皮的横条压住边缘。在水中漂洗打湿尼龙膜，缓缓地浸湿，然后放置 5 min。对于硝酸纤维素膜则浸润于水中，然后以 20×SSC 取代水并放置 10 min。小心将膜一次性准确地放置在胶上。

所有的覆盖步骤都需避免产生气泡，用玻璃棒于膜表面滚动将气泡赶出来。

5）用 20×SSC 将膜淹没，然后铺上 5 层 Whatman 3MM 滤纸和约 4 cm 厚的纸塔，将所有的纸剪成膜一样大小。将一块玻璃平板置于叠层上面，其上加一重 0.2～0.4 kg 的重物，放置过夜。对于大于 1%的凝胶或大于 20 kb 的片段，采用较长的时间，如果凝胶中含有大量的 DNA 则采用较短的时间。

6）取出杂交膜，用铅笔在膜上标记样品孔的位置，并切去一角以标示方向。用 2×SSC 漂洗杂交膜，然后将其放在一张 Whatman 3MM 滤纸上，使其完全干燥（可以在 80℃烘焙 30 min）。

7) 将尼龙膜置于可透过紫外线的塑料夹层中，带有DNA的一面朝下，置于紫外透射仪（波长254 nm）上进行照射，照射时间长短的确定见辅助方案。硝酸纤维素膜应夹于2张Whatman 3MM滤纸之间，放在真空箱中80℃干烤2 h。
8) 膜干燥后可夹在2张Whatman 3MM滤纸之间，室温下放置数月，或于干燥器中室温或者4℃保存。

2.11.2 辅助方案 紫外透射仪的校准

在交联前紫外透射仪必须经过校准，因为照射太少会导致固定不完全，照射太多则会造成DNA降解。标记的DNA探针（10^8 dpm/μg）是必需的。

注意：紫外线照射对于眼睛和皮肤均有损害。应戴合适的眼罩及避免皮肤直接暴露。

步骤

1) 在尼龙膜条上点5份相同系列的DNA斑迹（见2.12），每一膜条带有1～100 pg范围的DNA。
2) 晾干这些膜条，将各膜条夹于可透过紫外线的夹层中，置于紫外透射仪上，DNA面朝下。
3) 打开紫外透射仪开关，在30 s、45 s、1 min、2 min及5 min时各取出一张膜条。
4) 用标记DNA探针对这些膜条进行杂交，并进行放射自显影（见2.13）。
5) 杂交信号最强的尼龙膜条所用的曝光时间即为最适曝光时间。

2.11.3 备择方案1 用碱性缓冲液在尼龙膜上进行Southern印迹

如果用带正电荷的尼龙膜在碱性缓冲液转移时，转移的DNA共价结合于膜上，不再需要固定。如果使用不带电荷的膜，DNA则需要固定。

附加材料（亦见基本方案）

√0.4 mol/L或0.25 mol/L NaOH
0.25 mol/L NaOH/1.5 mol/L NaCl（对于不带电荷的膜）
带电荷或不带电荷的尼龙膜（供应商见表2.11.1）

步骤

1) 按基本方案中步骤1和步骤2中所述准备凝胶及用0.25 mol/L HCl处理。
2) 如使用带电荷的尼龙膜，凝胶用蒸馏水漂洗，并用10倍体积的0.4 mol/L NaOH变性。缓慢摇动20 min。使用不带电荷的尼龙膜时，则用0.25 mol/L NaOH变性。
3) 对带电荷的尼龙膜，用0.4 mol/L NaOH作为转移液进行转印（见基本方案步骤3～6），转印时间≥2 h，膜不需先打湿。对于不带电荷的尼龙膜，用0.25 mol/L NaOH/1.5 mol/L NaCl为转移液。

在碱性溶液中变成褐色的纸塔不能使用。

4) 对带电荷的尼龙膜，置于一张 Whatman 3MM 滤纸上晾干，保存于室温（见基本方案步骤 8）。对不带电荷的膜，DNA 则需用紫外交联固定（见基本方案步骤 7）。

2.11.4 备择方案 2 用向下毛细管转移法进行 Southern 印迹

向下的毛细管法不会使凝胶承受过度的压力并因重压引起损伤，能够更快、更完全地转移 DNA。

步骤

1) 按基本方案步骤 1、2 处理凝胶。
2) 在玻璃皿中铺设 2～3 cm 厚的纸塔（图 2.11.2），在上面铺 4 张 Whatman 3MM 滤纸，然后铺上第五张预先用缓冲液浸湿的滤纸。
3) 将膜浸湿（见基本方案步骤 4），置于滤纸顶层，在膜上铺上塑料条和凝胶。凝胶不可超出膜的边缘。
4) 将 3 张 Whatman 3MM 滤纸以转移缓冲液浸湿，并置于最上层。将两张更大的已浸润的 Whatman 3MM 滤纸置于最上面，使其一端浸润于一个含有转移缓冲液的玻璃皿中（图 2.11.2），在胶和缓冲液之间形成桥。在叠层顶盖上一轻质塑料平板以减少蒸发，放置 1 h，再继续基本方案步骤 6～8 或备择方案 1 步骤 3、4。

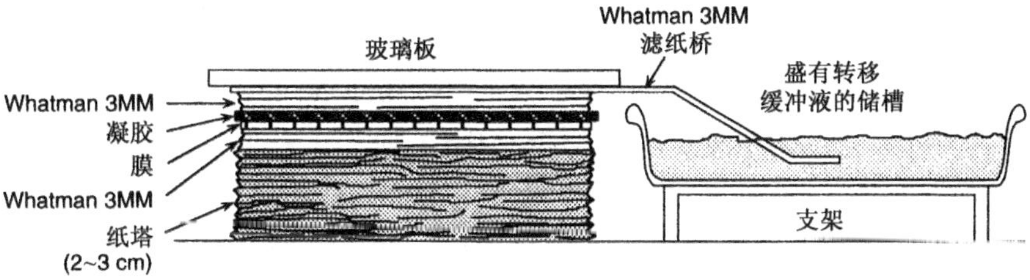

图 2.11.2 向下毛细管转移的转移塔。该图经 Academic Press 许可引用。

2.11.5 备择方案 3 从聚丙烯酰胺凝胶至尼龙膜的电转印法

聚丙烯酰胺凝胶的孔径很小，阻止了 DNA 的横向移动。因此，聚丙烯酰胺凝胶印迹必须在低离子强度的缓冲液中用电转移。一般使用尼龙膜，不带电荷的尼龙膜比带有正电荷的更为合适。

附加材料（亦见基本方案，带√项见附录 1）

0.5×TBE 电泳缓冲液

0.4 mol/L NaOH（非变性凝胶）

Trans-Blot 电转印室（Bio-Rad）或相应电转印装置，带有冷却旋管和 Scotch-Brite 衬垫

步骤

1) DNA 样品在非变性或变性聚丙烯酰胺凝胶中电泳（见 2.9 和 2.15）。
2) 用 0.5×TBE 电泳缓冲液浸润 2 块 Scotch-Brite 垫，并以反复挤压和旋转移去气囊。按照凝胶同样大小剪切 7 块同样大小的 Whatman 3MM 滤纸，在 0.5×TBE 电泳缓冲液中浸润 15～30 min。
3) 电泳将近结束时，将一张大小足以覆盖凝胶中相应部分的尼龙膜漂浮于蒸馏水表面，缓缓浸润，放置 5 min。
4) 电泳结束后，从电泳装置中取去一块玻璃板，对凝胶染色和照相（非变性胶）。在凝胶表面铺一张略大于凝胶、干的 Whatman 3MM 滤纸（避免气泡）。揭起滤纸将凝胶剥离玻璃板。
5) 将一块饱和过的 Scotch-Brite 垫置于凝胶容器中灰色嵌板的内表面，将 3 张浸湿的滤纸置于其上，一次放一张，小心用玻璃棒在滤纸表面滚动排去其间的气泡。
6) 将贴着凝胶的滤纸用 0.5×TBE 浸没，置于上述滤纸层之上，胶朝上。将凝胶的表面用 0.5×TBE 浸没，将预先浸湿的膜置于凝胶之上，用玻璃棒排去气泡。用 0.5×TBE 浸没膜的表面，将剩余的 4 张浸润过的 Whatman 3MM 滤纸置于其上，随后再加上另一块饱和过的 Scotch-Brite 垫。
7) 用 0.5×TBE 和厂家推荐的条件（见 10.6），在 30 V（约 125 mA）电转印 4 h 。更有效的转印，可通过保持在 4℃电转实现，即使用预冷缓冲液，在冷室操作，使用冷却管或再循环冷却装置。
8) 取下膜，做好上样孔和膜方向的标记（见基本方案步骤 6）。
9) 从非变性凝胶转印的膜需要进行变性：DNA 面朝上，放置在 3 张用 0.4 mol/L NaOH 浸泡过的 Whatman 3MM 滤纸之上 10 min。
10) 膜用 2×SSC 漂洗，然后置于一张 Whatman 3MM 滤纸上晾干。固定 DNA，将膜保存于室温（见基本方案步骤 7、8）。

参考文献：Southern，1975.
撰 稿 人：Terry Brown

2.12 DNA 的斑点和狭线印迹

DNA 的斑点和狭线印迹是一种将未经分离的 DNA 固定于硝酸纤维素膜或尼龙膜上，通过杂交分析（见 2.13），测定靶序列的相对丰度的技术。斑点和狭线在于其印迹形状不同（图 2.12.1）。

注意：操作时戴手套以防手被碱溶液损伤，以及避免污染滤膜。夹取膜要用干净的平头镊子。

2.12.1 基本方案 用多样抽滤加样器在不带电荷的尼龙膜和硝酸纤维素膜上进行 DNA 斑点和狭线印迹

这个方法较手工印迹法更快并更具可重复性。

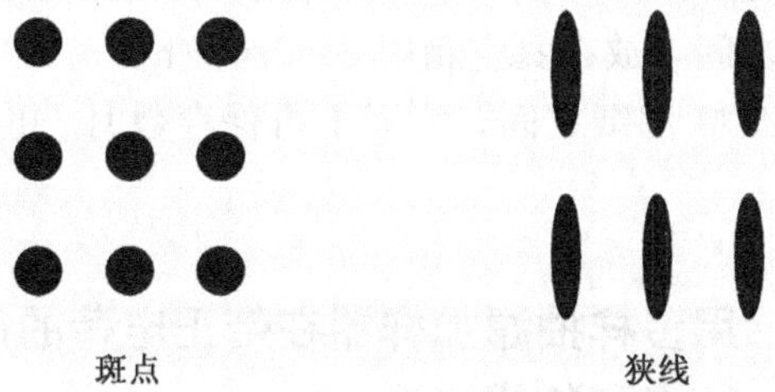

图 2.12.1 斑点（左）和狭线（右）印迹结构（多样抽滤加样器）示意图。

材料（带√项见附录 1）

√20×SSC

待分析的 DNA 样本

变性液：1.5 mol/L NaCl/0.5 mol/L NaOH

中和液：1 mol/L NaCl/0.5 mol/L Tris · Cl，pH 7.0

不带电荷的尼龙膜和硝酸纤维素膜见表 2.11.1

Whatman 3MM 滤纸

斑点/狭线印迹多样抽滤加样器（如 Bio-Rad 的 Bio-Dot SF 或 Schleicher & Schuell 的 Minifold II）

254 nm 紫外透射仪或紫外线盒（如 Stratagene Stratalinker），用于尼龙膜

步骤

1) 裁一张与多样过滤加样器一样大小的尼龙膜，将膜置于 6×SSC 的表面让其自然浸没，放置 10 min。硝酸纤维素膜用 20×SSC 浸湿。

2) 裁一张与多样过滤加样器一样大小的 Whatman 3MM 滤纸，用相同的缓冲液浸湿，置于多样抽滤加样器上，将膜放置于其上。将多样抽滤加样器按厂商说明书安装好，确保装置中不漏气。

3) 在 DNA 样品中加入 20×SSC 和水，使其终浓度为 6×SSC，体积为 200～400 μl。在水浴箱或烤箱 100℃变性 10 min，然后置于冰上。对于硝酸纤维素膜，置于冰上后加等体积的 20×SSC 至每一样品。

4) 开启多样抽滤加样器上的吸液装置，使 500 μl 缓冲液以约 5 min 的速度通过膜。每孔中加入 500 μl 6×SSC 或 20×SSC（根据使用的膜而定），使其滤过。

   不用的孔，在步骤 5 加入缓冲液或用封条封住。

5) 将 DNA 样品离心 5 s，加于孔中，小心勿让吸头触及膜，让样品滤过。

   如果样品含有颗粒，加入 SSC 缓冲液悬浮颗粒以排除阻塞。增加吸力会损伤膜。

6) 拆开多样过滤加样器装置，将膜置于一张浸过变性液的 Whatman 3MM 滤纸上。放置 10 min。

7) 将膜转至一张浸过中和液的 Whatman 3MM 滤纸上。放置 5 min。

8) 将尼龙膜置于可透过紫外线的塑料夹层中，将有 DNA 的一面朝下置于紫外透射仪上

或紫外线箱中，照射适当的时间（见 2.11 辅助方案）。硝酸纤维素膜应夹于 2 张 Whatman 3MM 滤纸之间，放在真空箱中 80℃烤 2 h。

9) 将膜夹于 Whatman 3MM 滤纸之间，室温下可保存数月。也可置干燥器室温或 4℃保存。

2.12.2 备择方案 1 用多样抽滤加样器在带正电荷的尼龙膜上进行 DNA 斑点和狭线印迹

带正电荷的尼龙膜在高 pH 时与 DNA 共价结合。因此，要进行斑点或狭线印迹的样品应使用碱性缓冲液，后者可促进 DNA 的变性以及结合到膜上。此方案省略了印迹后的变性、中和及固定过程，因此快于盐溶液印迹。

附加材料（亦见基本方案；带√项见附录 1）

√0.4 mol/L 及 1 mol/L NaOH

√200 mmol/L EDTA，pH 8.2

带正电荷的尼龙膜（表 2.11.1）

步骤

1) 准备膜和多样抽滤加样器装置（见基本方案步骤 1、2），用蒸馏水代替 SSC。
2) 样品中加 1 mol/L NaOH 及 200 mmol/L EDTA（pH 8.2），使终浓度为 0.4 mol/L NaOH/10 mmol/L EDTA，置水浴箱或烤箱于 100℃变性 10 min，离心 5 s。
3) 按照基本方案步骤 4 和 5 处理样品，但每孔用 500 μl 蒸馏水预洗。加样后，每孔用 500 μl 0.4 mol/L NaOH 漂洗，然后拆开多样抽滤加样器装置。
4) 将膜用 2×SSC 漂洗后，晾干、保存（见基本方案步骤 9）。

2.12.3 备择方案 2 DNA 斑点印迹的手工制备

斑点杂交也可以简单地用手工操作，将小份体积的各种样品点于膜上，并等其晾干。重复点样可加多达 30 μl 稀释的 DNA 样品。

步骤

1) 裁一条所需大小的尼龙膜，用钝头铅笔划出 0.5 cm×0.5 cm 方格网。将膜置于 6×SSC（不带电荷的尼龙膜）、20×SSC（硝酸纤维素膜）、蒸馏水（带正电荷的尼龙膜），让其完全浸没，放置 10 min。
2) 不带电荷的尼龙膜，加 1/2 体积的 20×SSC 至 DNA 样品中，使终浓度为 6×SSC，在水浴箱或烤箱 100℃、变性 10 min，然后置于冰中。如果用带正电荷的尼龙膜，加 1 mol/L NaOH 及 200 mmol/L EDTA（pH 8.2）至各样品中，使其终浓度为 0.4 mol/L NaOH/10 mmol/L EDTA，然后如上述变性。如果用硝酸纤维素膜，则在置于冰中之后加等体积的 20×SSC 至每个样品中。

3）将浸湿的膜放置于一打开的塑料盒上，使膜的大部分悬空。
4）将 DNA 离心 5 s，用微量移液器吸头点 2 μl 于膜上，使其晾干。根据需要重复点样（每个斑点可多达 30 μl）。加样时吸头不要触及到膜，使斑点直径小于 4 mm。
5）对不带电荷的尼龙膜或硝酸纤维素膜继续基本方案步骤 6～9。对带正电荷的尼龙膜用 2×SSC 漂洗，晾干，保存（见基本方案步骤 9）。

参考文献：Dyson，1991.
撰 稿 人：Terry Brown

2.13　DNA 印迹的杂交分析

确定的单链 DNA 或 RNA 分子（即探针，通常被标记）可与具有互补序列的 DNA 或 RNA 分子（靶，通常固定在膜上）杂交，从而在复杂的群体中检测出单拷贝的 DNA。影响杂交的稳定性和杂交率的因素列举在表 2.13.1 中。

以下的方案按照 Denhardt 氏溶液，变性的鲑精 DNA 用于封闭，SSC 作为高盐溶液，备择条件分别列于表 2.13.2 和表 2.13.3 中。疑难解答见本节末表 2.13.5。

注意：在所有方案中，要戴手套以防手被碱溶液损伤，并避免污染滤膜。即便戴了手套也不要用手去取膜，而要用干净的平头镊子夹取。

表 2.13.1　影响杂交分子稳定性及杂交率的因素[a]

因素	影　响
A. 杂交分子稳定性[b]	
离子强度	在 0.01～0.4 mol/L NaCl 时，每增加 10 倍单价阳离子，T_m 值就增加 16.6℃
碱基组成	在含有 NaCl 的水溶液中 AT 碱基对比 GC 碱基对稳定性较差
去稳定剂	对DNA-DNA 杂交，每 1%甲酰胺可降低 T_m 值大约 0.6℃。6 mol/L 尿素可降低 T_m 值约 30℃
碱基错配	每 1%的错配使 T_m 值降低 1℃
双链长度	对于＞500 bp 的探针，其影响微不足道
B. 杂交率[b]	
温度	对于 DNA-DNA 杂交，当温度低于 T_m 值 20～25℃时达到最大杂交率；对 DNA-RNA 杂交，则为低于 T_m 值 10～15℃
离子强度	在 1.5 mol/L Na^+时杂交率最佳
去稳定剂	50%甲酰胺无影响，但更高或更低浓度可降低杂交率
碱基错配	每 10%的错配可使杂交率降低 2 倍
双链长度	杂交率与双链长度成正比
黏度	增加黏度可增加膜杂交率；10%葡聚糖硫酸酯可增加 10 倍的杂交率
探针复杂度	重复性序列可增加杂交率
碱基组成	几乎无影响
pH	在 pH 5.0～9.0 时几乎无影响

a. 本表以 Brown（1991）文献为基础并得到 BIOS Scientific Publishers 许可引用。

b. 对于影响膜杂交的因素的研究相对较少。在几个例子中推算是依据溶液杂交的知识。这对于杂交的稳定性而言可能是可靠的，对于杂交率则不尽然。

表 2.13.2 代替 Denhardt/变性鲑精 DNA 用于 DNA 杂交中的其他封闭剂[a]

封闭剂	组成	储存和使用
BLOTTO	5%(*m*/*V*) 脱脂奶粉/0.02%(*m*/*V*) NaN_3 用水配制	储存于 4℃，使用时终浓度为 4%
肝素（猪源性 II 级）	50 mg/ml 用 4×SSC 配制	储存于 4℃，使用时浓度为 500 μg/ml（含葡聚糖硫酸酯）或 50 μg/ml（不含葡聚糖硫酸酯）
酵母 tRNA	10 mg/ml 用水配制	储存于 4℃，使用时浓度为 100 μg/ml
同聚体 DNA	1 mg/ml poly（A）或 poly（C）用水配制	储存于 4℃，使用时用水稀释至浓度为 10 μg/ml。适当的靶 DNA：poly（A）用于富含 AT 的 DNA，poly（C）用于富含 GC 的 DNA

a. 本表以 Brown（1991）为基础并得到 BIOS Scientific Publishers 许可。

表 2.13.3 用于杂交分析的高盐溶液

储存液	组成
20×SSC	3.0 mol/L NaCl/0.3 mol/L 柠檬酸三钠
20×SSPE[a]	3.6 mol/L NaCl/0.2 mol/L NaH_2PO_4/0.02 mol/L EDTA，pH 7.7
磷酸盐溶液[b]	1 mol/L $NaHPO_4$，pH 7.2[c]

a. SSC 在所有方案中可用相同浓度的 SSPE 替代。

b. 用 0.5 mol/L $NaHPO_4$（pH 7.2）/1 mmol/L EDTA/7% SDS［或 50%甲酰胺/0.25 mol/L $NaHPO_4$（pH 7.2）/0.25 mol/L NaCl/1 mmol/L EDTA/7% SDS］进行预杂交和杂交；用 40 mmol/L $NaHPO_4$（pH 7.2）/1 mmol/L EDTA/5% SDS 进行中等严紧度的洗涤；用 40 mmol/L $NaHPO_4$（pH 7.2）/1 mmol/L EDTA/1% SDS 进行高严紧度的洗涤。

c. 在 1 L 水中溶解 134 g $Na_2HPO_4 \cdot 7H_2O$，然后加入 4 ml 85% H_3PO_4。产生的溶液即为 1 mol/L Na^+，pH 7.2。

2.13.1 基本方案 放射性标记的 DNA 探针对 DNA 印迹的杂交分析

本方案适合于用 100～1000 bp 长的放射性标记的 DNA 探针对 Southern 印迹（见 2.11）、斑点及狭线印迹（见 2.12）进行杂交分析。

材料（带√项见附录 1）

尼龙或硝酸纤维素膜（见 2.11 和 2.13）

√20×SSC

√水性预杂交/杂交（APH）液

DNA 探针（比活性>1×10^8 dpm/μg，见 3.2 和 3.3）

10%（*m*/*V*）SDS

杂交管或可封口的杂交袋及加热封口机

杂交炉（如 Hybridiser HB-1，Techne）或 68℃水浴锅或培养箱

步骤

1）用 6×SSC 润湿带有固定了的 DNA 膜。在杂交管中将 DNA 面朝上，每 10 cm^2 膜约

加1 ml APH溶液。也可将膜和溶液置于可热封闭的聚乙烯袋中，除去空气并封闭。

2）对于硝酸纤维素膜 在68℃杂交炉中或在水浴中滚动3 h。对于尼龙膜，用预热的APH杂交液杂交15 min。

3）将DNA探针在100℃水浴锅或培养箱变性10 min，然后置于冰中。

4）将杂交管中的APH溶液倒掉，换上等体积的预热的APH溶液（68℃），加入探针，68℃滚动下杂交过夜。对于袋子，剪去一角、倒掉溶液、用吸管加入新的溶液和探针，重新封闭。

如果探针的比活性是10^8 dpm/μg，用10 ng/ml探针；如果是1×10^9 dpm/μg，则用2 ng/ml探针。

5）用等体积的下述溶液洗涤：

2×SSC/0.1% SDS，室温下滚动温育5 min，洗涤2次。

0.2×SSC/0.1% SDS，室温下滚动温育5 min，洗涤2次（低严紧度洗膜）。

为了降低背景，洗膜液的体积可增加1倍。如果使用袋子，将膜转移到塑料盒子中洗涤。

6）如果需要，可采用中等严紧度和高严紧度洗膜：

在42℃用预热的0.2×SSC/0.1% SDS洗涤15 min，2次（中等严紧度洗膜）。

在68℃用预热的0.1×SSC/0.1% SDS洗涤15 min，2次（高严紧度洗膜）。

7）在室温下用2×SSC漂洗膜，并吸干多余的液体，用塑料膜包裹后放射自显影（见附录3A）。如果要再次与探针杂交，不要让膜变干。

2.13.2 备择方案 用放射性标记的RNA探针对DNA印迹进行杂交分析

由于互补链在杂交过程中再复性，使dsDNA探针的效价逐渐降低。相反，RNA探针在杂交过程中能够保持其完全的结合能力，并不需要预先的变性。杂交过程中一般需加甲酰胺，它使RNA-DNA杂交的稳定性比等价DNA-DNA杂交高，并保证在较低温度下进行杂交也不会影响杂交的严紧度。

附加材料（亦见基本方案；带√项见附录1）

已克隆的待转录的质粒DNA（合适的载体见表2.13.4，CsCl/溴化乙锭纯化见1.7）

√TE缓冲液，pH 8.0

√标记缓冲液

√核糖核苷酸混合物

√200 mmol/L二硫苏糖醇（DTT）新鲜配制

20 U/μl人胎盘核糖核酸酶抑制剂

[α-^{32}P] UTP，（20 mCi/ml，800 Ci/mmol或10 mCi/ml，400 Ci/mmol）

SP6或T7 RNA聚合酶（见3.6）

√无RNA酶的DNA酶I（见3.9）

√0.25 mol/L EDTA，pH 8.0

√甲酰胺预杂交/杂交（FPH）溶液

尼龙或者硝酸纤维素转印膜（见 2.11 和 2.12）

RNA 酶 A 和 RNA 酶 T1（见 3.10）

表 2.13.4 带有噬菌体 RNA 聚合酶识别的启动子的克隆载体（供选择）

载体	大小/bp	标记[a]	启动子
pBluescript	2950	amp，*lacZ*′	T3，T7
pGEM series	2746～3223	amp，*lacZ*′	SP6，T7
pGEMEX-1	4200	amp	SP6，T3，T7
pSELECT-1	3422	tet，*lacZ*′	SP6，T7
pSP18，19，64，65	2999～3010	amp	SP6
pSP70，71，72，73	2417～2464	amp	SP6，T7
pSPORT1	4109	amp，*lacZ*′	SP6，T7
pT3/T7 series	2700，2950	amp，*lacZ*′	T3，T7
pWE15	8800	amp，neo	T3，T7
pWE16	8800	amp，dhfr	T3，T7

a. 缩写：amp，氨苄青霉素抗性；dhfr，二氢乙酸还原酶；*lacZ*′，β-半乳糖苷酶 α-肽；neo，新霉素抗性；tet，四环素抗性。

步骤

1）在 DNA 克隆片段的紧下游用限制酶消化，使之线性化（见 3.1）。通过酚抽提及乙醇沉淀纯化 DNA（见 2.1）。沉淀用 pH 8.0 的 TE 缓冲液重悬至浓度为 1 mg/ml。

2）室温下混合下列试剂：

4 μl 标记缓冲液

1.5 μl 核糖核苷酸混合物

1 μl 200 mmol/L DTT

1 μl（20 U）人胎盘核糖核酸酶抑制剂

2 μg 纯化的质粒 DNA

100～200 μCi [α-^{32}P] UTP

加水至终体积为 20 μl

3）加入 5 U 的 SP6 或 T7 噬菌体 RNA 聚合酶，温育 1 h。使用 SP6 聚合酶时在 40℃温育；T7 聚合酶时在 37℃温育。

4）加入 2 U 的无 RNA 酶的 DNA 酶 I，37℃温育 10 min 以降解模板。加入 2 μl 0.25 mol/L EDTA，pH 8.0 终止反应。

5）用酸沉淀法检测 RNA 的比活性，用离心柱法（见 3.2）除去未掺入的核糖核苷酸，将标记的探针于－20℃储放 2 天。

放射比活性至少为 7×10^8 dpm/μg，最好大于 10^9 dpm/μg。

6）按照已经介绍的方法进行杂交（见基本方案步骤 1、2 和 4），但采用 FPH 溶液，使用的探针的浓度为 1～5 ng/ml，于 42℃孵育。如果背景有问题，则在 65℃孵育。

7）低严紧度洗膜（见基本方案步骤 5）。

8）用等体积含有 25 μg/ml RNA 酶 A 及 10 U/ml RNA 酶 T1 的 2×SSC，室温、伴摇动、洗涤 30 min，以去除未杂交的探针。

9）如果需要，可进行中等严紧度及高严紧度洗膜，用 2×SSC 漂洗，并进行放射自显影

（见基本方案步骤6、7）。

2.13.3 辅助方案 从杂交膜上除去探针

如果DNA是通过紫外交联（对于不带电荷尼龙膜）或碱转移（对于带正电荷的尼龙膜）固定于膜上的话，靶DNA与结合基质之间的共价相互作用比靶DNA与探针之间的氢键相互作用强得多，因此，在保留结合在膜上的靶DNA的前提下，除去（Stripping：脱除）已杂交的探针是可能的。由于探针有可能与基质结合，因此在杂交和脱除之间，必须不能让膜干燥。

附加材料（亦见基本方案；带√项见附录1）

√温和脱除液

√0.4 mol/L NaOH

√中强度脱除液

0.1%（*m*/*V*）SDS，100℃

步骤

1a）温和处理：于65℃用几百毫升的温和脱除液洗膜2 h。

1b）中强度处理：于45℃，在0.4 mol/L NaOH中洗膜30 min。然后用几百毫升中强度脱除液于室温下漂洗2次，每次10 min。

1c）高强度处理：将几百毫升煮沸的0.1% SDS倒在膜上。冷却至室温。

2）将膜放在一张干的Whatman 3MM滤纸上，用另一张滤纸吸干多余的液体，用塑料膜包好进行放射自显影（见附录3A）。如果放射自显影仍然能够看见信号，在高强度条件下再洗。

这时膜可以用于再杂交或干燥后室温保存备用。

表2.13.5 DNA印迹和杂交分析疑难解答[a]

问题	可能的原因[b]	解决的方法
信号弱	探针比活性太低	如果比活性<10^8 dpm/μg，检查标记方案
	脱嘌呤不充分	如果>5 kb的DNA转移量少，检查脱嘌呤方案
	转移缓冲液不足	（1）如果小DNA片段在转移至硝酸纤维素膜时保留不足，检查是否使用20×SSC为转移液
		（2）对于某些品牌的尼龙膜，可在转移液中加入2 mmol/L十二烷基肌氨酸钠
		（3）试用碱性印迹法将DNA转移至带正电荷的尼龙膜上
	靶DNA不足	参考正文有关每个印迹所加DNA量的建议
	DNA固定效果差	见2.11
	转移时间太短	见2.11
	转移系统效率差	考虑用真空印迹代替毛细管转移
	探针浓度太低	（1）检查在标记反应中所用DNA的量是否正确
		（2）检查除去未掺入的核苷酸后探针的回收量

续表

问　题	可能的原因[b]	解决的方法
		(3) 在杂交液中加入10%葡聚糖硫酸酯 (4) 换成单链探针，因为双链探针的再复性在杂交8 h后使其有效浓度降低至零
	探针变性不完全	按各方案中所述进行变性
	靶DNA变性不完全	当做斑点和狭线印迹时，用2.12中所述的双变性方法，或在带正电荷的尼龙膜上进行印迹
	封阻剂干扰靶探针相互作用	如果用尼龙膜，杂交液中不加封阻剂
	最后洗膜的严紧度过高	运用较低温度或较高盐浓度。如果必要，估计 T_m 值
	用RNA探针时杂交温度太低	在有甲酰胺存在下将杂交温度增至65℃（见备择方案）
	杂交时间太短	如果用甲酰胺和DNA探针，将杂交时间增加至24 h
	未采用合适的膜	检查靶分子是否太短而不能被所用类型的膜有效地保留（表2.11.1）
	电转印出问题	确保滤纸叠层中无气泡。安装印迹装置前滤纸要用TBE充分浸泡。用不带电荷的尼龙膜
背景有斑点	未掺入的核苷酸没有从标记探针中除去	按3.2所述方案处理
	杂交液中有颗粒	过滤相应的溶液
	琼脂糖残存在膜上	印迹之后用2×SSC漂洗膜
	在膜含有高盐时进行烘烤或紫外线交联	印迹之后用2×SSC漂洗膜
成片的或普遍性高背景	封阻剂封阻不足	参见表2.13.2选用备选封阻剂
	在杂交或洗膜过程中部分膜变干	可通过增加溶液体积来避免
	杂交或洗膜过程中膜粘连在一起	避免一次杂交太多张膜（杂交管最多可装10张微型凝胶的印迹膜，而杂交袋只能装2张）
	杂交袋中有气泡	如果用杂交袋，将其装满杂交液从而无气泡
	杂交袋的壁塌陷贴在膜上	在膜上用较硬的塑料袋；增加杂交液的体积
	洗膜液不足	将洗膜液的体积增加至2 ml/10 cm^2 膜
	用RNA探针时杂交温度太低	在有甲酰胺存在时增加杂交温度至65℃（见备择方案）
	甲酰胺需要进行去离子处理	通常市售的甲酰胺已令人满意，但在使用之前对其去离子化可降低背景
	标记的探针分子太短	(1) 在标记后，^{32}P 标记的探针要尽快使用，因为辐射分解作用可导致探针降解 (2) 减少切口平移中所用DNA酶Ⅰ的量（见3.3）
	探针浓度太高	检查标记反应中所用DNA的量是否正确
	预杂交不足	用硝酸纤维素膜预杂交至少3 h，用尼龙膜15 min
	探针未变性	按各方案所述进行变性
	所用膜的类型不合适	如果用非放射性标记，检查膜与检测系统是否匹配
	杂交液中用了葡聚糖硫酸酯	葡聚糖硫酸酯有时可引起背景杂交，将膜夹于Schleicher & Schuell的no.589 WH滤纸之间进行杂交，并增加2.5%的杂交液体积（包含葡聚糖硫酸酯）
	洗膜液中SDS不足	检查洗膜液的配制是否正确

续表

问 题	可能的原因[b]	解决的方法
额外的杂交带	最后的洗膜不够严紧	用较高的温度或较低的盐浓度，如果必要，估计 T_m 值
	探针含有非特异序列（如载体 DNA）	纯化含有所需序列的最短片段
	靶 DNA 用限制酶消化不完全	检查限制性消化（见 3.1）
	用 RNA 探针时未用甲酰胺	RNA-DNA 杂交分子结合相对较强，但杂交液中若含有甲酰胺则稳定性降低
在一条泳道或多条泳道上有非特异性背景	探针中污染了基因组 DNA	检查探针的纯化过程，当用随机引物标记探针时这个问题会变得更严重。改用切口平移法标记
	封阻剂封阻不足	参见表 2.13.2 选用备择封阻剂
	最后的洗膜未达到所要求的严紧度	用较高的温度或较低的盐浓度，如果必要，估计 T_m 值
	探针太短	有时是因为用随机引物标记引起。改用切口平移法标记
杂交后不能除去探针	杂交后膜变干	确保在杂交至除去探针之间，膜要保持湿润
当再次杂交时信号强度降低	除去探针时，靶 DNA 存留减少	(1) 如果 DNA 是用紫外光交联在尼龙膜上，检查紫外光源的校准 (2) 采用较温和的去除探针的方法（见辅助方案）

a. 以 Dyson（1991）文献为基础。
b. 每一栏目中，可能的原因按可能性递减的顺序排列。

参考文献：Dyson，1991.
撰稿人：Torry Brown

2.14 寡核苷酸的合成及纯化

现代的核酸合成仪利用亚磷酸三酯化学反应，用稳定的亚磷酰胺单体构建逐渐增长的多聚体。凭借这种反应，化学家及分子生物学家可以轻易地构建特异的寡核苷酸和脱氧寡核苷酸，在它们的链上可带有多种标记、修饰的连接或非标准碱基。

当合成仪正常工作时（连接效率达到 98%以上），长度为 20 碱基的脱氧寡核苷酸在 1 μmol 合成体系产率约为 60%。这种较短的脱氧寡核苷酸适用于 DNA 测序、PCR 扩增或凝胶迁移（gel-shift）分析，不需要另外的纯化。如果需要的材料同源性很高，则必须进一步纯化（见 2.15），因为许多序列将被截断。较长的 DNA 其质量及产量一般较低（如大于 120 bp 的序列其产率将小于 10%），并且需要进一步纯化。同样长度的 RNA 的产率比 DNA 低得多，而且必须进行纯化。

2.14.1 关于核酸的化学合成法的介绍

核酸中许多羟基和氨基能够干扰连接核苷酸单体的亚磷酸三酯反应，因此化学合成法需要一些保护策略掩护单体中的功能基团，以保证主要的反应是以 3′→5′ 将单体加入增长的寡核苷酸。选用的保护基团要能够通过简单方法除去，以暴露出核苷酸。

用于核酸合成的完全保护的单体一般是亚磷酰胺（图 2.14.1）。传统上，碱基上的亲核氨基基团用异丁酰（G 的 N2）或苯甲酰基团（A 的 N6，C 的 N4）保护。近年来的进展导致了更为广泛的利用，例如，用苯氧乙基（phenoxyacetyl）保护 A，二甲基甲酰胺基（dimethylformadine）保护 G，酰基（acyl）保护 C，由此合成的寡核苷酸能够在非常柔和的条件下迅速除去保护基团。核糖的 5′羟基，用二甲氧三苯甲基（dimethoxytrityl，DMT）醚基团保护，它能够在每一次偶联循环的一开始被柔和的质子酸除去。每一次偶联的效率能够通过检测释放的三苯甲基（trityl）阳离子生色团进行监控。为了合成具有天然的磷酸二酯骨架的核酸，核糖的 3′第二个羟基功能基团被高活性亚磷酸制剂衍生。这一基团上的磷酸氧（phosphate oxygen）由 β-氰乙氧基（β-cyanoethoxy）和二异丙胺（diisopropylamine）保护。合成 RNA 时，核糖 2′上第二个羟基在

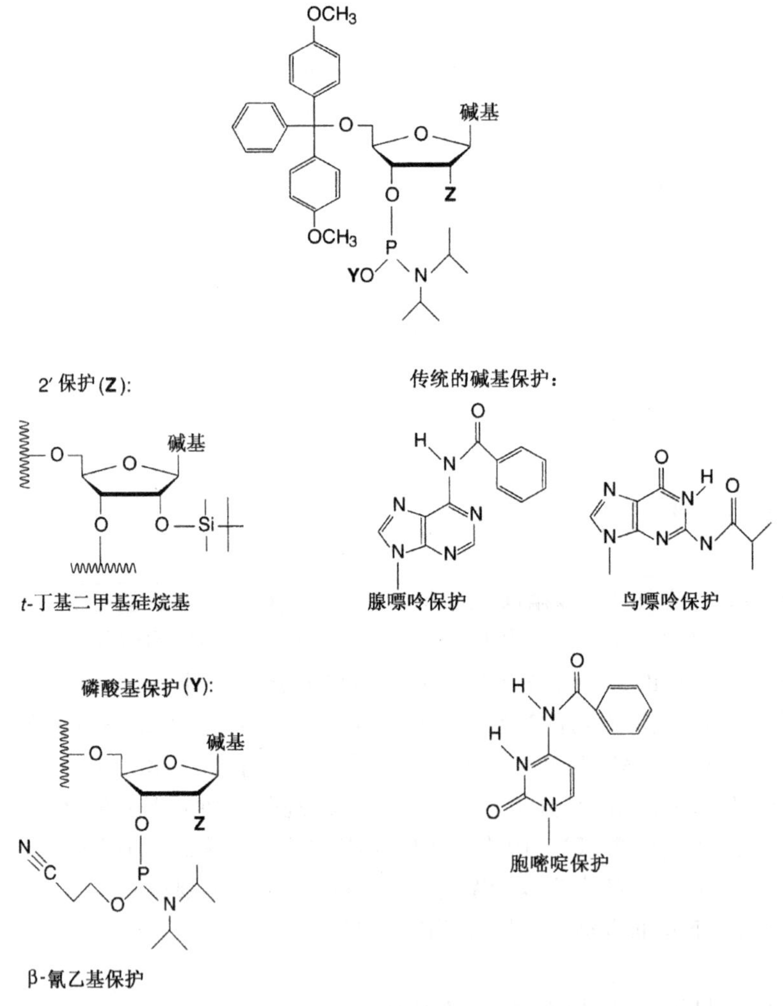

图 2.14.1　核苷亚磷酰胺单位的结构，显示了羟基、磷酸基团和碱基部分的传统保护基团。对 DNA 来说，Z＝H（不需要保护）。

合成过程中由 TBDMS（t-butyldimethylsilyl）进行保护。

在核酸的合成过程中应用这些保护基团，能够以简单的水解、亲核取代及氧化还原反应很有效地获得基本上没有损伤的核酸。在一个标准的合成循环中，核苷酸链从一个原初被保护的核苷键顺着它的连接在固相载体上的 3′ 端羟基延长。溶质和溶剂注入到支持物上，用以移去和添加糖保护基团，这些基团用来隔离单体上特殊的化学基团的活性，并保证有序地加入增长的寡核苷酸链。合成的中介产物和不反应物质能够很容易地从柱子上洗脱。受保护的寡核苷酸链包括去封闭、活化/偶联、氧化和戴帽（capping）4 个步骤（图 2.14.2）。从支持物上裂解，去除最后保护剂，显示出单链的核酸。

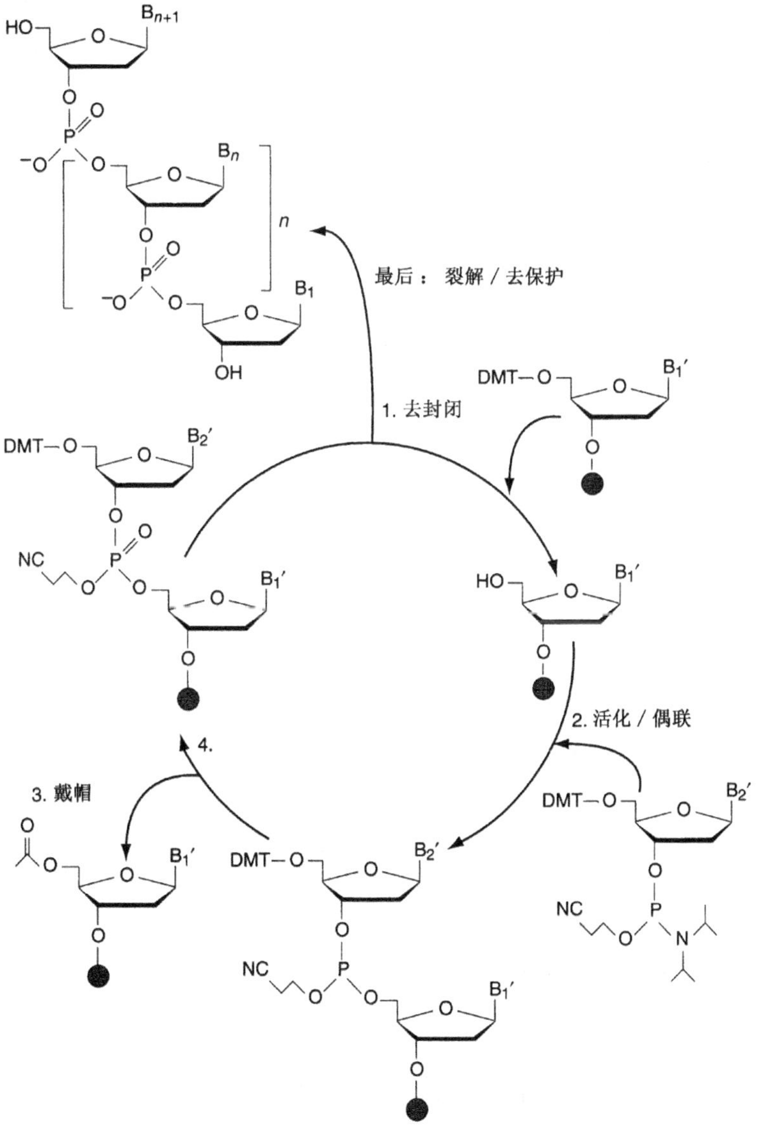

图 2.14.2　组装被保护的寡核苷酸链的步骤。

去封闭：合成首先以二氯甲烷中的二氯乙酸除去核酸 5′端 5′-DMT。检测释放的三苯甲基阳离子生色团进行监控配对效率。去封闭后，5′羟基是唯一的具有亲核活性能够参与后续配对步骤的基团。乙腈能够快速洗脱去封闭物质，阻滞酸催化的碱基脱嘌呤和将进入体系的亚磷酰胺单体过早去三苯甲基。

活化/偶联：接着受保护的亚磷酰胺和弱酸性活化因子四唑（$pK_a=4.8$）一起加入反应柱。自由的 5′-OH 对进入的单体由二异丙胺保护的、由四唑的质子化作用激活的 3′-P 进行亲核攻击，延伸由此实现。由于亚磷酰胺的质子化作用反应很快，配对反应将在 30 s 内完成。可以通过改变溶质的量和配对时间选择得到最佳配对效率。

戴帽（capping）：一小部分与支持物连接的核酸并不与新进来的活化的单体配对。这些核酸需要进行诱导失活以减少缺失产物及简化纯化步骤。通常溶于吡啶和四氢呋喃的乙酸酐和 *N*-甲基咪唑用于作为酰化剂为未延伸的 5′-OH 端“加帽”。这种具有乙酰脂帽结构的 5′端在后面的循环中都不具有活性，并在最终的氨水去保护作用中被除去。

氧化反应：配对和戴帽反应之后，核苷酸间的连接是三价亚磷酸三脂，它非常不稳定，必须通过加入 0.02 mol/L 以水/吡啶/四氢呋喃溶解的碘液，将其氧化成磷酸三酯。碘-吡啶加合物形成亚磷酸三酯，继而被水取代，氧化为五价的磷。吡啶还能中和氢碘化物副产物。

裂解/去保护：合成的最后一步，最后的 DMT 能够在最后的酸洗涤中去除（trityl off），或者保留到进行纯化处理（trityl on）。浓缩的氨水处理能够从支持物上移去寡核苷酸，并能够为磷和碱基去保护以获得一条单链核酸。

2.14.2 核酸合成方案

核酸合成清单

1）确定需要掺入的碱基总数，保证在核酸合成的整个过程中有足够的必需原料和亚磷酰胺。注意不同的合成体系（如 0.25、1、10 μmol）对原料的需求量并不相同。
2）考虑到各种特殊的程序设计要求。许多合成要根据多种因素进行选择，如合成体系、主链组成以及可以修饰的保护基团的存在等。构建一个详细精确的合成需求参数，以优化程序设计。
3）如果合成仪缺乏一个三苯甲基监控器，设置一个分部收集器对三苯甲基的阳离子释放进行监控。
4）开启系统。如果之前的寡核苷酸已经自动从支持物上裂解下来，则以乙腈洗涤 30 s 除去残留的痕量氢氧化铵。如果仪器已经停止工作 6 h 以上，启动仪器以除去任何腐败的原料和水汽。检查流量。
5）开始合成。证实流量没有受阻，监控首批少量释放出来的三苯甲基。

长寡核苷酸的合成（≥100 个碱基）

现代的合成技术能够常规合成可用的（≥10 μg）150 个或更多核苷酸的序列。

1）在长链合成之前，通过替换所有的试剂从系统除去水。这对亚磷酰胺非常重要（特别是对于会很快降解的 G）。
2）在进行长链合成以前先合成短片段，监控其三苯甲基的释放量，以减少贵重试剂的浪费。如果步骤的效率（stepwise efficiency）小于 99%，在合成长的寡核苷酸之前更改合成短序列参数以提高效率。

3) 如果合成仪与二氯乙酸兼容，则采用二氯乙酸取代三氯乙酸进行去封闭。在酸性条件下脱嘌呤（裂解糖苷键）是显著的副反应，它彻底限制了 DNA 合成。使用 DCA 比 TCA 在合成上产量更高，特别是长寡核苷酸。
4) 增加亚磷酰胺配对时间。在去封闭之前及去封闭之后，加入甲叉氯化物（methylene chloride）洗涤。并在帽化反应后增加乙腈清洗，以增加产量。
5) 增加（两倍）亚磷酰胺浓度以增加长寡核苷酸的配对效率。
6) 采用支持介质，如可控表面多孔玻璃（controlled-pore glass，CPG），它的承载能力小于 40 μmol/g。对于大于 100 mer 孔径大小为 1000，对于 200 mer 孔径大小为 2000，以减少分子拥挤现象和空间立体效应。对于一个典型的 150 mer 的 1 μmol 合成体系，采用 20 mg 具有 5 mmol/g 承载能力的支持物。
7) 长序列可以这样获得：先合成片段，再以校对聚合酶如 *Pfu* 和 *Tth* 等进行 PCR 反应将其连接起来。由于 PCR 过程中本身固有突变的作用，所以任何产物生成之后都应该进行测序检查。

RNA 合成

因为甲硅烷基在酸和碱中都很稳定并能够以氟离子去除，所以由 TBDMS 保护的 2′-OH 是大多数商业化 RNA 亚磷酰胺的基础。在使用 RNA 之前，带有 2′酰基的 RNA 单体能很容易地在 pH 2 条件下去除。近来 5′甲硅烷基醚与 2′邻酯（2′-orthoester）间的连接保护引起了注意。由于识别核糖上相邻羟基存在一定难度，对亚磷酰胺的同分异构体的纯化方式各不相同。如果需要 5′-、3′-连接的同源物（在大多数情况下都是如此），必须对亚磷酰胺进行 TLC 和 ^{31}P NMR 分析，以确定它的同分异构体的组成。

由于配对效率较 DNA 低，必须更加小心地确保从反应体系中去除水。由于 2′-OH 往往被空间上隐蔽的基团保护，RNA 的反应时间应该更长，并对亚磷酰胺的浓度和配对时间进行调整。*S*-乙基四唑（*S*-ethyltetrazole）和 DCI 比传统使用的四唑（tetrazole）具有更大的反应活性。可以通过在去封闭之前及去封闭之后增加甲叉氯化物洗涤，帽化反应之后增加乙腈洗涤来提高产量。

2.14.3 寡核苷酸纯化方案

沉淀

直接沉淀是一种快速而有效的去除尿素、苯酚等小分子污染的方法。去保护之后，在水中重悬沉淀，加入 $MgCl_2$ 至终浓度为 10 mmol/L，与 5 体积乙醇混合，在−20℃或者−70℃短暂冷冻，离心，以 95%乙醇洗涤，干燥，在水中重悬。沉淀的脱氧寡核苷酸能够用于测序、克隆和 PCR。如果 DNA 需进一步磷酸化，则需要一个更加彻底的纯化步骤。

排阻柱

排阻色谱法（size-exclusion chromatography）是很有用的最终纯化步骤，尤其是当寡核苷酸纯化过程中发生小分子（尿素或苯酚）污染时。离心柱（见 3.2）使用方便，而重力流动柱分离效果更好，更具可重复性。树脂的种类根据核苷酸大小而定。

逆转相盒式储存器（reversed-phase cartridge）

如果最后的三苯甲基仍然存在，用疏水基质可以从中断的序列中分离全长产物。带有三苯甲基的全长寡核苷酸能够容易地从没有成功合成的序列中分离出来，这些片段缺乏三苯甲基，因此不能有效地与疏水基质结合。从商业化的柱子中得到的产量很高，常常大于 80%。虽然大部分未成功合成的序列被成功去除，仍有许多短序列和全长序列一起被纯化出来。另外，如果不注意在洗涤柱子、洗脱样本时要缓慢，许多抑制因子（特别是连接反应中的）会被一同洗脱下来。

变性 PAGE

这种方法能够以单个残基的分辨率分离寡核苷酸，也是用于纯化全长寡核苷酸的方法（见 2.15）。尽管如此，掺入核酸的修饰核苷酸的化学性质和丙烯酰胺基质的兼容性需要检测（硫醇化的寡核苷酸因 Michael addition 作用加入丙烯酰胺，致使不可逆戴帽）。

HPLC

液相色谱法是一种快速的以单个残基分辨率分离寡核苷酸的方法。总的运行时间可以短到 30 min。以碱性高氯酸盐进行离子交换能够较大量（>25 μmol）地进行长寡核苷酸（>40 残基）的纯化。尽管如此，二级结构迁移异常比在 PAGE 中发生的更严重。

参考文献：Applied Biosystems，1988；Beaucage et al.，2002；Gait，1984.

撰 稿 人：Andrew Ellington and Jack D. Pollard，Jr.

2.15 变性聚丙烯酰胺凝胶电泳纯化寡核苷酸

基本方案

变性聚丙烯酰胺凝胶纯化具有快速、简单、高分辨率等优点。这种凝胶可以分离 2～300个碱基长度的核苷酸。

材料（带√项见附录 1）

尿素

√10×TBE 电泳缓冲液，pH 8.0

40%丙烯酰胺/2%亚甲双丙烯酰胺

TEMED

10%过硫酸铵，溶于水（4℃保存不超过一个月）

√尿素加样缓冲液

去保护基团的合成寡核苷酸，冻干或干燥

√TE 缓冲液，pH 7.5
丙烯酰胺凝胶电泳装置及玻璃板、间隔板、梳子
直流电源
带荧光指示剂的薄层层析（TLC）板（如 Silica Gel F254 或 IB-F，Merck）
手持的短波长（254 nm）紫外灯
小孔（5 ml）注射器
15 ml 耐高温的离心管
0.2 μm 过滤器（Gelman Sciences）

步骤

1）根据核苷酸片段长度准备合适百分比的丙烯酰胺凝胶溶液（表 2.15.1）。对于 20 cm ×16 cm×1.6 mm 大小的 10%凝胶，准备 60ml 含有下列成分的溶液：
25.2 g 尿素（终浓度 7 mol/L）
6 ml 10×TBE 电泳缓冲液
14.3 ml 40%丙烯酰胺/2%亚甲双丙烯酰胺溶液
加水至 60 ml

注意：丙烯酰胺粉末有神经毒性，应戴手套、防护眼镜和面罩操作。推荐使用商业化的丙烯酰胺溶液，它保存期长，避免操作有神经毒性的丙烯酰胺粉末。

表 2.15.1 变性 PAGE 使 DNA 片段达到最适分离度的丙烯酰胺浓度[a]

丙烯酰胺浓度/%	分离片段的大小/碱基	溴酚蓝迁移/碱基	二甲苯蓝迁移/碱基
30	2～8	6	20
20	8～25	8	28
10	25～35	12	55
8	35～45	19	75
6	45～70	26	105
5	70～300	35	130
4	100～500	约 50	约 230

a. 数据来源于 Maniatis 等（1975），针对单链 DNA；相同序列和长度的 RNA 的迁移稍慢于 DNA。

2）为加速溶解，将容器置于 60℃水浴或流动的热水中。当大部分尿素和丙烯酰胺溶解后，磁力剧烈搅拌混合物约 20 min，使其完全混匀。

3）加入 40 μl TEMED，搅拌混匀，立即加入 300 μl 10%的过硫酸铵，彻底混匀，将玻璃夹板置于与台面成 45°灌胶。插入梳子，并用夹子夹紧，避免在丙烯酰胺聚合时胶与平板分离。室温下让胶聚合 30 min 以上。

注意：加入过硫酸铵即开始聚合，因此动作既要小心又要快。更多的关于聚丙烯酰胺凝胶制备和运作的细节问题参见 7.7。

4）拔去梳子和下面的间隔板，洗去玻璃板上溢出的丙烯酰胺。

5）在下槽中注入 1×TBE 缓冲液，将胶放入：先将一角置于下槽，然后放入另一角，以避免在胶板和胶底间产生气泡。将胶夹至电泳槽的顶部，将上槽中注入 1×TBE 缓

冲液，使每个加样孔都被缓冲液覆盖。

6）以20～40 V/cm（稳压）预电泳使凝胶至少预热30 min。

7）在去保护、冻干的寡核苷酸沉淀中加入1×尿素加样缓冲液，置90℃加热5 min重悬样品。

冻干的样本看上去为米白色。如果为淡黄色或有块状物存在，在0.5 ml蒸馏水中重悬，并以1/10体积的3.0 mol/L乙酸钠（pH 5.2）和3体积100%乙醇沉淀。以70%乙醇洗涤，并冻干。

8）用1×TBE缓冲液洗涤样品孔，彻底清除加样孔内的尿素，立即加样。在20～40 V/cm稳压下电泳，直至达到所需要的分离（表2.15.1）。避免温度超过65℃。

9）关掉电源。将凝胶板从电泳槽中取出，水平放置，撬开上面的玻璃板，用塑料膜覆盖凝胶（避免气泡和折叠），将板翻转置于带有荧光指示剂的薄层层析板上。用压舌板将凝胶的一角与玻璃板剥离，然后完全分开，留在塑料膜上的凝胶，用另一张塑料膜覆盖。

10）用短波紫外灯（254 nm）观察条带（它们往往在绿色的背景中呈现黑色暗迹），用记号笔标出目的条带。避免长时间的紫外灯照射，这对核酸有损伤。

目的带通常是凝胶上颜色最深的带（不包括跑到染料前沿的物质），也可能是跑得最慢的带，除非保护基团没有完全脱除。

11）用一个干净的解剖刀或剃须刀将条带切下。将其通过注射器（5 ml）小孔挤压成细小颗粒。将压碎的胶块装入能够耐受高温的15 ml离心管中。

12）每0.5 ml的胶块中加3 mlTE缓冲液，置－80℃冷冻30 min或直至冻结成固态。快速置热水浴（约50℃）中融化，于90℃浸泡5 min。室温下在旋转摇床上洗脱过夜。

用这种冻融方法，20 mer长的寡核苷酸在旋转摇床上摇动3 h，回收率为80%，与电洗脱方法（见2.9）的回收率相当。较长的寡核苷酸从胶里扩散出来需要较长的时间。

13）室温下1000 *g*离心2 min，沉淀凝胶块。用注射器移去上清，并用0.2 μm滤膜过滤除去残余的任何丙烯酰胺碎片。收集到新的15 ml离心管中。

14）用等体积丁醇抽提浓缩样品（见2.1），移去上层丁醇。重复抽提，直至水相体积减小到便于沉淀。

15）加1/10倍体积的3.0 mol/L乙酸钠（pH 5.2），和2倍体积100%乙醇沉淀DNA或3倍体积乙醇沉淀RNA（见2.1）。－20℃冷冻20 min，4℃，12 000 *g*离心10 min。

在胺离子存在的情况下，不能沉淀短的寡核苷酸（20碱基）。如果样品难以沉淀，使用1∶1（*V*/*V*）的乙醇/丙酮混合液，或6体积的丙酮沉淀。用95%乙醇洗涤能够除去多余的盐。

16）以适当体积的TE缓冲液重溶寡核苷酸。

参考文献：Chen and Ruffner，1996；Maniatis et al.，1975.

撰稿人：Andrew Ellington and Jack D. Pollard，Jr.

第3章　DNA和RNA的酶学操作

在过去的几十年里，生物科学发生的许多革命性进展都直接归功于以明确定义的方式操纵DNA的能力。而这个基因工程的主要工具便是催化DNA分子特异性反应的酶。本章综述了涉及重组DNA技术重要反应的主要酶类的性质，也描述了一些相关的基本技术，包括核酸的放射性标记和DNA重组分子（克隆）的构建。

从历史上看，切割不同的核苷酸序列的限制酶类的发现可能是引发其他生物技术发展的突破口。首先，限制酶切割位点提供了获得DNA物理图谱的特异标记；其次，酶切产生的特异性片段可用分子克隆的手段得以纯化；最后，酶切产生的片段为各种各样的其他DNA酶学操作提供了基本底物。

本章始于用限制性内切核酸酶酶切DNA的方案（见3.1），包括多酶切、DNA部分消化和多样品分析。提供了目前所有的商品酶的基本信息，对每种酶的识别顺序、剪切产物的末端类型、缓冲条件及NaCl的影响都做了描述。

3.2～3.12描述了用于操纵DNA分子的其他酶类的性质和反应条件。这些酶包括：DNA和RNA聚合酶、核酸酶、连接酶、磷酸酶和激酶。关于这些酶的应用范围在这些章节都有详细讲解，一些方案专门用于放射性标记RNA或DNA。

3.13和3.14阐述了构建重组DNA分子的常用方法。对有些特例做了更为详细的讨论，如平端或黏性末端片段的亚克隆、定向克隆、非匹配末端片段的连接和涉及寡核苷酸接头的连接等（见3.13）。聚合酶链反应（PCR）丰富了构建重组分子的方法（见3.14）。

最后部分讨论了非放射性探针标记和检测方法。生物素和地高辛标记的探针越来越广泛地在杂交反应中应用（见2.13、4.8和14.3）。除了避免有害物质的接触外，这些探针还提供了更高的稳定性和足够的灵敏度，可用比色法（见3.15）或化学发光系统检测（见3.16）。

撰稿人：Kevin Struhl

3.1　限制性内切核酸酶消化DNA

限制性内切核酸酶识别短的DNA顺序并在识别顺序内或旁侧特异切割双链DNA。限制性内切核酸酶将DNA切成不连续的片段是分子生物学中最基本的操作之一。

影响限制性内切核酸酶反应的因素很多。DNA制品中的污染（如蛋白质、酚、氯仿、乙醇、EDTA、SDS、高盐浓度）均能抑制酶切活性。这种抑制可通过增加酶作用单位数（10～20 U/μg DNA）、增大反应体积以稀释可能的抑制剂或延长反应时间来加以克服。在有些DNA样品中，由于此前储藏缓冲液中含EDTA导致DNase失活，但加入限制性内切核酸酶后可能使DNase恢复活力。这个问题解决方法就是纯化DNA。

消化基因组 DNA 时（见 2.3～2.5），加入终浓度为 1～2.5 mmol/L 多聚阳离子亚精胺可改善酶切效果，其作用是结合带负电的污染物。消化超螺旋或病毒 DNA 较线状 DNA 需要更大的酶量（20 倍以上）。此外，有些酶在特异位点的切割具不同效率，可能是受旁侧核苷酸的影响，有些酶的活性可因为其识别顺序内某核苷酸的甲基化而被抑制。

典型的限制性内切核酸酶的缓冲液成分包括氯化镁、氯化钠/钾、Tris 盐酸盐、2-巯基乙醇或二硫苏糖醇和牛血清白蛋白。二价的阳离子（一般是镁离子）对于酶的活性是必需的，有些酶类对钠或钾离子浓度非常敏感，而有些酶在较广的离子强度范围内仍然有活性。

注意：限制酶必须放在－20℃储存。使用时必须放在冰上。

3.1.1 基本方案 单酶切消化单个 DNA 样品

消化进行限制酶切割反应只需简单地将酶和 DNA 样品放在合适的反应缓冲液中温育，其中 DNA 和酶的量、缓冲液的离子强度、温育温度和时间都依具体的反应而改变。一般 20 μl 的反应体积可以方便地用于聚丙烯酰胺或琼脂糖凝胶电泳分析，具体的量可以根据实际需要调整。

材料（带√项见附录 1）

DNA 样品，溶于 H_2O 或 TE 缓冲液

√10×酶切缓冲液

限制性内切核酸酶（表 3.1.1）

√10×加样缓冲液

步骤

1）将下列溶液加入一个干净的微量离心管中：

0.1～4 μg DNA 溶于 H_2O 或 TE 缓冲液

2 μl 10×酶切缓冲液

加 H_2O 至 20 μl

2）加入限制性内切核酸酶（1～5 U/μg DNA），在推荐的温度温育 1 h（一般是 37℃）。

理论上，1 U 限制性内切核酸酶在推荐的反应条件下，60 min 内可完全消化 1 μg 纯化的 DNA 样品。粗提 DNA 可能需要较多的酶和较长的时间。酶的体积应低于反应总体积的 1/10，因为酶液中的甘油可以干扰反应。

3）加入 5 μl 10×加样缓冲液（20%反应体积）终止反应，进行琼脂糖或聚丙烯酰胺凝胶电泳（见 2.6 或 2.9）。

反应也可通过加入 0.5 μl 0.5 mol/L EDTA（终浓度为 12.5 mmol/L）以螯合镁离子而终止。65℃温育 10 min 或 75℃温育 15 min 也能失活限制酶。如果必要，可通过酚抽提和乙醇沉淀或硅基质来纯化 DNA（见 2.1）。

表 3.1.1 限制性内切核酸酶识别序列的交叉列表[a,b]

	AATT	ACGT	AGCT	ATAT	CATG	CCGG	CGCG	CTAG	GATC	GCGC	GGCC	GTAC	TATA	TCGA	TGCA	TTAA
↓****	**Tsp509I**								**DpnII** **MboI**[c] **Sau3AI**							
*↓***		**MaeII**				**MspI** **HpaII**[c]		**BfaI**		**HinPI**		**Csp6I**		**TaqI**		**MseI**
↓			**AluI**				**BstUI**		**DpnI**		**HaeIII**	**RsaI**				
***↓*										**HhaI**						
****↓					**NlaIII**											
A↓****T	ApoI		**HindIII**		AflIII	**AgeI** BsrFI BsaWI	**MluI** AflIII	**SpeI**	**BglII** BstYI						**Ppu10I**	
A*↓***T		Psp1406I												ClaI **BspDI**		**AseI**
A**↓**T				**SspI**						**Eco47III**	**StuI**	**ScaI**				
A***↓*T																
A****↓T					NspHI					HaeII					**NsiI**	
C↓****G	**MunI**				**NcoI** StyI DsaI	**XmaI** AvaI	DsaI	**AvrII** StyI			**EagI** EaeI	**BsiWI**	SfcI	**XhoI** AvaI	SfcI	**AflII**
C*↓***G				**NdeI**												
C**↓**G		**PmlI** BsaAI	**PvuII** MspA1I			**SmaI**	MspA1I									
C***↓*G							**SacII**		**PvuI** BsiEI		BsiEI					
C****↓G															**PstI**	
G↓****C	**EcoRI** ApoI					**NgoMI** BsrFI	**BssHII**	**NheI**	**BamHI** BstYI	**KasI** BanI	**Bsp120I**	**Acc65I** BanI		**SalI**	**ApaLI**	
G*↓***C		BsaHI								**NarI** BsaHI			AccI	AccI		
G**↓**C			**Ecl136II**	**EcoRV**		**NaeI**				EheI			**Bst1107I**	HincII		**HpaI** HincII
G***↓*C																
G****↓C		**AatII**	**SacI** BanII BsiHKAI Bsp1286I		**SphI** NspH1					**BbeI** HaeII	**ApaI** BanII Bsp1286I	**KpnI**			Bsp1286I BsiHKAI	
T↓****A					**BspHI**	**BspEI** BsaWI		**XbaI**	**BclI**		EaeI	**BsrGI**				
T*↓***A														**BstBI**		
T**↓**A		**SnaBI** BsaAI					**NruI**			**FspI**	**MscI**					**DraI**
T***↓*A																
T****↓A																

a. 经 New England Biolabs 惠许引用。

b. 每列最上的序列按 5′→3′方向。每行左边 * 号代表在识别序列内的核苷酸数；箭头所指处为切割位点。互补链及其切割位点省略。用黑体字标明的酶识别唯一的序列，普通体标明的酶识别多种序列。

c. 切割序列一致的几种酶的活性受该位点 DNA 修饰的影响。

3.1.2 备择方案 1 多限制性内切核酸酶消化 DNA

DNA 样品经常需要用一种以上的限制酶来切割 DNA。如果具有相同反应条件和反应温度，两种或更多的限制酶可同时加入到同一反应混合物中。许多限制性内切核酸酶在一系列缓冲液中都有活性（表 3.1.2）。大部分限制性内切核酸酶和一些 DNA 修饰酶类在以谷氨酸钾和乙酸钾为基础的缓冲液中都具有不同程度的活性。如果所需的反应条件相差太大，可先加入需要低浓度 NaCl 的酶消化 DNA，然后再加入 NaCl 和其他的酶。各酶消化后一般不需要进行 DNA 纯化。如果影响各酶的最佳切割效率只是由于温育温度不一样的话，可以首先在某个酶的最适温度下加入此酶进行反应，然后再调整温度加入另外一种酶（切割顺序无要求）。有些酶的最适温度比较高，但在 37℃也有活力，这样可以在此温度下提高酶量达到同样的剪切效果。

表 3.1.2　NaCl 浓度对限制性内切核酸酶活性的影响[a]

酶	0 mmol/L NaCl	50 mmol/L NaCl	100 mmol/L NaCl	150 mmol/L NaCl	酶	0 mmol/L NaCl	50 mmol/L NaCl	100 mmol/L NaCl	150 mmol/L NaCl
*Aat*II	+	++	++	+	*Dpn*I	+	++	+++	+++
*Acc*I	+++	+++	+	+	*Dra*I	++	+++	+	+
*Aci*I	+	+++	+++	+++	*Dra*III	++	+++	+++	++
*Afl*II	+	+++	++	++	*Eae*I	++	+++	++	+
*Aha*II	+	++	+++	+++	*Eag*I	++	+++	+++	+++
*Alu*I	+	+++	+++	++	*Eam*1105I	+	++	+	+
*Alw*I	+++	+++	++	+	*Eco*NI	+++	+++	+++	+++
*Alw*NI	++	+++	+++	+	*Eco*O109	+++	+++	+++	+++
*Apa*I	+++	+++	++	+	*Eco*57I	+++	+++	+++	++
*Apa*LI	+++	+++	++	+	*Eco*RI	[b]	+++	+++	+++
*Asc*I	+	++	++	+	*Eco*RV	+	+	+	+++
*Ase*I	+	+++	+++	+++	*Fnu*4HI	+++	+++	++	+
*Ava*I	+++	+++	+++	+++	*Fok*I	+++	+++	+++	+++
*Ava*II	+++	+++	++	+	*Fsp*I	+	+++	++	++
*Avr*II	+++	+++	+++	++	*Hae*II	+++	+++	+++	++
*Bal*I	+++	++	++	+	*Hae*III	+++	+++	+++	+++
*Bam*HI	+	++	+++	+++	*Hga*I	+++	+++	+	+
*Ban*I	+++	+++	++	++	*Hgi*AI	+	+	++	+++
*Ban*II	+++	+++	+++	+++	*Hha*I	+	+	+	++
*Bbv*I	+++	+++	+++	+++	*Hinc*II	++	+++	+++	+++
*Bcg*I	+++	+++	+++	+++	*Hind*III	++	+++	+++	++
*Bcl*I	+	+++	+++	+	*Hinf*I	++	+++	+++	+++
*Bgl*I	+	+++	+++	+++	*Hin*PI	+++	+++	+++	+++
*Bgl*II	++	+++	+++	+++	*Hpa*I	+	+++	+++	+
*Bsa*HI	++	+++	+++	+	*Hpa*II	+++	+++	++	+
*Bsm*I	+++	+++	+++	+++	*Hph*I	+++	+++	+++	+
*Bsp*1286	+++	+++	++	+	*Kas*I	+	+++	+	+
*Bsp*HI	++	+++	+++	+++	*Kpn*I	+++	+	+	+
*Bsp*MI	++	++	+++	+++	*Mbo*I	++	+++	+++	+++
*Bsp*MII	++	++	+++	+++	*Mbo*II	+++	+++	+++	+++
*Bss*HII	+++	+++	+++	+++	*Mlu*I	++	+++	+++	++
*Bst*BI	+++	+++	++	+	*Mnl*I	+++	+++	+++	++
*Bst*EII	+	++	+++	+++	*Mse*I	+++	+++	++	+
*Bst*NI	++	++	+++	+++	*Msp*I	+++	+++	+++	+++
*Bst*UI	+++	+++	++	+	*Nae*I	+++	+++	+++	+
*Bst*XI	++	+++	+++	+++	*Nar*I	+++	+++	+	+
*Bst*YI	+++	+++	++	++	*Nci*I	+++	+++	++	+
*Bsu*36I	+	++	++	++	*Nco*I	+	++	++	+++
*Cla*I	+++	+++	+++	++	*Nde*I	+	+	++	+++
*Dde*I	++	+++	+++	+++	*Nhe*I	+++	+++	+++	++

续表

酶	0 mmol/L NaCl	50 mmol/L NaCl	100 mmol/L NaCl	150 mmol/L NaCl	酶	0 mmol/L NaCl	50 mmol/L NaCl	100 mmol/L NaCl	150 mmol/L NaCl
*Nla*III	+	+	+	+	*Sau*96I	+++	+++	+++	+++
*Nla*IV	+	+	+	+	*Sca*I	+	+++	+++	++
*Not*I	+	+++	+++	+++	*Scr*FI	++	+++	+++	+++
*Nru*I	+	+++	+++	+++	*Sfa*NI	+	+	+++	+++
*Nsi*I	++	++	++	++	*Sma*I	+	+	+	+
*Pae*R7I	+++	+++	+++	+	*Sna*BI	+++	+++	++	+
*Pfl*MI	++	+++	+++	++	*Spe*I	++	+++	+++	++
*Ple*I	+++	+	+	+	*Sph*I	+	+	+++	+++
*Ppu*MI	+++	+++	++	+	*Ssp*I	++	+++	+++	++
*Pst*I	+++	+++	+++	+++	*Stu*I	+++	+++	+++	+++
*Pvu*I	+	++	+++	+++	*Sty*I	+	++	+++	+++
*Pvu*II	+++	+++	+++	+++	*Taq*I	+++	+++	+++	++
*Rsa*I	+++	+++	+++	+++	*Tth*111I	+++	+++	+++	+
*Rsr*II	+++	++	+	+	*Xba*I	+	+++	+++	+++
*Sac*I	+++	++	++	+	*Xca*I	+++	+	+	+
*Sac*II	+++	+	+	+	*Xho*I	++	+++	+++	+++
*Sal*I	+	+	++	+++	*Xma*I	+++	+++	++	+
*Sau*3AI	+++	+++	+++	+++	*Xmn*I	+++	+++	+	+

a. 经 New England Biolabs 惠许引用。所列酶的活性是指在推荐反应条件下特定 NaCl 浓度与酶的活性相比较而言。在某些情况下推荐缓冲液中需求的 pH 和特异离子很不相同。本表的条件只是 NaCl 浓度的不同。所有的缓冲液含有 10 mmol/L Tris · Cl（pH 7.5）和 100 μg/ml 牛血清白蛋白，所有的温育时间是在最适温度下温育 60 min，其中，

＋号表示：与推荐反应条件相比，在此条件下可获得小于 10％的酶活性；

＋＋ 号表示：与推荐反应条件相比，在此条件下可获得 10％～20％的酶活性；

＋＋＋号表示：与推荐反应条件相比，在此条件下可获得 30％～100％的酶活性。

b. 由于“星号效应”而不推荐采用的工作浓度。星号效应是指在通常的识别序列之外发生切割反应，通常发生在非适当反应条件下，如低离子强度、高酶浓度、高甘油浓度、高 pH，或用 Mn^{2+} 替换 Mg^{2+} 时。

3.1.3 备择方案 2 消化多个 DNA 样品

当消化多个样品时，以下方案可减少取吸次数、节省时间和减少酶污染的机会。

步骤

1）分别加入相同体积的各个样品 DNA 至不同微量离心管中。

2）制备好“预混合液”，它含有足够量的消化所有样品的 10×反应缓冲液和水，置于冰浴。

准备足够的预混合液是明智的，至少比待分析样品多 1 管。

3）加入足以消化所有样品的酶于“预混合液”的管中，轻弹管壁，迅速混匀，置于冰浴。

酶所加入的溶液的浓度不应高于 3×缓冲液。

4）加适量酶/缓冲液于上述混合液的各样品管中，在适当的温度下温育。

3.1.4　备择方案3　限制性内切核酸酶对DNA部分消化

在酶切反应中降低的酶浓度可以得到仅在部分限制性位点切割产生的DNA片段。减少反应时间也可达到DNA部分消化的目的，但比较麻烦，可信度也不高。

步骤

1) 配制100 μl含DNA和1×限制酶缓冲液的反应混合物。
2) 将反应混合物加入反应管中，其中管1加30 μl；管2～4各加20 μl；管5加10 μl，置于冰浴。
3) 加入所选用的酶至管1 (3～10 U/μg DNA)，轻弹管壁混匀，置于冰浴。
4) 使用不同的吸头，从管1中取10 μl加入到管2，快速混匀，置于冰浴。依次连续稀释，从管2到管3，管3到管4，管4到管5，最后每个管的体积均为20 μl。
5) 每个小管在合适温度温育15 min后终止反应。

利用连续稀释方法，每微克DNA所使用的酶量范围可以相差54倍。酶切效果可用电泳分析。

3.1.5　辅助方案　DNA的甲基化

很多商品化的甲基化酶可将甲基共价键结合到特异靶序列的腺嘌呤或胞嘧啶上（表3.1.3)，这些位点的甲基化导致它们不能被相应的限制性内切核酸酶所切割。

表3.1.3　商品化的甲基化酶的识别序列和反应体积[a]

甲基化酶	识别序列[b]	NaCl	Tris · Cl[c]	EDTA	ME[d]
		/ (mmol/L)			
*Alu*I	AGG^{m}T0	50	10	5	—
*Bam*HI	GGATC^{m}C	50	10	10	5
*Cla*I	ATCGA^{m}T	0	50	10	5
CpG[e]	C^{m}G	50	10	0.1	1
dam	GA^{m}TC	0	50	10	5
*Eco*RI	GAA^{m}TTC	100	100	1	0
*Fnu*DII	C^{m}GCG	0	50	10	5
*Hae*III	GGC^{m}C	50	50	10	1D
*Hha*I	GC^{m}GC	0	50	10	5
*Hpa*II	CC^{m}GG	0	50	10	5
*Msp*I	C^{m}CGG	100	50	10	5
*Pst*I	CTGCA^{m}G	0	50	10	5
*Taq*I[f]	TCGA^{m}	100	10	0	6

a. 所有的反应混合液均含80 μmol/L *S*-腺苷甲硫氨酸并在37℃温育。

b. 上标m表示甲基化核苷酸。

c. pH 7.5。

d. 2-巯基乙醇或二硫苏糖醇 (D)。

e. 反应缓冲液含160 μmol/L *S*-腺苷甲硫氨酸。

f. 反应缓冲液含6 mmol/L $MgCl_2$。

补充材料（亦见基本方案）

甲基化酶和 10×甲基化酶缓冲液（表 3.1.3）

S-腺苷甲硫氨酸（SAM）

步骤

1）准备甲基化酶反应体系，使 DNA 在 1×甲基化酶缓冲液中的终浓度为 20～200 μg/ml。

2）加入 *S*-腺苷甲硫氨酸，充当甲基供体，终浓度为 80 μmol/L。

3）加入足够的甲基化酶，以完全保护 DNA 免受相应的限制性内切核酸酶切割。

1 U 的甲基化酶在推荐条件下可保护 1 μg 的 λ DNA 不受切割。

4）在合适的温度（通常 37℃）下温育 1 h。

5）若有必要，在消化前纯化去除 EDTA（见 2.1）。

参考文献：ACS，1995；Fuchs and Blakesley，1983；McClelland et al.，1988；Roberts，1994

撰 稿 人：Kenneth D. Bloch

3.2　核酸操作的常用试剂和放射性同位素

3.2.1　储液溶液

储液溶液应用去离子水配制并分成小份保存。带√项见附录 1。大部分储液在－20℃可保存数年之久，如果保持无菌，也可在室温保持数年。二硫苏糖醇可在－20℃稳定数月，它不能高压，使用时应注意置于冰浴。

√酸沉淀溶液

10 mg/ml 高压灭菌的明胶

10 mg/ml 牛血清白蛋白（BSA），组分 V

√缓冲酚

√0.1 mol/L 二硫苏糖醇（DTT）

10 mg/ml 大肠杆菌 tRNA

√0.5 mol/L EDTA，pH 8.0

乙醇

甘油

1 mol/L KCl

0.2 mol/L $MgCl_2$

1 mol/L 和 5 mol/L NaCl

√500 μg/ml 和 10 mg/ml 的经超声处理的鲑精或鲱精 DNA

√标准酶稀释液（SED）

√TE缓冲液

√1 mol/L Tris·Cl, pH 7.5和pH 8.0

酶的反应条件和应用

表3.2.1提供了酶反应条件的总的准则，下面还提供了酶的缓冲液配方。表3.2.2简述了一些核酸修饰酶的应用。某些反应可以使用不止一种酶。由于不同的情况需要的反应参数不一，应参考相关的章节获得详细的信息。

表3.2.1 酶反应条件的通用指南

酶	反应体积 /μl	DNA量 /μg	酶量 /U	每种dNTP /(mmol/L)	反应温度 /℃	时间 /min	备注
DNA连接酶							
大肠杆菌DNA连接酶(3.1)	50	1	10	100NAD	10～25	2～16 h	
T4噬菌体DNA连接酶(3.11)	50	1	1	500ATP	12～30	1～16 h	
DNA聚合酶							
大肠杆菌DNA聚合酶I(3.3)	25	1	3	20	20～37	15～30	a
T4噬菌体DNA聚合酶(3.3)	50	2	5	100	11	20	
T7噬菌体DNA聚合酶(3.3)	50	2	5	300	37	20	
经修饰的T7噬菌体DNA聚合酶(3.3)	50	2	10	300	37	20	
Taq DNA聚合酶(3.3及3.14)	100	0.1～1	2.5	200	94, 55, 72	1～2	a, b
外切核酸酶							
外切核酸酶VII(3.8)	50	2	10	—	37	1～30	
外切核酸酶III(3.8)	50	1	0.2	—	37	30	a
λ外切核酸酶(3.8)	50	2	10	—	37	1～30	
T7噬菌体基因6外切核酸酶(3.8)	50	2	5	—	37	1～30	
激酶							
T4噬菌体多核苷酸激酶(3.7)							
5′标记(正向反应)	30	1～50 pmol[c]	20	50[d]	37	60	a
寡核苷酸	30	1～10[e]	20	1000 ATP	37	60	a
5′标记(交换反应)	30	1～50 pmol[c]	20	60[d]	37	60	a, e
核酸酶							
Bal 31核酸酶(3.9)	50	2	10	—	30	1～30	a
脱氧核糖核酸酶(DNA酶I)(3.9)	100	2	1	—	37	1～30	a
绿豆核酸酶(3.9)	100	1	15	—	37	30	a
S1核酸酶(3.9)	100	2	10	—	37	30	a
磷酸酶							
BAP (3.7)	50	1～20 pmol[f]	0.1	—	60	30	a
CIP (3.7)	50	1～20 pmol[f]	0.1	—	37	30	a
RNA修饰酶							
大肠杆菌RNA聚合酶	50	2[g]	10	300 NTP	37	30	

续表

酶	反应体积 /μl	DNA 量 /μg	酶量 /U	每种 dNTP /(mmol/L)	反应温度 /℃	时间 /min	备注
SP6、T7、T3 噬菌体 RNA 聚合酶(3.6)	50	2[g]	10	400 NTP	37	30	h
poly(A)聚合酶	50	12.5 RNA	5	250 NTP	37	30	
逆转录酶(3.5)	50	1 mRNA	40	40	37	30	i
RNA 酶 H(3.10)	100	2RNA∶DNA	1	—	37	20	a
T4 噬菌体 RNA 连接酶(3.12)	50	2[g]	1	2000 ATP	17	10h	a
末端转移酶(3.4)	50	4[f]	10	20	37	30	

注：很多反应参数如反应体积、dNTP 浓度、反应时间和温度依具体的反应而不同。将相应的 10×或 5×缓冲液（见配方）稀释成 1×，并按表中所述建立起各反应体系。除非在本表“备注”栏内另有注明，反应的终止是在 75℃温育 10 min，或加入 2 μl 0.5 mol/L EDTA。括号内的数字表示在该章节有对该酶的进一步说明。

a. 如下述提示终止反应 DNA 酶 I：5 μl 0.5 mol/L EDTA；大肠杆菌 DNA 聚合酶 I：75℃ 10 min 或 1 μl 0.5 mol/L EDTA；*Taq* DNA 聚合酶：置于－20℃；外切核酸酶 VII：酚抽提和乙醇沉淀；T4 噬菌体多核苷酸激酶：1 μl 0.5 mol/L EDTA，接着酚抽提，乙醇沉淀；*Bal* 31 核酸酶：75℃ 10 min 或 5 μl 0.5 mol/L EDTA；S1 核酸酶、绿豆核酸酶和 RNA 酶 H：1 μl 0.5 mol/L EDTA；BAP：加 SDS 至 0.1%、蛋白酶 K 至 100 μg/ml，37℃温育 30 min，然后酚抽提 2 次，乙醇沉淀；CIP：75℃ 10 min 或酚抽提后乙醇沉淀；T4 噬菌体 RNA 连接酶：2 μl 0.5 mol/L EDTA。

b. DNA 为模板（基因组），加入寡核苷酸引物各 0.2～1 μmol/L。

c. 正向反应：5′端 DNA 脱磷酸；寡核苷酸：接头；交换反应：5′端 DNA 磷酸化。

d. pmol [γ-^{32}P] ATP，比活＞3000 Ci/mmol（正向反应：150 μCi，交换反应：180 μCi）

e. 加 5 mmol/L ADP 并以咪唑代替 Tris。

f. BAP 和 CIP：pmol DNA 末端；末端转移酶：pmol DNA 3′端。

g. RNA 聚合酶：用带启动子的 DNA；T4 噬菌体 RNA 连接酶：用单链 DNA 或 RNA 作底物。

h. 对 SP6 加 1 mmol/L 亚精胺。

i. 加 100 μCi [α-^{32}P] dNTP，比活＞400 Ci/mmol，1 μg oligo (dT)$_{12\sim18}$。

表 3.2.2 核酸修饰酶类的应用

应用	酶
产生平端	
除去 3′凸出端	T4 或 T7 噬菌体 DNA 聚合酶(3.3)
补平 3′凹进端	T4 或 T7 噬菌体 DNA 聚合酶(3.3)，Klenow 酶(3.3)
cDNA 合成	
从 RNA 出发	逆转录酶(3.5)
第二链	Klenow 酶(3.3)
克隆 DNA 片段	CIP(3.7)；T4 噬菌体 DNA 连接酶(3.11)；Klenow 酶(3.3)；限制性内切核酸酶(3.1)
降解 DNA	
5′→3′	T7 噬菌体基因 6 和 λ 噬菌体外切核酸酶(3.8)
3′→5′	外切核酸酶 III(3.8)
5′→3′和 3′→5′	*Bal* 31 核酸酶(3.9)
外切核酸酶，单链(3′和 5′)	外切核酸酶 VII(3.8)
内切核酸酶，双链	
非特异性	DNA 酶 I 和微球菌核酸酶(3.9)
特异性	限制性内切核酸酶(3.1)
内切核酸酶，单链	S1、*Bal*31 和绿豆核酸酶(3.9)
降解 RNA	核糖核酸酶 A 和(或)T1(3.10)；微球菌核酸酶(3.9)

续表

应用	酶
降解 RNA∶DNA 双链中的 RNA	核糖核酸酶 H(3.10)
双链体	BAP 和 CIP(3.7)
DNA 测序	经修饰的 T7 噬菌体 DNA 聚合酶(3.3)；*Taq* DNA 聚合酶(3.3)；Klenow 酶(3.3)；T4 多核苷酸激酶(3.7)；逆转录酶(3.5)
内含子定位作图	外切核酸酶 VII(3.8)；S1 核酸酶(3.9 和 4.5)
DNA 5′端标记	T4 噬菌体多核苷酸激酶(3.7)
DNA 3′端标记	经修饰的 T7 噬菌体 DNA 聚合酶(3.3)；Klenow 酶(3.3)；逆转录酶(3.5)；末端转移酶(3.4)
RNA 3′端标记	poly(A)聚合酶；T4 噬菌体 RNA 聚合酶(3.12)
DNA 的连接	大肠杆菌和 T4 噬菌体 DNA 连接酶(3.11)
RNA 的连接	T4 噬菌体 RNA 连接酶(3.12)
mRNA 5′端定位作图	S1 或绿豆核酸酶(3.9 和 4.5)；逆转录酶(3.5 和 4.8)；核糖核酸酶 A(4.7)
DNA 甲基化	甲基化酶(3.1)
构建嵌套式缺失体	*Bal* 31 核酸酶(3.9 和 7.2)或外切核酸酶 III(3.8 和 7.2)＋S1 或绿豆核酸酶(3.9 和 7.2)
切口平移	DNA 酶 I(3.9)，大肠杆菌 DNA 聚合酶 I(3.3)
寡核苷酸延伸	T7 噬菌体 DNA 聚合酶(3.3)；Klenow 酶(3.3)
磷酸化	T4 多核苷酸激酶(3.7)
RNA 的 poly(A)加尾	poly(A)聚合酶
聚合酶链反应(PCR)	*Taq* DNA 聚合酶(3.3 和 3.14)
引物指导的合成	Klenow 酶(3.3)
置换合成	T4 和 T7 噬菌体 DNA 聚合酶(3.3)
限制酶作图	限制酶(3.1)
DNA 加尾	末端转移酶(3.4)
RNA 加尾	poly(A)聚合酶
转录，启动子特异	大肠杆菌或 SP6、T3 和 T7 噬菌体 RNA 聚合酶(3.6)

注：括号内数字表示在该章节有对该酶的进一步说明。

3.2.2　10×酶缓冲液

核苷三磷酸不应该包含在10×或5×缓冲液中，因为高浓度的 Mg^{2+} 会导致不溶复合物的形成。以下内容及表 3.2.1 描述了它们的使用方法。牛血清白蛋白（BSA）或明胶对于酶活性不是必需的，但有助于酶的稳定。

Bal 31 核酸酶，5×

0.25 mol/L Tris·Cl，pH 8.0

50 mmol/L $MgCl_2$

50 mmol/L $CaCl_2$

3 mol/L NaCl

0.25 mg/ml BSA 或明胶

BAP（细菌碱性磷酸酶），10×

0.5 mol/L Tris · Cl，pH 8.0

10 mmol/L $ZnCl_2$

CIP（小牛肠磷酸酶），10×

0.2 mol/L Tris · Cl，pH 8.0

10 mmol/L $MgCl_2$

10 mmol/L $ZnCl_2$

0.5 mg/ml BSA 或明胶

DNaseI（脱氧核糖核酸酶 I），10×

0.5 mol/L Tris · Cl，pH 7.5

0.1 mol/L $MgCl_2$（破坏单链）或 0.1 mol/L $MnCl_2$（破坏双链）

0.5 mg/ml BSA

大肠杆菌 DNA 连接酶，10×

400 mmol/L Tris · Cl，pH 8.0

0.1 mol/L $MgCl_2$

50 mmol/L DTT

0.5 mg/ml BSA

大肠杆菌 DNA 聚合酶 I 或 Klenow 片段，10×

0.5 mol/L Tris · Cl，pH 7.5

0.1 mol/L $MgCl_2$

10 mmol/L DTT

0.5 mg/ml BSA 或明胶

大肠杆菌 RNA 聚合酶，10×

0.4 mol/L Tris · Cl，pH 8.0

0.1 mol/L $MgCl_2$

50 mmol/L DTT

0.5 mol/L KCl

0.5 mg/ml BSA 或明胶

ExoIII（外切核酸酶 III），10×

0.5 mol/L Tris · Cl，pH 7.5

50 mmol/L $MgCl_2$

50 mmol/L DTT

0.5 mg/ml BSA 或明胶

ExoVII（外切核酸酶 VII），10×

0.7 mol/L Tris · Cl，pH 8.0

80 mmol/L EDTA

0.1 mol/L 2-巯基乙醇

0.5 mg/ml BSA 或明胶

Klenow 片段（见大肠杆菌 DNA 聚合酶 I）

λ噬菌体外切核酸酶，10×

0.7 mol/L glycine · KOH，pH 9.4

25 mmol/L $MgCl_2$

0.5 mg/ml BSA 或明胶

绿豆核酸酶，10×

0.3 mol/L 乙酸钠，pH 5.0

0.5 mol/L NaCl

10 mmol/L 乙酸锌

0.5 mg/ml BSA 或明胶

Poly（A）聚合酶，10×

400 mmol/L Tris · Cl，pH 8.0

0.1 mol/L $MgCl_2$

25 mmol/L $MnCl_2$

2.5 mol/L NaCl

0.5 mg/ml BSA

逆转录酶，10×

0.5 mol/L Tris · Cl，pH 8.0

50 mmol/L $MgCl_2$

50 mmol/L DTT

0.5 mol/L KCl

0.5 mg/ml BSA 或明胶

RNaseH（核酸酶 H），10×

0.2 mol/L HEPES · KOH，pH 8.0

0.5 mol/L KCl

40 mmol/L $MgCl_2$

10 mmol/L DTT

0.5 mg/ml BSA 或明胶

S1 核酸酶，10×

0.5 mol/L 乙酸钠，pH 4.5
10 mmol/L 乙酸锌
2.5 mol/L NaCl
0.5 mg/ml BSA 或明胶

测序酶（见 T7 DNA 聚合酶）

SP6 RNA 聚合酶，10×

0.4 mol/L Tris · Cl，pH 7.5
0.1 mol/L $MgCl_2$
50 mmol/L DTT
0.5 mg/ml BSA 或明胶

T3 RNA 聚合酶（见 SP6 RNA 聚合酶）

T4 DNA 连接酶，10×

0.5 mol/L Tris · Cl，pH 7.5
50 mmol/L $MgCl_2$
50 mmol/L DTT
0.5 mg/ml BSA 或明胶

T4 DNA 聚合酶，10×

0.5 mol/L Tris · Cl，pH 8.0
50 mmol/L $MgCl_2$
50 mmol/L DTT
0.5 mg/ml BSA 或明胶

T4 多核苷酸激酶，10×

0.5 mol/L Tris · Cl，pH 7.5（正向反应）或者 0.5 mol/L imidazole · Cl，pH 6.6（交换反应）
0.1 mol/L $MgCl_2$
50 mmol/L DTT
0.5 mg/ml BSA 或明胶

T4 RNA 连接酶，10×

0.5 mol/L HEPES，pH 8.3
0.1 mol/L $MgCl_2$
50 mmol/L DTT

0.5 mg/ml BSA

T7 DNA 聚合酶（野生型和修饰型），10×

0.4 mol/L Tris·Cl，pH 8.0

0.1 mol/L $MgCl_2$（野生型或者化学改造）或 50 mmol/L $MgCl_2$（遗传改造）

50 mmol/L DTT

0.5 mol/L NaCl

0.5 mg/ml BSA 或明胶

T7 基因 6 外切核酸酶，10×

0.5 mol/L Tris·Cl，pH 7.5

0.2 mol/L KCl

50 mmol/L $MgCl_2$

50 mmol/L DTT

0.5 mg/ml BSA 或明胶

T7 RNA 聚合酶（见 SP6 RNA 聚合酶）

Taq DNA 聚合酶，10×

0.1 mol/L Tris·Cl，pH 8.4

x $MgCl_2$

500 mmol/L KCl

1 mg/ml 明胶

$MgCl_2$的最适浓度必须经验性地根据序列和引物而定。

末端转移酶，10×

1 mol/L 二甲胂酸钠，pH 7.0

10 mmol/L $CoCl_2$

1 mmol/L DTT

0.5 mg/ml BSA 或明胶

3.2.3　核苷三磷酸

核苷三磷酸（NTP）或脱氧核苷三磷酸（dNTP）应分装成小份储存于－20℃，这样可保存1年以上。它们应该是经 HPLC 或其他相当手段纯化的。从 Pharmacia 公司可以购买到已配制成 100 mmol/L 的溶液，这对运输和储存都是首选的。如果是冻干粉形式，它们可按如下的步骤溶于去离子水中。

步骤

1）溶于水至约 30 mmol/L 的浓度，用 1 mol/L NaOH 调 pH 至 7.0。

2）使用表 3.2.3 提供的消光系数，用分光光度计测出其实际浓度（亦见附录 3D）。dNTP 和 NTP 在非中性条件下易酸水解。用以上的母液中，配制 5 mmol/L 浓度的各种 dNTP 或 NTP 工作液。

3）配制如下的含等摩尔的 4 种 DNA 或 RNA 前体的 dNTP 和 NTP 混合液：

5 mmol/L 4NTP 混合液：ATP、UTP、CTP、GTP 各 5 mmol/L

5 mmol/L 4dNTP 混合液：dATP、dTTP、dCTP、dGTP 各 5 mmol/L

0.5 mmol/L 4dNTP 混合液：dATP、dNTP、dCTP、dGTP 各 0.5 mmol/L

4）用于放射性标记时。配制的储液省去了某种特定的 dNTP 或 NTP，但含有等摩尔量的其余三种前体，如：

5 mmol/L 3NTP 混合液（无 UTP）：ATP、GTP、CTP 各 5 mmol/L，用于以放射性标记的 UTP 来标记 RNA；

5 mmol/L 和 0.5 mmol/L 的 3dNTP 混合液（无 dATP）：dTTP、dCTP、dGTP 各 5 mmol/L 和 0.5 mmol/L，用于以放射性标记的 dATP 来标记 DNA。

配制其他 3 种 NTP 或 dNTP 混合液省去放射性标记所选用的前体。

表 3.2.3 核苷三磷酸的性质

核苷三磷酸	λmax（pH 7.0）	$\varepsilon_{max} \times 10^{-3}$（pH 7.0）	280/260 吸收比（pH 7.0）	碱基的 pK_a 值
ATP	259	15.4	0.15	4.0
CTP	271	12.8[a]	0.97	4.8
GTP	252	13.7	0.66	3.3
				9.3
UTP	262	10.0	0.38	9.5
dATP	259	15.4	0.15	3.6
dCTP	280	13.1[a]	0.98	4.3
dGTP	253	13.7	0.66	3.5
				9.7
dTTP	267	9.6	0.73	9.3

a. 在 pH 2.0 的环境下进行特定反应。

3.2.4 标记核酸的放射性同位素

各种比活的 ^{32}P 标记前体 NTP 或 dNTP 都可购得。一般来说，α 位标记放射活性为 400～800 Ci/mmol，而 γ 位标记的可达 3000～7000 Ci/mmol。^{32}P 是制备高比活放射性探针和大多数放射自显影方法所优先选用的同位素。

^{35}S 标记的三磷酸核苷酸是以硫取代与一个磷酸共价相连的氧，这对许多酶的活性具有明显的干扰。因为 ^{35}S 能量低，不会引起核酸的损伤，它常用来制备稳定的但比活性较低的探针。最近，在双脱氧测序反应中，^{35}S 已取代 ^{32}P 作为首选的同位素，因为它的低能量使放射自显影的成像更清晰可辨（见第 7 章）。

尽管 ^3H 常用于原位杂交，但对于大多数放射性自显影方法而言，它的能量太低了。它的最基本的应用是对核酸合成和降解的定量分析。在某些特定情况下，^{14}C 和 ^{124}I 可用于核酸的放射性标记。

注意：在所有涉及放射性同位素的实验中，操作者应当戴手套。与 ^{32}P 有关的实验应在聚甲基丙烯酸甲酯有机玻璃（Lucite）防护屏后进行，以减少暴露机会。同时，要经常用手提微型同位素监测仪测量操作者及工作环境的同位素污染情况。同位素污物应倒于合适的容器，并根据NRC和放射性安全局制定的规则处理。

3.2.5　基本方案　酸沉淀法测定DNA和RNA中的放射性

已知量DNA的总放射强度称作比活性［通常表示单位是cpm/μg核酸数（cpm即每分钟计数)］。大部分常用的测定核酸中放射强度的方法都是基于如下事实：大于20个核苷酸长度的DNA或RNA分子在强酸溶液中可以被定量沉淀，而前体dNTP或NTP仍留在液相中。

材料（带√项见附录1）

√500 μg/ml经超声处理的鲑精DNA，溶于TE缓冲液

√冰冷的酸沉淀溶液

100％乙醇

玻璃纤维滤膜（直径2.4 cm，Whatman GF/A）

过滤装置

加热灯（可选）

闪烁液（以甲苯为基础）和闪烁瓶

步骤

1）加入已知体积（通常1 μl）的含放射性DNA和放射性前体的反应混合物到盛有100 μl鲑精DNA（500 μg/ml）的一次性玻璃试管中。取10 μl点加在玻璃纤维滤膜上。

2）余下的90 μl混合物，加入1 ml冰冷的酸沉淀溶液，置于冰浴5～10 min。

3）用第二张玻璃纤维滤膜过滤后收集沉淀。用3 ml酸沉淀液洗涤玻璃试管，再通过滤膜过滤。滤膜重复用3 ml酸沉淀液洗4次以上，接着用3 ml乙醇洗。

4）在加热灯下干燥两张玻璃纤维滤膜，分别置于含有3 ml以甲苯为基础的闪烁液中，在液体闪烁计数仪测定放射活性。

如采用能与水性样品兼容的闪烁液，不必干燥滤膜。

5）通过第二张滤膜（测量核酸的放射活性）与第一张滤膜（测量样品的总放射活性）的cpm比例，确定放射性掺入到核酸的量。注意计算时要根据每个滤膜所用的体积（如10％的原混合液在滤膜1中，90％在滤膜2内）。

3.2.6 备择方案 柱离心法从未掺入的前体 dNTP 分离放射性标记 DNA

本法柱子的填充和流洗是通过离心力而不是重力作用进行的，在同时处理多样品时，本法显得较常规层析法更快速适用。不过，对未掺入前体 dNTP 的去除不是非常有效。也可以用乙酸铵乙醇沉淀法（见 2.1）去除 dNTP，但效率不高。

注意：切记离心机和工作区域不可污染上同位素，尽可能在聚甲基丙烯酸甲酯有机玻璃（Lucite）防护屏后处理样品。

材料（带√项见附录 1）

5 ml 一次性注射器

硅化的玻璃棉（见附录 3B）

柱用树脂（如 Sephadex G-50 或 Bio-Gel P-60）

√TE 缓冲液

1）在 500 ml 螺口盖瓶中加入 30 g 柱用树脂和 300 ml TE 缓冲液，室温过夜或 65℃放置几小时膨胀树脂。降至室温，去除多余 TE 缓冲液，加入约相当于 1/2 柱子体积的新鲜 TE 缓冲液。膨胀的树脂可置室温或 4℃保存。

2）用经硅化的玻璃棉堵塞 5 ml 一次性注射器的底部。往注射器中加入柱用树脂，并将注射器放入聚丙烯离心管（图 3.2.1）。于台式离心机，速度设置为 4（约 1200 r/min）离心 2～3 min 装柱。

3）用 TE 缓冲液将放射性样品稀释到 100 μl，并加样于柱子的中央。将注射器置于一个新的聚丙烯离心管内，离心 5 min（速度设置为 5～6）。

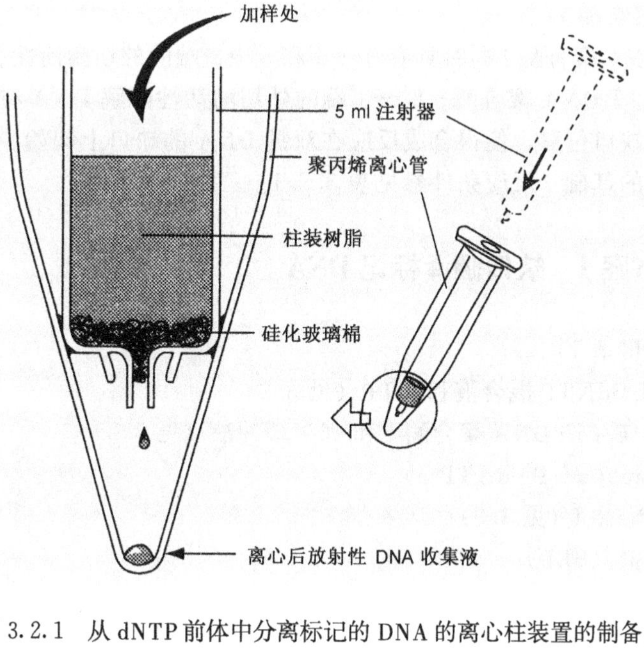

图 3.2.1 从 dNTP 前体中分离标记的 DNA 的离心柱装置的制备。

4）保留管子底部的含标记 DNA 的液体。适当弃置所有同位素污物。

撰稿人：Kevin Struhl

3.3　DNA 依赖的 DNA 聚合酶

所有的 DNA 聚合酶催化在带引物的双链 DNA 分子的 3′羟基端加上脱氧核苷酸，合成方向对应于被合成链而言是从 5′端到 3′端，无一例外。合成反应需要 4 种脱氧核苷三磷酸（dNTP）和镁离子。许多 DNA 聚合酶具有 3′→5′的外切酶活性，在不含 dNTP 的情况下，从 3′羟基端降解单链和双链 DNA 分子。dNTP 存在时，它对双链 DNA 分子的外切酶活性被聚合酶活性所抑制。在 DNA 合成反应中，外切核酸酶活性担负着错配核苷酸的校对功能。有些 DNA 聚合酶也具有 5′→3′的外切酶活性，从双链 DNA 的 5′端去除一到几个核苷酸。表 3.3.1 总结了各种 DNA 聚合酶的性质。

表 3.3.1　DNA 聚合酶的性质

酶	3′→5′外切酶	5′→3′外切酶	聚合酶速率	持续合成能力
E. coli DNA 聚合酶	低	存在	中等	低
Klenow 酶	低	无	中等	低
逆转录酶	无	无	慢	中等
T4 噬菌体 DNA 聚合酶	高	无	中等	低
天然 T7 噬菌体 DNA 聚合酶	高	无	快	高
化学修饰 T7 噬菌体 DNA 聚合酶	低	无	快	高
遗传修饰 T7 噬菌体 DNA 聚合酶（Δ28）	无	无	快	高
Taq DNA 聚合酶	无	存在	快	高

大肠杆菌 DNA 聚合酶 I

大肠杆菌 DNA 聚合酶 I 同时具有 3′→5′和 5′→3′端的外切酶活性。3′→5′的外切酶活性不及 T4 或 T7 DNA 聚合酶。5′→3′端的外切酶活性降解 DNA 在聚合酶活性行使功能之前，导致缺口位移，使得合成反应在双链 DNA 的缺口上起始。这是通过缺口翻译进行标记反应的基础。反应条件参见表 3.2.1。

3.3.1　基本方案 1　缺口翻译标记 DNA

材料（带√项见附录 1）

0.5 mmol/L 3dNTP 混合液和 ATP（见 3.2）

5～15 U/μl *E. coli* DNA 聚合酶 I 和 10×缓冲液（见 3.2）

3000 Ci/mmol [α-^{32}P] dATP

1 mg/ml DNase I（见 3.9）

√标准酶稀释液（SED）

DNA

√0.5 mol/L EDTA

10 mg/ml tRNA
√TE buffer

步骤

1) 在冰上准备如下反应液：

2.5 μl	0.5 mmol/L 3dNTP 混合液不加 dATP
2.5 μl	10× *E. coli* DNA 聚合酶 I 缓冲液
10 μl	3000 Ci/mol [α-^{32}P] dATP（100μCi）
1 μl	100 ng/ml 新鲜用 SED 稀释的 DNase I
1 μl	*E. coli* DNA 聚合酶 I（5～15 U）

2) 0.25 μg DNA 溶于 8 μl（最终 25 μl）加入上面反应液，12～14℃孵育 15～45 min。最佳反应时间由每批 DNase 而定。

若 DNA 是通过低熔点琼脂糖胶电泳分离（见 2.8），8 μl 的熔化胶条（37℃下熔化）可以直接加入到反应混合液中。

3) 加 1 μl 0.5 mol/L EDTA，3 μl 10 mg/ml tRNA 和 100 μl TE 中止反应。若 DNA 是以熔化胶条形式加入，则再将混合液置于 70℃温育 10 min。
4) 酚抽提（见 2.1），转移液相至新管子中。
5) 用离心柱从分离标记的 DNA 和未标记的 DNA 前体（见 3.2）。
6) 若有需求，取 1 μl 测定 ^{32}P 的掺入的量（见 3.2）。一般活性应超过 10^8 cpm/μg。

大肠杆菌 DNA 聚合酶 I 的 Klenow 片段

Klenow 片段具有 DNA 聚合酶和 3′→5′方向的外切酶活性，不含 5′→3′方向的外切酶活性。反应条件同完整的大肠杆菌 DNA 聚合酶 I。

3.3.2 基本方案 2 DNA 的 3′端标记

材料（带√项见附录 1）

DNA
400～800 Ci/mmol [α-^{32}P] dNTP
5 mmol/L 3dNTP 混合液（见 3.2）
Klenow 片段
√0.5 mol/L EDTA（可选）

1) 在 20 μl 反应体系中，用限制性内切核酸酶消化 0.1～4 μg 的 DNA，产生 5′凸出末端（见 3.1）。
2) 加 20 μl 400～800 Ci/mmol [α-^{32}P] dNTP 和 1 μl 5 mmol/L 3dNTP 混合液，如需要高比活时，可加入 80 μCi 放射性 dNTP（3000 Ci/mmol）。

应根据凸出末端的序列选择^{32}P 标记的 dNTP。

3) 加入 1 U Klenow 片段，30℃下温育 15 min。

4) 加入 1 μl 0.5 mol/L EDTA 或 75℃加热 10 min 终止反应。如果需要，从标记 DNA 中去除未掺入的前体 dNTP（见 3.2）。

3.3.3　基本方案 3　修复凸出的 3′或 5′端以产生平端

材料（带√项见附录 1）

DNA

400～800 Ci/mmol [α-^{32}P] dNTP

0.5 mmol/L dNTP 溶液

Klenow 片段

√0.5 mol/L EDTA（可选）

步骤

1) 在 20 μl 反应体积中，用限制性内切核酸酶消化 0.1～4 μg DNA（见 3.1）。

2) 加入 1 μl 0.5 mmol/L 含各种 dNTP 的混合液，并加入 1～5 U 的 Klenow 片段，30℃温育 15 min。

修复 5′端由聚合酶活性完成，修复 3′端由 3′→5′的外切酶活性完成。若要修复的 3′端很长，使用 T4 及 T7 DNA 聚合酶更为有效。

3) 75℃加热 10 min 终止反应，或加入 1 μl 0.5 mol/L EDTA。

使用酶 1 可以选择性地剪切一末端，修复此末端后，通过热失活 Klenow 片段（75℃加热 10 min），然后用酶 2 切除另一末端。

3.3.4　基本方案 4　随机寡核苷酸引物介导的 DNA 标记

此法是一种用以产生高放射比活、放射标记均匀分布的 DNA 片段的切口平移方法。

材料（带√项见附录 1）

DNA

√TE 溶液

0.5 mmol/L 3dNTP 混合液（去 ATP）（见 3.2）

Klenow 片段和 10×缓冲液（见 3.2）

3000 Ci/mmol [α-^{32}P] dATP

随机六寡核苷酸（Amersham Pharmacia Biotech）

√0.5 mol/L EDTA

10 mg/ml tRNA

步骤

1) 用合适的限制性内切核酸酶消化 DNA（见 3.1），DNA 片段经电泳纯化（见 2.8）或乙醇沉淀（见 2.1），用 TE 缓冲液重悬。

从 DNA 中去除酶切缓冲液是必需的，因为 Mg^{2+} 的存在将使 DNA 不易变性。如果使用低熔点琼脂糖，通常不需纯化 DNA。

2) 在冰浴中混合下列物质：

2.5 μl 0.5 mmol/L 3dNTP 混合液（无 dATP）

2.5 μl 10×Klenow 片段缓冲液（见 3.2）

5 μl 3000 Ci/mmol [α-^{32}P] dATP（50 μCi）

1 μl Klenow 片段（3～8 U）

3) 将 30～100 ng DNA 与随机核苷酸 6 聚体（1～5 μg）混合至总体积为 14 μl，煮沸 2～3 min，置于冰浴。

4) 加入 11 μl 得自步骤 2 的混合物至变性 DNA（终体积为 25 μl），室温温育 2～4 h。

5) 加入 1 μl 0.5 mol/L EDTA 以终止反应，加入 3 μl 10 mg/ml tRNA 和 100 μl TE 缓冲液。酚抽提（见 2.1），移液相至一个新离心管中。

6) 用离心柱（见 3.2）将未掺入的放射性前体 dATP 从标记 DNA 中除去。

7) 如有需求，取 1 μl 样品确定 ^{32}P 的掺入量（见 3.2）。特异性比活应在 10^8 cpm/μg 以上。

Klenow 酶的其他应用

1) 双脱氧法 DNA 测序（见 7.4）。

2) 合成用于 cDNA 克隆的第二链。

3) 在单链模板上延伸寡核苷酸引物。

4) 通过相互引导合成，转变单链寡核苷酸成双链 DNA（见 8.2）。

T4 DNA 聚合酶

T4 DNA 聚合酶具依赖 DNA 为模板的 DNA 聚合酶活性，同时具有对单链、双链 DNA 的 3′→5′端的外切酶活性，缺少 5′→3′端的外切酶活性，反应条件见表 3.2.1。反应体积及温度和 dNTP 的浓度随实际情况而定。

dNTP 浓度的效应

若不考虑放射性标记，高浓度的 dNTP（100 μmol/L）在通常实验下可以增加聚合酶活性对外切酶活性的比值。在标记实验中，标记 dNTP 的浓度降至 1～2 μmol/L，但标记 dNTP 不能低于 1 μmol/L 浓度，否则 dNTP 耗竭会导致其外切酶活性对 DNA 的降解。

温度的效应

T4 噬菌体 DNA 聚合酶标记 3′端时，反应温度保持在 11℃。在较高温度下，若只加入少量 4dNTP，其外切酶将以超过聚合酶作用的速度降解 DNA 模板。

缓冲系统的相容性

许多限制性内切核酸酶能在 T4 噬菌体 DNA 聚合酶的缓冲系统进行切割反应，可在切割反应后直接加入 T4 噬菌体 DNA 聚合酶。若消化和聚合反应的缓冲系统不兼容，DNA 被限制性内切核酸酶酶切后，应该在 T4 DNA 聚合酶作用之前进行酚抽提、乙醇沉淀和 TE 重悬操作（见 2.1）。

应用

1）放射性标记 DNA 片段的 3′端。含 5′凸出端的 DNA 片段及浓度为 1～2 μmol/L 的适当 [α-^{32}P] dNTP，在 11℃温育 20 min。
2）线性化双链 DNA 分子的 3′端的选择及延伸标记，即所谓的“置换合成”。双链 DNA 片段在无 dNTP 存在下与 T4 噬菌体 DNA 聚合酶温育，其 3′端的外切酶活性导致从 3′端降解 DNA，当补加 4 种 dNTP [其中一种为（α-^{32}P）dNTP] 后，可激活其聚合酶活性，延伸 DNA 模板的 3′端。在 T4 噬菌体 DNA 聚合酶的外切酶活性在模板两端降解了 30%～40%核苷酸时加入 4 种 dNTP 混合液，可获得最佳标记效果。
3）变双链 DNA 的黏性末端成平端，便于平端克隆。T4 噬菌体 DNA 聚合酶具有很强的 3′→5′端的外切酶活性，可用于除去 3′凸端。在高浓度 4 种 dNTP 存在下，酶促的降解终止于双链区。类似地，如果末端存在 5′凸出，酶将延伸凹进的 3′端直至与 5′端平齐。在实际应用中，DNA 与 T4 噬菌体 DNA 聚合酶和浓度各 100 μmol/L dNTP 在 11℃温育 20 min。

3.3.5　天然 T7 噬菌体 DNA 聚合酶

此酶是由 T7 噬菌体基因 5 蛋白和大肠杆菌硫氧还蛋白组成的复合体。提纯后的 T7 噬菌体基因 5 蛋白具 3′→5′端的外切酶活性和持续合成能力较低的 DNA 聚合酶活性。硫氧还蛋白可充当辅助蛋白以增强 T7 噬菌体基因 5 蛋白对引物模板的亲和，使 DNA 的合成可延伸上千个核苷酸。相比大肠杆菌 DNA 聚合酶 I、Klenow 片段和 T4 DNA 聚合酶，它的延续合成能力要高得多。具体反应条件见表 3.2.1。根据实际情况确定反应体积及温度和 dNTP 的浓度。

应用

1）T7 噬菌体 DNA 聚合酶合成 DNA 的能力很强且不受二级结构的影响，它可用于很长的模板的 DNA 合成（如 M13 噬菌体）。
2）T7 噬菌体 DNA 聚合酶可用于定点诱变中互补链的合成。
3）T7 噬菌体 DNA 聚合酶可以类似于 T4 噬菌体 DNA 聚合酶应用于 3′端的标记（简单延伸或置换合成）。也可以类似于 T4 噬菌体 DNA 聚合酶将任何双链 DNA 的黏性末端（5′或 3′端凸出）转变为平端。

3.3.6　经修饰的 T7 噬菌体 DNA 聚合酶

天然 T7 噬菌体 DNA 聚合酶对单链和双链 DNA 具有很强的 3′→5′端外切酶活性，这严重影响了在 DNA 序列分析和合成反应中的应用。在经修饰的 T7 噬菌体 DNA 聚合酶中，这种活性已通过化学反应有选择地降低了，或通过基因工程改造使之完全失活。3′→5′端外切酶的失活增加了此酶的延续合成和消除二级结构影响的能力。

具体反应条件见表3.2.1。根据实际情况确定反应体积及温度，dNTP、DNA和酶的用量。经遗传修饰的T7噬菌体DNA聚合酶需求的最适 $MgCl_2$ 浓度（5 mmol/L）比经化学修饰的T7噬菌体DNA聚合酶（10 mmol/L）低。

应用

1）经修饰的T7噬菌体DNA聚合酶是理想的DNA序列测定用酶。其合成效率较高，无3′→5′端外切酶，对dNTP的类似物无选择倾向性（如双脱氧核苷酸、[α-^{35}S]双脱氧核苷酸、脱氧肌苷；见7.4）。
2）经修饰的T7噬菌体DNA聚合酶对制备标记底物很有用，因为它在低dNTP浓度下（<0.1 μmol/L），可有效标记DNA。
3）经修饰的T7噬菌体DNA聚合酶可应用于标记5′端凸出的DNA的3′端，由于它会在5′端留下一个额外的碱基，因此不能应用于将黏性DNA末端转变成平端。

3.3.7 *Taq* DNA聚合酶

天然 *Taq* DNA聚合酶是双链DNA聚合酶，它催化聚合反应的最适温度为75～80℃，不具有3′→5′端的外切酶活性。聚合酶链反应（PCR）的反应条件见15.1。

应用

1）*Taq* DNA聚合酶在很广的温度范围内都具有活性，在高温度下活性最高，使得它在PCR中得到广泛的应用（见第15章）。
2）*Taq* DNA适用于DNA序列测定，尤其是当为减少模板二级结构而需在高温下进行DNA合成时。

参考文献：Bebenek and Kunkel, 1989; Challberg and Englund, 1980; Feinberg and Vogelstein, 1983; Innis et al., 1988; Tabor and Richardson, 1987b, 1989.

撰 稿 人：Stanley Tabor, Kevin Struhl, Stephen J. Scharf, and David H. Gelfand

3.4 不依赖于模板的DNA聚合酶

末端脱氧核苷酸转移酶（末端转移酶）

末端转移酶催化dNTP掺入到DNA的3′羟基端，伴随无机磷酸的释放。此酶不需要模板，但需要二价阳离子，阳离子的种类决定了对dNTP的选择。单链DNA的掺入效率最高，对于双链DNA而言，带3′凸端的掺入效率为高，在钴离子存在下，该酶可在任意的3′端（凸端、平端或凹端）作用，尽管效率不一定一致。在钴离子存在下，该酶也能催化有限的核苷酸聚合。

反应条件

dNTP 的选择和它的浓度取决于具体的反应。在表 3.2.1 的条件下，末端转移酶在 30 min 内可往每个 3′端加上大约 10 个左右的 dCTP。

应用

1) 克隆 DNA 片段。在 DNA 片段和线性载体的末端各加上互补的同聚尾，通过同聚尾互补将 DNA 片段克隆至该载体。
2) 用 ^{32}P 标记 DNA 的 3′端。在 DNA 序列测定中，可通过加入 ^{32}P 标记的 3′脱氧腺苷三磷酸（3′-脱氧核苷三磷酸）以终止反应。
3) 在 DNA 片段的 3′端掺入非放射性的标签，如生物素酰化的 11-脱氧尿苷，以作为荧光染料或亲和素交联物的受体位点。
4) 合成多脱氧核苷酸同聚体。

参考文献：Ratliff，1981.
撰 稿 人：Stanley Tabor

3.5　依赖 RNA 的 DNA 聚合酶

逆转录酶

逆转录酶从 RNA 模板合成一 DNA 拷贝（5′→3′），产生互补 DNA（cDNA）。它也具有依赖 DNA 的 DNA 聚合酶活性，但是 dNTP 的掺入很慢（每秒约 5 个核苷酸）。逆转录酶缺乏 3′→5′端的外切酶活性，此外，它可以选择性地降解 RNA∶DNA 杂合链中的 RNA。

反应条件

反应条件参见表 3.2.1，根据实际情况确定反应体积及温度和 dNTP 的浓度。RNA 模板在 10 μl 5 mol/L NaOH 中 37℃温育过夜即被破坏。

应用

1) 合成 cDNA 克隆至细菌克隆载体。可应用两种引物：oligo（dT）引物和随机产生的脱氧寡核苷酸的混合物。
2) 补平和标记 5′端凸出的 DNA 片段的 3′端。
3) 用于 DNA 序列测定。由于它缺少 3′→5′外切酶活性，逆转录酶会在一些 Klenow 片段遇到困难的区域进行合成反应。

参考文献：Verma，1977.
撰 稿 人：Stanley Tabor

3.6 依赖 DNA 的 RNA 聚合酶

噬菌体的 RNA 聚合酶：SP6、T7 和 T3

这三种同源性的噬菌体 RNA 聚合酶对其相应的 20 bp 启动子具高度特异性，其转录既快速又高效。

反应条件

根据实际情况确定反应体积及 DNA 和 dNTP 的浓度。详细的反应条件参见表 3.2.1，一般可得到大于 60 μg 的转录产物。

应用

T7、T3 和 SP6 噬菌体 RNA 聚合酶可以高效、特异地转录置于相应的启动子下游的 DNA 序列。

1）噬菌体聚合酶可用于产生均匀标记的高比活的单链 RNA 探针，用于 DNA 或 RNA 序列的同源性分析。
2）均匀标记的 RNA 转录物可用于分析 RNA 或 DNA 的末端（见 4.6），用于基因组 DNA 的序列测定和研究前体 RNA 的剪切。
3）RNA 转录物可用于体外翻译，在放射性标记的氨基酸存在下，合成具有放射性的蛋白质。
4）T7 噬菌体 RNA 聚合酶可在 T7 噬菌体 RNA 聚合酶启动子的严格控制下，用于体内高效表达克隆化基因。

参考文献：Chamberlin and Ryan，1982.
撰 稿 人：Stanley Tabor

3.7 磷酸酶和激酶

3.7.1 细菌碱性磷酸酶（BAP）和小牛肠碱性磷酸酶（CIP）

两种碱性磷酸酶都能催化水解 DNA、RNA、dNTP 和 NTP 上的 5′磷酸残基。CIP 比 BAP 易失活，但活性比 BAP 的高 10～20 倍。

反应条件

反应条件参见表 3.2.1。根据实际情况确定反应体积和底物浓度。一般来说，限制性内切核酸酶作用后可直接用磷酸酶处理。

应用

1) 在用 [γ-^{32}P] ATP和T4噬菌体多核苷酸激酶标记前，用碱性磷酸酶脱去5′端的磷酸基团，5′端^{32}P标记的DNA可应用于Maxam-Gilbert化学测序（见7.5）、用特异RNA酶消化RNA测序和特异性DNA或RNA片段的图谱研究。
2) 载体DNA 5′端的去磷酸化，可防止载体的自连（见3.13）。

3.7.2 T4噬菌体多核苷酸激酶

T4噬菌体多核苷酸激酶具两种活性。正向反应活性是高效率的，它可催化ATP的γ位磷酸转移到DNA或RNA的5′端羟基，是标记或磷酸化寡核苷酸5′端的首选方法；交换反应活性是很低的，很少用到。它催化5′端磷酸的交换，5′端的磷酸可移换到ADP上，5′端被γ位的^{32}P重新磷酸化。

反应条件

详见表3.2.1。反应体积和DNA浓度依具体应用而定。[γ-^{32}P] ATP浓度也应变化，但对于正向反应标记来说应大于1 μmol/L，对于交换反应应大于2 μmol/L。标记上的DNA可以通过含G-50的离心柱从未掺入的标记核苷酸中分离出来（见3.2）。

5′凸出末端比平末端的磷酸化效率要高，标记5′凹入末端效率很低。激酶活性在低浓度的磷酸缓冲液或铵盐下受抑制。琼脂糖或聚丙烯酰胺凝胶电泳纯化所获得的DNA反应效果不理想，标记DNA必须经DEAE纤维素或者羟磷灰石层析纯化。

应用

1) Maxam-Gilbert DNA序列测定（见7.6）。
2) 通过DNase I足迹法，或保护DNA免受化学物质损伤（如二甲基亚砜、甲锭丙基EDTA），确定特异蛋白质和DNA的相互作用。
3) 通过部分消化5′端标记的DNA片段、限制酶切位点作图、RNA转录物末端分析（见4.5）和DNA中内含子的位置确定。
4) 合成用于分析DNA和RNA连接酶活性的底物。
5) 标记寡核苷酸用于电泳胶纯化。
6) 将寡核苷酸连接至DNA载体上。

参考文献：Chaconas and van de Sande，1980.
撰 稿 人：Stanley Tabor

3.8 外切核酸酶

3.8.1 外切核酸酶 VII（exoVII）

外切核酸酶VII具有从单链DNA 5′和3′端进行外切消化的活性，产生小的寡核苷酸。在 10 mmol/L EDTA 下仍保留完全的活性，详细反应条件见表 3.2.1。

应用

1）基因组 DNA 中内含子的位置作图（见 4.5）。
2）切除通过 poly（dA-dT）加尾插入到质粒载体中的 DNA 片段。

3.8.2 λ噬菌体外切核酸酶（λxo）

此酶催化从双链 DNA 5′带磷酸基团的末端开始的持续水解，释放 5′单核苷酸。但不降解 5′为羟基的末端。详细的反应条件见表 3.2.1。

应用

1）将双链 DNA 转变为单链 DNA 用于双脱氧法测序（见 7.4）。
2）去掉双链 DNA 的 5′凸出端，便于末端转移酶加尾。

3.8.3 T7 噬菌体基因 6 外切核酸酶

此酶催化双链 DNA 的 5′端的依次水解，释放 5′单核苷酸。它的作用持续性较低，对 5′端为磷酸基团或羟基的末端都能作用，详细反应条件见表 3.2.1。

应用

与λ噬菌体外切核酸酶相比，此酶作用的持续性低，而它的优势在于它对 5′端的降解均匀且可控制，此外，它也可降解 5′为磷酸基团的末端①。

3.8.4 外切核酸酶 III（exo III）

此酶的主要应用是特异性催化双链 DNA 从 3′羟基末端开始水解，释放 5′核苷单磷酸。它的外切酶活性是非持续的，因而是用于在双链 DNA 中产生均匀的单链区的理想工具酶，水解速率受核苷酸组成影响（C≫A～T≫G）。具体反应条件见表 3.2.1。1 U exo III 在 37℃ 10 min 内可从凹陷的 3′端开始在 1 μg 长为 5000 bp 的双链线性 DNA 模板中除去 200 个核苷酸。

应用

1）与 Klenow 酶联用，制备链特异性的放射性探针，其作用过程类似于利用 T4 噬菌体 DNA 聚合酶的外切酶和聚合酶活性进行交换合成反应。
2）制备单链模板用于双脱氧测序（见 7.4）。
3）从克隆化 DNA 片段的特定位置进行单向缺失，构建的亚克隆可不经限制酶定位直接

① 原文如此，根据文中内容，“羟基的末端”更为恰当。——译者注

用于 DNA 序列测定。

参考文献：Thomas and Olivera，1978.
撰 稿 人：Stanley Tabor

3.9　内切核酸酶

3.9.1　*Bal* 31 核酸酶

此酶是单链特异性的脱氧核酸内切酶，它在环状双链 DNA 特异性降解双链缺口或 DNA 超螺旋上产生的瞬时单链区域。对于双链线性 DNA，它可从 DNA 的 3′和 5′两端有节制地降解产生缩短的 DNA 分子。此外，它也催化水解 rRNA 和 tRNA。此酶可在十二烷基硫酸钠（SDS）和尿素中保持活性。

反应条件

详细的反应条件见表 3.2.1。1 U 的 *Bal*31 核酸酶在 30℃ 10 min 内，在 50 μl 反应体积和 50 μg/ml 的 DNA 浓度下，从线性 pBR322 的每一端降解 200 个碱基。若后面再用酶处理，需通过乙醇沉淀去除 NaCl（见 2.1）。

重要参数

1）在粗提的 DNA 制备液中 *Bal*31 核酸酶的活性受 RNA 抑制，因此，所用 DNA 必须经氯化铯超离心纯化或 PEG 沉淀（见 1.7）或凝胶纯化（见 2.8）。
2）降低反应温度可以降低消化速率。*Bal*31 核酸酶 20℃的反应速率降至 30℃时的三分之一。
3）*Bal*31 核酸酶活性受 DNA 组成的影响，AT 丰富的区域比 GC 丰富区降解得更快。
4）经 *Bal*31 核酸酶消化的 DNA 片段可以直接用于连接，但效率较低。消化的 DNA 经酚抽提和乙醇沉淀（见 2.1）后可提高连接效率。消化后的 DNA 末端需用 Klenow 酶或 T4 噬菌体 DNA 聚合酶（见 3.3）修复后，再用 T4 噬菌体 DNA 连接酶连接（见 3.13）。

应用

1）在可控条件下产生并克隆不同大小的缺失体。
2）DNA 片段的限制酶切位点作图。
3）研究经诱变剂处理的超螺旋 DNA 的二级结构及双链 DNA 螺旋区结构的改变。
4）产生一系列连续缺失用于连接体扫描突变（见 8.4）。

3.9.2　S1 核酸酶

S1 核酸酶是高度特异性的单链核酸内切酶，在尿素、SDS 和甲酰胺中稳定。

反应条件

详细反应条件见表 3.2.1。尽管最适 pH 是 4.0～4.3，但为了防止 DNA 的脱嘌呤化，一般反应 pH 为 4.6。此酶作用需要低水平的 Zn^{2+}，NaCl 浓度为 10～300 mmol/L 时并不影响活力。反应体积、时间、温度以及 DNA 和酶的量应根据实际情况而定。

应用

1) 分析抗 S1 核酸酶降解的 RNA∶DNA 杂合体以定位 RNA 转录物的 5′和 3′端（见 4.5）。
2) 通过消化成熟 RNA 分子与 ^{32}P 标记的基因组 DNA 杂交形成的杂合体，确定内含子的位置。S1 核酸酶作用于杂合分子中由内含子产生的单链环。
3) 消化在以逆转录酶合成 cDNA 时形成的发夹结构。
4) 去掉 DNA 片段的单链凸出末端，产生用于连接的平端（见 3.13）。
5) 在限制酶位点处产生小的缺失。
6) 在连接体扫描突变中使末端变平（见 8.4）。

3.9.3 绿豆核酸酶

绿豆核酸酶（来源于绿豆芽）是与 S1 核酸酶类似的高度特异性单链内切酶。

反应条件

详细的反应条件见表 3.2.1。反应 pH 一般为 5.0，此 pH 环境下单链 DNA 最易降解。反应体积、时间、温度以及 DNA 和酶的量应根据实际情况而定。1 U 酶定义为使用单链鲑精 DNA 作为底物，在 37℃ 1 min 内产生 1 μg 酸溶性物质的酶量。

应用

1) 在转录物定位作图实验中（见 4.5）产生单一带。
2) 准确切除经限制性内切核酸酶消化的凸出端。

3.9.4 微球菌核酸酶

此酶是非特异性的核酸酶。它能切割单链和双链 DNA 和 RNA，生成带 3′磷酸基团的寡核苷酸和单核苷酸。优先在 AT 或 AU 丰富区切割。

反应条件

典型的消化反应条件是 10 mmol/L Tris · Cl pH 8.0、1 mmol/L $CaCl_2$，具体的反应体积、时间、温度、核酸的量和来源、酶的量、离子浓度等依实际情况而定。酶的活性严格依赖钙离子，因此反应可被 EDTA 或 EGTA 终止。1 U 微球菌核酸酶定义为在 pH 8.8 和 37℃下，每分钟水解天然 DNA 生成 1 μmol 的酸溶性寡核苷酸所需的酶量。

应用

1) 研究染色质的结构。

2) 从未破坏酶活性的无细胞粗提物中除去核酸。

3.9.5　脱氧核糖核酸酶I（DNA酶I）

DNaseI是需二价阳离子的内切酶，降解双链DNA产生带3′羟基的寡核苷酸。反应的特异性依赖于在反应中使用的二价阳离子：在Mg^{2+}存在下，在双链DNA上产生缺口，在Mn^{2+}存在下断裂双链DNA。

制备和储存DNA酶I溶液

商品化的DNA酶I是一种冻干的粉末（2000～3000 U/mg蛋白质），用下列方法中的任一种可保存1年以上。

1) 用1 ml含20 mmol/L Tris·Cl，pH 7.5和1 mmol/L $MgCl_2$的50%（*m/V*）甘油溶解1 mg DNA酶I，－20℃保存。
2) 另外，也可用1 ml含1 mmol/L $MgCl_2$的20 mmol/L pH 7.5的Tris·Cl缓冲液溶解1 mg DNA酶I，以10 μl的小份分装，在干冰上迅速冻结，－80℃保存。用时放在冰上融化；使用后弃去剩下的溶液。

反应条件

详细的反应条件见表3.2.1。根据实际情况确定酶浓度。对于切口翻译，DNase I反应与DNA聚合酶I反应同时进行（见3.3）。

3.9.6　无RNA酶活性的DNA酶I

在某些情况下，DNA酶I应该保证无RNA酶。已有高级别的商用产品。若自己配制，方法如下：以0.1 mol/L碘乙酸，0.15 mol/L乙酸钠溶液（pH 5.3）溶解DNaseI，浓度为1 mg/ml。55℃加热40 min后冷却。加入1 mol/L $CaCl_2$至5 mmol/L终浓度，分成小份冻存。

应用

1) 切口平移（见3.3）。
2) 催化双链DNA裂解，用于DNA片段随机克隆。

参考文献：Alexander et al，1961；Kroeker et al.，1976；Lau and Gray，1979；Moore，1981；Vogt，1980.

撰 稿 人：Stanley Tabor and Kevin Struhl

3.10 核糖核酸酶

3.10.1 核糖核酸酶 A（RNA 酶 A）

RNA 酶 A 是在 C 和 U 残基后特异性水解 RNA 的核糖核酸内切酶。切割发生在嘧啶核苷酸的 3′磷酸基和相邻核苷酸的 5′羟基之间，RNA 酶 A 的活性可被特异性抑制剂抑制（如 Promega 的 RNasin）。

反应条件

核糖核酸酶 A 的反应条件很广，且极难失活。在低盐浓度（0～100 mmol/L NaCl）下 RNA 酶 A 切割单链、双链 RNA，也能切割 RNA∶DNA 杂合体中的 RNA；但 NaCl 浓度为 0.3 mol/L 或更高时，RNA 酶 A 就特异性切割单链 RNA。去除反应溶液中的 RNA 酶 A，通常需要蛋白酶 K 处理及酚反复抽提和乙醇沉淀。

3.10.2 无 DNA 酶的 RNA 酶 A

用 TE 缓冲液溶解 RNA 酶 A 至 1 mg/ml，煮沸 10～30 min。分成小份存于 −20℃，防止微生物繁殖。

应用

1）在核糖核酸酶保护实验（见 4.6）中，对 RNA 进行定量和作图。
2）降解 DNA 制备物中的 RNA 分子（见 1.6 和 1.7）。
3）RNA 测序。
4）产生平头末端双链 cDNA。

3.10.3 核糖核酸酶 H（RNA 酶 H）

RNA 酶 H 是来自于大肠杆菌的核糖核酸内切酶，它特异地水解 RNA∶DNA 杂交体中 RNA 的磷酸二酯键，产生末端为 3′羟基和 5′磷酸的产物，它不降解单链或双链的 DNA 或 RNA。RNA 酶 H 的水解可通过用较短的寡核苷酸与 RNA 的杂交而限定于特定的位点。

反应条件

详细的反应条件见表 3.2.1。具体的反应体积、时间、温度、DNA 和酶的用量，以及中止反应的方法根据实际情况而定。1 单位的酶定义为在 37℃ 20 min 内，水解 polyA∶poly（dT）生成 1 nmol 的酸溶性核苷酸所需的酶量。

应用

1) 降解 cDNA 第一链合成时产生的 RNA∶DNA 双体中的 mRNA 分子，同时与 RNaseA 共同作用降解剩余 RNA，以利于双链 cDNA 的合成。
2) 通过合成脱氧核糖核苷酸产生局部的 RNA∶DNA 双体，在 RNA 分子内产生特异性的切割。

3.10.4 核糖核酸酶 T1

RNA 酶 T1 是核糖核酸内切酶，特异性地在 G 残基后水解 RNA。切割位点在鸟嘌呤的 3′磷酸和邻近核苷酸的 5′羟基之间，反应产生 2′∶3′环磷酸，最后产生相应的 3′磷酸的核苷。

反应条件

RNA 酶 T1 的反应条件很广，且极难失活。盐依赖的特异性以及去除酶活性的方法如 RNase A 中所述。

应用

1) 在核糖核酸酶保护实验（见 4.6）中，对 RNA 进行定量和作图。
2) RNA 测序。
3) 确定鸟嘌呤含量低的 DNA 模板在体外转录中的转录水平。

参考文献：Boehringer Mannheim Biochemicals：Biochemicals for Molecular Biology（catalog）；Uchida and Egami，1971.

撰 稿 人：Kevin Struhl

3.11 DNA 连接酶

DNA 连接酶催化双链 DNA 中相邻碱基的 5′磷酸和 3′羟基间磷酸二酯键的形成。

3.11.1 T4 噬菌体 DNA 连接酶

以 ATP 作共作用因子，此酶可修复双链 DNA 中的单链切口并可催化因限制性内切核酸酶酶切而产生的平端和黏端的连接。而且，它是唯一在正常条件下有效连接平端 DNA 的连接酶。详细的连接方案见 3.13。

反应条件详见表 3.2.1（酶的单位为 Weiss 单位，1 个 Weiss 单位相当于 60 个黏端单位），反应体积、时间、温度和 DNA 浓度依实际情况而定。黏端的连接通常在 12～15℃进行，平端的连接通常为 25～30℃，所需酶量是黏端连接的 10～100 倍。T4 噬菌体 DNA 连接酶在 NaCl 浓度高于 150 mmol/L 时受到强烈抑制。大分子的排斥分子

(macromolecular exclusion molecule) 如 PEG 8000 可提高连接效率，但其更有利于分子间的连接，因此不适合用于载体和插入产物之间的连接。

应用

T4 噬菌体 DNA 连接酶可用于任何需要 DNA 连接酶的反应。

3.11.2 大肠杆菌 DNA 连接酶

从大肠杆菌来源的 DNA 连接酶催化修复双链 DNA 上的单链缺口，同时还可以连接因内切酶作用产生的黏端。与其他连接酶不一样的是，它以 NAD 作为共作用因子。

反应条件参见表 3.2.1（酶以 Modrich-Lehman 为单位，1 个 Modrich-Lehman 单位=6 个 Weiss 单位）。反应体积、时间、温度以及 DNA 浓度依据实际情况而定。像 T4 DNA连接酶一样，PEG 8000 可显著增加连接效率。

应用

若不需要平头末端连接，大肠杆菌 DNA 连接酶可以替代 T4 DNA 连接酶。它的异常连接比 T4 DNA 连接酶要少。

参考文献：Engler and Richardson，1982.
撰 稿 人：Stanley Tabor

3.12 RNA 连接酶

T4 RNA 连接酶

T4 噬菌体 RNA 连接酶 ATP 依赖性催化单链 DNA 或 RNA 的 5′端磷酸与单链 DNA 或 RNA 的 3′端羟基共价连接。反应条件见表 3.2.1。

应用

1) RNA 3′端的放射性标记。
2) 寡聚的 DNA 和 RNA 分子环化。
3) 连接寡聚体用于寡核苷酸合成（如产生在特异性位点上带有内部标记的寡聚体）。
4) 增加 T4 DNA 连接酶的平端连接活性。

参考文献：Uhlenbeck and Gumport，1982.
撰 稿 人：Stanley Tabor

3.13　DNA片段的亚克隆

3.13.1　基本方案　DNA片段的亚克隆

材料（带√项见附录1）

待连接的DNA（如插入片段或载体）

小牛肠磷酸酶（CIP）和缓冲液（见3.7和3.2，可选）

0.5 mmol/L 4dNTP混合液（见3.2）

Klenow片段（Klenow酶）和（或）T4噬菌体DNA聚合酶（见3.3，可选）

寡核苷酸接头（可选）

10 mmol/L ATP

0.2 mmol/L DTT（可选）

T4噬菌体DNA连接酶（见3.11）

√2×T4 DNA连接酶缓冲液

步骤

1）在20 μl反应混合液中用合适的酶消化DNA（见3.1）。75℃加热15 min，灭活酶。若无需进一步的酶促处理，接步骤6。

DNA（如载体）的去磷酸化可以防止重新环化，增加了所需的插入片段与载体相连接的目的片段产量（见步骤2；图3.13.1）。对于不匹配的黏端，必须使之成为平端（步骤3～5；图3.13.2）。5′凸出端可以通过Klenow酶补平，3′凸出端可以由Klenow酶或T4 DNA聚合酶的3′→5′的外切核酸酶活性去除。

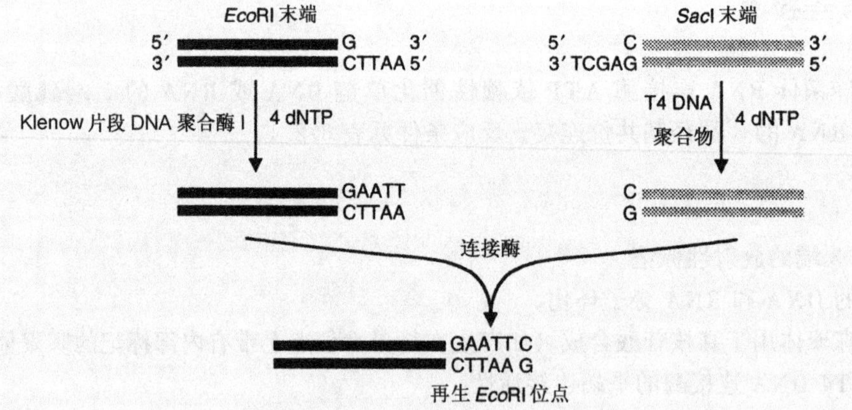

图3.13.1　不匹配末端的连接

2）可选：如果5′磷酸需要去除，加入2 μl 10×CIP缓冲液和1 U CIP，37℃温育30～60 min。75℃加热15 min使CIP失活。

3）可选：如果1个或2个末端需变为平端，加入1 μl含4种dNTP混合液（每种0.5 mmol/L）和适量Klenow酶或T4噬菌体DNA聚合酶（表3.2.1；见3.3）。75℃加

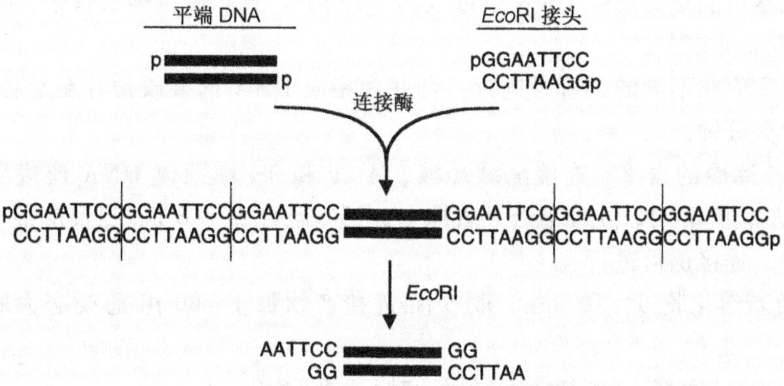

图 3.13.2 用 *Eco*RI 接头连接平端

热 15 min 灭活酶。若加寡聚核苷酸接头，继续步骤 4。如果只需 1 个平端，可用适当的酶消化。如无进一步的酶促处理，接步骤 6。

4) 可选：若需加入寡核苷酸接头，加入 0.1～1.0 μg 寡核苷酸接头，1 μl 10 mmol/L ATP，1 μl 0.2 mol/L DTT，20～100 黏端单位的 T4 噬菌体 DNA 连接酶，15℃过夜（表 3.2.1；见 3.11），75℃加热 10 min 以灭活连接酶。
5) 可选：用识别接头的限制性内切核酸酶切割步骤 4 的产物。如果两个末端只有一个含有接头，加入另一种酶切割产物。
6) 用琼脂糖凝胶电泳分离所需的 DNA 片段，在紫外灯下，切下所需的条带，纯化 DNA（见 2.6）。
7) 建立以下连接反应，并 15℃温育 1～24 h：

   9 μl DNA（0.1～5 μg）
   10 μl 2×T4 DNA 连接缓冲液
   1 μl 10 mmol/L ATP
   20～500 U（黏端）T4 噬菌体 DNA 连接酶

   含黏端两个片段的简单连接需要的连接酶量较平端或复杂的连接反应要少得多，而 DNA 的质量也影响所需连接酶的量。
8) 取 1～10 μl 连接产物转化感受态大肠杆菌（见 1.8），利用载体上的遗传标记选择重组子，用小量制备法（见 1.6 和 1.15）纯化质粒或噬菌体 DNA，用限制性内切核酸酶作图分析它们的结构。

3.13.2 备择方案 凝胶块中 DNA 片段的连接

此法节省时间，但会降低克隆效率。比较适用于一些简单克隆实验以及涉及不同 DNA 片段的系列克隆。

步骤

1) 用合适的酶处理 DNA 组分（见基本方案步骤 1～5）。在低熔点琼脂糖凝胶（0.7%，TAE 缓冲液）中电泳分离 DNA。

2) 切下体积尽可能小的所需DNA条带（20～50 μl），置于微量离心管中。在70℃熔化凝胶条10 min以上。
3) 每个连接反应在不同的试管中进行。合并含相应DNA的凝胶薄片至总体积为9 μl，37℃放置数分钟。
4) 加入11 μl冰冷的含2×连接酶缓冲液、ATP和T4噬菌体DNA连接酶的混合物（见基本方案步骤7），立即混合并置冰上。15℃温育1～48 h。当反应混合物重新凝固成胶时，连接仍可进行。
5) 在73℃重新熔化胶5～10 min。取5 μl连接产物加于200 μl感受态大肠杆菌（见1.8）。

胶应该大于30倍稀释，这样细胞放置到冰上时不会重新固化。

6) 挑选重组子，分离和DNA作图（见基本方案步骤8）。

参考文献：Struhl，1985.
撰 稿 人：Kevin Struhl

3.14 聚合酶链反应构建重组DNA

聚合酶链反应（PCR）广泛用于构建重组分子。在下面的方案中，人工合成的带有单一酶切位点的寡核苷酸用于扩增目的DNA，继而克隆到含兼容酶切位点的载体中。具体应用的例子见图3.14.1～3.14.3。

基本方案 DNA片段亚克隆

材料（带√项见附录1）

模板DNA：快速制备或氯化铯梯度纯化（见第2章）的质粒、噬菌体、基因组DNA或cDNA寡核苷酸引物（见8.5）

√TE缓冲液，pH 8.0

载体DNA

步骤

1) 制备模板DNA：质粒或噬菌体DNA用量1～10 ng，基因组或cDNA为20～300 ng。如DNA不是经氯化铯梯度纯化的，100℃煮沸10 min以灭活核酸酶。
2) 配置0.6～1.0 mmol/L寡核苷酸引物，若PCR产物通过平端连接克隆，应对引物的5′端羟基进行磷酸化处理（见3.10）。
3) 建立标准的PCR扩增反应，以矿物油覆盖表面（见15.1）。包括负对照（没有模板DNA和单独各引物）以及几种不同的引物模板比例。
4) 在以下条件下进行20～25轮扩增循环：94℃变性1 min，50℃复性1 min，72℃延伸3 min，最后一个循环在72℃延伸10 min，尽可能使扩增产物完整。

在扩增反应中，具3′→5′外切酶活性的耐热DNA聚合酶，如*Pfu* DNA聚合酶（Stratagene公

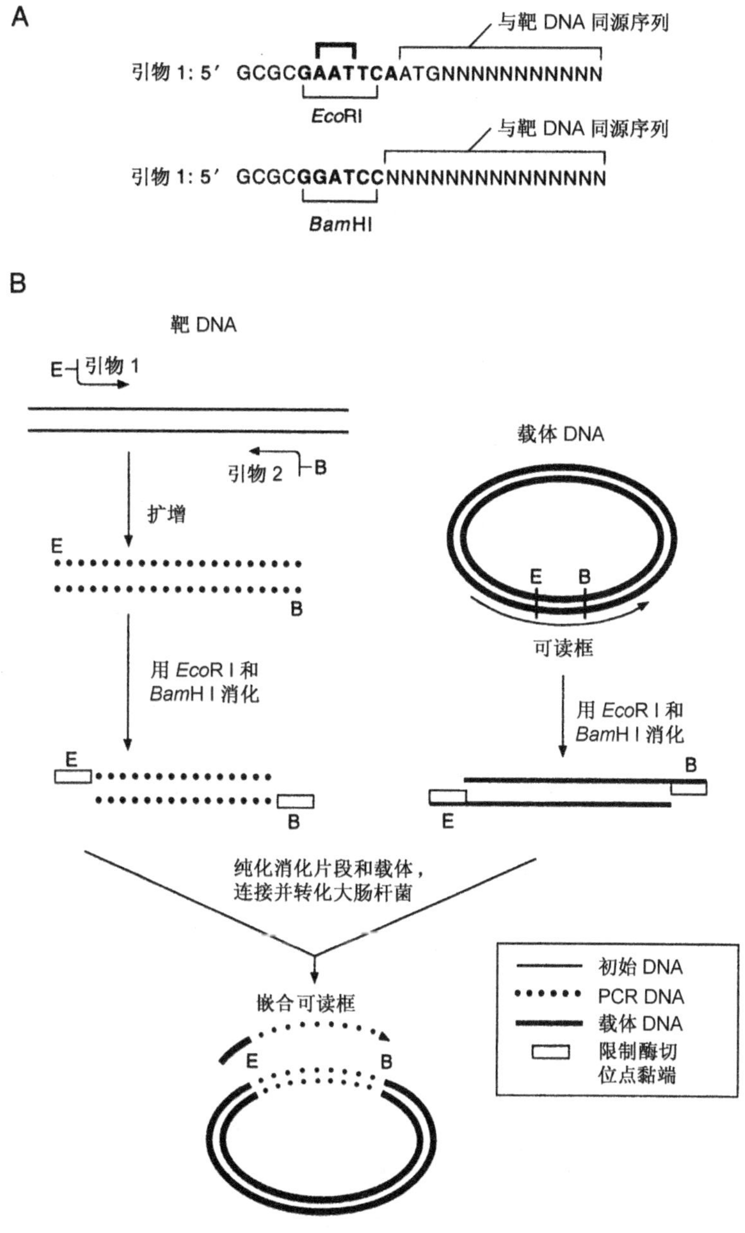

图 3.14.1 用 PCR 方法引入单一限制性内切核酸酶位点构建融合蛋白框架。缩写：E，*Eco*RI；B，*Bam*HI。

司）或 Vent DNA 聚合酶（New England Biolab 公司）可代替 *Taq* DNA 聚合酶以减少扩增过程中核苷酸的错误掺入。

5）取少量反应混合物（4～8 μl），用琼脂糖凝胶电泳或聚丙烯酰胺凝胶电泳（见 2.6 和 2.9）验证期待的产物。

6）吸去矿物油上层，用氯仿抽提 1 次除去残存的矿物油。用饱和酚抽提 1 次，然后用无水乙醇沉淀 DNA（见 2.1）。4℃10 min 高速离心 DNA，20 μl TE 缓冲液溶解沉淀。

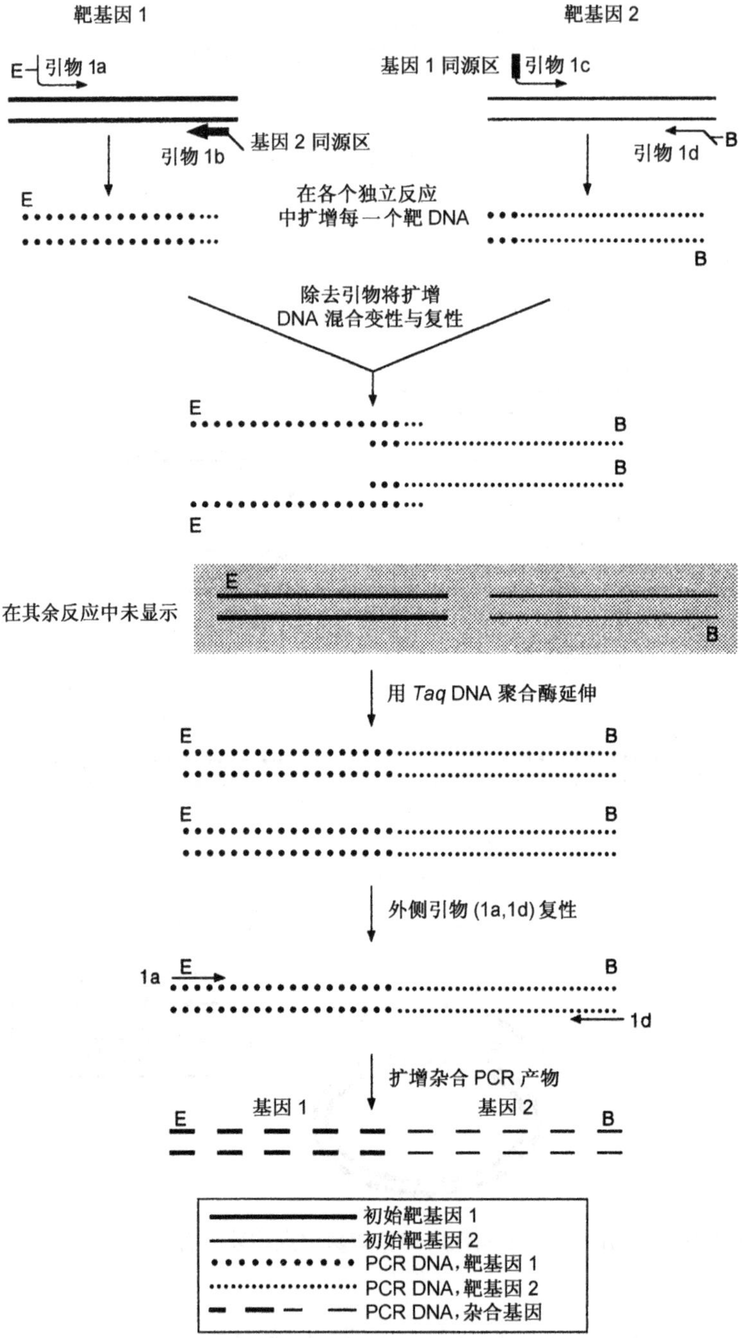

图 3.14.2 通过连续性 PCR 扩增构建重组 DNA 分子。引物 1b 的部分区域与靶基因 2 相似（可读框）；引物 1c 的部分区域与靶基因 1 相似（闭合框）。缩写：E，*Eco*RI；B，*Bam*HI

7）用硅膜离心柱、电洗脱或低熔点胶的酚抽法进一步纯化 PCR 产物可去除未掺入的 dNTP、引物以及无关的 PCR 产物和模板 DNA（见 2.8）。

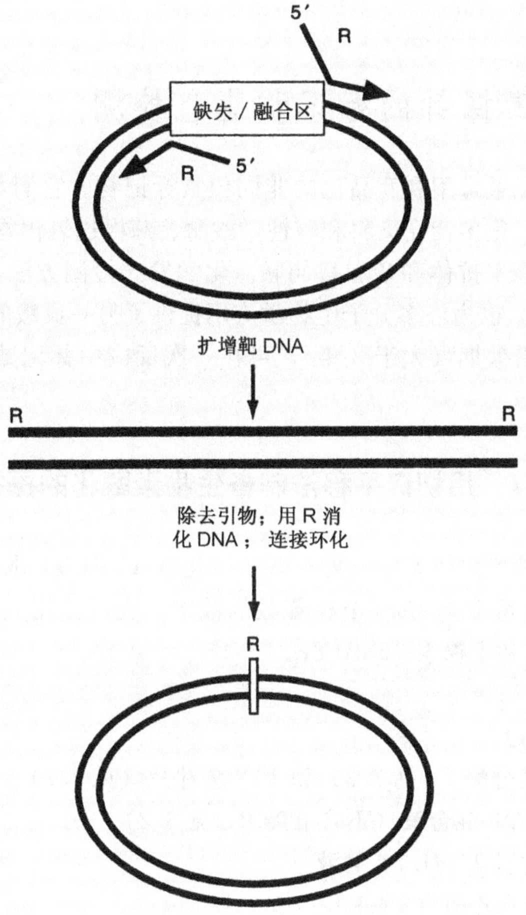

图 3.14.3 通过反向 PCR 插入限制酶切位点。缩写：R，靶质粒中未发现的限制酶。

8a）对于通过平端连接进行克隆：用 DNA 聚合酶 I 的 Klenow 片段修平扩增片段的 3′端（见 3.3）。

8b）对于单一限制酶位点：在 20 μl 体积中用合适量的酶消化一半 PCR 产物（见 3.1）。用过量的酶消化数小时。

9）用兼容性限制酶在 20 μl 体积内消化 0.2～2 μg 载体 DNA。如有需要，用 CIP（见 3.7）去磷酸化，以阻止载体自连。

10）用普通琼脂糖或低熔点琼脂糖电泳分离线性化和未切载体。回收线性化载体（见 2.6 和 2.8）。

11）连接 PCR 片段和线性载体（见 3.13），取部分连接产物转化大肠杆菌（见 1.8），从转化体集中以小量制备法（见 1.6）提取质粒 DNA。

12）用合适的限制性内切核酸酶消化质粒 DNA，以琼脂糖凝胶电泳分析以确证片段的插入。

13）测定质粒 DNA 中扩增片段的序列，检查有无突变（见第 7 章）。如有可能，用生物化学或遗传功能分析筛选转化体。

参考文献：Innis et al.，1990.

撰 稿 人：Elaine A. Elion

3.15　非同位素探针的标记和比色检测

生物素和地高辛是最常用和商品化的非同位素标记物。它们都很容易掺入到 DNA 中并通过比色法检测。很多荧光染料和碱性磷酸酶、辣根过氧化物酶（产生有颜色的沉淀物）可直接与抗地高辛抗体和亲和素偶联。化学发光检测方法（见 3.16）和间接免疫荧光技术（见 14.6）也为许多分子生物学应用提供了另一灵敏的备择方法。非同位素标记的探针有较长的有效期（大于 2 年），可在一次反应中标记数毫克的 DNA 储存留待后用。

3.15.1　基本方案 1　用切口平移法制备生物素酰化的探针

在标准的切口平移实验体系中（见 3.3），生化素-11-dUTP 取代了 dTTP，DNA 酶 I 的浓度调整到可生成长 100～500 个核苷酸的范围。也可使用其他生物素酰化的核苷酸如生物素-14-dATP 和生物素-16-dUTP。

材料（带√项见附录 1）

大肠杆菌 DNA 聚合酶 I（见 3.3）和 10×缓冲液（见 3.2）

0.5 mmol/L 3dNTP 混合液（不含 dTTP，见 3.2）

√0.5 mmol/L 生物素-11-dUTP 储液

100 mmol/L 2-巯基乙醇（2-ME）

待标记 DNA

1 mg/ml DNA 酶 I（见 3.9）溶于 0.15 mol/L NaCl/50%甘油

√0.5 mol/L EDTA pH 8.0

10%（*m*/*V*）SDS

100%乙醇

√SDS 柱缓冲液

步骤

1) 用下列成分制备 100 μl 反应混合物：

10 μl　10×大肠杆菌 DNA 聚合酶缓冲液

10 μl　0.5 mmol/L 3dNTP 混合液不含 dTTP

10 μl　0.5 mmol/L 生物素-11-dUTP

10 μl　100 mmol/L 2-ME

2 μg DNA

20 U 大肠杆菌 DNA 聚合酶 I

DNase I 储存液，用前用冷水稀释 1000 倍

　　加水到 100 μl

　15℃温育 2～2.5 h，然后置冰上。

2) 取 6 μl 反应液，煮沸 3 min，置于冰浴 2 min。加样于琼脂糖微型凝胶，同时带对照分子质量标准物（0.1～10 kb；见 2.6）。如需要第二次温育，在 15 V/cm 电压降下快速电泳。若消化的 DNA 大小为 100～500 bp，接步骤 3；若片段很大，加入第二份 DNA 酶 I 继续温育。

3) 加入 2 μl 0.5 mol/L pH 8.0 的 EDTA（终浓度 10 mmol/L）和 1 μl 10% SDS（终浓度 0.1%），68℃加热 10 min 以终止反应和灭活 DNA 酶 I。

4) 在 1 ml 注射器中准备 SephadexG-50 离心柱（见 3.2）。用 2 ml 无水乙醇清洗注射器和硅化的玻璃棉塞，接着用 4 ml H_2O 冲洗。将 G-50 介质装入注射器至 1 ml 刻度，用 100 μl SDS 柱缓冲液洗 3～4 次。

5) 上样，分离生物素酰化的探针。洗脱的探针浓度应约为 20 ng/μl（用于 2 μg 切口平移 DNA），不需进一步处理可直接使用。探针可在－20℃保存数年而不丧失活性。

　生物素酰化的 DNA 不能用酚抽提，因为生物素可使探针溶于酚/水相之间，或完全溶于酚相。

6) 用比色法估计生物素酰化反应的程度和探针的质量（辅助方案）或进行化学发光检测（见 3.16）。

　在推荐的标准切口平移条件下，每 1 kb 的 DNA 可掺入约 50 个生物素酰化的分子。

3.15.2 基本方案 2 用随机寡核苷酸引物合成法制备生物素酰化探针

利用 5′端生物素酰化的随机八聚体引导的反应可以保证每个探针分子至少含有一个生物素。在这个反应中除了生物素-16-dUTP，也可应用其他的生物素酰化核苷酸，如生物素-14-dATP 和生物素-11-dUTP 掺入到探针内。

材料（带√项见附录 1）

　线性模板 DNA≥200bp

√5×生物素酰化随机八聚体

√dNTP/生物素混合物

　5 U/μl Klenow 酶（见 3.3）

√0.5 mol/L EDTA，pH 8.0

　4 mol/L LiCl

　冰冷的 100%和 70%（*V*/*V*）乙醇

√TE 缓冲液，pH 7.5

步骤

1) 在 1.5 ml 离心管中加入 25 ng～2μg 模板 DNA，加无核酸酶水至总体积为 34 μl。在沸水中变性 5 min，置于冰浴 5 min，稍加旋离。

2) 按顺序加入下列溶液，37℃温育 1 h。

　　10 μl 5×生物素酰化随机多聚体

5 μl dNTP/生物素混合物

1 μl Klenow 酶（5U）

30 min 后再加入 2.5 U 的 Klenow 酶。温育时间延至 6 h，可提高产量。

3）加入 3 μl 0.5 mol/L EDTA，pH 8.0 以终止反应。加入 5 μl 4 mol/L LiCl 和 150 μl 冰冷的无水乙醇沉淀探针。置于冰浴 30 min，室温高速离心 10 min。沉淀用冰冷的 70%乙醇洗涤。DNA 用 20 μl pH 7.5 的 TE 缓冲液重悬。

4）用比色法（见辅助方案）或化学发光法（见 3.16）估价生物素酰化的质量。

3.15.3　辅助方案　生物素酰化探针的比色法检测

生物素标记探针的可检出性在于每 kb 碱基中掺入的生物素分子的数量，它可用比色法检测；类似的评估可用化学发光法进行（见 3.16）。

附加材料（亦见基本方案 1 和 2；带√项见附录 1）

生物素酰化标准 DNA（基本方案或 Life Technologies）和待测 DNA

√DNA 稀释缓冲液

√碱性磷酸酶缓冲液，pH 7.5（AP7.5 缓冲液）

封阻液：3%（*m/V*）牛血清白蛋白组分 V，溶于 AP7.5 缓冲液

1 mg/ml 链霉亲和素-碱性磷酸酶（AP）交联物（Life Technologies）

√碱性磷酸酶缓冲液 pH 9.5（AP9.5 缓冲液）

75 mg/ml 氮蓝四唑（NBT）

50 mg/ml 5-溴-4-氯-3-吲哚磷酸（BCIP）

√TE 缓冲液，pH 8.0

5 cm×3 cm 硝酸纤维素滤膜或不带电荷的尼龙膜

密封袋

步骤

1）用 DNA 稀释缓冲液制备生物素酰化标准 DNA，浓度为 0、1、2、5、10 和 20 pg/μl。用类似的方式稀释待测 DNA。每个稀释度取 1 μl 点于 5 cm×3 cm 硝酸纤维素滤膜或者不带电荷的尼龙膜。

2）80℃干烤硝酸纤维素膜约 1 h，然后继续步骤 3。对于尼龙膜，空气中晾干，紫外交联（见 3.16）。继续步骤 3 或进行化学发光测定（见 3.16）。

若使用化学发光检测法，待测 DNA 的稀释度应为 10^{-1}～10^{-6}，在 10^{-3} 稀释度应可见，否则探针的标记效果不佳。

3）用少量体积 AP7.5 液漂洗膜 1 min，以水化。将膜和 10 ml 封阻液置于剪成合适大小的密封袋中。排出气泡，封上袋口，37℃封闭 1 h。

4）用 10 ml AP7.5 缓冲液稀释 10 μl 链霉亲和素-AP 交联物（终浓度 1 μg/ml）。剪去封闭袋一角挤出封闭液，换上链霉亲和素-AP 交联物溶液，重新封口，室温下于旋转平台摇荡 10 min。

5) 从袋中取出滤膜移到一个浅盘中，用 200 ml AP7.5 洗 2 次，每次 15 min。再用 200 ml AP9.5 洗 1 次，10 min，轻微摇荡。
6) 加入 33 μl 75 mg/ml 的 NBT 至 7.5 ml AP9.5 液中，混匀。再加入 25 μl 50 mg/ml BCIP，混匀。
7) 在浅盘中避光温育直至发色达到满意程度为止（通常 15～60 min）。
8) 加 TE pH 8.0 以终止反应，比较测定 DNA 样品和标准 DNA 的颜色强度以确定生物素酰化 dUTP 的掺入效率。如果该探针的颜色强度在同样的稀释度达到标准品的一半以上，它即可作为探针用于原位杂交。

3.15.4 备择方案 制备和检测地高辛标记的 DNA 探针

该检测方法是通过与直接偶联上一种荧光染料或酶的抗地高辛抗体一起温育，或采用间接免疫荧光法（见 14.6）来完成的。已有商用试剂和试剂盒（如 Genius kit，Boehringer Mannheim）可供购买。不偶联的抗体也可以用于信号放大方案。生物素和地高辛标记的探针用不同的荧光染料可同时检测。地高辛-11-dUTP 可以通过切口平移或随机引物介导的 DNA 合成而掺入到 DNA 中。

步骤

1) 建立一个 100 μl 标准反应体系（见基本方案 1 步骤 1），用 10×地高辛-11-dUTP/dTTP 储液（见附录 1）代替 0.5 mmol/L 生物素-11-dUTP。15℃温育 2 h。
2) 检测探针大小，终止反应，从未标记核苷酸中分离标记探针（见基本方案 1 步骤 2～5）。

   不可用酚抽提地高辛标记的探针。
3) 用比色法（见辅助方案）或化学发光法（见 3.16）通过碱性磷酸酶偶联的抗地高辛抗体检测。用地高辛标记的标准 DNA（试剂盒一部分）或是地高辛标记的 DNA（曾成功地作为对照使用过）作为对照检测地高辛掺入效率。

参考文献：Langer et al，1981.

撰 稿 人：Ann Boyle，Heather Perry-O'Keefe

3.16 非同位素探针的化学发光检测

碱性磷酸酶和化学发光底物作用可以很灵敏地检测到杂交的靶 DNA（图 3.16.1）。化学发光检测系统具较高的敏感性，足以在 Southern 印迹中，测定 1 μg 人类基因组 DNA 中的单拷贝基因；在 Northern 印迹中，可检测到一个中等重复序列的转录物。只能使用尼龙膜，硝酸纤维素膜会阻碍化学发光反应。

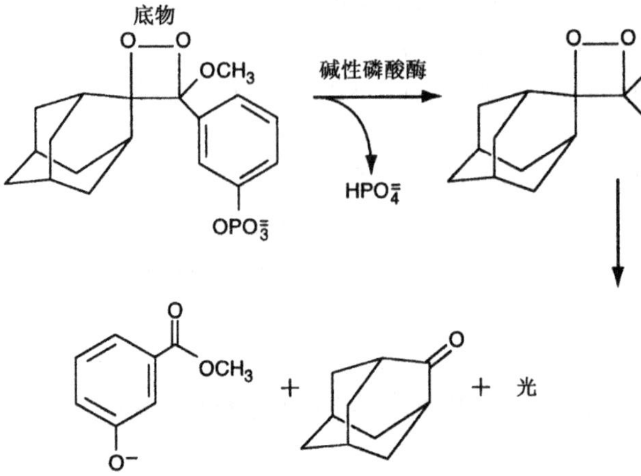

图 3.16.1 化学发光反应。碱性磷酸酶切除化学发光底物上的磷酸基团。此过程中，中间产物不稳定很快分解，发射荧光。经 Millipore 授权许可使用。

3.16.1 基本方案 生物素标记探针的化学发光检测

此方案中的很多试剂都已商品化（表 3.16.1）。

表 3.16.1 化学发光检测试剂盒

试剂盒	供应商
AmpliProbe	ImClone System
ECL	Amersham Pharmacia Biotech
Flash	Stratagene
Gene Images	U.S. Biochemical
Genius	Boehringer Mannheim
LightSmith	Promega
PhotoGene	LifeTechnologies
Phototope	New England Biolabs
PolarPlex	Millipore
SouthernLight	Tropix

材料（带√项见附录 1）

带中性转印的 DNA（见 2.11）或 RNA（见 4.8）的不带电荷的尼龙膜

生物素标记探针（见 3.15）

√封阻液

√1 mg/ml 链霉亲和素

√洗液

√0.38 mg/ml 生物素酰化碱性磷酸酶

二氧杂环丁烷化学发光底物（表 3.16.2）

底物缓冲液（表 3.16.2）

吸水纸（Whatman 3MM 或相当的物品）
校准紫外灯（见辅助方案）
可热封口的杂交袋

表 3.16.2 检测非同位素探针的化学发光底物[a]

二氧杂环丁烷底物	缓冲液	供应商[c]
Lumigen-PPD[b]（0.33 mmol/L）	2-氨基-2 甲基-1-丙醇（pH 9.6）/0.88 mmol/L $MgCl_2$/750 mmol/L CTAB/1.13 mmol/L 荧光素表面活性剂	BM，LT，LU，MI，NEB
Lumi-Phos 530[b]（0.33 mmol/L）	2-氨基-2 甲基-1-丙醇（pH 9.6）/0.88 mmol/L $MgCl_2$/750 mmol/L CTAB/1.13 mmol/L 荧光素表面活性剂	BM，LT，LU，MI，NEB
AMPPD（0.25 mmol/L）	1 mmol/L DEA/1 mmol/L $MgCl_2$，pH 10	TR
CSPD（0.25 mmol/L）	1 mmol/L DEA/1 mmol/L $MgCl_2$，pH 10	TR

a. 缩写：AMPPD，二钠-3-（4-甲氧螺-［1，2 二氧杂环丁烷-三环（3，3，1，1，3，7 癸烷）-4-］苯基磷酸盐；CSPD，adamantine 链由氯基团取代的 AMPPD；CTAB，十六烷基三甲基溴化铵；DEA，二乙醇胺；Lumigin-PPD 和 Lumi-Phos 530，4-甲氧基-4-（3-磷酸苯基）-螺-（1，2-二氧杂环丁烷-3，2-adamantine）二钠盐。

b. Lumi-Phos 530 含荧光增效剂，Lumigen-PPD 不含。

c. 缩写：BM，Beohringer Mannheim；LT，Life Technologies；LU，Lumigen；MI，Millipore；NEB，New England Biolabs；TR，Tropix。

步骤

1）用夹子固定已转印的尼龙膜的边角于一小片干的吸水纸上，样品面朝上，放进温箱内 42～80℃放 15～30 min 或室温晾干过夜。

2）将带核酸的面朝上暴露于紫外灯下，用最适的时间交联（见辅助方案）。

3）用生物素酰化探针与膜杂交（见 2.13 和 4.8）。

4）将膜置杂交袋中，加 1 体积的封闭液，封口。室温温育 1 min，伴中等摇动。倾去液体。

使用洗涤液和检测液的体积根据膜大小而变化。1 体积＝膜的面积（cm^2）×0.05 ml/cm^2。

5）加入 1 mg/ml 链霉亲和素至 1 体积的封阻液至终浓度为 1 μg/ml，室温于杂交袋中温育 4 min，轻微摇动，排干溶液。

6）用 9 体积水稀释 1 体积封阻液，加入杂交袋，室温洗膜 4 min，伴中等摇动，排干溶液，重复 1 次。

7）将生物素酰化碱性磷酸酶加入 1 体积的封阻液使终浓度为 0.5 μg/ml，加入杂交袋。室温温育 4 min，伴中等摇动。排干溶液。

8）同步骤 9[①] 洗膜 2 次，但用 10 体积洗液。

9）用 0.5 体积底物稀释液稀释二氧杂环丁烷化学发光底物至 1×，加入杂交袋。室温温

① 原文如此，应为步骤 6。——译者注

育4 min，伴中等摇动。尽可能排干溶液。

10) 压平杂交袋上的褶皱，重新封口。结合核酸的一面向上，放入曝光盒，用X射线片曝光10～20 min。根据实际情况调整曝光时间。见表3.16.3的问题指南。

表3.16.3 化学发光检测技术问题指南

问题	可能原因	解决
信号低或信号不足	生物素标记不充分——通过比较系列修饰的样品和对照进行检查	如果仅在10^{-1}和10^{-2}稀释液可见，重新进行生物素酰化反应；如在10^{-3}或更高稀释度可见，考虑其他原因
均匀或不均匀的高背景	交联不足	在进行交联前，滤膜须完全干燥
	底物pH不当	检查底物缓冲液的pH，调至pH 9.6
	洗涤不充分	增加洗涤次数，所有检测步骤须保证膜能自由漂浮在杂交袋中
	洗液污染	洗液Ⅰ可能长霉导致膜上有斑点，用0.45 μm滤膜过滤
	无缓冲力的封阻液和洗液Ⅰ	注意SDS溶液应用磷酸盐缓冲液配制

3.16.2 备择方案 地高辛标记探针的化学发光检测

地高辛系统使用的是偶联碱性磷酸酶的抗地高辛抗体，它可识别已掺入到探针中的地高辛-dUTP（见3.15）。本方案选用于Genius试剂盒（Boehringer Mannham，见表3.16.1）。此检测步骤同生物素标记探针类似（见基本方案），不同的是抗体检测时封闭步骤更长。此膜可多次曝光，还可洗脱后用不同的探针检测。

3.16.3 辅助方案 紫外光源的标准化

若核酸与尼龙膜紫外交联不够，在洗脱过程中核酸会被洗脱损失。过分交联则会导致探针与核酸不能正常配对。紫外强度可用放射测定器校准，它可测定每平方厘米的功率输出（$\mu W/cm^2$）。

补充材料（亦见基本方案）

紫外光源：透照式紫外仪，手提紫外灯，杀菌灯泡或交联灯（如Stratalinker，Stratagene）。

放射测定器，放射测定感应器

1) 校准前紫外灯预热1～2 min。

2) 根据产品手册确定输出功率P（$\mu W/cm^2$）。透照式紫外灯可测定照射玻璃表面的能量，手提紫外灯可测定一定距离外均匀照射到整个膜上的能量。

   紫外光源在254 nm波长下可产生至少100 $\mu W/cm^2$。Stratalinker有两个型号的光源models 1800和2400，可分别输出3000和4000 $\mu W/cm^2$的功率。

3) 最适的照射时间（T，以秒计）可通过以下公式推算：

$T=(33\,000\ \mu W/cm^2)(1s)/\ P\ (\mu W/cm^2)$。

最适的照射时间 T 也可凭经验确定，转印两排相同的核酸至膜上，在紫外灯下暴露不同的时间，时间间隔为 1 min。已暴露的部分要用铝箔遮盖，这样可检出和可杂交核酸的量会有显著差异。

4）由于灯泡会老化，要定期重复测量。

参考文献：Beck and Koster，1990.

撰 稿 人：Heather Perry-O'Keefe and Carol M. Kissinger

第4章 RNA的制备和分析

分离纯净、完整的 RNA 对于分子克隆的实验是很重要的，而且是进行基因表达分析的基础。来源于任何细胞的 RNA 都可以拷贝成双链 DNA，并克隆化，最终获得相应于特定细胞来源的 cDNA 文库（见第 5 章和第 6 章）。对 RNA 结构和生物合成的分析有助于基因表达的研究。本章首先描述了几种常用的 RNA 分离方法，最后介绍了用于分析 RNA 结构和生物合成的方法。

在所有 RNA 实验中，最关键的因素是分离得到全长的 RNA。而实验失败的主要原因是核糖核酸酶（RNA 酶）的污染，RNA 酶很稳定，一般而言反应不需辅助因子，因而 RNA 制剂中只要存在少量的 RNA 酶就会引起严重的后果。为避免 RNA 酶的污染，实验中所用到的全部溶液、玻璃器皿、塑料制品都需特别处理。实验用的溶液均需用焦碳酸二乙酯（DEPC）处理以使 RNA 酶失活，但由于 DEPC 会与 Tris 发生化学反应而失效，因此 DEPC 处理含 Tris 的溶液效果不好；玻璃器皿需在 300℃干烤 4 h（高压不能完全灭活 RNase）；塑料制品直接从商品包装中取用，一般是没有污染的，但最好用氯仿冲洗处理。由于手是 RNA 酶污染的主要来源之一，所以在整个 RNA 制备的操作过程必须戴手套。

所有分离提取 RNA 的方案的第一步操作都是在能导致 RNA 酶变性的化学环境中裂解细胞，然后才将 RNA 从各种生物大分子中分离出来。决定采用何种合适的制备方法，取决于 RNA 的细胞来源及其最终用途。

本章描述了从真核细胞中提取总 RNA 的三种通用方法。在 4.1 中介绍的方法采用一种温和的去污剂裂解细胞。在 4.2 中，细胞用异硫氰酸胍裂解，此过程操作较少，从许多来源都能获得纯净的 RNA，是从高内源性 RNA 酶的组织中提取 RNA 的首选方法。

从革兰氏阴性和革兰氏阳性细菌提取 RNA 的方案（见 4.3）需蛋白酶消化和有机溶剂抽提去除蛋白质，核酸酶消化除去 DNA。此外也有一种相对简单的从大肠杆菌快速分离 RNA 的方案可供选用，它既不需有机溶剂抽提，也不需蛋白酶、核酸酶处理。

从真核细胞分离获得的总 RNA，主要含核糖体 RNA（rRNA）和转移 RNA（tRNA）。相当多的技术需要的是不含 rRNA 和 tRNA 的信使 RNA（mRNA）。制备聚（A）+RNA，在纯化过程中利用寡聚（dT）纤维素（见 4.4），可获得富含 mRNA 的 RNA。

分离 RNA 的一个主要用途是分析基因的表达，为了阐明基因的调控特性，必须了解从基因转录产生 RNA 的结构、数量、水平、大小及合成速率等。常用于分析 RNA 详细结构和数量的方法包括 S1 核酸酶分析（见 4.5）、核糖核酸酶保护试验（见 4.6）、引物延伸法（见 4.7）、Northern 印迹分析（见 4.8）。要确定在某一已知的真核基因上活动的 RNA 聚合酶分子的数目，可采用核失控（nuclear run-off）技术（见 4.9）。

S1 核酸酶分析、核糖核酸酶保护试验和引物延伸法可用于确定特定 RNA 的末端和数量。前两种技术采用与被测 RNA 序列互补的单链探针。S1 核酸酶分析采用末端标记的单链 DNA 探针，可在电泳后的低本底凝胶中，明确地确定 mRNA 的 5′端。核酸酶保护试验由于采用整体标记的探针，因而具有比 S1 分析更高的灵敏度，但有可能出现高本底的问题。引物延伸法可用于定位 RNA 的不连续点，如剪接位点，该方案使用已知序列的标记寡聚引物，在逆转录酶转录的作用下可延伸至任何同源 RNA 的末端。

Northern 印迹杂交可确定任何特定 RNA 的大小和数量。在这种方法中，RNA 先在琼脂糖凝胶电泳中得到分离，再转印到硝酸纤维素膜上与标记的特异性探针杂交。它在检测特定 RNA 的水平上非常灵敏，但不能用以确定 RNA 的精细结构。

核失控（转录）技术是目前用以测定细胞被裂解时特定基因转录水平的最敏感方法。这种技术能确定在 DNA 任一特定片段上正在进行转录活动的 RNA 聚合酶的分子数目，可用以直接分析当细胞生长状况改变时基因转录速率的变化，从而评估 mRNA 水平的变化是由于 mRNA 生物合成的改变还是被降解或被转运出细胞核。

撰稿人：Robert E. Kingston

4.1 异硫氰酸胍法制备总 RNA

4.1.1 基本方案 从组织或培养细胞中一步法分离 RNA

材料（带√项见附录 1）

组织或培养细胞

√变性缓冲液

√2mol/L 乙酸钠，pH 4

√水饱和酚

49∶1（*V*/*V*）氯仿/异戊醇或溴氯丙烷

100% 异丙醇

75%（*V*/*V*）乙醇（用 DEPC 处理水制备；见 4.1）

√ DEPC 处理水或新鲜去离子甲酰胺

步骤

1a) 对于组织：每 100 mg 加入 100 ml 变性液在玻璃特氟纶匀浆器中匀浆几次。

1b) 对于培养细胞：于聚丙烯管中离心悬浮细胞，弃上清；或单层细胞中移除培养基，每 10^7 个细胞中加入 1 ml 变性液，用吸头吸打裂解液 7～10 次。

在实验之前，检测试管是否能耐受 10 000 *g* 离心变性液和酚/氯仿的混合物。

2) 转移匀浆液至 5 ml 聚丙烯管，加入 0.1 ml 2 mol/L 乙酸钠、1 ml 水饱和酚和 0.2 ml 49∶1 氯仿/异戊醇或溴氯丙烷，每次加入后彻底混匀。0～4℃孵育 15 min。

溴氯丙烷比氯仿毒性弱，用于相分离减少 RNA 被 DNA 污染的概率。

3) 4℃ 10 000 *g* 离心 20 min，将上层水相（约 1 ml）转移至一个干净的试管。

4) 加入 1 体积 100%异丙醇，−20 ℃孵育 30 min，4℃ 10 000 *g* 离心 10 min。

对于糖原含量高的组织（如肝），在 4 mol/L LiCl 中涡旋振荡，从 RNA 团块中洗出糖原，然后 5000 *g* 离心 10 min 沉淀不溶的 RNA，用变性液溶解沉淀（Puissant and Houdebine，1990）。

5) 在 0.3 ml 变性液中溶解沉淀，转移至 1.5 ml 微量离心管，重复步骤 4。

6) 重悬沉淀于 75%乙醇中，涡旋振荡，室温放置 10～15 min 以溶解沉淀中残留的胍盐。4℃ 10 000 *g* 离心 5min，真空干燥沉淀 5min。

7) 用 100～200 ml DEPC 处理水或新鲜去离子甲酰胺溶解沉淀。55～60℃孵育 10～15 min。保存于−70℃（水或甲酰胺）或−20℃（仅甲酰胺）。

用甲酰胺溶解的 RNA 被保护不被 RNA 酶降解，可以直接用于 Northern 印迹的甲醛-琼脂糖凝胶电泳。在 RT-PCR 之前，RNA 应当用 4 体积乙醇 10 000 *g* 离心 5 min 从甲酰胺中沉淀出来。

8) 稀释 5 μl RNA 于 1 ml 碱性水中，读取 A_{260} 和 A_{280}（见附录 3D）定量 RNA。

4.1.2 备择方案 1 CsCl 法纯化从培养细胞中提取的 RNA

附加材料（亦见基本方案；带√项见附录 1）

√磷酸缓冲盐水（PBS）
√异硫氰酸胍溶液
√5.7 mol/L CsCl，DEPC 处理
√TES 缓冲液
√3 mol/L 乙酸钠缓冲液，pH 5.2，DEPC 处理
100%乙醇

橡皮刮子
6 ml 注射器及 20-G 针头
13mm×51 mm 硅烷化（见附录 3B）及高压灭菌过的异质同晶聚合物（polyallomer）超速离心管

步骤

1a) *用于单层培养细胞*：室温下用 PBS 洗涤细胞，每平皿用 5 ml 洗 2 次。在不超过 10^8 细胞中加入 3.5 ml 异硫氰酸胍溶液，并使之遍布整个平皿。用橡皮细胞刮子擦刮平皿，回收黏稠的细胞裂解液，用装有 20-G 针头的 6 ml 注射器往返抽吸裂解物，并合并在一起。

1b) *用于悬浮培养细胞*：300 *g* 室温离心 5 min 回收（≤10^8）细胞，重悬于相当于 1/2 原有体积的 PBS，并再次离心回收细胞，弃上清。加入 3.5 ml 异硫氰酸胍溶液。

2) 用装有 20-G 针头的 6 ml 注射器将黏稠的细胞裂解液往返抽吸 4 次以剪切 DNA，并将其移至一个干净的试管中。

3) 在经硅化并高压灭菌过的 13 mm×51 mm 的异质同晶聚合物超速离心管中，加入 1.5 ml 5.7 mol/L CsCl，并在此垫层上加入 3.5 ml 细胞裂解液形成分级梯度，界面应清晰。

4) 于 18℃用 Beckman SW-55 转子 150 000 *g* 离心 12～20 h。设置离心机缓慢加速和减速以避免破坏梯度。
5) 用巴斯德吸管的管尖在液面上吸取上清，管子随液面的下降而下降。当吸至仅剩约 100 μl 时，小心倒置管子，倒出剩余液体。必须仔细地完全移去在界面处白色的带，因为它含有染色体 DNA。
6) 晾干沉淀约 5～10 min，然后以 360 μl TES 溶液重悬沉淀，反复地以吸管上下抽吸，如此在室温进行 5～10 min，转移溶液于另一干净的微量离心管。
7) 加入 40 μl 3 mol/L pH 5.2 的乙酸钠缓冲液和 1 ml 无水乙醇，在干冰/乙醇中放置 30 min，4℃离心 10～15 min，弃上清。用 360 μl 水重溶沉淀并重复沉淀过程。
8) 让沉淀晾干 10 min，溶解于 200 μl 水。取 10 μl 稀释至 1 ml 碱性水中测 A_{260} 和 A_{280} 定量（见附录 3D）。RNA 可以水溶液或乙醇沉淀的形式在 －70℃储存。

这些 RNA 对于 Northern、S1 或 SP6 分析已经足够纯净。更纯净的 RNA，在重悬沉淀于 TES 溶液以后，用 360 μl 4∶1（*V/V*）氯仿/1-正丁醛抽提，留上清。加入 360 μl TES 溶液抽提氯仿。合并上清，加入 0.1 体积的 3 mol/L 乙酸钠，pH 5.2 和乙醇沉淀如步骤 7。

4.1.3 备择方案 2 CsCl 纯化组织 RNA

由于一些组织（如胰脏和脾脏）含有高浓度的内源性 RNA 酶，因此纯化源于组织的 RNA 需更加小心。

附加材料（亦见基本方案；带√项见附录 1）

液氮
√组织胍溶液
20%（*m/V*）肌氨酰（Sarkosyl）
氯化铯（CsCl）
√组织重悬液
组织捣碎机

步骤

1) 从动物体快速取出组织，切成小于 2 g 的小组织块，在液氮中速冻。每 2 g 小组织块加入 20 ml 组织胍溶液，立即在组织捣碎机中研磨 2～3 次，每次 10 s。
2) 于 12℃，用 SS-34 转子 12 000 *g* 离心 10 min。上清加入 0.1 倍体积的 20%肌氨酰，65℃加热 2 min。
3) 每毫升液体加入 0.1 g CsCl，并使之溶解。将样品加于已高压及硅化处理的异质同晶聚合物离心管中的 9 ml 5.7 mol/L CsCl 垫层之上。在 SW-28 转子于 22℃ 113 000 *g* 离心过夜。
4) 小心移去上清（见备择方案 1 步骤 5），倒转离心管以使剩余液体流干。切下离心管的底部（含 RNA 沉淀），将其放在一个 50 ml 塑料管中。
5) 加入 3 ml 组织重悬液，在 4℃过夜或更久重悬沉淀。

6) 依次以酚/氯仿/异戊醇（25：24：1）和氯仿/异戊醇（24：1）抽提（见2.1）。
7) 加入0.1倍体积的3 mol/L pH 5.2的乙酸钠和2.5倍体积的无水乙醇，置干冰/乙醇30 min沉淀RNA。4℃离心10～15 min，弃上清，沉淀溶于水（见2.1）。
8) 定量RNA并储存（见备择方案1步骤8）。

参考文献：Chirgwin et al，1979；Chomczynski，1989；Chomczynski and Sacchi，1987.
撰 稿 人：Robert E Kingston，Piotr Chomczynski，and Nicoletta Sacchi

4.2　酚/SDS法制备植物RNA

基本方案

此法能从各种各样真核细胞组织中制备RNA。

材料（带√项见附录1）

液氮速冻的植物组织
√TLE溶液
√TLE缓冲液平衡酚
氯仿
8 mol/L和2 mol/L LiCl溶液
√3 mol/L乙酸钠
无水乙醇
Polytron匀浆器（Brinkmann PT 10/35）

注意：乙酸钠、水和氯化锂溶液应当用DEPC处理以抑制RNA酶活性（见附录1）。

步骤

1) 研钵和研棒先用液氮冷却，称出15 g冻结植物组织于研钵中用研棒磨成粉末，按需要加入液氮以保持组织冷冻。
2) 立即转移到一个盛有135 ml TLE溶液、15 ml 10% SDS和50 ml TLE缓冲液平衡酚的500 ml烧杯中。用Polytron匀浆器中速（设定在5～6档）匀浆2 min。
3) 加入50 ml氯仿，并用匀浆器在低速下匀浆。将混合物移至500 ml的Nalgene离心瓶中，于50℃加热20 min。于4℃用JA-10转子在17 700 *g*下离心20 min。
4) 从初次抽提中（见步骤3）将上层水相移至另一个干净Nalgene离心瓶中，不要扰动界面，加入50 ml TLE缓冲液平衡酚，振荡混匀。再加50 ml氯仿，置于一边。
5) 将上步残余的水相连同界面上的物质移入一50 ml Oak Ridge离心管中，于4℃用JA-20转子17 700 *g*离心20 min。移出并将上层水相加入到步骤4中的水相中。
6) 剧烈混合。于4℃用JA-10转子17 700 *g*离心15 min，水相移入另一干净500 ml离心瓶。
7) 用TLE平衡酚和氯仿反复抽提，直至两相间界面干净为止（通常总共3次抽提）。

水相再以氯仿最后抽提一次。

如果没有必要去除 DNA 污染［如要进行 poly(A)$^+$ 筛选时］，仅乙醇沉淀（见 2.1）。要去除 DNA，接步骤 8。

8) 将水相移入 250 ml Nalgene 离心瓶中，加入 1/3 体积的 8 mol/L LiCl 至终浓度为 2 mol/L。在 4℃沉淀过夜。于 4℃用 JA-14 转子 15 300 *g* 离心 20 min。沉淀以 2～3 ml 2 mol/L LiCl 溶液冲洗，以 5 ml 水重悬，然后移入 15 ml Sarstedt 离心管中。
9) 加入 1/3 体积的 8 mol/L LiCl 溶液（终浓度 2 mol/L）于 4℃沉淀 RNA 2 h 以上。于 4℃用 JA-20 转子 12 100 *g* 离心 20 min，用 2 mol/L LiCl 溶液冲洗一下，重溶于2 ml 水。
10) 加入 200 μl 3 mol/L 乙酸钠溶液和 5.5 ml 无水乙醇，－20℃沉淀过夜或在干冰/乙醇中沉淀 30 min。于 4℃用 JA-20 转子 17 700 *g* 离心 15 min，用 1 ml 水重溶 RNA。
11) 取 10 μl 稀释至 1 ml 测 A_{260} 和 A_{280}（见附录 3D，1 OD_{260} = 40 μg/ml RNA）。

参考文献：Palmiter，1974.

4.3 制备细菌 RNA

注意：水和其他溶液应当用 DEPC 处理以抑制 RNA 酶活性（见附录 1）。

4.3.1 基本方案 1 从革兰氏阴性菌中分离高质量的 RNA

按本方案从大肠杆菌或蓝细菌制备的高质量 RNA 适于 Northern 印迹、S1 核酸酶作图和引物延伸试验。

材料（带√项见附录 1）

大肠杆菌或蓝细菌培养物
√终止缓冲液
√STET 裂解液
200 mmol/L 和 10 mmol/L 氧钒核苷复合物（VRC，Life Technologies）
缓冲液平衡酚
氯仿
3 mol/L 乙酸钠，pH 6.0
冰冷的无水和 70％乙醇
氯化铯，固体
CsCl 垫层：5.7 mol/L CsCl，100 mmol/L EDTA，pH 7.0
配有合适聚碳酸酯离心管的 TLA-100.3 或 SW-41 转子

步骤

1) 培养 100 ml 大肠杆菌或 500 ml 蓝细菌至对数生长期，加入 1/20 体积终止缓冲液终止生长，置于冰上。

终止缓冲液含有核酸酶抑制剂ATA，由于此抑制剂影响一些酶的活性，如制备的RNA用于引物延伸或S1作图，则不要使用。

2）于4℃用Beckman JA-14转子5500 *g*离心5 min收集细胞。用2 ml STET裂解液重悬细胞，加入100 μl 0.2 mol/L的VRC，移入15 ml聚丙烯管子。

3）加入1 ml缓冲液平衡酚，振荡1 min；再加1 ml氯仿，振荡1 min。于4℃用JA-17转子10 000 *g*离心10 min，收集上层水相，不要扰动硬壳状界面。

4）加入1/10体积3 mol/L乙酸钠和2倍体积冰冷无水乙醇，于4℃用JA-17转子10 000 *g*离心10 min。用2 ml 10 mmol/L VRC溶液重溶沉淀。

5）用1∶1酚/氯仿抽提2次以上，重新沉淀。

6a）*如用TLA-100.3转子*：重溶沉淀于2 ml DEPC处理水中，加1 g固体CsCl并使之完全溶解，取2.25 ml加在13 mm×51 mm TLA-100.3聚碳酸酯离心管中的0.75 ml CsCl垫层之上，于20℃ 280 000 *g*离心1 h。

6b）*如用SW-41转子*：重溶沉淀于6 ml DEPC处理水中，加入4.5 g固体CsCl并使之完全溶解，补加DEPC处理水至9 ml。将其加在14 mm×89 mm SW-41超净离心管的3 ml CsCl垫层之上，于20℃ 150 000 *g*离心24 h。

7）立即用无菌巴斯德吸管小心地移去界面的DNA层，然后移去上层CsCl液，倾去残余液体，作一记号标记RNA沉淀的所在，用纸巾擦干离心管壁。

8）沉淀用0.36 ml DEPC处理水重溶并移至1.5 ml的微量离心管中。加入1/10体积3 mol/L乙酸钠和2.5倍体积冰冷无水乙醇，于−70℃沉淀20 min，于4℃用微量离心机高速离心5 min。

9）RNA沉淀加入1 ml冰冷70%乙醇，再于4℃用微量离心机高速离心5 min。晾干沉淀，并溶解于200 μl DEPC处理过的水。

10）测A_{260}和A_{280}定量RNA（见附录3D），最后调节浓度至4 μg/μl，于−70℃长期保存或以乙醇沉淀的形式保存。

4.3.2 备择方案 从革兰氏阴性菌中快速分离RNA

这个方案对*E. coli*和其他革兰氏阴性菌很适合。

附加材料（亦见基本方案1；带√项见附录1）

革兰氏阴性菌培养液

√原生质体缓冲液

50 mg/ml溶菌酶

√革兰氏阴性菌裂解缓冲液

焦磷酸二乙酯

饱和NaCl溶液：于100 ml DEPC处理水中加入40 g NaCl

步骤

1）于4℃ Sorvall SS-34转子中12 000 *g*离心10 min，从10 ml革兰氏阴性菌培养液中回收

菌体，重悬于10 ml原生质体缓冲液，加入80 μl 50 mg/ml溶菌酶，冰浴15 min。

2) 于4℃ SS-34转子中5900 *g*离心5min。沉淀用0.5 ml革兰氏阴性菌裂解缓冲液重悬，加入15 μl DEPC，轻轻混匀。移至微量离心管中，37℃温育5 min。

3) 在冰浴中冷却，加入250 μl饱和NaCl，颠倒混匀，冰浴10 min。

4) 于4℃或室温用微量离心机高速离心10 min，将上清移至两个干净的微量离心管中。

5) 各加入1 ml冰冷无水乙醇，在干冰中沉淀30 min或−20℃过夜。于4℃用微量离心机高速离心15 min。沉淀用500 μl冰冷70%乙醇冲洗，晾干，用100 μl DEPC处理水溶解。

6) 取10 μl稀释于1 ml水中，测 A_{260} 和 A_{280} 以定量RNA（见附录3D），保存剩余的RNA于 −70℃。

4.3.3 基本方案2 从革兰氏阳性菌分离RNA

材料（带√项见附录1）

细菌培养物
√裂解缓冲液
√缓冲液平衡酚
氯仿
异戊醇
5 mol/L NaCl
冰冷的无水和70%乙醇
√DNA酶消化缓冲液
2.5 mg/ml无RNA酶的DNase I（见3.9）
√TE缓冲液，pH 8.0
带微探头的超声发生器

步骤

1) 于Sorvall SS-34转子中4℃ 12 000 *g*离心10 min从10 ml细菌培养物回收细菌。重悬菌体于0.5 ml裂解缓冲液，并移入微量离心管中，在干冰中冻结。

2) 解冻并用微探头超声发生器以30W超声3次，每次10 s（避免起泡），37℃温育60 min。

3) 加入等体积的25∶24∶1酚/氯仿/异戊醇（见2.1）抽提，于室温微量离心机高速离心5 min，上层水相移入另一干净试管中。重复一次，然后用1体积24∶1氯仿/异戊醇抽提。

4) 在微量离心管加入400 μl水相和15 μl 5 mol/L NaCl，并加满冰冷的无水乙醇。混匀并于冰上放置15～30 min，或于−20℃过夜。于4℃微量离心机离心15 min，沉淀用500 μl冰冷的70%乙醇冲洗，晾干。

5) 用95 μl DNA酶消化缓冲液溶解沉淀，加4 μl 2.5 mg/ml无RNA酶的DNase I，37℃温育60 min。

6) 用 25∶24∶1 酚/氯仿/异戊醇抽提 1 次，移出水相，有机相加入 100 μl TE 缓冲液再次抽提，合并两次水相。
7) 用氯仿/异戊醇抽提 1 次，
8) 加入 10 μl 5mol/L NaCl 和 600 μl 无水乙醇，混匀，在 −20℃过夜或置于干冰/乙醇中 15 min 沉淀。用微量离心机于 4℃下高速离心 15～30 min。沉淀用 500 μl 冰冷的 70%乙醇洗涤，晾干，溶解于 100 μl DEPC 处理过的水。
9) 取 10 μl 稀释于 1 ml 水，测 A_{260} 和 A_{280} 以定量 RNA（见附录 3D），其余的 RNA 置 −70 ℃保存。

参考文献：Reddy et al., 1990；Summers，1970.
撰 稿 人：K. J. Reddy and Michael Gilman

4.4 poly(A)$^+$ RNA 的制备

基本方案

材料（带√项见附录 1）

mol/L NaOH
寡聚脱氧胸苷［oligo（dT）］纤维素
0.1 mol/L NaOH
√Poly（A）样品缓冲液
10 mol/L LiCl
√中度洗脱缓冲液
2 mmol/L EDTA/0.1% SDS
√3 mol/L 乙酸钠
100%乙醇
无 RNA 酶的 TE 缓冲液
柱子：用硅烷化玻璃纤维填充的硅烷化的玻璃巴斯德吸管或一次性小柱（2 ml 容积）
SW-55 离心管

注意：水、10 mol/L 氯化锂和 3 mol/L 乙酸钠应当用 DEPC 处理以抑制 RNA 酶活性。纯化柱和离心管应当硅烷化过（见附录 3B）。

步骤

1) 先用 10 ml 5 mol/L NaOH 清洗硅烷化的层析柱，然后用水冲洗。
2) 取 0.5 g oligo（dT）纤维素干粉加于 1 ml 0.1 mol/L NaOH 中，倒入柱内，以约 10 ml水冲洗。

对所选择的 RNA 量不要使用太大的柱是很重要的，因为最终的 poly（A）$^+$ RNA 会被过度稀释，使得样品沉淀和操作的效率会很低。通常，5～10 mg RNA 用 1 ml oligo（dT）纤维素已经足够。

3) 用 10～20 ml poly（A）加样缓冲液平衡柱子，至流出液 pH 约 7.5。

4) 于 70℃加热含 2 mg 总 RNA 的水溶液 10 min，再用 10 mol/L LiCl 调节溶液中 LiCl 至终浓度 0.5 mol/L。

5) 加 RNA 溶液至 oligo（dT）柱，并以 1 ml poly（A）加样缓冲液洗涤，将流出液重新上柱 2 次以保证所有 poly（A）$^{+}$ RNA 已经结合到 oligo（dT）上。

6) 用 2 ml 中度洗脱缓冲液洗柱子。

7) 用 2 ml 2 mmol/L EDTA/0.1% SDS 洗脱 RNA 至一个新的试管。

8) 按步骤 3 重新平衡柱子，用洗脱出的 RNA 如步骤 4～7 重复 poly（A）$^{+}$ 选择。

9) 加入 1/10 体积的 3 mol/L 乙酸钠和 2.5 倍体积乙醇至收集的 RNA 溶液，移至 2 个硅烷化的 SW-55 离心管中，－20℃放置过夜或干冰/乙醇中 30 min。

10) 于 Beckman SW-55 转子中 4℃ 304 000 *g* 离心 30 min。弃去乙醇，晾干沉淀，重溶于 150 μl 无 RNA 酶的 TE 缓冲液，合并样品。

11) 取 5 μl 在 70℃加热 5 min 后，1%琼脂糖凝胶电泳中检查 RNA 的质量（见 2.6）。从加样的总 RNA 中可回收约 1% poly（A）$^{+}$RNA，电泳检测 poly（A）$^{+}$ RNA 应在 20 kb 以下呈弥散状，无明显 rRNA 条带。

参考文献：Aviv and Leder，1972.

撰 稿 人：Robert E. Kingston

4.5 用单链 DNA 探针进行 mRNA 的 S1 核酸酶作图分析

S1 作图能用以确定 RNA 的 5′端和内含子边界，见图 4.5.1。

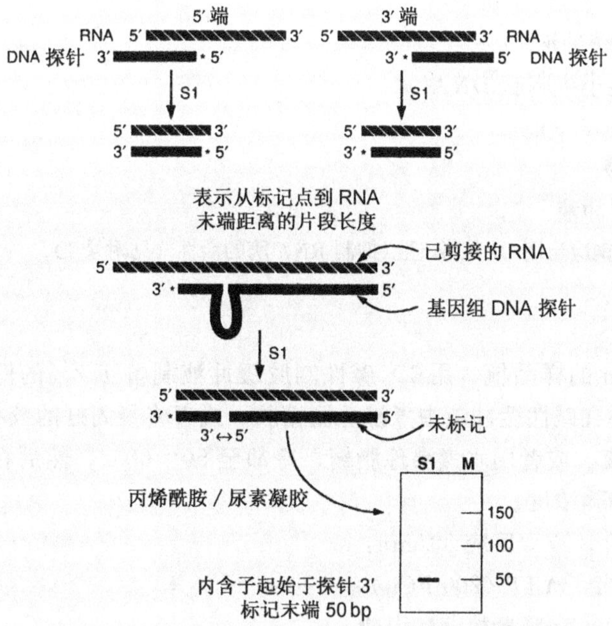

图 4.5.1 S1 核酸酶作图定位 RNA 5′端及内含子边界。

4.5.1 基本方案　用 M13 模板进行 mRNA 的 S1 作图

材料（带√项见附录 1）

低熔点琼脂糖（如 SeaPlaque；FMC Bioproducts）

√50×碱性制胶缓冲液

[γ-^{32}P] ATP（10 mCi/ml，6000 Ci/mmol）

100 μg/ml 寡聚核苷酸引物（见 2.14；20～30 个核苷酸为佳）

√10×T4 多核苷酸激酶缓冲液

T4 噬菌体多核苷酸激酶（见 3.7）

18 μg 含目的序列的单链模板 DNA（如 M13mp 克隆）

√10×TM 缓冲液

4 mmol/L 4dNTP 混合液（见 3.2）

大肠杆菌 DNA 聚合酶 I Klenow 片段（见 3.3）

√5 mol/L 乙酸铵

100%和 70%乙醇

√碱性加样缓冲液

√50×碱性电泳缓冲液

√TE 缓冲液

√10 mg/ml tRNA

3 mol/L 和 0.3 mol/L 乙酸钠，pH 5.2

√S1 杂交液

√2×S1 核酸酶缓冲液

2 mg/ml 单链小牛胸腺 DNA

S1 核酸酶（见 3.9）

√S1 终止缓冲液

√甲酰胺样品缓冲液

注意：水和乙酸钠应当用 DEPC 处理以抑制 RNA 酶的活性（见附录 1）。

步骤

1) 使用齿宽 8 mm 的样品梳，用 1×碱性制胶缓冲液制备 1.2%的低熔点琼脂糖凝胶（见 2.6）。不要在碱性缓冲液中煮沸琼脂糖胶。或者将凝固好的胶在 1×碱性电泳缓冲液中浸泡过夜，或者用水煮沸琼脂糖，冷却至 50～60℃，然后在铺胶前加入碱性电泳缓冲液至 1×浓度。

2) 将以下试剂混合，37℃反应 30 min：

　　20 μl [γ-^{32}P] ATP（200 μCi）
　　1 μl 100 μg/ml 寡聚核苷酸引物
　　2.5 μl 10×多核苷酸激酶缓冲液
　　4 U T4 噬菌体多核苷酸激酶

引物必须产生一个 S1 分析过后能得到一个 50～250 nt 被保护片段的探针。

3) 65℃加热 5 min 灭活激酶。

4) 将溶于 55 μl 水的 18 μg 单链模板 DNA 和 9 μl 10×TM 缓冲液加入已磷酸化的寡聚核苷酸中。40℃孵育 15 min 使寡核苷酸和模板复性。

5) 加入 9 μl 4 mmol/L dNTP 混合液（终浓度 400 μmol/L）和 2 μl (10 U) Klenow 片段，37℃保温 30 min 以延伸探针。65℃加热 5 min 灭活 Klenow 片段后置于冰浴。

6) 加入 10 μl 10×限制酶缓冲液和 40 U 适合的限制性内切核酸酶（见 3.1），37℃保温 45 min 以切割探针至合适长度，65℃加热 5 min 灭活限制酶。

限制酶切割位点应在目的片段的足够上游处，以保证能清楚地区分被保护目的片段和未被消化的探针。

7) 加入 100 μl 5 mol/L 乙酸铵和 500 μl 乙醇，－20℃沉淀过夜或干冰/乙醇中放置 15 min（见 2.1）。在微量离心机中离心 15 min，晾干沉淀。

8) 将沉淀物重溶于 25 μl 碱性加样缓冲液，加样至凝胶（见步骤 1)，并在最大电压降为 1.8 V/cm、1×碱性电泳缓冲液电泳 4 h（如果电压过高，凝胶在此缓冲液会很快融化；见 2.6)。

9) 凝胶用 X 射线胶片曝光 3 min，冲洗胶片。对比凝胶和胶片，切下探针所在处的凝胶。上部较黑的条带是探针，下部的带是未杂交的寡核苷酸。

10) 65℃融化，加入等体积的 TE 缓冲液，再在 65℃加热 10 min。加入 1 μl 10 mg/ml tRNA 用缓冲液平衡酚抽提 2 次（不要用酚/氯仿），两次均要避免白色界面（见 2.1)。

11) 加入 0.1 体积的 3 mol/L pH 5.2 的乙酸钠及 2 倍体积无水乙醇沉淀。沉淀用 100 μl 0.3 mol/L 乙酸钠重溶，取 1 μl 在一个液闪计数器中进行切伦科夫计数测定 cpm/μl。

从 0.1 μg 寡核苷酸可获得 1×10^7～2×10^7 cpm 单链探针。

12) 在冰上不多于 50 μg RNA 中加入 5×10^4 切伦科夫计数的探针。调整最终体积为 100 μl，盐浓度为 0.3 mol/L 乙酸钠。加入 250 μl 乙醇沉淀。以 70%乙醇冲洗，并倒扣在 Kimwipes 纸上晾干 30 min（不要用 Speedvac 蒸发器）。

13) 重溶沉淀于 20 μl S1 杂交液。用吸头吸打不少于 50 次，并剧烈振荡。65℃变性 10 min，30℃杂交过夜。

14) 准备以下混合物（每个反应）：

150 μl 2×S1 核酸酶缓冲液

3 μl 2 mg/ml 单链小牛胸腺 DNA

147 μl 水

300 U S1 核酸酶

每个杂交反应加入 300μl，30℃反应 60 min。加入 80 μl S1 终止缓冲液以终止反应。

15) 加 1 ml 无水乙醇，沉淀。以 70%乙醇洗涤沉淀，在 Speedvac 蒸发器中干燥 5 min。重溶于 3 μl TE 缓冲液。

16) 加入 4 μl 甲酰胺加样缓冲液，煮沸 3 min 后，置于冰上。取 3～5 μl 在适当浓度的聚丙烯酰胺/尿素变性胶（见 7.7）上分析被保护条带的预期大小。

4.5.2 备择方案1 从双链质粒模板合成单链探针

附加材料（亦见基本方案）

双链质粒模板DNA

10×NaOH/EDTA溶液（2 mol/L NaOH，2 mmol/L EDTA，pH 8）

1.5 mol/L的乙酸铵pH 4.5

步骤

1）制备18 μg双链质粒DNA于DEPC处理水中，加入足量10×NaOH/EDTA溶液至1×的浓度，在室温放置5 min。

2）加入1.5倍体积的1.5 mol/L pH 4.5乙酸铵中和。加入2.5倍体积乙醇于−70℃沉淀15 min。离心，沉淀用70%乙醇洗涤后，在Speedvac蒸发器中干燥5 min。

3）重溶于55 μl水中，加入基本方案步骤4中的反应替代55 μl单链模板。

4.5.3 备择方案2 用寡核苷酸探针进行mRNA的定量S1分析

当RNA的结构已知时，这是一个测定RNA量的理想方案。

附加材料（亦见基本方案；带√项见附录1）

√3×水相杂交液（可选）

√0.5 mol/L EDTA（可选）

0.1 mol/L NaOH（可选）

步骤

1）设计5′端40～80个核苷酸残基与RNA编码链互补的寡聚核苷酸（见2.14）。5′的dG或dC残基可以使RNA：DNA双体的散开最小化。为了确定RNA的5′端点，寡聚核苷酸的3′端必须有不少于4个残基延伸出RNA的编码区之外（如最上游RNA起始位点的上游）。

2）对于与对照RNA对应的探针，多聚核苷酸可以与RNA内部序列互补。然而，3′端应当包含不少于4个与RNA不互补的额外核苷酸，在RNA：DNA杂交体中，嘌呤与嘌呤相对，嘧啶与嘧啶相对。

3）建立如下25 μl反应体系（见3.7）：

每种寡核苷酸各2 pmol

150 μCi [γ-^{32}P] ATP（3000～7000 Ci/mmol）

2.5 μl 10×T4多核苷酸激酶缓冲液

10 U T4噬菌体多核苷酸激酶

4）37℃保温30～60 min，酸性沉淀寡核苷酸（见3.2）检测磷酸化的程度。75℃加热10 min终止反应。

对于 2 pmol 两个寡核苷酸，理论掺入是 5%～15%。

5) 加入 10 mg/ml 的 tRNA 1 μl，4 mol/L 的乙酸铵 26 μl，乙醇 110 μl，以沉淀寡核苷酸（见 2.1）。加入 26 μl 水重悬，再加入 4 mol/L 的乙酸铵 26 μl、乙醇 110 μl，重新沉淀。探针储存于－20℃（至少在 6 周内是稳定的）。

另外，也可选用以 BioGel P-2 柱层析从未掺入的前体中分离标记的探针。

杂交、S1 消化和产物分析可按照基本方案（从步骤 12 开始）操作或进行如下所述的水相杂交。

6) 建立如下 30 μl 杂交反应体系：

20 μl RNA（超过 50 μg）

9 μl 3×水相杂交液

1 μl 探针混合物（每种寡核苷酸 0.3 ng 或约 10^5 cpm）

于 75℃加热 10 min 并 55℃温育过夜。

7) 短暂离心，将反应管置于 37℃，加入 270 μl 含 100～300 U S1 核酸酶混合物（见基本方案步骤 14），37℃孵育 30～60 min。

8) 加入 3 μl 0.5 mol/L EDTA、1 μl 10 mg/ml 的 tRNA 和 0.7 ml 乙醇。管子置于干冰中沉淀 10～15 min，以 70%乙醇洗涤（见 2.1），重溶于 10 μl 0.1 mol/L NaOH。

9) 取 3 μl 和 3 μl 甲酰胺加样缓冲液混合，90℃加热 2 min，变性聚丙烯酰胺凝胶电泳分析结果（见 7.7）。

10) 测定光密度和条带强度。用对照 RNA 的量对目的 RNA 的量进行均一化。

4.5.4 辅助方案 S1 核酸酶 mRNA 定量分析的控制（参数）

步骤

1) 用恒定量的探针对不同量的 RNA 进行杂交分析，以保证条带的深度与 RNA 加入的量成比例。探针必须过量。

2) 通过改变杂交温育时间优化杂交反应。杂交反应必须彻底。

3) 优化杂交温度，使 RNA∶DNA 杂合链同样稳定。

4) 改变 S1 核酸酶的用量。

参考文献：Sharp et al., 1980.

撰 稿 人：John M. Greene and Kevin Struhl

4.6 核酸酶保护试验

4.6.1 基本方案

核酸酶保护试验是 S1 核酸酶作图分析法（见 4.5）以外的备择方案，它以噬菌体启动子转录出的 RNA 作为探针，具有高的比活性。

材料（带√项见附录 1）

√5×转录缓冲液

200 mmol/L 二硫苏糖醇（DTT）

√4 mmol/L 3NTP 混合液

[α-^{32}P] CTP（10 mCi/ml，400～800 Ci/mmol）

胎盘核酸酶抑制剂（如 Promega 公司的 RNAsin）

0.5 mg/ml DNA 模板（见辅助方案 1）

噬菌体 RNA 聚合酶（SP6、T3 或 T7；见 3.6）

无 RNA 酶的 DNA 酶 I（见 3.9）

√10 mg/ml tRNA

2.5 mol/L 乙酸铵

75%（*V*/*V*）乙醇/25%（*V*/*V*）0.1 mol/L pH 5.2 的乙酸钠

√杂交液

√核酸酶消化缓冲液

2 mg/ml 核酸酶 A 和 0.1 mg/ml 核酸酶 T1（见 3.10）

20%（*m*/*V*）十二烷基硫酸钠（SDS）

20 mg/ml 蛋白酶 K（储存于－20℃）

√RNA 加样缓冲液

注意：水和乙酸钠应当用 DEPC 新处理过以抑制 RNA 酶活性（见附录 1）。

步骤

1）在一个高压灭菌的微量离心管中（按顺序）混合下列组分：

4 μl 5×转录缓冲液

1 μl 200 mmol/L DTT

2 μl 的 4 mmol/L 3NTP 混合液

10 μl [α-^{32}P] CTP（100 μCi）

1 μl 胎盘核酸酶抑制剂（20～40 U）

1 μl 0.5 mg/ml 模板 DNA（终浓度 25 μg/ml）

1 μl SP6、T3 或 T7 RNA 聚合酶（5～10 U）

40℃（SP6）或 37℃（T3 或 T7）保温 30～60 min。

与之配套的相应 3NTP 混合物一起，可用标记的 GTP 或 UTP 替代。

2）加入 5 μl 或 10 U 无 RNA 酶的 DNaseI，37℃温育 15 min。

3）加入 2 μl 10 mg/ml 的 tRNA，补水至 50 μl。以酚/氯仿/异戊醇抽提（见 2.1）。

4）水相加入 200 μl 2.5 mol/L 乙酸铵和 750 μl 无水乙醇，混匀后在冰浴放置 15 min 沉淀。于 4℃在微量离心机中离心 15 min（见 2.1）。

如果 RNA 探针要用胶纯化，后接辅助方案 2。

5）沉淀溶于 50 μl 水，重新沉淀两次。

只要小心避免 RNA 酶污染，多聚 RNA 也可以用离心柱从前体中分离。

6）沉淀以 75%乙醇/25% 0.1 mol/L pH 5.2 的乙酸钠洗涤、晾干，然后溶解于 100 μl 杂交液。取 1 μl 在液体闪烁计数器中测定掺入。

探针的比活性是 10^9 cpm/μg，但它降解迅速，在制备的当天使用或储存 4℃最多几天。

7) RNA 以乙醇沉淀或（若保存在水里）冻干，并溶解于 30 μl 含 5×10^5 cpm RNA 探针的杂交液中，于 85℃加热变性 5 min。移至设定的杂交温度（如 30～60℃），温育过夜（8 h 以上）。

对于总细胞或胞质 RNA，10 μg 通常足够大部分信号。设定一个含有 tRNA 作为杂交背景和核酸酶消化完全的对照。这个杂交反应应当不产生被保护的探针。

8) 加入 350 μl 含 40 μg/ml 的核酸酶 A 和 2 μg/ml 核酸酶 T1（新鲜加入）的核酸酶消化缓冲液，于 30℃温育 30～60 min。
9) 加入 10 μl 20%（*m/V*）SDS 和 2.5 μl 20 mg/ml 的蛋白酶 K。37℃温育 15 min。
10) 用 400 μl 酚/氯仿/异戊醇抽提，水相移入含 1 μl 10 mg/ml tRNA 的离心管中。
11) 加入 1 ml 乙醇沉淀，晾干后溶解于 3～5 μl RNA 加样缓冲液中。于 85℃加热变性 3 min，在变性的聚丙烯酰胺/尿素凝胶中分析（见 7.7）。

4.6.2 辅助方案 1 模板 DNA 的制备

1) 将目的片段克隆到一个含有噬菌体启动子的质粒载体中（见 3.13）。
2) 用一个在探针序列下游即时切割的限制性内切核酸酶消化 DNA（见 3.1）。完全切割但是不要过度消化。

这允许产生单一大小的转录物。只要不在噬菌体启动子内切割，酶可以在多个位点切割：如探针序列，或载体 DNA 的中间。最好是用能产生 5′凸出末端的限制性内切核酸酶。不要用留下 3′ 凸出末端的酶切割，因为这些凸出末端会作为聚合酶的起始位点，导致与探针互补的 RNA 的合成。

2) 酚/氯仿抽提切割了的 DNA 并用乙醇沉淀（见 2.1）。以 0.5 mg/ml 的浓度溶解在无 RNA 酶的 TE 缓冲液中。

少到 100 ng 模板 DNA 就能产出合理量的探针。

4.6.3 辅助方案 2 RNA 探针的胶提纯

1) 第一次乙醇沉淀后（见基本方案步骤 4），晾干沉淀，溶于 10 μl RNA 加样缓冲液，85℃加热 5 min 以使 RNA 变性。
2) 加样于 14 cm 长、0.4 mm 厚的 6%聚丙烯酰胺凝胶（丙烯酰胺与亚甲双丙烯酰胺之比为 29∶1)。在 1×TBE 缓冲液中，300 V 电压下电泳至溴酚蓝染料泳动了 1/2～2/3 凝胶。

使用非变性胶有速度快的好处（见 2.9），但一定要在加样前使 RNA 完全变性。如果需要，也可使用含尿素的变性凝胶（见 2.15 和 7.7）。

3) 用一张感光片曝光 30 s，切下含有全长 RNA 的条带。在 400 μl 洗脱液（见附录 1）中 37℃摇动 2～4 h，洗脱 RNA。
4) 将洗脱液移至干净的微量离心管中，加入 1 ml 无水乙醇。冰浴 15 min 后在微量离心机中离心 15 min。重溶 RNA 沉淀于 50 μl 杂交液中，取 1 μl 在液体闪烁计数器计数。

这个方案应该产出足够进行 50 次以上杂交的探针。与基本方案相比，产量较小，但背景会降低。

参考文献：Melton et al.，1984.

撰 稿 人：Michael Gilman

4.7 引物延伸

基本方案

引物延伸法是通过逆转录酶延伸与目的 RNA 部分序列互补的引物以定位待测 RNA 的 5′端和对已知 RNA 定量的方法。

材料（带√项见附录 1）

10×T4 噬菌体多核苷酸激酶缓冲液（见 3.2）

0.1 mol/L 和 1 mol/L 二硫苏糖醇（DTT）

1 mmol/L 亚精胺

50～100 ng/μl 寡聚核苷酸引物（5～10 μmol/L；见 2.14）

10 μCi/μl [γ-^{32}P] ATP（3000 Ci/mmol）

20～30 U/μl T4 多核苷酸激酶（3.7）

√0.5 mol/L EDTA，pH 8.0

√TE 缓冲液，pH 8.0

阳离子交换树脂（如 Bio-Rad AG 50W-X8），以 0.1 mol/L Tris · Cl（pH7.5）/0.5 mol/L NaCl 平衡

阴离子交换树脂（如 Whatman DE-52），以 TEN100 缓冲液平衡

TEN 100、300 和 600 缓冲液：含 NaCl 浓度分别为 100、300 或 600 mmol/L 的 TE 缓冲液，pH 7.5

细胞总 RNA（见 4.1 和 4.2）

√10×杂交液

√1 mol/L Tris · Cl 缓冲液，pH 8.3

0.5 mol/L $MgCl_2$

1 mg/ml 放线菌素 D（4℃避光保存）

10 mmol/L 4 dNTP 混合液（见 3.2）

25 U/μl AMV 逆转录酶（见 3.5）

√RNA 酶反应混合物

√3 mol/L 乙酸钠

√终止/加样染料

硅烷化玻璃棉和 1 ml 吸头（见附录 3B）

注意：水应以 DEPC 处理以抑制 RNA 酶活性（见附录 1）。

步骤

1）依次混合下列试剂（终体积 10 μl）并 37℃温育 1 h：

2.5 μl H_2O

1 μl 10×T4 噬菌体多核苷酸激酶缓冲液

1 μl 0.1 mol/L DTT

1 μl 1 mmol/L 亚精胺

1 μl 50～100 ng/μl 寡核苷酸引物

3 μl 10 μCi/μl [γ-^{32}P] ATP

0.5 μl 20～30 U/μl T4 多核苷酸激酶

引物的寡核苷酸长度约为 20～40 个核苷酸，并选择性产生小于 100 个核苷酸的延伸产物。

2) 加入 2 μl 0.5 mol/L EDTA 和 50 μl TE 缓冲液，于 65℃温育 5 min。

3) 用硅烷化 1 ml 吸头塞上硅烷化玻璃棉制作一离子交换柱，加入 20 μl AG 50W-X8 树脂和 100 μl DE-52 树脂，以 1 ml TEN 100 缓冲液洗柱。

4) 将探针加入柱子，收集流出液再次上柱。依次用 1 ml TEN 100、0.5 ml TEN 300 缓冲液洗。洗脱液（未掺入的核苷酸）按放射性废物处理。

5) 以 0.4 ml TEN 600 缓冲液洗脱，收集流出液为单一组分。保存于－20℃。

6) 对于每个要分析的样品，将下列组分混合（终体积 15 μl）：

10 μl 细胞总 RNA （10～50 μg）

1.5 μl 10×杂交液

3.5 μl 放射性标记寡核苷酸

确保微量离心管密封，并将其淹没在 65℃水浴中 90 min，取出在室温中慢慢冷却。

7) 在冰浴的微量离心管中准备以下反应混合液（每个样品 30.33 μl）：

0.9 μl 1 mol/L Tris · Cl 缓冲液，pH 8.3

0.9 μl 0.5 mol/L $MgCl_2$

0.25 μl 1 mol/L DTT

6.75 μl 1 mg/ml 放线菌素 D

1.33 μl 10mmol/L 4dNTP 混合液

20 μl H_2O

0.2 μl 25 U/μl AMV 逆转录酶

不要用 3.2 中提供的 10×逆转录酶缓冲液，因为杂交液已含有盐。

8) 取 30 μl 加入含有 RNA 及寡核苷酸的微量离心管中（见步骤 6），42℃温育 1 h。

9) 加入 105 μl RNA 酶反应混合物，于 37℃温育 15 min。

10) 加入 15 μl 3mol/L 乙酸钠。用 150 μl 酚/氯仿/异戊醇抽提（见 2.1），将上层水相移入一个干净管子中。

11) 再加入 300 μl 100%乙醇沉淀 DNA （见 2.1），沉淀物以 100 μl 70%乙醇洗涤，空气中开管晾干沉淀 5～10 min。用 5 μl 终止/加样染料液重悬沉淀，65℃水浴加热 5 min。

12) 在 9%丙烯酰胺/7 mol/L 尿素凝胶中电泳至溴酚蓝到达凝胶的底部（见 2.15 和 7.7）。干燥凝胶并用 X 射线片和增感屏曝光（见附录 3A）。

参考文献：Mierendorf and Pfeffer，1987.

撰稿人：Steven J. Triezenberg

4.8 RNA的Northern印迹和狭线杂交分析

注意：为抑制RNA酶的活性，所有用于Northern转印的溶液，均须用经DEPC处理过的无菌去离子水配制（见附录1）。至于建立无RNA酶的操作环境的详情，参阅文献（Wilkinson，1991）。

4.8.1 基本方案　甲醛-琼脂糖凝胶电泳分离RNA的Northern杂交

材料（带√项见附录1）

√10×MOPS电泳缓冲液

12.3 mol/L（37%）甲醛，pH>4.0

RNA样品：细胞总RNA（见4.1～4.3）或poly（A）$^+$ RNA（见4.4）

甲酰胺

√甲醛加样缓冲液

染色液（选择一种）：

含和不含0.5 μg/ml溴化乙锭的0.5 mol/L乙酸铵（见附录1）

含和不含10 μg/ml吖啶橙的1.1 mol/L甲醛/10 mmol/L磷酸钠（pH 7.0；见附录1）

0.05 mol/L NaOH/1.5 mol/L NaCl

0.5 mol/L Tris·Cl（pH7.4；见附录1）/1.5 mol/L NaCl

√20×SSC

溶于0.3 mol/L pH 5.2的乙酸钠的0.03%（*m/V*）的亚甲基蓝（选用）

适于用作探针模板的DNA

√甲酰胺预杂交液和杂交液（FPH）

0.1%（*m/V*）SDS中的2×SSC、0.2×SSC、0.1×SSC

√无RNA酶的玻璃平皿（见DEPC处理）

紫外线透照仪，已校准（见2.11）

尼龙膜或硝酸纤维素膜（表2.11.1）

Whatman 3MM滤纸

真空炉

紫外线可透过塑料保鲜膜（如Saran保鲜膜或其他聚乙烯保鲜膜）

步骤

1）用72 ml水溶解1 g琼脂糖制备1%琼脂糖凝胶（见2.6）。在水浴中冷至60℃时，加入10 ml 10×MOPS电泳缓冲液和18 ml 12.3 mol/L甲醛。将凝固了的凝胶放进电泳池，加入1×MOPS电泳缓冲液至能淹没凝胶面1 mm左右。

按需要缩放配方。凝胶应当有2～6 mm厚，具有足够大以容纳60 μl样品的孔。应当有足够的泳道给样品重复。

注意：皮肤接触和吸入甲醛蒸气对身体有毒害，所有涉及甲醛的操作须在通风橱内进行。

2) 将每份RNA样品(每个重复泳道0.5～10 μg)的体积用水调整至11 μl,然后加入:

   5 μl 10×MOPS电泳缓冲液

   9 μl 12.3 mol/L甲醛

   25 μl甲酰胺

   在涡旋混合器中振荡混匀,并在微量离心机中短暂离心(5～10 s),然后在55℃保温15 min。

3) 加入10 μl甲醛加样缓冲液,在涡旋混合器中振荡,并在微量离心机中稍加离心。按下列顺序上样:所有样品一组接着再加重复组。在5 V/cm电压降下电泳至溴酚蓝染料泳动了凝胶长度的1/2或2/3(约3 h)。

   通常总RNA胶不需要分子质量标准物,因为rRNA分子可以被染色成为尖锐条带并可以用作内参。如果分离的是poly(A)$^+$RNA,可以使用商业化的RNA(如0.24～9.5 kb RNA阶梯;Life Technologies)。

4a) 用溴化乙锭染色:取出凝胶,切下需要染色的泳道。在装有0.5 mol/L乙酸铵无RNA酶的玻璃平皿中洗涤两次,每次20 min。更换溶液为含0.5 μl/ml溴化乙锭的0.5 mol/L乙酸铵,染色40 min,必要时,以0.5 mol/L乙酸铵脱色1 h。

4b) 用吖啶橙染色:取出凝胶,切下需要染色的泳道,在含10 μg/L吖啶橙的1.1 mol/L甲醛/10 mmol/L磷酸钠中染色2 min。必要时,在不含吖啶橙的同样液体中脱色20 min。

5) 在紫外线透照仪中使RNA显迹,沿凝胶的边缘放一把尺子拍照,以便随后能确定膜中的条带。

6) 将非染色的部分凝胶放置于无RNA酶的玻璃平皿,加足够的去离子水浸洗几次。

   按如下处理:

   约10倍胶体积的0.05 mol/L NaOH/1.5 mol/L NaCl中30 min(部分水解)

   10倍胶体积的0.5 mol/L Tris·Cl(pH 7.4)/1.5mol/L NaCl缓冲液(中和)中20 min

   10倍胶体积的20×SSC中45 min。

7) 按照Southern印迹(见2.11基本方案)装置转移平台并转膜过夜。

8) 一起回收膜和压扁了的凝胶并在膜上用铅笔标上加样孔的位置,保证能够识别上下和前后方向(如切去膜的一个角)。用2×SSC洗膜,然后放在一张Whatman 3MM滤纸上,让膜完全干燥。

9) 将膜夹在两张Whatman 3MM滤纸中,80℃真空烤膜2 h使交联。另外,仅对尼龙膜,将干的膜包在能透过紫外线的塑料保鲜膜中,将有RNA的一面朝下,用紫外线透照仪(254 nm)照射合适的时间(见2.11辅助方案)。

10) 如需要的话,凝胶可按步骤4操作,用溴化乙锭或吖啶橙染色以检查转印效率。或(仅对尼龙膜而言)在含0.03%(*m*/*V*)亚甲基蓝的0.3 mol/L pH 5.2的乙酸钠中染色45 s,在水中脱色2 min。

11) 制备RNA或DNA探针(见2.13和3.3),长度为100～1000 bp,放射比活在10^8 dpm/μg以上(见3.2)为理想。除去未标记的核苷酸(见3.2)。

12) 用6×SSC润湿膜。将膜带RNA的面朝上,放入杂交管或可热密封的塑料袋中,每10 cm^2膜面积加入1ml FPH溶液（见2.13）。3 h 42℃（DNA探针）或60℃（RNA探针）旋转保温。对尼龙膜，将时间减少至15 min。

13）如果是双链探针的话，需在水浴或加热器中100℃加热10 min，移至冰上。探针加至杂交管或袋中，如果探针比活为10^8 dpm/μg，使其终浓度为10 ng/ml，如果比活为10^9 dpm/μg，使其终浓度为2 ng/ml。杂交过夜。

14）倒出杂交液，按以下程序依次洗膜：

1体积2×SSC/0.1% SDS 2次，每次5 min

1体积0.2×SSC/0.1% SDS 2次，每次5 min（低严紧度洗涤）

预热的（42℃）0.2×SSC/0.1%SDS，2次，每次15 min（中严紧度洗涤，可选）

预热的（68℃）0.1×SSC/0.1%SDS，2次，每次15 min（高严紧度洗涤，可选）

15）在室温以2×SSC洗膜，吸干多余液体，盖上可透过紫外线的塑料保鲜膜，放射自显影（见附录3A）。

4.8.2　备择方案1　经乙二醛/二甲基亚砜处理的变性RNA Northern杂交

当RNA用乙二醛和二甲基亚砜变性后再在磷酸缓冲液制备的琼脂糖凝胶电泳时可产生更尖锐的条带。

附加材料（亦见基本方案；带√项见附录1）

√10 mmol/L和100 mmol/L pH 7.0的磷酸钠缓冲液

二甲基亚砜（DMSO）

√6 mol/L乙二醛，去离子

√乙二醛加样缓冲液

√20 mmol/L，pH 8.0的Tris·Cl缓冲液

在电泳时对电泳缓冲液进行再循环的循环装置

步骤

1）溶解1.0 g琼脂糖于100 ml 10 mmol/L磷酸钠，pH 7.0，制备1.0%琼脂糖凝胶（见2.6）。将凝固了的凝胶置于电泳槽中，加入10 mmol/L磷酸钠，pH 7.0，至能淹没凝胶1 mm为止。

按需要缩放配方。凝胶应当有2～6 mm厚，具有足够大以容纳60 μl样品的孔。应当有足够的泳道供重复样品用。

2）用水将每份RNA样品（0.5～10 μg每个重复泳道）的体积调至11 μl，然后加入下列成分：

4.5 μl 100 mmol/L磷酸钠pH 7.0缓冲液

22.5 μl DMSO

6.6 μl 6 mol/L乙二醛

在涡旋混合器中混匀，短暂离心（5～10 s）回收液滴，50℃温育1 h。

3）样品在冰上冷却，加入12 μl乙二醛加样缓冲液，按下列顺序上样：所有样品一组接着

再加重复组。电泳进行时持续再循环电泳缓冲液，在4 V/cm电压降下电泳（约3 h）至溴酚蓝染料泳动了凝胶长度的1/2或2/3。

循环以防止形成H^+梯度。

4）将RNA从一组泳道转印到膜上（见基本方案步骤6～10）。

5）一旦转印开始，对另一部分凝胶进行溴化乙锭染色（见基本方案步骤4a和5）。

6）进行杂交（见基本方案步骤11～15），不过紧接杂交之前将膜浸泡于65℃的20 mmol/L Tris·Cl缓冲液，pH 8.0中5 min，以除去乙二醛。

4.8.3 备择方案2 经狭线印迹固定的未分级RNA样品的Northern杂交

固相化的未分级RNA可以用于杂交分析，以测定目的mRNA序列的相对丰度。可以采用细胞总poly（A）＋RNA（见4.1～4.4）。

附加材料（亦见基本方案；带√项见附录1）

0.1 mol/L NaOH

√变性液

√100 mmol/L磷酸钠缓冲液，pH 7.0

二甲基亚砜（DMSO）

√6 mol/L（40%）乙二醛，去离子

3%明胶（*m/V*）（可选）

20 mmol/L Tris·Cl，pH 8.0

用于狭线印迹的带滤板的多样过滤加样器（如Bio-Rad公司的Bio-Dot SF，Schleicher and Schuell公司的Minifold II）。

步骤

1）用0.1 mol/L NaOH和蒸馏水清洗多样过滤加样器。

2）切一张与过滤加样器大小一致的尼龙膜或硝酸纤维素膜。于一玻璃平皿加入10×SSC（用于尼龙膜）或20×SSC（用于硝酸纤维素膜），将膜放入液面并使之淹没，放置10 min。

3）将膜放入加样器中，按供应商的使用指南组装该装置，并在每条狭线都加入10×SSC，保证装置没有空气泄漏。

4a）用甲醛变性：RNA样品（每条狭线至20 μg）加入3倍体积的变性液，于65℃保温15 min，置于冰上。

可用细胞总RNA（见4.1～4.3）或poly（A）$^+$ RNA（见4.4），显然后者更好。

4b）用DMSO/乙二醛变性：用水与RNA（每条狭线直至20 μg）混合至11 μl，加入下列成分：

4.5 μl 100 mmol/L pH 7.0的磷酸钠缓冲液

22.5 μl DMSO

6.6 μl 6 mol/L乙二醛

在涡旋混合器中混匀，稍加离心以收集液滴，于 50℃温育 1 h。

5) 每个样品加入 2 倍体积的冰冷 20×SSC。

6) 开启样品加样器，让 10×SSC（见步骤 3）液滤过，调整至 500 μl 缓冲液流过约 5 min，保持泵打开。

7) 用遮带或加入 500 μl 3%（*V*/*V*）明胶至每个孔来封住不被使用的狭线。可选择地，加入 10×SSC 代替样品至不使用的狭线。

8) 往每狭线加入样品并使之滤过，注意吸头不要触及膜。用 1 ml 10×SSC 洗两次。

9) 取出膜放在一张 Whatman 3MM 滤纸上，使其干燥。固相化 RNA（见基本方案步骤 9）。

10) 进行杂交分析（见基本方案步骤 11～15）。如用乙二醛/DMSO 变性，在进行杂交前，将膜浸泡于 65℃的 20 mmol/L Tris · Cl 缓冲液，pH 8.0，5 min，除去乙二醛。

4.8.4 辅助方案 Northern 印迹探针的除去

与 Northern 印迹杂交的放射性或化学发光探针可在尼龙膜上除去而不损坏膜或损失转印的 RNA。

材料（带√项见附录 1）

含探针的 RNA 杂交膜（见基本方案、备择方案 1、备择方案 2）

√去除液（stripping solution）

步骤

1) 将膜放入盛有无甲酰胺去除液的杂交袋或开口容器中（足够覆盖膜）。将袋放入 80℃水浴 5 min。倒掉溶液，重复洗涤 3～4 次。

2) 检测放射性。如需进一步洗脱，将膜放置于一个盛有新鲜去除液的袋子中，将袋子放入沸水中 5 min。倒掉溶液重复洗脱 3～4 次。

3) 检测放射性。如需进一步洗脱，将膜放置于一个盛有含有甲酰胺的新鲜去除液的袋子中。将袋子置于 65℃水浴 5 min。倒掉溶液，含甲酰胺重复洗涤 3 次，无甲酰胺洗涤一次。

4) 将膜放在滤纸上吸去多余的液体。用塑料包装膜包好，进行放射自显影（见附录 3A）或化学发光检测（见 3.16）以确认探针的去除。

参考文献：Thomas，1980.

撰 稿 人：Terry Brown

4.9 鉴定新转录的 RNA

核失控转录是目前测定作为细胞状态函数的特定基因转录的最灵敏的方法。

4.9.1 基本方案 在哺乳动物细胞中的核失控转录

材料（带√项见附录 1）

组织培养的哺乳动物细胞或新分离的淋巴细胞

√新配制的冰冷 PBS

√NP-40 裂解缓冲液

√冰冷的甘油储存液

√含核苷酸的 2×反应缓冲液

10 mCi/ml [α-^{32}P] UTP（760 Ci/mmol）

1 mg/ml DNA 酶 I，无 RNA 酶（见 3.9）

√HSB 缓冲液

√SDS/Tris 缓冲液

20 mg/ml 蛋白酶 K

10%（*V/V*）三氯乙酸（TCA）/60 mmol/L 焦磷酸钠

√10 mg/ml tRNA

√DNA 酶 I 缓冲液

√0.5 mol/L EDTA，pH8.0

20%（*m/V*）SDS

√洗脱缓冲液

1 mol/L NaOH

1 mol/L HEPES（自由酸）

√TES 溶液

TES 溶液/0.6 mol/L NaCl

固定在硝酸纤维素膜上的 cDNA 质粒（见辅助方案）

√2×SSC

√10 mg/ml 热灭活的 RNA 酶 A

橡皮刮子

0.45 μm HA 滤膜（Milipore）

5 ml 玻璃和塑料闪烁瓶

30 ml 硅烷化的科雷克斯离心管（可透射紫外线）

Whatman GF/F 玻璃纤维滤膜

Whatman 3MM 滤纸

注意：保持细胞和细胞核于冰上直到细胞核冻结。

步骤

1a) 培养的贴壁细胞：从单层细胞中移除培养基（每个实验 5×10^7 细胞）并放置细胞于冰上。用 5 ml 冰冷的 PBS 洗涤 2 次。用橡皮刮子刮培养瓶并收集细胞于 15 ml

离心管中。4℃ 500 *g* 离心 5 min，弃上清。

1b) 培养的非贴壁细胞：混合悬液（每个实验 5×10^7 细胞）并转移至一个 50 ml 锥形离心管中。4℃ 500 *g* 离心 5 min，弃上清。温和重悬团块于 5 ml 冰冷的 PBS 中，加入另外 45 ml 冰冷的 PBS，再次离心，弃上清。重复洗涤，弃上清。

1c) 新鲜分离的淋巴细胞：从器官转移淋巴细胞（每个实验 5×10^7 细胞）至一个 50 ml 锥形离心管中。4℃ 500 *g* 离心 5 min，弃上清。如步骤 1b 用 PBS 洗涤两次。

2) 温和涡旋（设置为 6）混悬 5s 松弛团块。加入 4 ml NP-40 裂解液 A，加入缓冲液的同时继续混悬。在最大速度的一半混悬 10s，冰上放置 5 min。

3) 用相差显微镜（见附录 3F）在一个血球计上检查几微升以保证细胞裂解并且细胞核没有细胞质物质。4℃ 500 *g* 离心 5 min，弃上清。

上清含有胞质 RNA 也可以被纯化（见 4.4）。

4) 温和涡旋混悬核团块于 4 ml NP-40 裂解缓冲液 A 中。4℃ 500 *g* 离心 5 min。弃上清，温和涡旋混悬核于 100～200 μl 甘油储存缓冲液中，冻存于液氮中（可稳定存放 1 年以上）。

5) 室温融化 200 μl 冻结的核转移至一个 15 ml 锥形聚丙烯离心管中。立即加入 200 μl 含有核苷酸和 10 μl 10 mCi/ml [α-^{32}P] UTP 的 2× 反应缓冲液。30℃振荡孵育 30 min。

6) 混合 40 μl 1 mg/ml 无 RNA 酶的 DNA 酶 I 至 1 ml HSB 缓冲液中。加入 0.6 ml 至标记的核中，用巴斯德吸管吸打 10～15 次彻底混匀。30℃孵育 5 min。

7) 加入 200 μl SDS/Tris 缓冲液和 10 μl 20 mg/ml 蛋白酶 K。42℃孵育 30 min。

8) 用 1 ml 25：24：1 缓冲酚/氯仿/异戊醇（见 2.1）抽提样品。室温或低于室温 800 *g* 离心 5 min。转移上层水相至一个干净的 15 ml 聚丙烯离心管。

9) 加入 2 ml 水，3 ml 10% TCA/60 mmol/L 焦磷酸钠，和 10 μl 10 mg/ml tRNA 载体至水相。冰上放置 30min。

10) 在 0.45 μm Milipore HA 滤膜上过滤 TCA 沉淀。用 10 ml 5% TCA/30 mmol/L 焦磷酸钠洗涤滤膜 3 次。

11) 转移滤膜至一个玻璃闪烁瓶，加入 1.5 ml DNA 酶 I 缓冲液和 37.5 μl 1 mg/ml 无 RNA 酶 DNA 酶 I，37℃孵育 30 min。加入 45 μl 0.5 mol/L EDTA 和 68 μl 20% SDS 终止反应。

12) 65℃加热 10 min 洗脱 RNA。移出上清并保存。加入 1.5 ml 洗脱缓冲液过滤，65℃孵育 10 min。移出上清，与起始上清合并。

13) 加入 4.5 μl 20 mg/ml 蛋白酶 K 至 3 ml 含有 ^{32}P 标记的 RNA 的上清液。37℃孵育 30 min。

14) 用 3 ml 25：24：1 缓冲酚/氯仿/异戊醇抽提。转移水相至一个硅烷化的 30 ml 科雷克斯离心管。

15) 加入 0.75 ml 1 mol/L NaOH，冰上放置 10 min。加入 1.5 ml 1 mol/L HEPES 终止反应。

16) 加入 0.53 ml 3 mol/L 乙酸钠和 14.5 ml 100%乙醇沉淀 RNA（见 2.1）。干冰上放置 30 min 或－20℃过夜。4℃ 10 000 *g* 离心 30 min。移出乙醇，重悬沉淀于 1 ml

TES溶液。室温振荡30 min。

17) 点两次5 μl于Whatman GF/F玻璃纤维滤膜并计数。如有必要，加入TES溶液调整^{32}P标记的RNA至≥5×10^6 cpm/ml。混合1 ml RNA溶液和1 ml TES溶液/0.6 mol/L NaCl。

18) 卷起一条带有固相化cDNA的硝酸纤维素膜，插入至一个5 ml塑料闪烁瓶。加入杂交液。保证膜条完全浸入，65℃振荡孵育36h。

19) 转移膜条至一个50 ml试管，65℃在25 ml 2×SSC中洗膜1 h，洗两次。

20) 转移滤膜至一个装有8 ml 2×SSC和8 μl 10 mg/ml RNA酶A的玻璃闪烁瓶中。37℃振荡孵育30 min。

21) 37℃用25 ml 2×SSC洗膜1h并在Whatman 3MM滤纸上晾干。揭开膜条，放置至Whatman 3MM滤纸，X射线胶片曝光（见附录3A）。

4.9.2 备择方案1 用杜恩斯匀浆器分离细胞核

附加材料（亦见基本方案；带√项见附录1）

√冰冷的裂解缓冲液

√NP-40裂解缓冲液B

带有B型槌的杜恩斯匀浆器

注意：保持细胞和核于冰上直到细胞核冻结。

步骤

1) 收获并洗涤细胞（见基本方案步骤1）。

2) 弃上清，温和涡旋5 s松弛细胞团块。重悬细胞团块于5～10 ml冰冷裂解缓冲液中至单细胞悬液。加入冰冷裂解缓冲液至总体积40 ml，前后摇动试管几秒钟分散细胞。

3) 4℃ 500 *g*沉降细胞。重悬团块于5×10^7细胞/ml裂解缓冲液，温和涡旋混悬。每5×10^7细胞加入1 ml NP-40裂解缓冲液B，温和摇动试管混匀。

4) 转移细胞至一个冰冷的杜恩斯匀浆器并用B槌撞击10次破碎或直至相差显微镜下细胞核与膜组分分离。

5) 转移匀浆好的细胞至一个塑料50 ml锥形离心管，4℃ 500 *g*离心5 min。

6) 用一个与真空泵连接的巴斯德吸头小心移出上清。倾斜试管使上清脱离团块。去除残留在试管壁的任何液体和气泡。

7) 温和涡旋松弛团块，每5×10^7核加入200 μl冰冷甘油储存缓冲液，上下吸打重悬团块。

8) 取每份210 μl（约5×10^7核）至一个冰冷的1.5 ml微量离心管并立即置于干冰上。将核储存于－70℃或液氮（可稳定存放一年以上）。

9) 继续核失控转录实验（见基本方案步骤5～21）。

4.9.3 备择方案2 蔗糖梯度离心分离细胞核

典型地，用这种方法制备的核多于10%～30% [α-^{32}P] UTP掺入到新生的转录物中。

附加材料（亦见基本方案；带√项见附录 1）

√蔗糖缓冲液 I，冰冷

√蔗糖缓冲液 II

带有 B 型槌的杜恩斯匀浆器，冰冷

用于 SW 40.1 转子的异质同晶离心管（$\frac{9}{16}\times 3\frac{3}{4}$，Beckman）

注意：保持细胞和核于冰上直到细胞核冻结。

步骤

1）收获并洗涤细胞（见基本方案步骤 1）。

2）温和涡旋 5s 松弛细胞团块。重悬于 4 ml 冰冷蔗糖缓冲液 I。用相差显微镜检查一小份细胞。如果细胞裂解了，直接至步骤 4。

3）转移细胞至一个冰冷的杜恩斯匀浆器并用 B 型槌撞击 5～10 次破碎直至细胞核没有胞质成分。用相差显微镜检查几微升细胞以保证细胞完全裂解。

4）将核转移至一个 50 ml 锥形聚丙烯离心管，加入 4ml 蔗糖缓冲液 II。温和吸打颠倒混匀。

5）加入 4.4 ml 蔗糖缓冲液 II（蔗糖缓冲垫）至一个异质同晶 SW 40.1 试管并小心地铺上不多于 2×10^8 细胞核于顶上。用蔗糖缓冲液 I 来铺在梯度的顶端。4℃ 30 000 *g* 离心 45 min。如果没有得到核团块，调整蔗糖缓冲液 II 中的蔗糖浓度再重复。

6）真空抽吸移出上清。倾斜试管使上清与管底的团块分离。去除残留在试管壁的任何液体和气泡。置冰上。

7）温和涡旋 5s 松弛团块。每 5×10^7 核加入 200 μl 冰冷甘油储存缓冲液，上下吸打重悬团块。

8）取每份 210 μl（约 5×10^7 核）至一个冰冷的 1.5 ml 微量离心管并立即置于干冰上。将核储存于－70℃或液氮（可稳定存放一年以上）。

9）继续核失控转录实验（见基本方案步骤 5～21）。

4.9.4 辅助方案 制备用于核失控转录实验的硝酸纤维素膜

材料（带√项见附录 1）

cDNA 质粒

1 mol/L NaOH

√6×SSC

0.45 μm 硝酸纤维素膜

狭线印迹装置

80℃真空炉

步骤

1) 用适当的限制性内切核酸酶消化 200 μg cDNA 质粒使其线性化（见 3.1）。如果缓冲液含有 BSA，用酚/氯仿/异戊醇抽提 DNA，乙醇沉淀，重悬于 TE 或类似缓冲液（见 2.1）。
2) 加入 49 μl 1 mol/L NaOH 至线性化的 DNA（200 μg 于 440 μl 中）。室温变性 30 min。
3) 加入 4.9 ml 6×SSC 至 DNA，置冰上中和。
4) 用 0.45 μm 硝酸纤维素膜建立狭线杂交装置。在水泵提供的低真空条件下加入 125 μl 样品（约 5 μg cDNA 质粒）至每条狭线。用 500 μl 6×SSC 洗涤每个狭线。
5) 用一支蓝色铅笔在膜上标记带有 DNA 的狭线的位置。空气中干燥膜过夜。80℃在真空炉中烘烤 2 h。保存于室温或 4℃真空干燥器（可稳定存放 6 个月以上）。

参考文献：Groudine et al.，1981；Marzluff and Huang，1985.

撰 稿 人：Michael E. Greenberg and Timothy P. Bender

第5章　重组DNA文库的构建

在第1章和第3章中，我们讨论过将目的片段与载体DNA连接起来构建重组DNA分子的方法，这种方法既直接又简单。然而，如果目的片段在总靶DNA分子中只占很小的比例，我们将遇到许多棘手的问题。经常遇到的两种常见的情形：一是从复杂的基因组中分离单拷贝的基因；二是从来源于复杂的mRNA的cDNA文库中分离稀有的cDNA克隆。本章拟介绍获得含完整的基因组DNA或cDNA序列的重组DNA文库技术；第6章将介绍从所构建的文库中分离目的基因的策略和具体方法。

高等生物的DNA是相当复杂的，一个哺乳动物的单倍体基因组含有大约3×10^9 bp，假设一个目的基因的长度约为3 kb，那么它只占整个基因组的百万分之一。与之相似的是，一种拷贝数极低的mRNA可能也只占带多聚腺苷酸尾poly（A）$^+$的总mRNA的十万或百万分之一，该比例一般不受mRNA逆转录成cDNA的过程的影响。很显然，从基因组DNA或cDNA构建一个有实用价值的重组DNA文库，其主要问题是在所构建的文库中必须有足够多的克隆数，以确保基因组DNA或cDNA序列中的每一个序列至少有一个拷贝存在于重组DNA文库中。对基因组DNA文库和cDNA文库来说，解决这一问题的基本方法是相似的。正如图5.0.1所示，首先制备基因组DNA或cDNA并选择合适的载体，然后用连接酶将载体与制备的DNA或cDNA片段连接起来，通过体外包装进λ噬菌体的头部或通过直接转化而导入大肠杆菌，构建成基因组DNA或cDNA文库。然而在某些方面，分离得到个别的基因组DNA克隆或cDNA克隆的策略可能相去甚远，因此5.1和5.2将介绍这两种不同类型的文库中出现的特殊问题。

cDNA消减文库为只在某种细胞而不在另一种细胞内表达的mRNA（以cDNA形式存在）的鉴定提供了一种方法。先从一种特异表达某些mRNA的细胞中获得总的cDNA序列。在另一种不表达相应RNA的细胞中，上述获得的序列中的所有表达的序列都可通过杂交和分选来去除，剩下的就是细胞特异性的（消减的）cDNA群体。这些cDNA群体又被克隆进噬菌体或者质粒载体。估计必须筛选的克隆数目是困难的，因为这因所用细胞类型及所需确定的基因而异。

本章介绍的大肠杆菌载体对插入外源DNA片段的容量是有限制的，λ噬菌体载体约为20 kb，黏粒载体约为40 kb。然而，对载体能克隆更大的外源DNA片段能力的要求，已是许多基因组分析项目的一种必然需要。酵母人工染色体（YAC）载体以酵母为宿主菌，可插入外源基因片段的长度为0.3～1.2 Mb。YAC文库的大小和复杂度，对文库的构建、筛选和分析提出了特殊的要求。这些问题将在第6章的6.9和6.10中进行详细介绍和说明。

在构建基因组DNA或cDNA文库时，保证载体和靶DNA不被外源DNA序列污染是十分必要的，通过探针常可分离到目的克隆；如果外源DNA序列可与分离目的克隆的探针发生假阳性结合，如重组质粒中含有十万分之一的可作为探针的外源DNA，

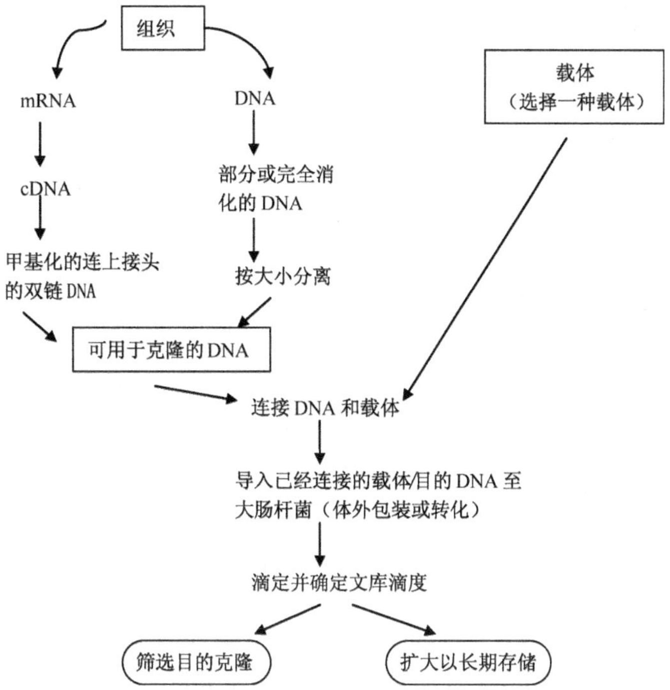

图 5.0.1　构建 cDNA 或基因组 DNA 文库涉及的步骤。

它也将会对文库的筛选带来明显和灾难性的影响［参见《波士顿环球杂志》（*The Boston Globe Magazine*）1987 年 8 月 2 日发表的“寻找基因”一文中对这种错误的专门记录］。因此实验者要有基本的实验常识，即实验操作要细心，要绝对干净，如有可能，整个实验过程中尽量使用一次性材料。

构建重组 DNA 文库是一项非常费时和费力的工作。构建一个文库最简单的途径就是“电话克隆”，即通过电话等通讯方式从拥有你所需要的文库的研究者那里索取。这不仅是因为许多有价值的文库包括人类、哺乳动物基因组或 cDNA 文库已经成功地构建多年了，而且也因为大多数文库的拥有者都十分愿意将他们构建的文库提供给其他的研究者。许多期刊［如《细胞》(*Cell*)、《科学》(*Science*)、《美国国家科学院院报》(*Proceeding of National Academy of Science*）和美国微生物学会的出版物等］都要求作者对已发表的文章中使用的文库或单个克隆免费提供给其他研究者。另外，对于已构建和保存的许多酵母人工染色体（YAC）文库，研究者可以从一些较大的院校及研究所的实验室获得，如华盛顿大学（圣路易斯）、ICRF（伦敦）、CEPH（巴黎）等，详细情况请参见 6.9。建议尽可能使用以前构建过的文库。研究者还可以从专门构建和销售文库的公司直接购买文库或订购特殊的文库。也可以使用构建文库的试剂盒，它们可以为研究者节省大量的时间和精力。关于构建基因组或 cDNA 文库的详细方法请参见《最新分子生物学实验方法汇编》（*Current Protocol in Molecular Biology*）的第 5 章。

撰 稿 人：J. G. Seidman

5.1 基因组 DNA 文库概述

基因组 DNA 文库通常采用放射性同位素标记的核酸探针进行杂交筛选。在考虑构建一个基因组 DNA 文库时，主要的问题是如何产生足够数量的重组 DNA 克隆。本节将以量化的方式讨论基因组和亚基因组 DNA 文库，并简单介绍几种合适的载体。

5.1.1 代表性与随机性

由完全随机片段组成的基因组 DNA 文库的大小，必须能保证足以代表基因组中任何一个特定基因序列，它取决于克隆片段的大小和基因组大小。文库的待筛选的克隆数 N 和某一特定序列的概率（P），可通过以下函数式表示：

$$N = \ln(1 - P)/\ln[1 - (I/G)]$$

式中，I 为克隆片段的平均大小（bp）；G 为靶基因组的大小（bp）。一般而言，要使分离一个目的序列的可能性达到 99%，待筛选的克隆数中所有插入片段的碱基总数（$I \times N$）起码应相当于基因组碱基总数的 4.6 倍以上（Seed et al.，1982）。假如目的片段可以被纯化，那么基因组 DNA 文库的克隆数就可以不同程度地减少。文库的克隆数可用 $N \approx 3 \times 1/p$ 来估计。其中，p(得到特定片段的概率) = 1/文库中片段的总数目。

上述的简单分析假设了每一个被克隆的 DNA 片段均随机地代表了基因组中的某一序列。这种假设仅当靶基因组 DNA 在插入载体前已经完全被随机切割的情况下才成立。这种随机程度只有通过相对不方便的剪切靶 DNA 的方式才能获得。而按常规考虑，使用限制性内切核酸酶部分消化就可以获得对靶基因组 DNA 序列充分随机的切割（Seed et al.，1982）。但这种方法也有不足之处，即大于载体插入容量范围的片段被排除在文库之外。因此，应该采用一种限制性内切核酸酶，它对靶基因组 DNA 的切割既有一定的频率，又无对位点的偏向性（如 *Sau*3A，可识别 4 个碱基对 GATC 位点和产生与几种 λ 噬菌体载体和黏粒载体克隆位点相匹配的片段）。

5.1.2 亚基因组文库

有时，研究者所期望获得的，只是一种小的、相对易于鉴定的片段。纯化的 DNA 群体，可用以构建一种较小的、易于筛选的文库，即亚基因组 DNA 文库。靶 DNA 最大次数的纯化是构建亚基因组 DNA 文库的关键。通过假定 G 随纯化次数而减少，研究者可以运用上述公式来估计所需的克隆数（N）。然而，小的插入片段（I），会增加所需的克隆数（例如，对于一个含有 1 kb 插入片段的亚基因组文库，I 的值就是 10^3）。使亚基因组文库方法派上用场的最基本的条件就是酶切纯化的次数必须大于基因组 DNA 文库插入片段大小与亚基因组插入片段大小之比。如果目的序列的限制酶酶切图谱是已知的，那么通过使用连续消化的策略，可以提高靶 DNA 序列的纯化次数。即已知片段先用一种限制性内切核酸酶酶切纯化，再用另一种酶进行酶切纯化，从而获得最小的可克隆片段。

5.1.3 基因组 DNA 文库载体

λ噬菌体载体或黏粒载体（含有指导 DNA 进入噬菌体颗粒的λ噬菌体序列）克隆效率高，同时插入片段相对较大，常常被用于构建基因组 DNA 文库。大部分用于基因组 DNA 文库的噬菌体载体可容纳 10～20 kb 的插入片段；而黏粒载体一般可容纳 30～40 kb 的插入片段。大多数研究工作者认为噬菌体文库易于操作，当目的 DNA 片段不超过 20 kb 时，选择λ噬菌体载体。

λ噬菌体载体

有许多容易操作的λ噬菌体载体，它们均有两个基本的特征：能接受几种限制性内切核酸酶消化产生的片段；可用生化和(或)遗传选择去除所谓的“填充序列”（这些序列在原始载体中保持λ的最小长度，可由引入 DNA 插入片段所替代）。λEMBL3 载体，可以通过遗传和生化选择的策略避免“填充序列”的纯化，同时，它的多克隆接头含有几个常用的克隆位点。

黏粒载体

任何一种含λ噬菌体 *cos* 位点的质粒克隆载体都可用作黏粒。针对特殊应用而设计的许多黏粒载体还会包含其他的结构元件，降低了载体的克隆容量，应尽量避免使用这类载体。载体 pJB8 是一种既简单又实用的黏粒载体，长 5.4 kb，可插入由 *Sau*3A 消化的基因组 DNA 片段，并可利用几种黏粒克隆策略。

亚基因组 DNA 文库载体

总的来说，用于构建亚基因组文库的λ噬菌体载体是直接插入外源 DNA 片段，而不是置换载体上的“填充序列”。如果质粒载体固有的相当低的克隆效率能用靶片段的纯化和回收水平来弥补的话，也可以使用简单的质粒载体。

参考文献：Seed et al., 1982.
撰 稿 人：David D. Moore

5.2 cDNA 文库概述

构建一个 cDNA 文库最基本的步骤是从 mRNA 逆转录获得双链 DNA 拷贝的过程。从 3～4 kb 的 mRNA 获得全长 cDNA 应该是比较容易的，甚至对更大的 mRNA 至少也是可行的。最重要的因素是 mRNA 的质量，对于较大的 mRNA，从实验一开始就使用高质量的 RNA 是十分必要的。

有两个相关的问题始终支配着构建 cDNA 文库的策略。其一是目的克隆的相对丰度，不同的 mRNA 的丰度差异很大（如从总 mRNA 的百万分之一到大于十分之一）；

其二是筛选方法（见第6章），包括测定几个独立克隆的序列直至找出目的克隆、普通的杂交方法，还包括一些涉及表达可识别抗原或生物学活性的综合策略。

总之，目的mRNA的相对丰度是很难精确预料的。一般宜于采用所含重组克隆数至少比根据最低丰度mRNA而估计的克隆总数多5倍的文库。在某些情况下，这个数目还要乘上由筛选效率所决定的多个因子。例如，如果一个多肽编码区必须以特定的可读框与载体融合，那么可以确认的克隆数就只有那些在文库中的克隆的1/6。如果待筛选的mRNA是相对丰富的，那么产生克隆的效率就不是最重要的了，因此，在选择克隆策略和载体时应该首先考虑克隆的用途。然而在大多数情况下，待筛选的mRNA的丰度是很低的，因此较高的克隆效率就显得十分重要。与基因组文库一样，在cDNA文库的研究中一直在使用和发展λ噬菌体载体。

总的来说，有两种类型的λ载体适用于cDNA克隆，它们可采用两种最常规的文库筛选的方法进行筛选。如果应用核酸探针杂交的方法筛选文库（见6.1、6.3和6.4），那么任何插入型的载体都是适用的。一个很好的选择是使用λgt10，它允许直接筛选去除非重组的噬菌体，还可以接受 *Eco*RI 酶切的插入片段。但是，如果文库拟采用抗体探针进行筛选，那么就要选择适当的大肠杆菌表达载体。这些载体允许在细菌中以融合蛋白的方式表达，融合蛋白由目的多肽与高效、稳定表达的细菌蛋白融合组成。最常用的λ噬菌体表达载体是载体λgt11，在该载体中克隆的多肽编码序列与β-半乳糖苷酶编码序列融合。

参考文献：Huynh et al., 1984.
撰 稿 人：David D. Moore

5.3 噬菌体文库的扩增

基本方案

扩增文库可以长久地保存文库，而且可以随需进行任何多次筛选。文库一旦包装就应该尽快进行扩增。由于在扩增时克隆的生长速率不同，文库的组成可能会变化。这种变化可以通过把文库克隆预吸附到细菌上，并利用高铺板密度和短培养周期而减少到最底。对于允许筛选重组子的载体中的文库，扩增应该在选择的条件下进行。

材料（带√项见附录1）

含0.2%麦芽糖和10 mmol/L $MgSO_4$的LB培养液（见1.1）
适当的宿主菌（表5.3.1）
体外包装的噬菌体文库
顶层琼脂（见1.1），预热至47℃
150 mm H平板（见1.1），预热至37℃
√悬浮培养液（SM）
氯仿

表 5.3.1 适合扩增λ载体文库的大肠杆菌宿主菌株

载体	大肠杆菌宿主	相关宿主菌的基因型
λgt10	C600*hflA*	*hfl*A
λgt11	Y1088	*Sup* F，*lac*I^q（不需添加抗生素）
EMBL3 或 4	P2392，Q359，NM539	P2 溶源菌
Charon 4A	LE392	*Sup*F

步骤

1）将 2.5 ml 新鲜过夜培养的宿主菌液接种于 250 ml 含 0.2%麦芽糖和 10 mmol/L $MgSO_4$的 LB 培养液中，在 37℃恒温摇床剧烈摇荡 2～4 h，使培养液中菌悬液浓度 OD_{600}达到 0.5 左右。制备铺平板菌（见 1.11）。

应确保无法生存的细胞数量最小，因为导入死亡细胞中的噬菌体会从文库中丢失。

2）手摇装有已包装文库的微量离心管，并在离心机上稍加离心，以分离氯仿。每 0.25 ml 铺平板菌中加入 10^5噬菌体水相（不含氯仿），37℃温育 15 min。

3）每 8 ml 47℃保温的顶层琼脂中，加 0.5 ml 已吸收的噬菌体/宿主菌混合液，上下颠倒混匀后迅速倒在新鲜的、预热的 150 mm 的 H 平板上。轻轻转动平板待顶层琼脂铺匀后再放置 5 min 使其凝固。倒扣平板于 37℃（λgt11 文库在宿主菌 Y1088 扩增时温度为 39～41℃）培养 6～7 h。

微小的噬斑可在 4～5 h 后看见；6 h 后噬斑边缘靠近几乎要连接成片。如果噬斑生长缓慢，可继续培养至 8 h。

4）从恒温培养箱中取出所有转染的平板，分别在每一个平板中加入 10 ml SM 悬浮培养基，于 4℃放置 2～16 h 洗脱噬菌体。然后，从所有平板中收集 SM 并合并到一个玻璃瓶或聚丙烯塑料管中，以 2800 *g* 离心 5 min。将上清转移到带 Teflon 盖的玻璃试管中，再加入 0.5 ml 氯仿，上下颠倒混匀。滴定已扩增的文库，详见 1.11。

期待滴度为 10^{10}～10^{11} pfu/ml。文库以这种形式可稳定保存多年；若在塑料容器中保存，噬菌体感染滴度每年约下降 100～1000 倍。为了增加保险系数，还可以在已扩增的文库（不含氯仿）中加入 7%的二甲基亚砜，把噬菌体悬液分装成 1ml 的小份于带螺旋盖的微量离心管－80℃保存。

撰稿人：Lloyd B. Klickstein

5.4 黏粒和质粒文库的扩增

基本方案

对质粒和黏粒文库的有效扩增要比扩增噬菌体文库困难，因为重组细菌不成比例的生长导致不能代表特定克隆的情况。这个问题必须与重新构建文库进行筛选所需的时间进行权衡。

材料

抗药性宿主菌

含适当抗生素的 LB 平板（见 1.1）

LB 培养液（见 1.1）

灭菌甘油

硝酸纤维素滤膜（Millipore HATF）

步骤

1）在含适当抗生素的 LB 平板上加一层硝酸纤维素膜，将抗药性细菌铺在硝酸纤维素膜上（见 6.2），培养细菌至菌落边缘正好相接。

2）往长满菌落的平板中加入 LB 培养液（约 2 ml/10 cm 平板，4 ml/15 cm 平板）。用一支灭菌的细胞刮棒从硝酸纤维素膜上将菌落刮下来，形成菌悬液。

3）将所有平板中的菌悬液收集到一个 50 ml 塑料管中，加灭菌的甘油至终浓度 15%。充分混匀后分装到 1 ml 的小管中，每管 500 μl，于 −70℃保存。

这样分装的小份保存超过一年仍能存活。筛选文库前需滴定细菌浓度（见 1.3）。

撰稿人：John H. Weis

第6章　重组DNA文库的筛选

筛选重组 DNA 文库，是分离编码特定基因或 mRNA 序列的重组 DNA 克隆的常用方法。一个重组 DNA 文库由数量巨大的重组 DNA 克隆构成，而且每个克隆所含的外源 DNA 片段都不一样。由于在成千上万的克隆中只有极少数含目的序列，因此这就要求实验者设计一种行之有效的途径来分离。分离目的克隆的最佳途径往往涉及对特异性核酸序列的正向选择，如果目的基因在细菌中能提供一种可供选择的表型，就可以依据这种表型分离出目的克隆（见 1.4）。不含选择性序列的目的克隆可以通过筛选文库来区分：①目的克隆可以与特异性核酸探针杂交；②目的克隆表达一种可被已知抗体识别的蛋白质产物；③目的克隆可以被特异性引物扩增。

筛选文库涉及建立一种快捷的检测方法来确定一个重组克隆是否含有目的核酸序列。使用这种检测方法先从文库中鉴别出目的 DNA 克隆，然后纯化筛选到的目的克隆（图 6.0.1）。

在正常情况下，所有的筛选过程均可在含有质粒或黏粒的细菌菌落或噬菌体噬斑上进行。为了同时对大量的克隆进行分析，最好将文库涂布在琼脂糖平板上，并将克隆转移到滤膜上（见 6.1 和 6.2），这样克隆可与探针杂交（见 6.3 和 6.4）或者与抗体结合（见 6.7 和 6.9）。然后将目的克隆从其他克隆中分离出来（见 6.5、6.6 和 6.10）。

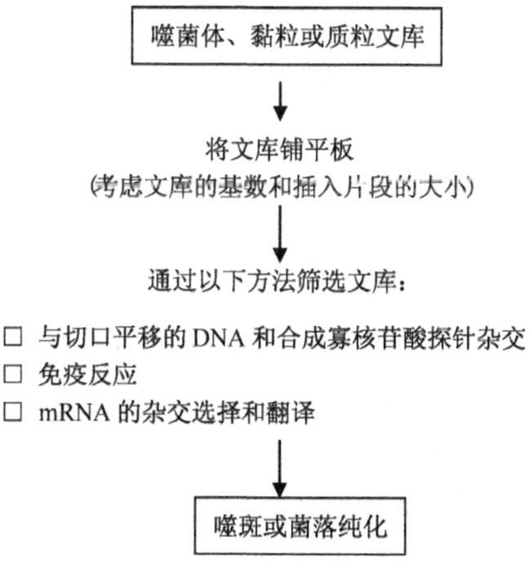

图 6.0.1　筛选文库的流程图示。

另外，用于鉴别目的克隆的方法涉及杂交筛选（见 6.8），在这种杂交筛选过程中，文库的克隆被用来选择其 mRNA，而 mRNA 的鉴定可通过翻译成的目的蛋白来实现。

实验者在选择文库时，应该考虑打算分离的克隆是编码基因的还是编码 mRNA 序列的。cDNA 克隆编码 mRNA 序列，并可由其推导氨基酸序列，而基因组克隆含有调节区、编码（外显子）和非编码（内含子）序列。这种有关基因组和 cDNA 文库的差异已经在 5.1 和 5.2 中讨论过。另一个关键参数是要从文库中获得目的克隆所必须筛选的克隆数。正如以下所述，对于基因组和 cDNA 文库而言，这种预测的频率是不同的。

筛选基因组文库。一般而言，从任何组织分离的 DNA 均可以构建基因组文库，因为每个细胞或每个二倍体基因组都只有两拷贝的基因存在。在同一基因组中，任何序列出现的频率都是相同的，无论是目的基因序列还是非目的基因序列。在 5.1 中列出的一个计算公式，可以用来预计筛选多少克隆可获得目的基因，它是基因组复杂度和文库中载体插入片段的平均大小的函数。从哺乳动物细胞 DNA 文库中鉴定一个基因组克隆，大约要筛选 10^6 个噬菌体克隆或者 5×10^5 个黏粒克隆。在一个扩增文库中，有许多克隆可能会被一再筛选，所以实际筛选的克隆数目要比公式计算出来的数目多 30%～40%。

筛选 cDNA 文库。最佳的 cDNA 文库应构建自目的 mRNA 高水平转录的组织或细胞。在高度分化的细胞中，某种特殊的 mRNA 分子可能占 poly（A）$^+$ mRNA 的 5%，而有些 mRNA 则根本不存在或者在 100 000 个 poly（A）$^+$ mRNA 分子中少到仅有 1 个。当然，有待筛选的克隆数目要由细胞中 mRNA 的丰度来决定。细胞中某种蛋白质的数量常常是 mRNA 丰度的敏感指标。据分析，占细胞总蛋白量 1%的蛋白质其相应的 mRNA 通常占总 poly（A）$^+$ mRNA 的 1%，因此，目的 cDNA 克隆也应在 cDNA 文库中占到 1%。

专门的筛选策略。对于特殊情况，有专门的筛选方法。例如，编码细胞膜和细胞内蛋白质的 cDNA 克隆可以进行表达筛选。筛选过程涉及几个回合的文库瞬时表达以及接下去的免疫筛选（见 6.9）。基于重组的筛选技术提供了一种在 λ 噬菌体快速有效地筛选复杂基因组文库的方法（见 6.10）。文库与载有特定克隆目标序列的质粒进行同源性筛选，如果存在同源性，重组事件就会发生，引起质粒整合进入噬菌体，重组子可由遗传筛选分离得到。

总体考虑。在筛选文库时，克隆基数大于被筛选的克隆数是十分关键的。预计待筛选克隆数的一个难题是，大多数文库是经过扩增获得的，而在文库扩增过程中，一部分克隆生长极快，也有某些克隆丢失。因此，如果在一个特定的文库中筛选不到目的克隆，那么就应该筛选与此库无关联的另一个文库。

选择了待用文库后，实验者应该着手筛选目的克隆。用于筛选文库的技术已大大超越了早期实验手册所描述的方法。文库筛选的基本过程是将文库涂布于平板，然后将它们转移到硝酸纤维素滤膜上，再用 ^{32}P 标记探针进行杂交或用特异性抗体进行结合。与这些方法有关的主要问题就是如果探针与不含目的基因序列的克隆杂交时，如何鉴别假阳性。6.7 中将讨论最大限度地减少假阳性的问题。得到非目的克隆的另一个原因是一般用来筛选文库的技术很灵敏，由于实验者将要对数以百万之多的克隆进行筛选，如果在文库中污染了实验室已存在的重组 DNA 克隆，那么在筛选过程中，这种重组克隆将会被分离鉴定。因此，要非常小心避免文库被以前的重组克隆所污染。尽管在文库筛选时有不少问题，但是筛选大的 DNA 文库并分离目的克隆的技术为分子生物学提供了一种十分有用的工具。

撰稿人：J. G. Seidman

6.1 噬菌体文库的铺平板和转移

基本方案 噬菌体文库的铺平板和转移

材料（带√项见附录 1）

噬菌体文库（见 5.3）

铺平板的宿主菌，选择适当的菌种（表 1.4.5 和表 5.10.1）

0.7%（*m*/*V*）顶层琼脂（见 1.1）

直径 82 mm 或 150 mm LB 平板，或 245 mm×245 mm Nunc Bioassay LB 平板（见 1.1）

0.2 mol/L NaOH/1.5 mol/L NaCl

0.4 mol /L Tris · Cl，pH 7.6/2×SSC

√2×SSC

硝酸纤维素滤膜（或相当的物品）

20-G 针

46 mm×57 cm 的 Whatman 3MM 或相当规格的滤纸

80℃真空烤箱或者 42℃恒温箱

注意：只能用平头镊子操作滤膜。

步骤

1）通过系列稀释滴定噬菌体文库的滴度（见 1.11）。

2）确定从文库中筛选出所需数目的重组噬菌体所需的噬菌体总数，以及克隆在文库中出现频率，可估计如下。

cDNA 文库：目的 RNA 在细胞总 RNA 中的预期频率（约 $10^{-2}\times10^{-5}\sim2\times10^{-5}$）。

基因组文库：插入片段的大小/基因组大小。

亚基因组文库：插入片段的大小/总基因组大小×纯化次数（一般 10～50 次）。

3）重组噬菌体与铺平板的宿主菌混合于培养试管中（表 6.1.1），于 37 ℃温育 20 min。

表 6.1.1 噬菌体文库铺平板推荐组合

LB 平板成分	平板大小		
	82 mm	150 mm	245 mm×245 mm[a]
细菌[b]/ml	0.2	0.5	2
噬菌体/pfu	5000	20 000～30 000	150 000
顶层琼脂/ml	3	7	30

a. Nunc 公司的 Bioassay 平板（Vangard International 有供应）。

b. 铺平板用的宿主菌按第 1 章介绍的方法制备。

4）融化 0.7%顶层琼脂，冷却至 45～50℃，加入试管，并迅速倾倒在平板上，37℃培养至噬斑布满平板，但互不相连（6～12 h）。滤膜影印前，平板置于 4℃ 1 h 以上。

噬斑应足够大以产生好的信号，但噬斑之间应明显分开以方便纯化。

5）用圆珠笔在硝酸纤维滤膜上做好标记，正面朝下（标记面朝上），将滤膜覆盖在预冷的长有噬斑的 LB 平板上，避免气泡。数次用 20-G 针头不对称地穿刺滤膜和固体基质，以标明定位方向（如果需要，可用印度墨水蘸针头）。滤膜放置 1～10 min。

尼龙膜更加耐用，而且可以清洗并重复杂交，但是价格更贵。

6）缓慢取出滤膜，面朝上轻放在纸巾或滤纸上，室温晾干 10 min 以上。为了减少人为假象，每个转印实验应同时转印两张滤膜（每个平板至多可以做 5 次转印）。

7）顺次使用下面的溶液各处理 1～2 min，变性和固定 DNA：

0.2 mol/L NaOH/1.5 mol/L NaCl

0.4 mol/L Tris · Cl，pH 7.6/2 ×SSC

2×SSC

可以直接把滤膜浸泡在上述液体中，或者把滤膜面朝下依次放在 3 张分别饱蘸上述 3 种液体的 Whatman 3MM 滤纸上。直接浸泡会产生弥散的杂交信号。

8）将滤膜置于真空烤箱中 80℃烤 90～120 min，或者置于 42℃的恒温箱中过夜。滤膜可置折叠的纸巾或其他吸水纸中室温保存。

参考文献：Arber et al., 1983.

撰 稿 人：Thomas Quertermous

6.2　黏粒及质粒文库的铺平板和转移

基本方案　黏粒及质粒文库的铺平板和转移

材料（带√项见附录 1）

黏粒及质粒文库（见 5.4）

含适当抗生素的 LB 平板（见 1.1；表 1.4.1）

LB 培养基（见 1.1）

0.5 mol/L NaOH

√1 mol/L Tris · Cl，pH 7.5

0.5 mol/L Tris · Cl，pH 7.5/1.25 mol/L NaCl

Whatman 3MM 滤纸（无菌）：直径 10 cm 或 15 cm 和 20 cm×20 cm

玻璃布氏漏斗或瓷质过滤漏斗（无菌）

硝酸纤维素滤膜（10 cm 或 15 cm，Millipore HATF），无菌

20 cm×20 cm 玻璃平板

20-G 针

80℃真空烤箱

步骤

1）在含抗生素的 LB 平板上，通过系列稀释（见 1.3）确定文库的滴度。确定用于筛选

的细菌总数，并稀释到5 ml或10 ml LB培养基中。

一张直径10 cm的硝酸纤维素滤膜可以容纳10 000～20 000个克隆，而直径15 cm的滤膜可容纳50 000个克隆。

2）把2或3层10 cm或15 cm的Whatman 3MM滤纸圆片铺在无菌的玻璃布氏漏斗或瓷质过滤漏斗底部，在滤纸上加入10～20 ml LB培养基，使形成平床。

3）将标记好方向的硝酸纤维素滤膜放入含抗生素的LB平板中，使之浸湿，并移至过滤装置（抽吸关闭）。

抗生素（常用氨苄青霉素或四环素）必须允许含黏粒和质粒的细菌生长。

4）小心将细菌悬液（见步骤1）用吸管加到硝酸纤维素滤膜表面上，注意不要往滤膜边缘4～5 mm处加液体。慢慢透过滤膜抽吸液体，揭下滤膜并移至原先的含抗生素的平板中。

5）把整个文库用这种方法铺板，平板面朝下置于37℃培养，直至长出直径达1～2 mm的菌落。

6）标记并浸湿第二张滤膜。从平板上移出文库滤膜，细菌面朝上放在几张20 cm×20 cm Whatman 3MM滤纸上。戴上手套，小心地把刚浸湿的硝酸纤维素滤膜按标记好的位置覆盖到第一张滤膜上，膜与膜之间应错开2～3 mm。

7）在这两张硝酸纤维素膜上覆盖3张20 cm×20 cm的3MM滤纸，并用同样大小的玻璃平板压在其上，用全身重量压玻璃板以转印克隆。

8）移去压在滤膜上的玻璃平板和3MM滤纸，用20-G针头在重叠的原滤膜和转印膜上刺几个间隔2～4 cm的小孔以标记方向。

9）小心地将滤膜分开，分别放回琼脂平板中过夜生长，转印膜于37℃培养，原滤膜则于25℃培养。原文库滤膜于琼脂平板上4℃保存，转印膜用于筛选。

10）将转印滤膜转移到含50 μg/ml氯霉素的LB平板上，37℃培养4～10 h，以扩增黏粒或质粒。

11）将扩增的滤膜细菌面朝上，依次放在3张分别饱蘸下面3种液体的46 cm×57cm的Whatman 3MM滤纸上，各5 min：

0.5 mol/L NaOH

1 mol/L Tris·Cl，pH 7.5

0.5 mol/L Tris·Cl，pH 7.5/1.25 mol/L NaCl

12）把滤膜移至干燥的3MM滤纸上，使其干燥。夹在纸巾中于80℃真空烤箱干烤90 min。

参考文献：Hanahan and Meselson，1983.

撰 稿 人：John H. Weis

6.3 应用DNA片段作探针

注意：始终戴上手套，只能用干净的平头镊子操作滤膜。

6.3.1 基本方案 在甲酰胺溶液中杂交

材料（带√项见附录 1）

含噬斑、菌落或 DNA 的硝酸纤维素滤膜（见 6.1 和 6.2）

√杂交液 I

√2 mg/ml 经超声处理的鲱精 DNA

放射性同位素标记的探针（长度>50 bp；比活≥5×10^7 cpm/μg；见 3.3）

√20×SSC

10%（*m*/*V*）SDS

热封口袋

步骤

1）把硝酸纤维素滤膜放在 5～20 ml 杂交液 I 中，每次湿润一面，以阻止空气进入滤膜。然后湿润备用滤膜，依次浸泡 20 张直径为 8.2 cm 的圆形滤膜为一组或者 10 张 20 cm×20 cm 的方形滤膜为一组。

2）将上述滤膜装入热封口袋中，加入杂交液 I 直至能够浸没滤膜（注意用量），密封。42℃预杂交 1 h 以上。

3）往带螺盖的试管中，混合 1 ml（2 mg）超声波处理的鲱精 DNA 和足量的放射性探针，使杂交反应液（步骤 2）中放射性探针的浓度达到 1～15 ng/ml。煮沸10 min，冰浴。

4）加入 2 ml 杂交液 I 至上述探针混合物，用带 18-G 针头的注射器将探针混合液加入到杂交袋中，重新密封后，混合至均匀覆盖滤膜，42℃杂交过夜。

5）低严紧性洗膜：在室温下，把滤膜浸在含有 500 ml 2×SSC/0.1% SDS 的玻璃皿中。分开滤膜，用约 500 ml 溶液洗涤滤膜 3 次，每次 10～15 min。

注意：杂交液和第一次的洗膜液均为放射性垃圾，要小心处理。

6）高严紧性洗膜：在合适温度的下，先用 500 ml 预热的 0.2×SSC/0.1%SDS 溶液冲洗，然后用 500 ml 溶液洗涤滤膜 2 次，每次 15～20 min。

如果探针与靶序列之间的同源性达 100%，应在 65～75℃洗涤；如果同源性低，则开始应在 37～42℃的洗膜，以 3～5℃的增量逐渐增加洗膜温度，直至背景足够低；如果探针较短（<100 bp），则不管同源性如何，均应在较低温度洗膜。

7）把滤膜贴在一塑料支持物（如 X 射线胶片）上。如果滤膜需在湿润状态下曝光，则用塑料保鲜膜将其包裹好。用放射性墨水标定方向，进行放射自显影（见附录 3A）。

6.3.2 备择方案 在水溶液中杂交

附加材料（亦见基本方案；带√项见附录 1）

√杂交液 II

√低严紧性洗膜液
√高严紧性洗膜液

步骤

1) 按基本方案的步骤1～4进行预杂交和杂交，但需在65℃使用预热的杂交液II进行杂交。
2) 用低严紧性洗膜液于室温迅速洗膜2次，分开滤膜。
3) 用预热（65℃）的高严紧性洗膜液迅速洗膜5～8次。最后一次洗膜条件为65℃中浸泡20 min。用盖格计数器检测，放射信号至多比背景高几倍。

参考文献：Church and Gilbert，1984；Denhardt，1966.
撰 稿 人：William M. Strauss

6.4 使用合成寡核苷酸作探针

注意：始终戴上手套，只能用干净的平头镊子操作滤膜。

6.4.1 基本方案 在氯化钠/柠檬酸钠溶液（SSC）中杂交

材料（带√项见附录1）

含质粒、噬菌体或黏粒文库的滤膜（见6.1和6.2）
√20×SSC
10%（*m*/*V*）SDS
√SSC预杂交液
√SSC杂交液 6×SSC
放射性同位素标记的探针（见辅助方案）
焦磷酸钠
热封口杂交袋

步骤

1) 在室温下用500 ml 3×SSC/0.1% SDS溶液迅速洗涤双份转印的硝酸纤维素滤膜（如50张直径82 mm的圆形膜）3～5次。然后在65℃洗膜90 min以上至过夜。
2) 在SSC预杂交液中37℃预杂交1 h。
3) 在装有20 ml以上的SSC杂交液的热封口袋中，放入20张滤膜并加入^{32}P标记的寡核苷酸探针，其中针对细菌菌落的每种探针浓度为0.125 ng/ml，针对噬斑的每种探针浓度为1.0 ng/ml。若细菌菌落需用128种17碱基的寡核苷酸探针混合物杂交，则需加入0.125 ng/ml×128个寡核苷酸×20 ml=320 ng。杂交需14～48 h，杂交温度为：

14 碱基　室温
17 碱基　37℃
20 碱基　42℃
23 碱基　48℃

4) 在室温，用 6×SSC/0.05%焦磷酸钠溶液洗膜 3～5 次，每次 5～15 min，并振荡。在第一次洗膜的时候把膜分开。

5) 用预热的 6×SSC/0.05%焦磷酸钠溶液洗膜 30 min，并振荡，温度为：

14 碱基　37℃
17 碱基　45℃
20 碱基　55℃
23 碱基　60℃

6) 用盖格计数器检测滤膜，如果放射性明显比本底高，则需将洗膜温度升高 2～3℃，并延长洗膜 15～30 min，再次进行检测。不得超过以下温度：

14 碱基　41℃
17 碱基　53℃
20 碱基　63℃
23 碱基　70℃

7) 把滤膜放在固相支持物（如 X 射线胶片）上，盖上塑料膜，用放射性墨水标定方向，使用增感屏在－70℃进行 14～72 h 的放射自显影（见附录 3A）。比较两份滤膜的结果，以确定阳性信号。

6.4.2　备择方案　在氯化四甲铵（TMAC）中杂交

在氯化四甲铵（TMAC）中，寡核苷酸的熔点是其长度的函数，与碱基组成无关。下述实验条件是根据寡核苷酸探针长度为 17 碱基时所优化的，对于其他长度的探针应该调节实验条件。

注意：硝酸纤维素滤膜在 TMAC 中杂交时，非常脆弱，操作务必十分小心。

材料（亦见基本方案；带√项见附录 1）

150 mm LB 琼脂糖平板（见 1.1），预热到 37℃
√1 mol/L EDTA，pH8.0
√TMAC 杂交液，预热到杂交温度
√TMAC 洗膜液
15 cm 玻璃盘

步骤

对于载体或黏粒文库：

1a) 按 6.2 介绍的方法处理滤膜，按照基本方案的步骤 1 洗膜，然后跳至本方案步骤 3。

对于噬菌体文库：

1b) 按 6.1 介绍的方法处理滤膜，但以较低的密度（8000～15 000 噬斑/150 mm 平板）将噬菌体铺在 LB 琼脂糖平板上，一旦有噬斑出现就马上转印。冷室保存主平板。将滤膜移至预热的 LB 琼脂糖平板上，噬菌体一面朝上，37℃培养直至噬斑明显出现（5 h 至过夜）。将影印到膜上的噬菌体 DNA 变性并使之结合到滤膜上（见 6.1）。

2b) 将滤膜漂浮在预热（50℃）的 2×SSC/0.5% SDS/50 mmol/L EDTA 溶液中，噬菌体一面朝上，使之完全潮湿、浸没。戴手套小心地除去滤膜上影印的细菌残渣，然后用同样的溶液再洗一遍。另一种可选用的方法是：在 65℃浸泡滤膜于这种溶液中大于 1 h，再除去滤膜上的细菌残渣，然后继续本方案步骤 3。

3) 将至多 30 张滤膜移入直径 15 cm 的玻璃盘中，每张滤膜加入 5～10 ml 预热的 TMAC 杂交液。用塑料保鲜膜将玻璃盘封好。在合适的杂交温度（比解链温度低5～10℃；如对于 17 碱基的寡核苷酸是 48℃；图 6.4.1）下预杂交 1～2 h，并轻微振荡。另外也可以用热密封袋，每个袋中可进行不超过 10 张滤膜的预杂交和杂交（见基本方案）。

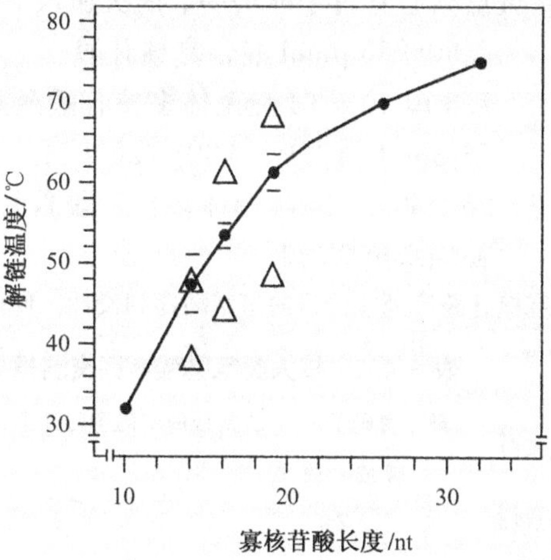

图 6.4.1 在 TMAC 和 SSC 杂交液中，寡核苷酸的解链温度 T_m 值。点表示在 TMAC 中几种不同长度的寡核苷酸（14 nt、16 nt、19 nt）的平均解链温度；短线表示 TMAC 中解链温度波动范围；三角表示在 SSC 中同样寡核苷酸的高和低的解链温度。长度为 10 nt、26 nt、32 nt 寡核苷酸的解链温度只测了一次。杂交温度和洗膜温度均应比解链温度低 5～10℃（Jacobs et al.，1988）。

4) 预杂交后，将滤膜转移到一个装满新鲜、预热的 TMAC 杂交液的杂交容器（杂交袋）中，其中，每张滤膜为 5～10 ml TMAC 杂交液。并按每毫升杂交液加入 1×10^6～2×10^6 cpm ^{32}P 标记的寡核苷酸探针，于 48℃温育 40～60 h，并轻轻振荡。

5) 在室温下每张滤膜先用 5～10 ml TMAC 洗液洗涤，分开滤膜，然后分别将滤膜转移到 200～250 ml 新鲜的 TMAC 洗液中，室温下轻轻振荡洗涤 15 min。

6) 换上 200～250 ml 预热的 TMAC 洗膜液，在适当的洗膜温度下温育 1 h（17 碱基为 50℃；图 6.4.1）。

7) 换上 200～250 ml 2×SSC/0.1%SDS 洗膜液，在室温下洗膜 10 min，重复两次，然后按基本方案步骤 7 进行放射自显影。

6.4.3 辅助方案 混合寡核苷酸5′端标记

材料（带√项见附录1）

混合寡核苷酸

25～50 U T4噬菌体多核苷酸激酶（见3.7）和10×缓冲液（见3.2）

[γ-^{32}P] ATP（>7000 Ci/mmol）

冰冷的10%三氯乙酸（TCA）

步骤

1）将微量离心管置于冰浴中，依次加入下列组分建立反应体系，于37℃温育30 min：

2.5～250 pmol混合寡核苷酸

7.5 μl 10×T4噬菌体多核苷酸激酶缓冲液

66 pmol [γ-^{32}P] ATP（200μCi）

25～50 U T4噬菌体多核苷酸激酶

补加水至75 μl

寡核苷酸序列应按目的氨基酸序列设计。使用优化密码子参见表6.4.1。

表6.4.1 按人类氨基酸序列资料推导寡核苷酸探针序列时的最佳密码子选择

氨基酸	最佳密码子[a]——若紧接的密码子的开头为		氨基酸	最佳密码子[a]——若紧接的密码子的开头为	
	A或C或T	G		A或C或T	G
甲硫氨酸	ATG	nc[b]	赖氨酸	AAG	nc
色氨酸	TGG	nc	丙氨酸	GCC	GCT
酪氨酸	TAC	TAT	异亮氨酸	ATC	ATT
半胱氨酸	TGC	TGT	苏氨酸	ACC	ACA
谷氨酰胺	CAG	nc	缬氨酸	GTG[d]	nc
苯丙氨酸	TTC	TTT	脯氨酸	CCC[e]	CCT
天冬氨酸	GAC	GAT	甘氨酸	GGC	nc
天冬酰胺	AAC	AAT	亮氨酸	CTG	nc
组氨酸	CAC[c]	CAT	精氨酸	CGG	nc
谷氨酸	GAG	nc	丝氨酸	TCC	TCT

a. 最佳密码子就是在各种情况下使用频率最高的密码子，但Arg和Ser除外。对Arg和Ser，给出的三联体对所有可能的密码子的总体同源性较高。该表经*Journal of Molecular Biology*获准引用。

b. 不变（nc）。

c. CAT接在C后。

d. GTC接在T后。

e. CCA接在T后。

2）取1 μl小份稀释的反应混合液，用冰冷的10% TCA沉淀。然后用闪烁计数检测标记的效率（见3.2）。

使用等摩尔的寡核苷酸和同位素标记，被标记的寡核苷酸数量将约占总数的30%～90%。

3）可选：通过苯酚抽提和乙醇沉淀来纯化（见2.1）。为了除去未掺入的标记物，用2.5 mol/L乙酸铵，加入25 μg载体DNA以及9倍体积的100%乙醇，沉淀大于等于 17 碱基的寡核苷酸。用 70%的乙醇洗涤沉淀，再用 95%的乙醇洗涤，空气中晾干，重悬于 100 μlTE 缓冲液，－20℃保存。

参考文献：Jacobs et al. , 1988；Woods et al., 1982, 1985.
撰 稿 人：Allan Duby, Kenneth A. Jacobs, and Anthony Celeste

6.5 噬菌体克隆的纯化

基本方案

材料（带√项见附录 1）

0.7%顶层琼脂（见 1.1）
宿主菌（在 10 mmol/L $MgSO_4$ 中 OD_{600}＝1.5～2）
LB 平板（见 1.1）
√悬浮培养基
氯仿

步骤

1）在直径 82 mm LB 平板上倒入含 200 μl 宿主菌的 3 ml 0.7%顶层琼脂（“次级”平板，每个平板一个克隆），放置 10 min。

2）把包含文库的“原”平板放在亮盒上的放射自显影胶片上，确定可能的阳性噬斑。

3a）先用牙签轻轻插入“原”平板的噬斑中，然后接种到次级平板的顶层琼脂中（见 1.11）。在此克隆的直径 1 cm 范围内，重复随机取点，以保证对这部分区域很好地采样（每个克隆在“次级”平板上接连插 30～40 次）。放置栅格于“次级”平板下，以帮助确定刺点之间分开 5～8 mm。这样有助于制作“次级”平板的副本。

3b）或用巴斯德吸管较大的一端插入阳性噬斑的位置，取出包含目的噬斑的环形琼脂，放入 1 ml SM 中，加入 1 滴氯仿，放置 1～2 h。然后滴定（见 1.11），并制备 3～6 个“次级”平板，每个平板的噬斑数应小于 500 个。

4）“次级”平板置 37℃过夜培养，将噬斑影印到硝酸纤维素滤膜上，杂交并曝光（见 6.1、6.3 和 6.4）。在放射自显影胶片上标记滤膜的朝向，然后在“次级”平板上找出对应的阳性噬斑。

5）用牙签插入每个克隆杂交信号最强的噬斑，并浸入 1 ml SM 5 min。再将含噬菌体的 SM 分成原液、1∶10 和 1∶100 稀释液，分别铺第三级平板。

6）按以上步骤筛选第三级平板上的噬斑。重复这一纯化过程，直至获得纯的噬斑（所有噬斑都为阳性）为止，并制作高滴度 SM 储液（见 1.12）。

这一技术通常可回收 90%以上由影印的双份滤膜确证的阳性克隆。

参考文献：Kaiser and Murrey, 1984.
撰 稿 人：Thomas Quertermous

6.6　黏粒和质粒克隆的纯化

基本方案

材料

LB 培养基和含抗生素的 LB 平板（见 1.1）
无菌牙签（见 1.1）
硝酸纤维素滤膜
涂菌棒（见 1.3）

步骤

1）通过原位杂交检测硝酸纤维素滤膜上影印菌落（见 6.3 和 6.4），用无菌的牙签挑出阳性克隆，接种到含适当抗生素的 1 ml 冰冷的（4℃）LB 培养基中。如果平板上布满了菌落，随机从 3～5 cm 的圆形范围内挑选菌落，以保证选到正确的克隆。保存在 4℃以阻止细菌继续生长。
2）用已灭菌的涂菌棒涂布 1～25 μl 菌悬液于含有相同抗生素的 LB 平板上（见 1.3），使直径 100 mm 平板上长出 25～250 个菌落为宜（步骤 1 中每一穿刺铺一个次级平板）。37℃培养过夜。
3）将菌落影印在硝酸纤维素滤膜上，进一步处理和杂交（见 6.2～6.4）。
4）从次级平板挑选分离最好的阳性克隆，培养扩增后纯化质粒或黏粒的 DNA（见 1.6）。

撰 稿 人：John H. Weis

6.7　在 λ 噬菌体噬斑中产生的融合蛋白的免疫筛选

6.7.1　基本方案　用抗体筛选 λgt11 表达文库

材料（带√项见附录 1）

λgt11 cDNA 表达文库
E. coli LE392 菌株（表 1.4.5）
150 mm LB 平板（见 1.1）
1% LB 顶层琼脂（见 1.1）
印度墨汁（含 0.05%叠氮钠，可选）
√免疫筛选缓冲液
第一抗体
^{125}I 标记的第二抗体

132 mm 直径的硝酸纤维素滤膜
热封口袋

步骤

1) 在 150 mm LB 平板上滴定 λgt11 cDNA 文库的滴度，宿主菌为 LE392 菌株。每个平板使用 7 ml 1%LB 顶层琼脂（见 1.11 和 6.1）。选择适当的滴度铺平板，于 37℃温育 8 h。
2) 将直径 132 mm 硝酸纤维素滤膜分别编号，放入上述已培养 8 h 的平板中（见 6.1），于 37℃温育过夜。
3) 用针头蘸上印度墨汁，刺孔滤膜，不对称地在滤膜上作标记，然后取出滤膜。在室温用免疫筛选缓冲液洗膜 3～5 次，每次 30 min。
4) 将含终浓度为 0.5～10 μg/ml 的第一抗体的免疫筛选缓冲液，加到装有滤膜的塑料袋中，热封口后，置 4℃水平摇床上反应 2～24 h。如果有足够的第一抗体溶液可防止滤膜之间互相重叠，那么就可以将多张滤膜放入一个塑料袋中进行反应。

   抗体的特异性可以通过用商品化的大肠杆菌提取液预吸附，或简单地使用用过的第一抗体而增高。
5) 于 4℃用免疫筛选缓冲液洗膜 4～5 次，每次 5～10 min。
6) 将 ^{125}I 标记的第二抗体（0.5×10^{6} cpm/ml 免疫筛选缓冲液）加入装有滤膜的热密封袋中，封口，4℃温育滤膜 2～6 h。
7) 在 4℃用免疫筛选缓冲液洗膜 4～5 次。然后用滤纸将滤膜上的液体吸干，用塑料保鲜膜包裹滤膜，使用增感屏在－70℃对 X 射线胶片曝光（见附录 3A）。
8) 通过反复稀释纯化 λ 噬菌体 cDNA 融合蛋白克隆，直至获得单一的阳性克隆。培养阳性克隆，制备重组 λ 噬菌体 DNA（见 6.5）。

6.7.2 备择方案 在抗体筛选之前用 IPTG 诱导融合蛋白表达

用抗体筛选 λgt11 cDNA 文库时，可待噬斑长到一定程度再诱导表达融合蛋白，筛选到阳性克隆的成功概率可大大增加。

附加材料（亦见基本方案）

E. coli Y1090 菌株（表 1.4.5）

10 mmol/L IPTG（表 1.4.2）

步骤

1) 用 1×10^{4}～5×10^{4} 融合有 cDNA 的 λ 噬菌体，感染 0.5～1.0 ml 37℃过夜培养的 Y1090 新鲜菌悬液，加入 7 ml 顶层琼脂中，铺放置 2～3 天的 150 mm LB 平板，42℃培养 3.5 h。
2) 将 132 mm 直径的硝酸纤维素滤膜放入 10 mmol/L IPTG 溶液中浸泡后，取出干燥。再将滤膜放入平板中，37℃培养 3.5 h。继续基本方案步骤 3～8。

参考文献：Hunyh et al., 1984.

撰 稿 人：Thomas P. St. John

6.8 在杂交选择和翻译后进行的免疫筛选

基本方案

本方案用于筛选具选择特定 mRNA 能力的质粒 cDNA 克隆，此方法稍加变化亦可用于检测黏粒和噬菌体 DNA。

材料（带√项见附录 1）

含适当抗生素的脑心浸流物（BHI）培养液（37.5 g/L，高压灭菌）
氯霉素（表 1.4.1）
√TE 缓冲液，pH 7.6
1 mol/L NaOH
√中和液
√6×SSC
√杂交液
poly(A)$^+$ mRNA（见 4.4）
√TES 缓冲液
10%（*m*/*V*）SDS
10 mg/ml 酵母 tRNA
翻译反应混合物
[^{35}S] 甲硫氨酸（800 Ci/mmol）
√免疫沉淀缓冲液
未经免疫的血清（来自未经免疫的动物的血清或者正常腹水）
√Sepharose-蛋白 A 悬液
多克隆或单克隆抗体（见第 11 章）
√高盐免疫沉淀缓冲液
√2×SDS 样品缓冲液

96 孔微量滴定板
无菌，15ml 带盖的玻璃培养管
0.45 μm 孔径的硝酸纤维素滤膜（直径 2.5 cm）
微量多孔洗涤仪
80℃真空烤箱
无菌打孔器（直径为 0.5 cm）
无菌 1.8 ml 圆底塑料管（Nunc）
无菌、硅化的 1.5 ml 微量离心管（见附录 3B）
无菌针

步骤

1) 往微量滴定板的每孔中加入 250 μl 含适当抗生素的 BHI 培养液，并分别接种单个的 cDNA 克隆，37℃温育过夜。

2) 在 250 ml 烧瓶中加入 50 ml BHI/抗生素培养液，以 10 个克隆过夜培养液为一组，从每个微孔中取 100 μl 培养液，混合接种到烧瓶中。对剩余的每组克隆，重复上述操作。37℃振荡培养至 $A_{590}=0.7$，然后加入氯霉素至终浓度为 100 μg /ml，继续于 37℃温育过夜。

3) 2000 *g*、4℃离心 10 min，收获细胞。制备质粒 DNA（见 1.6)。

4) 将制得的约 50 μg 质粒 DNA 溶于 1.5 ml TE 缓冲液中，移入 15 ml 无菌、带盖的玻璃培养管中，沸水浴 10 min，立即加入 1.5 ml 1 mol/L NaOH，室温放置 10 min。加 9 ml 中和液，混匀后置于冰浴。如有必要，用 NaOH 或 HCl 调节 pH 至 6.5～7.5。

5) 将 0.45 μm 孔径的硝酸纤维素滤膜放在一个连于真空泵的多孔滤器上。以 1 ml /min 的速率加入变性 DNA 液进行过滤，待所有液体被吸干后继续抽吸 3 min。取出滤膜用 50 ml 6×SSC 洗涤，然后于 80℃烤膜 2 h。

6) 用无菌的单孔打孔器在滤膜上打出直径为 0.5 cm 的圆形小块滤膜，分别用圆珠笔做好标记。

7) 将 0.3 ml 杂交液和 10～50 μg poly（A)$^+$ mRNA 放入 1.8 ml 圆底 Nunc 试管中，在 70℃预热 10 min，然后将 10 片小滤膜放入试管中，在 50℃温育 2 h。

8) 将至多 20 片小滤膜转移到一个 50 ml 的试管中，用 25 ml 预热的（65℃）TES/0.5% SDS 洗液振荡 30 s，吸去上清。重复 9 次，然后用 25 ml 预热的 TES 液洗膜 2 次。

9) 将每片小滤膜分别转移到无菌、硅化的 1.5 ml 微量离心管中，每管加入 0.3 ml 水、2μl 10 mg/ml 的酵母 tRNA。置沸水浴中 60 s，立即置干冰/乙醇中速冻。接着在室温下解冻。

商业购买的 tRNA 在使用前应用酚抽提数次。

10) 用无菌针挑去滤膜，往每个微量离心管中加入 150 μl 饱和酚和 150 μl 50∶1 的氯仿/异戊醇，抽提一次（见 2.1)。水相用 30 μl 3 mol/L 乙酸钠和 2 倍体积的无水乙醇沉淀（见 2.1)。离心 15min，沉淀用 0.5 ml 乙醇洗涤、冻干、重悬于 10 μl 水中。－70℃保存。

11) 将 5 μl 杂交选择的 RNA 与 10 μl 含［^{35}S］标记的甲硫氨酸的翻译反应混合物混合，30℃温育 60 min。

可使用网织红细胞或麦胚体外翻译混合系统；按制造商推荐的方法制备。

12) 加入 15 μl 免疫沉淀缓冲液和 1 μl 未经免疫的血清，室温下温育 10 min。加入 40 μl Sepharose-蛋白 A 悬液，在室温静置 30 min。离心 2 min 后将上清移至另一个新的微量离心管中。

13) 加入 1 μl 多克隆抗体或单克隆抗体，于室温下温育 10 min。加入 40 μl Sepharose-蛋白 A 悬液，于室温反应 30 min，离心弃上清。

14) 依次用 1 ml 免疫沉淀缓冲液、1 ml 高盐免疫沉淀缓冲液和 1 ml 水洗涤 Sepharose。

15) 用 20 μl 2×SDS 样品缓冲液重悬沉淀，沸水浴 10 min，离心后取 15～20 μl 上清上样，进行变性 SDS-PAGE 电泳（见 10.3）。电泳时，在一泳道中加入含目的多肽的样品作为对照。干胶并进行放射自显影曝光（见附录 3A）。

16）如果一泳道含目的多肽带，那么从这一泳道对应的阳性克隆组（见步骤 2）中的单一克隆需重复以上实验过程。

参考文献：Parnes et al., 1981.

撰 稿 人：Baruch Velan

6.9 用单克隆抗体表达克隆

6.9.1 基本方案 分离编码细胞表面抗原的 cDNA 克隆

本方案概括如图 6.9.1。

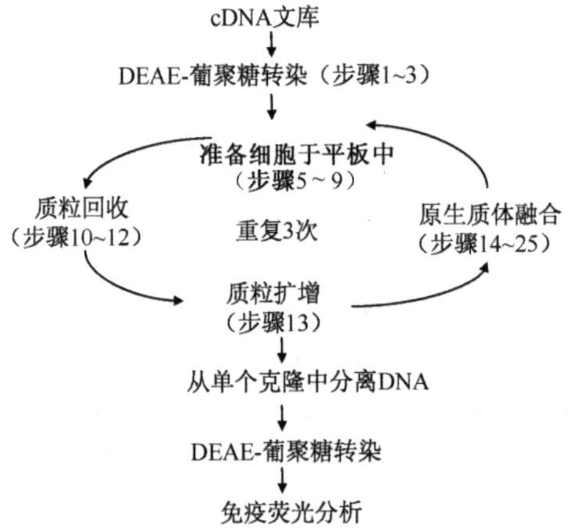

图 6.9.1 通过在哺乳动物细胞中瞬时表达，来分离编码细胞表面抗原的 cDNA 克隆。

注意：除非特别说明，所有的温育过程均在加湿的 37℃、5% CO_2 的培养箱中进行。

材料（带√项见附录 1）

COS 细胞于 100 mm 组织培养皿（汇合率约 50%；约 5×10^6 个细胞）

含 10%（*V*/*V*）Nu 血清（NS）或小牛血清（CS）的 DMEM-10 完全培养基

cDNA 文库：含大于 10^6 个克隆的质粒表达载体，经氯化铯纯化（见 1.7）

DEAE-葡聚糖/氯喹溶液：含 10 mg/ml DEAE-葡聚糖（Sigma）和 2.5 mmol/L 氯喹（Sigma）的 PBS

10%（*V*/*V*）二甲基亚砜（DMSO）于 PBS

√PBS

胰酶/EDTA：含 0.5 mg/ml 胰酶和 0.2 mg/ml EDTA 的 PBS

EDTA/叠氮化物：含 0.5 mmol/L EDTA 和 0.02%（*V*/*V*）叠氮钠

EDTA/叠氮化物/小牛血清：加 5%（*V*/*V*）小牛血清

纯化的单克隆抗体（MAb）或者腹水（见 11.1）

EDTA/叠氮化物/Ficoll：加 2%（*m*/*V*）Ficoll
60 mm 抗体包被的平板（见辅助方案 1）
5%（*V*/*V*）小牛血清于 PBS
0.6%（*m*/*V*）SDS/10 mmol/L EDTA
5 mol/L NaCl
2 μg/μl 线性聚丙烯酰胺（或其他载体）
√TE 缓冲液，pH 7.5
LB 培养基（见 1.1）
100 mg/ml 奇霉素或 35mg/ml 氯霉素于乙醇中
20%（*m*/*V*）蔗糖/50 mmol/L Tris·Cl，pH 8.0，冰置
5 mg/ml 溶菌酶（Sigma）于 250 mmol/L Tris·Cl（pH 8.0）中，新鲜制备
√250 mmol/L EDTA，冰置
√50 mmol/L Tris·Cl，pH 8.0
10%（*m*/*V*）蔗糖/10 mmol/L $MgCl_2$/无血清 DMEM（Life Technologies），过滤除菌
在使用 60 mm 组织培养板前一天涂布的 COS 细胞（汇合率约 50%）
50 %PEG 溶液：50%（*m*/*m*）PEG 1000 或 PEG 1450 于无血清 DMEM 中，用 7.5%（*m*/*V*）$NaHCO_3$ 调节至 pH 7
无血清 DMEM（Life Technologies）
硫酸庆大霉素
尼龙网，孔径 100 μm（Tetco）

步骤

1) 在每个含有待转染的 COS 细胞的 100 mm 平板中，加入 5ml DMEM-10 NS 完全培养基和 5 μg cDNA 文库，混匀。再加入 0.2 ml DEAE-葡聚糖/氯喹溶液，混匀，温育 4 h。在约 3 h 后，检查确保没有过量的细胞死亡。
2) 用 2 ml 10% DMSO 替换培养基，室温温育 2 min 或以上。
3) 用 10 ml DMEM-10 CS 完全培养基替换 DMSO，过夜培养。
4) 用 PBS 洗涤已转染的细胞，吸去 PBS，然后加入 2 ml 胰酶/EDTA，直至细胞从平板上悬浮起（5～15 min)。重新把细胞置于 2 个新的 100 mm 平板，过夜培养。
5) 用 2 ml EDTA/叠氮化物替换培养基，培养 10～20 min。剧烈吸打吹散细胞，把每个平板上的细胞转移至 15 ml 离心管。200 *g* 离心 4 min，弃除上清。
6) 重悬沉淀于 0.5～1.0 ml EDTA/叠氮化物/小牛血清中，加入 1 μg/ml 纯化的单克隆抗体或者 1/100 体积的腹水，冰浴 30～60 min。
7) 加入等体积的 EDTA/叠氮化物，小心地铺在 3 ml EDTA/叠氮化物/Ficoll 上，200 *g* 离心 4 min，一次并且平稳地吸除上清。
8) 加入 3 ml EDTA/叠氮化物/小牛血清于 4 个 60 mm 抗体包被的平板中。用 0.5 ml EDTA/叠氮化物溶液重悬细胞，用尼龙网过滤至抗体包被的平板上，以保证铺板时均为单个细胞。室温放置 1～3 h。

9) 用 3 ml 5%小牛血清或者 DMEM-10NS 或 CS 完全培养基洗涤 2～3 次，以去除无黏着力的细胞。每次轻轻平缓地旋转平板 30 s 洗涤细胞。

10) 加入 0.4 ml 0.6% SDS/10 mmol/L EDTA 至上述平板，室温放置 20 min。把裂解的细胞放入微量离心管中，加入 0.1 ml 5 mol/L NaCl，混匀，然后冰浴大于 3 h 或者 4℃过夜。

11) 用最大转速 4℃离心 4 min，用苯酚抽提上清（见 2.1）；如果分界面不干净，可重复一次。

12) 加入 5 μl（10 μg）线性聚丙烯酰胺，用 100%乙醇补满试管，沉淀（见 2.1）。用 0.1 ml TE 缓冲液（pH 7.5）重悬沉淀，用 10 μl 3 mol/L 乙酸钠以及 300 μl 100%乙醇再次沉淀。用 0.1 ml TE 缓冲液（pH 7.5）重悬沉淀。

13) 用电穿孔法转化大肠杆菌（见 1.8）。37℃过夜温育。

大约可获得 10^5 个菌落。

14) 用 LB 培养基洗平板数次，并同时用涂菌棒刮下被洗下的细菌。合并洗下的细菌，取总量的 1/10～1/5 接种至 200 ml LB 培养基中。37℃振荡至 OD_{600} ＝0.5。

15) 加入奇霉素至终浓度为 100 μg/ml 或者氯霉素至终浓度为 150 μg/ml，37℃振荡培养 10～16 h。不应超过 16 h，因为之后细菌开始裂解。如果细菌开始裂解，则停止实验。

16) 在 250 ml 瓶子中离心 100 ml 培养物，于室温或者 4℃，4000 *g* 离心 5 min。排出上清，用 5 ml 冰冷的 20%蔗糖/50 mmol/L Tris · Cl，pH 8.0，重悬沉淀。

17) 加入 1 ml 5 mg/ml 溶菌酶，冰置 5 min。

18) 加入 2 ml 冰冷的 250 mmol/L EDTA，pH 8.0，冰浴 5 min。

19) 加入 2 ml 50 mmol/L Tris · Cl，pH 8.0，37℃水浴 5 min，然后冰置。

20) 用显微镜检测原生质球的转变百分率。

良好的原生质球的制备方法大约产生 80%～90%的转变率；任何小于 50%的转变率是不能继续使用的。原生质球看上去应该像独立的球体，而不是呈块状。

21) 在组织培养通风橱中，逐滴加入 20 ml 冰冷的 10%蔗糖/10 mmol/L $MgCl_2$（约每秒 2 滴）。

22) 移除昨日置于 60 mm 平板的 COS 细胞的培养基，加入 5 ml 原生质体悬液。将平板放在吊桶式转子中试管架的顶部，室温于 100 *g* 离心 10 min，吸除上清。

23) 将 1.5～2 ml 50% PEG 溶液加入所有平板的中央。持平板于某一角度，从平板边缘吸除液体。室温培养 90～120 s（PEG 1000）或者 120～150 s（PEG 1450）。

使用 PEG 1000 可产生更高的转染率，但是毒性更大，因此需谨慎控制接触时间。在能熟练操作之前，推荐使用 PEG 1450。

24) 在平板中央加入 1.5 ml 无血清的 DMEM，倾斜平板，吸除培养基。重复上述操作。

25) 加入 3 ml 含 15 μg/ml 硫酸庆大霉素的 DMEM-10 CS 完全培养基，培养 4～6 h。然后用新鲜的 DMEM/庆大霉素替换上述培养基，培养 2～3 天。

26) 用步骤 25 中获得的转染细胞，重复步骤 5～25 2 次。

27) 重复步骤 5～13。用单个转化的菌落进行碱裂解小抽 DNA（见 1.6），将约 1/4 的

DNA 转染 100 mm 平板中的 COS 细胞（步骤 1～3）。

28）用免疫荧光显微镜或者流式细胞术分析转染的细胞。

6.9.2 辅助方案 1 抗体包被平板的制备

附加材料（亦见基本方案）

绵羊抗鼠或山羊抗鼠的亲和纯化的抗体（如 Cappel）

50 mmol/L Tris · Cl，pH 9.5

0.15 mol/L NaCl

1 mg/ml BSA 于 PBS 中

60～100 mm 细菌学平板（如 Falcon，Fisher）

步骤

1）用 50 mmol/L Tris · Cl，pH 9.5，稀释抗鼠抗体至终浓度为 10 μg/ml。吸取 3 ml 抗体至 60 mm 平板或者 10 ml 抗体至 100 mm 平板上，旋转平板，室温温育 90 min。

2）在室温用 0.15 mol/L NaCl 洗平板 3 次。

3）加入 3 ml 1 mg/ml BSA，室温过夜温育。

4）吸除 BSA，平板储存于－20℃。

6.9.3 备择方案 分离编码细胞内抗原的 cDNA 克隆

本方案概括如图 6.9.2。

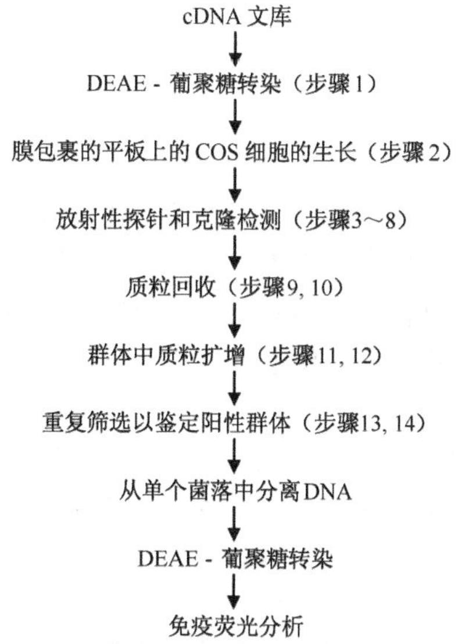

图 6.9.2 通过在哺乳动物细胞中瞬时表达，分离编码细胞内抗原的 cDNA 克隆。

附加材料（亦见基本方案）

甲醇

1%（*m/V*）脱脂奶粉于 PBS 中

0.25 μCi/ml ^{125}I 标记的蛋白 A

聚偏二乙烯膜包裹的平板（见辅助方案 2）

X 射线胶片（使用过的，用作支持物）

聚偏二乙烯膜（如 Saran Wrap）

橡胶黏合剂

发光棒

步骤

1) 用 cDNA 文库转染 10 个 100 mm 平板上的 COS 细胞。

2) 用胰酶消化细胞（见基本方案步骤 1～4），再把细胞以这样的生长率分装于聚偏二乙烯膜包裹的平板上，使细胞第二天的汇合率达到 50%～75%。培养 1～2 天。

3) 用 5 ml PBS 洗平板 2 次，加入约 6 ml 甲醇，室温培养 5 min。

4) 用 PBS 洗平板 3 次，第一次 PBS 洗液在平板上放置 2～3 min 后吸除。加入 4 ml 含单克隆抗体的 1%奶粉，室温温育 30～60 min。

5) 用 5 ml 1%奶粉洗 2 次，并轻轻旋转平板。换上 4 ml 含 ^{125}I 标记的蛋白 A 的 1%的奶粉，室温温育 30 min。

6) 用 1%奶粉洗 4 次，再用 PBS 洗一次。除去所有残留的溶液。

7) 用聚偏二乙烯膜完全覆盖一张 X 射线胶片，面朝上放置。用薄薄一层橡胶黏合剂涂在膜上以及膜包裹的平板的底面，待两者稍干。

   5 块平板正好可以放在一张 8 in×8 in（20.3 cm×25.4 cm）的胶片上，而 14 in×17 in（35 cm×43 cm）的胶片上可以放 15 块平板。

8) 把平板放在胶上，轻轻抬起，把平板边缘多余的膜切掉，保留粘在一起的被包裹的胶片和平板。把发光棒粘于支持物上，用聚偏二乙烯膜（第三层）覆盖支持物和样品。于－70℃，用增感屏放射自显影 1～2 天（见附录 3A）。

9) 通过发光棒在支持物上排列胶片。用针在阳性克隆的周围的胶片上穿孔，以标记阳性克隆的位置（在聚偏二乙烯膜上作上记号）。按标记所示，穿过 3 层膜，切约边长 3 mm 的小正方形。

10) 把 10～25 个正方形切割物（3 层膜的）放入含 400 μl 0.6% SDS/10 mmol/L EDTA 的微量离心管，室温温育 30 min。然后，收获质粒 DNA（见基本方案步骤 10～12）。

11) 通过电穿孔转化大肠杆菌（见 1.8），把转化后的细菌涂布在分开的 LB 平板上，以形成适当数量克隆的群体。37℃过夜培养。

12) 用 LB 培养基洗平板数次，并同时用涂菌棒刮下被洗下的细胞。用碱裂解小抽的方法，从刮下的菌落中制备质粒 DNA（见 1.6）。

13) 用 1000 个菌落中得到的 DNA 的 1/10～1/5 转染 100 mm 平板的 COS 细胞（见基本方案步骤 1～3）。

14) 重复上述步骤2～8以找到富含目的基因的群体，使用60 mm的平板，把体积缩小至1/3。−20℃储存合适的质粒DNA于TE缓冲液。
15) 用单个菌落制备DNA（见1.6），再用1/4 DNA转染一块100 mm平板的COS细胞。
16) 用免疫荧光显微镜或者流式细胞术分析转染的细胞。

6.9.4 辅助方案2 制备聚偏二乙烯膜包裹的平板

材料

氯仿
70%（*V/V*）乙醇
0.1 mg/ml多聚L-赖氨酸盐酸盐（Sigma）于50 mmol/L Tris · Cl，pH8.0，新鲜制备
100 mm或60 mm组织培养平板
聚偏二乙烯膜（如Saran Wrap）

步骤

1) 用平口的钝物敲打100 mm或者60 mm组织培养平板的边缘，除去平板的底部。
2) 在通风橱中操作：把平板的上边缘在氯仿中浸湿至深度为3 mm，甩除多余的液体，然后放在一张铺平的聚偏二乙烯膜上。再把平板（无底板）和附着的膜套入平板的盖子，以迫使膜与平板边缘接触良好。
3) 移开盖子，轻轻用力把膜拉紧，以形成光滑的表面，剪去多余的膜。
现在平板必须倒置，盖子盖在平板底部的开口上。
4) 用70%乙醇洗2次，每次30 min，然后用水快速冲洗。加入0.1 mg/ml多聚L-赖氨酸盐酸盐（100 mm平板加入11 ml，60 mm平板加入4 ml），然后于室温过夜温育2 h。
5) 在组织培养橱中操作：用PBS洗2次，2天内使用。

参考文献：Aruffo and Seed，1987；Metzelaar et al.，1991；Munro and Maniatis，1989；Seed and Aruffo，1987.
撰稿人：Diane Hollenbaugh，Alejandro Aruffo，Bryan Jones，and Peter Linsley

6.10 基于重组方法（RBA）以筛选λ噬菌体文库

基本方案

本方案概括如图6.10.1。

材料（带√项见附录1）

目的DNA编码片段

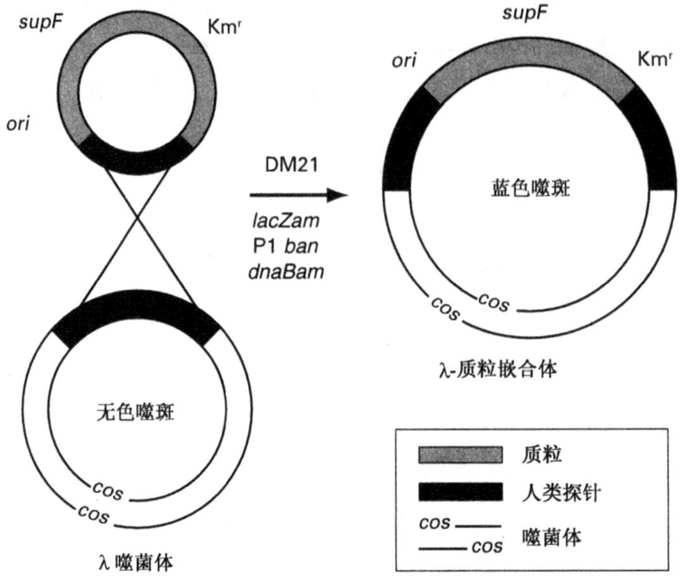

图 6.10.1 基于重组的方法。同源性（>25 bp）可介导质粒载体和噬菌体载体的重组（Watt et al., 1985；Shen and Huang, 1986，1989；King and Richardson, 1986）。如图，*supF* 整合进入噬菌体中，使噬菌体能在 *dnaBam* 宿主菌 DM21 中生长（表 6.10.1）。存在 IPTG 和 X-gal 时，在 *lacZam* 宿主菌 DM21 上，发生共整合的会产生蓝色噬斑，因为 *supF* 抑制了 *dnaB* 基因和 *lacZ* 基因的琥珀突变。不同的阴影代表不同来源的 DNA 区域。

pAD1 质粒（图 6.10.2；可从 D. Kurnit 博士处获得）

$recA^+$ 大肠杆菌菌株（表 1.4.5）

√L-肉汤培养基

卡那霉素（表 1.4.1）

λ 噬菌体文库

√Lambda 顶层琼脂

√Lambda 平板

链霉素（表 1.4.1）

√悬浮培养基

氯仿

菌株 DM21、DM75、DM392 和 DM1061（图 6.10.3 和表 6.10.1），均为含 100 μg/ml 链霉素的 LB 培养基的新鲜饱和的过夜培养物

100 mmol/L IPTG（表 1.4.2）

2%（*m/V*）X-gal（表 1.4.2）

注意：除非特别说明，培养的温度均为 37℃。

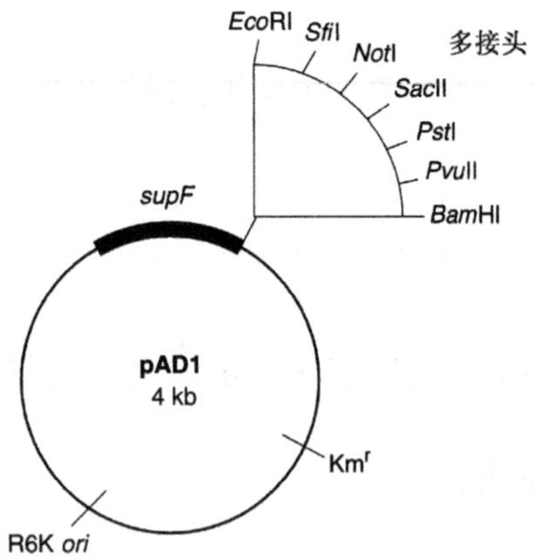

图 6.10.2 pAD1 的结构，包含 R6K 复制子、Km^r、*supF* 和一个多接头，它与 ColE1 质粒没有同源性。

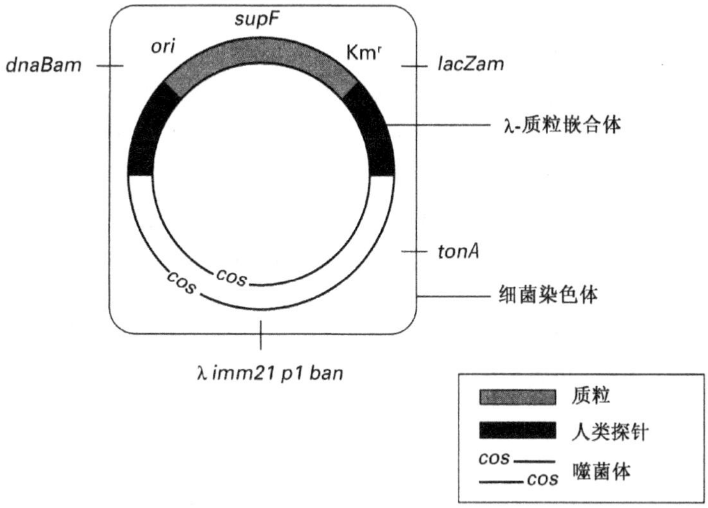

图 6.10.3 包含带 *supF* 的λ噬菌体嵌合质粒（圆圈）的菌株 DM21（长方形；见表 6.10.1）。如图，*dnaB* 琥珀等位基因能够筛选出整合有 *supF* 的λ噬菌体。而且，*supF* 会抑制 *lacZ* 琥珀突变，产生蓝色噬斑。

表 6.10.1 可供使用的菌株

菌株	基因型[a]	参考文献	注释
DM21	*lacZ*$_{YA536}$ (*am*), *dnaB266* (*am*), Sm^r, *hsdR*$^+$, *hsdM*$^+$,? *tonA*$^-$ (λ*imm21* *b*515 *b*519 *nin*5 *att*$^+$ P1 *ban*)	Kurnit and Seed, 1990	*sup0 lacZam dnaBam*
DM75	*lacZ*$_{YA536}$ (*am*), Sm^r, *hsdR*$^+$, *hsdM*$^+$,? *tonA*$^-$	Guarente et al., 1980	*sup0 lacZam*；作者和合作者使用的菌株是 Sm^r，尽管已发表的基因型没有说明
DM392	*hsdR*514 (*hsdR*$^-$, *hsdM*$^+$), *supE*44, *supF*58,? *lacY*1, *galK*2, *galT*22, *metB*1, *trpR*55, Sm^r,? *tonA*$^-$	L. Enquist（未出版）	*sup*$^+$；作者和合作者构建了 Sm^r
DM1061	*araD*139, Δ (*ara*, *leu*) 7679, Δ *lacX*74, *galU*$^-$, *galK*$^-$, Sm^r, *hsdR*$^-$, *hsdM*$^+$, *mcrA*$^-$, *mcrB*$^-$,? *tonA*$^-$	Casadaban and Cohen, 1980	*sup0*

a. 问号表示可能但不确定。

步骤

1) 克隆目的 DNA 序列至 pAD1（见 3.13），并转化 *recA*$^+$ 菌株（见 1.8）以产生卡那霉素抗性的 *recA*$^+$ 菌株。制备饱和的过夜培养物于含 50 μg/ml 卡那霉素的 L-肉汤培养基中（见 1.1）。
2) 混合 3 ml lambda 顶层琼脂、200 μl 过夜培养物以及 10^6～10^7 pfu λ噬菌体文库，倒入 lambda/卡那霉素平板中，温育 7 h 至过夜，直到发生全部裂解。
3) 加入 3 ml SM 和 0.5 ml 氯仿，旋转，室温下洗脱 2 h 至过夜。收集洗出液至 1.5 ml

聚丙烯离心管，4℃可存放一周。

4) 将 50 μl 洗出液（$0.5\times10^6\sim1\times10^6$ pfu）加入 200 μl DM21 培养物中，再加入 3 ml lambda 顶层琼脂，然后倒入 lambda/链霉素平板中。温育 7 h 至过夜，直至噬斑形成。

5) 于可在 lambda/链霉素平板中生长（含 *supF*）的菌株（DM392）上，滴定洗出液滴度（见 1.11）。

6) 用 100 μl SM 洗下生长在 DM21（见步骤 4）中的噬斑。混合下述物质，涂布于 lambda/链霉素平板，温育 7 h 至过夜，直到全部开始裂解。

   10 μl 洗出液
   200 μl DM75 培养物
   3 ml lambda 顶层琼脂
   10 μl 100 mmol/L IPTG
   100 μl 2% X-gal

   浅蓝色噬斑就是含 *supF* 的目的噬菌体；但对于像 λgt11 等载体，如果 *lacZ* 基因完整，也会产生蓝色噬斑。为了区分两者，请注意：目的 *supF* 对单拷贝染色体 *lacZ* 基因座的抑制仅会在噬斑周围区域产生浅蓝色；而 λgt11 的高拷贝数 *lacZ* 基因会产生超过噬斑周围区域的深蓝色晕轮。

7) 用 100 μl SM 洗脱每个含有 *supF* 的噬斑（见步骤 6）。涂布 DM75 和 DM1061 菌苔（如上，200 μl 培养物加入 3 ml 顶层琼脂/IPTG/X-gal）于不同的 lambda/链霉素平板上。在两种菌株的菌苔上滴加每个噬菌体的洗出液 10 μl。温育 7 h 至过夜，直到全部开始裂解。

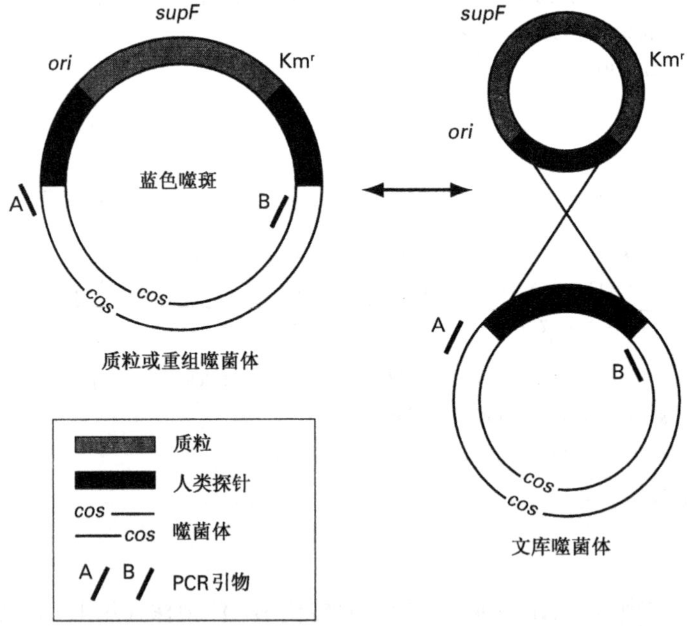

图 6.10.4　反选择。反重组事件（处于平衡状态）自发产生。使用毗邻噬菌体克隆位点的引物进行 PCR，产生的 cDNA 没有 pAD1 中用来恢复到本身的基因组序列。cDNA 插入片段＋pAD1＋基因组插入片段太大，不能用于 PCR 扩增；相反，单独的 cDNA 插入片段可以扩增。由于在正选择噬菌体和反选择噬菌体之间有个平衡点，所以反选择的插入片段可直接用正选择的蓝色噬斑扩增，这些噬斑包含两种噬菌体的混合物。

含 *supF* 的噬菌体在 DM75 上呈蓝色（*lacZam*），但在 DM1061 上没有颜色（*lacZ* 缺失）；然而含完整 *lacZ* 基因的噬菌体在两种菌株上都将呈蓝色。

8）把 200 μl DM75 菌苔混入 3 ml 顶层琼脂中，并倒入 lambda/链霉素平板。滴加 10 μl 的噬菌体洗出液至菌苔上。温育 7 h 至过夜，直到单个大型噬斑（“巨斑”）出现。

9）PCR 扩增（见 15.1）巨斑中的目的片段，使用原先构建文库所用的 λ 噬菌体载体上与 *Eco*RI 克隆位点毗邻的引物。

该步逆转了正选择的过程，完成了反选择（图 6.10.4）。

10）如果需要，对分离到的基因克隆测序（见第 7 章），并与已知表达序列数据库比较。

参考文献：Hanzlik et al., 1993; Neve et al., 1983; Stewart et al., 1991.

撰 稿 人：David M. Kurnit

第7章　DNA序列测定

对许多重组 DNA 实验来说，了解靶 DNA 序列是进一步操作不可或缺的前提。DNA 序列测定和随之进行的计算机辅助的限制酶切位点查询，常常是获得详尽限制酶图谱的最快方法，在利用为大量表达蛋白质或产生融合蛋白而设的载体对目的基因进行亚克隆时，这些信息尤为重要；通过计算机辅助分析首先确定在 DNA 序列中的蛋白质编码区，随后在 DNA 或蛋白质序列库中进行相似性查询，就能得出对克隆化基因及其表达产物的结构和功能的深入了解；另外，DNA 序列信息是详细分析基因的 5′和 3′非编码区的前提，也是进行基因定点诱变的基础；小量的 DNA 序列信息，如序列标志位点（STS）或表达序列标志（EST）是对克隆于黏粒载体或酵母或细菌人工染色体的大片段 DNA 序列进行定位和排序的基础。表达序列标志（EST）在基因发现中甚有价值。

DNA 序列测定的工作基础是在变性聚丙烯酰胺凝胶上进行的高分离度的电泳过程。这些所谓的测序胶能在长达 800 bp 的单链寡核苷酸中分辨出一个脱氧核苷酸的差异。在操作中，相应于待测 DNA 区段，产生了一套标记的寡核苷酸单链，它们有固定的起点，但另一端是按模板序列连续终止于各不相同的核苷酸。确定每个脱氧核糖核苷酸的序列的关键，是在 4 个独立的反应中产生终止于所有不同的 A、T、G、C 位点的寡核苷酸链，而这 4 个反应的寡核苷酸产物在测序胶的相邻泳道中都能被一一分辨出来。由于在 4 个泳道中再现了所有的可能寡核苷酸链，DNA 的序列能从 4 个寡核苷酸“阶梯”中依次直接读出（图 7.0.1）。

实际上，从一套测序反应中所能获得的信息量受限于测序胶的分离度（见 7.7）。虽然自动测序仪经常可从一套测序反应中得到高达 800 个核苷酸的信息，但现在的技术获得的可靠序列信息大约在 500 个核苷酸。因此，如果待测 DNA 的区段在 500 个核苷酸以内，所需的工作只是简单地将此片段克隆于合适的载体，以产生一个能通过一套反应被测序的重组 DNA 分子。

对于大片段 DNA 的序列测定，往往需要将其分割成小片段进行测序。7.1 讨论了测定大片段 DNA 的策略，7.2 提供了两种分割大片段 DNA 的方法，它们利用外切酶 III 或核酸酶 *Bal* 31 以产生一套有序的嵌套缺失体。

目前广泛应用于 DNA 序列测定的方法有酶学的双脱氧法和化学法，在产生寡核苷酸“阶梯”的技术上，两者截然不同。对于酶学双脱氧测序法来说，是在四种不同核苷酸类似物的存在下，利用 DNA 聚合酶合成与模板互补的标记拷贝，四种核苷酸类似物作为链中止子来产生四种碱基特异性反应。化学测序法是一套碱基特异的化学试剂作用于标记好的 DNA 链。

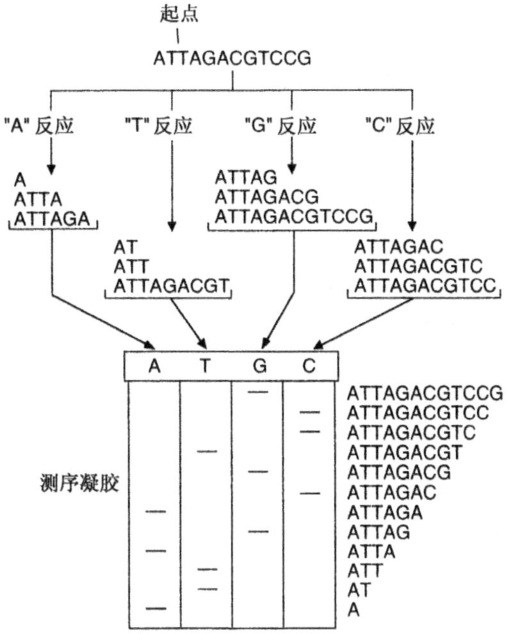

图 7.0.1　DNA 测序的一般策略。进行 DNA 序列测定时，在 4 个独立的反应中，各产生了一套放射性标记的单链寡核苷酸，它们有固定的起点，另一端分别终止于接续的 A、T、G 或 C 处。每个反应的产物在高分离度的聚丙烯酰胺凝胶上电泳分级。经放射自显影，DNA 序列可从凝胶上直接读出。

双脱氧（Sanger）测序法

双脱氧法或酶法利用 DNA 聚合酶合成单链 DNA 模板的互补拷贝，这一方法最先由 F. Sanger 及其合作者发展而来。DNA 聚合酶不能起始 DNA 链的合成，而是在复性于“模板”DNA 的引物的 3′端上进行链的延伸（图 7.0.2）。链的延伸是在引物生长端的 3′羟基掺入脱氧核糖核苷酸。双脱氧测序法利用了 DNA 聚合酶能以 2′，3′-双脱氧核糖核苷酸（ddNTP）为底物的特性。当 ddNTP 被掺入到延伸着的引物的 3′端时，由于链上 3′羟基的缺乏，链的延伸就会终止。在 4 个测序反应的每个反应中加入 4 种可能的 ddNTP 中的一种，即可产生 4 种不同的反应。调整每个测序反应中的 ddNTP 与 dNTP 的比例，使部分引物延伸链分别终止于每一个在模板 DNA 出现该碱基的位置上。这种测序方式，每个延伸反应的产物是一系列长短不一的引物延伸链，它们都具有由复性引物所决定的固定的 5′端和终止于某一 ddNTP 的不定的 3′端。

常用的双脱氧测序法有两种常用方案。最早期的双脱氧法，称之为 Sanger 法（Sanger et al. 1977，1980)，是利用大肠杆菌 DNA 聚合酶 I 的 Klenow 片段而发展起来的（见 3.3）。引物在需要测序的单链 DNA 模板的 3′端进行复性（图 7.0.2）。分成 4 份进行反应，每一份反应中都含有 DNA 聚合酶、3 种未标记的 dNTP、一种标记的 dNTP 及其相应的 ddNTP（图 7.0.2 右侧）。引物的延伸和标记进行至摄入 ddNTP 后被终止。在接下来的反应中，追加高浓度的 4 种 dNTP 使未被 ddNTP 终止的链再延伸

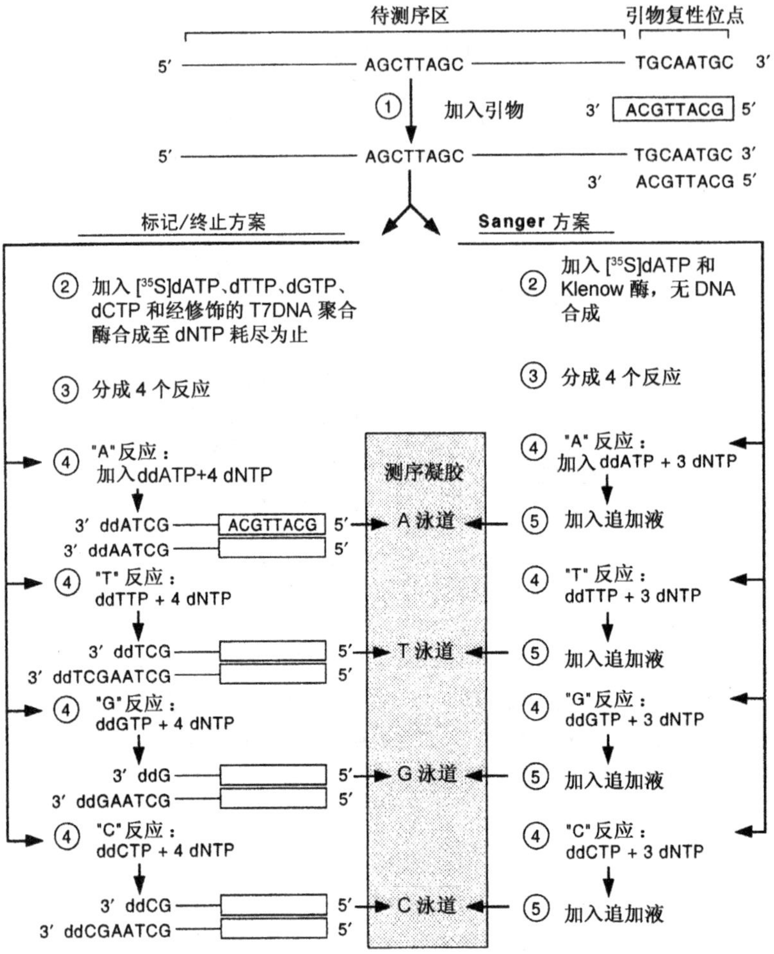

图 7.0.2　双脱氧测序法。单链 DNA 片段与引物复性后进行聚合反应（步骤 1），在 Sanger 法中（右图），加入 Klenow 酶和放射标记的 dATP（步骤 2），然后，分成 4 份进行反应（步骤 3），分别加入其余的 3 种 dNTP 及一种 ddNTP（步骤 4）。DNA 的合成进行至掺入 ddNTP 后被终止。追加 dNTP（步骤 5）使未被终止的链再延伸以产生更高分子质量的 DNA。在“标记/终止法”中（左图），紧接着步骤 1，加入限量的 4 种 dNTP（其中一种为放射性标记）和测序酶（步骤 2），DNA 的合成至 dNTP 耗竭为止。反应混合物等分成 4 组（步骤 3），分别加入 4 种 dNTP 和一种 ddNTP（步骤 4），恢复合成反应，但当掺入 ddNTP 后，反应被特异性地终止。在每种方法中，反应终止后，样品加于测序胶的相邻泳道上，进行电泳分离。

以产生更高分子质量的 DNA，这种 DNA 链滞留在测序胶的顶部无法分辨。测序产物的平均长度通过 ddNTP/dNTP 的比率来控制，比率越高产物越短。

标记/终止法利用修饰的 T7 噬菌体 DNA 聚合酶［测序酶（sequenase）；见 3.3；Tabor and Richardson，1987a，b］得到进一步发展。在两个独立的反应中分别进行引物的标记和双脱氧核苷酸的掺入（图 7.0.2 左侧）。复性的引物在 4 种低浓度 dNTP（其中 1 种是放射性标记的）存在时进行延伸。DNA 的合成持续到一种或多种 dNTP 被耗竭为止，这样可保证掺入全部的标记的脱氧核糖核苷酸。标记的混合物分到 4 个独立的反应中，每个反应除了含有 4 种 dNTP 外，还各含 4 种 ddNTP 中的 1 种。在链终止反应步骤中，高浓度的 dNTP 保证 DNA 逐次合成至生长链因 ddNTP 的掺入而终止。测序产物的平均链长取决于标记反应中 dNTP 的浓度（浓度越高产物越长）和终止反应中 ddNTP∶dNTP 的比例。

当使用测序酶的时，标记/终止法能得到平均长度长于 Sanger 法的测序产物。所以这种方法对于从每个模板上获得最大量序列的信息是更有利的。对于测定小片段 DNA（如证实结构），Sanger 法通常就足够了。如确定引物后几个核苷酸的序列信息，Sanger 法则更可靠。热稳定的 DNA 聚合酶也可以用于双脱氧测序。因为耐热 DNA 聚合酶可以在高温下工作，可以用它进行热循环反应，这样可以提高测序产物的产量，因而提高了灵敏度。此外，热稳定聚合酶可以使 DNA 模板的二级结构变性，而 DNA 的二级结构会干扰延伸进程。

用作双脱氧测序的载体、聚合酶和放射性标记物会在 7.1 中讨论。标记/终止法、Sanger 法和热循环法在 7.4 中讨论。

化学（Maxam-Gilbert）测序法

在 Maxam 和 Gilbert 发展的 DNA 化学测序法（1977，1980）中，碱基专一性化学试剂在一种或两种特定核苷酸位置上随机断裂已纯化的 3′端或 5′端标记的 DNA，产生 4 套寡聚脱氧核糖核苷酸。因为只有末端标记的 DNA 片段才能在测序胶的放射自显影图中显示出来，所以只能观察到含有固定末端的片段，这样就产生了 4 列 DNA 阶梯，见图 7.0.3。

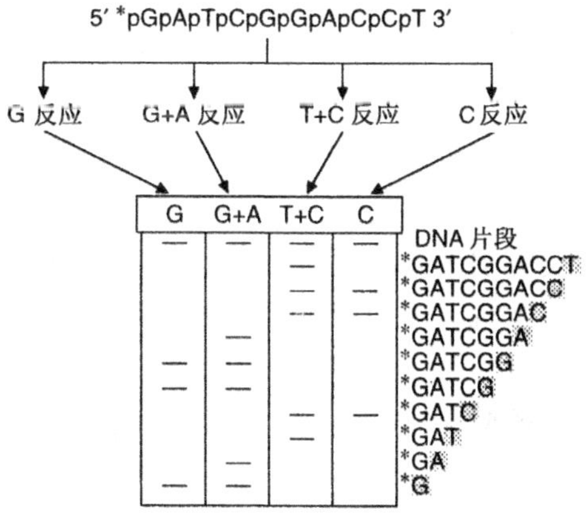

图 7.0.3　化学测序法。图中表示 4 个化学裂解反应产物经凝胶电泳分离后的寡核苷酸阶梯。星号（*）表示^{32}P 在 5′端标记的位置。凝胶中 DNA 片段 3′端加阴影的碱基表示经化学修饰后，在哌啶介导的链剪切过程中从核苷酸链上被取代的碱基。例如，DNA 与 DMS 进行有限的反应后，接着的哌啶处理引起被修饰 G 的定量释放，产生的寡核苷酸链都是以在序列中紧接着 G 的碱基为末端。本例中的产物是* pGpApTpCpGp 和* pGpApTpCp，每一产物分别在“G”泳道形成条带。至于* pG，其产物是* p，很可能已跑出胶外，因而很难确定 5′端碱基。由于甲酸对嘌呤的特异反应，终止于 G 或 A 的片段在“G＋A”泳道形成条带。因此，终止于 G 的片段会出现在 G＋A 和 G 泳道上，但是终止于 A 的片段只会出现在 G＋A 泳道上。同样，通过分析在 T＋C 和 C 泳道上是否存在 T 和 C 也可以分辨出这两个碱基（在 NaCl 存在和不存在的情况下用肼处理）。

碱基修饰和链断裂在两个分开的反应中进行。化学法的特异性基于第 1 步反应中肼、硫酸二甲酯或甲酸对碱基的修饰：

G：DMS 使鸟嘌呤的第 7 位氮原子甲基化，其后断开第 8 位碳原子和第 9 位氮原子间的化学键。

G＋A：甲酸使嘌呤环上的氮原子质子化，削弱了腺嘌呤脱氧核糖核苷酸和鸟嘌呤脱氧核糖核苷酸中的糖苷键。

T＋C：肼断开了嘧啶环。

C：在 NaCl 存在时，只有 C 才能与肼发生反应。

在所有的 4 个反应中，哌啶随之从核糖分子上置换了修饰的碱基并催化了这个位置上磷酸二酯键的断裂。这个反应必须是定量的。DNA 阶梯可以通过 4 条泳道的比较而读出来。G＋A 泳道中的 A 片段如没有出现在 G 泳道则读作 A；出现在 T＋C 泳道但没有出现在 C 泳道的片段则读作 T（图 7.0.3）。

用作化学测序的载体和放射标记物在 7.1 中讨论。实验操作方案在 7.6 中给出。

双脱氧法或化学测序法的选择

双脱氧测序法速度快。引物的复性和测序可以在 60～90 min 内完成。可以同时制备大量的单链或双链测序样品。如果用 ^{35}S 标记的 dNTP 测序，这种方法可以提供极好的（电泳）条带的分辨率（见 7.1）。其主要缺点是模板的组成或二级结构有时会导致测序过早地终止。虽然和 Klenow 片段（见 7.1）相比，有其他的聚合酶可以减轻这个问题，但有些 DNA 序列还是无法用双脱氧法精确地测出来。

化学法的主要优点是能消除用 DNA 聚合酶合成 DNA 时所碰到的问题，可以测出酶法无法测出的序列。另外，对于较短 DNA 片段的测序，化学法不需要将它亚克隆到合适的测序载体上。最后，化学法是唯一能用于小分子质量的寡核苷酸的序列测定的方法。虽然准备用于测序的 DNA 要花费大量时间，但现在开发出专门的载体如 pSP64CS 和 pSP65CS（见 7.1），可以直接对邻近待测序列的片段进行亚克隆和对未确定的单链末端进行标记，消除了需要耗费大量时间的胶纯化步骤。这些载体的应用也使同时对大量样品进行测序的目标得以实现，因为对每个重组质粒的测序是以系统方式进行的。

放射性标记测序反应的替代

激光诱导荧光

激光诱导荧光的应用是自动化 DNA 测序技术的主要进展，它使得大规模的基因组测序成为可能。现在四色 Sanger 法为所有大规模测序项目所采用。这种方法使用 4 种不同的末端标记荧光引物或终止物（见 7.4）。因为每个反应的确认都是通过其荧光标记发射出的不同颜色的光来完成的，所以 4 个反应可以在同一个测序胶泳道上进行电泳分离，这种方法具有 4 倍于放射标记法的测序通量。

“理想”的一套 DNA 测序荧光团由 4 种染料组成，它们应在普通的激发波长下有相类似的高摩尔吸收（还有高的荧光光子产量），应有强而分离度好的发射，所导致 DNA

测序片段的相对迁移变化也应一致。由于单一的荧光染料的光谱性质不能达到这些标准，使初期的应用不能令人满意。共振能量转移的应用克服了使用单一染料的局限，使荧光标签得到发展并能满足上述要求（Ju et al.，1995）。这些新的荧光染料的高灵敏度使得能直接对大的 DNA 模板（> 30 kb）进行测序，显著地加速了大规模测序和定位项目。

化学发光法

这种方法在双脱氧测序反应中使用了生物素（biotin）标记的引物，接下来，生物素标记的产物从测序胶上转移到尼龙膜上，并使用三步法进行检测。多价的链霉亲和素（streptavidin）将生物素标记的测序产物交联到生物素标记的碱性磷酸酶上。固定的酶将 1，2-二氧环丁烷（dioxetane）去磷酸化并释放出荧光，发出的荧光可通过放射自显影法来检测。这个方法和另外两种相关的方法在 7.5 中有详细阐述。化学发光法的灵敏度可与传统的同位素标记法相比较，而且也可以在化学测序法中应用。

多重测序法

多重测序采用与特异性探针杂交的方法在序列阶梯混合物中检出特异的单个“阶梯”。在这种方法中，源于模板混合物的测序反应产物在一片测序胶中电泳，然后转印到膜上，并与针对某个模板的探针进行杂交。然后，将探针移除，将膜与另一种针对某个模板的探针再次杂交。因此，从一片测序胶中所得的序列信息量可通过膜被杂交的次数（在实际操作中，一片膜的杂交次数可高达 20 次）取得。多重测序法可以使用同位素标记和化学发光试剂进行标记，可以用作化学测序也可以用作双脱氧测序。以双脱氧法为基础的可用于多重测序的一套载体已有商品供应（Millipore)。

其他测序技术的进展

商品化测序试剂盒

商品化测序试剂盒尽管缺乏灵活性，且如发现问题时检查及解决问题的能力受到限制，但省却了配置和校正参与反应的大量混杂因素的过程，大大节省了启动的时间。这些试剂盒以合理的价格为初学者提供了一个很好的选择。

自动化测序仪和测序反应

自动化测序仪使凝胶电泳、条带检测和分析过程全部自动化。目前，所有的商品化 DNA 自动化测序仪的设计都是以酶法测序反应为基础。检测是通过两种途径中的一种：荧光或放射标记 DNA 条带在移动过程中经过检测仪时，检测仪将其记录下来；或者通过数码相机将整张胶上的荧光条带全部拍摄下来。所有自动化的测序仪都有数据收集的能力，而且也有进一步分析的程序或提供方便的外接数据分析程序。另一种很有前途的方法是使用机器人技术使测序反应自动化。

毛细管阵列 DNA 测序技术

在自动化 DNA 测序仪上的最新进展是使用毛细管电泳进行分离和使用共聚焦激光

诱导荧光进行检测。毛细管电泳提供了快速、高通量、高分辨率DNA片段分离法。毛细管阵列DNA测序仪（MegaBACE 1000和ABI 3700）可同时自动加96个样品，而且能自动跟踪和分析。已有报道表明，用线性聚丙烯酰胺（linear polyacryl amide，LPA）在1 h的电泳时间内可读取长达1000 bp的序列，并有接近单碱基的分辨率（Salas-Solano et al.，1998），与传统的平板测序胶相比，速度呈数量级倍增。

热循环测序

一个双脱氧测序反应中加入了热稳定DNA聚合酶，进行类似于PCR反应的变性、复性、合成反应循环。测序产物的线性扩增使得模板需要量变得很少。另外，这种方法免除了另外的复性反应和双链模板变性反应，测序可以在自动化系统中进行。热循环测序法的实验方案在7.4中介绍，现在已有试剂盒可用。

固相测序

最近可应用于DNA手工测序或自动化测序的另一种改良方法是使用固相捕获法来产生单链DNA模板。双链DNA中的一条链被生物素酰化（如采用第15章的PCR方法扩增，一对引物的其中之一已生物素标记），其后，这种一半被生物素酰化的DNA分子结合于链霉亲和素铁磁珠上，以碱处理磁珠使DNA双链变性分离，然后通过磁场捕捉结合了生物素酰化DNA单链的磁珠，使之与非生物素标记的另一条链分开。非生物素化的单链或结合了生物素酰化DNA单链都可用作测序反应的模板。

计算机分析

进行序列信息的分析时计算机软件实际上是必不可少的。计算机软件在如下三个阶段提供辅助：首先，DNA序列数据可通过用人工数字化系统或自动化凝胶扫描仪“阅读”测序胶而输入到计算机的数据库中；其次，有几种软件包可用来检测序列数据的重叠区，并将来源于单个模板组装成叠连DNA序列[叠连群(contig)]；第三，分析最终序列数据时，计算机的辅助分析更是非用不可，如寻找可读框、在核酸或蛋白序列库中对其他现有序列进行同源性检索等。

参考文献：Hultman et al.，1991；Ju et al.，1995；Mardis and Roe，1989；Maxam and Gilbert，1977，1980；Salas-Solano e al.，1998；Sanger et al.，1977，1980；Sears et al.，1992；Smith et al.，1986；Tabor and Richardson，1987a，b.

撰 稿 人：Frederick M. Ausubel，Lisa M. Albright，and Jingyue Ju

7.1 DNA测序策略

一般而言，任何的DNA测序策略都应包括对DNA两条链分别测序的计划，因为通过互补链测序结果的比较可获得更高的准确率。下面将讨论制备能用于双脱氧法和化学法测序的大小适宜的DNA片段的最普遍方法。为这两种方法准备DNA模板的方法在7.3中给出。

7.1.1　双脱氧测序

双脱氧测序计划

对小于500个核苷酸的DNA片段的测序通常是简单的，因为仅从一套测序反应就可以可靠地判读其序列信息。这种大小的DNA片段通常直接克隆到合适的单链或双链DNA测序载体即可。

要完整地测定大片段DNA的序列，一般需要将其再细分为能单独进行序列分析的小片段。目前有3种常用方法。第一种被称之为“鸟枪克隆”的方法，用物理剪切、核酸酶消化或高频率切割的限制性内切核酸酶（如特异识别4碱基的）消化的方法从大分子DNA中产生随机片段。收集这些随机片段并将它们全部连接到合适的测序载体。根据每个片段中的重叠序列，通过电脑编译获得最终的序列信息。第二种策略是从大分子DNA中获得一套有序的亚克隆，通常是从含有完整DNA片段的克隆出发得到几套累进的（嵌套式）缺失体，在7.2中描述了使用外切酶III和核酸酶*Bal* 31制备嵌套缺失体的两种工作方案。也有很多其他的方法制备嵌套缺失体，现在从不同的供应商中都可获得商品化试剂盒（见供应商列表7.2.1）。第三种策略称为“引物步测法”，尤其适合于双脱氧测序，并绕开了亚克隆小片段DNA的要求，最初的序列数据是通过利用载体上引物获得的，一旦新的序列被确认，与新获得序列的3′端杂交的寡核苷酸就能合成，并能以之为引物进行下一轮的双脱氧测序反应。

双脱氧法的载体

有很多的载体可以用来准备用于双脱氧测序的DNA模板。对载体的选用通常受下列因素的限制。

(1) 涉及构建嵌套式缺失体的工作，一般需要载体上有特别的限制酶切位点以便于产生缺失体或随后对缺失产物进行克隆（见7.2）。

(2) 对于需要将缺失产物亚克隆于第二载体的缺失策略（如核酸酶*Bal* 31消化，7.2)，第二载体必须采用用于提示外源片段插入的正向筛选方法。

(3) 有可供利用的引导双脱氧测序反应的合成寡核苷酸。

(4) 对大的序列测定项目，最为有效的是利用为产生单链DNA而设的载体，如噬菌体M13mp载体。

(5) 如采用双链DNA模板进行测序，采用高拷贝数的质粒载体有利于测序质粒DNA的小量制备。

M13载体。以大肠杆菌丝状噬菌体M13为基础发展的克隆载体，使得双脱氧测序法更为容易进行（见1.14)。DNA片段克隆到复制型M13中后，能很快地获得大量的单链DNA。最广泛用于双脱氧法的M13载体属于M13mp系列载体（Messing，1988)。它们含有*lacZ*启动子及编码β-半乳糖苷酶α片段的部分*lacZ*基因。当感染在F′因子上携带编码β-半乳糖苷酶ω片段的另一部分*lac Z*基因的大肠杆菌时，M13mp噬菌体能在X-gal/IPTG平板上产生蓝色噬斑（见1.4)。每种M13mp载体都含有位于*lac Z*第5个密码子之后的合成多接头。因为此多接头的引入并没改变*lacZ*的可读框，M13mp载体在X-gal平板仍能产生蓝色噬斑。然而，外源 DNA 的插入破坏 *lac Z* 可读框的可能性极高，因此产生的重组噬菌体将会产生无色噬斑。因为在所有的 M13mp 系列中，多接头总是插在 *lac Z* 中的同一个位置，所以合成的寡核苷酸序列可以作为所有测序反应的通用引物。载体可以在每个方向插入多接头。因此 DNA 可以插入 *lac Z* 基因的任何一个方向（强制克隆，forced cloning），允许从同一个引物位点对两条链进行测序。M13 载体中的每组测序反应一般可测到 300～400 个核苷酸。M13 载体可以用作缺失策略（见 7.2）。如果用单链 DNA 模板进行双脱氧测序，推荐使用 M13mp 18 载体和 M13mp 19 载体（表 7.1.1）

表 7.1.1　双脱氧测序载体

载体[a]	供应商[b]	载体[a]	供应商[b]
M13 噬菌体载体[c]			
M13mp18/19	APB，ATCC，BR，LT，IBI，ICN，NEB，USB	M13BM20/21	BM
噬菌体/质粒杂合载体[d]			
BluescriptII 系列	ST	pSPORT1	LT
pBC 系列	ST	pSVK3	APB
pBS±	ST	pT3/T7-3	CL
pcDNAII	IN	pT7/T3 18U/19U	APB
pEMBL18/19	ATCC，BM	pT7/T3α-18/19	LT
pfdA/B	ATCC	pT71/2	USB
pGEM9z/11z/13zf±	PR	pTZ18/19	USB
pIBI24(-25)	IBI	pTZ18R	IN
pICEM18/19	ATCC	pTZ18U/19U	BR
pSELECT1	PR	pUC118/119	ATCC
质粒载体[e]			
pAM18/19	APB	pUC18/19	APB，BM，BR，CL，
pAT153	ICN		LT，IBI，ICN
pT3/T7/lac	BM		NEB，USB
pTTQ	APB	pUCBM20/21	BM
		SP72/73	PR

a. 仅列出每种载体的最新版本［修改自文献（Slatko，1991a）］。所有载体都有商品化的引物，扩展的多接头利用 β-半乳糖苷酶 α 互补的蓝白插入筛选标志。

b. 缩写：APB，Amersham Pharmacia Biotech；ATCC，美国模式培养物保藏所（American Type Culture Collection）；BM，Boehringer Mannheim；BR，Bio-Rad；CL，Clontech；IBI，International Biotechnologies；ICN，ICN Biomedicals；IN，Invitrogen；LT，Life Technologies；NEB，New England Biolabs；PR，Promega；ST Stratagene；USB，United States Biochemical. 供应商附录列出了它们的地址和电话。供应商的商品目录含有关载体的文献。

c. 这些载体可产生双链复制型 RF DNA 和包装的单链 DNA。

d. 这些载体在辅助噬菌体感染时，能作为质粒复制，但产生单链 DNA。

e. 这些载体仅产生双链 DNA。

质粒型测序载体。可以用双链 DNA 以循环的方式进行双脱氧测序，循环的过程包括了每个循环中双链 DNA 的变性。很多商品化供应的质粒载体（表 7.1.1）都能用于双链双脱氧测序反应。这些质粒都能在大肠杆菌中以高拷贝数复制，具有蓝白插入筛选标记，同时对插入 DNA 的两条链进行测序的引物也有商品供应。这些载体中有几种含有 M13 噬菌体、f1 或 fd 噬菌体的复制起点，在有辅助噬菌体存在时，可产生质粒的单

链拷贝（见1.14和1.15)。有几种这些噬菌体/质粒杂合载体是成对供应的，它们带有两个方向的噬菌体复制起点（在表7.1.1中标明±的载体)，可从一个引物位点合成两条方向相反的链。同样，也可以用两个引物与插入的DNA相反的两条链进行杂交。表7.1.1列出的载体的最重要的特征是多接头的设计。许多载体具有M13mp18/19的多接头。包括Bluescript的一些其他的载体含有的多接头里面有一些在M13mp18/19载体中不存在的有用的位点，以及这些位点的不同配置。特殊多接头的信息应从供应商处获得，以便选择用于测序的最佳载体。

载体的选择。对于大规模测序计划来说，建议使用单链载体系统，因为高质量制备的单链DNA模板更可信赖。双链DNA模板测序用于某些情况，如测序成为唯一的快速检验质粒结构的方法时。质粒提供了既可以从5′端也可以从3′端获得序列的优势，尤其在用鸟枪法测基因组序列时，这一点是很有价值的。

用作双脱氧测序的聚合酶

表7.1.2列出了DNA聚合酶的一些基本特征，对这些特征全面彻底的说明请参考CPMB 7.4A。建议使用具有标记/终止过程的测序酶，因为它们可以使电泳条带高度均一、背景干净，以及有效地利用ddNTP和其他的核苷酸类似物。这种测序酶唯一的缺点是不耐热。某种情况下需要使用耐热DNA聚合酶时，应该用*Taq* DNA聚合酶或其他耐热DNA聚合酶。Klenow片段也可用作标记/终止实验方案。在Sanger测序法的实验方案中，Klenow片段通常是最适合的酶；当模板二级结构引起Klenow酶意外终止时，*Taq* DNA聚合酶也是一个不错的选择。在70℃下，*Taq* DNA聚合酶可以以一步法用5′端标记的引物来测定PCR产物的序列。对于大规模测序计划来说，建议使用荧光标记循环法测序，因为这种方法的程序简单，而且数据分析自动化。热循环法测序需要耐热的聚合酶，如$Vent_R$ (exo^-) 或*Taq* DNA聚合酶突变体（耐热测序酶或AmpliTaq FS)。

表7.1.2 DNA测序酶的特性[a]

特性	T7	Klenow	*Taq*	*Bst*	Vent	AMV RT
3′→5′外切酶活性	无	低[b]	无	无	无	无
5′→3′外切酶活性	无	无	有[c]	无	无	无
持续合成能力	高	低	中等	中等	低	中等
延伸率	高	中等	中等	高	中等	低
使用核酸类似物[d]						
dITP	可以	可以	不可以	可以	可以	ND
7-deaza-dGTP	可以	可以	可以	可以	可以	可以
条带均一性	很好	差	好	很好	高	尚可
温度/℃	<55[e]	<50	<70	<65	<75	<42

a. 根据U.S. Biochemical资料修改。这些信息只作为指导方针，并非作为参考文献的来源。一些特性强烈地依赖于反应条件。酶的缩写：T7，遗传修饰的T7 DNA聚合酶（测序酶，版本2.0)；Klenow，大肠杆菌DNA聚合酶I的大片段；*Taq*，*Thermus aquaicus* DNA聚合酶；*Bst*，*Bacillus stearothermophilus* DNA聚合酶；Vent，*Thermococcus litoralis* DNA聚合酶（exo^-)；AMV RT，鸟类成髓细胞白血病病毒逆转录酶。

b. 失去3′→5′外切酶活性的Klenow酶突变体，但和正常Klenow有相同的测序结果。

c. 一些版本的*Taq* DNA聚合酶，其5′→3′外切酶活性已用遗传或化学方法除去。

d. 此条目指这些酶是否可以有效地利用dITP和dGTP。ND：未测。

e. 终止反应；标记反应小于37℃。

用作双脱氧测序的放射性标记

[α-^{35}S] dATP7.4 中的实验方案使用了 [α-^{35}S] dATP 作为标记物，而不是 [α-^{32}P] dATP。通过放射自显影，^{35}S 发射出的低能量 β 射线能够显示出比 ^{32}P 更锐利的条带，这样就能在测序胶的上部读出更多的序列信息。另外，因为低能量射线降低对 DNA 糖-磷酸骨架上共价键的破坏，所以 ^{35}S 标记的反应产物可以在 －20℃下保存几周而没有明显的降解。对比来看，^{32}P 标记的产物应在一天之内电泳。最后，对于实验操作者来说，^{35}S 的照射剂量比 ^{32}P 的低。

[α-^{32}P] dATP。和 ^{35}S 相比较，^{32}P 的曝光时间更短。当测序胶上部电泳条带的解析度不是很重要时，使用 ^{32}P 是很有优势的。

[α-^{33}P] dATP。^{33}P 的 β 射线的最大能量比 ^{35}S 要高 50%，但仅是 ^{32}P 的 1/5。用 [α-^{33}P] dATP 作为标记物可以获得像 ^{32}P 那样的短曝光时间和像 ^{35}S 那样的高解析度。

5′端标记。除了用 [α-^{35}S] dATP 标记新生 DNA 链外，另一个方法是用 T4 多核苷酸激酶以 [γ-^{32}P] ATP 或 [γ-^{35}S] ATP 为底物对引物 5′端进行标记（见 3.7）。实验发现，和用标准方法标记相比较，用 5′端标记的引物对大片段双链 DNA 测序可以得到更好的结果。末端标记引物测序法的实验方案请参考 7.4。

7.1.2　化学测序

化学测序计划

化学测序需要仅在一端被标记的 DNA 片段（见 3.3 和 3.7），在传统方法中，进行化学测序需要对待测 DNA 片段的限制酶切图谱有较详尽的了解。这样可产生一系列能在两端进行标记的 DNA 片段，再通过不对称的限制酶切割可获得两个片段，每个片段只含一个标记端。然而，现在专门为化学测序而设计的载体含有不对称限制酶切位点，这使标记待测靶 DNA 的一端成为可能。这种载体特别适用于克隆用核酸酶 *Bal* 31 产生的嵌套式缺失体（见 7.2）。我们推荐在较大的化学测序计划中采用嵌套缺失的策略，而对小 DNA 片段，传统的末端标记法与将它亚克隆于特殊载体效果相同。

用作化学测序的载体

只要标记了一个末端，单链 DNA 和双链 DNA 都可以进行化学测序。Eckert (1987) 介绍了一些特殊载体的构建，这些载体使应用化学裂解法同时快捷地对大量样品进行测序成为可能。这些载体如 pSP64CS 和 pSP65CS（见 3.3 和 3.7）均是高拷贝数的氨苄青霉素抗性质粒，并携带有一个合成的多克隆位点，其中在 *Sma*I 位点两侧各有一个 *Tth*111I 位点。这两个载体只有一点不同，就是相对于 SP6 启动子元件的方向不同（载体的这个特征和 DNA 测序无关）。*Bal* 31 方法（见 7.2）可以用来生产一系列的嵌套式缺失体，以便亚克隆到 pSP64CS 或 pSP65CS 载体中。*Bal* 31 产生的平末端可以连接到 pSP64/65CS 的 *Sma* I 酶切位点上。这使每个 DNA 片段缺失的末端与 *Tth*111I 酶切位点相邻，以便进行末端标记。

用作化学测序的放射性标记

大多数研究者用^{32}P进行化学测序，因为每个寡脱氧核苷酸只有一个标记的核苷酸，而^{32}P的比活和衰变能量都比^{35}S高。^{32}P标记的曝光时间明显要短，通过使用增感屏，^{32}P标记的曝光时间还可以更短。

参考文献：Eckert. 1987；Messing，1988.

撰稿人：Barton E. Slatko，Richard L. Eckert，Lisa M. Albright，and Frederick M. Ausubel

7.2 构建用于DNA测序的嵌套式缺失体

嵌套式缺失体是指在目的DNA的一端一系列缺失，并沿目的DNA延伸不同长度而获得的一套缺失突变体。每个逐步增长的缺失区不断将目的DNA中较远的“新”区段带入引物的可测序范围之内（在普通测序胶中约300 bp）。表7.2.1中列出了可用来制备嵌套式缺失突变体的商品化试剂盒。

表7.2.1 商品化制备嵌套式缺失突变体的试剂盒[a]

缺失方法	供应商[b]
外切酶III	NEB，PH，PR，ST
Bal 31	NEB
T4噬菌体DNA聚合酶	IB
寡核苷酸引导	B101

a. 修改自文献（Slatko，1991a）。

b. 缩写：B101，Bio 101；IB，International Biotechnologies；NEB，New England Biolabs；PH，Pharmacia LKB；PR，Promega；ST，Stratagene。

7.2.1 基本方案1 用外切酶III构建单向缺失突变体

外切酶III的使用过程参考图7.2.1。本方案可用于构建大小约2.0 kb的缺失体，但也可以适当地放大至更长的DNA片段。

材料（带√项见附录1）

待测DNA片段（插入DNA）

合适的测序载体（表7.1.1），质粒和M13mp系列载体

限制性内切核酸酶及其相应缓冲液（见3.1）

外切酶III（见3.8）和1×外切酶III缓冲液（0.66 mmol/L $MgCl_2$，15 mmol/L Tris·Cl，pH 8.0）

1 U/μl S1核酸酶（见3.9）

√S1核酸酶缓冲液

√S1核酸酶反应终止缓冲液

2 U/μl大肠杆菌DNA聚合酶Klenow片段（见3.3）

0.25 mmol/L 4dNTP混合液（见3.2）

√外切酶III连接缓冲液

10 mmol/L ATP

1 U/μl T4噬菌体DNA连接酶（Weiss单位，见3.11）

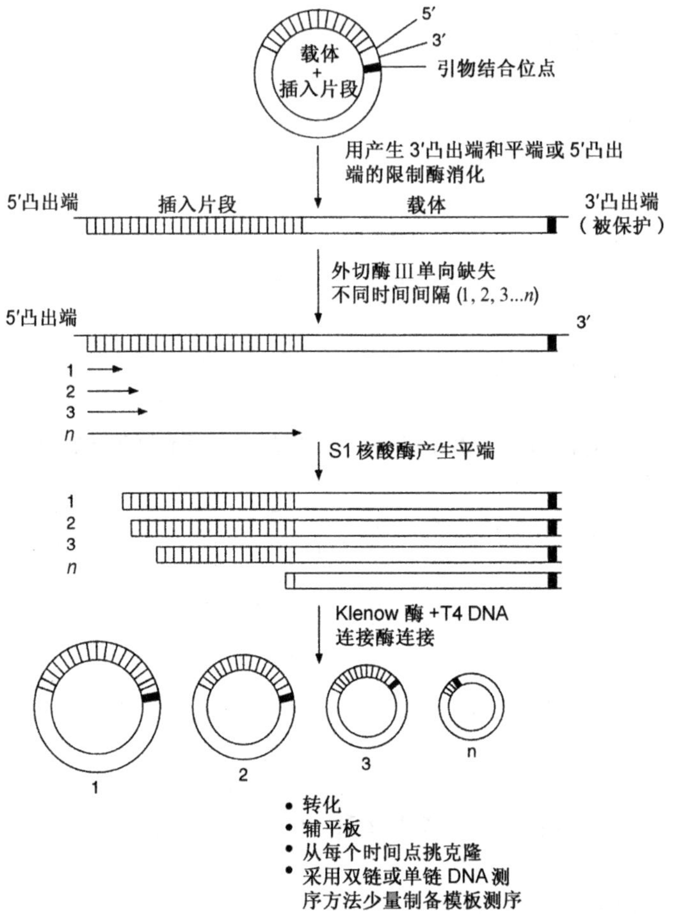

图 7.2.1　用外切酶 III 构建单向缺失突变体。载体∷插入 DNA 片段经限制酶消化，产生了靠近测序引物的 3′凸出端和靠近插入片段的 5′凸出端或平端。外切酶 III 的消化从 5′凸出端或平端开始产生单向的缺失体。外切酶 III 处理的一端和免受外切酶 III 消化的 3′凸出端经 S1 核酸酶的处理和 Klenow 酶的修补产生平端。缺失的质粒以 T4 DNA 连接酶连接后转化大肠杆菌。少量制备 DNA，并通过凝胶电泳确认含缺失体的质粒。

供转化用的感受态大肠杆菌（表 1.4.5 和 1.8）

如 DK1（*recA*；BRL）或 DH5αF′（*recA*）供质粒载体使用

如 JM109 株（*recA*）或 DH5αF′株（*recA*；BRL）供 M13mp 系列载体使用

LB 平板和培养基（见 1.1），含适当的抗生素（表 1.4.1，供质粒载体使用）

LB 平板（见 1.1），预保温（供 M13mp 系列载体使用）

在 LB 培养基或 2YT 培养基中过夜培养的 JM109 株或 DH5αF′大肠杆菌细胞（供 M13mp 系列载体使用）

顶层琼脂（见 1.1），45℃（供 M13mp 系列载体使用）

X-gal 和 IPTG 的储存液（表 1.4.2，供 M13mp 系列载体使用）

√噬菌体加样缓冲液（供 M13mp 系列载体使用）

准备载体∷插入 DNA

1）将插入 DNA 克隆到（见 3.13）合适的测序载体中

关于构建载体∷插入 DNA 的细节请参考图 7.2.1。关于测序载体的信息请参考 7.1 和表 7.1.1。为了测定靶 DNA 双链的序列，其两个末端必须缺失掉。因为外切酶 III 可以消化平端或 5′凸出端，而不能消化 3′凸出端，所以在插入 DNA 两端的限制（酶切）位点和测序引物都是必需的。

2）分离 DNA 并用 CsCl/EtBr 平衡离心的方法（见 1.7）纯化两次。

3）用限制酶双酶切 5 μg 插入待测 DNA 片段的载体，使其完全线性化（见 3.1）：在靠近引物处保留 3′凸出端，靠近插入 DNA 片段处为 5′凸出端或平端。用小型琼脂糖凝胶电泳检测消化是否完全（见 2.6）。

4）先用平衡酚抽提，接着用酚/氯仿/异戊醇进行抽提，用乙醇沉淀并洗涤 DNA，干燥（见 2.1）。

5）将 DNA 用 1×外切酶 III 缓冲液溶解至终浓度 0.1 μg/μl。

构建嵌套式单向缺失体

6）将 25 μl 线性化的 DNA 在 37℃中温育 2 min。每皮摩有效的 3′端加 150 U 外切酶 III，继续温育反应。

换算因子：1 μg 的 1 kb DNA＝1.5 pmol 有效 3′端

消化的程度由温育的时间和温度决定。在本文给出的条件下，消化的速率是 37℃为 250 bp/min，30℃为 120 bp/ min。

7）每隔 1 min 取 3 μl 小份的样品，分别加于不同的微量离心管中（总共 8 份样品），立即置于干冰浴中 5 min，加入 3 μl 水，70℃温育 10 min 灭活外切酶 III 后，样品置于冰上。

构建平末端并重新环化

8）每份样品加入 15 μl S1 核酸酶缓冲液和 4 μl（4 U）S1 核酸酶，于室温放置 20 min，然后加入 5 μl S1 核酸酶反应终止缓冲液。

9）从每份样品中取出 8 μl，加入 2 μl 10×加样缓冲液，在含 1%溴化乙锭的琼脂糖凝胶上电泳（见 2.6），与分子质量标准物比较以确定外切酶降解率。

10）在保留下来的每份样品（见步骤 8）中，各加入 1 μl（2 U）Klenow 酶，于 37℃温育约 2 min。加入 1 μl 0.25 mmol/L 4 种 dNTP 混合液，于 37℃继续温育 10 min。

11）加入以下的试剂在室温放置 5 h，或 15℃过夜：

20 μl 外切酶 III 连接缓冲液

3 μl 10 mmol/L ATP

14 μl H_2O

1 μl（1 U）T4 噬菌体 DNA 连接酶

转化和克隆分析

用于测序来源于质粒载体的双链 DNA

12a）用 10 μl 连接反应物转化 100 μl 感受态细菌（见 1.8）。取 1/5 培养物涂布含抗生素的 LB 平板，于 37℃保温过夜。

任何感受态的大肠杆菌 *recA* 株（表 1.4.5）都可以用来转化，每个样品可望产生约 2000 个菌落克隆。

13a）在每一个时间点 2～4 个菌落中提取 DNA（见 1.6）。将每个菌落培养出的细菌以 1 ml 的体积在甘油中冻存（见 1.3），剩下的细菌在 4℃中保存用作提取 DNA 测序模板。

14a）在每 2.5 μl 质粒 DNA（见步骤 13a）中加入 10 μl H_2O 和 2 μl 10×加样缓冲液，加样于 1%琼脂糖凝胶，同时也加入 0.1 μg 未缺失质粒和原始载体作对照。电泳分离后，应呈现从片段全长到约 300 bp 左右的缺失体阶梯。

15a）选择一系列菌落克隆，这些克隆跨越整个靶 DNA 范围并且彼此都不相同，大小相差 250～300 bp。用剩下的过夜培养的细菌（储存于 4℃；见步骤 13a）制备用于测序的 DNA（见 7.3）。

16a）用双脱氧测序法（见 7.4 和 7.5）测出来自缺失体载体和非缺失体载体的 DNA 序列。先用 T 泳道进行初步鉴定，也就是每种模板都进行 ddTTP 双脱氧测序反应，以在选择的克隆中确定重叠区域。

用于测序来源于 M13mp 载体的单链 DNA 模板

12b）取 10 μl 连接反应产物转化（见 1.8）到 100 μl 大肠杆菌 JM109 或 DH5αF′菌株（表 1.4.5）。同时也转化 0.5 ng M13mp 复制型载体 DNA 和 0.5 ng 携带未缺失片段的 M13mp 载体。

13b）加入 0.2 ml 大肠杆菌 JM109 或 DH5αF′株的过夜培养物，用吸管加入 3 ml 45℃的含 30μl X-gal/IPTG 混合储存液的 H 顶层琼脂中，混匀，倾倒于 LB 平板之上，于 37℃培养过夜。

每个样品可望长出 2000 个噬斑，除了那些源自 M13mp 复制型载体的噬斑为蓝色外，所有噬斑都应为白色。

14b）从每个转染平板中的每个时间间隔点挑取 2～4 个无色 M13 噬斑（见 7.3 的基本方案 1，步骤 1～4 所述如何准备单链模板），同时扩增保存的 M13mp 载体和非缺失体 M13 载体∷插入 DNA。上清保存于 4℃。

15b）取上清 20 μl，加入 4 μl 噬菌体加样缓冲液后，在 1%琼脂糖凝胶中电泳，同时也加入 M13mp 载体及非缺失体 M13 载体∷插入 DNA 作为分子质量标准物，它将可能呈现一个从全长插入片段约 300 bp 的缺失体阶梯。

16b）挑选一系列横跨插入 DNA 整个范围的克隆，这些克隆大小相差 250～300 bp。离心储存的噬菌体上清（见步骤 14b），转移到新的 1.5 ml 离心管中，立即按照步骤 5 制备测序用的单链 DNA 模板（见 7.3）。

17b）用双脱氧测序法测定缺失体克隆和非缺失体载体的 DNA 序列（见 7.4 和 7.5）。先用 T 泳道进行初步鉴定，也就是每种模板都进行 ddTTP 双脱氧测序反应，以在选择的克隆中确定重叠区域。

7.2.2 备选方案 用［α-^{35}S］dNTP 使 DNA 免于外切酶 III 消化

使邻近测序引物位置的分子免于外切酶 III 消化的一个备选方案就是在邻近引物位点引入一个 α-硫核苷酸类似物“帽子”。

附加材料（亦见基本方案 1）

5 mmol/L 适当的 dNTP（见 3.2）

5 mmol/L 适当的 [α-^{35}S] dNTP（Pharmacia）

步骤

1）准备并分离载体∷插入 DNA（见基本方案步骤 1 和 2）。在 20 μl 反应体系中，用限制性内切核酸酶将载体∷插入 DNA 完全线性化，产生的 5′凸出端和测序引物位点相邻。用小型琼脂糖凝胶电泳检测消化是否完全。

2）根据凸出端的序列，各加入 1 μl 适合的 5 mmol/L [α-^{35}S] dNTP 和 5 mmol/L dNTP。加入 1 μl Klenow 酶在室温孵育 30 min，然后在 75℃温育 10 min 以终止反应。

如果限制酶酶切位点被部分补平，只要加入的最后一个 3′核苷酸是含硫的基团，将可获得对外切酶 III 消化的足够保护。

3）用第二个限制酶消化 DNA 以产生靠近插入 DNA 片段处的 5′凸出端或平端，可以根据需要调整反应混合物的盐浓度。最终限制酶反应混合液中的甘油浓度不要超过 20%。用小型琼脂糖凝胶电泳检测消化是否完全。继续随后的缺失体实验方案（见基本方案 1 步骤 4）。

7.2.3 基本方案 2 用 *Bal* 31 核酸酶构建嵌套式缺失突变体

Bal 31 核酸酶操作过程参见图 7.2.2。通过这种方法，能可靠地产生一套长为 1.5～2.0 kb 的嵌套式缺失突变体。

材料（带√项见附录 1）

待测 DNA 片段（插入 DNA）

合适的“源”载体和“测序”载体（表 7.1.1），质粒或者 M13mp 系列载体

限制性内切核酸酶及其相应缓冲液（见 3.1）

√TE 缓冲液

√10× *Bal* 31 核酸酶缓冲液

Bal 31 核酸酶（见 3.9）

200 mmol/L EGTA

1 mg/ml 酵母 tRNA

10×T4 噬菌体 DNA 连接酶缓冲液（见 3.2）

400 U/μl T4 噬菌体 DNA 连接酶（黏端连接单位，见 3.11）

供转化用的感受态的大肠杆菌 JM109、DH5αF′或相当菌株（表 1.4.5，见 1.8）

含适当抗生素（表 1.4.1；质粒载体）的 LB 平板及培养基（见 1.1）

LB 平板（见 1.1），预热（供 M13mp 载体使用）

在 LB 或 2×TY 培养液（供 M13mp 载体使用）中过夜培养的大肠杆菌 JM109 或 DH5αF′菌株

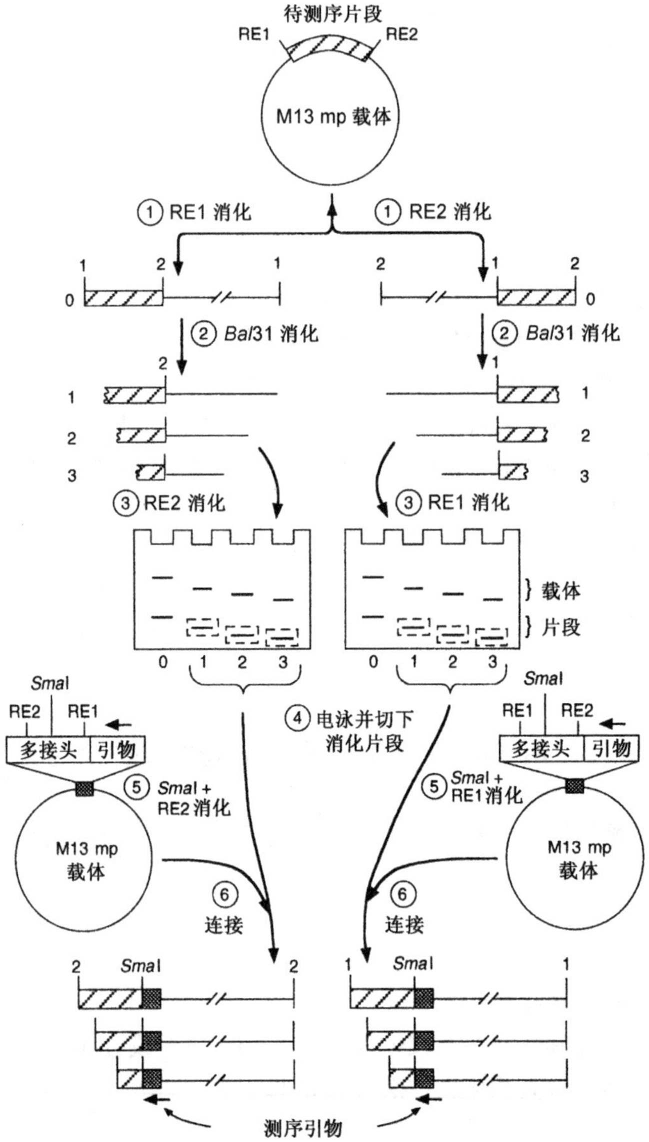

图 7.2.2 用 *Bal* 31 核酸酶产生嵌套缺失突变体。这种方法使用平行实验（左边和右边）以在插入序列的两边构建缺失体。以限制性内切核酸酶线性化含待缺失片段的源载体（如 M13mp 载体的复制型 DNA）的插入 DNA 的一个末端（步骤 1；左侧 RE1）；接着以 *Bal* 31 核酸酶产生嵌套的缺失体（步骤 2）；以限制性内切核酸酶消化拆分源载体和插入片段（步骤 3）；缺失的片段在琼脂糖凝胶电泳中分离（步骤 4）。测序载体（如 M13mp 载体）用产生平端的限制酶（匹配于 *Bal* 31 消化产生的末端，如 *Sma*I）和匹配于插入片段的另一端酶切位点的限制酶（左侧 RE2，步骤 5）加以消化。将缺失片段连接于测序载体（步骤 6），转化入大肠杆菌，以外切酶 III 方法分析。

H 顶层琼脂（见 1.1），45℃（供 M13mp 载体使用）

X-gal 和 IPTG 的储存液（表 1.4.2，供 M13mp 载体使用）

√噬菌体加样缓冲液（供 M13mp 载体使用）

准备"源"载体::插入 DNA

1) 将插入 DNA 克隆(见 3.13) 到合适的"源"载体。

在插入 DNA 的每一端必须有特异的限制性内切核酸酶切位点,而且每个酶切位点必须与测序载体相匹配(图 7.2.2)。关于测序载体的信息请参考 7.1 和表 7.1.1。为了测出插入 DNA 每一条链的序列,需要从插入 DNA 的两端同时进行 *Bal* 31 核酸酶消化和亚克隆步骤(图 7.2.2)。

2) 用 CsCl 纯化双链 DNA(见 1.7),每 150 bp 插入约需 5 μg DNA(这是两倍的量,根据需要可以进行重复),如果有 RNA 污染,可通过第二次梯度纯化。

3) 每缺失 150 bp 需要完全线性化 2 μg DNA,并另加入用在待缺失区一端的限制酶(见 3.1) 消化的 2 μg(即 1.5 kb 片段要 22 μg DNA)。用小型琼脂糖凝胶电泳检测消化是否完全(见 2.6)。

4) 用平衡酚抽提,乙醇沉淀、洗涤,将 DNA 沉淀晾干(见 2.1)。以 1 μg/μl 浓度重悬于 TE 缓冲液中,并储存于 4℃。

5) 为了确定 *Bal* 31 核酸酶消化的灵敏度,将 2 μl 线性化 DNA、38 μl 水、5 μl 10× *Bal* 31 核酸酶缓冲液混合在一起,将它们以每小份 9 μl 的量分装于 5 个微量离心管中。每管再加入 1 μl 1× *Bal* 31 核酸酶缓冲液,或 1 μl 以 1× *Bal* 31 核酸酶缓冲液按1/5、1/10、1/20 或 1/40 稀释的 *Bal* 31 核酸酶,37℃温育 30 min。

6) 每管加入 1 μl 200 mmol/L EGTA,在 65℃温育 5 min 终止反应。在琼脂糖凝胶电泳中分析样品以决定在 30 min 内完全消化 DNA 所需的酶稀释度(典型的是 0.03～0.10 U/μg 线性化的 DNA)。

准备测序载体 DNA

7) 准备不低于 5 μg 用 CsCl 纯化的选定测序载体的双链 DNA。

测序载体的选择依赖于使用的测序方法(见 7.1)。多接头必须含有一个平端;对于双脱氧测序来讲,这个平端与 *Bal* 31 消化的、邻近测序引物结合位点的末端相匹配;对于化学测序来讲,这个平端要有标记。多接头另一个末端须为黏性末端,需要与来源于缺失体插入序列相反一面的限制性内切核酸酶位点相匹配。

8) 用限制性内切核酸酶消化不少于 2 μg 的 DNA,这将产生一个平端,用以接受插入 DNA 的缺失的末端。例如,用最小量的 *Sma*I(约 2 U/μg DNA)在 37℃切割 M13mp DNA 60 min。接下来用平衡酚抽提并用乙醇沉淀。如果需要,加入 1～2 μg 的酵母 tRNA 作为载体。

9) 使用最小量的限制性内切核酸酶消化载体 DNA,限制性内切核酸酶酶切位点位于和插入 DNA 缺失末端相反的一端。接下来用平衡酚抽提,用乙醇沉淀、洗涤,晾干。溶于 50 μl TE 缓冲液并储存于 4℃。

因为这些酶的酶切位点距离多接头只有几个碱基,最好用滴定法测量每个酶的最小用量。

如果需要,在限制酶消化的最后 20 min 加入不多于 0.2 μl 的 CIP(大约 5 U,见 3.7)以除去磷酸基团,缓冲液中含有 10 mmol/L 的 Tris · Cl(pH 7.5)、10 mmol/L 的 $MgCl_2$,以及 10～150 mmo/L的 NaCl。在不是最佳缓冲液的情况下,可以加入大大过量的磷酸酶。

构建嵌套式缺失体

10) 为 *Bal* 31 消化反应的每个时间点准备一个 1.5 ml 的离心管(如每个缺失 150 bp),

加入 5 μl 200 mmol/L 的 EGTA。

11）每缺失 150 bp，混合 2 μl（2 μg）线性化“源”载体∷插入 DNA（见步骤 4）、43 μl水和 5 μl 10× *Bal* 31 核酸酶缓冲液，在 37℃预热 10 min。

12）加入合适稀释度的 *Bal* 31 核酸酶（见步骤 6），在涡旋混合器中轻轻振荡混匀，在 37℃中温育。每隔 1 min，取出 45 μl 加入含有 EGTA 的微量离心管中，于室温放置。

这应该产生 150～200 bp 的缺失，时间间隔或酶的用量是可以调节的。时间间隔点不要超过 10～12 min。

13）所有的 *Bal* 31 消化反应都收集好后，在 65℃温育 5 min。

14）在每管中加入 2 μg 1 mg/ml 的酵母 tRNA，用乙醇沉淀、洗涤，并晾干。

用乙醇沉淀样品时，小心操作是非常重要的，因为 EGTA 会抑制后续反应中各种限制性内切核酸酶的消化反应。

用 Klenow 酶补平 *Bal* 31 处理过的末端可以提高亚克隆连接反应的效率（见 3.3）。在 75℃加热 10～15 min 灭活 Klenow 酶。

15）用 20 μl 限制性内切核酸酶缓冲液重悬样品，以便限制性内切核酸酶可以切割和插入 DNA 缺失末端相反的一端。加入限制酶进行消化反应。

16）加入 2 μl 10×加样缓冲液于每份样品中，在低熔点溴化乙锭琼脂糖凝胶（见 2.6）中电泳，并包含分子质量标准物。随消化时间的增加，消化片段越呈弥散状，相邻两个时间点的条带应当相差 150～200 bp。

17）在长波（354 nm）紫外灯下，参比分子质量标准物，在每一泳道中切下缺失的插入序列，并分别置于微量离心管中。加入 TE 缓冲液至总体积 400 μl，在 65℃温育至琼脂糖完全熔化（一般为 5～10 min），加入 1 ml 平衡酚在涡旋混匀器中振荡 30 s～2 min 抽提。

18）将水相和乳状界面合并后，用酚重复抽提一遍。如果界面仍有大量残余物，再抽提一遍。用 95%乙醇沉淀，需要时加入 2 μl 1 mg/ml 的酵母 tRNA。洗涤并干燥的沉淀溶于 30 μl TE 缓冲液，储于 4℃。

连接缺失体和测序载体

19）加入下列试剂，在 4℃中过夜。其中包含了一个只有载体 DNA 的对照样品。

3～8 μl 的缺失 DNA
20～40 ng 的测序载体 DNA（见步骤 8）
1 μl 10×T4 噬菌体 DNA 连接酶缓冲液
加水到 9.5 μl
0.5 μl T4 噬菌体 DNA 连接酶

缺失 DNA 的用量依赖于从胶中的回收量。回收率大于 90%时，用 3 μl。

转化到大肠杆菌并分析克隆

若测定来源于质粒载体的双链 DNA 序列

20a）用 5～10 μl 连接反应产物转化到 100 μl 感受态细胞中（见 1.8）。转化一个测序载体的对照，这个载体已消化，但未用连接酶处理。取 1/5 培养物涂布到含有适当抗生素的 LB 平板上 37℃过夜培养。按照基本方案 1 中的步骤 13a～16a 进行操作。

上述宿主适用于以 β-半乳糖苷酶 α 互补提供插入片段的正向筛选的测序载体。平板上含有 X-gal/IPTG（见 1.1），挑取无色克隆。

若测定来源于 M13mp 载体的单链 DNA 序列

20b）用少于 1/4 的连接反应产物转化到 40 μl 感受态细胞中。转化 0.5 mg① M13mp 复制型测序载体、经限制性内切核酸酶消化但未经连接酶处理的测序载体，以及原始“源”载体∷插入 DNA 作为对照。按照基本方案 1 中的步骤 13b～17b 进行操作。

磷酸酶处理（见步骤 9）有时会产生没有功能的载体。如果载体经磷酸酶处理，那么用全部连接产物转化。

每个转化应该会长出 100 左右的无色噬斑，同时可能没有或也可能会有很多蓝色噬斑。如果只有少量的无色噬斑，那么它们可能不是想要的重组体。用电泳检查插入序列。

参考文献：Henikoff, 1987; Hoheisel and Pohl, 1986; Poncz et al., 1982.

撰 稿 人：Barton Slatko, Peter Heinrich, B. Tracy Nixon and Daniel Voytas

7.3 制备 DNA 测序模板

本节包含了用于制备适用于双脱氧测序的模板及适用于末端标记和化学测序的 DNA 的实验方案。所有用于双脱氧测序的双链模板在与引物复性前必须变性，通常质粒 DNA 的碱变性在测序中的效果比热变性好。

7.3.1 基本方案 1 制备单链 M13 噬菌体 DNA

材料（带√项见附录 1）

大肠杆菌 DH5αF′（或相当的大肠杆菌 F′菌株，表 1.4.5）

重组 M13mp 复制型 DNA 或 M13mp 单链 DNA

H 顶层琼脂（见 1.1）

LB 平板（见 1.1），37℃

2×TY 培养基（见 1.1）

M13 聚乙二醇（PEG）溶液：20%（*m*/*V*）聚乙二醇 800 溶于 2.5 mol/L NaCl

√TE 缓冲液

√平衡酚

√3 mol/L 乙酸钠，pH 5.2

冰浴的 100%乙醇和 70%乙醇

18 mm×150 mm 试管

① 原文如此，怀疑单位有误，应该是 μg。——译者注

步骤

1）以0.5 ng重组M13mp复制型DNA或5～10 ng单链DNA转化40 μl感受态大肠杆菌DH5αF′株（见1.8），用于纯化DNA模板。热激后，转化细胞加入0.2 ml大肠杆菌DH5αF′过夜培养物混匀，然后将混合物加入3 ml 45℃ H顶层琼脂混匀，倾倒于37℃ LB平板，平板面朝下置于37℃过夜。

为了测定嵌套式缺失体的序列，将转化、涂板而长出的每一个菌斑纯化出来，按照前述的外切酶III和*Bal* 31的处理方法操作（见7.2）。

2）大肠杆菌DH5αF′过夜培养物以2×TY培养液稀释100倍，分装于18 mm×150 mm宽松盖着盖子的试管，每份1.5 ml。用无菌巴斯德吸管挑取单一M13mp噬斑，置于上述培养物中，在37℃细菌生长5～6 h（在摇床中培养为宜）。

3）细菌培养物移至1.5 ml微量离心管中，于4℃或室温高速离心5 min。

4）上清移至一个干净的1.5 ml微量离心管中，加入200 μl M13 PEG溶液，混匀，于室温放置15 min。

5）高速离心5 min，弃上清，小心不要搅动白色沉淀。再高速离心30 s，并以头部已拉细的巴斯德吸管吸出残余液体。

6）以100 μl TE重悬沉淀，加入100 μl缓冲液平衡酚，在涡旋混合器上以低速振荡15～20 s。4℃或室温高速离心5 min，转移上清水相于一个干净的微量离心管中。

7）加入11 μl 3 mol/L pH 5.2的乙酸钠和250 μl 100%乙醇，于－70℃冷冻20 min。4℃高速离心10 min，弃上清。用100 μl冰浴的70%乙醇洗涤2次。在Speedvac真空旋转蒸发器中干燥DNA沉淀。

8）沉淀（2～3 μg）重溶于20 μl TE缓冲液，取0.5 μl在小型凝胶中电泳，以确证DNA的浓度。剩余DNA储于－20℃。

7.3.2 基本方案2 从小量裂解物中制备λ噬菌体DNA

材料（带√项见附录1）

重组λ噬菌体
适于特定λ噬菌体寄生的大肠杆菌菌株
λ顶层琼脂糖及琼脂糖平板（以琼脂糖代替琼脂，见1.1）。当天现配现用
1 mg/ml DNA酶I（见3.9）
√1 mg/ml RNA酶A（热处理灭活）
√λ聚乙二醇（PEG）溶液：20%（*m/V*）聚乙二醇溶于2.5 mol/L乙酸钠，pH 6.0
√SM培养基
10%（*m/V*）十二烷基硫酸钠（SDS）
√0.5 mol/L EDTA
√平衡酚
氯仿
√3 mol/L乙酸钠，pH 7.0

异丙醇

√TE 缓冲液 pH 8.0

步骤

1）在新鲜配制的 λ 顶层琼脂糖和 λ 琼脂糖平板上，通过在平板上裂解适于 λ 噬菌体生长的 *E. coli* 菌株（见 1.11 和 1.12），制备重组 λ 噬菌体原液并测定滴度。每份原液用一个平板。滴度应大于 10^9 pfu/ml。

2）取 700 μl 毒种液加入无菌的 1.5 ml 微量离心管中，加入 1 μl 1 mg/ml 的 DNA 酶 I 及 1 μl 1 mg/ml 热处理灭活过的 RNA 酶 A。37℃温育 30 min。

3）加入 700 μl λPEG 溶液，冰浴 1 h。

4）4℃高速离心 10 min，弃上清。再于 4℃高速离心 2 min，用拉细了的巴斯德吸管吸去残余上清。

5）重悬噬菌体沉淀于 500 μl SM 培养液，加入 5 μl 10% SDS 和 0.5 μl 0.5 mol/L EDTA，轻轻混匀。于 65℃保温 15 min，不时轻轻振荡。

6）加入 500 μl 缓冲液平衡酚，涡旋混合器剧烈振荡抽提。室温高速离心 2 min，将上层水相移入一个干净微量离心管中。重复用 500 μl 1∶1 酚/氯仿抽提一次，再用 500 μl 氯仿抽提一次。

7）加入 50 μl 3 mol/L 乙酸钠 pH 7.0，随后加入 550 μl 异丙醇，于－20℃冷冻 30 min。4℃高速离心 10 min，吸去上清，空气晾干沉淀。

8）重溶沉淀（约 20 μg）于 50 μl pH 8.0 的 TE 缓冲液。用于测序时，如基本方案 5 所述，在碱溶液中变性 0.1～0.3 pmol DNA（2～4 μg）。

7.3.3 基本方案 3 小量制备用于化学测序的重组 pSP64CS 或 pSP65CS 质粒 DNA

材料（带√项见附录 1）

含 40 μg/ml 氨苄青霉素的 LB 培养液（见 1.1）

携带重组 pSP64CS 或 pSP65CS 质粒的大肠杆菌菌株

√GTE 溶液

2.0%（*m/V*）SDS/1 mol/L NaOH

√3 mol/L 乙酸钠，pH 6.0

√10 μg/ml RNA 酶 A（热处理灭活）

异丙醇

70%乙醇

18 mm×150 mm 试管

步骤

1）接种带重组 pSP64CS 或 pSP65CS 质粒的大肠杆菌菌株于 5 ml 含 40 μg/ml 氨苄青霉素的 LB 培养液中，在 18 mm×150 mm 试管中于 37℃培养至饱和（通常为过夜）。

2）取1.5 ml移入微量离心管中，高速微量离心2 min，弃上清，沉淀重悬于120 μl GTE溶液中，用涡旋混合器剧烈振荡。
3）加入16 μl 2%SDS/1 mol/L NaOH，剧烈摇晃（不要用涡旋混合器）。立即加入22 μl 3 mol/L的pH 6.0的乙酸钠缓冲液，剧烈摇晃，离心10 min。
4）用微量移液器除去沉淀，将上清离心2 min，上清转入一个干净离心管中。加入2 μl 10 μg/ml热处理灭活的RNA酶A，在37℃温育10 min。
5）用100 μl 25∶24∶1的酚/氯仿/异戊醇抽提两次（见2.1）。
6）在上清（水相）中加入一倍体积的异丙醇，混匀，放置5 min，高速离心5 min。用1 ml 70%乙醇洗涤两次（每次都需要离心），干燥。将沉淀重悬于20 μl灭菌水中。
7）取些样品进行琼脂糖凝胶电泳（见2.6），以证实没有缺口的或线性化的载体，以及确定DNA的大概浓度。为了测序，将约0.5 pmol的DNA碱变性（见基本方案5）。

7.3.4　基本方案4　小量制备用于双脱氧测序的双链质粒DNA

材料（带√项见附录1）

含相应抗生素的LB培养液（见1.1）
携带重组质粒的大肠杆菌菌株
√GTE溶液
1.0%（*m*/*V*）SDS/0.2 mol/L NaOH
√3 mol/L乙酸钠，pH 4.8
异丙醇
√TE缓冲液，pH 8.0
4 mol/L LiCl
√平衡酚
氯仿
冰预冷的70%乙醇

步骤

1）接种带重组质粒的大肠杆菌菌株于5 ml含相应抗生素的LB培养液中，于37℃培养至对数中期（OD≈1）。不要使用饱和的或过夜的培养物。
2）取1.5 ml移入微量离心管中，高速离心2 min。弃上清，重溶沉淀于150 μl GTE溶液中，于室温放置5 min。
3）加入300 μl 1.0% SDS/0.2 mol/L NaOH，颠倒15次混匀（不要用涡旋混合器）。于室温放置5 min。
4）加入225 μl 3 mol/L pH 4.8的乙酸钠缓冲液，颠倒15次混匀（不要用涡旋混合器）。冰浴45 min。
5）高速离心5 min，取650 μl上清移入一个干净的含有650 μl异丙醇的微量离心管中，混匀，于室温放置10 min。
6）室温下高速离心5 min，弃上清。沉淀在干燥器中干燥并重溶于125 μl pH 8.0的TE

缓冲液，用涡旋混合器振荡。加入 375 μl 4 mol/L LiCl，冰浴放置 20 min。

7）4℃高速离心 5 min，上清移入一个干净微量离心管中，加入 500 μl 缓冲液平衡酚在涡旋混合器上剧烈振荡抽提。室温下高速离心 2 min，转移上层水相于一个干净微量离心管中，用 500 μl 氯仿再抽提一次。

8）加入 2 倍体积异丙醇，于室温沉淀 DNA 30 min，高速离心 5 min，弃上清。加入约 1 ml冰冷 70%乙醇，高速离心 5 min，弃上清，干燥沉淀。重溶于 50 μl TE 缓冲液。

9）取 5～10 μl 在琼脂糖凝胶上电泳（见 2.6）以确定没有缺口和线性化的分子，以及估计 DNA 浓度。用于测序时，碱变性约 0.5 pmol DNA（见基本方案 5）。

7.3.5　基本方案 5　用于双脱氧测序的双链质粒或 λ 噬菌体 DNA 的碱变性

进行双脱氧测序时，用碱变性闭环双链模板和 λ 噬菌体模板有很好的效果。对于双链 PCR 产物来说，热变性（见 15.2）效果更好。

材料（带√项见附录 1）

重组质粒 DNA 或 λDNA（见基本方案 2、3 或 4，或 1.7 中的 CsCl/溴化乙锭纯化的质粒 DNA）

2 mol/L NaOH/2 mmol/L EDTA

√3 mol/L pH 6.0 乙酸钠

95%和 70%（*V*/*V*）乙醇

步骤

1）加入约 0.5 pmol 重组质粒 DNA 于 0.5 ml 微量离心管中。如果体积大于 20 μl，以乙醇沉淀（见 2.1）并重溶于 20 μl 水中。如果体积小于 20 μl，用水补足至 20 μl。

2）加入 2 μl 2 mol/L NaOH/2 mmol/L EDTA，用微量移液器上下抽吸轻轻混匀。25～37℃温育 5 min 后，样品置于冰浴。

3）加入 7 μl 水，彻底混匀（见步骤 2）。加入 7 μl 3 mol/L pH 6.0 的乙酸钠，再次混匀，滴 1 μl 于 pH 试纸测 pH。然后每次 1 μl 地逐次加入乙酸钠溶液直至 pH≤7.0。

4）加入 75 μl 95%乙醇，干冰放置 10 min。4℃微量离心 10 min，小心移去并弃上清。加入 400 μl 70%乙醇，于 4℃微量离心 10 min，弃去乙醇。在 Speedvac 真空旋转蒸发器中干燥 10 min，储存于－20℃（可长达几周），以作为模板用于双脱氧测序反应。

7.3.6　基本方案 6　制备用于热循环测序质粒或噬菌体 DNA

材料（带√项见附录 1）

含有重组质粒的大肠杆菌菌落或 λ 或 M13 重组噬菌体的噬斑

√TE 缓冲液，pH 7.5

1 mg/ml 的蛋白酶 K
无菌牙签或玻璃棒

步骤

1）用 pH 7.5 的 TE 缓冲液将 1 mg/ml 的蛋白酶 K 稀释至 50 μg/ml，取 12 μl 加入到 1.5 ml 的离心管中。

2）用无菌牙签或玻璃棒挑一个带重组质粒的大肠杆菌单克隆或单个 λ 或 M13 重组噬菌体噬斑于此溶液中，用涡旋混合器振荡 15 s。在 55℃温育 15 min，80℃温育15 min，然后放在冰上。

在不含有耐热 DNA 聚合酶抑制剂的琼脂上生长细胞/噬菌体。

3）微量离心 3 min，立刻将上清移入一个干净的 1.5 ml 微量离心管中，储存于－20℃。取 9 μl 作为模板 DNA 用于末端标记热循环测序（见 7.4）。

撰稿人：Barton E. Slatko, Peter Heinrich, B. Tracy Nixon, and Richard L. Eckert

7.4　双脱氧法 DNA 测序

在基本的双脱氧测序反应中，寡核苷酸引物复性于单链 DNA 模板（见 7.3），在 4 种 dNTP（其中一种被标记）和一种 ddNTP 存在时，引物为 DNA 聚合酶所延伸；当 ddNTP 掺入到 DNA 的生长链时，链的延伸终止。延伸产物在高分辨率的变性聚丙烯酰胺凝胶中电泳（见 7.7），然后通过放射自显影使 DNA 序列显迹。双脱氧测序法的概述，请参考第 7 章的介绍部分。对于载体、聚合酶和标记物的讨论，请参考 7.1。对于双脱氧测序法的疑难解答，请参考表 7.4.1。

表 7.4.1　双脱氧测序的疑难解答

问题	可能原因	解决方法
放射自显影片空白	DNA 聚合酶失活	用对照引物、模板及试剂进行试验
	标记物太旧	替换缺陷试剂
	试剂太旧	
	不正确或有缺陷的引物	
	不正确或有缺陷的模板	
	曝光失误（如保留了保鲜膜，凝胶对着胶片的背面等）	改正错误
整张放射自显影片太亮/标记物掺入不足	标记物太旧	采用新标记物
	酶活性太低	采用新的酶制剂，在临用前才稀释并置于冰上
	引物与模板复性不好	将引物复性温度最优化。如果选用双链模板，记住在复性前一定要碱变性（见 7.3）

续表

问题	可能原因	解决方法
	引物量不够	用对照 DNA 模板和引物进行试验，检测引物的浓度。使用单链模板时需引物 0.5 pmol，双链模板需 1 pmol
	模板量不够	用对照 DNA 模板和引物进行试验，用凝胶检测模板浓度，每组反应用约 0.5 pmol 模板 DNA
	曝光或放射自显影失误	重新曝光，必要时更换显影试剂移去保鲜膜
	用 ^{35}S 时，没有移去保鲜膜	
所有泳道背景都较高	DNA 模板不纯	检查对照 DNA 是否存在同样的问题。如没有，重新制备新的模板；如果是双链模板，用 RNA 酶 A 处理（见 3.10），酚抽提，乙醇沉淀（见 7.3）；必要时，用 CsCl 提纯 DNA（见 1.7）
整个泳道中条带全部扩散或模糊	DNA 模板不纯	检查对照 DNA 是否存在同样的问题。如没有，重新制备新的模板。如果是双链模板，用 RNA 酶 A 处理，酚抽提，乙醇沉淀，必要时，用 CsCl 提纯 DNA
	聚丙烯酰胺凝胶质量差	用高质量的试剂配制新的丙烯酰胺、亚甲双丙烯酰胺及缓冲液。储液保存于 4℃暗处
	凝胶灌制后不久就使用	让凝胶聚合更长时间
	凝胶中缓冲液的浓度与电泳槽中的浓度有差异	从同一 10×TBE 储液出发，配制凝胶及电泳液
	样品煮沸过度	如果样品将在多块凝胶中加样，从反应混合物中分别取 3 μl 小份样品加热并上样
	样品在电泳前未经变性	95℃水浴加热样品 2～3 min
	在太高温度下进行凝胶电泳	用温度计监测凝胶温度，保持在 65℃以下，必要时，在稍低的电压下电泳以保持低温
凝胶部分区域条带模糊	凝胶或凝胶上的塑料包装膜有皱纹	见 7.7 中避免皱纹的建议来处理测序胶
	胶片没有与凝胶夹紧	在凝胶背面插入滤纸以填充 X 射线片盒的多余空间，必要时，多用些夹子
在凝胶 450～550 核苷酸处的所有条带扭曲	样品中含有＞0.5%甘油	用不含甘油的稀释液稀释 DNA 聚合酶
整块胶所有的 4 条泳道上均同时出现条带	酶活性低	用新的酶制剂，临用前才用合适的稀释液或 1×测序缓冲液稀释
	缓冲液或核苷酸混合物有误	配制新的混合物试剂
	试剂被污染	配制新的试剂
条带间隔失常；条带丢失；两、三个泳道的同一位置上同时出现条带，但仅见于特定区域	压缩（在凝胶电泳条件下新合成 DNA 链的二级结构所致）	
整块凝胶上均见不只一个泳道的同一位置上出现条带	DNA 制剂中含有 2 种不同的 DNA 分子，这些分子产生重叠序列	重新从单菌落或单个噬斑中制备新的 DNA
	引物复性于模板的第二位点	调整引物/模板的比例及复性温度

7.4.1 基本方案1 用测序酶（经修饰的T7噬菌体DNA聚合酶）进行标记/终止测序反应

延长产物的标记和终止反应分开进行（图7.0.2）。对于针对标记/终止法的疑难解答，请参考表7.4.2。

表7.4.2 标记/终止实验方案的疑难解答

问题	可能的原因	解决办法
四条泳道同一个位置都有条带，特别是靠近引物的地方	DNA模板不纯[a]	观察对照DNA是否存在同样问题，如果不存在，重新制备模板DNA
	试剂不纯或试剂老化；dNTP[a]量不足	准备新鲜试剂
	DNA聚合酶活性低[a]	使用新鲜制备的酶。加入更多的酶，如每个反应多加4倍。使用前再稀释酶。将标记反应缩减至2 min，将T7 DNA聚合酶从模板上的解离降至最低
在胶上低于某一位置的条带很亮，但高于此位置的很暗	模板的二级结构阻止标记步骤中的延长	改变标记反应的条件，使延长不达到二级结构位置：①在标记混合物中降低3种dNTP浓度，如稀释4倍；②将标记反应时间降至1～2 min；③将DNA浓度提高2～3倍 使用另一种聚合酶（甚至是另一种实验方案）以提高反应温度，如耐热聚合酶（见7.1） 加入0.5 μg大肠杆菌单链DNA结合蛋白到标记反应中，以帮助聚合酶在合成时通过二级结构。加入甲酰胺/染料终止溶液后，通过使用0.1 μg蛋白酶K在65℃温育20 min来除去结合蛋白
胶底部的条带太暗	接近胶底部的已经终止延长部分太少	降低标记混合物的浓度，如稀释3～5倍。将标记反应时间降低至1～2 min。提高DNA浓度2～3倍。在终止反应中降低dNTP/ddNTP的比率，如将ddNTP浓度提高2倍。使用位于此测序位置更上游的引物
胶上部的条带太暗	在DNA片段达到适当长度之前，聚合酶正在掺入ddNMP	在标记反应中提高标记混合物的浓度（如使用“长”混合物）
		在终止反应中，提高dNTP/ddNTP比率，如在每个终止混合物中，将ddNTP浓度降低两倍
可以测到序列的条带范围太窄（放射活性仅限于200个核苷酸的范围）	测序反应中的DNA浓度低	在测序反应中将DNA浓度提高到2 μg

a. 这可能会发生，这是由于标记反应中酶的暂停，且没有高效地再起始合成。

材料（带√项见附录 1）

单链或变性双链 DNA 模板（见 7.3）

寡核苷酸引物水溶液（见 2.14）

√10×测序酶缓冲液

√测序酶/焦磷酸酶混合液

√测序酶稀释液

√标记混合液

10 mCi/ml [α-^{35}S] dATP（500～1200 Ci/mmol≈5～12 μmol/L）

√测序酶终止混合液

√终止/加样染料液

37℃、65℃和 95℃水浴

步骤

1a）对于单链 DNA 模板：用微量移液器上下抽吸（避免产生气泡），轻轻将下列试剂混合于 0.5 ml 微量离心管中。在 65℃温育 6 min，然后于 37 ℃温育 20 min。

0.5 pmol 单链 DNA 模板（10 kb 单链 DNA 约 1.6 μg）

0.5 pmol 引物（17 个核苷酸的约为 2.8 ng）

1 μl 10×测序酶缓冲液

加水至 10 μl

1b）对于双链 DNA 模板：用下列试剂混合液重悬 0.5 pmol 干燥的变性双链 DNA 沉淀（5 kb 双链 DNA 约 1.6 μg），用微量移液器上下抽吸（避免产生气泡）轻轻混匀。37℃温育 30 min，然后在复性温度下放置。

1 pmol 引物（17 个核苷酸的约为 5.6 ng）

1 μl 10×测序酶缓冲液

加水至 10 μl

2）分别加入 2.5 μl A、C、G、T 测序酶终止混合液至标记的 A、C、G、T 管的底部。盖紧管盖防止蒸发。

3）临用前，用测序酶稀释液稀释测序酶/焦磷酸酶混合物至 1～2 U 测序酶/μl，置于冰浴。

4）将下列试剂加入已复性的引物和模板中（总共为 14.5～16 μl），并在 25℃（室温）温育 5 min。

2 μl 标记混合物

0.5～1.5 μl 10 mCi/ml [α-^{35}S] dATP

2 μl 稀释的测序酶/焦磷酸酶混合液

选择适于所需测序产物长度的标记混合物，在短标记混合物中，至少需加 3 pmol [α-^{35}S] dATP，而长标记混合物至少应加 15 pmol。

5）各加入 3.5 μl 标记反应物至 4 个终止混合物（见步骤 2）的微量离心管中，用吸管上下抽吸轻轻混匀。于 37℃温育 5～10 min。

6）加入 4 μl 终止/加样染料液，于 95℃水浴 2 min，然后置于冰浴。每种样品各取 2～3 μl加样于测序胶进行凝胶电泳（见 7.7）。

在甲酰胺染料溶液中过度煮沸的测序反应产物会引起 DNA 链的断裂，使在测序胶中呈弥散的条带。如果计划重复加样，在每次加样前从反应产物中分别取小份进行加热。

7.4.2 备择方案 1 使用测序酶和 Mn^{2+} 的标记/终止测序反应

在 Mn^{2+} 存在时，测序酶以相同的速率掺入脱氧核苷酸和双脱氧核苷酸。因此，在测序反应中添加 Mn^{2+} 可以提高条带的均一性。另外，增加 ddNTP/dNTP 的比率可以提高短条带的相对强度。按照基本方案 1 的方法进行测序反应，但当进行标记反应时（见步骤 4），加入标记混合物和［α-^{35}S］dATP 于复性后的引物和模板中，然后在加入测序酶前，先加入 1 μl 0.1 mol/L 的 $MnCl_2$/0.15 mol/L 异柠檬酸钠。

7.4.3 备择方案 2 使用 *Taq* DNA 聚合酶进行 Sanger 测序反应

标记和终止可以在一个反应中进行，接下来是追加反应（图 7.0.2）。使用 *Taq* DNA 聚合酶，测序反应可在高温下进行，这个温度足以破坏任何可抑制聚合酶延伸反应的二级结构。和 Sanger 法相关的疑难解答请参考表 7.4.3。

表 7.4.3 Sanger 测序过程的问题及解决方法指南

问题	可能原因	解决方法
“A”泳道高背景，特别是使用超过一个半衰期的［^{35}S］dATP	标记物太旧	更换新标记物，或减少反应中标记物的用量
在凝胶顶部条带亮度太低	ddNTP 与 dNTP 之比过高	如果问题仅出在某一混合物时，重新配制之；否则，在每个混合物中均需通过减少 ddNTP 的量来降低 ddNTP/dNTP 的比例
在凝胶底部条带亮度太低	ddNTP 与 dNTP 之比太低	如果问题仅出在某一混合物时，重新配制之；否则，在每个混合物中均需通过增加 ddNTP 的量来提高 ddNTP/dNTP 的比例

附加材料（亦见基本方案 1；带√项见附录 1）

10× *Taq* 聚合酶反应缓冲液：500 mmol/L 的 Tris · Cl，pH 9.0

√ *Taq* Sanger 混合物

Taq DNA 聚合酶（见 3.3）

√dNTP 追加物

50～75℃水浴

步骤

1）将引物复性到模板上（见基本方案 1 步骤 1a 或 1b），但用 10× *Taq* 聚合酶缓冲液代替 10×测序酶缓冲液。

2) 分别加入 3 μl A、C、G、T 的 *Taq* Sanger 混合物于标记好 A、C、G、T 的微量离心管管底。盖紧管盖防止蒸发。

3) 在临用前才以 1× *Taq* 聚合酶缓冲液稀释 *Taq* DNA 聚合酶至 2.5 U/μl，并置于冰浴。

4) 将下列试剂加到复性的引物和模板混合物中（共 13 μl)，用移液器抽吸混匀。

 2 μl 10 mCi/ml [α-^{35}S] dATP

 1 μl 稀释的 *Taq* DNA 聚合酶

5) 在每个含有 *Taq* Sanger 混合物（见步骤 2）的管子中加入 2.5 μl 的引物/模板/*Taq* DNA 聚合酶混合物。轻轻混匀，在 50～75℃温育 10 min。

在此测序反应的初始 30 s 内，温度不应高于特定引物的最高复性温度。

6) 加入 1.0 μl 的 dNTP 追加物到每个反应中，轻轻混匀，在 50～75℃温育 10 min。

7) 每个样品加入 6 μl 停止/加样染料进行电泳分析（见基本方案 1 步骤 6)。

7.4.4 备择方案 3 用 5′端标记引物进行一步法测序反应

使用 5′端标记的引物时，只有真正的引物延长产物才能通过放射自显影检测到。这种方法主要用于很长的双链 DNA 模板的测序，或用于那些标记的前体会产生过高背景的模板。

步骤

1a) 对于 [γ-^{32}P] ATP 标记来讲：在 25 μl 反应体积中，通过正向反应对约 10.5 pmol 引物进行末端标记（见 3.7)。用约 11.5 pmol [γ-^{32}P] ATP (3000 Ci/mmol) 和 10 U T4 噬菌体多核苷酸激酶（BSA 可以省去)，于 37℃温育 30 min。

1b) 对于 [γ-^{35}S] ATP 标记来讲：在 25 μl 反应体积中，通过正向反应对约 10.5 pmol 引物进行末端标记（见 3.7)。用约 13 pmol [γ-^{35}S] ATP (1300 Ci/mmol) 和 5 U T4 噬菌体多核苷酸激酶（BSA 可以省去)，于 37℃温育 4 h，在此过程中，每隔 1 h 加入 5 U T4 噬菌体多核苷酸激酶。

2) 于 95℃温育 5 min 以终止标记反应，室温短暂高速离心。

3) 使 5′端标记的引物与双链 DNA 模板复性（见基本方案 1 步骤 1b)。每份变性双链模板加入约 25 μl 中的 2.4 μl 的末端标记产物（约 1 pmol 引物)，及相应用量的10×缓冲液。

4) 分别往标好 A、C、G 和 T 的微量离心管底部加入 3.5 μl 测序酶终止混合物或 *Taq* 终止混合物（见附录 1)。分别往每个管子中加入约 2.5 μl 复性后的标记引物/DNA 模板混合物，于 37℃温育 30 s～1 min。

5) 测序酶稀释至终浓度 1～2 U/μl 或 *Taq* DNA 聚合酶稀释至终浓度 1～2.5 U/μl。往每个管子中分别加入 1～2 μl 稀释后的 DNA 聚合酶。若是 DNA 测序酶，在 37℃下温育 5～10 min；若是 *Taq* DNA 聚合酶，在 50～75℃下温育 5～10 min。

6) 将样品电泳（见基本方案 1 步骤 6)。

7.4.5　基本方案2　用α-标记核苷酸进行热循环测序反应

关于热循环测序法的疑难解答请参考表7.4.4。

表7.4.4　热循环测序方法的疑难解答

问题	可能原因	解决方法
条带见于4条泳道中的同一位置，特别是靠近引物处	模板DNA不纯	检查DNA对照试验是否有存在同样问题。如没有，重新提纯DNA
	引物复性温度不当	降低引物复性温度；用更长（更稳定）的引物；增加复性和延伸时间各1 min
	试剂不纯或过期；ddNTP的量过高或dNTP的量过低	制备新试剂并重新调整dNTP与ddNTP的比例
在凝胶的某一位点之下条带很强，而在此之上条带很弱	模板的二级结构阻碍延伸	使用更高的反应温度
有一深黑条带横穿凝胶的4条泳道，在它之上或之下的条带的亮度相同	反应产物的二级结构导致产物在凝胶电泳中的不正常泳动	提高的凝胶温度或使用甲酰胺凝胶；反应中使用碱基类似物或TdT；对于PCR产物，检查其提纯过程
在凝胶底部的条带亮度太低	反应产物终止于靠近凝胶底部序列的比例太低	增大测序混合物中ddNTP∶dNTP的比
在凝胶顶部的条带亮度太低	反应产物终止于靠近凝胶顶部序列的比例太低	减小测序混合物中ddNTP∶dNTP的比
一条反应泳道失败或太弱或太弥散	可能循环仪其中一个反应槽有故障	检查循环仪的性能
	加样错误	回顾化学过程
所有条带弥散或背景过高	模板不纯	回顾模板制备过程，用对照DNA模板进行试验
	引物不纯	检查引物纯度
	循环仪问题	检查循环仪的效能
	试剂问题	回顾化学过程，制备新鲜试剂
	引物/模板比例太高	回顾化学过程
	不正确的延伸温度	用计算的T_m值作为反应的指南
整个序列均太浅	反应中模板或引物量不足	反应中DNA模板和引物的量加倍
	热循环仪错误；或循环条件不对	检查循环仪的效能，设每步1 min以替代30 s，增加循环次数至30
反应物上覆盖的油使加样困难	矿物油过多	除去矿物油或使用hot top型仪器，加样前先离心

材料（带√项见附录 1）

√Vent$_R$（exo$^-$）测序混合液

单链或双链 DNA 模板（见 7.3）

寡核苷酸引物（见 2.14）

√10×Vent$_R$（exo$^-$）测序缓冲液

3%（*V/V*）Triton X-100

10 mCi/ml 放射标记的 dATP：[α-^{35}S] dATP、[α-^{32}P] dATP 或 [α-^{33}P] dATP（见 7.1；500～3000 Ci/mmol）

2000 U/ml Vent$_R$（exo$^-$）DNA 聚合酶

矿物油，无菌

√TCS 终止/加样染料

热循环仪

步骤

1）分别往标好 A、C、G 和 T 的管子中，加入 A、C、G 和 T Vent$_R$（exo$^-$）测序混合液各 3 μl。

2）在 0.5 ml 微量离心管中用微量移液器上下抽吸轻轻混匀下列试剂：

0.04 pmol 单链 DNA 模板或 0.1 pmol 双链 DNA 模板

0.6 pmol 引物（单链 DNA 模板）或 1.2 pmol 引物（双链 DNA 模板）

1.5 μl 10×Vent$_R$（exo$^-$）测序缓冲液

1 μl 3% Triton X-100

加水至 12 μl

如果有多个模板需要测序，每个模板重复一次步骤 3 和 4，所有反应完成后执行步骤 5。

3）每个模板/引物溶液（见步骤 2）加入 1～2 μl 的 10 mCi/ml 放射标记的 dATP，用移液器上下抽吸轻轻混匀。

4）经步骤 3 操作后的管子，加入 1 μl 2000 U/ml 的 Vent$_R$（exo$^-$）DNA 聚合酶，混匀，立即往步骤 2① 的含 VentR（exo$^-$）测序混合物 A 的管子中加入 3.2 μl，再次混匀。分别重复此过程于 C、G、T 管，所有的反应混合物置于冰上。

5）往每个反应混合物上滴入 1 滴无菌矿物油。以如下反应条件在热循环仪中进行反应：

20 循环：20 s 95℃（变性）

20 s 55℃（复性）

20 s 72℃（延伸）

6）在矿物油层下加入 4 μl TCS 终止/加样染料。样品在 85℃温育 3 min。将吸管头插入覆盖矿物油层下面的反应物中，取 2 μl 加样于测序胶进行电泳（见 7.7）。

① 原文如此，应为步骤 1。——译者注

7.4.6　备择方案 4　用 5′端标记引物进行热循环测序反应

本法的灵敏度比基本方案 2 高，可用以检测数纳克的 M13 DNA 或质粒 DNA 或 300 ng 的 λ 噬菌体 DNA。

附加材料（亦见基本方案 2 和备择方案 3）

10 mCi/ml [γ-^{32}P] dATP 或 [γ-^{33}P] dATP（3000 Ci/mmol）

步骤

1）按备择方案 3 的步骤 1a 和 2 所述方法，用 [γ-^{32}P] dATP 或 [γ-^{33}P] dATP 对引物进行末端标记。

2）在标记好 A、C、T、G 的管底分别加入 3 μl 的 A、C、T、G 和 $Vent_R$（exo^-）测序混合物。

如果需要测定多个模板的序列，每个模板重复一次步骤 3 和 4，所有反应完成后执行步骤 5。

3）在 0.5 ml 离心管中，用移液器上下抽吸轻轻混匀下列试剂：

0.004 pmol 单链 DNA 模板或 0.01 pmol 双链 DNA 模板
0.6 pmol 5′端标记引物（单链 DNA 模板）或 1.2 pmol 引物（双链 DNA 模板）
1.5 μl 10×$Vent_R$（exo^-）测序缓冲液
1 μl 3% Triton X-100
加水至 14 μl

4）经步骤 3 操作后的管子中，分别加入 1 μl 2000 U/ml 的 $Vent_R$（exo^-）DNA 聚合酶，混匀；立即取 3.2 μl 加入到含 $Vent_R$（exo^-）测序混合物 A（见步骤 2）中，再次混匀。重复 C、G、T 管，并将所有反应混合物置于冰上。

5）按照基本方案 2 的步骤 5 和 6 完成测序反应。

7.4.7　备择方案 5　使用荧光染料标记的引物和终止物进行循环测序

这个方法用于大片段模板 DNA 直接测序（如 BAC；见 1.5）。对于 M 13 克隆、质粒、PCR 产物也有试剂盒供应。

用能量转移染料标记引物测序

每个引物反应使用一个不同标记的引物，产生均一的序列峰。因为引物有标记，所以测序仪会检测到错误终止（如过早地终止于 dNTP）。

材料（带√项见附录1）

ThermoSequenase 反应缓冲液：65 mmol/L $MgCl_2$，260 mmol/L Tris · Cl，pH 9.5

ThermoSequenase 核苷酸混合物：含 750 μmol/L 每种 dNTP 和 2.5 μmol/L 某种

特定的 ddNTP

√能量转移（Energy Transfer，ET）引物：0.5 μmol/L 荧光标记 A 或 C 的引物，1.0 μmol/L 荧光标记 G 或 T 的引物

1.5 U/μl ThermoSequenase

0.25 μg/μl BAC DNA

糖原

100%乙醇

√甲酰胺样品缓冲液

0.2 ml 反应管

热循环仪

DNA 自动测序仪（如 Perkin-Elmer）

步骤

1）按如下的试剂量混合，制备 4 管反应混合物（每管含有一种染料标记的 ET 引物）：

0.4 μl ThermoSequenase 反应缓冲液

1.6 μl ThermoSequenase 核苷酸混合物

1.0 μl ET 引物（A、C、G 或 T）

1.0 μl ThermoSequenase

根据需要测序的模板的数量，按比例增加每管反应混合物的数量。

2）对于每个模板来说，分别加 4 μl 反应混合物于 0.2 ml 微量离心管。每管加 4 μl（约 1 μg）BCA DNA，以 2500 *g* 离心 30 s，使试剂处于管底。

对于大规模测序来说，用 96 孔或 384 孔板进行，将 A、C、G、T 分配于不同行。

3）将样品放入热循环仪，以下列程序扩增：

1 循环：	2 min	95℃（变性）
20 循环：	5 s	95℃（变性）
	10 s	55℃（复性）
	60 s	72℃（延伸）

冷却并保持 4℃。

4）从热循环反应器中取出样品。仅在 A 管样品中加入 1 μl 糖原、100 μl 100%乙醇。将 A、C、G 样品合并于 T 管。

5）样品在 4℃以 3000 *g* 离心 30 min。弃上清，并真空干燥样品。重悬于 3 μl 甲酰胺样品缓冲液中，用自动 DNA 测序仪测序。

用能量转移染料标记终止物测序

四个反应都放在同一个管子中进行。与染料标记引物测序法不同，这种方法中错误终止的反应不会带有荧光标记，因此不会被测序仪检测到。但由于聚合酶识别染料标记的 ddNTP 的原因，测序峰的均一性不如染料标记引物法。

附加材料（带√项见附录 1）

√终止核苷酸混合物

√5×测序缓冲液：10 mmol/L $MgCl_2$，400 mmol/L Tris · Cl，pH 9.0
AmpliTaq FS 用作终止物（Perkin-Elmer）
引物
0.25 μg/μl BAC DNA
√甲酰胺样品缓冲液
Centri-Sep 离心柱（Priceton Separations）
热循环仪
DNA 自动测序仪（如 Perkin-Elmer）

步骤

1）每个模板混合下列试剂：
8 μl 终止核苷酸混合物
4 μl 5×测序缓冲液
0.5 μl Amplitaq FS
4.0 pmol 引物
约 400 ng BAC DNA
加水至终体积 40.0 μl

2）将样品放入热循环仪，以下列程序扩增：

1 循环：	5 min	95℃（变性）
30 循环：	30 s	95℃（变性）
	20 s	55℃（复性）
	4 min	60℃（延伸）

冷却并保持 4℃。

3）用 Centri-Sep 离心柱除去过量的终止物。真空干燥样品，然后重悬于 2 μl 或 4 μl 甲酰胺样品缓冲液中，用自动 DNA 测序仪测序。

参考文献：Ju et al., 1995；Marra et al., 1996；Rosenblum et al., 1997；Sanger et al., 1977；Sears et al., 1992；Tabor and Richardson, 1987b, 1990.

撰 稿 人：Barton E. Slatko, Lisa M. Albright, Stanley Tabor, and Jingyue Ju

7.5 化学发光双脱氧 DNA 测序法

标准的双脱氧 DNA 测序（见 7.4）可以很容易且很有效地使用非同位素标记（如生物素或半抗原标记的引物）的化学发光法进行检测。第 7 章的介绍部分和 7.1～7.4 给出了大量的关于可应用化学发光检测的双脱氧测序法的信息和方法。化学发光 DNA 测序试剂盒可以通过商业途径获得。生物素标记的寡核苷酸引物可以通过使用生物素化亚磷酰胺制得或以相对较低的价格购得。使用标准克隆载体的生物素化的通用引物或其他引物是可以获得的，通常包括在非同位素 DNA 测序试剂盒中。

7.5.1 基本方案 利用生物素标记引物的化学发光DNA测序法

用生物素标记引物得到的DNA测序产物的检测是通过链霉亲和素-碱性磷酸酶处理并接着用二氧环丁烷处理来完成的。二氧环丁烷在去磷酸化后发射光。5′端生物素标记引物也可以在7.4中末端标记引物的实验方案中使用。试剂供应商请参看表7.5.1。

表 7.5.1 非同位素DNA测序试剂盒、化学发光检测试剂、供应商

产品	供应商[a]
常用试剂、物品	
生物素DNA测序反应试剂盒	MI, NEB, TR, USB
地高辛DNA测序反应试剂盒	BM
Bst DNA聚合酶	BR, ET
生物素DNA测序化学发光检测试剂盒	MI, NEB, TR, USB
地高辛化学发光检测试剂盒	BM
化学发光1，2-二氧杂环丁烷底物[b]	
CSPD	BM
AMPPD	BR, PR, TR
Lumigen-PPD	BM, LU, MI, NEB
膜封闭试剂	
I-Block	TR
Genius封闭试剂	BM
链霉亲和素碱性磷酸酶偶联物	LT, TR, USB
抗体碱性磷酸酶偶联物	
抗地高辛	BM
抗荧光素	DK, NEN
抗-DNP	DK
人热密封的袋	NEB, MI, TR, USB
尼龙膜	LT, MI, MS, NEB, PA, ST, TR, USB
特殊物品	
大封口机，60 cm (24 in)	NBC
水平电转印仪	
Panther HEP-3	OSP
TE 90	HPB
直接转移电泳（DTE）设备；TwoStep	HPB
翻转瓶设备；Navigator	BI
自动转印显影装置；PR 1000	HPB

a. 缩写：BI, Biocomp Instruments; BM, Boehringer Mannbeim; BR, Bio-Rad; DK, Dako; ET, Epicentre Technologies; HPB, Hoefer Pharmacia Biotech; LT, Life Technologies; LU, Lumigen; MI, Millipore; MS, Micron Separations; NBC, National Bag Company; NEB, New England Biolabs; NEN, NEN Life Sciences; OSP, Owl Scientific Plastics; PA, PALL; PR, Promega; ST, Stratagene; TR, Tropix; USB, U.S. Biochemical。供应商的地址列于供应商附录。

b. 缩写：AMPPD，二钠3-{4-甲氧螺［1，2-二氧环丁烷-3，2′-三环（3.3.1.$1^{3,7}$）癸烷]-4-基｝苯基磷酸盐；CSPD，二钠3-{4-甲氧螺［1，2-二氧环丁烷-3，2′-(5′-氯代）三环（3.3.1.$1^{3,7}$）癸烷]-4-基｝苯基磷酸盐；Lumigen-PPD，4-甲氧基-4-(3-苯基磷酸盐)-螺-（1，2-二氧环丁烷-3，2′-金刚烷)，二钠盐。

材料（带√项见附录 1）

单链 DNA 或变性双链 DNA 模板（见 7.3）

生物素酰化 DNA 测序引物

5× *Bst* 反应缓冲液：100 mmol/L $MgCl_2$ 溶于 100 mmol/L Tris · Cl，pH 8.5

√引物终止混合液（A、C、G、T）

1 U/μl *Bst* DNA 聚合酶

20×追加溶液，含有 dATP、dCTP、dGTP、dTTP 各 10 mmol/L 的水溶液

√终止溶液

0.2～0.4 mm 厚的含 8 mol/L 尿素的测序胶（见 7.7）

√1×TBE 电泳缓冲液

√封阻液 I

链霉亲和素-碱性磷酸酶偶联物

√洗膜缓冲液 I

√分析缓冲液

二氧环丁烷

30℃、65℃、70℃和 80℃水浴或加热装置或热循环仪

滤纸（Whatman 3MM 或相当的滤纸）

尼龙膜

紫外线光源：紫外线交联装置，紫外线透射仪或手持紫外线灯

热封口袋

X 射线胶片（Kodak XAR-5 或相当的胶片）和曝光盒

步骤

1）在微量离心管中混匀下列试剂，加热到 70℃，然后慢慢冷却至 30℃（30 min 以上）：

1 μg 单链 DNA 模板（约 0.5 pmol）或 1～3 μg 变性双链 DNA 模板

0.5 pmol 生物素酰化 DNA 测序引物

2 μl 5× *Bst* 反应缓冲液

加水至 11 μl。

2）当模板混合物冷却的同时，各取 2 μl 引物终止混合液（A、C、G 和 T），分别加于微量离心管或微量滴定板的孔中，然后加热到 65℃。

3）加入 1 μl *Bst* DNA 聚合酶于冷却后的模板混合物中（见步骤 1）。往每个引物终止混合物（见步骤 2）中，各加入 2.5 μl 聚合酶/模板混合液，于 65℃温育 5 min。

4）往每个样品管或孔中各加入 2 μl 1×追加溶液，于 65℃温育 5 min。然后加入 4 μl 终止溶液。

5）加样前，样品于 80℃温育 2 min，置于冰浴。加样 2～3 μl 到 0.2～0.4 mm 厚的含有 8 mol/L 尿素的测序胶中，并电泳（7.7）。

胶的宽度不能超过尼龙膜的宽度。

6）剪三张与凝胶大小刚好或稍大的 Whatman 3MM 滤纸，剪下一片能盖过凝胶需转移区域的尼龙膜。
7）拆卸凝胶装置，分开玻璃平板。将一张 Whatman 3MM 干滤纸放于凝胶上，然后通过剥起滤纸小心将凝胶揭起。将贴着凝胶的滤纸，胶面朝上放在玻璃平板上。
8）将完全用 1×TBE 缓冲液润湿的尼龙膜小心地放在凝胶上，用吸管或平滑的玻璃棒在膜上滚动以排去气泡。
9）在膜的上面放两张 Whatman 3MM 干滤纸，滤纸上放另一块玻璃平板并在其上加以 2～4 kg 重物，转移 1 h。
10）分离测序胶/膜夹层，小心从凝胶上剥下膜，将膜上有 DNA 的一面朝上放在滤纸上，并用铅笔在膜上有 DNA 的一面做好标记。晾干约 10 min。
11）将膜在紫外灯下曝光，总剂量为 120 mJ/cm^2。如果需要的话，将膜放在两层保鲜膜之间，在 4℃可保存 6 个月。
12）将膜放入热封闭袋中，加入 500 ml 封阻液 I，小心排去气泡，密封口袋。中速摇动，室温放置 10 min。

这里封阻液 I 的量适用于一张 1000～1200 cm^2 的膜。

13）按照制造商的推荐用封阻液 I 稀释偶联物（通常为 1/5000）。用 200 ml 偶联物溶液替换袋子中的溶液并孵育 20 min。
14）500 ml 封阻液 I 洗涤 5 min。
15）500 ml 洗涤缓冲液 I 洗涤 3 次，每次 10 min。
16）500 ml 分析缓冲液洗涤两次，每次 2 min。
17）在用分析缓冲液新鲜稀释（按照制造商的推荐）的 1×二氧环丁烷中孵育 5 min。
18）从袋子中排出溶液，平整所有的皱褶，重新密封口袋以保持膜湿润。室温下在胶片盒中使 X 射线感光片曝光。

初始试验时，通常曝光 60 min 已足够，但应该对曝光时间进行优化。见表 7.5.2 的疑难解答。

表 7.5.2 化学发光法 DNA 测序的疑难解答[a]

问题	可能原因	解决方法
背景过高	试剂中污染碱性磷酸酶	所有缓冲液当天配制当天使用；使用超纯的去离子水及无碱性磷酸酶污染的试剂；避免偶联物溶液与洗膜溶液的交叉污染，如储存时盖紧溶液；清洗用以转移溶液的漏斗；每次加液后清洗袋子的外表面
	手套粉尘	使用无粉尘手套
	温育时摇动不充分	增加摇动的速度；增大液体体积；排除气泡
	偶联物与膜的非特异性结合	增加在封阻液中的温育时间，或增加酶/连接酶处理后洗涤的次数
成像有污斑	膜上有细菌或碱性磷酸酶污染	在使用前确认所有缓冲液无碱性磷酸酶污染，转印滤纸、膜、杂交袋均干净没有指纹痕迹
点或线状	成像膜的机械损伤	用新膜重做
条带分离度差	底物除去后过长时间才开始曝光（取决于所使用的特定底物和特定膜）	加入底物后不久就进行胶片曝光

续表

问题	可能原因	解决方法
条带分离度差	转移过程中膜与凝胶接触不好	用吸管小心将膜压到胶上，在毛细管转移过程加更重的重物
	X 射线胶片与膜接触不好	用保鲜膜重新进行密封，且避免褶皱；使用带夹子的曝光匣
信号太低	分析缓冲液 pH 不当	调分析缓冲液 pH 至 10
	DNA 转移不充分	回顾转移过程并重复实验。当采用毛细管转移时，很重要的是让凝胶夹层处于绝对平整的表面；增加重物的量以提供更均一的转移
在低分子质量片段信号强度低	低分子质量片段结合能力差，特别是与中性尼龙膜的结合	使用带正电荷的尼龙膜；必须将 DNA 交联到膜上

a. 有关 DNA 双脱氧测序反应的疑难解答见 7.4。

7.5.2　备择方案 1　链霉亲和素和生物素酰化碱性磷酸酶两步检测法（间接法）

通过生物素标记的引物得到的测序产物可以通过用链霉亲和素处理和接下来的生物素化碱性磷酸酶处理进行检测。信号的强度和通过使用链霉亲和素-碱性磷酸酶偶联物处理得到的信号强度相似。

附加材料（亦见基本方案；带√项见附录 1）

√两步法封阻液

√链霉亲和素液

√生物素酰化碱性磷酸酶溶液

√两步法洗涤液

步骤

1）准备经紫外交联、有生物素化测序产物的膜（见基本方案步骤 1～11）。

2）将膜放在可热密封的袋子中，加入 100 ml 两步法封阻液，在室温下以中速摇动 5 min。

3）在 50 ml 链霉亲和素液孵育 5 min。

4）在 500 ml 以 1/10 新稀释的两步法封阻液中洗涤，共洗两次，每次 5 min。

5）在 50 ml 生物素酰化碱性磷酸酶液中孵育 5 min。

6）在 500 ml 两步法洗涤液中洗涤两次，每次 5 min。

7）在分析缓冲液中洗涤 5 min，然后进行检测（见基本方案步骤 17 和 18）。

7.5.3　备择方案 2　用半抗原标记引物进行测序并用抗体碱性磷酸酶偶联物检测

半抗原（如地高辛、荧光素、2，4-二硝基苯酚）5′标记的引物用来进行 DNA 测序反应的叙述请参考 7.4 的基本方案和末端标记引物实验方案，检测是用标记的抗体来完成。信号的强度依赖于所使用的偶联物，已经在印迹应用中检测的质量较好的偶联物请参考表 7.5.1。

附加材料（亦见基本方案；带√项见附录 1）

5′端半抗原末端标记引物（表 7.5.1）

抗体-碱性磷酸酶偶联物（表 7.5.1）

√封阻液 II

√洗涤缓冲液 II

步骤

1）使用 5′端半抗原标记的引物制备引物/DNA 模板混合物（见基本方案步骤 1）。

2）准备经紫外交联、有半抗原标记的测序产物的膜（见基本方案步骤 2～11），将膜放在可热密封的袋子中。

3）按照制造商的指导手册用封阻液 II 稀释抗体-AP 偶联物（通常为 1/2500～1/10 000），加 200 ml 到袋子中，密封，在室温下孵育 30 min，以中等速度振荡。

4）用 500 ml 的封阻液 II 洗涤 5 min，然后用 500 ml 洗涤缓冲液 II 洗涤 10 min，洗涤三次。

5）按照基本方案步骤 16 和 18 进行检测。

参考文献：Creasey et al., 1991；Martin et al., 1991；Olesen et al., 1993.

撰 稿 人：Chris S. Martin

7.6 化学测序法

化学测序法依赖于某个末端标记了 ^{32}P 的单链或双链 DNA。5′端标记的 DNA 可以通过使用 T4 噬菌体寡核苷酸激酶和 [γ-^{32}P] ATP 得到（见 3.7）。3′端标记的 DNA 可以通过如下方法得到：使用末端转移酶和 [α-^{32}P] ATP 处理，并接着用碱水解以除去除了第一个的所有腺苷酸残基（见 3.4），或补齐 5′端由限制性内切核酸酶产生的 5′单链末端（见 3.3）。这些方法标记了 DNA 的两个末端。为了获得仅标记了一个末端的 DNA 片段，可以使用限制性内切核酸酶对这些片段进行不对称切割。然后两段标记的片段就可以通过凝胶电泳来分离并洗脱下来（见 2.8）。另一个标记一个末端的方法是补齐限制性内切核酸酶的不对称切割位点。为了达到这些目的，已经设计出专用的克隆载体（pSP64CS 和 pSP65CS），这些载体可以很方便地用于克隆、标记一套由 *Bal* 31 核酸酶消化产生的嵌套式缺失体（见 7.2）。进行大规模化学测序计划时，强烈建议使用这些载体。

7.6.1　基本方案　用^{32}P标记的DNA进行化学测序

材料（带√项见附录1）

用于测序的［^{32}P］DNA

√3 mol/L的乙酸钠，pH 5.0

异丙醇

用灭菌水准备的70%（*V*/*V*）乙醇

√DMS反应缓冲液

5 mol/L的NaCl

DMS

蚁酸

肼

√DMS终止缓冲液

√肼终止缓冲液

100%乙醇，在－20℃中预冷

用灭菌水新鲜准备的10%哌啶

√甲酰胺加样缓冲液

90℃水浴或烘箱

步骤

1）加1/10体积3 mol/L的乙酸钠，pH 5.0和1倍体积异丙醇沉淀［^{32}P］DNA（见2.1）。在干冰/乙醇浴中放置5 min。以15 000 *g*在室温下离心5 min，弃去上清。用1 ml 70%乙醇洗涤两次，晾干。

2）将无盐的DNA沉淀重悬于40 μl灭菌水中。将整个管子放入一个20 ml的闪烁瓶内（瓶内无闪烁液），以^{14}C通道对［^{32}P］DNA进行契仑科夫计数。将结果乘以4，以得到每分钟的计数。

每管的cpm值大于等于10 000是比较理想的；但低至1000 cpm的值也可以得到满意的测序结果。

3）在4个分别标记有G、G＋A、T＋C、C的1.5 ml微量离心管中分别加入10 μl［^{32}P］DNA。

4）按表7.6.1（A）所示，加入DMS反应缓冲液、水和5 mol/L NaCl。

5）按表7.6.1（B）所示，加入DMS、蚁酸和肼。将一种试剂（如DMS）加入到所有相应的管子（G管）后，把管盖盖紧、混匀试剂，然后再加入另一种试剂（如将蚁酸加到G＋A管中）。

注意： 做实验时，要戴上手套并在通风橱中进行。DMS是可挥发的，且有毒。可以用5 mol/L的NaOH使其失活。肼也是有毒的，而且无水肼是爆炸物品。可以用3 mol/L的氯化铁使其失活。

表 7.6.1 化学测序反应概要

过程	反应特异性			
	G	G+A	T+C	C
A. 准备 DNA 样品				
DNA/μl	10	10	10	10
DMS 反应缓冲液/μl	200	—	—	—
水/μl	—	—	10	5
5 mol/L NaCl/μl	—	—	—	5
B. 进行碱基特异性修饰反应				
DMS/μl	1	—	—	—
蚁酸/μl	—	25	—	—
肼/μl	—	—	30	30
时间（min），25℃	4	5	8	8
C. 终止反应				
DMS 终止缓冲液/μl	50	—	—	—
肼终止缓冲液/μl	—	200	200	200
100%乙醇/μl	750	750	750	750

6）按照表 7.6.1（B）指示的时间在 25℃中孵育，使用秒表计时。

反应的程度可以通过改变反应时间来控制。表 7.6.1 所指示的时间通常可以测到 1～300 个碱基。

7）按照表 7.6.1（C）的指示加入适当的终止缓冲液和－20℃中预冷的 100%乙醇，立即浸入到干冰/乙醇浴中，5 min。15 000 *g* 离心 5 min，弃去上清，用 70%乙醇洗涤两次。

将 DMS 上清倒进 5 mol/L 的 NaOH 溶液中，肼上清倒入 3 mol/L 的氯化铁溶液中。用避光的瓶子盛装这两种失活液，置于通风橱中。

8）将每管中的沉淀用 200 μl 灭菌水重悬，再用 20 μl 的 3 mol/L 乙酸钠和 500 μl 的 100%乙醇重新沉淀，离心前在干冰/乙醇浴中浸 5 min。沉淀用 70%乙醇洗涤两次，用 Speedvac 真空蒸发器干燥。

9）用 70 μl 10%的哌啶溶液重悬，转移到一个有螺旋盖的 1.5 ml 微量离心管中。将管盖紧，在 90℃中孵育 30 min。

10）稍微离心一下，以收集管壁上的冷凝液，在 Speedvac 真空蒸发器中蒸发至完全干燥。重悬于 30 μl 灭菌水中，转移到一个新的管子中，干燥。用 20 μl 灭菌水重复此过程。

11）用 10 μl 甲酰胺加样缓冲液重悬干燥的样品，用涡旋混合器振荡以溶解附着在管壁上的物质。90℃加热 2～3 min，置于冰上，加样于 6%、8%或 12%预热的测序胶中（见 7.7），使相关的泳道相邻（即 G、G+A、T+C、C）。

12）以 40～45 V/cm 的电压（对于标准的 30 cm×40 cm 的胶来说，功率约 70 W）电泳 1.5～4.5 h。电泳结束后将胶干燥，用 X 射线胶片带增感屏放射自显影（见附录 3A），在－70℃中曝光 1～4 天。

关于疑难解答请参考表 7.6.2。

表 7.6.2　化学测序疑难解答

问题	可能原因	解决方法
在一个或多个泳道上，顶端的条带越来越弱	化学反应过度进行	降低碱基特异性修饰的时间（除了DMS，不要改变其他试剂浓度）
在一个或多个泳道上，底部的条带越来越弱	化学反应程度不足	增加碱基特异性修饰的时间（除了DMS，不要改变其他试剂浓度）
所有泳道上的条带有重影	用 Klenow 酶填补限制性内切核酸酶消化 DNA 所产生的 5′凸出端时，填补不完全（常见的原因） DNA 片段末端掺入了两个或更多的标记核苷酸，外侧的核苷酸的降解会产生一个标记的少一个核苷酸的短片段	重复末端标记反应（见 3.3）
在 4 个泳道中都出现条带	限制性内切核酸酶对 DNA 片段的位点特异性切割或核酸酶污染	通过改变盐浓度提高限制性内切核酸酶的严紧性，或者在标记前重新纯化 DNA 片段
在 4 个泳道中都出现条带，且或者减少或不规则分布	寡核苷酸二级结构引起的密集	
无关条带的低亮度和不规则分布	DNA 片段不纯。不规则分布是因为相同长度的寡核苷酸碱基组成不同而导致不同的迁移速率	标记前重新纯化 DNA 片段
嘧啶（T，T＋C）泳道产生弥散	哌啶切割不完全。进行哌啶反应时，有肼残余	加入哌啶前确定肼已除净，且哌啶反应的管子已盖紧
T 反应微弱	DNA 样品中有残余的盐	测序前，用 70% 乙醇彻底地洗涤 DNA 片段
在 G、G＋A、T＋C 泳道都有条带	若没有保持低温状态，在肼终止混合物中，在中性 pH 下，肼和鸟嘌呤残基发生反应	在第 7 步中，确定样品已很好地保持低温
由于条带丢失而引起序列中的缺口	DNA 来源于 dcm^+ 大肠杆菌菌株时，可能是 *Eco*RII 酶切位点[C^{Me}C(A/T)GG]上有胞嘧啶的5-甲基修饰	证实 *Eco*RII 酶切位点的存在，或从 dcm^- 大肠杆菌菌株纯化 DNA

7.6.2　辅助方案　*Tth*111I 消化和末端标记

制备末端标记的、克隆于 pSP64CS 和 pSP65CS 的 DNA 片段用于化学测序。因为 *Tth*111I 酶切位点可以标记 DNA 片段的一个末端，标记的片段不需要再经凝胶纯化。

材料（带√项见附录 1）

pSP64CS 或 pSP65CS 重组质粒 DNA（见 7.3）

*Tth*111I 限制性内切核酸酶和 10×反应缓冲液（见 3.1）

√Klenow 酶标记混合物

[α-^{32}P] dNTP（A、C、G 或 T，600 或 3000 Ci/mmol）

大肠杆菌 DNA 聚合酶 I 的 Klenow 片段（见 3.3）

√TE 缓冲液

G-50 葡聚糖，在 5 mmol/L 的 Tris·Cl（pH 7.0）中平衡

15℃或 60℃水浴

1 ml 的塑料注射器外筒

100%乙醇

步骤

1）将下列试剂混合于一个微量离心管中，在 60℃温育 20 min：

5 μl pSP64CS 或 pSP65CS 重组质粒 DNA

2 μl *Tth*111I 限制性内切核酸酶 10×反应缓冲液

12 μl 水

1 μl *Tth*111I 限制性内切核酸酶

2）反应结束后，将温度降至 15℃，加入下列试剂，并在 15℃水浴 10 min：

20 μl Klenow 酶标记混合物

2 μl [α-^{32}P] dNTP

1 U Klenow 片段

3）加 70 μl TE 缓冲液以终止反应，用 50 μl 25∶24∶1 的酚/氯仿/异戊醇抽提（见 2.1），保留上清水相。

4）准备两个离心柱（见 3.2），在每个离心柱中分别塞入一个 1 ml 的注射器外筒，注射器外筒中装有平衡的 G-50 葡聚糖悬浮液。在桌面离心机中以 1500r/min 精确离心 4 min。再在注射器筒中注满平衡的 G-50 葡聚糖，再次离心。

5）将样品加样到一个柱子中，1500 r/min 离心 4 min。将流出的液体加到第二个柱子中，再次离心。

6）在流出液中加入 1 ml 100%乙醇，在干冰/乙醇浴中放置 5 min，15 000 *g* 离心 5 min，弃去上清，晾干。将没有盐的核酸沉淀用于基本方案步骤 2。

参考文献：Eckert，1987；Maxam and Gilbert，1980.

撰 稿 人：Richard L. Eckert

7.7 用于测序的变性凝胶电泳

DNA 序列测定的准确性很大程度上取决于测序产物在变性聚丙烯酰胺凝胶上的分

离度。测序胶长度通常为40 cm，厚度均匀，含有4%～8%丙烯酰胺和7 mol/L尿素。对电泳方法加以修改，可以从单片凝胶中获得更长的可读序列信息。如使用楔形垫片，这可以建立区域性的梯度；或使用缓冲液梯度、电解质梯度，或丙烯酰胺步骤梯度。也可以使用长胶（80～100 cm），但灌胶和处理时会遇到技术上的挑战。胶中也可以含有甲酰胺，以克服由于测序产物的二级结构引起的胶密集。

注意：丙烯酰胺和亚甲双丙烯酰胺具有神经毒性，须戴手套操作。操作二甲基二氯硅烷也应戴手套并在通风橱进行（见附录3B，硅化）。操作TEMED及甲酰胺时也需小心。

7.7.1　基本方案　测序胶的灌制、电泳及处理

作者推荐用6%丙烯酰胺、非梯度胶为起点。可使用两种胶：一种在相对短的时间获得较短的寡核苷酸信息；另一种是用较长时间以使较长的寡核苷酸得到最大限度的分离。这两种凝胶分离过程，采用6%丙烯酰胺，可以从一套测序反应中获得300～350个碱基的序列信息。另一种可选的方案是使用两种不同浓度的胶，使较短片段和较长片段的寡核苷酸得到最大限度的分离。

材料（带√项见附录1）

盛于喷射洗瓶的异丙醇或70%（*V*/*V*）乙醇
5%（*V*/*V*）二甲基二氯硅烷的氯仿溶液（Sigma）
√变性丙烯酰胺溶液
TEMED
10%（*m*/*V*）过硫酸铵（APS，每周新配一次，储于4℃）
√1×TBE电泳缓冲液，pH 8.3～8.9
溶于甲酰胺/染料溶液中的测序样品（见7.4～7.6）
5%乙酸/5%甲醇（*V*/*V*）固定液（可选）
30 cm×40 cm测序胶前后玻璃平板
0.2～0.4 mm厚度均一的垫片
大的图书装订夹
60 ml注射器
0.2～0.4 mm鲨鱼齿或常规样品梳子
测序凝胶电泳装置和电源
巴斯德吸管或Beral细管
34 cm×22 cm×0.4 cm的铝盘（可选）
测序加样移液器吸头
浅的固定托盘（可选）
46 cm×57 cm Whatman 3MM转印纸
干胶机，预热到80℃
X射线盒和Kodak XAR-5 X射线胶片

注意：许多公司均提供测序实验需用设备，见表7.7.1所示的供应商名单。

表 7.7.1 测序凝胶电泳设备供应商[a]

设备	供应商[b]
测序用电泳仪，包括夹子、样品梳及垫片	AAP, ABA, BR, GB, HO, IBI, JS, OSP, PH, SS
胶带	ABA, GB, HS, IBI, OSP
电源	ABA, ACS, BR, EC, FD, GB, HO, IBI, IS, OSP, PH, SS, ST
Beral 细管（Beral thin stem）	BE
用于凝胶加样的超薄吸液器吸头	ABA, BR, CO, DR, DY, HO, IBI, IS, MB, PH, SS, ST
凝胶温度计	BR
浅的固定托盘	OSP
转移纸	ABA, SS, WH
干胶机	ATR, BR, HO, SV

a. 修改自文献（Slatko, 1991a）。

b. 缩写：AAP; Ann Arbor Plastics; ABA, American Bioanalytical; ACS, Accurate Chemical and Scientific; ATR, ATR; BE, Beral Enterprises; BR, Bio-Rad; CO, Costar; DR, Drummond; DY, Dynalab; EC, EC Apparatus; FD, Fotodyne; GB, Gibco/BRL; HO, Hoefer; IBI, International Biotechnologies; IS, Integrated Separation Systems; JS, Jordan Scientific; MB, Marsh Biomedical; OSP, Owl Scientific Plastics; PH, Pharmacia LKB; SS, Schleicher and Schuell; ST, Stratagene; SV, Savant; WH, Whatman。见供应商附录的供应商地址。

步骤

1）首先要用肥皂及水小心严格地清洗一对 30 cm×40 cm 玻璃平板，用去离子水彻底冲洗后晾干。用喷射洗瓶喷异丙醇或 70%乙醇使平板湿润，然后用 Kimwipe 纸或其他无绒纸巾将平板擦干。

2）戴手套在通风橱中工作，用浸湿了含 5%二甲基二氯硅烷的氯仿溶液的 Kimwipe 纸在每片平板的其中一面加一层此溶液，并小心擦拭整面平板。待硅化层干后，用 Kimwipe 纸以 70%乙醇或异丙醇擦净并干燥，最后再检查平板有没有灰尘或其他颗粒。

3）按厂商指南用 0.2～0.4 mm 均厚的垫片和大的书本装订夹子组装凝胶胶板，注意垫片与平板的边、底压紧对齐。

4）制作每块凝胶时，在 100 ml 烧杯中配制 60 ml 变性丙烯酰胺凝胶溶液。在灌胶前，彻底混匀 60 μl TEMED 和 0.6 ml 10%过硫酸铵于丙烯酰胺溶液中，以起始聚合反应。

5）将丙烯酰胺溶液注入 60 ml 注射器，避免产生气泡。让短平板朝上，并使凝胶平板夹层与桌面成 45°角，沿着平板的一边慢慢将丙烯酰胺溶液推入两片平板之间。除去气泡，可以敲打或摇动平板，直至气泡浮到胶液上面。

6）当溶液达到短平板的顶部时，放下胶模夹层至某一角度，使其顶部边缘离操作台平面仍有 5 cm 左右。将 0.2～0.4 mm 厚的鲨鱼齿样品梳或常规样品梳子的平齐一侧插入胶液中，至短平板下约 2～3 mm，操作须十分小心以避免产生气泡。用一个书本装订夹将平板之间的样品梳夹紧，以避免在梳子与平板间形成凝胶固块。加一层过量的丙烯酰胺溶液至梳子，保证其被完全覆盖。用水冲洗注射器除去过量的丙烯酰胺。

7）观察聚合反应。如果有胶漏出，用书本装订夹夹紧漏胶部位，以减缓漏胶或使漏胶停止。

聚合反应的时间（通常为10 min～2 h）依赖于温度和TEMED及APS的用量。聚合反应完成时，在梳子和凝胶表面交界处可以观察到界面。

8）除去底部垫片，用水清洗平板表面溢出的尿素和丙烯酰胺溶液，用刀片除去样品梳周围的过量聚丙烯酰胺凝胶，然后轻轻拔出梳齿，避免挤压或拉伤凝胶（或加样孔）。用水清洗梳齿，准备好在步骤11使用。

9）凝胶电泳装置的下层储液槽加入1×TBE缓冲液，使凝胶夹层能浸泡在2～3 cm的一层缓冲液中，将凝胶夹层放在装置上。先让凝胶夹层的一角进入缓冲液，这样随着另一角的下垂凝胶夹层底部边缘的气泡就会被赶出来。根据制造商的说明书，将玻璃板固定在装置上。

10）上层储槽倒入1×TBE缓冲液，使超过凝胶顶部约3 cm，用巴斯德吸管或Beral细管以1×TBE清洗凝胶顶部，除去过量的聚丙烯酰胺和尿素。

11）将清洗干净的鲨鱼齿样品梳重新插回凝胶夹层，使齿尖刚刚插入凝胶，用巴斯德吸管或Beral细管以1×TBE缓冲液彻底清洗加样孔，以除去零星的聚丙烯酰胺碎片。

12）加样前，在45 V/cm凝胶的电压降下预电泳，使凝胶预热，即在1700 V、70 W恒定功率下电泳约30 min（或根据制造商的说明书）。

为了保证在电泳过程中传热均匀，可以将一块铝板贴在前面玻璃板上用书夹夹紧。铝板一定不能接触到下槽的缓冲液中。

13）在甲酰胺/染料溶液中加入测序样品，95℃加热2 min，然后置于冰上。在加样前，清洗加样孔除去浸进孔中的尿素。用测序加样吸头加样（每次加样后冲洗2次），每孔加样2～3 μl。为了看到每个样品的轨迹，在玻璃板外侧为每个泳道或每系列4个反应/泳道做好标记。

14）根据制造商的推荐，在45～70 W恒定功率下电泳，凝胶温度保持在约65℃。监视标记染料的迁移（表7.7.2）。

表7.7.2 在变性聚丙烯酰胺凝胶中相对于寡脱氧核苷酸（碱基）的示踪染料的迁移

聚丙烯酰胺凝胶浓度/%	溴酚蓝	二甲苯青
5	35 b	130 b
6	26 b	106 b
8	19 b	75 b
10	12 b	55 b

15）电泳完毕时，排出上下液槽的缓冲液，并按放射性废物处理丢弃液体。从电泳装置中取出凝胶夹层，并在冷自来水下冲洗直至两面玻璃平板表面都冷却为止。

16）将夹层平放在纸巾上，凹口玻璃平板（短平板）朝上，除去多余的液体及夹子。取出一边的垫片。两片玻璃平板之间插入一个长的金属压舌板，轻轻转动压舌板将玻璃平板撬起使之分开。凝胶应贴在下面的玻璃平板，如果贴在上面的平板，则将它翻转过来。慢慢分离上面玻璃板，使之完全与凝胶分开。移去第二个垫片和周围多余的聚丙烯酰胺碎片。

17）如果样品含^{35}S，直接将凝胶连同玻璃平板一起放入浅托盘中，轻轻覆盖一层约2 cm

的 5%乙酸/5%甲醇固定液，浸泡 10～15 min，不时轻轻摇动托盘使凝胶与玻璃平板松开。然后，小心地使凝胶保持在玻璃板的中央，靠吸力或重力完全除去固定液，小心从托盘中将平板连同凝胶取出，放在工作平台上。

尿素会猝灭^{35}S的信号。从含^{32}P的凝胶除去尿素并非必需，但可增加信号的清晰度。

18) 将两张干的 Whatman 3MM 转印纸，叠齐如同一张一样，慢慢地放在凝胶的上面，从凝胶的一端开始缓慢地向另一端放下，以避免气泡的产生。从平板上剥起转印纸，凝胶应和它一起被揭起，逐渐从玻璃板上卷起纸/凝胶，直至剥离。
19) 将滤纸/凝胶放在预热（80℃）的干胶机中，上面覆盖一张保鲜膜，避免产生气泡，将胶在 80℃中完全干燥（20 min～1 h）。从干胶上揭去保鲜膜，将干胶放在 X 射线曝光盒中，Kodak XAR-5 X 射线胶片直接与凝胶接触，不用增感屏（见附录 3A）在室温放射自显影（通常过夜）。

7.7.2 备择方案 1 缓冲液梯度测序胶

在本实验方案，制作测序胶底部的缓冲液浓度大于其顶部浓度，使得短寡核苷酸片段（胶底部）的迁移率相对比长寡核苷酸（顶部）的迁移率要慢一些，这样凝胶可电泳更长的时间而不至于短核苷酸从底部走失并改善了长核苷酸链的分离度。

附加材料（亦见基本方案；带√项见附录 1）

√缓冲液梯度凝胶溶液

步骤

1) 组装凝胶平板夹层（见基本方案步骤 1～3）。
2) 在 2 个 100 ml 烧杯中，配制缓冲液梯度凝胶溶液：50 ml 用 0.5× TBE 配制（无色），25 ml 用 2.5× TBE 配制（蓝色）。在 50℃以下加热并搅拌至固体完全溶解，冷却至室温（≤25℃）。
3) 加入 20 μl TEMED 和 200 μl 10%过硫酸铵于 0.5 × TBE/凝胶溶液，轻轻混匀。加入 10 μl TEMED 及 100 μl 10%过硫酸铵于 2.5× TBE/凝胶溶液中轻轻混匀。
4) 用 25 ml 带橡皮吸球的吸管，吸出 12.5 ml 清亮的 0.5× TBE/凝胶溶液，接着吸出 12.5 ml 2.5× TBE/凝胶溶液，可以引进 3～4 个气泡，这可使两层液体的界面得以缓缓混合。
5) 按前面所述灌胶（见基本方案步骤 5）。当所有胶溶液都灌入后，接着用同一吸管，加入剩余的 0.5× TBE 凝胶溶液。
6) 按基本方案步骤 6～19 继续进行。

7.7.3 备择方案 2 电解质梯度测序胶

下面的电泳槽使用高盐浓度缓冲液。在电泳过程中，盐离子可以进入凝胶并产生重复性好的、有效的梯度。

附加材料（亦见基本方案；带√项见附录 1）

3 mol/L 乙酸钠，未经缓冲

步骤

1）灌制测序胶并进行预电泳（见基本方案步骤 1～12），但上槽缓冲液为 0.5×TBE，下槽为 1×TBE。

2）准备样品及加样（见基本方案步骤 13）。

3a）如果需测≤400 碱基的序列信息，加入 3 mol/L 乙酸钠于下槽缓冲液至终浓度 1 mol/L，并在 60 W 恒功率下电泳（见基本方案步骤 14）。

3b）如果需测大于 400 碱基的序列信息，先在 60 W 恒功率下电泳 2～3 h，然后加入 3 mol/L乙酸钠于下槽至终浓度为 1 mol/L，继续电泳。

示踪染料迁移至凝胶相同位置的时间，通常要比普通电泳长 75%左右。凝胶的温度须小心监测，如果凝胶顶部显著热于底部，降低功率。

4）按基本方案步骤 15～19 继续进行。

7.7.4　备择方案 3　含甲酰胺的测序胶

附加材料（亦见基本方案；带√项见附录 1）

√甲酰胺凝胶溶液

5%乙酸/20%甲醇（*V*/*V*）固定液（可选）

步骤

1）组装凝胶平板夹层（见基本方案步骤 1～3）。

2）按所需的丙烯酰胺浓度配制甲酰胺凝胶溶液，加热并轻轻搅拌直至溶解（不要超过 55℃），冷却至 30℃以下。

3）加入 150 μl TEMED 及 1 ml 10%过硫酸铵，马上灌胶（见基本方案步骤 5～7）

因为凝胶液是黏稠的，灌胶时应保持平板在几乎垂直的角度。凝胶应在 30 min 内聚合。

4）组装好电泳装置，在 45～70 W 恒功率下电泳（见基本方案步骤 8～14）。

需要在比不含甲酰胺凝胶更高的电压（高出 60%）下进行，DNA 的迁移率仅是普通胶的一半。

5）按基本方案步骤 15～19 继续进行，但在 5%乙酸/20%甲醇固定液中固定凝胶 15 min，以防止凝胶在固定过程中膨胀。

参考文献：Slatko，1991b.

撰 稿 人：Barton E. Slatko and Lisa M. Albright

第8章　克隆化DNA的诱变

进行基因及其他遗传因子的鉴定常常要研究DNA序列的特异性改变对其功能的影响。研究这一问题的传统方法是通过选择具有新特性的生物体来获得突变，然后克隆有关的野生型与突变型的基因并对它们进行序列分析。尽管这种方法是可行的并仍将是有用的，但这种方法也有它的不足之处：首先，严重限制了获得的突变的种类；其次，由于用整个生物体来进行诱变，目的基因发生突变的频率相对较低；第三，由于以生物体的表型改变来判断是否发生突变，就不可能得到那些在表型上与野生型相比并无明显差别的突变，而这些突变对确定某一基因中哪一部分对其功能并不重要却是十分有价值的。

重组DNA技术的出现使我们有可能改变传统的诱变方法。首先可通过不同的化学方法和酶学方法在克隆的DNA片段上产生突变，这种方法产生突变的频率极高（有时可达100%），且本质上可以产生各种可能的突变，一旦发生诱变就可对突变的DNA序列和感兴趣的功能进行分析。这样，可以用系统的方法获得突变而不必考虑突变体的表型。最终的结果是可对某一特定区段DNA的功能进行更为详细的研究。本章将介绍五种改变克隆化DNA片段的核苷酸序列的实验方法。

第一个方案描述了在一小段DNA上产生大量突变的方法（见8.1）。首先通过在DNA合成的每一步反应中定量加入小量已知的"错误"的核苷酸前体，来合成带有突变的寡核苷酸混合物。混合物内的每一个寡核苷酸均以一定的概率被改变。将简并寡核苷酸混合物转变成双链，再通过分子克隆分别分离各个寡核苷酸分子。理论上讲，突变发生的频率是由预先编制的DNA合成程序决定的，突变在整个目的区段的各个位置上随机出现。该方法主要的局限性是寡核苷酸的大小；它对低于80个碱基的寡核苷酸进行诱变是有用的。然而用一套覆盖感兴趣区域的、连续的或有部分重叠的寡核苷酸也有可能对较大的片段进行诱变。

第二种方案通过拼接长的寡核苷酸使合成任何所希望的基因片段成为可能（见8.2）。感兴趣的区域可以分成一对在3′端互补的长的单链寡核苷酸。用与8.1类似的方法把这些寡核苷酸对转变成适合克隆的双链DNA。通过正确的组装来获得最终产物，即用户定制的基因。在一个步骤中产生大至400 bp的所希望的序列是可能的，更大的产物可以通过将单个步骤的产物拼接起来。这对合成任何所希望的序列的长片段是非常有价值的。例如，在整个区域引入酶切位点使得进一步的分析变得更容易，对整个蛋白质编码区的密码子的广泛的修改使得蛋白质的产量得以提高。这一方法的缺点是相对比较昂贵，但它的最有用的地方是能解决一个特定的问题或产生一个有助于将来的研究的修改基因。

在第三种方案中，应用错误倾向的PCR（EP-PCR）在一个特定的区域产生随机的突变。它利用了*Taq* DNA聚合酶内在的低保真性引入突变。利用8.3中优化的条件，这个酶能在每个位置以约0.07%的频率掺入错误的核苷酸。错误被PCR以指数扩增速度累积。突变区域的两边通过 PCR 引物加以确定，这使得突变整个基因或一个基因的任何特定的一段成为可能。每段 DNA 片段上平均的突变个数可以通过 EP-PCR 的倍增倍数加以控制。EP-PCR 非常简单、快速和通用。它能被用来产生大范围的核苷酸替换。当用简并序列向一段特定的 DNA 上引入随机突变，所需的寡核苷酸太长而不能用化学合成时，可以选择这个方法。

第四种方案，接头分区诱变（见 8.4），描述了在一个相当短的区域（一般 4～10 bp）内产生成串的点突变，在突变位点存在一个酶切位点。通过产生和分析整个区域的一系列接头分区突变能很快确定哪一个序列是重要的。另外，在这些突变中存在相同的酶切位点能产生精确的缺失和重复突变。在一开始对一个区域进行功能分析的时候，接头分区突变有好几个优点。不像缺失突变，这种改变是高度定位的，不会改变任何空间结构。和点突变相比，这些突变更具有破坏性，很多较少的衍生物能覆盖这一区域；然而，它们不适合对一个遗传元件所需要的序列分析。接头分区诱变常被用于分析转录调节信号，它们很少被用来分析蛋白质的编码序列。

第五种方案是通过 PCR 的寡核苷酸直接介导的诱变（见 8.5）。用含有预期的改变的寡核苷酸作引物进行扩增，产物用标准的方法克隆。根据是否要引入突变以产生酶切位点，特定的步骤有所不同。这种基于 PCR 的诱变方法主要的优点是技术上很简单，突变具高效性，以及对感兴趣的 DNA 片段上的酶切位点具有很少的限制。

撰稿人：Kevin Struhl

8.1　用简并寡核苷酸在小段 DNA 序列中产生大量突变

基本方案

通过在所希望的寡核苷酸合成步骤中加入低浓度的其他三种非野生型核苷酸，可以获得突变寡核苷酸的集合（图 8.1.1）。突变的频率通过选择在每一步加入的非野生型核苷酸前体的合适的量而决定。在寡核苷酸的 3′端含有一个包含限制性内切核酸酶位点的 8 核苷酸的回文序列。回文序列允许不一样但相关的突变 DNA 在 3′端相互杂交，因而能作为 DNA 聚合酶的底物（图 8.1.2），产生均为双链的同源 DNA 分子。经过合适的限制性内切核酸酶消化后，双链 DNA 就可以被克隆，产生包含一个或多个突变的

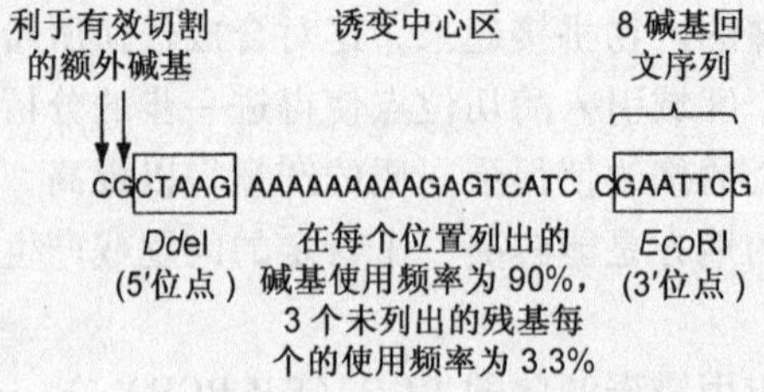

图 8.1.1　简并寡核苷酸的设计。一个位于 *Dde*I 和 *Eco*RI 位点之间的 17 碱基对区域中每个碱基的诱变概率为 10%。

突变子集合。

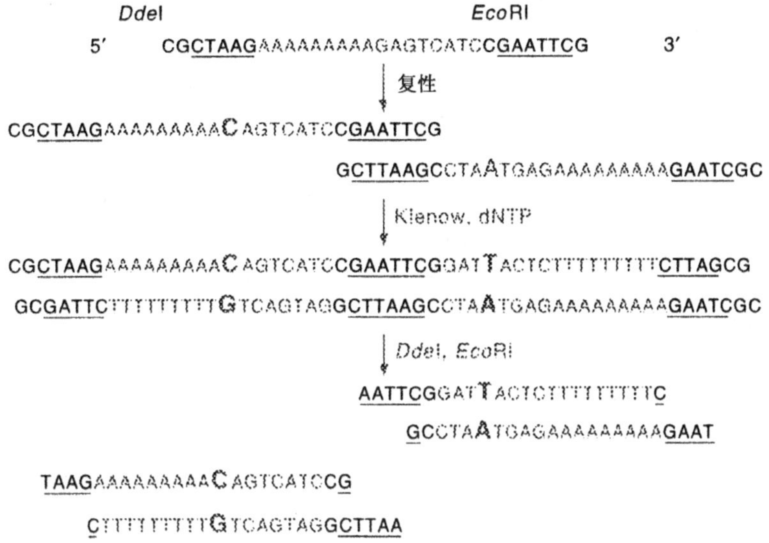

图 8.1.2　克隆简并寡核苷酸的互为引物合成。简并寡核苷酸（顶行；亦见图 8.1.1）可通过 3′端编码 *Eco*R I酶切位点的 8 核苷酸回文结构自行相互复性，再用 Klenow 酶处理。所得的双链 DNA 含有两个寡核苷酸单位，每个单位均由最初的寡核苷酸衍生而来（与野生型序列不同的寡核苷酸以加大的字母表示）。经 *Eco*R I和 *Dde* I酶切后，双链寡核苷酸被克隆入适当的载体。

材料（带√项见附录 1）

10×大肠杆菌聚合酶 I 缓冲液（见 3.2）

2.5 mmol/L 4dNTP 混合液（见 3.2）

大肠杆菌 DNA 聚合酶 I Klenow 片段（见 3.3）

[α-^{32}P] dNTP（400～800 Ci/mmol；见 3.2）

√0.5 mol/L EDTA，pH 8.0

√TE 缓冲液，pH 7.5

√3 mol/L 乙酸钠，pH 5.2

√缓冲液平衡酚

乙醇

√洗脱缓冲液

T4 噬菌体 DNA 连接酶（活性以黏端单位表示；见 3.11）

步骤

1）设计寡核苷酸，其 3′端含有一由 8 个核苷酸组成的回文结构，且为某一限制酶的识别位点；如果可能的话，5′端也含有某个限制性内切核酸酶位点。

回文结构对于互为引物合成反应也是必需的。而要将初始的寡核苷酸双链切割成可用于克隆的寡核苷酸单位，也需要限制性内切核酸酶位点。理想情况下，在 5′端酶切产生一个和 3′端不同的黏性末端会有助于产物的定向克隆（见 3.13），也为两个不同片段间的复杂的连接反应在 5′和 3′端提供了相应的连接位点。

2）设计含有目的突变序列的中心序列。中间区的长度和突变频率依具体实验而定。

3）合成寡核苷酸（见 2.14）。在合成无需突变的位置时，使用核苷酸前体的同质溶液，而在合成需要突变的位置时，则用特定的核苷酸前体混合物。

在某一位点上突变产生的频率取决于合成时所加入的溶液内核苷酸前体的相对分子浓度。例如，混合液内含 90%的野生型核苷酸前体和另外三种其他核苷酸各 3.3%，突变率为 10%。

4）通过 HPLC 和（或）含 7 mol/L 尿素的变性聚丙烯酰胺凝胶电泳（见 2.15）纯化寡核苷酸。纯化后，用水调整浓度至 1 mg/ml（约 50～100 μmol/L）。

5）取 200 pmol（1～2 μg）寡核苷酸加至一个 500 μl 的微量离心管，加水至 7 μl。

6）如果寡核苷酸的 5′不含有限制酶切位点，在转变成双链形式后需要用 T4 多聚核苷酸激酶进行磷酸化（见 3.7）。

7）70℃温育 5 min。

8）加 1 μl 10×DNA 聚合酶 I 缓冲液，降至室温。在适合 3′端回文结构杂交的温度（一般为 23℃），孵育不少于 60 min。

9）加 2 μl 3.5 mmol/L 4dNTP，5 U Klenow 酶，再加 10 μCi 的任意一种 [α-^{32}P] dNTP，23℃保温 1 h。

10）再加入 5 U 的 Klenow 酶继续温育 2 h 或过夜。

11）加 1 μl 0.5 mol/L EDTA 终止反应，加 TE 缓冲液至总体积为 50 μl，加乙酸钠至终浓度为 0.3 mol/L。用缓冲液平衡酚抽提，无水乙醇沉淀 DNA（见 3.1）。

12）DNA 重悬于 20 μl TE 缓冲液。取出 2 μl 留待变性聚丙烯酰胺凝胶电泳分析（见步骤 21）。

13）在 30 μl 反应体积内，每微克原初寡核苷酸用 10～40 U 限制性内切核酸酶消化新合成的双链寡核苷酸 2 h 以上（见 3.1）。使用识别外侧酶切位点的酶，如寡核苷酸 5′端不含限制酶位点，则用识别内部限制酶位点的酶切割。

14）取出 2 μl 留待作变性聚丙烯酰胺凝胶电泳分析（见步骤 21）。

15）余下的用缓冲液平衡酚抽提和乙醇沉淀。

16）非变性聚丙烯酰胺凝胶电泳纯化双链寡核苷酸混合物（见 2.9），胶的温度不要超过室温。

17）割出含有目的双链分子的条带，用凝胶洗脱缓冲液洗脱（见 2.9），用 20 μl TE 缓冲液溶解，储存于－20℃。

18）用识别内部酶切位点（位于原来的寡核苷酸的 3′端）的限制酶消化双链寡核苷酸，以生成同源双链寡核苷酸混合物，其 5′和 3′端适于连接到常规的载体中去。

19）取 2 μl 留待作变性聚丙烯酰胺凝胶电泳分析（见步骤 21）。

20）剩余的混合物用酚抽提，乙醇沉淀，重悬于 20 μl TE 缓冲液。

21）步骤 12、14、19 中留取的 2 μl 液体在 6%～12%变性聚丙烯酰胺凝胶进行电泳，以证实各步反应均产生了所要的产物。

22）按系列稀释法用 TE 缓冲液以 10×、100×、1000×到 10 000×系列稀释双链寡核苷酸。进行连接反应，每个反应均含有恒量的载体和上述稀释液（见 3.13）。

23）用标准的转化方法将连接反应物转化适当的大肠杆菌（见 1.8）。

24）通过限制酶切和 DNA 序列测定分析转化子（见第 7 章）。

参考文献：Hill et al.，1987.
撰稿人：David E. Hill

8.2 基因合成：用互为引物的长段寡核苷酸组合目的序列

基本方案

获得一段特需序列的最直接的方法就是化学合成。本方案是利用成对的相对较长的寡核苷酸（>100 个核苷酸），通过其 3′端的复性而生成一短的双链区，寡核苷酸既作为模板，又起引物的作用，长达 400 bp 的所需片段通过一步反应即可合成（图 8.2.1）。

寡核苷酸的长度和具体设计要依不同的实验而定。15 bp 的双链比较适合用来相互引导对方的合成，因为这个长度能快速有效地复性。为确保其稳定性，应避免使用 10 个碱基对以下特别是 A—T 含量高的双链。会影响突变引物引导合成的二级结构应当避免，如和自身互补的 3′端，它会和内部序列形成稳定的双链配对。大的稳定的内部发夹结构也应该避免。通常要在寡核苷酸中引入的突变包括：氨基酸序列的改变、用以提高基因在特定类型细胞内表达水平的改变以及限制酶切位点的加入和删除。在互为引物的寡核苷酸所涉及的各个实验阶段，都应仔细地核对序列以确保序列正确。

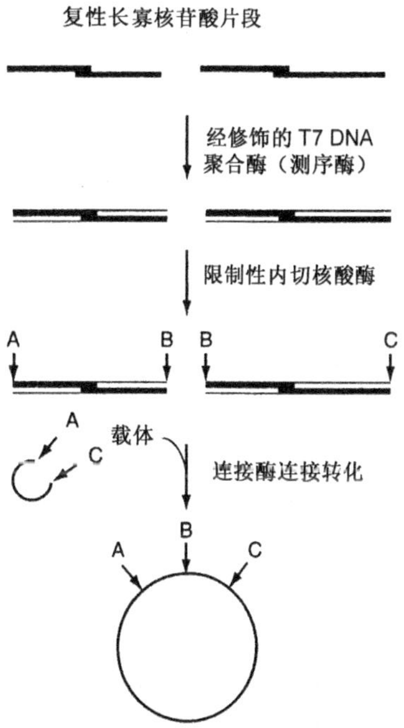

图 8.2.1 用成对的寡核苷酸来合成目的基因的策略。图中的线条代表两对寡核苷酸，每对寡核苷酸中的二聚体使它们相互引导对方的合成成为可能。A、B 和 C 代表为了将结合、延伸后的成对寡核苷酸克隆进某一载体时使用的限制性内切核酸酶位点。

材料（带√项见附录 1）

- 10×T7 DNA 聚合酶（测序酶）缓冲液（见 3.2）
- 2.5 mmol/L 4dNTP 混合液（见 3.2）
- 经修饰的 T7 DNA 聚合酶（测序酶，U.S. Biochemical；见 3.3）
- 4 mol/L 乙酸胺
- 100%和 95%（*V*/*V*）乙醇
- √TE 缓冲液

步骤

1）设计合成一对在 3′端含有约 15 bp 的互补序列（图 8.2.1），用来一起形成一个长达 400 bp 的序列的寡核苷酸（见 2.14）。用

HPLC和（或）含7 mol/L尿素的变性PAGE胶（见2.15）进行纯化。

2）将两种寡核苷酸各1 μg加入微量离心管中，加水至17 μl，再加2 μl的10×测序酶缓冲液。

3）70℃加热5 min，然后在合适的复性温度下保温5 min，取2 μl留待以后的分析。

复性温度可通过双链区内每个A—T碱基对加2℃，C—G碱基对加4℃来粗略地估算（见6.4）。

4）加2 μl 2.5 mmol/L的4dNTP混合液和10 U测序酶，37℃温育30 min。

5）70℃ 10 min灭活DNA聚合酶，取2 μl留待以后的分析。

6）加10×限制酶反应缓冲液（终浓度为1×）、加水和20～100 U的适合于克隆的限制酶（见3.1）至100 μl，消化2 h以上。

7）酚抽提（见2.1）。

8）加100 μl 4 mol/L乙酸铵和400 μl的无水乙醇，－70℃放置15 min，离心5 min，沉淀DNA。

9）沉淀重悬于100 μl TE缓冲液，重复步骤8。用95%乙醇洗涤沉淀，干燥，20 μl TE缓冲液溶解，取2 μl用于以后的分析。

乙酸铵差异沉淀仅适用于延伸产物在50 bp以上的情况（见2.1），较短的延伸双链产物可用非变性聚丙烯酰胺凝胶电泳纯化（见2.9）或用含0.3 mol/L乙酸钠的乙醇沉淀2次后直接用于克隆（见2.1）。

10）用筛分型琼脂糖凝胶电泳（见2.10）分析确证原材料、延伸产物和酶切产物（步骤3、5和9）。

11）估计延伸的寡核苷酸的量，再用适当的载体亚克隆（见3.13）。对几个合适的亚克隆测序（见7.4）。

参考文献：Uhlmann，1988.

撰稿人：David D. Moore

8.3　PCR介导的随机突变

错误倾向PCR（EP-PCR）利用了*Taq* DNA聚合酶的内在的低保真性，它的保真性在加入Mn^{2+}、提高Mg^{2+}浓度和使用不均等的dNTP浓度时会进一步降低。突变区域的5′和3′的分界由选定的PCR引物确定。

每段DNA片段上平均的突变个数是倍增倍数的函数，不是EP-PCR的循环数。每一轮增加的DNA的量为1.7～1.9倍，直到DNA的浓度达到一个平台（一般5～50 ng/μl），然后停止增加。应当进行预实验确定扩增的效率，以估算需求的倍增数。不建议在达到平台后继续进行热循环扩增。

表8.3.1列出了每个模板上核苷酸取代的平均数与ER-PCR的倍增数和模板长度之间的函数关系。表8.3.2显示了完全没有突变的产物的比例。表8.3.3显示了在氨基酸水平的预期的突变率。其他更详细的内容参见《汇编》（CPMB）的8.3。

表 8.3.1 每个 DNA 模板上的平均的碱基突变数与模板长度和错误倾向性 PCR 的倍增数之间的函数关系

错误倾向性 PCR 的倍增数	每个碱基的突变率	模板长度				
		100 bp	200 bp	400 bp	800 bp	1600 bp
5	0.0033	0.33	0.66	1.3	2.6	5.3
10	0.0066	0.66	1.3	2.6	5.3	11
20	0.013	1.3	2.6	5.3	11	21
30	0.020	2.0	4.0	7.9	16	32
50	0.033	3.3	6.6	13	26	53

表 8.3.2 未突变的 DNA 模板部分与模板长度和错误倾向性 PCR 的倍增数之间的函数关系

错误倾向性 PCR 的倍增数	每个碱基的突变率	模板长度				
		100 bp	200 bp	400 bp	800 bp	1600 bp
5	0.0033	0.72	0.52	0.27	0.071	0.0050
10	0.0066	0.52	0.27	0.071	0.0050	2.5×10^{-5}
20	0.013	0.26	0.070	0.0049	2.4×10^{-5}	5.8×10^{-10}
30	0.020	0.14	0.018	0.000 33	1.1×10^{-7}	1.3×10^{-14}
50	0.033	0.035	0.0012	1.5×10^{-6}	2.2×10^{-12}	4.8×10^{-24}

表 8.3.3 每个可读框里平均的氨基酸突变数与可读框的长度和错误倾向性 PCR 的倍增数之间的函数关系

错误倾向性 PCR 的倍增数	每个密码子的突变率	可读框长度				
		100 bp	200 bp	400 bp	800 bp	1600 bp
5	0.0076	0.25	0.50	1.0	2.0	4.0
10	0.015	0.50	1.0	2.0	4.0	8.0
20	0.030	1.0	2.0	4.0	8.1	16
30	0.045	1.5	3.0	6.0	12	24
50	0.076	2.5	5.0	10	20	40

8.3.1 基本方案 DNA 序列的突变

在这个方案中，一个 400 bp 的 DNA 序列通过 10 次的倍增达到每个碱基 0.66%的突变率。

材料（带√项见附录 1）

√100 mmol/L Tris · Cl，pH 8.3

2 mol/L KCl

200 mmol/L $MgCl_2$

25 mmol/L dCTP，pH 约为 7

25 mmol/L dTTP，pH 约为 7
5 mmol/L dATP，pH 约为 7
5 mmol/L dGTP，pH 约为 7
100 μmol/L 的 5′和 3′PCR 引物（见 15.1）
200 pg/μl DNA 模板（长度 400 bp）
25 mmol/L $MnCl_2$
5 U/μl *Taq* DNA 聚合酶（见 3.3）

步骤

1）在 PCR 管里准备 97 μl 错误倾向 PCR 的预混合液，置于冰上：

51 μl 水
10 μl 100 mmol/L Tris · Cl，pH 8.3（终浓度 10 mmol/L）
2.5 μl 2 mol/L KCl（终浓度 50 mmol/L）
3.5 μl 200 mmol/L $MgCl_2$（终浓度 7 mmol/L）
4 μl 25 mmol/L dCTP（终浓度 1 mmol/L）
4 μl 25 mmol/L dTTP（终浓度 1 mmol/L）
4 μl 5 mmol/L dATP（终浓度 0.2 mmol/L）
4 μl 5 mmol/L dGTP（终浓度 0.2 mmol/L）
2 μl 100 μmol/L 的 5′引物（终浓度 2 μmol/L）
2 μl 100 μmol/L 的 3′引物（终浓度 2 μmol/L）
10 μl 200 pg/μl DNA 模板（终浓度 20 pg/μl）
2 μl 25 mmol/L $MnCl_2$（终浓度 0.5 mmol/L）
1 μl 5 U/μl *Taq* DNA 聚合酶（终浓度 0.05 U/μl）

在热循环开始前加入 $MnCl_2$。当热循环到达第一次复性温度时加入 *Taq* DNA 聚合酶。

2）运行 PCR（见 15.1）进行足够的循环数以达到相对于加入的模板量的 1000 倍（10 倍的倍增）的 PCR 产物：

约 12 个循环	1 min	94℃（变性）
	1 min	60℃（复性）
	3 min	72℃（延伸）

如果要运行超过 15 个循环，需要再加入聚合酶。

根据不同的模板和引物，合适的循环条件也相应有所不同。复性温度应保持在>50℃以避免引物的错配，这种情况在错误倾向 PCR 的高的二价阳离子浓度下更容易出现。延伸和变性的温度已经优化好，能降低因为引物错配引起的短的、不希望的序列的扩增。变性的温度可以更长（达到 75s)。每个循环的扩增效率应当≥1.7 倍。如果引物错配仍然存在，就是用一个较高的起始模板浓度，并且定期地（如每 8 轮循环）进行全长 PCR 产物的胶纯化（见 2.6 和 2.9）。

3）EB 凝胶电泳确认产物的量和分子质量大小（见 2.9）。

4）克隆（见 3.13）并测序（见第 7 章）一个 PCR 产物样品以确定产物的突变频率。

8.3.2 备择方案 一个序列文库的突变

为了避免在扩增前和扩增过程中复杂性的丢失，以一个较高的模板浓度进行4轮错误倾向PCR，然后取出约10%的产物到一个新的错误倾向PCR反应中继续扩增，如此持续一直到达到所需要的倍增数。其产物是一系列连续的、突变水平渐次升高的样品。这个方案能达到约50倍的倍增，使得DNA模板中的每个碱基的突变率达到约3.5%。

附加材料（亦见基本方案）

30 ng/μl的DNA模板（文库）

步骤

1）在PCR管里准备1500 μl错误倾向PCR的预混合液，置于冰上：

960 μl水
150 μl 100 mmol/L Tris · Cl，pH 8.3
37.5 μl 2 mol/L KCl
52.5 μl 200 mmol/L $MgCl_2$
60 μl 25 mmol/L dCTP
60 μl 25 mmol/L dTTP
60 μl 5 mmol/L dATP
60 μl 5 mmol/L dGTP
30 μl 100 μmol/L的5′引物
30 μl 100 μmol/L的3′引物

反应的终浓度近似于基本方案。

2）90 μl一管分到16个标记好的PCR管里。

3）1号管中加入7 μl 30 ng/μl的DNA文库（终浓度约2 ng/μl），置于热循环仪上开始第一轮PCR（条件见基本方案步骤2）。达到复性温度时加入：

2 μl 25 mmol/L $MnCl_2$（终浓度0.5 mmol/L）
1 μl 5 U/μl *Taq* DNA聚合酶（终浓度0.05 U/μl）。

4）进行4轮错误倾向PCR扩增。在最后一步72℃延伸时，把2号管放到这个PCR热块上。在1号管的最后一步延伸结束前，并且2号管达到延伸温度后，从1号管中转移10 μl的错误倾向PCR反应混合液到2号管中。按第3步加入$MnCl_2$和聚合酶，混匀。拿出1号管，保存在4℃。

合适的起始模板浓度和转移的体积需要根据预实验决定。

5）剩下的14管重复步骤4。用琼脂糖凝胶电泳分析每四次转移的样品，定量连续的PCR扩增条带。

如有必要，调整转移的体积，确保在4轮错误倾向PCR的最后DNA产量从转移到转移不再增加。

参考文献：Cadwell and Joyce，1992；Xu et al.，1999.

撰稿人：David S. Wilson and Anthony D. Keefe

8.4 DNA 的接头分区诱变

基本方案

在整个感兴趣的区域产生一系列的缺失突变，这些突变都带有作为“移动的”或“分区的”接头序列的巢式末端（图 8.4.1）。出现在不需要突变的位置的缺失序列用合成的寡核苷酸重新产生原来的序列。这个过程产生精确的分区突变：没有碱基的插入或缺失。

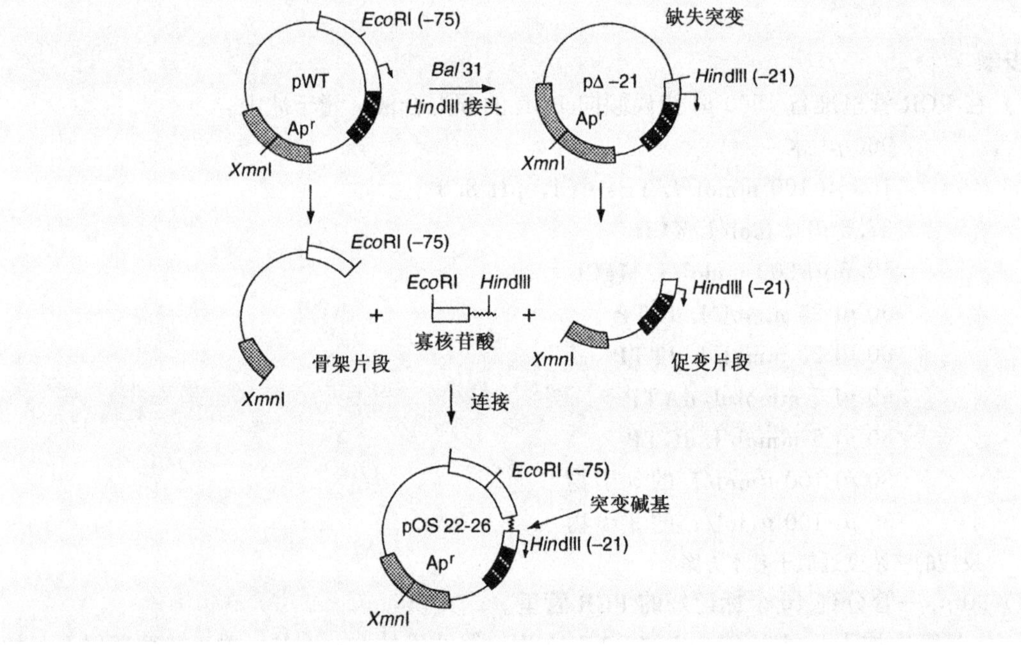

图 8.4.1　用基本方案产生接头分区诱变。使用某一酶切位点，如－75 位的 *Eco*R I 在目的区域附近酶切使 pWT 线性化，用 *Bal*31 来产生缺失，在缺失终点加上 *Hin*d III 接头，用 *Hin*d III 和 *Xmn* I 酶切 DNA，再与互补的 pWT 的 *Xmn* I-*Hin*d III 载体片段相连接，生成缺失突变体 pΔ-21。pWT 用 *Xmn* I-*Eco*R I 酶切产生骨架片段，pΔ-21 用 *Hin*d III-*Xmn* I 酶切生成诱变片段，分离这两个片段并与杂交的寡核苷酸相连以形成接头分区突变体 pOS 22-26。除了在－21 位 *Hin*d III 接头的突变碱基外，该质粒与 pWT 一样。

材料（带√项见附录 1）

含有感兴趣序列的高拷贝数的质粒

Bal 31 核酸酶（见 3.9）或外切核酸酶 III 和 S1 核酸酶（分别见 3.8 和 3.9）

√0.5 mol/L EDTA，pH 8.0（可选）

接头

用于目的序列的合成寡核苷酸（见 2.14 或 8.2）

√TE 缓冲液

NaCl
10×T4 DNA连接酶缓冲液（见3.2）
T4 DNA连接酶（以黏性末端计；见3.11）
选择性平板（见1.1）

步骤

1）在目的序列附近用一限制酶使质粒线性化，产生黏性末端。

2）用 *Bal* 31或外切核酸酶III及S1核酸酶的组合（见7.2）在质粒的目的区域产生一嵌套式的5′或3′端缺失突变体。在用 *Bal* 31消化时，应确定其切割效率，以便弄清每切割6～8个目的碱基对和覆盖待诱变区所需的时间。65℃加热或加入EDTA到50 mmol/L中止消化。

3）用100%乙醇沉淀DNA（见2.1）。

4）将合成接头与经适当时间酶切处理的DNA末端连接（见3.13）。用适当的限制酶进行切割以产生在缺失末端上带有接头而在另一端上含有载体位点的片段（见3.1）。

接头上的酶切位点要求在目的片段上是唯一的，且也存在于载体上，不类似于任何已知的功能元件。

5）用低熔点琼脂糖凝胶分离目的片段（见2.8）。

6）连接载体片段，以产生带缺失突变的完整质粒。

7）转化到大肠杆菌感受态细胞，挑克隆，小量提取质粒DNA（见1.6）。

8）用限制酶消化质粒DNA，产生一端含缺失终点的小DNA片段（200～300 bp）。进行非变性聚丙烯酰胺（见2.9）或筛分型琼脂糖凝胶（见2.10）电泳来确定DNA片段的大小。

9）对目的区域内系列缺失突变体测序，以确定准确的缺失终点（见第7章）。

10）设计互补寡核苷酸，以恢复位于每一个缺失末端的接头和邻近酶切位点（5′系列缺失体的上游或3′系列缺失体的下游）之间的野生型序列。胶纯化寡核苷酸。

11）从每个缺失突变体上切下的一段横跨接头位点和在质粒的药物抗性标志内一个方便的位点（图8.4.1中的 *Hind* III-*Xmn* I）的片段作为促变片段。从野生型质粒切下来的横跨药物抗性位点和被诱变区域（图8.4.1中的 *Xmn* I-*Eco*R I）附近的限制酶位点的片段作为骨架片段。胶纯化这些片段。

12）将每种寡核苷酸以大约100 μg/ml的浓度重溶于含150 mmol/L NaCl的TE缓冲液内，各种片段以等摩尔数混合，65℃保温10 min。

13）慢慢冷却至室温（约20 min），测 A_{260} 以确定浓度（见附录3D），用4%的筛分型凝胶进行电泳检测杂交情况。

14）混合等摩尔数的促变片段、骨架片段和50倍摩尔量的杂交寡核苷酸。在10 μl的1×T4 DNA连接酶缓冲液反应体系内，DNA总量约为400 ng（40 μg/ml）。

15）加0.4 μl（160个黏性末端单位）T4 DNA连接酶，15℃保温2 h。如骨架片段通过平末端连接（图8.4.1中的 *Xmn* I），加1 μl（400 U）连接酶并于30℃继续保温2 h。

16）用TE缓冲液稀释DNA至1 μg/ml，65℃灭活10 min，慢慢冷却至室温。

由于杂交的寡核苷酸没有5′端磷酸，骨架片段和诱变片段将通过共价键结合在双链寡核苷酸的一条链上。为使质粒环化和避免寡核苷酸的重复串联，应将非共价结合于连接片段的寡核苷酸链解开，使两条共价结合的链重新杂交。

17）用20～25 μl DNA转化大肠杆菌感受态细胞，在选择培养基上培养。

18）挑克隆，小量提取质粒DNA，通过限制酶切消化和DNA测序验证最终序列（也就是，除了缺失末端用接头改变的6个碱基之外的恢复了的野生型序列）。

转化，涂布5%的3个片段连接的产物一般会长出20～30个克隆。实际上所有的都应当含有正确的结构。

参考文献：McKnight and Kingsbury，1982.

撰稿人：John M. Greene

8.5 PCR介导的诱变

PCR能够用于快速、有效地向目的DNA导入预期序列变化。

8.5.1 基本方案1 通过PCR引入限制酶切位点

本法的实验过程如图8.5.1所示。

材料（带√项见附录1）

待诱变的DNA

pUC19质粒载体（见1.5）或类似的含M13侧翼引物序列的高拷贝数质粒

√TE缓冲液

√10×扩增缓冲液，含或不含$MgCl_2$（视需要而定）

2 mmol/L 4dNTP混合液（见3.2）

500 ng/μl（100 μmol/L）M13正向和反向的侧翼序列引物（NEB）

5 U/μl *Taq* DNA聚合酶（见3.3和15.1）

矿物油

合适的限制酶（表8.5.1）和缓冲液

步骤

1）利用突变区两侧的不同的限制酶切位点将待诱变的DNA片段亚克隆到pUC19或类似的高拷贝数的载体中（见3.13）。

2）小量提取模板DNA（见1.6），用TE缓冲液重悬100 ng DNA至终浓度为1 ng/μl。

3）合成寡核苷酸引物（见2.14），各引物的5′端含有要引入的限制酶切位点（表8.5.1），向外延伸3～4个额外的碱基（“夹子序列”）。在限制酶切位点后是≥15个与模板DNA同源的碱基（图8.5.1B中的引物1和2）。

4）变性聚丙烯酰胺凝胶电泳法纯化和回收寡核苷酸（见2.15），重悬于500 μl TE缓冲液中，测A_{260}（附录3D），如有必要调整浓度至500 ng/μl（100 μmol/L）。

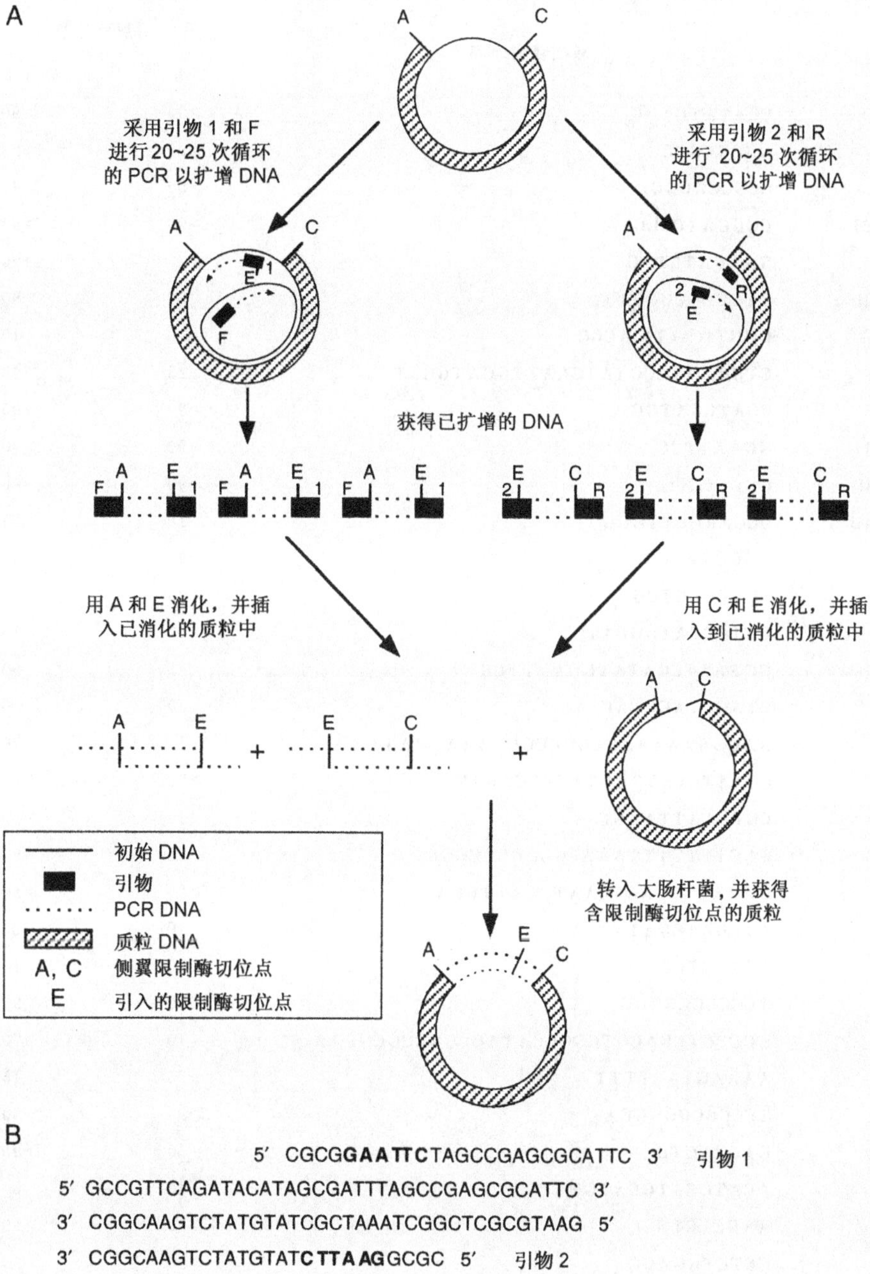

图 8.5.1 在 DNA 片段内导入限制酶切位点。A. 将目的片段克隆进一高拷贝数的载体，两个寡核苷酸引物位于克隆位点的侧翼，如 M13 的正、反向引物（F 和 R)，在两个独立的 PCR 反应中，用侧翼引物和含有导入位点的寡核苷酸（引物 F 和 1，R 和 2）扩增导入位点的上游片段（A～E）和下游片段（E～C)。用适当的限制性内切核酸酶消化扩增的片段，然后亚克隆至适当的切割后的载体，转化大肠杆菌。所得到的质粒含有一插入片段，该片段除新引入的限制酶切位点外，与原序列完全相同。B. 改变一级结构以便得到含有 *Eco*R Ⅰ限制酶切位点的寡核苷酸。注意引物 5′端的 4 个碱基的“夹子”序列。

表 8.5.1　限制酶切位点邻近 DNA 片段末端时的相对切割效率[a]

酶	寡核苷酸序列	切割百分数	
		2 h	20 h
*Afl*III	CCACATGTGG	>90	>90
*Asc*I	GGCGCGCC	>90	>90
*Ava*I	CCCCCGGGGG	>90	>90
*Bam*HI	CGGGATCCCG	>90	>90
*Bgl*II	GAAGATCTTC	75	>90
*Bss*HII	TTGGCGCGCCAA	50	>90
*Bst*EII	GGGT (A/T) ACCC	0	10
*Bst*XI	CTGCAGAACCAATGCATTGGATGCAT	25	>90
*Cla*I	CCATCGATGG	>90	>90
*Eco*RI	GGAATTCC	>90	>90
*Hae*III	GGGGCCCC	>90	>90
*Hind*III	CCCAAGCTTGGG	10	75
*Kpn*I	GGGGTACCCC	>90	>90
*Mlu*I	CGACGCGTCG	25	50
*Nco*I	CATGCCATGGCATG	50	75
*Nde*I	GGAATTCCATATGGAATTCC	75	90
*Nhe*I	CTAGCTAGCTAG	10	50
*Not*I	AAGGAAAAAAGCGGCCGCAAAAGGAAAA	25	>90
*Nsi*I	CCAATGCATTGGTTCTGCAGTT	>90	>90
*Pac*I	CCTTAATTAAGG	0	>90
*Pme*I	AGCTTTGTTTAAACGGCGCGCCGG	75	>90
*Pst*I	AAAACTGCAGCCAATGCATTGGAA	>90	>90
*Pvu*I	ATCGATCGAT	10	25
*Sac*I	CGAGCTCG	10	10
*Sac*II	TCCCCGCGGGGA	50	90
*Sal*I	ACGCGTCGACGTCGGCCATAGCGGCCGCGGAA	10	75
*Sca*I	AAAAGTACTTTT	75	75
*Sma*I	TCCCCCGGGGGA	>90	>90
*Spe*I	GACTAGTC	10	>90
*Sph*I	ACATGCATGCATGT	10	50
*Stu*I	AAGGCCTT	>90	>90
*Xba*I	GCTCTAGAGC	>90	>90
*Xho*I	CCGCTCGAGCGG	10	75
*Xma*I	TCCCCCCGGGGGGA	>90	>90

a. 经许可引自 New England Biolabs.

5）往两个 500 μl 微量离心管加入下列试剂，其中一管加寡核苷酸 1，另一管加寡核苷酸 2：

10 μl (10 ng) 模板 DNA

10 μl 10×扩增反应缓冲液

10 μl 2 mmol/L 4dNTP 混合液

1 μl (500 ng) 寡核苷酸 1 或 2 (终浓度 1 μmol/L)

1 μl (500 ng) 适当的正向或反向 M13 侧翼序列引物 (图 8.5.1A; 终浓度 1μmol/L)

加水至 99.5 μl

0.5 μl (2.5 U) *Taq* DNA 聚合酶 (终浓度 0.025 U/μl)。

用 100 μl 矿物油覆盖上述反应液。

6) 按下列条件在自动热循环仪上进行 PCR (见 15.1):

20～25 个循环:	45 s	93℃ (变性)
	2 min	50℃ (复性)
	2 min	72℃ (延伸)
1 个循环	10 min	72℃ (延伸)

7) 取 4 μl 进行非变性琼脂糖或聚丙烯酰胺凝胶电泳 (见 2.6 和 2.9), 以验证扩增产物。

8) 吸去石蜡油, 并用氯仿抽提 1 次以去掉剩余的矿物油。用平衡酚抽提和乙醇沉淀 (见 2.1)。

9) 取扩增所得的 DNA 片段的一半量用侧翼的和所引入的限制酶切割 (见 3.1)。用低熔点琼脂糖电泳回收酶切片段 (见 2.8)。

10) 经连接反应将两条片段亚克隆到合适的、已用相应的限制酶消化后的载体, 获得含引入限制酶切点的 DNA 片段的重组质粒。

11) 转化大肠杆菌 (见 1.8), 小量提取质粒 DNA (见 1.6)。

12) 通过 DNA 测序 (见第 7 章) 分析扩增的片段部分, 以证实突变已经引入。

8.5.2 基本方案 2 利用 PCR 引入点突变

本方案的实验策略如图 8.5.2 所示。

材料

待诱变的 DNA

大肠杆菌 DNA 聚合酶 I 的 Klenow 片段 (见 3.3)

合适的限制性内切核酸酶 (表 8.5.1) 和缓冲液

步骤

1) 制备模板 DNA (见基本方案 1 步骤 1 和 2)。

2) 合成 (见 2.14) 和纯化 (见 2.15) 含有目的点突变的寡核苷酸引物, 寡核苷酸引物应含有≥15 个以上的碱基与模板 DNA 同源 (图 8.5.2B 中的引物 3 和 4)。

3) 磷酸化寡核苷酸的 5′端 (见 3.7)。

4) 扩增模板 DNA (见基本方案 1 步骤 5 和 6)。

5) 加入 5 U 的 Klenow 酶, 30℃保温 15 min。

Taq 聚合酶会在片段的 3′端加上一个额外的核苷酸。移除额外核苷酸, 使得其末端齐平, 适合于平末端克隆。

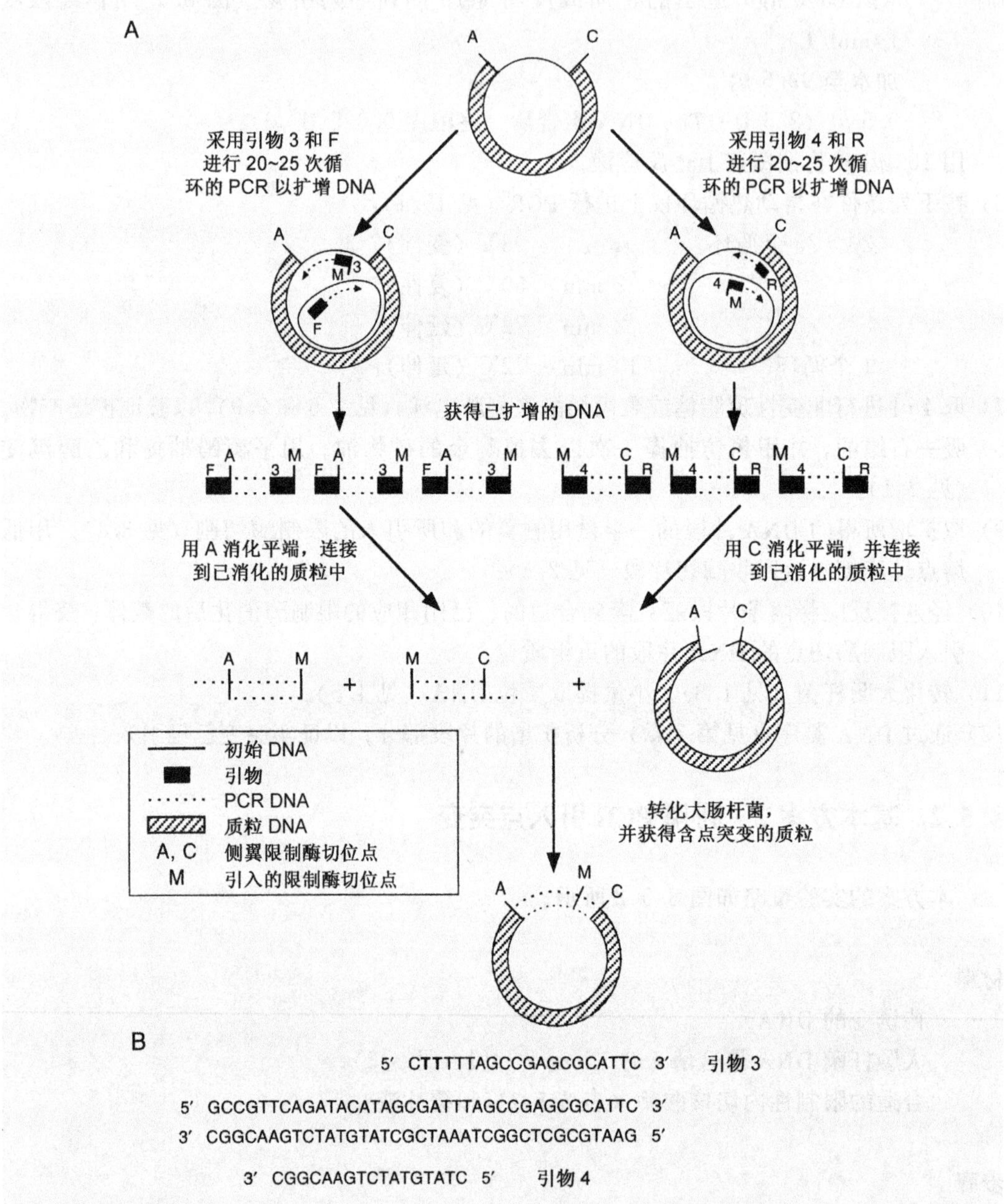

图8.5.2　在DNA片段内引入点突变。A. 将目的片段克隆进一个高拷贝数的载体。两条寡核苷酸引物，如M13的正、反向引物（F和R）的位置位于克隆位点的侧翼。在两个独立的PCR反应中，用侧翼引物和含有待引入的点突变的寡核苷酸（引物F和3，R和4）扩增点突变的上游片段（A～M）和下游片段（M～C）。用适当的限制酶消化扩增的片段，并产生平端。这些片段经连接而亚克隆至一已切割的适当载体，转化大肠杆菌。所得质粒含有一插入片段，该片段除了引入的点突变外，与原DNA完全一样。B. 显示其序列含有一个点突变的寡核苷酸。注意，在引物的5′端没有“夹子”序列。

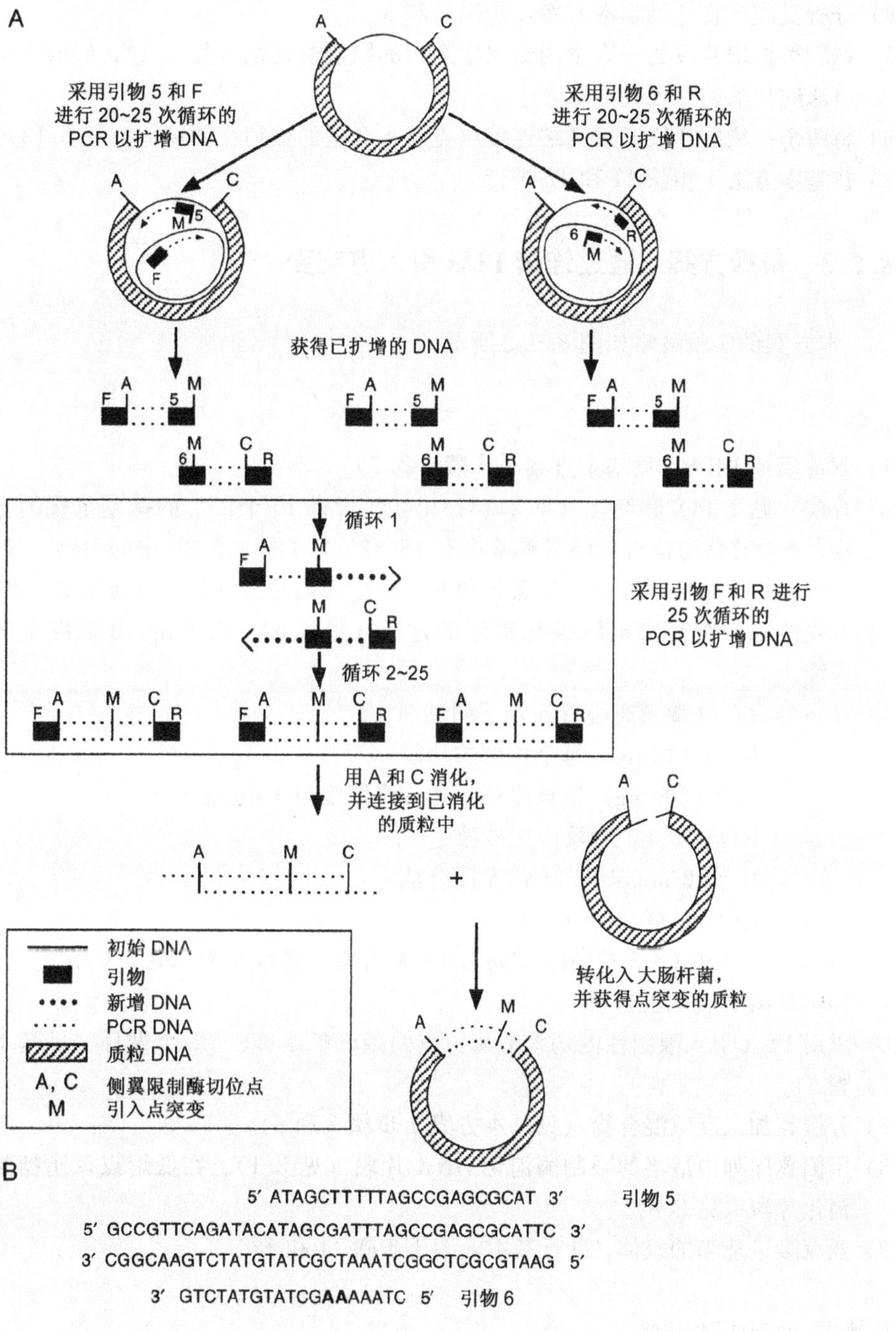

图 8.5.3 通过连续 PCR 步骤引入点突变。A. 本方案的第一步除使用的引物为引物 5 和引物 6 外，与图 8.5.2A 一样，扩增后的片段再置于同一反应试管内，经第二轮 PCR 扩增（仅用引物 F 和 R）。第二轮 PCR 后可不必用平端连接，用适当的限制酶消化扩增后的全长片段，亚克隆进一适当的已经切割的载体，转化大肠杆菌。所得到的质粒含有一个插入片段，该片段除含有一个点突变外，其余与原 DNA 完全一样。B. 表示在本方案中用于产生点突变的寡核苷酸引物。注意两条引物有 12 个碱基相同。

6）分析反应产物（见基本方案 1 步骤 7 和 8）。

7）取所得扩增片段的一半量用侧翼序列内的限制酶切割（见 3.1），低熔点琼脂糖凝胶电泳纯化酶切片段（见 2.8）。

8）将两个扩增的片段通过平端连接亚克隆入合适的被消化的载体（见 3.13）。

9）按基本方案 1 步骤 11 和 12 进行。

8.5.3 备择方案 通过连续 PCR 引入点突变

本方案的实验策略如图 8.5.3 所示。

步骤

1）制备模板 DNA（见基本方案 1 步骤 1 和 2）。

2）合成（见 2.14）和纯化（见 2.15）相互间含有 10 个以上的碱基重叠的寡核苷酸引物，寡核苷酸与模板的同源碱基应有 15～20 个（图 8.5.3B 中的引物 5 和 6）。

3）扩增模板（见基本方案 1 步骤 5 和 6），产生平端片段（见基本方案 2 步骤 5）。

4）非变性琼脂糖凝胶电泳纯化扩增的片段（见 2.6），以 1 ng/μl 浓度重溶于 TE 缓冲液。

5）往一个 500 μl 微量离心管加入下列试剂：

10 μl（10 ng）每个扩增的片段
1 μl（500 ng）侧翼序列引物（终浓度为 1 μmol/L）
10 μl 10×扩增反应缓冲液
10 μl 2 mmol/L 4dNTP 混合液
加 H_2O 至 99.5 μl
0.5 μl (2.5 U/μl) *Taq* DNA 聚合酶（终浓度为 0.025 U/μl）。

加 100 μl 矿物油覆盖。

6）以用 PCR 引入限制性内切核酸酶位点的条件扩增 20～25 个循环（见基本方案 1 步骤 6）。

7）分析和加工反应混合物（见基本方案 1 步骤 7 和 8）。

8）用侧翼序列内适当的限制酶消化 DNA 片段（见 3.1）。在低熔点琼脂糖凝胶上纯化消化片段（见 2.8）。

9）亚克隆进适当的载体，进行基本方案 1 步骤 11 和 12。

撰稿人：Brendan Coramack

第9章　DNA导入哺乳动物细胞

克隆了一个基因之后，许多研究者希望将其再导入各种类型的细胞中，对其特征加以分析。这样做有多种理由，通过突变该基因，随后检测在各种生理条件下基因活性的变化，便可确定与表达有关的遗传元件。通过产生表达该基因的细胞系并检测细胞表型的变化，可确定该基因对细胞生长的影响。利用产生超量表达该基因的细胞系，可对表达产物进行纯化并分析其生化特性，或大规模生产其产物以作药用。所有这些目标的实现都需要将 DNA 有效地导入细胞。本章的方案包括将基因导入哺乳动物细胞的各种方法，以及用来观察基因调控和超量表达的技术。将 DNA 导入哺乳动物细胞最常见的目的是分析基因的表达。在这样的实验中，选择一个合适的细胞系是十分关键的。例如，β-珠蛋白基因的表达在 HeLa 细胞中是不可诱导的低水平表达，但在 MEL 细胞分化时则是可诱导的。显然，应该用 MEL 细胞来研究该诱导机制。因此，许多研究者都必须依据细胞的生物学性质来选择用于转染的细胞，而不是哪种细胞容易被转染就选择哪种。

转染方法的选择

在这一章将介绍 4 种 DNA 转染哺乳动物细胞的方法。磷酸钙介导（见 9.1）和 DEAE-葡聚糖介导的转染（见 9.2）是通过建立一种化学环境使 DNA 吸附到细胞表面，再经细胞的内吞作用（此途径尚不清楚）将 DNA 导入细胞。电转染方法（见 9.3）通过电场使得细胞表面的孔通道打开，DNA 经过这些孔扩散到细胞内。脂质体介导的转染（见 9.4）机制知道得不多，可能是 DNA 的磷酸根负电荷吸附到脂质体上的正电荷表面，多余的正电荷再吸附到细胞表面带负电荷的唾液酸残基上。

在哺乳动物系统的转染可分为瞬时转染和稳定（或永久）转染。瞬时转染的基因的转录或复制可在 DNA 导入后 1～4 天内通过收集转染的细胞进行分析。此外许多实验需要将某个或某些基因整合到染色体中，产生稳定或永久转染的细胞系。上述 4 种方案都能用来进行瞬时转染，其中的 3 种，即磷酸钙转染、电穿孔和脂质体介导的转染都能用来有效地产生稳定的转染细胞系。

在 9.1 中将介绍两种磷酸钙介导的转染方法。HEPES 缓冲系统既能用于产生瞬时转化的细胞，又能用来产生稳定转化的细胞系。第二种方法建立在 BES 缓冲系统的基础之上，现在被广泛用于稳定转化最为常见的成纤维细胞和上皮细胞，在这些应用中，该方法较其他方法的转染效率至少高 10 倍。DEAE-葡聚糖转染方法对于产生稳定的细胞系不太有效，但在瞬时转染方案中使用时较磷酸钙转染方法的重复性更好。电穿孔方法也具有很好的重复性，但与化学转染方法相比需要更多的细胞。电穿孔方法在悬浮培养的细胞中最容易进行，因为必须将细胞移入一个电击池中，而磷酸钙及脂质体介导的转染在贴壁细胞中最容易进行。这些考虑在选择转染方案时都很重要，然而最关键的参数可能是 DNA 导入受体细胞的效率，这得通过实验来决定。

优化转染条件

每种哺乳动物细胞类型对导入外源基因都有特定的要求，即使是极其相似的细胞类型，有效的转染条件也存在非常显著的差异。通常需要通过实验筛选大量的细胞类型以获得满意的控制特性，因而采用一个直接的、系统性的方法来优化转染效率是非常有帮助的。瞬时分析系统对于这一目的非常有用。已知在哺乳动物细胞中发挥功能的融合基因被转染进细胞后，转染效率能通过检测融合基因产物而很容易得到监控。尽管任何报道系统都能采用（见 9.6～9.9)，人生长激素（hGH）检测系统对于这一目的是特别有用的，因为细胞的收获和分析需要的时间很少。

在优化转染效率中一个最重要的因素是选择适合的转染方案。除了以上讨论的 4 种方法，融合技术如原生质融合和显微注射也可以考虑。至于哪种转染方案最有效，不同细胞的情况不同。建议任何还在研究中的贴壁细胞系试用 DEAE-葡聚糖、磷酸钙和脂质体介导的转染法；非贴壁细胞系可通过电穿孔和脂质体介导来转染。通常，如果一种细胞可以培养生长，它就可以被转染。

磷酸钙转染法

影响磷酸钙转染效率（见 9.1）的主要因素是沉淀中 DNA 的量、沉淀在细胞上停留时间的长短和甘油或 DMSO 休克的持续时间。通常在磷酸钙转染法中用较高浓度的 DNA（10～50 μg)。总的 DNA 浓度对于 DNA 导入的效率有巨大的影响，有的细胞系在 10 cm 的平皿中加入大于 10～15 μg 的 DNA 会引起过多的细胞死亡和非常少量的 DNA 吸入。而其他一些细胞类型，如原代培养的细胞，沉淀中 DNA 的高浓度对于将任何 DNA 在常规基础上导入细胞是必需的。

沉淀停留在细胞上的最佳时间也不一样。一些细胞类型（如 HeLa 或 BALB/c3T3）放置沉淀 16 h 能有效转染，而其他的细胞类型这样长时间暴露在沉淀下就不能存活。一些细胞类型（如 CHO、DUKX、BII）在甘油或 DMSO 休克作用下转染效率大幅提高。通过预实验可以提示某种细胞类型能否耐受长时间暴露于磷酸钙沉淀和是否要用甘油休克，得到结果后就可以进行更细致的实验以进一步优化条件。

一旦选出最佳转染条件，就要准备大量的针对不同量的报道质粒的 DNA 曲线。DNA 的总量必须一直保持在第一次实验确定的最佳水平，报道质粒 DNA 的量可以改变，用载体 DNA 来弥补这一区别。这就保证了转染是在细胞中报道质粒未饱和细胞转录和翻译机器的情况下进行的。

DEAE-葡聚糖转染法

细胞的数量、DNA 浓度和加到平皿中 DEAE-葡聚糖的浓度是最重要的几个待优化的因素（见 9.2)。第一次实验，能用 DEAE-葡聚糖法转染的大多数细胞类型可以优先使用每 10 cm 平皿 1～10 μg DNA 和每毫升培基中 100～400 μg DEAE-葡聚糖。预实验完成后，第二次的实验就应该用一更小范围的 DEAE-葡聚糖浓度和更大范围的 DNA 剂量。例如，如果在预实验中显示细胞在 100 μg/ml 浓度的 DEAE-葡聚糖时比在更高浓度时表达的 hGH 量更大，第二次实验时就可以将 DEAE-葡聚糖的浓度范围置于 25～150 μg/ml。由于 DEAE-葡聚糖对有的细胞有毒性，短暂暴露于低浓度的 DEAE-葡聚糖可能更适宜。第二次实验中加入 DNA 量的范围加大在两方面都很重要：首先，了解能产生快速、可检测信号的报道基因转染的最小量；其次，大量加入 DNA 通常会降低 DNA 剂量与报道基因表达量之间的线性关系。当在转染实验中运用大量（如非线性的）的 DNA，有可能观察到的作用是剂量反应作用而不是想要研究的现象，这种严重而普遍的问题可以通过制作 DNA 剂量反应曲线而消除。

电穿孔法

电穿孔法（见 9.3）是用电场在细胞上穿孔，DNA 被认为是通过所穿的孔而扩散进入细胞中。可能由于这并非一种化学方法，电穿孔法相对 DEAE-葡聚糖或磷酸钙介导的基因转染法不怎么受 DNA 浓度的影响。每 10^7 个细胞 10～40 μg 的 DNA 量都能有效转染，且使用的和摄入的 DNA 量存在着良好的线性关系。优化电穿孔法可改变的参数是电脉冲的振幅和长度，后者决定于电源的电容。电容可变化的程度决定于电源的电子设备。目标是发现一可杀 20%～60%细胞的脉冲，这通常是在 25 μF 时 1.5 kV 的范围内。如果出现大量的细胞死亡，可通过降低电容来降低脉冲的长度，可试着在 3～25 μF 间调节。

脂质体介导的转染法

三个基本参数——脂质、DNA 的浓度以及脂质体-DNA 复合物孵育的时间影响着通过阳离子脂质体介导的 DNA 转染的成功（见 9.4）。这需要进行系统性的实验以获得最佳的转染效率。通常提高脂质的浓度可以提高检测的 4 种细胞系（Lipofectin 转染 CV-1 和 COS-7，ACE 转染 HeLa 和 BHK-21）的转染效率。然而，在大于 100 μg 的高水平时，脂质对细胞有毒性。对检测的每一特定的脂质体混合物，确定其最适合量是非常重要的。使用相对少量的 DNA 可被有效地吸收并在许多被检测细胞类型中表达。事实上，高水平的 DNA 也可抑制用某些脂质体制品转染的一些细胞类型。当确定了最优化的脂质和 DNA 的量后，有必要测定最佳的暴露时间（细胞与脂质体-DNA 复合物接触的时间）。一般来说随着暴露时间的延长，转染效率会提高，然而 8 h 后细胞会中毒。HeLa 或 BHK-21 细胞通常需要约 3 h 与脂质体-DNA 复合物的孵育以获得最佳的转染，而 CV-1 和 COS-7 细胞需 5 h。

病毒载体

DNA 用病毒载体也能导入真核细胞。在给定的实验中，病毒载体几乎能将 DNA

导入所有的细胞。某些病毒系统可导致蛋白质的超量表达（如杆状病毒和痘苗病毒，见第16章），或获得待表达基因的单拷贝稳定整合子（如逆转录病毒，见9.10～9.15）。因此病毒系统较转染系统有力得多。然而，构建一个重组病毒及病毒包装系统需付出大量的努力。因此，用病毒载体设计实验时要很慎重小心，确定是否确实需要构建重组病毒，以及构建的是否是最合适的重组病毒。

逆转录病毒一般不是用来超量表达某一蛋白质，而是用来以稳定形式将一个基因导入一个细胞系或动物体内的细胞中。因而，这类载体可用来在一系列细胞中表达某一基因产物，或表达一个标记基因，后者使我们能识别被感染的细胞及其子代细胞。9.10介绍了逆转录病毒的生活周期及逆转录病毒载体。标准克隆方案用于构建逆转录病毒载体，随后，必须建立一个包装细胞系来产生感染性毒粒（见9.11），9.12中还介绍了另外一种瞬时转染以及得到逆转录病毒上清的方法，这些细胞系能用来产生大量的重组逆转录病毒（见9.13）。产生的逆转录病毒上清能用于各种实验。然而，确定其中不含有由包装细胞系产生的可能的野生型的“辅助”逆转录病毒是很重要的。这些辅助病毒具有复制活性，因此能够在某些实验中产生严重的干扰。用来检测辅助病毒的分析方法将在9.14中介绍。尽管9.15中介绍了将重组逆转录病毒导入动物体内的前期工作，但详细方案不在本章涉及的范围之内。

哺乳动物细胞培养

不同于大肠杆菌，哺乳动物细胞对于生长条件极为敏感。在转染实验前应确定细胞系的传代数和最佳生长条件；为了确保高效转染，应选取健康的受体细胞。在这章介绍的4种转染方法中每一种都对细胞有很大的损伤，若细胞在转染前生长状态就不好，将会在转染中大量死亡。那些勉强能维持细胞生长和传代的培养条件可能不能满足转染的要求。另外，由于其倍增时间通常是12～48 h，它们对于细菌及真菌的污染很易感。因此在涉及细胞生长的实验过程中保持无菌状态绝对不能忽视。下列预防措施对哺乳动物细胞培养的成功至关重要。

玻璃器皿：许多实验室常用溶液即使痕量都对细胞具有毒性，因此许多实验室将组织培养用的玻璃器皿隔离放置。这种玻璃器皿千万不可与实验室用的其他玻璃器皿混在一起。组织培养用的玻璃器皿用过之后应浸泡在水中，以防止残余的化学物质干涸在玻璃壁上。由于这些原因，在组织培养中常常用塑料制品来移液和储存试剂。

水：只有蒸馏水及去离子水才能用于配制组织培养用的溶液。有些实验室用玻璃蒸馏器生产蒸馏水，而有些新的研究单位，其室内的纯水系统足可供利用。

培养液：可以购买无菌的培养液，或购买包装好的预先混合了各种成分的培养粉，可用来在实验室里一批配制10～20 L培养液。配制的培养液必须过滤除菌。最方便的做法是用高流量的泵（500 ml/min）及过滤装置进行。

培养液在用前不久才加入血清。常用胎牛血清（FBS），但对于某些用途也可用更便宜一些的血清（见下文）。其他的添加成分包括谷氨酰胺、非必需氨基酸、2-巯基乙醇（2-ME）、青霉素及硫酸链霉素，构成“完全”培养液的配方。然而，对于不同的细胞，其具体配方有所不同。本书中提到的培养液一词指的是基本培养液以及血清的百分含量。如“完全的 DMEM-10”指的是 DMEM 加 10%血清及上述其他成分（配方见附录 1 及 3F）。

血清：可购买马、牛及胎牛血清。应用血清时，据认为是利用了其中的一种尚未完全确定的物质，该物质维持特定细胞生长的能力变化相当大。因此，对于每种培养用途，应“筛选”血清以确定它是否能支持所要培养的细胞的生长。这种筛选也能用来测定血清是否过度刺激所培养的细胞的生长，从而导致背景反应的增高。没有一种简单的办法可用来筛选大批的血清，因为某一特定批次的血清是否合适只有在具体应用时才能确定。我们建议为了对某一给定的细胞群进行深入研究，可以从一家或多家厂商获取不同批次的血清，但其先决条件是厂商同意保存大量的这些批次的血清以履行可能的订货合约。这些不同批次的血清即用来在所要进行的实验（如增殖实验、瞬时转染实验等）中进行试验，从而决定哪一批次活性最高而背景最低（背景是指不加特殊刺激物时的反应）。据此，对具有这种特性的批次就可大量地买进，而其他批次则予以“释放”（允许卖给其他买家）。可信赖的血清供应厂家是 Armour 及 Hyclone。

一般来说，用于维持长期培养物的血清要进行灭活（56℃，1 h）。有的实验室认为热处理是为了减少病毒及其他可能的污染，另一些实验室则认为是为了灭活补体。因此，这形成了在应用某一特定批次的血清前的一种标准的做法，尽管据称这样做也具有不利影响（即灭活了某些生长因子及受热产生对细胞有毒的血清成分）。可酌情试验某一定批次的血清不加热灭活是否能提高其促进生长的功能，尤其是在培养难以培养的细胞时。由于血清的价钱昂贵，在一些短时间的操作如洗细胞时，可用低百分含量（5%）血清的培养液。另外，小牛血清的价格较胎牛血清便宜大约 10 倍，有时可用来代替胎牛血清进行短期的实验。所有血清均保存于−20℃。

添加成分：许多研究者在哺乳动物细胞培养液中加抗生素以防污染。最有效的添加物是硫酸庆大霉素，购买时为 50 mg/ml 溶液，工作浓度为 20～50 μg/ml。稍微便宜一些（但稳定性和效果也稍差）的抗生素是联用青霉素（50～100 μg/ml）及硫酸链霉素（100 μg/ml）。要注意，在培养液中加抗生素可能掩盖组织培养技术中的草率。草率的技术操作可能会导致培养液被对抗生素不敏感的生物体污染，如支原体。有些实验室因此不使用抗生素，以保证严格的无菌性。

一些实验还需要在培养液中加入其他成分，如核苷酸或药物。这些溶液应该用组织培养专用的玻璃器皿或塑料器皿配制。应小心避免使用搅拌棒或有可能污染痕量的实验室化学物质的其他物品。溶液应用 Nalgene 滤器过滤除菌。

在培养液中常加 2-巯基乙醇，其确切的作用方式尚未阐明。对于已建株的细胞系的生长，2-巯基乙醇似乎并不重要，但已证明对于原代培养则是一种很重要的成分。2-巯基乙醇必须在临用前加入培养液中，因为其活性在稀释状况下很快下降。因此，将浓的 2-巯基乙醇（14.3 mol/L）用 HBSS 或 PBS 稀释至 50 mmol/L。50 mmol/L 的储液置于 4℃保存，4 个月后更换。其他试剂均在用前加入培养液。它们常以 100×或 200×的浓度大批配制，适量分装保存直到应用。含有 L-谷氨酰胺、非必需氨基酸及抗生素的储液应保存于−20℃。含有 HEPES 的储液应室温存放。

胰酶/EDTA：含有 0.5%（*m*/*V*）胰酶及 0.2%（*m*/*V*）EDTA 的缓冲盐溶液，用

于从培养皿上分离贴壁生长的细胞。这种溶液可购买到。

撰稿人：Robert E. Kingston

9.1 磷酸钙转染法

本节介绍两种以磷酸钙为基础的真核细胞转染方法，可用于瞬时的和稳定的转染。这两种方法都需要高质量的质粒 DNA，具体最佳条件可参照本章导论。

9.1.1 基本方案 磷酸钙-DNA 在 HEPES 中形成沉淀的转染方法

在这种方法中，视细胞类型而定，培养皿中高达 10%的细胞能吸收 DNA 沉淀，机制不明。

材料（带√项见附录 1）

呈指数生长的真核细胞（如 HeLa、BALB/c3T3、NIH3T3、CHO 或鼠胚胎成纤维细胞）

√完全培养液（依所用的细胞系而定，见附录 3F）

氯化铯二次纯化的质粒 DNA（见 1.7）

√2.5 mol/L $CaCl_2$

√2×HEPES 缓冲盐水（HeBS）

√磷酸缓冲盐水（PBS）

10 cm 组织培养平板

步骤

1）在转染前一天将对数生长的细胞分入 10 cm 组织培养平板中，使细胞在转染当天充分在培养皿上分离。当被转染的细胞是贴壁细胞，倍增时间为 18～24 h 时，一般按 1∶15 从长满的培养皿中分细胞效果较好。

2）在加入沉淀前 2～4 h，用 9 ml 完全培养液培养细胞。

3）将要转染的 DNA（10～50 μg/10 cm 平板）用乙醇沉淀（见 2.1），将微量离心管倒置于吸水纸上，在组织培养超净橱中晾干。将 DNA 沉淀重悬于 450 μl 灭菌水中，加 50 μl 2.5 mol/L $CaCl_2$。

乙醇沉淀可对要转染的 DNA 进行灭菌。对于瞬时转染，这一步不是必需的。尽量少含 Tris，因为它会改变 pH，降低转染效率。

4）加 500 μl 2×HeBS 于一无菌的 15 ml 锥形管中，将机械式移液器安上 1 ml 或 2 ml 带滤芯的吸管，一边吹打 2×HeBS，一边用巴斯德吸管逐滴加入 DNA/$CaCl_2$ 溶液（图 9.1.1），随即在涡旋混合器上振荡 5 s。室温下静置 20 min 以形成沉淀。

5）将沉淀均匀加入 10 cm 平板的细胞中，轻轻晃动混合沉淀和培养液，在标准生长条件下培养细胞 4～16 h。

6) 除去培养液，用 5 ml 1×PBS 洗细胞 2 次，加 10 ml 完全培养液培养细胞。
7) 对于瞬时分析实验，可在既定的时刻收集细胞（见 9.6～9.9，14.6 及 16.10）。对于稳定转染，让细胞生长两个倍增时间后分入含选择培养液的培养皿中进行培养（见 9.5 及 16.10）。

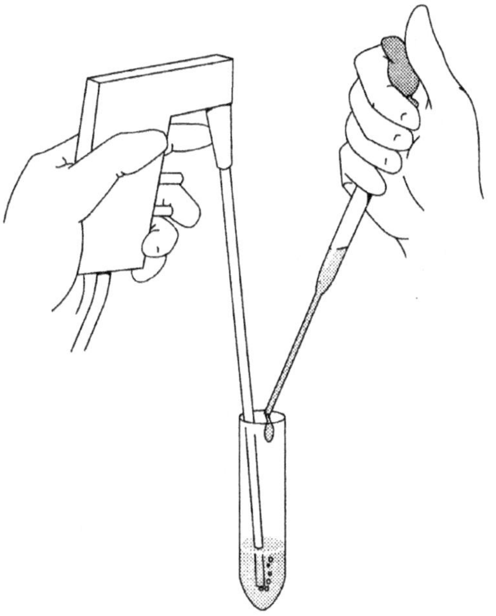

图 9.1.1 磷酸钙沉淀的形成。

9.1.2 辅助方案 哺乳动物细胞的甘油/二甲基亚砜休克

有些细胞系如 CHO、DUKX 以甘油或二甲基亚砜进行休克处理，转染效率可急剧增高。但注意甘油暴露过久会致死细胞。

1) 用 DNA/磷酸钙沉淀孵育细胞 4～6 h（见基本方案步骤 1～5），用 2 ml 含 10%甘油或 20%的二甲基亚砜的完全培养液替换培养液，室温下静置 3 min。
2) 加 5 ml PBS 摇动混合。弃去溶液。用 5 ml PBS 洗细胞 2 次，加完全培养液培养。

9.1.3 备择方案 在 BES 中形成的磷酸钙-DNA 沉淀高效转染

用这种方法，10%～50%的细胞可稳定地整合和表达转染的 DNA。在这种情况下的瞬时表达与基本方案中的结果具有可比性。甘油或二甲基亚砜的休克不能增加转化细胞的数量。

附加材料（亦见基本方案；带√项见附录 1）

含 10%（V/V）FBS 的培养液（DMEM-10）
√TE 缓冲液，pH 7.4
√2×BES 缓冲液（BBS）
35℃ 3% CO_2 和 35～37℃ 5% CO_2 的加湿培养箱
富赖特气体分析仪（Fisher Scientific 或 Curtin Matheson）

步骤

1) 转染前一天接种呈指数生长的细胞，密度为 5×10^5/10 cm 培养皿，加 10 ml DMEM-10。在开始转染时细胞数应<10^6/培养皿，以留足够供细胞扩增至少 2 倍的表面积。

这个步骤对 DMEM-10 培养基最适用；RPMI 和 MEMa 也可以用。每一批的 FBS 都应该在至少两种细胞株中测试它们的生长、接种和转化效率。

2) 用 TE 缓冲液稀释待转染的 DNA 至 1 μg/μl，4℃保存。

质粒 DNA 的纯度非常重要。分别用 10、20、30 μg 质粒 DNA 转染 3 个培养皿的细胞，培养过夜，决定所用质粒DNA的最适量。DNA浓度合适时，用100×放大倍数的显微镜可观察到均匀的颗粒状沉淀（不太细也不太粗）。

3）将20～30 μg质粒DNA与500 μl 0.25 mol/L $CaCl_2$混合，加入500 μl 2×BBS。混匀，室温下温育10～20 min。

4）将磷酸钙-DNA溶液逐滴加入培养皿的细胞中，同时晃动培养皿。在35℃ 3% CO_2培养箱中温育15～24 h。CO_2的水平很关键。在细胞温育之前可用富赖特气体分析仪检测CO_2的百分含量。

5）用5 ml PBS洗细胞2次，加入10 ml DMEM-10。对于稳定转化，在35～37℃ 5% CO_2培养箱中培养过夜；对于瞬时表达，培养48～72 h（见9.6～9.9，14.6及16.10）。

6）在开始选择稳定的转化细胞前根据细胞生长速度按1∶10～1∶30传细胞。于35～37℃ 5% CO_2培养箱中培养过夜。

7）将培养液换成选择培养液，或在适当的选择条件下培养细胞（见9.5及16.10）进行选择稳定的转化子。

参考文献：Chen and Okayama 1987，1988；Ishiura et al.，1982.

撰稿人：Robert E. Kingston，Claudia A. Chen，and Hiroto Okayama

9.2 DEAE-葡聚糖转染

这一技术的主要优点是相对简单、快速、花费少以及同次实验内和不同次实验间的重复性都很好。由于其对生物分析（如抑制细胞生长和引起细胞形态改变）的负面影响的一些不利因素，这一技术最适合瞬时转染（如启动子/报道质粒、高表达重组蛋白）。

9.2.1 基本方案 DEAE-葡聚糖转染法的基本操作程序

材料（带√项见附录1）

将要转染的细胞（如COS或者CV1）以及含或不含10%（*V/V*）FBS对应的培养基

100 mmol/L二磷酸氯喹溶于PBS，过滤灭菌，4℃保存

氯化铯或者亲和层析纯化的质粒DNA（见1.7）

√TE缓冲液（可选）

√10 mg/ml DEAE-葡聚糖

10%（*V/V*）二甲基亚砜（DMSO），用PBS配制，过滤除菌（室温下可保存1个月）

√磷酸缓冲盐水（PBS）

合适大小的组织培养容器（表9.2.1）

倒置显微镜

表 9.2.1 常用组织培养容器的表面积及相应合适的DEAE-葡聚糖转染培养液的体积

器皿	表面积/cm^2	约所需的 DEAE-葡聚糖培养液体积[a]/ml
T175 培养瓶	175	
T150 培养瓶	150	
T75 培养瓶	75	
T25 培养瓶	25	
150 mm 碟	148[b]	10
100 mm 碟	55[b]	4
60 mm 碟	21[b]	2
35 mm 碟	8[b]	1
6 孔板（35 mm 的孔）	9.4[b]	1
12 孔板（22 mm 的孔）	3.8[b]	0.5
24 孔板（15.5 mm 的孔）	1.9[b]	0.25

a. 这些体积大约是容器表面积的线性函数。为确保在转染过程中细胞完全为培养液所覆盖，小孔所需要的体积因为边缘表面张力造成的培养液汇集相对要大些。

b. Costar；其他厂家产品可能有所偏差。

步骤

1）接种细胞使其在转染时达到50%～75%汇片。对于COS或CV1细胞，在转染前两天按1∶10分细胞。对DEAE-葡聚糖毒性敏感的细胞（如一些原代细胞），细胞密度可大一些。

2）根据用于转染的细胞容器的数量和表9.2.1列出的每种容器的体积，确定转染时要用的培养液的总体积。准备含2.5% FBS的转染培养液，加入100 mmol/L（1000×）的氯喹二磷酸盐储存液到终浓度为100 μmol/L，将转染培养液加热到37℃。

3）用TE缓冲液或蒸馏水将质粒DNA稀释到0.1～1.0μg/ul。将DNA溶液直接加到转染培养液至终浓度为1.0 μg/ml。DNA溶液的体积应小于转染培养液总体积的1%。

4）将10 mg/ml的DEAE-葡聚糖储存液预热到37℃并颠倒混匀，加到DNA/转染培养液使DEAE-葡聚糖的终浓度为100 μg/ml，最合适的量需要实验摸索。

5）将50%～70%汇片的细胞培养物中的培养液吸出，换上合适体积37℃的补充有DEAE-葡聚糖/DNA的转染培养液，温育4 h。某些特定细胞需要较长的转染时间，因为氯喹具有细胞毒性，在转染的最后时期加入。转染时摇动细胞可保障转染效率均一，最合适的转染时间需通过实验确定。

6）在倒置显微镜下观察细胞，细胞内会出现颗粒，有的细胞核出现固缩，有的细胞边缘可能会部分破碎。有效的DEAE-葡聚糖转染通常伴有25%～75%的细胞死亡。

7）吸出转染培养液，换上2～3倍体积37℃10% DMSO/PBS。室温温育2～10 min。吸出DMSO/PBS，用与其相同体积的PBS清洗细胞。吸出PBS，换上标准体积的含10% FBS的完全培养液。

培养液的调换及细胞的清洗必须小心操作，因为细胞的贴壁性下降了。必要时PBS清洗这一步可以省略；加入完全培养液后几小时，再换一次液，这时经DMSO休克的细胞已经恢复，贴壁更牢固。

8）继续温育细胞，根据实验目的进行分析。

最好用带一容易分析报道基因的同一载体做一平行转染，用以评估表达的瞬时性质。

9.2.2 备择方案 样本实验：检测酶的结构/活性关系

在这个用 DEAE-葡聚糖转染的实验中，一种酶和多种酶的突变体在 COS 细胞中得到超量表达，为酶的结构功能的动力学分析提供了材料。采用的是在 SV40 转化细胞中复制的高表达载体。

附加材料（亦见基本方案；带√项见附录）

生长在 100 mm 平板中的 COS 细胞（ATCC＃1650）

有或无 10%FBS 的 DMEM 培养液（DMEM 和 DMEM-10，见附录 3F）

带有报道基因（如萤光素酶、CAT 或分泌型碱性磷酸酶；见 9.6～9.9）的对照质粒

带有一野生型酶基因和四个突变型酶基因的 CDM8 载体

100 mm 组织培养平板

步骤

1）转染前两天，将 5 个已汇片的 100 mm 平板中的细胞分到 50 个 100 mm 的平板中。

2）将 50 ml DMEM-10 加到 150 ml 无血清的 DMEM 中，将转染培养液预热到 37℃。不要加氯喹二磷酸盐。

用氯喹处理提高了 DEAE-葡聚糖的转染效率，但也会降低转染细胞的重组蛋白产量。最好在预实验中检测一下。

3）用 TE 稀释报道基因质粒和每个 CDM8/酶表达载体到 1 μg/ul。吸 20 μl 报道质粒到转染培养液中（终浓度为 0.1 μg/ml），混匀，将其分成 5 个 40 ml 等分。在一等分中加入一种 CDM8/酶的表达质粒 160 μl（终浓度 4 μg/ml），对每一种 CDM8/酶表达质粒重复此步骤。

4）将 10 mg/ml DEAE-葡聚糖储液预热到 37℃，加 800 μl 到每个装有加了 DNA 的转染培养液中（DEAE-葡聚糖的终浓度为 200 μg/ml），轻轻颠倒混匀。

5）将 10 个平板中的培养液吸出，加入 4 ml 转染培养液。重复每一组的 10 个平板。温育 3 h。

6）用倒置显微镜观察细胞。继续转染过程直至一些细胞出现微小的颗粒。

7）将一组 10 个平板中的培养液吸出，每一平板换上 10 ml DMSO/PBS。2 min 后吸去 DMSO/PBS，用 10 ml PBS 轻轻洗 1 次。吸去 PBS，加入 10 ml DMEM/10FBS。对每一组的 10 个平板重复此步骤。

8）培养细胞 48～96 h。收集细胞用于重组蛋白分析。保存每一等分的培养液（用于分泌型对照报道基因）或细胞提取物（细胞内报道基因）用来确定转染效率。

转染效率的标准化也许并非必要，尤其是在独立分析重组蛋白表达可行的情况下（如特异性抗体）。

参考文献：Lopata et al.，1984；Sussman and Milman，1984；Yang and Yang，1997.

撰 稿 人：Tod Gulick

9.3 电穿孔转染法

电穿孔法适用于多数类型的细胞，既可产生高频率的稳定转染，又可产生瞬时的基因表达。并且由于其所需步骤甚少，因而比其他技术更为容易。

9.3.1 基本方案 电穿孔法转染哺乳动物细胞

材料（带√项见附录 1）

待转染的哺乳动物细胞

√不含及含有选择剂（见 9.5）的完全培养液（见附录 3F）

√电穿孔缓冲液，冰冷

线状或超螺旋的纯化的 DNA 制品（见步骤 4）

电穿孔装置（如 Bio-Rad）及电击池和电源

步骤

1）在完全培养液中培养待转染细胞至对数生长晚期，4℃，640 *g* 离心 5 min 收集细胞。贴壁细胞要先用胰酶消化（见附录 3F ）及用血清灭活胰酶。

2）将细胞沉淀用其半量体积的预冷电穿孔缓冲液重悬，4℃，640 *g* 离心 5 min。

3）对于稳定转染，将细胞以 1×10^7/ml 的密度重悬于 0℃的电穿孔缓冲液中。对于瞬时表达，可用更高密度的细胞（高达 8×10^7 细胞/ml）。

4）在冰上放置所需数量的电击池，每池中加入 0.5 ml 细胞悬液。

5）将 DNA 加入冰上各电击池的细胞悬液中。对每个稳定转染加入 1～10 μg，瞬时转染 10～40 μg。根据制造商的说明混匀 DNA/细胞悬液，在冰上放置 5 min。

对于稳定转染，用限制酶切割成线状（见 3.1），切点在非必需区，用酚抽提及乙醇沉淀纯化（见 2.1）。对于瞬时表达，DNA（10～40 μg）可保持超螺旋状态。这两种情况中，DNA 都应经过 2 次制备性氯化铯/溴化乙锭平衡梯度离心纯化（见 1.7），随后酚抽提及乙醇沉淀。DNA 溶液可用乙醚抽提 1 次以灭菌（见 2.1）；移去（上层）乙醚相，晾干几分钟以蒸发残余的乙醚。

6）将电击池放入电穿孔装置的架上（室温），用所设定的电压及电容值电击一次或多次。电击的次数及电压和电容设定值随细胞类型而异，应进行条件优化。

7）将电击池置于冰上 10 min，用非选择性完全培养液 20 倍稀释被转染的细胞，并用该溶液从电击池取出所有的被转染细胞。

8）对于稳定转染，在非选择培养液中培养细胞 48 h（大约 2 代），然后转入含有抗生素的培养液中（见 9.5）。对于瞬时表达，培养细胞 50～60 h 后，收集细胞进行短暂表达分析（见 9.6、9.7、14.6、16.10）。

9.3.2 备择方案 植物原生质体细胞的电穿孔转染

附加材料（亦见基本方案；带√项见附录 1）

5 mm 条状（干重 1 g）无菌植物材料

√原生质体溶液
√植物电穿孔缓冲液
80 μm 尼龙筛网

步骤

1）将小心切成 5 mm 的条状无菌植物材料置于 8 ml 原生质体溶液中温育，置于 30℃旋转摇床上 3～6 h，从中获取原生质体细胞。
2）经 80 μm 的尼龙网滤过除去沉渣，流入一 15 ml 锥形离心管。用 4 ml 植物电穿孔缓冲液淋洗筛网并收入离心管。300 *g* 离心 5 min，去上清。
3）用 5 ml 植物电穿孔缓冲液重复洗涤。
4）血细胞计数器计数细胞（见 1.2），按 1.5×10^6～2×10^6 细胞/ml 的密度将原生质体细胞重悬于植物电穿孔缓冲液中。
5）进行电穿孔转染（见基本方案步骤 4～7）。开始时可用 1～2 kV 电压及 3～25 μF 电容进行一次或几次电冲击，然后可在此基础上继续优化该体系。
如果电穿孔缓冲液中的磷酸盐减至终浓度 10 mmol/L，也可用 200～300 V 电压及 500～1000 μF 电容。
6）培养 48 h 后收集细胞，提取 RNA，进行瞬时基因表达分析，或选择稳定转化的细胞。

参考文献：Potter et al.，1984.
撰 稿 人：Huntington Potter

9.4　阳离子脂质体介导的真核细胞转染

阳离子脂质体通过静电效应可以与 DNA、RNA、寡核苷酸骨架上的负电荷相结合，空间上压缩了大分子的结构，同时脂质体与膜亲和的特性帮助大分子接近细胞膜并融合进入细胞。大部分用于转染的阳离子脂质体制剂由带正电和中性的脂质体组成，在水中形成非共价结构，称作 liposome；有些在乙醇中形成微粒。表 9.4.1 列举了一些它们的供应商和种类，它们在不同的应用和靶细胞中有着不同的效率。

表 9.4.1　阳离子脂质体转染试剂的部分供应商

供应商	试剂	用途
Invitrogen	PerFect Lipid Transfection Kit(8 lipids)	各种细胞类型
Life Technologies	LipofectAmine 2000	广泛，快速
	LipofectAmine Plus	难转染的贴壁细胞
	LipofectAmine	广泛
	Lipofectin	肝和内皮细胞，寡核苷酸
	DMRIE-C	悬浮细胞，RNA
	CellFectin	昆虫细胞
Promega	Transfectam	广泛
	Tfx Transfection Trio	各种细胞类型
Qiagen	Effectene	广泛
Roche/BMB	DOTAP	广泛
	DOSPER	广泛
	FuGENE 6	广泛

9.4.1 基本方案 1 阳离子脂质体介导 DNA 的哺乳动物贴壁细胞转染

这个方案对大部分贴壁哺乳动物细胞系及贴壁生长的原代细胞都适用，建议优化转染条件（见辅助方案）。

材料（带√项见附录 1）

贴壁细胞

√含血清的完全培养基（如 DMEM 完全培养基，见附录 3F）

质粒 DNA（为得到最佳结果，用阴离子交换层析或者 CsCl 梯度纯化，分别见 2.2 和 1.7）

稀释培养基：无血清培养基或专门用于脂质体转染用的培养基（如 Life Technologies 公司的 opti-MEM I）

阳离子脂质体（表 9.4.1）

聚苯乙烯或者聚丙烯试管

步骤

1）转染前一天，胰酶消化和细胞计数（见附录 3F）。加血清培养至转染时细胞长至 50%～95%，不用抗生素，因为抗生素对转染不利。若条件允许，在聚赖氨酸上培养以增加细胞的黏附性。

2）转染当天，用稀释培养基在聚苯乙烯或者聚丙烯管中稀释质粒 DNA，制备用于多次转染实验的批量。参考表 9.4.2 所推荐的用量。

3）在第二个管子中用稀释培养基稀释混合阳离子脂质体，制备用于多次转染实验的批量。对于 Lipofectin，应在 Opti-MEMI 中稀释并室温下孵育 30～45 min。对于 LipofectAmin2000，应在 Opti-MEMI 中稀释并孵育小于 30 min。

4）混合稀释好的 DNA 和阳离子脂质体，混匀，室温孵育 15 min（有些反应要 6 h）。

5）用新鲜转染培养基清洗细胞（含或不含血清的稀释培养液），吸出，换新的转染培养基（表 9.4.2）。

表 9.4.2 脂质体介导转染制剂的推荐起始用量[a]

培养皿	表面积/cm^2	DNA/μg	稀释培养基/μl	阳离子脂质体/μl	转染培养基/ml	转染体积/ml
		步骤 2	步骤 2 和 3	步骤 3	步骤 5	步骤 6
96 孔板	0.3	0.05～0.4	10～25	0.075～1.5	0.08～0.1	0.1～0.15
24 孔板	2	0.2～1.6	25～50	0.5～10	0.2～0.5	0.25～0.6
12 孔板	4	0.4～3.2	50～100	1～20	0.4～1	0.5～1.2
6 孔板	10	1～8	100～250	2.5～50	0.8～2.5	1～3
60 mm	20	2～16	250～500	5～100	2～5	2.5～6
100 mm	60	6～48	750～1500	15～300	5～15	6.5～18

a. 基本方案 1 中标有步骤号码。体积按照 LipofectAmine2000 优化。其他优化策略见辅助方案。

6）加入 DNA-脂质体复合物，轻轻混匀，在 5% CO_2 中 37℃孵育 5 h（至过夜）。

7）添加血清和培养基，至正常条件下浓度和体积，继续孵育。
8）对于瞬时表达，根据细胞类型和启动子活性，在转染24～48 h后，分析细胞抽提物或细胞原位染色（见9.12）。对于稳定表达，在转染1天后换用新鲜培养基传代，2天后可用抗生素选择转化的抗抗生素基因的表达（见9.5）。

9.4.2　备择方案　阳离子增强脂质体介导DNA的哺乳动物贴壁细胞转染

在DNA与阳离子脂质体混合之前，先与增强剂复合，可在推荐的起始条件下，一个广泛的脂质体和DNA浓度范围内，使转染活性达到一个高的平台期。

附加材料（亦见基本方案1）

阳离子脂质体与增强剂（如LipofectAmine Plus，包括LipofectAmine脂质体与Plus增强剂；Life Technologies）

步骤

1）转染前一天准备细胞（见基本方案1步骤1）。
2）转染当天，在聚苯乙烯或者聚丙烯管中用稀释培养基稀释DNA，混合均匀。加入增强剂，混合，室温孵育15 min。制备用于多次转染的转染液，用量参考表9.4.3。

在此方案中，DMEM培养基比Opti-MEMI更合适。

3）在第二个试管中，将阳离子脂质体加入稀释培养基稀释，充分混合。
4）混合步骤2，3中的溶液，室温孵育15 min（至1 h）。
5）复合体形成过程中，换上合适体积的新鲜转染培养基（有或无血清的稀释培养基）。
6）加DNA-增强剂-脂质体复合物到细胞中，轻轻混匀，5%CO_2，37℃孵育几小时至过夜。
7）调整培养基，孵育，分析表达结果（见基本方案1步骤7和8）。

表9.4.3　LipofectAmine Plus介导转染的推荐起始用量[a]

培养皿	DNA/μg	plus reagent /μl	稀释培养基 /μl	LipofectAmine /μl	转染培养基 /ml	转染体积 /ml
	步骤2	步骤2	步骤2和3	步骤3	步骤5	步骤6
96孔板	0.1	1	10	0.5	0.08	0.1
24孔板	0.4	4	25	1	0.2	0.250
12孔板	0.7	5	50	2	0.4	0.5
6孔板	1	6	100	4	0.8	1.0
60 mm	2	8	250	12	2	2.5
100 mm	4	20	750	30	5	6.5

a. 备择方案中标有步骤号码。可以通过调整脂质体和DNA浓度来优化转染效率。但用此产品的最高效率经常有一个宽的平台期。

9.4.3 基本方案2 阳离子脂质体介导DNA的悬浮细胞转染

材料（带√项见附录1）

稀释培养基：无血清的细胞培养基或专门用于转染的培养基（如 Life Technologies 的 Opti-MEMI）

阳离子脂质体试剂（如 DMRIE-C 或 LipofectAmine2000，Life Technologies；亦见表格 9.4.1）

质粒 DNA（为得到最佳结果，用阴离子交换层析或者 CsCl 梯度纯化，分别见 2.2 和 1.7）

细胞悬液：1×10^7 细胞/ml 的细胞悬液，无血清和抗生素。

√完全培养基（如完全 DMEM 培养基；详见附录 3F）

血清

6 孔细胞培养板

步骤

1）6 孔细胞培养板每孔中加入 0.5 ml 稀释培养基，再分别加 0、2、4、6、8、12 μl 脂质体试剂，轻轻旋转混合。

2）于每孔中加含有 4 μg 质粒 DNA 的 0.5 ml 稀释培养液，旋转混合，室温孵育 15～45 min。

对不同细胞系 DNA 的量需优化。

3）每孔中加 0.2 ml 细胞悬液（2×10^6 细胞），轻轻混合，5%CO_2，37℃培养箱中孵育几小时。

4）每孔中加 2 ml 细胞培养基，其中含 1.5 倍平常浓度的血清，继续孵育。24～48 h 后做瞬时或稳定表达分析（见基本方案 1 步骤 8）。

9.4.4 基本方案3 阳离子脂质体介导RNA的贴壁细胞转染

材料（带√项见附录1）

贴壁细胞

√含血清的完全培养基（如完全 DMEM 培养基；详见附录 3F）

稀释培养基：无血清的细胞培养基或专门用于转染的培养基（如 Life Technologies 的 Opti-MEMI）

阳离子脂质体（如 DMRIE-C，Life Technologies；亦见表格 9.4.1）

mRNA（见 4.5）

6 孔或 35 mm 组织培养皿

12 mm×75 mm 聚苯乙烯管

步骤

1）转染前一天，胰酶消化，细胞计数（见附录 3F）。在 6 孔板的每孔或者 6 个 35 mm

的培养皿中分别加入 2 ml 共约 2×10^5～3×10^5 个细胞的含血清培养基。5%CO_2，37℃培养箱中孵育至 80%汇片（约 18～24 h）。

2）室温下用 2 ml 稀释培养基洗涤细胞。

3）加 1 ml 稀释培养基中于 6 个 12mm×75 mm 聚苯乙烯管中，再分别加入 0、2、4、6、8、12 μl 脂质体试剂，混合。

4）每管中加入 2.5～5 μg RNA，涡旋混匀，立即加入洗涤后的细胞中。5%CO_2，37℃培养箱中孵育 4 h。

有帽和加尾的 mRNA 在细胞中能更有效地被翻译且更稳定，RNA 暴露的时间和所加的量应依细胞类型而定。

5）用含血清的细胞培养基替代转染培养液。16～24 h 后分析表达情况。

9.4.5 基本方案 4 阳离子脂质体介导杆状病毒 DNA 的 *Sf*9 和 *Sf*21 昆虫贴壁细胞转染

材料

昆虫细胞：*Sf*9 或 *Sf*21 细胞（见 16.7）

昆虫培养基（见 16.7；Sf-900 II SFM，Life Technologies)，含或不含血清/抗生素

杆状病毒 DNA：提纯的 DNA 或杆状病毒穿梭载体 DNA 小抽提（见 16.7 和 16.8；Anderson et al.，1995)

阳离子脂质体试剂（如 CellFectin；亦见表 9.4.1)

6 孔细胞培养皿

27℃培养箱

12 mm×75 mm 聚苯乙烯管，灭菌

步骤

1）6 孔板每孔加入 2 ml 无抗生素及血清的昆虫培养基，其中约含 9×10^5 个昆虫细胞（见 16.8)。27℃培养至少 1 h 使细胞贴壁。

2）对每一次转染，在 12 mm×75 mm 聚苯乙烯管中用 100 μl 无血清及抗生素的昆虫培养基稀释 1～2 μg 杆状病毒 DNA。

3）对每一次转染，在 12 mm×75 mm 聚苯乙烯管中用 100 μl 无血清及抗生素的昆虫培养基稀释 1.5～9 μl 阳离子脂质体试剂。

4）合并 DNA 与脂质体，轻轻混合，室温孵育 15～45 min。每管中加 0.8 ml 无血清及抗生素的昆虫培养基，轻轻混匀。

5）用无血清及抗生素的昆虫培养基洗涤细胞，吸弃培养基，加入稀释的脂质体-DNA 复合体，在一定湿度的培养箱中 27℃培养 5 h。

6）吸去转染混合物，加入 2 ml 含抗生素（若需要的话）及血清的昆虫细胞培养液。27℃培养箱培养 72 h。从细胞上清中收获杆状病毒（见 16.8)。

9.4.6 辅助方案 阳离子脂质体转染优化条件的微调

此辅助方案适用于基本方案 1 和备择方案，做一些修改后也可适用于其他的转染方案。

附加材料（亦见基本方案 1 和备择方案）

24 孔板细胞培养皿

96 孔圆底培养皿（灭菌，带盖）

步骤

1）转染前一天，胰酶消化，细胞计数（见附录 3F），24 孔板每孔加入含 $4\times10^4\sim2\times10^5$ 细胞的含血清培养基，避免使用抗生素。转染当天细胞应 50%～95%汇片。

2）在 4 个微量离心管中用无血清和抗生素的培养基稀释 DNA。制备足够 7 个孔使用的量，且有不同浓度（如每孔 0.2～1.6 μg DNA；见表 9.4.2 步骤 2）。轻轻混合。

如果使用增强剂，每微克 DNA 中应加入 10 μL Plus 增强剂，且应在 DNA 与培养基混合后加入。

3）在 6 个微量离心管中用无血清与抗生素的稀释培养液稀释阳离子脂质体。准备足够 5 个孔的使用量，且有不同的浓度（如每孔中加入 0.5～5 μl 脂质体；见表 9.4.2 中的步骤 3）。轻轻混匀。

4）在 96 孔板的 24 孔中加入相同体积的稀释后的 DNA 和稀释后的阳离子脂质体，建立一个 DNA 对应脂质体浓度的矩阵（图 9.4.1），枪头混合，盖上盖子，室温孵育 15 min（至多 1 h）。

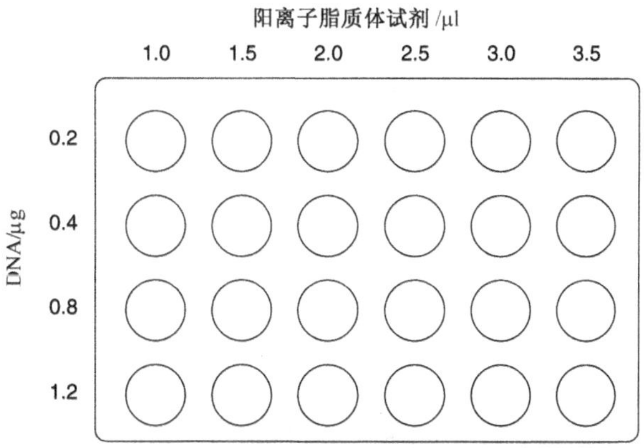

图 9.4.1　一个用阳离子脂质体转染的优化转染效率的样品矩阵。复合体在 24 或 96 孔板中形成，转移到含细胞的 24 孔板中，保持同样的矩阵排列。

5）复合物形成时，将细胞培养液换成新鲜的转染培养液（表 9.4.2 的步骤 5）。

6）将 96 孔板中 DNA-脂质体复合物加到 24 孔板的相应孔的细胞中（保持矩阵）。轻轻混合，5% CO_2，37℃培养箱中孵育 5 h（至过夜）。

如果使用了 Plus 增强剂，3 h 孵育就足够了。

7）调整细胞培养液，继续孵育，分析表达结果（见基本方案步骤 7 和 8）。若有必要的话，调整浓度使峰值位于新矩阵的中央，重复实验。

参考文献：Felgner et al.，1987；Kriegler，1990；Life Technologies，1999；Tilkins et al.，1998.

撰 稿 人：Pamela Hawley-Nelson and Valentina Ciccarone

9.5 转染哺乳动物细胞的选择

分析转染哺乳动物细胞的基因功能通常需要含有稳定整合目的基因的细胞系（见 16.10）。因为在转染的 10^4 个细胞中只有一个细胞稳定整合 DNA（其效率依细胞类型而不同），因此需要用一种显性的选择性标记来分离稳定的转染细胞。

9.5.1 策略安排

构建

图 9.5.1 描述了在哺乳动物细胞中表达基因的典型构建。

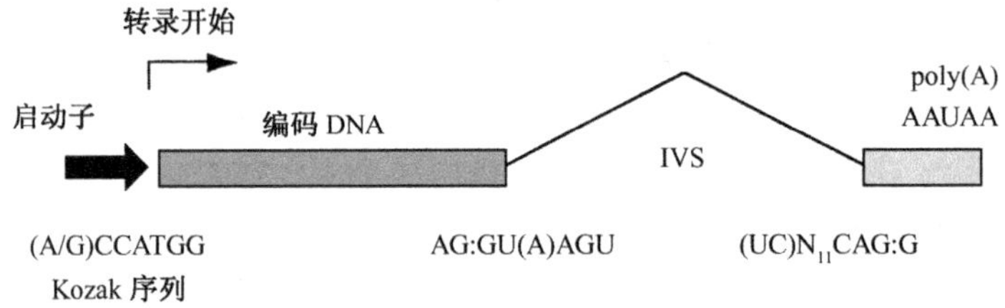

图 9.5.1 在哺乳动物细胞中表达基因的通用结构。每一完整的结构中必须有包括一转录起始位点的启动子区和一段编码序列。提高表达水平的特征包括遵循 Kozak 原则的翻译起始位点，带剪接供受体位点的插入序列和聚腺苷酸信号。缩写：IVS，插入序列。

启动子：启动子及伴随的增强子驱动目的基因和选择标记的编码区的表达。启动子通常是结合内源性转录因子的 DNA 短序列（<1 kb）。TATA 盒对它们来说可有可无。巨细胞病毒和猴病毒 40（SV40）的启动子作为通用的哺乳动物启动子已有数年，产生了许多衍生物，并已商品化。pMC1 和 PGK（磷酸甘油酸激酶的启动子）由于能获得高水平表达也很常用。也可以针对特定的细胞类型使用特定的启动子。最近引入了条件控制型启动子，增加了稳定转染细胞系的有效性和灵活性，这些启动子需要对某些化合物敏感的反式激活蛋白的介入（见 16.17 所使用的四环素诱导系统）。

翻译起始位点：大多数选择标记是抗菌基因，自然状态下表达水平低。一个主要原因是翻译起始位点的差别。尽管细菌系统能很好地翻译多顺反子信息，但上游 ATG 起始位点使绝大多数哺乳动物 mRNA 的翻译水平大幅降低（约 10 倍）。另外，哺乳动物起始位点遵循“Kozak 原则”（Kozak，1989）时最为有效。许多修饰过的常用选择标记在哺乳动物细胞中能被有效翻译。

多聚腺苷酸位点：表达载体 3′端一段作为添加 poly（A）尾信号的序列常常能稳定 mRNA，并导致更好表达。多聚腺苷酸化信号包括多聚腺苷酸化位点上游 11～30 核苷酸处的保守序列（AAUAA）和下游一 GU 或 U 丰富区域。常用的多聚腺苷酸化信号来自 SV40 病毒，但用 PGK 启动子构建的载体也常用磷酸甘油酸激酶多聚腺苷酸化信号。

插入序列及剪切位点：添加在最终的 mRNA 中被剪切掉的居间序列（内含子）也

可提高表达。内含子 5′和 3′端的剪切位点为内含子剪切所必需。添加内含子能提高表达的具体机制尚不完全清楚。

将 DNA 导入细胞

对于形成稳定的细胞系而言，结果因所用 DNA 的导入方法而异。磷酸钙（见 9.1）、葡聚糖（见 9.2）和脂质体（见 9.4）介导的转染方法都会导致引入多拷贝转染基因，通常是在单一的位点。这些方法聚集了 DNA，适于共转染不同质粒，通常采用 5～10份目的 DNA∶1 份选择标记 DNA 的比例。这些多拷贝基因可以头对头、头对尾或联合两种形式连在一起。相似序列的随机排列，会引发染色体内重排，导致拷贝数减少，表达水平降低。

电穿孔法（见 9.3）通常导入单拷贝 DNA，但高浓度 DNA 可在约 25%的细胞内单位点导入多拷贝 DNA。如果要求多拷贝，可用两个分别带目的基因和选择标记基因的质粒。如沉淀法、电穿孔法能产生多拷贝基因的抗性克隆。如果要求是单拷贝，就要用一个带有目的基因和选择标记的质粒电穿孔法转染。

去除选择标记

用重组酶能去除选择标记（图 9.5.2），选择标记的去除是通过瞬时表达 Cre 重组酶完成的，Cre 重组酶去除了两个相同识别序列（*lox* 位点）之间的序列。当预计要进行一系列基因操作时，去除选择标记就很有必要。因为 Cre 重组酶的瞬时表达删除了 *lox* 位点之间的序列，这样可以消除随机重复序列，在要求单拷贝整合情况下，应优选电穿孔法转染。

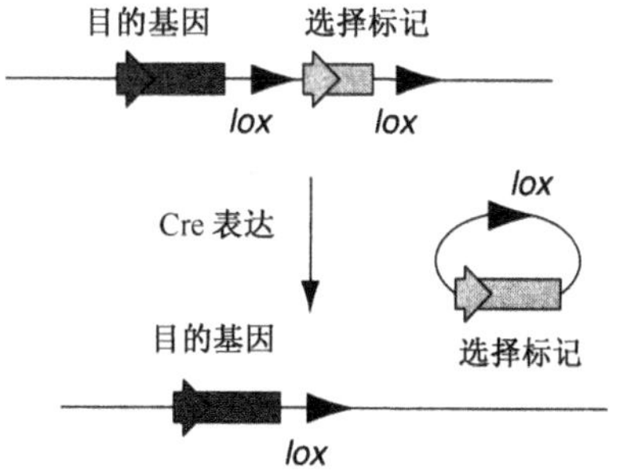

图 9.5.2 用 Cre-*lox* 系统在特定位点整合后去除选择性标记。Cre 重组酶的瞬时表达导致 *lox* 位点之间的序列的切除。

表达基因的扩增

有的选择标记（最引人注意的是 DHFR）可用于扩增整合 DNA 的表达。扩增通过逐步加大选择培养液的浓度提高选择压力实现，结果是整合 DNA 的随机倍增。

在特定位点导入 DNA

在特定位点导入 DNA 产生的稳定细胞系存在着一个问题，就是转染的 DNA 在随机位点整合，多数整合子不能足量表达。为解决这个问题，可以通过同源重组将 DNA 导入特定的位点，这种方法已大量用于转基因动物，同样的原理应该也能用于细胞系。这就有可能产生一个目的基因通过在正常基因组位点的内源性启动子表达的细胞系。Cre 重组酶系统也可应用于将 DNA 导入一特定位点（图 9.5.3）。开始是一非活性修饰的 *neo* 基因整合到 DNA 中，这一 DNA 包含了位于 *neo* 5′端在可读框内的 *loxP* 位点，没有 ATG 起始密码子或启动子。细胞系也含有 Cre 表达载体，接下来就可用带有目的基因和位于修饰了的 *lox* 位点上游的启动子的质粒转染细胞系。通过电穿孔法将 Cre 表达载体转入前面建好的细胞系，重组发生在基因组中的 *loxP* 靶位点，由于重建的 *neo*

活性，可通过 G418 筛选。这种固定位点的整合导致不同克隆中目的基因的恒定表达。

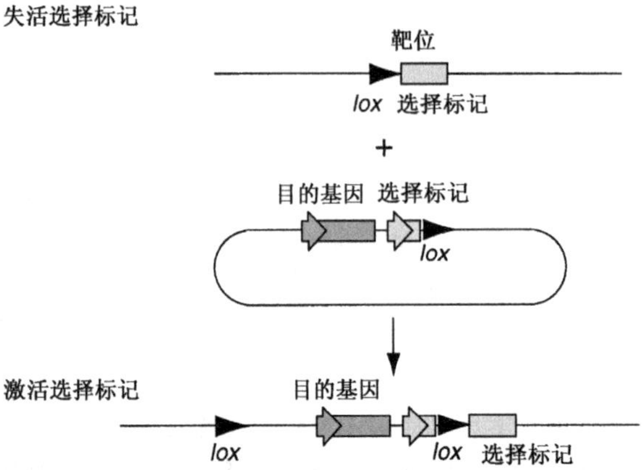

图 9.5.3 使用 Cre-*lox* 系统在特殊的再生性位点整合一个可表达结构。整合靶位是预先整合的可筛选标记缺失形式（缺失了启动子和起始密码）。用含有目的基因的质粒转染，可导致在 *lox* 位点的整合，并可加入一个启动子和翻译起始位点，恢复可选择标记的表达。

9.5.2 基本方案 1 哺乳动物细胞的稳定转染

材料（带√项见附录 1）

待转染的细胞

√完全培养基（见附录 3F）

选择培养基（见基本方案 2）

克隆用圆柱体

步骤

1）确保细胞呈独立集落生长。对于贴壁生长的细胞，在 10 cm 组织培养皿中接种约 100 个细胞，培养 10～12 天，每 4 天换液 1 次。对成活的细胞集落进行计数（见附录 3F）。

挑选稳定转染的克隆要求细胞独立集落生长。不能呈独立集落生长的细胞系不能被稳定转染。确定组织培养平板上克隆的数量最简便的方法是用亚甲蓝染色。即去培养液后，在平板上加约 2 ml 2%亚甲蓝（50%乙醇配制），2 min 后，弃去亚甲蓝，用冷水清洗残存的染料。存活率低的单细胞可通过用饲养层培养选择（Robertson，1987）。

2）确定母代细胞的选择条件。例如，如果用潮霉素 B 选择，就要确定加到培养液中能抑制细胞生长潮霉素 B 最低的量。将一培养皿上生长汇片的细胞按≥1∶15 的比例分传于含有不同药物浓度的培养液中。培养 10 天，用适合的选择培养液每 4 天换液 1 次，并检查活细胞。

哺乳动物细胞在选择条件下可分裂 1 或 2 次，才最终被杀死。例如，DHFR 缺陷细胞可以在选择培养液中分裂直至耗尽其自身储备的核苷酸。基于这一原因，在测试选择条件时按至少 1∶15 的比例分传细胞就非常关键，否则细胞在选择发挥作用前就能达到汇合。

3）确定转染母代细胞的最有效的方法（见第 9 章导论）。

4）用目的基因和标记基因共转染母代细胞，含目的基因的质粒与含标记基因的质粒的摩尔比例为 5∶1。还要包括一个用载体 DNA（如 pUC13）替代含有目的基因的质粒的对照。用含目的基因的质粒分别进行几次转染，以防其中一次失败。

如果需要转染大量的选择质粒，应构建同时带有目的基因和选择性标记的质粒。

有效的电穿孔转化需要质粒的线性化。

5）在无选择条件下让细胞倍增 2 次。将细胞按 1∶15 分传于选择培养液中。每个转化皿在选择培养液中至少接种 5 个以上培养皿，以得到尽可能多的能挑取和扩增成细胞系的细胞集落数。

6）每 4 天用选择培养液换液（或按需要换液），培养 10～12 天，将培养皿对着光呈一角度观察其中的细胞克隆。对其中的一只培养皿可如步骤 1 进行染色以便于计算细胞集落数（染料杀伤细胞）。挑取大的、生长良好的细胞集落。挑取时一个集落应有约 500～1000 个细胞。

挑取后的细胞集落仍需要选择性环境，这是由于大的细胞集落保护了一些非抗性细胞。

9.5.3 基本方案 2 哺乳动物细胞的选择标记

用于选择的一种或多种药物的合适浓度因特定细胞系对药物的敏感性不同而异。我们给出的是用于选择的药物浓度的大致范围。给定细胞系的精确范围可通过对经一浓度范围药物选择的细胞活性分析而确定（见基本方案 1 步骤 2）。

阳性选择

腺苷脱氨酶（ADA）

选择条件：培养液中加 10 μg/ml 胸腺嘧啶核苷，15 μg/ml 次黄嘌呤，4 μmol/L 腺嘌呤 9-β-D 呋喃木糖苷（Xyl-A），以及 0.01～0.3 μmol/L 2′-脱氧助间型霉素（dCF）。胎牛血清中含有少量 ADA，可解除培养液的毒性，所以在用前才加入培养液中。

选择原理：Xyl-A 可转化成 Xyl-ATP 并掺入核酸中，从而导致细胞死亡。Xyl-A 被 ADA 解毒成为其肌苷衍生物。dCF 是 ADA 过渡态类似物，因而可以灭活母代细胞内源性的 ADA。内源性 ADA 的水平因细胞不同而异，因此 dCF 的合适选择浓度也随之变化。

说明：对于内源性 ADA 水平高的细胞，转染的 ADA 基因必须高表达才行。现已有 ADA 缺陷的 CHO 细胞可供应用。ADA 可用于扩增系统，因为提高 dCF 的水平可选择出 ADA 基因扩增的细胞。

参考文献：Kaufman et al., 1986.

氨基糖苷磷酸转移酶（neo，G418，APH）

选择条件：含 100～800 μg/ml G418 的完全培养液。G418 应配制于高缓冲能力的溶液中（如 100 mmol/L HEPES，pH 7.3），以使加入该药物后不至于改变培养液的 pH。

选择原理：G418 通过干扰核糖体的功能而阻断哺乳动物细胞的蛋白质合成，它是一种氨基糖苷，在结构上与新霉素（neomycin）、庆大霉素及卡那霉素相似。因此在哺乳动物细胞中表达细菌的 APH 基因（来源于 tn5）可解除 G418 的毒性。

说明：应试验不同浓度的 G418，因为各种细胞被 G418 杀死的敏感性不同。许多研究者购买大量同一批号的 G418，因为不同批号药物之间的药效可能不同。在致死剂量的 G418 存在下，细胞还能分裂 1～2 次，因此该药的效果需要使用几天后才能变得明显。

参考文献：Southern and Berg，1982.

博来霉素（phleo，bleo，zeocin）

选择条件：加有 0.1～50 μg/ml 博来霉素的完全培养液。

选择原理：基因编码的一个 13 000 Da 蛋白质化学计量地与药物（博来霉素）结合而使其失活。

说明：已从革兰氏阳性菌质粒 pUB110 中分离出 3 个具博来霉素抗性的基因，来自革兰氏阴性转座子 Tn5 的中间区域，且来源于放线菌的抗性菌株。

参考文献：Mulsant et al.，1998；Sugiyama et al.，1994.

胞嘧啶酰胺酶（CDA，CD）

选择条件：含 1 mmol/L *N*-(磷酸乙酰)-L-天冬氨酸、1 mg/ml 次黄苷和 1 mmol/L 胞嘧啶的培养液。

选择原理：胞嘧啶酰胺酶将胞嘧啶转化为尿嘧啶。*N*-(磷酸乙酰)-L-天冬氨酸阻断了嘧啶的重新合成，迫使细胞依赖胞嘧啶酰胺酶的途径。

说明：以前被定义为阴性选择标记。

参考文献：Wei and Huber，1996.

二氢叶酸还原酶（DHFR）

选择条件：α-培养液中加含 0.01～300 μmol/L 氨甲蝶呤（MTX）及透析过的胎牛血清。

选择原理：DHFR 对于嘌呤的生物合成是必不可少的。因此，在无外源性嘌呤存在时它对细胞生长是必需的。透析血清以除去内源性的核苷，并采用无核苷的培养液，对于选择都是必要的。MTX 是 DHFR 的竞争性抑制剂，因此增加 MTX 的浓度可以选择 DHFR 的高表达。

说明：对于内源性 DHFR 水平高的细胞，需要极高水平地表达被转染的正常 DHFR基因才能进行选择。已有一种突变的 DHFR 基因，其编码的酶对 MTX 有抗性，因而在大多数细胞中能用来做显性选择。DHFR 可用来扩增被转染的基因，在采用 DHFR 缺陷的 CHO 细胞和用正常的 DHFR 基因选择时，效果最为显著。

参考文献：Simonsen and Levinson，1983.

组氨醇脱氢酶（hisD）

选择条件：补有 2.5 mmol/L 组氨醇的完全培养液或含 0.125 mmol/L 组氨醇的无组氨酸培养液。

选择原理：该基因编码催化 L-组氨醇氧化为 L-组氨酸的酶。因而，细胞不能在含 0.125 mmol/L 组氨醇的无组氨酸培养液中生长。而且在有组氨酸时组氨醇对细胞有毒性，因为它抑制了组氨酰-tRNA 合成酶的作用，从而使含 *hisD* 的细胞由于具有解除组氨醇毒性的作用而被选择出来。

说明：完全培养液中的组氨醇能有效作用。

参考文献：Hartman and Mulligan，1988.

潮霉素 B 磷酸转移酶（HPH）

选择条件：含有 10～400 μg/ml 潮霉素 B 的完全培养液。

选择原理：潮霉素 B 是一种氨基环多醇（aminocyclitol），通过破坏转位及促进错译而抑制蛋白质的合成。HPH 基因（从 *E. coli* 质粒 pJR225 中分离）通过磷酸化作用而解除潮霉素 B 的毒性。

说明：虽然用于选择的潮霉素 B 浓度可在 10～400 μg/ml 之间变化，但许多细胞需用的浓度为 200 μg/ml。

参考文献：Gritz and Davies，1983；Palmer et al.，1987.

嘌呤霉素 *N*-乙酰转移酶（PAC，puro）

选择条件：补加 0.5～10 μg/ml 嘌呤霉素的完全培养基。

选择原理：嘌呤霉素抑制蛋白质合成。基因编码的酶通过乙酰化使嘌呤霉素失活。

说明：这种选择标记的选择效率与 *neo* 类似，大多数细胞类型以 2.0 μg/ml 选择。

参考文献：de la Luna et al.，1988.

胸苷激酶（TK）

选择条件：正向选择（由 TK^- 至 TK^+），即完全培养液中加 100 μmol/L 次黄嘌呤、0.4 μmol/L 氨基蝶呤、16 μmol/L 胸苷及 3 μmol/L 甘氨酸（HAT 培养液）。

选择原理：在正常生长条件下，细胞并不需要胸苷激酶，因为合成 dTTP 的通常途径是通过 dCDP。用 HAT 培养液选择 TK^+ 细胞主要是由于氨基蝶呤的存在能阻断 dCDP 变成 dTDP。这样，细胞就需要胸苷激酶从胸苷来合成 dTTP，一种需要 TK 的途径。

说明：因为有正向及反向选择条件，胸苷激酶得到了广泛的应用。与 ADA 及 DHFR不同的是，无法对不同的 TK 表达水平的细胞进行选择，因此该基因不能用于基因扩增。与ADA及DHFR相同的是，许多哺乳动物细胞都能表达TK，使得在这些细胞中不能用该标记基因，除非用BrdU选择出TK^-突变株。

参考文献：Littlefield，1964.

黄嘌呤鸟嘌呤磷酸核糖转移酶（XGPRT，gpt）

选择条件：培养液中含有透析过的胎牛血清、250 μg/ml黄嘌呤、15 μg/ml次黄嘌呤、10 μg/ml胸苷、2 μg/ml氨基蝶呤、25 μg/ml霉酚酸及150 μg/ml L-谷氨酰胺。

选择原理：氨基蝶呤及霉酚酸都可以阻断GMP合成的全途径（从头合成GMP的途径）。XGPRT的表达使细胞能从黄嘌呤合成GMP，因而细胞能在含有黄嘌呤但不含鸟嘌呤的培养液中生长。因此有必要用透析过的胎牛血清及无鸟嘌呤的培养液。

说明：XGPRT是在哺乳动物中无同源物的细菌来源的酶，因而可在哺乳动物细胞中用作显性选择标记。用于选择的霉酚酸的用量因细胞而异，能通过有鸟嘌呤存在或无其存在时进行滴定而测定。

参考文献：Mulligan and Berg，1981.

阴性选择

胞嘧啶酰胺酶（CDA，CD）

选择条件：加有50～250 μg/ml 5-氟胞嘧啶的完全培养液。

选择原理：胞嘧啶酰胺酶将5-氟胞嘧啶转化为5-氟尿嘧啶，从而抑制细胞增殖。

说明：如果CD阳性细胞占少数（<1%），就检测不出旁杀伤作用；然而，如果有CD的细胞占大多数，则CD阴性细胞只有在高稀释倍数（每个100 mm平板≤10 000个铺板细胞）的情况下存活。

参考文献：Mullen et al.，1992.

白喉毒素（DT）

选择条件：白喉毒素基因的表达对其自身具有毒性。

选择原理：白喉毒素通过NAD依赖的延伸因子2的ADP-核糖基化作用抑制蛋白质的合成。

说明：由于这种选择方式不是有条件的，这一选择标记只有去除表达DT的细胞时才有用。稳定表达DT的细胞系从而不能被分离。白喉毒素在同源重组中被用来代替HSV-TK，或用来去除转基因动物的组织。

参考文献：Yagi et al.，1990.

单纯疱疹病毒胸苷激酶（HSV-TK），十到一

选择条件：含2 μmol/L DHPG或ganciclovir｛9-[(1,3-二羟基-2-丙氧)甲基]鸟嘌

呤}或 0.2 μmol/L FIAU[1-(2′-脱氧-2′-氟-1-β-D-阿拉伯呋喃糖基-5-碘)尿嘧啶]。

选择原理：选择药物（ganciclovir 或 FIAU）为核苷酸类似物，能被 HSV-TK 基因产物磷酸化，导致药物在 S 期掺入延伸的 DNA 链，随即引起细胞死亡。尽管相关化合物 9-[(2-hydroxyethoxy)甲基] 鸟嘌呤（阿昔洛韦）会引起 DNA 链延伸终止，ganciclovir 却不会。这些药物比哺乳动物细胞 TK 底物浓度低约 1000 倍，因而这一浓度对不含 HSV-TK 的细胞不会造成伤害。

说明：这一系统被广泛用于提高对同源重组子的选择，这些重组子中包括有在同源区外的 HSV-TK 基因。如果 TK 位于 *lox* 位点之间，可用于在 Cre 重组酶表达之后进行重组选择。

参考文献：Cheng et al., 1983; Staschke et al., 1994.

参考文献：Cheng et al., 1983; Perucho et al., 1980; Robins et al., 1981; Southern and Berg, 1982; Staschke et al., 1994; Wigler et al., 1977.

撰稿人：Richard Mortensen, Jonathan D. Chesnut, James P. Hoeffler, and Robert E. Kingston

9.6 遗传报道基因系统概述

转染是最常见的分析哺乳动物基因体内表达的方法（见 9.1～9.4 及 16.10～16.12）。许多实验者采用瞬时表达分析系统，该系统以融合基因的应用为基础，分析 DNA 导入后 48 h 内的基因表达，融合基因通常由所要研究的启动子激活蛋白结合位点或增强子序列与指导报道分子合成的基因相连而组成，同时假定了在各种条件下报道分子合成的量可以反映所插入序列的指导和（或）促进转录的能力。因此，一个有用的瞬时表达系统应该建立在能合成一个易于分析的报道蛋白的基础之上，且这种蛋白质对于转染细胞的生理活动没有或只有很小的影响。理想的话，对该报道分子的分析方法应极为灵敏。同样重要的是，必须求证无论是在动力学上还是在反应的程度上，用融合基因所观察到的所有调控事件也会影响特定基因在体内的表达。

分子及细胞生物学上的一个中心问题是顺式作用序列和反式作用因子是如何协同作用从而来控制真核基因表达的。这些相互作用通过转录因子特异性结合或在转录起始位点上游一些因子与增强子和启动子的复合体介导。用检测特定 mRNA 的方法，如 RNA 印迹杂交（见 4.8）或核酸酶保护分析（见 4.6）可以直接对基因表达的改变定量。这些方法对分析许多不同的基因结构花费的时间太多，有时还不实用。此外，这些方法需要对分析的基因进行某种方式的修饰，从而将其与转染细胞中的天然基因区别开来。

一个测定转录变化的替代方法是，将所研究的基因中假定的顺式作用序列与一个无关的报道基因的编码序列相连。为了测出完整的启动子，可将 DNA 片段直接置于一缺乏内源性启动子活性的载体中报道基因的上游（图 9.6.1）。类似地，为了测定转录激活物的结合位点，可将异源序列置于载体中最接近基础启动子的部位，该启动子含有被基础转录机制（如 RNA 聚合酶 II）识别的序列。将嵌合的报道基因构建体导入适当的细胞或动物后，测定报道基因产物以间接估计在调控序列指导下对基因表达的诱导作用。重要的是，要认识到这些分析方法是用报道基因构建体来检测蛋白质水平或活性，而不是 RNA 水平。这两种水平经常是一致的，但并不总是这样。对于细胞或提取物所进行的任何可能影响信息翻译的处理，都会改变对报道基因构建体测定的精确性。此外，当涉及一个可诱导系统时，必须考虑报道分子的稳定性。例如，如果报道基因产物非常稳定，在诱导之前高水平的蛋白质会积累在细胞内。当加效应物进行诱导时，蛋白质的水平可能也能进一步增高，但观察到的增高倍数则不够显著，因为细胞内积累的报道分子的基础水平已经很高。

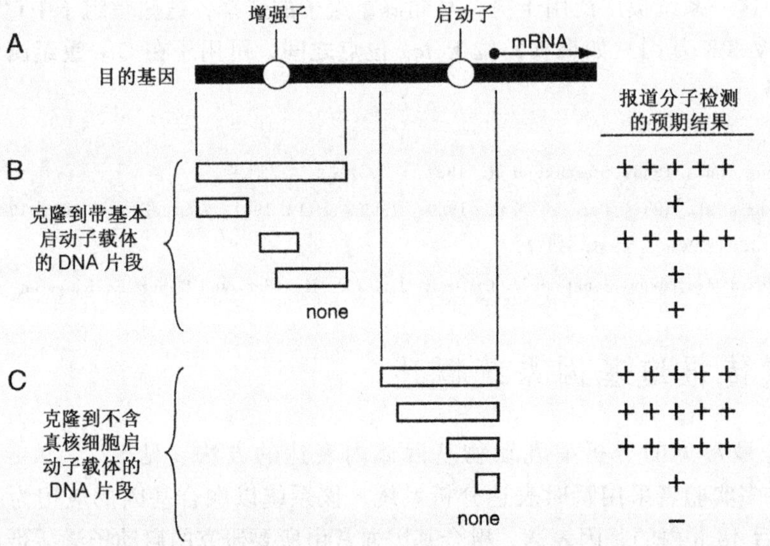

图 9.6.1　启动子及增强子定义实验示意图。A. 一个假设的真核基因，其启动子和增强子元件用空心圆表示。B. 一系列可克隆至报道载体的多克隆位点中去的 DNA 片段，其中含有一个基础启动子用以识别增强子的位置。C. 将 DNA 克隆至一个无启动子的报道载体中以识别启动子的最小功能单位。对于这些构建体的随后进行报道基因分析的预期结果显示在相应 DNA 片段的右侧。“+”及“++++”表示较低和较高的表达，“−”表示无表达。

考虑到这些，报道基因就可以用来研究在外界刺激如激素诱导情况下，顺式因子对刺激应答的细胞组织特异性。另外也可以在顺式调控元件中引入突变或者序列颠倒或者定点突变等手段来研究其功能。而且，通过在不同组织和细胞类型表达报道质粒或者生化操作可以研究对反式元件的需求情况。例如，用蛋白磷酸化、糖基化、脂酰化的抑制剂/激活剂处理细胞，可以用来研究某个细胞信号通路是否参与对外界刺激。用蛋白质合成抑制剂来研究的动力学同样可以用来研究报道基因的引入与新蛋白质合成之间的关系。

选择转录报道基因有几条准则：①报道分子应不存在于宿主中，或者是该蛋白质能很容易与宿主自身来源的蛋白质区分；②应该有一个简单、快速、灵敏及经济的分析方法检测报道分子；③报道分子的分析结果应具有很宽的线性范围，以便于分析启动子活性的大变化及小变化；④该基因的表达必须不改变受体细胞或生物的生理活动。表 9.6.1中列出的报道系统在不同程度上符合上述标准。每一报道基因及其相应的分析系统都各具特色及局限性，在选择一个系统来解决研究中的特定问题时应加以考虑。例如，报道分子可能在细胞内表达，或从细胞中分泌出来而在培养液中检测到。适于某一特定的报道系统的细胞类型可能因其表达水平低，或因有内源性活性而导致高背景而受

表 9.6.1 遗传报道系统

报道基因系统	体外分析	体内分析	优点	缺点	检测范围（分子）[a]	分析费用（美元）[b]	已有报道载体[c]
氯霉素乙酰转移酶	色谱；不同的抽取，荧光和免疫分析	无通用	哺乳动物细胞中内源活性很低；蛋白质稳定；分析形式多样	分析时间长工作量大；大部分需要昂贵的放射性底物；相对低灵敏度和窄的线性范围（2 个数量级）；荧光分析灵敏度高些，但需要荧光仪定量；CAT mRNA 半衰期短	5×10^7～10×10^7	2.00～7.00	pSV0CAT 和 pSV2CAT（Gorman et al.，1982）；pA$_{10}$CAT2（Laiminis et al.，1984）；pCAT-Basic，pCAT-Enhancer，pCAT-Promoter，and pCAT-Control（Promega）
萤光虫萤光素酶	生物发光（发光计或闪烁计数器）	在活体细胞中用荧光素酯作底物进行生物发光分析	非放射性；灵敏度高和宽的线性范围（4 个数量级）；哺乳动物细胞中内源性活性低；花费相对低	蛋白质半衰期短；分析需要发光计或闪烁计数器；常规分析缺乏重复性	1×10^5～2.5×10^5	0.10～0.25	pT8lluc，pSluc2，pXP1/pXP2，pOLUC（Nordeen，1998）；pMAMneo-LUC（Clontech）；pGL2-Basic，pGL2-Enhancer，pGL2-Promoter，pGL2-Control（Promega）
β-半乳糖苷酶	色度法，荧光，化学发光（发光计或闪烁计数器）	以 X-gal 为底物组织化学染色；用 FDG 在活体细胞进行生物发光分析	非放射性；不同应用有多种分析方法；化学发光分析很灵敏，很宽的线性范围（5～6 个数量级）；适用于标准化其他报告基因的内参	很多细胞都有很高的内源β-半乳糖苷酶活性；需要荧光计和发光计分析	10^4～10^5（化学发光分析）	0.01～0.02	pβgal-Basic，pβgal-Enhancer，pβgal-Promoter，pβgal-Control（Clontech）；pSV-β-gal（Promega）
分泌型的碱性磷酸酶（SEAP）	比色法，生物发光或者化学发光（发光计或闪烁计数器）	无通用	非放射性；分泌型报道蛋白；多种分析方案；化学发光分析很灵敏 很宽的线性范围（4 个数量级）；在用 96 孔板作大规模分析时很有用	可能不适用于低水平表达胎盘类型碱性磷酸酶的细胞（肺、肠、颈）；也可能不适用于影响靶细胞的分泌能力的实验设计	10^4～10^5（化学发光分析）	0.01～0.04	pSEAP-Basic，pSEAP-Enhancer，pSEAP-Promoter，pSEAP-Control（Clontech）；pBC12/RSV/SEAP and pBC12/HIV/SEAP（Berger et al.，1988）

续表

报道基因系统	体外分析	体内分析	优点	缺点	检测范围（分子）[a]	分析费用（美元）[b]	已有报道载体[c]
人生长激素（hGH）	放射免疫分析	无通用	分泌型报道蛋白；蛋白质水平的直接检测；简单易操作；在用96孔板滴定作大规模分析时很有用；适用于标准化其他报道基因的内参（如SEAP）	放射性分析需要^{125}I标记的抗体；用作活性分析时，无信号放大；低灵敏度和窄的线性范围；费用昂贵	3×10^8	1.00～2.00	pXGH，pOGH，pTKGH(Selden et al.，1986)
β-葡糖醛酸糖苷酶(GUS)	比色法，荧光，化学发光（发光计或闪烁计数器）	以Xgluc为底物组织化学染色	非放射性；对不同应用有多种分析方法；GUS蛋白稳定；化学发光分析很灵敏，很宽的线性范围（6个数量级）；植物遗传研究中经常使用	高灵敏度分析需要荧光或发光计（闪烁计数器可代替）	N/A	N/A	pBI101，pBI101.2，pBI101.3，pBI121，pBI1221，pGUSN358-S(Clontech)
绿色荧光蛋白(GFP)	荧光（紫外发射仪或者荧光图像设备）	荧光（紫外发射仪，荧光显微镜，或者FACS分析）	活体细胞中基因表达和蛋白质定位报道；荧光表达不受物种影响；荧光是蛋白质的内在属性，不需要其他的底物或者共同作用因子及基因产物；荧光信号不受光漂白干扰；GFP对真核细胞和细菌无明显毒性	有些应用中信号可能太低；能产生更强荧光的GFP的突变体EGFP可以克服这个困难	N/A	基本免费，无需其他试剂	pEGFP，pEGFP1，pEGFP-N1，2，3和pEGFP-C1，2，3(Clontech)

到限制。各种常用的报道分子的相对稳定性变化很大，在研究可诱导的报道基因构建体时是重要的考虑因素。最后，报道分子进行体外活性分析或免疫学分析，也可利用体内组织化学方法分析。

9.6.1 报道载体的设计

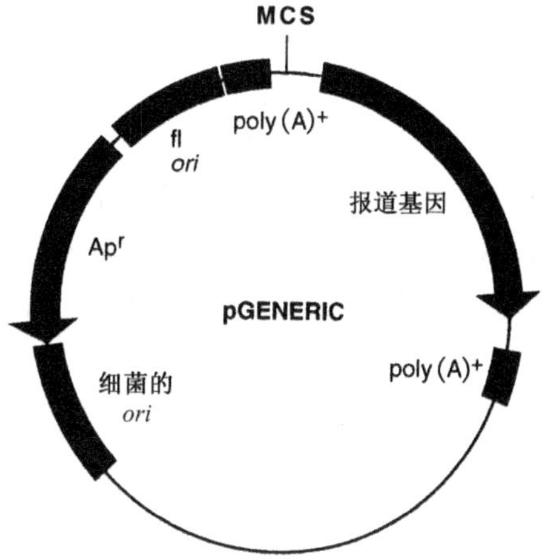

图 9.6.2 一个有代表性报道载体的质粒图。MCS 表示用来将外源 DNA 插入报道载体的多克隆位点。Poly (A)$^+$ 代表多聚腺苷酸化信号的位置。*ori* 代表细菌噬菌体 (f1) 和细菌质粒复制起点。箭头表示报道基因和抗生素抗性基因 (Ap^r) 的转录方向。

一种称为“pGENERIC”的报道载体的总体设计见图 9.6.2。典型的载体骨架包括一个噬菌体的复制起点 (f1 *ori*)，以产生单链 DNA 产物便于测序和突变研究；一个细菌复制起点 (常来源于 pBR322 或 pUC 衍生质粒) 以便载体在大肠杆菌中的扩增。载体中也常常加入其他的复制起点以使得其在其他宿主中能稳定扩增。载体在细菌中的制备也要利用抗生素抗性基因，大多数情况下是编码 β-内酰胺酶的基因，该酶使转化了载体的大肠杆菌细胞获得氨苄青霉素抗性。在报道基因下游的多聚腺苷酸化信号保证了真核细胞报道基因转录产物的正确及有效加工，在报道基因的上游可放置第 2 个多聚腺苷酸化位点，以防由旁侧 DNA 中隐藏的启动子引起背景转录。最后，在报道基因的上游的多克隆位点 (MCS) 可插入带有启动子和 (或) 增强子元件的外源基因。为了进行基因克隆，MCS 常含有 5～7 个紧密相邻的单一限制酶切位点。报道载体通常在报道基因的下游常含有一个或多个单酶切位点，以检测可能的增强子元件或用于切除报道基因。

有些载体在紧靠报道基因的上游已有一个基础启动子，这种启动子常是病毒来源的，在众多类型的细胞中能理想地提供组成型的转录水平。这些报道载体被用来识别和鉴定激活物结合位点及增强子序列，同时也被用来研究转录激活过程。含有基础启动子及可能的上游增强子的报道载体也可用来作为阳性对照，以纠正实验报道构建体的转染效率。

9.6.2 体外报道分子分析方法

体外报道分子分析指的是用含有报道蛋白的细胞或组织裂解液，或(对于分泌出来的报道蛋白)被转染的细胞的培养液来进行报道蛋白定量的方法。这些分析方法是通过酶学或免疫学方法直接定量报道分子，从而间接估计编码报道蛋白的报道载体的转录活性。这样的分析方法与下述的体内报道系统不同，能获得适合于对比研究不同的启动子和增强子的定量数据，并且，对细胞类型的要求也更容易达到。

氯霉素乙酰转移酶（CAT）

氯霉素乙酰转移酶（CAT，见 9.7）符合上述许多作为遗传报道分子的标准。该酶催化乙酰辅酶 A 的乙酰基转移至氯霉素。由于 CAT 是一种原核生物来源的酶，因而在许多真核生物细胞中都很少有竞争活性，使对报道分子的分析可达到很高的信噪比。然而，许多 CAT 分析方法都需要价钱相对昂贵的放射性底物，并且分析操作很费时，其灵敏性比新近发展起来的非同位素报道系统较次。CAT 相当稳定（在哺乳动物细胞中的半衰期为 50 h），使之十分合适作为瞬时转染实验中的报道分子，但对于稳定表达分析则不太理想。进而，CAT 所表现的稳定性在可诱导系统中（如可诱导的增强子）也是不利的，报道分子的累积可能掩盖由加入效应物而引起的诱导作用。对于这种情况，一个具有较短半衰期的报道分子，如萤光素酶则更理想。

最常见的 CAT 分析方法基于^{14}C标记的氯霉素与从被转染细胞制备的细胞裂解物一起温育时发生的反应，在硅化的玻璃板上进行薄层色谱分离乙酰化和非乙酰化氯霉素，将玻璃板对 X 射线感光片进行曝光，从而定性估计 CAT 的活性。为了获得更数量化的数据，可从玻璃板上刮下相应于单乙酰化及二乙酰化形式的氯霉素位置的斑点，置于液闪计数仪中进行计数。这种方法在有多个样品时显得特别啰嗦，而且由于出现两种产物而难以解释结果。现在发展的差异提取技术可以定量分离氯霉素与其乙酰化形式的衍生物，从而不需要进行费时的色谱分离（见 9.7）。在这种方法中，乙酰辅酶 A 被放射标记，^{3}H 可代替^{14}C，使分析在某种程度上危害更小，价钱更低廉。选用另一种溶解系统可改进信噪比而提高灵敏度。

有两种定量分析 CAT 的非同位素检测方法。一种是在 96 孔微量滴定板上进行的 CAT ELISA 分析。可直接用抗 CAT 的抗体（Boehringer Mannheim 公司）对 CAT 进行定量。这种方法的长处在于直接测定 CAT 蛋白水平而不是 CAT 的活性。一种非同位素的 CAT 活性测定方法也发展起来，该方法采用了一个经单乙酰化反应而生成的氯霉素衍生物（来源于 Molecular Probes）。由于用该底物只能产生单一的产物，因而较用氯霉素作底物定量分析 CAT 更可靠。不仅如此，这种方法比用同位素底物的方法更灵敏，并且具有更宽的线性范围。

萤火虫萤光素酶

从萤火虫（*Photinus pyralis*）中克隆到的 *luc* 基因提供了广泛应用于哺乳动物细胞的第一个非同位素遗传报道系统（见 9.8）。萤光素酶催化的生物发光反应需要萤光素作底物，以及 ATP、Mg^{2+} 和氧分子。将这些试剂与含有萤光素酶的细胞裂解液混合即会产生一种迅速衰减（在 1 s 内）的闪光。这种光信号可用一种配备了便于迅速混合反应物的自动注射装置的发光检测仪进行检测。另外，也可用液闪计数仪记录光信号。发光量的总值与样品的萤光素酶活性成正比，因而可对萤光素酶报道基因的转录进行间接估计。萤光素酶易被蛋白酶降解，因而在转染的哺乳动物细胞中的半衰期约为 3 h。萤光素酶蛋白的这种迅速转换更新使之成为研究可诱导系统的一种理想的候选报道分子。可诱导系统需要最大限度地增高在基础表达水平之上的表达。

最初的萤光素酶分析方法能提供很好的灵敏度（10～1000 倍于 CAT 的放射检测方

法)，但是操作比较复杂，并且在样品之间缺乏重复性，这主要是由于光子发射过程的快速“闪光”动力学变化。对萤光素酶分析方法的一种改进包括在反应混合物中加辅酶A，由于萤光素酶与萤光素辅酶A之间的优先反应可产生更为持久的光信号。不仅如此，光信号的延长使发光强度增加了10倍，从而使萤光素酶分析方法更为灵敏。将来对该分析方法的进一步改进将包括生产经修饰的萤光素酶使发射波长迁移，通过检测不同颜色的光，使得在同一细胞群体中能同时分析2个或更多个的遗传报道基因。

β-半乳糖苷酶

来源于大肠杆菌的 *lacZ* 基因编码β-半乳糖苷酶，是用途最广泛的遗传报道分子之一，有各种不同的底物可供进行体外及体内分析。该酶催化各种β-半乳糖苷类物质的水解，包括几种专为不同分析方法而特制的底物。除了用作未知特性的顺式调控序列的报道分子外，在确定的启动子控制下的β-半乳糖苷酶的表达也常用作校正其他报道分子分析结果的内对照。β-半乳糖苷酶对校正CAT及萤光素酶尤其有用，因为这些报道分子分析方法中所制备的细胞裂解物同样适于用来检测β-半乳糖苷酶的活性。用邻硝基苯-β-D-半乳糖吡喃糖苷（ONPG）进行分光光度分析及4-甲基荧光素-β-D-半乳糖苷（MUG）进行荧光分析的方法都已发展起来，但这些方法的应用很有限，主要是由于其灵敏度低。化学发光的1,2-二氧杂环丁烷（1,2-dioxetane）底物用于β-半乳糖苷酶的检测，增加分析的灵敏度及扩大检测的线性范围（见9.8），大大促进了 *lacZ* 作为转录报道基因的应用。当用发光检测仪来检测化学发光信号时，该分析方法较比色法要灵敏50 000倍。采用减小真核细胞内源性β-半乳糖苷酶活性的分析条件也可以提高灵敏度。

分泌型的碱性磷酸酶（SEAP）

分泌型的碱性磷酸酶（SEAP）与上述的报道分子有所不同，SEAP可从被转染的细胞中分泌出来，因而可用少量培养液进行分析。SEAP编码人胎盘碱性磷酸酶（PLAP）的一个截短的形式，它缺乏一个重要的膜锚定区域，因此能让蛋白质有效地从被转染的细胞中分泌出来。培养液中检测到的SEAP的活性水平与细胞内SEAP mRNA及其蛋白质的浓度变化直接成正比。SEAP的不寻常的特性是具有极大的热稳定性及对磷酸酶抑制剂L-同型精氨酸有抗性。因此，可用65℃预处理样品及加抑制剂共温育而除去内源性碱性磷酸酶活性。SEAP的这种分泌特性对其作为遗传报道基因具有几个优点：①不需要制备细胞裂解物；②通过反复收集同一培养细胞的培养液很容易进行基因表达的动力学研究；③被转染的细胞在检测SEAP时不受影响，并保持完好以备进一步研究用；④培养液中几乎没有由内源性碱性磷酸酶活性引起的背景；⑤样品的收集和分析能在96孔微量滴定板上自动进行。

最早的SEAP分析方法是用碱性磷酸酶的底物对硝基苯酚磷酸盐进行的一种比色分析法。这种方法快速，操作简单，且十分便宜。但是其灵敏度差，动力学线性范围窄。以D-萤光素-*O*-磷酸盐的水解为基础的SEAP两步生物发光测定法能提高灵敏度。SEAP催化的去磷酸化反应产生游离的萤光素，后者作为萤光素酶的底物。这种方法的灵敏度约等于分析萤光素酶的传统生物发光分析法。最灵敏的SEAP分析方法是用化学发光的碱性磷酸酶底物如1,2-二氧杂环丁烷CSPD（表10.5.1）。CSPD的去磷酸化产生一种持续的“发光”型萤光，可持续 60 min 之久，易于用发光检测仪或闪烁计数仪检测。SEAP 的化学发光分析不仅提高了灵敏度，而且还大大增加了检测的动力学线性范围。

人生长激素（hGH）

正常情况下，人生长激素（hGH）仅由脑垂体前叶腺的生长激素细胞分泌。hGH 表达范围的局限性使其成为适于大多数哺乳动物细胞的颇具吸引力的遗传报道基因。hGH 报道分子有许多与 SEAP（见 9.7A）相同的优点，但由于该方法的灵敏度相对较低，并需要用有害的放射免疫分析方法来定量 hGH 而不够理想。hGH 的测定被用来作为内部对照，以校正转染效率，同样，用来校正实验性 SEAP 报道基因构建物的表达也非常适宜。

β-葡糖醛酸糖苷酶（GUS）

大肠杆菌的 β-葡糖醛酸糖苷酶（GUS）基因是用于研究植物基因表达的主要报道基因。GUS 在植物及哺乳动物细胞中都可以用作报道基因，但在高等植物中特别有用，因为大多数种类的植物都不具内源性的 GUS 活性。用 GUS 转化的高等植物能健康生长，正常发育并可育。同 β-半乳糖苷酶一样，GUS 作为报道基因的主要优点之一是有多种分析该酶的方法。用各种 β-葡糖醛酸类物质作底物发展了几种不同的比色分析方法。其中最普遍的是用 X-gluc，这种底物也能用来对表达 GUS 活性的组织和细胞进行组织化学染色。一种更为灵敏的 GUS 荧光分析方法用 4-MUG 作为底物。一种 GUS 化学发光分析方法也已发展起来，它很类似于用来定量 β-半乳糖苷酶的方法，其底物是金刚烷基1,2-二氧杂环丁烷芳香基葡糖醛酸。这种分析方法比用 4-MUG 为底物的荧光分析方法的灵敏度大约高 100 倍，并且有很宽的动力学线性范围。GUS 除了用作报道基因外，GUS 融合蛋白还被广泛用于研究植物及动物蛋白定位及转运。

体内报道分子分析方法

体内报道分子分析方法可定义为在活细胞或组织（如转基因动物）中，或在已经过组织化学固定的细胞或组织中所进行的分析。本方法提供的数据比体外报道系统的定量性较差，但可为启动子/增强子的细胞特异性及特异转录因子的组织分布提供重要信息。由于该方法的关键在于将报道分子固定在其产生的部位，因此，用可析出的底物或能发光或产生荧光的底物来进行报道分子的分析是十分合适的。相反，分泌型蛋白如 SEAP 及 hGH 则较少用作体内报道基因。

绿色荧光蛋白（GFP）

有几种生物发光水母，其发光是由于能量转移至绿色荧光蛋白（GFP）所至。有一种来源于维多利亚水母（*Aequorea victoria*）的绿色荧光蛋白在接受了 Ca^{2+} 激活的水母发光蛋白的能量后可在体内产生荧光。这个过程的发生不需要底物或辅助因子，而是通过两个蛋白质之间的能量直接转移进行的。纯化的 GFP 与体内表达的该蛋白质有相似的发光谱，可吸收蓝光，激发绿光，后者用荧光显微镜或紫外光箱或荧光激活细胞分选仪（FACS）可检测到。GFP的吸收及发射波长与荧光素相似。因此，用来检测荧光素的各种条件也适合于GFP。全长的GFP对于发射荧光似乎是必要的；然而，与发光有关的最小生色基团可定位于该蛋白质的一个六肽上。这个区域包含了一个丝氨酸脱氢酪氨酸甘氨酸三聚体，它可以环化生成一个发光的生色基团，其机制尚不清楚。

对维多利亚水母的GFP基因的克隆和测序使该蛋白质能够在异源体系中表达。GFP无论是在原核或真核细胞中表达，当用蓝光或紫外光激发细胞时，都能产生一种很亮的绿色荧光。GFP发生荧光不需要维多利亚水母中的其他基因产物，并且是种属非依赖性的。最近用秀丽新小杆线虫（*Caenorhabditis elegans*）——一种常用来进行发育研究的生物，进行的研究显示了GFP作为体内基因表达的报道基因的应用。这些研究者将GFP基因置于一个神经元特异性的启动子控制下在*C. elegans*体内表达，利用GFP荧光来监测线虫发育过程中神经形成的具体时间。GFP也在酵母、哺乳动物细胞及果蝇中得到表达。不仅如此，已构建了与GFP的N端及C端融合的蛋白质，并显示它们都保留了天然GFP的荧光活性。突变的GFP有更强的荧光活性，光谱移位，以及更快的翻译后发色团形成（见9.9）。

萤火虫萤光素酶

近来的研究显示，通过应用可穿过细胞膜的可溶性萤光素酶底物，可在活细胞内检测到萤火虫萤光素酶的活性。这些化合物一般是不带电荷的萤光素酯类，很容易穿过脂质双层膜，一旦进入细胞中，这些底物即被内源性的酯酶转变成萤火虫萤光素，后者即成为报道基因所编码的萤光素酶的底物。有一种可光解的“笼型”萤光素化合物据认为更容易进入细胞。这种化合物能被内源性的酯酶或可见光水解而产生游离的萤光素。以其现有的形式，体内的萤光素酶分析方法还欠灵敏，并且缺乏GFP所具有的进行实时分析的性能。通过开发其他有更高的量子产率的萤光素酶底物和更复杂的检测仪器，萤光素酶有可能成为一种体内分析用的有用的报道系统。

β-半乳糖苷酶

体内β-半乳糖苷酶报道分子的水平用可沉淀性底物X-gal在原核及真核细胞中、在组织切片及完整的胚胎中可进行检测。与X-gal的反应产生一种深蓝色，许多情况下相对于背景很容易检测到。用X-gal进行组织化学染色需要在酶学分析之前对细胞或组织进行固定。检测全胚胎中*lacZ*的表达，对于分析发育早期的组织特异性基因表达特别有用。在活体培养的细胞中检测β-半乳糖苷酶的活性，可用底物荧光素二-β-D-吡喃半乳糖苷（FDG）进行。FDG在低渗条件下加入而被送入活细胞内，被β-半乳糖苷酶切割后因反应产物的疏水结构而被“困”在细胞内。表达该报道分子的细胞即通过底物代谢物的荧光成分发出的荧光而被检测。

另一种体内表达β-半乳糖苷酶的重要应用是所谓的“增强子捕捉”研究，其中报道基因整合到转基因生物的染色体内，其位置效应被用来定位增强子序列。有一种方法是将一个弱基础启动子导入小鼠卵细胞，并整合进小鼠基因组中。从产生的成年动物的子代中可获得稳定的转基因动物。应选择足够弱的启动子，使只有当启动子与整合位点附近的某一增强子邻近时才能表达β-半乳糖苷酶基因。转基因动物品系中β-半乳糖苷酶的表达形式可间接地反映附近增强子的组织特异性及强度。这种类型的实验利用了报道基因的表达来识别新基因及其旁侧的调控序列，它们在早期发育过程中的表达图式可能会很有意思。

参考文献：Alam and Cook，1990；Bronstein et al.，1994.

撰 稿 人：Steven R. Kain and Subinay Ganguly

9.7　报道基因活性的同位素分析方法

9.7.1　基本方案 1　CAT 活性的色谱分析法

材料（带√项见附录 1）

用 CAT 表达质粒转染的细胞，悬浮或在 100 mm 培养皿上（见 9.1～9.4 和 16.11，并参见图 9.7.1）

√磷酸缓冲盐水（PBS）

√TEN 溶液

√1 mol/L Tris · Cl，pH 7.5

200 μCi/ml [^{14}C] 氯霉素（35～55 mCi/mmol）

4 mmol/L 乙酰辅酶 A（保存于－20℃≤2 周）

乙酸乙酯

19∶1（*V*/*V*）氯仿/甲醇

橡胶细胞刮子或相当物

Whatman 3MM 滤纸

薄层层析（TLC）缸

薄层层析（TCL）平板（背衬为塑料的，硅胶 1B；J. T. Baker）

装有放射性墨水的笔

步骤

1a）对于贴壁细胞：100 mm 培养皿中的转染了 CAT 表达质粒的贴壁细胞（约 10^7 细胞），用 PBS 洗 2 次，每次 5 ml。每培养皿加入 1 ml TEN 溶液，置于冰浴 5 min。用橡胶细胞刮子将细胞从培养皿上刮下来，将其转入 1.5 ml 的微量离心管中，置于冰浴 5 min。

1b）对于悬浮生长细胞：分别用 PBS 和 TEN 洗涤 10^7 细胞一次，每次离心收集细胞。

2）在 4℃以最大速度离心细胞 1 min，细胞沉淀重悬于 100 μl 冰冷的 0.25 mol/L，pH 7.5的 Tris · Cl 缓冲液中。

3）在干冰/乙醇中冻结细胞 5 min，移至 37℃融化 5 min。重复这种冻融过程 2 次以上。在冰上冷却细胞裂解液，然后，4℃以最大速度离心 5 min。移出并保留上清。保存部分先在干冰/乙醇中冻结，然后置－20℃冻存。

4）制备下列反应混合液（每个反应 130 μl）：

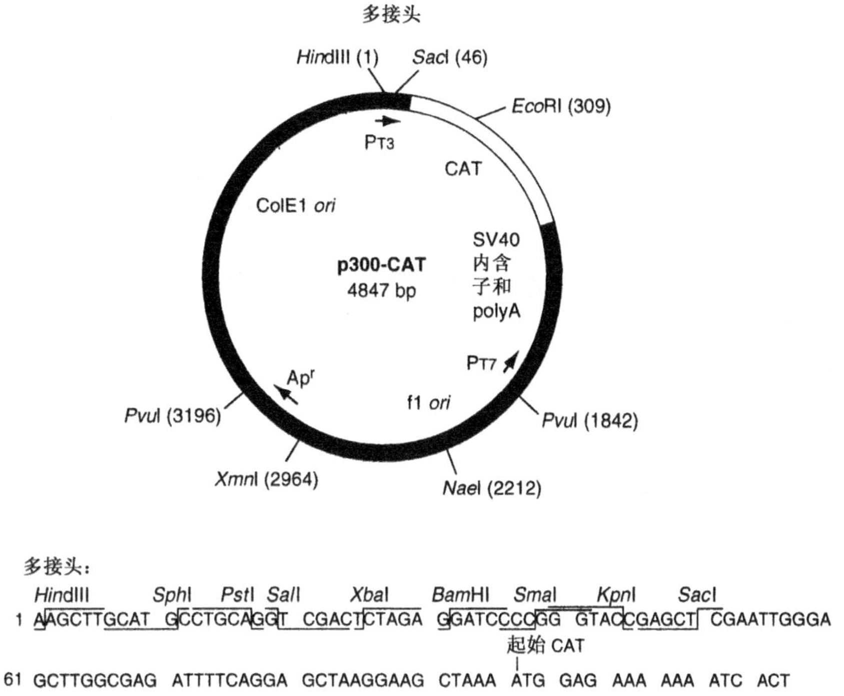

图 9.7.1 表达载体 p300-CAT。此载体为插入所要的控制元件所设计，它源于 pUC-CAT 质粒（Gilman et al.），去除了其中的 CAT 盒序列以后再平端克隆入 pBluescript M13$^-$ 的 *Eco*RI 酶切位点。每一个唯一的限制酶切位点位于 pUC 状的多接头中，很方便克隆。该载体是噬菌粒，可产生单链以便用反向引物对插入的启动子进行 5′→3′方向的测序。另外，使用双链的上一条链的序列可以很容易的构建突变。

2 μl 200 μCi/ml [^{14}C] 氯霉素（35～55 mCi/mmol）
20 μl 4 mmol/L 乙酰辅酶 A
32.5 μl 1 mol/L Tris · Cl，pH 7.5
75.5 μl H_2O

5）将 130 μl 混合物加到 20 μl 抽提物中，均匀混合，37℃孵育 1 h。

分析不同量（1～50 μl）的提取物，调节反应液至 Tris · Cl 终浓度为 0.25 mol/L，终体积为 150 μl。若分析时间很长，乙酰辅酶 A 浓度可提高到 40 mmol/L，因为在此条件下不稳定。

6）加 1 ml 乙酸乙酯至反应液中，在涡旋混合器上混匀。离心 1 min，移出上层液相（乙酸乙酯），在 Speedvac 蒸发器中蒸干 45 min。

7）在层析缸中加 200 ml 19∶1 氯仿/甲醇，放入一张与 TLC 薄板同样大小的 Whatmann 3MM 滤纸，平衡 2 h。

8）重悬每份样品于 30 μl 乙酸乙酯中，在 TCL 薄板上距其边缘 2 cm 处上样，每次点 5 μl，在平衡过的层析缸中展开 2 h 或直到溶液的前沿部分接近薄板的边缘。

9）取下 TCL 薄板，在空气中晾干。用放射性墨水笔作上标记后，用塑料薄膜包裹，置于感光片上进行放射自显影（见附录 3A）。

最终的自显影图中，每样品将可能有多至 5 个曝光斑点，自下而上分别为：在原点位置的一个弱点、非乙酰化的氯霉素、两种形式的乙酰氯霉素以及二乙酰氯霉素。如果出现了二乙酰氯霉素，说明分析超出了线性范围（乙酰氯霉素的转化率不小于20%～30%）。这种情况下，应将样品稀释或减少分析时间。

10）在光盒上对比层析板、放射自显影和放射性墨水所做的标记，确定每个点的标量。用铅笔在层析板上描绘每个点的范围并将其切下，放入闪烁液中计数。

11）计算单乙酰氯霉素所占的百分数，确定提取物的CAT活性。[乙酰化率 =单乙酰化物的计数值/(单乙酰化物的计数值+非乙酰化物的计数值)]

9.7.2 备择方案1 原位裂解细胞的CAT分析方法

这种裂解方案比基本方案中冻融裂解液要快而且容易，但结果不稳定。

附加材料（亦见基本方案1；带√项见附录1）

用CAT表达质粒转染的细胞，在60 mm直径的培养皿上

√低渗缓冲液

√Triton裂解液

步骤

1）60 mm培养皿中转染了CAT表达质粒的细胞，用2 ml PBS洗1次。每培养皿加入2 ml低渗缓冲液，在室温下温育2～5 min。

2）吸去低渗缓冲液，加入400 μl Triton裂解液。用橡胶刮子将细胞刮离培养皿，将裂解物移入1.5 ml微量离心管中。

3）微量离心1 min，除去细胞核及不可溶性蛋白。将上清转入一个干净的微量离心管中。

4）进行CAT活性分析（见基本方案1步骤4，或备择方案2步骤4）

9.7.3 备择方案2 CAT活性的相抽提分析法

这个方案简单快速便宜，对动物细胞和原生质体比较适合。

附加材料（亦见基本方案1和备择方案1，带√项见附录1）

√0.01 μCi/μl [^{3}H] 氯霉素溶液

5 mg/ml丁酰辅酶A（−20℃保存≤4个月）

100 mg/ml未标记的氯霉素

√2 mol/L Tris·Cl，pH 8.0

2∶1（*V*/*V*）四甲基十五烷(TMPD)/二甲苯

步骤

对于哺乳动物细胞，用冻融法或原位裂解法。

1a）如基本方案1步骤1～3或备择方案1步骤1～3抽提细胞提取物，继续步骤4。

对于哺乳动物细胞，用胰酶法

1b）胰酶消化或用刮子获得细胞（见附录3F），室温300 *g*离心5 min，去上清。

2b）每10^7细胞加2 ml低渗缓冲液，离心，去上清。

3b）每10^7细胞加200 μl Triton裂解液，离心1 min，去核和不溶蛋白质，移上清于新的离心管中，继续步骤4。

对于植物原生质

1c）1.5 ml离心管室温2000～4000 r/min离心5 min，去上清，收集原生质体（10^5细胞）。

2c）加50 μl低渗缓冲液，剧烈振荡，－70℃冷冻大于15 min或干冰/乙醇中放置5 min。

3c）消融，室温高速离心2 min，移上清于一干净管中，继续步骤4。

4）配制如下CAT分析混合液（每个反应50 μl）：

20 μl 0.01 μCi/μl [^{3}H] 氯霉素溶液

5 μl 5 mg/ml 丁酰辅酶A

5 μl 2 mol/L Tris · Cl，pH 8.0

20 μl H_2O

5）对每组分析，将50 μl CAT分析混合液加入50 μl细胞提取液中。37℃温育30～90 min。

6）用200 μl 2∶1的TMPD/二甲苯剧烈振荡提取乙酰化的氯霉素。离心并移出上层液相（有机相）至一只闪烁瓶中。

7）样品中加3～5 ml闪烁液，计数测定CAT的活性。

9.7.4 基本方案2 人生长激素的放射免疫分析法

材料（带√项见附录1）

转染了hGH表达质粒的细胞（见9.1～9.4和16.11，并参见图9.7.2）

人生长激素放射免疫分析试剂盒（Allegro Human Growth Hormone，Nichols Institute Dianostics），包括：

^{125}I标记的抗体溶液

洗涤液

人生长激素（hGH）标准品

亲和素包被珠

12 mm×75 mm圆底试管

γ计数仪

步骤

1）取转染了hGH表达质粒（图9.7.2）的哺乳动物细胞的培养液100～500 μl。含有hGH的培养基在－20℃可以保存几个月，4℃可保存几天。避免反复冻融。

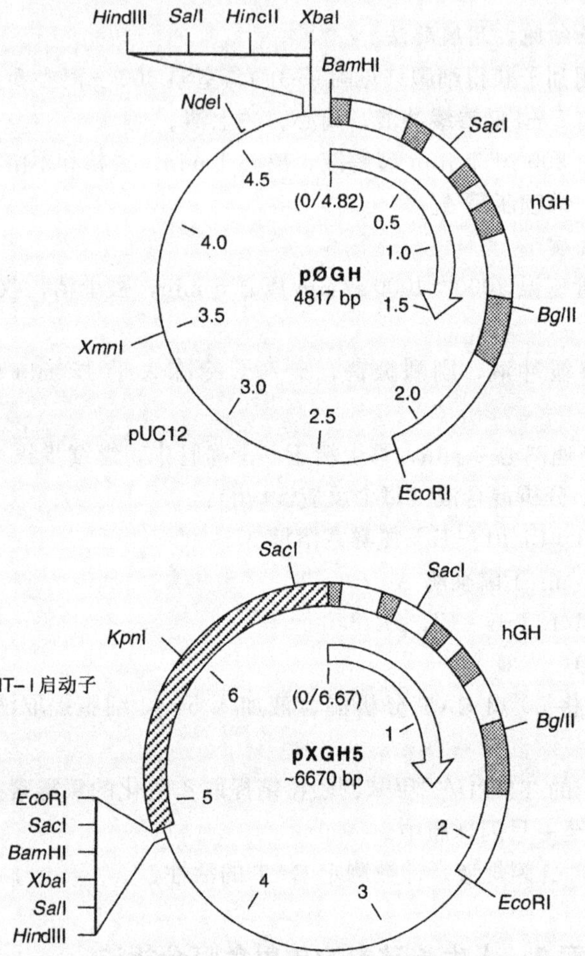

图 9.7.2　人生长激素的表达质粒（hGH，Selden et al.，1986）

2）加 100 μl 培养液或标准品至 12 mm×75 mm 圆底试管中。加入 100 μl ^{125}I 标记的抗体溶液，混合。

3）加入 1 颗亲和素包被珠，盖上试管盖或用 Parafilm 膜封口，室温下在一水平旋转器上以约 170 r/min 摇动下温育 90 min。

4）加 2 ml 洗涤液洗磁珠 2 次。完全吸干洗涤液。

5）将试管置于 γ 计数仪上计数 1 min。试剂盒中的 hGH 标准品测得的数据绘制标准曲线。用这个标准曲线来计算样品中未知的 hGH 含量。当样品中的 hGH 值在线性范围之外（大于 50 ng/ml）时，稀释后重测。

参考文献：Gorman et al.，1982；Seed and Sheen，1988；Selden et al.，1986.

撰 稿 人：Robert E. Kingston，Jen Sheen，and David Moore

9.8 非同位素分析报道基因活性

9.8.1 基本方案 1 蛍火虫蛍光素酶报道基因分析

材料（带√项见附录 1）

转染了蛍光素酶表达质粒的细胞，培养在 60 mm 培养皿上（见 9.1～9.4 和 16.11，并参见图 9.8.1）

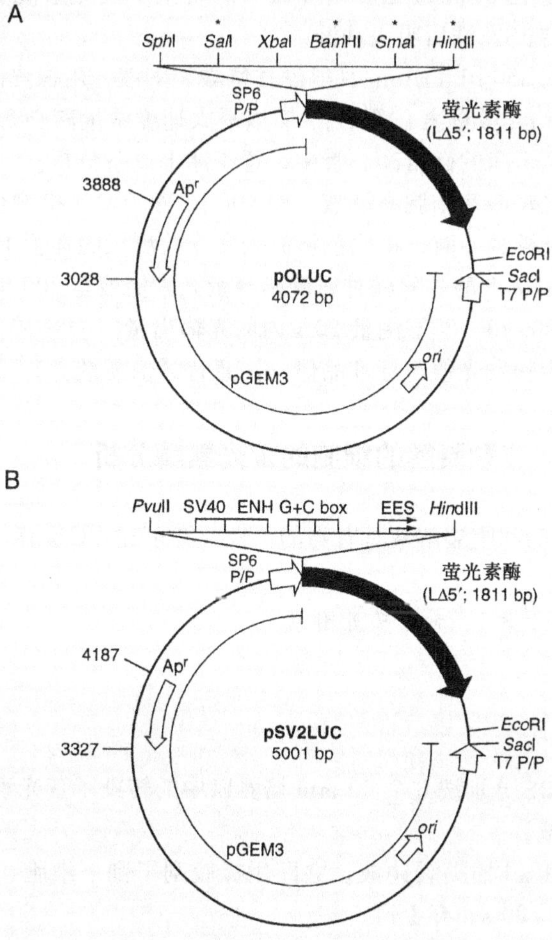

图 9.8.1 蛍光素酶表达载体。A. pOLUC 是一个含有蛍光素酶基因的无启动子载体。它是从 pGEM3 衍生而来的一个高拷贝氨苄抗性质粒，其多克隆位点两侧是 SP6 启动子/引物序列（SP6P/P）和 T7 启动子/引物序列（T7P/P）。插入目的片段所用的单酶切位点用星号（*）标出。B. pSV2LUC 含有 SV40 的真核细胞强启动子/增强子序列，被插入 pOLUC 中用作蛍光素酶表达的阳性对照，或用作各次转染之间校正的标准。SV40 ENH 代表 SV40 增强子的 72 bp 重复序列，G+C盒是 SV40 启动子的 SP1 结合位点。EES 代表早早期转录起始位点。

√冰冷的 PBS

√Triton/甘氨酰甘氨酸裂解液

√蛍光素酶分析缓冲液
√蛍光素储液
　25 mmol/L 甘氨酰甘氨酸，pH 7.8（游离碱，结晶，Sigma）
　已知活性的作为标准品的萤火虫蛍光素酶（Sigma）
　橡胶细胞刮子
　带打印机或绘图仪及比色杯的发光检测仪（手工或自动）

步骤

1）用冰冷的 PBS 洗涤在 3 个 60 mm 培养皿中的转染了蛍光素酶表达质粒的细胞各 3 次，每次用 4 ml PBS，洗后吸去洗液。
2）每个培养皿中加入 350 μl Triton/甘氨酰甘氨酸裂解液。用橡皮刮子刮下细胞，将溶解的细胞转入 1.5 ml 微量离心管中。4℃以最大速度微量离心 5 min。将上清（细胞裂解液）转入一个干净的微量离心管中，置于冰上以备分析。
3）在涡旋混合器上轻轻振荡细胞裂解液，取 100 μl 置于发光检测仪的比色杯中。加入 360 μl 蛍光素酶分析缓冲液。将比色杯放入发光检测仪的杯箱中。
4）用 25 mmol/L，pH 7.8 的甘氨酰甘氨酸稀释蛍光素储液至 200 μmol/L。往发光检测仪里的样品注入 200 μl。25℃测量 20 s 内的光输出量。
5）比较每个样品的生物发光值与标准品值（注意背景值需减去），进行定量。

9.8.2 备择方案 冻融裂解的细胞的蛍光素酶分析

由这种方法制备的细胞裂解液具有高的活性，并可在 4℃保存较长的时间。

附加材料（亦见基本方案 1；带√项见附录 1）
√提取缓冲液

步骤

1）用 4 ml 冰浴的 PBS 分别洗 3 个 60 mm 培养皿中的转染了蛍光素酶质粒的细胞 3 次，每次洗后吸去洗液。
2）每只培养皿中加 1 ml 抽提缓冲液，立即用橡胶刮子刮下细胞，移至 1.5 ml 微量离心管中。离心 15～30 s，弃上清。
3）在细胞沉淀中加 100 μl 提取缓冲液，干冰/乙醇中冷冻 5 min，转移到 37℃化冻 5 min。重复此过程至少 2 次。
4）将裂解的细胞置于冰浴，然后 4℃以最大速度离心 5 min，移出上清，分析蛍光素酶的活性（基本方案 1 步骤 3～6）。

9.8.3 基本方案2 β-半乳糖苷酶报道基因的化学发光分析

材料（带√项见附录1）

用表达β-半乳糖苷酶的质粒转染的细胞，培养在60 mm培养皿上（见9.1～9.4和16.11，并参见图9.8.2）

模拟转染的对照细胞，培养在60 mm培养皿上

√PBS

√Triton裂解液

√β-半乳糖苷酶反应缓冲液

√光发射加速液

10 U/ml β-半乳糖苷酶（Sigma Grade VIII）

橡胶细胞刮子

带有绘图记录仪及测试管的发光检测仪

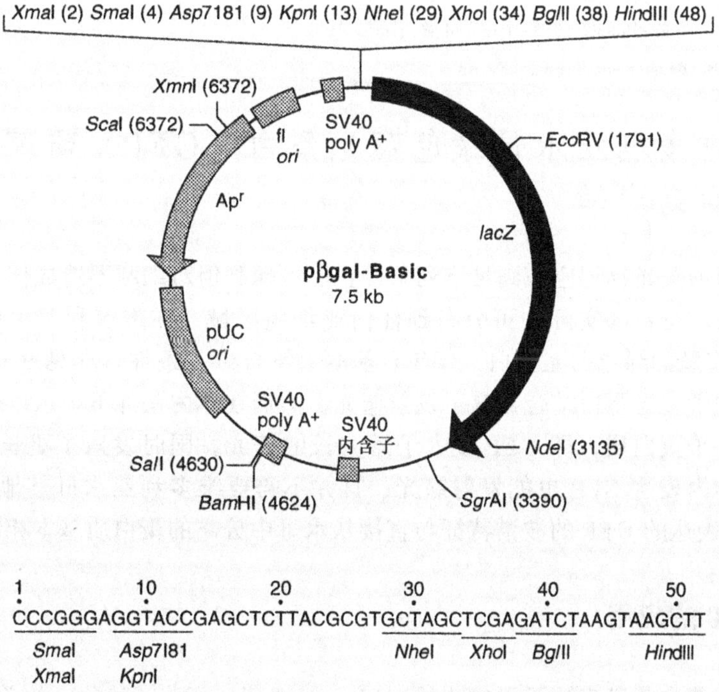

图9.8.2 β-半乳糖苷酶表达载体。pβgal-Basic缺少真核启动子和增强子序列。外源含启动子序列的DNA可以插入*lacZ*上游的连接处。增强子序列可以克隆插入连接处或者*lacZ*的上游。此系列的4个载体都含有SV40内含子和*lacZ*下游的多聚腺苷酸信号，保证了转录物的正确有效的加工处理。载体含有产生ssDNA的fl *ori*，以及便于在*E. coli*中增殖的pUC-19 *ori*和*Amp*抗性基因。各载体的连接处序列是一样的。pβgal-Promoter和pβgal-Control在*Bal* III和*Hind* III酶切位点处插入了一带有启动子序列的202 bp片段。GenBank已收录pβgal-Basic（Accession U 13184）。

步骤

1）用 PBS 分别洗涤 2 次 60 mm 培养皿中的转染了 β-半乳糖苷酶表达质粒的细胞及模拟转染的细胞。

2）加入 250 μl Triton 裂解液，用一橡胶细胞刮子将细胞刮下来。将细胞提取物转移至 1 个 1.5 ml 微量离心管中。在 4℃以最大速度离心 2 min，将上清转移至一个干净的微量离心管中。置于−70℃冻存可达几个月。

3）在一只发光检测仪的测试管中加 2～20 μl 细胞提取液。再加 200 μl β-半乳糖苷酶反应缓冲液，在室温下温育 60 min。

4）将测试管放入发光检测仪，注入 300 μl 光发射加速液。注入后等 2～5 s，然后测定 5 s。

5）每个样品测量 3 次。用同体积的模拟转染细胞抽提液的分析结果作为负对照。加 1μl β-半乳糖苷酶（0.01 U）到同体积模拟转染细胞抽提液中分析作为正对照。对每个样品和对照采用同样的孵育时间。

参考文献：Gould and Subramani，1988；Jain and Magrath，1991.

撰 稿 人：Allan R. Brasier and John J. Fortin

9.9 用维多利亚水母绿色荧光蛋白（GFP）研究体内蛋白动力学

一个理想的荧光标记应该满足下列条件：①可探测但对细胞不造成伤害；②可标记的细胞类型很广泛；③实际中可分布到任何亚细胞区域。在维多利亚水母（*Aequorea victoria*）中克隆的绿色荧光蛋白（GFP）基本上符合以上条件（亦见 9.6），在维多利亚水母中，化学发光蛋白结合钙离子发射蓝光。然而在体内条件下，水母却变绿了，这是因为另外一个蛋白质，即 GFP 吸收了短波长的蓝光，同时发射了更长波长的绿光。在其他生物体内表达 GFP 也能发射绿光，且并不需要维多利亚水母其他的特有因子。在 *E. coli* 中表达的 GFP 的波谱特征与直接从水母中分离的蛋白质基本相同。

9.9.1 GFP 的应用

在很多生物中都已表达了可检测的 GFP，如细菌、真菌、植物、培养的动物细胞、线虫和果蝇，且作为单独或融合其他的蛋白质都可以显色。已有报道，N 端和 C 端融合可以正确定位且在体内保持其功能。

分离的 GFP 蛋白非常稳定。在 pH 7～12.2 时，温度大于 65℃，另外即使在 6 mol/L 盐酸胍、8 mol/L 尿素，或 1% SDS 情况下也能看见荧光。这种活性在大多数生理环境下都能保持。然而，新生成的 GFP 并不能马上产生荧光。发色团的形成需要内源分子间的一个氧化反应之后才能发光。

荧光基团在 395 nm 波长达到激发高峰，第二个吸收峰是在 475 nm 处。发射光谱只有一个在 509 nm 处的一个单峰。GFP 也可以在利用异硫氰酸荧光素滤镜检测到，尽管不是最灵敏。可获得理想的 GFP 激发和发射光谱滤镜系列已有商业化供应（见下文）。波谱特征改变了的 GFP 突变体也有商业化供应（见下文）。

目前已有很多的 GFP 表达系统。作者已构建了一系列 C 端融合载体，可在芽殖酵母 *Saccharomyces cerevisiae* 内促进 GFP 表达（图 9.9.1）。哺乳动物细胞内已有商业可用的启动 GFP 表达的载体（Clontech）。细菌内表达载体也有描述（Chalfie et al., 1994；Heim et al., 1994）。在这些例子中，一个强的转录启动子启动了 GFP 的高表达。对于融合蛋白的精确定位和表达，如果能产生足够的蛋白量，使用所融合的基因特异性启动子比较合适。

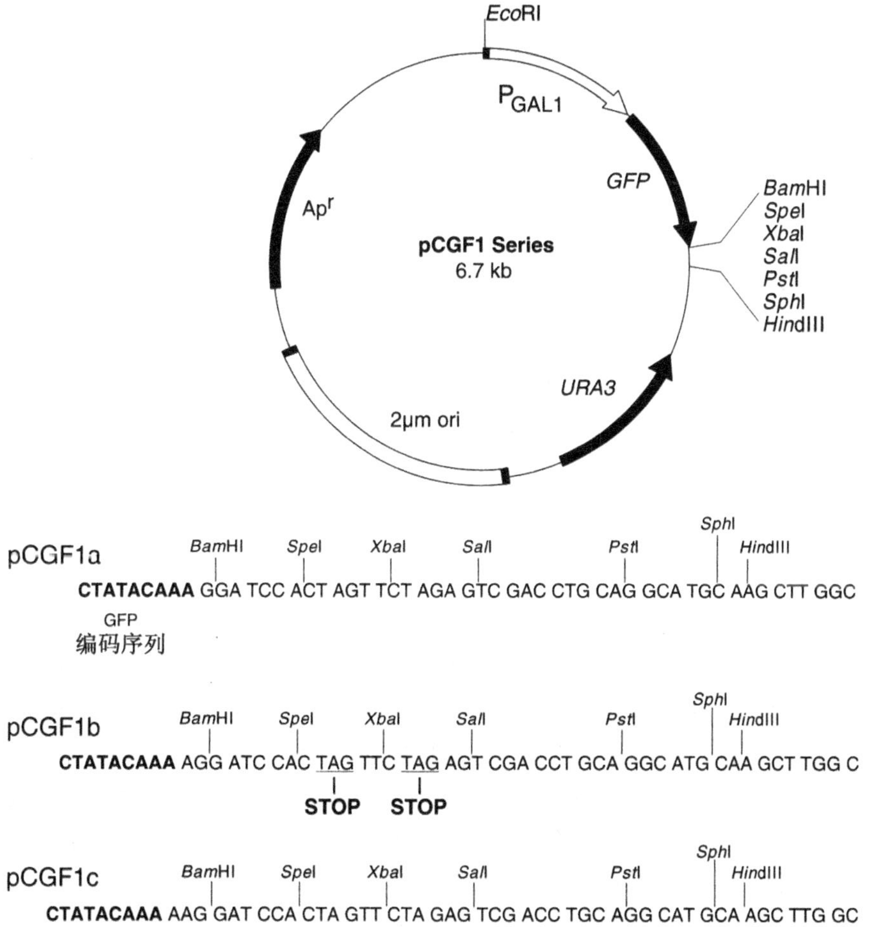

图 9.9.1 酵母中使用的 pCGF（C 端 GFP 融合）载体。半乳糖诱导的 GAL1 启动子用来表达 GFP 融合蛋白。GFP 的 C 端的 3 个框架内可以融合特定蛋白质。所有的限制酶切位点都是独一无二的。

9.9.2 GFP 的问题

荧光吸收率低：相对于其他发色团，GFP 发色团的亮度较低，这是由于 GFP 吸收激发光的能力较低，消光系数是衡量材料吸收特定波长的一个指标。对于野生型 GFP，395 nm（主要的激发峰），消光系数是 24 000 $L \cdot mol^{-1} \cdot cm^{-1}$，在另一激发峰 475 nm（根据 FITC 装置）波长处，消光系数是 7150 $L \cdot mol^{-1} \cdot cm^{-1}$。相比之下，异硫氰酸荧光素在 495 nm 最大激发峰的消光系数是 76 000 $L \cdot mol^{-1} \cdot cm^{-1}$。因此，在同一 FITC 体系里，一蛋白质若用免疫荧光检测，FITC 结合的抗体（假定每个蛋白质需一个 FITC 分子）信号约为 GFP 融合蛋白的信号的 10 倍强度。理论上，用 GFP 特异性的滤镜装置探测的 GFP 信号强度约为 FITC 探测的 FITC 信号强度的 1/3。总之，GFP 的固有发色团比相似光谱的 FITC 更弱。

荧光的“延迟”：因为 GFP 必须有一个翻译后的氧化步骤才能形成发色团，在某些情况下可能检测不出。细菌中表达 GFP，暴露于空气中氧气室温 1.5 h 后荧光强度为最大量的一半，类似的实验在真核细胞中没有测过，但细胞质的低电位可能抑制发色团形成。当 GFP-cyclin 融合蛋白在 COS-7 细胞中表达时，免疫荧光检测有表达的时间与体内检测到荧光的时间相差了 3 h（Pines，1995）。如果一个融合蛋白在体内的周转时间很快，它的荧光信号可能就不会被检测到。这样，GFP 作为瞬时基因转染的标记可能就不合适。

低表达：如果检测不到荧光信号，也可能是蛋白质表达效率不高。因为 GFP cDNA 来源于水母 mRNA，还不能确定所用的密码子在所有类型细胞中都能被翻译。另外，不是所有的来源于维多利亚水母 A 的 mRNA 在其他生物体内都很稳定。可靠的分析方法是免疫印迹（见 10.6）。融合蛋白表达后，用对应蛋白质的抗体应该检测出迁移了约 28 kDa 的条带。在免疫印迹和免疫沉淀实验中，市场上有抗 GFP 的抗体（Clontch）也可以用来鉴定融合蛋白。

9.9.3 GFP 突变体

GFP 的突变体荧光强度高，波谱有所改变，且翻译后发色团的形成也更快。Tyr^{66} 变为 His 后，蛋白质吸收更长的紫外光发蓝光，然而强度比野生型的减弱 50%。Ser^{65} 变为 Tyr 后（S 65T），吸收峰变为 490 nm，而不影响发射峰，使得更适合于标准的 FITC 滤镜系统。另外，S 65T 在 490 nm 的消光系数增加到 39 200 $L \cdot mol^{-1} \cdot cm^{-1}$，半衰期降低了 66%。$Val^{163}$ 变为 Ala（V 163A）后，GFP 在细菌中溶解度更高，比野生型形成发色团的速度也提高了 25%，且波谱特征未改变。GFP 双突变 S65T 和 V163A 的波谱特征和 S65T 相同。当在酵母中表达时，它在 FITC 系统中检测的信号强度明显要比野生型要强。

9.9.4 显微镜设置

标准的落射荧光显微镜在观测 GFP 时可进行一些优化。

物镜：从镜头系统中观测的光强度与数值孔径的四次方成正比（NA^4），与放大率的平方成反比。这样，为获得强信号，镜头的数值孔径应该高，放大率应该小。如 1.4-NA 的镜头比 1.3-NA 的镜头信号强度要高 35%。放大率从 100×降到 60×会使得信号强度有两倍的提高。

激发源：大多数荧光显微镜都有水银弧灯，功率有 50 W、100 W、200 W 不等。功率选择和信号之间并没有太直接的关系，因为信号强度也依赖于光所照射区域的面积。实际上，100 W 灯的总的信号强度（单位面积的光强度）比 200 W 的要强。而且，在所产生的波谱范围内，水银弧灯并不能发射等量的光。在特定波长有强发射峰。由于 100 W 的水银灯总的信号强度比较强，适合于大多数常规的荧光分析。氙弧灯也可以用作荧光显微镜的光源，但总的来说在相同功率下比水银弧灯产生的光要少，但光谱一致性要好。实际上，75 W 的氙弧灯产生的蓝光（GFP 激发光）的强度相等于 100 W 的水银灯所产生的蓝光。氙弧灯的一个好处是它发射更少的短波长光，这样可以减少样品被透过荧光滤镜的偏离光照射而导致的损伤。激光也经常用作显微镜的光源（激光共聚焦显微镜），有报道说 488 nm 的氪-氩激光比较适合激发 GFP 荧光。

荧光滤镜：几种类型的滤镜系统都可以用来观测 GFP，当荧光背景有问题的时候，Band-pass 放射光滤镜比较适合观测特定类型的荧光团。若要探测荧光很弱的信号，应该考虑 long-pass 滤镜。作者曾用过 3 种滤镜在酵母里探测 GFP 荧光：标准的 FITC long-pass（激发 450～490 nm，发射 520 nm）和 FITC band-pass（激发光 460～500 nm，发射 510～560 nm）滤镜，以及针对 GFP 的 band-pass（激发 400～440 nm，发射 480～520 nm）滤镜装置。对于后者，短波大大激发了 GFP 的光漂白，当使用数码相机记录长时间保存的图片时，FITC long-pass 滤镜能够最大限度地检测信号和减少光漂白作用。

参考文献：Chalfie et al., 1994；Delagrave et al., 1995；Heim et al., 1994，1995；Pines，1995；Prasher et al., 1992.

撰稿人：Jason A. Kahana and Pam A. Silver

9.10 逆转录病毒转导系统概述

逆转录病毒载体是用以将非病毒基因导入体内或体外有丝分裂细胞的一种感染性病毒。这些载体来源于从啮齿类或禽类分离得到的有复制活性的病毒，针对转导过程人们对其进行了多方面的改造。自然发生的逆转录病毒高效、准确的整合机制被用来产生一个稳定整合于宿主细胞染色体中的单拷贝或几个拷贝的病毒基因组。

对于将一个或数个基因稳定而有效地转导到不容易被转染的细胞，如原代细胞及体内细胞（它们通常根本不易被转染），逆转录病毒载体是很有用的。转染是指 DNA 侵入细胞的一个基因转移过程（见 9.1～9.4）。并不是所有的细胞都能够被转染，且在不同的细胞类型中，有效转染的步骤也是不同的。转染可导致 DNA 的稳定整合或瞬时转染。逆转录病毒的感染是通过与细胞表面特异性受体的结合完成的。其中有的受体，如亲嗜性受体和双嗜性受体在多种细胞上表达，包括原代细胞。因此，有可能用逆转录病毒感染绝大多数细胞。在这里，转导是指逆转录病毒载体以原病毒的形式插入到宿主 DNA 的能力。由于常用的大多数逆转录病毒载体是复制缺陷型的，转导通常是指复制缺陷的逆转录病毒载体在稳定整合前进行一轮感染的能力。当细胞能被有效转染或在需要高拷贝质粒时（关于瞬时表达方案，见 9.1～9.4 及 16.11～16.15），不宜选用逆转录病毒转导系统。因为能有效包装的逆转录病毒 RNA 的大小是有限的，逆转录病毒不能转导大于 11 kb 的 DNA 片段。另一个限制性因素是有丝分裂期后细胞不能被转导，因为有丝分裂会使病毒整合复合物进入细胞核。

9.10.1 逆转录病毒生活周期

逆转录病毒基因组是由 RNA 组成的，它在感染宿主细胞后，立即通过逆转录病毒和宿主细胞中的多种因子作用产生一份其基因组的 DNA 复本。病毒 DNA 随后整合（由病毒 *int* 基因介导）到宿主基因组中，在那里它被称为前病毒（图 9.10.1）。许多实

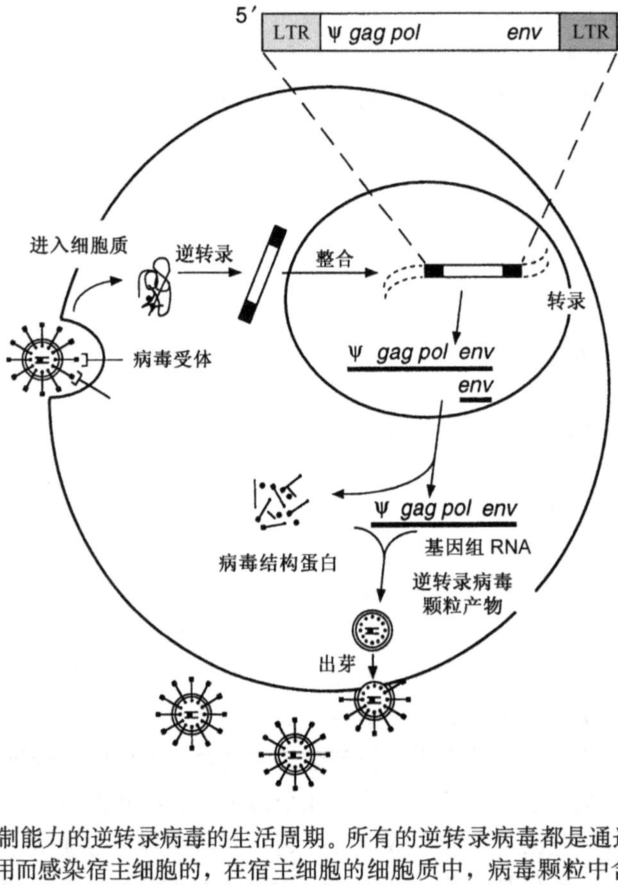

图 9.10.1　有复制能力的逆转录病毒的生活周期。所有的逆转录病毒都是通过与宿主细胞表面的特异受体相互作用而感染宿主细胞的，在宿主细胞的细胞质中，病毒颗粒中含有的逆转录酶开始逆转录病毒基因组 RNA。合成病毒基因组的线性双链 DNA 拷贝后，病毒 DNA 整合到宿主基因组中。整合是由病毒的 *int* 基因产物介导的（在 *pol* 区的 3′端），并通常发生在病毒基因组的末端。在宿主基因组中，整合发生在相当多的染色体位置上，却很少或不具有明显的特异性。一个感染性毒粒产生一拷贝的整合病毒基因组。这种“前病毒”随后与宿主的 DNA 一同复制并传给所有子代细胞。整合后病毒基因组的 5′端的 LTR 启动子通常具有活性，能指导合成病毒基因组全长的(非剪接的)、终止于 3′LTR 的 RNA 拷贝。

有复制能力的病毒需要病毒基因组编码的病毒蛋白 gag、pol 和 env 来产生病毒颗粒。全长的病毒转录物具有几种功能，它同时是 gag 蛋白（病毒毒粒的主要成分）、逆转录酶和 *int* 基因产物的 mRNA，也是剪接产生 env（存在于毒粒的表面）蛋白的 mRNA 的前体，同时编码衣壳化的识别序列“Ψ”。由于此未经剪接的 RNA 中含 Ψ 序列，它可为病毒蛋白所识别并被包装进病毒颗粒。为此，它也被称为“基因组 RNA”。有复制能力的病毒的感染导致产生与原感染颗粒相同的感染性逆转录病毒颗粒，从宿主细胞出芽的这些颗粒能继续对其他宿主细胞进行几轮的感染。

验性逆转录病毒载体最初来源于克隆化的前病毒序列。感染性的逆转录病毒原液可通过将有复制能力的载体转染到能支持其复制的宿主细胞系中，或将无复制能力的载体转染到包装细胞系中制备（图 9.10.2）。每毫升病毒原液中感染性病毒颗粒的数量，称为集落形成单位/毫升（CFU/ml），由生物分析方法（见 9.11 和 9.12）测定。经滴定的原液即可用于在体内和体外感染细胞。一旦整合到宿主细胞中，载体前病毒就会生产目的基因的 mRNA（图 9.10.2）。

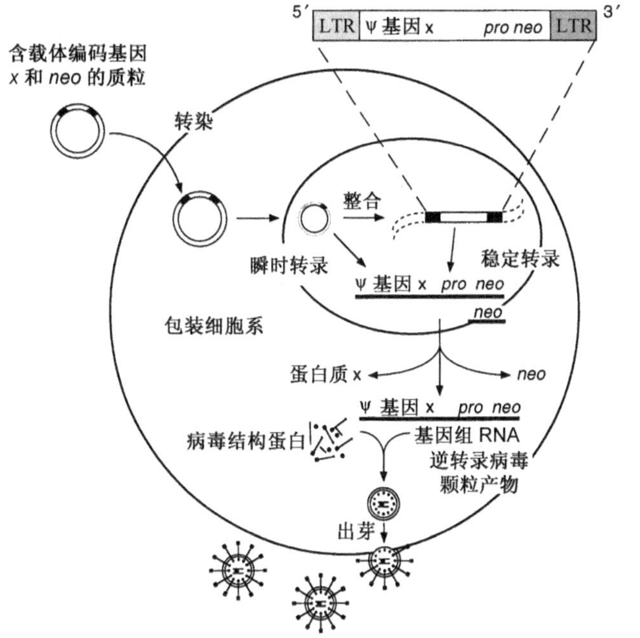

图 9.10.2 从编码逆转录病毒基因组的细菌质粒生产感染性逆转录病毒颗粒，需要将细菌质粒导入哺乳动物或鸟类细胞中。对于有复制能力和无复制能力的载体都是如此。在这里所列举的例子中，编码 *neo* 及一个目标基因（*x*）的无复制能力的载体，通过磷酸钙转染法导入包装细胞系中。包装细胞系是编码产病毒颗粒所需蛋白质（即 gag、pol 及 env）。病毒基因组可从非整合的细菌质粒分子（转染后几天）瞬时转录，或从整合的质粒分子稳定转录。病毒的转录由 5′LTR 起始至 3′LTR终止，因此，是一个全长的病毒转录物。它包含包装信号 Ψ，可被衣壳蛋白识别并将其包入病毒颗粒中。含载体基因组的完整的感染性毒粒从包装细胞出芽释放。将细胞的培养上清移出，用作以后的实验中（图 9.10.3）病毒的来源。本图还显示了另外一种起始于内部启动子（*pro*）并编码 *neo* 基因的转录物的产生过程。由内部启动子产生的 *neo* 基因转录物不含有 Ψ，因此不能被包装。然而它可作为 *neo* 基因的 mRNA，因此能够使这些细胞在选择性药物 G418 中生长。

9.10.2 有复制能力的载体

一个有复制能力的病毒载体意味着载体上包含所有编码病毒结构蛋白的基因以及供侵染的所有顺式作用病毒元件。已构建的禽类（avian）载体能够携带并表达约 2 kb 非病毒序列，但有关成功应用有复制能力的鼠源（murine）载体的报道则很少。目前有复制能力载体的应用没有无复制能力载体广泛，因为大部分实验都在哺乳动物内进行。若用禽类做实验，要求转导动物内或在组织培养皿内的几乎所有细胞，这类载体就非常有用。

9.10.3 无复制能力的载体

无复制活性的逆转录病毒载体删除了部分或全部编码病毒颗粒结构蛋白的基因，以腾出空间插入外源基因及使病毒部分失活（图 9.10.3）。尽管删除了大量序列，载体仍保留了转导所必需的顺式作用病毒序列。这些序列包括 Ψ 包装序列（为识别病毒 RNA 而将之衣壳化并装配到病毒颗粒中所必需）、逆转录信号、整合信号、病毒启动子、增强子及多聚腺苷酸化序列（图 9.10.3）。病毒启动子、增强子及多聚腺苷酸化序列位于逆转录病毒的 LTR。病毒启动子、增强子与逆转录病毒外膜一道决定了病毒感染的细胞类型的特异性。莫洛尼鼠白血病病毒（MoMuLV）在大多数细胞类型中都有表达，其 LTR 是逆转录病毒载体最常用的。

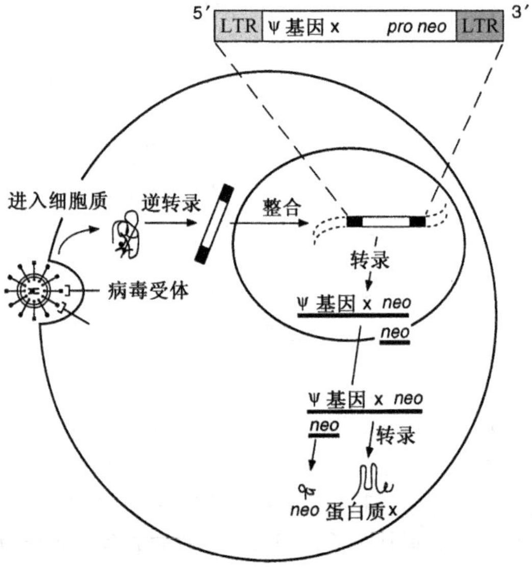

图 9.10.3 用无复制能力的逆转录病毒载体感染靶细胞并表达是通过与宿主细胞受体相互作用而发生的。病毒与有复制活性的病毒一样进行逆转录并整合。全长的病毒转录也能从 5′LTR 起始至 3′LTR 终止，与有复制能力的病毒完全一样。然而这种病毒转录物不编码任何产生病毒外壳所需的蛋白质，它通常编码目标基因（*x*），另外，许多无复制能力的载体编码另一个启动子（*pro*），它在病毒基因组内合成另一个基因（如 *neo*）的 mRNA。由于这样的载体不编码病毒衣壳蛋白，所以用无复制能力的载体感染的细胞不能产生另外的病毒颗粒。因此，病毒基因组不会从一个被感染的细胞播散至其他细胞。然而，病毒基因组可通过宿主基因的正常复制遗传过程而传至所有的子代细胞。

为研究启动子调控或者避免当使用病毒 LTR 时可能造成的转录抑制，人们也构建了缺少病毒启动子/增强子的载体。其中启动子/增强子被一些可诱导的元件所替代，如四环素应答元件（见 16.17）等，这些元件可以用来研究基因调控或避免一些表达有毒基因时遇到的困难。用启动子/增强子缺失的逆转录病毒有一个缺点就是病毒的滴度会下降几个数量级。

人们已开发了一系列逆转录病毒载体，这一章并不能一一详述。载体的设计也在变化之中。最好从对几种不同的设计有经验的实验室获取载体，他们可以对载体的使用提供建议。已有的不能自我复制的鼠科的载体比鸟类载体要多，可能是由于前者应用成功的例子比后者多。有时，需要将带有目的基因的新产生的克隆载体导入合适的包装细胞系；而有的载体不需经再克隆和转染的过程就可直接使用。图 9.10.4 和图 9.10.5 列出了成功用于基因转移的几种不同类型的逆转录病毒载体。

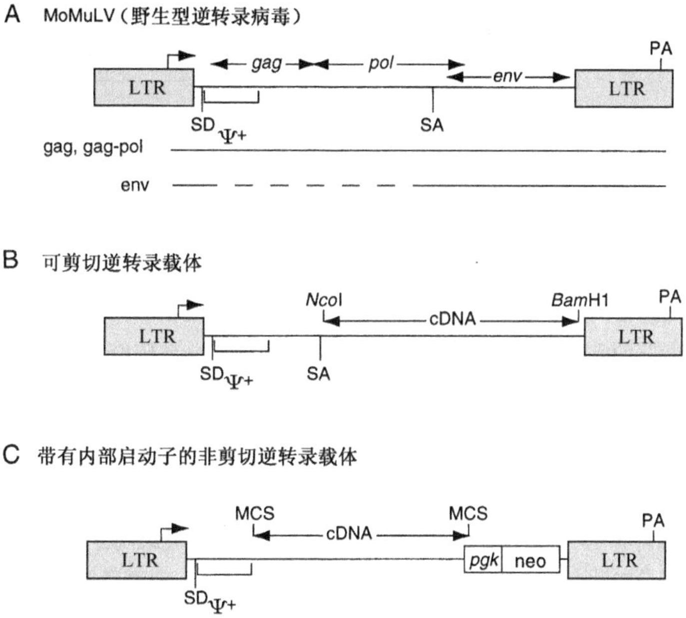

图 9.10.4 最近的逆转录病毒载体设计路线概述。A. 野生型莫洛尼氏白血病毒（MoMuLV）的结构。图中显示的是：该逆转录病毒长末端重复序列（LTR），由 U3、R 和 U5 区组成（转录在 R 区起始）；拼接供体（SD）和拼接受体（SA）位点；延伸的逆转录病毒包装位点（Ψ^+）；逆转录病毒结构基因，由 *gag*、*pol* 和 *env* 组成。多数在 *gag* 起始区中使用了 Ψ^+ 突变的逆转录病毒载体因为 Ψ^+ 延伸入 *gag* 区从而阻止了 *gag* 的翻译。*gag* 和 *pol* 的遗传信息在非拼接转录中得到表达，然而，如在载体下面显示，*env* 的遗传信息却在拼接后才能表达。B. 拼接型逆转录病毒载体的结构。这个载体从一个拼接的遗传信息中以 *env* 的形式表达了被克隆的 DNA，这是一个 MFG 的例子，载体效仿 *env* 的转录拼接表达方式表达了被克隆的 cDNA，并将之克隆到 *Nco* Ⅰ 限制酶切位点，以便翻译起始位点与 *env* 保持一致（Dranoff et al., 1993）。C. 带有内启动子的非拼接型逆转录病毒载体的结构。这些载体可将克隆的 cDNA 作为非拼接的遗传信息进行表达。它有一个内启动子可进行拼接或非拼接表达抗生素抗性标签。内启动子和逆转录病毒的 LTR 之间的竞争是这种策略的潜在缺陷。因为基于标签而非目的基因的筛选可能非常频繁，只表达抗性标签而不表达目的基因的克隆并不少见。这个特例显示鼠干细胞病毒（MSCV）除了以上特性外，它还有一个便于 cDNA 插入的多克隆位点和在干细胞中有增强表达作用的鼠干细胞病毒 LTR 及其他能提高病毒滴度和基因表达的元件（Hawley et al., 1994）。

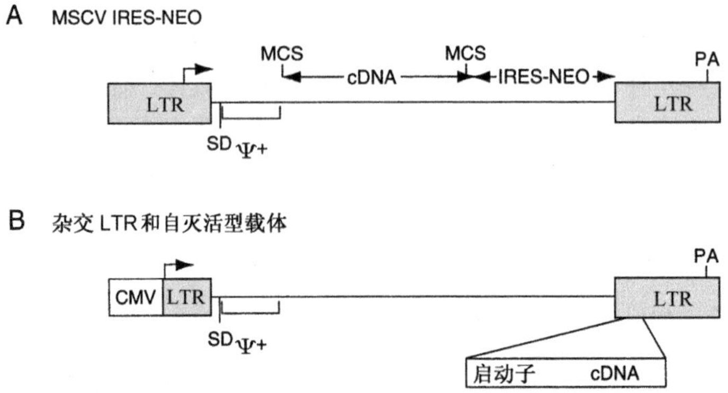

图 9.10.5　逆转录病毒设计中的表达元件。A. MSCV IRES-NEO 的结构，一种使用鼠干细胞病毒内核糖体进入位点（IRES）表达第二基因的逆转录病毒载体。一种用内启动子表达第二基因的方法是使用 IRES。一个 IRES 提供一个顺式作用序列，这个序列可使 cap-依赖性翻译在内起始密码处起始（Boris-Lawrie and Temin，1993）。该元件的使用可能缓解在逆转录病毒载体中启动子竞争问题（Ghattas et al.，1991）。它的使用也可形成一个独立翻译的多顺反子遗传信息。而且，使用多个 IRES 结构去表达两个以上的基因也是可能的。与最接近 LTR 的基因相比，其他仅次位置的基因表达水平大约是它的 50%（Zitvogel et al.，1994）。被成功运用的 IRES 结构已经克隆到脊髓灰质炎病毒和脑心肌炎病毒中（EMCV）。B. 带有杂交 5′LTR 的自灭活型逆转录病毒载体的结构。因为 5′LTR 可以驱动逆转录病毒中一段 RNA 的表达，这段 RNA 的表达可使病毒壳体化而不存在于前病毒 5′LTR 中，因此，用异源序列置换 5′LTR 中非必需的 U3 序列是可能的。例如，将巨细胞病毒启动子融合入 MoMuLV 中 LTR 的 R-U5 区的载体在 293 细胞中的滴度较高（Finer et al.，1994；Soneoka et al.，1995；Naviaux et al.，1996）。将基因插入逆转录病毒转录单位外部的 3′U3 区也是可能的。逆转录之后，这个基因区将被拷贝到两个 LTR 内，使克隆的 DNA 从被克隆的启动子开始表达。尽管这种策略所得到的逆转录病毒的滴度较低，但最近还是被成功用于四环素-可调控逆转录病毒的制备中（Hofmann et al.，1996；Paulus et al.，1996）。

9.10.4　包装细胞系和病毒的产生

为了使无复制能力的逆转录病毒质粒产生有感染能力的病毒颗粒，包装细胞将提供 *gag*、*pol* 及 *env* 基因编码的病毒结构蛋白（图 9.10.2 和表 9.10.1），因为编码病毒结构蛋白的病毒 mRNA 不含逆转录包装序列 Ψ，包装细胞不能有效包装编码 *gag*、*pol* 及 *env* 基因的 RNA。最常用的包装细胞有：人 293 细胞、灵长类 COS 细胞、NIH3T3 小鼠成纤维细胞和 QT6 鹌鹑细胞。

表 9.10.1　逆转录病毒包装细胞

细胞系[a]	药物抗性基因[b]	辅助病毒产生	细胞类型	特征[c]	来源[d]	参考文献
鼠源亲嗜性						
Ψ-2	*gpt*	是	NIH-3T3	—	—	Mann et al. (1983)
Ψ-CRE	*hph*, *gpt*	否	NIH-3T3	—	—	Danos and Mulligan (1988)

续表

细胞系[a]	药物抗性基因[b]	辅助病毒产生	细胞类型	特征[c]	来源[d]	参考文献
GP+E-86	*gpt*	否	NIH-3T3	—	—	Markowitz et al. (1988a)
ΩE	*gpt*	否	NIH-3T3	—	—	Morgenstern and Land (1990)
ampli-GPE	*neo*	否	NIH-3T3	—	—	Takahara et al. (1992)
COS, SV-Ψ-E-MLV[e]	无	否	COS	滴度约在 10^5 CFU/ml，扩增依赖性	—	Landau and Littman (1992)
Bosc23	*neo*, *hph*, *gpt*	否	293	用作瞬时产生的逆转录病毒包装系	ATCC CRL 11270[f] (293T/17, ATCC CRL 11268; Anjou, ATCC CRL 11269)	Pear et al.(1993)
ϕNX-eco	*neo*	否	293	用作瞬时产生的逆转录病毒包装系；IRES-CD8 表面标记分子包含在带 *gag-pol* 载体中与 *gag-pol* 一起表达	—	P. Achacoso and G. Nolan(unpub. observ.)
293T, pHIT60, pHIT123[e]	*neo*	否	293	—	ATCC CRL 11268[f]	Soneoka et al. (1995)
pCL-eco[e]	无	否	293	—	—	Naviaux et al. (1996)
鼠源双嗜性						
Ψ-Am	*gpt*	是	NIH3T3	—	—	Cone and Mulligan (1984)
PA317	*tk*	少	NIH3T3	—	ATCC CRL 9078	Miller and Buttimore(1986)
Ψ-CRIP	*hph*, *gpt*	否	NIH3T3	—	—	Danos and Mulligan (1988)
GP+env-Am12	*hph*, *gpt*	否	NIH3T3	—	—	Markowitz et al. (1988b)
FLYA4	*bsr*, *bleo*	否	HT1080（人纤维瘤）	耐人血清	—	Cosset et al. (1995)
Bing	*hph*, *gpt*	否	293	释放 100CFU/ml hph^r 逆转录病毒上清	ATCC CRL 1154[f]	Pear et al. (1996b)
ϕNX-Am	*neo*	否	293	双性对等物 ΦNX-eco	—	P. Achacoso and G. Nolan (unpub. observ.)
293, kat[e]	无	否	293	—	—	Finer, et al. (1994)
pCL-ampho[e]	无	否	293	—	—	Naviaux et al. (1996)
GALV						
PG13	*tk*, *dhfr*	否	3T3	—	ATCC CRL 10686	Miller et al. (1991)
VSV						

续表

细胞系[a]	药物抗性基因[b]	辅助病毒产生	细胞类型	特征[c]	来源[d]	参考文献
293, gag/pol+CMV VSV-G[g]	*dhfr*	否	293	上清可以离心富集	—	Burns et al. (1993)
GP7C-tTA-G10	*hph*, *pac*	否	3T3	—	—	Yang et al. (1995)
Other						
RD114	*bsr*, *bleo*	否	HT1080	猫科病毒在人细胞中用猿逆转录病毒受体;病毒粒耐人血清	—	Cosset et al. (1995)
10A1	*tk*, *dhfr*	否	NIH 3T3	可感染双性或 GALV 受体;人细胞中更加有效利用双性受体	—	Miller and Chen (1996)
pCL-10A1[e]	无	否	293	可感染双性或 GALV 受体;人细胞中更加有效利用双性受体	—	Naviaux et al. (1996)
293T, pC-MV△R9, pHR[e,h]	*neo*	否	293	基于 HIV 的载体,分裂细胞滴度约 10^5 CFU/ml;低效率感染神经元及其他非分裂细胞	—	Naldini et al. (1996)
Avian						
Q2bn	—	是	—	可以用于瞬时表达,但作稳定表达时产生的滴度较低;使用 A 亚种的 env	—	Stoker and Bissell (1988)
Isolde	—	否	—	稳转细胞系有高滴定度;使用 A 亚种的 env	—	Cosset et al. (1990)

a. 缩写: CMV, 巨细胞病毒; GALV, 猿白血病病毒; IRES, 内部核糖体进入位点; RD114, RD114 内源猫逆转录病毒; SV, 猴病毒; VSV, 水疱性口炎病毒; 10A1, 10A1 鼠白血病病毒。

b. 耐药基因导入逆转录病毒包装载体后, 包装细胞系产生药物抗性。此药物不可用于随后的选择标记。*gpt*, 黄嘌呤-鸟嘌呤磷酸核糖转移酶; *tk*, 单纯疱疹病毒胸苷激酶; *hph*, 潮霉素磷酸转移酶; *dhfr*, 二氢叶酸还原酶的一突变基因; *ble*, 哺乳动物细胞中抗平阳霉素和腐草霉素的一细菌基因; *pac*, 嘌呤霉素 N-乙酰磷酸转移酶; *bsr*, 抗杀稻瘟毒素 S 的一细菌基因。*neo*, 新霉素磷酸转移酶。

c. 除标明外, 所有细胞系能产生大于 10^6 CFU/ml 滴度。

d. 若未注明, 联系特定文献的作者。

e. 这些并不是包装细胞系。逆转录病毒结构基因共转入逆转录病毒载体, 而不是稳转入 293 细胞中。

f. 若需这些细胞系, 与下面机构联系, 获得材料转移协定表格。Office of the General Counsel, Attn: Teresa L. Solomon, Esq., The Rockefeller University, 1230 York Ave., NewYork, NY 10021-6399, (212) 327-7598, Fax (212) 327-7688.

g. VSV G 蛋白对细胞有毒性作用, 无法稳定整合到产生 gag-pol 的细胞系。

h. 在原初的报道中, 逆转录病毒被 MLV-双嗜性病毒包被和 VSV G 蛋白假包装。

逆转录病毒 DNA 整合到包装细胞株便产生了稳定逆转录病毒细胞株, 这种稳定逆转录病毒细胞株含有一个 (或少量) 整合的原病毒, 能够长期产生逆转录病毒上清。尽管稳定逆转录病毒细胞株能够产生高滴度的表达某些 cDNA 的逆转录病毒上清, 但很难得到许多逆转录病毒结构的高滴度上清。这是由于在建立稳定细胞系必需的选择过程中, 表达低水平逆转录病毒克隆增长的结果。瞬时逆转录可以克服这个问题 (图 9.10.6 及 9.12)。根据 COS 或者 293 细胞的结果, 这个策略已经证明很有效, 可从大量的cDNA中产生高滴度的逆转录病毒上清, 包括一些不能产生高病毒滴度的 NIH3T3 细胞系。

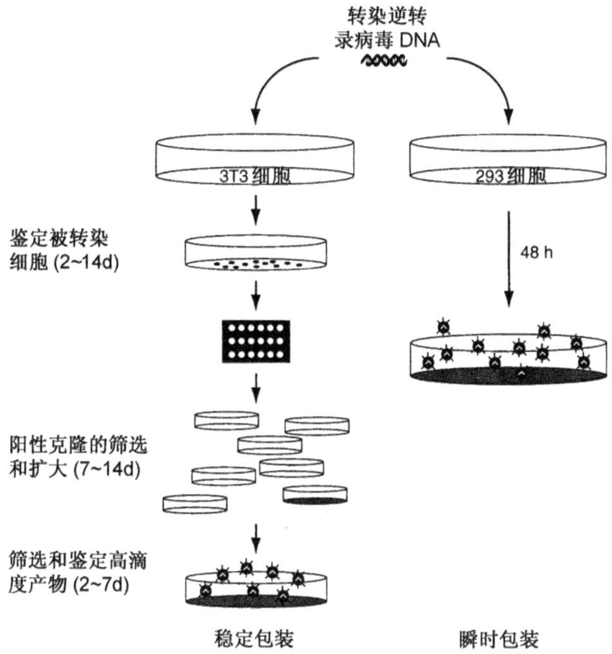

图 9.10.6 用稳定（左）和瞬时（右）生产细胞系生产逆转录病毒培养上清的方法比较。在两种方法中，第一步介绍了逆转录病毒质粒 DNA 导入包装细胞系的过程。用于稳定生产的细胞系来自 NIH3T3 细胞，在完全释放的高滴度逆转录病毒上清中只有很少量的细胞。因此，必须对这些细胞进行鉴定。这个过程通常可两步完成。首先，鉴别被成功转染的细胞和检测高滴度逆转录病毒产物。其次，在最适环境中稳定的逆转录病毒生产细胞系能在 2～3 周的筛选工作中可以获得。在瞬时生产的方法中，在转染 48 h 以后就可能收获到高滴度的逆转录病毒上清。基于 293 的包装细胞系的高效率被认为与它的高转染率和被转染 DNA 的高效表达有关。

包装好的逆转录病毒载体通过病毒包膜糖蛋白（病毒 *env* 基因产物）与宿主细胞受体（表 9.10.2）的相互作用进入宿主细胞。鼠和禽病毒有几类与不同宿主细胞受体相互作用的外膜糖蛋白。表 9.10.1 列出了表达多种病毒外膜蛋白的包装细胞系，并总结了它们的一些特性。表 9.10.2 列出了这些病毒转导鼠和（或）人细胞的能力。要注意的是，一给定的鼠病毒载体能被亲嗜性、双嗜性或多嗜性细胞系产生的包装蛋白衣壳化。亲嗜性和双嗜性细胞系编码的 gag 和 pol 蛋白基本相同。不同的包装细胞系编码的 env 蛋白的区别比较大。

表 9.10.2 逆转录病毒载体的宿主范围[a]

载体类型	可转染的细胞	
	小鼠	人
同嗜性	是	否
双嗜性	是	是
GALV	否	是
VSV	是	是
RD114	否	是
10A1	是	是

a. 数据为 A. D. Miller 提供。

9.10.5 鼠逆转录病毒

同嗜性受体

最常用的鼠病毒糖蛋白类型为同嗜性类，它只与大鼠和小鼠细胞上发现的同嗜性受体结合。同嗜性糖蛋白 gp70 不能感染人类细胞，因而带同嗜性受体的病毒用于基因转导实验被认为是相对安全的。Ψ2 细胞系就是这一类细胞系中最常用的。虽然能产生高滴度的逆转录病毒，这个细胞系也能产生辅助病毒（见 9.14）。最近建立的两个同嗜性包装细胞系 ΨCRE 和 GP＋E－86 迄今未表明能产生辅助病毒，已广泛用于产生逆转录病毒。另外有些瞬时转染方法转染同嗜性宿主后也能产生相当的高滴度的病毒，而无辅助病毒的污染。

双嗜性受体

双嗜性病毒糖蛋白的 *env* 基因使得鼠逆转录病毒有很广的宿主范围，包括啮齿动物、小鼠、人、鸡、狗、猫和貂等。用于稳定和瞬时产生双嗜性逆转录病毒的包装细胞系已经建立，常用的基于 NIH-3T3 的稳定产生双嗜性逆转录病毒的包装细胞系包括 PA317、ΨCRIP 和 GP＋Am。PA317 可产生低水平的有复制能力的病毒，而 ΨCRIP 或 GP＋Am 未有产生辅助病毒的报道。通过瞬时转染产生高滴度也有阐述。

与鼠双嗜性逆转录病毒受体高度同源的是长臂猿白血病毒的受体（GALV）。GLVR 也是猿肉瘤相关病毒（SSAV）和猫白血病毒 B 型的受体。含 10A1 包膜蛋白的病毒可以通过双嗜性和 GALV 受体导入细胞。虽然这些载体系统在体外工作得很好，因为人类血清的快速灭活作用，使体内用于可能的人类基因治疗受到限制。来源于人类纤维肉瘤细胞 HT1080 的包装细胞系可产生抗人类补体的逆转录病毒（特别是当用猫病毒 RD114 被膜假包装时）。

特异性受体的表达因种属和细胞类型而不同。为获得最佳的转染效率，逆转录病毒表达适合的被膜蛋白很重要。

多嗜性及其他受体

除同嗜性和双嗜性受体以外的其他受体能被用于逆转录病毒的进入。用水泡性口炎病毒（VSV）G 蛋白假型包装的逆转录病毒被膜使得一些逆转录病毒具有另一种逆转录病毒的特征。VSV G 蛋白假型包装病毒与普遍表达的细胞膜成分作用而进入细胞，所以能感染多种细胞类型，包括昆虫、鱼、青蛙和人类细胞。虽然 VSV G 蛋白有细胞毒性，但可以通过用逆转录病毒载体在 293 细胞瞬时表达而获得利用 VSV G 蛋白进入细胞的高滴度的逆转录病毒上清。逆转录病毒的假包装也可利用细胞表面分子或细胞表面分子的抗体来完成。用这些方法获得的逆转录病毒的滴度低，但可能发展为定向导入细胞。基于慢病毒（lentivirus）的包装细胞系也在发展中，它提供了感染非有丝分裂细胞的前景。

9.10.6 禽逆转录病毒

禽逆转录病毒能利用 6 种不同亚群的被膜蛋白：A、B、C、D、E 和 F。目前每个亚群的被膜蛋白和受体的关系尚不清楚。Q2bn 和 Isolde 是两种禽白血病毒包装细胞系，用于产生禽的无复制能力载体。这些细胞系利用的是禽的 A 亚群的被膜蛋白，它不能感染哺乳细胞，所以这些细胞系产生的病毒对研究人员相对安全。

9.10.7 安全性问题

当应用逆转录病毒载体时，必须认真考虑生物学上的安全性问题。对于各个给定的实验将有各不相同的问题，故详细的方案应与实验者的公司或研究机构的相应的生物安全性委员会讨论。特别强调的是，使用双嗜性和多嗜性的病毒时必须采用严格的预防及限制等级。

参考文献：Boris-Lawrie and Temin，1993；Mann et al.，1983；Miller，1996；Pear et al.，1996b.

撰 稿 人：Constance Cepko and Warren Pear

9.11 建立特异的逆转录病毒产毒细胞系

9.11.1 基本方案 将逆转录病毒载体导入包装细胞系

图 9.11.1 显示了两种获得稳定产生逆转录病毒的细胞的方法。一种方法（B）通过转染后选择，另外一种方法（A）通过病毒原液交叉感染。后者更可取，因为通过感染的原病毒一般在宿主基因组很稳定，不容易被重排和删除，而这些在转染后的整合质粒中很常见。此外，对于有些逆转录病毒，与质粒转染方法比较，单拷贝整合的原病毒导致了在不同的克隆之间更一致的转录水平。使用交叉感染时，两个包装细胞系必须表

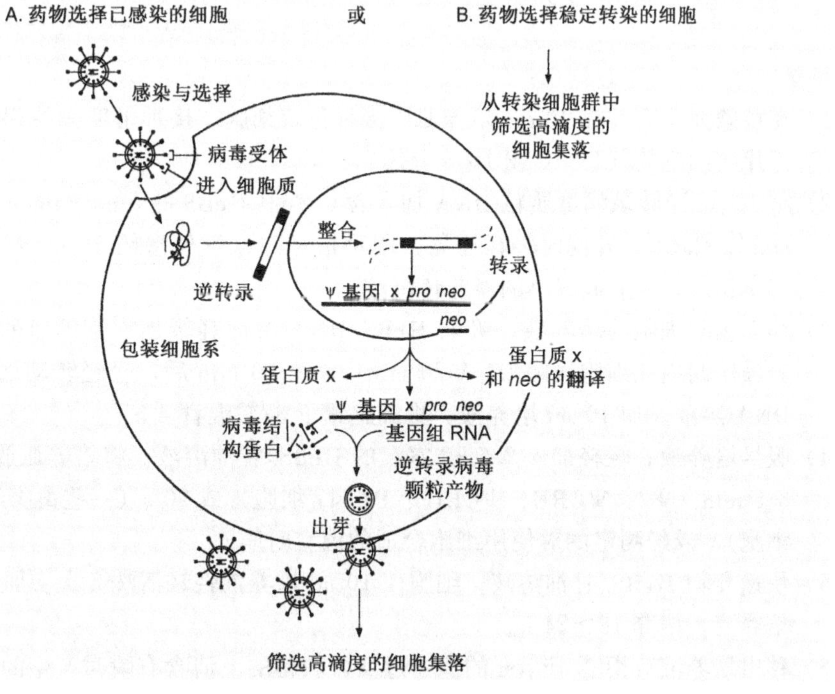

图 9.11.1 无复制能力载体的稳定产毒细胞系的产生。要获得高滴度病毒原液的持续来源，可通过将病毒基因组稳定地转染至包装细胞而产生稳定的产毒细胞系。可采用两种基本的转染方法中的一种。两种方法的初始步骤都是将编码该载体的细菌质粒导入包装细胞中，如图 9.10.2 所示。然后收集由被转染的细胞瞬时产生的病毒，用来感染带有不同类别 env 蛋白（见正文）的包装细胞，如 A 所示。另一种方法是如 B 所示，选择整合了细菌质粒的被转染的包装细胞。在这两种方法中，都用药物（如用 G418 选择这里所示的病毒）选择那些稳定整合了病毒序列的细胞，然后通过筛选具有药物抗性的克隆，用以产生高滴度的病毒原液。

达不同的病毒糖蛋白，且必须同源（如同为鼠类或禽类）。

材料（带√项见附录1）

在6 cm或者10 mm培养皿生长的合适的包装细胞系（见9.10）

含有及不含有血清的培养液

带选择基因的逆转录病毒质粒DNA（见9.5）

√HEPES缓冲盐水（HeBS）

2 mol/L $CaCl_2$

含有15%（V/V）甘油的HeBS（HeBS/甘油）

选择培养基（见9.5）

10%～15%二甲基亚砜（DMSO）

800 μg/ml（100×）1,5-二甲基-1,5-二氮十一亚甲基聚甲溴化物（polybrene）溶于双蒸水（用于交叉感染，滤过除菌，－20℃保存）。

0.45 μm注射滤器

用于挑克隆的圆柱体

24孔或6孔组织培养板

步骤

1）在转染前1天，在10 cm培养皿中接种包装细胞，接种密度大约相当于10%～20%汇片的细胞数（1∶10或1∶5分传）。

2）将10 μg逆转录病毒质粒DNA加入含0.5 ml HeBS的5 ml Falcon管。加入32 μl 2 mol/L $CaCl_2$，并同时轻轻摇晃，用手指轻弹试管外壁约30 s，然后在室温下温育45 min，直到形成细小的淡蓝色沉淀。

3）移去包装细胞的培养液，吸取HeBS/DNA沉淀轻轻加在培养皿的中央。在组织培养操作橱内让细胞接触DNA 20 min；大约10 min后，轻轻转动培养皿以均匀分散DNA溶液。加10 ml培养液，将细胞置于37℃温育4 h。

4）吸尽培养液，轻轻加入2.5 ml室温的HeBS/甘油溶液。将培养皿放回培养箱中温育3.5 min（Ψ2、ΨCRE、ΨCRIP、PA317细胞）或90 s（一些禽类细胞系，如Q2bn细胞），或经测定的对使用细胞合适的温育时间。

5）快速弃除HeBS/甘油溶液，细胞用10 ml培养液轻轻清洗2次。加5 ml含有血清的培养液，培养18～24 h。

6）移出培养液，用0.45 μm的滤器过滤，获得的上清含有瞬时产生的病毒。

若从转染细胞中获得稳定表达株，继续步骤7a～13a。如果病毒质粒不含有抗药基因，那么病毒质粒和含有此基因的非病毒质粒共转染的分子数比为10∶1。

若通过交叉感染或其他包装途径，继续步骤7b～10b，这种方法，逆转录病毒必须含有药物抗性基因。

若目的是获得瞬时转染产生病毒以作其他用途，上清可以在－70℃或－80℃保存，含转染细胞的培养皿可以弃去。

转染细胞中获得稳定表达株

7a）收集瞬时产生的病毒（见步骤6），加10 ml培养基到转染的细胞中，孵育2～3天。

8a) 将转染的细胞按 1∶10 或 1∶20 传代，加选择培养液，培养 3 天。

9a) 换新的选择培养液，再培养 4～7 天直至可见到细胞克隆。

10a) 用克隆圆柱体挑取分隔良好的细胞克隆，每个克隆转移至 2 个 24 孔培养板或 6 孔培养板的培养孔中。生长至 50%～90%汇片。

11a) 移去培养液，换成 1/2 体积的培养液。视包装细胞系不同而培养 1～3 天。一般 Ψ2 为 2～3 天，对于 Isolde 或 ΨCRIP 为 1～2 天。

12a) 移出培养液，立即对其进行直接滴定（见基本方案 2），或储存于 −70℃ 或 −80℃。

13a) 继续传代各产病毒细胞克隆，直至其可冻存，和（或）直至鉴别出最好的产病毒细胞。当鉴定出一个好的产病毒细胞克隆时，细胞分装在 20～25 支冻存管（每支 1～2 ml）中，培养液含 10%～15% DMSO，在液氮中冻存。

交叉感染获得稳定细胞株

7b) 在感染前 1 天（即转染当天），将包装细胞系按 1∶10～1∶20 传代。

8b) 稀释 0.1～1.0 ml 病毒原液（见步骤 6）至终体积 2 ml（6 cm 培养皿），或 3～5 ml（10 cm 培养皿）。并加 800 μg/ml 的 polybrene 至终浓度 8 μg/ml。用稀释的病毒液替换培养皿（见步骤 7b）中的培养基温育＞1 h。

新的病毒原液的量要根据经验确定。对于小鼠病毒和鸟类除了 A 的所有的亚群需加入 polybrene。如果细胞对于 polybrene 不敏感（大多数包装细胞都如此），则更长时间的温育不会损害细胞。

9b) 对于 10 cm 培养皿，加培养液至终体积 10 ml；对于 6 cm 培养皿则加 4 ml。培养 2～3 天。如果细胞对 polybrene 敏感，弃接种液，换上相应体积的培养液。

10b) 根据步骤 8a～13a 选择培养稳定产病毒细胞株。

9.11.2 基本方案 2 测定病毒滴度：高滴度产病毒细胞克隆的鉴定分离

由于这种测病毒量的方法是基于病毒会产生选择的标记或者组化标记，因此必须确定被滴定的病毒没有发生重排或丢失，也就是说它能表达目的基因。如果目的基因的功能不能被分析，就应该证实病毒基因组结构和病毒 RNA 的存在（见 2.11、2.13、4.6 和 4.8）。

材料

靶细胞系：如针对鼠逆转录病毒的 NIH 3T3 成纤维细胞，或针对禽类逆转录病毒的鸡胚成纤维细胞 CEF 或鹌 QT6 细胞

合适培养基

病毒原液（见基本方案 1）

800 μg/ml（100×）1,5-二甲基-1，5-二氮十一亚甲基聚甲溴化物（polybrene）溶于双蒸水（滤过除菌，−20 ℃保存）。

X-gal（见辅助方案）或 G418 或其他选择药物（见 9.5）

6 cm 或 10 cm 细胞培养皿

步骤

1）感染的前1天按1∶10～1∶20将靶细胞NIH 3T3分传于6 cm培养皿中。如果是用禽源性的病毒，按1∶4或1∶5分传CEF；或按1∶6分传QT6。

2）进行感染的当天，移去靶细胞的培养液，加入含有病毒原液的培养液。根据预期的滴定，用1～2 ml含有0.01 μl～0.1 ml病毒原液的培养液。至少使用2个稀释度以保证获得可计数的克隆数（20～100个）。对于鼠源性的或禽源性的非A亚群，加800 μg/ml的polybrene至终浓度8 μg/ml，在37℃温育细胞1～3 h。

3）加入3倍体积培养液稀释polybrene至2 μg/ml，并培养至少2或3个细胞周期（NIH 3T3和QT6细胞为2～3天；CEF细胞为1.5～2天）。

4a）组织化学标记（如lacZ）：感染的细胞可用X-gal染色（见辅助方案），或适于其他标记的方法。计数合适的克隆（如蓝色克隆对X-gal）并计算滴度：

X-gal CFU/ml＝ X-gal阳性克隆数病毒/原液体积（ml）

4b）药物抗性基因：对*neo*和NIH3T3细胞，将细胞按1∶10～1∶20分传入2个各含有1 mg/ml G418的10 cm的培养皿中，培养3天。G418的最佳用量取决于被选择的细胞系。换液（含G418），再培养4～7天。在克隆扩散（通常12天）之前计数抗G418克隆，计算滴度：（RCFU表示抗性CFU）：

G418-RCFU/ml ＝ 克隆数/病毒原液的体积(ml)×复制因子×接种细胞的稀释度

若载体没有生化分子标记基因，复制因子需要估算。如果允许2～3个细胞周期的话，复制因子2～4是比较合理的。

在Ψ2、ΨCRIP或Q2bn中，瞬时产生原液滴定度有10^3～10^4 CFU/ml。在Ψ2中好的稳定表达株中转染的滴定度约达10^6。稳定转染后，约25%的克隆有最佳的滴定度。对于交叉感染后，可预计有25%～100%克隆有最佳的滴定度。

滴定度相差3倍以上可以认为有显著差异。为准确应多做重复取平均值。比较两组原液时，应同时滴定。

9.11.3 备择方案 产毒克隆的快速评价

直接滴定培养上清（见基本方案2）是筛选产毒克隆的典型方法，但需要较长的时间。除了滴定病毒原液的活力外，也可对产毒克隆存在的病毒RNA或蛋白质进行定量分析（见辅助方案）。产毒细胞中病毒产物的量与上清的病毒载体的量常常（尽管不一定总是）存在相关性。此外，RNA点印迹分析也能迅速评估载体RNA的量。由于RNA分析方法和X-gal染色一样，是侵害性和致死的，必须留有挑出的抗药性克隆的复孔。

9.11.4 辅助方案 培养细胞的X-gal染色

本方案可用于被感染细胞的染色以获得对滴度的直接测定（见基本方案2），也可以直接染色产毒细胞（见备择方案）。

材料（带√项见附录 1）

感染或转染带 *lacZ* 基因病毒的细胞（见基本方案 1）

√固定液：0.05%戊二醛或 2%低聚甲醛（paraformaldehyde）

√磷酸缓冲盐水（PBS）

√X-gal 溶液

步骤

1）弃培养液并加固定液（6 cm 培养皿加 2 ml，10 cm 培养皿加 5 ml），室温下，在通风橱中与 2%低聚甲醛共育 60 min，或与 0.05%戊二醛共育 5～15 min。

2）弃去固定液，用 PBS 迅速洗涤细胞。第 2 次洗涤时，保留 PBS 于细胞上 10 min。第 3 次是快速洗涤。

3）加入能覆盖细胞的最小量 X-gal 溶液，37℃温育 1 h 或过夜。阳性细胞被染蓝。

参考文献：Cepko，1989，Cossett et al.，1990.

撰 稿 人：Constance Cepko

9.12 制备高滴度逆转录病毒上清的瞬时转染方法

瞬时转染产生高滴度逆转录病毒比稳定转染工作量小，并能从 cDNA 产生高滴度的逆转录病毒上清，这是稳定产毒细胞系不能做到的。瞬时转染还增加了逆转录病毒介导的基因转移的多方面的用途，包括快速检测不同的构建体、病毒的假分型和构建逆转录病毒 cDNA 文库。

瞬时转染方法最显著的改变就是对包装细胞系的选择。从灵长类（COS）或人（293）来源发展的包装细胞系，可以获得比 NIH 3T3 细胞高 1（COS）到几个（293）对数级的瞬时滴度。

注意：这些方法制备的病毒上清可能包含有潜在危险的重组构建体。使用者应在生产、应用和保存重组逆转录病毒的过程中十分小心，尤其是那些双嗜性和多嗜性宿主范围的病毒。应遵循 NIH 或地方性指导方针操作。

9.12.1 基本方案 1 将逆转录病毒载体瞬时转染入 293 细胞系

这个方案可以用来共转逆转录病毒结构基因和逆转录病毒载体到 293 细胞中，或者转染逆转录病毒载体到 293 来源的包装细胞系。

材料（带√项见附录 1）

293 细胞或合适的包装细胞系（见辅助方案）

√293 细胞培养液

含 25 mmol/L 氯喹的 PBS（－20℃保存；选用）

逆转录病毒质粒 DNA，CsCl（见 1.7）或商业试剂盒纯化

2 mol/L $CaCl_2$

√2×HEPES 缓冲盐水（HeBS），pH 7.05

500 mmol/L 丁酸钠，pH 7.0（选用）

6 cm 组织培养皿

0.45 μm 滤器（选用）

注意：所有的溶液都要经 0.2 μm 滤膜过滤除菌或高压灭菌。

步骤

1）在转染前 24 h，在 6 cm 培养皿中接种 2.5×10^6 个 293 细胞于 4 ml 293 细胞培养液中（0.25×10^5 细胞/ml）。就在转染前吸出培养液，换上新鲜培养液。细胞应达到约 80%汇片，并尽可能避免细胞成团。

转染前在培养液中加入 25 mmol/L 的氯喹可 2 倍提高逆转录病毒的滴度。

2）将 6～10 μg 逆转录病毒质粒 DNA 加入水中，至终体积为 438 μl。再加入 62 μl 2 mol/L $CaCl_2$。若共转染逆转录病毒载体和带有逆转录结构基因的质粒，每次转染用等摩尔数的总质量约 10～15 μg DNA。

3）加入 500 μl 2×HeBS 轻轻摇晃混匀，在 1～2 min 内加入细胞中，轻轻转动平皿使混匀。培养至转染的细胞接近 100%汇片（24～48 h）。转染后约 24 h 更换培养液（见步骤 4）。

如果培养液中有氯喹，转染后约 10 h 更换新鲜 293 细胞生长的培养液。

转染 12～24 h 后加入 10 mmol/L 的丁酸钠（终浓度）可提高逆转录病毒滴度好几倍（Soneoka et al.，1995）. 在进行第 4 步之前用 PBS 洗一遍。

4）在收集逆转录病毒上清前 16～24 h 吸出培养液，轻轻地换上 4 ml 293 细胞的培养液。

这时转染的细胞接近 100%汇片，加入 3 ml 而不是 4 ml 培养液可增加逆转录病毒滴定度。

5）转染后约 48 h 通过轻轻吸出细胞培养的上清收集逆转录病毒上清。可用 0.45 μm 滤膜过滤或 4℃，500 *g* 离心 5 min 去除活细胞。

收集时，上清为黄色。酸度似乎不影响逆转录病毒滴度。可以每隔 12 h 到连续收集和补充上清直至转染后 72 h，滴定度不会明显下降。若要检测有复制能力病毒（辅助病毒）的存在，见 9.14。

被转染的细胞可用于分析转染效率：通过染色检测组化标记物（如 *lacZ*，见 9.11）或细胞表面标记物；从细胞提取 DNA 作 Southern 杂交（见 2.11）；或裂解细胞免疫印迹分析蛋白质（见 10.6）。好的转染效率应介于 30%～60%之间。

6）逆转录病毒上清置于冰上保存 1～2 h，或分成小份于干冰冻结后置－80℃冻存。避免反复冻融，使用前立即 37℃温育。

9.12.2　辅助方案　293 细胞的生长和保存

包装细胞的状态是逆转录病毒产物成功的关键。

材料（带√项见附录 1）

293 细胞或从 293 细胞衍生来的包装细胞系（表 9.10.1）

√293 细胞培养液

√无 Ca^{2+} 或 Mg^{2+} 的 PBS

胰蛋白酶溶液：0.05%（*V*/*V*）胰蛋白酶/0.53 mmol/L EDTA

冻存液：90%（*V*/*V*）热失活的 FBS/10%（*V*/*V*）DMSO

10 cm 组织培养皿

2 ml 冻存管

步骤

细胞传代

1）新收到的 293 细胞或来源于 293 的包装细胞系，扩增至 50～100 份冻存细胞以提供病毒的均匀来源。

2）在 10 cm 组织培养平皿里用 10 ml 293 细胞培养液传代培养 293 细胞或由其衍生的包装细胞系。保持细胞在较高密度，按不超过 1∶5 的比例分细胞以保证其均匀分配。

293 细胞及来源于 293 细胞包装系比较适应生长环境。用 DMEM 和 RPMI 能获得好的结果，加入 IL-2、IL-3、IL-6 和干细胞因子（SCF）不会导致逆转录病毒滴度降低（W. Pear 未发表的资料）。重要的一点是细胞培养液用热失活的胎牛血清，而不用马血清或新生牛血清。

准备上清

3）细胞长满后，吸出培养液，用不含 Ca^{2+} 和 Mg^{2+} 的 PBS 轻轻洗一遍。加入 1 ml 胰蛋白酶溶液，37℃温育 2～3 min。

4）加入 4 ml 293 细胞培养液去除胰蛋白酶的作用，将细胞悬液转移到一锥形离心管，4℃或室温，500 *g* 离心 3 min。

5）用 5 ml 293 细胞培养液充分重悬细胞沉淀，静置 1 min 让大的团块沉下来，将细胞悬液分成几个等份（除了最下面的 200 μl 团块）。

冻存细胞

6）将 293 细胞在 10 cm 平皿中培养到约 80%汇片，用胰蛋白酶溶液消化，收集细胞（见步骤 3 和步骤 4）。

7）每 10 cm 的平皿的细胞用 2～3 ml 冻存液重悬。每个 2 ml 冻存管中加入 1 ml 悬浮液，－80℃保存过夜，第 2 天转到液氮中保存。

解冻细胞

8）解冻时，将冻存管从液氮中取出，手握或置于 37℃迅速解冻。

9）加入 1 ml 293 细胞培养液，将细胞重悬液吸到一加有 10 ml 培养液的管中，4℃或室温 500 *g* 离心 3 min。

10）吸出上清，用 10 ml 培养液重悬细胞，将细胞转移到 10 cm 的平皿中培养。

9.12.3 基本方案 2 用逆转录病毒上清感染贴壁细胞

这是用来确定逆转录病毒滴度（见 9.11）和检测是否存在辅助病毒的一种最常用的方法（见 9.14）。

材料

靶细胞及合适培养基（如 NIH 3T3 细胞及成纤维细胞生长培养基）
逆转录病毒上清，新鲜或冻存的（见基本方案 1）
含 4 mg/ml polybrene 的 PBS，过滤后 4℃或－20℃保存
10 cm 组织培养皿

步骤

1）转染前 12～18 h，将 5×10^5 的 NIH 3T3 细胞接到含合适培养液的 10 cm 组织培养皿中。
如 6 cm 的平板，接 2×10^5 细胞，在 1 ml 体积内转染。
2）移去培养液，加入 3 ml 感染混合液，包含：
逆转录病毒上清：≤1.5 ml
4 μg/ml polybrene
加成纤维细胞培养液至终体积为 3 ml
3）温育 3 h 以上。如果感染持续 6 h 以上，将感染液体积增加至 5 ml，以避免脱水作用。
4）加入 7 ml 成纤维细胞培养液，继续温育。
5）若用药物（如 G418、嘌呤霉素）选择，转染 24 h 后进行（见 9.5）。如果细胞大于 50%汇片，就有必要分细胞（见 9.5）。若检测细胞中报道基因的表达（见 9.6～9.9），转染后 36～48 h 进行。

9.12.4 备择方案 1 旋转感染法感染贴壁细胞

贴壁细胞也能够通过与感染混合液一起离心时被感染。

附加材料（亦见基本方案 2）

6 孔细胞培养板

步骤

1）感染前 12～18 h，向含有成纤维细胞培养液的 6 孔细胞培养板中按 1×10^5 细胞/孔的量接种靶细胞。
2）为每一待转染的孔，准备 4 ml 感染混合液，包含：
逆转录病毒上清：≤2 ml
4 μg/ml polybrene
用成纤维细胞培养液定容至 4 ml。

3）吸出培养液，加入感染混合液。室温，1000 *g* 离心 1.5～2 h。

4）将细胞重新放回培养箱。24 h 后换液，培养到感染后的 48 h。

5）检测报道基因的表达（见 9.6～9.9，9.11），加入抗生素进行药物选择（见 9.5），或检测目的基因的效应。

9.12.5 基本方案 3 用逆转录病毒上清感染非贴壁细胞

材料

逆转录病毒上清（见基本方案 1）

含 4 mg/ml polybrene 的 PBS，过滤后 4℃或－20℃保存

对数生长的非贴壁靶细胞和靶细胞培养液

6 cm 组织培养皿

步骤

1）准备 3 ml 的感染混合液，包含：

逆转录病毒上清：≤1.5 ml

2 μg/ml polybrene

用靶细胞培养液定容至 3 ml。

许多非贴壁细胞的生长条件都比成纤维细胞要求严格。如果需要，在收集病毒前 24 h 用另一种培养液，和（或）加入生长因子或细胞因子。血清来源应采用热灭活的胎牛血清（FBS）是非常关键的。

2）3×10^5～3×10^6 对数生长的靶细胞于 4℃或室温 500 *g* 离心 5 min。

3）吸出上清，用感染混合液重悬细胞使其终密度为 10^5～10^6 细胞/ml。将细胞悬浮液加到 6 cm 的平皿中，温育 24 h。

4）4℃或室温，500 *g* 离心 5 min 收集细胞，用靶细胞培养液重悬细胞，再温育 24 h。

5）检测报道基因的表达（见 9.6～9.9 和 9.11），加入抗生素进行药物选择（见 9.5），或确定感染滴度（见 9.11）。

9.12.6 备择方案 2 共培养感染非贴壁细胞

通过共培养连续产生逆转录病毒有一个缺点就是与靶细胞一起收集了生产病毒细胞，在共培养之前照射病毒细胞可以减少此影响。总体来说，共培养转染类似于旋转感染（见备择方案）。

附加材料（亦见基本方案 3）

在 6 cm 组织培养皿生长的被转染的包装细胞（同见基本方案 3）

步骤

1）包装细胞系被转染 24 h 后，准备 3 ml 感染混合液，其中包含：

逆转录病毒上清：≤1.5 ml

2 μg/ml polybrene

$3\times10^5 \sim 3\times10^6$ 的非贴壁靶细胞

用靶细胞培养液定容到 3 ml。

在加入感染混合液之前，用 1500 拉德的量（C. Zent，Univ. of Chicago，unpub. observ.）照射细胞可以获得保持产毒能力的、被转染的逆转录病毒包装细胞系的复制。

2）吸出培养液，缓缓加入感染混合液。温育 24 h（即转染后 48h）。

3）轻轻吸出 2 ml 培养液（其中有许多非贴壁细胞），转移到一锥形管中，4℃或室温 500 *g* 离心 5 min。

没有必要去除所有的非贴壁细胞，此步骤目的是换酸性培养基。

4）准备新鲜的感染混合液，其中包含：

逆转录病毒上清：≤1.5 ml（可选用）

2 μg/ml polybrene

用靶细胞培养液定容到 3 ml。

加入病毒可提高感染效率。

5）吸出上清，用新鲜配制的感染混合液重悬细胞沉淀。将新鲜的感染混合液非常小心地加入培养皿，避免破坏贴壁细胞层。温育 24 h（感染后 72 h）。

6）轻轻吸出非贴壁细胞。用 FBS 或培养液充分洗平皿，以去掉绝大部分非贴壁细胞，减少贴壁细胞的污染。

大约存在 10%非贴壁细胞污染。贴壁细胞在脱离平皿时连成片，可以大的细胞团块沉淀下来从而与非贴壁细胞分离。或者，可将细胞转到一个新的 6 cm 组织培养平皿中，让其有充分的时间贴壁（约 3 h），然后移去非贴壁细胞。

7）4℃或室温 500 *g* 离心 5 min 收集非贴壁细胞。用靶细胞培养液重悬细胞，将靶细胞接种到 6 cm 的组织培养皿，再温育 24～48 h。

8）检测报道基因的表达（见 9.6、9.9 和 9.11），或加入抗生素进行药物选择（见 9.5），或检测目的基因。

9.12.7 备择方案 3 旋转感染法感染非贴壁细胞

附加材料（亦见基本方案 3）

24 孔细胞培养板

10 cm 组织培养皿

步骤

1）每一要转染的孔准备 2 ml 感染混合液，其中包含：

逆转录病毒上清：≤1 ml

4 μg/ml polybrene

用靶细胞培养液定容到 2 ml。

2）往 24 孔板中的每一个孔中加入 $1\times10^6 \sim 2\times10^6$ 对数生长的非贴壁靶细胞，4℃或室温 500 *g* 离心 5 min。

若有必要调整细胞数量，使细胞完全铺满平板，离心后成单层。

3）吸出上清，加入感染混合液。室温 1000 *g* 离心 1.5～2 h 。

4）离心后马上（或温育≤6 h后）将在感染培养液中的细胞转移到10 cm的平皿中，用靶细胞培养液稀释到终体积为10 ml，温育到感染后的48 h。

5）检测细胞报道基因的表达（见9.6～9.9和9.11）或加入抗生素进行药物选择（见9.5）。

参考文献：Kotani et al.，1994；Naviaux et al.，1996；Soneoka et al.，1995.

撰稿人：Warren Pear

9.13 大规模制备和浓缩逆转录病毒原液

这一方案用于几百毫升到几升产毒细胞上清的制备、滴定和浓缩。

注意：若操作不当，逆转录病毒颗粒会失去感染活性。重悬沉淀及其他过程都必须轻轻操作，实验材料必须保持低温。

9.13.1 基本方案 用离心法制备和浓缩病毒原液

材料（带√项见附录1）

已鉴定的高滴度Ψ2产毒细胞系（见9.11）

√含有10%小牛血清的完全DMEM（DMEM-10，亦见附录3F，用小牛血清代替FBS）

10 cm细胞培养板

用于大体积的0.45 μm的滤器（如Nalgene 115 ml或500 ml滤器）

Beckman JA-14转子及高压消毒的250 ml离心瓶或Beckman SW-27或SW-41Ti转子和相应的离心管

步骤

1）将产病毒细胞按1∶10或1∶20从刚生长汇片的细胞分传至20～50个10 cm培养皿中，培养细胞直至50%～90%汇片。

2）弃去培养液，轻轻加入半量的培养液（如在10 cm培养皿加入5 ml），确保培养液不是碱性的。培养2～3天。

对于不同的包装细胞系，其优化条件可能不同。如上清可能在细胞刚长满时收获，或在长满前一天换培养液至半量，随后的一天收获。

3）收取上清，用0.45 μm的滤器过滤，储存于－70℃或－80℃，或马上进行滴定和浓缩（步骤4～7）。

至收集上清时，细胞将极密挤满，培养液呈黄色。

4）滴定病毒原液（见9.11）。

5）对于大体积病毒原液，用无菌的250 ml离心瓶4℃，25 000 *g*（即在JA-14转子14 000 r/min）离心20 min。对于小体积的病毒原液，用SW-27或SW-41Ti转子20 000 r/min离心10 min。用前用70%乙醇淋洗离心管以防细菌污染。

6）将上清直接倒入消毒的离心瓶中4℃，如用JA-14转子，14 000 r/min离心5～16 h；或用SW-27或SW-41Ti转子20 000 r/min离心2 h。小心除去上清，用原病毒体积的0.1%～1%的DMEM-10重悬沉淀。

重悬时用吸管吹打，如果相当黏稠，可能需要2 h。在组织培养超净台将培养瓶置于冰上，用同一吸管每15 min吹打1次。避免产生气泡，不然会使病毒蛋白变性。若使用JA-14转子，离心管内会辅助许多原液，需彻底洗涤。

7）滴定浓缩的病毒液，并分装成5～50 μl的小份，储存于－70℃或－80℃。

9.13.2　备择方案1　用聚乙二醇沉淀及层析法浓缩病毒

附加材料（亦见基本方案；带√项见附录1）

5 mol/L NaCl，过滤除菌

聚乙二醇（PEG）6000，过滤除菌

√NTE缓冲液

Sepharose CL-4B或CL-2B（Pharmacia）

Savant高速离心机或Backman SW-41 Ti转子

柱子（如Bio-Rad Econo-Column）

步骤

1）制备病毒原液（见基本方案步骤1和3）

2）加5 mol/L NaCl至病毒原液中，4℃不断搅拌，至终浓度达到0.4 mol/L。缓慢加入PEG 6000至终浓度8.5%（*m*/*V*），4℃持续搅拌1～1.5 h。

3）7000 *g*离心10 min（对于SW-41 Ti转子用7500 r/min，对于Savant高速离心机用10 000 r/min）。用原病毒体积1%的NTE缓冲液溶解沉淀。

可直接使用或储存于－70℃或－80℃。也可以进一步用CL-4B柱去除PEG。

4）准备好Sepharose CL-4B或CL-2B柱子，用NTE缓冲液平衡。柱子大小根据病毒的数量：对于来自100 ml病毒原液的沉淀用10 ml Econo-Column。加病毒，用NTE缓冲液以1 ml/min进行层析，收集0.3～0.5 ml各组分。

5）用测定280 nm或260 nm的光吸收或逆转录酶分析法（见9.14）分析各组分。将适当的组分合并并进行滴定（见9.11）。

9.13.3　备择方案2　用分子质量截留滤膜进行浓缩

此方法是浓缩小至中量体积的逆转录病毒原液的最简单的方法。由基本方案步骤1～3制备的上清用Amicon的Centricon-30微量浓缩器或Polysciences的CentriCell 60进行离心过滤，基本上按厂家说明书操作。这些滤膜可让分子质量远小于逆转录病毒的分子通过（如Centricon-30滤器可让小于30 kDa的分子通过）。将那些不能流过滤膜的物质移出作为浓缩的病毒原液，离心的时间取决于所需病毒原液的浓度，离心时间越长，病毒原液越浓。

参考文献：Aboud et al., 1982.

撰稿人：Constance Cepko

9.14 逆转录病毒原液中辅助病毒的检测

辅助病毒是一种有时存在于无复制能力病毒原液中的有复制能力的病毒。辅助病毒的存在在动物的感染及谱系分析中会成为问题。

9.14.1 基本方案 通过药物抗性的水平传播鉴定辅助病毒

以下是一种十分敏感的方法，用于检测病毒上清促使病毒基因组从一个感染细胞至邻近的非同属细胞的水平传播的能力。如存在能传播标记基因［新霉素抗性基因(*neo*)］的病毒，即表明病毒原液中含有辅助病毒。用无辅助病毒的病毒原液（以前已证明的）及含有辅助病毒的病毒原液为该实验的对照。

材料（带√项见附录 1）

NIH 3T3 细胞（用于鼠源性病毒）

三种已滴定了的病毒原液：含有 *neo* 标记的测试病毒，含有 *neo* 标记但无辅助病毒，以及野生型辅助病毒

800 μg/ml polybrene，过滤除菌，储存于－20℃

√含有 10%小牛血清的完全 DMEM（DMEM-10，亦见附录 3F，用小牛血清代替 FBS）

6 cm 培养皿

0.45 μm 滤膜

步骤

1）在开始分析的前 1 天，按 1∶50 将 NIH 3T3 细胞分传于 3 个 6 cm 培养皿中。

对于禽源性病毒原液要用 CEF 细胞。按 1∶10 分传细胞。使用无辅助病毒和含辅助病毒原液对照。除了 A 亚群外，对于禽源性病毒需要用 polybrene。

2）加 0.01 ml 800 μg/ml polybrene 至 1 ml 待测病毒原液，用 0.45 μm 滤器过滤。

对于浓缩的病毒原液，加 1～30 μl 至 1 ml 培养基中。

3）加 0.01 ml 800 μg/ml polybrene 至 1 ml 无辅助病毒的病毒原液（阴性对照），通过 0.45μm 滤器过滤。

4）加 10～100 CFU 辅助病毒原液至 1 ml 无辅助病毒的病毒原液（阳性对照），再加入 0.01 ml 800 μg/ml polybrene，通过 0.45μm 滤器过滤。

无辅助病毒的病毒量（CFU）应与待测病毒的量（CFU）相等。

5）用每种病毒原液感染一个培养皿，将感染后的 3 个培养皿置于 37℃ CO_2 培养箱中温育 1～3 h 以利于吸收。加 4 ml DMEM-10 培养至细胞汇片（约 3～4 天）。

polybrene 的浓度在分析期间必须保持在 2 μg/ml，以便于辅助病毒及含标记病毒的扩散。

6）将细胞按 1∶50 分传于新的 6 cm 培养皿中（每种原液一个）。使 polybrene 的终浓度在 2 μg/ml。培养至细胞长到 50%～90%汇片。

在分传细胞之前保留一些上清（如取出约 2 ml 保存于－80℃）。如果存在辅助病毒，这些原始的

上清和最终的上清（见步骤8）的相对滴度将对病毒原液中辅助病毒的量有所提示。

7）弃去培养液换以半量的新鲜DMEM-10。再培养2～3天。

8）收获生长汇片的细胞的最终的上清。经0.45 μm滤器过滤，加polybrene至终浓度8 μg/ml。保存于－70℃～－80℃，或立即进行步骤9。

9）在上清滴定前1天，将新鲜的未经感染的NIH 3T3细胞按1∶10或1∶20分传于3个6 cm培养皿中。用每种上清1 ml（见步骤8）感染NIH 3T3细胞，并根据G418抗性进行滴定（见9.11）。

9.14.2 备择方案1 用原病毒检测具复制能力的逆转录病毒

本方案通过拯救含标记基因的原病毒检测具复制能力的逆转录病毒。

附加材料（亦见基本方案）

BAG-3T3指示细胞：每个NIH-3T3细胞中带有一单拷贝整合的BAG原病毒

步骤

1）检测前一天，将BAG-3T3细胞按1∶50的比例分传到3个6 cm的平皿中。

2）类似基本方案中步骤2和3准备试验病毒原液和阴性对照。

与基本方案不同的是，试验病毒原液无需携带选择标记。BAG原病毒带有*lacZ*基因。

3）准备阳性对照：准备1 ml中含10～100 CFU辅助病毒的原液。加入0.01 ml的800 μg/ml polybrene，用0.45 μm的滤器过滤。

辅助病毒原液被用来水平传播表达*lacZ*的整合原病毒。分析辅助病毒原液的几个稀释度以确定标记rescue检测方法的灵敏度。

4）感染细胞，收集上清，根据β-半乳糖苷酶活性滴定（见基本方案步骤5～9；同见9.11）。

再保持细胞1～2代（即重复基本方案步骤7）以检测辅助病毒。

9.14.3 备择方案2 用逆转录酶分析法检测辅助病毒

基本方案中产生的病毒上清可用放射活性dTTP掺入进行监测。这可用于分析逆转录酶的活性，只有在原始的病毒原液中含有辅助病毒时才能测出该酶的活性。本分析方法也可用于其他目的，如检测包装细胞系产病毒性能的维持。

附加材料（亦见基本方案）

√逆转录酶（RT）反应混合物

病毒上清：待测的及对照的样品（见基本方案步骤8）

√2×SSC

95％乙醇

96孔微量滴定板

Whatman DE52或DE81滤纸，（根据样品数量）预先切成足量的2.5 cm的圆形或长条小滤纸

步骤

1) 加 50 μl RT 反应混合物于 96 孔微量滴定板的各孔中。每个待测或对照样品占一孔。
2) 加 10 μl 病毒上清于指定的孔，盖上平板，置于 37℃ CO_2 培养箱中温育 1～2 h。
3) 将各反应液 10 μl 点于一张直径 2.5 cm 的圆形 DE52 或 DE81 滤纸上，其上盖一张塑料薄膜。用 2 号软铅笔标记滤纸。也可将样品点在一张大的 DE52 或 DE81 滤纸上。
4) 将滤纸置于一个盘中，加 2×SSC 覆盖。室温下在摇床上轻轻摇动洗涤 20 min。弃去 SSC，重复洗涤步骤 2 次。
5) 在 95％的乙醇中浸泡 1 min，空气中晾干约 10 min。在闪烁计数仪中计数或用感光片曝光。如果纸很大，在计数前根据样品点剪成小块。

参考文献：Goff et al.，1981；Omer and Faras，1982；Stoker and Bissell，1987.
撰 稿 人：Constance Cepko and Warren Pear

9.15 用逆转录病毒在体外及体内感染细胞

逆转录病毒载体作为转导剂有许多种应用。对于每种应用，感染方案都可能不同，因而必须进行优化。这里给出了一些典型的体内及体外感染细胞实验的准则。为了优化感染某一特定类型的细胞，用容易评价的载体常有优势（即载体携带选择或筛选分子；图 9.11.1）。

注意：使用人的血液、细胞或感染性试剂时，必须严格遵守生物安全规程（见 16.12）。

体外细胞感染

在体外感染靶细胞只需简单地将病毒与细胞一起培养而完成（如 9.11 中的基本方案 2）。用鼠源性病毒进行的大多数体外应用要用一种多价阳离子如 polybrene 来帮助病毒病染。这些多价阳离子通过减小细胞和病毒表面负电荷之间的静电排斥作用促进病毒与宿主细胞表面结合。如果将未稀释的高滴度病毒直接用于某些细胞类型将会出现问题，即：靶细胞发生融合，继而大多数的融合细胞在感染后几天内死亡。原因可能是病毒不止吸附到一个细胞膜表面上造成细胞膜融合。

另一种方法是，将待感染细胞与产生所需载体的包装细胞系一起培养（共培养方法见 9.12）。在某些情况下，希望能在共转染期间或之后防止产病毒细胞的分裂。这可以通过用允许病毒产生但防止产病毒细胞的继续分裂的方案来实现。例如，在共培养之前，铺满的或接近铺满的产病毒细胞，可通过照射（NIH3T3 细胞 2800 拉德；293 细胞 1500 拉德）或丝裂霉素 C（10 μg/ml 培养液）处理 3 h 之后用培养液淋洗几遍。经过这种处理之后，将待转染的细胞接种于产病毒细胞之上。靶细胞应继续生长，但产病毒细胞将因不再分裂而死亡。另外一种共培养方法是旋转感染（见 9.12），这种方法能获得同样的感染滴度，且避免了产毒细胞存在的麻烦。

尽管感染效率有时可接近 100％，然而影响给定细胞感染能力的参数大多数是未知的。很清楚的是，为了得到理想的结果，细胞的有丝分裂应尽可能活跃，使病毒基因能够整合或表达。有一种方案可以克服转导非分裂细胞的困难，即使用逆转录病毒包装细胞系和基于人类免疫缺陷病毒的载体（HIV；Naldini et al.，1996）。这种方案成功地产生了高滴定度、无辅助系统的病毒，它可以感染停留在各个细胞周期的细胞系，且感染频率高于基于 Moloney 包装系统。另外，这些载体还可以低频率地感染成年大鼠神经元。

一般分析表达病毒基因产物是在转染后 2 个到 3 个细胞周期。当用 X-gal 染色（见 9.11）分析 *lacZ* 基因在 NIH 3T3 细胞中的表达时，我们发现克隆的数目的高峰在感染后大约 48 h（3 个细胞周期）。X-gal 染色可在 24 h 内观察到部分被感染的细胞。

上述方法基本上也可用于对组织植块或培养的胚胎的感染。组织植块可浸浴于所需量的病毒原液中几小时（用鼠源性病毒或禽源性除了 A 的亚群病毒时，加 polybrene 至终浓度 8 μg/ml），或将其置于一单层产病毒细胞系上培养（共培养）。

逆转录病毒 cDNA 库的建立

表达克隆（见 6.9）对于研究分离出的一系列基因是非常有用的，包括细胞表面分子、细胞因子及多种受体。这种方法依赖于在转染细胞系里的高水平基因表达，以及通过质粒补救来恢复正确的 cDNA。表达克隆局限于一些转染效率高及表型分析快速的细胞系。造血干细胞的可转染效率很低，并且培养、表型选择的时间很长，这使得它不适合于表达克隆。相比之下，逆转录 cDNA 库提供了转染 cDNA 到一系列细胞中的可能，包括原代细胞。因此，可以设计一些新的方法来选择基于细胞特异性的 cDNA，如转化、生长因子依赖性或者体外分化。

利用基于 NIH-3T3 的包装细胞系，逆转录病毒的表达克隆已经成功用于克隆cDNA。这些方法对寻找与生长或转化相关的基因以及诱导鬼臼乙叉苷抗性的肽及反义信息的选择是很有用的。在表达克隆中应用基于 NIH-3T3 包装细胞系有两个缺点：①瞬时转染很难获得高滴定度，这限制了文库的复杂性；②在选择转化群落时每个cDNA的频率可能会改变，这样获得的逆转录的病毒原液就不能反映原始的 cDNA 库。使用瞬时转染获得高滴定度的上清的方法克服了这些缺点（见 9.12；参见综述 Onishi et al.，1996），同时使得在收集逆转录病毒原液之前选择细胞变得没有必要。使用这种方法，Kitamura 等（1995）开发了复杂度＞10^6 的表达库，cDNA 的频率检测从 1 到 10^7 不等。

基本策略就是克隆 cDNA 文库到逆转录病毒载体，向包装细胞系中转化文库，转染 48～72 h 后收集逆转录病毒原液，感染靶细胞。方法在 9.12 中已有阐述。然后再对这些靶细胞进行目标表型分析。逆转录病毒表达克隆的技术也在不断演化，读者应该参考最新的关于包装细胞系及逆转录病毒载体的文献。有些载体的选择考虑到是否有多克隆位点以有效地将 cDNA 克隆到载体，有些考虑到能否扩大细胞包装信号以获得高滴定度（Bender et al.，1987），使用 IRES（核糖体进入位点）而不是内部启动子以增加 cDNA 表达效率，引物设计时采用多克隆位点周围序列，这样表型选择后可以 PCR 扩增。另外一个考虑就是靶细胞的转染效率，为得到足够的转染效率，可以采取逆转录病毒的假模型化策略或者在待分析的细胞中引入逆转录病毒的受体（见 9.10）。高转染效率的一个缺点是转染的细胞有可能包含多个整合的原病毒，这会使得决定目标表型的 DNA 的鉴定变得较为困难。在生成逆转录病毒 cDNA 库过程中有一个问题就是在筛选之前是否需要标准化，标准化会增加稀罕信息，但所产生的 cDNA 库就不代表了原初的 cDNA 集群。

在体内感染啮齿类或鸡类动物

通过逆转录病毒载体可以将基因导入体内。下列各节叙述了实验中最常用的实验室动物——啮齿类动物的体内感染。然而，这些技术也可用于其他种类的动物（如鸟类）。对于更详细的感染鸡胚的方法信息，参见文献（Fekete and Cepko，1993a，b；Homburger and Fekete，1996；Morgan and Fekete，1996）。

原位感染出生后动物

病毒原液的体积和滴度：安全地用于体内动物组织中的病毒原液体积一般是相当小的（0.1～1 μl）。因此制备高滴度（常常是浓缩的）的病毒原液（见 9.13）很重要，需达 10^6～10^8 CFU/ml。由于这些限制，将病毒直接送至含最高百分数的有丝分裂靶细胞的区域是相当重要的。在组织液中是否含有抑制或破坏病毒感染性的因子尚不清楚。

病毒的传递：将病毒送递至出生后动物是相当直接的。可以用手动的 Hamilton 注射器和 33-G 的针头，或用玻璃吸液管。在出生后几天内，动物的皮肤甚至颅骨都很软，能直接注射到组织中。对于年龄较大的动物，注射部位较硬，可能需要在插入一个更纤细的注射针之前，先用一硬的针刺一个孔。用染料如 0.05%（*m*/*V*）台盼蓝或 0.025%快绿共注射可帮助检测注射的精确性，并且不损害病毒的感染性。出生不超过 7 天的啮齿类动物可简单地置于冰上冻几分钟进行麻醉。用光纤技术可看见注射部位附近的解剖标志（如骨缝或血管）。最好是先单独用染料作一系列注射，然后马上解剖动物检查注射位点。待掌握注射方法后，再注射病毒。根据实验设计，动物可在任何时候检查其病毒感染的迹象。

预实验以优化注射和表达效率：当对组织进行初次感染，或不知道靶细胞的感染和表达效率时，用携带组织化学标记基因如 *lacZ* 的逆转录病毒载体进行初步实验是很有帮助的。该基因可在注射动物几天后进行检测。对于这样的实验，必须优化对所研究的特定组织的 X-gal 染色的反应条件（见 9.11）。一种可同时检测注射部位的准确性和 X-gal组织化学染色是否有效的极好方法，是注射含有 *lacZ* 基因的细胞，如 Ψ2BAG 产病毒细胞（ATCC # CRL 9560）。用荧光染料如二乙酸琥珀酰亚胺酯羧基荧光素（CFSE，Molecular Probes 公司；Bronner-Fraser，1985）对这些细胞进行预标记。如果 X-gal 组织化学染色正常，则不应该看到荧光细胞，因为 X-gal 染色的细胞常为靛青色以致所有的荧光都被吸收。注射和 X-gal 组织化学染色方法优化之后，就将 BAG 病毒注射到靶位点，几天后检测病毒感染。如果 X-gal 组织化学染色方法不佳，则可以看见荧光细胞。这时，要改变固定和组织制备方法直至 X-gal 染色试验良好为止。

另外一个方法就是用编码人胎盘碱性磷酸酶的 DAP 逆转录病毒载体，可从 ATCC（CRL #1949）购买一会稳定产生 1×10^6～2×10^6 CFU/ml 的 DAP 的 Ψ2 株（比 Ψ2BAG 更可信）。生化检测碱性磷酸酶的方法与 X-gal 组织化学一样简单易行。

出生前啮齿类动物子宫内感染

子宫内注射是用玻璃吸管进行的（Austin and Cepko，1990）。吸管的尖的实际直径和形状凭经验而定。动物用氯胺酮（ketamine；20～40 mg/kg）及塞拉嗪（xylazine；3～5 mg/kg）混合麻醉，沿中线切开。胚胎的方向可用光纤技术观察到头部而确定。穿过子宫壁注射0.1～10 μl至所需部位。当注射的部位是侧室时，接种体在递送到此区域时可以看到充满侧室。其他的区域可能看不见，注射后快速的解剖和分析也是必要的。然后用线缝合母体。根据实验需要，被注射的动物可在出生前取出，或让其完成妊娠期。

出生前啮齿动物的宫外感染

穿过子宫壁很难精确地定向注射到出生前哺乳动物的许多有丝分裂区带中。子宫外手术操作（Muneoka et al.，1986）至少部分避免了这个问题。胚龄11～19天的鼠胚通过切开子宫壁取出，但保持与胎盘的联系。母鼠的腹腔中灌注生理盐水以保护胚胎。可在包绕胚胎的外胎膜上做切口，以便胚胎被直接操作或注射。随后，用细缝线缝合外胎膜，将胚胎放回腹腔，用剖腹产术接生。

胚胎或新生动物的存活率可以通过直接注射到胚外膜而不是做切口或缝合得到提高（Turner et al.，1990）。尽管这种方法更难定位，在E13中注射的25%的胚胎都存活到成年，所有的注射动物都有逆转录病毒感染细胞的克隆。其他影响本方法成功的因素是对动物品系的选择及其健康状况。远交繁殖的鼠品系如CD-1或Swiss Webster似乎最好。但即使这些来自不同产商或者克隆系的品系也有不同的胚胎存活率。很明显，健康的鼠系在保持自已个体存活之外，还可以容忍亚临床的注射而不影响未被操作的胚胎，同时能抵抗被操作处理的胚胎。

活体外鼠骨髓细胞的感染和骨髓移植

用逆转录病毒感染鼠骨髓已用于体外实验，以及随后的转移和挽救被致死照射的动物。许多这类实验的目的是转导造血干细胞。然而，下面讨论的这些方法旨在优化特定造血细胞类型的感染。感染造血干细胞的条件还在发展中，读者需要参考最新的文献以得到最新的信息。每个照射源照射小鼠的最优条件需要摸索，并且还需根据小鼠的重量、年龄和品系来定。

基本的方法就是向供体小鼠（5～8周）尾注射5-氟脲嘧啶（5-FU），这会杀死分裂的细胞从而富集造血前体细胞。5天后，处死供体小鼠并摘除胫骨和肋骨。骨骼用PBS或DMEM冲洗，收集骨髓细胞（包括红细胞），离心，重新悬浮于含DMEM、FBS、抗生素（青霉素、链霉素）、IL-3、IL-6以及干细胞因子的预刺激混合液中，孵育约24～48 h后转染。许多其他的细胞因子如IL-1α也试验了，细胞因子使用的浓度差别很大（Bodine et al.，1989，1994；Daley et al.，1990；Fraser et al.，1992；Pear et al.，1996a）。

细胞转染可以通过旋转感染或共培养方法（见9.12），在上述混合液中加终浓度4 μg/ml的polybrene。另外病毒上清可以替代1/3体积的DMEM。转染后，去除非贴壁细胞，注射到被致死照射的约4～8周大的受体小鼠尾静脉，约需要2×10^5～5×10^5未分离的骨髓细胞以保证小鼠大多数细胞系的长期重建。随后进行重组动物的骨髓操作。

参考文献：Cepko，1989；Onishi et al.，1996；Rayner and Gonda，1994；Whitehead et al.，1995；Wong et al.，1994.
撰稿人：Constance Cepko and Warren Pear

第 10 章　蛋白质分析

对蛋白质进行分离和分析是设计寡核苷酸探针、基因克隆、确认 DNA 序列数据、合成肽以阐明抗肽抗体的组成部分。

蛋白质分类

可从不同方面对蛋白质进行分类，如功能、结构或物理化学性质。按结构分类必须考虑到形状和寡聚结构（表 10.0.1）。结构可部分地反映生物学定位和来源。比较稳定的蛋白质主要存在于细胞外环境中，复杂和较易灭活的分子主要在细胞内，疏水性蛋白质与膜结构有关。

表 10.0.1　根据结构特点对蛋白质分类

结构特点	举例	注释
单体	溶菌酶，生长激素	通常位于胞外；大多带二硫键
寡聚体		
相同亚单位	甘油醛-3-磷酸脱氢酶，过氧化氢酶，乙醇脱氢酶，己糖激酶	大多为细胞内酶；很少有二硫键
混合亚单位	天冬氨酸转氨甲酰酶，百日咳毒素	变构酶；不同亚单位有不同功能
膜结合		
（膜）外周蛋白	线粒体 ATP 酶，碱性磷酸酶	易被去污剂溶解
整合（膜）蛋白	（膜）孔蛋白，细胞色素 P450，胰岛素受体	脂质依赖性稳定
（膜）结合蛋白	糖蛋白，脂蛋白，核蛋白	许多含有碳水化合物的细胞外蛋白

根据功能分类的方法要中肯得多（表 10.0.2）。蛋白质按功能可简单分为氨基酸储存库、结构组成和有特异性结合功能。最有“功能”的蛋白质是酶，酶有结合和催化作用。蛋白质结构是其功能所必需的，同时，功能也与结构进化过程的保守性有关。

表 10.0.2　根据功能对蛋白质分类

功能	举例
氨基酸储存	种子蛋白（如谷蛋白），乳蛋白（如干酪素）
组成型	
惰性的	胶原质，角蛋白
有活性	肌动蛋白，肌球蛋白，微管蛋白
结合功能	
可溶	白蛋白，血色素，激素
不可溶	表面受体（胰岛素受体），抗原（如病毒外衣蛋白）
有活性	酶，膜转运蛋白（氨基酸摄入系统，离子泵）

蛋白质纯化流程图

本章提供的蛋白质纯化流程图粗略地概括了不同蛋白质的纯化方法。流程图没有给出详细的步骤，因为对于纯化的每个步骤，不同蛋白质有各自的变化。在大多数情况下，第一步是要获得含有所要蛋白质的溶液，此后用下列图中所示的许多分离技术进行处理。在某些情况下，利用所要蛋白质的不可溶性可去除可溶性部分。纯化程序主要分为 3 个阶段：①第一步，从未加工的原始材料中获取蛋白质和其他分子的粗制混合物；②第二步，获得接近于均一的产物；③第三步为精制的过程：去除少量的污染物，这一过程对用于治疗性蛋白来说尤其重要。图 10.0.1 至图 10.0.4 显示了不同类型蛋白质的纯化方案。

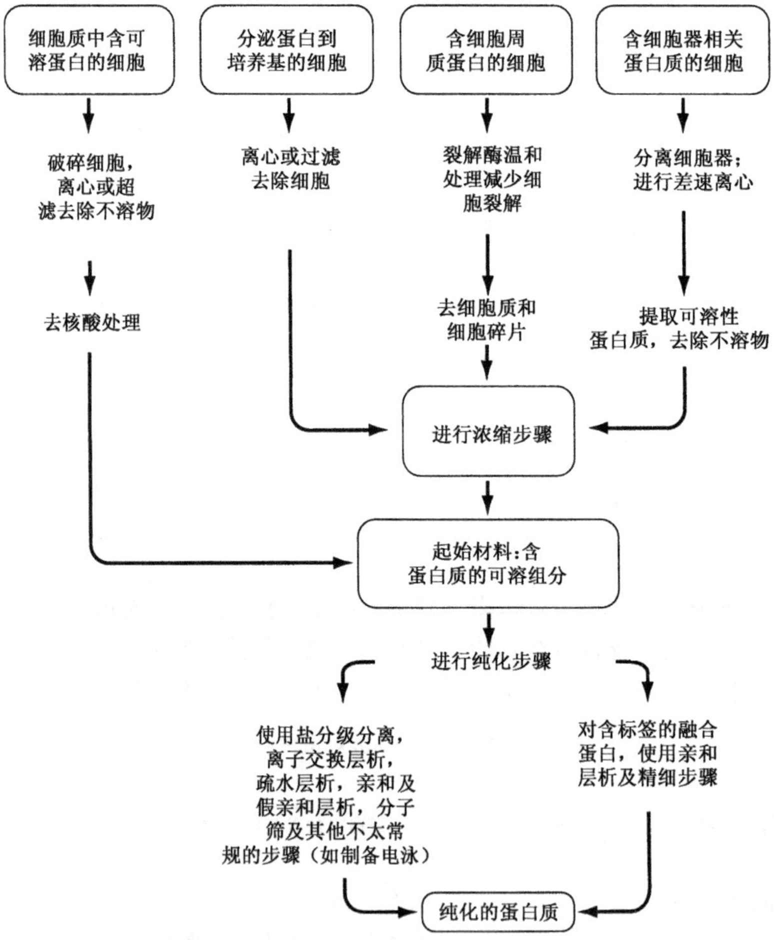

图 10.0.1　可溶重组蛋白的纯化方案。蛋白质可分泌或位于外周胞质、细胞膜组分或大多在细胞质中。第一步是获得含可溶性目的蛋白的抽提物。然后，可使用传统的纯化步骤或使用亲和层析纯化带标签的融合蛋白。

本章可以回答下列问题：有多少蛋白质？蛋白质是纯的吗？蛋白质是否有亚单位？

有多少蛋白质亚单位？如何分离蛋白质？如何在体外合成蛋白质？如何进行蛋白质生物学标记？如何确定稀有蛋白的 N 端序列？如何在 N 端封闭的蛋白质中得到其内部序列？

如图 10.0.5 所示，蛋白质的数量可以通过比色法和分光光度分析法得出（见 10.1）；也可以通过氨基酸分析法得到（见 10.2）；还可以通过一维或二维电泳（见 10.3 和 10.4）后比较未知蛋白质和已知标准蛋白的染色强度分析得到。蛋白质在聚丙烯酰胺凝胶（见 10.5）或者在被转移到膜上时都可以进行染色。另外，蛋白质特异性抗体也可用于免疫印迹检测（见 10.6）。

如图 10.0.6 所示，接下来 3 个问题的答案要结合电泳和色谱的数据进行分析——如常规的凝胶过滤（见 10.7）或大小排阻高效液相色谱（见 10.11 和 10.12）。对于没有亚单位或者有相同亚单位的蛋白质来说，在变性条件下经一维的凝胶电泳得到单一的蛋白条带或是在二维的电泳后得到一个点，这就说明蛋白质是纯的。如果蛋白质由不同分子质量的多亚单位组成，在非变性条件下，凝胶电泳后得到单一的染色条带说明蛋白质是纯化的。在证明蛋白质是纯的以后，通过常规凝胶滤过或高效大小排阻 HPLC 柱的洗脱体积和标准蛋白进行比较，可以对蛋白质的分子质量进行估计。继而在变性条件下电泳可确定该亚单位的大小。通过比较“天然”（非变性）蛋白和亚单位分子分子质量，可以推测每一种亚单位的数量。

对蛋白质或蛋白质片段进行分离，必须考虑以下因素：①蛋白质在起始材料的含量；②制备起始材料（如细胞培养、发酵或器官）和人力花费；③蛋白质的分子大小；④蛋白质的物理学性质。几乎所有的蛋白质都是用传统的色谱方法、HPLC 方法和电泳方法相结合来进行分离的（图 10.0.7）。

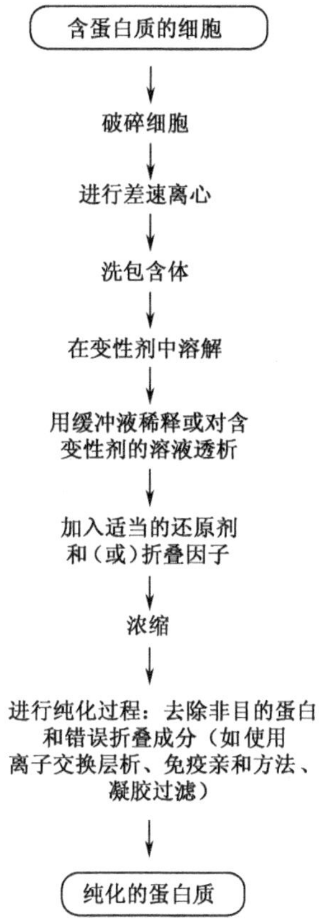

图 10.0.2　以包含体形式产生于宿主细胞质中的不溶性重组蛋白的纯化方案。首先裂解细胞，然后差速离心分离不溶性包含体，使用变性剂溶解包含体，除去变性剂复性溶解的蛋白质。采用进一步纯化步骤除去少量污染蛋白质及错误折叠成分。更多的信息参见文献（Coligan et al.，2002）。

一维和二维的凝胶电泳都是高分辨率的分离方法，在 Polybrene 包被的滤膜，或玻璃纤维衍生物滤膜，或双氟聚乙烯滤膜（所有这些膜都与气相蛋白质序列分析仪兼容，见 10.18）上进行电洗脱或电转移后，就可对所获得的蛋白质进行测序。在大多数情况下，在用一系列传统的色谱或 HPLC 方法从起始蛋白质混合物中纯化某种蛋白质之后，才使用电泳方法。如果在变性条件下对蛋白质进行分离，将会失去目标蛋白的生物学活性。因此，如果纯化的蛋白质只有通过功能分析才能鉴定出来，凝胶电泳方法就只能在最后使用。

传统的色谱方法包括凝胶过滤（见 10.7）、离子交换（见 10.8）、免疫亲和（见 10.9）、金属螯合亲和（见 10.10）、固相化染料亲和、固相配体亲和以及疏水相互作用。所有这些方法都可用于处理大量的粗提起始材料。因为凝胶过滤色谱比大小排阻

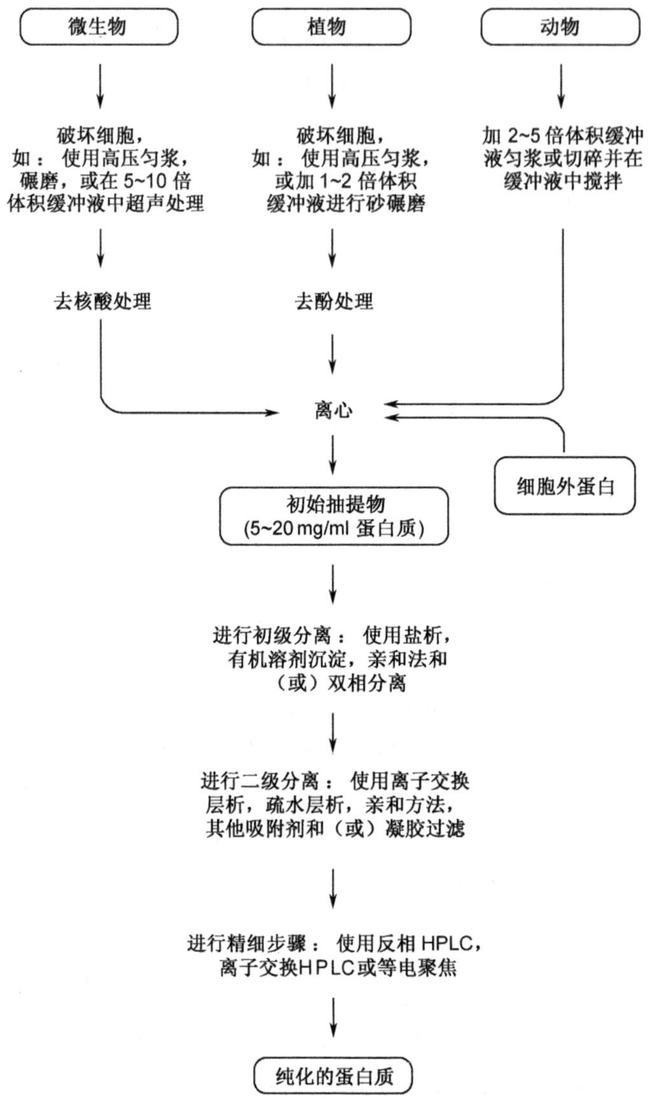

图10.0.3　自然宿主细胞中可溶蛋白的纯化方案。裂解细胞释放蛋白质，通常每克细胞用2～10 ml合适的缓冲液。去除不溶性成分后，通常需要几步过程，以合适的顺序使用不同的标准分离方案，为得到高纯度的蛋白质，需进一步纯化除去微量的污染物。更多的信息参见文献（Coligan et al.，2002）。

HPLC有更大的分离范围，所以在分离分子大小相似的蛋白质时，凝胶过滤更为常用。所有这些方法都不会造成蛋白质变性，尽管在初始蛋白质混合物中的蛋白酶会在纯化的过程中导致蛋白质降解。

本章讨论的HPLC方法包括反相HPLC、离子交换和大小排阻方法（见10.11～10.13）。HPLC可以处理和纯化小量的蛋白质（<1 nmol），分离时间比较短（<3 h），产生少量的层析峰体积。RP-HPLC主要用于纯化小蛋白（分子质量<20 000 Da）和蛋白质片段。

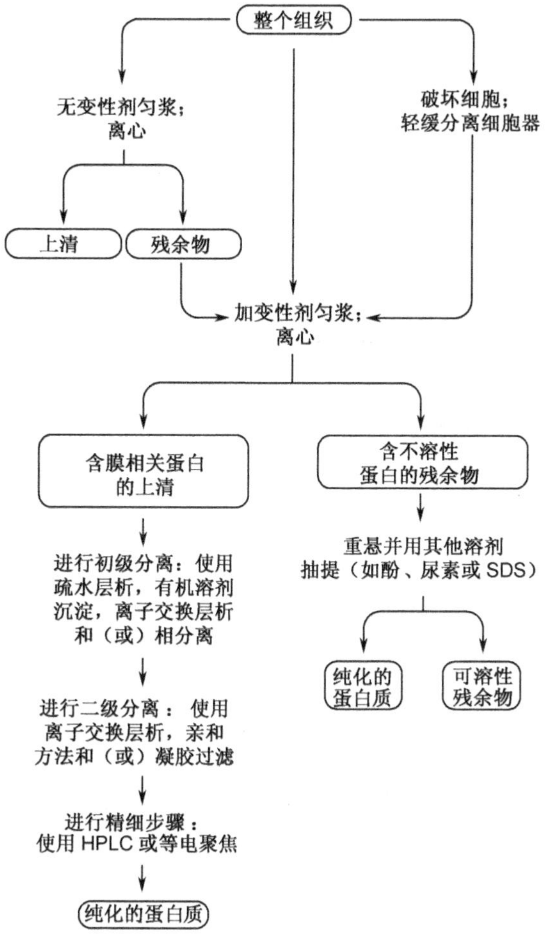

图 10.0.4　膜相关蛋白或难溶蛋白（非重组蛋白）的纯化方案。初级纯化可通过分离含目的蛋白的细胞器得到。膜蛋白通常溶于非离子变性剂，而松散结合的蛋白质，在无变性剂、高 pH、含 EDTA，或含少量有机溶剂如 *n*-丁醇时，可被抽提。如果需要变性剂，为保持蛋白质的完整性，常规方案需进行修改。

10.14 讨论创新技术表位标签，通过这种技术，用基因工程技术将表位（例如抗原位点）导入一个蛋白质，从而为从复杂的蛋白质混合物中分离表达的蛋白质提供了一种较为方便的标签。针对抗原位点的抗体与标签蛋白作用形成免疫复合物，也就是免疫沉淀。

免疫沉淀是另一种纯化蛋白质的方法（见 10.15），只要有蛋白质的特异性抗体，通过免疫沉淀的方法，就能从蛋白质混合物中选择性地沉淀出特异性蛋白质。传统抗体和单克隆抗体都可用于免疫沉淀。

不同于这些方法的另一种方法是通过在体外转录或翻译克隆基因合成蛋白质（见 10.16）。这样合成的蛋白质可用于不同的目的，包括分析 DNA-蛋白质相互作用、研究从克隆 DNA 突变获得的突变蛋白质。在这一方法中，编码蛋白质的序列克隆到带有 SP6 或 T7RNA 聚合酶启动子的载体中。用合适的噬菌体 RNA 聚合酶转录 DNA 模板

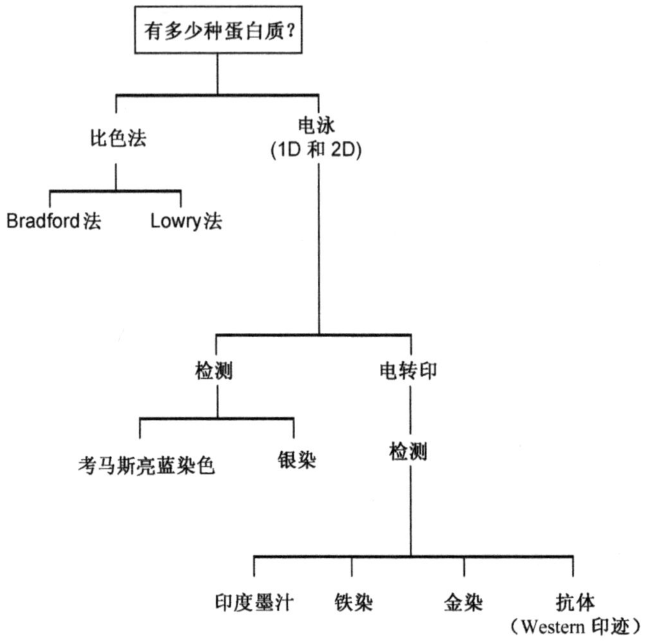

图 10.0.5　蛋白质的定量。

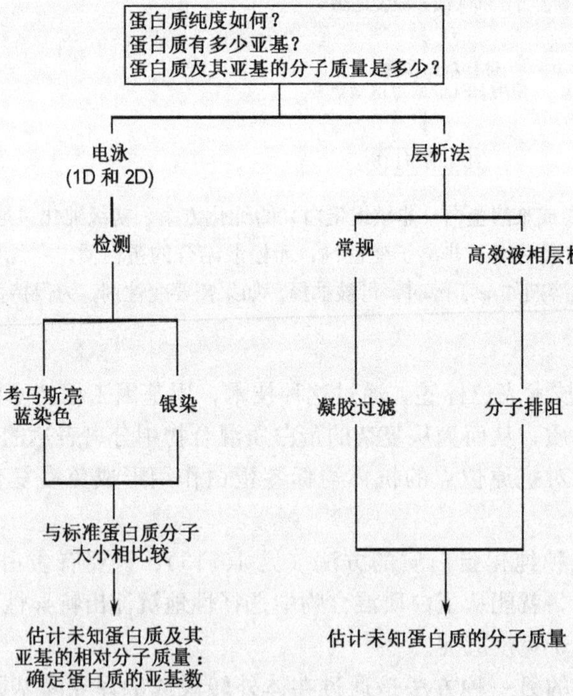

图 10.0.6　分析蛋白质的纯度、分子质量和亚单位结构。

可获得编码蛋白质的信使 RNA。用麦芽提取物或网状细胞裂解产物在体外翻译纯的 mRNA。在翻译过程中加入 [^{35}S] -甲硫氨酸，合成的蛋白质就成为放射标记蛋白质。

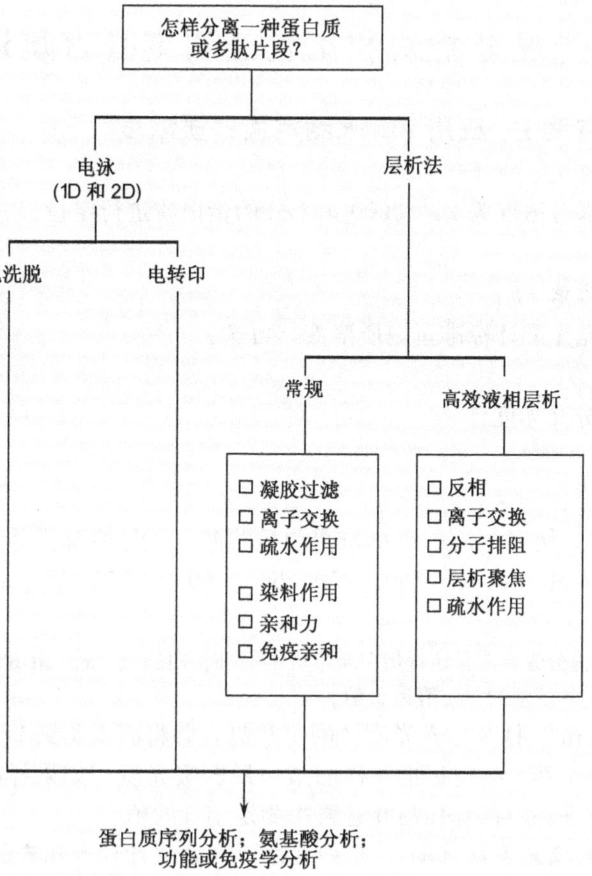

图 10.0.7　蛋白质和多肽片段的分离。

在大多数应用过程中，体外合成的蛋白质可不经任何的纯化而直接应用。此方法的另一个优点是通过改变 DNA 模板可以获得任何需要的突变蛋白。

生物合成的标记技术通常用于研究蛋白质的生化特征、加工处理、细胞内转运、分泌和降解。10.17 提供许多方法来标记分泌蛋白和膜蛋白。

但是，由于许多蛋白质通常用酰基（如乙酰基）封闭 α-N_2 基团来合成，因此用 Edman 降解法难以控制。因此，在用 SDS-PAGE 等分离方法获得均一蛋白质后，最好将蛋白质片段化 [用化学和（或）酶学的方法]，然后用反相 HPLC 方法分离单独的蛋白质片段（见 10.18），几种肽的部分序列分析就可以完成。集中这些数据用来确认未知基因，或作为合成寡聚核苷酸（引物或探针）或多肽的基础。

10.19 阐述了蛋白质和多肽的毛细管区带电泳，这是一项可以用于分离多种不同属性的蛋白质的、分辨率特别高的技术。

撰 稿 人：John A. Smith and Robert Scopes

10.1 分光光度分析法和比色法测定蛋白质浓度

10.1.1 基本方案 1 应用 A_{280} 来测定蛋白质浓度

这种方法可以对浓度为 20～3000 μg/ml 的蛋白质进行定量。

材料（带√项见附录 1）

√3 mg/ml 分光光度计标准蛋白质溶液（可选）

样品蛋白质

有 UV 灯的分光光度计

步骤

1）为了校正标准，使用 3 mg/ml 标准蛋白质溶液，用与溶解样品蛋白质相同溶剂把标准蛋白质稀释到 20、50、100、250、500、1000、2000 μg/ml。用溶剂作为空白对照。

BSA 常用于作为分光光度计定量蛋白质浓度的标准蛋白质。3 mg/ml BSA 的 A_{280} 值为 1.98，基于 1%（*m*/*V*）的溶液的 A_{280} 值为 6.61。

2）在测定前 30 min，打开分光光度计的 UV 灯，并将波长调到 280 nm 预热。

3）溶剂空白对照调零。测定标准和样品蛋白质的吸光度。如果样品蛋白质 $A_{280}>2.0$，用同样的溶剂进一步稀释样品并且再次测定 A_{280} 的值。

4a）如果蛋白质的吸光系数（a_{280}）已知：用下列公式计算未知样品蛋白浓度 *c*：

$$蛋白质浓度\ c\ (mg/ml) = A_{280} / (a_{280} \times b)$$

式中，a_{280} 单位为 ml/（mg · cm）；*b* 为光径，单位以 cm 表示。

4b）如果使用标准溶液进行定量：用作图或对应于标准蛋白质浓度的 A_{280} 回归分析做校正曲线。从曲线上，用样品蛋白质的吸收值来确定蛋白质浓度。

10.1.2 基本方案 2 应用 Bradford 法测定蛋白质浓度

Bradford 法可定量 1～10 μg 的蛋白质。对于 10～100 μg 范围的蛋白质测定需要增加 5 倍染色溶液体积并使用更大的试管。

材料（带√项见附录 1）

√比色标准蛋白溶液（0.5 mg/ml BSA）

0.15 mol/L NaCl

√考马斯亮蓝溶液

1 ml（光径为 1 cm）比色杯

步骤

1）在 8 个微量离心管中平行 2 次加入 0.5 mg/ml BSA（5、10、15、20 μl），用

0.15 mol/L NaCl 加到 100 μl。在另两个管中分别加 100 μl 0.15 mol/L NaCl 作为空白对照。

2）在标准管、空白对照管和两个 100 μl 的样品管（复管）分别加入 1 ml 考马斯亮蓝溶液并混匀。室温静置 2 min。

3）使用光径为 1 cm 的比色杯（1 ml）测定 A_{595} 的值。对平行取平均值，从标准管和样品管中减去对照管的吸收值。

4）取 A_{595} 对标准蛋白质浓度作图绘制标准曲线。测定未知蛋白质的吸收值，用标准曲线确定未知蛋白质浓度。如果未知蛋白质浓度过高，对蛋白质进行稀释，或者绘制更大浓度范围的标准曲线（10～100 μg）。

参考文献：Darbre，1986.

撰 稿 人：Micheal H. Simonian and John A. Smith

10.2 定量氨基酸的分析

定量氨基酸分析的好处是两方面的。一方面，鉴定样品中的氨基酸的性质能定性测量粗制品的纯度。氨基酸分析不依赖于蛋白质的形状、电荷或功能，因为蛋白质被完全水解，结构被破坏，蛋白质转为它的组建成分氨基酸。尽管大的蛋白质一般含有所有普遍存在的氨基酸的混合物，某些特定的氨基酸残基还是相当少；Trp、Met、His、Cys，有时 Arg，这些氨基酸出现的概率比 Gly、Ala、Ser 和 Leu 更低。对纯的蛋白质来说，氨基酸的比率应该达到理论水平的 10%以内。

另一方面，平均组成能较好地测量样品中蛋白质的含量。在离子交换为依据的 Beckman 6300 氨基酸分析仪上用茚三酮检测化学运作，标准样品（是氨基酸的混合物，用于得到综合参数和洗脱次数）的最小值是每氨基酸 1 nmol。从蛋白质水解物中可以检测低于 0.25 nmol 的氨基酸。对一个 50 kDa 的蛋白质，1 nmol 就是 50 μg，用高表达系统和标准的纯化程序，这个数量的蛋白质很容易得到。对分离自然来源的痕量蛋白质来说，这个需要量仍然太大而难以满足。但是，一个 50 kDa 的蛋白质含有约 400 个氨基酸，或每种氨基酸平均大概 20 个拷贝。这样，检测和半定量分析所实际需要的蛋白质量是 2.5 μg。在这种水平，稀有氨基酸就不能准确定量，但普遍的氨基酸就能很容易的定量了。显然，材料越容易得到，分析就越准确。更先进的仪器，如 Applied Biosystems 420 氨基酸分析仪和 Waters Pico Tag 系统，能利用预装柱继而进行以分离为依据的反向 HPLC。使用这样的分析仪，能够精确定量 100 pmol 的每种氨基酸或 5 pmol 上面描述的 50 kDa 的蛋白质。

10.2.1 样品准备

氨基酸分析的理想样品是 10～100 μl 水中含 1～10 nmol 蛋白质。在低浓度的缓冲液或纯水中透析过的样品（如需保持可溶性）是最佳的样品，因为盐、去垢剂、高浓度缓冲液或其他试剂会阻碍水解或后续分析。冻干成粉末的样品同样也可以接受。冻干的时候要在圆锥瓶的末端浓缩冻干的干粉。用圆底的烧瓶会使蛋白质样品扩散到很大的表面积；这样的样品很难操作，通常得不到满意的结果。因为缓冲液的冻干粉浓缩蛋白质的同时也会浓缩盐，因此起始溶液的总离子强度应该<50 μmol/L。

随着更敏感的依据乙内酰苯硫脲（PTH）化学的分析仪的出现，现在可以得到电泳分离和印迹到膜（见10.6和10.18）的样品的成分数据。这在蛋白质样品在气相Edman降解过程中不能产生任何序列的情况下特别有用。酸水解和从测序仪样品室还原的样品印迹片的分析可以粗略估计存在的蛋白质的量。如果超过正常测序所需的量（10 pmol），可以得出样品蛋白质是N端封闭的结论。

10.2.2 计算平均组成

表10.2.1显示出24 kDa重组蛋白的分析结果。样品起始体积是1.0 ml，预期含有约4 mg蛋白质。取出30 μl液体用于分析，估计含有120 μg，或约5 nmol。液体转移至玻璃管中水解，室温下用真空装置抽干。加入1 ml的6 mol/L HCl后，管子在干冰浴中冷却，然后抽干，在煤气火中热密闭管子。酸水解在124℃进行24 h，接着真空下去除HCl。样品收集在1.0 ml的应用缓冲液中，加入50 nmol的己氨酸作为内参。取出50 μl液体在配有水合茚三酮检测的Beckman6300系统进行离子交换色谱分析。

1）检测到的纳摩尔的氨基酸的总数目是通过计算表10.2.1第二栏总和得到的，也就是1446 nmol。

表10.2.1 计算24 kDa蛋白质的氨基酸组成所用的数据

氨基酸	测量的纳摩尔数	预期的比率[a]	观测到的比率1	观测到的比率2
Asp	155	23	22.7	21.8
Thr	78	13	11.4	10.9
Ser	63	13	9.2	8.9
Glu	153	21	22.4	21.5
Pro	52	7	7.6	7.3
Gly	157	22	23.0	22.1
Ala	90	12	13.1	12.6
Val	159	23	23.3	22.3
Met	24	5	3.5	3.4
Ile	88	13	12.9	12.3
Leu	138	19	20.2	19.4
Tyr	43	6	6.3	6.1
Phe	56	8	8.2	7.9
His	16	3	2.3	2.3
Lys	121	17	17.7	17.0
Arg	53	7	7.8	7.4

a. 预期的比率依据蛋白质的氨基酸序列。

2）总纳摩尔数除以预期的氨基酸总数（根据蛋白质序列；如 212）得到每残基的平均纳摩尔数（1446 nmol/212 残基＝6.82 nmol/残基）。如果不知道氨基酸的总数，可以通过蛋白质的摩尔质量除以 110 估计。
3）测量到的每氨基酸的纳摩尔数除以每残基纳摩尔数的平均值（见步骤 2）得到氨基酸的观测比率 1。如 Asp，155/6.82＝22.7。这些比率和第三栏的预期比率相比较；对大多数的氨基酸，比率 1 和预期比率一致。
4）每残基的平均纳摩尔数（见步骤 2）依据 30 μl 样品的分析，故总的 1 ml 样品含有约 5.46 mg 蛋白质（每残基的平均纳摩尔数×g/mol 蛋白质×1000/30）。

观测的 Ser、Thr、His 和 Met 的比率 1 分别比预期值低约 30％、13％、24％和 30％。该结果对这 4 个氨基酸来说是很典型的，不过有不同的理由。因为 Ser 和 Thr 在酸水解过程中产生部分降解，10％～40％的损失很正常。His 和 Met 的低值是不规则的，这可能是因为这两种氨基酸在蛋白质中的出现频率比较低的关系。基于这些原因，大多数的研究者剔除敏感残基（Ser 和 Thr）和出现频率低的氨基酸残基（这里是 His 和 Met）的数值，再计算非这些残基的每残基的纳摩尔数。得出校正后的比率显示在表 10.2.1 的最后一栏（观测到的比率 2）。这个例子中，由于更高的每残基的平均纳摩尔数（7.11），重计算的值改变达 0.9 倍之多。观测到的比率 1 背离预期值幅度为1％～23％，平均达到 8.8％。观测到的比率 2 背离预期值平均下降到 4.1％。

参考文献：Juris，1990.
撰 稿 人：Ben Dunn

10.3　蛋白质的单向 SDS 凝胶电泳

凝胶电泳可用于分离复杂的蛋白质混合物、研究蛋白质的亚单位组成以及证明蛋白质的均一性等，还能纯化出蛋白质用于后续的研究工作。在聚丙烯酰胺凝胶电泳中，凝胶孔径及蛋白质的电荷、大小、形状决定了蛋白质的迁移率。

10.3.1　电与电泳

许多研究人员很少被告知有关电泳过程的电学参数，但明示电泳的电压和电流的危险性及可能的致死性是非常必要的。因此，对安全的考虑必须压倒一切。在确定采取何种工作条件及解决电泳分离中出现的问题时，具备电学知识和工作经验无疑是很重要的。

10.3.2　安全性考虑

1）除非电源的电压调到零或已断路，不要试图拨开或插入高电压导线。切记，在某一时间只能用单手接触高压导线，不能用双手去移动高压导线，否则手和电线之间的接触可能使致死的电流通过胸部和心脏。有些老式或自制的装置，其中的香蕉型插头可能没有足够的屏蔽保护，可能在手与它们接触的时候仍与电源连接，所以要小心检查所有的电线和连接处，一旦发现有磨损或裸露，应立即更换。

2）开始时电源要处于关闭状态，电压调为零。然后连接电泳装置：一般红色的高压导线插入电源的红色输出端，黑色的导线插入黑色的输出端。接上导线后，在电压为零时接通电源，然后将电压、电流、功率调到设定值。关掉电源时程序正好相反：先将电压调为零，等待指针回零，关掉电源，最后去掉与电泳设备间的连接。

小心：如果在关闭电源之前切断凝胶装置与电源的连接，电源内部可能会储存一定量电荷。这些电荷会长时间存在于供电器上，即使在没有电量供应的情况下也会通过接口释放电荷并可能导致电休克。

10.3.3 欧姆定律和电泳

了解欧姆定律的基本知识有助于认识电泳装置与电源如何连接。欧姆定律：电压＝电流×电阻，或 $V=IR$。在电泳中，凝胶可被看作电阻（R），电源是电压（V）和电流（I）的来源。有些电源以恒流或恒压的方式输出，有一些则恒定功率输出，功率＝电压×电流，或 $VI=I^2R$。

大多数现代的商用设备都有颜色标记，电源的红色电极（阳极）连接在电泳设备的红色接口，位于下缓冲液槽；黑色电极（阴极）连接到黑色接口，位于缓冲液槽。这种结构可用于垂直板的凝胶电泳，在电泳过程中带有负电荷的蛋白质或核酸从上缓冲液槽的负极泳动到下缓冲液槽的阳极（阴离子系统）。

在阴离子系统中，当凝胶与电源连接时，负电荷从阴极（黑色）末端流向缓冲液槽的上端，经过凝胶流向与阳极（红色）相连的下缓冲液槽，从而形成闭合回路。有些情况下也可用阳离子系统分离蛋白质。由于 SDS 带负电，SDS-PAGE 是阴离子系统。在这些凝胶中，因为凝胶缓冲液的 pH 非常低或者有阳离子去垢剂（CTAB）的存在，蛋白质带有正电荷，蛋白质向负极（阴极）泳动，极性与 SDS-PAGE 正好相反（下缓冲液槽的红色电极和电源的黑色输出端相连接）。大多数 SDS-PAGE 是在恒流条件下进行。在标准的 SDS-PAGE Laemmli 系统中，凝胶的电阻会随电泳的进程增加。如果电流是恒定的话，电泳过程中电压会增加。如果有不只一块凝胶连接于电源的输出口，这些凝胶应以并联的方式连接。在并联电路，流过每一个凝胶的电压相同（如果电源读数是 100 V，那么 100 V 应用到每一块胶上），而总电流是流过每一个凝胶的电流之和。因此，在恒流下电泳，需要按并联凝胶的数量来提高电源输出的电流。电源的输出接口可以同时连接多个凝胶装置。电泳设备可以串联或并联连接（图 10.3.1）。当两个或两个以上的凝胶单位串联于一个电源输出时，每一块凝胶的电流是相同的，而电压平均分配到每一块凝胶上。如果一块胶恒定电流 10 mA 产生 100 V 电压，那么并联的两块相同的胶会产生 200 V 电压（每个 100 V），依此类推。

同时凝胶的厚度也有影响。如果凝胶厚度加倍，电流也必须加倍。不过电流的输出是有限的。除非电泳装置配有温度控制系统，厚凝胶的电泳一般较薄胶慢得多。

注意：所有涉及的方案中，所用的水均需是 Milli-Q 纯化水或相当品质。

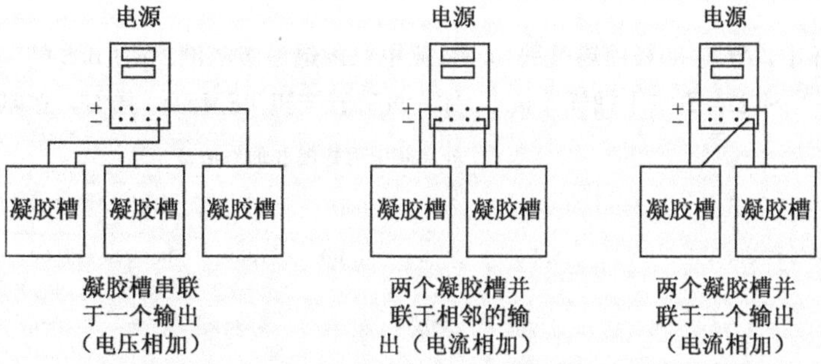

图 10.3.1　凝胶槽与电源的并联和串联连接。

10.3.4　基本方案 1　变性（SDS）不连续凝胶电泳：Laemmli 凝胶法

在变性条件下（如存在 0.1% SDS）进行单向凝胶电泳，蛋白质经过聚丙烯酰胺凝胶电泳基质向阳极泳动，因分子大小不同得到分离。灌制聚丙烯酰胺凝胶时，先灌分离胶（有时也称电泳胶），待分离胶聚合后再在其上部灌制积层胶，然后固定在电泳装置上。蛋白质样品在 SDS 存在下被煮沸溶解。溶液中加入 2-巯基乙醇（2-ME）或二硫苏糖醇（DTT）以还原二硫键。本方案专为最大体积为 0.75 mm×14 cm×14 cm 的垂直板电泳而设。对于更厚的胶或微型胶（见基本方案 2 和辅助方案 3）来说，积层胶和分离胶的体积和工作电流必须进行调整。

材料（带√项见附录 1）

积层胶和分离胶溶液（表 10.3.1）
水饱和的异丁醇
√1×Tris · Cl/SDS，pH 8.8
用于分析的蛋白质样品
√2×SDS 加样缓冲液
√6×SDS 加样缓冲液（可选）
蛋白质分子质量标准物混合物（表 10.3.2）
√1×SDS 电泳缓冲液
电泳仪配置有灯、玻璃板、支架、缓冲液槽（如 Bio-Rad，Amersham Pharmacia Biotech）
0.75 mm 垫片
25 ml 带侧臂的 Eelenmeyer 瓶（为除去胶中的空气）
有冷闸门的真空泵（为除去胶中的空气）
带有 1、3、5、10、15 或 20 个梳齿的 0.75 mm 特氟隆梳子
25 μl 或 100 μl 带扁平针头的注射器
恒流电源

表 10.3.1　聚丙烯酰胺分离胶及积层胶配方[a]

分离胶

在25 ml量杯中，混匀30%丙烯酰胺/0.8%亚甲双丙烯酰胺溶液、pH 8.8的4×Tris · Cl/SDS缓冲液（见附录1）和水，真空下抽气5 min，加入过硫酸铵和TEMED，摇匀，立即使用。

储液[b]	分离胶中丙烯酰胺的终浓度[c]/%									
	5	6	7	7.5	8	9	10	12	13	15
30%丙烯酰胺/0.8%亚甲双丙烯酰胺	2.50	3.00	3.50	3.75	4.00	4.50	5.00	6.00	6.50	7.50
4×Tris · Cl/SDS, pH 8.8	3.75	3.75	3.75	3.75	3.75	3.75	3.75	3.75	3.75	3.75
H_2O	8.75	8.25	7.75	7.50	7.25	6.75	6.25	5.25	4.75	3.75
10%(*m*/*V*)过硫酸铵[d]	0.05	0.05	0.05	0.05	0.05	0.05	0.05	0.05	0.05	0.05
TEMED	0.01	0.01	0.01	0.01	0.01	0.01	0.01	0.01	0.01	0.01

积层胶(3.9%丙烯酰胺)

在25 ml量杯中，混匀0.65 ml 30%丙烯酰胺/0.8%亚甲双丙烯酰胺溶液、1.25 ml pH 6.8的4×Tris · Cl/SDS缓冲液(见附录1)和3.05 ml水。真空下脱气10～15 min，加入25 μl 10%过硫酸铵和5 μl TEMED，摇匀，立即使用。凝胶不能固化的问题出在过硫酸铵、TEMED，或两者兼有。

a．本配方可得15 ml分离胶和5 ml积层胶，足够用于大小为0.75 mm×14 cm×14 cm的凝胶。本配方基于Laemmli（1970）的SDS（变性）不连续缓冲液系统。

b．所有的试剂和溶液均需用Milli-Q级或相当的纯水配制。

c．表中数字的单位为ml，适用的分离胶百分浓度取决于待分离蛋白质的分子大小。见基本方案1步骤3的注释。

d．最好是新鲜配制。

表 10.3.2　聚丙烯酰胺凝胶电泳的蛋白质标准物的分子质量[a]

蛋白质	分子质量/Da	蛋白质	分子质量/Da
细胞色素c	11 700	乳糖脱氢酶（猪心）	36 000
α-乳清蛋白	14 200	醛缩酶	40 000
溶菌酶（鸡蛋清）	14 300	卵清蛋白	45 000
肌红蛋白（抹香鲸）	16 800	过氧化氢酶	57 000
β-乳球蛋白	18 400	牛血清白蛋白	66 000
胰蛋白酶抑制剂（大豆）	20 100	磷酸化酶b（兔肌）	97 400
胰蛋白酶原（经PMSF处理）	24 000	β-半乳糖苷酶	116 000
碳酸酐酶（牛红细胞）	29 000	大肠杆菌RNA聚合酶	160 000
3-磷酸甘油醛脱氢酶（兔肌）	36 000	肌球蛋白重链（兔肌）	205 000

a. 蛋白质标准有商品化供应的配套试剂盒（如Amersham Pharmacia Biotech，Life Technologies，Bio-Rad或Sigma）。

步骤

1）按厂商的使用指南用两块干净的玻璃平板和0.75 mm垫片组装电泳装置中的玻璃平板夹层，并固定在灌胶支架上。

2）配制分离胶液体（表10.3.1）。一般地，5%的凝胶可用于60～200 kDa的SDS变性蛋白质分子的分离，10%的用于16～70 kDa，15%的用于12～45 kDa。用一根巴斯德吸管立即将分离胶液体沿夹层中一条垫片的边缘加入于玻璃平板夹层中，至凝胶约11 cm高为止。

体积少于 10 μl 的样品（不需灌制积层胶）需将分离胶灌至梳齿以便形成加样孔（见步骤 6 和步骤 7）。

3) 用另一根巴斯德吸管，先从一边的垫片，再从另一边垫片往夹层的液面顶部缓缓加入一层水饱和异丁醇（厚约 1 cm）。让凝胶在室温聚合 30～60 min。
4) 倾去顶层的异丁醇，并以 1×Tris · Cl/SDS，pH 8.8 缓冲液冲洗凝胶的顶部表面。
5) 按表 10.3.1 配制积层胶液体，用巴斯德吸管将液体沿一条垫片加入到玻璃平板夹层，直至离夹层的顶部约 1 cm 高为止。小心不要引入气泡。
6) 将 0.75 mm 厚的 Teflon 梳子插入夹层的积层胶液体中，必要时，再补加积层胶液体充盈剩余空间，避免产生气泡。让胶室温聚合 30～45 min。
7) 在具螺口盖的微量离心管中，用 2×SDS 加样缓冲液按 1∶1（*V*/*V*）稀释待测蛋白质样品，于 100℃煮沸 3～5 min。如样品是蛋白质沉淀物，加入 50～100 μl 1×SDS 加样缓冲液溶解，并同样在 100℃煮沸 3～5 min。蛋白质稀溶液可考虑使用 6×SDS 加样缓冲液（至终浓度 1×）以增加蛋白质的加样量。按供应商的使用指南用 1×SDS 加样缓冲液溶解蛋白质分子质量标准物。

对于 0.8 mm 宽的加样孔，推荐加样体积以不超过 20 μl 为宜。用考马斯亮蓝染色法显迹，成分很复杂的蛋白质混合物需加 25～50 μg，而样品中只有一种或几种蛋白质的话，只需 1～10 μg 蛋白质量。采用银染显迹时，样品用量可减小至 1/10～1/100。为了得到平滑的条带，样品准备成相似的浓度和体积。

SDS 加样缓冲液加入的前后均应将样品放置在冰上。含样品的 SDS 加样缓冲液，如未经 100℃加热灭活蛋白酶，切勿放于室温。

8) 小心拔出 Telfon 梳子，避免撕裂聚丙烯酰胺凝胶加样孔。取出梳子后，以 1×SDS 电泳电极缓冲液冲洗加样孔，并以此缓冲液充满之。
9) 按厂商指南将凝胶板固定到电泳装置的上缓冲液室（上槽），同时往下缓冲液室（下槽）加入 1×SDS 电极缓冲液。将固定于上槽的凝胶板放入下槽中，并往上槽加入部分电极缓冲液至刚好淹没凝胶的加样孔。
10) 用带平嘴针头的 25 μl 或 100 μl 注射器将同样浓度的蛋白质样品等体积加入到样品孔中，小心加样使样品在孔的底部成一薄层，对照孔加入蛋白质分子质量标准物，如有空置的加样孔，须加等体积的空白 1×SDS 样品缓冲液。
11) 再往上槽加入余下的 1×SDS 电极缓冲液，以能将上槽的铂金电极完全淹没为准。此操作须缓慢小心，以防冲起样品孔中的样品。
12) 连接电源，对于 0.75 mm 厚的垂直板电泳，先在 10 mA 恒流下电泳至溴酚蓝染料从积层胶进入分离胶，再将电流调至 15 mA 继续电泳至溴酚蓝到达凝胶底部为止。

标准的 16 cm 凝胶板，0.75 mm 厚的凝胶，在 4 mA 下需电泳 15 h（过夜），15 mA 下电泳只需4～5 h。

13) 关闭电源并撤去连接的导线，弃去电极缓冲液。连同上槽一起将凝胶夹层取出。
14) 将凝胶定位以便识别加样的顺序，将凝胶板从上槽解离出来，放在一叠吸水纸或纸巾上。
15) 小心将封边的垫片抽出一半，并以此为杠杆橇起上面的玻璃平板，使凝胶暴露出来。小心从下面的玻璃平板上移出凝胶，在凝胶的一角切去一小块以便在染色及干胶后仍能认出加样次序。

凝胶可用考马斯亮蓝或银染色（见 10.5），蛋白质可电洗脱回收，电转至膜再接着染色或进行序列分析，或电转到膜上进行免疫印迹检测（见 10.6）。如果蛋白质是同位素标记的话，可进行放射自显影显迹（见附录 3A）。图 10.3.2 是在 7%和 11%的凝胶标准分子质量蛋白质的校正曲线。

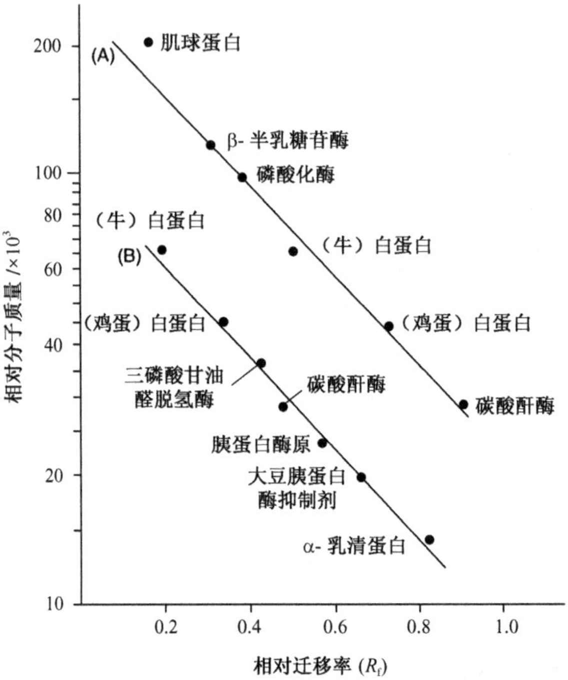

图 10.3.2　基于 Laemmli 方法（1970）的非梯度变性（SDS）不连续聚丙烯酰胺凝胶电泳分离标准蛋白质获得的典型校正曲线。A. 7%聚丙烯酰胺凝胶；B. 11%聚丙烯酰胺凝胶。经 Sigma 公司惠许引用。

10.3.5　备择方案 1　Tris-tricine 缓冲液系统的 PAGE 电泳

在传统的 Laemmli 不连续凝胶系统中，分子质量小于 10～15 kDa 的多肽和蛋白质，会因与 SDS 的共迁移而影响了分离度，得不到很好的分离效果。采用 Tris-tricine 缓冲液系统，可使 SDS 和多肽得到分离，从而改善分离度。采用 tricine 配方的预制胶已有商品供应（表 10.3.3）。

附加材料（亦见基本方案 1；带√项见附录 1）

分离胶和积层胶溶液（表 10.3.4）

√2×tricine 样品缓冲液

分子质量标准物混合物（表 10.3.5）

√阳极缓冲液

√阴极缓冲液

√考马斯亮蓝 G-250 染色液

10%（*V*/*V*）乙酸

热交换装置

表 10.3.3 垂直板预制凝胶的兼容性

凝胶类型和兼容性	凝胶提供商				
	Bio-Rad	ISS/Daiichi	Jule	Millipore	Novex
提供的 SDS-PAGE 胶类型					
肽（tricine）胶	×	×	×	×	×
单一浓度胶	×	×	×	×	×
梯度胶	×	×	×	×	×
微型胶	×	×	×	×	×
标准胶		×	×		
与胶兼容的设备供应商					
Amersham Pharmacia Biotech		×	×	×	×
Bio-Rad	×	×	×	×	
Life Technologies	×	×	×	×	×
Novex		×		×	×
ISS/Daiichi		×	×	×	

表 10.3.4 Tricine Peptide 分离和积层胶配方[a]

分离胶和积层胶

在 50 ml 带侧臂的长颈瓶中，混合 30%丙烯酰胺/0.8%亚甲双丙烯酰胺溶液（见附录 1），Tris · Cl/SDS，pH 8.45（见附录 1）和水。只在分离胶中加入甘油。真空下脱气 10～15 min。加 10%过硫酸铵或 TEMED。温和混匀立即使用。通常不能形成整齐凝胶的原因是过硫酸铵或 TEMED 有问题或是两者都有问题。

储存液[b]	分离胶	积层胶
30%丙烯酰胺/0.8%亚甲双丙烯酰胺	9.80 ml	1.62 ml
Tris · Cl/SDS，pH 8.45	10.00 ml	3.10 ml
H_2O	7.03 ml	7.78 ml
Glycerol	4.00 g (3.17 ml)	—
10%（*m*/*V*）过硫酸铵[c]	50 μl	25 μl
TEMED	10 μl	5 μl

a．本配方可得 30 ml 分离胶和 12.5 ml 积层胶，足够制作 2 块大小为 0.75 mm×14 cm×14 cm 的凝胶。本配方基于 Schagger 与 von Jagow（1987）的 Tris · tricine 缓冲液系统。

b．所有的试剂和溶液均需用 Milli-Q 级或相当的纯水配制。

c．最好是新鲜配制。

步骤

1）依据表 10.3.4 的配方，按基本方案 1 的步骤 1～6，配制溶液并灌制分离胶和积层胶。

2）制备样品（见基本方案 1 步骤 7），但采用 2×tricine 样品缓冲液，加样前样品于 40℃加热 30～60 min。使用表 10.3.5 的分子质量标准物混合物。

如果存在蛋白酶活性的问题，可能需要将样品加热至 100℃处理 3～5 min。

表 10.3.5　聚丙烯酰胺凝胶电泳的多肽分子质量标准物[a]

多肽	分子质量/Da	多肽	分子质量/Da
肌球蛋白（多肽支架）	16 950	肌球蛋白 1-55	6210
肌球蛋白 1-131	14 440	胰高血糖素	3480
肌球蛋白 56-153	10 600	肌球蛋白 132-153	2510
肌球蛋白 56-131	8160		

a. 多肽分子质量标准物可以从 Sigma 公司买到。

3）小心移去 Telfon 梳齿，不要撕裂加样孔的边缘。用阴极缓冲液冲洗加样孔并以之充满。

4）按厂商指南在电泳装置的下缓冲液槽加入阳极缓冲液，装配，和上缓冲液槽连接。上缓冲液槽加入阴极缓冲液以覆盖加样孔。

5）加样，跑胶（见基本方案 1 步骤 10～12），在 30 V 恒压下电泳 1 h 后，接着在150 V 恒压下电泳 4 h。使用热交换装置使电泳缓冲液槽温度维持室温水平。

用考马斯亮蓝 G-250 用作示踪染料，因为它比最小的多肽移动得更快。

6）取出凝胶（见基本方案 1 步骤 13～15），在考马斯亮蓝 G-250 染色液中染色 1～2 h，接着在 10%乙酸水溶液中脱色，每隔 30 min 换液 1 次，直至背景干净为止（一般需换液 3～5 次）。需要更高检测敏感度时，推荐采用银染的方法（见 10.5）。

10.3.6　备择方案 2　在无尿素条件下用 Tris 缓冲液分离多肽

对基本方案 1 的传统 Laemmli 缓冲系统加以简单修改，即提高缓冲液的浓度使多肽条带和 SDS 微胶团得到更好的分离，以致 5 kDa 大小的多肽也能得到合理的分离效果。

附加材料（亦见基本方案 1；带√项见附录 1）

分离胶和积层胶（表 10.3.6）

√2×Tris · Cl/SDS，pH 8.8

√2×SDS 电极缓冲液

步骤

1）参照基本方案 1 步骤 1～6，用表 10.3.6 的配方配制并灌制分离胶和积层胶，但在移去分离胶顶层覆盖的异丁醇时，以 2×Tris · Cl/SDS 缓冲液，pH 8.8 来冲洗分离胶表面。

2）参照基本方案 1 步骤 7～15，制备待测样品、加样及跑胶。但以 2×SDS 电泳缓冲液进行电泳，采用多肽分子质量标准物（表 10.3.5）。

分离用的时间比基本方案 1 长 25%。

表 10.3.6 改进型 Laemmli 肽分离和积层胶配方[a]

分离胶与积层胶

在 25 ml 带侧臂的烧瓶中，混合 30%丙烯酰胺/0.8%亚甲双丙烯酰胺溶液，8×Tris·Cl，pH 8.8（分离胶）或 4×Tris·Cl，pH 6.8，10%SDS 和水（配方见附录 1）。真空下抽气 10～15 min。加 10%过硫酸铵和 TEMED。温和混匀立即使用。通常不能形成整齐凝胶的原因是过硫酸铵或 TEMED 有问题或是两者兼有。

储存液[b]	分离胶	积层胶
30%丙烯酰胺/0.8%亚甲双丙烯酰胺	10.00 ml	0.65 ml
8×Tris·Cl，pH 8.8	3.75 ml	—
4×Tris·Cl，pH 6.8	—	1.25 ml
10%（*m/V*）SDS	0.15 ml	50 μl
H_2O	1.00 ml	3.00 ml
10%（*m/V*）过硫酸铵[c]	50 μl	25 μl
TEMED	10 μl	5 μl

a. 应用 0.75mm×14cm×14cm 的胶，15 ml 分离胶和 5 ml 积层胶足够使用。这一配方基于 Okajima 等（1993）改进型 Laemmli 肽分离系统。

b. 本方案中使用的所有试剂和溶液都必须使用 Milli-Q 纯化水或相同质量的水。

c. 新鲜配制。

10.3.7 备择方案 3 连续 SDS 聚丙烯酰胺凝胶电泳

在连续 SDS 聚丙烯酰胺凝胶电泳系统中，凝胶和电极溶液都采用相同的缓冲液。尽管分离度不如不连续电泳，但连续电泳用途广泛，较少出现迁移率假性变动的情况，制备方便并可省去积层胶。

附加材料（亦见基本方案 1；带√项见附录 1）

分离胶溶液（表 10.3.7）

√2×磷酸/SDS 样品缓冲液

√1×磷酸/SDS 电泳缓冲液

步骤

1）按基本方案 1 步骤 1、2 配制及灌制分离胶，但使用表 10.3.7 中的溶液，同时凝胶应灌至玻璃平板夹层的顶部，按基本方案 1 步骤 6，插入样品梳，并让凝胶在室温聚合 30～60 min。

2）按基本方案 1 步骤 7 准备蛋白质样品和分子质量标准物，但使用 2×磷酸/SDS 样品缓冲液，于 100℃加热 2 min。

3）按基本方案 1 步骤 8～11，组装电泳装置和加样，采用 1×磷酸/SDS 电泳缓冲液。

4）连接电源进行电泳，对于 0.75 mm 厚的凝胶，先以 15 mA 恒电流电泳至示踪染料进入凝胶，再在 30 mA 下电泳 3 h（5%凝胶）、5 h（10%凝胶）、8 h（15%凝胶）直至染料到达凝胶的底部。使用温度控制装置使凝胶温度保持在 15～20℃。

5）参照基本方案 1 步骤 13～15，拆卸电泳装置并取出凝胶。

表 10.3.7 连续 SDS-PAGE 分离胶的配方[a]

分离胶

在25 ml带侧臂的烧瓶中，混合30%丙烯酰胺/0.8%亚甲双丙烯酰胺溶液（见附录1），4×磷酸/SDS，pH 7.2（见附录1）和水。真空下脱气5 min。加10%过硫酸铵和TEMED。温和混匀立即使用。

储存液[b]	分离胶中最终丙烯酰胺浓度[c]/%										
	5	6	7	8	9	10	11	12	13	14	15
30%丙烯酰胺/0.8%亚甲双丙烯酰胺	2.5	3.00	3.50	4.00	4.50	5.00	5.50	6.00	6.50	7.00	7.50
4×磷酸/SDS，pH 7.2	3.75	3.75	3.75	3.75	3.75	3.75	3.75	3.75	3.75	3.75	3.75
H_2O	8.75	8.25	7.75	7.25	6.75	6.25	5.75	5.25	4.75	4.25	3.75
10%（*m*/*V*）过硫酸铵[d]	0.05	0.05	0.05	0.05	0.05	0.05	0.05	0.05	0.05	0.05	0.05
TEMED	0.01	0.01	0.01	0.01	0.01	0.01	0.01	0.01	0.01	0.01	0.01

a. 制备一块0.75 mm×14 cm×14 cm的胶，15 ml分离胶配方足够使用。这一配方基于Weber等（1972）原来的连续磷酸缓冲液系统，积层胶被省略掉。

b. 所有方案中使用的试剂和溶液都必须使用Milli-Q纯化水或相同质量的水。

c. 表中所用的单位为毫升。分离胶中所用的丙烯酰胺浓度依赖于所分离蛋白分子质量的大小。见基本方案1步骤2的注释。

d. 最好是新鲜配制。

10.3.8 备择方案4 超薄凝胶的PAGE

在超薄凝胶上进行电泳可提供极高的分离度，但不容易操作。灌制DNA测序胶的0.2～0.5 mm的样品梳和垫片适用于制作超薄凝胶。

附加材料（亦见基本方案1）

95%（*V*/*V*）乙醇

黏胶棒

Gel Bond（FMC BioProducts），切至尺寸稍小于玻璃平板

油墨滚筒（美术品商店有售）

样品梳和垫片（0.19～0.5 mm，序列胶用梳子和垫片，切成适当大小）

步骤

1）用水性实验室去污剂彻底洗擦制胶用玻璃平板，接着用热水、去离子水、95%乙醇依次冲洗，晾干。

整个清洗过程需戴手套，以避免污染玻璃平板。

2）用黏胶棒在玻璃平板的底部边缘擦上一道黏痕，快速将Gel Bond胶片以疏水面（滴一滴水能在疏水面以珠状滚动）向下放在平板上，隔着Kimswipe纸巾用力压，使之固定在平板上。胶片不能超出玻璃平板的顶部和底部的边缘，那样会在密闭过程中导致它变弯曲。从Gel Bond背面的顶部将胶片掀起，往其下的玻璃面滴上几滴水，放下胶片，用油墨滚筒将之推平。

3）在组装前，用气体吹去Gel Bond表面及与其相对的玻璃平板表面的如灰尘等物质。

按厂商的指南组装凝胶夹层（见基本方案 1 步骤 1）。如有必要，用刀片将垫片超出平板底部和顶部的部分修齐。

4）配制和灌制分离胶和积层胶（见基本方案 1 步骤 2～6），样品梳用剪切得大小合适的供测序胶用梳子代替。

5）制备样品和加样（见基本方案 1 步骤 7～11）。

对超薄凝胶而言，5 μg/μl 蛋白质浓度的样品，用考马斯亮蓝染色显迹时，只需 3～4 μl，如采用银染，只需 1/10 的样品量。

6）电泳时，每片凝胶在 7 mA（胶厚 0.25 mm）或 14 mA（胶厚 0.5 mm）恒流下电泳 4～5 h（见基本方案 1 步骤 12）。

7）在 Gel Bond 附着的情况下，拆卸装置，取出凝胶（见基本方案 1 步骤 13～15），蛋白质检测前需戴手套在水流下洗去胶板上的黏性物。

考马斯亮蓝染色法和银染法均可使用，但银染具有特别精细的解析度。

10.3.9 辅助方案 1 一次灌制多块单一浓度凝胶

一次灌制多块凝胶可产生一样的凝胶，减少胶与胶之间的差异。灌制 10 块胶只比灌制两块胶稍难一点；凝胶一经制好，可在 4℃冰箱储存数天备用。

附加材料（亦见基本方案 1）

分离胶和积层胶（表 10.3.8）

配有平板、垫片、梳齿和弹簧夹的多板凝胶灌制装置（Bio-Rad 或 Amersham Pharmacia Biotech）

14 cm×14 cm 丙烯酸隔板或聚碳酸酯薄片

100 ml 一次性注射器和平头针

250 ml 和 500 ml 带侧臂烧瓶（用于凝胶溶液抽气）

长刀片、小刀或塑料楔子（Wonder Wedge，Amersham Pharmacia Biotech）

可重复密封的塑料袋（可选）

步骤

1）按厂商指南组装多板凝胶灌制装置。组装玻璃平板夹层，并将它们叠放在制胶室中，在其中可放置多至 10 套 1.5 mm 凝胶，剩余的空位以丙烯酸隔板或聚碳酸酯薄片填充。注意夹层中的垫片与玻璃平板的上下及左右边缘对齐，而整叠夹层的边缘都须平齐。

2）在制胶室放置密封用的前板，并确保与玻璃夹层紧贴。将前板以 4 个弹簧夹子固牢，并旋紧底部的翼型螺旋。

3）配制分离胶液体（表 10.3.8）。用一个 100 ml 带平嘴针头的一次性注射器将分离胶液体从顶部沿一条垫片向下注入，通过底面的硅胶塞子中的隧道，液体均匀地分配在整个多板制胶室。当制胶室充盈时，可快速地拍打实验桌以防导入空气。

推荐采用 12 cm 分离胶加 4 cm 积层胶。当制备少于 10 片凝胶时，可按以下公式估算所需分离胶的体积：

体积（ml）=胶板数×高（cm）×宽（cm）×厚（cm）+4×胶板数+10

表 10.3.8 多板单一浓度聚丙烯酰胺凝胶电泳的配方[a]

分离胶

在 500 ml 带侧臂烧瓶中，混匀 30%丙烯酰胺/0.8%亚甲双丙烯酰胺（附录 1）、pH 8.8 的 4×Tris·Cl/SDS 缓冲液（附录 1）和水。真空下抽气 5 min，加入 10%过硫酸铵和 TEMED，摇匀，立即使用。

储液[b]	分离胶中丙烯酰胺的终浓度[c]/%										
	5	6	7	8	9	10	11	12	13	14	15
30%丙烯酰胺/0.8%亚甲双丙烯酰胺	52	65	72	83	93	103	114	124	134	145	155
4×Tris·Cl/SDS，pH 8.8	78	78	78	78	78	78	78	78	78	78	78
H_2O	181	171	160	150	140	129	119	109	98	88	78
10%（*m/V*）过硫酸铵[d]	1.0	1.0	1.0	1.0	1.0	1.0	1.0	1.0	1.0	1.0	1.0
TEMED	0.21	0.21	0.21	0.21	0.21	0.21	0.21	0.21	0.21	0.21	0.21

积层胶

在 250 ml 带侧臂烧瓶中，混匀 13.0 ml 30%丙烯酰胺/0.8%亚甲双丙烯酰胺溶液，25 ml pH 6.8 的 4×Tris·Cl/SDS 缓冲液（见附录 1）和 61 ml 水。真空下脱气约 5 min，加入 0.25 ml 10%过硫酸铵和 50 μl TEMED，摇匀，立即使用。凝胶不能固化问题出自过硫酸铵、TEMED，或两者兼有。

a. 本配方可得约 300 ml 分离胶和 100 ml 积层胶，足够用于制备 10 片 1.5 mm×14 cm×14 cm 大小的凝胶。如果用更薄一些的垫片或凝胶板数减少，用步骤 3 注释中的等式进行计算。本配方基于 Laemmli（1970）的 SDS（变性）不连续缓冲液系统。

b. 所有的试剂和溶液均需用 Milli-Q 级或相当的纯水配制。

c. 表中的数字的单位为 ml，适用的分离胶丙烯酰胺百分浓度取决于待分离蛋白质的分子大小。见基本方案 1 步骤 2 的注释。

d. 最好是新鲜配制。

4）在灌好的每片分离胶顶部加入 100 μl 水饱和异丁醇，让凝胶静置聚合 1～2 h。

5）倾去顶层异丁醇，并以 1×Tris·Cl/SDS，pH 8.8 缓冲液冲洗。如果灌好的凝胶不立即使用的话，接着按步骤 9 进行操作。

6）在使用凝胶前，现用现配积层胶，可单独灌制单片（见基本方案 1 步骤 5），也可全部一次制好（表 10.3.8）。

积层胶溶液应该在倒胶前准备。

7）用积层胶液体将在灌胶室中的夹层全部充满。梳子以 45°角插入片夹层，避免产生梳齿下的气泡。使胶聚合 2 h。

8）取出梳子，用 1×SDS 电泳缓冲液冲洗样品孔。

9）从制胶室取出凝胶板，用长的刀片或小刀将每片凝胶板分开，塑料楔子（Amersham Pharmacia Biotech 的 Wonder Wedge 楔子）也很合用。在流动水下冲洗每个凝胶板的外表面以去除残余的聚合或未聚合丙烯酰胺。

10）在凝胶顶面加一层 1×Tris·Cl/SDS，pH 8.8 缓冲液后，置于可重密封的塑料袋中，于 4℃保存备用（可在 1 周内使用）。

10.3.10 备择方案5 在梯度凝胶中分离蛋白质

聚丙烯酰胺浓度呈梯度增加的凝胶能分辨分子质量范围更宽的蛋白质，特别是小分子质量范围的蛋白质条带更为清晰。与均一浓度的凝胶不同，梯度凝胶能将10～200 kDa的蛋白质以线性方式分离。

附加材料（亦见基本方案1）

丙烯酰胺凝胶轻溶液和重溶液（表10.3.9和表10.3.10）

TEMED

梯度发生器（30～50 ml，Amersham Pharmacia Biotech SG30或SG50，或30～100 ml，Bio-Rad 385）

带微量移液器吸头的聚乙烯管

蠕动泵（可选；如Markson13002，A-34040，或A-34105微泵）

Whatman 3MM滤纸

表10.3.9 梯度胶的丙烯酰胺轻溶液[a]

储液	轻溶液中丙烯酰胺的终浓度[b]/%									
	5	6	7	8	9	10	11	12	13	14
30%丙烯酰胺/0.8%亚甲双丙烯酰胺[c]	2.5	3.0	3.5	4.0	4.5	5.0	5.5	6.0	6.5	7.0
4×Tris·Cl/SDS，pH 8.8	3.75	3.75	3.75	3.75	3.75	3.75	3.75	3.75	3.75	3.75
H_2O	8.75	8.25	7.75	7.25	6.75	6.25	5.75	5.25	4.75	4.25
10%（*m*/*V*）过硫酸铵[d]	0.05	0.05	0.05	0.05	0.05	0.05	0.05	0.05	0.05	0.05

a. 检测分子质量≥10 kDa的蛋白质，推荐使用5%～20%梯度胶，当分辨范围扩展至10～200 kDa时，可使用10%～20%的梯度胶。

b. 表中数字的单位是毫升。不需脱气。加入TEMED前，溶液在室温放置不要超过1 h。

c. 参见附录1。

d. 最好现配。

表10.3.10 梯度胶的丙烯酰胺重溶液[a]

储液	重溶液中丙烯酰胺的终浓度[b]/%										
	10	11	12	13	14	15	16	17	18	19	20
30%丙烯酰胺/0.8%亚甲双丙烯酰胺[c]	5.0	5.5	6.0	6.5	7.0	7.5	8.0	8.5	9.0	9.5	10.0
4×Tris·Cl/SDS，pH 8.8[c]	3.75	3.75	3.75	3.75	3.75	3.75	3.75	3.75	3.75	3.75	3.75
H_2O	5.0	4.5	4.0	3.5	3.0	2.5	2.0	1.5	1.0	0.5	0
蔗糖/g	2.25	2.25	2.25	2.25	2.25	2.25	2.25	2.25	2.25	2.25	2.25
10%（*m*/*V*）过硫酸铵[b,d]	0.05	0.05	0.05	0.05	0.05	0.05	0.05	0.05	0.05	0.05	0.05

a. 梯度胶不需脱气。

b. 表中为使用储液的毫升数（蔗糖除外）。在临用前才加入过硫酸铵。不加入TEMED，丙烯酰胺重溶液也会发生聚合，但较慢。加入过硫酸铵后，重溶液应置于冰浴。

c. 配制方法见附录1。

d. 最好现配。

步骤

1）如图 10.3.3 所示，在支架台上组装好磁力搅拌器、梯度发生器。聚乙烯管子一端连接在垂直凝胶板上方的微量移液器吸头，另一端接上梯度发生器的输出阀。如有必要，可在梯度发生器与玻璃夹层之间加上一蠕动泵。在梯度发生器的混合室（靠输出端）放入一小磁棒转子。

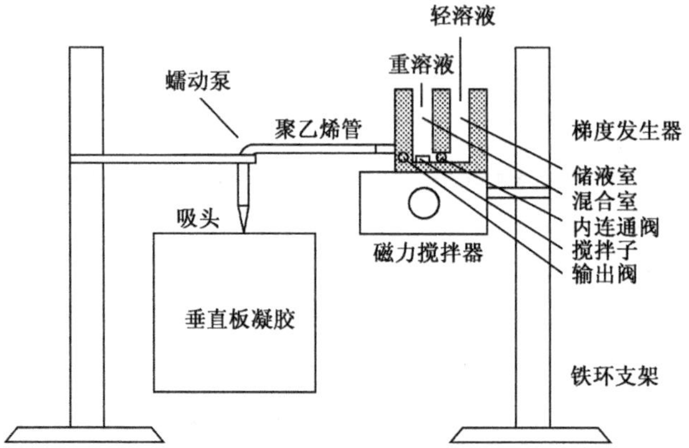

图 10.3.3　灌制梯度胶的装置。蠕动泵并非必需，但使用蠕动泵易于控制。

2）按表 10.3.9 和表 10.3.10 的配方配制丙烯酰胺轻溶液和重溶液。但在使用前先不加过硫酸铵（见步骤 4）。丙烯酰胺重溶液应一直保持冰浴，以防在使用时因加入了过硫酸铵而发生聚合。

3）在梯度发生器的输出阀和两液槽间的连通阀处于关闭状态时，制作一块 0.75 mm 厚的梯度凝胶，在储液室加入 7 ml 丙烯酰胺凝胶轻（低浓度）溶液。稍稍打开连通阀，让少量（约 200 μl）轻溶液通过阀门流入混合室（这可以将阀门内的气泡赶出）。

4）在混合室加入 7 ml 丙烯酰胺凝胶重（高浓度）溶液。往两液室的丙烯酰胺溶液中加入特定量的过硫酸铵，且每 7 ml 溶液加入约 2.3 μl TEMED，并以一次性吸管加以混匀。

5）完全打开连通阀。打开磁力搅拌器，调整转速使混合室中的液体稍起旋涡即可。

6）慢慢调控输出阀，调流速约 2 ml/min。从夹层的顶部加入凝胶液体，将吸头对着夹层的一面使液体紧沿一片玻璃平板而下，重的液体先流入夹层，接着是逐渐越来越轻的液体。

7）待轻溶液全部流入输出管时，要特别留意，并调整流速以保证最后的少量液体不会很快地流入夹层以致扰乱梯度。

8）在梯度胶的顶部加入水饱和异丁醇，让凝胶聚合 1 h。

9）灌制积层胶，加样并进行电泳（见基本方案 1 步骤 4～15）。凝胶可按 10.5 中介绍的方案进行考马斯亮蓝或银染显迹。

10）凝胶在 Whatman 3MM 滤纸或相当的滤纸上进行干燥。

厚度＞0.75 mm 的梯度凝胶在干燥时需特殊处理以防止破裂。厚度≤0.75 mm，胶浓度≤20%的梯度胶，只要进行干燥时真空泵工作正常而且冷阱是干的话，一般干燥后凝胶不会破裂。厚度

>0.75 mm的梯度胶可在最后一次加脱色液时，加入3%（m/V）甘油以防破裂。另一方法是在30%甲醇中放置3 h使凝胶脱水和收缩，干燥前在无离子水中放置5 min。

10.3.11 辅助方案2 一次灌制多块梯度胶

一次制作的凝胶可视作等同的，这在梯度胶的制作中尤为重要，在灌胶技术上稍有不同都会影响蛋白质在凝胶的迁移率。灌制好的凝胶可放置备用一周，保证了在这周内每次电泳的内在一致性。

附加材料（亦见基本方案1；带√项见附录1）

丙烯酰胺凝胶轻溶液和重溶液（表10.3.11，表10.3.12）。

√封堵液

蠕动泵（25 ml/min）

500 ml或1000 ml梯度发生器（Bio-Rad，Amersham Pharmacia Biotech）

表10.3.11 配制多板梯度胶的丙烯酰胺轻溶液[a,b]

储液	轻溶液中丙烯酰胺的终浓度[c]/%									
	5	6	7	8	9	10	11	12	13	14
30%丙烯酰胺/0.8%亚甲双丙烯酰胺[c]	28	33	39	44	50	55	61	66	72	77
4×Tris·Cl/SDS，pH 8.8[d]	41	41	41	41	41	41	41	41	41	41
H_2O	96	91	85	80	74	69	63	58	52	47
10%（m/V）过硫酸铵[e]	0.55	0.55	0.55	0.55	0.55	0.55	0.55	0.55	0.55	0.55

a. 对于大于或等于10 kDa的蛋白质，推荐用5%～20%的梯度胶。如果范围扩大到10～200 kDa的蛋白质，推荐用10%～20%的梯度胶。

b. 此配方可制备10块1.5 mm厚的梯度胶，其中多余的10 ml溶液用于试管中的损耗。

c. 表中数字的单位为毫升。不要求脱气。在加入TEMED之前，室温放置不能超过1 h。

d. 配方见附录1。

e. 最好现配。

表10.3.12 配制多板梯度胶的丙烯酰胺胶重溶液[a,b]

储液	重溶液中丙烯酰胺的终浓度[c]/%										
	10	11	12	13	14	15	16	17	18	19	20
30%丙烯酰胺/0.8%亚甲双丙烯酰胺[d]	55	61	66	72	77	83	88	94	99	105	110
4×Tris·Cl/SDS，pH 8.8[d]	41	41	41	41	41	41	41	41	41	41	41
H_2O	55	50	44	39	33	28	22	17	11	5.5	0
蔗糖/g	25	25	25	25	25	25	25	25	25	25	25
10%（m/V）过硫酸铵[e]	0.55	0.55	0.55	0.55	0.55	0.55	0.55	0.55	0.55	0.55	0.55

a. 梯度胶不必脱气。

b. 配方中多余的10 ml溶液用于试管中的损失。

c. 表中为储存液所用的毫升数（除了蔗糖）。在使用前才加过硫酸铵。不加TEMED，丙烯酰胺重溶液聚合较慢。在加入过硫酸铵之后，把溶液置于冰上。

d. 配方见附录1。

e. 最好现配。

步骤

1）组装多块凝胶夹层灌胶装置（见辅助方案1步骤1、2）。如使用Amersham Pharmacia Biotech组装单位，注意取去灌胶室底部的三角型填充塞子。

2）如图10.3.4安装好蠕动泵，用水和量筒来调整流速，使在15～18 min内能流过的液体体积相当于梯度液体体积与封堵液体积之和（约25 ml/min）。

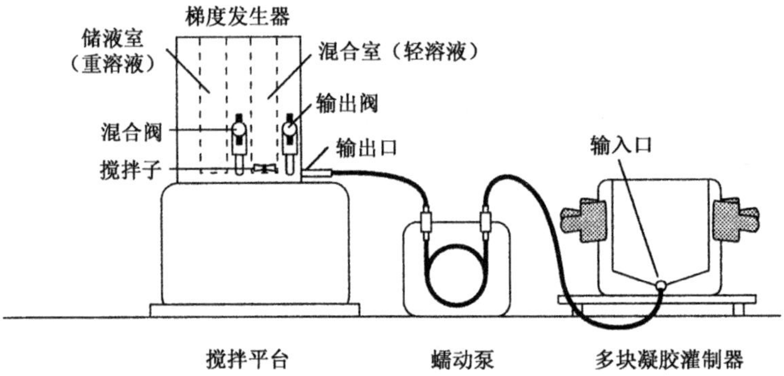

图10.3.4　灌制多板梯度胶的装置。灌制多板梯度胶需要蠕动泵及多板凝胶灌制器，凝胶溶液从灌制器的底部流入。

3）安装能容纳不多于4倍总灌胶体积的梯度发生器。关上所有阀门，并在带输出端的混合室中加入一小磁棒转子，聚乙烯管一头接于混合室的输出端，另一头通过蠕动泵后接于灌胶装置的底部红色输入端。

4）配制溶液（表10.3.11和表10.3.12）。在重溶液和轻溶液中加入TEMED（54 μl/165 ml），立即将轻溶液（低浓度）加入混合室，稍打开连通阀让通道充满液体以排出气泡，再关上阀门，将重溶液（高浓度）加入储液室。

因为在多胶灌制装置中，丙烯酰胺液体从底部流入，所以轻溶液应先进，然后是重溶液，最后才是封堵液。

5）打开磁力搅拌器和输出阀（具有一个输出口），开启蠕动泵，打开连通阀。

6）当梯度发生器的所有丙烯酰胺液体几乎全流出时，关闭蠕动泵和连通阀，把梯度发生器向输出端倾斜以使剩余的几毫升液体排出，但不要让气泡进入管道。

7）加入封堵液于混合室，起动蠕动泵，注意不要引入空气，当封堵液充满了灌胶室的底部并将接近玻璃平板的下端时，关泵，用夹子夹紧连于灌胶室红色入口的管子。

8）按制作多个单一浓度凝胶继续操作（见辅助方案1步骤4～10）。

10.3.12　基本方案2　在单一浓度的微型凝胶上电泳

在小型凝胶中进行电泳分离越来越普遍，从分离获得用于多肽序列分析的材料到进行常规的蛋白质分离都得到应用，小型凝胶的最大优势在于高分离度与速度的独特结合。小型凝胶能方便地用在单一浓度胶、梯度胶和双向SDS-PAGE实验。下面描述的方法是采用多板凝胶灌胶装置制备单浓度胶。预灌制好的小型胶可以从一些供应商处购得（表 10.3.3）。采用多板凝胶灌胶装置是制作线性聚丙烯酰胺梯度小型凝胶的唯一实用方法。

附加材料（亦见基本方案 1）

微型胶垂直电泳装置包括玻璃平板，夹子，缓冲液槽（Amersham Pharmacia Biotech Mighty Small SE 250/280 或 Bio-Rad Mini-Protean II）

0.75 mm 垫片

多板凝胶灌制装置（Amersham Pharmacia Biotech SE-275 /295 或 Bio-Rad Mini-Protean II 多板灌制槽）

丙烯酸隔板（Amersham Pharmacia Biotech SE-217 或 Bio-Rad 165-1957）或聚碳酸酯薄片（Amersham Pharmacia Biotech SE-213 或 Bio-Rad 165-1958）

10 ml 和 50 ml 注射器

梳子（Teflon；Amersham Pharmacia Biotech SE-211A 系列，Bio-Rad Mini-Protean II）

步骤

1）按顺序安装带凹口的小玻璃平板（Amersham Pharmacia Biotech）或小矩形玻璃平板（Bio-Rad）、0.75 mm 垫片、大矩形玻璃平板叠放在一起组装成夹层。

2）将凝胶夹层紧密地安放在多板灌胶装置中，确保夹层放入多胶灌制装置后，垫片要安放妥当，两头均与玻璃平板的上下边缘对齐（图 10.3.5）。对 Amersham Pharmacia Biotech 装置来说，确保 T 型垫片的折边紧靠着平板边缘。用丙烯酸隔板或聚碳酸酯薄片填满灌胶室的空位。

3）安装制胶室的前面板，于硅胶密封衬条处用夹子固牢，证实玻璃平板和垫片对齐排放。

4）配制分离胶溶液（表 10.3.1），5 块 0.75 mm 厚的凝胶，准备 30 ml 溶液（按表中体积加倍）。在使用前先不加过硫酸铵和 TEMED。

5）用 50 ml 注射器将分离胶液体（加入 TEMED 和过硫酸铵）慢慢注入制胶室，至分离胶高 6 cm 即可。

6）在胶顶面加入 100 μl 水饱和异丁醇，让胶聚合约 1 h。

7）倾去异丁醇，以 1× Tris · Cl/SDS，pH 8.8 缓冲液冲洗凝胶表面。

可以一次灌制一块积层胶，也可以一次性灌制所有的积层胶。

8）在配积层胶溶液前，试将梳子插入夹层，操作上将梳子靠压在矩形的或高的玻璃平板上，以使梳子的齿都在夹层的开口处对齐，然后将它插入夹层，完成上述操作后，再把梳子拔出。

9）按表 10.3.1 所述配积层胶溶液（每片胶 2 ml），用 10 ml 注射器将积层胶溶液分别加入各夹层，插入梳子，小心不要引入气泡，让凝胶聚合 1 h。

10）取去前面板，小心将凝胶板从制胶室中取出，用长刀片将各片胶板分开。

连同梳子一起，用保鲜膜将凝胶板紧密包裹起来，放在密封袋中防止干燥，可保存 1 周。如不制作积层胶的话，分离胶能放置 2～3 周。在 4℃以 1× Tris · Cl/SDS，pH 8.8 缓冲液保持潮湿。

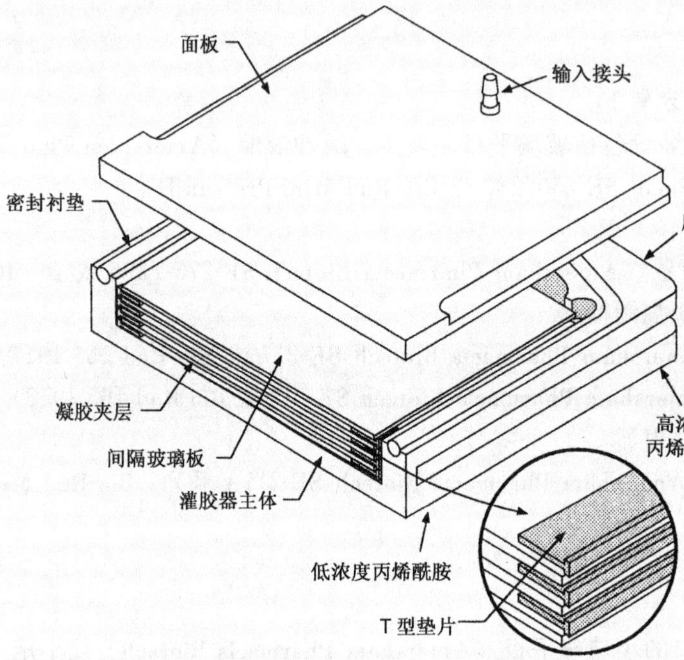

图 10.3.5　置于多板凝胶灌制器中的微型胶夹层。灌制器中的多余空间可以玻璃、丙烯酸平板或聚碳酸薄片填充以保证凝胶夹层放置妥帖得当。图中显示出来自于 Amersham Pharmacia Biotech 多板凝胶灌制装置的 T 型的垫片。

11）拔出梳子，以 1×SDS 电极缓冲液冲洗样品孔，用记号笔在前面玻璃板上画线以提示样品孔底部的位置。

12）往上、下缓冲液储槽加入 1×SDS 电极缓冲液，上槽的液体应高出凹口平板 1～2cm。

13）准备待测蛋白质样品和蛋白质分子质量标准物混合物（见基本方案 1 步骤 7）。用微量吸管加样，以平板玻璃上的画好的记号为提示。

成分复杂的样品，在 10 μl SDS 样品缓冲液中含 20～25 μg 蛋白质用考马斯亮蓝法显迹。如果是高纯度的蛋白质则只需约 1～5 μg。用银染的话，在同样体积中只需 1/10～1/100 的蛋白质量。

14）0.75 mm 厚的凝胶在 10～15 mA 电流下电泳至染料前沿到达凝胶底部（大约 1～1.5 h）。

15）拆卸装置并取出凝胶（见基本方案 1 步骤 13～15），进行蛋白质检测。

10.3.13　辅助方案 3　制备多块梯度胶

一次灌制一块小型梯度胶由于所需体积较少，一般说来是很不好操作的，而使用多板凝胶灌制装置一次灌制多块就变得容易多了。材料见基本方案 2 和辅助方案 2。

步骤

1）如灌制单一浓度凝胶一样在多板凝胶灌制装置中组装好微型胶夹层（见基本方案 2

步骤 1～3)。

2) 如图 10.3.4 安装好 30 ml 梯度发生器、磁力搅拌器、蠕动泵（可选用）和聚乙烯管。梯度发生器的输出端连接于前面板下方的输入口。

单体溶液将通过前面板下方的输入口进入，然后是重溶液。

3) 配制丙烯酰胺轻溶液和重溶液（表 10.3.9 和表 10.3.10)。如制作 5 片 0.75 mm 厚的微型胶，两种液体各需约 12 ml。在使用前才加入过硫酸铵。

4) 在输出阀和连通阀关闭时，往储液室加入重溶液，稍打开连通阀，让小量重溶液通过连通阀流到混合室，排出阀中的空气。

5) 往混合室中加入轻溶液。按每 12 ml 液体 4 μl 的量往各室中加入 TEMED。用一次性吸管加以混合。

6) 打开磁力搅拌器，开启连通阀，然后慢慢打开输出阀，流速调整在 3～4 ml/min。如用蠕动泵控制更好。

7) 当所有浓度梯度液体流出混合室后，空气要进入输出管前，关闭输出阀，往两液室加入封堵液后，再慢慢开启阀门。让在制胶室的丙烯酰胺液体在封堵液的推动下向上流，进入平板夹层，当封堵液将到达玻璃平板的底部时，关闭阀门。

8) 往每片凝胶夹层中快速地加入 100 μl 水饱和异丁醇，让凝胶静置聚合 1 h。

9) 配制和灌制积层胶（见基本方案 2 步骤 9)。

10) 撤去与梯度发生器的连接后，将制胶装置放在一个洗涤池中，卸下前面板，从底部排出封堵液，取出并保存凝胶（见基本方案 2 步骤 10)。

参考文献：Hames and Rickwood, 1990.

撰 稿 人：Sean R. Gallagher

10.4 使用 O'Farrell 系统的双向凝胶电泳

双向凝胶电泳是两种高分离度的电泳过程的结合（等电聚焦和 SDS-PAGE)，它可达到比单独进行两者中任一种过程都高得多的分离度。双向电泳的结果是许多相互分离的圆形和椭圆型蛋白质斑点。取决于样品的复杂程度，通过银染（见 10.5）和放射自显影（见附录 3A）可检出多至 1500 个蛋白质斑点。

注意：双蒸去离子水将用于所有配方及方法步骤。需要使用脱气水时有特别说明。

10.4.1 基本方案 1 第一向凝胶（等电聚焦）

本方案为广范围的第一向凝胶，用于分离等电点为 pH 4～8 的蛋白质。备择方案将着重阐述非常碱或非常酸的蛋白质聚焦。

材料（带√项见附录 1)

尿素（超纯）

√30%丙烯酰胺/1.8%亚甲双丙烯酰胺

两性电解质，pH 4～8（如 BDH Chemicals 的 ISO-DALT 级的 Resolytes；其他供应商：Bio-Rad，Amersham Pharmacia Biotech 和 Serva）
Nonidet P-40（NP-40）
TEMED
10%（*m*/*V*）过硫酸铵
0.085%（*V*/*V*）磷酸（用脱过气的新鲜水从 0.85 mol/L 储液中现用现配）
0.02 mol/L 氢氧化钠（用脱过气的新鲜水从 10 mol/L 储液中现用现配）
蛋白质样品（辅助方案）
浓溴酚蓝溶液：0.01 mg/ml 溶于 50%（*V*/*V*）液体甘油
√铬酸清洁液
1.0 ～3.0 mm 内径的凝胶柱玻璃管（比第 2 向凝胶的宽度长约 1.5 in；4～6 mm 外径）
2.5～ 3.0 cm 内径的灌胶玻璃管，比凝胶柱管短约 2 cm
铁环架和弹簧夹
小真空瓶
50 μl、1 ml、20 ml 注射器
0.2 μm 或 0.45 μm 滤膜（Acrodisk；Gelman）
单刃剃刀片
橡胶扣眼和塞子
凝胶柱电泳槽（Bio-Rad 175，Hoefer GT2 或 ID125）
22-G 皮下注射针头（2 in 长）
电源
1 打兰（dram）的凝胶小瓶［1 盎司（ounce）＝16 打兰（dram）］

步骤

1）在干净的 1.5 mm 内径的凝胶柱管上做好标记以指示应灌制凝胶柱的高度（一般相同于第二向凝胶的宽度）。用橡皮筋将凝胶柱管捆绑成束（约 12 管捆成 1 束），在一水平面上垂直竖起管束，从其顶部向下推压，使各柱管的底部平齐。

为了得到高的分辨率，最好使用 1.5 mm 内径的凝胶柱管。

2）用三四层 Parafilm 膜小心封好 2.5～3.0 cm 内径的凝胶灌制管的一端，使之形成一个结实的水密性的密封面。将凝胶柱管束放入凝胶灌制管内，用环形支架和夹子将灌制管固定在垂直的位置，并使其密封端置于一固体表面。

3）加 8.25 g 尿素、6.0 ml 水、2.0 ml 30%丙烯酰胺/1.8%亚甲双丙烯酰胺、0.75 ml pH 4～8 的 Ampholytes 两性电解质于一个小的真空瓶中。将瓶子置于磁力搅拌器的温水浴中，搅拌至尿素全部溶解，不要加热使溶液温度超过 30℃。

如果需要增加某一窄 pH 范围内的分离度，可以 2∶1 的比例往宽范围的两性电解质中加入该窄 pH 范围的两性电解质。

4）在强真空下脱气 2～3 min。加入 0.3 ml NP-40，涡旋使之溶解。用 20 ml 注射器使其通过 0.2 μm 或 0.45 μm 滤膜。

5) 加入 10 μl TEMED，涡旋；再加 70 μl 10%过硫酸铵，涡旋。立即用吸管将溶液加入到凝胶柱管和大的凝胶灌制管之间的空间。动作迅速，因为胶溶液约 3 min 就会凝固。
6) 用一洗瓶轻轻地在凝胶柱管的外面注水，因为水位于胶溶液上部，它迫使管底的液体移动至上面。加水直至将丙烯酰胺溶液压进柱管至所设定的高度。放置≥1 h 使凝胶聚合。
7) 取去凝胶灌制管底部的 Parafilm 膜，从底部将含有聚合好凝胶的凝胶管推出。用单刃刀片切去管子底部多余的丙烯酰胺。并在流动的去离子水下冲洗，除去残余的丙烯酰胺。
8) 在每根管子的顶部套上橡皮扣眼，留意使凝胶的顶部位于扣眼下约 5 mm。将凝胶管连同扣眼安装在上缓冲液槽的孔眼中。多余的孔眼用橡皮塞子堵紧。
9) 往下缓冲液槽加入大约 3 L 0.085%的磷酸。将上、下缓冲液槽安放在一起，调整缓冲液使液面盖没凝胶。
10) 上缓冲液槽加入 250 ml 0.02 mol/L 的 NaOH，用带 22-G 皮下针头的 1 ml 注射器将凝胶管的顶部用 0.02 mol/L 的 NaOH 充满。小心排去凝胶管中的所有气泡。
11) 连接电泳槽和电源，黑色的导线（—）接于上槽。在 200 V 恒压下（见 10.3 关于电学和电泳的讨论）预聚集 1 h。撤开电泳槽与电源的连接。
12) 用 50 μl 注射器将 10～30 μl 蛋白质样品穿过凝胶管上的缓冲液加在凝胶的表面。100～150 μg 蛋白质混合物可以上样于 1.5 mm 内径的胶；而 1/10 该量的高纯化的蛋白质则可能超载。凝胶管余下的部分用 0.02 mol/L NaOH 充满以除去气泡。
13) 盖上上槽盖后，连接电源。打开电源，设定恒压电泳。对于 1.5 mm 内径，16 cm 长的胶用 700～800 V（恒压）16 h（11 000～13 000 Vh）。
14) 将电压调到零位，关闭电源。用 50 μl 注射器往每根凝胶的顶部加入约 1 μl 浓溴酚蓝溶液。如果染料不能扩散进胶内，打开电源几分钟。
蓝色染料标记第一向胶的碱性端，可以作为第二向分离的示踪剂。
15) 用一个装上了 200 μl 移液器的吸头（在粗大的一端切下约 1 cm，使之能配上注射器）的注射器，将凝胶用水压从凝胶管中挤出。
16) 将凝胶放入做好标记的 1 打兰（dram）小瓶中。凝胶可立即使用或在－70℃放置数周。
17) 凝胶管在铬酸清洁液中浸泡过夜，在流动的去离子水中冲洗 15 min。吸干管子中多余的水分，使之干燥。

10.4.2 备择方案 1 极端碱性、酸性蛋白质的等电聚焦

非平衡 pH 梯度凝胶电泳（NEPHGE）能用于在第一向凝胶中分辨碱性（pI>8）或酸性（pI<3.8）的蛋白质。除以下指出的步骤外，其过程与基本方案 1 相同。

极端碱性蛋白质的 NEPHGE

附加材料（亦见基本方案 1）

两性电解质，pH 2～11（Serva）

0.01 mol/L 磷酸，已脱气
4 mol/L 尿素，已脱气

步骤

3a）在配置凝胶液体时，用 0.75 ml pH 2～11 的两性电解质。
9a）下层储液槽加入约 3 L 脱过气的 0.02 mol/L NaOH。
10a）上层储液槽加入 250 ml 脱过气的 0.01 mol/L 磷酸。
11a）凝胶不用预聚焦。
12a）样品之上加一层脱过气的 4 mol/L 尿素以避免蛋白质与磷酸的直接接触。
13a）负极导线连接于下槽，而正极连接上槽（与通常的配置相反）。在 400 V 聚集 1 h，然后 800 V 4～5 h，总共 4000 Vh。

由于溴酚蓝染料现在标记酸性区，故将第一向凝胶加样于第二向凝胶时，蓝色的一端应靠左边。

极端酸性蛋白质的 NEPHGE

附加材料（亦见基本方案 1）

两性电解质，pH 2.5～4（Amersham Pharmacia Biotech）
两性电解质，pH 2～11（Serva）
浓硫酸

步骤

3b）按下面配方配制凝胶液体：
8.25 g 尿素
5.5 ml H_2O
2.0 ml 30%丙烯酰胺/1.8%亚甲双丙烯酰胺
1.0 ml pH 2.5～4 两性电解质
0.3 ml pH 2～11 两性电解质
5b）加入 90 μl 10%过硫酸铵，摇匀。然后加入 10 μl TEMED，摇匀。
9b）往 3 L 水中加入 4.5 ml 浓硫酸，即成下缓冲液，加入下槽。
10b）往 120 ml 脱气水中加入 3 ml pH 2～11 两性电解质，即成上缓冲液，加入上槽。
13b）800 V 电泳 4.5～5.0 h，或 250 V 16 h，总共 3600～4000 Vh。

10.4.3　基本方案 2　第二向凝胶

为了在宽分子质量范围内得到尽可能最好的分辨率，推荐使用 10%～20%丙烯酰胺梯度胶（见 10.3）；但是，对于绝大多数的应用来说，下面描述的常规的厚板胶就足以满足要求。

材料（带√项见附录 1）

√30%丙烯酰胺/0.8%亚甲双丙烯酰胺

√凝胶缓冲液

10%（*m*/*V*）SDS

TEMED

√10%（*m*/*V*）过硫酸铵

水饱和异丁醇（可选）

√积层胶缓冲液（可选）

第一向凝胶（见基本方案1或备择方案1）

√平衡缓冲液

√0.5%和1%的热琼脂糖（放置于沸水浴）

蛋白质分子质量标准物（表10.3.2）

√SDS/溶解缓冲液

√电泳槽缓冲液，预冷至10～20℃

冷却液（流动的自来水或循环冰水浴）

配有灌胶支架，凝胶板（约14 cm×14 cm×0.75 mm），1.5 mm垫片和弹簧夹的Protean II电泳槽（Bio-Rad）

凝胶识别标签（如打印上连续号码的滤纸）

尼龙筛子

5 cm×15 cm玻璃板

电源

步骤

1）用1.5 mm垫片组装凝胶平板。夹层每边的垫片之上用夹子固定，并置于灌胶支架上。注意玻璃平板和垫片的平齐，收紧夹子以保证密封圈不发生泄漏。调整平板的水平和垂直。在平板间将放上凝胶识别标签，使之留在右下角。

2）在一个真空瓶中分别加入30%丙烯酰胺/0.8%亚甲双丙烯酰胺、凝胶缓冲液和水（表10.4.1），配制灌胶溶液。真空下脱气5 min。

表10.4.1 第二向凝胶的溶液[a]

储液	丙烯酰胺终浓度/%			
	7.5	10	12.5	15
30%丙烯酰胺/0.8%亚甲双丙烯酰胺	12.5	16.7	20.8	25.1
胶缓冲液	12.5	12.5	12.5	12.5
H_2O	24.6	20.3	16.2	12.0
10%SDS	0.5	0.5	0.5	0.5
TEMED	0.026	0.026	0.026	0.026
10%过硫酸铵	0.185	0.185	0.185	0.185

a．表中的储液的数值单位是毫升。

3）加入10%SDS和TEMED，摇匀；再加入10%过硫酸铵，摇匀。

4）加入溶液于凝胶夹层中，加至离短的玻璃平板顶部5 mm处，上面加一层水饱和异丁醇或水，使凝胶聚合≥1.5 h。

一般不需要积层胶。如果需要积层胶，加入凝胶溶液至离短平板顶部 1.5 cm 处。凝胶聚合后，移去顶层液体，往夹层的剩余空间加入积层胶溶液：4.8 cm 积层胶缓冲液、3.8 ml 水、1.4 ml 30%丙烯酰胺/0.8%亚甲双丙烯酰胺（均脱气），再加入 200 μl 10%过硫酸铵和 8 μl TEMED。用吸管加于分离胶之上，上面加一层水饱和异丁醇，聚合 30 min。

5）如果第一向凝胶冻结，在室温下解冻。加入平衡缓冲液完全覆盖第一向凝胶。将凝胶连同平衡缓冲液一起倒于一个置于一烧杯之上的尼龙网筛上。

取决于样品，凝胶放置于含 SDS 的平衡缓冲液的时间可以为几秒钟到几分钟。时间过长（>10～15 min）会导致蛋白质损失。

6）将凝胶移于一 5 cm×15 cm 的玻璃平板上。用小铲将凝胶沿玻璃平板的边缘放直。

7）用吸管往将要加样的平板凝胶的顶部加一很薄的热的 0.5%琼脂糖。将约 1 ml 的热琼脂糖倒至凝胶的左上角，然后迅速地将凝胶向右倾斜，这样琼脂糖可以流过凝胶整个表面。

8）用小铲小心地将第一向凝胶滑到玻璃平板并横跨于平板凝胶的顶部。第一向凝胶蓝染的一端（碱性端）靠右。小心不要在第一向和第二向凝胶之间引入气泡，而且注意不要延长或压缩第一向凝胶。

9）往第一向凝胶上加一层热的 0.5%琼脂糖，让琼脂糖固化并将凝胶固定。

蛋白质分子质量标准物可在第二向凝胶上如单向凝胶电泳般进行电泳分离。蛋白质标准溶解在 SDS/溶解缓冲液中，煮沸 5 min，然后 1∶1 稀释于热的 1%琼脂糖中。将热的溶液滴于与第一向凝胶直径相同的玻璃管中使之固化，取一小段加于第二向凝胶的一边或两边，用 0.5%的琼脂糖固定。

10）将凝胶夹层安置于 PROTEANII 电泳槽中，短凝胶板正对着中央。往上、下槽加入预冷的电泳缓冲液。用管子将冷却剂的入口和出口连好，开始让冷却剂流动，使电泳槽中缓冲液的温度保持在 10～20℃，保证电泳过程中凝胶得到充分的冷却。

11）用导线将电泳室与电源连接（上槽连于负极）。每片凝胶在 15～20 mA 的电流下电泳至指示染料到达凝胶的底部（或每片凝胶 3～5 mA 下电泳过夜）。

12）在电泳结束时将电压调至零位，关闭电源。从电泳单元中取出凝胶夹层，并取走夹子。用小铲将玻璃平板橇起。

13）凝胶染色（见 10.5）或进行免疫印迹（见 10.6）或放射自显影（见附录 3A）。

10.4.4 备择方案 2 小型凝胶双向电泳

尽管小型凝胶的分离面积有限，但小型凝胶双向 SDS-PAGE 却是用途很广的快速分离蛋白质方法。这些应用包括蛋白质测序、纯度检测和开发方法。小型凝胶的分离需 4～5 h（见 10.3）。以小型凝胶的形式进行双向 SDS-PAGE，需要从基本方案 1 和基本方案 2 中做一些简单的改动。适用于等电聚焦的管状凝胶适配器（Amersham Pharmacia Biotech 公司和 Bio-Rad 公司），被用于微型胶电泳装置。因为这些管状凝胶较短（6～8 cm），等电聚焦需要的时间一般在 500 V 下 2～4 h。此外，通常需要更少的蛋白质样品，一般不需积层胶，因此小型胶灌制应距上部 0.5～1 cm。第二向电泳以小型凝胶单向电泳相同的方式进行（见 10.3）。

10.4.5 辅助方案 组织来源的蛋白质样品的溶解和制备

材料（带√项见附录 1）

组织样品

√SDS/或尿素/溶解缓冲液

Dounce 匀浆器及 A、B 号研棒

200 μl 离心管

Beckman 42.2-Ti 转子或相当的转子

步骤

1）称重后将样品加入 Dounch 匀浆器。每 100 mg 组织加入 1.5～2.0 ml SDS/或尿素/溶解缓冲液，用 B 号研棒冲击 50 次，然后以 A 号研棒冲击 50 次。放置几分钟。

2）如果用 SDS 溶解缓冲液，将样品煮沸 5 min。千万不要在尿素/溶解缓冲液中加热样品。

3）取一小份样品于 200 μl 离心管，20℃，100 000 *g* 离心 2 h 以上或在 200 000 *g* 以上离心 1 h。保留上清（蛋白质样品）。加样于第一向凝胶上。

在第一向电泳加样前离心样品。

参考文献：Anderson，1988；Celis and Bravo，1984；Dunbar，1987；O'Farrell，1975.

撰 稿 人：Lonnie D. Adams and Sean R. Gallagher

10.5 凝胶中蛋白质的染色

一个蛋白质在凝胶中的位置可通过考马斯亮蓝染色、银染和荧光染色来确定。考马斯亮蓝染色比银染简易快速，但银染要比考马斯亮蓝染色敏感得多。荧光染色比考马斯亮蓝染色敏感，通常和银染一样敏感。

10.5.1 基本方案 1 考马斯亮蓝染色

考马斯亮蓝染色使蛋白质显迹的基础是蛋白质与染料分子的非专一性结合，其检出极限是 0.3～1 μg/蛋白质条带。

材料（带√项见附录 1）

聚丙烯酰胺凝胶（见 10.3 和 10.4）

√固定液

√考马斯亮蓝染色液

√脱色液

7%（*V*/*V*）乙酸水溶液

Whatman 3MM 滤纸（可选）
干胶器（可选）

步骤

1）将聚丙烯酰胺凝胶放在塑料容器并以 3～5 倍体积的固定液覆盖，室温下在旋转摇床中或摇摆平台上缓慢摇动 2 h。
2）倾去固定液，以考马斯亮蓝染色液覆盖凝胶，并缓慢摇动 4 h。
3）倾去染色液，用约 50 ml 固定液冲洗凝胶。
4）倾去固定液，以脱色液覆盖凝胶，缓慢摇动 2 h，倾去脱色液，再加入新脱色液继续脱色直至获得蓝色条带及干净的背景。
5）如需要，凝胶可放置在 7%乙酸或水的密闭塑料盒 4℃保存约 1 年。
6）需要时，给凝胶拍照（见辅助方案 1）。
7）需要时，干燥凝胶以便永久保存。将凝胶放在两张 Whatman 3MM 滤纸上，盖上塑料保鲜膜。在常规的凝胶干燥机中于 80℃干燥 1～2 h。

10.5.2　备择方案 1　考马斯亮蓝快染

用该方案可以在加入染色液后 5～10 min 内得到染色的蛋白质条带。该方案背景低，但没有基本方案 1 敏感。

附加材料（亦见基本方案 2；带√项见附录 1）

√异丙醇固定液
√考马斯亮蓝快染液
10%（*V*/*V*）乙酸

步骤

1）将聚丙烯酰胺凝胶放在塑料或玻璃容器并以 3～5 倍体积的异丙醇固定液覆盖，室温下缓慢摇动 10～15 min（0.7 mm 厚的胶）或 30～60 min（1.5 mm 厚胶）。
2）倾去固定液，以考马斯亮蓝快染液覆盖凝胶，室温下快速摇动直至得到想要的亮度（2h 至过夜）。
3）倾去染色液，以 10%乙酸覆盖凝胶，室温下缓慢摇动≥2 h，直至得到干净的背景。如需要，换新的 10%乙酸。
4）保存；拍照或干燥凝胶（见基本方案 1 步骤 5～7）。

10.5.3　基本方案 2　银染法

蛋白质条带的银染是基于蛋白质中各种基团（如巯基、羰基等）与银的结合，检测极限是 2～5 ng/蛋白质条带。

材料（带√项见附录 1）

聚丙烯酰胺凝胶（见 10.3 和 10.4）

√固定液

√脱色液

10%（*V*/*V*）戊二醛（用 50%储液现用现配，Kodak）

√硝酸银溶液

√显影液

Kodak 快速定影液 A

注意：全过程须戴手套，以免指纹污染。

步骤

1）将聚丙烯酰胺凝胶放在塑料容器并以 5 倍体积的固定液覆盖，室温下在旋转摇床中缓慢摇动 30 min 以上。

2）倾去固定液，加 5 倍凝胶体积的脱色液，缓慢摇动 60 min 以上。

用基本方案 1 中脱色用的溶液继续固定。

3）倾去脱色液，加 5 倍凝胶体积的 10%戊二醛，在通风橱中缓慢摇动 30 min。

小心：戴手套并仅在通风橱中进行。

4）倾去戊二醛溶液，用水洗凝胶 4 次以上，每次 30 min 以上，最后一次洗涤以过夜为佳。每次洗都要缓慢摇动。

5）倾去最后一次的洗涤液，将凝胶置于约 5 倍凝胶体积的硝酸银溶液中染色（完全盖没凝胶），剧烈振荡 15 min。

小心，由于氨银溶液干燥后会发生爆炸，应马上用大量水冲去。

6）将凝胶移至另一塑料盒，用去离子水洗 5 次。每次精确 1 min，每次洗都要缓慢摇动。

7）用 500 ml 水稀释 25 ml 显影液，将凝胶移至另一塑料盒，加入足够的稀释显影液盖没凝胶，并剧烈摇动至条带达到需要的强度或至背景初现。如果显影液变成棕色，需换新鲜的显影液。

8）换 Kodak 快速定影液 A，定影 5 min。必要时，用湿润了的棉花擦去凝胶表面沉积的残余银沉积物。

9）倾去定影液，用水彻底冲洗凝胶（4、5 次）。

10）如需要，立刻给凝胶拍照（见辅助方案 1）。使用蓝绿色滤色镜（如 Wratten #58）和 Kodak T-Max100 胶卷拍照。

11）如需要，干燥凝胶以便永久保存（见基本方案 1 步骤 7）或在可密封的塑料袋中保存（6～12 个月）。

10.5.4 备择方案 2 非氨盐银染法

非氨盐银染法，使用的染色液更为稳定，且能检测前述方案所不能检出的蛋白质。

附加材料（亦见基本方案2；带√项见附录1）

5 μg/ml 二硫苏糖醇（DTT）

0.1%（*m*/*V*）硝酸银溶液（室温中可在棕色瓶中保存1个月）

√碳酸盐显影液

2.3 mol/L 柠檬酸

0.03%碳酸钠（可选）

步骤

1）将聚丙烯酰胺凝胶置于玻璃或聚乙烯容器中，加入100 ml固定液，室温下在旋转摇床中缓慢摇动30 min。

2）倾去固定液，将凝胶浸没在脱色液中，缓慢摇动30 min。

3）倾去脱色液，加50 ml 10%戊二醛，在通风橱中缓慢摇动10 min。

小心：戴手套并仅在通风橱中进行。

4）倾去戊二醛，用水彻底洗凝胶2 h，期间换水（或在流水下）几次。

5）倾去水，以100 ml 5 μg/ml的DTT浸泡凝胶30 min。

6）倾去DTT溶液，不用冲洗，直接加入100 ml 0.1%硝酸银溶液，缓慢摇动30 min。

7）倾去硝酸银溶液。用小量水快速洗凝胶1次，然后用小量碳酸盐显影液快速洗2次。

8）将凝胶浸泡在100 ml碳酸盐显影液中，缓慢摇动，直至获得所需的显色水平。

9）加入5 ml 2.3 mol/L 柠檬酸，并缓慢摇动10 min以终止染色。

碳酸盐显影液和柠檬酸溶液的体积需小心地平衡以达到pH为中性。

10）倾去液体，用水洗几次，缓慢摇动30 min。

11）凝胶拍照（见辅助方案1）。凝胶在0.03%碳酸钠中浸泡10 min，用塑料保鲜膜包裹或密封于可热密封的袋子中保存。

10.5.5　基本方案3　快速银染法

本方案快速且低本底，但由于没有用戊二醛固定，可能在检测分子质量很小的蛋白质时达不到相应的灵敏度。

附加材料（亦见基本方案2；带√项见附录1）

√甲醛固定液

0.2 g/L 硫代硫酸钠（$Na_2S_2O_3$）

√硫代硫酸盐显影液

√干胶液

泡于50%甲醇的透析膜

玻璃平板

步骤

1）将聚丙烯酰胺凝胶置于塑料容器中，加入50 ml甲醛固定液，室温下在旋转摇床中缓慢摇动 10 min。

时间因胶的大小而异，上述时间适于 0.75 mm×5.5 cm×8 cm，放在 8 cm×14 cm 的塑料容器的 12.5%的聚丙烯酰胺平板凝胶。

2）倾去固定液，用水洗两次，每次 5 min，缓慢摇动。

3）倾去水，凝胶浸泡在 50 ml 0.2 g/L 硫代硫酸钠溶液中 1 min，缓慢摇动。

4）倾去硫代硫酸钠溶液，用水洗凝胶两次，每次 20 s。

5）倾去水，将凝胶浸泡在 50 ml 0.1%硝酸银溶液中 10 min，缓慢摇动。

6）倾去硝酸银溶液，用水洗胶，然后用小量体积的硫代硫酸盐显影液洗。

7）将凝胶浸泡在 50 ml 新配制的硫代硫酸盐显影液中，缓慢摇动，直至获得足够的条带显色强度（约 1 min）。不要过显影。

8）加入 2.5 ml 2.3 mol/L 柠檬酸，缓慢摇动 10 min。

硫代硫酸盐显影液和柠檬酸溶液的体积需小心地平衡以达到 pH 为中性。

9）倾去液体，用水洗凝胶，缓慢摇动 10 min。

10）倾去水，将凝胶浸泡在 50 ml 干胶液中 10 min。

11）将凝胶放在两张湿润的透析膜之间，夹在玻璃平板中，平板的边缘用夹子夹好，在室温干燥过夜。

10.5.6 辅助方案 1 考马斯亮蓝和银染染色的凝胶拍照

任何好的单棱镜反射（SLR）照相机固定在拍照支架上都能拍出效果很好的照片。如果用较大的照相机对感光胶片进行拍照，能得到特别好的解析度。照相光源须产生相对均匀的光线。

Kodak T-Max 400 感光胶片是有细密纹理的全色半增强型胶片，有非常高的解析度，适用于 35 mm 凝胶的拍照。对需增强对比度的考马斯亮蓝染色的凝胶的拍照，推荐使用深黄或橙黄滤光镜（如 Wratten ＃8 或＃9 滤光镜，或橙黄 Cokin 滤光镜）拍摄。拍摄银染的凝胶使用蓝绿滤光镜（Wratten ＃58 或蓝色 Cokin 滤光镜）。检测滤镜的有效性的一个简单方法就是把凝胶放进光盒，通过滤镜观察凝胶。可以明显看到条带间对比度增强了。银染会产生各色的条带，这样就产生了选择滤镜的问题。Kodak X-Omat 复制胶卷是个不错的选择，因为它能产生黑色的条带，克服了银染导致的色彩化。按厂商的使用指南显影，推荐用中等对比的感光纸印相。

对做实验记录和发表用的凝胶拍照，宝丽来（Polaroid）即拍即现感光片是快捷、高质的理想选择。典型地，黑白感光片 Type57（4 in×5 in，MP4 照相机）或 Type667（$3\frac{1}{4}$ in×$4\frac{1}{4}$ in，DS34 照相机）在光圈 f16、快门速度$\frac{1}{60}$～$\frac{1}{30}$ s 下进行曝光。Type 55 和 665 正/反感光片不但可有高质量的印刷效果，而且粒度细，中等尺寸的负片能用于翻印任何大小的多张凝胶照片，这些感光片应在光圈 f16、快门速度$\frac{1}{4}$～$\frac{1}{2}$ s 下曝光。光圈设在 f11 或更高能拍出更清晰的照片。调整快门速度和 f 光圈值以取得最佳结果。

10.5.7 基本方案3 荧光染色

在下文中标出的SYPRO橙色和红色蛋白质胶染料能检测到1～2 ng蛋白质或条带。这两种同样适用于多种目的。SYPRO橙色稍微亮一点，但SYPRO红色有时可以得到低背景的荧光。染色后的蛋白质可以用标准300 nm UV透射仪或激光扫描仪显色。使用激光扫描仪时，SYPRO橙色用氩激光为基础的仪器，而SYPRO红色则是使用绿色He-Ne或Nd/YAG（钕：钇-铝-石榴石）激光的仪器。这两种染料同样都能有效地被UV或宽频照明光激发，而且在适宜的滤镜下，都能很好地适用于CCD照相机存档系统。尽管下面的方法局限于一向SDS-PAGE，适用于非变性、等电聚焦（IEF）、双向SDS-PAGE实验的试剂盒可以从供应商处得到。

材料（带√项见附录1）

√荧光染料溶液

7.5%（*V*/*V*）乙酸

0.1%（*V*/*V*）Tween-20（可选）

步骤

1）用SDS-PAGE准备和分离蛋白质（见10.3），但电泳缓冲液用0.05%SDS代替常用的0.1%SDS。

2）将胶放进含荧光染料溶液的小的干净的塑料盘中（约50 ml用于一或两块标准小型胶，或500～750 ml用于更大的胶）。用铝铂片覆盖，室温下缓慢摇动10～60 min。

对低浓度胶和很小的蛋白质，将染料溶液中的乙酸从7.5%增加至10%，可以更好地保留胶中的蛋白质。

3）用7.5%乙酸简单地清洗一下（<1 min）。

4）如需要，将胶避光保存至染料溶液中。几天后信号有时会减弱，但取决于条带中的蛋白质量，胶可以保留有用的信号数星期。

因为乙酸的固定作用比较温和，低浓度胶或含小量蛋白质的胶应立刻拍照。

胶可以在玻璃纸膜衬垫的片层（Bio-Rad）间干燥，尽管有时这样会导致敏感度下降。暗室保存干燥的胶以避免光猝灭。

5）在0.1%Tween-20中孵育过夜或数次更换7.5%乙酸，对胶进行脱色。

6）凝胶拍照（见辅助方案2）。

10.5.8 备择方案4 非变性胶的荧光染色

非变性胶电泳后蛋白质可以通过将SYPRO染料溶于水中，然后参照基本方案3进行染色。非变性胶染色具有很高的蛋白质选择性，通常比SDS胶中的蛋白质敏感性低一些；但由于必须没有背景荧光，照相曝光时间可以非常长。如果电泳后没必要使蛋白质保持非变性状态，可以将胶浸至0.05%SDS约30 min，然后用7.5%乙酸稀释的

SYPRO 染料染色，这样就可以取得最好的敏感度。

10.5.9 辅助方案 2 荧光染色胶的拍照

对胶拍照和存档以获得高敏感度是很重要的。相机的整合效果可以显示出条带，而肉眼却看不到条带。将荧光标记的胶直接放在一标准 300 nm UV 透射仪或蓝光透射仪（如 Clare Chemical Dark Reader）。不要用塑料包装，如 Sara Wrap，因为它们自身就会发荧光，而且当其曝光于 SYPRO 橙色或红色染料时更会加强荧光。PhastGels（Amersham Pharmacia Biotech）有一聚酯支持材料（Gelbond），不仅能高度自发荧光，而且能结合 SYPRO 橙色或红色蛋白胶染料，从而产生额外的背景荧光。这种塑料支持在条带显色时应该去除。透射仪的表面应用水清洗，使用过后用软布擦拭，这样可以减少荧光染料的堆积。

电荷偶联摄像装置（CCD）相机具有很好的敏感度。向相机制造商咨询获取最佳使用配套滤镜。使用宝丽来（Polaroid）相机时，用宝丽来 667 黑白胶卷和一 SYPRO 蛋白胶染料拍照用滤镜（Molecular Probe）可以获得最高敏感度。不要使用常规的溴化乙锭滤镜，因为它们会阻止许多光线，从而导致低敏感度。通常不需要辅助 UV 阻挡滤光片。宝丽来 667 胶卷是一 ISO 速率为 3000 的快速胶卷。使用不同的胶卷可能需要更长的曝光时间或需要不同的滤镜。曝光时间随着照射光源强度变化而变化；光圈 f 值在 4.5 时，SYPRO 橙色一般需要 2～5 s，而 SYPRO 红色则需要 3～8 s。曝光于 UV 数分钟后会产生显著的光猝灭现象。如果胶发生光猝灭，只需将其重放回染料溶液中就可以重染。

参考文献：Merril et al., 1984；Steinberg et al., 1996a,b；Wilson, 1983.

撰 稿 人：Joachim Sasse and Sean R. Gallagher

10.6 免疫印迹和免疫检测

免疫印迹（常称之为 Western 印迹），可用于检测单克隆或多克隆抗体识别的特异抗原。

注意：在整个方案中均须使用重蒸去离子水。

注意：当进行接触滤纸、凝胶和膜的操作时，应戴无粉末手套，因为手上的油脂会阻断蛋白质转印。

10.6.1 基本方案 1 用转移槽转印蛋白质

材料（带√项见附录 1）

待分析样品

蛋白质分子质量标准物（见 10.3）、预染色（Sigma 或 Bio-Rad）或生物素酰化（Vector Laboratory 或 Sigma）

√转移缓冲液

甲醇（可选）

电转仪（EC Apparatus，Bio-Rad 或 Hoefer）

Scotch-Brite 衬垫（3M 公司）或与之相当的海绵

Whatman 3MM 滤纸及相当的物品

转印膜：0.45 μm 硝酸纤维素膜（Millipore 或 Schleicher&Schuell 公司）、PVDF 膜（Millipore Immobilon P）、中性尼龙膜（Pall Biodyne A）、带正电荷的尼龙膜（Pall Biodyne B，Bio-Rad Zetabind）

电源

不能拭除的钢笔（如 Paper-Mate 笔）或软铅笔（可选）

步骤

1）制备抗原样品，并用小型或标准尺寸的单向或双向凝胶（见 10.3 和 10.4）分离蛋白质，在一个或多个泳道中分离预染色或生物素酰化的蛋白质分子质量标准物。

2）电泳完成后，拆卸凝胶夹层，去除积层胶。以适量的用于膜转移缓冲液室温平衡凝胶 30 min。

3）将转移盒放入一个较大的托盘中，加入足量的能盖没整个转移盒的转移缓冲液。将转移夹层置于缓冲液下以减少气泡的产生。在塑料转移盒的底边，放置 Scotch-Brite 垫或海绵，接着是一张预先以转移缓冲液湿润的剪切得如凝胶大小的滤纸（图 10.6.1）。

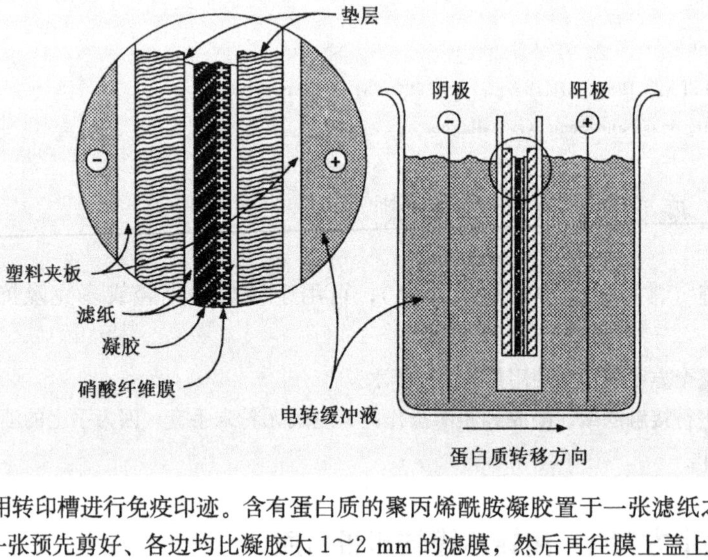

图 10.6.1　利用转印槽进行免疫印迹。含有蛋白质的聚丙烯酰胺凝胶置于一张滤纸之上，凝胶向上的一面盖上一张预先剪好、各边均比凝胶大 1～2 mm 的滤膜，然后再往膜上盖上另一张滤纸。将滤纸连同凝胶和滤膜一起夹在 Scott-Brite 垫之间。此夹层放入塑料支撑体中，然后整体放入盛有转移缓冲液的槽中。如转印带负电荷的蛋白质，膜放于凝胶的阳极面，而转印带正电荷蛋白质时，膜放于凝胶的阴极面，带电荷的蛋白质从凝胶电转移到膜上。电转在 100V 下 1～2 h 完成，或 14V 下过夜。

4）将凝胶放置在滤纸上面。用一试管或玻璃棒在凝胶表面缓慢滚动，以排去凝胶和滤纸间的气泡。

凝胶朝向滤纸的一面即是凝胶的阴极面（也就是当放进转移槽时，最终是朝向负极）。

5）按凝胶大小但各边都比凝胶大 1～2 mm 剪膜。成 45°角慢慢将硝酸纤维膜或尼龙膜放入蒸馏水中，润湿整个表面，避免产生气泡。对 PVDF 膜，在 100％甲醇中放 1～2s。不要让膜在任何时间内干燥。

6）膜在转移缓冲液中平衡 10～15 min。用转移缓冲液湿润凝胶表面。直接将已润湿的膜放在凝胶顶部（即阳极面），不要重新移动膜。按照步骤 4 一样排去气泡。

7）润湿另一张 Whatman 3MM 滤纸，并置于膜的阳极面，排去所有气泡。在滤纸的顶部放另一块 Scotch-Brite 垫或海绵。将转移盒顶部的半面放置适当，扣紧，完成组装（图 10.6.1）。

8）往转移槽中加入转移缓冲液，按正确的极性方向——也就是说膜面对转移槽的正极（图 10.6.1）将转移盒放进电转仪中。调整转移缓冲液水平，保证它能覆盖电极面板，但不要碰触香蕉插头的底部。

9）连接电源。在冷却条件下（10～20℃）100 V 电转 30～60 min，或在冷室中 14 V 电转过夜。

转移时间取决于胶的厚度、丙烯酰胺的百分比和蛋白质大小。冷却条件在高功率下转移大于 1 h 是必需的。使用循环水浴的热交换器冷凝核心放置在转移槽中可以用于冷却。

10）关电源，拆卸转印装置，取出转印膜，并在膜上剪一小角或用软性铅笔或 Paper-Mate 笔作上标记定位。

膜可待干后放在可密封的塑料袋中保存 1 年或以上。使用前，干的 PVDF 膜须在小量 100％甲醇中润湿，然后用蒸馏水洗去甲醇。

11）凝胶用考马斯亮蓝染色（见 10.5）以确定转移效率。需要时，也可将膜用 Ponceau S 可逆染色方法（见辅助方案 1）使蛋白质显迹，也可用如考马斯亮蓝、印度墨汁、萘酚蓝或胶体金不可逆染色。

这些染色过程不适用于尼龙膜。

12）进行蛋白质的免疫杂交和显迹（见基本方案 2、3 以及备择方案 3、4）。

10.6.2 备择方案 1 用半干转移系统转印蛋白质

附加材料（亦见基本方案 1）

半干燥转移装置（Hoefer，Bio-Rad 或 Sartorius）

步骤

1）制备凝胶（见基本方案 1 步骤 1）。

2）湿润和平衡转印膜（见基本方案 1 步骤 5 和 6）。

3）拆卸凝胶夹层，除去积层胶。

4）在阳极的顶部组装转印夹层（图 10.6.2）：

Mylar 聚酯薄膜屏蔽物（在某些装置中可选）

3张以转移缓冲液饱和的滤纸

已平衡的转印膜

凝胶

3张以转移缓冲液饱和的滤纸

当每一组分往上堆叠时，需排除气泡。

用半干转移系统能有效地一次转移多片凝胶。只需在每叠独立的转移夹层间加一张先已用转移缓冲液平衡的渗透性玻璃纸（Amersham Pharmacia Biotech）或透析膜（Bio-Rad 或 Sarto-rious）（图10.6.2）。

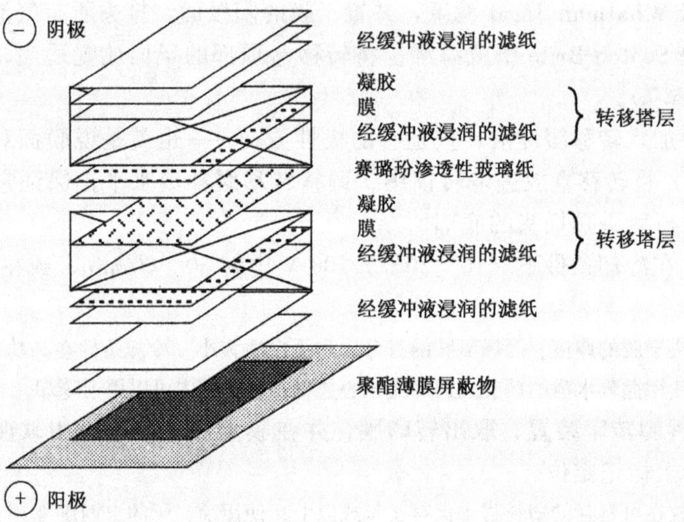

图10.6.2　半干转移法免疫印迹。通常，下面的电极是阳极，并且一次只转移一块凝胶。一块Mylar罩（在某些装置中可选）放置在阳极上，接着放置3层转移缓冲液浸泡的滤纸、膜、凝胶、3层转移缓冲液浸泡的滤纸。转移多块凝胶时，如图所示装置转移塔，每一个转移单元间放一层玻璃纸，转移带负电荷蛋白质，膜放在凝胶的阳极一侧，转移带正电荷的蛋白质，膜放在凝胶的阴极一侧。用0.8 mA/cm^{2}凝胶面积的电流（最大）可成功转移，典型的微凝胶（8 cm×10 cm）和标准大小凝胶（14 cm×14 cm）分别为60 mA和200 mA。

5）在转移夹层的顶部放置顶电极（阴极）。

6）小心将高压导线和电源相连。在恒流下转移蛋白质。通常只需转移1 h。

一般地，电流不要超过0.8 mA/cm^{2}凝胶面积。对于典型的微型胶（8 cm×10 cm）和标准大小的凝胶（14cm×14 cm），分别约为60 mA和200 mA。

通过直接接触凝胶上部监测转印装置的温度，不要超过45℃，如超过，应减小电流。

7）关闭电源，拆卸转移装置。取出膜，标记方向。染色和免疫检测（见基本方案1步骤10～12）。

10.6.3　备择方案2　染色凝胶的印迹

经考马斯亮蓝染色的胶可通过下列步骤有效地免疫转印。

材料（亦见基本方案 1）

含目的蛋白的脱色凝胶（见 10.5）

25 mmol/L Tris 碱/192 mmol/L 甘氨酸/1% SDS

25 mmol/L Tris 碱/192 mmol/L 甘氨酸/0.1% SDS

步骤

1）将含目的蛋白的脱色凝胶浸泡在蒸馏水中 15 min，然后转移到 25 mmol/L Tris 碱/192 mmol/L 甘氨酸/1% SDS 中平衡 1h，伴缓慢振荡。

2）将凝胶转移到 25 mmol/L Tris 碱/192 mmol/L 甘氨酸/0.1%SDS 中平衡 30 min，缓慢振荡。

为了增加大蛋白质的转移效率，需将凝胶转移到含 6 mol/L 尿素的上述缓冲液中再平衡 30 min。

3）进行转移（见基本方案 1 步骤 3～10）。

为了优化转移和结合，转移缓冲液中应含 SDS。

4）转移后，将膜浸泡在 45%的甲醇（硝酸纤维素膜）中 10～30 min，或者 100%的甲醇（尼龙膜或 PVDF 膜）中去除结合的考马斯亮蓝。

如果用化学发光法或放射标记蛋白 A 免疫显色，则该步骤不需要。加一小块实验用纸以吸附考马斯亮蓝，可以有助于硝酸纤维素膜的脱色。

5）继续蛋白质的免疫探针和可视检测（见基本方案 2、3，以及备择方案 3、4）。

10.6.4 辅助方案 1 转印蛋白的可逆染色

附加材料（亦见基本方案 1；带√项见附录 1）

带有转移蛋白的硝酸纤维素膜或 PVDF 膜（见基本方案 1 或备择方案 1）

√丽春红 S 染料溶液

步骤

1）室温中将带有转移蛋白的硝酸纤维素膜或 PVDF 膜放入丽春红 S 染料溶液中染色 5 min。

2）在水中脱色 2 min，拍照（见 10.5），用不褪色墨水标记蛋白质分子质量标准物的位置所在。

3）在水中再浸泡 10 min，使完全脱色。

10.6.5 基本方案 2 用第二抗体偶联物进行免疫检测

材料（带√项见附录 1）

转印了蛋白质的膜（见基本方案 1 或备择方案 1 或 2）

√适用于特定的膜及检测方法的封闭缓冲液

针对目的蛋白的第一抗体

√TTBS缓冲液（用于硝酸纤维素膜或PVDF膜）或TBS缓冲液（用于尼龙膜）

第二抗体：辣根过氧化物酶（HRPO）或碱性磷酸酶（AP）与抗免疫球蛋白抗体的偶联物，按厂商说明书稀释（Cappel、Vector Labs、Kirkegaard & Perry或Sigma），并以每小份25 μl冻存备用。

可热密封的塑料袋

无粉尘手套

步骤

1）将转印了蛋白质的膜放入可热密封的塑料袋，加5 ml封闭液，密封塑料袋。在旋转摇床或摆动平台中室温摇动30～60 min。

如果膜要剥离和重标记（见辅助方案2），封闭液必须含有酪蛋白（对于AP系统来说）或脱脂奶粉。

多张膜可在一个塑料盘内同时反应。体积从25 ml增加至50 ml。

2）用5 ml封闭液稀释第一抗体。

第一抗体的稀释度依经验而定。通常多克隆抗体的稀释度为1∶100～1∶1000；对于杂交瘤培养上清液，1∶10～1∶100稀释度；含单克隆抗体的小鼠腹水，大于1∶1000稀释度；利用碱性磷酸酶检测系统，稀释度可再增加10～100倍。第一抗体和第二抗体至少可使用两次，不建议长期保存（如在4℃超过2天）。

3）打开袋子，倾去封阻液，以稀释的第一抗体工作液代替之。在室温下持续摇动30～60 min。

4）戴着手套从塑料袋子中取出膜，放在塑料盒子中摇动着用200 ml TTBS（硝酸纤维素膜或PVDF膜）或TBS（尼龙膜）洗4次，每次10～15 min。

5）参见供应商的说明书用封闭液稀释第二抗体（通常是1∶200～1∶2000）。

6）将膜放进一新的可密封塑料袋子，加入稀释的第二抗体。在室温持续摇动30～60 min。

7）从塑料袋中取出膜，并按步骤4洗膜。按合适的显迹方法处理膜（见基本方案3和备择方案4）。

10.6.6 备择方案3 用亲和素生物素偶联的第二抗体进行免疫检测

附加材料（亦见基本方案2）

Vectastain ABC（HRP）或ABC-AP（AP）试剂盒（Vector Laboratories），内含：A试剂（抗生物素蛋白，亦称亲和素）、B试剂（生物素酰化的HRP或AP）和生物素酰化的第二抗体（订购时索取膜免疫检测指南）

步骤

1）将转印了蛋白质的膜放入可热密封的塑料袋，加5 ml封闭液，密封塑料袋。在旋转摇床或摆动平台中室温摇动。对于硝酸纤维素膜或PVDF膜，需在室温封闭30～60 min。尼龙膜则需在37℃封闭2 h。

TTBS很适于亲和素生物素系统。使用尼龙膜时，推荐使用蛋白质结合剂。因为脱脂奶粉含有残余的生物素，因此只能用在封闭这步。如果膜要剥离和重标记（见辅助方案 2），封闭液必须含有酪蛋白（对于 AP 系统来说）或脱脂奶粉。

多张膜可在一个塑料盘内同时反应。体积从 25 ml 增加至 50 ml。

2）用 5 ml TTBS 溶液（硝酸纤维素膜或 PVDF 膜）或 TBS 溶液（尼龙膜）稀释第一抗体。

稀释范围一般为 1/100～1/100 000。为了确定一抗的适宜稀释度，在一制备型凝胶（即一个单独的大加样孔）上分离抗原，并免疫印迹整块凝胶。手工或用切膜器（Schleicher & Schuell，Inotech）将膜切成 2～4 mm 细条，并与系列稀释的第一抗体孵育。正确的稀释度应得到低本底而高特异性信号。

3）打开袋子，除去封闭液，加入稀释的第一抗体溶液。室温孵育 30 min，伴缓慢摇动。

4）从塑料袋中取出膜，放入塑料盒。在 TTBS（硝酸纤维素膜或 PVDF 膜）或 TBS（尼龙膜）中洗膜 3 次，15 min 以上。加入足够的缓冲液以完全覆盖膜（如每块膜加入 25～50 ml）。

5）稀释 2 滴生物素酰化第二抗体于 50～100 ml TTBS（硝酸纤维素膜或 PVDF 膜）或 TBS（尼龙膜）溶液。

6）将膜移入含第二抗体工作液的新的塑料袋。室温缓慢摇动孵育 30 min，然后按步骤 4 洗膜。

7）当膜还与第二抗体共育时，制备亲和素-生物素酰-HRPO 或-AP 的复合物。将 2 滴 Vectastain A 试剂和 2 滴 B 试剂混合于 10 ml TTBS（硝酸纤维素膜或 PVDF 膜）或 TBS（尼龙膜）中。室温放置 30 min，然后用 TTBS 或 TBS 进一步稀释至 50 ml。

酪蛋白、脱脂奶粉、血清和某些品级的牛血清白蛋白可能干扰亲和素-生物素复合物的形成，因此不能在亲和素或生物素试剂存在的情况下使用。

8）将洗过的膜（见步骤 6）移入亲和素-生物素-酶溶液中。室温中慢慢摇动下放置 30 min。按步骤 4 洗膜，但每次超过 30 min。

9）按合适的显迹方案显影（见基本方案 3 或备择方案 4）。

10.6.7 基本方案 3 用发色底物显迹

材料（带√项见附录 1）

转印了蛋白质并已以抗体-酶复合物探针检测过的膜（见基本方案 2 和备择方案 3）

√Tris 盐缓冲液（TBS）

发色底物显迹液（表 10.6.1）

步骤

1）在室温以 50 ml TBS 洗膜 15 min。

2）将膜放入发色底物显迹液，条带应在 10～30 min 内出现。

3）用蒸馏水洗膜，终止反应。晾干后拍照（见 10.5）留永久的记录。

表 10.6.1 发色和发光显迹系统[a]

系统	试剂[b]	反应/检测	注释
发色			
HRP 系统	4CN	氧化产物形成紫色沉淀	不是很敏感（Tween20 抑制反应），光照下迅速褪色
	DAB/$NiCl_2^c$	形成深棕色沉淀	比 4CN 敏感但有潜在的致癌性，结果易于观察
	TMB	形成深紫色	比 DAB/$NiCl_2$ 更稳定，低毒，也许更敏感[d]；可用于所有类型的膜；Kirkegaard &Perry，TSI，Moss，Vector lab 有试剂盒供应
AP 系统	BCIP/NBT	与 NBT 氧化后，BCIP 水解产生靛色沉淀；还原 NBT 沉淀；形成深蓝灰染色	比其他 AP-沉淀性底物更敏感可靠，注意磷酸盐抑制 AP 活性
发光			
HRP 系统	发光氨/H_2O_2/p-iodophenol	氧化的发光氨底物发蓝光；p-iodophenol 增加光输出	非常方便并敏感的系统，检测反应只需几秒至 1h
AP 系统	1,2-二氧杂环丁烷磷酸脂取代物（如 AMPPD，CSPD，Lumigen-PPD，Lumi-Phos 530[e]）	去磷酸化的底物发光	该方案在各种膜上都能得到一定的敏感性，参考厂家试剂指南以尽量提高敏感度并尽量降低本底

a. 缩写：AMPPD 或 Lumigen PPD，二钠 3-（4-甲氧螺｛1,2-二氧杂环丁烷-3,2′-三环［3.3.1.$1^{3,7}$］癸烷｝-4-基）苯基磷酸盐；AP，碱性磷酸酶；BCIP，5-溴-4-氯-3-吲哚磷酸盐；4CN，4 氯-1-奈酚；CSPD，AMPPD 在其金刚环上有氯基的取代物；DAB，3,3′-二氨基联苯胺；HRP，辣根过氧化物酶；NBT，氮蓝四唑；TMB，3,3′,5,5′-四甲基联苯胺。

b. 除了 TMB 之外，配方及供应商列于附录 1 和附录 4。TMB 推荐使用试剂盒。

c. DAB 不加镍增效剂也能使用，但敏感度大为下降。

d. McKimm-Breschkin（1990）报道，硝酸纤维素膜先在 pH 5.0 的 10 mmol/L 柠檬酸-EDTA 缓冲液中以 1% 右旋糖酐-硫酸盐处理 10 min。TMB 在膜上沉淀比 4CN 或 DAB 灵敏得多，等于或优于 BCIP/NBT。

e. Lumi-Phos 530（在 pH 9.6 的缓冲液中）含有二氧杂环丁烷磷酸脂、$MgCl_2$、CTAB 和荧光增强剂。

10.6.8 备择方案 4 用发光底物显迹

附加材料（亦见基本方案 3；带√项见附录 1）

√底物缓冲液（选择一项）：50 mmol/L Tris · Cl 缓冲液，pH 7.5（辣根过氧化物酶，HRP），或二氧杂环丁烷磷酸盐底物缓冲液（碱性磷酸酶，AP）

5%（*V*/*V*）Nitro-Block：仅用于 AP 反应，Tropix

发光显迹液（表 10.6.1）

透明的塑料保鲜膜

步骤

1）用 50 ml 底物缓冲液洗膜两次以平衡膜，每次 15 min。

2）对于使用硝酸纤维素膜或 PVDF 膜进行的碱性磷酸酶反应：膜置于 50 ml 新鲜配制的，溶于二氧杂环丁烷磷酸盐缓冲液的 5%（*V*/*V*）Nitro-Block 溶液中 5 min，然后于 50 ml 底物缓冲液 5 min。

Nitro-Block 可增加使用 AMPPD、CSPD 或 Lumigen-PPD 时二氧杂环丁烷底物反应的光输出。用硝酸纤维素膜时需要用 Nitro-Block，并推荐也用于 PVDF 膜。采用 Lumi-Phos530、在尼龙膜进行碱性磷酸酶反应或在任何一种膜上进行辣根过氧化物酶反应时不需要。同时，建议 Lumi-Phos530 不要用于硝酸纤维素膜。

3）将膜移入 50 ml 发光显迹液中，浸泡 30 s（HRP 反应）或 5 min（AP 反应）。

4）取出膜，滴干水分，将膜正面朝下放在一张透明的塑料保鲜膜上，向后折叠将膜包裹起来，成为不漏水的封闭体。

5）在暗房中，将膜正面朝下放在感光胶片上。不要改变位置，曝光几秒至几小时（见附录 3A）。

6）如果需要，可用 50 ml TBS 溶液洗膜 15 min，再按基本方案 3 进行发色显迹。

10.6.9 辅助方案 2 膜的清洗和再使用

不仅可以清洗来自于一向和二向凝胶的印迹膜，也可以清洗源于染色胶的印迹蛋白。用化学发光试剂显影过的 PVDF 膜再探测过程简单且直接。尽管重复标记会导致信号损失，5 次以内的再探测一般是可行的。印迹在处理前应该用 5%脱脂奶粉封闭。

材料

0.2 mol/L NaOH

步骤

1）蒸馏水洗膜 5 min。

为有效地清洗和再探测，酪蛋白（AP 系统）或脱脂奶需用作封闭剂。色源显色会在膜上造成永久染色，要去除很困难，这样的膜不应再用来探测。干扰后续免疫染色反应条带的分析。如果连续免疫印迹的反应条带彼此很靠近，这样的染色会干扰后续分析。

2）转移至 0.2 mol/L NaOH，洗 5 min。

3）用蒸馏水清洗印迹 5 min。

4）继续免疫探测程序（见基本方案 2 和备择方案 3）。

再探测膜时推荐使用酪蛋白或脱脂奶粉作为封闭液。

参考文献：Bejurrum and Schafer-Nielsen，1986；Gillespie and Hudspeth，1991；Harlow and Lane，1988；Schneppenheim et al.，1991；Suck and Krupinska，1996.

撰 稿 人：Sean Gallagher，Scott E. Winston，Steven A. Fuller，and John G. R. Hurrell

10.7 凝胶过滤层析

凝胶过滤（GF）只根据分子质量大小分离蛋白质。

10.7.1 基本方案 1 脱盐（组分分离）

脱盐，或称组分分离，用来将低分子质量的污染物从目的蛋白中分离。

材料（带√项见附录1）

GF介质（表10.7.1）或适合目的的蛋白排阻限制的GF预装柱（表10.7.2）

√GF脱盐缓冲液

有色标记物：0.2 mg/ml蓝色葡聚糖2000或0.2 mg/ml维生素B_{12}

√外水体积标记物

√总液相体积标记物

待脱盐的蛋白质样品

GF色谱柱及装柱器（可选）、接头和缓冲液池（图10.7.1）

蠕动泵

玻璃棒

0.22 μm滤器（任何类型的缓冲液，合适的蛋白样品）

检测仪（可选）

记录仪（可选）

收集器（可选）

加样器（如Superloop，Amersham Pharmacia Biotech）或注射器

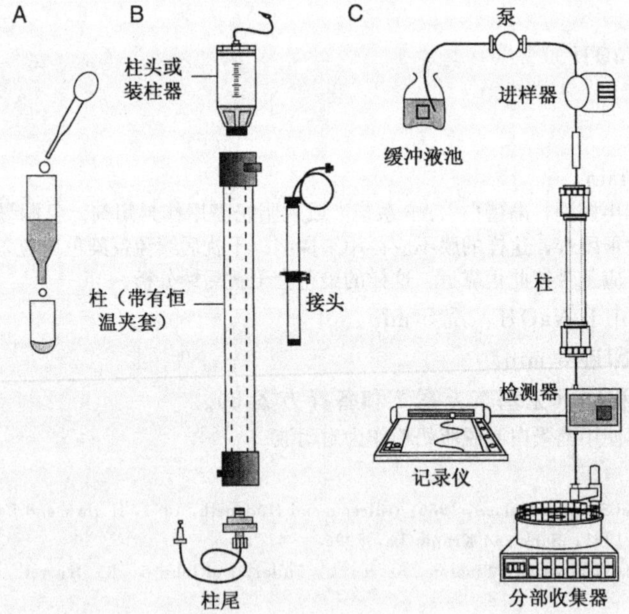

图10.7.1　凝胶过滤的装置。A. 用Pasteur吸管制造的开放柱床脱盐凝胶柱简易装置；B. 凝胶和附件。C. 全自动色谱系统。Amersham Pharmacia Biotech惠赠。

注意：多样品的小规模脱盐可以通过离心柱和离心机进行。目前，离心柱主要用于制备微升级别的寡核苷酸；然而它们同样可以用于小体积的蛋白质样品。详情参见制造商的使用说明（供应商见表10.7.2）

表 10.7.1 适合脱盐的凝胶过滤介质[a]

凝胶类型	排阻极限		供应商[d]
	M_r^b	半径[c]/Å	
Sephadex G-10	700	7	PB
Bio-Gel P-2	1800	10	BR
Sephadex G-25	5000	14	PB
Bio-Gel P6DG	6000	15	BR
Sephadex G-50	30 000	25	PB
Bio-Gel P-30	40 000	28	BR

a. 厂家提供的数据。

b. 介质排阻的最小的相对分子质量。

c. 介质排阻的最小球形蛋白的表观半径，按 $R=0.808M_r^{1/3}$ 计算得到。R 是半径，M_r 是相对分子质量（Hagel，1989）。

d. 缩写：BR，Bio-Rad；PB，Amersham Pharmacia Biotech。

表 10.7.2 适合脱盐的预装柱[a]

预装柱	凝胶类型	排阻极限		最大样品体积/ml	供应商[d]
		M_r^b	半径[c]/Å		
使用泵的凝胶柱					
Hi Trap 脱盐	Sephadex G-25 SF	5000	14	1.5	PB
快速脱盐 HR 10/10	Sephadex G-25 SF	5000	14	3.0	PB
Econo-Pac P6	Bio-Gel P-6	6000	15	3.0	BR
重力流凝胶柱					
NAP-5	Sephadex G-25 M	5000	14	0.5	PB
NAP-10	Sephadex G-25 M	5000	14	1.0	PB
PD-10	Sephadex G-25 M	5000	14	2.5	PB
Econo-Pac 10DG	Bio-Gel P-6 DG	6000	15	3.0	BR
离心凝胶柱					
MicroSpin S-200	Sephacryl S-200 HR	250 000	51	0.01～0.05	PB
Bio-Spin 6	Bio-Gel P-6	6000	15	0.05～0.1	BR
Nick Spin 凝胶柱	Sephadex G-25 SF	5000	14	0.075～0.15	PB
Bio-Spin 30	Bio-Gel P-30	40 000	28	0.05～0.1	BR

a. 厂家提供的数据。

b. 介质排阻的最小的相对分子质量。

c. 介质排阻的最小球形蛋白的表观半径，按 $R=0.808M_r^{1/3}$ 计算得到。R 是半径，M_r 是相对分子质量（Hagel，1989）。

d. 缩写：BR，Bio-Rad；PB，Amersham Pharmacia Biotech。

步骤

凝胶的准备

1）从厂家提供的溶胀系数和需要装柱的大约柱床体积计算需要的凝胶干粉的量。将计算量的凝胶干粉加入到两倍的柱床体积的凝胶过滤脱盐缓冲液中。

如果凝胶过滤介质是预溶胀的，用过量的凝胶过滤缓冲液在布氏漏斗或烧结玻璃漏斗上洗涤凝胶，以除去储存的缓冲液。如步骤3所示稀释。如果凝胶中有细小的颗粒，如步骤3所示除去。

2）用玻璃棒小心搅拌悬液，让凝胶室温条件下溶胀过夜，或90℃水浴3 h。适时搅拌保持凝胶呈悬浮状态。不要使用磁力搅拌器，这样可能会打碎凝胶颗粒。

3）让凝胶沉淀，轻轻倒出雾状溶液以除去细小和破碎的凝胶颗粒（如果需要4～5次）。直到凝胶沉淀床清晰可见。然后将其稀释，使凝胶沉淀床和凝胶过滤缓冲液各占50%（*V*/*V*）。

装柱

4）检查柱子以保证洁净，支撑网未被损坏。将柱子安装在稳定的实验台上，使用水平仪以保证它的垂直。如有需要可安装装柱器，装柱器须能容纳全部凝胶悬液（即两倍于沉降的凝胶体积）。

5）从出口管注射凝胶过滤缓冲液（用注射器或蠕动泵），驱赶出口管和柱末端的空气，直到支撑网上覆盖有0.5 cm高的缓冲液，关闭柱的出口。

6）注射凝胶过滤缓冲液到接头的进口管，直到网湿润。同时保持出口向上，以保证空气可容易地从网出来，将接头放入有凝胶过滤缓冲液的烧杯中，直到使用。

7）悬起凝胶悬液（见步骤3），将凝胶悬液沿着倾斜放置于柱子或装柱器的内壁的玻璃棒倒入。小心沿玻璃棒倒入缓冲液，尽量不破坏凝胶层，使凝胶上的空间充满缓冲液。盖上装柱器的盖子（或柱子的上方柱头）。

8）用凝胶过滤缓冲液装满缓冲槽，放置高于泵的位置，用大管道连接泵与缓冲槽。用凝胶过滤缓冲液洗净泵后，连接泵的出口到柱子或装柱器的入口。

9）打开柱子的出口，按厂家的建议用适合于凝胶/柱组合的流速开始泵缓冲液，直到凝胶柱床的高度恒定（1～4 h）。

如果没有厂家建议的流速，使用比分离高50%的流速。

如果用重力装柱，即将储水器直接连到柱子的入口，实际流速必须监测（如连续称重流出液，或使用带刻度的圆筒）或通过安装在柱后的泵减少流速直至到稳定的值。

10）关泵和柱子的出口，拆下装柱器，如果需要调节柱床的高度，调节进口柱头使它与柱床表面直接接触。

调节柱床的高度仅仅是为了除去多余的凝胶。小心搅起凝胶表面的上层，用巴斯德吸管或连接到泵上的管道吸去多余的凝胶。如果表面不平，调节柱床上方的进口柱头前需要搅起凝胶，以便达到平整的柱床表面。

11）重新连接柱子和泵，打开柱子的出口，重新流动1 h，以稳定柱床的高度，再次调节柱头与新的柱床表面直接接触。

12）通过观察安装在柱后光源发出的散射光，目测柱床中是否有裂痕、气泡和颗粒性沉淀。按步骤19～22用一个颜色标准做凝胶层析，以保证产生的区带水平整齐且没有气泡。

如果柱子需要保存，需要将两倍柱床体积含 0.02%（m/m）的叠氮钠或 20%乙醇（V/V）的凝胶过滤缓冲液泵入柱子，关闭出口，在该缓冲液中柱子可在室温条件下保存数月。

准备和调试凝胶过滤系统

13）计算一次凝胶过滤操作所需缓冲液的量，用 0.22 μm 的过滤器过滤该量 1.5 倍的缓冲液。根据需要，调节 pH，将缓冲液倒入储水器。

如果柱子需要长期使用，可以用电灯泡稍稍加热，或者使用脱气装置持续除去凝胶过滤缓冲液中的空气。

14）按厂家说明或如图 10.7.1 装配凝胶过滤系统，连接检测仪和记录仪，但不连接柱子。连接缓冲槽和泵，并在不连接柱子的条件下用凝胶过滤缓冲液清洗泵。

15）通过进样阀连接泵的出口和柱子，设定用于分离的流速下用凝胶过滤缓冲液运行系统，用收集器收集组分，并注意泵的实际流速（如称重收集组分或用带刻度的圆筒测量）。

测定柱子的分离体积

16）通过外水标记物的过柱，测定系统的外水体积（V_0；见图 10.7.2），按步骤 19～22 获得洗脱体积。

对于非刚性凝胶（如琼脂糖），外水体积（V_0）是柱床体积的 30%～33%；对于刚性凝胶（如硅胶），外水体积（V_0）是柱床体积的 36%～40%。

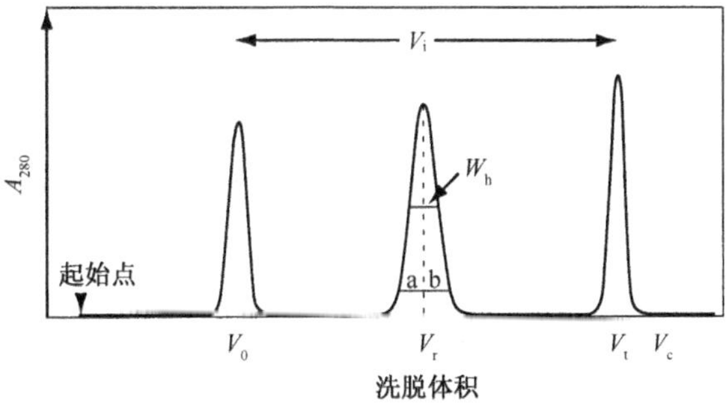

图 10.7.2 凝胶过滤的分离体积（V_i）通过外水体积（V_0）和总的液相体积（V_t）确定示意图。总柱床体积（V_c）等于总液相体积加介质的体积。柱效的计算公式 $N=5.54\ (V_r/W_h)$，N 是柱效，是柱子的理论塔板数，V_r 是峰的洗脱体积，W_h 是半峰高处的峰宽。峰的对称以 10%峰高处计算得到，以 b/a 表示，b 是峰尾的宽度，a 是峰头的宽度。

17）用总液相体积标记物过柱，测定系统的总液相体积（V_t），按步骤 20～23 获得洗脱体积。

对于非刚性凝胶，总液相体积（V_t）是柱床的几何体积（$\pi r^2 L$，r 是柱子的内径）的 85%～95%；对于刚性凝胶，则为柱体积的 70%～80%。

18）按 V_t-V_0 计算柱的分离体积（V_i）。

分离体积（V_i）是大分子蛋白质出现和小分子溶质被洗脱之间通过柱子的液相的量。它等于柱床的孔体积，对于非刚性凝胶，是柱床总体积的 50%～65%；对于刚性凝胶，则为柱床总体积的 30%～50%。

准备、上样和样品的层析

19）将待脱盐的样品溶于凝胶过滤缓冲液。用 0.22 μm 蛋白质相容的过滤器过滤，如可能上样前让样品达到室温，以减小黏性效应。

20）打开柱子的出口，开泵，让两倍柱床体积的凝胶过滤缓冲液通过柱子，开检测仪和记录仪直到基线稳定。

21）装上含有适当体积样品（≤V_i 步骤 18）的上样器脱盐。转换样品上样阀至上样位置，在记录纸上注上起始标记（如果没有使用记录仪，就开始秒表计时）。注射前，用过量样品注入上样环以避免气泡。

如果 V_i 尚未确定，对非刚性基质来说，样品的最大体积应该是柱床体积的 50%；对刚性基质来说则是柱床体积的 30%。脱盐的第一次实验，用量是这些体积的 50%。

22a）测定洗脱体积：将凝胶过滤缓冲液以适当的流速通过系统，收集组分的同时用记录仪记下检测仪的反应。作层析图，蛋白质（或其他溶质）峰顶点与起始点之间的时间差乘以泵的流速可计算出洗脱体积（按步骤 15 计算）。

测定 V_0，分析通过柱子 25%～50%柱床体积凝胶过滤缓冲液之间出现的组分（通过检测仪的在线检测或其他方法，见下面的解释）。测定 V_t，分析通过柱子 75%～125%柱床体积凝胶过滤缓冲液之间出现的组分。测定未知蛋白质样品的洗脱体积（和测定分子质量一样，见基本方案 3），分析通过柱子 25%～125%柱床体积凝胶过滤缓冲液之间出现的组分。允许 125%柱床体积的缓冲液通过，可跟踪整个峰。

如果组分收集后下线分析测定洗脱在何处出现（例如，通过光度计在 280 nm 处的吸收值检测蓝色葡聚糖 2000 或蛋白质，或通过电导检测盐峰），在上述体积时起始和停止部分收集器。组分的多少必须足够目标溶质的检测，通常 1 ml 或 2%柱床体积（无论哪一个都是最少的）是合适的。初级部分〔即从上样到开始部分收集（用于分析）所洗脱液体的量〕必须收集到已知重量的容器中。计算洗脱体积：峰体积的一半加初级部分的体积，减去样品体积的一半。对于稀释的缓冲液（如 0.5 mol/L）可认为密度为 1，将重量转换为体积。如果实验需要很长时间，建议用封口膜密封部分收集的试管，以减小蒸发。

22b）蛋白质脱盐：外水体积减去上样体积一半的凝胶过滤缓冲液通过柱子，收集废弃组分。将一可盛 1.5 倍上样体积的容器置于柱下，然后加与上样体积等体积的凝胶过滤缓冲液，收集脱盐蛋白（图 10.7.3）。

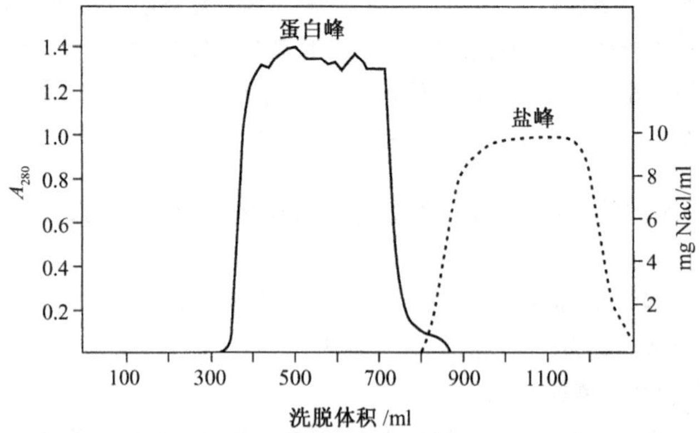

图 10.7.3　凝胶过滤蛋白质脱盐示意图。使用的是装有 Sephadex G-25 的 A4×85 cm 柱子。样品是 400 ml 含 NaCl（盐峰，虚线）的血色素（蛋白质峰，实线）。注意：样品体积接近所装介质的孔体积，即 490 ml。样品体积没有校正。从图中计算可得到 V_0＝560 ml－200 ml＝360 ml，是柱子几何体积（V_c）的 31%。得到《层析杂志》版权所有者的允许引自文献（Flodin，1961）。

23）用大于一倍柱床体积含抗菌剂的凝胶过滤缓冲液洗柱子，关闭柱子的出口，储存柱子。

10.7.2 基本方案2 蛋白质的分级

蛋白质的分级分离是指以纯化为目的，将相似分子质量大小的蛋白质分离。目的可能是将二聚体、多聚体从有药学活性的蛋白质或肽中分离出来。蛋白质的分级分离对柱子和系统的要求比脱盐高得多。

材料（带√项见附录1）

凝胶过滤介质（表10.7.3）或适合选择目的蛋白的预装的凝胶过滤柱（表10.7.4）

√凝胶过滤分级分离缓冲液

低分子质量标准物：如5 mg/ml的丙酮或2 mol/L的氯化钠

表10.7.3 用于蛋白质分级分离或分子大小测定的凝胶过滤介质[a]

凝胶类型	分离范围（M_r）	颗粒大小/μm	供应商[b]
Toyopearl HW 40S	100～10 000	25～40	TH
Superdex 30 prep grade	200～10 000	34	PB
Toyopearl HW 50S	500～80 000	25～40	TH
Sephacryl S-100 HR	1000～100 000	47	PB
Toyopearl HW 55S	1000～700 000	25～40	TH
Superdex 75 prep grade	3000～70 000	34	PB
Sephacryl S-200 HR	5000～250 000	47	PB
Superose 6 prep grade	5000～5 000 000	34	PB
Superdex 200 prep grade	10 000～600 000	34	PB
Sephacryl S-300 HR	10 000～1 500 000	47	PB
Sephacryl S-400 HR	20 000～8 000 000	47	PB
Sephacryl S-500 HR	20 000～30 000 000	47	PB
Toyopearl HW 65S	50 000～5 000 000	25～40	TH
Toyopearl HW 75S	500 000～50 000 000	25～40	TH

a．厂家提供的数据。

b．缩写：PB，Amersham Pharmacia Biotech；TH，Toso Haas。

柱子的准备

1）按基本方案1中步骤1～3准备凝胶过滤介质，使用凝胶过滤分级分离缓冲液而不是凝胶过滤脱盐缓冲液。

2）装柱，目测检查所装柱子的质量（见基本方案1步骤4～12）。用相当柱体积的1%～4%的颜色标记物溶液。

3）安装并试验凝胶过滤系统（见基本方案1步骤13～15）。

表 10.7.4　用于蛋白质分级分离或分子大小测定的预装柱[a]

柱类型[b]	分离范围[c](M_r)	颗粒大小/μm	尺寸(长度×内径/cm)	供应商[d]
Superdex Peptide	100～7000	13	30×1	PB
HiLoad Superdex 30	200～10 000	34	60×1.6	PB
Prep grade			60×2.6	
TSK SW2000	500～60 000	10	30×0.75	TH
			60×0.75	
HiLoad Sephacryl	1000～100 000	47	60×1.6	PB
S-100 HR			60×2.6	
TSK SW3000	1000～300 000	10	30×0.75	TH
			60×0.75	
Protein-Pak 60	2000～30 000	10	30×0.78	WA
Superdex 75 HR 10/30	3000～70 000	13	30×1	PB
HiLoad Superdex 75	3000～70 000	34	60×1.6	PB
Prep grade			60×2.6	
Bio-Sil SEC 125	5000～100 000	10	60×0.75	BR
			60×2.15	
G2000SW$_{XL}$	5000～150 000	5	30×0.75	TH
HiLoad Sephacryl	5000～250 000	47	60×1.6	PB
S-200 HR			60×2.6	
TSK SW 4000	5000～1 000 000	13	30×0.75	TH
			60×0.75	
Superose 6 HR 10/30	5000～40 000 000	13	30×1	PB
Protein-Pak 125	10 000～80 000	10	30×0.78	WA
Glass GF-250	10 000～250 000	4	30×1	DU
Bio-Sil SEC 250	10 000～300 000	10	60×0.75	BR
			60×2.15	
G3000SW$_{XL}$	10 000～500 000	5	30×0.75	TH
Superdex 200 HR 10/30	10 000～600 000	13	30×1	PB
HiLoad Superdex	10 000～600 000	34	60×1.6	PB
200 prep grade			60×2.6	
HiLoad Sephacry S-300 HR	10 000～1 500 000	47	60×1.6	PB
G4000SW$_{XL}$	20 000～10 000 000	7	30×0.75	TH
Glass GF-450	25 000～900 000	6	30×1	DU

a. 厂家提供的数据。

b. 一般来说，天然的聚合物（如 Superdex、Sephacryl 或 Superose）矩阵的孔体积比硅材料的大（如 TSK SW、Protein-Pak、Bio-Sil SEC 或 GF-250/450）。

c. 材料的选择性随着分离范围的加宽和孔体积的降低而降低。

d. 缩写：BR，Bio-Rad；DU，DuPont；PB，Amersham Pharmacia Biotech；TH，Toso Haas；WA，Waters。

柱子的评估

4）按基本方案1步骤19～22层析低分子质量标准物，并且作层析图测定柱效。

本步骤样品的上样体积对峰宽的影响很大，会得到一个错误的低值柱效。因此对于凝胶过滤介质的粒径分别为100 μm、30 μm、10 μm的柱子，样品的上样体积分别不要超过柱床体积的0.9%、0.5%、0.4%。

5）按照公式 $N=5.54\ (V_r/W_h)^2$ 计算理论塔板数，V_r是峰的洗脱（滞留）体积，W_h是半峰高处的峰宽（图10.7.2）。

6）按照公式 $A_s=(b/a)$ 计算峰的对称因子（A_s），a是10%峰高处峰头的宽度，b是10%峰高处峰尾的宽度。

7）将所获得的 N 和 A_s与厂家文件所提供的这些可接受参数极限做一比较。

如果没有柱效参数可提供，按照公式 $H=L/N$ 计算塔板高度，其中 L是柱床的高度。按照简明原则，对于一个较好柱子，H大约是介质平均粒径的3倍，对于一个优秀的柱子，H大约是介质平均粒径的2倍。5倍的平均粒径或更高的塔板高度，对于高分辨率的层析通常不可接受。对称因子应该是1.0±0.2。

所用流速会影响溶质峰宽，不同颗粒大小的凝胶过滤介质的建议流速见表10.7.5。

层析与结果评价

8）待分离蛋白质样品的溶解、上样和层析（见基本方案1步骤19～22）。样品层析图如图10.7.4所示。

依赖系统的处理速率（即单位时间内处理物质的量）（Hagel et al.,1989），使用30 μm粒径的介质，上样体积为1%～4%柱床体积，可得到理想的蛋白质分离。一般规律是，样品的上样体积可为2%柱床体积。

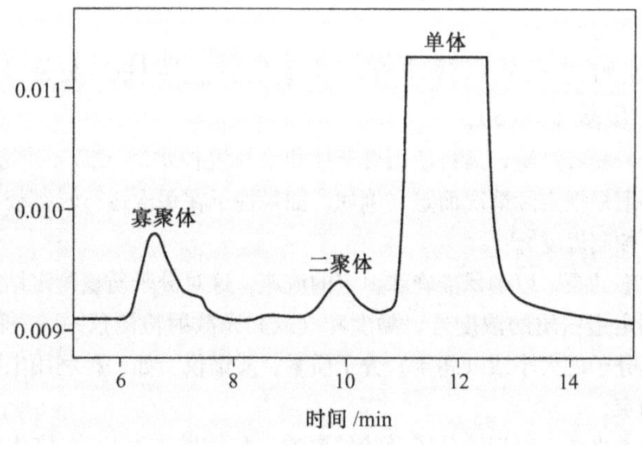

图10.7.4 凝胶过滤蛋白分离示意图。所用的是Superdex 75 HR 10/30柱。样品包含重组人生长激素。此图部分放大原层析图谱，以显示单体与二聚体之间的完全分离。得到出版者的同意，引用自文献（Hagel，1993）。B. Pavlu、Kabi Pharmacia Peptide Hormones和H. Lundstrom，Pharmacia Biotech惠赠。

9）用HPLC（见10.11～10.13）和电泳（见10.3和10.4）检测收集组分的纯度。

表 10.7.5　蛋白质分离和大小测定的实际速度[a]

溶质分子质量	不同大小（μm）颗粒的标定洗脱流速/（cm/h）						
	2	5	10	15	30	50	100
1000	507	203	101	68	34	20	10
5000	293	117	59	39	20	12	6
10 000	234	94	47	31	16	9	5
15 000	195	78	39	26	13	8	4
50 000	137	55	27	18	9	6	3
75 000	121	48	24	16	8	5	2
100 000	109	44	22	15	7	4	2
200 000	86	34	17	11	6	3	2
300 000	76	30	15	10	5	3	2

a. 得到出版商 VCH 的同意，修改自文献（Hagel，1989）。

10.7.3　基本方案 3　分子大小的测定

材料（带√项见附录 1）

适于选择目的蛋白的凝胶过滤介质或预装柱（表 10.7.3 和表 10.7.4）

√凝胶过滤分离缓冲液（注意测定大小的变化）

高精度泵

步骤

1）用确定大小的凝胶过滤分离缓冲液，准备凝胶、装柱、安装及试验凝胶过滤系统（见基本方案 1 步骤 1～15）。

对于高精度的分析凝胶过滤，通过使用夹套柱和来自温控水浴水循环使层析床的温度保持恒定。这种预防措施必须根据实际情况而定（例如，如果柱子在每次运行时都校正，高速凝胶过滤是可能的，就不需要控制温度）。

必须使用高分辨率的泵，以确保准确和恒定的流速，这对分子质量测定结果的可靠性很重要。除了 UV 检测仪测定蛋白质的浓度外，黏度和（或）光散射检测仪——一种应用多角度激光散射仪，可用于测定分子的大小或（间接）分子质量。质谱仪，如一种利用电喷雾离子质谱仪，可用于分子质量的测定。

如果用变性的标准来校正以消除分子形状的影响（见辅助方案），在该步和此后各步 6 mol/L 的盐酸胍（见附录 1 GF 缓冲液配方）用作凝胶过滤的分离缓冲液。

一旦一个柱子已被校正（见辅助方案），通过测定一种用于校正的参考品的洗脱体积来检测柱效很重要，这是系统常规检测的一部分。

2）测定系统的外水体积（V_0）和总液相体积（V_t）（见基本方案 1 步骤 16 和 17）。

3）柱子的校正（见辅助方案）。通过采样洗脱物和组分的称重检测校正过程的流速。

只要目的蛋白能从污染物中分离，通常没有流速限制（理想情况下，必须达到基线分离）。

对于校正和未知样品的分子质量的测定，由于样品体积的影响，洗脱体积一般必须正确（见基本方案 1 步骤 22a），然而在整个实验过程中，如果样品体积保持恒定，它可完全被认为是系统死体积的一部分，就不需要校正。

4）未知样品的上样、洗脱和层析（见基本方案 1 步骤 19～22）。制作层析图，计算洗脱体积。通过采样洗脱物和组分称重检测流速。

5）使用校正图计算未知样品成分的分子大小（辅助方案）。

6）持续用凝胶过滤缓冲液洗柱子直到下一次操作。持续运行柱子可保持柱子的特性，避免再次校正。如果下一次操作要过很久，减小流速，通过一个过滤器将缓冲液循环到储水器。柱子经过长时间要再次使用前，通过运行两三个包括目的分子范围的参考样品，从旧的校正曲线计算它们的分子质量来检查校正曲线的有效性。表观分子大小应该与确定的大小 5%标准差一致。

10.7.4 辅助方案 柱校正

用于柱校正的理想的分子大小标准物应该和研究分子的形状和类型一致。

附加材料（亦见基本方案 3）

√校正标准物（表 10.7.6）

6 mol/L 的盐酸胍（见测定大小的凝胶过滤缓冲液配方）

在线折射率检测仪

表 10.7.6 校正凝胶过滤柱的分子大小标准物

标准	相对分子质量（M_r）	$\log_{10} M_r$	分子大小[a]（半径，Å）	供应商[a]
蛋白质[b]				
甲状腺球蛋白（牛甲状腺）	669 000	5.825	85.0	PB
铁蛋白（马脾）	440 000	5.643	61.0	PB
过氧化氢酶（牛肝）	232 000	5.365	52.2	PB
Gamma 球蛋白（牛）	158 000	5.199	—	BR
醛缩酶（兔肌肉）	158 000	5.199	48.1	PB
转铁蛋白	81 000	4.908		SI
白蛋白（牛血清）	67 000	4.826	35.5	PB
卵清蛋白（鸡）	44 000	4.643	—	BR
卵清蛋白（鸡蛋）	43 000	4.633	30.5	PB
糜蛋白酶原 A（牛胰腺）	25 000	4.398	20.9	PB
肌血球素（马）	17 500	4.243	—	BR
核糖核酸酶 A（牛胰腺）	13 700	4.137	16.4	PB
非蛋白标准				
维生素 B12	1350	3.130	—	BR
葡聚糖[c]				
葡聚糖 T-10	8100		23	PB
葡聚糖 T-40	23 600		40	PB

续表

标准	相对分子质量（M_r）	$\log_{10} M_r$	分子大小[a]（半径，Å）	供应商[a]
葡聚糖 T-70	33 000		50	PB
葡聚糖 T-500	370 000		150	PB
葡聚糖 1	1080		9	PC
葡聚糖 5	4440		18	PC
葡聚糖 12	9980		26	PC
葡聚糖 25	21 400		39	PC
葡聚糖 50	43 500		55.3	PC
葡聚糖 80	66 700		68.4	PC
葡聚糖 150	123 600		93.1	PC

a. 缩写和符号：—，厂家未说明；PB，Amersham Pharmacia Biotech；BR，Bio-Rad；PC，Pharmacosmos；SI，Sigma。厂家的地址和电话号码在附录4中提供。

b. 根据质料来源和测定的方法，蛋白质的大小也许会不同，如转铁蛋白的大小为67.1Å（de Haen，1987）。

c. 葡聚糖是多分散的聚合物，这儿提供的是峰的分子质量，批与批之间会有差别。万一供应商没有提供峰的分子质量，柱的校正体积作为 $M=(M_W \cdot M_n)^{1/2}$ 的函数，M_W 是重量平均分子质量，M_n 是平均分子质量。葡聚糖的分子大小按照公式 $R_{vis}=0.271\times M^{0.489}$ 校正，R_{vis} 是黏性半径，M 是分子质量（Hagel，1989）。

步骤

用天然蛋白标准物校正

1a）按照基本方案1中步骤19～22使用标准蛋白混合物（表10.7.6）校正柱子，作层析图（如图10.7.5的例子）。

2a）绘制洗脱体积（V_r，对于特定的大小标准物，从上样点到峰顶点的层析图上的体积）对分子大小对数（$\log_{10} R$，R 是校正分子的半径；见表10.7.6）的校正标准。通过中间部分的直线可近似得到S型曲线（图10.7.5）。

如果样品体积不恒定，必须通过在半上样体积处设置上样点，将洗脱体积标准化。

通过分配常数（K_D）对 $\log_{10} R$ 作图，校正曲线通常是系统非依赖的。分配常数计算如下：$K_D=(V_r-V_0)/(V_t-V_0)$，V_r 是特定峰的洗脱体积，见基本方案1得到 V_0 和 V_t。

对于同一系列的物质（如葡聚糖），绘制洗脱体积对分子质量对数（$\log_{10} M_r$）的坐标图很有意义。用不同化学特性的物质来校正柱子时，校正柱子的优选方法是使用水体积 V_h。这是按照方程 $V_h=\eta M_r/N_v$ 计算得到，η 是固有的黏度常数，M_r 是相对分子质量，N 是阿伏加德罗常数（6.02×10^{23}/mol），v是形状因子，对于球形溶质是2.5。

最好通过如下方案检测校正的结果，从设定的校正数据中一次除去一点，通过其余数据所或曲线计算该点代表蛋白质的大小和分子质量，与标定值的平均绝对差别显示校正的准确性（图10.7.5）。

用变性蛋白标准物校正

1b）按照标准变性方案的变性校正标准。

2b）进行上述步骤1a和2a，使用6 mol/L盐酸平衡的柱子，使用基本方案1的步骤中交叉应用的6 mol/L盐酸作为凝胶过滤缓冲液。

如使用变性标准，在样品的层析过程中必须保持变性条件（见基本方案3）。

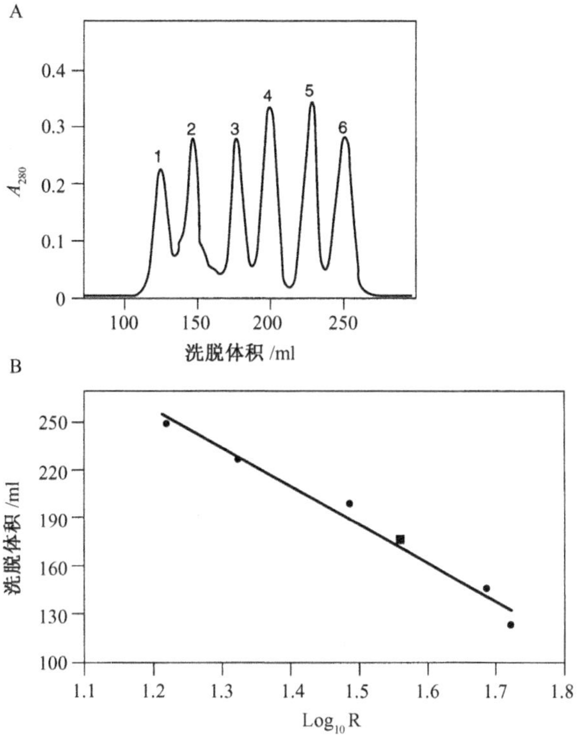

图 10.7.5 校正凝胶过滤柱测定的蛋白质大小。使用的是 AK26/70 柱，装有 Sephadex G-200 SF 介质。A．六个大小标准物的层析图：1，过氧化氢酶；2，醛缩酶；3，牛血清白蛋白；4，卵清蛋白；5，胰凝乳蛋白酶；6，核糖核酸酶。B．通过绘制分子质量标准物的分子半径对数对 A 图 1、2、4、5、6 峰的洗脱体积作图，获得校正曲线（实心圆）。该曲线用于评价牛血清白蛋白的大小（实心方块；洗脱体积对应 A 图中的峰 3），得到的表观大小为 34.8Å。与标定的分子大小 35.5Å 惊人一致也许是偶然。重复操作 A 图的峰 4，表明球形蛋白预期值与标定值的误差在 3Å。A 图得到出版者的同意引用于 Pharmacia Biotech（1991）。

用非蛋白聚合物标准物校正

1c）使用折射率在线检测仪，运行系统直到获得稳定的基线。层析几种葡聚糖校正标准品（见基本方案 1 步骤 19～22）获得研究蛋白质附近的校正点，以获得它们的洗脱体积或分配常数。

首先运行未知的样品，然后是未知样品附近洗脱的校正样品，很快会发现待运行的校正样品的合适数目和大小。

分别上样各标准品，或者混合上样两个高和低分子质量的葡聚糖。

使用设定两个不同灵敏度的双通道记录仪，可阻止峰超过测量范围。

2c）绘制洗脱体积（V_r）或分配常数（K_D）对葡聚糖黏性半径的对数（$\log_{10} R_{vis}$）的坐标图。

R_{vis}，按照公式 $R_{vis}=0.271\times M^{0.489}$，与分子质量（$M$）相关。因为葡聚糖是多分散性聚合物，这儿使用的 M 值是按照葡聚糖峰尖的分子质量，有时表示为 M_p。

当两个不同的检测仪用于校正和样品的层析——检测葡聚糖的折射率检测仪和蛋白质样品的 UV 检测仪，两种不同检测仪间的体积差别必须考虑到洗脱体积的计算中。

参考文献：Hagel，1985，1989；Hagel et al.,1989.
撰 稿 人：Lars Hagel

10.8　离子交换层析

离子交换层析是根据电荷特性分离生物分子。

10.8.1　设计策略

选择离子交换的介质

有许多离子交换介质都已经商品化，但不存在一种神奇的介质其最适合各种蛋白质的纯化。选择离子交换介质的标准包括应用的特异性需要、样品成分的等电点和分子大小（即目的蛋白和污染物），以及可得到的装备（如泵和柱子）。

首先需要选择阴离子或阳离子介质，如果目的蛋白的等电点已知，选择阴离子介质且操作的 pH 高于目的蛋白的 pI，或选择阳离子介质且操作的 pH 低于目的蛋白的 pI。如果靶蛋白的 pI 未知，开始之前最好先测定它。最佳操作 pH 可根据经验确定（见辅助方案）。因为大多数蛋白质的 pI 低于 7，选择阴离子交换和操作 pH 为 8.5 开始是合理的，然后根据需要估计结果和优化条件。知道蛋白质溶液中污染物 pI 和结合特征也是有用的。

选择缓冲系统

必须根据需要的 pH 范围选择缓冲系统，必须考虑的因素包括所用的离子交换类型、样品的 pH 稳定性和使用的 pH 范围，以及需要的缓冲能力，最后是成本。

阴离子缓冲液（如乙酸盐和磷酸盐）适合阳离子交换，阳离子缓冲液（如 Tris · Cl、乙醇胺、哌嗪）适合阴离子交换。保证离子交换介质和缓冲离子带有相同的电荷很重要，这样就不会结合。这样在离子交换实验中就会保持恒定的缓冲能力和 pH。表 10.8.1 中列有适合离子交换的各种有用的缓冲液。缓冲液中的添加成分（如变性剂和蛋白酶抑制剂）也应和离子交换介质带有相同的电荷，以阻止结合。

表 10.8.1　离子交换层析缓冲液[a]

pK_a（25℃）	pH 范围	缓冲液[b]	工作浓度/（mmol/L）	温度因子[c]
阴离子交换				
4.75	4.5～5.0	N-Methylpiperazine	20	−0.015
5.68	5.0～6.0	Piperazine	20	−0.015
5.96	5.5～6.0	L-Histidine	20	
6.46	5.8～6.4	Bis-Tris	20	−0.017
6.80	6.4～7.3	Bis-Tris propane	20	
7.76	7.3～7.7	Triethanolamine	20	−0.02

续表

pK_a (25℃)	pH 范围	缓冲液[b]	工作浓度/(mmol/L)	温度因子[c]
8.06	7.6～8.5	Tris · Cl	20	−0.028
8.52	8.0～8.5	N-Methyladiethanolamine	50	−0.028
8.88	8.4～8.8	Diethanolamine	20 (pH 8.4)	−0.025
8.64	8.5～9.0	1,3-Diaminopropane	20	−0.031
9.50	9.0～9.5	Ethanolamine	20	−0.029
9.73	9.5～9.8	Piperazine	20	−0.026
10.47	9.8～10.3	1,3-Diaminopropane	20	−0.026
11.12	10.6～11.6	Piperidine	20	−0.031
阳离子交换				
2.00	1.5～2.5	Maleic acid	20	
2.88	2.4～3.4	Malonic acid	20	
3.13	2.6～3.6	Citric acid	20	−0.0024
3.81	3.6～4.3	Lactic acid	50	
3.75	3.8～4.3	Formic acid	50	+0.0002
4.21	4.3～4.8	Butanedioic acid	50	−0.0018
4.76	4.8～5.2	Acetic acid	50	+0.0002
5.68	5.0～6.0	Malonic acid	50	
7.20	6.7～7.6	Phosphate	50	−0.0028
7.55	7.6～8.2	HEPES	50	−0.0140
8.35	8.2～8.7	BICINE	50	−0.0180

a. 摘自 Pharmacia Biotech (1995)。

b. 缩写：BICINE，N,N-bis [2-hydroxyethyl] glycine；Bis-Tris，bis [2-hydroxyethyl] iminotris [hydroxymethyl] methane；Bis-Tris propane，1,3-bis [tris (hydroxymethyl) methylamino] -propane；HEPES，N- [2-hydroxyethyethyl] piperazine-N′- [2-ethanesulfonic acid]。

c. pK_a 改变/度（即：$\partial pK_a/\partial T$）。

10.8.2 基本方案1 批式吸附和增加盐浓度的阶段梯度洗脱

该方案描述将样品和介质直接混合从而将蛋白质吸附到离子交换介质。通过增加流动相的盐浓度，可洗脱吸附的样品成分。

材料

QAE Sephadex A-25（Amersham Pharmacia Biotech）或相当的阴离子介质（表10.8.2）

结合缓冲液：20 mmol/L Tris · Cl，pH 7.5（根据经验确定其他缓冲液；见辅助方案）

待纯化的蛋白质样品

清洗缓冲液：20 mmol/L Tris · Cl（pH 7.5）/100 mmol/L NaCl（或根据经验确

定的缓冲/盐溶液；见辅助方案）

洗脱缓冲液：20 mmol/L Tris·Cl（pH 7.5）/350 mmol/L NaCl（或根据经验确定的缓冲/盐溶液；见辅助方案）

再生缓冲液：如20 mmol/L Tris·Cl（pH 7.5）/2 mol/L NaCl

500 ml 烧结玻璃漏斗滤器，中度多孔

2000 ml 侧臂烧瓶

表 10.8.2　批式吸附离子交换介质

介质	型号	供应商[a]
葡聚糖珠状介质		
QAE Sephadex A-25	强阴	Amersham Pharmacia Biotech
QAE Sephadex A-50	强阴	Amersham Pharmacia Biotech
SP Sephadex C-25	强阳	Amersham Pharmacia Biotech
SP Sephadex C-50	强阳	Amersham Pharmacia Biotech
微粒状纤维素介质		
QA-52	强阴	Whatman
QA-53	强阴	Whatman
SE-52	强阳	Whatman
SE-53	强阳	Whatman
聚合物覆盖硅介质		
Accell Plus QMA	强阴	Waters
Accell Plus CM	弱阳	Waters
琼脂糖珠状介质		
DEAE Bio-Gel A	弱阴	Bio-Rad
CM Bio-Gel A	弱阳	Bio-Rad

a. 厂家的地址和电话号码在附录4中提供。

步骤

1）加10 g QAE Sephadex A-25到1 L结合缓冲液中，室温溶胀两天或沸水浴中2 h（溶胀体积约70 ml）。

2）将500 ml 烧结玻璃漏斗滤器装在2000 ml 的侧壁烧瓶上，开始抽气。轻轻搅起溶胀的凝胶，在漏斗允许的条件下，将凝胶悬液尽快倒入漏斗中，缓冲液收集在烧瓶中，直到所有缓冲液除去后停止抽气。

离心（5000 *g*，1 min）也可用于收集凝胶，对于操作小体积更佳。对于大体积操作，最好利用重力沉降凝胶，然后倾斜倒去或吸去上清。

不要使用磁力搅拌器悬浮层析介质，因为这样会损坏凝胶颗粒。

3）加200 ml 结合缓冲液到漏斗中，用搅拌棒悬起凝胶，保持5 min，开始抽气除去缓冲液。重复至少3次保证达到平衡。如果洗脱液的pH和盐浓度与结合缓冲液一致，表明已经平衡。

4）加足够多的结合缓冲液（约100 ml）得到50%的凝胶悬液（*V/V*）。保持凝胶在漏

斗中，直到样品准备好。

5）调节样品的 pH 和盐浓度到起始的最佳值（见辅助方案）。

6）搅拌凝胶悬液，倒入 2000 ml 的烧杯或广口烧瓶中。使用橡胶刮、勺子、搅拌棒或含结合缓冲液的洗瓶帮助转移。

7）加入样品，每 15 min 搅拌一次轻轻混合或者在摇床上以足够的速度摇动保持凝胶悬浮。室温条件下结合 1～2 h 或 4℃结合 3～4 h。

过分摇动会产生泡沫，并且可能使靶蛋白变性。

8）过滤收集凝胶（见步骤 2），保存滤出液用于分析，以防止万一靶蛋白没有结合。

所有滤出液都保存到包含靶蛋白的组分被鉴定。

9）加 100 ml 结合缓冲液到漏斗中，并用搅拌棒悬起凝胶，静置 5 min，然后吸去缓冲液。重复 3～4 次，洗脱液和步骤 8 的滤出物收集在一起。

含结合样品的凝胶可装入柱中，进行后续的洗脱步骤（见基本方案 2）。

10）转移烧结玻璃漏斗到 2000 ml 干净的侧壁烧瓶顶部。

11）加等体积的洗涤缓冲液到漏斗的凝胶中，并用玻棒悬起。静置 5 min，开始抽气除去缓冲液，保存滤出液。用洗涤缓冲液做对照，在 280 nm 处（A_{280}）测量滤出物吸收值。

滤出液含有弱吸附到胶上的蛋白质样品。

12）重复步骤 11 直到滤出物在 280 nm 处没有吸收值，收集保存滤出物。

13）用洗脱缓冲液重复步骤 10～12 重悬凝胶。用洗脱缓冲液做对照。收集保存滤出物用于分析，并进行后继靶蛋白的纯化。

滤出液将含有与凝胶强吸附的样品成分，应该包含靶蛋白。

如果凝胶需要再使用，继续以下步骤，否则废弃凝胶。

14）转移烧结玻璃漏斗到 2000 ml 干净的侧壁烧瓶顶部。

15）加等体积的再生缓冲液到漏斗的凝胶中，使用搅拌棒悬起凝胶。静置 5 min，开始抽气除去缓冲液，重复 5 次，废弃滤出物。

16）用 100 ml 结合缓冲液重复洗 5 次，并用结合缓冲液再次平衡凝胶。检测最后滤出物的 pH 和电导，确保凝胶充分平衡。

问题解答指南见本章最后的表 10.8.3。

10.8.3 基本方案 2 线性梯度洗脱的柱层析

柱层析通常优于批式层析（见基本方案 1），尤其在需要高分辨率时，虽然能容纳的样品体积小一些。该技术适合蛋白质纯化的间期和补齐阶段。使用线性梯度也能增加分辨率。这里提供的例子是使用来源于 Amersham Pharmacia Biotech 的 RESOURCE Q 阴离子交换柱，与 FPLC（快速蛋白液相层析）或 HPLC（高效液相层析）系统一起使用。其他柱子的优化条件可从厂家得到。

注意：所有缓冲液、介质和其他系统成分都需要过滤、脱气和平衡至使用前的温度。

材料

结合缓冲液（见基本方案 1 和辅助方案 1）

洗脱缓冲液：含 1 mol/L NaCl 的结合缓冲液
待纯化的蛋白质样品
液相层析系统（FPLC 或 HPLC；图 10.8.1）
RESOURCE Q 层析柱（1 ml 柱床体积的预装柱；Amersham Pharmacia Biotech）
电导仪
0.22 μm 滤器

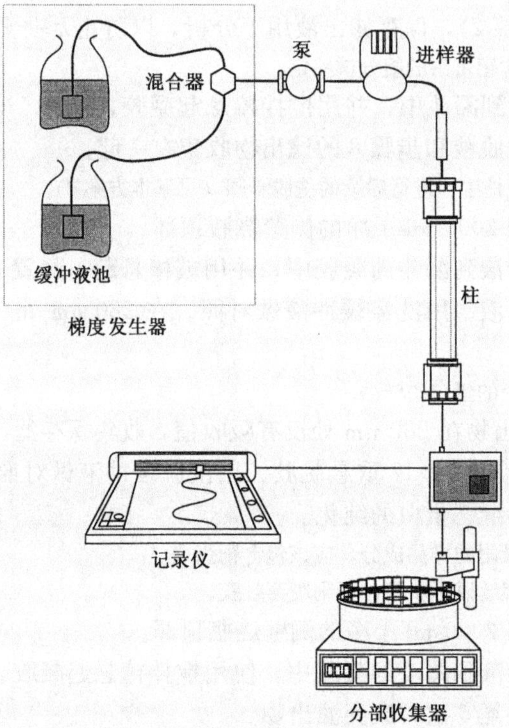

图 10.8.1　带梯度发生器的液相柱层析系统。

步骤

1）按照厂家说明安装层析系统（图 10.8.1），不连接柱子。

2）梯度通过结合缓冲液和洗脱缓冲液在适当的缓冲槽中形成（图 10.8.2）。运行线性梯度洗脱检测系统的效率，梯度条件为 20 ml 0～100%的洗脱缓冲液，流速为 5 ml/min。

选择结合缓冲液和洗脱缓冲液需要考虑 pH 极值时柱的稳定性。RESOURCE Q 层析柱的工作稳定值是 pH 2～12，清洗的稳定值是 pH 1～14。

3）按照系统文件检查系统的泄漏和监测稳定性。用电导仪检测梯度组成的准确性。

在步骤 2 的洗脱缓冲液中加 0.1%（V/V）的丙酮，使用 UV 检测仪在 280 nm 处观察梯度成分，层析时洗脱缓冲液中不能加丙酮。

4）用结合缓冲液冲洗系统除去空气，然后安装柱子。

新柱子使用前需要预循环；查阅产品文件。用过的柱子使用前需要清洗或除去储存溶液。

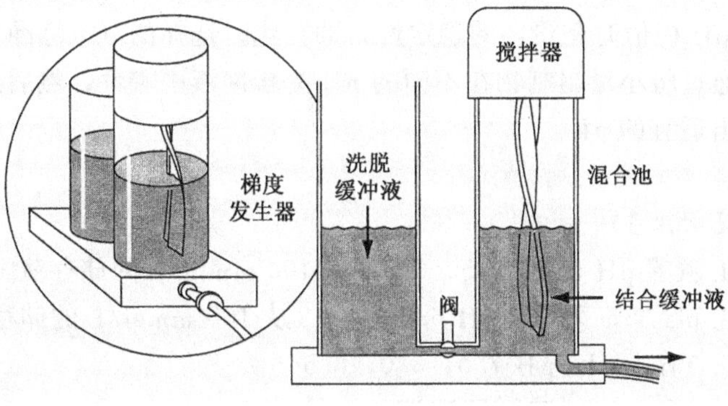

图 10.8.2 离子交换层析中使用的形成 pH 和盐浓度梯度的混合仪。显示的装置是 Amersham Pharmacia Biotech 梯度混合仪 GM-1，可用于准备 500 ml 的梯度样品。向储液器中加相同 pH 不同盐浓度的缓冲液可形成盐浓度的线性梯度。混合池包含低浓度的（结合）缓冲液池和另一个含有高盐浓度的（洗脱）缓冲液池。缓冲池与阀门控制的管道相连，混合池的出口通过另一个阀门控制。

5）以 5 倍柱床体积 V_c（5 ml 用于 RESOURCE Q 层析柱）的洗脱缓冲液以 5 ml/min 的流速洗柱子，并测漏。

V_c指柱床体积，按照公式 $V_c=\pi r^2 L$，r是柱子的半径，L是柱床的高度。

6）以 5～10 倍的 V_c体积的结合缓冲液以 5 ml/min 的流速平衡柱子。在平衡结束时收集一个组分，并测量 pH 和电导，以保证 pH 和盐浓度与结合缓冲液相同。

7）调节样品的 pH 和盐浓度到辅助方案测定的结合条件。上样前用 0.22 μm 滤器过滤样品去除颗粒。初次实验使用 25 mg 的总蛋白质样品。

0.22 μm 滤器适合于装有平均直径小于 34 μm 的珠状介质（如 RESOURCE Q）。对于装有 34～90 μm 的珠状介质，使用 0.45 μm 的滤器；对于装有大于 90 μm 的珠状介质，使用 1 μm 的滤器。

8）打开样品注入阀上样到柱中。开始收集 1 ml 组分。如有必要，降低上浓缩样品的流速或增加稀释样品上样的流速。

9）上样后，以 3～5 倍 V_c体积结合缓冲液，以 5 ml/min 的流速洗去未结合和弱结合的成分。

监测信号必须达到基线才能进行后续步骤。

10）关闭样品注入阀，以减小系统的死体积。以 0～100%的线性梯度洗脱液用 20 倍 V_c体积（20 ml）洗脱。

11）以 5 倍 V_c体积的洗脱缓冲液洗涤，再生柱子。

12）以 5～10 倍 V_c体积的结合缓冲液洗涤，再平衡柱子。

13）检测组分中的靶蛋白，收集含靶蛋白的组分用于进一步加工。

疑难解答指南见本章最后的表 10.8.3。

10.8.4 辅助方案 进行小试确定离子交换层析的起始条件

离子交换分离开始前，目的蛋白结合以及洗脱需要的 pH 和盐浓度需要根据经验确定。对于大规模的层析，还需要确定胶的蛋白质容量。这个方法适用于阴离子交换；与阳离子交换的不同之处会适时注明。从表 10.8.1 选择阳离子交换缓冲液。

必须考虑 pH 极值时靶蛋白的稳定性，即纯化时选择的 pH 范围应该有利于保留结构和活性。可通过将小量粗制物在不同的 pH 的缓冲液中孵育，然后进行结构或功能检测，从而估计出适宜的 pH。

材料（带√项见附录 1）

20 mmol/L 哌嗪 pH 5.0，5.5，6.0（从 100 mmol/L 的储存液配制）

20 mmol/L bis-Tris 丙烷，pH 6.5，7.0（从 100 mmol/L 的储存液配制）

√20 mmol/L Tris · Cl，pH 7.5，8.0，8.5

Q Sepharose 快速流（50%悬液溶于 20%乙醇；Amersham Pharmacia Biotech），或溶于适当缓冲液中的相应阴离子交换树脂

待纯化的蛋白质样品，含已知量的靶蛋白和总蛋白

4 mol/L NaCl

步骤

测定最佳结合 pH

1）准备一系列的试管，编号 1～8，包含如下不同的缓冲液：

管 1：5 ml 20 mmol/L 哌嗪，pH 5.0

管 2：5 ml 20 mmol/L 哌嗪，pH 5.5

管 3：5 ml 20 mmol/L 哌嗪，pH 6.0

管 4：5 ml 20 mmol/L bis-Tris 丙烷，pH 6.5

管 5：5 ml 20 mmol/L bis-Tris 丙烷，pH 7.0

管 6：5 ml 20 mmol/L Tris · Cl，pH 7.5

管 7：5 ml 20 mmol/L Tris · Cl，pH 8.0

管 8：5 ml 20 mmol/L Tris · Cl，pH 8.5

2）振荡 Q Sepharose 快速流悬起凝胶。倒 25 ml 凝胶悬液到带刻度的量筒中，让凝胶沉淀下来，调节凝胶上液体的体积与凝胶等同（如制备 50%悬液），然后用玻璃棒搅拌悬起凝胶。加 2 ml 50%Q Sepharose 快速流悬液到各试管中，并混合。

SP Sepharose 快速流（Amersham Pharmacia Biotech）或相应的凝胶可用于阳离子交换。

3）让凝胶沉到试管底部，或者 5000 *g* 室温离心 1 min。倒去各管中的上清。

4）加 5 ml 步骤 1 中相同的缓冲液，轻轻振荡或摇起凝胶，然后静置 2 min。弃上清。再重复一次。

5）用 1 ml 步骤 1 中相同的缓冲液悬起平衡的凝胶。

6）准备 8 份等量（大于 1 ml）的待纯化蛋白质，加入分别编号 1～8 管中，各含 0.1～1 mg 总蛋白质。调节 pH 到步骤 1 中管 1～8 的 8 个不同的 pH。

7）分别将调节 pH 的蛋白质加到步骤 6[①] 相应的各管中，定期摇动混合 10 min，然后让凝胶静置。

① 原文为步骤 6，实际应为步骤 5。——译者注

8）检测各管上清中的靶蛋白（如测定 A_{280}，见 10.1）。图 10.8.3 显示了一组可能的结果。

如果样品的盐浓度太高，没有结合发生，建议按照 10.7 将样品脱盐更换到适当的缓冲液中。

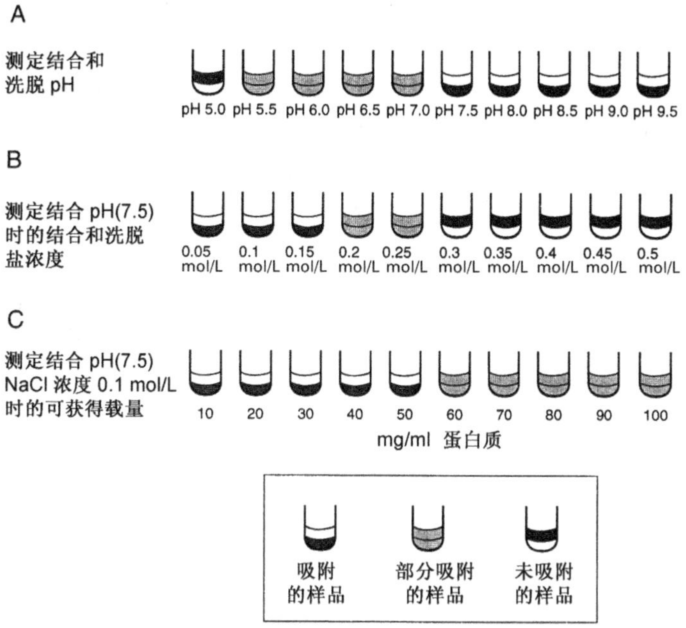

图 10.8.3 选择阴离子交换层析起始条件的典型小试实验结果。含有蛋白质和离子交换介质的不同试管：A. 不同 pH（选择结合和洗脱的 pH）；B. 不同 NaCl 浓度（选择结合和洗脱的盐浓度）；C. 不同蛋白质浓度（测定载量）。这儿的结合 pH≥7.5，洗脱 pH≤5.0；结合盐浓度≤0.15 mol/L；洗脱盐浓度大于 0.3 mol/L；载量大于 50 mg/ml。

9）选择靶蛋白结合最大量的最低 pH 进行后续工作（如图 10.8.3 的 pH 7.5）。选择没有结合的最高 pH 作为洗脱 pH（如图 10.8.3 的 pH 5.0）。

对于阳离子交换，选择结合最大的最高 pH 为结合 pH。选择没有结合的最低 pH 作为洗脱 pH。

测定结合和洗脱的盐浓度

10）设置一系列试管，编号 1～10，只使用步骤 9 选择的结合缓冲液，按步骤 1～5 用缓冲液平衡所有 10 管中的凝胶。

11）在各管中加 0.1～1 mg 总蛋白质（≥1 ml），用步骤 9 选择的结合缓冲液平衡。轻轻混合各管内容物 10 min，然后静置。

12）倾弃各管上清，用 5 ml 结合缓冲液洗凝胶两次，每次加缓冲液后，让凝胶静置并倾去上清。

13）加 2 ml 结合缓冲液到各管中，然后按如下方式连续加水和 4 mol/L NaCl：

管 1：1.9 ml 水和 0.1 ml 4 mol/L NaCl（NaCl 终浓度 0.1 mol/L）

管 2：1.8 ml 水和 0.2 ml 4 mol/L NaCl（NaCl 终浓度 0.2 mol/L）

管 3：1.7 ml 水和 0.3 ml 4 mol/L NaCl（NaCl 终浓度 0.3 mol/L）

管 4：1.6 ml 水和 0.4 ml 4 mol/L NaCl（NaCl 终浓度 0.4 mol/L）

管 5：1.5 ml 水和 0.5 ml 4 mol/L NaCl（NaCl 终浓度 0.5 mol/L）

管6：1.4 ml水和0.6 ml 4 mol/L NaCl（NaCl终浓度0.6 mol/L）
管7：1.3 ml水和0.7 ml 4 mol/L NaCl（NaCl终浓度0.7 mol/L）
管8：1.2 ml水和0.8 ml 4 mol/L NaCl（NaCl终浓度0.8 mol/L）
管9：1.1 ml水和0.9 ml 4 mol/L NaCl（NaCl终浓度0.9 mol/L）
管10：1.0 ml水和1.0 ml 4 mol/L NaCl（NaCl终浓度1.0 mol/L）

14）轻轻混合各管内容物10 min，然后静置。测试各管上清中的靶蛋白。

15）选择没有洗脱的最高盐浓度作为结合靶蛋白和洗去未结合蛋白的最高盐浓度（如图10.8.3的0.15 mol/L）。选择比没有蛋白质结合至少高0.05 mol/L的盐浓度作为洗脱盐浓度（如图10.8.3的0.35 mol/L）。

测定载量

16）制备步骤9选择的结合pH和步骤15选择的盐浓度的缓冲液/盐溶液。

17）设置一系列试管，编号1～10，只使用步骤16制备的缓冲液/盐溶液，用这些缓冲液/盐溶液按步骤1～5平衡所有10管中的凝胶。

18）按如下靶蛋白的量加样品到各管中：

管1：10 mg
管2：20 mg
管3：30 mg
管4：40 mg
管5：50 mg
管6：60 mg
管7：70 mg
管8：80 mg
管9：90 mg
管10：100 mg

19）轻轻混合各管内容物10 min，然后静置。测试各管上清中的靶蛋白。

20）选择上清中没有靶蛋白的最高蛋白质浓度作为最大载量（如图10.8.3的50 mg/ml）。

按50%载量计算批式纯化所需要的离子交换介质，使用柱层析的小试实验按20%的载量开始是安全和合理的。

表10.8.3 离子交换层析疑难解答

问题	可能的原因	解决方案
在盐梯度中蛋白质不能洗脱	缓冲液的pH不对	使用pH更靠近蛋白质pI的缓冲液
	盐浓度太低	使用更浓的洗脱缓冲液
蛋白质出现在清洗相中	结合缓冲液的盐浓度太高	降低结合缓冲液的盐浓度
	样品的盐浓度太高或pH错误	更换样品的缓冲液
	柱子没平衡好	重复或延长平衡时间直到电导恒定
	离子变性剂或其他添加剂结合到柱子上	清洗柱子

续表

问题	可能的原因	解决方案
分辨率比预想的低	梯度斜率太陡	使用更平缓的梯度或在梯度中增加一个平台
	流速太高	较低的流速下分离
	蛋白质或脂类沉淀到柱子上	清洗和再生柱子
	样品上样前没有恰当过滤	再生柱子、过滤样品、重复层析
	样品中的蛋白质形成聚合体	与使用尿素或变性剂清洗柱子
	凝胶紧密结合	
	柱子装得不好	运行有色的化合物观察条带检测装柱效果，如有必要重装柱子
	柱子上样了太多样品	清洗和再生柱子，降低上样量，重复操作
	检测仪的流动池或柱中或柱后的混合体积太大	更换流动池或减小柱后体积
层析图中峰形前拖尾或太圆	柱子超载	降低样品的上样量，重复实验
	柱子没装好	运行有色的化合物观察条带检测装柱效果，如有必要重装柱子
	柱子需要再生	清洗再生柱子，如果这样还不行，更换一个新的
层析图中峰形拖尾	样品太黏	降低蛋白质的量，从样品中除去核酸
	柱子的滤器上或凝胶床的顶部	清洗柱子；更换或清洗滤器
	发生了蛋白质沉淀	
	柱子装得不好	运行有色的化合物观察条带检测装柱效果，如有必要重装柱子
以前的洗脱方案不能重复	缓冲液的 pH 和（或）离子强度不对	配制新的溶液
	样品在储存过程中变质	制备新的样品
	蛋白质或脂类沉淀在柱子上	清洗和再生柱子
	样品没有经过恰当过滤	再生柱子，认真过滤样品，重复实验
	平衡不完全	重复或延长平衡时间直到电导恒定
获得的蛋白质量正常但活性低	靶蛋白在洗脱缓冲液中不稳定，因而失活了	变换洗脱条件
	酶与辅酶或对其活性是必需的因子分离	收集所有的组分进行测定并重复实验
	柱子上有微生物生长	清洗柱子并且在 20% 乙醇中或其他抑菌剂[a]中保存凝胶
洗脱级分中蛋白质的量比预想的少得多	蛋白质被蛋白酶降解	在缓冲液中加蛋白酶抑制剂
	在样品的准备中蛋白质吸附到过滤器上	使用其他型号的滤器并在缓冲液中加变性剂
	柱子中有微生物生长	清洗柱子并且在 20% 乙醇中或其他抑菌剂[a]中保存凝胶

a. 微生物生长在柱子的使用过程中很少发生，但对已装好的柱子、缓冲液和凝胶悬液必须经常采取预防感染的措施。

参考文献：Pharmacia Biotech，1995.

撰 稿 人：Alan Williams and Verna Frasca

10.9　免疫亲和层析

注意：涉及抗原的所有操作都在4℃冷室或冰上进行。

10.9.1　基本方案　可溶性或膜结合抗原的分离

材料（带√项见附录1）

抗体（Ab）-Sepharose（见10.15）

活化后被猝灭的（对照）Sepharose：制备方法与Ab-Sepharose一样，但不加抗体或偶联了不相关抗体

细胞或组织匀浆

√Tris/盐/叠氮盐（TSA）溶液，冷冻

√裂解缓冲液，冷冻

5%（*m*/*V*）脱氧胆酸钠（Na-DOC；过滤除菌，保存于室温）

√洗涤缓冲液

√Tris/Triton/NaCl缓冲液，pH 8.0和pH 9.0，冷冻

√三乙醇胺缓冲液，冷冻

√1 mol/L Tris·Cl缓冲液，pH 6.7，冷冻

√层析柱保存液，冷冻

层析柱

Quick-seal离心管（Beckman）

步骤

1）准备一支Ab-Sepharose免疫亲和层析柱（5 ml柱床，5 mg抗体/ml Sepharose）和一支活化后被猝灭的（对照）Sepharose预柱（5 ml柱床），并将它们串联起来（图10.9.1）。

2）以冷冻TSA溶液重悬50 g细胞至1×10^8～5×10^8细胞/ml，或往收集的细胞或组织匀浆中加入1～5倍体积的TSA。再加入等体积的冰冷裂解缓冲液，于4℃搅拌1 h。

3）4℃，4000 *g*离心10 min，除去细胞核。轻轻倒出上清，保留。

4）对于提纯膜抗原，在去细胞核的上清中加入0.2倍体积的5%脱氧胆酸钠，4℃放置10 min。转移至Quick-Seal离心管，4℃，100 000 *g*离心1 h。小心移出上清并保留之。

5）将预柱连接于免疫亲和层析柱（图10.9.1）。

(a) 50 μl一次性毛细管微量加液器；(b) 管道：聚乙烯S-54-HL，0.05 in内径，或聚乙烯R-3603，1/16 in内径（软管）；(c) Luer阴螺纹管接头，白尼龙（value plastics），1/16 in；(d) kontes弯曲柱（kontes玻璃）；(e) 乳头突连接体，聚丙烯，顶部3/32 in，底部（value plastics，AD系列）1/16 in；(f) Luer锁紧套口双向活塞（kontes玻璃）。

6）依次用下列缓冲液洗两个柱子：

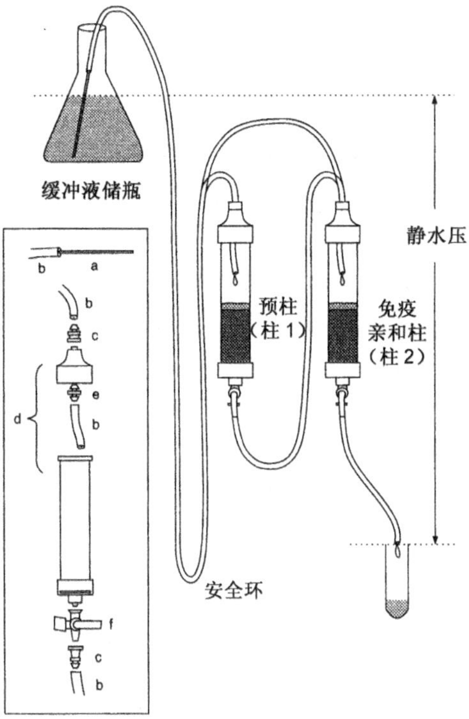

图 10.9.1 免疫亲和层析。一个琼脂糖预装柱（不含共价结合的特异抗体或含共价结合的无关抗体）和一个免疫亲和柱（含共价结合抗体）连续连接到含样品的缓冲液储器中。上样后，除去预装柱，并将带安全环的管子连接到免疫亲和柱。静水压差是指缓冲液储器中溶液的顶部和免疫亲和柱底部的管尖之间的距离。当样品储器空了后，液面到达安全环时，静水压差为零，这样就保证了柱子不会流干。柱床上的液体可通过提高安全环除去。清洗管道后，可将安全环的一端置于另一个含洗脱液的储器中开始下一步洗脱。

10 倍柱床的洗涤缓冲液
5 倍柱床的 Tris/Triton/NaCl 缓冲液，pH 8.0
5 倍柱床的 Tris/Triton/NaCl 缓冲液，pH 9.0
5 倍柱床的三乙醇胺溶液
5 倍柱床的洗涤缓冲液

7）将来自于步骤 3 或 4 上清（保留一些样品待步骤 12 分析用）上样于预柱，让它们以 5 柱床/h 的流速流过预柱和免疫亲和层析柱。按加样上清体积的 1/10～1/100 分部收集流出液。

8）用 5 倍体积的洗涤缓冲液洗柱子，然后关闭两根柱子的止水阀。拆离亲合柱与预柱的连接，打开亲和柱的止水阀，让柱床上面的液体流至柱床平面。保存这次洗涤的组分。

注意：每次更换缓冲液时（见步骤 9～11）按下述洗涤免疫亲和柱：关闭止水阀并打开柱子上端的帽子。用一注射器连接缓冲液储槽的出口管，吸去管内所有液体，然后将管子移至盛在另一储槽中的另一种缓冲液中，用注射器抽吸，使管子充满液体，取走注射器。调整流速，并用此缓冲液洗柱子的内壁。打开止水阀，让柱子的缓冲液流至柱床水平面，放松柱子的上帽让缓冲液流下到柱床以上几厘米的水平，收紧帽子，开始洗涤或洗脱。

9）依次以下列溶液洗柱子，并分部收集流出级分：

5 倍体积的洗涤缓冲液

5 倍体积的 Tris/Triton/NaCl 缓冲液，pH 8.0

5 倍体积的 Tris/Triton/NaCl 缓冲液，pH 9.0

10）以 5 倍体积的三乙醇胺溶液洗脱抗原，将每一个柱床体积的洗脱液收集于含 0.2 体积的1 mol/L Tris · Cl 缓冲液，pH 6.7 的试管中，以中和洗脱液。

某些情形下，可能需要使用较低 pH 的三乙醇胺溶液以保护配体的功能活性。通过 SDS-PAGE（见 10.3）对洗脱的柱床（Ab-Sepharose，约 20 μl）和洗脱液（约 50 μl）的样品评估证实：在理想的 pH 下配体可以完全释放。

11）以 5 倍体积的 TSA 溶液洗柱子。在 TSA 溶液或柱存储液中 4℃保存柱子（可反复使用几次，并可保持活性几年）。

12）分析含抗原的洗脱液级分：每份洗脱液取 50 μl 以 SDS-PAGE 银染（见 10.3 和 10.5）分析。取 0.5～1 ml 上柱样品和有代表性的流出液及洗涤液以 Ab-Sepharose 免疫共沉淀（见 10.15），并接着进行 SDS-PAGE 和银染检测以确定柱子是否已被饱和。

如果洗脱液中有抗体泄漏，可将洗脱液通过 Protein A-Sepharose 柱以除去（Ey et al.,1978）。

10.9.2 备择方案 1 抗原的批式纯化

步骤

1）获得去细胞核上清（见基本方案步骤 2～4）。

2）在烧杯中将 Ab-Sepharose 混悬于上清，在旋转摇床中温和地摇 3 h，停止摇动后让 Sepharose 沉降，倾去上清。

3）将 Ab-sepharose 及剩余上清倾入层析柱，打开止水阀，将所有 Sepharose 全部倒入柱子，继续让液体流出至柱床的水平，关闭水阀。

4）洗柱子、洗脱抗原、分析洗脱级分（见基本方案步骤 9～12）。

10.9.3 备择方案 2 低 pH 洗脱抗原

附加材料（亦见基本方案；带√项见附录 1）

√磷酸钠缓冲液，pH 6.3

√甘氨酸缓冲液

√1 mol/L Tris · Cl 缓冲液，pH 9.0

步骤

1）准备层析柱和裂解物。按基本方案步骤 1～9 操作进行，但不要以 pH 9.0 的 Tris/Triton/NaCl 缓冲液洗涤。

2）以 5 倍柱体积的磷酸钠缓冲液，pH 6.3，洗涤柱子。

3）以 5 倍柱体积的甘氨酸缓冲液洗脱，收集洗脱级分于 0.2 体积的 1 mol/L Tris · Cl 缓冲液（pH 9.0）中，收集后立即摇匀。
4）分析含抗原的级分（见基本方案步骤 12）。

参考文献：Harlow and Lane，1988；Wilchek et al.，1984.

撰 稿 人：Timothy A. Springer

10.10 金属螯合亲和层析

经遗传工程改造的使其氨基端或羧基端（引物参见图 10.10.1）带上 6 个连续的组氨酸残基的重组蛋白，可用一种通过共价偶联的次氮基三乙酸（NTA）使镍离子（Ni^{2+}）固相化的层析介质加以提纯。这种技术，也称为金属螯合亲和层析（MCAC），可用于进行非变性或变性蛋白质的纯化。

A 5′-GGGNNNNNNATGCATCATCATCATCATCAT ... $N_{15\text{-}30}$-3′
RE 位点 - MetHisHisHisHisHisHis ...

B 5′-GGGNNNNNNTTAATGATGATGATGATGATG ... $N_{15\text{-}30}$-3′
RE 位点 - ENDHisHisHisHisHisHis ...

图 10.10.1 用于在蛋白质末端产生组氨酸尾的引物序列，其功能（如蛋白质序列）标于下方。三个鸟苷酸加于引物的 5′端便于 PCR 产物在亚克隆之前进行限制酶消化。NNNNNN 代表了与载体匹配的单一限制酶切位点。$N_{15\text{-}30}$代表了 cDNA 上始自第二密码子的另外 15～30 个核苷酸，Met 代表起始甲硫氨酸，END 代表终止密码子。A. 用于在 N 端创造一个组氨酸尾的 5′引物，3′引物的应包括第二个单酶切点和 cDNA 序列上最后的 5～10 个密码子（包括终止子）；B. 用于在 C 端产生一个组氨酸尾的 3′引物（反义）的序列，5′引物应包括第二个单酶切点和 cDNA 最初的 5～10 个氨基酸的序列。

10.10.1 基本方案 天然 MCAC 对可溶性组氨酸尾融合蛋白的纯化

材料（带√项见附录 1）

√M9ZB 培养基，含 50 μg/ml 氨苄青霉素和 25 μg/ml 氯霉素

E. coli BL21（DE3）pLysS 或其他带表达组氨酸尾融合蛋白的 pET 载体质粒（图 10.10.2）的菌株（Novagen）

0.1 mol/L IPTG（表 1.4.2），过滤除菌

NTA 介质填料：次氮基三乙酸（NTA）和 SepharoseCL-6B 共价连接，保存在 20%乙醇中的 50%（*m/V*）悬液（Qiagen）

100 mmol/L $NiSO_4 \cdot 6H_2O$

√MCAC-0、MCAC-20、MCAC-40、MCAC-60、MCAC-80、MCAC-100、MCAC-200、MCAC-1000 缓冲液

√150×蛋白酶抑制剂反应混合液

10%（*V/V*）Triton X-100

1mol/L $MgCl_2$

√DNase I 溶液

√MCAC-EDTA 缓冲液

1×10 cm 玻璃或聚丙烯层析柱

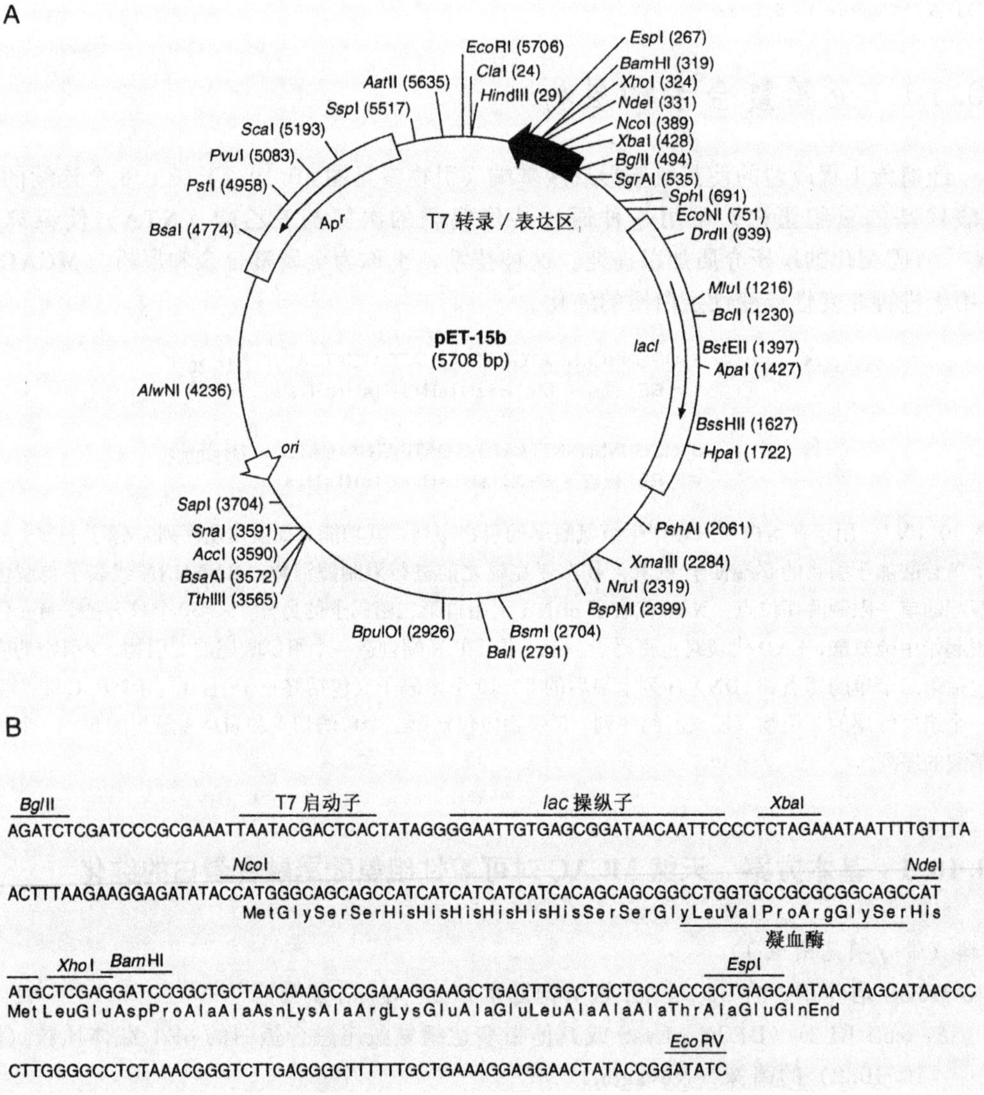

图 10.10.2　pET-15b，用于克隆、表达和纯化重组蛋白的 pET 序列载体的其中之一（得到 Novagen 的惠许引用）。A. pET-15b 载体；B. pET-15b 的克隆/表达区序列。靶基因克隆于 pET 载体，使其表达置于 T7 噬菌体转录及翻译信号控制之下（见 16.2），pET-15b 编码了氨基端 His 标签前导肽，使所得的重组蛋白能用 Ni^{2+}-NTA 介质纯化。纯化后，His-标签可以用凝血酶除去（见 16.7）。pET 系列载体源自于 Studier 等（1990）最先报道的载体，Novagen 有供应。

步骤

1）接种含 pET 载体表达带组氨酸尾融合蛋白的大肠杆菌 BL21（DE3）plysS 菌株于 10 ml M9ZB/氨苄青霉素/氯霉素培养基。于 37℃振荡培养过夜（见 1.2）。

2）转接 1 ml 过夜培养物于 100 ml M9ZB/氨苄青霉素/氯霉素培养基，于 37℃振荡培养至 OD_{600} =0.7～1.0。

3）加入 1 ml 0.1 mol/L IPTG（至终浓度 1 mmol/L），于 37℃继续培养 1～3 h。

培养时间取决于表达蛋白质的可溶性。培养时间越短，得到的蛋白质越少，但这些蛋白质都是可溶的。

4）4℃，4400 *g* 离心 10 min，弃上清，菌体沉淀保存于－70℃。

此外，也可立即提取蛋白质（见步骤 6～9），在步骤 9 离心时进行柱准备（见步骤 5）。

5）往一根 1×10 cm 层析柱中加入 0.2 ml NTA 介质，使液体刚好流入柱床的顶部，用下列液体洗柱：

1 ml（5 个床体积）去离子水

1 ml（5 个床体积）100 mmol/L $NiSO_4 \cdot 6H_2O$

2 ml MCAC-0 缓冲液

有镍离子时，NTA 介质呈浅蓝绿色；没有有镍离子时，NTA 介质呈白色。改型后的介质可在 4℃保存。如果柱子的保存时间在 1 天以上，先用 10 倍床体积的 20%乙醇洗，储存前先加 1 个床体积的 20%乙醇。使柱子保持密封以防蒸发。

6）将菌体沉淀（见步骤 4）置于冰浴中冻融，加入 5 ml MCAC-0 缓冲液和 33 μl 150× 蛋白酶抑制剂混合液。用吸管吹打重悬，超声破菌或匀浆。

重要提示：从这步开始，所有的步骤都应该在冷室或冰上进行，除非特别提及。

7）加入 0.05 ml 10%（*m*/*V*）Triton X-100 溶液（至终浓度 0.1%）。充分混匀，使样品在－70℃冻结、在冰浴中冻融共 3 次。

不应该用离子去垢剂，因为它可能会干扰蛋白质和介质的结合。

8）加入 0.05 ml 1 mol/L $MgCl_2$（至终浓度 10 mmol/L）和 0.05 ml DNase I 溶液（至终浓度 10 μg/ml）。小心混匀，在室温放置 10 min。

9）于 4℃ 27 000 *g* 离心 15 min，将上清吸至在冰浴中的干净容器，弃沉淀。取 10 μl 小份样品冻结于－70℃，留待以后 SDS-PAGE 分析之用（见 10.3）。抽提物可以永久保存在－70℃（用之前在冰上解冻）。

10）上样提取液至 Ni^{2+}-NTA 柱（每毫升填充柱含 5～10 mg His 标签蛋白），控制流速为 10～15 ml/h。收集流出液，保留待进行 SDS-PAGE 分析。

11）以 20～30 ml/h 的流速用 5 ml MCAC-0 缓冲液洗柱，弃流出液。

12）用分段洗脱的方式以 10～15 ml/h 的流速分别依次用 5 ml 下列缓冲液洗柱：MCAC-20、MCAC-40、MCAC-60、MCAC-80、MCAC-100、MCAC-200 和 MCAC-1000。分部收集每 0.5 ml 洗脱液，放冰上待 SDS-PAGE 分析。

每一洗脱梯度的第 2 和第 3 级分含总洗脱蛋白质的绝大部分。大多数含 6 组氨酸尾的蛋白质将在 100～200 mmol/L 咪唑浓度间被洗脱（即 MCAC-100 或 MCAC-200 缓冲液）。

13）在 10～15 ml/h 的流速下以 1 ml MCAC-EDTA 缓冲液洗脱，收集每 0.5 ml 级分。

在以 EDTA 脱离子前，同一根柱子可使用 3～5 次。将镍离子重新固相化到柱上是必要的，但任一种给定的柱只能用来纯化同一种蛋白质。

14）分析各级分中所含的洗脱蛋白。

一种快速简洁的确定洗脱级分中蛋白质的方法是：在一片 Parafilm 膜上分别加 2 μl 未稀释的 Bio-Rad 公司蛋白质分析染料试剂浓溶液，再加 8 μl 待测样品，用移液器上下抽吸混匀，若立即显现深蓝色则说明含有蛋白质。但这种方法在 Triton X-100 存在时不能使用，因为 Triton X-100 本身也能参与反应产生深蓝色，所以当采用此方法时，洗涤液和洗脱液都不能含有 Triton X-100。

15）合并含洗脱蛋白质的级分，取出 10 μl 用 SDS-PAGE 分析。必要时，透析除去 MCAC 缓冲液。将样品分成小份，在－70℃或液氮中冻结。

10.10.2　备择方案 1　变性条件下用 MCAC 纯化带组氨酸尾的不溶性融合蛋白

附加材料（亦见基本方案；带√项见附录 1）

√GuMCAC-0、GuMCAC-20、GuMCAC-40、GuMCAC-60、GuMCAC-100、GuMCAC-500 缓冲液

√GuMCAC-EDTA 缓冲液

合适的蛋白质最终缓冲液（如用于蛋白质切割或长期保存）

盐酸胍

步骤

1）制备表达带组氨酸尾的融合蛋白的大肠杆菌菌体沉淀（见基本方案步骤 1～4）。

2）准备层析柱（见基本方案步骤 5），但柱子最后以 2 ml GuMCAC-0 缓冲液洗涤。

3）在冰浴中冻融菌体沉淀（见步骤 1）。加 5 ml GuMCAC-0 缓冲液，用吸管抽吸重悬，超声破菌或匀浆。在－70℃冻结 10 min，室温冻融。

后续过程可在室温操作，然而，如采用固相复性（见备择方案 2），保持在低温进行可能更好。

4）用振摇器、涡旋混合器或磁力搅拌器轻柔地混匀样品 30 min，在 4℃ 27 000 *g* 离心 15 min。将上清吸至一个干净的容器，弃沉淀。取 10 μl 小份样品留待 SDS-PAGE 分析。抽提物可以永久保存在－70℃（用前在室温解冻）。

5）上样提取液至 Ni^{2+}-NTA 柱（每毫升填充柱含 5～10 mg His 标签蛋白），控制流速为 10～15 ml/h。收集流出液，保留 10 μl 待进行 SDS-PAGE 分析。

6）以 20～30 ml/h 的流速用 5 ml GuMCAC-0 缓冲液洗柱，弃流出液。

7）用分段洗脱的方式以 10～15 ml/h 的流速分别依次以 5 ml 下列缓冲液洗柱：GuMCAC-20、GuMCAC-40、GuMCAC-60、GuMCAC-100 和 GuMCAC-500。分部收集每 0.5 ml 洗脱液并保留待 SDS-PAGE 分析。

每一洗脱梯度的第 2 和第 3 级分含总洗脱蛋白的绝大部分。含六组氨酸尾的蛋白质在变性条件下结合得不紧密。因此洗涤和洗脱条件所需要的咪唑浓度比基本方案中的浓度更低。

8）在 10～15 ml/h 的流速下以 1 ml GuMCAC-EDTA 缓冲液洗柱，收集每 0.5 ml 级分。

9）确定含蛋白质样品的级分，合并之。将样品透析或永久保存于－70℃。

在 SDS 存在下，胍会发生沉淀，因此在进行 SDS-PAGE 前必须透析除去。

10）准备合适的最终蛋白质缓冲液（如用于蛋白质切割或长期保存），并加入盐酸胍至

4 mol/L 终浓度。在 4℃对 500 ml 含 4 mol/L 盐酸胍的缓冲液透析 2 h 以上。

11）倒出 250 ml 上述含胍的缓冲液，再加入 250 ml 不含胍的缓冲液，继续透析 2h 以上。重复透析。

对于某些蛋白质，其复性过程需更长时间或更缓慢地降低盐酸胍的浓度。具体到某种蛋白质的复性条件，需按具体经验来确定。

12）将透析袋移至 500 ml 不含盐酸胍的新鲜缓冲液，4℃透析 2 h 至过夜。

13）从透析袋中取出蛋白质溶液，分装成小份，在－70℃或液氮中冻结。分析各分部收集的级分并进一步处理蛋白质。

10.10.3 备择方案 2 MCAC 纯化蛋白质的固相复性

步骤

1）进行备择方案 1 步骤 1～7。

2）以下列液体洗柱：

5 ml 1∶1（*V*/*V*）MCAC-20/GuMCAC-20 缓冲液

5 ml 3∶1（*V*/*V*）MCAC-20/GuMCAC-20 缓冲液

5 ml 7∶1（*V*/*V*）MCAC-20/GuMCAC-20 缓冲液

3）用 MCAC 缓冲液洗柱，洗脱蛋白质，分析（见基本方案步骤 12～15）。

从 100% GuMCAC-20 到 100% MCAC-20 的 5 ml 线性梯度的慢速洗脱（1～2 h）也可达到有效的复性效果。

10.10.4 辅助方案 NTA 介质的再生

材料（带√项见附录 1）

2.5 ml 用过的 NTA 介质（装柱体积）

脱离缓冲液：0.2 mol/L 乙酸/6 mol/L 盐酸胍

2%（*m*/*V*）SDS

20%、25%、50%、75%和 100%（*V*/*V*）乙醇

√0.1 mol/L EDTA，pH 8.0

步骤

1）依次以下列溶液洗介质：

5 ml 脱离缓冲液

5 ml 水

7.5 ml 2%（*m*/*V*）SDS

2.5 ml 25%（*V*/*V*）乙醇

2.5 ml 50%（*V*/*V*）乙醇

2.5 ml 75%（*V*/*V*）乙醇

12.5 ml 100%（*V*/*V*）乙醇

2.5 ml 75% (V/V) 乙醇
2.5 ml 50% (V/V) 乙醇
2.5 ml 25% (V/V) 乙醇
2.5 ml水
12.5 ml 0.1 mol/L EDTA，pH 8.0
7.5 ml水

2）重新使柱子固相化镍离子（见基本方案步骤5），或加2.5 ml 20%（V/V）乙醇于柱床，在4℃保存。

参考文献：Hochuli，1990.
撰稿人：Kevin J. Petty

10.11 多肽和蛋白质的HPLC：准备工作和系统组装

高效液相层析（HPLC）是纯化和分类生物大分子的很有用的工具，八个基本的层析模式（见10.12）可在相同或梯度洗脱条件下，在分析或制备状态下操作。它们具有共同的起始程序，将在本节着重阐述。代表进一步方法发展起始点的更特异的条件，将在10.12陈述。

10.11.1 多肽和蛋白质的属性及其在HPLC方法发展的应用

多肽和蛋白质是一类以氨基酸为基本组成单位的分子。化学结构（也就是初级结构或氨基酸序列）和折叠结构（也就是二级结构、三级结构、四级结构）是多肽和蛋白质的基本特征，围绕着这些可以设计层析分离。必须考虑到两组因素：第一是和氨基酸实体自身的结构属性相关；第二是和分离系统本身的化学和物理属性相关（表10.11.1）。

表10.11.1 层析系统化学和物理因素导致的分辨率变化和多肽、蛋白质及其他生物大分子在HPLC系统（Hearn，2000）的回收

流动相组成	固定相组成	流动相组成	固定相组成
有机溶剂	配体成分	温度	孔径分布
pH	配体密度	缓冲液成分	颗粒大小
金属离子	表面异质	离子强度	颗粒大小分布
离液剂	表面区域	装载浓度和体积	颗粒可压缩性
氧化剂或还原剂	孔径		

10.11.2 HPLC中多肽和蛋白质的检测

肽键在光谱的远UV区有很强的吸收值（λ=205～215 nm）。大多数的分析应用通常使用215 nm作为检测首选波长，因为它能在检测敏感度和由于缓冲液的吸收导致的潜在的检测干扰两者之间取得较好的平衡。波长的选择也取决于使用的洗脱液对 UV 的截止（表 10.11.2）。

表 10.11.2 RP-HPLC 中不同有机溶剂的 UV 截止值

洗脱液	UV 截止[a]/nm	洗脱液	UV 截止[a]/nm
甲醇	205	异丙醇	205
乙腈	188		

a. 在装有该溶剂的 1cm 长的小池的吸光率为 1 的波长，以水为对照。

10.11.3 起始程序

如果要得到高分辨率，强的、重复性好的高效分离及起初重要步骤的正确选择比最后试验程序所费的时间更多。这需要好规划和彻底的工作。接下来的细节是仪器类型、材料、化学试剂和实验方案的代表例子，这些正是相同或梯度洗脱 HPLC 常规所需的。

样品

多肽或蛋白质样品（保存于 4℃）

仪器

泵模块
混合室
配有分析或制备流动池的分光光度计
注射阀门
分析（10～100 μl）或制备（500～1000 μl）样品环
柱烤炉或冷冻剂护封的恒温柱连接到再循环冷却器上
自动上样仪（可选）
计算机、打印机和软件（如 Beckman，System Gold；Hewlett-Packard HP-1090A 液相层析；或 Waters 600/486 HPLC System）附带数据管理系统和系统自动控制仪

化学试剂

乙腈（HPLC 级别）
甲醇（HPLC 级别）
丙酮（HPLC 级别）
硫脲或硝酸钠
Milli-Q 纯化水

玻璃器具类

2 个 1 L 洗脱瓶

2 个 1 L 量筒
10 ml 量筒
废料瓶
所有会和样品接触的玻璃器具类分析前和分析过程中都应该用 Milli-Q 纯化水洗 3 次

流动相过滤设备

真空泵
1 L 蓄水池
配有玻璃料和整合真空连接的支持基质
漏斗
夹钳
47 mm 滤膜（0.2 μm PTEE）

气体

氦
氮（用于自动上样仪）

柱子

见下文及 10.12

HPLC 肽标准品

见下文及 10.12

工具

1/8in 和 1/4in 平头螺丝起子
Phillip 螺丝起子 2 号
12 in 可调节扳钳（用于压缩气体罐标准仪）
3 个末端开口的扳钳（两个 1/4 in×1/16 in；一个 1/2 in×1/16 in）用于装配，柱子和阀门
2 个长钳夹的针头钳
2 个粗齿锉
2 个六角键（Allen）扳钳套（公制和非公制的）
镊子
泵密闭盖嵌入工具（如果需要的话）
内钻孔器
Teflon 带
闪光灯
磁性拾音器

日志

所有的步骤都应记录下来，这样有利于发现问题和重复

备件

零死体积联合
金属箍（钢，电达因），1/16 in 短和长（用于电达因阀门）
Bushing 螺帽
整块 PEEK 装置
装管（钢制，PEEK）
柱状搪瓷用玻璃料
内嵌的滤器
入口滤器
保险丝

杂项

有刻度的 25 μl Hamilton 玻璃注射器
1 ml 平头注射器
用于自动上样仪的圆锥瓶
秒表

10.11.4 样品的准备

1）将样品和一半靶体积的洗脱液 A（弱流动相）混合。如果样品不可溶，可加入少量洗脱液 B（强流动相）（一般小于总体积的 25%）。少量强流动相可能会导致样品的预洗脱，这取决于样品环大小、柱尺寸和起始流动相组分。
2）检查样品的干净度。如果样品不可溶，呈乳白色或存在固体颗粒物质，过 0.2 μm 的 PTFE 滤膜。另外，也可以离心样品，取上清注射。不要注射不能完全溶解的样品，因为它们会堵塞注射器和柱子。
3）不使用时，将样品存于 4℃或－20℃，这取决于计划储存时间和用法。多肽和蛋白质室温下会降解。避免反复冻融样品。准备多肽或蛋白质的小样，其余存于－20℃，小样一次性用完。

10.11.5 准备流动相

1）准备洗脱液 A（弱流动相）和 B（强流动相）各 1 L。
2）用磁力“流”搅拌或摇动封住的量筒（时间取决于体积）混匀每个洗脱液。
3）过滤洗脱液，先是 A，然后是 B，依次通过 0.2 μm 的 PTFE 滤膜。过滤洗脱液可以增加柱寿命，同时也可以脱气。

4）用塞子盖紧余下未用的洗脱液瓶，避免有机溶剂的蒸发。

10.11.6　组装HPLC装置

无论柱有没有和HPLC装备连接，以下步骤均可以进行。

1）打开气体补给：用于自动上样仪（如果有的话）操作的氮气和用于洗脱液脱气的氦气。
2）以100 ml/min的速率脱气洗脱液10 min，然后减小至20 ml/min的速率，整个实验过程都使用这速率。避免多次起泡，因为这样会改变洗脱液组分。
3）打开探测器的灯预热。

10.11.7　用洗脱液活化泵和低压线

无论柱有没有和HPLC装备连接，以下步骤均可以进行。

1）打开净化阀门。
2）将泵设置为100%缓冲液A，流速1 ml/min。在这些设置下，洗脱液流过柱子，直接流进废液箱中（收集所有的废液合理处理）。
3）将选择按钮调至“活化管线”处或打开多余的、有与注射器相连的出口的阀门（参见制造商手册以获取详细资讯）来活化所有的管线。
4）用注射器吸取（借助敞口阀门）20 ml的洗脱液。关闭阀门，从注射器中射出洗脱液进废液箱。
5）用注射器吸取10 ml洗脱液再次活化所有的管线，这次将洗脱液保留在注射器中。
6）将选择按钮调至“活化泵”位置，将洗脱液轻柔地推过泵。
7）用100%缓冲液B重复最后4步。
8）将选择按钮调至“运行”位置，关闭阀门，移开注射器。
9）关闭净化阀门（现在洗脱液将流过整个柱子），此过程应该可以排除源于泵头的气泡，而在溶剂线里换上以前的洗脱液（约20 ml）。

10.11.8　HPLC系统的准备

无论柱有没有和HPLC装备连接，以下步骤均可以进行。

1）用各含100%A和100%B的洗脱液以1 ml/min流速检测泵传递系统5 min，收集洗脱液于10 ml量筒。有些HPLC系统可以即时诊断泵（如Beckman System Gold）。此过程检测入口阀和进口阀的可靠性，它们有可能堵塞或关得不严实，如以前洗脱液的盐所引起的。有些仪器系统可以移动阀门，它们可以在甲醇超声15 min（小心不要混淆入口阀门和出口阀门，这两者经常没有明显地标示出来）。
2）用洗脱液（如50%A和50%B）冲洗HPLC系统，监测示波器基线。在柱存在的情况下，如果峰形在15 min冲洗后出现，示波器室内的压力太低，导致空气的除气作用，形成循环气泡。在示波器出口处使用反压节气门（也可以是限制性毛细管）略微小心地增大反压。在和泵连接之前，必须检查每片毛细管的阻塞情况，然后绕过柱子和示波器，因为示波器小室对高压高度敏感（参见制造商手册以获取详细资讯）。

3）借助截短的 1 ml 注射器用洗脱液 B 冲洗针端，在系统内则用手工注射器。此过程可移除以前注射的样品残余物。

4）用甲醇冲洗 Hamilton 玻璃注射器（用于手工注射），再用水清洗。

5）借助 Hamilton 玻璃注射器，用 3 倍样品环体积的洗脱液 B 冲洗样品环（在上样位置）。

10.11.9 HPLC 系统的梯度延滞（滞留体积）

以下步骤必须在柱子和 HPLC 装置没有连接的情况下进行。

1）用联合管（零长柱）将注射器和示波器直接连接。

2）各准备 200 ml 的特殊的洗脱液 A 和 B：

洗脱液 A：乙腈

洗脱液 B：乙腈/丙酮

3）以流速 2.0 ml/min 跑 10%～90%B 的梯度，在 254 nm 进行探测。注射技术会影响滞留体积的检测价值。如果注射之后阀门保持在注射位置，滞留体积将包括样品环的体积；如果阀门后移至上样位置，则不包括。这样的影响会产生样品环>100 μl 的误差。如果样品环从解析分离（如 50 μl 的样品环）变为半制备的分离（如≥500 μl 的样品环），这样的考虑就是有效的。

4）测定梯度滞留，将结果以类似于图 10.11.1 的图表形式表示出来。

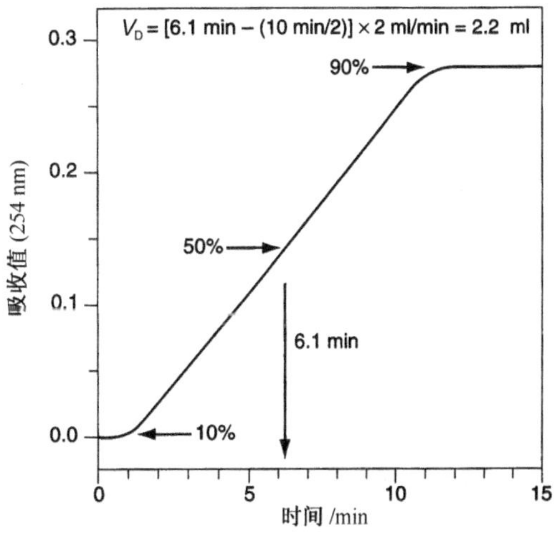

图 10.11.1 图表显示所使用的方法来确定梯度滞留体积 V_D。在图中，该梯度分布图以固定的流速（2 ml/min）展示，梯度分布图从 10%～90%的缓冲液 B 在特定的波长（如 254 nm）记录，使用乙腈-水-丙酮混合物。

滞留体积 V_D，是从泵头到柱入口处（包括混合室体积）的洗脱体积。滞留体积值 2～7 ml；自动上样仪尤其能极大地影响滞留体积。它能达到 0.5 ml 的准确度。这可以用于诊断目的，因为可以检测泵传递的体积准确度。

对梯度滞留的了解对于完善方法是很有必要的，因为它能准确计算 S 和 k_0 值（Hearn，1991a）。建立分段梯度（因为各种误差会在这里聚集）时和在一个固定的 HPLC 方法从一个装置转移到另一个的时候，梯度滞留的测定就显得特别重要。

10.11.10 和柱连接

1) 入口和注射器连接，而出口正对着废液收集器（对分析柱以1 ml/min的速率跑 5 min）时，用洗脱液 B 冲洗柱子。此过程可以去除气泡和替换存储缓冲液。
2) 连接柱出口和探测器。以 0.5 ml/min 流速起始，慢慢增加至 1 ml/min。
3) 起先用 10 倍柱体积的洗脱液 B 平衡柱，直到达到稳定的基线（对分析柱，约 15 min 以 1 ml/min 的流速），然后用 10 倍柱体积的洗脱液 A 平衡。检测压力，每次洗脱均做记录以用于诊断目的。

10.11.11 给 HPLC 装置设计程序

1) 按照制造商手册设计泵、探测器、整合模式和自动上样仪。先试运行一次测试该方法。
2) 设计一个关闭方法用于过夜运行，也就是关闭灯和泵。这种方法可以延长灯寿命和节约洗脱液。

10.11.12 注射样品

1) 将样品环调至上样位置，用洗脱液 A 清洗。此方法可以去除洗脱液 B（可能来源于清洗环或来自以前的运行）。不这么做的话会导致多肽或蛋白质样品的预洗脱，特别是在和部分充满的样品环连接的时候。
2) 将样品缓慢注入环中，避免产生气泡。注入时不要过快，那样会直接流进废液箱。
3) 将阀门立刻转至注射位置，注射样品。如果转换太慢的话，泵可能会关闭，因为当阀门阻断在中间开关位置时，超过压力极限。

10.11.13 检测功能性 HPLC 系统

1) 在相同条件下（指的是多肽或蛋白质样品）做一个空白运行（注射洗脱液 A）和运行一个梯度从 100%洗脱液 A 到 100%洗脱液 B。如果出现峰，重复。该过程清除柱中以前分离过程中残余的多肽和蛋白质，这些残余没被冲洗过程清除干净。
2) 用硫脲或硝酸钠（或其他非交互的溶液）测量柱的死体积。
3) 用梯度运行和合适的测试混合物（细节参见 10.12）测试柱性能。该测试可以评估柱床完整性（低完整性会和分裂，朝向或拖尾峰有关）和柱性能（塔板数）。如果定期重复，这种测试也可以检测柱寿命期间的性能和评估柱料批次间的差异。

10.11.14 日志

持续记录在液相色谱系统维护和确定/证明试验结果方面是必需的。推荐使用三种日志：系统日志、柱日志和实验/检测日志。

系统日志

这种日志应该包含以下信息。

1）针对整个液相色谱系统的模块鉴定（牌子、型号、序列号、购买信息、保修信息）：注射器、自动上样仪、泵、探测器、软件、柱子。

2）模块替换、维修记录和更新。

3）参考层析图和操作参数。

4）维修：行动、时间、操作员和维修工程师姓名/可靠性。

5）柱替换（和柱日志交叉参考）

柱日志

这种日志含有的信息应包括使用总结、以月计的柱寿命和样品数量及类型、失败的原因和延长寿命的建议。对于每个柱应如下列表。

1）首次使用的日期。

2）详述流动相流速、塔板数、峰形、柱寿命期间的死体积。

3）新柱的性能（用测试混合液验证）。

4）使用记录：装置、操作员、样品数量和类型。

5）存储信息。

6）进行的维修：反冲洗方案类型、玻璃料替换等。

7）柱性能的评估。

8）失败的原因。

实验/检测日志

该日志应包含以下信息。

1）器材配置。

2）操作条件。

3）移动相配方（如果可能列出参考文献）。

4）样品预处理方法（如果可能列出参考文献）。

5）检测过程（如果可能列出参考文献）。

6）数据分析过程。

参考文献：Dolan and Snyder，1989；Hearn，1991b；Mant and Hodges，1991.

撰 稿 人：Reinhard I. Boysen and Milton T. W. Hearn

10.12 多肽和蛋白质的 HPLC：标准操作条件

目前用于分析纯化多肽和蛋白质的 HPLC 有 8 种基本的模式，即大小排阻层析（HP-SEC）、正相层析（HP-NPC）、疏水层析（HP-HIC）、离子交换层析（HP-IEX）、反向层析（RP-HPLC）、亲水层析（HP-HILIC）、固定化金属离子亲和层析（HP-IMAC）、生物特异/仿生亲和层析（HP-BAC）。也有这些层析模式的亚群，如混合式层析（HP-MMC）、电荷转移层析（HP-CTC）或配体交换层析（HP-LEC）。在用法、多功能性和灵活性方面，在多肽和蛋白质分析和实验室级别的制备水平上（见 10.13）RP-HPLC 技术的应用占支配地位。作为合适的方法完善的例子，这节更详细地阐述了 RP-HPLC 模式，而且根据三种可能的目的探讨了该模式：①从自然或合成样品纯化出一个成分；②同时纯化几个成分；③从其他纯化程序中得到的蛋白质或多肽的脱盐。不同的 RP-HPLC 任务所需要的不同的方法总结在表 10.12.1。

表 10.12.1　不同的任务所需要的不同的 RP-HPLC 方法

任务	纯化一种成分	同时纯化几种成分	多肽或蛋白质样品的脱盐
例子	来自于固相多肽合成，蛋白质酶解的多肽	来自于胰蛋白酶消化的多肽，核糖体蛋白，来自于生物抽提物的蛋白质	来自于 IEX 或 HIC 的片段
模式	梯度洗脱	梯度洗脱	逐步洗脱
分析级别	是	是	是
制备级别	是	是	是
t_0 的测量	是	是	是
t_D 的测量	是	是	是
柱测试	是	是	是
A 值	是	是	—
X 值	—	是	—
Y 值	—	是	—
柱外条带加宽(σ)	—	是	—
阻抑分析	是	是	—
最优化程序	是	是	是
计算机模拟	—	是	是

10.12.1　HP-SEC 的标准操作条件

高性能的大小排阻层析（HP-SEC）分离多肽和蛋白质是依据分子的不同大小（流体体积，斯托克斯半径）进入 SEC 分离基质孔的程度不同，这样就可以依据它们分子质量的不同得到不同的穿透系数。

层析条件

柱：如 TSK-250（10 μm，300 Å，300 mm 长×7.5 mm 内径）

样品大小：<2 mg 多肽/蛋白质

样品环大小：20～200 μl

无梯度洗脱

洗脱液 A：50 mmol/L KH_2PO_4，pH 6.5，0.1 mol/L KCl

流速：0.5 ml/min

检测：214 nm

温度：室温

用于柱测试的多肽标准物，如 Mant 和 Hodges（1991）所描述的

以下步骤可以完善多肽和蛋白质的 HP-SEC 的方法：

1）选择最适宜的平均孔径的吸附剂，装入合适长度的柱中。

2）检查“理想”和“非理想”滞留效果。

3）优化塔板数（调整流速或换一个不同长度的柱子）。

用 HP-SEC 分离多肽和蛋白质的一个例子图解于图 10.12.1。

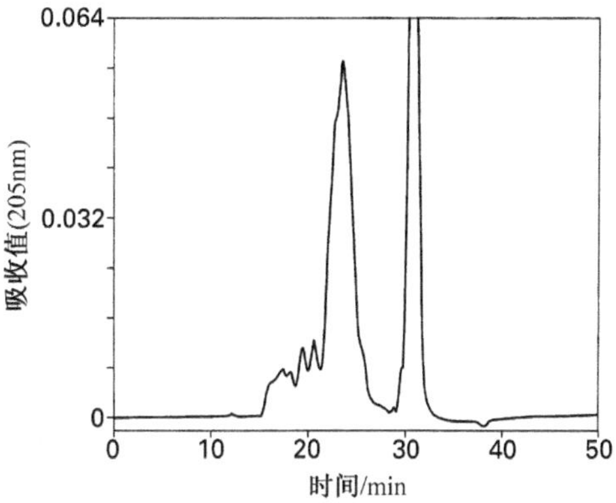

图 10.12.1　使用 HP-SEC 分离和分析多肽和蛋白质的一个例子图解。在这个例子里，使用串联 TSK-250 柱（75 mm 长×7.5 mm 内径和 300 mm 长×7.5 mm 内径），流速 0.5 ml/min，缓冲液体系是 50 mmol/L $(NH_4)_2SO_4$/20 mmol/L NaH_2PO_4，pH 5.0，在 205 nm 检测，分离来自于在 2%乙酸中的栖热水生菌的 50S 核糖体蛋白（Molnar et al.,1989）。

10.12.2　HP-NPC 的标准操作条件

高性能正相层析（HP-NPC）主要用于分离芳烃碳氢化合物（PAH）、芳香杂环化合物、核苷酸、核苷和较少用于分离保护合成多肽，在“急骤层析模式”中脱保护的小肽和多肽合成的保护氨基酸衍生物。

层析条件

柱子：如二醇相、氨丙基相或氰相柱、250 nm 长×4.6 mm 内径

样品大小：<2 mg 多肽/蛋白质

样品环大小：20～200 μl

线性 A→B 梯度

洗脱液 A：0.1%三氟乙酸（TFA）溶于水

洗脱液 B：0.1%TFA 溶于 20%（*V*/*V*）乙腈

流速：1 ml/min

检测：214 nm

温度：室温

用 HP-NPC 分离多肽和蛋白质的一个例子图解于图 10.12.2。

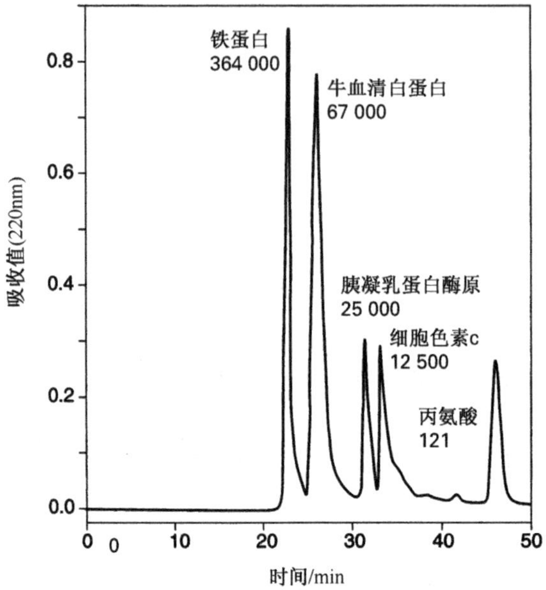

图 10.12.2　使用 HP-NPC 分离和分析多肽和蛋白质的例子图解。在这个例子里，使用一 LiChrospher Diol 柱（250 mm 长×16 mm 内径），流速 2.5 ml/min，0.1 mol/L 磷酸盐缓冲液体系，pH 5.0（Buchholz et al.,1982），可以分离得到铁蛋白（M_r，364 600）、牛血清白蛋白（M_r，67 000），胰凝乳蛋白酶原（M_r，25 000），细胞色素 c（M_r，12 500）和丙氨酸（M_r，121）。在这个特例中，大小排阻影响支配整个分离过程，极相效果有助于这些蛋白质的独立的选择性，可以从 log M_r 比 V_e 样方的“非理想性”评估。

10.12.3　HP-HIC 的标准操作条件

正如反向层析，在高性能疏水层析（HP-HIC）中，多肽或蛋白质和固定于吸附剂表面的非极性配体之间的疏水作用起主要作用。在这两种技术中，多肽和蛋白质通过降低流动相表面张力洗脱下来。在 HP-HIC，这可以通过逐步降低的盐浓度达到目的，如通过增加洗脱液的水含量；而在 RP-HPLC 中，降低洗脱液的表面张力却是通过提高流动相的有机溶剂的含量来达到的。

层析条件

柱：如 TSK 苯基柱，75 mm 长×7.5 mm 内径，10 μm

样品大小：<2 mg 多肽/蛋白质

样品环大小：20～200 μl

在“固定”选项，首选线性 A→B 梯度

洗脱液 A：0.1 mol/L NaH_2PO_4/2.0 mol/L $(NH_4)_2SO_4$，pH 7.0

洗脱液 B：0.1 mol/L NaH_2PO_4，pH 7.0

梯度速度：5% 洗脱液 B/min

梯度范围和时间：20 min 内 0%～100% B

流速：1 ml/min

检测：214 nm

温度：室温

以下步骤可以完善多肽和蛋白的 HP-HIC 的方法：

1）选择盐的类型（离液序列低的）和浓度范围，考虑到盐浓度需要达到饱和，因此保持最大浓度低于该值的约 20%。

2）优化梯度条件（梯度运行时间，起始和结束流动相的组分）。

3）优化条带宽度（pH，有机溶剂）。

4）优化柱条件（流速，柱长度）。

用 HP-HIC 分离多肽和蛋白质的一个例子图解于图 10.12.3。

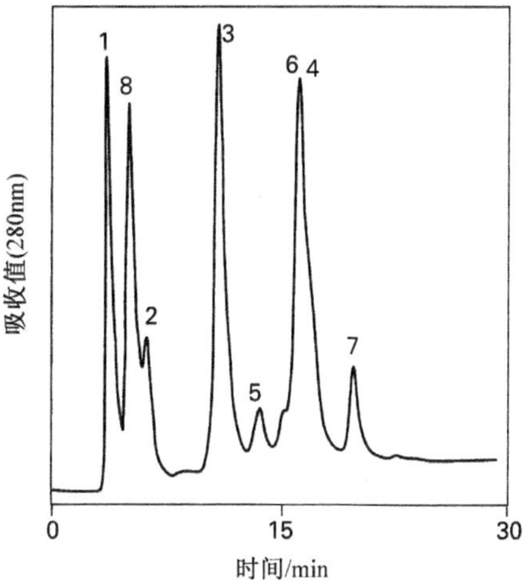

图 10.12.3 使用 HP-HIC 分离和分析多肽和蛋白质的例子图解。在这个例子里，使用一 Butyl-G3000 SW 柱（150 mm 长×6 mm内径，10μm），使用 0%～100%洗脱液 B 的 60 min 线性梯度，这里洗脱液 A 是 1.5 mol/L 硫酸铵，0.1 mol/L 磷酸盐缓冲液，pH 6.0；洗脱液 B 是 0.1 mol/L 磷酸盐缓冲液，pH 6.0，可以分离得到：(1) 细胞色素 c；(2) 核糖核酸酶；(3) 溶菌酶；(4) 牛血清白蛋白；(5) 卵清蛋白；(6) α-胰凝乳蛋白酶；(7) α-胰凝乳蛋白酶原；(8) 肌红蛋白（Kato et al.,1983）。

10.12.4 HP-IEX 的标准操作条件

通过等度或梯度洗脱可以用离子交换层析（HP-IEX）洗脱多肽和蛋白质。梯度洗脱通常用磷酸盐缓冲液中的线性 A→B 盐梯度如氯化钠或氯化钾操作。多肽和蛋白质在离子交换吸附剂上的滞留来源于溶质的离子表面和吸附剂的电荷表面之间的静电作用。对分离多肽和蛋白质，强阳离子交换器与其他的离子交换器相比有很大的优越性，因为柱子在由酸性变成中性 pH 的整个过程中都能保持其负电性质。强和弱的阳离子交换器，例如，依据羧甲基或磺胺丙基配体，与弱和强的阴离子交换器，如二甲氨基或季铵配体，都可购买并可用于多肽和蛋白质的 HP-IEX。

层析条件

柱：如磺酸盐泛函性的强阳离子交换器（5 μm，300 Å，75 mm 长×7.5 mm 内径）

样品大小：<2 mg 多肽/蛋白质

样品环大小：20～200 μl

线性 A→B 梯度

洗脱液 A：5 mmol/L KH_2PO_4，pH 3.0～7.0

洗脱液 B：5 mmol/L KH_2PO_4/0.5 mol/L KCl，pH 3.0～7.0

梯度速度：3.3% 洗脱液 B/min

梯度范围和时间：30 min 内 0%～100% B

流速：1 ml/min

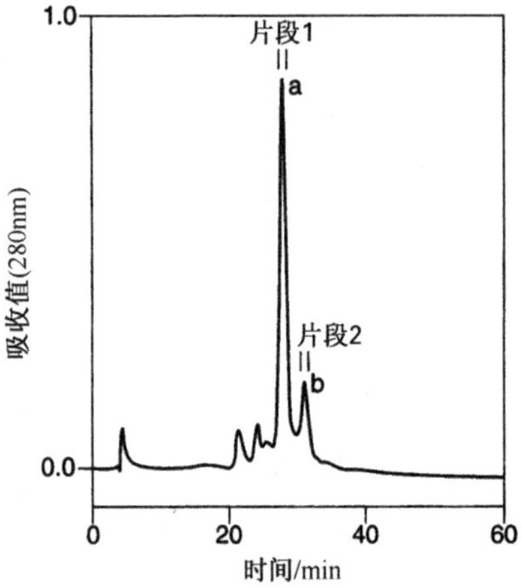

图 10.12.4　使用 HP-IEX 分离和分析多肽和蛋白质的一个例子图解。在这个例子里，使用一 TSK-GEL IEX-545 DEAE SIL 柱（150 mm 长×6 mm 内径），使用流速 1.0 ml/min 0%～100%洗脱液 B 的 90 min 线性梯度，这里洗脱液 A 是 0.1 mol/L Tris · Cl，pH 7.5；洗脱液 B 是 0.1 mol/L Tris · Cl/0.2 mol/L NaCl，pH 7.5，可以分离得到卵清蛋白异构体片段 1（a）和片段 2（b）（Kato et al.，1982）。

检测：214 nm

温度：室温

用于柱测试的多肽标准物，如 Mant 和 Hodges（1991）所描述的

以下步骤可以完善多肽和蛋白质的 HP-IEX 的方法：

1）选择阴离子或阳离子交换器类型。

2）优化梯度条件（梯度运行时间，起始和结束流动相的组分）。

3）优化条带宽度（pH，盐的类型）。

4）优化柱条件（流速，柱长度）。

用 HP-IEX 分离多肽和蛋白质的一个例子图解于图 10.12.4。

10.12.5　HP-HILIC 的标准操作条件

使用亲水层析（HP-HILIC），可以在强亲水物质中分离多肽，亲水物质会随着有机修饰成分的改变而改变它们的选择性。在高浓度的有机修饰成分（如>55% *n*-丙醇），溶质会滞留在柱上。用浓度逐步递减的有机修饰成分可以随后洗脱溶质，这里溶质的分离由分子筛效应决定。HP-HILIC 装柱吸附剂包括氨基、聚-(2-羟乙基天冬酰胺)、环式糊精或游壁菌素来源的固定相。

层析条件

柱：如用一多聚（2-砜基天冬酰胺）的 HILIC PolySulfoethyl A 吸附剂（5 μm，300 Å，200 mm 长×4.6 mm 内径）

样品大小：<2 mg 多肽/蛋白质

样品环大小：20～200 μl

线性 A→B 梯度

洗脱液 A：20 mmol/L 三乙基铵磷酸盐/80%乙腈，pH 3.0

洗脱液 B：洗脱液 A/400 mmol/L $NaClO_4$，pH 3.0

梯度速度：2.5%B/min

梯度范围和时间：90 min 内 0%～100%B

流速：1 ml/min

检测：214 nm

温度：30℃

以下步骤可以完善多肽和蛋白质的 HP-HILIC 的方法：

1）选择最适宜的平均孔径的吸附剂，装入合适长度的柱中。
2）检查“理想”和“非理想”滞留效果。
3）通过改变有机溶剂和 Kosmotropic 试剂/离液剂盐附加物的成分或浓度来优化选择性。
4）优化塔板数（调整流速或换一个不同长度的柱子）。

用 HP-HILIC 分离多肽和蛋白质的一个例子图解于图 10.12.5。

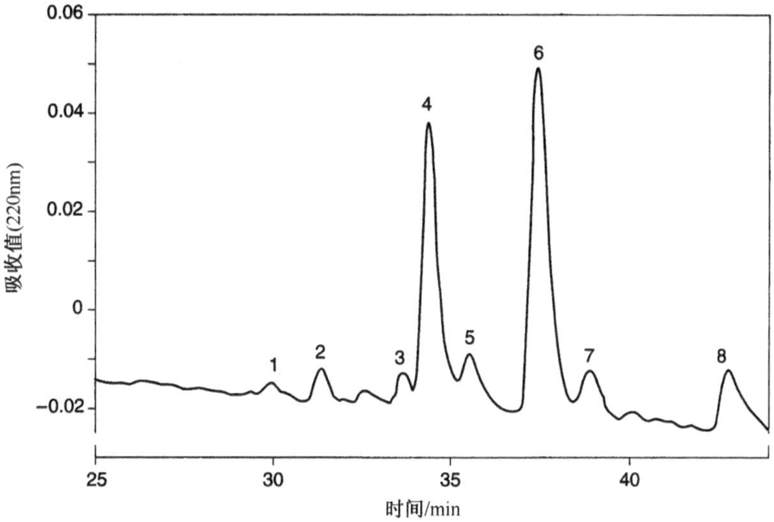

图 10.12.5 使用 HP-HILIC 分离和分析多肽和蛋白质的一个例子图解。在这个例子里，使用一聚-羟乙基天冬酰胺柱（150 mm 长×1 mm 内径），使用流速 50 μl/min 从 100%A（85%乙腈/15%水/10 mmol/L 三乙胺）到 100%洗脱液 B（20%乙腈/15%水/10 mmol/L 三乙胺/25 mmol/L 高氯酸钠，pH 6.0）的 60 min 线性梯度，可以分离得到胰蛋白酶消化的重组人 γ 干扰素的 Asn^{97} 糖肽（1～8）（Zhang and Wang，1998）。

10.12.6 HP-IMAC 的标准操作条件

固定化金属离子亲和层析（HP-IMAC）利用多肽和蛋白质上特定的表面易靠近的氨基酸的侧链与固相转换金属离子结合位点之间的亲和力（见 10.10 的离子压力方法）。大部分的研究利用三或四配位基配体，如亚氨基乙酰乙酸（IDA）、次氮基三乙酸（NTA）、三（羧甲基）乙二胺（TED）、*O*-磷酸丝氨酸（OPS）或羧甲基天冬氨酸（CMA）。这些技术，和软胶矩阵联合起来，主要应用于球状蛋白的预纯化。以下的例子是用于多肽和小的球状蛋白的 HP-IMAC 的条件的一些代表。

层析条件

柱：如配有 Cu^{2+} 与固相的泛函性亚氨基乙酰乙酸螯合的 HP-IMAC 吸附剂，也就是，IDA-Cu（II）TSK 胶螯合-5PW 柱（5 μm，300 Å，100 mm 长×4.6 mm 内径或 75 mm 长×8 mm 内径）

样品大小：<1mg 多肽/蛋白质

样品环大小：20～200 μl

线性 A→B 梯度

洗脱液 A：50 mmol/L 乙酸/50 mmol/L MES/50mmol/L HEPES/80mmol/L Na_2SO_4/2 μmol/L Cu^{2+}，pH 8.0；或 1 mmol/L 咪唑/20 mmol/L 磷酸钠/0.5 mol/L NaCl，pH 7.0

洗脱液 B：50 mmol/L 乙酸/50 mmol/L MES/50 mmol/L HEPES/50 mmol/L 乙酸铵/2 μmol/L Cu^{2+}，pH 5.5；或 20 mmol/L 磷酸钠/0.5 mol/L NaCl，pH 7.0 和 20 mmol/L 咪唑梯度

梯度速度：5%B/min

梯度范围和时间：20 min 内 0%～100%B

流速：1 ml/min

检测：280 nm

温度：25℃

以下步骤可以完善多肽和蛋白质的 HP-IMAC 的方法：

1）选择最适宜的平均孔径的吸附剂，装入合适长度的柱中。

2）检查“理想”和“非理想”滞留效果。

3）通过改变螯合配体类型和金属离子，也就是界线、重或轻金属离子、pH，用于上样、洗涤和最后洗脱阶段的缓冲液的类型和浓度，来优化选择性。

4）优化塔板数（调整流速或换一个不同长度的柱子）。

用 HP-IMAC 分离多肽和蛋白质的一个例子图解于图 10.12.6。

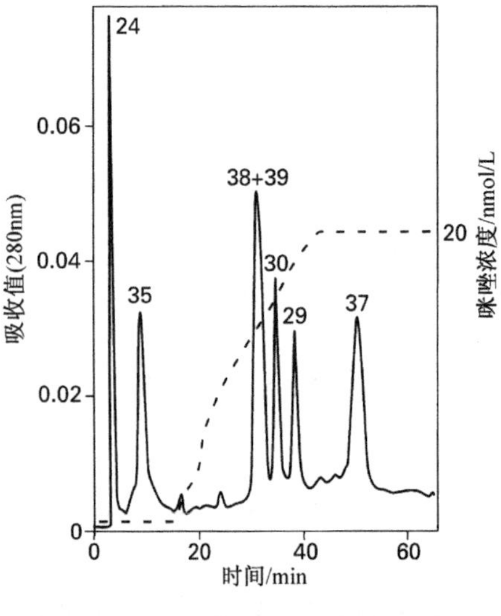

图 10.12.6　使用 HP-IMAC 分离和分析多肽和蛋白质的一个例子图解。在这个例子里，使用一 IDA-Cu(II)TSK 胶螯合-5PW 柱(75 mm 长×8 mm 内径)，流速1 ml/min，用含0.5 mol/L NaCl 的 1 mmol/L 咪唑/20 mmol/L 磷酸钠缓冲液，pH 7.0平衡，再用1～20 mmol/L 咪唑梯度洗脱(点状线)，可以分离得到胃泌激素-I(24)、人 GIP(21-42)(29)、Trp(for)-人 GIP(21-42)(30)、人大胃泌激素(35)、人 GIP(37)、猪 GIP(38)和牛 GIP(39)(Yip et al., 1989)。

10.12.7　HP-BAC 的标准操作条件

生物特异性亲合层析（HP-BAC）是从解析分离和制备纯化复合生物来源的生物高聚体的方法发展而来的。另外，HP-BAC 是研究肽-蛋白质和蛋白质-蛋白质之间相互作用的一种有用的技术。HP-BAC 分离是依据蛋白质或多肽和它自然产生的配体（或合适的仿生物）的生物识别，特别是和特定配体的相对结合力。配体应该对蛋白质或多肽有高特异性，应该能以快速开-关动力学可逆地结合多肽或蛋白质，应该能在洗脱条件下保持化学稳定性。

层析条件

柱：常规设计的，即环氧丙氧基活化硅，如环氧活化的 LiChrosorb 含有一功能性适宜的固相配体（10 μm，10 000 Å，100 mm 长×4.6 mm 内径）

样品大小：<2 mg 多肽/蛋白质

样品环大小：20～200 μl

线性梯度或逐步洗脱

平衡用洗脱液：具足够缓冲能力的非变性条件

解吸附用洗脱液：不同 pH 的非变性条件下的平衡条件，有足够缓冲能力和对亲和物-亲和体同源交互作用能有效解离的适宜的竞争物

梯度速度：根据交互作用的亲和力，HP-BAC 吸附剂特征和流速

流速：0.5～1 ml/min

检测：214～280 nm

温度：4℃

用 HP-BAC 分离多肽和蛋白质的一个例子图解于图 10.12.7。

10.12.8 RP-HPLC 的标准操作条件

正如上面提示的，RP-HPLC 目前代表多肽分析纯化应用的绝大多数，也代表蛋白质分析研究的 80%以上。多肽和蛋白质通过降低流动相的表面张力洗脱下来，而张力的降低可以通过增加有机溶剂含量达到。广泛应用的基于硅类填柱料平均颗粒直径为3～10 μm，孔径≥300 Å，和 *n*-丁基、*n*-辛基或 *n*-十八（烷）基配体。

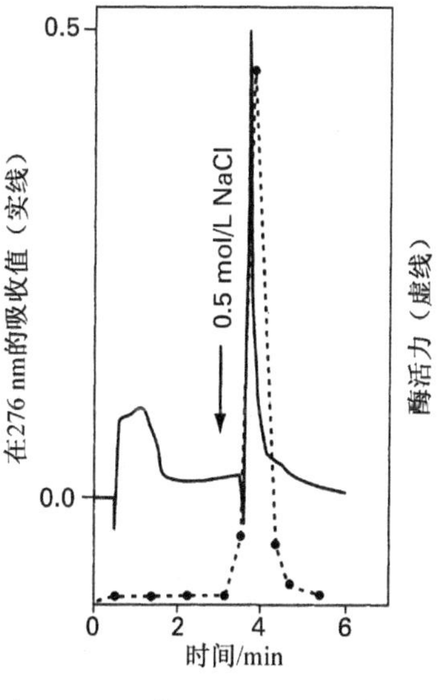

图 10.12.7 使用 HP-BAC 分离和分析多肽和蛋白质的一个例子图解。在这个例子里，使用一 Procion Red MX5B 固相无孔硅柱（40 mm 长×6 mm 内径），流速 1 ml/min 和逐步洗脱，这里洗脱液 A 是 10mmol/L 磷酸缓冲液，pH 8.0，洗脱液 B 是含 0.5mol/L NaCl 的 10 mmol/L 磷酸缓冲液，pH 8.0，分离得到兔肌乳酸脱氢酶（LDH），并显示酶的活性（Anspach et al.,1988）。

层析条件

化学试剂

HPLC 级别的乙腈、2-丙醇、甲醇或其他适宜的对 UV 透明至 210 nm 的有机溶剂

三氯乙酸（TFA）

NaH_2PO_4或其他适宜的盐

H_3PO_4

Milli-Q 纯化水或与其相当的水

用于蛋白质测序的 TFA 可能不适合用在这里，因为它含有抗氧化剂。

准备流动相

1) 准备洗脱液 A 和 B，如洗脱液 A：0.1%TFA 溶于水，洗脱液 B：0.09% TFA 溶于 60%（*V*/*V*）乙腈。

用两个不同的量筒测量有机溶剂和水的体积，然后合并，因为混合后体积会缩小（根据溶剂的性质，准备 30 ml/L 溶剂）。不这么做的话会导致流动相组成的误差。

当用水/有机洗脱液工作时，为弥补梯度洗脱中的基线迁移（因为有机成分在低波长会吸收更多的光），洗脱液 B 中的离子对试剂（TFA，H_3PO_4）的数量与洗脱液 A 相比通常减少 10%～15%，这样就可以产生一个平坦基线。

注意：必须在通风橱中制备洗脱液。TFA 极具腐蚀性；必须穿戴实验服、手套和保护性眼镜。

2）用一 Teflon 包被的磁子搅拌或摇动末端封闭的量筒混匀溶剂。

在任何情况下都不要用 Parafilm，因为有机溶剂与洗脱液中的酸性离子对试剂结合会溶解 Parafilm 中的成分，从而在层析图上产生附加峰。

测试 RP-HPLC 固定相

1）用梯度运行和试验混合物测试柱性能，如 0.15%（*m*/*V*）二甲基酞酸盐、0.15%（*m*/*V*）二乙基酞酸盐、0.01%（*m*/*V*）联苯、0.03%（*m*/*V*）*O*-三联苯、0.32%（*m*/*V*）己二酸酞酸盐溶于甲醇中。

2）用于柱测试的多肽标准物，如 Mant 和 Hodges（1991）所描述的。

RP-HPLC 纯化多肽

除了前述的章节中阐述的试剂和过程外，还需要以下材料：

化学试剂：乙腈，三氯乙酸（TFA）

柱：①解析 C18 或其他适宜的 *n*-烷基硅吸附剂材料（5 μm，300 Å，150 mm 长×4.6 mm 内径）；②制备 C18 或其他适宜的 *n*-烷基硅吸附剂材料（10 μm，300 Å，300 mm 长×21.5 mm 内径）

仪器：配有自动上样仪的分析 HPLC，制备 HPLC 泵，手动注射器，配有制备流室的探测器和分部收集器

纯化来自固相多肽合成（SPPS）的多肽可以按以下步骤进行。

1）用分析型 RP-HPLC 分离肽粗制品（约 100μg）可以在纯度、峰形和洗脱条件这些方面评估样品。适宜的仪器/条件如下：

柱：如 C4、C8、C18（5 μm，300 Å，150mm 长×4.6mm 内径）

样品大小：＜2 mg 多肽/蛋白质

样品环大小：20～200 μl

线性 A→B 梯度

洗脱液 A：0.9%TFA/水

洗脱液 B：0.1%TFA 溶于乙腈/水

梯度速度：1%B/min

比如，对 60%乙腈/水：梯度范围和时间：60 min 内 0%～100%B

流速：1.0 ml/min

检测：214 nm

温度：室温

用 RP-HPLC 分离多肽和蛋白质的一个例子图解于图 10.12.8。

2）用制备型 RP-HPLC 分离肽粗制品（约 25～100 mg）。适宜的仪器/条件如下：

柱：如 C4，C8，C18（10 μm，300 Å，300 mm 长×21.5 mm 内径）

样品大小：＜150 mg 多肽/蛋白质

样品环大小：1 ml，多次注射

线性 A→B 梯度

洗脱液 A：0.9%TFA 溶于水

洗脱液 B：0.1%TFA 溶于乙腈/水

梯度速度：0.66%洗脱液 B/min

比如，对 60%乙腈/水，梯度范围和时间：90 min 内 0%～100%B

流速：7.5 ml/min

检测：254 nm

温度：室温

为了避免示波器对过上样影响做出反应，通常选择 230～280 nm 范围内的波长。但是，出现在粗肽中的少量的化学净化剂（在 SPPS 过程中使用）在这波长范围内强吸收。有必要牺牲约 1 mg 的样品，而且在 214 nm 探测进行制备量分离，这样是为了明确地决定主要多肽产品的滞留时间。

用制备型 RP-HPLC 分离多肽和蛋白质的一个例子图解于图 10.12.9。

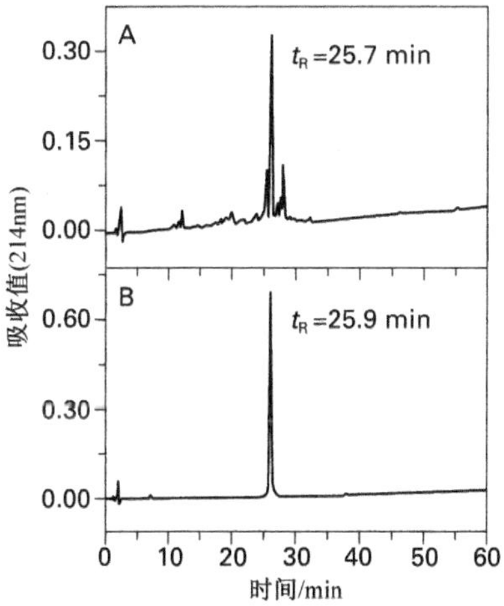

图 10.12.8 使用 RP-HPLC 分离和分析多肽和蛋白质一个例子图解。在这个例子里，使用一 TSK-ODS-120 T 柱（150 mm 长×6 mm 内径，120 Å，5 μm，末端加帽），使用流速1 ml/min 的 60 min 线性梯度洗脱从 100% A（0.1%TFA 溶于水）到100%洗脱液 B（90%乙腈/0.09%TFA），pH 2.1，可以分离得到固相多肽合成的 *N*-乙酰基-脂皮质蛋白-1[2-26]多肽产物[Ac-AMVSEFLKQAWFIEN-EEQEYVQTVK-CONH₂]。(A)粗肽；(B)纯化肽。

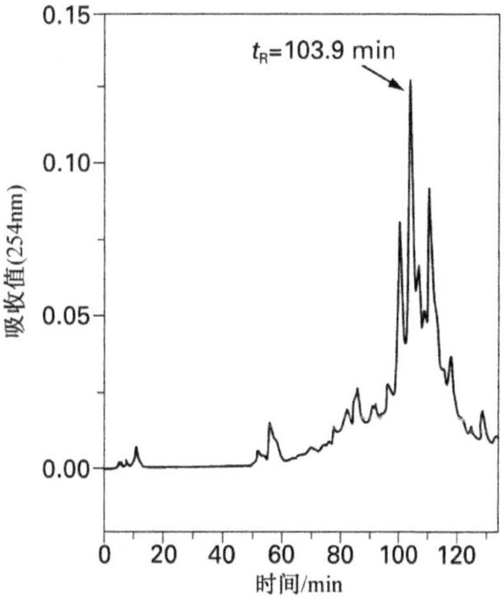

图 10.12.9 使用制备型 RP-HPLC 分离合成多肽的一个例子图解。在这个例子里，使用一 TSK-ODS-120 T 柱（300 mm 长×21.5 mm 内径，120 Å，10 μm，末端加帽），使用流速7.5 ml/min 的135 min 线性梯度洗脱从25%～100%洗脱液 B。这里洗脱液 A 是溶于水的0.1%TFA，洗脱液 B 是60%乙腈/0.09%TFA，pH 2.1，可以从固相多肽合成的粗混合物分离合成肽 *N*-乙酰基-脂皮质蛋白-1[2～26]（70 mg；图 10.12.8）。

3）收集 HPLC 组分（3～7.5 ml）。

4）用分析型 RP-HPLC 分析收集的组分的小样（30～50 μl）。空白、粗肽溶液、感兴趣的组分和此之前的两个组分及此之后的两个组分进行分析。
5）冷冻干燥选择的组分。
6）对最纯的组分进行脱机或即时的 ES-MS 分析。

10.12.9 用 RP-HPLC 技术对多肽和蛋白质混合物脱盐

RP-HPLC 可以用于对来自于抽提过程或由 HP-HIC、HP-IEX、HP-IMAC、HP-HILIC 和 HP-BAC 分离的多肽或蛋白质样品进行脱盐。多肽或蛋白质注入一小的 RP-HPLC 柱。用水溶缓冲液洗脱盐，而多肽或蛋白质浓缩于柱的顶端。洗脱掉盐之后，在 UV 检测器的监测下，多肽或蛋白质用水/乙腈或水/2-丙醇流动相洗脱。一分析柱（100～300 mm 长×4 mm 内径）的上样量一般是约 8 mg，但一个半制备量柱（30 mm 长×16 mm 内径）的上样量是约 34 mg。除了以前章节阐述的试剂和过程，还需要以下的材料、试剂和条件。

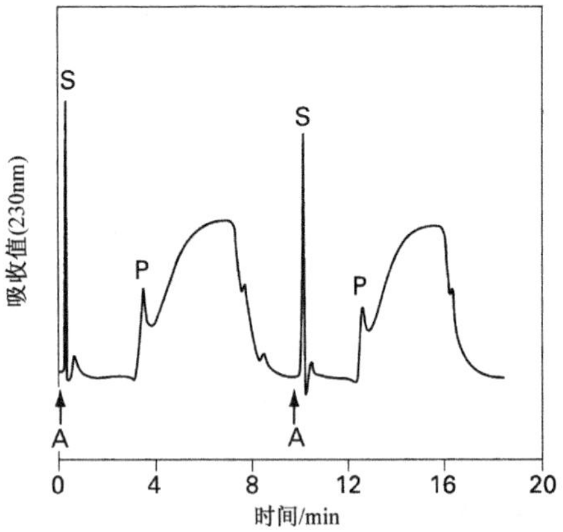

图 10.12.10 使用 RP-HPLC 在由别的技术分离得到的多肽和蛋白质样品上脱盐的一个例子图解。在这个例子里，在 C4柱（40 mm 长×4 mm 内径，300 Å，5 μm），以流速2.5 ml/min 的逐步洗脱方案，用洗脱液 A（溶于水的0.1%TFA）洗3 min，再用洗脱液 B（溶于2-丙醇的0.1%TFA），pH 2.1洗3 min，对来自于栖热水生菌的50S 核糖体蛋白进行脱盐。缩写：S，盐；P，蛋白质；A，注射时间。

层析条件

化学试剂：乙腈，2-丙醇，三氯乙酸（TFA）

柱：如 C4，C8，C18（10 μm，300 Å，300 mm 长×21.5 mm 内径）

样品大小：8 mg 多肽或蛋白质样品

样品环大小：1 ml

逐步洗脱

洗脱液 A：0.9%水溶 TFA

洗脱液 B：0.1%TFA 溶于乙腈或 2-丙醇

洗脱条件：100%洗脱液 A 洗 3 min，然后 100%洗脱液 B 洗 3 min

流速：2.5 ml/min

检测：230 nm

温度：室温

用 RP-HPLC 对多肽和蛋白脱盐的一个例子图解于图 10.12.10。

参考文献：Dolan and Snyder，1989；Glajch and Snyder，1990；Hearn，1991b.

撰稿人：Reinhard I. Boysen and Milton T. W. Hearn

10.13 肽的反相分离

10.13.1 基本方案1 5-500PMOL水平肽的反相分离

材料（带√项见附录1）

√流动相试剂A：用Milli-Q水配成的0.1%（V/V）三氟乙酸（TFA；Pierce）

√流动相试剂B：在乙腈或1-或2-丙醇（Burdick and Jackson or Baker；HPLC级别）中0.07%～0.1%（V/V）TFA

溶剂修饰剂：TFA

Milli-Q级别的水或相当的水

肽样品

HPLC肽标准品，购得（如PE Biosystem）或胰酶消化得到，用于柱子的检测

HPLC系统（如Hewlett-Packard HP-1090液相色谱；PE Biosystem 170A型；Michrom BioResources超快微量蛋白质分析仪，Beckman System Gold；Waters Alliance System）

√检测仪流动池

两通道记录仪（Kipp和Zonen或对应物）

C18，C8或C4反相柱，300 Å，1 mm或2 mm i. d.（如Micra Scientifc或Vydac；也可使用不同厂家许多其他柱子）

注意：用于蛋白质测序的TFA不适合用在这里，因为有些制造商会加入抗氧化剂，这会产生人造物品。

步骤

1）制备和脱气流动相试剂A和B，设置合适梯度，根据预测的峰数目和需要的分辨率选择梯度。

正常梯度：0～70%试剂B，70 min洗完（适合30～60个峰）

快梯度：0～70%试剂B，35 min洗完（适合<30个峰）

慢梯度：0～70%试剂B，90～140 min洗完（适合>60个峰）

2）对于1 mm或2 mm内径的柱子程序流速分别为200 μl/min或100 μl/min，设置检测仪为0.1和0.02 AUFS，记录仪通道1和2的波长分别为214 nm和280 nm，用起始条件平衡柱子，并设置水平基线。记录仪上280 nm笔的测量范围应比214 nm笔敏感5倍，如果只有一个波长，使用214 nm。

3）向上样环中注入起始溶剂，运行一个与分离样品相同梯度的空白梯度。

4）按如下方式准备上样样品（或者当使用新柱子或遇到问题时准备肽标准品）：

a. 如果样品含有机溶剂，在Speedvac蒸发仪中蒸发或用水或缓冲液稀释，降低有机溶剂的浓度到小于10%。

b. 检测样品的体积是否适合于样品上样环的体积，如果不适合，要么蒸发减小样品体积，要么更换大的样品环。

c．上样前用微量离心机离心样品除去颗粒。

5）变换上样环到 load 状态，并用流动相溶剂 A 清洗上样环。

6）上样时小心避免将气泡注入到上样环中。

7）准备一个 1.5 ml 微量离心管收集管架收集峰组分，用记号笔标记管号。

8）用流动池出口管道的体积除以流速，计算峰收集的延迟时间。

对于低流速时（小于 200 μl/min），防止峰的错误收集，这一步骤非常重要。不同内径的 PEEK 和 FSC 管道的流动池出口管的体积为：0.075 mm 内径 FSC 管，0.045 μl/cm；0.005 in 内径（127 μm）PEEK 管，0.127 μl/cm；0.007 in 内径（178 μm）PEEK 管，0.249 μl/cm。

9）通过检测仪上监测吸收值的变化收集峰，更换收集管前允许适当的时间延迟（见步骤 8 中的计算）。

10.13.2　基本方案 2　不超过 5 pmol 肽的反相分离

材料

溶剂 A：0.1%（*V*/*V*）三氟乙酸（TFA；Pierce），溶于 Milli-Q 水中

溶剂 B：0.05%～0.1%（*V*/*V*）的 TFA，溶于乙腈中

肽样品

检测仪流动池（LC Packing）

Strip chart 记录仪（Kipp 和 Zonen 或对应物）

毛细管 HPLC 系统（见辅助方案）

通过 0.25 mm-内径聚四氟乙烯管（LC Packing）与流动池出口连接的带刻度 10 μl Hamilton 玻璃注射器

两块秒表

步骤

1）流动相的配制和脱气（见基本方案 1 步骤 1）。

2）设置检测仪为 0.1 AUFS，记录仪波长为 195 nm。

3）用溶剂 A 平衡毛细管柱子，直到基线水平。将带刻度 10 μl Hamilton 玻璃注射器与毛细流动池出口用 0.25 mm 内径的聚四氟乙烯管相连，测定液体到达指定体积所需要的时间，并按如下方式计算流速：流速（μl/min）＝体积/时间。

4）准确测量流动池到它出口末端的管道长度，按如下公式计算延迟时间：延迟时间（min）＝出口管道体积（μl）/流速（μl/min）。

5）如果需要，调节流速为 3～5 μl/min（见辅助方案步骤 1）。

6）运行一个空白梯度，准备样品，上样（见基本方案 1 步骤 3～6）。

7）使用两块秒表收集峰于 0.5 ml 微量离心管，用一块秒表记录峰的起始，另一块秒表记录峰的结束。

在毛细 HPLC 中峰的收集是最困难的，需要一些实践。然而，如果延迟时间计算准确的话，峰的纯度相当高。使用的 Z 型流动池是一个长的融合的硅毛细管管道。当峰从柱子的末端运行到检测仪的出口管时，分辨率的损失很少。

10.13.3 辅助方案 毛细管 HPLC 系统的装配

材料（带√项见附录 1）

毛细管流动池（LC Packing）

活塞式或注射器泵式分液器（LC Packing）或实验室自制的分液器：1/16-in. tee (Valco)；手拧式密封装置；毛细管套筒 0.012-in.-i.d.；0.012-in.-i.d. 套筒的手拧式密封装置（Upchurch Scientific）；150 cm 长的 0.05 mm.-i.d.、300 mm.-o.d. 的 FSC 管（Polymicro Technologies）或 0.250 mm.-i.d. 聚四氟乙烯管插入到 PEEK 手拧式螺母和套圈中

毛细管泵（PE Biosystems 140-D）或 HPLC 活塞泵（见基本方案 1），与 LC Packing 分液器或 HPLC 注射泵配套使用（PE Biosystems 120A、140A 型或 170A 型），与实验室自制的分液器配套使用

带20 μl 上样环的上样器（Rheodyne）

在线柱前过滤器（Upchurch Scientific）

0.32 mm×15 cm C18柱子（LC Packings, Keystone Scientific, Metachem Technologies, Micro-Tech Scientific, 或 Michrom Bioresourse）

步骤

1a）如果使用毛细管泵提供 3～5 μl/min 的流速：直接到步骤 3a 或 3b。

1b）如果安装了分液器：连接 150 cm 长的 0.05 mm.-i.d. 的 FSC 管到带 0.012-in.-i.d. 套筒的 Valco 三通，或者连接到带 0.250 mm.-i.d. 聚四氟乙烯管且插入到 PEEK 手拧式螺母和套圈中的 Valco 三通。连接分液器入口到带 0.005-in.-i.d. PEEK 管的 HPLC 泵。

必须连接一个分液器到 HPLC 泵，这样可使流速从 50～200 μl/min 降为 3～5 μl/min，这对 0.32 mm.-i.d. 的柱子是必需的。分液器可通过商业化购得或按描述装配。图 10.13.1A 显示分液器的组装。图 10.13.2

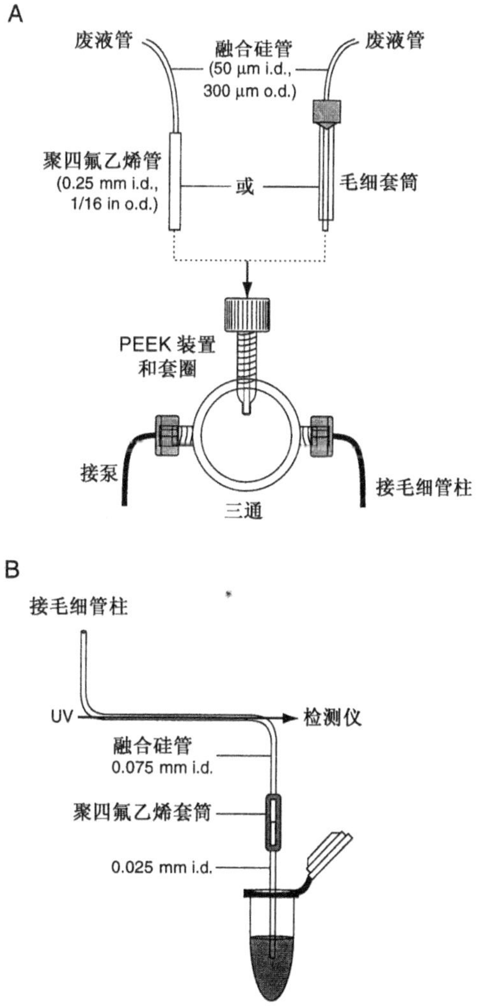

图 10.13.1 毛细管 HPLC 系统的改装。A. 毛细管装置和分液器的安装；B. U 或 Z 流动池的改装。

是毛细管 HPLC 系统的示意图。

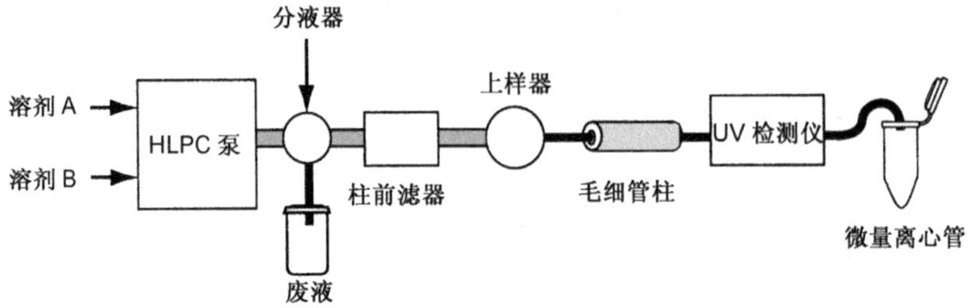

图 10.13.2　毛细管 HPLC 系统。分液速率通过不同的泵流速或者通过调节连接到 Valco 三通的 0.05 mm i.d. 的毛细管长度来控制。自制的分液器需要无脉冲泵，以便轻易地提供小于 200 μl/min 的流速。Perkin-Elmer Applier Biosystems 注射泵可准确地提供无脉冲 70 μl/min 的流速，这些泵有一个动态的混合器和一个静态的混合器，这样可减小由于大的内体积造成的梯度延迟。混合三通的高压出口直接连接到分液器。

2）连接分液器的出口到上样器，并且连接上样器到带 0.005 in i.d. PEEK 管的在线柱前过滤器。

3a）安装毛细管流动池。

3b）可选：改装毛细管流动池（图 10.13.1B），通过小心剪切 0.075 mm.-i.d. 的流动池出口管，保留到 Z 池（陶瓷剪子可轻易剪切硅融合管）的 1～2cm 的连接长度，以降低延迟体积。连接 30 cm 长 0.025 mm.-i.d.、0.280 mm.-o.d. 的硅融合管到 0.25 mm.-i.d. 聚四氟乙烯套筒，以保留 Z 池的短出口。连接必须在检测器的内腔，玻璃毛细管必须互相接触，以避免它们之间产生任何死体积。

4）将 0.32 mm.-i.d. 的 C18 毛细管柱连接到柱子自带的 1/16-in PEEK 装置的样品前过滤器，连接毛细管柱的出口管（75 μm.-i.d.）到带短规格的 0.25 mm.-i.d. 的聚四氟乙烯管的毛细管流动池，这些也是柱子自带的。

5）准备毛细管 HPLC 系统用于样品的运行（见基本方案 2）。

参考文献：Davis and Lee，1992；Grossman and Colburn，1992；Mant and Hodges，1991.

撰 稿 人：William J. Henzel and John T. Stults

10.14　通过表位标签纯化重组蛋白研究蛋白质互相作用

可通过基因工程的方法将对应于表位的一段短的残基连接到蛋白质分子上，有利于后续的生物化学和免疫学分析（表位标签）。表位标签化蛋白质可通过使用针对不同标签的高特异性抗体的亲和层析纯化。

基本方案　带表位标签重组蛋白的免疫沉淀

材料（带√项见附录 1）

转染的细胞（见第 9 章），表达带表位标签的目的蛋白，贴壁（在 100 mm 的平板

上）或非贴壁

√PBS，冷冻的，含和不含 0.02%的 NaN_3

√裂解缓冲液

蛋白 A 或蛋白 G 偶联的琼脂糖介质（Amersham Pharmacia Biotech）

正常鼠 IgG

表位标签特异抗体（表 10.14.1）

√1.5×SDS 样品缓冲液（以 2×SDS 样品缓冲液稀释配制）

10 ml 和 15 ml 的离心管

表 10.14.1 常用的表位

表位	肽序列	抗体的来源[a]	亲和基质的来源
FLAG	DYKDDDDK	Eastman Kodak[b] and BAbCO（M）；Santa Cruz Biotechnology（P）	BAbCO
HA	YPYDVPDYA	BAbCO and Boehringer Mannheim（M）；Santa Cruz Biotechnology（P）	BAbCO
c-Myc	EQKLISEEDL	BAbCO，Invitrogen，Boehringer Mannheim，Santa Cruz and Sigma（M）；Santa Cruz Biotechnology Biotechnology（P，M）	
6-His	HHHHHH	BAbCO，Invitrogen[c]，and Sigma（M）；Santa Cruz Biotechnology（P）	Qiagen[d]
AU1	DTYRYI	BAbCO（M）	BAbCO

a. M，单克隆；P，多克隆。
b. 可得到三种抗-FLAG 单克隆抗体（M1，M2，M5），它们的特异性依赖于 FLAG 在融合蛋白中的位置。
c. 该抗体只识别融合蛋白 C 端的寡聚 His 序列。
d. 金属螯合亲和树脂用于纯化含多聚 His 标签的重组蛋白（见 10.10）。

步骤

转染细胞裂解物的制备

1a）对于贴壁细胞：转染后 36～48 h，从长到 80%～90%汇片（0.5×10^7～2×10^7 细胞，依赖于细胞的种类）转染细胞的 100 mm 平板中吸出培养基，并用 10 ml 冷冻的 PBS 洗两次。除去 PBS，加 1 ml 裂解缓冲液，用橡胶刮子将细胞刮到平板的一侧。将裂解液转移到 1.5 ml 的离心管中，冰上孵育 10 min。

1b）对于非贴壁细胞：转染后 48 h，转移 2×10^7 细胞到 10 ml 离心管中，2000 *g*，4℃离心 5 min。吸去上清，用 1 ml 冷冻的 PBS 重悬细胞沉淀，转移细胞到冰上预冷的 1.5 ml 离心管中，2000 *g*，4℃离心 2 min。吸去上清，用 1 ml 裂解液通过吹吸的方式重悬细胞数次，冰上孵育 10 min。

2）14 000 *g*，4℃离心 10 min。转移上清到一新的离心管中，立即使用或－70℃冻存一年，使用前冰上冻融。

用表位特异的抗体通过免疫印迹（见 10.6）直接鉴定蛋白质的表达，通过共转染表达两个或更多个带不同表位标签的蛋白质，每个不同的表位标签重组蛋白都要通过其表位特异的抗体来检测其表达水平。

3）转移0.5 ml（柱床体积）蛋白质A或蛋白质G偶联的琼脂糖介质到15 ml离心管中。加10 ml PBS，2000 *g*，4℃离心5 min，弃上清，重复2次（共洗3次）。
4）在0.5 ml PBS/0.02%的 NaN_3 中悬浮介质，立即使用此50%（*V*/*V*）的悬液或4℃储存6个月。
5）加50 μl 50%（*V*/*V*）蛋白质A或蛋白质G琼脂糖悬液（见步骤7）和5 μg正常鼠IgG预处理1 ml样品（见步骤2），4℃摇床上摇40 min。
6）2000 *g*，4℃离心2 min。转移上清到干净的管中。
7）加入1 μl表位特异的抗体。4℃摇床上摇混合物3～4 h。
8）2000 *g*，4℃离心2 min，弃上清。
9）用1 ml裂解缓冲液洗沉淀，2000 *g*，4℃离心2 min，弃上清，重复2次（共洗3次）。最后一次洗后，尽可能多地弃上清。
10）加40 μl 1.5×SDS样品缓冲液到沉淀中，煮沸5 min。短暂离心沉淀碎片，SDS-PAGE电泳（见10.3）分析20 μl上清。

当进行转染了表达载体的代谢标记细胞制备的抽提物的免疫沉淀（见10.15）时，SDS-PAGE分离的样品应用放射自显影（见附录3A）检测任何共沉淀蛋白质的存在，如果研究目的是确认两蛋白质在体内是否相互作用，从共转染不同表达构建体的细胞制备的免疫沉淀物可用免疫印迹法分析（见10.6）。表达的重组蛋白可加上不同的表位标签，可用针对一个表位的抗体免疫沉淀，接着用针对另一个表位的抗体免疫印迹，来检测它们的相互作用。

参考文献：Chen and Tjian，1996；Chiang and Roeder，1993.
撰 稿 人：Ning Zhang and Jin-Long Chen

10.15　免疫沉淀

注意：所有的溶液都必须是冰冷的，所有的操作过程都必须在4℃或冰上进行。

10.15.1　基本方案1　用非变性去垢剂溶液裂解的悬浮细胞的免疫沉淀

这一过程会释放出可溶蛋白和膜蛋白；但是，许多细胞骨架蛋白和核蛋白，以及膜蛋白的一部分，在这种条件下不能有效地提取出来。该方法可以用抗体免疫沉淀暴露于天然蛋白质表面的抗原（图10.15.1）。

材料（带√项见附录1）

未标记或标记的悬浮细胞
√PBS，冰冷
√非变性裂解缓冲液，冰冷
50%（*V*/*V*）蛋白质A-Sepharose（Sigma，Amersham Pharmacia Biotech）悬浮液溶于含0.1%（*m*/*V*）BSA和0.01%（*m*/*V*）NaN_3 的PBS
特异的多克隆抗体（抗血清或亲和纯化的免疫球蛋白）或单克隆抗体（腹水、培养液上清或纯化的免疫球蛋白）

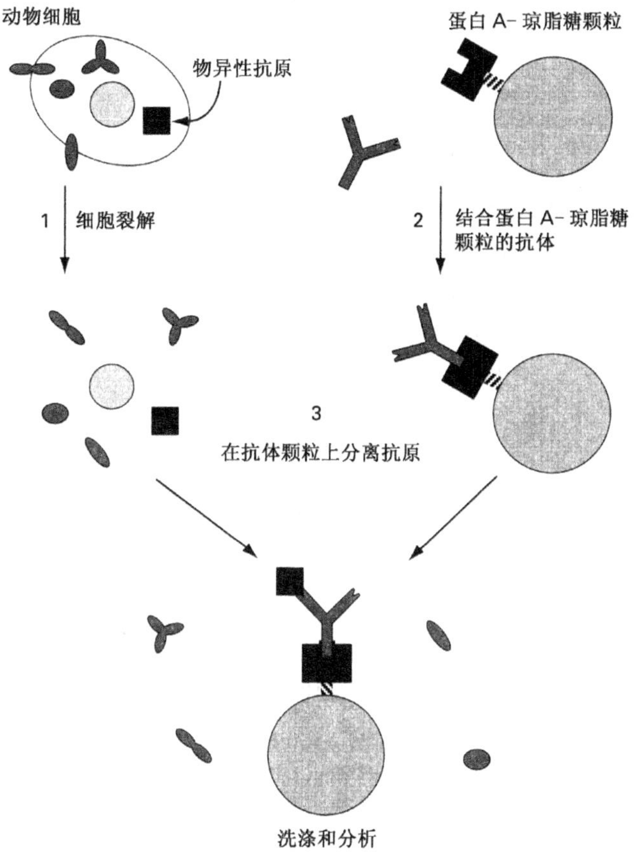

图 10.15.1 基本方案 1 中描述的免疫沉淀方案进程的示意图。①细胞裂解：在去垢剂的存在或缺少下抽提细胞得到可溶的抗原。为了增加特异性，细胞裂解物用蛋白质 A-琼脂糖颗粒预清除。②抗体固相化：特异性的抗体和蛋白质 A-琼脂糖颗粒结合。③捕捉抗原：在抗体共轭的颗粒上分离可溶性抗原。基本方案 1 使用的颗粒是由 Sepharose（琼脂糖的一种更稳定的交联形式）组成的。

与特异抗体同样类型的对照抗体（如免疫前血清或纯化的特异多克隆抗体无关免疫球蛋白；无关腹水、杂交瘤培养液上清或纯化的特异单克隆抗体的免疫球蛋白）

10%（*m*/*V*）BSA

√洗涤缓冲液，冰冷

翻滚式管子旋转器

步骤

1）4℃，400 *g* 离心 5 min，收集 $0.5\times10^7\sim2\times10^7$ 悬浮细胞于 15 ml 或 50 ml 加帽圆锥管中。将管子置于冰上。吸出上清，轻拍管底重悬细胞。

2）用冰冷 PBS 清洗细胞两次，使用起始培养液同样体积的 PBS，按步骤 1 离心。

3）加入 1 ml 冰冷非变性裂解缓冲液，在涡旋振荡器上以中速轻晃 3s。不要剧烈摇动。

4）将悬浮液置于冰上 15～30 min。转移至 1.5 ml 圆锥离心管中，4℃，微量离心机最高速离心 15 min。

5）转移上清至一新微量离心管。不要扰动沉淀，余留上清 20～40 μl。将干净的裂解液置于冰上。

细胞抽提物可以冻存于－70℃，但最好在免疫沉淀前裂解细胞。预清除之前，融解冻存的裂解物，然后于 4℃，最高速离心 15 min（见步骤 12）。

6）在 1.5 ml 圆锥微量离心管，混匀 30 μl 的 30％蛋白质 A-Sepharose 悬浮液、0.5 ml 冰冷 PBS 和特异性的抗体（选择一个）：

1～5 μl	多克隆抗血清
1 μg	亲和纯化的多克隆抗体
0.2～1 μl	含单克隆抗体的腹水
1 μg	纯化的单克隆抗体
20～100 μl	含单克隆抗体的培养液上清

如果抗体是不能结合蛋白质 A 的种类或亚类，用蛋白质 G 替换蛋白质 A（表 10.15.1）。

抗体共轭的颗粒在细胞裂解物制备（见步骤 1～5）前准备好，这是为了减少裂解物置于冰上的时间。

7）用适宜的对照抗体做非特异性免疫沉淀对照：

1～5 μl	免疫前血清
1 μg	纯化的无关多克隆抗体
0.2～1 μl	含无关单克隆抗体的腹水
1 μg	纯化的无关单克隆抗体
20～100 μl	含无关单克隆抗体的杂交瘤培养液上清

无关抗体应该是细胞裂解物中不存在的抗原决定簇。数量应该和特异性抗体相匹配，抗体应该和特异性抗体来源于同一种属。

8）彻底混匀，4℃在管式旋转仪上翻转混匀≥1h（至 24 h）。

9）以 4℃，最高速微量离心 2 s。用和真空吸气器连接的细头的 Pasteur 吸管吸取上清。

10）在颗粒中加入 1 ml 的非变性裂解缓冲液，颠倒三四次重悬。

11）重复步骤 9 和 10，然后再重复步骤 9 一次。4℃存储抗体结合的颗粒至 6 h。

12）可选：为了预清除裂解物，在微量离心管中加入 1 ml 细胞裂解物（见步骤 5）和 30 μl 50％蛋白质 A-Sepharose 悬浮液。4℃在管式旋转仪上翻转混匀 30 min。4℃最高速离心 5 min。

如果从表达免疫球蛋白的细胞制备裂解物，如脾细胞或培养的 B 细胞，预清除步骤应该重复至少 3 次以确保彻底移去内源的免疫球蛋白。

13）在含结合抗体的颗粒的离心管中加入 10 μl 的 10％BSA（见步骤 11）。加入所有的裂解物（见步骤 5 或 12）。为了避免颗粒过负载预清除材料，在预清除管中余留 20～40 μl 上清高于沉淀。如果使用非特异性免疫沉淀对照，将裂解物分成两管约 0.4 ml 等分，一份用于特异性抗体，一份用于非特异性对照。

14）4℃孵育 1～2 h，同时在管式旋转仪上翻转混匀。

15）4℃以最高速离心 5 s。用和真空吸气器连接的细头的 Pasteur 吸管吸取上清。

上清可以于 4℃保存 8 h 或在－70℃保存 1 个月，用于其他抗原的免疫沉淀或用于分析总蛋白质。

16）加入 1 ml 冰冷洗涤缓冲液至颗粒中，颠倒三四次混匀。4℃以最高速离心 2 s。吸取上清，余留约 20 μl 上清高于颗粒。重复洗涤 3 次。整个洗涤过程应该约 30

min；如有需要，在洗涤之间将样品置于冰上 3～5 min。

17）用 1 ml 冰冷 PBS 再洗一次颗粒，然后用延长的 Pasteur 吸管或配有一次性枪头的可调吸管彻底吸取上清。最终产物应该是 15 μl 的含结合抗原的颗粒。立刻分析或存储于－20℃。

18）用电泳（见 10.3 和 10.4）或免疫印迹分析（见 10.6）。

疑难解答参见本节最后的表 10.15.2。

表 10.15.1 抗体与蛋白质 A 及蛋白质 G 结合[a,b,c]

抗体	结合蛋白质 A	结合蛋白质 G[d]	抗体	结合蛋白质 A	结合蛋白质 G[d]
单克隆抗体[e]			多克隆抗体		
人 IgG1	＋＋	＋＋	小鸡	－	－
人 IgG2	＋＋	＋＋	驴	－	＋＋
人 IgG3	－	＋＋	山羊	＋	＋＋
人 IgG4	＋＋	＋＋	几内亚猪	＋＋	＋
小鼠 IgG1	＋	＋＋	仓鼠	＋	＋＋
小鼠 IgG2a	＋＋	＋＋	人类	＋＋	＋＋
小鼠 IgG2b	＋＋	＋＋	猴子	＋＋	＋＋
小鼠 IgG3	＋＋	＋＋	小鼠	＋＋	＋＋
大鼠 IgG1	＋	＋	兔子	＋＋	＋＋
大鼠 IgG2a	－	＋＋	大鼠	＋	＋
大鼠 IgG2b	－	＋＋	绵羊	＋	＋＋
大鼠 IgG2c	＋＋	＋＋			

a．＋＋，中至强结合；＋，弱结合；－，不结合。

b．蛋白质 A/G 分子的杂合体，结合蛋白质 A 和蛋白质 G 的特征，偶联于固相基质，可以从 Pierce 处得到。

c．信息来自于 Harlow 与 Lane（1999）、Amersham Pharmacia Biotech、Pierce 与 Jackson Immunoresearch。

d．天然蛋白质 G 结合来自不同种属的白蛋白。蛋白质 G 的重组变体被改造以更好地结合大鼠、小鼠、几内亚猪的 IgG，同时也避免与血清白蛋白结合。

e．蛋白质 A 除了结合 IgG，还结合一些 IgM、IgA 和 IgE 抗体，而蛋白质 G 只结合 IgG。

10.15.2 备择方案 1 用非变性去垢剂溶液裂解的贴壁细胞的免疫沉淀

附加材料（亦见基本方案 1）

在组织培养皿以单层状态生长的未标记或标记细胞（见 10.17）

步骤

橡胶细胞刮

1）用冰冷的 PBS 清洗贴壁于组织培养皿的细胞两次。用与真空阱连接的 Pasteur 吸管吸出 PBS。将皿放置在冰上。

2）在组织培养皿中加入冰冷的非变性裂解缓冲液（如一 80%～90%铺满的 100 mm 直径的培养皿需 1 ml 裂解缓冲液）。取决于细胞类型，一个铺满的 100 mm 直径的培养皿一般含有 0.5×10^7～2×10^7 细胞。

3）用橡胶细胞刮将细胞从皿上刮落。转移至 1.5 ml 锥形离心管中，轻柔振荡 3 s，在冰上放置 15～30 min。

4）预清除裂解物，进行免疫沉淀（见基本方案 1 步骤 4～18）。

10.15.3 备择方案 2 用变性去垢剂裂解的细胞的免疫沉淀

如果天然蛋白质的抗原不能接近抗体，或者用非离子型去垢剂不能从细胞抽提出抗原，细胞应该在变性条件下溶解。只有能和变性蛋白质反应的抗体才能用于由这个方案溶解的蛋白质的免疫沉淀。这方案可以修改以适用于贴壁细胞（见备择方案 1）。

附加材料（亦见基本方案 1；带√项见附录 1）

√变性裂解缓冲液

95℃热激（Eppendorf Thermomixer 5436 或与其相当）

与 1 ml 注射器连接的 25-G 针头

步骤

1）收集悬浮培养液中的细胞（见基本方案 1 步骤 1 和 2）。将管置于冰上。加入 100 μl 的变性裂解缓冲液，以最高速涡旋振荡 2～3 s 重悬细胞。

2）转移悬浮液至一 1.5 ml 圆锥形离心管中，95℃热激 5 min。

3）用 0.9 ml 非变性缓冲液稀释悬浮液。轻柔混匀。

这将 SDS 隐蔽到 Triton X-100 分子团里。

4）将悬浮液 5～10 次地穿过连接于 1 ml 注射器的 25-G 针头，以此方式剪切 DNA。在冰上孵育 5 min。

5）预清除上清，进行免疫沉淀（见基本方案 1 步骤 4～18）。

10.15.4 备择方案 3 不用去垢剂裂解的细胞的免疫沉淀

免疫沉淀那些在细胞内呈可溶性状态的蛋白质（如胞质的或腔内细胞器的蛋白质）时通常不需要使用去垢剂。

附加材料（亦见基本方案 1；带√项见附录 1）

√无去垢剂的裂解缓冲液

与 3 ml 注射器连接的 25-G 针头

步骤

1）收集和洗涤悬浮液细胞（见基本方案 1 步骤 1 和 2）。

2）加入 1 ml 冰冷的无去垢剂裂解缓冲液，在涡旋振荡仪上以中速轻柔振荡 3 s 重悬细胞。

3）将悬浮液 15～20 次地穿过连接于 3 ml 注射器的 25-G 针头，以此方式使细胞破裂。

在明场或相差显微镜下检测细胞的破裂程度，重复该过程直到>90%的细胞都破裂。

如果细胞对机械破坏极具抗性，可以在机械破坏前将它们溶胀于4℃的含10 mmol/L Tris·Cl, pH 7.4的低渗溶液10 min。

4）预清除裂解物，进行免疫沉淀（见基本方案1步骤4～18），除了在步骤10中使用无去垢剂的裂解缓冲液。

10.15.5 备择方案4 用抗体-Sepharose偶联物免疫沉淀

本方案的操作步骤如图10.15.2所示，它取决于蛋白质抗原和共价结合在Sepharose上的特异单克隆（或多克隆）抗体形成不溶性免疫复合物。

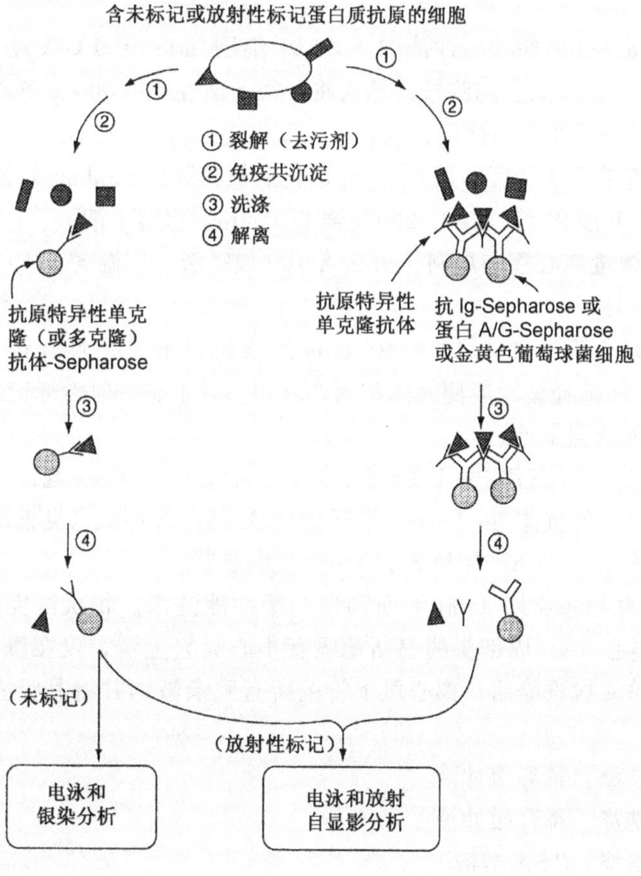

图10.15.2 使用抗体-Sepharose（左侧，见备择方案4）或抗Ig血清（右侧，见备择方案5）进行的免疫沉淀方案进程的示意图。①细胞裂解；②用和Sepharose颗粒共价结合的特异性抗体（左侧）或用和抗Ig血清结合的特异性抗体（右侧）进行免疫沉淀；③洗涤；④抗原-抗体复合物在电泳上样缓冲液中解离。

材料（亦见基本方案1；带√项见附录1）

未标记细胞，表面标记细胞（如^{125}I或生物素；见3.15）或生物合成标记细胞

(^{35}S-, ^{3}H-, ^{14}C-)（见 10.17）

√Triton X-100 裂解缓冲液

√稀释缓冲液

抗体（Ab)-Sepharose 偶联物（见辅助方案）

活化后被猝灭的 Sepharose（对照），制备方法如抗体-Sepharose 一样，但不加抗体或加非相关抗体。

√Tris/盐/叠氮化物（TSA）溶液

√0.05 mol/L Tris · Cl，pH 6.8

√2×SDS/样品缓冲液

步骤

1）细胞在 Triton X-100 裂解缓冲液中（5×10^7 细胞/ml）于 4℃放置 1 h 后，再于 4℃ 3000 *g* 离心 10 min 除去细胞核，然后将所得上清在 100 000 *g* 离心 1 h，保存上清。上清必须在制备后几天内使用，或在－70℃储存。

2）对 200 μl 上清进行预处理，加入 10 μl 活化后被猝灭的 Sepharose 对照。在旋转摇床中室温振荡 2 h 或在 4℃过夜。200 *g* 离心 1 min，保留上清。

3）在 1.5 ml 的微量离心管中加满 Triton X-100 裂解液，室温孵育 10 min，对其进行预包被。吸去液体。

4）在预包被的离心管中加入 10^5～10^6 cpm 的含抗原的放射性标记上清（^{125}I 或 ^{35}S）（见步骤 2），加稀释缓冲液使终体积为 200 μl。对于非放射性标记的样品，用 0.2～1 ml 的预处理的裂解液。

上述放射活性的推荐量适用于每个细胞多于 1000 个抗原分子的真核细胞。

5）加入 10 μl 1∶1 的抗体-Sepharose 偶联物胶浆/稀释缓冲液（见辅助方案）。4℃在旋转摇床中振荡 1.5～3 h，保持 Sepharose 呈混悬状。

6）Sepharose 偶联物依次用 1 ml 下面列出的缓冲液洗涤。每次洗完后，200 *g* 离心 1 min 或微量离心 5 s。以细头的巴斯德吸管小心吸去上清，仅在沉淀的上面留 10 μl 的液体。在第 4 次洗涤后，离心甩下管壁所有残余液滴并将其吸去，沉淀上仅留下约 10 μl。

第 1 次洗涤：稀释缓冲液

第 2 次洗涤：稀释缓冲液

第 3 次洗涤：TSA 溶液

第 4 次洗涤：50 mmol/L Tris · Cl，pH 6.8 缓冲液

7）加入 20～50 μl 2×SDS 样品缓冲液。由于样品缓冲液比重大于洗涤缓冲液，它可渗透到 Sepharose 中，不要用涡旋混合器旋起 Sepharose，以免使之黏附在缓冲液液面以上的管壁。盖紧盖子，于 100℃保温 5 min。

8）用涡旋混合器混匀，200 *g* 离心 1 min 或微量离心 5 s。SDS-PAGE 分析上清（见 10.3）。使用增感屏（^{125}I）进行放射自显影（见附录 3A），或荧光自显影（^{35}S、^{14}C 或 ^{3}H）或比色或化学发光法（生物素酰化的蛋白质；见 3.15）检测标记蛋白质。

10.15.6 辅助方案 制备抗体-Sepharose偶联物

本方案用溴化氰活化法将抗体共价连接到 Sepharose（不可溶，大分子孔径的色谱基质）上。

附加材料（带√项见附录 1）

1～30 mg/ml 抗原特异性单克隆抗体或多克隆抗体
0.1 mol/L $NaHCO_3$/0.5 mol/L NaCl
Sepharose CL-4B（高分子质量抗原采用 Sepharose CL-2B，Amersham Pharmacia Biotech）
0.2 mol/L Na_2CO_3
√溴化氰（CNBr）/乙腈
1 mmol/L 和 0.1 mol/L HCl，冰冷
50 mmol/L 甘氨酸（或乙醇胺），pH 8.0
√Tris/盐/叠氮化物（TSA）溶液
透析管（MWCO>10 000）
Whatman 1 号滤纸
布氏漏斗
Erlenmeyer 三角抽滤瓶
水泵

步骤

1）1～30 mg/ml 的抗体在 4℃对 0.1 mol/L $NaHCO_3$/0.5 mol/L NaCl 透析 24 h（见附录 3C），期间换液 3 次。透析液的体积应 500 倍于抗体溶液。
2）于 4℃ 100 000 *g* 离心 1 h，除去聚集体，保存上清。
3）取小份上清测 A_{280} 确定抗体的浓度（IgG mg/ml = A_{280}/1.44）。用 0.1 mol/L $NaHCO_3$/0.5 mol/L NaCl 稀释抗体至 5 mg/ml（或与所需抗体-Sepharose 的浓度），于 4℃保存。测此溶液的 A_{280} 以备步骤 11 使用。
4）让浆状的 Sepharose 在烧杯中沉降，吸出并弃上清。称出所需量的 Sepharose（假设其密度为 1.0）。
5）用 Whatman 1 号滤纸、布氏漏斗、Erlenmeyer 三角抽滤瓶并将之连接到水泵上组装一套过滤装置，在此过滤装置中以 10 倍体积的水洗涤 Sepharose。
6）将 Sepharose 移至 50 ml 烧杯，加入等体积的 0.2 mol/L Na_2CO_3。
7）在室温下按每 100 ml Sepharose 加 3.2 ml CNBr/乙腈的量活化 Sepharose。在磁力搅拌器轻柔搅拌下，慢慢用巴斯德吸管滴加 CNBr/乙腈，持续 1 min 以上，然后继续轻柔搅拌 5 min（过度和剧烈的搅拌会导致 Sepharose 颗粒破碎）。

小心：活化需在通风橱中进行。

8）按步骤 5 快速过滤 Sepharose，抽气至半干状（即抽至成块状的 Sepharose 干裂，并

失去光泽)。

9) 用10倍体积的冰冷1 mmol/L HCl洗涤，接着以2倍体积的冰冷0.1 mmol/L HCl洗。以足够的冰冷0.1 mmol/L HCl让Sepharose复水，使之重新恢复光泽，但液体不要超出其表面。

CNBr活化的Sepharose可从Pharmacia购买，但偶联容量会低些。

10) 立即将称量好的Sepharose移至一烧杯（假设其密度为1.0），加入溶解于0.1 mol/L $NaHCO_3$/0.5 mol/L NaCl（见步骤2）中的等体积抗体溶液。用磁力搅拌器或室温搅拌2 h或4℃过夜。

11) 加入50 mmol/L的pH 8.0的甘氨酸（或乙醇胺）溶液，以饱和Sepharose上的剩余活性基团，并让胶浆沉降。吸出部分上清，离心去残余Sepharose后，测其A_{280}，并与步骤3测出的抗体溶液的浓度比较，以确定偶联效率。

12) 抗体-Sepharose保存于TSA溶液。

10.15.7 备择方案5 用抗Ig血清免疫沉淀放射性标记抗原

本方案基于抗原与其特异性抗体形成可溶性免疫复合物，接着以抗Ig血清中的抗体使免疫复合物发生免疫沉淀。

附加材料（亦见备择方案4）

正常血清

抗Ig血清（Zymed Laboratories）

抗原特异性抗血清，或抗原特异性的纯化单克隆抗体（MAb），或抗原特异性杂交瘤培养上清。

步骤

按备择方案4进行，但以下操作步骤进行相应调整：

2a) 按每毫升放射性标记抗原加入2 μl正常血清的量进行预澄清处理。加入适量的抗Ig血清，于4℃放置12～18 h。1000 *g*离心10 min，保留上清。

正常血清是Ig抗体的来源，抗Ig血清的使用量须通过滴定Ig或放射性标记抗原来确定，对高滴度的抗Ig血清，其用量应20～40倍体积于抗原特异性抗血清；每微克纯化的单克隆抗体加2～4 μl；或1/3体积的杂交瘤培养上清。

5a) 加入1 μl抗原特异性抗血清，3 μg抗原特异性纯化单抗，或抗原特异性杂交瘤培养上清（克隆细胞系来源的加30 μl，或未克隆细胞系来源的加100 μl）。用涡旋混合器混匀，于4℃放置2 h。然后加入合适量的抗血清，涡旋混合器混匀后，于4℃放置12～18 h。

6a) 按基本方案洗涤免疫沉淀物，但以1000 *g*离心7 min。

7a) 按描述加入SDS样品缓冲液。但先在56℃保温1 h，然后在100℃保温5 min。

沉淀蛋白质迅速加热至100℃会发生不可逆聚集，所以起初的56℃保温通过减少不可逆的聚集的产生增加了免疫沉淀的解离。

10.15.8 基本方案2 免疫沉淀-重俘获

一旦抗原由免疫沉淀分离出来后，它可以从颗粒上解离下来，用同样的抗体或不同的抗体再免疫沉淀（重俘获）下来。同样的抗体的免疫沉淀-重俘获，在起始的免疫沉淀含有很多条带而不能明确鉴定的情况下，可以鉴定一种特异性抗原。在第二次免疫沉淀中使用不同抗体，免疫沉淀-重俘获可用于分析多蛋白质复合体的亚基组分。这种方法的可行性取决于第二种抗体能识别变性抗原的能力。

材料（带√项见附录1）

√洗脱液

含结合抗原的颗粒（见基本方案1）

10%（*m*/*V*）BSA

√非变性裂解缓冲液

设定为95℃的加热器（Eppendorf Thermomixer 5436或与其相当）

步骤

1）在15 μl含结合抗原的颗粒中加入50 μl洗脱液，涡旋振荡。在室温孵育5 min，95℃加热5 min。冷却至室温。

2）加入10 μl 10%BSA，轻柔涡旋振荡混匀。

3）加入1 ml非变性裂解缓冲液，室温孵育10 min。

4）预清除裂解物，进行第二次免疫沉淀（见基本方案1步骤4～18）。

表10.15.2 免疫沉淀的疑难解答指南

问题	原因	解决办法
没有特异性放射性标记抗原的条带		
长时间放射自显影曝光后胶彻底空白	细胞标记太弱：太少的放射性标记的前体，太少的标记细胞，标记过程中细胞裂解/遗失，标记混合物中太多非标记氨基酸，错的标记温度	通过TCA沉淀检测标记掺入；检修标记过程中的故障
只有非特异性条带出现	抗原不含用于标记的氨基酸	用另一个放射性标记的氨基酸标记细胞，或对糖蛋白，使用含氚的糖
	抗原的表达量低	用其他方法检测已知表达抗原水平高的细胞替代；转染细胞以取得更高的表达水平
	蛋白质代谢率高，不能用长期标记法很好地标记	使用脉冲标记
	蛋白质代谢率低，不能用短期标记法很好地标记	使用长期标记
	蛋白质不能被用于溶解细胞的裂解缓冲液抽提出来	用另一种不同的非变性去垢剂或在变性条件下溶解
	抗体不能沉淀	鉴定和使用能沉淀抗原的抗体

续表

问题	原因	解决办法
	抗原决定簇没暴露天然抗原	在变性条件下抽提细胞
	抗体不能识别变性抗原	在非变性条件下抽提细胞
	抗体不能结合免疫吸附剂	使用另一种免疫吸附剂；使用媒介抗体
	抗原在免疫沉淀过程中降解	确保新鲜的蛋白酶抑制剂的存在
非特异性条带的高背景		
胶上单独的泳道背景高	去垢剂-不溶性蛋白质的随机遗留	离心后立刻去除上清，余留少部分沉淀；如果悬浮液出现，再次离心
所有的泳道背景高	洗涤不完全	洗涤过程中盖上盖子，颠倒数次
	放射性标记蛋白质不完全	优化标记时间以最大化信噪比
	去垢剂-不溶性的蛋白质去除不完全	100 000 *g* 离心裂解物 1 h
	缺少足够多的未标记蛋白质去封闭非特异性结合	增加 BSA 浓度
	抗体含有聚集体	在结合磁珠前最高速离心抗体 15 min
	抗体溶液中含有非特异性抗体	使用亲合纯化的抗体；用不表达抗原的人工培养细胞的丙酮抽提液吸收抗体
	太多的抗体	使用较少的抗体
	不彻底的预清除	用同种属来源的无关抗体和结合免疫吸附剂的免疫球蛋白亚基进行预清除
	非特异性免疫沉淀蛋白质	在免疫沉淀前对细胞裂解物分部（如硫酸铵沉淀、血凝素吸收或凝胶过滤）；在洗涤缓冲液中洗涤过后，用含 0.1%SDS 的洗涤缓冲液或用 0.1% SDS/0.1%脱氧胆酸钠洗涤磁珠一次
免疫印迹中检测到免疫沉淀的抗体		
免疫印迹中可见的完全免疫球蛋白或重链或轻链	蛋白质 A 共轭或二级抗体识别免疫沉淀的抗体	使用共轭偶联于固相基质的抗体做免疫沉淀；用不同种属的初级抗体进行探针印迹和合适的二级抗体特定用于免疫印迹的初级抗体

参考文献：Harlow and Lane，1999；Hjelmeland and Chrambach，1984.
撰 稿 人：Juan S. Bonifacino，Esteban C. Dell'Angelica，and Timothy A. Springer

10.16 克隆化基因的体外转录和翻译

基本方案

使用该方法，简单地通过改变 DNA 模板可以得到任何指定的突变蛋白质。

材料（带√项见附录 1）

含 SP6 或 T7 噬菌体启动子的质粒 DNA

含克隆化基因的DNA或编码目标蛋白的cDNA
√TE缓冲液
√5×核苷三磷酸混合液
10×SP6/T7噬菌体RNA聚合酶缓冲液（见3.2）
10 mmol/L亚精胺（仅用于SP6 RNA噬菌体聚合酶）
胰腺RNA酶抑制剂（如Promega公司的RNAsin）
SP6或T7噬菌体RNA聚合酶（见3.6）
异丁醇
体外翻译试剂盒（麦胚提取物或网织红细胞裂解液）
[^{35}S] 标记甲硫氨酸（1400 Ci/mmol）
0.1 mol/L NaOH
10%（*V*/*V*）三氯乙酸（TCA）
EN^{3}HANCE（DuPont NEN）

步骤

1）亚克隆编码蛋白质的目的DNA片段于含SP6或T7RNA聚合酶启动子的质粒载体（如pSP64），使其位于启动子的下游（见3.13）。

蛋白质编码序列必须是连续的（其间没被内含子隔断）和以正确的方向克隆于噬菌体启动子的下游，以使正确的起始密码子是合成RNA的第1个AUG和相对靠近（25～100碱基）RNA的5′端。

2）通过CsCl/溴化乙锭离心（见1.7）或PEG沉淀制备质粒DNA。

3）用位点在终止密码子的立即下游处（理想是50～200碱基）而不存在于蛋白质编码区中的限制酶（见3.1）切割10 μg DNA。取小份样品在琼脂糖凝胶电泳中检测切割程度（见2.6）。

4）酚抽提及乙醇沉淀纯化DNA（见2.1），重溶于50 μl TE缓冲液（此DNA的量已足以进行10次独立的体外转录和翻译反应）。

5）在室温建立如下的25 μl的反应混合液：

8 μl H_2O
5 μl DNA（总量1 μg）
5 μl 5×核苷三磷酸混合液
2.5 μl 10×SP6/T7噬菌体RNA聚合酶缓冲液
2.5 μl 10 mmol/L亚精胺（仅用于SP6噬菌体RNA聚合酶）
1 μl RNAsin（30～60U）
1 μl SP6/T7RNA聚合酶（5～20 U）

于40℃保温60 min，如用T7噬菌体RNA聚合酶反应，不加亚精胺，补加2.5 μl水。

6）加入25 μl缓冲液平衡酚，振荡混匀，立即抽提。转移水相于一个新微量离心管中，以异丁醇抽提两次。

7）加入6 μl 10 mol/L乙酸铵和70 μl乙醇，沉淀RNA并以乙醇洗1次。重溶RNA于24 μl TE缓冲液，重复乙醇沉淀和洗涤。重溶RNA沉淀于10 μl TE缓冲液，RNA

应立即进行体外翻译或急冻后存于－70℃。

8) 按厂商的说明书往体外翻译试剂盒的配套试剂加入 1～10 μl RNA。加入 15 μCi [^{35}S]标记甲硫氨酸（1400 Ci/mmol）放射标记该蛋白质。包括一份不加 RNA 的对照。典型的反应在 30 μl 体积室温进行 30～60 min。反应完成后，可立即使用蛋白质或在 0～4℃保存 1 周。

   翻译反应通常都使用商业化试剂盒，一般用的是麦胚抽提物或网织红细胞裂解液。尽管价格偏贵，但仍推荐使用，因为活化的翻译抽提物难以制备。

9) 取 1 μl 翻译反应的产物加入到 50 μl 0.1 mol/L NaOH，于 37℃放置 15 min。加入 1 ml 10%TCA 在冰上放置 15 min。

10) 将沉淀收集于玻璃纤维滤膜上，用液闪计数仪定量掺入［^{35}S］标记甲硫氨酸（见 3.2）。比较样品和对照（无 RNA）的掺入，估计蛋白质的合成量。

   麦胚抽提物无内源的甲硫氨酸，使得计算简单；而网织红细胞裂解液含有不同量的内源甲硫氨酸。

11) 取 3 μl 翻译反应产物，用单向 SDS-PAGE 分析（见 10.3），电泳包括蛋白质分子质量标准。用 EN3HANCE 荧光自显影和放射自显影（见附录 3A）使［^{35}S］标记蛋白质显迹。

参考文献：Melton et al.，1984.

撰 稿 人：Kevin Struhl

10.17 氨基酸代谢标记

代谢标记技术用于研究蛋白质的生物合成、加工、细胞内运输、分泌、降解和物理化学特性。

10.17.1 ［^{35}S］标记复合物操作的安全预防

当操作放射性物质时，必须采取合适的预防措施来避免对实验人员和环境的污染。根据当地放射安全部门官员的指导，在指定的地点进行实验和废物处理（见附录 3G)。因为已经发现含有［^{35}S］标记复合物的溶液可以释放挥发性的放射性物质（Meisenhelder and Hunter，1988)，在使用［^{35}S］标记的氨基酸时也要采取另一些额外的预防措施：

1) 含有［^{35}S］标记的复合物的小管应一直在带有活性炭滤网的通风橱内操作。包括融化溶液，开启小管，在标记培养基中加入放射性标记的氨基酸。在开启小管前，小管应用带有活性炭注射器的针头通气。应避免该操作对组织培养通风橱的污染。
2) 尽可能减少［^{35}S］标记的溶液在空气中的暴露。
3) 使用放射性物质专用的水浴、孵育器和离心机。在 CO_2 培养箱里放入一个装有一层活性炭的盘子，以减少在细胞标记过程中［^{35}S］标记的化合物释放到空气中。也可将带有活性炭（β-Safe，Schleicher & Schuell）的滤网装在组织培养皿的盖子上。
4) 在标记期间通过擦拭测验来监测地点污染。

5）用适当的预防措施快速处理［^{35}S］标记的固体和液体废弃物。

10.17.2 基本方案 ［^{35}S］标记甲硫氨酸对悬浮培养细胞的脉冲标记

在含有放射性标记氨基酸的培养基中，短期培养细胞（≤30 min）对蛋白质进行脉冲标记。

材料（带√项见附录1）

［^{35}S］标记L-甲硫氨酸（>800 Ci/mmol）或［^{35}S］标记蛋白质水解产物（>1000 Ci/mmol）

√脉冲标记培养基，加热至37℃

细胞悬液（如Jurkat、RBL、K562、BW5147、T和B细胞杂交瘤），生长于潮湿、37℃、5% CO_2温箱中或从组织中制备（如淋巴细胞）。

√PBS，冷冻

配有液体同位素垃圾阀门的真空吸气器

步骤

1）室温融化［^{35}S］标记甲硫氨酸，并用预热的（37℃）脉冲标记培养基制备0.1～0.2 mCi/ml的工作溶液。

注意：在标记过程中，挥发性的含有［^{35}S］标记的化合物可能会释放，含有［^{35}S］标记甲硫氨酸的培养基应保存在密闭紧盖的试管中，用前置于37℃水浴。在37℃不能超过60 min。

2）室温下300 *g*离心5 min，获得悬液中0.5×10^7～2×10^7细胞。用10 ml预热的脉冲标记培养基洗细胞。室温下300 *g*离心5 min，吸弃上清。轻柔敲打试管底部使细胞重悬并再洗一次。

3）用预热脉冲标记的培养基重悬细胞，使其浓度为5×10^6/ml。在37℃水浴中温育15 min以去掉细胞内的甲硫氨酸。定时颠倒试管来使细胞重悬。

4）室温下300 *g*离心5 min，吸弃上清。用2 ml［^{35}S］标记甲硫氨酸的工作溶液（见步骤1）重悬细胞，转移至干净15 ml离心管中。盖紧盖子。在37℃水浴中温育10～30 min，不时轻柔颠倒试管或振荡使细胞重悬。

5）4℃、300 *g*离心5 min，吸弃上清。用10 ml冰预冷的PBS轻柔重悬并再次离心。

脉冲标记不会使培养基中的标记物完全丧失，因此标记混合物可以重复使用。收集标记的培养基，小心地用0.45 μm的滤器滤过。细胞标记前后通过闪烁记数标记混合物来估计未掺入放射活性的百分比。－20℃冷冻条件下标记的混合物可以保存2个月。

6）可选：通过三氯乙酸（TCA）沉淀来测定标记物的掺入量（见辅助方案）。

7）如果细胞沉淀不马上使用的话，可以置于冰上几小时或－80℃保存几天。分析前冰上融化细胞沉淀。

在大多数情况下，冷冻细胞不会影响蛋白质的生物化学特性，但是在用去污剂溶解后再冻融细胞抽提物可引起多亚单位复合物的解离或标记蛋白质降解。

10.17.3 备择方案1 贴壁细胞的 [^{35}S] 甲硫氨酸脉冲标记

附加材料（亦见基本方案）

贴壁细胞（如 HeLa、NRK、M1、COS-1、CV-1，或原代培养的成纤维细胞或内皮细胞）

100 mm 组织培养皿

步骤

1）在 100 mm 组织培养皿中培养细胞到 80%～90%融合（$0.5\times10^7\sim2\times10^7$ 细胞，取决于细胞类型）。

2）如上所述制备 [^{35}S] 甲硫氨酸的工作液体（见基本方案步骤 1）。

3）吸弃上清并用 10 ml 预热（37℃）脉冲标记培养基轻柔洗细胞 2 次，弃掉洗液。

4）加 5 ml 预热脉冲标记培养基，在潮湿、37℃、5% CO_2 培养箱内孵育 15 min，以除去细胞内的甲硫氨酸。

5）弃掉细胞上的培养基，加入 2 ml [^{35}S] 甲硫氨酸的工作液体（见步骤 2），在 CO_2 培养箱内孵育 10～30 min。

6）弃掉细胞上的培养基。用 10 ml 冷冻的 PBS 洗细胞并弃掉 PBS。加 10 ml 冷冻的 PBS，并用塑料刮子或橡胶细胞刮小心刮取收集细胞。

7）转移悬液到 15 ml 离心管中，4℃，300 *g* 离心 5 min，弃上清。

如果在标记过程中细胞明显脱落，有必要将含有 [^{35}S] 甲硫氨酸的工作液中的细胞小心刮取，并将悬液转移到 15 ml 离心管中，在用 PBS 洗涤前离心。

8）可选：通过 TCA 沉淀法测定标记掺入的量（见辅助方案）。

如果细胞沉淀不马上使用的话，见基本方案步骤 7。

10.17.4 备择方案2 [^{35}S] 甲硫氨酸脉冲示踪标记细胞

附加材料（亦见基本方案和备择方案 1；带√项见附录 1）

√示踪培养基，37℃

步骤

1）每个时间点和每个样品准备 $0.5\times10^7\sim2\times10^7$ 细胞，每 $0.5\times10^7\sim2\times10^7$ 细胞用 2 ml 0.1～0.2 mCi/ml [^{35}S] 甲硫氨酸脉冲标记 10～30 min（见基本方案步骤 1～4，或见备择方案 1 步骤 1～5）。

2）去除 [^{35}S] 甲硫氨酸的工作溶液，用 10 ml 37℃的示踪培养基洗一次，并加入 10 ml 37℃的示踪培养基。

将 2 倍体积含有过量未标记甲硫氨酸（15 mg/L）的示踪培养基直接加入到标记混合物中，能够快速终止标记反应。

示踪≤2 h，细胞悬液的最终浓度应该是 2×10^6 细胞/ml，或示踪＞2 h，用 0.5×10^6 细胞/ml。

对贴壁细胞而言，加 10 ml/100 mm 平皿。

3）37℃培养到预期时间。拧紧试管盖子在旋转情况下培养细胞悬液。在 CO_2 培养箱里孵育贴壁细胞。

4）刮取贴壁细胞并转移到 15 ml 离心管。收集刮取的细胞或细胞悬浮液于 4℃ 300 *g* 离心 5 min。

上清可以弃掉，也可以收集起来用于分析分泌或脱落到培养基中的蛋白质。

5）可选：通过 TCA 沉淀法测定标记掺入的量（见辅助方案）。

如果细胞沉淀不马上使用的话，见基本方案步骤 7。

10.17.5 备择方案 3 [^{35}S] 甲硫氨酸的长期细胞标记

长期标记意味着对细胞进行 6～32 h 持续的代谢标记。该方法特别适用于研究合成速度相对较慢的蛋白质或研究成熟的标记蛋白而不是生物合成的前体。稳定状态的标记是长期标记的一种形式，在此过程细胞和放射性标记的氨基酸一起孵育直至放射性标记蛋白的合成和降解速率相当。如果蛋白质复合体中的亚基的初级结构已知，该方法可以对这些亚单位进行化学计量。所加入的未标记的甲硫氨酸量依赖于某些因素，如标记的时间和细胞浓度。通常使用的培养基中含有 5%～20%正常的非标记甲硫氨酸含量。

附加材料（亦见基本方案和备择方案 1；带√项见附录 1）

√长期标记培养基，加热至 37℃

75 cm^2 组织培养瓶

步骤

1）在预热的 37℃长期标记培养基中制备 0.02～0.1 mCi/ml [^{35}S] 甲硫氨酸工作溶液（见基本方案步骤 1）。

2a）*对于悬浮细胞*：用预热的长期标记培养基准备并洗细胞一次（见基本方案步骤 2）。在 25 ml 0.02～0.1 mCi/ml [^{35}S] 甲硫氨酸工作溶液中重悬 0.5×10^7～2×10^7 细胞，并转移到 75 cm^2 组织培养瓶中。

2b）*对贴壁细胞*：75 cm^2 组织培养瓶中生长 0.5×10^7～2×10^7 的贴壁细胞（80%～90%融合），在 CO_2 培养箱中。用预热的长期标记培养基洗细胞一次（见备择方案 1 步骤 3）。每个 75 cm^2 组织培养瓶中加入 25 ml 0.02～0.1 mCi/ml [^{35}S] 甲硫氨酸工作溶液。

3）拧紧盖子以防 [^{35}S] 标记的化合物挥发。在 CO_2 培养箱内培养 16 h。

4）洗细胞并测定掺入量（见基本方案步骤 5～7；或备择方案 1 步骤 6～8）。

10.17.6 备择方案 4 用其他放射性标记的氨基酸进行代谢标记

在一些情况下，用其他放射性标记的氨基酸而不是 [^{35}S] 标记的甲硫氨酸对蛋白质进行标记是很必要的，如蛋白质的甲硫氨酸含量较低或根本就没有甲硫氨酸残基。最

好的选择是 [^{35}S] 标记的半胱氨酸或 [^{3}H] 标记的亮氨酸。尽管半胱氨酸不稳定，蛋白质中半胱氨酸含量较甲硫氨酸丰富（分别为3.4%，1.8%；表10.17.1）。可以从几家公司购买到具有高比活性的 [^{35}S] 标记的半胱氨酸（>800 Ci/mmol）。亮氨酸的优势在于其在蛋白质中含量最高（10.4%），并且 [^{3}H] 标记的亮氨酸在 [^{3}H] 标记的氨基酸中比活最高（190 Ci/mmol）。如果已知蛋白质中某一种氨基酸含量丰富，或是将要进行一种特殊方法处理（如放射化学测序或多重标记），还可使用 [^{3}H] 标记的其他氨基酸。标记程序和标记 [^{35}S] 半胱氨酸一样，但在标记培养基中应略去和标记氨基酸相应的未标记氨基酸。

表 10.17.1　用于蛋白质代谢标记的放射性标记氨基酸

氨基酸[a]	频率[b]/%	放射性同位素	比活性/（Ci/mmol）	注释[c]
亮氨酸	1	^{3}H	5～190	E
	0.4			
丝氨酸	8.1	^{3}H	5～40	T，I
谷氨酸	7.3	^{3}H	15～80	T，I
赖氨酸	7.0	^{3}H	40～110	E
丙氨酸	7.0	^{3}H	10～85	T
缬氨酸	6.2	^{3}H	10～65	E
甘氨酸	5.7	^{3}H	10～60	T，I
苏氨酸	5.6	^{3}H	5～25	E
精氨酸	5.0	^{3}H	30～70	E
天冬氨酸	4.9	^{3}H	10～50	T，I
脯氨酸	4.9	^{3}H	15～130	—
谷氨酸盐	4.5	^{3}H	20～60	T，I
苯丙氨酸	4.5	^{3}H	15～140	E
酪氨酸	3.6	^{3}H	15～60	—
天冬酰胺[d]	3.5	—	—	—
半胱氨酸	3.4	^{35}S	>800	—
异亮氨酸	2.9	^{3}H	30～140	E
组氨酸	2.5	^{3}H	30～70	E
甲硫氨酸	1.8	^{35}S	>800	E
色氨酸	1.3	^{3}H	20～30	E

a. 表中所有的氨基酸为左旋构象。

b. 蛋白质中氨基酸残基频率，来源于 Lathe（1985）。

c. E，必需氨基酸；T，转氨作用修饰的氨基酸（Coligan et al.，1983）；I，被细胞转变成其他氨基酸。

d. 天冬酰胺很难进行标记（Coligan et al.，1983）。

10.17.7　辅助方案　TCA沉淀测定标记掺入量

监测掺入总细胞蛋白质的放射活性，可以BSA作载体蛋白，用三氯乙酸（TCA）沉淀，很容易做到。

材料（带√项见附录1）

被标记的细胞悬液（见基本方案或备择方案1～4）

0.1%（m/V）BSA/0.02%（m/V）NaN_3

√10%TCA 溶液，冷冻

乙醇

连接真空管道的滤过装置

2.5 cm 玻璃微纤维滤膜（Whatman GF/C）

注意：TCA 有强烈腐蚀性。在制备和操作 TCA 溶液时注意保护眼睛并避免皮肤接触。

步骤

1）加 10～20 μl 被标记的细胞悬液到 0.1 ml 0.1%（m/V）BSA/0.02%（m/V）NaN_3 中，置于冰上。

2）加 1 ml 冷冻的 10%（m/V）TCA 溶液。剧烈振荡混匀，在冰上孵育 30 min。

3）在真空滤过装置内，滤过细胞悬液到 2.5 cm 玻璃微纤维滤膜上。

4）用 5 ml 冷冻 10%TCA 溶液洗膜 2 次，再用乙醇洗 2 次。空气干燥 30 min。

注意：洗液应按照混合化学/放射性废弃物处理。根据安全规程进行处理。

5）在玻璃微纤维滤膜上点同样体积（见步骤 1，10～20 μl）的放射性标记的细胞悬液，在空气中干燥。

6）转移滤膜到 20 ml 闪烁管里，加 5 ml 闪烁记数溶液，用闪烁记数仪测定放射活性。

7）计算 TCA 沉淀标记（见步骤 4）与总放射活性的比值（见步骤 5）。

参考文献：Coligan et al.,1983.

撰 稿 人：Juan S. Bonifacino

10.18 分离蛋白质用于微量序列分析

10.18.1 基本方案 1 测定通过 SDS-PAGE 转移到 PVDF 膜上样品的氨基酸序列

材料（带√项见附录 1）

分离胶和积层胶溶液（表 10.18.1）

√4×凝胶缓冲液

谷胱甘肽，还原型干粉（Sigma）

√10×下槽缓冲液

√10×上槽缓冲液

巯基乙酸，钠盐

溶于样品缓冲液的蛋白质样品（见辅助方案）

对照蛋白质（如 β-乳球蛋白；Applied Biosystems 或 Sigma）

甲醇

√转移缓冲液

0.1%（V/V）考马斯亮蓝的 50%甲醇溶液

10%（*V*/*V*）乙酸的50%甲醇溶液
微量注射器或凝胶加样吸头
PVDF膜（如Immoblion-P或-PSQ，Millipore；ProBlott，Applied Biosystems）
小型电转装置（Midget MultiBlot，Hoefer或Pharmacia LKB；Mini Trans-Blot，Bio-Rad）
自动蛋白质测序仪（Applied Biosystems）

步骤

1）如10.3所述，以表10.18.1列出的分离胶和积层胶溶液灌制变性微型凝胶。在加入过硫酸铵和TEMED之前脱气，小心不要在转移或吸取液体时把空气带入聚合混合物中。如果加样孔不是矩形和结实的，则需重新灌制。

表10.18.1 聚丙烯酰胺分离胶和积层胶的配方

分离胶

储液	分离胶中丙烯酰胺终浓度/%										
	5	6	7	8	9	10	11	12	13	14	15
30%丙烯酰胺单体[a]	3.33	4.00	4.67	5.33	6.00	6.67	7.33	8.00	8.67	9.33	10.00
H_2O	11.49	10.83	10.16	9.50	8.84	8.17	7.51	6.84	6.18	5.51	4.85
TEMED[b]	0.040	0.033	0.029	0.025	0.025	0.020	0.018	0.017	0.015	0.014	0.013

上述成分（单位为毫升）与5 ml 4×凝胶缓冲液（见附录1）和0.14 ml 5%的过硫酸钾或70 μl 10%的过硫酸铵混合。

积层胶

0.666 ml 30%丙烯酰胺单体溶液[a]
3.033 ml H_2O
0.025 ml 10%过硫酸铵，或0.05 ml 5%过硫酸钾
0.025 ml TEMED[b]

a. 充气保护的单体溶液（含37.5∶1丙烯酰胺/亚甲双丙烯酰胺），已除去丙烯酸和羰基化合物（Protogel，National Diagnostics；或PAGE1蛋白质凝胶混合液，Boehringer Mannheim）。

b. 为利于聚合，TEMED的量可以变动。表中给出的是合理的近似值。

2）组装垂直凝胶电泳装置。

3）将80 ml 4×凝胶缓冲液稀释至320 ml（总浓度是1×凝胶缓冲液）。将200 ml 1×凝胶缓冲液倒入下层缓冲液槽。剩余的1×凝胶缓冲液加入还原型谷胱甘肽（干粉）至终浓度1 mmol/L，将它们倒入上层缓冲液储槽。

4）将凝胶连接于恒压/恒流电源。每块胶10 mA预电泳45 min。关闭电源，将凝胶放置过夜。

5）倾出凝胶缓冲液，用纸巾或滤纸吸干加样孔。往下槽倒入200 ml 1×下槽缓冲液。150 ml 1×上槽缓冲液加入0.1 g巯基乙酸，倒入上槽。

6）将蛋白质样品溶于样品缓冲液，用微量注射器或凝胶加样吸头加样。对0.75 mm厚的5孔的微型凝胶每孔上样<30 μl。上样一已知蛋白质作为对照（如β-乳球蛋白）。

7）在10 mA下电泳至粉红色的示踪染料（焦宁Y染料，见辅助方案）达到凝胶的底部（60～80 min）。关闭电源。

8）用甲醇润湿 2 张 PVDF 膜，然后浸没在转移缓冲液中。

后续的所有步骤都须带无粉尘手套进行操作。一个指头含有数倍于样品的蛋白质。

9）拆卸凝胶夹层，轻轻将玻璃板分开。按下面的次序在小型转移装置中组装转印夹层：塑料框、海绵、滤纸、凝胶、2 张 PVDF 膜、滤纸、海绵、塑料框（见 10.6 和图 10.6.1）。确保排除气泡。

10）将转印夹层插入转移装置，最靠近阳极（红色或正极）的是膜。用转移缓冲液充满装置。在转移装置电极间的电压降为约 6 V/cm 的条件下（如 LKB 的 Midget MultiBlot，用 50 V），转移时间因目标蛋白和凝胶的浓度而异。关闭电源。

在特定的电压下，15%胶 20～50 kDa 蛋白质转移 20～40 min；10%～12%胶 50～100 kDa 蛋白质转移 70 min；7%胶 150～200 kDa 蛋白质转移 90 min。对>60 kDa 的蛋白质，减少转移缓冲液中的甲醇量至 1%。

11）拆卸转印装置，取出 PVDF 膜，将它浸没于含 0.1%考马斯亮蓝的 50%甲醇中，摇动 5 min。

12）用含 10%乙酸的 50%甲醇脱色，摇动至条带变得清晰可见（5～10 min）。

13）转印膜移入水中，拍照（可选，见 10.5）。

14）用刀片将目标蛋白的条带切下（每条带均用新的刀片），将每一条带放入一个微量离心管中，室温风干（不要加热）。切下的条带储存于－20℃。

15）将切下的条带放入测序仪的反应室，蛋白质面朝向溶剂液流（或按厂商的说明）。在自动化测序仪中测序。

10.18.2 辅助方案 准备 SDS-PAGE 蛋白质样品

附加材料（亦见基本方案 1；带√项见附录 1）

蛋白质样品

1 mol/L $NaHCO_3$（可选）

100%乙醇，冰冷（不含变性剂，USP 级）

√样品缓冲液

0.1%（*m/V*）焦宁 Y 染料

超滤浓缩器（Amicon）或 Speedvac 蒸发器（Savant）

拉细的巴斯德吸管或凝胶加样吸头

步骤

1）必要时，用 1 mol/L $NaHCO_3$将蛋白质样品的盐浓度调至>100 mmol/L。

2）用超滤浓缩（按厂商说明）或真空浓缩（关键是当释放真空时，不要引入空气中的残屑）将样品体积浓缩至 50～100 μl，移入 1.5 ml 微量离心管。

3）样品加入 9 倍体积的冰冷 100%乙醇。在干冰中放置 1 h，或－20℃过夜。许多样品在这步就可以永久保存了。

4）在最大速度下微量离心 15 min，用拉细的巴斯德吸管或凝胶加样吸头吸去上清，保留沉淀。

5）加入 10 μl 样品缓冲液，并用吸液器上下抽吸以溶解样品。在沸水浴中煮沸 3 min。
6）样品加入 1 μl 0.1%焦宁 Y（示踪染料），加样于微型凝胶。

10.18.3 基本方案 2 测定 N 端封闭蛋白质的内部序列

材料（带√项见附录 1）

蛋白质样品（约 200 pmol）
√含 0.1%（*m*/*V*）丽春红 S 染料（Sigma）的 1%（*V*/*V*）乙酸溶液
1%（*V*/*V*）乙酸
√0.2 mol/L NaOH
含 0.5%（*m*/*V*）聚乙烯吡咯烷酮（PVP-40；Sigma）的 0.1 mol/L 乙酸溶液
√消化缓冲液
1 mg/ml 测序级的胰蛋白酶（Promega）
层析溶液 A：含 5%（*V*/*V*）乙腈的 0.1%三氟乙酸溶液
层析溶液 B：含 70%（*V*/*V*）乙腈的 0.085%三氟乙酸溶液
0.22 μm 硝酸纤维素膜（如 Schleicher & Schuell）
酸洗过的玻璃或 Petri 培养皿
细头镊子
超声波发生器（如 Bransonic 12）
离心过滤装置，0.22 μm 滤膜，低蛋白质结合（如 Millipore # UFC3-OGV-00）
反相 HPLC 柱子（如 Vydac）、紫外监测仪、图形记录仪
层析柱炉（选用）
自动蛋白质测序仪（Applied Biosystems）

步骤

1）如 10.6 所述，电泳分离目标蛋白并转移到硝酸纤维素膜。最好使尽可能多的蛋白质结合到硝酸纤维素膜尽可能最小的区域，这点很重要。
虽然 PVDF 膜可用，但硝酸纤维素膜似乎能得到更多的量。
2）将硝酸纤维素膜放入盛有含 0.1%丽春红 S 染料的 1%乙酸水溶液（如 50 ml 用于 8 cm×10 cm 微型胶）的经酸洗的 Petri 玻璃培养皿。轻轻摇动 1 min。
3）将膜移入 1%乙酸 1 min，如有需要，换液至条带显迹清晰。
4）戴无粉尘手套用刀片将目标蛋白条带切下，放入微量离心管中，取一片空白膜作对照。
精心细致的操作是不至于往样品中偶然性引入污染蛋白质的关键。洁净的工作环境、细心清洁的玻璃用具和仪器以及戴无粉尘手套是最起码的预防措施。
本步骤得到的条带也可放入含 0.5 ml 水的微量离心管中，于−20℃保存。
5）将膜放入 1 ml 0.2 mmol/L NaOH 中，振荡 1 min 脱色，吸去 NaOH。立即加入 1 ml 含 0.5% PVP-40 的 0.1 mol/L 乙酸中，室温下轻轻摇动管子 30 min。
6）用 1 ml 水洗膜 5 次。小心除去所有液滴（如管帽下的液滴）。
7）用清洁的细头镊子将膜片转移到干净的玻璃表面（如经酸洗的玻璃平板或 Petri 培

养皿），切成 1～2 mm 的小片，用镊子收集膜片，挤去过量的液体。

8）立即将膜的碎片移入盛有 25 μl 消化缓冲液的 0.5 ml 微量离心管中，加入 1 μl 1 mg/ml 的胰蛋白酶，混匀使膜均匀地泡于溶液中，室温放置过夜。

9）室温高速微量离心 1 s，回收粘在管壁和盖子上的液滴。室温超声处理样品 5 min。

10）室温用最大速度微量离心 1 min，将上清移入离心过滤装置，用 100 μl 消化缓冲液洗膜碎片，合并于上清，在最大速度微量离心样品 20～30 s。如果不进一步分级分离，可冻结保存样品。

11）用 95%层析 A 液/5%B 液，以 0.15 ml/min 的流速平衡 2.1 mm×250 mm 的反相 HPLC 柱，如有层析炉，可在 60℃进行分离以优化分辨效果。

12）注射样品，用 95% A 液/5% B 液洗柱子 10～15 min。用如下的梯度洗脱多肽：5%～40%B 液 1 h 以上，40%～75%B 液 30 min 以上，75%～100%B 液 15 min 以上。在 215 nm 监测多肽的洗脱。

TFA 的浓度应调整至相等于洗脱剂的紫外吸收（215 nm）。除 TFA 外，磷酸、盐酸也可适用。避免使用含氨或紫外污染物的缓冲液。

胰蛋白酶在 60%B 液时被洗脱，并可用作内标。从特征上看，它的洗脱峰型比大多数多肽要宽。

13）用图形记录仪根据全量程的波形调整至 0.05～0.1 AUFS 监测多肽洗脱峰的出现。

尽可能缩小柱子到收集器之间毛细管的长度和容积，聚乙烯酮（PEEK）管子（内径 0.005 in）有助于达到此目的。

14）当图形记录仪开始摆动说明有洗脱峰出现时，对一干净的表面（如 Kimwipe 或前面的收集管）擦毛细管的尖，用微量离心管收集这部分组分，马上盖上盖子置于干冰。

此时须戴干净的手套，如果一直储存于原始的容器并操作时都戴手套的话，商品化的微量离心管已足够干净。

快速冻结能防止分离肽对离心管壁的吸收。样品可以永久保存于－80℃。

15）比较样品和空白硝酸纤维素膜的色谱图，鉴定源于目的蛋白的多肽相应的峰。加样于按 Applied Biosystems 所述方法经 Polybrene 预处理的玻璃纤维滤膜支持体中，进行测序。

与 0.002 AUFS 一样小的峰值已成功测序。

参考文献：Moos et al.,1988；Tempst et al., 1990.

撰 稿 人：Malcolm Moos, Jr.

10.19 蛋白质和多肽的毛细管电泳

蛋白质和多肽的毛细管电泳（CE）分离是依据电荷/质量比值。使用广泛的电泳缓冲液在不同的基质上可以进行 CE 分离，因此比 PAGE 更具灵活性。

10.19.1 使用仪器

CE 分离的最简单的形式就是在两个由一充满液体的硅融合的毛细管连接的缓冲液池之间通过电压（图 10.19.1），导致产生电渗流（EOF），使得感兴趣的分子从毛细管的一端携带至另一端。毛细管通常是 30～50 cm 长、50～75 μm 内径。这些毛细管的净总体积在低微升范围。上样体积一般是在毫微升级，起始样品浓度是约 0.1 μg/μl 以利于 UV 检测。可以用流体动力学或动电学的方式进行上样。流体动力学式上样可以通过压力注射、真空注射或重力注射达到，如 5 s 内在 0.5 lb/in^2 的压力下上样。这些方法中的任一种都能将少量的样品注入毛细管柱中。动电学式上样可以通过在固定时间内低电压穿过毛细管柱的方式达到，如 4 s 内 7.5 kV。注入毛细管柱的材料的量取决于上样缓冲液导电性、电泳缓冲液导电性和 EOF。在一般情况下，尽量避免高盐缓冲液中的样品，因为缓冲液离子会携带电荷而不是样品离子。所有表 10.19. 1 中列出的仪器都有两种上样能力。

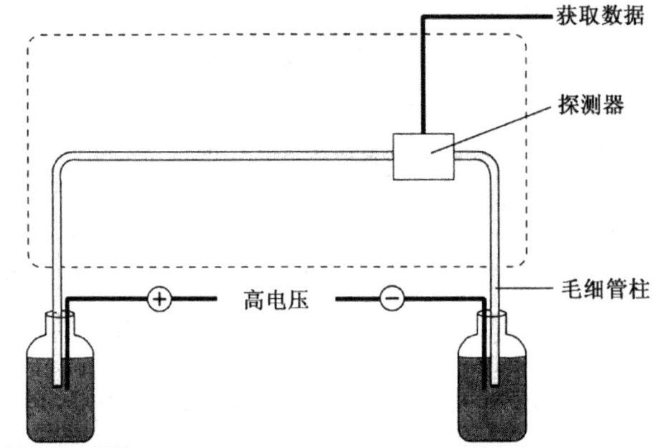

图 10.19.1　CE 仪器的示意图。

表 10.19.1　商业化的 CE 仪器[a,b]

制造商	型号	检测方法	反向极性	毛细管加热	样品/缓冲液的冷却	毛细管形式	可使用的软件
Applied Biosystems	270-HT	UV:190～700 nm	由软件控制	FAC	样品	免悬挂	DA
Beckman	P/ACE 5000	UV:滤膜;	手动	液相（Peltier）	样品/缓冲液	Cartridge	C,DA
	P/ACE 5510	二极管芯片:190～600 nm					
	P/ACE 5510	荧光: 氩激光; MS 界面					
Bio-Rad	Biofocus3000	UV:190～800 nm	由软件控制	液相	样品/缓冲液	Cartridge	C,DA
Hewlett-Packard	HP 3D CE	二极管芯片:190～600 nm	由软件控制	FAC（Peltier）	样品/缓冲液	Cartridge	C,DA
Waters	Quantra 4000E	UV:滤镜	手动	FAC（Peltier）	样品/缓冲液	免悬挂	DA

a. 所有的仪器都能流体动力学式/动电学式上样和分部收集。

b. 缩写：C，CE 系统控制软件；DA，数据获得；FAC，喷气式对流；MS，质谱。

10.19.2 战略计划

蛋白质可以在包被或非包被的毛细管柱分离，分离方案的选择取决于靶蛋白的特异属性。最重要的属性就是 pI，这由一般的凝胶电泳或 CE 决定。CE 分离最佳的使用缓冲液是高于 pI 约 2 pH 的缓冲液。表 10.19.2 列出一系列的缓冲液及其 pH 范围。样品中的高盐浓度会干扰分离过程，可能需要透析或稀释。

表 10.19.2 多肽 CE 分离有效电解液

电解液	有效 pH 范围	最小的有效波长/nm
磷酸盐	1.14～3.14	195
柠檬酸盐	3.06～5.40	260
乙酸盐	3.76～5.76	220
MES[a]	5.15～7.15	230
磷酸盐	6.20～8.20	195
Tris	7.30～9.30	220
硼酸盐	8.14～10.14	180

a. 2-(*N*-吗啉) 乙磺酸。

多肽可以在开放管融合硅毛细管柱中有效分离。在毛细管中产生的 EOF 导致带电荷的多肽和中性多肽分离。各自的迁移时间取决于电泳分离的 pH 和多肽的荷质比。CE 的缓冲液的选择是最重要的。在高 pH 分离时所使用的缓冲液系统相对于那些低 pH 的分离，明显地改变了多肽的迁移位置。特定缓冲液的选择取决于它在选定的 pH 的缓冲能力和它最小的有效 UV 吸收波长（表 10.19.2)。pH 或缓冲液的成分的微小差异对多肽的绝对迁移率有显著影响，因此建议精确地和反复地调整缓冲液的 pH。另外，适宜的内参标准可以掺入分离以便获得相对迁移率。

10.19.3 基本方案 1 等电点聚焦分离蛋白质

等电点聚集（IEF）分离可以通过 CE 轻易地达到，这也是选择随后用于蛋白质分离的缓冲液系统的有效的第一步。蛋白质和多肽是两性的，因此它们的电荷由周围的载体缓冲液决定。当蛋白质或多肽处于电场中，它移动到一个区域，这里周围的 pH 等于其等电点（pI)。在包被的毛细管柱内可以通过在柱内充满含两性电解质的样品溶液而达到 pH 梯度。高 pH 溶液（氢氧化钠）放置在阴极池内，低 pH 溶液（磷酸）放置在阳极池内。电场通贯整个柱，两性电解质和样品移至柱上相应于它们各自的 pI 的位置上。如果分子漂移出等电点区域，就会被周围的 pH 溶液诱导出电荷，然后分子就会移回至 0 电荷位置。以 0.01 pH 单位的次序用 pI 解离形成窄区域。为决定柱内某一特定蛋白质的 pI，在样品混合物中加入已知 pI 的标记物，在标记物之间推断出感兴趣蛋白质的 pI。在 EOF 的缺失下，分离样品后，需要蛋白质迁移通过探测器。用阴极池内的缓冲液替代阳极池的就可以产生 EOF，可以使得样品区迁移通过探测器。这里讨论的分离是假设聚焦过程中柱内没有 EOF。但也可以在 EOF 存在的情况下进行分离。

材料

两性电解混合物，pH 3～10（Bio-Rad）
含 0.5～1.0 mg 蛋白质/ml 的溶于水的样品
IEF 标记（Bio-Rad；可选）
20 mmol/L 氢氧化钠（NaOH，存储于 4℃）
10 mmol/L 磷酸（存储于 4℃）
50 μm 内径的包被的硅毛细管柱
CE 仪器（表 10.19.1）

步骤

1）将两性电解质混合物加入 0.5 ml 蛋白质样品中以达到两性电解质终浓度 2.5%（*V*/*V*）。如果需要，加入 IEF 标记达到终浓度 0.1 mg/ml 以校准柱子。
2）加入样品池。以增压池子（0.5 lb/in^2）的方式注满毛细管。
3）在阳极池（负极）内放置 10 mmol/L 磷酸，在阴极池（正极）放置 20 mmol/L NaOH。
4）在 8～10 kV 恒定电压下聚焦样品 4～6 min。检测电流直至其达到稳定状态。
5）通过放置 20 mmol/L NaOH 在阳极的方式迁移样品，调电压至 10 kV。检测蛋白质通过探测器迁移 15～20 min。
6）每次运行后以 0.5 lb/in^2 用 10 mmol/L 磷酸洗涤柱子达 1 min。室温下将柱子存储于运行缓冲液（短期）或水（长期）中。

10.19.4 基本方案 2 蛋白质的分离

知道蛋白质的 pI 可以选择适宜的运行缓冲液使其荷质比的差异最大化。用 CE（见基本方案 1）进行 IEF 分离是选择随后用于在非衍生毛细管柱上分离蛋白的缓冲液系统的有效的第一步。如果没有检测到蛋白质，可能是被吸收到柱的硅表面。在离子去垢剂如 SDS 存在的情况下重复分离过程，这样就会用负电荷包被蛋白质从而阻止吸收。但是，这意味着蛋白质只能依据大小的不同而进行分离。另外，如果不知道蛋白质的 pI，可以用包被的毛细管柱在高 pH、高离子强度的缓冲液下达到分离的效果。

材料

含 10 mg 蛋白质/ml 的溶于水的样品
50 mmol/L 和 500 mmol/L 硼酸钠，pH 8.0～9.5（用于分离未知 pI 的蛋白质）
5 mmol/L 和 50 mmol/L 缓冲液，pH＞pI（用于分离已知 pI 的蛋白质；表 10.19.2）
50 μm 内径的包被的（未知 pI）或未包被的（已知 pI）融合硅毛细管柱
CE 仪器（表 10.19.1）

分离未知 pI 的蛋白质

1a) 用 50 mmol/L 硼酸钠缓冲液 1/10 (*V/V*) 稀释蛋白质样品，使终浓度 1.0 mg/ml。另外，也可在 50 mmol/L 硼酸钠缓冲液中透析样品 (在 1 mg/ml 的浓度下)。

2a) 用 500 mmol/L 硼酸钠缓冲液充满包被的柱子。

3a) 流体动力学地注射样品，如 1 lb/in^2 的压力 3 s。

4a) 用以下条件进行分离：

探测波长：200nm

温度：25℃

运行电压：10kV

运行时间：30 min

分离已知 pI 的蛋白质

1b) 用 pH 高于蛋白质的 pI 的 5 mmol/L 缓冲液 1/10 (*V/V*) 稀释蛋白质样品，使蛋白质 (终浓度=1.0 mg/ml) 产生电荷。另外，也可在 5 mmol/L 缓冲液中透析样品 (在 1 mg/ml 的浓度下)。

2b) 用 50 mmol/L 同样缓冲液充满未包被的柱子。

3b) 流体动力学地注射样品，如 1 lb/in^2 的压力 3 s。

4b) 用以下条件进行分离：

探测波长：200 nm

温度：25℃

运行电压：25 kV

运行时间：30 min

10.19.5 基本方案 3 解析多肽的分离

CE 对分离来自复合体混合物如蛋白酶解产物的特定多肽尤其有用。以下的方案阐述使用低压样品注射的 P/ACE 5000 CE 仪器 (Beckman) 的用法。但其他仪器 (表 10.19.1) 也可以依据制造商的操作指南进行同样的分离。

材料

多肽混合物，如胰蛋白酶对 β-乳球蛋白的消化 (Applied Biosystem)

0.05 mol/L 和 0.25 mol/L 磷酸钠缓冲液，pH 2.30 (存储于 4℃)

0.1 mol/L 氢氧化钠 (NaOH)

75 μm 内径的融合硅毛细管柱 (Beckman)

CE 仪器 (如 P /ACE 5000、Beckman 或与其相当；表 10.19.1)

步骤

1) 用以下溶液冲洗进行预处理毛细管：

10 倍柱体积的 0.1 mol/L NaOH，在低压 (0.5 lb/in^2) 下

10 倍柱体积的水

4倍柱体积的0.25 mol/L磷酸钠缓冲液，pH 2.30。

存储柱于0.25 mol/L磷酸钠缓冲液，pH 2.30，25℃。

2）将10 nmol（约300 μg）溶于10 ml的0.05 mol/L磷酸钠缓冲液，pH 2.30，制备多肽混合物。以每管100 μl冻存未用的混合物。

3）在0.5 lb/in^2，10 s内用低压注射上样10～20nl样品。

4）使用以下条件分离多肽混合物：

电解质：0.05 mol/L磷酸钠缓冲液，pH 2.3

探测波长：200 nm

温度：25℃

电压：25 kV

5）用以下溶液清洗柱子：

0.5 min，水

1.0 min，0.1 mol/L NaOH

1.5 min，水

1.0 min，0.25 mol/L磷酸钠缓冲液，pH 2.30

室温存储柱子于运行缓冲液或水中。

Beckman P/ACE 5000仪器的37 min运行时间的分离方案的例子见表10.19.3。

表10.19.3 多肽分析的操作程序[a]

步骤	进程	持续时间	进口[b]	出口[b]	控制总结[c]
1	设置温度	—	—	—	温度25℃
2	设置探测器	—	—	—	UV 200nm
3	清洗	1.0 min	33	7	正向：HP
4	清洗	1.5 min	29	7	正向：HP
5	清洗	0.5 min	29	9	正向：HP
6	注射	10.0s	11	9	低压
7	分离	30.0 min	29	9	电压：25.00 kV
8	清洗	0.5 min	33	7	正向：HP
9	清洗	1.0 min	32	7	正向：HP
10	清洗	1.5 min	33	7	正向：HP
11	清洗	1.0 min	34	9	正向：HP

a. 适用于分析蛋白酶消化，HPLC流分和合成多肽。

b. 瓶子内容物：7，废物瓶（水位正好接触毛细管排水道）；9，电解质（50 mmol/L磷酸钠缓冲液，pH 2.30）；11，样品；29，电解质（50 mmol/L磷酸钠缓冲液，pH 2.30）；32，再生溶液（0.1 mol/L NaOH）；33，水；34，0.25 mol/L磷酸钠缓冲液，pH 2.30。

c. 缩写：HP，高压。

10.19.6 基本方案4 微量制备毛细管电泳：多次分离

多次收集方法要有效，多肽的洗脱时间必须具有重复性。以下的方法使用P/ACE

5000 毛细管电泳仪器进行多肽混合物的分离。

材料

多肽：ACTH 4-10，血管紧缩素 I 和血管紧缩素 II（Sigma）
0.05 mmol/L 和 0.25 mmol/L 磷酸钠缓冲液，pH 2.30（存储于 4℃）
0.1 mol/L 氢氧化钠（NaOH）
75 μm 内径的融合硅毛细管柱（Beckman）
CE 仪器（如 P /ACE 5000、Beckman 或与其相当；表 10.19.1）
锥形微量瓶（Beckman）

步骤

1）低压下（0.5 lb/in^2）用以下溶液冲洗预处理毛细管：
　　10 倍柱体积的 0.1 mol/L NaOH
　　10 倍柱体积的水
　　4 倍柱体积的 0.25 mol/L 磷酸钠缓冲液，pH 2.30。
　柱存储于 0.25 mol/L 磷酸钠缓冲液，pH 2.30。
2）将各 0.2 mg 的 ACTH4-10、血管紧缩素 I 和血管紧缩素 II 溶于 1 ml 0.05 mol/L 磷酸钠缓冲液，pH 2.30（终浓度＝0.6 mg 多肽/ml）制备多肽混合物。冻存 100 μl 每管混合物于－20℃。
3）在 0.5 lb/in^2，10 s 内用低压注射上样 10～20 nl 多肽混合物。
4）使用以下条件分离多肽混合物：
　　电解质：0.05 mol/L 磷酸钠缓冲液，pH 2.30
　　探测波长：200 nm
　　温度：25℃
　　电压：25 kV
　　分部大小：每收集管 3 min
5）用一系列的含 10 μl 0.05 mol/L 磷酸钠缓冲液，pH 2.30 的微量锥形瓶替换标准的出口池（正极）。收集 3 min 的组分于每一个瓶子以利于了解分离的长度。
6）重复注射和分离（步骤 3～5）4 次，合并来自相应的组分号码的内容物。
7）用以前阐述的分析分离法监视多肽内容的组分（见基本方案 3）。

10.19.7　备择方案　微量制备毛细管电泳：单次分离

对于单收集方法，CE 仪器必须能有效地控制在高电压水平时的毛细管温度，因为高电压水平是电泳所必需的。鼓风式冷却通常不适合该目的。

附加材料（亦见基本方案 4）

4∶1（*V*/*V*）0.5 mol/L 磷酸钠缓冲液（pH2.50）/乙烯乙二醇
150 μm 内径的融合硅毛细管柱（Polymicro）

1）制备多肽混合物和预处理柱子（见基本方案4步骤1和2）。

2）在0.5 lb/in^2，10 s内用低压注射上样0.1 μl多肽混合物。

3）使用以下条件分离多肽混合物：

电解质：0.05 mol/L磷酸钠缓冲液，pH 2.30

探测波长：200 nm

温度：25℃

电压：7.5 kV

分部大小：每收集管3 min

4）用一系列的含10 μl 4∶1（V/V）0.5 mol/L磷酸钠缓冲液/乙烯乙二醇的微量锥形瓶替换标准的出口池（正极）。收集3 min的流分于每一个瓶子用于分析分离的长度。

5）用分析分离方法（见基本方案3）筛选含多肽的流分。

参考文献：McCormick，1994；Palmieri and Nolan，1994.

撰 稿 人：Dean Burgi and Alan J. Smith

第11章 免 疫 学

在分子生物学领域内，有些技术的进步部分得益于免疫学领域内的早期成就。回顾本书的前几章也可看出免疫学方法的重要性，如蛋白质的纯化和特异性 cDNA 克隆的鉴定等方法。特异性的抗体极大程度上促进了通过免疫亲和层析（见 10.9）和免疫沉淀（见 10.15）进行蛋白质纯化的方法。当无法获得纯蛋白质来推测互补寡核苷酸的序列时，可以用特异性的抗体来筛选重组 DNA 文库，以便获得所需的 cDNA 克隆（见 6.7）以及选择 mRNA 进行目的蛋白的翻译（见 6.8）。特异性的抗体也可以用来进行免疫印迹反应以验证抗原（见 10.6）。

正如免疫学促进了分子生物学领域的发展那样，分子生物学对于抗体的多样性同样很好地提供了理论基础。1959 年 Macfarlane Burnet 爵士提出的克隆选择理论现在已成为广为人们接受的概念：每个 B 细胞分化成为一个浆细胞，后者产生某种抗原特异性抗体，而这种抗体自然也就是单克隆抗体。“克隆选择”提示这样一个事实，即当某抗原与 B 细胞膜上的某种相应抗体结合时，该 B 细胞即刻被激活、增殖（这时，某些变异可被导入“单克隆”细胞系）。由于大多数蛋白质都带有多个抗原位点（即表位或抗原决定基），因此，通常会出现多个克隆对应单个抗原的情况。整个免疫应答是多克隆的，它们分别对多个离散的表位进行特异性识别。

对抗体（或免疫球蛋白）的多样性的遗传机制的理解，需要有关抗体结构方面的知识。人类主要有 5 类免疫球蛋白：IgG、IgA、IgD、IgE 及 IgM，它们具有相同的抗原结合类型。前四类免疫球蛋白分子很相似，由四条多肽链组成，有两条重链和两条轻链，构成字母“Y”的形状，其分子质量大约为 150 000 Da。IgM 类的抗体分子质量大约为 800 000 Da，由 5 个“Y”字形的分子组成一个环形的五聚体分子，其抗原结合位点朝外。尽管不同类型的免疫球蛋白可具有相同的轻链 κ 或 λ，它们仍然可以根据其独特的重链区别开来，分别称为 γ(IgG)、α(IgA)、δ(IgD)、ε(IgE)及 μ(IgM)。重链和轻链均包含恒定区和可变区。抗原结合位点是一大约为 15Å×20Å×10Å 深的裂隙，它由重链和轻链的可变区内的高变区相互作用形成，每一个抗体的抗原结合位点都是独一无二的。

多年来，我们一直假定哺乳动物的种系必须包含有许多不同的编码抗体的基因，每个基因对应于一种最终形成抗体分子的多肽。这个模型先验地假定存在巨大数量的免疫球蛋白基因。DNA 重组技术揭示了抗原结合位点的多样性是通过体细胞内的遗传重组产生的，这种遗传重组发生于 B 细胞在骨髓内成熟及分化时。大约有 50 个编码基因定位于不同的染色体上，分别编码恒定区 C 区、可变区 V 区、铰链区 J 区段及多变区 D 区段；铰链区 J 区段将 C 区和 V 区结合构成抗体的轻链，多变区 D 区段与 C 区、J 区段和 V 区结合构成抗体的重链。小鼠的生殖细胞有数百个 V 区段、大约 20 个 D 区段及 4 个 J 区段，其可能的组合装配方式可超过 1 万种。在此基础上，重链和轻链可组合装配出超过 1 千万种可能的特异性抗原结合位点（请参阅 Tonegawa 1985 年的有关免疫系统的分子生物学方面的出色的综述)。

本章提供了制备单克隆抗体和多克隆抗体的方法。酶联免疫吸附分析 (ELISA),这种技术是一种通用的高度敏感和多用途的定量技术,所需要的设备很少,关键性的试剂很容易得到。酶抗体偶联物的制备将在 11.1 中讨论,这是 ELISA 技术的基础。在 11.2 中展现了 6 个不同的 ELISA 方案以体现其多用性。它们为特异性抗体、可溶性抗原或者细胞表面抗原的检测提供了通用的方法。

Kohler 和 Milstein 在 1975 年所进行的前驱性研究使以后的研究者能够用相对不纯的抗原免疫小鼠以获得毫克量的特异性单克隆抗体。由预先免疫过并产生高滴度抗体的小鼠中取出脾脏,并分成单个细胞,再将来自脾脏的 B 细胞与 B 细胞来源的骨髓瘤细胞进行融合,以产生能分泌预期的特异性抗体的无限增殖化杂交瘤细胞。每一个杂交瘤细胞都具有生产无限量单一抗原特异性单克隆抗体的能力。几种独立方案中讲述了这些抗原特异的单克隆抗体的制备,这些方案包括:小鼠的免疫 (见 11.3),由腹水中得到的含有单克隆抗体的细胞培养上清的制备 (见 11.4),采用亲和层析法对这些单克隆抗体进行纯化 (见 11.5)。采用 ELISA 法检测血清、杂交瘤培养上清 (μg/ml)、腹水液 (mg/ml) 中的抗体的方法则在 11.2 中讨论。

尽管单克隆抗体可以无限量地制备获得,且不需将抗原纯化至均一,但如果单纯依赖单克隆抗体来检测和甄别抗原和 cDNA 克隆,将会产生不确定的结果。这是因为单克隆抗体有可能针对特异性的短肽序列,而不相关的蛋白质可以共享小段同源区,因此有可能产生假阳性。有一种办法可以尽量减少这种不确定的结果,即利用针对抗原的不同位点的几个不同的特异性单克隆抗体。采用单克隆抗体技术的另外一个不利的因素是针对一给定的抗原位点,它的亲和力可能会相对较低。

这些因用单克隆抗体而产生的问题可以通过生产多克隆抗体加以避免,后者在本质上包括了具有不同的表位特异性的多种单克隆抗体。如果能够得到足够量的纯化的抗原以多次重复免疫动物,那么就有可能得到具有高亲和力的特异性多克隆抗体 (见 11.6;Klinman and Press,1975)。在后续实验中所需的抗血清的量决定了动物的选择。尽管如山羊、绵羊或马等动物都能够提供大量的抗血清,但很少研究机构具备饲养和照料这些动物的适当设施;而小鼠、大鼠和豚鼠又无法提供足够量的抗血清。基于这些原因,家兔就成为生产多克隆抗体的首选动物。在 11.6 中将讨论如何正确地制备抗原,以及能产生最佳抗体反应的各种免疫家兔的途径。尽管本章提供的免疫和加强免疫的程序都是经作者工作证实有效的,但我们建议在进行具体应用时应根据实验相应优化条件。在 11.7 中讨论了从血清、腹水液或者杂交瘤上清液中纯化免疫球蛋白 G 组分,该组分在加强免疫后成为所有类型的抗体中最占优势的类型。

如果提纯的抗原数量有限,还可以通过使用合成肽来免疫动物以便得到多克隆抗体 (同样适用于单克隆抗体),而这些合成肽的序列的设计是基于对该蛋白抗原的模拟。在此,如何选择具有免疫原性的肽对于取得良好的抗体反应就变得极其重要了。因此在 11.8 中将讨论一些可供考虑的必要参数,以帮助选择特定的肽序列,诱生可识别天然蛋白质的抗体。为提高肽的免疫原性,可采用化学方法将肽交联到载体分子上 (见 11.9)。这种肽的交联已被证明对于产生抗肽抗体是有帮助的,有些短肽如果不进行交联,也许无法单独引发抗体产生。

参考文献：Burnet，1959；Klinman and Press，1975；Kohler and Milstein，1975；Tonegawa，1985.
撰 稿 人：John A. Smith

11.1 酶与抗体的偶联

抗原特异性抗体与辣根过氧化酶（HRPO）或碱性磷酸酶（AP）的偶联物可用于ELISA（见 11.2）或免疫印迹反应（见 10.5）来检测抗原，它们均可检测 1～10 ng/ml 的抗原。

11.1.1 基本方案 辣根过氧化物酶 HRPO 与抗体的偶联

材料（带√项见附录 1）

50%（*V*/*V*）乙醇
10 mmol/L $NaHCO_3$
√1 mmol/L EDTA
√0.1 mol/L 磷酸钠缓冲液，pH 6.8
叠氮钠
1 mg/ml 抗体溶液（亲和纯化后的多克隆或单克隆 IgG；见 11.5）
辣根过氧化酶（HRP；Sigma TypeVI）
√0.1 mol/L 碳酸盐缓冲液，pH 9.2
1.71 mg/ml $NaIO_4$ 新配制
葡聚糖凝胶 G-25，中等凝胶介质
5 mg/ml $NaBH_4$ 于 0.1 mmol/L NaOH 新配制
√饱和硫酸铵（SAS）溶液
√TEN 缓冲液，pH 7.2
牛血清清蛋白（BSA）
甘油
透析膜
玻璃棉

步骤

1）透析膜依次浸泡于 50%乙醇 1 h，10 mmol/L $NaHCO_3$ 1 h，1 mmol/L EDTA 1 h，在蒸馏水中洗两次并放于含 0.01%（*m*/*V*）叠氮钠的 0.1 mol/L 磷酸钠缓冲液，于 4℃保存。
2）≥1 mg/ml 抗体溶液（A_{280} =1.44 mg IgG/ml）对 2 L 0.1 mol/L pH 6.8 的磷酸钠缓冲液透析，于 4℃缓慢搅动下过夜（见附录 3C）。
3）10 mg HRP 溶解于 1 ml 0.1 mol/L pH 9.2 的碳酸盐缓冲液，取 0.25 ml 加入 0.25 ml 新配制的 1.71 mg/ml $NaIO_4$ 溶液中，盖紧混匀，于室温下避光放置 2 h。
4）取 1 ml 透析后的抗体溶液和 0.25 g Sephadex G-25 加至 0.5 ml HRP/$NaIO_4$ 混合液

中。用玻璃棉塞紧巴斯德吸管管尖并用 Parafilm 封口膜封好。将抗体/葡聚糖凝胶/HRP 混合物加入巴斯德吸管，室温下避光放置 3 h。

5）柱子用 0.75 ml 碳酸盐缓冲液洗脱偶联物。加 38 μl 5mg/ml $NaBH_4$ 溶液至洗脱物中，室温下避光孵育 30 min。再加 112 μl 5mg/ml $NaBH_4$ 溶液继续孵育 60 min。

6）加 0.9 ml 饱和硫酸铵溶液，于 4℃下温和搅拌 30 min。于 4℃，10 000 *g* 离心 15 min。

7）弃上清。沉淀重溶于 0.75 ml TEN 缓冲液中，装入透析袋于 4℃对 2 L TEN 缓冲液透析过夜。更换 TEN 缓冲液再继续透析 4 h。

8）从透析袋中取出偶联物，加 BSA 至 20 mg/ml。加等体积甘油，于－20℃保存。

11.1.2　备择方案　碱性磷酸酶与抗体的偶联

附加材料（亦见基本方案；带√项见附录 1）

5 mg/ml 的抗体溶液

√PBS

10 mg/ml 碱性磷酸酶（酶免疫分析级，Boehringer Mannheim，试剂来源很重要）

25%（*m*/*V*）戊二醛，溶于水中

√Tris/卵清蛋白缓冲液

步骤

1）透析 5 mg/ml 抗体溶液（见基本方案步骤 1），但用 PBS。测 A_{280} 处吸光度，用 PBS 将浓度稀释至 3 mg/ml 。

2）加 100 μl 3 mg/ml 抗体溶液至 90 μl 10 mg/ml 碱性磷酸酶，再加入 5 ml 的 25%(*V*/*V*)戊二醛，温和地混匀，置室温。于 0、5、10、15、30、60 及 120 min 时分别取出 25 μl 的小份反应液，加入 125 μl PBS 和 1.1 ml Tris/卵清蛋白缓冲液，冰浴。

3）当时间进程完成后，透析样品，方法同步骤 1。用直接 ELISA 法（见 11.2）检测每一样品中碱性磷酸酶的活性，从而确定最佳的交联时间。

4）剩下的透析过的抗体溶液重复步骤 2～3，采用最佳交联时间。

5）加入叠氮钠至终浓度 0.1%，于 4℃避光可保存约 1 年，或加等体积的甘油，于－20℃可保存 1 年。

参考文献：Van Vunakis and Langone，1980.

撰 稿 人：Scott E. Winston，Steven A. Fuller，Michael J. Evelegh，John G. R. Hurrell

11.2　酶联免疫吸附分析（ELISA）

抗原和抗体复合物结合在固相支持物上，并依实验设计与生色底物或荧光底物孵育，以检测抗原或抗体。表 11.2.1 概括了 6 种不同的 ELISA 方案，描述如下。

表 11.2.1 不同 ELISA 方案的概述

ELISA 方案	用途	所需试剂	评论
间接法	抗体检测；表位测绘	抗原，纯化或半纯化；含抗体的测试溶液；结合免疫物种 Ig 的酶偶联物	不需要使用原始特异性抗体；需相对较多的抗原
直接竞争法	抗原检测；检测可溶性抗原	抗原，纯化或半纯化；含抗原测试溶液；特异性抗体-酶偶联物	两步法快速试验；特别适合检测抗原交叉反应
抗体夹心法	抗原检测；检测可溶性抗原	捕获抗体（纯化或半纯化特异性抗体）；含抗原的检测溶液；特异性抗体-酶偶联物	检测抗原敏感度高需相对较多纯化或半纯化特异性抗体（捕获抗体）
双抗体夹心法	抗体检测；表位测绘	免疫种类特异性捕获抗体；含抗原测试溶液；特异性抗体-酶偶联物	无需纯化抗原；步骤相对较长（五步）
直接法-细胞	筛选表达抗原的细胞；检测细胞抗原的表达	表达目的抗原的细胞；细胞抗原特异性抗体-酶偶联物	大批量筛选的敏感分析；对混合细胞的异质性表达不敏感；
间接法-细胞	筛选针对细胞抗原的抗体	用于免疫的细胞；含抗体测试溶液；结合免疫物种 Ig 的酶偶联物	可能不能检测针对低水平表达的细胞抗原的抗体

11.2.1 基本方案 间接 ELISA 法检测特异性抗体

待检抗体连接在抗原包被的微量滴定板上，然后再与酶联二抗反应，未结合的试剂被洗掉，结合的复合物用标记的底物来检测。当具有毫克量纯化或半纯化的抗原时，这种技术对于从抗血清或杂交瘤上清中筛选特异性抗体是有用的（1 mg 纯化的抗原可以用来筛选 80～800 个微量滴定板）。

材料（带√项见附录 1）

显色剂：蛋白 A-碱性磷酸酶偶联物（Sigma），蛋白 G-碱性磷酸酶偶联物（Calbiochem），或者抗 Ig-碱性磷酸酶偶联物（见 11.1）

抗原溶液

PBSN：含 0.05%（*m/V*）的 NaN_3 的 PBS（见附录 1）

√封闭液

待测的抗体样品

√4-甲基伞形基磷酸（4-methylumbelliferyl phosphate MUP）或对硝基苯磷酸（NPP）底物溶液 0.5 mol/L NaOH（可选）

多道移液器

Immulon 2 或 Immulon 4（Dynatech）微量滴定板

锥形底或圆形底微量滴定板

微量滴定板读数仪（可选）：405 nm 滤光器的分光光度计或者带有 365 nm 激发滤光器和 450 nm 发射滤光器的荧光光度计（Dynatech）。

步骤

1）通过正交连续稀释分析法（见辅助方案 1）来确定显色剂（偶联物）和抗原包被剂的最佳浓度。用 PBSN 配制最佳抗原浓度溶液（通常为 0.2～10.0 μg/ml），包被一块板大约需 6 ml。

纯的抗原溶液浓度通常≤2 μg/ml。一般并不需要制备纯抗原，但抗原含量应占总蛋白质含量的 3%以上。总蛋白质浓度不能高于 10 μg/ml。

2）用一个多道移液器，往 Immulon 微量滴定板的每孔中加入 50 μl 的抗原溶液，并轻弹或摇动平板以使抗原均匀分布。将包被的微量滴定板用塑料保鲜膜封好，并于室温中温育过夜，或置 37℃ 2 h。

加有抗原溶液的微量滴定板封好后可以放置于 4℃保存达数月之久。

3）用去离子水或蒸馏水洗涤微量滴定板，然后倒入水槽，重复洗涤 3 次。

4）用塑料洗瓶将封阻液加到每孔中，于室温孵育 30 min。

5）用水清洗板 3 次，操作同步骤 3。最后每块滴定板用一大纸巾包裹，孔口朝下，在几张纸巾上轻轻拍打，以弃去残余的液体。

6）待测抗体样品用封阻液稀释，取 50 μl 加入到每个包被孔中，微量滴定板用塑料保鲜膜封好，室温孵育 2 h 以上。

杂交瘤上清液通常以 1∶5 稀释，而腹水液和抗血清则以 1∶500 稀释，通常能产生很强的信号。用未经免疫的腹水或血清作阴性对照。

5～10 h 后结合达到平衡，因此，延长温育时间可显著增强特异信号。

7）微量滴定板用水清洗 3 次，操作同步骤 3。每孔中都加入封阻液，在涡旋混合器上振荡混匀后，室温放置 10 min。微量滴定板用水清洗 3 次。操作同步骤 3。在最后一次清洗后，如步骤 5 所述弃除残余液体。

8）用封阻液制备最适浓度（见步骤 1）显色剂，每孔加入 50 μl，用塑料保鲜膜封好，室温孵育≥2 h。

延长温育时间，可以增强信号的强度。

9）滴定板的清洗同步骤 7。

平板可用塑料保鲜膜封好储存于 4℃达数月之久。

10）往每孔加入 75 μl MUP 或 NPP 底物溶液，室温下放置 1 h，通过目测或用微量滴定板读数仪进行定量监测（参阅后面）。加 25 μl 0.5 mol/L NaOH 终止水解反应。

a. NPP 的水解反应显示黄色，在微量滴定板读数仪用 405 nm 滤光器检测。

b. MUP 的水解反应可用长波长的紫外灯检测；用微量滴定板荧光分光光度计测量时，使用 365 nm 激发滤光器和 450 nm 发射滤光器。

采用 MUP 的荧光系统比采用 NPP 的生色系统快 10～100 倍。并且自发的底物水解也少。

11.2.2 备择方案 1 直接竞争 ELISA 法检测可溶性抗原

在直接 ELISA 中，把可溶性待检抗原作为一个抑制剂。在可溶性抗原存在或不存在的条件下，酶偶联的一抗与抗原包被的微量滴定板结合。可溶的抗原与抗体复合物被冲洗掉，与没有加抑制剂的相比，结合在板上的抗体的差异可用于测量可溶性抗原的结合。通过与标准抑制剂比较，就可以对可溶性抗原来定量。当同时有特异性抗体和有毫克量纯化或半纯化抗原可供使用时，本法最适用。

附加材料（亦见基本方案）

特异性抗体碱性磷酸酶（AP）偶联物（见 11.1）

标准抗原溶液（标准抑制剂）

待检抗原溶液（待检抑制剂；例子可见辅助方案 2）

步骤

1）通过正交连续稀释分析法（见辅助方案 1）确定包被抗原和偶联物的最佳浓度。用封阻液制备 2×偶联物溶液（每块板需准备 3 ml）。最佳偶联物浓度（1×）通常为 25～500 ng 抗体/ml。

2）包被和封闭（见基本方案步骤 2～5）。

3）用封阻液中配制 6 个 1∶3 连续稀释的标准抗原溶液。

抗原浓度须覆盖抑制动力学范围，即可导致抑制量出现可观测变化的抗原浓度范围，这必须通过初始预试验来决定。预试验中抗原浓度的变化通常从 10^{-6}～10^{-12} mol/L（如 10 μg/ml～10 pg/ml）。在这个预试验中，6 个 1∶3 的抗原稀释将覆盖抑制的动力学范围并将用以作为标准抑制剂的稀释度。抑制物曲线最敏感的区域是：抑制物浓度的很小变化造成抑制量最大的改变（通常为 15%～85%抑制量）的区域。在绝大多数系统中，这个范围的抑制物浓度为 1～250 ng/ml。

4）取 75 μl 的 2×偶联物溶液（从步骤 1 获得），加到圆底或锥形底的微量滴定板的每个孔中，然后加 75 μl 标准抗原、检测抗原或封阻缓冲液（作为未抑制对照）。用移液器上下吹吸 3 次以混匀溶液，室温下放置≥30 min。

待测抗原应当抑制偶联结合在 15%～85%，这就需要测定 2～3 种不同的稀释浓度来达到这个范围。

5）将 50 μl 的偶联物（含或不含抑制剂）转移到抗原包被板中，室温下放置约 2 h。

6）洗板，执行检测反应并定量（见基本方案步骤 7 和 10）。

7）利用标准抗原抑制物的稀释系列所检测到的抑制活性数据，制作标准的抗原抑制曲线。将抗原浓度以对数标尺绘制在 x 轴上。将荧光强度或吸光度以线性标尺绘制在 y 轴上。待试溶液的抗原浓度即可从标准曲线上查出。

如果特异性的抗体不纯且有显著不同的亲和力，或如果标准抗原制品含有异质抗原的话，抑制曲线的动力学范围有可能偏离线性。

11.2.3 备择方案 2 抗体夹心 ELASA 法检测可溶性抗原

用抗体夹心 ELISA 法检测可溶性抗原，通常比其他抗原直接结合到固相上的 ELISA 方法敏感 2～5 倍。这种方法用特异（捕获）抗体包被微量滴定板，然后加入包含抗原的待测溶液孵育。未结合的抗原被洗掉，接合的抗原与酶偶联抗体反应（显色剂）。在检测反应体系中水解掉的底物的量与待测溶液中的抗原的量相当。

附加材料（亦见基本方案）

捕获抗体：来源于抗血清或腹水或杂交瘤上清（见 11.10）或细菌裂解液（见辅助方案 2）的特异性抗体或免疫球蛋白（Ig）组分

标准抗原溶液

待测抗原溶液（例子可见辅助方案 2）

特异性抗体碱性磷酸酶偶联物（见 11.1）；必须确定其抗原识别位点不同于捕获抗体所识别的位点

步骤

1）通过正交连续稀释分析法，确定用于检测期待抗原浓度所需的捕获抗体和偶联物的浓度（见辅助方案 1）。用 PBSN 溶液配制所获最适浓度抗体溶液，通常为 0.2～10 μg/ml。

2）用捕获抗体溶液包被 Immulon 微量滴定板并封闭之（见基本方案步骤 2～5）。

3）用封阻液对抗原作 1∶3 连续稀释，制备标准抗原连续稀释系列（见辅助方案 1）。

标准抗原稀释系列应覆盖结合动力学范围：抗原浓度上小的变动就产生可察觉到的结合上的不同（通常为 0.1～1000 ng 抗原/ml）。如达到 15%～85%最大结合，即可从标准曲线上准确地查出待试溶液中的抗原含量。

4）用封阻液配制待测抗原稀释液。在大多数分析系统中，用 1～100ng/ml 的抗原可获得精确的测量。

5）在每个抗体包被孔中，加 50 μl 待测抗原稀释液和标准抗原稀释液，于室温孵育≥2 h。

6）洗板（见基本方案步骤 7）。每孔加 50 μl 偶联物（通常 25～400 ng 抗体/ml），室温孵育 2 h。

7）洗板，显色反应及定量（见基本方案步骤 7 和 10）。

8）根据标准抗原连续稀释系列所得数据做出标准曲线：将抗原浓度以对数标尺绘制在 x 轴上，将荧光强度或吸光度以线性标尺绘制在 y 轴上。从标准曲线上查出待试溶液的抗原浓度。

11.2.4 备择方案 3 双抗体夹心 ELISA 检测特异性抗体

用从免疫的物种获得的针对 Ig 的特异捕获抗体包被滴定板，待测抗体结合到捕获抗体上，然后结合的待测抗体再与抗原共孵育，然后再加入特异的抗抗体偶联酶。水解阳性孔表示待测抗体为抗原特异抗体。这种方法特别适用于抗体量少又无纯化抗原时对特异性抗体的检测。此外，该方法可用于针对同一抗原的不同单克隆抗体进行表位作图。

附加材料（亦见基本方案）

从免疫的物种中获得的对 Ig 特异性的捕获抗体；捕获抗体一定不能识别抗原或偶

联物

特异性抗体碱性磷酸酶偶联物（见 11.1），不可识别捕获抗体。

步骤

1）用每孔 50 μl 2～10 μg/ml 的捕获抗体包被 Immulon 微量滴定板及封阻（见基本方案步骤 2 和 5）。

2）用封阻液稀释待测抗体。以 1∶5 比例稀释杂交瘤上清液，以 1∶200 的比例稀释抗血清或腹水。加 50 μl 到包被孔中，并于室温放置≥2 h。

3）洗板（见基本方案步骤 7）。用封阻液制备 20～200 ng/ml 抗原溶液，加 50 μl 抗原溶液至抗体包被的孔中，室温放置≥2 h。

对绝大多数的蛋白抗原来说，在这个系统的检测限制为 2～20 ng/ml。

4）洗板（见基本方案步骤 7），往每孔加入 50 μl 偶联物（一般为 25～500 ng 抗体/ml），室温放置 2 h。

当用 NPP 作酶底物时，偶联物的浓度需足够高使在 405 nm 至少有约 0.50 吸收单位/h；或者是 MUP 作底物时，信号应至少有 1000～1500 荧光单位/h。如果没有从合适物种中获得的特异性抗体作为阳性对照，那么必须找到合适的试剂来构建阳性对照系统（参见《Linscott 免疫和生物学试剂目录》）。

5）洗板，检测反应并定量（见基本方案步骤 7 和 10）。

6）对检测到阳性的样品，应该重新筛选以便排除假阳性。对于每个阳性抗体，两个孔与抗原共温育，另两个孔与封阻液共温育。这样就可以消除因待测抗体与酶联抗体反应而产生的假阳性。

11.2.5 备择方案 4 直接细胞 ELISA 法检测细胞表面抗原

细胞表面的抗原或受体的表达可以用现有的抗体或对细胞表面分子具有特异性的其他配体来检测。抗原表达水平与底物水解的量成比例，这个方法对于在单一细胞集群中的表达的抗原的定量可以达到与流式细胞仪相同的敏感程度。但是当对混合的细胞集群进行检测时这种方法就没有流式细胞仪检测敏感了。这种方法可以演变为间接的检测法，此时用生物素标记的抗体取代酶抗体偶联物，其后继续用碱性磷酸酶标记的亲和素再次温育。

附加材料（亦见基本方案；带√项见附录 1）

细胞样品（待测细胞，阳性和阴性对照）

特异性抗体碱性磷酸酶（AP）偶联物（见 11.1）

√冰冷的洗涤缓冲液

步骤

1）以正交连续稀释分析法（见辅助方案 1），用阳性和阴性对照细胞确定每孔细胞的最适数目和最适偶联物浓度。预试验中将细胞数定于 1×10^5～5×10^5/孔，偶联物为

0.5～10 μg/ml。

真核细胞表达碱性磷酸酶水平可高可低，如果测试细胞的碱性磷酸酶的表达量高到不可接受的水平，那么就必须使用其他的酶偶联物。化学发光和荧光底物均可用于β-半乳糖苷酶。

2）将细胞样品置于一个 15～50 ml 的离心管中，于 4℃ 450 *g* 离心 5 min。计数细胞（见附录 3F）并以 1×10^6～5×10^6 细胞/ml 将细胞重悬于冰冷的洗涤缓冲液中。

如果固定后表面抗原仍保留抗原性，将细胞置于 0.5%戊二醛溶液（由 25%储液配制，EM 级，Sigma），室温放置 30 min 固定。离心回收细胞，重悬于 PBSLE 中（含 100 mmol/L 赖氨酸、100 mmol/L 乙醇胺的 PBS），37℃，温育 30 min。细胞在 PBSLE 中洗 2 次，重悬于洗涤缓冲液中。这样处理后的细胞可以在 4℃保存数月。

3）在每个锥形底或圆底的微量滴定板孔中加入 100 μl 细胞悬液，并于 4℃，450 *g* 离心 1 min，通过真空吸液器吸弃上清。微量滴定板在涡旋混合器或微量滴定板振旋器上温和地振荡，以搅散细胞团。

4）重悬细胞团于 100 μl 的冰冷的洗涤缓冲液，其中含已调至最适浓度偶联物（见步骤 1）。于 4℃放置 1.5 h，每隔 15 min 温和摇动以重悬细胞。

5）于 4℃、450 *g* 离心细胞悬液 1 min，通过真空吸液器吸弃上清，在涡旋混合器将细胞团块稍加振荡，并重悬于 200 μl 的冰冷的洗涤缓冲液中。重复洗涤 3 遍。

6）加入 100 μl 的 MUP 或 NPP 底物溶液。于室温放置≥1 h，每隔 15 min 温和地振荡以重悬细胞。检测水解反应结果（见基本方案步骤 10）。

11.2.6 备择方案 5 间接细胞 ELISA 法检测对表面抗原具有特异性的抗体

通过将整个细胞和含有一抗体的待测溶液共育、然后再与酶联二抗共孵育来检测针对细胞表面抗原的特异性抗体。结合的一抗的水平与底物水解的量成正比。

附加材料（亦见基本方案）

目的细胞

阳性对照抗体（与实验细胞有反应并来源于免疫物种的抗体）

阴性对照抗体（与实验细胞没有反应的抗体）

特异抗体或 $F(ab')_2$-碱性磷酸酶的偶联物（见 11.1）；抗由免疫物种来的 Ig

步骤

1）在预试验中，通过正交连续稀释法测定每孔细胞的最佳数目和偶联物的最佳浓度，其中用阳性/阴性对照抗体替代测试抗体（见辅助方案 1）。用全细胞代替固相包被试剂；每孔的细胞的数目为 1×10^5～5×10^5；待测抗体浓度为 0.1～10 μg/ml，偶联物浓度为 0.1～10 μg/ml。

当用有可能表达 Fc 受体的细胞进行实验时，最好采用 $F(ab')_2$片段。

真核细胞表达碱性磷酸酶水平变化很大，如果测试细胞的碱性磷酸酶的表达水平高到不可接受时，必须使用其他的酶偶联物。化学发光和荧光底物均可用于β-半乳糖苷酶。

2）准备并将细胞分传（见备择方案 4 步骤 2 和 3）。

因为此试验用来检测未定性表位的抗体，不建议进行细胞固定，所有的都要在 4℃含 NaN_3 生理缓冲液中进行。

3) 重悬细胞于 100 μl 冰冷的洗涤缓冲液中（含 1～10 μg/ml 待测抗体或对照抗体），于 4℃放置 1.5 h，期间每隔 15 min 轻轻摇动以重悬细胞。
4) 于 4℃、450 *g* 离心细胞悬液 1 min，通过真空吸液器吸弃上清，在涡旋混合器将细胞团块稍加振荡，并重悬于 200 μl 的冰冷的洗涤缓冲液中。重复洗涤 2 遍。
5) 将酶抗体偶联物或 $F(ab')_2$ 酶偶联物稀释于冰冷的洗涤缓冲液中，取其中的 100 μl 将细胞团重悬。抗体的最适浓度由步骤 1 决定，通常为 100～500 ng/ml。于 4℃放置 1.5 h，期间每隔 15 min 轻轻摇动以重悬细胞。
6) 洗涤细胞 3 次（见备择方案 4 步骤 5）。
7) 加 100 μl MUP 或 NPP 底物溶液进行水解反应，直至信号强度达到需要的水平。在水解反应过程中每隔 15 min 温和摇晃以重悬细胞。最后，加 25 μl 的 0.5 mol/L NaOH 以终止水解反应。检测水解反应结果（见基本方案步骤 10）。

11.2.7 辅助方案 1 正交连续稀释法确定最佳试剂浓度

连续稀释滴定分析是用以确定在 ELISA 检测中各种试剂的最佳浓度的方法。在这个方案中，在三步法 ELISA 中的所有 3 个反应物，第一试剂是固相包被试剂，第二试剂是用于结合第一试剂的，而第三试剂是与酶交联的展开试剂，是结合到第二试剂上的。这三个反应物都是通过正交连续稀释法分析的。在包被试剂量不同的四块板中的每一块都排列了第二试剂对第三试剂的正交 6×6 矩阵。

步骤

1) 标记 4 个 17 mm×100 mm 的试管，在 2～4 试管中加入 6 ml PBSN，在管 1 中，用 PBSN 配制 12 ml 的 10 μg/ml 包被剂溶液。取 6 ml 的管 1 中的溶液加到管 2 中，上下抽吸 5 次以混匀试剂，取 6 ml 管 2 溶液到管 3 中，混匀，再取 6 ml 管 3 溶液到管 4 中，混匀。此时，四管中所含的包被剂浓度为 10、5、2.5 及 1.25 μg/ml。
2) 用一个多道移液器，各取 50 μl 的包被试剂分别加到 4 块 Immulon 微量滴定板孔中（每块板加入了四种稀释液中的一种），于室温放置过夜或 37℃温育 2 h。清洗微量滴定板然后用封阻液封闭，按基本方案中步骤 3～5 进行操作。
3) 标记 5 个 12 mm×75 mm 的试管，在 2～5 试管中加入 3 ml 封阻液。在第一个试管中，配制 4 ml 的 200 ng/ml 的溶于 PBSN 的第二试剂溶液。转移 1 ml 试管 1 内的试剂到试管 2 中，上下抽吸 5 次。对试管 3～5 重复这种转移操作，并混匀之；此时各试管中的第二试剂浓度分别为 200、50、12.5、3.125 和 0.78 ng/ml。如果该检验特别不敏感，那么有必要增加第二反应物的浓度，使管 1 溶液的浓度为 1000 ng/ml。如有可能，平行制备和测试另一种无反应活性的第二试剂的连续稀释系列。
4) 将 50 μl 的第二试剂稀释液加到所有 4 个包被好的酶标板的前 5 列中。稀释浓度按 1、2、3、4、5 的顺序由高到低排列。第 6 列为无第二试剂组。置室温下放置 2 h。洗板（见基本方案步骤 7）。
5) 标记 5 个 17 mm×100 mm 试管，在 2～5 管中各加 3 ml 封阻液。在管 1 中准备 6 ml

的 500 ng/ml 溶于封阻液的展开试剂。从管 1 中转移 3 ml 到管 2 中，混匀。在管 3 到管 5 中重复这种转移，并混匀。各管所含展开试剂的浓度分别为 500、250、125、62.5 及 31.25 ng/ml。

6）将 50 μl 的展开试剂液稀释液加到每块滴定板的第 1～5 行的所有孔中，稀释浓度按第 5、4、3、2、1 列由高至低排列，第 6 行为无展开试剂组。于室温中放置 2 h。洗板（见基本方案步骤 7）。

7）在每个孔中加 75 μl 的 MUP 或 NPP 底物溶液，置室温中放置 1 h，用肉眼或微量滴定板读数仪测试水解反应程度（见基本方案步骤 10）。适当的实验结果是，用 NPP 作底物时，在 405 nm 处可得到 0.50 吸收单位/h，或用 MUP 作底物时 1000～1500 荧光单位/h。

11.2.8　辅助方案 2　制备细菌裂解物抗原

克隆化基因在大肠杆菌表达后裂解制备的蛋白质，可用作备择方案 1 和 2 中的待测抗原。

材料（带√项见附录 1）

在肉汤培养液或琼脂中培养的大肠杆菌（见 1.2 和 1.3）

细胞重悬缓冲液：10 mmol/L HEPES

√溶菌酶溶液

√Tris/EDTA/NaCl（TEN）缓冲液

10%（*m*/*V*）SDS

8 mol/L 尿素（可选）

尼龙头的挑菌杆（Falcon，Becton Dickinson）

步骤

1）对于液体培养基培养的细菌细胞，取 5 ml 培养液在台式离心机上 2500 r/min 离心 10 min 收集菌体。轻轻倒去上清，沉淀重悬于 5 ml 的细胞重悬缓冲液中，在涡旋混合器上温和振荡重悬细胞。对于琼脂平板上培养的细菌细胞，则可用尼龙头挑菌杆从平板上挑取大约 10 个克隆，重悬于 2 ml 的细胞重悬缓冲液中。将挑菌杆压向管壁以尽可能地去除液体。

应在不同的生长期取样进行分析（如对数中期和静止期）。如果样品是从琼脂平板上挑取的，那么培养液应于 37℃培养过夜。

2）取 1 ml 的细胞重悬液加入微量离心管中，冰浴。加 0.2 ml 溶菌酶溶液并置冰上 5 min。

3）离心 5 min，轻轻倒出上清液并保留。沉淀重悬于 1.2 ml TEN 缓冲液中。

同时检测沉淀和上清中的活性是值得的。

4）每份样品加入 65 μl 的 10% SDS，于 37℃温育 10 min。样品可在数小时内使用或冻存。也可加入 8 mol/L 尿素以使蛋白质变性并可溶。

参考文献：Engvall and Perlman，1971；Linscott's Directory of Immunological and Biological Reagents.
撰 稿 人：Peter Hornbeck，Scott E. Winston，and Steven A. Fuller

11.3 老鼠的免疫

用弗氏佐剂乳化抗原溶液或均质化含蛋白抗原的聚丙烯酰胺凝胶条带。注射抗原用于免疫小鼠，隔 2～3 周一次。每次辅助注射后的第 7 天采血测血清抗体水平，当达到足够的抗体滴度时就用于杂交瘤试验。

11.3.1 基本方案　制备免疫脾细胞：用可溶性抗原致敏

材料（带√项见附录 1）

√PBS
抗原
完全和不完全弗氏佐剂
任意品系小鼠，6～8 周
22-G 注射针头
带塞的 3 ml 注射器（Luer-lok，Becton Dickinson）
双头带塞的连接器（Luer-lok，Becton Dickinson）
无菌剪刀，剃须刀片，解剖刀片
木制涂棒

步骤

1）准备等体积 PBS 含 25～100 μg 抗原和弗氏完全佐剂的乳化液（200～400 μl/鼠）。用双头带塞的连接器连接两个注射器，一个注射器装抗原，另一个装佐剂。来回推压注射器，使得其内容物从一侧到另一侧注射器，推压 5～10 min 直到得到稳定的乳化液。

注意：处理弗氏佐剂要小心，因为自注射会产生阳性的 TB 试验，导致肉芽肿样反应。

2）用 22-G 的针给小鼠腹腔注射（每一个抗原 3～5 只小鼠）。

3）3 周后，用等体积的含 10～50 μg 抗原的 PBS 和不完全弗氏佐剂配制成（200～400 μl）的乳化液再次腹腔注射。

4）第二次免疫后 7 天，用无菌剪刀或剃毛刀片切掉小鼠尾巴 0.5 cm 采血。收集 100～200 μl 血装于 1.5 ml 的微量离心管。将小鼠放在产热灯下 30～60 s 保暖或用拇指和食指挤压尾巴可以方便采血。

5）血块形成后，用木制涂棒把血块从管和表面移走，不要弄破血块。移走血块后，用 200 μl 的移液器把血清装入另一微量离心管。经 ELISA 确定血清抗体滴度（见 11.2）。如有需要，用免疫印迹，进一步对抗体定性（见 10.6）。

抗体滴定可实践性地定义为：在 ELISA 测试中产生高于背景 0.2 吸光单位的血清稀释度。

6）如果滴度太低不能用于融合（≥1/1000），每两周给小鼠加强免疫直至达到足够的应答。如果采血超过 3 次，用剃毛刀切开一侧尾静脉采血。

7) 当抗体滴度足够高时（≥1/1000），融合前 3 天，但要在前一次免疫的 2 周后，用含 10～50 μg 抗原的 PBS 溶液腹腔注射（200～400 μl）或经皮下尾静脉（50～100 μl）注射加强免疫。
8) 在强化免疫的 3 天后进行细胞融合。

11.3.2 备择方案 1 用复合抗原（膜、整个细胞和微生物）进行免疫

小鼠的初次免疫和强化免疫同可溶性抗原操作（见基本方案步骤 1～3），也可注射 PBS 抗原悬液来免疫。用 1×10^7～2×10^7 的哺乳动物细胞或 10^8～10^9 的细菌或酵母细胞注射。

11.3.3 备择方案 2 用电泳分离的抗原进行免疫

需要时抗原可非常方便地经凝胶电泳纯化（见 10.3）。可用聚丙烯酰胺凝胶条带中含有的蛋白抗原来免疫小鼠。

附加材料（见基本方案）

冷的 0.1 mol/L KCl

组织研磨机

步骤

1) 将含 10～50 μg 目的蛋白抗原的蛋白质混合物上样于适当的 SDS 变性分离胶并电泳（见 10.3）。
2) 将胶浸泡在冷的 0.1 mol/L 的 KCl 中 5～15 min。蛋白质条带会在透明凝胶的背景下出现白色沉淀。用解剖刀或剃须刀切下合适的条带。
3) 在组织研磨机中用最小量的 PBS 研磨凝胶条带。确定连续加入 100 μl 直至研碎的凝胶条带成为液体所需的最小体积。
4) 用包含 10～25 μl 抗原的凝胶悬液 200～400 μl 腹腔注射免疫小鼠。
5) 3 周后用包含 10～25 μl 抗原的凝胶悬液 200～400 μl 腹腔注射强化免疫小鼠。
6) 采血，测定抗体滴度，进行细胞融合试验（见基本方案步骤 4～8）。

重复用聚丙烯凝胶免疫小鼠会导致黏附，增加了分离脾脏的难度。

参考文献：Hurrell，1982；Langone and Van Vunakis，1986.

撰 稿 人：Steven A. Fuller，Miyoko Takahashi，and John G. R. Hurrell

11.4 单克隆抗体上清和腹水的制备

与多克隆抗血清相比，采用单克隆抗体（MAb）的最主要的优势就是有可能得到

大量的特异性单克隆抗体可供应用。MAb 制剂通常包括杂交瘤上清、由接种了杂交瘤的小鼠制备的腹水，以及纯化的 MAb。杂交瘤上清是很容易制备的，特别是用于制备大量不同的 MAb，但其中 MAb 的浓度则相对较低。腹水中包含有高浓度的 MAb，但它不是纯的 MAb 制剂。为得到纯化的制剂，可以把培养上清或腹水拿来进行亲和层析（见 10.7 和 10.8）。绝大多数培养上清可达到饱和的 MAb 滴度，即取 100 μl（10^6 个细胞）测试时其滴度超过 1∶10。经过亲和层析，可期望得到 1～10 mg/L 的纯化的 MAb。绝大多数杂交瘤可以长成为腹水瘤。MAb 在这种腹水中的饱和浓度可达 1∶500 的滴度。

11.4.1 基本方案 1 单克隆抗体上清的制备

如果上清滴度很高，则该杂交瘤可用于大规模纯化制备或用以产生腹水。

材料

目的杂交瘤

完全 DMEM-10 培养液（见附录 1 和 3F）

175 cm^2 组织培养瓶

50 ml 锥形离心管，无菌

步骤

1）将杂交瘤置于一个盛有完全 DMEM-10 培养基的 175 cm^2 组织培养瓶中，放入 37℃ CO_2 培养箱，直至生长旺盛适于分传。

当细胞密度达到 1×10^6～2×10^6 细胞/ml 时，大多数细胞系需要分传至新的培养液或新的培养瓶中。监控组织培养瓶中的细胞活度、污染及密度。细胞不能长得过密，否则会死亡，这种细胞濒死的状况会增加细胞表型改变的可能性。

2）按 1∶10 的比例将细胞分传到一个新的 175 cm^2 的培养瓶中，加入完全 DMEM-10 培养液到总体积为 100 ml，并置 37℃ CO_2 培养箱中直至细胞过度生长，此时溶液变酸（变黄色），细胞死亡（约 5 天）。

3）将培养瓶中的内容物转移到无菌的 50 ml 的锥形离心管中，室温下 1500 *g* 离心 10 min，收集上清。用 ELISA 法（见 11.2）或用流式细胞仪（Holmes and Fowlkes，2002）检测 MAb 上清的滴度。

4）将上清无菌保存，在 4℃时通常可稳定地存放数周至数月；在 −20℃时可存放数月至数年；−70℃时可永久保存。分装成数份冻存。尽量避免反复冻融。

11.4.2 备择方案 1 单克隆抗体上清的大量制备

附加材料（亦见基本方案 1）

完全 DMEM-10，含 5～10 mmol/L HEPES，pH 7.2～7.4

70%乙醇

850 cm^2 旋转培养瓶
转瓶培养装置
250 ml 锥形离心管，无菌

步骤

1）重复基本方案 1 步骤 1，并按 1∶10 分传到终体积为 100 ml 的完全 DMEM-10/HEPES 中。

每个 175 cm^2 培养瓶中的培养物最终可以接种到 2.35～2.5 L 的培养液中。如果用蛋白亲和层析法从上清中纯化 MAb，可期望得到 1～10 mg MAb/L。通常不必将细胞放入无血清的培养液中适应和培养（这种做法常会降低产量）。如果用蛋白质 A-亲和层析法从上清中纯化 MAb，应该单独检测使用 FBS 的培养液是否有污染，即被其他蛋白污染），污染物有可能与 MAb 同时被纯化。新生胎牛血清常含有显著量的 Ig，它将与蛋白质 A 结合，因此这种血清不可以用于配制培养液。

2）准备传代细胞时，应将 175 cm^2 培养瓶中的内容物（100 ml）转移到一个 850 cm^2 旋转培养瓶中，另加 150 ml 完全 DMEM-10/HEPES，盖紧瓶盖，置于转瓶培养装置上于 37℃培养 1～2 天。

3）用饱蘸 70％乙醇无菌海绵擦拭旋转培养瓶的瓶盖和瓶颈，打开瓶盖，加入 250 ml 完全 DMEM-10/HEPES，盖紧瓶盖，再在转瓶装置上培养 1～2 天。

4）如步骤 3 所述擦拭瓶盖及瓶颈。打开转瓶，加入大约 2 L 的完全 DMEM-10/HEPES 直至几乎满了（总体积约 2.5 L）。为了避免泡沫，先加入无血清培养液，最后加入 FCS 至终浓度为 10％。盖紧瓶盖，并置转瓶培养装置上，37℃培养直至培养液变黄色（大约 5 天）。

5）将培养液倒入无菌的 250 ml 的锥形离心管中，室温下 250 *g* 离心 20 min，收集上清并分装冻存。如果上清不准备用于生物学检测，可加 10％叠氮钠溶液至终浓度为 0.02％。如果上清准备进行亲和层析或盐分级沉淀，那么最好先经 0.45 μm 滤器滤过除菌，以清除碎片。

11.4.3 备择方案 2 大量制备杂交瘤或细胞系

步骤

1）同备择方案 1 中大规模制备 MAb 上清的步骤 1～4，但等细胞长到合适的密度时就应收获细胞，或者是在细胞生长的平台期收获。

估计所需细胞的数量，此过程将产生大约 10^6 细胞/ml，将细胞转到数个 175 cm^2 培养瓶中，以便制备所需数量的细胞（每个 175 cm^2 培养瓶的培养物将加到 2.4 L 的培养液中）。通过肉眼观察培养液的颜色和混浊度，并通过每天选几瓶细胞进行细胞计数及检测细胞活力等方法来估计收获的时间。勿使细胞过度生长，否则细胞活力将急剧地下降。

2）将细胞倒入无菌的 250 ml 锥形离心管中，于 4℃ 250 *g* 离心 15 min，弃上清，置细胞沉淀于冰上。

3）将 10 瓶细胞沉淀用 4℃的 PBS 250 ml 重悬，合并到一个试管中，4℃ 250 *g* 离心，弃上清。

4）重复以上步骤，最终把细胞合并到一管中，细胞经过 3 次洗涤后，可以进一步加工

(如细胞裂解、放射性标记)。

11.4.4 基本方案2 含单克隆抗体的腹水的制备

高滴度的单克隆抗体的制备可以通过在小鼠的腹腔内接种能产生MAb的杂交瘤细胞,从而产生腹水来获得。腹水可收集几次,经热灭活、滴定后储存。

材料(带√项见附录1)

裸鼠,6~8周龄,无特定病原体,或注射了鼠鼠杂交瘤细胞的同系宿主
降植烷(Pristane,2,6,10,14-四甲基正十五烷;Aldrich)
目的杂交瘤
√完全DMEM-10培养液,含10 mmol/L HEPES及1 mmol/L丙酮酸钠
√PBS或HBSS,无菌且不含FCS
20-G或22-G注射针头及18-G注射针头
175 cm^2组织培养瓶
50 ml和15 ml聚丙烯锥形离心管,无菌

步骤

1) 用20-G或22-G的注射针,往小鼠腹腔内注射降植烷,每只鼠0.5~1 ml,1周后接种细胞(Donovan and Brown,2002a)。
2) 在175 cm^2培养瓶中加完全DMEM-10/HEPES/丙酮酸钠培养液,进行杂交瘤细胞的培养,使细胞生长至对数期。

   在步骤7注射小鼠之前,检测上清中MAb的活性(如ELISA;见11.2),或此步骤最好在细胞扩增之前进行。

   为避免出现将病原体引入啮齿动物的危险,用抗体产生分析法对细胞进行病原体检测(Donovan and Brown,2002a)。

3) 将培养液转入50 ml锥形离心管中,室温下500 *g*,离心5 min。弃上清。
4) 细胞重悬于50 ml无菌的PBS或HBSS(不含FCS)中洗涤。于室温下500 *g*,离心5 min,弃上清。重复2次,然后细胞重悬于5 ml的PBS或HBSS中 。计数细胞,通过台盼蓝排除法确定细胞活力(见附录3F),细胞应该有接近100%的存活力。
5) 用不含FBS的HBSS或PBS调整细胞浓度至2.5×10^6细胞/ml。用一个10 ml的无菌的带22-G针头的注射器,对裸鼠进行腹膜内注射2 ml细胞,同时注射3个裸鼠。等待腹水形成(1~2周)。

   不要稍有腹水就穿刺,应等3~7天腹水增高时再收集以获取最多的量。每只鼠通常可收集到5~10 ml腹水(有时可多于40 ml)。

   如果小鼠一点腹水也未产生就死亡了,特别是接种后2周内就死亡,那么再次进行小鼠接种时可注射少一些细胞。如果接种2周后小鼠不产生腹水而健康状况良好,那么再次接种时可以给这些小鼠以及那些注射了降植烷而未接种过细胞的幼鼠多注射一些细胞。如果形成实体瘤,那么可将

这些实体瘤细胞制成悬液并注射接种到另一只注射过降植烷的小鼠腹腔内。即使只产生少许腹水，这些腹水都可以转移接种到另一只鼠的腹腔内（大约 0.5 ml/鼠），这样就应该会产生大量的腹水。

6）收获腹水。一只手抓住并固定小鼠，使其腹部皮肤绷紧。另一只手将一只 18-G 的针头插入小鼠腹腔 1～2 cm 深。进针部位为左下腹或右下腹，以避免刺入鼠上腹部的重要器官，以及腹中线处的主要大血管，将腹水滴入一只无菌的 15 ml 聚丙烯锥形离心管中。

有时腹水太多，压力太大，以致针一刺入，腹水就大量喷射出来，因此在刺入腹膜腔之前应确定针的出口确实对准了收集离心管口。

7）如果腹水出现凝块，可用一小木签沿着凝块的周围（位于凝块与管壁之间）挑一下凝块使之解体，然后再离心。凝块可能会粘在小木签上然后移走，也有可能一直在管内离心后组成沉淀。

8）在室温下，1500 *g*，离心腹水 10 min，收集上清，弃沉淀，将腹水存放于 4℃，直到收集腹水的工作完成（在 1 周内）。

9）让小鼠再次积累腹水（2～3 天），再次收获腹水。重复这个过程直到再没有腹水产生可供收集，或者小鼠健康状况不佳。此时，可处死小鼠。

10）把在几天内收集到的腹水汇集到一起，于 56℃水浴 45 min 进行热失活。如果凝块形成，可参照步骤 7 中方法去除之，然后再离心。

11）采用适当的方法检测腹水中的 MAb 的滴度。

MAb 的饱和浓度（最大活性）应该达到 0.5%或更高稀释度。MAb 滴度偏低的原因常为杂交瘤不稳定，从而停止产生 MAb，或者由于杂交瘤在体内连续多次传代（2 次以上）所造成的。

12）按大于 1∶10 的比例稀释 MAb，并通过 0.45 μm 滤膜滤过除菌。分装并冻存于 −70℃，避免反复冻融，可冻存数年之久。如果腹水不是用来进行生物测定，那么可加入叠氮钠至 0.02%的终浓度。

参考文献：Andrew and Titus，2002；Donovan and Brown，2002a；Holmes and Fowlkes，2002；Yokoyama，2002.
撰 稿 人：Wayne M. Yokoyama

11.5　单克隆抗体的纯化

11.5.1　基本方案　用蛋白 A-琼脂糖进行纯化

葡萄球菌蛋白 A 可以结合数种哺乳类动物的免疫球蛋白。蛋白质 A-琼脂糖介质可以结合部分 IgM、大部分 IgG1 及几乎所有的 IgG2a、IgG2b 和 IgG3 MAb。

材料（带√项见附录 1）

蛋白 A-琼脂糖 CL-4B（Amersham Pharmacia Biotech）
√Tris 缓冲液，pH 8.6
腹水液（见 11.4）
√柠檬酸盐缓冲液，pH 5.5

√乙酸盐缓冲液，pH 4.3
√甘氨酸·Cl 缓冲液，pH 2.3
√中和缓冲液，pH 7.7
2.5 cm 玻璃层析柱
紫外流通检测仪、紫外分光光度计和石英比色杯
超滤器及 XM50 膜（Amicon）

步骤

1）将蛋白 A-琼脂糖置于 50 倍体积的 Tris 缓冲液中充分溶胀。在室温下将其灌入直径为 2.5 cm 玻璃层析柱中，用 Tris 缓冲液平衡。

10～20 ml 腹水中的抗体，可用干重大约为 3 g 的蛋白 A-琼脂糖纯化。

2）腹水液稀释于 3 倍体积的 Tris 缓冲液，以 1～5 ml/min 的速度上样于蛋白 A-琼脂糖柱，用 Tris 缓冲液洗柱子直至所有的未结合的蛋白质都被洗脱，采用 A_{280} 监测流出液。

3）依次用 2～3 倍柱床体积的柠檬酸盐缓冲液、乙酸盐缓冲液以及甘氨酸·Cl 缓冲液连续洗脱结合蛋白质，洗脱液直接接入装有中和缓冲液的管中。中和缓冲液的体积应为所收集液体积的 1/4。

4）采用 ELISA 法检测洗脱液的抗原特异性 MAb（见 11.2）。

5）在超滤器中浓缩所分离的单克隆抗体到 1～5 mg/ml，所用超滤膜为 XM50。将单克隆抗体储存于－20℃。测定 A_{280} 以计算抗体浓度，鼠的 IgG 溶液 1 mg/ml＝1.44 吸光度单位。

11.5.2 备择方案 1 蛋白A-琼脂糖的备择缓冲液系统

另一种缓冲液系统（由 Amersham Pharmacia Biotech 建议的）对于某些单克隆抗体具有更高的结合能力。这些备择的缓冲液如下所示（配方参见附录 1）：

甘氨酸·OH 缓冲液（替换 Tris 缓冲液）

0.04 mol/L 柠檬酸钠/0.02 mol/L 氯化钠 pH 6.0 及 pH 5.0（替换柠檬酸盐缓冲液）

0.04 mol/L 柠檬酸钠/0.02 mol/L 氯化钠 pH 4.0（替换乙酸盐缓冲液）

0.04 mol/L 柠檬酸钠/0.02 mol/L 氯化钠 pH 3.2（替换甘氨酸·Cl 缓冲液）

11.5.3 备择方案 2 用抗原-葡聚糖和抗鼠 Ig-葡聚糖进行纯化

当所希望制备的抗体不能与葡萄球菌蛋白 A 有效地结合时（如 IgM 和一些 IgG1 抗体），可以用亲和层析柱来进行制备，柱子装填的介质是偶联上蛋白抗原或者抗鼠 Ig 的 CNBr 活化葡聚糖（见 10.15）。这种抗原-葡聚糖将用于分离特异性的抗体，而抗鼠 Ig-葡聚糖用于分离所有的鼠免疫球蛋白。

附加材料（亦见基本方案；带√项见附录 1）

CNBr 活化葡聚糖 4B（Amersham Pharmacia Biotech）

1 mmol/L HCl

√偶联缓冲液

蛋白质抗原（预先纯化的，见第 10 章）或抗鼠 Ig 的抗体（可购买获得）

1 mol/L 乙醇胺，pH 8.0

√PBS

√洗涤缓冲液

60 ml 或者 150 ml 的玻璃砂芯漏斗，中等孔径。

步骤

1）将 3.3 g CNBr 活化葡聚糖 4B 溶胀于 1 mmol/L HCl 中（可得 10 ml 溶胀的凝胶），然后转移至玻璃砂芯漏斗中，并用：(a) 200～500 ml 的 1 mmol/L HCl；(b) 200～500 ml 偶联缓冲液。依次洗涤≥30 min。

2）将葡聚糖凝胶转移至 50 ml 锥形塑料离心管中，加 50～100 mg 的配体（2～5 mg/ml），混匀后置摇动平台 4℃过夜。250 *g* 离心 10 min，弃上清。

3）加偶联缓冲液至满管，离心，弃上清。

4）加 20～40 ml 1 mol/L pH 8.0 的乙醇胺，置摇动平台 4℃ 4～5 h，离心，弃上清。

5）在管中依次加满 PBS 和洗涤缓冲液洗涤，每次洗后离心。

6）将葡聚糖凝胶转移到一个 2.5 cm 的玻璃柱中，用 100 ml 的 PBS 平衡。

7）腹水液稀释于 3 倍体积的 PBS 后上柱，流速为 1～5 ml/min，在室温下操作。用 30 ml 的 PBS 从柱子上洗去未结合的蛋白质。

8）用甘氨酸·Cl 缓冲液洗脱结合蛋白质，分析、浓缩（见基本方案步骤 3～5）。

参考文献：Langone and Van Vunakis，1986.

撰 稿 人：Steven A. Fuller，Miyoko Takahashi，and John G. R. Hurrell

11.6 多克隆抗血清的制备

想得到好的抗血清在很大程度上依赖于现有的抗原质量、纯度、可获得的数量及分析方法的特异性和敏感性。对于蛋白质抗原，材料尽量生物化学同源。用于筛选细菌的 cDNA 表达文库或用于免疫印迹的抗血清最好是针对变性蛋白，而有些是用来筛选真核转染系统表达的 cDNA，或用于细胞天然合成结构的免疫沉淀作用，这些抗血清最好是针对天然抗原而得到。

有关免疫方法的建议（肌内、皮内、皮下）和采血（兔的耳缘静脉或动脉，小鼠、大鼠和仓鼠的其他各种部位）见文献（Donovan and Brown，2002b，c）。

11.6.1 基本方案 用弗氏佐剂免疫制备多克隆抗体

材料

适当品系的兔、大鼠、小鼠、仓鼠

弗氏完全佐剂（CFA；Sigma）

1～2 mg/ml 纯化的蛋白质抗原（见 10.3），溶于 PBS（见附录 1）

弗氏不完全佐剂（IFA；Sigma）

50ml 一次性聚丙烯离心管

带 19-G、21-G、22-G 注射针头的 3 ml 玻璃注射器

两端锁紧接口（Luer-Lok，Becton Dickinson）或塑料 3 路旋塞阀

注意：CFA 是潜在的致炎试剂，特别是不小心刺入皮内或进入眼睛，可能会腐蚀皮肤或致失明。刺伤会产生 TB 阳性反应并有肉芽肿样反应。使用时要戴上手套、防护眼镜。

步骤

1）采动物血并收集于 50 ml 离心管，从血中得到血清，分析并存储（见辅助方案）。

2）摇动 CFA 以分散不溶的热灭活的分枝杆菌。于 4℃在 2 ml CFA 中加入 2 ml 含 0.25～0.5 mg/ml 纯化抗原的 PBS 溶液。

这些已足够用来免疫 4 只兔子或者 80 只小鼠。不要用 Tris 缓冲液来配乳浊液。

用 SDS-PAGE 制备胶（见 10.3）来纯化抗原时，从胶上分离的条带可直接加入几毫升的 PBS 与相同体积的 CFA 乳化。

3）将 CFA/抗原混合物吸入一个带 19-G 针头的 3 ml 的玻璃注射器中。取去针头，移动注射塞尽量排空空气，并接到两端锁紧接口或者塑料的 3 路旋塞阀上。在另一端连上一个空的 3 ml 注射器，反复来回用力抽压使混合物从一个注射器到另一个注射器。当混合物成均匀白色时，连接上一个 21-G 的注射器，并向装有 50 ml 冷水的 100 ml 烧杯里滴一小滴来测试乳化液的稳定性。如果乳滴分散，继续混合直到可以形成乳胶滴。在整个过程中，不时地放于冰上使尽量保持在 4℃左右。

4）把乳液移入一注射器，装上 22-G 的针头，排除空气。

5）绑好动物并多部位注射乳液，肌内（i. m.）、皮内（i. d.）或皮下（s. c.）部位。对于小的啮齿类动物，如小鼠，最好是腹腔（i. p.）注射。

对于价值昂贵的抗原，乳化液可以在 4℃保存几周，然后使用前再次乳化。但这样会导致蛋白质变性。

6）10～14 天后动物采血。制备血清（见辅助方案）。

7）开始免疫后的 4～8 周，用 IFA 作为主要佐剂制备抗原用于加强免疫。给予首次加强后的 7～14 天，采血制备血清。

因重复皮内注射会致皮肤溃疡，应尽量避免。在初次皮内或皮下免疫后，兔的加强免疫应采用肌肉注射。

8）隔 2～3 周给予更进一步的加强免疫，在每次免疫后的 10～14 天采血并制备血清。

抗原免疫兔子后特异性抗体产生的动力学如图 11.6.1。

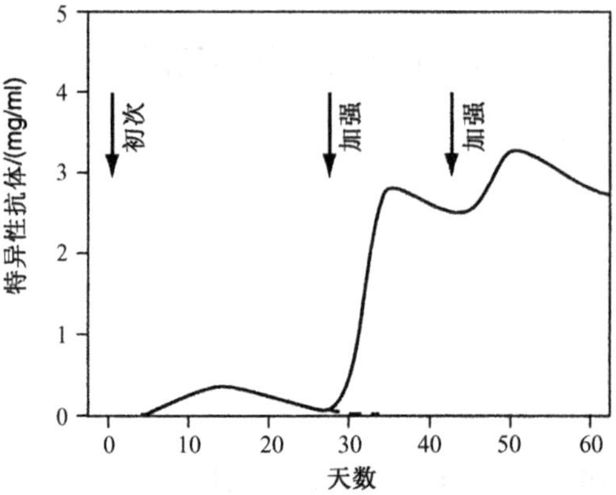

图 11.6.1 特异性抗体反应进程的动力学。箭头所指为进行诱发免疫和加强免疫的时间。特异性抗体的实际产生量取决于蛋白质的免疫原性而变动很大。

11.6.2 备择方案 应用其他佐剂制备多克隆抗血清

弗氏完全佐剂可提高抗原的免疫原性，其对动物造成的痛苦是可以避免的。对于其他的免疫源有必要试验许多佐剂。

附加材料（见基本方案）

TiterMax＃R-1（CytRx；4℃保存小于 24 个月）或 Ribi 佐剂系统（RAS；Ribi Immunochem；2～8℃储藏，不能冻存）

步骤

1a）用 TiterMax：用 TiterMax 佐剂乳化水溶性抗原见基本方案步骤 2～4，不同的是用 0.5 ml 的抗原、0.5 ml 的 TiterMax 和塑胶注射器。

每 0.5 ml 乳化液可免疫 20 只鼠或 10 只兔子。未用完的抗原/佐剂乳化液可于 4℃、－20℃、－70℃保存，只要抗原稳定可长期保存。在用之前必须重新乳化。

1b）用 Ribi 佐剂系统：于 40～45℃ 5～10 min 预热 RAS 管形瓶，用 21-G 注射器的橡胶塞将 2 ml 溶于 PBS 的抗原直接加入。盖紧帽塞，室温下涡旋振荡 3 min。

每个管形瓶可以免疫 10 只鼠或 2 只兔子。如初次没有用完，单用盐水重配 RAS 至 1.0 ml，于 4℃存储，需要时与抗原等比混合。

2）将乳化液移至 1 ml 的注射器，接上一个 22-G 的针头，排除空气。

3）固定动物注射抗原/佐剂乳化液。对于兔子，多部位注射含 50～250 μg 抗原的 RAS 1.0 ml：0.05 ml 皮内注射 6 个物点，每条大腿 0.3 ml 肌肉注射，0.1 ml 颈部皮下注射。

4）10～14 天采血并制备血清（见辅助方案）。

据报道用 RAS 或 TiterMax 的血清抗体反应比弗氏佐剂要慢些。

5）于 4、8、12 周给予加强免疫并在 10～14 天后采血（见基本方案步骤 7 和 8）。当达到抗原特异性高滴度时停止免疫。

用 TiterMax 加强免疫不是对所有抗原都是必要的。如需要第二次免疫，4 周时用可溶性抗原代替抗原/佐剂乳化液。如果 10～14 天后滴度仍很低可立即给予加强量的抗原/TiterMax 佐剂。Ribi Immunochem 推荐重复使用 RAS 加强注射不超过每 4 周一次。

11.6.3 辅助方案 由全血制备血清

步骤

1）收集全血室温下固定 4 h 使形成血凝块，于 4℃过夜使血块收缩。

2）轻轻地用棉棒沿管壁将血块边缘弄松（不要弄破血块），用棉棒将血块从管中挑出。

如果还没有形成血块，就将棉棒插入管内引发凝结，然后再开始第一步。

3）将血清移入 50 ml 的离心管中，2700 *g*，4℃，离心 10 min，以沉淀残存的细胞和细胞碎片，保留上清。

4）分别用免疫沉淀法（见 10.15）、免疫印迹法（见 10.6）、ELISA 法（见 11.2）或琼脂免疫双扩散法来检测抗体滴度。

5）分装血清于带螺纹盖子的管中－20℃保存。避免重复解冻。

对于大的或者是非进化相关的蛋白质，通过重复加强免疫（超免疫法）刺激可望得到 5～10 mg/ml 的抗体血清滴度。当使用小的或高度保守的蛋白抗原时，很可能得到 1～2 mg/ml 的滴度。抗体的滴度和亲和力在初次免疫和首次加强免疫时较低，随着后续的免疫会增加。

参考文献：Donovan and Brown，2002b，c；Harlow and Lane，1999；Klinman and Press，1975.

撰 稿 人：Helen M. Cooper and Yvonne Paterson

11.7 从抗血清、腹水或杂交瘤上清液中纯化免疫球蛋白 G 组分

虽然亲和层析法（见 11.5）是进行特异性抗体纯化的首选，然而有时这种纯化方式却非必需，或者无法实施进行（如有时抗原量不充足）。这一节里将描述从蛋白质混合物中分离 IgG 组分（包含了所有特异性的抗体）的方法。

11.7.1 基本方案 用饱和硫酸铵沉淀 IgG

材料（带√项见附录 1）

√饱和硫酸铵溶液（SAS）

含有 IgG 的抗血清、腹水或组织培养上清

√PBS

透析膜（MWCO 12 000～14 000；Spectrapor 2）

步骤

1）于 4℃不断搅拌，往 2 体积的抗血清、腹水或组织培养上清中，逐滴加入 1 体积

SAS溶液。加完后置于4℃，不间断地搅拌2～4 h以形成沉淀。

2）4℃ 12 000 *g* 离心20 min，用预冷的溶于PBS的33% SAS溶液在涡旋混合器上振荡洗涤沉淀，所用溶液的体积与原抗血清、腹水或组织培养上清等体积。重复洗涤。

3）在涡旋混合器上温和振荡将沉淀溶于合适的预冷的缓冲液中（5%～10%的原始体积）。

4）4℃透析IgG溶液48 h以上，期间换3次（每次换4 L，见附录3）所需缓冲液，以去除硫酸铵。

11.7.2 备择方案 用DEAE-Affi-Gel Blue层析法分级分离IgG

这个备择方案不仅可以用于从腹水或抗血清中分离IgG组分，而且可以用于SAS沉淀之后进一步纯化IgG组分。这个方案用于分离鼠的IgG组分。

附加材料（亦见基本方案）

DEAE-Affi-Gel Blue（Bio-Rad）

√加样缓冲液

√洗脱缓冲液

NaN_3，晶体形式

步骤

1）根据制造商的说明准备DEAE-Affi-Gel Blue柱子。于4℃用5倍柱床体积的加样缓冲液平衡（7ml柱床体积/ml抗血清或腹水）。

2）于4℃下透析含Ig的样品40 h，中间换2次加样缓冲液（每次换大约4 L）。

3）加样上柱，速度为10 ml/h。以同样的速度用3倍柱床体积的加样缓冲液洗脱未结合的蛋白质。

4）用洗脱缓冲液以10 ml/h的速度洗脱结合的IgG组分。以10 ml为一组分分部收集洗脱液，并储存于4℃，直至合并各组分。

5）每组分取30～50 μl，用10% SDS-PAGE在还原条件下分析（见10.3），检测含IgG的组分。

在还原条件下，IgG的重轻链将分开，相应的分子质量分别为50 000 Da和25 000 Da。

在这一步可测定污染的转铁蛋白的量，可用凝胶过滤层析法除去。

6）合并含有IgG的组分，在4℃下透析大于40 h，期间换2次所需缓冲液（每次换4 L）。

7）用5倍柱床体积的加样缓冲液重新平衡DEAE-Affi-Gel Blue柱，加少许NaN_3晶体阻止细菌生长，储存于4℃。

参考文献：Cooper 1977.

撰稿人：Helen M. Cooper and Yvonne Paterson

11.8 免疫原性肽的选择

直到最近，也只有一些蛋白质的氨基酸全序列在经过多年艰苦努力后得到测定，现在已经能够根据相应的cDNA序列推断出蛋白质全序列，而无需纯化蛋白质。基于氨基端蛋白质测序或者各种预测方法，现在可以用推断出的特异性肽序列免疫，而所得抗体可以与完整的天然蛋白质发生交叉反应（见11.9）。图11.8.1描绘了用于选择免疫原性肽及其载体的步骤，以及制备抗肽抗体用以检测完整蛋白质的方法。

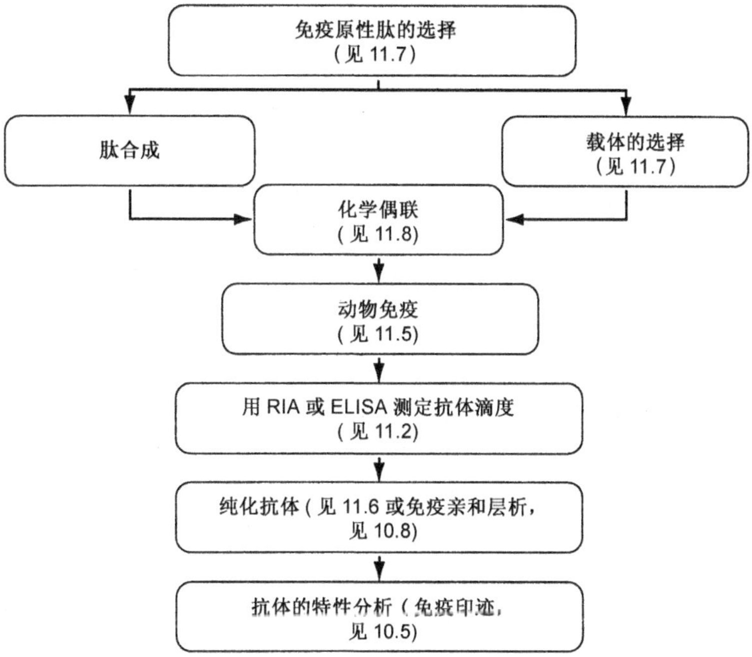

图11.8.1 制备抗肽抗体的流程图。

选择合适肽段对于获得能与天然抗原发生交叉反应的抗体是至关重要的。最常用的做法是选择一个10～15个氨基酸残基的多肽，该多肽对应于这种蛋白质抗原的C端或N端序列，然后采用化学交联的方法将这个肽连接到一个载体分子上，如匙孔槭血蓝蛋白（KLH）或者牛血清白蛋白（BSA）等。然而，如果所需的肽序列位于蛋白质序列的中间，那么这个肽段的选择就要采用预测潜在抗原位点的一些算法。这些预测方法则建立在亲水性预测（Kyte and Doolittle，1982；Hopp and Woods，1983）或者二级结构预测（Chou and Fasman，1978）等方面。目的是要使这种蛋白质的备选区域具备以下条件之一：①表面暴露，如某个亲水区域；②相对于其余结构的构象灵活，如环区或预测形成β转角的区域。化学偶联过程可以把肽结合到载体蛋白质上，然而它却可以使预测选择受到偶联的化学原理的制约。

羧基端肽的选择 选择C端肽的原因是因为蛋白质的C端肽活动性较其他部分更强，且这个肽可以用戊二醛直接偶联在载体蛋白上（见11.9）。偶联的肽通过其氨基端偶联到载体上，这种偶联方式与所发现的天然抗原的方式很相似。然而，这种方法首先

必须排除肽内碱性氨基酸的存在（见 11.9）。例如，如果 C 端序列是：

1	2	3	4	5	6	7	8	9	10
S	Y	G	R	N	Q	A	E	K	Q

那么就无法用戊二醛偶联之，因为在位点 9 上有赖氨酸残基（K）存在。在此情况下，插入一个半胱氨酸（C），以提供一个“接头”

−1	1									10
C	S	Y	G	R	N	Q	A	E	K	Q

然后可用 *m*-顺丁烯二酰亚胺苯甲酰基-*N*-羟基琥珀酰亚胺酯（MBS，见 11.9）进行偶联，这个半胱氨酸残基的位置紧靠着载体分子，这样就可以把它对肽的天然序列的反应性的干扰降低到最小程度。C 端序列如果位于跨膜区域部分，那么将不能成为一个合适的免疫原。这可以通过检查序列的亲水性图来决定（Kyte and Doolittle ，1982）。

氨基端肽的选择　氨基端具有与前述羧基端同样的优点，但也有缺点，它有可能会发生翻译后的乙酰化修饰，或前导序列被去除。将含有 C 端半胱氨酸的 N 端肽偶联到载体上去。最好用 MBS 来完成（见 11.9）。

位于序列中间的肽段的选择　从序列的中间部分选择肽序列，需要利用各种算法预测该区域是否具有抗原性。唯一需要得到的资料即是其序列的一级结构。Hopp 和 Woods（1981）以及 Kyte 和 Doolittle（1982）所采用的两种方法是基于以下事实，即抗原位点位于抗原的表面暴露部分及亲水区域。Chou 和 Fasman（1978）的推算方法是一种经验方法，它利用已知结构的序列库来确定不同构象状态下每一个氨基酸的分布情况。Corrigan 和 Huang 于 1982 年把这种分析方法编制成计算机程序。预测形成转角的区域可以选择为免疫原性肽。

自体蛋白　如果要寻找的抗原是哺乳动物源性的，将此抗原的序列与要被免疫的动物的该蛋白质的序列进行比较，常能得到重要的信息。只有那些序列不同的区域才最可能具有免疫原性。如果同源蛋白的免疫原性是已知的，那么在所研究的蛋白质中，可以选择一个相似的区域作为合成肽免疫原。

载体的选择　载体分子的最为重要的要素是它在进行化学偶联后具有可溶性以及有大量的赖氨酸以供偶联，使用最多的载体是 KLH 及 BSA，KLH 的优点在于它具有很强的免疫原性，而 BSA 则具有很好的可溶性。

肽的合成　肽的合成中最为重要的参数是要确保所合成的肽与天然的抗原尽可能相似，在进行 N 端封闭抗原的 N 端肽的化学合成时，需要将 α-氨基乙酰化，乙酰化作用也提供了将示踪同位素掺入到肽里的机会，这对于定量检测交联到载体分子上的肽的数量可能很重要（Miller et al.，1984）。如果需要位于中间的肽序列，那么，应对游离的 α-氨基和 α-羧基进行修饰，以模拟天然抗原。在偶联过程中其一端将被封闭，但另一端必须进行修饰。

参考文献：Chou and Fasman，1978；Corrigan and Huang，1982；Hopp and Woods，1981，1983；
Kyte and Doolittle，1982.
撰 稿 人：James F. Collawn and Yvonne Paterson

11.9 抗肽抗体的制备

本节讨论采用化学交联法将合成肽交联到载体蛋白上去。

11.9.1 基本方案 通过化学偶联法用MBS将合成肽偶联到载体蛋白上

MBS（*m*-顺丁烯二酰亚胺苯甲酰基-*N*-羟基琥珀酰亚胺酯）通过载体蛋白分子上的赖氨酸侧链将肽的氨基端与羧基端上的巯基进行交联。N端的半胱氨酸可用于羧基端肽的交联，而C端的半胱氨酸则可用于氨基端肽的交联。在交联的过程中，不能使用Tris缓冲液，因为它会与载体蛋白竞争被MBS衍生化的肽。

材料（带√项见附录1）

载体蛋白：如牛血清清蛋白（BSA）
√0.1 mol/L 磷酸钠缓冲液，pH 6.8
√MBS/DMF 溶液
含半胱氨酸的肽（痕量发射标记，见11.8）
20 mmol/L EDTA，用0.1 mol/L 磷酸钠缓冲液配制，pH 6.8
√PBS
PD-10柱子（Amersham Pharmacia Biotech）

步骤

1）将10 mg BSA溶于0.5 ml 0.1 mol/L pH 6.8的磷酸钠缓冲液中，置于一个2 ml的玻璃试管，加50 μl MBS/DMF溶液（MBS/载体蛋白的摩尔比为27∶1），于室温下温和搅拌30 min。

2）用10 ml的0.1 mol/L pH 6.8的磷酸钠缓冲液预平衡PD-10柱子（见10.7），然后加样到柱子上。每0.6 ml为一组分分部收集。监测 A_{280} 并收集第一个蛋白质峰（第一个峰包含MBS/BSA复合物，第二个峰包含游离的MBS）。汇集第一个峰的洗脱液于15 ml的玻璃试管中。

3）将10 μmol的肽溶于20 mmol/L的EDTA中，终浓度约为1 mg/ml，然后将其加到装有MBS/BSA复合物的玻璃试管中。于室温下在氮气中搅拌4 h。

如果肽不溶于20 mmol/L的EDTA，可将其溶于0.5～1 ml的DMSO（必要时可以加热）中，然后用20 mmol/L的EDTA稀释成2 ml。

4）于4℃对3 L PBS透析过夜。早上换PBS后继续透析4 h。

5）将样品分装成小份，储存于－20℃。每一次免疫动物使用1 mg总蛋白质（见11.6）。

11.9.2 备择方案 用戊二醛将合成肽通过化学偶联法交联到载体蛋白上

戊二醛可将肽和载体分子通过它们的氨基交联到一起。那些赖氨酸不在氨基端位置的肽应尽量避免使用这种方法。另外，不能使用 Tris 缓冲液。

材料（带√项见附录 1）

载体蛋白，如马蹄蟹（*Limulus polyphemus*）或匙孔槭（*Megathura crenulata*）血蓝蛋白（Worthington 或 Sigma）

√硼酸缓冲液，pH 10 及 pH 8.5

0.3%戊二醛

1 mol/L 甘氨酸

步骤

1）在 15 ml 的玻璃试管中加入 10 mg 的血蓝蛋白和 2 ml pH 10 的硼酸缓冲液，温和搅拌使溶。加入 10 μmol 的合成肽。

2）室温下边搅拌边缓慢加入 1 ml 的 0.3%戊二醛溶液。使其反应 2 h，溶液将变成黄色。

3）加 0.25 ml 的 1 mol/L 甘氨酸以封闭未反应的戊二醛。使其反应 30 min。

4）肽-蛋白偶联物对 3 L 硼酸缓冲液（pH 8.5）在 4℃透析过夜。晨起，更换硼酸缓冲液后继续透析 4 h。

5）肽-蛋白质偶联物于 4℃储存。

参考文献：Doolittle，1986.

撰 稿 人：James F. Collawn and Yvonne Paterson

第12章　DNA-蛋白质相互作用

由于DNA结合蛋白参与DNA的复制、重组、病毒整合和转录等细胞活动过程，对它们的研究已有几十年了。重组DNA技术的发展，使得大量有重要生物学作用的基因得到分离，促使近年来对这类蛋白质感兴趣的研究者大大增多。许多研究者对基因的转录如何受环境和发育信号的调控感兴趣，并开始鉴定与调控作用有关的DNA序列。这种研究自然导致了对与调控序列元件相结合的蛋白质的检测、分离和定性分析。本章概述了目前分析DNA-蛋白质相互作用及分离DNA结合蛋白所常用的技术。

从细胞核或细胞质制备细胞提取物，常常是研究这些蛋白质以及它们与DNA相互作用的第一步（见12.1）。制备的细胞提取物可直接用于各种功能研究，或作为纯化与基因调控有关的蛋白质的起点。近三年来，检测和纯化DNA结合蛋白的技术有了许多进展，应用最为广泛的技术可能是迁移率变动分析法（见12.2），即检测蛋白质对标记的DNA片段在非变性凝胶中的迁移率的阻滞能力。这一技术最初用来分析纯化的原核蛋白与DNA的相互作用，经改进现已能用于各种细胞粗提物中各种DNA结合蛋白的检测。由于迁移率变动分析法简单而快速，因此成为纯化DNA结合蛋白的首选方法。

当检测到一个DNA结合蛋白之后，常常需要检测其结合特异性。对DNA结合位点的推测可在迁移率变动分析法中，用突变的DNA片段来确证，这些突变的DNA片段可以不进行标记而作为竞争物，也可以标记后充当探针。此外，还可以对DNA模板进行化学修饰，从而探索这些改变如何影响其对某一特异蛋白质的结合作用。应用得最为广泛的修饰或称“干扰”技术是甲基化干扰（见12.3）。这一技术可直接检测出与DNA结合蛋白紧密结合的核苷酸。首先以平均每DNA分子修饰一次的频率对鸟嘌呤和腺嘌呤残基进行甲基化修饰，然后在迁移率变动分析中，与某一特异蛋白质结合的修饰DNA和未结合的DNA分子分离开来。如果甲基化发生在对结合作用有重要影响的核苷酸上，其DNA分子将很少出现在结合了蛋白质的DNA泳动带中。

尽管甲基化干扰方法与大多数的保护试验相比可提供更多信息，DNA酶I保护作图法（或称“足迹分析法”）则能提供另一层面的信息（见12.4）。在该实验中，先让蛋白质与DNA结合，然后用DNA酶I或其他化学试剂切割DNA。足迹法可无误地显示出与蛋白质相结合的DNA的大致区域。足迹法是快速而灵敏的，一旦对某一特定相互作用的条件优化后，可在纯化实验中用作常规分析。足迹分析法也可作为定量分析技术用于测定某一蛋白质的结合曲线，或沿DNA链上多个位点结合的蛋白质之间的协同作用。

当检测到一个DNA结合蛋白并对其进行初步定性分析后，人们往往希望纯化该蛋白质。纯化工作可采用标准的层析技术（见第10章），各分离组分可用迁移率变动分析法或足迹分析法分析该蛋白质的存在。在这些纯化方案中，另一种被证明十分有效的方法是亲和层析法，层析柱中含有大量对该蛋白质具特异结合位点的DNA（见12.9）。

这些亲和层析柱利用了蛋白质对相应结合位点有极强特异性的特点。当应用这样的层析柱时，蛋白质在有大量的竞争性非特异性 DNA 存在的情况下上柱，能特异识别亲和柱上特异序列的蛋白质，就结合到这些序列上。另一可选方法是，先将蛋白质用标准的非特异性 DNA 柱（如 DNA-纤维素）进行分离，然后在高盐中进行特异性亲和柱层析。特异性的 DNA-蛋白质复合物在中等盐浓度中常常是稳定的，而许多非特异性 DNA-蛋白质复合物则在高盐中被破坏。因此先后使用标准 DNA-纤维素柱与 DNA 亲和层析柱可提高纯化度。

用含有蛋白质结合位点的生物素酰化 DNA 片段，以及包被了链霉亲和素的柱填料也可达到相似的纯化效果（见 12.6）。该方法中，将含有特异结合序列的生物素酰化的 DNA 片段与粗制蛋白质或部分纯化的蛋白质及过量的竞争性 DNA 相混合。如同前述的亲和层析柱一样，特异蛋白质将分配结合到含有结合位点的 DNA 片段上。这种特异的 DNA 片段，连同所结合的蛋白质在通过链霉亲和素层析柱时从混合物中分离出来，其中特异的蛋白质可用高盐溶液洗脱下来。这种方法相对容易优化，因为几个步骤的成败均可用迁移率变动分析法进行监测。该方法用途也极广，因为单独一种柱填料即可与各种生物素酰化的 DNA 探针相配合，从而用来纯化大量不同的 DNA 结合蛋白。

为了证实纯化到了合适的蛋白质，了解与特异 DNA 序列相互作用的蛋白质的大小是有帮助的。另外，在细胞中，调节蛋白对环境或发育信号做出反应时可能被修饰。因此，知道某一 DNA 结合蛋白在各种条件下的表观大小也很重要，因为它有助于了解与该蛋白质有关的调控事件。

将 DNA 结合蛋白与其调控序列在紫外线作用下共价交联，并用 SDS-聚丙烯酰胺凝胶电泳分离该蛋白复合物，可测定 DNA 结合蛋白的大小（见 12.5）。这种方法甚至对粗制品中不纯的蛋白质也有效。交联作用可通过照射含有特异性 DNA 标记探针的蛋白质溶液而完成。或者先将蛋白质-DNA 复合物在迁移率变动胶中进行分离，然后照射。后一种方法可以更可信地保证所得到的蛋白质确实来自正确的复合物。上述两种方法的关键是要证实交联的蛋白质与特定的序列特异结合，如可进行非标记 DNA 片段的竞争试验加以确证。

许多情况下，克隆编码 DNA 结合蛋白的基因是一个重要的目标，由此才能更详细地了解 DNA 结合蛋白的遗传学特性。为此，先要将结合蛋白纯化至均一，测定其序列，再用该序列来找出 cDNA 克隆（见第 6 章）。然而，尽管在纯化技术方面近年来取得了很大进展，上述方法仍然是极为费时的，尤其是当 DNA 结合蛋白的含量很低的时候。另一种方法是用能被该蛋白质识别的已知序列来直接鉴定 cDNA 克隆（见 12.7）。在该方法中，将在大肠杆菌中表达的 cDNA 文库铺在培养平板上，将重组噬菌体产生的噬斑转印到硝酸纤维素膜上。然后用标记的特异性序列对这些膜进行杂交探测，以便检出表达特定 DNA 结合蛋白的克隆。这一方法的前提条件是大肠杆菌中表达的蛋白质必须具备与 DNA 进行特异性结合的能力。例如，如果蛋白质需要异源二聚体才能结合 DNA，或者需要某一特殊的共价修饰才能结合到其结合位点上，用这种方法就不能检出 DNA 结合蛋白。

为了弄清纯化的蛋白质和未知的 DNA 片段的结合特性，过滤结合法是个很有用的方法。经常地，一个很重要的基因产物已知位于细胞核内，但它的确切功能还不知道（如在发育上很重要的基因或癌基因）。这时就可以用过滤结合法来对 DNA 序列不同的区域进行筛选，找出和特定序列结合的蛋白质。如果通过过滤结合法确定了这些 DNA 序列，就可以进一步分析这些蛋白质结合序列的特性，如足迹分析和甲基化干扰。

在很多情况下，弄清某个特定蛋白质的最佳的 DNA 结合序列是很有必要的。从一个大的 DNA 片段库中筛选出和某个蛋白质结合的 DNA 片段的方法已经发展出来，这种方法使用了 PCR 反应（见 12.10）。起初，一个大的 DNA 片段库用来结合感兴趣的蛋白质，结合上的 DNA 片段用 PCR 法扩增。这个过程被重复多次，直到分离出能结合感兴趣蛋白质的 DNA 片段的结合库，确定这个结合库中每个 DNA 片段的序列，然后比较这些序列，找出这些 DNA 结合序列的共同特征。

一旦找出克隆化的编码某一 DNA 结合蛋白的基因后，就有可能通过体外转录和翻译来合成放射性标记的蛋白质。得到的标记蛋白能用来检测和分析 DNA-蛋白质相互作用（见 12.8）。这种方法最大的优点是有可能在所克隆的基因中引入突变，从而影响其表达产物的 DNA 结合性质。

本章所介绍的各种方法可用来检测和定性分析特异的 DNA-蛋白质相互作用，纯化特异的 DNA 结合蛋白，以及克隆这些蛋白质的基因。应用这些方法时，可以从一个确知的调控序列入手，分离编码调控因子的基因，并确定调控蛋白的特性。还可以对所克隆的调控基因进行剖分，以定义调控蛋白的功能域。这些方法已被广泛应用于哺乳动物系统中，这是用传统的遗传学方法几乎无法做到的（分析基因调控）。尽管仍旧很困难，但这些方法已经发展到有可能在分子水平对复杂的调控环路进行分解研究。

撰稿人：Robert E. Kingston

12.1 从哺乳动物细胞中制备核和细胞质提取物

从培养细胞中分离的细胞核制备的提取物（图 12.1.1）能够在体外精确地转录并进行 mRNA 加工。因此这些提取物可以直接用于功能研究，并作为纯化这些过程所涉及的蛋白质的起始材料。

12.1.1 基本方案 核提取物的制备

材料（带√项见附录 1）

转瓶或单层培养的哺乳动物细胞（如 HeLa 细胞）

√PBS

√低渗缓冲液

√低盐

高盐缓冲液，含 1.2 mol/L KCl

√透析缓冲液

液氮

贝克曼 JS-4.2 转子或相当的转子

50 ml 圆锥形刻度聚丙烯离心管（对较小体积的提取物也可用 15 ml 的离心管）

核和细胞提取物的制备

日期________ 细胞类型________ 来源________

细胞计数________ 培养体积________ 总细胞数________

开始时间________

在锥形管中收集和离心转瓶培养细胞，1850 *g* 离心 20 min。

用 PBS 洗涤单层细胞，收集于锥形管中。

1850 *g* 离心 10 min。

细胞压紧体积（pcv）：________

用 5 pcv PBS 洗涤转瓶培养细胞，1850 *g* 离心 10 min。

重悬于 5 pcv 的低渗缓冲液中。________（低渗缓冲液体积）

1850 *g* 离心 5 min。

重悬于 3 pcv 的低渗缓冲液中。________（低渗缓冲液体积）

在冰上肿胀 10 min。

匀浆肿胀的细胞 10 次。

3300 *g* 离心 15 min 沉淀核；移出细胞质提取液。

核提取

细胞核压紧体积（pnv）：________

将核重悬于 1/2 pnv 的低盐缓冲液中。________（低盐缓冲液体积）

加 1/2 pnv 高盐缓冲液。________（高盐缓冲液体积）

匀浆？________（冲击次数）

提取 30 min：开始：________结束：________

25 000 *g* 离心 30 min。

上清电导率：________＝________M

透析： 开始：________完成：________

核提取物电导率：________＝________M

25 000 *g* 离心 20 min。________（核提取物体积）

分装：管数________体积________

于液氮中冻结，－80℃保存。

结束时间：________

蛋白质浓度：________

细胞质（S-100）提取

细胞质提取体积：________

加 0.11 体积的 10×细胞质提取缓冲液________（缓冲液体积）

100 000 *g* 离心 1 h。

上清电导率：________＝________M

透析： 开始：________完成：________

25 000 *g* 离心 20 min。________（S-100 组分体积）

S-100 组分的电导率________＝________M

分装： 管数________体积________

于液氮中冻结，－80℃保存。

结束时间：________

蛋白质浓度：________

图 12.1.1 制备核及细胞质提取物的流程记录单。

Dounce 氏玻璃匀浆器（B 型研杵）
Beckman JA-20 离心转子或相当的转子
磁性搅拌器或倾斜台
管型透析膜（≤14 000 MWCO；见附录 3C）
电导计

注意：所有步骤的操作均在 0～4℃进行，在冷室内操作更好。缓冲液和设备要预冷。所有离心均在 4℃进行，转子要预冷。

步骤

1a）*收集转瓶培养的细胞*：将 $5\times10^8\sim10\times10^8$ 细胞置 1 L 的塑料瓶 1850 *g* 离心 20 min。轻轻倒去上清并丢弃，将细胞转入 50 ml 锥形刻度离心管中（每管 2～3 L 细胞）。进行步骤 2。

1b）*收集单层培养的细胞*：单层细胞长满后去掉培养液。用足量 PBS 洗 1 次，PBS 用量为没过细胞，轻轻振荡，弃 PBS。将细胞刮入新鲜 PBS 液里，倒进锥形刻度离心管中。进行步骤 2。

2）1850 *g* 离心 10 min。进行步骤 3a 转瓶培养或步骤 3b 单层培养。

3a）*转瓶培养细胞*：轻轻倒出上清并弃掉。用离心管上的刻度测量压紧后细胞的体积（pcv）。将细胞重悬于约 5 倍于其 pcv 的 PBS 液中。1850 *g* 离心 10 min。进行步骤 4。

3b）*单层培养细胞*：轻轻倒出上清并弃掉。用离心管上的刻度测量 pcv，进行步骤 4。

4）快速地将沉淀的细胞重悬于 5 倍体积的低渗缓冲液中。1850 *g* 离心 10 min 并弃掉上清。

5）将细胞沉淀重悬丁 3 倍于原 pcv 的低渗缓冲液中，放置在冰上 10 min，让细胞肿胀。

6）将细胞转到 Dounce 氏玻璃匀浆器中，用 B 号研杵上下抽提 10 次。用台盼蓝染色排斥法在显微镜下检查细胞裂解情况（应大于 80%～90%）。

7）将细胞转到离心管中。用 JS-4.2 转子 3300 *g* 离心 15 min 收集细胞核。保留上清用来制备 S-100 细胞质提取物（见辅助方案 2）。

8）用离心管上的刻度测量第 7 步离心压紧后的细胞核体积（pnv）。用 1/2 pnv 体积的低盐缓冲液重悬细胞核。

9）在轻轻搅拌的同时，逐滴加入 1/2 pnv 体积（见步骤 8）的高盐缓冲液。必要时用 Dounce 氏玻璃匀浆器匀浆。

10）不断轻轻搅拌 30 min 以提取核内容物。

11）用 Beckman JA-20 转子 25 000 *g* 离心 30 min 以收集核提取物。倒出上清并测量其电导率（见步骤 12），这就是核提取物。

12）将核提取物加入透析管中，用夹子至少封住透析袋的一端；透析袋一端是打开的，这样就可以测量透析袋内核提取物的电导率，比较核提取物电导率和透析液电导率的不同，以确定是否需要进一步透析。在 50 倍体积的透析液中进行透析，直到提取物的电导率和透析液一致为止（即提取物的 KCl 浓度达到 100 mmol/L 时）。尽量缩短透析时间。

取 5～10 μl 提取物用水稀释至 1 ml 用来测电导。用电导测量仪直接读出稀释液的电导值，与同样稀释的透析液的电导值相比较。

13）将提取物从透析袋中移出，最后一次检测其电导率以确定透析已经完成。将提取物 25 000 *g* 离心 20 min，弃掉沉淀。

14）测定上清中蛋白质浓度。根据需要分装，浸入液氮中速冻，−80℃保存。

12.1.2　辅助方案 1　细胞核提取方法的优化

本方案介绍了在制备不同类型细胞的核提取物的过程中，或在转录、剪接及迁移率变动分析等应用中，一种优化盐浓度的简单方法（见 12.2）。

附加材料（亦见基本方案 2；带√项见附录 1）

√高盐缓冲液，分别含 0.8、1.0、1.2、1.4 及 1.6 mol/L KCl

步骤

1）按基本方案中步骤 1～8 操作。

2）在低盐缓冲液中重悬细胞核后（1/2 体积 pnv，见基本方案步骤 8），将细胞核悬液分成 5 等份。

3）在冷室内不断搅拌，按如下方法在每份悬液中加入 1/3 体积高盐缓冲液：在第 1 份中加 KCl 浓度最低（0.8 mol/L）的高盐缓冲液，其余各份中依次加入 KCl 浓度逐渐增高（直到1.6 mol/L）的高盐缓冲液。

4）确定在离心管斜面上有提取出的细胞核，轻轻混合 30 min。

5）25 000 *g* 离心 30 min，除掉核。

6）将上清轻轻倒出，进行透析（见基本方案步骤 12），直到加 KCl 浓度最高的那份核悬液的电导率达到与透析液一致（100 mmol/L KCl）。提取物 25 000 *g* 离心 20 min。

7）检测各份提取物的电导率并测定蛋白质浓度（见基本方案步骤 13 和 14）。

8）直接分析提取物或分装到试管中，在液氮中速冷后放入−80℃保存。

12.1.3　辅助方案 2　细胞质（S-100）组分的制备

附加材料（亦见基本方案；带√项见附录 1）

细胞质提取物（见基本方案步骤 7）

√10×细胞质提取缓冲液

Beckman 50 型固定角转子或相当的转子

步骤

1）仔细测量细胞质提取物的体积（见基本方案步骤 7 中的上清）。加入 0.11 倍体积的 10×细胞质提取缓冲液，充分混合。

2）100 000 *g*离心 1 h。
3）将上清（S-100）装入透析管中进行透析，直至 S-100 的电导率达到与透析缓冲液一致（KCl 100 mmol/L）。
4）从透析管移出 S-100，25 000 *g*离心 20 min，以收集沉淀组分。
5）轻轻倒出上清，检测其电导率并测定蛋白质浓度（见基本方案步骤 12～15）。分装入小管中，液氮中快速冷冻，－80℃保存。

参考文献：Dignam et al.，1983.
撰 稿 人：Susan M. Abmayr and Jerry L. Workman

12.2 DNA结合在凝胶电泳中的迁移率变动分析

用非变性聚丙烯酰胺凝胶电泳进行 DNA 结合分析提供了简单、快速而且非常灵敏的检测序列特异 DNA 结合蛋白的方法。在电泳时，与末端标记的 DNA 片段特异结合的蛋白质阻滞了片段的迁移，因而产生独特的对应于蛋白质-DNA 复合物的不连续条带。这种分析方法可用于检测纯化蛋白质的结合或粗提物中未知的因子。此分析方法也可定量检测 DNA 结合蛋白的亲和力、丰度、结合率和分离率常数以及结合的特异性。它的其他变通方法包括用未标记的竞争物 DNA 进行的竞争分析、用抗体进行的超变动分析和多成分凝胶变动分析。

这种技术的效用体现在用变动分析已确认了很多 DNA 结合蛋白的特性，虽然没有一种方案对所有蛋白质都适用，可以通过变动几种参数来优化结合。

离子浓度和 pH 可影响结合。许多盐、缓冲液、甘油等结合反应所需的成分都可由含蛋白质提取物的缓冲液提供。如果只用很小体积的蛋白质提取物，这些成分可通过补加的缓冲液添加。DNA 结合分析与广泛、多样的结合条件紧密相关，因此对于特定的蛋白质-DNA 相互作用必须滴定每一个参数。

在结合反应中添加 BSA 或其他载体有助于改善某些复合物在电泳中的稳定性。其他已报道的影响蛋白质-DNA 复合物形成或稳定的试剂有非离子去污剂、多聚阳离子如精胺和（或）亚精胺以及 ATP。然而，每种蛋白质-DNA 复合物都可能对不同的结合条件有特质性的反应，而且纯化后的和在粗提物中的同一蛋白质其最佳结合条件也可能有所不同。

如同结合反应，非变性聚丙烯酰胺凝胶也有几个可变因素，如丙烯酰胺浓度、缓冲液及其他成分。这种检测典型的凝胶浓度范围是 4%～5%的丙烯酰胺，最常用的丙烯酰胺/亚甲双丙烯酰胺的比例为 40∶1，这样的方式可得到更黏的凝胶。

蛋白质-DNA 复合物的稳定性受所选用缓冲液的影响极大，因此很值得对目的蛋白试用不同的缓冲系统。最常用的缓冲液是 0.25×、0.5×、1.0×或 2.0×浓度的 Tris-乙酸（TAE）、Tris-甘氨酸和 Tris-硼酸（TBE）电泳缓冲液。电泳缓冲液必须和凝胶缓冲液相匹配。

12.2.1 基本方案 迁移率变动分析

本方案可分 4 个阶段：①制备含特异蛋白质结合位点的放射性标记 DNA 探针；②制备非变性凝胶；③结合反应：蛋白质混合物与 DNA 探针结合；④蛋白质-DNA 复合物凝胶电泳、干胶及放射自显影（图 12.2.1）。

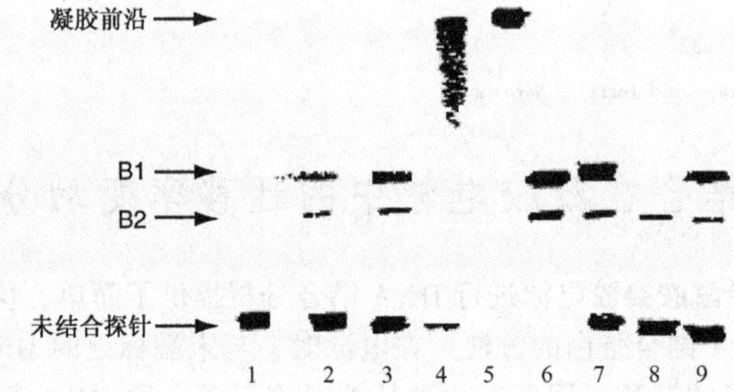

图 12.2.1 典型 DNA 结合迁移率变动实验的放射自显影示意图。放射标记的探针和 poly（dI-dC）·poly（dI-dC）与不同量的蛋白质共育，在低离子强度的聚丙烯酰胺凝胶自上而下电泳。图中标示了游离探针和结合蛋白质复合物的位置。泳道 1：DNA 探针＋poly（dI-dC）·poly（dI-dC）；泳道 2～5：DNA 探针＋poly（dI-dC）·poly（dI-dC）＋递增量的蛋白质粗提物；泳道 6：与泳道 5 相同，但加入过量的 poly（dI-dC）·poly（dI-dC）；泳道 7：标准的结合反应；泳道 8：标准的结合反应＋50 倍摩尔过量的未标记 DNA 探针（特异竞争剂）；泳道 9：标准的结合反应＋50 倍摩尔过量的未标记与探针序列无关的 DNA（非特异竞争剂）。

材料（带√项见附录 1）

√10×电泳缓冲液，如 TAE 或 TBE 电泳缓冲液或 Tris-甘氨酸电泳缓冲液
30%（*m*/*V*）过硫酸铵，新鲜配制
TEMED（四甲基乙二胺）
√非变性凝胶混合物
多聚物（Bulk）载体 DNA，如 poly（dI-dC）·poly（dI-dC）
BSA
含 DNA 结合蛋白的蛋白质制备物（粗提物或纯化物）
√10×带染料的加样缓冲液
恒温水浴
双头蠕动泵
10 μl 玻璃毛细吸管（选用）
Clay-Adams 螺口头加样器（选用）
Whatman 3MM 滤纸或相当的滤纸

步骤

用作探针的 DNA 片段长度为 20～300 bp。不过，DNA 片段越长，含有多个蛋白

质结合位点的可能就越高，对凝胶电泳结果的分析就越困难。DNA 探针可以用几种方法中的一种来制备。

1a）*对于限制性内切核酸酶切片段*：用标准的限制酶消化方案（见 3.1）从质粒上切下含靶结合位点的 DNA 小片段。DNA 片段用大肠杆菌 Klenow 酶和 ^{32}P 标记核苷酸（见 3.3）或多核苷酸激酶（见 3.7）进行末端标记，在凝胶电泳（见 2.6 或 2.9）中分离回收片段。

在使用蛋白质粗制备物的实验中，因其中可能含有磷酸化酶活性，避免使用多核苷酸激酶末端标记的探针。

1b）*对于合成寡核苷酸*：合成互补的寡核苷酸，通过复性（见 2.14）产生含靶结合位点的双链 DNA 片段。探针用多核苷酸激酶（见 3.7）进行末端标记。

1c）*对于 PCR 片段*：通过聚合酶链反应（PCR，见 15.1）产生含靶位点的 DNA 片段。以多核苷酸激酶（见 3.7）在 PCR 反应前末端标记引物或在纯化后标记 PCR 双链产物。

2）分离探针，用溴化乙锭斑点定量法（见 2.8）确定其浓度。

3）取 1 μl 在闪烁计数仪中进行契仑科夫计数测定其放射比活（cpm/μl）。

典型的结合反应需含约 5000～20 000 cpm 和约 10～100 fmol 探针（10 μl 反应总体积中含 10 fmol DNA，其 DNA 浓度为 1 nmol/L）。如果需要的话，在继续实验前探针在 4℃可存放 4～6 周。

4）稀释 10×电泳缓冲液至 1×，其量应足够灌满电泳槽。

5）用清洗干净的玻璃板和 1.5 mm 间隔片组装凝胶夹层，准备灌胶（见 2.9）。

去污剂会干扰蛋白质-DNA 的相互作用。

6）在用同样电泳缓冲液配制的 60 ml 非变性凝胶混合液中加 150 μl 30%的过硫酸铵及 70 μl TDMED，轻轻摇匀。

7）将凝胶混合液灌入玻璃板之间，插入齿宽≥7 mm 的梳子，让胶聚合 20 min。

8）将梳子和底边的垫片取出。下储液槽加入 1×电泳缓冲液后，将胶放入电泳槽中。上储液槽也加入 1×缓冲液。用带弯针的注射器排去胶下面的气泡并冲洗加样孔（见 2.9）。100 V 预电泳 30～60 min。

对于低离子强度的缓冲液（≤0.5×），用泵的两端以每分钟 30 ml 的流速在上下槽之间交换缓冲液。缓冲液的再循环可以防止因缓冲液的低缓冲容量产生的极化。

9）预电泳时，在 0.5 ml 或 1.5 ml 微量离心管中混合如下成分（最后加蛋白质）：

5000～20 000 cpm 放射标记探针 DNA（0.1～0.5 ng，≥10 fmol）
0.1～2 μg 非特异载体 DNA
300 μg/ml BSA
≥10%（*V/V*）甘油
适当的缓冲液和盐
DNA 结合蛋白质（约 15 μg 粗提物或约 5～25 ng 纯化的蛋白质）

反应总体积用水或缓冲液调至 10～15μl。

10）用手指轻拍打管底以混匀反应物。

11）在恒温水浴温育结合反应约 15～30 min。

最适反应温度因蛋白质而异，室温至 37℃。

12）用 10 μl 玻璃毛细管或 Clay-Adams 加样器或加样枪将各结合反应物加入到预电泳

的凝胶样品孔中。另外在一个孔中加入小体积的 10×样品缓冲液。

由于本系统没有积层胶，需要精确加样，尽量减少和电泳缓冲液混合，以获得清晰的分离条带。

13）在 30～35 mA 下电泳，只需很少的电泳时间应足以使蛋白质-DNA 结合物和游离探针得到很好的分离。当溴化乙锭到达凝胶底部时停止电泳（15～20 cm 胶需 1.5～2.0 h）。

14）卸下凝胶电泳装置，取出胶板，小心移走间隔片。

15）用刮板慢慢地撬开电泳玻璃板，使空气进入到凝胶和玻璃板之间。

凝胶应该仍粘在其中的一块玻璃板上。如果玻璃板分开得太快会导致凝胶被撕破或粘在两块玻璃板上。如果这种情况发生或者说凝胶被扭曲变型的话，可以在凝胶下喷一些水，这可以降低凝胶的黏性。但是一定要小心，不要让凝胶从玻璃板上滑下来。

16）将黏附了凝胶的玻璃板平放在实验台上，胶面朝上。在胶上放置 3 张大小与凝胶相当的 Whatman 3MM 滤纸。

17）小心将胶板连同滤纸翻转，使滤纸在下，玻璃板朝上。

18）揭起玻璃板一端，小心剥下凝胶与滤纸。

19）用塑料薄膜包裹凝胶进行真空加热干燥。

20）在不使用增感屏的条件下，凝胶膜放射自显影过夜，或用增感屏放射自显影2～3 h（见附录 3A）。

12.2.2 备择方案 1 竞争迁移率变动分析

附加材料（亦见基本方案）

未标记的特异或非特异竞争 DNA 片段

步骤

本方案按基本方案步骤 1～8 准备探针和凝胶，如下述步骤 9 改变结合反应的体积，再按基本方案进行步骤 10～20。

9a）建立结合反应（见基本方案步骤 9）。除了加入标记 DNA 探针外，加入递增量的非标记特异或非特异竞争 DNA 片段，最后加入 DNA 结合蛋白质。

在结合探针的蛋白质不是特别过量的前提下，典型的竞争剂的量可为相当于标记探针摩尔量的 5×，10×或 50×。

特异片段复合物对特异性和非特异性竞争剂会产生明显的差异反应。

12.2.3 备择方案 2 抗体超变动分析

附加材料（亦见基本方案）

针对 DNA 结合蛋白的特异性抗体

非特异的对照抗体

步骤

本方案按基本方案步骤 1～8 准备探针和凝胶，如下述步骤 9 改变结合反应的体积，再按基本方案进行步骤 10～20。

9b）建立结合反应（见基本方案步骤 9）。往反应混合物中加入小体积的抗体(≤1 μl)。另外一管结合反应，加入等量的非特异性对照抗体。

加入抗体的量尽可能的少，但足以产生可观察效果。引入对照抗体是关键，因为抗体制剂中的盐和其他蛋白质成分对蛋白质-DNA结合物的稳定性和迁移率会有非特异性的影响。粗血清制品、纯化的多克隆抗体和单克隆抗体都能进行超变动分析。一般而言，抗体制剂越纯，结果就越清楚。

12.2.4 备择方案 3 多元迁移率变动分析

迁移率变动分析也可用于研究 DNA-蛋白质结合物的多成分组装。实际上，迁移变动分析研究的许多转录因子是同源或异源二聚体。在很多情况下，序列特异性的 DNA 结合蛋白（A）往往充当其他蛋白（B 和 C）结合作用的平台，这些蛋白（B 和 C）本身并不与 DNA 特定序列直接结合。超变动分析可检测到初级 DNA-蛋白质复合物依赖于与其他因子结合形成新的离散复合物。

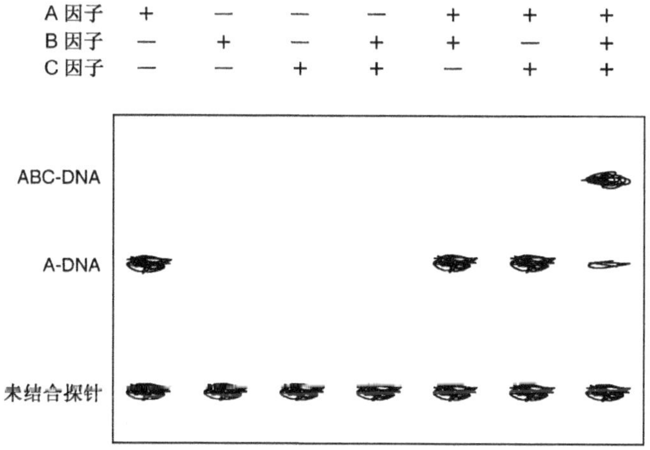

图 12.2.2 多元复合物迁移率变动实验的放射自显影示意图（见备择方案 3）。在此实验中，因子 A 与 DNA 是序列特异的结合。因子 B 和 C 则结合于因子 A-DNA 复合物。

多元变动分析与基本方案没有本质的差异，然而必须注意到如下几点：

1）各种因子的浓度需足够高。虽然序列特异的 DNA 结合蛋白的解离常数（K_d）通常都很高（10^{-9}～10^{-12} mol/L），但随后的蛋白质-蛋白质相互作用的结合常数可能较低。因此探针与蛋白质 A 的结合必须饱和以到达 ABC 复合物形成所需的浓度。

2）因子的结合未必会影响迁移率。例如，蛋白质 C 有可能仅是为蛋白质 B 与 DNA-蛋白质 A 复合物结合所必需的一种激酶。抗体超变动分析或其他蛋白质-蛋白质相互作用分析能有效地显示因子和特定复合物间的实质结合。

参考文献：Carthew et al.，1985，Chodosh et al.，1986；Fried and Crothers，1981；Gerner and Revzin，1981.

撰 稿 人：Stephen Buratowski and Lewis A. Chodosh

12.3 用来分析蛋白质-DNA相互作用的甲基化和尿嘧啶干扰分析法

干扰实验（甲基化和尿嘧啶）可识别DNA结合位点上的特异残基。这些残基经修饰后，可干扰蛋白质与DNA的结合。

12.3.1 基本方案1 甲基化干扰分析法

在甲基化干扰实验中，探针通过将鸟嘌呤N-7及腺嘌呤N-3位用硫酸二甲酯（DMS）进行甲基化而产生。这些甲基化的碱基可被哌啶特异性切割。

材料（带√项见附录1）

含有蛋白质结合位点的DNA片段

√TE缓冲液，pH 7.5～8.0

硫酸二甲酯（DMS）

√DMS反应缓冲液

√DMS终止缓冲液

10 mg/ml tRNA溶液

0.3 mol/L乙酸钠/1 mmol/L EDTA，pH 5.2

1 mol/L哌啶（从10 mol/L哌啶储液稀释）

√终止/加样染液

90～95℃水浴

步骤

1）制备单末端标记的DNA探针（同迁移率变动分析法，见12.2）。

2）取约10^6 cpm的探针溶于5～10 μl TE缓冲液中。加入200 μl DMS反应缓冲液及1 μl DMS。在涡旋混合器上充分混匀。室温温育5 min。

注意：DMS是一种强毒性物质，必须在通风橱内小心操作。含有DMS的液体应倒在指定的DMS废液瓶中，接触过DMS的吸液头应放入一个专门的DMS固体废物瓶中，由安全部门处理。

3）在探针混合液中加入以下试剂：

40 μl DMS终止缓冲液

1 μl 10 mg/ml tRNA溶液

600 μl 100% 乙醇

混匀后置于干冰/乙醇浴中10 min。微量离心机4℃以最大速度离心10 min。用延长的巴斯德吸管小心吸出上清，置于液体DMS废液瓶中。

4）将沉淀重悬于250μl 0.3 mol/L乙酸钠/1 mmol/L EDTA中，放置在冰上。加入750 μl 100%乙醇，混匀，如步骤3一样用乙醇沉淀DNA。

5）按步骤 4 重复乙醇沉淀 DNA 1 次。用 70%乙醇洗 DNA 沉淀 1 次，离心 10 min。小心除去上清，将管子倒扣在吸水纸上，在空气中晾干 10 min。
6）在闪烁计数仪上测量 DNA 沉淀的契仑科夫计数，计算其 cpm 值。用 TE 缓冲液重悬至约 20 000 cpm/μl。
7）用优化的 DNA 结合条件，如同 12.2 基本方案步骤 9 建立一个反应体系，但反应体积放大约 5 倍（50 μl 体积中用 10^5 cpm 探针）。
8）将结合反应液加入 3 个非变性聚丙烯酰胺凝胶样品孔中。按迁移率变动分析法的条件对其进行电泳。
9）将凝胶进行放射自显影，切出相应于蛋白质-DNA 结合物及非结合探针的显影带，用电洗脱的方法从胶中将 DNA 纯化至 DEAE 膜上。
10）用 100 μl 1 mol/L 哌啶重悬沉淀。置于 90～95℃水浴中 30 min。在管子上加上一玻璃板以防盖子冲开。小心将管子从水浴中取出，置于干冰上。
11）在盖子上用大注射器针头扎孔，在真空蒸发器（如 Speed-vac）中冻干 1 h 或直至完全冻干。加 100 μl 蒸馏水。再次冷冻和冻干。重复加水，冷冻和冻干。切伦科夫计数并测定样品的 cpm 值。
12）在沉淀中加足够的终止/加样染液，浓度以 1～2 μl 体积中含有需加样的样品量为宜（3000 cpm 足以自显影过夜）。95℃加热 5 min，迅速置于冰上冷却。
13）将非结合探针及蛋白质-DNA 结合物加于 6%或 8%的聚丙烯酰胺/尿素测序胶上。同测序胶一样进行电泳及放射自显影（图 12.3.1）。

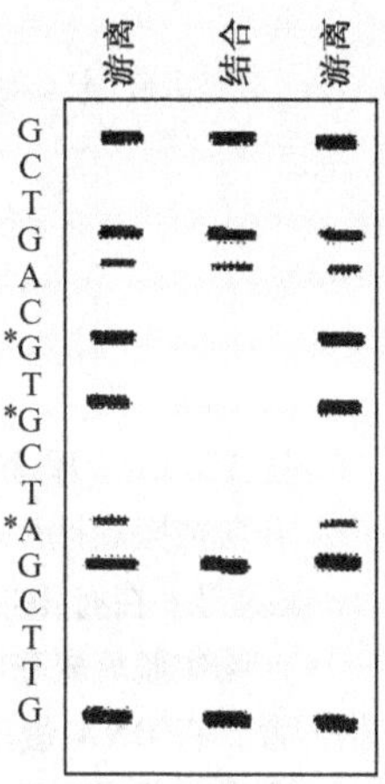

图 12.3.1 甲基化干扰实验的放射自显影示意图。干扰的鸟嘌呤和腺嘌呤用*标出。

加样的 DNA-蛋白质结合物及非结合探针的计数值相等，以便对不同的样品进行精确的比较。

12.3.2 基本方案 2 尿嘧啶干扰分析法

在尿嘧啶干扰实验中，探针是在 TTP 和 dUTP 混合物存在下用 PCR 扩增而产生（见 15.1），因此产物中的胸腺嘧啶残基被脱氧尿嘧啶取代（羟基取代了胸腺嘧啶的 5-甲基）。尿嘧啶碱基可被尿嘧啶-*N*-葡萄糖基化酶特异性切割，产生对哌啶敏感的脱嘧啶位点（图 12.3.2）。

材料（带√项见附录 1）

含有蛋白质结合位点的 DNA

针对结合位点两侧的互补 DNA 链上特异序列的寡核苷酸引物

√2 mmol/L 4dNTP 混合液（见 3.2）

0.5 mmol/L dUTP

√ *Taq* 聚合酶缓冲液（见 3.2）和 *Taq* 聚合酶（见 3.3）

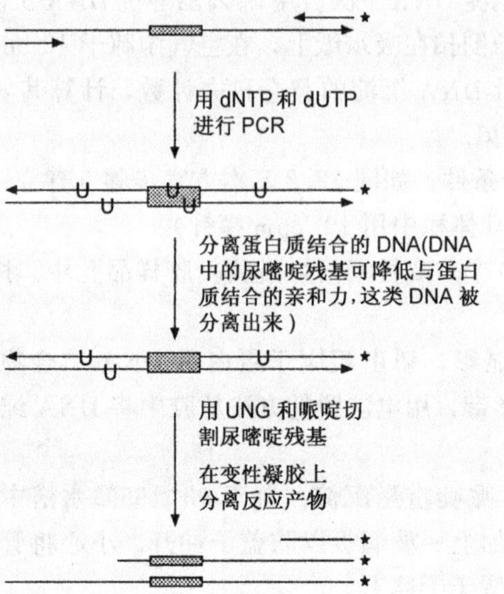

图 12.3.2　尿嘧啶干扰试验。一条含有蛋白质结合位点（有斜纹的盒子）的寡核苷酸或限制性片段（长箭头），用一条非标记的引物（短箭头）和一条标记的引物（星号）在有 dGTP、dATP、dCTP、dTTP 及 dUTP 存在下进行 PCR 扩增，产生的产物中脱氧尿嘧啶随机地替代两条链上的胸腺嘧啶。将这群 DNA 分子与靶蛋白共育，将 DNA-蛋白质复合物从未结合 DNA 中纯化出来，即可将不干扰蛋白结合的含有脱氧尿嘧啶替代物的 DNA 分子选出。所得到的 DNA 用尿嘧啶-*N*-糖基化酶切割，随后用哌啶作用，反应产物用变性的聚丙烯酰胺凝胶分离。[（经牛津大学出版社同意引自文献（Pu and Struhl，1992)]。

√TE 缓冲液，pH 7.5～8.0
尿嘧啶-*N*-糖基化酶（Perkin Elmer-Cetus）
1 mol/L 哌啶（从 10 mol/L 哌啶储液稀释）
√终止/加样染液
90～95℃水浴

步骤

1）用 T4 噬菌体多核苷酸激酶进行 ^{32}P 标记寡核苷酸引物的 5′端。

设计用来进行 PCR 扩增（见 15.1）的引物，使其包含蛋白质结合位点旁侧的序列，并位于两条互补链上（图 12.3.2）。

2）设立 2 个平行的含有以下试剂的 50 μl PCR 反应：

5μl 含有结合位点的 DNA 片段（0.2 pmol）
5μl 一个 ^{32}P 标记的寡核苷酸引物（20 pmol）
5μl 另一条寡核苷酸引物（非标记，20 pmol）
5μl 2 mmol/L 4dNTP 混合液
5μl 0.5 mmol/L dUTP
5μl 10× *Taq* DNA 聚合酶缓冲液

19μl H_2O

1μl *Taq* DNA 聚合酶（5 U）

在优化的 PCR 扩增条件下做 8 个循环。

3）用非变性聚丙烯酰胺凝胶电泳纯化 PCR 产物，然后进行酚抽提及乙醇沉淀。

4）在闪烁计数仪上测量 DNA 沉淀的切伦科夫计数，计算其 cpm 值。沉淀重悬于 TE 缓冲液至约 20 000 cpm/μl 。

5）用 10^5 cpm 的探针在 50 μl 反应体积中进行 DNA 结合反应（见 12.2，基本方案步骤 6），用非变性聚丙烯酰胺凝胶电泳结合反应液。

6）将胶进行放射自显影（1～12 h），切出对应于蛋白质-DNA 复合物和非结合探针的电泳带，并将其中的 DNA 纯化出来。将各 DNA 样品重悬于 25 μl TE 缓冲液中。

7）建立如下尿嘧啶-*N*-糖基化酶反应（50 μl 终体积）：

19 μl H_2O

5 μl 10× *Taq* DNA 聚合酶缓冲液

25 μl DNA（来自步骤 6）

1 μl 尿嘧啶-*N*-糖基化酶（1 U）

37℃温育 60 min。用乙醇沉淀终止反应。

8）DNA 沉淀重悬于 100 μl 1 mol/L 哌啶，90～95℃水浴 30 min。在管子上加上一玻璃板以防盖子被冲开。哌啶切割之后，将管置于干冰上。

9）在盖子上用大注射器针头扎孔，在真空蒸发器（如 Speedvac）中冻干 1 h 或直至干燥。加 100 μl 蒸馏水，再次冷冻和冻干。重复加水，冷冻和冻干。样品进行切伦科夫计数。

10）往沉淀中加入终止/加样染液。95℃加热 5 min，迅速置于冰上冷却。将非结合探针及蛋白质-DNA 结合物加于 6%或 8%的测序胶上进行电泳及放射自显影。

为了便于对样品进行比较，很重要的是要使电泳前样品的计数值相等。如果用增感屏显影过夜，3000 cpm 即足够。

参考文献：Hebdrickson and Schleif，1985；Maxam and Gilbert，1980；Pu and Struhl，1992.

撰 稿 人：Albert S. Baldwin，Jr.，Marjorie Oettinger，Kevin Struhl

12.4 DNA 酶 I 足迹分析法

本分析方法用来检测 DNA 上特异的蛋白质结合位点。位点上结合的蛋白质可保护 DNA 的磷酸二酯键骨架免于受 DNA 酶 I 催化的水解。水解后 DNA 片段在变性 DNA 测序胶上分离，通过放射自显影可使结合位点显示出来。足迹法已进一步发展成为确定 DNA 上每个蛋白质结合位点各自的结合曲线的定量技术。对于有协同作用的位点，可对它们的结合曲线进行联立数值分析，从而分解出固有结合及协同组成。

12.4.1　基本方案　DNA 酶 I 足迹滴定

材料（带√项见附录 1）

含有 DNA 结合位点的质粒 DNA（见 1.6）
适当的限制性内切核酸酶（见 3.1）
100%乙醇及冰冷的 70%乙醇
√TE 缓冲液
[α-^{32}P] dNTP（3000～6000 Ci/mmol）水溶液（见 3.2）
10×Klenow 片段缓冲液（见 3.2）
E. coli DNA 聚合酶 I 的 Klenow 片段（见 3.3）
5 mmol/L 4dNTP 混合液（见 3.2）
脱氧核糖核酸酶 I（DNA 酶 I；EC3.1.4.5）
√分析缓冲液 A 或 B
干冰
√DNA 酶 I 终止缓冲液
√DNA 酶 I 储存缓冲液
√甲酰胺加样缓冲液
10 ml 一次性塑料管
硅烷化 1.5 ml 微量离心管（见附录 3B）
可调节水浴锅（±0.1℃）
12 in×7.5 in 大小的玻璃或不锈钢碟
有盖子的塑料微量离心管
6 mm 宽间隔 12 mm 的 DNA 测序胶梳
平头 Hamilton 注射器（29-G，用于 0.4 mm 胶）

步骤

1）用限制性内切核酸酶消化约 5 pmol 质粒，使得在距第 1 个蛋白质结合位点 25～100 bp 处产生一个 3′凹端（图 12.4.1）。

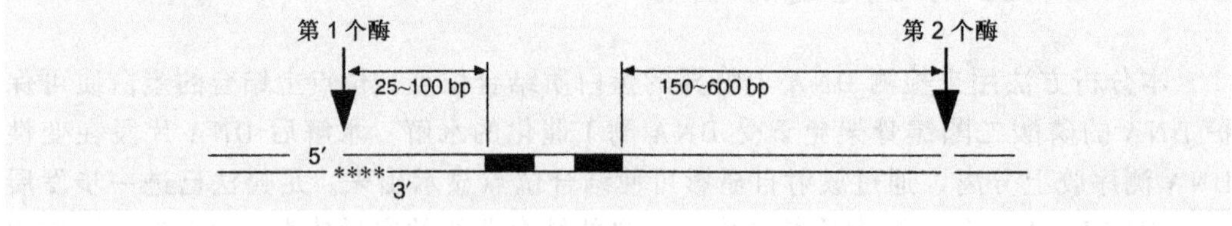

图 12.4.1　蛋白质结合位点距产生线性单末端标记片段的限制性内切核酸酶切口的正确定位。黑色盒子代表蛋白质结合位点。星号（*）代表 Klenow 标记反应中 [^{32}P] dNTP 的掺入。

2）DNA 用乙醇沉淀，用 1 ml 冰冷的 70%的乙醇洗 1 次，在 Speedvac 真空旋转蒸发器中干燥。DNA 沉淀重溶于 5 μl TE 缓冲液中。

3）加入适当的［^{32}P］dNTP水溶液，每种各50 μCi，再加入5 μl 10×Klenow酶缓冲液，加水至49 μl。加1 μl Klenow酶（5～10 Kunitz单位），轻轻混合并离心，室温温育25 min。

4）加2 μl 5 mmol/L 4dNTP混合液，混匀，温育5 min。

5）用离心过柱法（见3.2）除去未掺入的核苷酸。DNA如步骤2一样用乙醇沉淀。

6）用第二种限制酶消化，产生仅在一条链及一个末端上标记的限制性片段，切点位于最远离标记末端的蛋白质结合位点>150 bp（图12.4.1）。

7）用琼脂糖凝胶电泳（见2.6），随后用电洗脱及反相层析法（见2.8）纯化含有结合位点的标记DNA。

8）如步骤2一样用乙醇沉淀DNA。将DNA溶解于100 μl pH 8.0的TE缓冲液中。在4℃保存，不要冻结。

9）取0.5 μl DNA溶液放入水性闪烁液中计数，以测定DNA的放射性。

10）在10 ml一次性塑料管中准备（n+2）×180 μl分析缓冲液，其中n为实验中结合反应的份数。计算达到10 000～15 000 cpm/泳道的^{32}P标记的DNA的体积。加入^{32}P标记的DNA，轻轻在涡旋混合器上振荡混匀。

分析缓冲液的成分（如A或B）取决于蛋白质的性质、蛋白质-DNA系统以及所要解决的问题。DNA酶I的活性需要有微摩尔浓度的Mg^{2+}和Ca^{2+}存在。

11）将含有^{32}P标记的DNA的分析缓冲液按180 μl/管分装入n+1个1.5 ml硅化的微量离心管中，多余的1个管作为不加DNA酶I的对照。

12）对蛋白质进行系列稀释以覆盖所要分析的浓度范围。

结合蛋白的浓度范围应达到能覆盖所有蛋白质结合位点饱和度的0～99%，并且应以等间隔浓度的对数值表示，至少要有几个点用来确定滴定曲线的渐近线（图12.4.2）。

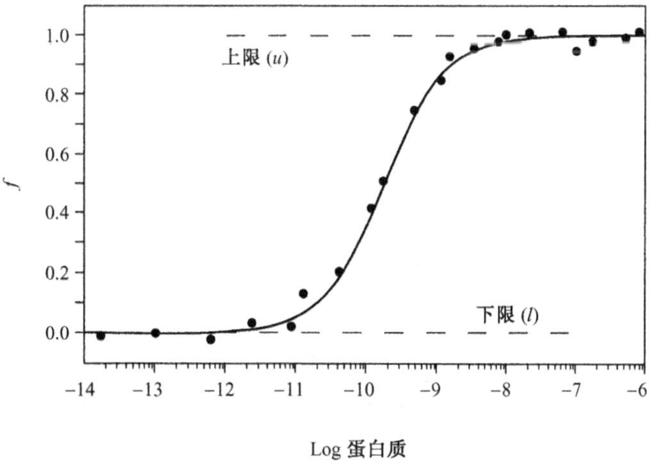

图12.4.2 显示适当范围和间隔的蛋白质浓度的足迹法滴定曲线。滴定曲线的上限和下限用虚线标示。f值的定义见辅助方案1。

13）根据需要取2～20 μl稀释的蛋白质溶液加入各管中。加分析缓冲液（不含^{32}P标记的DNA）至终体积200 μl/管。

14）轻轻混合，稍加离心，在所需温度的水浴中平衡30～45 min。

15）准备过量的 DNA 酶 I 终止液（700 μl/管），置于干冰/乙醇浴中。

16）准备≥500 μl 用无 BSA 及小牛胸腺 DNA 的分析缓冲液稀释的 DNA 酶 I 溶液。将它同样品一起置于调节好水温的水浴中平衡。

17）准确吸取 5 μl 稀释的 DNA 酶 I 加入第 1 管样品中，轻柔且迅速混合，马上放回水浴中。将定时钟设置为 2 min。

18）刚好 2 min 后，迅速加入 700 μl DNA 酶 I 终止液。在涡旋混合器上剧烈振荡混匀，将管置于干冰/乙醇浴中。

DNA 酶 I 作用的时间和浓度可作改变（在各次实验之间，但不要在同一次实验之中），只要二者的产物（即产生的 DNA 切口的数量）保持恒定。作用总时间不成为问题。

19）每管都重复步骤 17 和步骤 18 的过程。

20）在步骤 11 准备的对照管（不含 DNA 酶 I）中加终止液。

21）在干冰/乙醇浴中沉淀 DNA 15 min 以上。当最后一管放入之后开始计时。

22）离心 15 min，用移液管小心移去上清。加 1 ml 预冷的 70%乙醇，离心 5 min。用移液器小心吸掉上清，因为此时沉淀很松散地接触在管壁上。重复洗 1 次。在 Speedvac 真空旋转蒸发器中干燥沉淀（10～15 min）。

23）将 DNA 重悬于 5 μl 甲酰胺加样缓冲液中：在试管的内表面上方滴出缓冲液，拍打试管使缓冲液沉下。涡旋混合器上剧烈振荡，离心几秒钟。重复两次。

24）如果不马上进行电泳分析，可将样品保存在－70℃过夜。

25）制备聚丙烯酰胺 DNA 测序胶并预电泳（见 2.15）。

26）在预电泳时，将样品置于干热式电加热块中 90℃加热 5～10 min，立即浸入冰水中。当凝胶温度达到 50～55℃时，切断电源，小心加样，确定吸完所有管中的加样缓冲液。

27）电泳至蛋白质结合位点移至胶的中部或略下。用标准方法固定（只对梯度胶）和干胶（见 2.15）。

28）凝胶用经预闪处理的 Kodak X-Omat AR 胶片及单块钨酸钙增感屏在－70～－85℃放射自显影（见附录 3A）。使胶片预闪处理过的面对着凝胶。每块凝胶做 2～3 张自显影片（不同的曝光水平）以确保合适的曝光。

29）在相同的条件下冲洗胶片。

30）小心保存胶片，胶片之间插入纸片。划痕、指纹、污垢产生的光学信号很难与 ^{32}P 区分。用放射自显影图作定量分析。

12.4.2　辅助方案　用光密度及数值分析法决定蛋白质结合的平衡常数

本方案概述了从自显影图作结合曲线，以及对这些曲线进行数值分析以获得结合平衡常数。精确的光密度分析是获得有热力学意义的各位点结合曲线的关键。需要的硬件包括二维光扫描仪和有高分辨率图形显示功能的微机或小型机。

数字图像由散在的对应于图形中像素的光密度数值排布而成。像素必须足够小，以便能清晰地分辨紧密相邻的条带，250～200 μm 的空间分辨率最合适。扫描仪必须能分辨至少 256 层灰度，当这些灰度层数代表如由飞点扫描仪或激光扫描仪所产生那种等量的光密度增值时，此光学分辨率足以定量 0～1.6 OD。但摄像设备测量的是透光度（I）而不是光密度，需通过换算将其转换成光密度（$OD=\lg I/I_0$）。I_0 为入射光强度，通过不放置胶片对光源扫描而测定。分析时，胶片上的影像应显示于最少具有 16 层灰度或色度的图形显示器上，用 256 层的显示器更合适。虽然也能用较低分辨率的显示器，但空间分辨率≥1024×1024 像素的更好。

已有用于 PC/DOS 及 VAX/VMS 微机的胶片扫描及分析的计算机软件。有关这些程序的信息可与作者联系得到。此外，有些商业化的影像分析软件包也具有定量分析自显影图片的功能。下述方案可适用于这样的系统。

步骤

1）用胶片扫描装置构建一个该胶片的二维数字图像。

2）对每个结合位点的被保护 DNA 区带，在每条泳道上（也就是各配体的每一浓度）的光密度进行积分（图 12.4.3）。

最好是将连续的条带群作为单独一组（即图中的方块）来分析（图 12.4.3）。只要所有被包括在内的条带均匀地出现，这种简化是合适的。在所有的泳道上密度最大而且密度较相似的条带之间的最低密度处（也就是高度保护区）画出边界以选定各方块的两端。很关键的是，胶片的每泳道中各方块内都含有完全相同的条带。

3）为胶片局部背景光吸收而校正各泳道中的各方块的光密度积分值。可用图像分析软件进行如下计算：

a. 在各方块所在位置上，选定各泳道之间空白处的中心，定义小长方形（图 12.4.3）。

b. 计算各小长方形中的像素光密度值的直方图，将概率最高的像素光密度值定义为局部背景。

c. 对于每方块和每泳道，分别算出泳道每侧的平均背景值。

d. 将该平均值乘以方块中的像素数目。

e. 从光密度积分值中减去所得值即得到该方块中的光密度积分校正值。

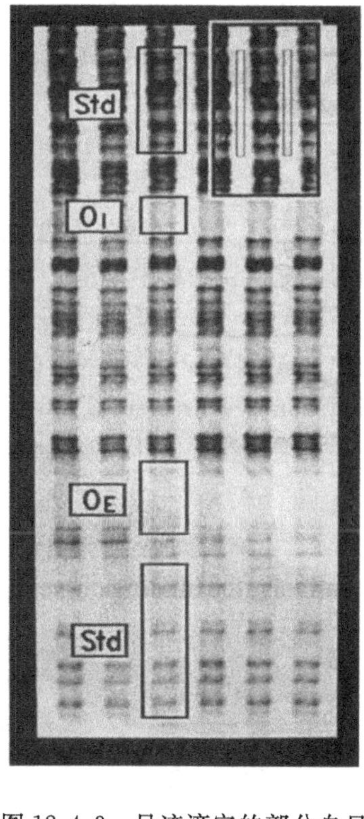

图 12.4.3 足迹滴定的部分自显影图，显示用于分析所要定义的不同方块（组）。“Std”表示标准方块（组），用来校正每泳道所加样的 DNA 的差异。O_I 及 O_E 分别表示蛋白质结合位点 1 和 2。在方块内插入的小长方形表示标准方块的部分区域，用于校正背景。

4）将各组结合位点的校正光密度积分值对该泳道中的总 DNA 值进行标准化。

a. 选择 1 个或多个方块，除去滴定点及非常高敏感性的区带，来代表泳道中的 DNA 总浓度。

b. 按步骤 2 及步骤 3 测定这些标准块的光密度积分校正值。

c. 计算每组结合位点的光密度比值（D_{site}/D_{std}）。如果选择不止一个标准组（方块），则将其和作为 D_{std}。

选择两个大标准块较为实际，也足够了（图 12.4.3）。其中一个靠近电泳起始处而远离结合位点，另一个则在离起点更远处。仔细检查每个标准块内配体浓度依赖性的系统误差，这种误差可导致标准无效。

5）将 OD 比值按以下公式换算成保护分数值（f）：

$$f=1-(D_{n,site}/D_{n,std})/(D_{r,site}/D_{r,std})$$

式中，n 为确定蛋白质配体浓度的任一电泳道；r 为参考泳道（每个实验都必须设置），其中在反应混合物中不加蛋白质配体。用各组结合位点的 f 值对蛋白质配体浓度制作结合曲线（图 12.4.2）。

如果按所述的方案做，而对照实验（Brenowitz et al.，1986a）显示 DNA 酶 I 的作用对蛋白质-DNA 结合平衡常数无影响，f 值就达到了饱和分数值（$\bar{Y}$）。能观测到的 f 值往往不能覆盖全程（0～1）。其原因之一是无法在加 DNA 酶 I 之前计算 DNA 的切口（也就是，即便在饱和配体浓度时，$D_{n,site}>0$，见表 12.4.1）。因此，在分析数据时，最好将 f 值定义为与结合曲线成正比的转换曲线，将两条曲线的极限值（u 和 l 分别为上限值和下限值）作为可调节参数。

对于单结合位点或相互之间无协同作用的多结合位点，其结合曲线为下面著名的 Langmuir 等温线：

$$\bar{Y}=k[P]/1+k[P]$$

式中，$[P]$ 为游离蛋白质的浓度；k 为微观平衡缔合常数（有相互作用的多位点更为复杂的情况将在注释中讨论）。由此，用来分析数据的等式为：

$$f=m\times(k[P]/(1+k[P])+b$$

式中，$m=1/(u-l)$，$b=1/(l-u)$，其他变量同前述。应用非线性最小二乘法参数估计（Johnson and Frasier，1985）来估算 k、l、u 以及其可信度与拟合方差。在评价非线性最小二乘法参数估计的吻合性时尤其要注意剩余值（即拟合的与观测的 f 值的差值）。

表 12.4.1　片段中 DNA 酶 I 切口的分布预测[a]

不切割[b]/%	单切口[c]/%	多切口[c]/%	切口平均数/片段[d]
10	23.1	67.0	2.3
20	32.2	47.8	1.6
30	36.1	34.0	1.2
50	34.7	15.3	0.7
75	21.6	3.4	0.3
90	9.5	0.5	0.1

a. 对一条 682 bp 片段的预测，在 DNA 酶 I 作用之前。

b. DNA 酶 I 作用之后实验测得的余下片段的百分数。

c. 假定切口数呈 Poisson 分布计算得到的百分数。

d. 假定切口数呈 Poisson 分布计算得到的每条被标记链的平均切口数。

12.4.3　辅助方案　粗制品的 DNA 酶足迹分析法

DNA 酶足迹分析常用来寻找粗制品中的蛋白质，因而提供了一种在纯化过程中采用的分析方法。通过改变条件，如在反应体系中加入大量的竞争性DNA，或增加反应中盐的浓度，可抑制非特异性的DNA结合蛋白结合到标记的DNA上。

步骤

1）同基本方案中的步骤1～9制备^{32}P单末端标记的DNA。

2）从各稀释度中找出能产生约50%无切口DNA（0.1 mg/ml）的DNA酶I浓度。建立一个200 μl的包括探针和分析缓冲液的反应体系，但不加蛋白质，如基本方案的步骤10。加入5 μl稀释的DNA酶I，轻轻混合，稍加离心。

3）温育2 min，如基本方案步骤18所述终止反应。乙醇沉淀，在测序胶上分析反应产物。

4）按基本方案进行足迹反应。不同的是，用恒定体积的、已知具有所需活性的粗组分代替不同量的蛋白质。如表12.4.2所示进行一组不同分析条件的实验来寻找合适的反应条件。

该表中所述的实验中，改变poly（d-dC）的浓度是为了找到一个能“吸收”污染性非特异性蛋白质的合适浓度。可用相似的方案来改变盐浓度（如可试用200 mmol/L、300 mmol/L、500 mmol/L及800 mmol/L）或小牛胸腺DNA的浓度。

表12.4.2 足迹法分析粗制组分的分析条件

反应次序号[a]	10×分析缓冲液/μl	探针/cpm	粗组分/μl	poly（dI-dC）/μg	DNA酶/μl[b]
1	20	10～20k	0	0.4	5（1×）
2	20	10～20k	12	0.1	5（1×）
3	20	10～20k	12	0.4	5（1×）
4	20	10～20k	12	2.0	5（1×）
5	20	10～20k	12	10.0	5（1×）
6	20	10～20k	0	0.4	5（4×）
7	20	10～20k	12	0.1	5（4×）
8	20	10～20k	12	0.4	5（4×）
9	20	10～20k	12	2.0	5（4×）
10	20	10～20k	12	10.0	5（4×）
11	20	10～20k	0	0.4	5（16×）
12	20	10～20k	12	0.1	5（16×）
13	20	10～20k	12	0.4	5（16×）
14	20	10～20k	12	2.0	5（16×）
15	20	10～20k	12	10.0	5（16×）

a. 反应体积为200 μl。

b. 括号内为稀释度。1×指的是保留50%无切口DNA时的稀释度（见辅助方案步骤2），4×及16×代表更高浓度（如表所示）的DNA酶I。

参考文献：Brenowitz et al.，1986a，b；Dabrowiak and Goodisman，1989；Johnson and Frasier，1985.

撰稿人：Michael Brenowitz，Donald F. Senear，and Robert E. Kingston

12.5　蛋白质与核酸的紫外交联

用紫外线照射蛋白质核酸复合物，在核酸核蛋白紧密接触的地方能引起共价键形成，从而选择性地标记了与 DNA 识别位点特异性结合的 DNA 结合蛋白。由于标记物从核酸到蛋白质的传递，因此可对粗制混合物中的 DNA 结合蛋白的分子质量进行快速和可靠的测定（图 12.5.1）。

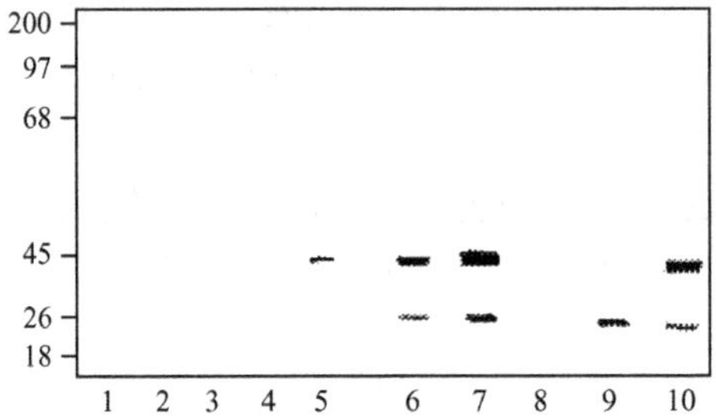

图 12.5.1　典型的紫外交联实验的自显影示意图。如注释中所述，实验过程包括将蛋白质与 DNA 探针进行紫外交联，用 DNA 酶 I 消化游离的 DNA，将被处理的反应液进行 SDS-PAGE 电泳。泳道 1 中的 ^{14}C 标记的蛋白质标志物的分子质量标明在其左侧。泳道 2～10 分别为带有结合某一蛋白 X 的一个位点的 ^{14}C 标记的 DNA 探针。各泳道所加样品有如下不同（亦参见预期结果）：泳道 2：无蛋白；泳道 3：无紫外照射；泳道 4：对完全结合反应进行 5 min 照射；泳道 5：对完全结合反应进行 15 min 照射；泳道 6：对完全结合反应进行 30 min 照射；泳道 7：对完全结合反应进行 60 min 照射；泳道 8：对完全结合反应进行 60 min 照射，然后用蛋白酶 K 处理；泳道 9：对完全结合反应进行 60 min 照射，加摩尔数过量 100 倍的含有结合 X 蛋白位点的非标记探针；泳道 10：对完全结合反应进行 60 min 照射，加摩尔数过量 100 倍的缺乏结合 X 蛋白位点的非标记突变探针。

12.5.1　基本方案　用溴脱氧尿苷（BrdU）取代的探针进行紫外交联

含有胸苷卤代物如溴脱氧尿苷（BrdU）的 DNA 比非取代的 DNA 对紫外线诱导的交联更为敏感。本方案中的紫外交联效率是 0.1%～10%，而且在单一复合物中出现 1 次以上交联事件的情况十分罕见。由于 BrdU 不能掺入到 RNA 中，故将在备择方案中介绍一种用于 RNA 交联的方法。

材料（带√项见附录 1）

含有所研究结合位点的 M13 单链载体（见 1.15）

17 bp 的 M13 通用引物（Pharmacia）

√1×和 10×限制性内切核酸酶缓冲液（分别含 50 mmol/L 和 500 mmol/L NaCl；见 3.1）

3000 Ci/mmol [α-^{32}P] dCTP（见 3.4）

√50×dNTP/BrdU 溶液

0.1mol/L 二硫苏糖醇（DTT）
25 U 大肠杆菌 DNA 聚合酶 I 的 Klenow 片段（见 3.5）
乙酸铵
100%乙醇
√TE 缓冲液
经缓冲的含有 DNA 结合蛋白的提取液
大分子载体 DNA，如 poly（dI-dC）·poly（dI-dC）
0.5 mol/L $CaCl_2$
DNA 酶 I（Worthington）
1 U 微球菌核酸酶（Worthington）
√2×SDS 样品缓冲液
Fluor（Du Pont NEN Enhance 或相当物）
^{14}C 标记的蛋白质分子质量标记物（见 10.2）
DEAE 膜（Schleicher & Schuell NA45）
1.5 ml 圆底、螺旋盖的小瓶（Nunc 或相当产品）
16℃，37℃，68℃，90℃和 100℃水浴
紫外透射仪（305 nm，7000 $\mu W/cm^2$；Fotodyne）

步骤

1）将 10 μg 含有高亲和性蛋白结合位点的目的序列的单链 M13 载体与等摩尔的 17 bp M13 通用引物混合。用 1×限制性内切核酸酶缓冲液（50 mmol/L NaCl）将终体积调至 100 μl。90℃加热 5 min，在室温下冷却过夜。
2）将下列反应物加入杂交混合物中：
   50 μl [α-^{32}P] dCTP（3000 Ci/mmol）
   3.5 μl 50×dNTP/BrdU 溶液
   1.75 μl 0.1 mol/L 二硫苏糖醇（DTT）
   7.5 μl 10×限制性内切核酸酶缓冲液（NaCl 终浓度 50 mmol/L）
   7 μl H_2O
   5 μl Klenow 酶（25 U）
   16℃温育 90 min。
3）68℃加热 10 min 灭活 Klenow 酶。
4）在合适条件下，用 40 U 限制性内切核酸酶消化，产生 20～600 bp 的 DNA 片段。
5）加乙酸铵至 0.3 mol/L，用 2 倍体积的 100%乙醇沉淀 DNA，重悬于 TE 缓冲液中。
6）在含有 0.5 μg/ml 溴化乙锭的琼脂糖凝胶上电泳。用 DEAE 膜分离所要的 DNA 片段（见 2.9）。
7）用闪烁计数器检测 BrdU 取代的 DNA 片段的特异活性，并用溴化乙锭点迹定量法估计 DNA 的浓度（见 2.8）。

探针的完整性和功能可用迁移率变动 DNA 结合分析法进行检测（见 12.2）。

8）在 1.5 ml 圆底小瓶中建立下列结合反应：

10^5 cpm 均衡标记的探针

经缓冲的含有结合蛋白的提取液

10～20 μg DNA 载体如 poly（dI-dC）· poly（dI-dC）

总体积调至 50 μl。用塑料薄膜封口，再加封 Parafilm 膜固定。

9）将小瓶置于试管架上（图 12.5.2），用倒置的紫外透射灯（305 nm，7000 μW/cm^2）在正上方5 cm处照射 5～60 min。

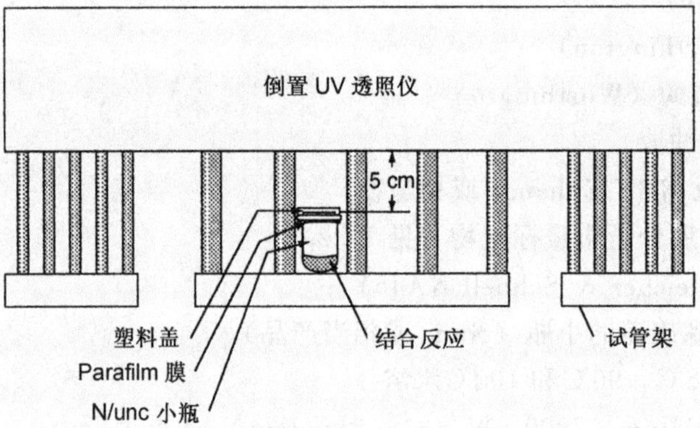

图 12.5.2　DNA-结合蛋白与均匀标记的 DNA 进行紫外交联的实验设置。

10）在各结合反应管中加入以下反应物：

1 μl 0.5 mol/L $CaCl_2$

4 μg DNA 酶 I

1 U 微球菌核酸酶

37℃消化 30 min。

11）加入等体积的 2×SDS 样品缓冲液到反应混合物中，100℃煮沸 5 min。

12）在适当浓度的不连续 SDS-聚丙烯酰胺凝胶上对样品进行电泳（见 10.2），包括 ^{14}C 标记的蛋白质分子质量标记物。

13）电泳结束后，切去凝胶前沿的染料。

14）干胶，并且用增感屏放射自显影 1～3 天，以观测交联的蛋白质。

12.5.2　备择方案 1　用非溴脱氧尿苷（BrdU）取代的探针进行紫外交联

本方案可用于蛋白质与 RNA 或不含胸苷的序列紫外交联。除了下面提到的步骤外，其余与基本方案相同。

附加材料（亦见基本方案；带√项见附录 1）

√50×dNTP/TTP 溶液

紫外透射仪（254 nm）

步骤

2）用 50×dNTP/TTP 溶液代替 50×dNTP/BrdU 溶液。

如果交联到 RNA 上，用 SP6 噬菌体 RNA 聚合酶构建模板（见 4.5）

8）在 254 nm 下照射 5 min～3 h。

12.5.3 备择方案 2 原位紫外交联

本方案最明显的优点在于当有多个蛋白质结合到探针上时，能使各蛋白质-核酸复合物中的蛋白质显迹。

附加材料（亦见基本方案；带√项见附录 1）

低熔点琼脂糖
√1×TBE 电泳缓冲液
√SDS 凝胶溶液

步骤

1）制备 50 bp DNA 探针：使用 M13 系统及合适的限制性内切核酸酶，或互补于一个较大的合成寡核苷酸的 3′端的小寡核苷酸引物。按基本方案的步骤 1～7 进行。
2）建立标准的 50 μl 结合反应系统（见基本方案步骤 8 或 12.2 中的迁移率变动分析，放大 5 倍）。
3）在冷室中用 1× TBE 缓冲液在 1%低熔点琼脂糖凝胶上电泳 2～3 h，电压降为 4 V/cm。
4）将胶置于塑料薄膜上，放在 305 nm 紫外透射仪表面。在冷室中照射 5～30 min。
5）置冰箱放射自显影 1～3 h。切下凝胶上相应于特异的蛋白质-DNA 复合物的区域。
6）每 50 μl 凝胶块加 10 μl SDS 凝胶溶液，煮沸 2 min。
7）将降到室温的样品溶液在不连续 SDS-聚丙烯酰胺凝胶上电泳，如基本方案进行放射自显影。

参考文献：Chodosh et al.，1986.

撰 稿 人：Lewis A. Chodosh

12.6 用生物素/链霉亲和素亲和系统纯化 DNA 结合蛋白

12.6.1 基本方案 用生物素/链霉亲和素亲和系统纯化 DNA 结合蛋白

该纯化系统建立在生物素与链霉亲和素形成紧密的、基本上不可逆的复合物的基础之上（图 12.6.1）。

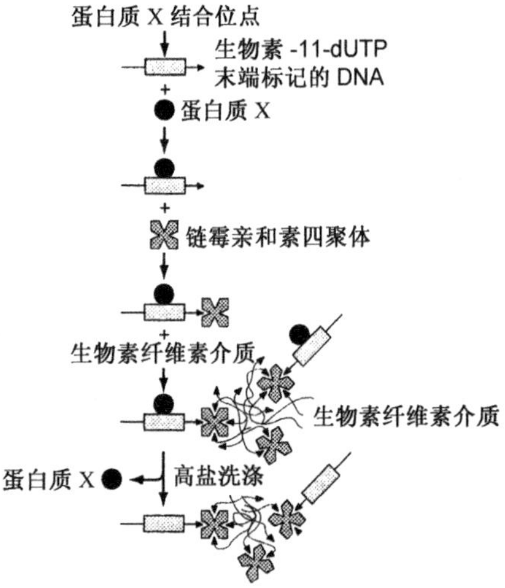

图 12.6.1 用生物素/链霉亲和素亲和技术纯化 DNA 结合蛋白。该方案包括以下步骤：①制备生物素酰化的标记探针，该 DNA 探针含有所要纯化的蛋白质的结合位点；②制备生物素纤维素介质；③建立含有粗提蛋白组分及生物素酰化探针的结合反应；④将游离的链霉亲和素加入结合反应中；⑤蛋白质/生物素酰化的 DNA 片段/链霉亲和素复合物结合到生物素纤维素介质上；⑥充分洗涤以除去未结合的蛋白质；⑦用高离子强度的缓冲液洗脱蛋白质。各步骤都能用 DNA 结合迁移率变动分析方法在溶液中进行监测和优化（见 12.2）。

材料（带√项见附录 1）

含有所研究结合位点的质粒 DNA

合适的限制性内切核酸酶（见 3.1）

生物素-11-dUTP（BRL）

标记的及非标记的 dNTP（3.2）

大肠杆菌 DNA 聚合酶 I Klenow 片段（见 3.3）

√TE 缓冲液

生物素纤维素（Pierce）

√生物素纤维素结合缓冲液

牛血清白蛋白（BSA）

大分子载体 DNA [如 poly（dI-dC）· poly（dI-dC）、鲑精 DNA 或大肠杆菌 DNA]

√生物素纤维素洗脱液

蛋白质溶液

链霉亲和素（Celltech；5 mg/ml 储液可保存至少 2 个月）

DEAE 膜（Schleicher & Schuell NA45）

0.025μm 滤膜（Millipore VS）

步骤

1）用一个或多个限制性内切核酸酶在 100 μl 反应体系内消化 50 μg 具有蛋白质结合位点的质粒 DNA。

2）在探针混合液中加下列反应物：

生物素-11-dUTP 至终浓度 20 μmol/L

用以掺入 5′凸出端的放射性 dNTP

摩尔数过量 100 倍的相应的非标记 dNTP

其余 2 种非标记的 dNTP 至终浓度 200 μmmol/L

5 U Klenow 酶

3）用乙醇沉淀生物素标记的 DNA，经琼脂糖凝胶电泳用 DEAE 膜分离探针（见 2.9）。

4）探针重悬于 TE 缓冲液中，取 1 小份进行契仑科夫计数，用溴化乙锭打点定量法估计 DNA 浓度（见 2.8）。

5）检测生物素酰化的探针以确定其可以有效地结合感兴趣的蛋白质。用生物素酰化的片段作为探针，按标准的结合分析法分析（见 12.2）

6）将 200 μl 生物素纤维素介质放入 1.5 ml 离心管中，离心 30 s，弃掉上清。在沉淀中加入下列物质：

1.0 ml 生物素纤维素结合缓冲液

500 μg/ml BSA
200μg 载体 DNA
在转轮上轻轻混合 5 min。
7) 离心，弃上清，沉淀重悬于 1.0 ml 生物素纤维素洗脱缓冲液中。在转轮上轻轻混合 5 min。重复洗涤。
8) 离心，弃上清，沉淀重悬于 1.0 ml 生物素纤维素结合缓冲液中，重复洗涤。
9) 用迁移率变动分析法（见 12.2）测定所要纯化的蛋白质的摩尔浓度。
10) 建立标准的结合反应，包含待纯化的蛋白质、载体 DNA、摩尔数相对于待纯化蛋白质 10 倍过量的生物素酰化 DNA 片段。温育 15 min 使反应完全。
11) 加摩尔数相对于生物素酰化片段 5 倍过量的链霉亲和素。30℃温育 5 min 继续结合反应。
12) 在另外的管中加生物素纤维素介质，结合反应中的每皮摩尔生物素酰化 DNA 片段加 2 μl 预处理的生物素纤维素（12 μl 1∶6 稀释液）。将介质离心，弃去上清。
13) 用移液器将结合反应混合液加入到含有生物素纤维素介质的离心管中。轻轻将介质重悬起来，4℃或室温下置于转轮上温育 30 min。
14) 离心并保留上清。
15) 将沉淀重悬于 500 μl 生物素纤维素结合缓冲液中，轻轻来回颠倒晃动 1～2 min 混合。离心并去上清，洗涤 2 次。第二次洗涤后，转移至一个干净的小管中。
16) 将沉淀重悬于等体积的生物素纤维素洗脱液中，在转轮上混合 20 min。
17) 离心。保存及分析上清的结合能力。

12.6.2 备择方案 1 用微型柱进行纯化

这个方法适用于大体积的生物素纤维素介质，蛋白质能以尽可能小的体积（即尽可能高的浓度）洗脱下来。

附加材料（亦见基本方案）

√硅化过的玻璃棉（见附录 3B）
1.0 ml 移液器吸头
环架

步骤

1) 制备生物素酰化 DNA 片段及生物素纤维素介质，建立结合反应（见基本方案步骤 1～11）。
2) 将 1 个 1 ml 移液器吸头的顶部（即尖部）用硅化过的玻璃棉（预先在生物素纤维素结合液中浸湿）塞住，并牢固地固定于一环形支架上。
3) 在微型柱上加 500 μl 结合液，并保持流速恒定。
4) 加≥40 μl 的 1∶1 生物素纤维素悬液至微型柱中，使缓冲液流经介质的表面。
5) 用 3 倍柱体积的生物素纤维素结合液平衡已预处理过的介质（见基本方案步骤

6～8)。对于未经处理的介质，依次用下列溶液各 3 倍柱体积洗涤：生物素纤维素结合液，含有 500 μg/ml BSA 及 200 μg/ml poly (dI-dC) · poly (dI-dC) 的生物素纤维素结合液和生物素纤维素洗脱液，最后，用生物素纤维素结合液平衡柱子。

6) 在微型柱上加入结合反应混合液（见基本方案步骤 11)，收集流出液。

7) 用 4 倍柱体积的生物素纤维素结合液洗柱，弃去流出液。

8) 用 3 倍柱体积的生物素纤维素洗脱液洗柱子。以每 2 滴一管收集并分析。

12.6.3 备择方案 2 用链霉亲和素琼脂糖进行纯化

在没有高质量的游离链霉亲和素或纤维素不适用时，采用此方案。

使用相同的生物素酰化 DNA 片段，但直接用链霉亲和素琼脂糖从溶液中移去（图 12.6.2)。

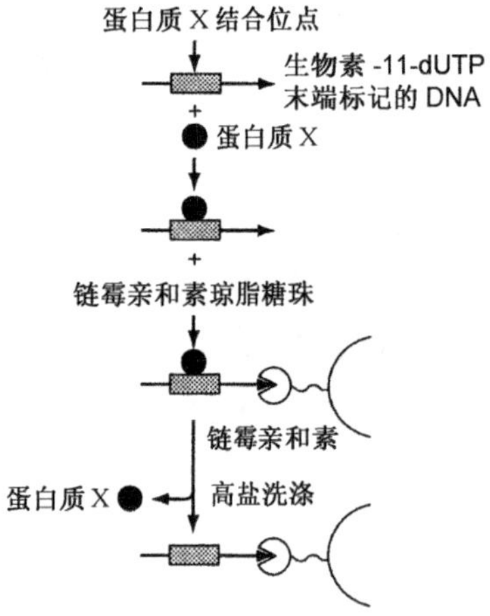

图 12.6.2 用链霉亲和素琼脂糖纯化 DNA 结合蛋白。

附加材料（亦见基本方案）

链霉亲和素琼脂糖

步骤

1) 制备生物素酰化 DNA 片段及链霉亲和素琼脂糖介质（以链霉亲和素琼脂糖取代生物素纤维素)，建立结合反应（见基本方案步骤 1～11)。

2) 在另一试管中加预处理好的链霉亲和素琼脂糖，结合反应中每皮摩尔生物素酰化 DNA 片段加链霉亲和素琼脂糖 50 μl (300 μl 1∶6 稀释液)。离心，弃上清。

3) 用移液器加结合反应混合液至链霉亲和素琼脂糖中。轻轻重悬介质，在转轮上温育 30 min～2 h。

4) 洗柱子，洗脱蛋白质（见基本方案步骤 14～17)。

如生物素纤维素，链霉亲和素琼脂糖也可用于微柱纯化（见备择方案 1)。

参考文献：Chodosh et al., 1986; Kasher et al., 1986.

撰稿人：Lewis A. Chodosh

12.7 编码 DNA 结合蛋白的 cDNA 克隆的检测、纯化和鉴定

本节中，一个 DNA 位点识别探针被用来从表达文库中检测合适的重组克隆，并对之进行纯化，证明其中编码了具有一定序列特异性的 DNA 结合域。这种策略排除了为分离其基因而对序列特异性 DNA 结合蛋白进行纯化的过程；只需要一个合适的构建于 λgt11 载体中的 cDNA 文库和一个 DNA 识别位点的探针。

12.7.1 基本方案 用位点识别 DNA 筛选 λgt11 表达文库

筛选策略成功的关键在于 cDNA 文库的质量及所采用的位点识别探针。用随机引物构建的重组 cDNA 文库及识别多位点的探针是优选的材料。合成的探针在用于筛选前应先与所要研究的蛋白质进行结合试验（见 12.2）。如果有可能，应选择在一系列相关位点中亲和力最高的位点来构建多位点探针。

材料（带√项见附录 1）

含有多个串联拷贝识别位点的、缺乏识别位点的（或含识别位点突变的）pUC 重组质粒 DN A（见 1.5 及 3.13）

限制性内切核酸酶 *Eco*RI 及 *Hin*dIII（见 3.1）

√1 mol/L Tris · Cl，pH 7.5

5 mmol/L dCTP、dGTP、dTTP、dATP（见 3.2）

5000 Ci/mmol [α-^{32}P] dATP

大肠杆菌 DNA 聚合酶 I Klenow 片段（见 3.3）

√500 mmol/L EDTA，pH 8.0

25 : 24 : 1（体积比）酚/氯仿/异戊醇（见 2.1）

24 : 1 氯仿/异戊醇

√3 mol/L 乙酸钠，pH 5.2

100%乙醇

√洗脱缓冲液

大肠杆菌 Y1090（表 1.4.5）

λgt11 cDNA 文库

含有 0.2% 麦芽糖及 50 μg/ml 氨苄青霉素的 LB 培养液（见 1.1 和表 1.4.1）

0.7%顶层琼脂糖，熔化后置 47℃平衡（见 1.1）

100 和 150 mm 含有 50μg/ml 氨苄青霉素的 LB 培养平板，干燥并预热至 37℃（见 1.1 及表 1.4.1）

10 mmol/L IPTG（用无菌水制备成 1 mol/L 储液置于−20℃保存，见表 1.4.2）

√BLOTTO

√结合缓冲液

1 mg/ml 经超声处理（长约 1 kb）的小牛胸腺 DNA

氯仿

Elutip-d 柱（Schleicher & Schuell）

37℃和 42℃温箱

直径 132 mm 和 82 mm 的硝酸纤维素膜滤器（Schleicher & Schuell）

步骤

1）用 *Eco*RI 和 *Hin*dIII 在 100 μl 中消化 20 μg 适当的 pUC 重组质粒 DNA，释放出含

有 2～10 个蛋白质结合位点的插入片段。

2）在限制酶切反应中加入下列成分：

1 mol/L Tris · Cl，pH 7.5，终浓度 50 mmol/L

dCTP、dGTP、dTTP 各 5 mmol/L，终浓度 100 μmol/L

200 μ Ci [α-^{32}P] dATP (5000Ci/mmol)

10 U Klenow 酶

室温下温育 30 min。加入 5 mmol/L dATP 至 100 μmol/L 继续温育 30 min。

3）加 EDTA 至 20 mmol/L 以中止反应。依次用 25∶24∶1 的酚/氯仿/异戊醇及 24∶1 的氯仿/异戊醇抽提 DNA。加乙酸钠至 0.3 mol/L，用 100%乙醇沉淀 DNA。

4）重悬于 200 μl 水中，加 22 μl 3 mol/L 乙酸钠，pH 5.2，再用 100%的乙醇沉淀。

5）用 0.75 mm 厚、5%的非变性聚丙烯酰胺凝胶分离标记的 DNA 片段。

6）用放射自显影使标记的 DNA 片段显迹。将含有结合位点片段的凝胶条切出，浸泡于 1.5 ml 洗脱缓冲液中于 4℃振摇过夜。

7）用移液器转移上清，用 Elutip-d 层析柱从上清中纯化标记的探针。用闪烁计数 (cpm) 确定^{32}P 标记的 DNA 结合位点探针的活性，并在 4℃保存。

上述反应条件可产生具有 (2～4)×10^7 cpm/pmol 比活性的 DNA 探针。约有 10^8～2×10^8 cpm 探针，足以用于筛选 20 张呈现约 10^6 个噬斑的滤膜。

8）37℃在 LB/麦芽糖/氨苄青霉素培养液中培养大肠杆菌 Y1090 至生长饱和（通常过夜）。

9）每涂布一块平板，在一个试管中将 0.5 ml Y1090 过夜培养物与 λgt11 文库（含有 3×10^4～5×10^4 pfu）混合。

10）在 37℃温育 15 min 使噬菌体吸附到细胞上。

11）加 9 ml 顶层琼脂糖于每个试管中，颠倒混合几次，铺于含有 LB/氨苄青霉素的 150 mm 平皿上。

12）将平皿置于 42℃温育约 3 h 直至可见细小噬斑。

13）将平皿移至 37℃温箱，不要让平皿降至 37℃以下。

14）准备用于覆盖的 132 mm 的硝酸纤维素膜（用平头镊子操作），将膜在 10 mmol/L 的 IPTG 溶液中浸 30 min，在室温下空气中干燥 60 min。

15）用经 IPTG 浸润并晾干的硝酸纤维素膜覆盖于每个平皿上，37℃继续温育 6 h。

16）将平皿置于 4℃冷却 10 min。用针扎孔标记每张膜的位置。揭下膜浸于 BLOTTO 中。室温下孵育 60 min，并轻轻旋动。

用 Parafilm 膜封好主平皿，保存于 4℃。

17）将所有的膜都浸于盛有结合缓冲液中（500 ml/10 张膜）的碟子中，在室温下振荡温育 5 min。用新鲜的结合缓冲液重复洗涤 2 次（在筛选前滤膜可在 4℃保存 24 h）。

18）将超声处理的小牛胸腺 DNA 在 100℃加热 10 min 变性，然后放在冰上速冷。加入结合缓冲液至浓度为 5 μg/ml（最终体积为 25 ml/10 张滤膜）。在此溶液中加入^{32}P 标记的 DNA 结合位点探针（来自步骤 7）至 1×10^6～2×10^6 cpm/ml，约 10^{-10} mol/L。将滤膜一块块地放到探针溶液中，室温下轻轻振荡 60 min。

19）分批洗膜，室温下每 10 张膜用 500 ml 结合缓冲液洗 4 次（每次洗 7.5 min，共 30 min）。

20）吸干滤膜，用塑料膜包裹，用增感屏在－70℃对X射线胶片曝光12～24 h。
21）将噬菌体平皿与放射自显影片对比，分离与阳性信号对应的琼脂糖块，并再生噬菌体液。
真正的阳性信号呈光晕状。可做多张不同曝光时间的自显影片以排除那些不能重复的信号点。
22）用0.2 ml Y1090菌培养物和3 ml顶层琼脂糖对再生的噬菌体液（约5000 pfu/100mm平皿）铺板，参见步骤8～11。
23）用82 mm滤膜制备硝酸纤维素膜复印品并进行二次筛选，见步骤12～20。
24）按照步骤1～7标记缺少识别位点（或含有突变的识别位点）的pVC重组质粒DNA，用本实验标记的探针来二次筛选真正阳性的噬菌体液。
25）纯化噬斑，将阳性噬菌体覆盖上1滴氯仿，置于4℃保存。

12.7.2 备择方案 用盐酸胍进行干燥膜的变性/复性循环

用6 mol/L盐酸胍对蛋白质硝酸纤维素复印膜进行变性/复性的循环能提高其对DNA识别位点探针的结合能力（Vinson et al.，1988）。

附加材料（亦见基本方案；带√项见附录1）

√HEPES结合缓冲液

步骤

1）按基本方案步骤1～15进行。
2）将平皿在4℃冷却10 min。用针扎孔标记各膜的位置。小心地揭起膜，室温下在空气中晾干15 min。
3）将膜浸于HEPES结合缓冲液/6 mol/L盐酸胍中，4℃轻轻摇动温育10 min。在新鲜的HEPES结合缓冲液/6 mol/L盐酸胍中重复1次。
4）将膜浸于HEPES结合缓冲液/3 mol/L盐酸胍（每10张膜50 ml）中，4℃ 5 min。重复4次。每次用HEPES缓冲液及浓度较前次减半的盐酸胍进行漂洗。
5）将膜浸于HEPES缓冲液（50 ml/10张膜）中，4℃ 5 min。用新鲜缓冲液重复洗1次。
6）在BLOTTO中温育封闭（见基本方案步骤16）。
7）进行滤膜筛选（见基本方案步骤17～25）。

12.7.3 辅助方案 从重组溶源菌中制备粗提物鉴定DNA结合蛋白的活性

用野生型识别位点探针来特异性检测重组噬菌体，这意味着噬菌体表达了β-半乳糖苷酶融合蛋白，并特异地结合在识别位点。具有适当的蛋白质结合活性的重组噬菌体存在于溶源性细菌中，通过对溶源性细菌粗提物的分析可以得到直接的证据。

附加材料（亦见基本方案；带√项见附录1）

大肠杆菌Y1089 *hflA*150（表1.4.5）

含有或不含 10 mmol/L $MgCl_2$ 的 LB 培养液（见 1.1）
10^{10} pfu/ml λgt11 重组噬菌体液（见基本方案）
1 mol/L IPTG（表 1.4.2）
√抽提缓冲液
5 mg/ml 溶于抽提缓冲液中的溶菌酶（保存于－20℃）
4 mol/L NaCl
32℃培养箱
无菌牙签
0.025 μm 圆形滤膜（Millipore VS）

步骤

1）37℃在 LB/麦芽糖/氨苄青霉素培养液中培养大肠杆菌 Y1089 *hflA*150 生长至饱和。
2）用 LB/$MgCl_2$ 培养液将细菌悬液稀释 100 倍，取 100 μl 用 5 μl 10^{10} pfu/ml λgt11 重组噬菌体液感染，32℃温育 20 min。
3）用 LB 培养液将被感染的细菌悬液稀释 1000 倍。取 100 μl 涂于 LB/氨苄青霉素平板上，32℃温育过夜，每平板可获得约 100 个菌落。
4）试验单个菌落的温度敏感生长情况。用消毒牙签将各单菌落分别点种于 2 块 LB/氨苄青霉素平板上。将其中 1 块置于 42℃温育，另 1 块置于 32℃温育。
能在 32℃而不能在 42℃生长的菌落为溶源菌，其出现频率应为 10%～80%。
5）在 LB/氨苄青霉素培养液中将重组噬菌体溶源菌于 32℃培养过夜。
6）取 20 μl 过夜培养物接种于 2 ml LB/氨苄青霉素培养液中。于 32℃在有良好通风的情况下培养。
7）当 OD_{600}＝0.5（约 3 h）时，将温度调至 44℃，培养 20 min。
8）加 1 mol/L IPTG 至终浓度为 10 mmol/L，温度降低至 37℃，继续培养 1 h。
9）取 1 ml 经诱导的培养物在室温下离心 45 s。
10）将沉淀重悬于 100 μl 抽提缓冲液中，迅速在干冰/乙醇中冻结。如果需要，于－70℃保存细胞悬液。
11）快速解冻细胞悬液。加 5 mg/ml 溶菌酶至终浓度 0.5 mg/ml。在冰上放置 15 min。
12）加 4 mol/L NaCl 至终浓度 1 mol/L，并彻底混匀。4℃在旋转式混合仪上温育 15 min。
13）4℃离心 30 min，小心移出上清。
14）将上清置于 0.025 μm 的圆盘滤膜上，对 100 ml 抽提液 4℃透析 60 min。然后在干冰/乙醇浴中迅速冻结，并保存于－70℃。

参考文献：Huynh et al.，1985；Singh et al.，1988；Vinson et al.，1988.
撰 稿 人：Harinder Singh

12.8 用克隆化基因在体外合成的蛋白质分析 DNA-蛋白质相互作用

基本方案

体外合成的蛋白质对于测定一个克隆的基因是否编码一个特异的 DNA 结合蛋白，以及分析 DNA-蛋白质相互作用都是极为有用的。为了检测 DNA 的结合能力，可将标记的蛋白质与特异的 DNA 片段共温育，用非变性丙烯酰胺凝胶电泳将蛋白质-DNA 复合物与游离的蛋白质分离开来（见 12.2）。与更为常用的迁移率变动分析法中采用^{32}P 标记的 DNA 及不标记的蛋白质有所不同，这里介绍的分析方法一般用的是^{35}S 标记的蛋白质与不标记的 DNA。这个方法的主要优点是：任何突变蛋白质只要改变 DNA 模板就可以测定其 DNA 结合性质，并且可以检测其亚单位结构（如二聚体、四聚体）。

材料（带√项见附录 1）

含有所需结合位点的质粒 DNA（见 1.6）

^{35}S 标记的蛋白（见 10.16 和 10.17）

√5×结合缓冲液

10 mg/ml poly（dI-dC）· poly（dI-dC）或其他的大分子载体 DNA

√加样缓冲液

45%甲醇/10% 乙酸

EN^{3}HANCE (Du Pont NEN)

步骤

1）用合适的限制性内切核酸酶切割 0.5 μg 含有结合位点的质粒 DNA（假设一个 5 kb 的质粒），产生一个长为 150～700 bp 的片段，这个片段的大小和内切酶切出的其他片段的大小不同。用酚抽提及乙醇沉淀纯化（见 2.1）。

2）建立以下 15 μl 的结合反应：

5 μl H_2O

3 μl 5×结合缓冲液

5 μl DNA (DNA 片段各 9 nmol/L)

1 μl 10 mg/ml poly（dI-dC）· poly（dI-dC）

1 μl ^{35}S 标记的蛋白（见 10.17）

室温下温育 20 min。

设立不含有 DNA 及含有非特异性 DNA（即缺乏结合位点）的对照反应。

3）加 5 μl 加样缓冲液，立刻加样到 5%的非变性聚丙烯酰胺凝胶上。进行电泳，直至溴酚蓝接近胶的底部（根据缓冲液条件，大约需要 1～4 h），不要让胶的温度高于室温。

胶的组成及缓冲液的离子强度可作改变，并且这些改变对于检测蛋白质-DNA 的相互作用可能很重要。

4）电泳结束后，将凝胶置于45%甲醇/10%乙酸中室温下固定1 h。用EN3HANCE处理胶1 h，干胶，然后进行放射自显影。

参考文献：Hope and Struhl，1987.

撰 稿 人：Kevin Struhl

12.9　序列特异性DNA结合蛋白的亲和层析纯化

许多生物学过程，如重组、复制及转录都涉及序列特异性DNA结合蛋白的作用，这些蛋白质的量通常小于细胞总蛋白质量的0.01%。基于这些蛋白质的序列特异性DNA结合特性，亲和层析是一种十分有效的纯化蛋白质的方法。

12.9.1　基本方案1　DNA亲和介质的制备

正确地选择寡核苷酸序列以及制备亲和介质可能是亲和层析方法的最重要部分。

注意：在所有的过程中都应使用玻璃蒸馏器蒸出的或其他高质量的水。

材料（带√项见附录1）

两种带有结合位点的合成寡核苷酸（见辅助方案1或商品化的HPLC纯）各440 μg

√TE缓冲液，pH 7.8

√10×T4噬菌体多核苷酸激酶缓冲液

20 mmol/L ATP（钠盐），pH 7.0

150 m Ci/ml [γ-^{32}P] ATP（6000 Ci/mmol）

10 U/μl T4噬菌体多核苷酸激酶（New England Biolabs；见3.10）

10 mol/L 乙酸铵

25∶24∶1（*V*/*V*/*V*）酚/氯仿/异戊醇（见2.1）

24∶1（*V*/*V*）氯仿/异戊醇

3 mol/L 乙酸钠

100%及75%（*V*/*V*）乙醇

√10×接头/激酶缓冲液

6000 U/ml T4噬菌体DNA连接酶（以Weiss单位测定；New England Biolabs；见3.14）

缓冲液平衡酚（见2.1）

异丙醇

Sepharose CL-2B（Pharmacia Biotech）

溴化氰（CNBr，Aldrich）

N，*N*-二甲基甲酰胺

5 mol/L NaOH

√10 mmol/L 及 1 mol/L 磷酸钾缓冲液，pH 8.0
√1 mol/L 盐酸乙醇胺，pH 8.0
固体氢氧化钠
甘氨酸
1 mol/L KCl
√柱储存缓冲液
15 ml 螺口盖聚丙烯试管
15℃、37℃、65℃及 88℃加热器或水浴
60 ml 粗烧结玻璃漏斗
旋转轮

步骤

1) 在 1 个 1.5 ml 的微量离心管中准备下面物质的混合物：含有每种寡核苷酸 440 μg 的 TE 缓冲液，总体积为 130 μl。再加入 20 μl 10×T4 噬菌体多核苷酸激酶缓冲液。88℃温育 2 min，65℃10 min，37℃10 min，室温 5 min。

   1 μmol 合成的寡核苷酸应产生足够约 20 ml 亲和介质用的纯化 DNA。该寡核苷酸序列应包括结合位点、旁侧核苷酸及用于连接的单链凸出端，如 GATC-XXX-结合位点-XXX，这里 XXX 代表旁侧序列。

2) 将上述混合物平均分入 2 个微量离心管中。每管（75 μl）加 15μl 20 mmol/L ATP (pH 7.0)、约 5 μ Ci [γ-^{32}P] ATP，10 μl 10 U/μl T4 噬菌体多核苷酸激酶（共 100 U)。37℃温育 2 h。

   加标记的 ATP 时，不要化冻，仅需用移液器的黄色吸头触碰一下（不要刺入）冻结的 [^{32}P] ATP 的上层，取少许转入反应管中。

3) 每管中加 50 μl 10 mol/L 乙酸铵及 100 μl 水，65℃加热 15 min，灭活激酶，冷却至室温。
4) 加入 750 μl 100%乙醇，上下颠倒混合。室温下高速离心 15 min 沉淀 DNA，弃去上清。
5) 各 DNA 沉淀重悬于 225 μl TE 缓冲液中。
6) 加 250 μl 25∶24∶1 酚/氯仿/异丙醇于各管中。在涡旋混合器上振荡 1 min。高速离心 5 min 分离两液相，将水相（上层）移至一新管中。
7) 加 250 μl 24∶1 氯仿/异戊醇至水相中。在涡旋混合器上振荡 1 min，高速离心5 min 分离两液相，将水相（上层）移至一个新管中。
8) 加 25 μl 3 mol/L 乙酸钠至水相中，振荡混匀。然后加入 750 μl 100%乙醇，上下颠倒混匀，高速离心 15 min 沉淀 DNA，弃去上清。
9) 用 800 μl 75%乙醇洗涤沉淀，在涡旋混合器上振荡混匀，高速离心 5 min，弃去上清。
10) 在真空旋转蒸发器（如 Speedvac）中干燥 DNA 沉淀。
11) 加 65 μl 水及 10 μl 10×接头/激酶缓冲液至每管沉淀中，在涡旋混合器上振荡使 DNA 溶解。加 20 μl 20 mmol/L ATP（pH 7.0）及 5 μl 6000 U/ml T4 噬菌体

DNA 连接酶（30 Weiss 单位）。在室温下温育≥2 h，或者 15℃过夜。

取决于所用的寡核苷酸，连接的最佳温度可在 4～30℃之间变化。

12）用琼脂糖凝胶电泳监测连接反应，每道加 0.5 μl 连接反应液，并同时带分子质量标记物。用溴化乙锭染色并在紫外灯下观察 DNA。

如果未发生连接反应，用 25∶24∶1 酚/氯仿/异戊醇抽提 DNA 1 次，用 24∶1 氯仿/异戊醇抽提 1 次，然后用乙酸钠加乙醇沉淀 DNA。重新将 DNA 溶于 225 μl TE 溶液中，加 25 μl 3mol/L 的乙酸钠溶液，再加 750 μl 无水乙醇重新沉淀。用 75%乙醇洗涤，在 Speedvac 中干燥，然后重新进行连接反应。

13）加 100 μl 缓冲液平衡酚至 100 μl 连接反应液中。在涡旋混合器上振荡 1 min，室温下高速离心 5 min，将水相（上层）移至一新管中。

14）加 100 μl 24∶1 氯仿/异戊醇至水相中。在涡旋混合器上振荡 1 min，室温高速离心 5 min，将水相（上层）移至一新管中。

15）加 33 μl 10 mol/L 乙酸铵至水相中，在涡旋混合器上振荡混匀。

16）加 133 μl 异丙醇，上下颠倒混匀，－20℃放置 20 min。高速离心 15 min 沉淀 DNA，弃去上清。

乙酸铵/异丙醇沉淀可除去残余的 ATP，不然后者将影响连接的 DNA 与溴化氰活化琼脂糖的偶联。

17）加 225 μl TE 缓冲液，在涡旋混合器上振荡使沉淀溶解，加 25 μl 3 mol/L 乙酸钠，在涡旋混合器上振荡混匀。加 750 μl 100%乙醇，上下颠倒混匀，高速离心 15 min 沉淀 DNA，弃去上清。

18）用 75%乙醇洗涤 DNA 2 次，在真空蒸发器（如 Speedvac）中抽干 DNA 沉淀。

19）将 DNA 溶解于 50 μl 水中，－20℃保存。

不要将 DNA 溶于 TE 缓冲液中，因为 TE 中的 Tris 缓冲盐将影响偶联反应。

注意：在进行以下步骤之前，最好是准备好激活和偶联反应所需的所有仪器和试剂，不要让介质变干。

20）将 10～15 ml（稳定后的柱床体积）Sepharose CL-2B 置于一个 60 ml 粗烧结玻璃漏斗中，用 500 ml 水充分洗涤。

21）将湿的 Sepharose 介质移至一个 25 ml 量筒中，大约有 10 ml 介质，加水至终体积 20 ml。将所得的混悬液移至一个 150 ml 的玻璃烧杯中，内有磁力搅棒。将烧杯置于水浴中平衡至 15℃，在通风橱内放在磁力搅拌器上，以中慢速搅拌。

22）在通风橱内，称量 1.1 g 溴化氰装入一个 25 ml 的三角锥瓶中，用 Parafilm 膜或磨砂玻璃盖尽可能地盖住瓶口（稍多于 1.1 g 比稍少为好）。加 2 ml *N*，*N*-二甲基甲酰胺（溴化氰将立即溶解）。在 1 min 内，将溴化氰溶液逐滴加入搅拌中的琼脂糖浆液中。

注意：溴化氰是剧毒及挥发性物质，只能在通风橱内特别小心地使用。小心清除所有的溴化氰废液很重要！在通风橱内，加固体氢氧化钠和甘氨酸（约 10～20 mg/ml）以灭活溴化氰，以相似的溶液浸泡污染的器具，让其在通风橱中放过夜再弃去。

23）立即按以下方法加 5 mol/L NaOH：每 10 s 加 30 μl 至搅拌的混合物中，加 10 min 直至 1.8 ml NaOH 加完。

为了方便起见，在反应之前，可以先量好 1.8 ml NaOH 溶液放到一个小管子里，这就避免了换吸头时额外增加的 10 s。

24）马上加 100 ml 冰冷的水至烧杯中，并将混合物倒入一个 60 ml 粗烧结玻璃漏斗中。

25）仍在通风橱中进行操作，用 100 ml 冰冷的水（≤4℃）在漏斗中洗介质 4 次。接着用 100 ml 冰冷的 10 mmol/L 磷酸钾（pH 8.0）洗 2 次。

26）立即将介质移入 1 个 15 ml 聚丙烯螺口盖的管子中，加约 4 ml 10 mmol/L 磷酸钾（pH 8.0）直至介质成为均匀的稠浆。

27）立即加入步骤 19 中的 2 份 50 μl DNA 水溶液。室温下置于转轮上温育过夜（≥8 h）。

28）在通风橱内，将介质移入一个 60 ml 粗烧结玻璃漏斗中，用 100 ml 水各洗 2 次，再用 100 ml 1 mol/L pH 8.0 的盐酸乙醇胺洗 1 次。

用盖革氏计数器，比较滤出液及洗过的介质的放射活性水平，从而估计 DNA 结合到介质上的效率。通常，所有检测到的放射活性都在介质中。

29）在通风橱内，将介质移入一个 15 ml 的带螺口盖的聚丙烯管中，加 1 mol/L 盐酸乙醇胺（pH 8.0）至混合物成为平滑的浆状。室温下将该管置于转轮上温育 2～4 h。

30）在 60 ml 粗烧结玻璃漏斗中，依次用 100 ml 10 mmol/L 磷酸钾（pH 8.0）、100 ml 1 mol/L 磷酸钾（pH 8.0）、100 ml 1 mol/L 氯化钾、100 ml 水及 100 ml 柱储存缓冲液洗介质。

31）将介质保存于 4℃（至少可稳定 1 年，不要冻结）。

12.9.2 备择方案 将 DNA 偶联于溴化氰活化的琼脂糖上

附加材料（亦见基本方案）

1 mmol/L 盐酸，用前新鲜配制

溴化氰活化 Sepharose 4B（Pharmacia Biotech）

步骤

1）制备标记的被连接的寡核苷酸探针（见基本方案步骤 1～19）

2）称出 3 g 溴化氰活化的 Sepharose 4B（1 g 冻干树脂可得到终体积约 3.5 ml 的凝胶体积）。

3）将干树脂置于一个 15 ml 的锥形聚丙烯管中。用 10 ml 1mmol/L 盐酸水化树脂，弹击及来回颠倒管子以轻轻混匀。1 min 后，将浆状树脂移入一个 60 ml 粗烧结玻璃漏斗中，缓缓倒入 500 ml 1 mmol/L 盐酸流过漏斗以洗涤和溶胀树脂（这个过程将花费约 15 min）。

4）用 100 ml 水洗涤树脂，然后用 100 ml 10 mmol/L，pH 8.0 的磷酸钾洗涤。

5）将寡核苷酸偶联于溴化氰活化 Sepharose 4B 上（见基本方案 1 步骤 26～31）。

12.9.3 辅助方案 1 用制备性凝胶电泳纯化寡核苷酸

附加材料（亦见基本方案 1；带√项见附录 1）

40%（*m/V*）19∶1 丙烯酰胺/双丙烯酰胺

√16％聚丙烯酰胺凝胶

√10×TBE 缓冲液

尿素

10％（*m*/*V*）过硫酸铵

TEMED

√甲酰胺加样缓冲液

仲丁醇（2-丁醇）

二乙醚

1 mol/L $MgCl_2$

Saran 保鲜膜或其他可透紫外光的塑料膜

增感屏（如 Lightning Plus，DuPont NEN）

手提式短波长紫外光源

硅化的玻璃棉（见附录 3B）

干冰/乙醇浴（－78℃）

步骤

1）制备一块 20 cm×40 cm×1.5 mm 的变性胶，带有 4 个样品孔，孔宽为 3 cm。对于分离约 10～45 个碱基长的寡核苷酸，用 16％的聚丙烯酰胺/尿素胶（对于更长的寡核苷酸用 8％或 6％的聚丙烯酰胺/尿素胶）。让胶聚合 30 min 以上，然后 30 W 预电泳≥1 h。

2）将各寡核苷酸溶于甲酰胺加样缓冲液中至终体积 200 μl，65℃加热 15 min 以去除 DNA 二级结构。各孔中分别加 50 μl 样品，在 30 W 电泳约 4 h，直至溴酚蓝移至胶的 75％处。

1 μmol 合成量（约 1～2 mg）的寡核苷酸可被加于一块胶上（0.25 μmol/3 cm 孔），这是加于一块胶而不超载的最大量。

在 16％的胶上，溴酚蓝与约 10 bp 的寡核苷酸的移动速度一致，二甲苯青与约 30 bp 的寡核苷酸的移动速度一致，如果寡核苷酸为 25～35 bp 长，建议甲酰胺加样缓冲液中不要加二甲苯青。

3）移去其中一块凝胶玻璃板，用保鲜膜覆盖凝胶。将凝胶剥离并移去另一块凝胶玻璃板，使凝胶平放在保鲜膜上，用保鲜膜覆盖凝胶的另一面。

4）在暗室内，将凝胶置于一增感屏上，用一手提式短波长紫外光源直接照于胶上以观察 DNA。辨明主要的核苷酸带，用标记笔直接在保鲜膜上标记其位置，要确保光源直接照在该带上。

5）用剃刀片小心切下该条带，尽量不要弄皱凝胶或将凝胶条弄碎。

6）将凝胶块置于一 15 ml 聚丙烯管内，浸泡于 5 ml TE 缓冲液中，37℃振荡过夜。

7）在一支巴斯德吸管中塞上一些硅化过的玻璃棉，并用约 5 ml 水预淋洗，将含有 DNA 的上清流过玻璃棉。

8）反复用仲丁醇抽提将 DNA 浓缩至≤180 μl。

9）用二乙醚抽提 DNA 1 次，并将其置于真空蒸发器（如 Speedvac）中直至所有的二乙醚都被除掉。

10) 用 TE 缓冲液将液体体积调至 180 μl。加 20 μl 3 mol/L 乙酸钠及 2 μl 1 mol/L $MgCl_2$，在涡旋混合器上振荡混合。
11) 加 600 μl 的 100%乙醇，来回颠倒混合，在干冰/乙醇中冷冻 10 min，置于室温 5 min。室温下以最大速度离心 15 min，沉淀 DNA，弃去上清。
12) 加 180 μl TE 缓冲液，在涡旋混合器中振荡使 DNA 溶解，加 20 μl 3 mol/L 乙酸钠及 2 μl 1 mol/L $MgCl_2$，在涡旋混合器中振荡混合。
13) 加 600 μl 100%乙醇，来回颠倒混合，在干冰/乙醇中冰冻 10 min，置于室温 5 min。室温下以最大速度离心 15 min，沉淀 DNA，弃去上清。
14) 加 800 μl 75%的乙醇，在涡旋混合器中振荡混合，室温下以最大速度离心 5 min，弃去上清。
15) 在真空蒸发器中小心抽干 DNA 沉淀（有时静电将使沉淀蹦出管子）。
16) 将 DNA 溶解于 200 μl TE 缓冲液中，测定 A_{260} 和 A_{280} 。可无限期地保存于－20℃。

对于序列特异性的 DNA 亲和树脂，假定 1A_{260}＝40 μg/ml DNA。

12.9.4 基本方案 2 DNA 亲和层析法

亲和层析被用于纯化特异性结合于某一确定 DNA 序列的蛋白质（图 12.9.1）。

材料（带√项见附录 1）

制备性的 DNA 亲和层析树脂（见基本方案 1 或备择方案）

√缓冲液 Z 或其他柱缓冲液（如缓冲液 Z^e 或 TM），配制时含不同的 KCl 浓度（从缓冲液 Z/0.1 mol/L KCl 至缓冲液 Z/1 mol/L KCl）

对缓冲液 Z/0.1 mol/L KCl 透析的部分纯化的蛋白质组分

非特异性的竞争 DNA（见辅助方案 2）

√柱再生缓冲液

√柱储存缓冲液

一次性的层析柱（Poly-prep，Bio-Rad）

Sorvall SS-34 转子或相当的转子

液氮

硅化的细玻璃棒（见附录 3B）

步骤

1) 一次性层析柱中 1 ml 床体积的 DNA 亲和树脂，用 10 ml 缓冲液 Z/0.1 mol/L KCl 洗涤 2 次，进行柱平衡。
2) 在缓冲液 Z/0.1 mol/L KCl 中将部分纯化的蛋白质组分与非特异性的竞争 DNA（由 DNA 结合研究确定）结合。
3) 将混合物在冰上孵育 10 min。
4) 12 000 g，4℃离心 10 min，以沉淀不溶性的蛋白质-DNA 复合物。
5) 上清在重力作用下加于柱上（如对 Sepharose CL-2B 柱，15 ml/h）。

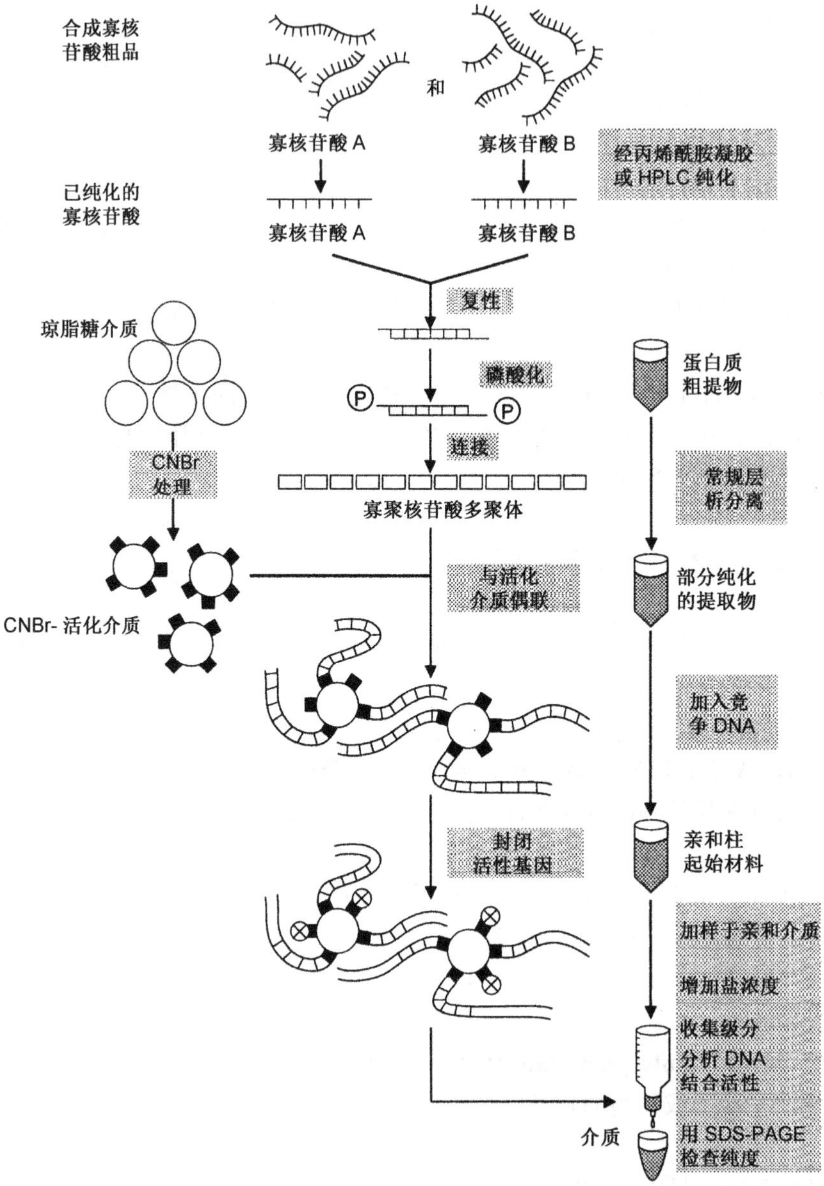

图 12.9.1　用 DNA 亲和层析纯化序列特异性的 DNA 结合蛋白。图中所示为用本章所述的方法进行亲和层析的各步骤。

单独一根 1 ml 的柱子即足够过一份标准核提取物（如 12 L HeLa 细胞或 150 g 果蝇胚）。当纯化更大量的实验材料时，则用多根 1 ml 柱子为好。通常的做法是在单独一根柱子上加 50 ml 蛋白质样品。

通常，1 ml 亲和树脂含有约 80～90 μg DNA，假定每 20 bp 有一个识别位点，也就是说每毫升树脂可以结合 7 nmol 蛋白质。这样的柱子一般能获得 100 倍以上纯化的结合蛋白（也含有各种可能出现的污染物）。

6）加样完毕后，用缓冲液 Z/0.1 mol/L KCl 洗柱 4 次，每次 2 ml，要淋洗柱的内侧壁。

在这一步中，分次用 2 ml/份洗涤缓冲液淋洗柱内侧壁，从而充分洗涤该亲和柱是十分重要的，用单独一次 8 ml 洗达不到效果。

7）从柱子上洗脱蛋白质，依次加 1 ml 缓冲液 Z/0.2 mol/L KCl、Z/0.3mol/L KCl、Z/0.4 mol/L KCl、Z/0.5 mol/L KCl、Z/0.6 mol/L KCl、Z/0.7 mol/L KCl、Z/0.8 mol/L KCl、Z/0.9 mol/L KCl之后加 1 ml 缓冲液 Z/1 mol/L KCl 洗 3 次。与所加的 1 ml/份缓冲液相应，收集各 1 ml 级分。将这些蛋白质样品在液氮中速冻，保存于－80℃。样品一般可保存至少 2 年。

将用于 DNA 结合分析（每 20 μl）及 SDS-PAGE 分析（每 50 μl）的各组分分别分装储存以便于使用。

8）用 DNA 结合分析法分析各蛋白质组分中序列特异性 DNA 结合活性。用 SDS-PAGE 电泳及银染观察蛋白质，估计蛋白质组分的纯度。

如果需要进一步纯化，将具有活性的组分合并，依据 KCl 浓度，或稀释（用不含 KCl 的缓冲液 Z），或透析（对缓冲液 Z/0.1 mol/L KCl）至 0.1 mol/L KCl。然后将该蛋白质组分与非特异竞争性 DNA 合并，再用新鲜的或再生的 DNA 亲和介质进行分离。

如果在柱洗脱液中或流出液中都没有检测到目的蛋白，那么蛋白质可能仍留在柱子里，这就需要更高浓度的盐溶液（如 2 mol/L 的 KCl）把蛋白质洗脱下来。

9）按如下方法再生亲和介质：室温下，停止柱流洗，在柱上加 5 ml 柱再生缓冲液。用一支硅化了的细玻棒搅拌介质，使介质与再生缓冲液混合，让缓冲液流出柱子。重复。

10）要保存柱子，则加 10 ml 柱保存缓冲液，让其缓慢流过。重复此步洗涤，然后封闭柱的下端，再加 5 ml 缓冲液。封闭柱的上端，置于 4℃保存。

12.9.5 辅助方案 2 非特异竞争性 DNA 的选择和制备

用于某一给定实验中的竞争物的量和种类都必须通过实验来决定。一种典型的方案是将蛋白质样品（将被上到亲和柱上）与各种量的不同竞争 DNA 混合，用如 DNA 酶 I 足迹分析（见 12.4）或凝胶迁移率变动分析（见 12.2）方案测定 DNA 的结合。对 DNA 结合活性抑制最小的竞争性 DNA 应用于 DNA 亲和层析。

首先，测定 DNA 结合反应中不干扰序列特异性因子的结合所能加入的竞争性 DNA 的最高量。竞争性 DNA 的最适量将随部分纯化的蛋白质样品的纯度而异。含有非特异性 DNA 结合蛋白越多的组分，一般需要的竞争性 DNA 就越多，因此用于各蛋白质组分的 DNA 的最适量必须由实验来测定。另外，竞争性 DNA 的量是用每体积（ml）蛋白质组分加 DNA 的质量（mg）来估计的；这是因为竞争性 DNA 有可能通过与粗提物中的高亲和性、非特异性 DNA 结合蛋白形成复合物而起作用。由初步实验扩大到完全规模的实验，若结合反应直接扩大，可使用所需量的 1/5。不同的竞争性 DNA 可被用在同一实验中。

制备 poly（dI-dC）、poly（dG-dC）及 poly（dA-dT）时，将所需量的竞争性 DNA 溶解于 TE 缓冲液/100 mmol/L NaCl 至终浓度 10 个 A_{260} 单位。将样品加热至 90℃，在 30～60 min 内缓慢冷却至室温。如果 DNA 的平均长度＞1 kb，则用超声法降解。用琼脂糖凝胶电泳估计 DNA 的长度（见 2.6）。

参考文献：Kadonaga，1991；Kadonaga and Tjian，1986.
撰 稿 人：Leslie A. Kerrigan and James T. Kadonaga

12.10　PCR 辅助的结合位点选择确定蛋白质-DNA 序列的特异性

12.10.1　基本方案

结合位点选择用于确定序列特异的 DNA 结合蛋白的靶特异性。这种技术的应用范围从确认未知的与 DNA 序列特异性结合的蛋白质的 DNA 靶序列到提供更多已知 DNA 结合域的蛋白质-DNA 相互作用的其他信息。

随机序列的寡核苷酸库被用作蛋白质结合位点的来源（参见 2.14 有关合成随机寡核苷酸的讨论）。寡核苷酸库与含目的 DNA 结合蛋白的提取物共育，用针对目的蛋白的抗体进行免疫沉淀分离蛋白质-DNA 复合物，温和洗涤除去不结合的寡核苷酸。回收结合的寡核苷酸，用 PCR 扩增，再进行下一轮的结合、回收、扩增。经过 4 轮的选择后，用迁移率变动分析所选的寡核苷酸库（图 12.10.1）。

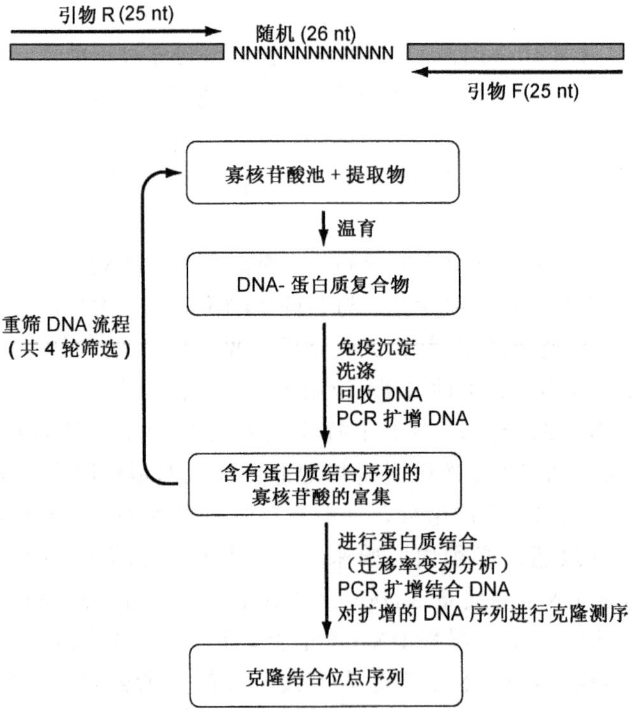

图 12.10.1　PCR 辅助 DNA 结合位点筛选的流程图。

材料（带√项见附录1）

寡核苷酸随机序列R76：

5′-CAGGTCAGTTCAGCGGATCCTGTCG（A/G/C/T）$_{26}$GAGGCGAATTCAGTGCAACTGCAGC-3′（见2.14）

正向引物：5′-GCTGCAGTTGCACTGAATTCGCCTC-3′

反向引物：5′-CAGGTCAGTTCAGCGGATCCTGTCG-3′

10× *Taq* DNA聚合酶缓冲液（见3.2）

0.5 mmol/L 3dNTP混合液（扣除dCTP；见3.2）

40 μmol/L和0.5 mmol/L dCTP（见3.2）

10 m Ci/ml [α-^{32}P] dCTP (800 Ci/mmol)

5 U/μl *Taq* DNA聚合酶（见3.3）

√洗脱缓冲液

糖原载体（例如，Boehringer Mannheim）

√TE缓冲液，pH 7.5～8.0

蛋白质A-Sepharose CL-4B (Pharmacia Biotech)

√洗涤缓冲液，含或不含50 μg/ml BSA

√结合缓冲液，含或不含50 μg/ml BSA

载体DNA：如100 ng/μl poly（dI-dC）·poly（dI-dC）

蛋白质样品：含DNA结合蛋白的网织红细胞裂解物或核提取物，或纯化的DNA结合蛋白

目的蛋白的抗血清或适用的单抗腹水（如蛋白质带表位标签，同时有单克隆抗体可用）

√回收缓冲液

2.5 mol/L乙酸钠

5 mol/L乙酸铵

液闪瓶及计数仪

17 mm×100 mm带咬口盖的聚苯乙烯离心管

滚板或旋转轮

Whatman 3 MM滤纸

步骤

1）通过变性聚丙烯酰胺凝胶电泳和凝胶回收，纯化寡核苷酸R76、正向引物和反向引物（见2.15）。用水稀释R76至50 ng/μl，正向引物和反向引物至80 ng/μl。

2）在0.5 ml的微量离心管中，建立如下反应（总体积20 μl）：

2 μl 50 ng/μl寡核苷酸R76

2 μl 10× *Taq* DNA聚合酶缓冲液

2 μl 0.5 mmol/L 3dNTP混合液（扣除dCTP）

2 μl 40 μmol/L dCTP

2 μl 80 ng/μl 正向引物

2 μl 10 Ci/ml (800 Ci/mmol) [α-^{32}P] dCTP

7 μl 水

1 μl 5U/μl *Taq* DNA 聚合酶

3）按如下循环参数进行1轮 PCR 反应：

94℃，1 min（变性）

62℃，3 min（复性）

72℃，9 min（延伸）

然后，加入2 μl 0.5 mmol/L dCTP，72℃追加延伸9min。

此反应可产生适用于凝胶迁移率变动分析（见步骤29）的标记双链 R76 寡核苷酸，放射比活为3200 Ci/mmol。

双链 R76 寡核苷酸也可由正向引物复性，用大肠杆菌 DNA 聚合酶 I KLenow 片段（见3.3）延伸而制备。

4）用8%非变性聚丙烯酰胺凝胶电泳纯化双链 R76（见2.9），然后用放射自显影显影（见附录3A）。

5）用干净刀片切下含标记 R76 的凝胶条，放入含250 μl 洗脱缓冲液的1.5 ml 微量离心管中，37℃孵育过夜。

6）将洗脱缓冲液移入一个新的1.5 ml 微量离心管中，加入1 μg 糖原载体，乙醇沉淀。

7）沉淀重悬于10 μl TE 缓冲液，取1 μl 在液闪计数仪上进行契仑科夫计数读出 cpm。

由于寡核苷酸探针的分子质量和放射比活度是已知的，假定10^6 cpm 大约为1 μ Ci，则可定量双链 R76。步骤2的成双链反应和步骤22的 PCR 扩增反应所用的 [α-^{32}P] dCTP 和非标记 dCTP 的浓度可使得每1个双链 R37 分子有4个标记 C 的核苷酸掺入，双链 R76 的比活是 [α-^{32}P] dCTP 的4倍（4×800 Ci/mmol=3200 Ci/mmol）。

8）用 TE 稀释双链 R76 至0.2 ng/μl，用于结合反应（见步骤12）。

9）按厂商的说明书对冰冻干燥的蛋白质 A-Sepharose Cl-4B 珠用水进行再水化和洗涤。

10）溶胀的蛋白质 A-Sepharose Cl-4B 珠用50倍体积的不含 BSA 的洗涤缓冲液洗两次。

11）然后用含50 μg/ml BSA 的洗涤缓冲液配成50%（*V*/*V*）浆状物，并在4℃平衡2～3 h。

每个结合反应仅需10 μl 体积的蛋白质 A-Sepharose Cl-4B 珠。一次配制不要多于500 μl（相当于约0.125 g 干物质。）

50%的蛋白质 A-Sepharose 浆状物可以在4℃保存几个星期。

12）将1.5 ml 的微量离心管放在冰上，建立如下反应：

20 μl 含50 μg/ml BSA 的结合缓冲液

2 μl 100 ng/μl 的 poly（dI-dC）• poly（dI-dC）

1～2 μl 蛋白质样品

2 μl 0.2 ng/μl 双链 R76 寡核苷酸探针（见步骤8）

1 μl 抗血清

第一轮选择，每反应用0.4 ng 探针，随后的选择探针用量为0.2 ng（在加入反应前，探针先用 TE 稀释至0.1 ng/μl）。

抗血清须对目标 DNA 结合蛋白特异而且在不影响蛋白质-DNA 相互作用的前提下免疫沉淀蛋白

质-DNA 复合物。提取物的用量需根据经验优化。如蛋白质带有为单克隆抗体识别的表位标签，使用 0.1μl 已为洗涤缓冲液稀释 10 倍的腹水液（含 0.1～1.0 μg 单克隆抗体）。

13）冰上放置 20～30 min 以形成蛋白质-DNA 复合物。

14）将 20 μl 50%蛋白质 A-Sepharose 浆（见步骤 11）加入已有 250 μl 不含 BSA 洗涤缓冲液（4℃）的 1.5 ml 微量离心管中，然后室温以最高速离心 15 s，沉淀蛋白质 A-Sepharose，吸去洗涤缓冲液。

15）将结合反应物（见步骤 13）加入含 10 μl 填充体积的蛋白质 A-Sepharose 的 1.5 ml 微量离心管中，用移液器上下抽吸轻轻混匀。

16）将微量离心管放入 17 mm×100 mm 聚乙烯试管中，盖上盖子。在冷室中放置在滚板上滚动或在旋转轮上旋转过夜。

特别注意：应避免尾尾混合，这会使蛋白质 A-Sepharose 珠子沿微量离心管管壁涂抹。

17）结合反应加入 250 μl 4℃的不含 BSA 的洗涤缓冲液，短暂振荡以混合，再翻转离心管混匀，重复振荡和翻转两次，室温高速离心 15 s，吸去上清。重复洗涤两次。

这些洗涤步骤应尽量地迅速完成，因为花在洗涤上的时间对于决定选择的严格性来说，可能是一个很重要的因素。

18）用 200 μl 回收缓冲液重悬蛋白质 A-Sepharose 沉淀，45℃放置 1 h，洗脱结合的 DNA。

19）酚抽提，然后氯仿抽提（见 2.1）。

20）加入 1 μg 糖原载体和 12 μl 2.5 mol/L 乙酸钠，乙醇沉淀回收 DNA（见 2.1）。

21）用液闪仪进行契仑科夫计数测定沉淀物的 cpm。测 0.2 ng 探针。

测定沉淀物中加入的探针被回收的比例可定量被选择的 DNA（即确定探针回收的比例用于被选择的 DNA）。此外，当低本底回收（即自阴性提取物对照的回收）时，每轮选择后输入 DNA 被回收的比例能很好地反映位点选择的进程。

22）制备如下反应混合物（总体积 20 μl）：

2 μl 10× *Taq* DNA 聚合酶缓冲液
3.2 μl 0.5 mmol/L 3dNTP 混合物（扣除 dCTP）
2 μl 40μmol/L dCTP
2 μl 80 ng/μl 正向引物
2 μl 80 ng/μl 反向引物
1 μl 10 m Ci/ml (800 Ci/mmol) [α-^{32}P] dCTP
7.3 μl 水
0.5 μl 5 U/μl *Taq* DNA 聚合酶

加入到含有 1 pg 被选择的 DNA 的 0.5ml 微量离心管中。

23）进行 15 个循环的 PCR 扩增反应：

94℃，1 min（变性）
62℃，1 min（复性）
72℃，1 min（延伸）

24）PCR 反应物用 TE 缓冲液稀释至 150 μl，用酚抽提（见 2.1）。

25）加入 1 μl 糖原载体，1/4 体积 5 mol/L 乙酸铵（至终浓度 1 mol/L），乙醇沉淀（见 2.1）。

26）如步骤 4 和 6 所述用非变性聚丙烯酰胺凝胶电泳纯化 PCR 产物。

27）乙醇沉淀后，沉淀重悬于 10 μl TE 缓冲液，取 1 μl 契仑科夫计数。定量被选择扩增的双链 R76，重悬于 0.1 ng/μl。

此过程的典型产量是 10～20 ng 标记选择扩增 R76 寡核苷酸。

28）所得的被选择扩增 R76 寡核苷酸库用于另一轮的结合位点选择（见步骤 12～27）。经 4 轮选择循环后，进行步骤 29（迁移率变动分析），检测结合位点选择过程的结果。

如选择成功的话，经 4 轮选择应在凝胶上看见所形成的蛋白质-DNA 复合物的迁移率变动。

29）建立一系列结合反应，其中蛋白质提取物与代表每轮选择的寡核苷酸库共育。除了不加抗体外，结合反应的条件与步骤 12 完全一样。

对照反应是关键的，应该包括被选择的寡核苷酸库与不含待测蛋白质的提取物共育的结合反应，并应包括阳性提取物一系列结合反应的平行对照。

30）室温放置反应 20～30 min，加样于凝胶（见 12.2）。

对应于每一选择提取物，与来自连续选择循环的探针的结合反应物加样时应加在相邻的泳道，这样容易显示逐渐明显的特异复合物。

31）按 12.2 所述的方法进行电泳。

32）凝胶不需固定，在 Whatman 3MM 滤纸上干燥后，放射自显影过夜（见附录 3A）。

如选择成功的话，迁移率变动的复合物应在代表靠后的选择循环的泳道中开始显现。

12.10.2 备择方案 从迁移率变动凝胶中分离和分析结合的寡核苷酸

一旦通过迁移率变动分析确证了位点选择过程的成功，可从干燥的凝胶条带中直接扩增，从合适的迁移率变动复合物中回收结合寡核苷酸。然后用适当的限制酶消化寡核苷酸，亚克隆后测序分析各选择位点。

附件材料（亦见基本方案）

*Eco*RI 和 *Bam*HI 限制酶及其相应的缓冲液（见 3.1）

步骤

1）从干燥凝胶中切下含蛋白质-DNA 复合物的区段，将其分成 4 个方块。

2）取 2 个方块，用解剖刀将干聚丙烯酰胺凝胶从 3 MM 滤纸中分离出来，放入 0.5 ml 微量离心管中。

留下另两小块，以备需要重复扩增反应（见第 4 步注释）。

3）如下试剂混合物加入到干凝胶中（总体积 50 μl）：

5 μl 10× *Taq* DNA 聚合酶缓冲液

8 μl 0.5 mmol/L 3 dNTP 混合物（扣除 dCTP）

5 μl 40 μmol/L dCTP

5 μl 80 ng/μl 正向引物

5 μl 80 ng/μl 反向引物

2.5 μl [α-^{32}P] dCTP

18 μl 水

1.5 μl 5 U/μl *Taq* DNA 聚合酶

在 PCR 反应混合物中，干燥的丙烯酰胺将重新水化。

4）进行 17 个循环的 PCR 扩增反应：

94℃，1 min（变性）

62℃，1 min（复性）

72℃，1 min（延伸）

保留一些干凝胶很重要，以便如没有足够量的 PCR 产物被扩增时，可以增加循环次数重复。

5）纯化 PCR 产物（见基本方案步骤 4～6）。

6）用过量 *Eco*RI 和 *Bam*HI 消化结合的寡核苷酸库（见 3.1）。

7）酚抽提，乙醇沉淀回收（见 2.1），重悬于适用于克隆的稀释度（见 2.1）。

8）寡核苷酸与适当的载体连接，转化大肠杆菌（见 3.13），测序分析各结合位点（见 7.4～7.6）。

注意：连接反应有中等的放射性，小心弃置细菌平板。

参考文献：Pollock and Treisman，1990；Szostak，1992；Wright and Funk，1993.

撰 稿 人：Roy M. Pollock

第13章 酿酒酵母

酿酒酵母（*Sacchromyces cerevisiae*）又名面包酵母，一直被称为真核生物中的“大肠杆菌”。在遗传学方面，人们对酵母菌进行了广泛的研究，已经得到它的全基因组序列。酵母菌与其他微生物一样易于培养，且它的单倍体核 DNA 容量仅为大肠杆菌的 3.5 倍。尽管酵母菌基因组很小，但它在大多数生物学特性上都与其他更加高等的真核生物相似。越来越多的证据表明，在不同种类的真核生物之间许多细胞过程的机制是相当保守的，加之酵母菌具有研究遗传学和分子生物学的强大优势，因此成为研究真核生物各种分子生物学基本问题的首选生物。

培养酵母菌既简单、经济，又十分快捷，在营养丰富的培养基中，大约 90 min 即可增殖一代。另外，酵母菌可以很好地适应有氧和无氧条件下的大规模培养。酵母菌可以用出芽的方式进行有丝分裂，所形成的芽离开母细胞就形成了一个子代细胞。酵母菌的细胞周期可以通过芽的大小来区分，利用这一特点，可通过抑制酵母细胞的生长将酵母菌停留在细胞周期的某一阶段，从而分离到大量的酵母突变体（所谓的 *cdc* 突变体）。由于酵母菌可在成分明确的培养基（见 13.1）上生长，因此已分离到大量的营养缺陷型酵母菌株。这不仅有助于研究复杂的代谢途径，而且也提供了大量有利于遗传学分析的突变体。

酵母菌能够以稳定的单倍体和二倍体的形式存在。单倍体细胞可以是两个交配型中的任何一个，称作 a 和 α。二倍体 a/α 细胞是由一个 α 细胞和一个 a 细胞融合形成的（见 13.2），它可以通过有丝分裂无限期生长，但在碳源和氮源不足的情况下，二倍体细胞只能进行减数分裂（meiosis）。减数分裂的产物叫孢子（spore），它被包在一个叫子囊（ascus）的结构中。子囊的厚壁经较温和的酶消化之后，即可分离单倍体孢子单体并进行各种分析（见 13.2）。从酵母菌中可同时获得减数分裂的 4 种产物，这在大多数其他真核生物中是不可能的，酵母菌的这种特性使研究基因重组和基因转变的细节成为可能。以稳定的单倍体和双倍体形式存在的酵母菌也可使传统的突变分析变得更容易，如互补实验、鉴别显性和隐性突变等。

单倍体酵母细胞有一个大小为 15 Mb 的基因组，含 16 条大小约为 200～2200 kb 的线性染色体。相比较而言，最大的酵母染色体仍然比哺乳动物染色体的平均大小小 100 倍。这种较小的染色体结合现有的克隆酵母基因和操作酵母染色体的技术优势，使我们有可能对染色体结构进行详尽的研究。对酵母菌染色体功能至关重要的 3 种类型的结构元件已被确认和克隆，它们分别是：复制起点（ARS 元件）、着丝粒（CEN 元件）和端粒（telomere）。利用这些克隆的元件已构建了酵母人工染色体，并应用于各种染色体行为的研究，如有丝分裂和减数分裂时染色体之间如何配对和分离等。此外，采用人工染色体设计的克隆系统可容纳其他克隆系统所不能接受的巨大而连续的 DNA 片段（长达 400 kb）。利用这些结构元件再加上克隆化的酵母菌选择基因可构建酵母菌和大肠杆菌穿梭质粒，它们能在大肠杆菌和酵母菌中自主复制和稳定存在（见 13.4）。

高效转化酵母菌的工作方案（见 13.5）已经存在大约二十年了，它是通过遗传互补进行基因克隆的（见 13.6 和 13.7）。酵母菌具有高效的重组体系，在克隆的基因中带有突变的 DNA 可被重新引入到酵母染色体上相应的同源位点（见 13. 8）。这样任何克隆基因突变的表型可以很快得到鉴定，这种技术在高级真核生物中一般是不存在的。此外，同源重组实现了广泛的多种基因技术，这些技术大大地促进了对生物学过程的分析。

尽管酵母菌的基因组比较小，但酵母菌是一种典型的真核生物。它不仅含有高等真核生物细胞中主要的有膜的亚细胞器，而且还有细胞骨架。酵母 DNA 只在核内存在，尽管无组蛋白 H1，但染色体 DNA 的核小体结构与高等真核生物十分相似。酵母菌 DNA 的转录由 3 种不同的 RNA 聚合酶完成，酵母菌 mRNA（由 RNA 聚合酶 II 转录）具有真核生物 mRNA 典型的修饰［如 5′端甲基化的鸟嘌呤帽和 3′端 poly（A）尾巴］，尽管酿酒酵母菌只有很少的基因出现内含子。酵母菌基因的转录调控已得到广泛的研究，而且至少有一种酵母菌的转录激活因子在高等真核生物中也具有生物学活性。高分子质量酵母 DNA 和 RNA，可以进行快速制备（见 13.9 和 13.10）。真核生物的另一个特征是对前体蛋白进行蛋白酶加工以产生功能性产物，此过程往往与蛋白质的分泌相偶联。在酵母菌中已有几种经充分研究的分泌型蛋白和外激素，并有大量被证实参与蛋白酶加工和分泌的基因，表明蛋白质加工是一个相当复杂的过程。酵母蛋白提取物可以采用 3 种不同的方法制备（见 13.11），但最好根据特殊用途来选择。由于酵母菌在遗传加工上的方便性和有效性，促进了酵母双杂交系统或反应捕获技术在探测新的相互作用蛋白方面的运用（见 19.1）。

参考文献：Strathern et al.，1981，1982；Watson et al.，1987.

撰 稿 人：Victoria Lundblad

13.1 酵母菌培养基的制备

制备稳定的高质量无菌培养基对酵母的遗传学研究是十分必要的。本章实验设计中所需培养基的配制参照以下所提供的配方。我们建议培养基的各种成分应从同一个厂家购买。我们推荐从下列公司购买培养基特殊成分（详细地址和电话号码在附录 4 中列出）：

J. T. Baker
- 葡萄糖
- 硫酸铵
- 乙酸钾
- 甘油

Difco
- 琼脂（Bacto-agar）
- 蛋白胨（Bacto-peptone）
- 酵母提取物（Bacto-yeast extract）
- 酵母基本氮源［yeast nitrogen base（YNB），无氨基酸或硫酸铵］

Sigma
- 氨基酸
- 核苷酸碱基
- 刀豆氨酸（canavanine）
- 环己酰亚胺（cycloheximide）
- L-α-氨基己二酸（L-α-aminoadipic acid）
- 半乳糖（含葡萄糖杂质 0.01%）
- 马铃薯淀粉

PCR，Inc
- 5-氟乳清酸

高压灭菌常用 15 lb/in^2 15 min，但当制备大量培养基时，应适当增加高压灭菌时间（20 min/4～6 L，25 min/6～12 L）。

13.1.1　液体培养基

将液体培养基成分溶于 1 L 水中，充分搅拌直至完全溶解，然后分装到 100 ml 或 500 ml 的培养瓶中高压灭菌。另外，液体培养基也可以过滤除菌，这样可使培养基的制备更快些、焦化更少（对葡萄糖而言），细胞生长更快些。通常每次配制培养基时，各种成分都必须称重，利用“预混合物”的配方可以减少称重次数。制备“预混合物”时，大块的葡萄糖应碾碎后再与其他成分混合，然后剧烈振荡容器使各成分充分混匀。可在空的 2.5 kg 葡萄糖塑料包装容器中很方便地配制各种预混合物。在整个章节中，YNB-AA/AS 代表无氨基酸或硫酸铵的酵母菌基本氮源（见上文中介绍的各成分供应商）。

丰富培养基

YPD 培养基

每升（L）液体	预混合物（50 g/L）	终浓度
酵母提取物 10 g	酵母提取物 250 g	酵母提取物 1%
蛋白胨 20 g	蛋白胨 500 g	蛋白胨 2%
葡萄糖 20 g	葡萄糖 500 g	葡萄糖 2%

这种丰富的混合培养基（也称 YEPD 培养基），广泛用于不需要特殊条件生长的酵母菌的培养。配制 YPD 培养基时，20%（10×）葡萄糖溶液最好采用单独过滤除菌或高压灭菌（在灭菌后再加入到其他各种成分），以免在高压灭菌时培养基变黑，妨碍酵母菌的最佳生长。

极限培养基

极限培养基

每升（L）液体	预混合物（27 g/L）	终浓度
1.7 g YNB-AA/AS	68 g YNB-AA/AS	0.17% YNB-AA/AS
5 g $(NH_4)_2SO_4$	200 g $(NH_4)_2SO_4$	0.5% $(NH_4)_2SO_4$

20 g 葡萄糖　　800 g 葡萄糖　　2% 葡萄糖

这种极限培养基[也就是合成葡萄糖（SD）培养基]可以培养没有特殊营养要求的酵母菌，但更多的时候这种培养基是作为一种待添加其他成分的极限培养基（见下文提到的 CM 缺失成分培养基）。

完全极限（CM）缺失成分培养基（complete minimal dropout medium），每升（L）中含：

1.3 g 缺失成分粉剂（见表 13.1.1）
1.7 g YNB-AA/AS
5 g $(NH_4)_2SO_4$
20 g 葡萄糖
（后 3 种成分可用 27 g 极限培养基预混合物代替）

CM 缺失成分粉剂（CM dropout powder）即所谓的减少成分粉剂（minus powder）或删除成分粉剂（omission powder），它们缺少了表 13.1.1 中某一种营养成分但含其他营养成分。完全极限（CM）缺失成分培养基一般用于检测与生物合成途径有关的基因，或在转化实验中用于筛选基因的功能。如为了筛选与组氨酸（histidine）生物合成有关的基因，就需要测定酵母菌株在 CM 缺少组氨酸（His）或“省却组氨酸”平板上是否能生长。配制几种缺失成分粉剂是比较方便的，每一种缺失成分粉剂缺少一种营养成分，这样就可避免在实验室需要不同的缺失成分培养基平板时反复称量每一种营养成分所带来的麻烦。

最好使用缺失成分粉剂配成的 10× 储存液（如在 100 g 水中溶解 13 g 缺失成分粉剂），为了提高酵母菌在这种培养基中的生长率，应将储液分开高压灭菌（待高压灭菌后再加到由其他营养成分组成的混合液中）。

表 13.1.1 添加到缺失成分粉剂中的营养成分的浓度[a]

营养成分[b]	缺失成分粉剂中添加营养成分的量[c]/g	终浓度/(μg/ml)	液体储存浓度[d]/(mg/100ml)
腺嘌呤（半硫酸盐）	2.5	40	500
精氨酸（盐酸盐）	1.2	20	240
天冬氨酸[e]	6.0	100	1200
谷氨酸（钠盐）	6.0	100	1200
组氨酸	1.2	20	240
亮氨酸[f]	3.6	60	720
赖氨酸（单盐酸盐）	1.8	30	360
甲硫氨酸	1.2	20	240
苯丙氨酸	3.0	50	600
丝氨酸	22.5	375	4500
苏氨酸[e]	12.0	200	2400

续表

营养成分[b]	缺失成分粉剂中添加营养成分的量[c]/g	终浓度/(μg/ml)	液体储存浓度[d]/(mg/100ml)
色氨酸	2.4	40	480
酪氨酸	1.8	30	180[f]
缬氨酸	9.0	150	1800
尿嘧啶	1.2	20	240

a. 每一种CM缺失成分粉剂按实验要求缺少某种营养成分，但其他营养成分及浓度应按表中列出的数据配制。CM缺失成分粉剂的命名，如缺少组氨酸的CM缺失成分粉剂称为省却组氨酸粉剂，均参照文献（Sherman et al.，1979）所提出的命名方法。

b. 未在表中列出的氨基酸均按终浓度40 μg/ml（40 mg/L）配制。

c. 各种粉剂应置于清洁、干燥的研钵中研匀并储存在清洁、干燥的玻璃瓶或带盖的烧瓶中。

d. 表中所列出的每一种储存液在配制工作液时的用量为8.3 ml/L。腺嘌呤、天冬氨酸、谷氨酸、亮氨酸、苯丙氨酸、酪氨酸和尿嘧啶溶液置室温保存，其余储存液均于4℃保存。

e. 尽管这些氨基酸在培养基里高压灭菌后仍能使用，但在其他组分高压灭菌后再添加氨基酸更益于酵母菌生长。

f. 配制工作液时，L-酪氨酸储存液的用量为16.6 ml/L。

孢子形成培养基，每升（L）：

10 g 乙酸钾（终浓度1%）

1 g 酵母菌提取物（终浓度0.1%）

0.5 g 葡萄糖（终浓度0.05%）

这种缺少氮源的“饥饿”培养基含乙酸盐作碳源，能促进高水平的呼吸作用，从而可诱导酵母菌二倍体形成孢子。孢子能在液体培养基或平板上形成（见下文和13.2）。如果需要其他营养成分，可按表13.1.1列出的浓度添加。

备择碳源

野生型酵母菌能够利用除葡萄糖之外的一系列碳源维持生长，这些碳源包括半乳糖、麦芽糖、果糖和棉籽糖等。尤其是半乳糖常被用作诱导GAL10启动子融合序列的转录（见13.6）。这些碳源的工作浓度均为2%（*m/V*）（20 g/L），而且可在极限培养基或完全极限（CM）缺失成分培养基的配方中取代葡萄糖作为碳源。也可使用2%乙酸钾（*m/V*）、3%甘油、3%乙醇或2%甘油和2%乙醇（*V/V*）作为非发酵性的碳源，它们不能支持*petites*（缺少功能性线粒体的细胞）的生长。在孢子形成之前，YPA培养基（2%乙酸钾、2%蛋白胨和1%酵母提取物）可以很好地诱导细胞的高水平呼吸作用（见13.2）。

13.1.2 固体培养基

配制酵母菌固体培养基，其中大部分与配制细菌的生长平板没有差别（见1.1）。对所有平板来说，琼脂的浓度为2%（20 g/L），同时应在每升（L）平板培养基中加入

1粒氢氧化钠（约0.1 g），以调高培养基的pH，防止在高压灭菌时破坏琼脂。另外，加入一个搅拌棒，使得在高压灭菌后能对琼脂培养基进行充分混匀。

高压后，培养基室温放置45～60 min，直至培养基冷却到50～60℃（待添加的药物和其他营养成分应在室温下放置30 min后加入）。在倒平板之前，将烧瓶放在一个磁力搅拌器平台上用中速至高速搅拌，直至培养基充分混匀为止（约5 min）。倒平板后，平板表面形成的少量气泡可在本生灯的火焰部轻轻划过后除去（即“用火焰烧”平板）。每升培养基可以倒30～35个平板。

尽管并没有对培养皿的品牌作特殊要求，但我们仍要推荐使用Fisher培养皿（100 mm×15 mm）。这种培养皿盖子的顶部有一圈隆起，所以很容易堆放，在倒平板时也很方便。

准备平板配制下列配方时，按照液体培养基介绍中的一般指导说明，进行混合和高压灭菌。大多数平板可以在室温下放置4个月左右。含药物（如环已酰亚胺、5-氟乳清酸、刀豆氨酸和L-α-氨基已二酸）或X-gal的平板，在4℃可稳定地保存2～3个月。

极限培养基平板和丰富培养基平板

YPD、极限培养基和CM缺失成分培养基平板

每升按上文中提及的液体培养基的配方配制，另加入20 g琼脂和1粒氢氧化钠。

预混合培养基：按上文提及的预混合液体培养基的配方配制。在YPD预混合液体培养基中，加入500 g琼脂配制YPD固体预混合培养基；在液体预混合极限培养基加入800 g琼脂配制固体预混合极限培养基。

为了制备平板，每升固体培养基中应加入1粒氢氧化钠和以下数量的预混合培养基：

YPD平板：YPD固体预混合培养基70 g

极限培养基平板：固体极限预混合培养基47 g

CM缺失成分培养基平板：固体CM预混合培养基47 g+缺失成分粉剂1.3 g

特殊平板

在本章中还收录了配制α-氨基已二酸、刀豆氨酸和环已酰亚胺等特殊平板的配方，但未介绍这些平板的特殊用途。这些特殊的平板与5-氟乳清酸（5-FOA）平板一样，常用于负选择实验中（见下文）。通过将酵母菌培养在环已酰亚胺、α-氨基已二酸、刀豆氨酸等抗性的平板上，可选择出抗野生型*LYS2*、*CAN1*和*CYH2*基因（Brown and Szostak，1983）。

5-氟乳清酸（5-FOA）平板

在2 L烧瓶中（内装一个磁力搅拌棒）加入：

5-FOA粉剂1g

水500 ml

2.4 mg/ml尿嘧啶溶液5 ml

低热搅拌约1 h使固体物完全溶解，过滤除菌。

在另一个2 L烧瓶中加入：

YNB-AA/AS 1.7 g

$(NH_4)_2SO_4$ 5 g
葡萄糖 20 g
琼脂 20 g
缺失尿嘧啶粉剂（表 13.1.1）预混合培养基 1.3 g
加水至 500 ml，高压灭菌。
（可选用 47 g 固体极限培养基预混合物代替前 4 种成分）

待熔化的琼脂冷却到 65℃，缓缓将无菌的 5-FOA 尿嘧啶溶液沿瓶壁倒入装有省却尿嘧啶的培养基的烧瓶中，轻轻摇动烧瓶混匀后倒平板。

$URA3^+$ 酵母菌株不能在含嘌呤类似物 5-FOA 的培养基上生长（Bocke et al.，1984），利用 5-FOA 来筛除 URA3 活性基因的方法就是源于此现象（见 13.8）。这种选择类型称“负选择”（Brown and Szostak，1983），它也可以应用到对野生型 LYS2、CAN1 和 CYH2 基因的筛选中。

5-FOA 十分昂贵，在制备平板时应节约使用。但这种材料有大量存货，美国遗传学会会员可享受较大程度的折扣（Bethesda，Md.）。

X-gal 平板，每升
YNB-AA/AS 1.7 g
$(NH_4)_2SO_4$ 5 g
葡萄糖 20 g
琼脂 20 g
缺失成分粉剂（缺失适当的氨基酸，见表 13.1.1）0.8 g
NaOH 颗粒 1 粒
（前 4 种成分也可以用 47 g 固体极限培养基预混合物取代）

加水到 900 ml，高压灭菌，再加入 100 ml 0.7 mol/L pH 7.0 的磷酸钾缓冲液和 2 ml 20 mg/ml X-gal（X-gal 溶于 100%二甲基甲酰胺，−20℃冻存，见表 1.4.2）。

剖分平板
按 YPD 平板的配方配制，要记住用于分析四分体的剖分平板必须保证厚薄均匀，表面平坦光滑。倒好平板后应用火焰将平板烧一下，以 6 个一组将平板置于一水平平面上并轻轻地转动以使平板表面平坦。如果某种琼脂制备的平板中含有像孢子一样的微粒状沉淀，这说明所用琼脂不适于制备剖分平板，应选用更高质量的琼脂，比如 Noble 琼脂（Difco）或琼脂糖。

α-氨基己二酸平板
YNB-AA/AS 1.7 g
葡萄糖 20 g
琼脂 20 g
加 H_2O 至 1 L

将培养基装在一个容量为 2 L 的烧瓶中，高压灭菌。待熔化的琼脂冷却到 65℃，再加入 34 ml 6% L-α-氨基己二酸溶液（6 g L-α-氨基己二酸溶于 100 ml 水中，用 1 mol/L KOH 调 pH 至 6.0）。α-氨基己二酸在平板中的终浓度为 0.2%，轻轻旋转混匀烧瓶溶液后倒平板。

lys 2^- 酵母菌可利用 α-氨基己二酸作为一种候选氮源。酵母菌能够利用特定的氨基酸作氮源，因此，仅当特殊的酵母菌需要某些氨基酸时，才将它们加入平板培养基中。这些氨基酸可以在高压灭菌前从储存液中加到固体培养基中，当使用这种培养基分离 Lys 2^- 酵母菌株时，赖氨酸的浓度应为 30 μg/ml。

刀豆氨酸平板

参照 CM 缺失成分平板培养基配方，省去精氨酸。待高压灭菌的 1 L 培养基冷却到 65℃，加入 10 ml 6 mg/ml 滤过除菌的硫酸刀豆氨酸溶液，培养基中的刀豆氨酸的终浓度为 60 μg/ml。

无菌的硫酸刀豆氨酸溶液可冻存。

环己酰亚胺平板

参照 YPD 平板培养基配方，待琼脂培养基冷却到 65℃，加入 1 ml 10 mg/ml 过滤除菌的环己酰亚胺溶液，环己酰亚胺在平板培养基中的终浓度为 10 μg/ml。

无菌的环己酰亚胺储存液可冻存。

13.1.3 菌株的保存与复苏

酵母菌菌株可于－70℃保存在 15%甘油中（可存活 5 年以上），或于 4℃保存在添加马铃薯淀粉的丰富培养基斜面上（可存活 1～2 年）。下面会介绍这两种方法。

基本方案 1 冻菌种保存液的制备与接种

配制 30%（*m*/*V*）的甘油溶液。在 15 mm×45 mm，4 ml 带螺旋盖的冻存管中加入 1 ml 配好的甘油溶液，松松地拧上螺盖，高压灭菌 15 min。在冻存管加入 1 ml 处于对数生长后期或静止早期的菌液，混匀后置干冰中一段时间，然后转存到－70℃冰箱中。复苏菌株时，可以从冻存管中刮下少量细胞划在平板上，不要将整个冻存管中的储存液融化。细胞也可以按 1 ml 菌悬液加入 80 μl DMSO（8% *V*/*V*）的方式配制冻存菌株，储存在－70℃。

备择方案 斜面的制备与接种

步骤

1）制备 250 个斜面，将以下成分加在一个容量为 1 L 的烧瓶中：

YPD 平板预混合培养基 70 g

腺嘌呤（半硫酸盐）20 mg

马铃薯淀粉 20 g

加水到 500 ml

过量的腺嘌呤会防止腺嘌呤突变体（ade^-）丢失。

2）将烧瓶放入一个容积为 4 L 的装有 1 L 水的烧杯中，将烧杯放在恒温磁力搅拌器上高温搅拌。

连续轻微搅拌，不要让内容物沸腾，应该在 1 h 后熔化。

3）开始先转移 2 ml 液体到 15 mm×45 mm，4 ml 的冻存管里，当所有的管子都装满后，把盖子松开，放进盒子里，高压灭菌 15 min。

4）将盒子倾斜 70°放置，让斜面晾干两天并把盖子拧紧。

斜面在室温下至少可以存放 6 个月。

5）接种一个斜面，从无菌牙签的平端将细胞涂抹在斜面表面的琼脂上。将瓶盖拧松，30℃孵育 1 或 2 天。细胞开始生长后，尽可能拧紧瓶盖，4℃存放。

斜面是保存和邮寄菌种的一种方便的方法。它们在接种后立即可以被邮寄，因为在转运中菌株可以充分生长。另外一种邮寄菌种的方法见下面。

基本方案 2　邮寄和复苏细胞

酵母菌株用斜面可以很方便地邮寄。另外可以替代的方法是，用在酒精里浸过和烧过的镊子将 3MM 的无菌 Whatman 滤纸压在所选的酵母菌落上的方式，将细胞转移到滤纸上，用无菌的铝箔包裹滤纸，邮寄给收件人。

通过将滤纸（有酵母菌的一面向下）放在琼脂平板上来复苏菌株。将平板放在 30℃孵育。将滤纸抽出后应该可以看到厚厚的一片酵母菌斑点。

参考文献：Sherman et al.，1979.

撰 稿 人：Douglas A. Treco and Victoria Lundblad

13.2　酵母菌的培养与操作

除了所需的培养基不同外，酵母菌细胞的操作与已介绍过的细菌细胞是一样的，如二者均可在液体培养基或琼脂平板表面生长，并可用 1.1～1.3 中介绍的基本设备进行操作。另外，一个装备精良的酵母实验室需要有静态的和可摇动的 30℃恒温培养箱和最大放大倍数为 400×显微镜。还应当有一个适于剖分酵母菌孢子四分体结构的显微镜，这种显微镜对本章中将介绍的遗传分析和菌株构建的研究是很有价值的。如果要经常影印平板及大量使用天鹅绒布的话，小型电热干衣机是不可缺少的。

酵母遗传实验经常需要构建带有特定基因型的菌株，以及对新引入突变的菌株的减数分裂模式的分析。

13.2.1　基本方案 1　液体培养基培养

野生型酿酒酵母菌在 30℃、氧气充足和以葡萄糖作碳源的条件下生长很好。当酵母菌在试管中培养时，接种后应轻轻振荡培养液使细胞均匀分散。在做大体积液体培养时，可使用 Erlenmeyer 锥形瓶，而瓶底具隔板的烧瓶能增加进氧量，更有利于酵母菌的生长。培养酵母菌时很重要的一点就是要保证所有玻璃器皿无任何表面活性剂。

为了保持良好的通气条件，培养液不应超过整个烧瓶总体积的 1/5，而且置于 300 r/min恒温摇床中进行培养。小量制备 DNA 和 RNA 时，酵母菌可在玻璃或塑料试管中培养，试管中加入 1/3 体积的培养基，并固定在摇床平台上，于 350 r/min 转速振荡培养。

13.2.2 基本方案 2 固体培养基培养

酵母菌也可以像在 1.3 中所述的细菌固体培养方法一样用接环划线或涂布在平板上生长。如果将野生型单倍体酵母菌稀释液涂布在 YPD 平板表面，并于 30℃培养，那么在 24 h 后即可见单个菌落，但是如果要挑菌落或影印平板的话，则需要培养 48 h 以上（见下文）。用缺失成分培养基时，培养酵母菌的时间要长一倍（见 13.1）。

13.2.3 基本方案 3 细胞密度检测

在培养基中细胞的密度可以通过用分光光度计测定菌液在 600 nm 波长的光密度来检测。要得到可靠的测量结果，菌液最好稀释到 OD_{600}值在 1.0 以下。在这个范围内，OD_{600}值每变化 0.1 约相对于 3×10^6 细胞/ml。如此推算，1 个 OD_{600}就约相当于 3×10^7 细胞/ml。使用分光光度计测量细胞密度时，最好用其他方式获得的细胞密度来校准，如在血细胞计数器中直接计数（见 1.2）或滴定存活克隆（见 1.3）。

13.2.4 基本方案 4 影印平板检测酵母菌表型

无论在什么培养基中生长的酵母菌细胞，均可以通过影印平板（1.3）来检测它们对营养的需要。按以下方式可制作廉价的影印平板模具：将一个圆形的有机玻璃平皿（直径 8 cm，厚 1 cm）黏合在一个中空的有机玻璃管（长 8 cm，外径 8 cm）的一端。取一块无菌的方形天鹅绒布包裹影印模具的平皿端，用一个可调节的管夹固定绒布，使其正好紧贴在管子的外壁上。首先，将一株或多株目的菌从主平板影印到天鹅绒布上，再通过绒布将拷贝的菌落转移到选择平板上，这些平板由不同缺失成分培养基、药物培养基，以及带有其他可替代碳源的培养基制备而成（见 13.1）。针对温敏突变株的筛选（13.6），应从主平板影印菌落拷贝到含有这种菌株所需要的所有营养成分的平板上，然后于 37℃恒温培养。

13.2.5 基本方案 5 交配型的确定

酵母菌的遗传分析经常需要交配型方面的知识。这个试验方案是基于一个具有单纯的营养缺陷型需要的菌株（实验菌株）能够补足与它交配型相反的菌株的任何与全部的营养需要，同时实验菌株的遗传缺陷在任何不具有特征性的菌株上都没有表达。在实验菌株上发现的遗传缺陷阻碍它在极限培养基平板上的生长。这种缺陷可以由无特征性的菌株的野生型基因来弥补，这种菌株由于一个或更多的营养缺陷型的突变（见这个方案下面确定关于无营养缺陷型菌株的交配型的注释）通常不能在极限培养基平板上生长。当交配型相反的菌株交配时，产生的二倍体可以在极限培养基平板上生长。下面的方案对于在菌株构建中产生的大量孢子克隆的交配型的确定是有用的。

材料

YPD 培养基和平板（见 13.1）

酿酒酵母：新成熟的 *MATa thr4*$^-$（实验株），*MATαthr4*$^-$（实验株），无特征性菌株

极限培养基平板（见 13 .1）

影印平板模具（见 1.3）

无菌的天鹅绒布（见 1.3）

步骤

1）每种实验菌株在 1 ml 培养液培养过夜。

2）每种实验菌株取 200 μl 涂在 YPD 培养基平板上。为了使细胞分布均匀，将新鲜的 YPD 培养基平板影印到一块无菌的天鹅绒布上，拿起来旋转 90°，再复印。再次重复拿起、旋转和复印。弃天鹅绒布，30℃孵育培养基平板。

3）次日将待检验菌株（无特征性菌株）影印在两块新鲜的 YPD 培养基平板上。弃天鹅绒布。这两块 YPD 培养基平板的其中一块上，影印在步骤 2 中准备好的两种实验菌株中的一种。用一块新的天鹅绒布，重复影印另一块 YPD 培养基平板和另一个实验菌株。

4）30℃孵育培养基平板不少于 4 h。

5）在一个极限培养基平板上影印每个平板。平板于 30℃孵育过夜。

6）交配型的评价：若在 *MATa thr4*$^-$ 实验菌株影印过的极限培养基平板上生长表明无特征性菌株是 *MATα*。若在 *MATαthr4*$^-$ 实验菌株影印过的极限培养基平板上生长则表明无特征性菌株是 *MATa*。

没有营养缺陷表型的菌株不能用以上方法确定交配型。代之的是，交配型可以通过显微镜观察合子的形成来确定。补配未知交配型的菌株分别给 *MATa* 和 *MATα* 菌株。30℃条件下，4 h 后，显微镜检测细胞的合子形成（合子将会出现 2～3 个较大的分叶结构，它们通过大而光滑的“颈部”相连）。如果具有未知交配型的菌株是单倍体，合子的形成将仅在两个混合物之一中是明显的。未知的交配型与形成合子的菌株的交配型是相反的。

13.2.6　菌株的构建和四分体孢子的分析

因为减数分裂和孢子形成是酿酒酵母生命循环的部分，它相对直接地产生了具有不同基因型的菌株。不同的染色体上的基因的分配没有依赖性，相连的基因可以因重新组合而被分开。二倍体由亲本构建，每个亲本都会在单倍体上提供一些所需要的标志。一种新的酵母菌株的构建方案分为几个不同的步骤：①二倍体的构建，在这里两个单倍体

进行交配；②孢子形成，在这里二倍体细胞被诱导形成孢子；③四分体孢子的制备，在这里囊壁被从四分体孢子上除去；④四分体孢子的分离，在这里来自一个单独的四分体孢子的四个单倍体孢子中的每一个都被明确地安置在一块平板上，并继续生长用作以后的研究。在个体实验中并不是所有这些步骤都是必需的。二倍体可以被构建，储存不明确。孢子在4℃条件下可以存放1～2周，而孢子活力没有明显的下降。最后，用蜗牛酶处理过的孢子划过线的培养基平板可以在4℃存放几天后再分离。

基本方案6 二倍体细胞的构建

在琼脂平板的表面，交配相反交配型的菌株可以构建成二倍体（patch mating）。具体做法是：在琼脂平板（此平板应允许两种单倍体亲本的生长）上的一个0.5 cm直径的小圈中，用牙签分别挑新鲜亲本单倍体菌落，混杂在一起，于30℃交配4 h以上，然后将交配混合物划线在选择性平板上以选择二倍体基因型。

如果二倍体基因型无特别的选择标志（当单倍体亲本中的一种具有与二倍体相同的营养需要时），使用解剖显微镜从交配混合物中“拉出合子”，可达到分离二倍体的目的。交配4 h以后，在适合二倍体生长的平板上将交配混合物画几条平行线，使用解剖显微镜通过其典型的形态（具体描述见上）确认合子细胞，用分离针将它们挑出、与其他细胞分开，为了保证选择的细胞确实是二倍体，将它们接种在孢子形成平板上（见13.1），经过适当条件培养后（见下面的方案），在显微镜下检查四分体孢子的形成。也可采用另一种方法确认：用一对交配型实验菌株与选择出的细胞进行交配，在显微镜下检查每个实验株的合子形成情况，如果二倍体挑选正确，那么就不可能形成合子。

基本方案7 二倍体细胞的孢子形成

氮源和碳源缺乏可诱导二倍体酵母菌细胞减数分裂和孢子形成。此时，它们的染色体复制，进行二次分裂产生单倍体核，这些核（及其围绕着的细胞质）分别被包装成孢子。这种经一次减数分裂产生的四分体孢子（tetrad）被包在一个厚壁的子囊（ascus）中。在固相和液相培养基中生长的细胞均可诱导孢子的形成。有些酵母菌不能在平板上很好地形成孢子，而有些酵母菌菌株则不能在液体培养基中很好地形成孢子，因此，做孢子形成实验时，这两种方法都应该尝试。对任何一个二倍体，都能用这两种方法中的一种得到好的孢子形成。

材料

酵母菌细胞

孢子形成平板或孢子形成培养基，适当的营养成分（见13.1）

YPD培养基（见13.1）

在平板上形成孢子

步骤

1）挑YPD或选择性平板上的酵母菌单菌落接种在孢子形成平板上。

如果无需选择的话，细胞在转移到孢子形成平板之前，可以在 YPD 平板上先培养几天。单个菌落在 YPD 平板上生长 3～4 天，而对成小块细胞来说，可在 YPD 平板上生长 2 天。这种预生长并非必需的，但它可以使孢子形成的效率更高些。在转移酵母细胞时，应用少量细胞在孢子形成平板上涂布相对较大的面积（约 1 cm^2），不应见到成团的接种物。

2）于 25℃培养 4 天。

在较高的温度下孢子形成的效率一般很低。在缺乏氨基酸或其他酵母菌有丝分裂生长所必需的营养成分时，酵母菌就会进行减数分裂形成孢子。某些特殊的酵母菌必须添加特定的营养成分孢子形成才会更加完全（见 13.1）。

3）在载玻片上滴一滴水，挑少量细胞稀释在水中，于放大倍数 250×～400×显微镜下观察悬浮于水中的四分体孢子。

四分体呈成簇的 4 个小球（孢子），被固定于一个致密的子囊中。四个孢子排列为钻石状或正四面体状。

在液体培养基中形成孢子

因为未知的原因，有些酵母菌株不能在平板上有效地形成孢子。对一些即使在平板上能形成孢子的菌株来说，在液体培养基中孢子形成的效率往往会增加。事实上，在液体培养基中形成孢子的效率如此之高，以致较高的培养温度（30℃）也不能抑制这个进程。在这种条件下，孢子形成可在 48 h 内有效地完成。另外，按照以下步骤作孢子形成实验，产生含四分体孢子的子囊的产量会更高些。

步骤

1）在合适的培养容器中，加入 YPD 培养基培养，待形成孢子的二倍体细胞生长至 OD_{600} 为 2.5～3.0（约为 8×10^7 细胞/ml）。

2）转移 1 ml 培养液至一支无菌 15 ml 聚丙烯试管中，1200 *g* 离心 5 min。

3）倒去上清，用 5 ml 无菌水重悬细胞，涡旋振荡使细胞充分悬浮，再按步骤 2 离心。

4）倒去上清，细胞用 1 ml 添加了特定二倍体细胞所需营养成分的孢子形成液体培养基悬浮。

5）于 30℃，350 r/min 以上转速培养 2～3 天，在显微镜下检查孢子的形成。

如果酵母菌株难以诱导形成孢子，用 YPA 培养基（见 13.1）预培养细胞。用乙酸作碳源时，酵母菌需要呼吸，而呼吸作用是孢子形成所必需的。

基本方案 8　四分体的制备与剖分

剖分酵母菌四分体分析需要一台标准光学显微镜，显微镜载物台应可以沿 *x* 与 *y* 轴方向移动，并且可以精确地测量移动的距离，但不需上下移动（聚焦是通过移动物镜完成的）。这种显微镜必须通过改装，使之具有能安放倒置培养皿的载物台配件和配有可紧固并移动精细玻璃针的微操作器（见辅助方案：解剖针的准备）。专用于四分体分析的微型操作器的构造方案已发表文献（Sherman，1973），从 Rainin Instruments 公司也可购买到一种组装好的微型操作器。

材料

Glusulase 酶（Du Pont NEN），按 1∶10 用水稀释；或酵母裂解酶（Zymolyase）

100T 溶液：0.5 mg/ml 酵母裂解酶 100T（ICN Immunobiologicals），溶于 1 mol /L 山梨糖溶液

YPD 解剖培养基平板

解剖显微镜（Rainin Instruments）

解剖针（见辅助方案）

Glusulase 酶处理步骤

1a）如果要观察的孢子来自培养基平板，通过在装有 300 μl 无菌水的 1.5 ml 的微型离心管里悬浮牙签来洗涤孢子。用涡旋混合器剧烈振荡。如果要观察的孢子来自液体培养基，用台式离心机 1200 *g* 离心 5 min。吸出上清液，在 5 ml 无菌水中重悬沉淀物。重复两次并在 5 ml 无菌水中重悬最终沉淀物。取 30 μl 用 270 μl 无菌水在 1.5 ml 的微型离心管中稀释。用涡旋混合器剧烈振荡。

如果不充分洗涤子囊，随后的 Glusulase 酶处理（为除去子囊）将不会有效的。

2a）在光学显微镜下观察细胞，检测完整的子囊。

3a）加 3 μl 1∶10 稀释的 Glusulase 酶到孢子制备液中。用涡旋混合器轻轻振荡混匀。

4a）室温温育 2 min，然后在显微镜下观察细胞，继续于室温温育，直到当大约半数的四聚体子囊壁裂解。继续步骤 5。

酵母裂解酶 100T 处理

1b）如果观察的孢子来自培养基平面，将一根划有四分体孢子的牙签放入 50 μl 酵母裂解酶 100T 溶液中并轻柔的重悬。如果要观察的孢子来自液体培养基，1 ml 细胞微型离心机离心 10 s。倒出上清液，在 50 μl 酵母裂解酶 100T 溶液中重悬沉淀物。

2b）在光学显微镜下观察细胞，检测完整的子囊。

3b）30℃温育 10 min。

4b）当大约半数的四聚体子囊壁裂解时，沿试管壁缓缓地加入 0.8 ml 无菌水。继续步骤 5。

5）将消化管置于冰浴中，用接种环蘸取处理过的孢子在 YPD 剖分平板表面划两条平行线，如图 13.2.1 所示。

6）将平板去盖倒置在解剖显微镜下观察，可观察到单个四分体，排列成四面体状或钻石状的簇孢子。

以下步骤采用 Rainin 仪器公司的解剖显微镜（图 13.2.1）

7）固定平板，使平板上的划线与平台的 *x* 轴平行，选择一个状态好的四分体，聚焦并定位在视野中心。放大 100 倍，解剖四分体。

8）使用粗调旋钮向上调整解剖针的位置，当操纵杆推至约一半时，针头接触到平板的表面。

9）向下推动操纵杆，轻轻将针头接触到平板表面，使之紧挨四分体，挑起四分体。

10）轻轻将操纵杆向上升，四分体随之挑起。

11）调整平台转动旋钮来移动平板使解剖针位于平板上（用 *x* 轴调整）的最佳位置，离处理的四分体孢子（用 *y* 轴调整）划线 1 cm 处的位置（a 位置）。

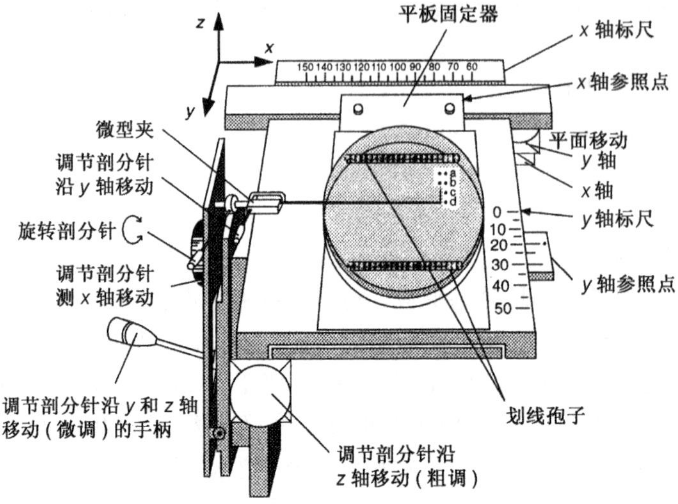

图 13.2.1　解剖显微镜的基本特点

12）通过调节操纵杆，轻轻地将针头接触到琼脂的表面。然后通过调节操纵杆向下向前移动针头使针头接触琼脂的地方可以看到。四分体应置于琼脂表面。在操作过程中可能发生以下情况：

a. 没有放下孢子。出现这种情况需要重复步骤 12，当针头接触琼脂时，用力稍大一点。

b. 平板上只有 1 个孢子（最好的结果），沿 y 轴移动到位置 b，重复步骤 12。

c. 如果有 2 或 3 个孢子在平板上，沿 y 轴移动到位置 b，放下针头上的 1 或 2 个孢子；如果针头上有两个孢子，而仅放置了一个孢子，移动针头到另一个位点放置剩下的一个孢子；如果两个孢子都放置在位置 b，必须用针头把它们分开。通过旋动操纵杆来操作最好，以便针尖冲击平板并带出孢子。两个孢子分开后，挑起其中一个移至位置 c。不要忘了在位置 a 有多个孢子需要分离。

d. 如果出现 4 个孢子，应用针尖将它们分开，随即挑一个或更多的孢子（留一个孢子在位置 a），将一个单个的孢子放置在剩下的 3 个位置中的一个。

13）用 x 轴和 y 轴的控制旋钮将平板移回，使解剖针刚好位于经过 Glusulase 酶处理的孢子的划线正下方。重复步骤 7 和 12，将每个四分体孢子按一定间隔点在同一条直线上，位于原四分体所在直线的 0.5 cm 处，并与之平行。这些直线的位置可以这样决定：在可动平台上随意划一标记线（图 13.2.1，平板右上角），然后与跟平台后缘相平的一个固定的 x 轴标尺对齐。另一种方法是用一张每隔 0.5 cm 作上标记的纸条沿平台的前缘贴上，此时用平板固定器的右下角作为随意决定的对齐点。

14）继续重复步骤 7～13，直到沿 x 轴的所有位置均点满剖分四分体。将平板转动 180°，从平皿另一侧对应的划线上剖分其他四分体。平板的每一侧可剖分 13 个四分体。

13.2.7 辅助方案 解剖针的制作

四分体分析中最难的步骤之一就是制作解剖针。就像解剖四分体一样，制作解剖针需要耐心和经验。一般的做法是首先做一根长而细的玻璃丝，将其截成多个小片段，然后再将每一个小片段黏合到毛细管的一端。做好的针呈“L”型，短臂长约 1.3 cm，针尖直径约 40～150 μm。

步骤

1）制作细玻璃丝：加热玻璃管，并不停地转动，直到受热部分变软，移开火焰，迅速均匀用力拉玻璃管的两端，在它迅速变硬前拉成一根很细的玻璃丝。在这里时间就是一切，因此在能制作适当细的玻璃丝之前，先做一些尝试是很有必要的。毛细管或者耐热玻璃移液器吸头都可以作为制作的原料。最合适的玻璃丝的直径是 40～150 μm，具体的要根据应用和个人体会而定。人的头发直径为 40～100 μm 是很合适的参考。

2）一旦细丝达到所需直径，即可将玻璃丝截成大约 1.3 cm 长的片段。截玻璃丝时，简单的做法是从一端开始，用手指一段段地拉断，戴上乳胶手套可以握得更紧。或者，也可用崭新的剃须刀片将玻璃丝截断成所需长度。

3）在显微镜下观察玻璃丝片段，检查是否有碎片和突出物。理想的针截面绝对平滑并与柱身垂直，这样的针较容易将细胞挑起或放下，而又不会切破琼脂表面。挑选并保留可用的玻璃丝，并留意哪端是末端。弃去末端不平或有碎片的玻璃丝。

4）将玻璃丝粘接到一根毛细管的末端制成解剖针。做好的解剖针呈“L”型，在平滑的操作端有一 1.3 cm 长的短臂。毛细管稍微用本生灯加热，在距离末端 0.5～1.0 cm 处用镊子弯一个直角，然后用快速黏合剂将玻璃丝粘接到“L”型毛细管短臂的内壁或其外缘。

5）将制作好的解剖针固定在显微镜上检查。在显微镜的载物平台上放一个平板，将针尖用力地压向琼脂的表面。要求针尖在琼脂糖上留下一个平坦、圆形的印迹。

即使如此小心，在实际使用解剖针剖分孢子时，其情况会有所不同，所以应该同时制作几根备用解剖针，并通过实验选择最好用的一根。

13.2.8 备择方案 随机孢子分析

此方案作为一种备择方案，不必进行四分体剖分和孢子分离，而是通过超声破裂将减数分裂产物从子囊中释放出来，直接铺在琼脂平板上，孢子菌落可以通过影印平板法来筛选目的基因型。

材料

酵母裂解酶（Zymolyase）20T 溶液：1 mg/ml 酵母裂解酶 20T（ICN Immunobiologicals）溶于水中，过滤除菌

2-巯基乙醇（2-ME）
1.5%（V/V）NP-40
乙醇
超声波发生器和探头

步骤

1）制备可供剖分四分体用的细胞（见基本方案7）。如果孢子在平板上形成，可用牙签挑起孢子放入装有5 ml水的50 ml烧瓶中；如果孢子在液体培养基中形成，可将1 ml培养液加入5 ml水中。
2）然后加入0.5 ml酵母裂解酶20T溶液和10 μl 2-巯基乙醇。
3）于30℃摇床缓缓摇动下培养过夜。
在低渗溶液中用酵母裂解酶20T处理孢子形成培养液，会导致未形成孢子的二倍体细胞裂解。在酵母裂解酶处理后，所得制备液应用显微镜检测以便估计处理的效率。在这里可以用更高浓度的酶或者可以用酵母裂解酶100T。
4）加入5 ml 1.5% NP-40溶液，将混合悬液移到一支一次性的15 ml试管中，冰浴15 min。
5）超声波处理之前要清洁超声探头，先用清水洗，再用乙醇冲洗。然后将超声探头插入装有混合悬液的试管，并尽可能地插到液体中，但不要触到管底或管壁。
6）以50%～70%的最大功率超声30 s，置冰浴中2 min，重复2次。
7）以1200 *g*离心孢子10 min，吸去或倒去上清，再用5 ml 1.5% NP-40重悬沉淀，在涡旋混合器上剧烈振荡，重复2次。
8）按步骤6超声（包括重复），检查悬液证实没有孢子仍然粘连在一起。
如果孢子仍粘连在一起，应在一锥形瓶中加2 ml玻璃珠（I型，Sigma）于30℃以300 r/min转速振荡，最后沉淀玻璃珠，移出含孢子的上清。
9）1200 *g*离心孢子10 min，吸去或倒掉上清，然后用5 ml水重悬，在涡旋混合器上剧烈振荡，重复1次。
10）用血细胞计数板计算10倍稀释处理的孢子悬液。
11）用水稀释直到孢子浓度为10^3孢子/ml。每个YPD平板涂布100 μl孢子稀释液，然后于30℃培养3天。
12）用影印平板法筛选目的孢子菌落（见基本方案4及1.3）。

参考文献：Sherman et al.，1979.
撰稿人：Douglas A. Treco and Fred Winston

13.3　酵母菌基因组转座子的诱变

以插入为基础的转座子筛选提供了一种方便的基因功能鉴定方法。转座子诱变可以由一个突变迅速产生大量的突变，这些突变可用于突变体表型和基因表达特殊类型的筛选。并且，转座子插入等位基因比那些主要产生单碱基改变的更容易检测。插入诱变通过定位诱变的方法在酵母菌中得以最有效的实行。在这个过程中，酵母基因组DNA文库由一个细菌转座子在大肠杆菌体内诱变，突变体等位基因随后被转入酵母菌体内用于功能分析。在酵母菌定位诱变优于体内转座子诱变，因为原核转座子插入比内源性酵母转座子元件更具随机性。

一小部分插入的文库 DNA 可用于诱变酵母菌，产生的菌株包含一个单独的转座子插入，这个插入位于基因组的一个转录和翻译区内。酵母菌株的这个转座子诱变库可以筛选任何想要的突变体表型。另外，因为转座子包含一个缺乏起始密码子和启动子的报道基因，所以标记了的转座子菌株也可以筛选基因表达的特殊类型。为了局限到每一个突变体内转座子插入的精确的基因位点，被关注的菌株可以通过小载体 PCR 的方法研究其特征，或者利用 Cre/*lox* 重组将酵母菌中的转座子还原为编码抗原决定基靶的小的插入元件。这种靶可以作为进一步分析转座子诱变基因产物的工具（如分布到一个分散的亚细胞位点）。

注意：所有要与活细胞接触的溶液和器械必须是无菌的，应该使用相应的无菌技术。

13.3.1 战略计划

目前，作者们已经建立了 3 种不同的酵母菌基因组 DNA 的转座子诱变文库。每一种文库作为插入诱变剂都有其独特的优点，因此，为研究基因功能而准备基因组筛选时，一定要慎重地选择一个合适的文库。

在选择一个酵母菌宿主菌株时，需要注意几点：如果用的是来自带有 mTn-*lacZ*/*LEU2* 诱变的插入文库，选择 $Leu2^-$ 酵母菌株。用双倍体菌株会使重要基因内的转座子插入恢复。同时，使用 cir^0 菌株将会阻止酵母菌 2 μm 质粒内的插入的恢复（可应用的 mTn-*lacZ*/*LEU2*$^-$ 和 mTn-3xHA/GFP$^-$ 诱变文库都不是建自 cir^0 菌株的）。若最终分析 HAT 标记蛋白（辅助方案 2），选择一个 $Ura3^-$，$Leu2^-$ 酵母菌株，最好在用这个方案以前，用 pGAL-cre（pB227，见辅助方案 2）来转化这个菌株。为了确保最高的转化效率，酵母菌培养都要处于对数生长期，这与选择的宿主菌株无关。

13.3.2 基本方案 利用 mTn 诱变文库 DNA 得到酵母菌突变体

本方案描述了一些方法，通过这些方法酵母菌基因组 DNA 的转座子诱变文库可以产生一组酵母菌株，每一菌株在蛋白编码序列内都携带一个转座子插入。下面的方案中采用了 mTn-3xHA/*lacZ*$^-$ 诱变文库（见战略计划），尽管同一种方法可以应用于任何以 *lacZ*$^-$ 为基础的插入文库的处理。得到的 mTn-3xHA/*lacZ*/*URA3*$^-$ 插入文库可能需要用到的序列形式请通过链接作者的网页（http://ygac.med.yale.edu）获取。在获得文库后，根据 Chen 等人 1992 年的修正方案，为了转化到一个合适的 $Ura3^-$ 酵母菌株中，诱变 DNA 可能被从 pHSS6 删除掉。通过同源染色体重组，mTn 诱变的基因组 DNA 片段将置换它的染色体基因座，产生一个携带染色体 mTn 插入的酵母菌株。可以通过β-半乳糖苷酶活性的颜色测定的方法来鉴定携带 mTn 编码的 lacZ 的结构内聚合到酵母菌蛋白编码序列的转化株。最后产生的富含 *lacZ* 聚合物的酵母菌株可用于筛选任何想要的突变体表型。

材料（带√项见附录1）

诱变转座子基因组文库质粒DNA（如有需要可以在互联网上搜索得到，见网上资源）

√10×TE缓冲液，pH 8.0，无菌

E. coli tet^s，kan^s（如DH5α）

14 cm的LB培养基平板，培养基中加入3 μg/ml的四环素和40 μg/ml的卡那霉素（见1.1）

LB培养基（见1.1）

丙三醇，无菌

*Not*I非限制性内切核酸酶及缓冲液

$Ura3^-$酵母菌培养（13章）

√一步（One-step）缓冲液

10 mg/ml的变性的鲑精DNA

CM缺失成分培养基平板和无尿嘧啶的培养基（-Ura；见13.1）

YPAD培养基平板：加入80 mg/L腺嘌呤的YPD培养基平板（见13.1）

氯仿

X-gal培养基平板（见13.1）

临床用台式离心机

45℃水浴或孵育箱

无菌牙签

3 MM无菌滤纸（Whatman）

30℃孵育箱

9 cm和15 cm的玻璃皿

步骤

1）溶液干了之后，从转座子诱变基因组文库的个体库里分配质粒DNA（每个库约为1 μgDNA）。短时间离心每个干的样品，用pH 8.0的TE缓冲液以合适的容积重悬每个库的DNA（如每个库10 μl体积）。文库DNA的每个库都被单独诱变；所以分开处理每个库的DNA以保证得到独立插入等位基因。

2）从每个库中取适当的DNA的量，以标准的转化步骤（见1.8）转入对任何四环素（tet^s）和卡那霉素（kan^s）敏感的大肠杆菌菌株内。

3）在加入3 μg/ml的四环素和40 μg/ml的卡那霉素的直径为14 cm的LB培养基平板上挑选转化株。

4）通过在每个平板表面加6 ml的LB培养液洗脱转化株克隆并刮取细胞使成为均匀的悬液。保存一部分悬液；−70℃下于15%的丙三醇里保存。

5）用100 ml含3 μg/ml四环素和40 μg/ml卡那霉素的LB培养基稀释1 ml这种洗脱液，进行培养使细胞密度几乎达到饱和。在通风的条件下，37℃孵育2～3 h。

6）通过标准的小量制备（见1.6）或大量制备（见1.7）来分离质粒DNA。

7) 用非限制性内切核酸酶 *Not*I（见 3.1）消化来自每个库的小量（典型的量至少为 1 μg）的质粒 DNA（在步骤 6 中获得）。接下来为了确保 mTn 诱变的酵母菌 DNA 从 pHSS6 载体上释放，取一部分反应混合物，用琼脂糖凝胶电泳法（见 2.6）进行分析。剩余的反应混合物于 4℃保存以备后用（见步骤 10）。

   在电泳凝胶上可以看到一条清楚的 2.1kb 的 pHSS6 条带和一条宽的 8kb 的 mTn 诱变的酵母菌基因组 DNA 条带。

8) 取 10 ml 要用作研究的 $Ura3^-$ 酵母菌株培液进行培养，使其处于对数生长期（密度为 10^7 细胞/ml 或 OD_{600} 约为 1）保持适合的选择，以备应用。

9) 临床用台式离心机于室温下 1100 *g* 将细胞离心 5 min，用 5 体积的一步缓冲液洗涤沉淀物一次。

10) 在 1 ml 的一步缓冲液里加入 1 mg 变性的鲑精 DNA 并重悬细胞，在装有0.1～1 μg 的从步骤 7 中得到的用非限制性内切核酸酶 I 消化的质粒 DNA 的微型离心管里加入 100 μl 的重悬液，在涡旋振荡器上振荡使其充分混合。

11) 45℃孵育混合物 30 min。

12) 室温下微型离心机上以最大速度将细胞离心 5 s，随后在 400 μl 的 CM（-Ura）缺失成分培养基中重悬沉淀物。取 200 μl 重悬液加到 CM（-Ura）缺失成分培养基平板上。30℃孵育 3～4 天。

13) 为了最大限度检测出在低水平表达的 *lacZ*-融合产物，将转化克隆以每平板达到 100 个克隆的密度用无菌牙签转移到 YPAD 培养基平板上。

14) 在 CM（-Ura）缺失成分培养基平板上放置一个 3 MM 无菌滤纸圆片；在许多要用的培养基平板上重复此操作。将转化态细胞复制到滤纸覆盖的平板上，以易于鉴定 YPAD 培养基平板上相应的克隆（步骤 13），30℃孵育过夜。

   其他生长条件（如在孢子形成培养基上生长）可以根据需要取代上述条件。

15) 过夜生长后，从平板上拿起滤纸并放在一个 9 cm 的玻璃皿的盖子里。把这个盖子放进盛有氯仿的一个 15 cm 的闭合的玻璃皿里。孵育 10～30 min 溶解菌株。

16) 将滤纸克隆面向上放在很薄的 X-gal 培养基平板上，30℃转化孵育 2 天。

17) 从步骤 13 得到的再生的 YPAD 培养基平板上找出产生 β-gal 的克隆株（在 X-gal 培养基平板上表现为蓝染）。在以后的菌株生长和处理中保持适当的选择。

13.3.3 辅助方案 1 小载体聚合酶链反应

转座子诱变酵母菌株库（见基本方案）是在基因组范围内快速进行基因筛选的有力工具。在基因组范围的筛选中，大量的酵母菌突变体各自表现出一个被破坏的表型，可以很容易地被鉴定出来；为了使这种分析信息化，必须在每个转化株中找到 mTn 插入的精确的基因组位点。下面的辅助方案提供了根据 Riley 等（1990）的小载体聚合酶链反应（PCR）方法改编的一个方法，通过小载体聚合酶链反应可以容易地发现来自 mTn 插入的任何位点的基因组 DNA 以用作随后的 DNA 序列分析。

在小载体 PCR 中，基因组 DNA 用任何合适的具有 4～6 bp 识别序列的平端限制性内切核酸酶作最初的消化。消化后，DNA 片段被连接到一对含有一个非同源核心区的一对复性引物上；这些成对的引物形成“锚定囊泡”位于每一个基因组片段的侧面。接下来用一条与 mTn 序列互补的引物和一条与“锚定囊泡”内的序列完全一致的引物做 PCR。在最初的扩增循环中，只有 mTn 引物可以结合在它的模板上；但是在随后的循环中，锚定囊泡引物可以与延伸的 mTn 引物复性，导致邻近 mTn 插入点的 DNA 序列有选择地扩增。

材料（带√项见附录 1）

锚定囊泡引物 1 和 2（见 2.14 和 2.15 中合成技术）

1 mol/L $MgCl_2$

普通小载体（UV）和 mTn 引物（见 2.14 和 2.15 中合成技术）

转座子诱变酵母菌株（见基本方案）

合适的限制性内切核酸酶（如 *Alu*I 或 *Dra*I）和缓冲液（见 3.1 ）

10×T4 DNA 连接酶缓冲液（见 3.2 ）

5 mmol/L ATP（见 3.2 ）

400 U/μl T4 DNA 连接酶（检测于黏合末端连接单位）

√ 5 U/μl *Taq* DNA 聚合酶和 10×缓冲液

√2.5 mmol/L 4 dNTP 混合液

加热块

自动化热循环控制仪

步骤

1）准备小载体 PCR，合成锚定囊泡引物。形成锚形囊泡如下：

a. 配置一种水溶液，这种溶液中含有 2～4 mmol/L 的每种锚定囊泡引物 1 和 2。

b. 在加热块上以 95℃孵育 5 min 变性。

c. 加入 1 mol/L $MgCl_2$ 至溶液终浓度为 2 mmol/L

d. 通过从底部装置撤掉加热块并将其放在试验台上直至冷却到室温使其变性。－20℃储存至第 5 步。

2）合成普通小载体（UV）引物。合成与产生插入文库的 mTn 互补的引物（mTn 引物）。

如果使用 *lacZ* 插入文库，推荐以下序列为 mTn 引物：5′-CGC CAG GGT TTT CCC AGT CAC GAC-3′。mTn 引物对应于 mTn-3x HA/*lacZ* 的反义链上的 *lacZ* 的 5′端序列。

UV 引物在序列上与部分锚定囊泡引物 2 相同（不互补）。如果要分析一个 mTn-3x HA /GFP 诱变菌株，推荐使用以下 GFP 引物序列：5′-CAT CAC CTT CAC CCT CTC CAC TGA C-3′。

3）从目的转座子诱变酵母菌株制备基因组 DNA（见 13.7）。

4）在 20 μl 的反应体系中用 10 U 的 *Alu*I 或 *Dra*I（经常用留有平端的刀片）消化 1～3 μg 基因组 DNA，37℃过夜（见 3.1）。消化后，65℃孵育 20 min 灭活酶。

使用的酶不能切割转座子末端和 mTn 引物结合位点。

5）在步骤 4 的反应混合物中加入以下试剂：

5 μl 10×T4 DNA 连接酶缓冲液

22.5 μl 灭菌水
1 μl 复性的锚定囊泡（在步骤 1 中得到）
0.5 μl 5 mmol/L ATP
1 μl（400 U）T4 DNA 连接酶
15%（*m*/*V*）聚乙烯乙二醇（任选）
16℃孵育 9～24 h

6）按照下列步骤制备总量为 100 μl 的 PCR 混合物：
a. 从步骤 5 的连接反应体系中取出 5 μl
b. 在这 5 μl 的量中加入以下试剂：
10 μl 10×Taq PCR 缓冲液
71 μl 无菌水
8 μl 2.5 mmol/L 4dNTP 混合物
2.5 μl 20 μmol/L mTn 引物（步骤 2）
2.5 μl 20 μmol/L UV 引物（步骤 2）
1 μl（5 U）*Taq* DNA 聚合酶。

7）将混合物转移到自动化热循环控制仪上 92℃变性 2 min。在以下条件下进行 PCR 反应（见 15.1）

35 个循环：	20 s	92℃	（变性）
	30 s	67℃	（复性）
	45 s	72℃	（延伸）
1 个循环：	90 s	72℃	（延伸）

8）从步骤 7 的反应混合物中取出 80 μl，用非变性琼脂糖凝胶电泳法进行分析（见 2.9），应该可以看到一约含有 200～400 ng 的 DNA 条带。按 2.9 介绍的方法在 TE 缓冲液中（约 12 μl）回收 DNA。

9）用约 4～6 μl 的回收产物，作 DNA 序列测定（见 7.4），以鉴定 mTn 插入的确切位点。

13.3.4 辅助方案 2 mTn 诱变基因产物的表位标记

通过利用结合了 mTn-3x HA/*lacZ* 和 mTn-3x HA /GFP 的表位标记特征可以进一步分析转座子诱变酵母菌株。这些小转座子每个都包含一对定位于序列内的 *lox* 元件，编码 HA 表位的 3 个拷贝。这些 *lox* 序列是 Cre 重组酶的靶点，重组酶可以催化 *lox* 位点之间特定位点的重组。因此，Cre 的表达导致转座子中心体的切除，只留下后面包含 HA 表位编码区的一条 274 bp 的序列。由于与 Tn3 转座有关的一个 5 bp 靶位点的复制，复原的结构与一个编码插在蛋白内的 93 个氨基酸（HA 表位标记或 HAT 标记）的小元件相对应。这个 HAT 标记插入元件是产生条件等位基因、亚等位基因突变体和用于免疫检测的表位标记菌株的有效方法。

材料

mTn 诱变酵母菌株（见基本方案）

pGAL-cre（pB277；从作者处可得，见因特网资源）

含有 2%（*m*/*V*）棉籽糖的-Leu、-Ura Raff/CM 缺失成分培养基平板和培养基（见 13.1）

含有 2%（*m*/*V*）半乳糖的-Leu Gal/CM 缺失成分培养基（见 13.1）

含有 2%（*m*/*V*）葡萄糖的-Leu Glc/CM 缺失成分培养基（见 13.1）

5-FOA 培养基平板（5-FOA；见 13.1）

丙三醇，无菌

30℃带混合的孵育器

步骤

1）用 *pGAL-cre*（pB277）标准操作转化 mTn 诱变酵母菌株（见基本方案）。在 CM-Leu、-Ura 缺失成分培养基平板上选择转化株。

此质粒包含以下元件：amp、ori、CEN 和 LEU2。

2）将转化株接种到 2 ml 的含有 2%（*m*/*V*）棉籽糖的-Leu，-Ura 的 Raff/CM 缺失成分培养基里，棉籽糖作为碳源抑制 *GAL* 启动子。30℃通风孵育直到培养物生长到饱和状态。

3）在 2 ml 含有 2%的半乳糖的 Gal/CM-Leu 缺失培养基中 100 倍稀释培养物，以半乳糖作为碳源。在 2 ml 含有 2%的葡萄糖的 Glc/CM-Leu 失控培养基中 100 倍稀释一份同样的培养物，以葡萄糖为碳源，作为对照。30℃通气培养 2 天。

一些菌株在半乳糖中生长得很不好，但是半乳糖诱导有时很有效，尽管没有可见的生长迹象。

4）用以下方法检验菌株 *URA3* 标志物的丢失。

a. 如果在 2%的半乳糖的培养液中可见生长，用无菌水 100 倍稀释培养液，取 10 μl 稀释液。

b. 如果在 2%的半乳糖的培养液中没有发现生长，从未经稀释的培养液中取 10 μl。

c. 用无菌水 100 倍稀释 2%的葡萄糖培养液，取 10 μl 稀释液。

将取出的培养液滴在 5-FOA 培养基平板上；通过划散小滴隔离单克隆。30℃孵育 5-FOA 培养基平板直到在接种了在半乳糖中生长的菌株的培养基平板上看到菌株生长。

根据作者的经验，90%以上的被分析的细胞因半乳糖诱导造成由 Cre 重组酶介导的 mTn 编码的 URA3 标记切除。转座子编码的 URA3 基因丢失表现为克隆（在半乳糖培养基培养的菌株）在 5-FOA 培养基平板上生长。因为葡萄糖抑制 Cre 重组酶表达，所以在葡萄糖培养基培养的菌株在 5-FOA 培养基平板上应该不生长或很少生长。另一种方法也可印证：将第 4 步得到的稀释培养液放入 CM 培养基中并影印在 CM-Ura 缺失成分培养基上，30℃孵育两天。在半乳糖生长的培养液产生的 Ura^- 细胞应比在葡萄糖中的多 100 倍。

5）从丢失了 URA3（半乳糖诱导后的独特标志）的菌株中收集单克隆，于－70℃存放在 15%（*m*/*V*）的丙三醇中。

因特网资源

http://ygac.med.yale.edu

这个方案中所用的许多菌株和试剂（包括所有的转座子插入文库）如果需要的话，可以通过作者的这个网站获得。

参考文献：Ross-Macdonald et al.，1999.

撰 稿 人：Anuj Kumar and Michael Snyder

13.4 酵母菌载体与克隆基因表达产物的检测

13.4.1 基本方案1 构建 *lacZ* 融合载体研究酵母菌基因调控

由于这种检测方法简便而且灵敏度高，因此，酵母菌基因经常以 *lacZ* 基因的功能部分作标签，来指示待研究酵母菌基因的表达调节功能。融合蛋白被这样构建：酵母基因的启动子加上这个基因编码蛋白的 N 端的几个氨基酸残基融合在 *lacZ* 基因的羧基端，由此编码的蛋白质片段仍保持着 β-半乳糖苷酶的活性。在构建 *lacZ* 融合基因时，关键是基因融合的连接处要保证蛋白质翻译读框的正确性。有关符合读框融合体的构建方法的详细资料可参阅 Guarente（1983）的有关文献。

质粒 pLG670-Z 可用于构建 *lacZ* 融合（Guarente，1983）。另外两种质粒：pLG200 和 pLG400（Guarente，1980），含有不同的读框和（或）在 *lacZ* 片段的 5′端含不同的单一限制酶切位点。它们并不含酵母菌可选择基因或酵母菌复制起点，但可先用来构建可编码符合读框的融合，然后再转移到酵母菌穿梭质粒中。

13.4.2 基本方案2 β-半乳糖苷酶在液体培养基中的检测

材料（带√项见附录1）

YPD 培养基或其他合适的培养基（见 13.1）

√Z 缓冲液

0.1% SDS

氯仿

4 mg/ml ONPG（表 1.4.2），溶于 0.1 mol /L 磷酸钾，pH 7.0（见附录1，过滤灭菌，冻存）

1 mol /L Na_2CO_3

30℃水浴箱

细胞的生长和制备

步骤

1）接种单酵母菌落于 5 ml YPD（或适当）的培养基，挑 2～3 个含 *LacZ* 融合基因的酵母菌单克隆于30℃培养过夜。如果融合基因在质粒上，细胞就在筛选该质粒的培养基中培养。

2）在5 ml YPD培养基中（或用适当的选择培养基含或不含诱导剂）接种20～50 μl过夜培养的培养液。培养细胞至对数生长的中期或晚期：丰富培养基，（0.5～1）×10^8 细胞/ml（OD_{600}＝2.0）；或极限培养基，（2～5）×10^7 细胞/ml（OD_{600}＝0.5～1.0）。

如果是为了研究在诱导表达情况下酵母启动子的活性，细胞应在诱导和非诱导条件下平行培养。

3）培养液1100 *g*（台式离心机，2500 r/min）离心5 min收集细胞，用等体积的Z缓冲液重悬菌体并置于冰浴中，检查每份样品的OD_{600}值。

如果β-半乳糖苷酶的表达水平很低，那么就有必要浓缩细胞，而如果在30 min～4 h之内细胞显示出100～1000 U的活性，就没有必要浓缩了。

4）每个样品设2个反应管（每管1 ml）。ⓐ100 μl细胞悬液与900 μl Z缓冲液混合；ⓑ50 μl细胞悬液与950 μl Z缓冲液混合。

5）在每个样品反应管中，用巴斯德吸管滴加1滴0.1% SDS和2滴氯仿，涡旋振荡10～15 s，在30℃水浴中平衡15 min。

6）加入0.2 ml 4 mg/ml ONPG，在涡旋混合器上振荡5 s，置30℃水浴中并开始计时。当溶液变黄时，加入0.5 ml 1 mol/L Na_2CO_3 中止反应，记录时间。

7）1100 *g*离心细胞5 min，测定上清的OD_{420}和OD_{550}。

8）按下列公式计算半乳糖苷酶的活性（单位U）：

$$U=\frac{1000\times[(OD_{420})-(1.75\times OD_{550})]}{t\times v\times OD_{600}}$$

式中，*t*为反应时间（min）；*v*为用作检测活性的菌悬液体积（ml）；OD_{600}为检测开始时细胞的密度；OD_{420}为邻硝基苯酚的光吸收值和细胞碎片的光散射之和；OD_{550}为细胞碎片的光散射值。

13.4.3　备择方案　利用滤纸提取检测法筛选表达β-半乳糖苷酶的酵母菌落

材料（带√项见附录1）

包含*lacZ*融合基因的酵母菌株（见基本方法1）

选择培养基平板（见13.1）

液氮

√Z缓冲液

20 mg/ml X-gal（表1.4.2）溶于二甲基甲酰胺

30℃孵育箱

圆形硝酸纤维素滤膜

Whatman 3MM滤纸

步骤

1）在含有适当选择培养基的培养平板上点接种或者划线接种酵母菌克隆，在30℃培养直至生长到理想的大小（一般需要 48 h）。

设置双份检测有助于提高结果的可靠性。

2）将一个圆形的硝酸纤维素滤膜置于平板上方，轻轻地压在平板的表面，使所有的菌落转移到膜上。

这一步建议使用加强型硝酸纤维素滤膜并且要轻轻地操作，因为放在液氮里之后它们会变得非常脆。

3）小心地揭下滤膜，将其置于一个装有液氮的浅盘子中，液氮能刚好覆盖一张滤膜即可。

4）使用宽压舌板之类的工具小心地将滤膜从液氮中取出，将滤膜置于干燥的 Whatman 滤纸上，在室温解冻（<5 min）。

5）将另一张 Whatman 滤纸剪成圆形，放在一个培养皿里。加入 3～5 ml 含有 1 mg/ml X-gal 的 Z 缓冲液，使液体刚好能够浸透滤纸但不能淹没滤纸。把解冻的硝酸纤维素滤膜放在 Whatman 滤纸上，使缓冲液慢慢地被吸收到滤膜上。

如果 Whatman 滤纸被缓冲液淹没，会导致菌落扩散，使筛选的结果无法解释。

6）将培养皿放在 30℃，温育几分钟至过夜，直到阳性菌落变为蓝色。

参考文献：Guarante，1983；Guarante et al.，1980.

撰 稿 人：Ann Reynolds，Victoria Lundblad，David Dorris，and Marie Keaveney

13.5 将 DNA 导入酵母细胞

注意：所有溶液和与酵母细胞接触的玻璃器皿必须是无菌的。在玻璃器皿上任何痕量的去污剂都可降低转化的效率。另外，用于配液和清洗玻璃器皿的水必须具有很高的纯度。

13.5.1 基本方案 乙酸锂转化

该方案是最常用的酵母菌转化方案，不仅快捷，而且转化效率可达到 10^5～10^6 转化体/μg。

材料（带√项见附录 1）

YPD 培养基（见 13.1）

待转化的酵母菌株

YPAD 培养基：添加 30 mg/L 腺嘌呤半硫酸的 YPD 培养基

√高纯无菌水

√10×TE 缓冲液，pH 7.5，无菌

10×乙酸锂储液：1 mol /L 乙酸锂，pH 7.5（用稀乙酸调 pH），过滤除菌

DNA：高分子质量，单链载体 DNA 和待转化 DNA

50%（*m*/*V*）PEG 4000 或 PEG 3350（不能用 PEG 8000），过滤除菌

CM 缺失成分培养基平板（见 13.1），用 Difco 琼脂制备

30℃恒温摇床

Sorvall GSA 和 SS-34 转子（或相应的转子）

42℃水浴箱

步骤

1）在开始实验前2天，接种待转化的酵母菌株的单菌落于5 ml YPD培养基中，于30℃恒温摇床，培养过夜达到饱和。

2）转化的前一天晚上，往1 L无菌烧瓶中加入300 ml YPAD培养基，然后接种适量的饱和培养液，再于30℃培养过夜，到细胞密度为1×10^7细胞/ml（$OD_{600}=0.3\sim0.5$，依据菌株而定）。为了获得2～3倍高的转化效率，此时用新鲜的YPAD培养液稀释使细胞密度为2×10^6细胞/ml，然后培养生长1～2代（2～4 h）。

因为生长期和细胞密度对获得最佳的转化效率是十分重要的，因此最简单的方式就是在3个不同的烧瓶中分别接种不同体积的饱和培养液，例如，在12 h的生长期可尝试加入1 μl、5 μl和25 μl过夜培养液，然后在第2天检查每个烧瓶中培养液的OD_{600}值。

3）培养液在室温条件下4000 *g*离心5 min，收集细胞。细胞用10 ml无菌超纯水重悬，然后转移到一个更小一些的离心管中，再于室温下5000～6000 *g*离心5 min，沉淀细胞。

4）细胞用1.5 ml锂盐溶液重悬，锂盐溶液按下列方法配制，现配现用：

　　1体积10×TE缓冲液，pH 7.5

　　1体积10×乙酸锂储液

　　8体积无菌超纯水

5）每次转化时，200 μg载体DNA和≤5 μg转化DNA一起加入1.5 ml微量离心管中混匀，DNA的总体积≤20 μl。

要获得最佳的转化效率，转化之前要重复对载体DNA进行变性循环处理（沸水浴和冰浴）。

6）往每个离心管加入200 μl用锂盐溶液重悬的细胞悬液，再加入1.2 ml新鲜配制的PEG溶液。PEG溶液配方为：

　　8体积50% PEG

　　1体积10×TE缓冲液，pH 7.5

　　1体积10×乙酸锂储液

　　30℃摇荡温育30 min。

7）于42℃热激15 min，室温下离心5 s，细胞沉淀用200 μl～1 ml 1×TE缓冲液（从10×储液新鲜配制）重悬，并取其中200 μl涂布在Difco琼脂制备的CM缺失成分培养平板上。30℃培养2～5天，直到出现转化子。

使用Difco琼脂可比GIBCO/BRL琼脂提高转化效率3倍。

13.5.2 备择方案 电穿孔转化

附加材料（亦见基本方案；带√项见附录1）

1 mol/L二硫苏糖醇（DTT，过滤除菌并储存在－20℃）

1 mol /L山梨醇

√山梨醇选择平板

电穿孔仪：如Bio-Rad公司的带脉冲控制器的Gene Pulser或GIBCO/BRL公司的Cell-Porator 0.2 cm间隙的一次性电穿孔槽（Bio-Rad），或0.15 cm间隙的微量电穿孔槽（GIBCO/BRL），冰冷。

步骤

1）实验前2天，将转化用酵母菌株的单菌落接种于5 ml YPD培养基中，30℃过夜培养至饱和。

2）转化前1天晚上，在装有500 ml YPD培养基的2 L无菌烧瓶中接种适量的过夜培养液，于30℃剧烈摇动培养过夜，直到细胞密度达 1×10^8 细胞/ml（$OD_{600}=1.3\sim1.5$，依据菌株不同而异）。

这一细胞密度表明细胞处于对数生长的中后期。如果对特定的菌株不知道其精确的生长期，可以用不同体积的饱和培养液接种3个不同的烧瓶（基本方案步骤2）。

3）于4℃以4000 *g*离心收获培养细胞，细胞用80 ml无菌水重悬。为了增加细胞对电击的感受性，继续步骤4。如果这种处理并不需要的话，可接步骤6。

乙酸锂处理细胞是可选步骤，用这些步骤制备酵母菌会增加操作时间，如果细胞要冻存以备将来使用，那么就不应进行这一过程。

4）加入10 ml 10×TE缓冲液，pH 7.5。摇匀，再加入100 ml 10×乙酸锂储液，旋转摇匀，于30℃轻轻摇动45 min。

5）加2.5 ml 1 mol/L DTT，并同时旋转摇动，于30℃轻轻摇动15 min。

6）将酵母菌悬液用水稀释至500 ml。

7）洗涤和浓缩细胞3次，每次以4000～6000 *g*于4℃离心沉淀细胞，依次重悬细胞，所用的溶液如下：

第一次沉淀：250 ml冰冷的水

第二次沉淀：20～30 ml冰冷的1 mol/L山梨醇

第三次沉淀：0.5 ml冰冷的1mol/L山梨醇

每次重悬细胞时应剧烈吹打沉淀，使细胞完全分散开。最后重悬酵母菌的体积应在1.0～1.5 ml之间，最终的OD_{600}应为约200。

使用Bio-Rad公司的Gene Pusler：

8a）往一个无菌、冰冷的1.5 ml微量离心管加入40 μl浓缩的酵母菌细胞和≤100 ng转化DNA（体积≤5 μl），混匀。

转化DNA应溶于低离子强度的缓冲液，如TE或无菌超纯水中。不需要长时间温育，这一时间可灵活掌握；在转化过程中不需要载体DNA，加载体DNA会急剧降低转化效率。使用<10 ng的质粒DNA转化时可获得最大的转化效率（转化体/μg），而使用100 ng DNA转化时，则可获得数目最多的转化体。

9a）将酵母与待转化DNA混合物转移到冰冷的0.2 cm间隙的一次性电穿孔槽中。

10a）以1.5kV、25 μF、200Ω作脉冲转化，电路中应包括Bio-Rad脉冲控制仪，而这十分重要，如果不这样做的话，将会损坏Gene Pulser。

Gene Pulser设定的时间常数为4.2～4.9 ms。如果这一时间小于4 ms或出现电流弧（即可见火花或冒烟），那么说明酵母菌/DNA混合物的电导太高。

11a）往电穿孔槽加入1 ml冰冷的1 mol/L山梨醇，用无菌的9 in巴斯德吸管轻轻混匀、回收酵母细胞。

12a) 将一部分酵母菌悬液直接涂布在山梨醇选择培养基平板上，于 30℃培养 3～6 天，直到平板上出现菌落。

使用 BRL 的 Cell Porator：

8b) 往一支无菌、冰冷的 1.5 ml 微量离心管中，加入 20 μl 浓缩的酵母菌和待转化的 DNA。DNA 用量≤100 ng，体积≤5 μl。

温育时间可灵活变化（见步骤 8a）。

9b) 将酵母菌/DNA 混合物转移到冰冻的 0.15 cm 间隙的电转槽中。

10b) 以 400 V，10 μF，低电阻下进行脉冲转化。

11b) 取 10 μl 电转混合物加到 1.5 ml 无菌的微量离心管中，其中含有 0.5 ml 冰冷的 1 mol/L 山梨醇。

12b) 将酵母菌悬液直接涂布在山梨醇选择培养基平板上，于 30℃培养 3～6 天，直到平板上出现菌落。

13.5.3 辅助方案 单链高分子质量载体 DNA 的制备

使用乙酸锂方案时，添加变性的高分子质量载体 DNA 对提高转化效率十分关键的。在电穿孔期间添加变性的高分子质量载体 DNA 或任何其他的载体 DNA 则会大大降低转化效率。

材料（带√项见附录 1）

DNA（从鲑鱼精巢制备的 DNA III 型钠盐，Sigma #D1626）

√1×TE 缓冲液，pH 8.0

缓冲液平衡酚（见 2.1）

1∶1（*V*/*V*）酚/氯仿

氯仿

√3 mol /L 乙酸钠，pH 5.2

100%乙醇，冰冷

超声波发生器

步骤

1) 将 DNA 溶于 pH 8.0 的 1×TE 缓冲液，终浓度为 10 mg/ml，于 4℃搅拌过夜。

因每一次转化需要用 200 μg 载体 DNA，制备大量的载体 DNA（如 1 g）并于－20℃冻存分装很有用。

2) 用一个大的超声探头，在 75%的最大功率下超声处理 DNA 30 s，以降低 DNA 溶液的黏度。取 1 μg DNA 在 0.8%琼脂糖凝胶上电泳，检查超声剪切后片段大小的分布。如果有必要，可重复超声处理，直到获得适当的片段大小分布：片段大小范围为 2～15 kb，平均大小约为 7 kb。

3) 用缓冲液平衡酚抽提 1 次，酚/氯仿抽提 1 次，最后用氯仿抽提 1 次。

4) 加入 1/10 体积的 3 mol/L，pH 5.2 的乙酸钠缓冲液，2.5 体积的冰冷 100%乙醇沉淀 DNA。
5) DNA 沉淀用 1×TE 缓冲液重悬，最终浓度 10 mg/ml。
   重悬沉淀可能需要在 4℃搅拌过夜。
6) 将载体 DNA 移至一个 Pyrex 耐热玻璃烧瓶中，在微波炉中加热煮沸 2～3 min。
7) 迅速置冰浴中冷却，用无菌试管分装后于－20℃冻存 DNA。

参考文献：Ito et al.，1983；Becker and Guarante，1991.

撰 稿 人：Daniel M. Becker and Victoria Lundblad

13.6 利用互补作用克隆酵母菌基因

基本方案

本节介绍利用一个假定的突变通过互补作用克隆酵母菌基因的一般方法。该突变为 *cdc101-1*，它对酵母菌的生长来说既是隐性的又是温度敏感的。它使酵母可以很正常地在 30℃生长，而不能在 37℃形成菌落。如果用一个酵母菌基因组文库转化 *cdc101-1* 菌株，通过分离温度不敏感菌落，那么就可能分离到一个可以互补这种突变的酵母菌基因。分离到温度不敏感菌落后，必须采取两个步骤来证明在这种转化到 *cdc101-1* 菌株中的质粒含有野生型 *CDC101* 基因。第一步，假如这种观察到的互补现象是由质粒引起的，而非 *cdc101-1* 回复突变造成，互补质粒的分离必定导致质粒所带的选择标志及互补表型同时消失。第二步，必须排除是否被克隆的基因编码了这种突变的表型抑制基因的情形，而非野生型基因编码。这些均可通过互补实验来实现，并且可证明一个整合到基因组中的克隆基因的破坏是否能够互补原有的突变。

克隆基因

1) 用含 *LEU2* 作为选择标志的酵母菌 DNA 文库转化 *leu2*$^-$ *cdc101-1* 酵母菌株（见 3.2），依据插入片段的大小，必须筛选 2000～20 000 个 Leu$^+$转化体（约相当于 4～8 个基因组）。
   如果突变的回复概率很低（<10^8），那么互补这种突变表型（在这种情况下为温度敏感型）的转化体可在转化后直接选择。然而，如果突变的回复概率比较高（或者如果互补表型不能直接进行筛选），那么这种突变必然出现在某一菌株，该菌株的文库载体带有的可选择基因上含有较低或无可回复突变概率。
   只要可能，使突变存在于能很好转化的菌株内是更可取的。如果被分离的突变存在于转化效果很差的菌株，可尝试使用其他的转化方案（见 13.9）。转化效率也可通过与已知具有良好转化能力的菌株回交来改善。
2) 影印平板转化体，将其转印到预热的选择性平板（省却亮氨酸的平板，见 13.1），37℃培养，筛选互补温度敏感表型。过夜培养之后，含插入互补 *cdc101-1* 突变基因片段的质粒的菌落以及含随机非互补质粒的具有潜在 *CDC101*$^+$ 的回复突变体均能生长。重新将平板上出现的每个单菌落划线并保存作进一步分析。

许多突变表型，包括温度敏感（ts）表型，均不能通过影印平板来区分（假定是因为突变发生渗漏）。如果出现这种情况，转化体必须从原转化体平板恢复并重新涂布于筛选突变表型的备份平板。如果使用的是锂转化法，则用吸管吸 0.5 ml 无菌水滴在平板上，用涂菌棒来回刮平板表面，将单菌落重悬在液体中，回收转化体（见 1.3)。将 0.5 ml 转化体的悬液吸入到一个无菌试管中，重新涂布在预热的选择性平板上。

如果突变产生多种表型，其余表型的互补也应该进行验证。突变表型只有部分而非全部互补表明这种野生型基因还未克隆。然而，这种互补的模式表明一个履行相关功能的基因已经被分离。

正确基因被克隆的证明

检测互补质粒分离除去后是否导致酵母菌同时丧失质粒所带的选择性标志和互补表型。

3）采用 13.7 中的基本方案，用酵母菌候选株取得失去质粒的 Leu^- 菌株，观察它们在 37℃生长的能力，保留那些只有在质粒存在的条件下才能在 37℃生长的转化子。

如果失去质粒后的菌株仍能出现“互补作用”，这表明这种互补作用是由于原始突变回复或获得了一种突变抑制基因。另外，如果菌落仍保留质粒，但不再与突变表型互补，这表明最初的转化子带有混合质粒。

4）从步骤 3 中确认的转化酵母菌中提取总 DNA，分别转化大肠杆菌，从而分离出质粒 DNA（见 13.5)。重新将质粒 DNA 转化到突变的酵母菌株中，并证实已分离到正确的质粒（在这个例子中，结果说明转化 *cdc101-1* 酵母菌株应导致温度耐受表型）。

5）通过限制酶切图谱对质粒进行分析，确定出现在不同的质粒中的基因组 DNA 插入片段是否重叠。这种分析能有助于确定该互补区的边界。构建不同的插入和缺失突变，检查它们在酵母菌突变株中互补突变的能力。这将为所克隆的插入片段内部的基因定位提供更精确的信息。

检测插入基因组的克隆基因的破坏是否互补原突变（互补实验）

以下步骤是为检查是否克隆基因编码突变表型抑制基因，而非野生型基因。

6）将一个酵母选择性标志引入互补区中央的某一位点（基于步骤 5 获得的信息）。

7）将被破坏的质粒再转化到原突变菌株中，并筛选突变表型，检查互补作用是否被彻底破坏。使用 13.8 中介绍的方案之一，构建含一个野生型基因拷贝和一个被破坏基因拷贝的二倍体菌株。在孢子形成和剖分（见 13.2）后，将含被破坏基因拷贝的单倍体孢子产物（通常通过与破坏相关的选择性标志鉴别）与一个含原突变的菌株杂交（见 13.2)，如果这个二倍体与原突变株表型相同，说明不存在互补作用，表明与突变相关的基因已被克隆。同时做一个对照实验，将含破坏基因的单倍体（也许它本身也可能表现非野生型表型）与一野生型孢子杂交，以证明这个二倍体表型是野生型的（表明破坏是一种隐性突变）。

参考文献：Rose，1987；Rothstein，1985.

撰稿人：Victoria Lundblad

13.7 酵母细胞中质粒的加工

13.7.1 基本方案 1 从酵母细胞中分离质粒

在非选择性生长条件下，大多数大肠杆菌/酵母菌穿梭载体的丢失频率大约 1%。在本方案中含质粒的酵母菌株接种于非选择性平板上以分离质粒并可得到单菌落。然后通过影印到选择性平板上可以鉴别丢失了质粒的菌株。

材料

含质粒的酵母菌株

YPD 或其他非选择性液体培养基及平板（见 13.1）

CM 缺失成分平板（见 13.1）

灭菌绒布及影印模板

步骤

1）挑取几个含质粒的酵母菌单克隆，分别接种于 10 ml 非选择性培养基，30℃培养过夜。

如果没有其他的选择，可以用 YPD 培养基，如果要保留其他不稳定遗传标志或质粒，可以用添加了与可能丢失的可选择标志相应的营养成分的确定成分培养基。

2）涂布在相应的非选择性平板上以得到单菌落，30℃培养 2 天。

3）影印到选择性平板上以确定丢失了质粒选择标志的菌落。将选择性平板和非选择性主平板置 30℃培养过夜。

13.7.2 基本方案 2 穿梭质粒

这一技术由 Boeke 等（1987）建立，用于分析必需基因的功能，并用于快速识别质粒所携带的重要基因的条件性致死性突变（图 13.7.1）。在这个系统中，重要基因的染色体拷贝被缺失或者破坏，它的生存依赖于带这个基因的完整拷贝以及 *URA3* 基因的 YEp 质粒的存在。导入携带这个基因的温度敏感拷贝的第二个质粒，在温度许可的条件下可以解除 YEp 质粒的选择压力，产生因 YEp 质粒的丢失而导致的 Ura^- 派生表型。但在温度非许可条件下，YEp 质粒不会丢失，也不会产生 Ura^- 菌落。将单菌落影印接种到 5-FOA 平板上分别在许可和非许可温度下培养，就可以检测出质粒的丢失。在这个平板上，Ura^- 菌落表现出抗 5-FOA。采用这一影印接种技术可以快速筛选大量的突变克隆。

材料

带有一个非 *URA3* 选择标记 YCp 载体

缺失成分平板＋Ura（见 13.1）

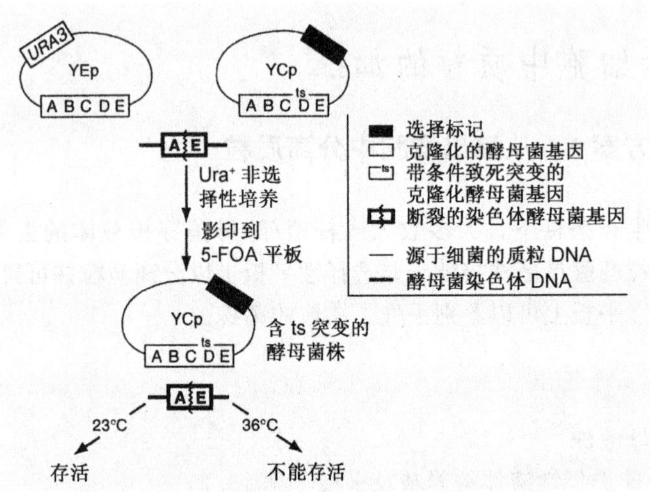

图 13.7.1　质粒穿梭是一种快速检测质粒中携带的重要基因的条件致死性突变的方法。

含有 5-FOA，YCp 质粒选择性培养基的平板（见 13.1）

YPD 平板（见 13.1）

YIp5 载体

步骤

1）构建染色体上重要基因被破坏的单倍体菌株以及含有完整重要基因和 URA3 选择标记的 YEp 或 YCp 质粒（怎样构建菌株见 13.6）。

2）对于诱发突变，将重要基因亚克隆（见 1.13）到带有不同选择标记的 YCp 载体上，将大约 10～20μg DNA 采用羟胺或其他技术进行诱变（见第 8 章）。或者将一个重要基因的突变衍生物克隆到 YCp 载体上。

3）用乙酸锂法将其转化入第 1 步中的菌株，利用添加了尿嘧啶的缺失成分平板选择 YCp 质粒，在许可温度下进行培养（一般为 25℃）。

在尿嘧啶存在的情况下，生长周期降低了对 YEp 质粒的选择性，也就是在每个转化菌落中，一部分细胞已丢失了（携带重要基因非突变拷贝的）质粒。但是应注意任何携带有来自于 YCp 质粒的未突变基因拷贝的转化子不能失去 YEp 载体。

4）将每个转化平板都影印接种到两块含有 5-FOA 的平板上，同样保持对 YCp 的选择性。将一块平板在许可温度下培养，另一块在非许可温度下培养（一般为 36℃）。作为对照，将每个转化平板都影印两个 YPD 平板并在相同的两个温度下培养。

影印通过检测一部分菌落是否丢失了 Ura^+ YEp 质粒来区分不同种类的转化子，Ura^- 的细胞表现为 5-FOAr，因而从大多数 Ura^+ 的菌落背景中呈乳突状生长。携带有来自于 YCp 质粒的未突变基因拷贝的转化子在两种温度下都会表现出 Ura^- 乳突，而携带有来自于 YCp 的温度敏感突变的转化子只能在许可温度下才产生 Ura^- 乳突。携带有无效突变基因的转化子在任何温度下都不会产生乳突。

5）收集那些在许可温度下产生 Ura^- 乳突而在非许可温度下不产生乳突的菌落（并在 YPD 培养基平板上在两种温度下都能正常生长），将它们划线接种以产生单菌落。

6）对每一个候选菌株检验约 6 个菌落，看它们在两种温度下是否都能产生乳突。
7）对于每一个在步骤 6 中已经检验过的温敏突变候选株，通过在保持 YCp 筛选的平板上划线的方法，回收在许可温度下 5-FOA 平板上的 Ura^- 乳突。从这些菌株（现在这些菌株应当只含有 YCp 质粒）分离质粒（见 13.9），将它们转化到大肠杆菌（见 13.9）
8）将带有温敏突变的基因亚克隆（见 3.13）到 YIp5 质粒中，通过移换技术（13.8）将这一突变基因引入染色体。

13.7.3 基本方案 3 定位突变质粒缺口修复技术和等位基因修复技术

质粒缺口修复有好几种用途。首先，可用于局部诱发突变，将突变的 DNA 片段（通常由 PCR 得到，见 15.1）引入酵母目的 DNA 分子中（Muhlrad et al.，1992）。其次，用一带突变的 PCR 引物在特定部位引入突变（Brenner et al.，1994）。第三，利用携带同一基因拷贝的质粒来拯救基因组的基因突变，而质粒获得的突变基因可用作后续分析。第四，此法也可以用于定位一个相关基因的多个等位基因。在所有这些情况下，由缺口分子引起的基因转化事件拯救了被缺口区域覆盖的 DNA 引入片段或染色体座位。这样就会使得酵母菌得到带有目的突变的 DNA 片段或染色体座位的质粒进行自我复制（图 13.7.2）。最后得到的酵母菌株可直接用于突变表型的分析，质粒能够被拯救并得到分析。

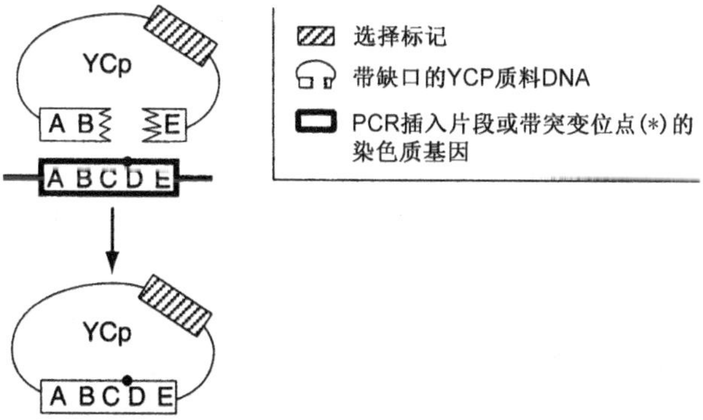

图 13.7.2 质粒缺口修复技术。用质粒携带基因拷贝拯救基因组 DNA 的突变

材料

带选择标记的 YRp 或 YCp 质粒
适当的限制性内切核酸酶（见 3.1）
相应选择标记突变的酵母菌
质粒标记的选择培养基平板

步骤

1）将目的基因亚克隆到带恰当的选择标记的 YRp 或 YCp 质粒上。

2）在基因内部的两个限制酶酶切位点上切割以产生缺口，在缺口的两侧各留下 40～200bp 的同源区域，将得到的质粒片段进行凝胶纯化。缺口或切口尽可能靠近突变位点。

3）如果用于致突变，通过 PCR 制备所需的致突变片段（见 15.1）。如果是用来拯救或定位染色体等位基因，进行步骤 4。

4）将 1 μg 带缺口的质粒 DNA 和 PCR 产生的片段共同转化入带适当标记的酵母菌中。如果是用缺口修复来拯救基因组等位基因，就单独转化带缺口的质粒。

5）将转化子接种在专用于质粒标记选择平板上，鉴别成功修复的结果（见 13.2）。对于恢复或定位染色体等位基因，利用质粒分离技术鉴别选择标记不稳定的转化子。

如果突变正好位于缺口区域内，突变将会被修复的质粒携带。当突变位于缺口的附近时，其结果取决于交叉发生在什么部位。突变距离缺口区域越远，含有突变的质粒就会越少。

6）如果以 PCR 为基础的突变作为突变发生的方案，筛选具有突变表型的转化子。

参考文献：Brenner et al.，1994；Muhlrad et al.，1992.

撰 稿 人：Victoria Lundblad and Heng Zhou

13.8 克隆化酵母 DNA 的加工

13.8.1 基本方案 1 整合性转化

在下面描述的步骤中，带有选择性标志和克隆化目的基因的 YIp 质粒通过同源重组（Hinnen et al.，1978）整合到染色体上相对于克隆化基因的位置。得到的整合体含有完整的质粒，包括基因的完整拷贝。在克隆化基因没有突变（或突变的表型难以评价）的情况下，整合的质粒由于带有选择性标志基因可作为遗传标志用于基因定位作图或其他遗传学研究。克隆化基因的整合性转化也可以用于阐述克隆基因突变的遗传学联系，并提供克隆 DNA 就是相应的野生型基因的证据。值得一提的是本方法在基因组中的克隆化基因的座位上引入了一个选择标志，但并未破坏复制基因的拷贝。多重串联整合也时常会发生。另外，这些整合子是不稳定的，在非选择性培养基上生长的丢失频率大约为每代 1%。

步骤

1）将待研究的基因亚克隆到 YIp 质粒。

2）用限制性内切核酸酶在克隆化基因内部切开，使质粒线性化。

只要没有涉及与其他的 DNA 共转染，就没有必要在转染之前灭活限制性内切核酸酶。如果没有单限制酶切位点，可以在此区域用一个或多个酶消化产生一个缺口，但缺口两边须具有足够的同源序列（>250 bp）。

3）用 1～10 μg DNA 加上载体 DNA（见 13.7）转化带有适合标记的菌株，通过质粒上带的标记进行选择。

4）在选择培养基上纯化几个转化子，分离基因组 DNA（见 13.9）。应用 Southern 杂交（见 2.11 和 2.13）或 PCR（15.1）确证整合是否发生在所期望的基因组位点，并且测定是否发生了多重整合。

13.8.2 基因置换技术

以下所述的 4 种方法提供了在体外构建带突变的克隆化基因，并将这一突变重新引入到染色体的正确位点的手段，使得评价突变的遗传学效果成为可能，并且常常用于确定一个基因是否必需（以基因完全缺失后是否存活而定）。整合性破坏和一步基因破坏技术产生插入或缺失突变，而置换法可以引入含有选择标志的插入或缺失，亦可引入非选择性突变，例如在一个重要基因中引入一个条件致死突变。

在每一个步骤中，如果目的是要验证一个无效突变是否能够存活，可以用合适的 DNA 来转化二倍体菌株，这使得一个潜在性致死突变被位于另一条染色体上的野生型等位基因互补。转化之后二倍体用 Southern 杂交分析检测，证实存在一个野生型和一个破坏的基因。产生孢子后经剖分将揭示这种破坏是否能成活。一个必需基因破坏后在四分体分析中应产生 $2^{+}:2^{-}$ 的比例（2 个活的孢子：2 个死的孢子）；此外，如果一个选择标志（如 *URA3*）与破坏基因相关，那么所有存活的孢子应当缺少这个标志（如 Ura^{-}）。

基本方案 2 整合性破坏

本技术由 Shortle 等（1982）设计，在克隆基因的染色体拷贝上产生一个缺失。这一方法是通过整合性质粒将克隆基因的内部片段引入染色体，这样会产生一个基因重复（包括整合的质粒），但基因的每一拷贝都不完整；其中一个丢失 3′端，另一个丢失 5′端。本技术的过程与整合性转化相同，但有两点除外：①起始 YIp 质粒含有克隆基因的完全位于内部的片段，而不含有完整基因；②待转化菌株应该是二倍体。

本技术有两点局限：其一是需要知道基因的编码区 5′及 3′端的情况；其二是亚克隆片段大小至少为 250 bp 才能有效重组。然而，破坏能够一步构建，在克隆化基因中不需引入插入或插入/缺失突变，以及与破坏相关的可选择性的表型（整合 YIp 质粒上带有可选择标志）。和整合性转化相似，非选择性生长时整合子不稳定，并且会产生多重整合，另外，线性化的质粒增加了转化的频率，并且使整合仅出现在所期望的位点。

步骤

1）将基因的内部片段亚克隆（见 3.13）到 YIp 载体。

2）在此内部片段中通过限制性内切核酸酶消化使质粒线性化。

3）转化及转化子分析同整合性转化（见基本方案 1）。

基本方案 3 基因一步破坏法

本方法由 Rothstein（1983）设计，采用含有被选择性遗传标志破坏的克隆化基因的一个 DNA 片段，通过转化一步产生一个基因破坏。同源重组发生于高重组率的游离 DNA 末端和酵母菌基因组中的同源序列之间，结果导致野生型基因被已破坏的基因拷贝替代。这个已破坏的基因既可以含有一个简单的插入（选择性标志的）也可以含有一个缺失/插入突变。这些破坏可以只经一步就引入基因组，成为稳定的、不可逆的突变。

步骤

1）将合适的选择性基因亚克隆到目的基因上（见 3.13），必要时可在亚克隆的同时引入一个缺失。

2）采用合适的限制酶酶切位点，从步骤 1 构建的质粒中切出含有被破坏基因的片段，凝胶电泳纯化（见 2.8）。

此片段上会保留少量无破坏作用的载体序列（≤200 bp），理想的情况是在插入的选择基因两侧应有≥250 bp 的克隆化基因片段，以促使重组发生在染色体上克隆化基因的座位，而不是在选择标志基因的座位。

3）用 1～10 μg 凝胶纯化片段进行转化并选择插入标记。

4）分离基因组 DNA（13.7），用 Southern 杂交（2.11）或 PCR（见 15.1）确证破坏结果。如果转化二倍体，产生孢子后经剖分以获得带有被破坏基因的单倍体孢子。

备择方案 1 PCR 介导的基因一步破坏法

这个方法可以简单而有效地从酵母基因组中去除特定序列（Baudin，1993）。基因破坏盒中含有选择标记，两侧则带有目标基因 5′和 3′端来源的序列。把这个转化到酵母中，标记基因两侧的序列与目标基因之间就会通过共同序列发生同源重组，导致目标基因被标记基因取代。由于在酵母中指导同源重组只需要很短的同源序列，因此可以用 PCR 引物产生基因破坏盒，此引物用于扩增需要的营养缺陷标记基因以及侧翼的 30～40 个核苷酸的目标基因的同源序列。PCR 产物与目标基因之间的同源性区域越长越好，一般是 40 个核苷酸。这一技术在编码营养缺陷标记基因的序列完全从酵母基因组中缺失的情况下最为有效，可以最大限度地减少基因组中其他区域发生同源重组的机会。表 13.8.1 中有一系列方便的营养缺陷基因和质粒，表 13.8.2 中则有带有不同标记组合的酵母（Brachman et al.，1998）。使用 pRS40X 系列的载体作为 PCR 的模板，一对 PCR 引物就足够进行以表 13.8.1 中的 6 个营养缺陷标记中任何一个为标记的基因敲除。

表 13.8.1 PCR 介导的基因一步破坏法所使用的酵母标记基因和质粒[a]

基因	无效等位基因	模板质粒
URA3	*ura3Δ0*	pRS406
HIS3	*his3Δ200*	pRS403
LYS2	*lys2Δ0*	pRS317
LEU2	*leu2Δ0*	pRS405
TRP1	*trp1Δ63*	pRS404
MET15	*met15Δ0*	pRS401

a. 以上营养缺陷基因和质粒来自于文献（Brachman et al.，1997；Sikorski and Hieter，1989）。

表 13.8.2 提议用于基因置换的酵母菌株[a]

菌株	ATCC	编号基因型
BY4700	200866	*MATa ura3Δ*
BY4736	200898	*MATa ade2Δ0::hisG his3Δ200 met15Δ0 trp1Δ63 ura3Δ0*
BY4727	200889	*MATα his3Δ200 leu2Δ0 lys2Δ0 met15Δ0 trp1Δ63 ura3Δ0*

a. 从 ATCC 还能得到很多其他适用的菌株（200866 到 200902）。将 BY4736 和 BY4727 进行交配然后筛选 Ade^+ Leu^+ Lys^+ 克隆就可以得到双倍体受体。

材料

10×PCR 缓冲液（随同 *Taq* DNA 合成酶共同提供，供应商如 Boehringer Mannheim）

100 mmol/L Tris·Cl，15 mmol/L $MgCl_2$，500 mmol/L KCl，pH 8.3（20℃）

4 dNTP 混合物（见 3.4）

pRS40X 系列载体（如表 13.8.1）

pRS 左右引物（见步骤 1）

Taq DNA 聚合酶

适当的酵母菌株（如表 13.8.2）

选择培养基（见 13.1）

步骤

1）为缺失盒设计 PCR 引物：从目的基因可读框的正链 5′端上挑选 40 个核苷酸的序列，加到下列两条引物序列中任何一条的 5′端。同样，从目的基因可读框的负链 3′端上挑选 40 个核苷酸的序列，加到另一条引物序列的 5′端，合成引物。

左引物：5′-CTG TGC GGT ATT TCA CAC CG-3′

右引物：5′-AGA TTG TAC TGA GAG TGC AC-3′

这样就能得到两条 60 个核苷酸的引物，可以用来扩增 pRS 系列载体中的任何营养缺陷基因。

2）制备几个 100 μl 反应体系：

10 μl 10× PCR 缓冲液

200 μmol/L 4dNTP 混合物

100 pmol 每一种左右引物

10 ng pRS40X

2.5 U *Taq* DNA 聚合酶

转化酵母所得到的转化子的数量与加入 DNA 的量成正比，因此可以将多个 100μl 反应液混合然后乙醇浓缩（见 2.1），将所有 DNA 共同转化。

3）使用以下参数进行 PCR 扩增（见 15.1）：

1 循环：	2 min	94℃（变性）
30 循环：	30 s	94℃（变性）
	1 min	55℃（复性）
	2 min	72℃（延伸）

1循环：10 min　　72℃（延伸）

4）将PCR产物转化入（见13.5）适当的酵母菌株，选择营养缺陷标记基因的表达。

因为PCR产物的转化效率低，必须使用高效转化方法，如用乙酸锂转化对数生长早期的细胞。此外，如果被缺失的基因对于生长是必需的，那就必须在二倍体菌株上进行缺失突变。

5）分离基因组DNA（见13.9），用突变两侧的引物进行PCR（见15.1）或者用Southern杂交分析（见2.9和2.13）鉴定携带破坏基因的菌株。

基本方案4　移换

移换又称等位置换，由Scherer和Davis（1979）首先报道，提供了一种将在体外构建的不具可选择表型的突变引入到染色体相应位点的一般手段（图13.8.1）。它既可以用于引入单个确定的突变，又可用于筛选质粒的突变集合。突变基因通过通常含有*URA3*基因作为选择标志的YIp质粒引入酵母，转化后选择经整合得到的Ura$^+$，突变基因和野生型等位基因分别在含*URA3*的质粒序列两侧（图13.8.1）。随后，通过筛选Ura$^-$克隆（Ura$^-$具抗5-FOA性），监控了质粒（含克隆化基因的一个拷贝）的删除。筛选5-FOA^{r}克隆获得所需的突变表型。含有突变等位基因的5-FOA^{r}克隆的比例取决于突变位置相对于旁侧同源DNA的长度。

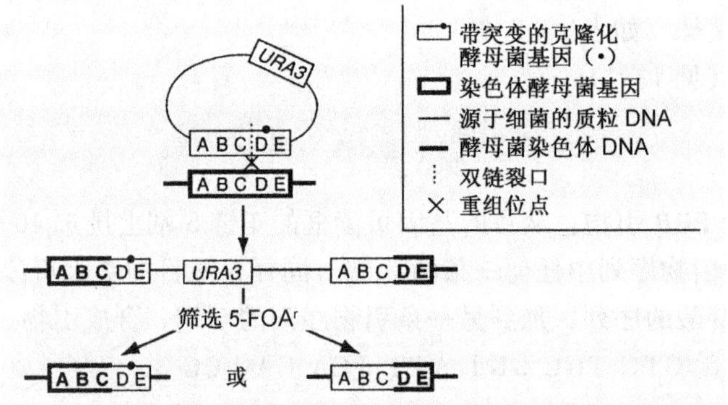

图13.8.1　移换可以在不含选择标志表型的克隆化基因中引入任一突变。

步骤

1）将目的基因亚克隆（3.13）到YIp5。

2）从质粒的线性化开始，按整合性转化方案进行（基本方案1）。

3）将转化子在非选择性液体培养基（YPD或含尿嘧啶的极限培养基）中培养过夜，然后涂布在非选择性培养基平板上，30℃培养两天使长出单克隆（约100个单克隆）。

如果目的是要确认条件致死性突变，必须检测大量的转化子（一些转化子可能获得了未突变的质粒，条件致死突变将很少），另外，这种非选择性生长周期应该在允许温度下（通常23℃）进行。

4）将平板影印至5-FOA平板上培养过夜以鉴别Ura$^-$分离子，在液体培养基培养期间丢失了质粒的菌落在5-FOA平板上具有完全的抗性，这些克隆可以通过非选择性平板回收（而不是5-FOA平板）并用于步骤5。其他在克隆生长期间丢失了质粒的菌落在5-FOA影印平板上将出现乳头状突起。

5）筛选5-FOA^{r}菌落获得突变表型。如果突变体的限制酶酶切图谱与野生型相比有预期的改变，分离基因组 DNA（13.9），并用 Southern 杂交（2.11 和 2.13）或 PCR（15.1）确证突变菌落的基因型。

13.8.3　基本方案 5　一步整合置换产生修饰基因

当目的基因位于特定（通常是可诱导的）启动子控制之下时，可以使用这一方法。这个方法还可以用于使 N 端与所选择的表型标签或其他成分相融合。一个单一的整合事件在基因的正常位点引入新的等位基因，同时截去该基因的正常内源性拷贝，补偿其失去的功能。

材料

从目的基因纯化的 DNA

带有选择标记的酵母整合穿梭质粒

适当的限制性内切核酸酶（见 3.1）

适当的酵母菌株

选择培养基（见 13.1）

步骤

1）从目的基因可读框 5′端选择一个小片段，这个片段应当：

a. 从基因的第一个密码子开始；

b. 非常短以至于无法编码有功能的产物，此外其编码产物不应当干扰正常的全长基因产物的功能；

c. 足够长（最好>300 bp）以有效地与相应的染色体区域重组；

d. 含有一个限制性内切核酸酶位点（用于指导最终的整合质粒定位），这个位点必须保证在最终的构建产物中仍然是单一的，而且在其两侧留有与目的基因足够的同源性区域。

为了让启动子区域整合的可能性降至最低，限制性内切核酸酶位点应当稍微靠近可读框的 3′端。

2）将需要的启动子下游的 5′端序列亚克隆（见 3.13）到一个整合的酵母穿梭质粒中，如果需要的话也可在可读框的 N 端加上一个表位标签（或其他融合盒）。

通常用 PCR 很容易获得这个亚克隆，必须确定起始密码子与启动子的适当定位。有时 N 端的表位标签可能会干扰基因本身的功能。这种情况下可将无 N 端融合的可读框亚克隆于启动子下游。或者，改变这一步，用一短的无功能的可读框 3′端与所需标记的上游融合，这样就可以产生 C 端融合的表位标签。

3）在可读框内单一的限制性内切核酸酶位点将其线性化，并转化入适当的酵母菌株。将转化子涂布于质粒标记的选择平板上。

如果可读框内没有单一的限制性内切核酸酶位点，使用部分消化可以产生用于转化的混合线性分子，这种情况下就要在下一步相应地筛选较多的转化子以获得正确的整合体。如果可读框内没有限制性内切核酸酶位点，可利用静态 PCR 诱变技术（见 8.5）产生一个。

如果一个必需基因由可诱导启动子控制，将细胞涂布于诱导培养基平板。

4）分离基因组 DNA（见 13.9），用 Southern 印迹技术（见 2.11 和 2.13）、基因组

PCR 技术（见 15.1）或者表型评估来鉴别含有修饰基因的克隆。

为了防止整合质粒的丢失，应当保持质粒标记的选择压力。

13.8.4　备择方案 2　通过移换产生修饰基因

对于有些基因来说，要在可读框的 5′端选择一段足以介导有效整合的片段非常困难甚至不可能。在这种情况下，可以采用完全等位基因置换可诱导等位基因（见基本方案 4）。这种置换稳定，在上游没有可读框 5′端片段，而且不必保持对质粒标记的选择压力。按如下步骤来完成等位基因置换：

1）按照基本方案 5 步骤 1、2 制备一步整合移换所需的分子，要使用带有 *URA3* 的整合载体。

2）将目的基因的 5′侧翼区域片段（一般＞500 bp）亚克隆（见 3.13）在启动子的上游。

选择片段时，注意保持可读框内目的限制酶切位点的单一性。

3）将分子线性化并转化入酵母菌（见基本方案 5 步骤 3）。

4）将 URA^+ 转化子划线接种到 5-FOA 平板（见基本方案 4 步骤 5）。

5）筛选 5-FOA 抗性克隆以获得正确置换的等位基因（见基本方案 4 步骤 6）。

13.8.5　基本方案 6　通过铜诱导双重关闭技术产生条件等位基因

这一方案（Moqtaderi et al.，1996）可以产生条件表达的菌株，只要添加铜就可以在 RNA 和蛋白质水平上关闭目的基因的表达。RNA 的关闭是通过转录阻抑物的作用，蛋白质的降解则是利用了 N 端法则，按照这一法则，一个蛋白质的周转率取决于它的 N 端氨基酸（Varshavsky，1992）。

所使用的母菌株必须带有 *ROX1* 的铜诱导等位基因、一个转录阻抑物和 *UBR1*。*UBR1* 编码泛素蛋白降解通道的 N 端识别序列。在这一背景下，目的基因被融合于快速降解 N 端识别序列的等位基因所取代，并且置于 *ANB1* 启动子——Rox1 的一个天然靶位点的控制之下。在没有铜的情况下，Rox1 和 Ubr1 都不会产生，而目的基因可以表达。加入铜会导致 *ROX1* 和 *UBR1* 的迅速激活，同时抑制目的基因的转录和现存蛋白产物的迅速降解（图 13.8.2 和图 13.8.3）。

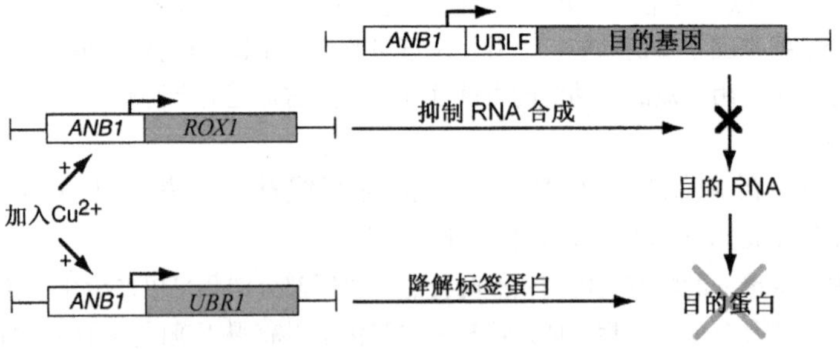

图 13.8.2　双路条件性敲除策略同时在 RNA 和蛋白质水平关闭目的基因的表达。

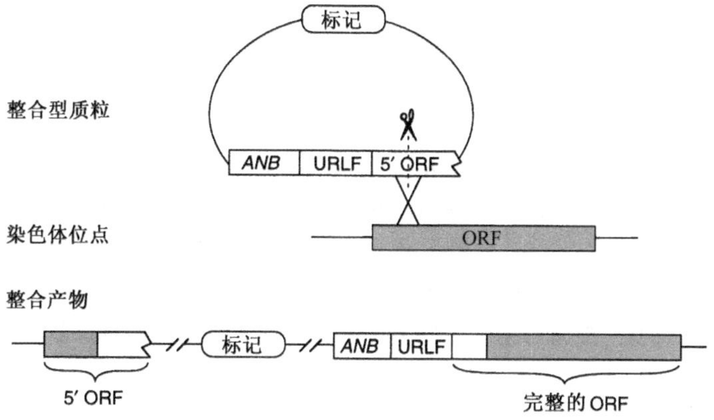

图 13.8.3 将目的基因的带有 URLF 标签、*ANB1* 驱动的等位基因导入基因组。

材料

ZM168 质粒，包含遍在蛋白-精氨酸-*lacI*-HA（URLF）表达盒以及上游的 *ANB1* 启动子和下游的多聚连接子

包含选择标记的酵母整合穿梭载体

酵母菌株 ZMY60（*MATa*，*ade2-101*，HIS^+，LEU^+，*trp1Δ1*，*ura3-52*）

包含与整合质粒相同选择标记的着丝粒质粒

符合选择整合质粒标记的合成培养基平板（见 13.1），含有或不含 500 μmol/L 硫酸铜（$CuSO_4$）

步骤

1）按照一步移换法的步骤（基本方案 5 步骤 1 和 2），在目的基因上选择一个短的非功能性片段，将其亚克隆（见 3.13）到 ZM168 质粒的多聚连接子上，注意要与 URLF 表达盒对正可读框。

2）将整个 *ANB1*-URLF-可读框片段亚克隆到含有适当选择标记的酵母整合质粒中。

要小心保持可读框中的限制酶酶切位点的单一性。

3）在可读框中的单一限制酶酶切位点将构建产物线性化，转化（见 13.5）到 ZMY60 酵母菌。同时，用含有同样选择标记的着丝粒质粒平行转化 ZMY60 作为最终的整合产物，接种到选择质粒标记的合成培养基平板。

4）将转化子在以下两种平板上划线：ⓐ符合整合质粒选择条件的合成培养基，不含铜；ⓑ符合整合质粒选择条件的合成培养基，含有 500 μmol/L $CuSO_4$。30℃培养 2 天。

一般建议在铺制平板的时候就加入所有需要的氨基酸和铜。如果在预先制好的平板表面涂布氨基酸或者铜的溶液会导致铜浓度不均。使得菌种的生长模式很难解释。

5）分析转化子的生长以评估整合情况。如果目的基因是必需基因，正确的整合子就无法在含铜的培养基上生长，而带有着丝粒质粒的转化子在两种培养基上都可以正常生长。

如果损筛除率不够的话，可以把铜的浓度提高到 1 mmol/L，但高于此浓度会由于铜的毒性而抑制细胞生长。如果目的基因不是必需基因，可以检测在铜存在情况下是否有特定表型的出现，或者

分离基因组 DNA（见 13.9）进行 Southern 杂交（见 2.11 和 2.13）以分析转化子。

6）对于涉及时间进程的实验，可以将条件菌株和着丝粒质粒控制的菌株同样培养在不含铜但符合质粒选择条件的液体合成培养基中，然后加入 500 μmol/L $CuSO_4$ 以起始筛除作用，分别在不同的时间点收集细胞进行分析。

通过分析添加铜后不同时间点（一般要长达 8 h）的细胞进程可以试验逐渐增加的筛除程度的效果。实验中的着丝粒质粒对照菌株代表目的基因表达产物具有野生型水平的菌株，条件菌株则带有受控于异源启动子的等位基因，它的表达水平不是野生型的。为了防止整合质粒的丢失要一直保持选择压力。即使在添加了铜以后，细胞仍然会继续生长数小时。为了使细胞在实验的主要阶段都处于对数生长期，在加入铜的时候细胞密度就不应该太高，转换阶段的 OD_{600} 应当在大约 0.25。

参考文献：Baudin et al.，1993；Hinnen et al.，1978；Moqtaderi et al.，1996；Rothstein，1983；Scherer and Davis，1979；Shortle et al.，1982.

撰 稿 人：Victoria Lundblad，Grant Hartzog 和 Zarmik Moqtaderi

13.9　酵母 DNA 的制备

酵母分子生物学研究常常需要分离质粒及染色体 DNA。质粒 DNA 用来转化大肠杆菌，而染色体 DNA 用于 Southern 杂交分析（见 2.11）、聚合酶链法体外扩增（PCR，见 15.1）或整合性质粒的克隆。

13.9.1　基本方案　从酵母菌中快速分离质粒 DNA

材料（带√项见附录 1）

YPD 或选择培养基（见 13.1）

含目的质粒的酵母菌落

√破菌缓冲液

√25∶24∶1（*V*/*V*/*V*）酚/氯仿/异戊醇（使用缓冲液平衡酚）

√0.45～0.52 mm 酸洗玻璃珠（Thomas Scientific）

感受态大肠杆菌细胞 HB101 或 MH1（见 1.8）

LB 平板（见 1.1），含适当的抗生素（见 1.4）

13 mm×100 mm 玻璃试管，无菌

可摇动或转动的 30℃培养箱

步骤

1）往盛有 2 ml YPD 培养基的 13 mm×100 mm 无菌玻璃试管中接种含有带目的基因质粒的酵母单菌落，在转动或摇动培养箱中 30℃过夜培养到静止期。

带稳定质粒的转化株应在 YPD 培养基上生长以获得含量浓度的培养基。带不稳定质粒的转化株应接种在选择培养基上来增加含质粒菌。

2）将 1.5 ml 的过夜培养物转移到微量离心管中，室温高速离心 5 s，倒掉上清，快速振

荡分散沉淀物。

3）细胞用 200 μl 破菌缓冲液重悬，加 0.3 g 酸洗玻璃珠（约 200 μl）及 200 μl 酚/氯仿/异戊醇，在涡旋混合器上高速振荡 2 min，使约 80%～90%的细胞破碎。

4）室温高速离心 5 min。

5）取 1～2 μl 水相转化感受态大肠杆菌 HB101 或 MH1，涂布在带有合适的抗生素的 LB 平板上，以质粒上的抗药性标志进行选择。

13.9.2 备择方案 酵母染色体 DNA 的快速分离

附加材料（亦见基本方案；带√项见附录 1）

√TE 缓冲液

√1 mg/ml 无 DNA 酶的 RNA 酶 A

√4 mol/L 乙酸铵溶液

100%乙醇

18 mm×150 mm 玻璃培养管或 17 mm×100 mm 一次性聚丙烯酰胺管，无菌台式离心机

步骤

1）在 18 mm×150 mm 无菌玻璃培养管或 17 mm×100 mm 无菌聚丙烯酰胺管中用 10 ml YPD 培养基过夜培养酵母菌至静止期（见基本方案步骤 1）。

2）培养物室温下在台式离心机上 1200 *g* 离心 5 min，吸出或倒掉上清，细胞用 0.5 ml 水重悬。

3）将重悬细胞转移至离心管中，室温下离心 5 s，倒掉上清，在涡旋混合器上快速振荡分散菌体沉淀。

4）细胞用 200 μl 裂解缓冲液重悬，加 0.3 g 酸洗玻璃珠（约 200 μl）及 200 μl 酚/氯仿/异戊醇，高速振荡 3 min 以破碎 80%～90%的细胞。

5）加 200 μl TE 缓冲液，快速振荡。

6）室温下高速离心 5 min，将水相转移到一个干净的离心管中，加 1 ml 100%乙醇，颠倒混匀。

7）室温下高速离心 3 min，去上清，沉淀用 0.4 ml TE 缓冲液重悬。

8）加 30 μl 的 1 mg/ml 无 DNA 酶的 RNA 酶 A，混合，37℃温育 5 min。

9）加 10 μl 4 mol/L 乙酸铵及 1 ml 100%乙醇，颠倒混匀。

10）室温下高速离心 3 min，弃上清，干燥沉淀，DNA 用 100 μl TE 缓冲液重悬。

可以得到大约 20 μg 的染色体 DNA。对于 Southern 杂交，当用 5 μl DNA（约 1 μg）在 20 μl 总体积下消化时可以得到最佳结果。PCR 扩增时，则用 2 μl DNA 在 50 μl 反应体系中。

参考文献：Cryer et al.，1975；Davis et al.，1980.

撰 稿 人：Charles S. Hoffman

13.10 酵母菌 RNA 的制备

注意：要尽量避免 RNA 酶污染。

13.10.1 基本方案 热酸性酚抽提法制备酵母 RNA

本方法可以得到相对无 DNA 污染的 RNA，并且可以很方便地同时处理多个样品，而最终获得的样品之间的差异很小。

材料（带√项见附录 1）

酵母菌细胞及相应的培养基（见 13.1 及 13.2）

√TES 溶液

√酸性酚

氯仿

√3 mol/L 乙酸钠 pH 5.3

100%及 70%乙醇，冰冷

50 ml 离心管（Falcon）

离心机：台式或 Sorvall 带 SS-34 转子

步骤

1）酵母细胞在 10 ml 所需培养基中生长至指数中期（OD_{600}＝1.0）。

建议不要用高浓度的细胞制备 RNA，因为进入静止期后，结果的一致性差，RNA 产量不稳定。

2）将培养液转移到 50 ml 离心管，于 4℃，1500 *g* 离心 3 min。

3）弃上清，菌体沉淀用 1 ml 冰冷的水重悬，转移至一个干净的 1.5 ml 微量离心管中，4℃离心 10 s，弃上清，继续步骤 4。需要时，将离心管置于干冰上速冻。

4）用 400 μl TES 溶液重悬细胞沉淀，加 400 μl 酸性酚，激烈振荡 10 s，65℃温育 30～60 min，不时用涡旋振荡器短暂振荡。

5）冰浴放置 5 min，4℃高速离心 5 min。

6）水（上）相移到一个干净的 1.5 ml 微量离心管中，加 400 μl 酸性酚，激烈振荡，重复步骤 5。

7）将水相移到一个干净的 1.5 ml 微量离心管中，加入 400 μl 氯仿，激烈振荡，4℃高速离心 5 min。

8）将水相移到一个新管中，加 40 μl 3 mol/L 乙酸钠，pH 5.3 及 1 ml 冰冷的 100%乙醇沉淀，4℃高速离心 5 min，在冰冷的 70%乙醇中快速振荡以洗涤 RNA 沉淀。如上离心以沉淀 RNA。

9）沉淀用 50 μl 水重溶，用分光光度法测 A_{260} 及 A_{280} 以确定浓度（见 4.1），于－70℃或－20℃储存，可使用 1 年。

确定 RNA 完全溶解。必要时，将重悬的沉淀物于 65℃加热 10～20 min，也可以用水做进一步稀释。YPD 培养基中 10 ml 细胞培养物的产率大约是 300 μg，在非最佳培养基上生长的细胞，每毫升培养液的 RNA 产量较低。

13.10.2 备择方案 1 玻璃珠制备 RNA

这种方法制备的 RNA 适于 S1 核酸酶作图、Northern 杂交或引物延伸分析（分别见 4.6、4.8 和 4.7），并且可从相对少量的酵母细胞中快速简便地制备，尽管用此法分离的 RNA 有 DNA 污染，但 DNA 成分不会干扰大多数分析研究。

附加材料（亦见基本方案；带√项见附录 1）

√RNA 缓冲液

25∶24∶1 酚/氯仿/异戊醇（用 RNA 缓冲液平衡，见 2.1 的辅助方案）

√0.45～0.55 mm，冰冷的酸洗玻璃珠（Sigma）

步骤

1）培养并收集酵母菌细胞，冷冻细胞沉淀（见基本方案步骤 1～3）。

2）用 300 μl RNA 缓冲液重悬细胞沉淀。

3）加 1 倍体积冷的酸洗玻璃珠（体积与约 200 μl 水相等）、300 μl 的用 RNA 缓冲液平衡的 25∶24∶1 酚/氯仿/异戊醇，拧紧瓶盖，然后颠倒并上下振荡以保证珠子悬浮，在涡旋混合器上高速剧烈振荡 2 min。

4）室温下离心 1 min，将水（上）相转移到一个干净的离心管中。

5）加等体积的 25∶24∶1 酚/氯仿/异戊醇（200～250 μl），激烈振荡 10 s。

6）重复步骤 4，加 3 倍体积（约 600 μl）冰冷的 100%乙醇，充分混合，于－20℃放置 30 min 以上，或在干冰上放置 5 min。

7）于 4℃离心 2 min，吸出或倒掉上清，用冰冷的 70%乙醇洗涤沉淀。

8）于 4℃离心 1 min，吸出或倒掉上清，干燥沉淀。

9）沉淀用 50 μl 水重溶，用分光光度法测定 A_{230} 及 A_{280} 以确定浓度（见 4.1），于－70℃储存 RNA。

如果用 2×10^8 细胞，最后溶液中 RNA 浓度约为 2 mg/ml。

13.10.3 备择方案 2 poly（A）$^+$ RNA 的制备

只需按照步骤成比例放大制备过程就能分离到更大量的 RNA。对于 10^{10} 酿酒酵母菌细胞，可按下列指南操作：

热酸酚方案（基本方案）：TES 及酸酚溶液的体积增加到 4 ml，操作时使用 50 ml 聚丙烯离心管，将得到大约 10 mg RNA。

玻璃珠方案（备择方案 1）：将体积增加到 15 ml RNA 缓冲液、10 ml 体积玻璃珠、15 ml 酚/氯仿/异戊醇，以及 30 ml 100%乙醇，在 50 ml 一次性聚丙烯管中继续各步骤，每步酚抽提后用固定角或吊桶式转子于 4℃，1200 *g* 离心 10 min，在相同条件下离心可以较好地回收沉淀的核酸，总 RNA 的产率约 5 mg。

应用 4.5 中介绍的方案，可从上述任一种方法获得的 RNA 中制备 poly (A)$^+$ RNA。

撰稿人：Martine A. Collart and Salvatore Oliviero

13.11 制备酵母蛋白抽提物

本节介绍了制备蛋白抽提物的 3 种方案，它们的区别主要在于细胞裂解的方式不同。如果可能，使用蛋白酶缺陷型的菌株比较有利，如 BJ926 或 EJ101。从其中任一方案得到的细胞抽提物含有约 10～30 mg/ml 的总细胞蛋白，这些抽提物可直接用于某些实验，如 DNA 结合凝胶阻滞试验（第 12 章）或作为蛋白质纯化的第一步粗提（第 10 章）。抽提物可能含有大量的核酸，特别是 RNA，核抽提物将含有相当高浓度的染色体 DNA。

13.11.1 基本方案 原生质球制备及裂解

材料（带√项见附录 1）

蛋白酶缺失的酵母细胞（BJ926，EJ101 或相当菌株）
YPD 培养基（见 13.1）
√酵母裂解酶（Zymolyase）缓冲液，室温及冰冷
酵母裂解酶（Zymolyase）100T（ICN Immunobiologicals）
1 mol/L 山梨醇（可选）
√裂解缓冲液
√抽提缓冲液
√储存缓冲液
液氮
Sorvall GS-3 或 GSA，SS-34 或 SA-600 及 Beckman 45 Ti 转子或相当转子
30℃水平摇床

步骤

1）将酵母菌接种于 YPD 培养基（100 ml～20 L），剧烈摇动或强制通气条件下（见 13.1 和 13.2）培养至对数中期（OD_{600}≈1～5）。培养液在预称重的离心瓶中于 4℃，1500 *g* 离心 5 min，收获细胞。

2）根据预称重的离心瓶的增加量来确定酵母细胞的湿重（g），它与压紧的细胞体积（ml）大致相同。在所有的后续步骤中菌体的量将当作 1 倍体积来考虑。1 L 的 BJ926（双倍体菌株），OD_{600}=1.0，可收获压紧细胞 2～3 ml。

3）细胞用 2～4 倍体积冰水重悬，并立即于 4℃，1500 *g* 离心 5 min，弃上清。加入 1 倍体积含 30 mmol /L DTT 的酵母消解酶缓冲液重悬细胞，室温放置 15 min。

4）于 4℃，1500 *g* 离心 5 min，菌体用 3 倍体积的酵母裂解酶缓冲液重悬。

5) 在每毫升原压紧细胞中加入 2 mg (200 U) 酵母裂解酶 100T，于 30℃水平摇床以大约 50 r/min 的转速温育 40 min。确定菌体是否通过水渗透破菌后（见 13.7）完全转变为原生质体，如果原生质体化不完全，应继续温育直到完全。

以下步骤均在 4℃下进行

6) 1500 *g* 离心原生质体 5 min。倒去上清时必须小心，因为原生质体沉淀不如先前的细胞沉淀紧密。
7) 用 2 倍体积冰冷的酵母裂解酶缓冲液轻轻重悬沉淀，1500 *g* 离心 5 min。重复这个步骤 2 次。
8) 用 2 倍体积裂解缓冲液轻轻重悬沉淀，不要试图得到均一的悬液，只需将沉淀物从管壁上洗下来，轻轻旋转 10～20 次，于 1500 *g* 离心 10 min。
9) 用玻璃棒将原生质体沉淀彻底悬浮于 1 倍体积裂解缓冲液中。

重悬的原生质体可快速在液氮冻结并于－80℃储存，用前冻结的原生质体需放置于冰上过夜解冻。

10) 在 Dounce 匀浆器中用最紧密的研杵（间隙 1～3 μm），冲击 15～20 次以裂解原生质体。
11) 往超速离心管中加入 1/2 管体积的原生质体裂解液，再加等体积的抽提缓冲液，将离心管封口。于 4℃在旋转轮或摇杆上轻轻倒转离心管 15～30 min。
12) 于 4℃，45Ti 转子上 100 000 *g* 离心 90 min。收集上清，在 100 倍体积新鲜的储存液中透析 2～4 h，将透析袋转移到 100 倍体积新鲜的储存缓冲液中，再透析 2～4 h。

透析时可能会形成絮状沉淀，这些沉淀往往只含很少量的蛋白质成分，可以丢弃。

13) 取出几微升透析液，用水作 1∶1000 稀释，测定电导率（见 10.8）。如果和类似稀释度的储存缓冲液相等或低于一定值时（通常 100～250 mmol/L NaCl），继续步骤 14，否则继续透析。
14) 透析液于 4℃，10 000 *g* 离心 10 min，收集上清。分成小份放在液氮中冻结，于－80℃储存。

这种粗提液含有大部分的 DNA 结合蛋白及转录和复制因子。必要时，可将含有蛋白质的沉淀以“盐溶”的方法重悬于含 0.5～1.0 mol/L KCl 的储存缓冲液中。

13.11.2 辅助方案　差速离心法制备细胞核

附加材料（亦见基本方案；带√项见附录 1）

√Ficoll 缓冲液，冰冷

Teflon 研杵组织匀浆机，电动（Thomas，可选）

步骤

1) 按基本方案步骤 1～7，用 0.5 倍体积的酵母裂解酶缓冲液重悬细胞。
2) 将细胞悬液逐滴加入盛有 15～25 倍体积冰冷的 Ficoll 缓冲液的烧杯中，此过程在冰浴或冷室中进行，不断地振荡。

亦可以将细胞重悬于几倍体积的 Ficoll 缓冲液中，用电动组织匀浆机和中等紧密的 Teflon 研杵（间隙 0.15～0.23 mm）于中速冲击 5～10 次。

3）如果要完全除去细胞碎片，将悬浮液转移到离心管中，于 4℃，3000 *g* 离心 5 min。

4）将上清转移至一个新的离心管中，于 4℃，20 000 *g* 离心 20 min，弃上清，沉淀内含有细胞核。

5）为了获得胞核裂解液，用 1 倍体积裂解缓冲液重悬细胞核沉淀，按基本方案步骤 10～14 操作。

作染色质研究时，细胞核可以重悬于合适的缓冲液中，直接用于微球菌核酸酶或 DNA 酶 I 消化。如果立即放在干冰上或液氮中冻结，细胞核可以在缓冲液中于－80℃保存几个月。

13.11.3 备择方案1 玻璃珠破细胞法

附加材料（带√项见附录 1）

√玻璃珠破菌缓冲液

√酸洗玻璃珠，0.45～0.55 mm，冰冷

玻璃珠搅拌器及容器（Biospec；可选）

步骤

1）培养并收集酵母菌细胞（基本方案步骤 1～4）。测定压紧细胞的体积。

以下所有步骤均在 4℃进行。

2）用 1 倍体积的玻璃珠破菌缓冲液重悬细胞。

细胞可缓慢倒入盛有液氮的塑料杯中冻结，使用足够的液氮淹没冷冻物。这种冻好的“冰花”可以于－80℃保存，临用前于冰上过夜解冻。

3）用 2 倍体积的玻璃珠破菌缓冲液与细胞团混合，加 4 倍体积冰冷的酸洗玻璃珠。

4a）当压紧细胞体积＜10 ml 时：将细胞悬液转移至合适大小的带螺口的离心管中（悬液应占离心管≤60%～70%的体积），于 4℃以最大速度振荡 30～60 s，将管置于冰上放置 1～2 min，重复 3～5 次，在显微镜下检查破细胞的程度，继续步骤 5。

4b）当压紧细胞体积＞10～20 ml 时：将细胞悬液转移到合适大小的玻璃珠搅拌容器中（建议用导热性能好的不锈钢材料），并加玻璃珠破菌缓冲液至容器的边缘，但加到容器中的缓冲液不超过 1 个细胞悬液的体积。装好搅拌杆和螺盖，确保将容器中所有空气排尽（排除空气以防止起泡和蛋白质变性这一点非常重要），高速搅拌 60 s，冰上放置 1～2 min，重复 3～5 次。

5）沉淀玻璃珠，轻轻倒出上清，加入 2～4 体积的玻璃珠破菌缓冲液，颠倒管 5～10 次，待玻璃珠沉淀后轻轻倒出上清，合并上清液。

6）合并的上清液于 4℃，12 000 *g* 离心 60 min，收集上清即为粗提液。长期储存时，将其分成小份于液氮中快速冷冻，－80℃储存。

13.11.4 备择方案2 液氮破细胞法

本方案可以用来处理 200 ml～20 L 的细胞。也可以简单地按比例放大处理更大量

的细胞（如发酵生产的细胞），并采用更大的容器和混合器。

附加材料（亦见基本方案）

酵母膏（Red star，可选）

液氮

60 ml 注射器

1 L 的塑料烧杯（Nalgene 或类似容器）

1 L 的不锈钢混合杯及混合器（Waring 或类似混合器）

步骤

1）酵母在 YPD（或选择性）培养基中剧烈振荡或强制通气条件下培养至对数中期。离心，弃上清。市售酵母膏可以用来代替培养细胞。

2）在涡旋混合器上振荡细胞沉淀，使其形成黏稠的细胞糊。必要时，加入最少量的冰水使细胞糊能够倒出或舀出。如果使用酵母膏，用等体积的细胞和水混合使之形成黏稠的细胞糊。在后续步骤中细胞糊的操作应在冰浴中进行。

3）拔出 60 ml 注射器的活塞，用塞子塞住底部或者用 Parafilm 膜包紧，加入 50 ml 的细胞糊。

4）往 1 L Nalgene 烧杯中加入 400 ml 液氮，将注射器悬于液氮之上，除去底部的塞子或 Parafilm 膜，插入活塞，将细胞糊推入液氮中。黏稠的细胞糊会形成长而细的条状物，稀的细胞糊会形成爆米花样的团状物。使用 1L 的混合杯一次最多可处理约 200 ml 细胞糊，破菌之前冰冻细胞可于－80℃无限期储存。

5）小心将液氮连同冰冻细胞倒入已装好混合器的混合杯中，用前必须彻底干燥（必要时可以在室温下进行）。

本方案只能使用工业强度混合器和不锈钢混合杯（建议用市售的 Waring 混合器），必须非常小心以保证混合器及混合杯的可动部分完全干燥以防在加入液氮时冻住。

6）盖上混合杯的盖子，确定盖孔是打开的，这样液氮蒸发时不会造成压力，将盖子盖紧，高速连续搅拌 3 次，每次 2 min。在搅拌间隙可混匀冰冻粉，必要时加入液氮刚好覆盖住冰冻粉，倒入液氮之后要尽快开始搅拌以避免冻住可动部分。

7）搅拌后，将细的冰冻粉倒入盛有两倍于原来细胞糊体积的冰冷储存缓冲液的烧杯中，混匀后将悬液倒入离心管置于冰上。

8）重复步骤 3～7，直到处理完所有的细胞糊。

9）于 4℃，5000 *g* 离心 15 min，上清为含 10～20 mg 蛋白/ml 粗提液。

上清可立即用于检测或进行蛋白质纯化。长期储存时，将上清分成小份装入塑料管，置干冰上快速冻结，于－80℃储存。另外，可以将冻结的酵母粉重悬于 1 体积的裂解缓冲液中，按基本方案步骤 11～14 处理。

参考文献：Sorger et al.，1989.

撰 稿 人：Barbara Dunn and C. Richard Wobbe

第14章　原位杂交和免疫组织化学

原位杂交和免疫组织化学以生物化学和分子技术进行基因产物的研究，通常需要含有相当量的目的分子的组织样本。所遇到的困难是许多在发育上有重要意义的基因只在复杂组织中少数细胞里表达，或仅在一种器官及组织分化过程中短暂表达。本章介绍一些常用的可确定mRNA（组织切片的原位杂交）和蛋白质（免疫组织化学）在各个细胞中时空表达的细胞学技术。

此章描述的原位杂交技术，建立在用一个特异性标记的核苷酸探针与各个细胞或组织切片中的RNA进行杂交的基础之上，这需要三个方面的专业技术知识。首先，一个适用的核酸探针的制备，需要懂得分子生物学原理（如亚克隆、质粒制备、放射性标记）。其次，制备成功的组织切片，要求具有在组织学技能方面的实践经验。最后，如所有形态学技术所要求，对实验结果的正确解释，需要熟悉细胞生物学、解剖学及胚胎学。

对细胞的分子进行免疫组织化学定位是利用具高度亲和力的抗体与特异性抗原（通常为蛋白质）结合的能力。此技术可用于抗原在亚细胞区室或组织中的各个细胞的定位。当与原位杂交技术联用以同时定位一个特定基因的RNA和蛋白质产物时，此法特别有用。

组织固定和切片（见14.1和14.2）是影响原位杂交和免疫组化实验成功与否的关键，常须针对每个具体实验用途进行优化。预处理、原位杂交、细胞和组织切片的洗涤在14.3中讨论，原位杂交可在石蜡（见14.1）或冰冻切片（见14.2）上进行。至于选择何种方法则依试验设备而定。如果有切片机通常就没有必要再购买冰冻切片机，反之亦然。

14.4和14.5中描述了杂交探针的检测以及经实验处理的细胞学样本的复染和压片固定。根据所需灵敏度和分辨率的不同，通过感光片或者乳胶放射自显影可以检测放射性探针（见14.4）。在14.5中列举了很多用于染色和固定的不同可选方案。

14.6中概述了对蛋白质进行定位的免疫组化技术，重点阐述了非直接免疫荧光作为主要检测手段的应用，并对用于明场显微镜检测的可选方案（免疫过氧化物酶标记和免疫胶体金标记）做了回顾。同时列举了一些常规操作常见的问题及问题解决方案。

本章中一些单元介绍了许多非同位素的原位技术，这些技术在避免了常规操作同位素带来的危害的同时又增加了检测的灵敏度。14.7描述了荧光原位杂交技术，这种技术像使用酶学检测的辣根过氧化物酶或者碱性磷酸酶技术一样可以检测比较弱的信号。14.8中介绍了一种原位杂交与聚合酶链反应相结合的技术。这种技术特异性的扩增那些在常规杂交技术中检测不到的序列。14.9提供了整体原位杂交技术。这种技术可以用于检测完整的生物胚胎标本（包括鸡胚、鼠胚和爪蟾胚）。在14.14中，整体组化检测β-牛乳糖活性与整体原位杂交直接检测内源性基因表达相结合，使用报道基因能更好地研究某个基因或者细胞谱系潜在结构域的功能。这是一种体现基因在三维空间中表达的相当简单而高度敏感的方法。如果分析在不同的阶段（如胚胎发育过程中）执行，自然状态下内源基因的动态表达、它们可能具有的功能，以及组织和区域特异性启动子则可以在时间和空间的意义上显现出来。

有两个单元与实验方法的技术特点有关。荧光显微镜可以检测到杂交荧光探针发射出的荧光，14.10 对荧光显微镜的基础知识进行了描述。14.11 则介绍了共聚焦显微镜，它能够增加原位杂交的敏感性和特异性。

使用标记特异性分子探针与组织中核酸杂交可以对基因表达或者外源的基因组序列进行几何学和功能性定位。可以使用磷储量成像和分子参照评估靶核酸分子序列的数量和位置。这种评估技术在 14.12 中做了介绍。

普遍认为细胞程序性死亡（PCD）（或者叫细胞凋亡）是多细胞生物一个重要的发育和生物的自我调节的因子，已经出现了一些衡量凋亡并把它和坏死区分开的方法。细胞坏死是指常常与细胞意外死亡相关的形态学变化，而凋亡则是程序性的生理性调控的死亡。14.13 中介绍了一些区分凋亡和坏死的方法，其中很多技术非常简单。使用 TUNEL 方法检测展示 DNA 片段的细胞是这一单元的特色，这种方法同样也可以在组织切片上原位定位凋亡细胞。

撰稿人：J. G. Seidman

14.1 组织、胚胎及单细胞的固定、包埋及切片

按本节实验方案制备的切片可用于观察细胞和组织形态，以及进行原位杂交、免疫组织化学和酶组织化学的研究。

14.1.1 基本方案 组织和胚胎的多聚甲醛固定及石蜡包埋

材料（带√项见附录 1）

√4% 高聚甲醛（paraformaldehyde，PFA）固定液，4℃，新鲜配制

石蜡（如 Paraplast）

50%、70%、95%和 100%乙醇

二甲苯（Baker）

硅氧烷喷雾器

20 ml 容量的咬合盖玻璃小瓶（硅烷化以用于处理小量样本，见附录 3）

60℃温箱和带有孔，可置 20 ml 玻璃瓶的加热块

包埋用提环及模具（如 VWR Scientific 公司产品）

热镊子及截去末端的热巴斯德吸管

拉长末端并封口的热巴斯德吸管

步骤

1）将已解剖的器官或胚胎置于写有标签的 20 ml 咬合盖玻璃小瓶中（小量样本需用经硅烷化处理的玻璃瓶），加入 4℃新鲜配制的 4% PFA，置 4℃固定至所需时间为止。

最佳的固定时间应该是既能得到好的形态学观察结果，又可在原位杂交中显示良好的信噪比（杂交信号与背景分明）。

为获得对各个器官更佳、更均一的固定效果，应在获取组织前对动物进行固定液灌注，灌注方法见辅助方案 1。

2）于 60℃烘箱中熔化石蜡。

3）固定完成后，倒去固定液（注意勿丢失样本），以 50%乙醇替代。然后立即换新鲜的 50%乙醇，在 50%乙醇中脱水 3 次，室温放置每次 20 min。

4）继而以 70%乙醇脱水 3 次，室温每次 20 min。

5）室温下，置样本于 95%乙醇 3 次，每次 20 min。

6）室温下，置样本于 100%乙醇 3 次，每次 20 min。

7）以二甲苯换去 100%乙醇，然后立即换以新鲜二甲苯，在二甲苯中放置 3 次，每次 10 min。

小心：二甲苯为毒性有机溶剂，步骤 7、8 应在通风橱中进行。

8）倒去二甲苯并加 5 ml 新鲜的二甲苯于每个盛样本的小瓶中，用一热的玻璃吸管加入等量的已熔化石蜡（操作要快，防止凝结），混匀，置样本于室温过夜。

9）置样本瓶于 60℃温箱中熔化混合的石蜡/二甲苯。准备 1 个 60℃加热块，其上的孔可放进 20 ml 的样本瓶，当石蜡/二甲苯混合物熔化后，将瓶移至加热块上。

10）将石蜡/二甲苯混合液倒入废液瓶中，立即以热的玻璃吸管加入新熔化的石蜡。将样本瓶放回加热块中。重复此步骤，逐一完成每一样本。将样本瓶放回 60℃温箱中，温育 1 h。操作要快，以防石蜡凝结，如果发生凝结，则应于开始 1 h 温育前重新于 60℃熔化石蜡。

11）从温箱中取出样本瓶，再放回 60℃加热块中，重复步骤 9 和 10 两次，总温育时间为 3 h。

12）按制造商使用说明，准备好包埋模具（如进行硅烷化喷涂），用一热的玻璃吸管加熔化的石蜡于模具中，再用一热镊子或截去末端的巴斯德吸管马上将样本移至充满石蜡的模具中。

13）置一包埋提环于模具上并加石蜡，提环上写明标签以便将来识别样本。可用一热的拉长并封口的吸管调整模具内样本位置，将模块放室温使其完全凝结。

14）从包埋模具中取出蜡块，放在室温干燥处，按辅助方案 2 做切片。

按此存放条件，蜡块可用数年。潮气将破坏蜡块，故必须干燥存放。

14.1.2 备择方案 悬浮及培养细胞的 PFA 固定

材料（带√项见附录 1）

2×10^7 细胞/ml（可能的话，重悬于无血清培养基中）

√4% PFA 固定液，室温

√3×和 1×PBS，pH 7.2

50%、70%、95% 和 100%（*V*/*V*）乙醇

多聚-L-赖氨酸包被的载玻片

润湿盒（见 14.2）
玻璃染色盘

步骤

1）吸取浓度为 2×10^7 细胞/ml 的细胞悬液 10 ml，滴于多聚-L-赖氨酸包被的载玻片上。置于湿盒中，使细胞静置 30 min。
2）将玻片放入玻片架，浸于盛有 4% PFA 固定液的染色用玻璃盘中，室温固定 20 min。
另外，还可将细胞直接培养于多聚-L-赖氨酸。包被的盖玻片或载玻片上，以 4% PFA 固定液，在室温下固定 20 min。
3）将玻片架移至另一盛有 3×PBS 的盘中，放置 2 min 以终止 PFA 固定。
4）将玻片架移至一新的含 1×PBS 的盘中，放置 2 min。换 1×PBS 后，再放置 2 min。
5）在盘中相继加换 50%、70%、95%、100%乙醇，依次在每种溶液放置 5 min 脱水。
6）在空气中使玻片完全干燥。放于有干燥剂的玻片盒中，−70℃存放（可存数周）。
玻片在放于干燥剂中并冰冻之前，必须充分干燥。否则会因冰冻而出现人为假象。

14.1.3 辅助方案 1 成年小鼠的灌注

进行实验动物灌注是获得良好的形态学观察结果以及保存脑、肾、心脏和其他许多器官所必需的。对于未经训练的实验人员，初次进行灌注可能会失败，故建议首先用一些对照实验动物练习，以熟悉此过程；或求助于训练有素的实验动物病理学工作人员及熟悉此过程的同事。在此描述的用于小鼠的方案可应用于多种其他实验动物。

材料（亦见基本方案；带√项见附录 1）

√1×PBS
装有 23-G 针头的 2 支注射针管（20～30 ml）
装小鼠和 CO_2 气体的容器（袋子）
解剖器械（剪刀、镊子等）

步骤

1）一支针管吸满 1×PBS，另一支吸 4% PFA 固定液（4℃），搁置待用。
2）在袋中用 CO_2 气体处死小鼠。停止呼吸后，立刻背朝下放平小鼠，小心并迅速剖开胸腔防止过多出血。切开肋骨，剪去横膈膜，暴露心脏。
3）小心将吸有 1×PBS 的针管刺入左心室，剖开右心室排液。缓慢但持续地将 1×PBS 灌入心脏（图 14.1.1），如果灌注正常，血液丰富器官，如肝脏、脾脏和肾脏将转呈灰白色。

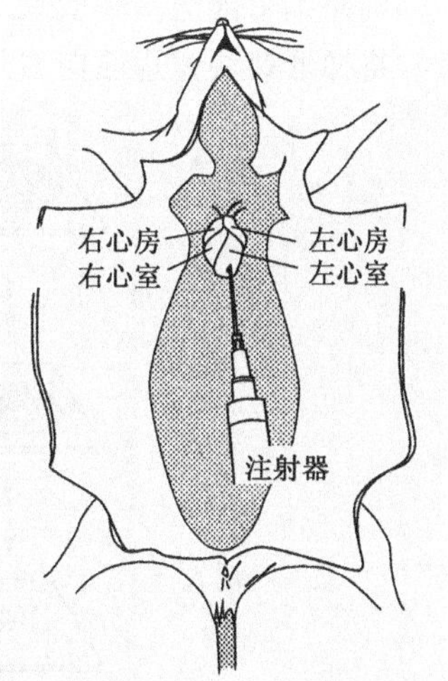

图 14.1.1 小鼠的灌注。图示心脏各腔及灌注时注射器在左心室正确的进针位置。

4）当多数血液已流出后，拔去 1×PBS 的针管将吸有 4% PFA 固定液（4℃）的针管插入左心室同一进针处，以 20 ml 固定液缓慢灌注小鼠。

小鼠四肢及尾部出现肌肉颤动表示灌注成功。此过程结束时，小鼠应僵硬，如果灌注不成功，则无必要继续实验。

5）灌注后，剖下器官或组织，放入盛有 4% PFA 固定液作好标记的玻璃瓶中，于冰上（4℃）保存。按基本方案或 14.2 进一步固定及加工。

14.1.4　辅助方案 2　蜡块中样本的切片

做含样本石蜡块的切片是需要经验的工作，可能的话，应师从训练有素者。

材料（带√项见附录 1）

含样本的石蜡块

√0.2×明胶浸泡液

切片机，装有刀片

明胶浸泡过的载玻片（见辅助方案 3）

细毛刷

载玻片温育器或加热台，温度设置在 45～50℃

42℃烘箱

干燥剂（如 Humicaps，United Desiccants-Gates）

步骤

1）用剃须刀片将含样本的蜡块切成梯形，小心切去多余石蜡，勿太接近包埋样本（否则样本可能遭损坏或致蜡块破碎）。

2）将梯形蜡块宽边面向刀片置于切片机固定夹上进行切片（见图 14.1.2 C～E），切成

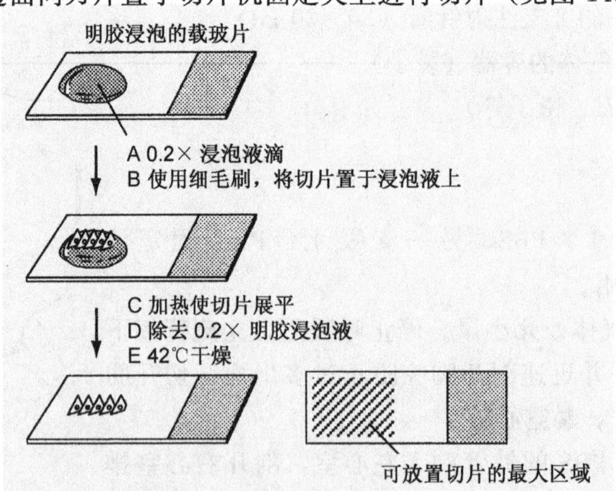

图 14.1.2　石蜡切片在明胶浸泡过载玻片上的放置。A～E 所描绘的对应于辅助方案步骤 3～8。

8 mm 厚。

注意：切片机的刀片很锋利，切片机的安全使用参见制造商提供的使用手册。

3）加 1 滴 0.2×明胶浸泡液于明胶浸泡过的载玻片上（见图 14.1.2），用细毛刷将切片成排放在液滴上（根据样本大小，可放多至 10 张切片）。

4）将载玻片移至温度为 45～50℃间的载玻片温育器或加热台上。

温育处理可展平样本切片，除去皱折，勿将载玻片于加热台置放太久，否则切片将遭损坏。

5）切片展平后，从加热台上取下载玻片并小心以一巴斯德吸管吸去残留浸泡液，室温晾干切片。

6）载玻片于 42℃温育 1～2 天，使切片牢固地吸附于其上。

切片可以放在带有干燥剂的玻片盒内－20℃存放几个星期。

14.1.5 辅助方案 3 包被载玻片的制备

多聚 L-赖氨酸包被的载玻片

与明胶浸泡处理载玻片的方法一样，清洗载玻片（用玻片架和玻璃染色盘）。配制足量的 500 mg/ml 多聚 L-赖氨酸水溶液（Sigma，相对分子质量大于 150 000），逐一将载玻片浸于此溶液中（塑料的载玻片包装盒可用作浸液用的盒子）。空气干燥，储于 4℃，一周内使用。

明胶浸泡处理载玻片

材料（带√项见附录 1）

√1×明胶浸泡溶液，4℃

步骤

1）在加有去垢剂的水中清洗载玻片［25 mm×75 mm，可从 Becton Dickinson Primary Care Diagnostics 公司购买预清洁的载玻片（Rite On Microslides）］数分钟，可用任何优质去垢剂。

2）在水中浸泡载玻片 30 min，在此期间，配制 1×明胶浸泡液（见附录 1）。

3）置玻片于玻片架中，并浸于盛有 1×明胶浸泡液（4℃）的玻璃染色盘中 2 min。浸泡过程须防止载玻片上产生气泡。

4）从浸泡液中取出玻片架。玻片侧立，使其上浸泡液滴尽。用前干燥过夜。明胶浸泡过的载玻片于室温下可稳定存放数周。

参考文献：Luna，1968.

撰 稿 人：Rolf Zeller

14.2 冰冻切片

本节介绍冰冻组织的样本制备及切片方法，表 14.2.1 所列为实验中可能出现问题及其解决方法。

表 14.2.1　冰冻切片法中影响形态的问题原因及解决方法

问题	可能原因	解决办法
整个组织形态保持不完整	解剖组织过程中不精心或未及时冰冻	解剖过程中应特别小心勿牵拉或折弯造成组织损坏；组织解剖后应立即冰冻以防止内源性蛋白酶对组织的降解，这对于脆弱的组织样本（如小胚胎或脑组织）及含有酶丰富的组织（如肝脏）而言尤其重要；用蔗糖固定和灌注能极有效地保持组织形态（见辅助方案）
组织块上出现小孔	在冰冻过程中有冰晶形成或冰冻样本融化、复冻时在冰冻切片机中形成冰晶	样本块冻结时应采用异戊烷或 CryoKwik 而不宜使用气体（如氮气）。后者会沸腾，与热的组织接触引起外壳结冰效应。沸腾的气体使组织外层与液氮隔离，因此减缓了冻结速度形成冰晶。应保证把样本装在切片机上时有一大的预冷过的隔热槽隔热，确保勿用手指或其他热的工具接触样本组织形态轮廓不清
组织形态失真	从载玻片粘取切片时于其背面施压过度造成的"过压产物"	在粘取切片时勿施重压，因温度和静电的共同作用，切片通常会附着在载玻片上；如果未能附上，可能是载玻片太凉，可用手指接触载玻片背面局部加热
组织形态模糊变形	提起切片时移动了载玻片	在轻轻放下载玻片接触切片时用刀背作支点顶着载玻片，保证载玻片不侧向移动
切片不黏着载玻片，标记时切片被洗掉	载玻片包被不充分	按 14.1 所述的方法对载玻片充分包被确保切片黏附在载玻片上
切片时切片从切片刀边缘吹走	在冰冻切片仪中形成了静电	无可靠的解决办法，备一把毛刷可能有用，也可使用防静电枪（如针对录音机设计的静电枪）
切片上有线形条纹划过，在切片刀边缘分成条状	切片刀太钝	预备锋利切片刀；通常一刀刃切过约 20～30 块软组织样本后需将更换切片刀；如果是新型设备，使用一次性切片刀可能更好

14.2.1　基本方案　样本制备及切片

材料

液氮

CryoKwik（Damon）或异戊烷

OCT 化合物（Tissue Tek II，Miles）

小烧瓶或敞口的聚苯乙烯盒

裁成 1 cm×7 cm 的滤纸条（如 Whatman 50）

镊子

金属棒

冰冻切片机及切片机

切片托盘（切片过程中托住样本的金属台）

加热槽及 CO_2 喷射型冰冻器

细毛刷和 1/4 in 的毛刷

明胶或多聚 L-赖氨酸包被的载玻片（见 14.1），预先用铅笔标明样本详情。

注意：冰冻切片中所用所有工具，包括修整用剃须刀片，均应在冰盒中预冷，但载玻片不应该冷冻。

步骤

1）将一个 50 ml 硬质玻璃烧杯浸入盛有液氮的烧瓶（或敞口聚苯乙烯盒）中冰冻，烧杯中加 CryoKwik。

2）在滤纸条一端以铅笔注明标签，用镊子将样本放于另一端。

样本制成半流质状最适于在滤纸上冻结，用巴斯德吸管吸取 200～300 μl 样本液滴加于滤纸条上。多数组织样本将自然地黏附于滤纸上，如果附着不上，则有必要在样本和滤纸间加入少量 OCT 化合物。

3）保证 CryoKwik 呈液状（必要的话，通过接触热的金属棒使其熔化），将样本浸于冷的 CryoKwik 中 1 min。

一些 CryoKwik 可能凝固于样本上，但在冷冻切片仪中会挥发掉。样本可储存于液氮或－70℃冰箱。

4）置带样本的滤纸条于冰冻切片仪的样本槽中，并固定在有一薄层 OCT 化合物的切片托盘上（图 14.2.1）。

不要使用过多的 OCT 化合物，这会造成冰冻假象。尤其要避免将组织浸入 OCT 化合物，除非多个小样品切片时。

5）将冰冻切片仪中的样本切片托盘放入预冷的加热槽中或 CO_2 喷射型冰冻器中冰冻，直至 OCT 化合物凝结，并在冰冻切片仪中放置 10 min以上，使温度均衡。

6）用一预冷的剃须切片，将样本块修成梯形（在不会影响样本形态情况下），撕去滤纸。

7）将切片托盘安于切片机上，使梯形的平行面与刀相齐并将宽面面向刀的边缘，向后移动样本块使其恰好可切过刀边。

8）用刀快切，在样本块上修整出“光面”（每秒切出一张切片，厚约 5～10 μm）。待已切至组织样本，从切面上可看到所要切的组织结构或样本块大小理想时（在 0.5～1 cm 之间），便可收集切片，按步骤 9 进行切片的收集。

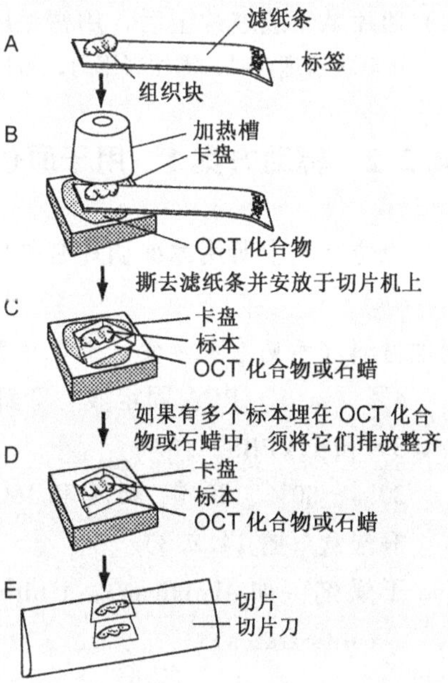

图 14.2.1 切片程序。A～E 图解的是冰冻切片的过程，并对应于 14.1 中基本方案的步骤 6～13；C～E 图解的是石蜡包埋切片的过程，对应于 14.1 中辅助方案 2 的步骤 1～4。

9）图 14.2.2 所示为最常用的塑料滚板法，它很容易进行连续切片，但对大的组织切面则不太适合［较大组织切片的收集见滚条法及相关文献（Watkins）1995］。

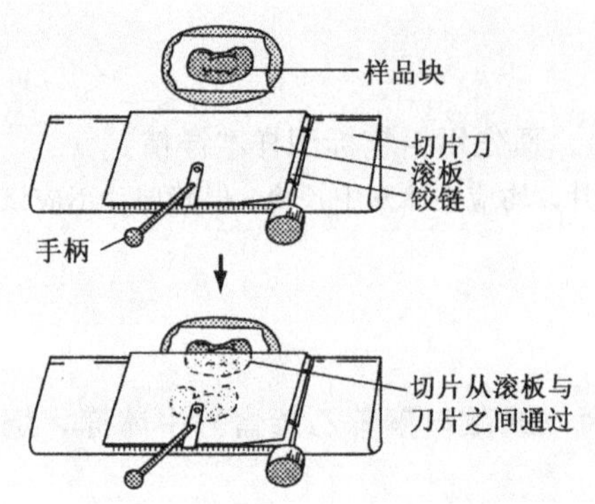

图 14.2.2 塑料滚板。将塑料滚板铰链到切片机刀架的背面，并水平放置，与刀刃平行。滚板的一侧与刀刃接触，整个滚板斜向与刀背相离，以便使切片可以从刀片与滚板之间滑过。

a. 进行切片前，放下滚板使其接触切片刀并置放在与刀边缘平行位，从刀口稍向后移。

b. 扭动转轴并切片，在此情况下切片将到达刀的边缘处。

c. 升起滚板，用一小毛刷，将切好的切片从切口处扫下来。

d. 重复步骤 9a～9c，直至切片平稳地在滚板与刀间滑过（通常滚板在刀口前方约 0.5 mm），然后进行步骤 10。

10）升起滚板，将切好的切片用一细毛刷移至刀背面，用一预先写好标签、温热的以明胶或多聚赖氨酸包被的载玻片，轻触并载起切片（见表 14.2.1，形态学问题解答）。

承载好的切片应留在切片机中，直至整个切片过程结束。如果要用于原位杂交实验，则于固定后马上进行固定后处理。如果切片将用于免疫组化或酶组化检测，则可将切片在限定时间内（过夜）置一密闭容器中，储于－70℃（亦见 14.6 介绍的免疫组织化学研究用切片的空气干燥）。

11）切片承于载玻片上后，用密毛刷（1/4 in）清理刀上聚集的碎冰。

用毛刷清理刀时，需相当用力，而且应顺着刀口，否则切片刀会很快变钝，毛刷会受到损坏。

14.2.2 辅助方案 1 用于原位杂交的冰冻切片的固定

原位杂交中所用冰冻切片必须用高聚甲醛固定，然后再脱水。

附加材料（亦见基本方案；带√项见附录 1）

√4%（*m*/*V*）PFA 固定液，新鲜配制

√3×和 1×PBS

30%、60%、80%、95% 和 100% 乙醇

润湿盒（图 14.2.3）

干燥剂（如 Humicaps，United Desiccants-Gates）

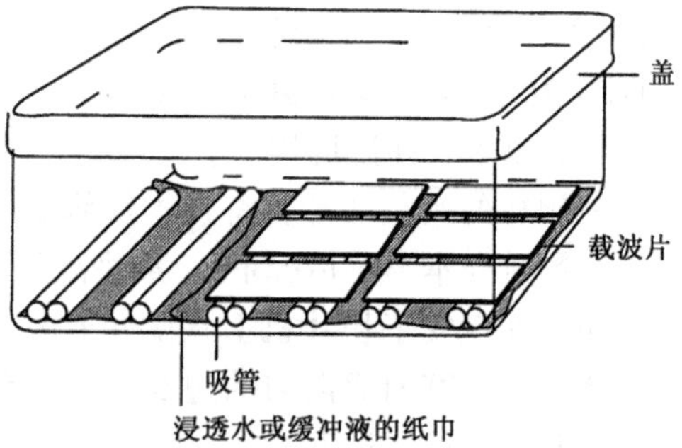

图 14.2.3 加湿盒。取一适当大小带有密封盖的容器，放几对 5～10 ml 的塑料吸管于底部，使载玻片两端能放置其上，放吸管的目的是能让大量载玻片放在上面。或者，亦可在底部放一不锈钢的蛋糕架。在底部放上吸水纸并用水浸透。用于原位杂交的切片，温育时间很长，可用渗透压及甲酰胺浓度与杂交缓冲液相同的液体湿透吸水纸（见 14.3）。

步骤

1）将承有切片的载玻片放入润湿盒中，加 4% PFA 覆盖整个切片，盖上润湿盒。如为预先未固定过的组织，则于室温放置 20 min；如是固定过的组织则放置 5 min。

2）吸去固定液，用吸管或喷水瓶以 3×PBS

冲洗切片，并温育 5 min。用 1×PBS 重复冲洗切片 2 次。

3）吸去 PBS，按顺序以 30%、60%、80%、95%和 100%乙醇依次浸泡切片，每次 2 min。

4）晾干载玻片并保存在放有干燥剂的密封盒中于－70℃可达数周。开盒前应将其平衡至室温。

14.2.3 辅助方案 2 组织固定和蔗糖灌注

如果在切片之前用蔗糖对组织进行固定及灌注，通常会大大改善冰冻切片中的组织形态。

附加材料（亦见基本方案；带√项见附录 1）

√PBS

√2%或 4%（*m/V*）PFA 固定液，新鲜配制，4℃

0.5 mol/L 蔗糖/PBS

步骤

1）于 4℃，在 2% PFA 固定液（用于免疫组织化学）或 4% PFA 固定液（用于原位杂交）中，固定小的组织样本或分离的胚胎（如第 7 天、第 8 天的小鼠胚胎）30 min。

大的胚胎和一些组织将需要固定达 4 h，大的器官在由动物体解剖下之前，应在动物体内通过灌注进行原位固定（见 14.1）。

2）在 PBS 中清洗组织样本 2 次。

3）在 0.5 mol/L 蔗糖/PBS 中浸泡样本，直至组织沉下（约 1～3 h 至过夜）。

高聚甲醛固定是一个连续的固定过程，而固定时间应尽量缩短，过度的固定会造成在原位杂交或免疫组化实验中失去反应活性，这一点对原位杂交尤其重要（见 14.1～14.3）。

参考文献：Hollands，1962；Watkins，1995；Zugibe，1970.

撰 稿 人：Simon Watkins

14.3 细胞 RNA 的原位杂交

细胞 RNA 的原位杂交实验用于在混杂的细胞群体和组织中确定特异信息的细胞的位置。原位杂交实验的时间参数见表 14.3.1，探针应于杂交前一天合成。

表 14.3.1 原位杂交实验进程表

实验步骤	石蜡切片	冰冻切片
固定和包埋样本	第 1 天：以 4% PFA 固定液进行组织固定或灌注；脱水	第 1 天：以 4% PFA 固定液进行组织固定或灌注，蔗糖浸制。OCT 化合物中埋置样本，速冻并储于－70℃

续表

实验步骤	石蜡切片	冰冻切片
切片	第3～4天：切片机制备切片置于载玻片上，42℃干燥1～2天，干储于－20℃，不多于2个月	第2天：制备冰冻切片，置载玻片上以PFA固定液固定，脱水，干储于－70℃，1月内使用
预处理	第4天：脱蜡、HCl及热处理，以封闭剂及乙酸酐处理。脱水，－70℃干储过夜	第3天：链霉蛋白酶消化，乙酸酐处理；脱水并立即使用
杂交	第5天：切片上加探针，置润湿盒杂交1～4 h	第3天：切片上加探针，置润湿盒杂交1～4 h
洗涤	第5天：洗涤，RNA酶处理并脱水	第3天：洗涤，RNA酶处理并脱水
检测	第5天～?：压X射线胶片曝光1～3天，估计曝光时间，将多张玻片浸入放射自显感光乳剂，显影并分析	第3天～?：压X射线胶片曝光1～3天，估计曝光时间，将多张玻片浸入放射自显感光乳剂，显影并分析

14.3.1　基本方案　细胞的石蜡切片杂交实验

材料（带√项见附录1）

制备于包被载玻片上的样本（见14.1）

脱蜡/再水化（脱水）系列：盛二甲苯的染色盘3个，盛100%乙醇的染色盘2个，分别盛95%、70%和50%乙醇的染色盘各1个。

√0.2 mol/L HCl

√2×SSC，70℃

√1×和3×PBS

√链霉蛋白酶，经预消化和冻干的（选用）

含2 mg/ml甘氨酸的1×PBS（选用）

4%（*m/V*）PFA固定液，室温，新鲜配制

含10 mmol/L DTT的1×PBS，新鲜配制，45℃

√封阻液，临用前新配，45℃

√三乙醇胺缓冲液（TEA），新鲜配制

乙酸酐

^{35}S-UTP标记的核糖核酸探针（见辅助方案1）

S-核糖核酸探针竞争剂（见辅助方案1）

√50 mmol/L DTT，灭菌

√杂交混合液A

√加湿盒溶液A

√洗液A、B和C

√RNA酶消化液

50%乙醇/0.3 mol/L 乙酸铵溶液
70%乙醇/0.3 mol/L 乙酸铵溶液
95%乙醇/0.3 mol/L 乙酸铵溶液
100%乙醇
二组载玻片架（一组清晰地标明仅供 RNA 酶使用）
玻璃染色盘，不少于 10 个
45℃、55℃和 50℃水浴
有干燥剂的载玻片盒（如 Humicaps，United Desiccants-Gates）
100℃加热块或水浴
45℃温箱
加湿盒（见图 14.2.3，一只标明 RNA 酶专用）
玻璃染色盘，4 个以上，注明 RNA 酶专用

注意：以下所有步骤均是将承有样本的载玻片置于玻片架中，并在盛有指定溶液的玻璃染色盘中进行。除非另有说明，所有溶液均为新配制，并只使用一次。

步骤

1）准备脱蜡/再水化系列（可重复使用数次）及 0.2 mol/L HCl，同时将载有切片样本的载玻片（在玻片盒中−20℃或−70℃储存，见 14.1）取出，平衡至室温，并开始预热 2×SSC 至 70℃（步骤 5 中使用）。

2）在加有二甲苯的染色盘中进行切片脱蜡，更换二甲苯 3 次，每次间隔 2 min（对载有未经包埋单细胞的玻片则无必要）。

3）通过如下各组染色盘进行再水化：100%乙醇 2 次，每次 2 min；95%乙醇 2 min；70%乙醇 2 min；50%乙醇 2 min。

4）样本室温下于 0.2 mol/L HCl 中变性 20 min。

5）样本在 70℃ 2×SSC 中热变性 15 min，浸于 1×PBS 2 min。

可选步骤：在一定情况下，此刻可进行链霉蛋白酶的消化，样本用 0.1～10 μg/ml 链霉蛋白酶于 37℃消化 15 min（链霉蛋白酶浓度依实践经验决定。通常，使用仍可获得良好细胞形态的最高酶浓度）。将玻片浸于含 2 mg/ml 甘氨酸的 1×PBS 中 30 s，终止消化。

6）在新配制的 4% PFA 固定液中，室温 5 min，快速固定样本。于 3×PBS 中浸 5 min，终止固定，继续在 1×PBS 中浸 2 次，每次 30 s。

7）在含 10 mmol/L DTT 的 1×PBS 中，45℃水浴 10 min，平衡样本。

8）用新配制的封阻液，置 45℃水浴 30 min 进行封闭。水浴时用铝箔覆盖（碘乙酰胺对光敏感）。

注意：碘乙酰胺和 *N*-乙基马来酰亚胺为剧毒物，应小心操作。

9）室温下，以 1×PBS 浸洗 2 次，每次 2 min。

10）在新配制的 TEA 缓冲液中平衡样本 2 min。移玻片架于新的 TEA 缓冲液中，并加乙酸酐至 0.25% 终浓度。快速混合，并在搅拌情况下浸泡玻片 5 min。再加乙酸酐至 0.5% 终浓度，再浸泡 5 min。

11）在 2×SSC 中浸泡 5 min 封闭样本。

12）分别以 50%、70%、95%和 100%乙醇（2 次）浸泡进行样本脱水。室温下，每次 2 min，使用步骤 3 用的乙醇溶液。

13）空气干燥样本（或于干燥器中干燥），继续实验前应确证样本绝对干燥。样本放在加有干燥剂的玻片盒中，于−70℃干储过夜。

14）离心乙醇沉淀的反义链及有义链 ^{35}S 标记的核酸探针（见辅助方案 1）以及 S-核酸探针的竞争物。沉淀干后，以 5 μl 无菌的 50 mmol/L DTT 溶解各沉淀（相当于一个反应）。加 2.5 μl（反应的半量）S-核酸探针竞争剂于反义链及有义链核酸探针中。

15）加热块或水浴 100℃加热溶解的探针 3 min。

16）立即加足量杂交液 A，使探针终浓度为 0.3 μg/ml（合成探针量的确定见辅助方案 1），充分混合。测定 1 μl 放射活性（期望放射活性计数值 $\geq 1\times10^5$ cpm/μl）。将管置于 45℃水浴（杂交温度）。

如反义链和有义链探针的放射活性计数差异显著（如 5 倍），应确证不是因混合不适当而造成，并重新计数。

如差异仍存在，则稀释较高计数值的样本，使两者计数值/μl 大致相同，标记探针实际值 $<10^5$ cpm/μl 则不应使用。

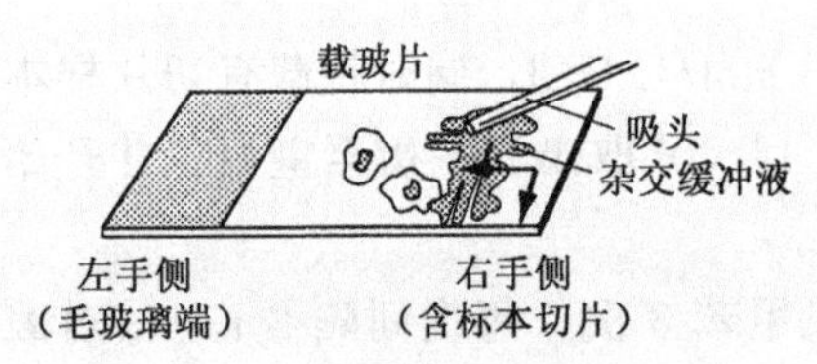

图 14.3.1　杂交混合物在载玻片上的应用。小心将杂交混合物用吸头（不要接触切片）涂布在切片上。箭头指示涂布杂交混合物 A（或 B）的方向。

17）小心用加样吸头（见图 14.3.1）在标本上铺加适量探针（如 20 μl/20 mm^3），开始杂交。

如果出现杂交本底，杂交前可进行预杂交，取 5 μl 含一个反应量的 S-核糖核酸探针竞争剂的 50 mmol/L DTT，100℃加热 3 min，并加 500 μl 杂交混合液 A。铺加≥20 μl 的此预杂交混合液于样本上，在加湿盒内 45℃温育 1～2 h。为便于移去预杂交混合液，将载玻片斜立，使液体聚于一角，用 Whatman 3MM 滤纸小心地吸去液体。继续步骤 17。

18）置样本于加湿盒中（载玻片保持水平放置），加湿盒内加入加湿盒溶液 A，于 45℃温育杂交适当时间。进行温育，时间从 30 min～4 h 的系列杂交（需平衡加湿盒内液体，并小心密封加湿盒，因为如果样本干了，将导致高的杂交本底，加湿盒溶液与杂交混合液的渗透压必须相同，以防止杂交液稀释或浓缩）。

19）杂交过程最后 1 h 期间，准备并预热洗液 A、B、C。

20）将载玻片浸入 55℃ 100 ml 洗液 A 洗涤：将载玻片放入玻片架，然后放入盛有溶液 A 的染色盘中。

玻片第一次浸入洗液 A 可除去大量放射活性，此液应作为具放射活性废液处理。其后含较少量放射活性洗液的处理，可按当地规定。在杂交过程及洗涤步骤中勿使玻片干燥。

21）在 55℃溶液 A 中洗 2 次，每次 15 min。继续在 55℃溶液 B 中洗 2 次，每次 15 min。然后，室温下以溶液 C 洗 2 次，每次 2 min。

22）每一玻片上加 500 μl RNA 酶消化液，覆盖全部样本，将玻片放入如图 14.2.3 所示的加湿盒中（盛有水），标明 RNA 酶专用。室温放置 15 min。

23）在 50℃洗液 C 中，缓慢振摇洗玻片 2 次，每次 30 min。再于 50℃洗液 A 中，缓慢摇洗玻片 2 次，每次 30 min。继续在室温下，以 2×SSC 洗玻片 2 次，每次 5 min。

24）经以下各组溶液中进行脱水处理（每次 2 min）：

50%乙醇/0.3 mol/L 乙酸铵

70%乙醇/0.3 mol/L 乙酸铵

95%乙醇/0.3 mol/L 乙酸铵

100%乙醇

25）空气中干燥载玻片。压胶片曝光至少过夜，然后进行乳胶放射自显影（见 14.4 和附录 3）。

14.3.2 备择方案　冰冻切片的杂交

材料（亦见基本方案；带√项见附录 1）

载有冰冻切片的载玻片（见 14.2）

√预消化的链霉蛋白酶溶液

√50 mmol/L Tris·Cl，pH 7.5/5 mmol/L EDTA

含 2 mg/ml 甘氨酸的 1×PBS

TEA 缓冲液：新鲜配置

乙酸酐

√2×SSC

30%、60%、80%、95% 和 100%乙醇

标记的 DNA 或 RNA 探针（见辅助方案 1、2、3）

√杂交混合液 B

√去离子的甲酰胺

50%（*m/V*）硫酸葡聚糖（Amersham Pharmacia Biotech）

√3.3 mol/L 二硫苏糖醇（DTT），新配

√加湿盒溶液 B

√DNA 洗液，预热至 37℃

√RNA 溶液 I 和 II，预热至 50℃

20 μg/ml 经煮沸处理过的 RNA 酶 A 溶于 0.5 mol/L NaCl/10 mmol/L Tris·Cl pH 8.0

配制含 0.6 mol/L NaCl 的 30%乙醇和 60%乙醇

两套载玻片架及广口瓶（1 套留做 RNA 酶消化专用）

50℃水浴

加湿盒（见图 14.2.3）

37℃和 42℃温育箱（或水浴）

步骤

1）从冰箱中取出玻片盒，使其温度平衡至室温，然后打开。置载玻片于架中，浸泡于以 50 mmol/L Tris·Cl（pH 7.5）/5 mmol/L EDTA 配制的链霉蛋白酶液中，放 10 min。

对冰冻切片的消化有时可予以省略。

2）室温下将载玻片浸于含 2 mg/ml 甘氨酸的 PBS 中 30 s，然后再于 PBS 中浸 2 次，每次 30 s。

3）浸载玻片于新配的 TEA 缓冲液中 5 min。

4）在一个烧杯中，准备足够浸没载玻片的 TEA 缓冲液。加入乙酸酐至终浓度 0.25%，迅速倒在载玻片上，晃动玻片架使液体充分混合，放置 10 min。

5）在 2×SSC 中洗载玻片 2 次，每次 5 min。

6）按顺序在 30%、60%、80%、95%和 100%乙醇中依次浸泡脱水，每次浸 2 min。干燥并立即用于杂交。

7）沉淀标记的 DNA 或 RNA 探针。确定标记掺入的百分率（比活）并估计合成的探针量，并按最终每千碱基 0.2 μg/ml 的浓度估算用于溶解沉淀的杂交混合液的体积。

8）首先以 2 份杂交混合液 B 及 2 份去离子的甲酰胺重新溶解探针沉淀，随后加 1 份 50%硫酸葡聚糖，充分混合。

探针可预先准备好，冻存于−80℃。

9）标记的 DNA 探针煮沸 2 min，置于冰浴，冷却；或于 80℃加热标记的 RNA 探针 30 s，维持于 50℃。加热后，加入 3.3 mol/L DTT 至终浓度 50 mmol/L。用加样吸头，加足量探针充分覆盖切片，如 20 μl/20 mm^2（见图 14.3.1 和辅助方案）。

10）玻片放入封闭良好的、加有加湿盒液 B 的加湿盒中温育 4 h。DNA 探针于 37℃温育，RNA 探针于 42℃温育。

11a）对 DNA 探针：以预热至 37℃的 DNA 洗液洗 2 h，其间换洗液 4～5 次。

11b）对 RNA 探针：

a. 在预热至 50℃的 RNA 洗液 I 中洗 15 min，至少洗 2 次。

b. 玻片在 37℃的含 20 μg/ml 经煮沸处理 RNA 酶 A 的 0.5 mol/L NaCl/10 mmol/L Tris·Cl（pH 8.0）溶液中温育 15 min。

c. 在预热至 50℃的 RNA 洗液 I 中洗 15 min，至少洗 2 次。

d. 在预热至 50℃的 RNA 洗液 II 中洗 15 min，洗 2 次。如需要的话，洗片温度可高至 60 ℃，不过对形态学结果可能有影响。

注意：用于洗片及 RNA 酶处理的所有玻璃器皿和玻片架，应与进行预处理和杂交过程的器皿完全分开。

12）在以下溶液中依次浸泡脱水，每次浸泡 2 min：含 0.6 mol/L NaCl 的 30%乙醇、含 0.6 mol/L NaCl 的 60%、80%、95%和 100%乙醇。

13）在空气中干燥切片后，经放射自显影检测杂交的探针（见 14.4 和附录 3A）。

14.3.3 辅助方案 1 合成 ^{35}S-标记的核糖核酸探针

材料（带√项见附录 1）

√5×转录缓冲液

1 mol/L 二硫苏糖醇（DTT），新配

RNA 酶抑制剂（如 Amersham placental ribonuclease inhibitor 或 Promega Biotec RNasin）

10 mmol/L CTP、ATP 和 GTP（见 3.4）

√1 μg/μl 限制性内切核酸酶消化的载体

[^{35}S] UTP，比活度 1000～1500 Ci/mmol（见 3.4）

SP6 或 T7 噬菌体 RNA 聚合酶

10 mg/ml 作为载体用的酵母 tRNA 或小鼠 poly（A）RNA

1 U/μl 无 RNA 酶的 DNA 酶 I（如 Promega Biotec RQ1）

3 mol/L 乙酸钠

7.5 mol/L 乙酸铵

100% 和 70% 乙醇，－20℃

注意：当制备^{35}S-标记探针时，在所有含^{35}S-UTP 的溶液里加入 10 mmol/L DTT 非常重要。尤其应在可能灭活 DTT 的任何一步骤后加入（如沉淀、柱层析、煮沸）。此外，特别要注意防止 RNA 酶对试剂的污染。

步骤

1）在一个含 SP6、T3 或 T7 启动子的载体中，插入目的基因。在编码序列下游酶切使质粒呈线性（见 3.1）。DNA 以酚/氯仿抽提（见 2.1），乙醇沉淀，70%乙醇洗后晾干。以无菌水重溶沉淀至 1 μg/μl。

另外，还可用新配的 0.1%焦碳酸二乙酯（DEPC）在室温下处理 10 min。加热至 65℃放 10 min，按上述方法进行乙醇沉淀。在限制酶切后 DNA 应该纯净并去盐，以防止终止转录。

2）室温配制下列反应混合液（总体积 20 μl）：

4.0 μl 5×转录缓冲液

0.2 μl 1mol/L DTT

60 U RNA 酶抑制剂

1.0 μl 三种 10 mmol/L NTP 中每一种

1.0 μl 1 μg/μl 酶切 DNA

10.0 μl [^{35}S] UTP

16 U SP6 或 T7 噬菌体 RNA 聚合酶

37℃温育 30 min，再加 16 U 聚合酶并于 37℃温育 40 min。

S-核糖核酸探针竞争剂，是用一个没有插入片段的载体作为模板而合成的。在转录反应体系中以 100 nmol/L 无放射活性的 S-UTP 取代 [^{35}S] UTP。在每个^{35}S-标记的核糖核酸探针反应体系中，需用半量反应的 S-核糖核酸探针竞争剂。

3）在反应混合液中加入 60 U RNA 酶抑制剂、2.0 μl 10 mg/ml 的载体 RNA 和 1.0 μl DNA 酶 I，37℃温育 10 min 以除去模板。

4）往反应混合液加入 0.8 μl 1 mol/L DTT、63 μl 无菌水和 10 μl 3mol/L 的乙酸钠，取出 1 μl 测定其 cpm/μl 值。

5）加 36.4 μl 7.5 mol/L 的乙酸铵于反应混合液（终浓度 2 mol/L）中，加入 272 μl －20℃ 100% 乙醇，置干冰上沉淀 10 min。以－20℃ 70%乙醇洗沉淀，晾干，需要的话可重复此步。沉淀重溶于 100 μl 10 mmol/L DTT。

6）确定其 cpm/ml 值，计算掺入百分比，核糖核酸探针应于 2～3 天内使用（70%～

90%的标记掺入，结果可得 70～90 ng 标记的 RNA①)。

7) 标记探针合成后，每 20～25 μl 反应体系加 50～100 μg 载体 tRNA、乙酸钠至 0.3 mol/L，DTT 至 10 mmol/L，然后按步骤 4 乙醇沉淀（根据数量成比例调整）。核糖核酸探针应在 2～3 天内使用。

14.3.4 辅助方案 2 ^{35}S 标记的双链 DNA 探针的合成

使用 [^{35}S] dNTP 以缺口平移法或随机寡核苷酸引物引导合成法，可制备具放射活性的双链 DNA 探针。加 10 mmol/L DTT 于标准反应混合液中（见 3.5），用终摩尔浓度尽可能高（通常达 2～4 μmol/L）的两种不同的 [^{35}S] dNTP（比活度≥1 000 Ci/mmol）替代 [^{32}P] dNTP。

注意：由于 [^{35}S] dNTP 的掺入速率比 [^{32}P] dNTP 慢，为获最大掺入和达到所需 DNA 长度，反应应处于最佳条件，掺入量应高达 5×10^8 cpm/μg。

参考文献：Hogan et al.，1986；Pardue，1985.

撰 稿 人：Rolf Zeller，Melissa Rogers，Anna G. Haramis，and Andres E. Carrasceo

14.4 杂交探针的检测

放射自显影术用于检测和定量分析与细胞学样本进行杂交的放射性探针。放射自显影胶片用于检测^{32}P 或^{35}S 标记的探针，并可应用于大的器官或组织中进行的实验。欲获得单细胞水平的分辨率，则需要用乳胶放射自显影。有关胶片放射自显影的进一步信息参见附录 3A。

14.4.1 基本方案 1 胶片放射自显影

将载玻片以胶带固定于硬纸板或废胶片上，将 Du Pont Cronex 成像胶片（MRF 34 Clear）轻压在载玻片上 4℃曝光。也可使用 Kodak XRP-1 胶片。例如，使用 Du Pont Cronex 成像胶片时，应注意以胶片的乳胶面正对样本。

14.4.2 基本方案 2 乳胶放射自显影

材料

稀释的 Kodak 乳胶（见辅助方案 1）

Kodak D19 显影剂

Kodak 定影剂

塑料的细胞学玻片邮寄用包装盒（Curtin Matheson）可作为浸泡盒使用

---

① 原文为 DNA，这显然是错误的。——译者注

无电火花风扇或玻片干燥器（Oncor，选用）

Kodak 安全光 2 号滤光片（选用）

黑色，避光载玻片盒

干燥剂（如 Humicaps，United Desiccants-Gates）

42～45℃水浴

玻片架和广口瓶，在显影和定影中用

15～20℃水浴（可利用聚苯乙烯泡沫塑料盒）

用于干燥载玻片的玻片架或金属试管架

注意：步骤 1～7 应在全暗处或距安全光 4ft（$1ft=3.048\times10^{-1}m$）处操作。

步骤

1）在 42～45℃水浴溶化小份稀释的乳胶（根据供应商提供的方法制备）10 min。将乳胶倒入或吸入洁净的玻片包装盒中（浸泡盒）。

2）将载玻片缓慢并轻柔地浸入浸泡盒中，缓慢取出并垂直放置在试管架上 2 h 使其干燥。为防止胶乳流动所造成的人为假象，在干燥前，可将浸过的载玻片放在冷的玻璃板上 10 min。

3）将充分干燥的载玻片放入有干燥剂的不透光的载玻片盒中，以黑色电工胶带封盒，铝箔覆盖，于 4℃曝光。勿在用于储存^{32}P或有机溶剂的冰箱中曝光。

4）分别加显影液、水和定影液于广口瓶中，并水浴至 15～20℃。

5）由冰箱中取出载玻片使温度与显影液温度相同。

6）将载玻片移至载玻片架上，在暗室中按以下程序进行显影（以计时钟准确计时）：显影液中浸泡 2.5 min，水中浸泡 30 s，定影液中浸泡 3 min。

7）无需避光，以柔缓的冷自来水洗载玻片 10～15 min，再以冷蒸馏水洗 1 次。载玻片干燥之前，以剃须刀片刮去载玻片背面乳胶，然后于无尘处干燥。

8）按试验要求进行载玻片复染，并加盖洁净的盖玻片（见 14.5）。

14.4.3 辅助方案 放射自显影用稀释乳胶的制备

附加材料（亦见基本方案）

Kodak NTB-2 放射自显影乳胶

注意：所有步骤均在暗室或距安全光 4ft 处进行。

步骤

1）暗室中，以 42～45℃水浴，温育盛有 4oz（1oz=28.35g）Kodak NTB-2 放射自显影乳胶瓶30 min。同时，在 500 ml 三角瓶中预热等体积的水至相同温度。

2）乳胶熔化后，缓慢沿三角瓶壁（以一定角度）倒入瓶中并混合。轻旋三角瓶 1～2 次，混合乳胶和水，防止产生气泡。

3）分装乳胶于尼龙闪烁瓶或塑料的玻片包装盒中。用铝箔包裹或放于避光容器里，储于从未存过^{32}P或有机化合物的冰箱。

有些闪烁瓶盖中有软木塞应取出，因为它可能会释放增加背景的有机物。

4）使用前，应先测试稀释胶乳的质量。用两张洁净未使用过的玻片浸以胶乳，并进行显影（见基本方案 2）。在 100×透镜下观察，如每一视野可见多于 100 个显影颗粒，则应将胶乳退回生产商（Kodak）。

参考文献：Pardue，1985.

撰 稿 人：Melissa Rogers

14.5 放射自显影原位杂交玻片的复染和压片固定

通过轻微的切片复染，可观察切片样本的形态以及特异区域的特性。复染后，载玻片经脱水处理，压盖玻片固定，拭净后供显微镜观察。在所提供的以下方案中，吉姆萨染色在染细胞核上占有优势，苏木精/伊红染色可辨别细胞核和细胞质，甲苯胺蓝染色是对细胞核和细胞质淡染的一个更简便方法。细胞核的 Hoechst 染色提供了一个可同时观察整个组织以及杂交区域的快速、简便、有效的途径。

14.5.1 基本方案 吉姆萨（Giemsa）染色

材料（带√项见附录 1）

水化并显影的原位杂交玻片（见 14.3 和 14.4）

吉姆萨染色液（Fisher）

√10 mmol/L 磷酸钠缓冲液，pH 6.8（500 mmol/L 原液按 1∶50 稀释）

50%、70%、95% 和 100% 乙醇

二甲苯

封片介质：Permount（Fisher）或 Gelvatol（现称 Airvol，来自 Air Products and Chemicals）

玻璃染色盘，13 个

平头镊

Whatman 3 MM 滤纸条

42℃温箱

小心：二甲苯为毒性有机溶剂，使用二甲苯的操作均应在通风橱下进行。

步骤

1）将显影的玻片置于玻片架上，浸入盛有水的染色盘中。

2）在染色盘中，准备以下各组液体：

1 个盘：用 pH 6.8 10 mmol/L 磷酸钠缓冲液配制的 25 倍稀释的吉姆萨染液；

3 个盘：水。

脱水系列溶液（可重复使用，或使用 14.3 中介绍脱蜡过程所用相同体系）：

3 个盘：分别盛 50%、70%和 95%乙醇；

2个盘：盛有100%乙醇；

3个盘：盛有二甲苯。

3）在25倍稀释的吉姆萨染液中染玻片20 s（依染色时间决定染色的强弱）。将玻片在水中浸泡3次，每次2 min。

4）用乙醇系列溶液脱水，每盘中浸泡2 min，将玻片移至二甲苯盘中，每次浸泡2 min，共3次。

应注意进行脱水和在二甲苯中平衡的操作，因Permount不与水或乙醇相溶。

5）在通风橱中，按如下操作压片固定：用一平头镊（拿在左手），从二甲苯中取出一块玻片，夹住磨面端置水平。加4滴Permount于另一端（切片所处位置），右手拿一干净的盖玻片，按图14.5.1所示，很缓慢地放在载玻片上。在加压片固定介质和盖玻片前，勿使玻片变干，因微小气泡会造成人为假象。

如用Gelvatol，对切片无需进行脱水处理。例如，在免疫组化试验中。以Gelvatol进行压片固定按如下进行：滴1小滴Gelvatol于盖玻片上，小心将载玻片贴于液滴上，防止产生气泡。避免施压，否则可能压坏样本，室温下放2～4 h使之凝固。

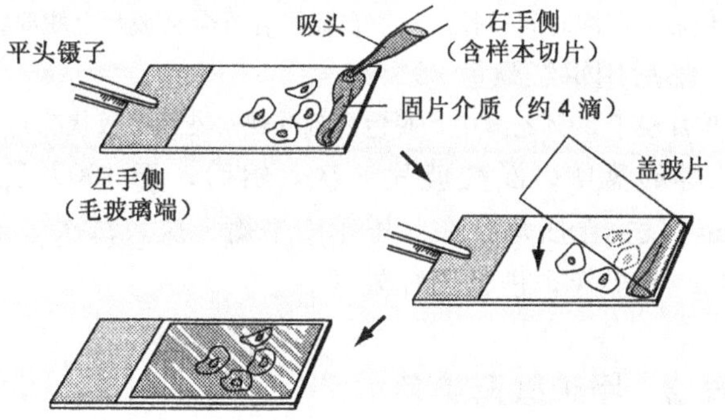

图14.5.1 用封片介质进行封片的示意图。

6）用3 MM滤纸，沿盖玻片边缘，小心吸去多余封片介质/二甲苯，并擦拭载玻片背面（勿擦拭盖玻片）。

勿将玻片直立存放于玻片中，因此时封片介质尚未凝固。

7）将玻片平放于一硬纸盘上，置42℃温孵箱2天使之凝固。

8）以剃须刀片小心刮去载玻片背面残留胶乳、染料和封片介质。用镜头纸或普通棉纸擦去尘埃。放入玻片盒，必要时，在载玻片上再注明标签。

9）显微镜观察玻片，观察时可依信号强弱调节光亮。

14.5.2 备择方案1 苏木精/伊红染色

附加材料（亦见基本方案；带√项见附录1）

苏木精染料（用乙酸处理的Harris改进苏木精，无汞；Fisher）

0.1% 氢氧化铵

√伊红染料

步骤

1）将显影过的载玻片（在玻片架中）放入盛有水的染色盘中。

2）在染色盘中准备以下各组液体：

1 个盘：苏木精染液

2 个盘：水

1 个盘：0.1%氢氧化铵

2 个盘：水

1 个盘：伊红染液

1 个盘：95%乙醇

2 个盘：100%乙醇

3 个盘：二甲苯

3）在苏木精染液中染玻片 20～30 s，勿染过深。水中浸泡 2 次，每次 2 min。

4）快速浸于 0.1% 氢氧化铵，然后浸入水中。

如果在 0.1% 氢氧化铵中浸泡时间过长，放射自显影乳胶会从玻片上脱离。

5）以水浸洗 5 min，然后用伊红染色 20～30 s。

如染色过深，可将玻片浸于 50%乙醇中，脱色片刻（观察染料扩散状况）；如染色过弱，可再染。

6）在同一盛 95%乙醇的盘中，浸洗玻片 8 次，然后，于 100%乙醇中浸 8 次，再置 100%乙醇中 2 min 使完全脱水。在二甲苯中平衡 3 次，每次 2 min。

7）按基本方案步骤 5～9 操作，进行固片处理。

14.5.3 备择方案 2 甲苯胺蓝染色

附加材料（亦见基本方案；带√项见附录 1）

√甲苯胺蓝染液

步骤

1）用水稀释甲苯胺蓝染液。按所期望染色程度，凭经验决定稀释度，由 1∶100 稀释起始。

2）玻片在稀释好的染色液中短暂浸泡，然后在水中浸泡数次。按需求进行压片固定。

14.5.4 备择方案 3 HOECHST 染色法

附加材料（亦见基本方案；带√项见附录 1）

1 mg/ml Hoechst 染料，溶于二甲基亚砜（Hoechst 33258 染料，二苯亚胺；储于 −20℃）

√封片介质：0.5 g/ml 加拿大香柏油，或 Gelvatol

荧光显微镜，配置有 Hoechst 或 DAPI 滤色片及暗视场显微镜

小心：Hoechst 染料为致癌剂。

步骤

1）用水按 1∶500 稀释 1 mg/ml 的 Hoechst 染液至终浓度 2 μg/ml。将稀释染液加于切片上或将玻片浸于染液中，置室温 2 min。

2）室温下，在水中洗 2 min，晾干。

3）在 42～55℃烘箱中，烘烤玻片 30～60 min，取出置室温。

4）如图 14.5.1 所示，用 0.5 g/ml 加拿大香柏油为介质，加上盖玻片，将玻片置室温干燥 2 天。

勿用 Permaunt，因在观察细胞核时会出现自发荧光。加拿大香柏油能很好地显现石蜡切片并在紫外照射下不发荧光，Gelvatol 可用于冰冻切片，但不应用于石蜡切片，因其不能显现组织成分。

5）用 Hoechst 外荧光（epifluorescence）光学观察细胞核，用红色滤光片盖住光源并同时以暗视场观察银粒。银粒将显示红色且与显示蓝色荧光的细胞核形成鲜明对比。如欲照相，可对细胞核和银色的颗粒进行二次曝光。

参考文献：Luna，1968.

撰 稿 人：Rolf Zeller and Melissa Rogers

14.6 免疫组织化学法

本节介绍进行蛋白质定位的免疫组织化学技术。前 3 个方案着重阐述了间接免疫荧光法，它是一种最简便并得到广泛应用的镜检技术。随后介绍了用于明视场显微镜观察的备择方法，如免疫过氧化物酶和免疫金标记法。这些方案中均使用第一和第二抗体，在 *Linscott's Dictionary* 的年汇编中载有相当完整的抗体目录。

现在，针对来源于许多种属动物第一抗体的标记二抗已成为商品，此类标记物具有很高的特异性、纯度以及检测信号强度。如遇到问题，可参阅表 14.6.1 查找原因。鉴于在细胞和组织的免疫组化分析中，存在的各种有关本底及非特异性标记固有的问题，故建议在实验中设立如下对照（见表 14.6.1）：①用相同稀释度的来自产生抗体的动物免疫前血清的对照；②单独使用第二抗体；③不加抗体；④用一种已知其抗原在所研究组织或细胞中不存在的抗体；⑤用一种已知阳性反应的抗体（如肌动蛋白抗体）；⑥在每一实验中，系列稀释第一抗体。

表 14.6.1 免疫荧光标记疑难解答

问题	可能原因	解决方法
切片出现“褪色”	在观测前未将切片置于避光处冷藏	切片在避光阴冷处保存至关重要，迅速处理切片
形态中出现颗粒；标记为颗粒状或很微弱	在从冰冻切片仪中取出时切片干涸，或切片在冰冻切片机或在－80℃冰箱中被冻干	在任何时候勿使切片干燥，除非抗原活力特别强又十分丰富

续表

问题	可能原因	解决方法
在未标记的材料中也出现可见的荧光	自发荧光，用醛固定时常会产生	切片在 PBS 中洗涤 10 min 后再在 0.5%的 $NaBH_4$ 水溶液（现配现用）中预温育可封闭绝大多数自发荧光；切片上出现气泡乃正常现象，但动作剧烈的处理可造成切片损失
	标记单层细胞时，自发荧光可能是由培养皿引起的，可在荧光显微镜下检测新的培养皿	细胞生长在盖玻片上或无菌培养室内的载玻片上
荧光标记遍布在切片之上，甚至在无第一抗体时也出现	第二抗体浓度太高	进一步稀释抗体，通常商品化的免疫偶联物可按 1∶100 稀释，这是一个十分常规的起始浓度；如果要获得最佳结果，每批抗体应进行系列稀释
荧光亮点非特异性出现在切片和载玻片上	免疫标记时洗涤不充分或未能离心除去没有与第二抗体结合的荧光染料	收到第二抗体后尽快于微量离心机上以最高速度（13 500 *g*）离心 5 min，尤其是抗体以冻干形式发送更有必要；在多数情况下，会产生 10～20 μl 沉淀，应将之丢弃
出现特异性标记，但本底太高	第一和第二抗体的非特异性结合	用第一抗体标记之前切片在 1%血清中预温育 1 h（如正常山羊血清）；用制备第二抗体的动物的同类正常血清封闭，以确保封闭抗体不被第二抗体识别；否则标记问题将更加复杂化。也可将第二抗体稀释在 1%～10%血清中从而避免封闭步骤
出现特异性标记，但不在预期的位置；或在同一块切片上可见互斥的标记图式	抗血清含有组织特异性抗体而不是靶抗原特异性抗体	通过用免疫前血清（即在抗原免疫之前从产生抗体的动物获得的血清）标记切片可证实这一问题，在免疫之前应从动物抽取血清，这一操作应作为抗体制备流程的必要步骤；通过亲和层析纯化抗体可避免这种类型的非特异性标记
在切片上未见标记，即使同一份抗体在 Western 印迹试验中可见清晰的标记	所用的组织切片不含抗原	确保获得足够有效的切片以致包含样本组织中所有可能的结构特征
	抗体不能识别抗原的天然状态；如果针对变性抗原而不是天然抗原产生的抗体可能发生这种情况，而用单抗比多抗发生的频率高因为后者包含了针对抗原不同表位的抗体	重新使用天然抗原制备抗体
	在标记之前的组织处理操作导致抗原失活	许多抗原可在风干切片后仍具有很强的抗原性（见用 Coplin 广口瓶进行免疫荧光染色的备择方案），如果使用该方案未见标记，改用基本方案
	在冰冻之前过度固定导致了抗原构象的改变（见 14.2）	减少样本的固定时间
出现标记模糊或贯穿切片的条纹	罕见的情况是在标记过程中可溶性特别强的抗原溶解，并与切片游离；一种更可能的原因是在切片时组织弥散（见表 14.2.1，切片问题及解决办法）	冰冻之前先固定组织或固定切片

14.6.1 基本方案1 单层生长细胞的免疫荧光标记

材料（带√项见附录1）

在3～5 cm培养皿上生长的单层细胞（培养皿越小所需的抗体就越少，但培养皿应适合显微镜下观察）

√PBS，4℃

√2%（*m/V*）高聚甲醛（PFA）固定液，4℃，用于细胞表面抗原固定

100%甲醇，−10～−20℃（置于冰箱的结冻室冷却较为理想）；或含0.1%（*V/V*）Triton X-100的2% PFA固定液，4℃，用于细胞质抗原固定

第一抗体，约5～10 μg/ml

第二抗体：抗特定种属来源的第一抗体的抗体荧光染料结合物

步骤

1）细胞置于冰上冷却，吸去培养液并以4℃的PBS洗涤，吸去PBS。

2）如欲研究细胞表面抗原，则以2% PFA于冰上固定30 min。如研究细胞质抗原，则可用含0.1% Triton X-100的2% PFA于冰上固定30 min，或以100%甲醇在普通冰箱的结冻室（−10～−20℃）固定15 min。

两种固定细胞质抗原的方法均可获满意结果。然而，用高聚甲醛/Triton X-100固定通常可获更佳的形态学观察结果，如采用甲醇固定法，应确保细胞在放入冰箱以前，先用甲醇充分予以洗涤，否则细胞会冻结。

使用与泵连接的巴斯德吸管抽吸液体。

3）吸去固定液，用4℃的PBS洗2次（5 min/次）。稀释的第一抗体于4℃用微量离心机以13 500 *g*离心2 min。

4）加第一抗体于培养皿中，使其恰好覆盖细胞，4℃温育1 h。然后用4℃的PBS洗4次（5 min/次）。

5）稀释的第二抗体在4℃用微量离心机以13 500 *g*离心2 min。

6）加入第二抗体，4℃温育1 h。然后用4℃的PBS洗4次。

7）若不想立即观察细胞，则将细胞于PBS中存放。盖好培养皿，以铝箔包裹，冷藏。在24 h内观察此实验结果是很重要的，因荧光会迅速减弱或与细胞解离。

如用LabTek细胞培养玻片，可取玻片以Gelvatol进行封片处理（见14.5）。

14.6.2 备择方案1 悬浮细胞的免疫荧光标记

附加材料（亦见基本方案1）

$5\times10^{6}\sim10^{7}$细胞，生长于含培养液的15 ml Falcon管中

多聚L-赖氨酸包被的载玻片（见14.1）

步骤

1）细胞在冰浴中冷却，然后用台式离心机在4℃以800 *g*离心5 min（用于淋巴细胞）。

吸去培养液并以 4℃的 PBS 重悬细胞。

离心机转速依细胞类型进行调整，但必须低转速离心，以防止损伤细胞。除非特别说明，否则所有离心步骤均在此条件下进行。

2）离心，吸去 PBS，以 1～2 ml 2% PFA 固定液，或 2% PFA 固定液/0.1% Triton X-100 重悬细胞，置冰上固定 30 min。

3）离心、吸去固定液，用 15 ml 4℃的 PBS 重悬细胞，放置 5 min，再用 PBS 进行第二次洗涤。

使用大体积缓冲液可以减少洗涤次数。

4）第一抗体在 4℃用微量离心机以 13 500 *g* 离心 2 min。250 μl 抗体足够用于 5×10^6 细胞。

5）离心细胞，吸去 PBS，重悬细胞于第一抗体中，置 4℃温育 1 h。

6）用 4℃的 PBS 稀释细胞和抗体至 15 ml。

7）离心，吸去 PBS，以 4℃的 PBS 重悬细胞，重复 1 次。

8）第二抗体 4℃用微量离心机以 13 500 *g* 离心 2 min。5×10^6 细胞用 250 μl 抗体就足够。

9）吸去 PBS，以第二抗体重悬细胞，4℃温育 1 h。重复步骤 6 及步骤 7。

10）除非立即观察细胞，否则在进行细胞最后浓缩的下一步操作之前应以铝箔包裹离心管并冷藏。

11）离心细胞并以少量 PBS 重悬（勿用水），将细胞悬液滴于多聚 L-赖氨酸覆层的载玻片上，加上盖玻片，尽可能马上观察结果。

14.6.3 基本方案 2 组织切片的免疫荧光标记

材料（带√项见附录 1）

组织样本冰冻切片置于载玻片上的（见 14.2）

√PBS

第一抗体 5～10 μg/ml

第二抗体，特异性针对第一抗体的抗体荧光染料结合物

封片介质（如 Gelvatol）

塑料玻片盒或加湿盒（图 14.2.3）

步骤

1）将湿纸巾铺于载玻片盒底部做成加湿盒，或按 14.2 描述方法做加湿盒。从冰冻切片机或冰箱取出载有切片的载玻片，交叉放入玻片盒（每边约 6 片）或加湿盒中。勿使载玻片相互接触。

2）待载玻片达到室温且未干时，于切片上铺加 PBS，勿使溢出玻片。

3）稀释的第一抗体于 4℃用微量离心机以 13 500 *g* 离心 2 min（每一载玻片上加 40～50 μl 抗体，应能盖住切片）。

4）用与泵相连的巴斯德吸管，在切片的一端吸去玻片上的 PBS，并从另一端加上抗体，

盖上加湿盒，室温温育 1 h。

5）以 PBS 洗玻片 3 次（5 min/次）。

从切片一端加入新的 PBS 缓冲液，由另一端吸去旧的缓冲液。

6）稀释的第二抗体于 4℃用微量离心机以 13 500 *g* 离心 2 min。以每载玻片 40～50 μl 抗体计。

7）将第二抗体加于切片上，置加湿盒中室温温育 1 h。以 PBS 洗玻片 3 次（5 min/次）。

8）将盖玻片放于纸巾上，滴加 1 滴 Gelvatol 于盖玻片中央。翻转载玻片放于盖玻片上，勿施压。将玻片置工作台上，用铝箔覆盖避光放置 30 min，使 Gelvatol 凝结。

9）显微镜下观察结果，或置玻片盒中储于 4℃。

14.6.4 备择方案 2 链霉亲和素生物素结合物免疫荧光标记

此实验方案介绍了一种经三步反应的技术，它通过使用链霉亲和素第二抗体结合物，然后再与生物素荧光染料结合物反应（见图 14.6.1D），提高了免疫组化反应的敏感度。

附加材料（亦见基本方案 2）

生物素酰化第二抗体（Vector Laboratories）

荧光染料链霉亲和素结合物（Vector Laborarories）

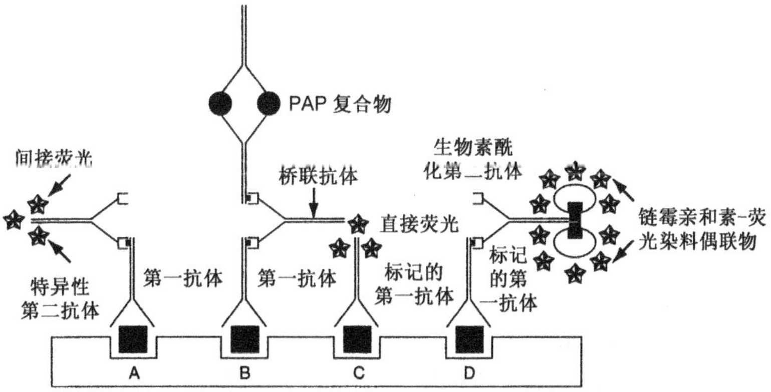

图 14.6.1 免疫组化标记的各种方法。A. 第一抗体与某特异性表位结合，再由与荧光染料结合的第二抗体予以显示，然后通过荧光显微镜观察。B. PAP-免疫过氧化物酶法：第一抗体与其相应抗原表位结合，然后通过一桥联抗体（中间抗体）与 PAP 复合物结合，随后以 DAB 底物液显色，经明视场显微镜观察可见抗原位点处显棕色。C. 应用直接和荧光染料结合的第一抗体，进行组织和细胞标记的方法，荧光显微镜下观察。D. 应用链霉亲和素-生物素结合物，反应信号得到相当程度的放大，从而使低水平的结合反应可清晰地看到。第一抗体已特异性地与抗原结合，然后由生物素酰化第二抗体标记，此复合物再经链霉亲和素-荧光染料结合物予以显示。

步骤

按基本方案 2 进行步骤 1～5 操作，然后按如下步骤进行。

6）稀释的生物素酰化第二抗体在 4℃用微量离心机以 13 500 *g* 离心 2 min（每一载玻片用 40～50 μl 抗体）。

7）加第二抗体于切片上，置加湿盒中，室温温育 1 h。

8）以 PBS 洗玻片 3 次（每次洗 15 min），加荧光染料链霉亲和素于切片上（每一载玻片用 40～50 μl 抗体）。置加湿盒中，室温温育 1 h。按基本方案 2 步骤 5 所述方法，以 PBS 洗玻片 3 次。

9）准备玻片并观察（按基本方案 2 中步骤 8 和 9 操作。）

14.6.5　备择方案 3　组织切片的免疫金标记

附加材料（亦见基本方案 2）

免疫金标记物（Janssen）

步骤

除以下两步外，其余均按基本方案 2 进行。

7）加免疫金标记第二抗体温育 2 h。

9）显微镜下观察结果或放密闭玻片盒中，室温储放。

14.6.6　备择方案 4　组织切片的免疫过氧化物酶标记

这是一种非常敏感的方法。用以构成 PAP 复合物的抗体其类型必须与被桥联抗体所识别的第一抗体相同（图 14.6.1B）。

附加材料（亦见基本方案 2，带√项见附录 1）

含 0.25%过氧化氢的 PBS

第二抗体（一种同时识别第一抗体和 PAP 复合物的桥联抗体）

辣根过氧化物酶抗过氧化物酶抗体（PAP）复合物（抗体种属来源与第一抗体相同）

√二氨基联苯胺（DAB）底物液

小心：DAB 为致癌剂，操作应格外小心。

步骤

步骤 1、2 按基本方案 2 进行，然后按如下方法操作。

3）室温下在含 0.25%过氧化氢的 PBS 中温育 30 min，用 PBS 洗 3 次。

4）按基本方案 2 中步骤 3～5 操作。

5）载玻片上加特异性桥联二抗，室温温育 1 h。以 PBS 洗 3 遍。

6) 加 PAP 复合物，室温温育 1 h。以 PBS 洗 3 遍。
7) 室温下加 DAB 底物液显色 2～5 min（显色时间长短依经验而定）。
8) 洗片并封片（基本方案 2 步骤 7、8）。置玻片盒中在暗处存放，不必冷藏。

14.6.7 备择方案 5 组织切片的免疫荧光双标记法

间接免疫荧光显微镜检术可以使两种或更多种抗原在同一切片任何一个时间被显示出来。这是通过使用激发波长及发射波长均不相同的荧光染料而进行的。通常限用两种荧光染料，最常见的是罗丹明（绿光激发，发射红光）和荧光素（蓝光激发，发射绿光）联合使用。而联合使用其他荧光染料，如藻红蛋白亦是可行的，但不管用何种荧光染料均应遵循如下原则：

1) 当进行双标记实验时，最重要的准则是：第一抗体应为不同类型，从而使第二抗体能分别识别。第一抗体最好是来源于不同免疫动物，但如使用单克隆抗体，这一要求就有可能达不到。当使用单抗时，不同型的抗体如 IgG 和 IgM，可被第二抗体确切区分。但不同亚类（如 IgG1 和 IgG2）的抗体通常不能被二抗确切区分。
2) 实验操作过程和基本方案 2 相同，例外的是所加第一抗体和第二抗体由两种第一抗体及两种第二抗体的混合成分所替换。
3) 在试图进行双标记实验之前，应进行单标记实验，摸出不同的第一抗体和第二抗体的最佳稀释度。

参考文献：Coons et al.，1941；Sternberger et al.，1970；Linscott' s Directory of Immunological and Bioohemical Reagents，2002.
撰 稿 人：Simon Watkins

14.7 用非同位素探针进行原位杂交和检测

非同位素原位杂交技术可用于测定细胞和组织中特异性转录物定位及其表达的相对水平。它是用一标记生物素或地高辛的非放射性探针和所制备样本中的 RNA 进行杂交，非同位素探针通常通过荧光或酶法予以检测（图 14.7.1 和图 14.7.2）

注意：实验用水须以 DEPC 处理，所用溶液的配制均使用 DEPC 处理过的水，以抑制 RNA 酶活性。具体方法见附录 1。

小心：DEPC 有致癌之嫌，应小心操作。

14.7.1 基本方案 荧光原位杂交

材料（带√项见附录 1）

载有样本的载玻片（见 14.1）

20～150 ng 非同位素标记的 DNA 探针（见 3.18）

√去离子的甲酰胺（American Bioanalytical）

√10 mg/ml 经超声处理的鲑精 DNA

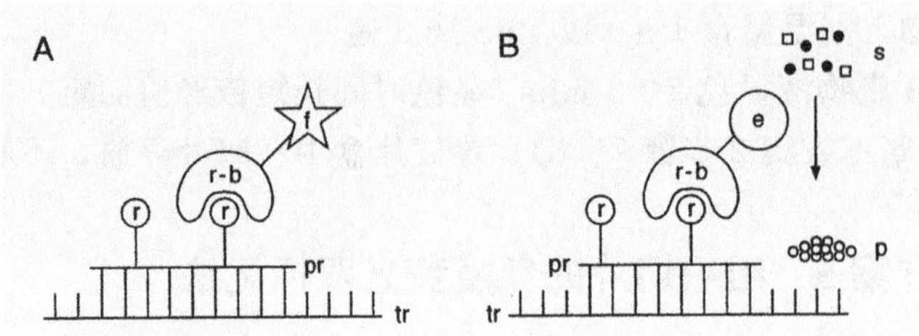

图 14.7.1　杂交探针的检测。A. 荧光原位杂交（FISH）；B. 酶法检测。缩写：e：酶（如碱性磷酸酶或辣根过氧化物酶）；f：荧光染料（如荧光素、罗丹明或得克萨斯红）；p：有色沉淀物；pr：报道分子标记的探针；r：报道分子（如生物素、地高辛）；r-b：报道分子结合物（如亲和素、链霉亲和素或地高辛抗体）；s：可溶性底物；tr：转录物。箭头指示为酶催化的反应。

√主杂交混合液
√50%（*V*/*V*）甲酰胺（未去离子）/2×SSC
√1×、2×和 4×SSC，pH 7.0
√生物素检测液或地高辛检测液或生物素/地高辛检测液
0.1%（*V*/*V*）Triton X-100/4×SSC
√DAPI 或碘化丙锭染色溶液
√合适的防褪色固片介质
39℃、42℃和 72℃水浴
相差显微镜
22 mm^2 盖玻片
橡皮泥
加湿盒（图 14.2.3）
有干燥剂的玻片盒（Baxter Scientific）
指甲油
具落射光源及滤光片装置的荧光显微镜。此镜应与所用荧光染料相配，带有双光区（荧光素/得克萨斯红）或三光区（荧光素/得克萨斯红/DAPI；Omega Optical 或 Chroma Technology）的滤光片
Ektar-1000 或 Ektachrome-400 彩色感光片，或 Technical Pan 2415 黑白感光片（Kodak）

小心：甲酰胺、DAPI 和碘化丙锭为有害物质。其使用、储存及废弃处理可参见生产商具体说明。

步骤

1a) 石蜡切片或细胞的杂交按 14.3 的基本方案步骤 1～7，对载玻片进行脱蜡、水化、封闭和脱水处理。将标本晾干（或在干燥器中干燥），随后储于加有干燥剂的载玻片盒中，置−70℃过夜。

至关重要的是标本在储放前应绝对干燥。

1b) 冰冻切片的杂交：按 14.3 的备择方案步骤 1～7，进行切片的预处理和乙酰化处理，随后进行切片的脱水。

标本绝对干燥至关重要，此时切片即可用于杂交（步骤3）。杂交应马上进行。

2) 对每一杂交实验，可用乙醇沉淀 10～15 ng 探针，重溶于 10 μl 去离子的甲酰胺中，加 5 μg（0.5 μl）超声处理的鲑精 DNA，在 70℃～80℃温度下热变性探针 10 min。
3) 加 10 μl 主杂交混合液于变性探针中（探针终浓度为 0.1～0.5 μg/ml）。混匀，微量离心机以高速稍加离心，然后加于载玻片上。覆加 22 mm^2 盖玻片，轻压以赶去大的气泡。放入加湿盒中，在 37℃温育 2～4 h。
   杂交也可过夜，若杂交过夜，则用橡皮泥封住盖玻片。
4) 杂交最后 30 min 期间，以 37℃水浴，在 Coplin 广口瓶中，预热 50 ml 50% 甲酰胺/2×SSC 洗液和 50 ml 2×SSC。
5) 从加湿盒中取出载玻片，剥去橡皮泥（如有使用的话）并小心移去盖玻片。在 37℃ 50% 甲酰胺/2×SSC 中，清洗杂交过的玻片 15 min；接着以 37℃ 2×SSC 洗 15 min；再于室温以 1×SSC 洗 15 min。
6) 玻片在室温下，以 4×SSC 平衡 5 min。取出载玻片吸去残余缓冲液，在此过程中任何时候都不要使玻片干涸。
7) 加 50 μl 生物素检测液、地高辛检测液或生物素/地高辛检测液于杂交过的载玻片上。用 22 mm^2 大小的 Parafilm 覆盖，放在一用铝箔包裹的加湿盒中，于 37℃温育 45 min。
8) 室温下，按顺序在裹以铝箔的 Coplin 广口瓶中，分别用 4×SSC、0.1% Triton X-100/4×SSC 和 4×SSC 浸洗切片。每种溶液中浸洗 10 min。
9) 加 50 μl DAPI 或碘化丙锭染色液于切片上，以一块 22 mm^2 的 Parafilm 膜覆盖。室温下染色 5 min。在盛有 1×SSC 的 Coplin 广口瓶中短暂浸洗，以除去多余染液。吸去残液但不要使切片干涸。
10) 加 7 μl 适当的防褪色固片介质于已染色的切片上，覆以盖玻片。轻轻挤压除去多余的防褪色固片介质，注意勿损伤组织切片。以指甲油密封盖玻片，放在有干燥剂的玻片盒中，储于－20℃。
11) 用具落射光源以及有适合实验中所用荧光染料滤光片的荧光显微镜，观察实验结果。
12) 用 Ektar-1000（用于打印）或 Ektachrome-400（用于载玻片）彩色感光片照相。
   曝光时间依杂交信号亮度而定，但对 DAPI 的曝光时间为 2 s，经双光区或三光区滤光片设施的曝光时间分别为 30～90 s 和 3～8 s。对亮的杂交信号可用黑白感光片，如用 Kodak Technical Pan 2415 ASA 200 感光片进行曝光。

14.7.2 杂交信号的放大

必要时可对生物素和地高辛标记探针的杂交信号进行放大（图 14.7.2）。信号放大过程可在杂交洗涤后的任何一步进行，包括在观察结果后，且可重复进行。

辅助方案 1 生物素酰化信号的放大

附加材料（亦见基本方案）

1～3 μg/ml 生物素酰化抗亲和素抗体（Vector Laboratories），溶于 4×SSC/1%

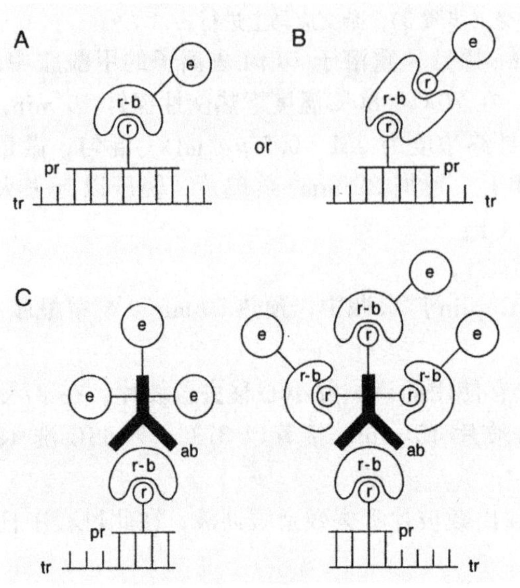

图 14.7.2　报道分子的酶法检测。A. 直接检测法：酶与报道分子结合物直接连接；B. 二步法：先加报道分子的结合物，随后与报道分子酶结合物温育；C. 信号放大原理示意：抗体与报道分子结合物温育后，继与抗报道分子结合物抗体温育。抗体可与酶或报道分子连接，如抗体与报道分子连接，则进一步与酶标记的报道分子结合物温育，最后一步是加酶底物显色步骤（图中未示）。荧光素可用酶替换。缩写：ab，针对报道分子结合物的抗体，它连接有酶或报道分子；e，酶（如碱性磷酸酶或辣根过氧化物酶）；pr，标记有报道分子的探针；r，报道分子（如生物素或地高辛）。r-b，报道分子结合物（如亲和素、链霉亲和素）或抗地高辛抗体；tr，转录物。

(*m/V*) BSA（组分Ⅴ）

生物素信号放大溶液：含 2～5 μg/ml 荧光素亲和素 DCS（Vector Laboratories），溶于 4×SSC/1%（*m/V*）BSA（组分Ⅴ）

注意：此操作应在尽量减少曝光的条件下进行。

步骤

1）用生物素酰化探针与切片进行杂交、洗涤，进行第一轮杂交信号检测（见基本方案）。

对生物素酰化探针信号的放大，可在基本方案步骤 8 之后的任何一步进行。

2）如果切片已加盖玻片并密封，可用一针头或解剖刀片划开密封的指甲油，移去盖玻片，并除去载玻片上指甲油。将玻片浸于盛有 0.1% Triton X-100/4×SSC 的，以铝箔包裹的 Coplin 广口瓶 15 min，轻轻摇动。如盖玻片不易松动，应小心抬起，重复洗涤 2 次。

3）吸去载玻片上残余溶液，在载玻片上加 50 μl 的 1～3 μg/ml 生物素酰化抗亲和素抗体，盖以 22 mm^2 大小的 Parafilm 膜，置加湿盒中，湿盒外裹以铝箔，放 37℃温育 30 min。

4）取掉 Parafilm 膜，在 0.1% Triton X-100/4×SSC 中轻摇洗涤 15 min。

5）吸去玻片上残液，加 50 μl 生物素信号放大溶液，盖以 Parafilm 膜。放在裹以铝箔的加湿盒中，于 37℃温育 30 min。

6）移去 Parafilm 膜，并以 0.1% Triton X-100/4×SSC 洗涤 15 min。然后以 4×SSC 洗涤 15 min，洗涤时应轻轻摇动。

可进行亲和素-荧光素和生物素酰化抗亲和素抗体的多层反应，但将会明显地增加本底。

7）复染，固定并在显微镜下观察（见基本方案步骤 9～12）。

辅助方案 2　地高辛标记探针的信号放大

附加材料（亦见基本方案）

10μg/ml 羊抗地高辛抗体 Fab 片段（Boehringer Mannheim），溶于 4×SSC/1%（*m/V*）BSA（组分Ⅴ）

地高辛信号放大溶液：3.5～7.0 μg/ml 荧光素标记的兔抗羊 IgG（Sigma），溶于 4×SSC/1%（*m/V*）BSA（组分Ⅴ）

注意：此程序应尽可能避光操作。

步骤

1）用地高辛标记的探针与切片杂交并洗片（见基本方案步骤 1～6）。

2）加 50 μl 10 μg/ml 的羊抗地高辛抗体 Fab 片段于玻片上，盖以 22 mm^2 大小的 Parafilm 膜，置 37℃温育 30 min。

3）移去 Parafilm 膜，分别在 4×SSC、0.1% Triton X-100/4×SSC、4×SSC 中洗片，每次 15 min。

4）吸去残余 4×SSC，加 50 μl 地高辛信号放大溶液于玻片上，盖以 22 mm^2 的 Parafilm 膜，放加湿盒中。加湿盒外裹以铝箔，置 37℃温育 30 min。

5）重复步骤 3 洗片。

6）复染，固定并镜下观察结果（见基本方案步骤 9～12）。

14.7.3 非同位素标记探针的酶法检测

杂交的探针也可通过酶学反应进行检测，它可在杂交的部位产生有色的沉淀（如图 14.7.1），最常用的酶是碱性磷酸酶（AP）和辣根过氧化物酶（HRPO），将载玻片与适当的酶底物温育反应，便可观察探针杂交的部位。表 14.7.1 总结了在原位杂交探针检测中最常用的酶和底物的配伍。

表 14.7.1 原位杂交探针检测常用酶/底物配伍

酶	底物[a]	颜色[b]
碱性磷酸酶	5-溴-4-氯-3-吲哚磷酸盐［BCIP 和氮蓝四唑（NBT）］	蓝紫色沉淀
	萘酚-AS-MX-磷酸和固红 TR	红色沉淀和红色荧光
	萘酚-AS-MX-磷酸和固蓝 BN（Boehringer）	蓝色沉淀
	萘酚-AS-MX-磷酸和固绿 BN（Boehringer）	绿色沉淀
	Vector 红	红色沉淀
	Vector 黑	黑色沉淀
	Vector 蓝	蓝色沉淀
辣根过氧化物酶	3，3-二氨基联苯胺四盐酸盐（DAB）	棕色沉淀[c]

a. 这些试剂的主要供应商为 Boehringer Mannheim、Life Technologies、Promega、Sigma 及 Vector Laboratories，但其他一些供应商亦提供类似的试剂。

b. 所列检测系统出现的杂交信号，通常是经传统的明视场显微镜观察所得。观察由固红（fast red）所产生的荧光信号，则需要荧光显微镜。有关荧光检测程序的最佳方案已有报告（Speel et al., 1992）。

c. 可通过银的沉积而增强。

备择方案 1 辣根过氧化物酶法检测

附加材料（亦见基本方案；带√项见附录 1）

封阻液：含 1% BSA 的 PBS

√链霉亲和素溶液

0.1%（V/V）Tween 20/PBS，42℃

√生物素酰化辣根过氧化物酶（HRPO）溶液

DAB 底物液：500 μg/ml 3，3′-二氨基联苯胺四盐酸盐（DAB）溶于 PBS（附录 1），新鲜配制

3%（V/V）H_2O_2

√PBS

√90%（V/V）甘油或适当的防褪色固片介质

24 mm×60 mm 盖玻片

42℃振荡水浴

小心：DAB 为有害物质，取用、储存及废弃参见生产商说明。

注意：此方法须在暗处操作，尽量减少曝光。

步骤

1）以生物素酰化探针与载玻片上样本杂交并洗片（见基本方案步骤 1～6）。

2）由 1×SSC 中取出玻片，尽可能吸去残留玻片上的缓冲液，但不要使玻片干涸。加 200 μl 封阻液于玻片上，放 24 mm×60 mm 的盖玻片于封阻液上，将载玻片放于裹以铝箔的加湿盒中，置 37℃温育 30 min。

3）从加湿盒中取出玻片，倾斜使盖玻片滑掉，尽可能吸去残留封阻液，但不使玻片干燥。加 200 μl 链霉亲和素液于载玻片上，放盖玻片于液体上，玻片放入裹以铝箔的加湿盒中，置 37℃温育 30 min。

4）从加湿盒中取出玻片，倾斜使盖玻片滑掉，将载玻片放入含 42℃ 0.1% Tween 20/PBS 的 Ceplin 广口瓶中，将瓶放入 42℃水浴中摇 5 min。用 42℃、0.1% Tween 20/PBS 重复洗片 2 次。

5）取出玻片，彻底吸去残液，不要使玻片干涸。加 200 μl 生物素酰化 HRPO 溶液于玻片上，其上盖以 24 mm×60 mm 盖玻片，放在裹以铝箔的加湿盒中，置 37℃温育 30 min。

6）按步骤 4 重复洗片。

7）从洗液中取出玻片，彻底吸去残留液，不要使玻片干涸。加 0.015% H_2O_2 在 DAB 底物液中，立即加 200 μl DAB 底物液于玻片上，其上盖以 24 mm×60 mm 盖玻片，室温暗处放 10～20 min。

8）待颜色沉淀呈肉眼可辨，室温下以 PBS 洗片 5 min 终止反应。

9）如需要，可做荧光复染以鉴别胞核（见基本方案步骤 9）。

10）用 90%甘油或适当的防褪色固片介质固定，用相差显微镜观察或照相。

备择方案 2　碱性磷酸酶检测法

附加材料（亦见基本方案；带√项见附录 1）

封阻液：含 1%（m/V）BSA 的 PBS

√链霉亲和素溶液 0.1% (*V*/*V*) Tween 20/PBS，42℃
√生物素酰化碱性磷酸酶 (AP) 溶液
√碱性磷酸酶缓冲液，pH 9.5，42℃
√NBT/BCIP 底物溶液
√PBS
√90% (*V*/*V*) 甘油或适合的防褪色固片介质
24 mm×60 mm 盖玻片
42℃振荡水浴

注意：此程序须在暗处操作，尽量减少曝光。

步骤

1) 生物素酰化探针与切片杂交、洗涤，封闭，然后与链霉亲和素溶液温育（见备择方案 1 步骤 1～4）。
2) 由 0.1% Tween 20/PBS 中取出玻片，吸去残液，勿使玻片干燥。加 200 μl 生物素酰化碱性磷酸酶溶液于玻片上，加盖 24 mm×60 mm 盖玻片。放入裹以铝箔的加湿盒中，置 37℃温育 30 min。
3) 从加湿盒中取出玻片，倾斜使盖玻片滑去，将载玻片放入盛有 42℃ 0.1% Tween 20/PBS 液的 Coplin 广口瓶中，置 42℃振荡水浴摇 5 min。并于 42℃、0.1% Tween 20/PBS 重复洗片 2 次。
4) 将载玻片移至盛有 42℃ pH 9.5 碱性磷酸酶缓冲液的 Coplin 广口瓶中，42℃摇动洗涤 5 min，更换缓冲液再洗 5 min。
5) 将玻片放入裹以铝箔、含有 50 ml 新鲜配制的 NBT/BCIP 底物溶液的广口瓶中，放于暗处、37℃或室温（减慢反应），直至显示至适当颜色（15～60 min）。
6) 室温下以 PBS 洗片 5 min 终止反应。
7) 如需要，可作荧光复染以鉴别胞核（见基本方案步骤 9）。
8) 用 90%甘油或适当的防褪色固片介质固定，相差显微镜观察及照相。

参考文献：Lichter et al., 1991; Speel et al., 1992.

撰 稿 人：Joan H. M. Knoll and Peter Lichter

14.8 原位 PCR 和杂交检测低丰度的靶核酸

本节介绍一个新的方法，即用原位 PCR (ISPCR) 对特异的目的序列进行扩增，从而检测位于细胞核及胞质区域的低丰度核酸。如目的序列为 RNA，则先用 ISPCR 进行原位逆转录，随后对被扩增序列进行原位杂交。

14.8.1 总体设计

图 14.8.1 概述了原位扩增及杂交的主要步骤，在进行正式实验之前，必须对该实

验的各个方面有适当的设计和考虑，包括引物的设计、PCR 扩增试验的参数、检测，以及固定的条件、对照的设立及结果的确证等。

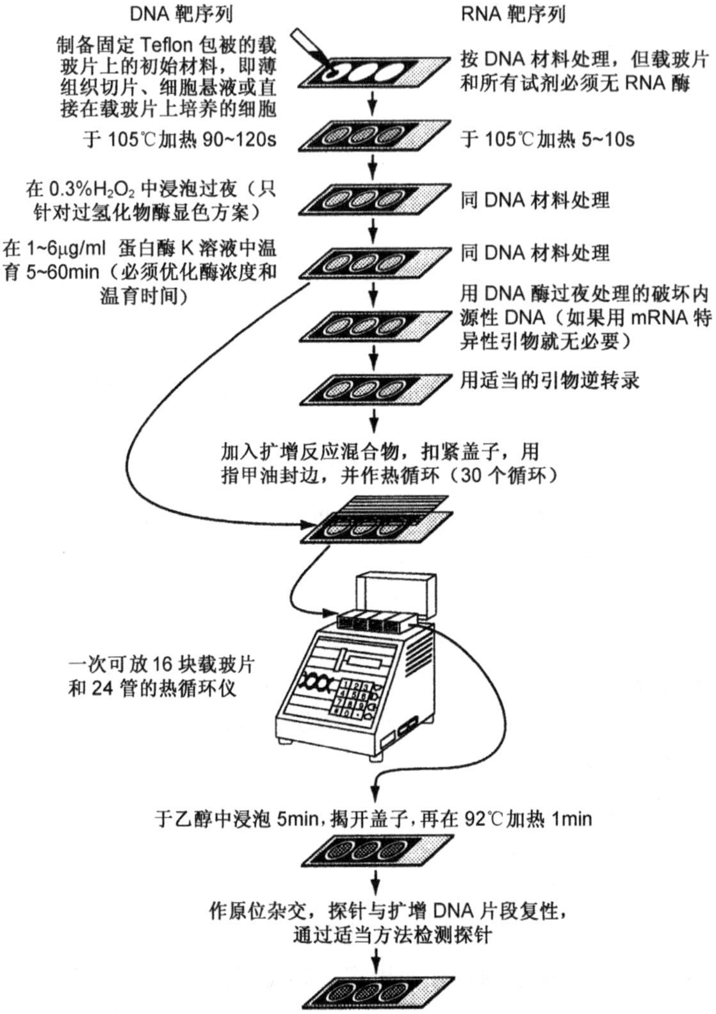

图 14.8.1　原位扩增/杂交流程图。

逆转录及扩增靶序列引物的设计

进行扩增反应引物的设计通常需要仔细地策划（见 15.1），对于原位杂交，引物的设计更为关键。通常会应用所检测基因的下游反义引物。然而亦可能用 oligo（dT）引物将所有 mRNA 逆转录为 cDNA，然后对某个特异的 cDNA 进行原位扩增。当同时对单一细胞中数个不同的基因转录物进行扩增时，此技术尤其有用。

在设计一种特异的方法来检测某一特定 RNA 的表达时，有两种可能的选择。更明智的方法是，应用一对引物，使其与已剪接过的 mRNA 的序列相互补。由于这些特别的序列仅出现在经剪接的 mRNA 上，而不会和 DNA 上编码序列完全互补（见图 14.8.2），因此，通过使用这些引物，就可能省去 DNA 酶处理（降解内源 DNA）而直接进行逆转录。然而，有时通常需要对细胞或组织用蛋白酶K消化后，继以DNA酶处理，此步消除了细胞内所有内源性DNA从而仅剩RNA进行扩增和随后的检测。

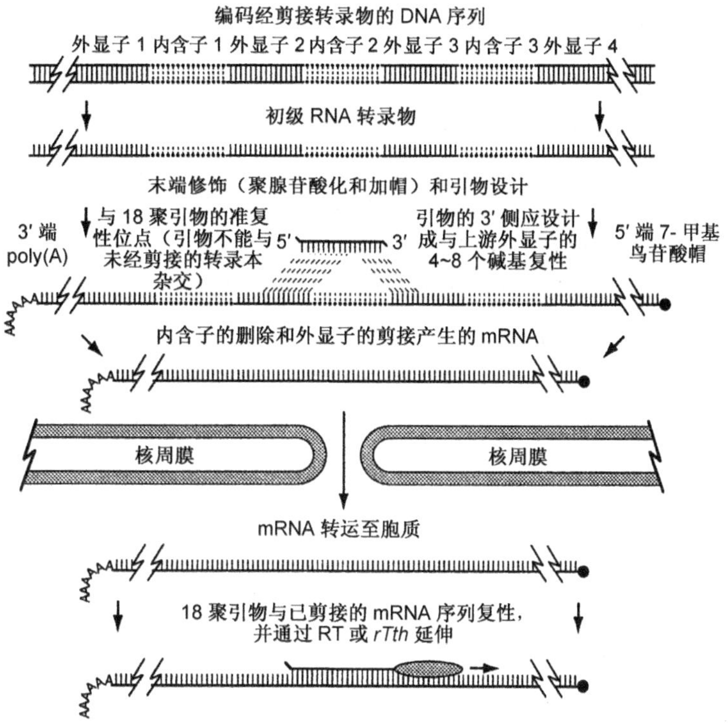

图14.8.2 不受DNA干扰扩增mRNA的引物设计。设计引物的序列应横跨剪接连接区，含两个外显子的序列。结果这种引物序列只存在于mRNA中，而不出现在编码DNA中。采用这种引物可省略DNase处理，并有利于RNA和DNA信号的同时扩增。

在所有逆转录反应中，对相对较小的mRNA片段（<1500 bp）进行逆转录更有利，大的片段有可能无法完全地得以逆转录，这是受二级结构影响的结果。而且，有些逆转录酶在逆转录大片段mRNA中不是很有效，至少禽成髓细胞瘤病毒（AMV）逆转录酶和Moloney鼠白血病病毒（MoMuLV）逆转录酶就是这样。然而这种受片段大小制约的因素在DNA扩增中不存在，达5000 bp长度的DNA目的序列可常规地进行原位扩增。一些新的重组酶及缓冲系统已有介绍，能有效地进行很大的DNA或cDNA片段（高达10 kb）的扩增。另一个途径是设计多组引物，使引物分别处于待扩增序列上相隔200～300核苷酸位置。

在进行ISPCR和逆转录引物设计时，另外一些应记住的要点是：①有义链和反义链引物的长度应是18～22 bp；②在3′端，引物应含至少一个GC型碱基对（如GG、CC、GC或CG）以利于互补链的形成（2个GC型碱基对将提供6个氢键，而2个AT型的碱基对仅提供4个）；③引物中理想的GC含量为45%～55%；④所设计引物应没有形成引物内互补或引物间互补的碱基对；⑤引物的3′端不应相互互补，否则将形成引物二聚体；⑥所设计的逆转录引物应不含二级结构。

最适复性温度的确定

逆转录和 DNA 扩增引物的最适复性温度，通常是高于引物的 T_m 值 2℃。这可按如下公式计算：

$$引物\ T_m = 81.5℃ + 16.6 \times (\lg M) + 0.41 \times (GC\%) - 500/n$$

T_m 值为引物的解链温度；n 为引物的长度；M 为缓冲液中盐的摩尔浓度（通常在 DNA 扩增反应中为 0.047 mol/L，在逆转录反应中为 0.070 mol/L）。

用 AMV 逆转录酶，解链温度值将会更低，按下式：

$$引物\ T_m = 62.3℃ + 0.41 \times (GC\%) - 500/n$$

这些公式所提供的仅为复性的大致温度，因为碱基堆积、近邻效应和缓冲容量都会在确定一个特定引物的复性温度中起重要作用。

在 ISPCR 扩增反应中，除欲得到的产物外，经常会出现错误的产物，即使细胞不含有与引物序列同源的 DNA 序列，亦会因错误引导而出现许多假带。这种现象发生在对引物和模板间复性温度推算得不准确时。复性温度高于 T_m 值很多时，通常会得不到产物；而复性温度低于 T_m 值很多时，则会因错误引导而带来无关产物。消除因错误引导而生成非特异产物的许多方法文献已有介绍，包括热起始 PCR，以及使用 DMSO、甲酰胺和抗 *Taq* DNA 聚合酶抗体等（见 15.1）。虽然原位扩增反应明显不如在溶液中的扩增反应有活力，但在进行相应的原位扩增之前，应通过溶液中反应，确定最佳的复性温度。对 ISPCR 而言，确定最佳复性温度尤为关键，因为引物会由于细胞器、多层膜结构和甚多的亚区室结构的部分阻碍而不能自由运动。

结果的确证和对照的设立

原位扩增/杂交的每一轮实验均应对结果进行确证，可同时在多孔载玻片上进行二或三组实验，这不仅是对扩增结果进行确证，而且还对随后的杂交/检测步骤予以验证。实验中均应包括阴阳性对照样本，阳性对照应有稀释度以佐证反应的比例性。应使用一无关的探针作为非特异性结合的对照。可使用 β-肌动蛋白或 HLA-DQα 的 RNA 或其他丰富的内源性 RNA 作为阳性标记，在逆转录/原位扩增中，均应设立一个逆转录的阴性对照，以及用 DNA 酶处理和不用 DNA 酶处理的对照。还应包括无 DNA 聚合酶的反应对照，以及有和没有引物的对照。

14.8.2　基本方案 1　用 RNA 的原位逆转录进行 DNA 和 RNA 靶序列的 ISPCR 扩增

材料（带√项见附录 1）

载有已固定样本的载玻片（见辅助方案 2）

含 0.3% H_2O_2 的 PBS（新配）

√PBS

1 mg/ml 蛋白酶 K（Sigma，分装储存于－20℃）

√无 RNA 酶的 DNA 酶溶液

冲洗缓冲液：用于配制无 RNA 酶的 DNA 酶溶液（见配方），但不加 DNA 酶
DEPC 处理过的水
√10×AMV/MoMuLV 反应缓冲液
10 mmol/L 4dNTP 混合液：每种 dNTP 各 10 mmol/L，溶于 TE 缓冲液 pH 7.5（TE 缓冲液，见附录，4dNTP 混合液储于－20℃）
40 U/μl RNasin（Promega）
20 μmol/L 下游引物（用于逆转录，见总体设计）
20 U/μl 禽成髓细胞瘤病毒（AMV）或 Moloney 鼠白血病病毒逆转录酶（MoMuLV）或 20 U/μl Super Script II（含 5×反应缓冲液，Life Technologies）
0.1mol/L DTT
25 μmol/L 正向和反向引物（PCR 用，见总体设计及 15.1）
√1 mol/L Tris · Cl pH 8.3
1 mol/L KCl
100 mmol/L $MgCl_2$
0.01%（*V*/*V*）明胶
5 U/μl *Taq* DNA 聚合酶
100%乙醇
√2×SSC
55℃（选用）、92℃、95℃和 105℃适合对玻璃载玻片加热的加热块
加湿盒（图 14.2.3）
42℃温箱（选用）
20 mm×60 mm 玻璃盖玻片
透明指甲油
适合操作玻璃载玻片的热循环仪

注意：当待检目的序列为 RNA 时，所有的试剂均须用 DEPC 处理过的水配制。另外，AES 浸过的载玻片（辅助方案）和所有玻璃器皿应无 RNA 酶，例如可在 250～300℃烤箱中烘烤过夜。

步骤

1）将载有固定样本的载玻片置 105℃加热块上 5～120 s。
2）载玻片放入含 0.3% H_2O_2 PBS 中，37℃或室温温育过夜，然后以 PBS 洗 1 遍。
3）取 1ml 1 mg/ml 蛋白酶 K 稀释于 150 ml PBS（终浓度 6 μg/ml），将玻片浸于此液中，室温温育。5 min 后，400×显微镜下观察细胞。如多数待检细胞呈现小“圆泡”、“斑点”或“胡椒粒”状（比较图 14.8.3 和图 14.8.4），可马上进行步骤 4 操作；如未出现上述情形，亦可继续温育，时间可长至 60 min。每隔 5 min 显微镜下观察一次，待细胞表面呈小气泡状时，及时进行步骤 4。
4）在 95℃加热载玻片 2 min 以灭活蛋白酶 K。然后浸于 PBS 中 10 s、水中 10 s，再晾干载玻片。

如要使用一对与已剪接 mRNA 的一段序列相互补的引物，进行已转录的 RNA 靶序列的逆转录，则继续步骤 5 或步骤 7 操作；如要扩增 DNA 目的序列，则进行步骤 10。

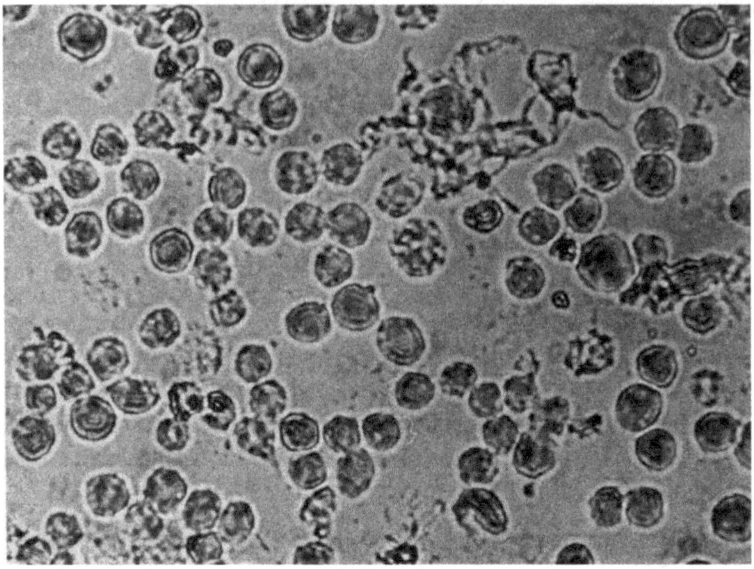

图 14.8.3　蛋白酶 K 处理前的淋巴细胞。细胞已进行热处理及固定。注意在细胞表面呈光滑状的胞膜，没有“小泡状”、“小斑点”或“盐粒或胡椒粒状”的现象。

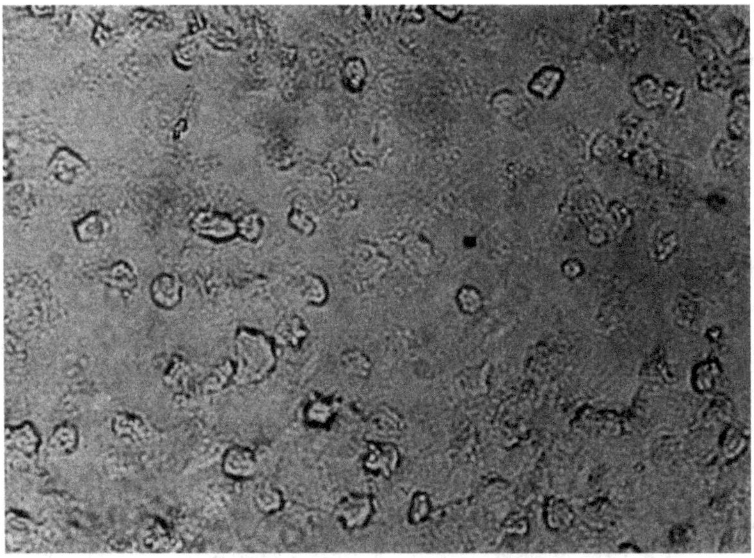

图 14.8.4　蛋白酶 K 处理后的淋巴细胞。注意在细胞表面的“小泡状”。这被认为是对穿膜蛋白部分酶解的结果，“小泡”看起来应一致，并相当均匀地分布。

5）加 10 μl 无 RNA 酶的 DNA 酶液至载玻片各样本上，放加湿盒中，37℃温育过夜。

6）用冲洗缓冲液洗片 1 次，然后以 DEPC 处理的水洗 2 次，晾干。

7a）如果使用 AMV 或 MoMuLV 逆转录酶，配制如下逆转录体系（总体积 20 μl）：

2 μl 10×AMV/MoMuLV RT 缓冲液

2 μl 10 mmol/L 4dNTP 混合液

0.5 μl 40 U/μl RNasin

1.0 μl 20 μmol/L 下游引物

0.5 μl 20U/μl AMV 或 MoMuLV 逆转录酶

8 μl DEPC 处理过的水

7b）如使用 SuperScript II 逆转录酶，配制如下逆转录体系（总体积 20 μl）：

4 μl 5×反应缓冲液（随酶提供）

2 μl 10 mmol/L 4dNTP 混合液

0.5 μl 4 U/μl RNasin（终浓度 0.1 U/μl）

1.0 μl 20 μmol/L 下游引物（终浓度 1 μmol/L）

0.5 μl 20 U/μl Super Script II（终浓度 0.5U/μl）

1.2 μl 0.1 mol/L DTT（终浓度 6 mmol/L）

4.8 μl DEPC 处理过的水

SuperScript II（Life Technologies）明显地减弱了 RNA 酶 H 活性，因此适合用于较长 mRNA 的逆转录，亦可进行常规的逆转录。

8）加 10 μl 逆转录酶体系于载玻片各样本上，小心盖上 20 mm×60 mm 的盖玻片，放一加湿盒中，于 42℃或 37℃温育 1 h。

9）在 92℃加热块上温育玻片 2 min，移去盖玻片并用水洗玻片 2 次。

10）配制如下扩增体系（总体积 100 μl）：

5 μl 25 μmol/L 正向引物（终浓度 1.25 μmol/L）

5 μl 25 μmol/L 反向引物（终浓度 1.25 μmol/L）

2.5 μl 10 mmol/L 4dNTP 混合液（每种 dNTP 终浓度 200 μmol/L）

1.0 μl 1.0 mol/L Tris · Cl，pH 8.3（终浓度 10 mmol/L）

5.0 μl 1.0 mol/L KCl（终浓度 50 mmol/L）

2.5 μl 100 mmol/L $MgCl_2$（终浓度 2.5 mmol/L）

10 μl 0.01% 明胶（终浓度 0.001%）

2 μl 5 U/μl *Taq* DNA 聚合酶（终浓度 0.1 U/μl）

66 μl 水

11）用 20 μl 吸头加 8 μl（如用 3 孔载玻片）或 12～20 μl（如用单孔载玻片）原位 PCR 扩增体系于各孔上，该液体覆盖整个孔表面。

12）放 20 mm×60 mm 盖玻片于每一载玻片上，小心用指甲油封住盖玻片边缘。

如果用组织切片，则用另外一张载玻片代替盖玻片。应保证用指甲油涂在整个盖玻片的外周或双重载玻片的边缘，以形成一个小的反应区，使之在热循环过程中能容纳水蒸气。

13）在 92℃加热块上温育玻片 90 s，然后转至热循环仪。

14）按如下扩增循环或其他优化的条件进行 PCR

30 个循环：	30 s	94℃（变性）
	1 min	约 45℃（复性）
	1 min	72℃（延伸）
最后一步：	不定	4℃（维持）

15）由热循环仪上取下载玻片，浸于 100%乙醇中≥5 min 溶解指甲油，用剃须刀或其

他小刀撬开盖玻片，刮去残留的指甲油，以便在杂交/检测步骤中（见基本方案 2）能平放上新的盖玻片。

16）在 92℃加热块上温育玻片 1 min，然后于室温下用 2×SSC 浸泡 5 min。

玻片在 4℃可存放 2～3 周。

14.8.3　备择方案　一步法逆转录及扩增

此方法仅使用一种重组的酶——r*Tth* DNA 聚合酶，它可在一个反应中同时进行逆转录和 DNA 扩增，从而不再需要两种不同的缓冲体系。

附加材料（亦见基本方案 1；带√项见附录 1）

3 mmol/L 4dNTP 混合液：每种 dNTP 各 3 mmol/L，溶于 TE 缓冲液，pH 7.5（储于－20℃）

10 mmol/L $MnCl_2$

25 mmol/L $MgCl_2$

10×r*Tth* 转录缓冲液：100 mmol/L Tris · Cl，pH 8.3/900 mmol/L KCl

√10×螯合缓冲液

1.7 mg/ml BSA

2.5 U/μl r*Tth* DNA 聚合酶（Perkin-Elmer 或 Life Technologies）

步骤

1）用过氧化物酶、蛋白酶 K 和 DNA 酶预处理载玻片（见基本方案 1 步骤 1～6）。

2）配制如下一步反应体系（总体积 100 μl）：

0.5 μl 100 μmol/L 正向引物

0.5 μl 100 μmol/L 反向引物

6 μl 3 mmol/L 4dNTP 混合液

2 μl 10 mmol/L $MnCl_2$

10 μl 25 mmol/L $MgCl_2$

2 μl 10×r*Tth* 转录缓冲液

8 μl 10×螯合缓冲液

10 μl 1.7 mg/ml BSA

2 μl 2.5 U/μl① r*Tth* DNA 聚合酶

59 μl DEPC 处理过的水

3）进行基本方案 1 步骤 11～13，用上步所配一步反应体系代替原位 PCR 反应体系。

4）按如下温度循环程序进行逆转录：

1 个循环：	15 min	70℃
	3 min	92℃

① 原文为 2.5 U/ml，与材料所列不同。——译者注

	15 min	70℃
	3 min	92℃
	15 min	70℃

5）按如下温度循环程序进行原位 PCR：

29 个循环：	1 min	93℃（变性）
	1 min	53℃（复性）
	1 min	72℃（延伸）
最后一步：	不定	4℃（维持）

6）进行基本方案 1 步骤 15 和 16。

14.8.4 基本方案 2 ISPCR 扩增的靶产物的杂交和检测

材料（带√项见附录 1）

200 pmol/L 探针，^{33}P 标记（见辅助方案 3）或生物素及地高辛标记（见 3.18）
√去离子的甲酰胺
√20×和 2×SSC
√100×Denhardt 溶液
√10 mg/ml 经超声处理的鲑精 DNA（在加入杂交混合液之前于 94℃变性 10 min）
10%（*m*/*V*）SDS
含有经原位 PCR 扩增核酸的载玻片（见基本方案 1 或备择方案）
稀释 Kodak 乳胶（见 14.4）
Kodak D19 显影液
Kodak Unifix 定影液
2%（*V*/*V*）Gills 苏木精（Sigma）
√PBS
√链霉亲和素过氧化物酶结合物工作溶液
√AEC 工作液
√封阻液
√链霉亲和素碱性磷酸酶结合物工作溶液
100 mmol/L Tris · Cl，pH 7.5/150 mmol/L NaCl
√碱性磷酸酶底物缓冲液
75 mg/ml 四氮唑蓝（NBT），溶于 70%（*V*/*V*）二甲基甲酰胺
50 mg/ml 5-溴-4-氯-3-吲哚-磷酸（BCIP），溶于 100%二甲基甲酰胺
核固红（Nuclear fast red）染料（Sigma）
50%、70%、90% 和 100%（*V*/*V*）乙醇
50%（*V*/*V*）甘油/PBS
水溶性的（如 Crystal Mount；Stephens Scientific 或 GelMount；Biomeda）或有机性的（如 Permount；Fisher）的封片介质
20 mm×60 mm 盖玻片

适合放在 95℃加热块上的载玻片
48℃ 温箱
加湿盒（见图 14.2.3）
避光的载玻片盒
干燥剂
Coplin 广口瓶或玻片染色盘

注意：除非另有注明，所有洗片及温育过程均在室温下进行。

步骤

1）配制如下杂交混合液：

　　2 μl 200 pmol/L 探针（终浓度 4[①] pmol/L）
　　50 μl 去离子的甲酰胺（终浓度 50%）
　　10 μl 20×SSC（终浓度 2×）
　　10 μl 100×Denhardt 溶液（终浓度 10×）
　　10 μl 10 mg/ml 经超声处理的鲑精 DNA（终浓度 1 mg/ml）
　　1 μl 10% SDS（终浓度 1%）
　　7 μl 水

2）加 10 μl 杂交混合液于载玻片各样本孔中，样本孔中含有经原位 PCR 扩增的核酸。再在各孔上盖以盖玻片，放 95℃加热块上加热 5 min。

3）载玻片放入加湿盒中，48℃温育 2～4 h。

如用 ^{33}P 标记探针：

4a）移去盖玻片，在 2×SSC 中洗片 5 min。

5a）将载玻片浸于稀释的 Kodak 乳胶中。

6a）晾干，然后在有干燥剂的闭光玻片盒中放 3～10 天。

7a）在暗室中，按下列程序对载玻片显影，依次浸于：

　　Kodak D19 显影液 3 min
　　水 30 s
　　Kodak Unifix 定影液 3 min。

8a）在室温下，2% Gills 苏木精染液中，温育 2～3 min，对玻片进行复染。

如为用于过氧化物酶检测的生物素或地高辛标记探针：

4b）移去盖玻片，在 PBS 中洗片 2 次，每次浸洗 5 min。

5b）加 10 μl 100 mg/ml 的链霉亲和素过氧化物酶溶液于载玻片各孔中，轻轻盖上新的盖玻片，置 37℃温育 1 h。

6b）移去盖玻片，在 PBS 中洗片 2 次，每次浸洗 5 min。

7b）在暗处，加 100 μl AEC 工作液于载玻片各孔，37℃温育 10 min，然后镜下观察，如颜色不够强，再延长显色 10 min。

8b）以自来水浸洗玻片，然后晾干。

---

① 原文为 20，错！——译者注

如为用于碱性磷酸酶检测的生物素或地高辛标记探针：

4c) 移去盖玻片，室温下，在 2×SSC 中洗片 2 次，每次浸洗 15 min。然后加 100 μl 封阻液于样本孔中，覆盖各孔表面，平放玻片于加湿盒中，室温下温育 15 min。

5c) 对每一待显色孔，用 10 μl 40 μg/ml 链霉亲和素磷性磷酸酶结合物与 90 μl 结合物稀释缓冲液混合。

6c) 用吸水纸接触载玻片边缘，吸去封阻液，每孔中加 100 μl 按上步稀释好的结合物溶液，平放玻片于加湿盒中，室温下温育 15 min。加入酶结合物后，勿使组织样本干燥。

7c) 室温下，100 mmol/L Tris · Cl pH 7.5/150 mmol/L NaCl 中洗片 2 次，每次 15 min，然后再以碱性磷酸酶底物缓冲液，洗片 1 次（5 min）。

8c) 在 Coplin 广口瓶中预热 50 ml 碱性磷酸酶底物缓冲液至 37℃，加 200 μl 75 mg/ml NBT 和 166 μl 的 50 mg/ml BCIP 充分混合。然后，将玻片放此液中置 37℃温育，直至达到所期望的显色程度（通常需 10 min～2 h，可间歇性地从溶液中取出玻片，在 10×物镜下观察显色程度，但勿使玻片干涸）。然后，将玻片浸于去离子水中终止反应，其间换水数次。

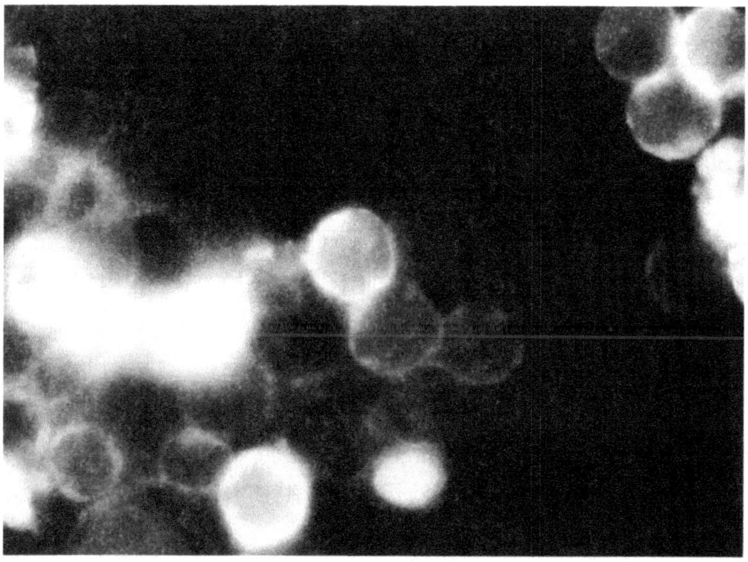

图 14.8.5 原位逆转录/聚合酶链反应，采用 FITC 标记（tat-rev）探针检测慢性感染 HIV-1 淋巴细胞中 HIV-1 表达。注意胞质染色表明 HIV-1 mRNA 表达。

9) 室温下，以 0.2% Gills 苏木精（如用于过氧化物酶的显色）或 1%核酸固红染液（如用基于碱性磷酸酶的显色）染片 5 min，浸玻片于自来水中，换水数次。

10) 室温下，依次将玻片置于 50%、70%、90% 和 100%乙醇中，分别温育 1 min 进行脱水，然后晾干。

11) 每孔加 1 滴固片介质，压上盖玻片，立刻进行结果观察（小心勿动盖玻片），或放室温过夜，使压片介质干燥。图 14.8.5 和图 14.8.6 所示为用 FITC 和生物素标记探针所获的结果。

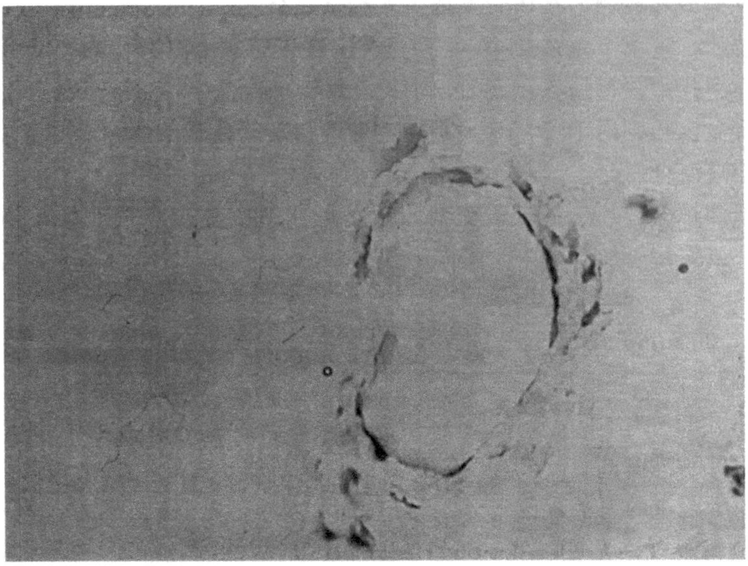

图 14.8.6　HIV-1 感染的微管内皮细胞系的 DNA-ISPCR。HIV-1 前病毒 gag 序列用 SK-38/39 引物对扩增，并用生物素酰化的 SK-39[①] 探针进行杂交。用 AEC（见基本方案 2）显色呈红色。

14.8.5　辅助方案 1　AES 浸泡处理载玻片的制备

Teflon 包被带有凹孔的载玻片，以 3-氨丙基三乙氧基硅烷［3-aminopropyl-triethoxysilane（AES）］处理，充分冲洗，用前干燥。包被 Teflon 用以形成特殊的凹孔，每个孔在原位 PCR 中作为一个小的反应室。

材料

Teflon 包被的载玻片，有 3 个 10 mm、12 mm 或 14 mm 孔的玻片，用于细胞悬液样本；或单一椭圆形凹孔的玻片，用于组织切片样本的实验（Cel-line Associates 和 Erie Scientific）

2%（*V*/*V*）AES（Sigma）的丙酮溶液（临用前在 Coplin 广口瓶或玻璃染色盘中配制）

DEPC 处理过的水

Coplin 广口瓶或玻璃染色盘

可盛 1000 ml 液体的容器

步骤

1）将 Teflon 包被的载玻片浸于 2% AES 中 5 min，然后置室温使其干燥 10～15 min。

2）在另一个盛有 1000 ml DEPC 处理过的水的容器中，浸泡玻片 5 min。

① 原文为 19，应该为 39。——译者注

3）重复步骤 2，更换 DEPC 处理过的水 3 次，然后置通风橱中，干燥过夜。

玻片应在浸泡处理后 15 天内使用。

14.8.6 辅助方案 2 在载玻片上制备原位 PCR 样本

石蜡固定的组织

常规方法制备的石蜡固定组织切片（见 14.1），能很成功地进行 PCR 扩增，其结果可检测组织切片单细胞中的特异性 RNA 或 DNA 序列。除非细胞较大，切片厚度应为 3～5 μm。

塑胶切片

在塑胶切片上可成功地进行原位扩增。首先，塑胶切片的组织必须进行脱塑处理，以除去甲基异丁烯酸酯。脱塑处理过程为 4 次连续的甲基纤维素乙酸乙酯（MCA）浸泡温育，每次 15 min。然后经 3 次丙酮浸泡，每次 10 min，再经多次二甲苯浸泡处理，每次长达 4 h。此后用 4%高聚甲醛（见附录 1）进行组织固定，像其他组织样本一样进行原位扩增。

冰冻切片

用冰冻切片进行原位扩增是可能的，但经过扩增实验后，组织的形态学结果通常不如石蜡切片（见前）好，不过一些特定的免疫组织化学技术要求用冰冻切片。若使用冰冻切片，首要一步是正确地将组织冰冻（见 14.2）。为此目的可切一片 1 mm×1 mm 聚苯乙烯泡沫塑料再切一相同大小的组织（1 mm× 1 mm；0.2～0.3 mm 厚），将其用 2～4 ml OCT 液（见 14.2）附于泡沫塑料上，将附着于聚苯乙烯泡沫塑料上的整个样本浸入液氮中（液氮盛在隔热容器中），组织块将在数秒内冰冻。此时，冰冻组织可置于冰冻切片仪中并用切片机切片（见 14.2）或冻存于－70℃待以后使用。此方法可防止在组织中形成冰晶，较之简单地将组织放于低温而言，可更好地维护形态学结果。如果无液氮，则可将组织（以 OCT 附于泡沫塑料上的）以铝箔包裹，放在干冰上 10～15 min，再以低温存放。切片时，每张切片应尽可能切成 3～4μm 厚薄。此后，可置于 AES 浸过的载玻片上（见辅助方案 1），在 100%甲醇中脱水 10 min，放通风橱中晾干。

细胞培养

在培养细胞上已可成功地进行 ISPCR。细胞培养于 4 孔或 8 孔 Nunc 载玻片（VWR Scientific）或 AES 浸泡过的 Teflon 包被原位 PCR 载玻片上（见辅助方案 1）。如使用 Nunc 载玻片，应选择 4 孔或 8 孔的玻璃载玻片，因塑料的载玻片会在热循环过程中熔化。此类载玻片上有一橡皮垫圈应予保留，但如果不将垫圈的凸出部分削去，将无法盖上盖玻片。将指甲油涂在垫圈及玻片相接处，加固垫圈。AES 浸过的 Teflon 载玻片亦可用于组织培养，经硅化处理后再将其泡于 70%乙醇中 30 min 灭菌，然后可将细胞置于载玻片上，放在一无菌的加湿盒中培养过夜。此后，细胞可按 14.1 介绍方法固定并进行原位 PCR。

14.8.7 辅助方案 3 用^{33}P 标记寡核苷酸探针

在使用同位素的原位杂交（原位 PCR）试验中，^{33}P 标记的探针要比危害性更强的^{32}P探针为好，可避免对热循环仪造成污染。

材料（带√项见附录 1）

2 μmol/L 寡核苷酸探针（见总体方案）

10×T4 噬菌体多核苷酸激酶缓冲液（见 3.4）

10 μCi/μl [γ-^{33}P] ATP (10 Ci/mmol；Amersham)

10 U/μl T4 噬菌体多核苷酸激酶

0.8 ml Sephadex G-50 柱（如：QuickSpin，Boechringer Mannheim)

√TE 缓冲液，pH 7.4

步骤

1）在微量离心管中，配如下反应混合液（总体积 20 μl)：

1.0 μl 2 μmol/L 寡核苷酸探针

2 μl 10×多核苷酸激酶缓冲液

1.0 μl 10 μCi/μl [γ-^{33}P] ATP

15 μl 水

1 μl 10 U/μl T4 噬菌体多核苷酸激酶

37℃温育 30 min。

2）加反应混合液于 0.8 ml Sephadex G-50 柱上，以 TE 缓冲液洗脱，按如下体积量收集洗脱级分。

级分 1	300 μl
级分 2	100 μl
级分 3	100 μl
级分 4	100 μl
级分 5	100 μl
级分 6	100 μl

3）每一级分取 1 μl，计数放射活性，确定含标记探针的组分。

标记的探针应含于级分 2～4 中。

参考文献：Bagasra et al.，1993；Haase et al.，1990；Nuovo et al.，1991.

撰 稿 人：Omar Bagasra，Thikkavarapu Seshamma，Roger Pomerantz and John Hanson

14.9 RNA 在脊椎动物的胚胎和器官中的整体标本原位杂交和检测

转录的时空分布（如胚胎发生过程中）情况可以为研究编码基因产物的功能及与其

他基因之间可能的相互作用提供重要的线索。

14.9.1 基本方案 1 小鼠或者鸡的胚胎以及器官中的整体原位杂交

实验材料（带√项见附录 1）

小鼠或鸡的胚胎或器官

√PBS，冰预冷

PBT：PBS 中加 0.1%（*V*/*V*）Tween 20，4℃及室温

√4%（*m*/*V*）高聚甲醛溶于 PBS（4% PFA），4℃

PBT 中溶 25%，50%，75%的甲醇（甲醇/PBT）

100%甲醇

PBT 中溶 6%（*V*/*V*）过氧化氢（H_2O_2；Aldrich）（可选）

PBT 中溶 10 μg/ml 蛋白酶 K，没有预先消化的

PBT 中溶 2 mg/ml 甘氨酸（Merck），新鲜配置

PBT 中溶 4%（*m*/*V*）高聚甲醛和 0.2%（*V*/*V*）戊二醛（EM 级，Sigma），新鲜配制

√预杂交溶液 A

√杂交溶液 A：在预杂交溶液 A 中加入终浓度 1 μg/ml 的地高辛标记的核酸探针（见辅助方案 1）

解剖工具（如剪刀和镊子），70%乙醇浸泡

解剖显微镜

20 ml 咬合盖（snap-cap）玻璃小瓶

小勺或者刮铲

用来放置 2 ml 小离心管的带有适配器的加热板

旋转平台（Rocker platform）

警告：多聚甲醛、甲醇、过氧化氢、戊二醛、甲酰胺和 DEPC 都是危险药品。使用前请先参考生产商提供的对于正确操作和丢弃的说明。

注意：所有的溶液都要经过 DEPC（见附录 1）处理或者高压灭菌以抑制 RNA 酶活性。

注意：样本干燥会导致背景的增强，整个过程中样本都要有液体覆盖以避免干燥。因此，换液时始终保持样本上覆盖一定量的液体。这样做同样可以避免物理损坏或者丢失样本。

注意：若无说明，所有样本都用 5～10 ml 溶液（20 ml 玻璃小瓶）或者 1.5～2 ml 溶液（2 ml离心管）室温下洗 5 min，同时轻轻晃动。溶液在使用前需要预热到指定温度。

步骤

1）如果有必要的话，在冰冷的 PBS 溶液中，使用合适的解剖器具在解剖镜下将小鼠或鸡的胚胎切成小块。完全除去胚胎外膜和胞衣。打开腔。

2）将样本转移到装有 10 ml 左右冷的 4%多聚甲醛的 20 ml 咬合盖玻璃小瓶中。4℃固定 4 h 到过夜。

3）4℃下用 PBT 洗样本两次。

即使样本不做存储立即使用，我们也建议进行脱水、水化和漂白步骤（步骤 4～8），作者发现这

些步骤可以改进组织的浸透性并且增加方法的灵敏度。也可以选择胚胎直接从步骤 8 开始操作。

4）室温下分别用 25%、50%和 75%的甲醇/PBT 洗样本，最后用 100%甲醇再洗 2 次以达到脱水的目的。

5）室温下使用甲醇/PBT 溶液以相反的步骤洗样本，最后再用 PBT 洗 2 次以水化样本。

6）可选步骤：用含有 6%双氧水的 PBT 溶液室温下漂白样本 15 min。

7）PBT 溶液洗样本 3 次。

8）用溶于 PBT 中 10 μg/ml 的蛋白酶 K 室温下消化样本 15 min。

可选方法：用去垢剂渗透物（Rosen and Beddington，1993）能够替代蛋白酶 K 消化。

9）用新鲜配置溶于 PBT 中的 2 mg/ml 甘氨酸洗样本以终止消化。

10）PBT 洗样本 2 次。

11）新鲜配制的 0.2%戊二醛/4%多聚甲醛/PBT 再在室温下固定样本 20 min。

12）PBT 洗 3 次。

13）向玻璃小瓶中加 1 ml 预热的预杂交溶液 A，然后转移样本到 2 ml 离心管中。

14）移除溶液然后加 2 ml 新鲜配置并预热的预杂交溶液 A。盖上盖子，放在 65℃加热板上并确保盖子不暴开。将加热器的侧面连在旋转平台上。65℃预杂交样本 3 h。

不管是在步骤 14 以前还是以后，样本都可以在预杂交溶液中－20℃保存 6 个月。

15）移除预杂交溶液，加入 1 ml 含有 1 μg/ml 地高辛标记核酸探针的杂交溶液 A，70℃杂交过夜

对于 3 个 10.5 天的小鼠胚胎、2 个 11.5 天小鼠胚胎或者 5 个 17 期的鸡胚胎来说，1 ml 的杂交溶液就足够了。

16）接下来用酶探测 RNA 杂交物（见基本方案 2）。

14.9.2 基本方案 2 小鼠胚、鸡胚或者器官中 RNA 杂交的酶学检测

材料（带√项见附录 1）

杂交溶液 A 中杂交过的小鼠胚或鸡的胚胎或器官样本（见基本方案 1）

√预杂交溶液 A，70℃

√2×SSC，pH 4.5，70℃

0.1%（*V/V*）CHAPS，3-［（3-胆胺丙基）二甲铵］-1-丙烷磺酸盐），（3-［（3-cholamidopropyl）dimethylammonio］-1-propanesulfonate）/2×SSC，70℃

√20 μg/ml RNase A（Boehringer Mannheim）溶于 0.1% CHAPS/2×SSC，70℃

√马来酸缓冲液（MAB），70℃和室温

√PBS

PBT：0.1% Tween-20/PBS

√封闭液

连接碱性磷酸酶的抗地高辛抗体的 Fab 片段（Boehringer Mannheim），预吸附的（见辅助方案 2），4℃

0.1%（*m/V*）BSA/PBT

√碱性磷酸酶缓冲液，pH 9.5（NTMT），新鲜配制

2 mmol/L 左旋咪唑/NTMT（可选的）

NBT/BCIP 底物溶液或者 BM 紫 AP 底物（Boehringer Mannheim）

塑料的巴斯德吸管

可放置 2 ml 微量离心管的 70℃加热块

旋转平台

37℃和 70℃水浴（可选的）

20 ml 的咬合盖玻璃小瓶

锡箔

带照相机的解剖显微镜

警告：甲酰胺（NBT 和 BCIP 溶于其中）和 DEPC 有毒，使用前请先参考生产商提供的对于正确操作和丢弃的说明。

注意：所有的溶液都要经过 DEPC（见附录 1）处理或者高压灭菌以抑制 RNA 酶活性。

注意：样本干燥会导致背景的增强，整个过程中样本都要有液体覆盖以避免干燥。因此，换液时始终保持样本上覆盖一定量的液体。这样做同样可以避免物理损坏或者丢失样本。

注意：所有孵育和洗样本的操作都应该在指定温度下进行并且轻轻摇晃（见基本方案 1 步骤 14），液体在使用前应预热到指定温度。

步骤

1）从杂交过的小鼠胚或鸡胚或器官样本移除杂交溶液并加入 800 μl 预杂交溶液 A，70℃洗 5 min。

2）不要移除预杂交溶液，向试管中再加入 400 μl 2×SSC，pH 4.5 溶液，70℃洗 5 min，重复加 2×SSC 2 次，并再洗 2 次。

3）移去混合液，并在 0.1%（*V*/*V*）CHAPS/2×SSC 中 70℃洗两次，每次洗 30 min。

4）用含有 20 μg /ml RNA 酶 A 的 0.1%（*V*/*V*）CHAPS/2×SSC 溶液 37℃消化 1 h。

5）先用 MAB 室温下洗样本两次，每次 10 min，再在 70℃用 MAB 洗 2 次，每次 30 min。

6）PBS 室温下洗样本两次，每次 10 min。

7）PBT 室温下洗 5 min。

8）室温下用封闭液封闭样本 2～3 h。

9）移去封闭液，加入 2 ml 预吸附处理的连接碱性磷酸酶的抗地高辛抗体 Fab 片段。4℃下轻摇过夜。

10）移除溶液并加入 0.1%（*m*/*V*）BSA/PBT 溶液，将样本转移到 20 ml 的带咬合盖玻璃小瓶中，用 0.1%（*m*/*V*）BSA/PBT 溶液室温下洗 5 次，每次 45 min 并轻轻摇晃。

11）用 PBT 溶液洗 2 次，每次 30 min。

12）NTMT 缓冲液洗 3 次，每次 10 min。

如果使用 Boehringer Mannheim 公司的 BM 紫 AP 底物溶液则只需洗 2 次。

13）将样本完全浸没于 3 mlNBT/BCIP 显色溶液或者 BM 紫 AP 底物溶液中孵育。用锡箔包住小瓶轻轻摇晃 20 min 开始显色。

14）用肉眼或者用解剖镜观察染色情况。当信号达到希望的水平时（20 min～48 h），用 PBT 至少洗 6 次以停止显色反应。

显色的样本能够在 4℃下含有 100 mmol/L EDTA 的 PBT 中保存 2～3 个月而不影响信号强度。

15) 可选：在 4%PFA/PBT 中 4℃固定样本过夜。用 PBT 洗样本数次然后在 PBT 中 4℃存储。

16) 样本放在 PBT 溶液中在皮氏培养皿拍照（图 14.9.1）。常见问题及解决方案参见表 14.9.1。

表 14.9.1 整体标本原位杂交中常见问题及解决方法

问题	原因	解决方法
信号低或没有杂交信号	目的 RNA 的丰度太低或者降解	调节固定时间。调节蛋白酶 K 消化时间以及酶的浓度
	核糖核酸探针有问题	更低的杂交温度，如降到 55℃ 增加核酸探针的浓度
	RNA 酶消化过了	降低酶的浓度或者使用较短的消化时间，如消化 30 min。在室温下消化
非特异性信号太高	杂交条件不够严格	更加严谨的条件下杂交和洗涤（温度、离子强度或者孵育时间）。对于爪蟾，则增加鲑精 DNA 的浓度
	RNA 酶消化不完全	增加 RNA 酶浓度到 100 μg/ml
	抗体 Fab 片段非特异性结合	用感兴趣的组织预吸收抗体，增加预吸收时间到 4℃下过夜
	残留的内源碱性磷酸酶活性	在使用前向 NTMT 缓冲液中加入左旋咪唑（小鼠胚、鸡胚 2 mmol/L/非洲爪蟾 5 mmol/L）
	显色底物过期	使用新鲜的显色底物或者稳定的 BM 紫 AP 底物溶液（Boehringer Mannheim）
形态改变	操作过程中损伤了样本	小心操作并在每个转移步骤时检查样本的损伤
	固定或者蛋白酶消化后的再固定时间太短	增加固定和再固定时间
	过氧化氢处理时间太长	减少处理时间

14.9.3 备择方案 1 非洲爪蟾的整体原位杂交

材料（带√项见附录 1）

非洲白化爪蟾的胚胎

2%（*m*/*V*）半胱氨酸，pH 7.8

√MEMPFA 缓冲液

√PBS

50%，75%甲醇/灭菌水

100%甲醇

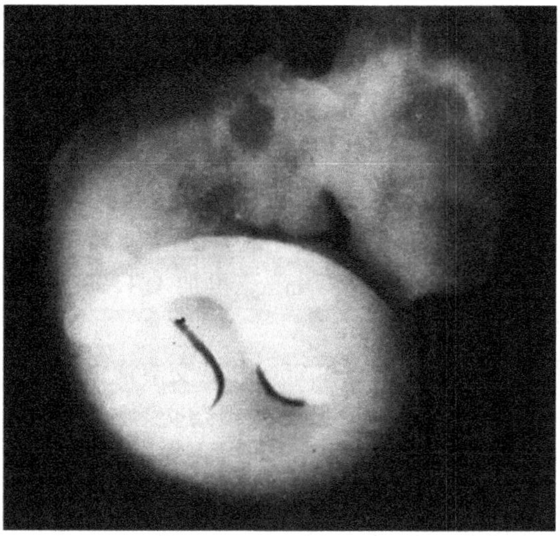

图 14.9.1 用 *Fgf*-8 核糖核酸探针进行小鼠胚胎发育第 11 天样本的整体标本原位杂交，通过染色，顶部前后肢外胚层脊可以看到。由于试剂陷于空腔，耳泡染色不清楚。放大约 60～70 倍。

25%甲醇/PBT

PBT：PBS 中加 0.1%（*V*/*V*）Tween-20，pH 7.8

PBT 中加 0.1 mol/L 三乙醇胺（TEA）缓冲液，pH 7.8（未使用 PBT 时），新鲜配置

乙酐（Sigma）

√预杂交溶液 B

杂交溶液 B：预杂交溶液 B 中加入 1 μg/ml 地高辛标记的核酸探针（见辅助方案 1）

5 ml 螺旋盖玻璃小瓶（Fisher）

玻璃针

37℃和 60℃带摇床的水浴

注意：所有的溶液都要经过 DEPC（见附录 1）处理或者高压灭菌以抑制 RNA 酶活性。

小心：DEPC 可能致癌，需小心处理。

注意：样本干燥会导致背景的增强，整个过程中样本都要有液体覆盖以避免干燥。因此，换液时始终保持样本上覆盖一定量的液体。这样做同样可以避免物理损坏或者丢失样本。

注意：在固定步骤中保持胚胎处于悬浮状态是很重要的，因为不这样做样本就会变平。如果同时需要分析很多胚胎，则需要使用一个较大的容器（如一个大闪烁管）以避免胚胎聚集成块（Harland，1991）。

步骤

1）在 2%半胱氨酸，pH 7.8 的溶液中培养非洲白化爪蟾的胚胎 3～10 min 以除去胚胎外的胨胶层。

2）将胚胎转移到 5 ml 螺旋盖玻璃小瓶中，等胚胎沉淀后，移去大部分的液体，并向小瓶中加入 MEMPFA 缓冲液。室温下培养 30 min 并轻轻摇晃以固定胚胎。

3）用 PBS 取代 MEMPFA 缓冲液室温下洗 3 次，每次 30 min。
4）依次用 50%、70%和 100%甲醇室温下使样本脱水，每种溶液浸泡 10 min。
5）室温下用 100%甲醇洗 3 次，每次 10 min。−20℃保存。
6）依次加入 1 ml 的 75%、50%和 25%甲醇/PBT，室温温育 5 min，使样本再水化。
7）室温下用 PBT 洗 3 次，每次 5 min。使用玻璃针将胚腔刺破。
8）用 500 μl PBT 中加 0.1 mol/L TEA 缓冲液，pH 7.8 洗 2 次，每次 5 min。
9）加入 1.25 μl 乙酐。室温下摇动试管 5 min，再加入 1.25 μl 乙酐，再摇 5 min。
10）1 ml PBT 溶液洗 2 次，每次 5 min。
11）室温下再用新鲜加入的 1 ml PBT 和 250 μl 杂交溶液 B 洗 10 min。
12）一旦胚胎在溶液中沉下，用 500 μl 新鲜的预杂交溶液 B 预杂交：在 60℃摇晃的水浴中孵育 10 min。
13）换成 500 μl 新的预杂交溶液 B，60～65℃预杂交 5 h 以上。
14）用加有 1 μg/ml 地高辛标记探针的 500 μl 杂交溶液 B，60～65℃杂交过夜。
15）接下来用酶探测 RNA 杂交物（见备择方案 2）。

14.9.4　备择方案 2　非洲爪蟾胚胎 RNA 杂交的酶学检测

材料（带√项见附录 1）

白化变种的非洲爪蟾光滑的胚胎（见备择方案 1）
√预杂交溶液 B，60℃
√2×和 0.2×SSC，60℃和室温
√加 20 μg/ml RNA 酶 A 和 10 U/ml RNA 酶 T1 的 2×SSC
√马来酸缓冲液（MAB）
√2%（*m/V*）封闭试剂/MAB
连有碱性磷酸酶的抗地高辛抗体 Fab 片段（Boehringer Mannheim），在 2%（*m/V*）封闭试剂/MAB 溶液中 1∶2000 稀释（见辅助方案 2）
√加 5 mmol/L 左旋咪唑（Sigma）的碱性磷酸酶缓冲液（NTMT），pH 9.5，过滤的
√NBT/BCIP 底物溶液或者 BM 紫 AP 底物（Boehringer Mannheim）
√溶于 PBT 中 4%的多聚甲醛（4%PFA），4℃
37℃和 60℃摇晃水浴
锡箔
带有照相机的解剖镜

警告：二甲基乙二醛（NBT 和 BCIP 溶于其中）和 DEPC 有毒；使用前请先参考生产商提供的对于正确操作和丢弃的说明。

注意：所有的溶液都要经过 DEPC（见附录 1）处理或者高压灭菌以抑制 RNA 酶活性。

注意：样本干燥会导致背景的增强，整个过程中样本都要有液体覆盖以避免干燥。因此，换液时始终保持样本上覆盖一定量的液体。这样做同样可以避免物理损坏或者丢失样本。

步骤

1）移去杂交过爪蟾胚胎的溶液并加入 500 μl 预杂交溶液 B，60℃下孵 10 min。
2）用 2×SSC 60℃下洗 3 次，每次 20 min。
3）移除 2×SSC 并加入含有 20 μg/ml RNA 酶 A 和 10 U/ml RNA 酶 T1 的 2×SSC 溶液，37℃孵育 30 min。
4）2×SSC 室温下洗样本 10 min。用 0.2×SSC 60℃下洗 2 次，每次 30 min。MAB 室温下洗 2 次，每次 15 min。2%（*m*/*V*）封闭试剂/MAB 室温下洗 15 min。
5）用新鲜配置的封闭试剂/MAB 替换溶液并在室温下孵育 1 h。
6）移去封闭试剂/MAB，并加入 500 μl 在 2%（*m*/*V*）封闭试剂/MAB 中连有碱性磷酸酶的抗地高辛抗体 Fab 片段，4℃轻轻摇晃孵育过夜。
7）室温下用 MAB 洗样本 5 次，每次 1 h。用过滤过的含有 5 mmol/L 左旋咪唑的 NTMT 缓冲液洗样本 2 次，每次 5 min。
8）移去洗液，加入 NBT/BCIP 底物溶液，然后用锡箔包住，37℃孵育 5 min～1 天直到能看到颜色反应产物。
9）当信号达到希望的水平时，用 PBT 至少洗 6 次以停止显色反应。

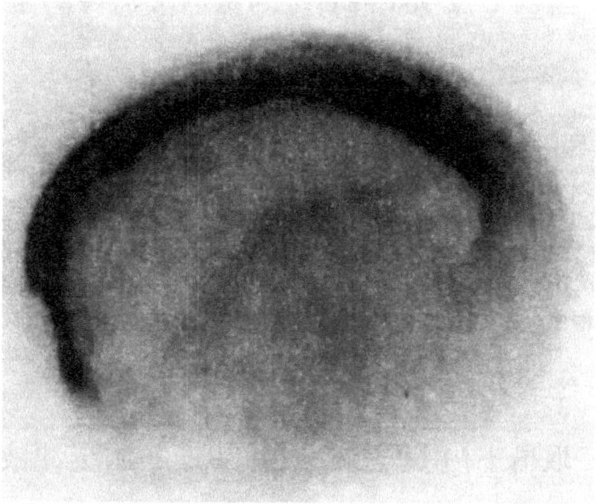

图 14.9.2 爪蟾胚胎的整体原位杂交。使用地高辛标记的 RNA 反义探针检测爪蟾光滑的整体神经轴胚（14 期）中 hedgehog（xhh）mRNA 的表达。放大 200 倍。

10）在含 4%PFA 的 PBT 中 4℃固定样本过夜。用 PBT 洗样本数次，然后在 PBT 中 4℃储存。
11）给显色结果拍照（图 14.9.2）。

14.9.5 辅助方案 1 地高辛标记的 RNA 探针的合成

材料（带√项见附录 1）

灭菌的蒸馏水

10×转录缓冲液：400 mmol/L Tris · Cl（pH 8.25）/60 mmol/L $MgCl_2$/20 mmol/L 亚精胺（spermidine，Boehringer Mannheim）

0.2 mol/L DTT

核苷混合液，pH 8.0：10mmol/L GTP/10mmol/L ATP /10mmol CTP/6.5mmol UTP/3.5mmol digoxigenin-UTP（Boehringer Mannheim）

1 μg/ml 线性化的质粒（见 4.7）

100 U/ml 胎盘核酸酶抑制剂（RNasin，Boehringer Mannheim）

10 U/μl SP6，T3 或者 T7 RNA 聚合酶

√RNase-free DNase I

√TE 缓冲液，pH 8，DEPC 处理

4 mol/L LiCl，DEPC 处理

70%乙醇/DEPC 处理水

100%乙醇

37℃水浴

步骤

1）室温下按顺序混合下列试剂（总共 21 μl）：

13 μl	灭菌的蒸馏水
2 μl	10×转录缓冲液
1 μl	0.2mol/L DTT
2 μl	核苷混合液
1 μl	线性化的质粒
1 μl	RNasin
1 μl	RNA 聚合酶

37℃孵育 2 h

2）取出 1 μl 反应液，在 TBE 电泳缓冲液的琼脂糖凝胶中电泳，估计核酸探针的合成量。

3）向反应混合液体中加入 2 μl RNase-free DNase I，37℃孵育 15 min。

4）加 100 μl TE 缓冲液、10 μl 的 4 mol/L LiCl 和 300 μl 100%乙醇，混匀后－20℃孵育 30 min。

5）4℃下以最大转速离心 10 min。

6）用 70%乙醇洗沉淀。

7）风干沉淀（不要使用真空离心蒸发器），用 TE 重新溶解沉淀致终浓度约 0.1 μg/μl。－20℃可以储存 2 年

14.9.6　辅助方案 2　用胚胎预吸收 Fab 片段

材料（带√项见附录 1）

要研究的胚胎或器官（如 10～12 天的老鼠胚胎或 24～26 阶段的鸡胚）

丙酮，冰冷

PBT：0.1% Tween-20/PBS

BSA

√羊血清，热灭活

连接碱性磷酸酶的抗地高辛抗体 Fab 片段（Boehringer Mannheim）

√封闭液

研钵和杵

50 ml 离心管

Beckman TJ-6 型离心机或相当设备，4℃
滤纸
摇动平台

步骤

1）收集 10～12 天的老鼠胚胎（约 20 个胚胎/ml）。移除胚胎外组织，液氮冷冻胚胎，－70℃保存待用。
2）使用研钵和杵在液氮中碾碎胚胎成细粉末，将粉末转移到 50 ml 离心管中。
3）液氮蒸发干后，加入 4 体积冰冷的丙酮，充分混合，冰上放置 30 min。
4）4℃下 2500 *g* 离心 10 min，移除上清。用冰冷的丙酮洗沉淀，然后再次 4℃，2500 *g* 离心。
5）将沉淀展开铺在滤纸上并碾成精细的粉末。风干并于－20℃储存在密闭的离心管中。
6）称取 3 mg 胚胎粉末，加入 1 mlPBT 并在 70℃放置 30 min 以热灭活。
7）冰上冷却溶液，加入 BSA 至终浓度为 1%（*m*/*V*），热灭活的羊血清至终浓度为 10%（*V*/*V*），再加 1 μl 连接碱性磷酸酶的抗地高辛抗体 Fab 片段。在 4℃下摇动平台上孵育 2～3 h。
8）4℃下 2500 *g* 离心 10 min。
9）用封闭液稀释上清至 2 ml 并使抗体的最终稀释倍数为 1∶2000。
预吸收的抗体可以在 4℃下保存 6 周。

参考文献：Haramus et al.，1995；Harland，1991；Tautz and Pfeifle，1989.
撰 稿 人：Anna G. Haramis and Andres E. Carrasco

14.10 荧光显微镜的原理及使用

荧光是吸收光子发色造成的发光物资。荧光与它的对等物——能够持续更长时间余晖的磷光不同，磷光有很长的衰退时间。荧光的反射当其激发能量切断后会立刻停止。荧光发射的衰退时间或者说余晖接近 10^{-8} s 并造成一个负频率转换的发射。相反，磷光的衰退则可以持续几毫秒甚至几秒。

荧光效应应用于很多光谱技术，对荧光显微镜尤其有用。荧光显微镜主要用于检测由特殊荧光基团处理过的样本。这些荧光基团能够吸收某个波段的光并发出更长波长、更接近波谱红末端的光。例如，如果吸收蓝光，就会发射出绿光。绿色转变为黄色，黄色转变为红色，不可见的紫外光转变为可见的蓝光。这种现象称为斯托克司频移并定义为光谱最大激发和发射的分离（图 14.10.1）。

典型的光谱 λ_{max} 比吸收的激发光长约 20～50 nm。然而，斯托克司频移的转变则能够短于 10 nm 或者长于 100 nm（图 14.10.2）。每种荧光染料根据其分子结构的不同以及环境的差异会表现出其特有的光谱吸收及发射特性。

荧光显微镜能够选择性地检查一个复杂的生物分子复合体中某个特定的成分。荧光染料标记的样本通过滤光器滤出其特定波长的激发光，然后使用不能透过其吸收波长但

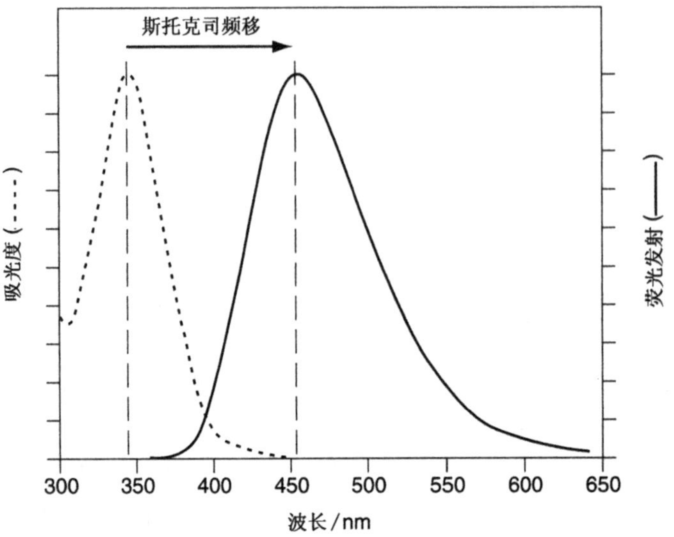

图 14.10.1　Hoechst 33342（分子探针）结合到 DNA 上的吸收和发射光谱。染液通过固定波长的单色光（通常是吸收光谱的 λ_{max}）激发。发射光通过分光荧光计测得。光谱是经过规格化的，并划分出相对强度以阐述称为“斯托克司频移”的从吸收峰到发射光峰值的变化。光谱由 Molecular Probes 免费提供。

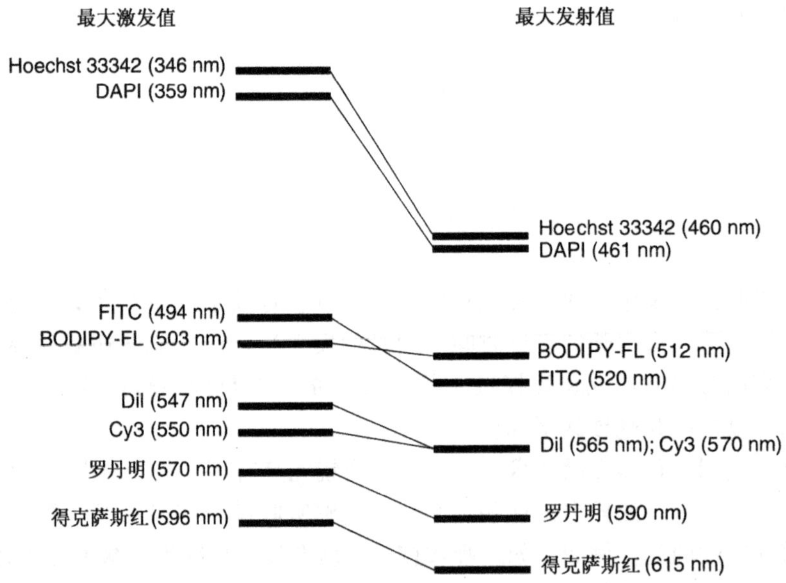

图 14.10.2　常用荧光的激发光和发射光最大值。DAPI，4，6-联脒-2-苯基吲哚；FITC，异硫氰酸荧光素；Dil，1，1-二乙基-3，3，3，3-四甲基靛蓝高氯酸盐。BODIPY FL 和 Cy3 有复杂的化学结构和名称。更多的信息可以从各自的供货商如 Molecular Probes 和 Amersham Life Science 处获得。

能够传递较长波长的反射光的吸收滤片观察。荧光标记的结构相对于背景将会变亮。通过荧光探针表现出的光学结合和生化反应可以得到进一步的实验信息。

荧光显微镜在生物学领域变得越来越重要，因为：①新的荧光分子探针的显著发展；②低光水平成像系统以及共聚焦显微镜技术的发展和改进。

14.10.1 荧光分子探针

荧光染料能够标记到特定的抗体或者其他一些特定的分子探针上。许多这种荧光分子探针都能通过商业途径购买到（如 Amersham、Calbiochem-Novabiochem、Molecular Probes 和 Sigma）。荧光探针根据它吸收光以及发射光的波长和强度定性定量。图 14.10.2 中列举了一些例子。

一个重要的实验考虑是从散射的激发光中分出荧光发射信号。选择斯托克司频移较大的荧光探针有利于实现这一目的。光谱分离最大化可以通过选择较窄光谱峰的荧光探针实现。

在荧光试剂的激发过程中，只有部分吸收的光子能够导致荧光发射的产生。“量子产额”是用于描述发射光与吸收光子之间比率的术语。好的荧光试剂有较高的量子产额。能源性的背景荧光物资或者用于解析的二级发射样本可能产生附加的光学信号。

荧光检测会受到背景信号的影响。许多生物分子在紫外光照射下可以发出荧光，这种效应称为自身荧光。例如，可发荧光的氨基酸——色氨酸存在于很多蛋白质中。由于缺乏选择性，这个分子在细胞生物学中的应用价值有限。幸运的是，细胞和生物组织及液体的自身荧光能够通过使用受大于 500 nm 激发光激发的探针最小化。

14.10.2 滤光器以及滤光设备

荧光显微镜的滤光器（可以从 Omega Optical、Chroma Technology 及显微镜制造商处购买）必须能够传递所需波长的光并尽可能完全的阻挡其他波长的光。由于激发光强度比发射光的强度要大上好几倍，做到完全阻挡是很困难的。理想状态卜，激发波长的光能够在发射光最小衰减状态下在显微图片上去除。

实际上，窄的光学带宽（<20 nm）通常用于荧光激发，而荧光检测带宽则是可变的，其范围从全光谱（可得到最大的灵敏度）到<20 nm 的窄带（可得到最大的分辨率）。

早期的滤光器包括简单的颜色玻璃或者由两个滤色片组合成的所谓的通频带滤波片。它们是通过将一个能够通过长波长光的滤光器和一个通过短波长光的滤光器组合而成的，可以在传递曲线重叠处提供一个通频带。现代的干扰滤光器能够实现很多更窄的通路在选择范围内高通量传递。它包括一层许多不同折射参数的薄层透明材料包被的玻璃。光线在每个层之间交接的边缘得到部分反射去积极地干扰某些波长并破坏其他波长。这些干扰滤波器（滤光片）能够用于反射同时也用于透射，并且它们能够被特制以达到某些特殊荧光染料的光谱需求。因此，那些没有滤过的信号之间出现特别明显的相互重叠，而滤过的信号则是离散的。

荧光显微镜已经应用于明视野表层照射，此时样本是处在透过目标物的光的照射下的。因为明视野表层照射显微镜需要使用高亮度的光源，这种装置与透照相比的主要优势就是保护使用者的视网膜。激发滤光器只允许单色光的很短的波段照向放置在分色镜

(一种彩色的电子束分裂器) 表面的物体。分色镜与入射光成 45°角，反射短波长射线同时透过较长波长的射线。它反射激发射线 (和任何样本的反射射线) 并透过在切断波长以上的所有荧光射线。在电子束分裂器上面，反射光和激发光的残余光击中散射 (栅栏) 滤镜，却只有反射光可以通过并在黑暗背景中形成样本的荧光图像。

14.10.3　多频带的滤镜和多燃料荧光

两种或者 3 种染料同时的结合使用变得越来越流行。使用特殊的滤镜装置分别或者同时用不同的颜色显示不同的结构。多数显微镜都有反射镜滑动器，允许装备最多 3 个或者 4 个滤镜显示不同的荧光标记。这就使得不同颜色的显示更加容易。

从 20 世纪 80 年代中期开始，多染料荧光滤镜装置的使用更加频繁。这种装置与单色滤镜有着相同的组成，例如，它们都含有一个激发滤镜、一个电子束分裂器和一个散射滤镜。在每个组成中，都有两个或者更多的区域用于调整的反射和透射。这样装备能够实现至少两种荧光标记的同时显像。

一些标准的双染料设备能够从很多主要的显微镜和滤镜生产商那里买到 (如 Zeiss、Leica、Nikon、Olympus、Chroma Technology 和 Omega Optical)。Omega Optical 不仅仅专门研究标准的多染料设备，同时可以订做多染料滤光设备，包括三染料设备和四染料设备。

14.10.4　光源

光源必须在很短的光谱范围内提供很大的激发能量，主要为 10～50 nm。为了达到这种目的，可以使用所谓的线性发射器，这种发射器通常使用高压汞灯。高压汞灯使用气体放电原理并且有离散光谱的特点。图 14.10.3 显示了水银弧形灯发出的线性光谱及其特征性的发射峰。

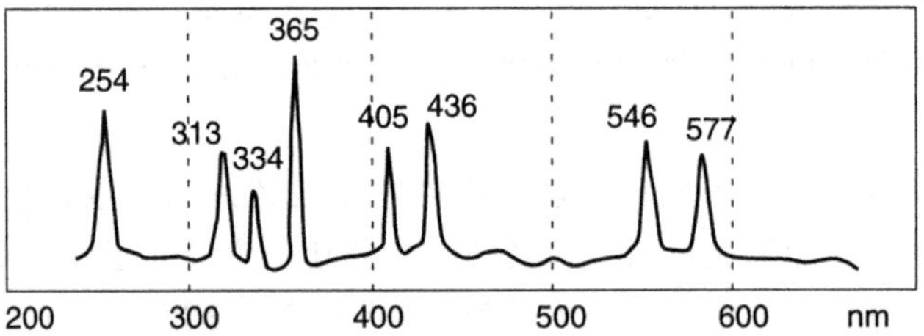

图 14.10.3　水银弧灯的发光谱线。被称为光谱线的光谱峰以在高汞气压下电极产生的电弧的光电子发射为主要特点。由 Omega 光学公司提供。

利用强的光谱线及弱的光谱范围选择吸收和发射滤镜的能力是线性发射器的一个主要优点。可以使用单一的谱线激发，由于斯托克司频移效应，能够在光源发出的光造成最小干扰的波长下观察到荧光。

汞灯发出的光从阳极和阴极离散点中的弧形的电离气体中发射出来。调节光学设备之前和换灯之后应允许有一个两小时的开灯 (burning-in) 期。此后，电弧与电极表面的接触点都稳定了，只需偶尔调整以维持照明场的一致。

尽管弧形灯可能只维持 6 个月到 1 年的稳定，每次使用后都应该检查。最简单的方法是移动样本平台并检验细胞或者器官标记的强度，在视场内没有变化。使用这种方法，细心的新手也可以发现胡乱拨弄、粗心操作导致的以及自然发生的弧形灯内电极表面位置的改变产生的多数问题。调整各部件以使它们处于互相适合位置上的过程并不复杂，并且在操作手册中有很好的说明。此外，多数厂商都有能够通过电话或直接上门以提供技术支持的专家。在调整过程中，需要注意荧光滤镜对光源发射的热，很敏感，因此热保护滤镜始终不能移除。

灯很贵，并且安装和调整灯的费用也很高。由于短时间内连续开关会使换灯及校正更加频繁，因此应该避免。只要可能，应保证每次成像的时间应大于 1 h，这样可以延长汞灯的使用寿命。在关灯前检查是否有其他人要使用，最好建立规范的操作登记制度，以避免间隔小于 1 h 的两个使用者之间把灯关掉的情况。

14.10.5 显微镜的物镜

从受激发的样本上发出的荧光向各个方向都有发射。物镜必需聚集尽可能多的射线。高数值孔径的物镜能够最有效地实现这一目的。如果物镜孔径加倍，则大约可以多聚集四倍的射线。此外，浸入油的使用也能减少由于镜头前物镜表面反射导致的光的丢失。

显微镜物镜使用的最主要目的是提供最合适的图片收集。这可以通过使用许多单独的镜头实现。然而，针对荧光的物镜需要能够进入紫外区域的高的高透射值。这可以通过减少单独镜头的数量实现。因此，在图片收集和高透射值上总是存在一个平衡。另外还有一个问题就是一些镜头和浸入液体的自身荧光导致的亮背景和低对比度。

14.10.6 图片分辨率和点散布函数（PSF）

荧光显微镜将从载物台的焦平面上发射出的光收集起来在显微成像台上形成一个二维的图片。通过改变显微镜的对焦，可以通过堆叠许多二维图片做出样本三维结构的立体图片。因此，图片和样本实际结构之间的关系依赖于使用的是什么样的显微镜。

从波动光学角度来说，它追踪的是标本上一个点发射出的光，而不是集中在影像平面上无限小的一个点。相反，穿过物镜，光波长在影像附近聚焦、干扰，从而产生一个三维衍射图。

目标物的有限的孔径产生的衍射效果限制了显微镜分辨率。对于一个彻底校正的显微镜的物镜来说，三维衍射图是光轴对称的。当一个三维衍射图在焦点平面上划分时，它呈现出二维衍射图，或者称为爱里盘。显微镜下的每个点由一个个爱里盘表示，而不是一个个简单的小小的实点。

点扩散函数（PSF）是点来源的影像的一种数学表示方式。对于像差存在的情况下进行的有限的衍射光学系统操作而言，PSF 就是爱里盘。

物镜的解析能力由检查该物镜形成的爱里盘的大小的能力来决定。爱里盘的大小是物镜的 NA 和光波长的函数。因此，侧面分辨率和视野的深度（也就是沿着观察的轴面方向的分辨率）和物镜 NA 也是一种函数关系。以 546 nm 的光波长和 0.65 NA 的干物镜为例，视野深度就约是 1.3 μm。对一个 1.4 NA 的油物镜而言，视野深度则约为 0.29 μm。

精确定位和校正对荧光探针的高精度的影像是很必需的，尤其是在同时影像多种探针或进行三维重建研究的情况下。荧光的小球体、显微镜点状放射源和影像强度校准标准都可以从分子探针处得到。使用录像摄像机时，相机的浅焦点平面、高 NA 的物镜得到的高反差和高放大率的图片显示有利于提高光学截面分辨率，也能严格确定标本上某特定结构的焦点水平。

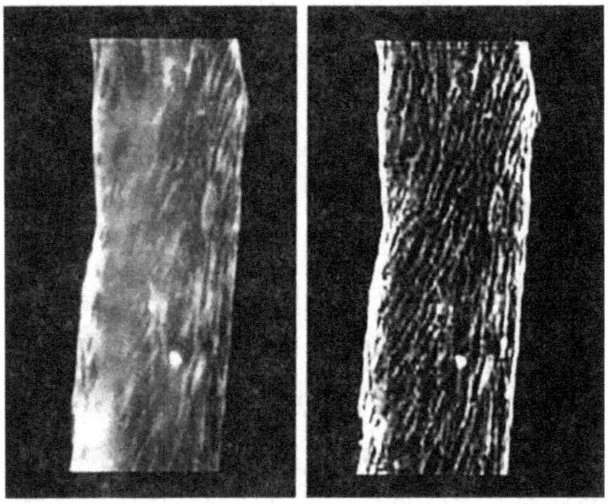

图 14.10.4 一个标记有抗黏着斑蛋白抗体的平滑肌细胞在数字化重建之前和之后的影像。以 PSF 数字化影像为基础，再造显微术利用重叠合法计算机算法式来重新定位焦距外的光子，从而产生出目标物的清晰影像（Carrington et al.，1995）。计算机先学会显微镜光学如何将点样颗粒转化成复杂的 PSF，然后在标准的影像操作中将焦距外的光子重新分配到它们在原点的正确的 *xyz* 点上。经 Scanalytics 惠许引用。图像的获取与后期加工由 Worcester 的马萨诸塞医学院生物医学影像中心的 Edwin Moore 博士完成。

数字影像分析系统，包括一个配有电荷耦合组件（CCD）的照相机的显微镜和一个装配在私人电脑上的录像数字化器卡，通常以程序包的方式在专业公司出售（如 Scanalytics、Universal Imaging）或在知名的显微镜公司出售（如 Leica、Nikon、Olympus 和 Zeiss）。一个卓越的、广泛应用的影像分析软件程序包，NIH 影像，可以在网址 ftp://zippy.nimh.nih.gov/pub/nih-image 查询到。读者也可以在 WWW 目录直接连接到共聚焦显微镜检术资源 http://www.pharm.arizona.edu/centers/tox_center/swehsclexp path/ conf_www.html。显微镜镜台可以由分档器发动机或一个压电装置手动调节，它的位置可以由电脑自动调节。这样的装置可以从平行平面自动摄取很多的标本的影像，然后数字化地重建标本的三维结构。图 14.10.4 显示了一个数字重建的结果（一个标记的平滑肌细胞），利用重叠合法计算机算法式从模糊的显微镜影像到清晰的影像。

14.10.7 活细胞的荧光显微镜检术

近几年发展出多种生物学惰性的荧光探针用作细胞形态学或定位的示踪物。它们用于检测神经细胞的连接性，研究染料通过间隙连接的运输，追踪细胞在培养物、组织或完整的生物体的移动。

有些荧光染料能够穿透活细胞，其他的荧光染料（如荧光素）选择性地渗透细胞。可以利用这个属性，研究如 *Caenorhabditis elegans*（线虫）的初始感觉神经元。然而，其他染料，如钙指示剂 Fluo-3，就被细胞排斥。要使原生质膜对荧光染料或其他细胞生物试剂通透，最常用的办法就是通过一个酯键将它们和亲水基团共价偶联，如乙酰氧基甲基（AM）基团。AM 基团可以被内源的磷酸二酯酶切割，从而有效地将染料带入细胞。

有些染料极性太强而不能主动地穿透细胞膜，需要特殊的方法来负载，如显微注射或者短暂穿透技术。某些染料，当注射或应用于细胞时，细胞内组织产生细微或相当显著的变化。已经有相当多的文献阐述这方面的问题，应该可以找到适合不同实验的处理办法。一本有用的关于荧光试剂及其应用的手册可以从分子探针处得到。

耐光性是利用荧光探针做影像或做荧光测量时要考虑的一个重要因素。在某些条件下，荧光染料对光漂白非常敏感。再说，染料之间的稳定性变化也相当大。暴露在光下会导致光漂白。因此，如果不进行观察或记录信号，应该避免对样本进行光照，而且应该最大限度地收集荧光，可以使用高 NA 物镜，最优化荧光团的光学属性的低放大率高质量的光学滤器和高速胶片或敏感录像摄像机。可以在封固剂（见免疫标记的讨论，封固部分）中加入不变色试剂，这样可以在细胞固定的准备过程中减少光漂白，但是这点不适合活细胞。

14.10.8 免疫标记：标记固定细胞和组织的一般步骤

有几本优秀的参考书阐述了免疫细胞化学。最常被引用和应用的文献是 Sternberger（1979）。其他资源也包括 Pawley（1995）和 Rost（1992）。当代的课本常太着墨于影像的技术过程和加工，而不是在样本准备过程。因此，本处进行了一个基本讨论。该讨论也可以对 14.6 进行补充，14.6 彻底讨论了免疫细胞化学技术。

商业抗体选择

《*Linscott* 的免疫和生物试剂目录》，更新 1/4，有 40 000 种不同产品和试剂，是商业来源的单抗和多抗抗体的数据库。印刷品和软盘都有。面对日益增多的生产抗体的大小公司，这资源将十分有用。

起始材料的选择和准备

荧光显微镜检术用于研究活组织、分离的活细胞和固定的材料，包括细胞、组织和活的有机体。准备工作和固定步骤多种多样。本节着重讲述人工培养的动物细胞的荧光显微镜检术，这构成了文献中应用的绝大部分。固定后，接下来的标记及显影与应用在任何固定的标本上的步骤一样。

应用于组织培养时，细胞通常生长在玻璃盖玻片上。在一个无菌的遮光罩下，盖玻片用 70%乙醇灭菌和燃烧。细胞可以直接生长在玻璃片上或生长在涂有胞外基质蛋白的玻璃片上。最常用的覆盖试剂是胶原蛋白、纤连蛋白和层粘连蛋白。有关盖玻片的涂料的参考文献和实验方案可以向供应商（如 Life Technologies、Sigma）索取。

漂洗细胞（组织培养）

漂洗可以去除碎片和血清成分，这些杂质在固定过程可能会掩盖特定的单抗原决定簇。对许多抗原来说，也可以省略这步，不受影响。许多实验方案用磷酸缓冲盐溶液（PBS）于 37℃清洗。Dulbecco 的含钙的 PBS（Life Technologies）是个不错的选择，原因有二。其一，钙能稳定细胞间的联系和膜结构。其二，Dulbecco 的 PBS 模拟了细胞外液体，多种培养基比普通的 PBS 更接近电解质的离子成分。当血清蛋白可能会干扰抗原反应时，尽量使用无血清的培养基和用新鲜培养基去除细胞碎片。为了保持细胞形态，必须追踪温度限制，因为在温度低于细胞培养的条件下微管会迅速解聚。

固定

固定方法的选择取决于预标记的结构或蛋白质。组织培养的普遍操作就是用含 2%～4%（*m*/*V*）甲醛的 PBS。固定剂预热到 37℃，漂洗后立刻涂在盖玻片上。常用的孵育条件是室温 10 min。甲醛存储液可以用结晶状多聚甲醛制备成 8%（*m*/*V*）水溶液，于 4℃保存至一星期（注：甲醛蒸气有毒。一般不赞成制备甲醛存储液，除非需要的量比较大——如做心脏灌注。多聚甲醛室温下是非水溶的。制备需要在通风橱中加热到 80℃，用氢氧化钠固体颗粒调节 pH，过滤）。对于组织培养细胞和组织的局部灌注，推荐使用商业 16%（*m*/*V*）甲醛溶液。另外还有一种固定方法，漂洗后的盖玻片迅速浸没在－20～－30℃的丙酮中或浸没在含 1%～2%（*m*/*V*）甲醛的甲醇中。这种固定方式对于人工重建可溶性抗原库特别有用。将适宜体积的 16%（*m*/*V*）液态的甲醛存储液加入有机溶剂中就制备成丙酮和甲醇固定剂了。许多试验方案强调该固定剂在－20℃使用。在实际操作中，将 10 ml 的玻璃盖玻片容器放置在干冰上，这样很容易就到达－30℃了。

洗涤

固定后，余下的操作在室温进行。用 PBS 洗 3 次，这样可以去除固定剂和水化固定在有机溶剂中的样本。

透化

固定后透化可以单独做，或者是结合去垢剂做一次水相的固定。省略去垢剂透化这一步经常用于确定抗原是位于细胞内或胞外表面。通常使用 0.3%～1%（*V*/*V*）的 Triton X-100。对于组织，作者建议 PBS 洗涤三次后使用含 1%（*V*/*V*）Triton X-100 的 PBS 进行 30 min 的孵育。对于用含甲醛的 PBS 固定的单层组织培养细胞，固定剂中需加入 0.3%（*V*/*V*）Triton X-100。对于用有机溶剂固定的细胞，不需要作透化，因为有机溶剂把原生质膜的双分子层中的脂质提取出来了。

封闭

用牛血清白蛋白（BSA）或血清可以封闭非特异性结合。作者保守地同时应用 2%（*m*/*V*）BSA 和 5%（*V*/*V*）羊血清室温 1 h 或 4℃过夜。

初次抗体

初次抗体用封闭液稀释，再用于探测组织和细胞。适当的稀释取决于抗体和抗原。

如果供应商推荐某特定的稀释，比如 1∶200，那么实验之初最好做个梯度稀释（如 1∶100、1∶200、1∶1000）。溶液使用前于 14 000 *g* 离心 10 min 将有利于去除凝集物。对于组织培养细胞，可以将盖玻片放置在保湿皿中，向上放置在 Parafilm 上。Parafilm 有助于初次抗体和二次抗体溶液保持位于盖玻片上，同时也有助于盖玻片转移至 6 孔板上洗涤。用 150 μl 的抗体溶液覆盖 22 mm×22 mm 的盖玻片。孵育约 1～3 h。另一种方法是，将盖玻片面向下放置在 Parafilm 上的 30～50 μl 的液滴上，随着试验进程表面张力越来越大。尽管这种方法对于大多数的抗体而言可以得到比较满意的影像，但是该方法还是局限于极缺抗体的情况下。

洗涤

这一步洗涤比前面的要严格。为了取得高质量的影像，PBS 的 5 min 洗涤重复 5 次。对于常规的单抗检测，这步可以减少至 5 min 洗涤重复 3 次。

二次抗体

要进行二次抗体和荧光素的偶联，必须监测新批次的效价。用封闭血清稀释，然后离心。离心对异硫氰酸荧光素（FITC）偶联的抗体尤为重要，因为这样可以减少颗粒背景。离心条件和初次抗体的一样。上清小心转移到新的离心管中，小心不要碰到沉淀。1 h 室温孵育后做效价测试。

最终洗涤

最后的洗涤步骤和之前的一样严格，需考虑的问题也一样。

上柱

许多不变色的上柱溶液可以自己制备，也可以购买。特别容易制备和使用的溶液就是 10 mg 对苯二胺（Sigma）和 1 ml PBS 及 9 ml 甘油混匀。分装存储于－20℃暗处。出现宝石红颜色后停止使用。在盖玻片的四角各涂一点指甲油，或在四角的下面涂高真空动物脂（Dow Chemical)，这样就可以固定盖玻片位置。硅酮为基础的动物脂可以装载进一个配有宽口针头的注射器中，这样比较容易操作。

许多其他的溶液能够延缓荧光染料的褪色。推荐使用商业的上柱培养基 ProLong（Molecular Probes)。除了是不变色试剂之外，该产品含有硬化剂，可以避免使用指甲油或动物脂。它很适用于细胞或组织，需要最后水洗和更小心的操作。尽管如此，ProLong 的使用效果远比对苯二胺/甘油溶液显著好。

双标记

一般应用两种基本的方法进行双标记。两种初次抗体一般在大鼠和兔子中制备。然而，它们也可能来自两个独特的宿主种类，只要各自的次级抗体不会产生交叉反应即可。在第一种方法中，第一个的初级抗体和次级抗体制备完成后，独立制备第二个的初级抗体和次级抗体。完成整个操作的时间将会翻倍。这种方法的好处就是避免了两个初级抗体之间的反应。同样的道理，为了确保标记模式不依赖与这两种初级抗体的结合顺序，必须做对照。

还有一种方法就是将两种初级抗体和两种次级抗体混合在一起。这种方法对于多对抗体来说可以产生令人满意的结果，而且可以节省许多时间。另外，它也可以检测预吸附对照（见下文）的特异性。由于空间位阻存在的可能性和抗体结合邻近抗原决定簇产生的别的交叉反应，任何双标记实验必须同时用每一个单独的初级抗体做对照。其中抗体之一是单抗，这点尤为重要。这是一种典型的情况。

对照

混合初级抗体和抗原（以蛋白质或合成多肽的形式）将为特异性实验提供最好的对照，这也称之为预吸附对照。该对照应在固相状态下进行，也就是说把抗原偶联到层析柱上或将大量的抗原印迹在硝化纤维素上。固相吸附对照对于类似肌球蛋白这样需要高盐浓度才能溶解的抗原尤为有用。然而，抗肽抗体和 1 mg/ml 的免疫肽 1 h 的孵育可以达到完全封闭，但同样浓度的不相关肽却没有这样的效果。完善这个对照的一个好方法就是用抗原滴定抗体，而且将免疫印迹和荧光显微镜检术结果结合起来。如果滴定没有完成，仍然十分重要，抗原没有浓缩导致非特异性机制阻碍了样本标记。对两种初级抗体同时进行双标记，就可以达到目的。先决条件是抗原只有通过合适的抗体才能特异性地阻碍标记。此步可以引进的别的对照条件就是利用预免疫血清、同宿主的血清或只有封闭液。

因特网资源

ftp://zippy/nimh.nih.gov/pub/nih-image

NIH 影像程序资源网站。

http://www.pharm.arizona.edu/centers/tox_center/swehsclexp_path/conf_www.html

共聚焦显微镜检术资源主页。

参考文献：Carrington et al., 1995; Pawley, 1995; Rost, 1992; Sternberger, 1979.

撰 稿 人：Donald Coling and Bechara Kachar

14.11　共聚焦显微术基本原理

相当厚的标本（厚至几百微米）用共聚焦显微术也可以产生清晰的结构影像。该方法对检查荧光标本特别有用。用常规的宽视野的荧光显微镜观察厚荧光标本得到的影像模糊且缺少反差，因为贯穿标本整个深度的荧光团都被照亮，这样不仅能从焦点平面也能从焦点上面和下面收集到荧光信号。共聚焦显微术选择性地收集标本上代表单层焦点平面的薄（1 μm）的光切面的光线。焦点平面内的结构比用常规显微镜观察显得更清晰，那是因为没有焦点外区域的光线的干扰。可以通过一系列不同深度的光切面来重建标本的三维视图。

共聚焦显微镜是检查组织切片中荧光染色的细胞或小而完整的生物体比如 *Drosophila*（图 14.11.1A，B）和斑马鱼胚胎的优先选择的器材。它对定位游离细胞中荧光标记的分子同样有用（图 14.11.1C，D）。它敏感到甚至可以检测活标本中的荧光，这

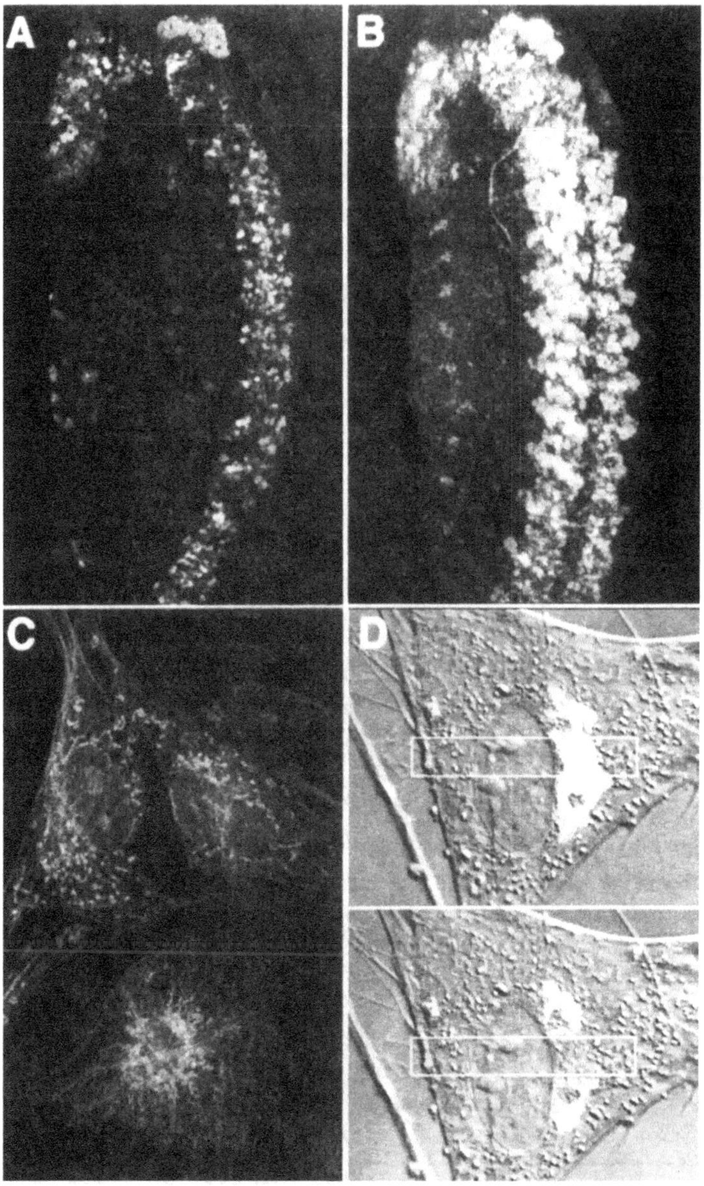

图 14.11.1 激光扫描显微术的应用。A，B.（来源于 W. Oldenwald；参见 Kamabadur et al.，1998）厚标本的 3D 分析。约 250μm 厚的 *Drosophila* 胚胎的不同神经元群用三种转录因子的抗体进行免疫标记。A. 用约 1.3 爱里（Airy）单位的塞孔直径探测器及 25×，0.8 NA 的物镜收集约为 2.5 μm 光切面。焦点平面内标记的神经元很清晰，而焦点外的神经元却看不到。B. 在 *z* 轴以 2 μm 的间距收集 65 个光切面的投影（重叠）。不同焦平面内的神经元看起来重叠成一个扁平的影像，但是在 3D 重建中却各有不同。C. 胞外结构的定位。分离的小鼠成纤维细胞用抗微管蛋白的抗体免疫标记，这样就可以看到微管。用荧光探针可以检测到线粒体（Mitotracker）和 DNA（DAPI）。该图是在 *z* 轴以 0.3 μm 的间距用 100×，1.4 NA 的物镜收集 20 个光切面的投影（重叠）得到的。D. 测量分子游动性。在一个表达高尔基膜蛋白（半乳糖基转移酶）和 GFP 融合蛋白（S65T-GFP）的活的成纤维细胞中，GFP 荧光定位于高尔基复合体，显示重叠于细胞的 DIC 影像上。收集了第一幅影像后，盒状区域用全激光扫描；这就猝灭了盒状区域的 GFP，如图显示在大约 2 s 后收集的第二幅影像。光猝灭区（未显示）的荧光回复速度表明 GFP-半乳糖基转移酶的融合蛋白在高尔基膜内高速移动。

样就可以跟踪活细胞中的荧光探针比如绿色荧光蛋白（GFP；图 14.11.1D）的移动情况。另外，共聚焦显微镜的某些类型可以设计成能进行光漂白实验（图 14.11.1D）和光活化“俘获”分子（指的是未活化的分子 UV 照射后可以活化释放出来）。

生物学家很有创意地使用共聚焦显微术，涉及的范围远远超过该篇可以讲述的范围。这里陈述的信息是为了给刚刚涉猎共聚焦显微术的读者提供背景知识和实际操作方面的指点。理论知识和技术方面比较好的资源是《生物共聚焦显微术手册》(J. Pawley；1995)。同时推荐的书还有《共聚焦显微术在细胞生物方面的应用》（B. Matsumoto；1993），这是关于操作方面的；《共聚焦显微术》（T. wilson；1990），这是关于理论背景的书；还有《显微术录像》(Inoue and Spring；1997)，这是关于显微术原理的书。

14.11.1　光分割的原理

共聚焦显微镜完成光学分割是通过聚焦的光束扫描标本，然后凭借一空间滤光片（通常是一塞孔）阻止来自标本上焦点外区域的信号，从每个点收集荧光信号来实现的。荧光显微术光学分割的物理基础参见图 14.11.2。点光源（一般是激光）均匀地照亮物镜的后焦平面，这样就可以把光线聚集到标本上某个有限衍射的点上。焦点上的照射最集中，尽管标本上的位于焦点下面或上面的区域也可以照射到。入射光激发荧光分子向各个方向释放荧光。被物镜收集的荧光聚集在影像平面，然后和标本上的焦点平面结合。影像平面的塞孔使得标本上的发光点的荧光才能通过探测器，而焦点外区域的光线则不能通过。

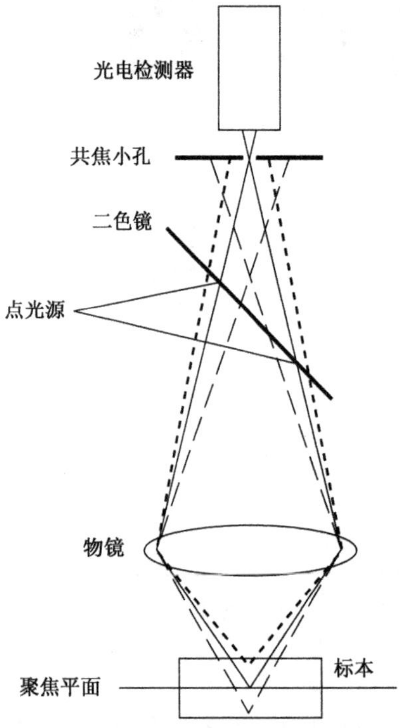

图 14.11.2　共聚焦表面荧光显微镜术的光分割原理。点光源发射光被分色镜反射，被物镜集中到标本上某衍射局域点。焦点内的荧光团和焦点上下的圆锥范围内的光线被激发，以大于入射光波长的波段释放出荧光。被物镜收集的荧光由于其长波长穿过物镜。共聚焦的塞孔使得来自标本焦平面的荧光到达光探测器，但阻碍了焦平面上下区域的荧光。此图重绘自文献(Shotton，1993)。

塞孔的直径由可以检测到的标本上的发光点发射出的荧光的多少和光切面的厚度决定。依据波长光学，我们可以知道物镜的焦点平面的点光源可以在影像平面产生一种三维衍射图样。影像平面的横截面是爱里盘，也就是有一个中心明亮的圆盘的圆形衍射图样。标本的参考系上的虚幻圆盘的中心明亮的圆盘的直径可以如下表示：

$$R_{Airy}=0.61\lambda/NA$$

这里 λ 代表发射光波长，NA 表示物镜塞孔的数值（参见 14.10 对 NA 的讨论）。在影像平面（塞孔的位置），中心区域的直径就是 R_{Airy} 乘以影像平面的放大率。

将塞孔调整至略低于爱里圆盘的中心区域直径，这样就可以使得源于焦点的大部分光线到达探测器，减少了焦点外区域的背景干扰，与宽视野显微术相比减少了约1000倍。用一个合适的塞孔分离焦点信号和焦点外背景正是共聚焦显微术检查厚标本的好处（参见图14.11.1 A，B）。

相比于常规显微术，点照射和探照光途径上的塞孔大大提高了侧面和轴面的分辨率（表14.11.1）。提高的实际程度取决于塞孔的大小。用约0.7× R_{Airy} 直径的塞孔可以使轴分辨率接近最大值，而低于大约0.3× R_{Airy} 直径的塞孔可以得到最佳的侧面分辨率。然而，小于约0.7× R_{Airy} 直径的塞孔大大减少整个信号，不值得就为了得到高分辨率而做这样的牺牲，尤其在影像模糊的样本情况下。在荧光成像时，发射光波长和激发光波长同样影响分辨率（表14.11.1）。

表14.11.1　共聚焦和常规显微镜的理论分辨率[a]

$\lambda_{ex}/\lambda_{em}$	物镜					
	10×，0.4NA，空气		40×，0.85NA，空气		60×，1.4NA，浸油	
	Lat. res.	Ax. res.	Lat. res.	Ax. res.	Lat. res.	Ax. res.
共聚焦荧光显微镜						
488/518	0.55	4.50	0.26	0.99	0.16	0.56
568/590	0.64	5.17	0.30	1.09	0.18	0.64
647/677	0.72	5.88	0.34	1.28	0.21	0.72
常规荧光显微镜						
518	0.79	6.48	0.37	1.43	0.24	0.93
590	0.90	7.38	0.42	1.63	0.28	1.06
680	1.04	8.50	0.49	1.88	0.32	1.22

a. 经惠许引用Brelje等（1993）数据。λ_{ex} 和 λ_{em}：激发和入射光波长；lat. res. 和 ax. res.：侧面和轴面分辨率。

14.11.2　共聚焦显微镜的类型

共聚焦显微镜有几种类型可供选择，每种都有自己独特的特点和优点。检查荧光标本最常用的就是激光扫描的共聚焦显微镜。这种显微镜，正如其名字所暗示的，用激光作光源，通过扫描标本上的激光束收集影像。

激光发射窄波段的光。图14.11.3列出几种激光发射光的波长和熟知荧光团的激发光谱。氪-氩混合气激光常用于多波长共聚焦显微术，因为它们发射三孔分离波长光束（488 nm、568 nm和647 nm），这样就可以同时影像两到三个荧光团（如FITC、丽丝胺罗丹明和Cy5）。氪-氩激光的缺点就是它们的使用寿命很短（约2000 h）。还有一种方法可以得到多波长激发光，那就是结合两种或更多激光的输出量。

用激光束扫描标本时改进几种方法，这样激光束就可以照射到标本上不同位置。最常用的方法就是用一对电流计反光镜，这样就既可以扫描到整个标本的激光束，又可以收集到标本发射出的荧光。一面电流计反光镜可以沿着 x 轴扫描连续的点，另一面反

光镜沿着 y 轴行间移动。用一滤色的光束分裂器可以分离发射出来的荧光和照射光束，而且将荧光导入光电倍增管，这样后者就可以收集标本上每个点被照射时产生的荧光了。光探测器输出量转换成数字影像显示在一监控器上，存储为数字化影像文件格式以备后来分析处理。许多激光扫描共聚焦显微镜有一个编码 256 灰度级影像的 8 位的数字转化器，但一些新款已经有 12 或 16 位的数字转化器。收集实物尺寸的影像（一般是 1024 像素×1024 像素）大概需要 2 s。用电流计反光镜扫描器的激光扫描的显微镜有时也被称为“慢扫”显微镜，因为它们得到影像的速度相对比较慢。慢扫显微镜来源于几处（Bio-Rad，Zeiss，Leica，Olympus，Nikon，Molecular Dynamics 和 Meridian，参见附录 4）。

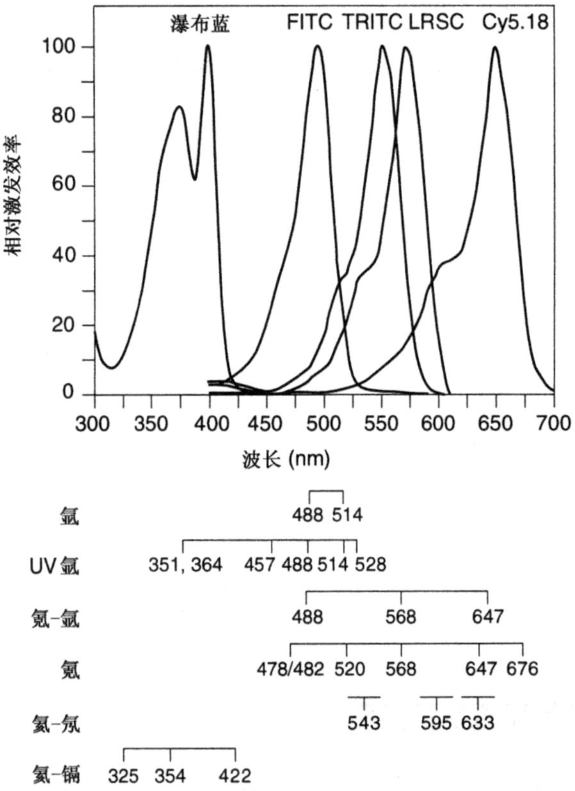

图 14.11.3　不同激光的发射波长和代表性的荧光团的激发光谱的比较。激光扫描共聚焦显微术最常用的激光是空气冷却的氩（488 nm 和 514 nm）、氪-氩、氦-氖激光。UV 氩激光通常需要水冷却，而且贵。它们可以调整为提供 UV 波长（351nm 和 364nm）或 UV 和更长波长的激光。瀑布蓝（Cascade blue）、荧光素（FITC）、四甲基罗丹明（TRITC）、丽丝胺罗丹明（LRSC）和花青素苷 5.18（Cy5.18）的激发光谱的数据来自于 Wessendorf 和 Brelje（1993），以及下载自 Aryeh Weiss 的网页，http://optics.jct.ac.il/～aryeh/Spectra。修改自 Brelje 等的文献（1993）。

电流计反光镜在激光扫描的显微镜上的移动取决于电脑，可以灵活变动扫描模式。比如，减少扫描区域和样本点间的距离，可以“放大”感兴趣的区域。另外，许多激光扫描的显微镜能够反复扫描一条线或将扫描仪停住来检测某点的荧光。后面一种技术对于研究快速变化的荧光信号尤其有用，如 Ca^{2+} 指示剂在活动的神经元细胞产生的荧光信号。

激光扫描的显微镜可以从以下公司得到（Norau、Life Sciences Resources 和 Meridian；参见附录 4），它们能够以视频速率（30 帧画面/s）或更快的速度收集影像。可以利用几种方法就能够得到快速的扫描速度，比如声光偏振仪、旋转的反光镜或共振镜。然而提高影像速度也会付出一定的代价。比如，快速扫描共聚焦显微镜不能控制扫描模式，而从头到尾的慢扫显微镜则能控制；某些视频速率的共聚焦显微镜就不适用多波长照射。视频速率共聚焦显微镜依赖于缝隙孔径而不是塞孔孔径，这样侧面和轴面分辨率略略受损。

由于其低成本（别的原因），值得一提的某种快扫共聚焦显微镜用多塞孔（约 200 000）的自旋盘同时照射和监测标本上许多点发射光。点光源可以是激光或一类似用于常规表面荧光显微术的广谱灯。这类共聚焦显微镜的优点就是能快速收集影像（快至 700 帧画面/s，5000 行分辨力）。可以直接用肉眼检查或用一灵敏相机捕捉影像。主要的缺点就是圆盘只能转移仅 1%的实际光源，因为自转圆盘上的孔需要大大地彼此隔开。自转盘的共聚焦显微术的新款最近可供使用，它用“微镜”来提高光通度，得到较灵敏的高速共聚焦影像（超视野；Life Sciences Resources；参见附录 4 ）。

激光扫描显微术的另一种形式看起来很有用，它用双光子（和三光子）激发诱导荧光释放（Denk et al.，1995）。当一荧光团吸收双光子时，每个光子都有能将荧光团提高至激发态的能量的一半，这样就可以激发双光子。只有焦点处才能满足同时吸收所需的光强度，所以只有焦点的荧光团才能被激发。因此，双光子激发可以进行光分割而不需要在探测器前放置空间滤片。另外，因为焦点外的荧光团没有被激发，标本就不需像在常规激光扫描显微镜那样进行光猝灭。需要激发光双光子吸收的波长较长，而且与单光子激发所用的波长相比，能更好地穿透组织，这样可以更深入地检视标本。此外，UV 波长用于常规激光扫描显微镜时 UV 荧光团可以影像而不会产生太多的问题。双光子共聚焦显微术目前存在的一个缺点就是适宜的激光的成本比较高（约 $100 000）。双光子激光扫描显微镜可以从以下公司得到（Bio-Rad，Leica；参见附录 4）。

14.11.3 实际操作指南

样本准备：固定标本的免疫荧光

对样本准备工作的指南补充参见 14.6 和 14.10。

固定

能很好地保持标本三维几何结构的固定剂就是最好的固定剂。荧光显微术常用的固定剂（含 2%～4%的甲醛的 PBS）并不是最理想的，因为它会导致原生质体膜长泡、细胞内膜区室的囊泡化以及其他一些细胞形态的改变。此外，一些商业甲醛制备液中还有甲醇，这会引起细胞收缩。Bacallao 等阐述了优化甲醛固定剂的方法（1995；参见 14.6 和 14.10）。缓冲液的选择应该匹配标本的 pH 和渗透压。含 0.125%～0.25%的戊二醛的甲醛固定剂比单独的甲醛固定剂能更好地保持细胞形态。一些研究者在荧光显微术中避免使用戊二醛是因为它能诱导自身荧光。然而，对固定后的标本用 $NaBH_4$ 处理

(用含 1 mg/ml $NaBH_4$ 的 PBS，pH 8.0 处理两次，对分离细胞每次 5 min，对厚标本处理的时间更长些）就可以减少自身荧光。戊二醛对免疫荧光研究的比较严重的缺点就是它能破坏某些抗原的抗体识别位点。一种比化学固定优越的可替代的固定技术就是快速冷冻接着冷冻置换。

荧光团的选择

14.6 和 14.10 阐述了荧光显微术中选择荧光团的标准。共聚焦显微术只需额外考虑的就是选择的荧光团要被相应的激光波长激发。然而，也没有必要使得激发光谱峰值和激光波长完全匹配，因为绝大多数的显微镜的激光在非高峰波长时也能最大限度地激发荧光团。对于需要影像双荧光团的实验，最好选择激发和发射光谱重叠最小的荧光团。对于用氪氩激光进行多波长影像的荧光团的较好的选择如下所列：FITC/俄勒冈绿/Alexa488（Molecular Probe）在 488 nm 激发；丽丝胺罗丹明/Cy3/Texas 红/Alexa568（Molecular Probe）在 568nm 激发；Cy5 在 647 nm 激发。UV 荧光团也适合多色影像（在 350～390 nm 吸收；对 DNA 最好的染料之一就是 UV 荧光团)。

对照样本

共聚焦显微镜取决于电子影像增强技术，该技术可以将一模糊的自身荧光信号或非特异性背景着色变得看起来很明亮。为了能够将背景和真信号区别开来，必须准备一个适宜的对照样本。对于只有一种初级抗体的免疫荧光实验来说，适宜的对照就是未着色的标本和用次级抗体而没有用初级抗体处理的标本。对有两种初级抗体和次级抗体实验来说，则需要额外的对照检测次级抗体是否会和“错误”的初级抗体进行交叉反应。别的对照实验可能需要证实标记的特异性（见 14.10)。

标本的封固

封固剂应该保持标本的三维结构。PBS（附录 1）或含 50% PBS/50%甘油的封固剂可以很好地保持细胞形状，但 Mowiol 和 gelvatol 会减少高度达 10%。在封固剂中加入抗氧化剂将有助于缓和光猝灭过程。最好的抗氧化剂之一就是 100 mg/ml 的 1，4-重氮二环［2，2，2］辛烷（DABCO；Sigma)。*n*-丙基没食子酸和 *p*-苯二胺（PPD）也是比较有效的抗猝灭的试剂，但是前者可能会导致荧光的模糊，而后者可能会损伤标本。

选择封固剂时也要考虑到显微镜物镜的类型，后者要用于观察标本。为了使物镜使用最优化，封固剂要和物镜的浸油的折射率一样。折射率的不匹配会产生球面畸变，从而导致探测器前的光损失，也会减少 *z* 轴的分辨率和不正确的深度鉴别。标本越深，球面畸变导致的图像质量降低越严重。当油浸物镜在水介质中检查标本，在 5～10 μm 的距离时，信号强度和轴分辨率的大量损失就很明显。

许多显微镜物镜通过一特定厚度（一般是 0.17 μm，即一种编号为 $1\frac{1}{2}$ 的盖玻片）的玻璃盖玻片检查标本。正确的盖玻片的厚度对高 NA（>0.5）干物镜和水浸物镜尤其关键。使用一和预期相差仅 5%的盖玻片就会导致球面畸变。高 NA 干物镜和水浸物镜一般有一个可调轴环来调整盖玻片厚度的小小变化。

标本封固尽可能靠近盖玻片，尤其是用油浸物镜观察时，因为这样工作距离短（约100～250μm，取决于物镜的类型）。这样也能避免球面畸变导致的图像降质。通过支持盖玻片可以保护易碎标本，比如用一薄层的指甲油、带状盖玻片或由一层硅橡胶制成的密封垫（Reiss，参见附录4）。封闭盖玻片的边缘——用指甲油或硅橡胶润滑脂（Dow Corning；参见附录4）——防止标本脱离移动。

活标本

活标本的共聚焦显微术极具挑战性，原因有几点。标本必须在一个小室封固，该小室保证该标本健康和固定，同时小室需能放进物镜。对高分辨率透过光影像（如激光扫描微分干涉相差显微术），该小室必须能够容下一高NA（油浸物镜）聚光镜。活标本的荧光信号通常很弱，而且能检测它们的光照水平会损害标本。光猝灭是需要收集影像的实验所不可避免的因素。保存在非环境温度下的标本的温度波动使得很难维持正确的焦点。

一适合培养生长在玻璃盖玻片的简单小室可以用一由一层硅橡胶或塑料直尺切割下来的密封垫在玻璃载玻片上制成。为了防止这个小孔漏，用硅橡胶润滑脂、融化的石蜡和石油膏的混合物，或Sylgard（Dow Corning；参见附录4）。小孔装满介质，然后贴附有细胞的盖玻片放置于上，细胞面朝下地位于小孔顶端。准备液在观察过程中用位于显微镜上的一加热的鼓风机［如一变功率的电吹风或一商业气流恒温箱（如Neutek；参见附录4)］或者是用红外线灯——保持温度。一些精巧的小室，有内嵌的加热器和换液口，可以从商业公司购得。选择小室时要考虑的一个重要的因素是它在和作为散热器的油浸物镜接触时是否能保持要求的温度。解决这问题的一个办法就是同时加热物镜和小室。用于配有高NA物镜和聚光器的显微术的一个加热的小室和物镜加温器可以从Bioptechs购买（参见附录4）。

在介质上添加氧猝灭剂将有助于缓和荧光团的猝灭。猝灭不仅能导致信号的模糊，也会产生氧自由基从而损伤细胞。一些据报道有效的氧猝灭剂，包括：oxyrase［0.3 U/ml；Oxyrase（参见附录4)］；抗坏血酸（0.1～3.0 mg/ml；Sigma）；Trolox（10 μmol/L；Aldrich）和乙酰半胱氨酸（50 μmol/L；Sigma）的混合物及藏花酸。

表14.11.2 常用的浸液和封片介质的折射率

介质	折射率（RI）
浸液介质	
空气	1.00
水	1.338
甘油	1.47
油浸液	1.518
封固介质	
50%甘油/PBS/DABCO	1.416[a]
5% *n*-丙基没食子酸/含0.0025% *p*-苯二胺（PPD）的甘油	1.474[a]
0.25% PPD/0.0025% DABCO/含5% *n*-丙基没食子酸的甘油	1.473[a]
VectaShield（Vector Labs）	1.458[a]
Slow Fade（Molecular Probes）	1.415[b]
Prolong（Molecular Probes）	1.3865[b,c]

a. 资料来自文献（Bacallao et al.，1995）。

b. 资料来自Molecular Probes。

c. 液体介质的RI（固体介质的RI更高）。

优化影像的参数

物镜的选择

荧光显微术更倾向于使用高 NA 物镜，这是因为它们与低 NA 物镜相比能吸收更多的光线（明亮度与 NA^4 成正比）。绝大多数的高质量的高 NA 的物镜能透射 80%的可见光，但一些却只能透射少部分的 UV 波长光。

水浸的物镜是在水溶液观察标本的最好的选择（如活标本）。一些显微镜的制造商最近特别针对生物标本的共聚焦显微术，引进了高 NA 水浸物镜，不同于以往的水浸物镜类型，它们能观察封固在盖玻片下的标本。工作距离约 250 μm。

油浸物镜比水浸物镜的 NA 更高。大多数有相当短的工作距离（约 100 μm），尽管最近有些油浸物镜的工作距离约 200 μm。只有在标本封固在和浸油的折射率（η=1.518）相当的介质的情况下，长工作距离的油浸物镜才能发挥作用。如果使用水相封固介质，距标本超过约 20 μm 的影像质量将会由于球面畸变显著下降。同样，需要校正 z 轴的距离尺度。物镜的移动（d_{obj}）导致的标本上的焦点平面的实际移动（d_s）取决于标本和浸液介质的折射率的比值。该关系的合理的近似表示如下：

$$d_s/\ d_{obj}=\eta_s/\eta_{obj}$$

塞孔大小

正如上文（参见光学分割的原理）解释的，塞孔的大小对影像质量有关键的影响力。塞孔直径等同于爱里盘的第一个最小直径（该直径大约等同于$\frac{1}{2}$最大强度的直径），将会使得焦点面的绝大多数的光线到达探测器，却会阻止焦点外光线通过。侧面分辨率比使用同样光学的常规显微术得到的分辨率高约 20%，尽管比不上更小的塞孔得到的分辨率。塞孔直径越小，侧面分辨率越高。但当塞孔直径减至爱里盘直径的 0.2×时，将会排除 95%的信号。塞孔直径越小，轴面分辨率越高，减至爱里盘直径的 0.7×时，信号消失。信号强度和分辨率之间的最好权衡取决于样本的特征和实验目的。

放大比

共聚焦显微镜上的放大镜决定扫描区域的大小和影像的实际放大率。放大比为 2 时扫描的区域是放大比为 1 的长和宽的一半。相同编号的样本（水平轴上的点，垂直轴上的线）构成的影像，通过不考虑放大比的固定编号的像素显示在影像监测仪上。因此，放大比为 2 的影像上的像素代表标本内的区域是放大比为 1 的像素代表的区域的一半大，任何一维都是一半大。如果放大率为 1 的物镜的像素大小代表 0.25 μm ×0.25 μm，那么放大率为 2 的像素大小就是 0.125 μm×0.125 μm。像素维（指的是标本）和放大调定值成反比。

对每一个物镜来说，放大率的调定值可以最优化，以便产生的像素维能足够小地利用物镜的全分辨率，同时也能足够大地避免过采样。为了达到在显示监视器可见的最小分辨率，像素维需要比光学分辨率小（至少一半）。然而，如果像素大小用高于最优化值的放大比制得太小，标本将遭受超过所需量的更多的照射，这样就会增高光猝灭的概率。光猝灭的速度增加与放大比的平方成正比。关于选择合适的放大比的源于信息理论方面（尼奎斯特取样定理）的指南认为，像素维等于光学分辨率除以 2.3。然而，低于该数值的像素维会产生更多的有益影像。

Z 轴分割间隔

为了研究标本的三维结构，发送命令给焦点发动机决定间隔，然后按照间隔收集一系列焦点水平的影像。最直接确保重建的影像在 x、y、z 轴的比例正确的途径就是在 z 轴间隔收集的光切面等于 x、y 像素维。然而，焦点间平面间隔需要适当地在 z 轴取样，该大小和 x、y 像素维不一样，这是因为轴分辨率低于侧面分辨率（参见表 14.11.1）。焦点间平面间隔最优值（根据尼奎斯特取样定理）等于轴分辨率除以 2.3。更短间隔收集的影像会导致过采样，也会增加光猝灭的危险。

照射强度

荧光发射随着照射强度线性增加至饱和值。照射水平远低于饱和值时可以达到信号/背景比和信噪比的最优值。激光扫描显微镜上的照射强度可以调整，比如在光程中插入一中强度滤片或在第二大功率操作激光。通常情况下，在光照射水平尽可能高而没有产生不可接受的光猝灭的速度时可以得到最好的影像。

PMT 黑色电平和放大系数

影像的对比度和信息量受到光电倍增管（PMT）的黑色电平和放大系数的影响。为了取得最大的信息量，黑色电平和放大系数应调整成能很好地利用 PMT 的全动态范围。扫描时到 PMT 的光路被阻止的情况下可以得到最适宜的黑色电平调定值。呈现在显示监视器上的影像应该仅比背景亮一些，而背景全黑（灰度级=0）。设置放大系数时，扫描标本和调整放大系数以致影像上最亮的像素仅低于白色（灰度级=255）。选择黑色电平和放大系数调定值以确保所有的信号落在 PMT 的全动态范围对于定量影像实验很重要。许多共聚焦显微镜提供的软件包括一伪色图像显示方式，后者通过突出接近净黑和净白的强度数值的像素的方法，有助于选择合适的黑色电平和放大系数调定值。

平均值

以一般扫描速度（对慢扫共聚焦显微镜来说是 1～2 s/帧）捕获的模糊荧光标本的共聚焦影像有噪声干扰，后者是由从每个点收集的少量光子所导致的。在某些情况下，以较低速度扫描标本时尽可能提高信噪比。另一种取得较好影像的方法是对多次扫描（帧取平均数）得到的信号取和及取平均值。一些共聚焦显微镜提供二次平均法（线取平均值），这样独立的线被反复扫描和取平均值。线取平均值通常可以产生比帧取平均数（对所有的画面取平均值）更清晰的影像，因为标本的变化或移动所导致的模糊的危险减小了。

影像显示

商业的共聚焦显微镜软件包提供针对某些影像增强和显示的软件。显示三维数据集的选项一般包括“z 投影”（见图 14.11.1B），该图是由光切面堆和立体视图的叠加，后者是结合两影像堆，一个和 z 轴成直线，另一个是连续影像之间的位移。许多系统也有计算横切面和不同视角标本的投影的能力。一系列视图视角的投影的计算值可以以电影的形式显示，这样标本就会绕着轴旋转。这样的电影突出了标本的三维几何学，可以给观察者留下深刻印象。另外一些显示选项可以从各种集成的软件或硬件程序包得到，它们一般是针对三维影像的显像和分析而设计的。

预期结果

用抗褪色的试剂保护的固定标本上的荧光经常足够亮，也足以抵抗光猝灭，这样就可以用提供最优化分辨率的影像参数重建三维影像。可以得到的质量极高的三维视图结构有可能如同细胞骨架或轴突的末端轴一样小而复杂。可以得到足够多的影像的地方，进入标本的最大深度，取决于很多因素（如浸液和封固介质的折射率的匹配，光线波长，标本吸收和散射的程度）。在最优化的条件下，尽可能在物镜工作距离允许的情况下以接近极限的深度影像结构；实际操作中，在几百微米左右范围下的深度，影像质量通常下降。

尽管活细胞的共聚焦显微术更困难，而且对组织的伤害可能会排除广度的三维重建，但增加的时间维和影像的真实性值得这么做。另外，通过收集一系列的延时拍摄的影像可以研究持续几小时的动态过程。加强的荧光团，比如 GFP 的某些特定的变种（65ST，EGFP），可以以最小的荧光损失连续影像。此外，现代的激光扫描显微镜提供可变光学实验台和复杂的标本位置控制器，后者允许进行控制激光光线对活组织应用的众多的实验。这些方法的一个例子就是光猝灭和笼装的复合物的释放。这些仅仅是光探针生理学的未来应用的先驱，它们的实现将会增加共聚焦显微镜的多功能性。

因特网资源

zippy. nimh. nih. gov

可以通过 FTP 下载得到 NIH 影像。

http://optics. jct. ac. il/~aryeh/Spectra

常用的荧光团的激发发射光谱资源。

http://rsb. info. nih. gov/nih-image/

用于得到 NIH 影像。

http://www. probes. com

分子探针网页，包括产品目录或更多。

http://www. mwrn

微世界资源，显微术产品和零售商的丰富的列举。

listserv@ubvm. cc. buffalo. edu

共聚焦 e-mail listserv 网络。

参考文献：Bacallo et al.，1995；Brelie et al.，1993；Inoue and Spring，1997；Kamabedur et al.，1998；Matsumoto，1993；Pawley，1995；Shotton，1998；Wessendorf and Brelie，1993.

撰 稿 人：Carolyn L. Smith

14.12 原位杂交的测量

标记的特异的分子探针和组织内核酸的杂交可以了解基因表达或外来基因组序列的几何和功能定位。

14.12.1 基本方案 通过磷光核存储影像决定原位杂交中的放射性同位素标记的异源双链体的分布

材料

参考标准（血块；参见辅助方案）和用于原位杂交的同样放射性同位素标记的探针杂交

放射标本包括包埋入塑料中的^{14}C（^{35}S和^{33}P也适合；放置在一显微镜载玻片上，可以从美国放射性同位素标记化学物质公司购买；http://www.arc-inc.com）

来自于原位杂交的杂交用的载玻片（见14章）

配有磷屏的磷光核存储影像仪（如Fuji BAS 5000）

光盒或清磷屏的高强度光线

马尼拉折叠夹

双面胶（Scotch牌）

塑料包装材料（比如Saran包装材料）

影像处理软件：NIH影像（可从NIH网站免费得到；http://rsb.info.nih.gov/nih-image/Default.html）或MCID（影像研究）

步骤

1）集合参考标准和晾干杂交用载玻片。用可见光彻底清磷屏。

2）用双面胶将载玻片截面向上和马尼拉折叠夹粘在一起。用一片塑料包装材料盖住这堆载玻片，确保塑料片粘在胶上（不要用塑料片包裹^{3}H标记的载玻片）。

3）将载玻片放置在屏折叠夹（每次曝光，通常都包括^{14}C参考载玻片），面朝下地放置在磷屏（当心影像屏）。盖上屏折叠夹，于干燥室室温保存至所需的曝光时间（几小时到几天）。

4）曝光之后，在暗室中操作，把粘有载玻片的马尼拉折叠夹取出，把屏放在屏折叠夹里，放进仪器内。把屏从折叠夹内取出，比如在Fuji BAS 5000，插进机器里，同时熄灯。

软件指示机器“读数据”。Fuji BAS 5000以25 μm的分辨率读数据，产生以160 Mb的数据文件。这数据最好由配置为至少220 Mb RAM、一1 Gb容量的外置存储系统、一只读CD的刻录机和2 Gb容量的硬盘的计算机处理。读完屏后，数据转移到一外置存储系统上。一张650 MB的刻录盘可以存放下四张数据文件。

与许多用于测量放射性衰变的仪器相比，存储磷光核影像可以通过检测β和γ射线的离子化的放射线记录放射性衍生物。检测屏上的磷光核可以捕捉到能量。激光源扫描检测屏，可见光从荧光屏上发射出来。可见光记载在光电倍增管上，被计算机聚集成影像（图14.12.1）。信号和放射能呈几个数量级的线性关系。

5）一旦读屏和影像确定后，准备放射自显影的载玻片（14.4）。

6）从影像中抽提特定的信息，证实这些信息的有效性。以下信息谨记在心。

a. 屏幕得到的数据会以影像文件显示在计算机容量里。仪器和计算机平台不同，图片细节也会有所变化。但是这样的文件通常很大，需要准备适宜的 RAM 容量。

b. 影像屏上会有载玻片和放射性物质的大概轮廓。^{14}C 参考载玻片应该呈现出渐进的强度，如果转换成颜色的话，查表上的颜色逐渐增加。

c. 磷光核单位应该是线性。如果不是，那就是监测器或硬件出问题了。

7）用磷光核影像制造商提供的软件分析影像，或将它们输出到其他的影像处理软件上，如 NIH 影像或 MCID。将文件输入 NIH 影像，在常规的输入菜单设置影像的像素的宽和高，然后得到在固定范围为 65535 内的一 16 位无符号的影像。

尽管据制造商报道，检测极限可低至 0.9 dpm/mm^2/h，但对^{14}C（也可能是^{35}S 和^{33}P）来说，曝光时间变化相当大。用高分辨率的屏，曝光时间可以长达 4 天而不会过曝光。其他的屏，几小时后就可以得到满意的影像。

8）用制造商的软件计算^{14}C 塑料标准每平方毫米的活性。

9）计算 RNA 血块参考载玻片每平方毫米的活性。如果 RNA 的分布不均匀，要么准备更多的参考血块（参见辅助方案），而且更加注意地混匀这些血块；要么如果血块足够大的话，测量几块 1 mm 的位点，取平均值。

10）用影像仪提供的软件，计算^{14}C 参考切面每平方毫米的磷光核值。如果可能，使用一校正因子调整^{14}C 和所用的同位素在衰变能上的差异。

11）计算 RNA 血块的活性，优先检测几块 1 mm 位置。同样计算正义和非正义血块区域。参见表格 14.12.1 常规问题和解决办法。

估计 RNA 或病毒颗粒的数量的方法有好几种。一种是依据放射能标准表示 pCi 值。另一种是将校正的血块区的 RNA 浓度转换成磷光核单位（图 14.12.2）。这种方法需要在血块的摩尔浓度或依据病毒颗粒里的 RNA 数量的“病毒基因组等同物”的基础上。每个研究者应该完善这些可能性的任一种。

表 14.12.1　磷光核存储影像故障诊断

问题	可能的原因	解决办法
正义或非正义标本的高信号	洗涤不够	增加 SSC 洗涤的严紧性，增加洗涤时间
反义标本没有信号	错误标记	重复操作过程
	核糖核酸酶	改进操作过程中的防护措施
没有标记	没有做标记	重制探针
	低表达	考虑 ISH 是否合适
		用更高能量的同位素
影像条纹状	洗涤不够	参考放射自显影看是否两张影像都这样
低分辨率	不完善的监测器或仪器	购买新的监测器
		管理仪器
血块对照的测量不成线性	混匀不够，或血纤蛋白原中有核糖核酸酶	重铸血块
	扩散过程中损失 RNA	加入 RNAse 抑制剂，立刻固定血块，增加血纤蛋白原，或用长转录物

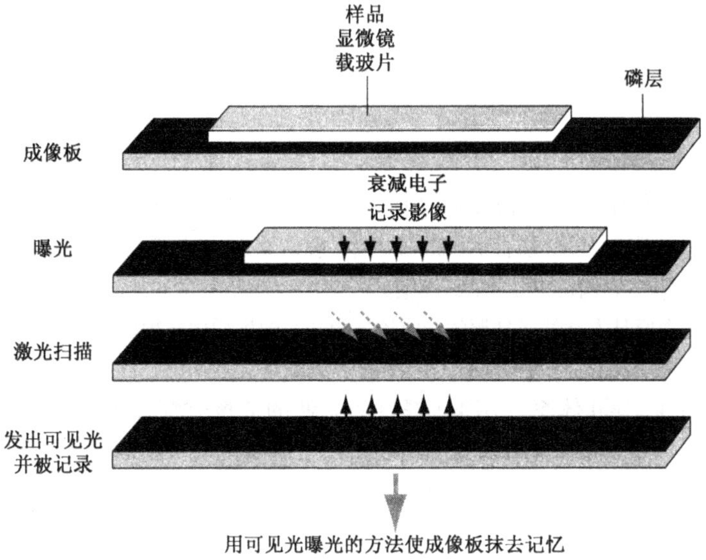

图 14.12.1 磷光核存储影像过程。

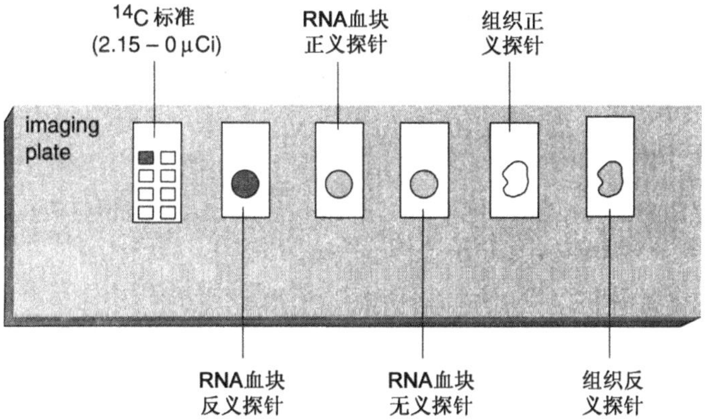

图 14.12.2 估算磷光核影像。

14.12.2 辅助方案 制备参考体系

一个参考体系，必须包括：①包埋入塑料中的^{14}C的放射性标准（^{35}S和^{33}P也适合），这些可以从美国放射性同位素标记化学物质公司购买；②一人造组织（Cottler-Fox and Fox，1991），这个可以用血纤蛋白原，血凝素利用本方案制备，然后和原位杂交中使用的同样的同位素探针杂交。

材料（带√项见附录 1）

√放射性标记标准：RNA 、DNA 样本，或病毒粒悬浮液

√血纤蛋白胶

√凝血酶，USP（稀释到 10 000 U/ml）
√1.3 mol/L 不含任何缓冲液或盐的甲醛溶液
70%甲醇

步骤

1）将血纤蛋白胶和样本标本物按照 2 份血纤蛋白胶和 1 份样本标本物的比率（如 1 ml 胶比 0.5 ml）混匀。如果使用 Tisseel 体系，直接将标准悬浮液加入到血纤蛋白原稀释剂中，用于重构冻干的血纤蛋白原。

注意：血纤蛋白原是人类种属来源的，应该采用合适的生物危害预防措施。

2）用以下方法之一凝固血纤蛋白原混合物：

a. 如果使用 Tisseel 体系：用 kit 提供的方便的剂量分配器混匀，分配器有两对注射器，通过一个塑料阀连接，这样两边的溶液可以同时排出同时混合。从剂量分配器取下皮下注射针，可以加快混合。同时剧烈地排出两种溶液，这样导致血块几乎瞬间形成。

b. 如果没有使用 Tisseel 体系：用测试（参考）液（步骤 1）和血纤蛋白原溶液彻底混匀，加入凝血酶，同时将含该混合物的试管在一涡旋混合仪上旋转。让血块凝固 3 min。

3）用一细刮勺或坏的涂药棒将血块从试管中移出。室温下将血块放进 20 体积的甲醛溶液中。在一缓慢旋转（15 r/min）的旋转振荡仪上固定血块 24 h。转移血块到 70% 乙醇溶液中，按照一般组织处理（参见 14.1）。

因特网资源

http://rsb.info.nih.gov/nih-image/Default.html/
可获取 NIH 影像软件的网站。

参考文献：Miyahara，1989.
撰 稿 人：Shelley B. Hoover，Cecil H. Fox，Jim Bahre，Michele Cottler-Fox，and Cynthia Sung

14.13　细胞凋亡的形态：生化性质和流式细胞仪检测

当程序性细胞死亡（PCD）或凋亡被认识到是多细胞生物体内生长和体内平衡的一个重要调控元件时，用于定量细胞凋亡及区别细胞凋亡和坏死的方法得到了发展。决定一细胞死亡是由于凋亡而不是坏死的标准的最好依据是：①细胞膜和质的变化；②细胞的染色质变化，这两者的发生先于膜的裂解。

注意：除非细胞用于流式细胞仪或其他不需要细胞进一步体外培养的处理方式，所有的和细胞接触的溶液及仪器都必须是无菌的，需采取相应的无菌技术。

14.13.1　基本方案 1　使用活体荧光染料的显微镜定量凋亡指数和细胞活力

测量细胞凋亡的最准确和最简单的方法可能就是显微术检测方法。细胞凋亡的迹象包括：皱缩的核、气泡状的细胞膜和清晰的细胞质。

注意：吖啶橙和溴化乙锭经埃姆斯测试被发现具有高诱变性，应当小心操作。

材料

染料混合物：0.01%台盼蓝（Life Technologies），100 μg/ml吖啶橙（Sigma），或 100 μg/ml 吖啶橙+100 μg/ml 溴化乙锭（Sigma），所有试剂都在 PBS 中制备（见附录 1）

约 5×10^5～5×10^6 细胞/ml（表 14.13.1）的细胞悬浮液在完全的 RMPI 1640 培养基（见附录 3F）

12 mm×75 mm 的玻璃试管

显微镜载玻片和 22 mm^2 的盖玻片（编号为 1 的厚度；VWR Scientific）

配有荧光过滤装置的荧光显微镜（如 Zeiss 或相当的显微镜）

表 14.13.1 人工培养的细胞的刺激凋亡

细胞类型	处理	检测时间/h[a]	凋亡指数[b]	是否需要蛋白合成[c]
胸腺细胞	100 nmol/L 地塞米松	24	80～100	是
	600 拉德 γ 照射	24	80～100	是
D011.10 杂交瘤细胞	CD3 抗体	24	80	是
P 815 肥大细胞瘤	杀伤性 T 细胞	4	50～100	否
Raji B 细胞	杀伤性 T 细胞	4	10～20	否

a. 估计时间直到测试细胞凋亡。

b. 凋亡指数指的是根据基本方案 1，在指定的时间计数，凋亡/死亡细胞的百分比的预期值。

c. 需要的蛋白合成指的是是否有 RNA 抑制剂（如放线菌素）或蛋白质（如放线菌酮、吐碱和密旋霉素）合成阻止凋亡（核伤害和细胞裂解）。

步骤

台盼蓝染色

1a）将 10～20 μl 的台盼蓝放至 12 mm×75 mm 的玻璃试管的底部。加入等量的混合很好的细胞悬浮液，轻动手腕轻柔地混合。

2a）将 10 μl 的混合液加入一标准血细胞计数器的凹槽里。用一明场显微镜的 40×～60×的干物镜检查。

3a）计数至少 200 个细胞，记录正常和凋亡或死亡细胞的数量。

早期凋亡时细胞由于台盼蓝的排斥呈现白色，但它们将会有不规则的形状或缩拢的核。

4a）计算凋亡细胞的百分比（凋亡指数）如下：

$$凋亡细胞\% = \frac{(VA + NVA)}{VN + VA + NVN + NVA} \times 100\%$$

$$坏死细胞\% = \frac{NVA}{VN + VA + NVN + NVA} \times 100\%$$

$$死亡细胞\% = \frac{(NVN + NVA)}{VN + VA + NVN + NVA} \times 100\%$$

吖啶橙染色

1b）将 1μl 的染色混合液放至 12 mm×75 mm 的玻璃试管的底部。加入 25 μl 细胞悬浮液，转动手腕轻柔地混合。

2b）将 10 μl 的该混合液放在一干净的显微镜载玻片上，盖上 22 mm^2 的盖玻片。用一落射光显微镜的 40×到 60×的干物镜和一适合观察荧光素的滤光片结合起来检查。

3b）计数至少 200 个细胞，记录正常和凋亡的细胞核的数量。

活的和死亡的非凋亡的细胞核呈现荧光绿色，而且有“结构”；荧光强度变化反映常染色质和异染色质的分布。而凋亡的核，在核周边有很高的浓缩的半月斑；另外，整个核表现为一个或一群无特色的、明亮的、球状的颗粒。更进一步的凋亡，细胞会失去 DNA 或被弄碎成“凋亡小体”，而且整体的明亮度低于正常细胞。

4b）计算凋亡细胞的百分比（凋亡指数）如下：

$$凋亡细胞\% = \frac{(细胞总数-活细胞总数)}{细胞总数} \times 100\%$$

吖啶橙或溴化乙锭染色

1c）将 1 μl 的染色混合液放至 12 mm×75 mm 的玻璃试管的底部。加入 25 μl 细胞悬浮液，用手腕轻柔地混合。

2c）将 10 μl 的该混合液放在一干净的显微镜载玻片上，盖上 22 mm^2 的盖玻片。用一落射光显微镜的 40×到 60×的干物镜和一适合观察荧光素的滤光片结合起来检查。

3c）计数至少 200 个细胞，记录以下四个细胞状态的每一个数值：①有正常核的活细胞（VN；有结构的亮绿色染色质）；②有凋亡核的活细胞（VA；高浓缩或碎片化的亮绿染色质）；③正常核的死细胞（NVN；有结构的亮橙色染色质）；④有凋亡核的死细胞（NVA；高浓缩或碎片化的亮橙色染色质）。

溴化乙锭只能染死细胞。它插入 DNA，使 DNA 呈现橙色；与 RNA 的结合很弱，呈现出微红色。因此死细胞有明亮橙色的染色质（溴化乙锭远超过吖啶橙），而且，它的细胞质如果有任何残留，就会呈现深红色。

4c）计算凋亡细胞的百分比（凋亡指数）和坏死的细胞的百分比：

$$凋亡细胞\% = \frac{有凋亡核的细胞总数}{计数细胞的总数} \times 100\%$$

14.13.2 基本方案 2 用次 G_0/G_1 DNA 峰值计算细胞凋亡

凋亡的细胞的 DNA 荧光减少或呈亚二倍体，可以使用常规的细胞周期表分析。

材料（带√项见附录 1）

要分析的细胞，在 FACS 缓冲液中（总数在 10^5～10^6 之间）

√FACS 缓冲液

冰冷的 100%乙醇（如果细胞是抗体标记的则用 70%乙醇）

1 mg/ml RNase A

含 50 μg/ml 二碘化丙锭（PI）的 PBS（见附录 1）

步骤

1）凋亡刺激后（参见表 14.13.1 刺激范例），从培养液中沉淀所要分析的细胞，同样沉淀一未处理的对照培养液。重悬于 3 ml 的冰冷的 FACS 缓冲液，然后 300 *g* 离心 5 min沉淀细胞。轻轻晃动试管以重悬沉淀。

如果同时对细胞其他表面表达的 Marker 染色，这步应该在固定之前做。

2a）如果细胞没有被其他荧光团标记的抗体染色：重悬细胞于 FACS 缓冲液，边涡旋振荡边加入 1 倍体积的冰冷的 100%乙醇，通过这样的方式固定细胞。室温孵育细胞 30 min。

2b）如果细胞被其他荧光团标记的抗体染色：重悬细胞于 500～1000 μl FACS 缓冲液，边轻柔涡旋振荡边加入 3 倍体积的冰冷的 70%乙醇。于 4℃孵育细胞，不少于 1 h。

使用乙醇作为固定剂，这点很关键。其他的固定剂比如戊二醛或甲醛由于染色质的交联不能尽可能地保持亚二倍体峰值。

3）沉淀细胞。重悬于冰冷的 FACS 缓冲液，然后 300 *g* 离心 5 min 沉淀细胞。重悬细胞于 250～500 μl 含 40 μg/ml RNase A 和 50 μg/ml 二碘化丙锭的 FACS 缓冲液。室温暗室孵育不少于 30 min。

4）用流式细胞仪（FL2 或 FL3）以线性模式（Holmes and Fowlkes，1991）分析细胞。可以通过选通低于大的 G_0/G_1 DNA 峰值的区域的染色细胞来计算细胞凋亡的部分。

14.13.3 基本方案 3 用 TUNEL 流式细胞定量凋亡细胞

末端脱氧核苷酸转移酶介导的 dUTP-生物素切口末端标记（TUNEL）是一种检测呈现 DNA 片段化的凋亡细胞的方法。

材料（带√项见附录 1）

要分析的细胞

√PBS

95%乙醇（不是 100%乙醇），冰冷

√多聚甲醛固定液

√TdT 反应液

√TdT/生物素-dUTP 混合液

异硫氰酸荧光素（FITC）-链霉亲和素（streptavidin）结合物（Jackson Immunoresearch；按照制造商的方法进行适当的稀释）

12 mm×75 mm 圆底离心管

配有 269 模型转子的 IEC 6R6000 离心机（或相当的设备）

步骤

1a）多色分析：进行免疫荧光染色。重悬染色细胞于 PBS，转移含 5×10^5 个细胞的细胞液至一 12 mm×75 mm 圆底离心管。

必须确保用于多色染色的荧光团没有被 TUNEL 步骤的固定剂破坏。FITC、PE 和 Texas 红不受影响。

Duochromes（PE 和 Texas 红的结合物，如 Red 613）也不受影响，但是别藻蓝素（APC）会被固定剂破坏。

1b）TUNEL 检测：转移含 5×10^5 的细胞液至一 12 mm×75 mm 圆底离心管。

2）加入 1～2 ml PBS，然后 4℃，300 *g*（IEC 269 转子则为 1200 r/min）离心 5 min 沉淀细胞，弃上清。重悬沉淀于 250μl PBS，然后边轻柔涡旋振荡边 5～10 s 一滴一滴地加入 750μl 冰冷的 95%乙醇。4℃孵育 20 min。

3）加入 2 ml PBS 洗涤细胞，4℃，400 *g* 离心 5 min。弃上清。

4）倾斜试管用余下的缓冲液重悬细胞，边轻柔涡旋振荡，边间隔 5～10 s 滴加入 1 ml 多聚甲醛固定液。室温孵育 30 min。

5）按步骤 3 同样用 PBS 洗涤细胞，如果需要可于 4℃暗室储存几天。

6）按步骤 3 同样洗涤细胞，用 0.5 ml TdT 反应液替代 PBS。弃上清后立刻反转试管口于吸水纸上，以此尽可能多地弃除上清。

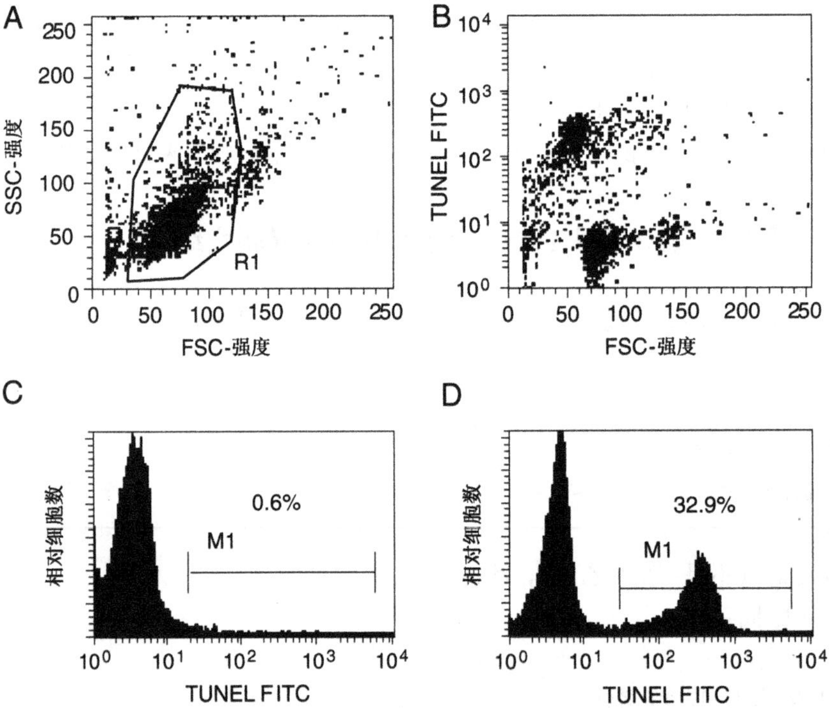

图 14.13.1　用流式细胞仪分析通过 TUNEL 方法检测凋亡细胞。来自 6 周大的 C57BL/6 的大鼠的胸腺细胞通过 TUNEL 方法用 FITC 染色，在 37℃RPMI 1640/10% FBS 孵育 18 h 之前和之后，检测凋亡细胞。A. 点图表描述了孵育后细胞的 FSC 和 SSC 表达谱。大束的胸腺细胞（R1 区）容易与更小的细胞碎片（低 FSC）和更大的细胞团（高 FSC）区分开来。B. 点图表描述了孵育后细胞的 FITC 荧光和 FSC 表达谱。大多数 TUNEL 染色的凋亡细胞比未染色的活细胞略小一些。C. 直方图描述了 R1 区孵育前的细胞。检测到很少凋亡的细胞。D. 直方图描述了 R1 区孵育后的细胞。检测到凋亡细胞（被 TUNEL 明显染色）。SSC，侧向角光散射；FSC，前向角光散射。

7）加入 50 μl TdT/生物素-dUTP 混合液到细胞沉淀里，于 37℃孵育 45 min。
8）按步骤 3 同样用 PBS 洗涤细胞，然后加入 10 μl FITC-链霉亲和素结合物（以制造商推荐的稀释液）。室温孵育 30 min，然后按步骤 3 用 PBS 洗涤细胞。
9）进行流式细胞仪分析（见图 14.13.1）

14.13.4 基本方案 4 通过 TUNEL 组织切面中的凋亡细胞的原位杂交

材料（带√项见附录 1）

要分析的新鲜组织
含 1%（*m/V*）多聚甲醛的 PBS（低温搅拌溶解过夜，用之前过滤）
√Tris 缓冲盐（TBS）
含 0.1%（*V/V*）H_2O_2 的 TBS
√TdT 反应液
√TdT/地高辛（digoxigenin，下同）-dUTP 混合液
2%（*V/V*）马血清或含 FBS 的 TBS
√羊抗地高辛初级抗体溶液
√HRP 共轭的抗羊二级抗体溶液
√AEC 底物工作液
Mayer 苏木精（Sigma）
Crystal Mount 封固介质（Fisher）
疏水的栅栏载玻片标志（如 PAP Pen；Research Product International）
Coplin 广口瓶或染色托盘
加湿箱（图 14.2.3）

步骤

1）准备 5～8 μm 的冰冻切片（见 14.2），室温过夜晾干载玻片。
石蜡切片也可以用；切片应该事先制备，水化，然后真空干燥。
2）用 PAP 笔在每个切片周围的玻璃上划一条疏水界线。
3）用 1%多聚甲醛完全覆盖整个切片，在一个密闭的箱内室温孵育 30 min。
4）倒掉多聚甲醛，洗涤载玻片在含 TBS 的广口瓶或含染色托盘内室温孵育 5 min，在孵育过程中，载玻片从该溶液浸入、取出 3～4 次。
5）用含 0.1%（*V/V*）H_2O_2 的 TBS 覆盖切片。置一个密闭箱室温孵育 30 min，以猝灭内源的过氧化物酶活性。
6）按照步骤 4 用 TBS 洗涤，用 TdT 反应液覆盖切片，以冲洗掉 TBS。
7）尽可能地去除反应液，加入 25 μl 的 TdT/地高辛-dUTP 混合液。在加湿箱内 37℃孵育 45～60 min。
8）用 TBS 洗涤载玻片一次，然后用 2% 马血清或含 FBS 的 TBS 洗一次，洗涤过程参照步骤 4。
9）用羊抗地高辛初级抗体溶液覆盖切面，在一个密闭箱内室温孵育 1 h。

10）按步骤 8 洗涤载玻片，然后用 HRP 共轭的抗羊二级抗体溶液覆盖切片，密闭箱内室温孵育 1 h。
11）按步骤 8 洗涤载玻片，然后用 AEC 底物工作液覆盖切片，室温孵育 10～20 min。
12）按步骤 8 洗涤载玻片，在 Mayer 苏木精里孵育 0.5～1 min 复染。然后用自来水在 Coplin 广口瓶内洗涤 5 min。
13）擦去切片周围多余的水，用 Crystal Mount 封固盖玻片。

参考文献：Holmes and Fowlkes，1991；Kerr et al.，1972；Otten et al.，1995.
撰 稿 人：David Martin and Michael Lenardo

14.14 β-半乳糖苷酶活性的整体封片免疫组化检测

注意：戊二醛、甲醛、脱氧胆酸钠、亚铁氰化钾和高铁氰化物、二甲基甲酰胺、Histoclear、苯甲酸苄酯、苯甲醇和 Permount 是危险物质。它们的操作和处理均需按照制造商的指导。

14.14.1 基本方案 β-半乳糖苷酶活性的整体封片染色和免疫组化检测

分离小鼠胚胎和鸡的胚、组织或外植体，部分固定以保持β-半乳糖苷酶的活性，彻底洗涤去除固定剂，如果有必要可厚切片（备择方案），在显色底物存在的情况下染色。接下来，染色组织整体封片照相，样本包埋，切片，显示报道基因的细胞和组织特异性表达（辅助方案 2）。强烈推荐做预备试验，这样可以估计和标准化特定试验和组织的最优化条件（参见关键参数和问题解答）。

材料（带√项见附录 1）

小鼠或鸡的整个胚胎、组织或外植体
√磷酸盐缓冲液（PBS），冰冷
√β-半乳糖苷酶固定剂
√β-半乳糖苷酶洗涤缓冲液
√β-半乳糖苷酶染色液
5 ml 或 10 ml 的聚苯乙烯或聚丙烯帽盖的试管或 1.5～2 ml 的离心管
转动平台
染色用密闭箱
附有盖玻片的下陷载玻片或箱式载玻片
纤光照明的解剖显微镜
显微照相仪

注意：除非特别提及，所有的步骤都在溶液［20∶1（*V/V*）试剂比组织比率］及 5 ml 或 10 ml 的聚苯乙烯或聚丙烯帽盖的试管或 1.5～2 ml 的离心管里进行，而且头尾相接地轻柔转动。

步骤

1）在冰冷的 PBS 里解剖胚胎或组织。置β-半乳糖苷酶固定剂，室温至合适的时间。

以下是固定小鼠胚胎和组织的指导：外植体和 E 6.5 到 E 7.5 胚胎 5～10 min；E 8 到 E 9.5 胚胎或尾巴切面 15～30 min；E 10 到 E 12.5 胚胎 30 min～1.5 h；E 13 到 E 14.5 胚胎 2 h；E 15.5 或更大的组织则需要解剖出来或切一半，然后固定 2 h。新生幼鼠或更大的小鼠的灌注需要在解剖特定组织染色之前进行。

2）用 β-半乳糖苷酶洗涤缓冲液室温洗涤 3 次，每次 15 min（针对小胚胎或尾巴切面），或每次 30 min（针对 E11 胚胎和大组织），头尾相接地轻柔转动。

3）将组织置于 β-半乳糖苷酶染色液中（室温，30℃或 37℃取决于 β-半乳糖苷酶表达丰度），在一 5 ml 或 10 ml 的帽盖的试管或 1.5～2 ml 的离心管中孵育，以防止蒸发。可以用肉眼或解剖显微镜调节染色程度。

4）得到预期的信号背景比之后（1～48 h），在 PBS 中洗涤组织 3 次，每次 30 min。

5）通过解剖镜观察和拍摄样本染色的组织，使用低功率的物镜和来自侧面和顶端的光纤照明（图 14.14.1）。为了得到最好的结果，将组织放置在附有盖玻片的下陷载玻片或箱式载玻片，用足够的 PBS 覆盖组织。

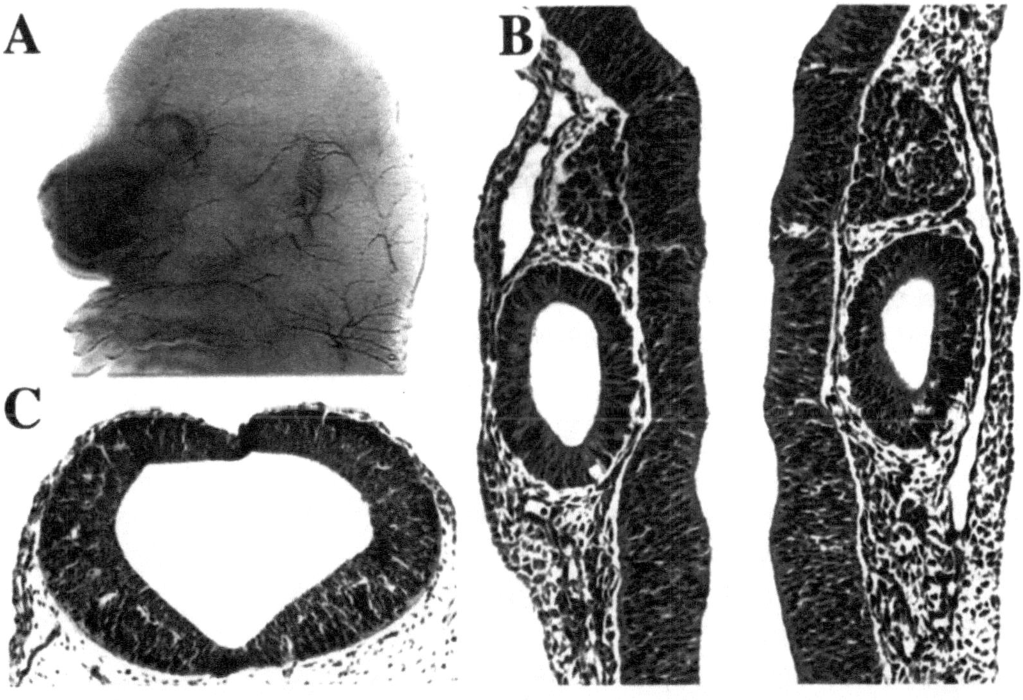

图 14.14.1 A. 外周神经被一神经元增强子启动的 β-半乳糖苷酶活性，在染色的 E13 胚胎的样本视图（Eric Nemoz-Gaillard，未发表的观察结果）。B. *Tiel-lacZ* 表达在一 E 9.5 胚胎的内皮细胞上的正面切片。C. 穿过 E 9.5 胚胎中脑的切片显示 β-半乳糖苷酶的活性，自 BETA2/NeuroD 基因座表达，标记分裂后期的神经元。

14.14.2　备择方案　准备大组织的厚切片进行β-半乳糖苷酶染色

附加材料（亦见基本方案；带√项见附录 1）

√4%（*m*/*V*）琼脂糖

氰基丙烯酸盐黏合剂（如 Superglue）

√100 mmol/L 磷酸钠盐缓冲液，pH 8.0

振动切片机（如 VT 1000S；Leica）

步骤

1）固定和洗涤组织（参见基本方案步骤 1 和 2）。

2）将组织放置在 100 ml 烧杯中，用吸管轻柔吸取大部分的洗涤缓冲液。在 37～40℃加入足够的 4%中等强度的琼脂糖覆盖组织（让烧杯倾向于组织这边）。旋动烧杯混匀并使充分覆盖组织。

3）室温将烧杯放置成 45°角直到琼脂糖变硬（约 10 min）。

4）用一刀片调整琼脂糖块使之成方形，每边留出 2～3 mm。

5）用氰基丙烯酸盐粘合剂在合适的方向（如冠状切面）粘住琼脂糖块，使之粘到振动切片机的标本支持机托盘上。将该托盘放进振动切片机，给整个槽装满 100 mmol/L 的磷酸钠盐缓冲液，pH 8.0。

6）切片≤1 mm（细节参考振动切片机手册）。小心地从振动切片机槽内移走切片，放入β-半乳糖苷酶洗涤缓冲液直到准备染色。进行组织染色（见基本方案步骤 3）。

7）观察和摄影染色的厚切片（见基本方案步骤 5）。

14.14.3　辅助方案 1　保存和组织清洗

材料（带√项见附录 1）

染色的样本（见基本和备择方案）

3.7%甲醛：用 PBS 1∶10 稀释 37%甲醛

√磷酸缓冲液（PBS）

50%、70%、80%、95%和 100%甲醇

2∶1（*V*/*V*）苯酸苄酯/苯甲醇

步骤

1）于 4℃将样本浸入 3.7%的甲醛进行后固定（1 h 到过夜）。

2）用 PBS 洗涤几次，保存于 4℃。

3）可选：为了清洗组织，将样本依次在 50%、70%、80%、95%和 100%甲醇脱水，每次 15～30 min。最后，在一聚丙烯试管或玻璃瓶（聚苯乙烯会溶解于清洗试剂）将样本放置在 2∶1 的苯酸苄酯/苯甲醇。轻柔晃动清洗组织（10～30 min）。进行照相（基本方案步骤 5）。

14.14.4 辅助方案 2 石蜡包埋、切片和染色

材料（带√项见附录 1）

样本染色的胚胎（见基本方案）

√3%（*m*/*V*）琼脂糖

Histoclear（National Diagnostics）

70%、95%、100%乙醇

含0.1%（*m*/*V*）核固红的 5%（*m*/*V*）液相硫酸铝：（Kernechtrot；PolyScientific）

Permount 或液相封固剂

切片机

路基（Subbed）显微镜载玻片（如 Superfrost Plus，Fisher）

42℃和 65℃恒温箱

Coplin 广口瓶或染色盘

显微照相仪

步骤

1）对于组织外植体和<E 10.5 胚胎：将组织置于培养皿用 3%的琼脂糖包埋，去除过多的溶液，用冷却到 37～40℃的琼脂糖覆盖组织，使之变硬。调整琼脂糖，以更容易地处理这些小样本。小心地切去一角作为标记，以在石蜡包埋时容易辨认方向。

2）为了保持组织的形态，遵循包埋方案（见 14.1）进行和包埋染色的样本，但是在所有合适的步骤中用 Histoclear[①] 代替二甲苯。

3）在切片机上切片，切至 10 μm 或更厚，置于 42℃水浴。将切片置于路基载玻片上，晾干。

4）将载玻片放置到 65℃恒温箱 30～60 min 彻底脱水，使组织固定在载玻片上。

5）用 Histoclear 脱蜡 3 次，每次 5min。

6）用乙醇在 Coplin 广口瓶或染色盘中按如下步骤水化：

在 100%乙醇 3 次，每次 1 min

在 95%乙醇 1 次，每次 1 min

在 75%乙醇 2 次，每次 5 min

浸入水中 5 次

7）在 0.1%（*m*/*V*）核固红染色溶液中复染 1 min。

8）换几次水去除多余的染液。

9）载玻片按如下步骤脱水：

70%乙醇中 3～5 min

95%乙醇中 1 min

100%乙醇中 3 次，每次 1 min

---

① 一种可代替二甲苯的低毒试剂。——译者注

10）将载玻片穿过 Histoclear 两次，每次 1 min。

11）用 Permount 或液相封固剂封固盖玻片，干燥≥30 min，然后观察。

12）照相，分析样本。

参考文献：Beddington and Lawson，1990.

撰 稿 人：Fred A. Pereira

生命科学实验指南系列

精编分子生物学实验指南

（第五版）下册

〔美〕 F. M. 奥斯伯　R. 布伦特　R. E. 金斯顿　D. D. 穆尔　J. G. 塞德曼　J. A. 史密斯　K. 斯特拉尔　主编

金由辛　包慧中　赵丽云 等　译校

科 学 出 版 社

北　京

图字:01-2003-7127

内 容 简 介

本书是知名度很高、不断更新的《最新分子生物学实验方法汇编》(*Current Protocols in Molecular Biology*)系列的精编版本。新版对原有内容进行了修订和更新,包括:大肠杆菌、质粒和噬菌体,DNA 的制备和分析,DNA 和 RNA 的酶学操作,RNA 的制备和分析,重组 DNA 文库的构建,重组 DNA 文库的筛选,DNA 序列测定,克隆化 DNA 的诱变,DNA 导入哺乳动物细胞,蛋白质分析,免疫学,DNA-蛋白质相互作用,酿酒酵母,原位杂交和免疫组织化学,聚合酶链反应,蛋白质的表达,蛋白质磷酸化的分析,生物信息学,蛋白质相互作用的分析等;又新增了染色质的装配与分析,核酸阵列,组合文库的建立和使用,单个细胞或一群细胞间差异表达基因的发现和分析四章内容。

本书可供高等院校和科研机构从事分子生物学研究的科研工作者和研究生参考。

书名原文:Short Protocols in Molecular Biology, 5th ed.

图书在版编目(CIP)数据

精编分子生物学实验指南:第 5 版/(美)奥斯伯(Ausubel, F. M.)等主编;金由辛等译校.—北京:科学出版社,2008
(生命科学实验指南系列)
ISBN 978-7-03-020336-6

Ⅰ.精… Ⅱ.①奥…②金… Ⅲ.分子生物学-实验-指南 Ⅳ.Q733

中国版本图书馆 CIP 数据核字(2008)第 031929 号

责任编辑:莫结胜 马学海 刘 晶/责任校对:陈玉凤
责任印制:赵 博/封面设计:耕者设计工作室

科学出版社出版
北京东黄城根北街 16 号
邮政编码:100717
http://www.sciencep.com
北京中科印刷有限公司印刷
科学出版社发行 各地新华书店经销
*
2008 年 5 月第 一 版 开本:787×1092 1/16
2025 年 1 月第六次印刷 印张:92 1/2
字数:2 063 000

定价:398.00元

(如有印装质量问题,我社负责调换)

参加翻译人员

（排名不分先后）

包慧中　陈祥龙　郭立涛　黄　冰　金由辛

李　伟　李　洋　秦文明　秦　越　史　毅

王佳佳　王文馨　吴金勇　姚成果　张艳荣

赵波涛　赵丽云

附：原书第四版参加翻译人员

（排名不分先后）

马学军	舒跃龙	颜子颖	王海林	金冬雁
李武平	李启明	周　蕊	匡治洲	郑丽舒
孙梅生	段招军	谢志萍	王　刚	张成海
衣作安	吴小兵	李亚洲	周　圆	蒋立新
王晓丹	伍志坚	董小岩	魏　博	

参编人员

Susan M. Abmayr
Pennsylvania State University
University Park, Pennsylvania

Lonnie D. Adams
The Upjohn Company
Kalamazoo, Michigan

Lisa M. Albright
Allison Park, Pennsylvania

Anthony T. Annunziato
Boston College
Chestnut Hill, Massachusetts

Oscar M. Aparicio
University of Southern California
Los Angeles, California

Alejandro Aruffo
Bristol-Myers Squibb
Princeton, New Jersey

Frederick M. Ausubel
Massachusetts General Hospital
& Harvard Medical School
Boston, Massachusetts

Omar Bagasra
Thomas Jefferson University
Philadelphia, Pennsylvania

Jim Bahre
Fuji Medical Systems, USA
Stamford, Connecticut

Albert S. Baldwin, Jr.
University of North Carolina
Chapel Hill, North Carolina

Cynthia Bamdad
Clinical Micro Sensors
Pasadena, California

Daniel M. Becker
Pennie & Edwards
Menlo Park, California

Sabine D. Bell
University of Texas
Austin, Texas

Timothy P. Bender
University of Virginia
Charlottesville, Virginia

Claude Besmond
Hôpital Robert Debré
Paris, France

Stephen M. Beverley
Harvard Medical School
Boston, Massachusetts

Michael Bittner
National Human Genome
Research Institute, NIH
Bethesda, Maryland

Seth Blackshaw
Harvard Medical School
Boston, Massachusetts

Kenneth D. Bloch
Massachusetts General Hospital
Charlestown, Massachusetts

Juan S. Bonifacino
National Institute of Child Health
& Human Development
Bethesda, Maryland

Ann Boyle
Current Protocols
Madison, Connecticut

Reinhard I. Boysen
Monash University
Victoria, Australia

Allan R. Brasier
Univerity of Texas
Galveston, Texas

Michael Brenowitz
Albert Einstein College
Bronx, New York

Roger Brent
The Molecular Sciences Institute
Berkeley, California

Terry Brown
University of Manchester
Institute of Science &
Technology
Manchester, United Kingdom

Kim Budelier
Qiagen, Inc.
Chatsworth, California

Stephen Buratowski
Harvard Medical School
Boston, Massachusetts

Dean Burgi
Genomyx
Foster City, California

Michael C. Byrne
Genetics Institute
Cambridge, Massachusetts

Andrés E. Carrasceo
Buenos Aires Medical School
Buenos Aires, Argentina

Miles W. Carroll
Oxford BioMedica
Oxford, United Kingdom

A. Nigel Carter
The Salk Institute
La Jolla, California

Anthony Celeste
Genetics Institute
Cambridge, Massachusetts

Constance Cepko
Harvard Medical School
Boston, Massachusetts

Claudia A. Chen
National Institute of Mental
Health
Bethesda, Maryland

Jin-Long Chen
Tularik, Inc.
South San Francisco, California

Jonathan D. Chesnut
Invitrogen Corporation
Carlsbad, California

Cheng-Ming Chiang
Case Western Reserve
University School of Medicine
Cleveland, Ohio

Lewis A. Chodosh
University of Pennsylvania
Philadelphia, Pennsylvania

Piotr Chomczynski
MRC
Cincinnati, Ohio

Joanne Chory
The Salk Institute for
Biological Studies
La Jolla, California

Valentina Ciccarone
Life Technologies, Inc.
Rockville, Maryland

Donald M. Coen
Harvard Medical School
Boston, Massachusetts

Donald Coling
University of California Berkeley
Berkeley, California

Martine A. Collart
CMU
Geneva, Switzerland

James F. Collawn
University of Alabama
Birmingham, Alabama

Helen M. Cooper
Ludwig Institute for Cancer Research
Victoria, Australia

Norman Cooper
National Institute of Allergy & Infectious Diseases
Bethesda, Maryland

Lynn M. Corcoran
Walter & Eliza Hall Institute
Victoria, Australia

Brendan Cormack
Johns Hopkins University Medical School
Baltimore, Maryland

Michele Cottler-Fox
University of Arkansas for Medical Sciences
Little Rock, Arkansas

Esteban C. Dell'Angelica
National Institute of Child Health & Human Development
Bethesda, Maryland

Joseph DeRisi
University of California, San Francisco
San Francisco, California

Michael P. DiGiovanna
Yale University School of Medicine
New Haven, Connecticut

Robert L. Dorit
Yale University
New Haven, Connecticut

David Dorris
Harvard Medical School
Boston, Massachusetts

Dennis Dowhan
Baylor College of Medicine
Houston, Texas

Nicholas C. Dracopoli
Bristol-Myers Squibb
Pennington, New Jersey

Allan Duby
Medical City
Dallas, Texas

Barbara Dunn
GenPharm International
Mountain View, California

Ben Dunn
University of Florida
Gainesville, Florida

Patricia L. Earl
National Institute of Allergy & Infectious Diseases
Bethesda, Maryland

Richard L. Eckert
Case Western Reserve School of Medicine
Cleveland, Ohio

Diane G. Edmondson
M.D. Anderson Cancer Center
Houston, Texas

Karen L. Elbing
Clark and Elbing LLP
Boston, Massachusetts

Elaine A. Elion
Harvard Medical School
Boston, Massachusetts

Andrew Ellington
University of Texas
Austin, Texas

Orna Elroy-Stein
Tel Aviv University
Tel Aviv, Israel

JoAnne Engebrecht
State University of New York
Stony Brook, New York

Michael J. Evelegh
ADI Diagnostics
Rexdale, Ontario

Rhonda Feinbaum
Massachusetts General Hospital
Boston, Massachusetts

Russell L. Finley, Jr.
Wayne State University School of Medicine
Detroit, Michigan

Michael Finney
MJ Research
Watertown, Massachusetts

Achim Fischer
BASF-LYNX Bioscience AG
Heidelberg, Germany

Maximillian T. Follettie
Genetics Institute
Cambridge, Massachusetts

John J. Fortin
Tropix, Inc.
Bedford, Massachusetts

Cecil H. Fox
Molecular Histology Laboratory
Gaithersburg, Maryland

Verna Frasca
Amersham Pharmacia Biotech
Piscataway, New Jersey

Steven A. Fuller
Univax Biologics
Rockville, Maryland

Dimitri V. Fyodorv
University of California, San Diego
San Diego, California

Sean R. Gallagher
Ionian Technologies
Upland, California

Subinay Ganguly
SmithKline Beecham
King of Prussia, Pennsylvania

Paul A. Garrity
University of California, Los Angeles
Los Angeles, California

David H. Gelfand
Roche Molecular Systems
Alameda, California

C. Ronald Geyer
University of Florida
Gainesville, Florida

Michael Gilman
Cold Spring Harbor Laboratory
Cold Spring Harbor, New York

Arthur Glatfelter
National Human Genome Research Institute, NIH
Bethesda, Maryland

Erica A. Golemis
Fox Chase Cancer Center
Philadelphia, Pennsylvania

Chris Gooden
National Human Genome Research Institute, NIH
Bethesda, Maryland

Michael E. Greenberg
Harvard Medical School
Boston, Massachusetts

John M. Greene
Gene Logic
Gaithersburg, Maryland

David Greenstein
Vanderbilt University School of
Medicine
Nashville, Tennessee

Stefan Grünwald
Pharmingen
San Diego, California

Tod Gulick
Massachusetts General Hospital
Charleston, Massachusetts

Jeno Gyuris
Mitotix, Inc.
Cambridge, Massachusetts

Lars Hagel
Amersham Pharmacia Biotech
Uppsala, Sweden

John Hanson
MJ Research
Watertown, Massachusetts

Anna G. Haramis
European Molecular Biology
Laboratory
Heidelberg, Germany

Grant Hartzog
Harvard Medical School
Boston, Massachusetts

Pamela Hawley-Nelson
Life Technologies, Inc.
Rockville, Maryland

Milton T. W. Hearn
Monash University
Victoria, Australia

Joseph S. Heilig
University of Colorado
Boulder, Colorado

Peter Heinrich
Consortium für Elektrochemische
Industrie
Munich, Germany

William J. Henzel
Genentech, Inc.
South San Francisco, California

David E. Hill
Applied Biotechnology
Cambridge, Massachusetts

James P. Hoeffler
Invitrogen Corporation
Carlsbad, California

Charles S. Hoffman
Boston College
Chestnut Hill, Massachusetts

Diane Hollenbaugh
Bristol-Myers Squibb
Seattle, Washington

Shelley B. Hoover
Molecular Histology Laboratory
Gaithersburg, Maryland

Peter Hornbeck
University of Maryland
Baltimore, Maryland

Tony Hunter
The Salk Institute for Biological
Studies
La Jolla, California

John G.R. Hurrell
FluorRx
Carmel, Indiana

Charles B-C. Hwang
SUNY Health and Science Center
Syracuse, New York

Nina Irwin
Cambridge, Massachusetts

Kenneth A. Jacobs
Genetics Institute
Cambridge, Massachusetts

Yuan Jiang
National Human Genome
Research Institute, NIH
Bethesda, Maryland

Stephen Albert Johnston
University of Texas Southwestern
Medical Center
Dallas, Texas

Bryan Jones
Bristol-Myers Squibb
Seattle, Washington

Jingyue Ju
Incyte Pharmaceuticals
Palo Alto, California

Bechara Kachar
National Institute on
Deafness and Other
Communication Disorders
Bethesda, Maryland

Mustak A. Kaderbhai
University College of Wales
Dyfed, United Kingdom

James T. Kadonaga
University of California
San Diego
La Jolla, California

Jason A. Kahana
Ludwig Institute for Cancer Research
La Jolla, California

Steven R. Kain
Clontech Laboratories
Palo Alto, California

Randal J. Kaufman
University of Michigan
Ann Arbor, Michigan

Ning Ke
Iowa State University
Ames, Iowa

Marie Keaveney
Harvard Medical School
Boston, Massachusetts

Anthony D. Keefe
Massachusetts General Hospital
Boston, Massachusetts

Leslie A. Kerrigan
OSIRIS Therapeutics
Baltimore, Maryland

Jae Bum Kim
Harvard Medical School
Boston, Massachusetts

Robert E. Kingston
Massachusetts General Hospital
& Harvard Medical School
Boston, Massachusetts

Carol M. Kissinger
Millipore
Burlington, Massachusetts

Lloyd B. Klickstein
Brigham and Women's Hospital
Boston, Massachusetts

Joan H.M. Knoll
Harvard Medical School
Boston, Massachusetts

Mikhail G. Kolonin
Wayne State University School
of Medicine
Detroit, Michigan

Martha F. Kramer
Harvard Medical School
Boston, Massachusetts

Anuj Kumar
Yale University
New Haven, Connecticut

David M. Kurnit
University of Michigan
Medical Center
Ann Arbor, Michigan

Edward R. LaVallie
Genetics Institute
Cambridge, Massachusetts

Kyu-Min Lee
Massachussets General Hospital
Boston, Massachusetts

Michael Lenardo
National Institute of Allergy &
Infectious Diseases
Bethesda, Maryland

Mark E. Leverstein
University of California at San Diego
San Diego, California

Peng Liang
Vanderbilt-Ingram Cancer Center
Nashville, Tennessee

Peter Lichter
Deutsches Krebsforschungs-
zentrum
Heidelberg, Germany

Peter Linsley
Bristol-Myers Squibb
Seattle, Washington

John Lueders
National Human Genome
Research Institute, NIH
Bethesda, Maryland

Victoria Lundblad
Baylor College of Medicine
Houston, Texas

Thomas L. Madden
National Center for
Biotechnology Information
Bethesda, Maryland

Chris S. Martin
Tropix, Inc.
Bedford, Massachusetts

David Martin
National Institute of Allergy &
Infectious Diseases
Bethesda, Maryland

John M. McCoy
Genetics Institute
Cambridge, Massachusetts

Jill Meisenhelder
The Salk Institute
La Jolla, California

David D. Moore
Baylor College of Medicine
Houston, Texas

Malcolm Moos, Jr.
Center for Biologics Evaluation
& Research
Food and Drug Administration
Bethesda, Maryland

Zarmik Moqtaderi
Harvard Medical School
Boston, Massachusetts

Richard Mortensen
University of Michigan
Medical Center
Ann Arbor, Michigan

Bernard Moss
National Institute of Allergy &
Infectious Diseases
Bethesda, Maryland

Paul R. Mueller
California Institute of
Technology
Pasadena, California

Cheryl Isaac Murphy
Oncor Med
Gaithersburg, Maryland

Robert J. Nelson
Molecular Dynamics
Sunnyvale, California

B. Tracy Nixon
Pennsylvania State University
University Park, Pennsylvania

Marjorie Oettinger
Massachusetts General Hospital
Boston, Massachusetts

Osamu Ohara
Kazusa DNA Research Institute
Chiba, Japan

Hiroto Okayama
University of Tokyo
Tokyo, Japan

Salvatore Oliviero
University degli Studi di Siena
Siena, Italy

Arthur B. Pardee
Dana Farber Cancer Institute
Boston, Massachusetts

Mukesh Patel
Whitehead Institute for
Biomedical Research
Cambridge, Massachusetts

Yvonne Paterson
University of Pennsylvania
Philadelphia, Pennsylvania

Warren Pear
Institute for Medicine and
Engineering
Philadelphia, Pennsylvania

Fred A. Pereira
Baylor College of Medicine
Houston, Texas

Heather Perry-O'Keefe
Perceptive Biosystems
Framingham, Massachusetts

Kevin J. Petty
Merck
West Point, Pennsylvania

Mary C. Phelan
T.C. Thompson Children's Hospital
Chattanooga, Tennessee

Helen Piwnica-Worms
Washington University School
of Medicine
St. Louis, Missouri

Jack D. Pollard, Jr.
Mintz Levin Cohn Glovsky
Ferris and Popeo
Boston, Massachusetts

Roy M. Pollock
Ariad Pharmaceuticals, Inc.
Cambridge, Massachusetts

Kornelia Polyak
Harvard Medical School
Boston, Massachusetts

Roger Pomerantz
Thomas Jefferson University
Philadelphia, Pennsylvania

Huntington Potter
Harvard Medical School
Boston, Massachusetts

Thomas Quertermous
Massachusetts General Hospital
Boston, Massachusetts

Elisabeth Raleigh
New England Biolabs
Beverly, Massachusetts

K.J. Reddy
State University of New York
Binghamton, New York

Mark Reichardt
Lakeside Biotechnology
Chicago, Illinois

Ann Reynolds
University of Washington
Seattle, Washington

Randall K. Ribaudo
National Cancer Institute
Bethesda, Maryland

Eric J. Richards
Washington University
St. Louis, Missouri

Paul Riggs
New England Biolabs
Beverly, Massachusetts

Phil Robakiewicz
Worcester Polytechnic Institute
Worcester, Massachusetts

Melissa Rogers
University of South Florida
Tampa, Florida

Sharon Rogers
Lakeside Biotechnology
Chicago, Illinois

William G. Romanow
Corning Costar
Portsmith, New Hamphire

Sharon Y. Roth
M.D. Anderson Cancer Center
Houston, Texas

Robert R. Roussel
Fort Meade, Maryland

Colleen A. Ryan
Boston College
Chestnut Hill, Massachusetts

Elizabeth F. Ryder
Worcester Polytechnic Institute
Worcester, Massachusetts

Nicoletta Sacchi
Johns Hopkins University
Baltimore, Maryland

Brad St. Croix
Harvard Medical School
Boston, Massachusetts

Thomas P. St. John
ICOS Corporation
Bothwell, Washington

Joachim Sasse
Shriners Hospital for Crippled Children
Tampa, Florida

Stephen J. Scharf
Cetus Corporation
Emeryville, California

David G. Schatz
Howard Hughes Medical Institute & Yale University School of Medicine
New Haven, Connecticut

Paul Schendel
Genetics Institute
Cambridge, Massachusetts

Gavin R. Schnitzler
Tufts University School of Medicine
Boston, Massachusetts

Joachim Schorr
Diagen GmbH
Hilden, Germany

R.K. Scopes
La Trobe University
Bundoora, Australia

Brian Seed
Massachusetts General Hospital & Harvard Medical School
Boston, Massachusetts

Bartholomew M. Sefton
The Salk Institute
San Diego, California

Christine E. Seidman
Harvard Medical School
Boston, Massachusetts

J.G. Seidman
Harvard Medical School
Boston, Massachusetts

Kentaro Semba
University of Tokyo
Tokyo, Japan

Donald Senear
University of California
Irvine, California

Ilya Serebriiskii
Fox Chase Cancer Center
Philadelphia, Pennsylvania

Thikkavarapu Seshamma
Thomas Jefferson University
Philadelphia, Pennsylvania

Raj Shankarappa
University of Washington School of Medicine
Seattle, Washington

Jen Sheen
Massachusetts General Hospital & Harvard Medical School
Boston, Massachusetts

Shirish Shenolikar
Duke University Medical Center
Durham, North Carolina

L.A. Sherman
Purdue University
West Lafayette, Indiana

Penny Shockett
Yale University School of Medicine
New Haven, Connecticut

Pam A. Silver
Dana-Farber Cancer Institute
Boston, Massachusetts

Michael H. Simonian
Beckman-Coulter, Inc.
Fullerton, California

Harinder Singh
University of Chicago
Chicago, Illinois

Hazel Sive
Whitehead Institute for Biomedical Research
Cambridge, Massachusetts

Barton E. Slatko
New England Biolabs
Beverly, Massachusetts

Alan J. Smith
Stanford University Medical Center
Stanford, California

Carolyn L. Smith
National Institute of Neurological Disorders and Stroke
Bethesda, Maryland

Donald B. Smith
University of Edinburgh
Edinburgh, Scotland

John A. Smith
University of Alabama
Birmingham, Alabama

Michael Snyder
Yale University
New Haven, Connecticut

Timothy A. Springer
Center for Blood Research
Harvard Medical School
Boston, Massachusetts

Patrick Stanssens
Keygene N.V.
The Netherlands

David F. Stern
Yale University School
of Medicine
New Haven, Connecticut

Julie M. Stone
Massachusetts General Hospital
Boston, Massachusetts

William M. Strauss
Harvard Medical School
Boston, Massachusetts

Kevin Struhl
Harvard Medical School
Boston, Massachusetts

John T. Stults
Genentech, Inc.
South San Francisco, California

Cynthia Sung
Bioengineering and Physical
Science Program/NIH
Bethesda, Maryland

Jonathan C. Swaffield
University of Texas Southwestern
Medical Center
Dallas, Texas

Stanley Tabor
Harvard Medical School
Boston, Massachusetts

Miyoko Takahashi
Spectral Diagnostics, Inc.
Toronto, Ontario

Douglas A. Treco
TKT, Inc.
Cambridge, Massachusetts

Steven J. Triezenberg
Michigan State University
East Lansing, Michigan

Peter van der Geer
University of California, San
Diego
La Jolla, California

Baruch Velan
Israel Institute of Biological
Research
Ness Ziona, Israel

Pieter Vos
Keygene N.V.
The Netherlands

Daniel Voytas
Iowa State University
Ames, Iowa

Simon Watkins
University of Pittsburgh
Medical School
Pittsburgh, Pennsylvania

John H. Weis
University of Utah School of
Medicine
Salt Lake City, Utah

Maryann Z. Whitley
Genetics Institute
Cambridge, Massachusetts

Alan Williams
Amersham Pharmacia Biotech
Piscataway, New Jersey

David S. Wilson
Zyomyx
Hayward, California

Kate Wilson
Australian Institute of
Marine Science
Townsville, Australia

Fred Winston
Harvard Medical School
Boston, Massachusetts

Scott E. Winston
Univax Biologics
Rockville, Maryland

C. Richard Wobbe
Merk, Sharp & Dohme Research Lab
Rahway, New Jersey

Barbara Wold
California Institute of
Technology
Pasadena, California

Tyra G. Wolfsberg
National Center for
Biotechnology Information
Bethesda, Maryland

Jerry L. Workman
Pennsylvania State University
University Park, Pennsylvania

Shwu-Yuan Wu
Case Western Reserve
University School of Medicine
Cleveland, Ohio

Linda S. Wyatt
National Institute of Allergy
& Infectious Diseases
Bethesda, Maryland

Wayne M. Yokoyama
Washington University School of
Medicine
St. Louis, Missouri

Ken Zarat
Brown University
Providence, Rhode Island

Rolf Zeller
University of Utrecht
The Netherlands

Ning Zhang
Tularik, Inc.
South San Francisco, California

Heng Zhou
Harvard Medical School
Boston, Massachusetts

Lou Zumstein
Invitrogen Therapeutics
Houston, Texas

译 者 序

20 世纪 80 年代初，当时的中国科学院上海生物化学研究所祁国荣研究员（时任该所核糖核酸研究室副主任，室主任为王德宝院士），第一个从国外带回了 *Molecular Cloning：A Laboratory Manual* 一书。该书通过上海生物化学研究所和中国生物化学学会传遍了中国生化与分子生物学界，大大促进了我国生化与分子生物学的学科发展。

80 年代后期起，该书有多种中文译本出版。其中由病毒基因工程国家重点实验室金冬雁博士、黎孟枫博士主译的《分子克隆实验指南》第二版自 1992 年发行以来已成为我国生命科学领域最畅销的图书之一，对我国生物技术的普及和提高发挥了十分重要的作用。

由病毒基因工程国家重点实验室颜子颖博士、王海林博士主译，金冬雁博士统校的《精编分子生物学实验指南》（*Short Protocols in Molecular Biology*，Fredrick M. Ausubel 等主编）第三版自 1998 年发行以来也已成为我国分子生物学技术领域深受欢迎的另一本参考书。

2004 年底，由病毒基因工程国家重点实验室马学军博士、舒跃龙博士主持，在上一版的基础上，《精编分子生物学实验指南》第四版被译出，由科学出版社出版发行。

2006 年夏，我正在美国访问期间，接到科学出版社马学海先生的电子邮件，询问我能否组织《精编分子生物学实验指南》第五版的翻译。当时我正在主持 *RNA Methodology* 一书的翻译（该书于 2007 年由化学工业出版社出版）。因此直到 2006 年冬季，*RNA Methodology* 的翻译已开始最后一遍校对时，我才接受了本书的翻译工作。

新版的内容覆盖了当今分子生物学的主要技术，它和《分子克隆实验指南》被西方学者并称为现代生物科学技术的“圣经”。《精编分子生物学实验指南》第五版全书共 23 章，除保留了第四版的内容外，增加了四章全新内容（第 20 章染色质的装配与分析；第 21 章核酸阵列；第 22 章组合文库的建立和使用；第 23 章单个细胞或一群细胞间差异表达基因的发现和分析）。此外部分章节还做了较大的删减和增改，反映了分子生物学主要技术的最新进展。例如：第 2 章新增了寡核苷酸的合成及纯化等；第 3 章删减了用限制性内切核酸酶部分消化及多酶消化进行 DNA 作图等；第 4 章新增了新转录 RNA 的鉴定等；第 6 章新增了用单克隆抗体表达克隆、用重组方法（RBA）筛选 λ 噬菌体文库等；第 7 章新增了小量制备用于化学测序的重组质粒 DNA、化学测序法等，删减了 DNA 和蛋白质序列的计算机处理和分析等；第 8 章新增了 PCR 介导的随机突变等，删减了无需表型选择的寡核苷酸的诱变及区域特异性诱变等；第 9 章新增了阳离子脂质体介导的真核细胞转染、用维多利亚水母绿色荧光蛋白（GFP）研究体内蛋白动力学等，删减了脂质体介导的转染等；第 10 章新增了定量氨基酸的分析，“多肽和蛋白质的 HPLC”中的准备工作、系统组装及标准操作条件，蛋白质和多肽的毛细管电泳等；第 11 章增加了老鼠的免疫、多克隆抗血清的制备等，删减了兔多克隆抗血清的制备等；第 13 章新增了酵母菌基因组转座子的诱变，以及斜面的制备与接种，邮寄和复苏细胞等；第 14 章新增了 RNA 在脊椎动物的胚胎和器官中的整体标本原位杂交和检测，荧光显微镜的原理及使用，共聚焦显微术基本原理，原位杂交检测，细胞凋亡形态的生化性质和流式细胞仪检测，β-半乳糖苷酶活性的整体封片免疫组化检测等；第 16 章新增了从哺乳动物细胞中表达和纯化抗原决定簇标记的多亚基蛋白复合体等，删减了麦芽糖结合蛋白融合蛋白的表达及纯化等；第 17 章新增了特异性识别酪氨酸磷酸化肽的抗体的制备，磷酸肽图谱和磷酸化位点的鉴定等；第 19 章新增了表面等离子共振技术，用共沉淀法检测蛋白质-蛋白质之间的相互作用，用 Far Western 分析识别蛋白质相互作用等。在第五版的附录部分新增了凝胶和印迹实验中放射性标记蛋白质和 DNA 的检测及定量（附录 3A）；删减了放射自显影；附录 3D 中新增了用 DNA 结合荧光染料 Hoechst33258 检测 DNA，以及用溴化乙锭荧光检测 DNA 和 RNA。

很高兴在德国获得博士学位并有多年海外工作经验的赵丽云女士于 2007 年仲春加盟我实验室，参加了本书的校对工作。我妻子包慧中女士是我大学和研究生时期的同学。她从生物高技术公司副总工程师、开发部主任位置上退休后，就一直在我实验室工作。她们两人为本书投入了大量的精力。其他参与本书翻译的人员有本实验室的史毅、陈祥龙、郭立涛、赵波涛四位博士，我的五位博士研究生以及在我实验室工作的其他单位的硕士生、博士生。希望本书的出版发行将一如既往地有助于我国分子生物学技术的进一步发展和提高。

金由辛
二零零七年十二月十日于上海
中国科学院上海生命科学研究院
生物化学与细胞生物学研究所分子生物学国家重点实验室

前　　言

分子生物学已经发展成熟，并且实验研究已经进展到如此状态——以前特殊的实验程序，现在已成为常规操作——因此，《精编分子生物学实验指南》（*Short Protocols in Molecular Biology*，以下简称《精编》）的范围和概念也在不断改变。某些内容一度被认为对一般的读者显得过于复杂，如组合化学或染色质装配和分析，现在已被有规律地应用。基于这样的思考，我们增加了新的章节，并扩展了《精编》原有主题下的内容。

与前面的版本一样，两卷本的《精编分子生物学实验指南》第五版是已出版的《最新分子生物学实验方法汇编》（*Current Protocols in Molecular Biology*，以下简称《汇编》）一书中的实验方法的简编版本。它由《汇编》的核心手册和每季度更新的服务手册中提炼而来，涵盖了《汇编》中所有基本方法及其详细实验步骤。本书拟作为实验室手册使用，对象是那些熟悉《汇编》中各种详细解释的研究生和博士后人员，然而，在本书中对实验方法有详细的步骤说明，有经验的研究人员也可将本书作为独立的实验室操作指南。

虽然熟练掌握本书中的技术方法可使读者进行分子生物学和相关学科研究，但本书并不适用于替代研究生水平的分子生物学教材或作为这一领域的综合性读本。另外，我们推荐读者在使用本书时要对照参考《汇编》中的评述和详细注释。最后，我们极力要求读者通过在分子生物学实验室中的工作获得关于基本技术和实验室安全操作规程的第一手经验。

如何使用这本书

结构

本书按章编排，每种实验方案均可从各节中获得。每一节中列出材料、实验方案的步骤和每种技术的参考文献。在附录 5 中囊括了整本书全部的参考文献。本书的排列和结构与《汇编》基本一致。尽管各节的编号可能不完全相对应，但各节的标题在两个版本中是相同的。因此，拥有两种版本的使用者当需要更详细的解释时会发现对照参考《汇编》十分容易和便利。

在整本书中，许多试剂和实验程序被反复应用，不过我们并不是反复复制这些信息，而是在章节之间广泛地进行对照参考。书中前面各章（和附录 3）主要介绍常用的技术方法，如基本微生物学和酶、DNA、RNA 的基本操作方法，而后面的各章介绍的是更先进的技术方法。因此，在一种方案中无论什么时候用到某一特定的酶，均可对照参考第 3 章中适当的节，找到介绍该酶反应条件的内容（如 3.5 介绍逆转录酶）。同样，在整本书中读者可参照 1.3 铺平板或在平板上划线；参照 2.1 进行酚抽提和乙醇沉淀；参照 2.6 进行琼脂糖凝胶电泳等。因此，在本书的后面章节所介绍的方案中就省略了制备 、纯化和分析样品或目的分子的辅助程序。

附录提供了试剂和溶液的配方（附录 1），有用的测量值和数据（附录 2），常用的生物化学实验技术（附录 3），供应商的名称和地址（附录 4）。

方案

许多节中都含有几组方案。在每个节中首先出现的是基本方案，它一般也是首选的实验方法。备择方案在以下情况下使用：①使用不同的仪器或试剂可得到相似的结果；②起始材料需要方法有所改变；③对最终产物的要求与基本方案不同。辅助方案介绍了基本方案和备择方案所需的附加步骤。这些步骤之所以从核心方案中单列出来，是因为它们可能在本书中具有其他用途，或操作时与基本方案各步骤在时间上可以分开。

试剂与溶液

实验步骤开始之前，材料栏中列出了一个方案中所需要的各种试剂。除培养基和限制性内切核酸酶反应缓冲液配方外，相应的配方都在附录 1 中列出，并在括号中列出了这些配方的出处。尤其要注意这些特殊溶液中有些溶液的名称在一个节与另一个节中可能是相似的（如杂交液、裂解缓冲液等），但配方却不同；因此，在按适当的配方配制试剂时要仔细确认。为了避免混淆，在附录 1 中紧接每个试剂名称的括号内列出了使用每个配方的节序数，但常用缓冲液和溶液除外，如 TE 缓冲液、PBS。

【注】本书中实验方案中所使用的，以及所有试剂和溶液制备所使用的水，均应为去离子蒸馏水。

仪器

现代分子生物学实验室中标准仪器及相关用品在本文后列出，并在本书中广泛采用。在每个方案之前的材料栏中仅包括“特殊”仪器，即在实验室不易备有的或需要特殊制备的仪器。

供应商

在本书的某些实验中，我们推荐一些化学试剂、生物材料或实验仪器的供应商。但我们尽量避免这种做法，因为对某种品牌的喜好是主观的，而且一般并无广泛比较试验的基础。对所推荐的供应商，我们的原则是：这种特殊品牌实际上已被证实具有出众的品质；或者，这种材料在市场上很难找到。附录 4 列出了推荐的供应商的名称、地址和电话号码，但它们并非唯一的生物试剂供应商。读者也可使用自己喜好的品牌进行实验。

安 全 考 虑

任何一个按这些方案进行实验的研究者都将操作以下有害材料：①放射性物质；②有毒化学物质和致癌或致畸试剂；③致病或具感染性的生物因子；④重组 DNA。使用这些材料时必须严格遵守地方和国家条例。本书对许多操作有害材料的情形都作了警示，但我们强调使用者应具有较好的实验室实践经验，在操作有害材料时必须小心谨慎。

在每个方案的材料栏中也将一些特殊的仪器列了出来。在此，我们并未试图将每个实验过程所需的所有仪器一一列出，而是提及那些在实验室可能并未常备或需要特别准备的仪器。下面列出了现代分子生物学实验室应备的标准仪器，如本书中的常用仪器，而它们并未包括在各个材料栏中。

高压设备

天平　分析天平和制备天平

桌布　塑料布垫（包括“蓝色垫子”）

离心机　很多实验需要低速（20 000r/min）冷冻离心机和超速（20 000～80 000r/min）离心机。制备质粒DNA时，使用垂直超速离心转头十分方便。至少需要一台可离心1.5ml微量离心管的微型离心机。另外，还应有一台大容量、低速度的离心机用来收获大量的细菌培养液，以及一台带适配器的台式吊桶式离心机用来甩干96孔微量酶标板

计算机和打印机

暗室和显影罐或X-Omat自动X射线胶片显影仪

过滤装置　用于在硝酸纤维滤膜或其他膜上收集酸沉淀

分部收集器

冷冻和冷藏冰柜　用于4℃、－20℃和－70℃孵育或储存

通风橱

盖革氏计数器

干胶机

凝胶电泳装置　至少有一套可满足不同分子质量大小的水平电泳仪和一套小型水平电泳仪。对于从事大规模测序的研究人员，需要配备一套测序凝胶装置。一套用于聚丙烯酰胺蛋白质凝胶的垂直电泳仪，根据需要，配备一套用于双向蛋白质凝胶的专用电泳仪

加热块　由自动温度调节装置控制的、可插入试管和（或）微量离心管的金属加热块，可方便地用于酶反应实验

制冰机

恒温箱（37℃）　用于细菌培养。推荐采用可容纳组织培养转鼓的恒温箱，它可用于在标准的18mm×150mm试管中进行5ml培养液的培养。New Brunswick Scientific公司生产一种便利和可定时的试管转鼓

恒温箱/摇床　可振摇4L烧瓶的封闭式摇床（如New Brunswick的恒温摇床），对于培养1L的大肠杆菌培养液是必要的。旋转式水浴摇床（New Brunswick R76）有利于烧瓶中小量培养液的培养

灯箱　用于观看放射自显影胶片

液氮

磁力搅拌器（最好带加热功能）

微量离心机　Eppendorf型，最大转速为12 000～14 000r/min

微量离心管　1.5ml

微波炉　用于熔化琼脂和琼脂糖

研钵和研杵

裁纸刀　大号，可用来裁切大小46cm×57cm Whatman滤纸

pH计

pH试纸

移液器　适用于1～1000μl一次性吸头，每一位研究人员最好配备一套移液器

Polaroid照相机和UV透射仪　用于拍摄染色凝胶照片

刮细胞器　橡胶或塑料的

电源　300V电源用于凝胶电泳。2000V电源用于DNA测序

放射线保护屏（Lucite或Plexiglas）

放射性墨水

放射性废料收集箱　液体和固体废料

冰箱　4℃

防护眼罩

解剖刀和刀片

液体闪烁仪

封口机

摇床　定轨和平台，室温或37℃

分光光度计　UV和可见光

旋转真空蒸发器

热循环仪

组织培养箱　CO_2加湿培养箱、相差显微镜、液氮储存罐和层流罩

UV交联仪

UV光源　长波和短波

UV透射仪

真空干燥箱/冷冻干燥机

真空烤箱

涡旋混合器

水浴箱　至少两台可调温至80℃

纯水仪　或玻璃蒸馏装置，纯化用于分子生物学实验的水

感 谢

John Wiley & Sons公司最新方案部职员，为我们组合这些方案提供了所需要的支持和帮助。在这些帮助我们的人员中，我们特别感谢 Kathy Morgan、Beth Harkins、Scott Holmes、Davide R. Dickson、Katie Stence和 Virginia Chanda。我们特别感谢我们的合作者，他们为本书提供材料、各章的注释或实地测试这些程序。对这些在我们自己的实验室及全世界的科学和工业实验室的人员，我们深表谢意。

Frederick M. Ausubel　Roger Brent
Robert E. Kingston　David D. Moore
J. G. Seidman　John A. Smith
Kevin Struhl

目　录

第15章　聚合酶链反应（PCR）

聚合酶链反应（polymerase chain reaction，PCR）是用于在体外酶促扩增特定DNA片段的快速方法。像分子克隆技术一样，PCR方法使许多以前不可能的实验得以完成，PCR的应用似乎是无止境的，并正在不断地扩展。其中包括从基因组DNA和cDNA直接克隆目的基因、体外诱变和DNA工程、对法医样品进行遗传指纹鉴定、传染病原的分析、遗传疾病的产前诊断、基因的等位序列变异分析、RNA转录物结构的分析、基因组足迹分析，以及对基因组DNA和cDNA进行直接核苷酸序列测定。

图15.0.1勾画出PCR技术的理论基础的大致轮廓。参与PCR反应的有：三个核苷酸片段、一段待扩增的双链DNA模板及两段位于其两侧的单链寡核苷酸引物；一个蛋白复合物（DNA聚合酶）；适量的脱氧核苷三磷酸（dNTP）、缓冲液及盐。

相对于待扩增的DNA来说，加入的引物是大大过量的，它们以3′端相对并且分别结合于模板DNA的两条互补链，在DNA聚合酶（5′→3′端的方向合成新的DNA链）催化下合成引物对之间的片段。第一轮合成出的DNA新生链的长度不确定，但它能与模板DNA链一样通过变性和复性与引物结合。这些长度不定的产物在以后的变性、复性、合成循环中只是以算术级数积累。

然而，第二轮的变性、复性、合成产生的单链产物能在一起组成确定的双链DNA，其长度为两个引物间的距离。这些特定产物的每一条链都能与两个引物的其中之一互补，并作为下一轮扩增的模板参与PCR反应。在以后每轮反应中，这些双链产物的量都发生倍增，此变性、复性、指数级积累的过程使30轮循环后特定产物的扩增达到2^{28}倍（2.7×10^{8}倍）。

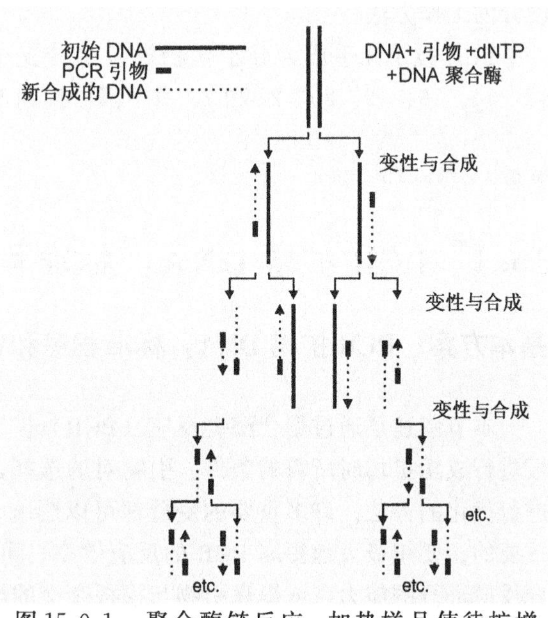

图15.0.1　聚合酶链反应。加热样品使待扩增DNA变性，在DNA聚合酶和过量的dNTP存在时，寡核苷酸特异性地与靶序列杂合，并引导新DNA链的合成。第一个循环反应的特征是产生长度不定的产物，然而第二个循环即产生特定的“短产物”，并在随后的每个扩增循环中得到指数级的积累。这样在经过20～30个循环后，特定片段可得到上亿倍的扩增。

本章的实验方案包容了一些最常用的PCR应用技术。对于许多应用而言，第一步就是用已知DNA片段及一套引物使PCR工作。因此，在15.1提供了对目的序列进行PCR扩增的最基本方案及进行优化的方法。

应用PCR技术无需克隆即可直接进行测序，免去了克隆工作的困难和人为假象。15.2 提供了一些用双脱氧（Sanger 法）测序或化学方法测序（Maxam-Gilbert 法）PCR 产物的不同方法。操作者可根据自己的实际情况和个人喜好采用合适的工作方案。

近来发展了几种只需知道一小部分序列（30～40 bp）、并且为了便于分析在想要扩增的分子末端加上特定的序列就能进行 PCR 的方法。

其中之一就是所谓的“连接介导 PCR”（见 15.3），已广泛应用于包括基因组足迹分析和序列测定等许多方面。

PCR 技术还有助于序列克隆和序列操作，在 15.4 里详细地介绍了如何使 PCR 产物产生合适的末端以便直接克隆。在本书的 3.5 和 8.5 中，也列出了利用 PCR 进行 DNA 的克隆和突变的一些其他方法。

PCR 的另一个重要应用则是用于检测 RNA 转录物、分析结构并通过扩增进行克隆和（或）序列测定。15.5 提供了利用逆转录酶将 RNA 转变为 cDNA 拷贝的、以 RNA 为模板的改进 PCR 方法（RT-PCR）。在 15.6 中介绍的“锚式 PCR”，与“连接介导 PCR”类似，只需要知道少量的序列信息并利用末端的核苷酸，就可以用于 mRNA 的分析。

作为一种检测稀有序列最灵敏的方法，PCR 的应用是很频繁的。15.7 的方案不仅能用于检测出稀有序列，而且能对其进行定量分析。但敏感性强的不利方面是很少量无关的外源序列即会造成污染，因此在该节里特别强调了为避免无关 DNA 序列的污染而设计的工作方法。

PCR 技术几乎成为分子生物学各个分支中不可缺少的工具，在本书的 3、7、8、12～14、16、19、20、22 和 23 章中都可找到 PCR 方法的应用。

撰稿人：Donald M. Coen

15.1　PCR 扩增 DNA：标准程序和优化

基本方案　PCR 扩增 DNA：标准程序和优化

本节叙述了通过聚合酶链反应（PCR）扩增 DNA 的方法，包括如何快速确定对模板进行成功扩增时所需的条件、引物对的选择，以及对反应的特异性、敏感性和对产量进行优化的方法。许多重要的变量都可以影响 PCR 的结果。$MgCl_2$ 浓度的滴定是十分重要的。要想极大地提高 PCR 的反应效率，可以加入可提高聚合酶的稳定性和促进聚合反应进行的能力，或提高引物与模板杂交的严紧性的添加物，还可以采取降低引物模板之间的非特异性结合的措施，特别是用于关键的第一轮循环之前的措施。本方案是为简单地通过一步或两步操作优化反应成分和条件而设的。起初的步骤（1～7）用于确定最优的 $MgCl_2$ 浓度和促进反应进行的添加物。许多 *Taq* 和其他热稳定性 DNA 聚合酶的销售公司都提供已经优化好的无 $MgCl_2$ 的反应缓冲液和另外用于滴定的 $MgCl_2$ 溶液。PCR 反应前如果发生低严紧性引物延伸反应，可以产生非特异性的产物，其后的步骤（8～13）对阻止这一反应发生的各种方法进行了对比。这就是要通过在反应第一步达到热变性温度之后，再在反应体系中加入一种重要的反应组分，或者通过在反应体系中加入一种可逆转的聚合酶的抑制剂，从而达到所谓的“热启动”。使用热启动的方法大大提高了反应的特异性、敏感性和产量。如果反应过程中形成了引物二聚体或生成了其他非特异性的产物，或者在一个复杂的体系中相对极少量的DNA模板被污染，如在细胞或组织样本制备过程中混入了病毒的核酸，那么请尽量使用任何一种热启动的方法。本方案提供了能够实现热启动的相对较为便宜的方法，并且列出了一些可选的热启动商品，这些商业化的试剂使用方便，但比较昂贵。

材料（带√项见附录1）

√10×PCR缓冲液（不含 $MgCl_2$）

50 μmol/L寡核苷酸引物1：50 pmol/μl，溶于无菌水（储于－20℃）

50 μmol/L寡核苷酸引物2：50 pmol/μl，溶于无菌水（储于－20℃）

DNA模板：1 μg哺乳动物基因组DNA或1.0～100 pg质粒DNA（见2.1～2.5）

√25 mmol/L 4dNTP混合液

5 U/μl *Taq* DNA聚合酶（天然或重组）

√增效剂（可选）

15 mmol/L（低浓度，L）、30 mmol/L（中浓度，M）和45 mmol/L（高浓度，H）$MgCl_2$

溶液

矿物油

TaqStart抗体（Clontech）

Ficoll 400（可选）：配制成10×储液；可在室温无限期储存

酒石黄染料（可选）：配制成10×储液；可在室温无限期储存

0.5 ml薄壁PCR管

自动化热循环反应仪

注意：所有步骤和所需溶液均使用分子生物学级别的水（即无DNA、RNA酶和核酸）。

注意：不需用DEPC处理水、试剂或玻璃器皿。用直接从包装中取出的一次性使用的无菌实验器皿来配试剂，如用玻璃器皿，则需先用10%漂白水浸泡，自来水彻底冲洗，接着用蒸馏水冲洗，如有可能，在紫外线下照10 min。将所有试剂以小体积分装于螺口管中，这样使用者就有了一套个人的“优选试剂盒”。推荐使用薄壁PCR管。

步骤

1）按表15.1.1给出的配方准备4种主反应混合物。

2）取3个0.5 ml的薄壁PCR管分别标记为I-L、I-M、I-H，然后每管各加入90 μl混合物I。按类似的做法，将每份90 μl的混合物II、III、IV加于做好适当标记的薄壁PCR管中。再往标记为L的管子各加入10 μl 15 mmol/L的 $MgCl_2$（终浓度1.5 mmol/L），标记为M的管子各加入10 μl 30 mmol/L的 $MgCl_2$（终浓度3.0 mmol/L），标记为H的管子各加入10 μl 45 mmol/L的 $MgCl_2$（终浓度4.5 mmol/L）。

表 15.1.1 确定最适反应成分的主要混合物

成分	终浓度	每个反应物/μl	主要混合物[a]/μl			
			I	II	III	IV
10×PCR 缓冲液（不含 $MgCl_2$）	1×	10	40.0	40.0	40.0	40.0
引物 1	0.5 μmol/L	1	4.0	4.0	4.0	4.0
引物 2	0.5 μmol/L	1	4.0	4.0	4.0	4.0
模板 DNA[b]	原液	1 vol	4 vol	4 vol	4 vol	4 vol
25 mmol/L 4dNTP 混合液[c]	0.2 mmol/L	0.8	3.2	3.2	3.2	3.2
Taq DNA 聚合酶	2.5 U	0.5	2.0	2.0	2.0	2.0
DMSO [d]（20×）	5%	5	—	20.0	—	—
甘油 [d]（10×）	10%	10	—	—	40.0	—
PMPE[d]（100×）	1%	1	—	—	—	4.0
H_2O	—	至 90 μl	至 360	至 360	至 360	至 360

a. 总体积为 360 μl（足够用于 $n+1$ 个反应）。

b. 模板 DNA 量（体积）一般 1～10μl。

c. 如果 4 种 dNTP 的浓度为 2 mmol/L，每个反应加 10 μl 也就是每种主反应混合物加 40 μl，然后相应地调整加入水的体积。

d. 可为其他增效剂代替（见附录 1）。

3）用 50～100 μl 矿物油覆盖反应混合物（2 或 3 滴）。

进行热启动 PCR 的第 1 步，在加 $MgCl_2$ 前，先在反应混合液上加一层矿物油，在热循环反应仪或加热块上加热样品至 95℃，再加入 $MgCl_2$。在加入 $MgCl_2$ 后而进行 PCR 前，不要让样品冷却到最适复性温度以下。

4）根据厂商的操作手册设置自动化热循环反应仪的工作程序。

30 个循环：30 s　94℃（变性）
30 s　55℃（GC 含量≤50%时）或者
60℃（GC 含量>50%时）（复性）
～60 s/kb
产物序列　72℃（延伸）

循环参数取决于模板 DNA 的序列和长度、引物的序列和互补率，还有所用的热循环仪的缓冲时间。缜慎的引物设计可预先解决可能发生的问题。在最适温度下变性、复性和延伸都很迅速。而缓冲时间（使反应管内也达到所设温度的时间）通常比变性或复性的时间还长，因此它是热循环仪的关键参数。生产热循环反应仪的厂家都提供它们所售设备特定的缓冲时间，使用薄壁 PCR 管可使之缩短。最适的延伸时间取决于靶序列的长度，大于 1 kb 的序列可以 1 min/kb 的速度延伸，对于长度小于 100 个碱基的序列只需要 2s 的停顿即可。

反应的循环数取决于反应的效率和 DNA 模板的量。少至 100 ng 的哺乳动物细胞基因组 DNA（相当于约 10^4 个细胞），经 30 个循环，10%的反应物应能够在溴化乙锭染色的凝胶上看到一条主要产物带。使用较大量的模板时，循环数可相应减少；如果模板量很少，对反应条件进一步优化比单纯的增加循环数更好。反应循环的增加（如>40 循环），会降低聚合酶的反应比活，增加非特异的扩增和耗尽底物（核苷酸）。许多研究人员在最后一个延伸反应中延长时间。例如，达到 7 min以确定反应得到的均是全长的 PCR 产物。

5）取 10 μl 反应物在合适的琼脂糖凝胶（见 2.6）、非变性聚丙烯酰胺凝胶（见 2.7）或筛分型琼脂糖凝胶（见 2.9）上检查预期大小的 PCR 产物，用溴化乙锭染色。

分离100～1000 bp的PCR产物，可以使用复合的3%（m/V）NuSieve（FMC Bioproducts）琼脂糖/1%（m/V）SeaKem（FMC Bioproducts）琼脂糖凝胶代替非变性的聚丙烯酰胺凝胶或筛分型琼脂糖凝胶。SeaKem在不降低分辨率的情况下增加了凝胶的机械强度。

SYBR GOLD核酸胶染料（Molecular Probes）可以替代溴化乙锭，其敏感性比溴化乙锭高25～100倍，更便于使用，可用以优化低至10～100倍的初始模板量。

6）观察凝胶染色后PCR产物以确定哪种反应条件可得到的产物最多。

7）为确证获得的主要产物是正确的，可取小份反应物用已知能切割PCR产物的限制性内切核酸酶进行消化。检查反应缓冲液是否适用于所选用的限制酶，必要时需加Na^+或乙醇沉淀（见2.1）后再重悬于合适的缓冲液中。在凝胶上电泳分离消化产物，以鉴定产生的片段是否符合预期大小。

也可以将PCR产物转移到硝酸纤维素膜或尼龙膜上，用两个引物间的内部序列作为探针进行杂交以确定PCR产物（见2.11和6.4）。使用适当的、严格的杂交和清洗条件，将只有正确的产物（也可能有少量的相关产物）能够成功杂交。

下述可选步骤可优化初始杂交，也可能提高效率和产量。这些步骤用于：当产物中检出引物二聚体或者其他非特异性产物时，或者只有很少量的起始模板时，或者从一个复杂的混合物中扩增稀有的序列时。为了使反应达到最优，尽量避免在最初的变性和复性时发生多聚反应。

8）根据表15.1.2的配方并用步骤6确定的最适$MgCl_2$浓度和添加物，制备4个反应混合物，按照以下不同的方案加入*Taq*聚合酶。

a. 在室温制备反应混合物A、C。

b. 反应混合物B中各种成分在混合之前应在冰水中冷却。

c. 混合物D，将1 μl TaqStart抗体和4 μl随抗体供应的稀释缓冲液混合，再加1 μl *Taq* DNA聚合酶（1∶4∶1）混匀。混合物D在加入前先在室温放置5～10 min（甘油和PMPE与TaqStart抗体相容，而DMSO则干扰抗体的结合）。

为了确保反应不致达到平台期并因此影响结果，应使用能通过溴化乙锭染色使PCR产物显迹的最小量的模板DNA。

表15.1.2 优化第一个循环反应条件的主反应混合物

成分	终浓度	主要混合物/μl			
		A	B	C	D
10×PCR缓冲液	1×	10	10	10	10
$MgCl_2$（L、M或H）	最适浓度	10	10	10	10
引物1	0.5 μmol/L	1.0	1.0	1.0	1.0
引物2	0.5 μmol/L	1.0	1.0	1.0	1.0
添加物	最适成分	V[a]	V[a]	V[a]	V[a]
模板DNA	—[b]	10	10	10	10
25 mmol/L dNTP混合液[b]	0.2 mmol/L	0.8	0.8	0.8	0.8
*Taq*聚合酶	2.5 U	0.5	0.5	—	—
Taq pol+TaqStart	2.5 U	—	—	—	1.0
H_2O	加至100 μl	V[a]	V[a]	V[a]	V[a]
配制温度		室温	冰浴	室温	室温

a. V表示量是可变的（总体积为100 μl）。

b. 根据步骤6确定模板DNA是否需要稀释。

9）在每个反应混合物上覆盖一层 50～100 μl 矿物油。

10）所有的反应置于 94℃加热 5 min。

11）反应物冷却至步骤 4 确定的最适复性温度。在反应 C 中加入 0.5 μl *Taq* DNA 聚合酶，注意加酶时一定要使吸头穿过矿物油插入反应混合物中。

12）4 个反应体系立即开始扩增，循环反应参数与前所述相同。

13）按照步骤 5 和步骤 6 在琼脂糖凝胶上分析 PCR 产物并评估扩增结果。

14）一次性批量准备最适反应混合物，但不加 *Taq* DNA 聚合酶、TaqStart 抗体、PMPE，以及 dNTP 混合液，这些成分应该在临用前现加。需要时可加入终浓度为 0.5%～1%（*V*/*V*）的 Ficoll 400 及终浓度为 1 mmol/L 的酒石黄。

反应混合物中加入 Ficoll 400 和酒石黄免却了对凝胶加缓冲液的需要，可直接将 PCR 产物加样于琼脂糖或聚丙烯酰胺凝胶。Ficoll 400 和酒石黄配成 10×储液，可在室温长期保存。

表 15.1.3～15.1.5 列出了有关优化反应的商品和热稳定性 DNA 聚合酶的重要信息。

表 15.1.3 PCR 优化产品

优化目的	生产商	产品
技术支持	Perkin-Elmer	产品目录里附录的技术资料
技术支持	Promega	因特网 PCR 技术疑难解答：网址 http://www.promega.com/amplification/assistant
PCR 优化配套试剂盒	Boehringer-Mannheim Invitrogen, Strataqene, Sigma, Epicentre Technologies, Life Technologies	几种缓冲液，Mg^{2+}，增效剂（成分可能包括 DMSO、甘油、甲酰胺、$(NH_4)_2SO_4$和其他未说明或有专利的成分）
立可用	Amersham Pharmacia Biotech	标准 PCR 优化“立可用”珠和 RAPD 分析“立可用”珠（缓冲液、核苷酸、*Taq* DNA 聚合酶）
立可用	Fisher	EasyStart PCR Mix-in-a-tubes，用含缓冲液、$MgCl_2$、核苷酸、*Taq* DNA 聚合酶的石蜡珠预包被的反应管
立可用	Life Technologies	PCR SuperMix——1.1× 浓度的缓冲液，$MgCl_2$，核苷酸，*Taq* DNA聚合酶预混合液
立可用	Marsh Biomedical	Advanced Biochemicals Red Hot DNA polymerase，比 *Taq* DNA聚合酶更胜一筹的新的 DNA 聚合酶
热启动	Fisher, Life Technologies	Molecular Bio-Products HotStart Storage and Reation Tubes，每个反应管预包被石蜡珠，在高温时需手工加入一种成分
热启动/$MgCl_2$	Invitrogen	HotWax Mg^{2+}株——含预先配好浓度的 $MgCl_2$ 的石蜡珠，在第一步提升温度时释放 $MgCl_2$
热启动/$MgCl_2$	Stratagene	StrataSphere Magnesium Wax Beads——含预先配好浓度的 $MgCl_2$ 的石蜡珠
热启动/聚合酶	Promega	TaqBead Hot Start Polymerase——含 *Taq* DNA 聚合酶的石蜡珠，在第一步提升温度时释放酶
热启动/通过抗体结合可逆失活聚合酶	Clontech	TaqStart 抗体，TthStart 抗体，可逆地失活 *Taq* 或 *Tth* DNA 聚合酶，直至第一次 95℃变性
热启动/抗体结合	Life Technologies	PlatinumTaq，含 PlatinumTaq 抗体
热启动/抗体结合	Sigma	JumpStart Taq，含 TaqStart 抗体

续表

优化目的	生产商	产品
热启动/可逆化学修饰	Perkin-Elmer	AmpliTaq Gold，高温激活
热启动/可逆化学修饰	Qiagen	HotStartTaq DNA 聚合酶，高温激活
增效剂	Boehringer Mannheim，New England Biolabs	热稳定 *Tth* 焦磷酸化酶
增效剂	Clontech	GC Melt (in Advantage-GC kits)，拥有专利
增效剂	CPG	Taq-FORCE 扩增系统和 MIGHTY 缓冲液，拥有专利
增效剂	Fisher	带有 TaqMaster 增效剂的 Eppendorf MasterTaq 试剂盒，拥有专利
增效剂	Life Technologies	PCRx 增效系统，拥有专利
增效剂	Promega	大肠杆菌单链结合蛋白(SSB)
增效剂	Qiagen	Q-Solution，拥有专利
增效剂	Stratagen	Perfect Match Polymerase Enhancer，拥有专利
增效剂	Stratagen	TaqExtender PCR Additive，拥有专利

表 15.1.4 热稳定 DNA 聚合酶

DNA 聚合酶		生物来源	供应商	产物末端	外切酶活性
学名	商品名				
Pfu	—	*Pyrococcuas furiosus*	Stratagene，Promega	钝端	3′→5′(校对)
Pfu(Exo-)	—	*Pyrococcuas furiosus*	Stratagene	钝端	无
Psp	Deep Vent	*Pyrococcuas sp.* GB-D	New England Biolabs	钝端	3′→5′(校对)
Psp(Exo-)	Deep Vent(Exo-)	*Pyrococcuas sp.* GB-D	New England Biolabs	钝端	无
Pwo			Boehringer Mannheim	钝端	3′→5′(校对)
Taq(天然或重组)	—	*Thermus aquaticus*	Ambion，Amersham Pharmacia Biotech，Boehringer Mannheim，Clontech，Fisher，Life Technologies，Marsh Biomedical，Perkin Elmer，Promega，Qiagen，Sigma，Stratagene	3′A	5′→3′
Taq(N 端删除)	Stoffel fragment Klen-Taq	*Thermus aquaticus*	Perkin-Elmer，Sigma	3′A	无
Tbr	DyNAzyme	*Thermus brocianus*	MJ Research	—[a]	5′→3′
Tfl		*Thermus flavus*	Promega，Epicentre Technologies	钝端	—[a]
Tli	Vent	*Thermococcus litoralis*	New England Biolabs (Vent)，Promega	钝端	3′→5′(校对)
Tli(exo-)	Vent(exo-)	*Thermococcus litoralis*	New England Biolabs	钝端	无
Tma	UITma	*Thermötoga maritima*	Perkin-Elmer	钝端	3′→5′(校对)
Tth	—	*Thermus thermophilus*	Amersham Pharmacia Biotech，Boehringer Mannheim，Epicentre Technologies，Perkin-Elmer，Promega	3′A	5′→3′

a. 不详。

表 15.1.5 热稳定 DNA 聚合酶混合物

产品(商品名)	供应商	热稳定 DNA 聚合酶及其他成分
Expand High Fidelity, Expand Long Template, And Expand 20 kb PCR Systems	Boehringer Mannheim	*Taq* + *Pwo*
KlenTaq LA Polymerase Mix	Clontech, Sigma	KlenTaq-1(5′-外切核酸酶缺失性 *Taq*)＋非特异性校正聚合酶
Advantage-HF PCR Kit	Clontech	KlenTaq-1＋非特异性校正聚合酶＋TaqStar 抗体
Advantage-cDNA and Advantage-GC cDNA Polymerase Mixes and Kits	Clontech	KlenTaq-1＋非特异性校正聚合酶＋TaqStar 抗体；GC 试剂盒含 GC Melt
Advantage Genomic and Advantage-GC Genomic Polymerase Mixes and Kits	Clontech	*Tth*＋非特异性校正聚合酶＋TthStar 抗体；GC 试剂盒含 GC Melt
eLONGase Enzyme Mix	Life Technologies	*Taq*＋ *Psp* ＋非特异性校正聚合酶＋eLONGase Buffer
Platinum Taq DNA Polymerase	Life Technologies	*Taq*＋ *Psp*＋Platinum *Taq* 抗体
Platinum High Fidelity DNA Polymerase	Life Technologies	*Taq*＋ *Psp*＋ *Taq* 抗体
DyNAzyme EXT Polymerase	MJ Research	*Tbr* 带非特异增效剂
GeneAmp XL PCR and XL RNA PCR Kits	Perkin-Elmer	*Tth*＋ *Tli*
OmniBase Sequencing Enzyme Mix	Promega	非特异性校正聚合酶含热稳定焦磷酸酶
AccuTaq LA DNA Polymerase Mix	Sigma	*Taq*＋非特异性校正聚合酶
TaqPlus Long and TaqPlus Precision PCR Systems	Stratagene	*Pfu*＋ *Taq*; TaqPlus 精确反应缓冲液(拥有所有权)
Accurase Fidelity PCR Enzyme Mix; Calypso High Fidelity Single Tube RT-PCR System	Tetralink	*Thermus* sp.＋ *Thermococcus* sp.; Calypso 也含 AMV-RT

因特网资源

http://www.promega.com/amplification/amptech.html

提供了一个 PCR 反应疑难解答的程序：Amplification Assistant。

http://www.genome.wi.mit.edu/

可以访问 www Primer Picking (Primer3)，选择 Genome Center Software 开发的网络版的软件可用于生物实验。

http://www.alkami.com/primers/

包括免费的引物设计工具和一些小技巧。

http://bioinformatics.weizmann.ac.il/mb/bioguide/pcr/contents.html

包括一些有用的小技巧和连接。

参考文献：Saiki et al., 1988.

撰 稿 人：Martha F. Kramer and Donald M. Coen

15.2 利用 PCR 产物直接进行 DNA 序列测定

PCR 产物可以用双脱氧法（Sanger 法）或化学法（Maxam-Gilbert 法）进行序列测定。

15.2.1 基本方案1 不对称PCR产生的单链产物的双脱氧测序

材料（带√项见附录1）

寡核苷酸引物1和引物2

^{32}P标记的dNTP（见3.2）

10 mol/L乙酸铵

100%乙醇，70%乙醇，室温

√0.1×TE缓冲液，pH 8.0

Centricon30或100柱（可选，Amicon）

步骤

1）用最适的成分（见15.1）建立PCR反应混合物，但是两个引物的浓度比为100∶1左右（限制引物为0.2～1.0 pmol，过量引物为10～30 pmol），在最适的时间和温度条件下（见15.1）进行40～45个循环，最后结束于一个长的延伸步骤。取小份反应物进行分析以验证仅产生了一种单链主产物，然后再进行第2步。

要验证单链DNA的产量，则可在扩增的最后3～5轮时，加入少量的^{32}P dNTP（约为非标记dNTP浓度的0.1%）或者0.001～0.1 pmol的^{32}P标记的非限制性引物。扩增后的产物可以通过琼脂糖或非变性聚丙烯酰胺凝胶（见2.6和2.9）的放射自显影（见附录3A）直接显迹。单链和双链产物的电泳迁移率有所不同。将双链DNA分子质量标准物同时上样于凝胶以利于分析。

2）完成了最终的长延伸步骤并对单链DNA产物进行验证之后，使反应物温度缓慢降至室温，用巴斯德吸管吸去矿物油，加入10 mol/L乙酸铵使其终浓度为2.5 mol/L，加入1倍体积的100%乙醇，室温放置5 min。

3）室温以最高速离心5 min，将沉淀用70%的乙醇洗1遍，真空下干燥。将沉淀重溶于50 μl水或50 μl 0.1×TE pH 8.0缓冲液中。

4）用不对称PCR产生的单链模板进行双脱氧序列测定（见7.4）。

测序引物可以是PCR反应的限制性寡核苷酸引物或任何互补于单链模板3′内侧的序列。

15.2.2 备择方案1 单引物重复扩增制备单链模板以用于双脱氧测序

利用不对称的引物比例并不能总得到可重复的高产量单链DNA产物，本法采用不对称重复扩增可以提供足够多的单链模板用于全套双脱氧序列测定。

步骤

1）在优化的条件下进行25～40个循环的PCR扩增（见15.1），每条引物使用等摩尔数量（20～50 pmol），最后结束于长的延伸步骤。

2）用巴斯德吸管吸去矿物油，沉淀、洗涤并干燥扩增产物（见基本方案1步骤2和3）。将沉淀重溶于30 μl pH 8.0 0.1×TE缓冲液中。

3）用1 μl重溶的双链产物作为模板进行新一轮的不对称PCR扩增，加入20～40 pmol

两个引物中的其中之一，按照步骤 1 在同样条件下进行 20 个循环扩增。

4) 在最后 3～5 个扩增循环中加入 0.5～1 pmol ^{32}P 标记的 PCR 引物。当 PCR 结束时，通过放射自显影（见附录 3）确定单链产物的产量和质量。

能够看到相应于单链产物的单一条带（偶尔也会出现相应于双链产物的条带，但应该比单链条带弱得多）。

5) 按照步骤 2 沉淀、干燥扩增产物。

6) 利用 PCR 产生的单链模板进行双脱氧测序（见 7.4）。

15.2.3 备择方案 2 制备用于双脱氧测序的双链 PCR 产物

PCR 扩增的双链 DNA 纯化后可直接用于双脱氧测序。

附加材料（亦见基本方案 1；带√项见附录 1）

√PEG/NaCl 溶液

70%乙醇，冰冷

1 pmol（2～5 ng）测序引物

√5×复性缓冲液

步骤

1) 在最适的条件下进行 PCR 扩增（见 15.1），每个引物的用量为 50 pmol，最后结束于长的延伸步骤。

加入足够量的模板 DNA 及进行足够的 PCR 循环以获得足以进行几次测序反应的产物。

2) 取 5 μl PCR 产物在适合分离产物大小的琼脂糖凝胶、或非变性聚丙烯酰胺凝胶、或筛分型琼脂糖凝胶上进行电泳分析，用溴化乙锭染色。

鉴定和确定 PCR 产物的纯度对于决定采用何种方法进行纯化非常重要。如果所需 PCR 产物占绝大多数，进行步骤 3 和 4；如果观察到多个 PCR 产物，可以在变性之前（步骤 6）通过低熔点琼脂糖纯化回收（见 2.8）所需的 PCR 产物。

3) 用巴斯德吸管吸去矿物油，先用酚/氯仿再用氯仿抽提 DNA（见 2.1），将水相转移入一个新的离心管中。

4) 加入 0.6 倍体积的 PEG/NaCl 溶液，37℃放置 10 min。最大速度下离心 10 min 以收集沉淀。

5) 将沉淀用冷 70%乙醇洗涤，真空下干燥。将沉淀用 pH 8.0 的 0.1×TE 缓冲液溶解至浓度≥0.1 pmol/μl（1 kb 的片段为 60 ng/μl）。

6) 吸取 0.1 pmol 纯化的 PCR 产物（即：浓度约为 60 ng/μl 的 1 kb 的片段，约取1 μl）于一个微量离心管中，用 pH 8.0 的 0.1×TE 缓冲液调整至 9 μl。

7) 95℃加热 2 min 变性模板，然后置于干冰/乙醇溶液中 1 min 迅速冷却。迅速加入 1 μl测序引物和 2 μl 5×复性缓冲液于冰冻 DNA 样品中。

8) 稍加离心使管中的反应混合物融化并混合。模板和引物在室温下温育 30 min。

推荐使用摩尔数 5 倍过量于模板的引物。

9）进行双脱氧测序反应（见 7.4 和 7.5）。

15.2.4 备择方案 3 用 λ 噬菌体外切核酸酶消化双链 PCR 产物得到单链进行双脱氧测序

本方案用于引物浓度不需要保持不对称的条件下产生单链的产物。

附加材料（亦见基本方案 1）

T4 噬菌体多核苷酸激酶（见 3.7）及 1×缓冲液（见 3.2）

3 mol/L 乙酸钠，pH 5.2

λ 噬菌体外切核酸酶（见 3.8）及 1×缓冲液（见 3.2）

步骤

1）将 10～50 pmol PCR 引物 1 或引物 2（无需全部）使用 T4 噬菌体多核苷酸激酶以非标记 ATP 进行磷酸化（见 3.7）。

2）加入 3 mol/L 乙酸钠（至终浓度 0.3 mol/L）和 2.5 倍体积冰冷的无水乙醇沉淀磷酸化引物，−70℃放置 1 h，4℃离心 20 min。将沉淀用 70%乙醇小心洗涤 1 次，真空下稍加干燥。

3）用等摩尔量（10～100 pmol）的磷酸化引物和非磷酸化引物在最适条件下（见 15.1）进行 PCR 扩增。

4）用酚抽提 PCR 产物（见 2.1），然后用乙醇沉淀、洗涤并干燥（见基本方案 1 步骤 3）。沉淀用 50～100 μl 1×λ 噬菌体外切核酸酶缓冲液溶解，加入 λ 噬菌体外切核酸酶 5 U，37℃温育 15～30 min。

5）酚抽提 2 次，然后用乙醇沉淀、洗涤并干燥。如基本方案 1 步骤 3 重溶单链产物。

6）将 PCR 和 λ 噬菌体外切酶消化所得的单链产物作为模板进行双脱氧测序（见 7.4）。

15.2.5 基本方案 2 用于化学测序的 PCR 产物的标记

材料（带√项见附录 1）

5～10 pmol 引物 1（用于末端标记）

T4 噬菌体多核苷酸激酶（见 3.7）及 1×缓冲液（见 3.2）

6000 Ci/mmol [γ-^{32}P] ATP

20～40 pmol 引物 2

√10×PCR 扩增缓冲液

√2 mmol/L 4dNTP 混合液

DNA 模板（真核细胞 DNA 为 20～1000 ng，细菌 DNA 为 10～100 ng，克隆化 DNA 片段为 1～20 ng）

Taq DNA 聚合酶

矿物油

用于 DNA 纯化的一次性柱子或者透析柱（可选：NACS 预装柱，Life Technologies；Centricon 30 柱，Amicon；或 Select 6L 柱，5 Prime→3 Prime）

步骤

1）在 10 μl 体积中，用≥6000 Ci/mmol [γ-^{32}P] ATP 和 T4 噬菌体多核苷酸激酶对5～10 pmol 引物 1 进行 30 min 末端标记，反应后在 65℃温育 10 min，灭活 T4 噬菌体多核苷酸激酶。

2）按以下成分在一个微量离心管中准备 PCR 反应体系：

10 μl　10×扩增缓冲液（按 15.1 进行优化）
10 μl　2 mmol/L 4 dNTP 混合液
20～40 pmol 寡核苷酸引物 2（没在步骤 1 进行标记的引物）
DNA 模板
1.5～2.5 U *Taq* DNA 聚合酶
10 μl 激酶反应溶液（步骤 1）
加水至 100 μl

在反应混合物表面覆盖一层 100 μl 矿物油，在最适条件下进行 5～10 个循环的 PCR 扩增，最后一个以长约 5 min 的延伸步骤结束反应。用巴斯德吸管吸去矿物油。

3）用琼脂糖凝胶电泳或者非变性聚丙烯酰胺凝胶电泳分离 PCR 产物与非掺入标记的引物和核苷酸，以上样染料［溴酚蓝和（或）二甲苯青］的迁移率作为参考（见 2.6 和 2.9），使未参加反应的引物和核苷酸跑出凝胶进入下层电泳槽。放射自显影 10～60 min，观察标记的 PCR 产物。

4）从凝胶上切下所需的标记 PCR 产物（见 2.6、2.8 和 2.9），重悬于 30～50 μl 水中。

扩增的 DNA 可用一次性柱子进行纯化，可以得到纯的双链 DNA。不经凝胶或者柱子纯化也可进行化学测序，这时 PCR 产物应用酚抽提，然后用乙醇沉淀。只有在已知 PCR 扩增得到单一产物的前提下，才可用柱子纯化或抽提的方法代替制备性凝胶电泳分离。

5）用 8%～10%的产物进行化学测序的每种测序反应（见 7.6）。在测序胶上分离测序反应的产物（见 7.7）。电泳完毕，用保鲜膜包好测序胶，在－20℃放射自显影 2～48 h。如 7.6 所述读取序列。

15.2.6　备择方案 4　PCR 产物的基因组测序

本方法特别适合于寻找大量序列或者不止一个区段被扩增的情况，几个扩增片段可以混合在一起同时进行测序，并在同一组泳道上电泳，然后依次通过合适的探针检出不同片段的序列。

材料（亦见基本方案 2）

一张预先剪至凝胶般大小的滤纸（Schleicher 和 Schuell ＃410）

步骤

1）用 20～1000 ng 真核基因组 DNA、10～100 ng 细菌 DNA 或 1～2 ng 克隆化 DNA 插

入片段，在最适的条件下进行 PCR 反应，最后以一个长的延伸步骤结束（见 15.1）。反应完毕用巴斯德吸管吸去矿物油。

2）产物经酚抽提后（见 2.1），加入 0.1 倍体积 3 mol/L 乙酸钠（pH 5.2）和 2.5 倍体积 100%乙醇沉淀，在干冰/乙醇溶液中放置 20 min。4℃下以最高速离心 5 min。用 70%的乙醇洗 2 次，然后真空干燥（见 2.1）。

3）将沉淀重悬于 30～50 μl 水。取 5%～10%的 PCR 样品在琼脂糖凝胶或者非变性聚丙烯酰胺凝胶上进行电泳以确定产物的产量及纯度。

如果扩增出 2 条以上同样亮度的条带，除非可用不同的寡核苷酸探针来分别显迹，它们在测序前必须进行凝胶电泳分离。

4）取 8%～10%的扩增产物于进行化学测序的每种测序反应（见 7.6），在变性聚丙烯酰胺测序胶上进行电泳（见 7.7）。

5）电泳完毕，小心地移去一块玻璃平板，将滤纸放于胶上，注意凝胶和滤纸间不要引入气泡，将凝胶（黏附于滤纸上）同滤纸一道放置于一合适的转移装置中。

6）用 TBE 电泳液湿润凝胶，然后在胶上放置一同样大小的尼龙膜，注意尼龙膜和凝胶间不要引入气泡。将 DNA 电转印到滤膜上（见 2.11），并通过紫外交联将 DNA 固定于膜上（见 2.11）。

7）用合适的探针进行杂交，尼龙膜可反复进行杂交、显迹、洗脱、再杂交 40 次以上。

使用 PCR 寡核苷酸引物作为探针可得到最佳的结果，并保证只有完整的 PCR 产物才能被显迹。也可使用简并探针或者扩增片段内部序列探针。可以通过利用脱氧核苷酸末端转移酶对 3～6 pmol探针进行加尾而得到高比活度探针。

参考文献：Kusukawa et al.，1990；Maxam and Gilbert，1980；Sanger et al.，1977.

撰 稿 人：Robert L. Dorit，Osamn Ohara，Charles B.-C. Hwang，Jea Bum Kim，and Seth Blackshaw

15.3 用于基因组测序及足迹分析的连接介导 PCR

PCR 可用以指数扩增位于两个特定引物杂交位点之间的 DNA 片段，而在连接介导的单侧 PCR 中，本质上，它只需要一个引物杂交位点的特异性，第二个引物是通过连接反应加上的单一接头（图 15.3.1）。这个接头和旁侧的基因特异性引物一起可以对任何 DNA 片段进行指数级的扩增。由于一个确定的已知长度的序列被加于每个片段，可以完整地扩增一些复杂的 DNA 群体，如分辨率达到单碱基水平的序列梯。

注意：本节中所有使用的试剂都应该是新鲜配制的高纯度试剂，而且所有的溶液均需用在玻璃蒸发器中获得的蒸馏水配制。

15.3.1 基本方案 连接介导的单侧 PCR

材料（带√项见附录 1）

0.4 μg/μl 溶于 pH 7.5 的 TE 缓冲液的经打断的基因组 DNA（见辅助方案 1、2 和 3）

√第一链合成混合物，含有寡核苷酸引物 1（图 15.3.1 和图 15.3.2）

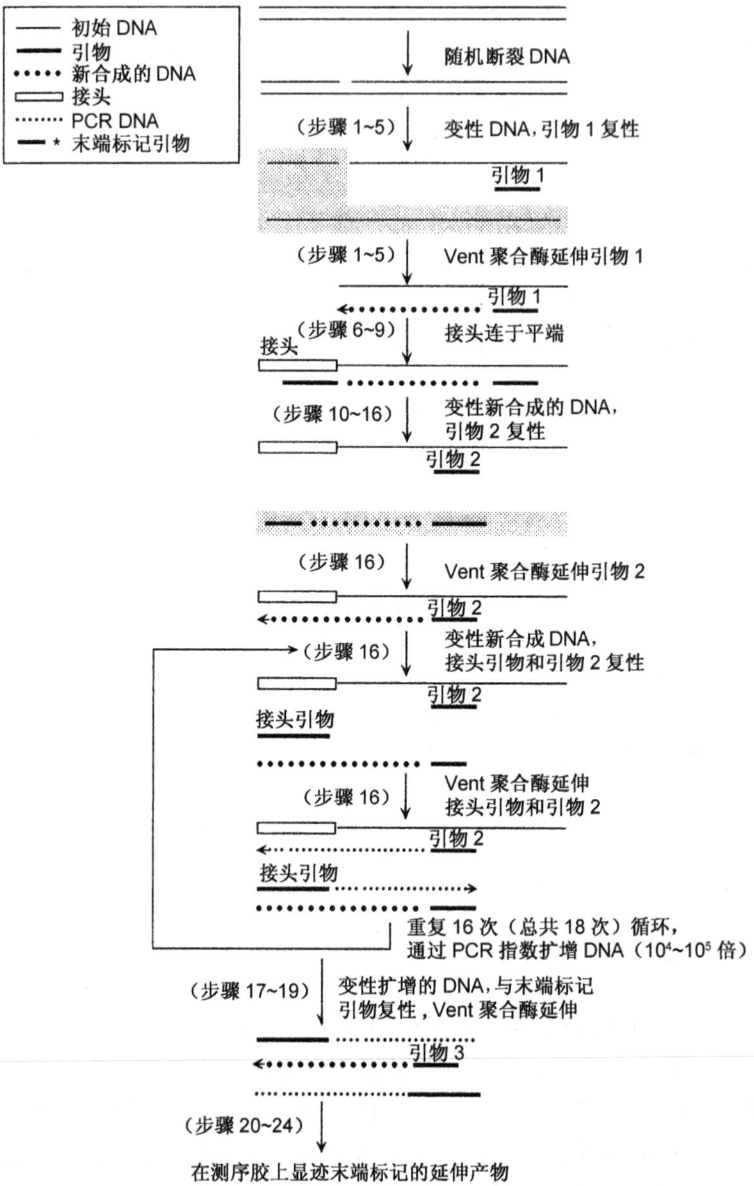

图15.3.1　连接介导PCR方法的流程图（详见正文）。图中步骤相对应于基本方案。

√20 μmol/L单侧接头混合物

√连接酶稀释液

√连接酶混合物

2000～3000 Weiss单位/ml T4噬菌体DNA连接酶（见3.11，Promega或Pharmacia LKB产品）

√用于沉淀的盐混合物

100%乙醇，冰冷和室温

75%乙醇，室温
√扩增混合物，含有接头引物和引物 2
√2 U/μl Vent DNA 聚合酶混合物（见 7.4）
矿物油
√末端标记混合物，含有末端标记的引物 3（图 15.3.3）
√Vent DNA 聚合酶终止液
25：24：1（*V*/*V*/*V*）酚/氯仿/异戊醇
√加样缓冲液

1.5 ml 硅化微量离心管（见附录 3B），带管扣（可选，Intermountain Scientific）
4℃和 17℃水浴
自动热循环仪或者 60℃、76℃、95℃水浴和 60～70℃水浴

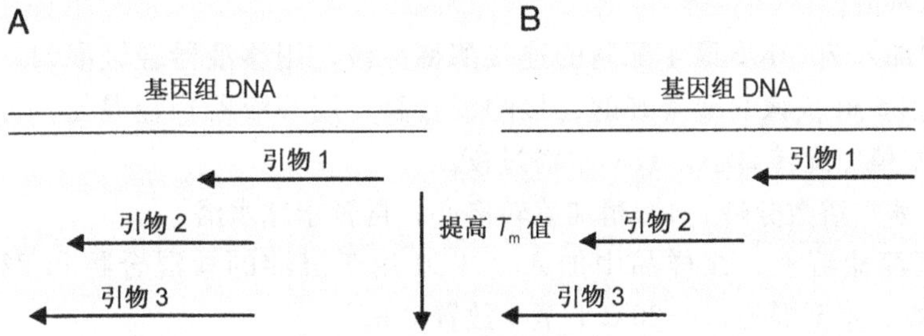

图 15.3.2 基因特异性引物的两种可能性排列。

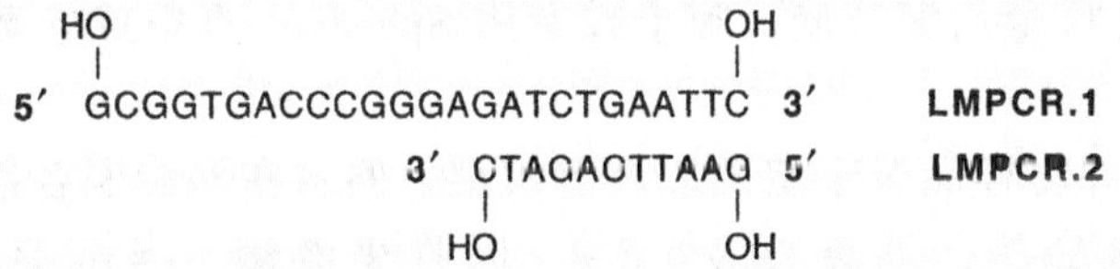

图 15.3.3 用于连接介导 PCR（LMPCR）的交错接头。交错接头由寡核苷酸引物 LMPCR.1 和 LMPCR.2 互相复性而成。LMPCR.1 有 25 个碱基，GC 含量为 60%；LMPCR.2 有 11 个碱基，GC 含量为 36%。只要符合文章中所定义的条件也可用其他的寡核苷酸代替。注意图中寡核苷酸缺少 5′磷酸（带 5′OH）而且 LMPCR.2 是反方向（3′→5′）。

步骤

1）将 5 μl（2 μg）打断的基因组 DNA 加入到一个硅化的 1.5 ml 微量离心管中，冰水浴放置数分钟。

剪切的 DNA 样品必须干净，如果 DNA 中混有其他污染物（如哌啶）将干扰反应。

从 6×10^5 个基因组（3×10^5 个双倍体细胞核）出发可得到高质量、重复性好的足迹分析及测序反应。这相当于 2 μg 小鼠（哺乳动物）基因组 DNA。对于其他的物种，一般单倍体基因组数至少为 6×10^5，但是不同的基因组大小会导致相对应的 DNA 绝对量不同。

2）准备含引物 1 的第一链合成混合物，并于冰水浴上冷却数分钟。取 25 μl 加入 DNA

样品中，用移液器轻轻混匀，将样品再置于冰水浴中，样品管加上管扣以防在加热变性时管子爆开。

3）将 DNA 在 95℃变性 5 min，引物在 60℃复性 30 min，然后 76℃延伸 10 min。正在合成第一链时，可以按步骤 4 准备溶液。

第一链的合成在自动热循环仪上能很容易地自动进行，也可以手工在不同的水浴间转移。为了降低背景，应该使复性温度高于 T_m 值 2℃左右，并且在 76℃进行延伸。延伸步骤可以产生一个用于以后连接反应的平端（图 15.3.1）。

4）在冰浴上融化 20 μmol/L 的单侧接头混合物。配制连接酶稀释液，并配制不完整的连接酶混合物，但在步骤 6 前先不要加入接头及连接酶，所有液体均放置于冰水浴。

5）当步骤 3 中的延伸反应完成时，立即将样品放至冰浴，4℃稍加旋转离心以收集冷凝液滴，再置于冰水浴。

6）将步骤 4 准备好的不完整连接酶混合物中加入连接酶，混匀；再加入接头，混匀；放置于冰水浴。

7）往样品中加入 20 μl 步骤 4 配制的连接酶稀释液，用移液器轻轻混匀，放置于冰水浴。加入 25 μl 步骤 6 准备好的连接酶混合物，用移液器轻轻混匀，再放置于冰水浴上。4℃稍加旋转离心，17℃水浴过夜。

8）样品置于冰水浴数分钟，4℃稍加旋转离心，再置于冰水浴。

9）准备好沉淀盐溶液。往样品中加入 9.4 μl 用于沉淀的盐混合物和 220 μl 预冷的 100%乙醇，颠倒混匀，−20℃下至少放置 2 h。

10）4℃离心 15 min 沉淀连接反应物，弃上清。

11）加入 500 μl 75%室温乙醇颠倒几次清洗管壁及沉淀，室温下离心 5 min，弃上清。用移液器吸去痕量乙醇液滴，晾干或者用 Speedvac 真空旋转蒸发器蒸发残存的乙醇。

12）加入 70 μl 水并将样品置于室温以溶解沉淀，偶尔在涡旋混合器上振荡以促进溶解。每次振荡完毕，可离心 2～3 s，以收集液滴。当沉淀溶解之后（通常 ≤30 min），将样品置于冰水浴上冷却。当溶解沉淀的时候，可以准备和预冷含有接头引物和引物 2 的扩增反应液。

13）往样品中加入 30 μl 预冷的扩增反应液，用移液器轻轻混匀。样品再置于冰水浴。

14）往样品中加入 3 μl（1 U）Vent DNA 聚合酶混合物，用移液器小心混匀。将样品再置于冰水浴。

该反应对所用的 Vent DNA 聚合酶的用量十分敏感，过量的聚合酶会导致很高的背景。

15）加入 90 μl 矿物油覆盖样品，4℃稍加旋转离心，将样品再置于冰水浴。

16）进行 18 个 PCR 循环。第一步变性应为 95℃ 3～4 min，随后的变性反应可为 1 min；引物复性温度应高于 T_m 值 0～2℃（如果引物 2 和接头引物 T_m 值不同，取较低的 T_m 值）；76℃延伸 3 min，每个循环的延伸步骤另补加 5 s；最后一步延伸 10 min。反应完毕，将样品置于冰水浴，取下管扣（如果使用的话），4℃稍加旋转离心，收集冷凝液滴。将样品置于冰水浴。

本步骤中最重要的参数就是变性温度。如果温度太低就会发现没有信号或序列梯度缩短，如果温度太高就会使聚合酶失活。

17) 准备含有标记引物 3 的末端标记混合物，置于冰水浴中预冷数分钟。取 5 μl 加入样品中，用移液器温和混匀水相时，样品管应尽可能多地置于冰水浴中，4℃稍加旋转离心，再置于冰水浴。

注意：标记混合物含相当大量的 ^{32}P，操作和弃置样品及混合物时应格外小心。

18) 进行两轮 PCR 以标记 DNA。第 1 次变性反应为 95℃ 3～4 min；第 2 次变性为 95℃ 1 min。末端标记引物 3 的复性温度应高于其计算的 T_m 值 0～2℃，复性 2 min；76℃延伸 10 min。当第 2 个延伸反应结束时，将样品放置于冰水浴。

19) 将样品置于室温，然后迅速加入 295 μl Vent DNA 聚合酶终止液，在涡旋混合器上振荡混合，稍加旋转离心，以收集粘在管壁和顶部的放射性液滴。加入 500 μl 酚/氯仿/异戊醇，用力摇匀或振荡混合。室温离心 3～5 min。将上层水相（约 400 μl，避免混入界面物质）转移到一个干净的经硅化的 1.5 ml 微量离心管中，充分混匀，稍加旋转离心，收集管壁上的液滴。

20) 准备 4 个干净的经硅化的 1.5 ml 微量离心管，每管中加入 235 μl 室温 100%乙醇和 94 μl 水相，在涡旋混合器上振荡以充分混匀。－20℃放置至少 2 h。弃去所有剩下的水相。

21) 将沉淀样品在 4℃离心 15 min，弃上清。

22) 加入 500 μl 室温 75%乙醇，在涡旋混合器上振荡。样品在室温离心 5 min，弃上清。用移液器吸去痕量乙醇，然后晾干或用 Speedvac 蒸化器蒸发残余的乙醇。

23) 每管中加入 7 μl 加样缓冲液，室温放置，偶而在涡旋混合器上振荡以帮助溶解沉淀，每次振荡后，可稍加旋转离心 2～3 s，以收集管壁上的液滴。样品一般很快就溶解（5 min 以内）。可用一根吸管从中吸出液体检查样品是否已完全重悬，并用盖革计数器确定放射性是在样品里而不是留在管里，将样品再放回原管。如果仍有大于总放射量的 10%留在管里，振荡，离心，重复上述操作。

24) 将样品在 85～90℃变性 5 min 后，将每管中全部样品加样于 6%测序胶上进行电泳，电泳完毕固定并干燥胶，然后不加增感屏放射自显影 6～24 h。

因为加入了 25 bp 的接头，测序梯级应比原始的足迹或测序产物长 25 bp。

15.3.2 辅助方案 1 从单层细胞制备用于 DMS 足迹分析的基因组 DNA

本方法述及了从单层细胞中制备经体内或体外 DMS 处理的基因组 DNA 以用于连接介导 PCR。DMS 可以使鸟嘌呤碱基 N7 位甲基化，从而使其对哌啶敏感而被切开。本过程每组实验用约 5×10^7 细胞较合适（也就是许多的成纤维细胞在一个 15 cm 培养皿生长至 70%汇片时的细胞数目）。提取可以放大，如果在沉淀和操作 DNA 时格外小心的话，也可用少于 10^7 细胞/组。

材料（带√项见附录 1）

√PBS

适用于样品细胞的培养液

√裂解液

在 15 cm 培养皿的单层培养细胞，双份样品
100%硫酸二甲酯（DMS，Aldrich）
缓冲液平衡酚
√25∶24∶1（V/V/V）酚/氯仿/异戊醇
24∶1（V/V）氯仿/异戊醇
乙醚
异丙醇
√TE 缓冲液，pH 7.5
√3 mol/L 乙酸钠，pH 7.0
100%乙醇，室温或干冰冷却
75%乙醇，室温
√冰冷的 DMS 终止缓冲液
哌啶（Aldrich）
8 mol/L 乙酸铵

50 ml 和 15 ml 一次性使用的螺口聚丙烯管（如 Corning）
带废液瓶的抽气装置
一次性细胞刮子
台式离心机（如 IEC Centra-7R）
1.5 ml 硅化的（见附录 3B）微量离心管，带管扣（Intermountain Scientific）
封堵的巴斯德吸管或细玻璃棒

注意：DMS 和哌啶都是剧毒物质，所以所有使用 DMS 和哌啶的操作都应在合适的通风橱里进行，并且进行操作前，应仔细回顾使用 DMS 和哌啶及废物弃置的注意事项（见 7.6）。

步骤

1）在实验前先准备好以下溶液：在置于通风橱的 37℃水浴中预热的 PBS（约 75 ml/15 cm 培养皿）；将每份 24 ml 细胞培养液加入到 50 ml 的一次性使用螺口聚丙烯管中，与 PBS 一样在 37℃水浴预热。配制裂解液。

2）*对于对照（未处理的）细胞*：弃去 15 cm 组织培养皿中的培养液，迅速加入约 25 ml 预热的 PBS，轻轻晃动几次，倒掉 PBS。立即进行步骤 5。

3）*对于体内 DMS 处理细胞*：弃去 15 cm 组织培养皿中的细胞培养液。取 24 μl 100% DMS 加至每份预热的培养液中（DMS 终浓度为 0.1%），旋上盖子，倒转几次以混匀，然后将全部液体加入到组织培养皿中，让含 0.1% DMS 的培养液与细胞接触恰好 2 min。

临用前才加入 DMS，培养液中的水会很快使之失活。

可通过调整温育的时间和（或）DMS 的浓度，以得到最适的 DMS 足迹。

4）用带废液瓶的抽气装置，吸出并弃去含 0.1% DMS 的培养液。轻轻地加入约 25 ml 预热的 PBS 于细胞培养皿中，轻轻混合几次，然后吸去 PBS。用预热的 PBS 如此反复洗培养皿 3 次，每次 PBS 在细胞上应停留 30 s 左右。

5) 对于处理的和未处理的细胞：尽量吸尽 PBS，然后加入 1.5 ml 裂解液，轻轻摇动使裂解液均匀地布满整个细胞层的表面，室温放置约 5 min。

6) 倾斜培养皿，然后用一次性细胞刮子将 DNA 细胞裂解液刮下，用吸管尽可能将裂解物全部转移至 1 个 15 ml 聚丙烯管中。

7) 细胞裂解液在 37℃温育 3～5 h，每隔 30～60 min 混合 1 次。

温育过程中，用蛋白酶 K 消化细胞蛋白质。结束温育后，样品可在－20℃无限期储存，在使用之前应先融化并使其温度至室温。

8) 加入 1.25 倍体积的缓冲液平衡酚，轻轻颠倒 30 次充分混匀。在台式离心机上室温 1300 *g*（在 IEC Centra-7R 离心机上为 2500 r/min）离心 10 min。用 23 cm 的巴斯德吸管穿过水相和界面插至管底，吸去底层的酚。如果黏性的 DNA 被带至有机相，可用吸头吹出空气气泡而使其分离。不要触动界面，因为在界面处有许多 DNA。用酚重复抽提 1 次。

9) 加入 1 倍体积酚/氯仿/异戊醇，轻轻颠倒约 30 次充分混匀。室温 500 *g*（在 IEC Centra-7R 离心机上为 1500 r/min）离心 10 min，如步骤 8 用 23 cm 的巴斯德吸管头从底部吸走酚/氯仿/异戊醇。勿触动界面，重复此抽提步骤 1 次。

10) 加入 1 倍体积的氯仿/异戊醇，轻轻颠倒约 30 次充分混匀。室温 200 *g* 离心 5 min，如步骤 8 用巴斯德吸管从底部吸走氯仿/异戊醇溶液。

11) 加入 1 倍体积乙醚，轻轻颠倒约 30 次重复混匀。通过重力作用使其分层（约 1 min），用一根巴斯德吸管吸取乙醚（上相），在通风橱中使所有残余的乙醚完全挥发（约 5 min）。

注意：乙醚是易燃物质，应在通风橱中小心进行操作。

12) 加入 1 倍体积异丙醇，轻轻颠倒约 30 次使其混合完全。

13) 将纤维状的 DNA 沉淀缠绕在已封堵的 23 cm 长的巴斯德吸管上或细玻璃棒上，小心地从异丙醇溶液带出，将 DNA 轻压试管内壁使多余液体流去。

14) 将缠绕着的 DNA 置于 3 ml pH 7.5 的 TE 缓冲液，室温下轻轻摇数小时至过夜使 DNA 重新溶解。

15) 加入 330 μl 3 mol/L 乙酸钠和 6.7 ml 冰冷的 100%乙醇，轻轻颠倒约 30 次充分混匀。如步骤 12 和 13，重新沉淀和缠起 DNA。

16) 将缠绕着的 DNA 置于 200～500 μl pH 7.5 的 TE 缓冲液，室温放置过夜或 4℃放置数天，在此过程中不时地轻轻颠倒几次，使 DNA 重新溶解。溶解完全后，用分光光度计测定 DNA 浓度，并将其浓度调为 0.5～1 mg/ml，储于 4℃。

对照 DNA（没有用 DMS 处理）质量应较高，此时可用于基因组测序（见辅助方案 3）和基因组甲基胞嘧啶分析（Garrity and Wold，1992）。

17) 将约 75～175 μg 对照 DNA 加入到一个硅化的 1.5 ml 微量离心管中，加入 TE 缓冲液至 175 μl。

18) 在 495 μl H_2O 中加入 5 μl 100% DMS 得到 1% DMS 溶液，振荡 25 s 充分混匀，稍加旋转离心，收集液滴。

DMS 应试几个不同的浓度，以确定与用于步骤 3 和 4 的体内条件最为匹配的条件。

19) 加入 25 μl 1% DMS 溶液于对照 DNA 中，轻轻颠倒约 25 s 充分混匀。避免 DMS

溶液粘在管盖上，如有黏附，可稍加旋转离心。室温温育恰好 2 min，然后加入 50 μl冰冷的 DMS 终止缓冲液。立即加入 750 μl 在干冰上预冷的 100%乙醇，剧烈摇动使其混合，将管子插入碎干冰中，让样品在干冰上放置约 30 min。

20）与体外 DMS 处理的样品平行，制备经体内处理的 DNA 待哌啶处理。将 200 μl DNA（来自步骤 16）与 50 μl 冰冷的 DMS 终止缓冲液混合，在涡旋混合器上稍加振荡（3 s）。加入 750 μl 冰冷的 100%乙醇，剧烈摇动混合。将管子插入干冰中，让样品在干冰上放置约 30 min。

21）将两种 DNA 沉淀样品（来自步骤 19 和 20）4℃离心 10 min，弃上清。将沉淀加入 1 ml 室温的 75%乙醇，在涡旋混合器上稍加振荡（5 s）直至沉淀离开管壁。4℃离心 10 min，弃上清。

22）用水按 1∶10 稀释哌啶至终浓度为 1 mol/L，往每种 DNA 沉淀中加入 200 μl。室温下温育以重溶 DNA，并间或在涡旋混合器上振荡。沉淀通常可在 15 min 左右溶解。仔细检查样品确定 DNA 已完全溶解，没有溶解的沉淀在 1 mol/L 的哌啶中会形成小透镜状的清晰漂浮物。

注意：应在通风橱中分装哌啶。

23）当沉淀已完全溶解，稍加旋转离心以收集液滴。扣上管扣，在通风橱中于 90℃加热 30 min。

用哌啶加热处理可以使基因组 DNA 在甲基化的鸟嘌呤处断裂，使 DNA 变性并破坏污染的 RNA。

24）打开管扣，稍加离心以收集冷凝液滴。置样品于干冰上冷却 10 min，用 Speedvac 真空旋转蒸发器在室温蒸发 1～2 h，除去哌啶。

25）沉淀用 360 μl pH 7.5 的 TE 缓冲液重悬。加入 40 μl 3 mol/L pH 7.0 的乙酸钠，在涡旋混合器上振荡混匀；加入 1 ml 冰冷的 100%乙醇，剧烈摇动以充分混匀，－20℃至少放置 2 h 以上。

26）样品在 4℃离心 15 min，弃上清。沉淀用 pH 7.5 的 TE 缓冲液 500 μl 重悬，加入 170 μl 8 mol/L 乙酸铵，在涡旋混合器上振荡混匀；加入 670 μl 异丙醇，剧烈摇动以充分混匀，－20℃放置至少 2 h。

27）样品在 4℃离心 15 min，弃上清。加入 500 μl 室温的 75%乙醇，在涡旋混合器上振荡，样品在 4℃离心 15 min，弃上清，并用吸管吸去残余的痕量乙醇。

28）沉淀用 50 μl 水重悬，然后在 Speedvac 蒸发器中干燥 1 h。重新溶解沉淀于 TE 缓冲液中，使 DNA 终浓度约为 1 μg/ml。

29）样品在室温离心 10 min，将上清液转移至一个新的经硅化的微量离心管中，如有胶状沉淀存在，弃去。用分光光度计对 DNA 定量，并用 pH 7.5 的 TE 缓冲液将浓度调至 0.4 μg/μl，此时的样品可用于连接介导 PCR。

15.3.3　辅助方案 2　从悬浮细胞中制备用于 DMS 足迹分析的基因组 DNA

材料（带√项见附录 1）

悬浮培养细胞

√PBS

√裂解液

100%硫酸二甲酯（DMS，Aldrich）

100%乙醇，室温

50 ml 螺口聚丙烯管（如 Corning 公司产品）

台式离心机（IEC Centra-TR 或相当的离心机）

注意：DMS 是剧毒物质，所有使用 DMS 的操作都应在合适的通风橱里进行，并且进行操作前，应仔细阅读使用 DMS 及废物弃置的注意事项（见 7.6）。

步骤

1）在 50 ml 螺口聚丙烯管中分别准备 3 份 49 ml PBS，用前置于冰上预冷至少 30 min。配制裂解液并且在 15 ml 螺口聚丙烯管中准备 3 份 2.7 ml 裂解液。

2）将 2 份含有 $0.5\times10^8 \sim 1\times10^8$ 细胞的培养液转移至 50 ml 聚丙烯管中，在台式离心机上室温 500 *g*（在 IEC Centra-7R 离心机上为 1500r/min）离心 5 min，吸出并弃上清。留下足以将细胞重悬至 1 ml 终体积的培养液，用手指弹击管底部，或用移液器轻轻地上下抽吸以重悬细胞。

3）*对于对照（未处理的）悬浮细胞*：将 1 ml 重悬细胞加入 1 份 49 ml 冰冷的 PBS 溶液中，轻轻颠倒以充分混合，于 4℃ 500 *g* 离心 5 min，然后进行步骤 8。

4）*对于 DMS 处理悬浮细胞*：将 1 ml 重悬细胞转移到 1.5 ml 微量离心管中，然后在通风橱中的 37℃水浴中保温。

5）将 10 μl 室温 100% DMS 加入到 90 μl 100%乙醇制备 10%的 DMS 溶液。在涡旋混合器上振荡 25 s 以充分混匀，稍加离心，收集液滴。

10%的 DMS 用乙醇配制是由于该浓度的 DMS 不溶于水。

6）加入 10 μl 10%的 DMS 溶液于保温的细胞中，轻轻颠倒以混匀，37℃温育 1 min。立即将细胞加入到冰冷的 1 份 49 ml PBS 溶液中，轻轻颠倒以混匀，于 4℃ 500 *g* 离心 5 min。

此处所列出的 DMS 的用量及温育时间，适用于作为预备试验的出发条件，为得到最佳的 DMS 足迹，可能有必要对它们进行修正。

7）吸出并弃上清。然后从第 3 份冰冷的 PBS 溶液中取 1～5 ml 将细胞迅速重悬，立即加入冰冷的 PBS 到 50 ml 管中，轻轻颠倒以混合。在 4℃ 500 *g* 离心 5 min。

8）*对于对照细胞和处理细胞*：吸出并弃上清。细胞重悬于 300 μl 冰冷的 PBS，然后转移到独立的每份 2.7 ml 的裂解液中，轻轻颠倒以混合。继续 DNA 提取步骤，并进行对照 DNA 的 DMS 处理及哌啶断裂（见辅助方案 1 步骤 7～29）。

15.3.4 辅助方案 3 用于化学测序的基因组 DNA 的制备

本方案叙及制备基因组 DNA 用于连接介导 PCR（LMPCR）辅助的直接基因组测序（也就是不经过中间克隆和扩增步骤的序列测定）。本法也可分析体内胞嘧啶的甲基化情况，因为在 C5 位甲基化的胞嘧啶不参与 C+T 和 C 反应。

材料（带√项见附录1）

0.5～1.0 μg/μl溶于pH 7.5的TE缓冲液的未处理的基因组DNA（对照DNA见辅助方案1和2步骤1～16）

√TE缓冲液，pH 7.5

3 mol/L乙酸钠，pH 7.0

100%乙醇，室温和干冰制冷

75%乙醇，室温

88%甲酸（Fischer Chemical）

√G+A终止液

肼98%无水（Aldrich）

√C+T/C终止液

5 mol/L NaCl

注意：DMS、甲酸和肼都是有毒物质，所以所有使用这些试剂的操作都应在合适的通风橱里进行，并且进行操作前，应仔细回顾使用DMS和肼及废物弃置的注意事项（见7.6）。

步骤

1）将50～175 μg对照DNA加入到一个1.5 ml微量离心管中，加足量pH 7.5的TE缓冲液，至总体积为175 μl，将此管标记为G>A。

2）DMS处理（见辅助方案1步骤18、19），然后进行步骤9。

3）将20～40 μg对照DNA分别加入到3个1.5 ml微量离心管中，加足量TE缓冲液，至总体积为100 μl，将其分别标为G+A、C+T和C。

4）分别加入11 μl 3 mol/L乙酸钠和222 μl室温的100%乙醇，反复颠倒数次以充分混合。

5）室温下以最大速度离心5 min以沉淀样品，弃上清。每管中加入500 μl室温的75%乙醇，颠倒混合直至沉淀从管壁脱下，室温以最大速度离心3 min，弃上清。

6）按以下步骤用水溶解样品：G+A管加18 μl；C+T管加40 μl；C管加10 μl，4℃温育过夜，然后让溶解的DNA暖化至室温。

对于G+A样品：

7a）加入54 μl 88%甲酸，在涡旋混合器上振荡25 s以充分混合，稍加离心以收集管壁上的液滴，室温温育7 min。

8a）加入164 μl冰冷的G+A终止液，在涡旋混合器上稍加振荡（约3 s）。加入750 μl置于干冰上预冷的100%乙醇，剧烈摇动以充分混合，并将试管插入碎干冰中约30 min，然后进行步骤9。

可以通过变化温育时间而改变反应的程度，哌啶剪切后所产生片段的平均大小会随着温育时间的增加而减小。

对于C+T样品：

7b）加入60 μl肼，在涡旋混合器上振荡25 s充分混合，稍加离心，收集液滴，室温温育3 min。

8b) 加入 150 μl 冰冷的 C＋T/C 终止液，在涡旋混合器上稍加振荡（约 3 s）。加入 750 μl干冰上预冷的 100％乙醇，剧烈摇动以充分混合，并将试管插入碎干冰中约 30 min，然后进行步骤 9。

对于 C 样品：

7c) 加入 30 μl 5 mol/L NaCl，在涡旋混合器上振荡 25 s 以充分混合，稍加离心以收集液滴。加入 60 μl 肼，在涡旋混合器上振荡 25 s 以充分混合，稍加离心，收集液滴，室温温育 3 min。

8c) 加入 150 μl 冰冷的 C＋T/C 终止液，稍加振荡（约 3 s）。加入 750 μl 干冰上预冷的 100％乙醇，剧烈摇动以充分混合，并将管子插入碎干冰中约 30 min，然后进行步骤 9。

9) 4 个反应均用哌啶处理（见辅助方案 1 步骤 21～29）。继续进行连接介导 PCR（见基本方案）。

参考文献：Garrity and Wold，1992.

撰 稿 人：Paul R. Mueller，Barbara Wold，and Paul A. Garrity

15.4 PCR 产物的分子克隆

克隆 PCR 产物的目的通常是：建立用于杂交分析的克隆化 DNA 的永久来源、得到高质量的 DNA 序列结果，以及当 PCR 扩增产生复杂混合产物时用于分离 PCR 目的片段。PCR 产物的直接克隆可以通过在扩增片段产生合适的末端而提高效率。

15.4.1 基本方案 产生 T-A 凸出端

Taq DNA 聚合酶往往在所有的双链 DNA 3′端再加上一个非模板来源的核苷酸（通常为 A），使 PCR 片段的平端克隆往往效率不高。当只有 dTTP 存在时，*Taq* DNA 聚合酶可在载体的平端加上一个 T，这样就会产生一个与 A 互补的单碱基凸出端。该方法的概貌见图 15.4.1。

材料（带√项见附录 1）

5 μg 载体 DNA（如：pUC19，见 1.5；或 M13 mp18，见 1.14）

√TE 缓冲液，pH 8.0

√10×PCR 扩增缓冲液（含最适的 Mg^{2+} 浓度）

5 mmol/L dTTP

5 U/μl *Taq* DNA 聚合酶

靶 DNA

步骤

1) 利用一种产生平端的限制性内切核酸酶消化 5 μg 载体 DNA（见 3.1），取 50 ng 在

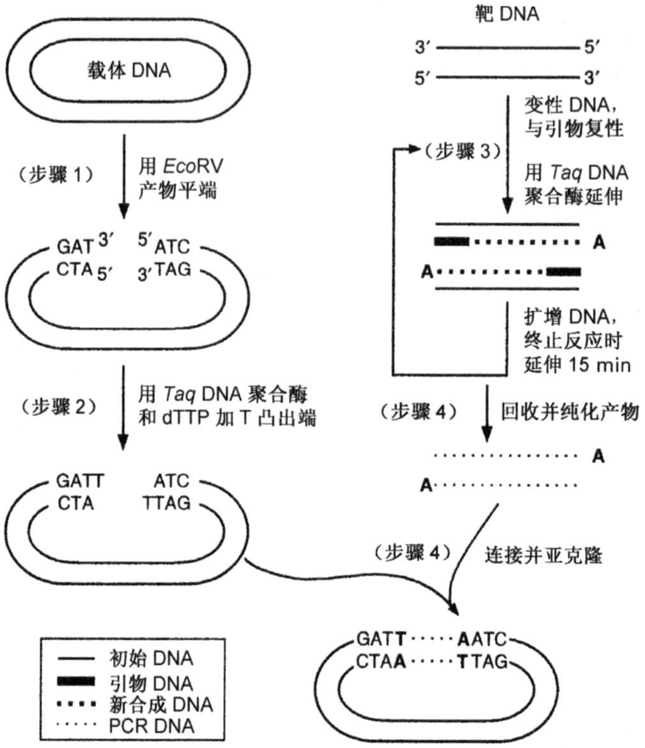

图 15.4.1　T-A 凸出端克隆。利用 *Taq* 聚合酶和 dTTP 在酶切产生平端的载体的 3′端加上单个 T。PCR 反应通常产生 3′端带有单个 A 的片段，因此 T 和 A 形成互补的单碱基凸出端，促进插入片段与载体的连接。

琼脂糖微型凝胶上检查酶切是否完全（见 2.6）。用酚/氯仿抽提 DNA 并用乙醇沉淀（见 2.1），4℃以最大速度离心 5 min，将沉淀以 25 μl pH 8.0 的 TE 缓冲液溶解。

2）准备下述加 T 反应混合物：

5 μg　平端载体 DNA
10 μl　10×PCR 扩增缓冲液
20 μl　5 mmol/L dTTP
1 μl (5U)　*Taq* DNA 聚合酶
加水至 100 μl
75℃温育 2 h。

在此反应中 Mg^{2+} 浓度应为 2～5 mmol/L。本方法可以得到足以用于多次克隆的 T 加尾载体。

3）在最适的条件下扩增目的 DNA（见 15.1），最后一步延伸反应在 70～75℃延伸 5～15 min 以保证所有的片段都带上 A 尾。

循环次数可以从 15～40 个循环不等，主要取决于加入的 DNA 量，过多的循环会造成扩增假象。

4）从 3.13 基本方案的步骤 6 开始，回收并亚克隆 PCR 片段。应包括第一次准备的用于克隆的全套对照。

15.4.2　备择方案　产生半位点

另一种使 PCR 产物产生黏性末端的方法是在每个引物的 5′端加上 3 个碱基，小心选择使 PCR 产物通过平端连接产生串联体时会形成一个完整的酶切位点，本方法的概貌见图 15.4.2。

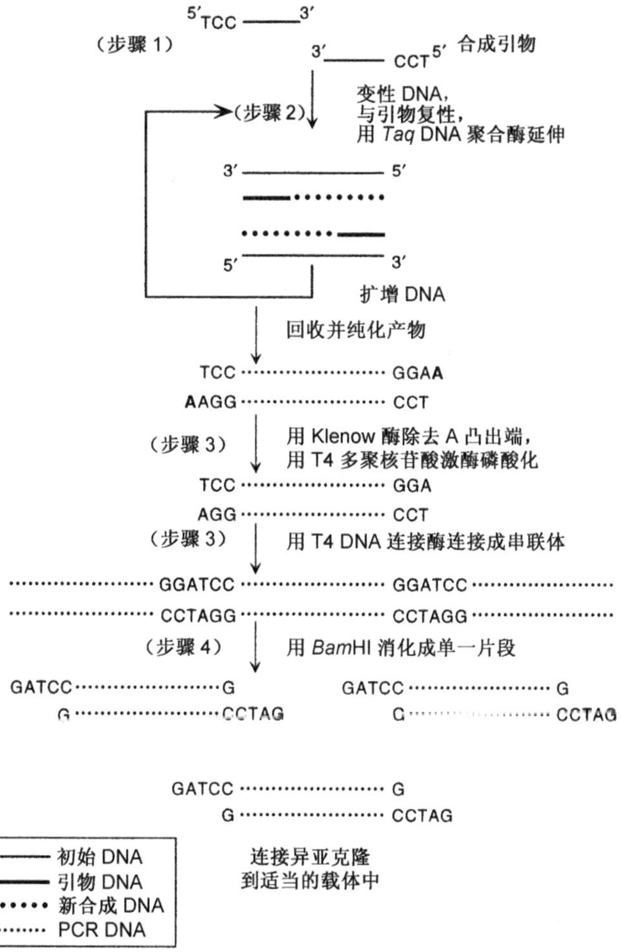

图 15.4.2　限制性内切核酸酶半位点。用 5′端带有 6 碱基识别位点的 3 个核苷酸的引物通过常规 PCR 得到片段，在简单的一步操作中，非模板来源的 A 以 Klenow 酶除去。通过 T4 噬菌体多核苷酸激酶在片段的 5′端磷酸化，片段之间的连接形成 6 碱基识别序列，此序列能够被合适的限制性内切核酸酶切开从而使片段很容易克隆。

附加材料（亦见基本方案；带√项见附录 1）

T4 噬菌体 DNA 连接酶（见 3.11）和 10×连接酶缓冲液（见 3.2）

1 mmol/L ATP（见 3.2）

√2 mmol/L 4 dNTP 混合液

大肠杆菌 DNA 聚合酶 I 的 Klenow 片段（见 3.3）

T4 噬菌体多核苷酸激酶（见 3.7）

步骤

1）设计并合成一对寡核苷酸引物，它们的 5′端都带有回文结构的 6 碱基限制酶切位点的 3 个 3′碱基（见 2.11）。

2）在最适条件下进行 PCR 扩增（见 15.1）。取 5 μl 在琼脂糖凝胶电泳上分析以检验扩增产物及定量（见 2.6）。用吸管吸去矿物油，用酚/氯仿抽提 DNA 并用乙醇沉淀（见 2.1）。

由于特殊设计的引物的特异性降低，因此对扩增条件的优化是必需的（见 15.1）。

3）沉淀用 pH 8.0 TE 缓冲液溶解，使 DNA 浓度为 0.2 μg/μl。准备下述连接反应物：

5 μl (1 μg) DNA
1 μl 10×T4 噬菌体 DNA 连接酶缓冲液
1 μl 1 mmol/L ATP
1 μl 4 dNTP 混合液
1 U Klenow 片段
1 U T4 噬菌体多核苷酸激酶
500 U（黏端）T4 噬菌体 DNA 连接酶
加水至 10 μl。

15℃温育 2 h 以上，取 1 μl 在琼脂糖凝胶电泳上进行分析以确定连接反应的效果（见 2.6）。

4）按 3.13 基本方案从步骤 1 开始将片段亚克隆于合适载体。

参考文献：Marchuk et al.，1991.

撰 稿 人：Michael Finney

15.5 PCR 扩增 RNA（RT-PCR）

本节叙述了通过 PCR 酶法扩增 RNA 的方法。由于基本方案的所有步骤（复性、逆转录及扩增）均在最适条件下进行，可获得最大的扩增效率和回收率，特别适用于稀有 RNA 的扩增。扩增不均一 RNA 或大分子 RNA 时，也推荐使用此方案。

15.5.1 基本方案 在最适条件下进行 RNA 的 PCR 扩增

材料（带√项见附录 1）

poly (A)$^+$ RNA（见 4.4）或者粗提 RNA（见辅助方案）

25 μg/ml cDNA 引物水溶液

√3 mol/L 乙酸钠 pH 5.5

100%和 70%乙醇

√400 mmol/L Tris · Cl，pH 8.3

400 mmol/L KCl

√逆转录酶缓冲液

32 U/μl AMV 逆转录酶（见 3.5，Boehringer-Mannheim）

10 mmol/L Tris/10 mmol/L EDTA，pH 7.5

用 10 mmol/L Tris · Cl/10 mmol/L EDTA，pH 7.5 平衡的酚（储于室温）

24∶1（V/V）氯仿/异戊醇

约 150 μg/ml 扩增引物水溶液（每个约 20 μmol/L）

√5 mmol/L 4dNTP 混合液（每种 dNTP 浓度为 5 mmol/L）

√10×PCR 扩增缓冲液

Taq DNA 聚合酶

矿物油

注意：用于 RNA 实验的所有试剂和溶液，均应按照操作 RNA 的标准方法进行。

步骤

1）在微量离心管中加入下列物质共沉淀 RNA 和 cDNA 引物：2 μg poly(A)$^{+}$ RNA，25 ng（3 pmol）cDNA 引物，加水至 90 μl，混匀；然后加入 10 μl 3 mol/L pH 5.5 的乙酸钠和 200 μl 100％乙醇，－20℃放置过夜或者－70℃ 15 min。

模板也可以是总 RNA 或粗提 RNA，如果样品中 RNA 的丰度较高也可以小于 2 μg，cDNA 引物通常是扩增反应中的一个引物。

2）4℃高速离心 15 min，弃上清。

3）加入 200 μl 70％乙醇，轻轻颠倒混合，室温高速离心 5 min，弃上清，沉淀稍加干燥。

4）加入下列成分于 RNA 沉淀：12 μl H_2O，4 μl 400 mmol/L pH 8.3 的 Tris · Cl，4 μl 400 mmol/L KCl。加热至 90℃，缓慢冷却至 67℃。

5）样品离心 1 s 使冷凝物集中于管底，52℃温育 3 h，离心 1 s 收集冷凝物。

此最后的复性温度可以根据引物的碱基组成进行调节，取决于复性所需的特异性（见 6.4）。

6）加入 29 μl 逆转录酶缓冲液和 0.5 μl（16 U）AMV 逆转录酶，混合，42℃温育 1 h（根据 RNA 及引物的组成在 37～55℃进行调节）。

7）加入 150 μl 10 mmol/L Tris · Cl/10 mmol/L EDTA pH 7.5，混匀。加入 200 μl 缓冲液平衡酚，在涡旋混合器上稍加振荡，室温高速离心 5 min，取水相。

8）往水相加入 200 μl 24∶1 氯仿/异戊醇，在涡旋混合器上稍加振荡，室温高速离心 5 min，取水相。

9）往水相加入 20 μl 3 mol/L pH 5.5 的乙酸钠，500 μl 100％乙醇，混匀，－20℃沉淀过夜，或者－70℃放置 15 min。4℃高速离心 15 min，弃上清。将沉淀稍加干燥，最后溶于 40 μl 水中。

10）混合以下溶液：

5 μl	cDNA（得自步骤 9）
5 μl	每个扩增引物（约 150 μg/ml 或每种约 20 μmol/L）

4 μl 5 mmol/L 4dNTP 混合液

10μl 10×扩增缓冲液

70.5 μl H_2O

94℃加热 2 min。离心 1 s 以收集冷凝液滴。

通常其中的一个扩增引物就是 cDNA 引物，如果使用不同的引物，应如 15.2 所述从 cDNA 反应物中除去 cDNA 引物。

11）加入 0.5 μl（2.5 U）*Taq* DNA 聚合酶，混匀，离心 1 s。用 100 μl 矿物油覆盖。

12）按以下自动化扩增循环进行反应。

39 个循环：	2 min	55℃
	2 min	72℃
	1 min	94℃
1 个循环：	2 min	55℃
	7 min	72℃

循环的次数可根据 RNA 的丰度而变化。对于 2 μg poly(A)$^+$ RNA 中的稀有 RNA，一般进行 40 个循环已足够。如果模板量很少，可以进行更多的循环。

13）在琼脂糖凝胶或非变性聚丙烯酰胺凝胶上对 PCR 产物进行电泳分析（见 2.6 和 2.9）。

15.5.2 备择方案 1 避免长时间的共沉淀及复性步骤的方法

与基本方案相比，本法省略了长时间的共沉淀步骤和复性步骤，以快速加热和冷却代替，因而节省了大量的时间。尽管这降低了复性的特异性和效率，但造成的损失通常不大，对大多数扩增实验没有影响。

步骤

用以下步骤代替基本方案中的步骤 1～5。

1）混合下列溶液：2 μg poly(A)$^+$ RNA，25 ng（3 pmol）cDNA 引物，加水至 21 μl。65℃加热 3～15 min。

2）置冰水浴中冷却，加入逆转录缓冲液（见基本方案步骤 6）。

15.5.3 备择方案 2 将 cDNA 直接用于扩增步骤

本方法因省却基本方案中的 cDNA 合成后的抽提和沉淀步骤，节省了时间。cDNA 产物可以通过充分稀释而避免对酶法扩增的干扰。当加入的模板分子数少时，本法可能不适用。

步骤

用以下步骤代替基本方案中的步骤 7～9。

1）在基本方案步骤 6 的 50 μl 反应物中加入 450 μl 10 mmol/L Tris · Cl /10 mmol/L

EDTA，pH 7.5。

2）取 1～5 μl 此混合物加入到基本方案步骤 10 的扩增反应液中。

15.5.4 辅助方案 粗制 RNA 的快速提取

应用本方法，RNA 可不经过纯化直接进行酶促扩增。

材料（带√项见附录 1）

√PBS

√焦碳酸二乙酯（DEPC）溶液

注意：DEPC 有挥发性且有毒，操作时应十分小心。DEPC 在 Tris · Cl 存在的情况下和水性缓冲液中迅速失活，应快速操作。

步骤

1）用 PBS 悬浮 10^6～10^7 细胞（或等量的分离组织），离心 5 min，弃上清。

2）细胞团块以 200～400 μl DEPC 溶液重悬，并在涡旋混合器上稍加振荡。将细胞核离心 10 s，将上清转移到一个新的管子中。37℃温育 20 min，然后 90℃加热 10 min。

3）离心 5 min，将上清移至另一个新管中。取 5～10 μl 直接用于基本方案步骤 1 或乙醇沉淀，重悬后冻结保存（见 2.1）。

参考文献：Frohman et al.，1988.

撰 稿 人：Stephen M. Beverley

15.6 利用单侧 PCR（锚式 PCR）进行 cDNA 扩增

本节描述了一种被称为“锚式 PCR”的 PCR 衍变方法，它可在仅已知小量序列信息的情况下，扩增出全长 mRNA。常规 cDNA 和 RNA 的 PCR 扩增法设计引物时，必须知道所要扩增片段两侧的序列，而锚式 PCR 只需事先知道位于 mRNA 内一小段序列就可进行。

理论上，锚式 PCR 只需一个特定的 PCR 引物，但实际上扩增出单一产物需要利用第二个序列特异性引物进行第二轮 PCR 扩增，这些方案的模式图见图 15.6.1 和图 15.6.2。初始扩增和再扩增都采用 oligo（dT）引物，它或互补于成熟 mRNA 的 poly（A）尾（用于扩增已知序列的下游序列），或互补于在第一链合成之后加于 cDNA 的、酶法合成的同聚尾（用于扩增已知序列的上游序列）。经过两轮 PCR 扩增得到的单链产物可以直接用于测序或克隆到合适的载体上用于进一步分析。

15.6.1 基本方案 1 扩增已知序列的下游（3′端）区段

本方法可用于检测所有来源的、通过传统方法制备得到的 poly(A)$^+$ RNA 的信息。

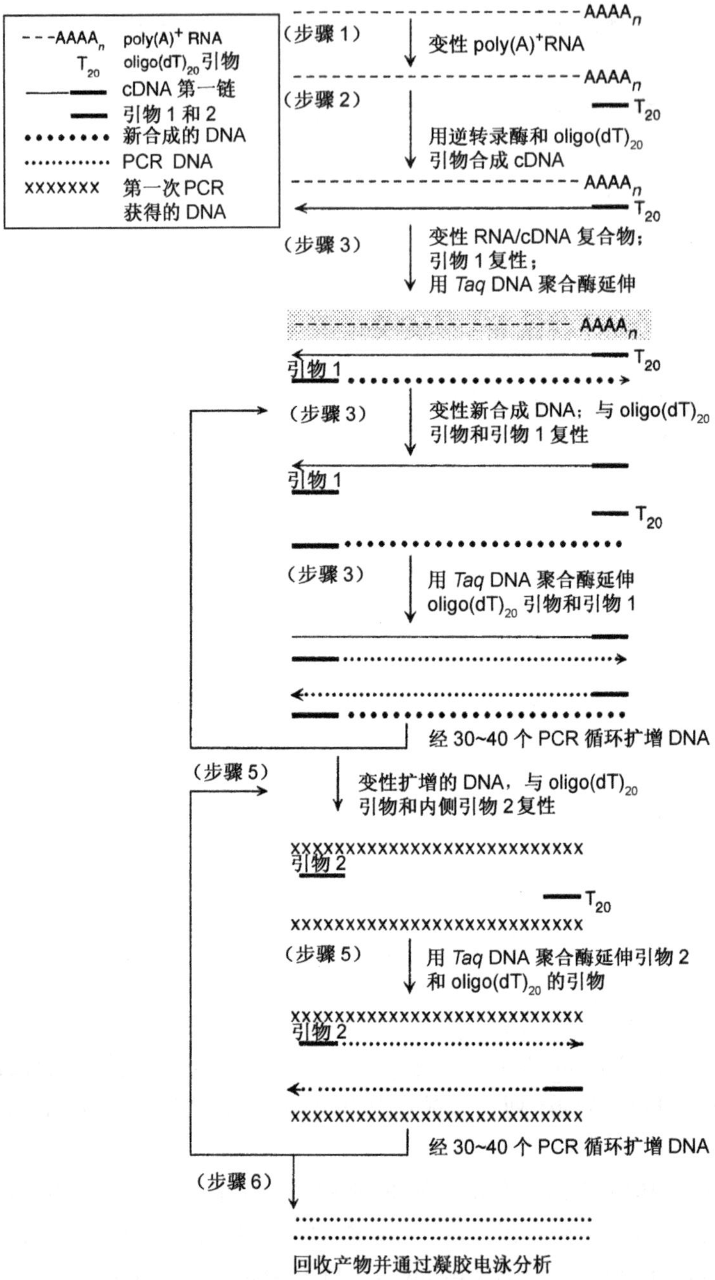

图 15.6.1　下游（3′）锚式 PCR 方法流程图（详细见正文）。图中的步骤对应于基本方案 1 所列。注意引物 2 可以与引物 1（3′）相连或部分重叠。

尽管所需要的 poly(A)$^+$ mRNA 的量取决于所研究的生物体基因组的复杂度及靶 mRNA 的相对丰度，一般来说，来自于脊椎动物组织的总 RNA 量为 100～300 ng 就足够了。扩增需要 3 个引物：1 个 oligo(dT)$_{20}$引物和 2 个序列特异性引物，其中一个用于初始扩增，另一个用于再扩增（图 15.6.1）。内部序列特异性引物可以紧靠引物 1 的 3′端，也可以与之部分重叠。

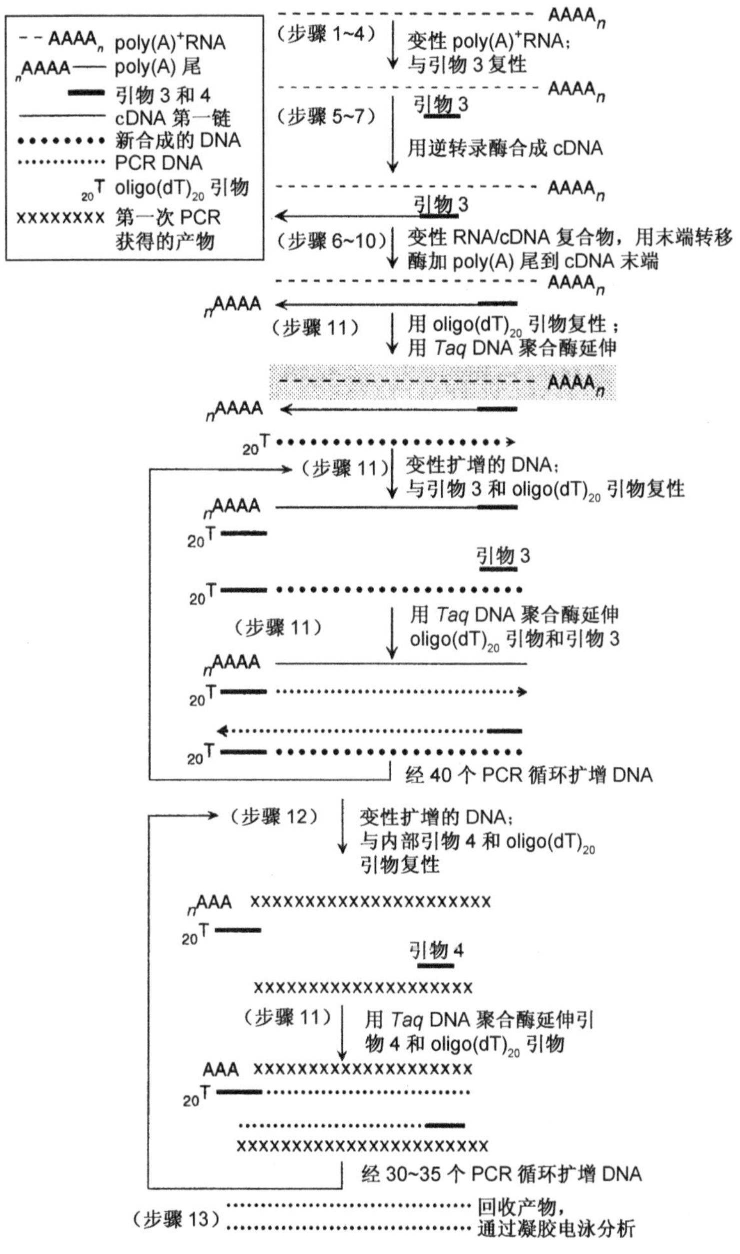

图 15.6.2 上游（5′）锚式 PCR 方法流程图（详细见正文）。图中的步骤对应于基本方案 2 所列。注意引物 4 可以与引物 3 相连或部分重叠。

材料（带√项见附录 1）

待测 RNA

5×Moloney 小鼠白血病病毒（MoMLV）逆转录酶缓冲液

5 μg/μl BSA

10 mmol/L 4dNTP 混合液（每种 dNTP 浓度均为 10 mmol/L，溶于 pH 7.5 的 TE 缓冲液，储于－20℃）

500 ng/μl 放线菌素 D

200 U/μl MoMLV 逆转录酶（见表 3.2.1 和 3.5）

15 pmol/μl（100 ng/μl）oligo（dT)$_{20}$引物

100 pmol/L 序列特异性引物 1 和引物 2（见图 15.6.1）

√TE 缓冲液

√2.5 mmol/L 4dNTP 混合液（每种 dNTP 浓度均为 2.5 mmol/L，溶于 pH 7.5 TE 缓冲液，储于－20℃）

10×PCR 扩增缓冲液

√2.5 U/μl *Taq* DNA 聚合酶

矿物油

步骤

1）取 100 ng poly（A)$^+$ RNA（浓度≥100 ng/μl）加入于一个 1.5 ml 微量离心管中，65℃温育 2 min，室温稍加旋转离心，迅速置于冰浴。

2）在另一个 1.5 ml 微量离心管中准备下列逆转录反应混合物（总体积为 10 μl），在冰上操作：

2 μl　5×MoMLV 逆转录酶缓冲液

1 μl　（5 μg）BSA

1 μl　poly(A)$^+$ RNA（得自步骤 1）

1 μl　10 mmol/L 4dNTP 混合液

1 μl　（500 ng）放线菌素 D

1 μl　（15 pmol）oligo（dT)$_{20}$引物

2 μl　无菌水

1 μl　MoMLV 逆转录酶

轻轻混合，室温稍加旋转离心。37℃温育 1 h，然后加入 40 μl TE 缓冲液使总体积达 50 μl。

3）在冰上准备以下 PCR 反应混合物（终体积 100 μl）：

1 μl　cDNA 模板（得自步骤 2）

10 μl　10×PCR 扩增缓冲液

1 μl　（100 pmol）oligo(dT)$_{20}$引物

1 μl　（100 pmol）序列特异性引物 1

6 μl　2.5 mmol/L 4dNTP 混合液

80 μl　无菌水

1 μl　（2.5 U）*Taq* DNA 聚合酶

反应混合物上覆盖一层矿物油，进行 30～40 个扩增循环（见 15.1）。

一般说来，扩增必须在终浓度 1.5 mmol/L $MgCl_2$ 存在的条件下进行，且复性温度不超过 42℃。但这些条件都可以因不同的模板而加以改进（见 15.1），每个引物的量可以降低到 30 pmol 而不降低扩增的效率。

4）取一小份产物用以琼脂糖凝胶电泳分析，第一次 PCR 的结果应该在预期范围内有一片弥散的条带。

5）取 1 μl 小份步骤 3 的 PCR 产物作为再次扩增的模板，按步骤 3 所述进行第二轮 PCR 扩增，oligo（dT）$_{20}$引物和引物 2 的量为 40～100 pmol。

6）取一小份产物用以琼脂糖凝胶电泳分析，此时的扩增产物应为单一的条带。需要时，可将产物克隆到合适的载体上进行分析（见 3.13）或者直接进行测序（见 15.2）。

15.6.2 基本方案 2 扩增已知序列上游（5′端）区段

与基本方案 1 不同，本方案是利用序列特异性引物起始 cDNA 链的合成。所得 cDNA链加上 poly(A）尾，通过两个序列特异性引物及与新加的 poly（A）尾互补的 oligo(dT)$_{20}$引物介导的 PCR 扩增，可得到所需要的独特产物（见图 15.6.2）。

材料（带√项见附录 1）

待测 RNA

100 pmol 序列特异性引物 3 和引物 4（见图 15.6.2）

15 pmol/μl（约 100 ng/μl）oligo（dT）$_{20}$引物

1 mol/L NaCl

√200 mmol/L Tris·Cl，pH 7.5

√25 mmol/L EDTA

冰冷的 100%和 70%乙醇

5×MoMLV 逆转录酶缓冲液

5 μg/μl BSA

10 mmol/L 4dNTP 混合液（每种 dNTP 浓度均为 10 mmol/L，溶液 pH 7.5 的 TE 缓冲液，储于－20℃）

500 ng/μl 放线菌素 D

200 U/μl MoMLV 逆转录酶（见表 3.2.1 和 3.5）

√3 mol/L 乙酸钠

√TE 缓冲液，pH 7.5

5×脱氧核苷酸末端转移酶（TdT）缓冲液

15 mmol/L $CoCl_2$

1 mmol/L dATP（见 3.2）

末端转移酶（见表 3.2.1 和 3.4）

40℃水浴箱

步骤

1）准备浓度为 100 ng/μl 的 poly（A）$^+$ RNA 100 ng。

2）准备含下列成分的 5 μl 复性混合物：

1 μl　（1 fmol）序列特异性引物 3

1 μl　1 mol/L NaCl

1 μl　200 mmol/L Tris · Cl，pH 7.5

1 μl　25 mmol/L EDTA

1 μl　（100 ng）poly（A）$^+$ RNA（得自步骤 1）

用于合成序列特异性 cDNA 的引物用量部分取决于目的 mRNA 的丰度。一般说来，引物摩尔数相对于目的模板需过量 5～10 倍才会得到最佳的结果。

3）65℃温育 3 min，室温稍加离心，迅速置于冰上 2 min。40℃温育 3～4 h。

4）加入 15 μl 冰冷的 100%乙醇，置于干冰/乙醇上 10 min。4℃高速离心 10 min。

5）弃上清。加入 50 μl 冰冷的 70%乙醇，轻轻颠倒离心管数次洗去沉淀中的盐（不要涡旋振荡），室温离心 2 min，弃上清。将沉淀在真空下稍加干燥，溶于 10 μl 水中。

6）在冰上准备以下逆转录反应混合物（总体积为 25 μl）：

5 μl　5×MoMLV 逆转录酶缓冲液

2.5 μl　（12.5 μg）BSA

2.5 μl　10 mmol/L 4dNTP 混合液

2.5 μl　（1.25 μg）放线菌素 D

10 μl　复性的引物/模板（得自步骤 5）

1.5 μl　无菌水

1 μl　（200U）MoMLV 逆转录酶

37℃温育 1 h。

7）酚抽提样品，将上清移至一个新的微量离心管中。加入 2.5 μl 3 mol/L 乙酸钠（终浓度为 0.3 mol/L）和 75 μl 冰冷的 100%乙醇，置于干冰/乙醇上 5 min，然后 4℃高速离心 20 min。弃上清。

如果所用的 poly（A）$^+$ RNA 量很少时，在此步骤可加入 1～5 μl 载体 tRNA（见 4.5）以促进沉淀。

8）将沉淀重溶于 25 μl pH 7.5 的 TE 缓冲液，加入 2.5 μl 3 mol/L 乙酸钠（终浓度为 0.3 mol/L），如步骤 7 所述重复乙醇沉淀，离心后弃上清。

9）加入 100 μl 冰冷的 70%乙醇于沉淀中，轻轻颠倒以清洗沉淀（不要涡旋振荡），室温高速离心 5 min。弃上清。将沉淀在真空下稍加干燥，加 5 μl 水重悬，煮沸 2 min。室温稍加离心，迅速置于冰上。

10）在冰上按以下顺序准备末端转移反应混合物（终体积 10 为 μl）：

2 μl　5×TdT 缓冲液

1 μl　15 mmol/L $CoCl_2$（终浓度为 1.5 mmol/L）

1 μl　1 mmol/L dATP（终浓度为 100 μmol/L）

5 μl　cDNA 混合物（得自步骤 9）

1 μl　（25 U）末端转移酶

37℃温育 30 min。

11）65℃加热 2 min 灭活末端转移酶。加入 1 μl 3 mol/L 乙酸钠。如步骤 7 所述将乙醇沉淀、洗涤及干燥。

12）将沉淀用 10 μl 水重悬。按基本方案 1 步骤 3 进行 40 个循环扩增，oligo（dT)$_{20}$引物及引物 3 用量为 40～100 pmol。

13）取 1 μl 步骤 12 的产物作为新一轮扩增的模板，进行 35 个循环扩增（见基本方案 1 步骤 3)，引物 4 及 oligo（dT)$_{20}$引物用量为 40～100 pmol。

引物 4 可以直接紧靠引物 3 或与引物 3 部分重叠。因为锚式 PCR 是分别在 3′和 5′方向进行扩增，引物 3 和 4 也可以与前面方法中引物 1 和 2 互补（见 15.6.2)。

14）取 10 μl 产物用以琼脂糖凝胶电泳分析。需要时，可将 PCR 产物克隆到合适的载体上（见 3.13）和（或）直接测序（见 15.2）分析。

参考文献：Ohara et al.，1989.

撰 稿 人：Robert L. Dorit

15.7 通过 PCR 方法对微量 DNA 进行定量分析

基本方案

在本节中，PCR 被用于从每样品的 1～20 000 个分子中定量某一特定 DNA 序列的数量。此外，它可辅助评估那些造成这类实验失败的污染序列的存在。为简便起见，本方法定量分析与宿主细胞序列相关的病毒 DNA 分子。然而，本方法可方便地改用于其他用途。

材料（带√项见附录 1）

√蛋白酶消化缓冲液

20 mg/ml 蛋白酶 K（储于－20℃）

用 50 mmol/L Tris · Cl/ 10 mmol/L EDTA pH 7.4 缓冲的酚（储于室温）

√24∶1（*V*/*V*）氯仿/异戊醇

10 mol/L 乙酸铵

冰冷的 100%乙醇

70%乙醇

√TE 缓冲液，pH 7.5

√反应混合体系

矿物油

0.8 U/μl *Taq* DNA 聚合酶

√用于杂交的寡核苷酸引物

经高压灭菌的螺口微量离心管

微量毛细吸管或带一次性可弃吸头和塞子的正压移液器或使用带滤芯吸头的微量移液器

注意：所有溶液均使用分子生物学级别的水（即无 DNA 酶、无 RNA 酶和无核酸）。

注意：所有试剂用无菌的蒸馏水配制，不要用 DEPC 处理试剂。为了避免其他无关核酸的污染，单独配制用于本实验的所有试剂。操作时戴一次性手套，并且频繁更换。

步骤

1）将细胞或组织样品，放入螺口的微量离心管中，每 2×10^6 细胞加入 100 μl 蛋白酶消化缓冲液，并加入 20 mg/ml 蛋白酶 K 至终浓度为 100 μg/ml，将样品放置于 50℃过夜。

通常需要设置几个不含病毒序列的样品作为阴性对照，要注意避免其他无关 DNA 序列污染细胞或组织样本。最好是按目的序列可能性递增的次序处理样品。抽提应在远离处理 PCR 产物和其他大量 DNA 质粒的地方进行。操作时戴一次性手套，并且频繁更换。

2）使用 200 μl 微量毛细吸管轻轻上下吹吸以混匀样品。加入 100 μl 缓冲液平衡酚，轻轻混匀；加入 100 μl 氯仿/异戊醇（24∶1），轻轻混合；高速离心 5 min，将水相（含有 DNA）转移入另外一个新的离心管中。

螺口微量离心管和微量毛细吸管头可以减少来自微量离心机和自动移液器造成的浮质污染。每种试剂需用一根吸管。尽管带一次性可弃吸头和塞子的正压移液器较昂贵，但比微量毛细吸管更容易使用。应避免使用曾用于 PCR 产物或大量质粒 DNA 离心的离心机。

3）再一次用蛋白酶消化缓冲液抽提有机相（约为原体积的 1/2），室温高速离心 5 min，水相转移合并到步骤 2 所得到的水相中。

4）用等体积的氯仿/异戊醇（24∶1）抽提水相 2 次，每次室温高速离心 5 min，以分离水相和有机相。

5）最终得到的水相加入 10 mol/L 乙酸铵，终浓度为 2.5 mol/L，再加入 2.5 倍体积预冷的无水乙醇，轻轻混匀。干冰上放置 30 min。4℃高速离心 15 min。将沉淀用 70%乙醇洗 1 次，离心，干燥。

6）将沉淀用 pH 7.5 的 TE 重悬（约 2×10^6 细胞的 DNA 提取物溶于 100 μl 中，5～100 ng DNA/μl）。储于 4℃。

7）取小份溶液和标准 DNA 同时在琼脂糖凝胶电泳（见 2.6），或以溴化乙锭打点定量的方法（见 2.8）估计 DNA 的含量。

8）准备几个小管加入来源于非感染细胞或组织的 DNA，1 管加入 110 ng DNA，1 管加入 90 ng DNA，其余的加入 100 ng DNA。利用这些小管按以下方法对目的序列进行一系列 10 倍稀释：将已知量（如 20 000 个分子）的含有目的序列的 DNA 加入 110 ng小管中，然后混合。取 1/10 到另一 100 ng 小管中混合，再取 1/10 到另一 100 ng小管中，如此重复直至小管中含目的序列的 DNA≤10 分子，再从此管中取 1/10 加入到 90 ng DNA 小管中，每管体积应≤71 μl。

9）对于每一个扩增反应，分别准备含有 24 μl 反应混合液的螺口微量离心管，并加入足量的无菌水，终体积为 100 μl（加入 DNA 和 *Taq* DNA 聚合酶以后，步骤 10 和 12）。混匀后每管覆盖 100 μl 矿物油，确保反应混合物的表面被完全覆盖。

10）只打开那些将包含相同样品的管子，每个相应的管子中加入 100 ng 样品 DNA，然后盖上盖子，稍加离心使其混匀。

加好其他阴性对照之后，应该从无病毒的对照开始，然后按含有目的序列的可能性递增的次序加入样品DNA，最后加连续稀释管。

11）在水浴或自动热循环仪上，于94℃变性10 min。

12）打开管子（包含相同样品），并且加入5 μl 0.8 U/μl的*Taq* DNA聚合酶。盖紧盖子，重复步骤10～12，处理下一套同样的样品。

13）管子稍加离心一下，55℃ 2 min（复性），72℃ 3 min（延伸）。

14）按以下参数进行PCR反应（见15.1）。

29个循环：	1 min	94℃	（变性）
	1 min	55℃	（复性）
	1 min	72℃	（延伸）
1个循环：	7 min	72℃	（延伸）

最后储存于4℃。

15）取小份反应物（1/10反应体积）在合适的琼脂糖或聚丙烯酰胺凝胶上进行电泳（见2.6和2.9），应包括能够在溴化乙锭染色和放射自显影时均能显迹的DNA标准分子质量泳道。凝胶进行染色和拍照。凝胶用溴化乙锭染色后，对应于来自宿主染色体特定DNA的PCR产物的DNA片段应该很容易看见，并可估算每个扩增反应的效率。如果看到其他的带，特别是大分子质量带，也不要感到奇怪，那是一些非特异性PCR产物。

16）将凝胶上的DNA转移至硝酸纤维素膜或尼龙膜（见2.11），如果需要，可通过紫外交联将DNA固定到膜上。预杂交并用末端标记的、对目的序列特异的寡核苷酸探针进行杂交，通过放射自显影（见附录3A）或Phosphorimager成像分析。

如果每个扩增反应的效率类似的话，那么预期的结果应该是在重构的系列稀释样品中，合适大小的标记条带的强度也应随之减弱，在阴性对照中应该没有同样大小的条带，实验组样品的条带强度也会有所变化。取决于探针和杂交的严紧性及洗膜条件，也许会看到探针对大量内部对照产物的非特异性吸附。通常也能看到一些少量的比主要的特异PCR产物迁移率稍大或稍小的PCR产物，特别是在高拷贝的情况下。

假设每个扩增反应的效率是类似的，那么可以通过与系列稀释的样品的比较来估计每个样品中目的序列的分子数。

17）进一步的定量分析，可以通过在沸水中加热15 min的方法，将用过的探针从膜上剥离下来，并用针对宿主的单拷贝序列的特异性探针进行杂交。通过密度扫描进行信号定量（按照密度计制造商的使用说明进行操作）并从一系列稀释度中计算标准曲线，校正宿主序列的信号。通过与标准曲线的比较确定实验组样品中的分子数。

理想的标准曲线应该是放射自显影的信号强度的对数与DNA量的对数成线性关系。然而完全的线性关系也许不必要，也不可能斜率就是1。在标准曲线的高端（每个细胞相当于0.1～1个拷贝），它可能是一平台。如果这会引起定量困难，就必须减少扩增循环数或改变其他参数（见15.1）。

参考文献：Katz et al.，1990.

撰 稿 人：Donald M. Coen

第16章　蛋白质的表达

本章中蛋白质表达的概念是指为获取大量的目标蛋白而进行的有目的蛋白质合成。在早期的研究中，一些对原核细胞的调节蛋白感兴趣的分子生物学家为获得大量所需的蛋白质，对其进行了大量的合成，并将这个过程称为“超量生产”、“表达”或“超量表达”。早期的技术是通过遗传学操作，筛选经体内重组而得到插入目的基因的噬菌体，随着技术的发展，DNA 重组技术被用于体外构建噬菌体和质粒，以进行克隆基因产物的大量合成。本章介绍蛋白质表达的方法。所有的方法都是将编码所需产物的基因插入质粒或其他载体，然后再将该载体导入活细胞。典型的表达载体包含指导大量合成与所插入基因相应的 mRNA 的启动子。另外，还包括允许其在宿主体内自主复制的序列、编码遗传性状以辅助筛选含载体细胞的序列、能增强 mRNA 翻译效率的序列。

16.1～16.6 介绍在大肠杆菌中表达蛋白质的技术。16.1 概括了大肠杆菌表达系统。16.2 介绍的是 T7 噬菌体表达载体系统，这些载体利用 T7 噬菌体 RNA 聚合酶对 T7 噬菌体基因 10 启动子的高效转录而大量合成外源基因，T7 RNA 聚合酶的高效转录耗尽了细胞中几乎所有的核苷三磷酸，从而强烈抑制了宿主聚合酶有效转录宿主基因。接下来介绍的是融合蛋白表达技术，这些融合蛋白是在所需表达的蛋白质 N 端附有额外的氨基酸以助其表达和纯化。16.3 介绍的是融合的概念，而 16.4 提供数种裂解融合蛋白的方法。16.5 和 16.6 分别介绍了表达麦芽糖结合蛋白、谷胱甘肽 S 转移酶（GST）及硫氧还蛋白融合蛋白的技术。

16.7～16.9 介绍杆状病毒系统的应用。此系统将编码待表达蛋白的基因插入昆虫病毒基因组，取代其中一个高表达的非必需区。外源蛋白通过重组病毒在培养的昆虫细胞中生长而产生。16.7 对该系统做一简单介绍。16.8 讲述如何培养昆虫及病毒原种。最后在 16.9 中介绍了如何分离重组杆状病毒和如何利用它们生产所需的目的蛋白。

16.10～16.11 介绍哺乳动物细胞中蛋白质表达的有关技术。16.10 是概述，16.11 是有关用 COS 细胞载体进行表达的内容，在此方法中，带有目的基因的载体被短暂转染到组成型表达 SV40 大 T 抗原的 COS 细胞中。由于载体含有 SV40 病毒的复制起点，当载体被转染进 COS 细胞后，它就开始复制产生数百个载体拷贝，从中转录出 mRNA 进行蛋白质的表达。

16.12～16.16 介绍了利用病毒载体表达蛋白质，特别讨论了如何构建重组痘苗病毒和分析其产物。16.7 介绍 pTET 自动调控系统，四环素调节的表达系统是为了克服其他可诱导表达系统的弊端而开发的，如诱导剂的毒性或非诱导条件下背景的高水平表达。这一章介绍了使用改进的四环素调控系统的方法。在这个系统中，一个转录激活因子驱动其自身以及一个靶基因在培养细胞中表达。16.18 介绍从哺乳动物细胞中表达和纯化同位素标记的多亚基蛋白复合物。

所有的表达载体均各有利弊，选择时应予以考虑。大肠杆菌表达技术可能是最受欢迎的一种，因为大多数研究者均使用过大肠杆菌，用其表达出一定量的蛋白质所必需的技术也相对简单一些。获得一个超量表达的菌株只需很短的时间，只要通晓标准的DNA 重组技术就可以开展实验。大肠杆菌被广泛应用于表达商业上的重要蛋白质，因为它还具有其他的优点：生产成本低廉，而且对其已有深入的认识，使得对它的遗传学及生理学特性进行人为改造成为可能，因此通常都能得到待表达基因的产物占总蛋白质30%的菌株。尽管如此，用大肠杆菌进行表达的确也存在一些不利因素。第一，真核蛋白在大肠杆菌中的表达没有得到正确的修饰；第二，在大肠杆菌中大量表达的蛋白质常常沉淀成不溶性的被称为“包含体”的聚集物，需将它们在变性剂中溶解，继而经小心的复性才能获得其生物活性；第三，虽然小量的表达蛋白可分泌到壁膜间隙并可经渗透压休克回收，但使大量的表达蛋白从大肠杆菌中分泌出来还是相对困难的。

杆状病毒表达系统有一系列渐为普遍接受的优点：蛋白质表达量总是很高；蛋白质通常都能在正确的细胞区室得以表达，也就是说膜蛋白一般在膜上、核蛋白在核内、分泌蛋白分泌到培养基中；表达蛋白通常可被正确地修饰。用杆状病毒系统进行表达也存在一些不足：培养和操作病毒的技术应用并不广，对初学者来说可能有些困难；即使对熟练人员来说，构建重组杆状病毒以用于对特定蛋白质进行表达也是一项繁重的工作。

与上述各表达系统相比，所有的哺乳动物细胞表达技术都有一定的优越性，尤其是用于表达高等的真核蛋白。这体现在：表达的蛋白质通常能被正确修饰，并且几乎都可以表达在正确的细胞区室中。总的来说，哺乳动物细胞表达技术比大肠杆菌表达技术难度更大、更耗时、耗资，大规模生产也更难。但对于已熟悉哺乳动物细胞培养技术的科研人员来说，进行小规模或中等规模的生产还是很适用的。COS 细胞和病毒方法很适于快速和中小规模的蛋白质生产。相反，CHO 细胞方法更适用于大规模的蛋白质生产。虽然得到一个高度扩增了的 CHO 细胞系需要耗费几个月的时间，但是这样的细胞系能够冻存于液氮中并无限地用于表达特定的蛋白质，稳定而且不需要不断地生产病毒储存物。

撰稿人：Roger Brent

16.1 蛋白质在大肠杆菌中的表达概述

20 世纪 60 至 70 年代对大肠杆菌的研究使之成为自然界中最普遍为人们所认识的生物体（第 1 章）。今天的 DNA 重组技术就是那一时期遗传学研究和生化分析的直接扩展。甚至在分子克隆技术问世之前，人们就已用有遗传变异的大肠杆菌菌株来生产大量的具有科研价值的蛋白质了。当克隆技术被利用以后，大多数克隆载体都以大肠杆菌作为它们的宿主。所以首选大肠杆菌来进行克隆化基因所编码蛋白质的大量表达就不足为奇了。

大肠杆菌具有两个特征：操作简易，能在廉价的培养基中迅速生长，使之适于用作表达多种蛋白质的理想工具。它的这些特征加上十多年外源基因表达的经验，令其在大多数的科研应用中成为蛋白质表达的首要宿主。

尽管报道成功地从克隆化基因表达出其编码蛋白的文献不断出现，但每一种新基因都有其独有的表达难度，没有人、也没有任何一本实验手册可以提供一套能确保成功表达每一种蛋白质的方法。但知识的大量积累还是有助于为某些特定的困难提供一般的解决办法。本节介绍一般常识和策略，后面几节（16.2～16.5）则介绍用于解决某些特定问题的步骤。

用大肠杆菌进行基因表达的一般策略

在大肠杆菌里表达外源基因一般是始于将基因插入表达载体（通常为质粒）。载体应具有的几个条件是：①选择标志的编码序列，它可供筛选以确定载体是否进入了细胞；②可控转录启动子（如 lac、trp 或 tac 启动子），经诱导后从克隆化基因产生大量的 mRNA；③转录调控序列，如一个合适的核糖体结合位点和起始密码子 ATG；④一个多限制酶位点接头，便于外源基因以正确方向插入载体中。含有待表达基因的载体构建好后，经转化导入大肠杆菌某一合适的菌株中（见 1.8）。

特定的表达方案

将目的基因插入表达载体，再转化入大肠杆菌中是所有表达系统所通用的一般方法，但具体的过程则差异很大。在选择时考虑一下表达蛋白的最终用途会有所帮助，它制约着所用的表达策略（见 16.3）。

抗原产物

若表达的蛋白质是作为抗原来刺激产生抗体的，有几种方法能可靠地获得蛋白质和简单快捷地提纯抗原。其中最佳的方案，一是合成带有特异性纯化标签序列的融合蛋白并经亲和层析回收目的蛋白（见 16.5 和 16.6，亦可参考 10.10）；二是合成天然蛋白或其部分片段，并在一定的条件下使其沉淀成不溶性的包含体（见 16.3），这些包含体可经差速离心有效地纯化，或变性聚丙烯酰胺凝胶制备电泳（见 10.3）产生一条孤立的条带，经切割、碾碎或电洗脱制成抗原物质供注射动物用。

生化和细胞生物学研究

若表达的蛋白质是用于生化或细胞生物学系列实验，需考虑到其他方面的要求。这时保持蛋白质原有的功能（如高比活性酶、结合蛋白或生长因子）就显得十分重要，而不必过分强调蛋白质制备的简易与否。在应用中可以表达出一种融合蛋白，它带有特异性的蛋白酶酶切位点，可以很容易地去掉 N 端的多肽尾，留下天然的氨基酸序列（见 16.3、16.5 和 16.6），或用 16.2 所述类型直接表达天然蛋白。表达出的蛋白质也可能是可溶并且具有活性的，如许多细胞内的酶类；如果是不溶性的，如许多在大肠杆菌胞质中产生的分泌性生长因子，则需分离包含体，用变性剂溶解蛋白质，再将蛋白质复原。对中等大小的蛋白质来说，重折叠通常并不困难。无论蛋白质是可溶的或是需要重折叠的，其完整性都可用特异的酶学或生物学试验来检测。

结构研究

若表达的蛋白质是用于结构研究，那么重要的是在表达系统上做文章。因为几乎不可能知道一种未知结构的蛋白质经变性后是否被精确地重折叠，蛋白质必须以可溶性形式产生，纯化时就不需变性/复性这一步骤。通常可溶性蛋白，无论是细胞内的或是分泌型的，都需在特定菌株中以诱导表达的方法来制备，以便最大限度地减少蛋白质降解。大多数真核蛋白可通过不改变温度的诱导合成系统获得可溶性的表达蛋白，比如诱导 trp、tac 启动子的转录。通过测试在不同菌株、不同温度下的表达，优化出获得最大量的可溶性蛋白的最佳条件。目前有关这一方面的研究十分活跃，但其规律尚未明了，除了逐一尝试摸索并随机应变外，别无他法。

基因表达的疑难分析

选择好表达策略并且将基因插入合适的表达载体后，将载体转化多种大肠杆菌菌株并监测蛋白质在其中的表达产量。理想的目标是待表达的蛋白质以有活性的形式存在并且有足够的产量可供分离。通常蛋白质的表达量较少，或者是不溶性的，要不就是两者兼而有之。如果遇到下述情形，可采用多种方法加以解决：

蛋白质产量不足

(1) 在保留编码蛋白序列的同时重新构建基因的 5′端，使其 A＋T 含量增加到最大限度。这将减少 mRNA 的二级结构，或可能改变反应中一个未知的参数。不管出于何种原因，这个方法通常都能增加翻译效率。

(2) 确定转录终止子的存在与否。如果载体插入基因的下游无转录终止子存在，则应插入一个。它有助于表达的原因可能是增强 mRNA 稳定性并减少核苷酸在细胞中的消耗。

(3) 检查克隆基因序列的密码子是否为大肠杆菌不常用者。一般而言，这些所谓的稀有密码子不会成为限速步骤，但如果有 4 个或更多的这种密码子存在，则可显著降低表达产量，其原因可能是导致了核糖体停滞。核糖体停滞可能引起翻译与转录的解偶联，而导致转录信息的提前终止，即便转录能正常进行，停滞于核糖体上 mRNA 3′端可暴露出来被宿主的核酸酶降解，降低了它的稳定性。因此一旦发现使用了稀有密码子，应更换成大肠杆菌常用的密码子以提高表达产量。

当需要表达可溶、有活性的蛋白质时，产量虽足但却是不溶性的产物

(1) 改变生长温度。如上所述，许多蛋白质在低温下比在高温下更易溶解，另一方面温度大于 37℃时一些酶具有更高的比活性。大肠杆菌可在 10～43℃范围内合成蛋白质，所以尝试不同温度下蛋白质的表达往往是值得考虑的。

(2) 改变发酵条件。许多蛋白质含有金属，并以之作为结构或催化反应的辅基。当蛋白质生物合成的速率快于往细胞内转运金属的速率时，会引起不含金属辅基的脱辅蛋白的堆积。这种脱辅蛋白不能正确折叠，并且往往是不溶性的。一般情况下，表达出的蛋白质的比活性会比预想的要低。可测试不同培养基和金属添加剂，选择出最佳的组合。显然，当已知蛋白质所含有的金属成分时，设计添加物就会合理得多，若尚不了解其金属成分，就要尝试多种随机的方案。

(3) 使用低拷贝数质粒，改变表达速率。这可通过采用 pACYC 族载体或将克隆基因以单拷贝插入染色体的形式插入到合适的靶基因中。这种基因剂量的减少往往会令最终的蛋白质产量降低，但合成减慢有时却可能有利于得到可溶性的蛋白质表达产物。

值得说明的一点是，蛋白质表达在目前尚是一门不精确的科学，然而大多数蛋白质可在大肠杆菌中以多种功能用途的形式生产出来。所采用的方法相对来说较简捷，但成功的回报是巨大的。

参考文献：Hamilton et al.，1989；Schein，1989.

撰 稿 人：Paul F Schendel

16.2 T7 噬菌体 RNA 聚合酶/启动子表达系统

本节讨论基因在 T7 噬菌体 RNA 聚合酶控制下的表达。与依赖大肠杆菌 RNA 聚合酶表达系统相比，本方法有许多优越之处。首先，T7 噬菌体 RNA 聚合酶合成 RNA 的速度数倍于大肠杆菌 RNA 聚合酶，并较少发生转录的终止；事实上，它能环绕质粒转录，产生数倍于质粒长的 RNA。其次，T7 噬菌体 RNA 聚合酶只识别自己的启动序列，不能启动大肠杆菌 DNA 任何序列的转录。最后，T7 噬菌体 RNA 聚合酶对抑制大肠杆菌 RNA 聚合酶的抗生素（如利福平等）有抗性，可使 T7 噬菌体启动子（P_{T7}）控制下的基因得到充分表达。在适宜的条件下，T7 噬菌体 RNA 聚合酶/启动子系统表达的基因产物可占细胞总蛋白的 25%以上；但多数情况下产量比这个比例要低得多。

使用双质粒 P_{T7} 表达系统，待表达基因必须克隆于含有能被 T7 噬菌体 RNA 聚合酶识别的启动子的质粒中，随后通过诱导 T7 噬菌体 RNA 聚合酶进行表达。T7 噬菌体 RNA 聚合酶基因存在于另一 DNA 构件中，此 DNA 既可永久性存在于大肠杆菌细胞内（基本方案），又可以在需要诱导表达时通过特殊的 M13 噬菌体 3 载体（mGP1-2；见备择方案 2）感染而导入细胞。可从 Novagen 公司获得 Studier 等人（1990）构建的一系列载体。质粒编码的蛋白质还可被选择性标记（备择方案 1）。

16.2.1 基本方案 用双质粒系统进行表达

材料（带√项见附录 1）

pT7-5，pT7-6，pT7-7 载体（可向作者索取）

大肠杆菌 JM105、DH1 或相当菌株（表 1.4.5）

含 60 μg/ml 氨苄青霉素的 LB 平皿和培养基（见 1.1）

大肠杆菌 K38 或相当菌株（表 1.4.5）

pGP1-2（可向作者索取）

含 60 μg/ml 卡那霉素的 LB 平皿和培养基（见 1.1）

含 60 μg/ml 氨苄青霉素＋60 μg/ml 卡那霉素的 LB 平皿和培养基（见 1.1）

√裂解缓冲液

Sorvall SS-40 或 GS-3 转子或相当物件

步骤

1）将含有待表达基因的片段亚克隆于 pT7-5、pT7-6 或 pT7-7（见图 16.2.1）中，转化一种标准大肠杆菌菌株（如 JM105 或 DH1），此菌株不应带有可指导 T7 噬菌体 RNA 聚合酶合成的质粒（如 pGP1-2）。转化物涂布于 LB/氨苄青霉素平板，37℃温育培养过夜。

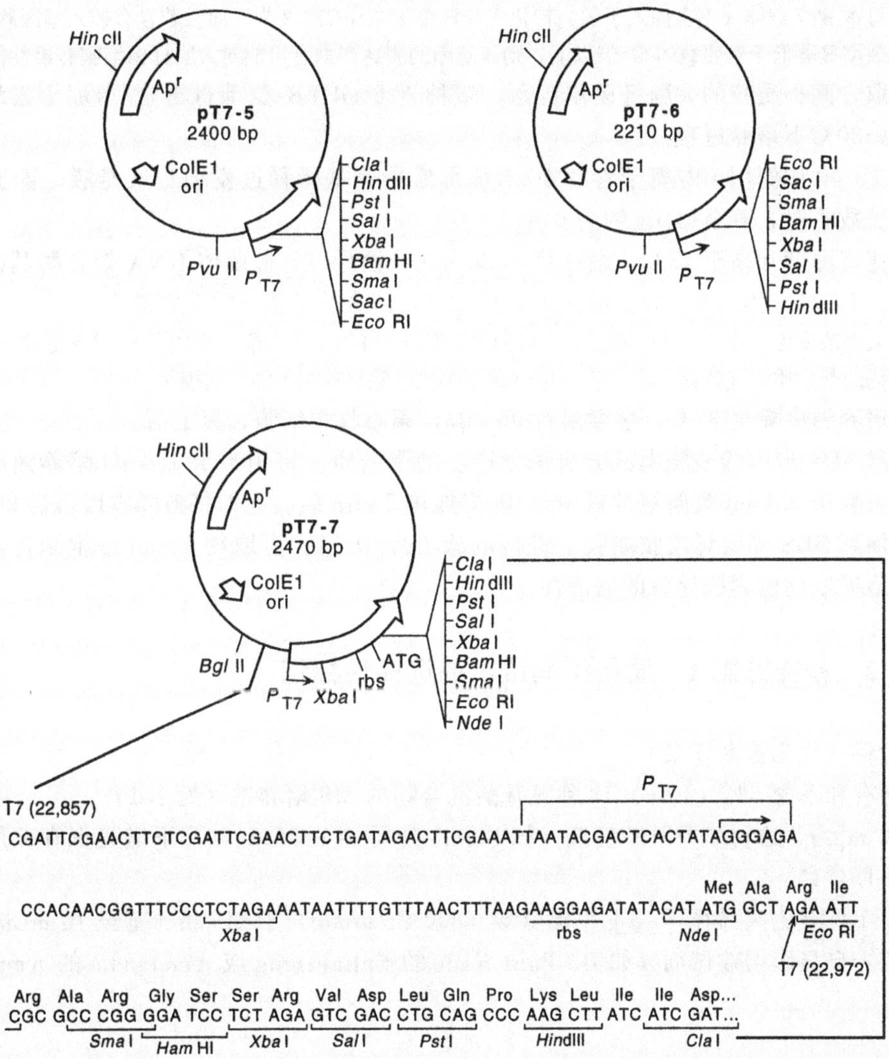

图 16.2.1　pT7-5、pT7-6 和 pT7-7。pT7-5、pT7-6 和 pT7-7 是含 T7 噬菌体启动子的克隆载体，利用 T7 噬菌体 RNA 聚合酶进行基因表达。3 个载体均含有 T7 噬菌体 RNA 聚合酶启动子，编码氨苄青霉素抗性基因的序列和 Col E1 复制起点。pT7-7 在多接头序列上游有一强核糖体结合位点（rbs）和起始密码子（ATG），pT7-7 质粒图的下方是多接头序列。pT7-5 及 pT7-6 的多接头序列上游都缺少核糖体结合位点，仅适用于含合适控制序列的基因的表达。pT7-5、pT7-6 和 pT7-7 由 Tabor 构建，它们都是 Tabor 和 Richardson（1985）构建的 pT7-1 的衍生物。

2）挑取独立的转化菌落在 LB/氨苄青霉素培养基中，37℃培养，通过小量制备方法获得质粒 DNA。以限制酶切谱分析确证基因正确插入与否。

3）pGP1-2 转化大肠杆菌 K38 株，涂布于 LB/卡那霉素平板上，30℃下过夜（约 24h）培养。挑取单个的转化菌落于 LB/卡那霉素培养基中，30℃培养。

4）将一含有 pT7 控制下的待表达基因的载体转化入大肠杆菌 K38/pGP1-2，在 LB/卡那霉素培养基上生长（转化期间细胞可经热激处理）。将转化物（含两种质粒）涂布于 LB/氨苄青霉素/卡那霉素平板上，30℃培养过夜。

以母本 pT7 载体（不含插入子的）转化大肠杆菌 K38/pGP1-2 为对照。若含有插入基因载体的转化效率显著低于对照载体 50 倍以上，则该基因的表达产物有可能对大肠杆菌细胞有毒性作用。

5）挑取含两种质粒的大肠杆菌单菌落，接种于 5 ml LB/氨苄青霉素/卡那霉素培养基中，30℃下培养过夜。

6）按 1∶40 比例用 LB/氨苄青霉素/卡那霉素培养基稀释过夜细胞培养液，置于 30℃生长数小时，直至 OD_{590} 约为 0.4。

7）迅速将温度升高至 42℃，继续培养 30 min，诱导 T7 噬菌体 RNA 聚合酶基因的表达，T7 噬菌体 RNA 聚合酶接下来诱导 T7 启动子控制下的基因的表达。

加入终浓度为 200 μg/ml 的利福平，可抑制大肠杆菌 RNA 聚合酶。当用[^{35}S]甲硫氨酸标记质粒编码的蛋白质时（备择方案 1），一般情况下都往细胞培养液中加入利福平。

8）将培养温度降至 37℃，继续温育 90 min，离心收集细胞，弃上清。

9）通过 SDS-聚丙烯酰胺电泳分析诱导产生的蛋白质。将相当于 1.0 ml 培养液中的细胞重悬于 0.1 ml 裂解缓冲液中，100℃加热 5 min 后，立即将各样本以每份 20 μl 的量加到 SDS-聚丙烯酰胺凝胶上进行电泳（见 10.3）。可取约 10 ml 细胞制备适当的细胞提取物检测诱导后的酶活性。

16.2.2 备择方案 1 质粒编码蛋白的选择性标记

附加材料（亦见基本方案）

含有和不含 5%（*V*/*V*）18 种氨基酸混合物的 M9 培养基（见 1.1）

20 mg/ml 的利福平甲醇溶液（如 Sigma 公司 ＃R-3501；4℃下避光保存 2 周；表 1.4.1）

以 1∶10 比例稀释［^{35}S］甲硫氨酸（800 Ci/mmol）于 M9 培养基至 10 mCi/ml

荧光自显影增效试剂（如 Du Pont NEN 的 Enlightning 或 Amersham 的 Amplify）

步骤

1）重复基本方案步骤 3～6（使用由基本方案步骤 1 和 2 得到的 T7 启动子表达质粒）。

另外，也可选用含 25 μg/ml 氨苄青霉素、25 μg/ml 卡那霉素和所有需要的营养成分的 M9 培养基来代替 LB/氨苄青霉素/卡那霉素培养基。在 20 份 M9 培养基中加入 1 份 18 种氨基酸混合液（0.1%储液，终浓度 0.005%）可刺激细胞生长，且不影响后续使用[^{35}S]甲硫氨酸对蛋白质进行标记。大肠杆菌株菌株必须是 Cys^+ 和 Met^+ 菌株。

2）当 OD_{590} 约为 0.4 时，取 1 ml 细胞，微量离心 10 s，弃上清。

3）用 1 ml M9 培养基洗细胞沉淀，室温下离心 10 s，弃上清。

4) 用 1 ml 含 18 种氨基酸混合物的 M9 培养基重悬细胞沉淀，30℃振荡培养 60 min。
   OD_{590}值可能因细胞改用了培养基而不会增加，但标记会顺利进行。
5) 细胞于 42℃温育 20 min，以诱导 T7 噬菌体 RNA 聚合酶。
6) 加 20 mg/ml 的利福平至终浓度为 200 μg/ml，然后将细胞再置于 42℃温育 10 min。
7) 将细胞移入 30℃水浴中，放置 20 min，取 0.5 ml 细胞用于 [^{35}S] 甲硫氨酸标记（另外的 0.5 ml 可在以后的时刻用作标记）。
8) 加入 10 μl (10 μCi) [^{35}S] 甲硫氨酸于 0.5 ml 细胞液中以标记新合成的蛋白质，30℃下温育 5 min。
9) 离心 10 s，弃上清（注意：上清是有放射性的，应妥善处置）。用 100 μl 裂解液重悬细胞。
10) 样品 100℃加热 5 min，取 20 μl 加样到 SDS-聚丙烯酰胺凝胶中并进行电泳（见 10.3)。
11) 用荧光显影增强剂处理凝胶，65℃下真空干燥凝胶 2 h，进行放射自显影（见附录 3)。
   对大多数用这个系统诱导的蛋白质来说曝光 1 h 就可以。

16.2.3 备择方案 2 通过 M13 噬菌体 mGP1-2 感染的表达

一旦大肠杆菌细胞中存在 T7 噬菌体 RNA 聚合酶基因，小量的 T7 噬菌体 RNA 聚合酶就会得到组成型表达，当 PT7 启动子下游的基因产物对细胞有毒性作用时，这个问题尤其突出。解决问题的一个策略是在诱导表达时将 T7 噬菌体 RNA 聚合酶基因导入细胞。本方案是用带有 lac 启动子控制表达的 T7 噬菌体 RNA 聚合酶基因的 M13 噬菌体 mGP1-2 感染细胞，从而将 T7 噬菌体 RNA 聚合酶导入细胞。此噬菌体的宿主（如 JM103 或 K38）必须携带 F 因子。

附加材料（亦见基本方案；带√项见附录 1)

M13 噬菌体 mGP1-2（可向作者索取）

√PEG 溶液

100 mmol/L IPTG（表 1.4.2)

步骤

1) 制备 M13 噬菌体 mGP1-2，加 PEG 溶液沉淀浓缩噬菌体（不加 TE 缓冲液或苯酚）。重悬噬菌体于 M9 培养基，滴定其滴度。
   如果需要标记细胞的蛋白质，用于感染细胞的噬菌体应不含有未标记的甲硫氨酸。用 PEG 沉淀噬菌体 2 次，每次均将沉淀重悬于 M9 培养基中。
2) 将由基本方案步骤 1 所得的含 T7 噬菌体启动子表达质粒转化 M13 许可性大肠杆菌细胞。转化物涂布于 LB/氨苄青霉素平板上，37℃培养过夜。
3) 挑取独立转化菌落，接种于 LB/氨苄青霉素培养基中，37℃温育过夜。
4) 将过夜培养物以 1∶100 比例稀释于 LB/氨苄青霉素培养基中，37℃缓缓振荡培养至

OD_{590}约为 0.5（避免剧烈振荡）。

5）从步骤 1 得到的 M13 噬菌体 mGP1-2 以每细胞感染约 10 个噬菌体的量，感染大肠杆菌。加 100 mmol/L IPTG 至终浓度为 1 mmol/L，诱导 T7 噬菌体 RNA 聚合酶表达。37℃下温育细胞 2 h。

OD_{590}约为 0.5 时，大肠杆菌密度约为 2×10^{8} 细胞/ml。加 M13 mGP1-2 噬菌体至终浓度为 2×10^{9} 噬菌体/ml，感染复数（MOI）可达 10。

6）按基本方案步骤 9 所述，收获细胞并分析产生的诱导蛋白。

参考文献：Studier et al.，1990；Tabor and Richardson，1985.

撰 稿 人：Stanley Tabor

16.3 融合蛋白载体表达概述

研究者们在分离到某一基因后，要对其编码蛋白质进行研究的最理所当然的工作就是表达——有目的性地合成外源基因产物。在重组 DNA 技术的发展早期，人们认为在基因的前面有一个强启动子和一个起始密码子就足以在大肠杆菌中获得很好的表达。随后，认识到获得有效的翻译所需的条件要复杂得多，除了要有强启动子和起始密码子外，良好的表达尚需编码待表达蛋白的 mRNA 中含有一个不为其二级结构封阻的核糖体结合位点。此外，表达水平亦受密码子喜好程度的影响（尤其是基因的第二个密码子），也受编码序列中其他尚未明了的因素影响（见 16.1）。所有这些情况，都可以通过改变起始密码子前端的序列，和（或）通过利用遗传密码子的兼并性在不改变蛋白质序列的条件下改变 5′端编码序列来加以解决。

通常两个基因之间的融合能更快地解决这些问题。在这种方式中，克隆化基因被引入某表达载体编码的高表达蛋白（携带蛋白）氨基末端的一段序列（携带序列）的 3′端。携带序列通常来自大肠杆菌基因，也可是任一可在大肠杆菌中高度表达的基因。携带序列提供良好表达所必需的信号，表达的融合蛋白的 N 端含有由携带序列编码的片段。在这些载体中，尽管载体的表达仍可受到表达蛋白编码序列带来的各种问题的影响，由载体编码的融合蛋白部分可小到仅有一个氨基酸，其典型例子是包含在 trpE 载体或 λ 噬菌体 λcII 载体内的短携带序列。

携带序列所编码的可以是一个完整的功能基团甚或是整个蛋白质。比如接下来的单元（16.5 和 16.6）介绍的表达谷胱甘肽-*S*-转移酶（GST）融合蛋白及硫氧还蛋白（Trx）融合蛋白等。凭借这些携带蛋白区段，可用抗体或亲和层析进行融合蛋白的分离提纯。或者，利用携带蛋白独有的物理学性质（如热稳定性）进行选择性的融合蛋白纯化。此外，一些携带蛋白（如 MBP 和 Trx）可经渗透压休克或冻融步骤从完整细胞中选择性地释放出来，这一特性通常可用于从细胞中分离与这些携带蛋白融合的蛋白质。

进行融合蛋白的表达经常会遇到三个问题：表达蛋白的溶解性、稳定性和携带蛋白的存在。前两个问题在融合蛋白表达系统和非融合蛋白表达系统都会遇到（见 16.1），而第三个问题是融合蛋白系统独有的。

表达蛋白的可溶性

许多蛋白质的高水平表达最后都会导致形成包含体，它是致密的不溶性蛋白和RNA的集合体，含有大部分的表达蛋白。蛋白质沉淀形成包含体有时有其有利的一面，利用包含体的不溶性和致密性，通过离心就能相对容易地对之进行纯化。此外，以可溶性蛋白形式表达时往往易被降解的蛋白质，以包含体形式表达时却可以很稳定。纯化时，可用盐酸胍或尿素变性溶解包含体中的蛋白质。透析除去变性剂后，蛋白质可重新折叠复性。然而这种方法亦有其弊端，经变性/复性后正确折叠的蛋白质的产量不稳定，有时会很低，更有些蛋白质尤其是大蛋白质基本上不能正确进行重折叠。

若某一特殊融合蛋白的表达产生的是不溶性的聚集物，而所需的是可溶性蛋白时，有多种解决方法可供尝试。一个重要的变量就是温度，由于尚未明了的原因，高温（37～42℃）会促进包含体形成，低温（30℃）抑制其形成；另一个变量是表达水平，有时降低表达水平可增加可溶蛋白质比例；第三个变量是携带表达载体的细胞株背景，不同的受体菌株表达出的特定蛋白质的可溶性有显著的差异，但各株间究竟是何种遗传差异决定了溶解性的差异仍属未知；最后，值得注意的是，改变携带蛋白往往可以影响所表达的融合蛋白的溶解性。

表达蛋白的稳定性

在大肠杆菌中表达外源蛋白，尤其是真核蛋白时，稳定性是经常遇到的问题。携带蛋白有时可稳定融合蛋白的表达，但有时表达蛋白被降解而携带蛋白则没有，或者融合蛋白有时也会在体内从携带和表达蛋白的融合点断开，这种断裂在需要利用携带蛋白进行纯化时，无疑给纯化工作带来了难题。融合蛋白的这些事实，符合携带蛋白和表达蛋白各自形成独立结构域的模型，按此模型，可以想象到这种情况可能是由于携带蛋白正确折叠而表达蛋白则不能正确折叠（而且被降解了），或者虽然两个区域都能正确折叠，但两者的连接区对一种或多种大肠杆菌蛋白酶敏感。

用于稳定融合蛋白的方法同用于稳定非融合蛋白的方法基本相同。其中一种方法是将融合蛋白以不溶性的聚集物形式表达；另一方法是采用缺失已知蛋白酶的大肠杆菌株作为宿主。比如，缺失数种胞质蛋白酶的lon htpR双突变株可减少不稳定蛋白质的降解。与之相似的是，degP突变株可稳定胞质中的融合蛋白、ompT突变株被证实在蛋白质的粗提过程中能避免一些非融合蛋白中暴露的碱性氨基酸残基之间的肽键发生断裂（如Arg-Arg）。最后，对于某一特定融合蛋白来说，在不同的野生型实验株内其稳定性亦有差异，可能归因于不同株内蛋白酶的水平不同。

裂解融合蛋白以除去携带蛋白

由于上述的许多原因，对融合蛋白的需求迅速增多。下面各节将介绍不同的系统，用于表达不同种类的蛋白质，其中包括：酶、生长因子、膜受体，以及DNA结合蛋白等。通常从目的蛋白上去除载体蛋白部分，有利于对目的蛋白进行生化及功能分析。已建立了数种对融合蛋白进行位点特异性裂解的方法（见16.4），方法的选择常由特定蛋白的组成、序列及物理性质决定。可采用诸如溴化氰（Met↓）、BMPS-3-甲基吲哚

(BNPS-粪臭素，Trp↓)、羟胺 (Asn↓Gly) 等试剂或低 pH (Asp↓Pro) 来进行融合蛋白的化学裂解。化学裂解的方法较便宜且有效，甚至常常可以在变性条件下裂解非变性不能溶解的蛋白质。但有时因目的蛋白中存在裂解位点，或因发生副反应而导致对蛋白质进行不必要的修饰，从而阻碍了它们的应用。作为一个备选方案，酶解的方法相对来说其反应条件较温和，更重要的是普遍用于此用途的蛋白酶都具有高度的特异性，其中有用的酶有：Xa 因子、凝血酶、肠激酶、凝乳酶、胶原酶。所有这些酶都具有较长的底物识别序列（如在凝乳酶中为 7 个氨基酸），从而降低了蛋白质中非特异切割的可能性。在上述提及的各种酶中，Xa 因子和肠激酶应用最多，因为它们切割各自的识别序列的羧基端，使带有天然氨基端的被融合部分得以释放。

16.5 和 16.6 介绍不同的带有域间裂解的融合蛋白载体系统。GST 融合系统（见 16.5）的载体分别含有凝血酶裂解位点、Xa 因子裂解位点或天冬氨酸-脯氨酸裂解位点。Trx 融合系统（见 16.6）采用的是肠激酶裂解位点。16.4 详细介绍了融合蛋白的裂解，包括对前文所提及的各种载体系统产生的融合蛋白进行裂解的特殊方法，以及用各种化学试剂进行位点特异裂解的方法学问题。

参考文献：Lee et al.，1984；Nagai and Thogersen，1987；Schein，1989.

撰 稿 人：Paul Riggs and Edward R. LaVallie

16.4 融合蛋白的酶解和化学裂解

使用基因融合表达系统在大肠杆菌中表达外源基因已越来越受欢迎。其原因在很大程度上归因于融合系统能够产生大量的可溶性的融合蛋白。谷胱甘肽-S-转移酶（见 16.5）以及硫氧还蛋白（Trx，见 16.6）均被证实能非常成功地生产正确折叠、有生物活性的蛋白质。其中每一种都备有方便的纯化方法，可将融合蛋白与细胞污染物分开。所产生的蛋白质适用于进行其生物学活性或（和）相互作用的研究。随着融合表达方法的普遍应用，将 N 端的携带蛋白部分从 C 端的目的蛋白中裂解出来的能力就显得更加重要。

16.4.1 基本方案 1 用 Xa 因子进行融合蛋白的酶解

用 GST 融合载体 pGEX3X 表达的融合蛋白包含有凝血因子 Xa 的识别序列，它是由紧挨多接头克隆位点前的 DNA 编码的。用其他系统生产的融合蛋白必须改编使其编码这个识别序列。若识别序列中的精氨酸后是脯氨酸残基，Xa 因子就不能裂解该蛋白质序列。

材料（带√项见附录 1）

1 mg/ml 融合蛋白

200 μg Xa 因子（New England Biolabs）/ml 反应缓冲液（见步骤 1）

√2×SDS 样品缓冲液

沸水浴

步骤

1）准备两个小量预试验反应以确定最佳温育时间。

反应1：20 μl含有1 μl 200 μg/ml Xa因子的1 mg/ml融合蛋白

反应2：5 μl不含Xa因子的1 mg/ml融合蛋白（模拟消化）

室温下反应。

经谷胱甘肽琼脂糖凝胶纯化的融合蛋白，可在PBS缓冲液中进行Xa因子消化。或者将蛋白质溶解在20 mmol/L Tris · Cl(pH 8.0)/1mmol/L $CaCl_2$/100mmol/L NaCl中。尽管大多数融合蛋白可保存于4℃，但直至步骤6，应将其保存在10%甘油中于−70℃下储存。

2）分别在2、4、8和24 h取出5 μl反应液，加2×SDS样品缓冲液5 μl，−20℃下冻存。

3）在24 h时，将5 μl反应2（模拟消化）液与5 μl 2×SDS样品缓冲液混合。

4）将5 μl原始融合蛋白溶液与5 μl 2×SDS样品缓冲液混合（未裂解对照）。

5）将所有样品于沸水浴中加热10 min，加样到SDS-聚丙烯酰胺凝胶上电泳，根据裂解程度确定适当的温育时间。

如果仅出现明显的部分裂解，应增加酶的用量和（或）延长温育反应时间。如未发生裂解，则依据辅助方案进行。

6）确定了适当的裂解条件后，将余下的融合蛋白样本按比例扩大反应，仅留小量的未裂解融合蛋白作对照用。以SDS-聚丙烯酰胺凝胶电泳监测裂解程度。

16.4.2 辅助方案 用Xa因子进行变性融合蛋白的裂解

有些融合蛋白对Xa因子的裂解有抗性，有时经变性、复性处理后再与蛋白酶一起温育可令问题得到缓解。

附加材料（亦见基本方案1）

20 mmol/L Tris · Cl(pH 7.4)/6 mol/L盐酸胍

20 mmol/L Tris · Cl(pH 8.0)/1 mmol/L $CaCl_2$

步骤

1）将融合蛋白在≥10倍体积的20 mmol/L Tris · Cl(pH 7.4)/6 mol/L盐酸胍中透析4 h，或将盐酸胍加入融合蛋白中至终浓度为6 mol/L。

2）将样品在100倍体积的20 mmol/L Tris · Cl(pH 8.0)/1 mmol/L $CaCl_2$中透析4 h。

3）更换100倍体积的新鲜缓冲液重复步骤2，继续透析4 h。

迅速去除变性剂有时会导致蛋白质沉淀，如出现这种情况，可通过在2倍稀释的盐酸胍溶液中逐步透析，渐进地去除变性剂可防止蛋白质沉淀的形成。

4）按基本方案1中步骤1进行Xa因子的裂解。

16.4.3 备择方案 1 用凝血酶进行融合蛋白的酶解

凝血酶是哺乳动物丝氨酸蛋白酶，它的裂解特性类似胰蛋白酶，即在精氨酸和赖氨酸残基后裂解。但凝血酶亦有明显的亚位点偏好，最佳裂解往往发生在含 P4-P3-脯氨酸-精氨酸↓P1′-P2′位点（其中 P4 和 P3 是疏水性氨基酸，P1′和 P2′是非酸性氨基酸）。

附加材料（亦见基本方案 1；带√项见附录 1）

√凝血酶裂解缓冲液

肝素，钠盐（比活性≥140 U/mg，Sigma；可选）

凝血酶（人，比活性约 3000 U/mg，Sigma 或 Boehringer Mannheim）

步骤

1）准备两个小量预试验以确定最佳裂解反应条件。

反应 1：20 μl 1 mg/ml 融合蛋白溶液（在合适的缓冲液中）及 0.2 μg 凝血酶

反应 2：5 μl 1 mg/ml 融合蛋白溶液（模拟消化）

25℃下温育反应。

用 50 mmol/L Tris · Cl(pH 7.5)/5 mmol/L 还原型谷胱甘肽从谷胱甘肽-琼脂糖凝胶上洗脱下的 GST 融合蛋白，加入 NaCl 至 150 mmol/L、$CaCl_2$ 至 2.5 mmol/L，并将融合蛋白浓度调至 1 mg/ml即可被使用。其他的融合蛋白可重悬于不含谷胱甘肽的凝血酶裂解缓冲液中或在其中透析后备用。

最好在裂解反应中加入 10 μmol/L 肝素，它可使某些裂解反应的速率提高 10%～50%，显然是因为与酶的直接相互作用所致。

2）分别在 30 min、1 h、2 h 和 4 h 从反应 1 中取出 5 μl 反应液与 5 μl 2×SDS 样品缓冲液混匀。

3）在 4 h，往反应 2（模拟消化）中加入 5 μl 2×SDS 样品缓冲液。

4）将 5 μl 原始的融合蛋白溶液与 5 μl 2×SDS 样品缓冲液混匀（未经处理的对照）。

5）将所有样品煮沸 10 min，加样于 SDS-聚丙烯酰胺凝胶上，分析样品的稳定性以及裂解的效率。

6）采用试验所得的最佳融合蛋白裂解条件，根据所需要的蛋白质量按比例放大裂解反应体系。

16.4.4 备择方案 2 与分离介质结合的 GST 融合蛋白的酶解

附加材料（亦见基本方案 1）

与谷胱甘肽琼脂糖珠结合的 GST 融合蛋白（见 16.5）

含 1%（*V/V*）Triton X-100 的 PBS 液

GST 清洗缓冲液：50 mmol/L Tris · Cl(pH 7.5)/150 mmol/L NaCl

GST 洗脱缓冲液：50 mmol/L Tris · Cl(pH 8.0)/5 mmol/L 还原型谷胱甘肽
20 或 50 ml 带螺口盖的试管

步骤

1) 在 20 或 50 ml 带螺旋盖的试管中，用 20 倍体积含 1%（*V/V*）Triton X-100 的 PBS 液洗涤结合在谷胱甘肽琼脂糖珠的 GST 融合蛋白。室温下，在台式离心机上以 500 *g* 离心 10 s 沉淀琼脂糖珠，小心弃上清，将谷胱甘肽琼脂糖珠重悬于 20 倍体积的 Triton X-100 缓冲液中，重复洗涤 1 次。
2) 第二次离心后，小心弃上清，用 20 倍体积的 GST 洗涤缓冲液重悬谷胱甘肽琼脂糖珠。
3) 离心沉淀并弃去上清，将谷胱甘肽琼脂糖珠重悬于 20 倍体积的凝血酶裂解缓冲液中，重复离心并再重悬于≤1 ml 的凝血酶裂解缓冲液中。
4) 取出一小份重悬的琼脂糖珠，在其中加入等体积的 2×SDS 样品缓冲液，－20℃储存以备 SDS-PAGE 分析用（步骤 7）。
5) 将 1%凝血酶/结合在剩余的谷胱甘肽琼脂糖珠上的融合蛋白 *m*/*m* 加入谷胱甘肽琼脂糖珠混悬液，25℃下保温反应 1 h。
6) 用 1 柱床体积的 GST 洗涤缓冲液洗脱已裂解释放的蛋白质。如步骤 1 所述离心沉淀谷胱甘肽琼脂糖珠，收集上清，重复 5 次，但分开保存每次的洗涤液，各取 20 μl 用于 SDS-PAGE。
7) 用 GST 洗脱缓冲液替换洗涤缓冲液，重复步骤 6，洗脱与介质结合的 GST。从每次的洗脱液中取出 20 μl 用于 SDS-PAGE 分析，以确定裂解程度，此胶上应包括步骤 4 留存的样品。

16.4.5 备择方案 3 用肠激酶进行融合蛋白的酶解

肠激酶（亦称为肠肽酶）是哺乳动物胰蛋白酶样的丝氨酸蛋白酶，对（Asp)$_4$-Lys 序列有很高的特异性，在识别序列 Lys 残基的羧基端裂解蛋白质。肠激酶可在范围很宽的反应条件下裂解融合蛋白，pH 为 4.5～9.5、温度为 4～45℃均可。

附加材料（亦见基本方案 1）

1 mg/ml 硫氧还蛋白融合蛋白（见 16.8），溶于 50 mmol/L Tris · Cl(pH 8.0)/1 mmol/L $CaCl_2$

10 μg/ml 牛肠激酶（Bioenzyme EK-3 级），溶于 50 mmol/L Tris · Cl(pH 8.0)/1 mmol/L $CaCl_2$

注意： 除上述列举的公司外，许多商品供应的肠激酶（牛或猪的）都很不纯，往往在其他污染物质之外还带有大量可降解融合蛋白的胰蛋白酶、糜蛋白酶。故建议仅采用最高质量的商品肠激酶。

步骤

1) 做预试验监测肠激酶与融合蛋白按不同比例混合后的裂解效率，准备 5 个反应体系。

反应1～4：20 μl 1 mg/ml融合蛋白；1 μl、2 μl、5 μl和10 μl的10 μg/ml的肠激酶和50 mmol/L Tris·Cl(pH 8.0)/1 mmol/L $CaCl_2$，总体积为30 μl。

反应5：20 μl 1 mg/ml融合蛋白和10 μl 50 mmol/L Tris·Cl(pH 8.0)/1 mmol/L $CaCl_2$（模拟消化）。

样品于37℃温育16 h以上。

肠激酶在细菌裂解液中会失活，在用肠激酶消化融合蛋白前，样品应先进行（至少）部分纯化。

2）在每个样品中加入30 μl 2×SDS样品缓冲液以终止反应，煮沸10 min。

大剂量应用时，可加对氨基苯甲脒（PABA）至5 mmol/L终止反应。PABA是大多数肠道丝氨酸蛋白酶的竞争性抑制剂。

3）每个样品取10 μl，加样于SDS-聚丙烯酰胺凝胶上分析它们的裂解程度。调整肠激酶浓度和温育时间以达到完全消化。

4）按比例扩大反应成分，以消化更大量的融合蛋白。

若裂解的融合蛋白发生降解，往反应体系中略去钙盐并加5 mmol/L EDTA可望解决这一问题。

16.4.6 基本方案2 用溴化氰对融合蛋白进行化学降解

溴化氰（CNBr）用于蛋白质的裂解反应已有许多年，典型的反应是在70%甲酸中，pH很低的条件下进行，裂解反应发生于甲硫氨酸的C端。由于CNBr水解能力很强，蛋白质浓度相对来说并不重要。通常CNBr的裂解效率很高，但随着在低pH的条件下温育时间的延长，常发生侧链的修饰及非特异性裂解。用6 mol/L盐酸胍/0.2 mol/L HCl代替70%甲酸进行处理可使出现这些问题的可能性减到最小，亦可减少处理过程中对分子内二硫键的破坏。

注意：CNBr有剧毒，须在通风橱中操作，使用及弃置均应小心谨慎。

材料（带√项见附录1）

1 mg/ml融合蛋白

50 mg/ml CNBr/70%（*V*/*V*）甲酸

70%（*V*/*V*）甲酸

√1×SDS样品缓冲液

步骤

1）进行预试验以确定最短温育反应时间。冻干两小份各50 μl的融合蛋白溶液，将其中一份重悬于50 μl 50 mg/ml CNBr/70%甲酸中，另一份重悬于50 μl不含CNBr的70%甲酸中，室温下反应。

2）在0、8、24及48 h的时刻，各取5 μl并冻干。

3）往所有冻干样本加20 μl 1×SDS样品缓冲液，煮沸10 min，加样于SDS-聚丙烯酰胺凝胶。

4）分析凝胶电泳结果以确定完全裂解蛋白质所需的最短温育反应时间。

当蛋白质对CNBr的裂解有抗性时或当待裂解的为不溶性融合蛋白时，可在反应中加入盐酸胍至终浓度为6 mol/L。

16.4.7 备择方案4 用羟胺化学裂解融合蛋白

羟胺裂解蛋白质中天冬氨酸甘氨酸残基间的肽键，可用作融合蛋白的化学裂解试剂。羟胺的裂解位点不如溴化氰的位点常见，因此目的蛋白中出现这种位点的可能性也较小些。受裂解机制的限制，用此技术进行的蛋白质消化通常是不完全的。它产量低，并有可能使目的蛋白产物裂解后的纯化工作更复杂。尽管如此，此技术仍有它的有利之处：快速、经济、可以在变性条件下（如在6 mol/L盐酸胍中）对无法溶解的融合蛋白进行消化。

注意：羟胺是易爆物质，应严格遵循生产厂家的使用规则。

附加材料（亦见基本方案2；带√项见附录1）

1 mg/ml溶解在10 mmol/L Tris · Cl(pH 8.0)/150 mmol/L NaCl中的融合蛋白

√2×羟胺裂解缓冲液

盐酸胍（选用）

√2×SDS样品缓冲液

沸水浴

步骤

1）进行预试验以确定最短保温反应时间。将50 μl 1 mg/ml融合蛋白与50 μl 2×羟胺裂解缓冲液混合在1.5 ml微量离心管中，45℃温育反应。

如果融合蛋白不溶，可在裂解反应中加入盐酸胍至终浓度6 mol/L。在个别天冬氨酸甘氨酸键对裂解有抗性时加盐酸胍亦对裂解有帮助。

2）在0、2、4、8、16和24 h的反应时刻，分别取10 μl反应混合物与10 μl 2×SDS样品缓冲液混匀，干冰中冻存直至所有时刻的样本收集完毕。

3）在沸水浴中将所有样品加热10 min，加样于SDS-聚丙烯酰胺凝胶，电泳分析其裂解程度。

4）确定得到最大限度裂解所需的最短温育反应时间。

若24 h裂解程度仍很低，可加盐酸胍至终浓度为6 mol/L，或将羟胺浓度提高到3 mol/L，或两种措施均采用。

16.4.8 备择方案5 低pH下水解融合蛋白进行化学裂解

此方法利用了天冬氨酸脯氨酸间的肽键在低pH下不稳定的特性。在酸性条件下（pH 2.5）升高温度（从37℃升至40℃）可使该键发生水解。在这样的条件下延长孵育时间可能会发生非特异性裂解，有必要经验性地测定裂解所需要的最短时间。释放的蛋白质的氨基端为脯氨酸残基。

附加材料（亦见基本方法2）

结合区间含有天冬氨酸脯氨酸的融合蛋白

70% (V/V) 甲酸
13% (V/V) 乙酸
0.1 mol/L Tris 碱
盐酸胍

步骤

1) 进行预实验确定最佳的水解条件。准备 4 个反应混合物。
   反应 1：约 20 μg 溶解在 70%甲酸中的融合蛋白
   反应 2：约 20 μg 溶解在 70%甲酸/6 mol/L 盐酸胍中的融合蛋白
   反应 3：约 20 μg 溶解在 13%乙酸中的融合蛋白
   反应 4：约 20 μg 溶解在 13%乙酸/6 mol/L 盐酸胍中的融合蛋白
   将所有样本置 37℃下温育反应。
2) 分别在 0、24、48 和 72 h 的反应时刻，从各反应混合物中取 5 μl 冻干。
3) 将冻干的蛋白质重悬于 20 μl 1×SDS 样品缓冲液，逐滴加入 0.1 mol/L Tris 碱中和至样品颜色由黄变蓝。用 SDS-聚丙烯酰胺凝胶电泳分析样品的消化程度。
4) 选择达到预定裂解程度的最适温度和条件及最短温育反应时间，据此按比例扩大反应以裂解更大量的融合蛋白。

参考文献：Bornstein and Ballan, 1977; Chang, 1985; Gross, 1967; London, 1977; LaVallie et al., 1993; Maina et al., 1988; Nagai and Thogerson, 1987; Spande et al., 1970.

撰 稿 人：Edward R. LaVallie, Donald B. Smith and Paul Riggs

16.5　谷胱甘肽-*S*-转移酶融合蛋白的表达及纯化

基本方案　谷胱甘肽-*S*-转移酶融合蛋白的表达及纯化

pGEX 载体可用于在细菌系统表达和纯化用作免疫原和生化、生物试剂的多肽（包括短肽），或用于构建 cDNA 表达文库。

每个 pGEX 载体都有一个编码谷胱甘肽-*S*-转移酶（GST）的可读框，其后有单一限制酶位点（*Bam*HI、*Sma*I、*Eco*RI），然后是相应于 3 个可读框的终止密码子（图 16.5.1）。3 个载体中的克隆位点都可相应于各自不同的可读框，所以首先必须选择能恰好使外源多肽在 GST 可读框之内的载体。若 GST 最终需经位点特异性蛋白酶水解（见 16.4）除去，则可选 pGEX2T 或 pGEX3X；用 pGEX1 生产的融合蛋白可在低 pH 条件下经化学裂解进行切割（见 16.4）。

材料（带√项见附录 1）

pGEX 载体（pGEX1：Amrad；pGEX2T 和 pGEX3X：Pharmacia LKB Biotech）
大肠杆菌感受态细胞（见 1.8）
含 50 μg/ml 氨苄青霉素的 LB 平板（见 1.1）

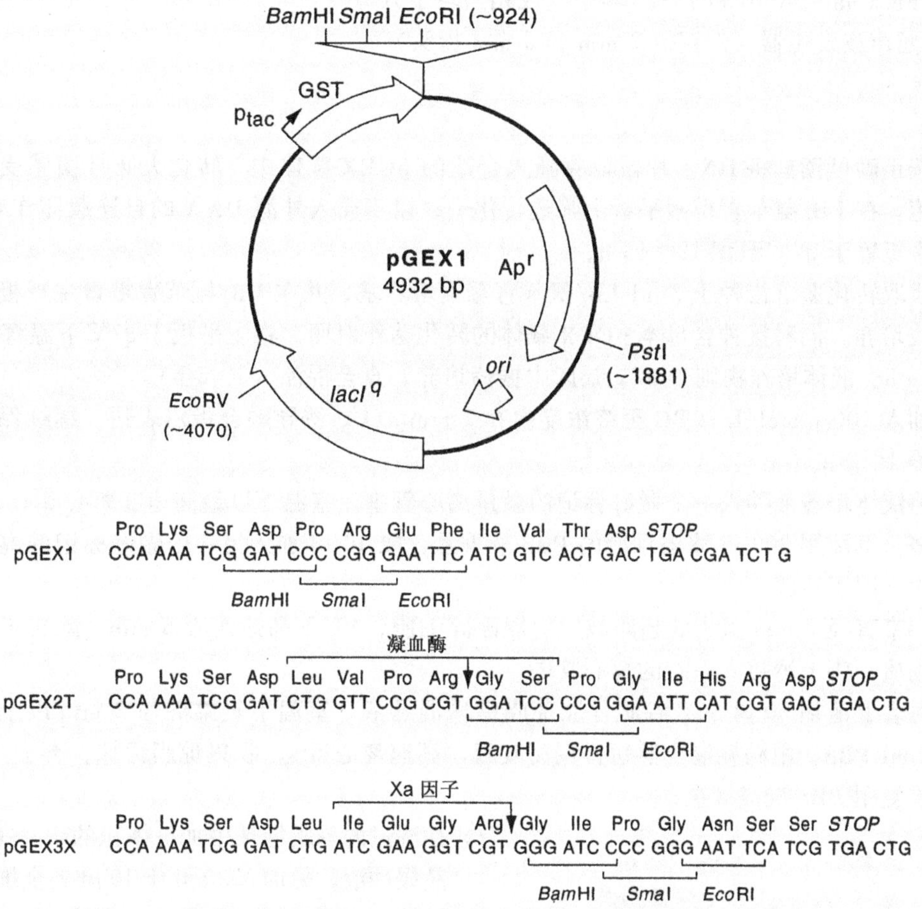

图 16.5.1 pGEX1。pGEX1 是一种融合蛋白表达载体，将克隆基因表达成与 GST 相融合的蛋白质。lac 阻遏蛋白（lacI 基因表达产物）与 P_{tac}启动子结合，阻抑 GST 融合蛋白的表达，经 IPTG 诱导后发生脱阻抑作用使 GST 融合蛋白得以表达。可将目的基因插入位于 GST 基因末端的多接头处，多接头序列列于 pGEX1 质粒图的下方，限制酶克隆位点均加括号说明。pGEX2T 和 pGEX3X 的多接头含有蛋白酶裂解位点，供分离克隆蛋白与 GST 载体之用。在多接头序列的上方用括号标出了凝血酶和 Xa 因子的识别序列，其具体的切割位点在 Arg 和 Gly 间。pGEX1 核苷酸序列在 GenBank 的序列号为 M21676。

含 10 μg/ml 氨苄青霉素的 LB 培养基（见 1.1）

100 mmol/L 异丙基硫代-β-D-半乳糖苷（IPTG），过滤除菌

√冰冷的 PBS

√谷胱甘肽琼脂珠悬液

√2×SDS 样品缓冲液

10%（*V*/*V*）Triton X-100

50 mmol/L Tris · Cl(pH 8.0)/5 mmol/L 还原型谷胱甘肽（新鲜配制，pH 7.5）

甘油

37℃摇床

Beckman JA-10和JA-20转子（或相当转子）
超声波发生器（带直径2 mm和5 mm探头）

步骤

1）按正确可读框将DNA片段亚克隆入合适的pGEX载体中，转化大肠杆菌感受态细胞，在LB/氨苄青霉素平板上筛选转化子，以不插入外源DNA的自连载体作对照，平板置于37℃温育12～15 h。

2）挑取转化菌落接种于2 ml LB/氨苄青霉素培养基，并在LB/氨苄青霉素主平板上划线培养，同时接种含母本pGEX载体的转化菌作对照。将主平板于37℃下温育12～15 h。液体培养物则于37℃摇床中振荡培养，直至混浊（3～5 h）。

3）加入100 mmol/L IPTG至终浓度内0.1 mmol/L，诱导融合蛋白表达，继续保温培养1～2 h。

4）将液体培养液移入一个做好标记的微量离心管中，室温下以最高速度离心5 s，弃上清。沉淀用300 μl冰浴预冷的PBS液重悬，取10 μl加入另一个做好标记的离心管中（用于步骤7）。

5）用带直径2 mm探头的超声波发生器破碎细胞，4℃下高速离心5 min，除去不溶性物质，将上清移入一新的离心管中。

6）每管上清加50 μl 50%谷胱甘肽琼脂糖珠混悬液，室温下轻柔混匀2 min以上，加1 ml PBS，用涡旋混合器短暂振荡旋起，高速离心5 s，收集琼脂糖珠，弃去上清。重复用PBS洗涤2次。

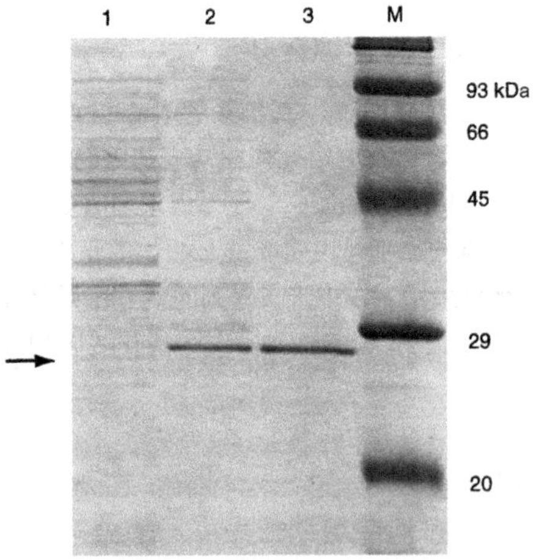

图16.5.2　染色后显示GST表达蛋白的电泳结果。泳道1：IPTG诱导前pGEX1转化子细胞总裂解物；泳道2：IPTG诱导后pGEX1转化子细胞总裂解物；泳道3：箭头所示为从谷胱甘肽琼脂糖珠洗脱的GST蛋白所在条带。泳道M为蛋白质分子质量标准物以指示大小。

7）往洗过的琼脂糖珠中加等体积的1×SDS样品缓冲液，另加入30 μl于10 μl的全细胞重悬液（得自步骤4）中，100℃加热3 min，用涡旋混合器短暂振荡旋起后，加样于10% SDS-聚丙烯酰胺凝胶上，电泳适当时间，用考马斯亮蓝染色使GST蛋白（来自pGEX对照）和融合蛋白显迹（图16.5.2）。

8）挑取一个pGEX转化菌落接种于100 ml LB/氨苄青霉素培养基中，在37℃摇床中培养12～15 h。

9）以1∶10比例将此培养液稀释于1 L新鲜的LB/氨苄青霉素培养基中，分入两个2 L的烧瓶中，37℃下培养1 h。

10）加100 mmol/L IPTG至终浓度0.1 mmol/L，继续培养3～7 h。

11）室温下5000 g（用Beckman JA-10转子约5500 r/min）离心10 min收集细胞。弃上清，沉淀重悬于10～20 ml冰浴预冷的PBS中。

12）将离心管置于冰浴，用带直径 5 mm 探头的超声波发生器裂解细胞，调整频率和强度避免产生泡沫，但使裂解于 30 s 内完成。

13）加入 10%的 Triton X-100 至浓度为 1%并混匀。4℃，10 000 *g*（用 Beckman JA-20 转子约 9500 r/min）离心 5 min 除去不溶性成分和未裂解的细胞。也可将样品分成 1.5 ml 一份，置微量离心机 4℃，以最高速度离心 5 min，收集并合并上清（小心避免吸入沉淀）。

14）上清加入 1 ml 50%的谷胱甘肽琼脂糖珠混悬液中，室温下轻柔混匀≥2 min。加 50 ml 冰浴预冷的 PBS 液洗涤，混匀，在台式离心机上室温，500 *g* 离心 10 s。重复洗涤 2 次，用少量（1～2ml）冰冷的 PBS 重悬琼脂糖珠，并移入一个 1.5 ml 微量离心管中。

谷胱甘肽琼脂糖容量≥8 mg 蛋白质/ml 已溶胀介质。

15）室温下 500*g* 离心 10 s 收集琼脂糖珠，弃上清。加 1 ml 50 mmol/L Tris · Cl(pH 8.0)/5 mmol/L 还原型谷胱甘肽洗脱融合蛋白。轻柔混匀 2 min，500 *g* 离心 10 s，收集上清。重复洗脱 2 或 3 次，经 SDS-PAGE 分析各分部收集的样品。洗脱的蛋白质分成小份，加 10%甘油储存于－70℃。

参考文献：Smith，1993，Smith and Johnson，1988.

撰 稿 人：Donald B. Smith and Lynn M. Corcoran

16.6 硫氧还蛋白融合蛋白的表达和纯化

以大肠杆菌 trxA 基因产物——硫氧还蛋白作为融合伴侣的基因融合表达系统，特别适用于在大肠杆菌胞质中表达高产量的可溶性融合蛋白。在许多情况下，异源蛋白质以硫氧还蛋白融合蛋白形式产生正确的折叠，并表现出全部生物学活性。尽管硫氧还蛋白基因融合系统只是常规地用于蛋白质的生产，但由于硫氧还蛋白的主要活性位点环允许引入短的氨基酸序列（长 10～30 氨基酸残基），因此该系统用于多肽（例如，作为抗原之用）的高水平生产也是可能的。硫氧还蛋白固有的热稳定性以及可通过渗透休克从大肠杆菌胞质中定量地释放出来的特性，均可用作纯化硫氧还蛋白融合蛋白的有效工具。

16.6.1 基本方案 硫氧还蛋白融合蛋白的构建和表达

材料（带√项见附录 1）

编码所需序列的 DNA 片段

硫氧还蛋白表达载体（图 16.6.1）：pTRXFUS 或 pALtrxA-781（Genetics Institute 或 Invitrogen）或 hpTRXFUS（Genetic Institute）

大肠杆菌株 GI724（Genetic Institute 或 Invitrogen），生长于 LB 培养基，并制备成感受态细胞（见 1.8）

LB 培养基（见 1.1）

√含 100 μg/ml 氨苄青霉素的 IMC 培养皿
√CAA/甘油/氨苄青霉素 100 培养基
√含 100 μg/ml 氨苄青霉素的 IMC 培养基
√10 mg/ml 色氨酸
√SDS-PAGE 样品缓冲液

30℃对流培养箱
18 mm×50 mm 培养试管
摇床（New Brunswick Scientific）
250 ml 培养瓶
70℃水浴锅
微量离心机，4℃

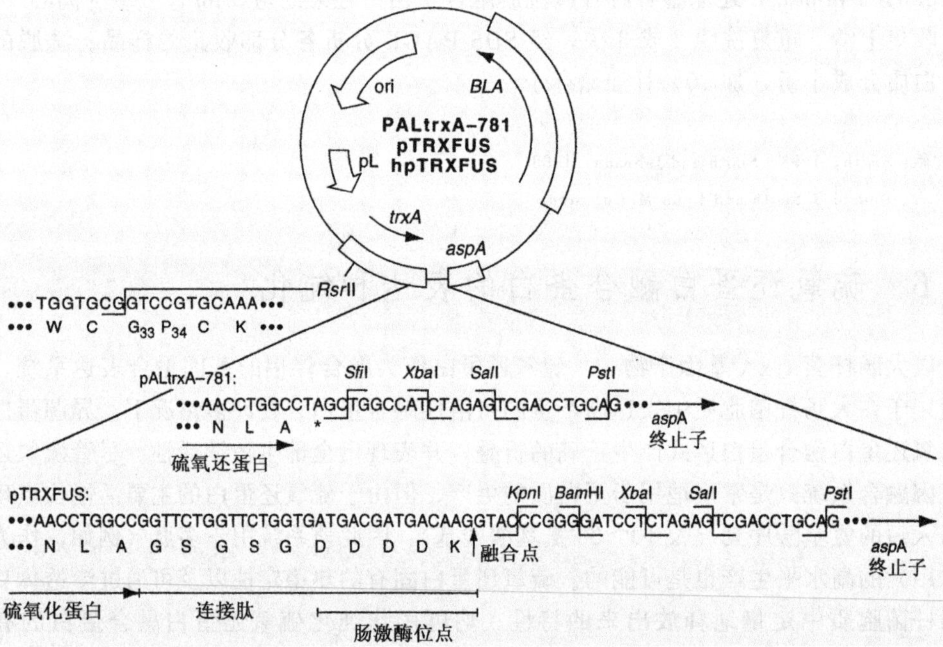

图 16.6.1 硫氧还蛋白基因融合表达载体 pTRXFUS、hpTRXFUS 和 pALtrxA-781。pALtrxA-781 的多接头序列位于 *trxA* 基因的 3′端。pTRXFUS 和 hpTRXFUS 的接头区编码了一短肽序列，在 *trxA* 基因和多接头之间有肠激酶的切割位点。硫氧还蛋白活性位点环附近的序列具有一个单一 *Rsr*II 位点，可用于插入编码短肽的序列。星号指示翻译终止密码子。缩写：*txaX*，大肠杆菌硫氧还蛋白基因；BLA，β-半乳糖苷酶基因；ori，colE1 复制起点；PL，λ 噬菌体主要的左向启动子；aspA 终止子，大肠杆菌天冬氨酸氨基转移酶转录终止子。

步骤

1）将编码目的序列的 DNA 片段克隆于 pTRXFUS 或 hPTRXFUS 质粒上的 *trxA* 基因 3′端，构建符合可读框的融合基因，或者于 pALtrxA-781 的单一 *Rsr*II 位点上插入短肽编码序列。

2）用含有重组硫氧还蛋白融合蛋白的质粒的连接混合液，转化感受态 GI724 细胞。转化的细胞种入含 100 μg/ml 氨苄青霉素的 IMC 培养皿选择转化子。把培养皿放在 30℃对流培养箱中温育，直到出现菌落。

GI698、GI723 和 GI724 菌株均为无害的原养型微生物，可在包括丰富培养基和极限培养基在内的各种条件下及很宽的温度范围内生长（表 16.6.1）。这些菌株在 37℃LB 培养基中培养，可以制备用于转化含 pL 启动子的载体。在菌株转化后紧接着的短的生长期内，也可使用 LB 培养基，这段 30 min～1 h 的生长期通常用于质粒转化物在种入固体培养基之前表达药物抗性表型。但是此后这些菌株只应在极限培养基或不含色氨酸的丰富培养基中生长，如含 100 μg/ml 氨苄青霉素的 IMC 培养基（为表达融合蛋白）或 CAA/甘油/氨苄青霉素 100 培养基（为制备质粒 DNA）。由于 LB 培养基含有色氨酸，因此除了在转化期间外，当这 3 个菌株携带了 pL 质粒后，一律不能用 LB 培养基培养。pL 启动子特别强，在不需表达时应保持非诱导状态。

表 16.6.1 在不同温度下生产硫氧还蛋白融合蛋白的大肠杆菌株

菌株	生产所需温度/℃	诱导前生长温度/℃	诱导时间/h
GI698	15	25	20
GI698	20	25	18
GI698	25	25	10
GI724	30	30	6
GI724	37	30	4
GI723	37	37	5

3）将候选菌落接种于 5 ml CAA/甘油/氨苄青霉素 100 培养液中于 30℃温育过夜。小量制备质粒 DNA，用限制酶切作图检查基因是否正确插入 pTRXFUS。

4）对候选克隆的质粒 DNA 进行测序，以查证硫氧还蛋白与目的基因或目的序列间的连接区域。

5）将冻存的含硫氧还蛋白表达质粒的 GI724 菌划线接种到含 100 μg/ml 氨苄青霉素的 IMC 培养皿上，以长出单菌落，30℃生长 20 h。

6）从平皿中挑取新长起来的、分离较好的菌落，接种于 18 mm×150 mm 培养管内的 5 ml含 100 μg/ml 氨苄青霉素的 IMC 培养基中，在摇床上 30℃温育过夜。

7）取 0.5 ml 过夜培养液，接种于 250 ml 培养瓶内的 50 ml 含 100 μg/ml 氨苄青霉素的新鲜 IMC 培养基中（1∶100 稀释）。30℃充分通气培养，直到其 550 nm 吸收值达到 0.4～0.6 OD/ml（约需 3.5 h）。

8）取出 1 ml 培养液（未诱导的细胞）。在 550 nm 处测量吸收值，室温以最大速度微量离心 1 min，收集细胞。用吸液管小心吸去全部用过的培养基，将细胞团块保存于－80℃。

9）立即向剩余的细胞中加入 0.5 ml 10 mg/ml 的色氨酸（使终浓度达到 100 μg/ml），诱导 pL 转录。

10）37℃温育 4 h。在此期间，每间隔 1 h 取出 1 ml 的小份培养液，按步骤 8 收集细胞。

11）诱导后 4 h，4℃、3000 r/min 离心（Beckman J6 转子）10 min，从培养液收集剩余的细胞，细胞团块置－80℃保存。

12）用 SDS-PAGE 样品缓冲液重悬诱导期间得到的细胞团块（得自步骤 8 和 10），加量为 200 μl /OD_{550}细胞。70℃加热 5 min，以完全裂解细胞并使蛋白质变性。在 SDS-聚丙烯酰胺凝胶上每个泳道加入等价于 0.15 OD_{550}的细胞（30 μl）。

13）凝胶用考马斯亮蓝染色 1 h。使凝胶脱色，检查表达情况。图 16.6.2 显示了典型的结果。

大多数的硫氧还蛋白融合蛋白的产量水平占细胞总蛋白量的 5%～20%。

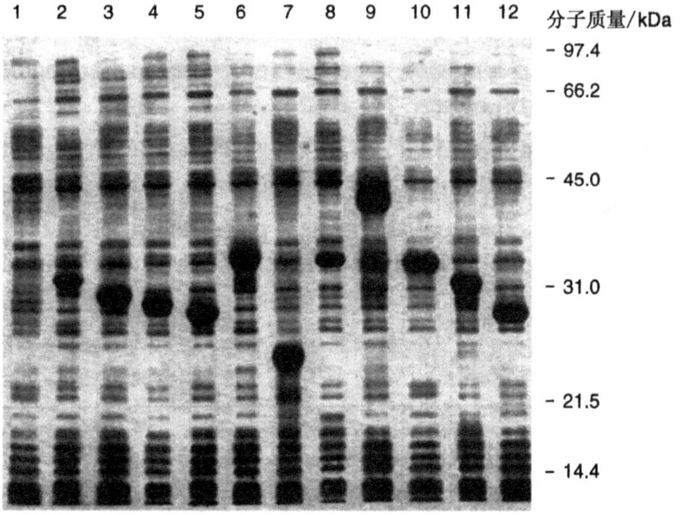

图 16.6.2　硫氧还蛋白基因融合产物的表达。凝胶显示，在大肠杆菌细胞的可溶部分由 11 种不同的硫氧还蛋白基因融合物表达的蛋白质。泳道 1：宿主菌大肠杆菌株 GI724（阴性对照，37℃）；泳道 2：小鼠白细胞介素 2（IL-2，15℃）；泳道 3：人白细胞介素 3（IL-3，15℃）；泳道 4：小鼠白细胞介素 4（IL-4，15℃）；泳道 5：小鼠白细胞介素 5（IL-5，15℃）；泳道 6：人白细胞介素 6（IL-6，25℃）；泳道 7：人巨噬细胞炎性蛋白-1a（MIP-1a，37℃）；泳道 8：人白细胞介素 11（IL-11，37℃）；泳道 9：人巨噬细胞集落刺激因子（M-CSF，37℃）；泳道 10：小鼠白血病抑制因子（LIF，25℃）；泳道 11：小鼠青灰因子（SF，37℃）；泳道 12：人骨形成蛋白-2（BMP-2，25℃）。括号中的温度是选择表达每种融合蛋白的温度。该凝胶是 10% SDS-聚丙烯酰胺凝胶，用考马斯亮蓝染色。

16.6.2　辅助方案 1　用弗氏细胞压碎器裂解大肠杆菌

用一个小至 3.5 ml 的弗氏细胞压碎器（French pressure cell）即可方便地裂解大肠杆菌细胞，微量离心将整个细胞裂解物分成可溶性和不可溶性两部分。也可采用其他裂解方法，例如，超声裂解或溶菌酶-EDTA 处理（见 4.3）。

附加材料（亦见基本方案；带√项见附录 1）

诱导后 4 h 从培养液获得的细胞团块（基本方案）

√20 mmol/L Tris · Cl，pH 8.0，4℃

裂解缓冲液：20 mmol/L Tris · Cl，（pH 8.0），含蛋白酶抑制剂（选用）：0.5 mmol/L 苯甲基磺酰氟（PMSF），1 mmol/L 对氨基苯甲脒（PABA），5 mmol/L EDTA

弗氏压碎器和配套的 3.5 ml 小容器（图 16.6.3，SLM Instruments），4℃

步骤

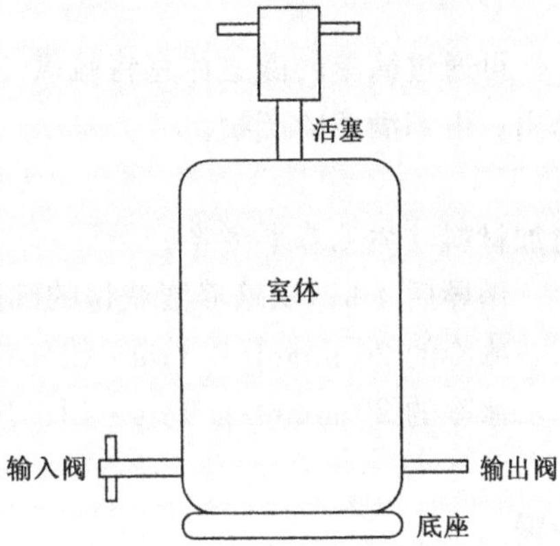

图 16.6.3　弗氏细胞压碎器，配置了 3.5 ml 小容器。

1）诱导后 4 h，将从培养液获得的细胞团块重悬于 20 mmol/L pH 8.0 的 Tris · Cl 缓冲液中，使其浓度达到 5 OD_{550}/ml。

2）取 1.5 ml 重悬的细胞放于弗氏细胞压碎器中。将压碎器倒转，移去底座，活塞充分向下伸展，控制尼龙球的出口阀门的手柄处于打开的位置（松动的）。

往压碎器倒入液体之前，应检查出口窗的封闭情况，位于出口阀门手柄末端的尼龙球是否变形。

3）慢慢抬高活塞，排出容器中的多余空气，将压碎器中的液体推至出口窗水平。打开出口阀门，与此同时保持活塞位置，装上压碎器底座。轻轻关闭出口阀门。

注意：不要过分拧紧阀门，因为这样会使尼龙球变形，并可能使其在压碎器上的底座造成不能修复的损坏。

4）将封闭好的容器正过来，置于液压下。

5）将压碎器上的压力调节旋钮逆时针转到底，到达压力为零的位置。将比例调节旋钮设置到“中（medium）”的位置，启动压碎器。

注意：较大的细胞压碎器（50 ml）通常要将比例调节旋钮设到“高”的位置，小的细胞压碎器（3.5 ml）只能用“中”的比例。

6）慢慢地顺时针转动压力调节，直到压碎器刚好开始运动，让压碎器压缩活塞，数秒钟之后停止运动。

7）在压碎器出口处放一个收集管。顺时针转动压力调节，使压碎器中的压力缓慢升高。注意计数器上的读数，使表盘上显示的压力达到 1000，相当于压碎器内部的压力是 20 000 lb/in^2。

8）持续注意计数器的同时，非常缓慢地打开出口阀门，直到裂解物从出口处缓缓流出。在 20 000 lb/in^2 压力和 OD_{550} 为 5.0/ml 细胞密度时，经过一次压碎处理即可使细胞完全裂解。而较低的压力和（或）较高的细胞密度均可能需经过第二次压碎。

9）移出 100 μl 的小份裂解物，冻存于－80℃（细胞全裂解物）。

10）4℃以最大速度微量离心 10 min，分离剩余的裂解物。

11）吸出 100 μl 的小份上清，冻存于－80℃（可溶性部分），弃去剩余的上清。

12）用等体积的裂解缓冲液重悬团块，吸出 100 μl 的小份，冻存于－80℃（不可溶的部分）。

13）用 Speedvac 蒸发器冻干所有的 100 μl 的小份样品，溶于 100 μl SDS-PAGE 样品缓

冲液中。取 30 μl 样品在 SDS-PAGE 分析以确定含有待研究蛋白质的组分。大规模纯化时每一步骤应按比例增加。

16.6.3　辅助方案 2　硫氧还蛋白融合蛋白的渗透性释放

可通过简单的渗透休克将硫氧还蛋白和一些硫氧还蛋白融合蛋白从大肠杆菌胞质中释出，得到满意的产物。

附加材料（亦见基本方案）

诱导后 4 h，从培养液获得的细胞团块（基本方案）

冰冷的 20 mmol/L Tris · Cl(pH 8.0)/2.5 mmol/L EDTA/20%（*m*/*V*）蔗糖

冰冷的 20 mmol/L Tris · Cl(pH 8.0)/2.5 mmol/L EDTA

步骤

1）诱导后 4 h，将从培养液获得的细胞团块以 OD_{550} 为 5.0 的密度重悬于冰冷的 20 mmol/L Tris · Cl(pH 8.0)/2.5 mmol/L EDTA/20% 蔗糖，冰浴放置 10 min。
2）4℃以最大速度微量离心 30 s，回收细胞。
3）弃上清，细胞用等体积冰冷的 20 mmol/L Tris · Cl(pH 8.0)/2.5 mmol/L EDTA 轻轻重悬。冰浴放置 10 min，不时倒转离心管混匀。
4）4℃以最大速度微量离心 30 s，保存上清（渗透休克物）。细胞团块用等体积的 20 mmol/L Tris · Cl(pH 8.0)/2.5 mmol/L EDTA 重悬（保留）。
5）冻干 100 μl 小份的渗透休克产物，在 Speedvac 蒸发器中干燥。
6）每份样品均溶于 100 μl SDS-样品缓冲液中，每份样品取各 30 μl 以 SDS-PAGE 分析。

渗透休克方案为一些硫氧还蛋白融合蛋白提供了一个有用的纯化步骤。

16.6.4　辅助方案 3　用热处理纯化硫氧还蛋白

野生型硫氧还蛋白可耐受 80℃长时间保温，多种硫氧还蛋白融合蛋白也显示出相应的热稳定性。

附加材料（亦见基本方案）

诱导后 4 h，从培养液获得的细胞团块（基本方案）

20 mmol/L Tris · Cl（pH 8.0）/2.5 mmol/L EDTA

80℃水浴锅

10 ml 玻璃管

步骤

1）诱导后 4 h，将从培养液获得的细胞团块以 20 mmol/L Tris · Cl(pH 8.0)/

2.5 mmol/L EDTA 重悬至 100 OD_{550}/ml 的密度。

为保证变性蛋白质得到充分沉淀，起始裂解物的蛋白质浓度要高。

2）按（辅助方案 1）介绍的方法，在弗氏压碎器中以 20 000 lb/in^2 的压力裂解细胞。将全部的细胞裂解物收集在一支 10 ml 玻璃管中。

3）将全部细胞裂解物在 80℃温育 10 min。分别在 30 s、1 min、2 min 和 5 min 各取出 100 μl 的小份样品立即置于冰浴。到 10 min 时，将剩余的热处理裂解物置于冰浴。

4）4℃以最大速度微量离心 10 min，以收集热变性的沉淀蛋白质。

5）取 2 μl 上清，加入 28 μl SDS-样品缓冲液。以 SDS-PAGE 分析样品，以确定融合蛋白的热稳定性以及用热处理得到优质纯化产物所需的最少时间。

参考文献：LaVallie et al.，1993.

撰 稿 人：John McCoy and Edward LaVallie

16.7 杆状病毒表达系统的概述

一种颇受欢迎的超量表达重组蛋白的真核细胞表达系统是利用杆状病毒发展起来的。它之所以受欢迎是由于以下几个原因：首先，它是一种真核表达系统，不同于细菌表达系统，它可以利用存在于高等真核细胞中的多种蛋白质的修饰、加工和转运体系；其次，杆状病毒表达系统利用的是一种不依赖于辅助病毒的病毒，该病毒可在适于悬浮培养的昆虫细胞中增殖至高滴度，这就能相对容易地获得大量的重组蛋白，大部分超量表达的蛋白质在昆虫细胞中保持可溶性，这与从细菌中常常得到不溶性蛋白形成鲜明的对照；第三，杆状病毒基因组较大（130 kb），可容纳大的外源 DNA 片段；最后，杆状病毒对脊椎动物无感染性，现有研究也表明其启动子在哺乳动物细胞中没有活性，因此在表达癌基因或有潜在毒性的蛋白质时可能优于其他系统。

目前应用最广泛的杆状病毒表达系统利用一种称为苜蓿银纹夜蛾核型多角体病毒（AcMNPV；以下称杆状病毒）的溶源性病毒。该病毒是杆状病毒科的原型，是一种大的、带外壳的双链 DNA 病毒，可感染节肢动物。杆状病毒表达系统得益于病毒生活周期中的一些独一无二的特点（图 16.7.1）。在病毒生活周期中，有两种类型的病毒子代产生：感染晚期的胞外病毒颗粒（非包含体病毒）和感染极晚期的多角体衍生病毒颗粒（包含体病毒）。包含体病毒的多角体蛋白汇集在一起，以保护数以百计的病毒颗粒不被分解的宿主组织蛋白酶裂解失活。

杆状病毒表达系统

杆状病毒表达系统得益于多角体蛋白的几种性质：①在感染细胞中表达水平很高，在感染晚期占细胞蛋白总量的一半以上；②对病毒的感染和复制不必需，意味着重组病毒不需要辅助病毒的功能；③缺失多角体蛋白基因的病毒与含有该基因的病毒具有不同的噬斑形态，重组杆状病毒是由外源基因通过同源重组取代了多角体蛋白基因而产生的，在该系统中，不同的噬斑形态提供了一个用裸眼筛选鉴定重组子的简单方法。

为了产生表达目的基因的重组病毒，首先需将该基因克隆至一个转移载体中（见下

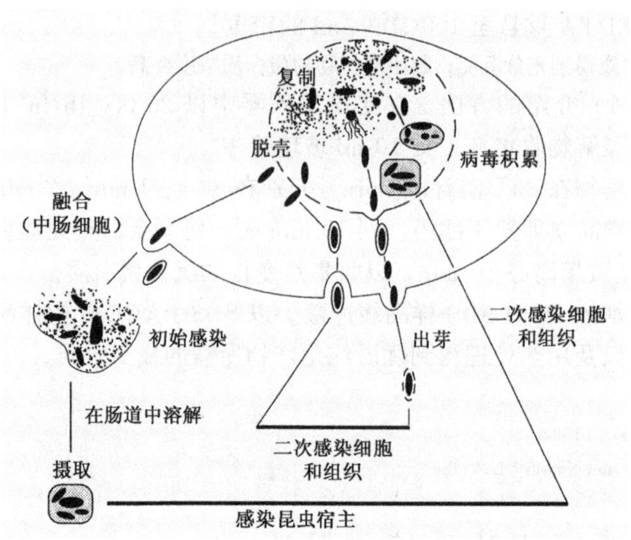

图 16.7.1　杆状病毒生活周期。病毒通过吸收性内吞作用进入细胞并运动至细胞核，在此释放出 DNA。DNA 复制和病毒的装配均发生在受感染细胞的细胞核内，产生两类子代病毒，包括细胞外（非包含体）病毒颗粒和多角体衍生（包含体）病毒颗粒。胞外病毒毒粒以出芽方式从细胞释出，始于感染后约 12 h，终于感染后约 36 h。而多角体衍生病毒则出现较晚（感染后约 18 h），在感染后 72 h 之内或直到细胞溶解前都积聚在受感染细胞核内。多角体衍生病毒包埋于由蛋白质组成的病毒包含体内，其中的主要蛋白质成分为病毒多角体蛋白。细胞和组织的二次感染的发生有两种途径。第一种途径：胞外病毒一旦从初次感染的部位出芽，就会自由地感染邻近细胞。另一种途径：病毒来源于受感染食物，当它被新宿主消化后，多角体衍生病毒从包含体中释出。本图复制自 Sumers 和 Smith（1987）的文献，得到了得克萨斯农业实验站的允许。

面在“选择杆状病毒转移载体”标题下的讨论）。大多数杆状病毒转移载体含有多角体蛋白的启动子，其后接一个或多个供外源基因插入的限制酶识别位点。一旦外源基因克隆至表达载体上，该基因的 5′和 3′旁侧均为病毒特异的序列。接着，重组载体与野生型病毒 DNA 一起转染昆虫细胞，通过体内同源重组，外源基因取代多角体蛋白基因插入病毒基因组。从而，重组病毒失去了多角体蛋白基因，在该位置上是处于多角体蛋白的启动子控制之下表达的插入基因。

野生型病毒的环状 DNA 和重组质粒 DNA 之间发生同源重组的频率很低（常常为 0.1%～0.5%）。最近开发的一种病毒克服了这种限制：该病毒在一个重要基因——可读框（ORF）*1629* 和另一个基因 ORF *603* 内都带有 *Bsu*36I 限制酶切位点；这个可读框位于 AcMNPV 多角体蛋白基因下游，ORF *603* 上游。以这样的一种方式使消化释放的片段中含有病毒生长所必需的序列。用合适的重组转移载体和线性化的已去除 ORF 1629 杆状病毒 DNA 共转染昆虫细胞时，通过同源重组转移载体提供了所必需的 ORF 1629。绝大多数从这些共转染而来的子代病毒，很多时候（>99.9%），带有具有靶基因的修复了的病毒，从而使筛选和噬斑纯化重组体的必要得到最小化。一些公司（Pharmingen，Invitrogen，Clontech 和 Novagen；见附录 4）已商品化生产线性化 ORF 1629 缺失的 AcMNPV DNA。为了更进一步简化重组体的鉴定，一些商品化杆状病毒 DNA 带有细菌 *lacZ* 基因，这个基因在 AcMNPV 中多角体蛋白基因所处位置编码β-半乳糖苷酶，从而可以通过噬斑检测来从视觉上将 *lacZ*-阴性重组体从残留的非重组体病毒中区分出来。也可以通过 DNA 杂交和聚合酶链反应（PCR）扩增来鉴定重组病毒。

另一种快速而有效的产生重组病毒的方法是通过在大肠杆菌内而不是昆虫细胞内的同源重组，将异源基因位点特异性地插入到杆状病毒穿梭载体，这种杆状病毒穿梭载体可在大肠杆菌内扩增。在此情形下，重组病毒 DNA 可从细菌克隆中获得，不含有野生型的病毒 DNA。转染昆虫细胞后获得的重组病毒不含有非重组的野生型的病毒，而无须进行多轮的噬斑纯化。BAC-TO-BAC 杆状病毒表达系统就是基于该原理，可从 Life Technologies 公司得到。

昆虫细胞中蛋白质的翻译后修饰

因为杆状病毒只感染非脊椎动物细胞，所以在这些细胞中生产的蛋白质的加工可能不同于脊椎动物细胞。尽管某些类型的翻译后修饰似乎确有不同，其他一些类型却并非如此。已有研究表明，在昆虫细胞中，除了发生十四烷基化以外，还可发生十六烷基化，但是目前尚未确认究竟是所有重组蛋白还是仅有一部分重组蛋白含有这些修饰。信号序列的切割、激素前导序列的去除，以及多蛋白的切割亦有报道，但切割效率千差万别。现已报道，在富含精氨酸或赖氨酸序列的位点上，蛋白质内部酶解切割效率极低；可发生在幼虫和蛹中的 α-氨酰化，在培养细胞中则不会发生。在大多数的情况下，需要有细胞或种属特异的蛋白酶。在昆虫和脊椎动物细胞之间，蛋白质在细胞中的定位靶向性似乎是保守的，这样，蛋白质可被忠实地分泌、定位在细胞核、胞质或质膜中。尽管有关昆虫细胞中蛋白质糖基化的本质仍有很多东西有待研究，但在脊椎动物中可被 *N*-糖基化的蛋白质一般而言也可在昆虫细胞中被糖基化。然而，除有少数例外，昆虫细胞产生的糖蛋白中 N 端连接的寡糖只是高度甘露糖型的，而不会被加工成含有岩藻糖、半乳糖和唾液酸的复合型寡糖。在 Sf9 细胞中 *O*-糖基化产物尚未被明确鉴定，但已表明发生过这种情况。

用杆状病毒表达系统超量表达蛋白质的步骤

用杆状病毒表达系统超量表达重组蛋白的步骤在 16.10 和 16.11 中有详细介绍。

选择杆状病毒转移载体

目前大多数的杆状病毒载体是以 pUC 质粒为基础构建的，并提供氨苄青霉素抗性。多数载体含有多角体蛋白基因启动子和克隆外源目的基因的插入位点，旁侧的病毒序列位于启动子的 5′端和外源基因的 3′端，两侧序列有利于杆状病毒 DNA 与载体之间发生同源重组。还有一些杆状病毒载体含有另外一个强的晚期启动子 p10，或在感染晚期表达的基本蛋白启动子。杆状病毒载体还可表达多种不同的基因或带有 N 端信号序列/信号肽的融合蛋白，这有利于重组病毒的分泌和纯化（表 16.7.1）。

表 16.7.1　杆状病毒表达载体[a]

载体	启动子	启动子类型	是否为融合蛋白	特点	来源[b]
以多角体蛋白基因为基础					
含有单一杆状病毒启动子的载体					
pVL1392/1393(对)	P	VL	否	标准转移载体	PG、IN
pAcSG2	P	VL	—[c]	用于大片段插入	PG
pAcMP2/3(对)	BP	L	否	有利于翻译后加工	PG
pAcUW21	P	VL	否	多角体蛋白基因，F1 来源	PG
pBacPak8/9(对)	P	VL	否	标准转移载体	CT
pBAC-1	P	VL	—[c]	F1 来源	NG
pBacgus-1	P	VL	—[c]	gus 报道基因	NG
pBlue BacIII	P	VL	否	LacZ 基因	IN
pAcGHLT-A,B,C(套)	P	VL	是	GST 和 6×His 标签，凝血酶酶解位点	PG
pAcHLT-A.B,C(套)	P	VL	是	6×His 标签，凝血酶酶解位点	PG
pBac-2cp	P	VL	是	6×His 和 S 标签，F1 来源	NG
pBACgus-2cp	P	VL	是	6×His 和 S 标签，F1 来源，gus 报道基因	NG
pBlue Bac His,A,B,C(套)	P	VL	是	LacZ 基因，6×His 标签	IN
pAc360	P	VL	是	与多角体蛋白在翻译中融合	IN
pAcG1	P	VL	是	GST 标签	PG
pAcG2T	P	VL	是	GST 标签，凝血酶酶解位点	PG
pAcG3X	P	VL	是	GST 标签，Xa 因子酶解位点	PG
BioColors BV Control(套)	P	VL	是	与 GFP 或其变种融合	PG
BioColors His(套)	P	VL	是	与 GFP 或其变种融合，6×His 标签，凝血酶酶解位点	PG
含分泌信号的载体					
pAcGP67,A,B,C(套)	P	VL	是	分泌所需的 gp67 信号序列	PG
pAcSecG2T	P	VL	是	分泌所需的 gp67 信号序列，GST 标签	PG
pPbac	P	VL	是	分泌所需的胎盘 AKP 信号序列	SG
pMbac	P	VL	是	分泌所需的蜂毒素信号序列	SG
pBAc surf-1	P	VL	是	分泌所需的 gp67 信号序列，F1 来源	NG
连接不依赖性克隆载体					
pAcSG2-LIC	P	VL	否	快速 PCR 克隆的 LIC 位点	PG
pAcSGT-LIC-2T	P	VL	否	GST 标签，凝血酶酶解和 LIC 位点	PG
pAcSGT1-LIC	P	VL	否	GST 标签，LIC 位点	PG
pBACgus-2cp LIC	P	VL	否	gus 报道基因，6×His 和 S 标签，凝血酶酶解位点，F1 来源，LIC 位点	NG
pBAC-2cp LIC	P	VL	否	6×His 和 S 标签，凝血酶酶解位点，F1 来源，LIC 位点	NG
含多重杆状病毒启动子载体					
pAcUW51	P,p10	VL	否	表达 2 个外源基因，F1 来源	PG
p2Bac	P,p10	VL	否	表达 2 个外源基因	IN
pAcAB3	P,p10	VL	否	表达 3 个外源基因	PG
pAcAB4	P,p10	VL	否	表达 4 个外源基因	PG
pAcUW31	P,p10	VL	否	表达 2 个外源基因，M13 来源	CT

续表

载体	启动子	启动子类型	是否为融合蛋白	特点	来源[b]
pBAC4x-1	P,p10	VL	—[c]	表达4个外源基因,F1来源	NG
pBACgus 4x-1	P,p10	VL	—[c]	表达4个外源基因,gus报道基因,F1来源	NG
以p10基因为基础					
含单一杆状病毒启动子载体					
pAcUW1	p10	VL	否	标准p10基因载体	PG
含多重杆状病毒启动子载体					
pAcUW32/43(对)	P,p10	VL	否	表达2个外源基因,F1来源	PG
Bacmid 表达载体					
FastBac1	P	VL	否	Bacmid 表达系统	LT
FastBacHT A,B,C(套)	P	VL	是	Bacmid 表达系统,6×His标签	LT

a. 缩写词:6×His,6-组氨酸(标签);BP,基本蛋白(启动子);CT,Clontech;GFP,绿色荧光蛋白;GST,谷胱甘肽-S-转移酶(标签);gus,β-葡萄糖醛酸苷酶;IN,Invitrogen;L,晚期基因(启动子);LIC,连接不依赖性克隆;LT,Life Technologies;NG,Novagen;P,多角体蛋白;PG,Pharmingen;SG,Stratagene;S tag,Novagen的肽标签;VL,极晚期基因(启动子)。

b. 来源的地址和电话号码见附录4。

c. 可选融合蛋白。

在选择适当的杆状病毒表达载体系统时，主要应考虑在昆虫细胞中表达的重组蛋白是融合的还是非融合蛋白。融合蛋白含有特殊的标签有利于鉴定和纯化；对于非融合蛋白的表达，目前可供选择的载体很多，其中最著名的是 pVL1392 和 pVL1393（Pharmingen 和 Invitrogen），它们的多克隆位点分别位于相反的方向。表达非融合蛋白的载体还包括 pBacPAK8 和 pBacPAK9（Clontech）、pBac-1（Novagen）和 pAcSG2（Pharmingen）。表达含有多聚组氨酸标签的融合蛋白，可以选择下列载体：pAcHLT-A、-B 和-C（Pharmingen），pBlueBacHis-A、-B 和-C（Invitrogen）及 pBac-2cp（Novagen）。这些质粒可以通过镍螯合树脂简易地纯化重组蛋白（见 10.10B）。表达 GST 融合蛋白，可以选用 pAcGHLT-A、-B 和-C 载体（Pharmingen），产生 N 端 GST 的融合蛋白。对于所有的表达融合基因的载体，应注意将目的基因克隆到相对于标签的正确可读框中。

重组蛋白分泌到昆虫细胞培养基中，有利于简化重组蛋白的鉴定和纯化过程。使用无血清培养基可以进一步简化纯化过程，目前有些载体在多角体蛋白基因启动子下含有信号序列，它可以引导初生的多肽分泌到细胞外。目的基因插入在信号序列的下游，形成融合基因，该基因由强大的多角体蛋白基因启动子启动。具有生物活性的分泌性蛋白需要在内质网（ER）和高尔基体上进行一系列复杂的翻译后加工。分泌性蛋白在 ER 的内腔中完成糖基化修饰，随后，蛋白质转运到高尔基体，进行进一步的修饰。在易位的过程中，大多数情况下氨基末端的前导肽被去除。决定蛋白质翻译后加工的最终形态的是蛋白质的基本结构和在连续转运过程中出现的构象。在保持生物活性进行有效分泌时，每种分泌蛋白具有自身的特点和一些潜在的问题。一般而言，由杆状病毒感染的昆虫细胞生产的蛋白质进行的翻译后加工与本身的蛋白质相似。纯化分泌性蛋白不需要裂解细胞，其过程显得简单。有些载体利用了杆状病毒衣壳蛋白 gp64 分泌序列，如 pAcGP67-A、-B 和-C（Pharmingen），pBac surf-1（Novagen）。而 pMbac 和 pPbac

(Stratagene) 分别插入了蜂毒溶血肽分泌信号序列和人胎盘碱性磷酸酶分泌信号序列。此外，还有两种载体含有 p10 启动子控制下 *lacZ* 基因，其可以在 X-gal 存在的条件下，通过颜色筛选重组子。

当应用野生型 AcMNPV DNA 时，采用 pBlue BacIII (Invitrogen)，pJVNheI (Vialard et al.，1990) 的衍生物，便于筛选重组杆状病毒。pBlue BacIII 含有多克隆位点和两个启动子：多角体蛋白启动子和 early-to-late (ELT) 启动子，其下游插入了 *lacZ* 基因。像其他杆状病毒载体一样，目的基因被克隆到多角体蛋白启动子的下游，并在其控制下进行重组蛋白的合成。重组病毒在含有 150μg/ml X-gal 的琼脂糖覆盖的平板上形成噬斑，有关噬斑显现的介绍见 16.8 的基本方案 4。重组病毒产生的噬斑呈蓝色，没有包含体。

选择杆状病毒 DNA

目前有许多方法可以用于生产重组杆状病毒。首先，将重组载体和野生型杆状病毒 DNA 共转染昆虫细胞，获得含有重组病毒的上清，通过几轮噬斑纯化，筛除非重组野生型病毒，最后才得到纯化的重组病毒。这是一项费时的工作，技术熟练的专家也需要很长一段时间才能完成，但是如果在转染前将改造过的杆状病毒 DNA 线性化，获得的初始病毒储液中含有极少的非重组病毒，就不需要进行噬斑纯化。这项技术的原理在于改造过的杆状病毒 DNA 含有致死性缺失，并不能产生活病毒。将线性化的杆状病毒 DNA 与一个互补的质粒共转染，质粒拯救了必需基因——*ORF*1629 的致死性缺失，*ORF*1629 位于杆状病毒 DNA 多角体蛋白基因的下游。因此，杆状病毒转移载体必须基于多角体蛋白基因才能拯救这种缺失。这就表示，它的启动子区域两侧的序列必须来源于野生型病毒 AcMNPV 的多角体蛋白基因位点，否则，它不能与 *ORF*1629 缺失的线性化的杆状病毒 DNA 重组。其方案在 16.8 中有讲述。

另一种避免耗时的噬斑纯化的方法是 BAC-TO-BAC 系统 (Life Technologies)。将目的基因克隆到供体质粒 pFastBac1 上，将其转化含有辅助质粒和杆状病毒穿梭载体 (bacmid) 的大肠杆菌中，pFastBac1 含有 Tn7 位点，它可以在辅助质粒的反式作用下，转座到 bacmid 上。重组的 bacmid 可从细菌中分离并用阳离子脂质体 (CellFECTIN) 转染昆虫细胞。因此在大肠杆菌中筛选重组子，比通过几轮噬斑纯化要快得多。

用于杆状病毒表达系统的试剂、溶液和设备

常用的试剂、溶液总结如下。供应商联系信息见附录 4。

1) 合适的昆虫细胞系。Sf9 细胞来源于秋天草地夜蛾 (*Spodoptera frugiperda*) 的卵巢，也可从美国模式培养物保藏所、Pharmingen 或 Invitrogen 获得。相似的细胞系 Sf21 可以从相同的销售商处得到。作为 *S. frugiperda* 细胞系的备选，从 *T. ni* 卵细胞匀浆得到的 *Trichoplusia ni* High Five 细胞系可从 Invitrogen 获得。已有报道称：使用 *T. ni* 细胞系一些蛋白质具有显著的高表达。另外，High Five 细胞作为贴壁细胞能迅速增殖并且很快适应无血清培养基。
2) 完全准备了的 TNM-FH 昆虫培养基。含有微量金属、乳白蛋白水解物、酵母、10%胎牛血清 (FBS) 和庆大霉素。这种培养基可以从 Pharmingen 和其他几个销售商购得。也可以从 Graces 昆虫细胞培养基（添加或未添加水解乳蛋白和酵母水解物的 1×和 2×的粉剂或水剂，Life Technologies 公司产品）制备。用各单一成分制备培养基的说明可参见文献（O' Reilly et al.，1992）。胎牛血清可从多个商家买到，从一些供应商获得并检验不同批次的血清，那些促进细胞最佳生长和活力的批次应当大批购买。

3）无血清昆虫细胞培养基。无血清昆虫细胞培养基可以选择地从几个销售商（Pharmingen 的 BaculoGold 培养基，Life Technologies 的 Sf-900 II，或 JRH Biosciences 的 ExCell 401）购买。这些合成的、低蛋白质培养基被推荐用于分泌蛋白并且可以有利于以后的纯化。

4）培养箱温度设定于（27±1）℃，不需 CO_2，湿度可选。例如，Biological Oxygen Demand (B. O. D.) 低温培养箱（VWR Scientific）或较大的 Isotemp（Fisher）培养箱均很好。

5）磁力搅拌培养瓶。各种大小的磁力搅拌培养瓶可从 Techne 或 Bellco 得到。

6）多转瓶的搅拌台（Bellco）。可从 Techne 或 Bellco 得到。

7）Seakem ME 琼脂糖（FMC Bioproducts）。

8）60 mm、100 mm、150 mm 组织培养皿（Falcon 或 Corning）。

9）抗生素（供选）。庆大霉素（可从很多销售商获得）和两性霉素 B（Flow Laboratories 的 Fungizone）。

10）显微镜。倒置光镜或解剖显微镜均可。

11）合适的克隆载体。可从多个商家买到（见表 16.7.1）。几种额外的载体、操作手册和野生型杆状病毒 DNA，均可向 Max D. Summers 博士索取（地址：Department of Entomology，Texas Agriculture Experiment Station，Texas A & M University，College Station，Texas 77843（Phone：409-845-9730）。在材料寄出之前须签订一个特许协议。也可从 Pharmingen，Invitrogen，Clontech，Novagen 或 Stratagene 处购得商品化的试剂盒。

12）线性化的可即用的杆状病毒 DNA。可从多个商家买到。

参考文献：Doerfler and Bohm，1986；O' Reilly et al.，1992.

撰稿人：Cheryl Isaac Murphy，Helen Piwnica-Worms，Stefan Gruenwald 和 William G. Romanow

16.8 昆虫细胞培养的保存及重组杆状病毒的产生

本节介绍了昆虫细胞培养的保存和重组杆状病毒的产生、纯化及储存。

注意：所有与活细胞接触的试剂和仪器均应无菌而且应使用相应的无菌操作。

16.8.1 基本方案 1 昆虫细胞的保存和培养

材料（带√项见附录 1）

√含 10%胎牛血清的昆虫细胞培养基 TNM-FH，含或不含 20%（*V*/*V*）DMSO

草地夜蛾（Sf9）细胞（ATCC ＃CRL1711），源自秋天草地夜蛾的卵巢（见 16.7）

70％乙醇

0.4％（*m/V*）台盼蓝（Life Technologies 公司）

无血清昆虫细胞培养基（Pharmingen 公司的 BalculoGold Protein-Free Insect Medium，Life Technologies 公司的 Sf-900 或 JRH Biosciences 公司的 ExCell401）。

60 mm 培养皿或 25 cm^2 培养瓶

27℃培养箱（湿度可选）

旋转细胞培养瓶（悬浮培养用；Techne 或 Bellco）

多转瓶的搅拌台（Techne 或 Bello）

带有 GH-3.7 水平转子的 Beckman GPR 离心机（或相当的仪器）

带螺口盖的冻存管

液氮罐

步骤

1）将 3 ml 含 10％胎牛血清的昆虫细胞培养基 TNM-FH 加入到一个 60 mm 组织培养皿或 25 cm^2 培养瓶中。

2）取出一支冻存 Sf9 细胞的安瓿，迅速置于 37℃水浴，用手前后摇动融化。当安瓿的内容物几乎完全融化时，将安瓿浸入 70％乙醇，消毒外壁。

3）打碎安瓿颈部，将内容物转移至步骤 1 的 60 mm 组织培养皿或 25 cm^2 培养瓶。用手轻轻摇动，使细胞分散均匀，置 27℃温育 2～3 h 直到细胞贴壁。

4）除去旧培养液，换 3 ml 新鲜培养液 TNM-FH/10％FBS，继续温育。每 3 天换液一次（除去旧培养液换新鲜的），直到细胞生长汇片（形成拥挤的单层培养物）。

注意：换液时要使培养皿倾斜一个角度，在一个角上移出和加入培养基以避免搅动单层细胞。

5）当 Sf9 细胞已生长汇片时，弃去培养瓶中的培养液。加入新鲜的完全培养液，用移液管轻柔吹打重悬细胞。

6）用为培养组织细胞设计的血细胞计数器计数细胞（见附录 3F）。

在血细胞计数器小方格上的每一个细胞相当于 10^4 细胞/ml。

7）在一个新的 60 mm 组织培养皿或 25 cm^2 培养瓶中接种来自步骤 5 的（1～2）$\times 10^6$ 个细胞，摇动培养瓶使细胞均匀分布（如果制备大量培养细胞，可用大的培养瓶，装入更多的培养液）。加入新鲜培养液 TNM-FH/10％FBS 至终体积 3ml。

8）27℃温育，每 3 天用 TNM-FH/10％FBS 培养基换液，直到培养瓶中的细胞生长汇片。

9）弃去汇片的单层培养细胞中的培养液，并重悬细胞（同步骤 5），用血细胞计数器计数细胞（见附录 3F）。

10）以（4～5）$\times 10^5$ 细胞/ml 的密度将细胞接种于一个旋转培养瓶中，27℃温育，以 60～80 r/min 的速度恒速搅拌。轻微开启旁边的通气孔，以保证充足的空气。

11）每隔 2 或 3 天进行细胞计数（见附录 3F）。当细胞密度达到（2～2.5）$\times10^6$/ml 时进行传代，将适量细胞移至一个含有新鲜培养液 TNM-FH/10%FBS 的新培养瓶中，使终密度达到（4～5）$\times10^5$/ml。

12）在 1 ml 对数生长的细胞中加入 0.1 ml 的 0.4%台盼蓝，测定细胞活力。在低倍显微镜下检查细胞，计数被台盼蓝染色的细胞（死细胞）和总细胞数，计算出死细胞和活细胞的百分比例。

活细胞的百分比例应大于 97%，为了保持在悬浮细胞中传递足够的氧气，必须保持表面积与培养体积成一定的比例。

13）将单层培养细胞（从步骤 5）或悬浮培养细胞（从步骤 11）传代至由 1 份完全 TNM-FH/10%FBS 培养液和 1 份无血清培养液（BaculoGold，Sf-900II 或 ExCell 401）组成的混合培养液中。让细胞长至汇片（单层培养），或达到（2～3）$\times10^6$ 细胞/ml 的密度（悬浮培养）。

14）按步骤 13 的方法重复，将细胞传代至 TNM-FH/10%FBS 培养液与无血清培养液比例为 1∶3 的混合培养液中，使细胞生长。

15）按步骤 13 的方法，用完全培养液与无血清培养液比例为 1∶7 至 1∶9 的混合培养液，重复细胞传代与细胞生长的步骤。

16）用无血清培养液传代细胞。

细胞在无血清培养液中生长缓慢，需要几次传代才能恢复正常的生长速率和活性。

17）计数呈对数生长的待冻存细胞（见附录 3F）。

18）室温以 1000 *g*（GH-3.7 转子为 2000r/min）离心 10 min，弃去上清液。

19）用 TNM-FH/10%FBS 培养液以（1～2）$\times10^7$ 细胞/ml 的密度重悬细胞团块。加入等体积含 20% DMSO 的 TNM-FH/10% FBS 培养液，将细胞置于冰浴。吸出 1 ml 细胞悬液，移入带螺口盖的冻存管中，置于－20℃ 1 h，然后－70℃过夜。

20）将冻结的细胞移至液氮罐中以便长期保存。

16.8.2 基本方案 2 用线性化杆状病毒 DNA 共转染昆虫细胞

在共转染前，需要制备≥10μg 提纯的质粒 DNA。注意质粒要尽可能的干净，使用不纯的质粒，细胞在转染后可能溶解，导致病毒的滴度很低。转染后 24 h，Sf 细胞的存活率应>97%。

值得注意的是，本方案最适合 Pharmingen 的线性 DNA。对于 Clontech 和 Invitrogen（见附录 4）的线性 DNA 应参考公司提供的方案。

材料（带√项见附录 1）

贴壁培养达到 50%～70%成片或悬浮培养达到（1～1.5）$\times10^6$ 细胞/ml 的草地夜蛾（Sf9）细胞（见基本方案 1）

√含 10%胎牛血清（FBS）的 TNM-FH 昆虫培养基

*ORF*1629 缺失的线性 AcMNPV DNA（如 BaculoGold，Pharmingen）

含目的基因的重组杆状病毒转移质粒

√转染缓冲液 B
阳性对照载体：pVL1392-XylE（Pharmingen）
√转染缓冲液 A
500 mmol/L 儿茶酚/50 mmol/L 硫酸氢钠

60 mm 组织培养皿
27℃加湿培养箱
倒置显微镜
15 ml 锥形离心管
带有 GH-3.7 水平转子（或与其相当转子）的 Beckman GPR，4℃

步骤

1）接种 2×10^6 细胞于 60 mm 培养皿中，接种 3 个培养皿，在含 10% FBS 的 TNM-FH 昆虫培养基中培养，27℃培养直到细胞贴壁。

细胞在平坦光滑的表面才能贴得更加牢固，这个过程常常需要大约 5 min。如果在此时间后细胞还没有贴壁，说明细胞状态不好或所用的培养皿不好（如有盖培养皿不能用于组织培养）。

昆虫细胞的状态十分重要，只有能快速分裂的细胞才能使用。

2）待细胞贴壁后，在离心管中加入 0.5 μg *ORF*1629 缺失的线性 AcMNPV DNA 和2～5 μg 重组杆状病毒转移质粒。轻轻振荡混匀，放置 5 min，再加入 1 ml 转染缓冲液 B。

3）制备阳性对照：在离心管中加入 0.5 μg *ORF*1629 缺失的线性 AcMNPV DNA 和 2 μg 阳性对照载体 pVL1392-XylE DNA。轻轻振荡混匀，放置 5 min，再加入 1 ml 转染缓冲液 B。

4）第一个培养皿（步骤 1）进行共转染试验，做好记号。吸出旧培养基，加入 1 ml 转染缓冲液 A，必须保证液体全部覆盖细胞。

5）第二个培养皿（步骤 1）作为阳性对照，做好记号。吸出旧培养基，加入 1 ml 转染缓冲液 A，同步骤 4。

6）第三个培养皿（步骤 1）作为阴性对照，做好记号。吸出旧培养基，加入 3 ml 新鲜的 TNM-FH/10%FBS 培养基，不加入任何 DNA。

7）将 1 ml 步骤 2 制备的溶液（含有目的基因的载体）逐滴加入共转染培养皿中，每加入 3～5 滴，来回地晃动平皿，混合液滴。

在此过程中，可能会形成磷酸钙/DNA 沉淀，这种沉淀对于转染是有利的，它是以乳白状形式出现的。

8）将 1 ml 步骤 3 制备的溶液（含有阳性载体）逐滴加入阳性对照培养皿中，同步骤 7。

9）将此三块板放入 27℃培养箱中培养 4 h。

钙沉淀的暴露时间对于获得良好的转染结果十分重要。如果培养的时间太长，细胞的存活率会有很大的下降，对于不同的细胞系，最适培养时间也不同。对于 Sf9 细胞，最适培养时间是 4 h。

10）4 h 后，吸出共转染平皿和阳性对照平皿中的培养基（不包括阴性对照平皿）。每个板中加入 3 ml 新鲜的 TNM-FH/10%FBS 培养基，来回地晃动平皿，再次吸出所有的培养基。每个板中加入 3 ml 新鲜的 TNM-FH/10%FBS 培养基。27℃培养 4～5 天。

没有必要更换阴性对照平皿中的培养基。

11) 4 天后，在倒置显微镜下观察三块平皿中的感染情况，将共转染平皿与阳性对照平皿和阴性对照平皿对比。

被感染的细胞比未被感染的细胞大，细胞核也大。由于从转染后的早期就停止分裂，与没有转染的细胞相比细胞的密度要低很多。而且，转染了的细胞不能很好的贴壁，悬浮在培养基中的细胞占很高的百分比。

12) 5 天后，收集共转染平皿和阳性对照平皿的上清。用噬斑试验确定病毒滴度或用终端稀释试验估计病毒滴度（见基本方案 4）。

13) 裂解转染细胞（对于非分泌型重组蛋白）检测目的蛋白的表达或将上清（对于分泌型重组蛋白）分成多份，进行相应试验。

除非对目的蛋白有灵敏的检测手段，否则在这一步重组蛋白不能被发现。

14) 加入 100 μl 500 mmol/L 儿茶酚/50 mmol/L 硫酸氢钠到阳性对照平皿检测 XylE 蛋白的表达。

大约 5 min，被感染的细胞变成亮黄色。

15) 将转染上清液转入无菌的 15 ml 的离心管中，4℃，1000 *g* 离心 10 min。将病毒上清液放入新的无菌管中，避光，4℃保存。

16) 扩增病毒上清，以获得可用于生产重组蛋白的高滴度病毒储液（见基本方案 3）。

16.8.3 备择方案 用野生型杆状病毒 DNA 共转染产生重组病毒

作为 *ORF*1629 缺失的线性杆状病毒 DNA 的替代物，环状野生型 AcMNPV 也可与杆状病毒转移质粒共转染昆虫细胞（见基本方案 2）。但是，与线性 DNA 相比，重组效率十分低（通常只有 0.1%～0.2%）。这种方法还需要几轮噬斑试验鉴定、纯化重组子。

野生型杆状病毒可从 Dr. Max D. Summers、Department of Entomology、Texas Agricultural Experiment Station、Texas A&M University、College Station、Texas 77843 获得（电话：409-845-9730）。

附加材料（亦见基本方案 2；带√项见附录 1）

野生型杆状病毒（Dr. Max D. Summers 或 Pharmingen 公司）

√蔗糖垫层溶液

√0.1×和 1×TE 缓冲液，pH 7.4

含 25 %和 56%蔗糖（超纯）的 0.1×TE 缓冲液（过滤除菌，4℃保存 1 个月以上）

√抽提缓冲液

10 mg/ml 蛋白酶 K（新鲜制备）

10% *N*-十二烷基肌氨酸（钠盐；过滤除菌，4℃保存 1 年以上）

25∶24∶1（*V*/*V*/*V*/）苯酚/氯仿/异戊醇（见 2.1）

100%（冰浴）和70%（室温）乙醇

√3 mol/L 乙酸钠，pH 5.2

150 mm 培养皿

50 ml 锥形离心管

带有 GH-3.7 水平转子（或与其相当转子）的 Beckman GPR 离心机，4℃

带有 SW-27 或 SW-28 转子和 SW-41 转子的 Beckman GPR 超速离心机（或其他超速离心机与其相当转子），4℃，相应离心管

蔗糖梯度制备仪

15 ml 聚丙烯离心管

50℃水浴锅

5 ml 或 10 ml 宽嘴吸管

步骤

1）用 30 ml TNM-FH/10%FBS 培养基将以每瓶 2.0×10^7 Sf9 细胞接种到至少 10 个 150 mm培养皿中。27℃培养 1 h，使细胞牢固贴壁。用感染复数（MOI）为 0.1 的野生型 AcMNPV 病毒感染细胞，27℃培养 3～5 天。在倒置显微镜下，观察包含体（有很好的折光性，有微黄绿色的结晶）的存在。

Dr. Max D. Summers 对于他的材料有专门介绍实验方案的小册子。Pharmingen 公司对于他的产品也会提供类似的材料。也可见 O' Reilly 等的文献（1992）。

2）当大多数细胞含有包含体时，将病毒上清倒入 6 个 50 ml 锥形离心管中（每管大约 30 ml）。4℃，1000 *g* 离心 10 min，再将其病毒上清倒入 6 个新管中。重复离心，以除掉剩余细胞。

此步骤和下面剩余步骤都不需要无菌操作。

3）将 6～35 ml 的病毒上清加入适当数量的 SW-27 或 SW-28 转子的超速离心管，平衡离心管，下面垫上 3 ml 的蔗糖溶液。将离心机和转子预冷至 4℃。

4）4℃，100 000 *g*（24 000 r/min 在 SW-27 和 SW-28 转子）离心 60 min，沉淀病毒。倾倒出上清，将管子倒扣于 Kimwipe 纸巾上，尽可能倒干液体。

5）仔细检查病毒沉淀，如果病毒较纯（应该是不透明、发白的外观），则转移至 DNA 的提取（步骤 11）。如果病毒沉淀块呈现微黄色，按照下面步骤 6a～10a 和 6b～10b 从细胞残存物中分离病毒。

用蔗糖梯度分离纯化病毒沉淀。

6a）加入 2 ml 的 0.1×TE 缓冲液，反复上下吹打重悬病毒沉淀。将重悬的病毒溶液加入第二个含有病毒沉淀的管中，继续重悬，重复进行直到所有的病毒沉淀都重悬在 2 ml 的溶液中。如果沉淀难以重悬，则于 4℃温育过夜。

7a）将含有 25%和 56%蔗糖的 0.1×TE 缓冲液置于蔗糖梯度制备仪的储液槽中，制备 2 份从 25%～56%蔗糖线性梯度液，置于 SW-41 超速离心管中。

8a）仔细将 1 ml 的病毒悬液加至每一蔗糖梯度的顶部，4℃，100 000 *g* 离心 90 min。病毒在梯度液中为可见的蓝白色宽带。

9a）用巴斯德吸管将病毒转移至新的 SW-41 超速离心管中，加入足够的 0.1×TE 缓冲液以充满整个离心管（大约 35 ml），4℃，100 000 *g* 离心 60 min，沉淀病毒。倾倒出上清，将管子倒扣于 Kimwipe 纸巾上，尽可能倒干液体。

10a）用 9 ml 的抽提缓冲液重悬病毒沉淀，将其分为 2 份，每份 4.5 ml 加入 15 ml 聚丙烯离心管中。进行步骤 11 的操作。

微量离心机纯化病毒沉淀

6b）加入 3 ml 的抽提缓冲液，上下反复吹打重悬病毒沉淀。将重悬的病毒溶液加入第二个含有病毒沉淀的管中，继续重悬，重复进行直到所有的病毒沉淀都重悬在3 ml 的溶液中。如果沉淀难以重悬，则于 4℃温育过夜。

7b）分别转移 1.5 ml 病毒悬液于两个 1.5 ml 微量离心管中，最大转速下离心 5 min，将上清转移到 15 ml 聚丙烯离心管中。

8b）用 1 ml 抽提缓冲液重悬病毒沉淀。

9b）最大转速下离心 5 min，将上清与 15 ml 聚丙烯离心管中的上清合并。

10b）在 15 ml 聚丙烯离心管中加入抽提缓冲液使其体积达到 9 ml，分成 4.5 ml 的两小份移至 2 个新的 15 ml 聚丙烯离心管中。进行步骤 11 的操作。

11）每管加入 200 μl 10 mg/ml 蛋白酶 K，50℃，保温 1～2 h。

12）每管各加入 0.5ml 10% *N*-十二烷基肌氨酸，50℃，保温 2 h 或过夜。

13）用等体积的 25：24：1 苯酚/氯仿/异戊醇抽提 DNA 2 次（见 2.1）。

抽提过程要十分小心，以免剪切病毒 DNA。使用宽孔的巴斯德吸管，并以颠倒试管的方法代替涡旋来混合 DNA 溶液。

14）用一宽嘴（5～10 ml）吸管将 DNA 的水相转移至另一 15 ml 聚丙烯离心管中。加入 10 ml 100%冰浴的乙醇，倒转离心管数次，轻柔混合，－80℃放置 10 min（见 2.1）。

15）4℃，1500 *g* 离心 20 min，弃上清。以 70% 乙醇漂洗 DNA 沉淀，风干 30～60 min。加入 800 μl 的 1×TE 缓冲液重悬沉淀。

16）各取 400 μl 重悬 DNA 移至两个微量离心管中，每管加入 40 μl 3 mol/L 乙酸钠和两倍体积 100%冰浴的乙醇再次沉淀 DNA，－80℃放置 10 min。

17）离心 10 min。以 70%乙醇漂洗 DNA 沉淀，风干。加入 0.3～1.0 ml 的 1×TE 缓冲液重悬。

18）测 260 nm 吸光值（附录 3D）并计算产量，环状野生型杆状病毒 DNA 保存于 4℃（可达数月）。

本方法可以从 10 个 150 mm 培养皿获得 50～100 μg 病毒 DNA。如果发现 DNA 难以溶解，可将其混合物在 65℃加热大约 15 min。

19）按照基本方案 2 的方法，将环状野生型杆状病毒 DNA 与含有目的基因的杆状病毒转移质粒共转染 Sf9 细胞，在该方案步骤 2 中以野生型杆状病毒 DNA 代替 *ORF*1629 缺失的线性 DNA。

与线性 DNA 相比，野生型病毒 DNA 的重组效率要低很多。这种方法还需要几轮噬斑试验鉴定、纯化重组子（见基本方案 4）。

16.8.4 基本方案 3 杆状病毒储液的制备

材料（带√项见附录 1）

单层培养的 Sf9 细胞（基本方案 1 步骤 5）或悬浮培养的 Sf9 细胞（基本方案 1 步骤 11）

√含 10%胎牛血清的昆虫细胞培养液 TNM-FH

待接种的杆状病毒，野生型的或重组病毒（如来自共转染 Sf9 细胞的培养上清，见基本方案 2），以噬斑实验确定 pfu 滴度（见基本方案 4）

150 mm 培养瓶

27℃培养箱（湿度可选）

倒置显微镜

带有 GH-3.7 水平转子（或相当的转子）的 Beckman 离心机 GPR，4℃

带螺口盖的冻存管

液氮罐

500 ml 旋转细胞培养瓶（Techne 或 Bellco）

多转瓶的搅拌台（Techne 或 Bello）

步骤

从单层培养中制备病毒

1a）以 1.8×10^7 Sf9 细胞/瓶的密度，将细胞接种于两个 150 mm 培养瓶，在含 10%胎牛血清的昆虫细胞培养液 TNM-FH 中培养。27℃温育 1 h 使细胞贴壁。

2a）当细胞贴壁时，取适量的待接种的杆状病毒于 30 ml 新鲜的含 10%胎牛血清的昆虫细胞培养液 TNM-FH，使感染复数（MOI）为 0.1～1。细胞贴壁后，移去培养液，每个培养瓶中各加入 15 ml 含有病毒的培养液。

MOI 以 pfu/细胞来表示。感染给定数目细胞的病毒接种物的体积＝MOI（pfu/细胞）×［细胞数/毒种储液的滴度（pfu/ml）］

3a）27℃温育数日。每天在倒置显微镜下观察感染迹象，如细胞病变效应（如果使用包含体阴性重组病毒），或包含体（如果使用野生型杆状病毒或包含体阳性重组病毒）。

包含体具高折光性，带微黄的绿色晶体状，在光学显微镜下很容易发现。

4a）当大多数细胞含有包含体或显示出细胞病变效应时（通常在感染后 4～5 天），将培养液移入灭菌试管中，4℃，1000 *g* 离心 10 min，将上清移至一新的灭菌试管。分别吸取 1 ml 上清移至几个螺口冻存管中，置于液氮罐长期保存。将剩余的病毒置暗处 4℃短期保存。

该步骤应可得到约 40 ml（1～3）$\times10^8$ pfu/ml 的病毒储液。

如果待扩增的病毒源自单个噬斑（见基本方案 4），将琼脂糖块置于一含 0.5 ml TNM-FH/10% FBS 的小离心管中 4℃旋转过夜。再按步骤 1a 感染 Sf9 细胞：在 100 mm 培养皿中，用 2×10^6 细胞，27℃温育 1 h。加入 8 ml TNM-FH/10%FBS 培养液，27℃温育 4 天。按步骤 4a 收获病毒。噬斑法确定滴度（见基本方案 4），重复步骤 1a～3a，扩增病毒以获得高滴度的储液。如果昆虫细胞已适应无血清培养，病毒储液也可用无血清培养的昆虫细胞制备（见基本方案 1）。用无血清培养液代替 TNM-FH/10%FBS，按步骤 1a～4a 进行即可。

从悬浮培养中制备

1b）用 50 ml TNM-FH/10%FBS 培养液在 500 ml 旋转培养瓶中培养 Sf9 细胞，直到细胞密度达到约 1×10^6 细胞/ml（见基本方案 1）。

2b）室温下以 1000 *g* 离心 10 min 回收细胞，弃去上清。加入 10～20 ml 新鲜的 TNM-FH/10%FBS 培养液重悬细胞团块。加入感染复数（MOI）为 0.1～0.5 的病毒接种（见步骤 2a）。

3b）将细胞重新放入旋转培养瓶中，用 TNM-FH/10%FBS 培养液将体积加至100 ml。27℃置搅拌台上以 60～80 r/min 恒速搅动，培养 3～4 天。周期性地取少量悬浮培养细胞在显微镜下观察细胞病变效应及包含体。

4b）当大多数细胞含有包含体或显示出细胞病变效应时（通常是感染 4～5 天后），将细胞培养液移入灭菌试管中，4℃以 1000 *g* 离心 10 min，将上清移至一新的灭菌试管。分别吸取 1 ml 上清移至几个螺口冻存管中，置液氮罐长期保存。将剩余的病毒置暗处 4℃短期保存。

病毒储液也可以由悬浮生长的昆虫细胞（Sf9、Sf21 和 HighFive）制备：用无血清或无蛋白质的昆虫培养基来培养昆虫细胞，在 100 ml 或 500 ml（只加至 250 ml）的旋转培养瓶中，直到细胞密度达到（1～2）$\times10^6$ 细胞/ml。病毒应以 0.1～0.5 的感染复数直接加到悬浮培养液中，培养细胞 4～5 天，按步骤 4b 收获病毒。

16.8.5 基本方案 4 用噬斑试验测定病毒储液的滴度

材料（带√项见附录 1）

对数生长期单层培养的 Sf9 细胞（见基本方案 1）

√昆虫细胞培养液 TNM-FH，含和不含 10%胎牛血清

杆状病毒储液

√琼脂糖顶层覆盖物（在步骤 5 使用前 30 min 制备）

√台盼蓝顶层覆盖物（选用）

60 mm 组织培养皿

27℃培养箱（湿度可选）

1.5 ml 带螺口盖的冻存管

步骤

1）用含 10%胎牛血清的 TNM-FH 培养液稀释处于对数生长期的 Sf9 细胞至约 5×10^5 细胞/ml。在噬斑试验之前几小时，以两种不同的密度（2×10^6 和 1.5×10^6 细胞/ml）将细胞种于 60 mm 组织培养皿中。对病毒储液的每一稀释度均设复皿（二个组织培养皿），27℃培养。

每一稀释度均设复皿是必需的，因为噬斑实验的结果有差异。通常测定 3 个不同稀释浓度的病毒所形成噬斑，共需要 12 块组织培养皿测定每种病毒储液的浓度（6 块培养皿以 1.5×10^6 细胞/ml

接种，6块培养皿以 2×10^6 细胞/ml 接种）。

做病毒噬斑试验时，细胞单层培养物的密度很关键。如果培养5天后，噬斑仍然太小，则细胞接种太密；如果噬斑太大和扩散，则细胞接种太稀。对特定细胞系，可用一系列不同的细胞密度通过噬斑实验确定其最佳噬斑细胞密度。

2）根据病毒储液的来源，用 TNM-FH/10%FBS 培养液制成 5 ml 病毒储液的系列稀释液。

高滴度病毒储液：10^{-6}、10^{-7}、10^{-8}稀释

转染上清（野生型病毒环状 DNA）：10^{-4}、10^{-5}和 10^{-6}稀释

转染上清（野生型病毒线性化 DNA）：10^{-1}和 10^{-2}稀释

单个噬斑：10^{-1}、10^{-2}和 10^{-3}稀释

3）用一根灭菌巴斯德吸管小心从细胞（步骤1）中吸去培养液。每一稀释度的病毒均加 1 ml 至各复皿中 27℃温育 1 h，加入病毒时摇动培养皿以保证病毒能均匀感染细胞。

4）温育 1 h 后，制备琼脂糖顶层覆盖物。

5）用一根灭菌巴斯德吸管吸去病毒上清液，加入 4 ml 琼脂糖覆盖物。让琼脂糖室温固化 10～20 min（让凝结的水滴散去）。用 Parafilm 膜分别封住每个平皿（以防干涸），27℃培养 6～8 天。

如果重组病毒含有 *lacZ* 基因，如来自 pBlueBacIII（Invitrogen）或 pAC360β-Gal（Dr. Max Summers，见备择方案1）的重组体，在琼脂糖固化前加入 150μg/ml X-gal（来自 20mg/ml 储存液，储存液由无菌的二甲基甲酰胺制备，−20℃ 可保存数月），重组体的噬斑因显示明亮的蓝色容易与非重组体辨别。

若使用加湿的 27℃培养箱，培养皿无需用 Parafilm 膜封住。

噬斑持续形成至2周。如果在2周时还看不到噬斑，可能由于细胞接种密度过高所致，应该以较低密度（在 1×10^6 和 1.3×10^6 细胞/平皿之间）重新接种。

6）在噬斑形成较好而且裸眼容易看出的培养皿上，计数每一稀释度形成的噬斑数，计算病毒滴度（pfu/ml）。

在 10^{-7}稀释度的培养皿形成10个噬斑或在 10^{-8}稀释度的培养皿形成1个噬斑，病毒滴度计算为 10^8 pfu/ml。

7）如果裸眼辨别噬斑时遇到困难，则用台盼蓝染色。制备台盼蓝覆盖物，倾覆 1 ml 至培养了 6～8 天噬斑形成较好的培养皿中。27℃过夜温育培养皿，让染料扩散进入死细胞，计数蓝色噬斑的数目并确定病毒滴度。

噬斑内的死细胞将吸收台盼蓝染料，噬斑周围的活细胞不会吸收台盼蓝染料。

确定病毒滴度的另一方案是终点稀释法（O’Reilly et al.，1992）。采用这种方法，需制备一系列病毒稀释液，并以此感染微量滴定板中的细胞，然后记好每一孔是否存在病毒感染并确定 50%终点。然而用这种方法滴定重组病毒储液，得到的结果与噬斑试验相比较难解释。野生型病毒由于包含体的聚集很容易计数，而重组病毒则由于没有包含体有时难以计数。

参考文献：O’Reilly et al.，1992.

撰 稿 人：Cheryl Isaac Murphy，Helen Piwnica-Worms，Stefan Grunwald，and Willam G. Romanow

16.9 用杆状病毒系统表达和纯化重组蛋白

在进行目的蛋白的大量表达以前，建议先检测重组病毒产生目的蛋白的能力，这将排除重组病毒不能产生目的蛋白的可能性，从长远来看可节省时间。

16.9.1 基本方案 1 用于最初分析的小规模表达

在本方案中，用重组病毒储液感染 Sf9 细胞（见 16.7 和 16.8），在感染后 2～3 天分析。分析方案依赖于表达蛋白的天然特性。本方案仅提供一些建议步骤，但不可能包括全部。根据表达蛋白的不同特性和已有的检测试剂，筛选步骤可做相应的改变。

材料（带√项见附录 1）

草地夜蛾（Sf9）细胞（见 16.8）
√含 10%胎牛血清（FBS）的 TNM-FH 昆虫培养基
高滴度的重组杆状病毒储液（见 16.8）
√PBS
√1×SDS 样品缓冲液

60 mm 组织培养皿
27℃培养箱（湿度可选）
15 ml 聚丙烯离心管
带有 GH-3.7 水平转子（或与其相当的转子）的 Beckman GPR 离心机，4℃
沸水浴或 100℃加热板
超声仪

步骤

1）用 3 ml TNM-FH/10%FBS 培养基将 2.5×10^6 Sf9 细胞接种到 60 mm 组织培养皿中。27℃培养 1 h，使细胞牢固贴壁。每份需要检测的病毒储液制备一个培养皿，另一个培养皿作为无感染对照。
2）用新鲜的 3 ml TNM-FH/10%FBS 培养基更换培养基，接种 0.1 ml 高滴度的病毒储液到培养皿中，MOI 为 1～10。27℃培养 3 天。
3）收获培养皿中的细胞，并将细胞和培养基转移至 15 ml 聚苯乙烯离心管中。
4）4℃，1000 *g* 离心 10 min（用 GH-3.7 转子 2000 r/min）。

如果目的蛋白为分泌性蛋白

5a）将病毒上清转移到新管中。
6a）用 Bradford 方法（见 10.1）测定上清中的蛋白质含量，按步骤 7 进行分析。上清液可在－80℃保存数月。

如果目的蛋白为非分泌性蛋白

5b）弃上清。洗涤细胞，将细胞沉淀在 PBS 中重悬，按照步骤 4 离心，弃上清。

6b）在每份沉淀中加入 500 μl 的 1×SDS 样品缓冲液，置于沸水浴或 100℃加热板上加热 5～10 min。因为有 DNA 的存在，液体可能会黏稠，则需要超声样品，直到样品变清，用 Bradford 方法测定蛋白质含量。按步骤 7 进行分析。

此外，还可用 0.5 ml 适当的含蛋白酶抑制剂的裂解缓冲液（裂解缓冲液根据细胞类型的不同而不同，昆虫细胞裂解液见附录 1）。6×His 融合产物不能用含 EDTA 的裂解缓冲液。4℃离心 10 min以澄清裂解液，将上清转移到新管中。100 μl 的裂解物中加入 100 μl 的 2×SDS 样品缓冲液，沸水浴中加热 3 min。剩余裂解液可在－80℃保存数月。

7）按照下面的方法对样品中的蛋白质进行分析。

a. 免疫印迹（见 10.6）：SDS-聚丙烯酰胺凝胶电泳每泳道中加入 20～40 μg 细胞总蛋白。注意要同时加入无病毒感染的细胞蛋白作为阴性对照。

b. 考马斯亮蓝染色（见 10.5）：SDS-聚丙烯酰胺凝胶电泳每泳道中加入 20～40 μg 细胞总蛋白。如果重组病毒不纯，重组蛋白只有当其在感染细胞中有很高表达量时，才能被检测到。

c. 功能分析：可以用任何一种典型的检测目的蛋白的方法，如 DNA 结合蛋白迁移率变动分析（针对 DNA 结合蛋白；见 12.2）、体外激酶分析（针对蛋白激酶）、核苷结合分析（针对可以与核苷结合的蛋白质）或胸苷掺入分析（针对作为生长因子的蛋白质）。

d. 重组蛋白的代谢标记：见辅助方案 2。

如果没有简单的分析方法检测杆状病毒表达的重组蛋白，应检测假定的重组子中是否有外源基因的存在。可以应用 Summers 和 Smith（1987）提供的简便的点杂交方法；还可用 PCR 扩增［本书的第 15 章和文献（O' Reilly et al.，1992)］。有一些公司（如 Invitrogen 和 Clontech）提供用于大多数杆状病毒载体的 PCR 引物。

8）通过上述实验，可以确定假定的重组病毒储液是否是可以生产目的蛋白的正确重组子。如果确定是正确的重组子，用噬斑试验纯化重组子，使之与污染的野生型病毒分离（如果不是使用线形杆状病毒 DNA 生产的；见 16.8）。制备大量病毒储液并测定重组病毒滴度（见 16.8）。

16.9.2 辅助方案 1 蛋白质生产高峰期的确定

因为重组蛋白的表达受多角体启动子的调节，而多角体启动子在病毒裂解循环的晚期才被激活，所以重组蛋白在感染后期才表达。重组蛋白通常在感染后 15～24 h 之间即可检测到，并可积累至感染后 40 h 左右，然后积累水平下降。由于不同的蛋白质在昆虫细胞中有不同的稳定性，推荐用这个系统测定蛋白质积累的时间效应。

附加材料（亦见基本方案 1）

野生型杆状病毒（Dr. Max D. Summers；见 16.8，备择方案 1）

步骤

1）分别接种 3×10^6 细胞于 15 个盛有 3 ml 含 10%胎牛血清的 TNM-FH 培养基的

60 mm组织培养皿中。27℃温育 1 h，使细胞贴壁。然后每次均以感染复数（MOI）为 10 的量，用野生型病毒感染 7 个培养皿，用重组病毒感染 7 个培养皿，剩余的一个培养皿为非感染对照。

另外，也可用 3 个 100 ml 旋转培养瓶悬浮培养 Sf9 细胞。当细胞达到 1.5×10^6 细胞/ml 的密度时，一个以重组病毒感染，另一个用野生型病毒感染，感染复数为 1～2，剩下的一个作为非感染培养物对照。

2）在感染后的不同时间（从感染后约 15～72h）收获细胞，感染后 15 h 收获非感染细胞：将细胞和培养物上清转移至离心管，4℃ 1000 *g* 离心 10 min，收获细胞。

如果细胞悬浮培养，则在每一时间点取出 2 ml 的小份培养物，采用与单层培养同样的方法处理细胞和上清液。

3）按照基本方案 1，处理并分析细胞（非分泌型重组蛋白）或上清（分泌型重组蛋白）。

16.9.3 辅助方案 2 重组蛋白的代谢标记

由于重组蛋白表达的时候，宿主蛋白质的合成基本终止，因此体内代谢标记是检测重组蛋白的敏感方法。所有的标记氨基酸都掺入到晚期病毒特异的蛋白质（包括目的蛋白）的合成。^{35}S标记的甲硫氨酸和半胱氨酸是常用的放射标记的氨基酸。为了获得更好的结果，在标记之前细胞内的这两种氨基酸应当被清除：将细胞在无甲硫氨酸和半胱氨酸的培养基中孵育 30 min 即可。掺入效率依赖于所感兴趣的特定蛋白质的甲硫氨酸和半胱氨酸的数量。标记后裂解细胞，蛋白质用 SDS-聚丙烯酰胺凝胶电泳分离并用放射自显影显示。

附加材料（亦见基本方案 1）

野生型杆状病毒（Dr. Max D. Summers；见 16.8，备择方案）

不含甲硫氨酸的或不含甲硫氨酸和半胱氨酸的 Graces 昆虫细胞培养基（均购自 Life Technologies 公司）

EXPRE^{35}S^{35}S，含［^{35}S］甲硫氨酸和［^{35}S］半胱氨酸（>1000 Ci/mmol；Du Pont NEN）

步骤

1）接种 2.5×10^6 细胞于盛有 3 ml 含 10%胎牛血清的 TNM-FH 培养基的 60 mm 组织培养皿中。对每一假定重组病毒分别制备一个培养皿供感染用，并制备一个对照培养皿供野生型杆状病毒感染。

2）27℃温育 1 h，使细胞贴壁。吸出培养液，然后加入 1 ml 重组病毒或 1 ml 含野生型病毒的培养液，感染复数（MOI）为 5～10。室温温育 1 h。

3）将每个培养皿中的培养液移去后，再往其中加入 3 ml 含 10%胎牛血清的 TNM-FH 培养液，27℃温育 24～48 h。

4）小心去除培养液，用不含甲硫氨酸或不含甲硫氨酸和半胱氨酸的培养液洗细胞 1 次，加入 1 ml 不含甲硫氨酸或不含甲硫氨酸和半胱氨酸的培养液，27℃温育 30 min，然后每个培养皿中添加 EXPRE ^{35}S^{35}S至 0.25～0.5 μCi。27℃温育 3～4 h。

使培养皿倾斜，在一个角上移出和加入培养基以避免旋起单层细胞。

5）将每个培养皿的细胞和培养物上清分别移至一支 15 ml 聚丙烯离心管，4℃ 1000 *g* 离心 10 min。

6）按照基本方案 1，步骤 5a 或 5b、6a 或 6b 和 7，处理并分析细胞（非分泌型重组蛋白）或上清（分泌型重组蛋白）。

如果有适用的抗体，建议将标记的裂解物先进行免疫沉淀（见 10.15），然后在 SDS 样品缓冲液中煮沸，并在 SDS-PAGE 中分离。

7）用放射自显影使蛋白质显迹（附录 3A）。从放射自显影图查看感染了重组病毒，而不是野生型杆状病毒的细胞是否出现预期分子质量的蛋白质。

16.9.4　基本方案 2　重组蛋白的大规模生产

材料

草地夜蛾细胞（Sf9，见 16.8）

无血清昆虫细胞培养基（Pharmingen 的 BaculoGold 培养基，Life Technologies 的 Sf900 II 培养基或 JRH Biosciences 的 ExCell401）

高滴度重组病毒（见 16.8）

1～10 L 旋转培养瓶（Techne 或 Bellco）

旋转培养瓶的两孔盖装置（Techne 或 Bellco）

0.48 cm 内径、0.8 cm 外径和 0.16 cm 壁厚的硅树脂管（Cole-Palmer 公司）

0.2 μm 过滤器（Millipore 公司）

10.16 cm 管索（Cole-Palmer 公司）

张力器（Cole-Palmer 公司）

多旋转瓶搅拌台（Techne 或 Bellco）

27℃培养箱

供气泵（Bello）

步骤

1）在悬浮培养液中培养 Sf9 细胞，并使之适应无血清培养液（见 16.8，基本方案 1）。

2）准备旋转培养瓶，用于按比例扩增 Sf9 细胞，将合适大小的两孔盖连接在转瓶的一个侧臂，另用一平盖接在另一侧臂（图 16.9.1）。将一段短管（约 15cm）装在通气孔中，末端连接一滤器。借助张力器用管索将管子与通气孔和滤器加固。

3）将一段长管（30～60 cm）连接至进气孔，并在末端连接一滤器。用管索加固。另一段管子连接于滤器的另一端，用管索加固。管子末端用铝箔封好。

4）将与两孔装置相对的侧壁上的盖子旋转 90 °以松开，高压灭菌培养瓶 1 h。

5）将适应了无血清培养液的 Sf9 细胞（得自步骤 1）接种于经高压灭菌的培养瓶中。

将培养瓶装至半满至全满之间（例如，在 3 L 瓶中装 1.5～3 L），加入足够的无血清培养液，使细胞终密度达到 5×10^5～6×10^5 细胞/ml。

如果已有足够的细胞，可以以达到 1.5×10^5 个细胞/ml 的密度接种培养瓶。

6）将培养瓶放在 27℃培养箱中的磁力搅拌器上。将搅拌速度设置在 80 r/min。从进气管的末端移去铝箔，并将它连接到供气泵。接通泵的电源，使其流量达到 500～700 ml/min。

7）细胞生长至密度约 1.5×10^6 细胞/ml。在层流室中将感染复数（MOI）为 1～2 的病毒通过侧臂直接加到培养瓶中。

8）27℃将培养瓶置于磁力振荡器上并通气。按辅助方案 1 确定的时间温育培养物。

9）处理上清得到分泌蛋白或处理细胞得到胞内蛋白。

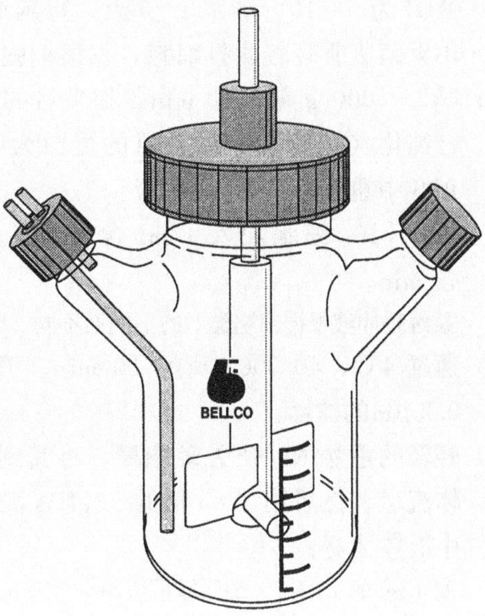

图 16.9.1 配有两孔盖装置的 Bellco 旋转培养瓶。

16.9.5 基本方案 3 含有多聚组氨酸（6×His）标签重组蛋白的纯化

pAcHLT-A-、B-、C-转移载体（Pharmingen）和 pBlueBacHis-A-、B-、C-载体（Invitrogen）在多克隆位点（MCS）前存在编码 6 个组氨酸残基的 N 端标签的 DNA 序列。每个载体的 MCS 含有不同可读框，可简化克隆。表达的重组蛋白为 6×His 融合蛋白，可用 Ni-NTA 琼脂糖进行纯化。通常，每升昆虫细胞培养基可获得 1～2 mg 的 6×His融合蛋白。

材料（带√项见附录 1）

√含有 1×蛋白酶抑制剂的昆虫细胞裂解液

Ni-NTA 琼脂糖（Qiagen）

√6×His 洗涤缓冲液

√含有一阶梯度或线性梯度咪唑的 6×His 洗脱缓冲液

带 GH-3.7 水平转子（或与其相当的转子）的 Beckman GPR 离心机，4℃

带 SS-34 转子（或与其相当的转子）的 Sorvall 离心机或 0.2 μm 滤器

适当的层析柱

步骤

1）用扩增的重组病毒感染适当数量的细胞（如每个 100 mm 培养皿中 5×10^6 细胞），

MOI为5～10。培养3～5天，直到细胞出现典型的病毒感染状态（见16.8）。

2）用无菌吸管轻轻吹打细胞，收集细胞和上清液，转移到离心管中。

3）4℃，1000 *g*离心10 min。如果目的蛋白为分泌性蛋白，将上清转移到新管中，进行纯化（步骤6）。如果目的蛋白为胞内蛋白，弃上清，洗涤细胞，将细胞沉淀在PBS中重悬，离心，弃上清。

4）每1×10^7细胞加入1 ml含1×蛋白酶抑制剂的昆虫细胞裂解液，在冰上放置45 min。

裂解缓冲液根据细胞类型的不同而不同，6×His融合产物不能用含EDTA的裂解缓冲液。

5）通过4℃，40 000*g*离心30 min，澄清裂解液，沉淀为细胞碎片；或将裂解液过0.2 μm的滤器。

6）轻轻的重悬Ni-NTA琼脂糖，将其倒入适当的层析柱中，使树脂自然沉降，柱中液体流尽，然后用3～5倍的6×His洗涤缓冲液洗柱2次，以去除附着的乙醇。让柱中液体流尽。

每1 ml的Ni-NTA琼脂糖可吸附5～10 mg 6×His融合蛋白。

7）将澄清的裂解液上柱，调整柱的流速，最大为每小时5倍柱体积。

8）用10倍床体积的6×His洗涤缓冲液洗柱，柱中液体流尽，同时测量A_{280}的值。继续洗柱（大约4次），直到流出液的$A_{280}<0.01$。弃洗液。

9）加入3倍床体积的6×His洗脱缓冲液（含有一阶梯度或线性梯度的咪唑），将流速调至1 ml/min每毫升树脂。分别收集洗脱液直到柱中液体流尽。

使用BioColors-His杆状病毒转移载体（Pharmingen）生产的融合蛋白，其目的基因含有GFP（GFP；见9.9）和组氨酸标签。在紫外光下，整个纯化过程中，重组融合蛋白是可见的，这有利于建立最佳的纯化过程。

16.9.6 备择方案 含有GST标签重组蛋白的纯化

目前，一些商品化的杆状病毒载体可以表达谷胱甘肽-*S*-转移酶融合蛋白，这将有利于纯化重组蛋白，如Pharmingen公司的pAcGHLT-A、-B、-C转移载体在多克隆位点（MCS）前存在编码6×His和GST标签。每个载体的MCS含有不同可读框，可简化克隆。因为GST载体也含有6×His标签，表达的重组蛋白为含有6×His的GST融合蛋白。因为有这样的特性，重组蛋白既可用谷胱甘肽-琼脂糖珠进行纯化，也可用Ni-NTA琼脂糖进行纯化。亲和标签后的凝血酶酶切位点可以将GST-6×His部分从目的蛋白中去掉。

GST纯化蛋白的原理是基于存在于树脂上的谷胱甘肽对含有GST标签的重组蛋白的强亲和力。在纯化的过程中，不需要使用去垢剂，从而使表达的GST融合蛋白不变性。使用谷胱甘肽琼脂糖珠进行亲和层析，一次就可达到90%以上的纯度。谷胱甘肽对GST的结合能力十分强，它能在非变性的状态下，从污染的多肽中分离GST融合蛋白。

尽管在重组蛋白中加入6×His和GST标签可以在很大程度上简化纯化步骤，但并不适合所有蛋白质，应首先进行小规模实验。

附加材料（亦见基本方案 3；带√项见附录 1）

谷胱甘肽琼脂糖珠（Pharmingen 或 Sigma）

PBS 洗涤缓冲液（Pharmingen）

√GST 洗脱缓冲液

√50 mmol/L Tris · Cl，pH 8.0

牛凝血酶（如 Sigma 或 Boehringer Mannheim）

步骤

1）制备澄清的重组蛋白溶液（见基本方案 3 步骤 1～5）。

2）轻轻的重悬谷胱甘肽琼脂糖珠，将其倒入适当的层析柱中，使树脂自然沉降，柱中液体流尽，然后用 3～5 倍的 PBS 洗涤缓冲液洗柱 2 次，以去除附着的乙醇。让柱中液体流尽。

3）将澄清的重组蛋白溶液上柱，调整柱的流速至最大为 5 ml/min 每 ml 琼脂糖珠。

保存每份流出液，进行 SDS-聚丙烯酰胺凝胶电泳，防止超出了谷胱甘肽的结合能力。

4）用 5 倍床体积的 PBS 洗涤缓冲液洗柱，让柱中液体流尽，弃洗液。

5）将 3 倍床体积的 GST 洗脱缓冲液上柱。调至最大流速为 5 ml/min 每 ml 琼脂糖珠。让柱中液体流尽，分别收集洗脱液。

可选择加入 150 mmol/L 的 NaCl、5 mmol/L $CaCl_2$（或对于有些蛋白质为 5 mmol/L $MgCl_2$）和 0.1% 2-巯基乙醇，这对某些蛋白质的可溶性是需要的。

6）将自由的谷胱甘肽在 100 倍体积的 50 mmol/L Tris · Cl（pH 8.0），4℃透析（附录 3C）≥4 h。2 h 后更换透析液。

7）每毫克含有凝血酶酶切位点的纯化 GST 或 6×His 融合蛋白加入 200 μg（10 个凝血酶单位）牛凝血酶。

8）混合，在室温下放置 12 h 以上。

9）在酶切反应结束后，加入 2 倍体积 50%的谷胱甘肽琼脂糖珠。

10）4℃，放置 30 min。4℃，5000 *g* 离心 10 min。将上清放在－80℃保存。

上清含有纯化的蛋白质和凝血酶可保存在－80℃，一些蛋白质需加 BSA 或甘油（终浓度 50%）以保持稳定。

参考文献：O' Reilly et al., 1992; Summers and Smith, 1987.

撰 稿 人：Cheryl Isaac Murphy, Helen Piwnica-Worms, Stefan Gruenwald, and William G. Romanow

16.10 概述：蛋白质在哺乳动物细胞中表达

基因分离、修饰和转移至合适宿主细胞的技术提供了研究基因表达和蛋白质的结构和功能的强有力手段。这些技术使得产生大量的蛋白质和产生特异的符合设计改变的蛋白质成为可能，而这些蛋白质以前只可以少量获得。

选择一个表达系统的标准包括以下考虑：DNA 是通过转染手段直接导入还是需要病毒介导的转移而导入；对能指导有效的 mRNA 表达和蛋白质合成的调控元件的识别；

特定的宿主细胞是否适合目的基因的表达。如果需要持续地产生大量的蛋白质，宜采用 CHO 表达系统。采用瞬时表达时，表达系统的选择则取决于特定的实验要求。需要高的转染效率时，宜采用痘苗表达系统，因为每个细胞都可被痘苗病毒和目的基因感染，其缺点是细胞仅存活 1～2 天。假如较低的转染效率即足够，而且实验仅需细胞持续生长若干天时，就应该采用 COS 细胞。

16.10.1 病毒介导的基因转移

很多感染哺乳动物细胞的病毒可以攫取受体细胞蛋白质合成机制生产病毒本身的蛋白质。对病毒基因的操作可以将所需要的外源编码区置于病毒表达元件的控制范围下，产生有感染性的病毒颗粒和外源基因的高效表达。病毒介导的基因转移为将外源基因导入大多数受体细胞提供了一个方便、有效的手段。此外，很多病毒复制产生的多拷贝的模板 DNA 可以增加外源基因转录的数量。

因为病毒可以感染不同种属的多种细胞类型，病毒介导的基因转移为将外源基因导入大多数受体细胞提供了一个方便的手段［见表 16.10.1 和文献（Muzyczka，1989)］。

表 16.10.1 不同哺乳动物细胞表达系统的表达水平和用途[a]

细胞株	表达方法	典型的表达水平 /(μg/ml)	主要用途
猴细胞			
CV1	SV40 病毒感染	1～10	表达野生型和突变蛋白质
COS	DNA/DEAE 葡聚糖瞬时转染	1	通过在哺乳动物细胞中表达进行克隆；快速鉴定 cDNA 克隆；表达突变蛋白质
CV1	DNA/DEAE 葡聚糖瞬时转染	0.05	
小鼠成纤维细胞			
C127	BPV 稳定转化子	1～5	表达高水平组成型蛋白质
3T3	逆转录病毒感染	0.1～0.5	动物体基因转移；在不同细胞类型中表达
其他细胞			
CHO($DHFR^-$)	稳定的 $DHFR^+$转化子	0.01～0.05	
	经 MTX^r 扩增	10	表达高水平组成型蛋白质
灵长类	痘苗病毒感染	1	生产疫苗；表达毒性蛋白
	EBV 载体	n. a	表达克隆

a 缩写：BPV，牛乳头瘤病毒；EBV，Epstein Barr Virus (EB 病毒)；n. a，不可用。

很多病毒表达系统都有一定的相同的限制。第一是插入序列的大小。如果插入序列太大，病毒基因组不能有效包装（SV40 和逆转录病毒的最大插入序列分别是 2.5 kb 和 6 kb）和（或）在病毒复制时发生重排。第二是有些病毒对受体细胞的致病性，细胞表达时间过短。第三是基因表达的不同取决于很多因素，其中的原因不很清楚，但与蛋白质的翻译、加工和修饰有关。这样，对于一个特定的插入序列能否表达成功是充满变数的。

16.12～16.15 介绍了痘苗病毒。痘苗病毒表达系统是最有用地表达对受体细胞有潜在毒性的蛋白质（如调控因子）的系统。

16.10.2 瞬时表达

瞬时转染的表达效率取决于细胞摄入转染 DNA 的数量、基因的拷贝数和每一基因的表达水平。大多数 DNA 转移的方法可使群体中 5%～50%的细胞获得 DNA 并短暂表达数天至数周。

DNA 的瞬时转染最常用于：①根据表达产物的特定活性来鉴定克隆化基因的同一性；②快速研究人工突变对基因活性及蛋白质功能的影响；③根据在细胞中表达特定活性的能力，从构建在哺乳动物细胞表达载体上的 cDNA 文库中分离基因。短暂表达的缺陷在于难以按比例放大生产大量蛋白质（>1 mg），此外，在整个细胞群体中只有一部分细胞得到转染，因此难以研究基因表达的后果，而且高拷贝数最终可致细胞于死地，这种致死性可明显地影响结果。

16.11 介绍在 COS 细胞中短暂表达所采用的方案和载体。该细胞株源自复制子缺失的猴病毒 40（SV40）转化的非洲绿猴肾细胞，最常用于短暂表达。COS 细胞大量表达在 SV40 复制起始点引发 DNA 复制所必需的 SV40 T 抗原。T 抗原介导的复制可将每一细胞中含有 SV40 复制起始点的质粒拷贝数扩增至大于 100 000，从而导致转染 DNA 的高水平表达。

DNA 的稳定转染

如果在 DNA 转染之后进行选择，则可能分离出外源基因稳定整合于基因组 DNA 中的细胞（见 9.5）。不同细胞株表现不同的稳定整合频率，并且整合外源 DNA 的能力也有所不同。在多数情况下，获得稳定转化体的限制因素是 DNA 整合的频率，而不是 DNA 摄取的频率。通过筛选遗传标记的整合和表达而选择出的细胞，在转染过程中常常也整合另一独立质粒所提供的第二个基因，这种将两种独立的质粒同时整合到染色体上的能力称为共转化。转染的 DNA 通过非同源重组整合到受体细胞的基因组 DNA 中。

不同的细胞株和转染方法会得到不同的共转化频率。采用磷酸钙介导的转染方法，共转化频率高；而采用细菌原生质体（含两个独立的质粒）与哺乳动物细胞融合的方法，共转化频率极低。共转化频率低时需要将选择标记和目的基因置于同一质粒。许多适用于这种方法的载体已经被构建出来（Ksugmsn，1990a）。

稳定转染通常可通过对细胞毒性药物的抗性进行选择。这种抗性可以是隐性也可以是显性。编码显性药物抗性的基因不依赖受体细胞。通常来自细菌基因的选择标记在哺乳动物中是缺乏的。比如编码抗生素 G418 抗性的 Tn5 新霉素磷酸转移酶基因，或编码抗生素 hygromycin 抗性的大肠杆菌潮霉素磷酸转移酶基因，已经人工在哺乳动物细胞得到表达和选择。

编码隐性药物抗性的基因要求特定受体细胞是缺乏选择活性的。很多用于选择的隐性遗传标记编码在嘌呤和嘧啶生物合成中起作用的酶。当嘌呤和嘧啶的从头合成途径受到抑制时，如果嘌呤和嘧啶补救合成途径的酶（如胸苷激酶、次黄嘌呤鸟嘌呤磷酸核糖转移酶、腺嘌呤磷酸核糖转移酶或腺苷激酶）存在的话，细胞可以利用这些酶通过补救途径将核苷酸前体转换成相应的核苷酸（图 16.10.1）。这些酶在嘌呤和嘧啶的从头合成途径正常时，对细胞的生长是非必需的，因此缺乏补救途径的酶的细胞在正常的生长条件下是存活的。当药物（如氨甲蝶呤）抑制从头合成时，细胞将死亡。细胞通过基因转移获得了所缺乏的补救途径的酶将在该生长条件下得以选择。对于从头合成途径有缺陷，但具有功能性的补救途径的细胞，可以通过在培养基中去除核苷酸，以互补的方式选择出合成途径中缺陷基因（如二氢叶酸还原酶基因或天冬氨酸转氨甲酰酶基因）的表达。

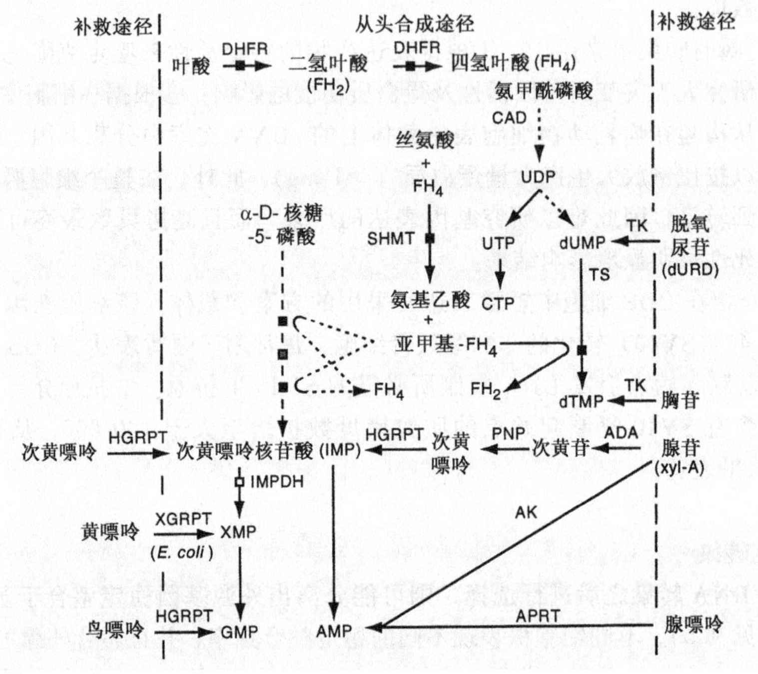

图 16.10.1　嘌呤和嘧啶生物合成途径。实线箭头表示单反应，虚线箭头表示多反应。黑色方块表示氨甲蝶呤抑制的反应，阴影方块表示重氮丝氨酸抑制的初始反应。空白方块表示霉酚酸抑制的反应。涉及从头生物合成途径酶的缩写：DHFR，二氢叶酸还原酶；CAD，氨甲酰磷酸合成酶、天冬氨酸转氨甲酰酶和二氢乳清酸酶；SHMT，丝氨酸羟甲基转移酶；TS，胸苷酸激酶；IMPDH，肌苷-丝氨酸脱氢酶。涉及补救生物合成途径酶的缩写：TK，胸苷激酶；ADA，腺苷脱氨酶；PNP，嘌呤核苷磷酸化酶；AK，腺苷激酶；APRT，腺嘌呤磷酸核糖转移酶；HG-PRT，次黄嘌呤鸟嘌呤磷酸核糖转移酶；XGPT，黄嘌呤鸟嘌呤磷酸核糖转移酶。其他缩写：FH，四氢叶酸；xyl A，腺嘌呤-9-β-D-呋喃木糖苷。本图摘自文献（Kaufman，1987）。

转染 DNA 的扩增

提高外源基因的表达通常可通过选择性扩增整合于宿主染色体中转染 DNA 的拷贝数而实现。共扩增转染 DNA 的能力可使其编码蛋白质的表达提高 100～1000 倍。虽然已知有超过 20 种可选择和可扩增的基因（Kaufman，1990a）可用，但通过氨甲蝶呤进行选择，以扩增转染的二氢叶酸还原酶基因，所积累的经验较多也比较成功。

表达载体

因为小的 cDNA 克隆更便于操作，大多数哺乳动物细胞表达载体是为容纳 cDNA

而不是大的基因组片段而设计的。目前多数有用的载体含有多种元件，包括：①SV40复制起始点，可在COS细胞中扩增至高拷贝数；②有效的启动子元件，可起始高水平转录；③mRNA加工信号，如mRNA切割和聚腺苷酸化序列，常常还有间插序列；④含有多个限制酶位点供外源DNA插入的接头；⑤选择标记，可用于选择稳定整合了质粒DNA的细胞；⑥质粒骨架序列，以允许在细菌中增殖。

大多数载体是可诱导的表达系统，受外部信号的控制。许多诱导转录的启动子序列已被鉴定并用于构建可诱导的表达系统。几种常用的诱导因子有β-干扰素、热激、重金属离子和类固醇（如糖皮质激素）（Kaufman，1990b）。如果研究表达蛋白对某一细胞内程序的影响，确定诱导因子不会干扰这个细胞内程序是很重要的。了解诱导系数（蛋白质在基础表达和诱导条件下表达水平的差异）和最大可获得的表达水平也很重要。在很多情形下，诱导系数很大，但最高表达水平与强的组成型启动子相比较仍然很低。

表达系统的选择

如果要阐明一个克隆具有某种功能活性或鉴定此活性，那么在COS细胞中短暂表达经常是最方便的途径。如果需要大量的蛋白质（>1 mg），那么在CHO细胞中的稳定共扩增通常是最合乎要求的方法。如果基因具有潜在的毒性，则可通过痘苗病毒表达载体或可诱导的启动子-载体系统以获得高水平的表达。如果恰好合成的蛋白质对宿主有特定的要求，那么该要求将决定宿主的选择。蛋白质需要宿主特异性的翻译后的修饰是很少见的。如果出现这种情形，通常需要研究在不同宿主中的表达，可选择逆转录病毒载体。

问题的发现与解决

如果检测不到异源基因的蛋白质表达，对载体系统加以详细核查是非常重要的。在这种情况下，应步步为营，在进入下一步骤之前，每一点均应充分考虑。

(1) 用限制酶切图谱分析（见3.1）确证载体的预期结构。必要时，进行DNA序列分析（见7.4和7.5）。

(2) 设立阳性对照来确定转染效率，如使用带有另一插入基因的相同载体。

(3) 提取RNA（见4.1）和进行Northern杂交分析（见4.8），确证RNA与合适的对照相比具有预期的大小和数量。

(4) 如果在转染的细胞中检测不到大小正确的RNA转录物，则采用完全不同的表达载体或系统（见16.11～16.15），因为一些事先预料不到的情况导致异常剪接的可能性始终存在（Wise et al.，1989）。

(5) 用转染细胞中分离出的mRNA和含有插入cDNA的载体体外转录（如SP6；见3.6）产生的RNA进行体外翻译产生蛋白质（见10.16），确定编码区是否含有点突变或其他缺失从而阻碍产生全长的编码蛋白质。

参考文献：Kaufman，1990a，b；Muzyczka，1989；Wise et al.，1989.

撰稿人：Randal J. Kaufman

16.11　用 COS 细胞瞬时表达蛋白质

基本方案

本节介绍用 COS 细胞在短时期内高效表达蛋白质。COS 细胞高水平表达 SV40 的大 T 抗原，该抗原是 SV40 复制子启动病毒 DNA 复制所必需的。有 3 个因素使 COS 细胞表达系统适于高水平、短时期表达蛋白质：①转染 48 h 后，COS 细胞中含 SV40 复制起始点的质粒达到高拷贝数；②现有许多良好的 COS 细胞表达/穿梭载体；③已建立多种有效转染 COS 细胞的简单方法。每个 COS 细胞受编码细胞表面抗原（在合适的载体上）或胞质蛋白的 DNA 转染后，在 72 h 内将合成出数千至数十万拷贝的蛋白质。如果转染的 DNA 编码分泌蛋白，转染后 1 周可从转染的 COS 细胞上清中回收高至 10 μg 的蛋白质。COS 细胞短暂表达系统也已用于筛选 cDNA 文库，分离编码细胞表面蛋白、分泌蛋白和 DNA 结合蛋白的 cDNA，并可在制备稳定的细胞株之前对蛋白质表达载体进行快速试验。

材料（带√项见附录 1）

合适的载体（如 CDM8，图 16.11.1；pXM，或 pDC201）

待转染的 COS-7 细胞，适应 2%血清培养（见步骤 2 的注释）

含 2%牛血清的 Dulbecco 极限培养基（DMEM-2 CS）

含 2% NuSerum 的 DMEM（Collaborative Research；DMEM-2 NS），37℃

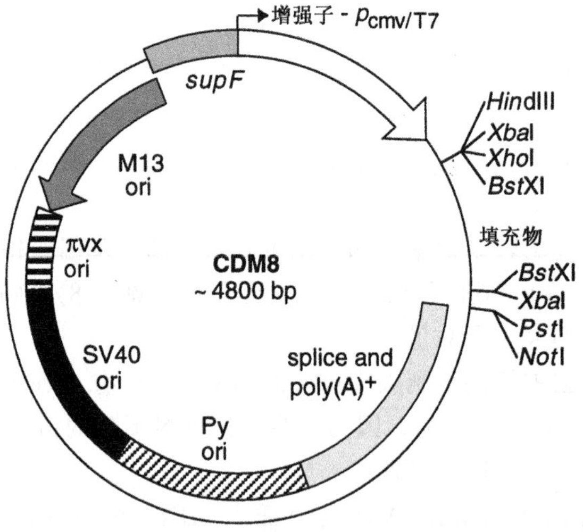

图 16.11.1　CDM8 图谱。CDM8（Seed，1987）是 COS 细胞的表达/穿梭载体。它含有一个 SV40 衍生的复制起点（SV40 ori）、真核转录调节元件［splice 和 poly（A）$^+$］、一个原核复制起点（πvx，来源于 pBR322 ori）和一个原核遗传标记（SupF）。此外，CDM8 含有 M13 的复制起点（M13 ori）、一个 T7 RNA 聚合酶启动子（P_{CMV}/T7）和一个来源于多瘤病毒的复制起点（Py ori）。图中显示的酶切位点都可用于克隆，但是插入片段的 5′端必须近 Pcmv/T7。填充序列（stuffer sequence）用于酶切后大小差异的检测。

√PBS

DEAE-葡聚糖/氯喹溶液：10 mg/ml DEAE-葡聚糖（DEAE-dextran；Sigma）+ 2.5 mmol/L 氯喹（chlorquine；Sigma）溶于 PBS

10%（*V/V*）二甲基亚砜（DMSO；Sigma）溶于 PBS

0.5 mmol/L EDTA 溶于 PBS

100 mm 组织培养皿

37℃，含 6% CO_2 加湿培养箱

相差显微镜

Sorvall RT-6000B 转子（或与其相当的转子）

注意：除非特别说明，所有的细胞均需在 37℃、6% CO_2 加湿培养箱中培养。

步骤

1) 将目的基因亚克隆至合适的载体中得到所需的重组 DNA（见 3.15）。用小量法（5 ml培养液，见 1.6）或用 CsCl/溴化乙锭离心法纯化重组 DNA（见 1.7）。

2) 在转染的前一天，将 COS-7 细胞以约 20%汇片的数量种入含 DMEM-2 CS 培养基的 100 mm 培养皿（这样在第二天细胞可长至约 50%汇片）。让细胞生长过夜至约 50%汇片。

从常规的 10%血清培养以 2%速率降低血清浓度，一个月后细胞可适应在 2%血清培养。转染可在 10%血清培养中进行，只是费用昂贵。

生长汇片的 COS-7 细胞（约 10^6 细胞）通常在转染的前一天以 1∶5 的比例稀释，使细胞密度为：每个 100 mm 培养皿 2×10^5 细胞，在 10 ml DMEM-2 CS 培养液中培养。

3) 使用前（对每一个待转染的 100 mm 培养皿中的 COS 细胞），将 5 ml 37℃的 DMEM-2 NS 培养液与 0.2 ml DEAE-葡聚糖/氯喹溶液彻底混匀，再加入 5～10 μg 重组 DNA 混匀。

加入 DNA 之前，重要的一点是将 DEAE-葡聚糖与培养基很好地混匀，否则，带负电的 DNA 聚合体将与带正电的 DEAE-葡聚糖聚合体形成巨大的沉淀物。这些大的沉淀物不能被细胞摄取，造成转染效率下降。使用大的培养皿时，培养基/DEAE/DNA 的量要足够覆盖细胞，DMEM-2 NS 培养液应含有 400 μg/ml 的 DEAE-葡聚糖、100 μmol/L 的氯喹和 1～2μg/ml 的 DNA。

4) 吸出 COS 细胞的培养液，向每一个 100 mm 培养皿加入步骤 3 制备的 DMEM-2 CS/DEAE-葡聚糖/DNA。温育细胞 3～4 h。用差相显微镜观察细胞。

DEAE-葡聚糖将引起细胞收缩并变得空泡化。长时间的孵育可提高转染效率，而另一方面也会使细胞死亡。

5) 吸出 DMEM/DEAE-葡聚糖/DNA，加入 5 ml 10% DMSO（用 PBS 配制）。室温温育细胞 2 min。

DMSO 处理可提高转染效率。

6) 吸出 DMSO 并加入 10 ml DMEM-2 CS。让细胞生长过夜（12～20 h）。

如果过夜培养后有大量细胞浮起，则需重新开始，但在第二步时细胞应多长一天。

7) 将每个 100 mm 培养皿中转染的 COS 细胞传代至两个新的 100 mm 培养皿。

转染后，COS 细胞生长不好，第二天传代有助于恢复生长，提高蛋白质表达水平。此外，

DEAE-葡聚糖处理后的细胞变黏，第二天传代可恢复细胞贴壁的特点，这样用 PBS 和 EDTA 轻柔处理后，细胞可能会再次浮起。

8a）当表达分泌蛋白时，在完成步骤 7 后 96 h，加入 5 ml DMEM-2 CS 并培养 4 天。收获培养液，室温下以约 1000 *g* 离心 10 min，除去死细胞和碎片，保留上清液。用生物学鉴定（见 9.5）或代谢标记和免疫沉淀（见 10.17 和 10.15）、免疫亲和层析（见 10.9）、放射免疫或免疫印迹（见 10.6）来检测分泌蛋白。

在加入 5 ml DMEM-2 CS之前，不要吸去旧的培养液，因为该培养液含有分泌蛋白。转染后 96 h，加入额外的培养基可更好地产生所表达的蛋白质。但是，由于培养液中含有 2%血清，也会使总蛋白水平提高，这会让蛋白质纯化复杂化。为消除这一问题，可在重新接种后 10～12 h，将 COS 细胞置于无血清培养液中，尽管这样会导致表达的蛋白质产量比有血清的情况低 10 倍。因此，除非必须去除附加的污染蛋白，血清应在培养液中保持在 1%的水平。

8b）当表达细胞表面蛋白或细胞内蛋白时，按步骤 6 转染后 72 h，从细胞中吸出培养液。加入 5 ml PBS，摇晃洗涤，吸出 PBS。加入 5 ml 溶于 PBS 中的 0.5 mmol/L EDTA，温育 15 min。用巴斯德吸管轻轻移出培养皿中的细胞。采用合适的荧光抗体使细胞表面蛋白染色，通过显微镜或流式细胞仪检测（Otten et al.，1995）。

参考文献：Warren and Shields，1984.
撰 稿 人：Alejandro Aruffo

16.12 痘苗病毒表达系统概述

1982 年，痘苗病毒首次作为基因的瞬时表达载体在哺乳动物细胞中得以应用（Mackett et al.，1982；Panicali and Paoletti，1982）。这种表达系统不同于其他的表达系统，它的转录发生在细胞质中，而不是在细胞核中。作为载体，痘苗病毒具有很多优点：在保持转染的前提下允许大片段（大于 20 kb）的外源基因插入，有较广的宿主范围，相对高水平的蛋白质表达，恰当的转运、分泌、加工、由表达蛋白质一级结构和细胞类型指令的翻译后加工。例如，以忠实的方式进行 *N*-和 *O*-糖基化、磷酸化、十四烷基化、剪切及对表达蛋白的装配。

痘苗病毒载体在实验室主要应用于：在组织培养中生产具有生物活性的蛋白质，分析蛋白质的突变形式，确定转运及加工信号。此外，重组痘苗病毒对于免疫学的研究也是十分重要的（Bennink and Yewdell，1990）；被感染的细胞还可以作为分析细胞毒性 T 淋巴细胞的抗原特异性的对象；重组病毒可用于感染动物，测定特异蛋白的细胞和体液反应，并可能用作人类和兽医上的候选疫苗。

痘苗病毒的复制周期

痘苗病毒属于痘病毒科正痘病毒属。痘病毒不同于其他真核 DNA 病毒，它在细胞质中复制而不是在细胞核中。痘苗病毒是一类线状双链 DNA 病毒，其基因组大约 200 000 bp，编码大部分介导病毒 DNA 在细胞质中复制、转录所需的蛋白质。

痘病毒的复制周期见图 16.12.1。病毒颗粒有复杂的核心结构，外有脂质包膜。值得注意的是，在其核心病毒携带了所有早期基因转录需要的蛋白质。这包括下列病毒编码的蛋白质：多亚基的 DNA 依赖性 RNA 聚合酶、早期转录因子、加帽及甲基化酶、poly（A）聚合酶。转录系统在感染时被激活，早期 mRNA 和蛋白质在感染后首先被检测到。早期 mRNA 与它们的真核配对物非常相似：被加帽、甲基化、多聚腺苷酸化、具有不同的长度。转录的终止发生在 TTTTTNT（N 代表任何碱基；新生 RNA 被识别的终止信号是 UUUUUNU）后的约 50 个碱基处。现在，还没有证据表明有 RNA 剪切的过程。

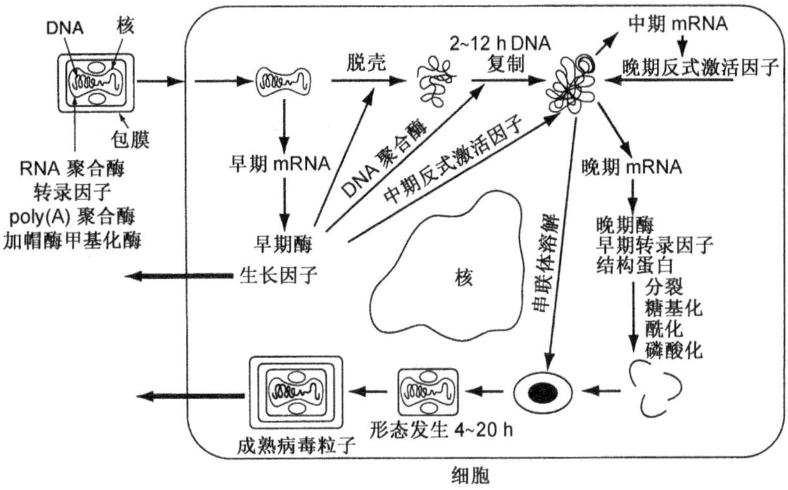

图 16.12.1 痘苗病毒生活周期，痘苗病毒进入细胞后，早期基因开始表达，引起一些蛋白质的分泌（包括生长因子），病毒核心的脱壳和合成 DNA 聚合酶（和其他复制蛋白）、RNA 聚合酶的亚基、中期基因转录激活因子。DNA 复制后，合成中期基因的 mRNA，其中一些编码晚期基因转录激活因子。随后，开始表达晚期基因，晚期基因编码结构蛋白、酶和早期转录因子，并包装成病毒颗粒。成熟的病毒被高尔基体膜包裹并从细胞释放。粗箭头指的是释放到细胞外的产物。此图经 Raven Press 惠许引用（Moss，1996a）。

感染后的数小时 DNA 病毒开始复制，并启动中晚期基因的表达。中晚期基因的启动子与早期基因的启动子序列不同，所需的转录因子也有所不同。中期蛋白的合成有利于子代病毒 DNA 的转录。一些晚期蛋白因子是中期基因的产物，用于子代病毒 DNA 复制后。

中晚期基因转录出的 mRNA 不同于早期基因的 mRNA，表现在以下方面：①终止信号 UUUUUNU 不被识别，因此产生的 mRNA 较长，并且长度不一，针对这一特点不能使用 Northern 杂交；②中晚期 mRNA 5′端有 35 个核苷酸的 poly（A），这可能是在起始位点保守的 AAA 上 RNA 聚合酶的滑动机制作用的结果。

在病毒感染后的 6 h 后，大部分的早期蛋白不再合成（除非加入了 DNA 复制抑制物，如阿糖胞苷），这是因为早期基因转录已经停止，以及 mRNA 具有相对较短的半衰期。然而，有些基因同时含有早期和晚期启动子，它们可以在病毒的整个生长周期持续表达。中期基因则在子代病毒 DNA 复制后的一段相对比较短的时间内表达。因为启动子本身的强弱、DNA 拷贝数的多少或延长的表达时间（＞20 h）等原因，更多的蛋白质表达是由强大的晚期启动子启动，而不是由中早期启动子启动。

痘苗病毒感染的效应

痘苗病毒标准株可以感染大部分的哺乳动物和禽类细胞系，也有一些例外，如中国仓鼠卵巢细胞（CHO 细胞），不能在淋巴细胞和巨噬细胞中完成复制周期。宿主限制修饰的痘苗病毒 Ankara（MVA）仅能够在鸡胚纤维原细胞和 BHK-21 中有效地复制，但可被标准株感染的所有细胞系均可表达病毒蛋白和重组蛋白。痘苗病毒的感染可迅速导致宿主核酸和蛋白质合成的抑制。病毒显著抑制宿主蛋白合成的原因可能由一些至今尚不确定的因素引起，每一因素的相对作用依赖于病毒的感染复数、细胞类型和感染的进程。在晚期基因表达达到最高的时候，宿主蛋白的合成受到最大限度的抑制，有利于应用脉冲标记放射性氨基酸鉴定病毒蛋白或重组蛋白（见 10.17）。

成纤维细胞受感染数小时后，即出现初始的细胞病变——细胞圆形化。然而，大部分细胞在痘苗病毒感染后≥48 h 保持完整。某些病毒株导致细胞病变的能力更弱，但还没有发现能有效表达重组蛋白而不抑制宿主蛋白表达的痘苗病毒变异株。在 20～40 h内，一个感染细胞可产生 100～200 个噬斑形成单位，相当于 2500～5000 个病毒颗粒。用痘苗病毒 WR 株感染细胞，95%的感染性病毒保持有细胞依赖性。另外一些痘苗病毒株，特别是 IHD-J，能产生大量的胞外病毒。

痘苗病毒载体表达系统

应用痘苗病毒载体可以表达来源于原核生物、真核生物和病毒的基因和 cDNA。目的基因通常位于痘苗病毒的启动子后，表达框通过同源重组或直接连接插入病毒基因组中（见 16.14）。使用痘苗病毒启动子是很重要的，因为痘苗病毒转录系统不能识别细胞和其他病毒的启动子。选用强大的晚期启动子可以获得基因的高水平表达。然而，选用早期启动子可以表达先于细胞病变出现时的蛋白质或是表达与主要组织相容复合物 I 类分子相关的抗原，以产生细胞毒素的 T 细胞靶和动物的细胞毒素的 T 细胞应答（在感染晚期，痘苗病毒载体介导抗原呈递的能力会减少）。常使用的启动子含有早期和晚期启动子的元件。早期基因的转录遇到序列 TTTTTNT 停止，所以在使用痘病毒的早期启动子时，必须将基因编码序列中隐藏的 TTTTTNT 终止序列进行突变（Earl et al.，1990）。为了与痘苗病毒 mRNA 相似，非编码的前导区和 3′端的序列常常要短些。

许多质粒在痘苗病毒启动子的下游插入外源基因的位置设计了限制酶位点（见 16.14）。表达盒的两端为痘苗病毒 DNA，当质粒转染被痘苗病毒感染的细胞时，就会发生同源重组。选用两端的痘苗病毒 DNA 要保证重组不会打断病毒的必需基因。

如果不通过筛选，重组病毒与亲代病毒的比例通常为 1∶1000。尽管这个比例足够应用噬斑杂交（见 6.3 和 6.4）或免疫筛选（见 6.7）挑选重组病毒，还可应用更多更方便的方法筛选鉴定重组病毒。在 16.14 中，介绍了一些常用的筛选方法。通常，表达盒两端是痘苗病毒胸苷激酶（TK）基因的片段，同源重组会造成 TK 基因的失活。在 5-溴脱氧尿苷（BrdU）存在的条件下，病毒感染 TK^- 的细胞系，可将具 TK^- 表型与具 TK^+ 表型的病毒区分开，因为 BrdU 能被 TK 磷酸化掺入病毒基因组中具有致死效应。另外，共表达细菌抗生素抗性基因，如鸟嘌呤磷酸核糖转移酶（gpt）也可用于筛选重组病毒。共表达大肠杆菌 *lacZ* 基因或其他颜色标记基因有利于快速筛选重组病毒噬斑，宿主范围与噬斑形成缺陷互补同样有利于重组病毒的筛选（见 16.14）。

痘苗病毒载体表达基因的步骤

应用痘苗病毒表达系统表达外源基因在 16.13～16.15 进行了详细论述，下面只是简要的介绍。

1）制备标准的、宿主范围限制的或表达噬菌体 T7 RNA 聚合酶的痘苗病毒储液。同时，将目的基因亚克隆到质粒转移载体上（见 16.13 和 16.14）。
2）用痘苗病毒感染细胞，再用重组质粒转染（见 16.14）。
3）在合适的筛选条件下，裂解细胞噬斑纯化病毒（见 16.14）。
4）挑选噬斑，确定外源基因的存在和表达（见 16.15）。
5）扩增噬斑，制备重组病毒储液（见 16.14）。
6）感染细胞，鉴定合成的蛋白质（见 16.15）。

痘苗病毒的安全性问题

痘苗病毒既不能与引起天花的天花病毒（正痘病毒属的其他成员）相混淆；也不要与引起水痘的水痘病毒（疱疹病毒）相混淆。从 1972 年开始美国以痘苗病毒作为常规活疫苗预防天花，通常位于前臂上的残留小瘢是接种该疫苗的证据。

为了预防实验室感染，疾病控制中心（CDC）和美国国立卫生研究院（NIH）指出接触痘苗病毒的人员必须每 10 年接种一次疫苗（Richmond and McKinney，1993）。应健康合格的工作者的要求，CDC 可提供接种的疫苗。然而，患有湿疹、免疫功能缺陷的实验室工作人员或紧密接触者不宜接种疫苗（或在医学监督下进行），对健康调查者的常规疫苗接种的好处也受到质疑（Baxby，1989；Wenzel and Nettelman，1989）。痘苗病毒是稳定的，吸入、飞沫和暴露于黏膜浮质是对实验室人员的主要危害，应该按照标准生物安全 2 级（BL-2）操作，使用 I 或 II 级生物安全柜（Richmond and McKinney，1993）。对于高减毒的痘苗病毒株，如修饰后的痘苗病毒 Ankara（MVA）和 NYVAC（Tartaglia et al.，1992），安全标准可以有所降低。然而，应当与当地生物安全办公室保持联系确定有关疫苗接种和物理防范的当前政策。

表达某些基因（如毒素基因）或某些病毒基因的大片段需要有另外的预防措施，必须查阅重组 DNA 工作指南，同时取得当地生物安全委员会的同意也是十分必要的。

参考文献：Johnson et al.，1993；Moss，1996b.

撰 稿 人：Bernard Moss and Patricia L. Earl

16.13 细胞系和痘苗病毒储液的制备

这一单元介绍用于感染痘苗病毒细胞系的保存，包括贴壁细胞培养（见基本方案 1）和悬浮细胞培养（见基本方案 2）。悬浮细胞培养用于痘苗病毒储液的制备（见基本方案 3）。也可用于生产高度减毒、宿主限制修饰的痘苗病毒 Ankara 株（MVA）（见基本方案 5）的鸡胚成纤维细胞（CEF）系的制备（见基本方案 4）。此外，还介绍了标准株和 MVA 痘苗病毒储液的滴定（分别见辅助方案 1 和 2）。

因为标准痘苗病毒株具有广泛的宿主范围，所以在细胞系的选择上具有广泛的范围。下面介绍几种能有较好结果的细胞系（见基本方案 1 和 2）。BS-C-1 细胞在噬斑分析上能得到最好的结果，而 HeLa 细胞则适用于制备病毒储液。CV-1 细胞也可以用于以上两种用途，但它常被用于转染（见 16.14）。人类胸苷激酶缺陷型（TK^-）143B 细胞应用于 TK 筛选（见 16.14），但它还可以用于转染和噬斑分析。CEF 和 BHK-21 细胞都可用于扩增 MVA 和制备重组 MVA。表 16.13.1 简要介绍了各种细胞系的用途。

注意：本单元的所有步骤需要在生物安全柜中进行无菌操作。

表 16.13.1　痘苗病毒感染细胞系的用途

细胞系	用途[a]	步骤
HeLa S3	病毒储液制备	见 16.13 基本方案 3
	病毒纯化	见 16.14 辅助方案 1
	噬斑扩增	见 16.14 基本方案 3
BS-C-1	噬斑分析	见 16.13 辅助方案 1
	转染（可选）	见 16.14 基本方案 1
	XGPRT 筛选	见 16.14 基本方案 2
	噬斑扩增（可选）	见 16.14 基本方案 3
CV-1	转染	见 16.14 基本方案 1
	病毒储液制备（可选）	见 16.13 基本方案 3
	噬斑分析（可选）	见 16.13 辅助方案 1
Hu TK^- 143B	TK 筛选	见 16.14 基本方案 2
	噬斑分析（可选）	见 16.13 辅助方案 1
	转染（可选）	见 16.14 基本方案 1
CEF	MVA	见 16.13 基本方案 5、辅助方案 2；见 16.14 基本方案 4
BHK-21	MVA	见 16.13 基本方案 5、辅助方案 2；见 16.14 基本方案 4

a. 每个细胞系的最适用途均列在表上，标有可选的是指细胞系可用于指定的用途，但效果没有不标的好。

16.13.1　基本方案 1　贴壁细胞的培养

冻存细胞解冻后在适当的含有两倍维持血清浓度的完全培养基中生长（见下文）。当细胞生长至汇片，用胰酶/EDTA 处理，用适当的含有 10%FBS 的完全培养基稀释，维持细胞生长（表 16.13.2）。

表 16.13.2　用于生长和维持细胞系的培养基[a]

细胞系	维持培养基[a]	起始培养基[a]
BHK-21	完全 MEM-10	完全 MEM-20
BS-C-1	完全 MEM-10	完全 MEM-20
CEF	完全 MEM-10	完全 MEM-10
CV-1	完全 DMEM-10	完全 DMEM-20
HeLa S3	完全 Spinner medium-5	完全 MEM-10
Hu TK^- 143B	完全 MEM-10/BrdU	完全 MEM-20/BrdU

a. 配方见附录 1。

材料（带√项见附录 1）

含有冻存细胞的安瓿（见表 16.13.2）：BS-C-1（ATCC no. CCL26），CV-1（ATCC no. CCL70），HuTK⁻ 143B（ATCC no. CRL8303），或 BHK-21（ATCC no. CCL10）细胞

70%乙醇

√起始培养基（表 16.13.2）：完全 MEM-20，完全 DMEM-20，或完全 MEM-20/BrdU，37℃

√维持培养基（表 16.13.2）：完全 MEM-10，完全 DMEM-10，或完全 MEM-10/BrdU，37℃

√PBS（可选）

胰酶/EDTA：0.25%（*m*/*V*）胰酶/0.02%（*m*/*V*）EDTA，37℃

25 cm^2 和 150 cm^2 组织培养瓶

加湿的，37℃，5% CO_2 培养箱

步骤

1）将含有冻存细胞的安瓿放入 37℃水浴中解冻。

2）用 70%乙醇对安瓿的顶端进行消毒，打开安瓿，用吸管将细胞转移到含有 5 ml 起始培养基的 25 cm^2 组织培养瓶中，轻轻摇动培养瓶，使细胞均匀分布于培养瓶中，将其放入 5% CO_2 加湿培养箱中 37℃培养过夜。

3）吸出起始培养基，换成适当的维持培养基。将细胞放回 CO_2 培养箱 37℃培养，每天检查细胞是否生长至汇片。

4）如果细胞生长至汇片，吸出培养基。

5）用 PBS 或胰酶/EDTA 清洗细胞，除去细胞上残留的血清，将洗液吸出。

6）用 37℃、适当体积的胰酶/EDTA 刚好覆盖单层细胞（如对于 25 cm^2 培养瓶需要 0.3 ml）。消化 30～40 s（细胞应该分开），晃动培养瓶使细胞完全分开。

7）加入 1.4 ml 适当的维持培养基，用吸管来回吹打细胞悬液多次以打散细胞团（这些细胞用于传代）。

8）吸出 0.5 ml 的细胞悬液，将其加入到新的含有 30 ml 维持培养基 150 cm^2 的组织培养瓶中。轻轻摇动培养瓶，使细胞均匀分布于培养瓶中，将其放入 CO_2 培养箱中 37℃ 培养直到细胞生长至汇片（大约 1 周）。大约间隔一周用维持培养基进行 1∶20 稀释传代以维持细胞生长。

16.13.2 基本方案 2 悬浮细胞的培养

HeLa S3 细胞用旋转瓶完全培养基-5 培养。

材料（带√项见附录 1）

含有冻存 HeLa S3（ATCC no. CCL2.2）细胞的安瓿

70%乙醇
√完全 MEM-10，37℃
胰酶/EDTA：0.25%（*m*/*V*）胰酶/0.02%（*m*/*V*）EDTA，37℃
√旋转瓶完全培养基-5，37℃
25 cm^2 组织培养瓶
加湿的，37℃，5%CO_2 培养箱
Sorvall H-6000A 转子（或相当的转子）
100 ml 或 200 ml 通气旋转瓶和带滤膜的瓶盖（Bellco）

步骤

1）将含有冻存 HeLa S3 细胞的安瓿放入 37℃水浴中解冻。
2）用 70%乙醇对安瓿的顶端进行消毒，打开安瓿，用吸管将细胞转移到含有 5 ml 完全 MEM-10 培养基的 25 cm^2 组织培养瓶中，轻轻摇动培养瓶，使细胞均匀分布于培养瓶中，放入 5% CO_2 加湿培养箱中 37℃培养过夜。
3）将培养基吸出，用 0.5 ml 37℃的胰酶/EDTA 覆盖细胞，消化 30～40 s。
4）加入 10 ml 旋转瓶完全培养基-5，并将细胞转移至 50 ml 的离心管中。室温 1800 *g* 离心 5 min，弃上清。
5）将细胞沉淀悬浮在 5 ml 的旋转瓶完全培养基-5 中，上下吹打，将细胞团打散。
6）在 100 ml 或 200 ml 通气旋转瓶中加入 50 ml 旋转瓶完全培养基-5，并将细胞悬液转移到瓶中。
7）取出 1 ml 细胞悬液，用血细胞计数器（附录 3F）进行细胞计数。加入适量的旋转瓶完全培养基-5，使细胞密度为（3～4）$\times10^5$ 细胞/ml。将细胞放入无 CO_2 培养箱，37℃旋转培养。
由于有些细胞是不能被养活的，所以需要高的初始密度。
8）随后的两天让细胞继续生长，并且每天对细胞进行计数，加入适量的旋转瓶完全培养基-5 以维持（3～4）$\times10^5$ 细胞/ml 的细胞密度。
9）取 1 ml 的细胞悬液，用血细胞计数器对细胞进行监测。
10）当细胞密度达到（4～5）$\times10^5$ 细胞/ml 时，隔天或每天用培养基将细胞稀释至 1.5×10^5 或 2.5×10^5 细胞/ml。
11）分别将装有 50 ml 或 100 ml 细胞悬液的 100 ml 或 200 ml 通气旋转瓶放入 37℃无 CO_2 培养箱旋转培养。每天或隔天传代。
HeLa S3 细胞用旋转瓶完全培养基-5 在通气旋转瓶中于 37℃无 CO_2 培养箱生长和维持。细胞用新鲜的旋转瓶完全培养基-5 每天或隔天进行稀释以保持细胞的密度为（1.5～5）$\times10^5$ 细胞/ml。

16.13.3 基本方案 3 痘苗病毒储液的制备

材料（带√项见附录 1）
悬浮培养的 HeLa S3 细胞（见基本方案 2）
√完全 MEM-10 和 MEM-2.5，37℃

痘苗病毒（ATCC ＃VR1354 或相当的病毒）

0.25 mg/ml 胰酶（2×结晶无盐；Worthington；过滤除菌存放于－20℃）

Sorvall H-6000A 转子（或相当的转子）

150 cm^2 组织培养瓶

加湿的，37℃，5% CO_2 培养箱

步骤

1）用血细胞计数器对悬浮培养的 HeLa S3 细胞进行细胞计数（附录 3F）。

2）将 5×10^5 个细胞室温 1800 *g* 离心 5 min，弃上清。

3）将细胞悬浮于 25 ml 37℃完全 MEM-10 培养基中，放入 150 cm^2 组织培养瓶中，将其放入 5% CO_2 加湿培养箱中 37℃培养过夜。

同样，也可使用 150 cm^2 组织培养瓶中贴壁培养的单层细胞（见基本方案 1），直接进行步骤 4。

4）在使用前，将一定体积的痘苗病毒储液与 0.25 mg/ml 胰酶混合，涡旋混匀。在 37℃水浴锅中保温 30 min，并在保温过程中每隔 5～10 min 涡旋混匀一次。

病毒储液的滴度常常在 2×10^9 pfu/ml 左右，但根据其来源的不同病毒滴度也可能低一些。

如果经过涡旋混匀后，还可以看见团状物，将其冷却到 0℃并在冰上超声波作用 30 s（见 16.14）。此步骤可重复多次，但在两次超声波作用之间，样品一定要置于冰上冷却。

5）用完全 MEM-2.5 培养基将胰酶作用后的病毒稀释到 $(2.5\sim7.5)\times10^7$ pfu/ml。吸出 150 cm^2 组织培养瓶中的培养基，加入 2 ml 稀释的、胰酶作用后的病毒。放入 CO_2 培养箱中 37℃ 培养 2 h，每隔 30 min 用手轻轻摇动培养瓶。

6）加入 25 ml 完全 MEM-2.5 培养基覆盖细胞，放入 CO_2 培养箱，37℃ 培养 3 天。

7）将培养瓶中被感染的细胞转移到无菌的塑料管中，在 5～10℃，1800 *g* 离心 5 min，弃上清。

8）将细胞用 2 ml 完全 MEM-2.5 培养基重悬（每 150 cm^2 组织培养瓶），用吸管轻轻吹吸或涡旋混匀。

9）用反复冻融的方法裂解细胞悬液：用干冰/乙醇冷冻细胞，37℃水浴及涡旋解冻，如此进行 3 次。

10）将病毒储液放置在冰上，并将其独立分装成小份，每份 0.5～2 ml，放入－70℃保存。

16.13.4 辅助方案 1 噬斑分析测定痘苗病毒储液的滴度

经胰酶作用的系列稀释病毒储液（见基本方案 3）常被用于感染适当的细胞系。经过几天的培养后，吸出培养基，将细胞用结晶紫染色。由于感染细胞变缩、变圆和脱落，形成直径 1～2 mm 颜色较淡的噬斑。

附加材料（见基本方案 1 和 3）

生长良好的贴壁培养的单层 BS-C1 细胞（见基本方案 1）

病毒储液（见基本方案 3）

0.1%（*m/V*）结晶紫（Sigma）溶于 20%乙醇（保存在室温）
6 孔的 35 mm^2 组织培养板

步骤

1）胰酶消化汇片生长的单层 BS-C-1 细胞（见基本方案 1 步骤 4～7）。
2）用血细胞计数器对细胞进行计数（附录 3F）。
3）将 5×10^5 个/孔 BS-C-1 细胞加入 2 ml 完全 MEM-10 培养基在 6 孔的 35 mm^2 组织培养板中培养，放入 5% CO_2加湿培养箱中 37℃ 培养过夜，直到细胞生长至汇片。
4）胰酶处理病毒储液（见基本方案 3 步骤 4）。
5）用完全 MEM-2.5 培养基对胰酶处理后的病毒储液进行 9 次 10 倍系列稀释（见 1.11），注意每次稀释必须用新的吸管。
6）吸出 BS-C-1 细胞的培养基，用 0.5 ml 10^{-7}、10^{-8}、10^{-9}病毒稀释液感染细胞，每个稀释度感染两个孔。放入 CO_2 培养箱中 37℃ 培养 1～2 h，每隔 15～30 min 轻轻摇动培养板，使病毒均匀分布，细胞保持潮湿。
7）在每个孔中加入 2 ml 的完全 MEM-2.5 培养基，放入 CO_2 培养箱中 37℃ 培养 2 天。
8）吸出培养基，每孔加入 0.5 ml 的 0.1%结晶紫，室温下孵育 5 min。
9）吸出结晶紫，使孔晾干。
10）计算每孔中的噬斑数确定滴度，再乘以稀释倍数。
　　每孔中有 20～80 个噬斑一般可以取得较好的结果，在测定滴度时，可以考虑用胰酶对病毒储液进行 1∶1 稀释。

16.13.5　基本方案 4　鸡胚成纤维细胞的制备

减毒的复制缺陷痘苗病毒 Ankara（MVA），作为标准痘苗病毒株的替代物，可以作为载体表达外源蛋白。MVA 是痘苗病毒 Ankara 在鸡胚成纤维细胞中通过多次传代（>570 次）得到的。尽管 MVA 可以高效表达重组蛋白，但其在人类和大部分哺乳动物细胞中不能包装成具有感染能力的病毒颗粒，它对于实验室人员是安全的。NIH 认为，不经过疫苗接种的人员也可以进行 MVA 的操作，并且可以在生物安全 1 级条件下进行实验。表达噬菌体 T7 RNA 聚合酶的重组 MVA 也已构建成功，可用于瞬时高表达（见 16.16）。

材料（带√项见附录 1）

9 日龄鸡胚（无病原体的鸡蛋，SPAFAS）
70%乙醇
无添加剂的 MEM 培养基，37℃
胰酶/EDTA：0.25%（*m/V*）胰酶/0.02%（*m/V*）EDTA，37℃
√完全 MEM-10 培养基（表 16.13.2），37℃

无菌的解剖剪和镊子

无菌的 100 cm^2 培养皿
10 ml 注射器
带磁力搅拌棒的无菌胰酶消化瓶
加湿的，37℃和 31℃，5% CO_2 培养箱
500 ml 烧杯，杯口由两层纱布包裹
Sorvall RC-3B 离心机和 250 ml 离心管（或相当的离心机和离心瓶）
150 cm^2 组织培养瓶

步骤

1）将 10 只 9 日龄鸡胚有空气部分朝上放置，喷上 70%乙醇。
2）用无菌的解剖剪将鸡蛋的顶部打开，剪掉膜上蛋壳，使膜保持完整。用无菌镊子将膜取掉。其他鸡蛋亦重复相同操作。
3）取出鸡胚，放入无菌的 100 cm^2 培养皿。
4）剪掉每个鸡胚的头和足，将剩余的身体放入无菌的 100 cm^2 平皿中，加入 10 ml 无添加剂的 MEM 培养基。通过 10 ml 注射器（5 个鸡胚/注射器）挤压，将鸡胚切碎并打入无菌的胰酶消化瓶中。
5）加入 100 ml 37℃的胰酶/EDTA，并在加湿的 5% CO_2 培养箱中 37℃持续搅拌温育 5 min。
6）将液体从无菌胰酶消化瓶中倒入杯口带两层纱布的 500 ml 烧杯，将过滤后的液体转移至 250 ml 离心瓶中。
7）向含有剩余组织的无菌胰酶消化瓶中加入 100 ml 新鲜的胰酶/EDTA，37℃温育 5 min。
8）将消化液倒入另一个杯口带两层纱布的 500 ml 烧杯，并将过滤后的液体加入先前的 250 ml 离心瓶中。
9）在 Sorvall RC-3B 离心机中，4℃，1200 *g* 离心 10 min。
10）丢弃上清，加入 10ml MEM-10 完全培养基，反复抽吸 10～15 次重悬沉淀，并将体积调整至 100 ml。
11）将悬液转移至 250 ml 离心瓶中，4℃，1200 *g* 离心 10 min。
12）用 5 ml MEM-10 完全培养基重悬沉淀，并将体积调整至 30 ml。
13）将细胞悬液按每瓶 1 ml 加入到 30 个含有 30 ml MEM-10 完全培养基的 150 cm^2 组织培养瓶中。
14）37℃培养几天直至细胞长满，然后将培养瓶转移至加湿的 5% CO_2 培养箱中 31℃保存。

CEF 细胞培养液能够在 31℃保存 2～3 个星期。原代的 CEF 细胞也能直接用于病毒生长，或将胰酶处理后的 CEF 细胞冻存在液氮中留以后使用。

16.13.6 基本方案 5 MVA 病毒储液的制备

制备 MVA 病毒储液时，在病毒感染之前，将 CEF（见基本方案 4）或 BHK-21

（见基本方案 1）细胞培养几天使细胞成片，然后用 MVA 病毒感染。几天以后收集感染的细胞，以反复冻融、超声裂解细胞，然后分装成小份储存于－70℃。

注意：BHK-21 细胞应从 ATCC 获得，从别的地方得到的细胞 MVA 病毒的复制水平也许会很低。

材料（带√项见附录 1）

150 cm^2 组织培养瓶培养的成片 CEF（见基本方案 4）或 BHK-21 细胞（见基本方案 1）

MEM-10 和 MEM-2.5 完全培养基，37℃

√改造的痘苗病毒 Ankara（MVA；A. Mayr，Institut für Med. Mikrobiologie，Munich，Germany，or B. Moss，e-mail：bmoss@nih. gov）

150 cm^2 组织培养瓶

加湿的 37℃ 5% CO_2 培养箱

Sorvall RC-3B 离心机和 250 ml 无菌离心瓶（或相当的离心机和离心瓶）

步骤

1）用 1.5 ml 胰酶/EDTA 加 8.5 ml 的维持培养基消化 7 瓶 150 cm^2 组织培养瓶培养的基本成片的 CEF 细胞或两瓶 BHK-21 细胞（见基本方案 1 步骤 4～7），分装于 20 个 150 cm^2 组织培养瓶中。在加湿的 5% CO_2 培养箱 37℃ 培养至接近单层成片的程度（通常为 2 天）。

分别对 CEF 和 BHK-21 细胞进行 1∶3 和 1∶10 稀释。用 BHK-21 细胞时，单层细胞密度应为 90%。

2）移弃培养基并向每瓶中加入 30 ml MEM-2.5 完全培养基。

3）溶解 MVA 病毒并在冰上超声 30 s 以打散病毒（消化会降低病毒滴度）。

4）按 1～3 个感染单位将病毒加入到培养基中，在 CO_2 培养箱中于 37℃培养 3 天。

150 cm^2 组织培养瓶单层培养的 CEF 和 BHK-21 细胞数为（1～2）×10^7。如果病毒量不够则可少用或用小的培养瓶培养。

5）用细胞刮或振摇将细胞刮下，将细胞和培养基转移到 250 ml 离心瓶中。在 Sorvall RC-3B 离心机中 4℃，1200 *g* 离心 10 min，弃上清。

6）吹打或涡旋，使细胞重悬在 1 ml（每 150 cm^2 组织培养瓶）MEM-2.5 完全培养基中。

7）用反复冻融的方法裂解细胞悬液：用干冰/乙醇冷冻细胞，37℃水浴及涡旋解冻，如此进行 3 次。

8）将存储液在冰上超声 1 min，隔 1 min 再超声一次，然后分装成 0.5 ml 的小份，冻存于－70℃。

16.13.7　辅助方案 2　用免疫染色法滴定 MVA 病毒

MVA 病毒滴度通常是用免疫染色法进行测定，因为 MVA 不能在 CEF 或 BHK-21

细胞中形成噬斑。

材料（带√项见附录 1）

150 cm^2 组织培养瓶培养的 CEF（见基本方案 4）或 BHK-21（见基本方案 1）细胞
√MEM-10 和 MEM-2.5 完全培养基，37℃
MVA 病毒储液（见基本方案 5）
1∶1（*V*/*V*）丙酮/甲醇
√含和不含 3% FBS 的 PBS
兔抗痘苗病毒抗体（Access Biomedica 或见 Linscott，2002）
辣根过氧化物酶偶联的抗兔 Ig 抗体（HRP-抗-兔，Amersham）
联茴香胺或预制的过氧化酶底物试剂盒（Sigma）
PBS/H_2O_2（使用前每 10 ml PBS 加入 10 μl 30%的 H_2O_2）
6 孔的 35 mm^2 组织培养板
加湿的 5% CO_2 培养箱，37℃

步骤

1）胰酶消化用 150 cm^2 组织培养瓶培养的 CEF 或 BHK-21 细胞（见基本方案 1 步骤 4～6），对较大的组织培养瓶用 1.5 ml 胰酶/EDTA 消化。用 5 ml 的完全 MEM-10 培养基重悬细胞，另加入 60 ml 的完全 MEM-10 培养基。
2）在 6 孔的 35 mm^2 组织培养板每孔中加入 2 ml 的细胞悬液，在加湿的 5% CO_2 培养箱中 37℃ 培养过夜至接近单层生长至汇片的程度。
3）吸出培养基，加入 2 ml 完全 MEM-2.5 培养基。
4）取出 MVA 病毒储液，在冰上超声破碎 30 s。
5）用完全 MEM-2.5 培养基对病毒进行 8 次 10 倍系列稀释，注意每次稀释必须用新的吸管。
6）用 0.1 ml 10^{-6}、10^{-7}、10^{-8}病毒稀释液感染细胞，每个稀释度感染两个孔，旋转混匀，放入 CO_2 培养箱中 37℃培养 24 h。
7）吸出液体，将细胞用 1 ml 1∶1 丙酮/甲醇固定 2 min。吸出固定液，每孔加入 2 ml PBS，立即免疫染色培养板，也可以将培养板在 4℃存放数周后使用。
8）用含 3% FBS 的 PBS 稀释兔抗痘苗病毒抗体，每孔加入 1 ml。室温温育 1 h，期间并不时轻轻晃动。

每个抗体的最佳稀释倍数必须以经验确定，但最好开始按 1∶500 或 1∶1000 稀释。

9）用 2 ml 的 PBS 清洗 2 次。
10）用含 3% FBS 的 PBS 稀释辣根过氧化物酶偶联的抗兔 Ig 抗体，每孔加入 1 ml。室温温育 30～45 min，期间不时轻轻晃动。

每个抗体的最佳稀释倍数必须确定，但最好开始按 1∶500 或 1∶1000 稀释。

11）用 2 ml 的 PBS 清洗 2 次。
12）用 0.5 ml 的乙醇制备邻联茴香胺饱和溶液，涡旋混匀，37℃下放置 5 min，以最大转速离心 1 min 澄清溶液，加入 0.2 ml 的邻联茴香胺溶液到 10 ml 的 PBS/H_2O_2

中。同样，也可以按照操作手册使用底物片剂。

注意：邻联二茴香胺有致癌作用，操作时应该戴手套并在通风橱中进行。30% H_2O_2 对皮肤有腐蚀性，应戴手套操作。

13）每孔加入 0.5 ml 的邻联茴香胺底物溶液，轻轻晃动，放置 10 min（弱抗体需要的时间长）。用显微镜观察感染细胞的噬斑，反应完成后，用水洗培养板，并加入 1 ml的水使其保持湿润。

14）对染色的噬斑进行计数，乘以稀释倍数，得到的滴度表示为感染单位（pfu）/ml。每孔中有 20～100 个噬斑可以获得较好的结果。在确定滴度时，应当乘以 10，因为每孔只加入了 0.1 ml 的病毒量。

参考文献：Carroll and Moss，1997；Linscott，2002；Sutter and Moss，1992.

撰 稿 人：Patricia L. Earl，Norman Cooper，Linda S. Wyatt，Bernard Moss，and Miles W. Carroll

16.14 重组痘苗病毒的制备

这一节介绍了痘苗病毒感染细胞的方法和质粒转移载体转染感染后的细胞产生重组病毒的方法（见基本方案 1）、纯化痘苗病毒的方法（见辅助方案 1）和可应用于转染的病毒 DNA 的提取方法（见辅助方案 2）。还介绍了分离重组病毒的筛选方法（见基本方案 2）和扩增重组病毒的方法（见基本方案 3），最后是用于检测重组痘苗病毒 Ankara（MVA）的活体免疫染色方法（见基本方案 4）。

痘苗病毒可以在 HeLa S3 细胞中大量繁殖，其他的细胞系可用于噬斑纯化和扩增。对于胸腺激酶（TK）筛选，可用 $HuTK^-$ 143B 细胞。对于黄嘌呤-鸟嘌呤磷酸核糖转移酶（XGPRT）筛选，可选用 BS-C-1 细胞。CV-1 细胞或 BS-C-1 细胞可用于转染，也可用于确定病毒滴度（见 16.13）。对于 MVA，所有的步骤都需要在 CEF 或 BHK-21 细胞中完成（见基本方案 4）。

小心：当操作标准痘苗病毒时，应严格按照生物安全 2 级标准操作（见 16.12 安全预防）。

注意：此单元的所有步骤必须在生物安全柜中进行无菌操作。

注意：此单元的培养都在加湿的 5% CO_2 培养箱中 37℃ 培养，除非有特殊说明。

注意：与活细胞接触的器械和试剂都应该是无菌的。

16.14.1 基本方案 1 痘苗载体转染（痘苗病毒）感染的细胞

将感兴趣的外源基因亚克隆到质粒转移载体上（图 16.14.1 和图 16.14.2），外源基因的两端为痘苗病毒基因组非必需基因片段。随后，将重组质粒转染病毒感染的细胞，痘苗病毒基因组与质粒上同源的部分发生同源重组（图 16.14.2）。应用适当的筛选方案（见基本方案 2），经几轮噬斑纯化，从细胞裂解物中获得重组病毒。对于 MVA，除了病毒不需要用胰酶处理，CV-1 细胞和 BS-C-1 换成 CEF（见 16.13）细胞和 BHK-21 细胞外，其他转染步骤相同。活体免疫染色检测重组 MVA 或标准病毒见基本方案 4。

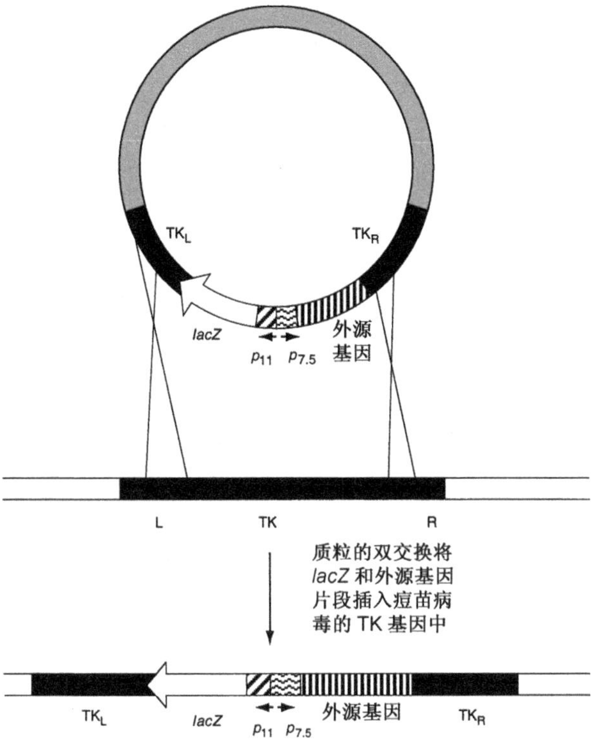

图 16.14.1 转染质粒与痘苗病毒基因组之间的同源重组。TK_L 和 TK_R 是位于外源基因两侧的痘苗病毒 DNA 序列，p_{11} 和 $p_{7.5}$ 是启动子。

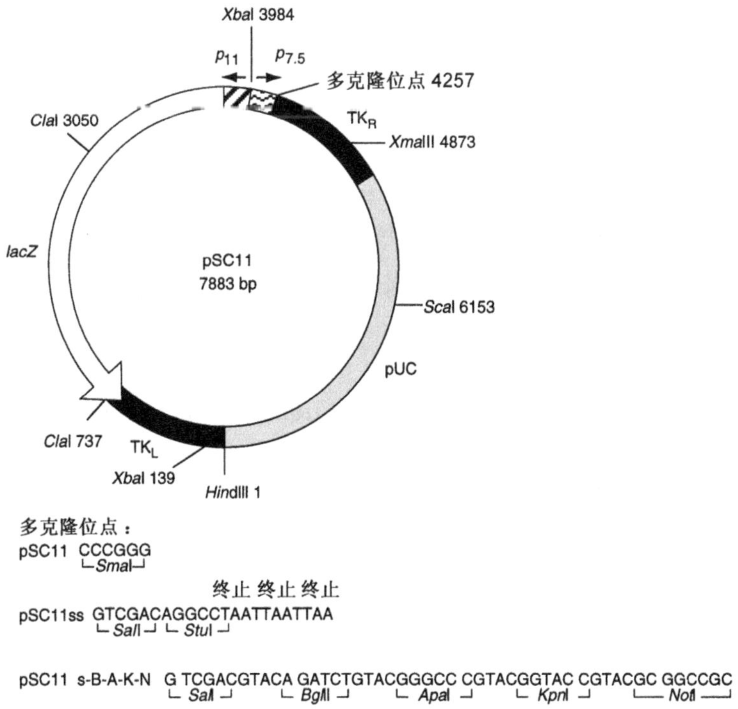

图 16.14.2 质粒转移载体 pSC11。

材料（带√项见附录1）

pSC11、pRB21、pSC65、pLW9或其他合适载体（表16.14.1）

表16.14.1　痘苗病毒转移载体

载体[a]	启动子[b]	克隆位点[c]	插入位点[d]	筛选标记	参考文献
pGS20	$p_{7.5}$(E/L)	BamHI; SmaI	TK	TK⁻	Mackett et al.,1984
pSC11	$p_{7.5}$(E/L)	SmaHI; MCS	TK	TK⁻,β-gal	Chakrabarti et al., 1985; Earl et al., 1990; Bacik et al.,1994
pMJ601, pMJ602	p_{syn}(L)	MCS	TK	TK⁻,β-gal	Davison and Moss,1990
pRB21	p_{syn}(E/L)	MCS	F12L/F13L	空斑	Blasco and Moss,1995
pMC02	p_{syn}(E/L)	MCS	TK	TK⁻,GUS	Carroll and Moss,1995
pSC59	p_{syn}(E/L)	MCS	TK	TK⁻	Chakrabarti et al.,1997
pSC65	p_{syn}(E/L)	MCS	TK	TK⁻,β-gal	Chakrabarti et al.,1997
pJS4	p_{syn}(E/L)×2	MCS	TK	TK⁻	Chakrabarti et al.,1997
pJS5	p_{syn}(E/L)×2	MCS	TK	TK⁻,gpt	Chakrabarti et al.,1997
pG06	p_{syn}(E/L)×2	MCS	Del III	瞬时 gpt[e]	Sutter et al.,1994
pLW-7	p_{syn}(E/L)	MCS	Del III	瞬时 gpt[e]	Wyatt et al.,1996
pMC03	p_{syn}(E/L)	MCS	Del III	GUS	Carroll and Moss,1995
pLW-9	p_{H5}(E/L)	MCS	Del III	瞬时 gpt[e]	Wyatt et al.,1996
pLW-17	p_{H5}(E/L)	MCS	Del II	无	L. Wyatt and B. Moss,unpub. observ.
pLW-21	p_{syn}(E/L)	MCS	Del II	无	L. Wyatt and B. Moss,unpub. observ
pLW-22	p_{syn}(E/L)	MCS	Del II	β-gal	L. Wyatt and B. Moss,unpub. observ
pLW-24	$p_{7.5}$(E/L)	MCS	Del II	无	L. Wyatt and B. Moss,unpub. observ

a. pRB21是特别针对痘苗病毒vRB12设计的，缺失了F13L基因。质粒pG06、pLW-7、pMC03、pLW-9、pLW-17、pLW-21、pLW-22和pLW-24是针对MVA设计的。

b. 缩写：E，早期；L，晚期；E/L，早期和晚期。×2表示用于两个基因表达的两个方向相反的启动子。

c. *SmaI*酶切产生平头末端，可用于任何具有平头末端基因片段的克隆。MCS表示多克隆位点。

d. 缩写：TK，胸苷激酶基因；F12L/F13L，位于F12L和F13L可读框之间；Del III，MVA的自然缺失位点。

e. 在重组痘苗病毒重组过程中，瞬时选择作用缺失掉XGPRT基因。

CV-1，BS-C-1，BHK-21或CEF细胞（见16.13）

√完全MEM-10和MEM-2.5培养基

痘苗病毒储液（见16.13）

0.25 mg/ml胰酶（2×结晶无盐；Worthington；过滤除菌存放于−20℃）

√转染缓冲液

√2.5 mol/L $CaCl_2$

√20 mmol/L HEPES，pH 7.4

DOTAP脂质体转染试剂（Boehringer Mannheim）

OptiMEM培养基（Life Technologies）

干冰/乙醇

25 cm^2 组织培养瓶

12 mm×75 mm 聚苯乙烯管

刮刀或橡皮细胞刮刀（rubber policeman），无菌

15 ml 锥形离心管

带 H-6000A 转头的 Sorvall 离心机（或相似的离心机）

步骤

1）将目的基因亚克隆到 pSC11、pRB21、pSC65、pLW9 或其他合适载体的多克隆位点（MCS）上（见 3.13），分离质粒（见 1.7）。

2）将 1×10^6 的 CV-1、BS-C-1、BHK-21 或 CEF 细胞用完全 MEM-10 培养基接种到 25 cm^2 组织培养瓶中，培养至接近单层生长至汇片的程度（通常过夜）。

3）使用前，将等体积的痘苗病毒储液与 0.25 mg/ml 胰酶混合，涡旋混匀。在 37℃水浴锅中保温 30 min，并在保温过程中每隔 5～10 min 涡旋混匀一次。对于 MVA，以在冰上超声 30 s 打散病毒团块代替胰酶解（亦见 16.13）。

病毒储液的滴度常常在 2×10^9 pfu/ml 左右，但根据其来源的不同病毒滴度也可能低一些。

4）用完全 MEM-2.5 培养基将病毒稀释到 1.5×10^7 pfu/ml。在汇片生长的单层细胞培养瓶中吸出培养基，加入 1 ml 稀释的病毒（0.05 pfu/细胞）转染。培养 2 h，每隔 15 min 轻轻摇动一次。在转染结束前 30 min，按照下面介绍的 $CaCl_2$ 和 DOTAP 方法制备 DNA。

$CaCl_2$ 法

5a）在 12 mm×75 mm 聚苯乙烯管中加入 1 ml 的转染缓冲液，再加入 5～10μg（<50 μl）含有目的基因的重组质粒（来自步骤 1）。

在转染中不需要包含痘苗病毒 DNA（见辅助方案 2），但加入可以导致高效率的重组。如果要加入，1 μg 痘苗病毒 DNA 混合 5～10 μg 重组质粒 DNA，在加入 $CaCl_2$ 或 DOTAP 前，涡旋混匀以切割大分子质量的 DNA。有关磷酸钙转染的讨论见 9.1。

6a）缓慢地加入 50 μl 2.5 mol/L $CaCl_2$，并轻轻混合均匀，在室温放置 20～30 min，细小的沉淀应该会出现。

DOTAP 法

5b）在 12 mm×75 mm 聚苯乙烯管中加入 70 μl pH 7.4 20 mmol/L HEPES 和 30 μl DOTAP。在第二管中，加入 5 μg 含有目的基因的重组质粒（来自步骤 1）到 20 mmol/L HEPES 至终体积为 100 μl。

有关痘苗病毒 DNA 的加入参见步骤 5a。

6b）将 DNA 溶液加入到 DOTAP 溶液中，室温放置 15 min，再加入 1 ml OptiMEM 培养基。

7）从单层细胞吸去病毒接种物（步骤 4）。

8a）$CaCl_2$ 法：将沉淀的 DNA 悬液（步骤 6a）加入细胞，室温放置 30 min，然后加入 9 ml 完全 MEM-10 培养基 37℃培养 3～4 h。

8b）DOTAP 法：将 DNA/DOTAP 溶液（步骤 6b）加入细胞，37℃放置 4 h。

9）吸出培养基，加入 5 ml 完全 MEM-10 培养基，37℃培养 2 天。

10）用刮刀或无菌的橡皮细胞刮刀，轻轻刮下细胞，转移到 15 ml 锥形离心管中，5～

10℃，1800 *g* 离心 5 min，弃培养基。

11）将细胞用 0.5 ml 完全 MEM-2.5 培养基重悬。反复冻融裂解细胞悬液：用干冰/乙醇冷冻使细胞冻结，37℃水浴及涡旋将细胞解冻。如此进行 3 次。

12）将细胞裂解物置－70℃保存，直至筛选步骤进行（见基本方案 2）。

16.14.2 辅助方案 1　痘苗病毒的纯化

痘苗病毒通常采用蔗糖密度梯度离心的方法纯化。纯化的病毒可用于制备痘苗病毒 DNA（见辅助方案 2），用于不允许存在感染细胞蛋白污染的研究中，同时也可以用作高滴度的病毒储液。对于大规模的纯化（至少 1 L 的培养物，见本方案），最好的方法是用 HeLa 细胞悬液作为感染的对象，而不要用单层培养的细胞。如果用单层培养的细胞，就应按照单层培养细胞的处理步骤进行（见 16.16 基本方案 3），然后再按照本方案的步骤 9 进行。对于很多研究，部分纯化的病毒就足够了（进行到本方案步骤 14），如果是纯化 MVA 病毒，则不能用胰酶消化，也不能用 CEF 细胞或 BHK-21 细胞代替 HeLa 细胞。

材料（带√项见附录 1）

痘苗病毒储液（见 16.3）

0.25 mg/ml 的胰酶（2×无盐结晶体，过滤除菌后冻存于－20℃）

HeLa S3 细胞，悬浮培养（见 16.13）

√旋转摇瓶完全培养基-5

√10 mmol/L 和 1 mmol/L 的 Tris · Cl，pH 9.0

36%（*m*/*V*）的 10 mmol/L Tris · Cl 蔗糖溶液，pH 9.0

40%，36%，32%，28%和 24%（*m*/*V*）蔗糖溶液溶于 1 mmol/L Tris · Cl，pH 9.0

Sorvall 离心机，带 H-6000A 转头（或相当的设备）

2 L 通气旋转摇瓶（微载体型，Bellco）

玻璃的带紧杵的杜恩斯匀浆器

杯状超声仪（如 Sonics and Materials 公司的 VC-600 超声仪）

Beckman 超速离心机，SW27 或 SW28 转头，无菌的离心管

分光光度计

步骤

1）使用前将等体积的痘苗病毒储液和 0.25 mg/ml 的胰酶混合，用力振荡。37℃水浴温育 30 min，在温育过程中每隔 5～10 min 涡旋振荡一次。

病毒储液的滴度通常为 2×10^9 pfu/ml，但不同来源的病毒储液的滴度也许会远低于这个滴度。如果有可见的结团存在，冷却到 0℃，并在冰上超声 30 s。超声可重复数次，但两次超声之间样本应置冰上冷却。

2）用血球计数器对 HeLa S3 细胞计数（附录 3F）。
3）将 5×10^8 的 HeLa S3 细胞转移至离心管中，室温 1800 *g* 离心 10 min，弃上清。
4）然后按 2×10^7 细胞/ml 的浓度用旋转摇瓶完全培养基-5 重悬细胞。
5）按 5～8 pfu/细胞（MOI）将消化过的病毒加到细胞悬液中，搅拌温育 30 min。
6）将细胞转移至装有 1 L 旋转摇瓶完全培养基-5 的通气旋转摇瓶中，搅拌培养 2～3 天。
7）5～10℃，1800 *g* 离心 5 min，弃上清。
8）将细胞悬浮于 14 ml 的 10 mmol/L pH 9.0 的 Tris · Cl 溶液中。以下步骤中样品均需置于冰上。
9）用杜恩斯匀浆器经过 30～40 次的击打将细胞悬液均质化，通过显微镜检查细胞的破碎情况。
10）5～10℃，300 *g*（H-6000A 转子中为 900 r/min）离心 5 min 以去除核，保留上清。
11）将细胞沉淀悬浮于 3 ml 的 10 mmol/L pH 9.0 的 Tris · Cl 溶液。5～10℃，300 *g* 离心 5 min，保留上清，并与步骤 10 中的上清合并。
12）对上清（溶解产物）进行超声处理，整个过程都应保持溶解产物低温，按照下面的步骤用杯状的超声仪进行超声。
   a）将样品按每份 3 ml 进行分装，分别超声处理。
   b）将杯中装满冰水混合物（50%的冰），将装有溶解产物的管子置于冰水混合物中，用最大功率超声 1 min。
   c）重复超声 3 或 4 次，每次超声后将溶解产物置于冰上≥30 s。

因为超声过程会使冰融化，所以应向杯中重新加入冰。

13）将溶解产物加到盛有 17 ml 36%蔗糖垫层的无菌 SW27（或 SW28）离心管中。4℃，32 900 *g* 离心 80 min。将上清吸出丢弃。
14）将病毒沉淀悬浮于 1 ml 的 1 mmol/L pH 9.0 的 Tris · Cl 溶液中。

到这一步纯化出的病毒对于某些用途，比如分离 DNA，其纯度已经足够了。

15）按照步骤 12 的方法超声 1 min。
16）在使用的前一天制备无菌的 24%～40%的持续蔗糖梯度，分别小心地将 6.8 ml 的 40%、36%、32%、28%和 24%的蔗糖溶液加到无菌的 SW27 离心管中。在冰箱中静置过夜。
17）将 1 ml 超声过的病毒沉淀（来自步骤 15）加到蔗糖梯度的上层。4℃，26 000 *g* 离心 50 min。
18）可见乳白色的病毒带出现在离心管的中部。将病毒带以上的蔗糖溶液吸弃，小心地用无菌枪头将病毒带（约 10 ml）收集于一个无菌管中保存。
19）将剩余的蔗糖溶液吸出后收集聚集于蔗糖梯度底部的病毒聚合物。上下抽吸将病毒沉淀重悬于 1 ml 的 1 mmol/L pH 9.0 的 Tris · Cl 溶液中。
20）按照步骤 12 的方法超声 1 min。
21）重复步骤 16～18 的操作，收集病毒带，与步骤 18 所收集的病毒溶液合并。加入两倍体积的 1 mmol/L pH 9.0 的 Tris · Cl 溶液混合，转移至无菌的 SW27 离心管中。

溶液总体积应有 60 ml，足够装满两个 SW27 离心管。如果得到的体积较少，用 1 mmol/L pH

9.0的Tris·Cl溶液补满离心管。

22）4℃，32 900 *g*离心60 min，吸弃上清。

23）将病毒沉淀重悬于1 ml的1 mmol/L pH 9.0的Tris·Cl溶液中，按照步骤12的方法超声，然后按每份200～250 μl进行分装。留一份进行步骤24操作，其余的冻存于－70℃。

24）用分光光度计在260 nm处对未冻存的病毒样品进行定量，以此确定提取痘苗病毒DNA时所需要的病毒量（见辅助方案2）。

一个光密度单位是1.2×10^{10}个病毒颗粒，即是（2.5～5）$\times10^{8}$ pfu。由于光的散射、不吸光，在不同的分光光度计上这个值也许会有轻微的不同。

25）将病毒悬液在冰上超声20～30 s（见步骤12），然后进行10倍系列稀释，直至10^{-10}。用10^{-8}、10^{-9}和10^{-10}这3个稀释度去感染6孔板中培养的单层生长至汇片的BS-C-1细胞（见16.13），每个稀释度做双份。

16.14.3　辅助方案2　痘苗病毒DNA的提取

如果提取的痘苗病毒DNA用于转染（见基本方案1步骤5a注释），则应在蛋白酶K消化和苯酚抽提后分离。抽提的DNA被沉淀出来，然后用水溶解。DNA浓度用A_{260}进行测定。

材料（带√项见附录1）

纯化的痘苗病毒（见辅助方案1）

√50 mmol/L和1 mol/L pH 7.8的Tris·Cl溶液

10%（*m*/*V*）SDS

60%（*m*/*V*）蔗糖溶液

10 mg/ml蛋白酶K

√用50 mmol/L pH 7.8的Tris·Cl溶液平衡的苯酚（见2.1）

1∶1（*V*/*V*）苯酚氯仿

1 mol/L pH 7.0乙酸钠

100%和95%乙醇

分光光度计

Sorvall离心机，H-6000A转头（或相当的设备）

注意：在本操作中不要涡旋DNA。因为痘苗病毒的基因组很大，如果想得到完整长度的DNA（如用于限制酶切分析）就必须小心操作，以免剪切DNA。

步骤

1）在260 nm处确定纯化的痘苗病毒的光密度，将20个光密度单位的病毒（见辅助方案1步骤24）加入到50 mmol/L pH 7.8的Tris·Cl缓冲液中，终体积为1.2 ml。

2）将以下溶液加到病毒悬液中（终体积为2 ml）：

0.1 ml 1 mol/L pH 7.8 的 Tris · Cl

0.1 ml 10% SDS

0.2 ml 60%蔗糖溶液

0.4 ml 10 mg/ml 蛋白酶 K

37℃温育 4 h。

3) 用苯酚抽提 2 次，每次加入等体积的平衡苯酚，摇动离心管轻轻混匀，室温，300 *g* 离心 10 min，用去掉头部的枪头将上层水相吸出保留（见 2.1）。
4) 用步骤 3 所述的方法，再用 1∶1 的苯酚氯仿抽提 1 次。
5) 加入 1/10 体积的 1 mol/L pH 7.0 的乙酸钠和 2.5 体积的 100%乙醇。轻轻混匀，并在 −20℃冷冻几个小时。
6) 以最大的速度 4℃微量离心 10 min，吸弃上清。
7) 用 95%乙醇清洗沉淀 2 次，每次加入乙醇后以最大速度微量离心，吸出上清。空气干燥后用 100 μl 的水溶解。
8) 制备稀释液（仅取一小部分），用 A_{260} 测定 DNA 浓度（附录 3D）。

16.14.4 基本方案 2 筛选重组病毒噬斑

材料（带√项见附录 1）

BS-C-1、HuTK⁻ 143B、BHK-21 或 CEF 贴壁生长汇片的细胞（见 16.13）和合适的完全培养基

√完全 MEM-2.5 培养基

筛选试剂（对于 XGPRT 筛选；抽滤除菌，−20℃保存）：

10 mg/ml（400×）麦考酚酸（MPA；Calbiochem），溶于 0.1 mol/L NaOH；10 mg/ml（40×）黄嘌呤，溶于 0.1 mol/L NaOH；10 mg/ml（670×）次黄嘌呤，溶于 0.1 mol/L NaOH

转染细胞溶解产物（见基本方案 1）

2%的 LMP 琼脂糖（Life Technologies）水溶液，高压灭菌

√完全 2×噬斑培养基-5

5 mg/ml 5-溴脱氧尿苷（BrdU），溶于水（用于 TK 筛选；过滤除菌，−20℃保存）

10 mg/ml 中性红溶液，溶于水

4% X-gal 溶液，溶于二甲基甲酰胺（可选，用于β-半乳糖苷酶筛选；表 1.4.2）

2% X-gluc 溶液，溶于二甲基甲酰胺（可选，用于 GUS 筛选）

干冰/乙醇

6 孔，35 mm 组织培养板

杯状超声仪（如 Sonics and Materials 公司的 VC-600 超声仪）

45℃水浴锅

无菌的带棉花滤芯巴斯德吸管

步骤

1）胰酶消化单层培养的细胞，用适当的完全培养基悬浮细胞（见 16.13 基本方案 1 步骤 4～7）。

a）对 XGPRT 筛选、噬斑选择或颜色筛选，用 BS-C-1 细胞。

b）对 TK 筛选，用 $HuTK^-$ 143B 细胞。

c）对于 MVA，用 BHK-21 或 CEF 细胞。

2）用血球计数器对细胞计数（附录 3F）。

3）按 5×10^5 细胞/孔将细胞加到 6 孔培养板中（最终 2 ml/孔），培养生长至汇片（所需时间少于 24 h）。

4）按以下方法制备细胞。

a）对于 XDPRRT 筛选，在含 1/400 体积 10 mg/ml MPA、1/40 体积 10 mg/ml 黄嘌呤和 1/670 体积 10 mg/ml 次黄嘌呤且经过滤除菌的完全 MEM-2.5 培养基中，预培养 12～24 h。

b）对于噬斑或 TK 选择或颜色筛选的方法，则不需要预培养。

5）使用前将 100 μl 的转染细胞溶解产物和 100 μl 的 0.25 mg/ml 的胰酶混合，涡旋混匀。在 37℃水浴中温育 30 min，温育过程中每隔 5～10 min 涡旋一次，然后在冰上超声 20～30 s。对于 MVA，可以不用消化，但要超声 20～30 s 以打散结团。

6）在 MEM-2.5 完全培养基中对胰酶消化和（或）超声处理的细胞溶解产物进行 4 次 10 倍的系列稀释（稀释范围为 10^{-1}～10^{-4}；见 1.11）：

a）对于 XGPRT 筛选，按步骤 4a 所述的浓度加入 MPA、黄嘌呤和次黄嘌呤。

b）对于噬斑或 TK 选择或颜色筛选的方法，则不需要加。

7）将培养单层细胞的培养基吸出（来自步骤 3），用每孔 1 ml 稀释溶解物的剂量去感染细胞（10^{-2}～10^{-4}）。培养 2 h，每隔 30 min 摇动一次。

8）在 2 h 感染完成之前，溶解适当体积的 2% LMP 琼脂糖（1.5 ml×孔的数量），在 45℃水浴中冷却（在用琼脂糖覆盖细胞之前保证它确实已经冷却到 45℃）。将以下物质加入到 2×完全噬斑培养基-5 以制备所需的适当数量的噬斑选择培养基（1.5ml×孔的数量），并加热到 45℃。

a）对于 XGPRT 筛选，按步骤 4a 所述浓度的两倍加入 MPA、黄嘌呤和次黄嘌呤。两倍浓度是必需的，因为 2×完全噬斑培养基-5 将和琼脂糖按 1∶1 的比例混合。

b）对于 TK 筛选，加入 1/100 体积的 5 mg/ml BrdU。

c）对于噬斑或颜色筛选的方法，则不需要加。

9）通过等体积混合 2%的 LMP 琼脂糖和步骤 8a 或 8b 制备的噬斑选择培养基制备适当的选择琼脂糖。

10）将接种的病毒溶液从被感染的细胞中吸出（来自步骤 7），用 3 ml 适当的选择琼脂糖覆盖细胞，在室温或 4℃让琼脂糖凝固。培养 2 天。

11）通过等体积混合 2%的 LMP 琼脂糖（1 ml×孔的数量，按步骤 8 融解并冷却至 45℃）和含 1/100 体积 10 mg/ml 的中性红的 2×完全噬斑培养基-5（每孔 1 ml，加热至 45℃）制备第二层覆盖琼脂糖。如果使用 β-半乳糖筛选，则要向琼脂糖/噬斑培养基中加入 1/120 体积的 4% X-gal。如果使用 GUS 筛选，则加入 1/100 体积的 2%的 X-gluc。用 2 ml 的这种第二层覆盖琼脂糖覆盖每孔细胞，让其凝固，过夜培养。

12）向无菌离心管中加入 0.5 ml MEM-2.5 完全培养基。当温育周期结束后，用一无菌有棉花滤芯的巴斯德吸管伸入到琼脂糖中挑取分离较好的噬斑。刮下单层细胞，将琼脂糖块吸入吸管中，转移到含有 0.5 ml MEM-2.5 完全培养基的管中。用新的吸管重复挑选 6～12 个噬斑放于不同的小管中。

13）涡旋每个含病毒的小管，用反复冻融的方法裂解小管中的病毒：用干冰/乙醇冻结，37℃水浴、涡旋解冻。如此进行 3 次。

14）将其置于冰水上，在杯状超声仪上以最大功率超声 20～30 s。

如果只是用 TK 进行筛选，则应用 PCR 方法、DNA 点杂交或免疫染色（所有步骤描述于 16.15）进行验证分离的噬斑，因为有些噬斑含有自发的 TK^- 突变而不是重组病毒。

15）按照步骤 1～4 所述的方法制备适当的贴壁培养的单层细胞。每个噬斑的分离需要一块 6 孔板。

16）对每个分离的噬斑做 10^{-1}、10^{-2}、10^{-3} 3 个 10 倍系列稀释（步骤 6）。

如果用 XGPRT 进行筛选，则需要用筛选药物进行预培养，做系列稀释时也应含有筛选药物（步骤 4a）。

17）吸出培养基，用 1 ml 病毒稀释液感染细胞，每个稀释度感染两孔。培养 2 h，每隔 30 min 用手轻轻摇晃一次。

18）重复步骤 8～14 的操作，进行三轮或更多轮的噬斑纯化，确保得到单克隆的纯化重组病毒。

16.14.5 基本方案 3 噬斑扩增

材料（带√项见附录 1）

重悬的重组噬斑（见基本方案 2）

12 孔 22 mm 组织培养板和 25 cm^2 组织培养瓶中贴壁生长良好的细胞（见 16.13）

√完全 MEM-10 和 MEM-2.5 培养基

筛选试剂（XGPRT 筛选；抽滤除菌，－20℃保存）：

10 mg/ml（400×）麦考酚酸（MPA；Calbiochem），溶于 0.1 mol/L NaOH；10 mg/ml（40×）黄嘌呤，溶于 0.1 mol/L NaOH；10 mg/ml（670×）次黄嘌呤，溶于 0.1 mol/L NaOH

5 mg/ml 5-溴脱氧尿苷（BrdU），溶于水（TK 筛选；抽滤除菌，－20℃保存）

干冰/乙醇

旋转培养瓶培养的 HeLa S3 细胞（见 16.13）

杯状超声仪（如 Sonics and Materials 公司的 VC-600 超声仪）

15 ml 锥形离心管

带 H-6000A 转头的 Sorvall 离心机（或相当的离心机）

150 cm^2 组织培养瓶

步骤

1）将重悬的重组噬斑置于含有冰水的杯状超声仪上，以最大的功率超声 20～30 s。

2）每个噬斑取 250 μl（1/2）感染 12 孔组织培养板中汇片生长的单层细胞。培养 1～2 h，每隔 15 min 轻轻摇动一次。

如果用 XGPRT 筛选，贴壁培养的细胞先用含有麦考酚酸、黄嘌呤、次黄嘌呤的完全 MEM-2.5 培养基预培养 12～24 h（见基本方案 2 步骤 4a)。感染也必须在这些试剂存在的条件下进行。

3）用 1 ml 含有合适筛选试剂的完全 MEM-2.5 培养基覆盖细胞。

a）对于 XGPRT 筛选，含有 1/400 体积的 10 mg/ml MPA、1/40 体积的 10 mg/ml 黄嘌呤、1/670 体积的 10 mg/ml 次黄嘌呤。

b）对于 TK 筛选，含有 1/200 体积 5mg/ml BrdU。

培养 2 天或者直到细胞病变（细胞变圆）明显。

4）用细胞刮刀轻轻刮下细胞，转移到微量离心管中，最大转速，离心 30 s，弃培养基。

5）将细胞用 0.5 ml MEM-2.5 培养基重悬。反复冻融法裂解细胞悬液：用干冰/乙醇将细胞冻结，再用 37℃水浴及涡旋使细胞解冻。如此进行 3 次。

6）将重悬的细胞悬液置于冰上，在杯状超声仪上以最大功率超声 20～30 s。

7）用 0.75 ml 含有筛选试剂的完全 MEM-2.5 培养基（见步骤 2 和 3）稀释0.25 ml来自步骤 6 的裂解液，感染 25 cm^2 组织培养瓶中汇片生长的单层细胞，培养 30 min。

8）用 4 ml 含有适当筛选试剂的完全 MEM-2.5 培养基（见步骤 3）覆盖细胞。培养 2 天或者直到细胞病变（细胞变圆）明显。

9）用细胞刮刀轻轻刮下细胞，转移到 15 ml 锥形离心管中，5～10℃，1800 *g* 离心 5 min，弃培养基。细胞用 0.5 ml MEM-2.5 培养基重悬。按照步骤 5 和 6 的方法反复冻融法裂解细胞悬液和超声。

10）用血细胞计数器对旋转培养瓶培养的 HeLa S3 细胞进行细胞计数（附录 3F)。

11）将 5×10^7 个细胞在离心机中室温 1800 *g* 离心 5 min，弃上清。

12）将细胞悬浮于 25 ml 完全 MEM-10 培养基中，放入 150 cm^2 组织培养瓶中，培养过夜（第二天进行感染)。

13）吸出培养基，加入 0.25 ml 的细胞裂解液（步骤 9）和 1.75 ml 完全 MEM-2.5 培养基。培养 1 h，每隔 15～30 min 轻轻摇动一次。

14）加入 25 ml 完全 MEM-2.5 培养基（此步骤不需要筛选），培养 3 天。

15）使细胞与培养瓶分离（如果需要可以借助摇晃或细胞刮刀），用吸管将细胞悬液转移到离心管中，于 5～10℃，1800 *g* 离心 5 min，弃培养基。

16）细胞用 2 ml MEM-2.5 培养基重悬。按照步骤 5 的方法反复冻融裂解细胞悬液。

17）用 16.13 介绍的方法测定病毒储液的滴度，再将其存放于－70℃。

16.14.6 基本方案4 重组MVA的活体免疫染色

活体免疫染色可用于检测改造的痘苗病毒Ankara（MVA），因为MVA不能形成分开的、易辨认的噬斑，并且这种技术不需要利用筛选的标记基因。免疫染色也可用于鉴定细胞表面或在细胞质中表达的蛋白质。本方案也适用于标准痘苗病毒株。

材料（带√项见附录1）

150 cm^2 组织培养瓶中汇片生长的CEF细胞（见16.13）

√完全MEM-2、MEM-2.5和MEM-10培养基

转染细胞裂解液（见基本方案1）

干冰/乙醇

抗外源基因表达蛋白的一抗

辣根过氧化物酶偶联的二抗

刀豆蛋白A包被的6孔组织培养板（见辅助方案3）

杯状超声仪（如Sonics and Materials公司的VC-600超声仪）

倒置显微镜

无菌牙签

细胞刮刀或1 ml注射器的活塞

75 cm^2、150 cm^2 组织培养瓶

步骤

1）胰酶消化汇片生长CEF细胞，将其放入刀豆蛋白A包被的6孔组织培养板中培养，直到细胞生长至汇片（见16.13）。

2）取出转染细胞裂解液置于冰上，在杯状超声仪上以最大功率超声30 s。分别将含有100、10、1、0.1 μl细胞裂解液的2 ml完全MEM-2.5培养基加入每个孔中，每种浓度重复加入两个孔中，轻轻摇晃混匀，培养2天。

3）用抗外源基因表达蛋白的一抗对没有进行固定的细胞进行免疫染色（见16.13，辅助方案2步骤8～13）。

如果目的蛋白在细胞内表达，吸去孔中的溶液，将培养板于－70℃放置1 h。解冻并按照16.13中的方法进行染色，这一步骤使细胞在原位破裂，使抗体渗透。

4）吸出培养基，在倒置显微镜下观察细胞，用无菌牙签挑取免疫染色点，折断牙签，将牙签的无菌部分分别装入含有0.5 ml完全MEM-2.5培养基的小瓶中。

5）反复冻融法裂解细胞悬液：用干冰/乙醇冷冻细胞，再用37℃水浴及涡旋使细胞解冻。如此进行3次。在杯状超声仪上以最大功率超声30 s。

6）再将其感染新的CEF细胞，按照步骤2～5进行重组MVA病毒的第二轮噬斑纯化，再进行三轮噬斑纯化。

本实验方案中，噬斑纯化用液体代替琼脂糖作为覆盖层，有利于免疫染色。为了检测稳定性和纯

度，用另一块培养板按照16.13辅助方案2的方法进行免疫染色。没有被染色的点是由于野生病毒或不稳定的重组而引起的细胞病变导致的。

7）用0.25 ml噬斑纯化重组病毒MVA感染在用刀豆蛋白A包被的6孔组织培养板中一个孔中培养的CEF或BHK-21细胞，加入MEM-2.5培养基至2 ml。培养2天。

8）吸出1 ml覆盖细胞的培养基，用细胞刮刀（或1 ml注射器的活塞）使细胞进入剩余的1ml培养基中，转移到小瓶中。按步骤5反复冻融细胞获得细胞裂解液。

9）将0.5 ml细胞裂解液接种到在含有15 ml MEM-2.5培养基的75 cm^2培养瓶培养的CEF和BHK-21细胞上，扩增病毒。2天后，按步骤8收获、裂解细胞。

10）用0.5 ml来自步骤9的细胞裂解液接种在含有30 ml MEM-2.5培养基150 cm^2培养瓶培养的CEF和BHK-21细胞。

11）测定病毒滴度，制备大量的重组病毒MVA储液（见16.13基本方案5），分成小份，−70℃保存。

16.14.7　辅助方案3　用刀豆蛋白A包被组织培养板

本方案介绍制备用于生长CEF单层细胞活体免疫染色（基本方案4）的刀豆蛋白A包被的培养板。

材料（带√项见附录1）

刀豆蛋白A（Sigma）

√磷酸缓冲液（PBS）

6孔，35mm组织培养板

用于保存包被板的塑料袋

步骤

1）将12 mg刀豆蛋白A加入120 ml无菌的PBS中，至终浓度为100 μg/ml。

2）在组织培养板的每孔中加入1 ml PBS/刀豆蛋白A混合液，室温温育1 h。

3）吸出每孔的液体，用2 ml PBS冲洗。

4）吸出液体，培养板在生物安全柜中晾干（保持无菌）。

5）将包被板储存在塑料袋中（保持无菌），室温保存（可保存数月）。

参考文献：Blasco and Moss，1995；Carroll and Moss，1995，1997；Mackett et al.，1984；Piccini et al.，1987；Sutter et al.，1994.

撰 稿 人：Patricia L. Earl，Bernard Moss，Linda S. Wyatt，and Miles W. Carroll

16.15　重组痘苗病毒及其产物的鉴定

产生重组痘苗病毒后（见16.14），可以通过不同的方法对其DNA和蛋白质产物进行分析。鉴定重组病毒可应用PCR方法（见基本方案1）、Southern杂交（见基本方案2）、斑点杂交（见基本方案3）。当有抗体存在的条件下，蛋白质的鉴定可用免疫学方法，如斑点印迹（见备择方案）、免疫印迹（见基本方案 4）或免疫沉淀（见基本方案 5）。此外，免疫染色可用于鉴定重组噬斑，也可用于鉴定重组病毒储液的纯度。除了将外源蛋白抗体替换成抗痘苗病毒抗体外，可用 16.13 介绍的方法进行免疫染色。

本单元所有的方法都适用于鉴定重组 MVA 病毒（见 16.14）。

小心：当操作痘苗病毒时，应严格按照生物安全 2 级标准操作（见 16.12 安全预防）。

注意：此单元的所有步骤都必须在生物安全柜中进行无菌操作。

16.15.1 基本方案 1 应用 PCR 方法检测痘苗 DNA

通过病毒感染细胞、提取 DNA、用位于痘苗病毒侧翼区的寡核苷酸引物进行 PCR 分析可以检测分离到的噬斑中是否存在重组病毒。可使用商业试剂盒如 Qiagen QIAamp Blood Kit 提取 DNA。

材料（带√项见附录 1）

贴壁生长良好的单层 BS-C-1 或 HuTK$^-$ 143B 细胞（见 16.13）

√磷酸缓冲液（PBS）

胰酶/EDTA（0.25%：0.02%），37℃

√完全 MEM-10、MEM-2.5 和 MEM-5 培养基

√完全 MEM-10/BrdU 培养基

存放在小管中的重组病毒噬斑悬液（见 16.14）

筛选试剂（过滤除菌，－20℃保存，见 16.14）：

10 mg/ml（400×）麦考酚酸（MPA；Calbiochem），溶于 0.1 mol/L NaOH（XGPRT 筛选）；10 mg/ml（40×）黄嘌呤，溶于 0.1 mol/L NaOH（XGPRT 筛选）；

10 mg/ml（670×）次黄嘌呤，溶于 0.1 mol/L NaOH（XGPRT 筛选）；

5 mg/ml（200×）5-溴脱氧尿苷（BrdU），溶于水（TK 筛选）

干冰/乙醇

√DNA 提取缓冲液

√3 mol/L 乙酸钠，pH 6.0

95%和 70%冰浴的乙醇

√10×无 $MgCl_2$ 的 PCR 扩增缓冲液

√10 mmol/L 4dNTP 混合物

100 μmol/L 引物（序列按照插入的外源基因的位点设计，见 2.14 寡核苷酸合成策略）

15 mmol/L $MgCl_2$

24 孔组织培养板

杯状超声仪

注意：此单元的培养都在加湿的 37℃ 5% CO_2 培养箱中培养，除非有特殊说明。

注意：与活细胞接触的器械和试剂都应该是无菌的，操作也必须无菌。

步骤

1）吸出汇片生长单层细胞的培养基。

a）对于 XGPRT 筛选，用 BS-C-1 细胞。

b）对于 TK 筛选，用 $HuTK^-$ 143B 细胞。

2）用 37℃的 PBS 或胰酶/EDTA 洗细胞 1 次，以除去剩余血清。

3）用刚好覆盖单层细胞、37℃的胰酶/EDTA（对于 150 cm^2 培养瓶需要 1.5 ml）覆盖细胞。消化 30 s（细胞应该分开），晃动培养瓶使细胞完全分开。

4）加入 8.5 ml 适当培养基。

a）对于 BS-C-1 细胞，使用完全 MEM-10 培养基

b）对于 $HuTK^-$ 143B 细胞，使用完全 MEM-10/BrdU 培养基。

吸打细胞悬液数次使团块散开。

5）用血球计数器对细胞进行计数（附录 3F）。

6）将 1.25×10^5 细胞/孔放入 24 孔组织培养板培养（每孔终体积为 0.5 ml），至细胞汇片（应小于 24 h）。

7）将小管中的病毒置于冰水上，在杯状超声仪上以最大功率超声 20～30 s。

8）吸出组织培养板中的培养基，用一个重组病毒噬斑感染一个孔的细胞，一般用噬斑悬液的一半体积（如有 0.5 ml 的噬斑悬液用 0.25 ml），温育 1～2 h，期间每隔15～30 min，轻轻摇晃培养瓶。

9）加入 1 ml 含适当筛选试剂的完全 MEM-2.5 培养基，培养直到细胞病变（细胞变圆）明显（一般 24～48 h）。

a）对于 XGPRT 筛选，加入 1/400 体积的 10 mg/ml MPA、1/40 体积的 10 mg/ml 黄嘌呤、1/670 体积的 10 mg/ml 次黄嘌呤。

b）对于 TK 筛选，加入 1/200 体积的 5 mg/ml BrdU。

10）用细胞刮刀轻轻刮下细胞，转移到离心管中，最大转速离心 30 s，弃培养基；再加入 1 ml PBS，涡旋混匀，最大转速离心 30 s。弃 PBS，用 0.5 ml PBS 重悬。

11）反复冻融法裂解细胞悬液：用干冰/乙醇冷冻细胞，再将细胞放入 37℃水浴锅，且涡旋解冻。如此进行 3 次。

12）将重悬的细胞悬液置于冰水混合物上，在杯状超声仪上以最大功率超声 20～30 s。

13）取 50～100 μl 细胞悬液移至微量离心管中。加入 1/10 体积的 DNA 提取缓冲液，轻轻翻转数次使其混合，37℃放置 2 h 至过夜。

14）用等体积的平衡苯酚抽提 1 次，再用等体积的氯仿抽提 1 次（见 2.1）。

15）加入 1/10 体积 pH 6.0，3 mol/L 的乙酸钠（终体积为 0.3 mol/L）和 2.5 体积 95%的乙醇。−20℃放置 20 min。

16）4℃以最大转速离心 15 min，弃上清。用冰浴的 70%乙醇洗涤，空气中晾干。

17）用 20 μl 去离子水溶解沉淀。在冰上配制下列反应混合物：

10 μl 溶解的模板 DNA

5 μl 10×无 $MgCl_2$ 的 PCR 扩增缓冲液

5 μl 10 mmol/L 4dNTP 混合物

5 μl 100 μmol/L 引物
5 μl 15 mmol/L $MgCl_2$
24.5 μl H_2O

覆盖上矿物油。

此步骤使用高保真的 PCR 试剂盒（Boehringer Mannheim）更好。

18）用下列热循环参数进行 PCR 反应。

35 个循环：	20 s	95℃（变性）
	20 s	55～60℃（复性）
	1～2 min	72℃（延伸）
1 个循环：	5 min	72℃（延伸）
最后一步：	无限时	4℃（保存）

此条件适合扩增 1 kb 大小的片段。

19）琼脂糖凝胶电泳分析 PCR 产物（见 2.5）。

16.15.2 基本方案 2 应用 Southern 杂交检测痘苗病毒 DNA

以前，用 *Hin*dIII 限制性内切核酸酶消化鉴定痘苗病毒 DNA。大部分的外源基因插入重组病毒的 TK 基因中，TK 基因位于 *Hin*dIII 5.1 kb 的 J 片段上。这样在重组病毒中，如果插入片段上没有 *Hin*dIII 内切酶位点，则 J 片段就会增大。如果缺乏 *Hin*dIII 5.1 kb 的 J 片段，说明没有污染野生型痘苗病毒。Southern 杂交可以分析提纯病毒的 DNA（见 16.14），也可分析感染细胞的初级裂解物。

材料（带√项见附录 1）

生长至汇片的单层 BS-C-1 细胞（见 16.13）
√完全 MEM-5 和 MEM-10 培养基
重组痘苗病毒储液（见 16.13）
0.25 mg/ml 的胰酶（2×结晶无盐；Worthington；过滤除菌后冻存于－20℃）
√磷酸缓冲液（PBS）
√低盐缓冲液
20 mg/ml 蛋白酶 K
平衡的苯酚（见 2.1）
1∶1（*V*/*V*）苯酚氯仿
3 mol/L 乙酸钠，pH 6.0
冰浴的 95%和 70%乙醇
√TE 缓冲液，pH 7.8
*Hin*dIII 限制性内切核酸酶（见 3.1）和相应缓冲液
12 孔组织培养板

注意：此单元的培养都在加湿的 37℃ 5% CO_2 培养箱中培养，除非有特殊说明。

注意：与活细胞接触的器械和试剂都应该是无菌的，操作也必须是无菌操作。

步骤

1）用生长至汇片的单层 BS-C-1 细胞建立用于病毒感染的细胞培养液（见基本方案 1 步骤 1～5）。

2）用完全 MEM-10 培养基将 2.5×10^5 细胞/孔放入 12 孔组织培养板培养（每孔终体积为 1 ml），至细胞汇片生长（应小于 24 h）。

3）在使用前，将一定体积的痘苗病毒储液与 0.25 mg/ml 胰酶混合，涡旋混匀。在 37℃水浴锅中保温 30 min，并在保温过程中每隔 5～10 min 涡旋混匀一次。

病毒储液的滴度常常在 2×10^9 pfu/ml 左右，但根据其来源的不同病毒滴度也可能低一些。

如果经过涡旋混匀后，还可以看见团状物，将其冷却到 0℃并在冰上超声波作用 30 s。可以重复几次超声，但超声的间隔中应当使样品在冰上冷却。

4）吸出培养基，加入 250 μl MOI 为 10～20 pfu/细胞的完全 MEM-5 培养基，培养2 h，每隔 30 min 轻轻摇动培养板，使细胞均匀接触病毒。

5）加入 1 ml 完全 MEM-5 培养基，培养大约 24 h。

6）刮下细胞，转移到微量离心管中，最大转速室温离心 30 s，弃培养基。

7）将沉淀用 50 μl PBS 重悬，涡旋混匀。

8）在微量离心管中加入 300 μl 低盐缓冲液和 10 μl 的 20 mg/ml 蛋白酶 K，再加入细胞悬液，涡旋混匀，37℃放置 5 h 到过夜。

9）用等体积苯酚抽提 1 次，再用 1∶1 的苯酚/氯仿抽提 1 次（见 2.1）。

如果苯酚抽提后，溶液比较黏稠，将其过 25-G 的针头，以剪切 DNA 降低黏稠度。

10）加入 1/10 体积的 pH 6.0 的 3 mol/L 乙酸钠（终浓度为 0.3 mol/L）和 2.5 倍体积 95%的乙醇。于冰上放置 30 min 或－20℃放置过夜。

11）4℃以最大转速离心 10 min，弃上清。

12）用冰浴的 70%乙醇洗涤，空气中晾干。

13）用 100 μl pH 7.8 的 TE 缓冲液溶解沉淀。

14）*Hin*dIII 限制酶消化 15 μl DNA 溶液（见 3.1），Southern 印迹（见 2.11）及杂交（见 2.13）分析鉴定。

16.15.3 基本方案 3 应用斑点杂交检测痘苗病毒 DNA

除了 PCR 和 Southern 杂交可以检测病毒 DNA 外，也可以利用下面描述的 DNA 点迹杂交方法检测在分离的噬斑中的重组病毒。

材料（带√项见附录 1）

√0.5 mol/L NaOH

√1 mol/L Tris · Cl，pH 7.5

√2×SSC

硝酸纤维素膜（见表 2.11.1）

Whatman 3 MM 滤纸
80℃真空干燥箱

注意：此单元的培养都在加湿的 37℃、5% CO_2 培养箱中进行，除非有特殊说明。

注意：与活细胞接触的器械和试剂都应该是无菌的，操作也必须是无菌操作。

步骤

1）病毒感染细胞并完成筛选（见基本方案 1 步骤 1～9）。

2）轻轻刮下细胞，转移到离心管中，最大转速离心 30 s，弃培养基，用 200 μl PBS 重悬。

24 孔培养板中的细胞也可用 1 ml 的注射器的活塞刮取。

3）冻融并超声细胞悬液（见基本方案 1 步骤 11、12）。

4）将硝酸纤维素膜剪至适合点迹仪大小，将其用水浸湿，放入仪器中，每孔中加入 20～100 μl 的细胞悬液（步骤 3），用抽吸的方法使液体流过硝酸纤维素膜，随后将膜取出。

5）剪 6 片 Whatman 3MM 滤纸，使其稍大于硝酸纤维素膜，将一块 Whatman 3MM 滤纸用 0.5 mol/L NaOH 浸湿。把硝酸纤维素膜放在湿润的滤纸上 1 min。移开硝酸纤维素膜，将其放在干燥的滤纸上 1 min。用同样的滤纸重复此步骤 2 次。

使用镊子移开硝酸纤维素膜。

6）用浸润过 1 mol/L Tris·Cl pH 7.5 溶液的滤纸按步骤 5 的方法处理硝酸纤维素膜（每张膜 3 次）。

7）用浸润过 2×SSC 溶液的滤纸按步骤 5 的方法处理硝酸纤维素膜（每张膜 3 次）。

8）用 80℃真空干燥箱烘烤硝酸纤维素膜 2 h。

9）按照 2.12 的方法进行 DNA 杂交。

16.15.4　备择方案　应用点印迹检测表达的蛋白质

本方案用 DNA 点迹杂交检测噬斑以鉴定重组病毒。像点迹杂交一样，将感染细胞裂解物印迹在硝酸纤维素膜上（基本方案 3）。用可以识别外源基因表达蛋白的抗体与膜一起孵育，用 ^{125}I标记的蛋白 A 检测结合的抗体，还可应用化学发光检测系统，如 Amersham ECL。随后膜在 X 射线胶片下曝光。

注意：除用重组蛋白抗体替换抗痘苗病毒抗体之外，可用 16.13（基本方案 4，免疫染色滴定 MVA）介绍的免疫染色法对含有噬斑的感染细胞进行原位染色。

附加材料（亦见基本方案 3；带√项见附录 1）

√含 4%（*m/V*）BSA 的 PBS/Tween 和不含 BSA 的 PBS/Tween
抗外源蛋白抗体
100 μCi/ml [^{125}I] 标记的蛋白 A（30 mCi/mg；Amersham）

步骤

1）制备细胞和印迹细胞裂解液（见基本方案 3 步骤 1～4）。

2) 用含 4% BSA 的 PBS/Tween 浸润硝酸纤维素膜 30 min，用不含 BSA 的 PBS/Tween 洗 1 次。
3) 将外源蛋白抗体用最小体积的 PBS/Tween 以 1∶50～1∶5000 稀释，与膜室温孵育 ≥1 h。
4) 用大体积 PBS/Tween 清洗膜 5 次。
5) 用含有 1 μCi/ml [^{125}I] 标记的蛋白 A 的最小体积 PBS/Tween 与硝酸纤维素膜孵育 30 min。此外，化学发光检测系统（如 Amersham ECL）也可检测抗体。
6) 用大体积 PBS/Tween 清洗膜 5 次。
7) 用塑料薄膜将硝酸纤维素膜包好，X 射线胶片放射自显影（见附录 3A）。

16.15.5 基本方案 4 应用免疫印迹检测表达蛋白

当重组病毒通过噬斑纯化和扩增后，免疫印迹可用于鉴定重组蛋白，并检测其是否有预期的大小以及是否从感染细胞中分泌。下面的步骤是介绍检测非分泌性（细胞内）蛋白的，如果重组蛋白是分泌到培养基中的，可按注解中的步骤操作。

材料（带√项见附录 1）

生长至汇片的单层 BS-C-1 细胞（见 16.13）
√完全 MEM-5 培养基
重组痘苗病毒储液（见 16.13）
0.25 mg/ml 的胰酶（2×结晶无盐；Worthington；过滤除菌后冻存于－20℃）
√细胞裂解液
√5×SDS 样品缓冲液

6 孔组织培养板
带 H-6000A 转头的 Sorvall 离心机（或相似的离心机）
95℃水浴锅

注意：此单元的培养都在加湿的 37℃ 5% CO_2 培养箱中进行，除非有特殊说明。

注意：与活细胞接触的器械和试剂都应该是无菌的，操作也必须是无菌操作。

步骤

1) 用生长至汇片的单层 BS-C-1 细胞建立病毒感染细胞培养液（见基本方案 1 步骤1～5）。
2) 用完全 MEM-5 培养基将 5×10^5 细胞/孔放入 6 孔组织培养板培养（每孔终体积为 2 ml）。直至细胞汇片生长（应小于 24 h）。
3) 在使用前，将一定体积的痘苗病毒储液与 0.25 mg/ml 胰酶混合，涡旋混匀。在 37℃水浴锅中保温 30 min，并在保温过程中每隔 5～10 min 涡旋混匀一次。

病毒储液的滴度常常在 2×10^9 pfu/ml 左右，但根据其来源的不同病毒滴度也可能低一些。

如果经过涡旋混匀后，还可以看见团状物，将其冷却到 0℃并在冰上超声波作用 30 s。可以重复几次超声，但超声的间隔中应当使样品在冰上冷却。

4）吸出培养基，加入 1 ml（终体积）MOI 为 10～30 pfu/细胞的完全 MEM-5，培养 1～2 h，每隔大约 30 min 轻轻摇动培养板，使细胞均匀接触病毒。

如果使用纯化的病毒，应在使用前在冰上超声 30 s（见基本方案 1 步骤 7）。

如果分析的蛋白质分泌到培养基中，要注意在感染和培养细胞的培养基中不应添加血清或使用 1%的血清，因为高浓度的血清会干扰胶的分析。

5）加入 2 ml 的完全 MEM-5 培养基，培养 24～48 h。

6）细胞刮刀轻轻刮下细胞，转移到离心管中，5～10℃，1800 *g* 离心 5 min，弃培养基。

对于分泌性蛋白质，用 Centricon 10 microconcentrator（Amicon）浓缩培养基，使体积缩小到原来的 1/5。此外，培养基中的蛋白质也可以按下面的方法用三氯乙酸（TCA）沉淀：①向样品中加入 Triton X-100 至终浓度为 0.03%（*V*/*V*）；②加入等体积 20%TCA；③在冰上放置 15 min；④4℃，以最大转速离心 15 min；⑤吸出上清，用 70%乙醇洗沉淀；⑥空气晾干沉淀，加入 5 μl 1 mol/L Tris 碱，溶于 1×SDS 样品缓冲液。

7）用 200 μl 细胞裂解液重悬细胞沉淀，将其转移至微量离心管中。涡旋混匀，在冰上放置 10 min。

细胞裂解液只含有非离子型去污剂，可能不能有效地抽提某些蛋白质。在这种情况下，需要含有 SDS 的缓冲液。

8）4℃，最大转速离心 10 min。分离上清（细胞质）和沉淀（细胞核）。

9）在 20 μl 的上清中加入 5 μl 5×SDS 上样缓冲液，95℃加热 5 min。将沉淀溶于 200 μl的 1×SDS 样品缓冲液，95℃加热 5 min。

10）按免疫印迹方法进行操作（见 10.6）。

16.15.6 基本方案 5 应用免疫沉淀检测表达蛋白

使用强大的晚期基因启动子表达的重组蛋白可以用放射性氨基酸标记，再用聚丙烯酰胺凝胶电泳检测。当使用早期或晚期基因启动子时，利用标记蛋白免疫沉淀能提高灵敏性和特异性。

材料（带√项见附录 1）

√完全 MEM-5 培养基

不含蛋氨酸或半胱氨酸的完全 MEM-5 培养基（见附录 1，但要用不含蛋氨酸或半胱氨酸 MEM，如 Life Techonlogies 公司的产品），用透析过的 FBS（如 HyClone）制备

[^{35}S] 蛋氨酸或[^{35}S] 半胱氨酸（取决于培养基中缺少的氨基酸）

√磷酸缓冲液（PBS）

√细胞裂解液

注意：此单元的培养都在加湿的 37℃、5% CO_2 培养箱中进行，除非有特殊说明。

注意：与活细胞接触的器械和试剂都应该是无菌的，操作也必须是无菌操作。

步骤

1）培养细胞，用病毒感染细胞（见基本方案 4 步骤 1～4）。

2）加入 2 ml 的完全 MEM-5 培养基，按所选用启动子的类型决定培养时间：早期启动子为感染后的 1～6 h；晚期启动子为感染后的 4～20 h。

3）吸出培养基，加入含有 25～50 μCi [^{35}S]蛋氨酸或[^{35}S]半胱氨酸的 0.5 ml 完全不含蛋氨酸或半胱氨酸的 MEM-5 培养基和 35 μl 完全 MEM-5 培养基，培养 2～3 h 到过夜。

4）追加 0.15 ml 的完全 MEM-5 培养基，继续培养 1 h。

5）吸出培养基，如果是分泌型表达蛋白则保存培养基。

如果分析培养基，将其离心 3 min 以去掉残留的细胞。

6）加入 1 ml 的 PBS，刮下细胞，将其转入微量离心管，室温最大转速离心 3 min，弃上清。

7）用 200 μl 细胞裂解液重悬细胞，涡旋混匀并在冰上放置 10 min。

8）4℃，最大转速离心 10 min。吸出上清，进行免疫沉淀（见 10.15，从基本方案步骤 4 开始）。

参考文献：Barrett et al.，1989；Zhang and Moss，1991.

撰 稿 人：Patricia L. Earl and Bernard Moss

16.16　用痘苗病毒/T7 RNA 聚合酶系统表达基因

本节介绍依赖于在哺乳动物细胞质合成噬菌体 T7 RNA 聚合酶的瞬时细胞质表达系统。首先，将感兴趣的基因插入质粒中，使其位于 T7 RNA 聚合酶启动子（p_{T7}）的控制下。应用脂质体转染，重组质粒进入感染了 vTF7-3 的细胞质中，而 vTF7-3 是一种能编码噬菌体 T7 RNA 聚合酶的重组痘苗病毒（见基本方案 1）。在培养过程中，外源基因被高效的 T7 RNA 聚合酶转录。这种转染方案适用于分析的目的，因为不需要构建新的重组病毒，所以比较简单。

对于大规模的工作，p_{T7} 操纵的基因可以通过同源重组插入另一个重组痘苗病毒中（见 16.14），使之与 vTF7-3 共同感染悬浮细胞（见基本方案 2）或感染 OST7-1 细胞（可以持续表达 T7 RNA 聚合酶的稳定细胞系；见基本方案 3）。表达的蛋白质可以用脉冲标记的方法（见辅助方案）或用 16.15 叙述的方法分析鉴定，用 10.8 描述的方法纯化。

对痘苗病毒/T7 RNA 聚合酶杂交表达系统有几种创新的方法，其中的一个新的改进是 VOTE 诱导的表达系统，它不需要应用两种重组病毒或特殊细胞系（见基本方案 4）。

注意：此节的培养都在加湿的 5% CO_2 培养箱中 37℃ 进行，除非有特殊说明。

注意：与活细胞接触的器械和试剂都应该是无菌的，操作也必须是无菌操作。

16.16.1 基本方案1 重组痘苗病毒（vTF7-3）感染后的脂质体转染

本方案从构建外源基因位于 p_{T7} 和 T7 终止子之间的质粒载体（图 16.16.1 和图 16.16.2）开始，然后用重组质粒通过脂质体介导转染（见 9.4）已经被 vTF7-3（可以持续表达 T7 RNA 聚合酶的痘苗病毒）感染的细胞。收获后，基因产物在细胞内的表达可以用 16.15 叙述的方法或用脉冲标记的方法（见辅助方案）分析鉴定。

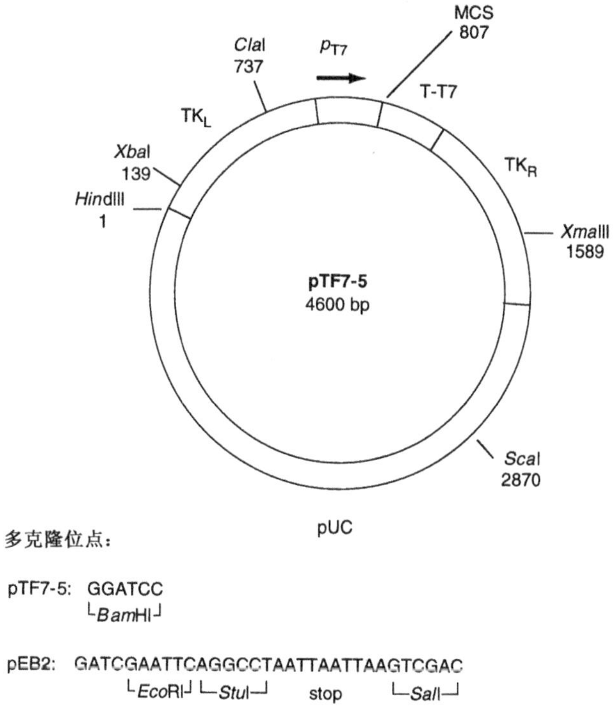

图 16.16.1 pTF-5（Fuerst et al.，1986）含有 p_{T7} 和终止子，在两者之间有供基因插入的单一的 BamHI 位点。由它衍生而来的 pEB2（Berger et al.，1988）含有单一的 *Eco*RI 和 *Stu*I 位点，紧接着是属于所有三个表达框的翻译终止密码子。表达框的两端是痘苗病毒 TK 基因的片段，TK-筛选可用于重组噬斑的分离（见 16.14）。

材料（带√项见附录 1）

重组质粒：将目的基因亚克隆（见 3.13）到 pTF7-5 或 pTM1 载体（可以从 B. Moss 处获得，e-mail：bmoss@nih.gov；图 16.16.1 和图 16.16.2）或其他含有 T7 启动子的质粒（如 pBluescript、Stratagene；见 16.2 和图 1.10.8）

生长至汇片的 CV-1 细胞（ATCC# CCL70；见 16.13）

√完全 DMEM-10 培养基

vTF7-3 痘苗病毒储液（ATCC# VR-2153）

低血清的 Opti-MEMI 培养基（Life Techonlogies）

脂质体悬液（Lipofectin 或 TransfectAce；Life Techonlogies）

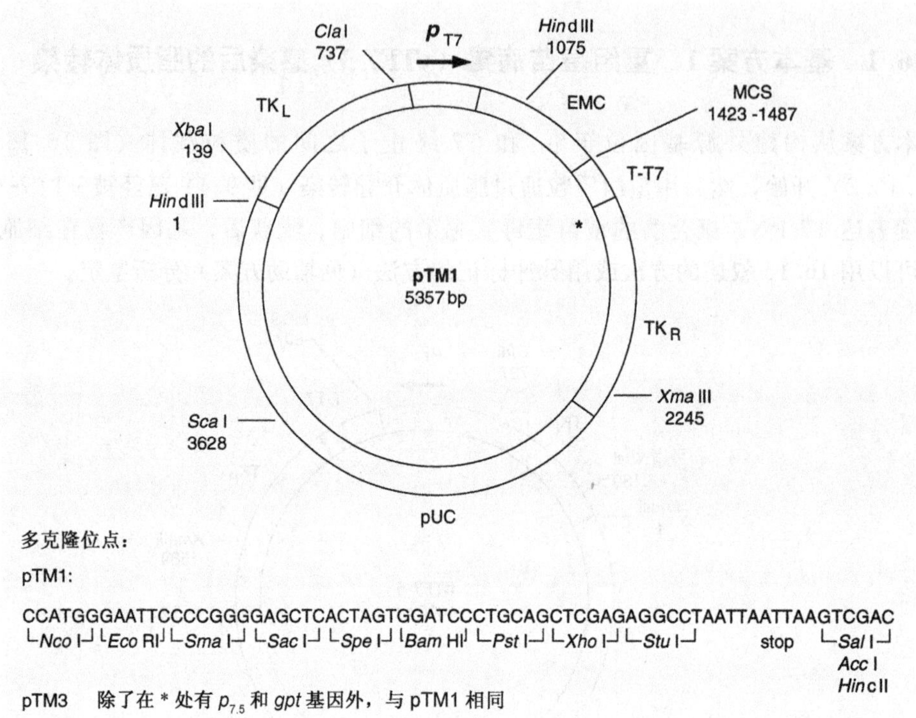

图 16.16.2　pTM1 p_{T7} 下游含有脑心肌炎病毒非编码前导序列（EMCV-UTR）。*Nco*I 位点含有翻译起始密码子，可用于编码蛋白质的 DNA 片段的 5′端的插入。DNA 片段的 3′端可以插入在 T7 终止子前的任意位点。表达框的两端有痘苗病毒 TK 基因的片段，TK⁻ 筛选可用于重组噬斑的分离（见 16.14）。pTM3 除了含有可用霉酚酸（mycophenolic）筛选重组病毒的鸟嘌呤磷酸核糖转移酶（*gpt*）基因外，其他与 pTM1 相同（Moss et al.，1990，见 9.5）。

直径为 35 mm 的 6 孔组织培养板

杯状超声仪（385-W）

12 mm×75 mm 聚苯乙烯管（Falcon）

步骤

1）用 CsCl/溴化乙锭离心或 PEG 沉淀（见 1.7）纯化重组质粒，每孔细胞需要 5 μg DNA 进行转染。

如果使用 pTM1 质粒（图 16.16.2），必须保证目的基因起始 ATG 位于 pTM1 的 NcoI 位点。可以通过限制酶作图或 DNA 测序鉴定构建是否正确。

2）在病毒感染前一天，用完全 MEM-10 培养基将 5×10^5 CV-1 细胞/孔加入 6 孔组织培养板培养。直至细胞几乎汇片生长（一般过夜）。用血球计数器对细胞进行计数（附录 3F）。

3）将 vTF7-3 储液涡旋混匀以打散团状物。按照下面的步骤用杯状超声仪进行超声：

a）在杯中装入冰水（大约 50%的冰）；

b）将装有 vTF7-3 储液的小管放在冰水上；

c）以最大功率超声 30 s，储液置冰水上≥30 s，再继续超声。

4）用 Opti-MEMI 将病毒稀释至 2×10^7 pfu/ml。

5）用 0.5 ml/孔的稀释病毒储液（10 pfu/细胞）感染步骤 2 制备的 CV-1 细胞。温育 30 min，每 5～10 min 晃动一次。

6）在感染结束前 5 min 制备脂质体悬液。加入 1 ml 的 Opti-MEMI 至 12 mm×75 mm 聚苯乙烯管中（每孔制备一管），涡旋脂质体悬液，加 15 μl 至培养基中，涡旋混匀。加入 5 μg 的重组质粒（来自步骤 1），轻轻混合均匀。

脂质体在储存期间会沉淀，因此在使用前，应将其涡旋混匀。不要使用聚丙烯管，因为 DNA/脂质体混合物会吸附在其表面。

7）吸出 CV-1 细胞的病毒接种物，直接加入 DNA/脂质体混合物。培养 5～24 h，表达的蛋白质可以用脉冲标记的方法（见辅助方案）分析或用 16.15 叙述的方法鉴定。

16.16.2 基本方案 2 两种重组痘苗病毒共感染细胞

含有 p_{T7} 控制的外源基因（基本方案 1）的重组质粒，通过同源重组可整合到痘苗病毒中（见 16.14），并制备重组病毒储液（见 16.13）。将此病毒储液与 vTF7-3 共同感染贴壁或悬浮细胞，在培养过程中，外源基因被高效的 T7 RNA 聚合酶转录，并在感染细胞的细胞质完成翻译。随后进行分析鉴定（见 16.15）或纯化蛋白质（见 10.8）。

此共感染方案适用于大量生产蛋白质，基于这种目的，常使用悬浮培养的细胞（如 Vero 或 HeLa S3）。

材料（带√项见附录 1）

vTF7-3 痘苗病毒储液（ATCC# VR-2153）

含有 p_{T7} 控制的外源基因的重组病毒储液（见 16.13、见 16.14）

贴壁培养的单层 CV-1 细胞（见 16.13）或转瓶悬浮培养的 HeLa S3（见 16.13）

0.25 mg/ml 的胰酶（2×结晶无盐；Worthington；过滤除菌后冻存于－20℃）

√完全 MEM-10、转瓶 MEM-5 或 MEM-2.5 培养基（取决于所用的细胞类型）

带 H-6000A 转头的 Sorvall 离心机（或相似的离心机）

孔直径为 35 mm 的 6 孔组织培养板或用于扩大分析的大组织培养瓶

步骤

1a）感染 CV-1 贴壁单层细胞：在病毒感染前一天，用完全 MEM-10 培养基将 5×10^5 细胞/孔加入 6 孔组织培养板培养，直至细胞几乎汇片生长（一般过夜）。

1b）感染 HeLa S3 悬浮细胞：在病毒感染前，用血球计数器对细胞进行计数（附录 3F），在室温下 1800 *g* 离心 5 min，弃上清。用转瓶 MEM-5 培养基重悬细胞至 2×10^7 细胞/ml，将其转移到较小的无菌组织培养瓶或 Erlenmeyer 瓶中。

2）胰酶消化病毒储液。每份病毒储液加入等体积的 0.25 mg/ml 胰酶，涡旋混匀，温育30 min，每隔5～10 min晃动一次。

MOI为10 pfu/细胞可以获得高水平的蛋白质表达。

如果还有团状物，将其冷却到0℃，冰上超声30 s。可以重复几次超声，但超声的间隔中样品应当置冰上冷却（见基本方案1）。

3）将两种胰酶消化的病毒储液混合。

对于贴壁培养的单层细胞：

4a）将胰酶处理后的病毒用MEM-2.5培养基稀释至4×10^7 pfu/ml（每种病毒为2×10^7 pfu/ml）。

5a）吸出培养基，用0.5 ml的病毒混合液感染6孔板中每孔的细胞，温育1～2 h，每隔15～30 min晃动一次。

6a）加入2 ml的DMEM-10培养。根据使用的方法，在感染后5～24 h分析基因表达。如果纯化蛋白质，在感染2～3天后收获细胞。

尽管在感染后数小时就可以检测基因表达，但一般在病毒感染的晚期进行免疫沉淀、免疫印迹或Northern印迹分析，因为这时T7控制的基因产物积聚到最高水平。早期分析一般检测表达蛋白的生物学活性。

对于悬浮培养的细胞：

4b）将胰酶消化病毒混合物加入浓缩细胞中，37℃悬浮培养。

5b）将感染后的细胞加入到大的旋转培养瓶中，用转瓶MEM-5培养基将其稀释至5×10^5细胞/ml，37℃悬浮培养1～3天。

6b）收获细胞，分析或纯化表达蛋白（见步骤6a注释）。

16.16.3 基本方案3 单病毒感染OST7-1细胞

OST7-1细胞来源于鼠L929细胞，能在细胞质中持续表达噬菌体T7 RNA聚合酶，因此，应用此细胞系无需用vTF7-3感染细胞。

材料（带√项见附录1）

贴壁培养的单层OST7-1细胞（由B. Moss提供，e-mail：bmoss@nih.gov）

√含有400 μg/ml Geneticin（G418，见9.5；Life Techonlogies；溶于PBS制成80 mg/ml的储存液，过滤除菌后冻存于－20℃）的完全MEM-10培养基

含有p_{T7}控制的外源基因的重组病毒储液（见16.13、16.14）

0.25 mg/ml的胰酶（2×结晶无盐；Worthington；过滤除菌后冻存于－20℃）

√完全MEM-2.5培养基

孔直径为35 mm的6孔组织培养板

步骤

1）用含有400 μg/ml G418的完全MEM-10培养基以1×10^6个OST7-1细胞/孔加入6孔组织培养板培养，直至细胞汇片生长（一般过夜）。

含有G418的完全MEM-10培养基用于维持细胞培养，但G418在表达实验中并不需要。

2）混合等体积的病毒储液（10 pfu/细胞）和 0.25 mg/ml 胰酶，涡旋混匀。温育 30 min，每隔 5～10 min 晃动一次。
3）将胰酶处理后的病毒用 MEM-2.5 培养基稀释至 2×10^7 pfu/ml。
4）用 0.5 ml 的病毒混合液感染 6 孔板中每孔汇片生长的 OST7-1 细胞，温育 1～2 h，每隔 15～30 min 晃动一次。
5）每孔加入 1.5 ml 完全 MEM-2.5 培养基，继续培养。
6）感染 3～24 h 后，分析细胞（见基本方案 2 步骤 6a 的注解）。

16.16.4 基本方案 4 利用 VOTE 系统进行基因表达

VOTE 是最近发展的痘苗病毒/T7 RNA 聚合酶混合表达系统，将外源基因克隆到质粒 pVOTE.1 或 pVOTE.2 中，通过同源重组将其整合到痘苗病毒 vT7lacOI 基因组中（见 16.14），制备重组病毒储液（见 16.13）。在异丙基-β-D-硫代半乳糖苷（IPTG）存在的条件下，用重组病毒感染细胞，外源基因被高效的 T7 RNA 聚合酶转录，并在感染细胞的细胞质完成翻译。图 16.16.3 说明了这一系统。

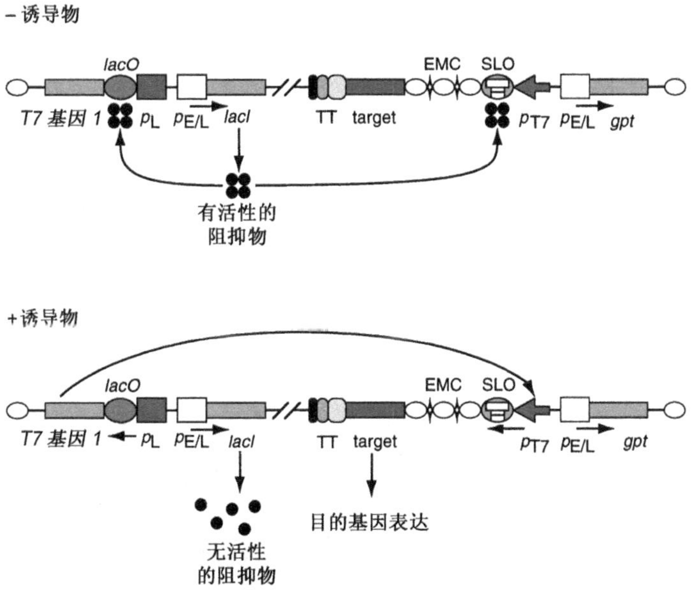

图 16.16.3 VOTE 表达系统的示意图。图中表示的是含有调控元件的重组痘苗病毒基因组的一部分。在痘苗病毒早/晚期基因启动子（$P_{E/L}$）控制下 *lacI* 基因的转录导致阻抑物单体的持续合成（用实心圆圈表示）。阻抑物单体可以形成四聚体，与痘苗病毒晚期基因启动子（p_L）相邻的 *lacO* 结合，阻止噬菌体 T7 RNA 聚合酶基因（T7 基因 1）的转录，与 T7 启动子（P_{T7}）相邻的修饰后的 *lacO*（SLO）结合，并阻碍目的基因的转录。当诱导条件存在时，阻抑物失活，痘苗病毒 RNA 聚合酶转录 T7 基因 1，表达 T7 RNA 聚合酶，T7 RNA 聚合酶结合 T7 启动子并转录 SLO 和 TT（三联终止子）之间的目的基因。EMC 前导区的存在可以增强目的基因 mRNA 的翻译（Ward et al.，1995；得到美国科学院的惠许引用）。

材料

痘苗病毒 vT7lacOI（由 B. Moss 提供，e-mail：bmoss@nih. gov）

含有外源基因的 DNA

pVOTE. 1 或 pVOTE. 2（由 B. Moss 提供）

贴壁培养的单层 CV-1 或 BS-C-1 细胞（见 16. 13）

用于表达蛋白的细胞（如 HeLa 细胞）

异丙基-β-D-硫代半乳糖苷（IPTG）

步骤

1）PCR 扩增外源基因可读框（见 15. 1），将含有翻译起始密码子作为 *Nco*I（CCATGG）位点的一部分克隆到 pVOTE. 1 中或作为 *Nde*I（CATATG）位点的一部分克隆到 pVOTE. 2 中。

PCR 产物的另一末端应该与 MCS（*Xho*I、*Sac*I、*Sma*I、*Eco*RI、*Pst*I、*Sal*I 或 *Bam*HI）中单一的限制酶位点兼容。

为了提高表达效率，翻译起始密码子必须紧邻脑心肌炎病毒的核糖体进入位点。

2）选用限制性内切核酸酶消化 PCR 产物、pVOTE. 1 和 pVOTE. 2 载体（见 3. 1），连接载体与 PCR 产物。

3）制备 vT7lacOI 病毒储液（见 16. 13），并用该储液感染 CV-1 或其他细胞系（见 16. 14）。

4）将来源于 pVOTE. 1 或 pVOTE. 2 载体（步骤 1）的重组质粒转染 vT7lacOI 感染的细胞（步骤 3），收获病毒。

5）通过表达 XGPRT 筛选重组病毒，噬斑纯化病毒（见 16. 14）。

6）制备噬斑纯化的病毒储液（见 16. 13）。

7）用 10 pfu/细胞的重组病毒感染贴壁或悬浮培养的 HeLa 细胞或其他细胞，开始感染时在培养基中加入 5 μmol/L～2 mmol/L 的 IPTG。

8）用标准方法鉴定表达的蛋白质（见 16. 15；也可见本节的辅助方案）

16. 16. 5 辅助方案 脉冲标记检测表达的蛋白质

用脉冲标记检测病毒感染的细胞是一种灵敏、快速的监测 T7 控制的与病毒晚期蛋白表达相关的基因的表达的方法。在适当条件下，病毒感染后 24 h，大约有 80%的 [^{35}S]蛋氨酸掺入到 T7 控制的基因中。蛋白质可以用 SDS-PAGE 检测。如果存在 EMC 非翻译的前导区（如使用 pTM1 质粒），高渗条件将可以选择性用于增强不依赖帽子结构的翻译。

附加材料（亦见基本方案；带√项见附录 1）

在6 孔培养板中培养的表达 T7 控制的目的基因的感染细胞（见基本方案 1、2、3 或 4）

完全不含蛋氨酸或半胱氨酸的无血清 MEM 培养基（Life Techonlogies，Select-Amine Kit）

10 mCi/ml [^{35}S]蛋氨酸（1175 Ci/mmol；Amersham）或 15 mCi/ml [^{35}S]半胱氨酸（600 Ci/mmol；Amersham）

√磷酸缓冲液（PBS），冰浴

√细胞裂解液

√6×SDS 上样缓冲液

√固定液

荧光自显影溶液（Du Pont NEN 的 EN_3HANCE，或 Amersham 的 Amplify）

细胞刮刀

95℃水浴锅

步骤

1）获得感染 24 h 后的表达 T7 控制的目的基因的感染细胞，吸出培养基，每孔加入 0.3 ml 的不含蛋氨酸或半胱氨酸的无血清 MEM 培养基，培养 20 min。

高渗条件将可以选择性提高不依赖帽子结构的翻译过程。因此，如果使用存在 EMC 前导区的质粒（如 pTM1；图 16.16.2），每孔加入 4.8μl 的 5 mol/L NaCl（终浓度为 190 mmol/L）。

2）每孔加入 30 μCi [^{35}S]蛋氨酸或[^{35}S]半胱氨酸，培养 30 min。

3）吸出培养基，每孔加入 1 ml 冰浴的 PBS。

4）用细胞刮刀刮下细胞，转移到 1.5 ml 的微量离心管中。以高转速离心 1 min，弃上清。

5）将沉淀用 100 μl 的细胞裂解液重悬，涡旋混匀，冰上放置 5 min。

6）最大转速离心 5 min，将上清转移到新的微量离心管中。

7）取 10 μl 裂解液到另一微量离心管，加入 2 μl 6×SDS 上样缓冲液。95℃加热 5 min。

8）将每孔中的样品加在变性的 SDS-聚丙烯酰胺胶上（分离痘苗病毒的晚期蛋白，推荐使用 10%聚丙烯酰胺），进行电泳（见 10.3）。样品中要包含不表达外源蛋白的感染细胞作为对照。

9）用固定液将胶固定 20 min。

10）然后按厂家说明将胶放入荧光自显影溶液中温育。

11）晾干胶，放射自显影（附录 3A）。

如果使用的是 pTM1 载体，基因产物表达水平高，在痘苗病毒晚期基因产物中作为一条很主要的带出现。如果外源基因产物与病毒晚期基因产物共迁移，有必要用 16.15 描述的方法进行分析。

参考文献：Berger et al.，1988；Elory-Stein and Moss，1990；Wyatt et al.，1995.

撰 稿 人：Orna Elroy-Stein and Bernard Moss

16.17 自主调节的四环素控制系统诱导基因表达

为了克服用别的方法在哺乳动物细胞中诱导基因表达所遇到的困难，四环素调控的基因表达系统被发展出来。这些困难包括多向性的、非特异的作用；或诱导试剂、处理方法对细胞的毒性；高的非诱导表达背景等。本节所描述的方法是用改造的含有转录激活因子的四环素调控系统，它能在培养的细胞和转基因小鼠（在某种程度上）中表达四环素和目的基因。这种转录激活因子（tTA）是一种融合蛋白，它是由来自于大肠杆菌的四环素抑制蛋白和疱疹病毒的 VP16 蛋白的转录激活区域组成的。在缺乏四环素时，tTA 就结合到并激活位于基因前端的由 Tn10 和一个小的 CMV 启动子组成的七聚体结构的四环素抗性控制子（简称 Tet P）。当 tTA 结合到 Tet P 后，有四环素存在时，后续的基因就会失活。质粒 pTet-Splice（见图 16.17.1A）含有 Tet P 上游、SV40 剪切序列、多聚 A 信号下游及一个多克隆位点，在此编码所选择的目的基因可读框的序列可以很容易地插入。自主调控的 tTA 的表达是由质粒 pTet-tTAK 启动的（见图 16.17.1B），这个质粒中的 tTA 可读框（含有优化的翻译起始序列，Kozak 序列）已插入到质粒 pTet-Splice。

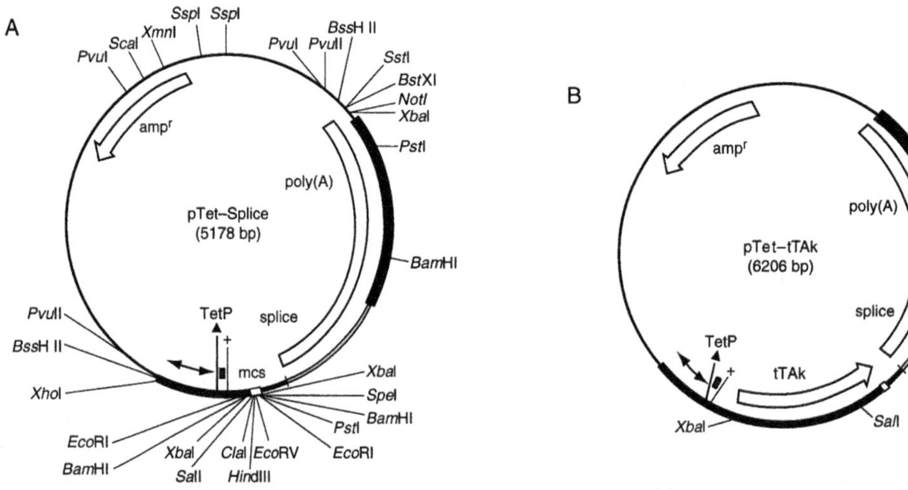

图 16.17.1　A. 质粒 pTet-Splice（Shockett et al.，1995）设计为使四环素调控表达一个插入到多重克隆位点（mcs）的靶基因。四环素调控的启动子（TetP）由四环素操纵子的七聚体（双向箭头）组成，它位于包括－53（三角形）～＋75 碱基的最小的人的 CMV 启动子的上游。转录起始位点（＋）和 TATAA 盒（小矩形）如图所示。TetP 片段来自 pUHC13-3（Gossen and Bujard，1992）的 *XhoI*-*SalI* 片段。SV40 来源的序列位于 MCS 的下游，驱使 mRNA 剪切和多聚腺苷化。质粒的骨架来自 Bluescript II KS＋（Stratagene）并携带氨苄青霉素抗性基因（amp^r）。B. pTet-tTAk（Shockett et al.，1995）含有插入到 pTet-Splice 的 *Hin*dIII-*Eco*RV 位点的 tTAk 可读框。

16.17.1　基本方案　磷酸钙介导的 pTet-tTAK 稳定转染 NIH3T3 细胞和四环素调控的靶质粒

这个方案介绍用 pTet-tTAK 稳定转染贴壁细胞，以产生表达可诱导 tTA 的细胞系。第一轮转染后，可产生仅仅表达可诱导 tTA 的稳定细胞系。也可以用此方案进行 pTet-tTAK 和表达靶基因的质粒稳定共转染。第二轮转染是用表达靶基因的质粒转染表达可诱导 tTA 的稳定细胞系。

材料（带√项见附录 1）

NIH3T3 细胞

√完全的 DMEM-10 培养基

√完全的 DMEM/tet：完全的 DMEM-10 培养基包括 0.5 μg/ml 盐酸四环素（Sigma；在 70%的乙醇中稀释 10 mg/ml 储备，避光在－20℃条件下保存）

√选择培养基含 125 μmol/L、250 μmol/L 或 500 μmol/L L-组氨醇

第一轮或共转染所需的质粒：pTet-tTAK（Life Technology）和含靶基因可读框的质粒，靶基因克隆到 pTet-Splice（Life Technology）、pSV2-His 或其他有选择标记的质粒；经过 CsCl（见 1.7）或阴离子交换层析法（见 2.2）纯化。

第二轮转染所需的质粒：含靶基因可读框的质粒，靶基因克隆到 pTet-Splice（Life Technology）、pPGKPuro 或其他有选择标记的质粒；经过 CsCl（见 1.7）或阴离子交换层析法（见 2.2）纯化

2 mol/L $CaCl_2$

√HEPES 缓冲盐（HeBS）

10 mg/ml 氯喹（19 mmol/L，选用，Sigma）；用水稀释，在－20℃保存

85% HeBS/15%甘油 37℃预保温

3mg/ml 嘌呤霉素（Sigma）用 PBS 稀释

√PBS

1×胰酶/EDTA（Life Technology）

10 cm 和 6 cm 组织培养皿

4 ml 聚苯乙烯管（Falcon）

24 孔和 6 孔组织培养皿

注意：所有的组织培养都在加湿的 5% CO_2 培养箱中 37℃ 培养。

步骤

1）仅对第一轮：用完全 DMEM-10 培养基培养细胞。转染前一天，用完全 DMEM/tet 培养基接种适量的细胞于 10 cm 组织培养皿中，使在转染时细胞生长至 1/3 汇片。

此后，细胞的培养都要含 0.5μg/ml tet。

每次转染需要一个培养皿。一个典型的实验应该包括 tTA 对照培养皿、tTA 和靶基因对照培养皿，以及非转染对照培养皿。

仅对第二轮：用选择培养基（500 μmol/L L-组氨醇）培养可诱导表达 tTA 的稳定细胞系。转染前 1 天，用选择培养基（500 μmol/L L-组氨醇）接种适量的细胞于 10 cm 组织培养皿中，使在转染时细胞生长至 1/3 汇片。

2）转染之前使质粒线性化，调节质粒浓度≥0.5 mg/ml。

3）仅对第一轮：用 500 μl HeBS 在干净的 4 ml 聚苯乙烯管混合 10～20 μg 的 pTet-tTAK（带或不带等摩尔数的目的基因质粒）和 1～2 μg pSV2-His（每一 tet 质粒与带选择标记质粒的摩尔数比例为10∶1）。

设立无DNA的转染对照。在含125 μmol/L L-组氨醇的选择培养基中（步骤14），所有无DNA转染的细胞都应死亡。

仅对第二轮：用500μl HeBS在干净的4 ml聚苯乙烯管混合10～20 μg每一目的基因质粒和1～2 μg pPGKPuro（每一tet质粒与带选择标记质粒的摩尔数比例为10∶1）。

设立无DNA的转染对照。在嘌呤霉素存在下（步骤14）所有的细胞都应死亡。嘌呤霉素（最低剂量内0.1～10 μg/ml，这一剂量能够在几天内杀死所有没有转染的细胞）最佳的致死浓度应在转染之前根据不同的细胞类型加以确定。

4）向质粒DNA中加入32.5 μl 2 mol/L的 $CaCl_2$，立即轻轻振荡混匀。间歇轻轻振荡，在室温放置15～30 min让沉淀生成，或直至与装水的管相比有明显混浊。

5）将培养基从细胞中吸出，一次做一个板子。用巴斯德枪头抽吸几次混匀沉淀，逐滴均匀地覆盖所有细胞。

6）温育30 min，15 min后轻轻振摇平板，以确保均匀覆盖整个板子。

7）仅对第一轮：每一平板加10 ml含或不含25 μmol/L氯喹（终浓度）的完全DMEM/tet培养基。

尽管氯喹在用甘油休克处理时会进一步减少细胞的完整性（步骤9），但它能增加转染的效率。

仅对第二轮：向每个平板中加入10 ml含500 μmol/L L-组氨醇的选择培养基，含或不含25 μmol/L氯喹（终浓度）。

8）温育4～5 h。

9）轻轻地将培养基吸出，尽量不要触及位于细胞上的沉淀。逐滴加入2.5 ml预热的85% HeBS/15%甘油，休克处理细胞。

在甘油休克处理细胞前，特别是休克处理后看到细胞碎片是正常的现象。根据研究者操作的速度，可以同时休克处理2～4块板子。

10）2.5 min后将HeBS/甘油吸出。快速操作，因为甘油对细胞的毒性很大。

根据不同的细胞类型，细胞暴露在甘油溶液中的时间长短是可以调节的，可以延长到4～5 min以得到最佳的转染效率。在导致最少细胞死亡的情况下应休克处理更长的时间。

11）仅对第一轮：轻轻地、快速地清洗细胞2次，每次加入10 ml完全的DMEM/tet，然后立即吸出。

由于在加入甘油之后，培养皿中的细胞易脱落，将所有的培养基加到培养皿中的一个点上。

仅对第二轮：轻轻地、快速地清洗细胞2次，每次加入500 μmol/L L-组氨醇的选择培养基，然后立即吸出。

将所有的培养基加到培养皿中的一个点上，以防培养皿中的细胞脱落。

12）仅对第一轮：加入10 ml的DMEM/tet完全培养基，温育过夜。

仅对第二轮：加入10 ml的500 μmol/L L-组氨醇的选择培养基，温育过夜。

13）仅对第一轮：转染后的第2天早上，吸出培养基，加入10 ml DMEM/tet完全培养基，继续温育。

仅对第二轮：转染后的第2天早上，吸出培养基，加入10 ml含500 μmol/L L-组氨醇的选择培养基，继续温育。

14）仅对第一轮：转染后48 h，用含125 μmol/L L-组氨醇的选择培养基将细胞在10 cm培养板稀释，在每个10 cm培养板上接种 3×10^4～1×10^6 细胞。多制备几块中间浓度的细胞培养板，也就是说，接种细胞浓度相当于生长接近汇片的培养板的1∶16～1∶32。

仅对第二轮：转染后 48 h，用含 3 μg/ml 嘌呤霉素（终浓度）和 500 μmol/L L-组氨醇的选择培养基按上述的方法对细胞进行稀释。

嘌呤霉素（最低剂量为 0.1～10 μg/ml，这一剂量能够在几天内杀死所有没有转染的细胞）最佳的致死浓度应在转染之前根据不同的细胞类型加以确定。3 μg/ml 的嘌呤霉素对于筛选转染的 NIH3T3 细胞是足够的。

15）仅对第一轮：4 天后用含 125 μmol/L L-组氨醇的选择培养基培养细胞。当克隆形成后，将选择培养基中 L-组氨醇的浓度增加至 250 μmol/L。

L-组氨醇对于细胞是有毒性的。选择培养基中 L-组氨醇的浓度开始应保持在较低的水平，当大量的细胞高水平表达 pSV2-His 时再增加 L-组氨醇的浓度。

仅对第二轮：4 天后，用含 500 μmol/L L-组氨醇/嘌呤霉素的选择培养基培养细胞。

16）当克隆形成完好（选择 12～14 天），环绕克隆四周做个标记。从培养皿中吸出培养基，将一个塑料克隆环环绕单独克隆放置。用 100 μl PBS 快速冲洗克隆，加 2 滴胰酶（100 μl）处理 30 s～1 min。

从培养皿中挑选细胞，单独的克隆适度地分布于培养皿上很容易区分。

17）仅对第一轮：用一个巴斯德吸管上下吹打将细胞吹散，并把克隆转移到含 1 ml 250 μmol/L L-组氨醇选择培养基的 24 孔板孔中。

仅对第二轮：同第一轮处理，将其转移到 1 ml 含 500 μmol/L L-组氨醇/嘌呤霉素的选择培养基中。

18）仅对第一轮：当细胞长满时，用 500 μmol/L L-组氨醇选择培养基将细胞转移至 6 cm 的组织培养板中。

仅对第二轮：当细胞长满时，用含 500 μmol/L L-组氨醇/嘌呤霉素的选择培养基将细胞转移至 6 cm 的组织培养板中。

所有的胰酶消化均按照标准的方法进行（附录 3F），包括快速的 PBS 清洗，1～3 min 的胰酶/EDTA 温育（每个生长至汇片的 10 cm 的培养板用 2 ml）和用含 10%牛血清的 500 μmol/L L-组氨醇选择培养基（+/—嘌呤霉素）稀释终止胰酶消化反应。

19）仅对第一轮：将待检测的细胞用 500 μmol/L L-组氨醇选择培养基扩增。将要保存的细胞分装并冻存于液氮中。此后细胞用 500 μmol/L L-组氨醇选择培养基进行培养。检测 tTA 或目的基因的表达（见辅助方案）或者重复步骤 1～18 选择用含目的基因的质粒进行第二轮转染。

仅对第二轮：经过诱导后通过 Northern 或免疫印迹检测目的基因的表达（见辅助方案）。将分装的细胞冻存于液氮中。此后细胞用含 500 μmol/L L-组氨醇/嘌呤霉素的选择培养基进行培养。

16.17.2 辅助方案 分析目的基因的蛋白质表达

本方案简单介绍了分析目的基因的表达和可诱导性的方法，包括诱导稳定细胞系的操作指导、在诱导或不诱导的情况下目的基因瞬时表达的检测、用 PCR 方法扩增 tTA

基因，并提供了有关 Southern 杂交、Northern 杂交和免疫印迹技术检测程序的参考。

稳定细胞系的诱导

通过比较诱导和非诱导的细胞中 tTA 基因或目的基因的 mRNA 水平（见转基因鼠的细胞或尾巴 DNA 中 tTA 基因 Southern 印迹检测）或蛋白质的表达或蛋白质的活性等，可检测稳定细胞系中 tTA 基因或目的基因的表达情况，能够同时检测很多细胞系。

诱导的前一晚，将细胞以适当的密度培养在含 3 μg/ml 嘌呤霉素（终浓度）和 500 μmol/L L-组氨醇的选择培养基中，使收获时细胞能生长至汇片或即将生长至汇片。细胞用 PBS 轻轻的摇动清洗 3 次，然后立即换用不含 0.5 μg/ml tet 的选择培养基（对于 tet^+ 对照，轻轻地将培养基吸出，换用含 tet 的新鲜选择培养基）。细胞在加湿的 5% CO_2 培养箱中 37℃培养 6～48 h，然后在 4℃用胰酶消化（附录 3F）、收获。分装（0.15～0.4）$\times 10^6$ 个细胞用于免疫印迹分析（见 10.6）。

或者将生长在含 tet 的选择培养基中的细胞转移到管中（快速地用冷 PBS 清洗，胰酶消化并加入含 tet 的选择培养基终止消化），用 PBS 洗 3 次（对于 tet^+ 对照，也可直接离心沉淀），然后将细胞以适当的密度培养在不含或含有 tet 的选择培养基中，使收获时细胞能生长至汇片或即将生长至汇片。

瞬时转染细胞系的诱导

Tet 调节质粒的瞬时转染可应用于以下情形，包括对某一细胞系自我调节系统的初步检测、筛选稳定的可诱导 tTA 表达和需要瞬时表达的生物学应用。

诱导的前一晚，将细胞以适当的密度用含 0.5 μg/ml tet 的选择培养基培养，次日用适合的方法转染（见 9.1～9.4），细胞用无 tet 的培养基清洗 3 次。对于磷酸钙转染，清洗在甘油休克处理后进行（见基本方案步骤 11）。非转染细胞对照用含 tet 的培养基清洗，加入含 tet 或无 tet 的培养基，在加湿的 5% CO_2 培养箱中 37℃培养 12～48 h，然后在 4℃收获细胞。如果胰酶消化（附录 3F），用含 10% FBS、含 tet 或无 tet 的冷培养基终止消化。细胞离心后可冻存或裂解，Northern 印迹（见 4.8）或免疫印迹（见 10.6）分析 tTA 或目的基因的表达。

转基因鼠的细胞或尾巴 DNA 中 tTA 基因的 PCR 检测

PCR 是检测转基因鼠尾巴 DNA 中 Tet-tTAK 转基因的常规方法。正向引物来自最小的人类 CMV 启动子，CMV-F1：

5′- TGACCTCCATAGAAGACACC-3′；

反向引物 TTA-REV1，具 tTA 可读框的特异性：

5′-ATCTCAATGGCTAAGGCGTC-3′。

热启动 PCR（见 15.1）反应含 1.5 mmol/L $MgCl_2$、0.5 μmol/L 引物、0.2 mmol/L dNTP 混合物，以及待检测的 150 ng 转基因鼠尾巴 DNA。PCR 反应条件如下。

1 个循环：	3 min	94℃
		80℃（暂停，加入 *Taq* 酶）
30 个循环：	45s	94℃（变性）

	45s	58℃（复性）
	90s	72℃（延伸）
1个循环：	10 min	72℃（延伸）
		8℃（结束）

PCR产物在1%～1.3%的琼脂糖凝胶上进行分析，溴化乙锭染色后在290 bp处明显可见主要目的产物。

转基因鼠的细胞或尾巴DNA中tTA基因Southern印迹检测

Southern印迹（见2.11）也可用于tTA转基因的检测。转基因鼠尾巴DNA用*Eco*RI消化，与来自pTet-tTA的761 bp的*Xba*I-*Sal*I tTA探针片段杂交。探针片段可检测到转基因中一个1094 bp tTA片段。这个探针也可用于Northern印迹（见4.8）检测tTA mRNA。

参考文献：Gossen and Bujard，1992；Schockett and Schatz，1996；Schockett et al.，1995.

撰稿人：Penny Schockett and David Schatz

16.18 从哺乳动物细胞中表达和纯化抗原决定簇标记的多亚基蛋白复合体

哺乳动物蛋白质的生化分析和功能研究常因为得不到纯化的蛋白质而受阻，尤其是当所研究的功能实体在细胞内是多亚基蛋白复合体的时候。为了克服从哺乳动物细胞中纯化多亚基蛋白复合体的困难，可以制作包含抗原决定簇标记蛋白的稳定转染细胞系。这个过程可简述如下：首先通过逆转录病毒介导的转基因（用于组成型表达）或四环素调控的系统（用于可诱导表达）建立表达抗原决定簇标记的蛋白复合体亚基的稳定细胞系。然后用抗原决定簇特异的单克隆抗体偶联的小珠进行免疫亲和纯化，以沉降抗原决定簇标记的多亚基蛋白复合体。最后在中性pH或生理条件下洗脱回收，即可用于功能试验。

几种常用的抗原决定簇列于表10.14.1（10.14）。为简便这里只描述使用FLAG抗原标记（Asp-Tyr-Lys-Asp-Asp-Asp-Asp-Lys，或DYKDDDDK）的方案。虽然其他细胞，如人293，也可以用于实验，作者通常使用人HeLa细胞，作为建立稳定转染细胞系的亲本细胞，HeLa细胞既能单层生长也能悬浮生长。基本上，由HeLa细胞衍生的表达抗原表位标记蛋白的细胞系开始是从单层细胞分离的，然后适应悬浮生长以收集大量用于纯化蛋白质的细胞。

由于抗原表位标记的蛋白质在细胞内可以以不同的复合物形式存在，因此，分离不同形式的多亚基蛋白复合物也很重要。这有时可以由小心地选择免疫亲和纯化的起始材料（如使用核抽提物、胞质S100组分或染色体组分）或用不同浓度的盐、去垢剂、chaotropic试剂在免疫亲和纯化过程中控制洗脱条件而简单地做到。不同形式的抗原表位标记的蛋白复合体经常共存于同一起始材料。在这种情况下，可以用一个简单的层析柱，如P11离子交换树脂，把不同形式的蛋白复合体在进行免疫亲和纯化之前分离成不同的组分。

16.18.1　基本方案 1　从组成型表达 FLAG 标记蛋白的克隆化细胞系中纯化多亚基蛋白复合物

为了纯化多亚基蛋白复合体，作者通常从一个组成型表达系统开始，这个系统用逆转录病毒介导的转基因以建立表达 FLAG 标记的亚基蛋白复合体的克隆化细胞系。逆转录病毒介导的转基因（见 9.10～9.15）提供了一种有几个拷贝的病毒整合的基因转移系统，以保证所表达的 FLAG 标记的蛋白质能够有效地以一定化学计量比与内源蛋白组装到大的蛋白复合体中。

注意：除非特别说明，所有的组织培养都在加湿的 5% CO_2 培养箱中 37℃ 培养。

材料（带√项见附录 1）

FLAG 标记蛋白的编码序列

逆转录病毒载体（如 pBabe neo，Morgenstern and Land，1990；亦见 9.10～9.15）

√2×HEPES 缓冲盐（HeBS），pH 7.12

0.25 mol/L $CaCl_2$

逆转录病毒包装细胞（如 Ψ_{CRIP}，Danos and Mulligan，1988）

含有和不含 10%的小牛血清的 DMEM

15%（*V*/*V*）甘油/DMEM

含有 10% 胎牛血清的 DMEM（FBS；附录 3F）

2.5 mg/ml 聚凝胺储存液

50% 汇片的 HeLa 细胞

含有药物的选择培养基[如 1 mg/ml G418（总重）、0.2 mg/ml 潮霉素或 0.5 μg/ml 嘌呤霉素；见 9.5]

√胰酶-EDTA

√1×PBS

√1×SDS-PAGE 蛋白上样缓冲液

抗 FLAG M2 单克隆抗体[和（或）抗蛋白抗体；Sigma]

含有 10%和 5%小牛血清的 Joklik 培养基（Sigma）

抗 FLAG M2 单克隆抗体偶联的小珠（Sigma）

√BC100

√BC300/0.1% 诺乃洗涤剂 P-40

FLAG 肽（100 mg/ml 水溶液）

液氮

5 ml 圆底 Falcon 试管

60 mm 和 100 mm 组织培养皿

15 ml 无菌试管

0.45 μm 醋酸纤维素注射过滤器
24 孔组织培养板
1.5 ml 和 0.5 ml 微量离心管
250 ml、500 ml、1 L、3 L 和 12 L 旋转摇瓶
试管旋转仪
转子（如 Sorvall H-6000A 或相当的转子）
微量离心柱

步骤

1）将 FLAG 标记蛋白编码序列克隆到含有药物筛选标记（如新霉素；9.10～9.15）的逆转录病毒载体。
2）转移 20 μg 到 5 ml 圆底 Falcon 试管中并与 0.5 ml 2×HeBS，pH 7.12 混合。
3）逐滴加入 0.5 ml 0.25 mol/L $CaCl_2$ 同时涡旋混匀。室温放置 20～30 min。
4）激烈涡旋混匀 DNA-磷酸钙共沉降物，将混合物加入 50%汇片的 Ψ_{CRIP} 细胞，这些细胞用含 10%小牛血清的 DMEM 培养在 100 mm 组织培养皿中。37℃，5% CO_2 培养 3～4 h。
5）移出培养基加入 3 ml 15%（*V*/*V*）甘油/DMEM，室温放置 3 min。
6）加入 8 ml DMEM 以快速稀释甘油，混匀，然后移出溶液。
7）重复洗涤 3 次，每次用 3 ml DMEM。
8）加入 10 ml 含 10%小牛血清的 DMEM 至转染了的细胞，37℃、5% CO_2 培养 18 h。
9）用 0.45 μm 醋酸纤维素注射滤器过滤细胞培养上清液（甘油休克 18 h 后）以去除悬浮细胞和大的细胞碎片，将病毒颗粒收集于 15 ml 无菌试管。
10）用 1 ml 含 10% FBS 的 DMEM 和聚凝胺（终浓度为 8 μg/ml）与 1 ml 过滤后的病毒储液混合。混合物与 50%汇片的 HeLa 细胞在 37℃共孵育 2.5 h，间歇混合。这些细胞用含 10% FBS 的 DMEM 培养于 100 mm 细胞培养皿中，并且用培养基预洗了 2 次。
11）额外加入 8 ml 含 10% FBS 的 DMEM，不要移除起初转染的培养基，37℃，5% CO_2 培养 1～1.5 天。
12）分出 1/5 的细胞到含有药物的培养基，每 3～4 天更换选择培养基。

通常对 HeLa 细胞所使用的药物浓度依赖于单个药物筛选标记，分别是：G418（总重）为 1 mg/ml，潮霉素为 0.2 mg/ml 或 0.5 μg/ml 嘌呤霉素。额外细节见 9.5。

抗性克隆通常 2～3 周后可见。

13）准备一个 24 孔板，隔一个孔加入 2 滴（约 100 μl）胰酶-EDTA 以避免相邻孔之间的交叉污染。
14）用黑色（或蓝色）记号笔把将要挑出的药物抗性克隆用圆圈圈出（直径为 2～3 mm）。移除培养基，用 1×PBS 洗涤细胞 1 次，然后移除溶液。
15）用 200 μl 吸头从第一个孔取约 50 μl 胰酶-EDTA，在圆圈圈住的克隆处吸打数次后转移回第一个孔。
16）重复转移总共 12 个克隆。

17) 每一孔加入1～2 ml选择培养基。将24孔细胞培养板放回37℃，5% CO_2 培养箱使细胞贴壁生长。

基于转移的活细胞数，孔内细胞汇片可能需要3～14天。

18) 当24孔板中的细胞汇片时将其转移至一个60 mm的细胞培养皿中以继续单个细胞克隆的扩增。

19) 当细胞在60 mm细胞培养皿中接近汇片的时候，再次将细胞分到一个60 mm细胞培养皿和两个100 mm细胞培养皿中。

在100 mm细胞培养皿中培养的细胞将要冻存为单独的克隆化细胞系。

20) 在用1×PBS洗涤2次过后，加入300 μl 1×SDS-聚丙烯酰胺蛋白上样缓冲液至生长在60 mm细胞培养皿中达到80%～90%汇片的细胞中，以制备总细胞裂解液。用枪头多次吸打裂解液直到样品没有黏性，然后将样品转移至1.5 ml微量离心管中。

21) 用抗FLAG M2单克隆抗体和（或）抗蛋白抗体对每个收集到的总细胞裂解液进行免疫印迹（10.6）以鉴定表达FLAG标记蛋白的细胞克隆。

22) 通过调整至悬浮培养的方法，选择一个表达FLAG标记蛋白的阳性克隆做进一步扩增。合并12皿100 mm细胞培养皿的细胞至一个250 ml旋转摇瓶中，用含10% FBS的Joklik培养基将细胞密度调整至 0.5×10^6 细胞/ml。使细胞以同样的密度在含10% FBS的Joklik培养基中保持3天以上。如果细胞健康并且接近指数增长，则开始用含10%小牛血清的Joklik培养基培养细胞。继续用含10%小牛血清的Joklik培养基培养细胞至少3天。如果细胞仍然看起来健康并且生长旺盛，则开始用含7.5%（或5%）小牛血清的Joklik培养基培养细胞。

在扩增和血清转换/减少的过程中，如果细胞看起来不健康或细胞密度减少，将细胞300 *g* 离心5 min，用含相同浓度小牛血清的新鲜Joklik培养基重悬，这能帮助去除细胞碎片。重新调整细胞密度至 0.5×10^6 细胞/ml。一旦细胞健康且继续生长就开始按前述方法降低血清的浓度。重复这个过程直到细胞维持于含5%小牛血清的Joklik培养基中。

23) 连续培养和扩增生长在含5%小牛血清的Joklik培养基中的细胞至20 L或其他想要的体积。

24) 按照12.1（Dignam et al.，1983）制备核抽提物、细胞质S100和核丸（或染色体组分）。

25) 用免疫印迹（10.6）来识别包含FLAG标记蛋白的细胞组分。

26) 加入0.4 ml抗FLAG M2的单克隆抗体偶联的小珠至装有10～14 ml核抽提物（或S100，或溶解了的核丸）的15 ml试管，这些小珠预先用BC100洗涤几次。在一个试管旋转仪中将样品于4℃孵育6～12 h。

27) 4℃ 300 *g* 离心2 min，将上清和小珠分离。

28) 弃上清，用BC300/0.1%诺乃洗涤剂P-40洗涤绑定着蛋白质的小珠5次。

包含诺乃洗涤剂P-40防止蛋白质/小珠聚集，也有助于在洗脱过程中免疫亲和小珠更好地旋转。

29) 转移带有绑定蛋白质的M2偶联的小珠至一个微量离心柱中。

30) 最高速度（10 000 r/min）离心10 s以去除残留液体。

31) 加0.5 ml BC300/0.1%诺乃洗涤剂P-40及0.2 mg/ml FLAG肽至干燥的小珠。充

分混匀，4℃连续旋转孵育 20～60 min。

32) 4℃离心 10 s 收集洗脱液（也就是第一次洗脱）。

33) 重复洗脱（步骤 31 和 32）（总共）4 次以得到绝大部分的 FLAG 标记的蛋白复合体。

34) 分装样品成小份（如 20 μl）于 0.5 ml 微量离心管，然后用液氮速冻。将纯化了的复合体小份储存于－80℃直到使用。

16.18.2 基本方案 2 从条件性表达 FLAG 标记蛋白的克隆化细胞系中纯化多亚基蛋白复合体

有时导入的 FLAG 标记蛋白编码序列在逆转录病毒介导的转基因和药物筛选建立的克隆化细胞系中不表达。这可能是由于外源基因产物没有被调控的或组成型表达所造成的细胞毒性。为了克服这个问题，基于四环素的使用，一个可诱导的哺乳动物表达系统可以用来“打开”或“关闭”FLAG 标记蛋白的表达。在建立表达 FLAG 标记蛋白细胞系的过程中，持续加入四环素以沉默外源基因表达。进而用存在和不存在四环素时收集的总细胞裂解液进行免疫印迹来筛选单个细胞克隆的可诱导性。一旦鉴定出来，就把可诱导的细胞系调整至适应悬浮培养，去除四环素后，用于 FLAG 标记多亚基蛋白复合体的免疫亲和纯化。

材料（带√项见附录 1）

蛋白质编码序列

四环素调控的表达质粒［如 pTetCMV-F°（S），Wu and Chiang，1996；16.17］

剪切过的牛胸腺 DNA

SacI 线性化的含有一个药物筛选标记的质粒（如 pREP4，Invitrogen）

表达四环素调控的反式激活因子的细胞系（如 HtTA-1，Gossen and Bujard，1992）

√含 10% FBS 的 DMEM

G418 硫酸

√胰酶-EDTA

√1 mol/L BES 缓冲液，pH 7.2

潮霉素 B

四环素

√1×SDS-聚丙烯酰胺样品缓冲液

√1×PBS

抗 FLAG M2 单克隆抗体和(或)抗蛋白抗体

含 10%小牛血清的 Joklik 培养基（Sigma）

含 5%小牛血清的 Joklik 培养基

HeLa 细胞

抗 FLAG M2 偶联的小珠

√BC100 和 BC300

10%（V/V）诺乃洗涤剂 P-40

FLAG 肽

液氮

电穿孔用 0.4 cm 小杯

24 孔，60 mm 和 100 mm 组织培养皿

15 ml 和 50 ml Falcon 试管

转子（如 Sorvall H-6000A 或相当的转子）

电穿孔仪（如 Bio-Rad Gene Pulser II）

一次性玻璃吸头

1.5 ml 和 0.5 ml 微量离心管

250 ml、500 ml、1 L、3 L 和 12 L 旋转摇瓶

250 ml 无菌锥形离心管

微量离心柱

步骤

1）将蛋白编码序列克隆到一个含有 FLAG 抗原序列的四环素调控表达的质粒中，如 pTetCMV-F°（S）。

2）混合 10 μg 线性化的四环素调控的 FLAG 标记蛋白表达质粒［如使用 *Pvu*I 来线性化大多数 pTetCMV-F°（S）衍生构建物］，50 μg 剪切过的小牛胸腺 DNA 和 0.5 μg *Sac*I 线性化、含有潮霉素筛选标记的 pREP4 至电穿孔杯。

3）胰酶-EDTA 处理后合并几个 100 mm 细胞培养皿的 HtTA-1 细胞（或其他表达四环素调控的反式激活因子的细胞）至一个 50 ml Falcon 试管，这些细胞培养在含 10% FBS 0.6 mg/ml G418 的 DMEM 中。300*g* 离心 5 min，重悬细胞于含 10% FBS 和 5 mmol/L BES 缓冲液 pH 7.2 的 DMEM 中，密度为 2×10^7 细胞/ml。

4）用一个 200 μl 吸头分 2 次，每次 125 μl，将 250 μl 重悬细胞转移至装有质粒和载体 DNA 的电穿孔杯中（见步骤 2），吸打数次混匀。

5）用 Bio-Rad Gene Pulser II 将 DNA 穿孔进入细胞，设置为 960 μF 和 200 V。室温放置 10 min，然后用一个一次性玻璃吸头将细胞转移至一个装有 10 ml 含 10% FBS 的 DMEM 的离心管里。

6）300 *g* 离心 5 min。吸弃上清，其中含有未被转化的 DNA 和电穿孔产生的细胞碎片。

7）重悬细胞于 5 ml 含 10% FBS 的 DMEM，分布于 5 个 100 ml 细胞培养盘，每个装有 9 ml 含 10% FBS 的 DMEM，37℃ 5% CO_2 培养箱放置 2 天。

8）药物筛选从把培养基换成含有 400 μg/ml G418、200 μg/ml 潮霉素 B 和 2 μg/ml 四环素、10% FBS 的 DMEM 开始。

9）每 3～4 天换一次培养基，继续药物筛选约 3 个星期直到药物抗性克隆清晰可见。

10）按照基本方案 1 步骤 13～18，挑 12～24 个药物抗性克隆并将其扩增成为细胞系。

11）当在 60 mm 细胞培养皿的细胞接近汇片时，将细胞分至一个 100 mm 细胞培养皿

和两个 60 mm 细胞培养皿。

生长在 100 mm 细胞培养皿的细胞将要作为单独的细胞系冻存。生长在两个 60 mm 细胞培养皿的细胞分别放入含有和不含有四环素的选择培养基中培养 48～72 h。

12）在用 1×PBS 洗涤 2 次过后加入 300 μl 1×SDS-聚丙烯酰胺蛋白上样缓冲液至生长在 60 mm 细胞培养皿中的细胞中，以制备总细胞裂解液。用枪头多次吸打裂解液直到样品没有黏性，然后将样品转移至 1.5 ml 微量离心管中。

13）用抗 FLAG M2 单克隆抗体和（或）抗蛋白抗体对每个收集到的总细胞裂解液的一小份进行免疫印迹（10.6）以鉴定仅在无四环素时表达 FLAG 标记蛋白的细胞克隆。

14）选择一个表达 FLAG 标记蛋白的阳性克隆，通过调整至悬浮培养的方法做进一步扩增。合并 12 个 100 mm 细胞培养皿的细胞至一个 250 ml 旋转摇瓶中（细胞密度至 0.5×10^6 细胞/ml），渐渐将培养基从 DMEM 10% FBS 替换成含 10%小牛血清的 Joklik 培养基，最终至含 5%小牛血清的 Joklik 培养基。但是在扩增过程中培养基中包含 1 μg/ml 四环素和 0.6 mg/ml G418 直到培养体积达到 250 ml。

15）继续在含有四环素的培养基中扩增细胞，但是培养体积达到 250 ml 以后不用 G418。

16）在细胞扩增到 12 L 后，在 250 ml 无菌锥形试管中 300 *g* 离心 5 min 去除四环素。重复操作直到所有细胞收集到两个 250 ml 锥形试管中。

17）用 250 ml 1×PBS 洗涤细胞团聚物。300 *g* 离心 5 min。重复洗涤 4～6 次。

18）重悬细胞于 120 ml 无四环素的 5% 小牛血清 Joklik 培养基中，将细胞分至 6 个装有 1.5 L 含 5%小牛血清 Joklik 培养基的 12 L 瓶中。

19）蛋白质诱导 4 天后，每天培养基增加一倍，按照 12.1 制备核抽提物、细胞质 S100 和核丸（或染色体组分）。

诱导蛋白表达在悬浮细胞中往往比单层细胞中耗时更多。时间进程研究的结果表明，4 天后诱导的 FLAG 标记蛋白达到最大量，一定程度上是由于在大体积的悬浮培养基中使用便宜和低浓度的小牛血清可以减少倍增时间。每天培养基加倍使细胞处于轻微稀释的条件下，诱导效率更高。

20）用免疫印迹（10.6）来鉴定含有 FLAG 标记蛋白的细胞组分。

21）按照基本方案 1 步骤 26～34 描述的方法，对 FLAG 标记蛋白复合体免疫亲和纯化。

16.18.3 备择方案 变化起始材料和洗脱条件纯化抗原表位标记蛋白复合体的多种形式

本方案以人 RNA 聚合酶 II（Pol II）为例，描述抗原表位标记蛋白的纯化。RNA 聚合酶 II 是一个具有 12 个多肽（RPB1-12）的多亚基蛋白复合体。Pol II 最大的亚基（RPB1）具有一个唯一的七肽序列 Tyr-Ser-Pro-Thr-Ser-Pro-Ser（YSPTSPS）的 C 端结构域（CTD）。这个序列在酵母中出现 26 次，人中出现 52 次。这个 CTD 可以被很多蛋白激酶磷酸化，造成通常在真核生物中存在的 Pol II 有三种形式。IIO 型的 Pol II 含有高度磷酸化的 CTD，而 IIA 型 Pol II 具有无或低磷酸化的 CTD。IIB 型的 Pol II 没有 CTD，可能是由蛋白酶切割产生。另外，通过与一些通用转录因子和其他与染色质重塑、mRNA 加工和 DNA 修复相关的胞内蛋白结合，Pol II 能够形成极大的蛋白复合体，即所谓的 Pol II 全酶。这个备择方案以应用抗原表位标记和稳定细胞系的方法同时纯化 IIO、IIA 和 IIB 型的 Pol II 以及只有非磷酸化形式的 RPB1 的 Pol II 全酶。通过谨慎选择起始材料和调整用于免疫亲和纯化的蛋白缓冲液的组成就能达到纯化的目的 (图 16.18.1)。请注意这里列出的条件会与其他标记蛋白系统不同。

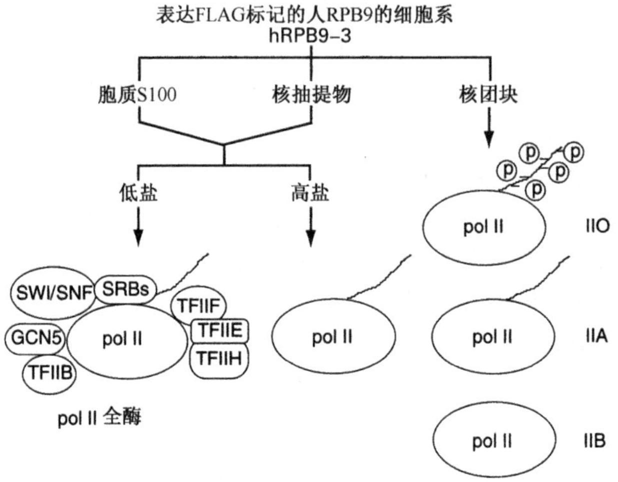

图 16.18.1　纯化人 RNA 聚合酶 II 复合体。首先把衍生于人 HeLa 细胞条件性表达 FLAG 标记的人 RNA 聚合酶 II RPB9 亚基的 hRPB9-3 细胞（Wu and Chiang，1998）分离为胞质 S100、核抽提物和核团块。然后用低盐（含有 100 mmol/L 氯化钾的缓冲液）或高盐（含有 850 mmol/L 氯化钾和 1.0 mol/L 尿素的缓冲液）S100 或核抽提物进行免疫亲和纯化。分别能够纯化出人 RNA 聚合酶（pol II）全酶和 pol II。从 S100 或核抽提物中纯化出来的 pol II 全酶含有 pol II、一组通用转录因子（TFIIB、TFIIE、TFIIF 和 TFIIH）、SRB、组蛋白乙酰化酶 GCN5 和染色质重塑因子 SWI/SNF（Wu and Chiang，1998；Wu et al.，1999）。在 pol II 最大的亚基（RPB1）具有不同磷酸化水平的 pol II 复合体的其他形式也可以在高盐条件下从核团块中纯化出来。IIO 型的 pol II 在 RPB1 中具有高度磷酸化的碳末端结构域（CTD），用尾巴表示。而 IIA 和 IIB 型 pol II 在 RPB1 分别具有非磷酸化或截短了的 CTD。

材料（亦见基本方案 1 和 2；带√项见附录 1）

10 mol/L 尿素
√BC850
√缓冲液 B
√缓冲液 D
√FLAG 肽洗脱缓冲液
硫酸铵

超声仪
转子（如 Beckman 45-Ti 或相当的转子）

步骤

纯化 FLAG 标记的人 pol II 全酶：

1a) 建立一个 HeLa 细胞衍生的、四环素调控的、条件性表达 FLAG 标记的人 pol II 亚基的细胞系。按照基本方案 2 步骤 1～20 描述的方法制备核抽提物、细胞质 S100 和核丸。

2a) 从核抽提物或 S100 中免疫亲和纯化 FLAG 标记的人 pol II 全酶，按照基本方案 1 步骤 26～34，但使用 BC100/1%（*V/V*）诺乃洗涤剂 P-40 作为洗涤和洗脱缓冲液。

纯化 IIA 型 FLAG 标记的人 pol II：

1b) 从核抽提物或 S100 中免疫亲和纯化 FLAG 标记的人 pol II，按照基本方案 1 步骤 26～34，除了用含 1.0 mol/L 尿素的 BC850/0.1% 诺乃洗涤剂 P-40 和 BC100 依次洗涤绑定蛋白的小珠 5 次，最后用含 0.2 mg/ml FLAG 肽的 BC100（FLAG 肽洗脱缓冲液）洗脱绑定的蛋白质。

含有高盐和尿素的洗涤破坏了 pol II 全酶中弱结合的多肽与 pol II 的作用，从而使得仅能回收 IIA 型的核心 pol II。核心 pol II 形成紧密结合的复合体能耐受高盐和尿素洗脱。

纯化 FLAG 标记的包含 IIA、IIB 和 IIO 型混合的人 pol II：

1c) 在 4℃下或冰上用 70 ml 缓冲液 B，缓慢搅动 35 ml 从 hRPB9-3 细胞分离得到的核丸，然后用 11 ml 3 mol/L 硫酸铵调整硫酸铵浓度至 0.3 mol/L。再搅动 30 min。hRPB9-3 是一个衍生于人 HeLa 细胞、条件性表达 FLAG 标记的人 RNA 聚合酶 II RPB9 亚基的细胞系。

缓冲液 B 与硫酸铵一起使用，其中镁离子和高盐浓度可以帮助从染色体组分解离 pol II 复合体，并同时保持 pol II 的活性。

2c) 超声 5 次，在冰水浴中每次 1 min，每两次超声之间间隔 20 s。

3c) 4℃ 185 000 *g* 离心 90 min（Beckman 45-Ti 转子 40000 r/min），将上清倒入一个 500 ml 烧杯。

4c) 用一个注射器逐滴加入 2 体积缓冲液 B，逐渐将硫酸铵浓度调整至 0.1 mol/L。

5c) 185 000 *g* 离心 60 min 去除沉降物，将上清倒入另外一个烧杯。

6c) 缓慢加入固体硫酸铵至 65%饱和（即 0.42 g/ml 悬浮液），沉降 pol II，再搅拌 30 min。

7c) 142 000 *g* 离心 60 min，用 40 ml 缓冲液 D 重悬沉淀。

8c) 在 4 L BC100 中透析 6 h，至少换一次缓冲液。

最终回收的样品是约 46 ml。

9c) 免疫亲和纯化 FLAG 标记的包含 IIA、IIB 和 IIO 型混合的人 pol II 按照基本方案 1 步骤 26～34，在最后用含 0.2 mg/ml FLAG 肽的 BC100（FLAG 肽洗脱缓冲液）洗脱之前用含 1.0 mol/L 尿素的 BC850/0.1% 诺乃洗涤剂 P-40 和 BC100 依次洗涤绑定蛋白的小珠 5 次。

含有高盐和尿素的洗涤破坏了 pol II 全酶中弱结合的多肽与 pol II 的作用，从而使得只能回收含有不同磷酸化状态的核心 pol II。在最终用 FLAG 肽 BC100 洗脱缓冲液洗脱之前有必要用 BC100 平衡固化了的复合体。

16.18.4　辅助方案　用 P11 离子交换层析柱纯化多种形式的抗原表位标记的蛋白复合体

人 TATA 结合蛋白（TBP）能够结合不同类型的细胞内蛋白以形成不同的蛋白复合体，如 SL1、TFIID 和 TFIIIB。这些蛋白质分别是通过 RNA 聚合酶 I、II 和 III 的转录所必要的。所有这些不同的蛋白复合体在核抽提物中都能找到。用一个层析步骤，如 P11 离子交换柱，把含 TBP 的不同的复合体分离成为不同组分，然后进行免疫亲和纯化（见图 16.8.2）。

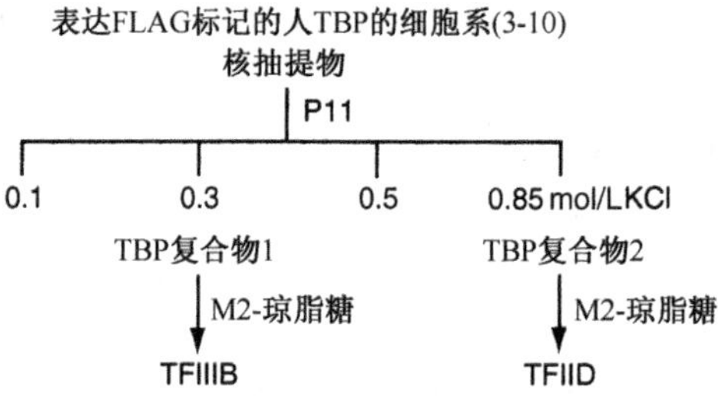

图 16.8.2　不同 FLAG 标记 TBP 复合体的纯化。将一个从 HeLa 细胞衍生的组成型表达 FLAG 标记的 TBP 的细胞系 3-10（Chiang et al.，1993）制备的核抽提物经 P11 离子交换柱。结合在 P11 树脂上的蛋白质按顺序分步用含 0.1、0.3、0.5 和 0.85 mol/L 氯化钾的缓冲液洗脱。FLAG 标记 TBP 复合体主要存在于 0.3 mol/L 和 0.85 mol/L 氯化钾洗脱液。然后用抗 FLAG M2 单克隆抗体偶联的小珠免疫亲和纯化分离 TFIIIB 和 TFIID 复合体。

附加材料（亦见基本方案 1；带√项见附录 1）

P11 离子交换树脂

√各种 BC 缓冲液（BC100、BC300、BC500、BC850 和 BC1200）

层析柱（容积约 100 ml）

流体适配器

图表记录器

样品收集器

透析管（MWCO 12000；Sigma）

步骤

1）用逆转录病毒介导的转基因（9.10～9.15）建立一个 HeLa 细胞衍生的表达 FLAG 标记的人 TBP 的细胞系，并且按照基本方案 1 步骤 1～24，从建立的细胞系中制备核抽提物、S100 和核团块。

2）在一个层析柱中装一个约含 60 ml 树脂的 P11 离子交换柱。

3）将柱连到一个流体适配器、图表记录器和样品收集器上，用 BC100 平衡整个系统过夜。流速设置为每小时约 1 个柱体积（CV），即 1 ml/min。

4）4℃时在一个冰桶中融化约 100 ml 核抽提物过夜。

5）4℃时将核抽提物 105 000*g* 离心 20 min。

6）上清倒入 50 ml 试管以 1 CV/h 的流速上样至已平衡的 P11 柱。用样品收集器收集洗出物，约 12 ml 每管。

记住保留一小份（约 100 μl）进行免疫印迹分析。

7）用约 2 CV 的 BC100 洗涤柱子直到在 280 nm 的吸收值几乎达到基线。

8）当每种洗脱缓冲液的蛋白质曲线几乎接近基线时，相继转换到 BC300、BC500、BC850 和 BC1200 进一步洗脱结合蛋白。

9）混合对应 BC100、BC300、BC500 和 BC850 蛋白峰的组分。

10）将 BC500 和 BC850 样品在 4 L BC100 中 4℃透析 5 h。

11）将样品 46 000 *g* 4℃离心 15 min。

12）将 BC500 和 BC850 的上清，以及 BC100 和 BC300 组分，单独地分装到几个 15 ml 试管（做免疫亲和纯化）和 1.5 ml 微量离心管（做免疫印迹和蛋白质分析）。

13）液氮冷冻，存放于－80℃直到使用。

14）用免疫印迹（10.6）来定位包含 FLAG 标记 TBP 的 P11 组分。

15）按照基本方案 1 步骤 26～34，从 P11 0.3 mol/L 氯化钾组分纯化 TFIIIB 以及从 P11 0.85 mol/L 氯化钾组分纯化 TFIID。

参考文献：Chiang and Roeder，1993；Chiang et al.，1993；Kershnar et al.，1998；Wu and Chiang，1996.

撰 稿 人：Shwu-Yuan Wu and Cheng-Ming Chiang

第 17 章　蛋白质磷酸化的分析

大多数蛋白质在合成时或合成后，其氨基酸侧链可被共价修饰。通过这种修饰作用，特别是可逆的修饰，可以提供极敏感的调节功能，以增强或减弱蛋白质的生物活性。蛋白质磷酸化很可能是最常见、最重要的一种蛋白质修饰方式。

15 年前，还只有很少的几种蛋白激酶得到鉴定，被推测的受蛋白质磷酸化作用调控的生物学过程也很有限。随着分子生物学技术飞速发展，人们已经顺利地克隆和确认了几百种蛋白激酶和蛋白磷酸酶基因；随着细胞及生化技术的进步，人们已能够详细地阐明细胞内部复杂的调控过程。目前已认识到细胞功能的很多方面是受蛋白质磷酸化作用调控的。增殖、分化、信号转导和代谢过程都受制于共同作用于关键的靶蛋白的蛋白激酶和蛋白磷酸酶活性的平衡。胞外配体（如多肽生长因子）和胞内信号转导的关键元件（如环 AMP 或钙离子的浓度）都密切影响蛋白激酶和蛋白磷酸酶的活性，而它们本身也受制于磷酸化的修饰作用。

本章概述了蛋白质的磷酸化作用，并提供了应用放射性同位素和非同位素检测及鉴定磷酸化蛋白质、分析特异磷酸化位点的详细方法。下面的概述列举了受磷酸化控制的调控过程，描述了多种研究磷酸化作用的方法及其原理（见 17.1）。接着的章节讨论了用无机磷酸盐标记真核细胞和制备用于免疫沉淀分析的细胞裂解物（见 17.2）、磷酸化的氨基酸的分析（见 17.3）和用免疫学或酶学技术检测蛋白质磷酸化的方法（见 17.4）。

为了检测磷酸化方式对功能的影响，可以将磷酸化蛋白质在体外进行去磷酸化。在 17.5 中描述了使用酶来广泛地或选择性地逆转磷酸化的特别策略和方案，以及通过分析 ^{32}P 标记的磷酸盐的消失或电泳迁移的变化进行后续检测的方法。接下来的一节描述了另外一种更为成熟的检测磷酸化的方法。一个既定序列的磷酸化状态可以用只识别磷酸化蛋白而不与该蛋白质的非磷酸状态或其他磷酸化蛋白起交叉反应的抗体来进行特异性的检测，这就提供了一种既能测定特异蛋白质的量又能测定其功能状态的好方法。在 17.6 中描述了制备并纯化这种抗磷酸化肽段的抗体的策略和方法。

对最常用的蛋白质激酶分析方法的概述（见 17.7）提供读者以鉴定和测量蛋白质激酶活性的条件。这里描述的最主要的激酶是酪氨酸激酶、环核苷依赖激酶、酪蛋白激酶、蛋白激酶 C 和 Ca^{2+}/钙调蛋白依赖激酶。

对细胞进行简单的化学渗透可允许将标记的细胞不可渗透试剂导入细胞内以研究信号转导过程。17.8 描述了此方法作为 17.2 标记方法的补充。

最后 17.9 介绍了精确确定特定蛋白上哪些氨基酸磷酸化的方法。首先用蛋白水解酶消化目的蛋白，然后用双向薄层层析分离消化产物。用放射自显影鉴定磷酸化多肽能够提供有关磷酸化位置、数量，以及通过不同的处理它们是否会发生改变等重要信息。纯化磷酸化多肽和鉴定磷酸化残基需要额外的操作步骤；本节还描述了有关使用 Edman 降解法、微量测序或质谱分析法的操作指南。

撰稿人：David Moore and Bartholomew M. Sefton

17.1 蛋白质磷酸化概述

蛋白质磷酸化是敏感而可逆地调节蛋白质功能的一种最常见和最重要的机制。对以^{32}P正磷酸盐进行代谢标记的哺乳动物细胞的研究表明细胞总蛋白中被蛋白质磷酸化共价修饰的蛋白质多达1/3。蛋白质磷酸化和去磷酸化在应对由激素、生长因子和神经递质引发的快速变化的信号转导途径中共同发挥作用。很多多肽生长因子（血小板来源的生长因子和表皮生长因子）和细胞因子（白细胞介素-2、集落刺激因子-1和γ-干扰素）在与其受体结合后均激发磷酸化作用，而这些被诱导的磷酸化蛋白质反过来激活细胞质内的蛋白激酶（如raf、MEK和MAP）。此外，在所有有核生物中，细胞周期中G_1/S期和G_2/M期的转换均受依赖细胞周期蛋白激酶（CDK）的调节。

磷酸化作用也控制着分化和发育，如果蝇视网膜的R7细胞和秀丽新小杆线虫（*Caenorhabditis elegans*）的阴门发育均受控于受体和胞内蛋白激酶。最后，新陈代谢，尤其是葡萄糖和糖原的相互转换及葡萄糖的转运的代谢作用受磷酸化作用的调节控制。因而，形形色色的生物学家为了弄清楚他们最感兴趣的基因及其编码产物的调控和功能，常常不约而同，有时还是不由自主地研究蛋白质的磷酸化。

研究蛋白质磷酸化最常用的方法是利用^{32}P标记的无机磷酸盐（^{32}Pi）进行生物合成标记。在17.2中描述了用^{32}Pi进行生物合成标记的一般方法，该法能达到最大限度地提高掺入效率和降低放射性对工作人员的伤害及对设备的污染。

在本底水平或激素刺激水平下^{32}P在体内掺入蛋白质的效率极大程度地依赖于蛋白质中磷酸盐的周转率。^{32}P掺入本身并不能说明某一特定蛋白质的磷酸化程度。由于大多数磷酸蛋白质在多个位点被磷酸化，因此在完整的细胞中很难将蛋白质功能的变化与某一既定蛋白质的^{32}P标记关联起来。

大多数蛋白质是在丝氨酸和苏氨酸残基上磷酸化，而许多与信号转导有关的蛋白质还在酪氨酸位置上被磷酸化。这三种羟基磷酸氨基酸在酸性pH条件下化学性质稳定，酸水解后它们可被回收并被直接鉴定出来。在17.3中介绍了通过酸水解和双向薄层电泳鉴定磷酸丝氨酸、磷酸苏氨酸和磷酸酪氨酸的技术。蛋白质也可在组氨酸、半胱氨酸和天冬氨酸残基上与磷酸共价键合，它们可以以磷酸酶的中间体或稳定修饰物的形式存在。这些磷酸氨基酸在酸性条件下不稳定，不能用对酸稳定磷酸氨基酸的标准技术来研究，它们只能通过排除法或演绎法来鉴定。

磷酸酪氨酸不是含量丰富的磷酸氨基酸，因而一般很难在用^{32}Pi标记的样品中检出，尤其是当样品中含有大量在丝氨酸残基上磷酸化的蛋白质或有RNA污染时则更难。凝胶电泳分级后的样品以碱处理，使RNA水解并使磷酸丝氨酸脱磷酸，可以大大提高磷酸酪氨酸和磷酸苏氨酸的检出率，在17.3的备择方案中描述了一种碱处理的简单方法。

如果蛋白质被磷酸化，无需借助生物合成标记方法也可鉴定磷酸氨基酸。例如，蛋白质中含的稀有的磷酸酪氨酸可用抗磷酸酪氨酸的抗体来检测，其特异性和敏感性相当高（见17.4）。相比较之下，磷酸丝氨酸和磷酸苏氨酸的定量更为困难，需要进行磷酸蛋白质的部分酸水解，随后在高电压下用薄层醋酸纤维素板进行电泳来分离磷酸氨基酸。一旦知道了含有磷酸丝氨酸和磷酸苏氨酸的磷酸化位点周边的一级序列，就可以以这些磷酸化位点为模型合成磷酸肽段并以此制备抗体（见 17.6）。这种抗磷酸肽段的抗体已经成为检测母本蛋白质在特定位点磷酸化的非常有用的工具。这种磷酸-特异性抗体还可以用于抑制一些单位点的去磷酸化并证明它们在蛋白质功能中的作用。

更普遍的是，蛋白质的磷酸化常常使蛋白质在 SDS-聚丙烯酰胺凝胶电泳中的迁移率发生变化，而且几乎总是改变它的等电点。将蛋白质和磷酸酶共同温育后，从凝胶迁移率的变动可以推论出非标记蛋白质存在磷酸化残基。大多数磷酸化位点被认为位于磷酸蛋白质的表面。因此，它们可以接触到磷酸酶，同样也可以接触到蛋白酶。事实上，磷酸蛋白质有限的蛋白质水解经常会产生一些功能上的变化，这与体外用磷酸酶对其进行去磷酸化非常相似。检测^{32}P标记的磷酸蛋白质的放射活性的释放并不能区分磷酸酶和蛋白酶的反应，需要采取额外的步骤来区分磷酸肽段释放的正磷酸盐。当去磷酸化反应在粗提物中进行时（见 17.5），这一点特别重要。这种方法在内源性 ATP 以 [γ-^{32}P] ATP 进行标记的效率很差时很实用，如目的蛋白是来源于某些难以进行生物合成标记的组织或来源于体外翻译的情况。在 17.4 讨论了用针对磷酸酪氨酸的抗体进行免疫印迹以检测磷酸酪氨酸的方法。

蛋白质激酶在磷酸化丝氨酸/苏氨酸或酪氨酸残基时表现出严格的特异性。这些酶在几个结构域具有结构上的相似性，如 ATP-结合位点和催化位点，这显然表明它们具有磷酸转移酶的共同功能。对最常用的蛋白质激酶分析方法的概述（见 17.7）提供读者以鉴定和测量蛋白质激酶活性的条件。这里描述的最主要的激酶是酪氨酸激酶、环核苷依赖激酶、酪蛋白激酶、蛋白激酶和 Ca^{2+}/钙调蛋白依赖激酶。对细胞进行简单的化学渗透可以使标记的不能透过细胞的试剂进入细胞内以便于研究信号转导过程（见 17.8）。

参考文献：Cohen，1985；Marshall，1985.

撰 稿 人：Bartholomew M. Sefton，David Moore，and Shirish Shenolikar

17.2　^{32}Pi 标记培养细胞和制备用于免疫沉淀的细胞裂解物

本节的内容介绍了用^{32}Pi标记和裂解培养细胞，以用于随后的蛋白质的免疫沉淀分析。这种方法适用以^{32}P标记任何细胞成分，可用于各种贴壁或不贴壁培养的昆虫、鸟类和哺乳类细胞。

注意：无屏蔽的^{32}P可穿透人体约 1 cm 深处，注意不要暴露于皮肤和眼睛。操作一定量的^{32}P时需戴手套和防护性眼罩。当处理含^{32}Pi的样品时，必须使用足够高且站着和坐着操作都便于操作的厚 1 in（2.5 cm）的树脂玻璃挡板。更多的防范事项参见附录 3 中的“放射性同位素的安全使用”一节。

17.2.1　基本方案　培养细胞的^{32}Pi标记和温和去垢剂裂解法

材料（带√项见附录 1）

待标记的培养细胞

标记培养液：不含磷酸盐的细胞培养液（如 DMEM，附录 3F），添加了常规浓度的

血清或用无磷酸盐的盐水透析过的血清，37℃

溶于 HCl 中的 1 Ci/ml $H_3{}^{32}PO_4$（无载体，ICN）

√Tris 平衡盐水（TBS）或磷酸盐平衡盐水（PBS），冰冷

√温和裂解缓冲液或 RIPA 裂解缓冲液

1 in 厚的树脂玻璃挡板（附录 3G）

塞有滤芯的防浮质的取液器吸头

树脂玻璃盒（附录 3G），预热到 37℃

带螺口盖的微量离心管

一次性的吸管（塞有棉花）

橡皮细胞刮子

Sorvall 冷冻离心机，带 SM 24 转子和橡皮套管，或其他相当的冷冻离心机，4℃

树脂玻璃薄板（10 in×10 in×1/4 in）或树脂玻璃管架，4℃（附录 3G）

注意：除非特别说明，细胞培养在加湿的 37℃，10% CO_2 培养箱中进行。

步骤

1）培养待标记的细胞至适当的生长期。

生长旺盛的细胞中磷酸盐转运达到最高峰，除非研究静止期细胞的蛋白质磷酸化，一般待标记的细胞生长密度不要达到汇片（贴壁细胞），或应低于最大密度（非贴壁细胞），标记前 3～18 h 换新鲜的培养液培养将有利于标记。

对于贴壁细胞：

2a）吸去培养液，用 37℃的含血清不加标记物的标记培养液洗尽残存的含磷酸盐的培养液，吸尽该培养液。

3a）加入预热的标记培养液，加入量为：（0.5～1 ml）/35 mm 培养皿，（1～2 ml）/50 mm 培养皿，或（2～4 ml）/100 mm 培养皿。

对于非贴壁细胞：

2b）1800 *g* 离心 1 min，吸去培养上清，将细胞用含血清不加标记物的标记培养液重悬，再次离心吸去培养液。

3b）每 10^7 细胞加入 2 ml 标记培养基，转移至适合大小的培养平皿。

4）在树脂玻璃挡板后操作，使用配备塞有棉花防浮质吸管的微量移液器加入 ^{32}Pi至终浓度为 0.1～2 mCi/ml。

标记 1～2 h 已足够，但细胞可在 6 h 内耐受高达 2 mCi/ml 和在 18 h 内耐受低浓度（0.1～0.5 mCi/ml）的辐射。

5）将培养皿置于预热的树脂玻璃盒中，并将盒子置于培养箱中。

6）标记结束时，将装有标记细胞的树脂玻璃盒移至冷室，放在树脂玻璃挡板后面。

对于贴壁细胞：

7a）从树脂玻璃盒子中取出培养皿，用一次性的移液管吸尽标记培养液，培养液和吸头或吸管均作为同位素废物弃置。

不能用真空泵吸标记培养液。真空泵抽吸会产生放射性气溶胶并在仪器中留下放射性薄层。继续在 Plexiglas 挡板后处理细胞和裂解。

8a）用 2～10 ml 冷 TBS 洗涤细胞 2 次，同步骤 7 一样吸尽并弃去放射性废物。

9a）加适量裂解缓冲液（0.3 ml/35 mm 培养皿，0.6 ml/50 mm 培养皿或 1.0 ml/100 mm培养皿），用橡皮细胞刮子擦刮下贴壁细胞，裂解物留在培养皿上，4℃放置 20 min。用橡皮细胞刮子将贴壁细胞的裂解液移至培养皿边缘，并将裂解液移入带螺口盖的微量离心管中。

如果需要降低由非特异性杂质造成非特异性的背景，可使用 RIPA 裂解缓冲液。如果要求保持酶的活性或蛋白质复合物的结构，使用含 CHAPS（3-胆酰胺丙基-二乙胺丙磺酚）或 Nonidet P-40（乙基苯基聚二乙醇，即 NP-40）作为唯一去污剂的温和裂解缓冲液。要完全溶解细胞和使蛋白质变性，使用 SDS 裂解方法（见备择方案）。

对于非贴壁细胞：

7b）从树脂玻璃盒子中取出培养皿，将细胞移至带螺口盖的微量离心管中，1800 *g* 离心 1 min 回收细胞，吸尽培养液。

8b）细胞用小体积的冷 TBS 重悬，移至带螺口盖微量离心管中，1800 *g* 离心 1 min，吸尽 TBS。

9b）每 10^7 细胞用 0.5～1 ml 裂解缓冲液悬浮细胞，用一次性的巴斯德吸管轻轻混匀，4℃放置 20 min。

10）盖上管盖，于 4℃ 26 000 *g* 离心 30 min 澄清裂解液。

管内液体最好是装至半满以防液体溅出。

用 RIPA 缓冲液制备裂解液时，由于细胞核的溶解常导致细胞裂解液变得黏稠。当发生这种情况时，延长离心时间到 90 min，或离心前在 RIPA 液中加入 50 μl 固相化金黄色葡萄球菌（Pansorbin，Calbiochem），都可使 DNA 沉于管底。

11）离心后，将上清（裂解物）移至新离心管中，离心管和沉淀作为同位素污物处理。

12）用凝胶电泳、免疫沉淀或蛋白质纯化方法，分析标记的裂解液，所有过程均在 4℃适当屏蔽下进行。

17.2.2　备择方案　SDS 煮沸法裂解细胞

有些蛋白质（如真核 RNA 聚合酶 II）在温和裂解缓冲液或 RIPA 裂解液中很难溶解，有些分析过程中使用的抗体只能识别蛋白质变性后暴露出的表位。在这些情况下，需要采用 SDS 完全溶解标记的细胞，调整裂解液的组成以便与用于免疫沉淀的 RIPA 缓冲液相匹配。为避免错配二硫键的形成，免疫沉淀分析中的裂解和洗涤过程可在 1 mmol/L 的二硫苏糖醇（DTT）存在下进行。

附加材料（亦见基本方案；带√项见附录 1）

√SDS 裂解缓冲液

√RIPA 校正液

√免疫沉淀洗液

固相化金黄色葡萄球菌（Pansorbin，Calbiochem；可选）

沸水浴

步骤

1）标记和洗涤细胞（基本方案步骤 1～7）。

2a）*对于贴壁细胞*：加入适量 SDS 裂解液至培养皿中。35 mm 培养皿加 0.1 ml，50 mm培养皿加 0.25 ml，100 ml 培养皿加 0.5 ml。立即用橡皮细胞刮子刮下细胞并转移至带螺口盖的微量离心管中。

2b）*对于非贴壁细胞*：在涡旋混合器上短暂振荡细胞沉淀使之松散，每 5×10^7 细胞加入 1 ml SDS 裂解缓冲液，再次振荡。

3）煮沸 2～5 min，加入 4 体积的 RIPA 校正液，充分混匀。

4）于 4℃以 26 000 *g* 离心 90 min 或在冷冻离心机上以最大速度离心以澄清细胞裂解液。

细胞裂解液也可再加入 50 μl 固定化的金黄色葡萄球菌，于 4℃以 26 000 *g* 离心 30 min 澄清。

5）如常进行免疫沉淀，并用免疫沉淀洗液进行洗涤。

撰稿人：Bartholomew M. Sefton

17.3　磷酸氨基酸分析

鉴定蛋白质中磷酸化的氨基酸残基是很有价值的。磷酸化作用发生在蛋白质的丝氨酸、苏氨酸和酪氨酸时，通过部分的酸水解及接着进行双向薄层电泳，可以容易地鉴定标记的磷酸氨基酸。

注意：处理膜时需戴手套和使用平头镊子。

17.3.1　基本方案　磷酸氨基酸的酸水解和双向电泳分析

有待酸水解的蛋白质可利用与免疫印迹（见 10.6）和微量序列测定（见 10.18）相同的技术，转印到 PVDF 膜上。

材料（带√项见附录 1）

^{32}P标记的磷酸蛋白质（见 18.2）

印度墨汁染色液：1 μl/ml 印度墨汁溶于 TBS/0.02%（*V/V*）Tween 20，pH 6.5（新鲜制备或在室温下储存）

√6 mol/L HCl

√标准磷酸氨基酸混合物

√pH 1.9 电泳缓冲液

√pH 3.5 电泳缓冲液

0.25%（*m/V*）茚三酮丙酮溶液，盛于氟利昂（气溶胶）喷雾器（气动式）中

PVDF 膜（Immobilon-P，Millipore）

110℃烤箱

带螺口盖的微离心管

20 cm×20 cm×100 μm 纤维素薄层色谱板（EM Sciences）

大的吸水纸：两层 25 cm×25 cm 的 Whatman 3MM 滤纸，各边缘对齐叠合在一起，留有 4 个 2 cm 的孔与薄层色谱（TLC）板的加样起点位置对齐

玻璃托盘或塑料盒

Whatman 3MM 纸

薄层电泳装置（如 HTLE 7000，CBS Scientific）

电风扇

小的吸水纸：4 cm×25 cm、5 cm×25 cm 和 10 cm×25 cm 的 Whatman 3MM 滤纸

50～80℃干烤箱

透明投影胶片

步骤

1）放射性标记的磷酸蛋白在制备型 SDS-聚丙烯酰胺凝胶上进行电泳。

2）将磷酸蛋白电转移至 PVDF 膜上，用水洗膜数次，不要让膜变干。

3）用 30～50 ml 印度墨汁染色液染膜 5～10 min，轻摇至条带出现。也可在做好放射性或磷光位置标记后，用塑料膜包住 PVDF 膜，进行放射性自显影（见附录 3A）。

4）用干净刀片切下含目的条带的膜，用甲醇将膜重新润湿 1 min，再用多于 0.5 ml 的水润湿。置于带螺口盖的微量离心管。

5）加入足够量的 6 mol/L HCl，淹没膜，拧紧管盖，在 110℃烤箱温育 60 min。

6）自然冷却，高速离心 2 min，将液相的水解物移至一个新的微离心管中，真空干燥。

7）加入 6～10 μl 水，在涡旋混合器上剧烈振荡以溶解样品，高速离心 5 min。

8）取 25%～50%的样品点样于 20 cm×20 cm×100 μm 纤维素薄层色谱板的样品孔（图 17.3.1）。分小份点样，每次点加 0.25～0.5 μl，在每次点加之间，用通过塞有棉花的巴斯德吸管所送出的压缩空气吹干加样点。

9）取 1 μl 非放射性的磷酸氨基酸标准混合物（含磷酸丝氨酸、磷酸苏氨酸和磷酸酪氨酸）点在每个样品之上，如上分次点加，每次 0.25～10 μl。

10）在大的玻璃托盘或塑料盒内，用 pH 1.9 电泳缓冲液浸湿大的吸水纸（带 4 个孔），倒干多余的缓冲液。将此大吸水纸转移覆盖在已加样的薄层色谱板上，使得色谱板上的 4 个加样点位于大吸水纸的 4 个洞的中央（图 17.3.1），轻压吸水纸以润湿纤维素和浓缩样品，当色谱板均匀润湿后，移去吸水纸。

11）将薄层色谱板置于电泳装置内，在板的左右两侧 0.5 cm 边缘用 Whatman 3MM 纸搭接，如果有气泡，将其弄平排出。盖上盖子，开始电泳。在 HTLE 7000 电泳仪用双层厚的 Whatman 3MM 纸搭接时，载 4 个样品的薄层板在 1.5 kV 电泳 20 min。

用其他的电泳装置时，电泳时间参照磷酸氨基酸标准品的迁移率凭经验决定。

12）电泳后，取出薄层板，用电吹风快速吹干（无需加热）。

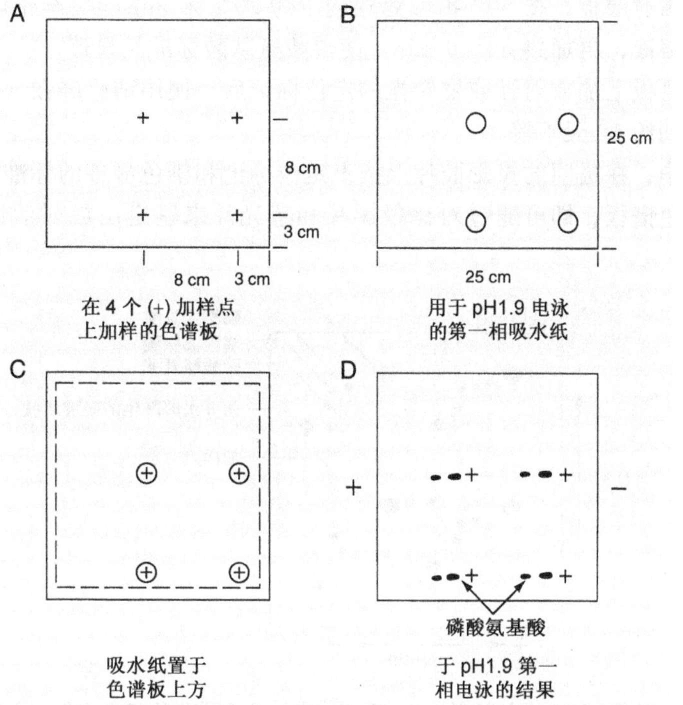

图 17.3.1 磷酸氨基酸在 pH 1.9 进行第一相电泳分离。A. 在 20 cm×20 cm 的薄层色谱板上 4 个加样点的位置；B. 以 pH 1.9 电泳缓冲液润湿色谱板时所用的吸水纸；C. 吸水纸放在色谱板上（色谱板位于下方，用虚线表示）；D. 色谱板在正、负电极间的方向及电泳后磷酸氨基酸的位置。

13）用 pH 3.5 电泳缓冲液浸湿小的吸水纸，并如步骤 10 所述以去均匀润湿薄层色谱板（图 17.3.2），注意避免将吸水纸放在样品之上。

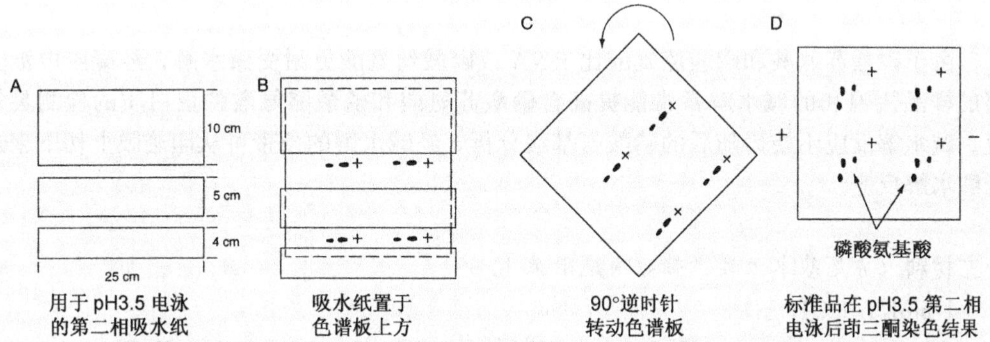

图 17.3.2 磷酸氨基酸在 pH 3.5 进行第二相电泳分离。A. 以 pH 3.5 电极缓冲液润湿色谱板时所用的三张 Whatman 3MM 滤纸；B. 吸水纸在色谱板上的正确放置（色谱板在下方，以虚线表示）；C. 在第二相电泳中色谱板的重新定位；D. 色谱板在正、负电极间的方向及电泳后磷酸氨基酸的位置。

14）取去小吸水纸，色谱板逆时针转 90°进行第二向电泳。如使用 HTLE 7000 电泳仪，用 pH 3.5 的电极缓冲液，在 1.3 kV 电压下电泳 16 min。

15）电泳后取出薄层板，在 50～80℃烤箱内干烤 20～30 min 至完全干燥。喷 0.25%茚三酮丙酮溶液，再加热 5～10 min，使磷酸氨基酸标准品显迹。

16）在薄层色谱板上加放射性或发磷光的定位标记后，使用增感屏在－70℃自显影，时间从过夜到约 10 天不等。

17）自显影完毕，在透明的投影胶片上描上定位标记和染色显迹的标准磷酸氨基酸的位置，保留色谱板，即可通过对比投影片和感光片来鉴定出放射活性的磷酸氨基酸（图 17.3.3）。

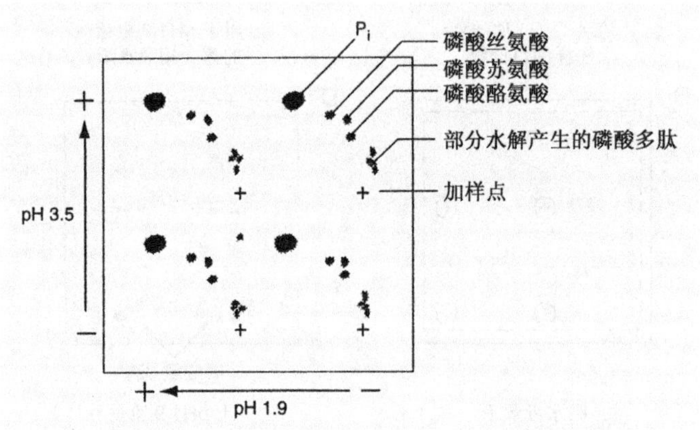

图 17.3.3　双向电泳分离的放射性自显影模式图。4 个样品均经酸水解，^{32}P标记的蛋白质样品加样于 4 个起点处。此图谱显示了右上方样品的加样起点，电泳方向，磷酸丝氨酸、磷酸苏氨酸和磷酸酪氨酸的位置，Pi 的位置和蛋白质的部分酸水解片段的位置。每个样品都产生不同的部分水解片段。

17.3.2　备择方案　碱处理提高转移至滤膜上的含磷酸酪氨酸和磷酸苏氨酸的蛋白质的检测灵敏度

由于磷酸苏氨酸和磷酸酪氨酸比 RNA 或磷酸丝氨酸更耐受碱水解，经凝胶电泳分离的样品用温和的碱水解常常能提高含磷酸苏氨酸和磷酸酪氨酸的蛋白质的检测灵敏度。碱水解反应不妨碍随后的磷酸氨基酸分析，经碱水解的条带可从印迹膜上切下来进行酸水解反应。

补充材料（亦见基本方案；带√项见附录 1）

1 mol/L KOH

TN 缓冲液：10 mmol/L Tris · Cl（室温下 pH 7.4）/0.15 mol/L NaCl

√1 mol/L Tris · Cl，pH 7.0，室温

带盖的塑料容器（如 Tupperware box）

55℃烤箱或水浴

步骤

1）用 SDS-聚丙烯酰胺制备型凝胶电泳分离放射性标记的磷酸蛋白，电转移至 PVDF 膜

上（见基本方案步骤 1 和 2）。

尼龙膜可以代替 PVDF 膜，但因尼龙膜在 6 mol/L HCl 中会溶解，膜带不能用于酸水解分析。

2）用水充分洗膜，用 1 L 水洗 3 次，每次 2 min。

3）在带盖的塑料容器内，用足够的 1 mol/L KOH 浸过膜，在 55℃烤箱或水浴锅内温育 120 min。

4）倒尽 KOH，将膜用 500 ml TN 缓冲液浸泡 5 min，用 500 ml 1 mol/L Tris · Cl（pH 7.0）浸泡 5 min，再用 500 ml 水浸洗 2 次，每次 5 min，以中和残余的 KOH。用塑料包装膜包好 PVDF 膜，使用经预闪光致敏的 X 射线胶片和增感屏，在－70℃进行自显影过夜。

参考文献：Kamps and Sefton，1989.

撰 稿 人：Bartholomew M. Sefton

17.4 分析非标记蛋白质的磷酸化作用

17.4.1 基本方案 1 用抗磷酸酪氨酸抗体和 ^{125}I 标记蛋白 A 进行免疫印迹分析

材料（带√项见附录 1）

蛋白质样品：培养细胞、组织、裂解液或免疫沉淀物

√含 100 μmol/L 钒酸钠的转移液

√封阻液

抗磷酸酪氨酸抗体：溶于封阻液的 2 μg/ml 兔抗磷酸酪氨酸多克隆抗体（UBI）或鼠抗磷酸酪氨酸单克隆抗体，如 py20（Leinco，ICN Biomedicals，Zymed，Transduction Laboratories）或 4G10（UBI）

TN 缓冲液：10 mmol/L Tris · Cl（室温 pH 7.4）/0.15 mol/L NaCl

TNA 溶液：TN 缓冲液/0.01%（*m/V*）叠氮钠（储存于室温）

NP-40 洗膜液：0.05%（*V/V*）NP-40/TNA 溶液（储存于室温）

0.5 μCi/ml ^{125}I 标记蛋白 A（30 mCi/mg，ICN），溶于封阻液

印度墨汁染色液：1 μl 印度墨汁溶于 TBS/0.02%（*m/V*）Tween 20，pH 6.5（新鲜配制或储存于室温，选用）

带盖的塑料容器（如 Tupperware box）

吸水纸

注意：处理膜时需戴手套和使用平头镊子。

步骤

1）用等体积的 2×SDS 上样缓冲液溶解培养细胞、组织或裂解物，煮沸 5 min。

加入 50 mmol/L 氟化钠抑制丝氨酸/苏氨酸磷酸酶的作用，0.2 mmol/L 钒酸钠抑制酪氨酸磷酸酶的作用，2 mmol/L EDTA 抑制激酶的活性，可以避免细胞裂解后发生的磷酸化或去磷酸化作用。

2）在 SDS-聚丙烯酰胺凝胶上电泳样品，用含 100 μmol/L 钒酸钠的转移缓冲液将蛋白

质转移至适用于免疫印迹分析的膜上。

3）膜在室温下用 30～50 ml 封阻液封闭 30 min 以上。

由于抗磷酸酪氨酸抗体可以结合牛奶中的很多蛋白质，Blotto 或其他含奶粉的封阻液不适用于本方法。封阻试剂可重复用几次。

4）在带盖的塑料容器内，膜与 30～50 ml 抗磷酸酪氨酸抗体溶液室温温育 60～120 min，间或摇动。

抗体溶液可以回收，存于 4℃至少 1 个月，并可反复使用 5～10 次。

5）取出膜，用吸水纸吸干多余液体，在一个新的塑料容器内，用 50 ml TBSA 溶液洗膜 2 次，每次 10 min；50 ml NP-40 洗膜液洗膜 2 次，每次 10 min；再用 50 ml TBSA 洗膜 2 次，每次 5 min。弃洗液。

6）用 30～50 ml 含 0.5 μCi/ml ^{125}I 标记蛋白 A 封阻液与膜置于一带盖的塑料容器内，室温下温育 60 min，间或摇动。

7）移出膜，用吸水纸吸干多余液体，同步骤 5 在一干净的塑料容器内洗膜。

蛋白 A 溶液在 4℃至少可保存 1 个月，反复使用 3～5 次。

8）如果需要，用 30～50 ml 印度墨汁染色液染膜 5～10 min，直到有可见蛋白带，用水洗膜除掉多余的墨汁。

9）用吸水纸吸干多余液体，用塑料包装膜包好，加上放射性或荧光的位置标记后，用经预闪光致敏的 X 射线胶片和增感屏，自显影 18 h～10 天。

17.4.2 备择方案 用增强化学发光法（ECL）检测结合的抗体

结合的抗磷酸酪氨酸抗体可以用增强化学发光法（ECL）检测，此法仅需几分钟而不是数日的自显影时间，无需使用同位素。然而用此法和前述方法获得的结果并不总是一致，而且还会出现量上的差异。此法用硝酸纤维素滤膜比 PVDF 膜效果好，因而选择膜时需加注意。

附加材料（亦见基本方案 1；带√项见附录 1）

√不含叠氮钠的封阻液

0.05%（V/V）NP-40/TN 缓冲液

辣根过氧化物酶标记的第二抗体：抗兔或抗鼠抗体，1∶1000～1∶2000 稀释于不含叠氮钠的封阻液中

ECL 检测试剂 A 和 B（Amersham）

用于 ECL 检测的鲁米诺（Luminol）试剂（Amersham）

用于 ECL 检测的氧化剂（Amersham）

硝酸纤维素膜

塑料容器（比膜稍大）

塑料保护膜

注意：ECL 检测试剂有成套试剂盒（Enhanced Chemiluminescence WesternBlotting System）出

售，可从 Amersham 公司购得。

注意：操作膜时需戴手套并需使用平头镊子。

步骤

1）如基本方案步骤 1 所述，用 SDS-聚丙烯酰胺凝胶电泳分离样品。使用含 100 μmol/L 钒酸钠的转移液将蛋白质转印至硝酸纤维素滤膜上。
2）在塑料容器内，膜与不含叠氮钠的封阻液在室温温育至少 30 min。
3）室温下膜与 30～50 ml 抗磷酸酪氨酸抗体温育 60～120 min，间或摇动。
4）在一干净的塑料容器内，用 TN 缓冲液洗膜 2 次，每次 10 min；用含 0.05% NP-40 的 TN 缓冲液洗膜 2 次；每次 10 min；再用 TN 缓冲液洗膜 2 次，每次 5 min。弃洗液。
5）加入 30～50 ml 过氧化物酶偶联的第二抗体，室温温育 60 min，间或摇动。
6）如步骤 4 所述洗膜。
7）在比膜稍大的塑料容器内，等体积混合用于 ECL 检测的鲁米诺试剂和氧化剂。
8）将膜（含蛋白质样品的一面朝上）浸入混合试剂，轻摇 60 s。
9）取出膜，沥干多余液体，置于塑料保护膜内，蛋白质朝上。
10）在暗室内对 X 射线片曝光。

17.4.3 基本方案 2 磷酸酶消化法鉴定磷酸化的蛋白质

蛋白质磷酸化常常会改变其在 SDS-聚丙烯酰胺凝胶电泳中的迁移率。因此磷酸酶处理对蛋白质电泳迁移率的效应是磷酸化作用的一个指征，并可用于鉴定未标记的蛋白质是否发生磷酸化。另外，也可以通过测量酶促脱磷酸反应后蛋白质活性的变化来评估磷酸化作用对蛋白质活性的影响（见 17.5 的详细步骤）。

在经典方法中，蛋白质经碱性磷酸酶或马铃薯酸性磷酸酶处理后可以脱磷酸，这两种酶都可去除磷酸丝氨酸、磷酸苏氨酸和磷酸酪氨酸中的磷酸基团。现在氨基酸特异性的磷酸酶已有商品化供应，可用于特异性地只去除丝氨酸残基和苏氨酸残基上的磷酸，或特异性地只去除酪氨酸残基上的磷酸。有些磷酸酶制剂有蛋白酶的污染，在反应混合物中需加入以下蛋白酶抑制剂，如 10 000 IU/ml Kunitz 胰蛋白酶抑制剂（Trasylol）、40 μg/ml 亮抑蛋白酶肽（leupeptin）、400 μmol/L 苯甲基磺酰氟（PMSF）或 40 μg/ml 大豆胰蛋白酶抑制剂（Soybean trypsin）。

酶法脱磷酸非常简单。蛋白质样品溶于（或将免疫沉淀物重悬于）合适的磷酸酶缓冲液中，与磷酸酶温育 30～60 min 即可，表 17.4.1 总结了几种磷酸酶的反应条件。

免疫沉淀物中的蛋白质脱磷酸后可通过离心而回收，随后用于凝胶电泳分析或酶学分析；或者，可将可溶性蛋白质用等体积的 2×SDS 样品缓冲液与反应混合物混匀进行凝胶电泳分析。可溶性蛋白质脱磷酸化后，在反应混合物中加入磷酸酶抑制剂，即可进行酶学分析。20 μmol/L 冈田酸（Okadaic acid）是丝氨酸/苏氨酸特异的蛋白磷酸酶 2A（PP2A）的强烈而高度特异的抑制剂；200 μmol/L 钒酸钠是一种所有已知酪氨酸磷酸酶的有效抑制剂；100 mmol/L 磷酸钠盐是所有蛋白质磷酸酶的抑制剂。

表 17.4.1　磷酸酶反应条件[a]

磷酸酶（供应商[b]）	氨基酸特异性	缓冲液	用量	反应条件	抑制剂
细菌碱性磷酸酶（Pharmacia Biotech）	磷酸丝氨酸 磷酸苏氨酸 磷酸酪氨酸	20 mol/L HEPES，pH 7.0 150 mmol/L NaCl 0.1%（V/V）Triton X-100 10%（V/V）甘油	每反应 2～4 U	30℃反应 60 min	100 mmol/L 磷酸钠
马铃薯酸性磷酸酶（Sigma）	磷酸丝氨酸 磷酸苏氨酸 磷酸酪氨酸	40 mmol/L PIPES，pH 6.0 1 mmol/L DTT 20 μg/ml 抑蛋白酶肽 20 μmol/L 亮抑蛋白酶肽	100μg/ml	30℃ 反应 10 min 或 4℃反应 30 min	100 mmol/L 磷酸钠
蛋白质磷酸酶 2A（UBI 或 Calbiochem）	磷酸丝氨酸 磷酸苏氨酸	20 mol/L HEPES，pH 7.0 1 mmol/L DTT 1 mmol/L $MnCl_2$ 100 μg/ml BSA 50 μmol/L 亮抑蛋白酶肽	10 U/ml	30℃反应 30～60 min	20 μmol/L 冈田酸
PTP-1B（UBI）或耶尔森氏菌 PTP（Calbiochem）	磷酸酪氨酸	25 mmol/L 咪唑盐酸，pH 7.0 1 mg/ ml BSA 0.1%（V/V）2-ME	每反应 0.5 mg	30℃反应 60 min	200μmol/L 钒酸钠

a. 缩写：BSA，牛血清清蛋白；DTT，二硫苏糖醇；HEPES，N-2-羟乙基哌嗪-N'-2-乙磺酸；2-ME，2-巯基乙醇；PIPES，哌嗪-N，N'-双-(2-乙磺酸)；PTP，蛋白质酪氨酸磷酸酶。

b. 有关供应商的信息见附录4。

参考文献：Kamps and Sefton，1988；Morla and Wang，1986.

撰 稿 人：Bartholomew M. Sefton

17.5　酶法检测磷酸化作用

对可逆蛋白质磷酸化在调节植物和动物细胞生理过程中起重要作用的认识正不断加深，许多技术都能用于揭示共价结合于蛋白质的磷酸基的存在。用^{32}P代谢标记细胞随后分离^{32}P标记蛋白质是揭示蛋白质磷酸化的最直接方法。

如果^{32}P标记的目标蛋白不容易被有效地显示，这需采用别的方法。磷酸酶可用于逆转蛋白质上已存的共价修饰，导致底物功能或活性的变化。用一个或多个商品化磷酸酶进行体外脱磷酸化作用已揭示了磷酸化作用在许多生理过程所起的调节作用。这些研究采用的是细胞提取物或亚细胞提取物，也可用部分提纯的蛋白质，而且并不需要事先对磷酸化作用发生与否有所认识。本节讨论的方法可用于检测^{32}P已实质掺入但不能被证实的蛋白质磷酸化作用。

17.5.1　基本方案1　用非特异酸性磷酸酶消化磷酸蛋白质

马铃薯酸性磷酸酶的底物特异性较广，能水解很多含磷酸酯键的代谢物。

材料

含 100～200 μg 总蛋白的样品

50 mmol/L *N*，*N*′-2-羟丙磺酸哌嗪（PIPES），pH 6.0

Sephadex G-25 柱（可选）

PIPES/2-ME 或 PIPERS/DTT 缓冲液，pH 6.0：含 15 mmol/L 2-巯基乙醇或 1 mmol/L 二硫苏糖醇的 50 mmol/L PIPES 缓冲液（现配现用）

马铃薯酸性磷酸酶

2×SDS-PAGE 样品缓冲液：50 mmol/L Tris · Cl(pH 7.5 见附录 1）/0.4 mol/L 甘氨酸（pH 8.3）/0.2 %（*m*/*V*）SDS

100 mmol/L 焦磷酸钠或其他普通磷酸酶抑制剂

90℃水浴或加热块

步骤

1）制备含 100～200 μg 总蛋白的样品。通过透析（见附录 3C）或脱盐（见 10.5）除去抑制性的代谢产物，或用 2 或 3 倍体积 50 mmol/L PIPES 缓冲液 pH 6.0，洗涤除去微粒物质。

2）样品在 100 μl PIPES/2-ME 或 PIPES/DDT 缓冲液，pH 6.0 中 30℃温育 10 min。

3）加入 5～10 U 马铃薯酸性磷酸酶，30℃温育 15 min。

1 U 马铃薯酸性磷酸酶在 pH 4.0，30℃，1 min 可水解 1 nmol PNPP。

4）取出 10 μl 样品加入等体积 2×SDS 样品缓冲液。90℃加热 5 min。

5）在 SDS-聚丙烯酰胺凝胶（见 10.3）中电泳脱磷酸样品。放射标记的样品通过放射自显影或磷成像分析底物蛋白放射标记物的丢失；非标记样品通过免疫印渍分析底物迁移率的变动。

6）剩余的样品加入 10 μl 的 100 mmol/L 焦磷酸钠（终浓度 10 mmol/L）以终止脱磷酸反应。通过适当的蛋白质功能分析方法分析底物脱磷酸化的变化。

17.5.2　备择方案 1　用非特异碱性磷酸酶消化磷酸蛋白质

小牛小肠碱性磷酸酶用于蛋白质和核酸的脱磷酸。此酶广泛应用于分子生物学研究，大多数的商品试剂基本上没有蛋白酶污染。

附加材料（亦见基本方案 1）

Tris/$MgCl_2$ 缓冲液，pH 7.5 或 HEPES/$MgCl_2$，缓冲液 pH 7.5：50 mmol/L Tris · Cl（pH 7.5，见附录 1）/1 mmol/L $MgCl_2$ 或 50 mmol/L HEPES，pH 7.5/ 1 mmol/L $MgCl_2$

小牛小肠碱性磷酸酶（分子生物学级）

步骤

1）100～200 μg 总蛋白在 100 μl Tris/$MgCl_2$ 缓冲液或 HEPES/$MgCl_2$ 缓冲液中 30℃温

育 10 min。

2）加入 20～30 U 小牛小肠碱性磷酸酶，30℃温育 15 min。

1 U 小牛小肠碱性磷酸酶在 pH 8.5，30℃，1 min 可水解 1 nmol PNPP。

3）加入等体积 2× SDS-PAGE 样品缓冲液或普通磷酸酶抑制剂终止脱磷酸反应。分析底物迁移率及功能的改变（见基本方案 1）。

17.5.3　基本方案 2　用丝氨酸/苏氨酸蛋白磷酸酶消化磷酸蛋白质

材料

含 100 μg 总蛋白的样品

Tris/DTT/$MnCl_2$ 缓冲液，pH 7.5 ：50 mmol/L Tris · Cl（pH 7.5，见附录 1）/ 1mmol/L 二硫苏糖醇（DTT）/1 mmol/L $MnCl_2$（现配现用）

Microcystin-LR

蛋白质磷酸酶 2A（PP2A），催化亚基

步骤

1）100 μg 总蛋白溶于 100 μl Tris/DTT/$MnCl_2$ 缓冲液 pH 7.5，对照反应加 1 μl Microcystin-LR。37℃温育 10 min。

Microcystin-LR 是 PP1 和 PP2A 的有效抑制剂。

2）加入 0.2～0.5 U PP2A，37℃温育 10～30 min。

1 U PP2A 或 PP1 在 30℃，pH 7.5，1 min 可水解 1 nmol 磷酸化酶 A。

3）加入 Microcystin-LR 至终浓度 1 μmol/L 终止脱磷酸反应。

蛋白质磷酸酶和上面讨论的普通磷酸酶不同，它可在磷酸蛋白质底物的不同位点选择性脱磷酸化，因而可用于研究与蛋白质键合的特定磷酸基的功能性作用。

4）用 SDS-PAGE 分析脱磷酸物或进行功能测定（见基本方案 1）。

17.5.4　备择方案 2　用酪氨酸磷酸酶消化磷酸蛋白质

材料

含 10～100 μg 总蛋白的样品

50 mmol/L 咪唑，pH 7.5

蛋白质酪氨酸磷酸酶（如 PTP-1B 或 SH-PTP）

2×SDS-PAGE 样品缓冲液（见基本方案 1）或 100 mmol/L 钒酸钠

步骤

1）10～100 μg 总蛋白溶于 50 mmol/L 咪唑，pH 7.5，37℃温育 10 min。

2）加入 1～5 U 蛋白质酪氨酸磷酸酶，37℃温育 15～30 min。

1 U 蛋白质酪氨酸磷酸酶在 37℃，pH 7.0，1 min 可水解 1 nmol 对硝基苯磷酸（PNPP）。

3）加入等体积 2×SDS-PAGE 样品缓冲液或 100 mmol/L 钒酸钠至终浓度 0.1 mmol/L

终止脱磷酸反应。

4）用聚丙烯酰胺凝胶电泳，免疫印迹或功能测定分析消化物（见基本方案 1 步骤 5 和步骤 6）。

17.5.5 辅助方案 离解^{32}P的测量和鉴定

材料

三氯乙酸
放射标记蛋白质/磷酸酶反应混合物（见基本方案 1）
1.25 mmol/L 磷酸钾（KH_2PO_4）/0.5mol/L H_2SO_4
1∶1（V/V）异丁醇/甲苯
5%（m/V）钼酸铵
闪烁液
液闪计数仪

步骤

1）往脱磷酸放射标记蛋白质中加入三氯乙酸（TCA）至终浓度 10%～15%（m/V）。4℃放置 10 min。

2）顶速微量离心 5 min。将 0.1 ml TCA 上清移入一个微量离心管中。加入 0.2 ml 1.25 mmol/L（KH_2PO_4）/0.5 mol/L H_2SO_4，混匀。

3）加入 0.5 ml 异丁醇/甲苯（1∶1，V/V）于微量离心管中，充分混匀。

4）加入 0.1 ml 5% 钼酸铵，混匀。

5）顶速微量离心 5 min，分离水相和有机相。

6）取 0.3 ml 上相（有机相）与 1 ml 闪烁液混匀，在液闪计数仪中计数。

参考文献：Charboneau and Tonks，1992；Shenolikar，1994.
撰 稿 人：Shirish Shenolikar

17.6 特异性识别酪氨酸磷酸化肽的抗体的制备

制备抗磷酸肽的抗体（即识别磷酸化肽的抗体）是可能的，该抗体只识别处于磷酸化状态的蛋白质，而不会与非磷酸化的同类蛋白质或其他磷酸蛋白质发生交叉反应。由于磷酸化经常意味着蛋白质处于功能状态或活性状态，因此这种抗体是蛋白质功能状态的一种便利的探针。与常规抗体不同的是，抗磷酸肽的抗体不仅能提供蛋白质含量的信息，还能提供其活性信息。

17.6.1 基本方案 1 抗磷酸肽的多克隆抗体的制备

多克隆抗体的纯化包含多步亲和层析以对具有合适反应性的抗体进行阴性筛选和阳

性筛选（图 17.6.1）。

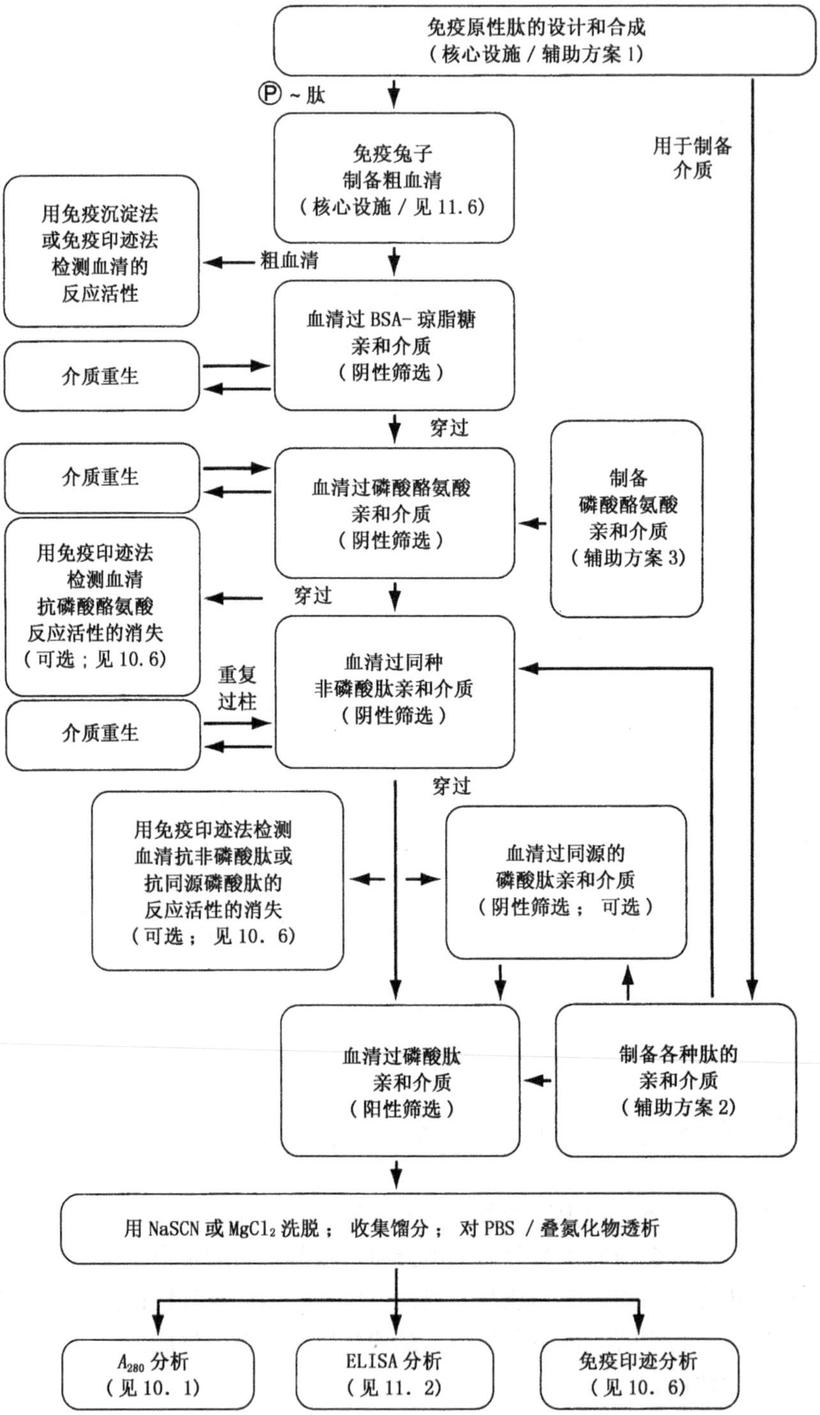

图 17.6.1　制备抗磷酸肽多克隆抗体的流程图。

材料

填装有 BSA-琼脂糖亲和介质（Sigma）的柱床体积为 10 ml 的柱子（见辅助方案 2）

填装有磷酸酪氨酸亲和介质的柱子（10 ml 柱床体积；见辅助方案 3）

用磷酸肽-BSA 交联物免疫过的兔的粗制血清

PBS/叠氮化物：含有 0.02%（*m*/*V*）叠氮化钠的 PBS（储存于 4℃或室温）

填装有同种非磷酸肽亲和介质的柱子（3 ml 柱床体积；见辅助方案 1 和 2）

3 mol/L NaSCN

填装有同源的磷酸肽亲和介质的柱子（可选；3 ml 柱床体积；见辅助方案 1 和 2）

填装有阳性-筛选的磷酸肽亲和介质的柱子（3 ml 柱床体积；见辅助方案 1 和 2）

3.5 mol/L 和 4.5 mol/L $MgCl_2$（可选）

分光光度计（可选）

透析袋（MWCO 12 000～14 000；宽 10 mm，直径 6.4 mm；如 Spectra/Por 4 from Spectrum）

步骤

1）将填装有 BSA-琼脂糖亲和介质的柱子和填装有磷酸酪氨酸亲和介质的柱子以串联的方式连接好。

2）使大约 15 ml 的粗制血清通过重力作用流过两根柱子。用 PBS/叠氮化物溶液洗涤直到所有的黄色血清穿过柱子（或用分光光度计检测流出液体的 A_{280} 直至达到基底吸收值），再用 5～10 ml PBS/叠氮化物溶液洗涤，收集所有穿过柱子的洗涤液，其中可能含有所要的抗体。

待血清过柱后，可用以下步骤使柱子重生：依次用 10 倍柱床体积的 3 mol/L NaSCN 和 10 倍柱床体积的 PBS/叠氮化物溶液洗涤柱子，然后在 PBS/叠氮化物溶液中储存于 4℃待用。

3）使过柱后的血清通过重力作用反复多次流过填装有非磷酸肽亲和介质的柱子以尽可能地去除交叉反应，在每两次过柱之间依次用 10 倍柱床体积的 3 mol/L NaSCN 和 10 倍柱床体积的 PBS/叠氮化物溶液洗涤柱子以使柱子重生。

4）如果预期与同源磷酸蛋白质有交叉反应，用步骤 3 中的方法使上步过柱后的血清流过填装有同源磷酸肽亲和介质的柱子。

5）在收集阳性-筛选亲和纯化的馏分之前，预先浸润并洗涤长约 25 cm 的透析袋。用透析夹夹住一端并检查是否漏液（见附录 3C）。同时预先准备 6 L PBS/叠氮化物透析液并冷却到 4℃。

6）将上一步层析后过柱的血清流过阳性-筛选磷酸肽亲和柱 3 次，每次过柱后不要洗涤柱子。

7）收集最后一次流过柱子的血清，然后用 5～20 ml PBS/叠氮化物溶液（用量取决于预柱体积和柱床体积）洗涤柱子，将洗涤液与过柱的血清合并。再用 20 ml PBS/叠氮化物溶液洗涤柱子，洗涤液分开收集以作为“洗涤”馏分。

8）选用下列离液剂进行洗脱：20 ml 3 mol/L NaSCN，或依次用 10 ml 3.5 mol/L

$MgCl_2$ 和 10 ml 4.5 mol/L $MgCl_2$。开始洗脱后，立即收集约 3 ml 洗脱馏分直接到步骤 5 中准备的透析袋中，用透析袋夹夹住透析袋的近端并立即放入 PBS/叠氮化物透析液。至少收集 6 次洗脱馏分。

9）将步骤 8 中收集的洗脱馏分于 4℃对 PBS/叠氮化物溶液进行透析（见附录 3C）。

10）通过测量 280 nm 处的吸光值或蛋白质比色测量法（见 10.1）测量并计算出透析馏分中蛋白质的产量。

从 15 ml 血清样品中通常可得到≥1 mg 纯化抗体。

11）将抗体分装成小份并储存于－70℃；作为工作液的部分储存于 4℃。

12）用 ELISA（见 11.2）和免疫印迹（见 10.6）检测最终样品以及前面各步收集到的馏分的反应性和交叉反应性。

17.6.2　基本方案 2　抗磷酸肽的单克隆抗体的制备

本方案提供了从将候选杂交瘤克隆接种到 96 孔培养板开始一直到分离出具有所需活性的杂交瘤克隆的步骤（图 17.6.2）。

材料（带√项见附录 1）

融合后的候选杂交瘤细胞系

√HT 培养基

√筛选稀释液

BSA 交联的同种磷酸肽（用作 ELISA 抗原；辅助方案 1，见 11.2 和 11.8）

阴性对照：用于制备杂交瘤系的小鼠的免疫前血清（见 11.3）

阳性对照：用于制备杂交瘤系的小鼠的免疫后血清（见 11.3）

BSA 交联的同种非磷酸肽（用作 ELISA 抗原；辅助方案 1，见 11.2）

BSA 交联的非同种磷酸酪氨酸肽（用作 ELISA 抗原；辅助方案 1，见 11.2）

BSA 交联的同源磷酸肽（可选，用作 ELISA 抗原；辅助方案 1，见 11.2）

96 孔聚苯乙烯组织培养板

网格标记的纸片

注意：所有会与活细胞接触的溶液和设备都必须是无菌的，并且应当采用正确的无菌操作技术。

步骤

1）将融合后的杂交瘤细胞以低密度（最好是每三个孔有一个细胞）接种到多个 96 孔聚苯乙烯组织培养板中，培养于 HT 培养基中。约 2 周后用 96 格网格纸片记录克隆数以检查并鉴定出所有的单克隆杂交瘤细胞培养孔。在含有一个克隆的孔下做上标记以便于鉴别。

含有单个克隆的孔的培养上清液将用于反应性的筛选。

2）采用无菌技术从每个潜在的候选孔中吸取部分上清（如从 200 μl 培养液中吸取 100 μl）转移到另一 96 孔聚苯乙烯板（“筛选平板”）中。记录初始培养板的编号和孔的位置以及相应的筛选平板的平板编号和孔的位置（如在代表筛选平板的网格纸片上

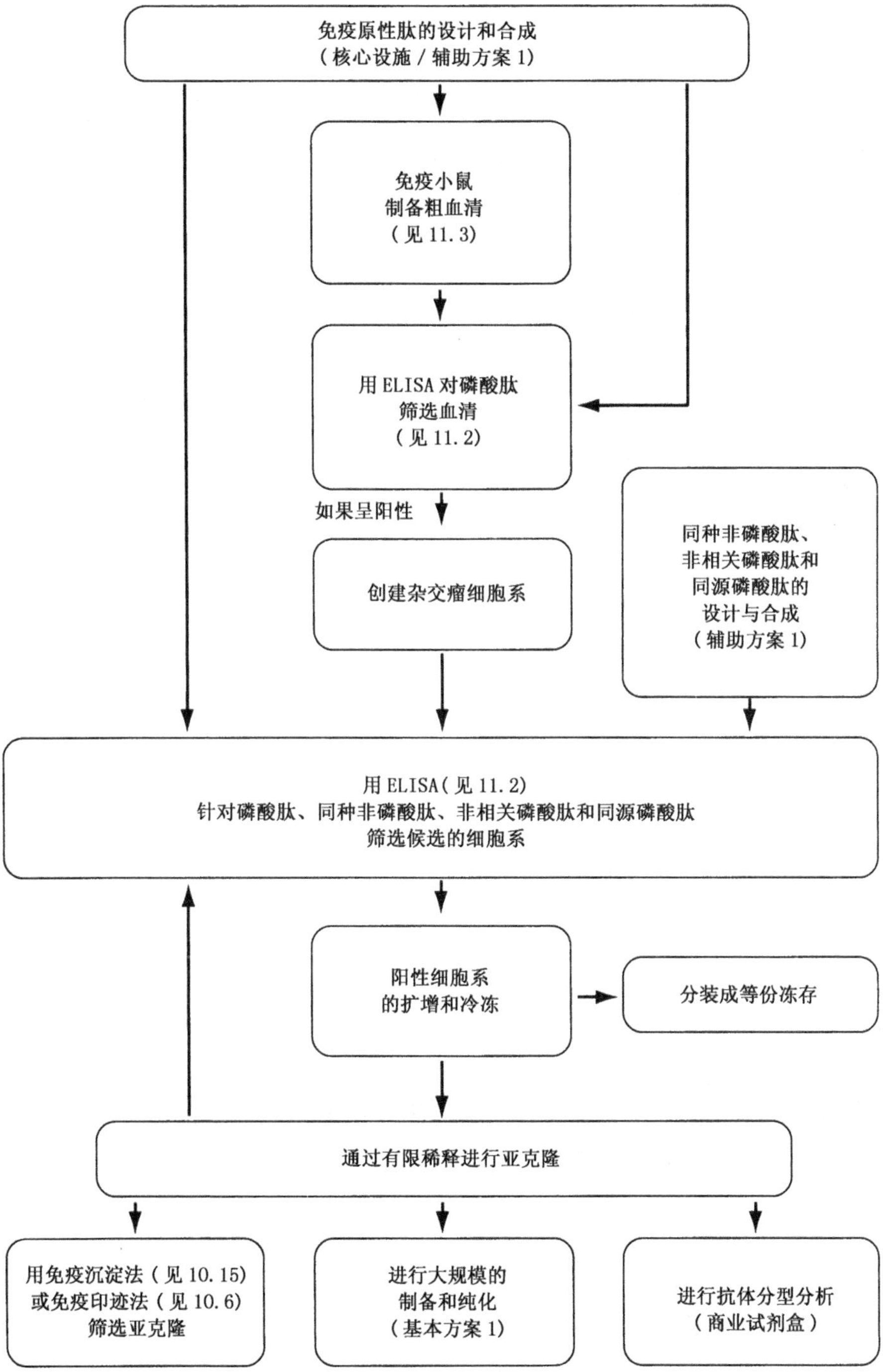

图 17.6.2 制备抗磷酸肽单克隆抗体的流程图。

记录上清液来源的初始平板的编号和孔的位置)。往初始培养板的每个孔中补加 100 μl 37℃的新鲜 HT 培养基。

3) 往筛选平板各孔的上清液中加入 150 μl 筛选稀释液。

4) 从筛选平板的每个候选杂交瘤上清液中取一小份（如 50 μl），以同种磷酸肽-BSA 交联物为抗原用 ELISA（见 11.2，通用操作指南）进行筛选。记录每个阳性样品所对应的筛选平板编号和孔的位置，以及相应的初始培养板的编号及孔的位置。同时检测用于融合的小鼠的免疫前血清（阴性对照）和免疫后血清（阳性对照），将两种血清按照 1∶100 稀释于 HT 培养基与筛选稀释液的混合液（1∶1）中，然后再进行测量。再包含一个仅含筛选稀释液（额外的阴性对照）的 ELISA。
5) 从步骤 4 中筛选出的阳性样品中取一小份针对同种非磷酸肽-BSA 交联物进行 ELISA（见 11.2）筛选以去除具有不依赖磷酸化反应性的克隆。取一份针对非相关的磷酸酪氨酸肽-BSA 交联物进行 ELISA 筛选以去除对磷酸酪氨酸没有选择性而都能发生反应的克隆。此外，如果预测能与同源磷酸蛋白质有交叉反应，还要进行针对任何可能有交叉反应的同源磷酸蛋白质-BSA 交联物的 ELISA 筛选。
6) 将满足所有筛选条件的克隆进行扩增，分装并部分冻存，其余的通过有限稀释进行亚克隆。
7) 按照步骤 4 和 5 的方法对亚克隆的培养上清液进行筛选以检测抗体的持续产生及其特异性。
8) 为了进一步对亚克隆进行定性并鉴定出最有用的克隆，用各种免疫检测方法（如 10.15 中所述的免疫沉淀法，或 10.6 中所述的免疫印迹分析法）测试培养上清液对同种全磷酸蛋白质的反应性。

17.6.3 辅助方案 1 肽的合成

许多研究所都有自动固相肽合成仪等合成肽的核心设施。目前，大多数含有磷酸酪氨酸的肽是用 9-芴甲氧羰基（Fmoc）磷酸酪氨酸合成的。由于磷酸酪氨酸缺少侧链保护基团，因此可以采用标准的 Fmoc 合成和裂解步骤。但是，加入未保护的磷酸酪氨酸后，需要使用比标准步骤中更高摩尔数的活化 Fmoc 氨基酸以使氨基酸能有效地交联。在某些情况下，需要采用加倍交联步骤以在合成的肽链的磷酸酪氨酸后加入少量氨基酸。这种备择方法需要依次重复地将下一个特定的氨基酸加到肽链上。本节还提供了一种将肽链交联到亲和介质上的辅助方案（见辅助方案 2）；11.9 描述了将肽链交联到载体蛋白上的通用方法。

17.6.4 辅助方案 2 将肽链交联到 AFFI-GEL 10 亲和介质上

本方案描述了将磷酸肽链或非磷酸肽链交联到 Affi-Gel 10 亲和介质上以利用亲和柱层析法纯化抗体的方法。这里所详述的无水交联法是最有效的肽链交联方法。按此节的步骤最终能产生 3 ml 柱床体积的亲和树脂；每毫升 Affi-Gel 10 上能交联 3 μmol 肽。

材料

合成的用于交联的寡聚肽链（见辅助方案 1）

二甲基亚砜（DMSO）

N-甲基吗啉（99%纯度；Acros Organics）
Affi-Gel 10（Bio-Rad）或类似的活性支持介质
乙醇胺
0.1 mol/L 乙醇胺 · HCl，pH 8.0
高盐/高 pH 溶液：0.5 mol/L NaCl/0.4%（*m*/*V*）碳酸氢钠
高盐/低 pH 溶液：0.5 mol/L NaCl/100 mmol/L 乙酸钠，pH 4.2
PBS/叠氮化物：含有 0.02%（*m*/*V*）叠氮化钠的 PBS（见附录 1）
0.5 mol/L NaCl
3 mol/L NaSCN

带螺口盖的聚丙烯离心管（不要用聚苯乙烯的管子装 DMSO）
旋转混合仪
IEC 临床离心机（或类似的仪器）
真空吸液器
玻璃层析柱，≥5ml 容积

步骤

1）用 0.5～4 倍柱床体积的 DMSO 溶解肽。

2）如下滴定中和肽溶液：每次滴加 1～2 μl 肽合成级的 N-甲基吗啉（原液或以 1∶1 至 1∶9 稀释于 DMSO 中），然后取出 2～3 μl 稀释于 50 μl 水中，滴加到 pH 试纸上。重复上述操作直至 pH 为 7～8。

滴定要仔细，因为很容易超过所需的 pH 范围。一般每 3 μmol 肽需要用 7～8 μl N-甲基吗啉滴定，具体的量主要取决于特定的氨基酸序列。取出的等份必须与水混合再测 pH，因为 pH 是测量氢离子的浓度，因此非水溶液无法测量 pH。

3）将装有 Affi-Gel 10 介质的瓶子摇荡混合以使树脂充分悬浮，取需要量的树脂到带螺口盖的聚丙烯离心管，用 DMSO 洗 3 次，每次于室温以 700 *g* 离心 5 min，吸去上清，重悬于 5 倍体积的 DMSO 中，然后再次 700 *g* 离心。

特别注意：确保至少吸取所需体积两倍量的 Affi-Gel 10，因为体积会缩减。所买的树脂一般是 50%的悬浮液，因此必需取所需柱床体积 4 倍的量。不要以高过推荐的速度离心，因为这样会损坏树脂。

4）从树脂上吸取多余的 DMSO，加入步骤 2 配制的肽溶液。室温下旋转混合孵育过夜。

5）每毫升树脂加入 2 μl 乙醇胺，室温下旋转混合孵育 2 h。

6）按步骤 3 的方法用 DMSO 洗 2 次。

7）按步骤 3 的方法用 0.1 mol/L 乙醇胺 · HCl，pH 8.0 洗 2 次（第一次洗涤在冰上操作，因为会产生大量的热量）。第二次洗涤后，吸去洗涤液，换上新鲜的 0.1 mol/L 乙醇胺 · HCl 并于 4℃旋转混合孵育过夜。然后低速离心，吸去上清。

8）按步骤 3 的方法用高盐/高 pH 溶液洗 3 次。

9）按步骤 3 的方法用高盐/低 pH 溶液洗 3 次。

10）按步骤 3 的方法用 PBS/叠氮化物溶液洗 3 次，然后将洗过的树脂储存在 4℃以备装填柱子。

11）用 0.5 mol/L NaCl 将介质制成悬浮液，倒入玻璃层析柱。

12）依次用 10 倍柱体积的 3 mol/L NaSCN 和 10 倍柱体积的 PBS/叠氮化物溶液洗柱。

17.6.5 辅助方案 3 将磷酸酪氨酸交联到 AFFI-GEL 10 亲和介质上

磷酸酪氨酸在肽交联时所用的无水条件下（见辅助方案 2）是不溶的，因此交联必须在水相条件下进行。按此节的步骤最终能产生 10 ml 柱床体积的亲和树脂；与肽类似，每毫升 Affi-Gel 10 上能交联 3 μmol 磷酸酪氨酸。现在磷酸酪氨酸-琼脂糖亲和介质也可从 Sigma 公司购得。

材料

磷酸酪氨酸

1 mol/L NaOH（可选）

0.4%（*m*/*V*）碳酸氢钠

多孔玻璃漏斗和真空吸液器

玻璃层析柱，≥14 ml 容积

步骤

1）用 0.5～4 倍柱床体积的 0.4%碳酸氢钠溶解磷酸酪氨酸。

2）用 pH 试纸检查 pH 是否在 7～8 的范围内。如果需要调节 pH，用滴定的方法来进行中和，即加入少量的 1 mol/L NaOH，吸取 2～3 μl 滴到 pH 试纸上测量，重复上述操作直到 pH 为 7～8。

3）将装有 Affi-Gel 10 介质的瓶子摇荡混合以使树脂充分悬浮，取需要量的树脂转移到连有真空吸液器的多孔玻璃漏斗里。洗 3 次，每次将冷的蒸馏水倒在漏斗里的树脂上，然后真空吸去液体。最后以相同的方法用冰冷的 0.4%碳酸氢钠洗 1 次。

特别注意：确保至少吸取所需体积两倍量的 Affi-Gel 10，因为体积会缩减。所买的树脂一般是 50%的悬浮液，因此必需取所需柱床体积的四倍的量。树脂从瓶中取出到树脂与磷酸酪氨酸溶液混合之间的时间不要超过 20 min。

4）通过真空吸液去除树脂上多余的液体，但不要使树脂完全变干。将树脂移入带螺口盖的离心管，加入步骤 2 中配制的磷酸酪氨酸溶液。

5）4℃旋转混合孵育过夜。

6）每毫升树脂加入 2 μl 乙醇胺，室温下旋转混合孵育 2 h。

7）洗涤树脂 2 次，每次低速离心（见辅助方案 2 步骤 3），吸去上清，重悬于 5 倍体积的 0.4%碳酸氢钠，再次低速离心。

8）按步骤 7 的方法用 0.1 mol/L 乙醇胺 · HCl，pH 8.0 洗 2 次。第二次洗涤后，吸去洗涤液，换上新鲜的 0.1 mol/L 乙醇胺 · HCl 并于 4℃旋转混合孵育过夜。然后低速离心，吸去上清。

9）洗涤，储存，填装柱子（见辅助方案 2 步骤 8～12）。

参考文献：Bangalore et al.，1992；Czernik et al.，1991；DiGiovanna and Stern，1995；Doolittle，1986；Epstein et al.，1992；Harlow and Lane，1988.

撰 稿 人：Michael P. DiGiovanna，Robert R. Roussel，David F. Stern

17.7 用外源性底物分析蛋白激酶

策略计划

蛋白激酶的分析是使用标记的供体底物，当酶样品中含有磷酸转移酶活性时，蛋白质或多肽受体底物中标记物的积累就很容易被检出。[γ-^{32}P] ATP 是供体底物而蛋白质或多肽是受体底物。磷酸转移过程的检测依赖于 [^{32}P] 标记蛋白或多肽的积累。

酶源

酶的来源非常重要，一些天然提取物，诸如全细胞裂解物（见辅助方案 1 和 17.2）、免疫沉淀物、一些部分纯化物和均相纯化蛋白等，都可能是酶的来源。在酶的制备或分析过程中，激酶活性必须保持相对稳定。存在于天然细胞中的蛋白激酶通常本身也是一种磷酸化蛋白质，磷酸化状态对于它的活性通常非常重要。通过抑制蛋白磷酸酶的活性可以保持蛋白激酶的磷酸化状态。在裂解液或在均相缓冲液中加入特殊的激酶抑制剂可抑制丝氨酸/苏氨酸激酶（如氟化钠、β-磷酸甘油、冈田酸）或酪氨酸激酶（如钒酸钠、氧化苯胂）的活性。其他一些常用的酶抑制因子有金属螯合试剂（EDTA、EGTA）和蛋白酶抑制剂（PMSF、亮抑蛋白酶肽、抑胃酶肽 A、苯甲脒和抗蛋白酶），在细胞裂解前将这些抑制剂加入裂解缓冲液，特别是在一些新的实验前期这一步骤尤为重要。在后期再考察是否需要特异的抑制剂。半胱氨酸的氧化和二硫键的状态都可影响酶的活性。因此，一些还原剂如 β-巯基乙醇或二硫苏糖醇对保持酶的活性是必需的。当去离子剂（Brij35）达到形成胶态离子的临界浓度时可稳定酶的活性。

底物选择

底物的选择常依赖于实验的类型和酶的制备方式等因素，例如，在样品中是否存在可磷酸化相同或相似底物的其他激酶的污染。要选择一种合适的底物，通常可从一些公开的实验资料或从底物匹配性鉴定的预试验中掌握一定的底物信息。为了筛选出一个最佳的底物，应从一些平行实验中对多个底物与酶的匹配性进行综合评估。

对天然提取物而言，最佳的底物是只能被一种相关激酶磷酸化，而且没有其他激酶能使它磷酸化的底物。实际上这种例子非常少，因此需要采取折中的办法。如果有有效的抗激酶抗体，可通过抗体对蛋白质进行免疫沉淀并以免疫沉淀物作为酶的活性源。免疫沉淀提供了快速的部分纯化激酶的方法并使酶的活性得到浓缩。利用这种部分纯化的酶很容易筛选出一个合适特异的底物。

组蛋白可以作为一种蛋白激酶的底物。因为它的含量相对丰富，更易纯化，且对大多数蛋白激酶而言它有良好的底物功能。不同的激酶对组蛋白的磷酸化有不同的特异性，组蛋白类型的选择常依赖于所分析的激酶的类型。组蛋白已被用于分析多种蛋白激酶、cAMP 和 cGMP 依赖性蛋白激酶。然而，组蛋白底物的磷酸化通常对激酶而言并不是特异的，如组蛋白 H1 可被 cAMP 依赖性蛋白激酶、大部分细胞周期蛋白/依赖于细胞周期蛋白的蛋白激酶（cyclin/cdk）复合体和一些蛋白激酶 Cs 分别在不同位点磷酸化。组蛋白 2B 可被 cAMP 和 cGMP 依赖性蛋白激酶及蛋白激酶 B 磷酸化，因此一般选用特异性更好的底物。

用天然蛋白质作为底物进行激酶分析比较容易。一旦底物被确定，蛋白质磷酸化的特异性位点和一级序列也能被随之确定，可人工合成具磷酸化位点的多肽序列，并将之作为底物使用。

合成的多肽底物常被用于不同激酶的特异性研究，它们可以从许多供货商处购得，而且易于使用。这些合成的多肽可大量获得，化学成分清楚，纯化简便，还提供了单一的磷酸化位点。另外，由于它的合成比较简单，一系列单氨基酸差异的合成多肽常被用于一些酶的特异性研究。但是，多肽合成的价格也比较昂贵，＄10～＄20/氨基酸残基。蛋白激酶并不能识别由合成短肽在溶液形成的无序结构，也不能对合成短肽进行特异性磷酸化。因此，使用合成肽模拟磷酸化成为特异激酶活性所必需的反应是非常困难的。

表 17.7.1 总结了丝氨酸/苏氨酸蛋白激酶的底物特异性，表 17.7.2 提供了酪氨酸蛋白激酶的信息。

表 17.7.1　丝氨酸/苏氨酸蛋白激酶的底物特异性

酶	识别序列[a,b]
cAMP-依赖性蛋白激酶	XArgArgXSerΦ
cGMP-依赖性蛋白激酶	XArg/LysXSerΦ
蛋白激酶 C_α	XLys/ArgXXSerX
细胞周期蛋白 B/依赖于细胞周期蛋白的蛋白激酶 2	XSerProXLys/ArgX
酪蛋白激酶 I	Glu/Ser(P)XXSer
Ca^{2+}/钙调蛋白依赖性蛋白激酶 II	XArgXXSerX
MAP 激酶	XProSerXX
酪蛋白激酶 II	XSerXGluGlu/AspX

a. X 为任意氨基酸，Φ 为疏水残基，带下划线的氨基酸为磷酸化位置（表中下划线部分的 Ser 也可换为 Thr），(P) 为被磷酸化的残基。

b. 序列信息来自文献（Pearson and Kemp，1991）。

表 17.7.2　酪氨酸蛋白激酶的底物特异性

酶	识别序列[a,b]	酶	识别序列[a,b]
MT/c-src	GluGluIleTyrGlyGluPheGlu	EGF 受体	GluGluGluGluTyrPheGluLeuVal
c-abl	AlaGluValIleTyrAlaAlaProPhe	PDGF 受体	GluGluGluGluTyrValPheIleGlu
c-fps/fes	GluGluGluIleTyrGluGluIleGlu	胰岛素受体	XGluGluGluTyrMetMetMetMet
lck	XGluXIleTyrGlyValLeuPhe		

a. 这些序列是利用多肽文库确定的（Songyang et al.，1995），这些酶在胞内的磷酸化过程并不十分清楚。

b. X 为任意氨基酸，带下划线的氨基酸为磷酸化位置。

分析条件

利用预试验测定 pH，盐浓度，Mn^{2+}、Mg^{2+} 等阳离子浓度和温度对实验的影响，从而优化激酶分析的实验条件。分析实验在 30℃下进行比在 37℃条件下进行更易使反应保持在酶学动力学线性范围内，从而更易进行实验的控制。

在反应混合液中必须考虑 ATP 的浓度，因为激酶的活性测定是以放射标记的磷酸从 ATP 转移到底物为前提的，并且，此过程中 ATP 的浓度变化非常小。为了准确地检测磷酸转移，[γ-^{32}P] ATP 的比活必须已知。大多数激酶对 ATP 的 K_m 值为 1～100 μmol/L。如果 ATP 的浓度太高将很难检测到磷酸基的转移。ATP 的最佳浓度应为 50～100 μmol/L，在此浓度下酶的作用活力应在最大值的 50%以上，与酶对 ATP 的 K_m 值相关。加入足量的 [γ-^{32}P] ATP 进行磷酸转移测定的费用并不是非常昂贵。通常，底物的浓度应足够高，以便酶的反应速度接近其 V_{max}。

分析的对照

正确的对照是激酶分析实验成功与否的关键，尤其以细胞或组织提取物作为酶源时。在试验中应总是设立无底物、无酶、酶热变性后的对照。对于需激活因子或辅酶的酶，还应设立无激活因子或辅酶的对照，以及加入无关激活因子或辅酶的对照。

注意：实验中的 [γ-^{32}P] ATP 应该按安全处理原则进行处理。参见附录 3G 和放射安全管理机构制定的 ^{32}P管理和处理规范。

17.7.1 基本方案 1 环核苷酸依赖性蛋白激酶的分析

cAMP 与 cGMP 依赖性蛋白激酶的结构十分相似，所需的实验条件也很相近。

材料（带√项见附录 1）

√5×环核苷酸依赖性蛋白激酶反应缓冲液

10 mg/ml 组蛋白 2B（溶于水中）

√ [γ-^{32}P] ATP 溶液

20×环核苷酸：20 μmol/L 环磷酸腺苷（溶于水中）/20 μmol/L 环磷酸鸟苷（溶于水中）

具有环核苷酸依赖性蛋白激酶活性的酶样品（见辅助方案 1），使用前保持冰浴

30℃水浴

步骤

1）每个分析反应按以下比例将反应组分加入 1.5 ml 微量离心管中，保持冰浴：

4 μl 5×环核苷酸依赖性蛋白激酶反应缓冲液

1 μl 10 mg/ml 组蛋白 2B

1 μl [γ-^{32}P] ATP 溶液（ATP 终浓度为 5μmol/L，放射活性为 5μCi/μl)

1 μl 20×环核苷酸

0～13 μl 水

盖好离心管，混匀，放入 30℃水浴。

每一反应做三份并设立无底物、酶、环核苷酸等各组分的实验对照。每个反应的体积为 20 μl。在步骤 2 中加入水的量取决于所用酶样品的多少。可在一个单管中按反应数量一次性制备反应混合物，制备总量应包含一个反应的富余量。

2）加入 1～14 μl 有环核苷酸依赖性蛋白激酶活性的预冷酶样品，开始反应。

酶的加量取决于样品中酶活性的大小，在预试验中所得最大反应值可衡量磷酸转移反应的程度。在反应中为了保持磷酸基与底物的线性结合关系可适当减小酶的加量。

对于吸附在 Sepharose 珠上的免疫沉淀的酶样品（见 10.15），先制备没有酶源的反应混合物，预热后加入免疫沉淀物。在免疫沉淀物分析时建议将容积扩大为 100 μl，可在 75 μl 反应缓冲液中加入 25 μl 吸附着免疫沉淀物的凝胶珠。

3）30℃，温育 10 min。

4）按不同的分析方法加入适当的试剂停止反应：加入 20 μl 10%预冷的 TCA 进行 TCA 沉淀（辅助方案 2），或 10～20 μl 预冷的 2×SDS-PAGE 样品缓冲液进行电泳分析。可用 10 μl 的反应产物点膜，使样品吸附在 P81 磷酸纤维素膜上（见辅助方案 3）。用那些方法中的一种继续进行分析。

17.7.2　基本方案 2　蛋白激酶 C 异构体的分析

材料（带√项见附录 1）

√5×PKC 反应缓冲液

10 mg/ml 组蛋白 H1（溶于水中）

√［γ-^{32}P］ATP 溶液

有 PKC 活性的酶样品（见辅助方案 1）

30℃水浴

步骤

1）每个分析反应按以下比例将各反应组分加入 1.5 ml 微量离心管中：

4 μl 5×PKC 反应缓冲液

1 μl 10 mg/ml 组蛋白 H1

1 μl［γ-^{32}P］ATP 溶液（ATP 终浓度为 5μmol/L，放射活性为 5 μCi/μl）

0～14 μl 水

盖好离心管，放入 30℃水浴温育 10 min。

三个反应为一组设立无底物和酶的对照。每个反应的容积为 20 μl。在步骤 2 中加入水的量取决于所用酶样品的多少。

2）加入 1～14 μl 有 PKC 活性的酶样品到预热的反应混合液中，开始反应。

3）30℃，温育 10 min。

4）按不同的分析方法加入适当的试剂停止反应：加入 20 μl 10%预冷的 TCA 进行 TCA 沉淀（辅助方案 2），10μl 或 20 μl 预冷的 2×SDS-PAGE 样品缓冲液进行电泳分析。可用 10 μl 的反应产物点膜，使样品吸附在 P81 磷酸纤维素膜上（见辅助方案

3)。用那些方法中的一种继续进行分析。

17.7.3 基本方案3 用β-酪蛋白进行酪蛋白激酶的分析

材料（带√项见附录1）

√5×酪蛋白激酶反应缓冲液

10 mg/ml β-酪蛋白溶于水

√ [γ-^{32}P] ATP溶液

有酪蛋白激酶活性的酶样品（见辅助方案1），保持冰浴

30℃水浴

步骤

1）每个鉴定反应按以下比例将各反应组分加入1.5 ml微量离心管中：

4 μl 5×酪蛋白激酶反应缓冲液

1 μl 10 mg/ml β-酪蛋白

1 μl [γ-^{32}P] ATP溶液（ATP终浓度为5 μmol/L，放射活性为5 μCi/μl）

1～14 μl水

盖好离心管，混匀，放入30℃水浴温育10 min。

对于α-酪蛋白也可使用该反应混合物。每个反应的容积为20 μl。在步骤2中加入水的量取决于所用酶样品的多少。

2）加入1～14 μl有酪蛋白激酶活性的酶样品开始反应。

加入酶量的容积取决于样品中酶活性的大小。在预试验中所得的最大反应值可衡量磷酸转移反应的程度。在反应中为了保持磷酸基与底物的线性结合关系可适当减小酶的加量。

3）30℃水浴，10 min。

4）按不同的分析方法加入适当的试剂停止反应：加入20 μl 10%的预冷TCA进行TCA沉淀（辅助方案2），或10～20 μl预冷的2×SDS-PAGE样品缓冲液进行电泳分析。用那些方法中的一种继续进行分析。

17.7.4 备择方案 用多肽底物进行酪蛋白激酶的分析

酪蛋白激酶I可用多肽AspAspAspGluGluSerIleThrArgArg进行分析，最近酪蛋白激酶II也已被特异性的多肽底物分析，如ArgArgArgGluGluGluThrGluGluGlu（下划线残基是磷酸受体）。两个多肽均可通过精氨酸残基结合到P81磷酸纤维素膜上。第一个多肽对酪蛋白激酶I相对比较特异，但它的磷酸化反应动力并不理想，其K_m值大小在毫摩尔范围。因此只有在此酶的纯度很高时用于酪蛋白激酶I分析比较理想。

附加材料（亦见基本方案3；带√项见附录1）

√10 mmol/L合成肽底物溶液，如AspAspAspGluGluSerIleThrArgArg（用于酪蛋白激酶I）或ArgArgArgGluGluGluThrGluGluGlu（用于酪蛋白激酶II）

步骤

1）每个分析反应按以下比例将各反应组分加入 1.5 ml 微量离心管中：

10 μl 5×酪蛋白激酶反应缓冲液

5 μl 10 mmol/L 用于酪蛋白激酶分析的合成肽底物溶液

5 μl [γ-^{32}P] ATP 溶液（ATP 终浓度为 5 μmol/L，放射活性为 5 μCi/μl）

0～30 μl 水

盖好离心管，放入 30℃水浴温育 10 min。

每个反应的容积为 50 μl，加入水的量取决于加入酶样品的量。

2）加入 1～30 μl 有酪蛋白激酶活性的酶样品开始反应。

加入酶量的容积取决于样品中酶活性的大小。在预试验中所得的最大反应值可衡量磷酸转移反应的程度。在反应中为了保持磷酸基与底物的线性结合关系可适当减小酶的加量。

3）30℃水浴，10 min。

4）按不同的分析目的和方法加入适当的试剂停止反应：20 μl 预冷 10% TCA 进行 TCA 沉淀（辅助方案 2），或 10～20 μl 预冷的 2×SDS-PAGE 样品缓冲液进行电泳分析。可用 10 μl 的反应混合物点膜，使酶吸附在 P81 磷酸纤维素膜上（见辅助方案 3）。用那些方法中的一种继续进行分析。

17.7.5 基本方案 4 Ca^{2+}/钙调蛋白依赖性激酶的分析

材料（带√项见附录 1）

√5×CaM 激酶反应缓冲液

√10 mmol/L 合成肽底物溶液，如 TyrLeuArgArgArgLeuSerAspSerAsnPhe（用于 CaM 激酶 I 分析）或 LysLysAlaLeuArgGlnGluThrValAspAlaLeu（用于 CaM 激酶 II 分析）

√ [γ-^{32}P] ATP 溶液

1 mg/ml 钙调蛋白（溶于 Milli-Q 纯化水），−70℃小量储存

有 CaM 激酶活性的酶样品（见辅助方案 1），保持冰浴

30℃水浴

步骤

1）对 1.5 ml 微量离心管做双管标记，每个反应按以下比例加入各反应组分：

5 μl 5×CaM 激酶反应缓冲液

5 μl 10 mmol/L 合成肽底物溶液

5 μl [γ-^{32}P] ATP 溶液（ATP 终浓度为 5 μmol/L，放射活性为 5 μCi/μl）

5 μl 1 mg/ml 钙调蛋白或 5 μl 水

0～30 μl 水

盖好离心管，混匀，放入 30℃水浴温育 10 min。

这里每个反应的容积为 50 μl，但它可为 25～100 μl，只需根据比例对各反应组分进行适当调整。

每个反应应分别设立无钙调蛋白的对照，以便能评估磷酸转移的反应本底，从而精确检测 Ca^{2+}/钙调蛋白依赖性的磷酸转移反应。

2）每 30 s 一管依次加入 1～25 μl 酶样品开始反应。

加入酶量的容积取决于样品中酶活性的大小。在预试验中所得的最大反应值可衡量磷酸转移反应的程度。在反应中为了保持磷酸基与底物的线性结合关系可适当减小酶的加量。

3）30℃水浴，10 min。

4）温浴 10 min 后迅速吸取 30 μl 管中溶液滴在准备好的 P81 膜上（见辅助方案 3）。

由于多肽不能被 TCA 有效沉淀，而进行 PAGE 分析需要一些特殊技术。因此，只有吸附在 P81 磷酸纤维膜上才能用于 CaM 激酶介导的磷酸转移测定。

17.7.6 基本方案 5 酪氨酸激酶的分析

材料（带√项见附录 1）

兔肌肉烯醇化酶（烯醇化酶 EC4.2.1.11；从兔肌肉组织中进行硫酸铵沉淀或悬浮纯化）

1 mmol/L DTT/50 mmol/L HEPES，pH 7.0

甘油

100 mmol/L 乙酸

√5×酪氨酸激酶反应缓冲液

√［γ-^{32}P］ATP 溶液

有酪氨酸激酶活性的酶样品（见辅助方案 1），保持冰浴

√2×SDS-PAGE 样品缓冲液，冰浴

30℃水浴和沸水浴

步骤

1）4℃，最大速度离心 5 min 相当于 100 μg 兔肌肉烯醇化酶的样品，弃上清。

2）加 10 μl 1 mmol/L DTT/50 mmol/L HEPES，pH 7.0，充分混匀，冰浴 30～60 min。

3）加 10 μl 甘油，混匀。如果后续实验在当天进行，可保持在冰浴中，否则－70℃保存。

4）临实验前加入 20 μl 100 mmol/L 乙酸充分混匀，30℃水浴，5 min。保存于冰浴中，直到进行下一步操作。

酸变性的烯醇酶在冰浴中不要超过 1 h。

5）每个分析反应按以下比例将各反应组分加入 1.5 ml 微量离心管中：

4 μl 5×酪氨酸激酶反应缓冲液

1 μl 酸变性的烯醇化酶（烯醇酶含量为 2.5 μg）

1 μl［γ-^{32}P］ATP 溶液（ATP 终浓度为 5 μmol/L，放射活性为 5 μCi/μl）

0～14 μl 水

盖好离心管，30℃水浴，10 min。

加入水的量取决于加入酶样品的多少。每个反应的容积为 20 μl。

6）加入 1～14 μl 有酪氨酸激酶活性的酶样品开始反应。

加入酶量的容积取决于样品中酶活性的大小。在预试验中所得的最大反应值可衡量磷酸转移反应的程度。在反应中为了保持磷酸基与底物的线性结合关系可适当减小酶的加量。

7）30℃水浴温育 10 min。

8）加入 20 μl 预冷的 2×SDS-PAGE 样品缓冲液停止反应，充分混匀，沸水浴 3 min，取 20 μl 进行 SDS-PAGE 电泳分析（见 10.3）。

17.7.7 基本方案 6 在凝胶中直接进行激酶的分析

在凝胶内对蛋白激酶的分析实验（Kameshita and Fujisawa，1989）牵涉到激酶底物在 SDS-PAGE 分离凝胶中的聚合。尽管这种方法不是很灵敏，但有时对含有激酶的复杂混合物进行分析时非常有用。

材料（带√项见附录 1）

10 mmol/L 激酶底物，如髓鞘碱性蛋白

有激酶活性的酶样品（见辅助方案 1），保持冰浴

20%（*V*/*V*）2-丙醇/50 mmol/L Tris · Cl（室温下 pH 8.0，附录 1）

1 mmol/L DTT/50 mmol/L Tris · Cl（室温下 pH 8.0）

6 mol/L 盐酸胍/1 mmol/L DTT/50 mmol/L Tris · Cl（室温下 pH 8.0）或 8 mol/L脲/1 mmol/L DTT/50 mmol/L Tris · Cl（室温下 pH 8.0）

1 mmol/L DTT/0.05%（*V*/*V*）Tween 20/50 mmol/L Tris · Cl（4℃，pH 8.0）

匹配的激酶反应缓冲液

√10 mmol/L Mg/ATP 溶液

10 mCi/ml [γ-^{32}P] ATP（3000 Ci/mmol；Amersham，DuPont NEN 或 ICN Biomedicals）

5%（*m*/*V*）三氯乙酸（TCA）

1%（*m*/*V*）焦磷酸钠/5%（*m*/*V*）TCA

放射性物质专用温浴器，如带有紧盖的小盘和可热密封的聚乙烯袋（Seal-a-Meal）密封仪（选用）

注意：因为样品具有放射性，在样品制备和转移过程中应多加小心。相关的反应和操作应在带有螺旋盖的微量离心管中进行，以减少^{32}P的放射性污染危害。在电泳时，必须待染料转移出胶后方可进行下一步操作，因为这样可使残留的 [γ-^{32}P] ATP 伴随染料从胶中转移出去，这也意味着在电泳缓冲液中含有^{32}P，因此应将其按放射性废液的安全处理原则妥善处理。参见附录 3G 中的处理原则。

步骤

1）按适当百分比浓度制备聚丙烯酰胺分离胶（见 10.3），加入 10 mg/ml 激酶底物，使

其在分离胶混合液中的终浓度达到 1 mg/ml。均匀混合后浇入制胶装置使其聚合。

2）按通常的方法制备有激酶活性样品的 SDS-PAGE 电泳样品，电泳（见 10.3）。

3）电泳完毕后将胶放入 200 ml 20%（*V*/*V*）2-丙醇/50 mmol/L Tris · Cl，pH 8.0 的洗液中，漂洗 20 min，换入新的缓冲液，再重复 2 次。

4）用 200 ml 的 1 mmol/L DTT/50 mmol/L Tris · Cl pH 8.0 洗 3 次，每次 20 min。

5）用 250 ml 的 6 mol/L 盐酸胍/1 mmol/L DTT/50 mmol/L Tris · Cl pH 8.0 或 8 mol/L 脲/1mmol/L DTT/50 mmol/L Tris · Cl pH 8.0 洗 2 次，每次 30 min。

盐酸胍或脲都能使蛋白质变性，选用哪一种取决于不同的激酶，但一般首选盐酸胍，因为对大多数激酶而言它的变性效果更好。

6）在 18 h 以上的周期内用 250 ml 的 1 mmol/L DTT/0.05%（*V*/*V*）Tween 20/50 mmol/L Tris · Cl（pH 8.0）的溶液，4℃，洗 8～10 次，使蛋白质充分复性。

7）将胶放入 250 ml 与激酶匹配的反应缓冲液中（含 10 mmol/L $MgCl_2$），30℃，温浴 20 min。

8）移走所有残存缓冲液，将胶放入带有密封盖的容器或可热密封的聚乙烯袋（容器应为放射性物质专用）。加入尽量少的激酶反应缓冲液，以正好覆盖胶面为准。加 1/4 反应缓冲液容积的 10 mmol/L Mg/ATP 溶液（终浓度 50 μmol/L ATP），最后加入 20 μCi/ml [γ-^{32}P] ATP。

9）30℃，温浴 1 h。

10）在 250 ml 的 5%TCA 中将胶浸泡 15 min，重复一次。在 500 ml 1%焦磷酸钠/5% TCA 中洗胶，重复洗涤，直至洗液几乎不含放射性物质。

11）在滤纸上使胶干燥，放射自显影（见附录 3A）。

17.7.8 辅助方案 1 用于激酶分析的细胞裂解方案

材料（带√项见附录 1）

培养细胞：贴壁细胞在 100 mm 组织培养板中约 70%生长成片，或悬浮细胞浓度为 10^6 细胞/ml

√PBS，冰浴

√裂解缓冲液

√蛋白酶抑制剂储存液

微量离心机，4℃

步骤

1）用预冷的 PBS 洗细胞 2 次，将最后的洗液尽可能吸尽。

2）加入 0.75 ml 裂解缓冲液重悬 2×10^7 个细胞，若是贴壁细胞必须完全覆盖。加入蛋白酶抑制剂储存液，使其终浓度为 1 mmol/L PMSF，100 μmol/L 苯甲脒，5 μg/ml 亮抑蛋白酶肽，5 μg/ml 抑胃酶肽 A，5 μg/ml 抗蛋白酶。

若用于免疫沉淀（先使用 25%～50%的裂解物进行初试验，再依据结果进行裂解物量的调整）和简单纯化，0.75 μl 的裂解物就足够了。如果纯化过程需经超过一次以上的层析步骤，可适当扩大裂解液的量，因为每一层析步骤仅能回收 10%～20%的激酶活性。

3）4℃冰浴细胞 10 min，刮离细胞并将裂解液移至标记的微量离心管中。

4）4℃，最大速度离心 10 min，小心地将上清移至新微量离心管中，迅速进行后续实验。

17.7.9 辅助方案 2 三氯乙酸沉淀法测定放射性物质的掺入率

材料

样品（见基本方案 1～5 和备择方案）

5%和 10%（*m*/*V*）预冷三氯乙酸

95%乙醇

乙醚

Whatman GF-C 玻璃纤维膜

多功能真空仪（Fisher）

20 ml 闪烁瓶

闪烁计数器

步骤

1）加入 20 μl 预冷的 10% TCA 停止反应，充分混匀，冰浴 10 min 以沉淀蛋白质。

2）将样品点在真空仪中的 Whatman GF-C 玻璃纤维膜上，待样品通过膜后用 500 μl 预冷的 5%TCA 洗样品管，并将洗后的液体也点在膜上。

3）用 5 ml 5%的预冷 TCA 溶液洗膜 4 次，用 10 ml 95%的乙醇洗一次，再用 10 ml 乙醚洗 3 次，使膜干燥。

注意：乙醚是易燃品，因此带乙醚操作时必须在通风橱中进行，并远离火源和热源。乙醚洗液应被妥善处理。

4）将干燥后的膜放入 20 ml 闪烁瓶，在闪烁计数器中用契仑科夫（Cerenkov）射线计数。

如果需对每分钟蜕变次数（dpm）定量，将干燥后的膜放入 10 ml 的闪烁液中计数。

膜用 95%乙醇清洗后可直接用于 Cerenkov 射线计数。假如用此膜进行闪烁计数，乙醚的清洗很重要，因为 TCA（可被乙醚洗掉）在闪烁液中可导致强的化学发光，使计数失去意义。

17.7.10 辅助方案 3 P81 磷酸纤维素膜的吸附

P81 膜具有离子交换的特性，在较大 pH 范围内带有负电荷。在低 pH 条件下（如在本方案中用于洗膜的 75 mmol/L 正磷酸），激酶分析中过量的［γ-^{32}P］ATP 并不与 P81 膜结合，而在此条件下带正电荷的磷酸化多肽可结合在膜上。

碱性蛋白质比酸性蛋白质更适合吸附在 P81 膜上。组蛋白与膜的结合力较强，因为它是强碱性的，而酪蛋白的结合力很差，几乎为零，因为它是较为酸性的蛋白质。

材料

样品（见基本方案 1～5 和备择方案）
75 mmol/L 正磷酸（在室温储存可达 6 个月以上）
丙酮

2 cm×2 cm 的 P81 磷酸纤维素膜（Whatman）
500 ml 塑料杯，其底被抗溶剂塑料或金属网替换（图 17.7.2）
20 ml 闪烁瓶
闪烁计数器

步骤

1）将膜裁成 2 cm×2 cm 大小的小块，在一端折叠，如图 17.7.1，用铅笔标记折线。将膜放置在一块大的无吸收性的物质上，如塑料、丙烯酸膜或铝箔包被的纤维板。

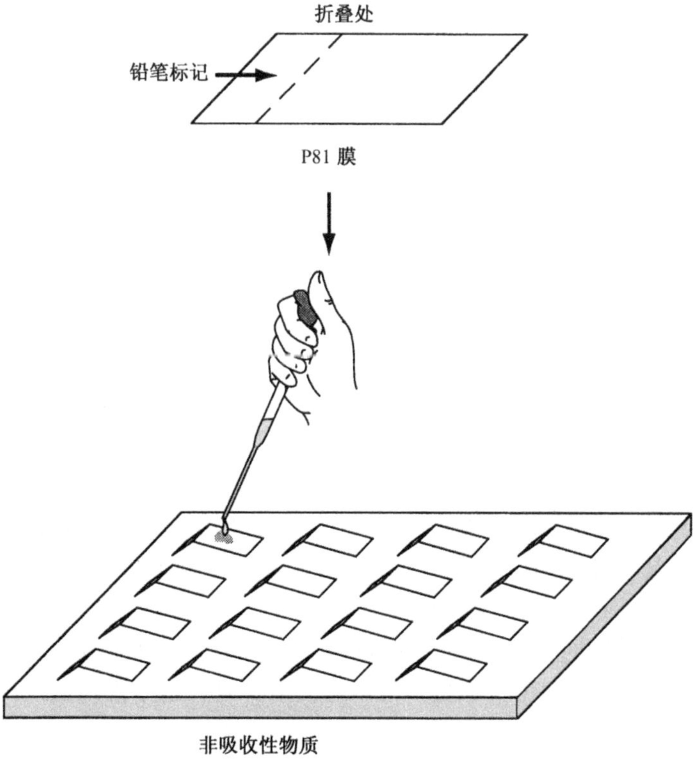

图 17.7.1 将样品点到 P81 磷酸纤维素膜上，将 2 cm×2 cm P81 膜用铅笔标记（墨水会被丙酮洗去），点样量为反应产物的 50%～70%。

2）从每个样品管中吸取 15 μl 或 30 μl 样品迅速滴在 P81 膜上。迅速将这些膜放置于带抗溶剂塑料或金属网底的 500 ml 塑料杯中（图 17.7.2）。

通常为了确保信号能被检出，将 50%～75%的反应终产物滴在 P81 膜上。
如果杯中的塑料网不能抗溶则会被丙酮洗液溶解。

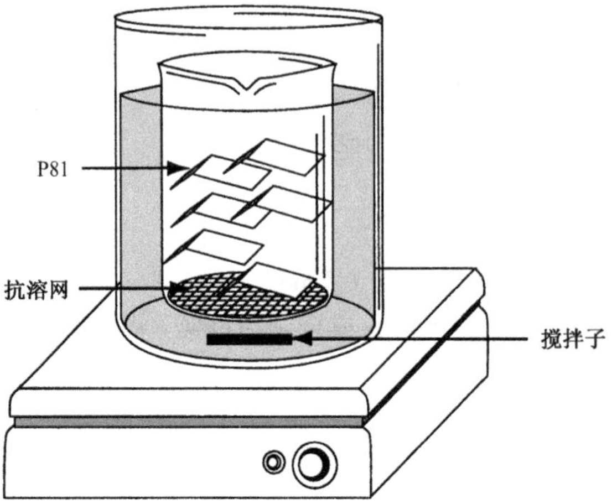

图 17.7.2 样品膜洗涤装置。膜用 75 mmol/L 的正磷酸重复清洗 5 次，每次 5 min；在丙酮中清洗 1 次，自然干燥，闪烁计数。

3）将此杯放入盛有 75 mmol/L 正磷酸和搅拌子的更大烧杯中，搅拌 5 min。
4）将已使用的正磷酸洗液倒入可收集放射性废料的容器中。重新将 75 mmol/L 正磷酸倒入大烧杯，搅拌 5 min 以上，重复以上清洗步骤，共洗 5 次。
5）以丙酮充满大烧杯，洗 P81 膜 5 min，弃丙酮，使膜干燥。
6）将每个 P81 膜放入 20 ml 闪烁瓶中进行 Cerenkov 射线计数。
假如想获得绝对 dpm 值且闪烁计数器可得 ^{32}P的衰变曲线，可加入闪烁液计数。

参考文献：Kameshita and Fujisawa，1989；Pearson and Kemp，1991；Songyang et al.，1995.
撰 稿 人：A. Nigel Carter

17.8 研究蛋白质磷酸化的渗透策略

本节讨论用三磷酸核苷在可渗透细胞和分离的细胞组分体外标记蛋白的策略。这类实验在大多数情况下还是以［γ-^{32}P］ATP 作为外源性磷酸供体。尽管在特殊情况下［γ-^{32}P］GTP 也能被用于蛋白质标记。

17.2 介绍了用带有同位素标记的无机磷酸（^{32}Pi）天然细胞中标记磷蛋白的技术。按前面单元中实验方案检测出目标蛋白是磷蛋白后，可将这个蛋白质的磷酸化过程在无细胞系统或天然细胞系统中进行研究。大多数蛋白激酶除了在细胞内还可在胞外进行许多底物的磷酸化。但是，想得到一个令人满意的结果，催化蛋白激酶的磷酸化反应最好是在天然系统而非细胞裂解物或匀浆物中进行。天然细胞的渗透化处理就为此提供了一个有效的实验方法，通过使用一些不同的试剂可以使细胞处于短暂的渗透状态。这个过程使反应发生在细胞内环境，而信号转导还能通过激素激活细胞表面受体而启动。

注意：再怎么强调也不为过的是每个研究者应当完全熟悉当地关于^{32}P管理和处理规范，并具备处理^{32}P污染的设备。更多关于同位素安全使用的信息参见附录 3G。

注意：此单元中所用水应为 Milli-Q 纯净水或纯净级别与之相当的水。

17.8.1 基本方案 用渗透细胞进行蛋白磷酸化的分析

材料（带√项见附录 1）

待标记的培养细胞

适宜的细胞培养液。含 20 mmol/L HEPES 的缓冲液 pH 7.2，37℃预热

研究用细胞（传代细胞或被分离的原代细胞）

√细胞外缓冲液，37℃

√有渗透性的缓冲液，37℃

√60 U/ml 链球菌溶血素 O 工作溶液，新鲜制备

√10 mmol/L 预冷的 ATP 储存溶液

10 mCi/ml [γ-^{32}P] ATP（3000 Ci/mmol；DuPont NEN）

研究用的药理试剂，多肽或 Fab′片段

适宜的受体激动剂

√2×免疫沉淀用裂解缓冲液，冰浴。

蛋白抑制剂储存溶液（储存在无水乙醇中，－20℃可储存 6 个月以上）：

100 mmol/L 苯甲基磺酰氟（PMSF）

100 mmol/L 苯甲脒

1 mg/ml 抑胃酶肽 A

1 mg/ml 亮抑蛋白酶肽

1 mg/ml 抗蛋白酶

100 mmol/L DTT

干冰/乙醇浴

具有多细胞皿架（金属网架最佳）的 37℃无循环水浴箱

50 ml 离心管

台式离心机

细胞刮片

带螺旋盖的微量离心管

步骤

贴壁细胞培养：

1a）实验前约 1 h，将待标记细胞的培养液换为含有 20 mmol/L HEPES 的平衡培养液。重新放入培养箱，用新培养液平衡细胞。

实验中使用的细胞数依赖于检测到终末产物的容易程度。建议在信号可被检出的前提下，以 1×10^6 个细胞开始进行实验：使用 60 mm 培养皿可进行 0.5～2 ml 的小容积进行细胞渗透化培养。标准的细胞培养液应包含有碳酸氢盐离子，在培养育室中应含有适量 CO_2，否则，缓冲系统不能发挥缓冲作用，细胞培养环境中 pH 也将迅速升高。HEPES 缓冲液的 pH 很少受温度的影响（有别于 Tris 缓冲系统）；因此这个系统可为细胞培养提供很稳定的 pH 环境。但它也有一个缺点，

HEPES 浓度在 20 mmol/L 以上时具有细胞毒性，使用前应进行必要的细胞毒性检测。

2a）将细胞培养皿置于 37℃水浴中 10 min，再次平衡细胞。吸弃皿中培养液，用 10 ml 37℃预热的胞外缓冲液迅速冲洗细胞 2 次，吸尽胞外缓冲液，加 0.5～2 ml 的有渗透性的缓冲液于培养皿中。对有些贴壁性较差的细胞，在清洗时要多加小心。

3a）加链球菌溶血素 O（60 U/ml 工作液）于每块培养皿中，终浓度 0.6 U/ml。按终浓度 100μmol/L 加入预冷的 ATP 溶液（10 mmol/L 储存液）。

悬浮培养：

1b）实验前约 1 h，转移细胞至 50 ml 无菌离心管中，1000 *g*，室温离心 5 min。弃上清，用 40 ml 37℃的胞外缓冲液冲洗细胞 2 次，1000 *g*，室温离心 5 min，弃上清。

如果需要，在加入最终的胞外培养液后，细胞悬液可按等份分开。如下操作：在最后加入 40 ml 胞外培养液后轻轻重悬细胞，并将细胞按等份分入新管中，离心，移出并弃去上清，在进行步骤 2b 前完成清洗过程。

2b）以 1×10^7 细胞/ml 的浓度将细胞重悬于 37℃的胞外缓冲液中，37℃下通过轻柔的涡旋平衡细胞 15～30 min，再次室温 1000 *g* 离心 5 min，吸尽缓冲液。

如果实验中使用较敏感的细胞（如血小板），这一步骤应被修正：平衡时间可减至 5～10 min，涡旋细胞的步骤也可省略。

3b）按 0.6 U/ml 的终浓度将链球菌溶血素 O（60 U/ml 工作溶液）加入新配制的 37℃有渗透性的缓冲液，加入预冷 ATP 溶液（10 mmol/L 储存液），终浓度 100 μmol/L。将含有链球菌溶血素 O 和 ATP 的有渗透性的缓冲液与细胞轻轻充分混匀。

预冷 ATP 和链球菌溶血素 O 的同时加入可以保持细胞 ATP 水平，确保细胞的正常生长。需要考虑的重要一点是所研究的细胞其表面是否具有 ATP 的受体。ATP 可以充当一些嘌呤能受体（purinergic receptor）的激动剂，因此，显而易见的是，在分析信号转导机制时它会造成混淆。

4）37℃，培养细胞 1～5 min。

培养时间取决于研究系统和细胞类型，应根据经验确定。

5）加入 10 mCi/ml [γ-^{32}P] ATP，使终浓度达到 50～500 μCi/ml。

通常购买的 [γ-^{32}P] ATP，活性约为 3000 Ci/mmol，浓度约为 10 mCi/ml。5 μl 的储存液含有 50 μCi/ml 的 [γ-^{32}P] ATP，此浓度正好可用于标记。若储存的 [γ-^{32}P] ATP 用其他溶液稀释，最好在使用前再稀释。

6）按研究需要加入药理试剂、多肽或 Fab′片段等相关试剂，必要时加入受体激动剂，并按需求制订它们的作用时间。

与这个实验有关的许多药理试剂被列在 Calbiochem Novabiochem 的目录里。

依据部分预试验的数据和经验制定特殊试剂的反应时间。[γ-^{32}P] ATP 与链球菌溶血素 O 和预冷 ATP 在同一时间加入。

7a）贴壁细胞培养。迅速吸尽有渗透性的缓冲液，加入 0.75 ml 预冷 2×裂解缓冲液，以停止反应，准备进一步的免疫沉淀。加入蛋白酶抑制剂和 DTT（储存溶液），溶液各组分的终浓度为：

1 mmol/L PMSF

1 mmol/L 苯甲醚

5 μg/ml 抑肽素 A

5 μg /ml 亮抑蛋白酶肽

5 μg /ml 抗蛋白酶

1 mmol/L DTT

将培养板置于冰上，10 min，然后用细胞刮片从板底刮离细胞于缓冲液中。每板都必须更换新刮片。

7b）悬浮培养。加入等体积冰浴的 2×裂解缓冲液，停止反应，准备进一步的免疫沉淀，加入蛋白酶抑制剂和 DTT，溶液中各组分的浓度与 7a 中相同。放置细胞在冰上，10 min。

8）转移裂解液到带旋盖的微量离心管中（每管一个培养皿或一份细胞）。4℃，最大速度离心，将上清转移至带螺旋盖的新离心管中，在干冰/乙醇浴中快速冷冻，储存于 −70℃，备用（免疫沉淀）（见 10.16）。

小心：最后一步中，有渗透性的缓冲液含有［γ-^{32}P］ATP，在液体转移时要格外小心，并按放射性废液妥善处理。这一步中的裂解液和刮片也有放射性。凡是使用此细胞裂解液的后续实验过程都应在带旋盖的管中进行。所有放射性样品的离心都应使用这种离心管。使用过的这些离心管无疑也被放射性污染，在适当的安全防护下，可留作以后用于含有^{32}P的样品。

制备用于蛋白磷酸化电泳分析的天然细胞样品

小心：SDS-PAGE 或等电聚焦电泳的样品仍含大量^{32}P-ATP，在样品制备过程中应格外小心，特别是不能用探头式超声仪处理细胞中的 DNA，因为这样容易形成带有^{32}P的气溶胶而造成放射性污染。在 SDS-PAGE 电泳时必须待染料从胶中跑出后方可。这就意味电泳缓冲液中含有^{32}P。在等电点聚焦电泳中^{32}P最终将聚焦于凝胶外，电泳缓冲液中也就会含有^{32}P，因此两种电泳缓冲液都必须按实验室的管理规定作为放射性废液进行妥善处理。

17.8.2 备择方案 1 用于 SDS-PAGE 的天然细胞样品制备

附加材料（亦见基本方案；带√项见附录 1）

√2×SDS-PAGE 样品缓冲液，4℃

浴式超声仪

沸水浴

步骤

1）制备细胞并进行渗透性处理和标记（见基本方案步骤 1～8）。

2a）贴壁细胞培养。快速吸尽有渗透性的缓冲液，在每板中加入 100～250 μl 预冷的 2×SDS-PAGE 样品缓冲液，停止反应。每板使用不同的细胞刮片迅速刮离细胞于缓冲液中，转移细胞样品至新的旋盖离心管中。

2b）悬浮细胞培养。在微量离心反应管中以最大速度离心 1 min，室温。迅速吸尽上清，小心操作，切勿搅散细胞团块。每管中加入 100～250 μl 2×SDS-PAGE 样品缓冲液，涡旋，充分混匀。

在这一步中精确把握离心时间非常重要，否则将会影响实验的重复性。

3）如果因 DNA 从核释放使样品很黏稠，可将拧紧管盖的样品管放入浴式超声仪中，冰浴，超声作用 5 min。

4）将样品管放入沸水浴 3 min，按每孔 50 μl 将样品加入 SDS-PAGE 电泳胶中，电泳（见 10.3）。

17.8.3 备择方案 2 制备用于等电聚焦的天然细胞样品

附加材料（亦见基本方案；带√项见附录 1）

√双向-PAGE 裂解缓冲液，4℃

√双向-PAGE 样品缓冲液

浴式超声仪

干冰/乙醇浴

冻干机

步骤

1）制备细胞并进行渗透化处理和标记（见基本方案步骤 1～6）。

2a）*贴壁细胞培养*。快速吸掉有渗透性的缓冲液，每孔中加入 100～250 μl 4℃预冷的双向-PAGE 裂解缓冲液，停止反应。每板使用不同的细胞刮片刮离细胞于缓冲液中，将细胞样品转移到新的旋盖离心管中。

2b）*悬浮细胞培养*。室温，最大速度离心 1 min，迅速吸出并弃去上清。小心操作，切勿搅散细胞团块。加入 100～250 μl 2×SDS-PAGE 样品缓冲液到每管中，涡旋，充分混匀。

在这一步中精确把握离心时间非常重要，否则，将会影响实验的重复性。

3）如果因 DNA 的影响样品很黏稠，可将拧紧管盖的样品管放入浴式超声仪中，冰浴，超声作用 5 min。在干冰/乙醇浴中冷冻样品，然后在冻干机上冻干。

4）将冻干样品重溶于 50～100 ml① 的双向-PAGE 样品缓冲液中。加热样品至 37℃，3～5 min，将 10～20 μl 的样品加到制备好的等电聚焦电泳胶上。

撰稿人：A. Nigel Carter

17.9 磷酸肽图谱和磷酸化位点的鉴定

细胞内许多蛋白质被磷酸化修饰。蛋白质磷酸化能影响催化活性、蛋白质在细胞中的定位、蛋白质的稳定性、蛋白质二聚化或蛋白质与其他分子形成稳定复合物的能力。有几种技术能鉴定蛋白质是否被磷酸化。为了确切地弄清楚一个特定的蛋白质为什么会被磷酸化，有必要精确地鉴定出是哪个氨基酸残基被磷酸化的。这些氨基酸残基可以被点突变，然后检测突变蛋白质的活性变化、细胞内定位，以及与细胞内其他蛋白质的联系。

---

① 根据上文，应该是 μl。——译者注

17.9.1 基本方案 1 用 SDS-聚丙烯酰胺凝胶分离的蛋白质的胰蛋白酶磷酸肽图谱

材料（带√项见附录 1）

含^{32}P标记的蛋白质的样品（见 17.2）

荧光墨水或染料（可以从大部分工艺美术商店购得）

50 mmol/L 碳酸氢铵，pH 7.3～7.6（新鲜配制的缓冲液 pH 大致为 7.5），和 pH 8.0（放过夜后 pH 会变为约 8.0，这对步骤 18 中的胰蛋白酶消化或胰凝乳蛋白酶消化比较理想）

2-巯基乙醇

20%（*m/V*）SDS

50 mmol/L 碳酸氢铵，pH 7.3～7.6，含 0.1%（*m/V*）SDS 和 1.0%（*V/V*）2-巯基乙醇

2 mg/ml 载体蛋白（RNase A，BSA 或免疫球蛋白）溶于去离子水中（分成等份储存于－20℃或－70℃）

100%（*m/V*）三氯乙酸（TCA）

96%冰冷乙醇

30%（*m/V*）过氧化氢

98%（*m/V*）甲酸

1 mg/ml TPCK-处理的胰蛋白酶（如 Worthington）溶于去离子水或 0.1 mmol/L HCl（分成等份储存于－70℃或液氮中）

√电泳缓冲液：pH 1.9、3.5、4.72、6.5 和 8.9

√绿色标记染料

√层析缓冲液

单边剃刀刀片或手术刀片

适用于契仑科夫计数法（Cerenkov counting）的闪烁计数器

1.7 ml 带螺旋盖的微量离心管（Sarstedt）

一次性的组织研磨杵（Kontes）

摇床

具有吊桶式转子的台式离心机

20 cm×20 cm×100 μm 纤维素薄层色谱板（EM Sciences）

小体积可调移液器，由韧性塑料制成的一次性长吸头，如凝胶上样吸头

带滤器的空气管，能滤掉气溶胶和颗粒物质

HTLE 7000 电泳装置（CBS Scientific）

聚乙烯膜（35 cm×25 cm；CBS Scientific）

电泳芯子（20 cm×28 cm Whatman 3MM 滤纸，对折成双层厚度的 20 cm×14 cm 的纸片）

层析缸（CBS Scientific）
风扇，用于吹干 TLC 平板
65℃烘箱

步骤

1）用 SDS-聚丙烯酰胺凝胶电泳（SDS-PAGE；见 10.3）分离含有^{32}P标记的蛋白质的样品。
2）电泳后，干胶，四周边缘用荧光墨水标记，对 X 射线胶片曝光（放射自显影；见附录 3A）。
3）通过与胶片上的凝胶四周荧光标记的位置的比对确定蛋白质的位置。将胶片与干胶钉在一起，胶片朝下放入一个光盒里。在胶的背面用软铅笔或圆珠笔（不要用标签笔）标记出^{32}P标记蛋白质条带的位置。
4）将干胶与胶片分离开，用单边剃刀刀片从胶上割下蛋白质条带。从割下的胶条上剥去纸片并用刀片轻轻刮去残留的纸屑。尽量不要削掉凝胶，因为这会减少蛋白质的回收。将胶条放到 1.7 ml 带螺旋盖的微量离心管中，用闪烁计数器进行契仑科夫计数以测定放射量。
5）将干的胶条重新浸入 500 μl 50 mmol/L 碳酸氢铵，pH 7.3～7.6 中，于室温下放置 5 min。用 Kontes 组织研磨杵捣碎胶条，直至管子对着光看不到胶块时为止。加入 500 μl 50 mmol/L 碳酸氢铵，pH 7.3～7.6，10 μl 2-巯基乙醇和 10 μl 20% SDS，煮 2～3 min。
6）在摇床上于室温下摇荡 4 h 或于 37℃至少摇荡至少 90 min 以提取蛋白质。
7）用带吊桶式转子的台式离心机于室温下 500 *g* 离心 5 min 收集管底的凝胶浆。上清移至新的 1.5 ml 微量离心管中。

特别注意：管子的品牌非常重要。应当选用不会产生副作用或在最后转移一步中吸附太多 cpm 的管子。作者使用的是 Myriad Industries 的微量离心管。

8）在开始第二次洗脱前，测量第一次洗脱液的体积并计算出第二次洗脱的液体量，以使两次洗脱液合并在一起的总量约为 1300 μl。第二次洗涤时，按计算出的量加入 50 mmol/L 碳酸氢铵，内含 0.1% SDS 和 1.0% 2-巯基乙醇。涡旋振荡，煮 2～3 min，然后在摇床上孵育至少 90 min 进行再次提取。
9）按照步骤 7 的方法离心分离凝胶和洗脱液，将上清液转移到装有初次洗脱液的管子中。
10）为了除尽合并的洗脱液中的凝胶浆，全速离心 5～10 min，将上清液转移到新的管子中。在丢弃凝胶碎片前，用契仑科夫计数法进行检测以确保有 60%～90%的^{32}P标记蛋白被回收。
11）将洗脱液放置在冰上冷却。加入 20 μg 载体蛋白（10 μl 2 mg/ml 的储液），充分混匀，加入 250 μl 冰冷的 100% TCA，充分混匀，冰上孵育 1 h。
12）于 4℃全速离心 5～10 min 收集蛋白质沉淀。弃上清液，再次于 4℃离心 3 min，去除残留的 TCA。
13）加入 500 μl 冰冷的 96%乙醇颠倒管子几次洗涤 TCA 沉淀，于 4℃全速离心 5 min，弃上清液，再次于4℃离心3 min，去除残留液体。晾干蛋白质沉淀（不要冻干）。

14）用契仑科夫计数法对沉淀进行检测以确保大部分的^{32}P标记蛋白被回收。

此时样品的cpm值应当与洗脱液（见步骤10）的cpm值相同或稍微高一些，因为洗脱液的液体会猝灭减少计数。

15）制备过甲酸：将9份甲酸与1份30%过氧化氢混合，于室温下孵育60 min。将过甲酸放置于冰上冷却。

16）将TCA沉淀的蛋白质重悬于50 μl冰冷的过甲酸中，冰上孵育60 min。

17）加入400 μl去离子水，混匀，放置于干冰上冷冻。在SpeedVac蒸发器中真空蒸发掉过甲酸。

非常重要的一点是稀释并冷冻后再进行蒸发，否则，SpeedVac蒸发器中温度的升高会使样品酸水解。

这时可以取一份样品（5%～10%的消化物，至少200 cpm）进行磷酸氨基酸分析。按照17.3中的描述进行冻干和后续操作。

18）将蛋白质沉淀重溶于50 μl 50 mmol/L碳酸氢铵，pH 8.0，加入10 μg胰蛋白酶（10 μl 1 mg/ml的储液），37℃消化3～4 h或过夜。

19）再加入10 μg胰蛋白酶，再次于37℃消化3～4 h或过夜。

20）加入400 μl去离子水，在SpeedVac蒸发器中冻干。将干粉重溶于400 μl去离子水中并再次冻干。如此重复，至少要冻干4次。

21）将胰蛋白酶消化的产物重溶于400 μl电泳缓冲液或去离子水中。

当在pH 1.9或pH 4.72进行电泳分析时，作者分别用pH 1.9或pH 4.72的缓冲液溶解样品。当在pH 8.9进行电泳分析时，使用去离子水溶解样品。

22）全速离心5～10 min去除肽混合溶液中的颗粒物质，将上清液转移到一个新的微量离心管中，冻干。用契仑科夫计数法测量最终样品的^{32}P放射量。

非常重要的一点是最终的样品溶液中不能有颗粒物质存在，为了确保这一点可以重复几次这一步的离心操作。

23）用至少5 μl的pH 1.9的电泳缓冲液、pH 4.72的电泳缓冲液或去离子水，重新溶解消化产物，全速离心2～5 min收集管底的样品溶液。

24）用超软的钝头铅笔在TLC平板的纤维素侧划小叉标记出样品和染料起始点（图17.9.1），注意不要扰动纤维素层（或者也可以选择在反面用记号笔做标记）。

25）用装有长而柔韧吸头（圆的，凝胶上样吸头很好用）的小体积可调移液器，将各个样品（≥1000 cpm）点到相应的起始点上。每滴点0.2～0.5 μl，吹干后再点下一滴，可以用带滤器（滤掉浮质及颗粒物质）的气管和1 ml注射器或巴斯德吸管吹干所点的样品。

26）在板的顶端的染料起始点上滴加0.5 μl绿色标记液（图17.9.1和图17.9.2）。

标记染料呈绿色，但在电泳时能分离出蓝色（二甲苯蓝FF）和黄色（e-dinitrophenyllysine）的成分（图17.9.2D）。

27）如下准备HTLE 7000装置，参见图17.9.3。

a. 将电泳缓冲液倒入缓冲液缸中，约5 cm深。在Teflon盖子上放一张聚乙烯膜以保护并隔绝底座，膜的两端折下塞入底座和缓冲液缸之间，将膜固定。

b. 在电泳缓冲液中浸湿电泳芯子，将芯子的一边塞入缓冲液缸中，折起另一边放

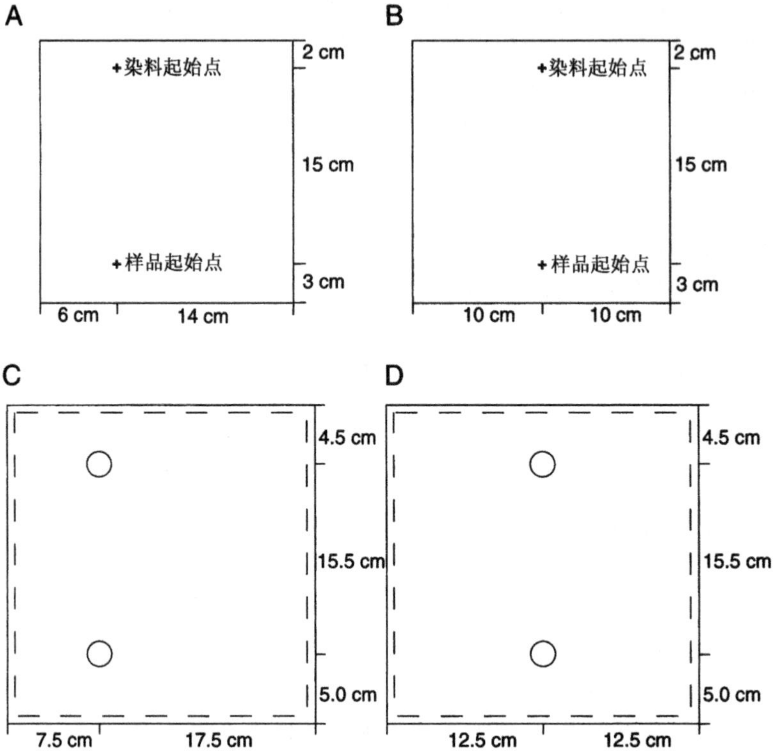

图 17.9.1 在不同 pH 下分离肽的样品起始点、染料起始点和吸水纸的尺寸和位置。A. 在 pH 1.9 和 pH 4.72 下进行电泳时样品起始点和染料起始点的位置。B. 在 pH 8.9 下进行电泳时样品起始点和染料起始点的位置；为了给 TLC 平板做标记，将它放在同样大小的一块模板上，然后一起放在光盒上，用钝头的超软铅笔在纤维素面标记出起始点。C. 在 pH 1.9 和 pH 4.72 下进行电泳时吸水纸的尺寸和两个与样品起始点和染料起始点匹配的孔的位置。D. 在 pH 8.9 时其尺寸和孔的位置。

在底座上的聚乙烯膜上。再取一张聚乙烯膜放于底座、电泳芯子和部分缓冲液缸上。

c. 在顶上放第二张 Teflon 膜和氯丁橡胶垫，封闭装置，用两个销子固定盖子。将气压调至 10 psi 使气袋膨胀以从电泳芯子中挤出多余的缓冲液。保持气压直到开始电泳为止。

d. 当样品点到 TLC 平板（步骤 25 和 26）并准备开始电泳时，关闭气压并打开装置。除去氯丁橡胶垫和顶端的 Teflon 膜及聚乙烯膜，折回电泳芯子。用绵纸擦干两张聚乙烯膜。

e. 按照图 17.9.2 浸湿含有样品的 TLC 平板并将之放于覆盖底座的聚乙烯膜上。将两侧的电泳芯子分别盖在平板的边上约 1 cm 宽，然后按照上述操作小心地重新搭好装置。聚乙烯膜与 TLC 板接触后，要避免其侧移。用销子固定盖子，使气袋膨胀至 10 psi，打开冷却水流，开始电泳。

在这一步，作者利用起始点周围带孔的吸水纸来使电泳缓冲液浸湿 TLC 平板以尽量使样品集中（图 17.9.1 和图 17.9.2）。吸水纸是由两层 Whatman 3MM 滤纸沿着边缘缝合在一起做成

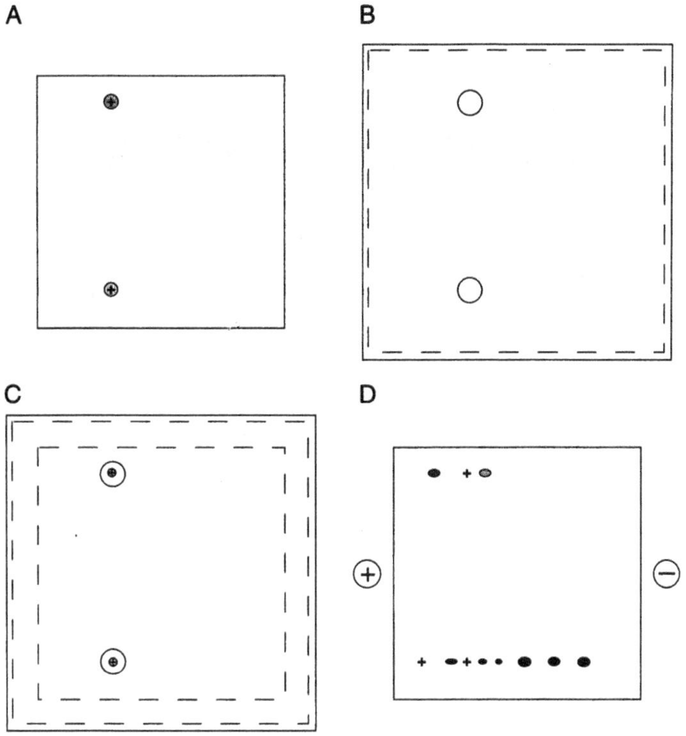

图 17.9.2 肽的电泳分离。A. 如文中所述将样品和染料分别点在位于 TLC 平板底部和顶部的各自的起始点上；B. 吸水纸在电泳缓冲液中短暂浸湿，多余的液体用一张 3MM 滤纸吸去；C. 将吸水纸放于 TLC 平板上面使之湿润，样品起始点和染料起始点位于两个孔的中心。压在 TLC 平板上样品和染料起始点周围的吸水纸可以确保电泳缓冲液均匀地从吸水纸流向样品和染料起始点。这会使样品和染料聚集在各自的起始点以提高分辨率。用手将吸水纸的其余部位平压在 TLC 平板上，除去吸水纸，检查平板，平板应呈暗灰色，其上应没有闪亮的缓冲液洼。多余的缓冲液应使之蒸发掉或用绵纸小心吸去。将平板装到电泳装置中，于 1 kV 电泳 20～30 min，使肽进行第一维的分离；D. 肽以黑色表示，阳极和阴极的位置在 D 中标出。

的。用锋利的软木塞打孔器在围绕起始点的位置（图 17.9.1）打出 1.5 cm 的孔。最好每种缓冲液分别用各自的吸水纸。

缓冲液必须以相近的速度，从周围移向起始点。如果缓冲液需较长时间才浸润到点样点，或不均衡地经过点样点，那样品点不可避免地会形成条纹状。

f. 以 1.0 kV 电压电泳 20～30 min，在一维方向上分离肽（图 17.9.2）。

28）电泳完成后，拆除装置，用风扇吹干 TLC 平板，至少吹 30 min。

29）在平板的左手边或右手边的边缘与样品起始点齐平的位置点上一滴（约 0.5 μl）绿色标记染料，避免滴加到被电泳芯子接触挤压过的区域（图 17.9.4）。将干的平板近乎竖直地放置到装有合适的层析缓冲液的层析缸中，盖上盖子。在层析进行时切勿扰动层析缸或打开盖子。使缓冲液跑到距离平板顶端 1～2cm 处。

30）打开层析缸，将 TLC 平板从层析缸中取出。使平板在通风橱中干燥 1 h 或在 65℃烘箱中干燥 15 min。

如果还需要将肽从平板中提取出来以备进一步分析之用的话，不要使用烘箱进行干燥。

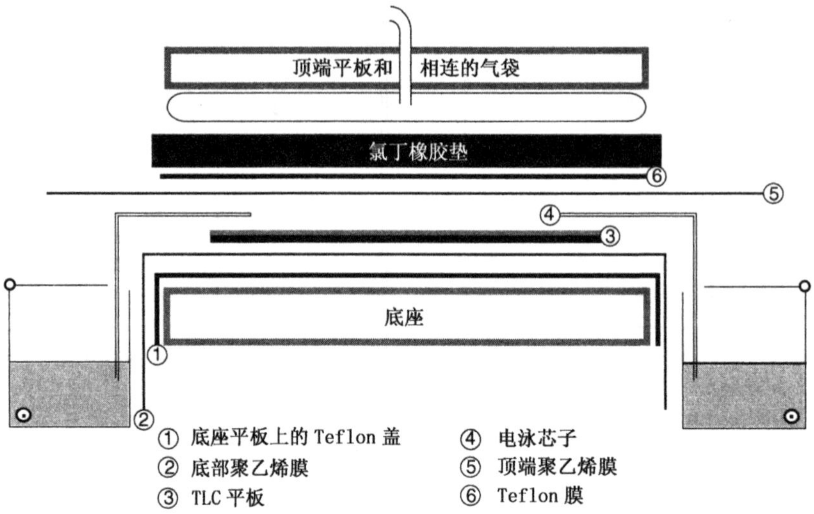

图 17.9.3　HTLE 7000 电泳系统的组装。

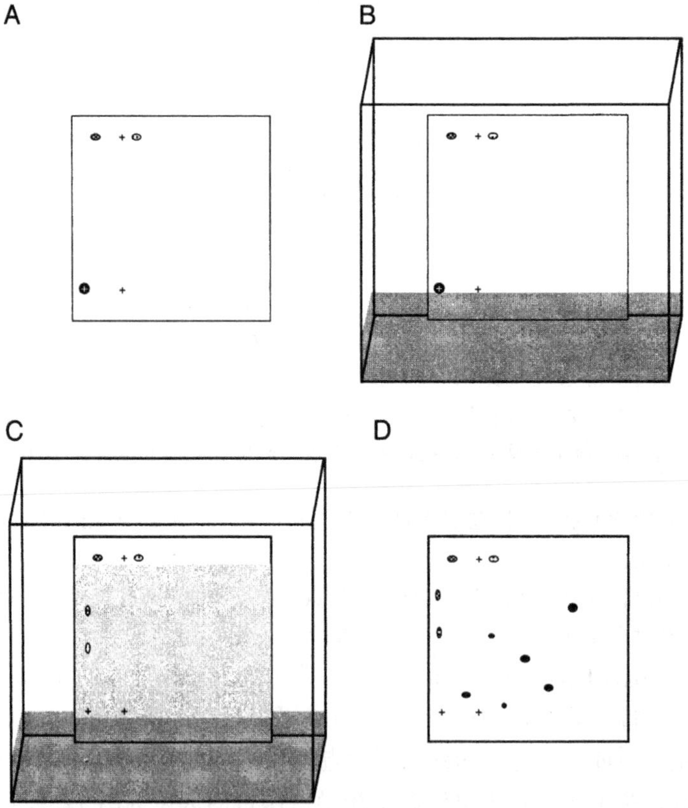

图 17.9.4　用层析法进行肽的第二维分离。电泳后，晾干平板。可以用风扇吹干平板。在与样品起始点同一水平线的位置上加少许绿色标记染料在左手边（A）或右手边。将平板近乎垂直地放于层析缸中，盖上盖子进行层析直至缓冲液跑到距离平板顶端 1～2 cm 处（B 和 C）。这造成肽的第二维分离（D，肽以黑色表示）。打开层析缸，取出所有平板，晾干，用荧光墨水在平板周围做标记，对 X 射线胶片曝光。

31) 用荧光墨水在平板四周做标记，这些参照标记有助于以后的放射自显影图片与TLC平板的比对。在增感屏的辅助下将平板对X射线胶片或磷屏曝光以进行放射自显影（附录3A）。如果需要回收肽以备进一步的分析的话，参见辅助方案。

17.9.2 备择方案 固相化蛋白质的水解消化

附加材料（亦见基本方案1；带√项见附录1）

甲醇

√0.5%（*m*/*V*）PVP-360溶于100 mmol/L乙酸

50 mmol/L碳酸氢铵，pH 8.0

PVDF膜（Immobilon P，Millipore）或硝酸纤维素膜（见10.6）

保鲜膜（Saran Wrap）或聚酯薄膜（Mylar）

步骤

1) 用SDS-PAGE凝胶电泳分离^{32}P标记的样品（见10.3），用标准的湿式或半干式蛋白质转移方法（见10.6）将蛋白质转移到PVDF或硝酸纤维素膜上。
2) 将膜晾干并用保鲜膜或聚酯薄膜包裹以防止膜与胶片粘连，用荧光墨水做标记（见基本方案1步骤2），对X射线胶片曝光（放射自显影；附录3A）。
3) 比对胶片和膜上的荧光标记的位置以确定蛋白质在膜上的位置（见基本方案1步骤3）。
4) 用单边的剃刀刀片割下含有所要的蛋白质的膜条，然后将此膜条切成更小的碎片。将这些含有特定的磷酸标记蛋白的膜碎片装入一个微量离心管中。用契仑科夫计数法对膜碎片的放射性进行定量测定。
5) 加入500 μl甲醇重新浸湿膜碎片，用去离子水洗涤膜片数次，然后于0.5% PVP-360（溶于100 mmol/L乙酸）中37℃孵育30 min。
6) 洗膜至少5次，每次用1 ml去离子水。再用1 ml 50 mmol/L碳酸氢铵，pH 8.0洗2次。
7) 加入足够量的50 mmol/L碳酸氢铵以能盖住膜碎片（通常为200～400 μl），加入10 μg TPCK-胰蛋白酶（10 μl 1 mg/ml储液），于37℃孵育至少2 h。
8) 再加入10 μl 1 mg/ml TPCK-胰蛋白酶储液，于37℃孵育2 h。
9) 短暂的旋转振荡，全速短时离心收集管底的液体，上清液转移至新的微量离心管中。用500 μl去离子水洗膜碎片，短暂离心，将洗涤液加入前次的上清液中。
10) 在SpeedVac蒸发器中冻干，用契仑科夫计数法对洗脱下的^{32}P标记肽进行定量测定。

    洗脱液中应当含有80%～90%的放射活性。

11) 在过甲酸中孵育，使肽氧化（见基本方案1步骤15～17）。
12) 加入500 μl去离子水，冻干，然后在TLC平板上进行电泳（见基本方案1步骤21～31）。

17.9.3　辅助方案 1　从纤维素平板上提取磷酸肽

材料（带√项见附录 1）

已分离过磷酸肽并经过放射自显影的 TLC 平板（见基本方案 1 或备择方案）

√电泳缓冲液，pH 1.9

单边剃刀刀片

1000 μl（蓝色）移液器吸头

小的能塞在蓝色吸头内的烧结的聚乙烯片（Kontes）

玻璃棒或类似的能将烧结圆片推入吸头的装置

步骤

1）用锋利的刀片小心地切去蓝色吸头领圈的部分，细的吸口端也裁去约 3 mm。

2）用玻璃棒将一烧结的聚乙烯片从蓝色吸头的广口端塞入，直到与吸头内部紧密接合。

用直径与聚乙烯片相同的玻璃棒有助于保持圆片的平直，即与吸头的纵轴垂直。不要将圆片塞得过深，因为这会导致吸头胀大并破损。烧结圆片可以在吸头截面上形成一个屏障以截留从平板上刮下的纤维素。因此，圆片必须牢固地塞在吸头中以抵抗来自真空管的吸力。

3）测试圆片在吸头中的摆放情况：在吸头的广口端连接一段管子，管子的另一端接在真空管上。使用较强的真空并用手指堵住吸头的细口端，检查确保烧结圆片固定不动。

4）将 TLC 平板，纤维素面朝上，放在光盒上。将放射自显影胶片直接放在纤维素层上，仔细将平板上参照标记的位置与胶片上相应的图像位置对齐。

5）用黑色记号笔在 TLC 平板背面（玻璃面）画出所要斑点的轮廓。

6）拿掉胶片，将平板倒放在光盒里，用软铅笔在纤维素面描画出前面记号的轮廓以便于在不用光盒的情况下能看到斑点的轮廓。

7）将洗脱吸头用一段管子连接到真空器上，开始抽真空。

8）用洗脱吸头的细口从 TLC 平板上刮下标记区域的纤维素，纤维素从板上刮下后会被吸入到吸头中的滤片（烧结圆片）上。刮完后，拔下洗脱吸头广口端的管子，保持细口端朝上。

多个平板上相同的点可以用同一个吸头刮取。但是，多次重复使用后，洗脱吸头的细口端会变“钝”，越来越难从平板上刮取纤维素。此时，可以用刀片在细口端再切去一段以重新修剪出锋利的边缘。

9）将洗脱吸头放在一个 1.5 ml 的微量离心管中，广口端朝下，烧结圆片带有真空吸取的纤维素的一面朝上。

10）立即加入 100 μl 电泳缓冲液，pH 1.9（洗脱缓冲液）到纤维素上，浸泡的同时从平板上真空吸取其他的斑点。

此处所用的洗脱缓冲液的 pH 应为 1.9。如果 pH 1.9 的缓冲液不能洗脱下所有的磷酸肽，可以试用去离子水。

11）当所有的斑点都被真空吸取完并且最后吸取的斑点在缓冲液中已经浸泡了约 5 min

后，将微量离心管和吸头等都放入离心机，全速离心约 3 s，关闭离心机。再加 100 μl 洗脱缓冲液到每个管子的纤维素上，并再次浸泡 5 min，然后离心过柱。重复洗脱 5 次，最终每管有 600 μl 洗脱液，内含>90%的放射活性。

12）取出微量离心管中的洗脱吸头，小心使所有洗脱液保留在管中（有些会粘在吸头边缘形成液滴，应当将之移回管中）。保留洗脱吸头。如果洗脱了不止一个斑点，标记好哪个吸头用于哪个肽。

13）全速离心 5 min 使洗脱液变澄清（离心后可以看见少量纤维素沉淀，沉淀多少取决于烧结圆片在洗脱吸头内的接合紧密度）。将上清液转移到新的微量离心管中。

14）用契仑科夫计数法对洗脱液和空的洗脱吸头进行测量。

好的洗脱吸头应当保留并重复使用。清洗这些吸头时，可以使用真空器连接到吸头细口端吸出纤维素（到真空瓶中）并用约 10 ml 洗脱缓冲液或去离子水通过清洗吸头。烘干并用闪烁计数器测量后可以再次使用。

15）在 SpeedVac 蒸发器中冻干，用契仑科夫计数法进行计数。

最终洗脱下的肽样品的 cpm 数决定其是否能用于下一步分析。

17.9.4 基本方案 2 用手工 EDMAN 降解法测定肽中磷酸化氨基酸的位置

如果样品量不足以用于直接测序，可以用手工 Edman 降解法来降解肽以确定磷酸化氨基酸在肽中的位置。磷酸丝氨酸或磷酸苏氨酸降解后释放出丝氨酸或苏氨酸和自由磷酸盐，而磷酸酪氨酸降解后释放出磷酸酪氨酸的衍生物——苯胺基噻唑啉酮。

材料（带√项见附录 1）

洗脱的磷酸肽（见辅助方案 1）

5%（*V*/*V*）异硫氰酸苯酯（PITC）溶于吡啶中

10∶1（*V*/*V*）庚烷/乙酸乙酯-10 份庚烷与 1 份乙酸乙酯混合

2∶1（*V*/*V*）庚烷/乙酸乙酯-2 份庚烷与 1 份乙酸乙酯混合

100%（*m*/*V*）三氟乙酸（TFA）

√电泳缓冲液，pH 1.9

200～500 cpm ^{32}P（用去离子水稀释^{32}P正磷酸盐配制）或 2 mg/ml PTH-磷酸酪氨酸（附录 1）

微量离心管（Myriad Industries）

45℃水浴

适用于契仑科夫计数法的闪烁计数器

TLC 平板（20 cm×20 cm，100 μm 纤维素；EM Science）

65℃烘箱或风扇

步骤

1）根据候选肽段的列表确定循环数。

将循环数指定为 x，每一循环的起始体积为 20 μl。

2）在称为反应管（微量离心管）的管子中将洗脱的肽溶解于 20 μl 去离子水中。

3）取20/(x+1) μl 的一份样品到一新的管子中；此为起始样品材料，储存于 4℃。

4）补加去离子水到反应管中，使总体积恢复到 20 μl。此时开始对样品进行计数：

a. 确保从起始样品中实际取出所需的 cpm 量（作为起始样品材料）；

b. 在每一循环开始时检测 cpm。

5）每个反应管中加入 20 μl 5%（V/V）异硫氰酸苯酯（溶于吡啶中），充分涡旋振荡混匀，短暂离心收集液体至管底，45℃孵育 30 min。

6）每个反应管中加入 200 μl 10∶1 庚烷/乙酸乙酯，涡旋振荡 15 s。全速离心 1 min 分离两相。

吡啶会进入有机相（上层）。

7）用带塑料吸头的移液器，小心吸去上层有机相。按步骤 6 的方法用 10∶1 庚烷/乙酸乙酯再次抽提水相（下层）。

8）按步骤 6 的方法用 2∶1 庚烷/乙酸乙酯抽提水相 2 次。

9）在干冰上冷冻水相，然后在 SpeedVac 蒸发器中冻干。

10）将干的样品重新溶解于 50 μl 100%三氟乙酸（TFA），45℃孵育 10 min。

11）在 SpeedVac 蒸发器中冻干样品。

12）用契仑科夫计数法对样品计数。

测得的 cpm 应当与循环开始时的值（即步骤 4）相同。

13）往反应管中加入 20 μl 去离子水，涡旋振荡，短暂离心。取出 20/x μl 第一个循环的产物用于分析。取出的样品与起始样品一起储存于 4℃。

14）补加去离子水到反应管中，使总体积恢复到 20 μl，开始第二轮反应。重复步骤 5～12。

15）第二轮反应后，加 20 μl 去离子水重悬剩余的样品，取出 20/(x−1) μl 转移到新的管中作为第二轮产物以待分析。重复步骤 4～12。

16）继续重复步骤 4～12 的操作，直至进行到所需的反应轮数。

对于每一新的循环，所取的样品量为 20/(x−y) μl，此处 y 等于循环轮数减去 1。

17）将所有样品在 SpeedVac 蒸发器中冻干。用契仑科夫计数法对所有的最终样品进行计数。

18）如果进行了冻干，用 5 μl pH 1.9 的电泳缓冲液或去离子水溶解样品。以最大速度离心 2 min 以沉淀不溶的物质。

如果每轮反应后所取样品的体积很少，可以跳过步骤 17 和 18，将样品直接上样到 TLC 平板上。

19）将分析一个既定的磷酸肽的所有样品以至少 1 cm 的间距点样于 TLC 平板中心的一条垂直线上的起始点（见图 17.9.5）。将 50～200 cpm [^{32}P] 磷酸盐或 1～2 μg PTH-磷酸酪氨酸（0.5～1.0 μl 2 mg/ml PTH-磷酸酪氨酸储液）（取决于所研究的肽的磷酸氨基酸的组成）作为标记点样于位于同一垂直线上的起始点。点样时每次滴加 1/3～1/2 μl 样品，干燥后再滴加下一滴（见基本方案 1 步骤 25）。

20）如图 17.9.5，浸湿平板。

21）准备 HTLE 7000 装置，以 1.0 kV 电压在 pH 1.9 的电泳缓冲液中电泳 25 min（见

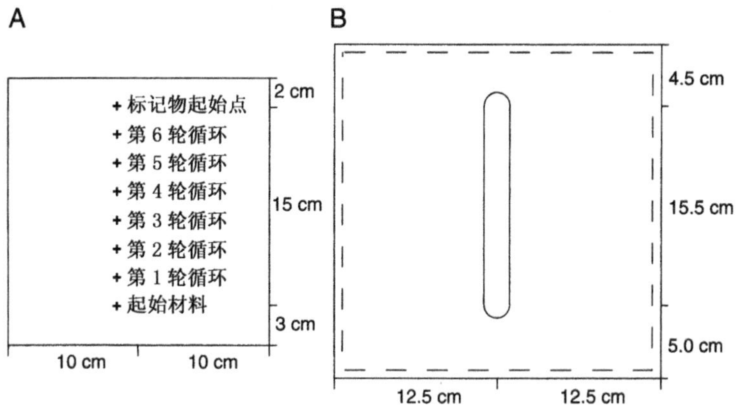

图 17.9.5 在 pH 1.9 下进行手工 Edman 降解产物分析时的样品和染料起始点及吸水纸的位置和尺寸。A. 样品起始点和染料起始点的位置。为了给 TLC 平板做标记，将它放在同样大小的一块模板上，然后一起放在光盒上，用钝头的超软铅笔在纤维素面标记出起始点；B. 吸水纸的尺寸以及与多个样品起始点和染料起始点相匹配的狭缝的位置。吸水纸在电泳缓冲液中浸湿，用一张 Whatman 滤纸吸去多余的液体，然后放置于 TLC 平板上，使起始点位于狭缝的中间。

基本方案 1 和图 17.9.3)。

22) 待平板干燥后（用 65℃烘箱或风扇），用放射性或荧光标记物进行标记，在增感屏的辅助下于－70℃对预敏化的胶片曝光（放射自显影；附录 3A)。

17.9.5 基本方案 3 第二次鉴别性消化以检测磷酸肽中特定氨基酸的存在

通过用序列特异性的蛋白酶进行消化或用位点特异性的化学试剂进行裂解的方法可以获得更多关于磷酸肽的信息。

材料（带√项见附录 1)

洗脱的磷酸肽（见辅助方案 1)

用于消化的酶和合适的缓冲液（见表 17.9.1)

2-巯基乙醇

√合适 pH 的电泳缓冲液

适合于酶消化的温度的水浴

TLC 平板（20 cm×20 cm，100 μm 纤维素；EM Science)

步骤

1) 在微量离心管中用 50 μl 合适的缓冲液溶解洗脱下的磷酸肽，短暂离心在管底收集所有的溶液。取 1 μl 肽溶液滴加到 pH 试纸上检测其 pH，确保最终的 pH 适宜于酶的活性。如果加入肽后溶液的 pH 发生剧变，调整好 pH 后再加入酶。

2）取出一部分（通常为 50%）样品，作为未消化的对照和作为与消化样品混合的一部分。

3）加入 1～2 μg 酶到待消化的样品中，涡旋振荡，短暂离心使样品集中到管底。

4）将所有管子放于合适温度的水浴中至少孵育 1 h。

5）再加入一份酶，继续孵育 1 h。

6）往每个样品中加入 1 μl 2-巯基乙醇，煮 5 min 以使酶失活。

在分析已消化和未消化样品的混合物时必须完全使酶失活后再将样品点到平板上，否则当两个样品混合后未消化的样品会被很快消化掉。

7）在 SpeedVac 蒸发器中冻干样品。

8）将样品重悬于 6 μl 合适 pH 的电泳缓冲液中，剧烈地涡旋振荡混合以使样品溶解。全速离心以使不溶解的物质沉淀下来。

9）取一半未消化的样品点样于一块 TLC 平板上。将已消化的样品对半分为两份，分别点样到两块 TLC 平板上，其中一块再点上另一半的未消化的样品作为混合物。

10）在平板上进行电泳和层析（基本方案 1 步骤 24～31）。根据所分析的特定磷酸肽在原始图谱上的位置选择合适的 pH 以及电泳和层析的时间，尽可能使肽和它的可能降解产物很好分离，同时确保小的降解产物能留在平板上。

表 17.9.1 酶和其他裂解试剂的特异性和消化条件

酶或试剂	特异性[a]	消化条件	备注
TPCK-胰蛋白酶	K-X；R-X	pH8.0～8.3	不能切 K/R-P；切 K/R-X-P. Ser/P. Thr 和 K/R-D/E 的效率不高；切 K/R-P. Ser/P. Thr 效果很好；切 X-K/R-K/R-K/R 不完全
α-胰凝乳蛋白酶	F-X；W-X；Y-X	pH8.3	不能切 F/W/Y-P 或 P. Tyr-X
嗜热菌蛋白酶	X-L；X-I；X-V	pH8.0，1 mmol/L $CaCl_2$，55℃	在一定程度上能识别大多数非极性氨基酸残基；$CaCl_2$ 会影响电泳迁移率
脯氨酸特异性肽链内切酶	P-X	pH7.6	—
溴化氰（CNBr）	M-X	50 mg/ml CNBr 溶于 70%甲酸，90 min，23℃	CNBr 有毒；只能切未氧化的甲硫氨酸
V8 蛋白酶	E-X	pH7.6	V8 不能在蛋白质的每个 E 处切割；给予固定的模式
Asp-N 内切蛋白酶	X-CSO_3H；X-D	pH7.6	在高浓度时能切割 X-E
甲酸	D-P	70%甲酸，37℃，24～48 h	—

a. 短线表示切割位点。

17.9.6 辅助方案 2 用于微序列测定或质谱的磷酸肽的制备

1）优化蛋白质的 ^{32}P 标记。

如果所研究的位点只在细胞受刺激后才出现磷酸化，弄清刺激后的磷酸化时间进程是有帮助的，同样要测定最佳的激动剂的浓度。

如果采用体外系统，测定激酶反应的最佳条件（时间以及激酶浓度与底物浓度的比率）。在反应中加入 1 mmol/L 冷的 ATP 以使反应进行到最大化。

2）计算提取 10 pmol 磷酸化材料所需的细胞数和底物量。

即使在优化的条件下，在体外也难达到超过 25%的磷酸化效率。在完整细胞内，磷酸化效率更低。过高估计所需的起始材料的量并没什么坏处，因为提取过程中发生的损失往往超乎想象。

3）在计算扩大反应规模时，应考虑以下几点。

a. 样品进行放射标记仅仅是为了可视化的目的，即确定提取胶上哪个条带、从 TLC 平板上的什么地方提取磷酸肽以及 HPLC 的哪个馏分用于最终的分析。因此，大部分的材料不需要标记，进行制备型 HPLC 时每个图谱只需要约 1000 cpm 的样品斑点。从细胞中提取过表达的蛋白质时，在 20 个培养皿中只需标记 2 或 3 个培养皿的细胞就足够了。当用体外系统时，只需要有一个反应用 [γ ^{32}P] -ATP（加入激酶活性最低必需量的冷 ATP 即可）进行来产生标记的材料。为了产生足够用于后续分析的材料，用非标记的 ATP 进行额外的激酶反应。为了达到可视化，将标记的和未标记的样品混合后再进行 SDS-PAGE 电泳分离。

b. 当胶量增加时，蛋白质洗脱效率会降低，因此尽量使胶条数目保持最小。每管大约可以成功提取四条丙烯酰胺胶条中的蛋白质。

c. 如果在每个洗脱样品中有大约 20 μg 底物蛋白，在 TCA 沉淀一步中（见基本方案 1 步骤 11）不需要加入载体蛋白。这将使样品更干净，因为在 TLC 平板上将不会有载体蛋白的胰蛋白酶消化片段存在。

d. 基本方案 1 中用于图谱样品消化的 20 μg 胰蛋白酶是大大过量的。虽然尽可能的消化完全是非常重要的，但也可能没有必要再增加胰蛋白酶的用量。反而是在过甲酸消化一步可以考虑将类似的样品富集起来（在孵育 60 min 快结束时进行，以使蛋白质有充足的时间溶解）。加 1～5 μg（总）胰蛋白酶到 50 μg 蛋白质中进行消化也没什么不合理的。将胰蛋白酶的用量最小化反而可以减少上样到每块 TLC 平板上的“多余”蛋白质的量并能确保样品点不会因为过量而出现条纹化。

e. 根据待分析的总蛋白质的量来确定所需 TLC 平板的数量——总蛋白质包括胰蛋白酶的量、载体蛋白（如果有的话）的量和所研究的蛋白质的量。虽然 TLC 平板的容量约为 100 μg，但是为了确保得到好的分离效果，每块平板上的蛋白质不要超过 60 μg。

因特网资源

http://www.genestream.org

该网站包含了能计算已知组成的肽的迁移率的程序和能识别真实图谱上斑点的位置并能计算出来源于进行图谱分析的蛋白质的哪个肽的迁移率对应于该斑点的迁移率。

参考文献：Boyle et al., 1991; van der Geer et al., 1993.

撰 稿 人：Jill Meisenhelder, Tony Hunter and Peter van er Geer

第18章 生物信息学

一个又一个基因组计划的开展，产生了大量的DNA序列数据，这些生物学信息——包括DNA序列和基因定位图数据以及和它们相关的文献——正指数倍增长。如此多的信息迅猛而来，应该如何收集、分类、获取和利用这些信息呢？近年来应用于此海量信息的电脑程序已经取得了重要的进展。现已建立了许多数据库用来储存这些数据，这些数据库之间的相互连接方式也有了很大的进步，使得那些高负荷工作的分子生物学家更易掌握使用。通往新信息时代的钥匙就是国际互联网计算机网络。

18.1详细阐述了如何用流行的基本局部比对搜索工具系列（BLAST）程序组进行DNA和蛋白质序列数据库的同源搜索，基本运算法则与FASTA的比较和对照。这一章还特别讨论了在同源搜索中可以避免一般失误的许多窍门和提示。此外，还包括如何去评价搜索结果的统计学意义。

18.1 用BLAST程序组进行序列相似性搜索

全世界的科学家每天成千上万次地进行数据库的序列相似性搜索。普通实验室的科学家可利用这些相似性搜索结果来推断新发现的cDNA的功能，预测基因家族的新成员和搜索序列之间的进化关系，相应地阐明生物化学和（或）遗传学特征的序列组成的序列数据库。随着人类基因组测序工程的到来，有一部分科学家正在利用这些阐明了的序列预测基因组片段编码区域和调节区域的位置和功能。测序工程的贡献不仅仅在于可以以很快的速率向序列数据库提供原始的mRNA和基因组序列，同时也可利用对这些原始数据的分析加深对序列的理解。这种双重的努力使得近年来序列数据库的大小和质量大大提高。因此序列的相似性搜索已成为所有分子生物学家一个很重要的研究工具（Altschul et al.，1994；Schuler，1998）。

多年来，已产生了很多支持序列数据库搜索分析的算法（程序）。被应用最多的算法具有下列特点。①速度。因为当今的数据库非常庞大，这些程序运算的速度必须足够快。②敏感性。这些程序必须能计算出所有可能的相似序列。③严格的统计学。这些程序必须提供评价结果统计学意义的方法。④方便性。没有经过程序正规训练的科学家可以理解如何使用程序和解析结果，高级的科学家可以更改参数以满足特殊要求。⑤连接更新的数据库。当今的GenBank数据库大约每16个月翻一番，这些程序必须能够连接最新版本的数据库进行搜索分析。

用于序列相似性搜索的BLAST程序组（Basic Local Alignment Search Tool）满足了上述的特点。简单地说，用户输入查询核苷酸或氨基酸序列，然后搜索核苷酸或氨基酸数据库，BLAST程序组返回被“选中”的序列列表（hit list）、查询序列的配对和统计值。本章描述了怎样选择合适的BLAST程序和数据库，搜索相似性序列和解析结果。

BLAST程序组和说明文件

NCBI目前免费支持两个版本的BLAST程序，BLAST 2.0（带缺口的BLAST）和位点特异性反复BLAST（PSI-BLAST，Position Specific Iterated BLAST）。BLAST 2.0是标准的BLAST版本，用户可以查询核苷酸或氨基酸序列。BLAST 2.0在查询序列中加入缺口和数据库的目标序列配对，这样两个序列之间不同区域的相似可以合并返回一个选中。PSI-BLAST是反复的BLAST搜索，适合于远相关序列的相似性搜索。

NCBI网址上其他的BLAST程序还有BLAST 2。BLAST 2用于用户输入的任何两个序列之间的配对分析。用户也可以利用BLAST搜索GenBank以外的数据库，包括未完成的微生物基因组［*P. falciparum*（人疟原虫）］和THC（tentative human consensus）序列。THC序列来自于TIGR研究所（The Institute for Genome Research）。这些数据库的内容随时可能变化。

使用BLAST程序组最容易和最常见的方法是通过NCBI的BLAST主页。网址是http：//www.ncbi.nlm.nih.gov/BLAST/。你也可以获得BLAST程序组的所有说明文件。这个文件包括BLAST程序的综述、BLAST常见问题及回答（FAQS）、BLAST使用手册和引用的参考文献等。

NCBI数据库和BLAST程序可以单独下载至本地的计算机，用于本地数据库的分析。下载的BLAST程序和文件说明可以支持以下的操作系统：IRIX、Solaris、DEC OSF1和Win32计算机系统。BLAST 2.0的执行文件可通过访问NCBI匿名的FTP服务器（ftp：//ncbi.nlm.nih.gov/blast/executables/）获得。

BLAST程序以客户端服务器的形式运行。在这种方式下，用户在本地计算机上安装客户程序与NCBI的服务器通过网络联系，这种方式对于进行频繁的数据库检索尤为有用，因为用户可以在本地计算机实现自动化搜索步骤。BLAST的客户程序可通过访问NCBI匿名的FTP服务器（ftp：//ncbi.nlm.nih.gov/blast/network/netblast）获得。

对于没有方便的internet连接的用户，使用NCBI的BLAST电子邮件服务器是一种最好的选择。发送一封包含查询的核苷酸或氨基酸序列的电子邮件至blast@ncbi.nlm.nih.gov。查询结果将以电子邮件的形式返回。若需要更多的如何用电子邮件进行BLAST查询的信息，发送主题词为help的邮件至blast@ncbi.nlm.nih.gov。

本章集中讨论通过访问NCBI网址如何进行基本的BLAST搜索分析。对于某些BLAST的高级用户，或者需要特殊要求的用户，所有的问题可以发邮件至blast-help@ncbi.nlm.nih.gov而获得帮助。

18.1.1 BLAST概述

基本和高级的BLAST搜索

BLAST2.0的使用有基本和高级搜索两种。用户可以选择BLAST程序组的类型、数据库的类型，是否过滤屏蔽词库中的低复杂度区域（见下文）。BLAST的高级搜索还可以允许用户改变程序的参数。对于大部分研究者，利用缺省参数的BLAST基本搜索程序已经足够。在本章附录 A 可以获得对 BLAST 程序参数的进一步讨论。

BLAST 程序组

BLAST 程序组包含 5 种类型的 BLAST 程序，用于核苷酸和蛋白质序列的相似性搜索。这些 BLAST 程序在表 18.1.1 中列出，不同的 BLAST 程序有不同的应用。

表 18.1.1 BLAST 搜索程序组

序组	查询序列	数据库	内容
BLASTP	蛋白质	蛋白质	普通的或更敏感的 PSI-BLAST 模式。PSI-BLAST 用初始的搜索结果建立一个模型(profile)在随后几轮的数据库搜索中使用
BLASTN	核苷酸(双链)	核苷酸	搜索速度快,灵敏度一般。不适合于搜索较远关系的编码序列。自动搜索查询序列的互补链
BLASTX	核苷酸(翻译)	蛋白质	蛋白质适合于包含可能移码错误的原始数据的查询,如 EST、HTG 和其他一些单向测定的序列
TBLASTN	蛋白质	核苷酸(翻译)	用于在 EST 数据库中查询蛋白质序列,发现数据库中注释的可读框或移码错误
TBLASTX	核苷酸(翻译)	核苷酸(翻译)	只在用 BLASTN 和 BLASTX 搜索无结果时使用。限于搜索 EST、STS、HTG、GSS 和 Alu 数据库

NCBI 数据库

序列相似性搜索的一个常见错误是没有搜索最新的数据库。NCBI 的 GenBank（Benson et al., 1998; ftp://ncbi.nlm.nih.gov/genbank/gbrel.txt）数据每天更新，并且每天与 DDBJ（日本 DNA 数据库，Tateno et al., 1998）和 EMBL（欧洲分子生物学实验室数据库，Stoesser et al., 1998）分享所有数据。使用 BLAST 的主页，客户端程序和电子邮件服务器可以确保搜索最新的数据库。NCBI 支持很多种数据库的序列相似性搜索，这些数据库的内容及说明参见 NCBI 的 http://www.ncbi.nlm.nih.gov/BLAST/blast_database.html. 本节描述 NCBI 经常使用的数据库。不同 BLAST 程序和数据库的举例说明参见下一节。

使用 BLASTP 和 BLASTX 分析蛋白质序列数据库

nr：nr（nonredundant）是最完整的非重复的数据库。GenBank、DDBJ 和 EMBL 都是核苷酸数据库，如果这些数据库中任何一个核苷酸序列被编码序列（CDS）注释，这个编码序列就会出现在 nr。nr 还包括来自 PDB（sequence associated with 3-dimensional structure in the Brookhaven Protein Data Bank，Brookhaven 蛋白质数据库中与三级结构相关的序列)、Swiss-Prot（a curated database of protein sequence，蛋白质序列的辅助数据库；Bairoch and Apweiler，1998)、PIR（Protein Identification Resource，a comprehensive collection of protein sequence，蛋白质鉴别资源：蛋白质序列的广泛集合；Barker et al., 1998）和 PRF（Protein Research Foundation，蛋白质研究基金会）

数据库的蛋白质序列。虽然nr包含很多相似的序列，只有完全相同的序列会合并。合并的序列必须是序列长度和每个位置的每个残基完全相同。nr既是蛋白质数据库，也是核苷酸数据库。nr蛋白质数据库自动的被选择应用于BLASTP和BLASTX分析。

Month：Month数据库从和nr一样的资源获得序列，但只包含最近30天内公布的最新序列。Month所有的序列也存在于nr。

Alu：Alu数据库包含所有Alu家族的典型Alu重复的6种读框翻译（Claverie and Makalowski，1994）。如果含有Alu重复的查询序列用于BLAST分析nr和month，查询结果将会有很多Alu序列被选中。在查询基因组序列时，首先搜索Alu数据库找出Alu重复序列的位置，否则这些Alu重复序列在搜索其他数据库时会产生很多令人误解的“选中”。

使用BLASTN、TBLASTN和TBLASTX分析核苷酸序列数据库

nr：nr数据库包含GenBank、EMBL和DDBJ数据库中的所有核苷酸序列，它还含有来自PDB的核苷酸序列。nr仅含有得到很好注释的序列，因此不包括EST（expressed sequence tag，表达的序列标签）、STS（sequence-tagged site，序列标签位点）、GSS（genome survey sequence，基因组测定序列）或HTG（high-throughput genomic，高通量基因组）序列。虽然nr包含很多相似的序列，只有完全相同的序列会合并。合并的两个序列必须具有相同的长度，每个位置上的每个核苷酸必须完全相同。

Month：month数据库包含GenBank、EMBL、DDBJ和PDB数据库里最近30天内公布的所有核苷酸序列。和nr不同，它也包括最近一个月公布的EST、STS、GSS和HTG的核苷酸序列。

EST：EST数据库包含GenBank、EMBL和DDBJ数据库中所有非重复的EST序列（Boguski et al.，1993）。EST是长度为几百个核苷酸的短序列。EST来自于随机选择的cDNA克隆的插入片段部分的单向测定序列（Adams et al.，1991）。EST的数量增长快，已成为寻找新的cDNA的重要数据库。截止到1998年8月，约70%的GenBank序列是EST，其中61%来自于人类，20%来自于小鼠。

STS：STS数据库包括存在于GenBank、EMBL和DDBJ数据库中所有非重复STS序列。STS是短的，独特的基因组序列作为基因组作图的序列标记（Olson et al.，1989）。截止到1998年，约83%的STS数据库来自于人类。

HTGS：HTGS数据库包括由高通量基因组测序中心测定的尚未完成的序列（Ouellette and Boguski，1997）。一个典型的HTG记录来自于测定的单个黏粒、BAC、YAC或P1克隆的序列数据。它由两个或两个以上至少带一个缺口的总长度超过2 kb的序列片段组成。HTG由基因组测序中心更新。一个HTG记录拥有一个存取号（Accession number）。存取号不随记录的更新而改变。最后更新的HTG记录输入GenBank。一期的HTG是非排序的、非定向的带有缺口的叠连群（contig），二期的HTG是定向的、有序的记录，它可有可无缺口。所有的HTG记录都会被提醒序列未完成，可能含有错误。当序列完成后，成为三期的HTG记录带着同样的存取号转移到了nr数据库。HTG是新产生的、不在nr的基因组序列的重要来源。

GSS：GSS数据库包括由各种测序方法单向测得的短基因组序列（Smith et al.，

1994)。很多 GSS 的序列已经作图。截止到 1998 年 8 月，约 80%的 GSS 数据库来自于人类，14%来自于拟南芥（*Arabidopsis thaliana*）。

Alu：Alu 数据库包含来自于所有 Alu 家族代表性 Alu 重复序列（Claverie and Makalowski，1994)。如果含有 Alu 重复序列的查询序列用于 BLAST 分析查询以上核苷酸数据库，查询结果将会有很多 Alu 重复序列被选中。在查询基因时，需要首先搜索 Alu 重复序列的位置，否则这些 Alu 重复序列在搜索其他数据库时会产生很多令人误解的“选中”(hit)。

Vector：Vector 数据库包含许多标准克隆载体的核苷酸序列。新的序列应该用 Vector 数据库检索以确定不含有载体的“污染”序列。

Mito：Mito 数据库包含很多家族代表性的线粒体序列。新的来自于细胞核的序列需要通过 Mito 数据库检索以确定不含有线粒体的“污染”序列。

查询序列的格式

用户查询的序列可以是输入的新序列，也可以是已存在数据库中的序列。每个存于数据库内的序列都有一个存取号或 gi 代码（参见本章附录 B)。输入新序列的最佳格式是 FASTA 格式。BLAST 也接受非 FASTA 格式的序列或含有数字和空格的序列。FASTA 格式的序列首行是描述行，其余行是序列行。首行以位于首位的“>”符号与其他序列行分开。以下是一个 FASTA 格式序列的举例。

```
>asseq Human choroideremia protein
MADNLPTEFDVVIIGTGLPESILAAACSRSGQRVLHIDSRSYYGGNWASFS
FSGLLSWLKEYQQNNDIGEESTVVWQDLIHETEEAITLPKKDETIQHTEA
FPYASQDMEDNVEEIGALQKNPSLGVSNTETEVLDSALPEESQLSYFNSDE
MPAKHTQKSDTEISLEVTDVEESVEKEKYCGDKDCMHTVSDKSGDKDES
KSTVEDKADEPIRNRITYSQIVKEGRRFNIDLVSKLLYSQGLLIDLLIKSDVS
RYVEFKNVTRILAFREGKVEQVPCSRADVFNSKELTMVEKRMLMKFLTF
CLEYEQHPEDYQAFRQCSFSEYLKTKKLTPNLQHFVLHSIAMTSESSCTTI
DGLNATKNFLQCLGRFGNTPFLFPLYGQGEIPQGFCRMCAVFGGIYCLRH
KVQCFVVDKESGRCKAIIDHFGQRINAKYFIVEDSYLSEETCSNVQYKQIS
RAVLITDQSILKTDLDQQTSILIVPPAEPGACAVRVTELCSSTMTCMKDTY
LVHLTCSSSKTAREDLESVVKKLFTPYTETEINEEELTKPRLLWALYFNM
RDSSGISRSSYNGLPSNVYVCSGPDCGLGNEHAVKQAETLFQEIFPTEEFCP
PPPNPEDIIFDGDDKQPEAPGTNNVVMAKLESSEESKNLESPEKHLQN
```

另一种方法是用户输入序列的存取号或 gi 代码。上述序列的 gi 代码是 116365，存取号是 P26374。存取号或 gi 代码都可以被 BLAST 识别。核苷酸或蛋白质序列代码的类型必须与查询序列的类型一致（Ostell and Kans，1998；Ouellette，1998)。文献中序列的 GenBank 存取号常常指代核苷酸序列而不是蛋白质序列，不能用于 BLASTP 或 TBLASTN 分析。相应核苷酸的蛋白质代码可通过搜索 NCBI Entrez 核苷酸数据库获得，网址是：http://www.ncbi.nlm.nih.gov/Entrez。

序列的过滤（屏蔽）

核苷酸和蛋白质序列都可能包含低复杂度区域，例如，同性聚合串联、短周期重复或其中某一个或几个残基富集的区域。这些低复杂度区域通常导致似是而非的高BLAST比对分值，它反映的是组成上的偏差而不是实际配对位置的显著性（Altschul et al.，1994）。例如，富含同一个氨基酸的两个蛋白质序列，BLAST分析可以产生高比对分值，但不能反映出进化上的关系，功能上的推导也是不能确信的。过滤查询序列可以排除低复杂度区域对高比对分值的影响。例如，对富含脯氨酸或poly（A）尾的过滤。过滤操作是用X取代蛋白质序列中的重复序列，用n取代核苷酸序列中的重复序列。

NCBI网址上所有BLAST程序的缺省操作都包括过滤序列，这种过滤序列功能可以关掉。过滤后的序列在BLAST的结果里显示为含有n或X的字符串（如nnnnnnn或XXXXXXX）。BLASTN采用DUST程序过滤（R. L. Tatusov and D. J. Lipman，个人通讯）。其他的BLAST采用SEG程序过滤（Wootton and Federhen，1993，1996）。

BLAST结果的显示

显示NCBI BLAST分析的结果有三种方式，缺省的方式是显示在用户的浏览器窗口，返回的文件里有超文本的链接利于用户分析结果。BLAST的分析是按照BLAST服务器接受查询的先后顺序进行的。仅需简单计算机运算的BLAST分析优先进行，如BLASTN、BLASTP和较小的数据库（如month）。每天中午，BLAST服务器最忙，所以用电子邮件方式获得BLAST分析结果更为方便。电子邮件的结果可以是文本或HTML格式。HTML格式的结果需要用浏览器打开，分析结果带有超文本链接。

BLAST搜索的举例

本节举例说明进行BLASTP、BLASTX、TBLASTN、BLASTN和PSI-BLAST搜索的结果分析。本节没有举例说明TBLASTX的用法，因为它对大多数用户不适用。第一个举例说明了BLASTP的用法，它也包含了适合所有BLAST程序的一般信息。GenBank数据库的更新非常快（每周上千个序列），所以用本文的例子再分析的结果将会与本文显示的结果有所不同。

BLASTP

BLASTP程序是比较查询蛋白质序列和蛋白质数据库。图18.1.1显示了一个典型的例子。选择的蛋白质数据库为Swiss-Prot，选择的程序为BLASTP，查询蛋白质序列以FASTA格式输入，这个序列是与先天性失明有关的人类无脉络膜蛋白（Seabra et al.，1993）。

图18.1.2显示了搜索结果的开始部分。首先是程序类型（BLASTP）、版本（2.0.5）和公布日期。版本和日期可随程序更新。接着是参考文献、查询序列和所选数据库的说明。图18.1.3是搜索结果的图形显示。查询序列是位于顶部的带数字标记的“条”（bar），数据库的“选中”（hit）与它比对。首先是高比对分值的“条”全程与查

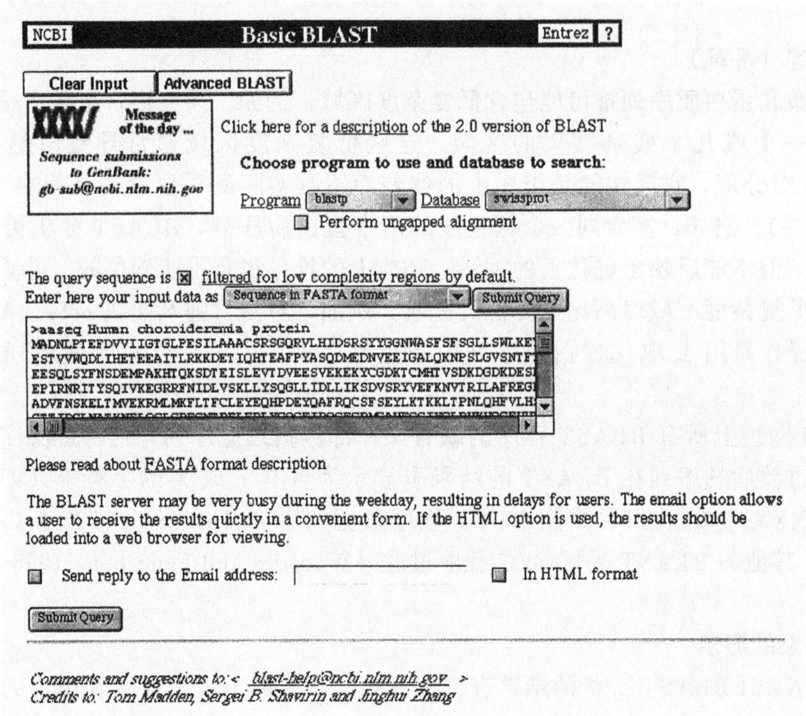

图 18.1.1　在 NCBI 万维网上进行 BLASTP 搜索。

询序列比对，然后是 9 个低比对分值的“条”分别有两个区域与查询序列比对，第一个区域位于残基 3 或 4 至残基 60 位，第二个区域位于残基 220～500 位。在 9 个选中的“条”中，实线部位（在左右两侧）表明与查询序列配对，中间交叉虚线部分表明与查询序列不配对。如果同一行中（如第 13 行）两个或两个以上的“条”中间没有交叉虚线部分，则表明这个配对存在于不同的数据库，为节约图形显示的空间，将所有的“条”集中在同一行中。在“条”中移动光标会显示被搜索数据库的信息。如果用电子邮件服务器的方式搜索数据库将不会有图形显示结果。

```
BLASTP 2.0.5 [May-5-1998]

Reference:
Altschul, Stephen F., Thomas L. Madden, Alejandro A. Schäffer,
Jinghui Zhang, Zheng Zhang, Webb Miller, and David J. Lipman (1997),
"Gapped BLAST and PSI-BLAST: a new generation of protein database search
programs", Nucleic Acids Res. 25:3389-3402.

Query= aaseq Human choroideremia protein
        (656 letters)

Database: Non-redundant SwissProt sequences
          74,596 sequences; 26,848,718 total letters

Searching..................................................done

If you have any problems or questions with the results of this search
please refer to the BLAST FAQs
```

图 18.1.2　BLASTP 输出结果的起始部分举例。

图 18.1.4 显示了用 BLASTP 搜索的“选中”列表。“选中”的每一行由 4 个部分组成。第一部分是垂直线分开的数据库的名称、配对序列的存取号和基因位点名称。第

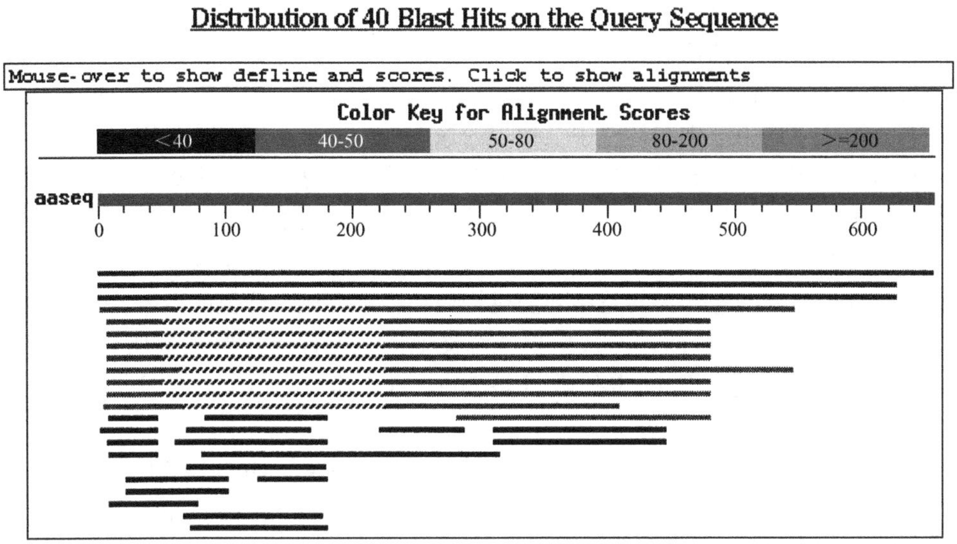

图 18.1.3 BLASTP输出结果的图形显示举例，“条”的颜色标记因与数据库序列配对的程度而异。最佳的配对（比对分值大于200）为红色，其次是粉红（比对分值于80和200之间）、绿色（比对分值50至80）、蓝色（比对分值40至50）和黑色（比对分值小于40）。

Sequences producing significant alignments:		Score (bits)	E Value
sp|P26374|RAE2_HUMAN	RAB PROTEINS GERANYLGERANYLTRANSFERASE COM...	1223	0.0
sp|P24386|RAE1_HUMAN	RAB PROTEINS GERANYLGERANYLTRANSFERASE COM...	881	0.0
sp|P37727|RAE1_RAT	RAB PROTEINS GERANYLGERANYLTRANSFERASE COMPO...	856	0.0
sp|P39958|GDI1_YEAST	SECRETORY PATHWAY GDP DISSOCIATION INHIBITOR	127	6e-29
sp|P50397|GDIB_MOUSE	RAB GDP DISSOCIATION INHIBITOR BETA (RAB G...	124	5e-28
sp|P21856|GDIA_BOVIN	RAB GDP DISSOCIATION INHIBITOR ALPHA (RAB ...	122	1e-27
sp|P50398|GDIA_RAT	RAB GDP DISSOCIATION INHIBITOR ALPHA (RAB GD...	122	1e-27
sp|P31150|GDIA_HUMAN	RAB GDP DISSOCIATION INHIBITOR ALPHA (RAB ...	122	2e-27
sp|P50395|GDIB_HUMAN	RAB GDP DISSOCIATION INHIBITOR BETA (RAB G...	121	4e-27
sp|Q10305|YD4C_SCHPO	PUTATIVE SECRETORY PATHWAY GDP DISSOCIATIO...	121	4e-27
sp|P50399|GDIB_RAT	RAB GDP DISSOCIATION INHIBITOR BETA (RAB GDI...	120	7e-27
sp|P32864|RAEP_YEAST	RAB PROTEINS GERANYLGERANYLTRANSFERASE COM...	98	5e-20
sp|P50396|GDIA_MOUSE	RAB GDP DISSOCIATION INHIBITOR ALPHA (RAB ...	80	9e-15
sp|Q49398|GLF_MYCGE	UDP-GALACTOPYRANOSE MUTASE	35	0.35
sp|P24588|AK79_HUMAN	A-KINASE ANCHOR PROTEIN 79 (AKAP 79) (CAMP...	35	0.46
sp|P36225|MAP4_BOVIN	MICROTUBULE-ASSOCIATED PROTEIN 4 (MICROTUB...	34	0.79
sp|Q46337|SOXA_CORSP	SARCOSINE OXIDASE ALPHA SUBUNIT	34	0.79
sp|P30599|CHS2_USTMA	CHITIN SYNTHASE 2 (CHITIN-UDP ACETYL-GLUCO...	33	1.4
sp|P53911|YNN6_YEAST	HYPOTHETICAL 49.4 KD PROTEIN IN NAM9-FPR1 ...	32	2.3
sp|P75499|GLF_MYCPN	UDP-GALACTOPYRANOSE MUTASE	32	2.3
sp|P37747|GLF_ECOLI	UDP-GALACTOPYRANOSE MUTASE	32	3.1
sp|P40142|TKT_MOUSE	TRANSKETOLASE (TK) (P68)	32	4.0
sp|P10587|MYSG_CHICK	MYOSIN HEAVY CHAIN, GIZZARD SMOOTH MUSCLE	32	4.0
sp|P50137|TKT_RAT	TRANSKETOLASE (TK)	32	4.0
sp|Q02455|MLP1_YEAST	MYOSIN-LIKE PROTEIN MLP1	31	5.2
sp|P52538|DNBI_HSV6Z	MAJOR DNA-BINDING PROTEIN (MDBP)	31	6.9
sp|P52338|DNBI_HSV6U	MAJOR DNA-BINDING PROTEIN (MDBP)	31	6.9
sp|P37637|YHIV_ECOLI	HYPOTHETICAL 111.5 KD PROTEIN IN HDED-GADA...	31	9.0
sp|Q02469|FRDA_SHEPU	FUMARATE REDUCTASE FLAVOPROTEIN SUBUNIT PR...	31	9.0
sp|Q01550|TANA_XENLA	TANABIN	31	9.0
sp|P49731|MIS5_SCHPO	MIS5 PROTEIN	31	9.0

图 18.1.4 BLASTP输出结果的“选中”列表。

二部分包括对序列的简单文字描述和定义。定义的内容依数据库而变化，常常是关于序列的组织来源、类型（例如，mRNA 或 DNA）和一些功能或表型的信息。序列的定义是不完整的，但在局部的比对中会完整显示出来（见下文）。第三部分是序列的比对分值。最高分值的“选中”排在“选中”列表的最上面。分值是由公式计算出来的，这个公式与相似或相同序列的比对、缺口的引入有关。公式计算中的一个重要参数是替代矩阵。替代矩阵给每一个位置的残基的所有可能比对列一个分值。BLAST 缺省的替代矩阵是 BLOSUM-62，这个矩阵对大多数的搜索都适用。第四部分是期望阈值 E。E 值是对统计显著性的估计。它计算的是序列随机排列获得某个比对分值的概率。统计学家认为 E 值小于 0.05 是显著性的，不过生物学意义上的显著性需仔细观察比对（见下文）才能确定。缺省的“选中”列表的数目是 500，这个数字在 BLAST 主页“*descriptions*”选项中可以改变。

在列表中的第一个“选中”，数据库是 sp（代表 Swiss-Prot），存取号是 P26374，基因位点是 RAE2 _ HUMAN，定义行的起始是 RAB PROTEINS，比对分值是 1223，期望 E 值是 0.0。

比对分值越高，期望 E 值越低的“选中”，其统计学意义越显著。注意前 13 个“选中”的 E 值很低（$<10^{-14}$），它们属于 RAB 蛋白或 GDP 解离抑制剂。接下来的 18 个“选中”的 E 值很高（$\geqslant 0.35$），表示这个比对分值可能是由于序列的随机排列而发生的，此外定义行也没有显示来源的一致性。因此在推测这 18 个“选中”与查询序列的进化关系时必须十分小心，这个时候检查序列的局部配对是必需的。

查询序列和数据库“选中”的相互比对结果显示在“选中”列表的下面。图 18.1.5 显示了查询序列和一个“选中”的相互比对，与其他“选中”的比对省略。比对的起始是“选中”序列的标识、完整的序列定义行和氨基酸长度。接下来是 bit 形式的比对分值（原始比对分值在括号内）、期望阈值 E、相同残基的数目、根据 BLOSUM-62 矩阵确定的保守替代残基的数目（阳性）和在比对中缺口的数目。最后是查询序列（标记为 Query）和数据库“选中”序列（标记为 sbjct）的配对。配对左边和右边的数字表示的是氨基酸的位置。两个序列的中间部分表示的是两个序列之间的相似性，如果两个序列的残基相同，显示该残基本身，保守替代的位置显示“+”符号，插入或缺失的位置显示“-”符号。“X”符号表示查询序列中被掩盖的低复杂度残基(图 18.1.5)。缺省的相互比对的最大数目是 500，这个数字在 BLAST 主页“alignments”选项中可以修改。

NCBI BLAST 的结果输出含有文本的超级链接利于用户查询不同内容。在图 18.1.3 所示的“选中”的图形显示结果中，带颜色的“条”可指引用户连接到图 18.1.5 所示的序列比对的结果。图 18.1.4 所示的数据库的标识名称、“选中”的单行描述和图 18.1.5 所示的序列比对都与说明序列的 Entrez 记录相连接。Entrez 可以提供更多的序列信息，包括在 PubMed 中相关参考文献的摘要。比对分值（图 18.1.4 所示的单行描述的右边）提供了链接至查询序列与“选中”序列相互比对的内容。

BLASTX

BLASTX 是用核苷酸序列的 6 种可读框搜索蛋白质数据库（Gish and States,

```
sp|P37727|RAE1_RAT RAB PROTEINS GERANYLGERANYLTRANSFERASE COMPONENT A 1 (RAB ESCORT
          PROTEIN 1) (REP-1)
          Length = 650

 Score =  856 bits (2188), Expect = 0.0
 Identities = 433/632 (68%), Positives = 491/632 (77%), Gaps = 13/632 (2%)

Query: 1   MADNLPTEFDVVIIGTGLPESILAAACSRSGQRVLHIDSRSYYGGNWASFSFSGLLSWLK 60
            MADNLP++FDV++IGTGLPESI+AAACSRSGQRVLH+DSRSYYGGNWASFSFSGLLSWLK
Sbjct: 1   MADNLPSDFDVIVIGTGLPESIIAAACSRSGQRVLHVDSRSYYGGNWASFSFSGLLSWLK 60

Query: 61  EYQQNNDIGEESTVVWQDLIHETEEAITLRKKDETIQHTEAFPYASQDMEDNVEEIGALQ 120
            EYQ+NND+  E+++ WQ+ I E EEAI L  KD+TIQH E F YASQD+  +VEE GALQ
Sbjct: 61  EYQENNDVVTENSM-WQEQILENEEAIPLSSKDKTIQHVEVFCYASQDLHKDVEEAGALQ 119

Query: 121 KNPSLGVSNTFTEVLDSA----LPEESQLSYFNSDEMPAKHTQKSDTEISLEVTDVEESV 176
            KN +   S    E  ++A    LP   +     S E+PA+ +Q    E S EV D E +
Sbjct: 120 KNHASVTSAQSAEAAEAAETSCLPTAVEPLSMGSCEIPAEQSQCPGPESSPEVNDAEATG 179

Query: 177 EKEKYCGDKTCMHTVXXXXXXXXXXXXTVEDKADEPIRNRITYSQIVKEGRRFNIDLVSK 236
            +KE                         V+D  + P +NRITYSQI+KEGRRFNIDLVS+
Sbjct: 180 KKEN--------SDAKSSTEEPSENVPKVQDNTETPKKNRITYSQIIKEGRRFNIDLVSQ 231

Query: 237 LLYSQGLLIDLLIKSDVSRYVEFKNVTRILAFREGKVEQVPCSRADVFNSKELTMVEKRM 296
            LLYS+GLLIDLLIKS+VSRY EFKN+TRILAFREG VEQVPCSRADVFNSK+LTMVEKRM
Sbjct: 232 LLYSRGLLIDLLIKSNVSRYAEFKNITRILAFREGTVEQVPCSRADVFNSKQLTMVEKRM 291

Query: 297 LMKFLTFCLEYEQHPDEYQAFRQCSFSEYLKTKKLTPNLQHFVLHSIAMTSESSCTTIDG 356
            LMKFLTFC+EYE+HPDEY+A+   +FSEYLKT+KLTPNLQ+FVLHSIAMTSE++  T+DG
Sbjct: 292 LMKFLTFCVEYEEHPDEYRAYEGTTFSEYLKTQKLTPNLQYFVLHSIAMTSETTSCTVDG 351

Query: 357 LNATKNFLQCLGRFGNTPFLFPLYGQGEIPQGFCRMCAVFGGIYCLRHKVQCFVVDKESG 416
            L ATK FLQCLGR+GNTPFLFPLYGQGE+PQ FCRMCAVFGGIYCLRH VQC VVDKES
Sbjct: 352 LKATKKFLQCLGRYGNTPFLFPLYGQGELPQCFCRMCAVFGGIYCLRHSVQCLVVDKESR 411

Query: 417 RCKAIIDHFGQRINAKYFIVEDSYLSEETCSNVQYKQISRAVLITDQSILKTDLDQQTSI 476
            +CKA+ID FGQRI +K+FI+EDSYLSE TCS VQY+QISRAVLITD S+LKTD DQQ SI
Sbjct: 412 KCKAVIDQFGQRIISKHFIIEDSYLSENTCSRVQYRQISRAVLITDGSVLKTDADQQVSI 471

Query: 477 LIVPPAEPGACAVRVTELCSSTMTCMKDTYLVHLTCSSSKTAREDLESVVKKLFTPYTET 536
            L VP  EPG+  VRV ELCSSTMTCMK TYLVHLTC SSKTAREDLE VV+KLFTPYTE
Sbjct: 472 LAVPAEEPGSFGVRVIELCSSTMTCMKGTYLVHLTCMSSKTAREDLERVVQKLFTPYTEI 531

Query: 537 EINEEELTKPRLLWALYFNMRDSSGISRSSYNGLPSNVYVCSGPDCGLGNEHAVKQAETL 596
            E   E++ KPRLLWALYFNMRDSS ISR  YN LPSNVYVCSGPD GLGN++AVKQAETL
Sbjct: 532 EAENEQVEKPRLLWALYFNMRDSSDISRDCYNDLPSNVYVCSGPDSGLGNDNAVKQAETL 591

Query: 597 FQXXXXXXXXXXXXXXXXXXXXDGDDKQPEAP 628
            FQ                    DGD  Q E P
Sbjct: 592 FQQICPNEDFCPAPPNPEDIVLDGDSSQQEVP 623
```

图 18.1.5 BLASTP 输出结果的相互比对举例。

1993）。BLASTX 适用于在下列情况下查询：已知 DNA 序列，但不知编码序列的可读框、可读框的起始或终止点或者编码蛋白质的功能。BLASTX 还可用于分析有可能测序错误或移码错误的原始 DNA 序列数据，如 EST、HTG 或 GSS。用 BLASTX 搜索 nr 蛋白质数据库能很快发现核苷酸的所有可读框与已知蛋白质序列之间的相似性。

下面的例子说明了利用编码人毛细血管扩张失调症的 mRNA 搜索 nr 蛋白质数据库的 BLASTX 输出结果（ATM，存取号 U33841，Lavin and Shiloh，1997）。输出结果的形式类似于 BLASTP。输出结果的起始部分（未显示）是搜索的基本信息，包括查询序列、数据库和 BLAST 程序的类型。接下来是查询序列和数据库“选中”序列的图形显示（见图 18.1.6）；再下来是“选中”序列列表，包括定义、比对分值和 E 值。图 18.1.7 显示了“选中”列表的起始部分。图 18.1.8 显示了查询序列和数据库“选中”之间的相互序列比对结果。

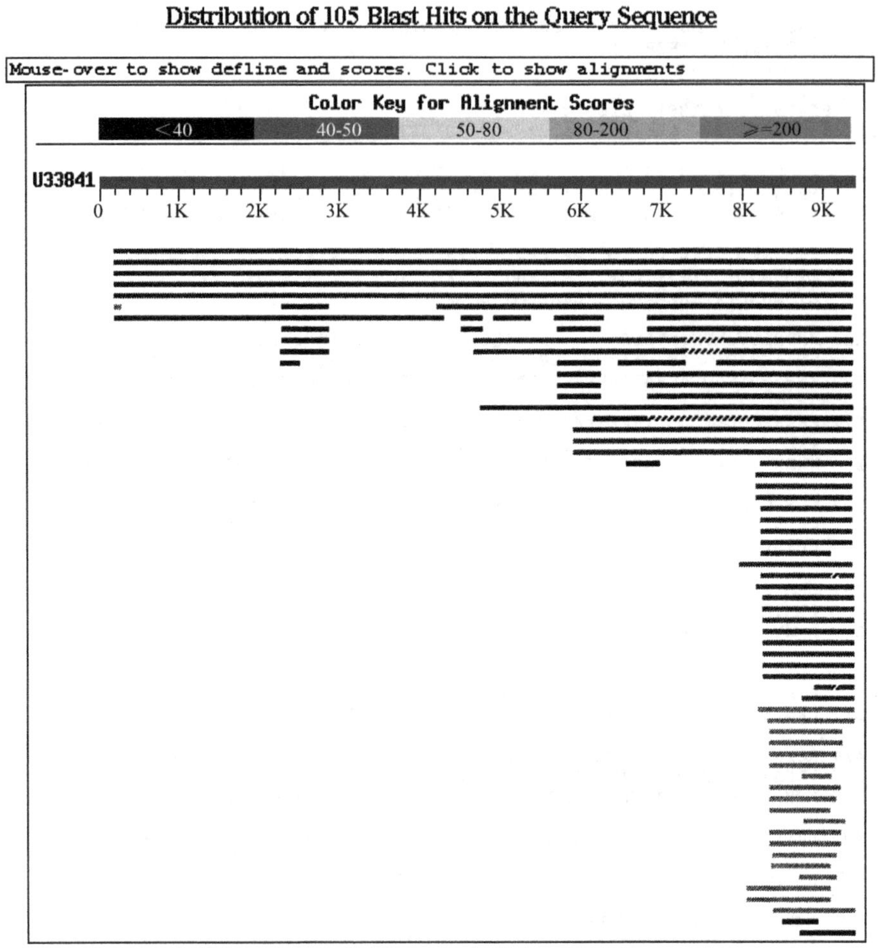

图 18.1.6　BLASTX 输出结果的图形显示。

图 18.1.7 中最开始的 7 个“选中”比对分值大于 2600，它们属于 ATM 基因的种间同源序列。这 7 个“选中”的大部分可以全程与查询序列比对（在图 18.1.6 中，前 5 个“条”全程与查询序列比对，第 6 和第 7“条”的部分可与查询序列比对）。ATM mRNA 的 3′端（相应的蛋白质翻译后的羧基端）与一些磷脂酰肌醇-3-激酶的催化区域或类似蛋白，如酵母 TEL1 基因（一种磷脂酰肌醇激酶涉及端粒长度的控制）、酵母 ESR1 基因（一种假定的磷脂酰肌醇激酶，在有丝分裂细胞生长，DNA 修复和重组时所需）、酵母 TOR1 蛋白（一种磷脂酰肌醇激酶，细胞循环所需）比对。这些比对不同的蛋白质发生在不同的位置。一组起始于 ATM 核苷酸的第 4700 位（图 18.1.6 中的第 9、10 和 15 行），另一组起始于核苷酸的第 5800 位（第 17～19 行），第 6800 位（第 7、8 和 12～14 行）和第 8000 位（第 20～60 行）。这些相似性提供了 ATM 对 DNA 损伤和细胞循环控制所起作用的进一步信息（Lavin and Shiloh，1997）。ATM 基因还与病毒的壳蛋白有相似区域，位于核苷酸的第 2500～6000 位（第 6～14 行的短“条”所示），不过，这些“选中”的比对分值低，E 值偏高（结果没有显示），因而相似性并不显著。

```
                                                                     Score     E
Sequences producing significant alignments:                          (bits)  Value

gi|1063621  mutated in ataxia telangiectasia                          6052   0.0
gi|1497931  (U55757) ataxia-telangiectasia [Homo sapiens]             6048   0.0
prf||2124355A  ATM gene [Homo sapiens]                                6046   0.0
gi|2304971  (U82828) ATM [Homo sapiens]                               6046   0.0
gi|1469394  (U43678) homolog of the human ataxia telangiectasia ...   5085   0.0
pir||A43100  ataxia telangiectasia-associated protein - human >g...   3429   0.0
gnl|PID|e198283  (X91196) A-T [Homo sapiens]                          2640   0.0
gnl|PID|e304507  (Z35849) ORF YBL088c [Saccharomyces cerevisiae]       335   2e-90
sp|P38110|TEL1_YEAST  TELOMER LENGTH REGULATION PROTEIN TEL1 >gi...    335   2e-90
gi|1235902  (U49844) FRAP-related protein [Homo sapiens] >gi|158...    230   1e-58
gnl|PID|e276916  (Y09077) atr [Homo sapiens] >gi|1666240 (U76308...    230   1e-58
gnl|PID|e276898  (Y09076) RAD3 [Schizosaccharomyces pombe] >gi|1...    221   6e-56
sp|P38111|ESR1_YEAST  ESR1 PROTEIN >gi|626949|pir||S46005 ESR1 p...    219   3e-55
gi|950173  (U31109) Mec1p [Saccharomyces cerevisiae]                   219   3e-55
gnl|PID|d1002337  (D11088) Esr1 protein [Saccharomyces cerevisiae]     219   3e-55
gi|998353  (U34925) MEI-41 [Drosophila melanogaster] >gi|1583574...    212   4e-53
gnl|PID|e330334  (Z97992) putative phosphatidylinositol 3-kinase...    208   6e-52
gi|298028  (X71416) TOR2 [Saccharomyces cerevisiae]                    200   1e-49
sp|P32600|TOR2_YEAST  PHOSPHATIDYLINOSITOL 3-KINASE TOR2 (PI3-KI...    199   2e-49
prf||2010264B  TOR2(DRR2) gene [Saccharomyces cerevisiae]              199   2e-49
gi|1938552  (U97016) strong similarity to the P13/P14-kinases fa...    195   3e-48
gi|408956  (L19540) mutant drr1-1 protein [Saccharomyces cerevis...    192   3e-47
sp|P35169|TOR1_YEAST  PHOSPHATIDYLINOSITOL 3-KINASE TOR1 (PI3-KI...    192   4e-47
gi|468739  (X74857) TOR1 gene product [Saccharomyces cerevisiae]       192   4e-47
sp|P42346|FRAP_RAT  FKBP-RAPAMYCIN ASSOCIATED PROTEIN (FRAP) (RA...    178   4e-43
sp|P42345|FRAP_HUMAN  FKBP-RAPAMYCIN ASSOCIATED PROTEIN (FRAP) (...    176   1e-42
prf||2014422A  FKBP-rapamycin-associated protein [Homo sapiens]        171   5e-41
bbs|158901  RAPT1=putative novel phosphatidylinositol 3-kinase {...    166   2e-39
gi|1938569  (U97189) strong similarity to thw  P13/P14 family of...    150   1e-34
gnl|PID|e236204  (Z70756) T06E4.3 [Caenorhabditis elegans]             146   2e-33
gnl|PID|d1020343  (D87521) DNA-PKcs [Mus musculus] >gi|3241860|g...    141   9e-32
gnl|PID|d1012789  (D83786) mDNApk3' [Mus musculus]                     141   9e-32
gi|2749954  (AF001413) DNA-dependent protein kinase [Xenopus lae...    137   1e-30
gi|1765938  (U47077) DNA-dependent protein kinase catalytic subu...    134   7e-30
gi|1017757  (U35835) DNA-PK [Homo sapiens] >gi|1587037|prf||2205...    132   4e-29
gi|995941  (U34994) DNA dependent protein kinase catalytic subun...    113   2e-23
pir||A57099  DNA-activated protein kinase, catalytic subunit - h...    112   4e-23
gnl|PID|d1025773  (AB007881) KIAA0421 [Homo sapiens]                    89   5e-16
gi|1688254  (U78157) DNA-dependent protein kinase [Mus musculus]        83   3e-14
gi|2708741  (AC003952) hypothetical protein [Arabidopsis thaliana]      78   7e-13
gi|987948  (Z46973) phosphatidylinositol 3-kinase [Homo sapiens]        71   9e-11
pir||S57219  phosphatidylinositol 3-kinase - human                      71   9e-11
gi|1688256  (U78158) DNA-dependent protein kinase [Mus musculus]        66   4e-09
sp|P42347|P3K1_SOYBN  PHOSPHATIDYLINOSITOL 3-KINASE, ROOT ISOFOR...     66   4e-09
gi|1938573  (U97190) strong similarity to phosphatidylinositol 3...     66   4e-09
gnl|PID|e258266  (X99912) 1-phosphatidylinositol 3-kinase [Droso...     66   5e-09
sp|P42348|P3K2_SOYBN  PHOSPHATIDYLINOSITOL 3-KINASE, NODULE ISOF...     65   6e-09
sp|P54676|P3K4_DICDI  PHOSPHATIDYLINOSITOL 3-KINASE VPS34-LIKE (...     65   8e-09
sp|P54677|PI4K_DICDI  PHOSPHATIDYLINOSITOL 4-KINASE (PI4-KINASE)...     63   3e-08
sp|P42339|PI3K_ARATH  PHOSPHATIDYLINOSITOL 3-KINASE (PI3-KINASE)...     62   4e-08
```

图 18.1.7 BLASTX 输出结果的“选中”列表。

通过对 ATM 同源系列（“选中”）的分析可以揭示查询序列基因编码区的位置。如图 18.1.8 所示的 BLASTX 的输出结果中，标记的查询序列的位置是核苷酸位置（上面的比对序列），而数据库“选中”的位置是相应的氨基酸位置（下面的比对序列）。例如，ATM 的小鼠同源序列，gi 是 1469394，从氨基酸的第 1～3066 位与查询序列核苷酸的第 190～9357 位相互比对。但酵母中 ATM 同源序列的精确编码区不能通过比对确定，因为序列的相似性不能延长至整个蛋白质（图 18.1.8 的底部），不过这种比对仍然证实了一种合理的可读框，也显示了在酵母和人中都保守存在的特异区域的位置。

```
gi|1469394 (U43678) homolog of the human ataxia telangiectasia gene [Mus
           musculus]
           Length = 3066

 Score = 5085 bits (13044), Expect = 0.0
 Identities = 2526/3056 (82%), Positives = 2751/3056 (89%), Gaps = 14/3056 (0%)

Query: 190  MSLVLNDLLICCRQLEHDRATERKKEVEKFKRLIRDPETIKHLDRHSDSKQGKYLNWDAV 369
            MSL LNDLLICCRQLEHDRATER+KEV+KFKRLI+DPET++HLDRHSDSKQGKYLNWDAV
Sbjct: 1    MSLALNDLLICCRQLEHDRATERRKEVDKFKRLIQDPETVQHLDRHSDSKQGKYLNWDAV 60

Query: 370  FRFLQKYIQKETECLRIAKPNVSASTQASRQKKMQEISSLVKYFIKCANRRAPRLKCQEL 549
            FRFLQKYIQKE E LR AK NVSA+TQ+SRQKKMQEISSLV+YFIKCAN+RAPRLKCQ+L
Sbjct: 61   FRFLQKYIQKEMESLRTAKSNVSATTQSSRQKKMQEISSLVRYFIKCANKRAPRLKCQDL 120

Query: 550  LNYIMDTVKDSSNGAIYGADCSNILLKDILSVRKYWCEISQQQWLELFSVYFRLYLKPSQ 729
            LNY+MDTVKDSSNG  YGADCSNILLKDILSVRKYWCE+SQQQWLELFS+YFRLYLKPSQ
Sbjct: 121  LNYVMDTVKDSSNGLTYGADCSNILLKDILSVRKYWCEVSQQQWLELFSLYFRLYLKPSQ 180
```

[middle portion of alignment not shown]

```
Query: 8968 FRRCCEKTMEVMRNSQETLLTIVEVLLYDPLFDWTMNPLKALYLQQRPEDETELHPTLNA 9147
            FRRCCEKTMEVMR+SQETLLTIVEVLLYDPLFDWTMNPLKALYLQQRPEDE++LH T NA
Sbjct: 2937 FRRCCEKTMEVMRSSQETLLTIVEVLLYDPLFDWTMNPLKALYLQQRPEDESDLHSTPNA 2996

Query: 9148 DDQECKRNLSDIDQSFDKVAERVLMRLQEKLKGVEEGTVLSVGGQVNLLIQQAIDPKNLS 9327
            DDQECK++LSD DQSF+KVAERVLMRLQEKLKGVEEGTVLSVGGQVNLLIQQA+DPKNLS
Sbjct: 2997 DDQECKQSLSDTDQSFNKVAERVLMRLQEKLKGVEEGTVLSVGGQVNLLIQQAMDPKNLS 3056

Query: 9328 RLFPGWKAWV 9357
            RLFPGWKAWV
Sbjct: 3057 RLFPGWKAWV 3066
```

[intervening alignments not shown]

```
gi|468739 (X74857) TOR1 gene product [Saccharomyces cerevisiae]
          Length = 2470

 Score =  192 bits (482), Expect = 4e-47
 Identities = 124/397 (31%), Positives = 214/397 (53%), Gaps = 19/397 (4%)

Query: 8155 LKNLEDVVVPTMEIKVDHTGEY---GNLVTIQSFKAEFRLAGGVNLPKIIDCVGSDGKER 8325
            L+++   ++ T ++++   G Y      + I  F+  F +      P+     GSDGK+
Sbjct: 2060 LQHVSPQLLATHDLELAVPGTYFPGKPTIRIAKFEPLFSVISSKQRPRKFSIKGSDGKDY 2119

Query: 8326 RQLVKGRDDLRQDAVMQQVFQMCNTLLQRNTETRKRKLTICTYKVVPLSQRSGVLEWCTG 8505
            + ++KG +D+RQD+++ Q+F + NTLL+ ++E  KR L I  Y  +PLS +SG+L W
Sbjct: 2120 KYVLKGHEDIRQDSLVMQLFGLVNTLLKNDSECFKRHLDIQQYPAIPLSPKSGLLGWVPN 2179

Query: 8506 TVPIGEFLVNNEDGAHKRYRPNDFSAFQCQKKMMEVQKKSFEEKYEVFMDVCQNF--QPV 8679
            +      +  + D    +  P +   +   +   + +  +  +K EVF     N   Q +
Sbjct: 2180 SDTFHVLIREHRDA---KKIPLNIEHWVMLQMAPDYENLTLLQKIEVFTYALDNTKGQDL 2236

Query: 8680 FRYFCMEKFLDPAIWFEKRLAYTRSVATSSIVGYILGLGDRHVQNILINEQSAELVHIDL 8859
            ++   + K      W E+R  YTRS+A  S+ GYILGLGDRH  N++++  + +++HID
Sbjct: 2237 YKILWL-KSRSSETWLERRTTYTRSLAVMSMTGYILGLGDRHPSNLMLDRITGKVIHIDF 2295

Query: 8860 GVAFEQGKILPT-PETVPFRLTRDIVDGMGITGVEGVFRRCCEKTMEVMRNSQETLLTIV 9036
            G  FE   +    PE VPFRLTR +   M ++G+EG FR  CE  M V+R+++E+L+ I+
Sbjct: 2296 GDCFEAAILREKYPEKVPFRLTRMLTYAMEVSGIEGSFRITCENVMRVLRDNKESLMAIL 2355

Query: 9037 EVLLYDPLFDWTMNPLKALYLQQRPEDETELHPTLNADDQECKRNLSDIDQSFDKVAER- 9213
            E    DPL  W  +        Q+  ++T +   L    +  ++    ++++ +  AE+
Sbjct: 2356 EAFALDPLIHWGFD-----LPPQKLTEQTGIPLPLINPSELLRKGAITVEEAANMEAEQQ 2410

Query: 9214 ----------VLMRLQEKLKG--VEEGTVLSVGGQVNLLIQQAIDPKNLSRLFPGW 9345
                      VL R+ +KL G  ++    L V  QV+ LIQQA   + L + + GW
Sbjct: 2411 NETRNARAMLVLRRITDKLTGNDIKRFNELDVPEQVDKLIQQATSIERLCQHYIGW 2466
```

图 18.1.8　选择的 BLASTX 比对序列的输出结果。

TBLASTN

TBLASTN 是利用待查询的蛋白质序列搜索经 6 种可读框翻译的核苷酸序列数据库。TBLASTN 特别适用于发现来自于低质量（未阐明特征）的核苷酸数据所编码的新的相似性蛋白质序列。这些核苷酸数据库包括 EST、STS、HTGS 和 GSS。它们翻译后的序列不在 nr 数据库是因为这些序列还没有经过注释。TBLASTN 的最常见的应用是在 EST 数据库中查询目的蛋白的相似序列。这些被“选中”的 EST 可能代表该目的蛋白的种间同源序列，或者是该基因家族的新成员。

以下举例说明了 TBLASTN 搜索 HTGS 数据库的输出结果。HTGS 是由基因组测序中心提供的未完成或未阐明特征的基因组数据库。因为 HTGS 是含有内含子的基因组序列，所以搜索结果较 EST 更为复杂，不过 HTGS 数据库可以提供基因在染色体上的信息。

这里用小鼠的 ADAM1 的似解联蛋白结构域搜索 HTGS 的 6 种可读框翻译数据库（Wolfsberg et al.，1995）为例。TBLASTN 的输出结果类似于 BLASTP 和 BLASTX 的输出结果。图 18.1.9 是比对的图形显示结果。图 18.1.10 显示的是数据库“选中”的列表，图 18.1.11 是选择性的序列比对的结果。在 TBLASTN 序列比对结果中位于上面 Query 是查询蛋白质序列，数字代表的是氨基酸位置，位于下面的（Sbjct）是翻译后的蛋白质序列，数字代表的是核苷酸的位置。

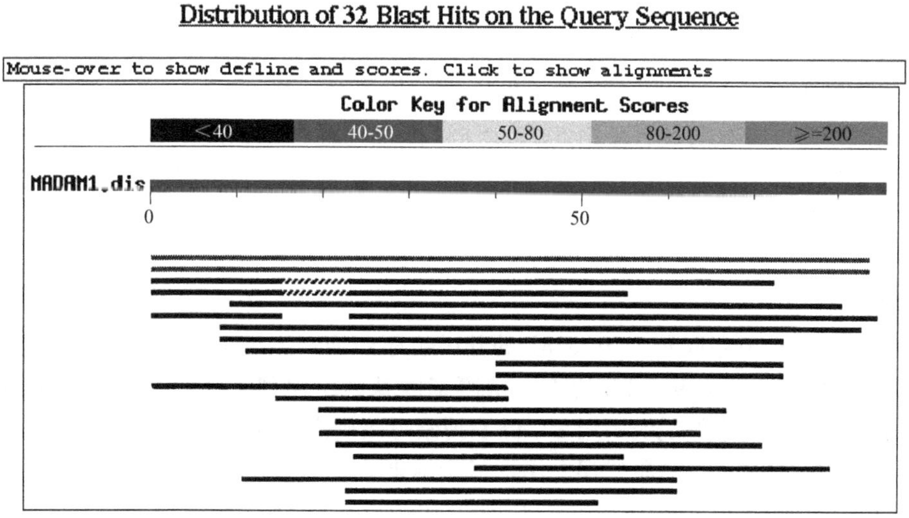

图 18.1.9 TBLASTN 输出结果的图形显示。

似解联蛋白结构域含有半胱氨酸的特征性模式（pattern）。通过检查保守性的半胱氨酸残基的数目和半胱氨酸残基之间的距离，可以分辨出真阳性的“选中”。第一个“选中”是 627 kb 的线虫（*C. elegans*）克隆，它与似解联蛋白的两个区域比对。比对的两个区域都分别含有查询序列的全长和特征性模式的半胱氨酸残基。第 1 个区域（第 1 个比对模块）由 *C. elegans* 克隆的第 322651～322911 位核苷酸组成。第 2 个区域由第 2 和第 3 比对模块组成。似解联蛋白结构域的起始 55 个氨基酸与“选中”克隆的核苷

```
                                                              Score     E
Sequences producing significant alignments:                  (bits)  Value

emb|Z98857|CEY111B2  Caenorhabditis elegans DNA *** SEQUENCING I...   94   2e-19
emb|Z92819|CEY37D8  Caenorhabditis elegans DNA *** SEQUENCING IN...   94   2e-19
gb|AC005075|AC005075  Homo sapiens clone RG219E16; HTGS phase 1,...   37   0.027
gb|AC002557|AC002557  *** SEQUENCING IN PROGRESS *** Homo sapien...   36   0.035
gb|AC003656|AC003656  *** SEQUENCING IN PROGRESS *** EPM1/APECED...   34   0.23
gb|AC005180|AC005180  *** SEQUENCING IN PROGRESS *** Homo sapien...   33   0.40
gb|AC004877|AC004877  Homo sapiens clone DJ0751H13; HTGS phase 1...   32   0.68
gb|AC003066|AC003066  *** SEQUENCING IN PROGRESS *** Mus musculu...   31   1.2
gb|AC002042|AC002042  *** SEQUENCING IN PROGRESS *** Homo sapien...   31   1.5
gb|AC003097|AC003097  *** SEQUENCING IN PROGRESS *** Human chrom...   31   1.5
gb|AC004303|AC004303  *** SEQUENCING IN PROGRESS *** DS06475; D1...   31   1.5
gb|AC003095|AC003095  *** SEQUENCING IN PROGRESS *** Human chrom...   31   1.5
gb|AC000406|HSAC000406  *** SEQUENCING IN PROGRESS *** Human Chr...   30   3.4
emb|AL022343|HS608E8  Human DNA sequence *** SEQUENCING IN PROGR...   30   3.4
emb|AL022100|HS1059H15  Human DNA sequence *** SEQUENCING IN PRO...   30   3.4
emb|Z92863|CEY64G10  Caenorhabditis elegans DNA *** SEQUENCING I...   30   3.4
emb|AL031279|HS163O16  Human DNA sequence *** SEQUENCING IN PROG...   29   5.9
emb|Z97634|HS367G8  Human DNA sequence *** SEQUENCING IN PROGRES...   29   5.9
gb|AC005025|AC005025  Homo sapiens clone GS464G18; HTGS phase 1,...   29   5.9
gb|AC004618|AC004618  *** SEQUENCING IN PROGRESS *** Homo sapien...   29   5.9
gb|AC005086|AC005086  Homo sapiens clone RG305I02; HTGS phase 1,...   29   7.8
gb|AC004169|AC004169  *** SEQUENCING IN PROGRESS *** Homo sapien...   29   7.8
emb|AL008728|HS125N5  Human DNA sequence *** SEQUENCING IN PROGR...   29   7.8
```

图 18.1.10　TBLASTN 输出结果的“选中”列表。

酸第 102880～103107 位比对，最后 25 个氨基酸与克隆的核苷酸第 103155～103232 位比对。这表明这个线虫克隆编码了两个不同的似解联蛋白结构域，而这两个序列在 *C. elegans* 基因组很可能是相连的。这个克隆位于第 103107～103155 位核苷酸之间可能存在内含子。第二个“选中”是一个较短的线虫克隆，从它编码的似解联蛋白结构域序列可以推导出它其实是第一个“选中”克隆的一部分。第三个“选中”是人的克隆，因为氨基酸第 1～16 位与核苷酸第 53178～53225 位比对，氨基酸第 24～49 位与核苷酸第 53474～53551 位比对，位于第 53225～53474 位之间的序列可能是内含子，位于第 53551～57012 位之间的序列可能是第 2 个内含子。

BLASTN

图 18.1.12 是用存取号为 U93237 的基因组序列搜索人类 EST 数据库的图形显示结果。U93237 是长度为 9.2 kb 的人类脑膜基因基因组序列（MEN1），它与多发性 I 型内分泌肿瘤有关。本例说明了用 BLAST 搜索可以确定基因组中外显子的存在，但不经进一步研究接受结论也易犯错误。图形显示结果的右半部分（碱基对 4000～9000 位）证实为 MEN1 基因外显子 2～外显子 10 的位置（Chandrasekharappa et al., 1997; Zhang and Madden, 1997）。而显示结果的左半部分（碱基对 500～1000 位或 3000～3600 位）似乎是很有趣的配对，但实际上是查询序列和 EST 数据库中存在的 Alu 序列配对引起的。通过检查配对序列的定义行就可以做出判断，因为这些 EST 大部分都被注解为似 Alu 序列。应当注意的是虽然图 18.1.13 中显示的定义行的内容是不完全的（截短的），但在图 18.1.14 所示的比对结果中定义行的内容包含了 Alu 序列的详细注解。另一种选择是用 BLASTN 在 Alu 数据库中搜索 U93237。

图 18.1.13 显示了用 BLASTN 在人类 EST 数据库中搜索查询序列 U93237 的输出结果的起始部分。图 18.1.14 显示了查询序列与含 Alu 重复序列的 EST 的相互比对。

```
emb|Z98857|CEY111B2 Caenorhabditis elegans DNA *** SEQUENCING IN PROGRESS *** from clone
                    Y111B2; HTGS phase 1 [Caenorhabditis elegans]
                    Length = 627200

 Score = 94.0 bits (230), Expect = 2e-19
 Identities = 43/84 (51%), Positives = 56/84 (66%), Gaps = 4/84 (4%)

Query: 1      CGNGVVEDLEECDCGS--DCDSHPCCSP-TCTLKEGAQCS-EGLCCYNCTFKKKGSLCRP 56
              CGNGVV+  EECDCGS  +C   PCC P TCTL+  AQC+    CC+ C  +K G  CR
Sbjct: 322651 CGNGVVDGSEECDCGSRENCQD-PCCDPLTCTLRPHAQCAAHHKCCHRCELRKAGDTCRS 322827

Query: 57     AEDVCDLPEYCDGSTQECPANSIMQDGT 84
              ++  CD+ E CDG + +CP +   + DGT
Sbjct: 322828 SKSPCDVAEQCDGKSGDCPPDGHLIDGT 322911

 Score = 46.1 bits (107), Expect = 1e-06
 Identities = 30/55 (54%), Positives = 36/55 (64%), Gaps = 21/55 (38%)

Query: 1      CGNGVVEDLEECDCG---SDCD--SHPCCSP----------TCTLKEGAQC--SEGLCCY 43
              CGN + E  EECDCG    +DCD      CC P           C  K GAQC  S+G CC
Sbjct: 102880 CGNQIYEPGEECDCGFSQADCDQMGDKCCVPHEARGNGGPGPCKRKPGAQCSPSQGYCCN 103059

Query: 44     --NCTF--KKKGSLCR 55
                C+   K +  +CR
Sbjct: 103060 PDTCSLHGKNEEKICR 103107

 Score = 24.3 bits (51), Expect = 1e-06
 Identities = 9/26 (34%), Positives = 12/26 (45%)

Query: 58     EDVCDLPEYCDGSTQECPANSIMQDG 83
              E  C    + CDG    +CP +     DG
Sbjct: 103155 ESECSNLQTCDGRNAQCPVSPPKHDG 103232

emb|Z92819|CEY37D8 Caenorhabditis elegans DNA *** SEQUENCING IN PROGRESS *** from clone
                   Y37D8; HTGS phase 1 [Caenorhabditis elegans]
                   Length = 353436

 Score = 94.0 bits (230), Expect = 2e-19
 Identities = 43/84 (51%), Positives = 56/84 (66%), Gaps = 4/84 (4%)

Query: 1      CGNGVVEDLEECDCGS--DCDSHPCCSP-TCTLKEGAQCS-EGLCCYNCTFKKKGSLCRP 56
              CGNGVV+  EECDCGS  +C   PCC P TCTL+  AQC+    CC+ C  +K G  CR
Sbjct: 304601 CGNGVVDGSEECDCGSRENCQD-PCCDPLTCTLRPHAQCAAHHKCCHRCELRKAGDTCRS 304425

Query: 57     AEDVCDLPEYCDGSTQECPANSIMQDGT 84
              ++  CD+ E CDG + +CP +   + DGT
Sbjct: 304424 SKSPCDVAEQCDGKSGDCPPDGHLIDGT 304341

gb|AC005075|AC005075 Homo sapiens clone RG219E16; HTGS phase 1, 3 unordered pieces [Homo
                    sapiens]
                    Length = 198776

 Score = 36.7 bits (83), Expect = 0.027
 Identities = 13/26 (50%), Positives = 16/26 (61%)

Query: 24    CSPTCTLKEGAQCSEGLCCYNCTFKK 49
             C   CTL + +QCS+GLCC  C  K
Sbjct: 53474 CCKKCTLTQDSQCSDGLCCKKCKVNK 53551

 Score = 31.7 bits (70), Expect = 0.89
 Identities = 11/16 (68%), Positives = 13/16 (80%)

Query: 1     CGNGVVEDLEECDCGS 16
             CGNG +E  EECDCG+
Sbjct: 53178 CGNGFIETGEECDCGT 53225

 Score = 29.0 bits (63), Expect = 5.9
 Identities = 10/27 (37%), Positives = 18/27 (66%)

Query: 47    FKKKGSLCRPAEDVCDLPEYCDGSTQE 73
             F+  G++CR A + CD+ E C G++ +
Sbjct: 57012 FQPMGTVCREAVNDCDIRETCSGNSSQ 57092
```

图 18.1.11 TBLASTN输出结果的序列比对。

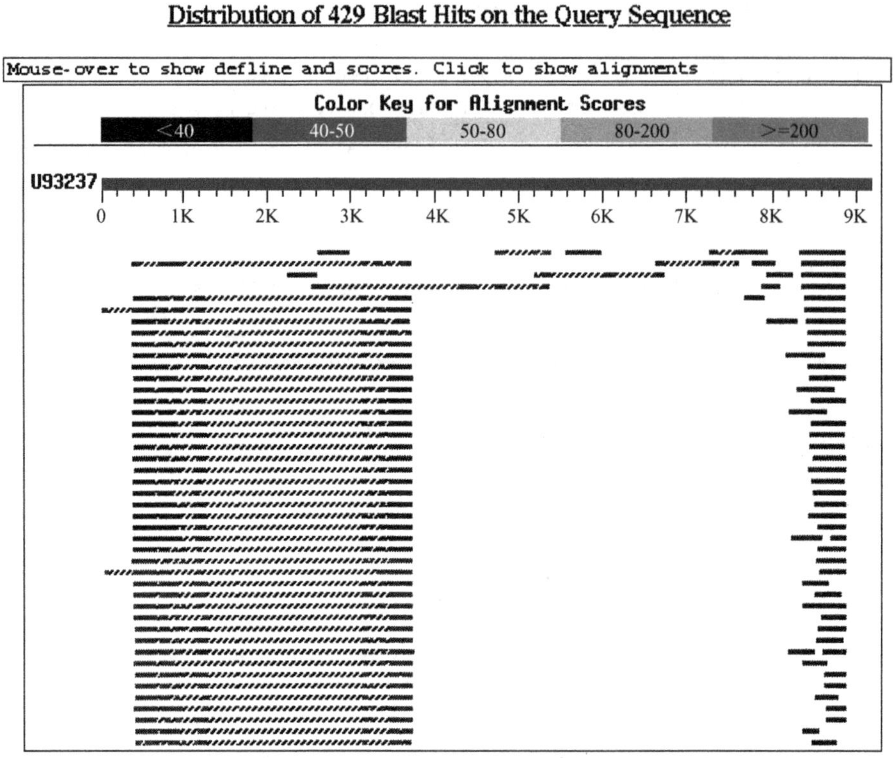

图 18.1.12　TBLASTN 输出结果的图形显示。

Sequences producing significant alignments:		Score (bits)	E Value
gb|AA776738|AA776738	ah49f08.s1 Soares testis NHT Homo sapiens ...	950	0.0
gb|AI082242|AI082242	ox79g05.x1 Soares_NhHMPu_S1 Homo sapiens c...	942	0.0
gb|AA743431|AA743431	ny23f01.s1 NCI_CGAP_GCB1 Homo sapiens cDNA...	940	0.0
gb|AA705195|AA705195	zj96e04.s1 Soares fetal liver spleen 1NFLS...	922	0.0
gb|AA973790|AA973790	oo45g04.s1 NCI_CGAP_Lu5 Homo sapiens cDNA ...	862	0.0
gb|AA604513|AA604513	no73c10.s1 NCI_CGAP_AA1 Homo sapiens cDNA ...	850	0.0
emb|Z98467|HSZ98467	Homo sapiens mRNA; expressed sequence tag; ...	841	0.0
gb|AI056630|AI056630	oz18e01.x1 Soares_fetal_liver_spleen_1NFLS...	809	0.0
gb|AA636030|AA636030	nr37h07.s1 NCI_CGAP_Pr22 Homo sapiens cDNA...	797	0.0
gb|AA614240|AA614240	np09f12.s1 NCI_CGAP_Pr3 Homo sapiens cDNA ...	791	0.0
gb|AA147620|AA147620	zl52d02.s1 Soares pregnant uterus NbHPU Ho...	777	0.0
gb|AA262936|AA262936	zr71a02.s1 Soares NhHMPu S1 Homo sapiens c...	773	0.0
gb|AA147612|AA147612	zl52d02.r1 Soares pregnant uterus NbHPU Ho...	761	0.0
gb|AI078460|AI078460	oz13e02.x1 Soares_fetal_liver_spleen_1NFLS...	755	0.0
gb|AA209475|AA209475	zq84e11.s1 Stratagene hNT neuron (#937233)...	747	0.0
gb|AA459317|AA459317	aa25e05.r1 NCI_CGAP_GCB1 Homo sapiens cDNA...	741	0.0
gb|AA805578|AA805578	ob44g06.s1 NCI_CGAP_GCB1 Homo sapiens cDNA...	739	0.0
gb|H41351|H41351	yp71b11.s1 Homo sapiens cDNA clone 192861 3'.	716	0.0
gb|AA157374|AA157374	zo68h09.s1 Stratagene pancreas (#937208) H...	710	0.0
gb|AA775293|AA775293	ad18f11.s1 Soares NbHFB Homo sapiens cDNA ...	706	0.0
gb|H97384|H97384	yw03h05.s1 Homo sapiens cDNA clone 251193 3'.	702	0.0
gb|H91639|H91639	yv03g12.s1 Homo sapiens cDNA clone 241702 3'.	666	0.0
gb|N51774|N51774	yz01g01.s1 Homo sapiens cDNA clone 281808 3'.	666	0.0
emb|Z98466|HSZ98466	Homo sapiens mRNA; expressed sequence tag; ...	654	0.0
gb|H38333|H38333	yp70g02.r1 Homo sapiens cDNA clone 192818 5'.	636	e-180

图 18.1.13　BLASTN 输出结果的“选中”列表。

```
gb|AA634227|AA634227 ac72c11.s1 Stratagene lung (#937210) Homo sapiens cDNA clone 868148
          3' similar to contains Alu repetitive element;contains
          L1.t1 L1 repetitive element ;
          Length = 462

 Score =  248 bits (125), Expect = 6e-63
 Identities = 237/275 (86%), Positives = 237/275 (86%), Gaps = 11/275 (4%)

Query: 3459 ctgtcgcccaggctggagtgcagtggtgcaatctcggctcactgcaagctctgcctcctg 3518
             ||||| ||||||||||||||||||||  |||||||||||||||||||  || || ||| |
Sbjct: 339  ctgtcacccaggctggagtgcagtggcacaatctcggctcactgcaacgtccgcttcccg 280

Query: 3519 ctttcatgccattctcctgcctcctgcctcagcctcctgagtagctgggactacaggagc 3578
               ||||  |||||||||       ||||||||||||||||||||||||||||||||| ||
Sbjct: 279  ggttcacaccattctcc------tgcctcagcctcctgagtagctgggactacaggcgc 227

Query: 3579 ctgccaccatgcctggctaannnnnnnnnggattttagtagagacgaggtttcaccatg 3638
             ||||||||| ||| ||||||          | ||||||||||||||||| ||||||||| ||
Sbjct: 226  ctgccaccacgcccggctaa---tttttgtattttagtagagacg-ggtttcacgtg 171

Query: 3639 ttagccaggatggtctcgatctcctgacctcgtgatccgcccgccttggcctcccaaagt 3698
             ||||||||||| |||||||||||||||||| |||||||||||||||||||||||||||||
Sbjct: 170  ttagccaggatcgtctcgatctcctgaccttgtgatccgcccgccttggcctcccaaagt 111

Query: 3699 gctgggattacaggcgtgagccaccgcacctggtc 3733
             ||||||||||||||||||||||||| |||| ||||
Sbjct: 110  gctgggattacaggcgtgagccaccacacccggtc 76
```

图 18.1.14 BLASTN 输出结果的序列比对。

连接碱基之间的垂直线表明两个序列中的碱基是相同的。由于查询和“选中”的都是核苷酸序列，结果中显示的数字表示核苷酸的位置。查询序列中低复杂度区域的核苷酸被 n 取代（例如，在第 3 个模块中的 nnnnnn）。BLASTN 可以用查询序列的正链和负链与数据库序列的正链比对。本例列举的配对显示的是查询序列的正链与数据库的负链比对，这相当于查询序列的负链与数据库序列的正链比对。

BLASTN 偏重于速度而不是敏感度。BLASTN 的算法是用一个简单的计分系统评价配对行为，碱基配对时赋予一个正值，否则赋予一个负值。BLASTN 仅仅适用于核苷酸序列之间的直接比较。BLASTN 结果不能用于预测编码蛋白质的功能。一般认为，蛋白质之间的相互比较更为敏感，原因是氨基酸的数量大（20 种氨基酸比较 4 种核苷酸而言）和密码的简并性质（第 3 位不同的两个密码子可以编码同一种蛋白质①）。在蛋白质之间相互比较时需要更为复杂的计分系统评价不同氨基酸残基之间的相似性。

PSI-BLAST

BLAST 2.0 版本中的一个最新的特点是反复搜索。位点特异反复 BLAST（PSI-BLAST），起始于一个标准的 BLASTP 搜索，然后利用最显著的“选中”结果自动地计算出一个分布型（profile）（Altschul et al.，1997）。一个分布型可以理解为一张列表，它表示在保守的蛋白质结构域内的每一个位置上某一个氨基酸出现的概率。这些在查询序列和“选中”结果的保守区域用于制作分布型。这些区域被假定为对蛋白质的功能很重要。这个分布型接着用于第二轮的搜索（重复），这时新的“选中”会加入到分

① 原文如此，此处为氨基酸更妥。——译者注

布型中，这个过程反复进行，每轮的 PSI-BLAST 都利用上一轮的“选中”结果，每次从上一轮的搜索结果中可计算出一个新的分布型（例如，那些低于阈值的“选中”加入到分布型）。PSI-BLAST 的算法比 BLASTP 更为敏感，因而更有可能找到亲缘关系远的序列。目前，PSI-BLAST 只能和 BLASTP 一起使用。

PSI-BLAST 的输出结果不同于其他的 BLAST 程序。图 18.1.15 显示了小鼠腺苷脱氨酶（Swiss-Prot 存取号 P03958）搜索 nr 数据库，用第一轮 PSI-BLAST 重复后（也就是用分布型进行的第一轮搜索）单行的描述结果。单行的描述可分成两组。其中一组的 E 值好于（低于）计算分布型所需的 E 值（图 18.1.15 缺省 E 值是 0.001），另一组的 E 值与此相反（结果未显示）。那些 E 值好于阈值的“选中”被标记用于计算分布型。用户在下一轮重复搜索时可以自行选择或排除这些“选中”。在上一轮被重复搜索选择的“选中”用绿色的球标记，新发现的序列用黄色的“NEW”来标记。当重复搜索没有发现新的序列可以用于计算分布型时，系统会给予提示。

Sequences with E-value BETTER than threshold

	Sequences producing significant alignments:	Score (bits)	E Value
	sp|P03958|ADA_MOUSE ADENOSINE DEAMINASE (ADENOSINE AMINOHYDROLA...	546	e-155
	gi|1518868 (M34252) adenosine deaminase (ADA) [Mus musculus]	544	e-154
	sp|P00813|ADA_HUMAN ADENOSINE DEAMINASE (ADENOSINE AMINOHYDROLA...	543	e-154
	gi|178075 (K02567) adenosine deaminase [Homo sapiens]	541	e-153
	prf||1203203A deaminase a,adenosine [Homo sapiens]	541	e-153
	pdb|1ADD|_ Adenosine Deaminase (E.C.3.5.4.4) Complexed With 1-...	541	e-153
	pdb|1FKW|_ Murine Adenosine Deaminase (D295e) Zinc Cofactor, T...	539	e-152
	pdb|1FKX|_ Murine Adenosine Deaminase (D296a) Zinc Cofactor, T...	537	e-152
	pdb|1UIP|_ Adenosine Deaminase (His 238 Glu Mutant) Hydrolase,...	537	e-152
	pdb|1UIO|_ Adenosine Deaminase (His 238 Ala Mutant) Hydrolase,...	536	e-152
	gnl|PID|e1246378 (Z97053) adenosine deaminase (ADA) [Homo sapiens]	479	e-135
	gi|1197210 (X02189) adenosine deaminase [Homo sapiens]	444	e-124
	sp|P22333|ADD_ECOLI ADENOSINE DEAMINASE (ADENOSINE AMINOHYDROLA...	404	e-112
	pir||A37943 adenosine deaminase (EC 3.5.4.4) - Escherichia coli...	400	e-111
	gi|1397267 (U61947) Similar to adenosine deaminase. [Caenorhabd...	393	e-108
	gnl|PID|e1251145 (AL021841) add [Mycobacterium tuberculosis]	368	e-101
	sp|P53984|ADD_STRVG ADENOSINE DEAMINASE (ADENOSINE AMINOHYDROLA...	345	2e-94
	gnl|PID|e1310879 (AL031035) putative adenosine deaminase [Strep...	344	4e-94
	gnl|PID|d1016109 (D90807) Adenosine deaminase (EC 3.5.4.4) (Ade...	340	6e-93
	pir||S73031 adenosine deaminase (EC 3.5.4.4) - Mycobacterium le...	335	3e-91
	sp|P53909|ADA_YEAST PROBABLE ADENOSINE DEAMINASE (ADENOSINE AMI...	312	2e-84
	gi|178079 (K00509) adenosine deaminase [Homo sapiens]	310	6e-84
	prf||1001165A deaminase,adenosine [Homo sapiens]	227	1e-58
	gi|861309 (U28928) coded for by C. elegans cDNA yk20f6.3; coded...	227	1e-58
	gi|3322300 (AE001189) adenosine deaminase, putative [Treponema ...	160	2e-38
NEW	gnl|PID|d1012479 (D83125) secretory component [Sarcophaga pereg...	98	9e-20
NEW	gi|171053 (M30449) AMP deaminase (EC 3.5.4.6) [Saccharomyces ce...	58	1e-07
NEW	sp|P15274|AMDM_YEAST AMP DEAMINASE (MYOADENYLATE DEAMINASE) >gi...	58	1e-07
NEW	gi|2149616 (U90888) AMP deaminase isoform C [Rattus norvegicus]	57	2e-07
NEW	sp|O09178|AMD3_RAT AMP DEAMINASE 3 (AMP DEAMINASE ISOFORM E)	57	2e-07
NEW	sp|O08739|AMD3_MOUSE AMP DEAMINASE 3 (AMP DEAMINASE ISOFORM E) ...	56	3e-07
NEW	sp|Q01432|AMD3_HUMAN AMP DEAMINASE 3 (AMP DEAMINASE ISOFORM E) ...	56	3e-07
NEW	pir||S68146 AMP deaminase (EC 3.5.4.6) splice form 1a - human >...	56	3e-07
NEW	pir||S68147 AMP deaminase (EC 3.5.4.6) splice form 1c - human >...	56	3e-07

图 18.1.15 PSI-BLAST 输出结果的“选中”列表。

图 18.1.15 显示了“选中”列表的结果。第一轮 PSI-BLAST 的输出结果发现很多腺苷脱氨酶的序列（用绿色球形标记）存在于标准的 BLASTP 搜索结果中。此外，PSI-BLAST 也找到了一些 AMP 脱氨酶的序列（用“NEW”标签标记）。实际上腺苷酸脱氨酶和 AMP 脱氨酶具有同源性已众所周知（Chang et al., 1991; Holm Sander, 1997)。用 PSI-BLAST 程序可以发现这些同源序列，但标准的 BLASTP 程序不能。

如果要显示 PSI-BLAST 每个“选中”的 E 值，应当注意使用第一轮反复搜索时那些用于计算分布型低于阈值的 E 值（标记为“NEW”的“选中”)。不过，如果“选中”是在第一轮标准的 BLAST 程序中出现，那么 BLAST 中的 E 值就是真正的 E 值。在随后的反复搜索中，“选中”仅仅用于计算分布型，这时报告的 E 值不能代表真正的 E 值。

18.1.2 搜索策略

过滤低复杂度区域

低复杂度区域易于产生令人误解的数据库搜索结果。该区域的残基分布频率与整个数据库有很大的区别，因而破坏了 BLAST 程序中的统计学意义。低复杂度区域可以产生基于组成而不是基于位置对位置的比对。作为缺省的设值，查询序列的低复杂度区域被过滤并以字符串 n（核苷酸序列）或 X（蛋白质序列）取代。BLASTP 程序用一个富含脯氨酸、DNA 指导的 RNA 聚合酶（Swiss-Prot 存取号 P11414）查询序列搜索 nr 数据库可以显示出过滤或非过滤查询序列对输出结果的影响。用过滤的查询序列可以从数据库找到 24 个 E 值好于 10 的比对，然而非过滤的查询序列却可以找到 4873 个比对。

图 18.1.16 显示了用非过滤查询序列获得的高分值的“选中”列表。用过滤查询序列找不到的高分值“选中”，用方块做了标记。值得注意的是大部分“选中”的定义行仅仅表明它们是类似查询序列的脯氨酸富集序列，但没有提供蛋白质功能的进一步信息。其中标识为“sp/P14248”的“选中”根据定义行似乎是一个很好的比对，但实际上不能在过滤的查询序列搜索中找到。检查两个序列比对的结果（未显示）表明它们的比对主要限于富集脯氨酸的区域。

BLAST 结果的输出

BLAST 序列比对显著性的最可靠标识是 E 值（随机序列获得同样比对分值发生的概率)。E 值与查询序列的长度、数据库大小和计分系统有关。bit 分值和原始分值都不是可靠的比对标识，因为对它们显著性的判断受 E 值计算的影响。当面对庞大的数据库时（如现在的 EST 数据库含有约 7 亿碱基对)，人的正常直觉是无能为力的，因为随机序列比对的机会是存在的，只是用户不可能知道怎样的比对分值是显著性的。统计学上的显著性差异随数据库的变化而变化（例如，某一比对分值的“选中”在搜索小的 month 数据库时有统计学上的显著性差异，但是搜索 nr 数据库时没有)，所有比对分值的输出结果只有结合数据库的大小才不会发生歧义。同一性的百分比（percentage identity）因同样的理由也不是一个好的表示统计学上显著性差异的指标。另外，没有任何方法可以从同一性的百分比中估算 E 值或比对分值，这样推测一个“选中”是否是偶

```
                                                                   Score     E
Sequences producing significant alignments:                       (bits)  Value

sp|P11414|RPB1_CRIGR  DNA-DIRECTED RNA POLYMERASE II LARGEST SUB...  1004   0.0
pir||A28490  DNA-directed RNA polymerase (EC 2.7.7.6) II large c...  1002   0.0
dbj||D87293_1  (D87293) RNA polymerase II largest subunit [Crice...   982   0.0
sp|P24928|RPB1_HUMAN  DNA-DIRECTED RNA POLYMERASE II LARGEST SUB...   982   0.0
gi|825713  (X74874) RNA polymerase II largest subunit [Homo sapi...   982   0.0
sp|P08775|RPB1_MOUSE  DNA-DIRECTED RNA POLYMERASE II LARGEST SUB...   980   0.0
gi|2145091  (U37500) RNA polymerase II largest subunit [Mus musc...   966   0.0
gi|1255805  (U53333) C. elegans DNA-directed RNA polymerase II 1...   538   e-152
sp|P16356|RPB1_CAEEL  DNA-DIRECTED RNA POLYMERASE II LARGEST SUB...   538   e-152
sp|P18616|RPB1_ARATH  DNA-DIRECTED RNA POLYMERASE II LARGEST SUB...   505   e-142
pir||S14181  DNA-directed RNA polymerase (EC 2.7.7.6) largest ch...   491   e-138
pir||S14182  DNA-directed RNA polymerase (EC 2.7.7.6) largest ch...   491   e-138
gi|18734  (X52493) DNA-directed RNA polymerase [Glycine max]          491   e-138
sp|P31635|RPB0_ARATH  DNA-DIRECTED RNA POLYMERASE II LARGEST SUB...   489   e-137
sp|P04052|RPB1_DROME  DNA-DIRECTED RNA POLYMERASE II LARGEST SUB...   476   e-134
gi|18732  (X52492) DNA-directed RNA polymerase [Glycine max]          451   e-126
gi|158148  (M19537) RNA polymerase II largest subunit (, EC 2.7....   439   e-122
sp|P36594|RPB1_SCHPO  DNA-DIRECTED RNA POLYMERASE II LARGEST SUB...   420   e-117
pir||S14183  DNA-directed RNA polymerase (EC 2.7.7.6) largest ch...   420   e-117
sp|P04050|RPB1_YEAST  DNA-DIRECTED RNA POLYMERASE II LARGEST SUB...   382   e-105
gi|4398  (X03128) put. RNA polymerase II largest subunit [Saccha...   363   1e-99
sp|P35084|RPB1_DICDI  DNA-DIRECTED RNA POLYMERASE II LARGEST SUB...   359   2e-98
■ sp|P13983|EXTN_TOBAC  EXTENSIN PRECURSOR (CELL WALL HYDROXYPROLI... 292   3e-78
gi|3172136  (U90211) RNA polymerase II largest subunit [Acantham...   228   7e-59
■ prf||1814452C  Hyp-rich glycoprotein [Zea diploperennis]            226   2e-58
■ pir||S22456  hydroxyproline-rich glycoprotein - perennial teosin... 222   3e-57
■ gi|1015937  (X91836) extensin class 1 protein [Vigna unguiculata]   222   3e-57
■ prf||1814452B  Hyp-rich glycoprotein [Zea mays]                     215   3e-55
■ pir||JQ0985  hydroxyproline-rich glycoprotein precursor - maize ... 214   7e-55
■ pir||S23760  polyphenolic adhesive protein - blue mussel (fragme... 214   9e-55
■ pir||S68957  adhesive protein - Mytilus galloprovincialis >gi|96... 212   3e-54
■ sp|P14248|RPB1_PLAFD  DNA-DIRECTED RNA POLYMERASE II LARGEST SUB... 210   2e-53
■ gi|727264  (U18791) hydroxyproline-rich glycoprotein precursor [... 206   2e-52
■ pir||S20500  hydroxyproline-rich glycoprotein - rice >gi|433816 ... 203   2e-51
■ gi|3135306  (AF053356) zonadhesin [Homo sapiens]                    192   3e-48
■ sp|P14918|EXTN_MAIZE  EXTENSIN PRECURSOR (PROLINE-RICH GLYCOPROT... 190   1e-47
```

图 18.1.16　BLASTP输出结果的“选中”列表，查询序列未经过滤处理，其中黑色的方块是作者加上的，表明如果查询序列经过滤处理，这些“选中”将不会被发现。

然发生的事件是不可能的。

分析 mRNA 序列

1. 发现可读框，获得蛋白质序列。BLASTX 程序用 cDNA 查询序列搜索 nr 蛋白质数据库。获得的“选中”中可以发现正确的编码蛋白质的可读框和提供蛋白质功能的信息。

2. 确定一个蛋白质序列是否和任何已知的蛋白质序列相似。BLASTP 和 PSI-BLAST（重复）程序用蛋白质查询序列搜索 nr 蛋白质数据库。

3. 确定一个蛋白质序列是否和 nr 数据库以外的未注解 DNA 序列的翻译产物相似，

如 TBLASTN 搜索 EST、STS、GSS、HTGS 数据库。

4. 在第一轮搜索后，搜索核苷酸和蛋白质的 month 数据库可以显示新增加的序列的信息。BLASTP 搜索蛋白质的 month 数据库可以显示新的注解的蛋白质序列。TBLASTN 搜索核苷酸的 month 数据库可以显示位于 nr、EST、HTGS、STS、GSS 数据库中新的可读框。也可用 PSI-BLAST 搜索 nr 数据库，当新的序列加入到分布型时将有助于发现远相关序列。

5. 如果蛋白质序列包含多个功能性结构域，应当分别用单个结构域进行搜索分析。

分析基因组 DNA 序列

1. 发现可能转录的片段。BLASTN 搜索 EST 数据库的 DNA 序列以确定 mRNA 是否来自于基因组序列，EST 的“选中”将表明外显子的位置。BLASTN 搜索 nr 数据库可以发现转录物或以前注解的基因组片段。

2. 发现可能的可读框。BLASTX 搜索 nr 蛋白质数据库，任何“选中”的结果可以确定正确的蛋白质可读框和提供蛋白质功能的信息。如果无任何结果返回，用 TBLASTX 搜索（翻译的查询核苷酸序列对翻译的核苷酸数据库）EST、GSS、HTGS 和 STS 数据库可以发现其他的可读框。

3. 在第一轮搜索后，搜索核苷酸的 month 数据库（用 BLASTN）和蛋白质的 month 数据库（用 BLASTX）将会提供新增加序列的信息。

4. 任何可能转录的序列可以按照上述列举的 mRNA 序列的分析方法进行。

搜索短序列

短的序列只能产生短的序列比对。这种短的序列比对需要相对较强（如高百分比的配对残基）才能与背景分别开来。常常需要一个比缺省的替代矩阵 BLOSUM-62 (Altschul, 1991) 有更高相关度的矩阵才能检测到这种短而强的序列比对。所谓相关度就是在每个位置上可以区分随机配对的平均信息量。BLOSUM 系列矩阵不含有适用于短序列比对的矩阵，在这种情况下推荐使用 PAM 矩阵来代替 BLOSUM 系列矩阵 (Dayhoff et al., 1978; Schwartz and Dayhoff, 1978)。这些矩阵位于高级 BLAST 的主页菜单上。表 18.1.2 显示了推荐的矩阵以适合不同长度的查询序列（S. F. Altschul, 个人通讯）。

表 18.1.2 短矩阵序列的替代矩阵

查询序列长度（氨基酸）	矩阵
<35	PAM-30
35～50	PAM-70
50～85	BLOSUM-80
>85	BLOSUM-62

附录 A：BLAST 参数

在高级 BLAST 主页上可以更改程序的参数。最重要的一些参数设定列举如下。

描述（下拉菜单）：定义单行描述“选中”的数目。缺省值是500。

比对（下拉菜单）：定义序列比对时数据库“选中”的数目。一个“选中”可以和序列的几个部分比对，所以实际序列比对的数目比定义的要大。缺省值是500。

期待阈值E（下拉菜单，也叫E值）：是显示序列比对具有统计学意义的数值。缺省的E值是10，含义就是根据Karlin和Altschul（1990）的统计学模型，有10个比对关系是随机发生的事件。E值越低，选择的条件越严格，比对随机发生的概率就越小。E值可以是分数。

过滤（下拉菜单）：屏蔽具有低复杂度组成的查询序列片段。屏蔽效应由SEG程序（Wootton and Federhen，1993，1996）或DUST程序（R. L. Tatusov and D. J. Lipman，个人通讯，对BLASTN）完成。屏蔽仅仅作用于查询序列或翻译产物，而不是数据库。缺省的屏蔽程序是DUST（对BLASTN）和SEG（对其他BLAST程序）。

遗传密码（下拉菜单）：选择合适的遗传密码用于BLASTX翻译查询序列。缺省的参数是标准化遗传密码。密码的选择由查询序列的来源决定（如物种、线粒体）。

图形显示（选择方盒）：选择查询序列与数据库“选中”之间的序列比对是否以图形的方式显示。比对分值可标记为5种不同的颜色，因此所有的比对可分为5组。如果一个数据库的“选中”在不止一个区域和查询序列比对，比对之间的部分由虚影的叉线来表示。鼠标经过“选中”可在窗口的顶部显示定义和比对分值。用鼠标点击任意“条”将指导用户移动到相关的序列比对。图形显示是缺省的显示方式。

矩阵（菜单）：允许用户选择缺省的BLOSUM-62以外的矩阵。这在搜索短序列时有用（见搜索短序列部分）。用户也可以改变空位开放罚分和空位拓展罚分，不过建议使用矩阵缺省的罚分值。

生物体（下拉菜单）：通过生物体限制搜索。该菜单提供了多种普通生物体名称。

附录B：序列标识的句法

NCBI的BLAST服务器所用的序列标识的句法与序列所存在的数据库有关。表18.1.3列举了常用数据库里序列的标识。例如，标识为*gb/M73307/AGMA13GT*的序列，gb标签表示它是GenBank序列，M73307是GenBank的存取号，AGMA13GT是序列的GenBank位点。

NCBI序列数据库的每一个序列都有一个gi标签（Ostell and Kans，1998）。gi标签提供了统一稳定的命名协定，使每一个特异性的序列都有一个自己唯一的gi标签。如果一个核苷酸或蛋白质的序列发生了变化，尽管这个记录的存取号不变，但是会设置一个新的gi标签，使用这个标签可以在一次特定的搜索中获得准确的序列。

搜索nr蛋白质数据库时，如果其中的序列是来自于核苷酸数据库的翻译产物，那么gi的句法为*gi | gi_identifier*。例如，*gi | 451623（U04987）env*（猿，免疫缺陷）……，其中451623是gi标识，U04987是核苷酸序列的存取号。

在BLAST的输出结果中，用户可以选择gi的选项，使得gi的标识与所在序列的数据库的标识相连。例如，*gi | 76485 | gb | M73307 | AGMA13GT*表示的是来自核苷酸数据库的“选中”，而*gi | 129295 | sp | P01013 | OVAX_CHICK*则表示来自蛋白质数据库的“选中”。

gnl（普通）标识适用于未在表18.1.3列出的数据库，标识的句法是一样的。例如，PID的标识 *gnl* | *PID* | *e1632*，这里PID表示蛋白质的ID，e1632中的e表示ID来自于EMBL数据库。正如前所述，使用gi选项可以在输出结果中显示gi标识（除PID以外），可用于获取感兴趣的序列。

表 18.1.3 序列数据库的标识句法

数据库	标识句法
GenBank	gb \ 存取号 \ 基因位点
EMBL Data Library	emb \ 存取号 \ 基因位点
DDBJ（DNA Data Bank of Japan）	dbj \ 存取号 \ 基因位点
NBRF PIR	pir \ \ 输入号
Protein Research Foundation	prf \ \ 名称
Swiss-Prot	sp \ 存取号 \ 输入名称
Brookhaven Protein Data Bank	pdb \ 输入号 \ 链
Patents	pat \ 国家 \ 专利号
GenInfo Backbone Id	bbs \ 基因号
General database identifier	gnl \ 数据库 \ 标识

参考文献：Altschul et al., 1990, 1997; Bairoch and Apweiler, 1998; Stoesser et al., 1998; Zhang and Madden, 1997.
撰 稿 人：Tyra G. Wolfsberg and Thomas L. Madden

第19章　蛋白质相互作用的分析

生物体内大多数生命活动是通过蛋白质参与完成的。蛋白质通过作用于其他大分子：核酸、碳水化合物、脂类，尤其是其他蛋白质来行使其功能。在细胞内，蛋白质相互作用体现在酶对蛋白底物的催化作用以及短暂和持久的蛋白组装，以控制信号转导、细胞分裂、DNA复制和转录起始。在细胞外，蛋白质相互作用允许细胞间相互交流：表达在细胞表面的配体经常结合于表达在临近细胞的蛋白受体，而分泌蛋白配体结合远处细胞的受体。近年来，探测和研究蛋白质间相互作用的技术已经变得越来越易于使用，这一章将加以阐述。

大量有关蛋白质相互作用的文献近年来层出不穷，这里提供的是理解这些内容的基础——也就是大量可被评价的概念。通俗地讲，蛋白质相互作用通常是指稳定和瞬时作用，典型稳定作用指相互作用的蛋白质形成一种复合物。复合物成员一般定义为共沉淀后检测到的蛋白质，这种蛋白质可以和复合物的另一种成员以及针对该成员的试剂发生共沉淀反应——但有时也通过双杂交实验中具有强生物学可靠性的作用定义。复合物的蛋白质之间互为伙伴（partner）。与此相对的是，瞬时是用于描述酶和蛋白底物的相互作用。

正如前述，在一个蛋白质相互作用中稳定性和它的生物活性没有特殊的相关性。值得注意的是，通常对稳定和瞬时作用的假定也有例外：一些在共沉淀反应中观察到的相互作用没有生物活性，而一些酶和底物作用却能持续数分钟。由于这些原因，在讨论蛋白质相互作用的时候使用更正规的术语就非常有必要。蛋白质间的作用强度或亲和力可用平衡参数描述，相互作用的结合速度、解离速度可用动力学参数描述。

平衡参数

相互作用强度可以用平衡解离常数 K_d 或它的倒数 K_a（讨论如下）来表示。当两个蛋白质A和B结合，K_d 表示为：

$$K_d = [A][B]/[AB]$$

这里 [AB] 是复合物的浓度，[A] 和 [B] 是各自的浓度，浓度以摩尔为单位，K_d 的单位也是摩尔。

两种有用的特殊情况需要记住：第一，当A和B浓度相同时，每种蛋白质的一半以AB复合物的形式出现时的浓度即为 K_d 值。第二，当A浓度远大于B浓度（超过100倍）——典型代表为 $[A] \gg [B]$ ——当B的一半以AB复合物的形式出现时的A的浓度相当于 K_d 值。

表19.0.1提供了典型的生物相互作用的 K_d 值，表明许多重要的相互作用的作用力是较弱的。

另外，亲和力也可以用平衡结合常数 K_a 表示：

$$K_a = [AB]/[A][B]$$

换言之，K_a 为平衡解离常数的倒数：$K_a=1/K_d$。结合常数使用频率较 K_d 少。但在某些领域的文献中却经常使用——如对抗原抗体反应的描述。

表 19.0.1　一些重要的生物相互作用的解离常数

相互作用	K_d/（mol/L）
链球菌抗生物素蛋白与生物素结合	10^{-14}
抗原抗体反应（较好的抗体）	$10^{-8}\sim10^{-10}$
结合于特异位点的 DNA 结合蛋白	$10^{-8}\sim10^{-10}$
抗原抗体反应（较弱的抗体）	10^{-6}
酶与底物作用	$10^{-4}\sim10^{-10}$
DNA 结合噬菌体与抑制物的共作用	10^{-4}
噬菌体抑制物和 *E. coli* RNA 聚合酶的共作用	10^{-2}

当 A 和 B 反应时，反应强度与 Gibbs 自由能（ΔG）的改变成正比，表示为：

$$\Delta G=\Delta H-T\Delta S$$

式中，T 为 Kelvin 温度；ΔS 为熵的改变；ΔH 为焓的改变。ΔG 的单位是 kcal/mol。反应的自由能每增加 1kcal①，K_d 降低 7 个数值。很明显，温度可以影响化学方程式的熵，当温度降低，由焓驱动的反应很少被熵减影响，而且通常是有利的。相反，那些由熵改变而产生自由能的反应，在低温情况下是不利进行的。这就意味着依赖温度的蛋白结合能提供一个主要涉及自由能改变的线索。

K_a 和 ΔG 的关系定义如下：

$$\Delta G^0=-RT\ln\{[AB]/[A][B]\}$$

$$\Delta G^0=-RT\ln K_a=-RT\ln\{1/K_d\}=-RT\ln K_d$$

ΔG^0 为标准条件下（25℃）自由能的改变，R 为通用气体常数（1.9872 cal · mol^{-1} · K^{-1}）；T 为 Kelvin 绝对温度（25℃是 289.1K）。因此：

$$\Delta G^0=0.588\ln K_d$$

因为 $\ln x=2.303\log_{10}x$，$\Delta G^0=1.36\log_{10}K_d$。例如：

$$(a)\ K_d=1\times10^{-14}\text{,所以}\ \Delta G^0=-19.04\text{kcal/mol}$$

$$(b)\ K_d=1\times10^{-2}\text{,所以}\ \Delta G^0=-2.72\text{kcal/mol}$$

链霉亲和素-生物素反应（a）形成［AB］的趋势强于低亲和力的反应（b）包括噬菌体抑制物（表 19.0.1），需要提及的是，DG 值计算的前提是作用物［A］［B］和产物［AB］的质量比率为 1M（标准状态）。

许多生物（但不是全部）的重要蛋白质的相互作用主要被 ΔH 的改变所驱动。幸运的是，结合过程中熵的改变是很难测定或准确考虑的。例如，溶液中的蛋白质被水分子包围，与表面残基形成氢键，当两个蛋白质相互作用时，包围在蛋白质表面的水分子的有序排列被打乱，这种序列的丧失，提供了反应中自由能的熵的增加。自由能中这样的改变源于熵的难以预测。相反，焓的改变是很容易理解的，如果一个氢键的形成释放出－1kcal/mol，一个特定的离子键的形成释放－2kcal/mol，那么两个键结合共释放出－3kcal/mol，这就意味着通过焓变 K_d 降低了 100 倍以上。

① 1kcal=4186.8J。

动力学参数

上述对蛋白质相互作用的描述对结合与解离的速度没有设置参照，这些速度是通过动力学参数来描述的。

解离速率常数，K_{dissoc}是AB复合物解离为A和B的速度（AB→A+B）。K_{dissoc}是一种第一顺序常数——也就是其依赖于一种组分的浓度，这里就是指AB复合物——表示AB复合物浓度下降的速率：

$$K_{dissoc} = [A][B] = -d[AB]/dt$$

它的单位为时间的倒数，通常为 s^{-1}。例如，一个解离速率常数为 $10^{-4}\,s^{-1}$，意味着每秒在 10^4个AB复合物中有一个分离。

相似地，结合速率常数用于描述A和B结合成AB复合物的速度（A+B→AB）。它是第二顺序反应，也就是它的速度依赖于A和B两者的浓度，表示为：

$$K_{assoc} = [A][B] = +d[AB]/dt$$

它的单位是浓度的倒数×时间的倒数，表示为 $M^{-1}\cdot s^{-1}$。例如，假定蛋白A在细胞内的浓度为 10^{-6} M，蛋白B注射到细胞核内的浓度为 10^{-5} M，此抗原抗体结合速率为 $10^{-4}\,M^{-1}\cdot s^{-1}$①。注射后，AB的浓度是：

$$[AB] = [A]\times[B]\times K_{assoc} = (10^{-6}\,M)(10^{-5}\,M)(10^{-4}\,M^{-1}\cdot s^{-1}) = 10^{-7}\,M\cdot s^{-1}$$

就是混合后第一秒有 10^{-7} M的AB形成。每个反应物浓度提高10倍，产物形成的速度增加10倍。

注意平衡态即为，

$$d[AB]/dt = 0$$

因此，对于AB相互作用，

$$K_d = K_{dissoc}/K_{assoc}$$

平衡态相互作用的强度反映了结合和解离的速度，这一事实具有重要的意义。为了更好地理解，我们设想两对蛋白具有相同的 K_d 值，A和B结合慢，但一旦形成AB复合物就需很长时间来解离。相对应地，C和D蛋白快速相互作用，并且CD复合物解离也快，以下两个事实表明AB和CD结合的动力学差异十分明显。

第一个事实是测量。本章提及的许多技术如“pulldown”和免疫共沉淀的原理是，当蛋白质与混合物中的其他蛋白质相分离和分离后形成的复合物被洗脱时，这些蛋白质是保持结合状态的。无论蛋白结合得紧密与否，如果它们的复合物在没被分离和洗脱前保持分离状态，那么复合物是不会被观察到的，而且如果AB与CD相互作用有相同的 K_d 值，但是CD分离得更快，那么共沉淀实验会错误地认为CD结合得较弱。

第二个事实涉及生物效应。许多生物现象如在双杂交实验（见19.1）中，蛋白质与蛋白质相互作用导致的转录现象已通过对平衡状态测量精确描述。然而需要提醒的是任何生物学反应产生的两个蛋白质的结合是在很短的时间内完成的。如许多酶与底物反应最短的时间是在微秒之间，而其他如DNA复制的起始需要以秒来计算。如果复合物

---

① 原文如此，但显然是错误的！1. 抗原抗体结合速率的单位未写全，缺 s^{-1}，式中已补入。2. 如果该式中数据准确，下一行的结果应为 $10^{-11}\,M\cdot s^{-1}$。上式中未改，因为不知是结果不对，还是抗原抗体结合速率应为 $10^4\,M^{-1}\cdot s^{-1}$。M即 $mol\cdot L^{-1}$。——译者注

解离比反应的最短时间还快，无论结合作用多么紧密，这一结合过程也不会发生。如果AB和CD有相同的 K_d，但是CD解离得快，那么这种结合作用也不会产生生物学效应。

本章讲述的内容

对于现代的生物学家而言，“蛋白质相互作用的分析”涵盖相互作用蛋白质的鉴定和相互作用的强度、速率的测定两方面的意义。本章包括这两方面的内容，而没有覆盖那些经典的分子生物学技术，包括在层析介质中分离自由相和结合相、速度梯度以及平衡透析等。这里介绍了许多目前广泛应用在鉴定及测量方面的技术。

本章包含的几个章节提供了几种用于确定相互作用蛋白质完全不同的方法。19.1讲述了双杂交方法的最新进展。这一方法用于检测与DNA结合“诱饵”蛋白相互作用的蛋白质，并分离到编码它们的基因，基于酵母中报道基因转录引起的生物学效应。

本章中还增加了用于检测相互作用蛋白质的另一种方法（见19.6）。这种方法（称为far-Western）检测的蛋白质必须在液相中（例如，用凝胶电泳分离与诱饵蛋白相互作用的细胞抽提物）。在洗脱步骤中保持相互作用的蛋白利用针对它们的抗体来检测。这种方法更适用于检测具有较长隔断率的蛋白质相互作用。

19.2提供了一种生物化学方法，用于在蛋白质混合物中检测与GST-融合诱饵蛋白相互作用的蛋白质。在共沉淀及“pulldown”方法中相互作用的蛋白质可以通过经典的与GST蛋白的亲和方法来鉴定和纯化。

在免疫共沉淀相关技术中（19.5），无细胞抽提物与预测蛋白（或者抗原标签）的抗体共孵育以共沉淀到相关的蛋白质。这种方法用于分离假定存在于完整细胞中的多蛋白复合物。

另外一种分子生物学的方法在19.3描述，它依靠直接产生编码相互作用蛋白的克隆来完成。相互作用克隆（interaction cloning）也称表达克隆。这一技术可以鉴定和克隆编码与目的蛋白或诱饵蛋白相互作用的蛋白质的基因。以噬菌体为基础的相互作用克隆技术要求编码诱饵蛋白的基因和构建在细菌噬菌体表达载体如λgt11上的合适表达文库。

一种被称为表面等离子共振（SPR）的体外检测技术能够检测未修饰的蛋白质之间的作用并同时测量相互作用的动力学参数。由于仪器的实用性，SPR已成为研究大分子之间相互作用的手段。这一技术将在19.4中阐述。

撰稿人：Roger Brent

19.1 利用相互作用阱/双杂交系统鉴定相互作用蛋白

通过确定与之结合的其他蛋白质来理解某种特定蛋白质的功能，常常是十分有用的方法。这可以通过从文库中选择或筛选与靶蛋白相互作用的新蛋白来实现。现有一种特别有用的方法即双杂交系统或相互作用阱（见图19.1.1和图19.1.2），用来测定新的相互作用蛋白，这种方法采用充当“试管”的酵母菌和一种报道系统的转录激活作用来识别结合蛋白。本方法也可以用来测试两个预测的具有相互作用的蛋白质之间是否形成复合物。

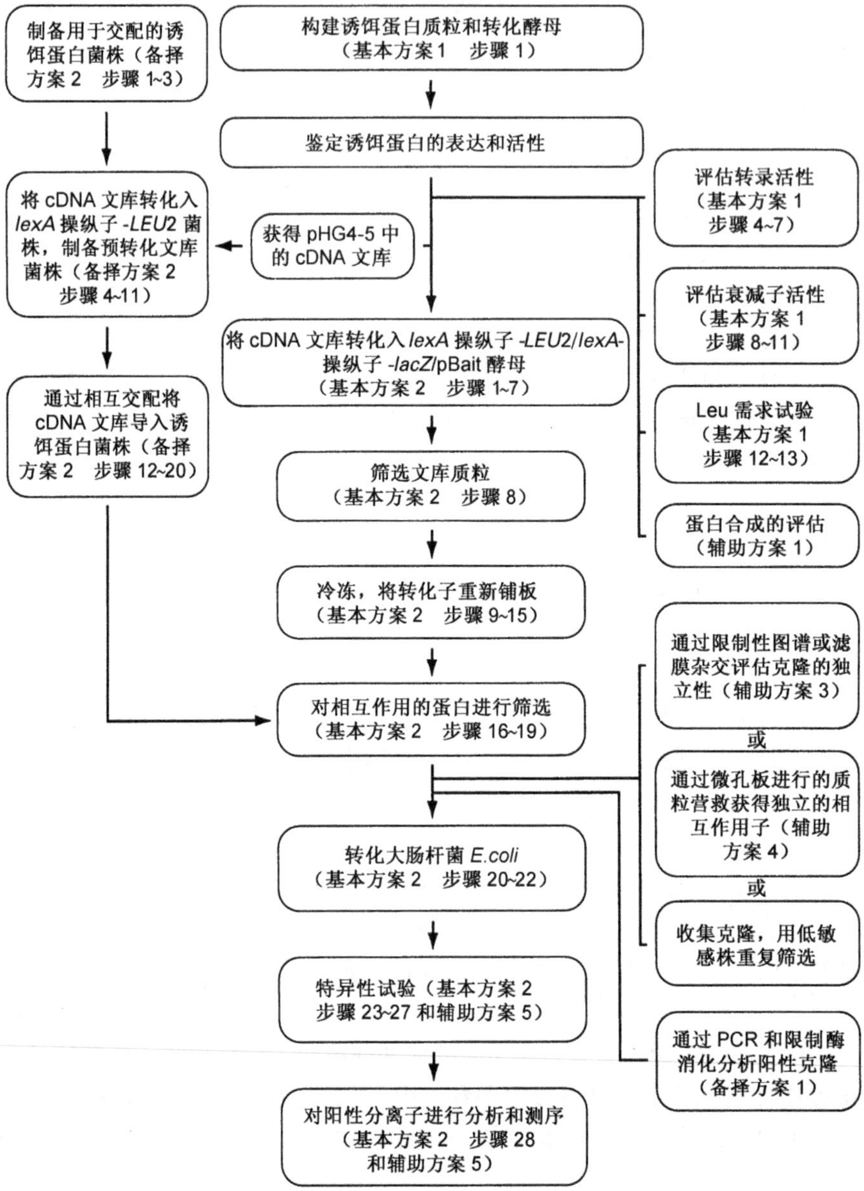

图 19.1.1　相互作用阱实验流程图。

19.1.1　基本方案 1　鉴定诱饵蛋白

捕捉相互作用蛋白的第一步是构建能够表达 LexA 与目的蛋白的融合体的质粒。这种质粒转化到包含 *LEU2* 和 *lacZ* 报道基因的报道酵母株中，并要行一系列的对照实验来鉴定所构建的诱饵蛋白是否适用，是否需要修饰，或是否应改变酵母菌报道条件。这些对照实验实现了诱饵蛋白在酵母菌中作为一种稳定蛋白质合成、可进入细胞核并与 *LexA* 操纵子位点结合、不激活基于 *LexA* 操纵子的报道基因的转录。LexA 融合的诱

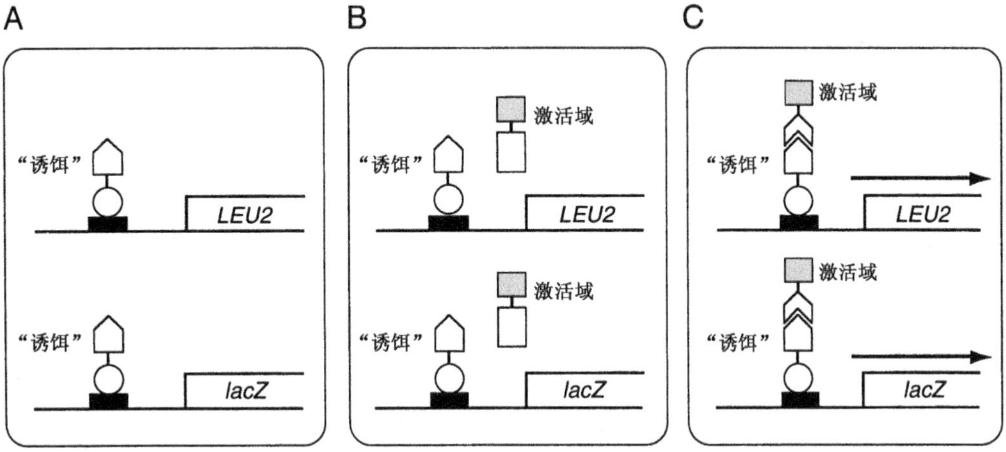

图 19.1.2 相互作用阱。A. 含两个 *lexA* 操纵基因应答性报道基因元件的 EGY48 酵母菌。一个是整合在染色体上的 *LEU2* 基因拷贝（需在缺失 Leu 培养基上生长），第二个是含 GAL1 启动子和 *lacZ* 融合基因的质粒（导致酵母菌在含 Xgal 培养基中变成蓝色）。细胞中还含有组成型表达的由 LexA 的 DNA 结合结构域与探针或"诱饵"（bait）蛋白融合的嵌合蛋白质。如图所示，它们并不能激活这两个报道基因。B、C. 含 pSH18-34/pbait 的 EGY48 酵母菌，用与激活结构域（act）融合的 cDNA 文库（pJG4-5）质粒进行转化，这种文库已被诱导。在 B 图中，编码蛋白与 bait 蛋白之间没有特异性反应，两个报道基因没有激活。在 C 图中，文库编码的蛋白质与 bait 蛋白反应显示出阳性相互作用，结果使两个报道基因激活（箭头所指方向），导致细胞可在 Leu^- 培养基中生长，并在含 X-gal 培养基上显蓝色。黑色矩形表示 LexA 操纵基因序列；空心圆环表示 LexA 蛋白；空心五边形表示诱饵蛋白；空心框表示文库蛋白；阴影盒表示激活蛋白（在图 19.1.6 中的"酸性区"）。

饵蛋白必须是不能激活其他报道基因转录的-在 EGY48 株（或者相关的 EGY191）中表达 LexA 融合蛋白不能在缺失 Leu 的培养基上生长，并且在含有 X-gal 的培养基上生长的克隆是白色的。这种典型的诱饵蛋白质粒被用于在基本方案 2 中筛选文库中的相互作用蛋白。

材料（带√项见附录 1）

编码目的蛋白的 DNA

质粒（见表 19.1.1）：pEG202（见图 19.1.3），pSH18-34（见图 19.1.4），pSH17-4，pRFHM1 和 pJK101 用于常规实验，其他用于特殊情况的质粒参见介绍（Clontech，Invitrogen，OriGene 或 R. Brent）

酵母菌菌株 EGY48（*ura3 trp1 his3 3LexA*-operator-*LEU2*），或 EGY191（*ura3* trp1 his3 1LexA-operator-*LEU2*；见表 19.1.2）

100mm 完全（CM）培养基缺失成分平板（见 13.1），按要求补加 2%（*m/V*）的糖（葡萄糖或乳糖）：

Glu/CM，-Ura，-His

Gal/CM，-Ura，-His

Gal/CM，-Ura，-His，-Leu

√Z 缓冲液（见附录 1），含 1mg/ml X-gal

Gal/CM 缺失成分液体培养基（见 13.1），补加 2%的乳糖

抗 LexA 或融合结构域的抗体：抗 LexA 单克隆抗体（Clontech，Invitrogen）或抗 LexA 多克隆抗体（可从 R. Brent 或 E. Golemis 获得）

H_2O，灭菌

30℃培养箱

尼龙膜

Whatman 3MM 滤纸

注意：所有与细胞接触的溶液和设备必须是灭菌的，而且操作时应采用适当的无菌技术。

表 19.1.1 相互作用阱组件[a,b]

质粒名称/来源	选择标志		说明
	酵母菌中	大肠杆菌中	
LexA 融合质粒			
pEG202[c,d,e]	*HIS3*	Ap^r	含 *ADH* 启动子表达紧接多接头的 LexA
pJK202	*HIS3*	Ap^r	与 pEG202 一样，但在 LexA 与多接头之间带有核定位序列，用来增强诱饵对细胞核的定位
pNLexA[e]	*HIS3*	Ap^r	含有 *ADH* 启动子，多接头紧接 LexA 之后；用于 N 端残基必须处于未封闭状态的诱饵蛋白
pGlida[d]	*HIS3*	Ap^r	含有 *GAL1* 启动子，与 pEG202 一样表达相同的 LexA 并且多接头基因盒；用于对酵母菌具有毒性的诱饵蛋白
pEE202I	*HIS3*	Ap^r	pEG202 的一种整合型形式，能随 *Kpn*I 消化整合到 *HIS3* 中；用于生理筛选需要的诱饵蛋白的低水平表达
pRFHM1[e,f]（对照）	*HIS3*	Ap^r	含有 *ADH* 启动子，表达 LexA 与 bicoid 同源异型域融合的不具激活功能的融合体；在阻遏分析中作阳性对照，而在激活和相互作用分析中作阴性对照
pSH17-4[e,f]（对照）	*HIS3*	Ap^r	*ADH* 启动子，表达 LexA 与 GAL4 激活域融合的融合体，在转录激活分析中作阳性对照
pMW101[f]	*HIS3*	Cm^r	与 pEG202 相同，但带有不同的抗生素抗性标记；是用于克隆诱饵蛋白的基本质粒
pMW103[f]	*HIS3*	Km^r	与 pEG202 相同，但带有不同的抗生素抗性标记；是用于克隆诱饵蛋白的基本质粒
pHybLex/Zeo[f,g]	Zeo^r	Zeo^r	诱饵蛋白克隆载体，与相互作用阱和所有其他双杂交系统兼容；含有最小量 *ADH* 启动子，表达 LexA，紧随其后是延伸的多接头
激活域融合质粒			
pJG4-5[e,f]	*TRP1*	Ap^r	含有 *GAL1* 启动子，表达核定位域、转录激活域、HA 表位标签和克隆位点；用于表达 cDNA 文库
pJG4-5I	*TRP1*	Ap^r	一种 pJG4-5 的整合型形式，可经 *Bsu36I*（New England Biolabs）消化后整合到 *TRP1* 中；与 pEF202I 一起使用研究在低蛋白浓度下生理性的相互作用
pYESTrp[g]	*TRP1*	Ap^r	含有 *GAL1* 启动子，表达核定位域、转录激活域、V5 表位标签、多克隆位点；含有 f1 复制起点和 T7 启动子/侧翼位点，用于表达 cDNA 文库（Invitrogen）

续表

质粒名称/来源	选择标志		说明
	酵母菌中	大肠杆菌中	
pMW102[f]	*TRP1*	Km^r	与 pJG4-5 相同,但带有不同的抗生素抗性标记;仍无可选用的文库
pMW104[f]	*TRP1*	Cm^r	与 pJG4-5 相同,但带有不同的抗生素抗性标记;仍无可选用的文库
LacZ 报道质粒			
pSH18-34[d,e,f]	*URA3*	Ap^r	含有 8 个指导 *lacZ* 基因转录的 *LexA* 操纵子;是转录激活最敏感的报道质粒之一
pJK103[e]	*URA3*	Ap^r	含有 2 个指导 *lacZ* 基因转录的 *LexA* 操纵子;是一种转录激活的中间报道质粒
pRB1840[e]	*URA3*	Ap^r	含有 1 个指导 *lacZ* 基因转录的 *LexA* 操纵子;是转录激活最严格的报道质粒之一
pMW112[f]	*URA3*	Km^r	与 pSH18-34 相同,但带有不同的抗生素抗性标记
pMW109[f]	*URA3*	Km^r	与 pJK103 相同,但带有不同的抗生素抗性标记
pMW111[f]	*URA3*	Km^r	与 pRB1840 相同,但带有不同的抗生素抗性标记
pMW107[f]	*URA3*	Cm^r	与 pJK18-34 相同,但带有不同的抗生素抗性标记
pMW108[f]	*URA3*	Cm^r	与 pJK103 相同,但带有不同的抗生素抗性标记
pMW110[f]	*URA3*	Cm^r	与 pRB1840 相同,但带有不同的抗生素抗性标记
pJK101[e,f]（对照）	*URA3*	Ap^r	包含 *GAL1* 上游激活序列和含有两个 *lexA* 操纵子的 *lacZ* 基因用于阻遏分析评估诱饵蛋白与操纵子序列的结合能力

a. 除非有特别注明（如 pEE202I、pJG4-5I），所有质粒均带有维持酵母菌的 2μm 复制起点以及细菌的复制起点。

b. 相互作用阱试剂凝注了许多研究人员的工作：最初的基本试剂是在 Brent 实验室研制的（Gyuris et al., 1993）。带有不同抗生素抗性标记的质粒（所有 pMW 质粒）构建于 Glaxo, Research Triangle Park, N. C.（Watson et al., 1996）。具特殊用途的质粒和菌株分别由以下人员构建：E. Gilemis, Fox Chase Cancer Center, Philadelphia, Pa（pEF202）；J. Kamens, BASF, Worcester, Mass.（pJK202、pJK101 和 pJK103）；I. York, Dana-Farber Cancer Center, Boston, Mass 和 M. Sainz 和 S. Nottwehr, U. Oregon（pNLexA）；D. A. Shaywitz, MIT Center for Cancer Research, Cambridge, Mass（pGilda）；R. Buckholz, Glaxo, Research Triangle Park, N. C.（pEF202I 和 pJG4-5I）；J. Gyuris, Mitoix, Cambridge, Mass.（pJG4-5）；S. Hanes, Wadsworth Institute, Albany, N. Y.（pSH17-4 和 pSH18-34）；R. L. Finley, Wayne State University School of Medicine, Detroit, Mich.（pRFHM1）；R. Brent, The Molecular Sciences Institute, Berkeley, Calif.（pRB1840）。如仍不能购买到的特殊质粒可从 Brent 实验室（510）647-0690 或 brent@molsci.org，以及 Golemis 实验室（215）728-2860 或 EA_Golemis@fccc.edu 获得。

c. pEG202（pLexA）的序列资料查询号正在处理之中。

d. 质粒可从 Clontech 和 OriGene 购买；Clontech 将 pEG202 标记为 pLexA，pJG4-5 标记为 pB42AD，和 pSH18-34 标记为 p8opLacZ。

e. 质粒和菌株均可从 OriGene 购得。

f. 在 pMW 质粒中氨苄青霉素抗性基因（Ap^r）分别从 pBC SK（+）和 pBK-CMV（Stratagene）被氯霉素抗性基因（Cm^r）和卡那霉素抗性基因（Km^r）替代。选用 Km^r 和 Cm^r 或 Ap^r 质粒纯属个人爱好；在基本方案中介绍了基本 Ap^r 质粒的应用。采用最近研制的试剂应有助于在后续步骤中文库质粒的纯化，因为它不再需要通过 KC8 细菌过渡，从而节省了大量时间和精力。Ap^r 一直保留作为文库质粒的选择标记基因为许多已有的文库拥有这个标记。这些质粒是推荐使用的基本质粒系列。

g. 质粒可从 Invitogen 作为杂交捕获试剂盒的组分购买；这种试剂盒也包括所有必要的阳性和阴性对照（未列在本表中）。

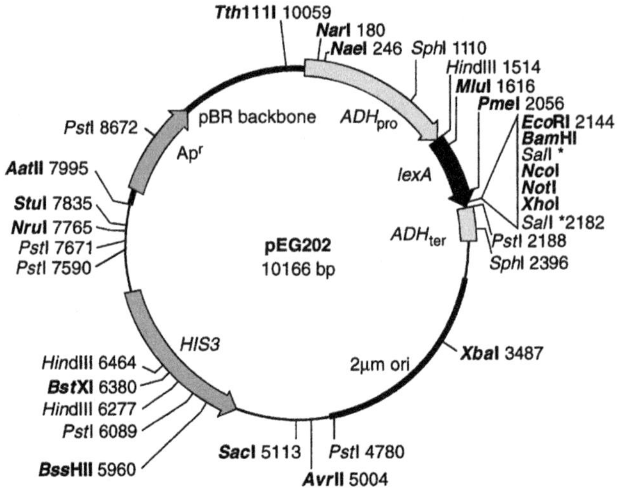

多克隆位点序列

EcoRI　BamHI　SalI*　NcoI　NotI　XhoI　SalI*

GAA TTC CCG GGG ATC CGT CGA CCA TGG CGG CCG CTC GAG TCG AC

图 19.1.3　LexA 融合质粒：pEG202。强的组成型乙醇脱氢酶（ADH）启动子用来表达 bait 与 DNA 结合蛋白 LexA 的融合蛋白。在质粒图中标示的限制酶位点均是基于最近编辑的 pEG202 序列数据，并包括适合于鉴定限制酶消化的选择位点。有多个限制酶切位点可供编码序列的插入产生与 LexA 融合的蛋白融合体。多接头子序列和与 LexA 相关的读框在质粒图下面列出，其中单一性位点以黑体字母作了标示。可采用序列 5′-CGT CAG CAG AGC TTC ACC ATT G-3′设计引物来验证 LexA 融合体的读框的准确性。质粒中含有 HIS3 选择标志和 2μm 复制起点，允许在酵母菌中复制增殖；而含氨苄青霉素抗性基因（Ap^r）和 pBR 复制起点（ori），又可在 *E. coli* 中复制。最近发展的 LexA 表达质粒 pMW101 和 pMW103，氨苄青霉素抗性基因（Ap^r）分别被氯霉素抗性基因（Cm^r）和卡那霉素抗性基因（Km^r）所取代（详细介绍参见表 19.1.1）。

步骤

1）应用标准的亚克隆技术（图 19.1.3），把编码目的蛋白的 DNA 插入到 pEG202（见图 19.1.3）或别的 LexA 融合质粒中，建立融合蛋白读框。

2）把以下三组质粒分别用酸锂法转化（见 13.5）到 EGY48 中：

pBait＋pSH18-34（实验）

pSH17-4＋pSH18-34（阳性对照）

pRFHM1＋pSH18-34（阴性对照）

3）把每个转化混合物放置在 Glu/CM-Ura、-His 缺失平板上。在 30℃孵育两天，挑选包含双质粒的酵母。

4）步骤 3 中每组挑选 5 或 6 个独立的克隆，在 Glu/CM-Ura、-His 缺失主平板上划线，30℃过夜。

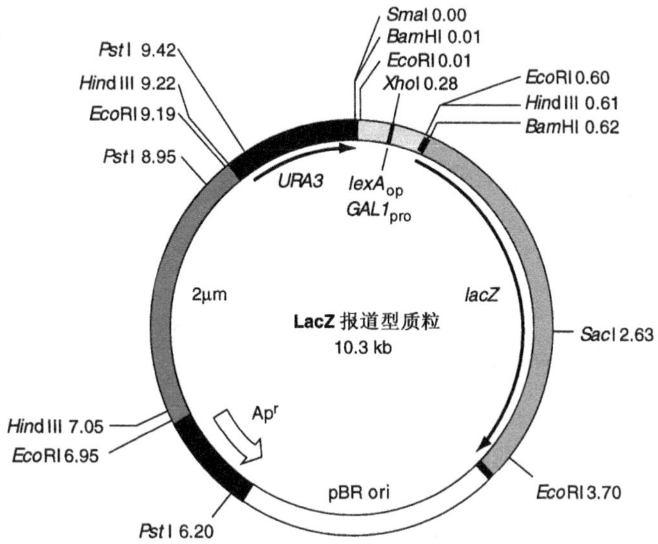

图 19.1.4　LacZ 报道质粒。pRB1840、pJK103 和 pSH18-34 均为 LR1Δ1（West et al., 1984）的衍生体，分别含有 8 个、2 个和 1 个供 LexA 结合的操纵子（$LexA_{op}$），它们被插入在位于最小量 GAL1 启动子（$GAL1_{pro}$；在图谱中的 0.28）中的单一 *Xho*I 位点。质粒带有 URA3 选择标记，允许在酵母菌中增殖的 2μm 复制起点，氨苄青霉素抗性（Ap^r）基因和允许在 *E. coli* 中增殖的 pBR322 复制起点（ori）。数字表明相对的图谱位置。在最近构建的衍生体中，氨苄青霉素抗性（Ap^r）基因已被氯霉素抗性基因和卡那霉素抗性基因所替代（详细介绍参见表 19.1.1）。

β-半乳糖苷酶活性分析

5a）将尼龙膜放置在酵母培养板上，浸湿，使克隆附着其上。移出膜并在空气中干燥 5 min。将沾有菌落的一面朝上，于−70℃冷冻 10 min。

6a）剪一张比尼龙膜稍大的 Whatman 3MM 滤纸并浸泡于含 1 mg/ml X-gal 的 Z 缓冲液中。将尼龙膜置于其上，菌落面朝上。或者直接将尼龙膜放在盛有约 2 ml 含 1 mg/ml X-gal 的 Z 缓冲液的培养皿盖中。

7a）在 30℃温育并观察菌落颜色的变化。

LacZ 的活性分析（X-gal 平板）

5b）按 13.1 介绍的制备 Z 缓冲液 X-gal 平板。

6b）从主平板上挑菌落划线于 X-gal 平板，并于 30℃培养。

7b）在接下来的 2～3 天内定期观察平板颜色的变化。

LexA 融合蛋白不能激活转录，通过抑制实验（Brent and Ptashne，1984）证实 LexA 融合蛋白在酵母中正处于合成状态（有些蛋白质没有合成）并且能够结合 LexA 操作子序列（图 19.1.5）。接下来的步骤能够同时和激活分析实验同时进行。

8）将以下组合的质粒分别转化酵母菌 EGY48（三组转化实验）：

　　pBait＋pJK101（实验组）

　　pRFHM1＋pJK101（阻遏作用阳性对照组）

　　pJK101 单一质粒（阻遏作用阴性对照）

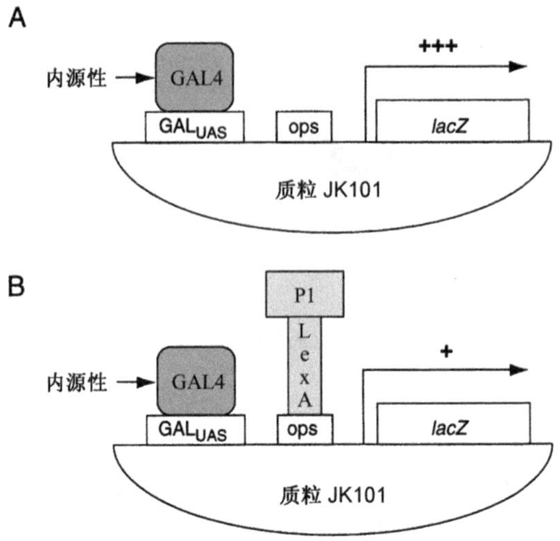

图 19.1.5　DNA 结合的阻遏测定。A. 质粒 JK101 带有 *GAL1* 基因的上游激活序列（UAS），紧接着是位于 *lacZ* 编码序列上游的 LexA 操纵子。因此当含 pJK101 的酵母菌在以乳糖作为唯一碳源的培养基上生长时，因为内源性的酵母菌 GAL4 结合到 GAL_{UAS}，它们会具有明显的 β-半乳糖苷酶活性。B. LexA 融合蛋白（P1-LexA）经表达进入细胞核，并与 LexA 操纵子序列结合（ops），它可封闭从 GAL_{UAS} 的激活作用，抑制 3～5 倍 β-半乳糖苷酶活性。在葡萄糖/X-gal 培养基上，含 pJK101 的酵母菌因 GAL_{UAS} 转录被抑制而应呈白色。

9）将每一种转化混合物涂布于 Glu/CM-Ura、-His，或 Glu/CM-Ura 缺失成分培养基平板上，以便适于选择带有指示质粒的酵母菌细胞。30℃培养 2～3 天直至菌落出现。

10）将菌落划线在 Glu/CM-Ura、-His，或 Glu/CM-Ura 缺失成分主平板上，并于 30℃培养过夜。

11）通过液体测定（采用 Gal/CM 缺失成分液体培养基），滤膜测定（步骤 5a～7a：从重新划线到 Gal/CM 平板上培养过夜），或平板测定（步骤 5b～7b，采用 Gal/CM -Ura X-gal 平板）来检测 3 组转化酵母菌株中的 β-半乳糖苷酶活性（实验组、阴性对照组、阳性对照组）。采用滤膜测定 1～2 h；采用 X-gal 平板 24～36 h。

12）如果诱饵蛋白既不能激活也不能阻遏转录，那么应通过抗 LexA 抗体或抗实验中合成蛋白的融合结构域的抗体对粗制裂解物进行免疫印迹分析检测蛋白质合成（见辅助方案 1）。

这些步骤可以与 *lacZ* 激活实验和抑制分析同时进行。

13）取一个转化了 pBait 和 pSH18-34 报道质粒的 EGY48 酵母菌单菌落，分散于 500 μl 无菌水中。取出其中 100 μl 稀释于 1ml 无菌水，并用无菌水作 1∶10 的连续稀释至 1000 倍。

14）从每一个稀释浓度试管（包括未稀释的 10 倍、100 倍和 1000 倍稀释的试管）中各取 100 μl 分别涂布 Gal/CM -Ura、-His 缺失成分培养基平板和 Gal/CM -Ura、-His、-Leu 缺失成分培养基平板，于 30℃培养过夜。

在相互作用子捕获实验中实际上是依据诱饵蛋白和酸性融合成对激活 *LexA* 操纵子-*LEU2* 基因转录并允许在 Leu-的培养基上生长的能力来进行选择的，而不是单独的诱饵蛋白本身。因此，Leu

需求测试是判断诱饵蛋白是否可能有一个不切实际的高背景的最重要测试。对某些诱饵蛋白而言，EGY48 中的 LEU2 报道蛋白比 pSH18-34 报道蛋白更加敏感，因此诱饵蛋白在 β-半乳糖苷酶分析中只有很少或完全没有信号，然而却有些菌可能在 Leu 培养基上生长。如果这种情况发生，有几种操作可以选择，最直接的方法是用一个较不敏感的筛选株 EGY191（表 19.1.2）替代，然后重复分析。

表 19.1.2 相互作用阱酵母菌选择菌株[a]

菌株	相关基因型	操纵子数目	说明
EGY48[b,c,d]	*MATαtrp1*, *his3*, *ura3*, lexAops-LEU2	6	*lexA* 操纵子指导从 *LEU2* 基因的转录；EGY48 是一种用于从 cDNA 文库中筛选相互作用克隆的基本菌株
EGY191	*MATαtrp1*, *his3*, *ura3*, lexAops-LEU2	2	EGY191 提供一种比 EGY48 更严格的选择，带有固有激活转录能力的诱饵蛋白，产生较低的本底
L40[c]	*MATαtrp1*, *leu2*, *ade2* *GAL4*, *lexAops-HIS34*, *lexAops-lacZ8*		在 L40(在 EGY 菌株中是可诱导的)中由 GAL1 启动子控制的表达是组成型的；选择针对 *HIS* 原养型。整合的 *LacZ* 报道基因比维持在 EGY 菌株中的 pSH18-34 的敏感性低

a. 相互作用阱试剂凝聚了许多研究人员的工作：最初的基本试剂是在 Brent 实验室研制的（Gyuris et al., 1993)。具特殊用途的菌株分别由以下人员构建：E. Golemis, Fox Chase Cancer Center, Philadelphia, Pa. (EGY48, EGY191)；A. B. Vojtek 和 S. M. Hollenberg, Fred Hutchinson Cancer Research Center, Seattle, Wsah. (L40)。特殊菌株还没有商业化，可以联系 Brent 实验室 The Molecular Sciences Institute, Berkeley, (510) 647-0690 或 brent@molsci.org，也可以联系 Golemis 实验室，(215) 728-2860 或 EA_Golemis@fccc.edu。

b. 菌株可从 Clontech 购买。

c. 菌株可从 Invitrogen 作为 Hybrid Hunter 试剂盒的组分购买。试剂盒还包括所有必要的阳性和阴性对照（未列在本表中）。

d. 菌株可从 OriGene 购买。

19.1.2 基本方案 2 相互作用蛋白的捕获

实验要经过两次连续大量的酵母菌平板筛选过程。酵母菌含有 LexA 融合探针、报道基因和插入 pJG4-5（见图 19.1.6，表 19.1.3）的 *GAL* 启动子控制下的 cDNA 表达文库。最近，已有可供用于这个系统的文库，它们均列于表 19.1.3 中，这个系统的变体列在表 19.1.4 中。

材料（带√项见附录 1）

携带适当质粒组合（见表 19.1.1 和表 19.1.2）的酵母菌：

含 *LexA*-操纵子-*lacZ* 报道质粒和 pBait 的 EGY48（见基本方案 1）

含 *LexA*-操纵子-*lacZ* 报道质粒和 pRFHM-1 的 EGY48

含 *LexA*-操纵子-*lacZ* 报道质粒和任一非特异性诱饵蛋白质粒的 EGY48

完全（CM）缺失成分液体培养基（见 13.1）含有如下指示剂的糖［葡萄糖、半乳糖和（或）棉籽糖］［2%（*m/V*）Glu 或 2%（*m/V*）Gal+1%（*m/V*）Raff（棉籽糖）］：

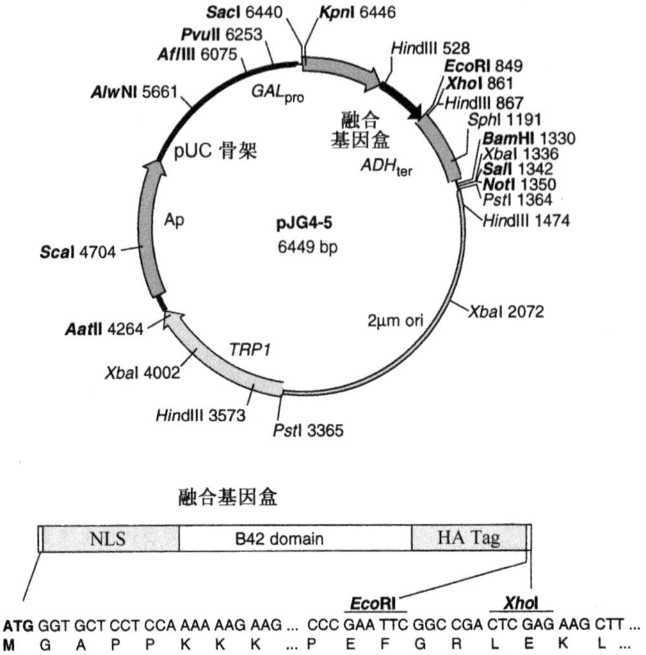

图 19.1.6　文库质粒：pJG4-5。文库质粒表达插入 *Eco*RI 和 *Xho*I 单酶切位点的 cDNA 或其他编码序列，它们与以下基因盒组成翻译融合体：SV40 核定位序列（NLS；PPKKKRKVA）；酸性圆块状 B42 结构域（Ruden et al.，1991）和血凝素表位（HA）标签（YPYDVPDYA）。基因盒序列的表达由半乳糖诱导的 GAL1 启动子控制。这个图谱是在 pJG4-5 序列资料的基础上制成的，包括适于鉴定的选择限制性位点（以粗线标示）。序列 5′-CTG AGT GGA GAT GCC TCC-3′ 可用作引物对插入序列进行鉴定或确证正确的读框。pJG4-5 质粒含有：TRP1 选择性标志及可允许质粒在酵母中传代的 2μm 复制起点；抗生素抗性基因和允许质粒在 *E. coli* 增殖的 pUC 复制起点。最近构建的 pJG4-5 衍生型质粒 pMW104 和 pMW102，其中氨苄青霉素抗性基因（Ap^r）已分别被氯霉素抗性基因（Cm^r）和卡那霉素抗性基因（Km^r）替代（详细资料见表 19.1.2）。这个图中显示了所有近期制备的 pJG4-5 质粒文库（Gyuris et al.，1993）。单一位点均以粗线形式标示。

表 19.1.3　与相互作用阱系统兼容的文库[a]

RNA/DNA 来源	载体	独立克隆数	插入片段大小（平均值）[b]	制备商
细胞系				
HeLa cells(human cervical carcinoma)	JG	9.6×10^6	0.3～3.5kb(1.5kb)	R. Brent, Clontech, Invitrogen, OriGene
HeLa cells(human cervical carcinoma)	Y	3.7×10^6	0.3～1.2kb	Invitrogen
WI-38 cells(human lung fibroblasts), serum-starved, cDNA	JG	5.7×10^6	0.3～3.5kb(1.5kb)	R. Brent, Clontech, OriGene
Jurkat cells(human T cell leukemia), exponentially growing. cDNA	JG	4.0×10^6	0.7～2.8kb(1.5kb)	R. Brent
Jurkat cells(human T cell leukemia)	Y	3.2×10^6	0.3～1.2kb	Invitrogen

续表

RNA/DNA 来源	载体	独立克隆数	插入片段大小(平均值)[b]	制备商
Jurkat cells(human T cell leukemia)	Y	3.0×10^6	0.5~4.0kb(1.8kb)	Clontech
Jurkat cells(human T cell leukemia)	JG	5.7×10^6	(>1.3)	OriGene
Jurkat cells(human T cell leukemia)	JG	2×10^6	0.7~3.5kb(1.2kb)	S. Witte
Be Wo cells(human fetal placental choriocarcinoma)	Y	5.4×10^6	0.3~0.8kb	Invitrogen
Human lymphocyte	JG	4.0×10^6	0.4~4.0kb(2.0kb)	Clontech
CD4$^+$ T cell, murine, cDNA	JG	>10^6	0.3~2.5kb(>0.5kb)	R. Brent
Chinese hamster ovary(CHO)cells, exponentially growing, cDNA	JG	1.5×10^6	0.3~3.5kb	R. Brent
A20 cells(mouse B cell lymphoma)	Y	3.11×10^6	0.3~1.2kb	Invitrogen
Human B cell lymphoma	JG	—	—	H. Niu
Human 293 adenovirus-infected(early and late stages)	JG	—	—	K. Gustin
SKOV3 human Y ovarian cancer	Y	5.0×10^6	(>1.4kb)	OriGene
MDBK cell, bovine kidney	JG	5.8×10^6	(>1.2kb)	OriGene
MDCK cells	JG	—	—	D. Chen
HepG2 cell line cDNA	JG	2×10^6	—	M. Melegari
MCF7 breast cancer cells, untreated	JG	1.0×10^7	(>1.5kb)	OriGene
MCF7 breast cancer cells, estrogen-treated	JG	1.0×10^7	(>1.1kb)	OriGene
MCF7 cells, serum-grown	JG	1.0×10^7	0.4~3.5kb	OriGene
LNCAP prostate cell line, untreated	JG	2.9×10^6	(>0.8kb)	OriGene
LNCAP prostate cell line, androgen-treated	JG	4.6×10^6	(>0.9kb)	OriGene
Mouse pachytene spermatocytes	JG	—	—	C. Hoog
组织				
Human breast	Y	9×10^6	0.4~1.2kb	Invitrogen
Human breast tumor	Y	8.84×10^6	0.4~1.2kb	Invitrogen
Human liver	JG	>10^6	0.6~4.0kb(>1kb)	R. Brent
Human liver	Y	2.2×10^6	0.5~4kb(1.3kb)	Clontech
Human liver	JG	3.2×10^6	0.3~1.2kb	Invitrogen
Human liver	JG	1.1×10^7	(>1kb)	OriGene
Human lung	Y	5.9×10^6	0.4~1.2kb	Invitrogen
Human lung tumor	Y	1.9×10^6	0.4~1.2kb	Invitrogen
Human brain	JG	3.5×10^6	0.5~4.5kb(1.4kb)	Clontech
Human brain	Y	8.9×10^6	0.3~1.2kb	Invitrogen
Human testis	Y	6.4×10^6	0.3~1.2kb	Invitrogen
Human testis	JG	3.5×10^6	0.4~4.5kb(1.6kb)	Clontech

续表

RNA/DNA 来源	载体	独立克隆数	插入片段大小(平均值)[b]	制备商
Human ovary	Y	4.6×10^{6}	0.3～1.2kb	Invitrogen
Human ovary	JG	4.6×10^{6}	(>1.3kb)	OriGene
Human ovary	JG	3.5×10^{6}	0.5～4.0kb(1.8kb)	Clontech
Human heart	JG	3.0×10^{6}	0.3～3.5kb(1.3kb)	Clontech
Human placenta	Y	4.8×10^{6}	0.3～1.2kb	Invitrogen
Human placenta	JG	3.5×10^{6}	0.3～4.0kb(1.2kb)	Clontech
Human mammary gland	JG	3.5×10^{6}	0.5～5kb(1.6kb)	Clontech
Human peripheral blood leucocyte	JG	1.0×10^{7}	(>1.3kb)	OriGene
Human kidney	JG	3.5×10^{6}	0.4～4.5kb(1.6kb)	Clontech
Human fetal kidney	JG	3.0×10^{6}	(>1kb)	OriGene
Human spleen	Y	1.14×10^{7}	0.4～1.2kb	Invitrogen
Human prostate	Y	5.5×10^{6}	0.4～1.2kb	Invitrogen
Human normal prostate	JG	1.4×10^{6}	0.4～4.5kb(1.7kb)	Clontech
Human prostate	JG	1.4×10^{6}	(>1kb)	OriGene
Human prostate cancer	JG	1.1×10^{6}	(>0.9kb)	OriGene
Human fetal prostate	JG	—	—	OriGene
Human fetal liver	JG	3.5×10^{6}	0.3～4.5kb(1.3kb)	Clontech
Human fetal liver	Y	2.37×10^{6}	0.3～1.2kb	Invitrogen
Human fetal liver	JG	8.6×10^{6}	(>1kb)	OriGene
Human fetal brain	JG	3.5×10^{6}	0.5～1.2kb(1.5kb)	R. Brent, Clontech, Invitrogen, OriGene
Mouse brain	JG	6.1×10^{6}	(>1kb)	OriGene
Mouse brain	JG	4.5×10^{6}	0.4～4.5kb(1.2kb)	Clontech
Mouse breast, lactating	JG	1.0×10^{7}	0.4～3.1kb	OriGene
Mouse breast, involuting	JG	1.0×10^{7}	0.4～7.0kb	OriGene
Mouse breast, virgin	JG	1.0×10^{7}	0.4～5.5kb	OriGene
Mouse breast, 12 days pregnant	JG	6.3×10^{6}	0.4～5.3kb	OriGene
Mouse skeletal muscle	JG	7.2×10^{6}	0.4～3.5kb	OriGene
Rat adipocyte, 9-week-old Zucker rat	JG	1.0×10^{7}	0.4～5.0kb	OriGene
Rat brain	JG	4.5×10^{6}	0.3～3.4kb	OriGene
Rat brain(day 18)	JG	—	—	H. Niu
Rat testis	JG	8.0×10^{6}	(>1.2kb)	OriGene
Rat thymus	JG	8.2×10^{6}	(>1.3kb)	OriGene
Mouse liver	JG	9.5×10^{6}	(>1.4kb)	OriGene
Mouse spleen	JG	1.0×10^{7}	(>1kb)	OriGene
Mouse ovary	JG	4.0×10^{6}	(>1.2kb)	OriGene

续表

RNA/DNA 来源	载体	独立克隆数	插入片段大小（平均值）[b]	制备商
Mouse prostate	JG	—	—	OriGene
Mouse embryo, whole(19-day)	JG	1.0×10^5	0.2～2.5kb	OriGene
Mouse embryo	JG	3.6×10^6	0.5～5kb(1.7kb)	Clontech
Drosophila melanogaster, adult, cDNA	JG	1.8×10^6	(>1.0kb)	OriGene
D. melanogaster, embryo, cDNA	JG	3.0×10^6	0.5～3.0kb(1.4kb)	Clontech
D. melanogaster, 0-12 hr embryos, cDNA	JG	4.2×10^6	0.5～2.5kb(1.0kb)	R. Brent
D. melanogaster, ovary, cDNA	JG	3.2×10^6	0.3～1.5kb(800bp)	R. Brent
D. melanogaster, disc, cDNA	JG	4.0×10^6	0.3～2.1kb(900bp)	R. Brent
D. melanogaster, head	JG	—	—	M. Rosbash
混合样品				
Synthetic aptamers	PJM-1	$>1\times10^9$	60bp	R. Brent
Saccharomyces cerevisiae, S288C, genomic	JG	$>3\times10^6$	0.8～4.0kb	R. Brent
S. cerevisiae, S288C, genomic	JG	4.0×10^6	0.5～4.0kb	OriGene
Sea urchin ovary	JG	3.5×10^6	(1.7kb)	Clontech
Caenorhabditis elegans	JG	3.8×10^6	(>1.2kb)	OriGene
Agrobacterium tumefaciens	JG	—	—	—
Arabidopsis thaliana, 7-day-old seedlings	JG	—	—	H. M. Goodman
Tomato(*Lycopersicon esculentum*)	JG	8×10^6	—	G. B. Martin
Xenopus laevis embryo	JG	2.2×10^6	0.3～4kb(1.0kb)	Clontech

a. 大多数文库不是由 pJG4-5 载体就是由 pYESTrp 载体构建的（JG 或 Y 均列于载体栏中）；Aptamer 肽文库构建在 pJM-1 载体中。从公共领域获得的文库由以下个人构建：(1) J. Gyruis；(3) C. Sardet 和 J. Gyuris；(4) W. Kolanus，J. Gyuris 和 B. Seed；(39) D. Krainc；(50-52) R. Finley；(55) P. Watt；(54) P. Colas，B. Cohen，T. Jessen，I. Grishina，J. McCoy 和 R. Brent (Colas et al.，1996)。以上提及的所有文库均可与 Roger Brent 实验室联系并从那里获得，(510) 647-0690 或 hrent@molsci.org。必须与以下各个研究者直接联系：(18) J. Pugh，Fox Chase Cancer Center，Philadelphia，Pa.；(8，9) Vinyaka Prasad. Albert Einstein Medical Center New York，N. Y.；(57，58) Gregory B. Martin，gmartin@dept.agry.purdue.edu；(11) Huifeng Niu，hn34@columbia.edu；(16) Christer Hoog，christer，hoog@cmb.ki.se；(12) Kurt Gust in，kgus@umich.edu；(6) Stephan Witte. Stephan. Witte@nimbus.rz.uni-konstanz.de。

b. pJG4-5 中插入片段的大小范围起初是基于 Brent 实验室构建的文库，现在这种文库可从 Clontech 购买，其大小由公司进行了重新估计。

表 19.1.4 双杂交系统的变体[a]

系统	DNA 结合域	激活域	选择	参考文献
双杂交系统	*GAL4*	*GAL4*	*LacZ*，*HIS3* 激活	Chien et al.，1991
相互作用阱	*LexA*	*B42*	*LEU2*，*lacZ* 激活	Gyuris et al.，1993
改良双杂交系统	*GAL4*	*GAL4*	*HIS3*，*lacZ* 激活	Durfee et al.，1993
修改双杂交系统	*LexA*	VP16	*HIS3*，*lacZ* 激活	Vojtek et al.，1993
KISS	*GAL4*	VP16	*CAT*，hyg^r 激活	Fearon et al.，1992
严紧型复制	*GAL4*	VP16	T-Ag 激活，质粒复制	Vasavada et al.，1991

a. 缩写：*CAT*，氯霉素转移酶基因；hyg^r，潮霉素抗性基因；T-Ag，病毒大 T 抗原。

Glu/CM-Ura、-His

Glu/CM-Trp

Gal/Raff/CM -Ura、-His、-Trp

无菌水

TE 缓冲液（pH 7.5；见附录 1）/0.1 mol/L 乙酸锂

克隆于 pJG4-5 质粒的文库 DNA（见表 19.1.3，图 19.1.6）

高纯度剪切均匀的鲑精 DNA（见辅助方案 2）

40%（*m/V*）PEG 4000（过滤除菌）/0.1 mol/L 乙酸锂/TE 缓冲液（pH 7.5）

二甲基亚砜（DMSO）

完全（CM）缺失成分培养基平板（见 13.1）含有如下指示的（20mg/ml）X-gal 和糖［2%（*m/V*）Glu，2%（*m/V*）Gal+1%（*m/V*）Raff（棉籽糖）］：

Glu/CM-Ura、-His、-Trp，24cm×24 cm（Nunc）和 100mm

Gal/Raff/CM-Ura、-His、-Trp，100mm

Gal/Raff/CM-Ura、-His、-Trp、-Leu，100mm

Glu/X-gal/CM-Ura、-His、-Trp，100mm

Gal/Raff/X-gal/CM-Ura、-His、-Trp，100mm

Glu/CM-Ura、-His，-Trp，-Leu，100mm

Glu/CM-Ura、-His，100mm

Gal/CM-Ura、-His、-Trp、-Leu，100mm

√TE 缓冲液，pH 7.5 无菌（选用）

√甘油溶液

E. coli KC8 株（*pyrF leuB600 trpC hisB463*；该菌株由 K. Struhl 构建，可以从 R. Brent 处获得）

E. coli DH5α 或其他可用于制备供测序用 DNA 的株系

LB/氨苄青霉素平板（见 1.1）

细菌确定的极限 A 培养基平板：1×A 平板添加 0.5 μg/ml 维生素 B1（见 1.1），再分别添加 40 μg/ml Ura、His 和 Leu

30℃培养箱，带或不带摇床

低速离心机和转子

50ml 锥形试管，无菌

1.5ml 微量离心管，无菌

42℃加热板

玻璃显微镜载玻片，无菌

注意：所有溶液和与细胞接触的仪器都必须是无菌的，而且操作时应采用适当的无菌技术。

步骤

1）将约 20 ml 含 *LexA*-操纵子-*lacZ* 表达质粒和 pBait 的酵母菌 EGY48 或 EGY191 培养液接种到 Glu/CM-Ura、-His 缺失成分液体培养基中，于 30℃培养过夜。

2）将培养液稀释到 300 ml Glu/CM-Ura、-His 缺失成分液体培养基中至浓度约为

2×10^6细胞/ml（OD_{600}约 0.10），于 30℃培养直至培养液密度约为 1×10^7 细胞/ml（OD_{600}约 0.50）。

3）室温下以 1000～1500 *g* 在低速离心机中离心 5 min，收集酵母菌细胞。菌体重悬在 30 ml 无菌水中，并移至 50 ml 锥形离心管中。

4）以 1000～1500 *g* 离心 5 min，弃上清，菌体用 1.5 ml TE/0.1 mol/L 乙酸锂重悬。

5）取 30 个微量离心管分别加 1 μg 的插入文库 DNA 的 pJG4-5 质粒和 50 μg 高纯度的剪切均匀的鲑精载体 DNA，然后分别加入 50 μl 从步骤 4 获得的重悬酵母菌液。

加入的文库和鲑精 DNA 的总体积应小于 20 μl，最好小于 10 μl。一个典型的文库转化将获得 2～3×10^6个原代转化子。这一转化总共需要 20～30 μg 文库 DNA 和 1～2 mg 载体 DNA。

6）分别加入 300 μl 40% pEG 4000/0.1 mol/L 乙酸锂/TE 缓冲液，pH 7.5，颠倒混合直至完全混匀，于 30℃温育 30 min。

7）加入 DMSO 至终浓度 10%（每管约 40 μl），颠倒混匀，在 42℃加热板上热激 10 min。

8a）取其中 28 管：每管涂布一块 24 cm×24 cm Glu/CM-Ura、-His、-Trp 缺失成分培养基平板，于 30℃培养。

8b）剩余的 2 管：每管取 360 μl 涂布在 24 cm×24 cm Glu/CM-Ura、-His、-Trp 缺失成分培养基平板上。剩余的 40 μl 用无菌水作 1∶10 的分别等比稀释，再取稀释液分别涂布在 100mm Glu/CM-Ura、-His、-Trp 缺失成分培养基平板上，将所有平板置于 30℃培养 2～3 天直至菌落出现。

系列稀释将给出一个大约转化的效率，由此可估算所获转化子的值。

9）将所有生长转化子的 24 cm×24 cm 平板在 4℃下冷却数小时，使琼脂变硬。

10）戴上手套，使用无菌玻璃显微镜载玻片，轻轻地从平板上将酵母菌细胞刮下来。将 30 个平板上刮下来的细胞收集到 1 或 2 支 50 ml 无菌的锥形试管中。

11）用 1 体积或至少与转移细胞体积相等的无菌 TE 缓冲液或水洗涤细胞，室温下以 1000～1500 *g* 离心 5 min，弃上清后重复洗涤 1 次。

12）用 1 体积的甘油溶液重悬沉淀的酵母菌细胞，混匀后分装成每份 1 ml，于－70℃可保存 1 年。

13）复活酵母细胞时，用 Gal/Raff/CM-Ura、-His、-Trp 缺失成分培养基将一份冻存的转化酵母细胞作 10 倍稀释，于 30℃摇床温育 4 h，诱导文库上的 GAL 启动子。

14）接着用 Gal/Raff/CM-Ura、-His、-Trp 缺失成分培养基系列稀释酵母菌细胞。涂布在 100 mm Gal/Raff/CM-Ura、-His、-Trp 缺失成分培养基平板上，于 30℃培养 2～3 天至长出可见的菌落。

15）计算菌落数，推算出每一等份被转化的酵母菌的菌落形成单位（cfu）数。

16）基于铺板效率解冻适当数量的转化酵母菌，按照步骤 13 稀释，培养。为了获得 10^7细胞/ml 的浓度（OD_{600}约等于 0.5），按需要将转化酵母菌培养液稀释到 Gal/Raff/CM-Ura、-His、-Trp、-Leu 缺失成分培养液中。按总转化子数计算所需的平板数，并以每平板 100 μl 涂布在 100 mm Gal/Raff/CM-Ura、-His、-Trp、-Leu缺失成分培养基平板上。于 30℃培养 2～3 天直至菌落出现。

17）小心地挑取适当的菌落接种到一个新鲜的 Gal/Raff/CM-Ura、-His、-Trp、-Leu

缺失成分培养基主平板上，于 30℃培养 2～7 天至菌落出现。

挑出在第 2 天长出的菌落接种到一个主平板上，第 3 天长出的菌落接种到一个第二主平板上，而第 4 天长出的菌落接种到一个第三主平板上。如果获得了许多明显的阳性菌落，那么用在第 4 天（及以后数天）可能获得更大数目的菌落制备主平板。

18）再从 Gal/Raff/CM-Ura、-His、-Trp、-Leu 缺失成分培养基主平板上挑菌落转至 100 mm Glu/CM-Ura、-His、-Trp 缺失成分培养基主平板上，于 30℃过夜培养至菌落形成。

19）从这个主平板上挑菌划线或影印在以下平板上：

Glu/Xgal/CM-Ura、-His、-Trp

Gal/Raff/Xgal/CM-Ura、-His、-Trp

Glu/CM-Ura、-His、-Trp、-Leu

Gal/Raff/CM-Ura、-His、-Trp、-Leu

这个时候，如果菌落在 Gal/Raff/X-gal 平板上呈蓝色但在 Glu/X-gal 平板上不变蓝或仅呈很弱的蓝色，并且菌落在 Gal/Raff/CM-Leu 平板上生长而不能在 Glu/CM-Leu 平板上生长，那么所获得的菌落和文库质粒可暂定为阳性。

以下步骤用以测定 Leu＋插入的 Gal 依赖和 lacZ 表型来证实这是因为文库编码蛋白表达的结果。在诱导之前关闭了 GAL1 启动子并排除了-Leu 选择。

20a）按直接电穿孔方案将酵母菌质粒直接转移到 *E. coli* 中（见 1.8，备择方案 2），接步骤 22。

20b）通过快速小量制备方案（见 13.9）从酵母菌中分离质粒 DNA，并作以下修改：获得水相后，加入乙酸钠（NaAc）至终浓度 0.3 mol/L 和 2 体积的无水乙醇，置冰浴 20 min，以最大速度微量离心 15 min，用 70％乙醇洗涤沉淀，干燥后用 5 μl TE 缓冲液溶解沉淀。

21）用 1 μl DNA 电穿孔（见 1.8）到 KC8 细菌中，放置在 LB/氨苄平板上，37℃过夜。

22）划线或复制 LB/氨苄平板上的克隆到细菌确定的极限 A 培养基平板含有维生素 B1 和 Ura、His、Leu，而无 Trp。37℃过夜。

23）用细菌小量制备方案（见 1.6）纯化文库质粒。

这个阶段不要对获得的 DNA 测序，因为可能分离到的克隆没有相互作用。在完成特异试验后再测序。

因为多种 2 μm 带有相同标志质粒可以在酵母中同时存在，一个单独的酵母有时含有两个或更多不同的文库质粒，而只有其中的一种编码相互作用蛋白。对于每一种酵母菌阳性克隆应至少挑选两个单独的细菌转化子，采用 *Eco*RI 和 *Xho*I 消化（见 3.1）产生 cDNA 插入片段，并进行琼脂糖微胶电泳（见 2.6）来验证两个质粒是否含有相同的插入片段。

24）在不同的转化实验中，用从步骤 23 纯化的质粒转化已含有下列质粒并生长在 Glu/CM-Ura、-His 平板上的酵母菌：

含 pSH18-34 和 pBait 的 EGY48

含 pSH18-34 和 pRFHM-1 的 EGY48

含 pSH18-34 和非特异性诱饵蛋白质粒的 EGY48（可选）

25）将每一种转化混合物涂布在 Glu/CM-Ura、-His、-Trp 缺失成分培养基平板上，于

30℃培养 2 到 3 天直到菌落长出。

26）对每个待验证的文库质粒均涂布一个 Glu/CM-Ura、-His、-Trp 缺失成分培养基的主平板。即从每个转化平板上挑 5 或 6 个单独的菌落接种到 Glu/CM-Ura、-His、-Trp平板上，于 30℃过夜培养。

27）从这种缺失成分主平板上挑菌或影印菌落至实际筛选中所用的同一系列的验证平板上：

Glu/Xgal/CM-Ura、-His、-Trp

Gal/Raff/Xgal/CM-Ura、-His、-Trp

Glu/CM-Ura、-His、-Trp、-Leu

Gal/CM-Ura、-His、-Trp、-Leu

一旦细胞中含有 LexA 诱饵蛋白，真正的阳性 cDNA 应使细胞在 Gal/Raff/X-gal 平板上呈蓝色但在 Glu/X-gal 平板上不变蓝，而且应能使细胞在 Gal/Raff/CM-Leu 缺失成分平板上生长但不能在 Glu/CM-Leu 缺失成分平板上生长。符合这种标准的 cDNA 即可进行测序（见图 19.1.3 说明中的引物序列）或进行特性分析。那些编码与 RPHF-1 或另一种非特异性的诱饵蛋白相互作用蛋白的 cDNA 应该丢弃。

从 cDNA 数据库中对照查询被认为是假阳性的分离 cDNA 也许是有益的。这些数据库作为一种进展着的工作可在 http://www.fccc.edu:80/research/labs/golemis /interactionTrapInwork.html 网络地址上获得。

28）如果条件合适，可进行另外的特异性验证实验（见辅助方案 5）。对阳性分离子进行分析并测序。

用于 pJG4-5 的引物序列在图 19.1.4 中图注中列出。从 KC8 制备的 DNA 即使在用 Qiagen 柱或氯化铯梯度纯化后一般仍不适于进行双脱氧或自动测序。待测序的文库质粒在测序前应该用从 KC8 小量制备的质粒转化一种更适于测序的菌株，如 DH5α。

19.1.3 备择方案 1 相互作用阱的快速筛选

附加材料（亦见基本方案 2；带√项见附录 1）

铺在 Glu/CM-Ura、-His、-Trp 主平板上的酵母菌（见基本方案 2 步骤 19）

√裂解液

10 μmol/L 正向引物（FP1）：5′-CGT AGT GGA GAT GCC TCC-3′

10 μmol/L 反向引物（FP2）：5′-CTG GCA AGG TAG ACA AGC CG-3′

牙签或细菌接种环（见 1.1），无菌

96 孔微量滴定板

封口袋，如宽的透明袋

√150～212 μm 玻璃珠，酸洗

平台涡旋振荡器

步骤

1）做相互作用子捕获实验（见基本方案 2 步骤 1～19）。

2）用无菌牙签或接种环将酵母菌从 Glu/CM-Ura、-His、-Trp 主平板转移到含 25 μl

裂解液的 96 孔微量滴定板孔中。用封口袋封好微量滴定板并于 37℃温育振荡 1.5～3.5 h。

3）从微量滴定板上取去封口袋，在每孔中加入约 25 μl 酸洗玻璃珠并用同一封口袋重新封板。紧紧将微量滴定板固定在涡旋振荡器的平台上，以中高速振荡 5 min。

微量滴定板可用 0.25 in（0.64 cm）橡胶带固定在振荡器上。

4）取去封口袋并于每孔中加入约 100 μl 无菌水。轻轻旋转混匀，将样品移出用于步骤 5。然后再用封口袋紧紧封好微量滴定板并置于－20℃冷藏柜保存。

5）以 30 μl 体积经标准 PCR（见 15.1）扩增 0.8～2.0 μl 样品，分别使用 3 μl 正向引物 FP1 和反向引物 FP2。采用以下循环进行 PCR：

起始步骤：	2min	94℃
31 个循环：	45s	94℃
	45s	56℃
	45s	72℃

这些条件已成功地用于扩增长度达 1.8 kb 的片段；某些修改如延长延伸时间亦是有效的。

6）在 0.7%低熔点琼脂糖凝胶（见 2.6）上加 20 μl PCR 反应产物进行电泳分离。基于插入片段大小，将获得的反应产物以家族形式分组，即在一个家族中具有潜在的多个相同 cDNA 独立分离子。保存凝胶直至获得步骤 7 的结果。

7）在凝胶电泳的同时，剩下的 10 μl PCR 产物用限制酶 *Hae*III 于 20μl 体积中消化（见 3.1）。基于凝胶上未消化的 PCR 产物的大小（步骤 6），按 *Hae*III 消化样品重排试管，结果那些代表一个家族的试管排成一行。以 2%～2.5%琼脂糖凝胶电泳分离消化产物（见 2.6）。

绝大多数限制性片段在 200 bp～1.0 kb 大小范围，因此最好采用长胶进行电泳。

8）从低熔点琼脂胶中分离 DNA 片段（步骤 6）。

9）从冷藏柜中取出微量滴定板，融化裂解物。针对每一种想要的阳性质粒，取 2～4 μl 酵母菌裂解液。根据诱饵蛋白和报道质粒的需求（详细资料见表 19.1.1）用电穿孔法将 DNA 转入 DH5α 或 KC8 *E. coli*。冷藏微量滴定板保存 DNA 以备重新转化时再用。

10）从转化细菌（见 1.6）中小量制备质粒 DNA 并进行酵母菌转化实验和特异性评估（见基本方案 2 步骤 24～28）。

19.1.4　备择方案 2　通过相互作用交配进行捕获实验

有一种可替代进行相互作用子捕获实验的途径：它将表达诱饵蛋白的菌株与已转化文库 DNA 的菌株交配，筛选交配后的二倍体细胞从而获得相互作用子（Bendixen et al.，1994；Finley and Brent，1994）。采用一种高效转化文库 DNA 的酵母菌，相互作用交配可同时与不同的诱饵蛋白进行几种相互作用子捕获实验。这可能是一种相当经济的途径，因为在相互作用子捕获实验中文库转化是最困难的一环。与以下介绍的那些不同，菌株重组也可用在相互作用交配捕获实验中。选择菌株的关键是确保诱饵蛋白和捕捉菌株分别是相对交配型中的一种且两者都是营养缺陷型以允许对适当质粒和报道基因进行选择。因此，一旦诱饵蛋白和 *lacZ* 报道质粒引入诱饵蛋白菌株，文库质粒引入文库菌株，那么产生的诱饵蛋白菌株和文库菌株彼此必须具有互补的营养缺陷，这样才能选择二倍体。

附加材料（亦见基本方案 1 和 2）

酵母菌菌株：RFY206（Finley and Brent，1994），YPH499（Sikorski and Hieter，1989；ATCC＃6625），或一种带有营养缺陷标记 *ura3*、*trp1*、*his3* 和 *leu2* 的相当的 *MATa* 菌株。

YPD 液体培养基（见 13.1）

Glu/CM-Trp 平板：补加 2%葡萄糖的 CM 缺失成分-Trp 平板（见 13.1）

pJG4-5 文库载体（图 19.1.6），无插入

100 mm YPD 平板（见 13.1）

步骤

1）构建诱饵蛋白质粒（pBait；见基本方案 1 步骤 1）。

2）采用乙酸锂法（见 13.5）将 pBait 和 pSH18-34 共转化 *MATa* 酵母菌菌株（如 RFY206 或 YPH499）。在 Glu/CM-Ura、-His 平板上 30℃培养 3～4 天直到菌落形成，选择转化子。将 3 个菌落合并在一起用于所有以后的试验和交配捕获实验。

诱饵蛋白菌株是一种 *MATa* 酵母菌菌株（EGY48 的相对交配型），含有一个 *lacZ* 报道质粒如 pSH18-34 和诱饵蛋白表达质粒 pBait。

3）可选：测定在诱饵蛋白菌株中 *lacZ* 基因的激活（见基本方案 1 步骤 4～7）。

如果诱饵蛋白激活 *lacZ* 报道基因，那么应该尝试一种敏感性更低的 *lacZ* 报道质粒（见表 19.1.1），或 *lacZ* 报道基因的一种整合型版本。

4）采用乙酸锂法将文库 DNA 大规模转化 EGY48（见基本方案 2 步骤 1～8，但开始时 EGY48 不含其他质粒）。为了准备转化，用 YPD 液体培养基培养 EGY48。在 Glu/CM-Trp 平板上 30℃培养 3 天，选择文库转化子。

5）从平板上刮下并冲洗酵母菌菌落，收集原代转化子并重悬在等体积的甘油溶液中（见基本方案 2 步骤 9～12）。分成每份 0.2～1.0 ml 于－70～－80℃冻存。

6）采用乙酸锂法（见 13.5）将无插入的文库载体 pJG4-5 转化到 YPD 液体培养基培养的 EGY48 中，在 Glu/CM-Trp 平板上 30℃培养 3 天，选择转化子。

7）挑取并合并 3 个转化子菌落并接种在 30 ml Glu/CM-Trp 培养基中，于 30℃培养 15～24 h（至 OD_{600}＞3）。

8）于室温以 1000～1500 *g* 离心 5min，弃上清。用 10 ml 无菌水重悬洗涤细胞。

9）于室温以 1000～1500 *g* 离心 5min，弃上清。细胞重悬在等体积的甘油溶液中并分成每份 100 μl 于－70～－80℃冻存。

10）冻存（至少 1h）后于室温各融化 1 份预转化菌株（步骤 5 和步骤 9）。用无菌水作系列稀释，稀释到 10^5、10^6 和 10^7 倍。将 100 μl 每个稀释度菌液铺在 100 mm Glu/CM-Trp 平板上并于 30℃培养 2～3 天。

11）计数菌落并算出每份转化酵母菌的菌落形成单位（cfu）数。

典型的文库转化和对照菌落的铺板效率约为 1×10^8 cfu/100μl。

12）将诱饵蛋白菌株接种到 30 ml Glu/CM-Ura、-His 液体缺失成分培养基中培养到中到晚对数生长期（OD_{600}=1.0～2.0，或 2×10^7～4×10^7 细胞/ml）。

13）于室温以 1000～1500 *g* 离心 5 min，收集细胞。用无菌水重悬细胞至终体积 1 ml。

14）建立两组交配实验。在一支无菌微量离心管中将 200 μl 诱饵蛋白菌株与 200 μl 步骤 9 制备的预转化对照菌株等量混合；第二支微量离心管中将 200 μl 诱饵蛋白菌株与约 1×10^8 cfu（约 0.1～1.0ml）步骤 5 制备的预转化文库菌株混合。

15）于室温以 1000～1500 *g* 将每种细胞混合物分别离心 5 min，倒掉培养液，并分别用 200 μl YPD 培养基重悬细胞。将重悬液分别铺在一个 100 ml YPD 平板上，于 30℃培养 12～15 h。

16）在每个平板交配的酵母菌菌苔上加入约 1 ml Gal/Raff/CM-Ura、-His、-Trp 缺失成分培养液。使用无菌涂菌棒将细胞混合在培养液中。

17）转移每种交配细胞悬液到盛有 100 ml Gal/Raff/CM-Ura、-His、-Trp 缺失成分培养液的 500 ml 烧瓶中。于室温振荡培养 6 h 诱导启动 cDNA 文库表达的 GAL1 启动子。

18）于室温以 1000～1500 *g* 离心细胞悬液 5 min，收集细胞。用 30 ml 无菌水重悬洗涤细胞并离心。分别用 5 ml 无菌水重悬沉淀。测定 OD_{600}，如果有必要，稀释至终浓度约 1×10^8 细胞/ml。

19）针对每个交配组，每个稀释度至少 200 μl，用无菌水作 1∶10 系列稀释，至 10^6 倍稀释浓度。从每个稀释度试管（原液、10^{-1}、10^{-2}、10^{-3}、10^{-4}、10^{-5} 和 10^{-6} 稀释度）各取 100 μl 铺在 100 mm Gal/Raff/CM-Ura、-His、-Trp、-Leu 平板上。从 10^{-4}、10^{-5} 和 10^{-6} 稀释度试管各取 100 μl 铺在 100 mm Gal/Raff/CM-Ura、-His、-Trp 平板上。于 30℃培养平板。于 2～5 天后计数每个平板上的菌落。

20）针对与预转化文库菌落交配，准备额外的 3 ml 10^{-1} 稀释度交配细胞悬液，并以每个 100 μl 铺 20 个 100 mm Gal/Raff/CM-Ura、-His、-Trp、-Leu 平板；同时以每个 100 μl 原液铺 20 个 100 mm Gal/Raff/CM-Ura、-His、-Trp、-Leu 平板，于 30℃培养。2～5 天后挑取 Leu^+ 菌落并按基本方案 2 步骤 17 分析它们的特性。

为了筛选所有预转化文库，除诱饵蛋白本身反式激活能力产生的背景菌落外，有必要挑取足够数量的 Leu^+ 菌落。要挑取的 Leu^+ 菌落的最少数量可用下列公式计算：

（反式激活潜力，Leu^+/cfu）×（#被筛选的文库转化子数）

例如，如果在步骤 2 获得 10^7 文库转化子（因为只有约 10%的交配形成双倍体，在步骤 14 与诱饵蛋白菌株交配的文库转化子的 cfu 至少要 10^8），诱导蛋白的反式激活潜力是 10^{-4} Leu^+/cfu，那么至少要挑取和分析 1000 个 Leu^+ 克隆。换句话说，如果最稀有的相互作用子在文库预转化实验中发生的频率为 10^{-7}，为了找到它需要从文库交配菌株中至少筛选 10^7 双倍体。但是，在 10^7 个双倍体中至少有 1000 个 Leu^+ 是由于诱导蛋白的本底（假设诱导蛋白的反式激活潜力是 10^{-4}）造成的假阳性。在下面的步骤中通过它们的 Leu^+ 和 $LacZ^+$ 表型对半乳糖的依赖性可以将真阳性与诱导蛋白本底造成的假阳性区分开来。

19.1.5　辅助方案 1　用于免疫印迹分析的蛋白质提取物的制备

材料（带√项见附录 1）

在 Glu/CM-Ura、-His 缺失成分培养基上生长含 pBait 阳性和对照酵母菌的主平板

(见基本方案 1 步骤 4)

Glu/CM-Ura、-His 缺失成分液体培养基；带有 2%葡萄糖的 CM-Ura、-His 缺失成分培养基平板（见 13.1)。

√2×Laemmli 样品缓冲液

抗融合域抗体或抗 LexA 抗体：抗 LexA 单克隆抗体（Clontech，Invitrogen）或抗 LexA 多克隆抗体（可按要求从 R. Brent 或 E. Golemis 获得）

30℃培养箱

100℃水浴箱

步骤

1）从主平板上，针对每个待测的诱饵蛋白，接种在 2 支 5 ml Glu/CM-Ura、-His 缺失成分液体培养基中开始培养，分别用于阳性对照、蛋白质表达（即 RFHMI 或 SH17-4)。于 30℃过夜培养。

对每种结构的测试，最好接种至少 2 个以上原代转化子，因为有时诱饵蛋白的表达水平是不均一的。

2）取每种过夜培养液接种在 5 ml 新鲜 Glu/CM-Ura、-His 缺失成分液体培养基中至 OD_{600} 约 0.15，于 30℃再培养。

3）当培养液 OD_{600} 达到 0.45～0.7（约 4～6 h）时，于室温以 13 000 *g* 微量离心 1.5 ml 培养液 3 min。当见到沉淀后，弃上清。

如果见不到沉淀，再微量离心 3 min。

4）快速进行以下操作：在可见沉淀的微量试管中加入 50 μl 2×Laemmli 样品缓冲液，涡旋振荡并置试管于冰上。

样品在−70℃会冻结。

5）将冻存样品直接置于沸水浴中或在设定 100℃的 PCR 仪上 5 min。然后，以最大速度微量离心 5 s 沉淀较大的细胞碎片。

6）用 20～50 μl 样品进行 SDS-PAGE 电泳（见 10.3)。用抗融合域或 LexA 抗体作免疫印迹分析（见 10.6）鉴定蛋白质。

19.1.6 辅助方案 2 制备鲑精载体 DNA

材料（带√项见附录 1）

高质量的鲑精 DNA（如从鲑鱼睾丸中制备的钠盐形式，可从 Sigma 或 Boehringer Mannheim 购买)，干燥。

√TE 缓冲液 pH 7.5，无菌

√TE 饱和缓冲液平衡酚（见 2.1）

1∶1 (*V*/*V*) 缓冲液平衡酚/氯仿

氯仿

√3 mol/L 乙酸钠，pH 5.2

100%和 70%乙醇，冰冷

磁力搅拌器和搅拌子，4℃
带探头的超声波发生器
50 ml 锥形离心管
高速离心机和适当的试管
100℃和冰水水浴器

步骤

1）按 5～10 mg/ml 鲑精 DNA 浓度将干燥的鲑精 DNA 溶于 pH 7.5 的 TE 缓冲液中，用 10 ml 玻璃吸管反复吹打使其溶解。置于烧杯，用搅拌子于 4℃搅拌过夜，得到一种均匀的黏稠液体。

采用高质量的鲑精 DNA 至关重要。Sigma 从鲑鱼睾丸中获得的 III 型钠盐 DNA 在实验中应用效果很好，相应等级的 Boehringer Mannheim 产品也一样。一般最好每批制备 20～40 ml。

2）选用一个较大的探头插入烧杯液体中快速地超声剪切 DNA。

目的是为了产生平均大小 7 kb，但范围在 2～15 kb 之间的剪切鲑精 DNA（sssDNA）。

3）一旦获得适当大小范围的 DNA，在 50 ml 锥形试管中用等体积的 TE 饱和的平衡酚抽提 sssDNA，剧烈振荡混匀。

4）于室温以 3000 *g* 离心 5～10 min，或直到清晰地分相。将含有 DNA 的上相转移到一个干净的试管中。

5）用 1∶1（*V*/*V*）缓冲液平衡酚/氯仿、氯仿依次抽提，然后将含 DNA 的上相转移到一个适合高速离心的离心管中。

6）分别加入 1/10 体积的 3 mol/L 乙酸钠和 2.5 体积冰冷的无水乙醇沉淀 DNA。颠倒混匀后，于室温以约 12 000 *g* 离心 15 min。

7）用 70%乙醇洗涤沉淀，并简单地经空气干燥，或用 Parafilm 包盖管口并扎有几个小孔后置真空干燥器中干燥。以无菌的 TE 缓冲液重新溶解 DNA 至浓度为 5～10 mg/ml。

不要过度干燥否则 DNA 沉淀将很难重悬。

8）于 100℃沸水浴 20 min 使 DNA 变性。然后迅速置于冰浴中。

9）用微量离心管分装 DNA 并于－20℃保存。需要时再取出解冻。

加至转化实验之前 DNA 应该短暂地（5 min）置沸水浴再变性。

在大规模文库转化实验中采用一个新批次的 sssDNA 时，最好采用适当的质粒进行小规模的转化来测定转化效率。使用按手册中介绍的方法制备的 sssDNA 理想的结果是每微克摄入质粒 DNA 可产生 10^5 以上的菌落。

因特网资源

http://www.clontech.com

http://cmmg.biosci.wayne.edu/rfinley/lab.html

双杂交信息、操作方法及链接资源。

http://www.invitogen.com

http://www.origene.com

用于相互作用诱捕实验的基本质粒、菌株和文库的商业资源。

brent@molsci.org

EA _ Golemis@fccc.edu

一些专用于相互作用的诱捕质粒的资源。

http://www.fccc.edu:80/research/labs/golemis/InteractionTrapInWork/html

相互作用诱捕实验中出现假阳性的数据库；双杂交用法分析。

http://xanadu.mgh.harvard.edu/brentlabhomepage4.html

相互作用诱捕实验方法的数据库以及一些相关出版物。

参考文献：Finley and Brent, 1994; Gyuris et al., 1993.

撰 稿 人：Erica A. Gloemis, Ilya Serebriiskii, Russell L. Finley, Jr., Mikhail G. Kolonin, Jeno Gyuris, and Roger Brent

19.2 与 GST 融合蛋白结合的蛋白质的亲和纯化

本节介绍了应用与谷胱甘肽-*S*-转移酶融合的蛋白质（GST 融合蛋白）来亲和纯化其他蛋白质，又称 GST 共结合纯化方法（图 19.2.1）。这种共结合技术可用来补充评估蛋白质-蛋白质相互作用的其他方法：体外检测方法，如电泳迁移率变动分析（EMSA；见 12.2）或免疫共沉淀（见 10.13）；或体内检测方法，如双杂交相互作用阱（见 19.1）和以泛素为基础的脱落蛋白感应器（ubiquitin-based split-protein sensor, Johnsson and Varshavshy, 1994）。

19.2.1 基本方案 GST 融合蛋白的亲和纯化

材料（带√项见附录 1）

溶于琼脂糖颗粒结合缓冲液的 *E. coli* 提取物（见辅助方案）

用 [^{35}S] Met 标记的实验蛋白质（见 10.16）

100～250 μg/ml GST 和与琼脂糖颗粒结合的 GST 融合蛋白（见 16.5），新鲜制备

√1×SDS 样品缓冲液

凝胶固定液：10%（*V*/*V*）冰醋酸/45%（*V*/*V*）甲醇

离心机和 Beckman TLA-100 转子或相当的设备

微量离心机，4℃

X 射线胶片或储存磷光子屏（Molecular Dynamics）

扫描光密度仪或磷光子显像仪

步骤

1）*E. coli* 可溶性蛋白抽提物放置在冰上解冻。

2）每个反应取 500 μl 解冻的 *E. coli* 提取物于 4℃，175 000 *g*（使用 Beckman TLA-100 转子为 70 000r/min）离心 30 min。

3）转移上清液（不小于 400 μl）到 2 个试管中，每管 200 μl，并冰浴保存。

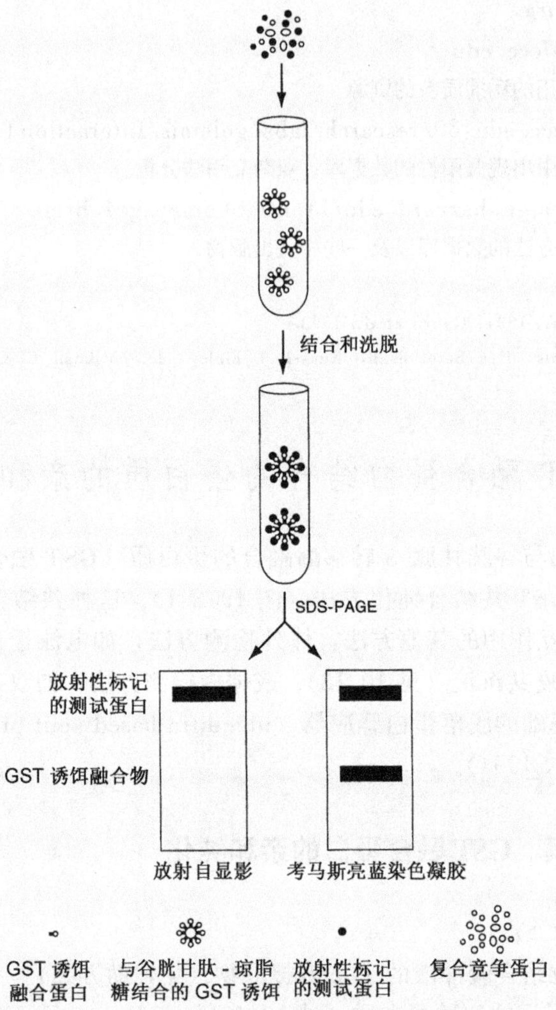

图 19.2.1　蛋白质 GST 共结合纯化的图解表示。

4）在一支含 200 μl 步骤 3 获得的上清液试管中加入 1～5 μl [^{35}S] 甲硫氨酸标记的实验蛋白，冰浴 15 min。

5）4℃以最大速度微量离心 15 min，从体外转录混合物中除去不溶性蛋白质聚合体。将 200 μl 上清液（含标记实验蛋白和提取物）转移到一个洁净的试管中。

6）在另外一支含 200 μl 步骤 3 获得的上清液加入 20 μl 与琼脂糖颗粒结合的 GST 或 GST 融合蛋白（诱饵蛋白）并充分混匀。

每个反应需要 2～5 μg GST 诱饵蛋白融合体。在每个反应中最好加入约 20 μl 琼脂糖颗粒以便在洗涤时可见到琼脂糖颗粒的沉淀。然而，如果 20 μl 琼脂糖颗粒结合的蛋白质超过 2～5 μg，即可补加未结合谷胱甘肽的琼脂糖颗粒提供必要的体积。

7）将 200 μl 混匀的琼脂糖颗粒提取物悬液（步骤 6）加到含实验蛋白提取物（步骤 5）中。缓慢摇动于 4℃孵育 1～2 h。

8）4℃以最大速度微量离心反应物 1 min，沉淀琼脂糖颗粒。移去上清液，琼脂糖颗粒沉淀用 1 ml 琼脂糖颗粒结合缓冲液洗涤，共洗 3 次。每次洗涤之后于 4℃以最大速度微量离心 1 min。最后一次洗涤后应小心移去所有液体。

除去所有液体以确保在分析性 SDS-PAGE 凝胶上所加的样品量相等。可用拧成条的薄型滤纸或带很薄尖头的 SDS 加样吸头除去最后遗留的几微升液体。

9) 在每支试管中直接加入 25 μl 1×SDS 样品缓冲液并置沸水浴 5 min。做分析性 SDS-PAGE 凝胶电泳（见 10.3）。

所需样品量依据不同的诱饵蛋白/靶蛋白对和检测方式而不同。加入全部样品可避免加样体积的问题，因为这样就不存在所加样品与未加样品间比率不确定的因素了。

10) 可选：用考马斯亮蓝染色（见 10.5）。

凝胶染色提供了一个可见的证明：琼脂糖颗粒和诱饵蛋白复合体在洗涤时并不会损失而且所有反应都含有等量的诱饵蛋白。为了证明在洗涤期间没有任何材料损失，应使用 1/10 的 GST 融合体加样做平行 SDS-PAGE 凝胶电泳并染色以便更确切地比较 GST 融合体蛋白带。另外，融合蛋白的降解可能导致诱饵蛋白的量减少，尤其是当使用粗提物（见图 19.2.1）而不是纯化标记的实验蛋白时。在对结合实验蛋白进行定量时必须将降解量计算在内。

11) 在凝胶固定液中于室温将凝胶固定 30 min，缓慢振荡。干胶并做放射自显影或将它置于一个储存磷光子的屏幕上。使用扫描光密度计或磷光子显像仪对 X 射线片进行定性分析。

19.2.2 辅助方案 *E. coli* 提取物的制备

为了减少非特异性结合背景，在复合竞争剂存在的条件下进行结合反应是有必要的。最佳的做法是在即将用于 GST 融合蛋白结合反应的缓冲液中加入从 *E. coli* 制备而来的可溶性蛋白质提取物（见基本方案）。

材料（带√项见附录 1）

生长在 LB 培养基中的 *E. coli* 过夜培养液（见 1.1）

√含和不含 Triton X-100 和甘油的琼脂糖颗粒结合缓冲液，4℃

Tween 20

甘油

带微型探头的超声仪

离心机和 Sorvall SS-34 转子或相当设备

步骤

1) 收获生长在 LB 培养基中的 *E. coli* 过夜培养液。用冰冷的琼脂糖颗粒结合缓冲液洗涤细胞。

培养液的体积按结合分析所需提取物的量来确定。1 L 培养液应可制备至少 10 ml 10 mg/ml 提取物。

2) 沉淀细胞。沉淀按每升培养液加入 10 ml 不含 Triton X-100 和甘油的、冰冷的琼脂糖颗粒结合缓冲液重悬，因为 Triton X-100 易在超声时产生泡沫。

3) 超声处理 5 次，每次 1 min，在两次超声之间置冰浴间歇 2 min。

如果没有超声仪，可使用含 pLysS 质粒（Novagen）的 *E. coli* 菌株 *BL21*（DE3），按步骤 1 和 2

收获细胞，但缓冲液中含有 1%（V/V）Triton X-100；将重悬细胞冻融一次即足以使这种菌株的细胞裂解。在含 10 mmol/L Mg^{2+} 反应缓冲液中使用 DNaseI 可减少由释放的 DNA 引起的黏性。

4）于 4℃，47 800 *g*（使用 Sorvall SS-34 转子时为 20 000 r/min）离心超声产物 30 min。移去上清液并置冰浴保存。

5）加入 Triton X-100 至 1%（V/V）和甘油至 10%（V/V）并充分混匀。测定蛋白质浓度（见 10.1）。用冰冷的琼脂糖颗粒结合缓冲液稀释提取物至蛋白质浓度为 10 mg/ml 待用。

未稀释的提取物也可按每份 5 ml（供 10 个反应用）或 10 ml（供 20 个反应用）于－80℃或－20℃保存至少 3 个月。提取物融化后，在测定蛋白质浓度之前重复步骤 4 并稀释到 10 mg/ml。

参考文献：Melcher and Johnston，1995.

撰 稿 人：Jonathan C. Swaffield and Stephen Albert Johnston

19.3 基于噬菌体表达克隆来确认相互作用蛋白质

相互作用克隆（也称表达克隆）用于确认并克隆编码与目的蛋白或“诱饵”蛋白相互作用的蛋白质。它需要一种编码诱饵蛋白的基因和用噬菌体表达载体，如 λgt11 构建的适当的表达文库。编码诱饵蛋白的基因常用于在 *E. coli* 中合成重组融合蛋白。重组融合蛋白使用具放射性的 [^{32}P] 作标记。由于 cAMP 依赖蛋白质激酶（蛋白质激酶 A，PKA）的识别位点被引入重组融合蛋白质，从而可通过 PKA 和 [γ-^{32}P] ATP 使它酶促磷酸化。此标记蛋白质可作为探针筛选源于 λ 噬菌体的 cDNA 表达文库，这种文库读框表达 β-半乳糖苷酶融合蛋白。噬菌体裂解细胞形成噬斑并释放融合蛋白，融合蛋白吸附到硝酸纤维滤膜上，用过量的非特异性蛋白封闭滤膜来排除非特异性结合，再用放射性标记的诱饵蛋白检测（见图 19.3.1）。这种方法绕过了纯化、微量测序或抗体制备等必要过程。

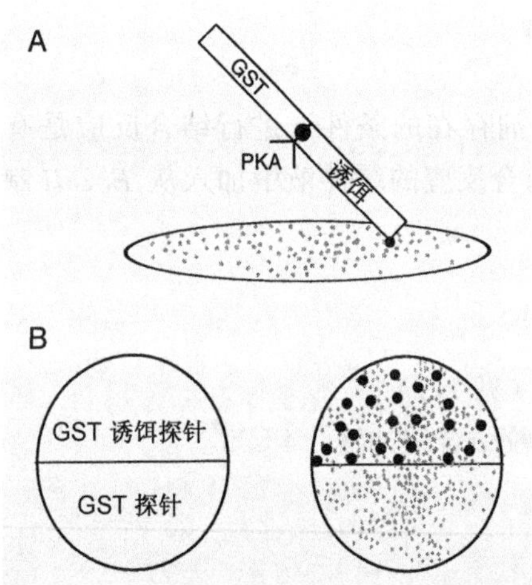

图 19.3.1 相互作用克隆技术略图，这种技术被用来确认与目的蛋白（诱饵蛋白质）相互作用的蛋白质，图中显示了成功筛选应获得的预期结果。A. β-半乳糖苷酶融合蛋白的表达：β-半乳糖苷酶融合蛋白基因读框插入 λgt11 的 *Arabidopsis* cDNA 文库，并用浸泡 IPTG 的硝酸纤维滤膜诱导（以卵圆形显示）。用融合体 PKA 识别位点处用 [^{32}P] 标记的 GST-诱饵融合蛋白质探测滤膜。经放射自显影测定相互作用克隆。B. 典型的阳性噬斑三级筛选放射自显影图，在测定相互作用是否对诱饵蛋白质部分特异的对照实验后进行。滤膜的上半部分用 GST-诱饵融合蛋白质探测而下半部分用 GST 探测作对照。

注意：在本方案中使用了放射性标记物，应小心操作并采用适当的屏蔽保护（附录 3G）。

设计策略

在开始这些步骤之前必须做出两个重要的选择：①如何设计诱饵蛋白；②如何构建和获得适当的源于噬菌体的表达文库。

用于重组融合蛋白质表达的载体带有 PKA 识别位点和不同的亲和标签，如 GST（Amersham，Pharmacia Biotech）、Histidine（Navagen）或 Calmodulin 结合蛋白质（Stratagene），它们均可从不同的公司购买。实验者也可以使用合成的编码 PKA 识别位点（5 个氨基酸序列 RRASV）DNA 插入已有的载体构建含 PKA 识别位点的表达载体。

源于 λ 噬菌体的表达文库其 cDNA 可从不同来源的 mRNA 制备，它既可自行构建也可从公司或他人获得。利用随机引物或 Oligo dT 引物合成第一条链制备 cDNA 文库特别适用于筛选那些含有同一蛋白质不同部分的多个克隆。通过对出现在这些克隆中编码区的分析可以提供有用的信息，即这个蛋白质中哪一个区域对观察到的相互反应起作用。然后再从其他可得到的文库中获得全长的 cDNA 克隆。

许多适于构建 cDNA 表达文库的 λ 噬菌体载体（如 λgt11）均可获得，改良的 λ 载体有利于 cDNA 插入片段的回收，避免了费时的 λ 噬菌体 DNA 的制备。这些改良的载体包括那些在 cre 重组酶表达宿主菌（如 λZiplox，Life Technolgies）中利用 cre-*lox* 重组来在体内将重组噬菌体转变成质粒 DNA 以及那些利用辅助噬菌体来在体内剔除噬菌粒载体（如 λZAP 载体系列，Stratagene）。大多数可得到的 λ 噬菌体载体都可产生与 β-半乳糖苷酶连接的 cDNA 插入片段融合体，因为它们被克隆到了 *lacZ* 基因中。然而，有些源于 λ 噬菌体的表达载体（如 λSCREEN-1，Novagen）指导与 T7 DNA 多聚酶启动子（基因 10 在 T7 启动子控制之下）融合的蛋白质表达，它们可能会产生更高的文库蛋白质表达（Margolis et al.，1992）。

基本方案 相互作用克隆

材料（带√项见附录 1）

- cAMP 依赖型蛋白质激酶（PKA；如 Sigma 250-U 批次）
- 40 mmol/L DTT，新鲜配制
- √10×PKA 缓冲液
- 10 mCi/ml [γ-^{32}P] ATP（6000 mCi/mmol）
- 纯化的 GST-诱饵蛋白质融合体，带有 PKA 识别位点（见 16.5），浓度约 0.1～1 μg/μl
- √Z′-KCl，冰冷
- 在 Z′-KCl 中平衡过的 Sephadex G-50
- *E. coli* Y1090r-或其他适当的宿主菌
- 含适当选择性抗生素、10 mmol/L $MgSO_4$ 和 0.2%麦芽糖的 LB 培养基（见 1.1，附录 3F 和表 1.4.1）
- 10 mmol/L $MgSO_4$

10 mmol/L IPTG（表 1.4.2）

150 mm 或 100 mm LB 平板（如果需要应带有抗生素；见 1.1）

0.7%顶层琼脂糖（见 1.1），47℃

√含 Triton X-100 的 Tris 缓冲盐溶液（TBS-T）

印度墨水

√HEPES 封闭缓冲液（HBB）

√结合缓冲液（BB）

√悬浮培养基（SM）

氯仿

3 ml 一次性塑料柱或一次性注射器和玻璃棉

闪烁计数仪和闪烁液

台式离心机或相当的离心机

硝酸纤维滤膜（直径 137 mm 和 82 mm）

22-G 针头

步骤

1）在 25 μl 新鲜制备的 40 mmol/L DTT 中重悬 250U PKA，并在临用前置室温约 10 min。

PKA 可暂时保存在 4℃，但活性只能保持 2～3 天。

2）制备含以下成分的磷酸化反应的混合液：

1 μl 10 U/μl PKA（从步骤 1 获得）

3 μl 10×PKA 缓冲液

5 μl 10 mCi/ml（6000 mCi/mmol）[γ-^{32}P] ATP

1～10 μl（约 1 μg）纯化的 GST-诱饵蛋白质融合体

补加 H_2O 至 30 μl

于室温孵育 1 h。

与诱饵蛋白不相连但含有 PKA 识别位点的融合体亦应该表达用作对照来测定观察到的相互作用是否是特异性针对诱饵蛋白质的。最好同时标记诱饵蛋白和未与诱饵蛋白相连的融合体（在不同的反应中）。

3）加入 170 μl 冰冷的 Z′-KCl（中止反应）并于冰上保存待用。

4）将在 Z′-KCl 中平衡好的 Sephadex G-50 倒入 3 ml 一次性塑料柱（或 3 ml 玻璃棉塞的注射器）中，最终床体积约为 3 ml。允许柱中缓冲液流出至柱床顶部的水平。

5）将所有磷酸化反应物（从步骤 3 获得）加样到层析柱中并用 1.5 ml 离心管收集流出液。置第二支试管，加入一份 200 μl Z′-KCl，并收集流出液。再重复 10 次上述的加入和收集步骤，总共收集 12 份 200 μl 流出液。

6）使用闪烁计数仪测量契仑科夫数以确定含有最高特异活性的流出液，并计算 cpm/μl。

典型的情况是可见到两个强信号峰：第一个峰在第 5～9 份流出液之间，由标记蛋白质产生。遗弃第二个峰，它由未结合的 ATP 产生的。

7) 可选：用 SDS-PAGE 分析小量（1～2 μl）的 ^{32}P 标记的蛋白质探针并作放射自显影（见 10.2 和附录 3A）。

典型的情况是可见到两个强信号带：一个处在 GST-诱饵蛋白融合体的预计分子质量大小的位置，而另一个处在非融合的 GST（28 kDa）预计分子质量大小的位置。这是因为在融合蛋白中 GST 与诱饵蛋白结合处本身对蛋白酶裂解敏感。在探针中出现标记的 GST 蛋白应该不会干扰筛选；在后续筛选阶段应补加标记 GST 的对照实验。

8) 按 1.11 所述作系列稀释，测定噬菌体 cDNA 文库的滴度。

9) 在含适当选择性抗生素、10 mmol/L $MgSO_4$ 和 0.2%麦芽糖的 LB 培养基中过夜培养 50 ml *E. coli* Y1090r⁻（或其他合适的宿主菌）。于室温以 2000 *g* 离心细菌细胞 10 min，再用 25 ml 10 mmol/L $MgSO_4$ 重悬细菌细胞。

10) 于室温在 10 mmol/L IPTG 中浸泡硝酸纤维素滤膜 15 min，然后空气干燥。

11) 准备 8 个 1.5 ml 离心管，每管含有 600 μl Y1090r⁻ 细胞（来源于步骤 9）和约 40 000pfu噬菌体（来源于步骤 8），并于 37℃孵育 15 min。将每管中的内容物倒入 47℃含 7 ml 0.7%顶层琼脂糖的试管中并迅速倒入 150 mm LB 平板中（如果需要也可是含抗生素的 LB 平板）。于 42℃培养平板约 3 h，直至生长出可见的微小噬斑。

12) 将 IPTG 溶液预饱和滤膜铺在平板上并于 37℃继续培养 6～8 h。于 4℃将平板冷却 15 min（或过夜）。

噬斑形成的过程中不诱导 *lacZ* 基因启动子，确保了在噬菌体形成噬斑时不表达任何一种对噬菌体生长有毒的文库编码蛋白质。

通常浸透 IPTG 的滤膜孵育 6～8h，为方便起见，可与浸透 IPTG 的滤膜孵育过夜。

13) 用蘸有印度墨水的 22-G 针头在每个滤膜刺几处以标记方向。从平板上移去滤膜并用 TBS-T 于室温振荡洗涤 15 min。将滤膜浸泡在 100 ml HBB 中于 4℃摇摆 1～4 h（或过夜）。

14) 再将滤膜浸泡在含有 2.5×10^5～5×10^5 cpm/ml 同位素标记的融合蛋白（从步骤 6 制备）的 BB 中于 4℃摇摆过夜。

所有 8 张滤膜可置于一个 150 mm 平皿中并浸泡在 30～40 ml 探针溶液中。用石蜡膜将平皿封口，然后放在一个有机玻璃箱中屏蔽起来。另外，也可将滤膜和溶液放在封口袋中。探针溶液可于 4℃保存并可反复用于次级和三级筛选。

15) 于室温在 100 ml BB 中振荡洗涤滤膜 3 次，每次 10 min。空气干燥后压片（见附录 3A）。

16) 使用巴斯德吸管较大的一端，在阳性克隆的位置插入取出琼脂糖块。将其置于一个 1.5 ml 微量离心管中，然后加入 1 ml SM 和一滴氯仿。经系列稀释测定滴度（见 1.11）并进行连续筛选以期获得如 6.5 介绍的纯化克隆。

琼脂糖块可于 4℃保存数月。因此，如果在初级筛选中确认了许多假定阳性克隆，视需要可将它们全部保存起来留待以后分析。

接下来的筛选在 100 mm LB 平板上进行，次级筛选用约 2000 pfu/平板，而三级筛选用约 300～500 pfu/平板。在获得均一性克隆之前（通常在三级筛选期间），应进行对照实验排除可能与探针 GST 融合部分相互作用的克隆。做该实验时可将滤膜剪成两半，用与标记的 GST-目的蛋白融合体探测其中一半，而另一半用标记的 GST 或未标记的对照 GST 融合蛋白质检测（见表

19.3.1)。

参考文献：Blanar and Rutter, 1992；Huyah et al., 1985.
撰 稿 人：Julie M. Stone

19.4　表面等离子共振技术

一种基于光学现象的体外技术被称作表面等离子共振（SPR；Liedberg et al., 1983；Daniels et al., 1988；图 19.4.1），它能够同时检测未被修饰蛋白之间的相互作用并直接测量相互作用的动力学参数。研究大分子之间相互作用的 SPR 技术的使用随着用户界面友好的仪器的开发变得流行。其中用得最广泛是 BIAcore 仪器（BIAcore）。这种仪器包括感光元件、自动进样系统和用于仪器控制、数据收集及分析的电脑组成。

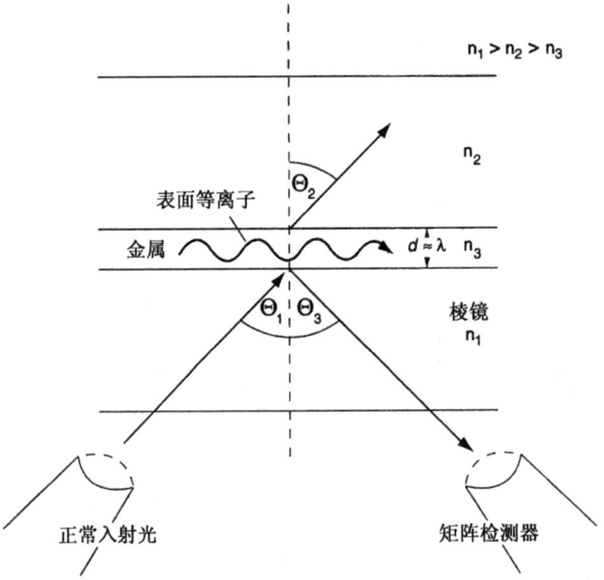

图 19.4.1　SPR 设备的物理构造。光线以大于临界角的某个角度（Θ_1）入射穿过一个密集的媒介（n_1），进入折射率相对较低的第二个媒介（n_2），除了渐消散区以某个远距离波长进入二级媒介外，都被在界面完全反射。在某个精确依据媒介 2 的折射率的角度（Θ_2），瞬时光波长能够与表面等离子波长（电子振荡）耦合，通过一个夹在两种介质之间形成三明治结构的金属薄层（n_3）传播。瞬时光能量反馈到表面等离子波长，可以观测到相应的最小化的反射光。固定在金属介质界面的蛋白质改变了这个区域的电介性，从而导致了最小反射率角度（Θ_3）的改变。

19.4.1　基本方案 1　使用 BIAcore 芯片的表面等离子共振

材料（带√项见附录 1）

CM-5 葡聚糖芯片（BIAcore）

√PBS

配体蛋白
靶蛋白
胺-偶联试剂盒（BIAcore）包含：
  1-（3-二甲氨基丙基）-3-乙基碳二亚胺（EDC）
  N-羟基琥珀酰亚胺（NHS）
  乙酸钠缓冲液，低 pH
  乙醇胺
BIAcore SPR 设备
BIA 评估软件：point-and-click

步骤

1）插入一个新的 BIAcore CM-5 葡聚糖芯片。

2）用 PBS 作为工作液以持续流动系统平衡系统。

3）用实验确定最佳缓冲条件和浓度使非特异性结合到羧酸酯化葡聚糖上的靶蛋白和配体蛋白最小化。

对带有高度带负电荷的葡聚糖非特异吸收的配体可能变性，并且在溶液中可非特异性地结合靶蛋白。

4）插入一张新的芯片。

5）在 *N*-羟基琥珀酰亚胺（NHS）存在的情况下通过注入 1-（3-二甲氨基丙基）-3-乙基碳二亚胺（EDC）活化葡聚糖羧酸酯。

6）在低 pH 的乙酸钠缓冲液中注入配体蛋白，使得葡聚糖上存在足够的蛋白量。同时做几个平行实验，在这些平行实验中变化葡聚糖上配体蛋白的密度。

改变接触时间和蛋白质浓度，进行 7～14 步中的操作，然后检测目的蛋白从每个配体密度上分离的速率（步骤 15）。分离的速率应该是个常数并且不受配体表面密度的浓度影响，配体密度应该优化，以获得呈现产生清楚的结合反应的足够的分子表面。并且充分稀释以测量应该恒定的解离率常数。

7）乙醇胺处理封闭所有没有反应活化的羧酸酯。

8）在步骤 3 中确定的缓冲液条件和浓度范围内注入含有已知浓度的假设靶蛋白。

改变流速和分析物浓度以最小化扩散或者“大量输运”影响。结合速率常数对于某个特定反应必须是不变的。

9）用实验方法确定再生条件，比如在什么条件下靶蛋白能够完全从共价结合的配体上解离。

10）如果有必要的话，插入一张新的芯片。

11）在最适的缓冲液条件和配体密度下重复步骤 2、5、6、7 和 8 中的操作（即活化右旋糖苷羧酸酯，共价结合感兴趣的蛋白质，封闭没有反应的位点以及向溶液中引入一个假设的结合蛋白）。

12）使用步骤 9 确定的试剂再生。如要获得数据，则重复步骤 8 和步骤 12，使用至少三种不同浓度的靶蛋白。

13）用 BIA 评估软件 point-and click，计算分离率和结合率常数。用三个靶蛋白浓度所得的结合率和分离率的平均值计算平衡常数。

14）颠倒实验设置：在先前的分析物固定、配体在溶液中的情况下实验，以证实动力学参数的相同性。

19.4.2 基本方案 2 使用 NTA-SAM 芯片的表面等离子共振

材料（带√项见附录 1）

NTA-SAM 芯片［根据惰性末端硫基乙二醇（ethylene glycol-terminated thiol）使用 3%～5%NTA］

√PBS 或者 HeBS

1 mmol/L NaOH

1%（*m*/*V*）Ni（II）SO_4

组氨酸标记的配体蛋白

靶蛋白

BIAcore SPR 设备

BIA 评估软件：point-and-click

步骤

1）插入一张 NTA-SAM 芯片并使用 PBS 或者 HeBS 作为运转缓冲液。

2）注入 10 μl 1 mmol/L 的氢氧化钠，然后注入 25 μl 水性的 1% Ni（II）SO_4，随后再加入组氨酸标记的配体蛋白和 aI 预测靶蛋白。

3）使用至少三种靶蛋白的不同浓度重复步骤 2 中的操作。

组氨酸标记的配体蛋白能够在 200 mmol/L 咪唑的处理下脱离表面。另外，每个实验可用一个新鲜的流动室（每张芯片有 4 个流动室）。

4）使用 BIA 评估软件 point-and-click，计算分离率和结合率常数。使用三个靶蛋白浓度所得的结合率和分离率的平均值计算平衡常数。

参考文献：Daniels et al.，1988；Lindberg et al.，1983.

撰 稿 人：Cynthia Bamdad

19.5 用共沉淀法检测蛋白质-蛋白质之间的相互作用

19.5.1 基本方案 用蛋白 A/G-琼脂糖共沉淀蛋白

材料（带√项见附录 1）

全细胞抽提物

抗体

√免疫共沉淀缓冲液

5mol/L 氯化钠

√蛋白 A/G-琼脂糖浆

√用于 SDS-PAGE 胶的 2×样品缓冲液
20ml 注射器和 18-G 针头
汉密尔顿注射器

步骤

1）在冰上将以下组分加入离心管，双份：
0.5～1 mg 全细胞抽提物
1 μg 抗体
5 mol/L NaCl 平衡到终浓度 100 mmol/L NaCl
免疫共沉淀缓冲液到 0.5 ml 终体积
2）轻轻翻转离心管数次，冰上孵育 90 min。中间偶尔翻转离心管。
3）4℃下最大速度离心 10 min，沉淀非特异性聚集。转移上清到新的离心管中。
4）加 50 μl 蛋白 A 或蛋白 G-琼脂糖浆（25～30 μl 珠子体积）。确保在加到样本中之前琼脂糖浆均匀悬浮。
5）4℃下旋转离心管 30～60 min。
6）4℃下 1000 r/min，离心 30 s，以聚集蛋白 A/G-琼脂糖。
7）使用 1 ml 免疫共沉淀缓冲液洗沉淀 3 次。每次洗时，离心前轻轻的翻转离心管 3 次。每次离心后，使用 20 ml 注射器和 18-G 针头吸气并去除上清。
8）最后一次尽可能在不接触珠子的情况下吸尽所有的液体并加入 25 μl 2×上样缓冲液。
9）沸水煮 5 min 准备 SDS-PAGE 电泳分析，振荡器混匀，低速离心聚集珠子。使用汉密尔顿注射器加样到 SDS-聚丙烯酰胺胶上。安排两份重复样本以预备双份的免疫印迹。电泳分离（见 10.3）。
10）分别使用两个不同的蛋白质的抗体作免疫印迹分析（见 10.6）。确保包含全细胞抽提物作为比较及免疫印迹的正对照（图 19.5.1）。

19.5.2 备择方案 用 GST 融合蛋白共沉淀

附加材料（亦见基本方案；带√项见附录 1）
√谷胱甘肽-琼脂糖或者谷胱甘肽-琼脂糖浆

步骤

1）按照蛋白 A/G-琼脂糖浆所述的方式准备两份样本（见基本方案步骤 1），不加抗体。
2）4℃下最大速度离心 10 min，沉淀非特异性聚集。转移上清到新的离心管中。
3）加 30 μl 谷胱甘肽-琼脂糖或者谷胱甘肽-琼脂糖浆（25～30 μl 珠子体积）。确保在加到样本中之前琼脂糖浆均匀悬浮。
4）旋转样本，沉淀然后洗谷胱甘肽-琼脂糖或者谷胱甘肽-琼脂糖浆，并且进行 SDS-PAGE 电泳和免疫印迹分析（见基本方案步骤 5～10）。

参考文献：BioSupplyNet Source Book，1999；Pluzicky and Fields，1995.

撰 稿 人：Elaine A. Elion

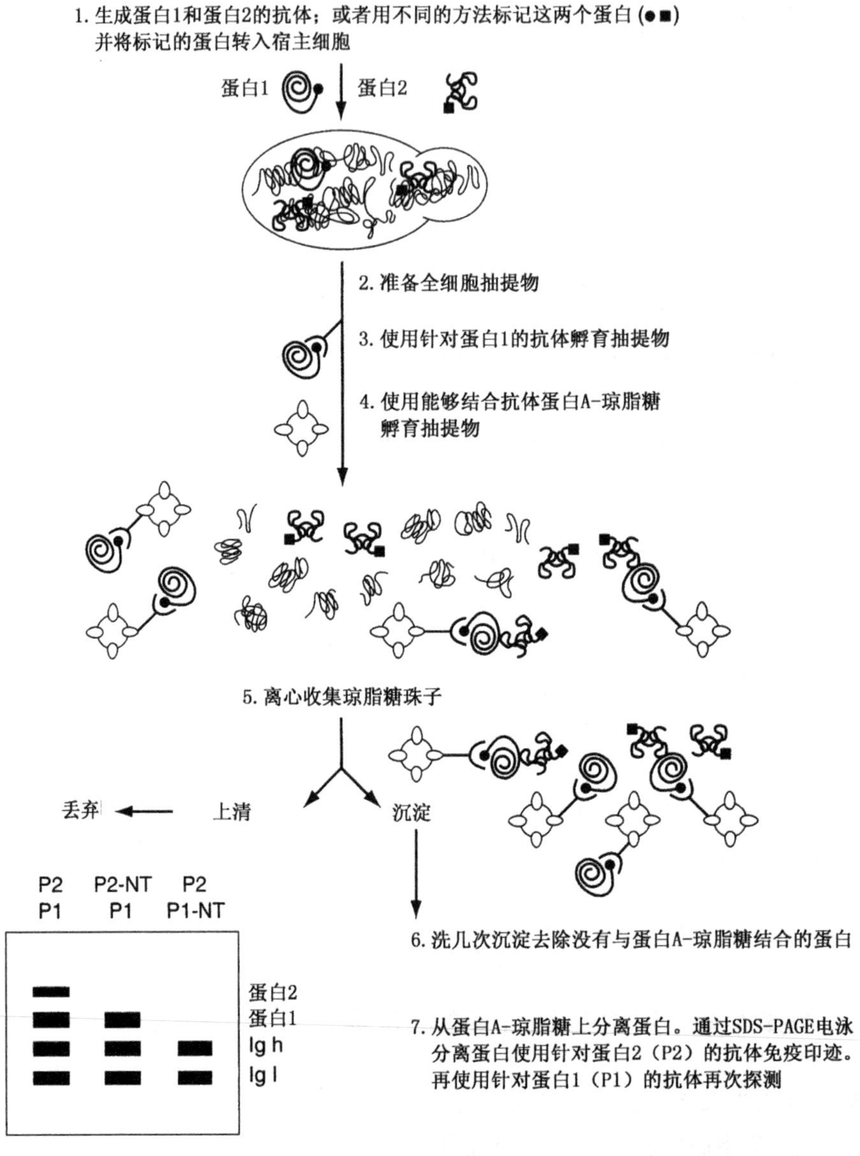

图 19.5.1　做了不同标记并转入宿主细胞的两个蛋白共沉淀的流程图。Ig h 和 Ig l 分别表示免疫球蛋白的重链和轻链；NT 表示没有标记。

19.6　用 Far Western 分析识别蛋白质相互作用

使用 Far Western blot 分析蛋白质相互作用时，目的蛋白固定在一个固体支持膜上，然后用非抗体蛋白探测。Far Western blot 能够用于识别复杂的蛋白复合物中蛋白质的特异性相互作用。

注意：当使用放射性材料时，必须有适当的安全防护措施。附录 3A 中有关于如何正确操作和丢弃放射性材料的信息，这些信息同时也可以从当地的放射性安全管理部门获得。对于如何正确操作 ^{35}S-标记物的特殊说明信息可以在 10.17 中找到。

19.6.1 基本方案 用 Far Western 分析蛋白质混合物

材料（带√项见附录 1）

待分析的样品

√1×SDS 上样缓冲液

√丽春红 S 染液

封闭缓冲液 I：0.05%（*m/V*）吐温-20 溶解到 1×PBS 缓冲液中（附录 1），新鲜配置

封闭缓冲液 II：1g 牛血清白蛋白（BSA；fraction V）溶解到 100 ml 1×PBS（附录 1），新鲜配置

√PBS，pH 7.9

已经克隆到体外表达载体中的编码目的蛋白的 cDNA

体外转录/翻译试剂盒（Promega）

10 mCi/ml ^{35}S-甲硫氨酸（1000Ci/mmol）

√探针纯化缓冲液

√探针稀释缓冲液

用于转移蛋白的聚偏氟乙烯（PVDF）或者硝化纤维膜（NC）

微量过滤离心柱（如 Gelman Nanosep，Pall Filtron，Millipore Microcon）

注意：在接触支持膜时一定要戴手套或者用夹膜钳。

步骤

1）准备待分析蛋白样品，将之融解到 1×SDS 上样缓冲液中。

2）用 SDS 聚丙烯酰胺凝胶电泳分离样本（见 10.3）。

3）用半干印迹法将蛋白质从胶上转到固体支持膜上（如 PVDF 或者硝化纤维膜）（见 10.6）。

4）可选步骤：转膜后，用 100 ml 新鲜稀释的 1×丽春红 S 染液染膜 5min。染膜时要用能够容纳膜的足够大的容器，足够多的丽春红 S 染液，能够完全没过膜表面。

5）褪色：使用去离子水洗膜数次直至蛋白质能够清晰显现。用铅笔在重要的蛋白条带上做上标记以便以后参考。剪掉膜的多余部分。

6）在水中再褪色 5 min 直到红色染料变淡。

7）室温下在 200 ml 封闭缓冲液 I 中封闭 2 h，轻轻摇晃。

8）轻轻倒掉溶液，加入 200 ml 封闭缓冲液 II。同步骤 7 一样孵育。

9）倒掉封闭缓冲液 II，在 100 ml 1×PBS 中轻轻漂洗。

10）下面按厂商步骤制备用 ^{35}S-甲硫氨酸放射性标记的目的蛋白的体外翻译探针（见 10.17）。

11）翻译后，使用 500 μl 探针纯化缓冲液稀释，室温下使用微量过滤离心柱 10 000 *g*

离心 15～30 min 纯化探针。保存部分的纯化探针用于 SDS-PAGE 电泳分析（如 2μl）和闪烁计数（如 2～5μl）。

12）用 50 ml 1×探针稀释缓冲液（没有探针）预孵化膜 10 min，室温下伴轻摇。

13）用 1×探针稀释缓冲液稀释翻译的探针，使其体积足以没过膜（通常 3 ml）。

14）将探针加到膜上，室温下孵育 2 h，在结合反应过程中转动试管（若在试管孵育）或摇动封口袋（若在封口袋孵育）。

15）将膜转移到一个塑料盘中，室温下使用 200 ml 1×PBS 洗膜 5 min。

16）风干膜，在 X 射线胶片（放射自显影）或者磷屏曝光成像（这两种方法均见附录 3A）。

19.6.2　备择方案 1　用免疫印迹技术检测相互作用蛋白质

有很多其他的方法可用于制作 Far Western blot 探针。蛋白探针也可以体外标记 ^{125}I（Schumacher and Tsomides，1995）或者酶标上 ^{32}P（Kimball，1998）。生物素标记探针也可以用链霉亲和素-生物素检测方案进行检测（Luna，1996；Grulich-Henn et al.，1998；Kimball et al.，1998）。蛋白质结合也可以间接检测。如果针对相互作用的蛋白质的抗体是可以获得的，那么没有标记的蛋白探针能够像通常一样结合到膜上，然后通过免疫印迹分析被检测（图 19.6.1）。

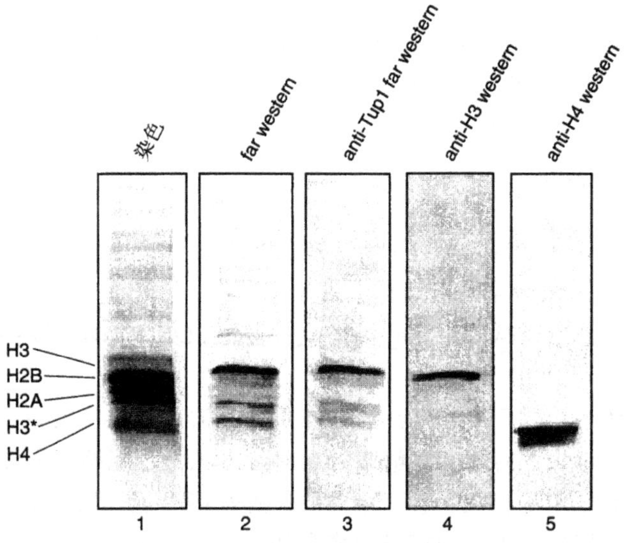

图 19.6.1　SDS-PAGE 凝胶的 Far Western 印迹。Lane 1：使用考马斯亮蓝染色的凝胶显示组蛋白条带的位置。Lane 2：使用同位素标记体外翻译的探针自显影的 Far Western。Lane 3：使用未标记探针以及探针特异性抗体显色的 Far Western。Lane 4：使用抗组蛋白 H3 特异性抗体的 Western blot。Lane 5：使用抗组蛋白 H4 特异性抗体的 Western blot。

附加材料（亦见基本方案；带√项见附录 1）

重组蛋白或者体外翻译的未标记蛋白作为探针

5%（*m*/*V*）脱脂速溶奶粉溶于 1×TBST（附录 1）

针对蛋白探针的一抗

TBST

碱性磷酸酶连接的针对获得抗体物种 Ig 的二抗

√碱性磷酸酶缓冲液

√显影液

√100 mmol/L EDTA，pH 8.0

步骤

1）准备并封闭膜（见基本方案步骤 1～9）。

2）将体外翻译或者重组蛋白加入 3 ml 1×探针稀释缓冲液中。

3）探针结合到膜上并洗膜（见基本方案步骤 12 和步骤 14～15）。洗后一定要保持膜湿润。

4）室温下在 200 ml 溶解了 5%（*m*/*V*）脱脂速溶奶粉的 1×TBST 中轻摇孵育 1 h。

5）用溶解了 5%（*m*/*V*）脱脂速溶奶粉的 1×TBST 稀释一抗。室温下在 5～10 ml 稀释的抗体中孵育膜①，轻摇以保证膜平整地被抗体溶液覆盖。

6）在多于 200 ml 的 1×TBST 中轻摇洗 10 min。再重复两遍。

7）将碱性磷酸酶连接的二抗在 5～10 ml 溶解了 5%（*m*/*V*）脱脂速溶奶粉的 1×TBST 中稀释，按步骤 4 孵育膜 1 h。

8）用每次多于 200 ml 的 TBST 轻摇洗膜 6 次，每次 5 min。

9）用 50 ml 碱性磷酸酶缓冲液轻轻漂洗。

10）用 20 ml 显影液孵育膜 1～15 min，并用 100 ml 水洗膜。

11）用 100 ml 100 mmol/L EDTA，pH 8.0 洗膜 5 min 以停止显影反应。用 100 ml 水漂洗，风干，拍照。

19.6.3 备择方案 2 在 Far Western blot 中用多肽检测特定的相互作用序列

合成的多肽也可以用于 Far Western 分析。多肽的使用使分辨特定相互作用序列成为可能。特殊的翻译后修饰以及对蛋白质相互作用的影响也可以得到检测。

附加材料（亦见基本方案；带√项见附录 1）

多肽

0.4%Tween 20/PBS（PBST）

印度墨水溶液

槽印迹或者点印迹仪器（如 Bio-Rad Bio-Dot SF 或者 Schleicher & Schuell Minifold II）

① 原文如此，缺孵育时间。——译者注

步骤

1）使用去离子水将 5 ng～5 μg 多肽稀释到终体积 100～200 μl。

2）按制造商的说明准备槽印迹或者点印迹仪器和支持膜（PVDF 或者硝化纤维膜）。将多肽加入到上样孔中。准备两份相同的印迹，一份用于 Far Western，另一份用于 India ink 染色。所有样本都上样以后，连接真空泵使多肽通过多管设备进入支持膜。

3）封闭，结合，洗膜，然后放射自显影一张用于 Far Western 的膜（见基本方案步骤 7～16）。

在 MAP 树脂上合成的多肽可以得到很好的结果并且相对于其他方法合成的多肽只需要较低的浓度。

4）室温下另一张膜在 100 ml 0.4％Tween 20/PBS 中轻摇孵育 5 min。重复一次。

5）室温下在 100 ml India ink 溶液中染膜 15 min 到过夜。

6）用 1×PBS 洗 2h，其中换 1×PBS 4 次，风干储存。

参考文献：Edmondson et al.，1996.

撰 稿 人：Diane G. Edmondson and Sharon Y. Roth

第 20 章　染色质的装配与分析

许多核内过程都需要序列特异性 DNA 结合蛋白对 DNA 的识别。DNA 包装到染色质中能够抑制大多数蛋白质与 DNA 的结合，从而影响转录、复制、重组及 DNA 修复等过程的效率。基于这一考虑，研究染色质的基本结构及染色体上特殊区域发生的精确的结构变化已经成为令人越来越感兴趣的热点。

染色质的基本组成单位是核小体，由 DNA 和组蛋白（在所有真核生物中高度保守的小分子基础蛋白）组成。每个核小体是由四种组蛋白 H2A、H2B、H3、H4 各 2 个共聚形成八聚体，再与 146 bp 的 DNA 组合而成的。DNA 围绕组蛋白缠绕 1.65 周，与溶液中的 DNA 相比弯曲十分严重。每个组蛋白都有一个 N 端的“尾巴”伸出到 DNA 之外，是许多共价修饰的位点，这些修饰对于染色质结构的调节是十分重要的。对于这些修饰研究最为广泛的就是赖氨酸残基的乙酰化修饰。

核小体尾巴的共价修饰或核小体结构的非共价“重建”都可以使染色质的结构发生改变。核小体的重建过程需要 ATP 的参与，它可以改变核小体的活动性，从而使 DNA 结合蛋白和核酸酶容易接近核小体。核小体的重建和共价修饰都可以使染色质的结构发生局部的改变，这些改变与转录的激活和抑制密切相关。这些结构变化可以通过以下两种方法研究：研究体内染色体特定区域的染色质的特殊结构；用体外方法在 DNA 片段上重建染色质结构。

这一章介绍了分析染色质结构的技术。20.1 描述了使用微球菌核酸酶（MNase）——一个在染色质的研究中十分重要的试剂——来研究在完整的细胞中跨任何特异基因的核小体的结构。由于 MNase 专　性切割核小体之间的 DNA 连接区域，因此 MNase 的切割可以用于核小体的边界定位及确定它们之间的间隔。

为了对染色质结构进行详细的分析，经常需要估计在染色体某区段的核小体是否存在共价修饰，以及确定附近结合了哪些其他的 DNA 结合蛋白。对于组蛋白的修饰研究最为普遍的是赖氨酸残基的乙酰化。细胞内的许多酶都可以催化这一修饰，其中的一些酶是与转录激活相关的。为了区分不同种类的乙酰化组蛋白，就需要使用一种专门的凝胶系统（见 20.2）。这一技术用于在组蛋白混合物中对每一种乙酰化进行定量。这种混合物可以是来自于细胞的天然的组蛋白成分的混合，也可以是在体外对组蛋白进行修饰而得到的。为确定共价修饰的组蛋白及其他 DNA 结合蛋白的位置，可以进行交联的染色质的免疫共沉淀（见 20.3）。这一广泛应用的技术称为染色质免疫共沉淀（ChIP），如果与这一染色质区域结合的某一蛋白质有很好的抗体，就能够通过这种方法确定这一结合蛋白的相对浓度。这一方法使用识别特异性的组蛋白修饰的抗体来分析染色质广阔区域中共价修饰的组蛋白的相对水平；确定序列特异性的 DNA 结合因子的位置；以及转录和复制机器中的各个组分的分析。

在体外和体内分析核小体的精确位置和结构可以使用酶促切割试剂（如 DNase）或者化学切割试剂。这些反应产生特定的切割模式，可以反映 DNA 在组蛋白八聚体表面的位置，因此可以得到比 MNase 切割更为精确的信息。虽然这些过程通常用于分析核小体的体外组装（见 20.4～20.6），但是也可以结合以 PCR 为基础的技术来分析完整细胞中的核小体的具体结构（如 20.1 中所述）。

要想研究核内反应过程中染色质结构的功能，就需要应用体外系统和能够正确组装染色质结构的模板。为了在体外组装染色质，首先需要一个核心组蛋白的来源（见 20.4）。分离得到的组蛋白或者核小体 DNA 都可以用于把组蛋白转移到特殊的模板上，但是分离得到的组蛋白应用更加广泛。20.4 也提供了从细胞中分离完整的聚核小体的方法，可以广泛地应用于体外试验中。

使用盐透析（见 20.5）或酶促染色质组装系统（见 20.6），模板在体外可以组装成为核小体。盐透析的优点是不需要特定的蛋白质，最终得到的核小体不会被其他外加的可能会影响进一步机制研究的因子污染。其最大的缺点是除非使用非常特殊的模板（如 5S 串联序列，见 20.5），使用天然的模板或成串的核小体时就不能获得正确的核小体间隔。酶促组装核小体串（见 20.6）在使用任何模板时都可以获得正确的核小体间隔，因此比盐透析的方法更有优势。但值得注意的是，组装完成后要将模板与组装因子分离纯化，并且要慎重地考虑到这些组装因子在以后的研究过程中可能起到的潜在的作用。

撰 稿 人：Robert E. Kingston

20.1　微球菌核酸酶分析染色质结构

20.1.1　基本方案 1　渗透化细胞的染色质的微球菌核酸酶消化

材料（带√项见附录 1）

在 100 mm 培养皿中或悬浮培养的细胞
√渗透液 1，室温的和 37℃的
1 mg/ml 溶血卵磷脂（Sigma）于渗透液 1 中（使用前混合）
√渗透液 2，加入或不加 MNase（见下文第 4 步；使用前混合）
√渗透终止液
裂解稀释缓冲液：150 mmol/L NaCl/5 mmol/L EDTA
相差显微镜
12 ml 圆锥形带盖聚丙烯管（如 Sarstedt）

注意：所有溶液、吸量管、吸头都必须为室温，从而使渗透反应快速进行。

步骤

1a）贴壁细胞（每个 100 mm 板）：室温操作（如在组织培养操作台上），吸出细胞培养液（细胞 70%～90%汇合），加入 5 ml 室温的渗透液 1。不要将细胞从板上吹起。

1b）悬浮培养的细胞：根据不同细胞类型选择适当的条件离心集中细胞，加入 5 ml 渗透液 1 重悬细胞。

2）吸出每个板中的液体，然后室温用溶血卵磷脂进行如下处理（用 37℃渗透液 1 将

1 mg/ml储液稀释到总体积为 2.8 ml)：用 0.025%的溶血卵磷脂温育 2 min，或者用 0.05%的溶血卵磷脂温育 1 min。最佳的溶血卵磷脂浓度和温育时间随着细胞类型的不同而变化。

3) 吸出液体，加入 5 ml 室温的渗透液 1（不含溶血卵磷脂)。在相差显微镜下观察确定细胞没有发生裂解。如果发生了裂解，则重新使用较低浓度的溶血卵磷脂进行以上实验。
4) 吸出溶液，加入 2.8 ml 室温的分别含有 0、7.5、15、30 U MNase（使用前加入）的渗透液 2 进行部分消化反应，或分别含有 0、50、100、200 U MNase 的渗透液 2 进行完全消化反应。室温放置 5 min。
5) 吸出液体，加入 2.8 ml 渗透停止液。旋转摇动平板充分裂解细胞。
6) 加入 2.8 ml 裂解稀释缓冲液。旋转摇动平板使之充分混匀，将混合物转移到 12 ml 圆锥形聚丙烯管中。盖好管盖，37℃温育过夜。
7) 纯化和鉴定 DNA（见辅助方案 1)。

20.1.2 基本方案 2 分离的细胞核的染色质的微球菌核酸酶消化

材料（带√项见附录 1)

动物组织［如肝、肾和（或）脾］，来源于试验动物或者活体解剖
√核缓冲液 A、B、C
无 Ca 和 Mg 离子（CMF）的 PBS
1 mol/L NaOH
√2×TNESK 溶液
0.1 mol/L $CaCl_2$
√微球菌核酸酶（MNase）储液
剃刀刀片或解剖刀
100 mm 培养皿置冰上
10 ml 和（或）15 ml 带有聚四氟乙烯包被的磨棒的组织匀浆器
电动组织磨碎机
相差显微镜
轻薄棉布
15 ml 和 30 ml 规格玻璃离心管（如 Corex)
带有定角转子的冷冻高速离心机
带有 SW50.1 转子的超速离心机和$\frac{1}{2}$in×2 in 的超净管
紫外分光光度

注意：所有溶液、反应管、吸量管、吸头都必须为冰冷的。

步骤

1) 处死动物或获得活体解剖后，将分离的组织放在置于冰上的 100 ml 烧杯中，马上用

25 ml 核缓冲液 A 冲洗。

2）将组织转移到 100 mm 塑料培养皿中，置冰上，按以下量加入核缓冲液 A：肝，8 ml；肾，5 ml；脾，4 ml。将组织用剃刀刀片或解剖刀切割成大小为几毫米的小块。

3）将每个小块移入不同的匀浆器。对于上述大小的组织，如果是肝或肾组织，用15 ml 的匀浆器；如果是脾组织，用 10 ml 匀浆器。处理脾组织时，在冰上放置 10 min 之后再转移，以使血红细胞留在上清中。处理肝或肾组织时，可以马上丢弃上清。

4）在所有的样本中加入 5 ml 新鲜的核缓冲液 A。混合，再次移去上清，然后再加入 5 ml新鲜的核缓冲液 A 重悬组织块。

重要提示：从这一步开始，在冷室中进行所有操作。

5）使用电动组织磨碎机匀浆组织 5～10 次，再手动匀浆 5 次。取少量匀浆混合物加入到 CMF PBS 中，在相差显微镜下观察。观察到的核是灰色的、很圆的小泡。如果仍然有完整的组织或细胞，再进行大约 5 次匀浆，再次观察细胞破碎的量。

6）将轻薄棉布折叠成 8 层，在核缓冲液 A 中事先浸湿，过滤匀浆混合液到置于冰上的 30 ml Corex 管中。戴好手套，拧绞棉布使液体流尽。

7）在 15 ml Corex 管中加入 1∶1 核缓冲液 A/核缓冲液 B 作为缓冲层。用以下量的缓冲液 A+B 混合液：肝，1.4 ml；肾，1 ml；脾，0.6 ml。将匀浆混合液加在缓冲层上。

8）使用定角转子，4℃，12 000 *g*（如 55-34 号转子 10 000r/min）离心 15 min。

9）去上清，沉淀使用如下体积的核缓冲液 B 重悬：肝和肾，11 ml；脾，3.6 ml。先加入 2 ml 核缓冲液 B 轻柔地重悬沉淀成为黏稠的液体，再加入剩余的核缓冲液 B。

10）在 1/2×2 in 的超净 SW50.1 离心管中加入 1.2 ml 核缓冲液 B 作为缓冲层，将重悬液各取 3.6 ml 加在其上（肝和肾分为 3 管，脾为 1 管）。

11）4℃，120 000 *g*（如 SW50.1 转子 37 000r/min）离心 90 min。

12）倒掉上清，将离心管倒置在吸水纸上以去净余液。轻柔地将沉淀重悬于如下体积的核缓冲液 C 中：肝和肾，0.2 ml；脾：0.25 ml。将同一组织来源的重悬液合并到一个管中，置冰上。

13）取 5 μl 每种核重悬液加入到 2 ml 的 1 mol/L NaOH 中，用分光光度计测定 OD_{260}。用核缓冲液 C 稀释核重悬液至测得的 OD_{260} 值为：肝 0.25；肾和脾 0.085。

14）每种核重悬液各取 1/5 与等体积的 2×TNESK 溶液混合。充分混合后，37℃温育过夜。

15）将剩余的液体在冰上分到以下数目的反应管中：肝和肾，大于 6 个；脾，大约 3 个。要经常摇动样品以防止结块。

16）在第一个管中加入 0.1 mol/L $CaCl_2$ 至终浓度为 3 mmol/L，37℃温育 3 min，然后加入等体积的 2×TNESK 溶液，37℃温育过夜。

17）在第二个管中加入 0.1 mol/L $CaCl_2$ 至终浓度为 3 mmol/L，37℃温育 1.5 min 加热核。

18）在各管中分别加入所需量的 MNase。MNase 的部分消化，可以按如下的量进行尝试：肝和肾，0.1 U MNase/ml 反应液，0.2 U/ml、0.5 U/ml、1 U/ml、2 U/ml；脾，0.5 U/ml 和 1 U/ml。MNase 的完全消化，尝试 10～100 U/ml。混匀，37℃温育 1.5 min。

19）加入等体积的 2×TNESK 溶液终止反应，剧烈摇动管子几次混匀，37℃温育过夜。
20）对每一个所使用的 MNase 浓度，重复步骤 17～19。
21）纯化和鉴定 DNA（见辅助方案 1）。

20.1.3 基本方案 3 纯化的基因组 DNA 的微球菌核酸酶消化

MNase 可以非随机切割 DNA。因此，为确定这种天然的非随机性的模式是如何受核蛋白如组蛋白影响的，染色质的 MNase 切割模式与自由的基因组 DNA 的 MNase 切割模式的对比是十分重要的。

材料（带√项见附录 1）

0.5～1 mg 纯化的基因组 DNA（见辅助方案 1）
√核缓冲液 C
0.5 mol/L $CaCl_2$
√微球菌核酸酶（MNase）
0.25 mol/L EGTA
氯仿
设置在 68℃的加热器
冰块

步骤

1）取 100 μg 基因组 DNA 加入到室温的核缓冲液 C 中，使终体积为 300 μl。准备 4～5 管此溶液。

重要提示：对于每个溶液，直到反应进行到第 4 步后再进行下一管的反应。

2）加入 $CaCl_2$ 至终浓度为 3 mmol/L。
3）加入 MNase 至 0.5、1、2、3 U/ml。剧烈地混合使酶均匀的分布（溶液可能有些黏稠），反应 3 min。
4）将溶液转移到含有 50 μl 0.25 mol/L EGTA 预热到 68℃的管子中，68℃温育 10 min。
5）将管子转移到冰块上。
6）在 1.2%的小型琼脂糖凝胶上上样 200 ng，电泳检测消化的程度。
7）对于感兴趣的样品加入等体积的氯仿抽提一次。
8）DNA 的沉淀、定量和鉴定（见辅助方案 1 步骤 7 以后）。

20.1.4 辅助方案 1 染色质消化得到的 DNA 的纯化和鉴定

材料（带√项见附录 1）

MNase 消化的细胞或者核裂解液（见基本方案 1～3）
√TE 缓冲液，pH 7.9
√中性酚

氯仿
乙醚（用于处理渗透化的细胞）
5 mg/ml RNase A（用于处理渗透化的细胞）
3 mol/L 乙酸钠
95%和 70%乙醇，室温
10 ml 或 12 ml 有盖聚丙烯管（如 12 ml Sarstedt 管）
振荡或摇动装置
6 in 巴斯德管
30 ml Corex 管，硅烷化（见附录 3B；用于处理渗透化的细胞）
6000～8000-MWCO 透析管（用于处理渗透化的细胞）
1～5 μl 玻璃毛细管
玻璃毛细移液管
塑料膜（如 Saran Wrap）
紫外分光光度计

步骤

1）用等体积的 pH 7.9 的 TE 缓冲液稀释细胞或核裂解液。如果所得体积≤0.5 ml，则在 1.5 ml 的微量离心管中进行以下的操作；如果体积≥0.5 ml，则转到 12 ml 聚丙烯管中。
2）在通风橱中，加入等体积的中性酚。剧烈颠倒管子几次，然后将管子置于轻柔的振荡或摇动装置上 10～20 min。
3）离心样品。1.5 ml 管在微量离心机中离心 30 s，12 ml 管 500 *g*（55-34 号转子 2000 r/min）离心 5 min。使用 6 in 巴斯德管将上层水相转移到新的管中。
4）加入 1 体积的氯仿。剧烈颠倒管子几次，然后轻柔振动 10～20 min。离心并按步骤 3 取出上层水相。不要吸及中间层。
5）重复氯仿抽提 2～4 次，直到有机相和水相的界面变得清晰为止。
6）用于处理渗透化的细胞：加入 1 体积的乙醚，剧烈颠倒管子几次，弹动管子，然后轻柔振动 10～20 min。在 65℃水浴中开盖加热 10～15 min，定时摇动管子以帮助乙醚的挥发，然后加到 6000～8000-MWCO 透析管中在 100 体积的 pH 7.9 的 TE 缓冲液中于 4℃透析过夜，当中换两次 TE 缓冲液。透析液的体积增加了 50%以上，将其转移到 30 ml 硅烷化的 Corex 管中，加入 RNase 至 25 μg/ml。室温孵育 1 h。
7）加入 1/10 体积的 3 mol/L 乙酸钠，颠倒管子充分混匀。

重要提示：对于每个样品，连续进行步骤 8～12，中间不要停止。

8）加入 2.5 倍体积 95%乙醇。轻柔颠倒管子 10～30 次，直到液体完全混匀，根据不同的溶液确定下一步的操作。
   a. 如果 DNA 没有被 MNase 完全消化，就可以观察到丝状的白色沉淀；继续进行步骤 9～13（略过步骤 14～17）。
   b. 如果 DNA 被 MNase 完全消化，就观察不到可见的沉淀；直接进行步骤 14（先于－20℃沉淀过夜）。

c. 如果 DNA 被 MNase 的适度消化，则可以看到少量的丝状的沉淀；将沉淀取出进行步骤 9～13，剩余的溶液直接进行步骤 14（先于－20℃沉淀过夜）以重获 DNA。

9) 在实验台上铺一张塑料膜，使用 1～5 μl 玻璃微量毛细管缠绕 DNA 沉淀将其取出。用玻璃毛细移液管将取出 DNA 时由于毛细作用吸到管中的液体吸出。

10) 马上将 DNA 浸入 1.5 ml 微量离心管中的 70%乙醇中。在溶液中摇动几秒，然后再次吸掉管中的液体。

11) 将 DNA 点到一个 1.5ml 空管中，在空气中干燥 5s。

12) 对于来自于分离的核或自由 DNA 的样本，将 DNA 置于盛有 75～300 μl（根据 DNA 的量）TE 缓冲液中；对于渗透化的细胞的样本，溶于 400 μlTE 缓冲液中。弃掉毛细管。每个样品均重复步骤 8～12。

13) 室温溶解 DNA 过夜。轻微涡旋振荡几次，于 4℃保存。不要使其冻结。

14) 如果在步骤 8 中 DNA 没有沉淀，或只有少量沉淀，则将剩余的溶液－20℃过夜。

15) 如果使用 12 ml 聚丙烯管或 30 ml Corex 管，则用定角转子 10 000 *g*（如 SS-34 转子 9000 r/min）离心 10 min；如为 1.5 ml 离心管，在微量离心机中离心 5 min。弃上清。加入 0.5 ml 的 70%乙醇，轻微颠倒管子一次，离心 1min。

16) 弃净上清，真空干燥 5 min。对于来自于分离的核和自由 DNA 的样本，加入 75～300 μl（根据沉淀的大小和预期的 DNA 量）TE 缓冲液重悬沉淀；对于渗透化的细胞的样本，DNA 溶于 400 μlTE 缓冲液中。如果这一样品的一些 DNA 已经被挑出并已重溶于 TE 中，则使用这一溶液重悬 DNA 沉淀，这样就合并了所有的组分并且将其浓缩了。室温溶解 DNA 过夜并于 4℃保存，如步骤 13 所述。

17) 来自于渗透化细胞的 DNA 样本：从步骤 7 开始重复沉淀，最终得到的沉淀重悬于 75～150 μl 的 TE 缓冲液中，直到 DNA 充分浓缩可用于进一步的分析。

18) 取 4 μl DNA 溶液加入到终体积为 400 μl 的 TE 缓冲液中，测定 OD_{260}。根据 OD_{260} 的读数为 1 相当于 50 μg/ml 的 DNA，来计算 DNA 的浓度和总量。

19) 在 1.2%的小型琼脂糖凝胶上每种 DNA 样品上样 0.5 μg，电泳确定染色质的内源性核酸酶和 MNase 消化的情况。

20.1.5 辅助方案 2 核酸酶切割图谱分析策略

MNase 完全消化切割图谱

染色质样品经 MNase 完全消化得到的 DNA 通常都是通过凝胶电泳（如 1.2%～1.5%的琼脂糖凝胶或 5%的聚丙烯酰胺凝胶）进行分析的。电泳分离的单核小体的片段转移到尼龙膜上，然后使用与感兴趣的 DNA 区域相应的寡核苷酸或短的 DNA 探针进行杂交。如果观察到单核小体大小的杂交条带，则可确定染色质上的模板的某些片段在进行 MNase 消化时是处于核小体当中的。如果来自于基因组其他位置的某个寡核苷酸探针可以与最初的染色质消化产物的其他部分杂交，则这两个探针所产生的信号可以提供在染色质模板最初的组成中这两段 DNA 序列处于核小体中的相对的频率的信息。寡核苷酸探针的比活性必须是可以比较的或必须考虑在内。要检测来源于高等真核生物的单拷贝基因序列的单核小体大小的条带就需要极高标记活性的探针。

使用间接末端标记制作 MNase 部分消化图谱

染色质样品经 MNase 部分消化得到的 DNA 通常都是通过间接末端标记的方法进行分析的（Wu，1980；图 20.1.1）。间接末端标记的方法是在 Southern 杂交的水平上，用于在染色质模板中确定 MNase 频繁切割的 DNA 位点。如果每隔 160～200 bp 就有 MNase 切割位点，那么核小体就可能位于这段序列当中。不同的核小体重复长度是由于不同的生物体来源和其他的因素，如局部染色质区域有组蛋白连接存在。使用改进的 LM-PCR 方法（见辅助方案 3），就可以在核苷酸水平上定位 MNase 的双链切割。

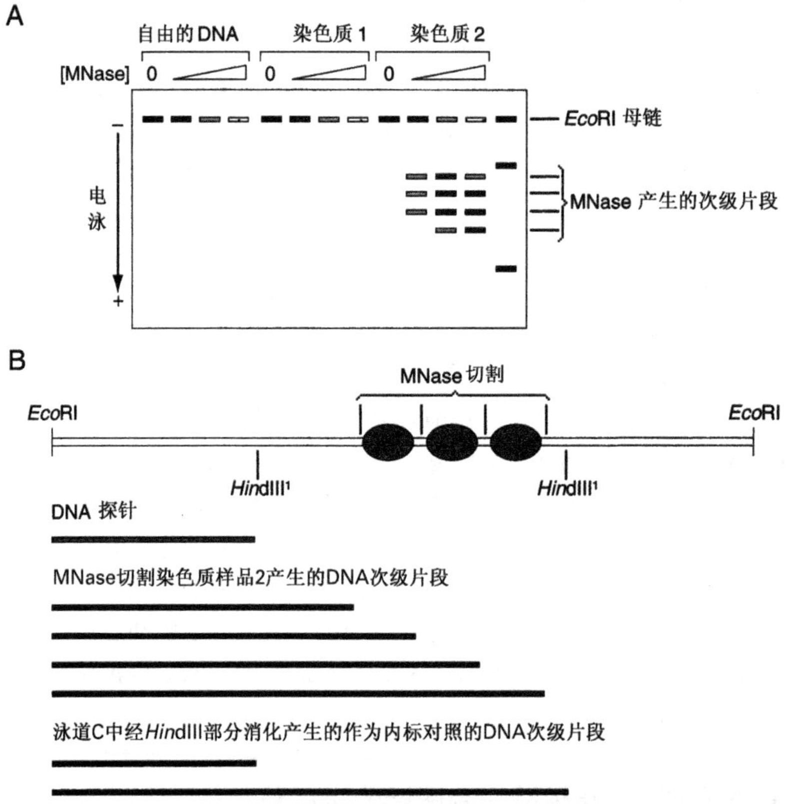

图 20.1.1　A. MNase 处理染色质的间接末端标记分析的 Southern 杂交示意图。随着 MNase 消化程度的增加，图中显示了预计所得的条带强度的变化。在自由 DNA 泳道中没有次级条带的产生是因为 MNase 对其不敏感，在染色质样本 1 泳道中没有次级条带的产生是因为没有核小体定位于这一区域。B. 定位策略并对代表已定位的核小体串的各条带作出了注释。

在进行间接末端标记实验时，经 MNAse 消化并纯化了的 DNA 要经过一个或几个限制酶消化，在离感兴趣的区域两端至少 1kb 处进行切割（图 20.1.1；如 *Eco*RI）。得到的基因组 DNA 电泳并转移到尼龙膜或硝酸纤维素膜上，然后使用 0.5～1 kb 长经纯化的靠近酶切后的基因组靶序列的一端的 DNA 探针进行杂交（图 20.1.1；*Eco*RI＋*Hind*III 片段）。放射自显影或磷屏曝光后的结果应显示来源于未经 MNase 消化的作为对照的染色质样本的原始的限制酶切片段，以及经 MNase 处理的样本中的切割后的次级条带。如果 MNase 在大多数底物的同一位置都发生了切割就可以观察到不连续的次级条带（图 20.1.1；染色质样本 2）。切割的位置可以通过计算与探针片段靠近的限制酶切位点的距离为多少 kb 来确定（图 20.1.1；定位策略）。如果出现如前所述的距离呈梯度的次级条带，就说明在这段序列中存在核小体或核小体串（图 20.1.1；在定位策略图中的卵圆形）。

在间接末端标记反应中有了内标对照就可以准确地确定 MNase 切割的位置。取等于或略少于用于 Southern 杂交的染色质样本量的未切割的基因组 DNA（作为内标对照而设计的）进行限制酶切，使用的酶与切割染色质样品是同样的限制酶。然后再使用在感兴趣的区域附近可以进行切割的限制酶部分降解内标对照样本，即已证实的核小体定位的区域（图 20.1.1；*Hin*dIII 部分降解）。内标对照样本与染色质样本上样在同一块凝胶上。杂交后，部分限制酶切产生的次级条带就会显示出来。这些次级条带提供了 MNase 消化样本中的次级条带的理想的标准，同时还可以通过与部分降解的限制酶切位点的位置相对照准确地定位出 MNase 的切割位点（Liu et al.，1988；McPherson et al.，1993）。

关于本方法的细节：Southern 杂交每条泳道上样 12 μg 基因组 DNA 就足够了；大型（如 25 cm）1.2%琼脂糖凝胶于 40～50V 电泳过夜可以得到最好的分辨率；DNA 探针应使用 ^{32}P 标记，要求每微克 DNA 的放射性至少为 0.5×10^9 cpm，最好为 10^9 cpm/μg。

20.1.6 辅助方案 3 使用改进的 LM-PCR 方法在核苷酸水平上检测 MNase 对双链的切割

为了选择性地确定双链核小体内的 MNase 切割位点，正如此处所述，对传统的 LM-PCR 进行了一些改进（McPherson et al.，1993）。图 20.1.2 对核小体和传统的 LM-PCR 足迹法作了比较。

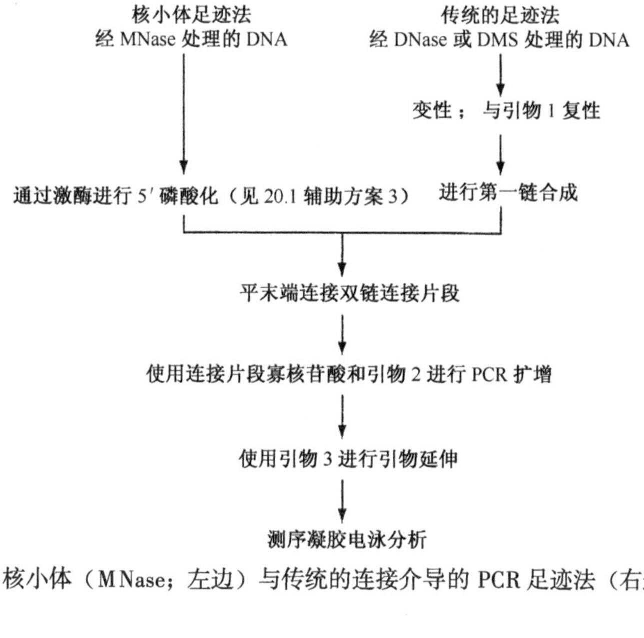

图 20.1.2 核小体（MNase；左边）与传统的连接介导的 PCR 足迹法（右边）相比较。

材料（带√项见附录 1）

来源于染色质 MNase 消化的 DNA（见基本方案 1、2；纯化过程见辅助方案 1）

来源于纯化的基因组 DNA 的 MNase 消化的 DNA（见基本方案 3）

10 U/μl T4 多聚核苷酸激酶（如 New England Biolabs）及 10×缓冲液（随酶供应）

10 mmol/L ATP

√0.5 mol/L EDTA，pH 8

3 mol/L 乙酸钠

95%和 70%乙醇，室温

步骤

1）在 1.5 ml 微量离心管中加入下列试剂，建立磷酸化反应——每个 MNase 消化点准备一管，同时准备不加酶，MNase 处理的纯化的 DNA 对照各一管：

　　5 μl　10×激酶缓冲液

　　0.5 μl　10 mmol/L ATP

　　加水至终体积为 50 μl

　　5 μg　MNase 处理的纯化的基因组 DNA

2）加入 1 μl 10 U/μl T4 多聚核苷酸激酶（10U），37℃温育 1 h。

3）加入 1 μl 0.5 mol/L EDTA，68℃温育 20 min。

4）加入 5 μl 3 mol/L 乙酸钠，混匀；然后加入 125 μl 95%乙醇，混匀后置－20℃ 30 min 沉淀 DNA。

5）离心 5 min，弃上清，加入 125 μl 70%乙醇，轻柔颠倒管子一次。离心 2 min，弃上清，真空干燥。

6）加入水重悬管中的 DNA，使浓度为 0.1～0.2 μg/μl，储存于－20℃备用。

参考文献：Liu et al., 1988；McPhearson, et al., 1993；Wu, 1980.

撰 稿 人：Ken Zaret

20.2　分离 Triton/乙酸/尿素聚丙烯酰胺凝胶电泳分离组蛋白变体和翻译后修饰异构体

由于组蛋白变体的大小和电性都很相似，因此通过电泳不能完全区分各个组蛋白。在传统的乙酸/尿素（AU）聚丙烯酰胺凝胶电泳（PAGE）系统中加入非离子去垢剂提供了很好的解决方法，不仅可以分离各种不同修饰形式的组蛋白，而且还可以区分选定的组蛋白初级序列亚变体。这一方法广泛地用于分离不同乙酰化水平的组蛋白。

20.2.1 基本方案 组蛋白的Triton/乙酸/尿素聚丙烯酰胺凝胶电泳分析

材料（带√项见附录 1）

冰醋酸（17.4 mol/L）

TEMED（*N*，*N*，*N*′，*N*′-四甲基乙二胺）

√9.5 mol/L 尿素

10%（*m*/*V*）过硫酸铵（APS；配胶时新鲜配置）

10% Triton X-100（蛋白级；Calbiochem）

√63.5%丙烯酰胺/0.4%亚甲双丙烯酰胺

盛有适中温度水（约 45℃）的烧杯

√电泳缓冲液（0.9 mol/L 乙酸）

√还原剂（2-巯基乙胺）

1000 ml 和 100 ml 抽滤瓶

制胶装置（见辅助方案 1）

适合 16 cm×22 cm 玻璃板的垂直板电泳装置（见辅助方案 1）

有两条导线可提供恒电流电泳的电源

1.5 mm 厚 16 齿梳

带有 23-G 针头的一次性注射器

带有弯曲为 U 型的 18-G 针头的一次性注射器

Hamilton 注射器

步骤

1）在 1000 ml 抽滤瓶中加入：

3.62 ml	冰醋酸
1.88 ml	水
0.329 ml	TEMED

2）轻轻地旋转摇动混合，然后加入：

44.21 ml	9.5 mol/L 尿素
0.875 ml	10% APS

3）将溶液完全抽气。

4）在瓶中加入 2.59 ml 10% Triton X-100，抽气几秒钟。

5）在 100 ml 抽滤瓶中加入 16.5 ml 63.5%丙烯酰胺/0.4%亚甲双丙烯酰胺。抽气前将抽滤瓶置于盛有适中温度水（约 45℃）的烧杯中。

6）丙烯酰胺溶液抽气，在温水浴中持续旋转防止丙烯酰胺沉淀。直到大量的小泡完全消失为止（抽气时间不宜过长）。

7）将抽气后的 Triton X-100/尿素溶液倒入丙烯酰胺瓶中，轻摇混匀。

8）事先在可重复封装的塑料袋中装好凝胶装置（见辅助方案 1），立即将凝胶溶液倒入。灌胶到距顶部还有 1～1.5 cm 处，在两块板之间插入 1.5 mm 厚 16 齿梳直至凝胶溶液上升到梳齿的一半以上的位置。在以下的 30～60 min 内，凝胶凝聚时要密切观察凝胶的情况，不断地向内推动梳，使梳齿的底端的表面与聚合孔接触。

9）封好塑料袋（在袋子底部加入少量蒸馏水以防止凝胶干燥），让凝胶凝聚过夜。

10）小心地将聚合的胶从塑料袋中取出并去掉底部的衬条。将凝胶板装入凝胶电泳装置中，带有凹槽的板朝向上层缓冲液。将凝胶板置于上槽垫圈上方，用 5 cm 宽的装订夹夹紧使之固定在装置上以确保密封。

11）在两个槽中都加好电泳缓冲液。使用一次性注射器的弯曲为 U 型的 18-G 针头将凝胶底部表面的气泡赶走。轻轻拔下梳齿，小心地使用一次性注射器的针头（23-G 针头）将弯曲的加样孔间隔扶正。使用同一个注射器用电泳缓冲液冲洗加样孔。

12）将凝胶与电源相连。在电泳缓冲液中以 130V（恒电压）进行预电泳，直到电流不再下降为止（大约 4～5 h）。在这段时间里，要定期的切断电源，使用注射器（带有 23-G 针头）用电泳缓冲液冲洗加样孔。同时使用一次性注射器的弯曲为 U 型的 18-G 针头将聚集在凝胶底部表面的气泡赶走。

13）去除凝胶装置两个槽中的电泳缓冲液。在上槽中加入水并冲洗加样孔。将上槽中的水倒出，并使用带有 23-G 针头的一次性注射器将加样孔中的水除净，小心不要使注射器的针头刺破加样孔的底部。

14）使用 1ml 移液管将还原剂均匀地加满加样孔。在上槽中缓慢地加入电泳缓冲液，当缓冲液开始进入加样孔时要更加的小心；电泳缓冲液应该将还原剂覆盖住。在下槽中加入缓冲液并于 300V 电泳 3 h。

15）重复步骤 10。

16）在两个槽中都加好新鲜的电泳缓冲液并用吸有电泳缓冲液的注射器冲洗加样孔。用 Hamilton 注射器将样品（通常 2～6 μl；50～75 μg 组蛋白）加入加样孔，使样品直接铺于加样孔的底部。在每个样品上样前，都要用吸有电泳缓冲液的注射器冲洗加样孔以除去尿素沉积。

17）400V 电泳 15 min。然后降低电压至 200V 电泳直到蓝色染料中的甲基绿跑出凝胶为止（过夜，或 15～17 h），或更长。

18）凝胶进行考马斯亮蓝染色（见 10.5）或电转后进行免疫印迹反应（见辅助方案 3 及 10.6；图 20.2.1）观察。

20.2.2 辅助方案 1 凝胶板的组装

材料

95%乙醇

1%（*m*/*V*）琼脂糖，熔化

16 cm×22 cm 带凹槽的玻璃板

16 cm×22 cm 的玻璃板

两条 22 cm 长、1.5 mm 厚的聚四氟乙烯（Teflon）衬条

18 cm 长×1.5 mm 厚的聚四氟乙烯（Teflon）衬条

6 个 5 cm 宽的不锈钢装订夹（Research Products International）

大小足够装得下制胶装置的可重复封口的塑料袋

步骤

1) 用 95%乙醇清洁玻璃板及衬条表面。用干净的剃刀刀片刮去碎屑。
2) 将 18 cm 长的衬条（底部衬条）与一块玻璃板的底部平行放置，距板的一端约 0.5 cm。
3) 将 22 cm 长的衬条（侧边衬条）与这块玻璃板的两边平行放置，各距板的一边约 0.5cm，使这两条衬条的底端与底部衬条的顶端相平齐。
4) 用装订夹将两块板夹紧：首先用两个夹子将底部夹紧，然后在每一边各夹两个夹子。可以移动一下衬条的位置使它们都处于适当的位置上。确认将夹子夹在玻璃板上所施加的压力点正好在衬条的位置上。
5) 把夹子夹到玻璃板上后，将夹子的把手扳向内贴着玻璃板，从而使胶板可以通过装订夹竖立在实验台上。
6) 用熔化的 1%琼脂糖密封胶板的底部及两侧以防漏胶。使用巴斯德吸样管将琼脂糖加入衬条外侧与板边缘形成的 0.5 cm 的空隙中。
7) 铺好琼脂糖后，将制好的胶板靠底部的夹子竖立放置于底部加入了少量水以防止凝胶干燥的可重复封口的塑料袋中。夹子可以使胶板处于水表面之上。灌胶时，将袋子的开口拉到胶侧以利于灌胶。

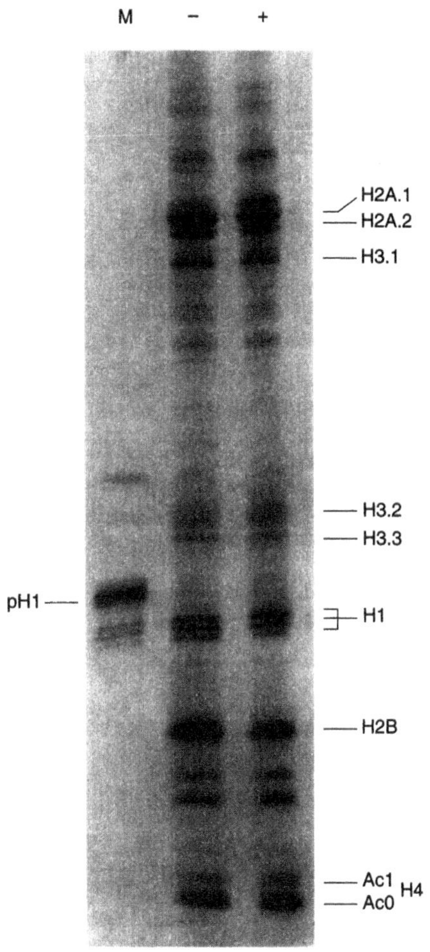

图 20.2.1 通过双胸腺苷阻滞过程（2.7 mmol/L 胸腺苷；Peterson and Anderson，1964；Knehr et al.，1995）同步化的 HeLa 细胞，释放进入 S 期 3h。释放后的细胞在无（一）或有（＋）冈田酸（500 nmol/L；Calbiochem），即一种细胞磷酸酯酶抑制剂的条件下孵育 60 min。酸溶性的核蛋白和分离的组蛋白 H1 上样到 TAU 凝胶上并经考马斯亮蓝染色。泳道 M 显示了来自于经秋水仙酰胺（脱羰秋水仙碱；0.06 μg/ml）处理阻滞在 M 期的细胞的超磷酸化的 H1（pH1）。图中还显示了没有被乙酰化（Ac0）和单乙酰化（Ac1）组蛋白 H4 的异构体。

20.2.3 辅助方案 2 从制备的核中分离组蛋白

材料（带√项见附录 1）

分离的核（见 12.1）

浓硫酸（H_2SO_4；18 mol/L H_2SO_4）稀释至 0.2 mol/L
100%三氯乙酸（TCA）
11.6 mol/L 盐酸（HCl）
100%丙酮
√乙酸/尿素样品缓冲液

步骤

1）用 0.2mol/L 硫酸重悬分离的核，使终浓度约为 2 mg DNA/ml。4℃放置至少几个小时，最好是过夜。
2）于 4℃，12 000 *g* 离心 10 min，分离得到酸溶性的核蛋白（包括组蛋白）。将上清转移到新的微量离心管中。
3）加入 1/3 体积的 100%TCA 至酸溶性的核蛋白中（终浓度 25%TCA），充分混匀以沉淀蛋白质。冰上放置 30 min。
4）于 4℃，12 000 *g* 离心 10 min，得到蛋白质沉淀。
5）用 1 ml 100%丙酮/0.05 mol/L 盐酸溶液洗涤蛋白质沉淀，涡旋混合使贴于管壁上的组蛋白松动下来，按步骤 4 离心。
6）使用 100%丙酮重复步骤 5 的清洗过程。
7）在冷冻干燥机或 Speedvac 蒸发器中干燥蛋白质沉淀。
8）将蛋白质沉淀以适合于电泳的浓度（通常为 5 μg 总组蛋白/μl）重悬于乙酸/尿素样品缓冲液中。

20.2.4　辅助方案 3　TAU-聚丙烯酰胺凝胶的电转移

未经处理的 TAU 凝胶不能直接用于转膜。

材料（带√项见附录 1）

√洗涤缓冲液 I 和 II
√CAPS 转移缓冲液
100%甲醇
丽春红 S 染料（Sigma；可选）
转移膜（如 Immobilon-P PVDF 膜，Millipore）
裁成胶大小的滤纸

步骤

1）从板上将胶剥离下来，放置于一个大塑料盘中，使整个胶能够完全铺展于盘中。
2）使用洗涤缓冲液 I 摇动洗涤凝胶两次，每次 250 ml，30 min。
3）将盛有凝胶的盘子置于通风橱中，使用 150 ml 洗涤缓冲液 II 摇动 30 min 洗涤凝胶 1 次。
4）在一个小塑料盘中，将膜在 100%甲醇中浸泡 30 s，水洗 30 s。然后置于 CAPS 转移缓冲液中平衡。

5) 剪一块与凝胶大小一致的滤纸并在转移缓冲液中浸湿。在湿滤纸上制作凝胶三明治，将膜放置在凝胶的阳极面。
6) 将胶装入处于 CAPS 转移缓冲液中的转移装置中，4℃，30V 过夜将蛋白质转移到膜上。

参考文献：Delcuve and Davie，1992；Zweidler，1978.

撰 稿 人：Colleen A. Ryan，Anthony T. Annunziato

20.3 用免疫共沉淀的方法从总细胞抽提物中确定与染色质结合的蛋白质

这一节介绍了一种既简单又非常灵敏的方法可用于确定酿酒酵母中一个已知蛋白质是否与一段已知的 DNA 序列相结合（图 20.3.1）。

基本方案 用免疫共沉淀的方法从细胞总抽提物中确定与染色质结合的蛋白质

材料（带√项见附录 1）

酵母培养
37%甲醛
2.5 mol/L 甘氨酸（加热灭菌），室温
√TBS 溶液，冰冷
√裂解缓冲液，冰冷和室温
约 0.5mm 直径的玻璃珠
抗目的蛋白的抗体
蛋白 G -Sepharose 或相当物品（蛋白 A 或偶联于琼脂糖或磁珠的二抗）
TE（pH 7.6）/1%SDS，室温
√裂解缓冲液 500，室温
√LiCl/去垢剂洗涤剂，室温
√TE 缓冲液，pH 7.6，室温
√洗脱缓冲液，室温
TE（pH 7.6）/0.67% SDS，室温
√蛋白酶 K 溶液
4 mol/L LiCl，加热灭菌
25：24：1（*V*/*V*/*V*）酚/氯仿/异戊醇（见 2.1）
100%乙醇
75%（*V*/*V*）乙醇
√20 mg/ml RNase A（无 DNase）

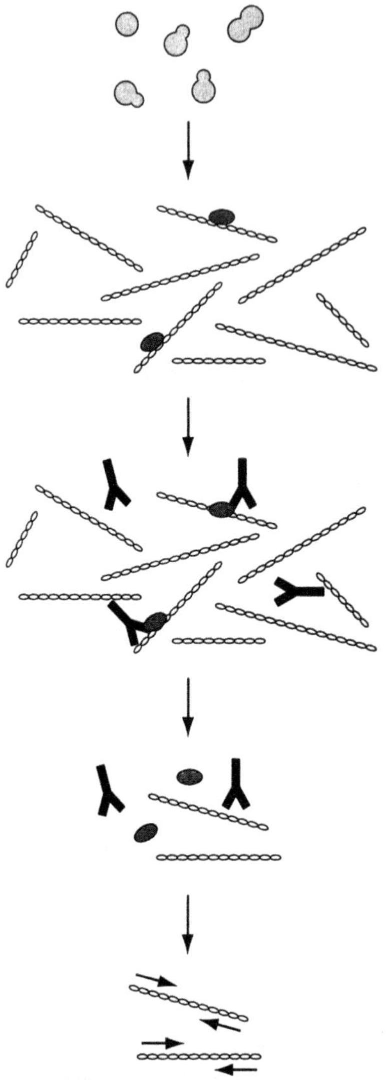

图 20.3.1　酵母细胞总抽提物的染色质免疫共沉淀图解。完整的细胞经甲醛处理通过蛋白质-DNA 和蛋白质-蛋白质之间的交联固定体内染色质的结构。抽得细胞总抽提物并进行超声破碎使染色质溶解并将 DNA 剪切为适当长度的片段。可溶的染色质与感兴趣蛋白质的一抗孵育，蛋白质-抗体复合物可以通过与偶联到 Sepharose 上的 G 蛋白共孵育而被沉淀下来，因此与感兴趣的特殊蛋白交联的 DNA 分子就同时被共沉淀下来。通过对抗体复合物胶珠的洗脱，破坏蛋白质-DNA 的交联并纯化 DNA。沉淀得到的 DNA 可用于使用特定的引物进行 PCR 扩增来鉴定富集的 DNA 序列。

50 ml 旋盖管

2 ml 平底微量离心管

多孔涡旋混合器（大力推荐，如 Scientific Products 或 Dade）

26-G 针头

14 ml 圆底管（17 mm×100 mm）

1.5 ml 微量离心管
超声仪（探头式；如 Branson Sonifier 250，带微量探头）
旋转混合器
65℃水浴和加热器
65℃培养箱或烤箱

步骤

1）每个实验样品需要培养 50 ml 酵母细胞生长至 OD_{600} 为 1.0～1.5（13.1&13.2）。事先备好一个 50 ml 旋盖管加入室温的 37%甲醛溶液 1.4 ml。
2）在管中加入酵母培养液至 50 ml 刻度以下，为即将加入的 2.5 ml 甘氨酸留出充足的空间。旋紧管盖，室温 15 min，偶尔颠倒一下管子以使溶液混合。
3）在管中加入 2.5 ml 2.5mol/L 甘氨酸（终浓度至 125 mmol/L）停止交联；混合并室温 5 min。
4）4℃，1500 *g* 离心细胞 5 min，弃上清。将细胞置冰上，用 20 ml 冰冷的 TBS 重悬。重复此步。
5）4℃，1500 *g* 离心细胞 5 min，弃上清。用 1 ml 冰冷的 TBS 重悬细胞并转到冰冷的 2 ml 平底微量离心管中，置冰上。
6）以最高转速短暂离心收集细胞，弃上清。
7）如果细胞冻结了，则在冰上解冻。在细胞沉淀中加入 250 μl 冰冷的含蛋白酶抑制剂的裂解缓冲液。再加入 1 体积的玻璃珠（约 350 μl）。
8）在多孔涡旋混合器中 4℃以最高速涡旋混合 30 min 以裂解细胞。
9）加入 250μl 冰冷的含蛋白酶抑制剂的裂解缓冲液，短暂涡旋混合。置冰上。
10）用吸水纸快速将 2 ml 微量离心管外侧的冰和水擦掉。颠倒管子，用烧热的针头（26-G）在管底穿两个洞。立即将管子放入在冰上的 14 ml 圆底管中，使微量离心管正好悬挂在较大的管子的管口处。
11）4℃，使用翻斗式转子 1000 *g* 离心 3min，将样品置冰上。确定除玻璃珠外所有的样品全都进入 14 ml 管中后，弃去盛有玻璃珠的 2 ml 微量离心管。
12）用 1 ml 的微量加样器吸取溶液层吹吸几次重悬沉淀。然后将悬浮液转移到冰上的 1.5 ml 微量离心管中。
13）超声破碎切割染色质使其平均大小为 500 bp：使用超声破碎仪时，12 s 启动 3 次（如 Branson Sonifier250，能量设置 2.0，100%作用循环）。在每次启动之间将样品在冰上放置至少 2 min。
14）4℃以最高转速离心 5 min，沉淀为未破碎的细胞和细胞碎片。将上清转移到一个新的在冰上的 1.5 ml 微量离心管中。
15）4℃以最高转速离心 15 min，将上清转移到一个新的在冰上的 1.5 ml 微量离心管中。
16）在染色质抽提物中加入感兴趣的蛋白质一抗并混匀。4℃温育 1 h 至过夜。
17）使用宽口移液头（如将前端剪掉的 200 μl 移液头），每个样品加入 30 μl G 蛋白-Sepharose胶珠（在 PBS 的 50%悬浮液）并混匀。4℃旋转混合 1 h。
18）室温，1000 *g* 离心 1 min，取 1/10 体积（50 μl）上清至新的 1.5 ml 微量离心管

中。加入 200 μl TE/1%SDS，混匀放置于 4℃直到步骤 27。

19）弃去剩余的上清。加入 1 ml 裂解缓冲液在旋转混合器上室温孵育 5 min，洗涤胶珠。室温 1000 *g* 离心 1 min 沉淀胶珠。

20）加入 1 ml 裂解缓冲液重复步骤 19。

21）加入 1 ml 裂解缓冲液 500 重复步骤 19。

22）加入 1 ml LiCl/去垢剂溶液重复步骤 19。

23）加入 1 ml TE 缓冲液重复步骤 19。离心后，在不影响胶珠的情况下尽量去尽洗涤溶液。

24）加入 100 μl 洗脱缓冲液，混匀。65℃水浴或加热器 10 min 以从抗体胶珠上洗脱沉淀物。

25）以最高速短暂离心胶珠，将洗脱液（100μl）转移到新的 1.5 ml 微量离心管中。

26）在胶珠的管中加入 150 μl TE/0.67% SDS，颠倒离心管几次，以最高速短暂离心。将第二次洗脱液（150 μl）与第一次的（沉淀物）合并。

27）沉淀和总混合物（步骤 18）在 65℃空气培养箱或烤箱中温育至少 6 h。

28）加入 250 μl 蛋白酶 K 溶液，对于沉淀物，37℃温育 30 min；对于总混合物，37℃温育 2 h。

29）加入 55 μl 4 mol/L LiCl 和 500 μl 25∶24∶1 酚/氯仿/异戊醇，剧烈涡旋振荡 1 min（使用多孔涡旋混合器将很方便），室温以最高转速离心分层（沉淀 5 min；总混合物 10 min）。

总混合物通常需要进行第二次酚/氯仿/异戊醇抽提。

30）将上层水相转移到新的 1.5 ml 微量离心管中，加入 1 ml 100%乙醇。充分混合，室温以最高转速离心 15 min 沉淀 DNA。弃上清。

沉淀管中离心后得到的沉淀颗粒非常小，几乎观察不到；而总混合物中有大量的白色沉淀。

31）沉淀用 750 μl 75%乙醇清洗，室温以最高转速离心大于 5 min，弃上清。样品在空气中干燥约 10 min。

32）用 100 μl TE 重悬来自于沉淀管的沉淀。储存于−20℃。

33）用 50 μl 含有 0.2 mg/ml RNase A（由 20 mg/ml 的储液稀释）的 TE 重悬来自于总混合物管的沉淀，37℃温育 30 min。再加入 950 μl TE 并储存于−20℃。

34）建立 50 μl PCR 反应（见 15.1），引物浓度为 1pmol/μl，使用 2 μl 沉淀或 1 μl 总混合物作为模板。

35）使用以下热循环参数进行热启动 PCR：

起始：	3 min	95℃
25 个循环：	30 s	95℃
	30 s	55℃
	1 min	72℃
最终：	4 min	72℃

36）在 PCR 产物中加入适当的上样缓冲液，使用非变性聚丙烯酰胺凝胶电泳（见 2.9）或琼脂糖凝胶电泳通过溴化乙锭染色（见 2.6）进行分析。

参考文献：Hecht et al., 1996；Orlando et al., 1997；Solomon and Varhavsky, 1985；Solomon et al., 1988.
撰 稿 人：Oscar M. Aparicio

20.4 从哺乳动物细胞中分离组蛋白和核小体核心

体外分析染色质上的DNA对于了解转录调控和发生在DNA上的其他过程的机制是十分重要的。染色质的基本单位是核小体核心，包括由四种组蛋白H2A、H2B、H3、H4各2个共聚形成八聚体，约145 bp的DNA以左手方向盘旋在其上。在体内，染色质与连接组蛋白（如H1）相结合，以利于按顺序组装核小体。含有这一连接组蛋白的颗粒就被称为核小体（或染色质小体）；而不含这一连接组蛋白的颗粒就是核小体核心。这里介绍的方法并没有使组蛋白变性（如21.2中的酸抽提方案），得到的组蛋白在体外组装时有较高的活性。

注意：除非注明，所有的溶液和用品都要放置于冰上或4℃。

20.4.1 基本方案1 精核的制备

材料（带√项见附录1）

哺乳动物组织培养细胞（如HeLa细胞）

√PBS

√裂解缓冲液

√缓冲液B

2 mol/L NaCl

缓冲液B/0.6 mol/L KCl/10%（*V*/*V*）甘油

带有B型研磨棒的杜恩斯匀浆器

光学显微镜

步骤

1）培养并收获3L 1×10^6细胞/ml的哺乳动物组织培养的细胞（如HeLa），用1L PBS清洗两次。

2）用20倍于沉淀体积（40 ml）的裂解缓冲液重悬细胞沉淀，转移到杜恩斯匀浆器中，用B型研磨棒研磨15次以裂解细胞。在显微镜下观察裂解液。

3）4℃，3000 *g*离心15 min。

4）使用裂解缓冲液重复重悬及离心两次，再用缓冲液B重复一次。在最后一次离心之前，将重悬液用2 mol/L NaCl稀释10～30倍，测量A_{260}值（见附录3D），估计核DNA的总量。

5）用2倍于沉淀体积的缓冲液B重悬得到的核，测量重悬液的总体积。

6）轻轻搅动，一滴一滴地加入1体积的缓冲液B/0.6 mol/L KCl/10%（*V*/*V*）甘油。4℃连续轻轻搅动10 min。如有需要轻轻匀浆。

7）4℃，17 500 *g*离心回收精核30 min。

精核在液氮或干冰中速冻，并且可在−80℃储存一年以上。

20.4.2 基本方案 2 去 H1 的寡聚核小体的溶解和纯化

材料（带√项见附录 1）

精核（见基本方案 1）

√MSB

√HSB

2 mol/L NaCl

√LSB

0.1 mol/L $CaCl_2$

√50 U/μl 微球菌核酸酶

0.5 mol/L EGTA，pH 8.0

无蔗糖的 HSB

HSB/甘油：HSB 中的蔗糖被 10%和 40%（*V*/*V*）甘油取代

0.5%（*m*/*V*）SDS

0.5 mg/ml 蛋白酶 K

√透析缓冲液

带有 B 型研磨棒的杜恩斯匀浆器

6～8 kDa MWCO 透析膜

1.6 cm×58 cm Sepharose CL-6B 柱（Amersham Pharmacia Biotech；用于凝胶过滤）及附件

冷冻超速离心机，带有适当的转子和管子，如：

Beckman SW55 转子及聚异质同晶管或超净管（用于凝胶过滤）

Beckman SW28 转子及 1in×3.5in（2.5cm×8.9cm）聚异质同晶管（用于离心）

梯度制备装置（用于离心）

21-G 针头（用于离心）

管子（用于离心）：如带有 12 in（30.5 cm）管子（Abbott Laboratories）的 21-G 针头灌输装置

50℃水浴

6～8 kDa MWCO 透析袋

步骤

1）用 40 ml MSB 重悬约 2ml 精核。4℃，10 000 *g* 离心 10 min（用 Beckman JA-20 转子 9200 r/min）。

2）用 4 倍精核颗粒体积的 HSB 溶液重悬核，在杜恩斯匀浆器中用 B 型研磨棒匀浆40～50 次以释放寡聚核小体片段。

3）4℃，10 000 *g* 离心 20min，收集上清液。用 2 mol/L NaCl 稀释样品并测量 A_{260} 值（见附录 3D），计算来自于核的可溶性染色体 DNA 的百分比（通常约 3～4 mg）。

4) 上清液于4℃使用6～8 kDa MWCO透析膜对4L LSB透析过夜。当收集透析液时，混匀样品（挤压透析带的两侧）以回收透析过程中沉淀了的聚核小体。
5) 加入0.1 mol/L $CaCl_2$至终浓度为3 mmol/L，37℃温育样品5 min。
6) 加入50 U/μl微球菌核酸酶至终浓度为10 U/ml，37℃温育5 min。
7) 加入0.1体积的0.5 mol/L EGTA终止消化。置冰上。
8) 轻轻涡旋振荡，一滴一滴的加入2 mol/L NaCl至终浓度为0.6 mol/L。

用于凝胶过滤：

9a) 灌制1.6 cm×58 cm Sepharose CL-6B柱，以12～24 ml/h的速度用几倍柱体积的无蔗糖的HSB溶液平衡柱。
10a) 4℃，150 000 *g*离心多聚核小体片段30 min（如Beckman SW55转子40 000r/min）以去除不溶物。
11a) 将上清上柱，以12 ml/h的速度进行凝胶过滤，收集2 ml流出液。

用于离心：

9b) 在1 in×3.5 in聚异质同晶离心管中加入34 ml HSB/甘油两个（或更多）线性梯度，从上层10%到下层40%。
10b) 将2 ml终止的消化反应液小心地加到梯度顶部，4℃，100 000 *g*离心16 h（如Beckman SW28转子27 500 r/min）。
11b) 用连着出口管道的21-G针头贴着管子边缘刺穿管子底部（向上弯的位置）以回收梯度。针头的斜面边缘向上，以30°角刺破管子，然后将针头从管子的最底部刺入（不要刺穿管子的另一端）。在管子的顶部盖上Parafilm膜并轻压使液体流出。每管收集1～1.5 ml流出液。
12) 取少量流出液用2 mol/L NaCl稀释10～40倍并测量A_{260}值（见附录3D），以确定流出液中DNA的浓度。
13) 取各流出液（≥0.5 μg）经0.5%SDS和0.5mg/ml蛋白酶K于50 ℃处理1 h，然后进行非变性的1.5%琼脂糖TBE凝胶电泳（见2.6）并用0.1 μg/ml溴化乙锭染色来分析寡聚核小体DNA的长度。

   溴化乙锭染色的结果将显示出过消化DNA的弥散，一条约150 bp的DNA条带（单核小体），以及大约为150 bp加上多个长度约200 bp的更长的条带（二聚、三聚、四聚核小体等）。更高聚的成分在柱的空隙中或在梯度的底部。

   注意：溴化乙锭是致癌剂，要正确操作。

14) 用5～20 μl选择的流出液在15%SDS-PAGE胶（见10.3）上分析四种核心组蛋白（H2A、H2B、H3、H4）的存在及H1的缺失。凝胶使用考马斯亮蓝染色。

   核心组蛋白的分子质量为14.1 kDa（H2A）、13.8 kDa（H2B）、15.3 kDa（H3）、11.3 kDa（H4）。H1（21.5 kDa）可以从大多数DNA中分离出来，处于梯度的顶端或柱回收样品的最末端。

15) 将流出液分为含有单聚及二聚核小体、短的寡聚核小体（3～6个）、长的寡聚核小体（>6个）三个成分库。小心不要混有DNA片段<150 bp（过消化）或含有H1的成分。

16）如果 DNA 浓度较低（<0.5 mg/ml），将样品放入 6～8 kDa MWCO 透析袋中，周围放置固体蔗糖进行浓缩。当体积减少了 2～4 倍时，用水洗掉蔗糖，将透析袋在新的样品体积处夹紧。

17）如果不需进行步骤 16，将样品放入 6～8 kDa MWCO 透析袋中，于 4℃对 100 体积的透析缓冲液进行透析 4 h 以上。

18）分装液体，在液氮或干冰上速冻，并且可在－80℃保存两年以上。

20.4.3　基本方案 3　单聚及二聚核小体的纯化

材料（带√项见附录 1）

寡聚核小体：中等或大的寡聚核小体成分（见基本方案 2）

100 mmol/L $CaCl_2$

1 mol/L $MgCl_2$

√50 U/μl 微球菌核酸酶

0.5 mol/L EDTA

10%和 30%（*V*/*V*）甘油梯度缓冲液

30℃水浴

超速离心机，带有转子（如 Beckman SW55 转子）及 0.5 in×2.5 in（1.3 cm×6.4 cm）聚异质同晶管

梯度制备装置

步骤

1）解冻约 1 ml 寡聚核小体（约 1～2 mg/ml 比较理想），预热到 30℃。

2）加入 100 mmol/L $CaCl_2$ 至终浓度为 1.5 mmol/L，1 mol/L $MgCl_2$ 至终浓度为 3.5 mmol/L。

3）加入 50 U/μl 微球菌核酸酶至终浓度为 0.1 U/μg 多聚核小体，30℃消化 10 min。

4）加入 0.5 mol/L EDTA 至终浓度为 15 mmol/L 终止反应。

5）4℃，10 000 *g* 离心 30 s，沉淀不溶物质。

6）在 0.5 in×2.5 in 聚异质同晶超速离心管中铺制 4.7 ml 线性梯度，上层为 10%甘油梯度缓冲液，下层为 30%。

7）将 0.5 ml 消化反应液放置在梯度上，4℃，100 000 *g* 离心 18 h（如 Beckman SW55 转子 35 000 r/min）。

8）如上所述收集梯度（见基本方案 2 步骤 11b），每 5 滴流出液回收一管，大约有 24 管。

9）如上所述进行琼脂糖凝胶电泳分析各流出液（见基本方案 2 步骤 13）。

10）如有需要，将得到的单聚和二聚核小体组分进行浓缩（见基本方案 2 步骤 16、17，但最后用 10%甘油梯度缓冲液进行透析）。4℃保存 1 个月以上，或在液氮或干冰上速冻，在－80℃保存两年以上。

20.4.4 基本方案 4 羟磷灰石层析法纯化核心组蛋白

材料（带√项见附录 1）

精核（见基本方案 1）

√HAP 缓冲液，加入或不加 2.5 mol/L NaCl

BioGel HTP 粉（Bio-Rad），每克干粉可以吸收 DNA0.6 mg

Bio-Rad 蛋白定量系统（可选）

2 cm×15 cm 柱及附件

Centriprep-10 浓缩器（Amicon；可选）

步骤

1）用 25 ml HAP 重悬约 2 ml 精核（约含有 6 mg DNA），4℃轻轻搅动 10 min。

2）边搅动，边加入 10 g BioGel HTP 干粉。

3）加入足够的 HAP 缓冲液使成浆状，并加入到 2 cm×15 cm 柱中，收集洗脱液。

4）用 10 体积的 HAP 缓冲液洗涤树脂（约 300 ml 以 30 ml/h 的速度）。

5）用含有 2.5 mol/L NaCl 的 HAP 缓冲液洗脱核心组蛋白，每 8 ml 收集一管。

6）测量 A_{230} 或 A_{280} 值或者使用蛋白质定量系统，确定蛋白质的浓度，将同一蛋白质峰的成分合并。

组蛋白 A_{230} 的消光系数（虽然计算源自鸡的红细胞组蛋白，但是与哺乳动物组蛋白的相近）为 4.3U/mg 组蛋白/ml。另外，Bio-Rad 或其他蛋白质定量系统（见 10.1）可以通过以 BSA 为标准测得。使用 Bio-Rad 蛋白质定量系统测得的浓度比使用 A_{230} 的方法高 1.6 倍。

7）通过测定传导读数确定已合并的每个库成分的盐浓度。

盐浓度应为 2 mol/L 左右。

8）如上所述（见基本方案 2 步骤 14）通过 SDS-PAGE 确定核心组蛋白的纯度。

9）如有需要，使用 Centriprep-10 浓缩器浓缩核心组蛋白至浓度为 2～10 mg/ml。

10）分装液体，在干冰上速冻，可在－80℃保存 4 年左右。

参考文献：Cote et al., 1995；Wasserman and Wolffe, 1999.

撰 稿 人：Gavin R. Schnitzler

20.5 用盐透析的方法组装核小体模板

通过盐透析组装核小体的基本目的是为了得到结构均一的样品，理想的核小体模板的组装依赖于组蛋白和 DNA 的化学计量，以及组蛋白八聚体在 DNA 模板上的位置。组蛋白的总量和 DNA 的量应相近，以产生均一的核小体模板种群。盐透析组装核小体的常见问题及解决方法见表 20.5.1。

注意：放射性的、生物的、化学的物质需要特殊的操作；操作方法见附录 3G。

表 20.5.1 盐透析组装核小体的常见问题及解决方法

常见问题	可能的原因	解决方法
复性透析时组蛋白沉淀	制备过程中有大量的 DNA 存在	复性前在去除特定大小的 DNA 柱上纯化变性的组蛋白(见辅助方案 1)
电泳时组装好的单核小体留在加样孔中	组蛋白与 DNA 重量比大大超过 1，导致了非特异性聚合	降低组蛋白的量重复组装，并使用几个不同的浓度进行滴定以确定最佳的比例
在凝胶上可以观察到比单核小体电泳慢很多的复合物	每条 DNA 片段上聚合了不止一个组蛋白八聚体形成了高聚的复合物。这是由于组蛋白：DNA>1	如果组装好的部分大多为高聚复合物的形式，可以如上所述进行组蛋白的滴定；如果它们占有的比例较小，可以通过甘油梯度从单核小体中分离出来(见基本方案 2)
少于 30%的 DNA 掺入到核小体中	组蛋白：DNA 的比率大大小于 1	逐渐增加组蛋白的量进行滴定
电泳时核小体显示出弥散状	凝胶的温度过高使核小体解聚	琼脂糖凝胶电泳时保持室温，在冷室中进行聚丙烯酰胺凝胶电泳
*Eco*RI 酶切后进行琼脂糖凝胶电泳产生弥散的条带	使用的电泳液和制胶缓冲液的组分与配方不同	使用 45 mmol/L tris-硼酸，1 mmol/L EDTA 缓冲液(见辅助方案 7)

20.5.1 基本方案 1 用逐步盐透析的方法组装核小体模板

材料（带√项见附录 1）

约1～2 mg/ml 超声破碎的牛胸腺 DNA（约 0.5～1 kb；Sigma）

放射性标记的 DNA（见辅助方案 2）

纯化的天然核心组蛋白（见辅助方案 1）

5 mol/L NaCl

√TE 缓冲液，pH 8.0

TE 缓冲液，pH 8.0，含有 1.2、1.0、0.8、0.6 mol/L NaCl

6000～8000 MWCO 透析管（Spectrapor；在 Milli-Q 水中煮沸 5 min 并保存于 4℃）

步骤

1）准备如下的重组混合液：

约8 μg 未标记的超声破碎的牛胸腺 DNA（作为载体 DNA；加自 1～2 mg/ml 储液）

200 000～400 000 cpm 单独标记的 DNA

6.4 μg（组蛋白：DNA 为 0.8：1）或 0.8μg（组蛋白：DNA 为 1：1）纯化的天然核心组蛋白（H2A/H2B 和 H3/H4）

160 μl 5 mol/L NaCl（终浓度 2.0 mol/L）

TE 缓冲液，pH 8.0，至 400μl。

2）室温 30 min。

3）将重组混合液加入 6000～8000 MWCO 透析袋中（见附录 3C）。
4）在 1L 含有 1.2 mol/L NaCl 的 TE 缓冲液，pH 8.0 中透析重组混合物，4℃透析 2 h（见附录 3C）。
5）重组混合液连续在以下新鲜配置的透析缓冲液中进行透析，每次 4℃透析 2 h：
   TE 缓冲液，pH 8.0，含有 1.0 mol/L NaCl
   TE 缓冲液，pH 8.0，含有 0.8 mol/L NaCl
   TE 缓冲液，pH 8.0，含有 0.6 mol/L NaCl。
6）在不含 NaCl 的 TE 缓冲液，pH 8.0 中透析重组混合物，4℃过夜。
7）电泳检测核小体的完整性（见辅助方案 5、6）。
8）在 10%～30%甘油梯度上从裸露的 DNA 上纯化组装好的核小体核心（见 20.4 基本方案 3），100 000 *g* 离心 18.5 h。

20.5.2 基本方案 2 用梯度盐透析的方法组装高浓度的单核小体

材料（带√项见附录 1）

非标记的高浓度 DNA 片段（>2 mg/ml；见辅助方案 3）
√1mol/L Tris · Cl，pH 7.7
1mol/L DTT
√0.5mol/L EDTA，pH 8.0
2.5mol/L KCl
0.5mol/L 苄脒
核心组蛋白（从 HeLa 细胞精核中纯化得到；见 20.4）
√高盐缓冲液
√低盐缓冲液
√无盐缓冲液
√10%和 30%甘油梯度缓冲液
带有管子的兔子泵（Rainin）
6000～8000 MWCO 透析管（Spectrapor，直径 6.4 mm；在 Milli-Q 水中煮沸5 min 并保存于 4℃）
用 KCl 浓度校准的电导计

步骤

1）准备如下的重组混合液（最后加入组蛋白）：
   0.7 mg/ml DNA 片段
   20 mmol/L Tris · Cl，pH 7.7（1 mol/L 储液）
   10 mmol/L DTT（1 mol/L 储液）
   1 mmol/L EDTA，pH 8.0（0.5 mol/L 储液）
   2 mol/L KCl（2.5 mol/L 储液）
   0.5 mmol/L 苄脒（0.5 mol/L 储液）

0.63 mg/ml 组蛋白。

混匀后，4℃组装 30 min。

2）装好“兔子”泵装置，将流动速度设定为 205～210 μl/min（图 20.5.1）。

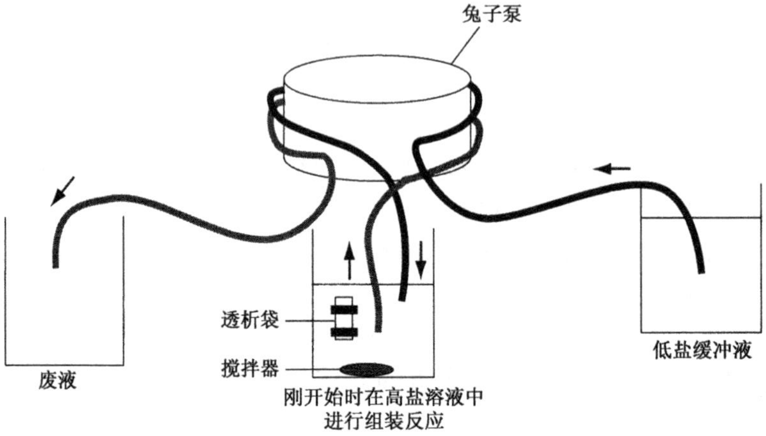

图 20.5.1 梯度盐透析的组装［改自文献（Luger et al., 1999）］。

3）将反应混合液加入 6000～8000 MWCO 透析管中。

4）将膜放入盛有高盐缓冲液的烧杯的中央，打开泵，4℃运行约 50 h。

5）每隔 5 h 测定烧杯中溶液的导电性（约 300mmol/L 50 h）。

6）在无盐缓冲液中透析（≥3 h）。

7）0.7%琼脂糖凝胶电泳（见辅助方案 5）或 5%聚丙烯酰胺 0.5×TBE 凝胶电泳（见辅助方案 6）检测组装的情况。

8）在 10%～30%甘油梯度上从自由的 DNA 上纯化核小体（见 20.4），100 000 *g* 离心 18.5 h 左右。得到的片段可于 4℃保存 2 个月。

20.5.3 基本方案 3 用梯度盐透析的方法组装核小体串

材料（带√项见附录 1）

非标记的 G5E4 DNA（Dr. Jerry Workman；jlw10@psu.edu）

末端标记的 G5E4 DNA（标记方法见辅助方案 2）

牛血清白蛋白（BSA）

√高盐缓冲液，由 2 mol/L NaCl 代替 KCl

√低盐缓冲液，由 250 mmol/L NaCl 代替 KCl

步骤

1）准备如下的重组混合液（最后加入组蛋白）：

约 100 μg/ml 9 份未标记和 1 份末端标记（摩尔数比）的 G5E4 DNA 混合物

20 mmol/L Tris · Cl，pH 7.7

10 mmol/L DTT

2 mol/L NaCl
0.5 mol/L 苄脒
约 100 μg/ml 组蛋白
100 μg/ml BSA
混匀后，4℃组装 30 min。

2）按照分离单核小体的方法（见基本方案 2 步骤 2～6）使用盐梯度透析重组混合液（此处为 NaCl）。
3）通过 *Eco*RI 消化分析组装的情况（见辅助方案 7）。

20.5.4 辅助方案 1 细菌的重组核心组蛋白的纯化

材料（带√项见附录 1）

高表达核心组蛋白的细菌（BL21；Novagen；Luger et al., 1997a）
LB，灭菌
100×（0.2 mol/L）异丙基 D-硫代半乳糖苷（IPTG）储液
√TE 缓冲液，pH 8.0，含 1mmol/L PMSF（源于 PMSF 的 95%乙醇饱和溶液）
10 mg/ml 溶菌酶溶液
Triton X-100 去垢剂
变性溶液
5 mol/L NaCl
Bio-Rex 50-100 目层析树脂（Bio-Rad）的 50%（*V/V*）悬浊液
√TE 缓冲液，pH 8.0，含 0.6、1.0、2.0 mol/L NaCl 和 1mmol/L PMSF（源于 PMSF 的 95%乙醇饱和溶液）
Oak Ridge 离心管
超声破碎仪
Beckman 离心机，带 JA-20 转子（或相当物品）
6000～8000 MWCO 透析管（Spectrapor；在 Milli-Q 水中煮沸 5 min 并保存于 4℃）
10 ml 一次性塑料层析柱（Bio-Rad）
15 ml 和 50 ml 圆锥形离心管

步骤

1）在 LB 培养基中不加 IPTG 37℃培养表达每种组蛋白的细菌，直到菌液的 595nm 波长光的吸光系数为 0.6。
2）加入 IPTG 至终浓度为 0.2 mg/ml，37℃继续培养 2～4 h。
3）4℃，4000 *g* 离心 15 min 收集细菌。
4）弃上清，用 5～10 ml TE 缓冲液，pH 8.0 重悬菌体。
5）加入 10 mg/ml 溶菌酶至终浓度为 0.2 mg/ml。
6）加入 Triton X-100 至终浓度为 0.2%（*V/V*），室温 30 min。

7) 将细菌转入冰上的 Oak Ridge 离心管。
8) 超声破碎细菌悬浊液 2 min（两次，各 1 min 超声破碎）。
9) 4℃，100 000 *g* 离心细胞碎片 30 min。弃上清。
10) 重复步骤 8、9 两次（共超声破碎/离心 3 次）。
11) 加入 2 ml 变性溶液室温溶解沉淀 30 min。
12) 使用 6000～8000 MWCO 透析膜 4℃对 1L TE 缓冲液，pH 8.0 进行透析 48 h（透析过程见附录 3C），其中更换透析液 2～3 次，以去除变性剂复性组蛋白。

透析过程中，可能会产生大量的沉淀。如果沉淀量过多（即上清有少量的蛋白质），就需要在变性的尺寸排阻层析柱上纯化变性的组蛋白，并从造成沉淀产生的染色体 DNA 上纯化组蛋白（Luger et al.，1997）。

13) 4℃，8000 *g*（JA-20 转子 10 000r/min）离心沉淀 30 min。
14) 收集上清，加入 5 mol/L NaCl 使 NaCl 的浓度达到 0.5 mol/L。
15) 将上清液与 1 ml 的 50%Bio-Rex 50-100 目胶珠的悬浊液在首对尾转盘上，4℃孵育 2h。
16) 2h 后，将胶珠加入 10 ml 一次性层析柱。收集流出液于 50 ml 锥形管中。－20℃冷冻。
17) 用 2～3 体积的含有 0.6 mol/L NaCl 的 TE 缓冲液，pH 8.0 清洗柱子。分别收集每次的洗涤液到不同的 15 ml 锥形管中。－20℃冷冻。
18) 使用 1 柱体积的含有 2.0 mol/L NaCl 的 TE 缓冲液，pH 8.0 洗脱结合蛋白，洗脱两次，收集每次的洗脱液到不同的 15 ml 锥形管中。－20℃冷冻。
19) 从每个收集管各取 10 μl 进行 SDS-PAGE 检查其蛋白质组成（见辅助方案 6）。

20.5.5 辅助方案 2 用于单核小体组装的单链 5′端标记的 DNA 的制备

材料（带√项见附录 1）

含有感兴趣序列的质粒 DNA，带有方便的可产生 150 bp 片段的限制酶切位点
适于线性化质粒的限制酶及相应的缓冲液
3 mol/L 乙酸钠
95%和 70%乙醇，－20℃
碱性磷酸酶（Boehringer Mannheim）及碱性磷酸酶缓冲液
10%（*m*/*V*）SDS
√TE 缓冲液，pH 8.0
10 000 U/ml T4 多聚核苷酸激酶（Promega）及缓冲液
10μCi/μl [γ-^{32}P] dATP（6000Ci/mmol；NEN Life Science Products）
2.5 mol/L 乙酸铵
用于释放末端标记的感兴趣的片段的限制酶及相应的缓冲液
6%非变性聚丙烯酰胺凝胶
适用于微量离心管的 Pestal 匀浆器（VWR）
SpinX 微量离心管（Costar）

步骤

1）取大约 5 μg 质粒 DNA 或约 0.5 μg 纯化的 DNA 片段，用适当的限制性内切核酸酶在制造商提供的缓冲液中进行切割。
2）加入 0.1 倍体积的 3 mol/L 乙酸钠及 2.5 倍体积冰冷的 95%乙醇沉淀 DNA。
3）以最大转速离心 15 min。弃上清，用 20 μl 1×磷酸酶缓冲液重悬 DNA。用 1 U/μl 的碱性磷酸酶于 37℃处理 1 h。
4）加入 0.01 体积的 10%SDS 储液，使溶液含有 0.1%SDS，对所得溶液进行酚抽提后，水相用乙醇和乙酸钠沉淀两次（见 2.1）。
5）用 10 μl TE 缓冲液，pH 8.0 重悬 DNA，加入 2.5 μl 10×T4 多聚核苷酸激酶缓冲液。
6）加入 50 μCi 的 [γ-^{32}P] dATP，并用水补齐至 24 μl。
7）加入 10 U 的 T4 多聚核苷酸激酶起始反应，37℃温育 30 min。
8）加入 200 μl 2.5 mol/L 乙酸铵及 700 μl 冰冷的 95%乙醇终止激酶反应。
9）4℃以最大转速离心 30 min。
10）用冰冷的 70%乙醇清洗 DNA 沉淀，并于 Speedvac 蒸发器中干燥。
11）用 34 μl TE 缓冲液，pH 8.0 溶解 DNA。
12）使用第二个限制性内切核酸酶消化 DNA 片段以释放感兴趣片段，并使产生的片段易于在凝胶上分离。
13）得到的样品进行 6%非变性聚丙烯酰胺凝胶电泳（见 2.9）分离。
14）电泳分离后，用保鲜膜将胶包好，在胶片上曝光 1 min（放射自显影；见附录 3A），观察含有已标记片段的特异性条带。
15）从聚丙烯酰胺凝胶上切下感兴趣的条带，放入干净的微量离心管中。用适用于微量离心管的匀浆器研棒将凝胶捣碎。加入 700 μl TE 缓冲液，pH 8.0。
16）将样品等分为两份分别加到两个 SpinX 微量离心管过滤装置中。以最大转速离心 30 min。
17）沉淀 DNA，并用 pH 8.0 的 TE 缓冲液溶解，加入足够量的 TE 缓冲液使标记的 DNA 大约为 1000 cpm/μl。

20.5.6 辅助方案 3 用于组装高浓度非标记的单核小体的 DNA 的制备

大量的单核小体长度（147～155 bp）的 DNA 可以通过消化辅助方案 2 步骤 1、2 中所述的质粒得到。这样的 DNA 片段也可以通过使用适当的引物从质粒中 PCR 得到。当获得大量的片段时，就可以应用 2.9 中基本方案 1 介绍的方法进行凝胶纯化。作者发现 2.9 中基本方案 1 介绍的压碎-浸泡的方法十分有效，可以获得＞80%的 DNA 回收效率。

20.5.7　辅助方案 4　用于核小体串组装的 DNA 的制备

材料（带√项见附录 1）

p2085-G5E4 质粒（Dr. Jerry Workman; jlw10@psu. edu）或其他 12 S 排列质粒

40 U/μl *Asp*718 和 *Cla*I 限制性内切核酸酶及缓冲液 B（购自 Boehringer-Mannheim）

*Dde*I 限制性内切核酸酶及缓冲液 3（购自 New England Biolabs）

65℃水浴

步骤

1）取 p2085-G5E4 质粒约 200 μg 与 *Asp*718 和 *Cla*I 限制性内切核酸酶各 200 U 于缓冲液 B（Boehringer-Mannheim）中，加水至 160 μl。37℃消化 3 h，然后 65℃加热 15 min。

2）进行一次酚/氯仿抽提，一次氯仿抽提，然后乙醇沉淀（见 2.1）。

3）用 98 μl 水重悬。加入 100 U *Dde*I 酶和缓冲液 3，在 115 μl 体系中于 37℃消化 1.5 h。

4）使用 2.8 中的方案纯化约 2.5 kb 的 DNA 片段。

5）使用 3.3 中的 Klenow 方案标记串联模板的一端。使用无 dATP 的 NTP 混合物，并用 [γ-^{32}P] dATP 标记。

20.5.8　辅助方案 5　用琼脂糖凝胶电泳分析重建复合体

材料（带√项见附录 1）

琼脂糖（Research Genetics）

√5×TBE 缓冲液

标记及非标记的核小体（见基本方案 1、2）

50%（*V*/*V*）甘油

√DNA 上样染料

在 0.5×TBE 缓冲液中的 0.5μg/ml 溴化乙锭

Whatman 滤纸

X 射线胶片（Kodak）

步骤

1）用 0.5×TBE 缓冲液配制一块薄的（约 0.4 cm×10 cm×13 cm）0.7%水平琼脂糖凝胶。装好电泳装置并于约 10V/cm 电压下电泳。

2）将 9 μl（2000 cpm 的标记的核小体）最终样品（或取适当量并调整至这一体积）与 1 μl 50%甘油混合上样到凝胶上进行电泳。

3）室温于约 10V/cm 下进行电泳直至溴酚蓝染料条带泳动至胶的约 1/2～2/3 处。

4）将凝胶放在滤纸上，盖上塑料膜。在干胶仪中不加热抽干 15 min，然后将温度设置到 55℃加热抽干 1 h。

5a）用于标记的核小体：凝胶在 X 射线片上曝光（放射自显影；见附录 3A）1～12 h，时间长短根据上样的 cpm 值而定。

5b）用于非标记的核小体：凝胶在 0.5 μg/ml 溴化乙锭溶液中染色 20 min，其间不断摇动。用蒸馏水漂洗，并在紫外灯下观察。

图 20.5.2 显示了典型的琼脂糖凝胶电泳的结果。

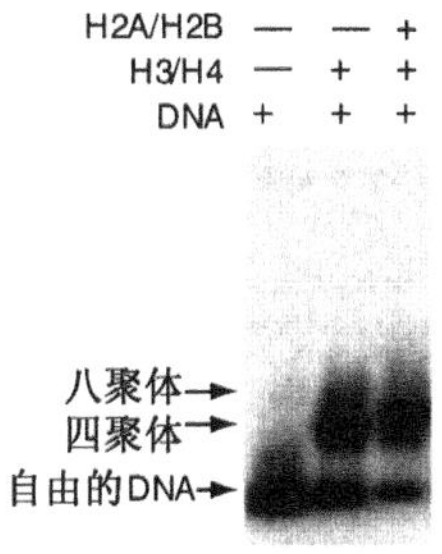

图 20.5.2 重组核小体的凝胶阻滞分析。

20.5.9 辅助方案 6 用聚丙烯酰胺凝胶电泳分析重建复合体

材料（带√项见附录 1）

40%丙烯酰胺 29：1（丙烯酰胺：亚甲双丙烯酰胺）溶液

√5×TBE 缓冲液

标记及非标记的核小体（见基本方案 1、2）

制备核小体所用的裸 DNA 模板，作为对照

50%（*V*/*V*）甘油

√DNA 上样染料

在 0.5×TBE 缓冲液中的 0.5 μg/ml 溴化乙锭

X 射线胶片（Kodak）

步骤

1）使用 40%丙烯酰胺 29：1（丙烯酰胺：亚甲双丙烯酰胺）溶液和 5×TBE 缓冲液配制一块约 10 cm×8 cm×1 mm 的 5%聚丙烯酰胺、0.5×TBE 凝胶（见 2.9）。装好电泳装置。

2）取 10 μl 样品加入 0.1 体积的 50%甘油上样。每个泳道中都加入含有溴酚蓝的上样染料。另外，取 10μl 适当量的裸 DNA 模板上样作为对照。

3）4℃，于约 100V 下进行凝胶电泳直到溴酚蓝泳动到接近凝胶的底部。

4a）用于标记的核小体：凝胶在干胶仪中 80℃抽干 30 min，在 X 射线胶片上曝光（放射自显影；见附录 3A）。

4b）用于非标记的核小体：凝胶在 0.5 μg/ml 溴化乙锭溶液中染色 20 min，其间不断摇动。用蒸馏水漂洗，并在紫外灯下观察。

20.5.10 辅助方案 7 通过 *Eco*RI 消化确定 G5E4 核小体串组装的范围

材料（带√项见附录 1）

核小体串（见基本方案 3）

*Eco*RI 限制酶及相应的缓冲液

25% (V/V) 甘油/10 mmol/L EDTA, pH 8.0
琼脂糖 (Research Genetics)
√5×TBE 缓冲液，含有较高浓度的 EDTA
在 0.5×TBE 缓冲液中含有通常浓度 EDTA 的 0.5 μg/ml 溴化乙锭

步骤

1) 取约 1 μg 核小体串，加入 10 U *Eco*RI，在含有 *Eco*RI 消化缓冲液的 20～100μl 体系中于室温消化 60 min。
2) 加入 1/5 体积的 25%甘油/10 mmol/L EDTA, pH 8.0 溶液终止反应。
3) 制备由含有较高浓度的 EDTA 的 0.5×TBE 缓冲液配制的 0.8%非变性琼脂糖凝胶 (见 2.6)。装好电泳装置，上样，并于 1V/cm 电压下电泳 3 h。
4a) 如果分析标记的核小体串：将凝胶放在滤纸上，盖上塑料膜。在干胶仪中不加热抽干 15min，然后将温度设置为 55℃加热抽干 1 h。通过放射自显影 (见附录 3A) 或磷屏压片分析。
4b) 如果分析非标记的核小体串：凝胶在 0.5 μg/ml 溴化乙锭溶液中染色 20 min，其间不断摇动。用蒸馏水漂洗，并在紫外灯下观察。

参考文献：Luger et al., 1997, 1999.
撰 稿 人：Kyu-Min Lee and Geeta Narlikari

20.6 使用果蝇系统进行染色质重组

20.6.1 基本方案 1 果蝇 S-190 染色质重组抽提物的制备

材料 (带√项见附录 1)

0～6 h 果蝇胚胎
脱色洗液：50% (V/V) 家用漂白剂的蒸馏水溶液
胚胎洗液：0.7% (m/V) NaCl/0.4% (V/V) Triton X-100，室温和 4℃
盐洗液：0.7% (m/V) NaCl，4℃
√缓冲液 R，4℃
1 mol/L $MgCl_2$
液氮
细尼龙网 (如 Sefar America 03-08/37)
800 ml 玻璃烧杯
玻璃棒
真空吸气机
带有 A 和 B 型研磨棒的 40ml Wheaton 杜恩斯匀浆器
17 mm×100 mm 聚丙烯管 (如 Falcon 2059)
Sorvall Superspeed 离心机，带有 SS-34 转子 (或相当品)

50 ml 锥形管
10 ml 塑料注射器及 18.5-G 针头
Beckman 超速离心机，带有 SW41 和 SW55 转子
14 mm×89 mm（用于 SW41 转子）和 13 mm×51 mm（用于 SW55 转子）薄壁 Beckman 超速离心管

步骤

1）细尼龙网在支撑物上放好，将约 100 g 0～6 h 果蝇胚胎放在网上。用冰冷的水冲洗以去除酵母和其他污染物。
2）将胚胎浸泡在 3L 室温的脱色洗液中 90 s。用 1L 室温的胚胎洗液快速清洗胚胎。再用蒸馏水彻底冲洗。将胚胎转移到冰上的 800 ml 玻璃烧杯中。
3）除非另外指出，均在冰上或冷室操作。加入 500 ml 4℃的胚胎洗液，用玻璃棒搅动重悬胚胎。使胚胎沉到烧杯底部，静置 2 min。用真空吸气机吸出胚胎洗液，注意不要碰到烧杯底部的胚胎。
4）再加入 500 ml 4℃的胚胎洗液重复步骤 3。
5）重复步骤 3 两次，每次使用 500 ml 4℃的盐洗液，并且每次静置 5 min，使胚胎沉到烧杯底部。
6）重复步骤 3 两次，每次使用 500 ml 4℃的缓冲液 R，并且每次静置 10 min，使胚胎沉到烧杯底部。清洗完第二次后，吸出缓冲液到只剩 80 ml。
7）将烧杯中的物质转移到冰上的 40 ml Wheaton 杜恩斯匀浆器中。使用 B 型研磨棒匀浆 15 次，再使用 B 型研磨棒匀浆 40 次。如果还有剩余的物质存在，重复匀浆。确定已经完全匀浆。
8）将匀浆液转移到冰上的 17 mm×100 mm 聚丙烯管中。4℃，7500 *g*（Sorvall SS-34 转子 8000r/min）离心 5min。从管的中间吸取上清转移到 50 ml 锥形管中。
9）用 1 mol/L $MgCl_2$ 调节镁离子浓度为 7 mmol/L。
10）将上清转移到 14 mm×89 mm 薄壁超速离心管中。4℃，200 000 *g*（使用 Beckman SW41 转子的超速离心机 40 000 r/min）超速离心 2.25 h。
11）用金属刮刀除去每管的白色脂上层并丢弃。收集金棕色的液体层并集中到冰上的 50 ml 锥形管中。在液氮中速冻。
12）在室温水浴中解冻抽提物。4℃，192 000 *g*（使用 Beckman SW55 转子的超速离心机 45 000 r/min）离心 2.25 h。
13）如果有白色脂上层则去掉。得到的 S-190 抽提物转移到 50 ml 锥形管中。将抽提物分装到微量离心管中，每管 1 ml，并在液氮中速冻。−80℃可以保存 3 年。

20.6.2 基本方案 2 从果蝇胚胎中纯化核心组蛋白

材料（带√项见附录 1）

0～12 h 果蝇胚胎
脱色洗液：50%（*V*/*V*）家用漂白剂的蒸馏水溶液

胚胎洗液：0.7%（*m/V*）NaCl/0.04%（*V/V*）Triton X-100
√缓冲液 B
√缓冲液 A
1 mol/L NaOH
0.1 mol/L $CaCl_2$
√200 U/ml 微球菌核酸酶储液
√10 mmol/L 和 500 mmol/L EDTA
10%（*m/V*）SDS
5 mol/L NaCl
24∶1（*V/V*）氯仿/异戊醇
线形 5%～30%蔗糖梯度
$T_{50}E_4$缓冲液：50 mmol/L Tris · Cl（pH 7.9）/4mmol/L EDTA
羟磷灰石树脂（如 BioGel HT 胶；Bio-Rad）
√加有 0 mol/L、0.35 mol/L、2.5 mol/L NaCl 的羟磷灰石层析缓冲液
√核心组蛋白储存液
BCA 分析试剂盒（Pierce）
细尼龙网（如 Sefar America 03-08/37）
称量皿
Yamato LH-21 匀浆器（可选；Potter-Elvehjem 匀浆器）
用于 Sorvall GSA 转子（或相当的物品）的 500 ml 离心管
Mira 布（Calbiochem-Novabiochem）
Sorvall Superspeed 离心机，带有 GSA 和 SS-34 转子（或相当的物品）
Beckman 超速离心机，带有 SW-28 转子及适用的离心管
12 000～15 000 及 3500 MWCO 透析管
FPLC 装置

步骤

1）细尼龙网在支撑物上放好，将约 100 g 0～12 h 果蝇胚胎放在网上。用冰冷的水彻底冲洗以去除酵母和其他污染物。
2）将胚胎浸泡在 3L 室温的脱色洗液中 90 s。用 1L 室温的胚胎洗液快速清洗胚胎。再用蒸馏水彻底冲洗。将胚胎放在尼龙网上，透过网用纸巾吸干胚胎上的水，然后转移到称量皿中称重。
3）将胚胎转移到一个玻璃烧杯中。每 1 g 胚胎用 3 ml 缓冲液 B 重悬。将重悬液倒入 Yamato LH-21 匀浆器中以 1000 r/min 匀浆，流出液经 Mira 布过滤收集到 GSA 管中。
4）每 1 g 胚胎用 1 ml 缓冲液 B 冲洗原来放置胚胎的烧杯。如步骤 3，将冲洗液倒入 Yamato LH-21 匀浆器中，流出液经 Mira 布过滤收集。每 1 g 胚胎用 1 ml 缓冲液 B 再重复一次。4℃，10 000 *g*（GSA 转子 8000 r/min）离心过滤液（每克胚胎 5 ml 缓冲液）20 min。

5）弃上清。用 200 ml 缓冲液 A 重悬松散的核。4℃，10 000 *g*（GSA 转子 8000 r/min）离心 10 min。

6）弃上清。小心不要碰到淡黄色的沉淀，用 100 ml 缓冲液 A 重悬核。4℃，10 000 *g*（GSA 转子 8000 r/min）离心 10 min。

7）弃上清。用 30 ml 缓冲液 A 重悬核。

8）将 10 μl 重悬的核与 990 μl 1 mol/L NaOH 混匀稀释。测定溶液的 260 nm 光密度（OD_{260}）。用缓冲液 A 稀释核重悬液至 100OD_{260}单位/ml。

9）按如下步骤进行微球菌核酸酶消化测试：

a. 在 1.5 ml 微量离心管中加入 1 ml 核重悬液并预热到 37℃。

b. 加入 10 μl 0.1mol/L $CaCl_2$和 2 μl 200 U/ml 微球菌核酸酶储液。

c. 37℃温育。于 1、2、4、6、8、10、15、20 min，分别取出 100 μl 并在其中加入 2.5 μl 500 mmol/L EDTA 终止反应。

10）每个溶液中均加入 30 μl 水和 20 μl 10％SDS。充分混匀后加入 40 μl 5 mol/L NaCl。混匀，用 200 μl 氯仿/异戊醇（24∶1）抽提每个溶液。

11）从以上各溶液中取 4μl 水相与琼脂糖凝胶加样缓冲液混合。各个样品（代表步骤 9 中的各个时间点）进行 1％琼脂糖凝胶电泳。用溴化乙锭染色并拍照（见 2.6）。选取产物大多为约 2000 bp 片段的时间点。

12）37℃预热核重悬液，加入 1/100 体积的 0.1 mol/L $CaCl_2$。加入 1/500 体积的 200 U/ml 微球菌核酸酶并转动摇匀。37℃温育，偶尔转动摇晃，温育的时间即为在步骤 8～11 确定的时间。加入 1/50 体积的 500 mmol/L EDTA 终止消化并置于 4℃。

13）4℃，12 000 *g*（SS-34 转子 10 000r/min）离心 10 min。弃上清。加入 9 ml 10 mmol/L EDTA 重悬沉淀，加入 1 ml 5 mol/L NaCl 涡旋混匀 5 min。

14）4℃，12 000 *g*（SS-34 转子 10 000r/min）离心 5 min。储存上清，取 10 μl 与 990 μl 1 mol/L NaOH 混匀并测定 OD_{260}。

15）在 SW28 管的蔗糖梯度缓冲液中制备 5％～30％蔗糖线性梯度（各 18～20 ml），其上加入≤500 OD_{260}单位的上清液。4℃，90 000 *g*（SW28 转子 26 000 r/min）超速离心 16 h。

16）将梯度以每管 2 ml 回收，每个回收产物取 8 μl 进行 15％SDS-PAGE 电泳（见 10.3）。考马斯亮蓝染色并脱色（见 10.5）。将含有核心组蛋白峰的回收片段集中，在 12 000～15 000 MWCO 透析管中于 4℃对 2L $T_{50}E_4$缓冲液进行透析 2 次，每次 2 h（见附录 3C）。

最好将每个梯度的回收片段都收集到 50 ml 锥形管中。如果在含蔗糖的回收片段中有悬浮的碎片，透析后离心去除。回收的经消化的染色质可以在 4℃保存几个月，并且核心组蛋白的完整性不会丧失。如果选定的组分要进一步纯化，小心避免含有组蛋白 H1 的组分的混入。

17）取 10 μl 经透析的样品与 990 μl 1 mol/L NaOH 混匀并测定 OD_{260}。每 1.5 mg DNA 需 1 ml 柱体积，计算需要多少体积的羟磷灰石树脂。

18）选择适当大小的羟磷灰石柱，装在 FPLC 上，用 3 倍柱体积的无 NaCl 的 HA 层析缓冲液平衡柱。

19）将透析的样品上到柱上，用3倍柱体积的无 NaCl 的 HA 层析缓冲液清洗。用3倍柱体积的含 0.35 mol/L NaCl 的 HA 层析缓冲液清洗以洗脱除组蛋白外的其他 DNA 结合蛋白。
20）用2倍柱体积的含 2.5 mol/L NaCl 的 HA 层析缓冲液洗脱核心组蛋白。
21）取 2 μl 蛋白峰组分进行 15%SDS-PAGE 电泳分析（见 10.3）。考马斯亮蓝染色并脱色（见 10.5）。将含有核心组蛋白峰的回收组分集中，在 3500 MWCO 透析管中于4℃对 2L 核心组蛋白储存缓冲液进行透析2次，每次2 h。
22）透析后，使用 BCA 分析系统确定组蛋白的浓度。分装于微量离心管中，并在液氮中速冻。−80℃可以保存几年。

20.6.3 基本方案3 用 S-190 抽提物进行染色质重组

材料（带√项见附录1）

√缓冲液 R
S-190 抽提物（见基本方案1）
核心组蛋白（见基本方案2）
√ATP 混合物
0.1 mol/L $MgCl_2$
DNA 模板（2.5～25 kb 环状或线性化质粒，或 λDNA）
0.1 mol/L $CaCl_2$
√200 U/ml 微球菌核酸酶储液
√0.5 mol/L EDTA
10 mg/ml RNase A
√糖原终止缓冲液
2.5 mg/ml 蛋白酶 K
50∶49∶1（*V*/*V*/*V*）酚/氯仿/异戊醇，用 10 mmol/L Tris · Cl，pH 8.0 平衡（见 2.1 中平衡方法）
2.5 mol/L 乙酸铵
70%和100%乙醇
1.2%（*m*/*V*）琼脂糖凝胶
√TBE 缓冲液
123 bp DNA 梯度（Life Technologies）
27℃和37℃水浴

步骤

1）混合 40 μl 缓冲液 R、30 μl S-190 抽提物及 400 ng 核心组蛋白。室温孵育 30 min。
2）加入 10 μl ATP 混合物，0.1 mol/L $MgCl_2$ 至终浓度为 7 mmol/L，500 ng DNA 模板。27℃水浴 5h。如有需要，用缓冲液 R 补齐至 100 μl。
3）加入 3 μl 0.1 mol/L $CaCl_2$ 至组装反应体系中。将反应液等分为两份（a 和 b）。用缓冲液 R 按 1：50 和 1：150 稀释微球菌核酸酶（200 U/ml）。

4）隔一定的时间间隔（如 15 s），在 a 管中加入 5 μl 1：150 稀释液，在 b 管中加入 5 μl 1：50稀释液。室温消化 10 min。

5）加入 7 μl 0.5 mol/L EDTA 终止反应的进行。加入 1 μl 10 mg/ml 的 RNase A 溶液，室温孵育 10 min。

6）每个反应中加入 95 μl 糖原终止缓冲液，5 μl 2.5 mg/ml 的蛋白酶 K 溶液。37℃温育 30 min。

7）使用 200 μl 50：49：1 酚/氯仿/异戊醇抽提。取出 150 μl 上层水相加入 15 μl 2.5 mol/L 乙酸铵、450 μl 100%乙醇沉淀 DNA。室温以最大转速离心 15 min，用 200 μl 70%乙醇洗涤沉淀。室温以最大转速离心 5 min，在空气中干燥 5 min。

8）用 6 μl 凝胶上样缓冲液重悬沉淀，在 1×TBE，电压约 5～10V/cm 进行 1.2%琼脂糖凝胶电泳。使用 123 bp DNA 梯度作为分子质量指标。用溴化乙锭染色（见 2.6；图 20.6.1）。

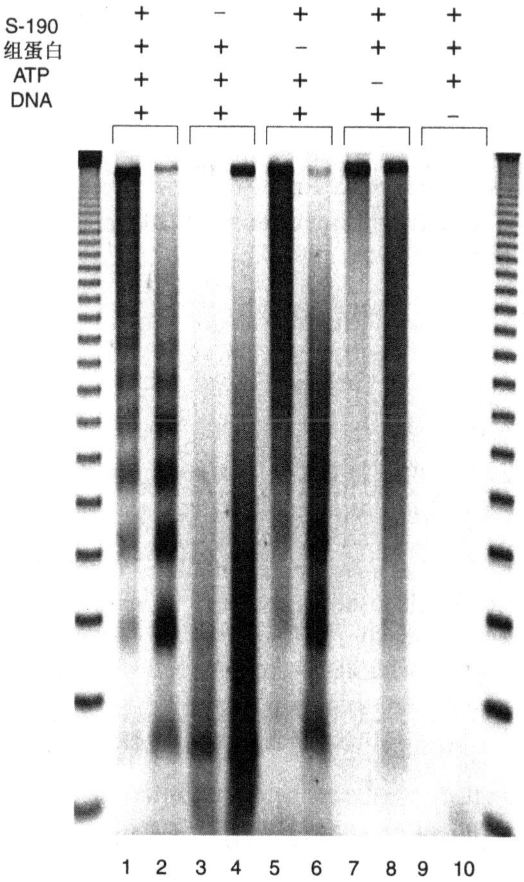

图 20.6.1　使用 S-190 抽提物进行染色质的组装。第 1、2 道：完全的系统，如基本方案 3 中所述；第 3、4 道：无 S-190 抽提物；第 5、6 道：无核心组蛋白（注意：残余的组装活性来源于抽提物内源性的组蛋白）；第 7、8 道：无 ATP；第 9、10 道：无 DNA 模板。

20.6.4 基本方案 4　重组的果蝇 ACF 的表达和纯化

材料（带√项见附录 1）

高滴度的 Acf1-FLAG 和 ISWI 杆状病毒储液（Orbigen；又见 16.7、16.8）

晚对数期的悬浮培养的 *Sf9* 细胞（>2×10^6 细胞/ml；又见 16.7、16.8）

√磷酸缓冲盐溶液（PBS），冰冷

√裂解缓冲液 F

FLAG-M2 树脂 1∶1（*V*/*V*）悬浮液（Sigma-Aldrich），在裂解缓冲液 F 中平衡

√稀释缓冲液 F

√洗涤缓冲液 F

√洗脱缓冲液 F

液氮

牛血清白蛋白（BSA）标准，2 mg/ml（Pierce，Cat. No. 23209）

带有倾斜斗转子的临床离心机，4℃

适用于临床离心机的 250 ml 锥形离心瓶，或 50 ml 锥形管

14 ml 和 50 ml 一次性锥形离心管

15 ml Wheaton 杜恩斯匀浆器，A 型研磨棒

Sorvall Superspeed 离心机，带有 SS-34 转子（或相当品）

15 ml 带盖的聚丙烯管

硅烷化的 1.5 ml 聚丙烯管（如 ISC BioExpress，Cat. ＃ C-3302-1）

步骤

1）杆状病毒储液在感染前扩增几天（见 16.8）。

为扩增病毒，*Sf9* 细胞以 2×10^7 细胞/皿植于 150 mm 培养皿上，加入适当的有血清的培养液至 25 ml，并且以感染重数（MOI）为 0.1～0.5（每盘细胞加入 10～20μl 病毒悬液）进行感染。为了获得病毒的储液储存，感染 60 h 并在无菌条件下收集培养液上清。对于高滴度的储液（将进一步用于表达感染），感染可以进行到细胞发生裂解为止（His-NAP-1 病毒约 72 h，ISWI 和 Acf1-FLAG约 84 h）。这一过程产生的病毒储液的滴度接近或高于每毫升 10^9 pfu。在无菌条件下吸出皿中的培养液，于 4℃避光保存在 50 ml 管中至少 12 个月，并且不会丧失明显的滴度。

2）以 0.5×10^6 细胞/ml 接种 *Sf9* 细胞至 150～500 ml 旋转式培养瓶中，并生长 2～3 天（见 16.8）。将 *Sf9* 细胞按照 2.5×10^7～3×10^7 细胞/皿分到 5～25 个平皿中，每皿加入适当的昆虫培养基至 25 ml。在组织培养箱中放置 20 min，使细胞沉降，用重组的 Acf1-FLAG 和 ISWI 杆状病毒以 MOI 为 5～10 感染细胞。

3）感染 44～46 h 后，吸出培养液并用 10 ml 冰冷的 PBS 每皿将细胞冲洗下来。在 250 ml 锥形瓶或 50 ml 管子中使用临床离心机 4℃，2000 r/min 离心 5 min。

4）在冷室或于冰上操作，用 8 ml 裂解缓冲液 F 重悬细胞，用 Wheaton 杜恩斯匀浆器破碎细胞（使用 A 型研磨棒；于冰上，在 30min 内，10 次匀浆进行 3 遍）。

5）4℃，在 14 ml 一次性锥形离心管中 14 500 *g*（SS-34 转子 11 000 r/min）离心 10

min 沉淀不溶物。在上清液中加入 250 μl FLAG-M2 树脂（经裂解缓冲液 F 平衡的 1∶1 的悬浮液）和 7 ml 稀释缓冲液 F。混合液在 15 ml 带盖聚丙烯管中 4℃于摇床上混匀 3～4 h。

6）洗涤树脂 4 次，每次使用 12 ml 洗涤缓冲液 F，接着于 4℃，在临床离心机上 2000 r/min 离心 3 min，吸去上清并重悬。

7）按如下步骤洗脱蛋白质：

a. 在步骤 6 的树脂沉淀中加入 100 μl 洗脱缓冲液 F 重悬树脂。

b. 将树脂转移到 1.5 ml 硅烷化的微量离心管中。

c. 冰浴 10 min。

d. 以最大转速离心 30 s。

e. 将上清转移到另一个管子中（与下一步的洗脱液混合）。

f. 继续在同一个硅烷化的微量离心管中再重复步骤 7a、7c、7d、7e 3 次，将所有的洗脱液混合到一起。

8）将蛋白质分装（每管 20～50 μl），用液氮速冻并于−80℃保存。

9）可选：将蛋白质与一系列标准浓度的 BSA 同时进行 SDS-PAGE 电泳（见 10.3），并进行考马斯亮蓝 R-250 染色（见 10.5），以估计蛋白质的浓度。

20.6.5 基本方案 5 重组的果蝇 NAP-1 的表达和纯化

材料（带√项见附录 1）

晚对数期的悬浮培养的 *Sf9* 细胞（>2×10^6 细胞/ml；又见 16.7、16.8）

高滴度的 His-NAP-1 杆状病毒储液（Orbigen；又见 16.7、16.8）

√磷酸缓冲盐溶液（PBS），冰冷

√裂解缓冲液 H

√洗涤缓冲液 H

洗脱缓冲液 H：含有 480 mmol/L 咪唑的洗涤缓冲液 H

√含有 0.1 mol/L NaCl 的 HEGD 缓冲液

√含有 0.0、0.1、1.0 mol/L NaCl 的 NAP-1 纯化缓冲液

Ni-NTA 琼脂糖树脂（Qiagen）

牛血清白蛋白（BSA）标准，2 mg/ml（Pierce，Cat. No. 23209）

Source 15Q 树脂（Amersham Pharmacia Biotech）

20%（*V*/*V*）乙醇

8%和 15% SDS-PAGE 凝胶

液氮

带有倾斜斗转子的临床离心机，4℃

适用于临床离心机的 250 ml 圆锥形离心瓶

40 ml Wheaton 杜恩斯匀浆器，A 型研磨棒

Sorvall Superspeed 离心机，带有 SS-34 转子（或相当的物品）

15 ml 和 50 ml 锥形管

直立圆筒旋转混合器

12 000～15 000 MWCO 透析管

HR-5 或 HR-10 FPLC 柱（Amersham Pharmacia Biotech）

FPLC 装置

硅烷化的 1.5 ml 聚丙烯管子（如 ISC BioExpress，Cat. ＃ C-3302-1）

步骤

1）*Sf9* 细胞在 500 ml 或 1000 ml 旋转式培养瓶中生长至＞2.0×10^6 细胞/ml（见 16.8）。用培养基稀释至 1.0×10^6 细胞/ml。每升细胞培养液使用 25 ml 扩增的 His-NAP-1 病毒感染。

2）感染 72 h 后，4℃，在 250ml 锥形瓶中使用临床离心机 2000 r/min 离心 5 min 收集细胞。用冰冷的 PBS 重悬细胞（0.1 体积的原细胞培养体积）。重复离心。

从这一步开始，除非明确指出，在冰上或冷室进行所有的操作，所有的溶液都应为 4℃。细胞沉淀可以在液氮中速冻并在进一步的操作前于－80℃保存几周。

3）用裂解缓冲液 H（1/40 原细胞培养体积）重悬细胞。在 Wheaton 杜恩斯匀浆器中使用 A 型研磨棒在 30 min 时间里匀浆 40 次。4℃，14 500 *g*（SS-34 转子 11 000r/min）离心 10 min。将所有的上清液集中到一个 50 ml 锥形管中。

4）每 500 ml 原细胞培养体积取 1 ml Ni-NTA 琼脂糖树脂在裂解缓冲液 H 中平衡。加入细胞抽提物，并在直立圆筒旋转混合器上孵育 3～4 h。使用临床离心机 4℃，2000 r/min 离心 5 min 收集树脂。用 100 ml 裂解缓冲液 H 洗涤树脂两次，然后用 100 ml 洗涤缓冲液 H 洗涤树脂两次，每次加入缓冲液后，颠倒管子重悬树脂，每次洗涤后，在临床离心机中 2000 r/min 离心 3 min 收集树脂。

5）用 2 ml 洗脱缓冲液重悬树脂，轻轻振荡以洗脱蛋白质。冰浴 5 min。在临床离心机中 2000 r/min 离心 3 min，将上清液转移到冰上的新的管子中。重复洗脱循环 3 次以上，将洗脱液集中到一起。

6）将洗脱的 NAP-1 在 12 000～15 000 MWCO 透析管中对 4L 含有 0.1 mol/L NaCl 的 HEGD 缓冲液进行透析 2 次，每次 2 h（见附录 3C）

7）对 4L 含有 0.1 mol/L NaCl 的 NAP-1 纯化缓冲液再透析 2 h。

8）将透析好的溶液转到 15 ml 锥形管中，4℃，14 500 *g*（SS-34 转子 11 000 r/min）离心去除沉淀。将透析好的 NAP-1 蛋白与 BSA 标准同时进行 SDS-PAGE 电泳分析（见 10.3），以估计蛋白质的数量。

9）使用 FPLC，根据操作规程将 Source 15Q 树脂装入 HR-5 或 HR-10 柱。每 5 mg 步骤 8 中的 NAP-1 装柱 1ml 树脂。用 10 倍柱体积的含有 0.1 mol/L NaCl 的 NAP-1 纯化缓冲液平衡 Source 15Q 柱。

10）将 NAP-1 上样到 Source 15Q 柱上。用 10 倍柱体积的含有 0.2 mol/L NaCl 的 NAP-1 纯化缓冲液洗涤样品。用 20 倍柱体积的含有 0.2～0.5 mol/L NaCl 梯度的 NAP-1 纯化缓冲液洗脱蛋白质。

早期的峰（低盐）对组装有抑制作用，而晚期的峰（高盐）却可以激活。14 kDa 的条带（见第 8 步）与早期的峰（抑制作用）一起被洗脱出来。收集 0.25～0.5 柱体积的组分。

11) 每个组分各取 2 μl 进行 15%SDS-PAGE 凝胶电泳（见 10.3）以确定含有纯的 NAP-1 的组分。将蛋白峰合并后透析两次（见附录 3C），每次对 2L 含有 0.1 mol/L NaCl 的 NAP-1 纯化缓冲液透析 2 h。
12) 将透析好的 NAP-1 蛋白与 BSA 标准同时进行 8% SDS-PAGE 电泳分析（见 10.3），确定蛋白质的浓度。将得到的溶液分装于 1.5 ml 硅烷化的管子中，每管 100～200 μl，并用液氮速冻，保存于－80℃。

20.6.6　备择方案 1　重组的果蝇 NAP-1 的表达和纯化（NTA Surperflow 树脂）

附加材料（亦见基本方案 5；带√项见附录 1）

NTA Superflow 树脂（Qiagen）
√含有 20 mmol/L 和 500 mmol/L 咪唑的 Superflow 层析缓冲液
C-10/10 或 C-10/20 FPLC 柱（Amersham Pharmacia Biotech）

步骤

1) 使用 FPLC，按每 500 ml 原细胞培养体积：1 ml NTA Superflow 树脂的比例，在 20%乙醇中装好 NTA Superflow 柱。将柱装入 FPLC 装置中。
2) 用 5 倍柱体积的含有 20 mmol/L 咪唑的 Superflow 层析缓冲液平衡柱。将基本方案 5 步骤 3 得到的上清上样到柱上。
3) 用 5 倍柱体积的含有 20 mmol/L 咪唑的 Superflow 层析缓冲液洗涤柱。用 10 倍柱体积的含有 20 mmol/L 到 500 mmol/L 咪唑梯度的 Superflow 层析缓冲液洗脱蛋白质。
4) 每个组分各取 5 μl 进行 15%SDS-PAGE 凝胶电泳（见 10.3），合并蛋白峰。继续基本方案 5 步骤 6。

20.6.7　基本方案 6　使用重组的果蝇因子进行染色质装配

材料（带√项见附录 1）

√HEG 缓冲液
300 mmol/L KCl（以 0.1～1 ml 分装，－20℃保存）
√PvOH/PEG 溶液
2 mg/ml BSA 溶液（以 0.1～1 ml 分装，－20℃保存）
0.5～4.0 mg/ml 重组的 NAP-1（见基本方案 5）
0.3～2.0 mg/ml 纯化的果蝇核心组蛋白（见基本方案 2）
0.5 mol/L ATP（以 0.1～1ml 分装，－20℃保存）
√0.5 mol/L 磷酸肌酸
√5 mg/ml 肌酸激酶
100 mmol/L $MgCl_2$（以 0.1～1 ml 分装，－20℃保存）
0.3～2.0 mg/ml 质粒 DNA，双 CsCl 纯化，溶于 TE 缓冲液中
√10×拓扑异构酶 I 缓冲液

重组的拓扑异构酶 I 工作溶液（见辅助方案）

0.002～0.2 mg/ml 重组的 ACF（见基本方案 4）

ACF 稀释缓冲液：含有 0.4 mg/ml 重组人胰岛素（Roche）的洗涤缓冲液 F

√200 U/ml 微球菌核酸酶储液

√缓冲液 R

10 mmol/L $CaCl_2$（以 0.1～1 ml 分装，－20℃保存）

√0.5 mol/L EDTA

10 mg/ml RNase A

√糖原终止缓冲液

2.5 mg/ml 蛋白酶 K

50∶49∶1（$V/V/V$）酚/氯仿/异戊醇，用 10 mmol/L Tris · Cl，pH 8.0 平衡（见 2.1 中平衡方法）

2.5 mol/L 乙酸铵

100%乙醇

硅烷化的 1.5 ml 聚丙烯管子（如 ISC BioExpress，Cat. ＃ C-3302-1）

27℃和 30℃水浴

步骤

1）解冻所有的缓冲液和蛋白质。

所有的缓冲液都必须平衡到室温（通过不断的吹吸）。蛋白质必须快速解冻（在室温水浴中，轻弹混匀或轻柔的涡旋混合，转移到冰上）并且使用完后应快速冷冻（在液氮中）。ACF、Nap-1、核心组蛋白及微球菌核酸酶（但不包括作为单独的多肽表达和纯化的拓扑异构酶 I 或 ISWI）可以承受多次的冷冻-解冻循环（大约 10 次）。小量的工作浓度的拓扑异构酶 I（含有 50%甘油）可以储存于－20℃而不冻结大约 3 个月左右。

2）在 1.5 ml 硅烷化的微量离心管中加入如下溶液制备 NAP-1 和核心组蛋白（NH）的主混合液：

172 μl HEG

70 μl 300 mmol/L KCl

84 μl PvOH/PEG 溶液

4.2 μl 2 mg/ml BSA

6.4 μl 2 mg/ml NAP-1

3.03 μl 0.7 mg/ml 核心组蛋白

轻轻地涡旋混匀 2～3 s。

3）吸取 56.6 μl 步骤 2 中的 NH 混合液（室温）分别到 5 个硅烷化的 1.5 ml 微量离心管中。冰浴≥20 min 使组蛋白与 NAP-1 结合。

4）制备 ATP 与镁离子的主混合液（AM）：3 μl 0.5 mol/L ATP，30 μl 0.5 mol/L 磷酸肌酸，16.5 μl 蒸馏水，25 μl 100 mmol/L $MgCl_2$。使用前加入 0.5 μl 5 mg/ml 肌酸激酶。

5）准备 DNA 模板，将下列溶液混合：

7.64 μl 质粒 DNA (0.42 mg/ml)

2 μl 10×拓扑异构酶 I 缓冲液

2.36 μl 重组的拓扑异构酶 I 工作溶液

8 μl 蒸馏水

30℃温育 10 min 以使 DNA 松弛；放置于室温备用。

染色质抑制拓扑异构酶 I 对 DNA 的松弛作用。因此，反应中的拓扑异构酶 I 应比经 10 min 的 30℃温育后使超螺旋的质粒完全松弛所需的量超出 5～10 倍。纯化的系统在缺少拓扑异构酶时也可以高效地在线性的超螺旋 DNA 上组装染色质。在后一种情况下，模板必须有高于 95%的超螺旋 DNA (通过两轮的 CsCl 分带获得)。

6) 用 ACF 稀释缓冲液制备 ACF 稀释液 (2～10U/μl)。置冰上。

1U 的 ACF 等于 22 fmol 蛋白质。

7) 按如下所述进行 5 个装配反应：

a. 步骤 3 中的 56.6 μl NH 中加入 1 μl ACF (2～10U)。

b. 从冰上取下管子，平衡到室温。

c. 加入 10.5 μl AM 主混合液 (步骤 4)，以及 2 μl DNA 模板 (使用过量的拓扑异构酶 I 变松弛或超螺旋的；步骤 5)。旋即轻轻涡旋混匀 2～3 s。

d. 27℃装配 1.5～2.5 h。

加了所有组分后轻轻地涡旋混匀反应液，短暂地离心一下并收集溶液至管底。加入 DNA 模板后马上混匀反应液是十分重要的。

8) 在马上使用前，准备两个微球菌核酸酶在缓冲液 R 中的稀释液：1∶500 和1∶1500。

9) 每个反应中加入 17.5 μl 10 mmol/L $CaCl_2$。将每个反应等分为两份 (a 和 b)。隔一定的时间间隔 (如 15 s)，在 a 管中加入 5 μl 步骤 8 准备好的 1∶1500 稀释液，在 b 管中加入 5 μl 1∶500 稀释液。室温消化 10min。

10) 制备终止液 (ST)：将 55 μl 0.5 mol/L EDTA 与 11 μl 10 mg/ml 的 RNase A 溶液混合。每管中加入 6 μl ST 并涡旋混匀终止微球菌核酸酶的消化。室温放置 5 min 以消化污染的 RNA。

11) 制备蛋白酶溶液 (PR)：将 1.1 ml 糖原终止缓冲液与 55 μl 2.5 mg/ml 的蛋白酶 K 溶液混合。每管中加入 105 μl PR，涡旋混匀。37℃温育≥30 min，以消化组蛋白及可溶性蛋白。使用 200 μl 50∶49∶1 酚/氯仿/异戊醇抽提。上层水相加入 25μl 2.5mol/L 乙酸铵，475 μl 100%乙醇沉淀 DNA。

12) 如前所述进行琼脂糖凝胶电泳 (见基本方案 3 步骤 8；2.6)。

20.6.8 备择方案 2 重组染色质装配反应中的核心组蛋白与 DNA 比率的滴定

所需材料，见基本方案 6。

步骤

1) 按照基本方案 6 步骤 1～6 操作。

要得到真实浓度的近似值，DNA 的浓度由 A_{260} 值计算得到，组蛋白的浓度通过 BCA 分析系统来确定。

2）按如下所述进行 5 个装配反应：

a. 在 56.6 μl NH 中（见基本方案 6 步骤 3）加入 1 μl ACF（2～10U）。

b. 从冰上取下管子，平衡到室温。

c. 加入 10.5 μl AM 主混合液（见基本方案 6 步骤 4），及 2.5、2.22、2.0、1.82、1.67 μl DNA 模板（使用过量的拓扑异构酶 I 变松弛或超螺旋的；见基本方案 6 步骤 5）。马上轻轻地涡旋混匀 2～3 s。

d. 27℃装配 1.5～2.5h。

3）按照基本方案 6 步骤 8～12 操作。

4）从凝胶上分析确定组蛋白与 DNA 最高量的比值，这时仍然能观察到未弥散的梯度。使用下一个最低的比值作为进行进一步装配反应的最理想的比值。重新计算核心组蛋白的有效浓度以使新的最佳比值为 1.0∶1。

20.6.9 辅助方案 果蝇拓扑异构酶 I 的核心催化区域的表达和纯化

材料（带√项见附录 1）

BL21（DE3）感受态细菌（Novagen）

pET-NDH6 质粒（可从 Dmitry Fyodorov 处索取；fyodorov@ucsd.edu）

LB 固体和液体培养基（见 1.1），含有 50 μg/ml 卡那霉素（源自 10mg/ml 卡那霉素储液）

100 mmol/L IPTG

液氮

√裂解缓冲液 T

Ni-NTA 树脂（Qiagen）

洗脱缓冲液 T：含有 0.5 mol/L 咪唑的裂解缓冲液 T

√透析缓冲液 T

√储存缓冲液 T

8%SDS-PAGE 凝胶

牛血清白蛋白（BSA）标准，2 mg/ml（Pierce，Cat. No. 23209）

0.8%（*m*/*V*）琼脂糖凝胶

√10×拓扑异构酶 I 缓冲液

Sorvall Superspeed 离心机，带有 GSA 和 SS-34 转子（或相当品）

微探头超声破碎仪（如 Branson Sonifier 450；VWR Scientific）

10ml 聚丙烯层析柱

0.5～3.0 ml Slide-A-Lyzer，10 000 MWCO（Pierce）

步骤

1）用 pET-NDH6 转化 BL21（DE3）细胞。在含有 50μg/ml 卡那霉素 LB 固体培养基上铺板；37℃培养过夜。

2）挑取大小适中的菌落于 0.5L LB 液体培养基（含有 50 μg/ml 卡那霉素），于 37℃摇床培养 6～8 h。当细菌生长到 A_{600} 约 0.5 时，加入 100 mmol/L IPTG 至终浓度为 0.42 mmol/L 进行诱导。

3）于 30℃摇床培养 5h。4℃，8500 *g*（GSA 转子 7000r/min）离心 10 min 回收细胞。

4）将细胞沉淀用液氮速冻，或于－80℃保存过夜。

5）解冻并用 10～20 ml 裂解缓冲液 T（每升原培养液需 20～40 ml）重悬细胞。再次液氮速冻，并于室温水浴解冻。

6）在冰上使用微探头设置为 6.5，进行 4 次 30 s 的超声破碎。4℃，在 40 ml 聚碳酸酯管中以 19 000 *g*（SS-34 转子 16 000r/min）离心裂解液 10 min。

7）用裂解缓冲液 T 平衡 2 ml Ni-NTA 树脂。将细胞裂解液与树脂混合，在冷室中，摇动混匀 3 h。

8）在冷室中，以自流式将树脂灌注到一次性的 10 ml 聚丙烯柱中。用 10 ml 冰冷的裂解缓冲液 T 冲洗 3 次。洗脱 3 次，每次用 1 ml 洗脱缓冲液，弃掉空柱体积（即开始的 350 μl）。

9）4℃，在 10 000 MWCO Slide-A-Lyzer 中对 2L 透析缓冲液 T 透析 2 h。对 1L 储存缓冲液 T 再次于 4℃透析 2 h，分装为 100 μl/管，在液氮中速冻。保存于－80℃。与 BSA 标准同时进行 8% SDS-PAGE 电泳分析，确定蛋白质的浓度。

通常的量为 1.0～1.2 ml 中有 1.5～2.0 mg 蛋白质。

10）通过在含有 0.2 mg/ml 人重组胰岛素（源自 50 mg/ml 储液）的储存缓冲液 T 中稀释 100 倍制备工作溶液。稀释后，分装为 100 μl，保存于－80℃。取一份于－20℃备常用。

11）通过用不同稀释倍数的酶催化松散 0.5 μg 超螺旋质粒 DNA 分析蛋白质的活性。进行 0.8%琼脂糖凝胶电泳，用溴化乙锭染色并脱色观察（见 2.6）。

参考文献：Becker and Wu，1992；Ito et al.，1997.

撰 稿 人：Dmitry V. Fyodorov and Mark E. Levenstein

第21章 核酸阵列

核酸阵列（array）是技术发展的一个很好的案例，发展过程中通量的增加使得技术的有用性产生质的改变。在硝酸纤维素膜上的核酸阵列已经有很多年了（考虑到自20世纪70年代后期用于检测基因表达水平的点杂交和狭线杂交）。核酸阵列随后具有了新型的“基因组”的模式，在上述阵列中代表基因的点开始包含整个基因组大部分基因组分，或者是一组重要的基因。使用这种阵列获得的实验价值因此大为增加。

读者可以阅读21.1，以了解当前芯片技术在分子生物学中的应用。在这个单元，Joseph DeRisi描述了使用这种阵列的方法以及如何从昂贵又需要很多高难度技术进入主流的过程。本章第一个操作程序单元（见21.2）详细介绍了用于监控表达的RNA的制备。使用DNA阵列、微阵列和芯片的方法和意识（即heuristics）都在迅速发展，编辑们也非常注意吸收那些被证明是有用的新方法。

接下来的部分将描述研究者如何能制作自己的核酸阵列，如何使用这些阵列和商业化的阵列去实现基因表达监测（GEM）和比较基因组杂交（CGH），以及怎样搜集和解释这些数据。

21.1 核酸阵列概述

核酸阵列技术是指制作和使用拥有数以千计核酸样品的阵列，这些样品结合到固体基质上，比如载玻片或硅片。因为每个样品所占面积的直径为50～200 μm，代表整个基因组的核酸样品，约含3000～32000个基因，可以有效地排布于常规载玻片上一个可容易被盖玻片覆盖的区域内。这种“芯片上的基因组”可当作标靶用荧光标记的核酸探针来杂交。核酸阵列或曰微阵列，可以在某一特定实验条件下同时检测给定基因组内的所有基因，这使得研究基因组和基因表达的方式有了根本性的改变。

此综述所讨论的主要应用是指用机械方式将核酸样品点到玻璃基质上编排而成的DNA微阵列。一般而言，DNA样品是PCR产物，长度为100 bp～9 kb。然而“DNA微阵列”这个词同样适用于此技术的别种形式，它们可能使用不同的核酸种类或者不同的操作方法。比如Affymetrix公司出售一种直接在基质上以光蚀刻技术合成不同寡聚核酸链的DNA阵列。

21.1.1 微阵列擅长做什么？

基因表达分析

无疑DNA微阵列最常见的应用是检测基因的表达水平。它在这方面很受欢迎是因为它实际上可用于任何可以从中抽取RNA的生物、组织或细胞株系。一般情况下，总RNA或mRNA是来自于两个以上的个体、培养物或者不同的条件。微阵列所需要的

RNA 总量取决于多种因素，例如基因组的复杂程度和信息含量（message content）。多数实验用量位于 100 ng～20 μg 的范围内。

下一步是用逆转录法分别将各个样品的 RNA 转录成 cDNA。一般使用随机引物，处理有多聚腺苷酸尾的 mRNA，可以用 oligo-dT 引物。所有这些操作应遵循的基本原则是不同来源的 RNA 样品要转变成彼此易于区分的形式，多数是通过不同的荧光染料标记 cDNA 实现。标记可以通过逆转录酶直接在逆转录过程中掺入，也可以在逆转录完成后通过化学交联完成。

由此得到的不同 cDNA 文库混合在一起，再拿这个混合的文库去和芯片杂交。在芯片上任意一点两种荧光密度的比值直接代表了对应 cDNA 转录物的相对丰度（图 21.1.1）。设定一个独立的对照样品，据此可以比较在不同时间点所获得的一系列样品的相对转录丰度（图 21.1.2）。这又反过来帮助人们发现基因的表达趋向。对于期望研究整体基因表达调控的人而言，最重要的数据就隐藏在这些动向和模式之中。将这种方法成功应用于实践已经有诸多先例（DeRisi et al., 1997; Alizadeh et al., 1998; Cho et al., 1998; Chu et al., 1998; Eisen et al., 1998; Spellman et al., 1998; Amundson et al., 1999; Iyer et al., 1999; Perou et al., 1999）。

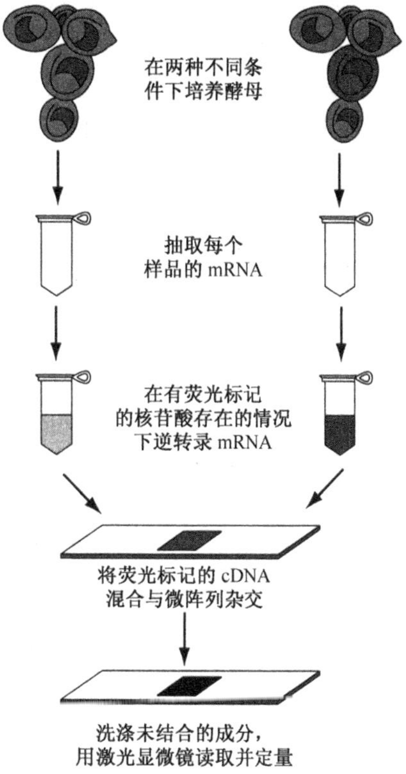

图 21.1.1　基因表达实验的示意图。

使用微阵列分析基因表达仍将持续增加。除了观测发育时相、分析突变及其他遗传修饰之外，无疑将会有许多新的分析表达的实验发展出来。一个新近的发展是应用表达分析在 200 代酵母进化实验中反向设计（reverse-engineer）其中的变化（Ferea et al., 1999）。使用微阵列进行基

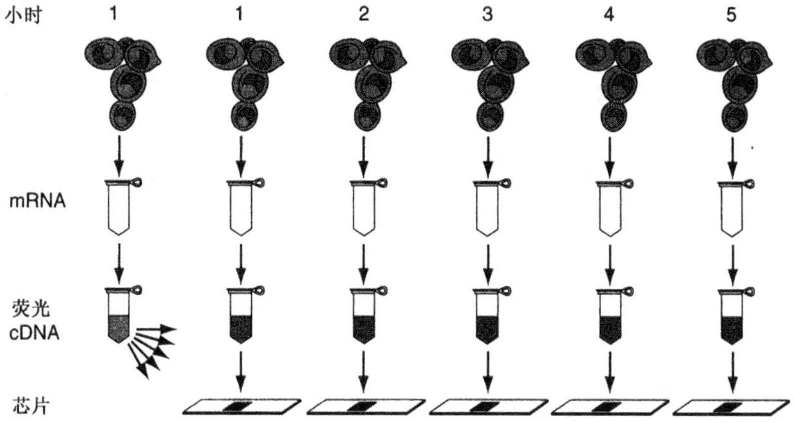

图 21.1.2　检测转录丰度水平。0 时间点是每个样品的对照探针。

因表达分析不仅在成熟的模式系统中得到应用，而且还可以用来攻克那些用常规分子生物学技术做起来过于繁难的课题。尤其当对象有潜在毒性或难以培养时更是如此，比如结核分枝杆菌（*Mycobacterium tuberculosis*）和恶性疟原虫（*Plasmodium falciparum*）（Hayward et al.，1999；Wilson et al.，1999）。主要原因是它只需要少量的RNA就可以测出整个基因组的表达谱。换句话说，与研究基因表达旧方法相比，阵列前期投入劳动较多，而所得到的数据更加丰富详尽，从而拓展了实验的潜在范围和深度。就比如疟原虫，它的遗传杂交极其困难而且转化效率极其低。这些事实让研究者所依赖的克隆新基因等诸多手段无能为力，因而测定哪些基因可被不同的药物所诱导成为重要步骤，特别是考虑到疟原虫已经完成了全基因组测序。而获得RNA样品的工作相对简单，所以DNA微阵列（使用已知或随机的基因组片段）提供了一个方便手段来解决上述问题。

21.1.2　核酸阵列还能够做什么?

尽管迄今DNA微阵列着重于基因表达分析，它所能应用的领域目前受限于我们的想象力。

芯片分析最基本的特点在于：任何一组生物实验，只要能得到有差异的核酸样品，就可以从中分析出有意义的数据。除基因表达外，这些应用可以分为几大类：遗传图谱（genetic mapping）和基因分型（genotyping）、估计基因组结构和拷贝数、多聚核糖体分析（polysome analysis）以及测定DNA-蛋白质相互作用。考虑到每一大类里实验的设计和操作都有许多变化，下面所列这些只是要刺激一下想象力而提醒大家阵列技术所带来的种种机会。

基因分型和遗传图谱

DNA微阵列可以有效地给成百上千的分子标记（Marker）分型实现多基因性状作图。其中一种微阵列分析方法是直接探测因单核苷酸多态性（SNP）导致的杂交差异。短寡聚核苷酸片段做的微阵列适合此方法，因为它们复性温度低（Hacia et al.，1996）。另一种方法是基因组错配扫描（GMS），即来自两个不同个体的DNA片段杂交后带有SNP的部分会被错配修复酶找到并被选择性地降解（Nelson et al.，1993）。杂交的DNA是两个有关联的个体的DNA片段变性后复性产生的。降解后得到的完全匹配的DNA片段可以用荧光标记并用于微阵列，从而揭示哪些片段在传代过程中没变（Cheung et al.，1998；McAllister et al.，1998）。不管用哪种方法，与传统基于凝胶电泳方法相比，用微阵列分析做基因分型的通量有增加几个数量级的潜力。

比较基因组杂交

基因拷贝数的变化与多种肿瘤表型相关，这种多型性，包括缺失和（或）扩增，可以用DNA微阵列方便地检测，也就提供了一个可行的方案来替代传统的比较基因组杂交技术。传统遗传学的比较基因组杂交技术（comparative genomic hybridization）的主要局限在于它能够作图的扩增或缺失的分辨率是大约20Mb（Kallioniemi et al.，1992）。

而基于微阵列的比较基因组杂交的分辨率取决于微阵列上所能够容纳的 DNA 片段数量。因此将来完全有可能将所有的人类基因元件放到芯片上，形成连续的元件，使作图的分辨率达到合乎逻辑的最小值。确实，随着人类基因组测序工程的结束，任意一株人类细胞株系的所有每一个基因的缺失或扩增都应该可以检测出来。这一方面已有若干实例，此技术的应用也一定会继续发展（Solinas-Toldo et al.，1997；Trent et al.，1997；Pinkel et al.，1998；Behr et al.，1999；Pollack et al.，1999）。

多聚核糖体分析

尽管转录水平的调控是大多数核酸微阵列实验的主要目标，翻译水平的改变也可用微阵列方便地检测。这可以通过荧光标记多聚核糖体的核酸组分来实现，这些组分一般可通过分离蔗糖梯度离心的低沉降的核蛋白复合物得到。有多个核糖体结合的 mRNA 高分子质量的部分可以与低分子质量的部分（代表无核糖体或少核糖体结合的 mRNA）分别标记。杂交结果可以同时检测每种 mRNA 与翻译机器结合的程度。探究这种结合提供了一种手段来评估某种 mRNA 在翻译水平可能受调控的程度（K. Kuhn and P. Sarnow，个人通讯）。这种方法的一个有趣的变化是可以收集和分析膜结合的多聚核糖体。因为膜结合的多聚核糖体含有共翻译分泌（cotranslational secretion）的信使，这就可以在给定的实验条件下快速鉴定出这些基因产物，这些条件可以是时间、细胞类型或环境（Diehn et al.，1999）。

DNA-蛋白质相互作用

分离核蛋白复合物组分进行微阵列分析，不限于结合于核糖体的 mRNA。实际上任何可以将核酸与蛋白质共价或稳定相连的方法都可以。接下来用免疫沉淀法、滤膜结合或其他凝胶过滤的手段来分离得到核酸组分。这些组分可以直接标记然后与代表整个基因组的微阵列进行杂交。这种全基因组的研究正在用于能结合带抗原决定簇标记 DNA 的蛋白质或本身能与 DNA 酶促结合的蛋白质。这个方法的常见应用包括研究 DNA 结合蛋白（第 12 章）、限制酶和染色质结合蛋白（见 20.3）。这些方法得到的核酸量极其少，常常是亚纳克级。因为这个原因在 DNA 和 RNA 线性扩增领域可能将有很大发展。实际上扩增技术与微阵列分析相结合将能够研究单细胞的表达模式（Eberwine，1996）。

21.1.3 关于数据分析

做微阵列实验有许多途径，对所得到的数据进行分析同样有许多手段。特别是基因表达这一块，看上去全基因组的表达分析将成为独立的领域，不断增长的创新手段加强了对观察到的表达模式的内在机制进行反向设计。数种读片和分析的方法早就有了，很多必需的工具也可以从因特网下载到。一种叫聚类（clustering）的方法相当成功（Esien et al.，1998；Bassett et al.，1999；Brown and Botstein，1999；Iyer et al.，1999），它将具有相似表达模式的基因放在同一组内。它成功的原因是参与同一过程、路径或功能的基因受到共同的机制调控，这又反过来产生相似的表达谱。因而先前不清楚的基因可以通过与它聚类在一组内的其他基因在更广泛的实验范围来了解其功能。

21.1.4 哪里有更多的信息？

微阵列技术领域发展迅速，随着研究者不断发展新的技术和观念，它的应用和方法上也将不断有更新。要跟上这种快速发展的形势，一种途径就是经常浏览下面所列的非商业性的网站。它们包含怎样组织微阵列的机器人，最新修订的实验手册，对公众开放的全基因表达数据，免费的微阵列软件，论坛，以及数据库资源。

www-genome. stanford. edu

斯坦福基因组资源（stanford genomic resources）全基因组表达分析一站式"商店"。这里有链接通往几个酵母表达数据库和研究文献公司，包括细胞周期分析、孢子形成、代谢转变（diauxic shift）、酵母进化以及酵母分类等领域。还有几个人类表达数据库的链接，这些数据库的内容包括血清饥饿、乳腺癌表达谱以及基于微阵列的 CGH。

rana. stanford. edu/software

斯坦福基因组分析小组软件下载区。这个网站可以免费下载几个由 Mike Eisen 编写的微阵列分析软件到自己的 PC 机上运行。软件有 ScanAlyze、一个升级的图像分析包以及聚类/数据-图像转换应用等。

cmgm. stanford. edu/pbrown/mguide

MGuide。DIY 微阵列机器人组建指导。由斯坦福大学的 Patrick Brown 实验室维护。逐步的指导、技术绘图、元件清单以及免费软件都可以从这里下载。

www. nhgri. nih. gov/DIR/LCG/15K/HTML

国家人类基因组研究所（NHGRI）微阵列工程。这个网站的特色是数据库及数据处理的信息，也有操作指南和研究项目内容。

web. wi. mit. edu/young/expression

是由 Whitehead（怀海德）研究所的 Rick Young 维护的基因组表达网站。有各种酵母转录实验、操作指南和实验设计方案。

industry. ebi. ac. uk/～alan/MicroArray

大规模基因表达分型和微阵列的链接及资源。一个"个人非营利性网站"有数百个链接，包括芯片论文、数据库、公司等，由 EMBL 的欧洲生物信息所（EBI）的研究员 Alan Robison 维护。

参考文献：Brown and Botstein，1999；Pinkel et al.，1998；Pollack et al.，1999.
撰 稿 人：Joseph DeRisi

21.2 用于表达分析的 mRNA 的制备

同时检测包含成百上千种基因的 RNA 水平，从而构建一个详细的基因表达谱是分子生物学新的一项激动人心的本领。这是通过将 mRNA 定量扩增并用生物素标记再与 DNA 芯片杂交实现的，芯片上预先固定有与目的 mRNA 互补的寡核苷酸序列（图 21.2.1）。

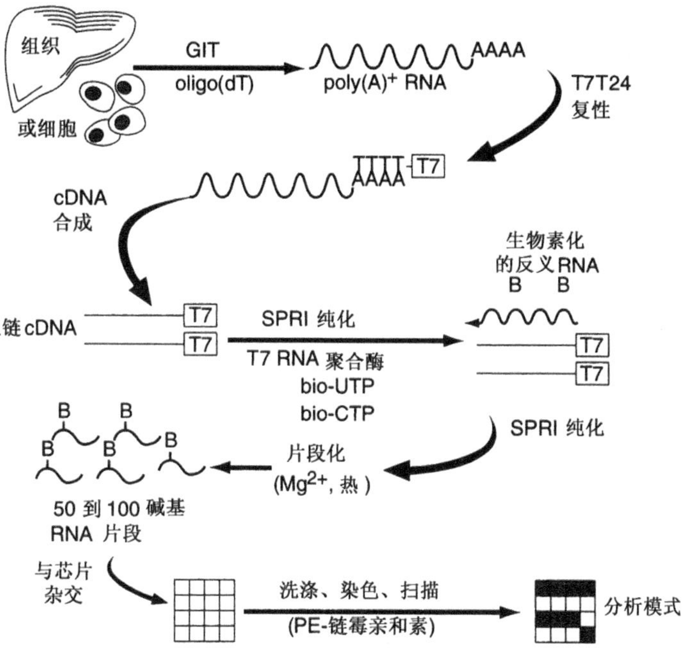

图 21.2.1 芯片分析简图。缩写：GIT：异硫氰酸胍；PE：藻红蛋白；SPRI：固相可逆固定化。

注意：焦碳酸二乙酯（DEPC）可能致癌，应谨慎操作。

21.2.1 策略安排

整个过程以 RNA 为基础，因此每个步骤都应小心操作，避免被带有 RNA 酶的试剂或材料污染（见 4.1）。倘若一直密封保存又是戴手套取用的话，新的塑料器材可以直接使用不必再处理。常规应使用带滤芯的枪头以免受到微量移液器的污染。所有实验室自配的试剂或者厂商提供的不是无 RNA 酶的试剂，都应该用 DEPC 处理（见附录 1）。

扩增步骤完全决定于干净、完整的起始 RNA。对培养的细胞，作者采用胍盐裂解再用树脂纯化（如 Qiagen RNeasy Kit）的方案。

扩增 mRNA 可从 $poly(A)^{+}$ 或总 RNA 开始。尽管 $poly(A)^{+}$ 灵敏度更高，因为除掉了 cDNA 反应期间大部分与 rRNA 的错配，而使用总 RNA 起始则可以分析那些细胞或组织有限的生物系统。使用总 RNA 起始一个重要的修正是将 cDNA 第一链合成的温度从37℃提高到50℃。探针选择严格限制在编码区最后的600个碱基；除非3′非翻译区长度大于800个碱基，此时一些非翻译序列可能也被包括进来了。

21.2.2　基本方案　用于表达监测以及与寡核苷酸芯片杂交的mRNA扩增

材料（带√项见附录1）

SuperScript cDNA kit（Life Techologies），包括：

5×第一链缓冲液

200 U/μl SuperScript II逆转录酶

5×第二链缓冲液

10 mmol/L dNTP

10 U/μl大肠杆菌连接酶

2 U/μl大肠杆菌RNA酶H

10 U/μl大肠杆菌DNA聚合酶

5U/μl T4 DNA聚合酶

T7T24引物：

5′-GGCCAGTGAATTGTAATACGACTCACTATAGGGAGGCGGTTTTTTT-TTTTTTTTTTTTTTTTT-3′（推荐用HPLC纯化）

RNA酶抑制剂（Life Technologies或Ambion公司）

√无RNA酶水（DEPC处理过的水，玻璃蒸馏）

样品RNA：poly（A）$^+$或总RNA

有义转录库对照（见辅助方案1）

√25∶24∶1（$V/V/V$）酚∶氯仿∶异戊醇（分子生物学级）

7.5 mol/L乙酸铵

无水乙醇

无RNA酶的70%乙醇（预冷至－20℃）

10×转录缓冲液（Ambion）

10×rNTP混合液

100 mmol/L DTT

10 mmol/L Bio-11-CTP和Bio-11-UTP（Enzo Diagnostics）

2500 U/μl T7 RNA聚合酶（Epicentre）

RNeasy小柱带RLT和RPE缓冲液及收集管（Qiagen）

5×片段化缓冲液

20×SSPE（Bio-Whittaker）

0.5%（V/V）Triton X-100（分子生物学级；Sigma）溶于无RNA酶水

10 mg/ml鲱精DNA（Promega）

√500 pmol/L Bio948

20×反义转录库对照（见辅助方案1）

6×SSPET：6×SSPE含有0.005%（V/V）Triton X-100

热循环仪（例如 Perkin-Elmer 公司 9600 型 PCR 仪，带热盖）
0.1～10 μl 带滤芯枪头（Continental）
Lyophilizer（冻干机）
小薄壁 PCR 管
GeneChip（Affymetrix）
1～200 μl 带滤芯凝胶上样枪头（Fisher）
Rotisserie 式摇床（Appropriate Technical Resources）
50℃加热炉

注意：许多缓冲液和酶附带在 SuperScript cDNA 试剂盒里。附带的酶量不足的话可以单独从 Life Technologies 公司定购。

注意：所有需要控制温度的反应都在适当的热循环仪上进行。

步骤

1）在 PCR 仪上设定下列程序：

10 min	70℃
65 min	37℃（用总 RNA 时 50℃）
150 min	15.8℃
无限	4℃（保温）

2）用下列试剂为每个 RNA 样品配 10 μl 第一链混合液，用带滤芯的枪头：

4 μl 5×第一链缓冲液
200 pmol T7T24 引物
1 μl RNA 酶抑制剂
1 μl 200U/μl SuperScript II 逆转录酶
加无 RNA 酶的水至 10 μl

3）将每个 RNA 样品与有义转录库对照混合。每 1μg poly(A)$^+$ 样品加 5μl 对照或每 10～20 μg 总 RNA 加 1 μl 对照。冷冻干燥至每管体积小于 10 μl，加无 RNA 酶的水至 10 μl。同时用手预热第一链混合液。

4）将每份 RNA 转移到小薄壁 PCR 管中，放进 PCR 仪，启动所设程序（第一步）。

5）70℃那步完成后，在温度降到 37℃（或 50℃）2 min 的时间里，加入预热（手中）的第一链混合液（每管 10 μl）。

6）在合适的反应温度继续保温 60 min。

7）每管配制 130 μl 第二链反应混合液：

91 μl 无 RNA 酶的水
30 μl 5×第二链缓冲液
3 μl 10 mmol/L dNTP
1 μl 10 U/μl *E. coli* 连接酶
1 μl 2 U/μl *E. coli* RNA 酶 H
4 μl 10 U/μl *E. coli* DNA 聚合酶

这个混合液可以先配制，在冰上至多放置 90 min。

8）当 PCR 仪温度降到 15.8℃时，每管加入 130 μl 第二链反应混合液（总共 150 μl）。用枪头反复吸放混匀，在此温度下保温＞2h。
9）加入 2 μl 5 U/μl 的 T4 DNA 聚合酶继续保温 5 min。把样品转移到冰上。
10）加入 150 μl 25：24：1 的酚：氯仿：异戊醇，涡旋混匀，室温 13 000 *g* 离心 5 min。
11）小心地将水相转移到一个新的管子，不要吸到中间相。加入 70 μl 7.5 mol/L 乙酸铵和 0.5 ml 无水乙醇后混匀。室温 13 000 *g* 离心 20 min。
12）移去上清，沉淀用 0.5 ml 冷（−20℃）70%乙醇洗涤，涡旋混合。
13）室温 13 000 *g* 离心 10 min。移去上清，沉淀空气晾干几分钟。
14）用 25 μl 无 RNA 酶的水溶解 cDNA 沉淀并定量（见辅助方案 2）。
15）每种 cDNA 样品，按下面组分配制一个反应体系：

100 ng cDNA
6 μl 10×转录缓冲液
6 μl 10×rNTP 混合液
3 μl 100 mmol/L DTT
2.4 μl 10 mmol/L Bio-11-UTP
2.4 μl 10 mmol/L Bio-11-CTP
2 μl RNA 酶抑制剂
2 μl 2500 U/μl T7 RNA 聚合酶
无 RNA 酶的水配平到 60 μl

冰上可以放至多 3 h，用前升温到室温。

16）37℃保温 8 h 至过夜。纯化前可以在−80℃放置至多 48 h。
17）加入无 RNA 酶水至 100 μl，加入 350 μl RLT 缓冲液，混匀。加入 250 μl 无水乙醇，混匀。
18）将每个样品上样到一个套进收集管内的 RNeasy 小柱上。台式离心机室温 8000 *g* 以上离心 15s。
19）将柱子转到新的收集管，加入 500 μl RPE 缓冲液，台式离心机室温 8000 *g* 以上离心 15s。
20）弃去流出液，将柱子重新放入此收集管。加入 500 μl RPE 缓冲液，台式离心机以最大速度离心 2 min。
21）把柱子转移到一个新收集管。加入 50 μl 无 RNA 酶的水，8000 *g* 以上离心 1 min。重复此步骤。合并两次洗脱液。
22）在 260 nm 用分光光度法测 RNA 的量（见附录 3D）。
23）取 10 μg 体外转录的 RNA 用无 RNA 酶的水将体积配到 24 μl。加入 6 μl 5×片段化缓冲液。小心混匀，在 PCR 仪上 95℃温育 35 min。令其冷却到室温。−80℃可存放一年，用前 37℃融化 5 min。
24）按下列组分为每个反应配 170 μl 杂交反应母液：

51 μl 20×SSPE
1.7 μl 0.5% Triton X-100
1.7 μl 10 mg/ml 鲱精 DNA

20 μl 500 pmol/L Bio948
10 μl 20×反义转录库对照
85.6 μl 无 RNA 酶的水

25) 每份 30 μl 片段化的转录 RNA 加入 170 μl 杂交反应母液。在热循环仪上以 99℃加热 10 min，再移到 37℃放置 5 min 以上。
26) 微量离心机最大转速离心 5 min。
27) 从 GeneChip 的上层隔膜插入一个带滤芯的枪头形成出气孔。从芯片的下层隔膜用带滤芯的上样枪头加入 200 μl 杂交液。拿掉出气孔，用保鲜膜覆盖上下两层。
28) 在 rotisserie 式旋转仪上以 60 r/min 转速 40℃保温过夜（16～18 h)。
29) 将芯片转入 50℃加热炉，继续旋转芯片整整 1 h。
30) 从炉内拿出芯片。从上层隔膜处插入带滤芯的枪头。
31) 微量移液器按到底，将 200 μl 上样枪头从下层隔膜间插入。垂直拿起芯片，缓慢抽出所有杂交液并放进微量离心管内保存于－20℃。
32) 将芯片内充满 6×SSPRET。
33) 按厂商的说明书洗涤芯片并用藻红素染色。尽快扫描芯片。

此程序的疑难解答请参看表 21.2.1。

表 21.2.1 表达监测的疑难问题解答

问题	可能原因	应对措施
cDNA 产量少或无	起始 RNA 质量差	跑胶查看起始 RNA 大小范围，应该模糊一片延伸到 5 kb 之上，而且无太多小于 500 bp
	RNA 或反应组分污染了 RNA 酶	取部分 RNA 室温放置数小时，再按上面的方法跑胶。反应组分可与测试 RNA 共温育，再跑胶看降解情况 在 cDNA 反应时加入 RNA 酶抑制剂
	RNA 制剂中混入酶抑制剂	看有义转录库对照的信号。如果 5′信号弱且确定无 RNA 酶污染，可采用更严紧的方法重新提取 RNA 样品
体外转录量少或无	cDNA 模板太少	定量 cDNA，体外转录用量要超过 50 ng。如果 cDNA 不足，请看上面(cDNA 产量少或无)。
	存在聚合酶的抑制剂	残留的酚/氯仿或 dNTP 可以抑制聚合酶反应。重新沉淀 cDNA，用 70%乙醇认真洗涤沉淀
	用错聚合酶	一定用与启动子相匹配的聚合酶
	DTT 失效	重新配 DTT 储存液
	核苷酸浓度限制	如果制备非标记的 RNA，记得用 25 mmol/L 的 4 种 rNTP 替换有生物素标记核苷酸的 10×rNTP 混合液
芯片上信号弱或空白	RNA 质量差	有时尽管 cDNA 或体外转录 RNA 足够，但 RNA 质量不好也会导致差的芯片数据。比较持家基因 5′和 3′信号的比值。用 oligo(dT)起始的 cDNA，β-actin 和 GAPDH[a] 的 5′信号至少要有 3′信号的一半
	严紧度太高	检查孵育温度和缓冲液成分
	用链霉亲和素结合的生物素染色差，或藻红素猝灭	SA-PE[a] 试剂可能变化。试用新的批次，或在染色液中加更多量。SA-PE 保存于暗处。染色后的芯片扫描之前都要用铝膜包裹以防猝灭

续表

问题	可能原因	应对措施
芯片上信号弱或空白	扫描波长错误(边缘对照也很淡或没有)	确保波长在 560 nm 后重新扫描
	溶液中有杂交抑制剂	用此杂交液在同批次芯片再试一次,如果信号增强,则有必要再插入一步预杂交
	扫描仪需要调节	打电话给服务商;或者试试另外的扫描仪
	芯片批次不合格	将存储的杂交液与已知信号强的多个批次的芯片再杂交。如果信号增加,且证实无杂交抑制剂,就联系供应商
一些基因特别明显,其余很暗	片段化反应失败	检查 5×片段化缓冲液以及 94℃温控元件。如果还有体外转录的 RNA,重复片段化反应步骤再跑胶检测。大小应该约 20～50 个碱基
背景值高	严谨性低	提高温度再次洗涤芯片然后重新扫描
	污染	建议用玻璃蒸馏的水配杂交液。有些去离子系统会带来麻烦。怀疑这点的话,可购买玻璃蒸馏的水
芯片上散布零星的圆点	SA-PE[a]凝聚	厂家建议溶液分装前要涡旋混匀并用微量离心机离心 2 min
芯片中心圆形区域内信号比其他位置低得多	杂交液体积太少	最少 180 μl。如果不能再配杂交液,往回收的杂交液里加 6×SSPET 和 0.1 mg/ml 鲱精 DNA 到 200 μl,再重新杂交新的芯片
	杂交时旋转仪停止转动	回收的杂交液与新的芯片杂交,确保旋转仪正常工作

a. GAPDH: 3-磷酸甘油醛脱氢酶; SA-PE: 链霉亲和素-藻红素。

21.2.3 辅助方案1 对照基因的体外转录和转录库的制备

每次杂交都有必要加入已知浓度、标记的反义链 RNA 作为内部对照，以标准化不同芯片之间的差异及绘制标准曲线以便将杂交强度转换成 mRNA 的丰度。同样加入未标记的有义链转录物对照标定扩增效率也非常有帮助。

附加材料（亦见基本方案）

质粒（表 21.2.2；ATCC＃87482 到 87490）

2500 U/μl T3 RNA 聚合酶（Enzo Diagnostics）

25 mmol/L 4 种 rNTP 混合液：rGTP、rCTP、rATP 和 rUTP（超纯，Pharmacia Biotech）各 25 mmol/L 溶于无 RNA 酶的水中

步骤

1）根据表 21.2.2 制备线性质粒。

2）酚/氯仿抽提、乙醇沉淀纯化质粒 DNA（见基本方案步骤 12～16）。

3）标记的反义转录准备四管包括所有组分但不包括质粒 DNA 的反应母液：

6 μl 10×转录缓冲液

6 μl 10×rNTP 混合液

表 21.2.2　制备质粒模板对照

名称[a]	ATCC#	转录产物大小/kb	有义 RNA		反义 RNA	
			线性化内切酶	RNA 聚合酶	线性化内切酶	RNA 聚合酶
pGIBS-LYS[b]	87482	1.0	*Not*I	T3		
pGIBS-PHE[b]	87483	1.3	*Not*I	T3		
pGIBS-THR[b]	87484	2.0	*Not*I	T3		
pGIBS-TRP[b]	87485	2.5	*Not*I	T3		
pGIKS-BioB	87487	1.1			*Xho*I	T7
pGIKS-BioC	87488	0.8			*Xho*I	T7
pGIKS-BioD	87489	0.7			*Xho*I	T7
pGIKS-CRE	87490	1.0			*Xho*I	T7

a. 缩写：BioB、BioC 和 BioD 分别是克隆的 *E. coli* 的 *bio*B、*bio*C 和 *bio*D 基因片段。LYS、PHE、THR 和 TRP 分别是克隆的 *Bacillus subtilis* 的 *lys*A、*phe*A、*thrBC* 和 *trp*EDCF 基因片段。CRE 是 *E. coli* 来源的噬菌体 P1 的 Cre 重组酶基因的一段。PGIBS 和 pGIKS 源于 Bluescript KS II 载体（Stratagene）。

b. pGIBS-LYS、-PHE、-THR、-TRP 和 DAP 分别在来自 *B. subtilis* 基因组片段的 3′端含有合成的 40 个核苷酸 poly(A)。由 *Not*I 线性化的质粒模板其有义链体外转录产物将带有人工 poly(A) 尾巴。而质粒用 *Bam*HI 线性化后再用 T3 体外转录的产物将不带有 poly（A）尾巴。

3 μl 100 mmol/L DTT
2.4 μl 10 mmol/L Bio-11-UTP
2.4 μl 10 mmol/L Bio-11-CTP
2 μl RNA 酶抑制剂
2 μl 2500 U/μl T7 RNA 聚合酶
无 RNA 酶的水补足到 60 μl，以备在步骤 5 加入 DNA。

4）未标记的有义链转录，按上面步骤同样准备 4 管母液，但是用 25 mmol/L 的 4 种 rNTP 代替 10×rNTP 混合液，不加入生物素标记的核苷酸，同时用 T3 RNA 聚合酶代替 T7 RNA 聚合酶。
5）每种线性化的质粒 DNA 加 100 ng 到不同管子里，37℃保温 8 h 到过夜。
6）按前述步骤纯化体外转录产物（见备择方案）。
7）仔细测定 260 nm 吸收值定量（APPENDIX 3D）。
8）用无 RNA 酶的水把未标记的有义链转录产物稀释到 200 nmol/L 以便长期保存（长达一年）于−80℃。
9）将生物素标记的反义链转录产物按所说方法（见基本方案步骤 18、19）片段化，作为标准芯片对照（BioB、BioC、BioD 和 CRE）。
10）将片段化的反义链转录产物用含有 0.1 mg/ml 鲱精 DNA 的 6×SSPET 稀释到 20 nmol/L 以便长期保存（至多一年）于−80℃。
11）将下列转录物混合于含有 0.1 mg/ml 鲱精 DNA 的 6×SSPET，以制备 20×反义转录库对照。此库可以在−80℃放置 6 个月之久。

30 pmol/L 片段化的 BioB 转录产物
100 pmol/L 片段化的 BioC 转录产物

500 pmol/L 片段化的 BioD 转录产物

2 nmol/L 片段化的 CRE 转录产物

12）用无 RNA 酶的水将下列转录物混合，以制备有义转录库对照。分装成 50～100 μl 的等分，可以在－80℃放置 6 个月之久。

10 pmol/L LYS 转录产物

30 pmol/L PHE 转录产物

90 pmol/L THR 转录产物

180 pmol/L TRP 转录产物

21.2.4 备择方案 cDNA 和体外转录产物的固相可逆固定（SPRI）纯化

用基于磁珠方法纯化 cDNA 和体外转录产物避免了纯化过程有机溶剂的使用和离心步骤。这个方案与基本方案中的纯化方法相当（步骤 10～14 或者步骤 17～22）。

材料（带√项见附录 1）

羧基端包埋的磁珠（cDNA 纯化：PerSeptive BioSystem；体外转录纯化：Bangs Laboratories）

√0.5 mol/L EDTA

待纯化样品：cDNA（见基本方案步骤 11）或体外转录的 RNA（见基本方案步骤 19 或者辅助方案步骤 6）

2.5 mol/L NaCl/20%（*m*/*V*）PEG 8000（分子生物学级；无 RNA 酶）

70%（*V*/*V*）乙醇于无 RNA 酶的水

10 mmol/L Tris acetate，pH 7.8（无 RNA 酶）

磁力架（CPG）

步骤

纯化 cDNA：

1a）每 150 μl cDNA 反应液取 10 μl 磁珠（Perseptive），将所需磁珠放入同一个微量离心管。

2a）把这个离心管放到磁力架上，让磁珠沉到一侧管壁。用枪小心地吸走上清。

3a）加入与起始磁珠体积相等的 0.5 mol/L EDTA，轻轻摇振重悬磁珠。再次把管子放到磁力架上，待磁珠分离后，吸去上清。再重复此洗涤步骤两次。

4a）用与起始磁珠体积相等的 0.5 mol/L EDTA 重悬磁珠。

5a）每管 cDNA 加入 150 μl 2.5 mol/L NaCl/20% PEG 8000 和 10 μl 磁珠，轻轻摇振或涡旋混匀。室温下放置 10 min。

6a）把离心管放到磁力架上，让磁珠沉到一侧管壁（第一次约 2 min，洗涤时可以快点）。

7a）弃去上清，用 150 μl 70%乙醇洗涤两次。最后一步尽量吸干乙醇，晾干 2 min。

8a）加入 25 μl 10 mmol/L Tris-acetate（pH 7.8），室温放置 5 min 洗脱 DNA。

9a）把离心管放到磁力架上，吸取并保存上清。

10a）通过 PicoGreen 的荧光测定 cDNA 的浓度（见辅助方案 2）。

纯化体外转录的 RNA：

1b）每 60 μl 体外转录反应液取 20 μl 磁珠（Bangs Laboratories），将所需体积磁珠放进同一个微量离心管。

2b）把这个离心管放到磁力架上，让磁珠沉到管壁一侧。用枪小心地吸走上清。

3b）加入与起始磁珠体积相等的 0.5 mol/L EDTA，轻轻摇振重悬磁珠。再次把管子放到磁力架上，待磁珠分离后，吸去上清。再重复此洗涤步骤两次。

4b）用与起始磁珠体积相等的 1.25 mol/L NaCl/10% PEG 重悬磁珠。

5b）每管体外转录反应液加入 60 μl 2.5 mol/L NaCl/20% PEG 8000 和 20 μl 磁珠，轻轻摇振或涡旋混匀。室温下放置 10 min。

6b）把离心管放到磁力架上，让磁珠沉到管壁一侧（第一次约 2 min，洗涤时可以快点）。

7b）弃去上清，用 150 μl 70%乙醇洗涤两次。最后一步尽量吸干乙醇，晾干 3 min。

8b）加入 25 μl 10 mmol/L Tris-acetate（pH 7.8），室温放置 5 min 洗脱 RNA。

9b）把离心管放到磁力架上，吸取并保存上清。

10b）测定 260 nm 的吸收值，定量 RNA 浓度（附录 3D）。

21.2.5 辅助方案 2 cDNA 定量

如果转录的产量低，测定一下 cDNA 的产量可能有帮助。为了达到最优的转录产量，一个标准的反应最多不该加入超过 100 ng 的 cDNA。给 cDNA 定量可以使用 Molecular Probes 公司的 PicoGreen 试剂。

材料

PicoGreen 双链 DNA 定量试剂盒（Molecular Probes），包括：

- 100 ng/μl 标准 DNA 储存液
- 20×TE 缓冲液
- PicoGreen 试剂

待测定的 cDNA（见基本方案和备择方案）

黑壁 96 孔板（Coring 公司）

荧光影像仪（Molecular Dynamics，FSI 型）

步骤

1）在 980 μl 1×TE 缓冲液里加入 20 μl 100 ng/μl 标准 DNA 储存液，配制成 1 ml 2 μg/ml 的稀释溶液。

2）用 1×TE 缓冲液把 PicoGreen 试剂按照 1∶200（V/V）稀释。稀释液的量要足够，每个孔装 100 μl。

3）在黑壁 96 孔板的 7 个孔里分别加入 100、50、20、10、5、2 和 0 μl 稀释的标准

DNA，并用 1×TE 分别将它们补足到总体积 100 μl。

4）按需要吸取 2 μl 待测 cDNA 放进另外的孔内备用。

5）每个孔里加入 100 μl 稀释的 PicoGreen 试剂。

6）用荧光影像仪读取每个孔的荧光值。

7）按厂家的说明获得每个孔的读数报告，用每个孔的读数对纳克数制作标准曲线。

8）计算待测孔内的 cDNA 浓度。

参考文献：Lockhart et al.，1996；Schena et al.，1995；Wodicka et al.，1997.

撰 稿 人：Michael C. Byrne，Maryann Z. Whitley and Maximillian T. Follettie

21.3 用 cDNA 阵列技术检测人的基因表达谱

21.3.1 基本方案 1 cDNA 扩增和影印

材料（带√项见附录 1）

保存于细菌中的克隆纯的、已测序确证的人 EST 序列（例如，gf211 release，Research Genetics）

LB 培养基（Biofluids，或参见 1.1），内加 100 μg/μl 的羧苄青霉素（母液 100 mg/ml，见附录 1）

70%乙醇

100%变性乙醇（denatured ethanol）

超级肉汤培养基（Biofluids）内加 100 μg/μl 的羧苄青霉素（母液 100mg/ml，见附录 1）

45%（*m*/*V*）甘油（酶级，高压灭菌，室温存放）

96 孔碱裂解小抽试剂盒（Edge BioSystems）

裂解液

RNA 酶溶液

重悬缓冲液

96 孔收集板和过滤板

沉淀缓冲液（存放于 4℃）

中和缓冲液（存放于 4℃）

宽口吸头

深孔板

√T low E 缓冲液

10×PCR 缓冲液

100 mmol/L dATP

100 mmol/L dGTP

100 mmol/L dCTP

100 mmol/L dTTP

1 mmol/L PCR 引物 AEK M13F（5′-GTTGTAAAACGACGGCCAGTG-3′）
1 mmol/L PCR 引物 AEK M13R（5′-CACACAGGAAACAGCTATG-3′）
Taq DNA 聚合酶（AmpliTaq，PE Biosystems），存储于−20℃。
√乙醇/乙酸溶液
√20×SSC
丁二酸酐（Sigma-Aldrich）
1-甲基-2-吡咯烷酮（1-methyl-2-pyrrolidinone）
√1 mol/L 硼酸钠，pH 8.0
96 孔圆底和 V 型底塑料细胞培养板（Corning）
带有水平微孔板架，容得下 6.2 cm 深，可离心微孔板和过滤板的离心机（如 Sorvall Super T21，Sorvall 带 ST-H750 微孔板架的转子）
96 针多点复制器（96-pin multi-dot replicator）
家用 1gal 可密封储存袋（如 Glad Lock）
深孔板
多微孔胶带（如 Qiagen 的 Airpore Tape Sheets）
37℃可以放置深孔板的控温台式摇床
灭菌的 96 孔板盖（如 Elkay Products）
薄壁 96 孔 PCR 板和 PCR 板盖子（如 Robbins Scientific 公司的 CycleSeal 盖子）
96 孔热循环仪（MJ Research 公司）
微量滴定板清洗仪（如 Bio-Rad 公司 Immunowash Microplate washer）
热密封储存袋和加热封口仪
65℃水浴锅
玻片点样仪（如 GeneMachines、Genetic Microsystems、Genetix、Cartesian Technologics）和点样针（如 Majer Precision Engineering、TeleChem International）
在玻片上刻字的金刚石
没有纸或软木衬垫的塑料玻片盒（如 PGC Scientifics）
约 24 cm×34 cm×5 cm 耐热玻璃烘烤盘
多聚赖氨酸封闭的玻片（见辅助方案 3）
30-玻片不锈钢架和 30-玻片玻璃罐（Shandon/Lipshaw）
1L 玻璃罐

步骤

1）将密闭的克隆纯的、已测序确证的人 EST 母板在 37℃培养过夜。
2）取多套标准圆底 96 孔板，全部做好标记，每孔加入 100 μl 添加了 100 μg/μl 羧苄青霉素的 LB 培养基准备复制。

为保存母板，第一次复制母板时应该多重复几套平板作为工作平板。应该核对这些 EST 克隆是装在青霉素抗性的载体里，一般人 IMAGE 克隆都是这样的。

3）打开前将母板在 20～25℃下以 167 *g* 轻微离心 2 min（在水平培养板转子上是 1000r/

min)，以除去盖子上凝聚的水汽或液滴。

4) 用100%乙醇把容器装满一半，将96针多点复制器浸入再取出，然后点燃复制器上的针。

5) 待复制器冷却后，将它伸进母板，然后取出伸进对应的LB子代培养板。如有必要，可多重复接种几板。

6) 将接种后的子代LB培养板盖好盖子，放进装有湿纸巾的1gal可密封储存袋中37℃培养过夜。

7) 向96孔深孔板每孔加入1 ml含有100 μg/μl羧苄青霉素的超级肉汤培养基。

8) 用96点复制器从新鲜培养的LB96孔板接种到深孔板。

9) 用多微孔胶带封住深孔板的口，再盖上塑料盖。将培养板放到水平摇床上，37℃，200 r/min培养24 h。

10) 往即将冻存于－80℃作为接种源的工作平板上每孔加入45 μl 45%的灭菌甘油。

11) 把裂解缓冲液（裂解小抽试剂盒）在37℃加热至SDS溶解。

12) 往100 ml重悬缓冲液（裂解小抽试剂盒）里加入1 ml RNA酶，并存放在4℃。

13) 准备好96孔收集板（裂解小抽试剂盒），往每孔加入350 μl 100%的变性乙醇。把过滤板放在收集板上面并用胶带固定。

14) 在配有96孔板水平转子的离心机上，于20～25℃以1500 *g*将深孔板细菌培养液离心7 min。

15) 轻轻倒掉上清，并将剩余培养基倒在干净的纸巾上。

16) 用100 μl重悬缓冲液重悬沉淀。涡旋仪振荡直到所有沉淀彻底重悬。

17) 加入100 μl裂解缓冲液。从侧面晃动培养板轻轻混匀；避免剪切力弄断细菌染色体DNA。

18) 每孔加入100 μl沉淀缓冲液，快速混匀后加入100 μl中和缓冲液，涡旋仪振荡。

19) 用试剂盒附带的宽口枪头将深孔板内容物转移到先前准备好的过滤板/收集板叠堆（见步骤13）。

20) 将叠堆板在20～25℃，1500 *g*离心12 min。

21) 将它们从离心机上取下，抛去过滤板。将收集板中的乙醇和滤过液倒掉，用干净的纸巾轻轻吸掉剩余的乙醇。

22) 每孔加入500 μl 70%乙醇，立即倒掉。用干净的纸巾轻轻吸掉剩余的乙醇。

23) 将收集板放入干净的抽屉，不盖盖子，只覆盖一层干净的纸巾，放过夜晾干。

24) 用200 μl T low E缓冲液重悬DNA。用灭菌的96孔板盖子盖好。使用前在4℃至少放2天重新水合（rehydrate）。储存于－20℃。

25) 每个待扩增的96孔板，配置含有下列组分的PCR反应母液：

　　1000 μl 10×PCR缓冲液
　　20 μl 100 mmol/L dATP
　　20 μl 100 mmol/L dGTP
　　20 μl 100 mmol/L dCTP
　　20 μl 100 mmol/L dTTP
　　5 μl 1 mmol/L AEK M13F引物

5 μl 1 mmol/L AEK M13R 引物

100 μl 5U/μl *Taq* DNA 聚合酶

8800 μl H_2O

26）标记好 96 孔 PCR 板，每孔加入 100 μl PCR 反应母液。轻轻弹动板壁确定没有气泡压在孔底。

27）每孔加入 1 μl 纯化的 EST 质粒模板。确保每次加入模板时枪头尖伸进反应混合液中。

28）按下列热循环程序工作：

1个循环：	30 s	96℃	（初始变性）
25个循环：	30 s	94℃	（变性）
	30 s	55℃	（复性）
	150 s	72℃	（延伸）
1个循环：	5 min	72℃	（最后延伸）

PCR 结束后，板子存放在 4℃，此时进行质量控制检查。

29）倘若此次为这些 EST 的第一次扩增，每个 PCR 取 2 μl 跑 2%的琼脂糖胶（见辅助方案 1）并选用合适的分子质量标准物。如果这批模板先前扩增过，则每个板取一排跑胶检查。

30）每个扩增板选一排扩增产物，各取 1 μl 用荧光仪分析（见辅助方案 2）。

31）取 V 型底 96 孔细胞培养板，每孔加入 200 μl 乙醇/乙酸溶液（pH 6）。

32）每孔 PCR 产物（步骤 28）取出 100 μl 加到对应的 V 型底 96 孔板并吹吸混匀：吸 75μl，然后吹出；如此 4 次。

33）将板子置于－80℃放 1 h 或－20℃过夜。

34）将板子融化冰块以减少脆性并使孔内可能形成的冰完全融化。

35）4℃条件下 2600 *g* 离心 40 min。调整微量滴定板清洗仪吸取上清，使约 10～20 μl 留在孔底。

36）用清洗仪每孔加入 200 μl 70%乙醇清洗沉淀。

37）4℃，2600 *g* 离心 40 min。用清洗仪吸取上清。板置关闭的抽屉里晾干过夜。

38）每孔加入 40 μl 3×SSC。用锡箔纸封好，确保每个孔都封紧。

39）将 3×SSC 浸湿的纸巾与平板一同放入热密封袋并用加热封口仪封好袋口。

40）将袋子放入 65℃培养箱 2 h，然后关掉培养箱加热。

41）每板选一排孔各取 1 μl 重悬的 PCR 产物，跑 2%的琼脂糖胶（见辅助方案 1）。

充分地沉淀和重悬将产生很强的条带，没有停留在加样孔或从条带到加样孔的拖带。

42）把重悬后的平板放在－20℃。

将 PCR 产物从滴定板转移到玻片上的点样仪（printer）和针（pen）的品种很多，其应用可在很大程度上避免繁琐的点样过程。下面的步骤对这一过程作了大略的描述。

43）按厂家的说明书清洗针。

44）安装带有多聚赖氨酸封闭玻片的点样仪玻片架。

45）将装有纯化 EST 的 PCR 产物的板子解冻，在 20～25℃以 167 *g* 轻微离心 2 min（在水平培养板转子上是 1000 r/min），以除去盖子上凝聚的水汽或液滴。

46）取5～10 μl纯化的PCR产物到另一个平板用作点样溶液。

带羽管状针的点样仪一般需要点样溶液足够低，这样当点样针下降到孔里的时候，它浸入液面的深度<1mm。这样针旁边带出来的液体不会太多，不至于在开始的几个片子上产生有差异的又较大的点。

47）设计一个可重复的点样试验来检验点位模式的大小和形状，以及在玻片上的放置位置。

48）如果一个或者多个针头达不到期望的水平，重新清洗或者换一个新的再试。如果所有的针都正常，就完成所有的点样。

49）点样结束后拿走玻片，用金刚笔在玻片边缘刻上点样的识别符和玻片编号。放在无尘的玻片盒里，可以放1周。

50）把玻片点样面朝上放入耐热玻璃烘烤盘用塑料膜盖住，置交联仪以450 mJ能量紫外光曝光。

51）将玻片装入30-玻片不锈钢架，再将玻片架装入玻璃罐。

52）在装有325 ml 1-甲基-2-吡咯烷酮的大玻璃烧杯中用磁力搅拌棒搅拌溶解6.0g丁二酸酐。

注意：操作1-甲基-2-吡咯烷酮（致畸剂）时应戴腈制（Nitrile）手套，并在化学通风橱中工作。

53）往烧杯中加入25 ml 1 mol/L硼酸钠缓冲液（pH 8.0）。让溶液混合几秒钟，然后快速倒进玻片罐。

54）将玻片罐置于通风橱内的水平摇床上摇20 min，每分钟70～90次。

55）玻片在摇床上温育的同时，准备开水以变性玻片上的DNA。

56）玻片摇床温育20 min后转入开水浴。当玻片一没入开水时立即关闭加热装置。开水浴2 min。

57）将玻片转入装有100%乙醇的玻璃罐孵育4 min。

58）将玻片拿去在20～25℃以167 *g*轻微离心2 min（在水平培养板转子上是1000 r/min），甩干玻片。

59）杂交前将玻片保存于一个干净、无尘的玻片盒，放过夜。

21.3.2 基本方案2 RNA抽提和标记

材料（带√项见附录1）

从组织培养收获的细胞、在组织培养中的细胞，或冻存的整个组织

√磷酸盐缓冲液（PBS）

TRIzol试剂（Life Technologies）

氯仿

100%、75%和70%乙醇

RNeasy大规模试剂盒（Qiagen）内含：

　　50 ml大规模离心柱和收集管

　　RW1缓冲液

　　RPE缓冲液

√DEPC处理过的水（试剂盒附带）

√3 mol/L 乙酸钠，pH 5.2

2 mg/ml 固定化的 oligo-dT 引物（固定的：5′-TTT TTT TTT TTT TTT TTT TTV N-3′；如 Genosys 公司）

1 mg/ml d（T）12-18（Amersham Pharmacia Biotech）

√10×低 T 的 dNTP 混合液

1 mmol/L Cy 3-dUTP 或 Cy 5-dUTP，保存于－20℃，对光敏感。

RNasin RNA 酶抑制剂（Promega）

Superscript II 逆转录酶试剂盒，无 RNA 酶 H，带有 5×第一链缓冲液和 1 mol/L DTT（Life Technologies）

√0.5 mol/L EDTA

1 mol/L NaOH

√1 mol/L Tris-Cl，pH 7.5

TE 缓冲液，pH 7.5

1 mg/ml 人 C_0t-1 DNA（Life Technologies）

2%（*m/V*）琼脂糖胶（宽 6 cm×长 8.5 cm，孔宽 2 mm）溶于 TAE 缓冲液

√50×TAE 缓冲液

组织匀浆器（如 Brinkmann Instruments 的 Polytron PT1200）

15 ml 圆底聚丙烯离心管

50 ml 圆锥聚丙烯离心管

有水平转头可离心 50 ml 圆锥离心管的临床离心机

1.5 ml 微量离心管

离心过滤管（如 Amicon 公司的 Microcon YM-100）

0.2 ml 带盖薄壁 PCR 管

热循环仪

荧光扫描仪（如 Molecular Dynamics 用于凝胶分析的 Storm 系统）

注意：除有特别说明，所有溶液需用无 RNA 酶的水（如 DEPC 处理过的水，见附录 1）配制。

步骤

1a）*若从收获的组织培养细胞开始*：用 PBS 将细胞沉淀洗涤两次。

1b）*若从组织培养的细胞开始*：每 2×10^7 细胞加入 1 ml TRIzol 再晃动混匀。

1c）*若从组织开始*：每 100 mg 冰冻组织直接加入 4 ml TRIzol，用旋转刀片式组织匀浆器匀浆。

2）加入 1/5 体积氯仿，摇振 15 s，静置 3 min。4℃12 000 *g* 离心 15 min。

3）将上清轻轻转移到一个 15 ml 聚丙烯管内，记下体积。

4）边混匀边逐滴加入等体积的 70%乙醇（终浓度 35%）。

5）把从 2×10^7～1×10^8 细胞提取的上清加入一个放在 50 ml 离心管中的 RNeasy Maxi 柱内。

6）在临床离心机的水平转头上室温，以 2880 *g* 离心 5 min。

7）收集流出液，把它再倒回柱子上部，重复步骤 6 操作一次。

8）弃去流出液，往柱子里加 15 ml RW1。20～25℃，2880 *g* 离心 5 min。

9）弃去流出液，往柱子里加 10 ml RPE。20～25℃，2880 *g* 离心 5 min。

10）弃去流出液，再次往柱子里加 10 ml RPE。20～25℃，2880 *g* 离心 10 min。弃去流出液。

11）将柱子放入一个新的 50 ml 锥形聚丙烯离心管，加入 1 ml DEPC 处理过的水（试剂盒附带）。静置 1 min。20～25℃，2880 *g* 离心 5 min，不要弃去流出液。

12）再往柱子里加入 1 ml DEPC 处理过的水。放入上面的离心管静置 1 min。20～25℃，2880 *g* 离心 10 min。

13）按 400 μl 每管将洗脱液分装到 1.5 ml 微量离心管里。

14）每管加入 1/10 体积的 3 mol/L 乙酸钠（pH 5.2）。然后加入 1 ml 100%乙醇，振荡混合，室温静置 15min。

15）4℃，12 000 *g* 离心 15 min。用 75%乙醇洗涤沉淀两次。于－80℃，在 75%乙醇内无限期保存。

16）4℃，12 000 *g* 离心 15 min。吸掉上清，空气中晾干。用 DEPC 处理过的水重溶 RNA 到浓度约 1 mg/ml。取 1 μl 加入 100 μl 50 mmol/L NaOH 中读取 A_{260} 数值，确定 RNA 浓度。

17）在 Microcon YM-100 过滤管内以 500 *g* 离心浓缩到浓度＞7 mg/ml，如有必要可测定浓缩率。

18）用分光光度法（附录 3D）测定浓缩后 RNA 样品的浓度。保存于－80℃。

19a）*若用固定化的 oligo-dT 引物*：将引物与 RNA 在下面 17 μl 反应体系里复性（使用 0.2 ml 薄壁 PCR 管，以便温育过程可以在热循环仪上进行）：

组分	Cy5 标记	Cy3 标记
总 RNA（＞7 mg/ml）	150～200 μg	50～80 μg
固定化的引物（2 μg/μl）	1 μl	1μl
DEPC 处理过的水	配平到 17 μl	配平到 17 μl

19b）*若用 oligo-d（T）$_{12\text{-}18}$ 引物*：将引物与 RNA 在下面 17 μl 反应体系里复性（使用 0.2 ml 薄壁 PCR 管，以便温育过程可以在热循环仪上进行）：

组分	Cy5 标记	Cy3 标记
总 RNA（＞7 mg/ml）	150～200 μg	50～80 μg
d（T）$_{12\text{-}18}$引物（1 μg/μl）	1 μl	1μl
DEPC 处理过的水	配平到 17 μl	配平到 17 μl

20）65℃加热 10 min，冰上放置 2 min。

21）准备含有下列组分的母液（总体积 23 μl）

8 μl 5×第一链缓冲液

4 μl 10×低 T 的 dNTP 混合液

4 μl 1 mmol/L Cy5 或 Cy3 标记的 dUTP

4 μl 0.1 mol/L DTT

1 μl 30 U/μl RNasin

2 μl 200 U/μl Superscript II

22) 每管样品加入 23 μl 含有 Cy5-dUTP 或 Cy3-dUTP 的反应混合液。吹吸混匀，快速离心使溶液集中在管底。

23) 42℃温育 30 min，再次加入 2 μl Superscript II。确保酶在反应体系里充分混匀，再在 42℃温育 30～60 min。

24) 加入 5 μl 0.5 mol/L 的 EDTA（pH 8.0）终止反应。

25) 加入 10 μl 1mol/L NaOH，在 65℃温育 60 min 以降解残余的 RNA。冷却至室温。

此步骤所用氢氧化钠的纯度至为关键。轻微的污染或长期储存于玻璃容器会造成这种溶液可以降解 Cy5 分子，并使溶液变黄。有些研究者把水解时间减少到 30 min 而得到较好的效果。

26) 加入 25 μl 1 mol/L 的 Tris-Cl（pH 7.5）中和溶液。

27) 将标记的 cDNA 和 400 μl TE 缓冲液（pH 7.5）以及 20 μg 人 C_0t-1 DNA 加入到 Microcon YM-100 柱子里，吹吸混匀。室温 500 *g* 甩 10 min 以脱盐。

28) 再次加入 200 μl TE 缓冲液（pH 7.5）洗一次，并用 Microcon YM-100 柱子浓缩到大约 20～30 μl（500 *g* 约 8～10 min）。

29) 把柱子倒转放入另一个干净的收集管，室温 500 *g* 离心 3 min 以回收 cDNA。

有些情况下，Cy5 标记的 cDNA 在浓缩管中会形成胶状的蓝色沉淀。看到这种东西意味着有污染。污染越严重，cDNA 被胶吸附的比例越高。即使加热溶解了，这种东西也是倾向于不加识别地与靶 DNA 非特异结合。

30) 取 2～3 μl Cy5 标记的 cDNA 检测，剩余的 18～28 μl 用作杂交。

31) 用标记的探针跑 2%琼脂糖胶（见 2.6）检测，用 TAE 缓冲液。

为了使胶的荧光分析达到最大的灵敏度，跑胶时只加入最少的染料，胶里或缓冲液中都不要加溴化乙锭。

32) 用 Molecular Dynamics 的 Storm 荧光扫描仪扫描胶（参数：红色荧光，200μm 分辨率，1000V on PMT）。参见图 21.3.1 看典型的标记成功（A 泳道）和失败（B 泳道）的例子。

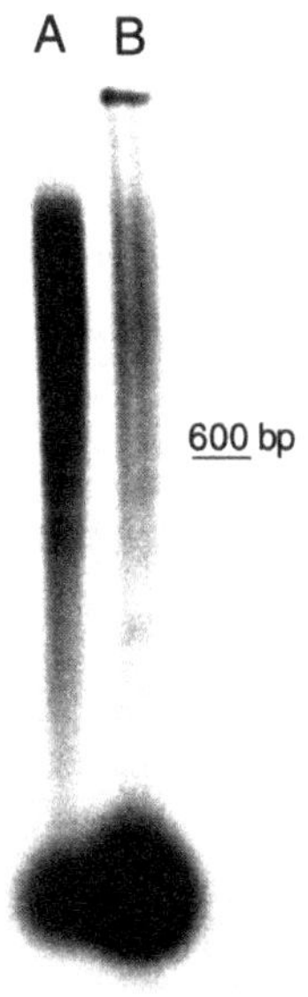

图 21.3.1 Cy5 标记的 cDNA 在 2%琼脂糖电泳后的荧光扫描。

21.3.3 基本方案 3 杂交和数据处理

测定每个固定化 cDNA 点上荧光强度的比值，人们得以度量一个样品库中信使与另一个库中信使的相对比值。如果一系列的样品都与一个共同的参照比较的话，所有样品中信息的相对量就可以作比较，得出它们之间的相似和差异。

材料（带√项见附录 1）

玻璃微阵列（见基本方案 1）

Cy3-和 Cy5-标记的 cDNA（见基本方案 2）

√DEPC 处理的水

8 mg/ml poly（dA）40-60（Amersham Pharmacia Biotech）

√4 mg/ml 酵母 tRNA

√10 mg/ml 人 C_0t-1 DNA

√20×SSC

√50×Denhardt 溶液

10%（*m*/*V*）SDS

0.5×SSC/0.01%SDS 洗涤缓冲液

√0.06×SSC 洗涤缓冲液

0.2 ml 薄壁 PCR 管

热循环仪

24 mm×50 mm 玻璃盖玻片

芯片杂交盒

65℃水浴

芯片扫描仪

图像分析软件

注意：除非特别说明，所有溶液用无 RNA 酶的水（如 DEPC 处理过的水，见附录 1）配制。

步骤

1）计算所需要的杂交液体积。

计算体积的经验是盖玻片所覆盖的每平方毫米载玻片面积需要 0.033 μl 杂交液。一个 24 mm×55 mm 盖玻片需要 40 μl 杂交液。所加的杂交液应能足以产生无气泡的平整支撑面，这样盖玻片就与载玻片各处的距离一致。

2）每个 40 μl 的杂交体系中，将 Cy3 和 Cy5 标记的 cDNA 加入一个 0.2 ml 薄壁 PCR 管混合，并加入 DEPC 处理过的水或用 Speedvac 蒸发仪除去一些水使它们的体积达到 30 μl。

3）按下面所列组分配制每一份 40 μl 的杂交体系：

	高样品封闭	高阵列封闭
Cy5 ＋ Cy3 标记的探针	30 μl	28 μl
8 mg/ml poly（dA）	1 μl	2 μl
4 mg/ml 酵母 tRNA	1 μl	2 μl
10 mg/ml C_0t-1 DNA	1 μl	0 μl
20×SSC	6 μl	6 μl
50×Denhardt 溶液	1 μl（可选）	2 μl
总体积	40 μl	40 μl

芯片和样品会有某些差异，有时有必要对杂交液组分做适当调整。如果芯片上的重复 DNA 对照有残留的杂交信号，可以适当多加入人 C_0t-1 DNA，如高样品封闭。如果芯片上出现弥散的背景或所有的芯片元素上发生模糊，则需加入更多的非特异封闭组分，如高阵列封闭。

4）吹吸使所有组分混匀，在热循环仪上 98℃加热 2 min，快速降温到 25℃，并加入 0.6 μl 10% SDS。

5）20～25℃16 000 *g*离心 5 min，使凝聚的部分沉淀。
6）把标记的 cDNA 小心地加到 24 mm×50 mm 盖玻片上，然后与倒转朝下的芯片相接触。
7）把玻片放入一个芯片杂交盒。如果盒中有池，在池里加入 5 μl 3×SSC；如果无池，加在玻片有标记的那一端。封好杂交盒。将盒子浸入 65℃水浴中杂交 16～20 h。
8）从水浴中拿出杂交盒，冷却并仔细拭干，以免外面的水分在盒子打开时进到内部。打开杂交盒拿走玻片。
9）将玻片和黏附在一起的盖玻片一起放入盛满 0.5×SSC/0.01% SDS 洗液的 Coplin 缸内。此时盖玻片会从玻片上落下，用镊子捡去。玻片在缸子里洗 2～5 min。
10）把玻片转入另一个盛满 0.06×SSC 的 Coplin 缸内洗 2～5 min。

根据 RNA 样品来源不同，洗涤的程序可能需要调整以更有效地去除噪声。第一步插入用 0.5×SSC/0.1% SDS 洗涤或将常规的第一步洗涤重复一次都是有帮助的。

11）将玻片转移到玻片架上，在带有可离心培养板的水平转子的临床离心机上低速离心（167 *g* 或 700～1000 r/min）3 min。

根据所用型号和厂家不同，调节芯片显像设备的细节会有很大差别。同样地，许多方法都可以用于识别图像中的信号、调整背景水平，以及标化两个通道中的数值。这个部分只是想给出一些显像中整体考虑的原则。

12）调节光电倍增器的电压和激光的功率使最强的信号只略低于读数上限［如果是 16 位（16-bit scale）那么就是 65535］，而背景值（排布的点与点之间）一致略高于 0。然后收集整个图像的数值。
13）将捕获的图像输入数据抽取软件。检查杂交的整体质量：注意一致性和背景水平、信号水平和分布情况、每个通道信号的相对强度以及大多数基因信号之间的可比性如何。

21.3.4 辅助方案 1 EST 的琼脂糖凝胶电泳

材料（带√项见附录 1）

2%（*m*/*V*）琼脂糖胶-1×TAE 缓冲液配制
50×TAE 缓冲液
上样缓冲液
100 bp 分子质量标准物
可容纳 4 块 50 孔梳齿的电泳仪（如 Owl Scientific）
一次性微量滴定混合盘（如 Becton Dickinson）
可编程 12 道移液器和枪头（如 Matrix Technologies）
电泳电源

步骤

1）倒一块有 4 排梳齿（各 50 孔）的 2%的 1×TAE 琼脂糖胶，放进电泳仪。电泳缓冲液足够刚刚没过胶的表面（见 2.6）。

2）用微孔板的 12 个孔准备上样缓冲液。
3）给 12 通道移液器编程使之可以按顺序完成下列步骤：

　　吸入 2 μl
　　吸入 1 μl
　　吸入 2 μl
　　将 5 μl 混合 5 次
　　打出 5 μl

4）将 12 个枪头装到移液器上。
5）从 PCR 板的 A1～A12 吸取 2 μl PCR 产物上样。
6）吸入 1 μl 空气。
7）吸入 2 μl 上样缓冲液。
8）将枪头放进干净的一次性微量滴定混合盘的孔内，让移液器混匀样品和上样缓冲液。
9）将移液器对准一排 50 孔的加样孔，使得含有 A1 的枪头对着此排的第 2 个孔，其余枪头按顺序对准其他加样孔。
10）重复此过程，每次换枪头。PCR 的 B 行从第 14 个孔开始（与 A 行并列）；C 行从第 26 孔开始，D 行从 38 孔开始（与 C 并列）。
11）第 1 孔和第 50 孔各加入 5 μl 100 bp 分子质量标准物。
12）重复此过程。将 E、F、G 和 H 行的样品加入第二排的 50 个加样孔。每块胶跑两个 PCR 板的样品。或者 16 块板中每块选取一行来跑。为了减少上样时的扩散混合，两排胶上样之间电泳电源打开 1 min。
13）给加上电压，跑胶直到溴酚蓝条带（快的染料指示带）将要电泳入下一排加样孔为止。例如，200V 跑 15 min。
14）给胶拍个数码照片，保存图片以备参考。

胶上的条带大小应为 600～2000 bp，亮度比较一致（图 21.3.2）。

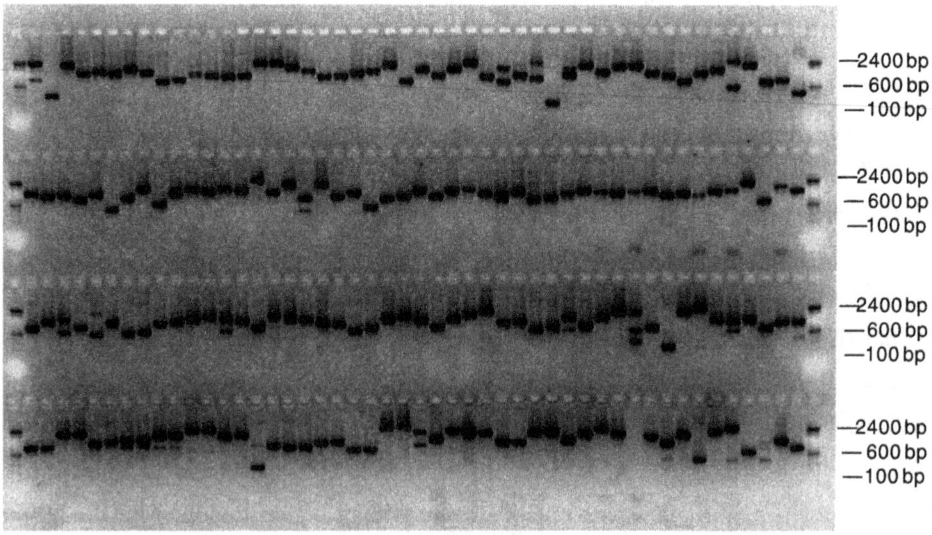

图 21.3.2　EST PCR 产物在 2% 琼脂糖凝胶电泳后用溴化乙锭染色。

21.3.5 辅助方案2 荧光法测定DNA浓度

荧光法可以方便地测定PCR反应混合液内双链PCR产物的近似浓度。

材料（带√项见附录1）

FluoReporter Blue双链DNA定量试剂盒（Molecular Probes）
Fluor缓冲液
PCR产物（见基本方案3）
TE缓冲液（pH 8）
50、100、250和500 μg/ml双链DNA标准物
荧光检测96孔板（Dynex）
12道移液器
荧光计
装有微软公司Excel软件的电脑

步骤

1）标记测荧光用的96孔板。用12道移液器每孔加入200 μl荧光缓冲液。
2）将PCR板A～G行每孔各取1 μl PCR产物加入荧光板。
3）荧光板最后一排的第一个孔内加入1 μl TE缓冲液，后面的孔内依次加入1 μl的50、100、250和500 μg/ml浓度双链DNA标准物。这个系列在最后一排重复两次。
4）把荧光计设定到激发光波长346nm，发射光波长460nm。读板时如有必要可再行调整。
5）测试从0～500 μg/ml的DNA样品标准物是否为线性且有重复性的。
6）所有其他样品以及标准样品的值都要扣除0 μg/ml的平均值，然后按下面的公式计算PCR反应产生的双链DNA浓度：

[dsDNA浓度(μg/ml)]＝[(PCR样品值)/(100 μg/ml标准平均值)]×100

21.3.6 辅助方案3 多聚赖氨酸封闭玻片

材料（带√项见附录1）

√清洗液
√多聚赖氨酸溶液
Gold Seal显微玻片（Becton Dickinson）
50玻片不锈钢架和50玻片玻璃罐（Wheaton）
25玻片塑料架和25玻片塑料盒（Shandon Lipshaw）
无纸质或软木衬垫的塑料玻片盒（如PGC Scientific）

步骤

1）戴手套将玻片装入50玻片架并放入盛有500 ml清洗液的玻璃缸内。

2）把玻璃缸放在水平摇床上60 r/min摇2 h。

3）倒出清洗液，用水洗3 min。重复洗4次。

4）把玻片转移到25玻片塑料架，然后放入小的塑料盒中以待封闭。

5）每盒倒入200 ml多聚赖氨酸溶液淹没玻片，以60 r/min摇1 h。

6）用水冲洗玻片3次，再用水浸泡玻片1 min。

7）400 *g*离心2 min，同时擦干封闭所用的盒子。

8）在将玻片转入新的玻片盒储存前，把玻片再次装入封闭时用的盒子放置过夜。

9）将玻片转入新的玻片盒，可在实验台上放置2周，然后再点样。

因特网资源

http://www.ncbi.nlm.nih.gov/UniGene/Hs.Home.html

EST数据库经常检索EST序列之间以及与已知基因的相似性，以修订新EST序列所属的聚类和命名。它是UniGene项目的一部分，结果是对公众开放的。

http://www.nhgri.nih.gov/DIR/LCG/15K/DATA

基于UniGene项目构建的人类EST最小相关性数据库，时常更新。它可以在普通的个人电脑上使用。

参考文献：De Risi et al., 1997；Lockhart et al., 1996；Phimister, 1999.

撰 稿 人：Yuan Jiang, John Lueders, Arthur Glatfelter, Chris Gooden and Michael Bittner

第22章　组合文库的建立和使用

22.1　构建组合库及文库所用的DNA库的设计、合成和扩增

22.1.1　基本方案1　随机序列库的纯化

材料（带√项见附录1）

DNA库

氢氧化铵

正丁醇

√TE缓冲液，pH 8.0

√尿素上样缓冲液，2×

5 mol/L NaCl

乙醇

荧光薄层层析板（VWR），塑料膜包裹

紫外灯

剃刀刀片

小孔注射器

能耐受极端温度的13 ml离心管（Sarstedt）

90℃水浴

旋转混合器

步骤

1）寡核苷酸合成完毕后，去保护，从固相支持物上切下，然后将溶液冻干（在浓缩的氢氧化铵中），或者用10倍体积的正丁醇于−70℃放置≥1h将寡核苷酸沉淀出来。

2）制备一块变性的聚丙烯酰胺胶（见2.15）。

3）用100～200μl的水或缓冲液（如TE缓冲液，pH 8.0）重新溶解冻干的或沉淀出的寡核苷酸，加入等体积的2×上样染料。上样前将样品加热到75℃热变性5 min。每一2 cm×2 cm×1.6 mm的孔中加入约20%的1 μmol合成的寡核苷酸进行电泳分离。

4）将胶放到塑料膜包裹的荧光薄层层析板上，在紫外灯的照射下用刀片切下寡核苷酸产物（通常为最暗的阴影条带）。

5）按如下步骤将寡核苷酸从胶条中洗脱出来：

a. 为了帮助寡核苷酸从丙烯酰胺基质中扩散出来，用力让胶条挤过小孔注射器以使

之变为粉碎的颗粒。

b. 将碎胶放入一个能耐受极端温度的 13 ml 的离心管中。

c. 每 0.5 ml 的胶条（一般相当于 1～2 个加样孔的量）加入 3 ml 的 TE 缓冲液，pH 8.0，将样品于－80℃放置 30 min 或直到样品冻成固体。

d. 将离心管放于热水浴中迅速解冻样品，然后于 90℃浸泡 5 min。将样品放于旋转混合器上于室温洗脱 DNA 过夜。

6）用 5mol/L NaCl 储液将寡核苷酸洗脱液的盐浓度调整到 0.3 mol/L，然后加入 3 倍体积的乙醇以沉淀寡核苷酸库。于－20℃放置 3 h，然后于 4℃以最高转速离心。冻干。用 TE 缓冲液（pH 8.0，防止核酸酶污染或 pH 的剧变）重溶合成的库。

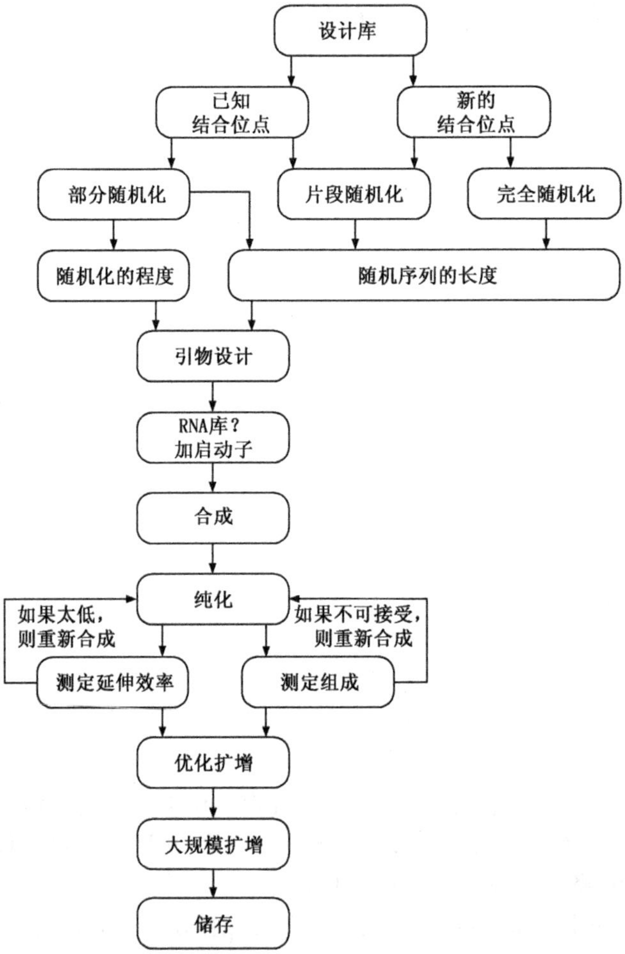

图 22.1.1 库的设计、合成和大规模扩增的流程图。

22.1.2 辅助方案 1 库的复杂度的测定

材料（带√项见附录 1）

纯化的 ssDNA 库和标记的引物

√50 mmol/L Tris · Cl，pH 7.5
10 mmol/L $MgCl_2$
5 mmol/L DTT
[γ-^{32}P] ATP（>3000Ci/mmol）
T4 多核苷酸激酶
√1∶1（*V*/*V*）苯酚/氯仿
氯仿
4.0 mol/L 乙酸铵
Taq DNA 聚合酶
√TE 缓冲液，pH 8.0
√PCR 扩增缓冲液
√2×甲酰胺上样缓冲液
15 cm×17 cm 变性聚丙烯酰胺胶
热循环器
磷屏和磷屏成像仪

步骤

1）通过测定紫外吸收值对 DNA 进行定量，设定 1.0 A_{260} 相当于大约 37 μg/ml 的单链 DNA（附录 3D）。

2）通过如下反应体系用 [γ-^{32}P] ATP 对 3′PCR 引物的 5′端进行标记。对于 30 μl 的反应（根据不同的用途，反应体积以及 DNA 和 [γ-^{32}P] ATP 的浓度可以做相应的调整）：

50 mmol/L Tris · Cl，pH 7.5
10 mmol/L $MgCl_2$
5 mmol/L DTT
1～50 pmol 5′端脱磷的 DNA
50 pmol（150 μCi）[γ-^{32}P] ATP
50 μg/ml BSA
20 U T4 多核苷酸激酶

37℃孵育 60 min，然后加入 1 μl 0.5mol/L EDTA 终止反应。苯酚/氯仿和氯仿抽提标记好的寡核苷酸（见 2.1），加入等体积 4.0 mol/L 乙酸铵和 2 倍体积的乙醇沉淀寡核苷酸。离心，去上清，收集沉淀，用 10 μl TE 缓冲液（pH 8.0）重溶标记的 DNA。

3）在热循环器中，按照如下与最后的扩增反应一样的条件，在 50 μl 延伸反应体系中将约 50 pmol 标记的引物与 2～5 倍摩尔量的库一起孵育：

a. 在 PCR 扩增缓冲液中将引物与模板 DNA 进行变性与复性（通常于 94℃变性，于 50℃复性）。

b. 加入 *Taq* 或者其他的 DNA 聚合酶（根据在大规模扩增反应中应用的酶浓度按比例调整），升温至 72℃孵育 20 min。

c. 最后，加入 2×甲酰胺上样缓冲液终止反应。

4）将延伸反应体系加热至 90℃孵育 3 min，然后上样至一 15 cm×17 cm 变性聚丙烯酰胺胶中，加上合适的放射性标记的分子质量标准物。电泳至染料接近胶的底部，但不要让放射性标记的引物跑出。

5）干燥凝胶，对磷屏曝光。用磷屏成像仪对对照的引物条带和延伸产物的条带进行定量。

将标记的延伸产物的量除以标记引物的量可以计算出延伸百分率。胶纯化的 ssDNA 库的延伸百分率可达 10%～30%。库的复杂度即为库的产量（步骤 1 中所测定的）乘以延伸效率（即如上所测定的延伸百分率）。如果库的复杂度不足以用于计划好的实验，则需重新合成库。

22.1.3　辅助方案 2　库的偏好性的测定

上述延伸反应后，应当用非放射性标记的引物重复进行延伸反应并将所得的非放射性双链 DNA 库进行 PCR 扩增、克隆（如使用 Invitrogen 公司的 TA 克隆试剂盒）和单个克隆测序以确定库的随机性是部分的还是完全的。克隆步骤也可以在 PCR 反应优化后再进行（见辅助方案 3）。应当对 20～30 个克隆进行测序以测定起始库的基本组成。随机区域中各个碱基的组成应大致为 25%。随机区域中的一个或几个碱基偏多（>30%）的库应当重新合成。

22.1.4　辅助方案 3　库扩增的小规模 PCR 反应的优化

为了增加产量和进一步避免偏好性的产生，在进行库的大规模扩增前应当对扩增条件进行优化。而且，由于库的扩增既费时又费钱，因此 PCR 的优化应小规模进行。然后就可以有把握地进行更复杂的大规模扩增。

材料（带√项见附录 1）

dNTP（见 3.2）

Taq DNA 聚合酶（如 Boehringer Mannheim）

√PCR 扩增缓冲液，含 1.5 mmol/L Mg^{2+}

dsDNA 分子质量标记（如 Life Technologies）

4%（*m*/*V*）Nu Sieve 琼脂糖凝胶（FMC Bioproducts）

热循环器

光密度计

步骤

1）用 2 nmol/L 合成的寡核苷酸库为模板、2 μmol/L 引物和含 1.5 mmol/L 镁离子的 PCR 扩增缓冲液进行一个 0.1 ml 的 PCR 反应。在含有 200 μmol/L dNTP 的反应体系中按照厂家建议的用量加入 *Taq*（如 2.5 U 的 Boehringer Mannheim 的 *Taq*）。建议温度循环方案如下：

10～15个循环：2 min　　95℃（变性）
　　　　　　　1 min　　55℃（由引物的碱基组成而定；复性）
　　　　　　　3 min　　72℃（延伸）。

扩增10～15个循环后，用4% Nu Sieve琼脂糖凝胶于1×TBE缓冲液中电泳检测扩增出的DNA的长度和纯度（见2.6）。

2）将PCR所得的双链DNA产物按1∶128稀释，重复PCR反应，在第7个循环的延伸一步的最后10 s内取出5～10 μl反应液。将扩增产物做一系列的稀释：1∶2，1∶4，…，1∶128。将所有样品加入大的琼脂糖凝胶中进行电泳。

3）通过确定稀释到什么程度的7个循环的PCR反应仍是最初合成的DNA的持续倍增的结果来计算平均的PCR效率。确定在哪个稀释度下检测不到DNA。

4）调整PCR条件以提高PCR效率。

5）按照如下的优化方法来确认辅助方案1中所述的延伸反应的结果。当库的PCR条件优化至每个循环的平均倍增效率>1.8后，用2 nmol/L初始的合成的寡核苷酸库在已经优化好的条件下进行另一个0.1 ml PCR反应以确定库的复杂度。进行7个或更多个循环的PCR反应后，将系列稀释的PCR反应产物与系列稀释的dsDNA分子质量标记邻近进行琼脂糖凝胶电泳。利用光密度计或通过评估在哪个稀释度下（条带亮度）最相近来计算扩增出的DNA的量。如下计算库的大致复杂度：

PCR效率的优化应当权衡每一循环的倍增数和总反应体积。一个有1×10^{15}个分子（约1.7×10^{9} mol）的库以2 nmol/L为起始模板浓度时则需要0.85L用来扩增。因此最期望的条件是能在极高的模板浓度下仍能得到合理的循环倍增数。如果要达到并保持库的复杂度，扩增反应应当产生至少8个拷贝的库DNA（见基本方案2）。

22.1.5　基本方案2　库DNA的大规模扩增

非常长且复杂的库经常需要若干毫升规模的PCR扩增。大规模PCR与常规PCR的不同之处在于它一般在水浴中进行，而且需要使用15 ml、17 mm×120 mm的螺纹口盖子的热稳定管子（Sarstedt）来容纳更大的体积。高至2.5 L体积的扩增反应都曾用这种方法做过。中等规模的扩增有时可以在能容纳多个样品（如96孔PCR板）的热循环器中进行。

材料（带√项见附录1）

纯化的ssDNA库和引物

√EDTA

√1∶1（*V*/*V*）苯酚/氯仿

氯仿

4 mol/L乙酸铵

乙醇

TE缓冲液，pH 8.0，含50 mmol/L盐，如氯化钾

热循环器或三个水浴（其中之一必须是循环水浴）

96 孔 PCR 板或 13 ml 热稳定管（Sarstedt）

温度计

聚苯乙烯泡沫塑料架子

分光光度计或荧光计

步骤

1）在小规模水平鉴定出合适的 PCR 条件后（见辅助方案 3），配制大规模反应所需的试剂。为大规模扩增留出时间，这往往需要一整天的时间。

如果大规模扩增反应的体积≤100 ml：

2a）可以重复使用商品化的热循环器。预先配制好反应混合物，然后按每份 100 μl 的体积分装到 96 孔 PCR 板的每个孔中。

3a）预先进行几个小规模的扩增反应以确保辅助方案 3 中优化的条件也适用于 PCR 板，而且扩增反应在整块板上是一致的。

4a）用 11 块 PCR 板进行整个反应的热循环过程。

对于更大的体积：

2b）将温度计插入盛有 10 ml 水的 Sarstedt 管中来制作一个温度探针以确定反应混合物在管中需要多久才能达到热平衡。将此探针与其他类似的管子放在架子上。

3b）为确保反应条件能如计划中的那样确实发挥作用，在架子上放上分别装有水、单独的一个扩增反应体系和温度探针的管子。将样品变性 30 min，然后在首次复性后加入 *Taq* 酶。每一循环都取出一小份以监测反应进程。

4b）反应条件确证后，继续下面的扩增反应。最后一步延伸要进行 20 min 以上以确保所有的模板都成为双链。

5）扩增结束后，将各个孔或管中的反应液富集到一起，加入 1.1 mol/L 等量的 EDTA，pH 8.0 螯合掉缓冲液中的镁离子。

6）加入等体积的 2-丁醇进行抽提，将反应液浓缩到可操作的体积（通常为 10～20 倍）。涡旋振荡混合各层，然后室温下于 1200 *g* 离心 5 min，弃上清-丁醇液层。如果需要可重复此步操作。

7）DNA 浓缩后，进行苯酚/氯仿抽提，随后进行两次氯仿抽提（见 2.1）。

8）需要的话可以在 13 ml Sarstedt 管中加入等体积的 4 mol/L 乙酸铵（终体积为 2 mol/L）和两倍体积的乙醇沉淀出 DNA。

9）用 TE 缓冲液（pH 8.0，含 50 mmol/L 盐，如氯化钾）重悬扩增出的 DNA。

10）定量测定 PCR 产出的 DNA。

11）大规模扩增后，于－80℃存储至少 4 个拷贝的库。

既定样品的库的复杂度百分数$=100\%\times\{1-[(x-y)/x]^{x}\}$

此处 x 为库的总拷贝数，y 为得到的库的拷贝数

如果将通过扩增而产生 8 个库的拷贝中的 4 个存档的话，那么约 99.6%的起始库的复杂度将得以保存。同理，至少 4 个拷贝的库应当用于实验操作，如连接、转录或生物素化标记。这样的话，

初始的复杂度在用于实验操作或合成的拷贝中也能得以体现。

参考文献：Bartel and Szostak，1993.

撰 稿 人：Jack Pollard，Sabine D. Bell，and Andrew D. Ellington

22.2 肽适配体：用于细胞过程的正向及反向分析的显性遗传学试剂

肽适配体（Aptamer）是一类新的显性遗传试剂，适用于分析二倍体或遗传学上难以处理的生物体的细胞过程。它们被定义为基于蛋白质的识别试剂，由显示在支架蛋白表面的限制性组合肽库组成。肽适配体通过反式作用发挥功能，与基因产物相互作用并使其失活而无需突变编码该产物的 DNA。肽适配体组合库所含的适体原理上可以与几乎任何的基因产物相互作用。

肽适配体的显性组合特性使其成为有用的正向和反向分析细胞过程的遗传学试剂。肽适配体的反向分析包括筛选与特定蛋白相互作用的适配体及监测该适配体诱导产生的表型。一种双杂交系统已用于从肽适配体组合库中筛选出那些能与特定蛋白相互作用的适配体。然后在生物体中表达筛选出的适配体以鉴定这些适配体诱导的表型。肽适配体的正向分析包括在生物体中表达适配体组合库并筛选适配体诱导的表型差异。适配体靶向的特定蛋白可用双杂交系统鉴定。

22.2.1 基本方案 1 构建硫氧还蛋白肽适配体组合库

材料（带√项见附录 1）

5 U/μl Klenow DNA 聚合酶和 10×反应缓冲液（New England Biolabs）

5 mmol/L 4dNTP 混合物：各 5 mmol/L 的 dTTP、dATP、dGTP 和 dCTP

10 U/μl *Ava* II 和 2 U/μl *Rsr* II 限制性内切核酸酶和 10×反应缓冲液（New England Biolabs）

√10 mmol/L Tris · Cl，pH 8

√非变性上样缓冲液

√DNA 洗脱液

硫氧还蛋白表达载体质粒：pJM-1、pJM-2 或 pJM-3

10 U/μl 小牛肠碱性磷酸酶（CIP）和 10×反应缓冲液（New England Biolabs）

2000 U/μl T4 DNA 连接酶和 10×反应缓冲液（New England Biolabs）

QIAquick 胶回收试剂盒（Qiagen）

超纯水（可选冲洗用的灭菌水；Fisher Scientific）

E. coli MC 1061（Bio-Rad），电转化感受态

√SOC 培养基，预热到 37℃

LB 平板和液体培养基（见 1.1），含 50μg/ml 氨苄青霉素

大规模质粒制备试剂盒（许多商家有售，如 Qiagen；可任选）

DNA 合成仪
16℃和 95℃水浴
PCR 纯化柱（如 Qiagen；可任选）
电转仪（如 Bio-Rad Gene Pulser），带 0.2 cm 间隙电转杯

注意：上述酶的活性单位是针对购自 New England Biolabs 的酶。也可以使用来源于其他厂家的酶，但活性单位需要另行确认。

步骤

1）用自动 DNA 合成仪合成如下的 91-碱基的随机寡核苷酸和 17-碱基的引物。分别用水溶解使其终浓度为 1 μg/μl。
寡核苷酸：5′-GACTGACTGGTCCG（NNK）$_{20}$ GGTCCTCAGTCAGTCAG-3′。此处 N 代表 A，G，C 或 T；K 代表 G 或 C。
引物：5′-CTGACTGACTGAGGACC-3′。
2）按顺序加入下列试剂到一 1.5 ml 离心管中（终体积 890 μl）：
200 μg 引物（过量 10 倍）
100 μg 随机寡核苷酸
490 μl 水
100 μl 10×Klenow 聚合酶反应缓冲液。
3）水浴中加热样品到 95℃，孵育 5 min，然后让温度缓慢降到室温（约 30 min）以使引物与随机寡核苷酸复性。
4）加入 90μl 5 mmol/L 4dNTP 混合物和 20μl（100 U）Klenow 聚合酶，于 37℃孵育3 h。
5）用苯酚/氯仿抽提反应混合物（见 2.1），乙醇沉淀 DNA（见 2.1）。
6）用 0.8 ml 水溶解 DNA 沉淀。
7）加入 100μl 10× *Ava* II 反应缓冲液和 100 μl（1000 U）*Ava* II。37℃孵育 4 h。
8）重复步骤 5 操作。
9）用 150 μl 10 mmol/L Tris · Cl，pH 8 溶解 DNA 沉淀，加入 50 μl 体积的非变性上样缓冲液。
10）用预制的 10%非变性聚丙烯酰胺胶电泳分离 DNA。
11）用紫外照射定位 DNA 条带（见 2.9）并切下该条带。
12）将胶条浸泡于 DNA 洗脱缓冲液中振荡过夜以从胶中洗脱出 DNA（见 2.9）。
13）乙醇沉淀 DNA 并溶解于 200 μl 10 mmol/L Tris · Cl，pH 8 中。用紫外分光光度计测定 DNA 浓度（附录 3D），或用 EB 斑点定量估计 DNA 浓度（见 2.8）。
14）选择一种硫氧还蛋白表达载体（pJM），于 420 μl 无菌水中加入 12 μg 所选载体。
15）加入 50 μl 10× *Rsr* II 反应缓冲液和 30 μl（60 U）*Rsr* II。37℃孵育过夜。
16）加入 10 μl（100 U）CIP 并于 37℃孵育 1 h 以使 *Rsr* II 酶切过的 pJM 载体去磷酸化。
17）用 PCR 纯化柱或苯酚/氯仿抽提纯化去磷酸化的、*Rsr* II 酶切过的 pJM 载体。
18）将 8 μg DNA 片段（步骤 13）与 12 μg 载体（步骤 17）合并加入到水中至终体积为 860 μl。

19）加入 100 μl 10×T4 DNA 连接酶反应缓冲液和 40 μl（80 000 U）T4 DNA 连接酶。16℃孵育 16 h。
20）用 QIAquick 胶回收试剂盒并按照厂家的操作说明纯化连接好的 DNA。用 30 μl 超纯水将 DNA 从柱上洗脱下来。
21）冰上融化 350 μl 电转化感受态的 *E. coli* MC1061，加入 30 μl 纯化的连接质粒，混合后转入 0.2 cm 间隙电转杯中。
22）用如下条件进行电转：2.5 kV，200 Ω，25 μF。
23）加入 25 ml 预热的 SOC 培养基并于 37℃轻轻摇荡 1.5 h 使细胞复原。
24）进行一系列稀释然后涂布含 50 μg/ml 氨苄青霉素的 LB 平板以确定转化效率。
25）将剩余细胞转到 1 L LB 液体培养基中（含 50 μg/ml 氨苄青霉素）并于 37℃孵育过夜。
26）用大规模质粒制备试剂盒或连续的溴化乙锭/CsCl 密度梯度离心（见 2.5）纯化质粒 DNA。测定浓度并调整为 40 μg/ml 以用于筛选（基本方案 2）。

22.2.2 基本方案 2 利用双杂交系统相互作用阱/筛选特定蛋白的肽适配体

材料

编码所感兴趣的诱饵蛋白的 DNA
质粒 DNA：pEG202（图 19.1.3），pSH18-34
酵母株：EGY48 *ura3 trp1 his3 3LexA-operator-Leu2*
完全极限（CM）缺失成分培养基（13.1）和平板，补加 2%（*m/V*）葡萄糖（Glu）或 2%（*m/V*）半乳糖和 1%（*m/V*）棉籽糖（Gal/Raf）：
Glu/CM-His、-Ura（10cm 板或液体培养基）
Glu/CM-His、-Ura、-Trp（10cm 和 15cm 板）
Glu/CM-His、-Ura、-Trp、-Leu（10cm 板）
Gal/Raf/CM-His、-Ura、-Trp（液体培养基）
Gal/Raf/CM-His、-Ura、-Trp、-Leu（10 和 15cm 板）
100 mmol/L 和 1 mol/L 乙酸锂，pH 7.5，过滤除菌
50%（*m/V*）聚乙二醇，mol. wt. 3350（PEG 3350；Sigma）
2 mg/ml 单链载体 DNA（钠盐 III 型，源于鲑鱼睾丸，Sigma）溶于 TE 缓冲液（附录 1）
40μg/ml 肽适配体库 DNA（pJM-1 适体质粒；见基本方案 1）
2×甘油存储液：65%（*V/V*）甘油/0.1 mol/L $MgSO_4$/25 mmol/L Tris · Cl，pH 7.4（附录 1）
10 cm X-gal 平板（见 13.1）：
Glu/CM-His、-Ura、-Trp、X-gal
Gal/Raf/CM-His、-Ura、-Trp、X-gal
硫氧还蛋白的 PCR 引物
30℃和 42℃培养箱或水浴

步骤

1）使用标准的亚克隆技术（3.13），将编码诱饵蛋白的 DNA 插入 pEG202 的多克隆位点构建诱饵质粒（pBait）。

2）按照乙酸锂酵母转化法（13.5）用 pBait 和 pSH18-34（*lacZ* 报道载体）转化相互作用阱筛选酵母株（EGY48）。

3）将转化株涂布到 Glu/CM-His、-Ura 平板上，放置于 30℃培养箱中。

4）进行 *lacZ* 激活和亮氨酸需求平板检测（19.1）以确保诱饵蛋白不会自己激活报道基因。

5）用 19.1 中所述的阻遏测试法确定诱饵蛋白的合成。

6）将转化的 EGY48（步骤 3）接种到 20 ml Glu/CM-His、-Ura 液体培养基，于 30℃振荡过夜。

7）测量 OD_{600} 吸光值，在 250 ml Glu/CM-His、-Ura 培养基中稀释至 5×10^6 细胞/ml。

0.1 的 OD_{600} 相当于大约 3×10^6 细胞/ml。这个数值应当在每个应用的酵母株得到确认（13.2）。

8）于 30℃振荡培养细胞至 OD_{600} 为 0.6～0.8（约 5～6 h）。

9）将培养液分为 5 个 50ml 圆锥形离心管中，室温下于 3000 *g* 离心 5 min。

10）弃上清，将酵母沉淀重悬于 25 ml 无菌水中，重复离心。

11）弃上清，将酵母沉淀重悬于 1 ml 100 mmol/L 乙酸锂中。移到一 1.5 ml 微量离心管中，室温下 20 800 *g* 离心 15 s 沉淀酵母。

12）吸去上清，重悬酵母于 350 μl 100 mmol/L 乙酸锂中（终体积约 500 μl）。

13）将每个管中的溶液分为 10 个 50 μl，室温下 20 800 *g* 离心 15 s 沉下酵母。

14）吸去上清，依次加入下列成分：

240 μl 50%（*m*/*V*）PEG 3350

36 μl 1 mol/L 乙酸锂

50 μl 2 mg/ml 单链载体 DNA（100 μg）

25 μl 40 μg/ml 肽适配体库 DNA（1 μg）。

在使用前，单链载体 DNA 需要加热到 95℃放置 5 min，然后放冰上冷却。

15）剧烈振荡转化混合物直至酵母沉淀完全重悬起来，然后于 30℃孵育 30 min。

16）于 42℃热激 20 min。

17）室温下 20 800 *g* 离心 15 s 沉下酵母。

18）吸去上清，重悬酵母于 500 μl 无菌水中。

19）将 48 个转化株分别涂布到单独的 15 cm Glu/CM -His、-Ura、-Trp 平板上。

20）两个剩下的转化株各取 400 μl 涂布到 15 cm Glu/CM -His、-Ura、-Trp 平板上。

21）用剩下的 100 μl 测定转化效率。用水进行一系列 10 倍的稀释，然后涂布到 10 cm Glu/CM-His、-Ura、-Trp 平板上。

22）于 30℃孵育 2～3 天（直至克隆的直径约为 1 mm）。

23）将 50 个转化平板上的酵母（步骤 19、20）收集到的一个 50 ml 的离心管中。

24）加入等体积的 2×甘油存储液到收集的酵母细胞中。分装为 1 ml 的小份并存储于 −70℃。

25）如 19.1 中所述检测冻存的小份酵母的平板效率。
26）接种肽适配体库的 10 个库等价物到 2 ml Gal/Raf/CM-His、-Ura、-Trp 液体培养基中。于 30℃振荡培养 4 h。
一个库等价物等于含有肽适配体库的酵母转化株的总数，如步骤 21 所检测的。
27）室温下于 3000 *g* 离心 4 min。
28）吸去上清，重悬酵母于 1 ml 无菌水中。
29）将酵母以 10^6 个酵母细胞/平板的密度涂布到 15cm Gal/Raf/CM-His、-Ura、-Trp、-Leu 的平板上。
30）于 30℃培养，每天观测平板生长情况。
31）将克隆划线接种到 10 cm Glu/CM-His、-Ura、-Trp 的主平板上。于 30℃培养1～2 天。
32）将主平板在下列指示平板上复制：
Glu/CM-His、-Ura、-Trp、-Leu
Gal/Raf/CM-His、-Ura、-Trp、-Leu
Glu/CM-His、-Ura、-Trp、X-gal
Gal/Raf/CM-His、-Ura、-Trp、X-gal
33）鉴定出在-Leu 平板上呈半乳糖生长依赖性并且在 X-gal 平板上呈半乳糖依赖的蓝色的克隆。
34）提取所需的肽适配体表达质粒（见 13.9）。
35）以质粒为模板，对肽适配体的可变区进行测序（见 7.3）。
36）为了从 pBait 和 pSH18-34 中分离出适配体质粒，转化 *E. coli*（见 1.8）并用扩增硫氧还蛋白的引物通过 PCR（见 15.1）鉴定出正确的转化株。

22.2.3 基本方案 3 通过相互作用交配确定识别特异性

材料

质粒 DNA：pBait（s）(见基本方案 2)，肽适配体捕获质粒（见基本方案 2)，pEG202（图 19.1.3)，pJG4-5，pSH18-34
酵母株：
EGY42：*Matαura3 trp1 his3 leu2*
EGY48：*Mata ura3 trp1 his3 3LexA-operator-leu2*
10 cm 完全极限（CM）缺失成分培养基平板（见 13.1)，补加 2%（*m/V*）葡萄糖（Glu）或 2%（*m/V*）半乳糖和 1%（*m/V*）棉籽糖（Gal/Raf)：
Glu/CM-Trp
Glu/CM-His、-Ura
Glu/CM-His、-Ura、-Trp、-Leu
Gal/Raf/CM-His、-Ura、-Trp、-Leu
YPD 平板（见 13.1)
X-gal 平板（见 13.1)

Glu/CM-His、-Ura、-Trp、Xgal

Gal/Raf/CM-His、-Ura、-Trp、Xgal

30℃培养箱

步骤

1) 用乙酸锂转化法（见 13.5）将单个肽适配体捕获质粒与对照质粒（pJG4-5）转化入 EGY48（*Mat*α）。在 10 cm Glu/CM-Trp 平板上筛选转化株。
2) 用单独的靶蛋白诱饵（pBait）加上 pSH18-34（*lacZ* 报道基因）以及对照质粒（pEG202）加上 pSH18-34 转化 EGY42（*Mata*）。在 10 cm Glu/CM-His、-Ura 平板上筛选转化株。
3) 平行划线接种单个肽适配体及其对照捕获株到 10 cm Glu/CM-Trp 平板上。
4) 平行划线接种单个靶蛋白及其对照诱饵株到 10 cm Glu/CM-His、-Ura 平板上。
5) 将所有的平板放置于 30℃培养过夜。
6) 复制靶蛋白诱饵酵母株平板和肽适配体捕获酵母株平板到同一个复制丝绒上：先复制诱饵酵母株平板，然后将捕获酵母株平板垂直正交复制到诱饵酵母株上。
7) 将酵母印迹转到一 10 cmYPD 平板上，于 30℃培养过夜。
8) 将 YPD 平板复制到一块复制丝绒上。将酵母印迹转印到下列指示平板上：

   Glu/CM-His、-Ura、-Trp、-Leu

   Gal/Raf/CM-His、-Ura、-Trp、-Leu

   Glu/CM-His、-Ura、-Trp、X-gal

   Gal/Raf/CM-His、-Ura、-Trp、X-gal
9) 分析平板的杂交配对情况。

   杂交配对发生在 *Mat*α 和 *Mata* 酵母株的交叉点上。二倍体的克隆能在 X-gal 平板上生长。在酵母株的交叉点上，肽适配体捕获株与靶蛋白诱饵株的相互作用能在半乳糖 X-gal 平板上产生蓝色并且使酵母株能生长于半乳糖-Leu 平板上。

22.2.4 基本方案 4 肽适配体的亲和力成熟

材料

5 U/μl *Taq* 聚合酶和 10×缓冲液（Life Technologies）

1 mol/L $MgCl_2$

100 mmol/L dATP

100 mmol/L dGTP

100 mmol/L dCTP

100 mmol/L dTTP

20 μmol/L 引物 1：5′-CCGCCGCCTGAATTCATGAGCGATAAAATTATTCAC-3′

20 μmol/L 引物 2：5′-CGGGGCGATCATTTTGCACGGACC-3′

质粒 DNA：肽适配体质粒（见基本方案 2），pBait（见基本方案 2），pJM-1，pRB1840（1-LexAop-LacZ 报道质粒）和 pJK103

Mg^{2+}/Mn^{2+} 溶液：45 mmol/L $MgCl_2$ 和 5 mmol/L $MnCl_2$

PCR 纯化柱（可选；如 Qiagen）

酵母株：EGY48 *Mata ura3 trp1 his3 3LexA-operator-leu2*

完全极限（CM）缺失成分培养基（见 13.1）和平板，补加 2%（*m/V*）葡萄糖（Glu）或 2%（*m/V*）半乳糖和 1%（*m/V*）棉籽糖（Gal/Raf）：

- Glu/CM-His、-Ura（10 cm 平板）
- Glu/CM-His、-Ura、-Trp（10 cm 平板）
- Gal/Raf/CM-His、-Ura、-Trp（液体培养基）

Xgal 平板（见 13.1）

- Glu/CM-His，-Ura，-Trp，X-gal（10 cm 平板）
- Gal/Raf/CM-His，-Ura，-Trp，X-gal（10 cm 和 15 cm 平板）。

PCR 管

自动热循环器

30℃培养箱

步骤

1）制备 PCR 预混合物（共 3.775 ml）：

- 500 μl 10× *Taq* 聚合酶缓冲液
- 5 μl 1mol/L $MgCl_2$
- 10 μl 100 mmol/L dATP
- 10 μl 100 mmol/L dGTP
- 50 μl 100 mmol/L dCTP
- 50 μl 100 mmol/L dTTP
- 125 μl 20μmol/L 引物 1
- 125 μl 20μmol/L 引物 2
- 2.9 ml 水

2）对每一个样品，加入下列试剂到 PCR 管中：

- 12 μl 水
- 1 μl 肽适配体表达载体
- 10 μl Mg^{2+}/Mn^{2+} 溶液
- 76 μl PCR 预混合物
- 1 μl *Taq* 聚合酶（5 U）

3）用下列 PCR 反应程序进行扩增反应：

4 个循环：30 s	95℃（变性）	
1 min	55℃（复性）	
1 min	72℃（延伸）	

4）移出 13 μl 反应混合液到一新的 PCR 管中，新管中预先吸入：

- 10 μl Mg^{2+}/Mn^{2+} 溶液
- 76 μl PCR 预混合物

1 μl *Taq* 聚合酶

用同样的 PCR 程序扩增。

5）重复总共 10 轮的扩增。

6）用 PCR 纯化柱或琼脂糖凝胶电泳（见 2.6）纯化 PCR 产物。

7）用 *Ava* II 消化纯化的 PCR 产物，然后按照标准的亚克隆技术（见 3.13）将其亚克隆到经 *Rsr* II 酶切过的 pJM-1 中。如上文中所述（见基本方案 1 步骤 20～26）电转连接产物。

8）用乙酸锂酵母转化法（见 13.5）将 pBait 和 pBR1840 转入 EGY48 中。在 10 cm Glu/CM-His、-Ura 平板上筛选转化株。

9）用高效乙酸锂方法（见基本方案 2 步骤 6～22）将 10～50 μg 突变的肽适配体库转化含 pBait 和 pBR1840 的 EGY48。在 10 cm Glu/CM-His、-Ura、-Trp 平板上筛选转化株。

10）收集转化株，按 19.1 中所述测定平板效率。

11）接种约 5 个库等价物到 1 ml Gal/Raf/CM-His、-Ura、-Trp 液体培养基中。于 30℃振荡培养 4 h。

12）室温下，于 3000 *g* 离心 4 min。弃上清，将酵母沉淀重悬于 1 ml 无菌水中。

13）将酵母涂布到 15 cm Gal/Raf/CM-His、-Ura、-Trp、X-gal 平板上，于 30℃培养至克隆出现（约 2 天）。

14）将蓝色克隆划线接种到一 10 cm Glu/CM-His、-Ura、-Trp 主平板上并于 30℃培养 1 天。

15）将主平板复印到 10 cm Gal/Raf/CM-His、-Ura、-Trp、X-gal 平板和 Glu/CM-His、-Ura、-Trp、X-gal 平板上。

16）从依赖半乳糖的蓝色克隆中回收质粒（见 13.9）并重新导入（见 13.5）含有 pBait 和 pBR1840 的酵母株 EGY48 中以再次验证表型。

17）从依赖半乳糖的蓝色克隆中回收质粒并对可变区进行测序。

22.2.5 基本方案 5 用肽适配体正向分析细胞过程

材料

用于遗传学筛选的酵母株

肽适配体库：pJM-2 或 pJM-3（基本方案 1）

完全极限（CM）缺失成分液体培养基（见 13.1）和平板，补加 2%（*m*/*V*）葡萄糖（Glu）或 2%（*m*/*V*）半乳糖和 1%（*m*/*V*）棉籽糖（Gal/Raf）：

Glu/CM-Trp（10 cm 平板）

Gal/Raf/CM-Trp（10 cm 平板和液体培养基）

30℃培养箱

步骤

1）用高效乙酸锂转化法（见基本方案 2 步骤 6～22）将 50～100 μg 肽适配体库（在

pJM-2 或 pJM-3 中）转化酵母筛选株（10^6～10^7 转化株）。将转化株涂布到 10 cm Glu/CM-Trp 平板上并于 30℃培养至克隆直径为～1 mm（2～3 天）。
2）收集酵母细胞，按 19.1 中所述测定平板效率。
3）接种 10 个库等价物到 1 ml Gal/Raf/CM-Trp 液体培养基中。于 30℃振荡培养 4 h。
4）室温下，于 3000 *g* 离心 4 min。吸去上清，将酵母沉淀重悬于无菌水中。
5）将酵母涂布到 10 cm Gal/Raf/CM-Trp 筛选平板上并于选择条件下培养。
6）将阳性克隆划线接种到 Glu/CM-Trp 主平板上。
7）将主平板复印到 Glu/CM-Trp 和 Gal/Raf/CM-Trp 平板上并于选择条件下培养以确定半乳糖依赖表型。
8）从呈现半乳糖依赖表型的酵母株中提取肽适配体表达质粒（pJM-2 或 pJM-3）（见 13.9）。
9）将提取的质粒转入筛选酵母株中并测试半乳糖依赖表型以再次确认肽适配体的表型。
10）提取肽适配体表达质粒（见 13.9）用于测序（见 7.3）及靶点鉴定（见辅助方案）。

22.2.6 辅助方案 肽适配体靶点的鉴定

通过配对相互作用或捕获法鉴定的肽适配体的假定靶点应当通过遗传学测试进行验证，例如：①用免疫沉淀法确定体内适配体的相互作用；②通过上位（显）性分析以确定适配体在与靶蛋白相同的区域发挥功能；③比较由靶蛋白删除或过表达引起的表型与由适配体造成的表型。

材料

编码硫氧还蛋白肽适配体的 DNA（基本方案 5）
质粒 DNA：pEC202（图 19.1.3），pSH18-34，pJG4-5
酵母株：
  EGY42：*Matα ura3 trp1 his3 leu2*
  EGY48：*Mata ura3 trp1 his3 3LexA-operator-leu2*
完全极限（CM）缺失成分液体培养基（13.1）和平板，补加 2%（*m*/*V*）葡萄糖（Glu）或 2%（*m*/*V*）半乳糖和 1%（*m*/*V*）棉籽糖（Gal/Raf）：
  Glu/CM-His、-Ura（10 cm 平板）
  Glu/CM-Trp（10 cm 平板）
捕获库（见表 19.1.3）

步骤

1）用含有与 pEG202 多接头相容并与 *Lex*A 编码框整合（图 19.1.3）的限制酶切位点的引物进行 PCR 扩增编码硫氧还蛋白肽适配体的 DNA。
2）用标准的亚克隆技术（见 3.13）将 PCR 产物插入到 pEG202 中以构建出肽适配体诱饵。
3）按照标准的乙酸锂转化法（见 13.5）将各个肽适配体诱饵和 pSH18-34（lacZ 报道质

粒）转入 EGY48（*Matα*）中。同时用一对照质粒（pEG202）和 pSH18-34 转化 EGY48。
4）在 10cm Glu/CM-His、-Ura 平板上筛选转化株。

对于配对相互作用分析：

5a）将所感兴趣的蛋白质的编码区插入 pJG4-5 的多接头处以构建该蛋白质的捕获质粒。

6a）按照标准的乙酸锂转化法（见 13.5）将捕获质粒和对照质粒（pJG4-5）转入 EGY42（*Mata*）中。在 10 cm Glu/CM-Trp 平板上筛选转化株。

7a）将含有肽适配体诱饵的酵母株与含有靶蛋白捕获质粒酵母株配对并评估其相互作用（见基本方案 3 步骤 3～9）。

对于相互作用阱库捕获法：

5b）用基因组或 cDNA 捕获库转化含有单个肽适配体和 pSH18-34（步骤 3）的酵母株。cDNA 和基因组捕获库的转化参照 19.1 的操作步骤。

6b）按照 19.1 中所述的相互作用阱捕获方法筛选肽适配体的靶点。

因特网资源

http://www.umanitoba.ca/faculties/medicine/units/biochem/gietz/Trafo.html
描述酵母转化有效方案的网址。
与相互作用阱相关的因特网资源见 19.1。

参考文献：Colas et al.，1996；Finley and Brent，1994；Geyer et al.，1999；Gyuris et al.，1993；Kolonin and Finley，1998；Lu et al.，1995；Norman et al.，1999；Sidhu and Weiss，2000.

撰 稿 人：C. Ronald Geyer

22.3　利用 mRNA 显示法进行蛋白质筛选

mRNA 显示是一种能用于在天然的或合成的 DNA 库中寻找所编码的功能蛋白或肽的体外技术。mRNA 显示法所得到的蛋白质处于一种蛋白质与编码的 RNA 共价交联的结构中。

22.3.1　基本方案 1　制备和纯化 mRNA 显示蛋白

材料（带√项见附录 1）

DNA 库
1 mol/L $MgCl_2$
100 mmol/L 核苷三磷酸溶液
√10×转录缓冲液
去离子超滤水
10 U/μl T7 RNA 聚合酶
固体 EDTA

尿素
√0.5×TBE 缓冲液
3 mol/L NaCl
100%和 70%乙醇
√100 mmol/L EDTA
末端为嘌呤霉素的 DNA 接头
100 mmol/L ATP
T4 多核苷酸激酶缓冲液
T4 多核苷酸激酶
10×T4 DNA 连接酶缓冲液
10 U/μl T4 DNA 连接酶
3 mol/L 乙酸钾溶液，pH 5.3
兔网织红细胞裂解物翻译试剂盒（如 Red Nova Lysate kit，Novagen）
对照 RNA
12.5×不含甲硫氨酸的翻译混合物
2.5 mol/L 氯化钾
25 mmol/L 乙酸镁
不含核酸酶的水
兔网织红细胞裂解物
^{35}S-甲硫氨酸

电洗脱仪（VWR 或 Schleicher & Schuell）
变性 PAGE 胶（见 2.15）
凝胶过滤柱（Pharmacia）

步骤

1）如下在冰上配制 1 ml 转录反应混合物，最后加入 T7 RNA 聚合酶：

DNA 库（终浓度为 5～50 nmol/L）

35 μl 1 mol/L $MgCl_2$
50 μl 各成分为 100 mmol/L 核苷三磷酸混合物（各 NTP 终浓度为 5 mmol/L）
100 μl 10×转录缓冲液（最终为 1×）
加入去离子超滤水补至 980 μl
20 μl 10 U/μl T7 RNA 聚合酶（最终为 200 U/ml）

转录反应于 37℃孵育 3～16 h。用冰上冷却或加入固体 EDTA 至终浓度 50 mmol/L 以终止反应。

2）用变性 PAGE 纯化所得的 RNA（见 2.15）。往转录反应中加入固体尿素至 5 mol/L、加入 EDTA 至 50 mmol/L，于 90℃加热 2 min，上样到变性 PAGE 胶上。

3）电泳结束后，紫外照射显影并割下纯化的 RNA 条带。通过被动洗脱将 RNA 提取到 300 mmol/L NaCl 溶液中或用电洗脱仪并按厂家的说明将 RNA 洗脱到 0.5×TBE 中。

4）加入 3 mol/L NaCl（终浓度 300 mmol/L）和 2.5 倍体积的乙醇沉淀 RNA。于 −80℃冷冻 20 min 或于 −20℃冷冻过夜。

5）于 4℃，12 000 *g* 离心 10 min。弃上清，用 70%乙醇洗涤沉淀，抽干，溶于 0.5 ml 去离子超滤水中，用紫外-可见分光光度计测量 260 nm 的吸收值以测定浓度。

6）合成接头，即 3′端为嘌呤霉素的 DNA 寡核苷酸，长度约为 30 核苷酸，“无结构”（例如，可以参照下列例子之一；核苷酸合成参见 2.14）：

例 a. AAAAAAAAAAAAAAAAAAAAAAAAAAAACCP

例 b. AAAAAAAAAAAAAAAAAAAAA999ACCP

在例 b 中，“9”是指 phosphoramidite spacer 9（Glen Research），“P”指嘌呤霉素，来源于 CPG-嘌呤霉素（Glen Research）。该接头能得到高显示的蛋白质产量。

以嘌呤霉素为末端的 DNA 寡核苷酸是用变性 PAGE 胶纯化（见 2.15），从胶里回收，然后如前所述沉淀下来。将 DNA 接头溶解于去离子水中并用紫外-可见分光光度计测量 260 nm 的吸收值以测定浓度。

7）用多核苷酸激酶磷酸化 DNA 接头的 5′端，1 ml 激酶反应体系如下：

300 μl 100 μm DNA 接头（终浓度 30μm）

10 μl 100 mmol/L ATP（终浓度 1 mmol/L）

100 μl 10×T4 多核苷酸激酶缓冲液（终浓度 1×）

490 μl 水

100 μl 10 U/μl T4 多核苷酸激酶（最终为 200 U/ml）。

8）反应混合物在 37℃孵育 2 h，加入 200 μl 100 mmol/L EDTA，90℃加热 5 min，然后用凝胶过滤柱脱盐。

9）合成 splint。splint 是一种 DNA 寡核苷酸，其序列为（从 5′端起）与 RNA 库的 3′端互补的≥10 核苷酸加上与接头 5′端互补的≥10 核苷酸，通常为 T_{10}（寡核苷酸合成方法参见 2.14）。用变性 PAGE 纯化（见 2.15）。

10）如步骤 3 从凝胶提取、如步骤 4 沉淀 DNA。

11）用去离子水溶解纯化的 splint 并用紫外-可见分光光度计测量 260 nm 的吸收值以测定浓度（见步骤 5）。

12）在 splint 存在下用 T4 DNA 连接酶连接接头和 RNA 模板以产生 mRNA 显示模板。配制下列 1 ml 连接反应体系：

100 μl 100 μmol/L 5′磷酸化的 DNA 接头（最终为 10 μm）

100 μl 100 μmol/L RNA 库（最终为 10 μm）

100 μl 100 μmol/L splint（最终为 10 μm）

580 μl 水

13）混合物加热到 95℃放置 2 min，然后加入 100 μl 10×T4 DNA 连接酶缓冲液（最终为 1×）

14）将所得混合物涡旋振荡，置于冰上冷却 10 min，然后使其升至室温后加入 20 μl 2000 U/μl T4 DNA 连接酶（最终为 40 U/ml）。

15）反应体系在室温下孵育 20 min。加入 150 μl 100 mmol/L EDTA 和 500 mg 固体尿素，90℃加热 5 min。

16) 用变性 PAGE 胶（见 2.15）纯化连接好的 mRNA 显示模板，胶回收（见步骤 3），然后如步骤 4 沉淀，但是改用 3 mol/L 乙酸钾（pH 5.3）代替 3 mol/L 氯化钠。
17) 用去离子水溶解纯化的 mRNA 显示模板并用紫外-可见分光光度计测量 260 nm 的吸收值以测定浓度。

在 mRNA 显示模板用于大规模翻译之前，应当尝试一并进行各种对照组的小规模翻译以有助于在蛋白胶上鉴别 mRNA 展示蛋白所对应的条带。

18) 在冰上配制表 22.3.1 中的翻译反应体系，最后加入兔网织红细胞裂解物。
19) 于 30℃孵育 1 h，然后往各反应体系中加入 1.7 μl 1 mol/L $MgCl_2$ 和 7.8 μl 2.5 mol/L KCl，于室温下放置 5 min。
20) 用 10.3 备择方案 1 中所述的 Tris-tricine SDS-PAGE 分析各个翻译反应的产物。
21) 一旦显示的蛋白质已用 SDS-PAGE 观察到，优化反应体系的乙酸镁和氯化钾的浓度。逐渐从 0.5～2 mmol/L 增加乙酸镁的浓度以及氯化钾的浓度从 50～200 mmol/L 平行进行一系列的翻译反应。
22) 如下在冰上制备 1 ml 反应体系，最后加入网织红细胞裂解物：

    80 μl 5 μmol/L mRNA 显示模板（最终为 400 nmol/L）
    80 μl 12.5×不含甲硫氨酸的翻译混合物（最终为 1×）
    20 μl 8.6 μmol/L [^{35}S] 甲硫氨酸（最终为 0.17 μmol/L）
    2.5 mol/L KCl（按照优化浓度）
    0.5 μl 乙酸镁（按照优化浓度）
    补水至 600 μl
    400 μl 2.5×兔网织红细胞裂解物（最终为 1×）
    总体积 1000 μl

23) 于 30℃孵育 1 h，然后往上述各反应体系中加入 65 μl 1 mol/L $MgCl_2$ 和 235 μl 2.5 mol/L KCl，于室温下放置 5 min。

表 22.3.1 mRNA 显示蛋白的翻译反应

试剂	终浓度	A(μl)	B(μl)	C(μl)	D(μl)	E(μl)	F(μl)
对照 RNA	—	1	0	0	0	0	0
5 μmol/L mRNA 显示模板	2/4/800 nmol/L	0	0	0	1	2	4
5 μmol/L 未连接的 RNA	400 nmol/L	0	0	2	0	0	0
12.5×不含 Met 的翻译混合物	1×	2	2	2	2	2	2
8.6 μmol/L 标记的甲硫氨酸	0.69 μmol/L	2	2	2	2	2	2
2.5 mol/L KCl	100 mmol/L	1	1	1	1	1	1
25 mmol/L 乙酸镁	500 μmol/L	0.5	0.5	0.5	0.5	0.5	0.5
水	—	8.5	9.5	7.5	8.5	7.5	5.5
2.5×兔网织红细胞裂解物[a]	1×	10	10	10	10	10	10
总体积		25	25	25	25	25	25

a. 确保兔网织红细胞裂解物最后加入。

22.3.2　基本方案 2　mRNA 显示蛋白的纯化和逆转录

材料（带√项见附录 1）

Oligo（dT）纤维素（Amersham Pharmacia Biotech）
√Oligo（dT）结合缓冲液
1.3 ml mRNA 显示蛋白翻译反应产物（见基本方案 1）
√Oligo（dT）洗涤缓冲液
Ni-NTA 琼脂糖（Qiagen）
√Ni-NTA 结合缓冲液
2-巯基乙醇
√Ni-NTA 洗涤缓冲液 1
√Ni-NTA 洗涤缓冲液 2
√Ni-NTA 洗脱缓冲液
10 mg/ml 鲑精 DNA（Life Technologies）
1 mg/ml BSA
200 μmol/L DNA splint
5×Superscript II 逆转录酶缓冲液（NEB）
0.1 mol/L DTT
30 μl 25 mmol/L（每个）脱氧核苷三磷酸（最终为 0.5 mmol/L）
200 U/ml Superscript II 逆转录酶（NEB）
25 mmol/L 脱氧核苷三磷酸溶液
√ATP-适配体筛选结合缓冲液
√ATP-适配体筛选洗脱缓冲液
层析柱（Bio-Rad）
凝胶过滤柱（如 NAP-5，Amersham Pharmacia Biotech）

步骤

1）在层析柱中用去离子水反复洗涤 20 mg oligo（dT）纤维素。重悬纤维素若干次并用正向压力迫使液体快速流出。最后，用 oligo（dT）结合缓冲液洗涤一次。
2）用 oligo（dT）结合缓冲液将加有 KCl 和 $MgCl_2$ 的 1.3 ml 含 mRNA 显示蛋白的翻译反应产物（来自基本方案 1）稀释到 8.7 ml。然后与洗涤过的 oligo（dT）纤维素一起在 4℃旋转孵育 15 min。
3）使稀释的翻译反应混合物和 oligo（dT）纤维素流过层析柱，oligo（dT）纤维素留在过滤器板上，保留流出液。
4）用 1 ml oligo（dT）结合缓冲液洗涤 3 次。
5）用 1 ml oligo（dT）洗涤缓冲液洗涤 1 次。
6）用 0.5 ml 去离子水洗脱 3 次。
7）用 10.3 中（备择方案 1）所述的 Tris-tricine SDS-PAGE 和闪烁计数法分析未稀释

的翻译反应混合物、流出液以及所有的洗涤液和洗脱液。

8) 用下列算式计算翻译反应混合物中 mRNA 显示蛋白的浓度：

$$[\text{mRNA 显示蛋白}] = Y^{-1} \times C \times [\text{甲硫氨酸}] \times N^{-1}$$

此处，Y 是经 SDS-PAGE 测定的 oligo（dT）纤维素纯化的产量；C 是由闪烁计数测定的 oligo（dT）洗脱组分合并后的计数值除以等份的翻译反应混合物的计数值；[甲硫氨酸] 是指高盐孵育前翻译反应混合物中放射性与非放射性甲硫氨酸的总浓度；N 是指在单个显示蛋白中甲硫氨酸的平均数目。

Ni-NTA 纯化是基于 His_6 标签，仅适用于库的序列中存在该标签的情况下（也可参见 10.10）。

9) 用 1 ml 去离子水洗涤 100 μl Ni-NTA 琼脂糖 3 次。

10) 将 0.5 ml oligo（dT）洗脱液与 2× Ni-NTA 结合缓冲液混合，涡旋振荡以溶解，加入 0.7 μl 2-巯基乙醇，4℃下与洗过的 Ni-NTA 琼脂糖旋转孵育 1 h。

11) 使 Ni-NTA 结合缓冲液和 Ni-NTA 琼脂糖流过层析柱，Ni-NTA 琼脂糖保留在过滤器板上，保留流出液。

12) 于层析柱上进行下列洗涤：

a. 用 500 μl Ni-NTA 洗涤缓冲液 1 洗涤两次。

b. 用 500 μl 4∶1 的 Ni-NTA 洗涤缓冲液 1/Ni-NTA 洗涤缓冲液 2 洗涤一次。

c. 用 500 μl 3∶2 的 Ni-NTA 洗涤缓冲液 1/Ni-NTA 洗涤缓冲液 2 洗涤一次。

d. 用 500 μl 2∶3 的 Ni-NTA 洗涤缓冲液 1/Ni-NTA 洗涤缓冲液 2 洗涤一次。

e. 用 500 μl 1∶4 的 Ni-NTA 洗涤缓冲液 1/Ni-NTA 洗涤缓冲液 2 洗涤一次。

f. 用 500 μl Ni-NTA 洗涤缓冲液 2 洗涤一次。

g. 用 500 μl 19∶1 的 Ni-NTA 洗涤缓冲液 2/Ni-NTA 洗脱缓冲液洗涤两次。

h. 4℃下用 250μl Ni-NTA 洗脱缓冲液旋转洗脱 30 min，洗脱两次。

洗脱液中应加入 EDTA 到 5 mmol/L 以结合被洗脱的 Ni^{2+}。

13) 用 10.3 中（备择方案 1）所述的 Tris-tricine SDS-PAGE 和闪烁计数法分析起始材料、流出液以及所有的洗涤液和洗脱液。

在 Ni-NTA 结合和洗涤缓冲液中应避免使用强的螯合剂如 EDTA、EGTA 和 DTT，因为这些试剂能与固相的 NTA 竞争结合 Ni^{2+}，因而能将之从琼脂糖上洗脱下来。

14) 用 10 ml 去离子水流过 NAP-5 凝胶过滤柱将洗脱缓冲液置换成水。

15) 将 100 μl 10 mg/ml 鲑精 DNA 与 10 μl 1 mg/ml BSA 加入 890 μl 去离子水中，涡旋振荡，然后使此溶液流过凝胶过滤柱。

16) 使 10 ml 去离子水流过凝胶过滤柱。

17) 使 0.5 ml 样品流过凝胶过滤柱。

18) 往柱中加入 1 ml 去离子水，从柱底收集 1 ml 洗脱液。

19) 用 10.3 中（备择方案 1）所述的 Tris-tricine SDS-PAGE 和闪烁计数法分析起始材料和洗脱组分。

20) 留出一小份 mRNA 显示蛋白样品不进行逆转录以用作非 RT 对照的 PCR 扩增。

21) 于冰上配制下列逆转录反应混合物。在加入 RT 缓冲液前，先将 mRNA 显示蛋白与 DNA splint（作为 RT 引物）混合，最后加入逆转录酶：

900 μl mRNA 显示蛋白
15 μl 200 μmol/L DNA splint（最终为 2μmol/L）
300 μl 5×逆转录缓冲液（最终为 1×）
150 μl 100 mmol/L DTT（最终为 10 mmol/L）
30 μl 25 mmol/L（每个）脱氧核苷三磷酸（最终为 0.5 mmol/L）
5 μl 水
10 μl 200 U/μl Superscript II 逆转录酶（最终为 1333 U/ml）
总体积 1500 μl

逆转录反应于 42℃孵育 50 min。

22）用 10.3 中（备择方案 1）所述的 Tris-tricine SDS-PAGE 和闪烁计数法分析起始材料和逆转录产物。

除非在筛选实验前先将 mRNA 显示模板进行逆转录，在筛选实验中使用 mRNA 显示蛋白可以获得有功能的 RNA 序列。这还会减少 mRNA 显示模板干扰所显示蛋白的结构的可能性。最初用 mRNA 显示筛选出的蛋白质可能需要在逆转录条件下进行孵育以使其形成有活性的构象。

23）参照厂家的说明用 NAP-5 凝胶过滤柱将缓冲液置换成筛选缓冲液。
24）使 10 ml 筛选结合缓冲液流过凝胶过滤柱。
25）将 100 μl 10 mg/ml 鲑精 DNA 与 10 μl 1 mg/ml BSA 加入 890 μl 筛选结合缓冲液中，涡旋振荡，然后使此溶液流过凝胶过滤柱。
26）使 10 ml 筛选结合缓冲液流过柱子，并使 0.5 ml 样品流过凝胶过滤柱。
27）加入 1 ml 筛选结合缓冲液到凝胶过滤柱的顶端，然后收集 1 ml 柱底流出的洗脱液。
28）用 10.3 中（备择方案 1）所述的 Tris-tricine SDS-PAGE 和闪烁计数法分析起始材料和洗脱组分。

22.3.3 基本方案 3 mRNA 显示蛋白的筛选与扩增

材料（带√项见附录 1）

ATP 琼脂糖（Sigma）
√ATP-适配体筛选结合缓冲液
纯化的 mRNA 显示蛋白（见基本方案 2）
√ATP-适配体筛选洗脱缓冲液
√100 mmol/L EDTA
1 mol/L NaOH
1 mol/L HCl
10 mg/ml 鲑精 DNA
1 mg/ml BSA
100 μmol/L 3′引物（cDNA 库特异的）
100 μmol/L 5′引物（cDNA 库特异的）
25 mmol/L（每个）脱氧核苷三磷酸
10×PCR 缓冲液，含 15 mmol/L $MgCl_2$（Boehringer Mannheim）

5 U/μl *Taq* DNA 聚合酶（Boehringer Mannheim）

25：24：1（*V*/*V*/*V*）苯酚/氯仿/异戊醇

氯仿

1-丁醇

3 mol/L NaCl

100%乙醇

凝胶过滤柱（如 NAP-25，Amersham Pharmacia Biotech）

步骤

1）用 1 ml 去离子水洗涤 10 mg ATP-琼脂糖三次，然后用 1 ml ATP-适配体筛选结合缓冲液洗涤两次。

2）取 1 ml 基本方案 2 中所得的纯化的 mRNA 显示蛋白与洗过的 ATP-琼脂糖于 4℃下旋转混合孵育 1 h。然后滴干，准备过柱。

3）于 4℃用 1000 μl ATP-适配体筛选结合缓冲液洗涤 6 次，每次洗涤 10 min。

4）用 250 μl ATP-适配体筛选洗脱液于 4℃下洗脱 6 次，每次洗脱 10 min。

5）用闪烁计数法检测所有组分。

6）往 1.5 ml 洗脱下的 mRNA 显示蛋白中加入 200 μl 100 mmol/L EDTA 和 200 μl 1 mol/L NaOH，于 90℃加热 10 min，冰上冷却，然后加入 200 μl 1 mol/L HCl。

7）参照厂家的说明用 NAP-25 凝胶过滤将缓冲液置换为去离子水。

8）使 25 ml 去离子水流过柱子。

9）将 200 μl 10 mg/ml 鲑精 DNA 与 20 μl 1 mg/ml BSA 加入 1780 μl 去离子水中，涡旋振荡，然后使此溶液流过凝胶过滤柱。

10）使 25 ml 去离子水流过柱子进行洗涤。

11）测量样品体积并流过柱子，然后往柱中加入一定体积的去离子水，使得上柱总体积为 2.5 ml。

12）加入 3.5 ml 去离子水到凝胶过滤柱的顶端，然后从柱底收集 3.5 ml 流出的洗脱液。

13）用 PCR 扩增筛选的序列（也见 15.1）。在冰上配制下列 PCR 反应混合物：

3500 μl 筛选的 cDNA 库（来自步骤 12）

100 μl 100 μmol/L 3′引物（最终为 2μmol/L）

100 μl 100 μmol/L 5′引物（最终为 2μmol/L）

40 μl 25 mmol/L（每个）脱氧核苷三磷酸（最终为 0.2 mmol/L）

500 μl 10×PCR 缓冲液，含 15 mmol/L $MgCl_2$（最终为 1×）

735 μl 水

25 μl 5 U/μl *Taq* DNA 聚合酶

总体积 5000 μl

循环数、温度和每一循环所需时间需要视所用的特定的库而定（15.1）。应当对 DNA 库的 PCR 扩增监控，避免 DNA 库的过度扩增，因为（过度的扩增使得 DNA 库）一旦变性后不会再复性。如果对一个变性的 DNA 库继续进行 PCR 扩增，极少的序列能达到普通序列的扩增程度，这会降低所筛选的功能序列的富集因子。

14）与上述 PCR 并行进行一份非 RT 的对照 PCR（基本方案 2 步骤 20 留出的样品）。

15）按照 1∶1 等量摩尔数加入 100 mmol/L EDTA 以螯合 Mg^{2+}。

16）加入等体积的 25∶24∶1（$V/V/V$）苯酚/氯仿/异戊醇到 PCR 反应混合物中，涡旋振荡，室温下于 10 000 g 离心 1 min。吸取上层水相保留。

17）用等体积的氯仿重新抽提水相 3 次；每次通过离心分层，离心后弃下层有机相。

18）用 1-丁醇抽提水相至起始体积的 20%（2.1，辅助方案 2），弃上层 1-丁醇相。

19）加入 3 mol/L NaCl 至终浓度为 300 mmol/L（在计算浓度时应包含来自 PCR 缓冲液的盐浓度）和 2.5 倍体积的 100%乙醇。

20）于－80℃冷冻 20 min 或于－20℃放置过夜。4℃下 12 000 g 离心 10 min。弃上清。

21）沉淀于 12 000 g 离心 1 min，用塑料吸头吸去残留的上清，溶解于 30 mmol/L NaCl，用琼脂糖凝胶测量其浓度（更详细的说明见 2.15）。

22）重复筛选/扩增循环直至所得的 mRNA 显示蛋白在选择组分中的比例不再提高为止，通常需 8～12 个循环。

23）将 DNA 转录成 RNA（见基本方案 1）并重复整个过程（见基本方案 1～3）。

该方法的疑难解答参见表 22.3.2，可接受的结果的范围参见表 22.3.3。

表 22.3.2 用 mRNA 显示蛋白法进行蛋白筛选中可能会遇到的问题和疑难解答

问题	可能的原因	解决办法
起始库或库的区段（library cassettes）测序结果显示有许多插入和（或）缺失	合成的 DNA 质量较低	重新合成和（或）用变性 PAGE 纯化以从长度为 $n+1$ 和 $n-1$ 的寡核苷酸中分离出长度为 n 的寡核苷酸
起始库或库的区段（cassettes）测序结果显示有许多插入和（或）缺失和（或）终止密码子	合成的 DNA 质量较低并且（或）者设计库时在随机序列中出现了终止密码子	进行“预筛选”，其间 mRNA 显示蛋白在区段时期（cassette stage）合成；其纯化是基于两个末端出现的标签，所产生的 cDNA 用于构建全长的库
mRNA-DNA 连接未产生任何/足够的 mRNA 显示模板	mRNA 的 3′端和（或）splint 由于内部互补而自身具有高级结构	重新设计 mRNA 和（或）splint 序列
	末端为嘌呤霉素的接头 5′端没有充分磷酸化	重新进行 5′端磷酸化，可选用更多的酶
	连接混合物含太多的盐	mRNA、splint 和接头进行脱盐
	RNA 降解	重新进行转录和胶回收
胶上未见有 mRNA 显示蛋白	连接失败	参见上文
	mRNA 显示模板降解	重新连接
	除了起始甲硫氨酸外，库中不存在甲硫氨酸，而起始甲硫氨酸在裂解物中降解	重新设计蛋白库，使其含有更多的甲硫氨酸
用 Oligo(dT)纤维素进行纯化的产量低	洗脱缓冲液没有充分变性	需要更多的去离子水洗涤，以洗去残留的盐
用 Ni-NTA 纯化的产量低	His_6 标签不能被接近	在结合一步使用更加变性的条件或重新设计库

续表

问题	可能的原因	解决办法
	产物沉淀	洗涤液和洗脱液中加入变性剂
	结合缓冲液中存在 EDTA、EGTA、DTT 或其他螯合剂	重新设计方案以排除螯合剂
在无模板的对照组 PCR 扩增反应中出现库 DNA	PCR 扩增反应的成分中污染了库 DNA	确定哪个 PCR 扩增反应成分被污染并将之替换掉
在非 RT 的对照组 PCR 扩增反应中出现库 DNA	库 DNA 未从 mRNA 显示蛋白中纯化干净，或者 mRNA 显示蛋白的纯化缓冲液被污染	增加 mRNA 显示蛋白纯化方案的严紧程度，或找出 mRNA 显示蛋白纯化过程的哪个成分被污染并替换掉
经过筛选后活力未见升高	库中不含有功能的序列	重新设计或诱变库并重新筛选
	筛选步骤设计不当	用阳性和阴性对照测试筛选步骤，重新设计以使差别最大化
	PCR、转录、翻译，或蛋白显示的偏好性超过了筛选的偏好性	调整条件使偏好性降低，特别是在低产量的步骤中；例如，降低翻译时 mRNA 显示模板的浓度
	固相化的靶分子不能被 mRNA 显示蛋白靠近	用不同的基质和(或)接头和(或)靶分子连接点重新进行筛选
筛选结束后的测序数据中未见家族成员	进行的筛选和扩增轮数不够	继续进行几轮筛选和扩增
	筛选的库中存在多个活性序列	分析各个筛选出的序列
筛选出的序列对 mRNA 显示蛋白没有活性	进行的筛选和扩增轮数不够	继续进行几轮筛选和扩增
	库中不存在有功能的序列	重新设计或诱变库并重新筛选
筛选出的序列对于 mRNA 显示蛋白有活性，但对游离蛋白没有活性	检验时游离蛋白的处理方式与 mRNA 显示蛋白不完全相同	重新检验，按照与 mRNA 显示蛋白完全相同的方式处理游离蛋白，例如包含逆转录的步骤
	所选 mRNA 显示蛋白的构象有 mRNA 依赖性	重新设计或诱变库并重新筛选

表 22.3.3 mRNA 显示蛋白筛选步骤中所获得的结果

步骤	可接受的产量范围
DNA 接头的 5′-磷酸化	90%～100%
Splinted RNA-DNA 连接	20%～60%
mRNA 显示模板显示的蛋白的比例	1%～40%
Oligo(dT)纤维素纯化	30%～90%
变性 Ni-NTA 纯化	30%～90%
抗 FLAG 纯化	50%～80%
凝胶过滤层析色谱(NAP 柱)	85%～100%
逆转录	80%～100%
适配体筛选的起始洗脱相中 mRNA 显示蛋白的比例	0.01%～1%
适配体筛选的最终洗脱相中 mRNA 显示蛋白的比例	3%～60%
mRNA 显示蛋白筛选的其他统计数据	
活力达到峰值或平台期所需的筛选轮数	8～12
mRNA 显示库的起始多样性	10^{12}～10^{13}
mRNA 显示库的最终多样性	≥1～10^{4}

22.3.4　辅助方案 1　FLAG 标签的纯化

附加材料（亦见基本方案 1；带√项见附录 1）

抗 FLAG M2 琼脂糖（Sigma）

√FLAG 清洗缓冲液

√FLAG 结合缓冲液

FLAG 肽（Sigma）

步骤

1）用 1 ml FLAG 清洗缓冲液洗涤 100 μl 抗 FLAG M2 琼脂糖 3 次，然后用 1 ml FLAG 结合缓冲液洗涤 3 次。

2）按照基本方案 1 中所述置换其他缓冲液的说明将样品缓冲液置换为 FLAG 结合缓冲液。

3）取 1 ml 含 mRNA 显示蛋白的样品加入到洗过的抗 FLAG M2 琼脂糖中并于 4℃旋转孵育 1 h，滴干，保存流过液。

4）用 1 ml FLAG 结合缓冲液洗涤抗 FLAG M2 琼脂糖 3 次。

5）用 0.5 ml 含有 10 μmol/L FLAG 肽的 FLAG 结合缓冲液洗脱抗 FLAG M2 琼脂糖 2 次，每次于 4℃旋转洗脱 30 min。

如果接着 FLAG 标签纯化后要做变性 His_6 标签纯化，那么洗脱组分可以直接加入到 2×Ni-NTA 结合缓冲液中。

22.3.5　辅助方案 2　诱导突变 PCR

附加材料（亦见基本方案 3；带√项见附录 1）

2.5 mol/L KCl

100 mmol/L $MnCl_2$ 溶液

√100 mmol/L Tris · Cl，pH 8.3

100 μl PCR 管（Sarstedt）

步骤

1）在冰上配制下列 PCR 反应混合物：

100 μl 100 μmol/L 3′引物（最终为 2 μmol/L）

100 μl 100 μmol/L 5′引物（最终为 2 μmol/L）

60 μl 25 mmol/L（每个）dCTP 和 dTTP（最终为 1 mmol/L）

12 μl 25 mmol/L（每个）dCTP 和 dGTP（最终为 0.2 mmol/L）

30 μl 2.5 mol/L KCl（最终为 50 mmol/L）

10.5 μl 1 mol/L $MgCl_2$（最终为 7 mmol/L）

7.5 μl 100 mmol/L $MnCl_2$（最终为 0.5 mmol/L）

150 μl 100 mmol/L Tris·Cl，pH 8.3（最终为 10 mmol/L）

943 μl 水

15 μl 5 U/μl *Taq* DNA 聚合酶

总体积 1500 μl

2）吸取 16 份 90 μl PCR 反应混合物到 100 μl PCR 管中，编号为 1～16。

3）加入 DNA 库或序列到管 1 中至浓度为 10 nmol/L，用 PCR 反应混合物补至 100 μl。

4）进行 4 轮 PCR 扩增。在最后一轮的延伸反应期间，将下一个编号的管子与当前的管子并列放置于 PCR 模块上。在最后的延伸完成之前并且确保下一个编号的管子达到延伸温度时，转移 10 μl PCR 反应混合物。将已扩增的 PCR 反应混合物保存于 4℃。

5）重复步骤 4，14 次。每经 4 次转移，都用琼脂糖凝胶电泳分析 PCR 反应，对连续的 PCR 扩增的条带进行定量，调整转移的体积以使扩增的 DNA 浓度维持在一个恒定的水平。

每个核苷酸每次转移的诱变率预计大约为 0.2%（10 倍扩增）。

因特网资源

http://gaiberg.wi.mit.edu/cgi-bin/CombinatorialCodons

Combinatorial Codons 是一个非常有用的、用于设计蛋白库的工具，它能重复产生与输入的氨基酸的分布非常接近的核苷酸的分布。

http://xanadu.mgh.harvard.edu/szostakweb/orf.html

该网址是一个寡核苷酸序列的数据库，这些序列已成功用于构建随机的、一定模式的和基于结构的 mRNA 显示蛋白库。

http://pairs.chem.yale.edu/extinct.html

该生物高聚物计算器（Biopolymer Calculator）是分子生物学领域的非常有用的通用工具。

http://sun2.science.wayne.edu/%7Ejslsun2/servers/seqanal/

一个由 mfold 预测核酸二级结构的算法。

参考文献：Cho et al., 2002；Liu et al., 2000；Roberts and Szostak, 1997.

撰 稿 人：Anthony D. Keefe

第23章　单个细胞或一群细胞间差异表达基因的发现和分析

分子生物学家发现和分析差异表达的基因已经有几十年了。开始，发现和分析都是一次一个基因。随后的 cDNA 克隆技术可以鉴定一个给定组织的很多基因；然而，这也留给研究者大量的基因需要作差异表达的筛选。一个主要的进展是在 20 世纪 80 年代发展了差减克隆法，这个方法极大地富集了一种类型的细胞或组织表达而在其他细胞或组织中不表达的基因。80 年代晚期随着热稳定的 DNA 聚合酶 PCR 技术的出现，过去的方法已经得以改进，很多新的技术也发展起来，这使得发现差异表达的基因变得容易多了，也使得在单个细胞的水平上分析差异基因的表达成为可能。

这一章包括了用于发现和分析差异表达基因的分子方法及实验方案。23.1 描述了差减 cDNA 文库的构建；23.2 描述了基于 PCR 的差减克隆技术的改进和监测亚文库的狭缝杂交的辅助方案。差减 cDNA 文库提供了这样的一种方法，首先从某个类型的细胞和组织 mRNA 合成 cDNA，随后那些也在对照组织或细胞中表达的序列通过杂交和选择加以去除，得到只在这一类型的细胞或组织中特异表达的 cDNA 克隆。

23.3 描述了 PCR 应用于基因发现和差异显示上的强大威力。这项技术可以鉴定和分离差异表达的基因。它不需要知道这些基因的序列信息而只需要用任意确定的寡核苷酸扩增和高分辨率的聚丙烯酰胺凝胶电泳。23.4 描述了一个变异的差异表达显示方法——限制性内切核酸酶介导的差异显示（RMDD），这可能为实验人员提供有用的信息。

撰 稿 人：Donald M. Coen

23.1　差减 cDNA 文库的建立

基本方案　差减 cDNA 文库的构建

差减文库包含了存在于一种细胞或组织而不存在于另一种细胞或组织的 mRNA cDNA 克隆。这个 cDNA 文库被用来分离相应于一类 mRNA 的一组 cDNA 克隆，或用于分离一个特定 mRNA 的 cDNA 克隆。这中间筛选 cDNA 克隆的过程是很费劳力的。

材料（带√项见附录 1）

[＋] 和 [－] cDNA 文库（ATCC 或 Stratagene）

√TE 缓冲液

*Eco*RI 和 10× *Eco*RI 缓冲液（见 3.1）

√0.5 mol/L EDTA，pH 8.0

√10%（*m*/*V*）蔗糖溶液

√1.5%和 2% 琼脂糖凝胶
√TBE 缓冲液
95%和 70%乙醇
S1 核酸酶（Sigma；见 3.9）
√10×S1 核酸酶缓冲液
√25∶24∶1（*V*/*V*/*V*）苯酚/氯仿/异丙醇
3 mol/L 乙酸钠，pH 5.2
*Alu*I 和 10×*Alu*I 缓冲液（见 3.1）
*Rsa*I（见 3.1）
去离子甲酰胺（Fluka，IBI 或 American Bioanalytical）
√20×SSC
√1 mol/L $NaPO_4$，pH 7.0
10%（*m*/*V*）SDS
10 mg/ml 酵母 tRNA
24∶1（*V*/*V*）氯仿/异丙醇
磷酸化的 λgt10 连接臂（Stratagene）
10×T4 DNA 连接酶缓冲液
T4 DNA 连接酶（以黏性末端单位计；New England Biolabs；见 3.14）
E. coli C600*hflA*（表 1.4.5）
λ 噬菌体包装抽提物（Stratagene）
√悬浮介质（SM）
SW-28 转子和 38 ml 离心管（Beckman）或其他类似的管子
0.4 ml 微量离心管

步骤

1）从［+］和［−］的细胞或组织获得 cDNA 文库。

本方案假设［+］和［−］文库是 λ 噬菌体文库。如果这两种文库的载体都是质粒的话，那么它们都只需要 100 μg（步骤 2.3 的 1/10 规模）。插入片段需琼脂糖凝胶电泳纯化，而不仅仅是蔗糖梯度离心纯化。

2）使用大规模的 DNA 纯化柱从［+］和［−］文库中各纯化>1 mg 的 DNA。以 1 mg/ml的浓度重悬于 TE 缓冲液中。

3）在 1.5 ml 的微量离心管中分别消化两个文库的 DNA 各 1 mg，反应如下（终体积 1.167 ml）：

1 ml 文库 DNA（1 mg）
0.117 ml 10×*Eco*RI 缓冲液
0.05 ml *Eco*RI（1000 U）

混匀，37℃温育 5 h。加入 40 μl 0.5 mol/L，pH 8.0 的 EDTA，65℃温育 10 min 以停止反应。进行消化的时间里，在 38 ml SW-28 管子里准备 4 个 10%～40%的蔗糖梯度溶液。两个管子标记为［+］，两个管子标记为［−］。

插入 cDNA 片段中内在的 *Eco*RI 位点也会被切开。如果存在这种情况的话，通过这一步获得的部分长度的 cDNA 克隆可以被用来制作从起始［+］文库中筛选全长克隆的探针。现在有更新的克隆位点含有如 *Not*I 位点的载体（如 λZAP；图 1.10.8），这类载体的出现几乎可以完全克服上述困难。

4）每个消化产物中加入等体积的 10%蔗糖溶液混匀。将［+］文库的混匀的消化产物分成两等份，小心地加到两管标有［+］的 10%～40%蔗糖梯度溶液上。同样，将［−］文库的 DNA 消化物也加到标有［−］的蔗糖梯度溶液上。蔗糖梯度在 20℃下，122 000 *g*（26 000 r/min，SW-28 转子）离心过夜（18～24 h）。

5）用吸头小心移除管底的 0.2 ml 组分，其余每个组分分别放入标记好的微量离心管中，保存于 4℃。

6）每隔一个组分取 20 μl，在用 TBE 缓冲液配制的 1.5%的琼脂糖凝凝胶（见 2.6）上分析所含的插入 DNA 片段。

7）每管中加入 0.3 ml TE 缓冲液和 1 ml 95%的乙醇，混匀，置于−20℃ 2 h 或置于干冰上 15 min，沉淀插入的 DNA 片段。

组分中已含有沉淀 DNA 所需的足够的 NaCl。为了能够沉淀出 DNA，蔗糖梯度组分中的蔗糖必须要稀释。对于低密度组分，常常需要 1～3 倍的稀释。在高密度的组分中要高效回收 DNA，需要更高比例的稀释。

8）将沉淀溶液解冻后，用微量离心管高速离心 15 min 收集 DNA。吸出并保存上清，一直保留到回收 DNA 被检查确认后方可丢弃。每管加入 0.5 ml 70%的乙醇，再次离心，吸出上清，风干沉淀。

9）重悬、合并来自［+］文库的插入 DNA 于 TE 缓冲液中，终浓度为 0.2 mg/ml。−20℃保存。

10）重悬、合并来自［−］文库来的插入 DNA 于 100 μl TE 缓冲液中，置于冰上。各单独保存一小份 400 ng 的［+］和［−］cDNA，用作最终文库的评估。

从 1 mg 总的文库 DNA 中，预期可以回收到大于 10～15 μg 的插入 DNA。小份的［+］和［−］DNA 也可以用放射性标记，用作［+］文库的差异筛选探针。

11）按如下次序混合反应体系（终体积 112 μl），去除［−］DNA 的 *Eco*RI 末端。

100 μl［−］插入 DNA（10～15 μg）

11 μl 10× S1 核酸酶缓冲液

1 μl 1∶500 S1 核酸酶（2 U）

涡旋混匀，离心甩至管底，37℃温育 30 min。

12）加入下述试剂以终止反应：

5 μl 0.5 mol/L EDTA，pH 8.0

200 μl TE 缓冲液

300 μl 苯酚/氯仿/异丙醇

涡旋混匀，离心 1 min 分相，转移上层水相到一个新的离心管里。加入 30 μl 3 mol/L，pH 5.2 的乙酸钠，700 μl 乙醇。冷冻，然后按步骤 7、8 离心收集 DNA。沉淀重悬于 100 μl TE 缓冲液中。

13）用 *Alu*I 和 *Rsa*I 将 S1 核酸酶处理过的［−］插入 DNA 消化成小片段。按如下次序混合反应体系（终体积 121 μl）：

100 μl [—] 插入 DNA（10～15 μg）

12 μl 10× *Alu*I 缓冲液

5 μl *Alu*I（50 U）

4 μl *Rsa*I（60 U）

涡旋混匀，离心甩至管底，37℃温育 3 h。加入 5 μl 0.5 mol/L，pH 8.0 的 EDTA，65℃温育 10 min 以停止反应。取出 5 μl 消化产物电泳检验。

14）加入 200 μl TE 缓冲液和 300 μl 苯酚/氯仿/异丙醇；按步骤 12 抽提，乙醇沉淀。以 1 μg/μl 的浓度重悬于 TE 缓冲液中。

15）用 2%的琼脂糖凝胶（TBE 缓冲液中；见 2.6）电泳检查步骤 13 中的 5 μl 消化产物，EB 染色。[—] DNA 的消化片段应当处于 50～200 bp 之间。

16）用 [—] DNA 片段杂交 [+] 插入 DNA。在一个 0.4 ml 的微量离心管中加入如下反应体系（终体积 51 μl）：

25 μl 去离子甲酰胺（50%的最终体积比）

10 μl [—] DNA 片段（10 μg）

1 μl [+] 插入 DNA（0.2 μg）

12.5 μl 20×SSC（终浓度为 5×）

0.5 μl 1 mol/L $NaPO_4$，pH 7.0（10 mmol/L 终浓度）

0.5 μl 0.1 mol/L，EDTA，pH 8.0（1 mmol/L 终浓度）

0.5 μl 10%SDS（0.1%终浓度）

1.0 μl 10 mg/ml 酵母 tRNA（0.2 mg/ml 终浓度）

涡旋混匀，离心甩至管底，沸水浴变性 5 min。再次轻甩离心管，37℃温育 18～24 h。

17）加入 200 μl TE 缓冲液，将混合物转移到一个 1.5 ml 的微量离心管中。用 250 μl TE 缓冲液洗涤杂交管后加入杂交混合物（现在的体积是 500 μl）。加入 500 μl 苯酚/氯仿/异丙醇，涡旋混匀，离心 1 min 分相。

18）转移上清水相到一个新的离心管里。按上一步用 500 μl 苯酚/氯仿/异丙醇再抽提一次。加入 50 μl 3 mol/L，pH 5.2 的乙酸钠，1 ml 乙醇，按步骤 7、8 沉淀。沉淀重悬于 12 μl TE 缓冲液。

19）连接插入 DNA 和 λgt10（不是 λgt11）噬菌体臂。混合如下反应体系（终体积 25 μl）：

12 μl 插入 DNA

10 μl λgt10 磷酸化的臂（10 μg）

2.5 μl 10×连接缓冲液

0.5 μl T4 DNA 连接酶（200 U）

用吸头上下轻轻吹吸混匀，12～15℃温育过夜。

20）准备一份新鲜的 *E. coli* C600*hfl*A 的过夜培养液。第二天上午，按照厂家说明，用 8～10 个商品化的 λ 噬菌体包装抽提物包装步骤 19 的连接产物。

这里使用 λgt10 载体是因为当生长在合适的宿主菌中时，它可以对重组子进行选择。10 μg λ 噬菌体载体在摩尔数上大约相当于所加入的 [+] DNA 的 *Eco*RI 末端的摩尔数。必须考虑 [+] DNA 的 *Eco*RI 末端，即使在变性杂交后只有少部分 [+] 插入 DNA 片段能被克隆。推荐的

10 μg 载体和不少于 8～10 个包装抽提物能确保很好的文库多样性。

21) 包装混合物中加入悬浮介质，一起倒入一个 5 ml 的聚丙烯管里，调整终体积到 2 ml。加入 2 滴氯仿，用手摇晃 3 s，使氯仿沉淀。
22) 按照文库的扩增方案（见 23.2），取 0.2 ml 和 3 ml 新鲜的 C600*hfl*A 菌液混合，接种于 150 mm 的平板上，总共 10 块。放置于 37℃培养过夜。
23) 第二天上午，取一块平板计数噬斑，所得个数乘以 10 得到文库中总得重组子。
24) 用悬浮介质洗脱板上的噬菌体或直接跳出单个噬斑筛选。
25) 评估新建的差减文库。

   最好的办法是扩增文库，差异筛选两块从单个长有 20 000～40 000 个重组子的 150 mm 平板上来的尼龙膜。一块和总的［+］cDNA 探针杂交，另一块和总的［−］cDNA 探针杂交。总的［+］和［−］cDNA 探针是放射性标记的第 10 步中保存的［+］和［−］cDNA。大多数克隆应当能和［+］探针杂交，而几乎没有能和［−］探针杂交。用一种蛋白探针如 actin 或 tubulin 进行杂交是不合适的，根据多种因素推测，结果是没有杂交发生（或只有很少）。

参考文献：Hedrick et al., 1984.

撰 稿 人：Lloyd B. Klickstein

23.2 基于 PCR 的差减 cDNA 克隆

差减克隆是分离和鉴定两个细胞群中差异表达的 mRNA 的有效技术。一般的差减方案举例说明在图 23.2.1 中，相比较的细胞类型是［+］（或测试）细胞和［−］（或驱动）细胞，在测试细胞中表达而不在驱动细胞中表达的 mRNA 将被分离出来。

差减的顺序显示在图 23.2.2 里。必需的差减次数主要取决于 cDNA 的多样性。多样性是指每一个细胞类型中不同的 cDNA 或 cDNA 片段的总数（Davidson, 1986）。

23.2.1 基本方案 差减 cDNA 文库的构建

材料（带√项见附录 1）

A 和 B 类细胞的双链 cDNA（ds cDNA）

√*Alu*I 和 10× *Alu*I 缓冲液

*Rsa*I

10、15 和 75 mmol/L 的 ATP

√10 U/μl T4 多聚核苷酸激酶和 10× T4 多聚核苷酸激酶缓冲液

寡核苷酸引物

3 μg/μl a1：5′-TAG TCC GAA TTC AAG CAA GAG CAC A-3′

2.5 μg/μl a2：5′-CTC TTG CTT GAA TTC GGA CTA-3′

3 μg/μl B1：5′-ATG CTG GAT ATC TTG GTA CTC TTC A-3′

2.5 μg/μl B2：5′-GAG TAC CAA GAT ATC CAG CAT-3′

√10 U/μl T4 DNA 连接酶和 10× T4 DNA 连接酶缓冲液

40%（*m*/*V*）聚乙二醇 8000（PEG 8000）

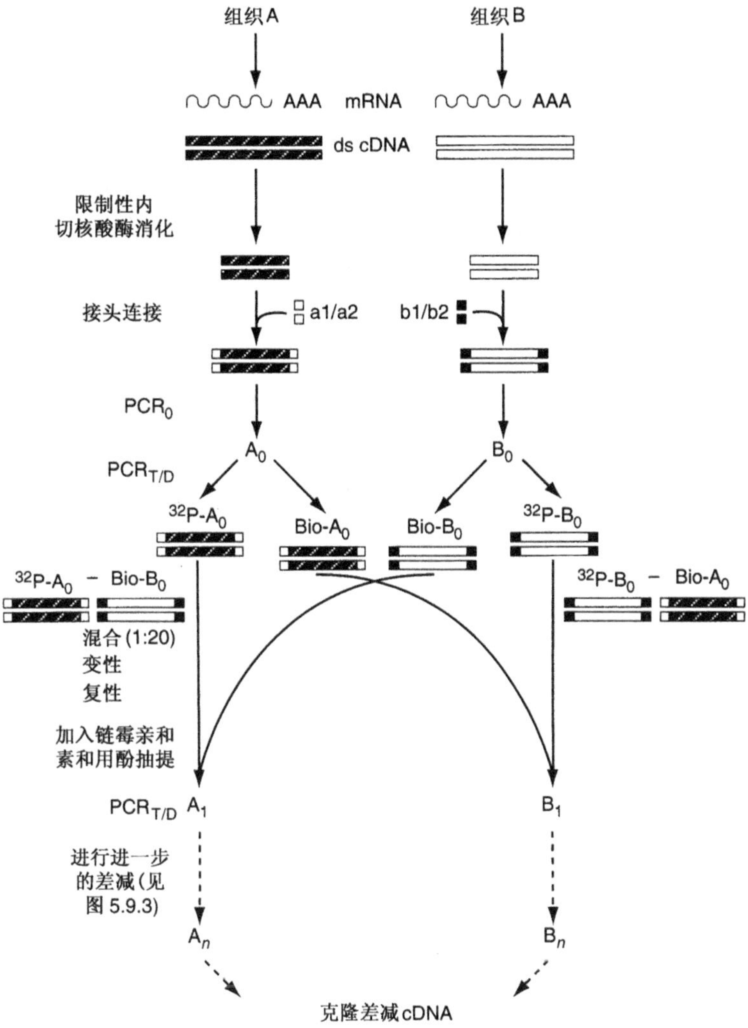

图 23.2.1 基于 PCR 的 cDNA 差减克隆的基本步骤。从组织 A 和 B 中纯化的 mRNA 用标准的方法合成双链 cDNA。产生的 cDNA 随后用识别 4 bp 的限制酶消化。两份不同的连接子（a1/a2 和 b1/b2）分别连接到两份不同的消化好的 cDNA 上。进行两组差减（A_0-B_0 和 B_0-A_0）。在每次差减中，通过 PCR 合成［α-^{32}P］dCTP 标记的少量的测试样品和生物素-11-dUTP 标记的驱赶样品。测试 cDNA 和驱赶 cDNA 按 1∶20 的比例混合，变性，重新复性。驱赶体/驱赶体和测试体/驱赶体的杂交体用链霉亲和素和酚抽提去除。结果产生富集了在测试样品中比在驱赶样品中具有更高丰度的序列的 A_1 和 B_1。再次扩增后进行进一步的差减（图 23.2.2）。当差减完成后，cDNA 克隆到合适的载体里去分析。

√25∶24（*V/V*）苯酚/氯仿（平衡酚配制）

氯仿

√5 U/μl *Taq* DNA 聚合酶和 10× *Taq* DNA 聚合酶缓冲液

25 mmol/L $MgCl_2$

√10 mmol/L 4dNTP 混合物

矿物油，PCR 级，无菌

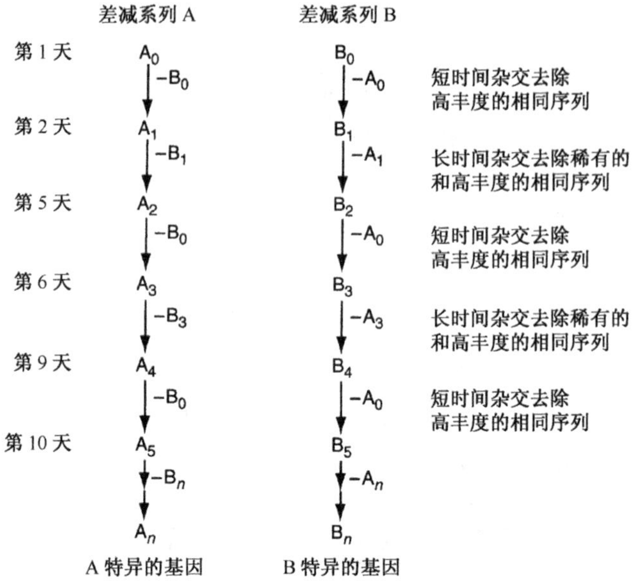

图 23.2.2 序列的差减。这里描述了开始 5 轮的差减进行顺序。图中标注了达到每轮差减基本目的的大致时间表和杂交时间长度。用 A_0 或 B_0 作驱赶体的短杂交（2 h）和用 A_n 或 B_n 作驱赶体的长时间杂交（30～40 h）交替进行。A_0 和 B_0 是没有标准化的，也就是，它们含有过量的mRNA 或 cDNA 因而能确保大量的相同序列能被除去。相反地，A_1-A_n 和 B_1-B_n 富集了稀有序列因而比 A_0 或 B_0 更有效地除去稀有的相同序列。每隔 3 到 4 轮差减杂交，用狭缝印迹杂交监控差减进程。当富集程度达到令人满意时（>20 倍的差异；也就是，当 A_n 和它自己的杂交好于和 B_n 杂交超过 20 倍时），将差减的 cDNA（A_n 和 B_n）克隆到合适的载体并进行克隆分析。

800Ci/mmol [α-^{32}P] dCTP（10 Ci/μl）
√驱动 dNTP 混合物
乙醇
1 mol/L 和 5 mol/L NaCl
√HEPES 缓冲液
√2×差减杂交缓冲液
√链霉亲和素溶液
√*Eco*RI 和 10×*Eco*RI 缓冲液或 *Eco*RV 和 10×*Eco*RV 缓冲液
*Eco*RI 切开的 pBluescript 载体
*Eco*RV 切开的 pBluescript 载体
转化感受态菌株（见 1.8）
放射性标记的差减探针（见辅助方案）
0.5 ml 的 PCR 管
Sephacryl S-300 离心柱（Amersham Pharmacia Biotech）
Beckman Accuspin FR 离心机和吊桶转子或类似的其他离心机
热循环仪
阴离子交换 PCR 离心柱（Qiagen）

1.5 ml 微量离心管，硅烷化（附录 3B）

手提式盖格计数器

加热块

步骤

1）对每一组 ds cDNA（A 和 B）配制 2 个限制性内切核酸酶消化反应（*Alu*I 和 *Alu*I+*Rsa*I；见 3.1）：

30 ng ds cDNA

3 μl 10× *Alu*I 缓冲液

10 U *Alu*I 或 10 U *Alu*I+10 U *Rsa*I

加水到 30.0 μl。

37℃温育过夜，确保完全消化。

最好使用产生平端的酶。如果不是产生平端的酶，需要另外补平或削平。

2）65℃温育超过 10 min 失活内切酶。

3）激酶处理寡核苷酸 a1 和 b1，使用如下反应体系（每个反应体系 25 μl）：

18.0 μl H_2O

2.5 μl 10 mmol/L ATP

2.5 μl 10× T4 多聚核苷酸激酶缓冲液

1.5 μl 3 μg/μl 的寡核苷酸 a1 或 b1

0.5 μl 10 U/μl T4 多聚核苷酸激酶

37℃温育 60 min。

4）65℃温育 20 min 失活激酶。

5）加入 1.5 μl 的寡核苷酸 a2 或寡核苷酸 b2 形成 a1/a2 或 b1/b2 连接子。混匀，最高速离心。45℃温育 10 min。

6）在 0.5 ml 的 PCR 管里，用合适的连接子为每组 cDNA 配制连接反应（130 μl 每个反应）：

63 μl H_2O

13 μl 10× T4 DNA 连接酶缓冲液

30 μl 40% PEG 8000

1 μl 15 mmol/L ATP

10 μl *Alu*I 消化的 cDNA

10 μl *Alu*I/ *Rsa*I 消化的 cDNA

2 μl a1/a2 或 b1/b2 连接子

1 μl 10 U/μl T4 DNA 连接酶

混匀，16℃温育 2 h。

7）将反应管放于冰上超过 10 min。

8）根据厂家说明书准备 Sephacryl S-300 离心柱。

9）每个连接反应中加入 1 μl 75 mmol/L 的 ATP 和 1 μl T4 多聚核苷酸激酶。37℃温育 30 min。

10）用 1 倍体积的 25∶24 的苯酚/氯仿和氯仿依次抽提连接反应（见 2.1）。

11）连接产物离心过 Sephacryl S-300 离心柱，除去未连接的连接子，用 Beckman Accuspin FR 离心机的吊桶转子室温，400 *g* 离心 2 min。

12）两组 cDNA，各配制 50 μl PCR 反应体系：

35 μl H_2O

5 μl 10× *Taq* DNA 聚合酶缓冲液

3 μl 25 mmol/L $MgCl_2$

1 μl 10 mmol/L 4dNTP 混合物

0.5 μl 2.5 μg/μl 寡核苷酸 a2 或寡核苷酸 b2

5 μl 0.2 ng/μl 连接好的 cDNA A 或 cDNA B

0.5 μl 5 U/μl *Taq* DNA 聚合酶

加入几滴无菌的 PCR 级的矿物油覆盖反应体系。

13）用下面的 PCR 程序扩增 cDNA：

30 个循环：	1 min	94℃（变性）
	1 min	50℃（复性）
	2 min	72℃（延伸）
	25 s	72℃（自动延伸）

对于没有自动延伸的热循环仪，延长延伸时间为 2～4 min。

14）用琼脂糖凝胶电泳分析 5～10 μl 扩增好的 cDNA，确定扩增 cDNA 的大小范围（150 bp～1.5 kb，大部分为 250 bp）

15）对两组扩增好的 cDNA，各配制以下由放射性标记的测试 cDNA 的 PCR 反应体系（每个反应体系 100 μl）：

77 μl H_2O

10 μl 10× *Taq* DNA 聚合酶缓冲液

6 μl 25 mmol/L $MgCl_2$

2 μl 10 mmol/L 4dNTP 混合物

1 μl 稀释的 [^{32}P] dCTP

1 μl 2.5 μg/μl 寡核苷酸 a2 或寡核苷酸 b2

2 μl A_0 或 B_0 cDNA（约 0.4 μg）

1 μl 5 U/μl *Taq* DNA 聚合酶

加入几滴无菌的 PCR 级的矿物油覆盖反应体系。

16）对两组扩增好的 cDNA，各配制 3 或 4 个由生物素标记的驱动 cDNA 的 PCR 反应体系（每个反应体系 100 μl）：

73.3 μl H_2O

10 μl 10× *Taq* DNA 聚合酶缓冲液

6 μl 25 mmol/L $MgCl_2$

6.7 μl 驱动 dNTP

1 μl 2.5 μg/μl 寡核苷酸 a2 或寡核苷酸 b2

2 μl cDNA A_0 或 cDNA B_0（1～5ng）

1 μl 5 U/μl *Taq* DNA 聚合酶

加入几滴无菌的 PCR 级矿物油覆盖反应体系。

17）用步骤 13 中的 PCR 扩增程序进行测试和驱动 cDNA 的合成。

18）按厂家说明，用商业化的阴离子交换 PCR 离心柱（Qiagen）纯化扩增的 cDNA，去除未掺入的核苷酸、引物和盐（见 2.2）。

19）用分光光度计定量产物核酸（附录 3D）。

20）配制 2 个杂交反应（[^{32}P] An-Bio-Bn 和 [^{32}P] Bn-Bio-An）。在一个 1.5 ml 硅烷化的微量离心管里，用乙醇沉淀 1 μg 放射性标记的测试 DNA 和 20 μg 的生物素标记的驱动 DNA，不要冷冻。风干沉淀，当沉淀刚刚干时，用吸头轻轻吹吸，重新溶于 5 μl HEPES 缓冲液。用手提式盖格计数器检测重新溶解的核酸溶液。

21）转移重新溶解的 DNA 到一个 0.5 ml 的 PCR 管里。加入 5 μl 68℃的 2×杂交缓冲液进行差减杂交。轻轻吹吸混匀，加入数滴无菌的 PCR 级的矿物油覆盖 DNA 溶液。最高速离心几秒。

22）把两个管子在 95℃加热 10 min，然后在 1 h 内慢慢冷却到 68℃，并继续在 68℃温育 2 h（快速杂交）。

23）混合 7 μl 1 mol/L 的 NaCl 和 140 μl HEPES 缓冲液，加热到 68℃。加入到杂交反应中稀释反应。混匀，最高速简单离心。冷却到室温。

24）每管中取出 5 μl，保存（用作酚抽提前的总量计算）。

25）每管中加入 15 μl 链霉亲和素，涡旋混匀，室温温育 5 min。

26）每管用等体积的 25∶24 的苯酚/氯仿抽提。保留水相转移到新的管里。

27）每管的水相中加入 10 μl 链霉亲和素。混匀，室温温育 5 min。

28）用苯酚/氯仿和氯仿各抽提两次。测量每管的水相体积。

29）每管中取出 5 μl，保存（用作酚抽提后的总量计算）。

被去除掉的测试 cDNA 的百分比用以下等式估算：

%去除的测试 cDNA＝100－（酚抽提后总量×100/酚抽提前总量）

30）用 A_n或 B_n测试 cDNA 和合适的驱动 cDNA 重复差减的过程（步骤 15～29）。驱动 cDNA 的选择由差减的策略决定（图 23.2.2）。用 A_0或 B_0驱动 cDNA 进行快速杂交（2 h），用 A_n或 B_n驱动 cDNA 进行长时间杂交（30～40 h）。差减的进程用隙缝斑点杂交检测（见辅助方案）。

31）用步骤 13 的程序扩增 5 μl 差减 cDNA（A_n和 B_n）。用一个商业化的阴离子交换 PCR 离心柱纯化 PCR 产物（如 Qiagen；见 2.2）

32）用在连接子上有剪切位点的合适限制酶（针对于这里所用的连接子，如 *Eco*RI 和 *Eco*RV）消化 cDNA。

33）苯酚/氯仿抽提，乙醇沉淀纯化消化的 cDNA。

34）把 DNA 连接到合适的载体中（见 3.13；如 *Eco*RI 或 *Eco*RV 切开的 pBluescript）。

35）转化载体到感受态细菌里（见 1.8）。

36）铺板培养差减文库（见 6.1）。

值得先通过滴定文库以获得单克隆。确定含插入片段克隆的百分比和插入片段的大小也很重要。插入片段应当是 250 bp 左右。如果插入的片段＞500 bp，则可以认为是插入了两个片段。

37）从每个起始滤膜制备 4 个重复的印迹。

38）按照厂家说明，变性、中和和交联印迹。

39）用差减探针（见辅助方案步骤 5）杂交这些重复的滤膜。

40）从库里随机（如果估计库里绝大多数是差异表达的基因）或按照 A_n 和 B_n 探针的杂交结果挑取 50～100 个差异表达的克隆。准备小量的质粒 DNA（见 1.6）。

41）对每个质粒里的插入片段进行测序，把含有相同序列的克隆归在一起。

42）用起始组织的 RNA 分析［如 Northern 印迹（见 4.8）、RNase 保护分析（见 4.6）、定量 RT-PCR（见 15.5）或者原位杂交（见 14.3 和 14.7）］确定这些克隆是否确实是差异表达的。

常见的问题和解决方法见表 23.2.1。

表 23.2.1 差减 cDNA 克隆中可能出现的问题、原因和解决办法

问题	可能的原因	解决办法
琼脂糖凝胶上看不到 cDNA 的扩增产物	连接子和 cDNA 的连接不成功，原因有：	
	激酶标记了错误的引物	重新标记准确的引物
	连接酶缓冲液和（或）连接酶失活	测试连接酶缓冲液和（或）连接酶，必要时更换
	cDNA 中含有抑制成分	酚/氯仿抽提，用糖原助沉，乙醇沉淀，重新纯化 cDNA
	由于 PCR 扩增缓冲液和（或）PCR 酶失活造成的扩增失败	测试缓冲液和（或）酶，必要时更换
A_0和（或）B_0中，cDNA 扩增产物的中间大小大于 500 bp	扩增前，cDNA 消化不完全，原因有：	
	双链 cDNA 中含有抑制成分	酚/氯仿抽提，用糖原助沉，乙醇沉淀，重新纯化 ds cDNA
	限制酶缓冲液和（或）限制酶失活	测试缓冲液和（或）酶，必要时更换
差减效率低	乙醇沉淀或重悬过程中，DNA 有所损失	重复这一过程，并用手提式盖格计数器仔细监测
	杂交前，DNA 没有完全重新溶解	重新溶解前避免让 DNA 完全干燥，加热样品到 60℃以助溶
克隆到载体后，没有或只有很少的克隆	DNA 消化不完全	重新纯化 DNA；用蛋白酶 K 处理，酚/氯仿抽提，乙醇沉淀，70%乙醇沉淀
	酶或缓冲液失活	测试缓冲液和（或）酶，必要时更换
	连接效率差	重新纯化 DNA；测试缓冲液和（或）酶，必要时更换
	低的转化效率	测试感受态细胞，必要时更换
没有或很少差异表达基因	连接连接子前，RNA 或 cDNA 中污染了（基因组）DNA	用新的 RNA 从新开始，并在逆转录前先用 DNase 处理

23.2.2 辅助方案 狭缝斑点杂交监测差减过程

每过 3～4 次差减，用狭缝斑点杂交监测差异表达基因的富集过程（也见 2.21、2.13）。

附加材料（亦见基本方案；带√项见附录 1）

差减后的 cDNA（见基本方案步骤 28）

3 mol/L NaOH

2 mol/L 乙酸铵，pH 7.0

√探针 dNTP 混合物

装在 1 ml 无菌注射器里的 Sephadex G50/80 离心柱(Amersham Pharmacia Biotech)

步骤

1）在每份 1200 ng 差减 cDNA（A_n-B_n 和 B_n-A_n）中加入 0.1 倍体积的 3 mol/L NaOH 并在 65℃加热变性 30～60 min。

2）加入 1 倍体积 2 mol/L，pH 7.0 的乙酸铵中和。

3）从每份差减样品中取出 100 ng/份经过变性和中和的 cDNA，重复点 6 个或更多的狭缝斑点（见 2.12）。

4）用 A_n、B_n、A_0、B_0 的 cDNA，制备放射性标记的基因差减探针。这些基因包括一个在 A 和 B 中都高表达的基因和一个或多个在 A 和 B 中差异表达的基因（或一个被掺入该反应的基因）。准备每个探针的 PCR 体系（每个反应体系 50 μl)：

17.5 μl H_2O

5 μl 10× *Taq* DNA 聚合酶缓冲液

3 μl 25 mmol/L $MgCl_2$

2 μl 探针 dNTP

20 μl [α-^{32}P] dCTP

1 μl 2.5 μg/μl 引物 a2，引物 b2，识别 A 和 B 中都表达基因的引物或识别 A 或 B 差异表达基因的引物

0.5 μl 4 ng/μl 差减 A_ncDNA 或 B_ncDNA 或合适的基因模板 DNA

1 μl 5 U/μl *Taq* DNA 聚合酶

加入几滴无菌的 PCR 级的矿物油覆盖反应体系。

5）用下面的 PCR 程序扩增和标记探针：

30 个循环	1 min	94℃	（变性）
	1 min	50℃	（复性）
	2 min	72℃	（延伸）

杂交前先使探针变性。

6）用 1 ml 的 Sephadex G50/80 离心柱，在 Beckman Accuspin FR 吊桶转子上室温离心 2 min，纯化探针。

7）取 1 μl 洗脱液用闪烁计数仪计数测量掺入效率。

8）用上面的探针杂交每个狭缝斑点（见 2.13)。

9）高严紧地洗涤斑点（见 2.13)。

10）X 射线胶片曝光或用磷屏曝光（附录 3A)。

参考文献：Wang and Brown，1991.

撰 稿 人：Mukesh Patel and Hazel Sive

23.3 mRNA 的 PCR 差异显示

基本方案 mRNA 的 PCR 差异显示

对应于 mRNA 的 DNA 序列，可以被回收、克隆、测序，可以用作杂交或筛库的探针（见图 23.3.1）。

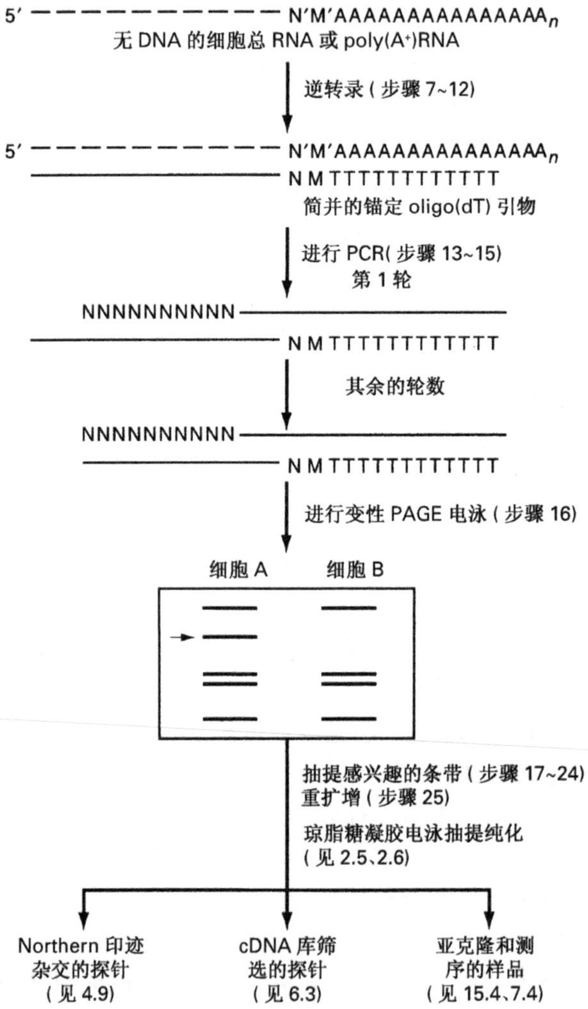

图 23.3.1 差异显示的示意图。凝胶图代表用一组引物针对于两种细胞 A 和 B 的结果。虚线，RNA；实线，DNA；T_{12}MN，简并的 oligo（dT）引物；M 表示 A、C 或 G（简并）；N 可以是 A、C、G 或 T。

材料（带√项见附录 1）

人的细胞总 RNA（见 4.1）或 poly（A）$^+$ RNA（见 4.4）

1 U/μl 人胎盘 RNase 抑制剂

10 U/μl DNase I（无 RNase）

√0.1 mol/L Tris · Cl，pH 8.3

0.5 mol/L KCl

15 mmol/L $MgCl_2$

3∶1（V/V）苯酚/氯仿

3 mol/L 乙酸钠，pH 5.2

100%、70%和 85%的乙醇

√DEPC 处理的水

浓度各为 10 μmol/L 的简并锚定 oligo(dT)引物组合(如 Genhunter)：T_{12}MG、T_{12}MA、T_{12}MT、T_{12}MC（M 代表 G、A 或 C）

√5×MoMuLV 逆转录酶缓冲液

0.1 mol/L DTT

250 μmol/L 和 25 μmol/L 的 4dNTP 混合物

200 U/μl 的 Moloney 鼠白血病病毒（MoMuLV）逆转录酶

10 ×PCR 扩增缓冲液（使用 15 mmol/L $MgCl_2$，0.1 mg/ml 白明凝胶；保存在 −20℃）

10 μCi/μl [α-^{33}P] dATP（>2000 Ci/mmol）

2 μmol/L 随机十聚体（如 GenHunter 或 Operon Technologies）

5 U/μl *Taq* DNA 聚合酶

矿物油

√甲酰胺上样缓冲液

10 mg/ml 的糖原（无 DNase）

65℃、95℃、80℃和 100℃水浴

热循环仪

Whatman 3 MM 滤纸

小心：这一过程必须由受过正确使用^{33}P 同位素的人员在经 NRC 认证的地方进行。防止过量的照射，必须始终贯彻人员和仪器的同位素污染防范标准（见附录 3G）。

注意：涉及 RNA 的实验需要小心操作以防止 RNA 的降解（见 4.1）。

步骤

1）消化细胞总 RNA 或 poly（A）$^+$ RNA 中的 DNA：

50 μg RNA

10 μl 1 U/μl 人胎盘 RNase 抑制剂

1 μl 10 U/μl 无 RNase 的 DNase I

5 μl 0.1 mol/L Tris · Cl，pH 8.3

5 μl 0.5 mol/L KCl

5 μl 15 mmol/L $MgCl_2$

加水到 50 μl

37℃温育 30 min。

2）加入 50 μl 酚/氯仿（3∶1），涡旋混匀，最高速离心 2 min 分相。

3）转移上层到一个干净的微量离心管中，加入 5 μl 3 mol/L 的乙酸铵和 200 μl 100％乙醇。－70℃放置 30 min 沉淀 RNA。

4）高速离心 10 min。去除上清，用 500 μl 70％的乙醇洗涤沉淀（沉淀的 RNA）。

5）溶解 RNA 沉淀于 20 μl DEPC 处理水，用分光光度计测量 A_{260} 准确定量 RNA 的浓度。

6）用琼脂糖/甲醛凝胶电泳（见 4.8）分析 3 μg 用作差异显示分析的 RNA，检查 RNA 的完整性。无 DNA 的 RNA 保存在－80℃直到做差异显示分析。

7）对于每一个 RNA 样品，标记 4 个微量离心管为 G、A、T 和 C——一个管子对应一个简并锚定 oligo（dT）引物。

8）把 1 μg 无 DNA 的 RNA（步骤 5）稀释到 0.1 μg/μl，置于冰上。

9）用 4 个不同的简并锚定引物（5′-T_{12}MN-3′：T_{12}MG、T_{12}MA、T_{12}MT、T_{12}MC，M 是 G、A 或 C）配制无 DNA 的总 RNA 或 poly（A）$^+$ RNA 的逆转录反应：

4 μl 5×MoMuLV 逆转录酶缓冲液（终浓度 1×）

2 μl 0.1 mol/L DTT（终浓度 10 mmol/L）

1.6 μl 250 μmol/L 4dNTP 混合物（终浓度 250 μmol/L）

0.2 μg 总 RNA 或 0.1 μg poly（A）$^+$ RNA

2 μl 一个 10 μmol/L 简并锚定 oligo(dT)引物（T_{12}MN；终浓度 1 μmol/L）

DEPC 处理水调整体积到 19 μl。

10）65℃温育 5 min 变性 mRNA 的二级结构，继续 37℃温育 10 min 复性引物。

11）每管加入 1 μl 200 U/μl 的 MoMuLV 逆转录酶，混匀，37℃温育 50 min。

12）95℃加热 5 min，灭活逆转录酶，高速离心把溶液收集到管底。把管子放在冰上马上准备 PCR，或保存在－20℃以备日后使用（可以稳定保存至少 6 个月）。

13）为每个引物准备如下 20 μl 的反应混合液：

10 μl H_2O

2 μl 10×扩增缓冲液（终浓度 1×）

1.6 μl 25 μmol/L 4dNTP 混合物（终浓度 2 μmol/L）

0.2 μl [α-^{33}P] dATP

2 μl 2 μmol/L 的随机十聚体（终浓度 0.2 μmol/L）

2 μl 10 μmol/L 的简并锚定 oligo(dT)引物（T_{12}MN；终浓度 1 μmol/L）

2 μl cDNA（12 步）

0.2 μl 5 U/μl *Taq* DNA 聚合酶

14）上下吹吸混匀，覆盖 25 μl 矿物油。

15）在热循环仪上用如下程序扩增：

40 轮： 30 s 94℃（变性）
2 min 40℃（复性）
30 s 72℃（延伸）
1 轮： 5 min 72℃（延伸）
最后一步：4℃（保持）

16）混合 3.5 μl PCR 产物和 2 μl 甲酰胺上样缓冲液，80℃加热 2 min。上样到 6%的变性聚丙烯酰胺凝胶上（见 7.6）。60W 电泳约 3 h 直到二甲苯青走到离底部 10 cm 以内。
17）小心移去凝胶上的一块玻璃板。把一张 Whatman 3MM 滤纸覆盖在凝胶上，在凝胶和滤纸之间不要留有气泡。不需要在甲醇/乙酸中固定，室温干凝胶约 1 h。
18）使用放射性墨水或钟头打孔器标记 X 射线胶片和干好的凝胶移确定它们的方向。室温曝光 24～48 h（附录 3A）。
19）洗片，把凝胶片和凝胶比照，标出感兴趣的 DNA 条带（在不同泳道差异显示的条带）或用一支干净的铅笔或割穿凝胶片在凝胶片下作标记。
20）用刀片割出凝胶块和黏附其上的 Whatman 3MM 滤纸，放入一个微量离心管。加入 100 μl H_2O，室温浸泡 10 min。
21）盖上管子煮沸 15 min。
22）高速离心两分钟沉淀凝胶块和滤纸残渣。转移上清到一个干净的管子里。
23）上清中加入 10 μl 3 mol/L 的乙酸钠（终浓度 0.3 mol/L）和 5 μl 10 mg/ml 的糖原（作为载体）。加入 400 μl 100%的乙醇，－70℃放置 30 min。4℃高速离心 10 min。
24）用 500 μl 85%的乙醇洗涤沉淀，晾干，重新溶解于 10 μl H_2O 中。
25）在一个 40 μl 的反应体积里再次扩增 4 μl 洗脱的 DNA。使用和步骤 13～15 中同样的简并锚定引物和 PCR 条件，不同的是加入 250 μmol/L 4dNTP 混合物（终浓度 20 μmol/L）代替 1.6 μl 25 μmol/L 4dNTP 混合物，也不加同位素。－20℃保存剩余的回收 DNA 以备将来扩增（可稳定数年）。
26）取每个 PCR 样品 30 μl 在 1.5%的琼脂糖凝胶上电泳，用 0.5 μg/ml 的 EB 染色（见 2.6）。20℃保存剩余的 PCR 样品（可以稳定保存数年）。
27）从琼脂糖凝胶上抽提所希望扩增的 DNA 条带（见 2.8）。用它作探针进行 Northern 印迹分析和 cDNA 库的筛选。
28）亚克隆（见 15.4），测序（见 7.4）鉴定余下的 PCR 样品。

参考文献：Liang and Pardee，1993；Liang et al.，1994；Zhang et al.，1996.

撰 稿 人：Peng Liang and Arthur B. Pardee

23.4 限制性内切核酸酶介导的差异显示（RMDD）

注意：5′标记的引物用 * 标示。标记可以是同位素（如 ^{33}P）标记或是非同位素标记，比如生物素和地高辛。后者在标记和寡核苷酸之间需要一个足够长的连接臂（如购自 Eurogentec 的四甘醇）以确保最大的检测灵敏度。

注意：本节所讲的技术受一些专利（US 5,876,932；EP 0743 367；JP 96/308598）的保护。因此，RMDD 的商业应用需要得到授权。学术使用不需要授权。

策略设计

RMDD 文库包含代表性生物样品所有 cDNA 分子的限制性内切核酸酶酶切片段（图 23.4.1）。据估计一种单一的细胞类型拥有约 10 000 种不同的 mRNA 分子，因而就能产生约 10 000 种不同的 cDNA。为了在凝胶上能够很好地显示来自于这些 cDNA 分子的 3′端，必须要有策略把这含有相当复杂性的片段混合物分成很多亚群体，每个亚群体含有足够低数目（如≤50～100）的不同片段种类。

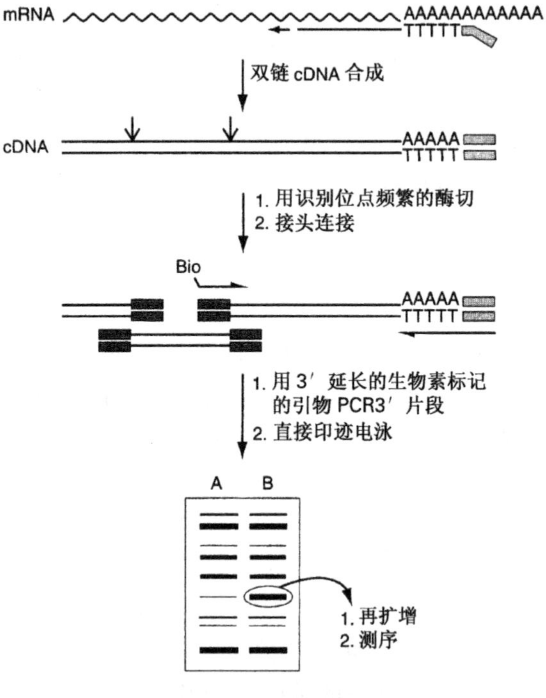

图 23.4.1　RMDD 的示意图

因为来自于不同有机体的平均片段大小因各自密码子使用和 G/C 的含量不同而差异很大，所以用作 RMDD 的限制性内切核酸酶的选择取决于所要分析的有机体的种类。要获得适合凝胶显示的 cDNA 的 3′片段的大小范围（例如，绝大多数片段处于 100～700 bp 之间），需要选择合适的酶——如 *Mbo*I，该酶已被证实非常适用于来自人、大鼠、小鼠、玉米和拟南芥的 RNA。如果要想覆盖更多更全的转录物，实验可以用第二种酶以完全相同的方法重复一遍。如果选择了另外一种酶，连接子和连接子引物也要作相应的改变。

23.4.1　基本方案　RMDD 文库的准备和两轮扩增

材料（带√项见附录 1）

50 μg 总 RNA（见 4.1）

无 RNase 的水

10 μmol/L cDNA 引物 CP29V：5′-ACC TAC GTG CAG ATT TTT TTT TTT TTT TX_1-3′（X_1＝A、C 或 G；三种碱基的摩尔数相等；寡核苷酸的合成见2.14）

100 mmol/L 无 RNase 的 DTT（Life Technologies）

5×SuperScript 缓冲液（Life Technologies）

10 mmol/L 无 RNase 的标准 dNTP

40 U/μl 的 RNase 抑制剂（如 RNasin）

200 U/μl SuperScript II 逆转录酶（Life Technologies）

√5×第二链缓冲液 II

1.5 U/μl RNase H

10 U/μl *E. coli* DNA 聚合酶 I

pH 8.0 的 TE 缓冲液平衡的酚

氯仿

20 mg/ml 糖原

√ 28%（*m*/*V*）PEG 8000/3.6 mmol/L $MgCl_2$

70%和 100%乙醇

10×通用缓冲液（Stratagene）

4 U/μl *Mbo*I 限制酶（Stratagene）

3 mol/L 乙酸钠，pH 5.2

10 mmol/L ATP

√0.5 μg/μl *Mbo*I-连接子 ML2025

T4 DNA 连接酶和 10×缓冲液（Roche）

√1×和 0.25× TE 缓冲液，pH 8.0

4 μmol/L 引物 $CP28X_1$：5′-ACC TAC GTG CAG ATT TTT TTT TTT TTT TX_1-3′（X_1＝A、C 或 G；寡核苷酸的合成见 2.14）

4 μmol/L 引物 $ML19Y_1$：5′-TGC TAA GTC TCG CGA GAT CY_1-3′（Y＝A、C、G 或 T；寡核苷酸的合成见 2.14）

√10×PCR 缓冲液

20 mmol/L $MgCl_2$

RediLoad（Reserch Genetics）

5 U/μl *Taq* DNA 聚合酶

100 bp DNA 分子质量参照物（如 Life Technologies）

√1.5%（*m*/*V*）琼脂糖凝胶

4 μmol/L 引物 $CP28X_1X_2$：5′-ACC TAC GTG CAG ATT TTT TTT TTT TTT TX_1X_2-3′（X_2＝A、C、G 或 T；寡核苷酸的合成见 2.14）

4 μmol/L 引物 $ML19Y_1Y_2$：5′-TGC TAA GTC TCG CGA GAT CY_1Y_2-3′（Y＝A、C、G 或 T；寡核苷酸的合成见 2.14）

甲酰胺缓冲液：含 5 mmol/L EDTA/0.1%溴酚蓝的 99%去离子甲酰胺

22℃、37℃、42℃、65℃和 75℃水浴，加热块或类似的仪器

有热盖的热循环仪

96 孔 PCR 板（如 MJ Reserch）

步骤

1）乙醇沉淀 50 μg 总 RNA（见 2.1），重溶于 15.5 μl 无 RNase 的水中。加入 1.5 μl 10 μmol/L cDNA 引物 CP29V，65℃变性 5 min（如在一个加热块上），冰上冷却。

2）在冰上混合第一链合成反应的成分（总体积 29.1 μl）：

17.0 μl 刚刚变性的 cDNA 和 cDNA 引物

3.0 μl 100 mmol/L 无 RNase 的 DTT

6.0 μl 5×SuperScript 缓冲液

1.5 μl 10 mmol/L 无 RNase 的 dNTP

0.6 μl 40 U/μl 的 RNase 抑制剂（如 RNasin）

1.0 μl 200 U/μl SuperScript II 逆转录酶

混匀，42℃温育 1 h。置于冰上中止反应。

3）在冰上混合第二链合成反应的成分（总体积 207.2 μl）：

48 μl 5×第二链缓冲液 II

3.6 μl 10 mmol/L dNTP

148.4 μl H_2O

1.2 μl 1.5 U/μl RNase H

6.0 μl 10 U/μl *E. coli* DNA 聚合酶 I。

4）把第一链的和第二链反应体系合在一起。混匀，22℃温育 2 h。完成第二链合成后，75℃加热 20 min 灭活 DNA 聚合酶 I。

5）用 100 μl pH 8.0 的 TE 缓冲液平衡的酚抽提。再用 100 μl 氯仿抽提。

小心：酚和氯仿对健康严重有害。防范措施见 2.1。

6）为进行按分子大小选择性的 PEG 沉淀，小心混合：

200 μl 酚/氯仿抽提的 ds cDNA

1.0 μl 20 mg/ml 糖原

200 μl 28%（*m/V*）PEG 8000/3.6 mmol/L $MgCl_2$

反应体系（总体积 401 μl）室温放置 5 min，然后 10℃，最高速离心 15 min。70%的乙醇小心洗涤沉淀。

这步沉淀可除去未掺入的 cDNA 引物和小分子核酸（如低于 100nt）。因为 PEG 大小选择性沉淀易受微小浓度变化的影响，所以必须遵循如下方针：

（1）确保准确吸取 200 μl ds cDNA。溶解在水相中的氯仿的蒸气压力倾向于取代吸头中液体的体积使得准确的吸取变的困难。克服这个问题的一个办法是在吸取 200 μl 体积前，先用 50～100 μl 的体积反复吹吸（5～10 次）氯仿饱和的水相，使吸头中的氯仿蒸气达到饱和。

（2）因为 28%的 PEG 8000/3.6 mmol/L $MgCl_2$ 相当黏稠，要小心地慢慢吸取，同样需要确保准确转移所需的体积。

（3）首先小心地重复颠倒混匀，然后剧烈地涡旋混匀。因为溶液黏稠，彻底混匀需要一些时间。

7）在冰上把沉淀溶解在下述溶液里（总共 96 μl）：

15.0 μl 10×通用缓冲液

81.0 μl H_2O

8）加入 4 μl 4 U/μl 的 *Mbo*I，37℃温育 1 h。65℃加热 20 min 使酶灭活。

9）用 50 μl pH 8.0 TE 平衡的酚抽提，再用 50 μl 氯仿抽提。加入 1 μl 糖原和 10 μl pH 5.2 的 3 mol/L 乙酸钠，2.5 倍体积 100%的乙醇。最高速离心 20 min，70%乙醇洗涤沉淀。轻微晾干（5～10 min）。不要加热或真空干燥，因为过度的干燥会使得 DNA 沉淀很难溶解。

10）把沉淀溶解在由以下成分组成的连接混合液里（总体积 20 μl）：

1.2 μl 10×连接缓冲液

2.0 μl 10 mmol/L ATP

8.0 μl 0.5 μg/μl *Mbo*I-连接子 ML2025

7.8 μl H_2O

1.0 μl 1 U/μl 的 T4 DNA 连接酶

16℃连接过夜或 4℃连接一个周末。

11）加入 90 μl 的水，混匀，用 50 μl TE 平衡的酚抽提，再用 50 μl 氯仿抽提。配制第二次 PEG 沉淀反应去除未连接的连接子（总体积 201 μl）：

100 μl 酚抽提过的连接产物

1.0 μl 糖原

100 μl 28%的 PEG 8000/3.6 mmol/L $MgCl_2$

室温放置 5 min，然后 10℃，最高速离心 15 min。70%的乙醇小心洗涤沉淀，重溶于 40 μl pH 8.0 TE 缓冲液。

12）配制第一轮扩增反应。在冰上把 3 个 4 μmol/L CP28X_1（X_1＝A、C 或 G）引物和 4 个 4 μmol/L 引物 ML19Y_1（Y_1＝A、C、G 或 T）各 1 μl 两两混合在分开的管里（共 12 个反应）。用所有其他的成分配制一个通用混合液（一个反应的配方）：

2.0 μl 模板（PEG 沉淀的连接产物）

2.0 μl 10×PCR 缓冲液

1.5 μl 20 mmol/L $MgCl_2$

0.4 μl 10 mmol/L dNTP

2.0 μl RediLoad

9.9 μl H_2O

0.2 μl 5 U/μl *Taq* DNA 聚合酶

配制好反应后把管子放到热循环仪上预热到 90℃。

13）运行下面的循环程序：

起始步骤：	1 min	94℃（变性）
25 轮循环：	20 s	94℃（变性）
	30 s	65℃（引物复性）
	4 min	72℃（引物延伸）
最后步骤：	不确定	10℃（保持/延伸）

14) 每个反应取 10 μl 上样到 1.5%的琼脂糖凝胶上，电泳检查是否扩增成功（见 2.6）。100 bp 的序列阶梯作为分子质量对照。

引物量决定产物的量，可以以此调整 PCR 的条件。长时间的延伸确保不同大小的产物都能得到扩增而没有不利于长片段的偏差。琼脂糖电泳应该出现约 100～700 bp 的拖尾，少有明确的条带（如果有的话）。最重要的是用相同引物扩增的不同 RNA 样品的扩增产物应该看起来基本一样。如果出现不同或量不一样，说明扩增前某一步的酶操作效率可能是太低了（表 23.4.1）。

表 23.4.1 RMDD 中可能出现的问题和解决办法

问题	可能的原因	解决方法
第一轮 PCR 的产量低	RNase 污染	注意只使用无 RNase 的溶液 确保 RNA 不被残存的痕量 RNase 污染 第一链 cDNA 合成后，检查核糖体 RNA 条带的完整性
	准备的 RNA 中含有 cDNA 合成的抑制成分	只使用尽可能纯的 RNA 通常，标准的纯化方案（如经典的盐酸胍方法，见 4.2，或更现代的商业化的 RNA 纯化柱），在不过载的情况下，抽提的 RNA 的纯度是足够的 如果问题仍然很严重，那么可以考虑 CsCl 密度梯度离心（见 4.2）
	PEG 沉淀不完全	确认 DNA 溶液和 PEG 溶液的数量的平衡
	无效的连接	检查连接酶的活力或使新的连接酶。确信连接子的末端和所用限制性内切核酸酶产生的末端匹配
琼脂糖凝胶显示不同样本的第一轮 PCR 产物都有相同的引物二聚体	在早期的 PCR 循环中，很低量的模板 DNA 会引起随机的扩增效应（“Monte Carlo effect”; Karrer et al., 1995）	见“PCR 产量低”
DBE 膜上的模糊条带	玻璃板上有太多的硅烷 玻璃板的边缘不平行	把玻璃板放在 0.5 mol/L NaOH 中浸泡 1 h 确信灌凝胶一结束后玻璃板马上对齐
显色后，信号低	生物素标记的印迹 DNA 不能被有效结合 第二轮 PCR 的引物量不够	使用不是 TEG 为连接臂的生物素标记的 PCR 引物 检查引物的浓度 因为使用限制浓度的引物，故不精确的浓度定量会妨碍产生足够量的 PCR 产物
垂直的白色痕迹干扰膜上的条带	在凝胶的下部界面有气泡	下槽缓冲液在真空泵下搅拌 20 min 除气玻璃板稍微倾斜地插入缓冲液
条带再次扩增时失败	UV 固定得太牢	使用固定 DNA 印迹常用 UV 剂量的约 1/10（推荐剂量是 10 000 $\mu J/cm^2$）
	在再次扩增前，膜已经干了	把膜夹在两层聚乙烯薄膜中间保持膜湿润一直到切出条带。切出条带后，立即浸入缓冲液中
假阳性克隆（检测不到调节变化）	再次扩增产物含多种 DNA	每条带测多个克隆的序列 如果发现有多种插入片段，挑取出现频率最高的那个

15）用 pH 8.0 的 0.25×的 TE 缓冲液按 1∶100 稀释反应产物。

16）配制第二轮扩增反应。在两块 96 孔板上两两混合 12 个 CP28X_1X_2引物和 16 个 * ML19Y_1Y_2引物（每个样品 192 个不同的反应；每个 20 μl）：

2.0 μl 模板（稀释的第一轮扩增产物）
2.0 μl 10×PCR 缓冲液
1.5 μl 20 mmol/L $MgCl_2$
0.4 μl 10 mmol/L 标准 dNTP
2.0 μl 4 μmol/L 引物 CP28 X_1X_2（X_2＝A、C、G 或 T）
2.0 μl 4 μmol/L 标记的引物 * ML18Y_1Y_2（Y_2＝A、C、G 或 T）
2.0 μl RediLoad
7.9 μl H_2O
0.2 μl 5 U/μl *Taq* DNA 聚合酶

确保每个反应，第一轮和第二轮使用的一致的 X_1和 Y_1。

17）运行步骤 13 的程序，但只要 20 个循环。用琼脂糖凝胶电泳检查是否扩增成功（也见步骤 13）。

18）每个反应转移 5 μl 到新装有 5 μl 甲酰胺缓冲液的 96 孔板上。75℃变性 2 min。

19a）放射性标记样品：取 1～2 μl 上样于 6%的变性聚丙烯酰胺凝胶电泳。按 15.8，从基本方案的步骤 16 开始。

19b）非放射性标记使用直接印迹电泳：见下面的辅助方案。

23.4.2 备择方案 两阶段 PCR 扩增

作为另一种选择，扩增步骤（见基本方案步骤 12～17）也可以用两阶段的 PCR 代替。

附加材料（亦见基本方案）

0.1 mmol/L dNTP（从 10 mmol/L 的 dNTP 新鲜稀释）

步骤

1）合成 ds cDNA（见基本方案步骤 1～11）

2）配制第一轮 2 μmol/L 的扩增反应（每个样品 12 个不同的反应，每个 20 μl）：

2.0 μl 模板（PEG 沉淀的连接产物，见基本方案步骤 11）
2.0 μl 10×PCR 缓冲液
1.5 μl 20 mmol/L $MgCl_2$
0.4 μl 0.1 mmol/L dNTP（从 10 mmol/L 的 dNTP 新鲜稀释）
2.0 μl 4 μmol/L 引物 CP28 X_1（X_2＝A、C 或 G）
2.0 μl 4 μmol/L 引物 ML19Y_1（Y_2＝A、C、G 或 T）
9.9 μl H_2O
0.2 μl 5 U/μl *Taq* DNA 聚合酶。

3）运行相同的程序（见基本方案步骤 13），但只运行 15 轮而非 25 轮。
4）把反应管子放到冰上。每管中加入 20 μl 200 μmol/L 如下的扩增混合液：
   2.0 μl 10×PCR 缓冲液
   1.5 μl 20 mmol/L $MgCl_2$
   0.8 μl 10 mmol/L dNTP
   4.0 μl RediLoad
   11.5 μl H_2O
   0.2 μl 5 U/μl *Taq* DNA 聚合酶。
5）重复运行程序（见基本方案步骤 13），继续执行余下的 10 轮循环（也就是 16～25 轮）。
6）琼脂糖凝胶电泳检查产物（见基本方案步骤 14 和 2.6）。
7）用 0.25×的 TE 缓冲液按 1∶100 稀释反应产物。
8）用两块 96 孔板配制第二轮 2 μmol/L 的扩增反应（每个样品 192 个不同的反应，每个 20 μl）：
   2.0 μl 模板（稀释的第一轮扩增产物）
   2.0 μl 10×PCR 缓冲液
   1.5 μl 20 mmol/L $MgCl_2$
   0.4 μl 0.1 mmol/L 标准 dNTP
   4.0 μl 4 μmol/L 引物 CP28 X_1X_2（X_2＝A、C、G 或 T）
   4.0 μl 4 μmol/L 标记的引物* ML18Y_1Y_2（Y_2＝A、C、G 或 T）
   5.9 μl H_2O
   0.2 μl 5 U/μl *Taq* DNA 聚合酶。
9）把 PCR 板放到预热的热循环仪上，执行上面的循环（见基本方案步骤 13），只运行 10 轮而非 25 轮。
10）冰上冷却反应，每管中加入 20 μl 200 μmol/L 的扩增混合液（步骤 4）。
11）重新执行程序（见基本方案步骤 13），这次运行 20 个循环（也就是再加 10 个循环）。
12）琼脂糖凝胶电泳检查产物（见基本方案步骤 14 和 2.6）。
   如果使用放射性标记的话，琼脂糖电泳可以跳过。如果使用同位素的话，坚持只在指定的工作场所按照正常的防护进行同位素和样品的操作。

23.4.3 辅助方案 直接印迹电泳

附加材料（亦见基本方案；带√项见附录 1）
√脱气（即在真空泵下搅拌 20 min）的标准 TBE 电泳缓冲液
√马来酸缓冲液，pH 7.5
√1.5%封闭试剂
碱性磷酸酶偶联的链霉亲和素（Roche Molecular Biochemicals）
√反应缓冲液，pH 9.5

溶于 67%（*V/V*）的 DMSO 的 NBT/BCIP（Roche Molecular Biochemicals）
引物（寡核苷酸的合成见 2.14）
CP28：5′-ACC TAC GTG CAG ATT TTT TTT TTT TTT T-3′
ML18：5′-GCT AAG TCT CGC GAG ATC-3′
GATC1500 直接印迹电泳系统（GATC Biotech AG）
直接印迹膜（GATC Biotech AG）
10 ml 注射器和 25-G 针头
32 齿鲨鱼齿梳子
毛细管部分切掉的 GELoader 吸头（Eppendorf）
Stratalinker（Stratagene）
杂交管（如 GATC 管；GATC Biotech AG）
胶带
能够容纳 18 cm×35 cm 的管子，转速达到约 20 r/ min 的旋转温育装置
2 mm 厚的聚乙烯薄膜（如 Neolab，Heidelburg，FRG）或来自于厚的杂交袋材料
TA 克隆系统（如 Invitrogen；可选）

注意：关于 GATC 1500 直接印迹电泳装置的使用细节参见厂家说明。

步骤

1）灌制一块 4.5%的变性聚丙烯酰胺凝胶（见 2.15）。把 40～50 cm 长的印迹膜粘到直接印迹电泳系统的传送带上。把凝胶放在装置上面，加满合适量的 TBE 电泳缓冲液，下槽用脱气的缓冲液。移动膜，使膜的前沿超过凝胶的下边缘 1 cm。装置与高压电源连接。

2）把装置设在 2000V 和 30W 的固定参数进行预电泳（也就是不加样品）30 min。

3）用 10 ml 注射器和 25-G 针头用 TBE 缓冲液冲洗凝胶的加样孔，插上 32 齿鲨鱼齿梳子。用毛细管部分切掉的 GELoader 吸头，每孔上 1～1.5 μl 变性的反应液（见基本方案步骤 18），确保在大约 10 min 之内加完整块凝胶的样品。

4）用预电泳的相同参数开始电泳。45～50 min 后，开始启动传送带，起始速度为 16 cm/h，线性降低到 10 cm/h。

如果希望使用分子质量参照物的话，可以选择生物素标记的 10 bp 序列阶梯作参照（Reserch Genetics）。这个参照能提供准确的易于鉴定的大到 500 bp 的 DNA 片段；然而，要获得足够的灵敏度，浓缩 5～10 倍浓度的分子质量参照物是必需的。

5）过夜晾干膜，用 Stratalinker 以大约 10 000 $\mu J/cm^2$ 的 UV 剂量温和交联（也就是“自动交联剂量”的 1/10 左右）。

6）把膜插入到合适的杂交管（如 GATC 管），用胶带固定，在一个能容纳 18 cm×35 cm 管的旋转温育装置上用 100 ml 以约 20 r/ min 转速旋转 5 min 漂洗膜。

7）用 150 ml 马来酸缓冲液，pH 7.5 取代水，继续转 5 min 平衡膜。把缓冲液倒到一个烧杯里保存以备后面使用。

8）在旋转装置上用 80 ml 1.5%的封闭试剂，温育 40～50 min。

9）倒掉缓冲液加入 20 ml 封闭试剂和 2～4 μl 碱性磷酸酶偶联的链霉亲和素。旋转温育 30 min。

10）倒掉所有的缓冲液，用 150 ml 步骤 7 的马来酸缓冲液洗涤 5 min。用 150 ml 新鲜的马来酸缓冲液再洗 10 min。用 150 ml 新鲜的马来酸缓冲液再洗 15 min。

11）用 150 ml pH 9.5 的反应缓冲液平衡膜 5 min。

12）倒掉缓冲液，加入 20 ml 含 400 μl NBT/BCIP 储液的反应缓冲液显色。慢速旋转显色 2～3 h。

注意：NBT 是一种可疑的致癌物质。而且，在浓储液中的 DMSO 可能会介导溶解物质渗透穿过皮肤，此外它本身也是有害的。请戴手套，污染的手套立刻丢弃，小心避免任何皮肤接触。按研究机构规章处理。

13）倒掉显色液，每次用 150 ml 水漂洗 3 个 10 min。

14）把膜放到两片 2 mm 厚的聚乙烯薄膜或厚杂交袋的材料中间。目测检查湿膜上某一条泳道中出现比相邻泳道显著变强或变弱的条带。

15）用解剖刀刀片切下“不同”的条带，转移到一个装有 20 μl pH 8.0 的 TE 缓冲液的微量离心管中。确保在这一过程中，膜不变干。用解剖刀尖立即把条带压入缓冲液中。在切取下一个条带前仔细冲洗解剖刀。

16）转移半片膜到装有 30 μl 如下混合液的 PCR 管中，进行条带扩增：

4.0 μl 来自装有这个条带的管子的缓冲液

3.0 μl 10×PCR 缓冲液

2.25 μl 20 mmol/L $MgCl_2$

0.6 μl 0.1 mmol/L 标准 dNTP

13.85 μl H_2O

3.0 μl 4 μmol/L CP28

3.0 μl 4 μmol/L ML18

0.3 μl 5 U/μl *Taq* DNA 聚合酶。

17）按如下条件扩增：

起始步骤：	1 min	94℃	（变性）
25 轮循环：	20 s	94℃	（变性）
	20 s	65℃	（引物复性）
	2 min	72℃	（引物延伸）
最后步骤：	不确定	10℃	（保持）

不要使用生物素标记的引物扩增条带。5′修饰的引物会影响克隆。

18）琼脂糖凝胶电泳检查产物（见 2.6）。

19）按 15.4 或使用商业化的 TA 克隆系统克隆扩增产物。

参考文献：Fisher et al., 1995.

撰 稿 人：Achim Fischer

23.5　基于 AFLP 的转录表达谱分析

基本方案　基于 AFLP 的转录表达谱分析

注意：所有接触 RNA 的溶液和材料必须是无 RNase 的，RNA 的操作必须使用正确的操作技术（见附录 2）。

注意：AFLP（图 23.5.1 和图 23.5.2）是 Keygnene N. V. 的注册商标，受专利保护。专利的使用权属于 Keygnene N. V.

材料（带√项见附录 1）

Total RNA（4.1 或与此相当的方法）

5′生物素化的 dT_{25}（5-生物素- dT_{25}）

√1×和 2×结合缓冲液

H_2O：Milli-Q 纯化的水（也就是经过五级 Milli-QPlus 系统处理的去离子水；Millipore）或双蒸水

链霉亲和素包被的磁珠（Dynal）

√洗涤缓冲液

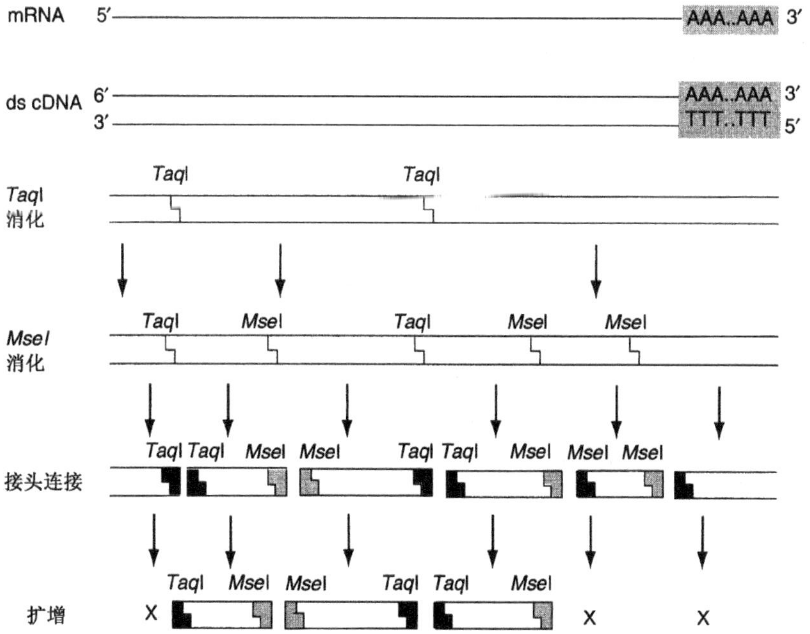

图 23.5.1　AFLP 的转录谱分析原理。Poly（A）$^+$ RNA 用最上面的带 poly（A）尾的线条表示。ds cDNA 用双线显示；5′凸出表示限制酶切位点。双链的 *Taq*I 和 *Mse*I 的接头分别用小的黑框和灰框表示，连在凸出的限制酶切点的末端。下方的 X 表示没有很好扩增的 *Mse*I-*Mse*I 片段。

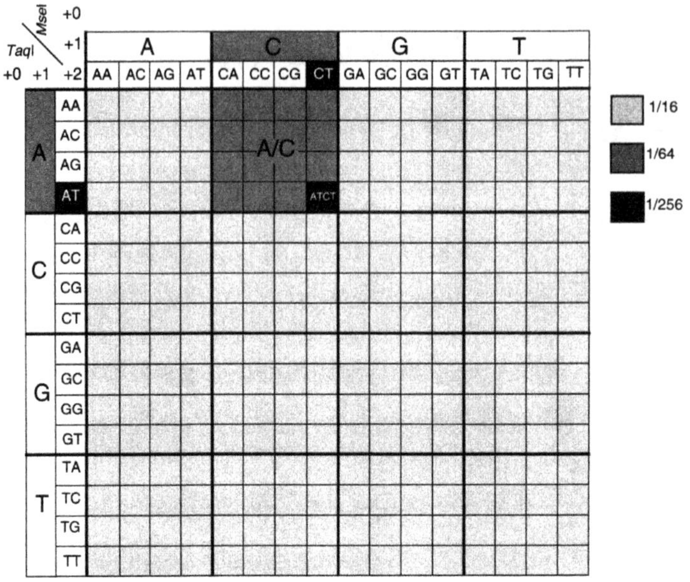

图 23.5.2 选择性扩增原理的图解。最小的正方形表示一组用 4 种选择性核苷酸扩增的转录片段群体，两个代表 *Taq*I，两个代表 *Mse*I，黑色正方形代表 *Taq*I-AT 和 *Mse*I-CT 扩增的转录片段群体。各含 16 个最小正方形的 16 个较大的正方形表示用 2 种选择性核苷酸扩增的转录片段群体，灰色正方形代表 *Taq*I-A 和 *Mse*I-C。总的转录片段群体用完整的大正方形代表，包含 256 个最小的正方形。

√2 mmol/L EDTA，pH 7.5

√5×第一链缓冲液

√5×第二链缓冲液

0.1 mol/L DTT

5 和 10 mmol/L(每个)4 dNTP 的混合物(Amersham Pharmacia Biotech 或3.4)

SuperScriptII (Life Technologies)

E. coli DNA 连接酶 (Life Technologies)

E. coli DNA 聚合酶 I (Pharmacia Biotech)

RNase H (Pharmacia Biotech)

√1×和 2×STEX

√10 mmol/L Tris · Cl，pH 8.0/0.1 mmol/L EDTA

*Taq*I 限制性内切核酸酶 (New England Biolabs；见 3.1)

√5×RL 缓冲液

*Mse*I 限制性内切核酸酶 (New England Biolabs；见 3.1)

√50 pmol/μl 带 *Taq*I 黏性末端的连接子 (见寡核苷酸和双链连接子的说明)

√50 pmol/μl 带 *Mse*I 黏性末端的连接子 (见寡核苷酸和双链连接子的说明)

10 mmol/L ATP (Amersham Pharmacia Biotech)

T4 DNA 连接酶 (Amersham Pharmacia Biotech)

8 pmol/μl AFLP+0（非选择性）引物（见寡核苷酸和双链连接子的说明）：*Taq*I +0 和 *Mse*I+0 引物

√10×PCR 缓冲液

Ampli *Taq* DNA 聚合酶（Perkin-Elmer；见 3.4）

10 μCi/μl（约 2000 Ci/mmol）[^{33}P-γ] ATP（Amersham Pharmacia Biotech）

√10×T4 多核苷酸激酶缓冲液

T4 多核苷酸激酶（Amersham Pharmacia Biotech）

√8 pmol/μl AFLP+1 和+2（选择性）引物（见寡核苷酸和双链连接子的说明）：*Taq*I+1 和+2 和 *Mse*I+1 和+2 引物

Ampli *Taq*-Gold 聚合酶

√加样染料

硅烷（Amersham Pharmacia Biotech）

黏合硅烷溶液，新配制：在 10 ml 的乙醇里混合 30 μl 的黏合硅烷（Amersham Pharmacia Biotech）和 30 μl 冰醋酸

√4.5%的变性聚丙烯酰胺凝胶

√1×TBE

分子质量标准物（如 SequalMark 10-base ladder；Reserch Genetics；可选）

10%（*V*/*V*）乙酸

微量离心管，无 RNase

磁座（MPC；Dynal）

PE-9600 热循环仪（Perkin-Elmer）和 PCR 板

测序凝胶系统（如 BioRad 38×50×0.04 cm SequiGen 测序凝胶系统）

磷屏（Fujix BAS 2000，Molecular Dynamics STORM 824）

注意：供应商和品牌一般不是十分重要，然而当遇到问题的时候，建议至少使用推荐商标的逆转录酶（SuperScript II）和 *Taq* 聚合酶（AmpliTaq 和 AmpliTaq-Gold）。

注意：当准备 AFLP 扩增的时候，建议尽可能使用混合好的试剂混合液。使用试剂混合液有助于配制反应，也非常有助于结果的可信度和重复性。在实际操作中，混合液的配制因实验而定，即确定哪一个成分在一系列反应中是不变的：模板还是引物的组合（例如，一个样品和许多不同的引物组合，许多样品和一个引物组合）。

步骤

1）在一个无 RNase 的微量离心管里混合 200 μg 总 RNA、600 ng 5′生物素化的 oligo-dT_{25}（5-生物素-dT_{25}）和 300 μl 2×结合缓冲液。用水调整体积到 600 μl。70℃加热 5 min，随后室温放置 15～20 min。

2）用 0.5 ml 的 1×结合缓冲液洗涤 150 μl 的链霉亲和素包被的磁珠（见下面步骤 4 关于技术和微量离心管的使用）。磁珠重悬于 50 μl 同样的缓冲液中。

3）把这些洗过的磁珠，加入含 RNA 的混合物里（步骤 1），室温下轻轻搅动，温育

30 min。

4) 把微量离心管放在磁座上 30 s，然后吸掉尽可能多的上清，不要搅动磁珠或让它们干掉。把管子从磁座上拿下来，加入 0.5 ml 洗涤缓冲液，彻底混匀。重复 2 次以上，最后一次洗后吸掉上清。

5) 把磁珠重悬在 20 μl 2 mmol/L EDTA 中，70℃加热 5 min 洗脱 poly (A)$^+$ RNA。按步骤 4 用磁座收集磁珠，尽可能快地转移上清到一个新的无 RNase 的微量离心管里，不要吸取任何磁珠。重复一次，总共得到约 40 μl poly (A)$^+$ RNA。

如果长期保存，加入 0.1 倍体积的 2 mol/L，pH 5.5 的乙酸钠，混匀，加入 3 倍体积的 100%乙醇，可以无限期地保存于−20℃。回收时，最高速离心 5 min，弃掉上清，在旋转蒸发仪上晾干，用双蒸水或缓冲液重悬到原来的体积。

6) 用 5 μl poly (A)$^+$ RNA 溶液连同分子质量参照物一起进行琼脂糖凝胶电泳，检查分离的 poly (A)$^+$ RNA 的产量（平均约 2 μg）和质量。电泳应该在大约 10 kb 以下出现很弱的拖尾（低分子质量）夹杂极少量的 rRNA。

7) 混合以下反应液，合成第一链 cDNA：

10 μl poly (A)$^+$ RNA（约 0.5 μg）
0.5 μl 700 ng/μl 5-生物素- dT_{25}（逆转录引物）
2 μl H_2O
4 μl 5×第一链缓冲液
2 μl 0.1 mol/L DTT
1 μl 10 mmol/L dNTP
0.5 μl 200 U/μl 的 SuperSript II（最后加）

42℃温育 2 h。

8) 混合以下反应物，进行第二链合成：

20 μl 第一链 cDNA 合成混合物（来自步骤 7）
16 μl 5×第二链缓冲液
1.5 μl 10 mmol/L dNTP
3 μl 0.1 mol/L DTT
7.5 U *E. coli* DNA 连接酶
25 U *E. coli* DNA 聚合酶 I
0.8 U RNaseH
加水到 80 μl。

12℃温育 1 h，然后 22℃再温育 1 h。用琼脂糖凝胶检查 cDNA 的质量和产量（见 2.6；可选）。

9) 用 100 μl 的 2×STEX（技术方面见步骤 4）洗涤 25×链霉亲和素包被的磁珠。重悬在 80 μl 的 2×STEX 中。

10) 把磁珠悬液加入 cDNA 混合物里，室温轻轻搅动，温育 30 min。

11) 用磁座收集磁珠（步骤 4），用 100 μl 的 1×STEX 洗一次，转移到一个新的微量离心管里。用 1×STEX 再洗两次，最后把磁珠重悬在 50 μl 的 H_2O 或 10 mmol/L 的 Tris · Cl (pH 8.0) /0.1 mmol/L EDTA。

12）混合下面的反应物：

    20 μl cDNA 样本（一般 100～200ng）
    10 U *Taq*I 限制性内切核酸酶
    8 μl 5×RL 缓冲液
    用水调整体积到 40 μl。

65℃保温 1 h。

13）加入如下成分：

    10 U *Mse*I 限制性内切核酸酶
    2 μl 5×RL 缓冲液
    用水调整体积到 50 μl。

37℃温育 1 h。

14）混合 8.5 μg（1500 pmol）的长链和 8 μg（1500 pmol）短链用于制备 *Taq*I 接头。用水调整体积到 30 μl。

15）混合 8.5 μg（1500 pmol）的长链和 8 μg（1500 pmol）短链用于制备 *Mse*I 接头。用水调整体积到 30 μl。

16）用 *Taq*I 和 *Mse*I 消化的 cDNA 片段（步骤 12、13）中加入下述试剂：

    1 μl 各种接头（各 50 pmol；步骤 14、15）
    1 μl 10 mmol/L ATP
    2 μl 5×RL 缓冲液
    10 μl H_2O

37℃温育 2 h。加入 1 U T4 DNA 连接酶，37℃温育 2 h。

17）用 Tris-HCl（pH 8.0）/0.1 mmol/L EDTA 10 倍稀释一小份（2～5 μl）模板混合物（步骤 16）。准备如下扩增反应：

    5.0 μl 1∶10 稀释的模板混合物
    1.5 μl 各 8 pmol/μl 的 AFLP+0（非选择性）引物
    2.0 μl 5 mmol/L dNTP（每种 dNTP 的终浓度为 0.2 mmol/L）
    5 μl 10×PCR 缓冲液
    1 U Ampli*Taq* DNA 聚合酶
    加水到 50 μl。

18）在 PE-9600 热循环仪上运行下面的温度循环进行扩增：

    20 轮：30 s 94℃（变性）
    60 s 65℃（引物复性）
    60 s 72℃（引物延伸）。

19）取 10 μl 反应混合物和分子质量参照物（见 2.6）一起电泳，检查预扩增的情况。应该看到位于 50～500 bp 之间的，呈拖尾状的弥散产物。

20）按 1∶500 稀释 2 μl 非选择性的预扩增 cDNA 片段（也就是+0/+0）到 Tris · Cl（pH 8.0）/0.1 mmol/L EDTA。

21）在一个适合于 PE-9600 的热循环仪的 PCR 板上准备选择性预扩增反应（+1/+1）：

a. 分装 5 μl 1∶500 的非选择性预扩增 cDNA 片段到 PCR 板上的前两列（1 和 2）

的每一个孔中。

b. 分装 1.5 μl 的 8 pmol/μl 的引物 *Taq*I＋A 到 A1 至 D1 的孔中，1.5 μl 的 8 pmol/μl的引物 *Taq*I＋C 到 E1 至 H1 的孔中，1.5 μl 的 8 pmol/μl 的引物 *Taq*I＋G 到 A2 至 D2 的孔中，1.5 μl 的 8 pmol/μl 的引物 *Taq*I＋T 到 E2 至 H2 的孔中。

c. 分装 1.5 μl 的 8 pmol/μl 的引物 *Mse*I＋A 到 A1、A2、E1 和 E2 中，1.5 μl 的 8 pmol/μl的引物 *Mse*I＋C 到 B1、B2、F1 和 F2 中，1.65 μl 的 8 pmol/μl 的引物 *Mse*I＋G 到 C1、C2、D1 和 D2 中，1.4 μl 的 8 pmol/μl 的引物 *Mse*I＋T 到 D1、D2、H1 和 H2 中。

d. 混合 32 μl 5 mmol/L dNTP，80 μl 的 10×PCR 缓冲液，16 U 的 AmpliTaq-Gold 聚合酶，用水调整体积到 672 μl，配制成 dNTP/聚合酶混合液。

e. 分装 42 μl 的 dNTP/聚合酶混合液到前两列的每个孔中。

22）运行下面的“降落”温度循环程序进行 AFLP 扩增：

13 轮：30 s　94℃（变性）
　　　30 s　65℃ −0.7℃/轮（引物复性）
　　　60 s　72℃（引物延伸）
20 轮：30 s　94℃（变性）
　　　30 s　56℃（引物复性）
　　　60 s　72℃（引物延伸）

23）准备下面的磷酸化反应混合物：

2.0 μl 10 μCi/μl（约 2000 Ci/mmol）[^{33}P-γ] ATP
1.0 μl 10×T4 多核苷酸激酶缓冲液
4 U T4 多核苷酸激酶
加水到 8 μl。

24）混合 2.0 μl 8 pmol/μl 的选择性引物（＋2）和 8 μl 的磷酸化反应混合物（步骤 23），磷酸化 16 pmol 的选择性 *Taq*I＋2 引物（20 个 AFLP 反应所需的量；也就是，对一个给定的 *Taq*I＋2 引物，整套 256 种引物组合种所有 16＋2/＋2 的反应所需的量），产出的标记引物浓度为 12.6 pmol/μl，终体积 10 μl。37℃温育 60 min，随后 70℃加热 10 min 失活激酶。

25）把 2 μl 各个预扩增产物（＋1/＋1；22 步）用 Tris · Cl（pH 8.0）/0.1 mmol/L EDTA 稀释 500 倍。在一个适合于 PE-9600 的热循环仪的 PCR 板上准备选择性扩增反应（＋2/＋2）：

a. 分装 2 μl 1∶500 的预扩增混合液 *Taq*I＋A/*Mse*I＋C 到 PCR 板上的前两列。

b. 分装 0.5 μl 标记的引物 *Taq*I＋AA 到 A1 至 D1 的孔中，0.5 μl 标记的引物 *Taq*I＋AC 到 E1 至 H1 的孔中，0.5 μl 标记的引物 *Taq*I＋AG 到 A2 至 D2 的孔中，0.5 μl 标记的引物 *Taq*I＋AT 到 E2 至 H2 的孔中。

c. 分装 0.6 μl 未标记的引物 *Mse*I＋CA 到 A1、A2、E1 和 E2 孔中，0.6 μl 未标记的引物 *Mse*I＋CC 到 B1、B2、F1 和 F2 孔中，0.6 μl 未标记的引物 *Mse*I＋CG 到 C1、C2、D1 和 D2 中，0.6 μl 未标记的引物 *Mse*I＋CT 到 D1、D2、H1 和

H2 中。

d. 混合 12.8 μl 5 mmol/L dNTP，32 μl 的 10×PCR 缓冲液，6.4 U 的 AmpliTaq-Gold 聚合酶，用水调整体积到 270.4 μl，配制成 dNTP/聚合酶混合液。

e. 分装 16.9 μl 的 dNTP/聚合酶混合液到前两列的每个孔中。

26）按照步骤 22 中的“降落”PCR 程序扩增产物。

27）AFLP 反应中加入等体积（20 μl）的上样缓冲液。90℃加热 3 min 变性 AFLP 反应产物，然后快速置于冰上冷却。

小心：甲酰胺是有害的，在通风橱里进行这一步操作。

28）测序凝胶系统的后玻璃板用 2 ml 排斥型硅烷处理，前玻璃板用 10 ml 的黏合型硅烷处理。准备 4.5%的变性聚丙烯酰胺凝胶（约 100 ml）。

29）用 1×TBE 作电泳缓冲液，上样前预电泳 0.5 h，使用合适的电泳条件使凝胶加热到约 55℃（如对 BioRd 系统固定 110W）。用温度计监测凝胶的温度。

30）每孔上样 3 μl（48 道的凝胶）或 1.5 μl（96 道的凝胶）的样品，约 55℃电泳分析。如果需要的话，加上一个分子质量参照物（如 SequalMark 10-base 序列阶梯）。

31）电泳完成后，卸下凝胶。因为硅胶的处理，凝胶会黏附在前板上。凝胶浸泡在 10%的乙酸里 30 min 以固定凝胶。用水彻底淋洗凝胶，在通风橱里室温干燥 10～21 h，或使用较高温度（如使用温度浴）干燥较短时间直到凝胶不再发黏。

小心：放射性物质需要特殊的操作。正确处理和操作的指南见附录 3G 和放射性安全制度。

32）放射自显影或用磷屏显示凝胶分离的 cDNA 片段。

参考文献：Vos et al.，1995；Vos and kuiper，1998.

撰 稿 人：Pieter Vos and Patrick Stanssens

23.6 基因表达系列分析（SAGE）

23.6.1 基本方案 基因表达系列分析（SAGE）

简短的 SAGE 方案的概述表示在图 23.6.1 中。

材料（带√项见附录 1）

含以下成分的 Dynbeads mRNA DIRECT 试剂盒（Dynal Biotech）：

Dynbeads oligo（dT）$_{25}$

裂解/结合缓冲液

洗涤缓冲液 A

洗涤缓冲液 B

10 mmol/L Tris · Cl

再生缓冲液

储存缓冲液 oligo（dT）$_{25}$

感兴趣的细胞或组织

20 mg/ml 糖原，分子生物学级（Roche Diagnostics）

含以下成分的 SuperScript Choice System cDNA 合成试剂盒（Life Technologies）：

5×第一链缓冲液

DEPC 处理的双蒸水（DEPC ddH_2O）

0.1 mol/L DTT

10 mmol/L dNTP

200 U/μl SuperScript II 逆转录酶

5×第二链缓冲液

10 U/μl *E. coli* DNA 连接酶

10 U/μl *E. coli* DNA 聚合酶 I

2 U/μl *E. coli* RNase H

5×T4 DNA 连接酶缓冲液

1 U/μl T4 DNA 连接酶

√0.5 mol/L EDTA，pH 8.0

√2×BW 缓冲液

0.1%（*m/V*）SDS

100×乙酰化的 BSA（New England Biolabs）

*Nla*III 和 NEB 缓冲液 4（New England Biolabs），保存在－80℃

√LoTE 缓冲液

1%（*V/V*）Tween 20

√连接子

5 U/μl 高浓度的 T4 DNA 连接酶（Life Technologies）

*Bsm*FI（New England Biolabs）

√PC8

SeeDNA（Amersham Pharmacia Biotech）

3 mol/L 乙酸钠

70%和 100%乙醇

DNA 聚合酶 I 的 Klenow 片段和 10×缓冲液（Amersham Pharmacia Biotech）

√3 mmol/L Tris · Cl，pH 7.5

√10×SAGE PCR 扩增缓冲液

DMSO（Sigma）

√PCR 引物

5 U/μl Platinum *Taq* DNA 聚合酶（Life Technologies）

7.5 mol/L 乙酸铵（Sigma）

5×上样缓冲液

预制的 20%（*m/V*）微型聚丙烯酰胺/TBE 凝胶（Novex）

20 bp DNA ladder（GenSura）

SYBR Green I（Roche Diagnostics）

10×TBE 凝胶电泳缓冲液

Qiaquick 凝胶抽提试剂盒（Qiagen；可选）
10%～12%的聚丙烯酰胺/TBE 凝胶
1 kb 的 DNA 参照
pZErO-1 质粒（Invitrogen）
*Sph*I 和 NEB 缓冲液 2（New England Biolabs）
√TE 缓冲液，pH 8.0
√SOC 培养液
0.01 ng/μl pUC19 对照质粒 DNA
DH10B 电转感受态细胞，冷冻（Life Technologies）
含 100 μg/ml 氨苄抗生素的 LB 平板
√10 cm 含 zeocin 的低盐 LB 平板
Pfu DNA 聚合酶 I（Stratagene）
外切核酸酶 I（USB）
虾碱性磷酸酶（USB）
√50 mmol/L Tris · Cl，pH 8.0
0.5 ml 和 1.5 ml 无 RNase 的硅烷化的微量离心管（Ambion）
1.5 ml 微量离心管的磁座（Dynal Biotech）
0.5 ml、1.5 ml 和 2 ml 微量离心管
组织匀浆器（如 Polytron PT1200，Brinkmann Instruments）
1 ml 注射器和 23-G 针头
有滤芯的吸头
16℃水浴锅（可选）
带冷冻的热控制/循环仪
96 孔 PCR 板
50 ml 圆锥形管
干冰/甲醇浴
带固定转头或吊桶转头的台式离心机
加长微量吸头
平台型摇床
UV 盒和滤镜
21-G 针头
Spin-X 离心过滤管（Costar）
0.1 mm 微电击杯
Bio-Rad 基因脉冲电转装置（或类似的装置）
15 ml 培养管

步骤

1）刮取细胞时准备 Dynabeads，洗涤缓冲液和 5×第一链缓冲液混合液（置于冰上）。
2）充分悬起 Dynabeads oligo（dT）$_{25}$，转移 100 μl 到一个无 RNase 的硅烷化微量离心

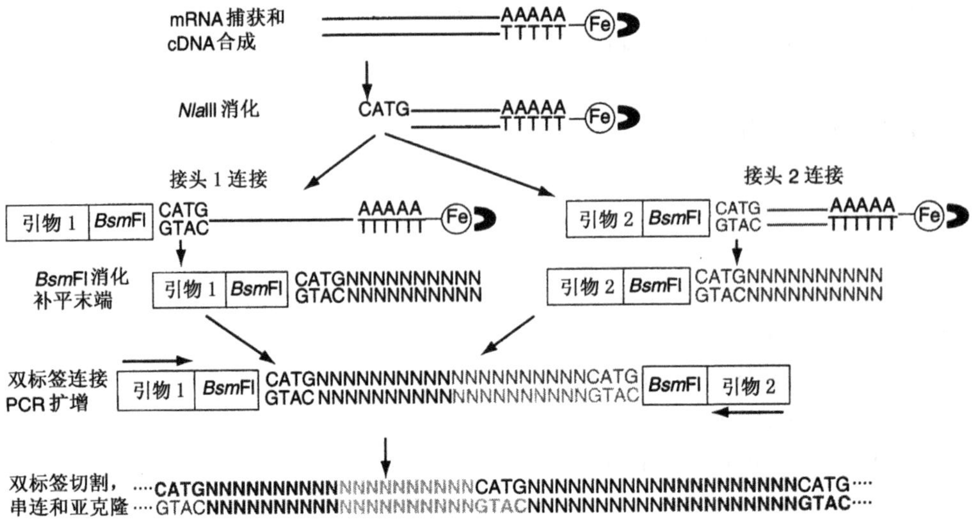

图 23.6.1 SAGE 实验的步骤。

管里，置于磁座上。30 s 后去除上清，不要扰动磁珠。

3）轻弹或轻轻涡旋把磁珠重悬于 500 μl 裂解/结合缓冲液中。把磁珠留在缓冲液里直到准备把它加到细胞裂解液里。加到细胞裂解液里前移出磁珠。

4）在一个 2 ml 的微量离心管里用 1 ml 的裂解/结合缓冲液裂解 100 000～1 000 000 个细胞（或 2～10 mg 的组织），用组织匀浆器匀浆 1 min。如果有必要的话，最高速离心 1 min 去除细胞残渣。

使用匀浆器前，彻底清洗，再用 100%的乙醇淋洗，用 1 L 的 DEPC 处理的双蒸水洗涤。

5）立刻用一个 1 ml 的注射器使裂解液通过一个 23-G 的针头撕裂基因组 DNA。把洗过的磁珠和裂解液混合，室温用手连续晃动温育 3～5 min。

6）把管子放到磁座上 2 min，弃掉上清（上清可以保存用作 DNA 的实验）。

7）用一个 P200 带滤芯的吸头上下吹吸洗涤磁珠。按下面的顺序洗涤：

a. 1 ml 含 20 μg/ml 糖原的洗涤缓冲液 A（1 ml 洗涤缓冲液中加入 1 μg 20 mg/ml 的糖原），两次。

b. 1 ml 含 20 μg/ml 的糖原的洗涤缓冲液 B，一次。

c. 200 μl 1×第一链缓冲液混合液（用 DEPC 水从试剂盒中的 5×第一链缓冲液混合液稀释），4 次。

8）把磁珠重悬于下面的第一链合成混合液里：

54 μl DEPC ddH_2O

18 μl 5×第一链缓冲液

9 μl 0.1 mol/L DTT

4.5 μl 10 mmol/L dNTP

把管子置于 37℃ 2 min，然后加入 3 μl 200 U/μl SuperScript II 逆转录酶。37℃温育 1 h，每 10 min 用手混匀磁珠。把管子置于冰上中止反应。

9）在冰上往第一链的反应里加入如下第二链合成的成分，次序如下：

227 μl ddH_2O，预冷

150 μl 5×第二链缓冲液

15 μl 10 mmol/L dNTP

3 μl 10 U/μl *E. coli* DNA 连接酶

12 μl 10 U/μl *E. coli* DNA 聚合酶 I

3 μl 2 U/μl *E. coli* RNase H

16℃温育 2 h，每 10 min 用手混匀磁珠。

10）温育后，把管子置于冰上加入 100 μl 0.2 mol/L EDTA 中止反应。

11）用含 0.1%SDS 和 2×乙酰化的 BSA 的 1×BW 缓冲液洗一次（如果不加 BSA，珠子会变得很黏）。

12）用 500 μl 含 2×BSA 的 1×BW 缓冲液洗 3 次。重悬在 500 μl 含 2×BSA 的 1×BW 缓冲液中，70℃加热 20 min 失活 PolI 的核酸酶活力。

13）用 500 μl 含 2×BSA 的 1×BW 缓冲液洗 3 次。然后用 200 μl 含 2×BSA 的 1×NEB 缓冲液 4（随 *Nla*III 提供）洗 2 次（第一次用 NEB 缓冲液/BSA 洗完后转移到一个新管里）。取 5 μl 最后的磁珠悬液，用已知存在于所要建库 cDNA 中的基因引物，PCR 检查 cDNA 的完整性（见辅助方案 1）。

14）把磁珠重悬于下面的混合液中：

171 μl LoTE 缓冲液

4 μl 100×BSA

420 μl 10×NEB 缓冲液 4

5 μl *Nla*III

37℃温育 1 h。

15）温育后，把管子置于磁座上约 30 s，然后用下面的溶液和 P200 带滤芯的吸头上下吹吸几次洗涤：

500 μl 含 1%Tween 20 和 2×BSA 的 1×BW 缓冲液，2 次

500 μl 含 2×BSA 的 1×BW 缓冲液，4 次

200 μl 1×T4 DNA 连接酶缓冲液，2 次

最后重悬于连接酶缓冲液后，每个样品转移 100 μl 到 2 个新的硅烷化的微量离心管里。

16）移弃最后的洗涤液，珠子重悬在下面的溶液里：

5 μl LoTE 缓冲液（两管）

2 μl 5×T4 DNA 连接酶缓冲液（两管）

3 μl 2 ng/μl 连接子 1A，B（已复性的；管 1）

3 μl 2 ng/μl 连接子 2A，B（已复性的；管 2）

17）50℃加热管子 2 min 后置于室温 5～10 min。每管中加入 1 μl 5 U/μl 高浓度 T4 DNA 连接酶，16℃温育 2 h。间歇混匀。

18）连接后，置于磁座上约 30 s，然后每个样品用 500 μl 含 0.1%SDS 和 2×乙酰化的 BSA 的 1×BW 缓冲液洗两次（第一次洗后合并管 1 和管 2，以减少后续步骤的损

失）。

19）用 500 μl 含 2×BSA 的 1×BW 缓冲液洗 4 次；用 200 μl 含 2×BSA 的 1×NEB 缓冲液 4 洗两次（第一次用 NEB 缓冲液/BSA 洗后，转移到一个新的管里）。

20）65℃预热下面的混合液 2，重悬起磁珠：

170 μl LoTE 缓冲液

4 μl 100×BSA

20 μl 10×NEB 缓冲液 4

2 μl *Bsm*III

65℃温育 1 h，间歇混匀。

21）温育后，最高速离心 2 min，然后转移上清到一个新的 1.5 ml 的微量离心管。用 40 μl LoTE 缓冲液洗一次，最后终体积为 240 μl。

22）用 240 μl PC8 抽提，用 4 μl SeeDNA 乙醇沉淀：

a. 加入 4 μl SeeDNA［或 4 μl 3∶1（*V*/*V*）的糖原和 SeeDNA 混合物］

b. 加入 0.1 倍体积 3 mol/L 乙酸钠（24 μl），混匀

c. 加入 2 倍体积的 100%乙醇（480 μl），混匀

d. 室温温育 2 min

e. 最高速离心 5 min

f. 70%的乙醇洗两次，最后一次洗完后再离心一次，用吸头小心地移出并弃去残余液体，重悬于 10 μl LoTE 缓冲液。

23）加入下面的混合液：

30.5 μl ddH_2O

5 μl 10×Klenow 缓冲液（或 Roche 缓冲液 H）

2.5 μl 10 mmol/L dNTP

1 μl 100×BSA

1 μl Klenow

37℃温育 30 min 后，加入 190 μl LoTE 缓冲液（240 μl 终体积）。

24）用等体积（240 μl）的 PC8 抽提。转移 200 μl 到一个连接酶“＋”的管里，余下的 40 μl 到连接酶“－”的管里。

25）用 2 μl SeeDNA、0.1 倍体积乙酸钠和 2 倍体积的 100%乙醇沉淀。70%乙醇洗两次，最后一次洗完后再离心一次，用吸头小心移去残余液体，晾干 5～10 min。重悬于 2 μl LoTE 缓冲液。

26）准备 2×连接酶“＋”混合液：

2.5 μl 3 mmol/L Tris·Cl，pH 7.5

3.0 μl 5×T4 DNA 连接酶缓冲液

2.0 μl 5 U/μl 的高浓度 T4 DNA 连接酶

准备 2×连接酶“－”混合液：4.5 μl 3 mmol/L Tris·Cl，pH 7.5 和 3.0 μl 5×T4 DNA 连接酶缓冲液。加入 2 μl 合适的混合液到＋/－连接酶样品里，在热循环仪上 16℃过夜（8～12 h）。

27）连接后，加入 98 μl LoTE 缓冲液，优化 PCR 条件（见辅助方案 2），然后进行大规

模的 PCR 扩增。

28) 准备大规模 PCR 的反应混合液（2～3 个 96 孔板，每孔 50 μl 反应液），每个反应的成分如下：

5 μl 10×SAGE PCR 扩增缓冲液
3 μl DMSO
4.0～10 μl 10 mmol/L dNTP
1 μl 350 ng/μl PCR 引物 1
1 μl 350 ng/μl PCR 引物 2
用 ddH_2O 调整体积到 49 μl
0.7 μl 5 U/μl Platinum *Taq* DNA 聚合酶

每孔分装入 49 μl 反应混合液，然后加入 1 μl 适当稀释的模板（见辅助方案 2）。

29) 热循环仪运行如下程序：

1 轮：	2 min	94℃	
26～32 轮：	30 s	94℃	（变性）
	1 min	55℃	（复性）
	1 min	70℃	（延伸）
1 轮：	5 min	70℃	（终产物延伸）

连接酶“－”的样品应当扩增 35 轮。

不要对 Platinum *Taq* DNA 聚合酶使用传统的热启动 PCR。

30) 把 PCR 反应物混合到一个 50 ml 的锥形管里，用 LoTE 缓冲液扩大体积到 11.5 ml，然后用等体积的 PC8 抽提。

31) 乙醇沉淀：

11.5 ml 样品
10 μl SeeDNA
100 μl 糖原
5.1 ml 7.5 mol/L 乙酸铵
38.3 ml 100%乙醇

干冰/甲醇浴 15 min。然后室温溶化 2 min。

32) 轻轻涡旋混匀，台式离心机的吊桶转子室温约 3000 *g*（4000 r/ min）离心 30 min。

33) 用 5 ml 70%的乙醇涡旋，洗涤，吊桶转子约 3000 *g* 室温离心 5 min。

34) 沉淀重悬于 216 μl LoTE 缓冲液。加入 54 μl 5×上样缓冲液（终体积 270 μl）。

35) 3 个 20%聚丙烯酰胺/TBE 凝胶，每孔上样 10 μl。在 27 个泳道用加长的吸头上样，每个加 10 μl（不要过载）。每块凝胶加 10 μl 20 bp 序列阶梯作分子质量参照物。

36) 160V 电泳 90 min 到距凝胶底约 1 cm，使 103 bp 的双标签片段和 80 bp 的连接子-连接子二者尽可能分开。

37) 在一个用锡箔包好的容器里染凝胶，50 ml TBE 缓冲液中加入 2～5 μl SYBR Green I。让凝胶在水平摇床上浸泡 15 min。在用 SYBR Green I 或 UV 滤镜的 UV 盒上观察。

38) 从凝胶上只割出扩增的带双标签的产物，把 3 个割出的凝胶放在硅烷化的 0.5 ml

离心管里（总共9个0.5 ml的管子），这些管子的底部都有一个直径约0.5 mm的小孔（用21-G针头刺的）。

39）把0.5 ml的离心管放在2.0 ml的硅烷化的离心管里，最高速离心4 min（这样可以使聚丙烯酰胺凝胶打碎成小块，收集在2.0 ml的管底）。

40）扔掉0.5 ml的离心管。每个2.0 ml离心管中加入250 μl LoTE缓冲液和50 μl 7.5 mol/L的乙酸铵。

41）涡旋每个管子，然后置65℃15 min。在18个Spin-X离心管的滤膜上各加5 μl LoTE缓冲液。

42）把每个管里的溶液转移到2个Spin-X的离心管滤膜上（即9管转移到18个Spin-X的离心管滤膜上）。最高速离心5 min。合并两份洗脱液（总共300 μl），转移到1.5 ml的微量离心管里。

有时，纯化的102 bp的条带不能被*Nla*III重新切开，这可能和纯化得不干净有关。如果出现这种问题，把300 μl洗脱液通过Qiaquick凝胶抽提方案抽提一次，终体积调回到300 μl。

43）洗脱液进行乙醇沉淀：

300 μl样品
0.5 μl SeeDNA
1.5 μl糖原
133 μl 7.5 mol/L乙酸铵
1000 μl 100%乙醇

涡旋，置于干冰/甲醇浴15 min。室温2 min使融化，然后4℃离心15 min。

44）最高速离心15 min。75%的乙醇洗两次。每管DNA重悬于10 μl LoTE缓冲液。混合样品到一个管里（总量90 μl）。

45）用*Nla*III消化DNA：

90 μl LoTE缓冲液中的PCR产物
226 μl LoTE缓冲液
440 μl 10×NEB缓冲液4
4 μl 100×BSA
40 μl 10 U/μl *Nla*III
37℃温育1 h。

46）用等体积的PC8抽提。混合水相转移到1.5 ml微量离心管。在干冰上乙醇沉淀：

200 μl样品
66 μl 7.5 mol/L乙酸铵
3 μl SeeDNA
825 μl 100% 乙醇
涡旋混匀，置于干冰/甲醇浴15 min。

47）室温2 min使融化，然后4℃离心15 min。

48）冷的75%乙醇洗一次，用细头的吸头吸掉残余的乙醇。重悬沉淀于40 μl LoTE缓冲液。在冰上加入5×上样缓冲液（总共50 μl）。

49）把样品加到一个20%聚丙烯酰胺凝胶的4个泳道中，隔开一个泳道加上20 bp序列阶梯作为分子质量参照物，160V 电泳 2.5 h。用 1∶10 000 的 SYBR Green I 染 15 min。

50）在长波 UV 照射下切出 24～26 bp 的条带，每两个条带放到一个底部有约 0.5 mm 小洞的 0.5 ml 的微量离心管中（用 21-G 针头刺的）。

51）把管子放在 2.0 ml 的硅烷化的离心管里，最高速离心 2 min。

52）扔掉 0.5 ml 的离心管。每个 2.0 ml 离心管中加入 250 μl LoTE 缓冲液和 50 μl 7.5 mol/L 的乙酸铵。涡旋每个管子，然后置于 37℃15 min。

不要在 65℃温育。这会使得 26 bp 片段变性。可以温育更长一点的时间（甚至过夜），但看起来并不会显著提高产量。

53）用 Spin-X 离心管滤膜按步骤 42 方法分离洗脱液。分在 3 个管里（每个 200 μl）进行乙醇沉淀：

200 μl 样品

66 μl 7.5 mol/L 乙酸铵

2 μl SeeDNA

3 μl 糖原

825 μl 100%乙醇

置于干冰/甲醇浴 10 min，然后 4℃离心 15 min。

54）用冷的 75%乙醇洗两次。每个 DNA 样品重悬于 2.5 μl 冷的 LoTE 缓冲液（总共 7.5 μl）。

在加入连接缓冲液前使纯化的双标签片段保持在冰上很重要。高 AT 含量的小片段即使在 LoTE 缓冲液中，室温下也会变性。

55）混合下面的试剂：

7 μl 混合的双标签 DNA

2 μl 5×连接缓冲液

1 μl 5 U/μl 高浓度 T4 DNA 连接酶

16℃温育 1～3 h。

不要连接过夜，因为这样会使得串联产物很长而难于克隆。

56）连接完成后，加入 2.5 μl 5×上样缓冲液。65℃加热样品 5 min，立刻置于冰上。

57）在 10%～12%的聚丙烯酰胺/TBE 凝胶上分离串联体。在第一个泳道里加上 1 kb 的分子质量参照物，隔一个泳道把串联的样品全部加到第 3 个孔里。200V 电泳 45 min。

58）用 1∶10 000 的 SYBR Green I 染 15 min。在 UV 盒上观察，分出感兴趣的区带。

59）把每一块凝胶放入底部有约 0.5 mm 小洞的 0.5 ml 微量离心管中（用 21-G 针头刺的）。

60）把 0.5 离心管连同凝胶块放入 2.0 ml 的硅烷化的离心管里，最高速离心 2 min，把聚丙烯酰胺凝胶打碎成小块，收集在 2.0 ml 的管底。

61）扔掉 0.5 ml 的离心管。2.0 ml 离心管中加入 300 μl LoTE 缓冲液。涡旋每个管子，然后置于 37℃15 min。

62）把每个管里的东西转移到 2 个 Spin-X 的离心管滤膜上（总共 4 个 Spin-X 管子），最高速离心 5 min。

63）每两个 Spin-X 管子的洗脱液合并在一个 1.5 ml 离心管中，加入乙醇进行沉淀：

　　300 μl 洗脱液

　　2 μl SeeDNA

　　133 μl 7.5 mol/L 乙酸铵

　　1000 μl 100%的乙醇

64）最高速离心 15 min。70%乙醇洗两次，晾干 5 min。纯化的串联 DNA 重悬于 6 μl LoTE 缓冲液。

65）在 10 μl 的体系里，用 *Sph*I 消化 1 μg pZErO-1 质粒：

　　1 μl pZErO-1 质粒

　　7 μl ddH_2O

　　1 μl 10×NEB 缓冲液 2

　　1 μl *Sph*I

37℃温育 15～30 min，然后 65℃加热 10 min 灭活。不要消化超过 30 min。

66）琼脂糖凝胶电泳检查消化是否完全（见 2.6）。用 90 μl pH 8.0 的 TE 稀释切好的载体，然后用等体积 PC8 抽提。乙醇沉淀，75% 乙醇洗涤 2 次，重悬于 40 μl 水或 TE 缓冲液中（约 25 ng/μl 载体）。

67）混合下面的连接反应液，同时配制一份不加串联体的对照反应：

　　6 μl 纯化的串联体（对照中不加）

　　1.5 μl dH_2O（对照中 7.5 μl）

　　1 μl 25 ng/μl *Sph*I 切好的 pZErO 质粒

　　1 μl 10×T4 DNA 连接酶缓冲液

　　0.5 μl 4 U/μl 的 T4 DNA 连接酶

　　16℃温育 2 h。

pZErO 质粒的厂商提醒如果温育时间长于 1 h 会使背景增高，原因可能是 ccdB 死亡基因上自然发生的突变。

68）用 LoTE 缓冲液把样品调整到 200 μl。用等体积的 PC8 抽提，然后乙醇沉淀：

　　200 μl 样品

　　133 μl 7.5 mol/L 乙酸铵

　　2 μl SeeDNA

　　777 μl 100%的乙醇

69）70%乙醇洗 4 次。最高速快速离心，弃去 70%乙醇，晾干 5 min。重悬于 10 μl LoTE 缓冲液。

70）把所需数量的 0.1 mm 的微电击杯和 1.5 ml 的离心管置于冰上。

71）在合适数量的 15 ml 培养管里加入 1 ml SOC 培养基，置于室温。

72）往冰上的 1.5 ml 离心管中加入 1 μl 步骤 69 中的 DNA。在一个标有“对照”的管里加入 1 μl 0.01 ng/μl 的 pUC19 对照 DNA，用作转化效率的测定。余下的 DNA 保存在－20℃。

73）从－70℃移出 DH10B 电转感受态细胞，置于冰水上，当细胞融化后，轻弹管子混匀细胞。

74）每个冷的含 DNA 的 1.5 ml 的离心管里加入 40 μl 感受态细胞。未使用的细胞用干冰/甲醇重新冻起来，然后放回 −70℃。

75）把 40 μl 细胞/DNA 混合物加入到一个预冷的一次性微电击杯中。用 Bio-Rad 基因脉冲电转仪在 100Ω/25 μF/1.8 kV 的条件下进行电转。

76）把电转过的细胞转移到一个 15 ml 的培养管里，马上加入 1 ml 室温的 SOC 培养基。37℃，225 r/ min 摇动 15 min。

作者发现涂板前先培养 15 min，能使转化效率达到 1.0×10^{10} cfu/μg pUC19。

77）1∶100 稀释用 pUC19 电转的对照细胞，取 100 μl 涂在含 100 μg/ml 氨苄青霉素的 LB 平板上。

78）每个 10 cm 的含 zeocin 的低盐 LB 平板上涂 1/10 转化的细菌。培养 12～16 h 后分析。如果插入片段大小合适的话，每个串联反应的 10 个平板都要保存，以备以后测序。

79）用 50 μl 的 PCR 反应检查插入片段的大小。配制反应混合液（下面的体积乘以总样品个数加上 1 或 2 以防吸量损失）：

2.5 μl 10×SAGE PCR 扩增缓冲液
1.25 μl DMSO
1.25 μl 10 mmol/L dNTP
0.5 μl 350 ng/μl M13 正向引物
0.5 μl 350 ng/μl M13 反向引物
43 μl ddH_2O
0.75 μl 10∶1 U 的 *Taq*∶*Pfu* DNA 聚合酶

96 孔板的每孔中加入 50 μl 混合液。

80）用无菌的牙签或吸头轻轻挑起克隆然后把头放入 PCR 混合液里搅动几下。

81）用热循环仪执行下面的扩增程序：

1 轮：	2 min	95℃	
25 轮：	30 s	94℃	（变性）
	1 min	55℃	（复性）
	2 min	72℃	（延伸）
1 轮：	5 min	70℃	（终产物延伸）

基于 *Taq* DNA 聚合酶的 PCR 扩增，0.5～1 min/kb 的模板扩增延伸时间就足够了，与此相反，基于 *Pfu* 的 PCR 扩增，至少 1～2 min/kb 才能达到类似的合成效率。

82）取 4 μl 在 1.5%的琼脂糖凝胶上电泳，电压约 150V。

大规模筛选时，使用多通道移液器和 Owl Centipede 50 孔的水平电泳系统。多通道移液器的吸头和 Owl Centipede 配备的 50 齿的梳子正好合适（每隔 1 孔）。因此为保持每个 96 孔板的连续的点样顺序，需要另外准备一块装有上样染料的 96 孔板。

83）用作测序的 2 μl PCR 产物（所需的确切用量取决于测序的方案，并应当优化）用下述方法处理：

0.1 μl 外切核酸酶 I

0.1 μl 虾碱性磷酸酶

1.8 μl 50 mmol/L Tris·Cl，pH 8.0

加 2 μl 消化混合液到 2 μl DNA 中。

84）在热循环仪上进行反应，37℃温育 15 min，然后 80℃加热 15 min。加水到 15 μl。直接取 2 μl 稀释的 PCR 产物测序。

见表 23.6.1 关于常见问题和解决方法的信息。

85）从 SAGEnet 下载 SAGE 的分析软件（见因特网资源），按说明分析。

表 23.6.1 SAGE 中可能出现的问题、原因和解决办法

问题	原因	解决方法
cDNA 合成后，用对照引物扩增不出 PCR 产物	Dynbeads 失活 逆转录酶失活 匀浆前，RNA 已降解 细胞没有充分裂解	Dynbeads 只保存在 4℃，不要冻起来 换用新的逆转录酶 尽量减少在收取组织后和匀浆前的放置时间 充分匀浆组织。只使用 Polytron 的匀浆器
双标签的 PCR 产物稍微小一些（约 90 bp）并且不再能被 *Nla*III 消化	第二链合成后没有完全除去 *E. coli* DNA 聚合酶 I	不要省略或缩短 SDS 的洗涤或 75℃加热的灭活步骤
不加连接酶的对照也有 100 bp 的 PCR 产物	试剂污染了前面建 SAGE 库所用的双标签 DNA	每一次大规模纯化双标签时，都使用单独的一份 LoTE 缓冲液、乙酸铵和 PC8。使用带滤芯的吸头。
双标签 DNA 的产量低（100 bp 条带少于 80 bp 条带）	连接子和 cDNA 的比例太高了 cDNA 合成的效率低 PCR 条件没有优化好 起始材料的量太少	降低连接反应中连接子的量 见 1-11 步中的建议 调整 dNTP 浓度和扩增循环数 提高起始材料的量
纯化后的双标签不能被 *Nla*III 切开	*Nla*III 失活 双标签纯度不够	把酶分成小份保存在 -80℃。融化的酶不要重复使用 洗脱产物用 Qiaquick 凝胶纯化（见步骤 44）
不能有效的产生双标签的串联体	连接反应中纯化的双标签量不足 用作连接的双标签不够纯	大规模制备双标签时，提高 cDNA 的量或增加扩增循环数 电泳跑的时间更长以有效分开 100 bp 和 80 bp 的条带
双标签的串联体大部分是高分子质量（3 kb）不能被有效克隆	串联体的连接反应加热方法不正确	65℃加热，立刻放冰上冷却
串联体有很多（5%）出现双标签重复	再次扩增双标签时，循环数太多	减少循环数。合成 cDNA 时，提高起始的材料量

23.6.2 辅助方案 1 PCR 验证 cDNA 产物

设计 T_m 值在 55～60℃的长度为 18～22 bp 的引物。两条引物的 T_m 值相差不要超过 1～2℃。PCR 产物的长度应当在 300～700 bp，其 5′端离 mRNA 的 3′端不要超过 1 kb。每对引物的 PCR 条件都要优化（见 15.1）。

附加材料（亦见基本方案；带√项见附录 1）

√TAE 缓冲液

350 ng/μl 5′和 3′引物

珠子悬液（见基本方案步骤 13）

步骤

1）准备 PCR 反应混合液：

5 μl 10×SAGE PCR 扩增缓冲液

3 μl DMSO

4.0 10 mmol/L dNTP

0.5 μl 350 ng/μl 5′引物

0.5 μl 350 ng/μl 3′引物

31.3 μl ddH_2O

0.7 μl 5 U/μl *Taq* DNA 聚合酶

5 μl 珠子悬液

2）用下面的程序进行 PCR：

起始步骤：	2 min	95℃	（变性）
30 轮循环：	30 s	95℃	（变性）
	1 min	53～58℃	（引物复性）
	1 min	72℃	（引物延伸）
最后步骤：	5 min	70℃	（最后延伸）

复性温度应该比预期的最低引物 T_m 值低 2～3℃。

3）用 TAE 缓冲液在 1.5%的琼脂糖凝胶上分析 5 μl PCR 产物，EB 染色观察条带（见 2.6）。

23.6.3　辅助方案 2　优化双标签的 PCR 扩增

下面的方案给出了一个通过改变不同模板浓度、核苷酸浓度和循环数，进行双标签 PCR 扩增的优化方法。合适的模板浓度就是用最少的模板浓度得到最高的 102 bp 的产量。高浓度的模板应当可以看到产量很清晰的平台。合适的核苷酸浓度很简单，就是能使 102 bp 的产量达到最高。

材料见 23.6.1 基本方案。

步骤

1）准备一系列 LoTE 稀释的双标签反应（见基本方案步骤 27）的稀释梯度，分别为 1∶3，1∶9，1∶27，1∶81 和 1∶243。每步都用 10 μl 的反应液和 20 μl 的 LoTE 缓冲液（总共 30 μl）。

2）准备 PCR 反应混合液：

5 μl 10×SAGE PCR 扩增缓冲液

3 μl DMSO

1 μl 350 ng/μl PCR 引物 1

1 μl 350 ng/μl PCR 引物 2

28.3 μl ddH_2O

0.7 μl 5 U/μl Platinum *Taq* DNA 聚合酶

3）准备 6 个管子，每管含 1 μl 原始（见基本方案步骤 27）的或稀释的双标签反应液（1∶3，1∶9，1∶27，1∶81 或 1∶243）。做一个重复，加入 4、7 或 10 μl 10 mmol/L 的 dNTP（也就是每个稀释梯度准备 2 管和核苷酸浓度相配）。加入足够的双蒸水到 11 μl。

4）一份重复进行 26 轮，一个重复进行 28 轮的 PCR（见基本方案步骤 29）。

5）取 10 μl 在 20%的聚丙烯酰胺/TBE 凝胶上电泳，用 20 bp 序列阶梯作分子质量参照物（10 μl 1∶5 稀释的分子质量参照物原液）。在 1×TBE 中用 1∶10 000 的 SYBR Green I 染色 15 min。

因特网资源

http://www.sagenet.org

SAGEnet. 可获得 SAGE 分析软件的说明，下载自人、小鼠和酵母的 SAGE 库，和广泛的 SAGE 参考文献。

http://www.ncbi.nlm.nih.gov/SAGE

NCBI 上的基因表达的系列分析。

http://www.ncbi.nlm.nih.gov/CGAP

肿瘤基因组诠释计划。包含有完整的可下载的来自于人、小鼠、大鼠、斑马鱼和奶牛的预测标签数据。也包含大量的可下载的人的 SAGE 文库（含>3.5 百万的标签），提交 SAGE 数据的工具，和在公共的人 SAGE 数据中搜索标签表达丰度的工具。

http://www.umich.edu/～ehm/eSAGE

密歇根大学的 eSAGE，分析 SAGE 数据的有用软件。

http://www.invitrogen.com

invitrogen 的 iSAGE，是构建微 SAGE 的一套整合的工具和软件包。使用方案和这里介绍的很相似。

http://arep.med.harvard.edu/labgc/adnan/projects/Utilities/mergesagetags.html

哈佛医学院的整合 SAGE 标签，是合并 SAGE 数据文件和下载的预测标签鉴定文件（从 NCBI）的有用的工具。

参考文献：Datson, et al., 1999; Velculescu et al., 1995.

撰 稿 人：Seth Blackshaw, Jae B. Kim, Brad St. Croix, and Korneia Polyak

附录1 试剂和溶液

本附录收集了本书中所有的试剂和溶液的配方，但不包括每种方案中的“材料”部分列出的相互引用的酶反应缓冲液和培养基的配方；所列溶液除排在前面的常用试剂和溶液配方外，后面均按章节顺序排列（见试剂名后的编排序号）。这样给出溶液出现的章节十分关键，因为在不同方案中使用的试剂可能名称相同，但配方有别。常用的缓冲液和溶液（如 TE 缓冲液）不在此列。若在某些配方中组成成分包括某种试剂，这种试剂在附录 1 中其他配方中也同时存在，这些条目用√表示。表 A. 1. 1 列出了常用酸和碱的有关摩尔浓度和比重的一般数据。

注意：所有试剂均使用蒸馏去离子水配制。使用有毒和致癌化学试剂时要严格按照实验室安全指南和试剂生产商给出的注意事项进行操作，这一点非常重要。

表 A. 1. 1 浓酸和浓碱的摩尔浓度和比重

酸/碱	分子质量 /Da	质量百分数	摩尔浓度 （大约）	1 mol/L 溶液 / （ml/L）	比重
酸					
冰醋酸	60.5	99.6	17.4	57.5	1.05
甲酸	46.03	90	23.6	42.4	1.205
		98	25.9	38.5	1.22
盐酸	36.46	36	11.6	85.9	1.18
硝酸	63.01	70	15.7	63.7	1.42
高氯酸	100.46	60	9.2	108.8	1.54
		72	12.2	82.1	1.70
磷酸	98	85	14.7	67.8	1.70
硫酸	98.07	98	18.3	54.5	1.835
碱					
氢氧化铵	35.0	28	14.8	67.6	0.90
氢氧化钾	56.11	45	11.6	82.2	1.447
	56.11	50	13.4	74.6	1.51
氢氧化钠	40.0	50	19.1	52.4	1.53

具缓冲能力的苯酚

8-羟基喹啉

液化重蒸馏苯酚

50 mmol/L Tris base（未调时 pH 约为 10.5）

√50 mmol/L Tris · Cl，pH 8.0

√TE 缓冲液，pH 8.0

加 0.5 g 8-羟基喹啉至一个 2 L 的烧杯中，轻轻地加入 500 ml 液化的苯酚或液化的重蒸结晶酚（可在水浴 65℃融化）。由于加入了抗氧化剂 8-羟基喹啉，苯酚将变成黄色。加入 500 ml 50 mmol/L Tris base，用铝纸将烧杯口封住，低速搅拌 10 min，使其在室温下分相。轻轻地将上层水相倒入合适的污物桶中，并用玻璃吸管吸出残留的水相。每次用 500 ml 50 mmol/L Tris · Cl（pH 8.0）重新平衡两次。用 pH 试纸检测苯酚的 pH，反复平衡直到 pH 8.0。最后加入 250 ml 50 mmol/L Tris · Cl（pH 8.0）或 TE 缓冲液（pH 8.0），于棕色玻璃瓶或铝纸包裹的透明玻璃瓶 4℃储存。

用于纯化 DNA 时，在 DNA 过柱和其他敏感性处理之前，苯酚必须重蒸，因为其氧化产物会损伤 DNA。重蒸苯酚可以购得，但是使用前必须经过缓冲处理。

完全培养基

Dulbecco 改良 Eagle 培养基（DMEM），高葡萄糖配方（4.5 g/L 葡萄糖；Life Technologies）补充：

2.8 g/L 碳酸氢钠（33.3 mmol/L）

4.8 g/L HEPES（20 mmol/L）

10%胎牛血清（*V*/*V*）

10 ml/L L-谷氨酰胺（2 mmol/L）

10 ml/L 丙酮酸钠（1 mmol/L）

10 ml/L 青霉素（50 IU/ml）和链霉素（50 μg/ml）

后四项可以从 Life Technologies 和其他细胞培养基供货商处购买到 100×的溶液。青霉素和链霉素混合在同一溶液中。

胎牛血清如大批量购买需要预先检测，因为每个批次的变化很大。必须是无支原体污染的。如果是小量测试可以从 Life Technologies、Flow Laboratories、Sigma 等供货商处购买无支原体、无病毒、低内毒素的血清，可以获得满意结果。马或牛血清不适用。

去离子甲酰胺

将 50 ml 高质量的甲酰胺（如 Fluka）与约 5 g 混合床离子交换树脂（如 Bio-Rad AG 501-X8，20～50 目）混合，室温搅拌 30 min。用 Whatman 滤纸过滤，分装成每份 1 ml，－20℃保存。

经 DEPC（焦碳酸二乙酯）处理的溶液

在 100 ml 待处理的溶液中加入 0.2 ml DEPC，剧烈振荡使 DEPC 溶于溶液中。高压灭菌以灭活残留的 DEPC。将这样处理的溶液与其他溶液分开放置，以确保“脏”的吸头不伸入其中。参见 CsCl，5.7 mol/L，经 DEPC 处理的（见 4.1）。

小心：使用 DEPC 时应戴手套并在通风橱中操作，因为 DEPC 是一种致癌剂。

EDTA（乙二胺四乙酸），0.5 mol/L，pH 8.0

在 700 ml H_2O 中溶解 186.1 g $Na_2EDTA \cdot 2H_2O$

用 10 mol/L NaOH 调节至 pH 8.0（约 50 ml）

加水至 1 L。

溴化乙锭，10 mg/ml

在 20 ml H_2O 中溶解 0.2 g 溴化乙锭

混匀并于 4°C 避光保存。

小心：溴化乙锭是一种诱变剂，必须小心操作。

溴化乙锭检测液（见附录 3D）

将 10 ml 10×TNE 缓冲液加入 89.5 ml H_2O 中

用 0.45 μm 滤膜过滤，然后补加 0.5 ml 1 mg/ml 溴化乙锭。

过滤后要补加染料，因为过滤时溴化乙锭可与绝大多数滤膜结合。

小心：溴化乙锭具有毒性，在进行操作、储存和处理时应戴手套并十分小心。

Hanks 平衡盐溶液（HBSS）

5.4 mmol/L KCl

0.3 mmol/L Na_2HPO_4

0.4 mmol/L KH_2PO_4

4.2 mmol/L $NaHCO_3$

1.3 mmol/L $CaCl_2$

0.5 mmol/L $MgCl_2$

0.6 mmol/L $MgSO_4$

137 mmol/L NaCl

5.6 mmol/L D-葡萄糖

0.02%（*m/V*）酚红（可选）

加 H_2O 至 1 L 并调节 pH 至 7.4。

HBSS 可从 Biofluids 或 Whittaker 公司购买。不含 $CaCl_2$ 和 $MgCl_2$ 的 HBSS 可配制或购买。其中可选用的成分通常对实验并无影响。但是，在有些场合它们可能对某一过程有损害。针对单个的方案，决定是否使用这些成分并在“材料”栏中进行了推荐。

磷酸缓冲盐溶液（PBS），10×（适用于除第 7 章和第 14 章外所有章节）

80 g NaCl（1.37 mol/L）

2 g KCl（27 mmol/L）

11.5 g $Na_2HPO_4 \cdot 7H_2O$（43 mmol/L）

2 g KH_2PO_4（14 mol/L）

加水至 1 L

室温可长期保存。

1×PBS 的 pH 应当接近 7.3。

乙酸钾缓冲液，0.1 mol/L

溶液 A：11.55 ml/L 冰醋酸（0.2 mol/L）

表 A.1.2 0.1 mol/L 乙酸钾或乙酸钠缓冲液的配制[a]

要求的 pH	溶液 A/ml	溶液 B/ml
3.6	46.3	3.7
3.8	44.0	6.0
4.0	41.0	9.0
4.2	36.8	13.2
4.4	30.5	19.5
4.6	25.5	24.5
4.8	20.0	30.0
5.0	14.8	35.2
5.2	10.5	39.5
5.4	8.8	41.2
5.6	4.8	45.2

a. 得到惠许，摘自 CRC（1975）。

溶液 B：19.6 g/L 乙酸钾（$KC_2H_3O_2$；0.2 mol/L）

参照表 A.1.2，根据需要的 pH，将指定体积的溶液 A 和 B 混合，然后用水稀释至 100 ml。

可以制备成 5 倍或 10 倍的浓缩液，只需要在相同体积中按比例增加乙酸钾的量。乙酸缓冲液具有浓度依赖性的 pH 变化，所以，要配制一份终浓度的稀释液，用来核查浓缩液的 pH。

如果待制备缓冲液的 pH，位于表 A.1.2 中列出数据之间，则配制成紧挨着的较高的 pH，然后用溶液 A 滴定。

磷酸钾缓冲液，0.1 mol/L

溶液 A：27.2 g KH_2PO_4/L（0.2 mol/L）

溶液 B：34.8 g K_2HPO_4/L（0.2 mol/L）

参照表 A.1.3 所列 pH 混合一定体积的溶液 A 和溶液 B，加 H_2O 至 200 ml。

可制备 5 倍或 10 倍的浓缩液。磷酸盐缓冲液具有浓度依赖性的 pH 变化，要配制一份终浓度的稀释液，用来核查浓缩液的 pH。

表 A.1.3 制备 0.1 mol/L 磷酸钠或磷酸钾缓冲液[a]

pH	溶液 A/ml	溶液 B/ml	pH	溶液 A/ml	溶液 B/ml
5.7	93.5	6.5	6.9	45.0	55.0
5.8	92.0	8.0	7.0	39.0	61.0
5.9	90.0	10.0	7.1	33.0	67.0
6.0	87.7	12.3	7.2	28.0	72.0
6.1	85.0	15.0	7.3	23.0	77.0
6.2	81.0	18.5	7.4	19.0	81.0
6.3	77.5	22.5	7.5	16.0	84.0
6.4	73.5	26.5	7.6	13.0	87.0
6.5	68.5	31.5	7.7	10.5	90.05
6.6	62.5	37.5	7.8	8.5	91.5
6.7	56.5	43.5	7.9	7.0	93.0
6.8	51.0	49.0	8.0	5.3	94.7

a. 得到惠许，选自 CRC（1975）。

乙酸钠，3 mol/L，pH 4.8，5.0，5.2，6.0，7.0

将 408 g $NaC_2H_3O_2 \cdot 3H_2O$ 溶于水中

用 3 mmol/L 乙酸调节 pH

加水至 1 L。

乙酸钠缓冲液，0.1 mmol/L

溶液 A：11.5 ml/L 冰醋酸（0.2 mmol/L）

溶液 B：27.2 g 乙酸钠（$NaC_2H_3O_2 \cdot 3H_2O$，0.2 mmol/L）

参照表 A.1.2，根据需要的 pH，混合指明体积的溶液 A 和 B，然后用水稀释至 200 ml（详细资料参见乙酸钾缓冲液的配方）。

磷酸钠缓冲液，0.1 mol/L

溶液 A：27.6 g $NaH_2PO_4 \cdot H_2O$/L（0.2 mol/L）

溶液 B：53.65 g $Na_2HPO_4 \cdot 7H_2O$/L（0.2 mol/L）

参照表 A.1.3，找到所需的 pH，按所给出的溶液 A 和溶液 B 体积混合，然后补加 H_2O 至 200 ml（详情请见磷酸钾缓冲液配方）。

SSC，20×

175 g/L NaCl（3 mol/L）

88 g/L 柠檬酸三钠（0.3 mol/L）

用 1 mol/L HCl 调节至 pH 7.0。

悬浮培养基（SM）

5.8 g NaCl

2 g $MgSO_4 \cdot 7H_2O$

√50 ml 1 mol/L Tris·Cl，pH 7.5

0.01%（*m/V*）明胶（Difco）

4℃保存可达数月。

TAE 电泳缓冲液，50×

242 g Tris 碱

57.1 ml 冰醋酸

37.2 g $Na_2EDTA \cdot 2H_2O$

加 H_2O 至 1 L。

1×工作液：pH 约为 8.5。含有 40 mmol/L Tris·Ac 和 2 mmol/L EDTA。

TBE 电泳缓冲液，10×

108 g Tris 碱（890 mmol/L）

55 g 硼酸（890 mmol/L）

√40 ml 0.5 mol/L EDTA，pH 8.0（20 mmol/L）

加 H_2O 至 1 L。

TE 缓冲液（Tris/ EDTA）

√10 mmol/L Tris·Cl，pH 7.4、7.5 或 8.0（或其他 pH）

√1 mmol/L EDTA，pH 8.0

Tris · Cl [Tris（三羟甲基）氨基甲烷]，1 mol/L

在 800 ml H_2O 中溶解 121 g Tris 碱

用浓盐酸调节至所需的 pH

混合并加水至 1 L

要获得所需 pH 的 1 mol/L Tris · Cl 溶液，可按照表 A.1.4 将一定数量的 0.1 mol/L HCl 和 100 ml 0.1 mol/L Tris 碱混合。

表 A.1.4　Tris · Cl [Tris（三羟甲基）氨基甲烷]，1 mol/L[a]

pH，25℃	0.1 mol/L HCl/ml	pH，25℃	0.1 mol/L HCl/ml	pH，25℃	0.1 mol/L HCl/ml
7.2	89.4	7.8	69.0	8.4	34.4
7.3	86.8	7.9	64.0	8.5	29.4
7.4	84.0	8.1	58.4	8.6	24.8
7.5	80.6	8.1	52.4	8.7	20.6
7.6	77.0	8.2	45.8	8.8	17.0
7.7	73.2	8.3	39.8	8.9	14.0

a. Tris 缓冲液的 pH 随温度变化较大，每 1℃可引起大约 0.028 个 pH 单位的变化。Tris 缓冲液的 pH 应调节至待使用温度下的 pH。因为 Tris 的 pK_a 值为 8.08，因此 Tris 不应该在大约 pH 7.2 以下和 pH 9.0 以上用作缓冲液。

酸性沉淀溶液

1 mol/L HCl

0.1 mol/L 焦磷酸钠

用 10%（*m/V*）三氯乙酸（TCA）溶液也可沉淀核酸，然而这一配方更廉价、更易制备并同样有效。

丙烯酰胺/亚甲双丙烯酰胺 29∶1（*m/m*）

29 g 丙烯酰胺

1 g 亚甲双丙烯酰胺

加 H_2O 至 100 ml

4℃最长可保存 1 个月。

注意：丙烯酰胺是一种神经毒素。在使用未聚合的丙烯酰胺单体时，一定要戴手套操作。

BBS（BES 缓冲液），2×

50 mmol/L *N*，*N*-2（2-羟乙基）-2-氨基乙烷-磺酸（BES；Calbiochem）

280 mmol/L NaCl

1.5 mmol/L Na_2HPO_4，pH 6.95

800 ml H_2O

用室温的 1mol/L NaOH 调节至 pH 6.95

加 H_2O 至 1 L

用 0.45 μm 的硝酸纤维素滤膜（Nalgene）过滤除菌

分装并于－20℃保存（可反复冻融）。

该溶液的 pH 要求是严格的（pH 6.95～6.98)。在制备新批次 2×BES 缓冲液时，其 pH 应当用原先制备（和试验）的参考储备液核查。

小牛胸腺 DNA 标准溶液（见附录 3D）

用于荧光测定的含小牛胸腺 DNA 标准的试剂盒可从某些公司（荧光测定法参比标准试剂盒，Hoefer）购买到。CsCl 梯度纯化的 GC 含量确定的 DNA 可以从 Sigma 公司获得（如小牛胸腺 DNA，42% GC；产气梭状芽孢杆菌 DNA，26.5% GC)。

完全 DMEM（见附录 3F）

Dulbeccos 改良 Eagle 培养基（DMEM)，高葡萄糖配方（如 Life Technologies）包含：

√5%、10%或 20%胎牛血清（*V/V*)，热灭活（可选）

1%（*V/V*）非必需氨基酸

√2 mmol/L-谷氨酰胺

100 U/ml 青霉素

100 μg/ml 链霉素硫酸盐

过滤除菌，4℃最长可保存 1 个月。

整个操作手册的血清百分比（胎牛血清）通过连字符表示。这样，“完全 DMEM-10”表示含 10%FBS。缺省数字表示无血清。

DMEM 包含 4500 mg/L D-葡萄糖，可从 Life Technologies 购买。DMEM 也可以称为 Dulbeccos 极限培养基。

完全 RPMI（见附录 3F）

RPMI1640 培养基（如 Life Technologies）包含：

√2%、5%、10%、15%或 20%胎牛血清，热灭活（可选）

√2 mmol/L-谷氨酰胺

100 U/ml 青霉素

100 μg/ml 链霉素硫酸盐

过滤除菌，4℃最长可保存 1 个月。

Denhardt 溶液，100×

10 g Ficoll 400（2%，*m/V*)

10 g 聚乙烯吡咯烷酮（2%，*m/V*)

10 g BSA（Pentax 组分 V；Miles Laboratories）

加 H_2O 至 500 ml

过滤后分装成每份 25 ml，于－20℃保存。

FBS（胎牛血清）（见附录 3F）

融化购买的胎牛血清（运输时用干冰保持冰冻状态)，4℃保存 3～4 周。如果 FBS

不一次性使用完全，等体积分装，－20℃可保存1年。

避免反复冻融以避免血清变性。

灭活的FBS(加热FBS以灭活补体蛋白并防止与培养细胞发生免疫反应)可用于一系列目的。可以商业购买或在实验室中自行配制。灭活FBS，可56℃水浴30 min～1 h。

备择：FBS放射线灭活。

固定液

50%（*V*/*V*）甲醇

10%（*V*/*V*）乙酸

40%（*V*/*V*）H_2O

室温约可保存1个月。

L-谷氨酸，0.2 mol/L（100×）（见附录3F）

融化冰冻的L-谷氨酸，无菌操作分装成若干份，然后冻存。为方便起见，如果用于100 ml瓶装培养基则用1 ml/份；而如果用于500 ml瓶装培养基则用5 ml/份。－20℃可保存1年以内。

许多实验室在使用前将2 mmol/L L-谷氨酸——1%（*V*/*V*）100×储存液——补加到培养基中。

HBSS（Hank平衡盐溶液）

5.4 mmol/L KCl

0.3 mmol/L Na_2HPO_4

0.4 mmol/L KH_2PO_4

4.2 mmol/L $NaHCO_3$

1.3 mmol/L $CaCl_2$

0.5 mmol/L $MgCl_2$

0.6 mmol/L $MgSO_4$

137 mmol/L NaCl

5.6 mmol/L D-葡萄糖

0.02%（*m*/*V*）酚红（可选）

加H_2O至1 L并调节pH至7.4。

HBSS可从Biofluids或Whittaker公司购买。不含$CaCl_2$和$MgCl_2$的HBSS可配制或购买。其中可选用的成分通常对实验并无影响。但是，在有些场合它们可能对某一过程有损害。针对单个的方案，决定是否使用这些成分，在“材料”栏中提供了建议。

HeBS（HEPES缓冲盐水），溶液2×

16.4 g NaCl

11.9 g HEPES酸

0.21 g Na_2HPO_4

800 ml水

用 5mol/L NaOH 滴定至 pH 7.05

加水至 1 L

用 0.45 μm 硝酸纤维素滤膜过滤除菌

测验转化效率并按每份 50 ml 分装，－20℃保存。

精确的 pH 对转化效率是极其重要的。最适 pH 范围是 7.05～7.12。

Hoechst 33258 检测溶液（见附录 3D）

储存液：稀释在 H_2O 中，浓度为 1 mg/ml；于 4℃下可保持稳定约 6 个月。

工作液：在 90 ml H_2O 中加入 10 ml 10×TNE 缓冲液（见配方），用 0.45 μm 滤膜过滤后，加入 10 μl 1 mg/ml Hoechst 33258 检测液。

Hoechst 33258是一种荧光染料，相对分子质量为624，在338 nm 摩尔消光系数为 4.2×10^4 L · mol^{-1} · cm^{-1}。

要在过滤后加入这种染料，因为染料可与大多数滤膜结合。

小心：Hoechst 33258 有毒性，在操作、储存和处理时应注意安全。

MOPS 缓冲液

0.2 mol/L MOPS［3-（*N*-吗啉代）-丙磺酸］，pH 7.0

√0.5 mol/L NaAc

0.01 mol/L EDTA

保存于暗处，如果溶液变黄则丢弃不用。

PEG 溶液

30%（*m/V*）PEG 8000

1.6 mol/L NaCl

4℃长期保存。

抑肽素 A

制备 1 mmol/L 甲醇储备液，－20℃保存可达 2 年。

酚/氯仿/异戊醇

将 25 份酚［在 150 mmol/L NaCl/50 mmol/L Tris · Cl（pH 7.5）/1 mmol/L EDTA 中平衡］和 24 份氯仿及 1 份异戊醇混合。加入 8-羟基喹啉，使其终浓度为 0.1%。分装并储存于－20℃，超过 6 个月则废弃不用。

SDS 电泳缓冲液，5×

15.1 g Tris 碱

72.0 g 甘氨酸

5.0 g SDS

加水至 1000 ml

根据要求稀释成1×或2×的工作液
0～4℃保存可达1个月。
不用调节储备液的pH，因为溶液稀释时pH为8.3。

SED（标准酶稀释液）

√20 mmol/L Tris·Cl，pH 7.5
500 μg/ml BSA（Pentax组分V）
10 mmol/L α-巯基乙醇
4℃保存可达1个月。

乙酸钠，3 mol/L

将408 g NaAc·$3H_2O$溶于800 ml水
加水至1 L
用3 mol/L乙酸调节至pH 4.8或5.2（根据需要）。

乙酸钠缓冲液，0.1 mol/L

溶液A：11.55 ml冰醋酸/L（0.2 mol/L）
溶液B：27.2 g NaAc·$3H_2O$/L（0.2 mol/L）
参照表A.1.2找到所需的pH，混合给定体积的溶液A和溶液B，然后用水稀释到100 ml（详情请见乙酸钾缓冲液配方）。

SSC，20×

3 mol/L NaCl（175 g/L）
0.3 mol/L柠檬酸三钠·$2H_2O$（88 g/L）
用1 mol/L HCl调节至pH 7.0。

STE缓冲液

√10 mmol/L Tris·Cl，pH 7.5
10 mmol/L NaCl
√1 mmol/L EDTA，pH 8.0

TEA（三乙醇胺）溶液

50 mmol/L三乙醇胺，pH约为11.5
0.1%（*V*/*V*）Triton X-100
0.15 mol/L NaCl
加入Triton X-100作为10%的储备液，用Millipore滤器过滤除菌，保存在暗处以防止光氧化（室温下可稳定保存5年）。

TEN（Tris /EDTA/ NaCl）溶液

√40 mmol/L Tris·Cl，pH 7.5

√1 mmol/L EDTA，pH 8.0
150 mmol/L NaCl
室温下可保存6个月。

TM缓冲液，10×

√100 mmol/L Tris·Cl，pH 8.0
100 mmol/L $MgCl_2$

TNE缓冲液，10×（见附录3D）

100 mol/L Tris碱
√10 mmol/L EDTA，pH 8.0
2.0 mol/L NaCl
用浓HCl调节至pH 7.4。
如果需要，可用水稀释到预定浓度。

Tris缓冲盐溶液（TBS）

√100 mmol/L Tris·Cl，pH 7.5
0.9%（*m*/*V*）NaCl（150 mmol/L）
4℃可保存数月。

胰蛋白酶/EDTA溶液（见附录3F）

用无菌的HBSS或0.9%（*m*/*V*）NaCl配制：
0.25%（*m*/*V*）胰蛋白酶
√0.2%（*m*/*V*）EDTA
−20℃可保存1年。
不同的应用需要不同浓度的胰蛋白酶，使用的单位数要慎重。
各种浓度的胰蛋白酶/EDTA溶液包括10×、1×和0.25%（*m*/*V*）均可购得。可以从厂方购得冻存的胰蛋白酶/EDTA溶液，可经解冻后分装为小份使用。使用粉末状胰蛋白酶/EDTA配制溶液可降低成本，为方便起见，大多数实验室仍选择购买商业化制备好的溶液。
加入EDTA起Ca^{2+}和Mg^{2+}螯合剂作用，Ca^{2+}和Mg^{2+}会影响胰蛋白酶的作用。

TTBS（Tween 20/TBS）

√0.1%（*V*/*V*）Tween 20/ Tris缓冲盐溶液（TBS）
4℃可保存数月。

甘油溶液（见1.3）

65%（*V*/*V*）甘油
0.1 mol/L $MgSO_4$
√25 mmol/L Tris·Cl，pH 8.0

室温保存。

STET 溶液（见 1.6）

8%（*m*/*V*）蔗糖

0.5%（*V*/*V*）Triton X-100

√50 mmol/L EDTA

√50 mmol/L Tris · Cl，pH 8.0

过滤除菌并于 4℃保存。

乙酸钾溶液，pH 4.8，5 mol/L（见 1.6）

29.5 ml 冰醋酸

用 KOH 颗粒调节至 pH 4.8（数粒）

H_2O 加至 100 ml

室温保存（不可高压灭菌）。

葡萄糖/Tris/EDTA（GTE）溶液（见 1.6、1.7 和 7.3）

50 mmol/L 葡萄糖

√25 mmol/L Tris · Cl，pH 8.0

√10 mmol/L EDTA，pH 8.0

高压灭菌，4℃保存。

NaOH/SDS 溶液（见 1.6、1.7）

0.2 mol/L NaOH

1%（*m*/*V*）SDS

用 10 mol/L NaOH 和 10%（*m*/*V*）SDS 的储备液新鲜配制。

Dowex AG50W-X8 阳离子交换树脂（见 1.7）

通过以下系列洗涤步骤大批量（200～400 ml 填充树脂）制备 Dowex AG50W-X8 树脂（100～200 目；Bio-Red）。用一个大布氏漏斗和滤纸收集洗涤的树脂。

1）10 体积以上的 0.5 mol/L NaOH 洗涤树脂直至观察到的洗涤液不再有颜色（树脂本身仍保持浅黄色）

2）5～10 体积 0.5 mol/L HCl 洗涤

3）5～10 体积 0.5 mol/L NaCl 洗涤

4）5～10 体积 H_2O 洗涤

5）5～10 体积 0.5 mol/L NaOH 洗涤

6）蒸馏水洗涤至 pH 9.0

7）将树脂保存在 0.5 mol/L NaCl/0.1 mol/L Tris，pH 7.5 中，于 4℃可无限期保存。

乙酸钾溶液，pH 约 5.5，3 mol/L（见 1.7）

294 g KAc

50 ml 90% 甲酸

加 H_2O 至 1 L

室温长期保存。

转化储存液（TSS），2×（见 1.8）

将无菌（高压灭菌）的 40%聚乙二醇（PEG）3350 用含 100 mmol/L $MgCl_2$ 的 LB 培养基（见 1.1）稀释至 20% PEG。加入 DMSO 至 10%（*V/V*），并调节至 pH 6.5。

$CaCl_2$ 溶液（见 1.8）

60 mmol/L $CaCl_2$

15%（*V/V*）甘油

10 mmol/L PIPES，pH 7.0

高压灭菌或使用一次性滤器过滤除菌。

室温保存（数年内稳定）。

SOC 培养基（见 1.8）

0.5%（*m/V*）酵母菌提取物

2%（*m/V*）胰化蛋白胨

10 mmol/L NaCl

2.5 mmol/L KCl

10 mmol/L $MgCl_2$

20 mmol/L $MgSO_4$

20 mmol/L 葡萄糖

室温保存（数年内稳定）。

λ 稀释缓冲液（见 1.12）

√20 mmol/L Tris·Cl，pH 8

20 mmol/L $MgCl_2$

低盐缓冲液（见 1.13）

0.05 mol/L NaCl

√0.05 mol/L Tris·Cl，pH 7.5

0.01 mol/L $MgSO_4$

CsCl 溶液（见 1.13）

d=1.3 g/ml：31.24 g CsCl+68.76 ml H_2O

d=1.5 g/ml：45.41 g CsCl＋54.59 ml H_2O

d=1.7 g/ml：56.24 g CsCl＋43.76 ml H_2O

制备CsCl溶液的等式为：$\% m/V=137.48-138.11/d$。这个等式是假定CsCl不含水，通常CsCl会从空气中吸收水，实际的密度要降低，然而我们的经验是噬菌体条带经常在分级梯度的中间层出现。

PEG溶液，5×（见1.13）

207 g Carbowax（PEG 6000）

6 g 葡聚糖硫酸盐

49.5 g NaCl

350 ml H_2O

碘化钠（NaI）溶液，6 mol/L（见2.1）

将0.75 g Na_2SO_3 溶于40 ml H_2O 中，加入45 g NaI（Sigma）并搅拌直至完全溶解（约30 min）。用Whatman滤纸或硝酸纤维素膜过滤，4℃在暗处可储存3～4个月（用锡箔纸严密包裹）。如果出现可见的沉淀应丢弃。

柱洗涤液（见2.1、2.8）

√10 mmol/L Tris·Cl，pH 7.5

√100 mmol/L NaCl

配制上述溶液，然后用100%乙醇稀释（1∶5）。

QBT缓冲液（见2.2）

750 mmol/L NaCl

50 mmol/L MOPS

用盐酸调节至pH 7.0

15%（V/V）异丙醇

0.1%（V/V）Triton X-100

室温下可长期保存。

QC缓冲液（见2.2）

1 mol/L NaCl

50 mmol/L MOPS

用盐酸调节至pH 7.0

15%（V/V）异丙醇

室温下可长期保存。

QF缓冲液（见2.2）

1.25 mol/L NaCl

√50 mmol/L Tris · Cl
15% (*V*/*V*) 异丙醇
用盐酸调节至 pH 8.5
室温下可长期保存。

消化缓冲液(见 2.3)

100 mmol/L NaCl
√10 mmol/L Tris · Cl, pH 8.0
√25 mmol/L EDTA, pH 8.0
0.5% (*m*/*V*) SDS
室温保存
0.1 mg/ml 蛋白酶 K,临用前加入。

高盐 TE 缓冲液(见 2.4)

√10 mmol/L Tris · Cl, pH 8.0
√0.1 mmol/L EDTA, pH 8.0
1 mol/L NaCl
室温保存(可在几年内保持稳定)。

CTAB 抽提液(见 2.4)

2% (*m*/*V*) CTAB(十六烷基三乙基溴化铵)
√100 mmol/L Tris · Cl, pH 8.0
√20 mmol/L EDTA, pH 8.0
1.4 mol/L NaCl
室温保存(可在几年内保持稳定)
使用前加入 2% (*V*/*V*) 2-巯基乙醇。

CTAB 沉淀液(见 2.4)

1% (*m*/*V*) CTAB
√50 mmol/L Tris · Cl, pH 8.0
√10 mmol/L EDTA, pH 8.0
室温保存(可在几年内保持稳定)。

抽提缓冲液(见 2.4)

√100 mmol/L Tris · Cl, pH 8.0
√100 mmol/L EDTA, pH 8.0
√250 mmol/L NaCl
室温下可以长期保存,使用前加入 100 μg/ml 蛋白酶 K。

CTAB/NaCl 溶液（见 2.4、2.5）

在 80 ml H_2O 中溶解 4.1 g NaCl，缓慢加入 10 g CTAB（十六烷基三乙基溴化铵）并搅拌。如果需要，可加热至 65℃溶解。定容终体积至 100 ml。

加样缓冲液，10×（见 2.6、3.1、12.2）

20%（*m/V*）Ficoll 400

√0.1 mol/L EDTA，pH 8.0

1.0%（*m/V*）SDS

0.25%（*m/V*）溴酚蓝

0.25%（*m/V*）二甲苯青（可选）

二甲苯青的迁移速度只有溴酚蓝的 50%左右，而且可能干扰中等分子质量蛋白带的显色，但它可对长时间的电泳提供有益的指示。

裂解缓冲液（见 2.7）

√100 mmol/L EDTA pH 8.0

√10 mmol/L Tris · Cl，pH 8.0

1%（*V/V*）*N*-十二烷基肌氨酸钠盐（Sarkosyl）

室温保存

100 μg/ml 蛋白酶 K（临用前加入 20 mg/ml 储存液）。

GTBE 电泳缓冲液（见 2.7）

√50 ml 10×TBE 缓冲液（终浓度为 0.5×）

50 ml 2 mol/L 甘氨酸（终浓度为 0.1 mol/L）

900 ml H_2O

室温保存。

储存缓冲液（见 2.7）

√10 mmol/L Tris · Cl，pH 8.0

√10 mmol/L EDTA，pH 8.0

室温保存。

NA-45 洗脱缓冲液（见 2.8）

1 mol/L NaCl

0.05 mol/L 精氨酸（自由碱）

过滤除菌并可于室温保存。

碘化钠（NaI）溶液，6.6 mol/L（见 2.8）

配制方法同 6 mol/L NaI 溶液，其中 NaI 增加到 49.5 g。

Elutip 低盐和高盐溶液（见 2.8）

0.2 mol/L 或者 1 mol/L NaCl

√20 mmol/L Tris · Cl，pH 7.5

√1 mmol/L EDTA

过滤除菌并于室温长期保存。

β-琼脂糖酶缓冲液，10×（见 2.8）

100 mmol/L bis-Tris，pH 6.5

√10 mmol/L EDTA

过滤除菌，室温下可长期保存。

柱洗涤液（见 2.1、2.8）

结合缓冲液（见 2.8）

0.75 g Na_2SO_3

57.3 g 盐酸胍（Sigma）

加水至 100 ml

除菌，于暗处 4℃可保存 3～4 个月

如果发现沉淀应当弃去不用。

洗脱缓冲液，pH 7.5（见 2.9）

√10 mmol/L Tris · Cl，pH 7.5

√1 mmol/L EDTA，pH 8.0

50 mmol/L NaCl

丙烯酰胺/双丙烯酰胺溶液，29∶1（见 2.9）

将 50 ml 左右的水加入 29 g 超纯级丙烯酰胺中。加入 1 g 超纯级双丙烯酰胺（Bio-Rad）并搅拌混合直至完全溶解。必要时可以加热，但不要超过 55℃。加水至终体积为 100 ml，用 Whatman 5 号滤纸或者 0.2～0.45 μm 的滤膜过滤。存于盖紧的棕色玻璃瓶中，4℃保存 1 个月。如果发现有氨臭味，应当弃去不用。

使用超纯级试剂一般不需要去离子化。如果需要去离子化，加 5 g Amberlite MB-1（Bio-Rad）并在室温下搅拌 30 min，然后过滤。对蛋白质电泳（见 10.3、10.4）而言，推荐使用 2×结晶级的丙烯酰胺和双丙烯酰胺。

小心：丙烯酰胺单体是一种神经毒素。称量粉状丙烯酰胺时一定要戴手套和面具。对尚未聚合的丙烯酰胺，要小心操作。

加样缓冲液，5×（见 2.9）

√50 mmol/L Tris · Cl，pH 8.0

√50 mmol/L EDTA，pH 8.0
50%（*V/V*）甘油

温和脱除液（见2.13）

√5 mmol/L Tris·Cl，pH 8.0
√2 mmol/L EDTA
√0.1×Denhardt 溶液

中度脱除液（见2.13）

√200 mmol/L Tris·Cl，pH 7.0
√0.1×SSC
0.1%（*m/V*）SDS

核苷酸混合物（见2.13）

2.5 mmol/L ATP
2.5 mmol/L CTP
2.5 mmol/L GTP
√20 mmol/L Tris·Cl，pH 7.5
−20℃保存。

标记缓冲液（见2.13）

√200 mmol/L Tris·Cl，pH 7.5
30 mmol/L $MgCl_2$
10 mmol/L 亚精胺

甲酰胺预杂交/杂交（FPH）溶液（见2.13、4.8）

√5×SSC
√5×Denhardt 溶液
50%（*m/V*）甲酰胺
1%（*m/V*）SDS
√临用前加入100 μg/ml变性鲑精DNA。

通常使用商品化的甲酰胺即可获得满意的效果。如果甲酰胺溶液呈黄色，要去离子化（见配方）。

小心：甲酰胺是致畸剂，操作时应小心。

变性鲑精DNA（见2.13）

在1 ml水中溶解10 mg Sigma III型鲑精DNA（钠盐），用17-G针头快速抽吸20次以剪切DNA。然后置沸水浴中10 min，迅速冷却。立即使用或小量等量分装后于−20℃保存。对于冻存的鲑精DNA，在临用前应将其加热至100℃，5 min；并置冰浴中迅速冷却。

Denhardt 溶液，100×（见 2.13、6.3）

10 g Ficoll 400（2% *m*/*V*）

10 g 聚乙烯吡咯烷酮

10 g BSA（Fraction V；2% *m*/*V*）

加 H_2O 至 500 ml

过滤后分装成每份 25 ml，－20℃保存。

尿素加样缓冲液（见 2.15）

8 mol/L 尿素

20 mmol/L EDTA

5 mmol/L Tris · Cl，pH 7.5

0.5%（*m*/*V*）溴酚蓝和（或）二甲苯青

在液体样品中加入等体积的加样缓冲液，或者在固体样品中加入足以溶解样品的加样缓冲液。

水性预杂交/杂交（APH）溶液（见 2.13）

√5×SSC

√5×Denhardt 溶液

1%（*m*/*V*）SDS

√使用前补加 100 μg/ml 变性的鲑精 DNA。

丙烯酰胺/双丙烯酰胺溶液，40%/2%（见 2.15）

如 29∶1 的溶液同法制备（见 2.9）。但是每 100 ml 溶液中，丙烯酰胺改为 40 g，双丙烯酰胺改为 2 g。

加样缓冲液，10×（见 2.6、3.1、12.2）

限制性内切核酸酶缓冲液（见 3.1）

大多数限制性内切核酸酶都是由供货商提供的，并配有合适的缓冲液。下列缓冲液于－20℃保存可稳定 1 年以上。

10×KCl 基本缓冲液：

√60 mmol/L Tris · Cl，pH 8.0

60 mmol/L $MgCl_2$

200 mmol/L KCl

60 mmol/L 2-ME

1 mg/ml BSA

10×KAc 基本缓冲液：

660 mmol/L KAc

330 mmol/L Tris · Ac，pH 7.9

100 mmol/L $MgAc_2$

5 mmol/L DTT

1 mg/ml BSA（可选）

2×谷氨酸钾基本缓冲液：

200 mmol/L 谷氨酸钾

50 mmol/L Tris · Ac，pH 7.5

100 μg/ml BSA

1 mmol/L 2-ME

10×NaCl 基本缓冲液：

√100 mmol/L Tris · Cl，pH 7.5

100 mmol/L $MgCl_2$

10 mmol/L DTT

1 mg/ml BSA（牛血清白蛋白）

0、0.5、1.0 或 1.5 mol/L NaCl（见表 3.1.2）

除在缓冲液中要用 KCl 而非 NaCl 的限制性内切核酸酶外（见下文），以上所列的 NaCl 浓度涵盖了所有市售酶需要的范围。高压灭菌的明胶（1 mg/ml）可用来取代 BSA。

酸沉淀溶液（见 3.2）

1 mol/L HCl

0.1 mol/L 焦磷酸钠

核酸也可以用 10%（*V*/*V*）三氯乙酸沉淀；然而，这种溶液价格低廉，易于配制，并且有效。

超声处理的鲱精 DNA，2 mg/ml（见 3.2、6.3）

简短超声处理重悬于 50 ml 水中的 1 g 鲱精 DNA（Boehringer Mannheim）。把装有鲱精 DNA 的试管置于冰浴。将超声仪的探头尽可能低地插入 DNA 溶液中但不要使其接触到容器的底部，打开超声仪电源，以 50%输出功率超声 20 min，或直至 DNA 溶液呈均一状态且黏度明显降低。不论什么时候，都不能让装有 DNA 溶液的试管过热。稀释 DNA 至终浓度为 2 mg/ml，以 50 ml 一份冻存，需要使用时溶化。

标准酶稀释液（SED）（见 3.2）

√20 mmol/L Tris · Cl，pH 7.5

500 μg/ml BSA（Pentax 组分 V）

10 mmol/L 2-巯基乙醇

4℃保存可达1个月。

超声处理鲑精 DNA，10 mg/ml（见 3.2）

在一个聚碳酸酯试管中用1 ml无菌水溶解10 mg鲑精DNA（Worthington）。超声仪最大输出功率超声处理5次，每次30 s。在两次超声间隙将试管置冰上冷却。然后用凝胶电泳检查DNA分子的大小（见2.6）；分子大小应为200～400 bp。等量分装成每份50 μl，－20℃保存可达1年。

T4 DNA 连接酶缓冲液，2×（见 3.13）

√100 mmol/L Tris·Cl，pH 7.5

20 mmol/L $MgCl_2$

20 mmol/L DTT

dNTP/生物素混合物（见 3.15）

√1 mmol/L dATP，1 mmol/L dCTP，1 mmol/L dGTP（见核苷酸储备液配方）

√0.65 mmol/L dTTP（见核苷酸储备液配方）

0.35 mmol/L 生物素-16-dUTP（Enzo Biochem）

－20℃保存。

DNA 稀释液（见 3.15）

√0.1 μg/ml 经超声处理的鲑精 DNA

√6×SSC

4℃保存（如果需长期保存，应等量分装成小份于－20℃冻存）。

碱性磷酸酶缓冲液，pH 9.5（见 3.15）

√0.1 mol/L Tris·Cl，pH 9.5

0.1 mol/L NaCl

50 mmol/L $MgCl_2$

高压灭菌或过滤除菌，室温保存可达1年。

地高辛-11-dUTP/dTTP，10×储存液（见 3.15）

0.375 mmol/L dTTP

0.125 mmol/L 地高辛-11-dUTP

√20 mmol/L Tris·Cl，pH 7.8

于－20℃保存。

生物素-11-dUTP，0.5 mmol/L（见 3.15）

用20 mmol/L Tris·Cl，pH 7.5（在289nm，摩尔消光系数 ε＝7100；见表

A.3D.1）配制 0.5 mmol/L 生物素-11-dUTP（Sigma）储存液。如有必要，补加几微升 1 mol/L Tris·Cl，pH 7.5（见配方），调节至 pH 7.5，并于−20℃保存。

SDS 柱缓冲液（见 3.15）

√10 mmol/L Tris·Cl，pH 8.0
√1 mmol/L EDTA
0.1%（*m*/*V*）SDS
高压灭菌或过滤除菌。

碱性磷酸酶缓冲液，pH 7.5（见 3.15）

√0.1 mol/L Tris·Cl，pH 7.5
0.1 mol/L NaCl
2 mmol/L $MgCl_2$
高压灭菌或过滤除菌，室温保存可达1年。

生物素酰化随机八聚体（见 3.15）

60 OD/ml 生物素酰化随机八聚体（如 Millipore 或 New England Biolabs；见 2.14）
√250 mmol/L Tris·Cl，pH 8.0
1 mol/L HEPES，pH 6.6
25 mmol/L $MgCl_2$
10 mmol/L DTT
保存在−20℃。

链霉亲和素，1 mg/ml（见 3.16）

将链霉亲和素冻干粉重新悬浮于 0.01 mol/L 磷酸钠缓冲液，pH 7.2（见配方）。缓冲液中含有 0.15 mol/L NaCl 和 0.05% NaN_3。

小心：NaN_3 是危险品，操作要十分当心。

封闭液（见 3.16）

5%（*m*/*V*）SDS
17 mmol/L Na_2HPO_4
8 mmol/L NaH_2PO_4
室温保存
如果需要，用 0.45 μm 滤膜过滤除菌。

洗涤缓冲液（见 3.16）

制备 10×储备液，含有：
100 mmol/L Tris·Cl，pH 9.5
100 mmol/L NaCl

10 mmol/L $MgCl_2$

1×缓冲液：使用前用水稀释。

生物素酰化碱性磷酸酶，0.38 mg/ml（见3.16）

0.38 mg/ml 生物素偶联剂

3 mol/L NaCl

1 mmol/L $MgCl_2$

0.1 mmol/L $ZnCl_2$

30 mmol/L TEA（乙酸三乙胺），pH 7.5

于4℃保存。

乙酸钠，2 mol/L，pH 4（见4.1）

将16.24 g乙酸钠加入40 ml水和35 ml冰醋酸中．用冰醋酸调节pH至4。加水至100 ml（钠离子的终浓度为2 mol/L）。室温可保存1年。

水饱和酚（见4.1）

在60～65℃的水中溶解100 g酚。抽吸掉上层水相，4℃可保存1个月。

CsCl，5.7 mol/L，经DEPC处理（见4.1）

用0.1 mol/L EDTA溶解CsCl，加入0.002体积DEPC，振荡20～30 min，高压灭菌。高压前和高压后均称量溶液瓶，补充因高压时蒸发掉的DEPC处理H_2O，从而确保使用时溶液实际浓度为5.7 mol/L。

组织胍溶液，1 L（见4.1）

在约400 ml经DEPC处理过的水中加入590.8 g异硫氰酸胍（见配方）。在加入25 ml 2 mol/L Tris·Cl，pH 7.5和20 ml 0.5 mol/L EDTA，pH 8.0（见配方）。搅拌过夜，补加经DEPC处理过的水至950 ml并过滤。最后加入50 ml 2-ME。室温可保存3个月。

组织重悬溶液（见4.1）

5 mmol/L EDTA

0.5%（*V/V*）十二烷基肌氨酸（Sarkosyl）

5%（*V/V*）2-ME

室温保存1个月。

胍溶液（见4.1）

将550 ml水与1.64 g乙酸钠和472.8 g异硫氰酸胍混合并搅拌至溶解（如有必要，可加热到65℃助溶）。加15.4 mg DTT和50 ml 10%（*m/V*）十二烷基肌氨酸，用乙酸调节至pH 5.5左右。用水稀释至1 L，并通过Nalgene膜过滤，室温保存1

个月。

TES 溶液（见 4.1）

√10 mmol/L Tris · Cl，pH 7.4

√5 mmol/L EDTA

1%（*m/V*）SDS

室温可保存 1 年。

变性溶液（见 4.1）

储备液：

293 ml H_2O

17.6 ml 0.75 mol/L 柠檬酸钠 pH 7.0

26.4 ml 10%（*m/V*）*N*-月桂酰肌氨酸

250 g 异硫氰酸胍

60～65℃搅拌至溶解

室温可保存 3 个月。

工作液：

50 ml 储备液

0.35 ml 2-ME

室温保存 1 个月。

终浓度为：4 mol/L 异硫氰酸胍，25 mmol/L 柠檬酸钠 pH 7.0，0.5%（*m/V*）N-十二烷基肌氨酸（Sarkosyl）和 0.1 mol/L 2-ME。

TLE 溶液（见 4.2）

0.2 mol/L Tris

5 mmol/L EDTA

0.1 mol/L LiCl

用 HCl 调节至 pH 8.2。

TLE -平衡酚（见 4.2）

用 250 ml TLE 溶液（见配方）加上 0.5 ml 15 mol/L NaOH，抽提 250 ml 新鲜的液化酚。然后，再用 TLE 至少抽提两次。临用前新鲜配制。

原生质体缓冲液（见 4.3）

√15 mmol/L Tris · Cl，pH 8.0

√8 mmol/L EDTA

0.45 mol/L 蔗糖

4℃保存。

DNase 消化缓冲液（见 4.3）

√20 mmol/L Tris · Cl，pH 8.0
10 mmol/L $MgCl_2$
室温保存。

裂解缓冲液（见 4.3）

√30 mmol/L Tris · Cl，pH 7.4
√5 mmol/L EDTA
100 mmol/L NaCl
1%（*m*/*V*）SDS
室温保存
临用前加蛋白酶 K 至终浓度 100 μg/ml。

革兰氏阴性菌裂解缓冲液（见 4.3）

√10 mmol/L Tris · Cl，pH 8.0
10 mmol/L NaCl
1 mmol/L 柠檬酸钠
1.5%（*m*/*V*）SDS
室温保存。

STET 裂解液（见 4.3）

√50 mmol/L Tris · Cl，pH 7.0
√50 mmol/L EDTA
8%（*m*/*V*）蔗糖
5%（*V*/*V*）Triton X-100
用 DEPC 处理的储存液配制并于 4℃保存。

终止缓冲液（见 4.3）

√200 mmol/L Tris · Cl，pH 8.0
√20 mmol/L EDTA
20 mmol/L NaN_3
20 mmol/L ATA（金精三羧酸；Sigma）
室温保存在棕色瓶中。
如果 RNA 用作引物延伸或 S1 核酸酶作图实验，终止液中就不加 ATA。

poly（A）加样缓冲液（见 4.4）

√10 mmol/L Tris · Cl，pH 7.5
√1 mmol/L EDTA

0.5 mol/L LiCl

0.1% (*m/V*) SDS

中度洗脱缓冲液（见 4.4）

√10 mmol/L Tris · Cl，pH 7.5

√1 mmol/L EDTA

0.15 mol/L LiCl

0.1% (*V/V*) SDS

T4 多核苷酸激酶缓冲液，10×（见 4.5）

√700 mmol/L Tris · Cl，pH 7.5

100 mmol/L $MgCl_2$

50 mmol/L DTT

1 mmol/L 亚精胺

1 mmol/L EDTA

水相杂交溶液，3×（见 4.5）

0.5 mol/L HEPES，pH 7.5

3 mol/L NaCl

√1 mmol/L EDTA，pH 8.0

碱性加样缓冲液（见 4.5）

30 mmol/L NaOH

√1 mmol/L EDTA，pH 8.0

10% (*m/V*) Ficoll

0.025% (*m/V*) 溴甲酚绿

碱性制胶缓冲液，50×（见 4.5）

2.5 mol/L NaCl

√50 mmol/L EDTA，pH 8.0

S1 核酸酶缓冲液，2×（见 4.5）

0.1 mol/L NaAc，pH 4.5

9 mmol/L $ZnSO_4$

0.56 mol/L NaCl

过滤除菌，并于 4℃储存。

S1 终止缓冲液（见 4.5）

4 mol/L NH_4Ac

√20 mmol/L EDTA，pH 8.0
40 μg/ml tRNA
于4℃储存。

TM 缓冲液，10×（见 4.5）

√100 mmol/L Tris·Cl，pH 8.0
100 mmol/L $MgCl_2$

碱性电泳缓冲液，50×（见 4.5）

1.5 mol/L NaOH
√50 mmol/L EDTA，pH 8.0

S1 杂交液（见 4.5）

80% 去离子甲酰胺
40 mmol/L PIPES，pH 6.4
400 mmol/L NaCl
√1 mmol/L EDTA，pH 8.0
等量分装成每份 1 ml，于−70℃储存。

tRNA，10 mg/ml（见 4.5、4.6）

用经 DEPC 处理的水（见配方）配制，并反复用平衡酚（见配方）抽提几次。

杂交缓冲液（见 4.6）

5×储存液：
200 mmol/L PIPES，pH 6.4
2 mol/L NaCl
√5 mmol/L EDTA
工作液：
√4 份 甲酰胺
1 份 5×储存液
新鲜配制或等分成小份包装于−70℃保存。

3NTP 混合物，4 mmol/L（见 4.6）

4 mmol/L ATP、4 mmol/L UTP 和 4 mmol/L GTP
0.5 mmol/L EDTA，pH 8.0
−20℃保存。

洗脱缓冲液（见 4.6）

2 mol/L NH_4Ac

1% (*m*/*V*) SDS
√25 μg/ml tRNA

转录缓冲液，5×（见 4.6）

SP6 RNA 聚合酶：
√200 mmol/L Tris · Cl, pH 7.5
30 mmol/L $MgCl_2$
10 mmol/L 亚精胺

T7 或 T3 RNA 聚合酶：
√200 mmol/L Tris · Cl, pH 8.0
40 mmol/L $MgCl_2$
10 mmol/L 亚精胺
250 mmol/L NaCl
使用新鲜制备的经 DEPC 处理的水（见配方）配制。

核糖核酸酶消化缓冲液（见 4.6）

√10 mmol/L Tris · Cl, pH 7.5
√5 mmol/L EDTA
300 mmol/L NaCl
室温保存。

RNA 加样缓冲液（见 4.6）

80% (*V*/*V*) 甲酰胺
√1 mmol/L EDTA, pH 8.0
0.1% (*m*/*V*) 溴酚蓝
0.1% (*m*/*V*) 二甲苯青
不能使用 Maxam-Gilbet 加样缓冲液及任何含 NaOH 的缓冲液。

杂交缓冲液，10×（见 4.7）

√0.1 mol/L Tris · Cl, pH 8.3
√10 mmol/L EDTA
1.5 mol/L KCl

终止/加样染料液（见 4.7、7.4、12.3）

√去离子甲酰胺：
0.5% (*m*/*V*) 溴酚蓝
0.5% (*m*/*V*) 二甲苯青
√20 mmol/L EDTA

−20℃可保存 1 年。

高质量的甲酰胺不需要作去离子处理，这种甲酰胺可以直接购买商品（如 Fluka）。

RNA 酶反应混合物（见 4.7）

√TE 缓冲液，pH 7.5

100 mmol/L NaCl

√100 μg/ml 鲑精 DNA

20 μg/ml RNA 酶 A（无 DNA 酶；见 3.10）

MOPS 电泳缓冲液，10×（见 4.8）

0.4 mol/L MOPS，pH 7.0

0.1 mol/L NaAc

√0.01 mol/L EDTA

4℃保存可达 3 个月。

剥除溶液（见 4.8）

√40 mmol/L Tris · Cl，pH 7.5～7.8

√0.1×SSC

1%（*m*/*V*）SDS

室温下可保存 1 年。

可选：使用前加入等体积的甲酰胺。

乙二醛，6 mol/L，去离子（见 4.8）

临用前，将乙二醛过一个小型混合床离子交换树脂柱［如 Bio-Rod AG501-X8 或 X8（D）树脂］去离子，直至 pH>5.0。

乙二醛加样缓冲液（见 4.8）

√10 mmol/L Na_3PO_4，pH 7.0

0.25%（*m*/*V*）溴酚蓝

0.25%（*m*/*V*）二甲苯青

50%（*V*/*V*）甘油

室温保存 3 个月。

磷酸钠，100 mmol/L，pH 7.0（见 4.8）

5.77 ml 1 mol/L Na_2HPO_4

4.23 ml 1 mol/L NaH_2PO_4

加 H_2O 至 100 ml

室温保存 3 个月。

甲醛加样缓冲液（见 4.8）

√1 mmol/L EDTA，pH 8.0

0.25%（*m*/*V*）溴酚蓝

0.25%（*m*/*V*）二甲苯青

50%（*m*/*V*）甘油

室温保存 3 个月。

甲酰胺预杂交/杂交（FPH）溶液（见 2.13、4.8）

变性溶液（见 4.8）

√500 μl 甲酰胺

162 μl　12.3 mol/L（37%）甲醛

√100 μl MOPS 缓冲液

使用前从储备液新鲜配制。

小心：甲酰胺是致畸剂，操作时应小心。

RNA 酶 A，热灭活（见 4.9、7.3）

将 RNase A 按 10 mg/ml 溶解在 10 mmol/L Tris · Cl（pH 7.5；见配方）/15 mmol/L NaCl 溶液中，80℃加热 10 min，缓慢冷却至室温，等量分装后于 −20℃储存。根据需要稀释至 1 mg/ml 或 10 μl/ml。

蔗糖缓冲液 I（见 4.9）

√10 mmol/L Tris · Cl，pH 8.0

√0.1 mmol/L EDTA

0.32 mol/L 蔗糖

3 mmol/L $CaCl_2$

2 mmol/L $MgAc_2$

1 mmol/L DTT

0.5%（*V*/*V*）NP-40

配制时不要加 NP-40 和 DTT。高压灭菌并冷却到室温。临用前再加入 NP-40 和 DTT。

蔗糖缓冲液 II（见 4.9）

√10 mmol/L Tris · Cl，pH 8.0

√0.1 mmol/L EDTA

2 mol/L 蔗糖

5 mmol/L　$MgAc_2$

1 mmol/L DTT

配制时不要加 DTT。高压灭菌并冷却到室温。临用前再加入 DTT。

HSB 缓冲液（见 4.9）

√10 mmol/L Tris · Cl，pH 7.4
0.5 mol/L NaCl
50 mmol/L $MgCl_2$
2 mmol/L $CaCl_2$
高压灭菌。

SDS/Tris 缓冲液（见 4.9）

√0.5 mol/L Tris · Cl，pH 7.4
√0.125 mol/L EDTA
5%（*m/V*）SDS
高压灭菌。

甘油储藏缓冲液（见 4.9）

√50 mmol/L Tris · Cl，pH 8.3
√0.1 mmol/L EDTA
5 mmol/L $MgCl_2$
40%（*V/V*）甘油

含核苷酸的反应缓冲液，2×（见 4.9）

储备液：
√10 mmol/L Tris · Cl，pH 8.0
5 mmol/L $MgCl_2$
0.3 mol/L KCl
高压灭菌。

工作溶液：
1 ml 2×储备液
100 mmol/L ATP、CTP 和 GTP 各 10 μl
5 μl 1 mol/L DTT

每种核苷酸的 100 mmol/L 溶液都要分别用 0.5 mol/L EDTA，pH 8.0（见配方）配制，并且核查 pH 应在 7.0～8.0 之间。溶液应当分装，保存于－20℃。

DNase I 缓冲液（见 4.9）

20 mmol/L HEPES，pH 7.5
5 mmol/L $MgCl_2$
1 mmol/L $CaCl_2$
高压灭菌。

TES 溶液（见 4.9）

10 mmol/L N-tris（羟甲基）甲基-2-氨基-乙烷磺酸（TES），pH 7.4
10 mmol/L EDTA
0.2%（*m*/*V*）SDS
高压灭菌。

裂解缓冲液（见 4.9）

√10 mmol/L Tris · Cl，pH 7.4
3 mmol/L $CaCl_2$
2 mmol/L $MgCl_2$
高压灭菌。

诺乃洗涤剂 P-40（NP-40）裂解缓冲液 A（见 4.9）

√10 mmol/L Tris · Cl，pH 7.4
10 mmol/L NaCl
3 mmol/L $MgCl_2$
高压灭菌并冷却
加 0.5%（*V*/*V*）NP-40。

诺乃洗涤剂 P-40（NP-40）裂解缓冲液 B（见 4.9）

√10 mmol/L Tris · Cl，pH 7.4
3 mmol/L $CaCl_2$
2 mmol/L $MgCl_2$
高压灭菌并冷却
加 1%（*V*/*V*）NP-40。

洗脱缓冲液（见 4.9）

√ 10 mmol/L Tris · Cl，pH 7.5
√5 mmol/L EDTA
1%（*m*/*V*）SDS
高压灭菌。

Denhardt 溶液，100×（见 2.13、6.3）

10g Ficoll 400（2%，*m*/*V*）
10g 聚乙烯吡咯烷酮（2%，*m*/*V*）
10g BSA（Fraction V；2% *m*/*V*）
加 H_2O 至 500 ml
过滤后分装成每份 25 ml，于－20℃保存。

高严紧性洗液（见6.3）

√1 mmol/L EDTA

√40 mmol/L $NaHPO_4$，pH 7.2

1%（*m/V*）SDS

杂交液Ⅰ（见6.3）

√48 ml 去离子甲酰胺

√24 ml 20×SSC

√2 ml 1 mol/L Tris·Cl，pH 7.6

√1 ml 100×Denhardt 溶液

4 ml H_2O

20 ml 50% dextran 硫酸盐（高质量，如 Pharmacia）

1 ml 10%（*m/V*）SDS（最后加）

室温保存。

可以用 Sarkosyl 替代 SDS。

杂交液Ⅱ（见6.3）

1%（*m/V*）结晶 BSA（组分 V）

√1 mmol/L EDTA

0.5 mol/L $NaHPO_4$ 缓冲液，pH 7.2

7%（*m/V*）SDS

配制 1 mol/L $NaHPO_4$ 储备液，每升加 134 g $Na_2HPO_4 \cdot 7H_2O$ 和 4 ml 85% H_3PO_4/L。

低严紧性洗涤缓冲液Ⅱ（见6.3）

0.5%（*m/V*）BSA（结晶部分 V）

√1 mmol/L EDTA

√40 mmol/L $NaHPO_4$，pH 7.2

5%（*m/V*）SDS

SSC 杂交溶液（见6.4）

√6×SSC

√1×Denhardt 溶液

100 μg/ml 酵母菌 tRNA

0.05%焦磷酸钠

TMAC（氯化四甲基胺）储存液，6 mol/L（见6.4）

将 657.6 g TMAC（109.6 g/mol）溶于水并定容为 1 L。用 Whatman 1 号滤纸过

滤，通过测量 3 倍稀释液的折射率（n）测定溶液的精确浓度。储存液的摩尔浓度（mol/L）$=3\times55.6\times(n-1.331)$。TMAC 可在棕色瓶中室温保存。

小心：TMAC 对眼睛、皮肤和黏膜有刺激。应在充分通风的通风橱中操作，对用过的 TMAC 应当按照有毒或放射性废物的方法收集和处理。小量（<10 ml）可用大量的水将其冲入排水管。

TMAC 杂交液（见 6.4）

√3 mol/L TMAC
0.1 mol/L $NaPO_4$，pH 6.8
√1 mmol/L EDTA，pH 8.0
√5×Denhardt 溶液
0.6%（*m/V*）SDS
√100 μg/ml 变性鲑精 DNA

TMAC 洗液（见 6.4）

√3 mol/L TMAC 储存液
√50 mmol/L Tris · Cl，pH 8.0
0.2%（*m/V*）SDS

SSC 预杂交液（见 6.4）

√6×SSC
√5×Denhardt 溶液
0.05%（*m/V*）焦磷酸钠
√100 μg/ml 经超声处理的鲱精 DNA
0.5%（*m/V*）SDS

免疫筛选缓冲液（见 6.7）

√1×PBS
5%（*m/V*）脱脂奶粉
0.1%（*V/V*）NP-40
0.05%（*m/V*）NaN_3（用 5%储存液稀释）

TES 缓冲液（见 6.8）

√10 mmol/L Tris · Cl，pH 7.6
√1 mmol/L EDTA
0.15 mol/L NaCl

杂交液（见 6.8）

√65%（*V/V*）去离子甲酰胺
0.4 mol/L NaCl

0.2%（*m/V*）SDS
30 mmol/L PIPES，pH 6.5
50 μg 酵母菌 tRNA
50～500 μg poly（A）+mRNA
临用前新鲜配制。

免疫沉淀缓冲液（见 6.8）

√10 mmol/L Tris·Cl，pH 7.4
√2 mmol/L EDTA
0.15 mol/L NaCl
10%（*V/V*）NP-40

Tris·Cl/SDS，4×，pH 6.8（见 6.8）

将 6.05 g Tris 溶于 40 ml 水中。用 1mol/L HCl 调节 pH 至 6.8。加水至 100 ml。经 0.45 μm 的滤膜过滤。加入 0.4 g SDS（终浓度 0.4%）。4℃保存 1 个月。

sepharose-蛋白质 A 悬液（见 6.8）

√10 mmol/L Tris·Cl，pH 7.5
0.15 mol/L NaCl
0.4%（*V/V*）Triton X-100
0.5%（*V/V*）抑蛋白酶肽（Sigma）
1.5 g sepharose-蛋白质 A（Pharmacia）悬浮在上述缓冲液中。振荡 5 min，离心沉淀凝胶颗粒，用相同缓冲液洗涤 3 次，然后重悬在 11 ml 缓冲液。

高盐免疫沉淀缓冲液（见 6.8）

除 NaCl 增加到 0.5 mol/L 之外，缓冲液的配方与免疫沉淀缓冲液的配方相同。

中和液（见 6.8）

√200 ml 20×SSC
√100 ml 1 mol/L Tris·Cl，pH 8.0
100 ml 1mol/L HCl

SDS 样品缓冲液，2×（见 6.8、10.3、10.14、10.15）

√25 ml 4×Tris·Cl/SDS，pH 6.8
20 ml 甘油（终浓度 20%）
4 g SDS [终浓度 4%；重结晶（见配方），可选]
2 ml 2-ME（0.2%）或 3.1 g DTT（0.2 mol/L）
1 mg 溴酚蓝（终浓度 0.001%）
加水至 100 ml

等量分装成 1 ml 于 −70℃储存。

使用纯化的 SDS 比较好。为避免将蛋白质还原成亚基可不用 2-ME 或 DTT（还原剂），而加入 0.01 mol/L 碘乙酰胺，可防止二硫键交换。不含 SDS 和还原剂的配制方法见 10.3 中的非变性方案。

LB 培养基（见 6.10）

10 g tryptone

5 g NaCl

5 g 酵母浸提物

5 g $MgSO_4 \cdot 7H_2O$

1 g 葡萄糖

160 ml 12.5 mol/L NaCl（至 pH 7.2）

加水至 1 L

高压灭菌。冷却至可以用手触摸。按需要加入抗生素并混匀。4℃可保存数月。

λ 平板（见 6.10）

10 g tryptone

5 g NaCl

13 g 琼脂糖

3 ml 1 mol/L $MgCl_2$

加水至 1 L

高压灭菌。冷却至可以用手触摸。按需要加入抗生素，轻缓混匀避免产生气泡，并铺平板。4℃可保存数月。

λ 上层平板（见 6.10）

10 g tryptone

5 g NaCl

8 g 琼脂糖

3 ml 1 mol/L $MgCl_2$

加水至 1 L

高压灭菌

可保存 1 个月，60℃融化。

Exo III 连接缓冲液（见 7.2）

√80 mmol/L Tris · Cl，pH 7.5

30 mmol/L DTT

20 mmol/L $MgCl_2$

−20℃保存。

S1 核酸酶缓冲液（见 7.2）

16 mmol/L NaAc，pH 4.6

1.6 mmol/L $ZnSO_4$

400 mmol/L NaCl

8%（*V*/*V*）甘油

S1 核酸酶终止缓冲液（见 7.2）

√0.8 mol/L Tris·Cl，pH 8.0

√20 mmol/L EDTA，pH 8.0

80 mmol/L $MgCl_2$

噬菌体加样缓冲液（见 7.2）

0.25%（*m*/*V*）溴酚蓝

15.0%（*m*/*V*）Ficoll 400

2.0%（*m*/*V*）SDS

√10 mmol/L EDTA

室温保存。

Bal 31 核酸酶缓冲液，10×（见 7.2）

2.0 mol/L NaCl

√0.2 mol/L Tris·Cl，pH 8.0

0.12 mol/L $MgCl_2$

0.12 mol/L $CaCl_2$

√0.02 mol/L EDTA

RNA 酶 A，热灭活（见 4.3、7.3）

将 RNase A 按 10 mg/ml 溶解在 10 mmol/L Tris·Cl（pH 7.5）/15 mmol/L NaCl 溶液中，于 80℃加热 10 min，缓慢冷却至室温，等量分装后于−20℃储存。根据需要稀释至 1 mg/ml 或 10 μl/ml。

dNTP 追加液（见 7.4）

√dATP、dCTP、dGTP 和 dTTP 各 0.25 mmol/L（见核苷酸储备液配方）

√10 mmol/L Tris·Cl，pH 7.5

√0.1 mmol/L EDTA

−20℃可保存 1 年。

标记混合物（见 7.4）

用于测序酶和 Klenow 片段的长混合物：

√dCTP、dGTP 和 dTTP 各为 7.5 μmol/L（见核苷酸储备液）

√10 mmol/L Tris · Cl（pH 7.5）

√0.1 mmol/L EDTA

－20℃可保存 1 年。

期望得到大于 150 个碱基产物时使用长混合物。产物小于 350 个碱基时使用短混合物，其中 dCTP、dGTP 和 dTTP 各为 1.5 μmol/L。使用 *Taq* DNA 聚合酶时不用 Tris · Cl。

用 7-脱氮-dGTP 替代 dGTP 时，要使用等量的 7-脱氮-dGTP。在 Klenow 标记混合物中用 dITP 替代 dGTP 时也要等量替换。在测序酶标记混合物中用 dITP 替代 dGTP 时，短混合物中用 3 μmol/L dITP，长混合物中用 15 μmol/L dITP。使用 *Taq* DNA 聚合酶时不推荐使用 dITP 取代 dGTP。

核苷酸储存液（见 7.4）

购买（表 7.4.1）或配制测序级 dNTP（包括 dNTP 和 7-脱氮-dNTP）和 ddNTP 成含 0.1 mmol/L EDTA 的 20 mmol/L 储存液。用分光光度计方法根据表 3.4.3 的消光系数确定其实际浓度；每种 ddNTP 的消光系数和其对应的 dNTP 相同。储存液于－20℃可保存 1 年。

测序酶缓冲液，10×（见 7.4）

√400 mmol/L Tirs · Cl，pH 7.5

200 mmol/L $MgCl_2$

500 mmol/L NaCl

50 mmol/L

－20℃可长期保存。

测序酶稀释液（见 7.4）

√10 mmol/L Tris · Cl，pH 7.5

5 mmol/L DTT

0.5 mg/ml BSA

－20℃可长期保存。

测序酶/焦磷酸酶混合物（见 7.4）

10ng（5 mU）测序级酵母无机焦磷酸酶

2～4 U 测序酶（尽可能高浓度的测序酶储备液）

20 mmol/L KPO_4 缓冲液，pH 7.4

0.1 mmol/L DTT

√0.1 mmol/L EDTA

50%甘油

－20℃保存（至少稳定 1 年）。

焦磷酸解是焦磷酸反应的反向反应，它在某些情况下是用测序酶进行测序时的一个难题，尤其是在使用 dITP 时。无机焦磷酸酶可防止焦磷酸解，这样在所有使用测序酶测序反应中，尤其反应中出现 dITP 时应在反应体系中加入焦磷酸酶。美国 Biochemical 公司的测序酶测序试剂盒中含有焦磷酸酶。

测序酶末端终止混合物（见 7.4）

√10 mmol/L Tris · Cl，pH 7.5

√0.1 mmol/L EDTA

50 mmol/L NaCl

√8 μmol/L 一种 ddNTP

√dATP、dCTP、dGTP 和 dTTP 各 80 μmol/L

−20℃可保存 1 年。

为了用 7-脱氮-dGTP 替代 dGTP，在每个终止反应中用 80 μmol/L 7-脱氮-dGTP；在 G 末端终止混合物中不要改变 ddGTP 浓度。为了用 dITP 替代 dGTP，在每个反应中用 160 μmol/L dITP，并在 G 末端终止混合物中使用 1.6 μmol/L ddGTP。无机焦磷酸酶应用在含 dITP 的反应中。

参阅所有 dNTP 和 ddNTP 的核酸储备液配方。

***Taq* Sanger 混合物（见 7.4）**

√0.1 mmol/L EDTA

ddNTP（选择一种）：150 μmol/LddATP 或 500 μmol/LddCTP 或 222 μmol/Ld-dGTP 或 520 μmol/LddTTP

2 μmol/LdATP

dACP、dAGP 和 dTTP 各 20 μmol/L

−20℃可保存 1 年。

若要用 7-脱氮-dGTP 替代 dGTP，应在每个终止混合物中使用等摩尔浓度的 7-脱氮-dGTP；并且不要改变 G 混合物中 ddGTP 的浓度。

参见所有 dNTP 和 ddNTP 的核酸储备液配方。

***Taq* 末端终止混合物（见 7.4）**

√0.1 mmol/L EDTA

ddNTP（选择一种）：120 μmol/LddATP 或 55 μmol/LddCTP 或 16 μmol/Ld-dGTP 或 100 μmol/LddTTP

8 μmol/L 一种 ddNTP（与所选的 ddNTP 碱基相同）

其他 dNTP 均为 80 μmol/L

−20℃可保存 1 年。

甲酰胺加样缓冲液（见 7.4、12.4）

95%（*V*/*V*）甲酰胺

0.09%（*m*/*V*）溴酚蓝

0.09%（*m*/*V*）二甲苯青 FF

4℃可保存3个月。

终止/加样染料液（见4.7、7.4、12.3）

√用去离子甲酰胺配制：

0.5%（*m/V*）溴酚蓝

0.5%（*m/V*）二甲苯青

√20 mmol/L EDTA

−20℃可保存1年。

高质量的甲酰胺不需要作去离子处理，这种甲酰胺可以购买（如Fluka）。

TCS终止/加样染料液（见7.4）

√用去离子甲酰胺配制：

0.3%（*m/V*）溴酚蓝

0.3%（*m/V*）二甲苯青

12 mmol/L EDTA

−20℃可保存1年。

高质量的甲酰胺不需要作去离子处理，这种甲酰胺可以购买（如Fluka）。

$Vent_R$（exo^-），10×，测序缓冲液（见7.4）

100 mmol/L KCl

100 mmol/L $(NH_4)_2SO_4$

√200 mmol/L Tris·Cl，pH 8.8

50 mmol/L $MgSO_4$

−20℃可保存1年。

VentR（exo^-）测序混合物（见7.4）

1×$Vent_R$（exo^-）测序缓冲液

ddNTP（选择一种）：900 μmol/LddATP或480 μmol/LddCTP或400 μmol/Ld-dGTP或720 μmol/LddTTP

适当的dNTP：

30 μmol/L dATP +100 μmol/L其他的dNTP（对ddATP混合物）

30 μmol/L dATP，37 μmol/L dCTP+100 μmol/L其他的dNTP(对ddCTP混合物)

30 μmol/L dATP，37 μmol/L dGTP+100 μmol/L其他的dNTP(对ddGTP混合物)

30 μmol/L dATP，37 μmol/L dTTP+100 μmol/L其他的dNTP(对ddTTP混合物)

−20℃可保存1年。

若要用7-脱氮-dGTP替代dGTP，应在每个VentR（exo）测序混合液中使用等摩尔浓度的7-脱氮-dGTP（Sears et al.，1992）；不要改变G混合物中ddGTP的浓度。使用VentR（exo^-）DNA聚合酶时不推荐使用dITP。

参见所有dNTP和ddNTP的核酸储备液配方。

终止核苷酸混合物（见7.4）

用BigDye ter minator (Perkin-Elmer Applied Biosystem) 配制：

dATP、dCTP、dUTP（代替dTTP）浓度均为100 μmol/L

500 μol/L dITP（代替dGTP）

0.11 μmol/L ddATP

0.16 μmol/L ddCTP

0.10 μmol/L ddGTP

1.12 μmol/L ddTTP

试验缓冲液（见7.5）

将二乙胺（99%纯度）溶于水中，终浓度为0.1 mol/L。用浓盐酸调节pH至10.0，并加入$MgCl_2$，使终浓度为1 mmol/L。加入0.02%NaN_3，4℃可保存2～7天。

磷酸缓冲盐溶液（PBS），10×（见7.5）

82.3 g Na_2HPO_4（0.58 mol/L）

23.5 g NaH_2PO_4（0.17 mol/L）

40.0 g NaCl（0.69 mol/L）

加水至1 L

灭菌，室温下可长期保存。

1×PBS溶液的pH应当是7.2。

引物终止混合物（见7.5）

ddNTP（选择一种）：200 mmol/L ddATP或100 mmol/L ddCTP或60 mmol/L ddGTP或225 mmol/L ddTTP

4 mmol/L dNTP（与ddNTP的碱基相同）

80 mmol/L 其他dNTP

用高纯度水配制

−20℃可长期保存。

参见所有dNTP与ddNTP核酸储备液的配方。

两步法封闭液，pH 7.2（见7.5）

5%（*m*/*V*）SDS

17 mmol/L Na_2HPO_4

8 mmol/L NaH_2PO_4

加入叠氮钠至0.02%（*m*/*V*），溶液可于4℃保存2～7天。

两步法洗液II（见7.5）

10 mmol/L Tris·Cl，pH 9.5

10 mmol/L NaCl
1 mmol/L $MgCl_2$
高压灭菌，室温下可长期保存。

终止液（见7.5）

√95%（*V*/*V*）去离子甲酰胺
√10 mmol/L EDTA
0.1%（*m*/*V*）二甲苯青
0.1%（*m*/*V*）溴酚蓝
于−20℃可长期保存。

洗涤液I（见7.5）

0.5% SDS
√1×PBS
如果可能，要现配现用
如果有必要，可加入0.02% NaN_3，4℃可保存2～7天。

洗涤液II（见7.5）

0.1% Tween-20
√1×PBS
如果可能，要现配现用
如果有必要，可加入0.02% NaN_3，于4℃保存2～7天。

生物素酰化碱性磷酸酶溶液（见7.5）

√两步法封闭液
0.5 μg/ml生物素酰化碱性磷酸酶
新鲜配制。

封闭缓冲液I（见7.5）

1×PBS
0.2%（*m*/*V*）纯化的酪蛋白或膜封闭试剂（表7.5.1）
持续搅拌并加热至70℃（切忌沸腾）
加入0.5%（*m*/*V*）SDS
含有0.02%（*m*/*V*）NaN_3可在4℃保存2～7天。

封闭缓冲液II（见7.5）

1×PBS
0.2%（*m*/*V*）纯化的酪蛋白或膜封闭试剂（表7.5.1）
持续搅拌并加热至70℃（切忌沸腾）

加入 0.1% (V/V) Tween-20

含有 0.02% (m/V) NaN_3可在 4℃保存 2～7 天。

链霉亲和素溶液，pH 7.2（见 7.5）

1 mg/ml 链霉亲和素

6.8 mmol/L Na_2HPO_4

3.2 mmol/L NaH_2PO_4

150 mmol/L NaCl

0.05% (m/V) NaN_3

4℃保存，6 个月内稳定。

DMS 反应缓冲液（见 7.6）

50 mmol/L 二甲砷酸钠，pH 8.0

√1 mmol/L EDTA

−20℃可保存 6～12 个月。

DMS 终止缓冲液（见 7.6）

√1.5 mol/L NaAc，pH 7.0

1.0 mol/L 2-ME

过滤除菌，然后加入 tRNA 至终浓度 100 μg/ml

−20℃可长期保存。

联氨终止缓冲液（见 7.6）

√0.3 mol/L NaAc，pH 7.0

√0.1 mmol/LEDTA

过滤除菌，然后加入 tRNA 至终浓度为 25 μg/L

−20℃可长期保存。

Klenow 片段标记混合物（见 7.6）

√40 mmol/L Tris · Cl，pH 7.6

20 mmol/L $MgCl_2$

20 mmol/L DTT

−20℃可保存 6～12 个月。

甲酰胺加样缓冲液（见 7.6）

√80% (V/V) 甲酰胺

10 mmol/L NaOH

√1 mmol/L EDTA

0.1% (m/V) 二甲苯青

0.1%（*m*/*V*）溴酚蓝

室温或者 4℃保存。

高质量的甲酰胺不需要去离子，可以购买（如 Fiuka）。

缓冲液梯度凝胶溶液（见 7.7）

用 0.5×TBE（清亮液）配制：

丙烯酰胺浓度/%	4	6	8
尿素（超纯）/g	21	21	21
√38% 丙烯酰胺/2%双丙烯酰胺/ml	5.0	7.5	10.0
√10×TBE/ml	2.5	2.5	2.5
加水至总体积/ml	50.0	50.0	50.0

用 2.5×TBE（蓝色溶液）配制：

丙烯酰胺浓度/%	4	6	8
尿素（超纯）/g	10.5	10.5	10.5
√38% 丙烯酰胺/2%双丙烯酰胺/ml	2.5	3.75	5.0
√10×TBE 缓冲液/ml	6.25	6.25	6.25
蔗糖/g	2.5	2.5	2.5
1%（*m*/*V*）溴酚蓝/μl	250	250	250
加水至总体积/ml	25.0	25.0	25.0

变性丙烯酰胺凝胶溶液（见 7.7）

丙烯酰胺浓度/%	4	6	8
尿素（超纯）/g	26.2	26.2	26.2
√38% 丙烯酰胺/2%双丙烯酰胺/ml	6.0	9.0	12.0
√10 × TBE 缓冲液/ml	6.0	6.0	6.0
加水至总体积/ml	60	60	60

溶液用 Whatman 1 号滤纸过滤

新鲜制备，或者在暗处 4℃可保存 2～4 周。

小心：丙烯酰胺单体是神经毒素。操作未聚合的丙烯酰胺时一定要戴手套并十分小心。

甲酰胺凝胶溶液（见 7.7）

丙烯酰胺浓度/%	4	6	8
尿素（超纯）/g	42	42	42
√38% 丙烯酰胺/2%双丙烯酰胺/ml	10.0	15.0	20.0
√10×TBE 缓冲液/ml	10	10	10
√去离子甲酰胺/ml	40	40	40

加热搅拌，各成分溶解后加水至 100 ml。

于 4℃溶液与 Amberlite MB-1（Sigma）或同等的混合床树脂混合搅拌 30 min，将甲酰胺去离子。然后用 Whatman 1 号滤纸过滤并于－20℃保存。

小心：丙烯酰胺单体是神经毒素。操作未聚合的丙烯酰胺时一定要戴手套并十分小心。

丙烯酰胺/双丙烯酰胺溶液，38%、2%（见7.7）

按照29∶1溶液配制（见1113页“丙烯酰胺/双丙烯酰胺溶液，29∶1”，亦见2.9）。但是，100 ml体积中丙烯酰胺改为38 g，双丙烯酰胺改为2 g。

洗脱缓冲液（见8.1）

0.5 mol/L NH_4Ac
√1 mmol/L EDTA
最终pH应为8.0
这种储存液应避光保存，于室温下可稳定保存几个月。

扩增缓冲液，10×（见8.5）

500 mmol/L KCl
√100 mmol/L Tris·Cl，pH 8.4
高压灭菌（对某些扩增并不需要）
1 mg/ml 明胶
于－20℃保存
$MgCl_2$的浓度依据目的引物和序列而定。首先，采用10×无$MgCl_2$的PCR扩增缓冲液依据经验确定最佳的浓度（见15.1步骤1～5）。基于这些结果，就可配制含最佳$MgCl_2$浓度的10× 扩增缓冲液。

BES缓冲液（BBS），2×（见9.1）

50 mmol/L BES［*N*，*N*-双（2-羟乙基）-2-氨基乙磺酸；Calbiochem-Novabiochem］
280 mmol/L NaCl
1.5 mmol/L Na_2HPO_4，pH 6.95
800 ml H_2O
室温下，用1 mol/L NaOH调校至pH 6.95，补加H_2O至1 L。用0.45 μm硝酸纤维滤膜（Nalgene）过滤除菌，等量分装成小份于－20℃保存（可反复冻融）。
该溶液的pH十分关键（pH 6.95～6.98），当配制新一批2×BES缓冲液时，应该参照已配制（并已用于实验）的储存液来确认其pH。

HEPES缓冲盐水（HeBS），2×（见9.1）

50 mmol/L HEPES
1.5 mmol/L Na_2HPO_4
280 mmol/L NaCl
调节pH至7.05±0.05（精确的pH是特别重要的；最适pH是7.05～7.12）。
经0.45 μm的硝酸纤维素滤膜过滤

分装成 50 μl 的小份，－20℃保存。

用不同批次的 2×HeBS，所获得的转染效率变化幅度很大，因此每个新批次都要测试转染效率。最初的测试是，将 0.5 ml 2×HeBS 与 0.5 ml $CaCl_2$ 混合并激烈振荡。应当有细小的沉淀逐步显示出来，用显微镜很容易观察。还必须再确认转染效率。

$CaCl_2$，2.5 mol/L（见 9.1）

183.7 g $CaCl_2 \cdot 2H_2O$（Sigma；组织培养级）

加 H_2O 至 500 ml

用 0.45 μm 硝酸纤维素滤膜（Nalgene）过滤除菌

等量分装成每份 10 ml，于－20℃保存。

该溶液可反复冻融。

DEAE-葡聚糖，10 mg/ml（见 9.2）

用组织培养级的 PBS 配制 10 mg/ml 二乙基氨基乙基葡聚糖（摩尔分子质量 500 000Da；Sigma）。充分混合，用 0.22 μm 滤膜过滤除菌，再次混匀，分装，4℃可保存 3 个月。临用前 37℃保温并充分混匀。

原生质体溶液（见 9.3）

2%（*m*/*V*）纤维素酶（Yakult Honsha）

1%（*m*/*V*）macerozyme（Yakult Honsha）

0.01%（*m*/*V*）溶果胶酶

0.4 mol/L 甘露糖醇

40 mmol/L $CaCl_2$

10 mmol/L 2-（*N*-吗啉代）乙磺酸（MES），pH 5.5

使用前新鲜配制。

植物电穿孔缓冲液（见 9.3）

√PBS

0.4 mol/L 甘露糖醇

5 mmol/L $CaCl_2$

储存于 4℃。

电穿孔缓冲液（见 9.3）

依据实验中所用的细胞选择电穿孔缓冲液。可用下列缓冲液（4℃保存）：

1）不含 Ca^{2+} 或 Mg^{2+} 的 PBS（见配方）

2）HeBS（见 9.1 配方）

3）无血清（见第 9 章导言）组织培养基

4）磷酸缓冲液蔗糖：将 272 mmol/L 蔗糖/7 mmol/L 和 1 mmol/L $MgCl_2$ 溶入 K_2HPO_4 中，用磷酸调节至 pH 7.4）。

[^{3}H] 氯霉素溶液，0.01 μCi/μl（见 9.7）

将 960 μl 100%乙醇和 40 μl 100 mg/ml 未标记氯霉素加入 250 μl [^{3}H] 氯霉素（250 μCi/250 μl 乙醇，42.0～58.2Ci/ mmol/L）制备成 0.2 μCi/μl [^{3}H] 氯霉素储存液。

将储存液用水稀释 20 倍，加入等体积的二甲苯剧烈摇动，用一种临床用离心机（或 Microcentrifuge）在室温下，13 000 r/ min 离心 2 min，弃去上层二甲苯相。再次抽提水相。最终获得 0.01 μCi/μl [^{3}H] 氯霉素工作液。

为了降低背景，用二甲苯预抽提 [^{3}H] 氯霉素是很有必要的。预抽提 [^{14}C] 氯霉素也能降低背景，但程度不同。

低渗缓冲液（见 9.7）

√25 mmol/L Tris · Cl，pH 7.5
2 mmol/L $MgCl_2$
室温保存可达 6 个月。

Triton 裂解缓冲液（见 9.7）

√0.25 mol/L Tris · Cl pH 7.8
0.5%（*V*/*V*）Triton X-100
4℃可保存 6 个月。

TEN（Tris/EDTA/NaCl）溶液（见 9.7）

√40 mmol/L Tris · Cl，pH 7.5
√1 mmol/L EDTA，pH 8.0
150 mmol/L NaCl
室温保存可达 6 个月。

Triton/甘氨酰甘氨酸裂解缓冲液（见 9.8）

1%（*V*/*V*）Triton X-100
25 mmol/L 甘氨酰甘氨酸，pH 7.8
15 mmol/L $MgSO_4$
4 mmol/L EGTA
1 mmol/L DTT（每次临用前加入）
4℃保存，不加 DTT 可稳定数月。

萤光素酶分析缓冲液（见 9.8）

25 mmol/L 甘氨酰甘氨酸，pH 7.8
√15 mmol/L 磷酸钾，pH 7.8
15 mmol/L $MgSO_4$

4 mmol/L EGTA

2 mmol/L ATP（Sigma）

1 mmol/L DTT（临用前加入）

于4℃储存，不加DTT可稳定数月。

萤光素储存液（见9.8）

1 mmol/L D-萤光素，合成晶体（Sigma）

25 mmol/L 甘氨酰甘氨酸，pH 7.8

10 mmol/L DTT（临用前加入）

等量分装成1 ml，置于密封的避光盒中

不加DDT可于−70℃保存数月。

光发射加速液（见9.8）

10%（*V*/*V*）Emerald发光增效剂（Tropix）

0.2 mol/L NaOH

4℃保存可达1年。

该溶液的改良版本具有更低和非酶促背景，它已作为Galacto-Light检测试剂盒的一部分（Tropic）。

Triton裂解液（见9.8）

√100 mmol/L 磷酸钾，pH 7.8

0.2%（*V*/*V*）Triton X-100

1 mmol/L DTT（临用前新鲜加入）

4℃保存；无DTT可稳定保存几个月。

该溶液已作为Galacto-Light检测试剂盒的一部分（Tropix）。

β-半乳糖苷酶反应缓冲液（见9.8）

√100 mmol/L 磷酸钠缓冲液，pH 8.0

1 mmol/L $MgCl_2$

1×3-（4-甲氧螺［1，2-二氧杂环丁烷-3，2′-（5′-氯）-三环［3，3，3，$1^{3,7}$］葵烷］-4-苯基

β-D-半乳呋喃糖苷（Galacton）

化学发光底物（Tropix）

4℃可保存1个月。

该溶液作为Galacto-Light检测试剂盒的一部分，可从购买的试剂盒（Tropix）中获得。

抽提缓冲液（见9.8）

√100 mmol/L 磷酸钾缓冲液，pH 7.8

1 mmol/L DTT（临用前加入）

不加 DTT，室温保存可达数月。

戊二醛，0.05%（见9.11）

戊二醛（Sigma）通常供应的是25%的溶液，可于−20℃分装冻存，并可多次反复冻融。临用前，融化一小份用PBS作500倍稀释配制成0.05%工作液。

小心：戊二醛是一种致癌剂，并可引起过敏反应。使用戊二醛时应在通风橱中操作，并按研究所的规定处理用过的戊二醛。

HEPES缓冲盐水（HeBS），1×（见9.11）

21 mmol/L HEPES

0.7 mmol/L Na_2HPO_4

137 mmol/L NaCl

5 mmol/L KCl

6 mmol/L 葡萄糖

调节pH至7.05（pH是关键）

室温下可长期保存。

多聚甲醛溶液，2%（见9.11）

3.024 g 哌嗪-*N*，*N*′双（2-ethanesulfonlic acid），pH 6.9（0.1 mmol/L PIPES）

200 μl 1 mol/L $MgCl_2$（终浓度为2 mmol/L）

250 μl 0.5 mol/L EGTA，pH 8.0（终浓度为1.25 mmol/L）

加水至100 ml

将2 g多聚甲醛（例如BDH）加入100 ml上述PIPES缓冲液中在通风橱中边加热边搅拌（不要沸腾），冷却至4℃，可保存1周。多聚甲醛溶液具有良好的缓冲能力，是常用的缓冲液。

多聚甲醛是一种致癌物质并可能引起过敏反应。应当在通风橱里使用，并且按照有关条款处理它的废弃物。

X-gal溶液（见9.11）

√PBS

5～35 mmol/L $K_3Fe(CN)_6$（铁氰化钾）

5～35 mmol/L $K_4Fe(CN)_6 \cdot 3H_2O$（亚铁氰化钾）

1～2 mmol/L $MgCl_2$ 或 $MgSO_4$

室温保存（稳定数月）

临用前，加入X-gal的二甲基甲酰胺储备液（表1.4.2）至终浓度1 mg/ml。

小心：应避免接触和吸入氰化物，按实验室操作指南丢弃废物。

使用的铁和亚铁氰化物的量对获得最佳结果十分关键。量越多引起吲哚的沉淀越快，这样可减少扩散。然而，尽管在细胞系中不经常出现，但在某些组织中延长温育时间（过夜）可能会产生绿色背景。

293 细胞培养基（见 9.12）

Dulbecco 改良 Eagle 培养基（DMEM；高葡萄糖）含有：

10%（*V/V*）热灭活的胎牛血清

100 U/ml 青霉素

100 U/ml 链霉素

2 mmol/L L-谷氨酸

4℃保存。

除 L-谷氨酸的半衰期为 1 个月外，这个培养基应该可以稳定 3 个月。

HEPES 缓冲盐水（HeBS），2×（见 9.12）

50 mmol/L HEPES

1.5 mmol/L Na_2HPO_4

280 mmol/L NaCl

10 mmol/L KCl

12 mmol/L 葡萄糖 2

调节 pH 至 7.05±0.05（pH 是关键）。

经 0.2 μm 滤膜过滤

分装成 50 μl 的小份，－20℃可保存 6 个月。

NTE 缓冲液（见 9.13）

√10 mmol/L Tris·Cl，pH 7.4

√1 mmol/L EDTA

100 mmol/L NaCl

过滤除菌。

逆转录酶（RT）反应混合物（见 9.14）

鼠 RT 进行 100 个试验的用量：

√250 μl 1 mol/L Tris·Cl，pH 8.3

500 μl 0.2 mol/L DTT

150 μl 0.02 mol/L $MnCl_2$

100 μl 3 mol/L NaCl

250 μl 100 μg/ml oligo（dT）

500 μl 100 μg/ml poly（rA）

250 μl 0.2 mmol/L dTTP

250 μl 1% NP-40

500 μCi [α-^{32}P] dTTP（>500 μCi/mmol）

加水至 5 ml。

配方数值的增减是根据试验数量而定的。鼠 RT 反应混合物的配方来自 Goff 等（1981）。对于禽类 RT，要用1% 2-ME（终浓度）取代 DTT；10 mmol/L $MgCl_2$（终浓度）取代 $MnCl_2$，以及 100 μmol/L dTTP（终浓度）取代 10 μmol/L dTTP（Omer and Faras，1982）。

考马斯亮蓝溶液（见 10.1）

在 1 L 容量瓶中，将 100 mg 考马斯亮蓝 G-250 溶于 50 ml 95%乙醇，加入 100 ml 85%磷酸，然后补加水至容量瓶体积。用 Whatman 1 号滤纸过滤，4℃保存。

Commercial 试剂盒可以从 Pierce 和 Bio-Rad 购得。

比色用标准蛋白溶液，0.5 mg/ml BSA（见 10.1）

配制 10 mg/ml 的 BSA 溶液，在 1 cm 径长的比色杯测定 A_{280}。A_{280}应该等于 6.61（即 0.5 mg/ml 溶液应当是 A_{280} =0.33）。

分光光度测定用标准蛋白溶液，3 mg/ml（见 10.1）

称出蛋白质干粉，并用与样品相同的溶剂配制浓度为 3 mg/ml 的储备液。−20℃保存可达 3 个月。

BSA（Fraction V；Sigma）经常用来作为蛋白质标准。基于 1% SBA 溶液的 A_{280} 等于 6.61，3 mg/ml溶液的 A_{280} 就应该等于 1.98。

为给纯化或部分纯化的蛋白质定量，有可能的话，蛋白质标准应当含有与样品蛋白质相似的芳烃氨基酸成分。

SDS 样品缓冲液，2×（见 6.8、10.3、10.14、10.15）

磷酸盐/SDS，4×（见 10.3）

46.8 g $NaH_2PO_4 \cdot H_2O$

231.6 g $Na_2HPO_4 \cdot 7H_2O$

12 g SDS

加水至 3 L

4℃可储存 3 个月。

磷酸盐/SDS 电泳缓冲液，1×（见 10.3）

√1 份 4×磷酸盐/SDS

3 份水

4℃可保存 1 个月。

磷酸钠终浓度为 0.1 mol/L，pH 7.2，SDS 终浓度为 0.1%（*m/V*）。

磷酸盐/SDS 样品缓冲液，2×（见 10.3）

√0.5 ml 4×磷酸盐/SDS（磷酸钠终浓度为 20 mmol/L）

0.2 g SDS［终浓度为 2%；重结晶（见配方）可选择］

0.1 mg 溴酚蓝（终浓度为 0.001%）

0.31 g DTT（终浓度为 0.2 mol/L）
2.0 ml 甘油（终浓度为 2%）
加水至 10 ml，并混匀。

考马斯亮蓝 G-250 染色液（见 10.3）

200 ml 乙酸［终浓度为 10%（*V*/*V*）］
1800 ml H_2O
0.5 g 考马斯亮蓝 G-250［终浓度为 0.025%（*m*/*V*）］
混合 1 h 后用 Whatman 1 号滤纸过滤
室温下可长期保存。

SDS 电泳缓冲液，5×（见 10.3）

15.1 g Tris 碱（终浓度为 0.125 mol/L）
72.0 g 甘氨酸（终浓度为 0.96 mol/L）
5.0 g SDS［终浓度为 0.5%（*m*/*V*），重结晶（见配方）可选择］
加水至 1000 ml
不必调节 pH（稀释后溶液 pH 是 8.3）
0～4℃可保存 1 个月。

SDS 样品缓冲液，6×（见 10.3）

√7 ml 4×Tris · Cl/SDS，pH 6.8
3.0 ml 甘油（终浓度为 30%）
1 g SDS［终浓度为 1%，重结晶（见配方），可选择］
0.93 g DTT（终浓度为 0.6 mol/L）
1.2 mg 溴酚蓝（终浓度为 0.0012%）
加水至 10 ml（如果需要）
等量分装成 0.5 ml 并于−70℃保存。

Tris · Cl，4×，pH 6.8（见 10.3）

在 40 ml H_2O 中溶解 6.05 g Tris 碱（终浓度为 0.5 mol/L）。用 1mol/L HCl 调节至 pH 6.8，加水至 100 ml。用 0.45 μm 滤膜过滤溶液。4℃可保存 1 个月。

Tris · Cl，8×，pH 8.8（见 10.3）

在 300 ml H_2O 中溶解 182 g Tris 碱（终浓度为 3 mol/L），用 1 mol/L HCl 调节至 pH 8.8，加水至 500 ml。用 0.45 μm 滤膜过滤溶液。4℃可保存 1 个月。

Tris · Cl/SDS，4×，pH 8.8（见 10.3）

在 300 ml H_2O 中溶解 91 g Tris 碱（终浓度为 1.5 mol/L），用 1 mol/L HCl 调节至 pH 8.8，加水至 500 ml。用 0.45 μm 滤膜过滤。加入 2g SDS（终浓度为

0.4%)。4℃可保存1个月。

Tris·Cl/SDS，pH 8.45（见10.3）

在300 ml H_2O中溶解182 g Tris碱（终浓度为3.0 mol/L)，用1 mol/L HCl调节至pH 8.45，加水至500 ml。用0.45 μm滤膜过滤。加入1.5 g SDS（终浓度为0.3%)。4℃可保存1个月。

阳极缓冲液（见10.3）

121.1 g Tris碱（终浓度为0.2 mol/L)
500 ml H_2O
用浓盐酸调节至pH 8.9
用H_2O稀释至5 L
4℃可保存1个月。

阴极缓冲液（见10.3）

12.11 g Tris碱（终浓度为0.1 mol/L)
17.92 g tricine（终浓度为0.1 mol/L)
1 g SDS［终浓度为0.1%（*m/V*)；最好重结晶（见配方)］
用水稀释至1 L
不必调校pH
4℃可保存1个月。

Tricine样品缓冲液，2×（见10.3）

√2 ml 4×Tris·Cl/SDS，pH 6.8
2.4 ml甘油（终浓度为24%)
0.8 g SDS［终浓度为8%，重结晶（见配方)，可选择］
0.31 g DTT（终浓度为0.2 mol/L)
2 mg考马斯亮蓝G-250（终浓度为0.02%)
加H_2O至10 ml。

封阻液（见10.3）

√0.125 mol/L Tris·Cl，pH 8.8
50%（*m/V*）蔗糖
0.001%溴酚蓝
4℃可保存1个月。

SDS，重结晶（见10.3）

从供应商处可获得高纯度的SDS，但针对某些敏感的应用（如蛋白质测序)，重结晶是有益的。对绝大多数的应用来说，商品化的电泳级SDS的纯度就足够了。

在 450 ml 乙醇中加入 100 g SDS 并加热至 55℃。边搅拌边缓缓加入 50～70 ml 热水直至 SDS 完全溶解。加入 10 g 活性炭（Norit 1，Sigma）。放置 10 min，用布氏漏斗，Whatman 5 号纸过滤。4℃冷却滤液 24 h，－20℃，24 h。用一个砂芯玻璃漏斗收集结晶的 SDS，并用 800 ml －20℃乙醇（试剂级）洗涤结晶。不加活性炭重复结晶。室温下真空干燥重结晶的 SDS。装入深色的瓶中，置有 P_2O_5 的干燥器中保存。

在蛋白质测序时如果需电洗脱或电转印蛋白质，用从乙醇/水中结晶两次的 SDS 比较合适（Hunkapiller et al.，1983）。

丙烯酰胺/双丙烯酰胺溶液，30％/0.8％（见 10.3、10.4）

按照 29∶1 溶液配制（见 2.9），但是，100 ml 体积中丙烯酰胺改为 30 g，双丙烯酰胺改为 0.8 g。在 10.4 中，配方的数量可增加至 1 L。

凝胶缓冲液（见 10.4）

用 300 ml H_2O 溶解 90.8 g Tris 碱，用 6 mol/L HCl 调节 pH 至 8.6，加水至 500 ml。4℃保存可达数周。

热琼脂糖溶液，0.5％和 1.0％（见 10.4）

将 0.25 g 或者 0.5 g 琼脂糖（标准的低分子质量型；Bio-Rad）加入 50 ml 储存缓冲液（见配方）中，在沸水浴中溶化琼脂糖并在使用前保持在沸水浴中。每次新鲜配制。

电泳槽缓冲液（见 10.4）

15.0 g Tris 碱
72.0 g 甘氨酸
5.0 g SDS
加水至 5 L。

为方便起见，可以配制成 10×储备液或者预先称量出各成分干粉装入小袋中以备将来使用。10×储备液可于 4℃保存数周。

积层胶缓冲液（见 10.4）

将 15.0 g Tris 碱和 1.0 g SDS 溶解在 200 ml H_2O 中，用 6 mol/L HCl 调节至 pH 6.8。加水至 250 ml。这种 5 × 储备液 4℃可保存几周。

铬酸洗液（见 10.4）

将 25 ml Chromerge（Fisher）分批加入 9lb/瓶的浓硫酸中，每次 5 ml，搅拌混匀。

小心：这种溶液具有很强的腐蚀性和毒性。应仔细阅读和遵守包装说明进行操作。

平衡缓冲液（见 10.4）

3.75 g Tris 碱

25 ml 甘油

5.25 g SDS

333 g DTT

将 Tris 碱溶于 H_2O 并用 HCl 调节 pH 至 6.8。然后加入其他成分，加水至终体积 250 ml。室温下可保存几周。

尿素增溶缓冲液（见 10.4）

5.4 g 尿素

0.4 ml NP-40

1.0 ml 20%两性电解质（pH 9 ～11）

0.2 ml 2-ME

加 H_2O 至 10 ml

如果缓冲液 pH 小于 9.5，用 2 mol/L NaOH 调节

分装，−20℃保存。

SDS 增溶缓冲液（见 10.4）

0.1 g CHES（环己氨乙磺酸）

0.2 g SDS

0.1 g DTT

1.0 ml 甘油

加 H_2O 至总体积 10 ml

分装，−70℃保存。

丙烯酰胺/双丙烯酰胺溶液，30% /1.8%（见 10.4）

按照 29∶1 溶液配制（见 2.9），但是，100 ml 体积中丙烯酰胺改为 30 g，双丙烯酰胺改为 1.8 g。

异丙醇固定液（见 10.5）

25%异丙醇

10%乙酸

65%水

室温可长期保存。

快速考马斯亮蓝染色液（见 10.5）

10%（*V*/*V*）乙酸

0.006%（*m*/*V*）考马斯亮蓝 G-250（Bio-Rad）

90% H_2O

室温下可长期保存。

硝酸银溶液（含氨）（见 10.5）

将 3.5 ml 浓氨水（NH_4OH，约 30%）加入 42 ml 0.36% NaOH 中，并补加水至整体积 200 ml。用磁力搅拌器混匀，缓缓加入 8 ml 19.4%（1.6 g/8 ml）硝酸银。在 20 min 内使用。

如果溶液呈云雾状，应小心加入 NH_4OH 至溶液变清。也可以选择使用 3 个月之内的 NH_4OH。

小心：当溶液干燥时具有潜在的爆炸性，因此应通过另加等体积的 1 mol/ L HCl 对硝酸银进行沉淀。反应产物氯化银抗原用大量的冷却水冲洗到排水管中去。

硫代硫酸盐显影液（见 10.5）

3%（*m/V*）碳酸钠

0.0004（*m/V*）硫代硫酸钠

0.5 ml 37% 甲醛溶液/L 溶液

不加甲醛时室温下可长期保存。

临用前加甲醛。

考马斯亮蓝染色液（见 10.5）

用固定液（见配方或 10.5）配制 0.05%（*V/V*）考马斯亮蓝 R-250（Bio-Rad 或 Pierce）染色液。但是，在加乙酸和水（一般不必过滤）之前应将考马斯亮蓝 R-250 溶于甲醇。室温下溶液可保存 6 个月。如果随保存时间延长出现沉淀，可过滤去除沉淀获得均一的溶液。

碳酸盐显影液（见 10.5）

0.5 ml 37% 甲醛/L

3%（*m/V*）Na_2CO_3

现配现用。

脱色液（见 10.5）

5%（*V/V*）甲醇

7%（*V/V*）乙酸

88% H_2O

室温下可保存 1 个月。

显影液（见 10.5）

0.5 g 柠檬酸钠

0.5 ml 37% 福尔马林溶液（Kodak）

加 H_2O 至 100 ml

室温下可保存 1 个月。

干胶液（见 10.5）

10%（*V*/*V*）乙醇

4%（*V*/*V*）甘油

86% H_2O

室温下可保存约 1 个月。

固定液（见 10.5）

50%（*V*/*V*）甲醇

10%（*V*/*V*）乙酸

40% H_2O

室温下可保存约 1 个月。

甲醛固定液（见 10.5）

40%（*V*/*V*）甲醇

0.5 ml 37% 甲醛/每升溶液

室温下可保存约 1 个月。

荧光染色液（见 10.5）

让 SYPRO Orange or Red 蛋白质凝胶染色剂（Molecular Probes）储备管置于室温，回暖，然后简短离心弃去管底部的 DMSO。如果有染料颗粒存在，则在回暖后简短的超声储备管或激烈地涡旋振荡，使颗粒溶解。将储备液按 1∶5000(*V*/*V*)用 7.5%（*V*/*V*）乙酸稀释并激烈混合。装入非常干净的、无去垢剂的玻璃或塑料瓶中，4℃避光可保存 3 个月。

储备液应当避光保存在室温，4℃或−20℃。保存适当，可稳定 6～12 个月。

4CN 显影液（见 10.6）

将 60 mg 4CN（4-氯-1-萘酚）与 20 ml 冰冷的甲醇混合；室温下另将 100 ml TBS（见配方）与 60 μl 30% H_2O_2混合；快速混合这两种溶液并立即使用。

碱性磷酸盐底物缓冲液（见 10.6）

100 mmol/L Tris • Cl，pH 9.5

100 mmol/L NaCl

5 mmol/L $MgCl_2$

Tris 盐缓冲液（TBS，见 10.6）

√100 mmol/L Tris • Cl，pH 7.5

150 mmol/L NaCl

4℃可保存数月。

鲁米诺显迹液（见10.6）

0.5 ml 鲁米诺（luminol）（4 mg/ml，Sigma）/ DMSO

0.5 ml p-碘苯酚（1 mg/ml，Aldrich）/ DMSO（可选）

√2.5 ml 100 mmol/L Tris • Cl，pH 7.5

25 μl 3% H_2O_2

加 H_2O 至 5 ml

临用前配制。

也可以使用预先混合的鲁米诺底物混合物（Mast Immunosystems；Amersham；Du Pont NEN Renaissance；Kirkegaard & Perry LumiGLO）。p-碘苯酚能够增强发光。鲁米诺和 p-碘苯酚储备液可于−20℃保存6个月。

转移缓冲液（见10.6）

在 4 L H_2O 中加入 18.2 g Tris 碱和 86.5 g 甘氨酸；再加入 1200 ml 甲醇，并补加 H_2O 至 6 L。溶液的 pH 约为 8.3～8.4。如果用 PVDF 滤膜，甲醇浓度应降至 15%；如果用尼龙膜，可不用甲醇。

亦可用 CAPS 转移缓冲液（见10.18的转移缓冲液）。

丽春红 S 溶液（见10.6）

0.5 g 丽春红 S（Ponceau S）溶解于 1 ml 冰醋酸中，加水至 100 ml。临用前配制。

封闭缓冲液（见10.6）

比色测定：对硝酸纤维膜或 PVDF 膜，采用 TTBS（见配方），最多可在 4℃保存 1 周。对不带电荷和带正电荷的尼龙膜，采用含 10% 脱脂奶的 TBS（见配方）。临用前配制。

发光测定：对硝酸纤维膜、PVDF 膜和不带电荷的尼龙膜（如 Pall Biodyne A），采用含 0.2% 酪蛋白（如 Hammarsten 级或 I Block；Tropix）的 TTBS，临用前配制。对带电荷的尼龙膜，采用含 6%（*m/V*）酪蛋白/1%（*V/V*）PVP 的 TTBS，临用前配制。将酪蛋白和 PVP 加入热的（65℃）TTBS，边加边混合。搅拌 5 min，冷却备用。临用前配制。

TTBS（见10.6）

0.1% Tween 20

√TBS

4℃可保存数月。

BCIP/NBT 显迹液（见10.6）

NBT 储存液：在 2 ml 70% DMF 中加入 100 mg NBT 配制而成，4℃保存可使用 1 年。

BCIP储存液：在2 ml 100% DMF中加入100 mg BCIP配制而成，4℃保存可使用1年。

将33 μl NBT储存液和5 ml碱性磷酸酶缓冲液（见配方）混匀。加入17 μl BCIP储存液，混匀，室温下1 h内是稳定的。

BCIP/NBT底物可从Sigma、Kirkegaard & Perry、Moss和Vector Labs等公司购买。

DAB/$NiCl_2$显迹液（见10.6）

√5 ml 100 mmol/L Tris·Cl，pH 7.5

100 μl 40 mg/L diaminobenzidine（DAB，分装成每份100 μl，−20℃保存）

25 μl 80 g/ml $NiCl_2$储存液（分装成每份100 μl，−20℃保存）

15 μl 3% H_2O_2

临用前混合。

小心：操作DAB时须小心，应戴手套和面具；DAB是一种致癌剂。

过氧化物酶底物的供应商有Sigma、Kirkegaard & Perry、Moss和Vector Laboratories。

二氧杂环己烷（dioxetane）磷酸盐底物缓冲液（见10.6）

1 mmol/L $MgCl_2$

0.1 mol/L 乙醇胺

0.02%（*m*/*V*）NaN_3（可选）

用HCl调校至pH 10，临用前配制。

按常规，AMPPD底物缓冲液中含有1 mmol/L $MgCl_2$和50 mmol/L碳酸钠/碳酸氢钠，pH 9.6。乙醇胺可使光信号输出更理想。另外，也可用100 mmol/L Tris·Cl（pH 9.5）/100 mmol/L NaCl/5 mmol/L $MgCl_2$。

二氧杂环己烷（dioxetane）磷酸盐显影液（见10.6）

临用前用dioxetane磷酸盐底物缓冲液（见配方）配制0.1 mg/ml AMPPD或CSPD（Tropix）或Lumigen-PPD（Lumigen；见表10.6.1）底物溶液。Lumi-Phos530（Boehringer Mannheim或Lumigen）是一种现成的溶液，可直接用于膜显色。

浓度为240 μmol/L的AMPPD底物是Tropix Western Light推荐使用的最低值；还可用低10倍的浓度，但需要延长避光时间。

GF缓冲液（见10.7）

用于脱盐：使用挥发性的缓冲液（如0.05 mol/L氢氧化铵、0.05 mol/L乙酸、0.05 mol/L乙酸铵或0.5 mol/L碳酸氢铵）。如果这一步要更换缓冲液，那就使用要求的缓冲液。缓冲液需要每周新鲜配制（储备用的缓冲液见下面所列）。

在某些场合可以用蒸馏水（Milli-Q级或相等级别）作为洗提液。这对不带电荷的溶质效果良好；但是它与凝胶表面少量带电基团的离子作用，可能对带电荷分子的纯化会有轻微影响。加入一种挥发性抑菌剂（如洗必太、双氯苯双胍己烷）可以提供足够的离子强度来抑制这种作用。

用于蛋白质分离：使用0.05 mol/L磷酸钾盐或钠盐（pK_a=2.1、7.2、12.4），

0.05 mol/L Tris · Cl（pK_a＝8.1）或 0.05 mol/L 乙酸钾盐或钠盐（pK_a＝4.8）。缓冲液需要每周新鲜配制（储备用的缓冲液见下面所列）。

这些缓冲溶液的缓冲能力在 pH 位于 pK_a 加减 0.5 个单位的范围内是足够用的。如果蛋白质要冻干的，使用挥发性缓冲液或水更加有益。

有时必须加入 0.1 mol/L 氯化钠以完全去除离子作用。如果分离系统使用钢制品，可用 0.05 mol/L 硫酸钠替代氯化钠以避免卤化物的腐蚀作用。某些情况下缓冲液的离子强度可以影响样品，如干扰聚集。只要改变离子强度就可消除这种作用。

用于测定分子大小：使用与蛋白质分离同样的缓冲液，但是要选择一种排除溶质—基质相互作用的缓冲液（见 10.7，辅助方案）。必须确保缓冲液和测定步骤兼容（如要用质谱检测，应使用低盐缓冲液）。缓冲液需要每周新鲜配制（储备用的缓冲液见下面所列）。

如果校正在变性状态下进行，可用 6 mol/L 盐酸胍作为 GF 缓冲液。盐酸胍作为变性剂要比尿素好。

对所有的缓冲液：如果缓冲液要使用较长时间（大于 1 周），必须添加抗微生物试剂。合适的抗微生物试剂包括 20%（*V*/*V*）乙醇，0.02%～0.05%（*m*/*V*）叠氮化钠，或 0.002%（*m*/*V*）洗必太。用 Sephadex 胶时不建议使用乙醇，因为有机溶剂会引起柱床收缩。调整 pH，用 0.22 μm 滤膜过滤，如果必要，再次检查 pH 并且调整。要延长使用，缓冲液需要脱气。加入抗微生物剂，缓冲液可以保存一个月或更长时间。

小心：叠氮化钠是非常强并广泛应用的抗微生物剂。然而，处理叠氮化钠干粉时需要特别注意。请参考供应商提供的安全防护信息。配置储备液（如 20% *m*/*V*）可避免经常暴露于干粉。叠氮化物在铅管废物处理系统中易形成爆炸性盐；用废液瓶收集柱流出物。

总液相体积标记物（见 10.7）

使用以下试剂确定总体积：5 mg/ml 丙酮、10 mg/ml NaN_3、0.1 mg/ml 胞嘧啶、10 mg/ml $NaNO_3$ 和 2 mol/L NaCl。也可以采用注水的反向脉冲。为防止基质与溶质反应，可以采用氘氧化物。

丙酮和胞嘧啶在 280 nm 紫外吸收检测，NaN_3 和 $NaNO_3$ 在 254 nm 紫外吸收检测，NaCl 可用火焰测光法、电导性、钠或氯电极以及用硝酸银溶液沉淀进行氯检测。通过测定缓冲液的吸收和折射指数或流出物的导电性检测注水反向脉冲。用折射指数检测仪测定氘氧化物。

死体积标记物（见 10.7）

适合用来测定死体积的标记物是有准确分子质量的蛋白质，可以通过电泳一系列大蛋白选择能最早穿透基质的蛋白质作标记物，其他的标记物包括 2 mg/ml 的 Blue Dextran 2000 和 DNA。

Blue Dextran 2000 的优点是可以用眼观察。缺点是少量游离的染料可能粘着在胶上，而且如果胶的孔径足够大，可以看到很宽的穿透峰（如 Sepharose 4B），这是因为葡聚糖的多分散性所致。如果分子太大，所谓的二级排阻效应（样品被排除在小球相交的狭窄空间）产生低空体积的假象。这种现象只是在高度精确的凝胶过滤中值得重视，而脱盐过程则很少需要考虑这一点。

校正标准（见 10.7）

蛋白质标准（表 10.7.6）应当用 GF 缓冲液配制，可以用来测定分子大小。为了延长柱的使用期，蛋白质标准应当在注入之前经适用于蛋白质的滤膜（0.22 μm）过滤。精确浓度的配制取决于添加物（如作为稳定剂的蔗糖）、检测器的灵敏度和层析柱层析范围的加宽。常用于标准曲线的浓度范围是 1～5 mg/ml。混合几个标准稍加电泳就可以将要校验的范围分离开了。极少场合需要校验分离柱的全分离范围。

表 10.7.6 也列出了几种 dextran 部分，这些有助于校验流体体积，易于比较不同形式的溶质。

甘氨酸缓冲液（见 10.9）

50 mmol/L 甘氨酸盐酸，pH 2.5

√0.1% Triton X-100（见去垢剂储备液）

0.15 mol/L NaCl

裂解缓冲液（见 10.9）

√TSA 溶液

√2% Triton X-100（见去垢剂储备液）

5 mmol/L 碘乙酰胺

抑蛋白酶肽（0.2 胰蛋白酶抑制剂 U/ml）

1 mmol/L PMSF(苯甲基磺酰氟，加入用无水乙醇新鲜配制的100 mmol/L 储备液）

注意：碘乙酰胺是一种蛋白酶抑制剂并可防止还原型半胱氨酸氧化成二硫键连接的半胱氨酸。对于酶活性与半胱氨酸相关的酶，不可使用这种试剂。

可以用 NP-40 代替 Triton X-100。

Tris/triton/NaCl 缓冲液，pH 8.0 和 pH 9.0（见 10.9）

√50 mmol/L Tris · Cl，pH 8.0 或 pH 9.0

√0.1% Triton X-100（见去垢剂储备液配方）

0.5 mol/L NaCl

磷酸钠缓冲液，pH 6.3（见 10.9）

√50 mmol/L 磷酸钠，pH 6.3

√0.1% Triton X-100（见去垢剂储备液配方）

0.5 mol/L NaCl

三乙醇胺溶液（见 10.9）

50 mmol/L 三乙醇胺，pH 约 11.5

√0.1% Triton X-100（见去垢剂储备液配方）

0.15 mol/L NaCl

其他有机溶剂，如二乙胺，可以代替三乙醇胺。该溶液的pH应当测定，因为每一种抗体的洗脱条件是不同的。

Tris/盐/叠氮化合物（TSA）溶液（见10.9、10.15）

√10 mmol/L Tris·Cl，pH 8.0（4℃）

140 mmol/L NaCl

0.025% NaN_3

小心：叠氮钠（NaN_3）是有毒化学试剂，操作时应戴手套。

去垢剂储备液（见10.9）

配制10%Triton X-100、10%NP-40，或者5%脱氧胆酸的水溶液用Millipore滤器过滤除菌。室温下可保存5年。Triton X-100要保存在暗处，避免光氧化。

层析柱保存缓冲液（见10.9）

配制TSA溶液（见配方），并加入1 mmol/L EDTA＋20 μg/ml庆大霉素，或者0.01% thimerosal（Aldrich）

洗脱缓冲液（见10.9）

√0.01 mol/L Tris·Cl，pH 8.0（4℃）

0.14 mol/L NaCl

0.025% NaN_3

√0.5% Triton X-100（见去垢剂储备液的配方）

√0.5% 脱氧胆酸钠（见去垢剂储备液的配方）

小心：叠氮钠（NaN_3）是有毒化学试剂，操作时应戴手套。

DNase I溶液（见10.10）

溶解冻干的DNase I（U. S Biochemical）于50%甘油/1 mmol/L $CaCl_2$中。终浓度为1 mg/ml。−20℃可保存1年。

蛋白酶抑制剂混合液，150×（见10.10）

2 mg/ml 抑蛋白酶肽水溶液（储备液）

1 mg/ml 亮抑蛋白酶肽水溶液（储备液）

1 mg/ml 胃酶抑制剂A的甲醇溶液（储备液）

每一种储备液各1.5倍体积与5.5倍体积的无菌水混合。储备液和混合液均可在−20℃保存（稳定6个月以上）。

蛋白酶抑制剂可购自于Sigma或U. S Biochemical。

M9ZB培养基（见10.10）

在889 ml水中溶解10 g NZ-A mine A（Sigma）和5 g NaCl。高压灭菌，冷却后加

入 100 ml 10×M9 培养基（见 1.1），1 ml 1 mol/L 无菌 $MgSO_4$和 10 ml 40%（*m*/*V*）葡萄糖（过滤除菌）。室温下可保存 1 年。

MCAC 缓冲液（见 10.10）

√20 mmol/L Tris·Cl，pH 7.9

0.5 mol/L NaCl

10%甘油

0～1000 mmol/L 咪唑

1 mmol/L PMSF（苯甲磺酰氟）

配制 MCAC-0 时不加咪唑（0 mmol/L），配制 MCAC-1000 时加 1000 mmol/L 咪唑。配制 MCAC-20、MCAC-40、MCAC-60、MCAC-80、MCAC-100 和 MCAC-200 缓冲液，是用 MCAC-0 和 MCAC-1000 按适当比例混合而成。临用前加入 0.2 mol/L PMSF 储存液/无水乙醇（室温保存）。MCAC 缓冲液于 4℃最多可保存 6 个月。

所有用于 Ni^{2+}-NTA 树脂的缓冲液都含有高盐浓度以减少蛋白质与树脂之间的非特异性静电反应。也可以使用低盐浓度缓冲液，但可能导致杂蛋白与树脂之间非特异性结合。

MCAC-EDTA 缓冲液（见 10.10）

√MCAC-0 缓冲液

√0.1 mol/L EDTA，pH 8.0

GuMCAC 缓冲液（见 10.10）

√20 mmol/L Tris·Cl，pH 7.9

0.5 mol/L NaCl

10% 甘油

6 mol/L 盐酸胍

0～500 mmol/L 咪唑

配制 GUMCAC-0 时不加咪唑（0 mmol/L），配制 GUMCAC-500 时加 500 mmol/L 咪唑。配制 GUMCAC-20，GUMCAC-40，GUMCAC-60 和 MCAC-100 缓冲液，是用 MCAC-0 和 MCAC-500 按适当比例混合而成。GUMCAC 缓冲液于 4℃最多可保存 6 个月。

GuMCAC-EDTA 缓冲液（见 10.10）

√GUMCAC-0 缓冲液

√0.1 mol/L EDTA，pH 8.0

流式细胞检测仪（见 10.13）

内部体积小于 12 μl 的流式细胞需要 2 mm 的柱子，内部体积小于 5 μl 的需要1 mm 的柱子。许多新的 HPLC 系统设计的分析流式细胞的 2 mm 的柱子的出口管比较小（内径 0.005 in），收集的流出峰不会因为混合而降低分辨率。老的 HPLC 内径为 4.6 mm 的柱子，如 Hewlett-Packard、HP-1090，就需要改动。通过连接内径为 75 μm 的 FSC 管（Polymicro Technologies）或内径为 0.005 in 的 PEEK 管（Upchurch Scientific）连接至流式细胞的出口可达到目的。管子应尽可能短，可以避免因为混合降低分辨率并使流式细胞的反压最小化（过高的反压可能导致流式细胞破裂）。

裂解缓冲液（见 10.14）

50 mmol/L HEPES，pH 7.5
1% NP-40
0.5% 脱氧胆酸钠
150 mmol/L NaCl
√1 mmol/L EDTA
0.1 mmol/L 钒酸钠（Na_3VO_3）
4℃可保存 6 个月
临用前配制，用下列储备液按 1∶1000 的比例添加蛋白酶抑制剂：
0.2 mol/L AEBSF • HCl [4-（2-氨基乙基）苯磺酰氟；Calbiochem-Novabiochem；4℃可保存 6 个月]
1 mol/L 偏亚硫酸氢盐（−20℃可保存 6 个月）
2.7 mg/ml 胃酶抑素甲醇溶液（抑肽素；−20℃可保存 3 个月）
2.0 mg/ml 亮抑酶肽（−20℃可保存 3 个月）

溴化氰（CNBr）/乙腈（见 10.15）

在装有 25 g 溴化氰（注意：应该是白色晶体，而不是黄色）的容器中加入 50 ml 乙腈，配制成 62.5%（*m*/*V*）溶液。将这种溶液置于硅胶干燥器中可于−20℃长期保存。打开前应将其平衡至室温。

小心：CNBr 是一种剧毒催泪瓦斯，应在通风橱中操作。

Triton X-100 裂解缓冲液（见 10.15）

√TSA 溶液
1% Triton X-100（室温保存于暗处）
1%（*V*/*V*）牛血红蛋白（冰冻保存）
1 mmol/L 碘乙酰胺（从干粉配制）
抑蛋白酶肽（胰蛋白酶抑制剂 0.2 U/ml）
1 mmol/L PMSF（用 100 mmol/L 储备液/无水乙醇配制，储备液于−20℃可保存 6 个月）新鲜配制
1 mmol/L AEBSF，用 100 mmol/L 储备液/水配制，储备液于−20℃可保存 1 年。

Tris/盐/叠氮化合物（TSA）溶液（见 10.9、10.15）

洗脱缓冲液（见 10.15）

1%（*m/V*）SDS

√100 mmol/L Tris • Cl，pH 7.4

室温下可保存 1 周

10 mmol/L DTT（临用前用粉状 DTT 新鲜配制）。

变性裂解缓冲液（见 10.15）

1%（*m/V*）SDS

√50 mmol/L Tris • Cl，pH 7.4

√5 mmol/L EDTA

室温下可保存 1 周。

临用前加入：

10 mmol/L DTT（用 DTT 粉配制）

1 mmol/L 苯基甲基磺酰氟（PMSF，100 mmol/L 100%乙醇储备液可于－20℃保存 6 个月）

2 μg 亮抑酶肽（10 mg/ml 储备液可于－20℃保存 6 个月）

15 U/ml DNase I（15 000 U/ml 储备液可于－20℃保存 2 年）

1 mmol/L 4-（2-氨基乙基）苯磺酰氟（AEBSF），临用前用 0.1 mol/L 储备液加水配制，可以代替 PMSF。AEBSF 储备液可于－20℃保存 1 年。

无去垢剂的裂解液（见 10.15）

√PBS

√5 mmol/L EDTA

0.02%（*m/V*）NaN_3

4℃，可保存 6 个月。

临用前加入：

10 mmol/L 碘乙酰胺（用碘乙酰胺粉配制）

1 mmol/L 苯基甲基磺酰氟（PMSF，100 mmol/L 100%乙醇储备液可于－20℃保存 6 个月）

2 μg 亮抑酶肽（10 mg/ml 储备液可于－20℃保存 6 个月）

15 U/ml DNase I（15 000 U/ml 储备液可于－20℃保存 2 年）。

1 mmol/L 4-（2-氨基乙基）苯磺酰氟（AEBSF），临用前用 0.1 mol/L 储备液加水配制，可以代替 PMSF。AEBSF 储备液可于－20℃保存 1 年。

洗涤缓冲液（见 10.15）

0.1%（*m/V*）Triton X-100

√50 mmol/L Tris · Cl, pH 7.4
300 mmol/L NaCl
√5 mmol/L EDTA
0.02% (*m*/*V*) NaN_3
4℃保存可达6个月。

稀释缓冲液（见10.15）

√TSA溶液
0.1%（*V*/*V*）Triton X-100
0.1%（*m*/*V*）牛血红蛋白（冰冻保存）

核糖核苷三磷酸混合物，5×（见10.16）

5 mmol/L 每种 ATP、UTP、CTP
5 mmol/L 三磷酸双鸟苷（G-5′ppp 5′-G）TP
0.5 mmol/L GTP

TCA（三氯乙酸）溶液，10%（*m*/*V*）（见10.17）

将新开的整瓶TCA溶解于水，制备100%（*m*/*V*）TCA储存液（例如将500 g整瓶TCA溶解于足够的水，并保证总体积500 ml），4℃可保存1年。稀释配制的10%TCA溶液，4℃可保存3个月。

注意： TCA具有强烈的腐蚀性，制备及操作TCA溶液时，应当保护眼睛并避免与皮肤接触。

追踪培养基（见10.17）

脉冲培养基（见配方）含有15 mg/L未标记的蛋氨酸，或者等价过量的用于标记的其他氨基酸。4℃保存2周。

脉冲标记培养基（见10.17）

使用补加Dulbecco's改进的Eagle培养基（DMEM，见附录3F，但要删去非必需氨基酸），或者含有5%（*V*/*V*）FBS的RPMI-1640培养基（用生理盐水透析过夜，以除去未被标记的氨基酸）。加入25 mmol/L HEPES，pH 7.4（用NaOH调节）。4℃可保存2周。

用来标记细胞的氨基酸应从培养基中删去（例如，如果使用^{35}S-蛋氨酸，就必须使用无蛋氨酸的DMEM或RPMI-1640）。无特定氨基酸的培养基可以从组织培养试剂供货商处购买，或者自己配制（见附录3F），在无氨基酸的培养基加入各种氨基酸成分。配制这类培养基的试剂盒也可以购买（Selec-Amine，Life Technologies出品）。

长期标记培养基（见10.17）

将9个体积缺失蛋氨酸或者其他适当氨基酸的脉冲标记培养基（见配方）与1个体积含有相同氨基酸的追踪培养基（见配方）混合。4℃可保存2周。

样品缓冲液（见 10.18）

√50 mmol/L Tris · Cl，pH 6.8

5%（*V/V*）2-ME

10%（*V/V*）甘油

1%（*m/V*）SDS

分装后冻存不超过 2 个月。

凝胶缓冲液 4×（见 10.18）

41.24 g bis-Tris（0.493 mol/L）

7.08 ml 37.5% HCl（试剂级）

加 H_2O 至 400 ml

最终 pH 应该为 6.61（不用调节）

−20℃可长期保存，4℃保存最多不超过 2 个月。

下槽缓冲液，10×（见 10.18）

52.4 g bis-Tris（0.626 mol/L）

12.2 ml 37.5% HCl

加 H_2O 至 400 ml

最终 pH 应为 5.90（不用调节）。

−20℃可长期保存，4℃保存最多不超过 2 个月。

转移缓冲液（见 10.18）

2.21 g CAPS（环己基氨基丙烷磺酸，游离酸）

0.5 g DTT

150 ml 甲醇

加 H_2O 至 1 L

用 NaOH 调节至 pH 10.5，并于 4℃冷却

临用前配制。

针对分子质量大于 60 kDa 的蛋白质，应将甲醇浓度减少至 1%。

上槽缓冲液，10×（见 10.18）

40.28 g TES [*N*-tris-（羟甲基）-甲基-2-氨乙基磺酸，0.439 mol/L]

94.64 g bis-tris（1.131 mol/L）

4.0 g SDS

加 H_2O 至 400 ml

最终 pH 应为 7.25（不用调节 pH）

−20℃可长期保存，4℃保存最多不超过 2 个月。

消化缓冲液（见 10.18）

√0.1 mol/L Tris · Cl，pH 8

1 mmol/L $CaCl_2$

10%（V/V）乙腈

冰冻保存。

碳酸盐缓冲液，0.1 mol/L；pH 9.2（见 11.1）

1.36 g/L Na_2CO_3

7.35 g/L $NaHCO_3$

950 ml H_2O

用 1 mol/L HCl 或 1 mol/L NaOH 调节至 pH 9.2。

Tris/卵清蛋白缓冲液（见 11.1）

√0.05 mol/L Tris · Cl，pH 8.0

5%（m/V）卵清蛋白

5 mmol/L $MgCl_2$

0.5%（m/V）NaN_3

0.5%（m/V）硫柳汞

TEN 缓冲液，pH 7.2（见 11.1）

6.06 g Tris 碱

0.37 g Na_2EDTA

8.77 g NaCl

用 HCl 调至 pH 7.2

加 H_2O 至 1 L。

饱和硫酸铵溶液（见 11.1）

配制 1 L 0.01 mol /L Tris 碱溶液并调节 pH 至 7.0。将 767 g $(NH_4)_2SO_4$，通过搅拌和稍微加热使其溶于 1 L 0.01 mol/L Tris · Cl 中，调节至 pH 7.0，并于 4℃保存。在 4℃储存时应可见瓶底出现 $(NH_4)_2SO_4$ 晶体。

封阻液（见 11.2）

0.017 mol/L $Na_2B_4O_7 \cdot 10H_2O$

0.12 mol/L NaCl

用 NaOH 调节至 pH 8.5

0.05%（m/V）Tween 20

√1 mmol/L EDTA

0.25%（m/V）BSA

0.05% (*m*/*V*) NaN_3

4℃保存。

可以用白明胶代替BSA；也已经成功地使用了5%的速溶奶，但是它可能会非特异性地干扰抗体结合。

洗涤缓冲液（见11.2）

√HBSS

1% FBS（胎牛血清；56℃加热灭活60 min）

0.05% (*m*/*V*) NaN_3

4℃保存。

NPP底物溶液（见11.2）

3 mmol/L p-氮苯基磷酸（NPP；Sigma）

0.05 mol/L Na_2CO_3

0.05 mmol/L $MgCl_2$

4℃保存。

溶菌酶溶液（见11.2）

5 mg 鸡卵白溶菌酶（Sigma Grade VI）

√1 ml Tris/EDTA/NaCl（TEN）缓冲液（见配方11.1）

临用前新鲜配制。

MUP底物溶液（见11.2）

0.2 mmol/L MUP（4-甲基伞形酰磷酸酯；Sigma）

0.05 mol/L Na_2CO_3

0.05 mmol/L $MgCl_2$

室温保存。

甘氨酸·Cl缓冲液，pH 2.3（见11.5）

3.75 g 甘氨酸（0.05 mol/L）

8.77 g NaCl（0.15 mol/L）

用HCl滴定至pH 2.3

补加 H_2O 至1 L。

偶联缓冲液（见11.5）

溶液A：17.75 g Na_2HPO_4（无水）/L H_2O

溶液B：1.95 g $NaH_2PO_4 \cdot 2H_2O$ /100 ml H_2O

用溶液B滴定溶液A至pH 8.3（磷酸盐终浓度为0.125 mol/L）。

柠檬酸盐缓冲液，pH 5.5（见 11.5）

2.45 g 柠檬酸（无水）

10.96 g 柠檬酸三钠 · $2H_2O$（柠檬酸根终浓度为 0.05 mol/L）

8.77 g NaCl（0.15 mol/L）

加 H_2O 至 1 L。

甘氨酸 · OH 缓冲液（见 11.5）

108.9 g 甘氨酸（1.45 mol/L）

175.3 g NaCl（3 mol/L）

用 NaOH 滴定至 pH 8.9

加 H_2O 至 1 L。

洗涤缓冲液（见 11.5）

13.6 g NaAc · $3H_2O$（0.1 mol/L）

29.2 g NaCl（0.5 mol/L）

用乙酸滴定至 pH 4.0

加 H_2O 至 1 L。

Tris 缓冲液，pH 8.6（见 11.5）

6.06 g Tris · Cl（0.05 mol/L）

8.77 g NaCl（0.15 mol/L）

0.2 g NaN_3（0.02%）

用 HCl 滴定到 pH 8.6

加 H_2O 至 1 L。

乙酸缓冲液，pH 4.3（见 11.5）

6.80 g NaAc · $3H_2O$（0.05 mol/L）

8.77 g NaCl（0.15 mol/L）

用 HAc 滴定到 pH 4.3

加水至 1 L。

柠檬酸钠缓冲液，0.04 mol/L/NaCl，0.02 mol/L（见 11.5）

11.7 g 柠檬酸三钠 · $2H_2O$

1.17 g NaCl

用 HCl 滴定至 pH 6.0、5.0、4.0 或 3.2

加水至 1 L。

中和液，pH 7.7（见 11.5）

溶液 A：70.98 g Na_2HPO_4（无水）/L H_2O

溶液 B：7.80 g $NaH_2PO_4 \cdot 2H_2O$/L H_2O

用溶液 B 滴定溶液 A 至 pH 7.7（磷酸盐终浓度为 0.5 mol/L）。

洗脱缓冲液（见 11.7）

2.4 g Tris 碱

2.92 g NaCl

900 ml H_2O

用浓 HCl 调节至 pH 8.0

加水至 1 L。

加样缓冲液（见 11.7）

2.4 g Tris 碱

1.75 g NaCl

900 ml H_2O

用浓 HCl 调节至 pH 8.0

加水至 1 L。

饱和硫酸氨（SAS）溶液（见 11.7）

将 450 g $(NH_4)_2SO_4$加入 500 ml 水中置于加热搅拌板上直至完全溶解。在溶液还温热时过滤，然后让其冷却。冷却过程中，会形成结晶，不要把它除去。用NH_4OH调节冷溶液至 pH 7.5。

11.1 的饱和 $(NH_4)_2SO_4$配方也可以用在这里。

MBS/DMF 溶液（见 11.9）

将 25 mg MBS（m-maleimidobenzoyl-*N*-hydroxy-succinimide ester，Pierce）溶于二甲基甲酰胺，终体积为 1 ml。配制后 1 h 内使用。

硼酸盐缓冲液，pH 8.5 或者 pH 10（见 11.9）

6.18 g 硼酸（0.1 mol/L）

950 ml H_2O

用 10 mol/L NaOH 调节至 pH 8.5 或 10

加 H_2O 至 100 ml。

戊二醛溶液，0.3%（见 11.9）

1.2 ml 25%戊二醛（Sigma）

√98.8 ml 硼酸缓冲液，pH 10

临用前配制。

磷酸钠缓冲液，0.1 mol/L，pH 6.8（见 11.9）

储备液 A：1.42 g Na_2HPO_4（无水）/100 ml

储备液 B：1.56 g $NaH_2PO_4 \cdot 2H_2O$/100 ml

混合 51 ml 储备液 A 和 49 ml 储备液 B。

细胞质提取缓冲液，10×（见 12.1）

0.3 mol/L HEPEAS，pH 7.9，4℃

1.4 mol/L KCl

0.03 mol/L $MgCl_2$

低渗缓冲液（见 12.1）

10 mmol/L HEPES，pH 7.9，4℃

1.5 mmol/L $MgCl_2$

10 mmol/L KCl

0.2 mmol/L PMSF（临用前加入）

0.5 mmol/L DTT（临用前加入）

透析缓冲液（见 12.1）

20 mmol/L HEPES，pH 7.9，4℃

20%（*V*/*V*）甘油

100 mmol/L KCl

√0.2 mmol/L EDTA

0.2 mmol/L PMSF（临用前加入）

0.5 mmol/L DTT（临用前加入）

高盐缓冲液（见 12.1）

20 mmol/L HEPES，pH 7.9，4℃

25%（*V*/*V*）甘油

1.5 mmol/L $MgCl_2$

0.8、1.0、1.2、1.4 或 1.6 mol/L KCl

√0.2 mmol/L EDTA

0.2 mmol/L PMSF（临用前加入）

0.5 mmol/L DTT（临用前加入）

低盐缓冲液（见 12.1）

配制高盐缓冲液（见 12.1 配方），用 0.02 mol/L KCl 替代 1.2 mol/L KCl

非变性凝胶混合物（见 12.2）

√6.0 ml 10× TAE 或 TBE 电泳缓冲液，或 Tris-glycine 电泳缓冲液

8.1 ml 30%（*m*/*V*）丙烯酰胺

3.0 ml 2%（*m*/*V*）双丙烯酰胺

42.9 ml H_2O

现配现用。

注意：丙烯酰胺单体具有神经毒性，接触溶液时必须戴手套，不能用口吸取溶液。

Tris/甘氨酸电泳缓冲液，10×（见12.2）

30.28 g Tris碱（终浓度为0.25 mol/L）

142.7 g 甘氨酸（终浓度为1.9 mol/L）

3.92 g EDTA（终浓度为10 mmol/L）

加水至1 L

核查pH约为8.3

室温下可保存数月。

DMS反应缓冲液（见12.3）

50 mmol/L 二甲砷酸钠，pH 8.0

√1 mmol/L EDTA，pH 8.0

4℃保存。

DMS终止缓冲液（见12.3）

1.5 mol/L NaAc，pH 7.0

1 mol/L 2-ME

4℃保存。

分析缓冲液A（见12.4）

√10 mmol/L Tris·Cl

5 mmol/L $MgCl_2$

1 mmol/L $CaCl_2$

2 mmol/L DTT

50 μg/ml BSA

2 μg/ml 小牛胸腺DNA

100 mmol/L KCl

滴定至pH 8.0。

分析缓冲液B（见12.4）

√10 mmol/L bis-Tris·Cl

2.5 mmol/L $MgCl_2$

1 mmol/L $CaCl_2$

√0.1 mmol/L EDTA

200 mmol/L KCl

100 μg/ml BSA

2 μg/ml 小牛胸腺 DNA
滴定至 pH 7.0。

DNA 酶 I 终止缓冲液（见 12.4）

在每 200 μl 结合反应混合物中：
645 μl 100% 乙醇
5 μl tRNA 储备液（1 mg/ml）
50 μl 饱和乙酸铵
−20℃可保存 1～2 周。

DNA 酶 I 储备缓冲液（见 12.4）

√50 mmol/L Tris · Cl，pH 7.2
10 mmol/L $MgSO_4$
1 mmol/L DTT
50%（*V*/*V*）甘油
等量分装成小包装，−70℃保存。

dNTP/TTP 溶液，50×（见 12.5）

2.5 mmol/L dATP
2.5 mmol/L dGTP
250 μmol/L dCTP
2.5 mmol/L TTP

dNTP/BrdU 溶液，50×（见 12.5）

2.5 mmol/L dATP
2.5 mmol/L dGTP
250 μmol/L dCTP
2.5 mmol/L BrdU（5-溴-2′-脱氧尿苷三磷酸；Sigma）

SDS 凝胶溶液（见 12.5）

√0.3 mol/L Tris · Cl，pH 6.8
6%（*m*/*V*）SDS
15%（*V*/*V*）甘油
70 mmol/L DTT
−20℃保存。

生物素-纤维素结合缓冲液（见 12.6）

12%（*V*/*V*）甘油
12 mmol/L HEPES-NaOH，pH 7.9

√4 mmol/L Tris · Cl，pH 7.9

60 mmol/L KCl

√1 mmol/L EDTA

1 mmol/L DTT

含 DTT 的缓冲液可于－20℃保存。

这是一种典型的结合缓冲液。结合缓冲液的成分，尤其是 pH、离子强度和 $MgCl_2$ 的有无等，应该由可以优化目的蛋白与识别位点结合的那些条件来决定。

生物素-纤维素洗脱缓冲液（见 12.6）

12%（*V*/*V*）甘油

√20 mmol/L Tris · Cl，pH 6.8

1 mol/L KCl

5 mmol/L $MgCl_2$

√1 mmol/L EDTA

1 mmol/L DTT

200 μg/ml BSA

含 DTT 的缓冲液可于－20℃保存。

这是一种典型的洗脱缓冲液，缓冲液的成分，尤其是 pH、离子强度和 $MgCl_2$ 等的有无，应该由可以使蛋白质与识别位点解离速率最大化的那些条件来决定。另一个载体蛋白，如胰岛素或血红蛋白，可用 BSA 取代。如果要用蛋白质凝胶电泳来测定调节因子大小，胰岛素这种小分子就十分有用。

结合缓冲液（见 12.7）

√10 mmol/L Tris · Cl，pH 7.5

50 mmol/L NaCl

√1 mmol/L EDTA

1 mmol/L DTT

洗脱缓冲液（见 12.7）

√20 mmol/L Tris · Cl，pH 7.5

200 mmol/L NaCl

√1 mmol/L EDTA

室温保存。

抽提缓冲液（见 12.7）

√50 mmol/L Tris · Cl，pH 7.5

√1 mmol/L EDTA

1 mmol/L DTT

1 mmol/L PMSF（苯甲基磺酰氟）

−20℃保存。

BLOTTO（见12.7）

5%（*m/V*）Carnation脱脂奶粉
√50 mmol/L Tris·Cl，pH 7.5
50 mmol/L NaCl
√1 mmol/L EDTA
1 mmol/L DTT
4℃可保存1～2周。
应当将奶粉完全溶于含其他成分的无菌水中。

HEPES结合缓冲液（见12.7）

25 mmol/L HEPES，pH 7.9
25 mmol/L NaCl
5 mmol/L $MgCl_2$
0.5 mmol/L DTT
分别配制不含盐酸胍和含6 mol/L盐酸胍的溶液。每次使用时均应新鲜配制并短暂保存在4℃。

加样缓冲液（见12.8）

√1×结合缓冲液
20%甘油
1 mg/ml溴酚蓝
1 mg/ml二甲苯青

结合缓冲液，5×（见12.8）

√100 mmol/L Tris·Cl，pH 7.4
250 mmol/L KCl
15 mmol/L $MgCl_2$
√5 mmol/L EDTA
500 μg/ml明胶

柱再生缓冲液（见12.9）

√10 mmol/L Tris·Cl，pH 7.8
√1 mmol/L EDTA，pH 8.0
2.5 mol/L NaCl
1%（*V/V*）NP-40
室温保存。
该溶液在保存时将呈雾状并分成两相（NP-40和水相），因此临用前应旋转振荡摇匀。

柱储备缓冲液（见 12.9）

√10 mmol/L Tris · Cl，pH 7.8
√1 mmol/L EDTA，pH 8.0
0.3 mol/L NaCl
0.04%（*m/V*）NaN_3
不含 NaN_3 的柱储备液可于室温保存。
制备 4%（*m/V*）NaN_3 储备液，临用前加入柱储备缓冲液中。

盐酸乙醇胺，1 mol/L，pH 8.0（见 12.9）

1 mol/L 乙醇胺
用 HCl 调节至 pH 8.0
过滤除菌
室温保存。

甲酰胺加样缓冲液（见 4.5、12.9）

√90 ml 去离子甲酰胺
√10 ml 10×TBE 电泳缓冲液
40 mg 二甲苯青
40 mg 溴酚蓝
−20℃保存。

缓冲液 TM（见 12.9）

√50 mmol/L Tris · Cl，pH 7.9
0 mol/L 或 1 mol/L KCl
12.5 mmol/L $MgCl_2$
1 mmol/L DTT（临用前加入）
20%（*V/V*）甘油
0.1%（*V/V*）NP-40
不要配制 10×缓冲液，为了获得在方案中给出的含一定范围 KCl 浓度的若干份缓冲液，配制两批 500 ml 1×缓冲液，分别不含 KCl 或 1 mol/L KCl，然后按适当比例混合就可配制成含一定浓度范围 KCl 的缓冲液，于 4℃储存。临用前，将每一种浓度的溶液各取 1.5 ml，分别移至 1.5 ml 微量离心管中，加入 DTT。

T4 多核苷酸激酶缓冲液，10×（见 12.9）

√500 mmol/L Tris · Cl，pH 7.6
100 mmol/L $MgCl_2$
50 mmol/L DTT
1 mmol/L 亚精胺

√1 mmol/L EDTA，pH 8.0

-20℃保存

使用前补加 50 mmol/L DTT。

缓冲液 Z（见 12.9）

25 mmol/L HEPES（K 盐），pH 7.6

0 mol/L 或 1 mol/L KCl

12.5 mmol/L $MgCl_2$

1 mmol/L DTT（临用前加入）

20%（*V*/*V*）甘油

0.1（*V*/*V*）NP-40

用 KOH 调节至 pH 7.6

不要配制 10×缓冲液，为了获得在方案中给出的含一定范围 KCl 浓度的若干份缓冲液，配制两批 500 ml 1×缓冲液，分别不含 KCl 或 1 mol/L KCl，然后按适当比例混合就可配制成含一定浓度范围 KCl 的缓冲液，于 4℃储存。临用前，将每一种浓度的溶液各取 1.5 ml，分别移至 1.5 ml 微量离心管中，加入 DTT。

缓冲液 Z^{e}（见 12.9）

25 mmol/L HEPES（K 盐），pH 7.6

0 mol/L 或 1 mol/L KCl

1 mmol/L DTT（临用前加入）

20%（*V*/*V*）甘油

0.1%（*V*/*V*）NP-40

用 KOH 调节至 pH 7.6

不要配制 10×缓冲液，为了获得在方案中给出的含一定范围 KCl 浓度的若干份缓冲液，配制两批 500 ml 1×缓冲液，分别不含 KCl 或 1 mol/L KCl，然后按适当比例混合就可配制成含一定浓度范围 KCl 的缓冲液。于 4℃储存。临用前，将每一种浓度的溶液各取 1.5 ml，分别移至 1.5 ml 微量离心管中，加入 DTT。

洗脱缓冲液（见 12.10）

0.5 mmol/L 乙酸铵

√1 mmol/L EDTA

0.1%（*m*/*V*）SDS

室温可保存数月。

回收缓冲液（见 12.10）

√50 mmol/L Tris · Cl，pH 8

√100 mmol/L NaAc

√5 mmol/L EDTA

0.5% (*m*/*V*) SDS

室温下可保存数月。

洗涤缓冲液（见 12.10）

20 mmol/L HEPES pH 7.9

100 mmol/L KCl

√0.2 mmol/L EDTA

0.2 mmol/L EGTA

20% (*V*/*V*) 甘油

4℃可保存数周。

一步法缓冲液（One-step）（见 13.3）

0.2 mol/L LiAc

40% (*m*/*V*) PEG 4000

100 mmol/L 2-ME

4℃于深色瓶中可保存 1 周。

Z 缓冲液（见 13.4）

16.1 g $Na_2HPO_4 \cdot 7H_2O$（终浓度 60 mmol/L）

5.5 g $NaH_2PO_4 \cdot H_2O$（终浓度 40 mmol/L）

0.75 g KCl（终浓度 10 mmol/L）

0.246 g $MgSO_4 \cdot 7H_2O$（终浓度 1 mmol/L）

2.7 ml 2-ME（终浓度 50 mmol/L）

调节至 pH 7.0，补加水至 1 L

切勿高压灭菌。

水，高质量且无菌（见 13.5）

用于这些方案中洗涤和溶液制备的水必须具有尽可能高的质量（如 Millipore Milli-Q）；电导至少应在 10 MΩ/cm。高压灭菌并于室温保存。

山梨醇选择平板（见 13.5）

在高压灭菌前，将山梨醇粉补加到 CM 缺失成分平板（见 13.1）培养基中，终浓度为 1 mol/L。室温或 4℃保存。

小心：补加山梨醇后，琼脂变得更黏，高压灭菌时更易沸腾溢出。

TES 溶液（见 13.10）

√10 mmol/L Tris · Cl，pH 7.5

√10 mmol/L EDTA

0.5% (*m*/*V*) SDS

室温可长期保存。

酸性酚（见 13.10）

在一瓶固态酚中加入足量的水使酚呈水饱和，pH 约为 5.0。不要用缓冲液平衡酚，避光并于 4℃保存。

RNA 缓冲液（见 13.10）

0.5 mol/L NaCl

√200 mmol/L Tris · Cl，pH 7.5

√10 mmol/L EDTA

室温下可长期保存。

酸洗玻璃珠，冷却，0.45～0.55 mm（见 13.11）

用浓硝酸浸泡 1 h 洗涤玻璃珠；接着用水充分冲洗。然后置烤箱中干燥玻璃珠，冷却至室温，4℃保存备用。

抽提缓冲液（见 13.11）

√裂解缓冲液

0.8 mol/L $(NH_4)_2SO_4$

20%（*V*/*V*）甘油

Ficoll 缓冲液（见 13.11）

18%（*m*/*V*）Ficoll-400（Pharmacia）

√10 mmol/L Tris · Cl，pH 7.5

20 mmol/L KCl

5 mmol/L $MgCl_2$

3 mmol/L DTT

√1 mmol/L EDTA

√1×蛋白酶抑制剂混合物

√1 mmol/L PMSF

裂解缓冲液（见 13.11）

√50 mmol/L Tris · Cl，pH 7.5

10 mmol/L $MgSO_4$

√1 mmol/L EDTA

10 mmol/L KAc

1 mmol/L DTT

√1×蛋白酶抑制剂混合液

√1 mmol/L PMSF

玻璃珠破菌缓冲液（见 13.11）

√20 mmol/L Tris · Cl，pH 7.9

10 mmol/L $MgCl_2$

√1 mmol/L EDTA

5%（*V/V*）甘油

1 mmol/L DTT

0.3 mol/L $(NH_4)_2SO_4$

√1×蛋白酶抑制剂混合物

√1 mmol/L PMSF

在缓冲液中硫酸铵的浓度可在 0.1～1.0 mol/L 之间改变。终浓度达到 0.25 mol/L 以上时可将特异性 DNA 结合蛋白和组蛋白与染色质剥离，而且这个浓度有助于获得与核酸相互作用的因子。在缓冲液中 KCl 和 NaCl 的终浓度也可加至 0.1～2.0 mol/L。

蛋白酶抑制剂混合物，100×（见 13.11）

列出了具有代表性的蛋白酶抑制剂：

根据不同用处选择不同组合。

10 μg/ml 胰凝乳蛋白酶抑制剂

200 μg/ml 抑蛋白酶肽

100 μg/ml 抑胃肽酶 A

110 μg/ml 磷酰二肽

720 μg/ml E-64

50 μg/ml 亮抑酶肽

250 μg/ml 抗蛋白酶

10 mmol/L 苯甲脒

10 mmol/L 焦亚硫酸钠

储存缓冲液（见 13.11）

√20 mmol/L Tris · Cl，pH 7.5

√0.1 mmol/L EDTA

10%（*V/V*）甘油

100 mmol/L KCl

1 mmol/L DTT

√1×蛋白酶抑制剂混合物

√1 mmol/L PMSF

酶解酶缓冲液（见 13.11）

√50 mmol/L Tris · Cl，pH 7.5

√10 mmol/L $MgCl_2$

1 mol/L 山梨醇

1 mmol/L 或 30 mmol/L DTT

在基本方案的步骤 5 中使用含 30 mmol/L DTT 的缓冲液，其余均使用含 1 mmol/L DTT 缓冲液。

多聚甲醛（PFA）固定液，4%（见 14 章）

加入略少于 2/3 最终体积的水，加热至 60℃。称出制备 4%溶液的多聚甲醛（Baker）的量，并一边搅拌一边加入水中。加盖。放入通风橱，保持 60℃并搅拌，用巴斯德吸管加入一滴 2 mol/L 的 NaOH。溶液很快澄清，但仍有一些细小颗粒不能去除。注意溶液不能过热。停止加热并加入 1/3 体积的 3×PBS。用 HCl 调 pH 至 7.2，加水至最终体积，使用 Millipore 或 Nalgene 滤膜过滤。冷却至室温，或置 4℃冰浴中。

小心：甲醛是一种致癌剂，可引起过敏反应。

明胶浸泡溶液，1×和 0.2×（见 14.1）

于 70℃ H_2O 中溶解明胶（类型 Bloom 275）配制成 0.5%（*m*/*V*）的溶液。冷却至室温，并加入 $CrK(SO_4)_2 \cdot 12H_2O$（硫酸钾铬）至 0.05%。于冰浴冷却至 4℃，立即使用。因为如果在冰浴上放置的时间延长就会导致凝胶发生。

用 H_2O 5 倍稀释 1×溶液配制成 0.2×凝胶溶液。如果用无菌水配制并于室温保存，这种溶液可使用数天；如果出现雾状或细菌生长，溶液应该丢弃。

10 mmol/L DTT/1×PBS（见 14.3）

预热 400 ml 1×PBS（见配方）至 45℃；临用前加入 0.617 g DTT 并使溶解。

使用高质量的 DTT（Sigma）。

加湿盒溶液 A（见 14.3）

50%（*V*/*V*）甲酰胺（廉价级）

0.3 mol/L NaCl

√10 mmol/L Tris · Cl，pH 8.0

√1 mmol/L EDTA

加湿盒溶液 B（见 14.3）

50%（*V*/*V*）甲酰胺（廉价级）

0.6 mol/L NaCl

√10 mmol/L Tris · Cl，pH 7.5

√2 mmol/L EDTA

洗液 A（见 14.3）

50%（*V*/*V*）甲酰胺（廉价级，如 Fluka）

√2×SSC

20 mmol/L 2-ME

分成两等份，一半预热至 55℃，另一半预热至 50℃。

洗液 B（见 14.3）

50%（*V*/*V*）甲酰胺（廉价级，如 Fluka）

√2×SSC

20 mmol/L 2-ME

0.5（*V*/*V*）Triton X-100

预热至 55℃。

洗液 C（见 14.3）

√2×SSC

20 mmol/L 2-ME

预热至 50℃。

DNA 洗液（见 14.3）

0.6 mol/L NaCl

√10 mmol/L Tris · Cl，pH 7.5

√1 mmol/L EDTA

50%（*V*/*V*）甲酰胺（可用廉价级，如 Fluka，不需要去离子）

0.1%（*V*/*V*）2-ME

杂交混合液 A（见 14.3）

√50%（*V*/*V*）去离子甲酰胺（见上述去离子配方）

0.3 mol/L NaCl，无菌

√10 mmol/L Tris · Cl，pH 8.0

√1 mmol/L EDTA

√1×Denhardt 溶液

500 μg/ml 酵母菌 tRNA

500 μg/ml poly（A）（Amersham Pharmacia Biotech）

50 mmol/L DTT

10% PEG（MW6000；EM Science）

分装，−70℃保存。

杂交混合液 B（见 14.3）

1.2 mol/L NaCl

√20 mmol/L Tris · Cl，pH 7.5

√4 mmol/L EDTA

√2×Denhardt 溶液
1 mg/ml 酵母菌 tRNA
200 μg/ml poly（A）（Amersham Pharmacia Biotech）
等量分装，－20℃保存。

三乙胺（TEA）缓冲液（0.1 mol/L TEA）（见 14.3）

将 18.57 g 三乙胺盐酸盐加入 900 ml 水中，溶解后用 NaOH 调节至 pH 8.0。补加水至 1 L，溶液终浓度为 0.1 mol/L。当天配制使用。

封阻液（见 14.3）

将 400 ml 1×PBS 预热至 45℃。临用前，加入下列试剂：0.617 g DTT、0.74 g 碘乙酰胺和 0.5 g *N*-乙基马来酰亚胺。混匀并立即使用。用铝箔盖好。

小心：这些物质毒性很大，在制备和操作时应谨慎细致，特别小心。

去离子甲酰胺（见 14.3）

将 50 ml 高质量的甲酰胺（如 Fluka）与约 5 g 混合床离子交换树脂（如 Bio-Rad AG 501-X8，20～50 目）混合，室温搅拌 30 min。用 Whatman 滤纸过滤，分装成每份 1 ml，－20℃保存。

转录缓冲液，5×（见 14.3）

√200 mmol/L Tris · Cl，pH 8.3
30 mmol/L $MgCl_2$
10 mmol/L 氯化亚精胺
0.1%（*V*/*V*）Triton X-100
分装，－70℃保存。

RNA 洗液 I（见 14.3）

√2×SSC
50% 甲酰胺（廉价级，如 Fluka，不需要去离子）
0.1%（*V*/*V*）2-ME

RNA 洗液 II（见 14.3）

√0.1×SSC
1% 2-ME

RNA 酶消化液（见 14.3）

√40 μg/ml RNA 酶 A（Sigma）
√2 μg/ml RNA 酶 T1（Sigma）
√10 mmol/L Tris · Cl（pH 7.5）

√5 mmol/L EDTA

0.3 mol/L NaCl

预消化链霉蛋白酶（见 14.3）

将 40 mg/ml 链霉蛋白酶水溶液置于 37℃保温 4 h 进行预消化。分装并冻干，保存在－20℃无霜冰箱中。

用消化一系列逐步稀释的链霉蛋白酶的方法来决定最适酶浓度，方法如下：将链霉蛋白酶悬浮在 50 mmol/L Tris·Cl（pH 9.5）/ 5 mmol/L EDTA（见储备液配方）中。根据基本方案，将 0.1～10 μg/ml 的链霉蛋白酶同时于 37℃水浴保温 15 min。另一种方法是将 0.125～1 mg/ml 链霉蛋白酶室温放置 10 min 。选取预实验中足以保持细胞形态的最高浓度的链霉蛋白酶那部分。

限制性内切核酸酶消化的质粒，1 μg/μl（见 14.3）

将目的基因插入含有 SP6（如 pSP64 或 pSP65）、T3 或 T7 启动子的载体。在编码序列下游线性化质粒。用苯酚/氯仿抽提 DNA（见 2.1），乙醇沉淀，用 70%乙醇洗沉淀，干燥并重新溶解于除菌的水中，浓度为 1 μg/μl。另一个方法是用新鲜的 0.1%DEPC 处理，在室温下放置 10 min，加热至 65℃保温 10 min，如上述方法乙醇沉淀。

为了避免转录中止，限制酶消化后 DNA 应当是干净的并且是无盐的。

TBE 电泳缓冲液，10×（见 14.3）

108 g Tris 碱（终浓度为 890 mmol/L）

55 g 硼酸（终浓度为 890 mmol/L）

960 ml H_2O

√40 ml 0.5 mol/L EDTA，pH 8.0（终浓度为 20 mmol/L）

加拿大香脂，0.5 g/ml（见 14.5）

5 g 加拿大香脂

10 ml methyl salicylate

搅拌直至加拿大香脂溶解

室温保存。

磷酸钠缓冲液，500 mmol/L，pH 6.8（储存液）（见 14.5）

35.5 g Na_2HPO_4

34.5 g NaH_2PO_4

加水至 1 L

如有必要，调节 pH。

甲苯胺蓝染色液（见 14.5）

1.0 g 硼酸钠（3 mmol/L）

0.5 g 甲苯胺蓝
加水至 100 ml
临用前过滤。

Gelvatol（现称 Airvol）（见 14.5）

Gelvatol（可从 Air Products 和 Chemicals 获得）是一种水溶性的封固介质，由聚乙烯醇（PVA）和甘油配制而成。下列配方是原方法的简略：在 100 ml 1×PBS 中每小时加入 5 g PVA 2000，共 4 h（20 g），同时持续搅拌溶液；然后容器加盖，于 4℃搅拌过夜。接着加入多于 3 g 的 PVA 2000 并一直搅拌至溶解。加入一颗叠氮钠晶体和 50 ml 甘油。充分混匀后等量分装，并置于封口储存瓶中 4℃保存。

伊红染色剂（见 14.5）

12 g 伊红 Y（Fisher）
3 g 焰红染料 B（Fisher）
500 ml 70% 乙醇

二氨基联苯胺（DAB）底物液（见 14.6）

在 200 ml PBS（见配方）中溶解 60 mg DAB。等量分装成每份 5～10 ml，冰冻保存备用。融化一份冻存的 DAB 并加入 H_2O_2 至终浓度 0.1%（*V*/*V*）（浓 H_2O_2 一般以 30%浓度的溶液出售）。滤器（Millipore）过滤后立即使用。

小心：DAB 是一种致癌剂，使用时必须十分小心。在通风橱中大批量制备 DAB 溶液并等量分装后冰冻保存可最大限度地减少与固态 DAB 的接触。

生物素/地高辛检测液（见 14.7）

用 4× SSC/1%（*m*/*V*）BSA（第 V 组分）稀释荧光素-亲和素 DCS（Vector Laboratories）和罗丹明-偶联羊抗地高辛 Fab 片段（Boehringer Mannheim）至 2 μg/ml。当天新鲜制备。

碳酸盐/碳酸氢盐缓冲液，0.5 mol/L，pH 9.0（见 14.7）

0.42 g $NaHCO_3$
10 ml H_2O
用 NaOH 调节至 pH 9.0
室温下可保存 1 年。

DAPI 染色液（见 14.7）

储备液：在 10 ml H_2O 中溶解 1 mg 4′，6-二氨基-2-苯基吲哚（DAPI；终浓度为 0.3 mmol/L）（加水前滴加几滴甲醇有助于溶解 DAPI）。等量分装到用铝箔包裹的试管中，−20℃可保存 1 年或更长时间。

工作液：用 PBS 1∶1000 稀释储备液配制。在铝箔包裹的试管中 4℃保存可达数周。

小心：DAPI是危险品，参见制造商提供的有关操作、储存和处理指南。

生物素检测液（见 14.7）

用 4× SSC/1%（*m*/*V*）BSA（第 V 组分）稀释荧光素-亲和素 DCS 或罗丹明-亲和素 D（Vector Laboratories）至 2 μg/ml。当天新鲜制备。

生物素酰化碱性磷酸酶溶液（见 14.7）

√PBS 含：

1%（*m*/*V*）BSA

0.1%（*V*/*V*）Tween 20

2.5 μg/ml 生物素酰化碱性磷酸酶

新鲜配制。

生物素酰化辣根过氧化物酶溶液（见 14.7）

√PBS 含：

1%（*m*/*V*）BSA

0.1%（*V*/*V*）Tween 20

3 μg/ml 生物素酰化辣根过氧化物酶

新鲜配制。

NBT/BCIP 底物溶液（见 14.7）

在 50 ml 碱性磷酸酶缓冲液（pH 9.5）中加入 220 μl 氮蓝四唑（NBT）溶液（NBT 以 75 mg/ml 溶于二甲基甲酰胺；终浓度为 330 μg/ml），轻轻混匀（切忌用涡旋振荡器振荡）。然后加入 170 μl 5-溴-4-氯-3-吲哚磷酸（BCIP）溶液（BCIP 以 50 mg/ml 溶于二甲基甲酰胺；终浓度为 170 μg/ml），再轻轻混匀。每次新鲜配制。

小心：二甲基甲酰胺是危险品，请参见制造商提供的有关操作、储存和处理的详细指南。

链霉亲和素溶液（见 14.7）

√在 PBS 中含：

1%（*m*/*V*）BSA

0.1%（*V*/*V*）Tween 20

3 μg/ml 链霉亲和素

新鲜配制。

碘化丙锭染色液（见 14.7）

储备液：1 mg 碘化丙锭溶于 10 ml H_2O 中（终浓度 0.15 mmol/L）。分装于包有铝箔的试管中，置－20℃可储存1年。

工作液：用PBS按1∶1000稀释储备液，装在包有铝箔的试管中，4℃可放置6个月。

小心：碘化丙锭是危险品；应按制造商的说明进行管理、储存及处置。

碱性磷酸酶缓冲液（见14.7、19.6）

√0.1 mol/L Tris · Cl，pH 9.5

0.1 mol/L NaCl

50 mmol/L $MgCl_2$（临用前加入）

室温下（不加入 $MgCl_2$）可以保存1年。

抗衰减固定介质（antifade mounting media）（见14.7）

DABCO固定介质：0.233 g 1，4-二氮双环-［2.2.2］辛烷（Sigma，终浓度：0.21 mol/L）溶于800 μl水。加入200 μl 1 mol/L Tris · Cl，pH 8.0（终浓度为0.02 mol/L，见配方）和9 ml甘油（终浓度为90%）。混合。分装成100 μl小包装用铝箔包裹，保存于－20℃。融化并一次性使用。

小心：DABCO是危险品；注意阅读制造商提供的有关操作、储存和处置指导的说明书。

苯二胺二盐酸化物（phenylenediamine dihydrochloride）：将50 mg对苯二胺二盐酸化物溶于5 ml PBS（终浓度为9 mmol/L，见配方），用0.5 mol/L碳酸盐/碳酸氢盐缓冲液（pH 9.0，见配方）调节至pH 8。加入45 ml甘油（终浓度为90%），混合，并用0.22 μm滤膜过滤。分装成小包装，保存于－20℃暗处。融化并一次性使用。

Vectashield：从Vactor Laboraterics购买；附有厂家说明书。

主杂交混合液（见14.7）

√1 ml 20×SSC（终浓度为4×）

0.5 ml 20 mg/ml无核酸酶BSA（终浓度为2 mg/ml）

1.5 ml无菌 H_2O

2 ml 50%（*m*/*V*）葡聚糖硫酸酯（Amersham Pharmacia Biotech，相对分子质量：500 000；高压灭菌，终浓度为20%）

4℃保存可达6周。

超声处理鲑精DNA，10 mg/ml（见14.7）

在一个聚碳酸酯试管中用1 ml无菌水溶解10 mg鲑精DNA（Worthington）。用超声仪最大输出功率超声处理5次，每次30 s。在两次超声间隙将试管置冰上冷却，然后通过凝胶电泳检查DNA分子的大小（见2.6）；分子大小应为200～400 bp。等量分装成每份50 μl，于－20 ℃保存可达1年。

封阻液（见14.8）

100 mmol/L Tris · Cl，pH 7.8

150 mmol/L NaCl

50 mg/ml BSA

0.2 mg/ml NaN_3

新鲜配制。

偶联物稀释缓冲液（见 14.8）

√100 mmol/L Tris · Cl, pH 7.3

150 mmol/L $MgCl_2$

10 mg/ml BSA

0.2 mg/ml NaN_3

新鲜制备。

螯合缓冲液，10×（见 14.8）

√100 mmol/L Tris · Cl, pH 8.3

1 mol/L KCl

7.5 mmol/L EGTA

0.5%（*m*/*V*）Tween 20

50%（*V*/*V*）甘油。

链霉亲和素-碱性磷酸酶偶联液（见 14.8）

储备液：40 μg/ml 链霉亲和素-碱性磷酸酶偶联物（如 Life Technologies），于 4℃保存可达 8 个月。

工作液：为了得到每一个好的偶联效果，必须在临用前用 90 μl 偶联稀释液稀释 10 μl 储备液。

链霉亲和素-过氧化物酶偶联液（见 14.8）

储备液：1 mg/ml 链霉亲和素-过氧化物歧化酶偶联物（如 Life Technologies）/PBS，pH 7.2。4℃保存。

工作液：如果储备液是新鲜的（即储存时间不足 1 个月），用 PBS（pH 7.2）按 1∶100稀释配制工作液。因为储备液储存时间长而引起溶液活性下降时，储存时间超过 1 个月的储备液按 1∶80 稀释；储存 2 个月后的按 1∶50 稀释；储存 3 个月后的按 1∶30 稀释。储存 4 个月后即应废弃。

AEC 溶液（见 14.8）

储备液：将一片（20 mg）3-氨基-9-乙基咔唑（AEC；Sigma）溶于 2.5 ml *N*，*N*-二甲基甲酰胺中。于 4℃暗处储存可达 6 个月。

工作液：5 ml 50 mmol/L 乙酸盐缓冲液，pH 5 中加入 250 μl 储存液，然后加入 25 μl 30% H_2O_2。每次临用前新鲜配制；并于暗处保存。

乙酸盐缓冲液，50 mmol/L（pH 5.0）（见 14.8）

74 ml 0.2 mol/L 乙酸（11.55 ml 冰醋酸/L）和 176 ml 0.2 mol/L NaAc（27.2 g NaAc · 3 H_2O /L）加去离子水至 1 L 并混匀。

AMV/MoMuLV 反应缓冲液，10×（见 14.8）

√100 mmol/L Tris · Cl，pH 8.3
500 mmol/L KCl
15 mmol/L $MgCl_2$
新鲜配制。

碱性磷酸酶底物缓冲液（见 14.8）

√100 mmol/L Tris · Cl，pH 9.5
150 mmol/L NaCl
50 mmol/L $MgCl_2$
4℃储存可达 3 个月。

无 RNA 酶的 DNA 酶溶液（见 14.8、14.9）

√40 mmol/L Tris · Cl，pH 7.4
6 mmol/L $MgCl_2$
2 mmol/L $CaCl_2$
1 U/μl 无 RNA 酶的 DNA 酶（如 ROI、Promega）
新鲜配制。

用于 RNA 酶特别丰富的细胞时，在上述溶液中加入 1000 U/ml 胎盘核酸酶抑制剂（如 RNasin，Promega）和 1 mmol/L DTT。

RNase T1（见 14.9）

将 RNase T1 溶于 0.1 mol/L 乙酸钠缓冲液（pH 5.5，见配方），浓度为 10 000 U/ml。煮沸 10 min。分装成每份 100 μl，−20℃保存。

将在用的一份储备液保存在 4℃，以免反复冻融。这样可以稳定保存数月。

碱性磷酸酶缓冲液（NTMT），pH 9.5（见 14.9）

100 mmol/L NaCl
√100 mmol/L Tris · Cl，pH 9.5
50 mmol/L $MgCl_2$
0.1%（*V*/*V*）Tween 20

在使用当天新鲜配制，因为储存会由于吸收 CO_2 而使 pH 降低。

可以将 Levamisole（Sigma）加入 NTMT 中，封阻内源碱性磷酸酶的活性。应当在使用前加入，鼠胚胎和鸡胚胎的碱性磷酸酶加至 2 mmol/L，而蟾蜍晶胚的碱性磷酸酶要加至 5 mmol/L。如果用蟾蜍胚胎，使用前必须过滤溶液。

封阻剂，2%（*m/V*）（见 14.9）

临用前，用 65℃的 PBT（0.1%Tween 20 的 PBS 溶液）溶解封阻剂粉（Boehringer Mannheim）使其终浓度为 2%。

封阻液（见 14.9）

√10%（*V/V*）羊血清，加热失活
1%（*m/V*）BSA
0.1% Tween 20
√PBS
使用当天新鲜配制。

顺丁烯二酸（MAB）缓冲液（见 14.9）

100 mmol/L 顺丁烯二酸（Sigma）
150 mmol/L NaCl
用 HCl 调节 pH 至 7.5
高压灭菌
室温下可保存 1 年。

MEMPFA 缓冲液（见 14.9）

0.1 mol/L 3-（*N*-吗啉代）丙烷磺酸（MOPS），pH 7.4
2 mmol/L EGTA
1 mmol/L $MgSO_4$
3.7%（*m/V*）多聚甲醛
新鲜配制。

圆酵母 RNA，10 mg/ml（见 14.9）

将圆酵母 RNA（Sigma）溶于水中，浓度为 20 mg/ml。加热至 60℃，超声处理直至完全悬浮。用苯酚/氯仿（25∶24）抽提并用 2 倍体积乙醇沉淀。用经 DEPC 处理的水重悬浮沉淀使终浓度为 10 mg/ml。分装成每份 100 μl，－20℃保存。
圆酵母 RNA 比酵母 tRNA 便宜。

预杂交溶液 A（见 14.9）

√50%（*V/V*）去离子甲酰胺
√5×SSC，pH 4.5
√2%（*m/V*）封阻试剂
0.1%（*V/V*）Tween 20
0.5%（*V/V*）3-［（3-胆酰胺丙基）二甲铵］-1-丙磺酸（CHAPS）

50 μg/ml 酵母菌 RNA
√5 mmol/L EDTA
50 μg/ml 肝素
分装成每份 25 ml，−20℃可保存 1 年。

CHAPS 用 2%储备液加除菌蒸馏水配制（该溶液不得高压灭菌）。酵母菌 RNA 和肝素用 10 mg/ml 储备液加除菌蒸馏水配制。

预杂交溶液 B（见 14.9）

√50%（*V*/*V*）去离子甲酰胺
√5×SSC
√1 mg/ml 圆酵母 RNA
100 μg/ml 肝素
√1×Denhardt 溶液
0.1%（*V*/*V*）Tween 20
0.1%（*V*/*V*）3-［（3-胆酰胺丙基）二甲铵］-1-丙磺酸（CHAPS）
√10 mmol/L EDTA
√1 mg/ml 鲑精 DNA，95℃变性 20 min
√用 DEPC 处理的水调节体积
使用当天新鲜配制。

RNase A（见 14.9）

将 RNase A（Sigma）溶于 TE 缓冲液（10 mg/ml，见配方）。煮沸 10 min。分装成每份 100 μl 保存于−20℃。

羊血清（见 14.9）

37℃水浴融化羊血清。70℃，30 min 加热钝化液态羊血清。分装成每份 30 ml，4℃，2500 *g*，离心 15 min。上清液分装成每份 2 ml。−20℃可保存 1 年；一旦融化不得再次冻结。

血纤蛋白胶水（见 14.12）

可从某些有输血药的部门获得，也可以购买廉价的医药级的药盒，如 Tisseel system（Baxter 或 Hyland-Immuno）

血纤蛋白胶水是一种从人血浆制备的浓缩的纤维蛋白原溶液，在外科用来降低创伤的渗出。

无缓冲液或盐的甲醛溶液，1.3 mol/L（见 14.12）

用解聚的多聚甲醛配制（Fluka-Sigma，见步骤 14.1，用水替代生理盐水）。

不要用 37%的商品甲醛，也不要加生理盐水。

小心：甲醛是一种被公认的致癌物。

标准物质的样品（见 14.12）

可以使用 RNA、DNA 或病毒悬浮液。RNA 和 DNA 浓度变化相当大。这是由多聚体长度决定的，并且需要以经验为主地确定浓度。病毒悬浮液应当是 1×10^{12}/ml 左右。

凝血酶，USP（见 14.12）

GenTrac 生产的传统的牛凝血酶是一种方便的产品，它与稀释剂一起供应，而稳定的冻干品可以在室温保存。

FACS 缓冲液（见 14.13）

√PBS

1%（*m*/*V*）BSA（第 IV 部分，无蛋白酶，如 Sigma）

0.01%（*m*/*V*）NaN_3

4℃保存，如果不污染可以长期保存。

AEC 底物溶液（见 14.13）

AEC 储备液：

用 DMSO 配制 4 mg/ml 3-氨基-9-乙基咔唑（AEC，Sigma）室温下于暗处可保存 2～3 周。

工作液：

√1 ml 0.17 mol/ml 乙酸钠，pH 5.2

25 μl AEC 储备液

1 μl 30% H_2O_2

临用前新鲜配制。

HRP-偶联的抗羊二抗溶液（见 14.13）

√TBS 含有：

2%（*V*/*V*）马血清或者 FBS

5 μg/ml 辣根过氧化物酶（HRP）偶联的驴抗羊 IgG 的 F（ab′）$_2$ 片段（Jackson Immunoresearch）

临用前配制。

羊抗-地高辛一级抗体（见 14.13）

√TBS 含有：

2%（*V*/*V*）马血清或者 FBS

5 μg/ml 羊抗-地高辛 Fab（Boehringer Mannheim）

临用前配制。

多聚甲醛溶液（见 14.13）

在 PBS 中溶解 1%多聚甲醛（*m*/*V*）和 0.01%Tween 20（*V*/*V*）。70℃搅拌溶解多聚甲醛。室温下可保存 6 个月。使用前用 0.2 μm 滤膜过滤。

TdT/生物素-dUTP 混合物（见 14.13）

√TdT 反应缓冲液含有：

0.5～1 μmol/L 生物素-dUTP（Beohringer Mannheim 或 Clontech）

2～4 U TdT（Promega 或 Beohringer Mannheim）

临用前配制。

应当滴定 TdT 和生物素偶联的 dUTP；最适浓度应当在指示范围附近。质量最好的生物素-dUTP 是 Beohringer Mannheim 的 1 mmol/L 生物素-16-dUTP；最经济的是 Clontech 的 10 mmol/L 生物素-21-dUTP（每个包装 100 μl）。

TdT/地高辛-dUTP 混合物（见 14.13）

√TdT 反应缓冲液含有：

1～2 μmol/L 地高辛-11-dUTP（Beohringer Mannheim）

2～4 U TdT（Promega 或 Beohringer Mannheim）

临用前配制。

应当滴定 TdT 和地高辛偶联的 dUTP；最适浓度应当在指示范围附近。如果用于丙酮固定，需要用高浓度的 TdT（5～10 U）。

TdT 反应缓冲液（见 14.13）

0.5 mol/L 四甲二砷酸，钠盐，pH 6.8

1 mmol/L $CoCl_2$

0.5 mmol/L DTT

0.05%（*m*/*V*）BSA

0.15 mol/L NaCl

室温或 4℃保存；可稳定数月。

β-半乳糖苷酶定色剂（见 14.14）

0.2%（*V*/*V*）戊二醛（用 25% 储备液配制；EM 级）

1.5%（*V*/*V*）甲醛（用 37% 储备液配制）

5 mmol/L EGTA（用 100 mmol/L 储备液配制，pH 8.0）

2 mmol/L $MgCl_2$（用 1 mol/L 储备液配制）

√100 mmol/L 磷酸钠缓冲液，pH 8.0

使用当天新鲜配制。

β-半乳糖苷酶染色液（见 14.14）

配制下列储备液：

25 mg/ml X-gal，用二甲基乙二醛溶液配制（置暗处－20℃保存可达 1 年）

100 mmol/L 亚铁氰化钾［$K_4Fe(CN)_6$］，用 100 mmol/L 磷酸钠缓冲液（pH 8.0）配制（见缓冲液配方；置暗处 4℃保存可达 1 年）

100 mmol/L 铁氰化钾［$K_3Fe(CN)_6$］，用 100 mmol/L 磷酸钠缓冲液（pH 8.0）配制（见缓冲液配方；置暗处 4℃保存可达 1 年）

使用时，用 β-半乳糖苷酶洗涤缓冲液稀释上述储备液使终浓度分别为：

1 mg/ml X-gal

5 mmol/L $K_4Fe(CN)_6$

5 mmol/L $K_3Fe(CN)_6$

未用部分可以过滤，4℃保存，在 1 周内使用。

β-半乳糖苷酶洗涤缓冲液（见 14.14）

2 mmol/L $MgCl_2$（用 1 mol/L 储备液配制）

0.01%（*m/V*）脱氧胆酸钠（用 1%（*m/V*）储备液配制）

0.02%（*V/V*）Nonidet P-40（用 10% 储备液配制）

√100 mmol/L 磷酸盐缓冲液，pH 8.0

琼脂糖，3%或 4%（*m/V*）（见 14.14）

将中等强度的琼脂糖（MetaPhor agarose；FMC Bioproducts）加入 100 mmol/L 磷酸钠，pH 8（见配方），置微波炉中加热溶化。每加热 30 s，间隔一次，在间隔之间温和旋动混合溶液，直至完全溶解（溶化温度不要超过 75℃）。使用前置于水浴冷却至 37～40℃（凝胶的温度不超过 35℃）。

增效剂（见 15.1）

5×储备液：

25%（*m/V*）乙酰胺（20 μl/反应；终浓度为 5% *m/V*）

5 mol/L 甜菜碱（N，N，N-甘氨酸三甲内盐；20 μl/反应；终浓度为 1 mol/L）

40%（*m/V*）PEG 8000（20 μl/反应；终浓度为 8%）

10×储备液：

甘油（浓甘油；10 μl/反应；终浓度为 10% *V/V*）

20×储备液：

DMSO（浓溶液；5 μl/反应；终浓度为 5% *V/V*）

甲酰胺（浓溶液；5 μl/反应；终浓度为 5% *V/V*）

100×储备液：

1 U 最佳匹配多聚酶增效剂（Perfect Match Polymerase Enhancer）（Stratagene；1 U/反应；最终为 1 U）

10 mg/ml 乙酰化 BSA 或明胶（1 μl/反应；终浓度为 10 μg/ml）
1～5 U 热稳定焦磷酸酶（PPase；Roche Diagnostics；1 μl/反应；最终为 1～5 U）
5 mol/L 氯化四甲基胺（TMAC；从氯化氢制备；1 μl/反应；终浓度为 50 mmol/L）
0.5 mg/ml *E. coli* 单链 DNA 结合蛋白（SSB；Sigma；1 μl/反应；终浓度为5 μg/ml）
0.5 mg/ml Gene32 蛋白（Amersham Pharmacia Biotech；1 μl/反应；终浓度为 5 μg/ml）
10% Tween 20，Triton X-100，或 NP-40（1 μl/反应；终浓度为 0.1%）
1 mol/L $(NH_4)_2SO_4$（1 μl/反应；终浓度为 10 mmol/L；使用除 *Taq* 外的热稳定 DNA 多聚酶）

4dNTP 混合物（见 15.1、15.2、15.4、15.5）

2 mmol/L 4dNTP 混合物：用 TE 缓冲液，pH 7.5 配制，每种 dNTP 各为 2 mmol/L。等量分装成每份 1 ml。−20℃可保存 1 年。

25 mmol/L 4dNTP 混合物：将 100 mmol/L 的 4 种 dNTP（Promega）等量混合配制而成，等量分装成每份 1 ml，于−20℃可长期保存。

复性缓冲液，5×（见 15.2）

√200 mmol/L Tris · Cl，pH 7.5
100 mmol/L $MgCl_2$
250 mmol/L NaCl
−20℃保存。

PEG/NaCl 溶液（见 15.2）

20%（*m/V*）PEG 6000
2.5 mol/L NaCl
室温保存。

扩增混合物，每个反应（30 μl）（见 15.3）

√20.0 μl 5×扩增缓冲液
1.0 μl 10 pmol/μl 寡聚核苷酸 LMPCR.1（接头引物，见图 15.3.3）
1.0 μl 10 pmol/μl 寡聚核苷酸引物 2（见图 15.3.1 和图 15.3.2）
√0.8 μl 25 mmol/L 4dNTP 混合物，pH 7.0
7.2 μl H_2O
临用前配制，冰浴冷却。

LMPCR.1 可能不一定要加，但是尚未试过。

DMS 终止缓冲液（见 15.3）

1.5 mol/L NaAc，pH 7.0

1.0 mol/L 2-ME

过滤除菌，然后加入 tRNA 至终浓度 100 μg/ml

−20℃可长期保存。

末端标记混合物，每个反应（5 μl）（见 15.3）

√1.0 μl 5×扩增缓冲液

2.3 μl 1 pmol/μl 末端标记引物 3（图 15.3.3）

√0.4 μl 25 mmol/L 4dNTP 混合物，pH 7.0

0.8 μl H_2O

0.5 μl 2 U/μl *Thermococcus litoralis* DNA 聚合酶（Vent；New England Biolabs）

临用前制备，先将前 4 种成分混合并置冰上冷却，然后加入 Vent DNA 聚合酶，仍然置于冰上。

5′端标记引物 3 可按 3.10（正向反应）方案制备，仅作以下修改：用标记级（即不昂贵）[γ-^{32}P] ATP（约 6000 Ci/mmol）末端标记 20～100 pmol 引物 3；37℃温育 30 min 而不是 60 min。通过凝胶纯化（见 2.15）或 Nensorb-20 核苷酸纯化柱（Du Pont NEN）去除未参与标记的^{32}P，洗脱引物时用 50%乙醇而不是 50%甲醇。用 TE（pH 7.5）重悬引物 3，浓度为 1 pmol/μl；比活性应为 4×10^6～9×10^6 cpm/pmol。

第一链缓冲液，5×（见 15.3）

200 mmol/L NaCl

√50 mmol/L Tris·Cl，pH 8.9，室温

25 mmol/L $MgSO_4$

0.05%（*m/V*）明胶（牛皮制备，Sigma）

−20℃保存。

第一链合成混合物，每个反应（25 μl）（见 15.3）

√6.0 μl 5×第一链缓冲液

0.3 μl 1 pmol/μl 寡聚核苷酸引物 1

√0.24 μl 25 mmol/L 4dNTP 混合物，pH 7.0

18.21 μl H_2O

0.25 μl 2 U/μl *Thermococcus litoralis* DNA 聚合酶（Vent；New England Biolabs ＃254 L）

临用前配制，先将除 Vent DNA 聚合酶之外的所有成分混合并置冰上冷却，然后加入聚合酶，保持冰浴。

引物 1 应以大于 10 pmol/L 浓度保存在硅烷化的试管中，然后在临用前用 TE 缓冲液（pH 7.5）稀释，临用前配制。这样可减少因引物粘在试管壁上而造成的损失。

G+A 终止液（见 15.3）

360 mmol/L NaAc，pH 7.5

√0.14 mmol/L EDTA，pH 8.0

临用前配制并置冰浴冷却。

连接酶稀释液，每个反应（20 μl）（见 15.3）

√2.2 μl 1 mol/L Tris·Cl，pH 7.5，室温（终浓度为 110 mmol/L）

0.35 μl 1 mol/L $MgCl_2$（终浓度为 17.5 mmol/L）

1.0 μl 1 mol/L DTT（终浓度为 50 mmol/L）

0.25 μl 10 mg/ml BSA（无 DNase；Amersham Pharmacia Biotech；终浓度为 125 μg/ml）

16.2 μl H_2O

临用前配制并置冰上冷却。

连接酶混合物（每个反应 25.0 μl）（见 15.3）

0.25 μl 1 mol/L $MgCl_2$（终浓度为 10 mmol/L）

0.50 μl 1 mol/L DTT（终浓度为 20 mmol/L）

0.75 μl 100 mmol/L ATP，pH 7.0（Amersham Pharmacia Biotech；终浓度为 3 mmol/L）

0.125 μl 10 mg/ml BSA（无 DNase；Amersham Pharmacia Biotech；终浓度为 50 μg/ml）

17.375 μl H_2O

√5.0 μl 20 μmol/L 单向连接头混合物（终浓度为 4 μmol/L 连接头和 50 mmol/L Tris·Cl，pH 7.7）

1.0 μl 3 “Weiss” U/μl T4 DNA 连接酶（见 3.11；终浓度为 3 U）

临用前配制。首先，混合 $MgCl_2$、DTT、rATP、BSA 和 H_2O，并置冰上冷却；接着，加入冰冷的单向连接头混合物和 T4 DNA 连接酶。

Tris·Cl 与连接头混合物一起加入后，终浓度为 50 mmol/L，pH 7.7。

加样缓冲液（见 15.3）

√80%（*V*/*V*）去离子甲酰胺

45 mmol/L Tris 碱

45 mmol/L 硼酸

√1 mmol/L EDTA

0.05%（*m*/*V*）溴酚蓝

0.05%（*m*/*V*）二甲苯青

分装，−20℃保存，3 个月后必须弃去不用。

裂解液（见 15.3）

300 mmol/L NaCl

√50 mmol/L Tris · Cl，pH 8.0，室温

√25 mmol/L EDTA，pH 8.0

0.2%（*V*/*V*）SDS（新鲜配制，临用前加入）

0.2 mg/ml 蛋白酶 K（新鲜配制，临用前加入）

无 SDS 和蛋白酶 K 的裂解溶液可于室温长期保存。临用前，在每毫升裂解溶液中加入 10 μl 20% SDS 和 10 μl 20 mg/ml 蛋白酶 K。

沉淀用盐混合液，每个反应（9.4 μl）（见 15.3）

8.4 μl 3 mol/L NaAc，pH 7.0（终浓度为 2.7 mol/L）

1.0 μl 10 mg/ml 酵母 tRNA（终浓度为 1 mg/ml 左右）

临用前配制。

扩增缓冲液，5×（见 15.3）

200 mmol/L NaCl

√100 mmol/L Tris · Cl，pH 8.9，室温

25 mmol/L $MgSO_4$

0.05%（*m*/*V*）明胶（从牛皮制备，Sigma）

0.5%（*V*/*V*）Triton X-100

−20℃保存。

4dNTP 混合物，pH 7.0，25 mmol/L（见 15.3、16.15）

可从 Amersham Pharmacia Biotech 购买每种 dNTP 浓度为 100 mmol/L 的储备液，然后将 dATP、dCTP、dGTP 和 dTTP 储备液等量混合从而获得 25 mmol/L 4dNTP 混合物，−20℃保存。

Vent DNA 聚合酶混合物，每个反应（3 μl）（见 15.3）

将 0.6 μl 5×扩增缓冲液（见配方）与 1.9 μl H_2O 混合，冰浴冷却几分钟，加入 0.5 μl（10 U）*Thermococcus litoralis* DNA 聚合酶（Vent；New English Biolabs），轻轻混匀后置冰浴。临用前配制。

Vent DNA 聚合酶终止液，每个反应（295 μl）（见 15.3）

25 μl 3 mol/L 乙酸钠，pH 7.0（终浓度为 260 mmol/L）

√266 μl TE 缓冲液，pH 7.5（终浓度为 10 mmol/L Tris · Cl，pH 7.5）

√2 μl 0.5 mol/L EDTA，pH 8.0（终浓度约 4 mmol/L）

2 μl 10 mg/ml 酵母菌 tRNA（终浓度为 68 μg/ml）

临用前配制。

单向连接头混合物，20 μmol/L（见 15.3）

20 μmol/L 寡聚核苷酸 LMPCR.1（图 15.3.3）

20 μmol/L 寡聚核苷酸 LMPCR.2（图 15.3.3）

√250 mmol/L Tris·Cl，pH 7.7

在制备混合物之前，应先进行下列工作：①在变性聚丙烯酰胺凝胶（见 2.15）上纯化寡聚核苷酸；② 将这两种寡聚核苷酸与 Tris·Cl 混合后加热到 95℃，5 min；③转移至 70℃并逐渐冷却至室温，约 1 h；④置室温约 1 h，然后逐渐冷却至 4℃约 1 h；⑤ 置 4 ℃约 12 h，然后分装于－20℃保存。使用前，应置冰上解冻。

不容置疑，连接头的杂交要比以上所进行的过程快得多，但这样做，实验结果具有很好的重复性。因为常规上单价盐（如 NaCl）离子浓度升高会抑制 T4 连接酶的活性，而在任何场合下 T4 连接酶都需要 Tris·Cl，在这个杂交反应中 Tris·Cl 起盐的作用。因此，很难计算寡聚核苷酸复性的动力学，而且也还未对这种情况进行过详细的研究。

逆转录酶缓冲液（见 15.5）

√2.5 μl 400 mmol/L Tris·Cl，pH 8.3

2.5 μl 400 mmol/L KCl

1 μl 300 mmol/L $MgCl_2$

5 μl 100 mmol/L DTT

√5 μl 5 mmol/L 4dNTP 混合物

2 μl 放线菌素 D

11 μl H_2O

可选：10 U RNasin（Promega；相应减少水的体积）

每个逆转录反应前用储备液新鲜配制。DTT、dNTP 和放线菌素 D 的储备液应当冰冻保存；所有其他储备液可以在室温保存。

裂解缓冲液（见 15.5）

140 mmol/L NaCl

√10 mmol/L Tris·Cl，pH 8.0

15 mmol/L $MgCl_2$

0.5%（*V*/*V*）NP-40

室温保存。

DEPC 溶液（见 15.5）

用 100%乙醇按 1∶10 稀释 DEPC。临用前将 1∶10 稀释的 DEPC 进一步稀释，使其在裂解液中最终比例为 1∶1000（参见配方）。

C+T/C 终止液（见 15.5）

400 mmol/L NaAc，pH 7.5

√0.14 mmol/L EDTA，pH 8.0
临用前新鲜配制并在冰浴上冷却。

扩增缓冲液，10×（见15.6）

500 mmol/L KCl
√100 mmol/L Tris·Cl，pH 8.8
15 mmol/L $MgCl_2$
30 mmol/L DTT
1 mg/ml BSA
－20℃保存，不得超过3个月。

末端转移酶（TdT）缓冲液，5×（见15.6）

1 mol/L 二甲胂酸钾
√125 mmol/L Tris·Cl，pH 7.4
1.25 μg/ml BSA
－20℃最多保存6周。

MoMLV逆转录酶缓冲液，5×（见15.6）

√250 mmol/L Tris·Cl，pH 8.3
375 mmol/L KCl
50 mmol/L DTT
15 mmol/L $MgCl_2$
－20℃最多可保存3个月。

蛋白酶消化缓冲液（见15.7）

√20 mmol/L Tris·Cl，pH 7.4（用高压灭菌的1 mol/L储备液配制）
√20 mmol/L EDTA，pH 8.0（用高压灭菌的0.5 mol/L储备液配制）
0.5%（*m*/*V*）SDS
室温保存。

扩增用的寡核苷酸引物（见15.7）

每一个靶序列要用一对引物。每一条引物用无菌蒸馏水配制，浓度为50 pmol/μl。－20℃保存。

杂交用的寡核苷酸引物（见15.7）

每一个靶序列要用一条引物，用无菌蒸馏水配制，浓度为50 pmol/μl。－20℃保存。

反应混合物（每个扩增反应）（见15.7）

√10 μl 10×PCR缓冲液

√10 μl 2 mmol/L 4dNTP 混合物

4 μl 寡聚扩增引物（每种各 1 μl，见配方）

裂解缓冲液（见 16.2）

√60 mmol/L Tris · Cl，pH 6.8

1%（*V*/*V*）2-ME

1%（*m*/*V*）SDS

10%（*V*/*V*）甘油

0.01%（*m*/*V*）溴酚蓝

18 种氨基酸混合物（见 16.2）

制备含 18 种氨基酸的溶液，每种氨基酸含量为 0.1%（*m*/*V*），其中无半胱氨酸（—cys）和甲硫氨酸（—met）。用 0.2 μm 滤膜过滤除菌。—20℃可保存数年。

羟胺裂解液，2×（见 16.4）

4 mol/L 羟胺

0.4 mol/L CHES 缓冲液

用 NaOH 调节至 pH 9.5

新鲜配制。

凝血酶裂解缓冲液（见 16.4）

√50 mmol/L Tris · Cl，pH 7.5

150 mmol/L NaCl

2.5 mmol/L $CaCl_2$

—20℃可长期保存。

SDS 样品缓冲液，1×（见 16.4、17.7、17.9、19.2、19.5）

√25 ml 4× Tris · Cl/SDS，pH 6.8（见表 10.3.1）

20 ml 甘油（终浓度为 20% *V*/*V*）

√4 g SDS [终浓度 4% *V*/*V*；重结晶（可选择）]

2 ml 2-ME 或 3.1 g DTT（最终为 0.2% 2-ME 或 0.2 mol/L DTT）

1 mg 溴酚蓝（终浓度为 0.001%）

加水至 100 ml 并混匀

等量分装成 1 ml 于—70℃保存。

使用纯化的 SDS 比较好。如果希望避免将蛋白质还原成亚基可不用 2-ME 或 DTT（还原剂），而加入 10 mmol/L 碘乙酰胺，防止二硫键交换。

谷胱甘肽-琼脂糖珠悬液（见 16.5）

用 10 倍体积的 PBS（见配方）浸泡 S-连接谷胱甘肽-琼脂糖凝胶珠（Sigma 或

Pharmacia Biotech）预溶胀 1 h。用 PBS 洗涤两次，然后将 50%糊状琼脂糖凝胶于 4℃保存，保存期不超过 1 个月。

琼脂糖珠可重复使用，只需在含 1% SDS 的 PBS 中煮沸 5 min，但这仅可用来纯化相同的融合蛋白，以防止蛋白质间交叉污染。

IMC 培养基（见 16.6）

√200 ml 2%（*m/V*）酪蛋白水解物（终浓度为 0.4%）
√100 ml 10×M9 盐（最终为 1×）
40 ml 20%（*m/V*）葡萄糖（无菌；终浓度为 0.5%）
1 ml 1 mol/L $MgSO_4$（无菌；终浓度为 1 mmol/L）
0.1 ml 1 mol/L $CaCl_2$（无菌；终浓度为 0.1 mmol/L）
1 ml 2%（*m/V*）维生素 B1（无菌；终浓度为 0.002%）
658 ml 蒸馏 H_2O（无菌）
10 ml 10 mg/ml 青霉素（无菌；可选；终浓度为 100 μg/ml）
新鲜配制使用。

IMC 平板（见 16.6）

15 g 琼脂 [Difco；1.5%（*m/V*）]
4 g 酪蛋白氨基酸 [Difco-certified；0.4%（*m/V*）]
858 ml 玻璃蒸馏器蒸馏的水（无菌）
高压灭菌 30 min
50℃水浴冷却
√100 ml 10×M9 盐（最终为 1×）
40 ml 20%（*m/V*）葡萄糖（无菌；终浓度为 0.5%）
1 ml 1 mol/L $MgSO_4$（无菌；终浓度为 1 mmol/L）
0.1 ml 1 mol/L $CaCl_2$（无菌；终浓度为 0.1 mmol/L）
1 ml 2%（*m/V*）维生素 B1（无菌；可选；终浓度为 100 μg/ml）
10 ml 10 mg/ml 青霉素（无菌；可选；终浓度为 100 μg/ml）
混匀后倒入平皿
4℃最多可保存 1 个月。

SDS-PAGE 样品缓冲液（见 16.6）

15%（*V/V*）甘油
√0.125 mol/L Tris·Cl，pH 6.8
√5 mmol/L Na_2EDTA
2%（*m/V*）SDS
0.1%（*m/V*）溴酚蓝
1%（*V/V*）2-ME（使用前立即加入）
室温可长期储存。

M9 盐，10×（见 16.6）

60 g Na_2HPO_4（0.42 mol/L）

30 g KH_2PO_4（0.24 mol/L）

5 g NaCl（0.09 mol/L）

10 g NH_4Cl（0.19 mol/L）

加 H_2O 至 1 L

用 NaOH 调节至 pH 7.4

高压灭菌或用 0.45 μm 滤膜过滤除菌

室温最多保存 6 个月。

色氨酸，10 mg/ml（见 16.6）

加热 500 ml 玻璃蒸馏水至 80℃，加入 5 g L-色氨酸，搅拌至溶解，用 0.45 μm 滤膜过滤除菌，4℃避光最多保存 6 个月。

CAA/甘油/氨苄青霉素 100 培养基（见 16.6）

√800 ml 2%（*m/V*）酪蛋白氨基酸（终浓度为 1.6%）

√100 ml 10×M9 盐（最终为 1×）

100 ml 10%（*V/V*）甘油（无菌；终浓度为 1%）

1 ml 1 mol/L $MgSO_4$（无菌；终浓度为 1 mmol/L）

0.1 ml 1 mol/L $CaCl_2$（无菌；终浓度为 0.1 mmol/L）

1 ml 2%（*m/V*）维生素 B1（无菌；终浓度为 0.002%）

10 ml 10 mg/ml 氨苄青霉素（无菌；终浓度为 100 μg/ml）

新鲜配制使用。

酪蛋白氨基酸（CAA），2%（*m/V*）（见 16.6）

20 g 酪蛋白氨基酸（Difco certified）

加 H_2O 至 1 L

高压灭菌或用 0.45 μm 滤膜过滤除菌

室温最多可保存 2 个月。

不要使用技术级的酪蛋白氨基酸，因为它含有较高浓度的 NaCl。

TNM-FH 培养基（见 16.8）

在 500 ml 补加 yeastolate 和乳白蛋白的 1×Grace 昆虫培养基中（Life Technologies），加入 10 mg/ml 庆大霉素（可选择的）和 50 ml 热钝化的 FBS（终浓度为 10% *V/V*，见配方）过滤除菌。取 5 ml 样品 37℃保温 2 天检查无菌状态；其余的 4℃保存至厂商的使用截止期。

针对有 20%DMSO 的培养基，要加高压灭菌的 DMSO 至 20%（*V/V*）。

本章中，根据方案要求在 TNM-FH 培养基中添加或不加 FBS。含有 FBS 和抗生素的 TNM-FH

培养基可以从供应商处购买（如 Pharmingen）。

56℃保温 30 min，热灭活 FBS，并且分装成每份 50 ml，－20℃可保存 1 年以上。

抽提缓冲液（见 16.8）

√100 mmol/L Tris · Cl，pH 7.5

√90 mmol/L EDTA

200 mmol/L KCl

过滤，除菌，4℃最多可保存 1 年。

琼脂糖储备液，1%（*m/V*）（见 16.8）

在 10 个 100 ml Wheaton 瓶中各加入 0.5 g SeaKem 琼脂糖（FMC Bioproducts）和 50 ml H_2O，松松盖上瓶盖。高压灭菌 20 min。待溶液冷却后，盖紧瓶盖。在室温可长期保存。

推荐使用 Seakem 琼脂糖，而不是 Seaplaque 琼脂糖进行噬斑试验，因为它可以低浓度使用。高浓度琼脂糖会使噬斑不明显，甚至会杀死下层的昆虫细胞。

蔗糖垫层缓冲溶液（见 16.8）

25%（*m/V*）蔗糖

5 mmol/L NaCl

√10 mmol/L EDTA

4℃可保存 1 个月。

转染缓冲液 A（见 16.8）

在 1×Grace 昆虫培养基（Life Technologies）中加入胎牛血清（FBS）至终浓度 10%，过滤除菌。每次转染新鲜配制，分装成每支 10 ml 备用。

转染缓冲液 A 也可以从 Pharmingen 购买。

转染缓冲液 B（见 16.8）

25 mmol/L HEPES，pH 7.1

125 mmol/L $CaCl_2$

140 mmol/L NaCl

过滤除菌，分装成每份 10 ml，4℃可保存 6 个月。

转染缓冲液 B 也可以从 Pharmingen 购买。

台盼蓝覆盖层（见 16.8）

配制 1%（*m/V*）台盼蓝水溶液并过滤除菌。用微波熔化 1%琼脂糖储备液（见配方）2 min，使其液化，并将温度平衡至 42℃。同时将 1%台盼蓝溶液温度也平衡至 42℃。在 50 ml 1% 琼脂糖中加入 4 ml 台盼蓝溶液，混匀后立即使用（这种溶液不能储存）。

琼脂糖顶层覆盖物（见16.8）

40 ml 2× Grace 昆虫培养基，含补充物（Life Technologies）

10 ml 胎牛血清（FBS），热灭活（56℃，30 min）

0.25 ml 庆大霉素（10 mg/ml，选用）

√50 ml 1%（*m*/*V*）琼脂糖储备液（无菌）

先将前三种成分混合后过滤除菌，并平衡到42℃。置微波炉中加热约2 min，直至液化并平衡至42℃。待病毒孵育1 h快结束时混合以上两种溶液（见基本方案4步骤3）。立即使用（该溶液不能储存）。

配制的溶液足以用于24块60 mm的组织培养皿，每块平皿中加4 ml。42℃是最佳平衡温度。如果顶层覆盖物温度太高细胞将会裂解，而如果温度太低则琼脂糖就会凝固成团，造成靠目视分辨困难。

Klenow 片段反应缓冲液（见16.8）

√10 mmol/L Tris·Cl，pH 7.5

10 mmol/L $MgCl_2$

10 mmol/L dATP

−20℃可保存2年。

蛋白酶抑制剂混合物，50×（见16.9）

用100%的乙醇配制：

800 μg/ml 苯甲脒

500 μg/ml 邻二氮杂菲液（菲咯啉）

500 μg/ml 抑蛋白酶肽

500 μg/ml 亮抑蛋白酶肽

500 μg/ml 抑胃肽酶 A

√50 mmol/L PMSF

使用前涡旋振荡以重悬不溶物质

可在−20℃稳定6个月。

昆虫细胞裂解液，1×（见16.9）

√10 mmol/L Tris·Cl，pH 7.5

130 mmol/L NaCl

1%（*V*/*V*）Triton X-100

10 mmol/L NaF

√10 mmol/L 磷酸钠 pH 7.5

10 mmol/L 焦磷酸钠

用蒸馏水配制并过滤除菌

4℃可保存6个月。

使用前加 50×蛋白酶抑制剂混合物（见配方）最终为 1×。

GST 洗脱缓冲液（见 16.9）

将 42 mg 还原型谷胱甘肽溶于 40 ml 50 mmol/L Tris · Cl，pH 8.0（见配方）。分成小包装，−20℃可保存 6 个月。

His 洗脱缓冲液，6×（见 16.9）

√50 mmol/L 磷酸钠，pH 8.0
300 mmol/L NaCl
10%（*V*/*V*）甘油
咪唑可以用于一步洗脱或者线性梯度洗脱
用蒸馏水配制并过滤除菌
4℃可保存 6 个月。

最后洗脱推荐咪唑最大浓度为 0.5 mol/L。咪唑的浓度由实验者凭经验决定。

His 洗涤缓冲液，6×（见 16.9）

√50 mmol/L 磷酸钠，pH 8.0
300 mmol/L NaCl
10%（*V*/*V*）甘油
用蒸馏水配制并过滤除菌。
4℃可保存 6 个月。

更严谨的洗涤可把 pH 调至 6.0，加入咪唑 0.8～40 mmol/L。咪唑的浓度由实验者凭经验决定。

旋转瓶完全培养基-5（见 16.13）

MEM 旋转瓶培养基
5%马血清
4℃可保存数月。

补充物已在 MEM 旋转瓶培养基中；不需补加。使用马血清是因为比 FBS 便宜并且很少使细胞成块。

完全 DMEM-10 或-20（见 16.13）

Dulbecco 极限基本培养基（DMEM）含有：
10%或 20%胎牛血清（FBS）
0.03%谷氨酰胺
100 U/ml 青霉素
100 μg/ml 链霉素硫酸盐
过滤除菌，4℃可保存数月。

用储备液加水配制，储备液的起始浓度是：3%谷氨酰胺(100×)，20 000 U/ml 青霉素(200×)，

20 mg/ml链霉素（200×）。储备液过滤除菌。100× 谷氨酰胺4℃可保存4个月。200×青霉素/链霉素－20℃可保存4个月。

完全培养基中加入10%FBS是用于维持细胞生长的，加入20%的是用于复苏细胞的。

完全 MEM-10/BrdU 或-20/BrdU（见 16.13）

制备完全 MEM-10 或-20（见配方）并加 5 mg/ml 的 5-溴脱氧尿苷（BrdU）至终浓度为 25 μg/ml。4℃可保存数月。

用水配制 5 mg/ml BrdU 储备液（200×），过滤除菌，－20℃暗处保存。在融化 5 mg/ml BrdU 后再涡旋振荡以确保加入 MEM 前其为溶液状态。

完全 MEM-2.5、-10 或-20（见 16.13）

极限培养基（MEM，Minimum essential medium）含有：

2.5%、10%或 20%（*V*/*V*）FBS

0.03%（*m*/*V*）谷氨酰胺

100 U/ml 青霉素

100 μg/ml 链霉素硫酸盐

4℃可保存数月。

添加补加物储备液就配制成为完全 DMEM（见配方）。生长浓度的血清量与维持量血清不同，也可参见 DMEM 配方的注释。

完全 2×噬斑培养基-5（见 16.14）

2×噬斑培养基（Life Technologies）含有：

5%胎牛血清（FBS）

0.03%（*m*/*V*）谷氨酰胺

100 U/ml 青霉素

100 μg/ml 链霉素

4℃保存 3 个月。

转染缓冲液（见 16.14）

0.14 mol/L NaCl

5 mmol/L KCl

1 mmol/L $Na_2HPO_4 \cdot 2H_2O$

0.1%（*m*/*V*）右旋葡萄糖

20 mmol/L HEPES

用 0.5 mol/L NaOH，调 pH 到 7.05 并过滤除菌

－20℃可长期保存。

缓冲液的 pH 是严格的，应当在 7.0～7.1 之间。

细胞裂解缓冲液（见 16.15）

√100 mmol/L Tris · Cl，pH 8.0

100 mmol/L NaCl

0.5% (*V*/*V*) Triton X-100或者NP-40

室温下可长期保存

加PMSF(或者其他蛋白酶抑止剂;可选择),临用前用100×储备液配制,终浓度为0.2 mmol/L。

100×抑制剂储备液保存于−20℃。

低盐缓冲液(见16.15)

√20 mmol/L Tris·Cl,pH 8.0

√10 mmol/L EDTA

0.75% (*m*/*V*) SDS

室温可长期保存。

PBS/Tween(见16.15)

加0.5% (*V*/*V*) Tween-20到PBS(见配方)。室温可长期保存。

DNA提取缓冲液(见16.15)

√20 mmol/L EDTA

√20 mmol/L Tris· Cl,pH 7.5

0.5% (*m*/*V*) SDS

0.5~1.0 mg/ml蛋白酶K(使用前加入)

成分中没有蛋白酶K时可在室温长期保存。

完全DMEM-10(见16.17)

Dulbecco极限基本培养基含有:

10% dornor bovine calf血清(JRH Biosciences)

100 U/ml青霉素/100 μg/ml链霉素(Life Technologies)

2 mmol/L谷氨酰胺(Life Technologies)

本章所有的DMEM完全培养基(含有或不含有选择试剂,或者0.5 μg/ml盐酸四环素)都可以避光4℃保存1个月。

胎牛血清(FBS)也可以用来代替dornor bovine calf血清,但是后者比较便宜。

HEPES-缓冲盐溶液(HeBS)(见16.17)

6 mmol/L右旋葡萄糖

137 mmol/L NaCl

5 mmol/L KCl

0.7 mmol/L $Na_2HPO_4 \cdot 7H_2O$

21 mmol/L HEPES(游离酸)

用NaOH体积至终pH 7.05

过滤除菌，分装，−20℃保存。

选择培养基（见16.17）

完全的无组氨酸的DMEM（Irvine Scientific，可购买到无谷氨酸的）含有：
10%（*V*/*V*）小牛血清（JRH Biosciences）
100 U/ml青霉素/100 μg/ml链霉素（Life Technologies）
2 mmol/L谷氨酰胺（Life Technologies）
0.5 μg/ml四环素盐（Sigma；用70%的乙醇稀释为10 mg/ml，−20℃避光保存）
125 μmol/L，250 μmol/L 或 500 μmol/L L-组氨醇（Sigma，用水稀释为125 mmol/L储备液，−20℃保存）

BC100（见16.18）

√20 mmol/L Tris·Cl，pH 7.9，4℃
20%（*V*/*V*）甘油
√0.2 mmol/L EDTA，pH 8.0
100 mmol/L KCl
1 mmol/L DTT（临用前加入）
√0.5 mmol/L PMSF（临用前加入）
4℃可保存6个月。

BC300，BC500，BC850和BC1200（见16.18）

配方与BC100（见配方）基本相同，只是KCl浓度分别相应改为300、500、850和1200 mmol/L。

BES缓冲液，1 mol/L pH 7.2（见16.18）

21.32 g BES(*N*,*N*,-bis[2-hydroxyethyl]-2-aminoethanesulfonic acid)(Sigma)
60 ml H_2O
用1 mol/L NaOH调节至pH 7.12，并加水至终体积为100 ml
高压灭菌，室温下可保存6个月。

缓冲液B（见16.18）

√50 mmol/L Tris·Cl，pH 7.9，4℃
25%（*V*/*V*）甘油
5 mmol/L $MgCl_2$
√5 mmol/L EDTA，pH 8.0
5 mmol/L EGTA，pH 8.0
5 mmol/L DTT（临用前加入）
√0.5 mmol/L PMSF（临用前加入）
4℃可保存6个月。

缓冲液 D（见 16.18）

√50 mmol/L Tris · Cl，pH 7.9，4℃

25%（*V*/*V*）甘油

√5 mmol/L EDTA，pH 8.0

5 mmol/L EGTA，pH 8.0

2 mmol/L DTT（临用前加入）

√0.5 mmol/L PMSF（临用前加入）

4℃可保存 6 个月。

FLAG 多肽洗脱缓冲液（见 16.18）

临用前用 BC100 或者 BC300（见配方）稀释 100 mg/ml FLAG 多肽（水溶液）。

温和裂解缓冲液（见 17.2）

10 mmol/L 3[（3-胆酰胺丙基）-二乙铵]-丙磺酸（CHAPS）或 1%（*m*/*V*）NP-40

0.15 mol/L NaCl

√0.01 mol/L 磷酸钠，pH 7.2

√2 mmol/L EDTA

50 mmol/L 氟化钠

0.2 mmol/L 钒酸钠，新鲜加入适量的 0.2 mol/L 储备液

100 U/ml 抑蛋白酶肽（Trasylol，Pentex/Miles）

无钒酸的缓冲液可于 4℃保存 1 年。

CHAPS 是一种比 NP-40 更温和的去垢剂，但它可产生具有更高本底的沉淀，而且溶解某些蛋白质的效率更低。

钒酸钠储存液可于室温保存在塑料容器中。

Tris-缓冲盐（TBS）（见 17.2）

将下列盐溶解于 800～900 ml 水中：

8 g NaCl（终浓度 136.8 mmol/L）

0.38 g KCl（终浓度 5.0 mmol/L）

0.1 g $CaCl_2$（无水；终浓度 0.9 mmol/L），

0.1 g $MgCl_2 \cdot 6H_2O$（终浓度 0.5 mmol/L）

0.1 g Na_2HPO_4（无水，终浓度 0.7 mmol/L）

25 ml 1 mol/L Tris · Cl（pH 7.4）

加水至 1 L

每份 50 ml 或 100 ml 分装至玻璃瓶中，高压灭菌。室温下可长期保存。

用于至沸样品 RIPA（放射免疫保护试验）的校正缓冲液（见 17.2）

1.25%（*m*/*V*）NP-40

1.25%（*m/V*）脱氧胆酸钠
√0.0125 mol/L 磷酸钠，pH 7.2
√2 mmol/L EDTA
0.2 mmol/L 矾酸钠，用 0.2 mol/L 储备液稀释新鲜配制
50 mmol/L 氟化钠
100 U/ml 抑蛋白酶肽（Trasylol，Pentex/Miles）
无矾酸盐的缓冲液可于 4℃保存 1 年。
钒酸钠储存液可于室温保存在塑料容器中。

RIPA 裂解缓冲液（见 17.2）

1%（*m/V*）NP-40
1%（*m/V*）脱氧胆酸钠
0.1%（*m/V*）SDS
0.15 mol/L NaCl
√0.01 mol/L 磷酸钠，pH 7.2
√2 mmol/L EDTA
50 mmol/L 氟化钠
0.2 mmol/L 矾酸钠，用 0.2 mol/L 储备液稀释新鲜配制
100 U/ml 抑蛋白酶肽（Trasylol，Pentex/Miles）
无矾酸盐的缓冲液可于 4℃储存达 1 年。
钒酸钠储存液可于室温保存在塑料容器中。

用于至沸样品的免疫沉淀洗涤缓冲液（见 17.2）

√RIPA 裂解缓冲液
1 mmol/L DTT，临用前加入。
DTT 用保存于−20℃的 1 mol/L 储备液稀释。

SDS 裂解缓冲液（见 17.2）

0.5%（*m/V*）SDS
√0.05 mol/L Tris · Cl，pH 8.0
1 mmol/L DTT，新鲜配制
SDS 和 Tris · Cl 溶液可预先配制并于室温保存，DTT 用−20℃保存的 1 mol/L 储存液稀释。

标准磷酸氨基酸混合物（见 17.3）

将磷酸丝氨酸、磷酸苏氨酸、磷酸酪氨酸（Sigma）溶于水中，终浓度均为 0.3 μg/ml，分装成每份 1 ml，−20℃可长期保存。

电泳缓冲液，pH 1.9（见 17.3）

50 ml 88%甲酸（终浓度为 0.58 mol/L）

156 ml 冰醋酸（终浓度为 1.36 mol/L）

1794 ml H_2O

室温下可长期储存于封口瓶中。

电泳缓冲液，pH 3.5（见 17.3）

100 ml 冰醋酸（终浓度为 0.87 mol/L）

10 ml 吡啶［终浓度为 0.5%（*V*/*V*）］

√10 ml 100 mmol/L EDTA（终浓度为 0.5 mmol/L）

1880 ml H_2O

室温下可长期储存于封口瓶中。

封阻缓冲液（见 17.4）

5%（*m*/*V*）BSA

1%（*m*/*V*）母鸡卵白蛋白

√10 mmol/L Tris·Cl，pH 7.4，室温

0.15 mol/L NaCl

0.01%（*m*/*V*）NaN_3

4℃最多可保存 6 个月。

为了增强化学发光，应删去叠氮钠。

环核苷酸-依赖性蛋白激酶反应缓冲液 5×（见 17.7）

√250 mmol/L Tris·Cl，pH 7.5，30℃

25 mmol/L $MgCl_2$

－20℃可保存 6 个月。

HT（次黄嘌呤/胸腺嘧啶）培养基（见 17.6）

√完全培养基用以下成分补充至所示浓度：

20%（*V*/*V*）胎牛血清

0.1 mmol/L 非必需氨基酸

100 μmol/L 次黄嘌呤

16 μmol/L 胸腺嘧啶

这些加入的浓缩和无菌的补充物可购自细胞培养试剂公司，次黄嘌呤和胸腺嘧啶（HT）的浓溶液，以及氨蝶呤也可以实验室配制。

蛋白酶抑制剂储备液（见 17.7）

100 mmol/L PMSF/100%乙醇

100 mmol/L 苯甲脒

1 mg/ml 亮抑蛋白酶肽

1 mg/ml 抑胃肽酶 A

1 mg/ml 抗蛋白酶

−20℃可保存 6 个月。

SDS-PAGE 样品缓冲液 2×（见 17.8）

√4 ml 0.125 mol/L Tris · Cl，pH 6.8

4 ml 10%（*m*/*V*）SDS

1 ml 甘油

0.4 ml 2-ME

0.6 ml H_2O

20 mg 溴酚蓝

过滤除菌，−20℃可保存 6 个月以上。

Tris 缓冲液的 pH 是室温下测定。

合成肽底物溶液（见 17.7）

将每一种肽（使用高质量的）用 Milli-Q 水配制成 10 mmol/L 的溶液，在−70℃保存前或使用前都要调节至 pH 7.4。

如果肽不溶解，检查肽的氨基酸序列——具有高比例的酸性氨基酸残基的肽在碱性 pH 时更易溶解，具有高比例的碱性氨基酸残基的肽在酸性 pH 时更易溶解。疏水性肽，可加入 20%（*V*/*V*）乙腈增溶。无论加入什么都必须不能影响检测条件：例如，一种肽必须在 pH 10 溶解，当这种肽液加入到反应混合物中时，不能改变反应体系的 pH。

大多数合成肽保存在−70℃时，十分稳定。然而，每一种合成肽底物的稳定性均决定于使用的储存条件，合成的肽应当在使用前用 HPLC 进行纯化。

酪蛋白激酶反应缓冲液，5×（见 17.7）

√100 mmol/L Tris · Cl，pH 7.5，30℃

25 mmol/L $MgCl_2$

2.5 mmol/L DTT

750 mmol/L KCl

−20℃可保存 6 个月。

PKC 反应缓冲液，5×（见 17.7）

溶剂：

√100 mmol/L Tris · Cl，pH 7.5，30℃

25 mmol/L $MgCl_2$

1 mmol/L $CaCl_2$

−20℃可保存 6 个月

脂类：

在缓冲液使用之前，在一干净试管中加入足量的 5 μg/ml 磷脂酰丝氨酸储备液/氯仿，至终浓度为每毫升缓冲液含有 100 μg 磷脂酰丝氨酸。在同一支试管中加入足量的 0.5 μg/ml 甘油二油酸酯储备液/氯仿（Sigma）至甘油二油酸酯的终浓度为每毫升缓冲液含有 10 μg，混合均匀。在氮气中使脂类干燥。

工作液：

加入要求体积的溶剂（见上述），冰浴放置 10 min。在中等功率下，冰上超声混合物 1 min，然后冰上放置 2 min。重复超声 4 次以上，总时程为 5 min。弃去不用的缓冲液。

甘油二油酸酯是包含多种甘油二酯同分异构体的制备物的旧名，是 PKC 的辅助因子。在这类试验中甘油二油酸酯是适合的辅助因子，并且比纯化的 1，2-甘油二酯便宜很多。

裂解缓冲液（见 17.7）

50 mmol/L HEPES，pH 7.4

100 mmol/L NaCl

50 mmol/L NaF

5 mmol/L β-甘油磷酸

√2 mmol/L EDTA

2 mmol/L EGTA

1 mmol/L Na_3VO_4

1%（V/V）NP-40 或 Triton X-100

−20℃可储存 6 个月。

为了稳定激酶的活性，缓冲液中可适当加入特异的激酶抑制物、蛋白酶抑制物和还原剂。

Mg/ATP 溶液，10 mmol/L（见 17.7）

储存液：

20 mmol/L $MgCl_2$ 或 $MgSO_4$

20 mmol/L Na_2ATP

工作液：

以等体积混合以上两种储存液，并测 pH。用 100 mmol/L HCl 或 100 mmol/L NaOH 调 pH 至 7.4。分装，−20℃可储存 1 年以上。

如果溶液含有沉淀，应振荡摇匀且 pH 保持在 7.4。

购买的 ATP 常常是钠盐。多数激酶反应要求 ATP 与镁离子结合，有时可用锰替代镁。

酪氨酸激酶缓冲液，5×（见 17.7）

100 mmol/L HEPES，pH 7.4

5 mmol/L $MnCl_2$

5 mmol/L DTT

500 μmol/L 钒酸钠（Na_3VO_4）

−20℃可保存 6 个月。

冷 ATP 储存液，10 mmol/L（见 17.8）

混合等体积的 20 mmol/L $MgCl_2$ 和 20 mmol/L ATP 二钠盐。用 1 mol/L NaOH 缓慢调节 pH 到 7.4。过滤除菌，分装成小体积，－20℃保存 1 年。

渗透化缓冲液（见 17.8）

√120 mmol/L KCl
25 mmol/L $NaHCO_3$
5 mmol/L HEPES
10 mmol/L $MgCl_2$
1 mmol/L KH_2PO_4
1 mmol/L EGTA
300 mmol/L $CaCl_2$
过滤除菌，4℃可储存数月。
这种缓冲液中自由 Ca^{2+} 的浓度约为 100 nmol/L。

链球菌溶血素 O 溶液（见 17.8）

600 U/ml 储存液：用 PBS 配制 600 U/ml 链球菌溶血素 O 储存液（见配方）并速冻于液氮中。分装成小份，－70℃储存，可保存数月。

60 U/ml 工作液：现配现用。用 PBS/BSA（见配方）将 600 U/ml 储液稀释至 60 U/ml，放置于冰上待用。

细胞外缓冲液（见 17.8）

110 mmol/L NaCl
10 mmol/L KCl
1 mmol/L $MgCl_2$
1.5 mmol/L $CaCl_2$
30 mmol/L HEPES
10 mmol/L 葡萄糖
过滤除菌，4℃可保存 1 个月。

免疫沉淀用裂解缓冲液，2×（见 17.8）

100 mmol/L HEPES
200 mmol/L NaCl
√40 mmol/L EDTA
4 mmol/L EGTA
100 mmol/L NaF
20 mmol/L β-甘油磷酸
2 mmol/L Na_3VO_3

2% （*V*/*V*）NP-40 或 Triton X-100

过滤除菌，4℃可储存 6 个月。

这种缓冲液含有 10×浓度的 EDTA 用来螯合激酶反应体系中过量的 Mg^{2+}。

电泳缓冲液（见 17.9）

以下每种缓冲液都要混匀并核查 pH。在瓶上标明 pH 和日期；如果 pH 误差大于十分之一单位，要重新配制溶液。不要调节 pH。这些缓冲液都可以室温保存。

pH 1.9 缓冲液：

50 ml 甲酸（88% *m*/*V*）

156 ml 冰醋酸

1794 ml 去离子水

pH 3.5 缓冲液：

100 ml 冰醋酸

10 ml 吡啶

1890 ml 去离子水

pH 4.72 缓冲液：

100 ml 正丁酸

50 ml 吡啶

50 ml 冰醋酸

1800 ml 去离子水

pH 6.5 缓冲液：

8 ml 冰醋酸

200 ml 吡啶

1792 ml 去离子水

pH 8.9 缓冲液：

20 g 碳酸铵

2000 ml 去离子水

RNase A（无 DNase），20 mg/ml（见 18.9、20.3）

溶解 20 mg RNase 于 900 μl 10 mmol/L 乙酸钠，pH 5.2。加热溶液至 100℃ 15 min，慢慢冷却至室温。加 100 μl 1 mol/L Tris · Cl，pH 7.4（见处方），混匀。分装，－20℃可长期保存。

甘油溶液（见 19.1）

65% （*V*/*V*）甘油，无菌

0.1 mol/L $MgSO_4$
√25 mmol/L Tris · Cl，pH 8.0
室温可稳定保存1年。

Laemmli 样品缓冲液，2×（见 19.1）

10%（*V*/*V*）2-巯基乙醇（2-ME）
6%（*m*/*V*）SDS
20%（*V*/*V*）甘油
0.2 mg/ml 溴酚蓝
√0.025×Laemmli 分层缓冲液（可选择）
室温保存2个月
这种试剂可以很方便地一次配制 10 ml。

裂解溶液（见 19.1）

√50 mmol/L Tris · Cl，pH 7.5
√10 mmol/L EDTA
0.3%（*V*/*V*）2-ME，用前加入
2%（*V*/*V*）*Helix pomatia* 的β-葡糖醛酸酶（Type HP-2；Sigma），用前加入。

TBS-T（见 19.3）

√10 mmol/L Tris · Cl，pH 8.0
150 mmol/L NaCl
0.05%（*V*/*V*）Triton X-100
室温下可保存6个月。

PKA 缓冲液，10×（见 19.3）

√200 mmol/L Tris · Cl，pH 7.5
10 mmol/L DTT
1 mol/L NaCl
120 mmol/L $MgCl_2$
室温可储存6个月。

Z′-KCl（见 19.3）

25 mmol/L HEPES · OH，pH 7.4
12.5 mmol/L $MgCl_2$
20%（*m*/*V*）甘油
100 mmol/L KCl
1 mg/ml BSA
1 mmol/L DTT

过滤除菌，4℃保存6个月。

碱性磷酸酶缓冲液（见14.7、19.6）

TNESK，2×（见20.1）

√20 mmol/L Tris·Cl，pH 7.4
0.2 mol/L NaCl
√2 mmol/L EDTA
2%（*m*/*V*）SDS
0.2 mg/ml 蛋白酶 K（使用前加入）

中和酚（见20.1）

将20 ml苯酚和20 ml Tris·Cl（pH 7.5；见配方）放入50 ml试管中。翻转混合。两相分离后，下层有机相即为中和酚。

核缓冲液A（见20.1）

15 mmol/L HEPES，pH 7.5
60 mmol/L KCl
15 mmol/L NaCl
√2 mmol/L EDTA
0.5 mmol/L EGTA
0.34 mol/L 蔗糖
0.15 mmol/L 2-ME（临用前加入）
0.15 mmol/L 精胺（临用前加入）
0.5 mmol/L 亚精胺（临用前加入）
以上是为匀浆肝组织设计的。用于其他组织，添加0.5%脱脂奶粉（如Carnation）。

核缓冲液B（见20.1）

15 mmol/L HEPES，pH 7.5
60 mmol/L KCl
15 mmol/L NaCl
√0.1 mmol/L EDTA
0.1 mmol/L EGTA
2.1 mol/L 蔗糖
0.15 mmol/L 2-ME（临用前加入）
0.15 mmol/L 精胺（临用前加入）
0.5 mmol/L 亚精胺（临用前加入）

核缓冲液C（见20.1）

15 mmol/L HEPES，pH 7.5

60 mmol/L KCl
15 mmol/L NaCl
10 mmol/L $NaHSO_3$
0.34 mol/L 蔗糖
0.15 mmol/L 2-ME（临用前加入）
0.15 mmol/L 精胺（临用前加入）
0.5 mmol/L 亚精胺（临用前加入）

渗透溶液1（见20.1）

150 mmol/L 蔗糖
80 mmol/L KCl
35 mmol/L HEPES，pH 7.4
5 mmol/L K_2HPO_4
5 mmol/L $MgCl_2$
0.5 mmol/L $CaCl_2$

渗透溶液2（见20.1）

150 mmol/L 蔗糖
√50 mmol/L Tris·Cl，pH 7.5
50 mmol/L NaCl
2 mmol/L $CaCl_2$

渗透终止液（见20.1）

√20 mmol/L Tris·Cl，pH 8
20 mmol/L NaCl
√20 mmol/L EDTA
1%SDS
0.6 mg/ml 蛋白酶 K（临用前加入）

净化剂溶液（见20.2）

0.326 g 2-巯基乙胺（Sigma；终浓度为2.12 mol/L）
0.3 g 尿素（终浓度为2.5 mol/L）
0.1 ml 冰醋酸（终浓度为0.87 mol/L）
1.9 ml 水

尿素溶液（见20.2）

9.5 mol/L 尿素：将28.5 g尿素溶于50 ml水中
10 mol/L 尿素：将30.03 g尿素溶于50 ml水中

洗涤缓冲液 I（见 20.2）

1.4 ml 冰醋酸（终浓度为 50 mmol/L）

2.5 g SDS（终浓度为 0.5% *m/V*）

加水至 500 ml。

洗涤缓冲液 II（见 20.2）

1.135 g Tris 碱（Sigma；终浓度为 62.5 mmol/L Tris）

3.45 g SDS（终浓度为 2.3% *m/V*）

1.5 ml 14.3 mol/L 2-巯基乙醇（终浓度为 1% *V/V*）

加水至 150 ml

混合所有组分。在通风橱中工作，用手持式 pH 计检测，用 HCl 调 pH 至 6.8。

CAPS 转移缓冲液，500 mmol/L，pH 10（见 20.2）

27.66 g 3-（环己基氨基）-1-丙烷磺酸（CAPS）

用 10 mol/L NaOH 调节 pH

加水至 250 ml。

脱色液（见 20.2）

800 ml 100%甲醇（终浓度为 20%）

400 ml 冰醋酸（终浓度为 10%）

加水至 4 L。

50%（*V/V*）甘油/0.6%（*m/V*）甲基绿（见 20.2）

0.006 g 甲基绿

0.5 ml 甘油

0.5 ml 水

转移缓冲液（见 20.2）

250 ml 500 mmol/L CAPS，pH 10（见配方；终浓度为 25 mmol/L）

1 L 100% 甲醇（终浓度为 20%）

加水至 5 L。

加入转移装置前，使缓冲液脱气。

RNase A（无 DNase），20 mg/ml（见 18.9、20.3）

溶解 20 mg RNase 于 900 μl 10 mmol/L 乙酸钠，pH 5.2。加热溶液至 100℃ 15 min，慢慢冷却至室温。加 100 μl 1 mol/L Tris-Cl，pH 7.4（见处方），混匀。分装，−20℃可长期保存。

TBS 溶液（见 20.3）

150 mmol/L NaCl

√20 mmol/L

加热灭菌，4℃储存可长期保存。

洗脱缓冲液（见 20.3）

√10 mmol/L EDTA

1%（*m*/*V*）SDS

√50 mmol/L Tris · Cl，pH 8.0

过滤除菌，室温下可长期保存。

裂解缓冲液（见 20.3）

0.1%（*m*/*V*）脱氧胆酸（钠盐）

√1 mmol/L EDTA

50 mmol/L HEPES，用 KOH 调节至 pH 7.5

140 mol/L NaCl

1%（*V*/*V*）Triton X-100

过滤除菌，4℃可长期保存

临用前加入蛋白酶抑制剂。

有多种蛋白酶抑制剂可以使用。

裂解缓冲液 500（见 20.3）

0.1%（*m*/*V*）脱氧胆酸（钠盐）

√1 mmol/L EDTA

50 mmol/L HEPES，用 KOH 调节至 pH 7.5

500 mol/L NaCl

1%（*V*/*V*）Triton X-100

过滤除菌，室温下可长期保存。

LiCl/去垢剂洗液（见 20.3）

0.5%（*m*/*V*）脱氧胆酸（钠盐）

√1 mmol/L EDTA

250 mmol/L LiCl

0.5%（*V*/*V*）NP-40

√10 mmol/L Tris · Cl，pH 8.0

过滤除菌，室温下可长期保存。

蛋白酶 K 溶液（见 20.3）

0.5 μl 20 mg/ml 糖原无菌水液（储存于－20℃）

√5 μl 20 mg/ml 蛋白酶 K 储备液
√244.5 μl TE 缓冲液，pH 7.6
使用前直接配制。
每个反应使用此溶液 250 μl。

蛋白酶 K 储备液，20 mg/ml（见 20.3）

溶解 20 mg/ml 蛋白酶 K 于 50 mmol/L Tris·Cl，pH 8.0/1 mmol/L $CaCl_2$。
分装，−20℃可长期保存。

苯甲基硫酰氟（PMSF）（见 20.4）

配制 100 mmol/L 的异丙醇储备液，在室温下可储存 4 年。

裂解缓冲液（见 20.4）

20 mmol/L HEPES，pH 7.5
0.25 mol/L 蔗糖
3 mol/L $MgCl_2$
0.5%（*V*/*V*）NP-40
4℃可保存数周。
临用前加入：
3 mmol/L 2-ME
√0.4 mmol/L PMSF
√1 μmol/L 抑胃酶肽
√1 μmol/L 亮抑蛋白酶肽

甘油梯度缓冲液，10%和 30%（*V*/*V*）（见 20.4）

20 mmol/L HEPES，pH 7.9
√1 mmol/L EDTA
30 mmol/L KCl
0.1%（*V*/*V*）NP-40
10%或 30%（*V*/*V*）甘油
4℃可保存数周。
该缓冲液可以按需要调节。事实上任何 EDTA 浓度大于 0.2 mmol/L，没有二价阳离子，并且盐浓度为 0～600 mmol/L 的溶液都像甘油梯度缓冲液一样有效。

透析缓冲液（见 20.4）

20 mmol/L HEPES，pH 7.5
√1 mmol/L EDTA
4℃可保存数周。
临用前加入：

1 mmol/L 2-ME

√0.5 mmol/L PMSF

缓冲液 B（见 20.4）

20 mmol/L HEPES，pH 7.5

3 mmol/L $MgCl_2$

√0.2 mmol/L EGTA

4℃可保存数周。

临用前加入：

3 mmol/L 2-ME

√0.4 mmol/L PMSF

√1 mmol/L 胃酶抑素 A

√1 mmol/L 亮抑蛋白酶肽

高盐缓冲液（HSB）（见 20.4）

25 mmol/L HEPES，pH 7.5

0.65 mol/L NaCl

√1 mmol/L EDTA

0.34 mol/L 蔗糖

4℃可保存数周。

临用前加入：

1 mmol/L 2-ME

√0.5 mmol/L PMSF

羟基磷灰石（HAP）缓冲液（见 20.4）

√50 mmol/L 磷酸钠，pH 6.8

0.6 mol/L NaCl

4℃可保存数周。

临用前加入：

1 mmol/L 2-ME

√0.5 mmol/L PMSF

中盐缓冲液（MSB）（见 20.4）

20 mmol/L HEPES，pH 7.5

0.4 mol/L NaCl

√1 mmol/L EDTA

5%（*V*/*V*）甘油

4℃可保存数周。

临用前加入：

1 mmol/L 2-ME
√0.5 mmol/L PMSF
√1 μmol/L 抑胃酶肽
√1 μmol/L 亮抑蛋白酶肽

微球菌核酸酶，50 U/μl（见 20.4）

50 U/μl 微球菌核酸酶（固体；Sigma）
50%（*V/V*）甘油
√50 mmol/L Tris · Cl，pH 8
0.05 mmol/L $CaCl_2$
－20℃保存（可稳定1年以上）。
要注意不同供货商定义微球菌核酸酶的单位是不同的。如果不用 Sigma 的酶，必须确认单位的定义是相同的，或者测定出与 Sigma 单位的转换比率。

亮抑蛋白酶肽（见 20.4）

配制 1 mmol/L 储备液，－20℃可保存1年。

低盐缓冲液（LSB）（见 20.4）

20 mmol/L HEPES，pH 7.5
0.1 mol/L NaCl
√1 mmol/L EDTA
4℃可保存数周。
临用前加入：
1 mmol/L 2-ME
√0.5 mmol/L PMSF

零盐缓冲液（见 20.5）

√20 mmol/L Tris · Cl，pH 7.7
√1 mmol/L EDA
1 mmol/L DTT
0.5 mmol/L 苯甲脒
无 DTT 或苯甲脒时，可在 4℃储存数周。

Tris/硼酸盐/EDTA（RBE）缓冲液，5×（用于辅助方案 5 和 6）（见 20.5）

√0.45 mol/L Tris · Cl，pH 8.3
0.45 mol/L 硼酸
√5.0 mmol/L EDTA
室温可储存数周。

Tris/硼酸盐/EDTA（TBE）缓冲液，补加 EDTA 的，5×（见 20.5）

√0.45 mol/L Tris · Cl，pH 8.3
0.45 mol/L 硼酸
√10 mmol/L EDTA
室温可储存数月。

低盐缓冲液（见 20.5）

√20 mmol/L Tris · Cl，pH 7.7
250 mmol/L KCl（250 mmol/L NaCl 用于核小体装配）
√1 mmol/L EDTA
1 mmol/L DTT
0.5 mmol/L 苯甲脒
不加 DTT 或苯甲脒于 4℃可保存数周。

DNA 加样染料（见 20.5）

50%（*V*/*V*）甘油
0.1%（*m*/*V*）溴酚蓝
0.1%（*m*/*V*）二甲苯青

变性液（见 20.5）

6 mol/L 盐酸胍
20 mmol/L 乙酸
1 mmol/L DTT
使用前新鲜配制。

高盐缓冲液（见 20.5）

√20 mmol/L Tris · Cl，pH 7.7
2 mol/L KCl（2 mol/L NaCl 用于核小体装配）
√1 mmol/L EDTA
1 mmol/L DTT
0.5 mmol/L 苯甲脒
不加 DTT 或苯甲脒于 4℃可保存数周。

缓冲液 B（见 20.6）

√缓冲液 A 中加入：
√2 mmol/L EDTA
0.5 mmol/L EGTA
4℃可保存 24 h。

缓冲液 R（见 20.6）

10 mmol/L HEPES 钾盐，pH 7.6
10 mmol/L KCl
1.5 mmol/L $MgCl_2$
0.5 mmol/L EGTA
10%（*V*/*V*）甘油
含上述成分的溶液可在 4℃保存 24 h。
10 mmol/L β-甘油磷酸（临用前加入）
1 mmol/L DTT（临用前加入）
√0.2 mmol/L PMSF（临用前加入）
分装成每份 0.1～1 ml，－20℃可保存 2 年。

核组蛋白储备液（见 20.6）

10 mmol/L HEPES 钾盐，pH 7.6
√1 mmol/L EDTA
10 mmol/L KCl
10%（*V*/*V*）甘油
含上述成分的溶液可在 4℃保存 24 h。
1 mmol/L DTT（临用前加入）

肌氨酸激酶溶液（见 20.6）

5 mg/ml 肌氨酸激酶（Sigma-Aldrich）
√10 mmol/L 磷酸钾，pH 7.0
50 mmol/L NaCl
50%（*V*/*V*）甘油
分装成每份 5～10 μl，在－80℃可保存 2 年。

磷酸肌氨酸，0.5 mol/L（见 20.6）

106 mg/ml 磷酸肌氨酸
20 mmol/L HEPES 钾盐，pH 7.6
调节至 pH 7.0
分装成每份 0.1～1 ml，在－20℃可保存 2 年。

透析缓冲液 T（见 20.6）

√HEG 缓冲液含有：
50 mmol/L NaCl
0.01%（*V*/*V*）NP-40
含上述成分的溶液可在 4℃保存 24 h。

0.5 mmol/L DTT（临用前加入）

√0.2 mmol/L PMSF（临用前加入）

0.5 mmol/L 苯甲脒（临用前加入）

5 mmol/L $Na_2S_2O_5$（临用前加入）

稀释缓冲液 F（见 20.6）

√20 mmol/L Tris · Cl，pH 7.9

10%（*V*/*V*）甘油

0.02%（*V*/*V*）NP-40

4℃可保存 24 h。

洗脱缓冲液 F（见 20.6）

√洗脱缓冲液 F 含有：

0.4 mg/ml FLAG 多肽（Sigma-Aldrich）

0.4 mg/ml 重组人胰岛素（Roche）

立即使用

用 10 mg/ml 储备液/STE 缓冲液配制 FLAG 多肽溶液。用 50 mg/ml 储备液/TE 缓冲液配制胰岛素溶液。

FLAG 多肽储备液分装成每份 20 μl，−80℃可保存 2 年。胰岛素储备液于 4℃可保存 1 年。

糖原终止缓冲液（见 20.6）

√20 mmol/L EDTA

0.2 mol/L NaCl

1%（*m*/*V*）SDS

0.25 mg/ml 糖原

室温下可保存 2 年。

HA 层析缓冲液（见 20.6）

√40 mmol/L 磷酸钠，pH 6.8

0、0.35 或 2.5 mol/L NaCl

含上述成分的溶液于 4℃可保存 24 h。

1 mmol/L EDTA（临用前加入）

0.2 mmol/L PMSF（临用前加入）

HEG 缓冲液（见 20.6）

25 mmol/L HEPES 钾，pH 7.6

√0.1 mmol/L EDTA

10%（*V*/*V*）甘油

分装成每份 0.1～1 ml，−20℃可保存 2 年。

含 0.1 mol/L NaCl 的 HEGD 缓冲液（见 20.6）

25 mmol/L HEPES 钾，pH 7.6
√1 mmol/L EDTA
10%（*V*/*V*）甘油
0.1 mol/L NaCl
0.01%（*V*/*V*）NP-40
含上述成分的溶液于 4℃可保存 24 h。
1 mmol/L DTT（临用前加入）
0.2 mmol/L PMSF（临用前加入）
10 mmol/L β-磷酸甘油（临用前加入）

裂解缓冲液 F（见 20.6）

√20 mmol/L Tris · Cl，pH 7.9
500 mmol/L NaCl
20%（*V*/*V*）甘油
4 mol/L $MgCl_2$
√0.4 mmol/L EDTA
含有上述成分的溶液可于 4℃保存 24 h。
2 mmol/L DTT（临用前加入）
20 mmol/L 2-ME（临用前加入）
√0.4 mmol/L PMSF（临用前加入）
1 mmol/L 苯甲脒（临用前加入）
4 μg/ml 亮抑蛋白酶肽（临用前加入）
2 μg/ml 抑酶肽

裂解缓冲液 H（见 20.6）

√50 mmol/L 磷酸钠，pH 7.6
0.5 mol/L NaCl
15%（*V*/*V*）甘油
20 mmol/L 咪唑
0.01%（*V*/*V*）NP-40
含有上述成分的溶液可于 4℃保存 24 h。
10 mmol/L β-磷酸甘油（临用前加入）
√0.2 mmol/L PMSF（临用前加入）
0.5 mmol/L 苯甲脒（临用前加入）

裂解缓冲液 T（见 20.6）

√50 mmol/L 磷酸钠，pH 7.0

0.5 mol/L NaCl
15%（*V/V*）甘油
15 mmol/L 咪唑
0.1%（*V/V*）NP-40
含有上述成分的溶液可于4℃保存24 h
√0.2 mmol/L PMSF（临用前加入）
0.5 mmol/L 苯甲脒（临用前加入）
10 mmol/L $Na_2S_2O_5$

微球菌核酸酶储备液，200 U/ml（见20.6）

1.56 mg/ml (200 U/ml) 微球菌核酸酶（Sigma-Aldrich）
√5 mmol/L 磷酸钠，pH 7.0
2.5 μmol/L $CaCl_2$
分装成每份0.1～1 ml，−20℃可保存1年。

MNase储备液（见20.6）

每1 ml 5 mmol/L Tris · Cl（pH 7.5；见配方）/0.01 mmol/L $CaCl_2$中溶解50活性单位MNase（Worthington Biochemicals)。分装于0.5 ml的管中，−20℃保存。
1MNase活性单位=85 OD A_{260}单位。

NAP-1纯化缓冲液（见20.6）

√缓冲液R含有：
0.0、0.1或1.0 mol/L NaCl（用5 mol/L NaCl储备液或者固体NaCl配制）
0.01%（*V/V*）NP-40（用10%（*V/V*）储备液配制）
2℃可保存24 h。

PvOH/PEG溶液（见20.6）

√HEG缓冲液含：
5%（*m/V*）聚乙烯醇（相对分子质量10 000，Sigma-Aldrich P-8136）
5%（*m/V*）聚乙二醇（相对分子质量8000，Sigma-Aldrich P-2139）
分装成0.1～1 ml一份，−20℃可储存2年。

储存缓冲液T（见20.6）

10 mmol/L HEPES钾盐，pH 7.6
√0.1 mmol/L EDTA
50 mmol/L NaCl
0.01%（*V/V*）NP-40
50%（*V/V*）甘油
上述组分的储存液在4℃可储存24h。

10 mmol/L 2-巯基乙醇（使用前直接加入）
√0.2 mmol/L PMSF（使用前直接加入）
1 mmol/L 苯甲脒（使用前直接加入）
1 μg/ml 亮抑蛋白酶肽（使用前直接加入）

蔗糖梯度，5％～30％（见 20.6）

10 mmol/L HEPES 钾盐，pH 7.6
1 mmol/L EDTA
0.5 mmol/L NaCl
5％ 或 30％（*m*/*V*）蔗糖
√0.02 ％（*m*/*V*）NaN_3
上述组分的溶液于 4℃储存可达 1 年
√0.2 mmol/L PMSF（使用前直接加入）
在 SW 28 超速离心机管中用梯度器制备 5％～30％的蔗糖梯度。

superflow 色谱缓冲液（见 20.6）

√50 mmol/L 磷酸钠，pH 7.6
500 mmol/L NaCl
15 ％（*V*/*V*）甘油
0.01％（*V*/*V*）NP-40
上述组分的储存液在 4℃可储存 24h。
10 mmol/L β-磷酸甘油（使用前直接加入）
√0.2 mmol/L PMSF（使用前直接加入）
0.5 mmol/L 苯甲脒（使用前直接加入）
2 μg/ml 亮抑蛋白酶肽（使用前直接加入）
2 μg/ml 抑酶肽（使用前直接加入）

拓扑异构酶 I 缓冲液，10×（见 20.6）

√0.5 mmol/L Tris · Cl，pH 7.5
100 mmol/L $MgCl_2$
√1 mmol/L EDTA
0.5 mg/ml BSA
5 mmol/L DTT
分装成 0.1～1 ml 一份，于－20％可储存 2 年。

洗涤缓冲液 F（见 20.6）

√20 mmol/L Tris · Cl，pH 7.9
150 mmol/L NaCl
15％（*V*/*V*）甘油

2 mmol/L $MgCl_2$

√0.2 mmol/L EDTA

0.01% (*V*/*V*) NP-40

室温下可储存上述组分溶液至 24h。

1 mmol/L DTT（使用前直接加入）

10 mmol/L β-磷酸甘油（使用前直接加入）

√0.2 mmol/L PMSF（使用前直接加入）

2 μl/ml 亮抑酶肽（使用前直接加入）

1 μl/ml 抑酶肽（使用前直接加入）

洗涤缓冲液 H（见 20.6）

√50 mmol/L 磷酸钠，pH 7.6

100 mmol/L NaCl

20 mmol/L 咪唑

15% (*V*/*V*) 甘油

0.01% (*V*/*V*) NP-40

室温下可储存上述组分溶液至 24 h。

10 mmol/L β-磷酸甘油（使用前直接加入）

√0.2 mmol/L PMSF（使用前直接加入）

0.5 mmol/L 苯甲脒（使用前直接加入）

ATP 混合物（见 20.6）

√300 mmol/L 肌氨酸磷酸酯

30 mmol/L ATP

√10 μg/ml 肌氨酸激酶

−80℃可保存 2 年。

缓冲液 A（见 20.6）

√15 mmol/L Tris · Cl，pH 7.5

15 mmol/L NaCl

60 mmol/L KCl

0.34 mmol/L 蔗糖

0.1% (*V*/*V*) 2-ME

含上述成分的储备液在 4℃可保存 24 h。

0.5 mmol/L 亚精胺（临用前加入）

0.15 mmol/L 精胺（临用前加入）

0.25 mmol/L PMSF（临用前加入）

Bio948，500 pmol/L（见 21.2）

500 pmol/L 生物素酰化对照寡核苷酸 Bio948（5′-GTCAAGATGCTACCGT-TCAG-3′）
6×SSPE（Bio-Whittaker）
0.1 mg/ml 鲱精 DNA（Promega）
0.005%（*V*/*V*）Triton X-100（分子生物学级；Sigma）
用无核糖核酸酶的水配制
−20℃可保存1年。

溶液的 DEPC 处理（见 21.2）

将 0.2 ml DEPC 加入 100 ml 待处理的溶液中。激烈振摇使 DEPC 进入水中。高压灭菌钝化残留的 DEPC。许多研究者用这种溶液进行 RNA 分离工作，要保证勿将"肮脏"的吸管插入其中。

小心：使用 DEPC 时必须戴手套并在通风橱中进行操作，因为 DEPC 是一种可疑的致癌物质。

rNTP 混合物，10×（见 21.2）

30 mmol/L rGTP
15 mmol/L rATP
12 mmol/L rCTP
12 mmol/L UTP
用无核糖核酸酶的水和 Amersham Pharmacia Biotech 的超纯试剂配制。分装成小包装（如 50～100 μl）以免多次冻融，−20℃可保存3个月。

羧苄青霉素储备液，100 mg/ml（见 21.3）

1 g 羧苄青霉素（Life Technologies）
10 ml 无菌水
用 0.2 μm 滤膜过滤除菌
−20℃可保存2个月。

清洁液（见 21.3）

400 ml 水
600 ml 100%乙醇
100 g NaOH
将 NaOH 溶于水中加入乙醇并搅拌直至溶液清澈为止。如果溶液不清澈，加水直至溶液变清。室温下可保存 24 h。

dsDNA 参考标准（见 21.3）

50 μg/ml：

√90 μl TE 缓冲液
10 μl 0.5 mg/ml dsDNA（Life Technologies）

100 μg/ml：
√80 μl TE 缓冲液
20 μl 0.5 mg/ml dsDNA（Life Technologies）

250 μg/ml：
√50 μl TE 缓冲液
50 μl 0.5 mg/ml dsDNA（Life Technologies）

500 μg/ml：
√0 μl TE 缓冲液
100 μl 0.5 mg/ml dsDNA（Life Technologies）
要有良好的习惯，使用前检查标准的完整性（如用琼脂糖凝胶）和浓度（如用光吸收）。参考物 λ dsDNA 可以从 Life Technologies 购买。

乙醇/乙酸盐溶液（见 21.3）

950 ml 100% 乙醇
√50 ml 1 mol/L 乙酸钠，pH 6.0
加水至 100 ml
室温下可储存 2 周。

氟缓冲液（见 21.3）

25 μl Hoechst33258 溶液（来自 Molecular probe 的 FluorReporter Blue 试剂盒）
10 ml TNE 缓冲液（来自 Molecular probe 的 FluorReporter Blue 试剂盒）
10 ml 水
Hoechst33258 溶液：含有浓度不确定的染料，溶于 1∶4 的 DMSO∶水的混合物中。
TNE 缓冲液是 10 mmol/L Tris·Cl（pH 7.4）/ 2 mol/L NaCl/ 1 mmol/L EDTA。

破碎缓冲液，5×（见 21.2）

将 6.06 g Tris 碱（Sigma，分子生物学级）溶于 175 ml 无 RNase 的水中。用冰醋酸调节 pH 至 8.1。加 12.3 g 乙酸钾（未开瓶的或专用瓶内的试剂）和 8.04 g 乙酸镁（Sigma，分子生物学级），调节至 250 ml（最终 pH 约为 8.4）。用 0.2 μm 滤膜过滤除菌。在−20℃下，可储存 6 个月。

人 C_0t-1 DNA，10 mg/ml（见 21.3）

将 925 μl 100% 乙醇和 75 μl 3 mol/L 乙酸钠，pH 5.2 加入 500 μl 1 μg/μl 人 C_0t-1 DNA 中。14 000 *g* 离心，弃上清，沉淀在空气中干燥 5 min。重悬沉淀于 50 μl

DEPC 水。在－20℃下，可储存 6 个月。

加样缓冲液（见 21.3）

4.0 ml 甘油（酶级）

√0.9 ml DEPC 处理的水

0.1 ml 0.25%（*m*/*V*）二甲苯青 FF/0.25%溴酚蓝

室温下可保存 1 个月。

磷酸缓冲盐溶液（PBS）（见 21.3）

8.00 g/L NaCl

0.20 g/L KCl

1.44 g/L Na_2HPO_4（无水）

0.24 g/L NaH_2PO_4（无水）

加水至 1 L

高压灭菌 20 min

冷却至室温

用 0.2 μm 滤膜过滤

室温下可保存 6 个月。

聚 L-赖氨酸溶液（见 21.3）

35 ml 聚 L-赖氨酸（0.1% *m*/*V*；Sigma）

√35 ml PBS

280 ml H_2O

室温下可保存 24 h。

分子质量标准物，100 bp（见 21.3）

50 μl 1 mg/ml DNA 分子质量标准物（Life Technologies）

√5 μl 1 mol/L Tris · Cl，pH 8.0

√5 μl 0.5 mol/L EDTA，pH 8.0

√440 μl 加样缓冲液

4℃可保存 1 个月。

乙酸钠，3 mol/L（pH 6.0）（见 21.3）

溶解 408.24 g NaAc · $3H_2O$ 于 1 L 水中，即为 3 mol/L NaAc。用水稀释 172.4 ml 冰醋酸至 1 L 配制成 3 mol/L 乙酸。用 3 mol/L 乙酸溶液滴定 3 mol/L NaAc 溶液的 pH 至 6.0。用 0.2 μm 滤膜过滤除菌。室温下可保存 6 个月。

硼酸钠，1 mol/L（pH 8.0）（见 21.3）

将 61.83 g 硼酸溶于 900 ml DEPC 处理的水（见配方）。用 1mol/L NaOH 调节至

pH 8.0。加水至1 L。用0.2 μm滤膜过滤除菌，室温下可保存6个月。

T低E（T low E）缓冲液（见21.3）

√10 ml 1 mol/L Tris·Cl，pH 8.0

√0.2 ml 0.5 mol/L EDTA，pH 8.0

√900 ml DEPC处理的水

高压灭菌，室温下可保存6个月。

洗涤缓冲液：0.5×SSC/0.01%（*m/V*）SDS（见21.3）

将25 ml 20×SSC（见配方）加入974 ml DEPC处理的水（见配方）中。用0.5 μm过滤装置过滤除菌。加入1 ml 10%（*m/V*）SDS（见配方）并充分混匀。室温下可保存2个月。

洗涤缓冲液：0.06×SSC（见21.3）

将3 ml 20×SSC（见配方）加入997 ml DEPC处理的水（见配方）中。用0.5 μm过滤装置过滤除菌。室温下可保存2个月。

酵母tRNA，4 μg/ml（见21.3）

1）在1.5 ml聚丙烯圆锥形离心管中，将酵母tRNA以10 mg/ml（根据厂方提供的RNA量）悬浮于DEPC处理的水（见配方）中。

2）加入0.5体积的缓冲苯酚（见配方），涡旋振荡。

3）加入0.5体积的氯仿，再次涡旋振荡。

4）10 000 *g*离心5 min。将水相转移到一个新的1.5 ml聚丙烯圆锥形离心管中。

5）加入1体积的氯仿，涡旋振荡。10 000 *g*离心5 min。

6）重复氯仿抽提。

7）将水相转移到一个新的1.5 ml聚丙烯圆锥形离心管中。加入0.1体积3 mol/L乙酸钠（pH 5.2，见配方）。加入2体积100%乙醇。

8）10 000 *g*离心5 min。吸出上清液，然后加入1体积70%乙醇。

9）10 000 *g*离心5 min。吸出上清液，让沉淀干燥。

10）按原体积悬浮于DEPC处理的水（见配方）中。

11）用分光光度法测定RNA浓度（见附录3D）。

12）稀释至4 μg/ml并于−20℃冰冻保存。

尿素加样缓冲液（见22.1）

8 mol/L尿素

√20 mmol/L EDTA

√5 mmol/L Tris·Cl，pH 7.5

0.5%二甲苯青、溴酚蓝，或者两者都有

如果样品是溶液则加入1体积加样缓冲液，否则加入足以溶解干样品量的加样缓冲液。

甲酰胺加样缓冲液，2×（见 22.1）

用去离子甲酰胺配制：

0.05%（*m/V*）溴酚蓝

0.05%（*m/V*）二甲苯青 FF

√20 mmol/L EDTA

无须除菌

−20℃保存。

PCR 扩增缓冲液，10×（见 22.1）

500 mmol/L KCl

√100 mmol/L Tris • Cl，pH 8.3

x mmol/L $MgCl_2$

0.1%（*m/V*）白明胶

分装，−20℃保存。

该溶液可以高压灭菌。也可以用无菌水和储备液配制溶液，而除菌步骤就可以省去。

15 mmol/L $MgCl_2$是用于大多数 PCR 反应的浓度（*x*）。然而，最佳浓度取决于实验模板的序列和引物，可以凭经验决定（也见 15.1）。

DNA 洗脱缓冲液（见 22.2）

√10 mmol/L Tris • Cl，pH 7.5

√1 mmol/L EDTA，pH 8

50 mmol/L NaCl

室温保存可达 1 年。

非变性加样缓冲液（见 22.2）

√50 mmol/L Tris • Cl，pH 8

√50 mmol/L EDTA，pH 8

50%（*V/V*）甘油

4℃可保存 1 年。

ATP-配体选择结合缓冲液（见 22.3）

39.0 mg $MgCl_2$（相对分子质量 95.2；终浓度为 4.1 mmol/L）

2.92 g KCl（相对分子质量 74.6；终浓度为 392 mmol/L）

476 mg HEPES（相对分子质量 238；终浓度为 20 mmol/L）

3.07 mg 谷胱甘肽（相对分子质量 307；终浓度为 2 mmol/L）

3.06 mg 氧化型谷胱甘肽（相对分子质量 612；终浓度为 1 mmol/L）

3.72 mg EDTA • $2Na^+$（相对分子质量 372；终浓度为 100 μmol/L）

250 μl Triton X-100（终浓度为 0.25%）

加水至 100 ml

−20℃保存。

在加入谷胱甘肽之前要进行脱氧处理，往缓冲液中充入无氧的惰性气体，如氩气或氮气，并调节 pH 至7.4。

ATP-配体选择结合缓冲液（见 22.3）

285 mg ATP · $2Na^+$（相对分子质量 569；终浓度为 5 mmol/L）

84.7 mg $MgCl_2$（相对分子质量 95.2；终浓度为 8.9 mmol/L）

2.92 g KCl（相对分子质量 74.6；终浓度为 392 mmol/L）

476 mg HEPES（相对分子质量 238；终浓度为 20 mmol/L）

3.07 mg 谷胱甘肽（相对分子质量 307；终浓度为 2 mmol/L）

3.06 mg 氧化型谷胱甘肽（相对分子质量 612；终浓度为 1 mmol/L）

3.72 mg EDTA · $2Na^+$（相对分子质量 372；终浓度为 100 μmol/L）

0.25 g Triton X-100（终浓度为 0.25%）

加水至 100 ml

−20℃保存。

在加入谷胱甘肽之前，需要往缓冲液中冲入无氧的惰性气体，如氩气或氮气，并调节 pH 至7.4。

FLAG 结合缓冲液（见 22.3）

877 mg NaCl（相对分子质量为 58.4；终浓度为 150 mmol/L）

1.19 g 50 mmol/L HEPES（相对分子质量为 238；终浓度为 50 mmol/L）

0.25 g Triton X-100（终浓度为 0.25% *m/V*）

用 NaOH/HCl 调节 pH 至 7.4

加水至 100 ml

−20℃保存。

FLAG 清洁缓冲液（见 22.3）

751 mg 甘氨酸（相对分子质量为 75.1；终浓度为 100 mmol/L）

0.25 g Triton X-100（终浓度为 0.25% *m/V*）

加水至 100 ml

−20℃保存

用 NaOH/HCl 调节 pH 至 3.5。

甲酰胺加样缓冲液（见 22.3）

95%（*V/V*）甲酰胺

0.09%（*m/V*）溴酚蓝

0.09%（*m/V*）二甲苯青 FF

4℃可保存 3 个月。

Ni-NTA 结合缓冲液（见 22.3）

57.4 g 盐酸胍（相对分子质量为 95.5；终浓度为 6 mol/L）

2.93 g NaCl（相对分子质量为 58.4；终浓度为 500 mmol/L）

1.42 g Na_2HPO_4（相对分子质量为 142；终浓度为 100 mmol/L）

121 mg Tris（羟甲基）氨基甲烷（相对分子质量为 121；终浓度为 10 mmol/L）

0.25 g Triton X-100（终浓度为 0.25% *m/V*）

701 μl 2-ME（相对分子质量为 78.1；终浓度为 10 mmol/L）

用 NaOH/HCl 调节至 pH 8.0

加水至 100 ml

−20℃保存

为了配制 2×Ni-NTA 结合缓冲液，应当将 1×Ni-NTA 结合缓冲液减压蒸发至干。在使用配制成的 2×Ni-NTA 结合缓冲液时必须再加入 2-ME。

Ni-NTA 洗脱缓冲液（见 22.3）

2.93 g NaCl（相对分子质量为 58.4；终浓度为 500 mmol/L）

121 mg Tris（羟甲基）氨基甲烷（相对分子质量为 121；终浓度为 10 mmol/L）

0.25 g Triton X-100（终浓度为 0.25% *m/V*）

1.70 g 咪唑（相对分子质量为 68.1；终浓度为 250 mmol/L）

701 μl 2-ME（相对分子质量为 78.1；终浓度为 10 mmol/L）

用 NaOH/HCl 调节至 pH 8.0

加水至 100 ml

−20℃保存。

Ni-NTA 洗涤缓冲液 1（见 22.3）

48.1 g 尿素（相对分子质量为 60.1；终浓度为 8 mol/L）

2.93 g NaCl（相对分子质量为 58.4；终浓度为 500 mmol/L）

1.20 g NaH_2PO_4（相对分子质量为 120；终浓度为 100 mmol/L）

121 mg Tris（羟甲基）氨基甲烷（相对分子质量为 121；终浓度为 10 mmol/L）

0.25 g Triton X-100（终浓度为 0.25% *m/V*）

701 μl 2-ME（相对分子质量为 78.1；终浓度为 10 mmol/L）

用 NaOH/HCl 调节至 pH 6.3

加水至 100 ml

−20℃保存。

Ni-NTA 洗涤缓冲液 2（见 22.3）

2.93 g NaCl（相对分子质量为 58.4；终浓度为 500 mmol/L）

121 mg Tris（羟甲基）氨基甲烷（相对分子质量为 121；终浓度为 10 mmol/L）

0.25 g Triton X-100（终浓度为 0.25% *m/V*）

701 μl 2-ME（相对分子质量为 78.1；终浓度为 10 mmol/L）
用 NaOH/HCl 调节至 pH 8.0
加水至 100 ml
－20℃保存。

寡（dT）结合缓冲液（见 22.3）

7.46 g KCl（相对分子质量为 74.6；终浓度为 1 mol/L）
1.21 g Tris（羟甲基）氨基甲烷（相对分子质量为 121；终浓度为 100 mmol/L）
372 mg EDTA · Na_2（相对分子质量为 372；终浓度为 10 mmol/L）
0.25 g Triton X-100（终浓度为 0.25% *m/V*）
用 NaOH/HCl 调节至 pH 8.0
加水至 100 ml
－20℃保存。

寡（dT）洗涤缓冲液（见 22.3）

746 mg KCl（相对分子质量为 74.6；终浓度为 100 mmol/L）
121 mg Tris（羟甲基）氨基甲烷（相对分子质量为 121；终浓度为 10 mmol/L）
0.25 g Triton X-100（终浓度为 0.25% *m/V*）
用 NaOH/HCl 调节至 pH 8.0
加水至 100 ml
－20℃保存。

转录缓冲液，10×（见 22.3）

255 mg 亚精胺三盐酸化物（相对分子质量为 255；终浓度为 10 mmol/L）
4.84 mg Tris（羟甲基）氨基甲烷（相对分子质量为 121；终浓度为 400 mmol/L）
770 mg DTT（相对分子质量为 154；终浓度为 50 mmol/L）
0.1 g Triton X-100（终浓度为 0.1% *m/V*）
用 NaOH/HCl 调节至 pH 8.0
加水至 100 ml
－20℃保存。

琼脂糖凝胶（见 23.1）

常用的凝胶在 1×TAE 或者 TBE 溶液中含有 1%左右的琼脂糖（见配方）。将粉状琼脂糖加入 1×凝胶缓冲液，加热至沸数分钟，直至融化。要确保所有琼脂糖颗粒完全融化。为了易于观察电泳过程中的 DNA 片段，凝胶中加入 0.5 μg/ml 溴化乙锭。

T4 DNA 连接酶（见 23.1）

√0.5 mol/L Tris · Cl，pH 7.5

50 mmol/L $MgCl_2$

50 mmol/L DTT

0.5 mg/ml BSA 或者白明胶

磷酸钠缓冲液，1 mol/L，pH 7.0（见 23.1）

A：1 mol/L Na_2HPO_4

B：1 mol/L NaH_2PO_4

将 B 加入 A 中直至 pH 为 7.0。

SI 核酸酶缓冲液（见 23.1）

√0.5 mol/L NaAc，pH 4.5

10 mmol/L $ZnAc_2$

2.5 mol/L NaCl

0.5 mg/ml BSA 或白明胶

蔗糖溶液，10%（*m/V*）（见 23.1）

10%蔗糖（10 g 蔗糖/100 ml 溶液）

1 mol/L NaCl

√20 mmol/L Tris·Cl，pH 7.5

√5 mmol/L EDTA

链霉亲和素溶液（见 23.2）

2 μg /μl 链霉亲和素

0.15 mol/L NaCl

√HEPES 缓冲液

−20℃可保存 6 个月。

T4 DNA 连接酶缓冲液，10×（见 23.2）

√500 mmol/L Tris·Cl，pH 7.8

100 mmol/L $MgCl_2$

100 mmol/L DTT

10 mmol/L ATP

250 μg/ml BSA

−20℃可保存 6 个月。

T4 多核苷酸激酶缓冲液，10×（见 23.2）

√700 mmol/L Tris·Cl，pH 7.6

100 mmol/L $MgCl_2$

√50 mmol/L DTT

－20℃可保存 6 个月。

Taq DNA 聚合酶缓冲液，10×（见 23.2）

√100 mmol/L Tris · Cl，pH 9.0

500 mmol/L KCl

1%（_V/V_）Triton X-100

－20℃保存。

Alu I 缓冲液，10×（见 23.2）

100 mmol/L bis-Tris 丙烷 · Cl(1,3-双[三(羟甲基)甲氨基]丙烷 · Cl)，pH 7.0

100 mmol/L $MgCl_2$

10 mmol/L DTT

－20℃可保存 6 个月。

dNTP 混合物（见 23.2）

dATP、dCTP 和 dGTP 各 1.5 mmol/L

1.0 mmol/L dTTP

0.5 mmol/L bio-11-dUTP（Enzo Diagnostics）

－20℃可保存 3 个月。

Driver dNTP 混合物（见 23.2）

dATP、dCTP 和 dGTP 各 1.5 mmol/L

1.0 mmol/L dTTP

0.5 mmol/L bio-11-dUTP（Enzo Diagnostics）

－20℃可保存 3 个月。

_Eco_R I 缓冲液，10×（见 23.2）

√1 mol/L Tris · Cl，pH 7.5

500 mmol/L NaCl

100 mmol/L $MgCl_2$

0.25%（_V/V_）Triton X-100

保存于－20℃。

_Eco_R V 缓冲液，10×（见 23.2）

√100 mmol/L Tris · Cl，pH 7.9

500 mmol/L NaCl

100 mmol/L $MgCl_2$

10 mmol/L DTT

－20℃可保存 6 个月。

HEPES缓冲液（见23.2）

100 mmol/L HEPES，pH 7.3

√ 1 mmol/L EDTA

−20℃保存。

探针dNTP混合物（见23.2）

dATP、dGTP和dTTP各0.5 mmol/L

0.1 mmol/L dCTP

−20℃可保存3个月。

差减杂交缓冲液（见23.2）

50 mmol/L HEPES，pH 7.3

√ 10 mmol/L EDTA

0.2%（*m*/*V*）SDS

1.5 mol/L NaCl

−20℃可保存3个月。

为了避免溶液混浊，NaCl要最后加入并保持68℃。

封阻试剂，1.5%（*m*/*V*）（见23.4）

用顺丁烯二酸缓冲液（pH 7.5，见配方）悬浮封阻试剂（Roche Molecular Biochemicals），配制成浓度为10%（*m*/*V*）的储备液，高压灭菌。−20℃可冰冻保存1年。临用前，用8.5份（*V*/*V*）顺丁烯二酸缓冲液稀释1.5份（*V*/*V*）10%的储备液。

顺丁烯二酸缓冲液，pH 7.5（见23.4）

100 mmol/L 顺丁烯二酸

150 mmol/L NaCl

200 mmol/L NaOH

室温下可长期保存。

MboI接头ML2025（见23.4）

混合：

150 μl 100 pmol/μl ML20

5′- TCA CAT GCT AAG TCT CGC GA -3′（见2.14）

150 μl 100 pmol/μl LM25

5′- GAT CTC GCG AGA CTT AGC ATG TGA C -3′（见2.14）

55 μl 10×连接缓冲液

195 μl H_2O

混匀并置于 90℃加热封阻。关掉热封阻，让其缓慢冷却至室温。接头（约 0.5 μg/μl）备用，并且于－20℃冰冻保存可达 1～2 年。

替代方法：可以用设置了低冷却速率（如 0.02℃/s）的 PCR 仪来对抗热封阻。

PEG 8000，50%（见 23.4）

将 10 g 水加入 50 ml 锥形管（如 Becton Dickinson）中，准确称量 10 g PEG 8000（Promega）加入其中。盖紧锥形管固定在杂交炉的转子上，关闭加热。室温下转动 12 h 或过夜直至所有薄片完全溶解。－20℃可保存 1～2 年。

融化后，激烈振摇直至不再看到“条纹状”。放置 10～15 min 直至振摇时产生的所有气泡全都跑到表面，然后缓慢并小心地取出需要的体积。

重要的是要保持 PEG 和水的质量比为准确的 1∶1。

PEG 8000，28% $MgCl_2$，3.6 mmol/L（见 23.4）

小心地混合 5.6 ml 50% PEG 8000（见配方）、3.68 ml 水和 720 μl 50 mmol/L $MgCl_2$。

－20℃可保存 2 年。

反应缓冲液（见 23.4）

100 mmol/L NaCl
√5 mmol/L Tris · Cl
90 mmol/L Tris 碱
室温下可保存 1 年。

PCR 缓冲液，10×（见 23.4）

670 mmol/L Tris · Cl，pH 8.8
170 mmol/L $(NH_4)_2SO_4$
1%（*V*/*V*）Tween 20
－20℃可保存 2 年。

第二链缓冲液 II，5×（见 23.4）

√94 mmol/L Tris · Cl，pH 6.9
453 mmol/L KCl
23 mmol/L $MgCl_2$
50 mmol/L $(NH_4)_2SO_4$

用高纯水和缓冲储备液（见配方）配制 1.0ml 缓冲液，然后按缓冲储备液配方中列出的方法检查核酸酶活性。分装于带螺纹盖的微量离心管，每份 200μl。－80℃冻存。

第二链缓冲液，5×（见 23.5）

√100 mmol/L Tris · Cl，pH 7.0

20 mmol/L $MgCl_2$

450 mmol/L KCl

750 μmol/L NAD^+

50 mmol/L $(NH_4)_2SO_4$

分装，−20℃可保存6个月。

PCR缓冲液，10×（见23.5）

√100 mmol/L Tris · Cl, pH 8.3

15 mmol/L $MgCl_2$

500 mmol/L KCl

室温下可保存6个月。

结合缓冲液，2×，1×（见23.5）

√20 mmol/L Tris · Cl, pH 7.5

150 mmol/L LiCl

√1 mmol/L EDTA

室温保存可达6个月

用Milli-Q纯化水或双蒸水稀释至1×。

变性聚丙烯酰胺凝胶，4.5%（见23.5）

用7.5 mol/L尿素（Life Technologies）/0.5×TBE（见配方）配制总体积为100 ml左右的4.5%测序胶混合物（19∶1丙烯酰胺/甲叉双丙烯酰胺；National Diagnostics）。加入500 μl 10%过硫酸氨（APS），临用前新鲜配制，并在灌胶前加入100 μl TEMED（*N*，*N*，*N*′，*N*′-四甲基乙烯基二胺）。按照厂商提供的说明用两个24孔（48泳道）或者48孔（96泳道）的齿状梳子灌胶。

这凝胶基本上是正常的测序胶（见7.6），只是聚丙烯酰胺的百分比浓度比较低。现成的溶液应当也是可以用的。

加样染料（见23.5）

98%甲酰胺，去离子并过滤（Merck）

√10 mmol/L EDTA，pH 8.0

5 mmol/L 亚精胺 · 3HCl（Sigma）

痕量（大约0.5 mg/ml）溴酚蓝和二甲苯青

分装成每份500 μl，−20℃可保存6个月。

第一链缓冲液，5×（见23.5）

√250 mmol/L Tris · Cl, pH 8.3

15 mmol/L $MgCl_2$

375 mmol/L KCl

－20℃可保存6个月。

STEX，2×，1×（见23.5）

√20 mmol/L Tris·Cl，pH 8.0

2000 mmol/L NaCl

√2 mmol EDTA

0.2%（*m/V*）Triton X-100

室温下可保存6个月

用Milli-Q纯化水或者双蒸水稀释至1×。

T4多核苷酸激酶缓冲液，10×（见23.5）

√250 mmol/L Tris·Cl，pH 7.5

100 mmol/L $MgCl_2$

50 mmol/L DTT

分装，－20℃可保存6个月。

TBE缓冲液，1×（见23.5）

配制10×储备液：

1 mol/L Tris碱

1 mol/L 硼酸

√20 mmol/L EDTA，pH 8.3

室温下可保存6个月

用水稀释至1×。

RL缓冲液（见23.5）

50 mmol/L Tris·Cl，pH 7.5

50 mmol/L $MgAc_2$

√250 mmol/L KAc

25 mmol/L DTT

分装成每份500 μl，－20℃可保存6个月。

洗涤缓冲液（见23.5）

√10 mmol/L Tris·Cl，pH 7.5

150 mmol/L LiCl

√1 mmol/L EDTA

室温下可保存6个月。

寡核苷酸和双链连接物（见 23.5）

连接物：

Taq I 连接物上链

5′-CTCGTAGACTGCGTACA -3′

Taq I 连接物下链

3′- CATCTGACGCATGTGC-5′

Mse I 连接物上链

5′- GACGATGAGTCCTGAG-3′

Mse I 连接物下链

3′-GCTACTCAGGACTCAT -5′

非选择性引物（AFLP+0）：

Taq I+0 引物

5′-CTCGTAGACTGCGTACACGA -3′

Mse I+0 引物

5′-GACGATGAGTCCTGAGTAA -3′

选择性引物（AFLP+1 和+2）：

Taq I+1 引物

5′-GTAGACTGCGTACACGAN -3′

Taq I+2 引物

5′- GTAGACTGCGTACACGANN -3′

Mse I+1 引物

5′-GATGAGTCCTGAGTAAN -3′

Mse I+2 引物

5′- GATGAGTCCTGAGTAANN -3′

N 是任意核苷酸，所以对于每一种限制性内切核酸酶，总共有 1 个“+0”、4 个“+1”或 16 个“+2”种引物。

PC8（见 23.6）

480 ml 苯酚，温热至 65℃

√320 ml 0.5 mol/L Tris · Cl，pH 8.0

640 ml 氯仿

依次加入并放置于 4℃。2～3 h 后，再振摇。放置 2～3 h 后，吸出水相。分装，－20℃可保存 1 年，4℃可保存 6 个月。

也可以用购得的 1∶1（*V*/*V*）混合苯酚/氯仿代替，只要预先将 pH 调节至 8.0。

PCR 引物（见 23.6）

引物 1

√5′ GGATTTGCTGGTGCAGTACA 3′

引物 2

5′ CTGCTCGAATTCAAGCTTCT 3′

M13 正向

5′ GTAAAACGACGGCCAGT 3′

M13 反向

5′ GGAAACAGCTATGACCATG 3′

SAGE PCR 缓冲液，10×（见 23.6）

166 mmol/L $(NH_4)_2SO_4$

√670 mmol/L Tris · Cl，pH 8.8

67 mmol/L $MgCl_2$

100 mmol/L 2-ME

分成若干份，−20℃可保存 1 年。

用高质量的水和缓冲液的储备液（见配方）配制 1.0 ml 缓冲液，然后按照储备液的配方检查核酸酶的活性。分装成每份 200 μl 的小包装，冻存于−80℃。

SOC 培养基（见 23.6）

0.5%（*m/V*）酵母浸出物

2%（*m/V*）胰蛋白胨

10 mmol/L NaCl

2.5 mmol/L KCl

10 mmol/L $MgCl_2$

10 mmol/L $MgSO_4$

20 mmol/L 葡萄糖

室温保存（数年内稳定）。

含 zeocin 的低盐 LB 平板（见 23.6）

1 L：

10 g 胰蛋白胨

5 g 酵母浸出物

5 g NaCl

调节 pH 至 7.5 并加入 15 g bactoagar。高压灭菌，冷却后加入 zeocin 至 100 μg/ml。

BW 缓冲液，2×（见 23.6）

√10 mmol/L Tris · Cl，pH 7.5

√1 mmol/L EDTA
2.0 mol/L NaCl
室温下可保存1年。

接头（见23.6）

接头1A（经凝胶纯化）
5′ TTTGGATTTGCTGGTGCAGTACAACTAGGCTTAATAGGGACATG 3′

接头1B（经凝胶纯化）
5′ TCCCTATTAAGCCTAGTTGTACTGCACCAGCAAATCC(amino mod C7) 3′

接头2A（经凝胶纯化）
5′ TTTCTGCTCGAATTCAAGCTTCTAACGATGTACGGGGACATG 3′

接头2B（经凝胶纯化）
5′ TCCCCGTACATCGTTAGAAGCTTGAATTCGAGCAG（a mino mod C7）3′
5′端磷酸化的接头1B和2B可望购得。如果不能获得，可按下列方法磷酸化接头：
9 μl 接头1B或2B（稀释至350 ng/μl）
6 μl LoTE缓冲液
2 μl 10×激酶缓冲液（New England Biolabs）
2 μl 10 mmol/L ATP
1 μl 10 U/μl T4多核苷酸激酶（New England Biolabs）
37℃保温30 min。65℃加热钝化15 min。

接头复性，混合：
9 μl 接头1A（350 ng/μl）加到2 μl激酶接头1B（终浓度为200 ng/μl）
9 μl 接头2A（350 ng/μl）加到2 μl激酶接头2B（终浓度为200 ng/μl）
如果获得预先激酶反应的接头，只要将每一个接头简单稀释至200 ng/μl并适当混合。
95℃加热混合的接头2 min，然后置于65℃10 min，37℃10 min，以及室温20 min。使用前将接头稀释至2 ng/μl
所有接头，不论是定购的，预先磷酸化的，还是激酶反应的都应当检查自身连接。每对200 ng的接头连接4 h，并在20%聚丙烯酰胺/TBE凝胶上对产物进行电泳。激酶反应的接头在连接后会有接头二聚体形成，而非激酶反应的接头可以避免自身连接。只有自身连接大于70%的成对接头可以用于下一步工作。

LoTE缓冲液（见23.6）

√3 mmol/L Tris·Cl，pH 7.5
√ 0.2 mmol/L EDTA，pH 7.5
室温下可保存1年。

悬浮介质（SM），每升（见 23.6）

5.8 g NaCl

2 g $MgSO_4 \cdot 7H_2O$

√50 ml 1 mol/L Tris · Cl，pH 7.5

0.01%白明胶（Difco）

附录 2　实用测量值和数据

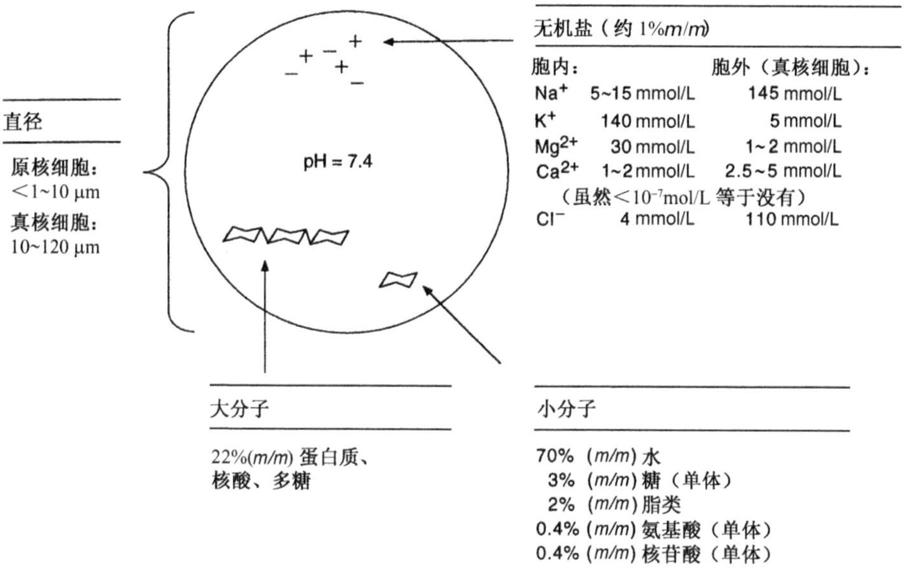

图 A. 2. 1　细胞的物理化学图示。表中的数据组合摘自 Albert 的《细胞分子生物学》（*The Molecular Biology of the Cell*，1994），代表各种胞内成分的大致浓度。

表 A. 2. 1　换算因子

DNA 碱基对的平均分子质量：649 Da	1 kb DNA：编码容量 333 个氨基酸，约 36 000 Da
氨基酸的平均分子质量：110 Da	6.5×10^5Da 双链 DNA（钠盐）
1μg/ml DNA：3.08 μmol/L 磷酸根	3.3×10^5Da 单链 DNA（钠盐）
1 μg/ml 1 kb DNA：3.08 nmol 5′端	3.4×10^5Da 单链 DNA（钠盐）
1μmol pBR322 (4363 bp)：2.83g	
1pmol 线性化的 pBR322 5′端：1.4μg	10 kDa 蛋白质：91 个氨基酸
1 A_{260}双链 DNA：50μg/ml	273 个核苷酸
1 A_{260}单链 DNA：37μg/ml	

表 A. 2. 2　不同生物体的基因组大小[a]

生物体	碱基对/单倍体基因组	生物体	碱基对/单倍体基因组
SV40	5243	黑腹果蝇（*Drosophila melanogaster*）	1.4×10^8
ΦX174	5368	家鸡（*Callus domesticus*）	1.2×10^9
腺病毒 2 型	35 937	小鼠（*Mus musculus*）	2.7×10^9
λ 噬菌体	48 502	大鼠（*Rattus norvigeticus*）	3.0×10^9
大肠杆菌（*Escherichia coli*）	4.7×10^6	非洲爪蟾（*Xenopus laevis*）	3.1×10^9
酿酒酵母（*Saccharomyces cerevisiae*）	1.5×10^7	人（*Homo sapiens*）	3.3×10^9
盘基网柄菌（*Dictyostelium discoideum*）	5.4×10^7	玉米（*Zea mays*）	3.9×10^9
拟南芥（*Arabidopsis thaliana*）	7.0×10^7	烟草（*Nicotiana tabacum*）	4.8×10^9
秀丽新小杆线虫（*Caenorhabditis elegans*）	8.0×10^7		

a. 基因组的大小取自直接测定（病毒）或电泳分析（大肠杆菌、酵母），也可能是或结合每细胞中 DNA 含量和杂交动力学的结果分析得来，一些数据采用 Lewin 的 *Gene Expression 2*（1980）。

表 A.2.3　氨基酸的物理特性

氨基酸	三字母表示	单字母表示	摩尔质量	可及表面积[a]	疏水性[b]	相对可变性[c]	表面概率[d]
丙氨酸	Ala	A	89.1	115	−0.40	100	62
精氨酸	Arg	R	174.2	225	−0.59	65	99
天冬酰胺	Asn	N	132.1	160	−0.92	134	88
天冬氨酸	Asp	D	133.1	150	−1.31	106	85
半胱氨酸	Cys	C	121.2	135	0.17	20	55
谷氨酸	Glu	E	147.1	190	−1.22	102	82
谷氨酰胺	Gln	Q	146.2	180	−0.91	93	93
甘氨酸	Gly	G	75.1	75	−0.67	49	64
组氨酸	His	H	155.2	195	−0.64	66	83
异亮氨酸	Ile	I	131.2	175	1.25	96	40
亮氨酸	Leu	L	131.2	170	1.22	40	55
赖氨酸	Lys	K	146.2	200	−0.67	56	97
甲硫氨酸	Met	M	149.2	185	1.02	94	60
苯丙氨酸	Phe	F	165.2	210	1.92	41	50
脯氨酸	Pro	P	115.1	145	−0.49	56	82
丝氨酸	Ser	S	105.1	115	−0.55	120	78
苏氨酸	Thr	T	119.1	140	−0.28	97	77
色氨酸	Trp	W	204.2	255	0.50	18	73
酪氨酸	Tyr	Y	181.2	230	1.67	41	85
缬氨酸	Val	V	117.1	155	0.91	74	46

a. 可及表面积的单位是 $\mathring{A}^2$，用于表示多作为肽骨架一部分的氨基酸（Chothia，1976）。

b. 疏水性以任意设定的单位表述，基于 Sweet 和 Eisenberg（1983）的 OMH 等级，它强调了在进化过程中氨基酸相互替代的能力。

c. 相对可变性也是任意设定的单位（丙氨酸设定为 100），表述了在给定时间内氨基酸发生变化的概率。因此，如两个亲缘很近的蛋白质出现异化，色氨酸残基的突变概率仅为丙氨酸的 18%。

d. 表面概率是指在蛋白质中某一个氨基酸有 5%或更多的表面区暴露于围绕蛋白质的溶液的可能性（Chothia，1976）。因此，几乎所有精氨酸的一些部位都参与构成蛋白质的表面，而只有不到一半的缬氨酸将暴露于溶液。为详细了解氨基酸如何被埋在蛋白质之中，可参阅 Rose 等（1985）。例如，虽然酪氨酸经常被发现暴露于蛋白质表面，它的表面区中的相当部分却通常被包埋在蛋白质内。

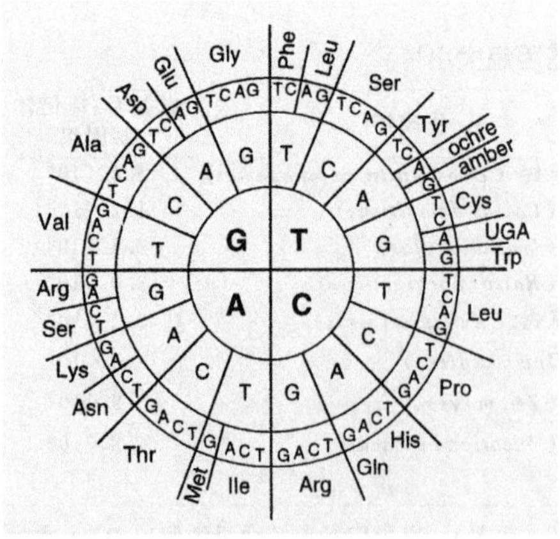

图 A.2.2　遗传密码子。氨基酸和终止密码子的名称在环的外围。密码子的第一个碱基在环的中央，第二个碱基在中间的环，第三个碱基在外环。

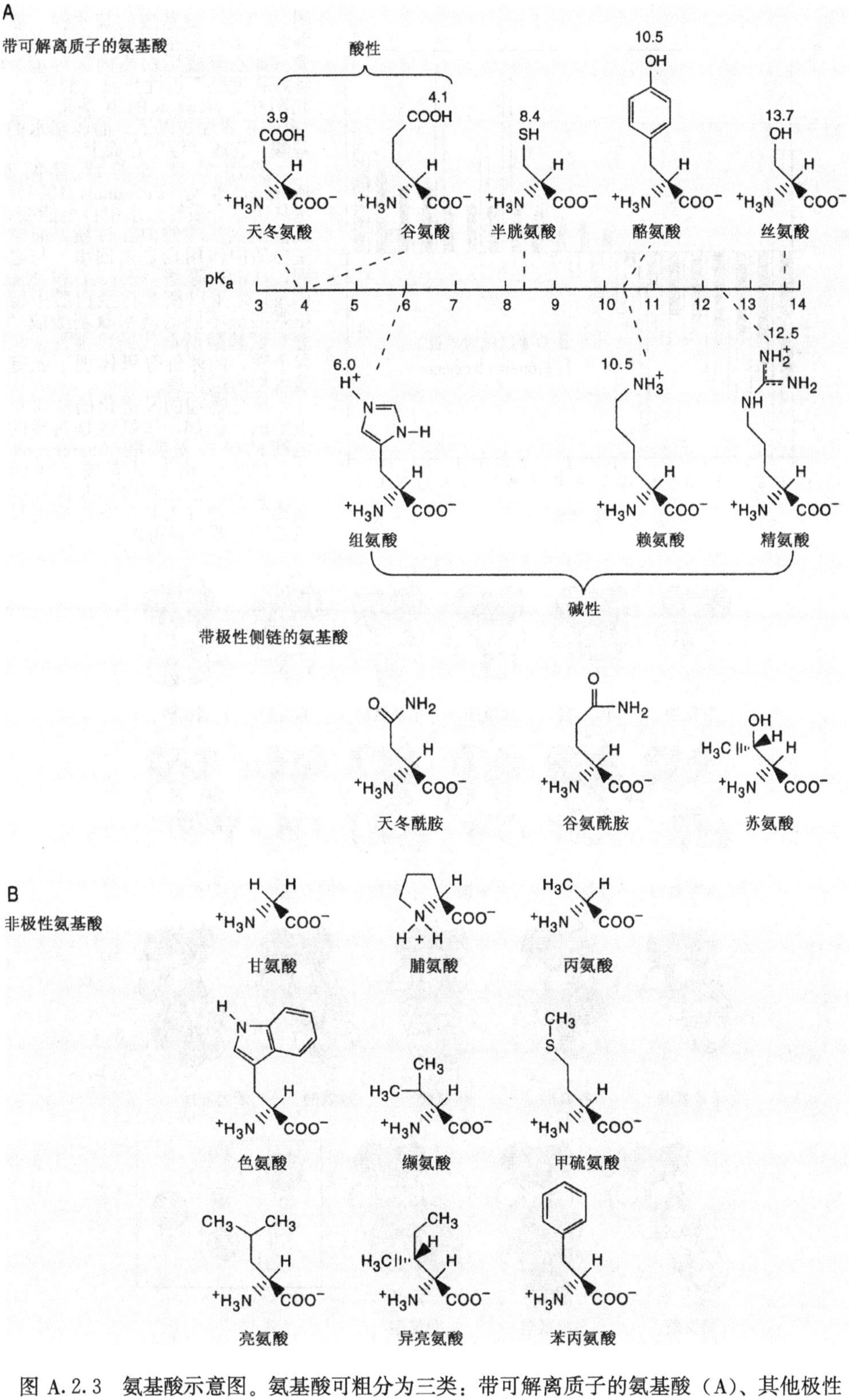

图 A.2.3　氨基酸示意图。氨基酸可粗分为三类：带可解离质子的氨基酸（A）、其他极性氨基酸（A）和非极性氨基酸（B）。这样的分类便于理解酶学本质和蛋白质折叠的热力学。

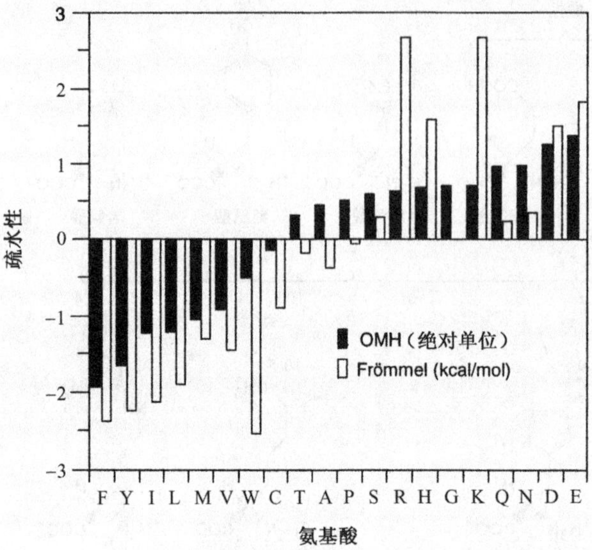

图 A. 2. 4　氨基酸的疏水性。氨基酸的疏水性是指氨基酸对非极性介质（如乙醇或蛋白质内部环境）的喜好程度胜于极性介质（如水）。在此图中，越疏水的氨基酸，它越“沉”在零度线以下，而越亲水的氨基酸，它越“浮”在面上。

所用的评价等级有两种：Frömmel 等级（Frömmal，1984）表示从疏水介质转入水中自由能变化，此值是氨基酸的内在性质，而它在蛋白质中作用则是两回事。与之不同，OMH 等级（Sweet 和 Eisenberg）是用以衡量在蛋白质中特定氨基酸被不同的疏水氨基酸或“包埋”氨基酸所取代的可能性，从效果上看，此评价等级体现了氨基酸疏水性的进化观。

区分物理的及进化的性质是很重要的。例如，精氨酸是明确的带电荷的极性氨基酸（Sambrook et al.，1989），由于具有较长的脂肪链，它取代蛋白质内部非极性氨基酸比谷氨酸（也是带有电荷的极性氨基酸）要容易得多。

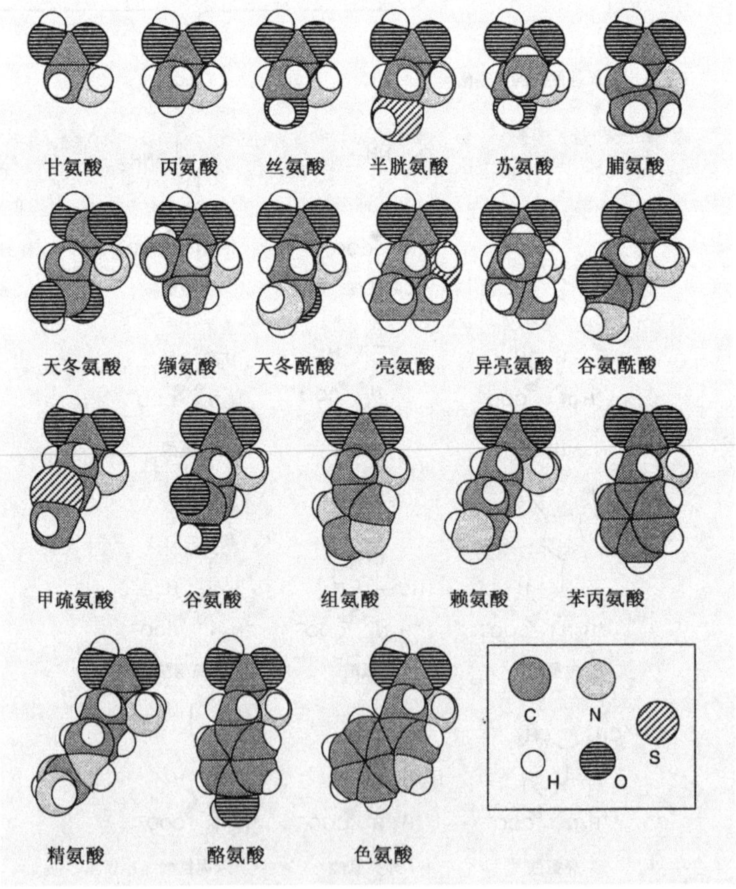

图 A. 2. 5　氨基酸空间结构的全充满模型。氨基酸按大小排序。图中显示二维面积最大的构象，不一定是最稳定的几何结构。

表 A.2.4 核苷酸的物理特性[a]

核苷酸	摩尔质量/(g/mol)	λ_{max}/nm	λ_{min}/nm	ε_{max}/($L \cdot mmol^{-1} \cdot cm^{-1}$)	A_{280}/A_{260}	TLC 迁移率[b]		
						A	B	C
ATP	507.2	259	227	15.4	0.15	0	6	34
ADP	427.2	259	227	15.4	0.16	0	26	54
AMP	347.2	259	227	15.4	0.16	11	52	65
Adenosine[c]	267.2	260	227	14.9	0.14	—	—	—
dATP[d]	491.2	259	226	15.4	0.15	0	—	35
dAMP[d]	331.2	259	226	15.2	0.15	11	52	—
dA	251.2	260	225	15.2	0.15	—	—	—
CTP	483.2	271	249	9.0	0.97	0	11	41
CDP	403.2	271	249	9.1	0.98	0	33	64
CMP	323.2	271	249	9.1	0.98	15	64	75
Cytidine	243.2	271	250	9.1	0.93	—	—	—
dCTP[d]	467.2	272	—	9.1	0.98	0	—	43
dCMP	307.2	271	249	9.3	0.99	18	65	—
dC	227.2	271	250	9.0	0.97	—	—	—
GTP	523.2	253	223	13.7	0.66	0	5	25
GDP	443.2	253	224	13.7	0.66	0	17	45
GMP	363.2	252	224	13.7	0.66	6	40	51
Guanosine[c]	283.2	253	223	13.6	0.67	—	—	—
dGTP[d]	507.2	252	222	13.7	0.66	0	—	26
dGMP[d]	347.2	253	222	13.7	0.67	6	41	—
dG	267.2	254	223	13.0	0.68	—	—	—
UTP	484.2	262	230	10.0	0.38	0	14	49
UDP	404.2	262	230	10.0	0.39	0	41	71
UMP	324.2	262	230	10.0	0.39	20	75	80
Uridine	244.2	262	230	10.1	0.35	—	—	—
TTP[d]	482.2	267	—	9.6	0.73	0	—	52
TMP[d]	322.2	267	234	9.6	0.73	24	74	—
Thymidine[d]	242.2	267	235	9.7	0.70	—	—	—

a. 光谱数据取自 Fasman (1975)，除了加有脚注的以外，均为 pH 7.0 时的测试值。

b. TLC 迁移率表示在三种不同的 TLC（薄层层析）系统中特定斑点所迁移的距离相对于溶剂前沿的百分率。所用的是 0.5 mm 聚乙烯亚胺纤维素平板，流动相 A：0.25 mol/L LiCl，B：1.0 mol/L LiCl，C：1.6 mol/L LiCl。

c. 光谱测量在 pH 6.0 进行。

d. 光谱数据取自文献 (Dawson et al. 1987)。

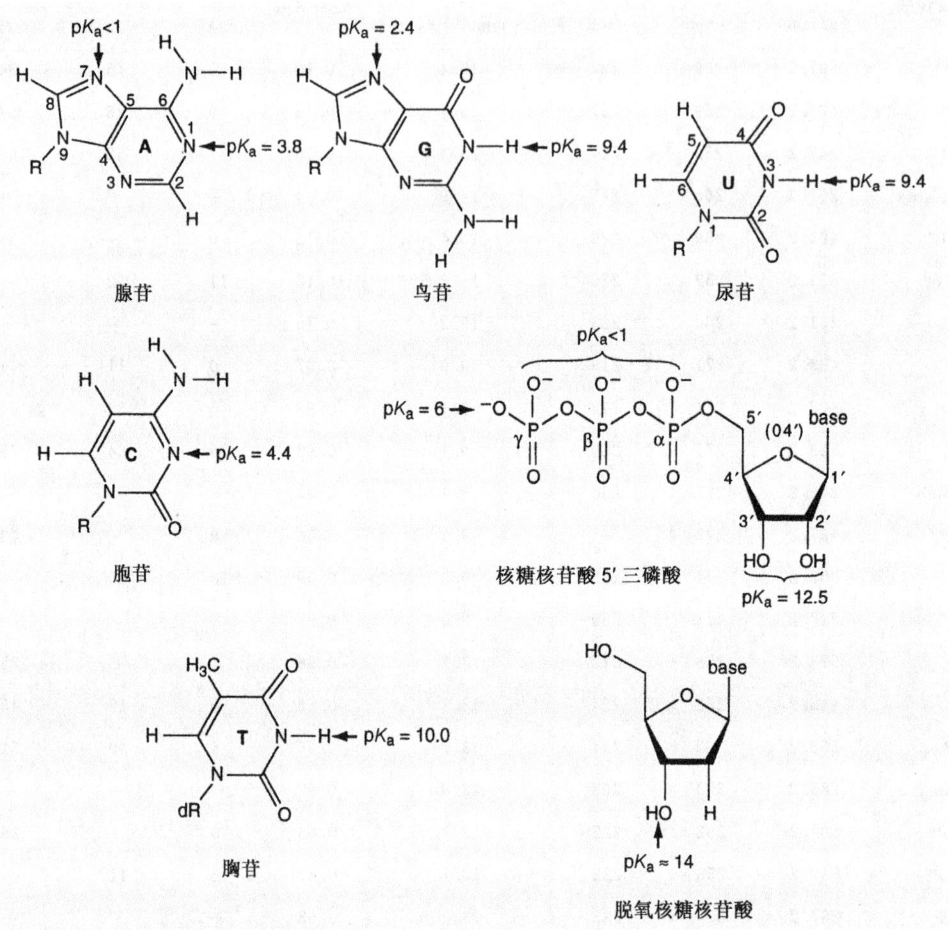

图 A.2.6　核苷酸的示意图。所表示的是核苷酸在中性 pH 时占优势的化学结构。图中分别显示了核苷酸的碱基及其相连的糖，即核糖（R）或脱氧核糖（dR）。在核糖（如核苷三磷酸）和脱氧核糖（如核苷）的示意图中，粗线表示糖环上离开页面冲向读者的部分，由此看来，碱基在糖环平面上，而糖的 3′羟基则在糖环之下。

标出了所有基团的 pK_a 值，pK_a 值在 7 以上暗示了图示结构的质子处于解离状态，而 pK_a 值在 7 以下质子则处于缔合状态，在不同的 pH 下碱基会发生互变异构。所给出的 pK_a 值是核苷单磷酸的，采自 Dawson 等（1987）的数据，有关这些数据在化学基础上的较为充分的讨论，可参见 T'so 的综述（1974）。

靠近腺嘌呤、尿嘧啶和核糖的小数字分别提示了嘌呤、嘧啶和糖的命名位次。连接于环的基团采用它们所连接位置的位次，如鸟苷的 O6 位是指共价结合于环上 C6 原子的羰基氧原子，而核糖或脱氧核糖上的 O3′则是表示了结合于环上 C3′原子的羟基氧原子。核苷三磷酸上的 α、β、γ 磷酸也作了标示。

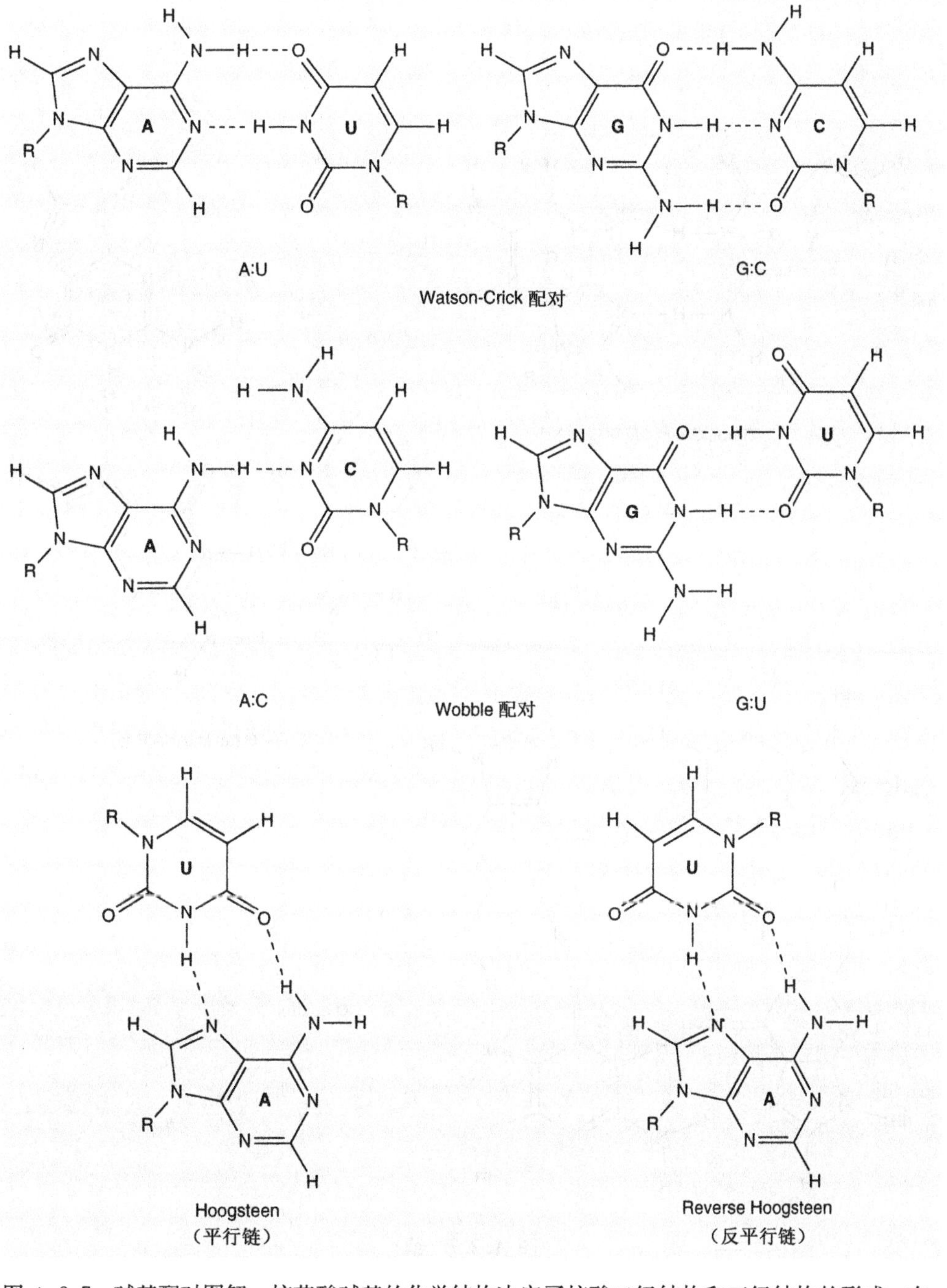

图 A.2.7　碱基配对图解。核苷酸碱基的化学结构决定了核酸二级结构和三级结构的形成。在不同的碱基间有很多的氢键形成（以虚线表示）。Watson-Crick 配对大概是最广为人知的一种，它是互补的反向平行 DNA 链双螺旋结构的基础。在双螺旋中，也有其他碱基配对的存在，如“摇摆配对”，在其中碱基稍偏离了彼此正对的中心。利用腺苷和鸟苷的嘌呤碱基上的氢键受体 N7 原子，变化更广泛的结构形式也是可能的，包括了 Hoogsteen 碱基配对、G-G 配对（其中一个 G 为顺式构型）。嘌呤碱基上 N7 所参与的氢键还维系着核酸中的三级结构，包括 tRNA 中的三碱基配对和最近报道的“四 G 结构”（Sen and Gilbert，1988）。有关碱基配对的结构可能性讨论，参阅 Saenger 的著作《核酸结构的原理》（*Principles of Nucleic Acid Structure*，1993）。

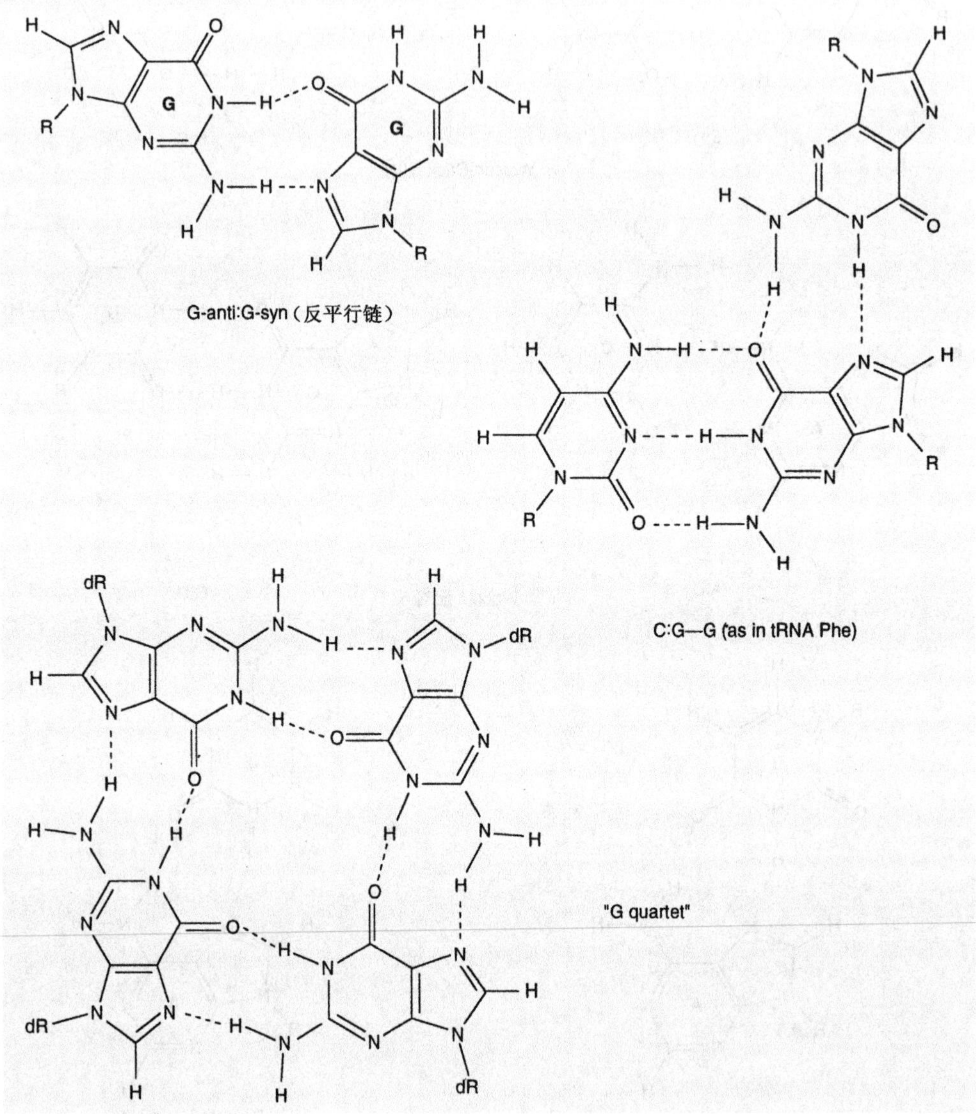

图 A.2.7（续）

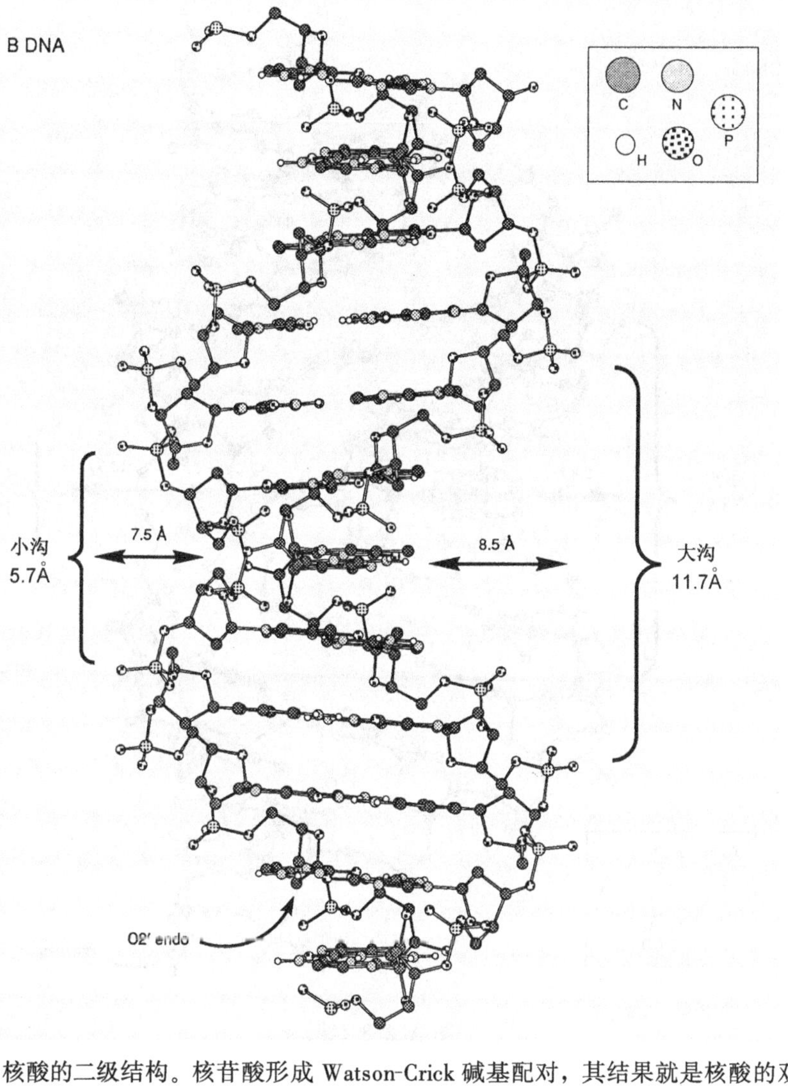

图 A.2.8 核酸的二级结构。核苷酸形成 Watson-Crick 碱基配对，其结果就是核酸的双螺旋结构。在此图中表示自身互补的 12 聚核苷酸 CGCGAATTCGCG 的 A 型和 B 型螺旋。为了强调大沟的深度，给出了两幅 A 型螺旋的示意图，其中的箭头和括号不是按比例尺画的。

如果 A 型螺旋和 B 型螺旋均为右手螺旋，当你沿 5′→3′方向的链竖起拇指，螺旋缠绕的方向与右手手指弯曲的方向相同，它们的细致结构是很不相同的：B-DNA 每圈螺旋约有 10 个碱基，而 A-DNA 或 A-RNA 有 11～12；B 构型的大沟是宽的，小沟是窄的，而 A 构型正好相反；在 B 构型中，碱基对是靠近螺旋轴，而在 A 构型中，碱基被推离螺旋长轴（如端向剖视图所示），在多核苷酸链螺旋中间留下一个空洞（如果将 DNA 想像成扁平的卷状物，B-DNA 是从其一端开始缠绕的，而 A-DNA 是自身缠绕的）。

不同的螺旋形式主要由于糖立体化学的不同，图中标出了 2′内（向环）脱氧核糖（B-DNA）和 3′内（向环）脱氧核糖（A-DNA）的例子。

在多种的其他螺旋形式中，最引人注目的是 Z-DNA。Z-DNA 是左手螺旋并含有 G 为顺式异构体的 G∶C 碱基对。

在单独显示的多核苷酸骨架上，Z-DNA 的不均衡性或锯齿特性更容易显示出来。插图用箭头显示了 5′～3′磷酸间的连接。由于它的奇怪形状，碱基对实际上是在 A-或 B-DNA 上形成孔穴的地方中凸出，因而 Z-DNA 仅有小沟而没大沟，此图是根据最初介绍的交替出来 C∶G/G∶G 碱基对的核苷酸链结构（Wang et al.，1979）而绘制的。

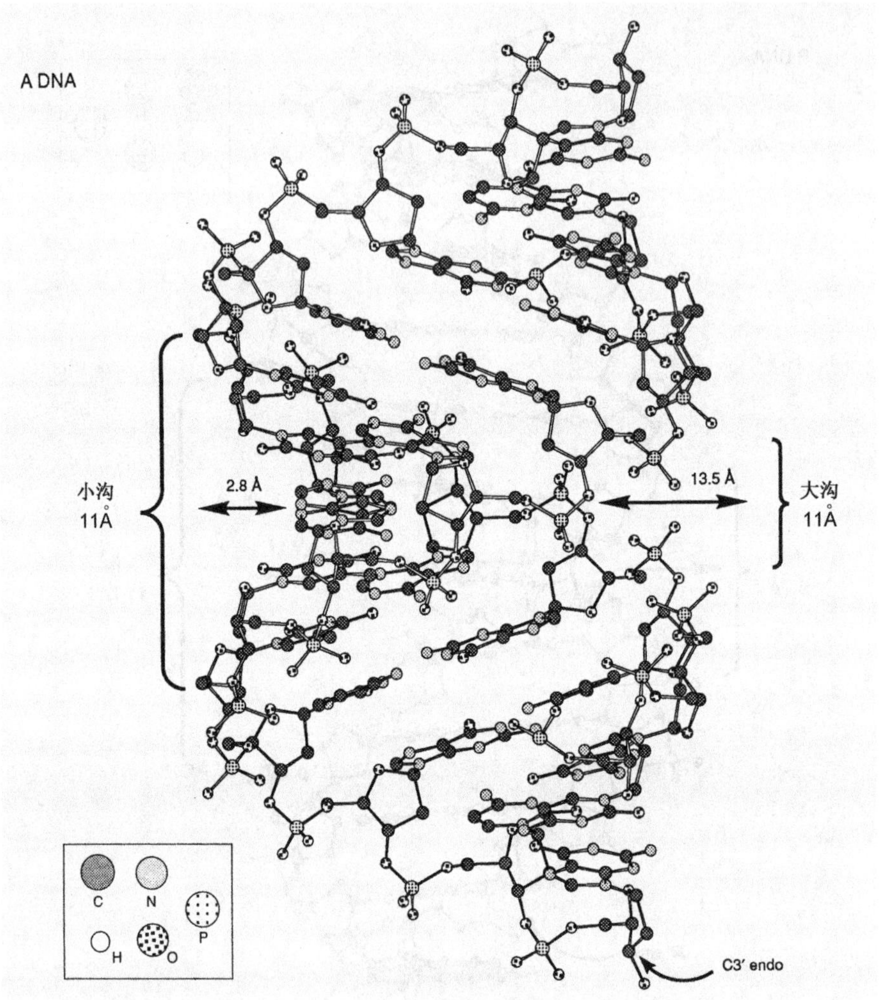

图 A.2.8（续）

表 A.2.5 放射性的转化因子

放射性的测量

测量放射性活性的国际标准单位是贝可（Becquerel）

1 Becquerel（Bq）＝每秒 1 个核衰变

更常用的单位是居里（Curie，简写为 Ci）：

$1Ci = 3.7\times10^{10}Bq$

$= 2.22\times10^{12}$每分钟的核衰变（dpm）

$1mCi = 3.7\times10^{7}\ Bq = 2.22\times10^{9}dpm$

$1\mu Ci = 3.7\times10^{4}\ Bq = 2.22\times10^{6}dpm$

转化因子

1 天 $= 1.44\times10^{3}\ min = 8.64\times10^{4}\ s$

1 年 $= 5.26\times10^{5}\ min = 3.16\times10^{7}\ s$

每分钟计数（cpm）＝dpm×计数效率

续表

剂量的测定

放射能量吸收的国际标准单位是戈瑞（Gray，简写为 Gy）：

1Gy=1 焦耳（joule，简写为 J）/kg

能量吸收原来的单位是拉德（rad，简写为 r）和伦琴（Roentgen，简写为 R）

1r=100 ergs/g=10^{-2} Gy

1R= 0.877r（空气中）= 0.93～0.98r（水和组织中）

放射剂量的国际标准单位是希沃特（Sievert，简写为 Sv），它可以被认为是经验决定的一种放射类型的相对生物学效应（RBE）：

剂量［Sv］=RBE×剂量［Gy］

RBE=（1 标准放射剂量［Gy］引起的生物学效应）/（1 其他放射［Gy］剂量引起的生物学效应）

常遇见的放射性核素的 RBE 等于 1。

放射剂量原来的单位是 rem（人伦琴当量 Roentgen-equivalent-man）

1 rem=0.01 Sv

表 A.2.6 常用放射性核素的物理特性[a]

核素	半衰期	射线	最大能量/MeV	辐射范围，最大	在 100%富集时的大约比活/（Ci/mg）	衰变后得到的原子	靶器官
^{3}H	12.43a	β	0.0186	0.42 cm（空气）	9.632	He	全身
^{14}C	5370a	β	0.156	21.8 cm（空气）	4.4 mCi/mg	$^{14}_{7}N$	骨、脂肪
^{32}P[b]	14.3d	β	1.71	610 cm（空气） 0.8 cm（水） 0.76 cm （有机玻璃）	285	$^{33}_{16}S$	骨
^{33}P[b]	25.4d	β	0.249	49 cm	156	$^{33}_{16}S$	骨
^{35}S	87.4d	β	0.167	24.4 cm（空气）	43	$^{35}_{17}Cl$	睾丸
^{125}I[c]	60d	γ	0.27～0.035	0.2 mm（铅）	14.2	$^{125}_{52}Te$	甲状腺
^{131}I[c]	8.04d	β	0.606	165 cm（空气）	123	$^{130}_{54}Xe$	甲状腺
		γ	0.364	2.4 cm（铅）			

a. 本表以 Lederer 等（1967）和 Shleien（1987）的材料为基础编成。

b. 推荐屏蔽物是 Plexiglas 有机玻璃，半值层厚度是 1 cm。

c. 推荐屏蔽物是铅，半值层厚度是 0.02 cm。

表 A.2.7 放射性辐射的屏蔽[a]

β 射线同位素

能量/MeV	降低 50%强度的质量（mg）/cm^2	降低 50%强度的厚度/cm			
		水	玻璃	铅	Plexiglas
0.1	1.3	0.013	0.005	0.0011	0.0125
1.0	48	0.48	0.192	0.042	0.38
2.0	130	1.3	0.52	0.115	1.1
5.0	400	4.0	1.6	0.35	4.2

γ 射线同位素

能量/MeV	使 γ 射线的宽束衰减 10 倍的材料厚度/mm			
	水	铝	铁	铅
0.5	54.6	20.3	6.1	1.8
1.0	70.0	24.4	8.2	3.8
2.0	76.0	32.0	11.0	5.9
3.0	89.0	37.0	12.0	6.4

a. 得到惠许，引自文献（Dawson et al. 1986）。

表 A.2.8　用于计算经一定天数后放射活性的衰减因子。如一小瓶含有 1.85 MBq（50 μCi）的 ^{35}S 标记化合物，在经 33 天后的放射性的量将是：1.85×0.77＝1.42 MBq；50×0.77＝38.5 μCi

^{125}I　半衰期 60.0 天

Days＼Days	0	2	4	6	8	10	12	14	16	18
0	1.000	0.977	0.955	0.933	0.912	0.891	0.871	0.851	0.831	0.812
20	0.794	0.776	0.758	0.741	0.724	0.707	0.691	0.675	0.660	0.645
40	0.630	0.616	0.602	0.588	0.574	0.561	0.548	0.536	0.524	0.512
60	0.500	0.489	0.477	0.467	0.456	0.445	0.435	0.425	0.416	0.406
80	0.397	0.388	0.379	0.370	0.362	0.354	0.345	0.338	0.330	0.322
100	0.315	0.308	0.301	0.294	0.287	0.281	0.274	0.268	0.262	0.256
120	0.250	0.244	0.239	0.233	0.228	0.223	0.218	0.213	0.208	0.203
140	0.198	0.194	0.189	0.185	0.181	0.177	0.173	0.169	0.165	0.161
160	0.157	0.154	0.150	0.147	0.144	0.140	0.137	0.134	0.131	0.128
180	0.125	0.122	0.119	0.117	0.114	0.111	0.109	0.106	0.104	0.102
200	0.099	0.097	0.095	0.093	0.090	0.088	0.086	0.084	0.082	0.081
220	0.079	0.077	0.075	0.073	0.072	0.070	0.069	0.067	0.065	0.064
240	0.063	0.061	0.060	0.058	0.057	0.056	0.054	0.053	0.052	0.051

^{32}P　半衰期 14.3 天

Days＼Hours	0	12	24	36	48	60	72	84
0	1.000	0.976	0.953	0.930	0.908	0.886	0.865	0.844
4	0.824	0.804	0.785	0.766	0.748	0.730	0.712	0.695
8	0.679	0.662	0.646	0.631	0.616	0.601	0.587	0.573
12	0.559	0.546	0.533	0.520	0.507	0.495	0.483	0.472
16	0.460	0.449	0.439	0.428	0.418	0.408	0.398	0.389
20	0.379	0.370	0.361	0.353	0.344	0.336	0.328	0.320
24	0.312	0.305	0.298	0.291	0.284	0.277	0.270	0.264
28	0.257	0.251	0.245	0.239	0.234	0.228	0.223	0.217
32	0.212	0.207	0.202	0.197	0.192	0.188	0.183	0.179
36	0.175	0.170	0.166	0.162	0.159	0.155	0.151	0.147
40	0.144	0.140	0.137	0.134	0.131	0.127	0.124	0.121
44	0.119	0.116	0.113	0.110	0.108	0.105	0.102	0.100
48	0.098	0.095	0.093	0.091	0.089	0.086	0.084	0.082
52	0.080	0.078	0.077	0.075	0.073	0.071	0.070	0.068

^{131}I　半衰期 8.04 天

Days＼Hours	0	6	12	18	24	30	36	42	48	54	60	66
0	1.000	0.979	0.958	0.937	0.917	0.898	0.879	0.860	0.842	0.824	0.806	0.789
3	0.772	0.756	0.740	0.724	0.708	0.693	0.678	0.664	0.650	0.636	0.622	0.609
6	0.596	0.583	0.571	0.559	0.547	0.533	0.524	0.513	0.502	0.491	0.481	0.470
9	0.460	0.450	0.441	0.431	0.422	0.413	0.405	0.396	0.387	0.379	0.371	0.363
12	0.355	0.348	0.340	0.333	0.326	0.319	0.312	0.306	0.299	0.293	0.286	0.280
15	0.274	0.269	0.263	0.257	0.252	0.246	0.241	0.236	0.231	0.226	0.221	0.216
18	0.212	0.207	0.203	0.199	0.194	0.190	0.186	0.182	0.178	0.175	0.171	0.167
21	0.164	0.160	0.157	0.153	0.150	0.147	0.144	0.141	0.138	0.135	0.132	0.129
24	0.126	0.124	0.121	0.118	0.116	0.113	0.111	0.109	0.106	0.104	0.102	0.100
27	0.098	0.095	0.093	0.091	0.089	0.088	0.086	0.084	0.082	0.080	0.079	0.077
30	0.075	0.074	0.072	0.071	0.069	0.068	0.066	0.065	0.064	0.063	0.061	0.059
33	0.058	0.057	0.056	0.054	0.053	0.052	0.051	0.050	0.049	0.048	0.047	0.046
36	0.045	0.044	0.043	0.042	0.041	0.040	0.039	0.039	0.038	0.037	0.036	0.035

^{35}S　半衰期 87.4 天

Weeks＼Days	0	1	2	3	4	5	6
0	1.000	0.992	0.984	0.976	0.969	0.961	0.954
1	0.946	0.939	0.931	0.924	0.916	0.909	0.902
2	0.895	0.888	0.881	0.874	0.867	0.860	0.853
3	0.847	0.840	0.833	0.827	0.820	0.814	0.807
4	0.801	0.795	0.788	0.782	0.776	0.770	0.764
5	0.758	0.752	0.746	0.740	0.734	0.728	0.722
6	0.717	0.711	0.705	0.700	0.694	0.689	0.683
7	0.678	0.673	0.667	0.662	0.657	0.652	0.646
8	0.641	0.636	0.631	0.626	0.621	0.616	0.612
9	0.607	0.602	0.597	0.592	0.588	0.583	0.579
10	0.574	0.569	0.565	0.560	0.556	0.552	0.547
11	0.543	0.539	0.534	0.530	0.526	0.522	0.518
12	0.514	0.510	0.506	0.502	0.498	0.494	0.490

^{33}P　半衰期 25.4 天

Days＼Days	0	1	2	3	4	5	6	7	8	9
0	1.000	0.973	0.947	0.921	0.897	0.872	0.849	0.826	0.804	0.782
10	0.761	0.741	0.721	0.701	0.683	0.664	0.646	0.629	0.612	0.595
20	0.579	0.564	0.549	0.534	0.520	0.506	0.492	0.479	0.466	0.453
30	0.441	0.429	0.418	0.406	0.395	0.385	0.374	0.364	0.355	0.345
40	0.336	0.327	0.318	0.309	0.301	0.293	0.285	0.277	0.270	0.263
50	0.256	0.249	0.242	0.236	0.229	0.223	0.217	0.211	0.205	0.200
60	0.195	0.189	0.184	0.179	0.174	0.170	0.165	0.161	0.156	0.152
70	0.148	0.144	0.140	0.136	0.133	0.129	0.126	0.122	0.119	0.116
80	0.113	0.110	0.107	0.104	0.101	0.098	0.096	0.093	0.091	0.088
90	0.086	0.084	0.081	0.079	0.077	0.075	0.073	0.071	0.069	0.067
100	0.065	0.064	0.062	0.060	0.059	0.057	0.055	0.054	0.053	0.051
110	0.050	0.048	0.047	0.046	0.045	0.043	0.042	0.041	0.040	0.039
120	0.038	0.037	0.036	0.035	0.034	0.033	0.032	0.031	0.030	0.030

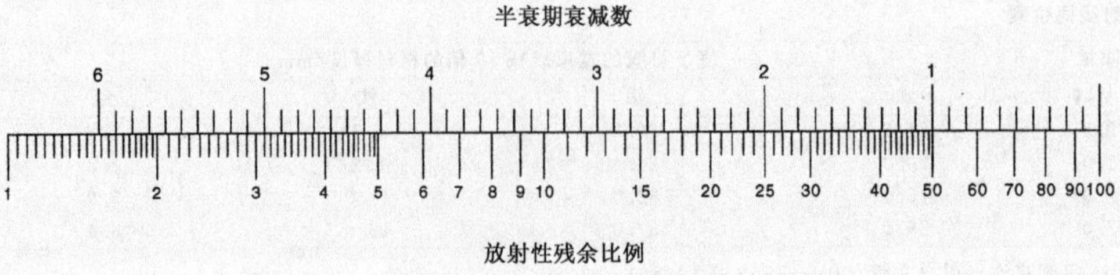

图 A.2.9　放射性核素的半衰期和放射活性的关系。

表 A.2.9　普通转子的最大离心换算值

转子型号[a]	r_{max}/mm
For Sorvall centrifuge models GlC-1, GlC-2, GlC-2B, GlC-3, GlC-4, RT-6000B, RT-6000, T-6000B	
A/S400	140
H-1000B	186
HL-4 with 50ml bucket	180
HL-4 with 100ml bucket	204
HL-4 with Omni-Carrier	163
M and A-384 (inner row)	91
M and A-384 (outer row)	121
SP/X and A-500 (inner row)	82
SP/X and A-500 (outer row)	123
For Sorvall centrifuge models RC-3, RC-3B, RC-3C	
H-2000B	261
H-4000 and HG-4L	230
H-6000A	260
HL-8 with Omni-Carrier	221
HL-8 with 50ml bucket	238
HL-8 with 100ml bucket	247
HL-2 and HL-2B	166
LA/S400	140
For Sorvall centrifuge models RC-2, RC-2B, RC-5, RC-5B, RC-5C	
GSA	145
GS-3	151
HB-4	117
HS-4 with 250ml bucket	172
SA-600	129
SE-12	93
SH-80	101
SM-24 (inner row)	91
SM-24 (outer row)	110
SS-34	107
SV-80	101
SV-288	90
TZ-28	95
For sorvall ultracentrifuges	
T-865	91
T-865.1	87.1
T-875	87.1
T-880	84.7
T-1270	82
TFT-80.2	65.5
TFT-80.4	60.1
For Beckman Gp series centrifuges	
GA-10	123
GA-24	123
GA-24 with adapter for 10ml tubes	108
GH-3.7 (buckets)	204
GH-3.7 (microplate carrier)	168
GH-3.8 (buckets)	204
GH-3.8 (microplate carrier)	168
For Beckman TJ-6 Series centrifuges	
TA-10	123
TA-24	108
TA-24 with adapter for 10ml tubes	123
TH-4 (stainless steel buckets)	186
TH-4 (100ml tube hooders)	201
TH-4 (microplate carrier)	165
For Beckman AccuSpin	
AA-10	123
AA-24	108
AA-24 with adapter for 10ml tubes	123
AH-4	163
For Beckman J6 series centrifuges	
JR-3.2	206
JS-2.9	265
JS-3.0	254
JS-4.0	226
JS-4.2	254
JS-4.2SM	248
JS-5.2	226
Microplate carrier (6-bucklet rotors)	214
Microplate carrier (4-bucklet rotors)	192
For Beckman J2-21 series centrifuges	
JA-10	158
JA-14	137
JA-17	123
JA-18	132
JA-18.1 (25°angle)	112
JA-18.1 (45°angle)	116
JA-20	108
JA-20.1	115
JA-21	102
JCF-Z	89
JCF-Z with small pellet core	81
JE-6B	125

续表

转子型号[a]	r_{max} /mm	转子型号[a]	r_{max} /mm
JS-7.5	165	Type 70 Ti	91.9
JS-13	142	Type 70.1 Ti	82.0
JS-13.1	140	Type 75 Ti	79.7
JV-20	93	Type 80 Ti	79.7
		VC 53	78.8
For Beckman series L7 and L8 ultracentrifuges		VTi 50	86.6
SW 25.1	129.2	VTi 65	85.4
SW 28	161.0	VTi 65.2	87.9
SW 28.1	171.3	VTi 80	71.1
SW 30	123.0		
SW 30.1	123.0	**For Beckman Airfuge ultracentrifuge**	
SW 40 Ti	158.8	A-95	17.6
SW 41 Ti	153.1	A-100/18	14.6
SW 50.1	107.3	A-100/30	16.5
SW 55Ti	108.5	A-110	14.7
SW 60 Ti	120.3	ACR-90 (2.4ml liner)	11.8
SW 65 Ti	89.0	ACR-90 (3.5ml liner)	13.4
Type 15	142.1	Batch rotor	14.6
Type 19	133.4	EM-90	13.0
Type 21	121.5		
Type 25	100.4	**For Beckman TL-100 series ultracentrifuges**	
Type 30	104.8	TLA-100	38.9
Type 30.2	94.2	TLA 110.1	38.9
Type 35	104.0	TLA- 110.2	38.9
Type 40	80.8	TLA -110.3	48.3
Type 40.3	79.5	TLA-45	55.1
Type 42.1	98.6	TLS-55	76.4
Type 42.2 Ti	104	TLV-100	35.7
Type 45 Ti	103		
Type 50	70.1	**Miscellaneous centrifuges and rotors**[b]	
Type 50 Ti	80.8	Clay adams Dynac	_[c]
Type 50.2 Ti	107.9	Fish Centrific	113
Type 50.3 Ti	79.5	Fisher Marathon 21K with 4-place rotor	160
Type 50.4 Ti (inner row)	96.4	IEC Clinical centrifuge with 4-place swinging-purpose centifuge	155
Type 50.4 Ti (outer row)	111.4		
Type 55.2 Ti	100.3	IEC general-purpose centifuge models HN, HN-SII, and Centra-4	_[c]
Type 60 Ti	89.9		
Type 65	77.7		

a. Sorvall 离心机和转子是 Du Pont Company Medical Products 的产品，Beckman 离心机为 Beckman Instruments 产品，IEC 离心机制造商为 International Equipment Co.，Clay AdmsDynac 离心机是 Becton Dickinson Labware 的产品，Fisher 离心机由 Fisher Scientific 出品。订货商详情见附录 4。

b. 这些设备经常被称作“医用离心机”、“台式离心机”或“低速离心机”。

c. 这些设备可以使用宽范围的具多种旋转半径的转炉托圈转子，同时也可使用角度可调倾卸斗转子，这种转子在翻转时获得多种适配器使得转子能够旋转多种不同大小和数量的离心管。例如：通常使用的 IEC 958 转炉托圈转子依赖选择不同转炉托圈可改变的半径范围在 137～181 mm。因此需要参考特殊系统的专业手册以获得 RCF 变化的精确速度。

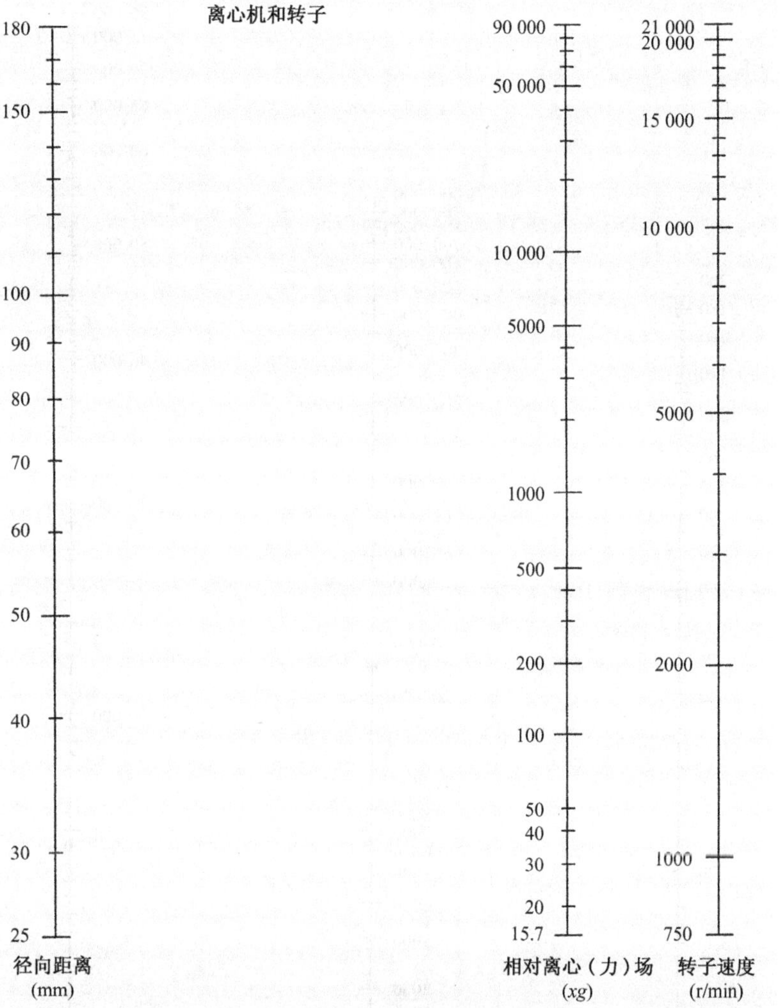

图 A.2.10 低速转子的相对离心力转换列线图。要确定某一列上的未知值时，用尺子排列其他两列的已知值，所需值落在尺子与第三列的交切处。高速离心的相对离心力转换用图 A.2.11。用本附录开始处的方程式可以得到更精确的转换。常用转子的旋转半径见表 A.2.9。

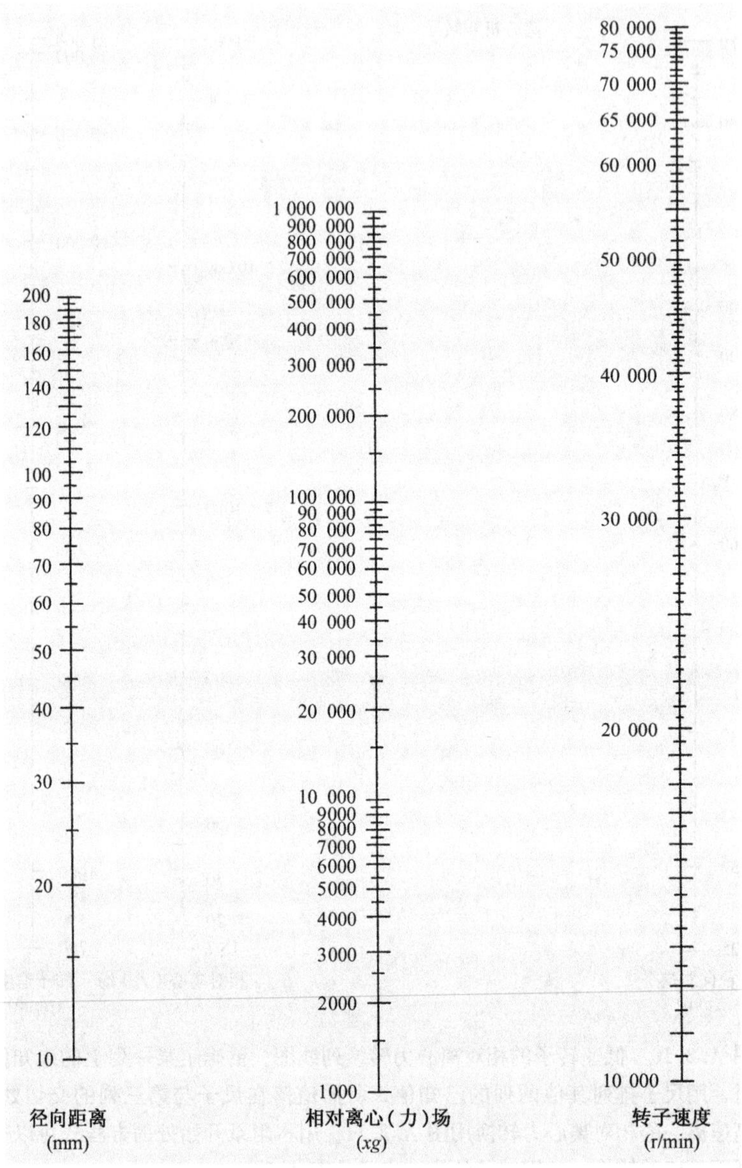

图 A.2.11 高速转子的相对离心力转换列线图。要确定某一列上的未知值时，用尺子排列其他两列的已知值，所需值落在尺子与第三列的交切处。低速离心的相对离心力转换用图 A.2.10。用本附录开始处的方程式可以得到更精确的转换。常用转子的旋转半径见表 A.2.9。

表 A. 2. 10　离心管的材料和其性质[a]

类型	光学性能	可否穿孔	可否分割	可否重复使用	灭菌方法	化学抗性[b]
超净的薄壁	透明	可以	可以		冷无菌处理，但不能用乙醇	除了碱性对所有的浓度介质都有很好的耐受性。对大多数的弱酸和少数的弱碱是安全的。对 DMSO 和大多数的有机溶剂，包括所有的乙醇溶液都是不安全的
标准管				可以		
快速封口管				不可以		
多聚薄壁	半透明	可以	可以		能在 121℃ 高压灭菌	对所有的浓度介质都有很好的耐受性，包括碱。对大多数的酸、碱、乙醇、DMSO 和有机溶剂是安全的
标准管				可以		
快速封口管				不可以		
多聚厚壁	半透明				能在 121℃ 高压灭菌	对所有的浓度介质都有很好的耐受性，包括碱。对大多数的酸、碱、乙醇、DMSO 和有机溶剂是安全的
管		不可以	不可以	可以		
瓶		不可以	不可以	可以		
聚碳酸酯厚壁	透明	不可以	不可以		冷无菌处理，但不能用乙醇，能在121℃高压灭菌，但会减少管子的使用时间	除了碱性的对所有的浓度介质都有很好的耐受性。对大多数的弱酸是安全的。对所有的碱、乙醇和有机溶剂都是不安全的
管				可以		
瓶				可以		
纤维素丙酸酯管	透明	不可以	不可以	可以	冷无菌处理，但不能用乙醇	对所有的浓度介质都有很好的耐受性，包括碱。对大多数的酸、碱、乙醇和有机溶剂都是不安全的
聚丙烯	半透明	不可以	不可以		能在 121℃ 高压灭菌	对所有的浓度介质都有很好的耐受性，包括碱。对很多的酸、碱、乙醇是安全的。对大多数有机溶剂是不安全的
管				可以		
瓶				可以		
不锈钢管	不透明	不可以	不可以	可以	高压灭菌，干燥后储存	对大多数有机溶剂是安全的 对多数的浓度介质和盐有抵抗性 对大多数的酸和碱是不安全的
聚乙烯管	半透明	不可以	不可以	可以	能在 121℃ 高压灭菌	对很广范围的化学物质有很好的耐受性。适合用于强酸和强碱。对大多数有机溶剂是不安全的
透紫外线玻璃/耐热玻璃	透明	不可以	不可以		能在 121℃ 高压灭菌	对很广范围的浓度介质有很好的耐受性。透紫外线玻璃的对酸和碱有很强的耐受性
管				可以		
瓶				可以		

a. 以上的产品都由 Beckman 公司承诺生产。

b. 这里所描述的化学抗性只是一个普通术语，并不是通过 Beckman 公司或 John Wiley & Sons 公司表达或暗示基于这种抗性的安全保证。如果对是否能够抗某种特殊的溶剂，就应该在真实的可行的条件下进行测试，以评估管子材料的耐受力。需要更多的有关特殊介质和溶剂的信息，请咨询 Beckman 公司。对于高压蒸气易燃的溶剂就不能在离心机附近操作，因为可能会被火花，继电器接触或电动机刷子点燃。

附录3　生物化学和分子生物学常用技术

附录 3A　凝胶和印迹实验中放射性标记蛋白和 DNA 的检测及定量

本单元提供由聚丙烯酰胺凝胶电泳（PAGE，见 2.6、2.9 和 10.3）分离的或固定在滤膜（如 Southern、Northern 和 Western 印迹）上的放射性标记的蛋白质和 DNA 的可视化程序和定量程序。放射自显影是完成上述检测和定量最常用的方法。X 射线片是传统的记录介质。进行凝胶放射自显影时，在凝胶放到胶片上与胶片接触前，需要使凝胶干燥放活性材料在凝胶或滤膜中的衰变，在胶片上留下了反映样品分布的影像。胶片上的影像可以用显像密度计分析以获得样品中放活性相对量的数据。

但是，X 射线片进行放射自显影有两个缺点：灵敏度不足与反映放射活性量的影像密度超过线性区的限制。灵敏度的不足可以用荧光照相术或增感屏克服，两者均可增强放活性信号。保证曝光处于线性范围需要致细控制；胶片常被预闪，以增加弱放活性样品的线性测量范围，保证胶片曝光不饱和以获得强放活性信号是很重要的。使用磷屏显像系统可以大大增加测量的灵敏度和线性范围。磷屏显像系统也使得放活性样品的定量变得更快更容易。

为了增强放活性信号，经常使用固闪将放活性分子释放的能量转换成可见光。可以有几种不同的途径做到这一点。荧光显像术中，有机闪烁剂掺入样品，以增强从低能量 β 粒子（如 ^{3}H、^{14}C、^{35}S）释放出的能量的可检出比例；另一种方法是使用高密度荧光“增感屏”，它被放在样品旁边以捕获 γ 射线（如 ^{125}I所产生的射线）和高能量 β 粒子（如来自 ^{32}P的）的过剩能量。

注意：进行放射性工作时，一定要注意避免实验和环境的污染。在合适设计的区域里，按照你所在地区放射性安全官员提供的指导方针，进行实验和处置废弃物。

基本方案　放射自显影

放射自显影中，X 射线片被用来可视化和定量分析已经通过琼脂糖或聚丙烯酰胺电泳（见 2.56、2.9 和 10.3），或杂交于滤膜（如免疫印迹；10.6），或通过纸或薄板层析的放活性分子。光线的光子或由放射性分子释放的 β 粒子和 γ 射线“活化”了胶片感光乳剂上的溴化银晶体。这就使溴化银在冲片过程中被还原成金属银（“粒”）。胶片上的银粒形成了影像。

对于放射自显影来说，胶片的选择是关键的。双涂层胶片（如柯达 X-Omat AR 和富士 RX）在聚酯片基的每一面都有一层感光乳剂；在放射自显影中，它们是最常用的

（Laskey and Mills，1977）。双涂层胶片对于检测由 ^{32}P 和 ^{125}I 发射的高能量 β 粒子是理想的，因为 β 粒子可以穿透聚酯片基并使两面的感光乳剂都曝光。这些胶片可以在低温（−70℃）下与钨酸钙（$CaWO_4$）增感屏一起正常使用；这种胶片对于这种增感屏发射的蓝光是高度敏感的。对绿光敏感的 BioMax MS 胶片（柯达）是一种与发射蓝绿光的 BioMax MS 增感屏特别匹配的双涂层胶片。BioMax MS 胶片/BioMax MS 增感屏系统通常对 ^{32}P 最敏感（比 X-Omat AR 胶片/钨酸钙增感屏高出 4 倍）。

含一层感光乳剂的单涂层胶片（如柯达 BioMax MR），最适合中等能量的发射同位素（如 ^{14}C、^{35}S 和 ^{33}P，但 ^{3}H 不是）的直接曝光技术。这些同位素发射的大多数 β 粒子，不能穿透双涂层胶片聚酯片基，因此胶片另一面的感光乳剂层是无用的。尽管对于中等能量的同位素，单涂层胶片直接曝光给出较清楚的影像，但单涂层胶片常常需要更长的曝光时间，因此荧光照相术常被用来增加灵敏性。对蓝光敏感的双涂层 X-Omat AR 胶片一般用于加 2，5-二苯基噁唑（PPO）的荧光照相术，它在 388 nm 处发光；水杨酸钠在 420nm 处发光；而商用荧光溶液和喷雾剂（如 Amersham 和 DuPont NEN 产品）在光谱的蓝端发光。

材料

干胶（见辅助方案 1）或滤纸（如免疫印迹；见 10.6）

显影剂：Kodak 显影剂和辅助剂，根据生产商说明书配制，18～20℃

固定剂：Kodak 固定剂和辅助剂，根据生产商说明书配制，18～20℃

金属胶片盒或纸质胶片盒，附有微粒板支撑和金属固定夹

塑料薄膜（如 Saran Wrap）

X 射线胶片（随意预闪；见辅助方案 3）

盛放胶片冲洗溶液的盘子

夹胶片的夹子

步骤

1）暗室用安全灯照明将样品（干胶或滤纸）放入胶片盒。用塑料薄膜盖好样品以防止样品粘到胶片以及同位素污染胶片盒。

安全灯必须采用小于 15 W 的灯泡，并配有 Kodak GBX-2 红色滤膜（或相当的物品）。安全灯必须离胶片 1.2 m 以上。

黑暗中发荧光的墨水（可在艺术品商店买到）可以方便地标记在胶片上曝光的样品。

表 A.3A.1　放射自显影胶片和温度的选择

同位素	增强的方法	胶片	曝光温度
^{3}H	荧光照相术	双涂层	−70℃
^{35}S、^{14}C、^{32}P	无	单涂层	室温
^{35}S、^{14}C、^{32}P	荧光照相术	双涂层	−70℃
^{32}P、^{125}I	$CaWO_4$ 增感屏	双涂层	−70℃

2）将一张 X 射线胶片放在样品的上方，关上胶片盒（见图 A.3A.1）并保管好胶片盒。

3）使胶片在合适的温度曝光足够的时间。可用荧光制剂或增感屏，提高胶片的灵敏度

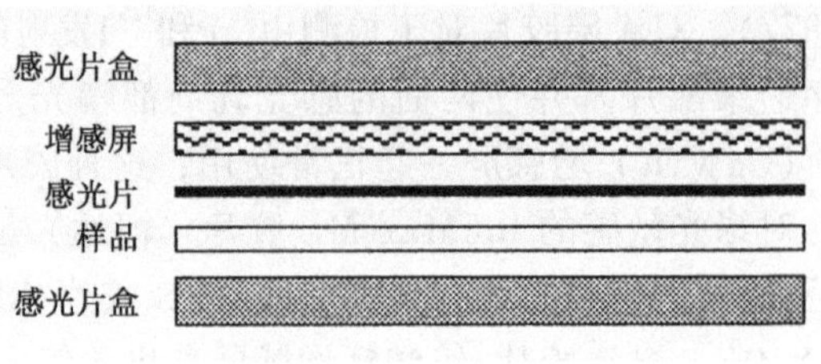

图 A.3A.1　放射自显影装置：胶片盒中的增感屏、胶片和样品。

（见表 A.3A.1）。

曝光的时间取决于样品中放射性的强度，大多数情况下必须进行多次不同时间的曝光实验，凭经验确定。为了帮助估计曝光时间，Geiger 计数器常被用于检测样品中相对的放射性强度。

4）曝光后，将胶片盒拿回暗室，取出胶片进行冲片。
5）将胶片浸入 18～20℃的显影液中 5 min，然后在流水中洗涤 1 min。
6）将胶片浸入 18～20℃的定影液中 5 min，然后在流水中洗涤 1 min。
7）将胶片挂起干燥。

辅助方案 1　放射自显影凝聚的制备

含放射性标记蛋白或 DNA 的聚丙烯酰胺凝胶，在曝光前必须干燥。在为了阻止凝胶粘到胶片上而进行干燥前，蛋白凝胶必须进行固定，以改进影像的清晰程度，并稍稍增加灵敏度。但是，如果样品的比活性高，或者检测方法灵敏（如有磷屏检测系统的话，见辅助方案 2），则固定和干燥凝胶就不需要了。很多厂商（如 Bio-Rad）可以提供干胶仪；大多数干胶仪都使用加热和真空的方法以加快干燥过程。

材料

聚丙烯酰胺凝胶
固定溶液：10%冰醋酸/20 % 甲醇的水溶液

玻璃皿
旋转摇动器
比凝胶至少大 1～2 cm 的滤纸条（Whatman 3 MM）
透紫外光的塑料薄膜（如 Saran Wrap）
带真空泵的干胶仪

步骤

1）电泳后，从电泳装置中取出凝胶和支撑玻璃板，放入玻璃皿。用金属药匙从角上小心地温和地分开并移去上玻璃板。在凝胶右上方做一凹痕以表明方向。

因为凝胶含有放射性标记的蛋白质或 DNA，所以一定要按照必要的放射活性操作规程操作（见附录 3G）。与凝胶接触的任何物品都可能带放射活性。

2a）对于 DNA 凝胶，从步骤 4 开始。

2b）对于小于 1.5 mm 厚、小于 15% 的聚丙烯酰胺的蛋白凝胶：将固定液（不含甘油的）倒入放在通风橱内的玻璃皿中，盖没凝胶。把玻璃皿放在旋转摇动器上，温和地摇动，直到上样缓冲液中所有溴酚蓝的蓝色消失后 5 min（总共约 30 min）。

2c）对于大于 1.5 mm 厚，或大于等于 15%的聚丙烯酰胺的蛋白凝胶：按步骤 2 b 固定凝胶，但改用含 3%甘油的固定液浸泡 1 h。

3）倒回固定液，用去离子水淋洗凝胶几分钟后倒干。

注意：与凝胶接触过的溶液都可能有放射性。

4）将凝胶放在玻璃皿的中央。用一张比凝胶大至少 1～2 cm 的 Whatman 3 MM 滤纸盖在凝胶上。

5）用塑料薄膜盖在凝胶的另一面，用纸巾抹平薄膜以去除气泡和褶皱。

6）在干胶仪上放一片滤纸，以避免干胶仪被放射性物质污染。

7）将滤纸/凝胶/塑料薄膜的三明治放到干胶仪的凝胶支撑台上，让塑料薄膜朝上。

8）用干胶仪的气封橡皮盖住凝胶。通常干胶仪温度设置在 80℃，如果凝胶含荧光剂则设置为 60℃。抽真空以干燥凝胶（1 mm 厚的凝胶，2 h）。

9）从干胶仪中取出凝胶，进行放射自显影（见基本方案）。

表 A.3A.2 同位素检测的不同方法和它们的灵敏度[a]

同位素	方法[b]	灵敏度[c]	比直接放射自显影增加的倍数
^{125}I	S	100	16
^{32}P	S	50	10.5
^{14}C	F	400	15
^{35}S	F	400	15
^{3}H	F	8000	>100

a. 使用预曝光胶片在－70℃曝光。

b. S：增感屏；F：用 PPO 进行荧光照相术。

c. 定义为 24 h 出现可检测到的影像（A_{540}＝0.02）所需要的 dpm/cm^{2}值。

辅助方案 2 增感屏的使用

增感屏增加了放射性分子在胶片上所产生的影像（Laskey and Mills，1977；Laskey，1980）。它们严格用于如^{32}P和^{125}I这样的强 β 辐射同位素。这类辐射通常可以完全通过胶片，但是它们能被增感屏吸收，增感屏的荧光带多个光子，可使胶片曝光。虽然与直接曝光比较，增感屏可以增强胶片的影像（表 A.3A.2），但影像分辨率会有一定损失，因为光线的散射。大多数实验室供应商（如 Fisher、Sigma 和 Kodak）都可供应增感屏。

如图 A.3A.1 所示，胶片必须放在样品和增感屏之间。如果所用同位素放射性不高或者需要进行定量时，必须使用预闪过的胶片（见辅助方案 3）。胶片预闪过的一面必须紧靠增感屏。对于非常弱的样品，可以将第二块增感屏放在放射性样品的另一面（即按照增感屏、样品、胶片、增感屏的次序放置）。但是这会导致光的进一步散射而损失分辨率。样品和样品的支撑物都必须透明，使第二块增感屏上产生的光可以到达胶片。胶片必须在－70℃曝光，这样放射性及增感屏发射的光所激发的溴化银晶体可以被稳定。

辅助方案 3　预闪（预曝光）的胶片

由光线、β粒子和γ射线所活化的溴化银是高度不稳定的，会迅速回到它们的稳定形式。吸收几个光子可增加它的稳定性，但不能保证显影。胶片显影时，溴化银单个晶体需要获得大约5个光子，才有50%可能性显影。这么低的效率意味着极低量曝光所产生的胶片影像，是不成比例的。在平常使用中，可以采取两个措施以使效率最大化，并且一般会使低量曝光呈线性化。首先，胶片必须进行预曝光以增加对光闪的敏感性。预曝光为每个溴化银晶体提供了几个光子，但没有提供足够的曝光使它们能够显影，而只是稳定地活化了它们。这就允许胶片影像与样品中的放射性量成线性关系。第二，胶片必须在－70℃低温下曝光，以减慢活性溴化银晶体回复到它的稳定形式（Laskey and Mills，1977）。

材料

频闪观察仪或闪光灯（如 Vivitar 的 Auto 22 电子闪光灯或 Amersham Pharmacia Biotech 的 Sensitize Pre-Flash）

中密度滤镜

橙色滤镜（Wratten 22；Kodak）

X 射线胶片

分光光度计

步骤

1）用中密度和橙色滤镜盖住频闪观察仪和闪光灯。

2）放一胶片的垂线，离光源距离大于或等于 50 cm，以保证一致的亮度。

3）对应于不同的闪光长度曝光一系列胶片，冲片（见基本方案）。

在胶片和光源间放一张多孔纸（如 Whatman 1 号滤纸），可以矫正胶片上不均匀的雾状。

4）将胶片切成片，使其能放入分光光度计的比色架，测定 540 nm 处的光吸收。选择导致预曝光胶片的光吸收比未预曝光的胶片增加 15%的曝光时间。

备择方案 1　荧光照相术

有机闪烁剂可以加入放射性样品，以帮助获得发射弱β粒子的同位素，如^{3}H、^{14}C和^{35}S。

注意：必须任何时间都戴手套；水杨酸钠会引起过敏反应，并且会通过皮肤进入人体。

材料

聚丙烯酰胺凝胶

1 mol/L 水杨酸钠，pH 5～7，新鲜配置

步骤

1）如果凝胶被固定，凝胶用 20 体积的水浸泡 1～5 h，以阻止水杨酸从水杨酸钠中沉淀出来。
2）凝胶浸泡在 10 体积的 1 mol/L 水杨酸钠，pH 5～7 中 30 min。
3）干燥凝胶（见辅助方案 1），进行放射自显影（见基本方案）。

辅助方案 4　光密度计

放射自显影法获得的胶片影像可以用光密度计定量。光密度计工作原理为比较通过样品的发射光强度和偶发光的强度。如果胶片已经合适的预曝光（见辅助方案 3），发射光的强度与凝胶中的放射性强度是成比例的。正确预曝光胶片的线性范围在 0.1～1.0 吸光率之间。但是，如果预曝光过度——即处理胶片的吸光率比未处理胶片的吸光率（A_{540}）多了 0.2 以上——较少量的放射性将产生密度不成比例的影像。当放射自显影谱光吸收率超过 1.4（A_{540}），可利用的溴化银晶体饱和，这样同样不能正确进行定量评价。

有几个厂商（如 Molecular Dynamics、Bio-Rad 和 UVP）可以提供光密度计。很多型号的光密度计都附有软件，软件可方便计算，允许用户定义被测凝胶的范围。这些仪器的使用程序各不相同，厂商都提供说明书。密度计也可测定样品的反射光。反射密度计在样品介质完全不透明时是有用的，例如，已经开发了使用非发射比色检测试验的滤光片。

备择方案 2　磷屏显像系统

磷屏可以替代记录用的胶片和定量的放射自显影影像（Johnston et al.，1990）。它们可以检测如 ^{32}P、^{125}I、^{14}C、^{35}S 和 ^{3}H。磷屏影像比胶片有几个优点：①胶片的动力学线性区约在 1.5 数量级，而磷屏影像的在 5 数量级（图 A.3A.2）；②与胶片相比，曝光时间缩短到 1/10～1/250；③定量分析非常容易快捷，很多磷屏显像系统都附有直接分析数据的软件；④因为它的灵敏度极高，通常荧光照相术和凝胶干燥都不再需要；⑤只要仔细维护磷屏可以无限重复使用。

磷屏的组成为 BaFBr：Eu^{+2}。磷屏暴露于如 α、β、γ 这些电离辐射或波长短于 380 nm 的光波下时，Eu^{+2} 的电子被激发，然后被 $BaFBr^{-}$ 复合物的“F-中心”捕获；造成 Eu^{+2} 氧化成 Eu^{+3}，后者在磷屏上形成潜影。曝光后，用 633 nm 激光扫描磷屏，磷屏上的潜影被释放。扫描中，Eu^{+3} 回复成 Eu^{+2}，并释放出 390 nm 的光子。然后，发出的光可以在扫描激光的位置被收集和测量。结果是储存在磷屏上潜影的翻版。然后影像可以在视频屏幕上观看，借助于合适的软件进行分析。

某些公司（如 Bio-Rad）提供用于不同同位素的不同屏。它们屏上的保护涂层原理各不相同。它们被优化以分别适合于低、高 β 粒子或 γ 射线。无涂层的特别服务于发射弱 β 粒子的同位素（如氚）。更近阶段，已经发展出测定化学发光的屏幕。这些屏幕原

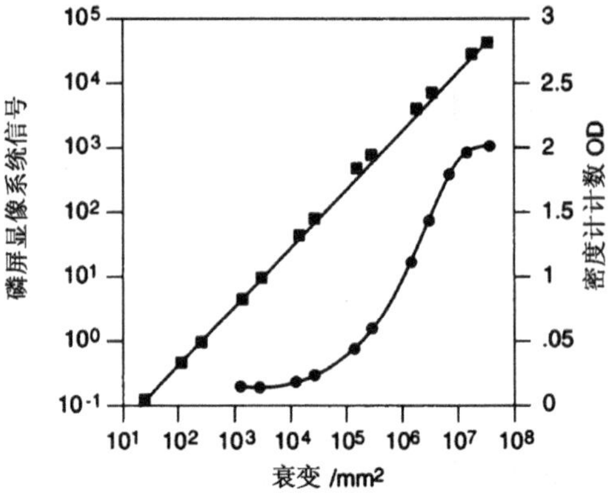

图 A. 3A. 2　^{32}P稀释系列分别用胶片影像法（圆点）和磷屏显像系统 GS-525 型（方点）进行的定量测定。图片来自 Bio-Rad（Hercules，Calif）的友情赠送。

则上可以用于很多非放射标记方案。

下述方案用于 Molecular Dynamics 公司 PhosphorImager 系统。其他的磷屏显像系统来自 Bio-Rad、Imaging Research 和 National Diagnostics 等公司。

材料

凝胶或滤纸（如来自免疫印迹；见单元 10. 6）

PhosphorImager 系统（Molecular Dynamics）包括：

　ImageEraser 光盒

　带有磷屏的曝光盒

　扫描软件

步骤

1）用在可见光下曝光的方法，消去以前使用者留在磷屏上的，或背景辐射造成的任何潜影。

2）用滤纸或塑料薄膜盖住凝胶或滤纸，以保护曝光盒。将包好的凝胶或滤纸放入带磷屏的曝光盒，关好曝光盒，开始曝光。

3）曝光后，将磷屏以磷屏面向下方式，放入磷屏显像系统。

4）用仪器提供的软件选择扫描区域，并开始扫描。

5）用仪器提供软件分析和定量影像。

6）用第一步所述的方法在可见光下曝光以消去磷屏上的潜影。

参考文献：Chamberlain，1979；Johnston et al.，1990；Laskey，1980；Laskey and Mills，1975，1977.

撰 稿 人：Daniel Voytas and Ning Ke

附录 3B 玻璃器皿的硅化

基本方案

玻璃器皿的硅化是为了防止溶液被吸附于玻璃表面或增强其疏水性。这在操作低浓度的特别“黏”的溶液（如单链核酸或蛋白质）时尤为重要。

材料

一氯三甲基硅烷或二氯二甲基硅烷

真空泵

带阀门的干燥器

步骤

1）在通风橱中操作，在干燥器中放置一个烧杯，内盛 1～3 ml 一氯三甲基硅烷或二氯二甲基硅烷。

小心：一氯三甲基硅烷或二氯二甲基硅烷蒸汽有毒并极易燃。

如果器皿太大不能装进干燥器时，也可以通过用溶于不同的挥发性有机溶剂如氯仿或庚烷中的 5%二氯二甲基硅烷溶液短促淋洗，或浸泡于这种溶液中进行硅化。有机溶剂通过蒸发加去除，剩下二氯二甲基硅烷沉积于器皿的表面。本方法特别适用于处理用于变性聚丙烯酰胺测序胶的玻璃平板。

2）接通真空泵和干燥器，直至硅烷开始沸腾后，关闭与泵的连接（保持干燥器的真空）。撤去真空泵，干燥器一直关闭至硅烷全部挥发（大约 1～3 h）。

在此过程中硅烷将被蒸发沉积在玻璃器皿表面并聚合。勿将干燥器与真空泵相连以免将硅烷吸走并导致沉积减少和真空泵损坏。

3）在通风橱中打开干燥器，保持开放几分钟以使硅烷蒸发掉。

4）需要时，干烤或高压处理玻璃器皿或装置。

高压或水洗可除去二氯二甲基硅烷产生的二甲硅酮聚合物中具有反应活性的氯硅烷末端。

小心：如使用易燃溶剂，在溶剂完全蒸发以前，不要干烤玻璃器皿。

撰 稿 人：Brian Seed

附录 3C 透析与超滤

透析

常规的透析是通过仅让小分子扩散的选择性透过膜，将小分子从大分子中分离出去的技术，透析常用于改换大分子溶液的盐成分（小分子）。伴随着小分子溶质的跨膜移动，溶剂分子以相反方向运动，这样导致了样品被稀释（一般<50%）。

基本方案 1　大体积透析

本方案述及使用按辅助方案准备的透析膜透析易操作的大体积样品的方法，一般处理量为 0.1～500 ml。

材料

透析膜（见辅助方案）
夹子（Spectrapor Closures，Spectrum 或相当的物品）
含大分子待透析的样品
合适的透析缓冲液

步骤

1）用蒸馏水冲洗透析膜以除去乙醇储存液，用夹子夹住膜的一端或把一端捆扎起来。
因为膜易于被分解纤维素的微生物污染，操作时必须一直戴手套。
2）用水或缓冲液充满透析膜，抓牢未夹紧的一端使之密封，挤压透析膜，如果有小的液流喷出，说明膜上有孔眼，弃去并取新膜试漏。
3）用含大分子的样品替代膜中的水或缓冲液，用夹子夹紧开放的一端，再次挤压膜以检查膜和夹子的完好性。
如果要透析高浓度的或高盐的样品，夹紧的膜内应预留一定空间。由于将发生水向样品中的净流入，如果压力过大时，会撑破透析膜。
4）将透析膜浸泡在装有大体积的缓冲液的烧杯或锥形瓶中。在所需温度下轻缓搅拌透析数小时。
透析速度取决于膜孔的大小、样品的黏度、样品体积与膜表面积之比。温度对透析速度没有影响，但常选择低温以增加大分子的稳定性。普通的盐用 15 000-MWCO 的膜搅拌透析 3 h 即可达到平衡。
5）必要时更换透析液。
6）从缓冲液中取出透析膜，让膜保持垂直，吸去上端夹子外边膜端上残留的多余的缓冲液。松开上边的夹子，用巴斯德吸管吸出样品。

备择方案 1　小体积样品的透析

本方法能方便地透析 10～100 μl 体积的样品

附加材料（亦见基本方案）

木塞钻

步骤

1）用木塞钻在 0.5 或 1.5 ml 微量离心管的盖子上扎一个小孔，注意在盖子的内面不要留有粗糙的边缘（它将与透析膜接触）。

2）将样品加入微量离心管中，用透析膜覆盖在管口，并紧压上已钻孔的管盖。

3）在台式离心机上将离心管翻转过来轻轻地离心一下，让样品与透析膜接触。

4）将管子倒置淹没于透析液中，并将它固定以保持倒置及被淹没的状态。

5）用弯嘴巴斯德吸管吸出管盖与膜之间所有的气泡，让透析液与膜接触。

6）搅拌透析液并在适宜的温度下透析至少数小时（见基本方案 1 步骤 4）。

7）取出微量离心管，稍加离心回收样品。

除本方案外，也有商品化的材料可以利用，包括使用 Spectrum 的单个的中空纤维滤器（样品容积 1～140 μl，见超滤），以及许多不同的微量透析仪器，可供处理单个或多个样品（Spectrum、Cole-Parmer、Hoefer 及其他来源）。

辅助方案 选择及准备透析膜

有多种不同厚度和孔径的透析膜可供使用。厚的膜比较结实，但限制了溶质的流动，很慢才能达到平衡。孔径由分子质量截留值（Molecular Weight cutoff，MWCO，即不能穿透膜的最小分子颗粒）所定义。使用的膜的孔径应远远小于目的大分子，透析大多数质粒和蛋白质，适用 12 000～14 000 MWCO 的膜。

大多数透析膜是由纤维素衍生物制成的。它们有很宽的 MWCO 值，范围从 500～500 000，其洁净度、无菌性及成本都很不一样。Spectrum 公司的产品目录给人最深刻的印象，最便宜的透析膜是成卷供应的干膜，它们含有甘油以保持柔顺，亦会有生产时残留的硫化物和重金属。大多数 DNA 透析应用中，如从梯度离心纯化的样品中去除 CsCl（见 1.7）或电洗脱（见 2.8），这些透析膜用水润湿或冲洗后即可直接使用。如果甘油、硫化物及小量的重金属会产生问题，应购买干净的膜或按如下方法处理。蛋白质透析必须使用干净的膜。

附加材料（亦见基本方案；带√项见附录 1）

10 mmol/L 碳酸氢钠

√10 mmol/L Na_2EDTA，pH 8.0

20%～50%（V/V）乙醇

步骤

1）从成卷的透析膜中剪下适用的长度（一般 20～30 cm）。

由于透析膜易于被可分解纤维素的微生物污染，操作时必须一直戴手套。膜也有以片状或管状供应的。

2）在过量的 10 mmol/L 碳酸氢钠中湿润透析膜并煮沸几分钟。

3）在 10 mmol/L Na_2EDTA 中煮沸几分钟，重复 1 次。

煮沸可以加快处理过程，但并非必需，在稍加搅拌下浸泡 30 min 可以替代煮沸步骤。

4）用蒸馏水洗数次。

5）置于 20%～50%乙醇溶液中 4℃保存，以防止分解纤维素的微生物生长。

此外，也可用有毒性的缓冲液（如叠氮钠或二甲砷酸钠）储存透析膜。然而，因简单方便，一般都倾向于采用乙醇储存。

超滤

超滤（UF）是一种在压力推动下的膜过滤技术，它利用了穿越半透膜的压力差从含大分子的溶液中除去小分子溶质及溶剂，最常用的是 MWCO 为 1000～1 000 000 的膜，压力差常来源于真空、加压惰性气体或离心力。超滤常用来浓缩蛋白质溶液；由于缓冲液的浓度不发生变化，所以这是最温和的蛋白质浓缩方法之一。超滤也用于分离分子质量差异较大的物质（如将质粒或 PCR 产物与 dNTP 或引物分开）。

超滤的主要技术难题是浓差极化。不能通过的大分子在膜上形成凝胶状的一层，阻碍了膜的透性。各种各样的搅拌和泵抽气，可以保持溶液切向流过膜，并散开凝胶层。

超滤也可以粗略分成真空透析、离心浓缩、搅拌透析及切向流超滤系统等。不同系统的选择取决于溶液的性质（即体积、黏度、有无颗粒、剪切稳定性等）以及所需的浓缩速度和成本。一般而言，真空透析是成本最低的，但也是最慢的且液体容量最少；离心浓缩相当便宜（从每次使用费用考虑），流速中等，体积限于 20 ml 以内；搅拌室透析能够增加液体容量及浓缩速度，但成本随之增加；切向流超滤系统可以迅速浓缩大体积液体，但成本相当高。

使用普通的实验室设备就能进行真空透析；基本方案中阐述了一种自制的真空透析装置。离心浓缩器是一次性使用的，其他类型的超滤都需要商品化仪器。这类仪器多种多样，由于其设计及实用性变化很快，下面的讨论仅仅意在对方法作一般性指导。应该注意到大多数超滤仪器均可用于大体积透析。

注意：有关超滤设备供应商的完整名单，参见美国化学学会每年一版的 Buyer 氏生物技术手册（Biotech Buyer's Guide）。

基本方案 2　用真空透析法进行超滤

在真空透析中，真空置于透析缓冲液上而样品仍然保持于大气压力。用于浓缩体积≤20 ml 的稀样品，这是十分温和的方法。

材料

样品
合适的透析缓冲液
真空过滤瓶
单孔软木塞
巴斯德吸管
所需 MWCO 的透析膜

步骤

1）将真空过滤瓶的开口处接于真空管或抽气机（图 A.3C.1）。

2）制作或购买一个单孔的软木塞，让巴斯德吸管的粗端可以紧贴地插入孔中，孔中均匀涂上润滑剂。切下巴斯德吸管的细端，用本生灯的火焰将末端烧平。

3）准备好透析膜，夹紧一端，把另一端挤过塞子的孔。从透析管的开口端插入巴斯德吸管，必要时用甘油作为润滑剂。

一张 6.4 mm 直径的膜能紧贴巴斯德吸管上。

4）将巴斯德吸管连同透析膜一起塞入塞子的孔中直至紧密固定，注意要一直保持膜的湿润。

5）将塞子、巴斯德吸管和透析膜一起装入盛有缓冲液的真空滤瓶的开口处，并抽以中度真空，这时透析膜将是扁平的。

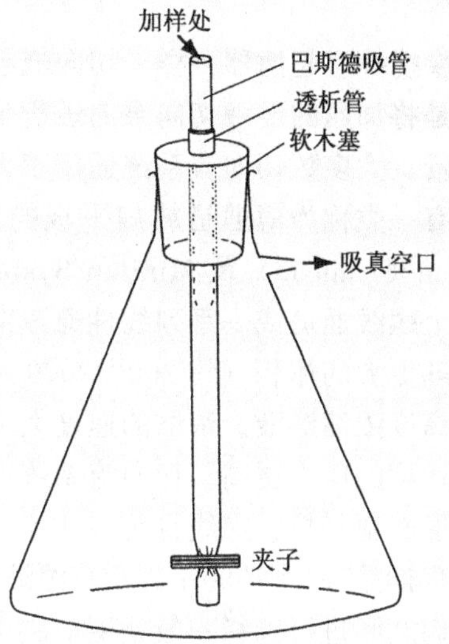

图 A.3C.1　真空透析装置（Craig，1967）。

6）如果没有漏气，通过巴斯德吸管将样品加入膜中，在真空下透析至达到所需体积，连续加入样品或在透析过程中间歇加入样品。

由于真空泵可能使膜破裂，推荐用吸气机在 4℃搅拌下过夜，这可使 10～15 ml 相当稀的蛋白质溶液浓缩至 0.5 ml。真空度≤ 3 lb/in^2（150 mmHg）很少会破坏膜，但 5 lb/in^2 会使孔径有所变化。

备择方案 2　用离心浓缩管进行超滤

离心浓缩管利用离心产生的离心力迫使溶剂透过滤膜，它们比自制的真空透析器昂贵，但更快且更便于处理小样品及多个样品。离心浓缩管一般可处理的样品体积为 0.05～20 ml，有很大的分子质量截留范围，MWCO 为 100～500 000。用固定角转头离心，因膜与离心力不成直角而避免了极化的问题，所形成的任何凝胶状物将被推到膜的一边。这种设计也避免样品被完全甩干。Amicon、Corning、Millipore 和 Spectrum 公司均生产离心浓缩管。

备择方案 3　用带搅拌室的设备进行超滤

用搅拌室超滤器（Amicon 或 Spectrum）浓缩中等体积无颗粒稀溶液是相对便宜的。它们利用压缩惰性气体（一般用氮气）来迫使溶剂透过滤膜圆盘。在圆盘上悬有一个搅拌棒，保持液体被搅动以散开所有凝胶层。滤膜圆盘有不同的 MWCO 和成分。用搅拌室可以浓缩 3～400 ml 液体，与切向流超滤器（见下述）相比，它们比较便宜，但浓缩率较低，并更易于形成浓缩极化，然而极化倾向没有真空透析厉害。

备择方案4 用切向流系统进行超滤

像搅拌室超滤器一样，切向流超滤系统也是压力驱动的，然而无需搅拌溶液。这些仪器是将加压的溶液切向泵向透析膜，大大降低了浓缩极化问题。切向流系统比搅拌室要昂贵。大多数切向流系统适用于大体积透析。

有一类称为薄通道或扁平板的设计，采用一种扁平的超滤膜。The Thin Channel System（Amicon）及 Minitan System（Millipore）是这类设计的例子。用泵使溶液经过一个螺线通道或一系列线性通道穿过膜面。这种设计具有与搅拌室相似的表面积，但能处理更大的体积（约 200～2000 ml）。该技术大大降低了浓缩过程中的极化问题，因而能高度浓缩溶液。浓缩的速度大大超过用搅拌室的速度，因为在浓缩极化问题出现之前可达到的压力更高。切向流系统比下面所述的高容量系统稍微便宜和简单一些。

层叠扁平板、螺线盘绕及中空纤维系统（如 Amicon、Millipore、Spectrum）是为大体积样品（1～1000 L）及高浓缩速度而设计的。这种需要经常在工业化设备中遇到。在它们之间进行选择一般是更取决于样品的特性而不是成本（见下述）。同样，纤维柱体亦不便宜，因此为防止样品交叉污染常包括更广泛的清洗，而不只是用搅拌室或低容量切向流系统时简单地更换滤膜。

层叠扁平板系统（如 Pillicon 系统；Millipore）的工作原理是自圆其说的。这种系统的表面积是有限的，并且这种装置难以清洗。

螺线盘绕系统由一张大膜盘绕在一核心上组成，膜的两面用一种筛网隔开，因而产生两个不相通的通道。在装有进入液的通道中加压，滤出液则从另一通道收集。这种设计可达到非常高的表面积/体积比，因此具有高浓缩速率。这样的系统很容易阻塞，故建议仅用于无颗粒溶液。

中空纤维系统就是由超滤膜的中空纤维束，将样品加压使之泵过纤维束。这种设计的优势是可以处理特殊样品（如细胞材料）和沉淀。它们也易于清洗，但达不到较高压力，因此比螺线盘绕系统的浓缩速率低。

用液相或浆状吸附剂进行浓缩

用液相或浆状吸附剂进行浓缩是一种价钱便宜、技术要求低的可替代透析和超滤的方法。此方法中，样品置于透析膜袋中，周围以干的基质或浸入浆状吸收剂中，其中的水和可溶性小分子被抽出样品。这种技术较费时并需要持续监视。另外，可能发生完全干燥而可能损坏样品。常用的吸收剂是聚乙二醇（PEG）及羧甲基纤维素（Aqucides；Calbiochem）、葡聚糖颗粒及聚丙烯酰胺衍生物（Spectra/Gel，Spectrum）。

参考文献：American Chemical Society，1994；Craig，1967；McGregor，1986；McPhie，1971.

撰稿人：Louis Zumstein

附录 3D 用吸收光谱法和荧光光谱法定量 DNA 和 RNA

对分子生物学工作者来说，溶液中纳克和微克级的 DNA 和 RNA 的可靠定量是必要的。除了传统的 260 nm 吸光度测定法外，下面还介绍两种更为灵敏的荧光技术。这三种方法可覆盖 5～10 ng/ml 至 50 μg/ml 范围的 DNA 检测（见表 A. 3D. 1）。

吸光度测定法是直观的，只是要将来自各种杂质和缓冲液成分造成的干扰考虑在内。荧光分析法比 A_{260} 测定法更不易受干扰，同时操作简单。与吸光度测定法一样，在加入 DNA 之前先读出试剂空白对照值。在可直接读出浓度的仪器中，用一已知浓度进行校正，随后的读数即为 ng/ml 或 μg/ml DNA。

表 A. 3D. 1 DNA 和 RNA 的吸收光和荧光分光光度分析的特性

特性	吸光度（A_{260}）	荧光	
		H33258	EtBr
敏感度（μg/ml）			
DNA	1～50	0.01～15	0.1～10
RNA	1～40	n. a.	0.2～10
信号比（DNA/RNA）	0.8	400	2.2

基本方案 用吸收光谱法检测核酸

为分析核酸的纯度和浓度，需要在几个不同波长测定样品的吸光度。A_{260} 测定法用来定量微克级的相对纯的核酸样品。DNA 和 RNA 之间的吸光度无法区分；但是 260 nm 与 280 nm 的吸光度比值能被用作为核酸纯度的指标。例如，蛋白质在 280 nm 有吸收峰，它将降低 A_{260}/A_{280} 比值。325 nm 的吸收表明溶液中有颗粒物质或比色杯太脏；含有肽键或芳香族成分的杂质，如蛋白质和酚，将在 230 nm 有吸收。

本方案是为单光束紫外至可见光（UV～VIS）的分光光度计而设计的，如果有双光束分光光度计的话，将能简化测定过程，因为它可以自动比较装有样品溶液的比色杯与装有空白对照的参照杯的吸光度。此外，更加精致的双光束检测仪能扫描各个波长并自动报告结果。

材料（带√项见附录 1）

√1×TNE 缓冲液

待定量的 DNA 样品

√小牛胸腺 DNA 标准溶液

匹配的石英半微量分光光度比色杯（1 cm 光径）

单光束或双光束分光光度计（紫外光至可见光）

步骤

1）吸取 1.0 ml 1×TNE 缓冲液移入石英杯中。将石英杯放入单光束或双光束分光光度计中，读取 325 nm 的数值（必要时测定空白相对于蒸馏水的值），并将仪器调零。双光束分光光度计用空白溶液作为对照。使用单光束分光光度计时，撤走空白比色杯，插入含有 DNA 样品或标准品的比色杯，溶剂应与空白的一致。读取数值，在 280 nm、260 nm 和 230 nm 重复这一操作。

至关重要的是 DNA 应溶于与空白对照一样的溶液中。

2）用 A_{260} 的读数及下列公式之一确定所含 DNA 的浓度（C）：

单链 DNA：$C\ (\text{pmol}/\mu\text{l}) = A_{260} / (10 \times S)$

$C\ (\mu\text{g/ml}) = A_{260} / 0.027$

双链 DNA：$C\ (\text{pmol}/\mu\text{l}) = A_{260} / (13.2 \times S)$

$C\ (\mu\text{g/ml}) = A_{260} / 0.020$

单链 RNA：$C\ (\mu\text{g/ml}) = A_{260} / 0.025$

寡核苷酸：$C\ (\text{pmol}/\mu\text{l}) = A_{260} \times 100 / (1.5 N_A + 0.71 N_C + 1.20 N_G + 0.84 N_T)$

其中 S 代表 DNA 的大小（kb）；N 为碱基 A、G、C、T 残基的数目。

对于单链或者双链 DNA，以及单链 RNA：这些公式采用 1 cm 光径的分光光度比色杯及中性 pH 值。计算是以 Lambert-Beer 定律为基础，$A = \varepsilon CL$，其中 A 是在某一特定波长的吸光度，C 为 DNA 的浓度，L 是比色杯的光径（通常是 1 cm），ε 为消光系数。当溶液浓度以 mol/L 表示，且比色杯光径为 1 cm 时，ε 即为摩尔消光系数，其单位为（mol/L)$^{-1}$cm^{-1}。若浓度以 μg/ml 表示，ε 则为比吸光系数，单位为（μg/ml)$^{-1}$cm^{-1}。这里所用的 ε 值如下：ssDNA，0.027（μg/ml)$^{-1}$cm^{-1}；dsDNA，0.020（μg/ml)$^{-1}$cm^{-1}；ssRNA，0.025（μg/ml)$^{-1}$cm^{-1}。用这些运算时，A_{260} 为 1.0，代表 50 μg/ml 双链 DNA，约 37 μg/ml 单链 DNA，或约 40 μg/ml 单链 RNA（摘自 Applied Biosystems，1989）。

对于寡核苷酸：浓度更常以 pmol/μl 为单位。寡核苷酸的碱基组成对吸光度有明显的影响，因为总吸光度是每个碱基吸光度的总和（见表 A.3D.2）。

3）用 A_{260}/A_{280} 比值及 A_{230} 和 A_{325} 的读数来估计核酸样品的纯度。

为 1.8～1.9 及 1.9～2.0 分别表示 DNA 和 RNA 制品的纯度较高。在 280 nm 有吸收的杂质（如蛋白质）将降低该比值。

230 nm 光吸收反映了样品被酚或尿素污染，而 325 nm 的光吸收则提示有颗粒物质污染或比色杯太脏。325 nm 光散射可在 260 nm 被放大 5 倍（K. Hardy，个人通讯）。

高度纯化的制品在上述 4 个波长的典型光吸收值见表 A.3D.3。

表 A.3D.2　DNA 碱基的摩尔消光系数[a]

碱基	$\varepsilon_{260\text{nm}}^{1\text{mol/L}}$
腺嘌呤	15 200
胞嘧啶	7050
鸟嘌呤	12 000
胸腺嘧啶	8400

a. 在 A_{260} 测定；见文献（Wallace and Miyoda，1987）。

核苷三磷酸的详细光谱特性在 3.4 中论及。

表 A.3D.3　纯化的 DNA 的分光光度测定[a]

波长/nm	吸光度	A_{260}/A_{280}	浓度/(μg/ml)
325	0.01	—	—
280	0.28	—	—
260	0.56	2.0	28
230	0.30	—	—

a. 通常为悬浮于 1×7NE 缓冲液中的高纯度小牛胸腺 DNA 的吸光度读数，DNA 浓度额定为 25μg/ml。

备择方案 1 用 DNA 结合荧光染料 Hoechst33258 检测 DNA

用荧光计测定 DNA 浓度已经获得普及，因为这种方法简单而且比分光光度法灵敏许多。Hoechst33258 对纳克（ng）级的 DNA 特别有效，对 RNA 几乎没有亲和力，而且不论对细胞匀浆中的 DNA 还是 DNA 的纯制品都同样有效。然而荧光染料的灵敏性因 DNA 的组分不同而异，与富含 AT 的区域结合最好。在本实验中使用荧光计的消光波长是 365 nm，发射光波长是 460 nm。

材料（亦见基本方案；带√项见附录 1）

√Hoechst33258 试验溶液（工作液）

专用滤光荧光计（Hoefer TKO 100）或者扫描荧光分光光度计（Shimadzu model RF-5000 或者 Perkin-Elmer model LS-5B 或者 LS-3B）

荧光计的玻璃比色杯或者一次性丙烯酸树脂比色杯（Sarstedt）

Teflon 搅拌棒

步骤

1）在扫描荧光分光光度计上设置消光波长为 365 nm，发射光波长为 460 nm。

2）吸取 2.0 ml Hoechst33258 试验溶液放入比色杯并置于样品室中。读取无 DNA 时的数值作为本底。

如果荧光计具有浓度读出模式或者能够制作标准曲线时，用空白溶液将仪器调零。另外要注意读取的荧光单位。要确保使用的每一个比色杯都要有一个空白对照读数。因为细微的差异都会引起本底读数的变化。

3）在仍然还在样品室的比色杯中，将 2 μl 标准 DNA 加入空白对照 Hoechst33258 试验溶液中。用 Teflon 搅拌棒在比色杯中搅拌混合，或者将比色杯盖上盖子颠倒翻转混匀。读取发射的荧光单位，或者设置在浓度，读出相当的 DNA 终浓度。用新鲜的试验溶液与剩余的标准 DNA 重复测定（必要时使背景读数为 0，仪器归零）。

样品读数 2～3 次，每次都要有空白读数。空白读数异常或不稳定，分别表明比色杯不干净或溶液中有颗粒物质。

4）按步骤 3 测定待测样品。

对 DNA 终浓度约为 500 ng/ml，0.1 μg/ml 的染料就足够了。将 Hoechst33258 染料浓度增加到 1 μg/ml，可以扩展试验范围至 15 μg/ml DNA，而灵敏度为 5～10 ng/ml。可以将少于等于 10 μl 样品加入到每份 2.0 ml 的 Hoechst33258 试验溶液中。

备择方案 2 用溴化乙锭荧光检测 DNA 和 RNA

与荧光染料 Hoechst33258 相比，溴化乙锭相对不受 DNA 组分差异的影响。溴化乙锭不如 Hoechst33258 那样灵敏，它能够检测纳克级的 DNA，也能与 RNA 结合。在 DNA 制品中混有微量 RNA 或含有高水平鸟嘌呤和胞嘧啶成分的 DNA 样品时，Hoechst33258 的信号很低，溴化乙锭相对比较灵敏，可替代流行的 Hoechst 33258 DNA

检验。该方法需要具有消光波长为 302 nm 或者 546 nm，发射光波长为 590 nm 的荧光计。

材料（亦见基本方案；带√项见附录 1）

√溴化乙锭试验溶液

步骤

1）吸取 2.0 ml 溴化乙锭试验溶液放入比色杯并置于样品室中。设置消光波长为 302 nm 或者 546 nm，发射光波长为 590 nm。读取无 DNA 时的消光数值作为本底。

如果荧光计具有浓度读出模式或者能够制作标准曲线时，用空白溶液将仪器调零。另外要注意读取的荧光单位。

该试验的消光波长，既可以在紫外光范围（约 302 nm）使用石英比色杯，也可以在可见光范围（约 590 nm）使用玻璃比色杯。这两种场合中发射光波长都是 590 nm。

2）按照 Hoechst 33258 试验的步骤 3 读取并校正样品的数值。

3）按照 Hoechst 33258 试验的步骤 4 读取样品的发射光数值。

DNA 终浓度约为 1000 ng/ml 时，溴化乙锭试验溶液中 5 μg/ml 的染料就足够了。溴化乙锭试验溶液中含有 10 μg/ml 的溴化乙锭时，可以将试验范围扩展到 10 μg/ml DNA，但是只能用于 DNA 浓度大于 1 μg/ml 的场合。可以将小于等于 10 μl 样品加入到每份 2.0 ml 的溴化乙锭试验溶液中。

参考文献：Labarca and Paigen，1980.

撰 稿 人：Sean R. Gallagher

附录 3E 通过沉默突变引入限制性内切核酸酶识别位点

定点诱变在研究结构与功能的关系中已成为非常有价值的工具。许多引入定点突变的技术得到了发展。这些技术利用了作用于核酸（见第 8 章）的酶系统的体外和体内特性，并且大大得益于 PCR 技术的发展（见 15.7）。引物序列的任何变化都可以很容易地掺入到 PCR 的 DNA 产物中，这有利于随后将这些变化引入基因序列之中。

序列分析和其他策略已能识别蛋白质中的重要生物学模体。这方面知识与重组 DNA 技术的工具一起可用来设计、构建和表达有特异功能的融合序列。例如，多价重组疫苗的发展需要设计表达一个融合蛋白，其中含有来源于几种病原体的免疫中和域；或引入非常小的调节序列作为编码序列的一部分，从而生成新的产物，一经转录和翻译即表现出多种效应。因此，常常需要创造出含有这些模体的基因盒式结构，以利于操作每一个模体作进一步研究。在这样有重要生物学意义的功能域和模体的两侧很少有限制性内切核酸酶识别序列，然而往往希望能在旁侧区引入限制酶切位点。由于限制性酶切序列将成为编码序列的一部分，因此必须保证引入限制酶切位点不能改变编码蛋白的氨基酸序列。用下面的方法可辨认出许多潜在位置，在这些位置可通过沉默突变引入限制酶识别序列。

用沉默突变引入限制酶识别序列的第一步是将该序列的 3 个读框都翻译出来（Shankarappa et al.，1992a；表 A.3E.1 和表 A.3E.2）。由于遗传密码的简并性，6 个碱基的识别序列的翻译可产生大量的二肽和三肽。然后，分析待修饰蛋白质的序列，寻找这些肽中的任何一种。找到一种肽就表明有可能用沉默突变在该位置上引入相应的内切酶识别序列。例如，翻译 *Pst* I 的识别序列（CTGCAG），产生一个二肽 Leu- Gln。然而，在第二读框和第三读框翻译同一序列则分别产生另外 20 和 30 个三肽序列。因此，就可能在这 51 个二肽或三肽模体中通过沉默诱变引入 *Pst* I 识别序列。相类似，分析 *Not* I（识别 8 个碱基的限制酶）识别序列，可找到 75 个不同的三肽或四肽序列，这些序列都可能被沉默突变所改变而掺入该识别序列。

表 A. 3E. 1　用于沉默突变的 6-碱基限制性内切核酸酶的翻译序列

限制酶[a]	识别序列	第一读码框		第二读码框			第三读码框		
		氨基酸 1[b,c]	氨基酸 2	氨基酸 1	氨基酸 2	氨基酸 3	氨基酸 1	氨基酸 2	氨基酸 3
Hind III	AAGCTT	K	L	XQKE	A	FLSYXCW	LSXPQRITKVAEG	S	FL
Mlu I	ACGCGT	T	R	YHND	A	FLSYXCW	LSXPQRITKVAEG	R	V
Spe I	ACTAGT	T	S	YHND	X	FLSYXCW	LSXPQRITKVAEG	L	V
Bgl II	AGATCT	R	S	XQKE	I	FLSYXCW	LSXPQRITKVAEG	D	L
Stu I	AGGCCT	R	P	XQKE	A	FLSYXCW	LSXPQRITKVAEG	G	L
*Bsp*DI/ *Cla* I	ATCGAT	I	D	YHND	R	FLSYXCW	LSXPQRITKVAEG	S	IM
Pvu II	CAGCTG	Q	L	SPTA	A	VADEG	FSYCLPHRITNVADG	S	CXW
Nde I	CATATG	H	M	SPTA	Y	VADEG	FSYCLPHRITNVADG	I	CXW
Nco I	CCATGG	P	W	SPTA	M	VADEG	FSYCLPHRITNVADG	H	G
*Sma*I/ *Xma* I	CCCGGG	P	G	SPTA	R	VADEG	FSYCLPHRITNVADG	P	G
Sac II	CCGCGG	P	R	SPTA	A	VADEG	FSYCLPHRITNVADG	R	G
Pvu I	CGATCG	R	S	SPTA	I	VADEG	FSYCLPHRITNVADG	D	R
*Eag*I/ *Xma* III	CGGCCG	R	P	SPTA	A	VADEG	FSYCLPHRITNVADG	G	R
*Pae*R7 I/ *Xho* I	CTCGAG	L	E	SPTA	R	VADEG	FSYCLPHRITNVADG	S	SR
Pst I	CTGCAG	L	Q	SPTA	A	VADEG	FSYCLPHRITNVADG	C	SR
*Eco*RI	GAATTC	E	F	XRG	I	LPHQR	LSXWPQRMTKVAEG	N	S
Sac I	GAGCTC	E	L	XRG	A	LPHQR	LSXWPQRMTKVAEG	S	S
*Eco*R V	GATATC	D	I	XRG	Y	LPHQR	LSXWPQRMTKVAEG	I	S
Sph I	GCATGC	A	C	CRSG	M	LPHQR	LSXWPQRMTKVAEG	H	A
Nae I	GCCGGC	A	G	CRSG	R	LPHQR	LSXWPQRMTKVAEG	P	A
Nhe I	GCTAGC	A	S	CRSG	X	LPHQR	LSXWPQRMTKVAEG	L	A
*Bam*H I	GCATCC	G	S	WRG	I	LPHQR	LSXWPORMTKVAEG	D	P
*Nar*I	GGCGCC	G	A	WRG	R	LPHQR	LSXWPORMTKVAEG	A	P
Apa I	GGGCCC	G	A	WRG	A	LPHQR	LSXWPQRMTKVAEG	A	P
*Acc*65 I/ *Kpn* I	GGTACC	G	T	WRG	Y	LPHQR	LSXWPQRMTKVAEG	V	P
Sal I	GTCGAC	V	D	CRSG	R	LPHQR	LSXWPQRMTKVAEG	S	T
*Aap*L I	GTGCAC	V	H	CRSG	A	LPHQR	LSXWPQRMTKVAEG	C	T
Hpa I	GTTAAC	V	N	CRSG	X	LPHQR	LSXWPQRMTKVAEG	L	T
*Bsp*E I	TCCGGA	S	G	FLIV	R	IMTNKSR	FSYCLPHRITNVADG	P	DE
Nru I	TCGCGA	S	R	FLIV	A	IMTNKSR	FSYCLPHRITNVADG	R	DE
Xba I	TCTAGA	S	R	FLIV	X	IMTNKSR	FSYCLPHRITNVADG	L	DE
Bcl I	TGATCA	X	S	LMV	I	IMTNKSR	FSYCLPHRITNVADG	D	HQ
Bal I	TGGCCA	W	P	LMV	A	IMTNKSR	FSYCLPHRITNVADG	G	HQ

a. 不含有简并限制序列的 6-碱基限制酶识别序列。

b. 在翻译序列中的第 1、2 或 3 位的氨基酸。

c. 单字母氨基酸编码；X 代表终止密码子。

表 A.3E.2 用于沉默突变的 8-碱基限制性内切核酸酶的翻译序列

限制酶[a]	识别序列	第一读码框 氨基酸 1[b,c]	第一读码框 氨基酸 2	第一读码框 氨基酸 3	第二读码框 氨基酸 1	第二读码框 氨基酸 2	第二读码框 氨基酸 3	第三读码框 氨基酸 1	第三读码框 氨基酸 2	第三读码框 氨基酸 3	第三读码框 氨基酸 4
Swa I	ATTTAAAT	I	X	IM	YHND	L	N	LSXPQRITKVAEG	F	K	FLSYXCW
*Sse*8387 I	CCTGCAGG	P	A	G	SPTA	C	R	FSYCLPHRITNVADG	L	Q	VADEG
Srf I	GCCCGGGC	A	R	A	CRSG	P	G	LSXWPQRMTKVAEG	P	G	LPHQR
Not I	GCGGCCGC	A	A	A	CRSG	G	R	LSXWPQRMTKVAEG	R	P	LPHQR
Asc I	GGCGCGCC	G	A	P	WRG	R	A	LSXWPQRMTKVAEG	A	R	LPHQR
Pme I	GTTTAAAC	V	X	T	CRSG	L	N	LSXWPQRMTKVAEG	F	K	LPHQR
Pac I	TTAATTA	L	I	NK	FLIV	N	X	FSYCLPHRITNVADG	X	F	IMTNKSR

a. 不含有简并限制序列的 8-碱基限制酶识别序列。

b. 在翻译序列中的第 1、2、3 或 4 位的氨基酸。

c. 单字母氨基酸编码；X 代表终止密码子。

用沉默突变引入限制性内切核酸酶识别序列也提供了在 DNA 片段末端创造独特的黏性位点的简单方法（亦见 3.14）。有可能将几个末端含有独特凸出端的片段相连，从而产生一个含有所有所需突变的大片段（Shankarappa et al., 1992b）。引入沉默突变可与引入的该限制性位点下游的第二个突变偶联。消化用引物进行 PCR 而产生的 DNA 片段将产生末端单一的黏性位点而有利于随后的连接。

表 A.3E.1 和表 A.3E.2 列出可被用来导入限制性识别序列的二肽、三肽和四肽翻译序列，这些限制性识别序列可被常用的限制性内切核酸酶识别，并且不含有任何简并性。有一个计算机程序——SILMUT，可用氨基酸或核酸序列寻找沉默突变可能的位点。该程序可从其作者和有许多不记名的 FTP 服务中心得到（Shankarappa et al., 1992c）。当使用这种诱变策略时，应充分考虑宿主生物体的密码子选择。

参考文献：Shankarappa et al., 1992a, b, c.

撰 稿 人：Raj Shankarappa

附录 3F 哺乳动物细胞组织培养技术

无菌技术

无菌技术是细胞培养工作的关键。无菌技术包括一系列用于保护培养细胞和实验室工作人员免受感染的预防措施。实验室工作人员必须意识到在实验室里进行细胞操作具有潜在的感染性，必须小心进行。防护装置包括手套、工作服或围裙，必要时还需佩戴眼罩。当使用锐器如镊子、剪刀、解剖刀片和玻璃制品时必须小心以避免刺伤皮肤。可使用无菌的一次性塑料制品以避免玻璃破裂或破裂成碎片造成的危险。

通常情况下，实验室收到的样品不是无菌状态的，由其获得的培养物就可能被细菌、真菌或者酵母污染。微生物的存在可能抑制细胞的生长、杀死细胞或者导致实验结果的不一致。细胞中的污染物可以耗尽培养基中的养分并且可以产生细胞毒性物质。可以将抗生素（青霉素、链霉素、卡那霉素或者庆大霉素）和抗真菌药物（两性霉素B、制霉菌素）加在组织培养介质中用以对抗潜在的细胞污染（表 A.3F.1）。抗生素和抗真菌药物的溶液及其干粉制剂均可从 Sigma 公司购买。在组织培养前可用这种溶液清洗样品，也可以加到培养基中用于组织培养。类似的抗生素和抗真菌药物也可从其他的公司购买。

表 A.3F.1　哺乳动物细胞培养的抗生素和抗真菌药物的工作浓度

药物	终浓度
青霉素	50～100 μg/ml
链霉素	500～100 μg/ml
卡那霉素	100 μg/ml
庆大霉素	50 μg/ml
制霉菌素	20 μg/ml
两性霉素 B	0.25 μg/ml

所有直接接触组织培养物的物品必须是无菌的。可以直接从厂商处购买一次性无菌培养皿、培养瓶和吸管等。可重复使用的玻璃器皿必须是经过清洗，彻底漂洗，重复使用前必须经高压灭菌或者干热消毒。当使用干热方法消毒时需 160℃加热 90 min～2 h。高温作用下容易损坏的物品可以 120℃，15Pa 消毒 20 min。所有用于培养的培养基、试剂或其他溶液都必须是无菌的；培养基可以是直接从厂家购买的无菌液体，或者是经高压消毒（对热不敏感的溶液）或过滤除菌。细胞培养添加物可以先加入到介质中再过滤，也可以过滤后再无菌加入到介质中。孔径为 0.20～0.22 μm 的滤器可以去除培养基和溶液中的革兰氏阴性菌。

在操作细胞组织培养的任何步骤都可能发生污染。吸取培养液和其他溶液时都要小心。培养瓶的颈口和吸管的尖头在接触瓶底前都应用火焰烧灼。如果吸管的尖头接触到操作台面或其他有菌的表面应弃去换新的尖头。组织培养使用的镊子、剪刀可采用 70%乙醇浸泡和火焰烧灼的方式快速消毒。

尽管当无菌技术被严格执行时，组织培养可在开放的工作台上进行，但许多实验室仍选择在房间或者为此目的而特别设计的低流通的区域进行操作。至少，用推荐的生物安全柜既可以保护细胞培养物又可保护操作者。层流通风橱的风流可以保护工作区域免受灰尘和污染，并且在工作面和工作者之间起屏障作用。还有许多不同类型的安全橱适合应用，各实验室可根据自己操作的细胞类型和其潜在的致病性加以选择。厂商建议应当注意对气流和滤器的常规检测。对于每日都要使用的安全柜应当在工作开始前至少提前 5 min 打开，所有通风橱内外的工作台面都要保持清洁，并做到每日和每次使用后消毒。

有些安全柜为消毒工作台面而配备了紫外灯，然而现在不再推荐使用紫外灯，因为通常这种消毒方式是用处很小的（Knutsen，1991）。在紫外灯的杀菌效果丧失后，紫外灯还可长时间发散可见的蓝光，将导致对安全性的错觉。紫外灯管会逐步丧失发散短波紫外光，加之灯管上的积尘和它距离工作面的高度、室内的温度和空气流动等情况影响，随着时间的过去它的杀菌效果都会变小。尽管紫外光的照射量足够，紫外线必须直接照射到微生物才能将其杀死。隐藏在物品下面或紫外光直接通路以外的细菌和霉菌孢子将不能被杀灭。另外一条经验法则是紫外线对可以看得见的物品均无杀伤能力。紫外线仅能破坏诸如细菌、病毒、霉菌孢子等微生物，不能杀伤昆虫或其他大的微生物。目前推荐用酒精揩擦的方法代替紫外线对工作台面消毒，有些实验室同时采用酒精消毒和紫外消毒的方法。利用特殊的计量仪器可以检测紫外灯的照射强度，照射强度低于保护的最低标准时应替换紫外灯。

组织培养需常规检测细胞污染。如果有污染，培养基中的指示物将发生颜色的改变。例如，含有酚红的介质变黄是由于酸度的增加。雾状和浑浊是污染的标志。一旦这种污染被显微镜证实，就应该丢弃被污染的培养物。保留被污染的组织培养物可增加污染其他培养物的危险。有时可能通过各种各样的抗生素和抗真菌药物的联合应用来抢救污染的细胞力图根除感染。然而这种处理可能会影响细胞的生长，而且往往无法摆脱细胞污染。

培养基的准备

组织细胞培养基的选择来自经验。每个实验室都必须选择对培养细胞类型最适合的培养基。可以从厂家购买到溶液或粉末形式的化学类培养基。无菌、现成的培养基具有方便应用的特点，但价格高于其他形式。粉末状培养基必须依据厂商的指导用组织细胞培养用水配制。对于配制组织细胞培养液，无菌和去离子水的质量达不到要求，而应当使用双蒸或三蒸水及商售的组织细胞培养用水。培养介质将被过滤除菌并无菌分装。配制好的培养基可以保存于4℃冰箱中，最多1个月。需要大量使用培养基的实验室可根据标准配方自行配制，这是最经济的方法，但是非常费时。

基本培养基，如MEM、DMEM、GMEM，以及RPMI 1640和Ham F10营养混合液（如Life Technologies），它们是由氨基酸、糖、盐、维生素和其他营养成分组成的。基本培养基经补加L-谷氨酰胺、抗生素（青霉素、链霉素等）和常规血清形成“完全培养基”。加入血清的，要注明胎牛血清（FBS）或其他血清的百分比含量。有些培养基也需要添加抗真菌药物、非必需氨基酸、各种生长因子，和（或）用于选择性培养的药物。添加物应当在灭菌或过滤之前加入到介质中，或者滤过后在用前于无菌条件下加入。

许多哺乳动物细胞培养的最适pH是7.2～7.4。如果需要，当所有的细胞培养添加物都加入后应调节pH。按常规，将碳酸氢钠和HEPES之类缓冲液加入组织培养液，用以防止pH的波动。这种pH的波动可影响细胞的生长。在控制CO_2的环境中HEPES缓冲液是特别有用的。

许多组织培养细胞将耐受大范围的渗透压改变，渗透压在260～320 mOsm/kg之间是大多数细胞可耐受的。人原生质的渗透压约为290 mOsm/kg，这也是人细胞体外培养的最佳条件。

胎牛血清（FBS、FCS）是最经常用的血清添加物。小牛血清、马血清和人血清也经常被应用。许多细胞系可供养在无血清培养基中。依据被培养细胞的特殊要求，完全培养基要加入5%～30%血清，通常血清要加热灭活（56℃ 30～60 min），因为热处理可灭活添加物，并可以降低污染的发生。购得的血清是冰冻的，要融化、分装、冷冻保存备用。

胎牛血清（FBS）在各批次间存在相当大的差异。大多数供货商会提供特定批次的样品，并且在检测该批血清的适用性期间保留该批供应品。一批血清的适用性取决于应用。通常，用血清刺激细胞生长的能力是否达到实验室标准，来评价批次血清的适用性。一旦某一血清批次被确定接受，就需要大量购买，以便在长时间内用于实验室的细胞培养。

商品化配制的培养基有的是含有 L-谷氨酰胺的，但是许多实验室选择无 L-谷氨酰胺的培养基，在使用前加入终浓度为 2 mmol/L 的 L-谷氨酰胺。L-谷氨酰胺是不稳定的，在储存期它可转化成细胞不能利用的形式。L-谷氨酰胺的降解是温度和 pH 依赖的。4℃保存 3 周后有 80%的 L-谷氨酰胺残留。但在接近培养温度（35℃）9 天后仅有一半残留。为了避免降解，100×L-谷氨酰胺母液应冷冻分装保存。

在实施无菌技术的同时，许多实验室采用在培养基中添加抗生素的方法来降低污染的风险。青霉素和链霉素的联合应用是最常用的抗生素添加剂，卡那霉素和庆大霉素被单独使用。两性霉素 B 和制霉菌素是最常用的抗真菌药物。表 A.3F.1 列出了常用的抗生素和抗真菌药物的终浓度。联合应用抗生素需要技巧，因为有些抗生素是不匹配的，一种可以抑制另外一种的药效，并且联合应用较单独使用可能在较低的浓度下就有细胞毒性。此外长时间应用抗生素可能诱导细胞系产生抗性。基于此原因，许多实验室在建立细胞培养的初期，在培养基中添加抗生素和（或）抗真菌药物，而在以后的传代培养时不再使用。

所有组织培养液无论是商购的还是实验室制备的，在使用前均应做无菌实验。从每个批次的培养基取出少量样品放置 37℃培养 48 h。混浊（污染的培养基变云雾状）或颜色的改变（如果酚红是指示剂的话，污染的培养基将变黄）是污染的证据。任何已污染的培养基都应丢弃。

基本方案　单层细胞的消化和传代

原始培养物转接形成第二代培养物的过程称为传代培养。

材料（带√项见附录 1）

细胞原始培养物

√无 Ca^{2+}、Mg^{2+}的 HBSS，37℃

√0.25%胰蛋白酶/0.2%EDTA 溶液，37℃

√含血清的完全培养基：如 DMEM 加 10%或 15%（*V*/*V*）胎牛血清（完全 DMEM-10），37℃

无菌巴斯德移液管

37℃温箱

组织细胞培养用塑料或玻璃器具，包括移液管、25 ml 细胞瓶或 60 mm 培养皿，要求无菌

警告：凡放射性的、生物的和化学的物质必须特殊处理。参见附录 3G。

提示：所有的培养都必须在保湿的 37℃恒温、5% CO_2培养箱中进行，除非有其他特殊要求。

步骤

1）用无菌的巴斯德移液管从原始培养物中移去所有培养液。用少量 37℃无 Ca^{2+}、

Mg^{2+} 的 HBSS 溶液洗细胞 1 或 2 次以去除残留的胎牛血清，因为其存在可以抑制胰的作用。

必须使用不含 Ca^{2+}、Mg^{2+} 的缓冲盐溶液洗细胞，因为它们的存在可以使细胞相互黏着在一起。

如果更换最初的培养基，不要丢弃原始培养物中移除的培养液，将其放入一新的培养皿或细胞瓶，由于培养液中含有未贴壁的细胞，它们可以贴壁并生长，因此可以继续培养。

2）加入足量 37℃的 EDTA/胰蛋白酶溶液于培养物中覆盖全部的贴附细胞层。

3）将细胞平皿放置在 37℃恒温箱中 1～2 min。轻弹平皿的底部使细胞与平皿表面分离。使用倒置显微镜观察组织细胞。确证细胞是否变圆，是否与培养表面分离。如果没有，重新放置细胞平皿在温箱中 1～2 min。

4）加 2 ml 37℃完全培养基。用巴斯德移液管吸细胞悬液并且吹打细胞层 2～3 次，吹散细胞并且驱散所有的吸附细胞。当细胞完全分散后，加血清或者含血清的培养基进一步抑制可能损伤细胞的残余的胰酶的活性。

5）将等量体积的细胞悬液加入正确标记的干净的平皿或细胞瓶。

另外可使用血细胞计数器或者 Coulter 计数器来计数细胞并稀释到合适的细胞浓度加到每个培养器皿中。终浓度为 5×10^4 细胞/ml 的细胞数适合于大多数传代培养。

60 mm 培养皿或 25 ml 细胞瓶通常用于原代培养和早期的传代培养；较大的培养皿或细胞瓶（如 150 mm 培养皿或 75 ml 细胞瓶）可以用于后期的传代培养。

6）每瓶加 4 ml 新鲜的培养基，在 5% CO_2 培养箱 37℃培养。

许多实验室用含 5% CO_2 和 4% O_2 的培养箱，因低浓度的氧模拟了细胞的体内环境可以增强细胞生长。

7）如果需要的话，未成片的细胞培养物，每隔 3～4 天换液一次，重新加入新鲜的 37℃培养基。

8）细胞成片后，可重复步骤 1～7 进行传代培养，并按需要继续传代培养。

辅助方案1 单层培养的人组织细胞的冻存

为了保存细胞、避免衰老、降低污染的风险、减少基因突变，细胞系可以长时间冻存。若不添加防冷冻保护剂，多数场合中冷冻对细胞是致死的。

材料（带√项见附录1）

对数生长期的单层培养细胞

√完全培养基

冻存培养基：完全培养基（如 DMEM、RPMI）补充 10%～20%（*V/V*）FBS 和 5%～10%（*V/V*）DMSO，4℃

台式离心机（如 Fisher Centrific 或 Clay Adams Dynac）具有 45°固定转角或者吊篮式离心机转头。

步骤

1）消化培养皿中的对数生长期的细胞（参见基本方案步骤 1～4）

2）转移细胞悬液到无菌的离心管，加 2 ml 含血清的完全培养基，室温 300～350 *g* 离心 5 min。

注意：3 个以上培养皿中的相同来源的同代细胞可冻存到一个管中。

3）弃去上清，加 1 ml 4℃的冷冻培养基重悬。

4）加 4 ml 4℃冷冻培养基，彻底混匀细胞并置冰上。

5）用血细胞计数器计数细胞（见辅助方案 3）。用冻存液稀释细胞至终浓度为 10^6 或 10^7 细胞/ml 为宜。

6）吸取 1 ml 细胞悬液加在有标记的 2 ml 冻存管中。拧紧瓶盖。

7）－70℃保存 1 h 或过夜，然后将冻存管放置在液氮罐中长期保存。

液氮罐中长期保存的细胞要有详细的记录，对于细胞的鉴定和安放的位置都要记录准确。细胞在液氮中可以保存数年，详尽而准确的资料对未来的使用非常重要。

备择方案　悬浮培养细胞的冻存

悬浮培养细胞的冻存方法与单层培养细胞基本相同。主要的不同之处在于悬浮培养细胞无需消化过程。

步骤

1）将细胞悬液转移到离心管中，室温 300～350 *g* 离心 5 min。

2）去上清，加 4℃冷冻培养基，重悬细胞，终浓度达 10^6 或 10^7 细胞/ml。

许多实验室在冻存淋巴细胞时常选择较高的细胞浓度，因为它们复苏需要大体积的介质；而且，与其他细胞系（如纤维原细胞）相比，它们在冻存过程中会有大量的细胞失去生存能力。

3）将每份 1 ml 细胞悬液分装入冻存管中。冻存方法同单层培养细胞的冻存。

辅助方案 2　融化并复苏人源细胞

当冷冻保存的细胞需要研究时，应快速融化并高浓度铺板以优化复苏。

警告：当从液氮中取出冻存管或安瓿时，应穿防护服，特别是绝缘手套和护目镜。存放液氮的房间必须通风良好。要小心操作以免液氮溅到皮肤上。

材料（带√项见附录 1）

液氮罐中冻存的细胞

70%乙醇

√完全培养基（如 DMEM、RPMI）含 20% FBS 37℃

提示：所有的培养必须在 37℃、湿润、5%CO_2 培养箱中进行，除非有其他特殊要求。

步骤

1）从液氮中取出冻存管并迅速放置到 37℃水浴中，不断搅动冻存管直至液体融化（约 60 s）。

操作应该尽量快以免冰晶形成，因为冰晶可以裂解细胞。应避免冻存管盖子上形成水滴。

2）在打开前用 70%乙醇消毒冻存管表面。

3）将融化的细胞悬液转移到无菌的离心管中，该离心管已装有 2 ml 含 20% FBS 的温热的完全培养基。室温 150～200 *g* 离心 10 min。弃上清。

细胞用新鲜的培养基洗涤以去除残存的 DMSO。

4）用小体积的完全培养基/20%FBS（约 1 ml）温和地重悬细胞，然后转移到含适量营养液的标记培养皿中。

细胞复苏培养较原始培养要求更高的细胞浓度，因为冻存时有些细胞会死亡。通常 1 ml 细胞悬液加入 5～20 ml 培养基。

5）24 h 后检测细胞是否贴壁。

6）5～7 天后或当介质中的指示剂（如酚红）发生颜色改变时更换培养液。保持培养基中 FBS 的含量为 20%，直至细胞系被重新建立。

如果复苏效率非常低的话，原始培养物中仅有小部分细胞可以生长。当操作融合体细胞系时应更小心。

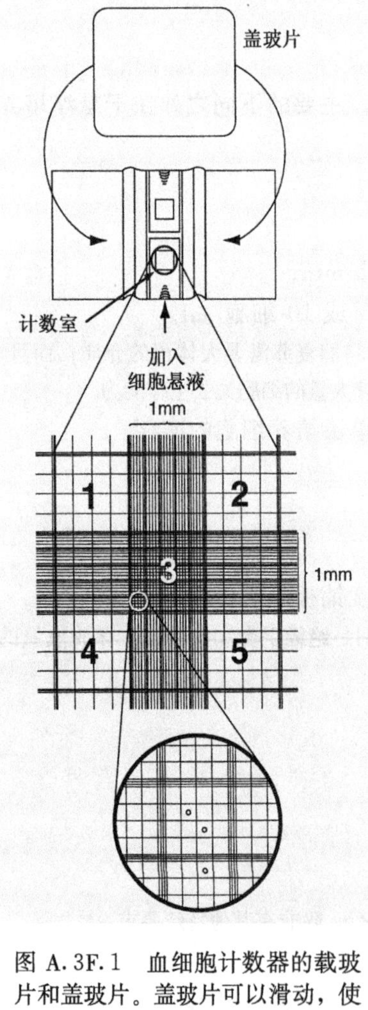

图 A.3F.1　血细胞计数器的载玻片和盖玻片。盖玻片可以滑动，使用巴斯德移液管将细胞悬液加入计数室，计数室是一个 3 mm×3 mm 大的方格（放大的部分）。计数室每个角上的四个方格（1、2、4 和 5）和中央小方格（3）用于计数。

辅助方案 3　使用血细胞计数器和台盼蓝染色进行细胞计数和活力检测

计数培养物中的细胞，对于细胞培养条件的标准化和进行精确的定量实验是很重要。血细胞计数器是中心区设计为计数室的厚的玻片（图 A.3F.1）。

材料

70%乙醇

细胞悬液

用 HBSS 配制 0.4%台盼蓝或 0.4%苯胺黑（见附录 1）

带盖玻片的血细胞计数器（Improved Neubauer, Baxter Scientific）

手动计数器

步骤

1）用 70%乙醇清洁血细胞计数器的载玻片和盖玻片。

血细胞计数器的载玻片和盖玻片应清洁、干燥。无棉绒、指纹和水印。

2）用自来水湿润盖玻片的边缘并且压在血细胞计数器的细槽上。最终使盖玻片放置在血细胞计数器银色计数空间之上。

3）对于单层生长的细胞用胰酶消化培养皿表面的细胞（见基本方案）。

4）按需要稀释细胞成均一的悬液。分散细胞堆积块。

当使用血细胞计数器，推荐每 1 mm 方格最大的细胞浓度为

20～50 个。

5）用无菌的巴斯德移液管吸取细胞悬液到血细胞计数器的计数室处，使移液管的尖头处于盖玻片下。挤出一滴悬液。

血细胞计数器不需消毒。如果细胞悬液还要用于培养，注意不要重复使用移液管，并且移液管中剩余的细胞悬液不得返回原先的液体中。

6）同样加满第二个计数室。

7）计数前，放置几分钟。吸干多余的液体。

8）显微镜下用 100 倍放大观察载玻片。

10 倍目镜×10 倍物镜＝100 倍放大。

9）调整载玻片位置观察格子的最大中央区域（见图 A.3F.1 中的 3）。这一区域被一组三条平行线包围。格子的最中央区域应当几乎占据全部的显微视野。大的中央区域的进一步分区同样是由一组三条平行线包围形成，并且每个分区被单线分成十六个小方格。细胞最终应当分布在这些区域内，要求没有堆积。如果细胞不全分布在这些区域内，应洗涤并重新装载血细胞计数器。

10）用手动计数器计数四个角落和中央方格（见图 A.3F.1，方格编号为 1～5）的细胞。重复计数另外一个计数室。每个计数室有 5 个方格，两个计数室共 10 个。若细胞位于方格顶端和左侧三线的中间线时将被计数。若细胞位于方格底端和右侧三线的中间线时将不被计数。

11）下列公式计算每毫升细胞数：

细胞/ml＝每方格的平均计数×稀释倍数×10^4

总细胞数＝Cell/ml×细胞悬液总的原始体积

10^4是血细胞计数器体积校正因子：每个方格的面积是 1 mm×1 mm，深度是 0.1 mm。

12）在小管中加入 0.5 ml 0.4%台盼蓝，0.3 ml HBSS 和 0.1 ml 细胞悬液。充分混合，用血细胞计数器检测前静置 5 min。

0.4%台盼蓝或 0.4%苯胺黑都可用于确定活细胞数。死细胞可以吸收染料，而染料对活细胞是不能渗透的。

13）计算总细胞数和活细胞数。计算活细胞的百分比。

$$活细胞\% = \frac{未染色细胞}{总细胞数} \times 100\%$$

14）70%乙醇消毒血细胞计数器的载玻片和盖玻片，然后用去离子水清洗，空气干燥后保存备用。

辅助方案 4 细胞的运输

单层和悬浮培养的细胞都可以用 25 ml 的细胞培养瓶运输。单层细胞生长成片或悬浮培养细胞达到合适的浓度。弃去单层细胞培养物中的介质并在瓶中加满新鲜的培养基。将新鲜的培养基加满装有悬浮培养细胞的瓶。**瓶中必须完全充满培养基以避免运输中瓶子倒置使细胞变得干燥。瓶盖要拧紧。**细胞瓶要放在防渗漏的塑料袋子里或容器中避免溢出造成危险。初始容器要放在第二层绝缘容器中避免运输过程中的极端温度的影响。生物危害的标志要贴在包装的外面。通常细胞培养物要当天运送或过夜快递。

细胞也可以在低温状态下运送。冻存管要从液氮中取出快速放置在盛有干冰的绝缘容器中避免运输过程中融化。

参考文献：Freshney，1993；Lee，1991.
撰 稿 人：Mary C. Phelan

附录 3G 安全使用放射性同位素

在为使用放射性同位素设计安全方案时，要对同位素衰变具备一定的知识，并且要连续使用手持式放射监测仪（如 Geiger 计数器），但这还不够。此外，每个特定的研究所应该建立强制执行的规章制度。这是该研究所具备资格的条件。

背景信息

衰变过程

每一种元素是以其原子序号为特征的，包括外周的电子数或原子核内的质子数。同位素是指具有相同的质子数而中子数不同的某种元素的不同原子，因此它们的核重量也不相同。应当注意到同一种元素的所有同位素的外周的电子数是相同的，化学活性也是相同的。

放射性衰变发生在一种重同位素的原子核内的亚原子颗粒释放时，结果经常是一种同位素的原子转变为另一种元素同位素，因为衰变后原来的同位素原子序号发生了变化。天然发生的放射性同位素释放的亚原子颗粒有三种类型：α 粒子、β 粒子和 γ 射线。

α 粒子本质上是一个氦原子的核，即两个质子加上两个中子。它是相对较大而重的粒子，移动慢，在和其他原子作用前只能移动很短的距离。α 粒子通常从大原子核同位素释放（原子数>82，如钚或铀）；在生物研究中不经常使用这种同位素。

与 α 粒子相比 β 粒子是轻的、高速带电粒子。带有负电的 β 粒子本质上是在一个中子转变为质子时释放的原子核电子。因此 β 粒子的释放改变了原子序号和同位素的元素状态。

γ 射线具有粒子和波的两种特性；它的波长在 X 射线波长范围之内。X 射线和 γ 射线的区别在于原始的 X 射线机器产生的 X 射线波长要长于放射性同位素自然产生的 γ 射线。现代的 X 射线机器产生的 X 射线波长谱要更宽一些，包括了 γ 射线波长；目前这种 X 射线来源于核时被称为 γ 射线。与 β 粒子释放不同，γ 放射的释放本身只产生同位素变化而不是元素改变；然而原子核经常因不稳定进一步衰变释放出 β 粒子。

所有 α 粒子和 γ 射线的能量是固定的，因它们具有特定的组成或波长。β 粒子的能量却依赖于原子的来源而不同（并伴随着中子或反中子的释放保持能量守恒）。这样 ^{32}P 衰变可产生（相对）高能 β 粒子，^{3}H 衰变产生低能 β 粒子。

同位素衰变不仅是单纯的粒子丢失且经常伴随着一系列的事件发生，因为产生的同样不稳定的原子要获得平衡态。在衰变的这个过程中能够产生次级辐射，常对使用者造成危害。例如，在 ^{32}P 衰变期间释放的高能 β 粒子遇到原子序号大的原子核，就会发生强大的相互作用。β粒子以质子形式丢失一些能量，这些质子被称为韧致辐射；它们可被γ或X射线监测仪检测到。

α粒子、β粒子和γ射线（以及次级辐射）因能量和穿越介质的不同，平均速度和距离也各不相同。在它们遇到其他原子的电子或原子核之前的距离称为穿透度。这个值是每一类粒子的平均数。释放的粒子的能量（和因此而有的潜在的穿透度）决定了我们用何种厚度防护屏，如果必须，要对特定同位素衰变产生的辐射加以防护。α粒子、β粒子和γ射线都可能与其他原子相遇，击出电子而产生离子。这三种放射也称为离子放射。这种离子的形成可导致生物过程混乱：这正是放射性危害所在！

表 A.3G.1 提供了在生化研究中常用的几种同位素的概况

表 A.3G.1 常用放射性同位素的物理特性[a]

核素	半衰期	射线种类	最大能量（MeV）	最大发射距离	大概的比放射性（Ci/mg）	衰变后产生的原子	靶器官
^{3}H	12.43 年	β	0.0186	0.42 cm(空气)	9.6	$^{3}_{2}He$	全身
^{14}C	5370 年	β	0.156	21.8 cm(空气)	4.4 mCi/mg	$^{14}_{7}N$	骨、脂肪
^{32}P[b]	14.3 天	β	1.71	610 cm(空气) 0.8 cm(水) 0.76 cm (树脂玻璃)	285	$^{33}_{16}S$	骨
^{33}P[b]	25.4 天	β	0.249	49cm①	156	$^{33}_{16}S$①	骨
^{35}S	87.4 天	β	0.167	24.4 cm(空气)	43	$^{35}_{17}Cl$	睾丸
^{125}I[c]	60 天	γ	0.27～0.035	0.2 mm(铅)	14.2	$^{125}_{52}Te$	甲状腺
^{131}I[c]	8.04 天	β	0.606	165 cm(空气)	123	$^{130}_{54}Xe$	甲状腺
		γ	0.364	2.4 cm(铅)			

a. 根据 Shleien (1987) 的材料编辑而成。

b. 防护屏推荐用树脂玻璃；降低辐射一半所需的厚度为 1cm。

c. 防护屏推荐用铅；降低辐射一半所需的厚度为 0.02mm。

放射性测量及个人暴露测量

物质的放射性是根据它的电离活性测量的。1 居里（Ci）的定义是每秒产生 3.4×10^{10} 个衰变离子的放射性物质的量。这正是 1 g 镭及其衰变产物产生的衰变离子数。在这类辐射中的暴露测量是测量受者吸收的能量，当然，这直接与这类辐射可能引起的潜在危险相关。1 拉德是指使每克受辐射物吸收 100 尔格能量的放射剂量。另一个常用于测量辐射剂量的单位是雷姆，和拉德相关但要考虑质量系数，质量系数与接受的离子放射的类型有关。β粒子和X或γ射线的系数是 1，因此雷姆β等于拉德β。与之不同，α粒子的系数是 20，所以暴露于 1 拉德α粒子等于 20 雷姆。

在放射源附近的物体（细胞、科学家等）所吸收的辐射剂量或数量不仅取决于产生放射性的类型和辐射产生的能量（穿透力），还取决于两者之间的距离，减弱辐射（屏蔽）物质的中间层存在以及暴露的时间等。为最大限度地测量放射剂量，正在进行放射性工作或者在其周围的每一个人都应该佩戴合适的射线计量器（另外要携带便携监测

① $^{33}_{16}S$，应是 $^{32}_{16}S$ 的印刷错误；49cm，估计是“49cm（空气）”的印刷错误。——译者注

仪，可以随时监测）。这是研究单位使用同位素许可的常规要求（不可选择）。这样的计量器通常由安全部门装备并且由约定的公司定期检测。大多数研究所里，老式的胶片式射线计量器已被更精确的 TLD（热发光计量器）取代。计量器是利用如钙或锂之类化学物质暴露在离子放射时，可在低于正常热发光阈值的温度发光的特点。不同类型的计量器对不同类型的放射线敏感不同，所以要时时确认，佩戴的计量器必须适于检测正在使用的同位素的辐射！在大多数地方要求妊娠妇女佩戴更灵敏（也更昂贵）的计量器来更好的监测她们（和发育中的胎儿）所受的辐射。往往要求工作人员在实验服领子上佩戴射线计量器来测量全身辐射量。^{32}P或^{125}I操作时，要佩戴指环计量器来测量无保护的手指受到的辐射。全身可接受辐射剂量极限要比手指低好几倍。不过，我们发现指环计量器的记录，在我们研究所设定辐射限量中往往是有意义的。

人类暴露于低水平辐射（也就是，简单地处理 mCi 或 μCi 级的放射性物质的水平）的影响是什么？知之很少，理由很明显，不能进行直接研究。因此，暴露水平的指导是利用外推法设定的，或者从事故或灾害（切尔诺贝利核泄漏，投掷原子弹）获得的群体统计学资料向下外推，或者从动物实验获得的数量上的优势向上外推。每一种形式的推断都会遇到要求解释，以及表明基于这样的推论并不是完美的，大多数场合，健康和安全的放射性暴露水平的个人目标是 ALARA（as low as reasonably achievable 尽可能合理低）。辐射暴露极限和统计学资料的进一步讨论可在 B. Shleien 的健康物理教科书查阅（Shleien，1987）。限制辐射剂量可通过调整暴露的几个参数获得：暴露时间，放射源的距离，个体和放射源之间的物质（空气、水、防护屏）的密度。

时间是最重要的。当在设计使用同位素的实验时，应当尽可能减少直接操作含有放射性物质的小瓶或管子的时间。应当在不粗心的情况下，尽可能加快速度！在放射性物质进入实验区之前，准备好实验所需的每一件事。

距离决定辐射剂量。如果可能，放射性实验应当在与实验室的休息处分开的区域操作。许多研究所在指定的热实验室（hot lab）操作。然而，如果实验室里许多人日常都在使用同位素，让大家都到一个通常较小的区域操作就不太可行了。尽管是一个人单独在工作，监测工作区都是他的责任，并且要用合适的屏蔽确保他自己的安全和正在附近工作人员的安全。显然，当处置放射性样品时，都必须在需要的防护装置后面快速操作。为保护旁观者，要记住放射强度的降低与放射源的距离平方成正比。这样如果站在距离放射源 1ft 处 5 min 的辐射剂量是 45 单位，同样的时间站在 3ft 处的辐射剂量就是 5 单位。这点在保存大量放射物时也很重要，特别是^{32}P 或^{125}I，因为没有什么保护装置可以完全排除辐射。

防护装置是安全的关键。一种同位素的衰变过程中释放的能量决定了防护装置的类型。^{14}C 和^{35}S 衰变过程中释放的 β 粒子具有的能量大约是^{3}H 衰变时的 10 倍。所有这三种 β 粒子都是相对低能量的，在空气中不能穿越很远，并且不能穿透固体表面。对于这类 β 射线是不需要防护屏障的。其对健康的主要威胁是通过偶然的摄食、吸入和注射发生的。

^{32}P 衰变释放的 β 粒子要比^{14}C 高 10 倍，并且对工作人员健康有重大威胁。（据报告对未防护的眼睛有潜在的致白内障作用）。这些高能 β 粒子可能产生大量的轫致辐射，所以要用低密度物质作为^{32}P β 粒子的主要屏蔽层。水、玻璃和塑料（相对于铅）是合

适的低密度物质。很明显水不适合作为屏蔽层，尽管样品放在水浴锅中很合理。用厚玻璃作屏蔽屏足以阻止 β 粒子，但是厚玻璃太重且掉下来很危险。幸好塑料或丙烯酸材料——被称为玻璃树脂、塑胶玻璃或透明合成树脂，可以作为屏蔽 ^{32}P β 辐射的物质。用不同厚度的塑胶玻璃制成的防护屏和储存盒是 ^{32}P 实验室必不可少的设备。当一次使用毫居里级 ^{32}P 时，还必须在塑胶玻璃防护屏的外面（离辐射源最远的一面）添加一层高密度物质（如 4～6 mm 铅），来阻断韧致辐射。

^{125}I 衰变时释放的 γ 射线比 ^{32}P 释放的 β 粒子具有更强的穿透力；这种辐射需要非常高密度的物质，如铅，来屏蔽。不同厚度的铅箔（2～6 mm）可以成卷购买，并且可裁剪成合适的形状覆盖在任何容器外面，或者贴在树脂玻璃防护屏上。后者的缺点是不能通过防护屏观察操作。常规用于 ^{125}I 操作的防护屏，可以使用购买的灌入铅的树脂玻璃防护屏，这是透明的，虽然不可避免地比较重（也相对贵些）。

使用的放射性越强需要用的防护屏就越厚，似乎很符合逻辑，但事实是没有任何物质可以完全屏蔽所有辐射。当决定多厚才是“足够厚”时可参考各类屏蔽物质的半值层数值。该数值表示屏蔽来自辐射源一半辐射所需的指定物质的厚度；表 A.3G.2 列出了生物实验室常用同位素释放的 β 粒子的半值层数值。通常，1～2 cm 树脂玻璃和（或）0.02 mm 的铅已足以屏蔽我们实验中使用的辐射量。

表 A.3G.2　放射性辐射的屏蔽[a]

β 射线

能量/MeV	降低辐射至 50%的每平方厘米的质量/mg	降低辐射至 50%的厚度/mm			
		水	玻璃	铅	树脂玻璃
0.1	1.3	0.013	0.005	0.0011	0.0125
1.0	48	0.48	0.192	0.042	0.38
2.0	130	1.3	0.52	0.115	1.1
5.0	400	4.0	1.6	0.35	4.2

γ 射线

能量/MeV	削弱 γ 射线至 1/10 所需的材料厚度/mm			
	水	铝	铁	铅
0.5	54.6	20.3	6.1	1.8
1.0	70.0	24.4	8.2	3.8
2.0	76.0	32.0	11.0	5.9
3.0	89.0	37.0	12.0	6.4

a. 经许可引自文献（Dawson et al.，1986）。

通用警示

1. 明确各项规定。确保每个人使用每一特定的同位素是被批准的并且被授权在特定的工作区使用。

2. 合适的着装。在实验室工作台操作，为安全起见无论何时都要穿工作服。一次性纸质/合成的不同型号的实验服可以购买得到，每件 4 美元。在实验期间有放射物污染时很方便丢弃。而保存衣服等待衰减每件则大约要花费30美元。还可以购买一次性袖套穿戴在工作服外面。其他必需品包括射线计量器、手套和防护眼罩。在使用同位素时一次佩戴两层手套；可以在外层污染时弃去而不使实验停顿。

3. 保护工作区和工作人员。实验台和防护屏的底部要覆盖一次性的易吸收的纸单。

4. 使用恰当设计的设备。处理同位素时使用可调节的移液器是非常方便的。同样对同位素仅使用特定的离心机和微型离心机转子可以避免实验室的所有转子污染。尽管这些设备需要在每次使用后清洁，但是完全去除污染是不可能的。一些移液器或单个的微型离心机可以在适当的屏蔽保护下保存和使用。实际上使用带有内芯的枪头可以大大减少移液器管内和顶端的污染；这些因PCR反应的建立已经普遍应用并且可以适用于各种各样合适的移液器。为防止移液器管外的污染，可以简单的用封口膜（parafilm）包紧手握处，用后弃去。一些制造商供应一次性的离心机纸垫，用来避免转出样品管外的同位素污染转子腔体的内壁。不建议使用自制的衬垫。

5. 清楚在哪里处理放射性废物，包括液体和固体。大多数研究所要求把放射性废物按同位素类型分开处理。这样不仅可以在废物容器周围放置适当的屏蔽，而且可以让废物在通过普通垃圾线路丢弃前衰变。随着处理放射性废物的设施越来越少和可接受填埋核废物的区域减少（同时伴随倾倒废物费用的增加），这种定点衰变的方法可每年减少大量的处理费用。

6. 标记好标签。在同事们可能接触到同位素的地方要警示放射性物质的存在，这是通常的礼貌（和理智）。应当将一张简单的标签贴在样品盒上——标上研究者的姓名，同位素的类型和数量，并且写上日期。带有国际通用放射性标志的黄色警示标签，可通过市售获得。

7. 及早和经常监测放射活性。对使用放射物的实验室来说便携式的放射性监测仪是最重要的。无论使用多少同位素，研究者都应当在近处放有一台监测器。在接触放射物前打开以免污染监测器的开关。在操作前、中、后应用合适的监测仪监测^{35}S和^{32}P的β射线，^{125}I的γ射线。越是经常地监测手指和相关设备，就能越快地检测到手套和溢出的污染。这种及时的检测可以将潜在的污染和和清洁的时间降到最低。由于像^{3}H那样低能量的β辐射源用这种监测仪是不能被检测到，为确保工作区无污染，操作台和设备的擦纸实验就很必要了。

特定警示

操作^{35}S

使用^{35}S标记细胞蛋白和蛋白质的体外翻译。^{35}S衰变期中产生的β射线不强，不一定需要防护屏。^{35}S的危险主要是通过吸入和在各种靶组织中的后续积累造成，特别是睾丸。尽管没有人愿意吸入，但偶然或不知情地吸入可能更普遍。据几年前的报道（Meisenhelder and Hunter，1988）常用于体外标记完整细胞和体外翻译的^{35}S标记甲硫氨酸和半胱氨酸，化学分解可产生挥发性的放射性成分。分解与细胞的新陈代谢无关。因此在细胞培养皿中，这种挥发性的放射性成分的含量与其储存管里的一样多。^{35}S标记物的冻融似乎促进了这个过程。这种挥发性的放射性成分的确切组成还不确定，有可能

是 SO_2 或 CH_3SH。已知的是它易溶于水，可被活性炭或铜吸收。

尽管制造商加上了稳定剂，这种挥发性的放射性成分的数量大约是总放射物的 1/8000。科学家可能吸入的量很少。然而由于它的挥发性，很容易污染很广泛的地方，且易于在靶组织积累。因此建议融化^{35}S 标记的氨基酸时要在有活性炭滤膜的罩中进行。活性炭膜可以吸收相当量的污染物质，每隔数月应当更换一次。如果没有这样的罩，可用接在套有活性炭的注射器上的针头插入解冻的储存管以排放和捕获挥发性的成分。

有人曾经把加有^{35}S 标记氨基酸的细胞培养皿放入培养箱中，发现即使是很短时间培养箱就迅速地为^{35}S 高度污染了。这种污染既不限于培养皿本身，也不只限于摆放培养皿之处。放射性成分溶于水，可通过培养箱中潮湿空气循环并污染了培养箱的全部内表面。因此，在常规进行这种代谢性同位素标记的实验室中，单独指定^{35}S 标记样本的专用培养箱就非常方便了。这种培养箱可内置箱体大小的用活性炭压制而成的蜂巢样滤膜。这种滤膜可在当地的空气质量控制公司购得。这种滤膜很快就会为放射性物质污染，因此应当经常监测，并且在必要时更换滤膜（如果培养箱每周用数次，通常三个月就要更换）。培养箱中加湿用的水也会因污染变得很“热”（污染放射物）；保持水在培养箱底部的浅玻璃托盘每次使用后很容易更换，因此可避免污染积聚。放入细胞培养皿培养，即使有活性炭和水作为吸收剂，当放入装有培养的细胞的托盘时，培养箱架子、风扇、内部的玻璃门也还是会被污染。常规的擦纸实验和必要的清洁可减少潜在的污染散播。

如果经常要进行这种标记工作，而又无空余的培养箱，细胞培养皿可放在一个盒子内培养。盒子应由塑料制成，比金属制成的容易去除污染。盒内要放置活性炭制成的小袋，用薄纸（如 Kimwipe）松散的包着。如果盒子是密封的，很明显需要充入正确的 CO_2 混合物。否则需要小洞可与培养箱中的空气平衡。这两种场合下，用于同位素标记的培养箱在每次使用后都应当要仔细地检测放射性。

操作^{32}P

μCi 级的^{32}P。用于 Northern 或 Southern 杂交中核酸探针标记的^{32}P 一般在 250 μCi 以下，用于体外蛋白磷酸化所需的［γ-^{32}P］ATP 的量，通常一次激酶反应不超过 50 μCi（或每次实验几百 μCi）。然而在没有正确防护的情况下，即使这样少的剂量也达到了不可接受的水平。没有防护的情况下，距离 1 mCi ^{32}P 1 cm 远的剂量是 200 000 毫拉德/h，污染 1 μCi/cm^2 的皮肤导致的基底细胞的局部剂量是 9200 毫拉德/h（Shleien, 1987）。这样的皮肤污染很容易因为移液粗心或放射性的微滴气溶胶造成，因为标记核酸的储液浓度一般为 10 μCi/μl。

为了在这种实验中正确防护，除了常规的个人着装（眼镜、衣服、射线计量器和手套），还要在身体和样品之间使用某种类型的树脂玻璃防护屏（图 A.3G.1A）。用便携式监测仪检测屏外的放射水平以确定树脂玻璃的厚度是否足够。把样品放置在结实的树脂玻璃管架上可以保护手部，这也可很方便的将样品转移到离心机和水浴中（图 A.3G.1B）。

这些类型的实验经常有特定温度的温育步骤，通常是水浴。尽管管子或杂交袋周围的水可以有效地阻止 β 辐射，但是管子的上方（那里没有水）应当加屏蔽，如简单的平板树脂玻璃。如果经常使用证明花费是有效的，可以做一个玻璃树脂的盖子。当杂交在袋中进行的时候，应当仔细检测（和屏蔽）热封口装置。

在实验中产生的废物也应当屏蔽。在实验台旁放一个临时的污物容器很方便。丢弃的枪头和其他固体废物装入衬有塑料袋并放在保护屏后的烧杯中。实验做完后袋子可以转移到适当的实验室屏蔽容器内。液体废物可以转移到放在保护屏后的一次性管子里（图 A.3G.1C）。

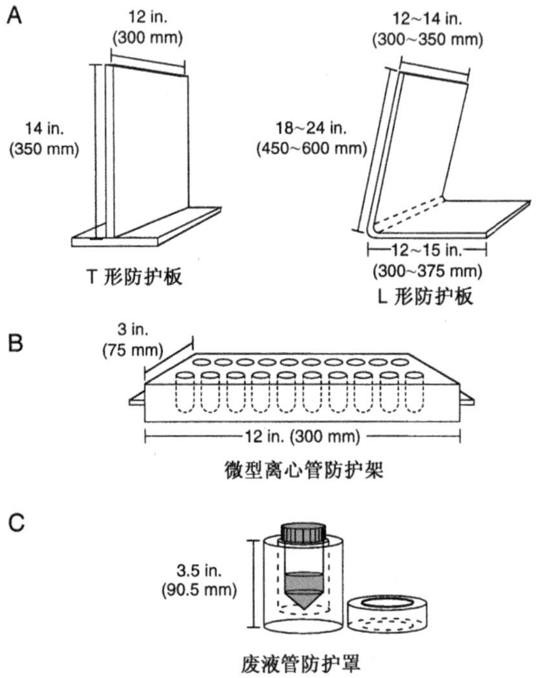

图 A.3G.1 屏蔽^{32}P的树脂玻璃。A. 0.5 in 厚的两种便携式（L 和 T 型）树脂玻璃，两种防护板都可以直接屏蔽辐射，保护正在操作放射物的人员。L 型的也可以翻过来放置构成一个笼状工作区的两条边，给走过这里的其他工作人员或在这边操作^{32}P的人员提供屏蔽。B. 微型离心管的防护架；C. 废液管固定器。

当放射性标记的探针或蛋白必须胶纯化时，如果样品特别“热”，电泳时可能需要屏蔽电泳装置。如果未掺入的标记跑出胶的底部，电泳缓冲液有可能具有非常强的放射性，建议请放射性安全员指导如何处理这种缓冲液。电泳完成后也要谨慎的用便携式监测仪检测胶板，因为有时也可能被污染。

mCi 级的^{32}P。为了研究哺乳动物细胞中蛋白质的磷酸化作用，细胞培养需要在无磷酸的培养基中与^{32}P标记的正磷酸盐一起温育数小时或过夜。这种标记用的^{32}P是大量的。细胞一般在 1～2 mCi 的^{32}P/ml 的培养基中温育，每个 6 cm 的培养皿要使用 2.5～5 mCi ^{32}P。在每个实验中，每个样品需要多个培养皿，并且有不同的样品数，显然在一次实验中^{32}P的使用量很容易达到 25 mCi 以上。由于在这类实验开始的标记过程中要使用如此多的放射物，因此研究者需要格外的小心，注意屏蔽保护他自己以及他的同事。

往细胞培养皿中添加标记同位素时，重要的是要操作迅速。操作速度的关键是在同位素还没进入工作区之前就要将手头必须做的每一件事情准备好。预先准备好工作区、放好防护屏、用一次性吸附纸覆盖工作台。安置好所有必要器具，包括所需的移液器、滴头、便携式监测仪、手套和一个细胞房（见图 A.3G.2A）。

在这种放射量情况下，应当在至少 3/4in（2 cm）厚度的树脂玻璃后面进行工作，并且也必须在防护屏外层的下部加一层铅，以阻挡韧致辐射。如果屏蔽可以放在固定的地方，可以在树脂玻璃的外面用螺丝固定几厘米厚的铅层（见图 A.3G.2B）；但是因为这层铅，使防护屏变得极重而难移动。如果受空间限制不允许有这样的永久设备，可在树脂玻璃屏蔽外临时铺 1 或 2 层铅箔。

此外，每一个工作者不仅应当小心地屏蔽防护好自己，还应当屏蔽防护好周围的人。处理标记同位素要远离中心实验室，尽可能充分利用距离屏蔽。建议不要在组织培养间或整体实验室中隔为生活区的场所操作这种实验。这种大剂量^{32}P的一次偶然事故就会严重影响这些区域将来的工作。在加入标记时，要降低细胞培养皿暴露的时间，不应当使用防止细菌和真菌污染的通风橱。

一旦标记物加到细胞培养皿中，也必须对转移到培养箱和其他区域过程进行屏蔽。树脂玻璃盒是一端开放的（放入碟子用）上面有一个把手（安全携带用），这就是理想的“细胞房”（见图 A.3G.2A）。树脂玻璃门在开端插入凹槽内可以避免在转运时盒子倾斜，盘子滑出。如果门仅有细胞房壁的 2/3 高时，培养箱中的 CO_2 可以通过缝隙流通平衡。很明显，少量的放射物也可流出细胞房。所以细胞房的门在培养箱中不应面向工作人员和他人！

接着在细胞和标记物一起温育和其他实验操作之后，细胞通常会在某些去垢剂缓冲液中裂解。在裂解过程中实验者的双手将吸收到最大量的放射线辐射，因为要在数分钟内直接处理培养皿。因此很有必要简化操作步骤并尽可能使用屏蔽设备。如果像大多数操作规程要求的细胞裂解必须在 4℃进行，则最好在一冷房内把培养皿放置在平滑的冰床上操作。在这两种场合中，要使用与标记同位素时相同类型的屏蔽（必要时含铅）来进行裂解。再将标记介质和未结合的放射物转移到置于树脂玻璃支架上的小管中（见图 A.3G.1C）。管中的废液可稍后倒入废液收集器中。如果可能，要把高比放射性的^{32}P液体废物和其他步骤产生的低放射性的废物分开，以便在实验后尽快从实验室移走。如果需要在实验室中存放一段时间，废物容器的外层也要包有一层铅。

在这些实验的裂解过程中产生的固体废物（滴头、一次性移液管、细胞刮和培养皿）是非常“热”的，应当立即放入到某些屏蔽的容器内，避免对手的进一步辐射。和图 A.3G.3 设计类似的树脂玻璃盒很方便，放在屏蔽边上衬有塑料袋的盒可以安全地盛放实验中的所有放射性废物，并可在实验结束后很容易携带至实验室的废物容器倒入其中。如果盒盖比前壁凸出 1in，实验人员可以很方便地用手背抬起以减少“热”手套污染的可能性。

当从培养皿上刮除细胞裂解物时，最好把它们放入树脂玻璃架子上的微型离心管内，这样有助于进一步减少手的暴露。裂解物通常在高速状态（>10 000 *g*）离心，以清除不溶解的细胞物质。在这个步骤中使用螺旋帽的管子，当管中装有放射性裂解物时比弹出式的管子（离心时可能弹开）更加安全。不管使用哪种管子，转子经常会被污染，很可能是因为离心时管子边缘的裂解物微滴（气溶胶）飞出造成的。要监测转子并

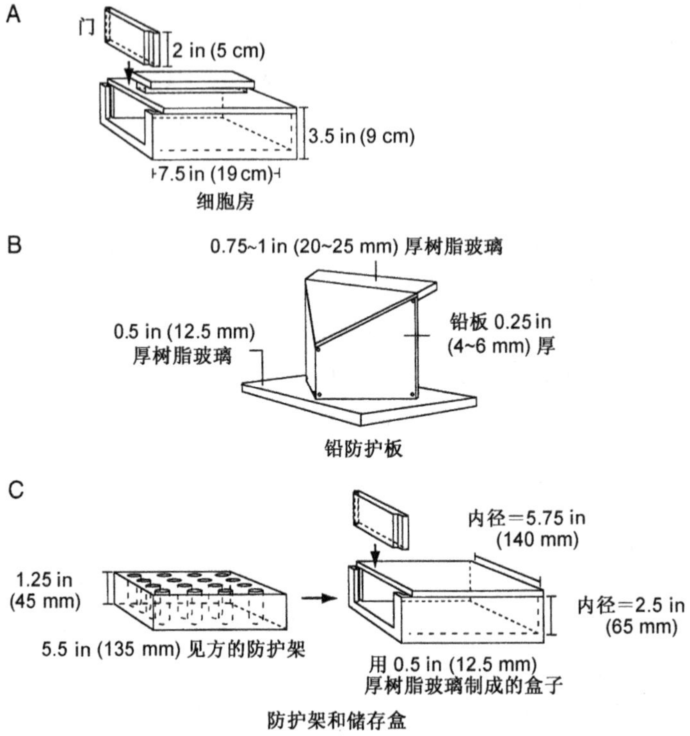

图 A.3G.2　A. 细胞温育盒（细胞房）；B. 固定的铅制防护屏；C. 用 0.5 in 玻璃树脂制的样品储存架和盒子。缩写：ID，内部尺寸。

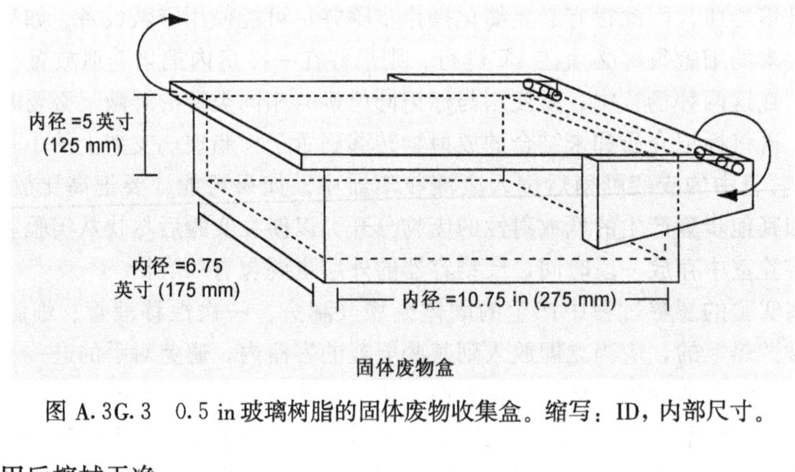

图 A.3G.3　0.5 in 玻璃树脂的固体废物收集盒。缩写：ID，内部尺寸。

且每次使用后擦拭干净。

在温育过程中细胞对^{32}P的吸收变化很大，与细胞培养的生长状态、细胞类型以及对放射性的敏感程度相关。这就很难预测一开始加入的放射活性有多少百分比掺入了细胞裂解产物；然而这个数字很可能不会超过10%。因此，放射活性的数量在裂解后通过处理明显的下降了，有效的防护也更加简单。然而，与其他简短的同位素实验相比，放射性仍然要超过10倍以上！很容易判断防护是否足够——使用针对β和γ射线的便携式监测仪测量。此外，也要确保在附近工作的（包括经过工作台）人员有足够的屏蔽。有时在装有裂解物的冰桶周围有必要构建一种用树脂玻璃围成的防护笼。

在当天或实验结束后，很可能需要储存放射性样品；有些实验可能要保存细胞裂解物。这些非常“热”的样品最好放置在树脂玻璃架子上的管子里，然后放到树脂玻璃箱子内（见图 A.3G．2C)。这种箱子和前面描述的细胞室的结构相似，然而必须有一个门完全遮盖开口处。一定要监测穿过的 γ 射线，必要时在外面加铅防护。

操作^{33}P

使用^{33}P 标记的核苷去标记核酸探针或蛋白质。最近有数家生产放射性标记生物分子的大公司制造出用^{33}P 标记的核苷（α 和 γ 两种标记方式)。^{33}P 比^{32}P 的优势在于更容易操作，因它释放的 β 粒子的能量介于^{35}S 和^{32}P 之间，这样就不需要像操作^{32}P 一样的多层树脂玻璃和加铅屏蔽。实际上，这种 β 辐射很少能穿透手套和皮肤表层，所以暴露在甚至是毫居里的^{33}P 的危害也是轻微的（据 DuPont NEN 产品指南)。^{33}P 标记的放射自显影条带要比^{32}P 的清晰，因为释放的低能量 β 辐射不像^{32}P 释放的那样会弥散。^{33}P 的半衰期也长一些（25 天，^{32}P 是 14 天)。尽管成本较高，许多研究人员仍选择在实验中用^{33}P 标记核苷，例如它可以在条带/胶移位分析实验中区分距离相近的条带。

使用^{33}P 时决定屏蔽的程度的最好办法是使用便携式 β 监测仪测定放射源，必要时可加上树脂玻璃层。

操作^{125}I

用^{125}I 检测免疫复合体（Western 杂交)。^{125}I 共价结合在如葡萄球菌蛋白 A 的分子上是无挥发性的，因此与未结合的即游离形式相比，其危害性小的多。大多数研究所在操作结合的^{125}I 时都不在通风橱内进行，但屏蔽 γ 射线还是必要的。铅对阻挡 γ 射线是一种很好的高密度物质，它的缺点是过重和不透明性。商业化的^{125}I 的屏蔽产品由掺入铅的树脂玻璃制成，尽管重，但至少是透明的。另一个选择是使用一块铅箔覆盖在结构支持物上，但这样当操作者越过铅操作时不能对头部屏蔽！

已点样的膜与［^{125}I］蛋白 A 溶液共同温育以及后续的清洗通常在振荡器中进行。这些步骤的屏蔽使用一块铅箔简单的包在容器周围即可。^{125}I 溶液可储存在铅盒内的架子上，便于重复使用。

用^{125}I 在体外标记蛋白质或多肽。使用游离的、未结合的^{125}I 的任何实验操作必须在可吸收挥发性碘的带活性炭滤膜的防护通风橱内进行。大多数研究所要求这样的实验只在特殊的“热”实验室内进行。吞入或吸入的碘积聚在甲状腺中；便携式 γ 射线监测仪在每次实验前和后都要扫描颈喉部。使用未结合碘的实验室中所有人员都要做常规的类似扫描。

事故处理

尽管有最好的意愿和尽可能的警告，事故还是会发生！涉及放射物溢出的事故可造成特别深远性的危害，由于检测不到的可能性，因而对实验室人员可造成重大损伤。基于这种原因，最好在常规使用放射性同位素的实验室鼓励团队精神——一种共同合作的意识，从互相正确屏蔽到事故发生时的相互清洁。

放射性事故发生后要进行的特殊检测取决于有关同位素的类型和数量、化学和生物学方面的危害，以及溢出的物理参数（如是什么同位素“错放在哪里”）。然而在事故发生后有几个步骤应当立即进行：

1. 警示同事和放射安全人员已经有事故发生的事实。如果需要，可采取屏蔽手段，也有助于清洁工作！
2. 限制事故地点的进出，确保污染的放射性物质不在实验室播散。当离开时要检测鞋子的底部和身体的其他部位。
3. 首先照顾好被污染的人员，有必要的话疏散其他人员。如果皮肤受到污染，首先用便携式监测仪确定污染范围。之后用湿润的纸巾尽可能擦去表面的放射物。尽量一次擦拭一小部分使污染局限。如果污染不易被纸清除掉，试一下海绵或砂纸垫，但要小心不要弄破皮肤！有时也需要浸泡：在清除所有易于去除的污染物后可以浸泡，要使浸泡区域尽量小。污染的头发可以清洗（或许新的发式也不错）。
4. 在尝试清洗污染的设备、地板、工作台时，开始用吸收性物质吸看得见的放射性液体。用少量的肥皂和水清洗污染区，每次擦拭一块小区域避免污染扩散到更大的区域。有时许多表面无论怎样清洗也徒劳，这种情况下最好尽可能去除污染，然后屏蔽残留的放射性直至衰减到安全为止。

作者感谢给予放射性安全培训的人员，特别是 Salk 放射性安全研究所的成员。大多数屏蔽设计（见图 A.3G.1A、图 A.3G.2、图 A.3G.3）和其他安全设备都是由 Salk 研究所的 Dave Clarkin 和 Mario Tengco 合作制成。相似的安全设备也可从几家商业公司获得，包括 CBS 国际科研产品公司。

参考文献：Meisenhelder and Hunter，1988；Shleien，1987.

撰 稿 人：Jill Meisenhelder and Kentaro Semba

附录3H　分子生物学家的统计学：组比较

本附录的宗旨在于帮助你快速决定选择最合适的方法来分析你的数据，并指出要避免的最为常见的错误。如下是一个如何选择正确的统计设计的流程图（图 A.3H.1）。我们假设你已有了 Microsoft Excel 之类的制表软件或者某种统计软件，能帮助你进行实际的计算并提供准确的数值，故而图中并未包括进行这些设计所必需的统计表格。显而易见，此附录提供的仅是一个粗浅的统计处理方法。

基础统计学背景

样本和个体

在你进行实验之前，考虑应如何收集数据和你要选择何种统计设计是很重要的。假设你要对正常小鼠与目的突变小鼠的免疫反应进行比较，你从这两个种群的小鼠中各选出一只来检测，为使你的统计设计有效，样本中所有受试动物必须出自同一种群，而且

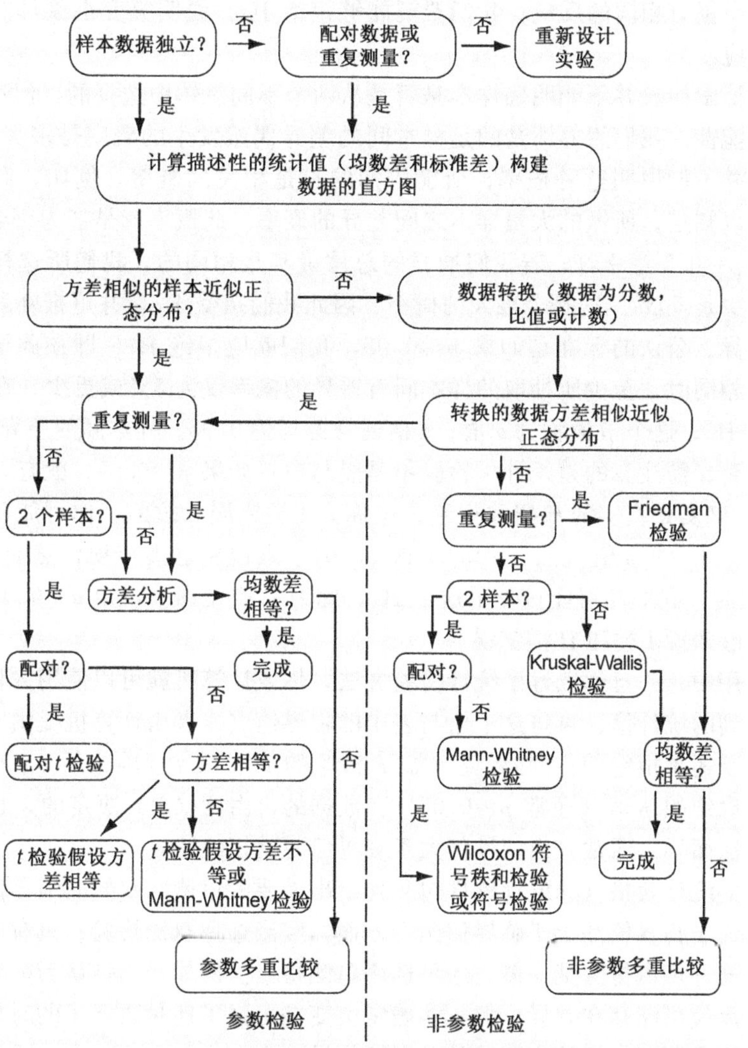

图 A.3H.1 组间比较的流程图

受试动物必须是各自独立选择出的。例如，同一只小鼠被选择了两次就违背了选样独立性的原则；另一方面，从不同遗传背景的小鼠群体中挑选突变小鼠又违背了必须从同一种群中选样的原则。在某些实验设计中受试动物可以被测量两次（或多次），并且这些数据是要并入统计学计算中的。例如，在治疗前和治疗后均测量小鼠免疫反应（见成对 *t* 检验讨论），或从每一只小鼠上测得几种数值（见多种比较检验）。但样本中每只小鼠仍然是各自独立地被选择的。

假设检验

统计学检验总是要检验一个无效假设 H_0。该无效假设通常声明在两个或更多总体中没有差异，如果无效假设是正确的，那么在这一总体中选择的样本的所有差异均是随机出现的。对立假设，H_a 则声明，样本中观察到的差异反映了不同总体间真实的差异。为了说明问题，我们通常希望能拒绝 H_0。例如，在我们的免疫反应实验中，H_0 是突变小鼠与正常小鼠有相同的反应，我们希望能够拒绝 H_0，说明突变小鼠具有与正常鼠不同的免疫反应。

虽然统计学检验并不能明确样本是否是从两个不同总体中选择的，但可以告诉我们零假设的可能性。我们想弄清楚的是样本间的差异偶然发生的概率是多大。遗憾的是，统计学检验并不能说明这种概率，所能告知的只是相关的概率，例如，假定 H_0 成立，我们至少可以知道，所做的大量样本之间差异的概率。此概率就是甚为著名的 p 值。

例如，$p=0.5$ 意味着，若我们抽样的总体确实是相同的，我们所选样本间存在差异的机会至少是 50%。这是个很大的概率，因此我们接受 H_0，并可推断所抽样的两个总体没有差异。公认的标准是如果 $p \leqslant 0.05$，我们就应拒绝 H_0，即在此情况下，抽样的总体确实相同时，至少所抽取的样本间有差异的概率仅为 5%或更少。在某个 p 值之下就应拒绝 H_0，这个 p 值称为 α 值；α 值通常选择为 0.05。样本间的差异导致 $p \leqslant \alpha$ 称为统计学显著。需注意的是统计学检验不是黑与白；如果 $p=0.05$，就有 5%的可能是，无效假设 H_0 确实是真实的却招致拒绝，这称为 I 类错误。故此，你可能认为我们可以通过降低拒绝 H_0 的 p 值（如 $p=0.01$ 或 0.001）来避免这类错误，然而如果这么做，H_0 为不真实时，我们却可能接受了这个 H_0，此为 II 类错误。设定 $\alpha=0.05$ 是普遍认可的标准，能够兼顾 I 类和 II 类错误。

实际应用中，一旦你选好了统计检验方法，你或计算机就可以使用方程式计算从样本数据中得到的统计值，再将这个值与表中的临界值（或者由计算机提供）相比较，以此决定是接受还是拒绝 H_0。临界值（如 F 检验的 F_c，或 t 检验中的 t_c；见 t 检验的讨论）是由你确定的 p 值（通常 $p=0.05$）和数据的自由度（df）决定的，自由度因所选择的检验方法而异。通常，当统计值大于临界值时就拒绝 H_0。

大多数的统计表格（和统计软件包）均给出重要的单侧和双侧的临界值。当对立假设中包含了大于临界值和小于临界值两个方面，应当选择双侧检验。只有当根据某方面知识可以有充分理由排除某一侧，才可选用单侧检验。例如，当你认为突变小鼠和正常小鼠的免疫反应可能存在差异，但不能确定突变是更强了还是更弱了的时候，你应选择双侧检验。当你预测由于缺失了目的基因而将导致突变小鼠免疫反应降低的时候，可选用单侧检验。文献中对单侧检验比较有争议。在有疑问时，选用双侧检验；因为它较为保守（如较少拒绝 H_0）。

选择检验方法—— 数据分析

参数和非参数检验

当面临众多可能的检验方法和方程式时，你也许会难以拣出合适的检验方法用于你的数据。你需要分辨清，选用参数还是非参数检验。参数检验（如 t 检验）推断你的数据遵循一个已知其数学特征的统计学分布（正态分布。我们将要讨论的参数检验）。通常参数检验要求你比较的所有样本的变异性是一致的。非参数检验较少推断你数据的分布。因此，与参数检验相比，非参数检验较少犯 I 类错误（H_0 是真实的，拒绝 H_0），几乎没有什么作用（就是说，较易犯 II 类错误。而且不能检测组间的差异）。然而当数据集大小合适时（如每组 25 或更多数据点），非参数检验常常可以和参数检验同样有效。为了确定应选择何种检验方法，首先要研究数据的性质特征。

什么是参数？

为了进行参数检验，我们需要计算参数——即可以总结某些表述方法的数字。所需计算的参数为均数和总体的变异度（方差和标准差）。你的数据是从一个大总体中抽样得来的，我们通过从总体中抽取一个子集样本来估计总体参数。样本数（n）越大，抽样统计越接近真实的总体参数。

任何一种电子表格程序或统计软件包都允许你确定你的数据的均数、方差、标准差。为使你能更好地解释这个程序告诉你的有关数据的信息，我们将方程式列于下方。

以下是样本均数 $\bar{x}$ 的方程式：

$$\bar{x} = \frac{\sum_{i=1}^{n} x_i}{n}$$

式中，X_i是第 i 次数据点的值，n是样本数据点的数量。

样本方差（S^2）是这样表示的：

$$S^2 = \frac{\sum_{i=1}^{n} (x_i - \bar{x})}{n-1}$$

样本标准差（S），正好就是方差的平方根：

$$S = \sqrt{S^2}$$

你可以把标准差当成均数的平均偏差；S 的量值告诉你样本数据的变化有多大。如果你的数据是呈正态分布的，那么大约 68%数据应在均数一个标准差的范围内，而 95%的数据应在均数两个标准差范围内。

最后一个有意义的参数是均数标准误（s.e.m.；又称标准误）：

$$\text{s.e.m.} = \frac{S}{\sqrt{n}}$$

均数标准误告诉你的是从你的总体中抽取的大小为 n 的样本的均数之变化。也就是说，当你从同一总体中抽取不同大小的样本时，样本均数可能会有些微差异。如果将抽取的一定数量的样本的均数制成点图，它们的分布范围比原始的样本数据的变化要小得多。标准差描述的是数据的变化，而标准误是用于比较两个样本均数及判定它们是否有统计学差异的参数。为此，标准误就是用样本比较的图中均数上下的竖条来表示。值得注意的是，标准误并不能描述你的原始数据的变化；从标准误的计算公式可以看出当样本数量足够大时，即便是存在高度变化的样本数据也可以得出一个相对较小的标准误数值。

假设我们有兴趣研究神经元在生长因子作用下萌发神经突的能力，我们将暴露于神经生长因子 NGF（一种已知其重要性的因子）的神经元与暴露于 X 因子的神经元作比较。我们的零假设（H_0）是神经突萌发对神经生长因子 NGF 的反应与对 X 因子的反应相同。我们希望能够拒绝 H_0，显示神经元对 X 因子有不同的反应。表 A.3H.1 和表 A.3H.2 列出了一组数据（小样本），并计算了相关的样本参数。

表 A. 3H. 1 神经突萌发数据

神经突生长/μm			
NGF	X 因子	NGF	X 因子
22.5	43.2	46.7	75.8
35.4	56.9	55.4	85.4
38.2	60.2	62.5	91.3
40.4	52.4	81.2	95.3
41.3	65.7	99.2	105.2

表 A. 3H. 2 神经突萌发数据样本参数

	NGF	X 因子
均数（$\bar{x}$）	52.28	74.14
方差（S^2）	535.00	388.26
标准差（S）	23.13	19.70
标准误（s. e. m.）	7.31	6.23

如果这些数据是正态分布的，那么约 68%的 NGF 数据应当落在均数一个的标准差范围内——即 29.15～75.41（52.28±23.13）。事实上，7/10 或 70%的数据点均落在这两个极限内。大约 95%的数值分布在均数的两个标准差内——在 6.02～98.54（52.28±2×23.13），事实上，大约 90%的数据分布在这个范围内。X 因子数据的分布亦相似。尽管样本数量很少，我们已能看出它符合正态分布的规律了。

确定方差相等的数据是否为正态分布

为了确定对你的数据需要进行参数检验还是非参数检验，很重要的一点是要确定你的数据是否为正态分布，并具有相等的方差。对正态分布的统计学检验有数种（如 Kolmogorov-Smirnoff 检验；Zar，1984）。稍后我们将讨论方差齐性的检验。通常可通过作点状图观察你的数据，你往往可以找出许多你想知道的性质。

对于大小合理的数据组，稍稍偏离正态分布，不会对我们将要讨论的参数检验产生太大影响（这个特征叫做“robust” to small departures from normality）。基本上如果你进行比较的每一组样本数 ≥25，就可以绘成频数直方图，并检验它是否成钟形曲线分布。我们的神经突萌发数据绘制成图 A. 3H. 2。在这个例子中，数据是连续的数字，所以为了绘制直方图，我们必须任意将数据分成段（如 0～20、20～40，依此类推）。

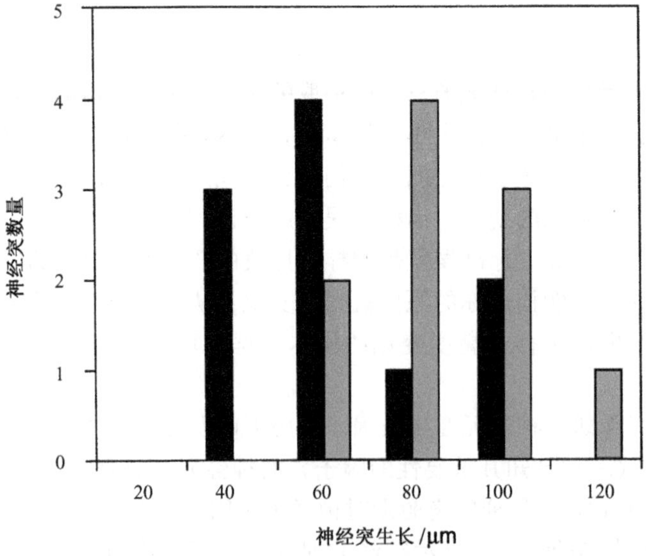

图 A. 3H. 2 神经突萌发直方图。黑框为对 NGF 的反应，灰框为对 X 因子的反应。

我们这组数据尽管样本数偏小，但看上去仍然符合正态分布。目测这两组数据的方差也相似。回过头看看样本的参数，这两组样本的方差和标准差的计算值也相近似。

如果你的数据组数量太少，就很难目测它是否符合正态分布，统计学检验也不具备下结论的能力，这种情况下若选用参数检验，样本数据并不是真正的正态分布，那么你很可能在 H_0 为真实的情况下拒绝了 H_0。若选用的是非参数检验方法，你可能又会在 H_0 是错误时却又接受了它。这种场合下，保守的做法是选择非参数检验，但你也可以看出，最佳的解决方法是在可能的情况下合理地扩大样本数。

如果目测感觉样本数据不是正态分布，或者方差显著不同，那么进行一些必要的数据转换常常会是有益的（见数据转换的讨论）。转换后的数据点可能在样本之间会形成方差相等的正态分布，并且可以对转换的数据点进行参数检验了。如果原始数据和转换后的数据均不能产生方差相似的，接近的正态分布，那么应该选用非参数统计检验。

数据转换

进行参数检验通常都假设数据呈正态分布，并且进行比较的各组方差相等（称为"homoscedasticity"）。有一些场合——例如，数据用比率表示或者对随机发生的事件计数——是违反假设的，但是你若先进行数据转换，则仍可选用参数检验。

用比率表示 0～1.00（也就是 0～100%）的数据不是正态分布。但是通过对每个数据点进行转换，并且所有的计算都使用 p'值（如均数、标准差），你就可以使数据点转换成组间具有适度方差齐性，接近正态分布的形式。

$$p' = \arcsin\sqrt{p}$$

当数据是某些随机发生的事物（如每平方英尺田里的蝴蝶数目）或事件（如经过某一位置的车辆数）的计数时，数据将呈 Poisson 分布而不是正态分布。组方差将与它们的均数成比率。这种情况下，应按下列方程进行平方根转换。数据为比率时，要利用转换后的数据进行统计学检验。

$$x' = \sqrt{x + 0.5}$$

若组间方差不等而标准差与均数成比例，可进行如下的对数转换：

$$x' = \log(x + 1)$$

若你的数据是用比例表示的，进行对数转换后常常可以使它们更接近正态分布（参见比率配对 t 检验）。

另外还有其他类型的转换（Zar，1984）。如果数据经转换后仍不能符合进行参数检验的假设，那么就应选用非参数检验。

两个未配对组比较的统计学检验

***t* 检验**

t 检验是一种参数检验，用于检验两个样本的均数有无统计学意义的差异。相应的非参数检验为 Mann-Whitney 检验（见下文的讨论；亦称为 Wilcoxon Rank Sum 检验）。

t 检验的假设

1. 只比较两个样本。若要比较两个以上的样本，必须采用适合于多重比较的专门设计的检验方法，如方差分析（ANOVA，见多重比较检验）。用多个 *t* 检验比较三个或更多样本是无效的，计算出的 *p* 值也是错误的。这是 *t* 检验使用中最常见的错误之一。
2. 样本中的个体应是独立抽取的，如果重复地从同一个体测得数据，应当采用 ANOVA（或相应的非参数检验）。
3. 两样本之间任何时候都不配对（如测量前和后，或是配对个体与对照），若是配对样本，应该用配对 *t* 检验（或非参数 Wilcoxon Signed Rand 检验，参见后面的讨论）。
4. 样本应近似正态分布，若不能满足这个条件，应对数据进行转换（参见数据转换讨论）或用非参数的 Mann-Whitney 检验。

最简单的 *t* 检验方式是假设两个样本方差相等。若方差不等则必须用稍微复杂的形式。因此为了确定选用 *t* 检验的类型，我们必须首先通过方差比检验或 *F* 检验来验证样本方差是否有统计学差异。图 A.3H.3 为 *t* 检验的流程图。

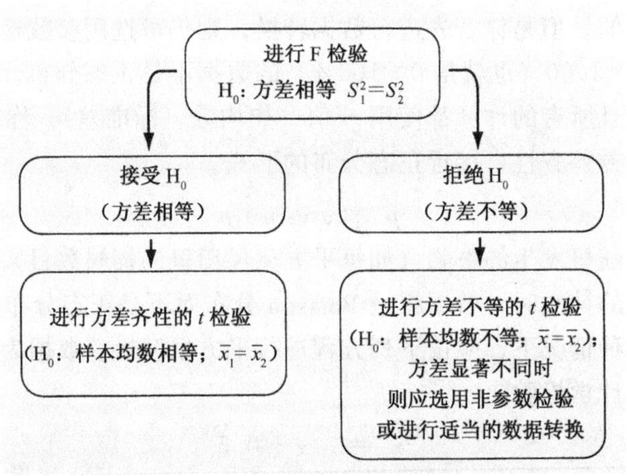

图 A.3H.3　*t* 检验流程图。在此我们用两样本均数 $\bar{x}_1$ 和 $\bar{x}_2$，方差 S_1^2 和 S_2^2 以及样本大小 n_1 和 n_2 来比较两个样本。无论选择何种 *t* 检验，接受 H_0 意味着样本均数相等，拒绝 H_0 则说明两个样本的均数不同。

进行 F 检验。F 检验归纳如下：

$$H_0: S_1^2 = S_2^2$$

$$F = \frac{S_1^2}{S_2^2} \text{ 或 } F = \frac{S_2^2}{S_1^2}\text{，选择较大的那个数值}$$

$$(F \text{ 总是} \geqslant 1)$$

$$\text{当 } F > F_c \text{ 时拒绝 } H_0\text{，当 } F < F_c \text{ 时接受 } H_0$$

以上方程式中，F 是指“F 统计量”，S_1^2 和 S_2^2 分别是样本 1 和样本 2 的方差，F_c 是临界值。

计算机统计软件包会报告 F 统计量以及相应的临界值 F_c。请注意当两个样本方差的差异很大时，F 值会很大，所以当 $F_c > F$ 时我们拒绝 H_0 是合理的。如果拒绝 H_0 我们应进行方差不齐的 *t* 检验，而接受 H_0，则应采用方差齐性的 *t* 检验。方差有显著差异时，应进行数据转换或采用（非参数）Mann-Whitney 检验而不用 *t* 检验。

F_c 的选择基于数据的显著水准（通常是 $\alpha = 0.05$）以及数据的自由度（df）。df 等于每个样本中数据点减 1。在表 A.3H.1 的例子中，每个样本有 10 个数据点，所以 df＝9。F_c 通常写作"$F_{分子自由度, 分母自由度, \alpha}$"。在我们的例子中，F_c 写作"$F_{9,9,0.05(2)}$"。括号中的 2 提示这是一个双侧临界值，若计算机软件既报告了单侧临界值又报告了双侧临界值，就选双侧临界值。只有在你计算方差前就有足够的理由认为一个方差必定比另一个方差大时才可选单侧临界值。当有疑问时，选择双侧检验。

进行 *t* 检验。方差相等及样本的大小相等的 *t* 检验归纳如下：

$$H_0: \bar{x}_1 = \bar{x}_2$$

$$t = \frac{|\bar{x}_1 - \bar{x}_2|}{\sqrt{\dfrac{s_1^2 + s_2^2}{n_1}}}$$

当 $t > t_c$ 时拒绝 H_0，$t < t_c$ 时接受 H_0。

在上述等式中，t 是指"t 统计量"，t_c 是指临界值。

统计软件会报告 t 值和 t_c。从表中查 t_c 值时，自由度等于样本 1 和样本 2 中数据点之和减 2（$df = n_1 + n_2 - 2$）。双侧临界值 t_c 通常写作"$t_{df, 0.05(2)}$"。和 *F* 检验一样，当单侧和双侧临界值都给出时，选用双侧临界值。

由 *t* 检验的方程式中可看出，当样本均数的差别很大时，*t* 值会很大。而样本的方差越大，*t* 值却越小。所以这个等式很直观，当两个均数的差别非常大而数据的离散很小时，两样本的交迭几乎不存在，可以拒绝零假设。

还有一些对于方差不等的 *t* 检验的计算方式未列于此，它们的计算值略有不同（见 Zar，1984）。方差不等的 *t* 检验的 H_0 与方差齐性的 *t* 检验的 H_0 一样，其直观推理方式也一样。然而与齐性方差检验相比，df 的计算方式是完全不同的——是通过一个更复杂的方程计算的——统计软件将会为您计算并打印出来。

t 检验实例。假如我们的神经突萌发数据（见表 A.3H.1 和表 A.3H.2）完全符合 *t* 检验的假设，让我们就此数据进行 *t* 检验。

F 检验的 H_0：两样本方差相等。

$$F = 535.00/388.26 = 1.378$$

$$F_c = F_{9,9,0.05(2)} = 4.03$$

$F < F_c$，所以我们接受 H_0 并得出两样本方差无统计学差异的结论，继而进行方差齐性的 *t* 检验。

t 检验的 H_0：两样本均数相等。

我们用电子制表软件来计算 *t* 统计量，计算机报告：

$$t = 2.275$$

$$t_c = t_{18,0.05(2)} = 2.10$$

$t > t_c$，所以我们拒绝 H_0，推断出两个样本均数在 $\alpha = 0.05$ 的水准上有统计学意义的差别。计算的 *p* 值等于 0.035。需要注意的是有些电子制表软件会给出负的 t 统计量，这时就用其绝对值即可。

Mann-Whitney 检验

Mann-Whitney 检验（又称为 Wilcoxon 秩和检验）是与 t 检验相应的非参数检验，在不假定数据是否正态分布的情况下，被用于确定两样本是否有统计学差异。

这个检验方法同 t 检验一样有力。当你进行 Mann-Whitney 检验时，比较的不是数据的值，而是它的秩序。进行 Mann-Whitney 检验时，你将整套数据由大到小排秩（将两个样本组数据混合为单一的数据清单）。例如我们的神经突萌发数据中，最大值为 105.2，排秩为 1，第二大的值为 99.2，排秩为 2，依此类推。然后分别求每个数据组的秩和。

如果两样本数值相似，那么秩序会在两样本组中前后变动。例如，最高的秩次可能在样本 1 中，下两个最高的秩次可能会在样本 2 中，再下一个又回到了样本 1 中，依此类推，当你将两个样本组的秩次求和时，两个秩和可能大致相等。相反地，如果样本 1 中数据的值远远大于样本 2 的数值时，样本 1 中的秩次会比样本 2 中的小，求得的秩和也将比样本 2 小得多。Mann-Whitney 检验告诉我们的是样本的秩和要多大才能确定两样本的差异是否具有统计学意义。

Mann-Whitney 检验的假设：t 检验假设的前三个（见 t 检验）也适用于 Mann-Whitney 检验，但 Mann-Whitney 检验不要求样本呈正态分布。

进行 Mann-Whitney 检验。Mann-Whitney 检验归纳如下：

H_0：两样本（大小分别为 n_1 和 n_2）之间无显著差异。

1. 将两个样本组的全部数据在同一个清单中由大到小排序，并记录下每个数据出自于哪个样本组。若有相同值（持平值）则取平均秩次（例如，两个数值均为第 8 大时，它们原本占第 8 及第 9 的位次，故此它们俩的秩次均为 8.5）。
2. 分别求两个样本组的秩和 R1 及 R2。
3. 按如下方程式计算 U 和 U' 统计量：

$$U = n_1 n_2 + \frac{n_1(n_1+1)}{2} - R_1$$

$$U' = n_1 n_2 - U$$

4. 若 U 或 U' 中任何一个值大于临界值 U_c，（由 U 值表中查得 $U_{0.05(2),n_1,n_2}$；见 Zar, 1984），则拒绝 H_0。
5. 若一个或两个样本组中有多于 20 个的测量值，就应计算 Z 统计量。计算方式如下，此时只需计算 U 或 U'，不必两个都计算。

$$Z = \frac{|U - \overline{U}| - 0.5}{s}$$

这里

$$\overline{U} = \frac{n_1 n_2}{2}$$

$$s = \sqrt{\frac{n_1 n_2 (n_1 + n_2 + 1)}{12}}$$

即便原始数据根本不符合正态分布，Z 统计量也会近似于正态分布。在 $\alpha=0.05$ 的水准下，若 $Z>1.96$，就拒绝 H_0。

表 A. 3H. 3　神经突萌发数据的 Mann-Whitney 检验排秩

生长	秩次（NGF）	秩次（因子 X）	生长	秩次（NGF）	秩次（因子 X）
NGF			因子 **X**		
22.5	20	—	43.2	—	15
35.4	19	—	56.9	—	12
38.2	18	—	60.2	—	11
40.4	17	—	62.4	—	10
41.3	16	—	65.7	—	8
46.7	14	—	75.8	—	7
55.4	13	—	85.4	—	5
62.5	9	—	91.3	—	4
81.2	6	—	95.3	—	3
99.2	2	—	105.2	—	1
			秩和	134	76

Mann-Whitney 检验实例：假设我们无法肯定神经突萌发数据（表 A.3H.1 和表 A.3H.2）是否真的符合正态分布，我们可以采用 Mann-Whitney 检验来替代 t 检验。在表 A.3H.3 中已列出了这些数据的秩次资料可用于 Mann-Whitney 检验。

从表 A.3H.3 中我们可以根据上述的 Mann-Whitney 检验计算方法进行如下计算：

$$U = 100 + 55 - 134 = 21$$

$$U' = 100 - 21 = 79$$

$$U_c = U_{0.05,10,10} = 77$$

因为 $U'>U_c$，H_0 被拒绝，得出的结论是两个样本显著不同。

值得注意的是对于这些数据，无论是进行 t 检验还是 Mann-Whitney 检验，其统计量均非常接近临界值，说明 Mann-Whitney 检验拒绝 H_0 的能力几乎和 t 检验一样有功效。

比较两个配对的组：配对 t 检验、WILCOXON 符号秩检验和符号检验

何时选用配对检验

下列情况需要配对检验：

1. 你就某一受试对象进行某种处理的前后都测量了一个变量。
2. 将受试对象配成对（如年龄、性别和暴露方式），然后对其中的一个受试对象进行处理，而对另一个不进行处理（或对其进行另一种处理）。
3. 比较亲缘关系（如兄弟姐妹或双亲/孩子）。
4. 多次进行实验，每一次均设有实验组和对照组，平行处理。

配对 t 检验

配对 t 检验是一种参数检验，用于比较由成对个体组成的两个组。当情况满足配对

t检验的假设时，还可在两个组间重复地进行两两方差分析 ANOVA（见多重比较检验）。但大多数的非统计学家们都认为配对 t 检验较易理解和操作。

配对 t 检验的假设

1. 对子必须是来自同一个大总体的代表，每个对子均为独立挑选出来的。
2. 对子必须是在收集数据之前形成的。
3. 计算出来的每个对子成员的差异必须近似于正态分布。

进行配对 t 检验。配对 t 检验归纳如下。

假设你有一组 n 对数据：x_{11}，x_{21}，x_{12}，x_{22}，…，直至 x_{1n}，x_{2n}。

H_0：各对成员之间无差别（即各个对子之间差值的均数等于 0）。

1. 计算每一对的差值（$d_i = x_{1i} - x_{2i}$）。
2. 计算这些差值的均数及标准误。
3. 按如下方程式计算 t 统计量：

$$t = \frac{\overline{d}}{\text{s.e.m.}}$$

4. 从表中确定 df=n−1 时的 t_c 值，注意在 df 计算时，每一对算作 1，而在未配对的 t 检验中每个数据都算作 1。
5. 若 $t > t_c$，拒绝 H_0。

配对 t 检验实例：就我们的神经突萌发数据来说，我们不将它看作是单独用 NGF 和因子 X 处理的神经元的不同，而将其视为首先用 NGF 后用因子 X 依次处理的神经元，记录下每个神经突的生长，并且要知道神经突在去除了 NGF 之后单独用因子 X 能否继续生长。我们如以前一样分析同样的数据，但是现在是成对的，见表 A.3H.4 和图 A.3H.4。

表 A.3H.4　成对神经突生长数据

神经突生长/μm					
NGF	因子 X	差异度	NGF	因子 X	差异度
22.5	43.2	20.7	46.7	85.4	38.7
35.4	56.9	21.5	55.4	95.3	39.9
38.2	65.7	27.5	62.5	60.2	−2.3
40.4	62.4	22.0	81.2	105.2	24
41.3	75.8	34.5	99.2	91.3	−7.9

H_0：当把因子 X 加入培养液中时神经突生长无差别。

$$\overline{d} = 21.86$$

$$\text{s.e.m.} = 5.03$$

$$t = 21.86/5.03 = 4.35$$

$$t_c = t_{9,0.05(2)} = 2.26$$

$$t > t_c，所以拒绝 H_0。$$

配对 t 检验的 p 值为 p=0.0018，（同一数据的未配对检验之 p 值为 p=0.035），显然，配对的数据使我们更容易拒绝 H_0。

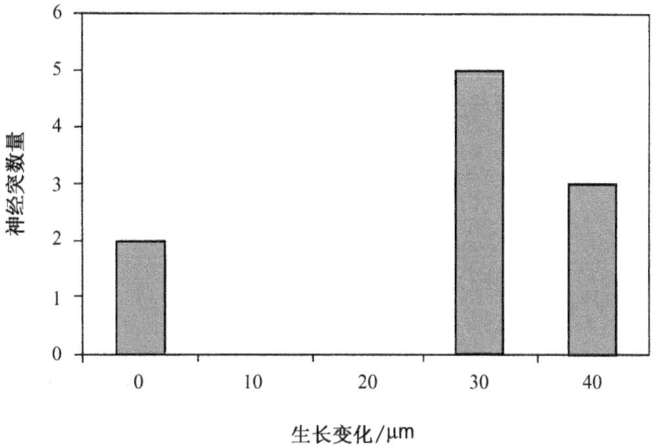

图 A.3H.4　在先用 NGF 处理过的细胞中加入因子 X 后神经突生长变化。

若我们不能肯定这些差别是否为正态分布，那么我们可以选用非参数检验（如 Wilcoxon 符号秩和检验或符号检验，见如下讨论）。

比配对 *t* 检验

有时对于数值比率的比较比对数值的差别的比较更为有用。例如，你想比较突变动物和野生动物你所最满意的基因表达的 Northern blot 密度数据，就每次实验来说，密度单位可以人为调整，并且可以因为你的探针的好坏和曝光长短而大范围的变化，这时突变和野生的读数的比率就变得很重要了。在这种情况下，你真正想知道的是突变型与野生型的比率是否与 1 有显著差异（提示：基因 X 在突变动物中的表达比野生型的多还是少）。

比率不属正态分布，但比率的对数值却往往呈正态分布。比率的对数形式可以写作：

$$\log(\text{突变型}/\text{野生型})=\log(\text{突变型})-\log(\text{野生型})$$

因此，分析这类数据，只需简单地将每个数据点取为对数，并对转换后的数据进行配对 *t* 检验（表 A.3H.5）。如果经过转换的数据并不近似于正态分布，可选用 Wilcoxon 符号秩和检验。如前面那样，转换后数据的零假设是差别的均数为 0；对原始数据（非转换数据）来说，零假设是突变型表达与野生型表达的比率为 1。拒绝零假设说明突变型的表达与野生型的表达有显著差异。

就表 A.3H.5 的数据进行如下的计算。

H_0：突变型与野生型表达的比率＝1（突变与野生型的动物无差异）。

转换数据，并进行上述数据对数之差的配对 *t* 检验：

$$\bar{d} = 0.1843$$

$$\text{s.e.m.} = 0.019755$$

$$t = 9.33$$

$$t_c = t_{2,0.05(2)} = 4.30$$

$$t > t_c$$

这样，拒绝 H_0，并得出结论：突变型与野生型动物之间表达有显著差异（计算的 p 值为 0.01）。值得注意的是虽然只用了 3 对数据，但是这已是一个非常显著的结果。

表 A.3H.5 突变型与野生型基因表达[a] Northern blot 原始与转换后数据

突变	野生	比：突变/野生	log（突变）	log（野生）	log（突变）-log（野生）
500	300	1.67	2.6990	2.4771	0.2218
6000	4200	1.43	3.7781	3.6232	0.1549
750	500	1.5	2.8751	2.6990	0.1761

a. 数值用人为光密度单位表示。

表 A.3H.6 神经突生长数据计算差值以及 Wilcoxon 符号秩和检验的秩次

差值	秩次（－）	秩次（＋）
20.7	—	3
21.5	—	4
27.5	—	7
22.0	—	5
34.5	—	8
38.7	—	9
39.9	—	10
－2.3	1	—
24	—	6
－7.9	2	—
秩和	3	52

Wilcoxon 符号秩和检验

Wilcoxon 符号秩和检验是与配对 t 检验相应的非参数检验方法，用于不为正态分布的数据。

*符号秩和检验的假设。*配对 t 检验假设的第 1 和第 2 条也适用于 Wilcoxon 符号秩和检验。另外一个假设是抽样的总体在中位数两侧呈对称分布。如果数据不是非常符合这个假设，可用符号检验（见下面的讨论）进行检验。

*进行符号秩和检验。*Wilcoxon 符号秩和检验概述如下：

H_0：配对成员间无差异。

1. 计算每一对的差异，记录符号来源。
2. 将所有差别的绝对值由小到大排序。
3. 合计所有负差的秩次（称为 T^-）及所有正差的秩次（称为 T^+）。
4. 无论是 T^- 还是 T^+ 小于或等于临界值 T_c 时，拒绝 H_0。T_c 可由 Wilcoxon 符号秩和检验表中查得。

*符号秩和检验实例。*若我们不涉及神经突生长数据（表 A.3H.1 和表 A.3H.2）是否为正态分布时，我们可以对这些数据进行 Wilcoxon 符号秩和检验，而不是前面所作的配对 t 检验。现在我们来对表 A.3H.6 中的数据进行分析。

H_0：当把因子 X 加入培养液中时神经突生长无差别。

$T^- = 3$；$T^+ = 52$

$T_c = 8T^- < T_c$；所以拒绝 H_0。

符号检验

符号检验是另一种非参数的配对检验方法，它在以下情形尤为方便：你能肯定配对成员间差别的方向性（阳性或阴性），但未知这种差别精确的大小。

符号检验的假设。符号检验的假设和 Wilcoxon 符号秩和检验的假设一样，但无对称分布的假设。符号检验不很强。

进行符号检验。符号检验归纳如下。

H_0：配对成员间无差别。

1. 每一个对子，记下第一个成员是比第二个成员大（＋）还是比第二个成员小（－），略去相等的对子。C^+ 是（＋）对子的总和，C^- 是（－）对子的总和。
2. 当 C^+ 或 C^- 小于或等于临界值 C_c 时，拒绝 H_0。

符号检验的实例。H_0：当培养基中加入因子 X 时神经突的生长与未加因子 X 时无差别。

就神经突生长数据（表 A.3H.6）来说，$C^+=8$，$C^-=2$，且 $n=10$，$p=0.05$，临界值 $C_c=1$，所以不能拒绝 H_0。

多重比较

为何不能进行多次 t 检验？

若我们想对一个实验中多个组进行比较，就不能采用 t 检验。采用两两对比忽略了实验的整体设计效果而只考虑到了进行比较的两个组。即便是可以用多次两两比较（实际上是不合理的），也会给拒绝假设带来很大的冲突。如果用典型的 $\alpha=0.05$ 作为检验水准就意味着每进行 20 个两两比较就可能会有一个错误的结论。这不是一个正确的方法。另外还有很多方法可以采用，为避免发生这类错误可以遵循我们的整体设计来进行分析。文献中最常见的是方差分析（ANOVA）。有一些传统的和非参数方法可用于方差的分析，我们首先考虑传统的或参数个例。

方差分析的假设

如任何一种统计检验一样，需要进行检验的传统的方差分析有好几个假设，其中有些假设比另一些假设更苛刻，我们将尽可能陈述清楚。这一章里，我们只进行单向的方差分析，更复杂的方差分析还需额外的假设。如果对你的数据是否符合这些标准有疑问，不妨采用条件不是非常苛刻的非参数方法。

独立的观测。即便是采用非参数方法，所观测的值也必须是相互独立的。数据点的收集必须符合一个观测值的大小不影响另一个的原则。某些检验，如重复测量的方差分析或 Friedman 非参数方差分析，可以允许对单一个体进行多次测量。在实验设计中应当避免出现数据相互依赖的情形，因为没有任何调整或转换可以矫正非相互独立的数据固有的问题。举个例子，从同一个细胞培养皿中测得 3 个 pH，在 ANOVA 中输入 $n=3$ 就是非独立数据，在这种情况下应当输入 $n=1$，并且应将 3 个数据取平均值，作为一个单一的数据进行处理。

连续型变量。这个假设不是非常严格，只需记住几个事项。数据应是数字的并且按顺序的。连续型数据是一种可取任意数值的数据，ANOVA 正是为这种数据的分析所设计的。背离这个假设将会影响检验的敏感度。如果数值具有一个非常宽的范围，数据允许是不连续的（仅有一特定组的不确定的数值，如计数类的数值）。对于方差分析，这意味着数据属于 1 到 10 或更大的数值范围。用于观察的数字必须表示为大于或小于某一数值范围，它们不能简单地成为数据的分类系统。如果你的数据是离散的，应当格外注意你的数据与以下的假设是否相符，否则不如一开始就选用非参数检验。

方差齐性。这可能是 ANOVA 所要求的最严格的一个假设了，因为从后面的内容可以看出，整个检验都建立在各实验组方差相近的基础上。如 t 检验一样（见 t 检验的有关内容），需要检验各个组的方差是否相等。与 t 检验不同的是，在两个以上的组比较中，若各组方差显著不等，检验就无法进行了，取而代之的是，必须对数据进行数学转换使其方差接近，或选用相应的非参数检验法。

检验方差是否相等应从绘制各组的频数直方图开始，并观察数据的离散情况。同时，还可以计算各组的方差大小，看看其值是否相近，许多情况下都采取上述的两种措施进行判断，若你仍不能确定，还可采用一种简单的检验叫做 F_{max} 检验，评估方法很简单：

$$\frac{\text{实验各组中最大的方差值}}{\text{实验各组中最小的方差值}}=F_{max}$$

这与 t 检验中所用的两组的 F 比相类似（见 t 检验讨论内容），但所参考的表中的临界值是从累计 F 分布而来的。自由度计为 $n-1$，此处的 n 是指单一组中的观察数。若各组中的 n 不同，为了在检验中更加稳妥，那么应选最小的 n 值。在 t 检验中，若拒绝不了零假设，便可以认为方差接近相等。

正态分布性。虽然人们注意到在多数经典统计方法中这是一条重要的假设，但是在 ANOVA 方差齐性假设检验中，这却不是一个很强的假设。此外，用一个给出数据分布状态的频数直方图就足以检验正态分布性了（见确定等方差样本是否呈正态分布之讨论）。如果数据分布在靠近平均值处有一个标记峰而且向两侧逐渐变小，那么 ANOVA 很可能非常适用。许多正态性检验的计算机程序也可用于此用途。

划分方差

到最后，我们既想发现实验中各组的均数差异，又要对方差进行分析，对此你可能感到奇怪。其实，对方差的分析，利用了隐藏的假设，那就是，即便是总体中有一个或更多的组的均数会比其他组略有差别，总体中各组的方差也相类似。若果真如此的话，与各个组相比总体的总方差势必会相对增大，正是如此我们才有了 ANOVA 的零假设，即各组的均数均相等：

$$H_0: \mu_1=\mu_2=\mu_3=\cdots=\mu_n$$

在 ANOVA 中，我们将总方差分为两大基本成分：组内方差和组间方差。组内方差（或称误差方差）是在个体之间自然发生的方差，这是由于个体固有的遗传因素和个体凭各自的经验对环境因素的不同反应所决定的。这与组间方差（或称之为处理方差）正相反，后者为实验干扰因素造成的组间的方差，组间方差是由实验模型观察到的总体方差和与个体间固有方差（误差方差）间的数学差别。划分方差使我们能得到两个方差成分的比值，定义为 F_s，见下列等式：

$$\frac{\text{组间（处理）方差}}{\text{组内（误差）方差}}=F_s$$

检验零假设

将方差划分为两个成分（见划分方差之讨论）后，我们可以将计算所得的 F_s 值与 F 分布表（列于众多统计教材中）相比较。表中列有分子自由度（处理）与分母自由度（误差）相对的不同组合的临界值，处理自由度等于组数减 1，误差自由度等于所观察个体的总数减去组数。尽管多数情况下计算机替你进行分析了，而无须去查 F 表，但了解 F 比率的常规含义仍很重要。F 值定义如下：

$$F_{(\text{分子自由度},\text{分母自由度},\alpha)}=\text{表中临界值}$$

因此，对于一个 α 为 0.05 的拒绝水准，4 个处理组，实验总体为 48 个有机体的实验来说，F 临界值写作：

$$F_{(3,\ 44,\ 0.05)}=2.82$$

若选择 α=0.05，统计报告中常常为了简练而省略不写。当计算出的 F 值大于临界值时我们就拒绝 H_0，因此这个临界值对我们的分析非常重要。ANOVA 的零假设是：各组均数均相等。拒绝 H_0 告诉我们的只有一个信息，即至少有一个组与其他组的差异具有统计学意义。但是不能提供到底有多大差别或与多少个组有差别，对这个问题的解答尚需进一步进行一种叫做多均数比较的方法。

方差分析 ANOVA 表

假设有一个实验，如表 A.3H.7 和表 A.3H.8 中列出的，任何方差分析的计算机软件均会给出一个类似于表 A.3H.9 的方差分析表（由 Microsoft Excel 作出）。该实验数据是关于用三种不同实验方法进行转化后细菌的光密度读数，及一组未经转化的对照组的光密度值。

表 A.3H.7　细菌培养物假定的光密度数据

对照	方法 A	方法 B	方法 C
0.53	0.37	0.52	0.7
0.57	0.44	0.55	0.66
0.6	0.44	0.59	0.72
0.49	0.39	0.59	0.69
0.42	0.62	0.7	0.55
0.4	0.58	0.72	0.53
0.41	0.6	0.73	0.5

表 A.3H.8 表 A.3H.7 中假定的光密度数据的描述性总结表

组	样本大小	和	均数	方差
对照	7	3.42	0.488571	0.006581
方法 A	7	3.44	0.491429	0.011081
方法 B	7	4.4	0.628571	0.007448
方法 C	7	4.35	0.621429	0.008381

表 A.3H.9 表 A.3H.7 和表 A.3H.8[a] 中假定的光密度数据的单因子方差分析表

变异来源	SS	df	MS	F	p 值	F_c
组间	0.12778214	3	0.042594	5.09	0.01	3.01
组内	0.20094286	24	0.008373	—	—	—
总和	0.328725	27	—	—	—	—

a. 缩写：F_c，F 临界值；SS，平方和；MS，均方；df，自由度。

这组数据分析的第一部分是简单的描述性总结表（表 A.3H.8），列出了各组样本大小、均数和方差。以此表为基础，可以看出各组的方差相似，但每组的均数各有差异。方差分析表（表 A.3H.9）则给出了组间、组内方差成分和自由度大小。“SS”列是各个成分的平方和，“MS”是均方。平方和反映每个观察值与总体均数的差别，均方如方差一样，由 SS 除以适当的自由度计算得来。组内均方又常常称为误差均方，它可以显著地说明均数的不同。方差分析表亦报告了计算的组间对组内方差 F 比。计算机则可提供关于此比率与样本大小相关联的准确 p 值，并进而提供在 0.05 水准上拒绝 H_0 所必需的 F 临界值。

哪（些）个均数不同？

我们最终都会提出这个问题：一个或多个组的平均值与其他的组是否有差别？统计学家们就这个问题有争议，但笔者的意见是除非实验前就计划进行某种比较，否则当进行方差分析不能拒绝零假设时，就不必进行均数差异的显著性检验了。但是即使在你不能拒绝 ANOVA 零假设的时候，你也可能发现均数间显著的差异，这时就值得思考一下你对初始实验的设计是否周全——本量是否足够大，方差是否确实相等，各组数据的分布是否呈正态分布或至少分布形状大致相似？如果不是，就该用非参数方法重新分析你的数据。

假设你拒绝了 H_0 又如何区分哪些均数有差异呢？同样的，首先你可通过目测各组平均值来大概估计出哪个与其他的均数最不同，其次你需进行能为你提供那些差异的准确 p 值的检验。对于对照与处理组间的特殊例子，选用 Dunnett 检验是合适的。或是 Bonferroni、Tukey 检验。计算机软件会提供许多项目供你选择，你应参考软件的统计资料来决定哪一个检验方法最适合你的数据。

因为均数的比较手工做起来很繁琐，而且大多数的统计软件都能完成，所以我们不在此作特别的计算了，然而，要弄明白计算机是如何向你汇报数据的显著性。通常计算机会给出一个 p 值。不同的均数与均数比较所接受的 α 水准不一定相同，而计算机很少记录这一项，所以如何调整 α 值对于你来说就很重要。下面我们就来讨论其中的一个技巧。

计划或未计划的比较。最后的均数比较中，使用哪个技术部分取决于你是预先计划好了要对实验各组进行比较（前瞻性研究）还是等拿到数据后再决定（回顾性研究）。这就导出了一个理论上非常复杂的主题，不值得在此赘述，详细的处理请参见文献（Sokal and Rohlf，1981）。

值得一提的是做多重比较选择显著性水准时有一个常见的错误，一般来说，计划性的比较比未计划的比较提供给研究者更大的拒绝水准（较大的 α 或 p 值）。原因很简单：如果你先观察数据，再选择比较，你就给分析带来了很大的偏见。要解决这个问题，就必须使拒绝的水准更严格。即便是你计划了要进行比较，也容易滥用多重均数检验的功用。

例如，事先声明你将进行实验中所有成对资料的比较，其实与多重性的 t 检验效果等同（见“为何不能进行多次 t 检验?”讨论）。若分析 k 组数据，所有可对比的对子数就为 k（k−1）/2。因为每个比较都相互独立，需要变动检验的显著性水准。为了利用全部实验组比较的误差（如 $\alpha=p=0.05$），所有检验的自由度不应超过 k−1。这样，如果你有 4 个组（a、b、c、d），你可能会将 a 与 b、c、d 相比（1 df）；a 比 d（1 df）和 b，c 比 d（1 df）。α=0.05 时水准会有 3 个自由度。要知道在最普遍的情况下，我们都在这个限度下进行每种处理与对照的比较（假设 a 是对照，b、c、d 是三种不同的处理）。

如果我们超过这个比较水准，就必须调整所有检验的拒绝水准来弥补非依赖性的损失。最简单和最传统的方法是 Bonferroni 方法（Sokal and Rohlf，1987）。调整全部实验组比较的误差 α，需通过将其与你所选检验的自由度（df_T）相除，计算出检验显著性 α′值，方程式如下：

$$\alpha' = \alpha / df_T$$

将此技巧应用于上述例子，若我们将对照组 α 与 3 个处理组分别相比较（3 df），并且进行两个额外的内部处理检验如 b 对 c、d（1 df），c 对 d（1 df），我们共有 5 个自由度，这就比我们的允许数字还要大 2 了，Bonferroni 方法则要求我们对 α′作如下调整：

$$\alpha' = 0.05/5 = 0.01$$

因此对所有检验来说，包括三个对照对处理检验，我们降低了拒绝水准至 $p=0.01$，即一个可能会对我们结果造成很大显著差别的水准。这里应当指出：好的实验设计与只选择那些对实验目标重要的检验方法，是很重要的。

与 ANOVA 等价的非参数检验

若你的数据不满足 ANOVA 的假设，你仍可通过非参数检验进行多重比较。最流行的与单向的 ANOVA 分析等价的非参数检验是 Kruskal-Wallis 单向方差分析。它的假设远比 ANOVA 参数检验要宽松得多。抽样是从一个连续分布的总体随机进行的，而且是相互独立互不约束的。它们的数值必须是可以排序的，也就是说，至少是一个序数等级。许多计算机程序提供了 Kruskal-Wallis 统计的计算，但因其手算非常简便，故而值得在此一提。

在假想的转化菌株光密度的例子中（见表 A.3H.7、表 A.3H.8 和表 A.3H.9），假设研究者未用分光光度计而用 1 至 10 的等级来粗略估计细菌的混浊度（见表 A.3H.10）（当然，这算不上是一个精确的科学方法，但谁知道呢！说不定哪天分光光度计坏了，你却还有样本要测量呢！）这时可以预想如此分布的得分不能满足参数 ANOVA 的假设。

进行这项分析，我们必须找出每组中数据的秩次的平均值，为此我们给出所有组中数据的排序得分，最小值排最低，依此类推将所有组中数据的排序，相等的值称为“持平值”，所得的序数为相同观察的平均秩次（见表 A.3H.11）。

表 A.3H.10　混浊度的 1（混浊度最小）至 10（混浊度最大）等级表（混浊度数据见表 A.3H.7）

对照	方法 A	方法 B	方法 C	对照	方法 A	方法 B	方法 C
5	1	4	8	6	2	6	8
5	3	4	9	5	5	7	9
5	2	6	9	5	1	6	10
5	3	5	8				

表 A.3H.11　从 1～N 排序的混浊度数据（见表 A.3H.10）

	对照	方法 A	方法 B	方法 C
	11.5	1.5	7.5	23
	11.5	5.5	7.5	26
	11.5	3.5	18.5	26
	11.5	5.5	11.5	23
	18.5	3.5	18.5	23
	11.5	11.5	21	26
	11.5	1.5	18.5	28
排秩和	87.5	32.5	103	175
排秩平均值	12.50	4.64	14.71	25.00

根据这些秩次，按照下列公式计算检验统计量（KW）：

$$KW = \left[\frac{12}{N(N-1)}\sum_{j=1}^{k} n_j \bar{R}_j^2\right] - 3(N+1)$$

在上述等式中，N=总体大小，n_j=某一组中观察值数目（请注意各组无须大小相等），k=组数，$\bar{R}_j$=各组的秩次。

对于小样本（通常 $k \leqslant 3$，$n_j \leqslant 5$），KW 统计量可由特制的表中查出。大样本所得值是与（$k-1$）自由度下的 x^2 分布的比较，若 KW 值在选择 α 时大于表中值，就拒绝 H_0。在参数 ANOVA 中，显著性结果提示的是至少有一组与其他的不同，还须作进一步的对比检验来看到底是与哪一种不同。对表 A.3H.11 的数据，计算值为：

$$KW = \left[\frac{12}{28 \times 29}\right] - [7 \times (12.5)^2 + 7 \times (4.64)^2 + 7 \times (14.71)^2 + 7 \times (25)^2]$$
$$- [3 \times (28+1)] = 18.45$$

α=0.05 水准下，df=（$k-1$）=3 时的临界值为 7.82，因为我们计算所得的 KW 检验统计量大于临界值，我们的检验是有显著性的，故拒绝 H_0。处理数据过程中出现的一个问题是存在有许多持平值，有些用于持平值的数学校正法，得出的 KW 统计量比不用较正法的略微高一些，就是说，当你未经校正就拒绝 H_0 的话，校正后也会拒绝 H_0，所以校正不是必需的。相反，若你的结论在边界上并且你对数据中的持平值有所顾虑，你可以选择持平值校正。Siegel 和 Castellan（1988）发表了一种方法，应用于我们这个例子，校正后 KW＝19。

非参数均数比较

通过 Kruskal-Wallis 检验（见与 ANOVA 等价的非参数检验）证明了组间有某种显著性差异后，就可以进行下一步的检验以找出差别所在。我们应用的技术只允许我们进行成对比较，但可通过调整使所有可能的对子的比较都具有同一拒绝水准。

处理与处理相比。对于方差分析中的所有处理的多重比较，需注意与我们选择的每个配对检验相关的误差。为此我们将所有实验中可能的对子均作比较来调整我们的检验统计。无论我们准备对其中的一些或是全部进行比较均与调整无关，下面将阐述的是一个特例，我们只希望将单独一个对照与多个处理组相比。

随着样本大小的增大，不论潜在的分布如何，数据组成对比较的众多可能的差异都将趋于正态分布。这使我们能够利用正态分布概率来检验各组间差异的显著性，事实上，我们可以用正态分布建立一个两组差异的置信区间。如果它们超出这个置信区间，我们可以断定数据组成对组间有显著性差异。

要采用正态近似法，我们必须将正态概率表（z）中查得的值与实验中所有可能出现的配对组数相除进行调整：

$$Z_{\alpha'} = Z_{\alpha}/k(k-1)$$

在上述等式中，k 是实验中的组数。对表 A.3H.11 中的数据来说，若我们选择 α＝0.05，就会产生 $Z_{\alpha'} = Z_{0.05/(4)(3)} = Z_{0.004}$。$Z_{\alpha'}$ 的数值可从正态分布表中查得或由计算机程序提供。在我们的个例中，$Z_{0.004}=2.65$。

既然我们已确定了实验校正的正态近似值，我们便可将其应用于确定在 $\alpha=0.05$（不是 $\alpha'=0.004$）水准下拒绝总体中任意两个组间差异的临界值。若两组间的平均秩次差大于临界值，就应拒绝 $p<0.05$，临界值（CV）由样本大小计算而来：

$$\text{CV} = Z_{\alpha'}\sqrt{\frac{N(N+1)}{12}\left(\frac{1}{n_u}+\frac{1}{n_v}\right)}$$

上述等式中 N 是总体大小，n_u 和 n_v 是将要对比的两个组中样本大小（它们完全可能是不同大小的样本）。

就我们的个例来说（见表 A.3H.11），因各组大小一致，故所有六个可能配对比较中任何一个 CV 值都是相同的，若样本大小不等，你就需要对每种比较重新计算 CV：

$$\text{CV} = 2.65\sqrt{\frac{28(29)}{12}\left(\frac{1}{7}+\frac{1}{7}\right)} = 11.65$$

为了确定哪些差异具有显著意义，应首先计算所有对子的绝对差值（见表 A.3H.12），若差值大于临界值，则应确定 $p<0.05$，差别具有显著性意义。

表 A.3H.12　依据表 A.3H.11 混浊度排秩配对比较数据

对照	计算	显著性[a]
对照配对方法 A	｜12.5−4.64｜=7.86	NS
对照配对方法 B	｜12.5−14.71｜=2.21	NS
对照配对方法 C	｜12.5−25｜=12.5	*
A vs. B	｜4.64−14.71｜=10.07	NS
A vs. C	｜4.64−25｜=20.36	*
B vs. C	｜14.7−25｜=10.29	NS

a. NS，没有显著性；星号指 $p<0.05$，差异显著。

从分析中可看出虽然整个模型差异非常显著，数据组的差别主要是由于 C 处理的值太大。

对照与处理。上述检验是进行样本多重比较的一种强有力的非参数检验方法，研究者常常对小规模的模型感兴趣，即只比较一种对照与两个或更多处理的不同。遵循上述同样步骤，可以用正态分布评估这些差异，但首先应作另一种校正，用于较少且更精细的比较。采用下列等式：

$$Z_{\alpha'} = Z_{\alpha}/2(k-1)$$

比如，从这个等式推算出 $Z_{\alpha'} = Z_{0.005/(2)(3)} = Z_{0.008} = 2.41$。因为要做的比较少了，比较小的 Z 值将得出一个比较小的临界值，并且发现处理与对照差别的可能性就更大。另外，若我们预想到比起对照组，处理组会有单向性（或大或小，但不是可大可小），我们可通过 $\alpha/(k-1)$ 而不是 $\alpha/2(k-1)$ 来再次减小 $Z_{\alpha'}$ 的值。

在这组数据中我们并没有这种前瞻性假设，则选用双侧检验并计算如下：

$$CV = z_{\alpha'}\sqrt{\frac{N(N+1)}{12}\left(\frac{1}{n_c}+\frac{1}{n_u}\right)}$$

上述等式中，N 为总体大小，n_c 为对照组样本大小，n_u 为处理组样本大小。

此外，因为所有待观察的处理组大小相等，所以只需计算一个 CV 值：

$$CV = 2.41\sqrt{\frac{28(29)}{12}\left(\frac{1}{7}+\frac{1}{7}\right)} = 10.60$$

将此值与对照和处理组平均秩差相比，拒绝任何大于 10.60 的差别。尽管拒绝间隔小了（与所有可能配对比较之模型的 11.65 相比），只有处理组 C 在 $p<0.05$ 情况下与对照有显著差异。要注意，如前所述的 A 与 C 的显著性比较在这个例子中无效。

重复测量——一个特例

有时我们的实验需要从同一个体中收集多个样本。这就要比从不同个体中抽样的多变性小得多，所以需要对方差分析进行一些调整。事实上确实是这么做的。我们采用重复测量方差分析，而不是用单向的方差分析来分析结果。这使我们能够从统计学上控制实验个体固有差异对不同处理所引起的方差反应。一旦确定在数据组中存在某种差异，你可以用如上所述的单向方差分析方法检验均数间的不同。

参数分析。单向方差分析的假设同样适用于重复测量的方差分析。作为我们参数方差分析的实例，归纳为表 A.3H.13。我们用小鼠生产一种抗体，想知道何时抗体的生成达到高峰。为此需要在 5 天内从 8 个动物收集的血清进行免疫沉淀反应来收集数据。

表 A. 3H. 13　假设的免疫沉淀重复测量方差分析数据

小鼠号	IgG 沉淀物/（mg/ml）				
	第一天	第二天	第三天	第四天	第五天
A	0	0	0.02	0.7	1.3
B	0.7	2.5	3.2	4.5	3
C	0.09	1.8	4	7.1	2.2
D	0.01	0.01	0.6	1.8	0.1
E	0.6	5.5	6.8	9.6	8.5
F	0.2	1.1	2.4	2.5	1.5
G	0	0.05	0.9	3	2.7
H	0.2	0.5	0.7	2.5	6

由表中可见，某些动物始终比其他动物数值高，有些能很快地产生 IgG，而别的则有些滞后。若我们对这些数据进行单向方差分析，动物间的变化性可能会累及我们检验的显著性。为避免发生这种情况，重复测量方差分析，分行分列计算方差，最后的结果列表于表 A.3H.14。

表 A. 3H. 14　依据表 A. 3H. 13 假设免疫沉淀的重复测量方差分析表[a]

变异来源	SS	df	MS	F	p 值	F_c
行	121.8885	7	17.41265	8.745258	1.12E-05	2.359258
列	68.29064	4	17.07266	8.574505	0.00012	2.714074
误差	55.75068	28	1.991096	—	—	—
合计	245.9298	39	—	—	—	—

a. F_c 为 F 统计的临界值；SS 为平方和；MS 为均方；df，自由度。

在这个表中，行是小鼠，列是天数。在我们的例子中两种因素均很明显。这提示在 5 天的测量中 IgG 的沉淀有差异，且不同小鼠 IgG 表达也有差异。

非参数检验。若你进行的重复测量实验违背了 ANOVA 参数检验的假设，仍然可以找到与之等价的非参数检验。如上述混浊度的例子，比较常用的是采用分度法而不是连续的测量。

在此例中相应的非参数方法为 Friedman 方差分析。数据经一种与 Kruskal-Wallis 检验相类似的方式处理（见与 ANOVA 相应的非参数检验之讨论），但是秩次仅在个体间分配，而不是在整套数据内分配。这样，一个大体上比其他的反应高的个体就不至于对总体的方差产生影响。为便于阐述这个方法，让我们利用表 A.3H.13 的免疫沉淀数据来加以说明，我们将每个个体的数值由 1 到 5 排秩（表 A.3H.15）。

我们对每一列的秩次求和。根据零假设，秩次在任意个体中应随机分布，最终导致每一列的秩和数值应基本相近。在此例中显然该数值不等，但差异有统计学意义吗？我们可采用 Friedman 检验来比较得出的数值与在选定的 α 拒绝水准下（$k-1$）自由度的 χ^2 来解决这个疑问。Fr 统计量的计算与 Kruskal-Wallis 统计量的计算相似：

$$Fr=\left[\frac{12}{Nk(k+1)}\sum_{j=1}^{k}R_j^2\right]-3N(k+1)$$

表 A. 3H. 15　用于 Friedman 方差分析的表 A. 3H. 13 免疫沉淀数据秩次

小鼠号	IgG 沉淀秩次				
	第一天	第二天	第三天	第四天	第五天
A	1.5	1.5	3	4	5
B	1	2	4	5	3
C	1	2	4	5	3
D	1.5	1.5	4	5	3
E	1	2	3	4	5
F	1	2	4	5	3
G	1	2	3	4	5
H	1	2	3	4	5
秩和	9	15	28	38	30

在上述等式中，N 是行中的数值（个体），k 是列中的数值（处理），R_i 是每一列的秩次和。在这个例子中，得出的统计量如下：

$$Fr = \left[\frac{12}{(8)(5)(6)}(81 + 225 + 784 + 1444 + 900)\right] - (3)(8)(6)$$

$$Fr = 27.7$$

在 $\alpha=0.05$ 及自由度为 4 的情况下 χ^2 临界值为 9.48。因为我们的 Fr 统计量大于这个临界值，所以我们拒绝零假设，并得出结论，在 5 天的监测中 IgG 产量的确有显著差别，与被检验个体的固有差异无关。

结论

虽然仅用小样本来阐述数据比较的方法，但我们希望能够为生物学家们增添一个有力的研究工具，遵循本附录所勾画的数据分析指南，你应可以避免在组比较中常常易犯的错误。

参考文献：Hampton，1994；Motulsky，1995.

撰 稿 人：Elizabeth F. Ryder and Phil Robakiewicz

附录4 试剂和设备的供应商

下表是商业化供应商的地址和电话号码，我们推荐它们作为本书中某些试剂和设备的供应商是因为：①品牌的质量卓越；②有些试剂和设备在市场难以找到。本表可能没有包括某些重要的供应商。需要完整的列表，可参见 Linscott's Directory of Immunological and Biological Reagents (Santa Rosa, CA), The Biotechnology Directory (Stockton Press, New York)，杂志 Biotechnology 的增刊——全年购买者指南和众多的 internet 网址。

A.C. Daniels
72-80 Akeman Street
Tring, Hertfordshire, HP23 6AJ, UK
(44) 1442 826881
FAX: (44) 1442 826880

A.D. Instruments
5111 Nations Crossing Road #8
Suite 2
Charlotte, NC 28217
(704) 522-8415 FAX: (704) 527-5005
http://www.us.endress.com

A.J. Buck
11407 Cronhill Drive
Owings Mill, MD 21117
(800) 638-8673 FAX: (410) 581-1809
(410) 581-1800
http://www.ajbuck.com

A.M. Systems
131 Business Park Loop
P.O. Box 850
Carlsborg, WA 98324
(800) 426-1306 FAX: (360) 683-3525
(360) 683-8300
http://www.a-msystems.com

Aaron Medical Industries
7100 30th Avenue North
St. Petersburg, FL 33710
(727) 384-2323 FAX: (727) 347-9144
www.aaronmed.com

Abbott Laboratories
100 Abbott Park Road
Abbott Park, IL 60064
(800) 323-9100 FAX: (847) 938-7424
http://www.abbott.com

ABCO Dealers
55 Church Street Central Plaza
Lowell, MA 01852
(800) 462-3326 (978) 459-6101
http://www.lomedco.com/abco.htm

Aber Instruments
5 Science Park
Aberystwyth, Wales SY23 3AH, UK
(44) 1970 636300
FAX: (44) 1970 615455
http://www.aber-instruments.co.uk

ABI Biotechnologies
See Perkin-Elmer

ABI Biotechnology
See Apotex

Access Technologies
Subsidiary of Norfolk Medical
7350 N. Ridgeway
Skokie, IL 60076
(877) 674-7131 FAX: (847) 674-7066
(847) 674-7131
http://www.norfolkaccess.com

Accurate Chemical and Scientific
300 Shames Drive
Westbury, NY 11590
(800) 645-6264 FAX: (516) 997-4948
(516) 333-2221
http://www.accuratechemical.com

AccuScan Instruments
5090 Trabue Road
Columbus, OH 43228
(800) 822-1344 FAX: (614) 878-3560
(614) 878-6644
http://www.accuscan-usa.com

Ace Glass
1430 NW Boulevard
Vineland, NJ 08360
(800) 223-4524 FAX: (800) 543-6752
(609) 692-3333

ACO Pacific
2604 Read Avenue
Belmont, CA 94002
(650) 595-8588 FAX: (650) 591-2891
http://www.acopacific.com

Acros Organic
See Fisher Scientific

Action Scientific
P.O. Box 1369
Carolina Beach, NC 28428
(910) 458-0401 FAX: (910) 458-0407

AD Instruments
1949 Landings Drive
Mountain View, CA 94043
(888) 965-6040 FAX: (650) 965-9293
(650) 965-9292
http://www.adinstruments.com

Adaptive Biosystems
15 Ribocon Way
Progress Park
Luton, Bedsfordshire LU4 9UR, UK
(44)1 582-597676
FAX: (44)1 582-581495
http://www.adaptive.co.uk

Adobe Systems
1585 Charleston Road
P.O. Box 7900
Mountain View, CA 94039
(800) 833-6687 FAX: (415) 961-3769
(415) 961-4400
http://www.adobe.com

Advanced Bioscience Resources
1516 Oak Street, Suite 303
Alameda, CA 94501
(510) 865-5872 FAX: (510) 865-4090

Advanced Biotechnologies
9108 Guilford Road
Columbia, MD 21046
(800) 426-0764 FAX: (301) 497-9773
(301) 470-3220
http://www.abionline.com

Advanced ChemTech
5609 Fern Valley Road
Louisville, KY 40228
(502) 969-0000
http://www.peptide.com

Advanced Magnetics
See PerSeptive Biosystems

Advanced Process Supply
See Naz-Dar-KC Chicago

Advanced Separation Technologies
37 Leslie Court
P.O. Box 297
Whippany, NJ 07981
(973) 428-9080 FAX: (973) 428-0152
http://www.astecusa.com

Advanced Targeting Systems
11175-A Flintkote Avenue
San Diego, CA 92121
(877) 889-2288 FAX: (858) 642-1989
(858) 642-1988
http://www.ATSbio.com

Advent Research Materials
Eynsham, Oxford OX29 4JA, UK
(44) 1865-884440
FAX: (44) 1865-84460
http://www.advent-rm.com

Advet
Industrivagen 24
S-972 54 Lulea, Sweden
(46) 0920-211887
FAX: (46) 0920-13773

Aesculap
1000 Gateway Boulevard
South San Francisco, CA 94080
(800) 282-9000
http://www.aesculap.com

Affinity Chromatography
307 Huntingdon Road
Girton, Cambridge CB3 OJX, UK
(44) 1223 277192
FAX: (44) 1223 277502
http://www.affinity-chrom.com

Affinity Sensors
See Labsystems Affinity Sensors

Affymetrix
3380 Central Expressway
Santa Clara, CA 95051
(800) 362-2447 FAX: (408) 481-0422
(408) 731-5000
http://www.affymetrix.com

Agar Scientific
66a Cambridge Road
Stansted CM24 8DA, UK
(44) 1279-813-519
FAX: (44) 1279-815-106
http://www.agarscientific.com

A/G Technology
101 Hampton Avenue
Needham, MA 02494
(800) AGT-2535 FAX: (781) 449-5786
(781) 449-5774
http://www.agtech.com

Agen Biomedical Limited
11 Durbell Street
P.O. Box 391
Acacia Ridge 4110
Brisbane, Australia
61-7-3370-6300 FAX: 61-7-3370-6370
http://www.agen.com

Agilent Technologies
395 Page Mill Road
P.O. Box 10395
Palo Alto, CA 94306
(650) 752-5000
http://www.agilent.com/chem

Agouron Pharmaceuticals
10350 N. Torrey Pines Road
La Jolla, CA 92037
(858) 622-3000 FAX: (858) 622-3298
http://www.agouron.com

Agracetus
8520 University Green
Middleton, WI 53562
(608) 836-7300 FAX: (608) 836-9710
http://www.monsanto.com

AIDS Research and Reference Reagent Program
U.S. Department of Health and
Human Services
625 Lofstrand Lane
Rockville, MD 20850
(301) 340-0245 FAX: (301) 340-9245
http://www.aidsreagent.org

AIN Plastics
249 East Sanford Boulevard
P.O. Box 151
Mt. Vernon, NY 10550
(914) 668-6800 FAX: (914) 668-8820
http://www.tincna.com

Air Products and Chemicals
7201 Hamilton Boulevard
Allentown, PA 18195
(800) 345-3148 FAX: (610) 481-4381
(610) 481-6799
http://www.airproducts.com

ALA Scientific Instruments
1100 Shames Drive
Westbury, NY 11590
(516) 997-5780 FAX: (516) 997-0528
http://www.alascience.com

Aladin Enterprises
1255 23rd Avenue
San Francisco, CA 94122
(415) 468-0433 FAX: (415) 468-5607

Aladdin Systems
165 Westridge Drive
Watsonville, CA 95076
(831) 761-6200 FAX: (831) 761-6206
http://www.aladdinsys.com

Alcide
8561 154th Avenue NE
Redmond, WA 98052
(800) 543-2133 FAX: (425) 861-0173
(425) 882-2555
http://www.alcide.com

Aldrich Chemical
P.O. Box 2060
Milwaukee, WI 53201
(800) 558-9160 FAX: (800) 962-9591
(414) 273-3850 FAX: (414) 273-4979
http://www.aldrich.sial.com

Alexis Biochemicals
6181 Cornerstone Court East
Suite 103
San Diego, CA 92121
(800) 900-0065 FAX: (858) 658-9224
(858) 658-0065
http://www.alexis-corp.com

Alfa Laval
Avenue de Ble 5 - Bazellaan 5
BE-1140 Brussels, Belgium
32(2) 728 3811
FAX: 32(2) 728 3917 or 32(2) 728 3985
http://www.alfalaval.com

Alice King Chatham Medical Arts
11915-17 Inglewood Avenue
Hawthorne, CA 90250
(310) 970-1834 FAX: (310) 970-0121
(310) 970-1063

Allegiance Healthcare
800-964-5227
http://www.allegiance.net

Allelix Biopharmaceuticals
6850 Gorway Drive
Mississauga, Ontario
L4V 1V7 Canada
(905) 677-0831 FAX: (905) 677-9595
http://www.allelix.com

Allentown Caging Equipment
Route 526
P.O. Box 698
Allentown, NJ 08501
(800) 762-CAGE FAX: (609) 259-0449
(609) 259-7951
http://www.acecaging.com

Alltech Associates
Applied Science Labs
2051 Waukegan Road
P.O. Box 23
Deerfield, IL 60015
(800) 255-8324 FAX: (847) 948-1078
(847) 948-8600
http://www.alltechweb.com

Alomone Labs
HaMarpeh 5
P.O. Box 4287
Jerusalem 91042, Israel
972-2-587-2202　FAX: 972-2-587-1101
US: (800) 791-3904
FAX: (800) 791-3912
http://www.alomone.com

Alpha Innotech
14743 Catalina Street
San Leandro, CA 94577
(800) 795-5556　FAX: (510) 483-3227
(510) 483-9620
http://www.alphainnotech.com

Altec Plastics
116 B Street
Boston, MA 02127
(800) 477-8196　FAX: (617) 269-8484
(617) 269-1400

Alza
1900 Charleston Road
P.O. Box 7210
Mountain View, CA 94043
(800) 692-2990　FAX: (650) 564-7070
(650) 564-5000
http://www.alza.com

Amac
160B Larrabee Road
Westbrook, ME 04092
(800) 458-5060　FAX: (207) 854-0116
(207) 854-0426

Ambion
2130 Woodward Street, Suite 200
Austin, TX 78744
(800) 888-8804　FAX: (512) 651-0190
(512) 651-0200
http://www.ambion.com

American Association of Blood Banks
College of American Pathologists
325 Waukegan Road
Northfield, IL 60093
(800) 323-4040　FAX: (847) 8166
(847) 832-7000
http://www.cap.org

American Bio-Technologies
See Intracel Corporation

American Bioanalytical
15 Erie Drive
Natick, MA 01760
(800) 443-0600　FAX: (508) 655-2754
(508) 655-4336
http://www.americanbio.com

American Cyanamid
P.O. Box 400
Princeton, NJ 08543
(609) 799-0400　FAX: (609) 275-3502
http://www.cyanamid.com

American HistoLabs
7605-F Airpark Road
Gaithersburg, MD 20879
(301) 330-1200　FAX: (301) 330-6059

American International Chemical
17 Strathmore Road
Natick, MA 01760
(800) 238-0001　(508) 655-5805
http://www.aicma.com

American Laboratory Supply
See American Bioanalytical

American Medical Systems
10700 Bren Road West
Minnetonka, MN 55343
(800) 328-3881　FAX: (612) 930-6654
(612) 933-4666
http://www.visitams.com

American Qualex
920-A Calle Negocio
San Clemente, CA 92673
(949) 492-8298　FAX: (949) 492-6790
http://www.americanqualex.com

American Radiolabeled Chemicals
11624 Bowling Green
St. Louis, MO 63146
(800) 331-6661　FAX: (800) 999-9925
(314) 991-4545　FAX: (314) 991-4692
http://www.arc-inc.com

American Scientific Products
See VWR Scientific Products

American Society for Histocompatibility and Immunogenetics
P.O. Box 15804
Lenexa, KS 66285
(913) 541-0009　FAX: (913) 541-0156
http://www.swmed.edu/home_pages/ASHI/ashi.htm

American Type Culture Collection (ATCC)
10801 University Boulevard
Manassas, VA 20110
(800) 638-6597　FAX: (703) 365-2750
(703) 365-2700
http://www.atcc.org

Amersham
See Amersham Pharmacia Biotech

Amersham International
Amersham Place
Little Chalfont, Buckinghamshire
HP7 9NA, UK
(44) 1494-544100
FAX: (44) 1494-544350
http://www.apbiotech.com

Amersham Medi-Physics
Also see Nycomed Amersham
3350 North Ridge Avenue
Arlington Heights, IL 60004
(800) 292-8514　FAX: (800) 807-2382
http://www.nycomed-amersham.com

Amersham Pharmacia Biotech
800 Centennial Avenue
P.O. Box 1327
Piscataway, NJ 08855
(800) 526-3593　FAX: (877) 295-8102
(732) 457-8000
http://www.apbiotech.com

Amgen
1 Amgen Center Drive
Thousand Oaks, CA 91320
(800) 926-4369　FAX: (805) 498-9377
(805) 447-5725
http://www.amgen.com

Amicon
Scientific Systems Division
72 Cherry Hill Drive
Beverly, MA 01915
(800) 426-4266　FAX: (978) 777-6204
(978) 777-3622
http://www.amicon.com

Amika
8980F Route 108
Oakland Center
Columbia, MD 21045
(800) 547-6766　FAX: (410) 997-7104
(410) 997-0100
http://www.amika.com

Amoco Performance Products
See BPAmoco

AMPI
See Pacer Scientific

Amrad
576 Swan Street
Richmond, Victoria 3121, Australia
613-9208-4000
FAX: 613-9208-4350
http://www.amrad.com.au

Amresco
30175 Solon Industrial Parkway
Solon, OH 44139
(800) 829-2805　FAX: (440) 349-1182
(440) 349-1199

Anachemia Chemicals
3 Lincoln Boulevard
Rouses Point, NY 12979
(800) 323-1414　FAX: (518) 462-1952
(518) 462-1066
http://www.anachemia.com

Ana-Gen Technologies
4015 Fabian Way
Palo Alto, CA 94303
(800) 654-4671　FAX: (650) 494-3893
(650) 494-3894
http://www.ana-gen.com

Analytical Biological Services
Cornell Business Park 701-4
Wilmington, DE 19801
(800) 391-2391　FAX: (302) 654-8046
(302) 654-4492
http://www.ABSbioreagents.com

Analytical Genetics Testing Center
7808 Cherry Creek S. Drive, Suite 201
Denver, CO 80231
(800) 204-4721　FAX: (303) 750-2171
(303) 750-2023
http://www.geneticid.com

AnaSpec
2149 O'Toole Avenue, Suite F
San Jose, CA 95131
(800) 452-5530　FAX: (408) 452-5059
(408) 452-5055
http://www.anaspec.com

Ancare
2647 Grand Avenue
P.O. Box 814
Bellmore, NY 11710
(800) 645-6379　FAX: (516) 781-4937
(516) 781-0755
http://www.ancare.com

Ancell
243 Third Street North
P.O. Box 87
Bayport, MN 55033
(800) 374-9523　FAX: (651) 439-1940
(651) 439-0835
http://www.ancell.com

Anderson Instruments
500 Technology Court
Smyrna, GA 30082
(800) 241-6898　FAX: (770) 319-5306
(770) 319-9999
http://www.graseby.com

Andreas Hettich
Gartenstrasse 100
Postfach 260
D-78732 Tuttlingen, Germany
(49) 7461 705 0
FAX: (49) 7461 705-122
http://www.hettich-centrifugen.de

Anesthetic Vaporizer Services
10185 Main Street
Clarence, NY 14031
(719) 759-8490
www.avapor.com

Animal Identification and Marking Systems (AIMS)
13 Winchester Avenue
Budd Lake, NJ 07828
(908) 684-9105　FAX: (908) 684-9106
http://www.animalid.com

Annovis
34 Mount Pleasant Drive
Aston, PA 19014
(800) EASY-DNA　FAX: (610) 361-8255
(610) 361-9224
http://www.annovis.com

Apotex
150 Signet Drive
Weston, Ontario M9L 1T9, Canada
(416) 749-9300　FAX: (416) 749-2646
http://www.apotex.com

Apple Scientific
11711 Chillicothe Road, Unit 2
P.O. Box 778
Chesterland, OH 44026
(440) 729-3056　FAX: (440) 729-0928
http://www.applesci.com

Applied Biosystems
See PE Biosystems

Applied Imaging
2380 Walsh Avenue, Bldg. B
Santa Clara, CA 95051
(800) 634-3622　FAX: (408) 562-0264
(408) 562-0250
http://www.aicorp.com

Applied Photophysics
203-205 Kingston Road
Leatherhead, Surrey, KT22 7PB
UK
(44) 1372-386537

Appligene Oncor
Parc d'Innovation
Rue Geiler de Kaysersberg, BP 72
67402 Illkirch Cedex, France
(33) 88 67 22 67
FAX: (33) 88 67 19 45
http://www.oncor.com/prod-app.htm

Applikon
1165 Chess Drive, Suite G
Foster City, CA 94404
(650) 578-1396　FAX: (650) 578-8836
http://www.applikon.com

Appropriate Technical Resources
9157 Whiskey Bottom Road
Laurel, MD 20723
(800) 827-5931　FAX: (410) 792-2837
http://www.atrbiotech.com

APV Gaulin
100 S. CP Avenue
Lake Mills, WI 53551
(888) 278-4321　FAX: (888) 278-5329
http://www.apv.com

Aqualon
See Hercules Aqualon

Aquebogue Machine and Repair Shop
Box 2055
Main Road
Aquebogue, NY 11931
(631) 722-3635　FAX: (631) 722-3106

Archer Daniels Midland
4666 Faries Parkway
Decatur, IL 62525
(217) 424-5200
http://www.admworld.com

Archimica Florida
P.O. Box 1466
Gainesville, FL 32602
(800) 331-6313　FAX: (352) 371-6246
(352) 376-8246
http://www.archimica.com

Arcor Electronics
1845 Oak Street #15
Northfield, IL 60093
(847) 501-4848

Arcturus Engineering
400 Logue Avenue
Mountain View, CA 94043
(888) 446 7911　FAX: (650) 962 3039
(650) 962 3020
http://www.arctur.com

Argonaut Technologies
887 Industrial Road, Suite G
San Carlos, CA 94070
(650) 998-1350　FAX: (650) 598-1359
http://www.argotech.com

Ariad Pharmaceuticals
26 Landsdowne Street
Cambridge, MA 02139
(617) 494-0400　FAX: (617) 494-8144
http://www.ariad.com

Armour Pharmaceuticals
See Rhone-Poulenc Rorer

Aronex Pharmaceuticals
8707 Technology Forest Place
The Woodlands, TX 77381
(281) 367-1666　FAX: (281) 367-1676
http://www.aronex.com

Artisan Industries
73 Pond Street
Waltham, MA 02254
(617) 893-6800
http://www.artisanind.com

ASI Instruments
12900 Ten Mile Road
Warren, MI 48089
(800) 531-1105　FAX: (810) 756-9737
(810) 756-1222
http://www.asi-instruments.com

Aspen Research Laboratories
1700 Buerkle Road
White Bear Lake, MN 55140
(651) 264-6000　FAX: (651) 264-6270
http://www.aspenresearch.com

Associates of Cape Cod
704 Main Street
Falmouth, MA 02540
(800) LAL-TEST　FAX: (508) 540-8680
(508) 540-3444
http://www.acciusa.com

Astra Pharmaceuticals
See AstraZeneca

AstraZeneca
1800 Concord Pike
Wilmington, DE 19850
(302) 886-3000　FAX: (302) 886-2972
http://www.astrazeneca.com

AT Biochem
30 Spring Mill Drive
Malvern, PA 19355
(610) 889-9300　FAX: (610) 889-9304

ATC Diagnostics
See Vysis

ATCC
See American Type Culture Collection

Athens Research and Technology
P.O. Box 5494
Athens, GA 30604
(706) 546-0207　FAX: (706) 546-7395

Atlanta Biologicals
1425-400 Oakbrook Drive
Norcross, GA 30093
(800) 780-7788 or (770) 446-1404
FAX: (800) 780-7374 or (770) 446-1404
http://www.atlantabio.com

Atomergic Chemical
71 Carolyn Boulevard
Farmingdale, NY 11735
(631) 694-9000　FAX: (631) 694-9177
http://www.atomergic.com

Atomic Energy of Canada
2251 Speakman Drive
Mississauga, Ontario
L5K 1B2 Canada
(905) 823-9040　FAX: (905) 823-1290
http://www.aecl.ca

ATR
P.O. Box 460
Laurel, MD 20725
(800) 827-5931　FAX: (410) 792-2837
(301) 470-2799
http://www.atrbiotech.com

Aurora Biosciences
11010 Torreyana Road
San Diego, CA 92121
(858) 404-6600　FAX: (858) 404-6714
http://www.aurorabio.com

Automatic Switch Company
A Division of Emerson Electric
50 Hanover Road
Florham Park, NJ 07932
(800) 937-2726　FAX: (973) 966-2628
(973) 966-2000
http://www.asco.com

Avanti Polar Lipids
700 Industrial Park Drive
Alabaster, AL 35007
(800) 227-0651　FAX: (800) 229-1004
(205) 663-2494　FAX: (205) 663-0756
http://www.avantilipids.com

Aventis
BP 67917
67917 Strasbourg Cedex 9, France
33 (0) 388 99 11 00
FAX: 33 (0) 388 99 11 01
http://www.aventis.com

Aventis Pasteur
1 Discovery Drive
Swiftwater, PA 18370
(800) 822-2463　FAX: (570) 839-0955
(570) 839-7187
http://www.aventispasteur.com/usa

Avery Dennison
150 North Orange Grove Boulevard
Pasadena, CA 91103
(800) 462-8379　FAX: (626) 792-7312
(626) 304-2000
http://www.averydennison.com

Avestin
2450 Don Reid Drive
Ottawa, Ontario K1H 1E1, Canada
(888) AVESTIN　FAX: (613) 736-8086
(613) 736-0019
http://www.avestin.com

AVIV Instruments
750 Vassar Avenue
Lakewood, NJ 08701
(732) 367-1663　FAX: (732) 370-0032
http://www.avivinst.com

Axon Instruments
1101 Chess Drive
Foster City, CA 94404
(650) 571-9400　FAX: (650) 571-9500
http://www.axon.com

Azon
720 Azon Road
Johnson City, NY 13790
(800) 847-9374　FAX: (800) 635-6042
(607) 797-2368
http://www.azon.com

BAbCO
1223 South 47th Street
Richmond, CA 94804
(800) 92-BABCO　FAX: (510) 412-8940
(510) 412-8930
http://www.babco.com

Bacharach
625 Alpha Drive
Pittsburgh, PA 15238
(800) 736-4666　FAX: (412) 963-2091
(412) 963-2000
http://www.bacharach-inc.com

Bachem Bioscience
3700 Horizon Drive
King of Prussia, PA 19406
(800) 634-3183　FAX: (610) 239-0800
(610) 239-0300
http://www.bachem.com

Bachem California
3132 Kashiwa Street
P.O. Box 3426
Torrance, CA 90510
(800) 422-2436　FAX: (310) 530-1571
(310) 539-4171
http://www.bachem.com

Baekon
18866 Allendale Avenue
Saratoga, CA 95070
(408) 972-8779　FAX: (408) 741-0944

Baker Chemical
See J.T. Baker

Bangs Laboratories
9025 Technology Drive
Fishers, IN 46038
(317) 570-7020　FAX: (317) 570-7034
www.bangslabs.com

Bard Parker
See Becton Dickinson

Barnstead/Thermolyne
P.O. Box 797
2555 Kerper Boulevard
Dubuque, IA 52004
(800) 446-6060　FAX: (319) 589-0516
http://www.barnsteadthermolyne.com

Barrskogen
4612 Laverock Place N
Washington, DC 20007
(800) 237-9192　FAX: (301) 464-7347

BAS
See Bioanalytical Systems

BASF
Specialty Products
3000 Continental Drive North
Mt. Olive, NJ 07828
(800) 669-2273　FAX: (973) 426-2610
http://www.basf.com

Baum, W.A.
620 Oak Street
Copiague, NY 11726
(631) 226-3940 FAX: (631) 226-3969
http://www.wabaum.com

Bausch & Lomb
One Bausch & Lomb Place
Rochester, NY 14604
(800) 344-8815 FAX: (716) 338-6007
(716) 338-6000
http://www.bausch.com

Baxter
Fenwal Division
1627 Lake Cook Road
Deerfield, IL 60015
(800) 766-1077 FAX: (800) 395-3291
(847) 940-6599 FAX: (847) 940-5766
http://www.powerfulmedicine.com

Baxter Healthcare
One Baxter Parkway
Deerfield, IL 60015
(800) 777-2298 FAX: (847) 948-3948
(847) 948-2000
http://www.baxter.com

Baxter Scientific Products
See VWR Scientific

Bayer
Agricultural Division
Animal Health Products
12707 Shawnee Mission Pkwy.
Shawnee Mission, KS 66201
(800) 255-6517 FAX: (913) 268-2803
(913) 268-2000
http://www.bayerus.com

Bayer
Diagnostics Division (Order Services)
P.O. Box 2009
Mishiwaka, IN 46546
(800) 248-2637 FAX: (800) 863-6882
(219) 256-3390
http://www.bayer.com

Bayer Diagnostics
511 Benedict Avenue
Tarrytown, NY 10591
(800) 255-3232 FAX: (914) 524-2132
(914) 631-8000
http://www.bayerdiag.com

Bayer Plc
Diagnostics Division
Bayer House, Strawberry Hill
Newbury, Berkshire RG14 1JA, UK
(44) 1635-563000
FAX: (44) 1635-563393
http://www.bayer.co.uk

BD Immunocytometry Systems
2350 Qume Drive
San Jose, CA 95131
(800) 223-8226 FAX: (408) 954-BDIS
http://www.bdfacs.com

BD Labware
Two Oak Park
Bedford, MA 01730
(800) 343-2035 FAX: (800) 743-6200
http://www.bd.com/labware

BD PharMingen
10975 Torreyana Road
San Diego, CA 92121
(800) 848-6227 FAX: (858) 812-8888
(858) 812-8800
http://www.pharmingen.com

BD Transduction Laboratories
133 Venture Court
Lexington, KY 40511
(800) 227-4063 FAX: (606) 259-1413
(606) 259-1550
http://www.translab.com

BDH Chemicals
Broom Road
Poole, Dorset BH12 4NN, UK
(44) 1202-745520
FAX: (44) 1202- 2413720

BDH Chemicals
See Hoefer Scientific Instruments

BDIS
See BD Immunocytometry Systems

Beckman Coulter
4300 North Harbor Boulevard
Fullerton, CA 92834
(800) 233-4685 FAX: (800) 643-4366
(714) 871-4848
http://www.beckman-coulter.com

Beckman Instruments
Spinco Division/Bioproducts Operation
1050 Page Mill Road
Palo Alto, CA 94304
(800) 742-2345 FAX: (415) 859-1550
(415) 857-1150
http://www.beckman-coulter.com

Becton Dickinson Immunocytometry & Cellular Imaging
2350 Qume Drive
San Jose, CA 95131
(800) 223-8226 FAX: (408) 954-2007
(408) 432-9475
http://www.bdfacs.com

Becton Dickinson Labware
1 Becton Drive
Franklin Lakes, NJ 07417
(888) 237-2762 FAX: (800) 847-2220
(201) 847-4222
http://www.bdfacs.com

Becton Dickinson Labware
2 Bridgewater Lane
Lincoln Park, NJ 07035
(800) 235-5953 FAX: (800) 847-2220
(201) 847-4222
http://www.bdfacs.com
See also BD Labware and Thermoquest

Becton Dickinson Primary Care Diagnostics
7 Loveton Circle
Sparks, MD 21152
(800) 675-0908 FAX: (410) 316-4723
(410) 316-4000
http://www.bdfacs.com

Behringwerke Diagnostika
Hoechster Strasse 70
P-65835 Liederback, Germany
(49) 69-30511 FAX: (49) 69-303-834

Bellco Glass
340 Edrudo Road
Vineland, NJ 08360
(800) 257-7043 FAX: (856) 691-3247
(856) 691-1075
http://www.bellcoglass.com

Bender Biosystems
See Serva

Beral Enterprises
See Garren Scientific

Berkeley Antibody
See BAbCO

Bernsco Surgical Supply
25 Plant Avenue
Hauppauge, NY 11788
(800) TIEMANN FAX: (516) 273-6199
(516) 273-0005
http://www.bernsco.com

Beta Medical and Scientific (Datesand Ltd.)
2 Ferndale Road
Sale, Manchester M33 3GP, UK
(44) 1612 317676
FAX: (44) 1612 313656

Bethesda Research Laboratories (BRL)
See Life Technologies

Biacore
200 Centennial Avenue, Suite 100
Piscataway, NJ 08854
(800) 242-2599 FAX: (732) 885-5669
(732) 885-5618
http://www.biacore.com

Bilaney Consultants
St. Julian's
Sevenoaks, Kent TN15 0RX, UK
(44) 1732 450002
FAX: (44) 1732 450003
http://www.bilaney.com

Binding Site
5889 Oberlin Drive, Suite 101
San Diego, CA 92121
(800) 633-4484 FAX: (619) 453-9189
(619) 453-9177
http://www.bindingsite.co.uk

BIO 101
See Qbiogene

Bio Image
See Genomic Solutions

Bioanalytical Systems
2701 Kent Avenue
West Lafayette, IN 47906
(800) 845-4246 FAX: (765) 497-1102
(765) 463-4527
http://www.bioanalytical.com

Biocell
2001 University Drive
Rancho Dominguez, CA 90220
(800) 222-8382 FAX: (310) 637-3927
(310) 537-3300
http://www.biocell.com

Biocoat
See BD Labware

BioComp Instruments
650 Churchill Road
Fredericton, New Brunswick
E3B 1P6 Canada
(800) 561-4221 FAX: (506) 453-3583
(506) 453-4812
http://www.biocompinstruments.com

BioDesign
P.O. Box 1050
Carmel, NY 10512
(914) 454-6610 FAX: (914) 454-6077
http://www.biodesignofny.com

Bioengineering AG
Sagenrainstrasse 7
CH8636 Wald, Switzerland
(41) 55-256-8-111
FAX: (41) 55-256-8-256

Biofluids
Division of Biosource International
1114 Taft Street
Rockville, MD 20850
(800) 972-5200 FAX: (301) 424-3619
(301) 424-4140
http://www.biosource.com

BioFX Laboratories
9633 Liberty Road, Suite S
Randallstown, MD 21133
(800) 445-6447 FAX: (410) 498-6008
(410) 496-6006
http://www.biofx.com

BioGenex Laboratories
4600 Norris Canyon Road
San Ramon, CA 94583
(800) 421-4149 FAX: (925) 275-0580
(925) 275-0550
http://www.biogenex.com

Bioline
2470 Wrondel Way
Reno, NV 89502
(888) 257-5155 FAX: (775) 828-7676
(775) 828-0202
http://www.bioline.com

Bio-Logic Research & Development
1, rue de l-Europe
A.Z. de Font-Ratel
38640 CLAIX, France
(33) 76-98-68-31
FAX: (33) 76-98-69-09

Biological Detection Systems
See Cellomics or Amersham

Biomeda
1166 Triton Drive, Suite E
P.O. Box 8045
Foster City, CA 94404
(800) 341-8787 FAX: (650) 341-2299
(650) 341-8787
http://www.biomeda.com

BioMedic Data Systems
1 Silas Road
Seaford, DE 19973
(800) 526-2637 FAX: (302) 628-4110
(302) 628-4100
http://www.bmds.com

Biomedical Engineering
P.O. Box 980694
Virginia Commonwealth University
Richmond, VA 23298
(804) 828-9829 FAX: (804) 828-1008

Biomedical Research Instruments
12264 Wilkins Avenue
Rockville, MD 20852
(800) 327-9498
(301) 881-7911
http://www.biomedinstr.com

Bio/medical Specialties
P.O. Box 1687
Santa Monica, CA 90406
(800) 269-1158 FAX: (800) 269-1158
(323) 938-7515

BioMetallics
P.O. Box 2251
Princeton, NJ 08543
(800) 999-1961 FAX: (609) 275-9485
(609) 275-0133
http://www.microplate.com

Biomol Research Laboratories
5100 Campus Drive
Plymouth Meeting, PA 19462
(800) 942-0430 FAX: (610) 941-9252
(610) 941-0430
http://www.biomol.com

Bionique Testing Labs
Fay Brook Drive
RR 1, Box 196
Saranac Lake, NY 12983
(518) 891-2356 FAX: (518) 891-5753
http://www.bionique.com

Biopac Systems
42 Aero Camino
Santa Barbara, CA 93117
(805) 685-0066 FAX: (805) 685-0067
http://www.biopac.com

Bioproducts for Science
See Harlan Bioproducts for Science

Bioptechs
3560 Beck Road
Butler, PA 16002
(877) 548-3235 FAX: (724) 282-0745
(724) 282-7145
http://www.bioptechs.com

BIOQUANT-R&M Biometrics
5611 Ohio Ave
Nashville, TN 37209
(800) 221-0549 FAX: (615) 350-7282
(615) 350-7866
http://www.bioquant.com

Bio-Rad Laboratories
2000 Alfred Nobel Drive
Hercules, CA 94547
(800) 424-6723 FAX: (800) 879-2289
(510) 741-1000 FAX: (510) 741-5800
http://www.bio-rad.com

Bio-Rad Laboratories
Maylands Avenue
Hemel Hempstead, Herts HP2 7TD, UK
http://www.bio-rad.com

BioRobotics
3-4 Bennell Court
Comberton, Cambridge CB3 7DS, UK
(44) 1223-264345
FAX: (44) 1223-263933
http://www.biorobotics.co.uk

BIOS Laboratories
See Genaissance Pharmaceuticals

Biosearch Technologies
81 Digital Drive
Novato, CA 94949
(800) GENOME1 FAX: (415) 883-8488
(415) 883-8400
http://www.biosearchtech.com

BioSepra
111 Locke Drive
Marlborough, MA 01752
(800) 752-5277 FAX: (508) 357-7595
(508) 357-7500
http://www.biosepra.com

Bio-Serv
1 8th Street, Suite 1
Frenchtown, NJ 08825
(908) 996-2155 FAX: (908) 996-4123
http://www.bio-serv.com

BioSignal
1744 William Street, Suite 600
Montreal, Quebec H3J 1R4, Canada
(800) 293-4501 FAX: (514) 937-0777
(514) 937-1010
http://www.biosignal.com

Biosoft
P.O. Box 10938
Ferguson, MO 63135
(314) 524-8029 FAX: (314) 524-8129
http://www.biosoft.com

Biosource International
820 Flynn Road
Camarillo, CA 93012
(800) 242-0607 FAX: (805) 987-3385
(805) 987-0086
http://www.biosource.com

BioSpec Products
P.O. Box 788
Bartlesville, OK 74005
(800) 617-3363 FAX: (918) 336-3363
(918) 336-3363
http://www.biospec.com

Biosure
See Riese Enterprises

Biosym Technologies
See Molecular Simulations

Biosys
21 quai du Clos des Roses
602000 Compiegne, France
(33) 03 4486 2275
FAX: (33) 03 4484 2297

Bio-Tech Research Laboratories
NIAID Repository
Rockville, MD 20850
http://www.niaid.nih.gov/ncn/repos.htm

Biotech Instruments
Biotech House
75A High Street
Kimpton, Hertfordshire SG4 8PU, UK
(44) 1438 832555
FAX: (44) 1438 833040
http://www.biotinst.demon.co.uk

Biotech International
11 Durbell Street
Acacia Ridge, Queensland 4110
Australia
61-7-3370-6396
FAX: 61-7-3370-6370
http://www.avianbiotech.com

Biotech Source
Inland Farm Drive
South Windham, ME 04062
(207) 892-3266 FAX: (207) 892-6774

Bio-Tek Instruments
Highland Industrial Park
P.O. Box 998
Winooski, VT 05404
(800) 451-5172 FAX: (802) 655-7941
(802) 655-4040
http://www.biotek.com

Biotecx Laboratories
6023 South Loop East
Houston, TX 77033
(800) 535-6286 FAX: (713) 643-3143
(713) 643-0606
http://www.biotecx.com

BioTherm
3260 Wilson Boulevard
Arlington, VA 22201
(703) 522-1705 FAX: (703) 522-2606

Bioventures
P.O. Box 2561
848 Scott Street
Murfreesboro, TN 37133
(800) 235-8938 FAX: (615) 896-4837
http://www.bioventures.com

BioWhittaker
8830 Biggs Ford Road
P.O. Box 127
Walkersville, MD 21793
(800) 638-8174 FAX: (301) 845-8338
(301) 898-7025
http://www.biowhittaker.com

Biozyme Laboratories
9939 Hibert Street, Suite 101
San Diego, CA 92131
(800) 423-8199 FAX: (858) 549-0138
(858) 549-4484
http://www.biozyme.com

Bird Products
1100 Bird Center Drive
Palm Springs, CA 92262
(800) 328-4139 FAX: (760) 778-7274
(760) 778-7200
http://www.birdprod.com/bird

B & K Universal
2403 Yale Way
Fremont, CA 94538
(800) USA-MICE FAX: (510) 490-3036

Blue Sky Research
3047 Orchard Parkway
San Jose, CA 95134
(408) 474-0988 FAX: (408) 474-0989
http://www.blueskyresearch.com

Blumenthal Industries
7 West 36th Street, 13th floor
New York, NY 10018
(212) 719-1251 FAX: (212) 594-8828

BOC Edwards
One Edwards Park
301 Ballardvale Street
Wilmington, MA 01887
(800) 848-9800 FAX: (978) 658-7969
(978) 658-5410
http://www.bocedwards.com

Boehringer Ingelheim
900 Ridgebury Road
P.O. Box 368
Ridgefield, CT 06877
(800) 243-0127 FAX: (203) 798-6234
(203) 798-9988
http://www.boehringer-ingelheim.com

Boehringer Mannheim
Biochemicals Division
See Roche Diagnostics

Bohdan Automation
1500 McCormack Boulevard
Mundelein, IL 60060
(708) 680-3939 FAX: (708) 680-1199

BPAmoco
4500 McGinnis Ferry Road
Alpharetta, GA 30005
(800) 328-4537 FAX: (770) 772-8213
(770) 772-8200
http://www.bpamoco.com

Brain Research Laboratories
Waban P.O. Box 88
Newton, MA 02468
(888) BRL-5544 FAX: (617) 965-6220
(617) 965-5544
http://www.brainresearchlab.com

Braintree Scientific
P.O. Box 850929
Braintree, MA 02185
(781) 843-1644 FAX: (781) 982-3160
http://www.braintreesci.com

Brandel
8561 Atlas Drive
Gaithersburg, MD 20877
(800) 948-6506 FAX: (301) 869-5570
(301) 948-6506
http://www.brandel.com

Branson Ultrasonics
41 Eagle Road
Danbury, CT 06813
(203) 796-0400 FAX: (203) 796-9838
http://www.plasticsnet.com/branson

B. Braun Biotech
999 Postal Road
Allentown, PA 18103
(800) 258-9000 FAX: (610) 266-9319
(610) 266-6262
http://www.bbraunbiotech.com

B. Braun Biotech International
Schwarzenberg Weg 73-79
P.O. Box 1120
D-34209 Melsungen, Germany
(49) 5661-71-3400
FAX: (49) 5661-71-3702
http://www.bbraunbiotech.com

B. Braun-McGaw
2525 McGaw Avenue
Irvine, CA 92614
(800) BBRAUN-2 (800) 624-2963
http://www.bbraunusa.com

B. Braun Medical
Thorncliffe Park
Sheffield S35 2PW, UK
(44) 114-225-9000
FAX: (44) 114-225-9111
http://www.bbmuk.demon.co.uk

Bresatec
See GeneWorks

Bright/Hacker Instruments
17 Sherwood Lane
Fairfield, NJ 07004
(973) 226-8450 FAX: (973) 808-8281
http://www.hackerinstruments.com/

Brinkmann Instruments
Subsidiary of Sybron
1 Cantiague Road
P.O. Box 1019
Westbury, NY 11590
(800) 645-3050 FAX: (516) 334-7521
(516) 334-7500
http://www.brinkmann.com

Bristol-Meyers Squibb
P.O. Box 4500
Princeton, NJ 08543
(800) 631-5244 FAX: (800) 523-2965
http://www.bms.com

Broadley James
19 Thomas
Irvine, CA 92618
(800) 288-2833 FAX: (949) 829-5560
(949) 829-5555
http://www.broadleyjames.com/

Brookhaven Instruments
750 Blue Point Road
Holtsville, NY 11742
(631) 758-3200 FAX: (631) 758-3255
http://www.bic.com

Brownlee Labs
See Applied Biosystems
Distributed by Pacer Scientific

Bruel & Kjaer
Division of Spectris Technologies
2815 Colonnades Court
Norcross, GA 30071
(800) 332-2040 FAX: (770) 847-8440
(770) 209-6907
http://www.bkhome.com

Bruker Analytical X-Ray Systems
5465 East Cheryl Parkway
Madison, WI 53711
(800) 234-XRAY FAX: (608) 276-3006
(608) 276-3000
http://www.bruker-axs.com

Bruker Instruments
19 Fortune Drive
Billerica, MA 01821
(978) 667-9580 FAX: (978) 667-0985
http://www.bruker.com

BTX
Division of Genetronics
11199 Sorrento Valley Road
San Diego, CA 92121
(800) 289-2465 FAX: (858) 597-9594
(858) 597-6006
http://www.genetronics.com/btx

Buchler Instruments
See Baxter Scientific Products

Buckshire
2025 Ridge Road
Perkasie, PA 18944
(215) 257-0116

Burdick and Jackson
Division of Baxter Scientific Products
1953 S. Harvey Street
Muckogon, MI 49442
(800) 368-0050 FAX: (231) 728-8226
(231) 726-3171
http://www.bandj.com/mainframe.htm

Burleigh Instruments
P.O. Box E
Fishers, NY 14453
(716) 924-9355 FAX: (716) 924-9072
http://www.burleigh.com

Burns Veterinary Supply
1900 Diplomat Drive
Farmer's Branch, TX 75234
(800) 92-BURNS FAX: (972) 243-6841
http://www.burnsvet.com

Burroughs Wellcome
See Glaxo Wellcome

The Butler Company
5600 Blazer Parkway
Dublin, OH 43017
(800) 551-3861 FAX: (614) 761-9096
(614) 761-9095
http://www.wabutler.com

Butterworth Laboratories
54-56 Waldegrave Road
Teddington, Middlesex
TW11 8LG, UK
(44)(0)20-8977-0750
FAX: (44)(0)28-8943-2624
http://www.butterworth-labs.co.uk

Buxco Electronics
95 West Wood Road #2
Sharon, CT 06069
(860) 364-5558 FAX: (860) 364-5116
http://www.buxco.com/

C/D/N Isotopes
88 Leacock Street
Pointe-Claire, Quebec
Canada H9R 1H1
(800) 697-6254 FAX: (514) 697-6148

C.M.A./Microdialysis AB
73 Princeton Street
North Chelmsford, MA 01863
(800) 440-4980 FAX: (978) 251-1950
(978) 251-1940
http://www.microdialysis.com/

Calbiochem-Novabiochem
P.O. Box 12087-2087
La Jolla, CA 92039
(800) 854-3417 FAX: (800) 776-0999
(858) 450-9600
http://www.calbiochem.com

Calorimetry Sciences
155 West 2050 North
Spanish Fork, UT 84660
(801) 794-2600 FAX: (801) 794-2700
http://www.calscorp.com

Caltag Laboratories
1849 Bayshore Highway, Suite 200
Burlingame, CA 94010
(800) 874-4007 FAX: (650) 652-9030
(650) 652-0468
http://www.caltag.com

Cambridge Electronic Design
Science Park, Milton Road
Cambridge CB4 0FE, UK
44 (0) 1223-420-186
FAX: 44 (0) 1223-420-488
http://www.ced.co.uk

Cambridge Isotope Laboratories
50 Frontage Road
Andover, MA 01810
(800) 322-1174 FAX: (978) 749-2768
(978) 749-8000
http://www.isotope.com

Cambridge Research Biochemicals
See Zeneca/CRB

Cambridge Technology
109 Smith Place
Cambridge, MA 02138
(617) 441-0600　FAX: (617) 497-8800
http://www.camtech.com

Camlab
Nuffield Road
Cambridge CB4 1TH, UK
(44) 122-3424222
FAX: (44) 122-3420856
http://www.camlab.co.uk/home.htm

Campden Instruments
Park Road
Sileby Loughborough
Leicestershire LE12 7TU, UK
(44) 1509-814790
FAX: (44) 1509-816097
http://www.campden-inst.com/home.htm

Cappel Laboratories
See Organon Teknika Cappel

Carl Roth GmgH & Company
Schoemperlenstrasse 1-5
76185 Karlsrube
Germany
(49) 72-156-06164
FAX: (49) 72-156-06264
http://www.carl-roth.de

Carl Zeiss
One Zeiss Drive
Thornwood, NY 10594
(800) 233-2343　FAX: (914) 681-7446
(914) 747-1800
http://www.zeiss.com

Carlo Erba Reagenti
Via Winckelmann 1
20148 Milano
Lombardia, Italy
(39) 0-29-5231
FAX: (39) 0-29-5235-904
http://www.carloerbareagenti.com

Carolina Biological Supply
2700 York Road
Burlington, NC 27215
(800) 334-5551　FAX: (336) 584-76869
(336) 584-0381
http://www.carolina.com

Carolina Fluid Components
9309 Stockport Place
Charlotte, NC 28273
(704) 588-6101　FAX: (704) 588-6115
http://www.cfcsite.com

Cartesian Technologies
17851 Skypark Circle, Suite C
Irvine, CA 92614
(800) 935-8007
http://cartesiantech.com

Cayman Chemical
1180 East Ellsworth Road
Ann Arbor, MI 48108
(800) 364-9897　FAX: (734) 971-3640
(734) 971-3335
http://www.caymanchem.com

CB Sciences
One Washington Street, Suite 404
Dover, NH 03820
(800) 234-1757　FAX: (603) 742-2455
http://www.cbsci.com

CBS Scientific
P.O. Box 856
Del Mar, CA 92014
(800) 243-4959　FAX: (858) 755-0733
(858) 755-4959
http://www.cbssci.com

CCR (Coriell Cell Repository)
See Coriell Institute for Medical Research

Cedarlane Laboratories
5516 8th Line, R.R. #2
Hornby, Ontario L0P 1E0, Canada
(905) 878-8891　FAX: (905) 878-7800
http://www.cedarlanelabs.com

CE Instruments
Grand Avenue Parkway
Austin, TX 78728
(800) 876-6711　FAX: (512) 251-1597
http://www.ceinstruments.com

CEL Associates
P.O. Box 721854
Houston, TX 77272
(800) 537-9339　FAX: (281) 933-0922
(281) 933-9339
http://www.cel-1.com

Cel-Line Associates
See Erie Scientific

Celite World Minerals
130 Castilian Drive
Santa Barbara, CA 93117
(805) 562-0200　FAX: (805) 562-0299
http://www.worldminerals.com/celite

Cell Genesys
342 Lakeside Drive
Foster City, CA 94404
(650) 425-4400　FAX: (650) 425-4457
http://www.cellgenesys.com

Cell Systems
12815 NE 124th Street, Suite A
Kirkland, WA 98034
(800) 697-1211　FAX: (425) 820-6762
(425) 823-1010

Cellmark Diagnostics
20271 Goldenrod Lane
Germantown, MD 20876
(800) 872-5227　FAX: (301) 428-4877
(301) 428-4980
http://www.cellmark-labs.com

Cellomics
635 William Pitt Way
Pittsburgh, PA 15238
(888) 826-3857　FAX: (412) 826-3850
(412) 826-3600
http://www.cellomics.com

Celltech
216 Bath Road
Slough, Berkshire SL1 4EN, UK
(44) 1753 534655
FAX: (44) 1753 536632
http://www.celltech.co.uk

Cellular Products
872 Main Street
Buffalo, NY 14202
(800) CPI-KITS　FAX: (716) 882-0959
(716) 882-0920
http://www.zeptometrix.com

CEM
P.O. Box 200
Matthews, NC 28106
(800) 726-3331

Centers for Disease Control
1600 Clifton Road NE
Atlanta, GA 30333
(800) 311-3435　FAX: (888) 232-3228
(404) 639-3311
http://www.cdc.gov

CERJ
Centre d'Elevage Roger Janvier
53940 Le Genest Saint Isle
France

Cetus
See Chiron

Chance Propper
Warly, West Midlands B66 1NZ, UK
(44)(0)121-553-5551
FAX: (44)(0)121-525-0139

Charles River Laboratories
251 Ballardvale Street
Wilmington, MA 01887
(800) 522-7287　FAX: (978) 658-7132
(978) 658-6000
http://www.criver.com

Charm Sciences
36 Franklin Street
Malden, MA 02148
(800) 343-2170　FAX: (781) 322-3141
(781) 322-1523
http://www.charm.com

Chase-Walton Elastomers
29 Apsley Street
Hudson, MA 01749
(800) 448-6289　FAX: (978) 562-5178
(978) 568-0202
http://www.chase-walton.com

ChemGenes
Ashland Technology Center
200 Homer Avenue
Ashland, MA 01721
(800) 762-9323　FAX: (508) 881-3443
(508) 881-5200
http://www.chemgenes.com

Chemglass
3861 North Mill Road
Vineland, NJ 08360
(800) 843-1794　FAX: (856) 696-9102
(800) 696-0014
http://www.chemglass.com

Chemicon International
28835 Single Oak Drive
Temecula, CA 92590
(800) 437-7500　FAX: (909) 676-9209
(909) 676-8080
http://www.chemicon.com

Chem-Impex International
935 Dillon Drive
Wood Dale, IL 60191
(800) 869-9290　FAX: (630) 766-2218
(630) 766-2112
http://www.chemimpex.com

Chemunex USA
1 Deer Park Drive, Suite H-2
Monmouth Junction, NJ 08852
(800) 411-6734
http://www.chemunex.com

Cherwell Scientific Publishing
The Magdalen Centre
Oxford Science Park
Oxford OX44GA, UK
(44)(1) 865-784-800
FAX: (44)(1) 865-784-801
http://www.cherwell.com

ChiRex Cauldron
383 Phoenixville Pike
Malvern, PA 19355
(610) 727-2215　FAX: (610) 727-5762
http://www.chirex.com

Chiron Diagnostics
See Bayer Diagnostics

Chiron Mimotopes Peptide Systems
See Multiple Peptide Systems

Chiron
4560 Horton Street
Emeryville, CA 94608
(800) 244-7668　FAX: (510) 655-9910
(510) 655-8730
http://www.chiron.com

Chrom Tech
P.O. Box 24248
Apple Valley, MN 55124
(800) 822-5242　FAX: (952) 431-6345
http://www.chromtech.com

Chroma Technology
72 Cotton Mill Hill, Unit A-9
Brattleboro, VT 05301
(800) 824-7662　FAX: (802) 257-9400
(802) 257-1800
http://www.chroma.com

Chromatographie
ZAC de Moulin No. 2
91160 Saulx les Chartreux
France
(33) 01-64-54-8969
FAX: (33) 01-69-0988091
http://www.chromatographie.com

Chromogenix
Taljegardsgatan 3
431-53 Mlndal, Sweden
(46) 31-706-20-70
FAX: (46) 31-706-20-80
http://www.chromogenix.com

Chrompack USA
c/o Varian USA
2700 Mitchell Drive
Walnut Creek, CA 94598
(800) 526-3687　FAX: (925) 945-2102
(925) 939-2400
http://www.chrompack.com

Chugai Biopharmaceuticals
6275 Nancy Ridge Drive
San Diego, CA 92121
(858) 535-5900　FAX: (858) 546-5973
http://www.chugaibio.com

Ciba-Corning Diagnostics
See Bayer Diagnostics

Ciba-Geigy
See Ciba Specialty Chemicals or
Novartis Biotechnology

Ciba Specialty Chemicals
540 White Plains Road
Tarrytown, NY 10591
(800) 431-1900　FAX: (914) 785-2183
(914) 785-2000
http://www.cibasc.com

CIBA Vision
Division of Novartis AG
11460 Johns Creek Parkway
Duluth, GA 30097
(770) 476-3937
http://www.cvworld.com

Cinna Scientific
Subsidiary of Molecular Research Center
5645 Montgomery Road
Cincinnati, OH 45212
(800) 462-9868　FAX: (513) 841-0080
(513) 841-0900
http://www.mrcgene.com

Cistron Biotechnology
10 Bloomfield Avenue
Pine Brook, NJ 07058
(800) 642-0167　FAX: (973) 575-4854
(973) 575-1700
http://www.cistronbio.com

Clark Electromedical Instruments
See Harvard Apparatus

Clay Adam
See Becton Dickinson Primary Care
Diagnostics

CLB (Central Laboratory of the Netherlands)
Blood Transfusion Service
P.O. Box 9190
1006 AD Amsterdam, The Netherlands
(31) 20-512-9222
FAX: (31) 20-512-3332

Cleveland Scientific
P.O. Box 300
Bath, OH 44210
(800) 952-7315　FAX: (330) 666-2240
http://www.clevelandscientific.com

Clonetics
Division of BioWhittaker
http://www.clonetics.com/
Also see BioWhittaker

Clontech Laboratories
1020 East Meadow Circle
Palo Alto, CA 94303
(800) 662-2566　FAX: (800) 424-1350
(650) 424-8222　FAX: (650) 424-1088
http://www.clontech.com

CMA Microdialysis AB
73 Princeton Street
North Chelmsford, MA 01863
(800) 440-4980　FAX: (978) 251-1950
(978) 251 1940
http://www.microdialysis.com

Cocalico Biologicals
449 Stevens Road
P.O. Box 265
Reamstown, PA 17567
(717) 336-1990　FAX: (717) 336-1993

Coherent Laser
5100 Patrick Henry Drive
Santa Clara, CA 95056
(800) 227-1955　FAX: (408) 764-4800
(408) 764-4000
http://www.cohr.com

Cohu
P.O. Box 85623
San Diego, CA 92186
(858) 277-6700　FAX: (858) 277-0221
http://www.COHU.com/cctv

Cole-Parmer Instrument
625 East Bunker Court
Vernon Hills, IL 60061
(800) 323-4340　FAX: (847) 247-2929
(847) 549-7600
http://www.coleparmer.com

Collaborative Biomedical Products and **Collaborative Research**
See Becton Dickinson Labware

Collagen Aesthetics
1850 Embarcadero Road
Palo Alto, CA 94303
(650) 856-0200　FAX: (650) 856-0533
http://www.collagen.com

Collagen Corporation
See Collagen Aesthetics

College of American Pathologists
325 Waukegan Road
Northfield, IL 60093
(800) 323-4040　FAX: (847) 832-8000
(847) 446-8800
http://www.cap.org/index.cfm

Colonial Medical Supply
504 Wells Road
Franconia, NH 03580
(603) 823-9911　FAX: (603) 823-8799
http://www.colmedsupply.com

Colorado Serum
4950 York Street
Denver, CO 80216
(800) 525-2065　FAX: (303) 295-1923
http://www.colorado-serum.com

Columbia Diagnostics
8001 Research Way
Springfield, VA 22153
(800) 336-3081　FAX: (703) 569-2353
(703) 569-7511
http://www.columbiadiagnostics.com

Columbus Instruments
950 North Hague Avenue
Columbus, OH 43204
(800) 669-5011　FAX: (614) 276-0529
(614) 276-0861
http://www.columbusinstruments.com

Computer Associates International
One Computer Associates Plaza
Islandia, NY 11749
(631) 342-6000　FAX: (631) 342-6800
http://www.cai.com

Connaught Laboratories
See Aventis Pasteur

Connectix
2955 Campus Drive, Suite 100
San Mateo, CA 94403
(800) 950-5880　FAX: (650) 571-0850
(650) 571-5100
http://www.connectix.com

Contech
99 Hartford Avenue
Providence, RI 02909
(401) 351-4890　FAX: (401) 421-5072
http://www.iol.ie/~burke/contech.html

Continental Laboratory Products
5648 Copley Drive
San Diego, CA 92111
(800) 456-7741　FAX: (858) 279-5465
(858) 279-5000
http://www.conlab.com

ConvaTec
Professional Services
P.O. Box 5254
Princeton, NJ 08543
(800) 422-8811
http://www.convatec.com

Cooper Instruments & Systems
P.O. Box 3048
Warrenton, VA 20188
(800) 344-3921　FAX: (540) 347-4755
(540) 349-4746
http://www.cooperinstruments.com

Cora Styles Needles 'N Blocks
56 Milton Street
Arlington, MA 02474
(781) 648-6289　FAX: (781) 641-7917

Coriell Cell Repository (CCR)
See Coriell Institute for Medical Research

Coriell Institute for Medical Research
Human Genetic Mutant Repository
401 Haddon Avenue
Camden, NJ 08103
(856) 966-7377　FAX: (856) 964-0254
http://arginine.umdnj.edu

Corion
8 East Forge Parkway
Franklin, MA 02038
(508) 528-4411　FAX: (508) 520-7583
(800) 598-6783
http://www.corion.com

Corning and **Corning Science Products**
P.O. Box 5000
Corning, NY 14831
(800) 222-7740　FAX: (607) 974-0345
(607) 974-9000
http://www.corning.com

Costar
See Corning

Coulbourn Instruments
7462 Penn Drive
Allentown, PA 18106
(800) 424-3771　FAX: (610) 391-1333
(610) 395-3771
http://www.coulbourninst.com

Coulter Cytometry
See Beckman Coulter

Covance Research Products
465 Swampbridge Road
Denver, PA 17517
(800) 345-4114　FAX: (717) 336-5344
(717) 336-4921
http://www.covance.com

Coy Laboratory Products
14500 Coy Drive
Grass Lake, MI 49240
(734) 475-2200　FAX: (734) 475-1846
http://www.coylab.com

CPG
3 Borinski Road
Lincoln Park, NJ 07035
(800) 362-2740　FAX: (973) 305-0884
(973) 305-8181

CPL Scientific
43 Kingfisher Court
Hambridge Road
Newbury RG14 5SJ, UK
(44) 1635-574902
FAX: (44) 1635-529322
http://www.cplscientific.co.uk

CraMar Technologies
8670 Wolff Court, #160
Westminster, CO 80030
(800) 4-TOMTEC
http://www.cramar.com

Crescent Chemical
1324 Motor Parkway
Hauppauge, NY 11788
(800) 877-3225　FAX: (631) 348-0913
(631) 348-0333
http://www.creschem.com

Crist Instrument
P.O. Box 128
10200 Moxley Road
Damascus, MD 20872
(301) 253-2184　FAX: (301) 253-0069
http://www.cristinstrument.com

Cruachem
See Annovis
http://www.cruachem.com

CS Bio
1300 Industrial Road
San Carlos, CA 94070
(800) 627-2461　FAX: (415) 802-0944
(415) 802-0880
http://www.csbio.com

CS-Chromatographie Service
Am Parir 27
D-52379 Langerwehe, Germany
(49) 2423-40493-0
FAX: (49) 2423-40493-49
http://www.cs-chromatographie.de

Cuno
400 Research Parkway
Meriden, CT 06450
(800) 231-2259　FAX: (203) 238-8716
(203) 237-5541
http://www.cuno.com

Curtin Matheson Scientific
9999 Veterans Memorial Drive
Houston, TX 77038
(800) 392-3353　FAX: (713) 878-3598
(713) 878-3500

CWE
124 Sibley Avenue
Ardmore, PA 19003
(610) 642-7719　FAX: (610) 642-1532
http://www.cwe-inc.com

Cybex Computer Products
4991 Corporate Drive
Huntsville, AL 35805
(800) 932-9239　FAX: (800) 462-9239
http://www.cybex.com

Cygnus Technology
P.O. Box 219
Delaware Water Gap, PA 18327
(570) 424-5701　FAX: (570) 424-5630
http://www.cygnustech.com

Cymbus Biotechnology
Eagle Class, Chandler's Ford
Hampshire SO53 4NF, UK
(44) 1-703-267-676
FAX: (44) 1-703-267-677
http://www.biotech@cymbus.com

Cytogen
600 College Road East
Princeton, NJ 08540
(609) 987-8200　FAX: (609) 987-6450
http://www.cytogen.com

Cytogen Research and Development
89 Bellevue Hill Road
Boston, MA 02132
(617) 325-7774　FAX: (617) 327-2405

CytRx
154 Technology Parkway
Norcross, GA 30092
(800) 345-2987　FAX: (770) 368-0622
(770) 368-9500
http://www.cytrx.com

Dade Behring
Corporate Headquarters
1717 Deerfield Road
Deerfield, IL 60015
(847) 267-5300　FAX: (847) 267-1066
http://www.dadebehring.com

Dagan
2855 Park Avenue
Minneapolis, MN 55407
(612) 827-5959　FAX: (612) 827-6535
http://www.dagan.com

Dako
6392 Via Real
Carpinteria, CA 93013
(800) 235-5763　FAX: (805) 566-6688
(805) 566-6655
http://www.dakousa.com

Dako A/S
42 Produktionsvej
P.O. Box 1359
DK-2600 Glostrup, Denmark
(45) 4492-0044　FAX: (45) 4284-1822

Dakopatts
See Dako A/S

Damon, IEC
See Thermoquest

Dan Kar Scientific
150 West Street
Wilmington, MA 01887
(800) 942-5542　FAX: (978) 658-0380
(978) 988-9696
http://www.dan-kar.com

DataCell
Falcon Business Park
40 Ivanhoe Road
Finchampstead, Berkshire
RG40 4QQ, UK
(44) 1189 324324
FAX: (44) 1189 324325
http://www.datacell.co.uk
In the US:
(408) 446-3575　FAX: (408) 446-3589
http://www.datacell.com

DataWave Technologies
380 Main Street, Suite 209
Longmont, CO 80601
(800) 736-9283　FAX: (303) 776-8531
(303) 776-8214

Datex-Ohmeda
3030 Ohmeda Drive
Madison, WI 53718
(800) 345-2700　FAX: (608) 222-9147
(608) 221-1551
http://www.us.datex-ohmeda.com

DATU
82 State Street
Geneva, NY 14456
(315) 787-2240　FAX: (315) 787-2397
http://www.nysaes.cornell.edu/datu

David Kopf Instruments
7324 Elmo Street
P.O. Box 636
Tujunga, CA 91043
(818) 352-3274　FAX: (818) 352-3139

Decagon Devices
P.O. Box 835
950 NE Nelson Court
Pullman, WA 99163
(800) 755-2751　FAX: (509) 332-5158
(509) 332-2756
http://www.decagon.com

Decon Labs
890 Country Line Road
Bryn Mawr, PA 19010
(800) 332-6647　FAX: (610) 964-0650
(610) 520-0610
http://www.deconlabs.com

Decon Laboratories
Conway Street
Hove, Sussex BN3 3LY, UK
(44) 1273 739241
FAX: (44) 1273 722088

Degussa
Precious Metals Division
3900 South Clinton Avenue
South Plainfield, NJ 07080
(800) DEGUSSA　FAX: (908) 756-7176
(908) 561-1100
http://www.degussa-huls.com

Deneba Software
1150 NW 72nd Avenue
Miami, FL 33126
(305) 596-5644　FAX: (305) 273-9069
http://www.deneba.com

Deseret Medical
524 West 3615 South
Salt Lake City, UT 84115
(801) 270-8440　FAX: (801) 293-9000

Devcon Plexus
30 Endicott Street
Danvers, MA 01923
(800) 626-7226　FAX: (978) 774-0516
(978) 777-1100
http://www.devcon.com

Developmental Studies Hybridoma Bank
University of Iowa
436 Biology Building
Iowa City, IA 52242
(319) 335-3826　FAX: (319) 335-2077
http://www.uiowa.edu/~dshbwww

DeVilbiss
Division of Sunrise Medical Respiratory
100 DeVilbiss Drive
P.O. Box 635
Somerset, PA 15501
(800) 338-1988　FAX: (814) 443-7572
(814) 443-4881
http://www.sunrisemedical.com

Dharmacon Research
3200 Valmont Road, #5
Boulder, CO 80301
(800) 235-9880 FAX: (303) 415-9879
(303) 415-9880
http://www.dharmacon.com

DiaCheM
Triangle Biomedical
Gardiners Place
West Gillibrands, Lancashire
WN8 9SP, UK
(44) 1695-555581
FAX: (44) 1695-555518
http://www.diachem.co.uk

Diagen
Max-Volmer Strasse 4
D-40724 Hilden, Germany
(49) 2103-892-230
FAX: (49) 2103-892-222

Diagnostic Concepts
6104 Madison Court
Morton Grove, IL 60053
(847) 604-0957

Diagnostic Developments
See DiaCheM

Diagnostic Instruments
6540 Burroughs
Sterling Heights, MI 48314
(810) 731-6000 FAX: (810) 731-6469
http://www.diaginc.com

Diamedix
2140 North Miami Avenue
Miami, FL 33127
(800) 327-4565 FAX: (305) 324-2395
(305) 324-2300

DiaSorin
1990 Industrial Boulevard
Stillwater, MN 55082
(800) 328-1482 FAX: (651) 779-7847
(651) 439-9719
http://www.diasorin.com

Diatome US
321 Morris Road
Fort Washington, PA 19034
(800) 523-5874 FAX: (215) 646-8931
(215) 646-1478
http://www.emsdiasum.com

Difco Laboratories
See Becton Dickinson

Digene
1201 Clopper Road
Gaithersburg, MD 20878
(800) 344-3631 FAX: (301) 944-7121
(301) 944-7000
http://www.digene.com

Digi-Key
701 Brooks Avenue South
Thief River Falls, MN 56701
(800) 344-4539 FAX: (218) 681-3380
(218) 681-6674
http://www.digi-key.com

Digitimer
37 Hydeway
Welwyn Garden City, Hertfordshire
AL7 3BE, UK
(44) 1707-328347
FAX: (44) 1707-373153
http://www.digitimer.com

Dimco-Gray
8200 South Suburban Road
Dayton, OH 45458
(800) 876-8353 FAX: (937) 433-0520
(937) 433-7600
http://www.dimco-gray.com

Dionex
1228 Titan Way
P.O. Box 3603
Sunnyvale, CA 94088
(408) 737-0700 FAX: (408) 730-9403
http://dionex2.promptu.com

Display Systems Biotech
1260 Liberty Way, Suite B
Vista, CA 92083
(800) 697-1111 FAX: (760) 599-9930
(760) 599-0598
http://www.displaysystems.com

Diversified Biotech
1208 VFW Parkway
Boston, MA 02132
(800) 796-9199 FAX: (617) 323-5641
(617) 965-8557
http://www.divbio.com

DNA ProScan
P.O. Box 121585
Nashville, TN 37212
(800) 841-4362 FAX: (615) 292-1436
(615) 298-3524
http://www.dnapro.com

DNAStar
1228 South Park Street
Madison, WI 53715
(608) 258-7420 FAX: (608) 258-7439
http://www.dnastar.com

DNAVIEW
Attn: Charles Brenner
http://www.wco.com/~cbrenner/dnaview.htm

Doall NYC
36-06 48th Avenue
Long Island City, NY 11101
(718) 392-4595 FAX: (718) 392-6115
http://www.doall.com

Dolla Eastern
See Doall NYC

Dolan Jenner Industries
678 Andover Street
Lawrence, MA 08143
(978) 681-8000 (978) 682-2500
http://www.dolan-jenner.com

Dow Chemical
Customer Service Center
2040 Willard H. Dow Center
Midland, MI 48674
(800) 232-2436 FAX: (517) 832-1190
(409) 238-9321
http://www.dow.com

Dow Corning
Northern Europe
Meriden Business Park
Copse Drive
Allesley, Coventry CV5 9RG, UK
(44) 1676 528 000
FAX: (44) 1676 528 001

Dow Corning
P.O. Box 994
Midland, MI 48686
(517) 496-4000
http://www.dowcorning.com

Dow Corning (Lubricants)
2200 West Salzburg Road
Auburn, MI 48611
(800) 248-2481 FAX: (517) 496-6974
(517) 496-6000

Dremel
4915 21st Street
Racine, WI 53406
(414) 554-1390
http://www.dremel.com

Drummond Scientific
500 Parkway
P.O. Box 700
Broomall, PA 19008
(800) 523-7480 FAX: (610) 353-6204
(610) 353-0200
http://www.drummondsci.com

Duchefa Biochemie BV
P.O. Box 2281
2002 CG Haarlem, The Netherlands
31-0-23-5319093
FAX: 31-0-23-5318027
http://www.duchefa.com

Duke Scientific
2463 Faber Place
Palo Alto, CA 94303
(800) 334-3883 FAX: (650) 424-1158
(650) 424-1177
http://www.dukescientific.com

DuPont Biotechnology Systems
See NEN Life Science Products

DuPont Medical Products
See NEN Life Science Products

DuPont Merck Pharmaceuticals
331 Treble Cove Road
Billerica, MA 01862
(800) 225-1572 FAX: (508) 436-7501
http://www.dupontmerck.com/

DuPont NEN Products
See NEN Life Science Products

Dynal
5 Delaware Drive
Lake Success, NY 11042
(800) 638-9416 FAX: (516) 326-3298
(516) 326-3270
http://www.dynal.net

Dynal AS
Ullernchausen 52
0379 Oslo, Norway
47-22-06-10-00 FAX: 47-22-50-70-15
http://www.dynal.no

Dynalab
P.O. Box 112
Rochester, NY 14692
(800) 828-6595 FAX: (716) 334-9496
(716) 334-2060
http://www.dynalab.com

Dynarex
1 International Boulevard
Brewster, NY 10509
(888) DYNAREX FAX: (914) 279-9601
(914) 279-9600
http://www.dynarex.com

Dynatech
See Dynex Technologies

Dynex Technologies
14340 Sullyfield Circle
Chantilly, VA 22021
(800) 336-4543 FAX: (703) 631-7816
(703) 631-7800
http://www.dynextechnologies.com/

Dyno Mill
See Willy A. Bachofen

E.S.A.
22 Alpha Road
Chelmsford, MA 01824
(508) 250-7000 FAX: (508) 250-7090

E.W. Wright
760 Durham Road
Guilford, CT 06437
(203) 453-6410 FAX: (203) 458-6901
http://www.ewwright.com

E-Y Laboratories
107 N. Amphlett Boulevard
San Mateo, CA 94401
(800) 821-0044 FAX: (650) 342-2648
(650) 342-3296
http://www.eylabs.com

Eastman Kodak
1001 Lee Road
Rochester, NY 14650
(800) 225-5352 FAX: (800) 879-4979
(716) 722-5780 FAX: (716) 477-8040
http://www.kodak.com

ECACC
See European Collection of Animal Cell Cultures

EC Apparatus
See Savant/EC Apparatus

Ecogen, SRL
Gensura Laboratories
Ptge. Dos de Maig
9(08041) Barcelona
(34) 3-450-2601 FAX: (34) 3-456-0607
http://www.ecogen.com

Ecolab
370 North Wabasha Street
St. Paul, MN 55102
(800) 35-CLEAN FAX: (651) 225-3098
(651) 352-5326
http://www.ecolab.com

ECO PHYSICS
3915 Research Park Drive, Suite A-3
Ann Arbor, MI 48108
(734) 998-1600 FAX: (734) 998-1180
http://www.ecophysics.com

Edge Biosystems
19208 Orbit Drive
Gaithersburg, MD 20879-4149
(800) 326-2685 FAX: (301) 990-0881
(301) 990-2685
http://www.edgebio.com

Edmund Scientific
101 E. Gloucester Pike
Barrington, NJ 08007
(800) 728-6999 FAX: (856) 573-6263
(856) 573-6250
http://www.edsci.com

EG&G
See Perkin-Elmer

Ekagen
969 C Industry Road
San Carlos, CA 94070
(650) 592-4500 FAX: (650) 592-4500

Elcatech
P.O. Box 10935
Winston-Salem, NC 27108
(336) 544-8613 FAX: (336) 777-3623
(910) 777-3624
http://www.elcatech.com

Electron Microscopy Sciences
321 Morris Road
Fort Washington, PA 19034
(800) 523-5874 FAX: (215) 646-8931
(215) 646-1566
http://www.emsdiasum.com

Electron Tubes
100 Forge Way, Unit F
Rockaway, NJ 07866
(800) 521-8382 FAX: (973) 586-9771
(973) 586-9594
http://www.electrontubes.com

Elicay Laboratory Products, (UK) Ltd.
4 Manborough Mews
Crockford Lane
Basingstoke, Hampshire
RG 248NA, England
(256) 811-118 FAX: (256) 811-116
http://www.elkay-uk.co.uk

Eli Lilly
Lilly Corporate Center
Indianapolis, IN 46285
(800) 545-5979 FAX: (317) 276-2095
(317) 276-2000
http://www.lilly.com

ELISA Technologies
See Neogen

Elkins-Sinn
See Wyeth-Ayerst

EMBI
See European Bioinformatics Institute

EM Science
480 Democrat Road
Gibbstown, NJ 08027
(800) 222-0342 FAX: (856) 423-4389
(856) 423-6300
http://www.emscience.com

EM Separations Technology
See R & S Technology

Endogen
30 Commerce Way
Woburn, MA 01801
(800) 487-4885 FAX: (617) 439-0355
(781) 937-0890
http://www.endogen.com

ENGEL-Loter
HSGM Heatcutting Equipment & Machines
1865 E. Main Street, No. 5
Duncan, SC 29334
(888) 854-HSGM FAX: (864) 486-8383
(864) 486-8300
http://www.engelgmbh.com

Enzo Diagnostics
60 Executive Boulevard
Farmingdale, NY 11735
(800) 221-7705 FAX: (516) 694-7501
(516) 694-7070
http://www.enzo.com

Enzogenetics
4197 NW Douglas Avenue
Corvallis, OR 97330
(541) 757-0288

The Enzyme Center
See Charm Sciences

Enzyme Systems Products
486 Lindbergh Avenue
Livermore, CA 94550
(888) 449-2664 FAX: (925) 449-1866
(925) 449-2664
http://www.enzymesys.com

Epicentre Technologies
1402 Emil Street
Madison, WI 53713
(800) 284-8474 FAX: (608) 258-3088
(608) 258-3080
http://www.epicentre.com

Erie Scientific
20 Post Road
Portsmouth, NH 03801
(888) ERIE-SCI FAX: (603) 431-8996
(603) 431-8410
http://www.eriesci.com

ES Industries
701 South Route 73
West Berlin, NJ 08091
(800) 356-6140 FAX: (856) 753-8484
(856) 753-8400
http://www.esind.com

ESA
22 Alpha Road
Chelmsford, MA 01824
(800) 959-5095 FAX: (978) 250-7090
(978) 250-7000
http://www.esainc.com

Ethicon
Route 22, P.O. Box 151
Somerville, NJ 08876
(908) 218-0707
http://www.ethiconinc.com

Ethicon Endo-Surgery
4545 Creek Road
Cincinnati, OH 45242
(800) 766-9534 FAX: (513) 786-7080

Eurogentec
Parc Scientifique du Sart Tilman
4102 Seraing, Belgium
32-4-240-76-76 FAX: 32-4-264-07-88
http://www.eurogentec.com

European Bioinformatics Institute
Wellcome Trust Genomes Campus
Hinxton, Cambridge CB10 1SD, UK
(44) 1223-49444
FAX: (44) 1223-494468

European Collection of Animal Cell Cultures (ECACC)
Centre for Applied Microbiology & Research
Salisbury, Wiltshire SP4 0JG, UK
(44) 1980-612 512
FAX: (44) 1980-611 315
http://www.camr.org.uk

Evergreen Scientific
2254 E. 49th Street
P.O. Box 58248
Los Angeles, CA 90058
(800) 421-6261 FAX: (323) 581-2503
(323) 583-1331
http://www.evergreensci.com

Exalpha Biologicals
20 Hampden Street
Boston, MA 02205
(800) 395-1137 FAX: (617) 969-3872
(617) 558-3625
http://www.exalpha.com

Exciton
P.O. Box 31126
Dayton, OH 45437
(937) 252-2989 FAX: (937) 258-3937
http://www.exciton.com

Extrasynthese
ZI Lyon Nord
SA-BP62
69730 Genay, France
(33) 78-98-20-34
FAX: (33) 78-98-19-45

Factor II
1972 Forest Avenue
P.O. Box 1339
Lakeside, AZ 85929
(800) 332-8688 FAX: (520) 537-8066
(520) 537-8387
http://www.factor2.com

Falcon
See Becton Dickinson Labware

Fenwal
See Baxter Healthcare

Filemaker
5201 Patrick Henry Drive
Santa Clara, CA 95054
(408) 987-7000 (800) 325-2747

Fine Science Tools
202-277 Mountain Highway
North Vancouver, British Columbia
V7J 3P2 Canada
(800) 665-5355 FAX: (800) 665 4544
(604) 980-2481 FAX: (604) 987-3299

Fine Science Tools
373-G Vintage Park Drive
Foster City, CA 94404
(800) 521-2109 FAX: (800) 523-2109
(650) 349-1636 FAX: (630) 349-3729

Fine Science Tools
Fahrtgasse 7-13
D-69117 Heidelberg, Germany
(49) 6221 905050
FAX: (49) 6221 600001
http://www.finescience.com

Finn Aqua
AMSCO Finn Aqua Oy
Teollisuustiez, FIN-04300
Tuusula, Finland
358 025851 FAX: 358 0276019

Finnigan
355 River Oaks Parkway
San Jose, CA 95134
(408) 433-4800 FAX: (408) 433-4821
http://www.finnigan.com

Fisher Scientific
2000 Park Lane
Pittsburgh, PA 15275
(800) 766-7000 FAX: (800) 926-1166
(412) 562-8300
http://www3.fishersci.com

Fitzco
5600 Pioneer Creek Drive
Maple Plain, MN 55359
(800) 367-8760 FAX: (612) 479-2880
(612) 479-3489
http://www.fitzco.com

5 Prime → 3 Prime
See 2000 Eppendorf-5 Prime
http://www.5prime.com

Fleisch (Rusch)
2450 Meadowbrook Parkway
Duluth, GA 30096
(770) 623-0816 FAX: (770) 623-1829
http://ruschinc.com

Flow Cytometry Standards
P.O. Box 194344
San Juan, PR 00919
(800) 227-8143 FAX: (787) 758-3267
(787) 753-9341
http://www.fcstd.com

Flow Labs
See ICN Biomedicals

Flow-Tech Supply
P.O. Box 1388
Orange, TX 77631
(409) 882-0306 FAX: (409) 882-0254
http://www.flow-tech.com

Fluid Marketing
See Fluid Metering

Fluid Metering
5 Aerial Way, Suite 500
Sayosett, NY 11791
(516) 922-6050 FAX: (516) 624-8261
http://www.fmipump.com

Fluorochrome
1801 Williams, Suite 300
Denver, CO 80264
(303) 394-1000 FAX: (303) 321-1119

Fluka Chemical
See Sigma-Aldrich

FMC BioPolymer
1735 Market Street
Philadelphia, PA 19103
(215) 299-6000 FAX: (215) 299-5809
http://www.fmc.com

FMC BioProducts
191 Thomaston Street
Rockland, ME 04841
(800) 521-0390 FAX: (800) 362-1133
(207) 594-3400 FAX: (207) 594-3426
http://www.bioproducts.com

Forma Scientific
Milcreek Road
P.O. Box 649
Marietta, OH 45750
(800) 848-3080 FAX: (740) 372-6770
(740) 373-4765
http://www.forma.com

Fort Dodge Animal Health
800 5th Street NW
Fort Dodge, IA 50501
(800) 685-5656 FAX: (515) 955-9193
(515) 955-4600
http://www.ahp.com

Fotodyne
950 Walnut Ridge Drive
Hartland, WI 53029
(800) 362-3686 FAX: (800) 362-3642
(262) 369-7000 FAX: (262) 369-7013
http://www.fotodyne.com

Fresenius HemoCare
6675 185th Avenue NE, Suite 100
Redwood, WA 98052
(800) 909-3872
(425) 497-1197
http://www.freseniusht.com

Fresenius Hemotechnology
See Fresenius HemoCare

Fuji Medical Systems
419 West Avenue
P.O. Box 120035
Stamford, CT 06902
(800) 431-1850 FAX: (203) 353-0926
(203) 324-2000
http://www.fujimed.com

Fujisawa USA
Parkway Center North
Deerfield, IL 60015-2548
(847) 317-1088 FAX: (847) 317-7298

Ernest F. Fullam
900 Albany Shaker Road
Latham, NY 12110
(800) 833-4024 FAX: (518) 785-8647
(518) 785-5533
http://www.fullam.com

Gallard-Schlesinger Industries
777 Zechendorf Boulevard
Garden City, NY 11530
(516) 229-4000 FAX: (516) 229-4015
http://www.gallard-schlessinger.com

Gambro
Box 7373
SE 103 91 Stockholm, Sweden
(46) 8 613 65 00
FAX: (46) 8 611 37 31
In the US: **COBE Laboratories**
225 Union Blvd.
Lakewood, CO 80215
(303) 232-6800 FAX: (303) 231-4915
http://www.gambro.com

Garner Glass
177 Indian Hill Boulevard
Claremont, CA 91711
(909) 624-5071 FAX: (909) 625-0173
http://www.garnerglass.com

Garren Scientific
9400 Lurline Avenue, Unit E
Chatsworth, CA 91311
(800) 342-3725 FAX: (818) 882-3229
(818) 882-6544
http://www.garren-scientific.com

GATC Biotech AG
Jakob-Stadler-Platz 7
D-78467 Constance, Germany
49-0-7531-81-60-0
FAX: 49-0-7531-81-60-81
http://www.gatc-biotech.com

Gaussian
Carnegie Office Park
Building 6, Suite 230
Carnegie, PA 15106
(412) 279-6700 FAX: (412) 279-2118
http://www.gaussian.com

G.C. Electronics/A.R.C. Electronics
431 Second Street
Henderson, KY 42420
(270) 827-8981 FAX: (270) 827-8256
http://www.arcelectronics.com

GDB (Genome Data Base, Curation)
2024 East Monument Street, Suite 1200
Baltimore, MD 21205
(410) 955-9705 FAX: (410) 614-0434
http://www.gdb.org

GDB (Genome Data Base, Home)
Hospital for Sick Children
555 University Avenue
Toronto, Ontario
M5G 1X8 Canada
(416) 813-8744 FAX: (416) 813-8755
http://www.gdb.org

Gelman Sciences
See Pall-Gelman

Gemini BioProducts
5115-M Douglas Fir Road
Calabasas, CA 90403
(818) 591-3530 FAX: (818) 591-7084

Gen Trak
5100 Campus Drive
Plymouth Meeting, PA 19462
(800) 221-7407 FAX: (215) 941-9498
(215) 825-5115
http://www.informagen.com

Genaissance Pharmaceuticals
5 Science Park
New Haven, CT 06511
(800) 678-9487 FAX: (203) 562-9377
(203) 773-1450
http://www.genaissance.com

GENAXIS Biotechnology
Parc Technologique
10 Avenue Ampère
Montigny le Bretoneux
78180 France
(33) 01-30-14-00-20
FAX: (33) 01-30-14-00-15
http://www.genaxis.com

GenBank
National Center for Biotechnology Information
National Library of Medicine/NIH
Building 38A, Room 8N805
8600 Rockville Pike
Bethesda, MD 20894
(301) 496-2475 FAX: (301) 480-9241
http://www.ncbi.nlm.nih.gov

Gene Codes
640 Avis Drive
Ann Arbor, MI 48108
(800) 497-4939 FAX: (734) 930-0145
(734) 769-7249
http://www.genecodes.com

Genemachines
935 Washington Street
San Carlos, CA 94070
(650) 508-1634 FAX: (650) 508-1644
(877) 855-4363
http://www.genemachines.com

Genentech
1 DNA Way
South San Francisco, CA 94080
(800) 551-2231 FAX: (650) 225-1600
(650) 225-1000
http://www.gene.com

General Scanning/GSI Luminomics
500 Arsenal Street
Watertown, MA 02172
(617) 924-1010 FAX: (617) 924-7327
http://www.genescan.com

General Valve
Division of Parker Hannifin Pneutronics
19 Gloria Lane
Fairfield, NJ 07004
(800) GVC-VALV
FAX: (800) GVC-1-FAX
http://www.pneutronics.com

Genespan
19310 North Creek Parkway, Suite 100
Bothell, WA 98011
(800) 231-2215 FAX: (425) 482-3005
(425) 482-3003
http://www.genespan.com

Généthon Human Genome Research Center
1 bis rue de l'Internationale
91000 Evry, France
(33) 169-472828
FAX: (33) 607-78698
http://www.genethon.fr

Genetic Microsystems
34 Commerce Way
Wobum, MA 01801
(781) 932-9333 FAX: (781) 932-9433
http://www.genticmicro.com

Genetic Mutant Repository
See Coriell Institute for Medical Research

Genetic Research Instrumentation
Gene House
Queenborough Lane
Rayne, Braintree, Essex CM7 8TF, UK
(44) 1376 332900
FAX: (44) 1376 344724
http://www.gri.co.uk

Genetics Computer Group
575 Science Drive
Madison, WI 53711
(608) 231-5200 FAX: (608) 231-5202
http://www.gcg.com

Genetics Institute/American Home Products
87 Cambridge Park Drive
Cambridge, MA 02140
(617) 876-1170 FAX: (617) 876-0388
http://www.genetics.com

Genetix
63-69 Somerford Road
Christchurch, Dorset BH23 3QA, UK
(44) (0) 1202 483900
FAX: (44)(0) 1202 480289
In the US: (877) 436 3849
US FAX: (888) 522 7499
http://www.genetix.co.uk

GeneWorks
PO Box 11, Rundle Mall
Adelaide, South Australia 5000, Australia
1800 882 555 FAX: (08) 8234 2699
(08) 8234 2644
http://www.geneworks.com

Genome Systems (INCYTE)
4633 World Parkway Circle
St. Louis, MO 63134
(800) 430-0030 FAX: (314) 427-3324
(314) 427-3222
http://www.genomesystems.com

Genomic Solutions
4355 Varsity Drive, Suite E
Ann Arbor, MI 48108
(877) GENOMIC FAX: (734) 975-4808
(734) 975-4800
http://www.genomicsolutions.com

Genomyx
See Beckman Coulter

Genosys Biotechnologies
1442 Lake Front Circle, Suite 185
The Woodlands, TX 77380
(281) 363-3693 FAX: (281) 363-2212
http://www.genosys.com

GENSET
876 Prospect Street, Suite 206
La Jolla, CA 92037
(800) 551-5291 FAX: (619) 551-2041
(619) 515-3061
http://www.genset.fr

Gensia Laboratories Ltd.
19 Hughes
Irvine, CA 92718
(714) 455-4700 FAX: (714) 855-8210

Genta
99 Hayden Avenue, Suite 200
Lexington, MA 02421
(781) 860-5150 FAX: (781) 860-5137
http://www.genta.com

GENTEST
6 Henshaw Street
Woburn, MA 01801
(800) 334-5229 FAX: (888) 242-2226
(781) 935-5115 FAX: (781) 932-6855
http://www.gentest.com

Gentra Systems
15200 25th Avenue N., Suite 104
Minneapolis, MN 55447
(800) 866-3039 FAX: (612) 476-5850
(612) 476-5858
http://www.gentra.com

Genzyme
1 Kendall Square
Cambridge, MA 02139
(617) 252-7500 FAX: (617) 252-7600
http://www.genzyme.com
See also R&D Systems

Genzyme Genetics
One Mountain Road
Framingham, MA 01701
(800) 255-7357 FAX: (508) 872-9080
(508) 872-8400
http://www.genzyme.com

George Tiemann & Co.
25 Plant Avenue
Hauppauge, NY 11788
(516) 273-0005 FAX: (516) 273-6199

GIBCO/BRL
A Division of Life Technologies
1 Kendall Square
Grand Island, NY 14072
(800) 874-4226 FAX: (800) 352-1968
(716) 774-6700
http://www.lifetech.com

Gilmont Instruments
A Division of Barnant Company
28N092 Commercial Avenue
Barrington, IL 60010
(800) 637-3739 FAX: (708) 381-7053
http://barnant.com

Gilson
3000 West Beltline Highway
P.O. Box 620027
Middletown, WI 53562
(800) 445-7661
(608) 836-1551
http://www.gilson.com

Glas-Col Apparatus
P.O. Box 2128
Terre Haute, IN 47802
(800) Glas-Col FAX: (812) 234-6975
(812) 235-6167
http://www.glascol.com

Glaxo Wellcome
Five Moore Drive
Research Triangle Park, NC 27709
(800) SGL-AXO5 FAX: (919) 248-2386
(919) 248-2100
http://www.glaxowellcome.com

Glen Mills
395 Allwood Road
Clifton, NJ 07012
(973) 777-0777 FAX: (973) 777-0070
http://www.glenmills.com

Glen Research
22825 Davis Drive
Sterling, VA 20166
(800) 327-4536 FAX: (800) 934-2490
(703) 437-6191 FAX: (703) 435-9774
http://www.glenresearch.com

Glyco
11 Pimentel Court
Novato, CA 94949
(800) 722-2597 FAX: (415) 382-3511
(415) 884-6799
http://www.glyco.com

Gould Instrument Systems
8333 Rockside Road
Valley View, OH 44125
(216) 328-7000 FAX: (216) 328-7400
http://www.gould13.com

Gralab Instruments
See Dimco-Gray

GraphPad Software
5755 Oberlin Drive #110
San Diego, CA 92121
(800) 388-4723 FAX: (558) 457-8141
(558) 457-3909
http://www.graphpad.com

Graseby Anderson
See Andersen Instruments
http://www.graseby.com

Grass Instrument
A Division of Astro-Med
600 East Greenwich Avenue
W. Warwick, RI 02893
(800) 225-5167 FAX: (877) 472-7749
http://www.grassinstruments.com

Greenacre and Misac Instruments
Misac Systems
27 Port Wood Road
Ware, Hertfordshire SF12 9NJ, UK
(44) 1920 463017
FAX: (44) 1920 465136

Greer Labs
639 Nuway Circle
Lenois, NC 28645
(704) 754-5237
http://greerlabs.com

Greiner
Maybachestrasse 2
Postfach 1162
D-7443 Frickenhausen, Germany
(49) 0 91 31/80 79 0
FAX: (49) 0 91 31/80 79 30
http://www.erlangen.com/greiner

GSI Lumonics
130 Lombard Street
Oxnard, CA 93030
(805) 485-5559 FAX: (805) 485-3310
http://www.gsilumonics.com

GTE Internetworking
150 Cambridge Park Drive
Cambridge, MA 02140
(800) 472-4565 FAX: (508) 694-4861
http://www.bbn.com

GW Instruments
35 Medford Street
Somerville, MA 02143
(617) 625-4096 FAX: (617) 625-1322
http://www.gwinst.com

H & H Woodworking
1002 Garfield Street
Denver, CO 80206
(303) 394-3764

Hacker Instruments
17 Sherwood Lane
P.O. Box 10033
Fairfield , NJ 07004
800-442-2537 FAX: (973) 808-8281
(973) 226-8450
http://www.hackerinstruments.com

Haemenetics
400 Wood Road
Braintree, MA 02184
(800) 225-5297 FAX: (781) 848-7921
(781) 848-7100
http://www.haemenetics.com

Halocarbon Products
P.O. Box 661
River Edge, NJ 07661
(201) 242-8899 FAX: (201) 262-0019
http://halocarbon.com

Hamamatsu Photonic Systems
A Division of Hamamatsu
360 Foothill Road
P.O. Box 6910
Bridgewater, NJ 08807
(908) 231-1116 FAX: (908) 231-0852
http://www.photonicsonline.com

Hamilton Company
4970 Energy Way
P.O. Box 10030
Reno, NV 89520
(800) 648-5950 FAX: (775) 856-7259
(775) 858-3000
http://www.hamiltoncompany.com

Hampton Research
27631 El Lazo Road
Laguna Niguel, CA 92677
(800) 452-3899 FAX: (949) 425-1611
(949) 425-6321
http://www.hamptonresearch.com

Harlan Bioproducts for Science
P.O. Box 29176
Indianapolis, IN 46229
(317) 894-7521 FAX: (317) 894-1840
http://www.hbps.com

Harlan Sera-Lab
Hillcrest, Dodgeford Lane
Belton, Loughborough
Leicester LE12 9TE, UK
(44) 1530 222123
FAX: (44) 1530 224970
http://www.harlan.com

Harlan Teklad
P.O. Box 44220
Madison, WI 53744
(608) 277-2070 FAX: (608) 277-2066
http://www.harlan.com

Harrison Research
840 Moana Court
Palo Alto, CA 94306
(650) 949-1565 FAX: (650) 948-0493

Harvard Apparatus
84 October Hill Road
Holliston, MA 01746
(800) 272-2775 FAX: (508) 429-5732
(508) 893-8999
http://harvardapparatus.com

Harvard Bioscience
See Harvard Apparatus

Haselton Biologics
See JRH Biosciences

Hazelton Research Products
See Covance Research Products

Health Products
See Pierce Chemical

Heat Systems-Ultrasonics
1938 New Highway
Farmingdale, NY 11735
(800) 615-9816 FAX: (516) 694-9412
(516) 694-9555

Heidenhain Corp
333 East State Parkway
Schaumberg, IL 60173
(847) 490-1191 FAX: (847) 490-3931
http://www.heidenhain.com

Hellma Cells
11831 Queens Boulevard
Forest Hills, NY 11375
(718) 544-9166 FAX: (718) 263-6910
http://www.helmaUSA.com

Hellma
Postfach 1163
D-79371 Müllheim/Baden, Germany
(49) 7631-1820
FAX: (49) 7631-13546
http://www.hellma-worldwide.de

Henry Schein
135 Duryea Road, Mail Room 150
Melville, NY 11747
(800) 472-4346 FAX: (516) 843-5652
http://www.henryschein.com

Heraeus Kulzer
4315 South Lafayette Boulevard
South Bend, IN 46614
(800) 343-5336
(219) 291-0661
http://www.kulzer.com

Heraeus Sepatech
See Kendro Laboratory Products

Hercules Aqualon
Aqualon Division
Hercules Research Center, Bldg. 8145
500 Hercules Road
Wilmington, DE 19899
(800) 345-0447 FAX: (302) 995-4787
http://www.herc.com/aqualon/pharma

Heto-Holten A/S
Gydevang 17-19
DK-3450 Allerod, Denmark
(45) 48-16-62-00
FAX: (45) 48-16-62-97
Distributed by ATR

Hettich-Zentrifugen
See Andreas Hettich

Hewlett-Packard
3000 Hanover Street
Mailstop 20B3
Palo Alto, CA 94304
(650) 857-1501 FAX: (650) 857-5518
http://www.hp.com

HGS Hinimoto Plastics
1-10-24 Meguro-Honcho
Megurouko
Tokyo 152, Japan
3-3714-7226 FAX: 3-3714-4657

Hitachi Scientific Instruments
Nissei Sangyo America
8100 N. First Street
San Elsa, CA 95314
(800) 548-9001 FAX: (408) 432-0704
(408) 432-0520
http://www.hii.hitachi.com

Hi-Tech Scientific
Brunel Road
Salisbury, Wiltshire, SP2 7PU
UK
(44) 1722-432320
(800) 344-0724 (US only)
http://www.hi-techsci.co.uk

Hoechst AG
See Aventis Pharmaceutical

Hoefer Scientific Instruments
Division of Amersham-Pharmacia
Biotech
800 Centennial Avenue
Piscataway, NJ 08855
(800) 227-4750 FAX: (877) 295-8102
http://www.apbiotech.com

Hoffman-LaRoche
340 Kingsland Street
Nutley, NJ 07110
(800) 526-0189 FAX: (973) 235-9605
(973) 235-5000
http://www.rocheUSA.com

Holborn Surgical and Medical Instruments
Westwood Industrial Estate
Ramsgate Road
Margate, Kent CT9 4JZ UK
(44) 1843 296666
FAX: (44) 1843 295446

Honeywell
101 Columbia Road
Morristown, NJ 07962
(973) 455-2000 FAX: (973) 455-4807
http://www.honeywell.com

Hood Thermo-Pad Canada
Comp. 20, Site 61A, RR2
Summerland, British Columbia
V0H 1Z0 Canada
(800) 665-9555 FAX: (250) 494-5003
(250) 494-5002
http://www.thermopad.com

Horiba Instruments
17671 Armstrong Avenue
Irvine, CA 92714
(949) 250-4811 FAX: (949) 250-0924
http://www.horiba.com

Hoskins Manufacturing
10776 Hall Road
P.O. Box 218
Hamburg, MI 48139
(810) 231-1900 FAX: (810) 231-4311
http://www.hoskinsmfgco.com

Hosokawa Micron Powder Systems
10 Chatham Road
Summit, NJ 07901
(800) 526-4491 FAX: (908) 273-7432
(908) 273-6360
http://www.hosokawamicron.com

HT Biotechnology
Unit 4
61 Ditton Walk
Cambridge CB5 8QD, UK
(44) 1223-412583

Hugo Sachs Electronik
Postfach 138
7806 March-Hugstetten, Germany
D-79229(49) 7665-92000
FAX: (49) 7665-920090

Human Genetic Mutant Cell Repository
See Coriell Institute for Medical Research

HVS Image
P.O. Box 100
Hampton, Middlesex TW12 2YD, UK
FAX: (44) 208 783 1223
In the US: (800) 225-9261
FAX: (888) 483-8033
http://www.hvsimage.com

Hybaid
111-113 Waldegrave Road
Teddington, Middlesex TW11 8LL, UK
(44) 0 1784 42500
FAX: (44) 0 1784 248085
http://www.hybaid.co.uk

Hybaid Instruments
8 East Forge Parkway
Franklin, MA 02028
(888)4-HYBAID FAX: (508) 541-3041
(508) 541-6918
http://www.hybaid.com

Hybridon
155 Fortune Boulevard
Milford, MA 01757
(508) 482-7500 FAX: (508) 482-7510
http://www.hybridon.com

HyClone Laboratories
1725 South HyClone Road
Logan, UT 84321
(800) HYCLONE FAX: (800) 533-9450
(801) 753-4584 FAX: (801) 750-0809
http://www.hyclone.com

Hyseq
670 Almanor Avenue
Sunnyvale, CA 94086
(408) 524-8100 FAX: (408) 524-8141
http://www.hyseq.com

IBF Biotechnics
See Sepracor

IBI (International Biotechnologies)
See Eastman Kodak
For technical service (800) 243-2555
(203) 786-5600

ICN Biochemicals
See ICN Biomedicals

ICN Biomedicals
3300 Hyland Avenue
Costa Mesa, CA 92626
(800) 854-0530 FAX: (800) 334-6999
(714) 545-0100 FAX: (714) 641-7275
http://www.icnbiomed.com

ICN Flow and Pharmaceuticals
See ICN Biomedicals

ICN Immunobiochemicals
See ICN Biomedicals

ICN Radiochemicals
See ICN Biomedicals

ICONIX
100 King Street West, Suite 3825
Toronto, Ontario M5X 1E3 Canada
(416) 410-2411 FAX: (416) 368-3089
http://www.iconix.com

ICRT (Imperial Cancer Research Technology)
Sardinia House
Sardinia Street
London WC2A 3NL, UK
(44) 1712-421136
FAX: (44) 1718-314991

IEC
See International Equipment Co.

IKA Works
2635 N. Chase Parkway, SE
Wilmington, NC 28405
(910) 452-7059 FAX: (910) 452-7693
http://www.ika.net

Ikegami Electronics
37 Brook Avenue
Maywood, NJ 07607
(201) 368-9171 FAX: (201) 569-1626

Ikemoto Scientific Technology
25-11 Hongo
3-chome, Bunkyo-ku
Tokyo 101-0025, Japan
(81) 3-3811-4181
FAX: (81) 3-3811-1960

Imagenetics
See ATC Diagnostics

Imaging Research
c/o Brock University
500 Glenridge Avenue
St. Catharines, Ontario
L2S 3A1 Canada
(905) 688-2040 FAX: (905) 685-5861
http://www.imaging.brocku.ca

Imclone Systems
180 Varick Street
New York, NY 10014
(212) 645-1405 FAX: (212) 645-2054
http://www.imclone.com

IMCO Corporation LTD., AB
P.O. Box 21195
SE-100 31
Stockholm, Sweden
46-8-33-53-09 FAX: 46-8-728-47-76
http://www.imcocorp.se

IMICO
Calle Vivero, No. 5-4a Planta
E-28040, Madrid, Spain
(34) 1-535-3960 FAX: (34) 1-535-2780

Immunex
51 University Street
Seattle, WA 98101
(206) 587-0430 FAX: (206) 587-0606
http://www.immunex.com

Immunotech
130, av. Delattre de Tassigny
B.P. 177
13276 Marseilles Cedex 9
France
(33) 491-17-27-00
FAX: (33) 491-41-43-58
http://www.immunotech.fr

Imperial Chemical Industries
Imperial Chemical House
Millbank, London SW1P 3JF, UK
(44) 171-834-4444
FAX: (44)171-834-2042
http://www.ici.com

Inceltech
See New Brunswick Scientific

Incstar
See DiaSorin

Incyte
6519 Dumbarton Circle
Fremont, CA 94555
(510) 739-2100 FAX: (510) 739-2200
http://www.incyte.com

Incyte Pharmaceuticals
3160 Porter Drive
Palo Alto, CA 94304
(877) 746-2983 FAX: (650) 855-0572
(650) 855-0555
http://www.incyte.com

Individual Monitoring Systems
6310 Harford Road
Baltimore, MD 21214

Indo Fine Chemical
P.O. Box 473
Somerville, NJ 08876
(888) 463-6346 FAX: (908) 359-1179
(908) 359-6778
http://www.indofinechemical.com

Industrial Acoustics
1160 Commerce Avenue
Bronx, NY 10462
(718) 931-8000 FAX: (718) 863-1138
http://www.industrialacoustics.com

Inex Pharmaceuticals
100-8900 Glenlyon Parkway
Glenlyon Business Park
Burnaby, British Columbia
V5J 5J8 Canada
(604) 419-3200 FAX: (604) 419-3201
http://www.inexpharm.com

Ingold, Mettler, Toledo
261 Ballardvale Street
Wilmington, MA 01887
(800) 352-8763 FAX: (978) 658-0020
(978) 658-7615
http://www.mt.com

Innogenetics N.V.
Technologie Park 6
B-9052 Zwijnaarde
Belgium
(32) 9-329-1329 FAX: (32) 9-245-7623
http://www.innogenetics.com/

Innovative Medical Services
1725 Gillespie Way
El Cajon, CA 92020
(619) 596-8600 FAX: (619) 596-8700
http://www.imspure.com

Innovative Research
3025 Harbor Lane N, Suite 300
Plymouth, MN 55447
(612) 519-0105 FAX: (612) 519-0239
http://www.inres.com

Innovative Research of America
2 N. Tamiami Trail, Suite 404
Sarasota, FL 34236
(800) 421-8171 FAX: (800) 643-4345
(941) 365-1406 FAX: (941) 365-1703
http://www.innovrsrch.com

Inotech Biosystems
15713 Crabbs Branch Way, #110
Rockville, MD 20855
(800) 635-4070 FAX: (301) 670-2859
(301) 670-2850
http://www.inotechintl.com

INOVISION
22699 Old Canal Road
Yorba Linda, CA 92887
(714) 998-9600 FAX: (714) 998-9666
http://www.inovision.com

Instech Laboratories
5209 Militia Hill Road
Plymouth Meeting, PA 19462
(800) 443-4227 FAX: (610) 941-0134
(610) 941-0132
http://www.instechlabs.com

Instron
100 Royall Street
Canton, MA 02021
(800) 564-8378 FAX: (781) 575-5725
(781) 575-5000
http://www.instron.com

Instrumentarium
P.O. Box 300
00031 Instrumentarium
Helsinki, Finland
(10) 394-5566
http://www.instrumentarium.fi

Instruments SA
Division Jobin Yvon
16-18 Rue du Canal
91165 Longjumeau, Cedex, France
(33)1 6454-1300
FAX: (33)1 6909-9319
http://www.isainc.com

Instrutech
20 Vanderventer Avenue, Suite 101E
Port Washington, NY 11050
(516) 883-1300　FAX: (516) 883-1558
http://www.instrutech.com

Integrated Genetics
See Genzyme Genetics

Integrated Scientific Imaging Systems
3463 State Street, Suite 431
Santa Barbara, CA 93105
(805) 692-2390　FAX: (805) 692-2391
http://www.imagingsystems.com

Integrated Separation Systems (ISS)
See OWL Separation Systems

IntelliGenetics
See Oxford Molecular Group

Interactiva BioTechnologie
Sedanstrasse 10
D-89077 Ulm, Germany
(49) 731-93579-290
FAX: (49) 731-93579-291
http://www.interactiva.de

Interchim
213 J.F. Kennedy Avenue
B.P. 1140
Montlucon
03103 France
(33) 04-70-03-83-55
FAX: (33) 04-70-03-93-60

Interfocus
14/15 Spring Rise
Falcover Road
Haverhill, Suffolk CB9 7XU, UK
(44) 1440 703460
FAX: (44) 1440 704397
http://www.interfocus.ltd.uk

Intergen
2 Manhattanville Road
Purchase, NY 10577
(800) 431-4505　FAX: (800) 468-7436
(914) 694-1700　FAX: (914) 694-1429
http://www.intergenco.com

Intermountain Scientific
420 N. Keys Drive
Kaysville, UT 84037
(800) 999-2901　FAX: (800) 574-7892
(801) 547-5047　FAX: (801) 547-5051
http://www.bioexpress.com

International Biotechnologies (IBI)
See Eastman Kodak

International Equipment Co. (IEC)
See Thermoquest

International Light
17 Graf Road
Newburyport, MA 01950
(978) 465-5923　FAX: (978) 462-0759

International Market Supply (I.M.S.)
Dane Mill
Broadhurst Lane
Congleton, Cheshire CW12 1LA, UK
(44) 1260 275469
FAX: (44) 1260 276007

International Marketing Services
See International Marketing Ventures

International Marketing Ventures
6301 Ivy Lane, Suite 408
Greenbelt, MD 20770
(800) 373-0096　FAX: (301) 345-0631
(301) 345-2866
http://www.imvlimited.com

International Products
201 Connecticut Drive
Burlington, NJ 08016
(609) 386-8770　FAX: (609) 386-8438
http://www.mkt@ipcol.com

Intracel Corporation
Bartels Division
2005 Sammamish Road, Suite 107
Issaquah, WA 98027
(800) 542-2281　FAX: (425) 557-1894
(425) 392-2992
http://www.intracel.com

Invitrogen
1600 Faraday Avenue
Carlsbad, CA 92008
(800) 955-6288　FAX: (760) 603-7201
(760) 603-7200
http://www.invitrogen.com

In Vivo Metric
P.O. Box 249
Healdsburg, CA 95448
(707) 433-4819　FAX: (707) 433-2407

IRORI
9640 Towne Center Drive
San Diego, CA 92121
(858) 546-1300　FAX: (858) 546-3083
http://www.irori.com

Irvine Scientific
2511 Daimler Street
Santa Ana, CA 92705
(800) 577-6097　FAX: (949) 261-6522
(949) 261-7800
http://www.irvinesci.com

ISC BioExpress
420 North Kays Drive
Kaysville, UT 84037
(800) 999-2901　FAX: (800) 574-7892
(801) 547-5047
http://www.bioexpress.com

ISCO
P.O. Box 5347
4700 Superior
Lincoln, NE 68505
(800) 228-4373　FAX: (402) 464-0318
(402) 464-0231
http://www.isco.com

Isis Pharmaceuticals
Carlsbad Research Center
2292 Faraday Avenue
Carlsbad, CA 92008
(760) 931-9200
http://www.isip.com

Isolabs
See Wallac

ISS
See Integrated Separation Systems

J & W Scientific
See Agilent Technologies

J.A. Webster
86 Leominster Road
Sterling , MA 01564
(800) 225-7911　FAX: (978) 422-8959
http://www.jawebster.com

J.T. Baker
See Mallinckrodt Baker
222 Red School Lane
Phillipsburg, NJ 08865
(800) JTBAKER　FAX: (908) 859-6974
http://www.jtbaker.com

Jackson ImmunoResearch Laboratories
P.O. Box 9
872 W. Baltimore Pike
West Grove, PA 19390
(800) 367-5296　FAX: (610) 869-0171
(610) 869-4024
http://www.jacksonimmuno.com

The Jackson Laboratory
600 Maine Street
Bar Harbor, ME 04059
(800) 422-6423　FAX: (207) 288-5079
(207) 288-6000
http://www.jax.org

Jaece Industries
908 Niagara Falls Boulevard
North Tonawanda, NY 14120
(716) 694-2811　FAX: (716) 694-2811
http://www.jaece.com

Jandel Scientific
See SPSS

Janke & Kunkel
See Ika Works

Janssen Life Sciences Products
See Amersham

Janssen Pharmaceutica
1125 Trenton-Harbourton Road
Titusville, NJ 09560
(609) 730-2577　FAX: (609) 730-2116
http://us.janssen.com

Jasco
8649 Commerce Drive
Easton, MD 21601
(800) 333-5272　FAX: (410) 822-7526
(410) 822-1220
http://www.jascoinc.com

Jena Bioscience
Loebstedter Strasse 78
07749 Jena, Germany
(49) 3641-464920
FAX: (49) 3641-464991
http://www.jenabioscience.com

Jencons Scientific
800 Bursca Drive, Suite 801
Bridgeville, PA 15017
(800) 846-9959　FAX: (412) 257-8809
(412) 257-8861
http://www.jencons.co.uk

Jewett
750 Grant Street
Buffalo, NY 14213
(800) 879-7767　FAX: (716) 881-6092
(716) 881-0030
http://www.JewettInc.com

John's Scientific
See VWR Scientific

John Weiss and Sons
95 Alston Drive
Bradwell Abbey
Milton Keynes, Buckinghamshire
MK1 4HF UK
(44) 1908-318017
FAX: (44) 1908-318708

Johnson & Johnson Medical
2500 Arbrook Boulevard East
Arlington, TX 76004
(800) 423-4018
http://www.jnjmedical.com

Johnston Matthey Chemicals
Orchard Road
Royston, Hertfordshire SG8 5HE, UK
(44) 1763-253000
FAX: (44) 1763-253466
http://www.chemicals.matthey.com

Jolley Consulting and Research
683 E. Center Street, Unit H
Grayslake, IL 60030
(847) 548-2330　FAX: (847) 548-2984
http://www.jolley.com

Jordan Scientific
See Shelton Scientific

Jorgensen Laboratories, Inc.
1450 N. Van Buren Avenue
Loveland, CO 80538
(800) 525-5614　FAX: (970) 663-5042
(970) 669-2500
http://www.jorvet.com

JRH Biosciences and JR Scientific
13804 W. 107th Street
Lenexa, KS 66215
(800) 231-3735　FAX: (913) 469-5584
(913) 469-5580

Jule Bio Technologies
25 Science Park, #14, Suite 695
New Haven, CT 06511
(800) 648-1772　FAX: (203) 786-5489
(203) 786-5490
http://hometown.aol.com/precastgel/index.htm

K.R. Anderson
2800 Bowers Avenue
Santa Clara, CA 95051
(800) 538-8712　FAX: (408) 727-2959
(408) 727-2800
http://www.kranderson.com

Kabi Pharmacia Diagnostics
See Pharmacia Diagnostics

Kapak
5305 Parkdale Drive
St. Louis Park, MN 55416
(800) KAPAK-57　FAX: (612) 541-0735
(612) 541-0730
http://www.kapak.com

Karl Hecht
Stettener Strasse 22-24
D-97647 Sondheim
Rhön, Germany
49-9779-8080　FAX: 49-9779-80888

Karl Storz
Köningin-Elisabeth Strasse 60
D-14059 Berlin, Germany
(49) 30-30 69 09-0
FAX: (49) 30-30 19 452
http://www.karlstorz.de

KaVo EWL
P.O. Box 1320
D-88293 Leutkirch im Allgäu, Germany
(49) 7561-86-0　FAX: (49) 7561-86-371
http://www.kavo.com/english/startseite.htm

Keithley Instruments
28775 Aurora Road
Cleveland, OH 44139
(800) 552-1115　FAX: (440) 248-6168
(440) 248-0400
http://www.keithley.com

Kemin
2100 Maury Street, Box 70
Des Moines, IA 50301
(515) 266-2111　FAX: (515) 266-8354
http://www.kemin.com

Kemo
3 Brook Court, Blakeney Road
Beckenham, Kent BR3 1HG, UK
(44) 0181 658 3838
FAX: (44) 0181 658 4084
http://www.kemo.com

Kendall
15 Hampshire Street
Mansfield, MA 02048
(800) 962-9888　FAX: (800) 724-1324
http://www.kendallhq.com

Kendro Laboratory Products
31 Pecks Lane
Newtown, CT 06470
(800) 522-SPIN　FAX: (203) 270-2166
(203) 270-2080
http://www.kendro.com

Kendro Laboratory Products
P.O. Box 1220
Am Kalkberg
D-3360 Osterod, Germany
(55) 22-316-213
FAX: (55) 22-316-202
http://www.heraeus-instruments.de

Kent Laboratories
23404 NE 8th Street
Redmond, WA 98053
(425) 868-6200　FAX: (425) 868-6335
http://www.kentlabs.com

Kent Scientific
457 Bantam Road, #16
Litchfield, CT 06759
(888) 572-8887　FAX: (860) 567-4201
(860) 567-5496
http://www.kentscientific.com

Keuffel & Esser
See Azon

Keystone Scientific
Penn Eagle Industrial Park
320 Rolling Ridge Drive
Bellefonte, PA 16823
(800) 437-2999　FAX: (814) 353-2305
(814) 353-2300 Ext 1
http://www.keystonescientific.com

Kimble/Kontes Biotechnology
1022 Spruce Street
P.O. Box 729
Vineland, NJ 08360
(888) 546-2531　FAX: (856) 794-9762
(856) 692-3600
http://www.kimble-kontes.com

Kinematica AG
Luzernerstrasse 147a
CH-6014 Littau-Luzern, Switzerland
(41) 41 2501257　FAX: (41) 41 2501460
http://www.kinematica.ch

Kin-Tek
504 Laurel Street
LaMarque, TX 77568
(800) 326-3627
FAX: (409) 938-3710
http://www.kin-tek.com

Kipp & Zonen
125 Wilbur Place
Bohemia, NY 11716
(800) 645-2065　FAX: (516) 589-2068
(516) 589-2885
http://www.kippzonen.thomasregister.com/olc/kippzonen

Kirkegaard & Perry Laboratories
2 Cessna Court
Gaithersburg, MD 20879
(800) 638-3167　FAX: (301) 948-0169
(301) 948-7755
http://www.kpl.com

Kodak
See Eastman Kodak

Kontes Glass
See Kimble/Kontes Biotechnology

Kontron Instruments AG
Postfach CH-8010
Zurich, Switzerland
41-1-733-5733　FAX: 41-1-733-5734

David Kopf Instruments
P.O. Box 636
Tujunga, CA 91043
(818) 352-3274　FAX: (818) 352-3139

Kraft Apparatus
See Glas-Col Apparatus

Kramer Scientific Corporation
711 Executive Boulevard
Valley Cottage, NY 10989
(845) 267-5050　FAX: (845) 267-5550

Kulite Semiconductor Products
1 Willow Tree Road
Leonia, NJ 07605
(201) 461-0900　FAX: (201) 461-0990
http://www.kulite.com

Lab-Line Instruments
15th & Bloomingdale Avenues
Melrose Park, IL 60160
(800) LAB-LINE　FAX: (708) 450-5830
FAX: (800) 450-4LAB
http://www.labline.com

Lab Products
742 Sussex Avenue
P.O. Box 639
Seaford, DE 19973
(800) 526-0469　FAX: (302) 628-4309
(302) 628-4300
http://www.labproductsinc.com

LabRepco
101 Witmer Road, Suite 700
Horsham, PA 19044
(800) 521-0754　FAX: (215) 442-9202
http://www.labrepco.com

Lab Safety Supply
P.O. Box 1368
Janesville, WI 53547
(800) 356-0783　FAX: (800) 543-9910
(608) 754-7160　FAX: (608) 754-1806
http://www.labsafety.com

Lab-Tek Products
See Nalge Nunc International

Labconco
8811 Prospect Avenue
Kansas City, MO 64132
(800) 821-5525　FAX: (816) 363-0130
(816) 333-8811
http://www.labconco.com

Labindustries
See Barnstead/Thermolyne

Labnet International
P.O. Box 841
Woodbridge, NJ 07095
(888) LAB-NET1　FAX: (732) 417-1750
(732) 417-0700
http://www.nationallabnet.com

LABO-MODERNE
37 rue Dombasle
Paris
75015 France
(33) 01-45-32-62-54
FAX: (33) 01-45-32-01-09
http://www.labomoderne.com/fr

Laboratory of Immunoregulation
National Institute of Allergy and Infectious Diseases/NIH
9000 Rockville Pike
Building 10, Room 11B13
Bethesda, MD 20892
(301) 496-1124

Laboratory Supplies
29 Jefry Lane
Hicksville, NY 11801
(516) 681-7711

Labscan Limited
Stillorgan Industrial Park
Stillorgan
Dublin, Ireland
(353) 1-295-2684
FAX: (353) 1-295-2685
http://www.labscan.ie

Labsystems
8 East Forge Parkway
Franklin, MA 02038
(800) 522-7763　FAX: (508) 520-2229
(508) 520-0009
http://www.finnpipette.com

Labsystems Affinity Sensors
Saxon Way, Bar Hill
Cambridge CB3 8SL, UK
44 (0) 1954 789976
FAX: 44 (0) 1954 789417
http://www.affinity-sensors.com

Labtronics
546 Governors Road
Guelph, Ontario N1K 1E3, Canada
(519) 763-4930　FAX: (519) 836-4431
http://www.labtronics.com

Labtronix Manufacturing
3200 Investment Boulevard
Hayward, CA 94545
(510) 786-3200　FAX: (510) 786-3268
http://www.labtronix.com

Lafayette Instrument
3700 Sagamore Parkway North
P.O. Box 5729
Lafayette, IN 47903
(800) 428-7545　FAX: (765) 423-4111
(765) 423-1505
http://www.lafayetteinstrument.com

Lambert Instruments
Turfweg 4
9313 TH Leutingewolde
The Netherlands
(31) 50-5018461　FAX: (31) 50-5010034
http://www.lambert-instruments.com

Lancaster Synthesis
P.O. Box 1000
Windham, NH 03087
(800) 238-2324　FAX: (603) 889-3326
(603) 889-3306
http://www.lancastersynthesis-us.com

Lancer
140 State Road 419
Winter Springs, FL 32708
(800) 332-1855　FAX: (407) 327-1229
(407) 327-8488
http://www.lancer.com

LaVision GmbH
Gerhard-Gerdes-Strasse 3
D-37079
Goettingen, Germany
(49) 551-50549-0
FAX: (49) 551-50549-11
http://www.lavision.de/

Lawshe
See Advanced Process Supply

LC Laboratories
165 New Boston Street
Woburn, MA 01801
(781) 937-0777 FAX: (781) 938-5420
http://www.lclaboratories.com

LC Packings
80 Carolina Street
San Francisco, CA 94103
(415) 552-1855 FAX: (415) 552-1859
http://www.lcpackings.com

LC Services
See LC Laboratories

LECO
3000 Lakeview Avenue
St. Joseph, MI 49085
(800) 292-6141 FAX: (616) 982-8977
(616) 985-5496
http://www.leco.com

Lederle Laboratories
See Wyeth-Ayerst

Lee Biomolecular Research Laboratories
11211 Sorrento Valley Road, Suite M
San Diego, CA 92121
(858) 452-7700

The Lee Company
2 Pettipaug Road
P.O. Box 424
Westbrook, CT 06498
(800) LEE-PLUG FAX: (860) 399-7058
(860) 399-6281
http://www.theleeco.com

Lee Laboratories
1475 Athens Highway
Grayson, GA 30017
(800) 732-9150 FAX: (770) 979-9570
(770) 972-4450
http://www.leelabs.com

Leica
111 Deer Lake Road
Deerfield, IL 60015
(800) 248-0123 FAX: (847) 405-0147
(847) 405-0123
http://www.leica.com

Leica Microsystems
Imneuenheimer Feld 518
D-69120
Heidelberg, Germany
49-6221-41480 FAX: 49-6221-414833
http://www.leica-microsystems.com

Leinco Technologies
359 Consort Drive
St. Louis, MO 63011
(314) 230-9477 FAX: (314) 527-5545
http://www.leinco.com

Leitz U.S.A.
See Leica

Letica Scientific Instruments
Panlab s.i., c/Loreto 50
08029 Barcelona, Spain
(34) 93-419-0709
FAX: (34) 93-419-7145
www.panlab-sl.com

Leybold-Heraeus Trivac DZA
5700 Mellon Road
Export, PA 15632
(412) 327-5700

LI-COR
Biotechnology Division
4308 Progressive Avenue
Lincoln, NE 68504
(800) 645-4267 FAX: (402) 467-0819
(402) 467-0700
http://www.licor.com

Life Science Laboratories
See Adaptive Biosystems

Life Science Resources
Two Corporate Center Drive
Melville, NY 11747
(800) 747-9530 FAX: (516) 844-5114
(516) 844-5085
http://www.astrocam.com

Life Sciences
2900 72nd Street North
St. Petersburg, FL 33710
(800) 237-4323 FAX: (727) 347-2957
(727) 345-9371
http://www.lifesci.com

Life Technologies
9800 Medical Center Drive
P.O. Box 6482
Rockville, MD 20849
(800) 828-6686 FAX: (800) 331-2286
http://www.lifetech.com

Lifecodes
550 West Avenue
Stamford, CT 06902
(800) 543-3263 FAX: (203) 328-9599
(203) 328-9500
http://www.lifecodes.com

Lightnin
135 Mt. Read Boulevard
Rochester, NY 14611
(888) MIX-BEST FAX: (716) 527-1742
(716) 436-5550
http://www.lightnin-mixers.com

Linear Drives
Luckyn Lane, Pipps Hill
Basildon, Essex SS14 3BW, UK
(44) 1268-287070
FAX: (44) 1268-293344
http://www.lineardrives.com

Linscott's Directory
4877 Grange Road
Santa Rosa, CA 95404
(707) 544-9555 FAX: (415) 389-6025
http://www.linscottsdirectory.co.uk

Linton Instrumentation
Unit 11, Forge Business Center
Upper Rose Lane
Palgrave, Diss, Norfolk IP22 1AP, UK
(44) 1-379-651-344
FAX: (44) 1-379-650-970
http://www.lintoninst.co.uk

List Biological Laboratories
501-B Vandell Way
Campbell, CA 95008
(800) 726-3213 FAX: (408) 866-6364
(408) 866-6363
http://www.listlabs.com

LKB Instruments
See Amersham Pharmacia Biotech

Lloyd Laboratories
604 West Thomas Avenue
Shenandoah, IA 51601
(800) 831-0004 FAX: (712) 246-5245
(712) 246-4000
http://www.lloydinc.com

Loctite
1001 Trout Brook Crossing
Rocky Hill, CT 06067
(860) 571-5100 FAX: (860)571-5465
http://www.loctite.com

Lofstrand Labs
7961 Cessna Avenue
Gaithersburg, MD 20879
(800) 541-0362 FAX: (301) 948-9214
(301) 330-0111
http://www.lofstrand.com

Lomir Biochemical
99 East Main Street
Malone, NY 12953
(877) 425-3604 FAX: (518) 483-8195
(518) 483-7697
http://www.lomir.com

LSL Biolafitte
10 rue de Temara
7810C St.-Germain-en-Laye, France
(33) 1-3061-5260
FAX: (33) 1-3061-5234

Ludl Electronic Products
171 Brady Avenue
Hawthorne, NY 10532
(888) 769-6111 FAX: (914) 769-4759
(914) 769-6111
http://www.ludl.com

Lumigen
24485 W. Ten Mile Road
Southfield, MI 48034
(248) 351-5600 FAX: (248) 351-0518
http://www.lumigen.com

Luminex
12212 Technology Boulevard
Austin, TX 78727
(888) 219-8020 FAX: (512) 258-4173
(512) 219-8020
http://www.luminexcorp.com

LYNX Therapeutics
25861 Industrial Boulevard
Hayward, CA 94545
(510) 670-9300 FAX: (510) 670-9302
http://www.lynxgen.com

Lyphomed
3 Parkway North
Deerfield, IL 60015
(847) 317-8100 FAX: (847) 317-8600

M.E.D. Associates
See Med Associates

Macherey-Nagel
6 South Third Street, #402
Easton, PA 18042
(610) 559-9848 FAX: (610) 559-9878
http://www.macherey-nagel.com

Macherey-Nagel
Valencienner Strasse 11
P.O. Box 101352
D-52313 Dueren, Germany
(49) 2421-969141
FAX: (49) 2421-969199
http://www.macherey-nagel.ch

Mallinckrodt Baker
222 Red School Lane
Phillipsburg, NJ 08865
(800) 582-2537 FAX: (908) 859-6974
(908) 859-2151
http://www.mallbaker.com

Mallinckrodt Chemicals
16305 Swingley Ridge Drive
Chesterfield, MD 63017
(314) 530-2172 FAX: (314) 530-2563
http://www.mallchem.com

Malven Instruments
Enigma Business Park
Grovewood Road
Malven, Worchestershire
WR 141 XZ, United Kingdom

Marinus
1500 Pier C Street
Long Beach, CA 90813
(562) 435-6522 FAX: (562) 495-3120

Markson Science
c/o Whatman Labs Sales
P.O. Box 1359
Hillsboro, OR 97123
(800) 942-8626 FAX: (503) 640-9716
(503) 648-0762

Marsh Biomedical Products
565 Blossom Road
Rochester, NY 14610
(800) 445-2812 FAX: (716) 654-4810
(716) 654-4800
http://www.biomar.com

Marshall Farms USA
5800 Lake Bluff Road
North Rose, NY 14516
(315) 587-2295
E-mail: info@marfarms.com

Martek
6480 Dobbin Road
Columbia, MD 21045
(410) 740-0081 FAX: (410) 740-2985
http://www.martekbio.com

Martin Supply
Distributor of Gerber Scientific
2740 Loch Raven Road
Baltimore, MD 21218
(800) 282-5440 FAX: (410) 366-0134
(410) 366-1696

Mast Immunosystems
630 Clyde Court
Mountain View, CA 94043
(800) 233-MAST FAX: (650) 969-2745
(650) 961-5501
http://www.mastallergy.com

Matheson Gas Products
P.O. Box 624
959 Route 46 East
Parsippany, NJ 07054
(800) 416-2505 FAX: (973) 257-9393
(973) 257-1100
http://www.mathesongas.com

Mathsoft
1700 Westlake Avenue N., Suite 500
Seattle, WA 98109
(800) 569-0123 FAX: (206) 283-8691
(206) 283-8802
http://www.mathsoft.com

Matreya
500 Tressler Street
Pleasant Gap, PA 16823
(814) 359-5060 FAX: (814) 359-5062
http://www.matreya.com

Matrigel
See Becton Dickinson Labware

Matrix Technologies
22 Friars Drive
Hudson, NH 03051
(800) 345-0206 FAX: (603) 595-0106
(603) 595-0505
http://www.matrixtechcorp.com

Mayo Clinic
Section on Engineering
Project #ALA-1, 1982
200 1st Street SW
Rochester, MN 55905
(507) 284-2511 FAX: (507) 284-5988

McGaw
See B. Braun-McGaw

McMaster-Carr
600 County Line Road
Elmhurst, IL 60126
(630) 833-0300 FAX: (630) 834-9427
http://www.mcmaster.com

McNeil Pharmaceutical
See Ortho McNeil Pharmaceutical

MCNC
3021 Cornwallis Road
P.O. Box 12889
Research Triangle Park, NC 27709
(919) 248-1800 FAX: (919) 248-1455
http://www.mcnc.org

MD Industries
5 Revere Drive, Suite 415
Northbrook, IL 60062
(800) 421-8370 FAX: (847) 498-2627
(708) 339-6000
http://www.mdindustries.com

MDS Nordion
447 March Road
P.O. Box 13500
Kanata, Ontario K2K 1X8, Canada
(800) 465-3666 FAX: (613) 592-6937
(613) 592-2790
http://www.mds.nordion.com

Mead Johnson
See Bristol-Meyers Squibb

Med Associates
P.O. Box 319
St. Albans, VT 05478
(802) 527-2343 FAX: (802) 527-5095
http://www.med-associates.com

Medecell
239 Liverpool Road
London N1 1LX, UK
(44) 20-7607-2295
FAX: (44) 20-7700-4156
http://www.medicell.co.uk

Media Cybernetics
8484 Georgia Avenue, Suite 200
Silver Spring, MD 20910
(301) 495-3305 FAX: (301) 495-5964
http://www.mediacy.com

Mediatech
13884 Park Center Road
Herndon, VA 20171
(800) cellgro
(703) 471-5955
http://www.cellgro.com

Medical Systems
See Harvard Apparatus

Medifor
647 Washington Street
Port Townsend, WA 98368
(800) 366-3710 FAX: (360) 385-4402
(360) 385-0722
http://www.medifor.com

MedImmune
35 W. Watkins Mill Road
Gaithersburg, MD 20878
(301) 417-0770 FAX: (301) 527-4207
http://www.medimmune.com

MedProbe AS
P.O. Box 2640
St. Hanshaugen
N-0131 Oslo, Norway
(47) 222 00137 FAX: (47) 222 00189
http://www.medprobe.com

Megazyme
Bray Business Park
Bray, County Wicklow
Ireland
(353) 1-286-1220
FAX: (353) 1-286-1264
http://www.megazyme.com

Melles Griot
4601 Nautilus Court South
Boulder, CO 80301
(800) 326-4363 FAX: (303) 581-0960
(303) 581-0337
http://www.mellesgriot.com

Menzel-Glaser
Postfach 3157
D-38021 Braunschweig, Germany
(49) 531 590080
FAX: (49) 531 509799

E. Merck
Frankfurterstrasse 250
D-64293 Darmstadt 1, Germany
(049) 6151-720

Merck
See EM Science

Merck & Company
Merck National Service Center
P.O. Box 4
West Point, PA 19486
(800) NSC-MERCK
(215) 652-5000
http://www.merck.com

Merck Research Laboratories
See Merck & Company

Merck Sharpe Human Health Division
300 Franklin Square Drive
Somerset, NJ 08873
(800) 637-2579 FAX: (732) 805-3960
(732) 805-0300

Merial Limited
115 Transtech Drive
Athens, GA 30601
(800) MERIAL-1 FAX: (706) 548-0608
(706) 548-9292
http://www.merial.com

Meridian Instruments
P.O. Box 1204
Kent, WA 98035
(253) 854-9914 FAX: (253) 854-9902
http://www.minstrument.com

Meta Systems Group
32 Hammond Road
Belmont, MA 02178
(617) 489-9950 FAX: (617) 489-9952

Metachem Technologies
3547 Voyager Street, Bldg. 102
Torrance, CA 90503
(310) 793-2300 FAX: (310) 793-2304
http://www.metachem.com

Metallhantering
Box 47172
100-74 Stockholm, Sweden
(46) 8-726-9696

MethylGene
7220 Frederick-Banting, Suite 200
Montreal, Quebec H4S 2A1, Canada
http://www.methylgene.com

Metro Scientific
475 Main Street, Suite 2A
Farmingdale, NY 11735
(800) 788-6247 FAX: (516) 293-8549
(516) 293-9656

Mettler Instruments
Mettler-Toledo
1900 Polaris Parkway
Columbus, OH 43240
(800) METTLER FAX: (614) 438-4900
http://www.mt.com

Miami Serpentarium Labs
34879 Washington Loop Road
Punta Gorda, FL 33982
(800) 248-5050 FAX: (813) 639-1811
(813) 639-8888
http://www.miamiserpentarium.com

Michrom BioResources
1945 Industrial Drive
Auburn, CA 95603
(530) 888-6498 FAX: (530) 888-8295
http://www.michrom.com

Mickle Laboratory Engineering
Gomshall, Surrey, UK
(44) 1483-202178

Micra Scientific
A division of Eichrom Industries
8205 S. Cass Ave, Suite 111
Darien, IL 60561
(800) 283-4752 FAX: (630) 963-1928
(630) 963-0320
http://www.micrasci.com

MicroBrightField
74 Hegman Avenue
Colchester, VT 05446
(802) 655-9360 FAX: (802) 655-5245
http://www.microbrightfield.com

Micro Essential Laboratory
4224 Avenue H
Brooklyn, NY 11210
(718) 338-3618 FAX: (718) 692-4491

Micro Filtration Systems
7-3-Chome, Honcho
Nihonbashi, Tokyo, Japan
(81) 3-270-3141

Micro-Metrics
P.O. Box 13804
Atlanta, GA 30324
(770) 986-6015 FAX: (770) 986-9510
http://www.micro-metrics.com

Micro-Tech Scientific
140 South Wolfe Road
Sunnyvale, CA 94086
(408) 730-8324 FAX: (408) 730-3566
http://www.microlc.com

MicroCal
22 Industrial Drive East
Northampton, MA 01060
(800) 633-3115 FAX: (413) 586-0149
(413) 586-7720
www.microcalorimetry.com

Microfluidics
30 Ossipee Road
P.O. Box 9101
Newton, MA 02164
(800) 370-5452 FAX: (617) 965-1213
(617) 969-5452
http://www.microfluidicscorp.com

Microgon
See Spectrum Laboratories

Microlase Optical Systems
West of Scotland Science Park
Kelvin Campus, Maryhill Road
Glasgow G20 0SP, UK
(44) 141-948-1000
FAX: (44) 141-946-6311
http://www.microlase.co.uk

Micron Instruments
4509 Runway Street
Simi Valley, CA 93063
(800) 638-3770　FAX: (805) 522-4982
(805) 552-4676
http://www.microninstruments.com

Micron Separations
See MSI

Micro Photonics
4949 Liberty Lane, Suite 170
P.O. Box 3129
Allentown, PA 18106
(610) 366-7103　FAX: (610) 366-7105
http://www.microphotonics.com

MicroTech
1420 Conchester Highway
Boothwyn, PA 19061
(610) 459-3514

Midland Certified Reagent Company
3112-A West Cuthbert Avenue
Midland, TX 79701
(800) 247-8766　FAX: (800) 359-5789
(915) 694-7950　FAX: (915) 694-2387
http://www.mcrc.com

Midwest Scientific
280 Vance Road
Valley Park, MO 63088
(800) 227-9997　FAX: (636) 225-9998
(636) 225-9997
http://www.midsci.com

Miles
See Bayer

Miles Laboratories
See Serological

Miles Scientific
See Nunc

MilliGen/Biosearch
See Millipore

Millipore
80 Ashbury Road
P.O. Box 9125
Bedford, MA 01730
(800) 645-5476　FAX: (781) 533-3110
(781) 533-6000
http://www.millipore.com

Miltenyi Biotec
251 Auburn Ravine Road, Suite 208
Auburn, CA 95603
(800) 367-6227　FAX: (530) 888-8925
(530) 888-8871
http://www.miltenyibiotec.com

Miltex
6 Ohio Drive
Lake Success, NY 11042
(800) 645-8000　FAX: (516) 775-7185
(516) 349-0001

Milton Roy
See Spectronic Instruments

Mini-Instruments
15 Burnham Business Park
Springfield Road
Burnham-on-Crouch, Essex CM0 8TE, UK
(44) 1621-783282
FAX: (44) 1621-783132
http://www.mini-instruments.co.uk

Mini Mitter
P.O. Box 3386
Sunriver, OR 97707
(800) 685-2999　FAX: (541) 593-5604
(541) 593-8639
http://www.minimitter.com

Misonix
1938 New Highway
Farmingdale, NY 11735
(800) 645-9846　FAX: (516) 694-9412
http://www.misonix.com

Mitutoyo (MTI)
See Dolla Eastern

MJ Research
Waltham, MA 02451
(800) PELTIER　FAX: (617) 923-8080
(617) 923-8000
http://www.mjr.com

Modular Instruments
228 West Gay Street
Westchester, PA 19380
(610) 738-1420　FAX: (610) 738-1421
http://www.mi2.com

Molecular Biology Insights
8685 US Highway 24
Cascade, CO 80809-1333
(800) 747-4362　FAX: (719) 684-7989
(719) 684-7988
http://www.oligo.net

Molecular Biosystems
10030 Barnes Canyon Road
San Diego, CA 92121
(858) 452-0681　FAX: (858) 452-6187
http://www.mobi.com

Molecular Devices
1312 Crossman Avenue
Sunnyvale, CA 94089
(800) 635-5577　FAX: (408) 747-3602
(408) 747-1700
http://www.moldev.com

Molecular Designs
1400 Catalina Street
San Leandro, CA 94577
(510) 895-1313　FAX: (510) 614-3608

Molecular Dynamics
928 East Arques Avenue
Sunnyvale, CA 94086
(800) 333-5703　FAX: (408) 773-1493
(408) 773-1222
http://www.apbiotech.com

Molecular Probes
4849 Pitchford Avenue
Eugene, OR 97402
(800) 438-2209　FAX: (800) 438-0228
(541) 465-8300　FAX: (541) 344-6504
http://www.probes.com

Molecular Research Center
5645 Montgomery Road
Cincinnati, OH 45212
(800) 462-9868　FAX: (513) 841-0080
(513) 841-0900
http://www.mrcgene.com

Molecular Simulations
9685 Scranton Road
San Diego, CA 92121
(800) 756-4674　FAX: (858) 458-0136
(858) 458-9990
http://www.msi.com

Monoject Disposable Syringes & Needles/Syrvet
16200 Walnut Street
Waukee, IA 50263
(800) 727-5203　FAX: (515) 987-5553
(515) 987-5554
http://www.syrvet.com

Monsanto Chemical
800 North Lindbergh Boulevard
St. Louis, MO 63167
(314) 694-1000　FAX: (314) 694-7625
http://www.monsanto.com

Moravek Biochemicals
577 Mercury Lane
Brea, CA 92821
(800) 447-0100　FAX: (714) 990-1824
(714) 990-2018
http://www.moravek.com

Moss
P.O. Box 189
Pasadena, MD 21122
(800) 932-6677　FAX: (410) 768-3971
(410) 768-3442
http://www.mosssubstrates.com

Motion Analysis
3617 Westwind Boulevard
Santa Rosa, CA 95403
(707) 579-6500 FAX: (707) 526-0629
http://www.motionanalysis.com

Mott
Farmington Industrial Park
84 Spring Lane
Farmington, CT 06032
(860) 747-6333 FAX: (860) 747-6739
http://www.mottcorp.com

MSI (Micron Separations)
See Osmonics

Multiple Peptide Systems
3550 General Atomics Court
San Diego, CA 92121
(800) 338-4965 FAX: (800) 654-5592
(858) 455-3710 FAX: (858) 455-3713
http://www.mps-sd.com

Murex Diagnostics
3075 Northwoods Circle
Norcross, GA 30071
(707) 662-0660 FAX: (770) 447-4989

Myriad Industries
3454 E Street
San Diego, CA 92102
(800) 999-6777 FAX: (619) 232-4819
(619) 232-6700
http://www.myriadindustries.com

Nacalai Tesque
Nijo Karasuma, Nakagyo-ku
Kyoto 604, Japan
81-75-251-1723
FAX: 81-75-251-1762
http://www.nacalai.co.jp

Nalge Nunc International
A Subsidiary of Sybron International
75 Panorama Creek Drive
P.O. Box 20365
Rochester, NY 14602
(800) 625-4327 FAX: (716) 586-8987
(716) 264-9346
http://www.nalgenunc.com

Nanogen
10398 Pacific Center Court
San Diego, CA 92121
(858) 410-4600 FAX: (858) 410-4848
http://www.nanogen.com

Nanoprobes
95 Horse Block Road
Yaphank, NY 11980
(877) 447-6266 FAX: (631) 205-9493
(631) 205-9490
http://www.nanoprobes.com

Narishige USA
1710 Hempstead Turnpike
East Meadow, NY 11554
(800) 445-7914 FAX: (516) 794-0066
(516) 794-8000
http://www.narishige.co.jp

National Bag Company
2233 Old Mill Road
Hudson, OH 44236
(800) 247-6000 FAX: (330) 425-9800
(330) 425-2600
http://www.nationalbag.com

National Band and Tag
Department X 35, Box 72430
Newport, KY 41032
(606) 261-2035 FAX: (800) 261-8247
https://www.nationalband.com

National Biosciences
See Molecular Biology Insights

National Diagnostics
305 Patton Drive
Atlanta, GA 30336
(800) 526-3867 FAX: (404) 699-2077
(404) 699-2121
http://www.nationaldiagnostics.com

National Institute of Standards and Technology
100 Bureau Drive
Gaithersburg, MD 20899
(301) 975-NIST FAX: (301) 926-1630
http://www.nist.gov

National Instruments
11500 North Mopac Expressway
Austin, TX 78759
(512) 794-0100 FAX: (512) 683-8411
http://www.ni.com

National Labnet
See Labnet International

National Scientific Instruments
975 Progress Circle
Lawrenceville, GA 300243
(800) 332-3331 FAX: (404) 339-7173
http://www.nationalscientific.com

National Scientific Supply
1111 Francisco Bouldvard East
San Rafael, CA 94901
(800) 525-1779 FAX: (415) 459-2954
(415) 459-6070
http://www.nat-sci.com

Naz-Dar-KC Chicago
Nazdar
1087 N. North Branch Street
Chicago, IL 60622
(800) 736-7636 FAX: (312) 943-8215
(312) 943-8338
http://www.nazdar.com

NEB
See New England Biolabs

NEN Life Science Products
549 Albany Street
Boston, MA 02118
(800) 551-2121 FAX: (617) 451-8185
(617) 350-9075
http://www.nen.com

NEN Research Products, Dupont (UK)
Diagnostics and Biotechnology Systems
Wedgewood Way
Stevenage, Hertfordshire SG1 4QN, UK
44-1438-734831
44-1438-734000
FAX: 44-1438-734836
http://www.dupont.com

Neogen
628 Winchester Road
Lexington, KY 40505
(800) 477-8201 FAX: (606) 255-5532
(606) 254-1221
http://www.neogen.com

Neosystems
380, 11012 Macleod Trail South
Calgary, Alberta T2J 6A5 Canada
(403) 225-9022 FAX: (403) 225-9025
http://www.neosystems.com

The Nest Group
45 Valley Road
Southborough, MA 01772
(800) 347-6378 FAX: (508) 485-5736
(508) 481-6223
http://world.std.com/~nestgrp

Neuro Probe
16008 Industrial Drive
Gaithersburg, MD 20877
(301) 417-0014 FAX: (301) 977-5711
http://www.neuroprobe.com

Neurocrine Biosciences
10555 Science Center Drive
San Diego, CA 92121
(619) 658-7600 FAX: (619) 658-7602
http://www.neurocrine.com

Nevtek
HCR03, Box 99
Burnsville, VA 24487
(540) 925-2322 FAX: (540) 925-2323
http://www.nevtek.com

New Brunswick Scientific
44 Talmadge Road
Edison, NJ 08818
(800) 631-5417 FAX: (732) 287-4222
(732) 287-1200
http://www.nbsc.com

New England Biolabs (NEB)
32 Tozer Road
Beverly, MA 01915
(800) 632-5227 FAX: (800) 632-7440
http://www.neb.com

New England Nuclear (NEN)
See NEN Life Science Products

New MBR
Gubelstrasse 48
CH8050 Zurich, Switzerland
(41) 1-313-0703

Newark Electronics
4801 N. Ravenswood Avenue
Chicago, IL 60640
(800) 4-NEWARK　FAX: (773) 907-5339
(773) 784-5100
http://www.newark.com

Newell Rubbermaid
29 E. Stephenson Street
Freeport, IL 61032
(815) 235-4171　FAX: (815) 233-8060
http://www.newellco.com

Newport Biosystems
1860 Trainor Street
Red Bluff, CA 96080
(530) 529-2448　FAX: (530) 529-2648

Newport
1791 Deere Avenue
Irvine, CA 92606
(800) 222-6440　FAX: (949) 253-1800
(949) 253-1462
http://www.newport.com

Nexin Research B.V.
P.O. Box 16
4740 AA Hoeven, The Netherlands
(31) 165-503172
FAX: (31) 165-502291

NIAID
See Bio-Tech Research Laboratories

Nichols Institute Diagnostics
33051 Calle Aviador
San Juan Capistrano, CA 92675
(800) 286-4NID　FAX: (949) 240-5273
(949) 728-4610
http://www.nicholsdiag.com

Nichols Scientific Instruments
3334 Brown Station Road
Columbia, MO 65202
(573) 474-5522　FAX: (603) 215-7274
http://home.beseen.com/technology/nsi_technology

Nicolet Biomedical Instruments
5225 Verona Road, Building 2
Madison, WI 53711
(800) 356-0007　FAX: (608) 441-2002
(608) 273-5000
http://nicoletbiomedical.com

N.I.G.M.S. (National Institute of General Medical Sciences)
See Coriell Institute for Medical Research

Nikon
Science and Technologies Group
1300 Walt Whitman Road
Melville, NY 11747
(516) 547-8500　FAX: (516) 547-4045
http://www.nikonusa.com

Nippon Gene
1-29, Ton-ya-machi
Toyama 930, Japan
(81) 764-51-6548
FAX: (81) 764-51-6547

Noldus Information Technology
751 Miller Drive, Suite E-5
Leesburg, VA 20175
(800) 355-9541　FAX: (703) 771-0441
(703) 771-0440
http://www.noldus.com

Nordion International
See MDS Nordion

North American Biologicals (NABI)
16500 NW 15th Avenue
Miami, FL 33169
(800) 327-7106　(305) 625-5305
http://www.nabi.com

North American Reiss
See Reiss

Northwestern Bottle
24 Walpole Park South
Walpole, MA 02081
(508) 668-8600　FAX: (508) 668-7790

Novagen
601 Science Drive
Madison, WI 53711
(800) 526-7319　FAX: (608) 238-1388
(608) 238-6110
http://www.novagen.com

Novartis
59 Route 10
East Hanover, NJ 07936
(800) 526-0175　FAX: (973) 781-6356
http://www.novartis.com

Novartis Biotechnology
3054 Cornwallis Road
Research Triangle Park, NC 27709
(888) 462-7288　FAX: (919) 541-8585
http://www.novartis.com

Novex/Invitrogen
1600 Faraday
Carlsbad, CA 92008
(800) 955-6288　FAX: (760) 603-7201
http://www.novex.com

Novo Nordisk Biochem
77 Perry Chapel Church Road
Franklington, NC 27525
(800) 879-6686　FAX: (919) 494-3450
(919) 494-3000
http://www.novo.dk

Novo Nordisk BioLabs
See Novo Nordisk Biochem

Novocastra Labs
Balliol Business Park West
Benton Lane
Newcastle-upon-Tyne
Tyne and Wear NE12 8EW, UK
(44) 191-215-0567
FAX: (44) 191-215-1152
http://www.novocastra.co.uk

NPI Electronic
Hauptstrasse 96
D-71732 Tamm, Germany
(49) 7141-601534
FAX: (49) 7141-601266
http://www.npielectronic.com

NSG Precision Cells
195G Central Avenue
Farmingdale, NY 11735
(516) 249-7474　FAX: (516) 249-8575
http://www.nsgpci.com

Nu Chek Prep
109 West Main
P.O. Box 295
Elysian, MN 56028
(800) 521-7728　FAX: (507) 267-4790
(507) 267-4689

Nuclepore
See Costar

Numonics
101 Commerce Drive
Montgomeryville, PA 18936
(800) 523-6716　FAX: (215) 361-0167
(215) 362-2766
http://www.interactivewhiteboards.com

NYCOMED AS Pharma
c/o Accurate Chemical & Scientific
300 Shames Drive
Westbury, NY 11590
(800) 645-6524　FAX: (516) 997-4948
(516) 333-2221
http://www.accuratechemical.com

Nycomed Amersham
Health Care Division
101 Carnegie Center
Princeton, NJ 08540
(800) 832-4633　FAX: (800) 807-2382
(609) 514-6000
http://www.nycomed-amersham.com

Nyegaard
Herserudsvagen 5254
S-122 06 Lidingo, Sweden
(46) 8-765-2930

Ohmeda Catheter Products
See Datex-Ohmeda

Ohwa Tsusbo
Hiby Dai Building
1-2-2 Uchi Saiwai-cho
Chiyoda-ku
Tokyo 100, Japan
03-3591-7348 FAX: 03-3501-9001

Oligos Etc.
29970 SW Town Centre
Loop West, Suite B419
Wilsonville, OR 97070
(800) 888-2358 FAX: (800) 869-0813

Olis Instruments
130 Conway Drive
Bogart, GA 30622
(706) 353-6547 (800) 852-3504
http://www.olisweb.com

Olympus America
2 Corporate Center Drive
Melville, NY 11747
(800) 645-8160 FAX: (516) 844-5959
(516) 844-5000
http://www.olympusamerica.com

Omega Engineering
One Omega Drive
P.O. Box 4047
Stamford, CT 06907
(800) 848-4286 FAX: (203) 359-7700
(203) 359-1660
http://www.omega.com

Omega Optical
3 Grove Street
P.O. Box 573
Brattleboro, VT 05302
(802) 254-2690 FAX: (802) 254-3937
http://www.omegafilters.com

Omni International
6530 Commerce Court
Warrenton, VA 20187
(800) 776-4431 FAX: (540) 347-5352
(540) 347-5331
http://www.omni-inc.com

Omnion
2010 Energy Drive
P.O. Box 879
East Troy, WI 53120
(262) 642-7200 FAX: (262) 642-7760
http://www.omnion.com

Omnitech Electronics
See AccuScan Instruments

Oncogene Science
See OSI Pharmaceuticals

Oncor
See Intergen

Operon Technologies
1000 Atlantic Avenue
Alameda, CA 94501
(800) 688-2248 FAX: (510) 865-5225
(510) 865-8644
http://www.operon.com

Optiscan
P.O. Box 1066
Mount Waverly MDC, Victoria
Australia 3149
61-3-9538 3333 FAX: 61-3-9562 7742
http://www.optiscan.com.au

Optomax
9 Ash Street
P.O. Box 840
Hollis, NH 03049
(603) 465-3385 FAX: (603) 465-2291

Opto-Line Associates
265 Ballardvale Street
Wilmington, MA 01887
(978) 658-7255 FAX: (978) 658-7299
http://www.optoline.com

Orbigen
6827 Nancy Ridge Drive
San Diego, CA 92121
(866) 672-4436 (858) 362-2030
(858) 362-2026
http://www.orbigen.com

Oread BioSaftey
1501 Wakarusa Drive
Lawrence, KS 66047
(800) 447-6501 FAX: (785) 749-1882
(785) 749-0034
http://www.oread.com

Organomation Associates
266 River Road West
Berlin, MA 01503
(888) 978-7300 FAX: (978)838-2786
(978) 838-7300
http://www.organomation.com

Organon
375 Mount Pleasant Avenue
West Orange, NJ 07052
(800) 241-8812 FAX: (973) 325-4589
(973) 325-4500
http://www.organon.com

Organon Teknika (Canada)
30 North Wind Place
Scarborough, Ontario
M1S 3R5 Canada
(416) 754-4344 FAX: (416) 754-4488
http://www.organonteknika.com

Organon Teknika Cappel
100 Akzo Avenue
Durham, NC 27712
(800) 682-2666 FAX: (800) 432-9682
(919) 620-2000 FAX: (919) 620-2107
http://www.organonteknika.com

Oriel Corporation of America
150 Long Beach Blvd.
Stratford, CT 06615
(203) 377-8282 FAX: (203) 378-2457
http://www.oriel.com

OriGene Technologies
6 Taft Court, Suite 300
Rockville, MD 20850
(888) 267-4436 FAX: (301) 340-9254
(301) 340-3188
http://www.origene.com

OriginLab
One Roundhouse Plaza
Northhampton, MA 01060
(800) 969-7720 FAX: (413) 585-0126
http://www.originlab.com

Orion Research
500 Cummings Center
Beverly, MA 01915
(800) 225-1480 FAX: (978) 232-6015
(978) 232-6000
http://www.orionres.com

Ortho Diagnostic Systems
Subsidiary of Johnson & Johnson
1001 U.S. Highway 202
P.O. Box 350
Raritan, NJ 08869
(800) 322-6374 FAX: (908) 218-8582
(908) 218-1300

Ortho McNeil Pharmaceutical
Welsh & McKean Road
Spring House, PA 19477
(800) 682-6532
(215) 628-5000
http://www.orthomcneil.com

Oryza
200 Turnpike Road, Unit 5
Chelmsford, MA 01824
(978) 256-8183 FAX: (978) 256-7434
http://www.oryzalabs.com

OSI Pharmaceuticals
106 Charles Lindbergh Blvd.
Uniondale, NY 11553
(800) 662-2616 FAX: (516) 222-0114
(516) 222-0023
http://www.osip.com

Osmonics
135 Flanders Road
P.O. Box 1046
Westborough, MA 01581
(800) 444-8212 FAX: (508) 366-5840
(508) 366-8212
http://www.osmolabstore.com

Oster Professional Products
150 Cadillac Lane
McMinnville, TN 37110
(931) 668-4121 FAX: (931) 668-4125
http://www.sunbeam.com

Out Patient Services
1260 Holm Road
Petaluma, CA 94954
(800) 648-1666　FAX: (707) 762-7198
(707) 763-1581

OWL Scientific Plastics
See OWL Separation Systems

OWL Separation Systems
55 Heritage Avenue
Portsmouth, NH 03801
(800) 242-5560　FAX: (603) 559-9258
(603) 559-9297
http://www.owlsci.com

Oxford Biochemical Research
P.O. Box 522
Oxford, MI 48371
(800) 692-4633　FAX: (248) 852-4466
http://www.oxfordbiomed.com

Oxford GlycoSystems
See Glyco

Oxford Instruments
Old Station Way
Eynsham
Witney, Oxfordshire OX8 1TL, UK
(44) 1865-881437
FAX: (44) 1865-881944
http://www.oxinst.com

Oxford Labware
See Kendall

Oxford Molecular Group
Oxford Science Park
The Medawar Centre
Oxford OX4 4GA, UK
(44) 1865-784600
FAX: (44) 1865-784601
http://www.oxmol.co.uk

Oxford Molecular Group
2105 So. Bascom Avenue, Suite 200
Campbell, CA 95008
(800) 876-9994　FAX: (408) 879-6302
(408) 879-6300
http://www.oxmol.com

OXIS International
6040 North Cutter Circle, Suite 317
Portland, OR 97217
(800) 547-3686　FAX: (503) 283-4058
(503) 283-3911
http://www.oxis.com

Oxoid
800 Proctor Avenue
Ogdensburg, NY 13669
(800) 567-8378　FAX: (613) 226-3728
http://www.oxoid.ca

Oxoid
Wade Road
Basingstoke, Hampshire RG24 8PW, UK
(44) 1256-841144
FAX: (4) 1256-814626
http://www.oxoid.ca

Oxyrase
P.O. Box 1345
Mansfield, OH 44901
(419) 589-8800　FAX: (419) 589-9919
http://www.oxyrase.com

Ozyme
10 Avenue Ampère
Montigny de Bretoneux
78180 France
(33) 13-46-02-424
FAX: (33) 13-46-09-212
http://www.ozyme.fr

PAA Laboratories
2570 Route 724
P.O. Box 435
Parker Ford, PA 19457
(610) 495-9400　FAX: (610) 495-9410
http://www.paa-labs.com

Pacer Scientific
5649 Valley Oak Drive
Los Angeles, CA 90068
(323) 462-0636　FAX: (323) 462-1430
http://www.pacersci.com

Pacific Bio-Marine Labs
P.O. Box 1348
Venice, CA 90294
(310) 677-1056　FAX: (310) 677-1207

Packard Instrument
800 Research Parkway
Meriden, CT 06450
(800) 323-1891　FAX: (203) 639-2172
(203) 238-2351
http://www.packardinst.com

Padgett Instrument
1730 Walnut Street
Kansas City, MO 64108
(816) 842-1029

Pall Filtron
50 Bearfoot Road
Northborough, MA 01532
(800) FILTRON　FAX: (508) 393-1874
(508) 393-1800

Pall-Gelman
25 Harbor Park Drive
Port Washington, NY 11050
(800) 289-6255　FAX: (516) 484-2651
(516) 484-3600
http://www.pall.com

PanVera
545 Science Drive
Madison, WI 53711
(800) 791-1400　FAX: (608) 233-3007
(608) 233-9450
http://www.panvera.com

Parke-Davis
See Warner-Lambert

Parr Instrument
211 53rd Street
Moline, IL 61265
(800) 872-7720　FAX: (309) 762-9453
(309) 762-7716
http://www.parrinst.com

Partec
Otto Hahn Strasse 32
D-48161 Munster, Germany
(49) 2534-8008-0
FAX: (49) 2535-8008-90

PCR
See Archimica Florida

PE Biosystems
850 Lincoln Centre Drive
Foster City, CA 94404
(800) 345-5224 FAX: (650) 638-5884
(650) 638-5800
http://www.pebio.com

Pel-Freez Biologicals
219 N. Arkansas
P.O. Box 68
Rogers, AR 72757
(800) 643-3426　FAX: (501) 636-3562
(501) 636-4361
http://www.pelfreez-bio.com

Pel-Freez Clinical Systems
A subsidiary of Pel-Freez Biologicals
9099 N. Deerbrook Trail
Brown Deer, WI 53223
(800) 558-4511　FAX: (414) 357-4518
(414) 357-4500
http://www.pelfreez-bio.com

Peninsula Laboratories
601 Taylor Way
San Carlos, CA 94070
(800) 650-4442　FAX: (650) 595-4071
(650) 592-5392
http://www.penlabs.com

Pentex
24562 Mando Drive
Laguna Niguel, CA 92677
(800) 382-4667　FAX: (714) 643-2363
http://www.pentex.com

PeproTech
5 Crescent Avenue
P.O. Box 275
Rocky Hill, NJ 08553
(800) 436-9910　FAX: (609) 497-0321
(609) 497-0253
http://www.peprotech.com

Peptide Institute
4-1-2 Ina, Minoh-shi
Osaka 562-8686, Japan
81-727-29-4121　FAX: 81-727-29-4124
http://www.peptide.co.jp

Peptide Laboratory
4175 Lakeside Drive
Richmond, CA 94806
(800) 858-7322　FAX: (510) 262-9127
(510) 262-0800
http://www.peptidelab.com

Peptides International
11621 Electron Drive
Louisville, KY 40299
(800) 777-4779　FAX: (502) 267-1329
(502) 266-8787
http://www.pepnet.com

Perceptive Science Instruments
2525 South Shore Boulevard, Suite 100
League City, TX 77573
(281) 334-3027　FAX: (281) 538-2222
http://www.persci.com

Perimed
4873 Princeton Drive
North Royalton, OH 44133
(440) 877-0537　FAX: (440) 877-0534
http://www.perimed.se

Perkin-Elmer
761 Main Avenue
Norwalk, CT 06859
(800) 762-4002　FAX: (203) 762-6000
(203) 762-1000
http://www.perkin-elmer.com
See also PE Biosystems

PerSeptive Bioresearch Products
See PerSeptive BioSystems

PerSeptive BioSystems
500 Old Connecticut Path
Framingham, MA 01701
(800) 899-5858　FAX: (508) 383-7885
(508) 383-7700
http://www.pbio.com

PerSeptive Diagnostic
See PE Biosystems
(800) 343-1346

Pettersson Elektronik AB
Tallbacksvagen 51
S-756 45 Uppsala, Sweden
(46) 1830-3880　FAX: (46) 1830-3840
http://www.bahnhof.se/~pettersson

PGC Scientifics
7311 Governors Way
Frederick, MD 21704
(800) 424-3300　FAX: (800) 662-1112
(301) 620-7777　FAX: (301) 620-7497
http://www.pgcscientifics.com

Pharmacia Biotech
See Amersham Pharmacia Biotech

Pharmacia Diagnostics
See Wallac

Pharmacia LKB Biotech
See Amersham Pharmacia Biotech

Pharmacia LKB Biotechnology
See Amersham Pharmacia Biotech

Pharmacia LKB Nuclear
See Wallac

Pharmed (Norton)
Norton Performance Plastics
See Saint-Gobain Performance Plastics

PharMingen
See BD PharMingen

Phenomex
2320 W. 205th Street
Torrance, CA 90501
(310) 212-0555　FAX: (310) 328-7768
http://www.phenomex.com

PHLS Centre for Applied Microbiology and Research
See European Collection of Animal Cell Cultures (ECACC)

Phoenix Flow Systems
11575 Sorrento Valley Road, Suite 208
San Diego, CA 92121
(800) 886-3569　FAX: (619) 259-5268
(619) 453-5095
http://www.phnxflow.com

Phoenix Pharmaceutical
4261 Easton Road, P.O. Box 6457
St. Joseph, MO 64506
(800) 759-3644　FAX: (816) 364-4969
(816) 364-5777
http://www.phoenixpharmaceutical.com

Photometrics
See Roper Scientific

Photon Technology International
1 Deerpark Drive, Suite F
Monmouth Junction, NJ 08852
(732) 329-0910　FAX: (732) 329-9069
http://www.pti-nj.com

Physik Instrumente
Polytec PI
23 Midstate Drive, Suite 212
Auburn, MA 01501
(508) 832-3456　FAX: (508) 832-0506
http://www.polytecpi.com

Physitemp Instruments
154 Huron Avenue
Clifton, NJ 07013
(800) 452-8510　FAX: (973) 779-5954
(973) 779-5577
http://www.physitemp.com

Pico Technology
The Mill House, Cambridge Street
St. Neots, Cambridgeshire
PE19 1QB, UK
(44) 1480-396-395
FAX: (44) 1480-396-296
www.picotech.com

Pierce Chemical
P.O. Box 117
3747 Meridian Road
Rockford, IL 61105
(800) 874-3723　FAX: (800) 842-5007
FAX: (815) 968-7316
http://www.piercenet.com

Pierce & Warriner
44, Upper Northgate Street
Chester, Cheshire CH1 4EF, UK
(44) 1244 382 525
FAX: (44) 1244 373 212
http://www.piercenet.com

Pilling Weck Surgical
420 Delaware Drive
Fort Washington, PA 19034
(800) 523-2579　FAX: (800) 332-2308
www.pilling-weck.com

PixelVision
A division of Cybex Computer Products
14964 NW Greenbrier Parkway
Beaverton, OR 97006
(503) 629-3210　FAX: (503) 629-3211
http://www.pixelvision.com

P.J. Noyes
P.O. Box 381
89 Bridge Street
Lancaster, NH 03584
(800) 522-2469　FAX: (603) 788-3873
(603) 788-4952
http://www.pjnoyes.com

Plas-Labs
917 E. Chilson Street
Lansing, MI 48906
(800) 866-7527　FAX: (517) 372-2857
(517) 372-7177
http://www.plas-labs.com

Plastics One
6591 Merriman Road, Southwest
P.O. Box 12004
Roanoke, VA 24018
(540) 772-7950　FAX: (540) 989-7519
http://www.plastics1.com

Platt Electric Supply
2757 6th Avenue South
Seattle, WA 98134
(206) 624-4083　FAX: (206) 343-6342
http://www.platt.com

Polaroid
784 Memorial Drive
Cambridge, MA 01239
(800) 225-1618　FAX: (800) 832-9003
(781) 386-2000
http://www.polaroid.com

Polyfiltronics
136 Weymouth St.
Rockland, MA 02370
(800) 434-7659　FAX: (781) 878-0822
(781) 878-1133
http://www.polyfiltronics.com

Polylabo Paul Block
Parc Tertiare de la Meinau
10, rue de la Durance
B.P. 36
67023 Strasbourg Cedex 1
Strasbourg, France
33-3-8865-8020
FAX: 33-3-8865-8039

PolyLC
9151 Rumsey Road, Suite 180
Columbia, MD 21045
(410) 992-5400　FAX: (410) 730-8340

Polymer Laboratories
Amherst Research Park
160 Old Farm Road
Amherst, MA 01002
(800) 767-3963　FAX: (413) 253-2476
http://www.polymerlabs.com

Polymicro Technologies
18019 North 25th Avenue
Phoenix, AZ 85023
(602) 375-4100　FAX: (602) 375-4110
http://www.polymicro.com

Polyphenols AS
Hanabryggene Technology Centre
Hanaveien 4-6
4327 Sandnes, Norway
(47) 51-62-0990
FAX: (47) 51-62-51-82
http://www.polyphenols.com

Polysciences
400 Valley Road
Warrington, PA 18976
(800) 523-2575　FAX: (800) 343-3291
http://www.polysciences.com

Polyscientific
70 Cleveland Avenue
Bayshore, NY 11706
(516) 586-0400　FAX: (516) 254-0618

Polytech Products
285 Washington Street
Somerville, MA 02143
(617) 666-5064　FAX: (617) 625-0975

Polytron
8585 Grovemont Circle
Gaithersburg, MD 20877
(301) 208-6597　FAX: (301) 208-8691
http://www.polytron.com

Popper and Sons
300 Denton Avenue
P.O. Box 128
New Hyde Park, NY 11040
(888) 717-7677　FAX: (800) 557-6773
(516) 248-0300　FAX: (516) 747-1188
http://www.popperandsons.com

Porphyrin Products
P.O. Box 31
Logan, UT 84323
(435) 753-1901　FAX: (435) 753-6731
http://www.porphyrin.com

Portex
See SIMS Portex Limited

Powderject Vaccines
585 Science Drive
Madison, WI 53711
(608) 231-3150　FAX: (608) 231-6990
http://www.powderject.com

Praxair
810 Jorie Boulevard
Oak Brook, IL 60521
(800) 621-7100
http://www.praxair.com

Precision Dynamics
13880 Del Sur Street
San Fernando, CA 91340
(800) 847-0670　FAX: (818) 899-4-45
http://www.pdcorp.com

Precision Scientific Laboratory Equipment
Division of Jouan
170 Marcel Drive
Winchester, VA 22602
(800) 621-8820　FAX: (540) 869-0130
(540) 869-9892
http://www.precisionsci.com

Primary Care Diagnostics
See Becton Dickinson Primary Care Diagnostics

Primate Products
1755 East Bayshore Road, Suite 28A
Redwood City, CA 94063
(650) 368-0663　FAX: (650) 368-0665
http://www.primateproducts.com

5 Prime → 3 Prime
See 2000 Eppendorf-5 Prime
http://www.5prime.com

Princeton Applied Research
PerkinElmer Instr.: Electrochemistry
801 S. Illinois
Oak Ridge, TN 37830
(800) 366-2741　FAX: (423) 425-1334
(423) 481-2442
http://www.eggpar.com

Princeton Instruments
A division of Roper Scientific
3660 Quakerbridge Road
Trenton, NJ 08619
(609) 587-9797　FAX: (609) 587-1970
http://www.prinst.com

Prior Scientific
80 Reservoir Park Drive
Rockland, MA 02370
(781) 878-8442　FAX: (781) 878-8736
http://www.prior.com

PRO Scientific
P.O. Box 448
Monroe, CT 06468
(203) 452-9431　FAX: (203) 452-9753
http://www.proscientific.com

Professional Compounding Centers of America
9901 South Wilcrest Drive
Houston, TX 77099
(800) 331-2498　FAX: (281) 933-6227
(281) 933-6948
http://www.pccarx.com

Progen Biotechnik
Maass-Str. 30
69123 Heidelberg, Germany
(49) 6221-8278-0
FAX: (49) 6221-8278-23
http://www.progen.de

Prolabo
A division of Merck Eurolab
54 rue Roger Salengro
94126 Fontenay Sous Bois Cedex
France
33-1-4514-8500
FAX: 33-1-4514-8616
http://www.prolabo.fr

Proligo
2995 Wilderness Place
Boulder, CO 80301
(888) 80-OLIGO　FAX: (303) 801-1134
http://www.proligo.com

Promega
2800 Woods Hollow Road
Madison, WI 53711
(800) 356-9526　FAX: (800) 356-1970
(608) 274-4330　FAX: (608) 277-2516
http://www.promega.com

Protein Databases (PDI)
405 Oakwood Road
Huntington Station, NY 11746
(800) 777-6834　FAX: (516) 673-4502
(516) 673-3939

Protein Polymer Technologies
10655 Sorrento Valley Road
San Diego, CA 92121
(619) 558-6064　FAX: (619) 558-6477
http://www.ppti.com

Protein Solutions
391 G Chipeta Way
Salt Lake City, UT 84108
(801) 583-9301　FAX: (801) 583-4463
http://www.proteinsolutions.com

Prozyme
1933 Davis Street, Suite 207
San Leandro, CA 94577
(800) 457-9444　FAX: (510) 638-6919
(510) 638-6900
http://www.prozyme.com

PSI
See Perceptive Science Instruments

Pulmetrics Group
82 Beacon Street
Chestnut Hill, MA 02167
(617) 353-3833　FAX: (617) 353-6766

Purdue Frederick
100 Connecticut Avenue
Norwalk, CT 06850
(800) 633-4741　FAX: (203) 838-1576
(203) 853-0123
http://www.pharma.com

Purina Mills
LabDiet
P. O. Box 66812
St. Louis, MO 63166
(800) 227-8941　FAX: (314) 768-4894
http://www.purina-mills.com

Qbiogene
2251 Rutherford Road
Carlsbad, CA 92008
(800) 424-6101　FAX: (760) 918-9313
http://www.qbiogene.com

Qiagen
28159 Avenue Stanford
Valencia, CA 91355
(800) 426-8157　FAX: (800) 718-2056
http://www.qiagen.com

Quality Biological
7581 Lindbergh Drive
Gaithersburg, MD 20879
(800) 443-9331　FAX: (301) 840-5450
(301) 840-9331
http://www.qualitybiological.com

Quantum Appligene
Parc d'Innovation
Rue Geller de Kayserberg
67402 Illkirch, Cedex, France
(33) 3-8867-5425
FAX: (33) 3-8867-1945
http://www.quantum-appligene.com

Quantum Biotechnologies
See Qbiogene

Quantum Soft
Postfach 6613
CH-8023
Zürich, Switzerland
FAX: 41-1-481-69-51
E-mail: profit@quansoft.com

Questcor Pharmaceuticals
26118 Research Road
Hayward, CA 94545
(510) 732-5551　FAX: (510) 732-7741
http://www.questcor.com

Quidel
10165 McKellar Court
San Diego, CA 92121
(800) 874-1517　FAX: (858) 546-8955
(858) 552-1100
http://www.quidel.com

R-Biopharm
7950 Old US 27 South
Marshall, MI 49068
(616) 789-3033　FAX: (616) 789-3070
http://www.r-biopharm.com

R. C. Electronics
6464 Hollister Avenue
Santa Barbara, CA 93117
(805) 685-7770　FAX: (805) 685-5853
http://www.rcelectronics.com

R & D Systems
614 McKinley Place NE
Minneapolis, MN 55413
(800) 343-7475　FAX: (612) 379-6580
(612) 379-2956
http://www.rndsystems.com

R & S Technology
350 Columbia Street
Peacedale, RI 02880
(401) 789-5660　FAX: (401) 792-3890
http://www.septech.com

RACAL Health and Safety
See 3M
7305 Executive Way
Frederick, MD 21704
(800) 692-9500　FAX: (301) 695-8200

Radiometer America
811 Sharon Drive
Westlake, OH 44145
(800) 736-0600　FAX: (440) 871-2633
(440) 871-8900
http://www.rameusa.com

Radiometer A/S
The Chemical Reference Laboratory
kandevej 21
DK-2700 Brnshj, Denmark
45-3827-3827　FAX: 45-3827-2727

Radionics
22 Terry Avenue
Burlington, MA 01803
(781) 272-1233　FAX: (781) 272-2428
http://www.radionics.com

Radnoti Glass Technology
227 W. Maple Avenue
Monrovia, CA 91016
(800) 428-l4l6　FAX: (626) 303-2998
(626) 357-8827
http://www.radnoti.com

Rainin Instrument
Rainin Road
P.O. Box 4026
Woburn, MA 01888
(800)-4-RAININ　FAX: (781) 938-1152
(781) 935-3050
http://www.rainin.com

Rank Brothers
56 High Street
Bottisham, Cambridge
CB5 9DA UK
(44) 1223 811369
FAX: (44) 1223 811441
http://www.rankbrothers.com

Rapp Polymere
Ernst-Simon Strasse 9
D 72072 Tübingen, Germany
(49) 7071-763157
FAX: (49) 7071-763158
http://www.rapp-polymere.com

Raven Biological Laboratories
8607 Park Drive
P.O. Box 27261
Omaha, NE 68127
(800) 728-5702　FAX: (402) 593-0995
(402) 593-0781
http://www.ravenlabs.com

Razel Scientific Instruments
100 Research Drive
Stamford, CT 06906
(203) 324-9914　FAX: (203) 324-5568

Reagents International
See Biotech Source

Receptor Biology
10000 Virginia Manor Road, Suite 360
Beltsville, MD 20705
(888) 707-4200　FAX: (301) 210-6266
(301) 210-4700
http://www.receptorbiology.com

Regis Technologies
8210 N. Austin Avenue
Morton Grove, IL 60053
(800) 323-8144　FAX: (847) 967-1214
(847) 967-6000
http://www.registech.com

Reichert Ophthalmic Instruments
P.O. Box 123
Buffalo, NY 14240
(716) 686-4500　FAX: (716) 686-4545
http://www.reichert.com

Reiss
1 Polymer Place
P.O. Box 60
Blackstone, VA 23824
(800) 356-2829　FAX: (804) 292-1757
(804) 292-1600
http://www.reissmfg.com

Remel
12076 Santa Fe Trail Drive
P.O. Box 14428
Shawnee Mission, KS 66215
(800) 255-6730　FAX: (800) 621-8251
(913) 888-0939　FAX: (913) 888-5884
http://www.remelinc.com

Reming Bioinstruments
6680 County Route 17
Redfield, NY 13437
(315) 387-3414　FAX: (315) 387-3415

RepliGen
117 Fourth Avenue
Needham, MA 02494
(800) 622-2259　FAX: (781) 453-0048
(781) 449-9560
http://www.repligen.com

Research Biochemicals
1 Strathmore Road
Natick, MA 01760
(800) 736-3690　FAX: (800) 736-2480
(508) 651-8151　FAX: (508) 655-1359
http://www.resbio.com

Research Corporation Technologies
101 N. Wilmot Road, Suite 600
Tucson, AZ 85711
(520) 748-4400　FAX: (520) 748-0025
http://www.rctech.com

Research Diagnostics
Pleasant Hill Road
Flanders, NJ 07836
(800) 631-9384　FAX: (973) 584-0210
(973) 584-7093
http://www.researchd.com

Research Diets
121 Jersey Avenue
New Brunswick, NJ 08901
(877) 486-2486　FAX: (732) 247-2340
(732) 247-2390
http://www.researchdiets.com

Research Genetics
2130 South Memorial Parkway
Huntsville, AL 35801
(800) 533-4363　FAX: (256) 536-9016
(256) 533-4363
http://www.resgen.com

Research Instruments
Kernick Road Pernryn
Cornwall TR10 9DQ, UK
(44) 1326-372-753
FAX: (44) 1326-378-783
http://www.research-instruments.com

Research Organics
4353 E. 49th Street
Cleveland, OH 44125
(800) 321-0570　FAX: (216) 883-1576
(216) 883-8025
http://www.resorg.com

Research Plus
P.O. Box 324
Bayonne, NJ 07002
(800) 341-2296　FAX: (201) 823-9590
(201) 823-3592
http://www.researchplus.com

Research Products International
410 N. Business Center Drive
Mount Prospect, IL 60056
(800) 323-9814　FAX: (847) 635-1177
(847) 635-7330
http://www.rpicorp.com

Research Triangle Institute
P.O. Box 12194
Research Triangle Park, NC 27709
(919) 541-6000　FAX: (919) 541-6515
http://www.rti.org

Restek
110 Benner Circle
Bellefonte, PA 16823
(800) 356-1688　FAX: (814) 353-1309
(814) 353-1300
http://www.restekcorp.com

Rheodyne
P.O. Box 1909
Rohnert Park, CA 94927
(707) 588-2000　FAX: (707) 588-2020
http://www.rheodyne.com

Rhone Merieux
See Merial Limited

Rhone-Poulenc
2 T W Alexander Drive
P.O. Box 12014
Research Triangle Park, NC 08512
(919) 549-2000　FAX: (919) 549-2839
http://www.Rhone-Poulenc.com
Also see Aventis

Rhone-Poulenc Rorer
500 Arcola Road
Collegeville, PA 19426
(800) 727-6737　FAX: (610) 454-8940
(610) 454-8975
http://www.rp-rorer.com

Rhone-Poulenc Rorer
Centre de Recherche de Vitry-Alfortville
13 Quai Jules Guesde, BP14 94403
Vitry Sur Seine, Cedex, France
(33) 145-73-85-11
FAX: (33) 145-73-81-29
http://www.rp-rorer.com

Ribi ImmunoChem Research
563 Old Corvallis Road
Hamilton, MT 59840
(800) 548-7424　FAX: (406) 363-6129
(406) 363-3131
http://www.ribi.com

RiboGene
See Questcor Pharmaceuticals

Ricca Chemical
448 West Fork Drive
Arlington, TX 76012
(888) GO-RICCA　FAX: (800) RICCA-93
(817) 461-5601
http://www.riccachemical.com

Richard-Allan Scientific
225 Parsons Street
Kalamazoo, MI 49007
(800) 522-7270　FAX: (616) 345-3577
(616) 344-2400
http://www.rallansci.com

Richelieu Biotechnologies
11 177 Hamon
Montral, Quebec
H3M 3E4 Canada
(802) 863-2567　FAX: (802) 862-2909
http://www.richelieubio.com

Richter Enterprises
20 Lake Shore Drive
Wayland, MA 01778
(508) 655-7632　FAX: (508) 652-7264
http://www.richter-enterprises.com

Riese Enterprises
BioSure Division
12301 G Loma Rica Drive
Grass Valley, CA 95945
(800) 345-2267　FAX: (916) 273-5097
(916) 273-5095
http://www.biosure.com

Robbins Scientific
1250 Elko Drive
Sunnyvale, CA 94086
(800) 752-8585　FAX: (408) 734-0300
(408) 734-8500
http://www.robsci.com

Roboz Surgical Instruments
9210 Corporate Boulevard, Suite 220
Rockville, MD 20850
(800) 424-2984 FAX: (301) 590-1290
(301) 590-0055

Roche Diagnostics
9115 Hague Road
P.O. Box 50457
Indianapolis, IN 46256
(800) 262-1640 FAX: (317) 845-7120
(317) 845-2000
http://www.roche.com

Roche Molecular Systems
See Roche Diagnostics

Rocklabs
P.O. Box 18-142
Auckland 6, New Zealand
(64) 9-634-7696
FAX: (64) 9-634-7696
http://www.rocklabs.com

Rockland
P.O. Box 316
Gilbertsville, PA 19525
(800) 656-ROCK FAX: (610) 367-7825
(610) 369-1008
http://www.rockland-inc.com

Rohm
Chemische Fabrik
Kirschenallee
D-64293 Darmstadt, Germany
(49) 6151-1801 FAX: (49) 6151-1802
http://www.roehm.com

Roper Scientific
3440 East Brittania Drive, Suite 100
Tucson, AZ 85706
(520) 889-9933 FAX: (520) 573-1944
http://www.roperscientific.com

Rosetta Inpharmatics
12040 115th Avenue NE
Kirkland, WA 98034
(425) 820-8900 FAX: (425) 820-5757
http://www.rii.com

ROTH-SOCHIEL
3 rue de la Chapelle
Lauterbourg
67630 France
(33) 03-88-94-82-42
FAX: (33) 03-88-54-63-93

Roundy's
23000 Roundy Drive
Pewaukee, WI 53072
(262) 953-7999 FAX: (262) 953-7989
http://www.roundys.com

RS Components
Birchington Road
Weldon Industrial Estate
Corby, Northants NN17 9RS, UK
(44) 1536 201234
FAX: (44) 1536 405678
http://www.rs-components.com

Rubbermaid
See Newell Rubbermaid

Safe Cells
See Bionique Testing Labs

Sage Instruments
240 Airport Boulevard
Freedom, CA 95076
(831) 761-1000 FAX: (831) 761-1008
http://www.sageinst.com

Sage Laboratories
11 Huron Drive
Natick, MA 01760
(508) 653-0844 FAX: (508) 653-5671
http://www.sagelabs.com

Saint-Gobain Performance Plastics
P.O. Box 3660
Akron, OH 44309
(330) 798-9240 FAX: (330) 798-6968
http://www.nortonplastics.com

San Diego Instruments
7758 Arjons Drive
San Diego, CA 92126
(858) 530-2600 FAX: (858) 530-2646
http://www.sd-inst.com

Sandown Scientific
Beards Lodge
25 Oldfield Road
Hampden, Middlesex TW12 2AJ, UK
(44) 2089 793300
FAX: (44) 2089 793311
http://www.sandownsci.com

Sandoz Pharmaceuticals
See Novartis

Sanofi Recherche
Centre de Montpellier
371 Rue du Professor Blayac
34184 Montpellier, Cedex 04
France
(33) 67-10-67-10
FAX: (33) 67-10-67-67

Sanofi Winthrop Pharmaceuticals
90 Park Avenue
New York, NY 10016
(800) 223-5511 FAX: (800) 933-3243
(212) 551-4000
http://www.sanofi-synthelabo.com/us

Santa Cruz Biotechnology
2161 Delaware Avenue
Santa Cruz, CA 95060
(800) 457-3801 FAX: (831) 457-3801
(831) 457-3800
http://www.scbt.com

Sarasep
(800) 605-0267 FAX: (408) 432-3231
(408) 432-3230
http://www.transgenomic.com

Sarstedt
P.O. Box 468
Newton, NC 28658
(800) 257-5101 FAX: (828) 465-4003
(828) 465-4000
http://www.sarstedt.com

Sartorius
131 Heartsland Boulevard
Edgewood, NY 11717
(800) 368-7178 FAX: (516) 254-4253
http://www.sartorius.com

SAS Institute
Pacific Telesis Center
One Montgomery Street
San Francisco, CA 94104
(415) 421-2227 FAX: (415) 421-1213
http://www.sas.com

Savant/EC Apparatus
A ThermoQuest company
100 Colin Drive
Holbrook, NY 11741
(800) 634-8886 FAX: (516) 244-0606
(516) 244-2929
http://www.savec.com

Savillex
6133 Baker Road
Minnetonka, MN 55345
(612) 935-5427

Scanalytics
Division of CSP
8550 Lee Highway, Suite 400
Fairfax, VA 22031
(800) 325-3110 FAX: (703) 208-1960
(703) 208-2230
http://www.scanalytics.com

Schering Laboratories
See Schering-Plough

Schering-Plough
1 Giralda Farms
Madison, NJ 07940
(800) 222-7579 FAX: (973) 822-7048
(973) 822-7000
http://www.schering-plough.com

Schleicher & Schuell
10 Optical Avenue
Keene, NH 03431
(800) 245-4024　FAX: (603) 357-3627
(603) 352-3810
http://www.s-und-s.de/english-index.html

Science Technology Centre
1250 Herzberg Laboratories
Carleton University
1125 Colonel Bay Drive
Ottawa, Ontario, Canada K1S 5B6
(613) 520-4442　FAX: (613) 520-4445
http://www.carleton.ca/universities/stc

Scientific Instruments
200 Saw Mill River Road
Hawthorne, NY 10532
(800) 431-1956　FAX: (914) 769-5473
(914) 769-5700
http://www.scientificinstruments.com

Scientific Solutions
9323 Hamilton
Mentor, OH 44060
(440) 357-1400　FAX: (440) 357-1416
www.labmaster.com

Scion
82 Worman's Mill Court, Suite H
Frederick, MD 21701
(301) 695-7870　FAX: (301) 695-0035
www.scioncorp.com

Scott Specialty Gases
6141 Easton Road
P.O. Box 310
Plumsteadville, PA 18949
(800) 21-SCOTT　FAX: (215) 766-2476
(215) 766-8861
http://www.scottgas.com

Scripps Clinic and Research Foundation
Instrumentation and Design Lab
10666 N. Torrey Pines Road
La Jolla, CA 92037
(800) 992-9962　FAX: (858) 554-8986
(858) 455-9100
http://www.scrippsclinic.com

SDI Sensor Devices
407 Pilot Court, 400A
Waukesha, WI 53188
(414) 524-1000　FAX: (414) 524-1009

Sefar America
111 Calumet Street
Depew, NY 14043
(716) 683-4050　FAX: (716) 683-4053
http://www.sefaramerica.com

Seikagaku America
Division of Associates of Cape Cod
704 Main Street
Falmouth, MA 02540
(800) 237-4512　FAX: (508) 540-8680
(508) 540-3444
http://www.seikagaku.com

Sellas Medizinische Gerate
Hagener Str 393
Gevelsberg-Vogelsang, 58285
Germany
49-23-326-1225

Sensor Medics
22705 Savi Ranch Parkway
Yorba Linda, CA 92887
(800) 231-2466　FAX: (714) 283-8439
(714) 283-2228
http://www.sensormedics.com

Sensor Systems LLC
2800 Anvil Street, North
Saint Petersburg, FL 33710
(800) 688-2181　FAX: (727) 347-3881
(727) 347-2181
http://www.vsensors.com

SenSym/Foxboro ICT
1804 McCarthy Boulevard
Milpitas, CA 95035
(800) 392-9934　FAX: (408) 954-9458
(408) 954-6700
http://www.sensym.com

Separations Group
See Vydac

Sepracor
111 Locke Drive
Marlboro, MA 01752
(877)-SEPRACOR　(508) 357-7300
http://www.sepracor.com

Sera-Lab
See Harlan Sera-Lab

Sermeter
925 Seton Court, #7
Wheeling, IL 60090
(847) 537-4747

Serological
195 W. Birch Street
Kankakee, IL 60901
(800) 227-9412　FAX: (815) 937-8285
(815) 937-8270

Seromed Biochrom
Leonorenstrasse 2-6
D-12247 Berlin, Germany
(49) 030-779-9060

Serotec
22 Bankside
Station Approach
Kidlington, Oxford OX5 1JE, UK
(44) 1865-852722
FAX: (44) 1865-373899
In the US: (800) 265-7376
http://www.serotec.co.uk

Serva Biochemicals
Distributed by Crescent Chemical

S.F. Medical Pharmlast
See Chase-Walton Elastomers

SGE
2007 Kramer Lane
Austin, TX 78758
(800) 945-6154　FAX: (512) 836-9159
(512) 837-7190
http://www.sge.com

Shandon/Lipshaw
171 Industry Drive
Pittsburgh, PA 15275
(800) 245-6212　FAX: (412) 788-1138
(412) 788-1133
http://www.shandon.com

Sharpoint
P.O. Box 2212
Taichung, Taiwan
Republic of China
(886) 4-3206320
FAX: (886) 4-3289879
http://www.sharpoint.com.tw

Shelton Scientific
230 Longhill Crossroads
Shelton, CT 06484
(800) 222-2092　FAX: (203) 929-2175
(203) 929-8999
http://www.sheltonscientific.com

Sherwood-Davis & Geck
See Kendall

Sherwood Medical
See Kendall

Shimadzu Scientific Instruments
7102 Riverwood Drive
Columbia, MD 21046
(800) 477-1227　FAX: (410) 381-1222
(410) 381-1227
http://www.ssi.shimadzu.com

Sialomed
See Amika

Siemens Analytical X-Ray Systems
See Bruker Analytical X-Ray Systems

Sievers Instruments
Subsidiary of Ionics
6060 Spine Road
Boulder, CO 80301
(800) 255-6964　FAX: (303) 444-6272
(303) 444-2009
http://www.sieversinst.com

Sigma-Aldrich
3050 Spruce Street
St. Louis, MO 63103
(800) 358-5287　FAX: (800) 962-9591
(800) 325-3101　FAX: (800) 325-5052
http://www.sigma-aldrich.com

Silenus/Amrad
34 Wadhurst Drive
Boronia, Victoria 3155 Australia
(613) 887-3909　FAX: (613) 9887-3912
http://www.amrad.com.au

Silicon Genetics
2601 Spring Street
Redwood City, CA 94063
(866) SIG SOFT　FAX: (650) 365 1735
(650) 367 9600
http://www.sigenetics.com

SIMS Portex
10 Bowman Drive
Keene, NH 03431
(800) 258-5361　FAX: (603) 352-3703
(603) 352-3812
http://www.simsmed.com

SIMS Portex Limited
Hythe, Kent CT21 6JL, UK
(44)1303-260551
FAX: (44)1303-266761
http://www.portex.com

Siris Laboratories
See Biosearch Technologies

Skatron Instruments
See Molecular Devices

SLM Instruments
See Spectronic Instruments

SLM-AMINCO Instruments
See Spectronic Instruments

Small Parts
13980 NW 58th Court
P.O. Box 4650
Miami Lakes, FL 33014
(800) 220-4242　FAX: (800) 423-9009
(305) 558-1038　FAX: (305) 558-0509
http://www.smallparts.com

Smith & Nephew, Inc.
11775 Starkey Road
P.O. Box 1970
Largo, FL 33779
(800) 876-1261
http://www.smith-nephew.com

SmithKline Beecham
1 Franklin Plaza, #1800
Philadelphia, PA 19102
(215) 751-4000　FAX: (215) 751-4992
http://www.sb.com

Solid Phase Sciences
See Biosearch Technologies

SOMA Scientific Instruments
5319 University Drive, PMB #366
Irvine, CA 92612
(949) 854-0220　FAX: (949) 854-0223
http://somascientific.com

Somatix Therapy
See Cell Genesys

Sonics & Materials
53 Church Hill Road
Newtown, CT 06470
(800) 745-1105　FAX: (203) 270-4610
(203) 270-4600
http://www.sonicsandmaterials.com

Sonosep Biotech
See Triton Environmental Consultants

Sorvall
See Kendro Laboratory Products

Southern Biotechnology Associates
P.O. Box 26221
Birmingham, AL 35260
(800) 722-2255　FAX: (205) 945-8768
(205) 945-1774
http://SouthernBiotech.com

SPAFAS
190 Route 165
Preston, CT 06365
(800) SPAFAS-1　FAX: (860) 889-1991
(860) 889-1389
http://www.spafas.com

Specialty Media
Division of Cell & Molecular Technologies
580 Marshall Street
Phillipsburg, NJ 08865
(800) 543-6029　FAX: (908) 387-1670
(908) 454-7774
http://www.specialtymedia.com

Spectra Physics
See Thermo Separation Products

Spectramed
See BOC Edwards

SpectraSource Instruments
31324 Via Colinas, Suite 114
Westlake Village, CA 91362
(818) 707-2655　FAX: (818) 707-9035
http://www.spectrasource.com

Spectronic Instruments
820 Linden Avenue
Rochester, NY 14625
(800) 654-9955　FAX: (716) 248-4014
(716) 248-4000
http://www.spectronic.com

Spectrum Medical Industries
See Spectrum Laboratories

Spectrum Laboratories
18617 Broadwick Street
Rancho Dominguez, CA 90220
(800) 634-3300　FAX: (800) 445-7330
(310) 885-4601　FAX: (310) 885-4666
http://www.spectrumlabs.com

Spherotech
1840 Industrial Drive, Suite 270
Libertyville, IL 60048
(800) 368-0822　FAX: (847) 680-8927
(847) 680-8922
http://www.spherotech.com

SPSS
233 S. Wacker Drive, 11th floor
Chicago, IL 60606
(800) 521-1337　FAX: (800) 841-0064
http://www.spss.com

SS White Burs
1145 Towbin Avenue
Lakewood, NJ 08701
(732) 905-1100　FAX: (732) 905-0987
http://www.sswhiteburs.com

Stag Instruments
16 Monument Industrial Park
Chalgrove, Oxon OX44 7RW, UK
(44) 1865-891116
FAX: (44) 1865-890562

Standard Reference Materials Program
National Institute of Standards and Technology
Building 202, Room 204
Gaithersburg, MD 20899
(301) 975-6776　FAX: (301) 948-3730

Starplex Scientific
50 Steinway
Etobieoke, Ontario
M9W 6Y3 Canada
(800) 665-0954　FAX: (416) 674-6067
(416) 674-7474
http://www.starplexscientific.com

State Laboratory Institute of Massachusetts
305 South Street
Jamaica Plain, MA 02130
(617) 522-3700　FAX: (617) 522-8735
http://www.state.ma.us/dph

Stedim Labs
1910 Mark Court, Suite 110
Concord, CA 94520
(800) 914-6644 FAX: (925) 689-6988
(925) 689-6650
http://www.stedim.com

Stem Cell Technologies
777 West Broadway, Suite 808
Vancouver, British Columbia
V5Z 4J7 Canada
(800) 667-0322 FAX: (800) 567-2899
(604) 877-0713 FAX: (604) 877-0704
http://www.stemcell.com

Stephens Scientific
107 Riverdale Road
Riverdale, NJ 07457
(800) 831-8099 FAX: (201) 831-8009
(201) 831-9800

Steraloids
P.O. Box 689
Newport, RI 02840
(401) 848-5422 FAX: (401) 848-5638
http://www.steraloids.com

Sterling Medical
2091 Springdale Road, Suite 2
Cherry Hill, NJ 08003
(800) 229-0900 FAX: (800) 229-7854
http://www.sterlingmedical.com

Sterling Winthrop
90 Park Avenue
New York, NY 10016
(212) 907-2000 FAX: (212) 907-3626

Sternberger Monoclonals
10 Burwood Court
Lutherville, MD 21093
(410) 821-8505 FAX: (410) 821-8506
http://www.sternbergermonoclonals.com

Stoelting
502 Highway 67
Kiel, WI 53042
(920) 894-2293 FAX: (920) 894-7029
http://www.stoelting.com

Stovall Lifescience
206-G South Westgate Drive
Greensboro, NC 27407
(800) 852-0102 FAX: (336) 852-3507
http://www.slscience.com

Stratagene
11011 N. Torrey Pines Road
La Jolla, CA 92037
(800) 424-5444 FAX: (888) 267-4010
(858) 535-5400
http://www.stratagene.com

Strem Chemicals
7 Mulliken Way
Newburyport, MA 01950
(800) 647-8736 FAX: (800) 517-8736
(978) 462-3191 FAX: (978) 465-3104
http://www.strem.com

StressGen Biotechnologies
Biochemicals Division
120-4243 Glanford Avenue
Victoria, British Columbia
V8Z 4B9 Canada
(800) 661-4978 FAX: (250) 744-2877
(250) 744-2811
http://www.stressgen.com

Süd-Chemie Performance Packaging
101 Christine Drive
Belen, NM 87002
(800) 989-3374 FAX: (505) 864-9296
http://www.uniteddesiccants.com

Sumitomo Chemical
Sumitomo Building
5-33, Kitahama 4-chome
Chuo-ku, Osaka 541-8550, Japan
(81) 6-6220-3891
FAX: (81)-6-6220-3345
http://www.sumitomo-chem.co.jp

Sun Box
19217 Orbit Drive
Gaithersburg, MD 20879
(800) 548-3968 FAX: (301) 977-2281
(301) 869-5980
http://www.sunboxco.com

Sunbrokers
See Sun International

Sun International
3700 Highway 421 North
Wilmington, NC 28401
(800) LAB-VIAL FAX: (800) 231-7861
http://www.autosamplervial.com

Supelco
See Sigma-Aldrich

SuperArray
P.O. Box 34494
Bethesda, MD 20827
(888) 503-3187 FAX: (301) 765-9859
(301) 765-9888
http://www.superarray.com

Surface Measurement Systems
3 Warple Mews, Warple Way
London W3 ORF, UK
(44) 20-8749-4900
FAX: (44) 20-8749-6749
http://www.smsuk.co.uk/index.htm

SurgiVet
N7 W22025 Johnson Road, Suite A
Waukesha, WI 53186
(262) 513-8500 (888) 745-6562
FAX: (262) 513-9069
www.surgivet.com

Sutter Instruments
51 Digital Drive
Novato, CA 94949
(415) 883-0128 FAX: (415) 883-0572
http://www.sutter.com

Swiss Precision Instruments
1555 Mittel Boulevard, Suite F
Wooddale, IL 60191
(800) 221-0198 FAX: (800) 842-5164

SynChrom
See Micra Scientific

Synergy Software
2457 Perkiomen Avenue
Reading, PA 19606
(800) 876-8376 FAX: (610) 370-0548
(610) 779-0522
http://www.synergy.com

Synteni
See Incyte

Synthetics Industry
Lumite Division
2100A Atlantic Highway
Gainesville, GA 30501
(404) 532-9756 FAX: (404) 531-1347

Systat
See SPSS

Systems Planning and Analysis, Inc. (SPA)
2000 N. Beauregard Street
Suite 400
Alexandria, VA 22311
(703) 931-3500
http://www.spa-inc.net

3M Bioapplications
3M Center
Building 270-15-01
St. Paul, MN 55144
(800) 257-7459 FAX: (651) 737-5645
(651) 736-4946

T Cell Diagnostics and T Cell Sciences
38 Sidney Street
Cambridge, MA 02139
(617) 621-1400

TAAB Laboratory Equipment
3 Minerva House
Calleva Park
Aldermaston, Berkshire RG7 8NA, UK
(44) 118 9817775
FAX: (44) 118 9817881

Taconic
273 Hover Avenue
Germantown, NY 12526
(800) TAC-ONIC　FAX: (518) 537-7287
(518) 537-6208
http://www.taconic.com

Tago
See Biosource International

TaKaRa Biochemical
719 Alliston Way
Berkeley, CA 94710
(800) 544-9899　FAX: (510) 649-8933
(510) 649-9895
http://www.takara.co.jp/english

Takara Shuzo
Biomedical Group Division
Seta 3-4-1
Otsu Shiga 520-21, Japan
(81) 75-241-5100
FAX: (81) 77-543-9254
http://www.Takara.co.jp/english

Takeda Chemical Products
101 Takeda Drive
Wilmington, NC 28401
(800) 825-3328　FAX: (800) 825-0333
(910) 762-8666　FAX: (910) 762-6846
http://takeda-usa.com

TAO Biomedical
73 Manassas Court
Laurel Springs, NJ 08021
(609) 782-8622　FAX: (609) 782-8622

Tecan US
P.O. Box 13953
Research Triangle Park, NC 27709
(800) 33-TECAN　FAX: (919) 361-5201
(919) 361-5208
http://www.tecan-us.com

Techne
University Park Plaza
743 Alexander Road
Princeton, NJ 08540
(800) 225-9243　FAX: (609) 987-8177
(609) 452-9275
http://www.techneusa.com

Technical Manufacturing
15 Centennial Drive
Peabody, MA 01960
(978) 532-6330　FAX: (978) 531-8682
http://www.techmfg.com

Technical Products International
5918 Evergreen
St. Louis, MO 63134
(800) 729-4451　FAX: (314) 522-6360
(314) 522-8671
http://www.vibratome.com

Technicon
See Organon Teknika Cappel

Techno-Aide
P.O. Box 90763
Nashville, TN 37209
(800) 251-2629　FAX: (800) 554-6275
(615) 350-7030
http://www.techno-aid.com

Ted Pella
4595 Mountain Lakes Boulevard
P.O. Box 492477
Redding, CA 96049
(800) 237-3526　FAX: (530) 243-3761
(530) 243-2200
http://www.tedpella.com

Tekmar-Dohrmann
P.O. Box 429576
Cincinnati, OH 45242
(800) 543-4461　FAX: (800) 841-5262
(513) 247-7000　FAX: (513) 247-7050

Tektronix
142000 S.W. Karl Braun Drive
Beaverton, OR 97077
(800) 621-1966　FAX: (503) 627-7995
(503) 627-7999
http://www.tek.com

Tel-Test
P.O. Box 1421
Friendswood, TX 77546
(800) 631-0600　FAX: (281) 482-1070
(281) 482-2672
http://www.isotex-diag.com

TeleChem International
524 East Weddell Drive, Suite 3
Sunnyvale, CA 94089
(408) 744-1331　FAX: (408) 744-1711
http://www.gst.net/~telechem

Terumo Medical
2101 Cottontail Lane
Somerset, NJ 08873
(800) 283-7866　FAX: (732) 302-3083
(732) 302-4900
http://www.terumomedical.com

Tetko
333 South Highland Manor
Briarcliff, NY 10510
(800) 289-8385　FAX: (914) 941-1017
(914) 941-7767
http://www.tetko.com

TetraLink
4240 Ridge Lea Road, Suite 29
Amherst, NY 14226
(800) 747-5170　FAX: (800) 747-5171
http://www.tetra-link.com

TEVA Pharmaceuticals USA
1090 Horsham Road
P.O. Box 1090
North Wales, PA 19454
(215) 591-3000　FAX: (215) 721-9669
http://www.tevapharmusa.com

Texas Fluorescence Labs
9503 Capitol View Drive
Austin, TX 78747
(512) 280-5223　FAX: (512) 280-4997
http://www.teflabs.com

ThermoCare
P.O. Box 6069
Incline Village, NV 89450
(800) 262-4020　(775) 831-1201

Thermometric
Spjutvagen 5A
S-175 61 Jarfalla, Sweden
(46) 8-564-72-200

Thermoquest
IEC Division
300 Second Avenue
Needham Heights, MA 02194
(800) 843-1113　FAX: (781) 444-6743
(781) 449-0800
http://www.thermoquest.com

Thermo Separation Products
Thermoquest
355 River Oaks Parkway
San Jose, CA 95134
(800) 538-7067　FAX: (408) 526-9810
(408) 526-1100
http://www.thermoquest.com

Thomas Scientific
99 High Hill Road at I-295
Swedesboro, NJ 08085
(800) 345-2100　FAX: (800) 345-5232
(856) 467-2000　FAX: (856) 467-3087
http://www.wheatonsci.com/html/nt/Thomas.html

Thomson Instrument
354 Tyler Road
Clearbrook, VA 22624
(800) 842-4752　FAX: (540) 667-6878
(800) 541-4792　FAX: (760) 757-9367
http://www.hplc.com

Thorn EMI
See Electron Tubes

Thorlabs
435 Route 206
Newton, NJ 07860
(973) 579-7227　FAX: (973) 383-8406
http://www.thorlabs.com

Tiemann
See Bernsco Surgical Supply

Timberline Instruments
1880 South Flatiron Court, H-2
P.O. Box 20356
Boulder, CO 80308
(800) 777-5996　FAX: (303) 440-8786
(303) 440-8779
http://www.timberlineinstruments.com

Tissue-Tek
A Division of Sakura Finetek USA
1750 West 214th Street
Torrance, CA 90501
(800) 725-8723　FAX: (310) 972-7888
(310) 972-7800
http://www.sakuraus.com

Tocris Cookson
114 Holloway Road, Suite 200
Ballwin, MO 63011
(800) 421-3701　FAX: (800) 483-1993
(636) 207-7651　FAX: (636) 207-7683
http://www.tocris.com

Tocris Cookson
Northpoint, Fourth Way
Avonmouth, Bristol BS11 8TA, UK
(44) 117-982-6551
FAX: (44) 117-982-6552
http://www.tocris.com

Tomtec
See CraMar Technologies

TopoGen
P.O. Box 20607
Columbus, OH 43220
(800) TOPOGEN
FAX: (800) ADD-TOPO
(614) 451-5810　FAX: (614) 451-5811
http://www.topogen.com

Toronto Research Chemicals
2 Brisbane Road
North York, Ontario M3J 2J8, Canada
(416) 665-9696　FAX: (416) 665-4439
http://www.trc-canada.com

TosoHaas
156 Keystone Drive
Montgomeryville, PA 18036
(800) 366-4875　FAX: (215) 283-5035
(215) 283-5000
http://www.tosohaas.com

Towhill
647 Summer Street
Boston, MA 02210
(617) 542-6636　FAX: (617) 464-0804

Toxin Technology
7165 Curtiss Avenue
Sarasota, FL 34231
(941) 925-2032　FAX: (9413) 925-2130
http://www.toxintechnology.com

Toyo Soda
See TosoHaas

Trace Analytical
3517-A Edison Way
Menlo Park, CA 94025
(650) 364-6895　FAX: (650) 364-6897
http://www.traceanalytical.com

Transduction Laboratories
See BD Transduction Laboratories

Transgenomic
2032 Concourse Drive
San Jose, CA 95131
(408) 432-3230　FAX: (408) 432-3231
http://www.transgenomic.com

Travenol Lab
See Baxter Healthcare

Tree Star Software
20 Winding Way
San Carlos, CA 94070
(800) 366-6045
http://www.treestar.com

Trevigen
8405 Helgerman Court
Gaithersburg, MD 20877
(800) TREVIGEN　FAX: (301) 216-2801
(301) 216-2800
http://www.trevigen.com

Trilink Biotechnologies
6310 Nancy Ridge Drive
San Diego, CA 92121
(800) 863-6801　FAX: (858) 546-0020
http://www.trilink.biotech.com

Tripos Associates
1699 South Hanley Road, Suite 303
St. Louis, MO 63144
(800) 323-2960　FAX: (314) 647-9241
(314) 647-1099
http://www.tripos.com

Triton Environmental Consultants
120-13511 Commerce Parkway
Richmond, British Columbia
V6V 2L1 Canada
(604) 279-2093　FAX: (604) 279-2047
http://www.triton-env.com

Tropix
47 Wiggins Avenue
Bedford, MA 01730
(800) 542-2369　FAX: (617) 275-8581
(617) 271-0045
http://www.tropix.com

TSI Center for Diagnostic Products
See Intergen

2000 Eppendorf-5 Prime
5603 Arapahoe Avenue
Boulder, CO 80303
(800) 533-5703　FAX: (303) 440-0835
(303) 440-3705

Tyler Research
10328 73rd Avenue
Edmonton, Alberta
T6E 6N5 Canada
(403) 448-1249　FAX: (403) 433-0479

UBI
See Upstate Biotechnology

Ugo Basile Biological Research Apparatus
Via G. Borghi 43
21025 Comerio, Varese, Italy
(39) 332 744 574
FAX: (39) 332 745 488
http://www.ugobasile.com

UltraPIX
See Life Science Resources

Ultrasonic Power
239 East Stephenson Street
Freeport, IL 61032
(815) 235-6020　FAX: (815) 232-2150
http://www.upcorp.com

Ultrasound Advice
23 Aberdeen Road
London N52UG, UK
(44) 020-7359-1718
FAX: (44) 020-7359-3650
http://www.ultrasoundadvice.co.uk

UNELKO
14641 N. 74th Street
Scottsdale, AZ 85260
(480) 991-7272　FAX: (480)483-7674
http://www.unelko.com

Unifab Corp.
5260 Lovers Lane
Kalamazoo, MI 49002
(800) 648-9569　FAX: (616) 382-2825
(616) 382-2803

Union Carbide
10235 West Little York Road, Suite 300
Houston, TX 77040
(800) 568-4000　FAX: (713) 849-7021
(713) 849-7000
http://www.unioncarbide.com

United Desiccants
See Süd-Chemie Performance Packaging

United States Biochemical
See USB

United States Biological (US Biological)
P.O. Box 261
Swampscott, MA 01907
(800) 520-3011　FAX: (781) 639-1768
http://www.usbio.net

Universal Imaging
502 Brandywine Parkway
West Chester, PA 19380
(610) 344-9410　FAX: (610) 344-6515
http://www.image1.com

Upchurch Scientific
619 West Oak Street
P.O. Box 1529
Oak Harbor, WA 98277
(800) 426-0191　FAX: (800) 359-3460
(360) 679-2528　FAX: (360) 679-3830
http://www.upchurch.com

Upjohn
Pharmacia & Upjohn
http://www.pnu.com

Upstate Biotechnology (UBI)
1100 Winter Street, Suite 2300
Waltham, MA 02451
(800) 233-3991　FAX: (781) 890-7738
(781) 890-8845
http://www.upstatebiotech.com

USA/Scientific
346 SW 57th Avenue
P.O. Box 3565
Ocala, FL 34478
(800) LAB-TIPS　FAX: (352) 351-2057
(3524) 237-6288
http://www.usascientific.com

USB
26111 Miles Road
P.O. Box 22400
Cleveland, OH 44122
(800) 321-9322　FAX: (800) 535-0898
FAX: (216) 464-5075
http://www.usbweb.com

USCI Bard
Bard Interventional Products
129 Concord Road
Billerica, MA 01821
(800) 225-1332　FAX: (978) 262-4805
http://www.bardinterventional.com

UVP (Ultraviolet Products)
2066 W. 11th Street
Upland, CA 91786
(800) 452-6788　FAX: (909) 946-3597
(909) 946-3197
http://www.uvp.com

V & P Scientific
9823 Pacific Heights Boulevard, Suite T
San Diego, CA 92121
(800) 455-0644　FAX: (858) 455-0703
(858) 455-0643
http://www.vp-scientific.com

Valco Instruments
P.O. Box 55603
Houston, TX 77255
(800) FOR-VICI　FAX: (713) 688-8106
(713) 688-9345
http://www.vici.com

Value Plastics
3325 Timberline Road
Fort Collins, CO 80525
(800) 404-LUER　FAX: (970) 223-0953
(970) 223-8306
http://www.valueplastics.com

Vangard International
P.O. Box 308
3535 Rt. 66, Bldg. #4
Neptune, NJ 07754
(800) 922-0784　FAX: (732) 922-0557
(732) 922-4900
http://www.vangard1.com

Varian Analytical Instruments
2700 Mitchell Drive
Walnut Creek, CA 94598
(800) 926-3000　FAX: (925) 945-2102
(925) 939-2400
http://www.varianinc.com

Varian Associates
3050 Hansen Way
Palo Alto, CA 94304
(800) 544-4636　FAX: (650) 424-5358
(650) 493-4000
http://www.varian.com

Vector Core Laboratory/
National Gene Vector Labs
University of Michigan
3560 E MSRB II
1150 West Medical Center Drive
Ann Arbor, MI 48109
(734) 936-5843　FAX: (734) 764-3596

Vector Laboratories
30 Ingold Road
Burlingame, CA 94010
(800) 227-6666　FAX: (650) 697-0339
(650) 697-3600
http://www.vectorlabs.com

Vedco
2121 S.E. Bush Road
St. Joseph, MO 64504
(888) 708-3326　FAX: (816) 238-1837
(816) 238-8840
http://database.vedco.com

Ventana Medical Systems
3865 North Business Center Drive
Tucson, AZ 85705
(800) 227-2155　FAX: (520) 887-2558
(520) 887-2155
http://www.ventanamed.com

Verity Software House
P.O. Box 247
45A Augusta Road
Topsham, ME 04086
(207) 729-6767　FAX: (207) 729-5443
http://www.vsh.com

Vernitron
See Sensor Systems LLC

Vertex Pharmaceuticals
130 Waverly Street
Cambridge, MA 02139
(617) 577-6000　FAX: (617) 577-6680
http://www.vpharm.com

Vetamac
Route 7, Box 208
Frankfort, IN 46041
(317) 379-3621

Vet Drug
Unit 8
Lakeside Industrial Estate
Colnbrook, Slough SL3 0ED, UK

Vetus Animal Health
See Burns Veterinary Supply

Viamed
15 Station Road
Cross Hills, Keighley
W. Yorkshire BD20 7DT, UK
(44) 1-535-634-542
FAX: (44) 1-535-635-582
http://www.viamed.co.uk

Vical
9373 Town Center Drive, Suite 100
San Diego, CA 92121
(858) 646-1100　FAX: (858) 646-1150
http://www.vical.com

Victor Medical
2349 North Watney Way, Suite D
Fairfield, CA 94533
(800) 888-8908　FAX: (707) 425-6459
(707) 425-0294

Virion Systems
9610 Medical Center Drive, Suite 100
Rockville, MD 20850
(301) 309-1844　FAX: (301) 309-0471
http://www.radix.net/~virion

VirTis Company
815 Route 208
Gardiner, NY 12525
(800) 765-6198　FAX: (914) 255-5338
(914) 255-5000
http://www.virtis.com

Visible Genetics
700 Bay Street, Suite 1000
Toronto, Ontario M5G 1Z6, Canada
(888) 463-6844　(416) 813-3272
http://www.visgen.com

Vitrocom
8 Morris Avenue
Mountain Lakes, NJ 07046
(973) 402-1443　FAX: (973) 402-1445

VTI
7650 W. 26th Avenue
Hialeah, FL 33106
(305) 828-4700　FAX: (305) 828-0299
http://www.vticorp.com

VWR Scientific Products
200 Center Square Road
Bridgeport, NJ 08014
(800) 932-5000　FAX: (609) 467-5499
(609) 467-2600
http://www.vwrsp.com

Vydac
17434 Mojave Street
P.O. Box 867
Hesperia, CA 92345
(800) 247-0924　FAX: (760) 244-1984
(760) 244-6107
http://www.vydac.com

Vysis
3100 Woodcreek Drive
Downers Grove, IL 60515
(800) 553-7042　FAX: (630) 271-7138
(630) 271-7000
http://www.vysis.com

W&H Dentalwerk Bürmoos
P.O. Box 1
A-5111 Bürmoos, Austria
(43) 6274-6236-0
FAX: (43) 6274-6236-55
http://www.wnhdent.com

Wako BioProducts
See Wako Chemicals USA

Wako Chemicals USA
1600 Bellwood Road
Richmond, VA 23237
(800) 992-9256　FAX: (804) 271-7791
(804) 271-7677
http://www.wakousa.com

Wako Pure Chemicals
1-2, Doshomachi 3-chome
Chuo-ku, Osaka 540-8605, Japan
81-6-6203-3741　FAX: 81-6-6222-1203
http://www.wako-chem.co.jp/egaiyo/index.htm

Wallac
See Perkin-Elmer

Wallac
A Division of Perkin-Elmer
3985 Eastern Road
Norton, OH 44203
(800) 321-9632　FAX: (330) 825-8520
(330) 825-4525
http://www.wallac.com

Waring Products
283 Main Street
New Hartford, CT 06057
(800) 348-7195　FAX: (860) 738-9203
(860) 379-0731
http://www.waringproducts.com

Warner Instrument
1141 Dixwell Avenue
Hamden, CT 06514
(800) 599-4203　FAX: (203) 776-1278
(203) 776-0664
http://www.warnerinstrument.com

Warner-Lambert
Parke-Davis
201 Tabor Road
Morris Plains, NJ 07950
(973) 540-2000　FAX: (973) 540-3761
http://www.warner-lambert.com

Washington University Machine Shop
615 South Taylor
St. Louis, MO 63310
(314) 362-6186　FAX: (314) 362-6184

Waters Chromatography
34 Maple Street
Milford, MA 01757
(800) 252-HPLC　FAX: (508) 478-1990
(508) 478-2000
http://www.waters.com

Watlow
12001 Lackland Road
St. Louis, MO 63146
(314) 426-7431　FAX: (314) 447-8770
http://www.watlow.com

Watson-Marlow
220 Ballardvale Street
Wilmington, MA 01887
(978) 658-6168　FAX: (978) 988 0828
http://www.watson-marlow.co.uk

Waukesha Fluid Handling
611 Sugar Creek Road
Delavan, WI 53115
(800) 252-5200　FAX: (800) 252-5012
(414) 728-1900　FAX: (414) 728-4608
http://www.waukesha-cb.com

WaveMetrics
P.O. Box 2088
Lake Oswego, OR 97035
(503) 620-3001　FAX: (503) 620-6754
http://www.wavemetrics.com

Weber Scientific
2732 Kuser Road
Hamilton, NJ 08691
(800) FAT-TEST　FAX: (609) 584-8388
(609) 584-7677
http://www.weberscientific.com

Weck, Edward & Company
1 Weck Drive
Research Triangle Park, NC 27709
(919) 544-8000

Wellcome Diagnostics
See Burroughs Wellcome

Wesbart Engineering
Daux Road
Billingshurst, West Sussex
RH14 9EZ, UK
(44) 1-403-782738
FAX: (44) 1-403-784180
http://www.wesbart.co.uk

Whatman
9 Bridewell Place
Clifton, NJ 07014
(800) 631-7290　FAX: (973) 773-3991
(973) 773-5800
http://www.whatman.com

Wheaton Science Products
1501 North 10th Street
Millville, NJ 08332
(800) 225-1437　FAX: (800) 368-3108
(856) 825-1100　FAX: (856) 825-1368
http://www.algroupwheaton.com

Whittaker Bioproducts
See BioWhittaker

Winthrop
See Sterling Winthrop

Willy A. Bachofen
AG Maschinenfabrik
Utengasse 15/17
CH4005 Basel, Switzerland
(41) 61-681-5151
FAX: (41) 61-681-5058
http://www.wab.ch

Wolfram Research
100 Trade Center Drive
Champaign, IL 61820
(800) 965-3726　FAX: (217) 398-0747
(217) 398-0700
http://www.wolfram.com

World Health Organization
Microbiology and Immunology Support
20 Avenue Appia
1211 Geneva 27, Switzerland
(41-22) 791-2602
FAX: (41-22) 791-0746
http://www.who.org

World Precision Instruments
175 Sarasota Center Boulevard
International Trade Center
Sarasota, FL 34240
(941) 371-1003　FAX: (941) 377-5428
http://www.wpiinc.com

Worthington Biochemical
Halls Mill Road
Freehold, NJ 07728
(800) 445-9603　FAX: (800) 368-3108
(732) 462-3838　FAX: (732) 308-4453
http://www.worthington-biochem.com

WPI
See World Precision Instruments

Wyeth-Ayerst
2 Esterbrook Lane
Cherry Hill, NJ 08003
(800) 568-9938　FAX: (858) 424-8747
(858) 424-3700

Wyeth-Ayerst Laboratories
P.O. Box 1773
Paoli, PA 19301
(800) 666-7248　FAX: (610) 889-9669
(610) 644-8000
http://www.ahp.com

Xillix Technologies
300-13775 Commerce Parkway
Richmond, British Columbia
V6V 2V4 Canada
(800) 665-2236　FAX: (604) 278-3356
(604) 278-5000
http://www.xillix.com

Xomed Surgical Products
6743 Southpoint Drive N
Jacksonville, FL 32216
(800) 874-5797　FAX: (800) 678-3995
(904) 296-9600　FAX: (904) 296-9666
http://www.xomed.com

Yakult Honsha
1-19, Higashi-Shinbashi 1-chome
Minato-ku Tokyo 105-8660, Japan
81-3-3574-8960

Yamasa Shoyu
23-8 Nihonbashi Kakigaracho
1-chome, Chuoku
Tokyo, 103 Japan
(81) 3-479 22 0095
FAX: (81) 3-479 22 3435

Yeast Genetic Stock Center
See ATCC

Yellow Spring Instruments
See YSI

YSI
1725-1700 Brannum Lane
Yellow Springs, OH 45387
(800) 765-9744　FAX: (937) 767-9353
(937) 767-7241
http://www.ysi.com

Zeneca/CRB
See AstraZeneca
(800) 327-0125　FAX: (800) 321-4745

Zivic-Miller Laboratories
178 Toll Gate Road
Zelienople, PA 16063
(800) 422-LABS　FAX: (724) 452-4506
(800) MBM-RATS　FAX: (724) 452-5200
http://zivicmiller.com

Zymark
Zymark Center
Hopkinton, MA 01748
(508) 435-9500　FAX: (508) 435-3439
http://www.zymark.com

Zymed Laboratories
458 Carlton Court
South San Francisco, CA 94080
(800) 874-4494　FAX: (650) 871-4499
(650) 871-4494
http://www.zymed.com

Zynaxis Cell Science
See ChiRex Cauldron

附录5 参考文献

本书英文原著分为两卷，第一卷为1～12章，第二卷为13～23章。在翻译成中文后，两卷合为一册，两卷的参考文献集中放在附录5中，分为两部分，I为1～12章的参考文献，II为13～23章的参考文献，两部分分别按字母顺序排序。

I

Aboud, M., Wolfson, M., Hassan, Y., and Huleihel, M. 1982. Rapid purification of extracellular and intracellular Moloney murine leukemia virus. *Arch. Virol.* 71:185-195.

ACS (American Chemical Society). 1995. Biotech Buyers' Guide 1995. ACS, Washington, D.C.

Alam, J. and Cook, J.L. 1990. Reporter genes: Application to the study of mammalian gene transcription. *Anal. Biochem.* 188:245-254.

Alexander, M., Heppel, L.A., and Hurwitz, J. 1961. The purification and properties of micrococcal nuclease. *J. Biol. Chem.* 236:3014-3019.

Amann, E., Ochs, B., and Abel, K.-J. 1988. Tightly regulated *tac* promoter vectors useful for the expression of unfused and fused proteins in *Escherichia coli*. *Gene* 69:301-315.

Anderson, N.L. 1988. Two-Dimensional Electrophoresis Operation of the ISO-DALT (R) System. Large Scale Biology Press, Washington, D.C.

Andrew, S.M. and Titus, J.A. 2002. Purification of immunoglobulin G. *In* Current Protocols in Immunology (J.E. Coligan, A.M. Kruisbeek, D.H. Margulies, E.M. Shevach, and W. Strober, eds.) pp. 2.7.1-2.7.12. John Wiley & Sons, New York.

Anspach, B., Unger, K.K., Davies, J., and Hearn, M.T.W. 1988. Affinity chromatography with triazine dyes immobilized onto activated non-porous monodisperse silicas. *J. Chromatogr.* 457:195-204.

Applied Biosystems. 1988. User Bulletin no. 13. Applied Biosystems, Foster City, Calif.

Appleyard, R.K. 1954. Segregation of new lysogenic types during growth of a doubly lysogenic strain derived from *Escherichia coli* K12. *Genetics* 39:440-452.

Arber, W., Enquist, L., Hohn, B., Murray, N., and Murray, K. 1983. Experimental methods for use with lambda. *In* Lambda II (R.W. Hendrix, J.W. Roberts, F.W. Stahl, and R.A. Weisberg, eds.) pp. 433-466. Cold Spring Harbor Laboratory Press, Cold Spring Harbor, N.Y.

Aruffo, A. and Seed, B. 1987. Molecular cloning of a CD28 cDNA by a high-efficiency COS cell expression system. *Proc. Natl. Acad. Sci. U.S.A.* 84:8753-8577.

Austin, C.P. and Cepko, C.L. 1990. Cellular migration patterns in the developing mouse cerebral cortex. *Development* 110:713-732.

Aviv, H. and Leder, P. 1972. Purification of biologically active globin messenger RNA by chromatography on oligothymidylic acid-cellulose. *Proc. Natl. Acad. Sci. U.S.A.* 69:1408-1412.

Bachmann, B.J. 1983. Linkage map of *Escherichia coli* K-12, edition 7. *Microbiol. Rev.* 47:180-230.

Backman, K., Ptashne, M., and Gilbert, W. 1976. Construction of plasmids carrying the cI gene of bacteriophage lambda. *Proc. Natl. Acad. Sci. U.S.A.* 73:4174-4178.

Banuett, F., Hoyt, A.M., McFarlane, L., Echols, H., and Herskowitz, I. 1986. *hflB*, a new *Escherichia coli* locus regulating lysogeny and the level of bacteriophage lambda cII protein. *J. Mol. Biol.* 187:213-224.

Barkley, M.D. and Bourgeois, S. 1978. Repressor recognition of operator and effectors. *In* The Operon (J. Miller, ed.) pp. 177-220. Cold Spring Harbor Laboratory Press, Cold Spring Harbor, N.Y.

Beaucage, S.L., Bergstrom, D.E., Glick, G.D., and Jones, R.A. (eds.) 2002. Current Protocols in Nucleic Acid Chemistry. John Wiley & Sons, New York.

Bebenek, K. and Kunkel, T.A. 1989. The use of native T7 DNA polymerase for site-directed mutagenesis. *Nucl. Acids Res.* 17:5408.

Beck, S. and Koster, H. 1990. Applications of dioxetane chemiluminescent probes to molecular biology. *Anal. Chem.* 62:2258-2270.

Bender, M.A., Palmer, T.D., Gelinas, R.E., and Miller, A.D. 1987. Evidence that the packaging signal of Moloney murine leukemia virus extends into the gag region. *J. Virol.* 61:1639-1646.

Berger, J., Hauber, J., Hauber, R., Geiger, R., and Cullen, B.R. 1988. Secreted placental alkaline phosphatase: A powerful new quantitative indicator of gene expression in eukaryotic cells. *Gene* 66:1-10.

Birnboim, H.C. 1983. A rapid alkaline extraction method for the isolation of plasmid DNA. *Methods Enzymol.* 100:243-255.

Bjerrum, O.J. and Schafer-Nielsen, C. 1986. Buffer systems and transfer parameters for semidry electroblotting with a horizontal apparatus. *In* Electrophoresis '86 (M.J. Dunn, ed.) pp. 315-327. VCH Publishers, Deerfield Beach, Fla.

Blattner, F.R., Williams, B.G., Blechl, A.E., Denniston-Thompson, K., Faber, H.E., Furlong, L.-A., Grunwald, D.J., Kiefer, D.O., Moore, D.D., Schumm, J.W., Sheldon, E.O., and Smithies, O. 1977. Charon phages: Safer derivatives of bacteriophage lambda for DNA cloning. *Science* 196:161-169.

Bodine, D.M., Karlsson, S., and Nienhuis, A.W. 1989. Combination of interleukins 3 and 6 preserves stem cell function in culture and enhances retrovirus-mediated gene transfer into hematopoietic stem cells. *Proc. Natl. Acad. Sci. U.S.A.* 86:8897-8901.

Bodine, D.M., Seidel, N.E., Gale, M.S., Nienhuis, A.W., and Orlic, D. 1994. Efficient retrovirus transduction of mouse pluripotent hematopoietic stem cells mobilized into the peripheral blood by treatment with granulocyte colony-stimulating factor and stem cell factor. *Blood* 84:1482-1491.

Boehringer Mannheim Biochemicals. Biochemicals for Molecular Biology (catalog). Indianapolis.

Bolivar, F., Rodriguez, R.L., Greene, P.J., Betlach, M.C., Heynecker, H.L, and Boyer, H.W. 1977. Construction of useful cloning vectors. *Gene* 2:95-113.

Borck, J., Beggs, J.D., Brammer, W.J., Hopkins, A.S., and Murray, N.E. 1976. The construction in vitro of transducing derivatives of phage lambda. *Mol. Gen. Genet.* 146:199-207.

Boris-Lawrie, K.A. and Temin, H.M. 1993. Recent advances in retrovirus vector technology. *Curr. Opin. Genet. Dev.* 3:102-109.

Boyer, H.W. and Roulland-Dussoix, D. 1969. A complementation analysis of the restriction and modification of DNA in *Escherichia coli*. *J. Mol. Biol.* 41:459-472.

Brenowitz, M., Senear, D.F., Shea, M.A., and Ackers, G.K. 1986a. Footprint titrations yield valid thermodynamic isotherms. *Proc. Natl. Acad. Sci. U.S.A.* 83:8462-8466.

Brenowitz, M., Senear, D.F., Shea, M.A., and Ackers, G.K. 1986b. Quantitative DNase I footprint titration: A method for studying protein-DNA interactions. *Methods Enzymol.* 130:132-181.

Bronner-Fraser, M. 1985. Alterations in neural crest migration by a monoclonal antibody that affects cell adhesion. *J. Cell Biol.* 101:610-617.

Bronstein, I., Fortin, J., Stanley, P.E., Stewart, G.S., and Kricka, L.J. 1994. Chemiluminescent and bioluminescent reporter gene assays. *Anal. Biochem.* 219:169-181.

Brown, T.A. (ed.) 1991. Molecular Biology Labfax. BIOS Scientific Publishers, Oxford.

Buchholz, K., Goedelmann, B., and Molnar, I. 1982. High-performance liquid chromatography of proteins: Analytical applications. *J. Chromatogr.* 238:193-202.

Burnet, F.M. 1959. The Clonal Selection Theory of Acquired Immunity. Vanderbilt University Press, Nashville.

Burns, J.C., Friedmann, T., Driever, W., Burrascano, M., and Yee, J.K. 1993. Vesicular stomatitis virus G glycoprotein pseudotyped retroviral vectors: Concentration to a very high titer and efficient gene transfer into mammalian and nonmammalian cells. *Proc. Natl. Acad. Sci. U.S.A.* 90:8033-8037.

Cadwell, R.C. and Joyce, G.F. 1992. Randomization of genes by PCR mutagenesis. *PCR Methods Appl.* 2:28-33.

Carthew, R.W., Chodosh, L.A., and Sharp, P.A. 1985. An RNA polymerase II transcription factor binds to an upstream element in the adenovirus major late promoter. *Cell* 43:439-448.

Casadaban, M.J. and Cohen, S.N. 1980. Analysis of gene control signals by DNA fusion and cloning in *Escherichia coli*. *J. Mol. Biol.* 138:179-207.

Celis, J.E. and Bravo, R. (eds.) 1984. Two-Dimensional Gel Electrophoresis of Proteins. Academic Press, San Diego, Calif.

Celis, J.E. and Smith, J.D. 1979. Nonsense Mutations and tRNA Suppressors. Academic Press, London.

Cepko, C.L. 1989. Lineage analysis and immortalization of neural cells via retrovirus vectors. *In* Neuromethods, Vol. 16: Molecular Neurobiological Techniques (A.A. Boulton, G.B. Baker, and A.T. Campagnoni, eds.) pp. 367-392. Humana Press, Clifton, N.J.

Chaconas, G. and van de Sande, J.H. 1980. 5'-^{32}P labeling of RNA and DNA restriction fragments. *Methods Enzymol.* 65:75-88.

Chalfie, M., Tu, Y., Euskirchen, G., Ward, W.W., and Prasher, D.C. 1994. Green fluorescent protein as a marker for gene expression. *Science* 263:802-805.

Challberg, M.D. and Englund, P.T. 1980. Specific labeling of 3' termini with T4 DNA polymerase. *Methods Enzymol.* 65:39-43.

Chamberlin, M.J. and Ryan, T. 1982. Bacteriophage DNA-dependent RNA polymerases. *In* The Enzymes, Vol. 15B (P.D. Boyer, ed.) pp. 87-109. Academic Press, New York.

Chang, A.C.Y. and Cohen, S.N. 1978. Construction and characterization of amplifiable multicopy DNA cloning vehicles derived from the p15A cryptic miniplasmid. *J. Bacteriol.* 134:1141-1156.

Chen, C. and Okayama, H. 1987. High efficiency transformation of mammalian cells by plasmid DNA. *Mol. Cell. Biol.* 7:2745-2752.

Chen, C. and Okayama, H. 1988. Calcium phosphate-mediated gene transfer: A highly efficient system for stably transforming cells with plasmid DNA. *BioTechniques* 6:632-638.

Chen, Z. and Ruffner, D.E. 1996. Modified crush-and-soak method for recovering oligodeoxynucleotides from polyacrylamide gel. *Biotechniques* 21:820-822.

Chen, J.-L. and Tjian, R. 1996. Reconstitution of TATA-binding protein-associated factor/TATA-binding protein complexes for in vitro transcription. *Methods Enzymol.* 273:208-217.

Cheng, Y.C., Huang, E.S., Lin, J.C., Mar, E.C., Pagano, J.S., Dutschman, G.E., and Grill, S.P. 1983. Unique spectrum of activity of 9-[(1,3-dihydroxy-2-propoxy)methyl]guanine against herpesviruses in vitro and its mode of action against herpes simplex virus type 1. *Proc. Natl. Acad. Sci. U.S.A.* 80:2767-2770.

Chiang, C.-M. and Roeder, R.G. 1993. Expression and purification of general transcription factors by FLAG epitope tagging and peptide elution. *Pept. Res.* 6:62-64.

Chirgwin, J.J., Przbyla, A.E., MacDonald, R.J., and Rutter, W.J. 1979. Isolation of biologically active ribonucleic acid from sources enriched in ribonuclease. *Biochemistry* 18:5294.

Chodosh, L.A., Carthew, R.W., and Sharp, P.A. 1986. A single polypeptide possesses the binding and activities of the adenovirus major late transcription factor. *Mol. Cell. Biol.* 6:4723-4733.

Chomczynski, P. 1989. Product and process for isolating RNA. U.S. Patent #4,843,155.

Chomczynski, P. and Sacchi, N. 1987. Single-step method of RNA isolation by acid guanidine thiocyanate-phenol-chloroform extraction. *Anal. Biochem.* 162:156-159.

Chou, P.Y. and Fasman, G.D. 1978. Empirical predictions of protein conformation. *Ann. Rev. Biochem.* 47:251-276.

Chrambach, A. and Rodbard, D. 1971. Polyacrylamide gel electrophoresis. *Science* 172:440-451.

Chu, G. 1989. Pulsed field electrophoresis in contour-clamped homogeneous electric fields for the resolution of DNA by size or topology. *Electrophoresis* 10:290-295.

Chu, G., Vollrath, D., and Davis, R.W. 1986. Separation of large DNA molecules by contour clamped homogeneous electric fields. *Science* 234:1582-1585.

Church, G. and Gilbert, W. 1984. Genomic sequencing. *Proc. Natl. Acad. Sci. U.S.A.* 81:1991-1995.

Coligan, J.E., Gates, F.T. III, Kimball, E.S., and Maloy, W.L. 1983. Radiochemical sequence analysis of metabolically labeled proteins. *Methods Enzymol.* 91:413-434.

Coligan, J.E., Dunn, B.M., Ploegh, H.L., Speicher, D.W., and Wingfield, P.T. (eds.). 2002. Current Protocols in Protein Science. John Wiley & Sons, New York.

Cone, R.D. and Mulligan, R.C. 1984. High-efficiency gene transfer into mammalian cells: Generation of helper-free recombinant retrovirus with broad mammalian host range. *Proc. Natl. Acad. Sci. U.S.A.* 81:6349-6353.

Cooper, T.G. 1977. Tools in Biochemistry. John Wiley & Sons, New York.

Corrigan, A.J. and Huang, P.C. 1982. A basic microcomputer program for plotting the secondary structure of proteins. *Comput. Programs Biomed.* 3:163-168.

Cosset, F.L., Legras, C., Chebloune, Y., Savatier, P., Thoraval, P., Thomas, J.L., Samarut, J., Nigon, V.M., and Verdier, G. 1990. A new avian leukosis virus-based packaging cell line that uses two separate transcomplementing helper genomes. *J. Virol.* 64:1070-1078.

Cosset, F.L., Takeuchi, Y., Battini, J.L., Weiss, R.A., and Collins, M.K. 1995. High-titer packaging cells producing recombinant retroviruses resistant to human serum. *J. Virol.* 69:7430-7436.

CRC (Chemical Rubber Company). 1975. CRC Handbook of Biochemistry and Molecular Biology, Physical and Chemical Data, 3rd ed., Vol. 1. CRC Press, Boca Raton, Fla.

Creasey, A., D'Angio, L. Jr., Dunne, T.S., Kissinger, C., O'Keeffe, T., Perry-O'Keeffe, H., Moran, L.S., Roskey, M., Schildkraut, I., Sears, L.E., and Slatko, B. 1991. Application of a novel chemiluminescence-based DNA detection method to single-vector and multiplex DNA sequencing. *BioTechniques* 11:102-109.

Dabrowiak, J.C. and Goodisman, J. 1989. Quantitative footprinting analysis of drug-DNA interactions. *In* Chemistry and Physics of DNA-Ligand Interactions (N.R. Kallenback, ed.). Adenine Press, Schenectady, N.Y.

Daley, G.Q., Van Etten, R.A., and Baltimore, D. 1990. Induction of chronic myelogenous leukemia in mice by the P210 bcr/abl gene of the Philadelphia chromosome. *Science* 247:824-830.

Danos, O. and Mulligan, R.C. 1988. Safe and efficient generation of recombinant retroviruses with amphotropic and ecotropic host ranges. *Proc. Natl. Acad. Sci. U.S.A.* 85:6460-6464.

Darbre, A. 1986. Analytical methods. *In* Practical Protein Chemistry: A Handbook (A. Darbre, ed.) pp. 227-335. John Wiley & Sons, New York.

Davis, M.T. and Lee, T.D. 1992. Analysis of peptide mixtures by capillary high performance liquid chromatography: A practical guide to small-scale separations. *Protein Sci.* 1:935-944.

Davis, R.W., Botstein, D., and Roth, J.R. 1980. A Manual for Genetic Engineering: Advanced Bacterial Genetics, pp. 70-113. Cold Spring Harbor Laboratory Press, Cold Spring Harbor, N.Y.

de Haen, C. 1987. Molecular weight standards for calibration of gel filtration and sodium dodecyl sulfate-polyacrylamide gel electrophoresis: Ferritin and apoferritin. *Anal. Biochem.* 166:235-245.

de la Luna, S., Soria, I., Pulido, D., Ortin, J., and Jimenez, A. 1988. Efficient transformation of mammalian cells with constructs containing a puromycin-resistance marker. *Gene* 62:121-126.

Delagrave, S., Hawtin, R.E., Silva, C.M., Yang, M.M., and Youvan, D.C. 1995. Red-shifted excitation mutants of the green fluorescent protein. *Bio/Technology* 13:151-154.

Dellaporta, S.L., Wood, J., and Hicks, J.B. 1983. A plant DNA minipreparation: Version II. *Plant Mol. Biol. Rep.* 1:19-21.

Denhardt, D. 1966. A membrane filter technique for the detection of complementary DNA. *Biochem. Biophys. Res. Commun.* 23:641-646.

Dignam J.D., Lebovitz, R.M., and Roeder, R.G. 1983. Accurate transcription initiation by RNA polymerase II in a soluble extract from isolated mammalian nuclei. *Nucl. Acids Res.* 11:1475-1489.

Dolan, J.W. and Snyder, L.R. 1989. Troubleshooting LC Systems. Humana Press, Clifton, N.J.

Donovan, J. and Brown, P. 2002a. Care and handling of laboratory animals. *In* Current Protocols in Immunology (J.E. Coligan, A.M. Kruisbeek, D.H. Margulies, E.M. Shevach, and W. Strober, eds.) pp. 1.1.1-1.8.4. John Wiley & Sons, New York.

Donovan, J. and Brown, P. 2002b. Parenteral injections. *In* Current Protocols in Immunology (J.E. Coligan, A.M. Kruisbeek, D.H. Margulies, E.M. Shevach, and W. Strober, eds.) pp. 1.6.1-1.6.10. John Wiley & Sons, New York.

Donovan, J. and Brown, P. 2002c. Blood collection. *In* Current Protocols in Immunology (J.E. Coligan, A.M. Kruisbeek, D.H. Margulies, E.M. Shevach, and W. Strober, eds.) pp. 1.7.1-1.7.8. John Wiley & Sons, New York.

Doolittle, R.F. 1986. Of URFS and ORFS: A Primer on How to Analyze Derived Amino Acid Sequences. University Science Books, Mill Valley, Calif.

Dower, W.J., Miller, J.F., and Ragsdale, C.W. 1988. High efficiency transformation of *E. coli* by high voltage electroporation. *Nucl. Acids Res.* 16:6127-6145.

Dranoff, G., Jaffee, E., Lazenby, A., Golumbek, P., Levitsky, H., Brose, K., Jackson, V., Hamada, H., Pardoll, D., and Mulligan, R.C. 1993. Vaccination with irradiated tumor cells engineered to secrete murine granulocyte-macrophage colony-stimulating factor stimulates potent, specific, and long-lasting anti-tumor immunity. *Proc. Natl. Acad. Sci. U.S.A.* 90:3539-3543.

Dunbar, B.S. 1987. Two-Dimensional Electrophoresis and Immunological Techniques. Plenum, New York.

Dyson, N.J. 1991. Immobilization of nucleic acids and hybridization analysis. *In* Essential Molecular Biology: A Practical Approach, Vol. 2 (T.A. Brown, ed.) pp. 111-156. IRL Press at Oxford University Press, Oxford.

Eckert, R. 1987. New vectors for rapid sequencing of DNA fragments by chemical degradation. *Gene* 51: 245-252.

Ehlert, F., Bierbaum, P., and Schorr, J. 1993. Importance of DNA quality for transfection efficiency. *BioTechniques* 14:546.

Enea, V. and Zinder, N.D. 1982. Interference resistant mutants of phage f1. *Virology* 122:222-226.

Engler, M.J. and Richardson, D.C. 1982. DNA ligases. *In* The Enzymes, Vol. 15B (P.D. Boyer, ed.) pp. 3-30. Academic Press, San Diego.

Engvall, E. and Perlman, P. 1971. Enzyme-linked immunosorbent assay (ELISA): Quantitative assay of immunoglobulin G. *Immunochemistry* 8:871-879.

Enquist, L. and Sternberg, N. 1979. Packaging of bacteriophage λ in vitro. *Methods Enzymol.* 68:281-298.

Ey, P.L., Prowse, S.J., and Jenkin, C.R. 1978. Isolation of pure IgG_1, IgG_{2a} and IgG_{2b} immunoglobulins from mouse serum using protein A-Sepharose. *Immunochemistry* 15:429-436.

Feinberg, A.P. and Vogelstein, B. 1983. A technique for radiolabeling DNA restriction endonuclease fragments to high specific activity. *Anal. Biochem.* 132:6-13.

Fekete, D.M. and Cepko, C.L. 1993a. Retroviral infection coupled with tissue transplantation limits gene transfer in the chick embryo. *Proc. Natl. Acad. Sci. U.S.A.* 90:2350-2354.

Fekete, D.M. and Cepko, C.L. 1993b. Replication competent retroviral vectors encoding alkaline phosphatase reveal spatial restriction of viral gene expression/transduction in the chick embryo. *Mol. Cell. Biol.* 13:2604-2613.

Felgner, P.L., Gadek, T.R., Holm, M. Roman, R., Chan, H.W., Wenz, M., Northrop, J.P., Ringold, G.M., and Danielsen, M. 1987. Lipofection: A highly efficient, lipid-mediated DNA-transfection procedure. *Proc. Natl. Acad. Sci. U.S.A.* 84:7413-7417.

Finer, M.H., Dull, T.J., Qin, L., Farson, D., and Roberts, M.R. 1994. kat: A high-efficiency retroviral transduction system for primary human T lymphocytes. *Blood* 83:43-50.

Flodin, P. 1961. Methodological aspects of gel filtration, with special reference to desalting operations. *J. Chromatogr.* 5:103-115.

Foster, T.J. 1983. Plasmid-determined resistance to antimicrobial drugs and toxic metal ions in bacteria. *Microbiol. Rev.* 47:361-409.

Fraser, C.C., Szilvassy, S.J., Eaves, C.J., and Humphries, R.K. 1992. Proliferation of totipotent hematopoietic stem cells in vitro with retention of long-term competitive in vivo reconstituting ability. *Proc. Natl. Acad. Sci. U.S.A.* 89:1968-1972.

Fried, M. and Crothers, D.M. 1981. Equilibria and kinetics of *lac* repressor-operator interactions by polyacrylamide gel electrophoresis. *Nucl. Acids Res.* 9:6505-6525.

Frischauf, A.-M., Lehrach, H., Poustka, A., and Murray, N. 1983. Lambda replacement vectors carrying polylinker sequences. *J. Mol. Biol.* 170:827-842.

Fuchs, R. and Blakesley, R. 1983. Guide to the use of type II restriction endonucleases. *Methods Enzymol.* 100:3-38.

Gait, M.J. (ed.). 1984. Oligonucleotide Synthesis: A Practical Approach. IRL Press, Washington, D.C.

Garner, M.M. and Revzin, A. 1981. A gel electrophoresis method for quantifying the binding of proteins to specific DNA regions: Application to components of the *Escherichia coli* lactose operon regulatory system. *Nucl. Acids Res.* 9:3047-3060.

Gillespie, P.G. and Hudspeth, A.J. 1991. Chemiluminescence detection of proteins from single cells. *Proc. Natl. Acad. Sci. U.S.A.* 88:2563-2567.

Gilman, M.Z., Wilson, R.N., and Weinberg, R.A. 1986. Multiple protein-binding sites in the 5′-flanking region regulate c-fos expression. *Mol. Cell. Biol.* 6:4305-4316.

Glajch, J.L. and Snyder, L.R. 1990. Computer Assisted Method Development for High-Performance Liquid Chromatography. Elsevier Science Publishers, Amsterdam.

Goff, S., Trakman, P., and Baltimore, D. 1981. Isolation and properties of murine leukemia virus mutants: Use of a rapid assay for release of virion reverse transcriptase. *J. Virol.* 38:239-248.

Gorman, C.M., Moffat, L.F., and Howard, B.H. 1982. Recombinant genomes which express chloramphenicol acetyltransferase in mammalian cells. *Mol. Cell. Biol.* 2:1044-1051.

Gottlieb, D. and Shaw, P.D. 1967. Antibiotics. I. Mechanism of Action. Springer-Verlag, New York.

Gould, S.J. and Subramani, S. 1988. Firefly luciferase as a tool in molecular and cell biology. *Anal. Biochem.* 7:5-13.

Gritz, L. and Davies, J. 1983. Plasmid-encoded hygromycin-B resistance: The sequence of hygromycin-B-phosphotransferase gene and its expression in *E. coli* and *S. cerevisiae*. *Gene* 25:179-188.

Gross-Bellard, M., Oudet, P., and Chambon, P. 1973. Isolation of high-molecular-weight DNA from mammalian cells. *Eur. J. Biochem.* 36:32-38.

Grossman, P.D. 1991. Effect of molecular orientation and entangled polymer additives on the electrophoresis of biopolymers in free solution. Ph.D. Thesis, University of California, Berkeley.

Grossman, P.D. and Colburn, J.C. (eds.) 1992. Capillary Electrophoresis—Theory and Practice. Academic Press, San Diego.

Groudine, M., Peretz, M., and Weintraub, H. 1981. Transcriptional regulation of hemoglobin switching on chicken embryos. *Mol. Cell. Biol.* 1:281-288.

Guarente, L., Lauer, G., Roberts, T.M., and Ptashne, M. 1980. Improved methods for maximizing expression of a cloned gene: A bacterium that synthesizes rabbit β-globin. *Cell* 20:543-553.

Hagel, L. 1985. Effect of sample volume on peak width in high-performance gel filtration chromatography. *J. Chromatogr.* 324:422-427.

Hagel, L. 1989. Gel filtration chromatography. *In* Protein Purification: Principles, High Resolution Methods, and Applications (J.-C. Janson and L. Ryden, eds.) pp. 63-106. VCH Publishers, New York.

Hagel, L. 1993. Size-exclusion chromatography in an analytical perspective. *J. Chromatogr.* 648:19-25.

Hagel, L., Lundstrom, H., Andersson, T., and Lindblom, H. 1989. Properties, in theory and practice, of novel gel filtration media for standard liquid chromatography. *J. Chromatogr.* 476:329-344.

Hames, B.D. and Rickwood, D. (eds.) 1990. Gel Electrophoresis of Proteins: A Practical Approach, 2nd ed. Oxford University Press, New York.

Hanahan, D. 1983. Studies on transformation of *Escherichia coli* with plasmids. *J. Mol. Biol.* 166:557-580.

Hanahan, D. and Meselson, M. 1983. Plasmid screening at high density. *Methods Enzymol.* 100:333-342.

Hanzlik, A.J., Hauser, M.A., Osemlak-Hanzlik, M.M., and Kurnit, D.M. 1993. The recombination-based assay demonstrates that the fragile X sequence is transcribed widely during development. *Nat. Genet.* 3:44-48.

Harlow, E. and Lane, D. 1988. Antibodies: A Laboratory Manual. Cold Spring Harbor Laboratory Press, Cold Spring Harbor, N.Y.

Harlow, E. and Lane, D. 1999. Using Antibodies: A Laboratory Manual. Cold Spring Harbor Laboratory Press, Cold Spring Harbor, N.Y.

Hartman, S.C. and Mulligan, R.C. 1988. Two dominant-acting selectable markers for gene transfer studies in mammalian cells. *Proc. Natl. Acad. Sci. U.S.A.* 85:8047-8051.

Hawley, R.G., Lieu, F.H., Fong, A.Z., and Hawley, T.S. 1994. Versatile retroviral vectors for potential use in gene therapy. *Gene Ther.* 1:136-138.

He, M., Kaderbhai, M.A., Adcock, I., and Austen, B.M. 1991. An improved and rapid procedure for isolating RNA-free *Escherichia coli* plasmid DNA. *Gene Anal. Tech.* 8:107-110.

Hearn, M.T.W. 1991a. High-performance liquid chromatography of peptides and proteins: General principles and basic theory. *In* High-Performance Liquid Chromatography of Peptides and Proteins: Separation, Analysis and Conformation (C.T. Mant and R.S. Hodges, eds.) pp. 95-104. CRC Press, Boca Raton, Fla.

Hearn, M.T.W. 1991b. HPLC of Peptides, Proteins and Polynucleotides, Fundamental Principles and Contemporary Applications. VCH Publishers, Deerfield Beach, Fla.

Hearn, M.T.W. 2000. Physico-chemical factors in polypeptide and protein purification and analysis by high-performance liquid chromatographic techniques: Current status and future challenges. *In* Handbook of Bioseparation (S. Ahuja, ed.) pp. 72-235. Academic Press, New York.

Heim, R., Prasher, D.C., and Tsien, R.Y. 1994. Wavelength mutations and posttranslational autoxidation of green fluorescent protein. *Proc. Natl. Acad. Sci. U.S.A.* 91:12501-12504.

Heim, R., Cubitt, A.B., and Tsien, R.Y. 1995. Improved green fluorescence. *Nature* 373:663-664.

Hendrickson, W. and Schleif, R. 1985. A dimer of AraC protein contacts three adjacent major groove regions at the Ara I DNA site. *Proc. Natl. Acad. Sci. U.S.A.* 82:3129-3133.

Hendrix, R., Roberts, J., Stahl, F., and Weisberg, R. 1983. Lambda II. Cold Spring Harbor Laboratory Press, Cold Spring Harbor, N.Y.

Henikoff, S. 1987. Unidirectional digestion with exonuclease III in DNA sequence analysis. *Methods Enzymol.* 155:156-165.

Hill, D.E., Oliphant, A.R., and Struhl, K. 1987. Mutagenesis with degenerate oligonucleotides: An efficient method for saturating a defined DNA region with base pair substitutions. *Methods Enzymol.* 155:558-568.

Hjelmeland, J.M. and Chrambach, A. 1984. Solubilization of functional membrane proteins. *Methods Enzymol.* 104:305-318.

Hochuli, E. 1990. Purification of recombinant proteins with metal chelate adsorbent. *In* Genetic Engineering, Principles and Practice, Vol. 12 (J. Setlow, ed.) pp. 87-98. Plenum, New York.

Hofmann, A., Nolan, G.P., and Blau, H.M. 1996. Rapid retroviral delivery of tetracycline-inducible genes in a single autoregulatory cassette. *Proc. Natl. Acad. Sci. U.S.A.* 93:5185-5190.

Hoheisel, J. and Pohl, F.M. 1986. Simplified preparation of unidirectional deletion clones. *Nucl. Acids Res.* 14:3605.

Holmes, D.S. and Quigley, M. 1981. A rapid boiling method for the preparation of bacterial plasmids. *Anal. Biochem.* 114:193-197.

Holmes, K. and Fowlkes, B.J. 2002. Preparation of cells and reagents for flow cytometry. *In* Current Protocols in Immunology (J.E. Coligan, A.M. Kruisbeek, D.H. Margulies, E.M. Shevach, and W. Strober, eds.) pp. 5.3.1-5.3.11. John Wiley & Sons, New York.

Homburger, S.A. and Fekete, D.M. 1996. High efficiency gene transfer into the embryonic chick CNS using B-subgroup retroviruses. *Dev. Dyn.* 206:112-120.

Hope, I.A. and Struhl, K. 1987. GCN4, a eukaryotic transcriptional activator protein, binds DNA as a dimer. *EMBO J.* 6:2781-2784.

Hopp, T.P. and Woods, K.R. 1981. Prediction of protein antigenic determinants from amino acid sequences. *Proc. Natl. Acad. Sci. U.S.A.* 78:3824-3828.

Hopp, T.P. and Woods, K.R. 1983. A computer program for predicting protein antigenic determinants. *Mol. Immunol.* 20:483-489.

Hoyt, M.A., Knight, D.M., Das, A., Miller, H.I., and Echols, H. 1982. Control of phage lambda development by stability and synthesis of *cII* protein: Role of the viral *cIII* and host *hflA*, *himA*, and *himD* genes. *Cell* 31:565-573.

Hultman, T., Bergh, S., Moks, T., and Uhlen, M. 1991. Bidirectional solid phase sequencing of in vitro amplified plasmid DNA. *BioTechniques* 10:84-93.

Hunkapiller, M.W., Lujan, E., Ostrander, F., and Hood, L.E. 1983. Isolation of microgram quantities of proteins from polyacrylamide gels for amino acid sequence analysis. *Methods Enzymol.* 91:227-236.

Hurrell, J.G.R. (ed.) 1982. Monoclonal Hybridoma Antibodies: Techniques and Applications. CRC Press, Boca Raton, Fla.

Huynh, T.V., Young, R.A., and Davis, R.W. 1984. Constructing and screening cDNA libraries in λgt10 and λgt11. *In* DNA Cloning Techniques: A Practical Approach (D. Glover, ed.) pp. 49-78. IRL Press, Oxford.

Huynh, T.V., Young, R.A., and Davis, R.W. 1985. Construction and screening cDNA libraries in λgt10 and λgt11. *In* DNA Cloning, Vol. 1: A Practical Approach (D.M. Glover, ed.) pp. 49-78. IRL Press, Oxford.

Innis, M.A., Myambo, K.B., Gelfand, D.H., and Brow, M.D. 1988. DNA sequencing with *Thermus aquaticus* DNA polymerase, and direct sequencing of PCR-amplified DNA. *Proc. Natl. Acad. Sci. U.S.A.* 85:9436-9440.

Innis, M.A., Gelfand, D.H., Sninsky, J.J., and White, T.J. (eds.) 1990. PCR Protocols. Academic Press, San Diego.

Ishiura, M., Hirose, S., Uchida, T., Hamada, Y., Suzuki, Y., and Okada, Y. 1982. Phage particle-mediated gene transfer to cultured mammalian cells. *Mol. Cell. Biol.* 2:607-616.

Jackson, D.A., Symons, R.M., and Berg, P. 1972. Biochemical method for inserting new genetic information into DNA of Simian Virus 40 circular DNA molecules containing lambda phage genes and the galactose operon of *Escherichia coli*. *Proc. Natl. Acad. Sci. U.S.A.* 69:2904-2909.

Jacobs, K.A., Rudersdorf, R., Neill, S.D., Dougherty, J.P., Brown, E.L., and Fritsch, E.F. 1988. The thermal stability of oligonucleotide duplexes is sequence independent in tetraalkylammonium salt solutions: Application to identifying recombinant DNA clones. *Nucl. Acids Res.* 16:4637-4650.

Jain, V. and Magrath, I. 1991. A chemiluminescent assay for quantitation of β-galactosidase in the femtogram range: Application to quantitation of β-galactosidase in *lacZ*-transfected cells. *Anal. Biochem.* 199:119-124.

Jarcho, J. 1994. Restriction fragment length polymorphism analysis. *In* Current Protocols in Human Genetics (N.C. Dracopoli, J.L. Haines, B.R. Korf, D.T Moir, C.C. Morton, C.E. Seidman, J.G. Seidman, and D.R. Smith, eds.) pp. 2.7.1-2.7.15. John Wiley & Sons, New York.

Johnson, M.L. and Frasier, S.G. 1985. Nonlinear least-squares analysis. *Meth. Enzymol.* 117:301-342.

Joyce, C.M. and Grindley, N.D.F. 1984. Method for determining whether a gene of *Escherichia coli* is essential: Application to the *polA* gene. *J. Bacteriol.* 158:636.

Ju, J., Ruan, C., Fuller, C.W., Glazer, A.N., and Mathies, R.A. 1995. Energy transfer fluorescent dye-labeled primers for DNA sequencing and analysis. *Proc. Natl. Acad. Sci. U.S.A.* 92:4347-4351.

Juris, O. 1990. Amino acid analysis. *Methods Enyzmol.* 182:587-601.

Kadonaga, J.T. 1991. Purification of sequence-specific DNA binding proteins by DNA affinity chromatography. *Methods Enzymol.* 208:10-23.

Kadonaga, J.T. and Tjian, R. 1986. Affinity purification of sequence-specific DNA binding proteins. *Proc. Natl. Acad. Sci. U.S.A.* 83:5889-5893.

Kahn, M., Kolter, R., Thomas, C., Figurski, D., Meyer, R., Remaut, E., and Helinski, D.R. 1979. Plasmid cloning vehicles derived from plasmids ColE1, F, R6K, RK2. *Methods Enzymol.* 68:268-280.

Kaiser, K. and Murray, N.E. 1984. The use of phage lambda replacement vectors in the construction of representative genomic DNA libraries. *In* DNA Cloning: A Practical Approach, Vol. 1 (D.M. Glover, ed.) pp. 1-47. IRL Press, Oxford.

Karn, J., Brenner, S., Barnett, L., and Cesareni, G. 1980. Novel bacteriophage λ cloning vector. *Proc. Natl. Acad. Sci. U.S.A.* 77:5172-5176.

Karn, J., Matthes, H.W.P., Gait, M.T., and Brenner, S. 1984. A new selection cloning vector, λ2001, with sites for *Xba*I, *Bam*HI, *Hin*dIII, *Eco*RI, *Sst*I, and *Xho*I. *Gene* 32:217-224.

Kasher, M.S., Pintel, D., and Ward, D.C. 1986. Rapid enrichment of HeLa transcription factors IIIB and IIIC by using affinity chromatography based on avidin-biotin interactions. *Mol. Cell. Biol.* 6:3117-3127.

Kato, Y., Komiya, K., and Hashimoto, T. 1982. Study of experimental conditions in high-performance ion-exchange chromatography. *J. Chromatogr.* 46:13-22.

Kato, Y., Kitamura, T., and Hashimoto, T. 1983. High-performance hydrophobic interaction chromatography of proteins. *J. Chromatogr.* 266:49-54.

Kaufman, R.J., Murtha, P., Ingolia, D.E., Yeung, C.-Y., and Kellems, R.E. 1986. Selection and amplification of heterologous genes encoding adenosine deaminase in mammalian cells. *Proc. Natl. Acad. Sci. U.S.A.* 83:3136-3140.

King, S.R. and Richardson, J.P. 1986. Role of homology and pathway specificity for recombination between plasmids and bacteriophage λ. *Mol. Gen. Genet.* 204:141-147.

Kitamura, T., Onishi, M., Kinoshita, S., Shibuya, A., Miyajima, A., and Nolan, G.P. 1995. Efficient screening of retroviral cDNA expression libraries. *Proc. Natl. Acad. Sci. U.S.A.* 92:9146-9150.

Klinman, N.R. and Press, J. 1975. The B cell specificity repertoire: Its relationship to definable subpopulations. *Transplant. Rev.* 24:41-83.

Kohler, G. and Milstein, C. 1975. Continuous cultures of fused cells secreting antibody of predefined specificity. *Nature (Lond.)* 256:495-497.

Kotani, H., Newton, P.B.R., Zhang, S., Chiang, Y.L., Otto, E., Weaver, L., Blaese, R.M., Anderson, W.F., and McGarrity, G.J. 1994. Improved methods of retroviral vector transduction and production for gene therapy. *Hum. Gene Ther.* 5:19-28.

Kozak, M. 1989. The scanning model for translation: An update. *J. Cell Biol.* 108:229-241.

Kriegler, M. 1990. Gene Transfer and Expression: A Laboratory Manual. Stockton Press, New York.

Kroeker, W.D., Kowalski, D., and Laskowski, M. 1976. Mung bean nuclease I. Terminally directed hydrolysis of native DNA. *Biochemistry* 15:4463-4467.

Kunkel, T.A. 1987. Rapid and efficient site-specific mutagenesis without phenotypic selection. *Methods Enzymol.* 154:367-383.

Kurnit, D.M. and Seed, B. 1990. Improved genetic selection for screening bacteriophage libraries by homologous recombination in vivo. *Proc. Natl. Acad. Sci. U.S.A.* 87:3166-3169.

Kyte, J. and Doolittle, R.F. 1982. A simple method for displaying the hydropathic character of a protein. *J. Mol. Biol.* 157:105-132.

Laemmli, U.K. 1970. Cleavage of structural proteins during the assembly of the head of bacteriophage T4. *Nature* 227:680-685.

Laiminis, L.A., Gruss, P., Pozzatti, R., and Khoury, G. 1984. Characterization of enhancer elements in the long terminal repeat of Moloney murine sarcoma virus. *J. Virol.* 49:183-189.

Landau, N.R. and Littman, D.R. 1992. Packaging system for rapid generation of murine leukemia virus vectors with variable tropism. *J. Virol.* 66:5110-5113.

Langer, P.R., Waldrop, A.A., and Ward, D.C. 1981. Enzymatic synthesis of biotinylated polynucleotides: Novel nucleic acid affinity probes. *Proc. Natl. Acad. Sci. U.S.A.* 78:6633-6637.

Langone, J.J. and Van Vunakis, H. (eds.) 1986. Immunological techniques, Part I: Hybridoma technology and monoclonal antibodies. *Methods Enzymol.* 121:1-947.

Lathe, R. 1985. Synthetic oligonucleotide probes deduced from amino acid sequence data. Theoretical and practical considerations. *J. Mol. Biol.* 183:1-12.

Lau, P.P. and Gray, H.B. 1979. Extracellular nucleases of *Alteromonas espejiana Bal* 31. IV. The single strand-specific deoxyriboendonuclease activity as a probe for regions of altered secondary structure in negatively and positively supercoiled closed circular DNA. *Nucl. Acids Res.* 6:331-357.

Life Technologies. 1999. Guide to eukaryotic transfections with cationic lipid reagents, 2nd ed. Life Technologies, Inc., Rockville, Md.

Lindahl, G. and Sunshine, M. 1972. Excision-deficient mutants of bateriophage P2. *Virology* 49:180-187.

Linscott's Directory of Immunological and Biological Reagents, Santa Rosa, Calif.

Littlefield, J.W. 1964. Selection of hybrids from matings of fibroblasts in vitro and their presumed recombinants. *Science* 145:709-710.

Lopata, M.A., Cleveland, D.W., and Sollner-Webb, B. 1984. High level transient expression of a chloramphenical acetyl transferase gene by DEAE-dextran mediated DNA transfection coupled with a dimethyl sulfoxide or glycerol shock treatment. *Nucl. Acids Res.* 12:5707-5717.

Maniatis, T. and Ptashne, M. 1973a. Multiple repressor binding at the operators in bacteriophage. *Proc. Natl. Acad. Sci. U.S.A.* 70:1531-1535.

Maniatis, T. and Ptashne, M. 1973b. Structure of the operators. *Nature* 246:133-136.

Maniatis, T., Jeffrey, A., and van deSande, H. 1975. Chain length determination of small double- and single-stranded DNA molecules by polyacrylamide gel electrophoresis. *Biochemistry* 14:3787-3794.

Mann, R., Mulligan, R.C., and Baltimore, D. 1983. Construction of a retrovirus packaging mutant and its use to produce helper-free defective retrovirus. *Cell* 33:153-159.

Mant, C.T. and Hodges, R.S. 1991. High-Performance Liquid Chromatography of Peptides and Proteins: Separation, Analysis and Conformation. CRC Press, Boca Raton, Fla.

Mardis, E.R. and Roe, B.A. 1989. Automated methods for single-stranded DNA isolation and dideoxynucleotide DNA sequencing reactions on a robotic workstation. *BioTechniques* 7:840-850.

Markowitz, D., Goff, S., and Bank, A. 1988a. A safe packaging line for gene transfer: Separating viral genes on two different plasmids. *J. Virol.* 62:1120-1124.

Markowitz, D., Goff, S., and Bank, A. 1988b. Construction and use of a safe and efficient amphotropic packaging cell line. *Virology* 167:400-406.

Marmur, J. 1961. A procedure for the isolation of deoxyribonucleic acid from microorganisms. *J. Mol. Biol.* 3:208-218.

Marra, M., Weinstock, L.A., and Mardis, E.R. 1996. End sequence determination from large insert clones using energy transfer fluorescent primers. *Genome Res.* 6:1118-1122.

Martin, C., Bresnick, L., Juo, R.-R., Voyta, J.C., and Bronstein, I. 1991. Improved chemiluminescent DNA sequencing. *BioTechniques* 11:102-109.

Marzluff, W.F. and Huang, R.C.C. 1985. Transcription and Translation: A Practical Approach (B.D. Hames and S.J. Higgins, eds.) pp. 89-129. IRL Press, Oxford.

Maxam, A.M. and Gilbert, W. 1977. A new method for sequencing DNA. *Proc. Natl. Acad. Sci. U.S.A.* 74:560-564.

Maxam, A.M. and Gilbert, W. 1980. Sequencing end-labeled DNA with base-specific chemical cleavages. *Methods Enzymol.* 65:499-559.

McClelland, M., Hanish, J., Nelson, M., and Patel, Y. 1988. KGB: A single buffer for all restriction endonucleases. *Nucl. Acids Res.* 16:364.

McCormick, R.M. 1994. Capillary zone electrophoresis of peptides. *In* Handbook of Capillary Electrophoresis (J.P. Landers, ed.) pp. 287-324. CRC Press, Boca Raton, Fla.

McKimm-Breschkin, J.L. 1990. The use of tetramethylbenzidine for solid phase immunoassays. *J. Immunological Methods* 135:277-280.

McKnight, S.L. and Kingsbury, R. 1982. Transcriptional control signals of a eukaryotic protein-coding gene. *Science* 217:316-324.

Meisenhelder, J. and Hunter, T. 1988. Radioactive protein labelling techniques. *Nature* 335:120.

Melton, D.A., Krieg, P.A., Rebagliati, M.R., Maniatis, T., Zinn, K., and Green, M.R. 1984. Efficient in vitro synthesis of biologically active RNA and RNA hybridization probes from plasmids containing a bacteriophage SP6 promoter. *Nucl. Acids Res.* 12:7035-7056.

Merril, C.R., Goldman, D., and Van Keuren, M.L. 1984. Gel protein stains: Silver stain. *Methods Enzymol.* 104:441-447.

Messing, J. 1983. New M13 vectors for cloning. *Methods Enzymol.* 101:20-78.

Messing, J. 1988. M13, the universal primer and the polylinker. *Focus (BRL)* 10:21-26.

Metzelaar, M.J., Wijngaard, P.L.J., Peters, P.J., Sixma, J.J., Nieuwenhuis, H.K., and Clevers, H.C. 1991. CD63 antigen. *J. Biol. Chem.* 266:3239-3245.

Mierendorf, R.C. and Pfeffer, D. 1987. Sequencing of RNA transcripts synthesized in vitro from plasmids containing bacteriophage promoters. *Methods Enzymol.* 152:563-566.

Miller, A.D. 1996. Retroviral vectors. *In* Current Protocols in Human Genetics (N. Dracopoli, J. Haines, B.R. Korf, D.T. Moir, C.C. Morton, C.E. Seidman, J.G. Seidman, and D.R. Smith, eds.) pp. 12.5.1-12.5.19. John Wiley & Sons, New York.

Miller, J. 1972. Experiments in Molecular Genetics. Cold Spring Harbor Laboratory Press, Cold Spring Harbor, N.Y.

Miller, J.H. 1978. The *lacI* gene: Its role in *lac* operon control and its uses as a genetic system. *In* The Operon (J. Miller, ed.) pp. 31-88. Cold Spring Harbor Laboratory Press, Cold Spring Harbor, N.Y.

Miller, A.D. and Buttimore, C. 1986. Redesign of retrovirus packaging cell lines to avoid recombination leading to helper virus production. *Mol. Cell. Biol.* 6:2895-2902.

Miller, A.D. and Chen, F. 1996. Retrovirus packaging cells based on 10A1 murine leukemia virus for production of vectors that use multiple receptors for cell entry. *J. Virol.* 70:5564-5571.

Miller, J.H., Lebkowski, J.S., Greisen, K.S., and Calos, M.P. 1984. Specificity of mutations induced in transfected DNA by mammalian cells. *EMBO J.* 3:3117-3121.

Miller, A.D., Garcia, J.V., von Suhr, N., Lynch, C.M., Wilson, C., and Eiden, M.V. 1991. Construction and properties of retrovirus packaging cells based on gibbon ape leukemia virus. *J. Virol.* 65:2220-2224.

Moazed, D. and Noller, H.F. 1987. Interaction of antibiotics with functional sites in 16S ribosomal RNA. *Nature* 327:389-394.

Molnar, I., Boysen, R.I., and Erdmann, V.A. 1989. Reversed-phase high-performance liquid chromatography of *Thermus aquaticus* 50S and 30S ribosomal proteins. *Chromatographia* 28:39-44.

Moore, S. 1981. Pancreatic DNase. *In* The Enzymes, Vol. 14A (P.D. Boyer, ed.) pp. 281-298. Academic Press, San Diego.

Moos, M., Nguyen, N.Y., and Liu, T.-Y. 1988. Reproducible, high-yield sequencing of proteins electrophoretically separated and transferred to an inert support. *J. Biol. Chem.* 263:6005-6008.

Morgan, B.A. and Fekete, D.M. 1996. Manipulating gene expression with replication competent retroviruses. *Methods Cell Biol.* 51:185-218.

Morgenstern, J.P. and Land, H. 1990. Advanced mammalian gene transfer: High-titer retroviral vectors with multiple drug selection markers and a complementary helper-free packaging cell line. *Nucl. Acids Res.* 18:3587-3596.

Mullen, C.A., Kilstrup, M., and Blaese, R.M. 1992. Transfer of the bacterial gene for cytosine deaminase to mammalian cells confers lethal sensitivity to 5-fluorocytosine: A negative selection system. *Proc. Natl. Acad. Sci. U.S.A.* 89:33-37.

Mulligan, R.C. and Berg, P. 1981. Selection for animal cells that express the *E. coli* gene coding for xanthine-guanine phosphoribosyltransferase. *Proc. Natl. Acad. Sci. U.S.A.* 78:2072-2076.

Mulsant, P., Gatignol, A., Dalens, M., and Tiraby, G. 1988. Phleomycin resistance as a dominant selectable marker in CHO cells. *Somatic Cell Mol. Genet.* 14:243-252.

Muneoka, K., Wanek, N., and Bryant, S.V. 1986. Mouse embryos develop normally exo utero. *J. Exp. Zool.* 239:289-293.

Munro, S. and Maniatis, T. 1989. Expression cloning of the murine interferon γ receptor cDNA. *Proc. Natl. Acad. Sci. U.S.A.* 86:9248-9252.

Murray, N.E. 1983. Phage Lambda and Molecular Cloning. *In* Lambda II (R.W. Hendrix, J. Roberts, F. Stahl, and R. Weisberg, eds.) pp. 395-432. Cold Spring Harbor Laboratory Press, Cold Spring Harbor, N.Y.

Murray, M.G. and Thompson, W.F. 1980. Rapid isolation of high-molecular-weight plant DNA. *Nucl. Acids Res.* 8:4321-4325.

Naldini, L., Blomer, U., Gallay, P., Ory, D., Mulligan, R., Gage, F.H., Verma, I.M., and Trono, D. 1996. In vivo gene delivery and stable transduction of nondividing cells by a lentiviral vector. *Science* 272:263-267.

Naviaux, R.K., Costanzi, E., Haas, M., and Verma, I.M. 1996. The pCL vector system: Rapid production of helper-free, high-titer, recombinant retroviruses. *J. Virol.* 70:5701-5705.

Neidhardt, F.C., Ingraham, J.L., Low, K.B., Magasanik, B., Schaechter, M., and Umbarger, H.E., eds. 1987. *Escherichia coli* and *Salmonella typhimurium*: Cellular and Molecular Biology. American Society for Microbiology, Washington, D.C.

Novo, R.L., Bruns, G.A.P., Dryja, T.P., and Kurnit, D.M. 1983. Retrieval of human DNA from rodent-human genomic libraries by a recombination process. *Gene* 23:343-354.

Nordeen, S.K. 1988. Luciferase reporter gene vectors for analysis of promoters and enhancers. *BioTechniques* 6:454-457.

Norrander, J., Kempe, T., and Messing, J. 1983. Construction of improved M13 vectors using oligonucleotide-directed mutagenesis. *Gene* 26:101-106.

O'Farrell, P.H. 1975. High-resolution two-dimensional electrophoresis of proteins. *J. Biol. Chem.* 250:4007-4021.

Okajima, T., Tanabe, T., and Yasuda, T. 1993. Nonurea sodium dodecyl sulfate-polyacrylamide gel electrophoresis with high-molarity buffers for the separation of proteins and peptides. *Anal. Biochem.* 211:293-300.

Olesen, C.E.M., Martin, C.S., and Bronstein, I. 1993. Chemiluminescent DNA sequencing with multiplex labeling. *BioTechniques* 15:480-485.

Omer, C.A. and Faras, A.J., 1982. Mechanism of release of the avian retrovirus $tRNA^{Trp}$ primer molecule from viral DNA by ribonuclease H during reverse transcription. *Cell* 30:797-805.

Onishi, M., Kinoshita, S., Morikawa, Y., Shibuya, A., Phillips, J., Lanier, L.L., Gorman, D.M., Nolan, G.P., Miyajima, A., and Kitamura, T. 1996. Applications of retrovirus-mediated expression cloning. *Exp. Hematol.* 24:324-329.

Palmer, T.D., Hock, R.A., Osborne, W.R.A., and Miller, A.D. 1987. Efficient retrovirus-mediated transfer and expression of a human adenosine deaminase gene in diploid skin fibroblasts from an adenosine-deficient human. *Proc. Natl. Acad. Sci. U.S.A.* 84:1055-1059.

Palmieri, R. and Nolan, J.A. 1994. Protein capillary electrophoresis: Theoretical and experimental considerations for methods development. *In* Handbook of Capillary Electrophoresis (J.P. Landers, ed.) pp. 325-368. CRC Press, Boca Raton, Fla.

Palmiter, R.D. 1974. Magnesium precipitation of ribonucleoprotein complexes: Expedient techniques for the isolation of undegraded polysomes and messenger ribonucleic acid. *Biochemistry* 13:3606.

Parnes, J.R., Velan, B., Felsenfeld, A., Ramanathan, L., Ferrini, U., Appella, E., and Seidman, J.G. 1981. Mouse β2-microglobulin cDNA clones: A screening procedure for cDNA clones corresponding to rare mRNAs. *Proc. Natl. Acad. Sci. U.S.A.* 78:2253.

Paulus, W., Baur, I., Boyce, F.M., Breakefield, X.O., and Reeves, S.A. 1996. Self-contained, tetracycline-regulated retroviral vector system for gene delivery to mammalian cells. *J. Virol.* 70:62-67.

Pear, W., Nolan, G., Scott, M., and Baltimore, D. 1993. Production of high-titer helper-free retroviruses by transient transfection. *Proc. Natl. Acad. Sci. U.S.A.* 90:8392-8396.

Pear, W.S., Aster, J.C., Scott, M.L., Hasserjian, R.P., Soffer, B., Sklar, J., and Baltimore, D. 1996a. Exclusive development of T cell neoplasms in mice transplanted with bone marrow expressing activated Notch alleles. *J. Exp. Med.* 183:2283-2291.

Pear, W.S., Scott, M.L., and Nolan, G.P. 1996b. Generation of high-titer, helper-free retroviruses by transient transfection. *In* Methods in Molecular Biology: Methods in Gene Therapy (P. Robbins, ed.). Humana Press, Totowa, N.J.

Perucho, M., Hanahan, D., and Wigler, M. 1980. Genetic and physical linkage of exogenous sequences in transformed cells. *Cell* 22:309-317.

Pharmacia Biotech. 1991. Gel Filtration Principles and Methods (5th ed.). Pharmacia Biotech, Lund, Sweden.

Pharmacia Biotech. 1995. Ion Exchange Chromatography: Principles and Methods, ed. AA. Pharmacia Biotech AB, Uppsala, Sweden.

Pines, J. 1995. GFP in mammalian cells. *Trends Genet.* 11:326-327.

Pollock, R. and Treisman, R. 1990. A sensitive method for the determination of protein-DNA-binding specificities. *Nucl. Acids Res.* 18:6197-6204.

Poncz, M., Solowiejczyk, D., Ballantine, M., Schwartz, E., and Surrey, S. 1982. "Nonrandom" DNA sequence analysis in bacteriophage M13 by the dideoxy chain-termination method. *Proc. Natl. Acad. Sci. U.S.A.* 79:4298-4302.

Potter, H., Weir, L., and Leder, P. 1984. Enhancer-dependent expression of human κ immunoglobulin genes introduced into mouse pre-B lymphocytes by electroporation. *Proc. Natl. Acad. Sci. U.S.A.* 81:7161-7165.

Prasher, D.C., Eckenrode, V.K., Ward, W.W., Pendergast, F.G., and Cormier, M.J. 1992. Primary structure of the *Aequorea victoria* green-fluorescent protein. *Gene* 111:229-233.

Pu, W.T. and Struhl, K. 1992. Uracil interference, a rapid and general method for defining protein-DNA interactions involving the 5-methyl group of thymines: The GCN4-DNA complex. *Nucl. Acids Res.* 20:771-775.

Puissant, C. and Houdebine, L.M. 1990. An improvement of the single-step method of RNA isolation by acid guanidine thiocyanate-phenol-chloroform extraction. *BioTechniques* 8:148-149.

Qiagen. 1997. Qiagen Plasmid Purification Handbook. Qiagen, Valencia, Calif.

Radloff, R., Bauer, W., and Vinograd, J. 1967. A dye-buoyant-density method for the detection and isolation of closed circular duplex DNA: The closed circular DNA in HeLa cells. *Proc. Natl. Acad. Sci. U.S.A.* 57:1514-1521.

Raleigh, E.A., Murray, N.E., Revel, H., Blumenthal, R.M., Westaway, D., Reith, A.D., Rigby, P.W.J., Elhai, J., and Hanahan, D. 1988. McrA and McrB restriction phenotypes of some *E. coli* strains and implications for gene cloning. *Nucl. Acids Res.* 16:1563-1575.

Rasched, I. and Oberer, E. 1986. Ff coliphages: Structural and functional relationships. *Microbiol. Rev.* 50:401-427.

Ratliff, R.L. 1981. Terminal deoxynucleotidyltransferase. *In* The Enzymes, Vol. 14A (P.D. Boyer, ed.) pp. 105-118. Academic Press, New York.

Rayner, J.R. and Gonda, T.J. 1994. A simple and efficient procedure for generating stable expression libraries by cDNA cloning in a retroviral vector. *Mol. Cell Biol.* 14:880-887.

Reddy, K.J., Webb, R., and Sherman, L.A. 1990. Bacterial RNA isolation with one hour centrifugation in a table-top ultracentrifuge. *BioTechniques* 8:250-251.

Roberts, R.J. 1994. Restriction enzymes and their isoschizomers. *Nucl. Acids Res.* 20:2167-2180.

Roberts, R.C., Burioni, R., and Helinski, D.R. 1990. Genetic characterization of the stabilizing functions of a region of broad-host-range plasmid RK2. *J. Bacteriol.* 172:6204-6216.

Robertson, E.J. 1987. Embryo-derived stem cell lines. *In* Teratocarcinomas and Embryonic Stem Cells: A Practical Approach (E.J. Robertson, ed.) pp. 71-112. IRL Press, Oxford and New York.

Robins, D.M., Ripley, S., Henderson, A.S., and Axel, R. 1981. Transforming DNA integrates into the host chromosome. *Cell* 23:29-39.

Rosenblum, B.B., Lee, L.G., Spurgeon, S.L., et al. 1997. New dye-labeled terminators for improved DNA sequencing patterns. *Nucl. Acids Res.* 25:4500-4504.

Russell, M., Kidd, S., and Kelley, M.R. 1986. An improved filamentous helper phage for sequencing single-stranded plasmid DNA. *Gene* 45:333-338.

Salas-Solano, O., Carrilho, E., Kotler, L., Miller, A.W., Goetzinger, W., Sosic, Z., and Karger, B.L. 1998. Routine DNA sequencing of 1000 bases in less than one hour by capillary electrophoresis with replaceable linear polyacrylamide solutions. *Anal. Chem.* 70:3996-4003.

Sambrook, J., Fritsch, E.F., and Maniatis, T. 1989. Molecular Cloning: A Laboratory Manual, 2nd ed. Cold Spring Harbor Laboratory Press, Cold Spring Harbor, N.Y.

Sanger, F., Nicklen, S., and Coulson, A.R. 1977. DNA sequencing with chain-terminating inhibitors. *Proc. Natl. Acad. Sci. U.S.A.* 74:5463-5467.

Sanger, F., Coulson, A.R., Barrell, B.G., Smith, A.J.M., and Roe, B.A. 1980. Cloning in single-stranded bacteriophage as an aid to rapid DNA sequencing. *J. Mol. Biol.* 143:161-178.

Schagger, H. and von Jagow, G. 1987. Tricine-sodium dodecyl sulfate-polyacrylamide gel electrophoresis for the separation of proteins in the range from 1 to 100 kDa. *Anal. Biochem.* 166:368-379.

Schneppenheim, R., Budde, U., Dahlmann, N., and Rautenberg, P. 1991. Luminography—a new, highly sensitive visualization method for electrophoresis. *Electrophoresis* 12:367-372.

Schwartz, D.C. and Cantor, C.R. 1984. Separation of yeast chromosome-sized DNAs by pulsed-field gradient electrophoresis. *Cell* 37:67-75.

Sears, L.E., Moran, L.S., Kissinger, C., Creasey, T., Perry-O'Keefe, H., Roskey, M., Sutherland, E., and Slatko, B.S. 1992. CircumVent thermal cycle sequencing and alternative manual and automated DNA sequencing protocols using the highly thermostable

$Vent_R$ (exo^-) DNA polymerase. *BioTechniques* 13:626-633.

Seed, B. and Aruffo, A. 1987. Molecular cloning of the CD2 antigen, the T-cell erythrocyte receptor, by a rapid immunoselection procedure. *Proc. Natl. Acad. Sci. U.S.A.* 84:3365-3369.

Seed, B. and Sheen, J.-Y. 1988. A simple phase-extraction assay for chloramphenicol acetyltransferase activity. *Gene* 67:271-277.

Seed, B., Parker, R.C., and Davidson, N. 1982. Representation of DNA sequences in recombinant DNA libraries prepared by restriction enzyme partial digestion. *Gene* 19:201-209.

Selden, R.F., Howie, K.B., Rowe, M.E., Goodman, H.M., and Moore, D.D. 1986. Human growth hormone as a reporter gene in regulation studies employing transient gene expression. *Mol. Cell. Biol.* 6:3173-3179.

Sharp, P.A., Berk, A.J., and Berget, S.M. 1980. Transcription maps of adenovirus. *Methods Enzymol.* 65:750-768.

Shen, P. and Huang, H.V. 1986. Homologous recombination in *Escherichia coli*: Dependence on substrate length and homology. *Genetics* 112:441-457.

Shizuya, H., Birren, B., Kim U.J., Mancin, V., Slepak, T., Tachiiri, Y., and Simon, M.I. 1992. A bacterial system for cloning large human DNA fragments. *Proc. Natl. Acad. Sci. U.S.A.* 89:8794-8797.

Sigma. Molecular weight markers for proteins kit (Technical Bulletin MWS-877L). Sigma Chemical Company, St. Louis, Mo.

Sikorski, R.S. and Hieter, P.I. 1989. A system of shuttle vectors and yeast host strains designed for efficient manipulation of DNA in *Saccharomyces cerevisiae*. *Genetics* 122:19-27.

Simonsen, C.C. and Levinson, A.D. 1983. Isolation and expression of an altered mouse dihydrofolate reductase cDNA. *Proc. Natl. Acad. Sci. U.S.A.* 80:2495-2499.

Singh, H., LeBowitz, J.H., Baldwin, A.S., and Sharp, P.A. 1988. Molecular cloning of an enhancer binding protein: Isolation by screening of an expression library with a recognition site DNA. *Cell* 52:415-423.

Slatko, B. 1991a. Sources of reagents and suppliers for dideoxy DNA sequencing and other applications. *In* Methods in Nucleic Acids Research (J. Karam, L. Chao, and G. Warr, eds.) pp. 379-392. CRC Press, Boca Raton, Fla.

Slatko, B. 1991b. Protocols for manual dideoxy DNA sequencing. *In* Methods in Nucleic Acids Research (J. Karam, L. Chao, and G. Warr, eds.) pp. 83-129. CRC Press, Boca Raton, Fla.

Smith, L., Sanders, J., Kaiser, R., Hughes, P., Dodd, C., Heiner, C., Kent, S., and Hood, L. 1986. Fluorescence detection in automated DNA sequence analysis. *Nature* 321:674-679.

Soneoka, Y., Cannon, P.M., Ramsdale, E.E., Griffiths, J.C., Romano, G., Kingsman, S.M., and Kingsman, A.J. 1995. A transient three-plasmid expression system for the production of high titer retroviral vectors. *Nucl. Acids Res.* 23:628-633.

Southern, E.M. 1975. Detection of specific sequences among DNA fragments separated by gel electrophoresis. *J. Mol. Biol.* 98:503-517.

Southern, E. 1979. Gel electrophoresis of restriction fragments. *Methods Enzymol.* 68:152-176.

Southern, P.J. and Berg, P. 1982. Transformation of mammalian cells to antibiotic resistance with a bacterial gene under control of the SV40 early region promoter. *J. Mol. Appl. Gen.* 1:327-341.

Sozer, A.C., Kelly, C.M., and Demers, D.B. 1998. Molecular analysis of paternity. *In* Current Protocols in Human Genetics (N.C. Dracopoli, J.L. Haines, B.R. Korf, D.T Moir, C.C. Morton, C.E. Seidman, J.G. Seidman, and D.R. Smith, eds.) pp. 14.4.1-14.4.26. John Wiley & Sons, New York.

Staschke, K.A., Colacino, J.M., Mabry, T.E., and Jones, C.D. 1994. The in vitro anti-hepatitis B virus activity of FIAU [1-(2′-deoxy-2′-fluoro-1-β-D-arabinofuranosyl-5-iodo)uracil] is selective, reversible, and determined, at least in part, by the host cell. *Antivir. Res.* 23:45-61.

Steinberg, T.H., Haugland, R.P., and Singer, V.L. 1996a. Applications of SYPRO orange and SYPRO red protein gel stains. *Anal. Biochem.* 239:238-245.

Steinberg, T.H., Jones, L.J., Haugland, R.P., and Singer, V.L. 1996b. SYPRO orange and SYPRO red protein gel stains: One-step fluorescent staining of denaturing gels for detection of nanogram levels of protein. *Anal. Biochem.* 239:223-237.

Stewart, G.D., Hauser, M.A., Kang, H., McCann, D.P., Osemlak, M.M., Kurnit, D.M., and Hanzlik, A.J. 1991. Plasmids for recombination-based screening. *Gene* 106:97-101.

Stoker, A.W. and Bissell, M.J. 1987. Quantitative immunocytochemical assay for infectious avian retroviruses. *J. Gen. Virol.* 68:2481-2485.

Stoker, A.W. and Bissell, M.J. 1988. Development of avian sarcoma and leukosis virus-based vector-packaging cell lines. *J. Virol.* 62:1008-1015.

Stoker, N.G., Fairweather, N., and Spratt, B.G. 1982. Versatile low-copy-number plasmid vectors for cloning in *Escherichia coli*. *Gene* 18:335-341.

Struhl, K. 1985. A rapid method for creating recombinant DNA molecules. *Biotechniques* 3:452-453.

Studier, F.W., Rosenberg, A.H., Dunn, J.J., and Dubendorff, J.W. 1990. Use of T7 polymerase to direct expression of cloned genes. *Methods Enzymol.* 185:60-89.

Suck, R.W.L. and Krupinska, K. 1996. Repeated probing of Western blots obtained from Coomassie Brilliant Blue-stained or unstained polyacrylamide gels. *BioTechniques* 21:418-422.

Sugiyama, M., Thompson, C.J., Kumagai, T., Suzuki, K., Deblaere, R., Villarroel, R., and Davies, J. 1994. Characterisation by molecular cloning of two genes from *Streptomyces verticillus* encoding resistance to bleomycin. *Gene* 151:11-16.

Summers, W.C. 1970. A simple method for extraction of RNA from *E. coli* utilizing diethylpyrocarbonate. *Anal. Biochem.* 33:459-463.

Sussman, D.J. and Milman, G. 1984. Short-term, high-efficiency expression of transfected DNA. *Mol. Cell. Biol.* 4:1641-1643.

Sutcliffe, J.G. 1978. Complete nucleotide sequence of the *Escherichia coli* plasmid pBR322. *Cold Spring Harbor Symp. Quant. Biol.* 43:77-90.

Szostak, J.W. 1992. In vitro genetics. *Trends Biochem. Sci.* 17:89-93.

Tabor, S. and Richardson, C.C. 1987a. Selective oxidation of the exonuclease domain of bacteriophage T7 DNA polymerase. *J. Biol. Chem.* 262:15330-15333.

Tabor, S. and Richardson, C.C. 1987b. DNA sequence analysis with a modified bacteriophage T7 DNA polymerase. *Proc. Natl. Acad. Sci. U.S.A.* 84:4767-4771.

Tabor, S. and Richardson, C.C. 1989. Selective inactivation of the exonuclease activity of bacteriophage T7 DNA polymerase by in vitro mutagenesis. *J. Biol. Chem.* 264:6447-6458.

Tabor, S. and Richardson, C.C. 1990. DNA sequence analysis with a modified bacteriophage T7 DNA polymerase: Effect of pyrophorolysis and metal ions. *J. Biol. Chem.* 265:8322-8328.

Takahara, Y., Hamada, K., and Housman, D.E. 1992. A new retrovirus packaging cell for gene transfer constructed from amplified long terminal repeat-free chimeric proviral genes. *J. Virol.* 66:3725-32.

Tempst, P., Link, A.J., Riviere, L.R., Fleming, M., and Elicone, C. 1990. Internal sequence analysis of proteins separated on polyacrylamide gels at the picomole level: Improved methods, applications and gene cloning strategies. *Electrophoresis* 11:537-553.

Thomas, P.S. 1980. Hybridization of denatured RNA and small DNA fragments transferred to nitrocellulose. *Proc. Natl. Acad. Sci. U.S.A.* 77:5201-5205.

Thomas, K.R. and Olivera, B.M. 1978. Processivity of DNA exonucleases. *J. Biol. Chem.* 253:424-429.

Tilkins, M.L., Hawley-Nelson, P., and Ciccarone, V. 1998. Transfection of mammalian and invertebrate cells using cationic lipids. *In* Cell Biology: A Laboratory Handbook, Vol. 4, 2nd ed. (J.E. Celis, ed.) pp. 145-154. Academic Press, New York.

Tonegawa, S. 1985. The molecules of the immune system. *Sci. Am.* 253:122-131.

Turner, D.L., Snyder, E.Y., and Cepko, C.L. 1990. Lineage-independent determination of cell type in the embryonic mouse retina. *Neuron* 4:833-845.

Uchida, T. and Egami, F. 1971. Microbial ribonucleases with special reference to RNases T1, T2, N1, and U2. *In* The Enzymes, Vol. IV (P.D. Boyer, ed.) pp. 205-250. Academic Press, San Diego.

Uhlenbeck, O.C. and Gumport, R.I. 1982. T4 RNA ligase. *In* The Enzymes, Vol. 15B (P.D. Boyer, ed.) pp. 31-60. Academic Press, New York.

Uhlin, B.E., Schweickart, V., and Clark, A.J. 1983. New runaway-replication-plasmid cloning vectors and suppression of runaway replication by novobiocin. *Gene* 22:255-265.

Uhlmann, E. 1988. An alternate approach in gene synthesis: Use of long selfpriming oligodeoxynucleotides for construction of double-stranded DNA. *Gene* 71:29-40.

Ulfelder, K.J. and McCord, B. 1997. Separation of DNA by capillary electrophoresis. *In* Handbook of Capillary Electrophoresis, 2nd ed. (J.P. Landers, ed.) pp. 314-378. CRC Press, Boca Raton, Fla.

Van Vunakis, H. and Langone, J.J. (eds.) 1980. Immunochemical techniques. *Methods Enzymol.* 70:1-525.

Verma, I.M. 1977. Reverse transcriptase. *In* The Enzymes, Vol. 14A (P.D. Boyer, ed.) pp. 87-104. Academic Press, New York.

Viera, J. and Messing, J. 1987. Production of single-stranded plasmid DNA. *Methods Enzymol.* 153:3-11.

Vinson, C.R., LaMarco, K.L., Johnson, P.F., Landschulz, W.H., and McKnight, S.L. 1988. *In situ* detection of sequence-specific DNA binding activity specified by a recombinant bacteriophage. *Genes & Dev.* 2:801-806.

Vogt, V.M. 1980. Purification and properties of S1 nuclease from *Aspergillus*. *Methods Enzymol.* 65:248- 254.

Wahl, G.M., Lewis, K.A., Ruiz, J.C., Rothenberg, B., Zhao, J., and Evans, G.A. 1987. Cosmid vectors for rapid genomic walking, restriction mapping, and gene transfer. *Proc. Natl. Acad. Sci. U.S.A.* 84:2160-2164.

Watt, V.M., Ingles, C.J., Urdea, M.S., and Rutter, W.J. 1985. Homology requirements for recombination in *Escherichia coli*. *Proc. Natl. Acad. Sci. U.S.A.* 82:4768-4772.

Weber, K., Pringle, J.R., and Osborn, M. 1972. Measurement of molecular weights by electrophoresis on SDS-acrylamide gel. *Methods Enzymol.* 26:3-27.

Wei, K. and Huber, B.E. 1996. Cytosine deaminase gene as a positive selection marker. *J. Biol. Chem.* 271:3812-3816.

Whitehead, I., Kirk, H., and Kay, R. 1995. Expression cloning of oncogenes by retroviral transfer of cDNA libraries. *Mol. Cell Biol.* 15:704-710.

Wienand, U., Schwarz, Z., and Felix, G. 1978. Electrophoretic elution of nucleic acids from gels adapted for subsequent biological tests: Application for analysis of mRNAs from maize endosperm. *FEBS Lett.* 98:319-323.

Wigler, M., Silverstein, S., Lee, L.-S., Pellicer, A., Cheng, Y.-C., and Axel, R. 1977. Transfer of purified herpes virus thymidine kinase gene to cultured mouse cells. *Cell* 11:223-232.

Wilchek, M., Miron, T., and Kohn, J. 1984. Affinity chromatography. *Methods Enzymol.* 104:3-55.

Wilkinson, M. 1991. Purification of RNA. *In* Essential Molecular Biology: A Practical Approach, Vol. 1 (T.A. Brown, ed.) pp. 69-87. IRL Press, Oxford.

Wilson, C.M. 1983. Staining of proteins on gels: Comparison of dyes and procedures. *Methods Enzymol.* 91:236-247.

Wood, W.I., Gitschier, J., Lasky, L.A., and Lawn, R.M. 1985. Base composition-independent hybridization in tetramethylammonium chloride: A method for oligonucleotide screening of highly complex gene libraries. *Proc. Natl. Acad. Sci. U.S.A.* 82:1585-1588.

Woods, D.E., Miarkham, A.F., Ricker, A.T., Goldberger, G., and Colten, H.R. 1982. Isolation of cDNA clones for the human complement protein factor B, a class III major histocompatibility complex gene product. *Proc. Natl. Acad. Sci. U.S.A.* 79:5661-5665.

Wong, B.Y., Chen, H., Chung, S.W., and Wong, P.M. 1994. High-efficiency identification of genes by functional analysis from a retroviral cDNA expression library. *J. Virol.* 68:5523-5531.

Wright, W.E. and Funk, W.D. 1993. CASTing for multicomponent DNA-binding complexes. *Trends Biochem. Sci.* 18:77-80.

Xu, H., Petersen, E.I., Petersen, S.B., and El-Gewely, M.R. 1999. Random mutagenesis libraries: Optimization and simplification by PCR. *BioTechniques* 27:1102-1108.

Yagi, T., Ikawa, Y., Yoshida, K., Shigetani, Y., Takeda, N., Mabuchi, I., Yamamoto, T., and Aizawa, S. 1990. Homologous recombination at c-fyn locus of mouse embryonic stem cells with use of diphtheria toxin A-fragment gene in negative selection. *Proc. Natl. Acad. Sci. U.S.A.* 87:9918-9922.

Yang, Y.-W. and Yang, J.-C. 1997. Studies of DEAE-dextran-mediated gene transfer. *Biotechnol. Appl. Biochem.* 25:47-51.

Yang, Y., Vanin, E.F., Whitt, M.A., Fornerod, M., Zwart, R., Schneiderman, R.D., Grosveld, G., and Nienhuis, A.W. 1995. Inducible, high-level production of infectious murine leukemia retroviral vector particles pseudotyped with vesicular stomatitis virus G envelope protein. *Hum. Gene Ther.* 6:1203-1213.

Yang, T., Cheng, L., and Kain, S.R. 1996. Optimized codon usage and chromophore mutations provide enhanced sensitivity with the green fluorescent protein. *Nucl. Acids Res.* 24:4592-4593.

Yanisch-Perron, C., Vieira, J., and Messing, J. 1985. Improved M13 phage cloning vectors and host strains: Nucleotide sequences of the M13mp18 and pUC19 vectors. *Gene* 33:103-119.

Yip, T.T., Nakagawa, Y., and Porath, J. 1989. Evaluation of the interaction of peptides with Cu(II), Ni(II), and Zn(II) by high-performance immobilized metal ion affinity chromatography. *Anal. Biochem.* 183:159-171.

Yokoyama, W.M. 2002. Cryopreservation of cells. *In* Current Protocols in Immunology (J.E. Coligan, A.M. Kruisbeek, D.H. Margulies, E.M. Shevach, and W. Strober, eds.) pp. A.3.15-A.3.17. John Wiley & Sons, New York.

Young, R.A. and Davis, R.W. 1983. Efficient isolation of genes by using antibody probes. *Proc. Natl. Acad. Sci. U.S.A.* 80:1194-1198.

Zabin, I. and Fowler, A.V. 1978. β-Galactosidase, the lactose permease protein, and thiogalactoside transacetylase. *In* The Operon (J. Miller, ed.) pp. 89-122. Cold Spring Harbor Laboratory Press, Cold Spring Harbor, N.Y.

Zhang, J.F. and Wang, D.I.C. 1998. Quantitative analysis and process monitoring of site-specific glycosylation microheterogeneity in recombinant human interferon-gamma from Chinese hamster ovary cell culture by hydrophilic interaction chromatography. *J. Chromatogr. B* 712:73-82.

Zhu, H., Clark, S., Benson, S., Rye, H., and Glazer, A. 1994. High sensitivity capillary electrophoresis of double stranded DNA fragments using monomeric and dimeric fluorescent intercalating dyes. *Anal. Chem.* 66:1941-1949.

II

ACS (American Chemical Society). 1994. Biotech Buyers' Guide 1994. ACS, Washington, D.C.

Adams, M.D., Kelley, J.M., Gocayne, J.D., Dubnick, M., Polymeropoulos, M.H., Xiao, H., Merril, C.R., Wu, A., Olde, B., Moreno, R.F., et al. 1991. Complementary DNA sequencing: Expressed sequence tags and human genome project. *Science* 252:1651-1656.

Alberts, B., Bray, D., Lewis, J., Raff, M., Roberts, K., and Watson, J.D. (eds.) 1994. Molecular Biology of the Cell. Garland, New York.

Alizadeh, A., Eisen, M., Botstein, D., Brown, P.O., and Staudt, L.M. 1998. Probing lymphocyte biology by genomic-scale gene expression analysis. *J. Clin. Immunol.* 18:373-379.

Altschul, S.F. 1991. Amino acid substitution matrices from an information theoretic perspective. *J. Mol. Biol.* 219:555-565.

Altschul, S.F., Gish, W., Miller, W., Myers, E.W., and Lipman, D.J. 1990. Basic local alignment search tool. *J. Mol. Biol.* 215:403-410.

Altschul, S.F., Boguski, M.S., Gish, W., and Wootton, J.C. 1994. Issues in searching molecular sequence databases. *Nature Genet.* 6:119-129.

Altschul, S.F., Madden, T.L., Schaffer, A.A., Zhang, J., Zhang, Z., Miller, W., and Lipman, D.J. 1997. Gapped BLAST and PSI-BLAST: A new generation of protein database search programs. *Nucl. Acids Res.* 25:3389-3402.

Amundson, S.A., Bittner, M., Chen, Y., Trent, J., Meltzer, P., and Fornace, A.J., Jr. 1999. Fluorescent cDNA microarray hybridization reveals complexity and heterogeneity of cellular genotoxic stress responses. *Oncogene* 18:3666-3672.

Applied Biosystems. 1987. User Bulletin Issue 11, Model No. 370. Applied Biosystems, Foster City, California

Bacallao, R., Kiai, K., and Jesaitis, L. 1995. Guiding principles of specimen preservation for confocal fluorescence microscopy. *In* Handbook of Biological Confocal Microscopy, 2nd ed. (J. Pawley, ed.) pp. 311-326. Plenum, New York.

Bacik, I., Cox, J.H., Anderson, R., Yewdell, J.W., and Bennink, J.R. 1994. TAP (transporter associated with antigen processing)-independent presentation of endogenously synthesized peptides is enhanced by endoplasmic reticulum insertion sequences located at the amino- but not carboxyl-terminus of the peptide. *J. Immunol.* 152:381-387.

Bagasra, O., Seshamma, T., and Pomerantz, R.J. 1993a. Polymerase chain reaction in situ: Intracellular amplification and detection of HIV-1 proviral DNA and other specific genes. *J. Immunol. Methods* 158:131-145.

Bairoch, A. and Apweiler, R. 1998. The SWISS-PROT protein sequence data bank and its supplement TrEMBL in 1998. *Nucl. Acids Res.* 26:38-42.

Bangalore, L., Tanner, A.J., Laudano, A.P., and Stern, D.F. 1992. Antiserum raised against a synthetic phosphotyrosine-containing peptide selectively recognizes $p185^{neu/erbB\text{-}2}$ and the epidermal growth factor receptor. *Proc. Natl. Acad. Sci. U.S.A.* 89:11637-11641.

Barch, M.J., Lawce, H.J., and Arsham, M.S. 1991. Peripheral Blood Culture. *In* The ACT Cytogenetic Laboratory Manual, 2nd ed. (M.J. Barch, ed.) pp. 17-30. Raven Press, New York.

Barker, W.C., Garavelli, J.S., Haft, D.H., Hunt, L.T., Marzec, C.R., Orcutt, B.C., Srinivasarao, G.Y., Yeh, L.S.L., Ledley, R.S., Mewes, H.W., Pfeiffer, F., and Tsugita, A. 1998. The PIR-International Protein Sequence Database. *Nucl. Acids Res.* 26:27-32.

Barrett, N., Mitterer, A., Mundt, W., Eibl, J., Eibl, M., Gallo, R.C., Moss, B., and Dorner, F. 1989. Large-scale production and purification of a vaccinia recombinant-derived HIV-1 gp 160 and analysis of its immunogenicity. *AIDS Res. Hum. Retroviruses* 5:159-171.

Bartel, D.P. and Szostak, J.W. 1993. Isolation of new ribozymes from a large pool of random sequences. *Science* 261:1411-1418.

Bassett, D.E. Jr., Eisen, M.B., and Boguski, M.S. 1999. Gene expression informatics—it's all in your mine. *Nature Genet.* 21:51-55.

Baudin, A., Ozier-Kalogeropoulos, O., Denouel, A., Lacroute, F., and Cullin, C. 1993. A simple and efficient method for direct gene deletion in *Saccharomyces cerevisiae*. *Nucl. Acids Res.* 21:3329-3330.

Baxby, D. 1989. Smallpox vaccination for investigators. *Lancet* 2:919.

Becker, D.M. and Guarente, L. 1991. High-efficiency transformation of yeast by electroporation. *Methods Enzymol.* 194:182-187.

Becker, P.B. and Wu, C. 1992. Cell-free system for assembly of transcriptionally repressed chromatin from *Drosophila* embryos. *Mol. Cell. Biol.* 12:2241-2249.

Beddington, R.S.P. and Lawson, K.A. 1990. Clonal analysis of cell lineages. *In* Postimplantation Mammalian Embryos: A Practical Approach (A.J. Copp and D.L. Cockroft, eds.) pp. 267-292. IRL Press, Oxford.

Behr, M.A., Wilson, M.A. Gill, W.P., Salamon, H., Schoolnik, G.K., Rane, S., and Small, P.M. 1999. Comparative genomics of BCG vaccines by whole-genome DNA microarray. *Science* 284:1520-1523.

Bendixen, C., Gangloff, S., and Rothstein, R. 1994. A yeast mating-selection scheme for detection of protein-protein interactions. *Nucl. Acids Res.* 22:1778-1779.

Bennink, J.R. and Yewdell, J.W. 1990. Recombinant vaccinia viruses as vectors for studying T lymphocyte specificity and function. *Curr. Topics Microbiol. Immunol.* 163:153-184.

Benson, D.A., Boguski, M.S., Lipman, D.J., Ostell, J., and Ouellette, B.F. 1998. GenBank. *Nucl. Acids Res.* 26:1-7.

Berger, E.A., Fuerst, T.R., and Moss, B. 1988. A soluble recombinant polypeptide comprising the amino-terminal half of the extracellular region of the CD4 molecule contains an active binding site for human immunodeficiency virus. *Proc. Natl. Acad. Sci. U.S.A.* 85:2357-2361.

BioSupplyNet Source Book. 1999. BioSupplyNet, Plainview, N.Y., and Cold Spring Harbor Laboratory Press, Cold Spring Harbor, N.Y.

Blanar, M.A. and Rutter, W.J. 1992. Interaction cloning: Identification of a helix-loop-helix zipper protein that interacts with c-Fos. *Science* 256:1014-1018.

Blasco, R. and Moss, B. 1995. Selection of recombinant vaccinia viruses on the basis of plaque formation. *Gene* 158:157-162.

Boeke, J.D., LaCroute, F., and Fink, G.R. 1984. A positive selection for mutants lacking orotidine-5′-phosphate decarboxylase activity in yeast: 5-fluoroorotic acid resistance. *Mol. Gen. Genet.* 197:345-346.

Boeke, J.D., Trueheart, J., Natsoulis, G., and Fink, G.R. 1987. 5-fluoroorotic acid as a selective agent in yeast molecular genetics. *Methods Enzymol.* 154:164-175.

Boguski, M.S., Lowe, T.M., and Tolstoshev, C.M. 1993. dbEST—database for "expressed sequence tags." *Nature Genet.* 4:332-333.

Bornstein, P. and Balian, G. 1977. Cleavage at Asn-Gly bonds with hydroxylamine. *Methods Enzymol.* 47:132-145.

Boyle, W.J., van der Geer P., and Hunter, T. 1991. Phosphopeptide mapping and phosphoamino acid analysis by two-dimensional separation on thin-layer cellulose plates. *Methods Enzymol.* 201:110-148.

Brachmann, C.B., Davies, A., Cost, G.J., Caputo, E., Li, J., Hieter, P., and Boeke, J. 1998. Designer deletion strains derived from *Saccharomyces cerevisiae* S288C: A useful set of strains and plasmids for PCR-mediated gene disruption and other applications. *Yeast* 142:115-132.

Brelje, T.C., Wessendorf, M.W., and Sorenson, R.L. 1993. Multicolor laser scanning confocal immunofluorescence microscopy: Practical applications and limitations. *In* Cell Biological Applications of Confocal Microscopy (B. Matsumoto, ed.) pp. 98-182. Academic Press, San Diego.

Brenner, C., Bevan, A., and Fuller, R.S. 1994. One-step site-directed mutagenesis. *Methods Enzymol.* 244:163-165.

Brent, R. and Ptashne, M. 1984. A bacterial repressor protein or a yeast transcriptional terminator can block upstream activation of a yeast gene. *Nature* 312:612-615.

Brown, P.A. and Szostak, J.W. 1983. Yeast vectors with negative selection. *Meth. Enzymol.* 101:278-290.

Brown, P.O. and Botstein, D. 1999. Exploring the new world of the genome with DNA microarrays. *Nature Genet.* 21:33-37.

Burns, N., Grimwade, B., Ross-Macdonald, P.B., Choi, E.-Y., Finberg, K., Roeder, G.S., and Snyder, M. 1994. Large-scale analysis of gene expression, protein localization and gene disruption in *Saccharomyces cerevisiae*. *Genes Dev.* 8:1087-1105.

Carrington, W.A., Lynch, R.M., Moore, E.D.W., Isenberg, G., Fogarty, K.E., and Fay, F.S. 1995. Superresolution three-dimensional images of fluorescence in cells with minimal light exposure. *Science* 268:1483-1487.

Carroll, M.W. and Moss, B. 1995. *E. coli* β-glucuronidase (GUS) as a marker for recombinant vaccinia viruses. *BioTechniques* 19:352-355.

Carroll, M.W. and Moss, B. 1997. Host range and cytopathogenicity of the highly attenuated MVA strain of vaccinia virus: Propagation and generation of recombinant viruses in a nonhuman mammalian cell line. *Virology* 238: 198-211.

Chakrabarti, S., Brechling, K., and Moss, B. 1985. Vaccinia virus expression vector: Coexpression of beta-galatosidase provides visual screening of recombinant virus plaques. *Mol. Cell. Biol.* 5:3403-3409.

Chakrabarti, S., Sisler, J.R., and Moss, B. 1997. Compact, synthetic, vaccinia virus early/late promoter for protein expression. *BioTechniques* 23:1094-1097.

Chamberlain, J.P. 1979. Fluorographic detection of radioactivity in polyacrylamide gels with the water-soluble fluor, sodium salicylate. *Anal. Biochem.* 98:132-135.

Chandrasekharappa, S.C., Guru, S.C., Manickam, P., Olufemi, S.E., Collins, F.S., Emmert-Buck, M.R., Debelenko, L.V., Zhang, Z., Lubensky, I.A., Liotta, L.A., et al. 1997. Positional cloning of the gene for multiple endocrine neoplasia-type 1. *Science* 276:404-407.

Chang, J.-Y. 1985. Thrombin specificity. *Eur. J. Biochem.* 151:217-224.

Chang, Z.Y., Nygaard, P., Chinault, A.C., and Kellems, R.E. 1991. Deduced amino acid sequence of *Escherichia coli* adenosine deaminase reveals evolutionarily conserved amino acid residues: Implications for catalytic function. *Biochemistry* 30:2273-2280.

Charbonneau, H. and Tonks, N.K. 1992. 1002 protein phosphatases? *Annu. Rev. Cell Biol.* 8:463-493.

Chen, D.C., Yang, B.C., and Kuo, T.T. 1992. One-step transformation of yeast in stationary phase. *Curr. Genet.* 21:83-84.

Cheung, V.G., Gregg, J.P., Gogolin-Ewens, K.J., Bandong, J., Stanley, C.A., Baker, L., Higgins, M.J., Nowak, N.J., Shows, T.B., Ewens, W.J., Nelson, S.F., and Spielman, R.S. 1998. Linkage-disequilibrium mapping without genotyping. *Nature Genet.* 18:225-230.

Chiang, C.-M. and Roeder, R.G. 1993. Expression and purification of general transcription factors by FLAG epitope-tagging and peptide elution. *Peptide Res.* 6:62-64.

Chiang, C.-M., Ge, H., Wang, Z., Hoffmann, A., and Roeder, R.G. 1993. Unique TATA-binding protein-containing complexes and cofactors involved in transcription by RNA polymerases II and III. *EMBO J.* 12:2749-2762.

Chien, C.-T., Bartel, P.L., Sternglanz, R., and Fields, S. 1991. The two-hybrid system: A method to identify and clone genes for proteins that interact with a protein of interest. *Proc. Natl. Acad. Sci. U.S.A.* 88:9578-9582.

Cho, G., Keefe, A.D., Liu, R., Wilson, D.S., and Szostak, J.W. 2000. Constructing high complexity synthetic libraries of long ORFs using in vitro selection. *J Mol. Biol.* In press.

Cho, R.J., Campbell, M.J., Winzeler, E.A., Steinmetz, L., Conway, A., Wodicka, L., Wolfsberg, T.G., Gabrielian, A.E., Landsman, D., Lockhart, D.J., and Davis, R.W. 1998. A genome-wide transcriptional analysis of the mitotic cell cycle. *Mol. Cell* 2:65-73.

Chu, S., DeRisi, J., Eisen, M., Mulholland, J., Botstein, D., Brown, P.O., and Herskowitz, I. 1998. The transcriptional program of sporulation in budding yeast. *Science* 282:699-705.

Claverie, J.M. and Makalowski, W. 1994. Alu alert. *Nature* 371:752.

Clothia, C. 1976. The nature of the accessible and buried surfaces in proteins. *J. Mol. Biol.* 105:1-14.

Cohen, P. 1985. The role of protein phosphorylation in the hormonal control of enzyme activity. *Eur. J. Biochem.* 15:439-448.

Colas, P., Cohen, B., Jessen, T., Grishina, I., McCoy, J., and Brent, R. 1996. Genetic selection of peptide aptamers that recognize and inhibit cyclin-dependent kinase 2. *Nature* 380:548-550.

Coons, A.H., Creech, H.J., and Jones, R.N. 1941. Immunological properties of an antibody containing a fluorescent group. *Proc. Soc. Exp. Biol. Med.* 47:200-202.

Cote, J., Utley, R.T., and Workman, J.L. 1995. Basic analysis of transcription factor binding to nucleosomes. *Methods Mol. Genet.* 6:108-128.

Craig, L.C. 1967. Techniques for the study of peptides and proteins by dialysis and diffusion. *Methods Enzymol.* 11:870-905.

Cryer, D.R., Eccleshal, R., and Marmur, J. 1975. Isolation of yeast DNA. *Methods Cell Biol.* 12:39-44.

Czernik, A.J., Girault, J.-A., Nairn, A.C., Chen, J., Snyder, G., Kebabian, J., and Greengard, P. 1991. Production of phosphorylation state-specific antibodies. *Methods Enzymol.* 201:264-283.

Daniels, P.B., Deacon, J.K., Eddowes, M.J., and Pedley, D.G. 1988. Surface plasmon resonance applied to immunosensing. *Sens. Actuators* 16:11-18.

Danos, O. and Mulligan, R.C. 1988. Safe and efficient generation of recombinant retroviruses with amphotropic and ecotropic host ranges. *Proc. Natl. Acad. Sci. U.S.A.* 85:6460-6464.

Datson, N.A., van der Perk-de Jong, J., van den Berg, M.P., de Kloet, E.R., and Vreugdenhil, E. 1999. MicroSAGE: A modified procedure for serial analysis of gene expression in limited amounts of tissue. *Nucl. Acids Res.* 27:1300-1307.

Davidson, E.H. 1986. Complexity of maternal RNA. *In* Gene Activity in Early Development, 3rd ed., pp. 50-55. Academic Press, San Diego.

Davis, R.W., Thomas, M., Cameron, J., St. John, T.P., Scherer, S., and Padgett, R.A. 1980. Rapid DNA isolations for enzymatic and hybridization analysis. *Methods Enzymol.* 65:404-411.

Davison, A.J. and Moss, B. 1990. New vaccinia virus recombination plasmids incorporating a synthetic late promoter for high level expression of foreign proteins. *Nucl. Acids Res.* 18:4285-4286.

Dawson, M.C., Elliott, D.C., Elliott, W.H., and Jones, K.M. (eds.) 1987. Data for Biochemical Research, 3rd ed. Clarendon Press, Oxford.

Dayhoff, M.O., Schwartz, R.M., and Orcutt, B.C. 1978. A model of evolutionary change in proteins. *In* Atlas of Protein Sequence and Structure, Vol. 5, suppl. 3. (M.O. Dayhoff, ed.) pp. 345-352. National Biomedical Research Foundation, Washington, D.C.

Delcuve, G.P. and Davie, J.R. 1992. Western blotting and immunochemical detection of histones electrophoretically resolved on acid-urea-triton and sodium dodecyl sulfate-polyacrylamide gels. *Anal. Biochem.* 200:339-341.

Denk, W., Piston, D.W., and Webb, W.W. 1995. Two-photon molecular excitation in laser-scanning microsopy. *In* Handbook of Biological Confocal Microscopy, 2nd ed. (J.

Pawley, ed.) pp. 445-458. Plenum, New York.

DeRisi, J.L., Iyer, V.R., and Brown, P.O. 1997. Exploring the metabolic and genetic control of gene expression on a genomic scale. *Science* 278:680-686.

Diehn, M., Eisen, M., Brown, P., and Botstein, D. 1999. Large-scale identification of membrane-associated gene products using DNA microarrays, submitted.

DiGiovanna, M.P. and Stern, D.F. 1995. Activation state-specific monoclonal antibody detects tyrosine phosphorylated $p185^{neu/erbB-2}$ in a subset of human breast tumors overexpressing this receptor. *Cancer Res.* 55:1946-1955.

Dignam, J.D., Martin, P.L., Shastry. B.S., and Roeder, R.G. 1983. Eukaryotic gene transcription with purified components. *Methods Enzymol.* 101:582-598.

Doerfler, W. and Bohm, P. 1986. The Molecular Biology of Baculoviruses. Springer-Verlag, New York.

Doolittle, R.F. 1986. Of urfs and orfs: A primer on how to analyze derived amino acid sequences. University Science Books, Mill Valley, Calif.

Durfee, T., Becherer, K., Chen, P.L., Yeh, S.H., Yang, Y., Kilburn, A.E., Lee, W.H., and Elledge, S.J. 1993. The retinoblastoma protein associates with the protein phosphatase type 1 catalytic subunit. *Genes & Dev.* 7:555-569.

Earl, P.L., Hugin, A.W., and Moss, B. 1990. Removal of cryptic poxvirus transcription termination signals from the human immunodeficiency virus type 1 envelope gene enhances expression and immunogenicity of a recombinant vaccinia virus. *J. Virol.* 64:2448-2451.

Earl, P., Koenig, S., and Moss, B. 1990. Biological and immunological properties of human immunodeficiency virus type 1 envelope glycoprotein: Analysis of proteins with truncations and deletions expressed by recombinant vaccinia viruses. *J. Virol.* 65:31-41.

Eberwine, J. 1996. Amplification of mRNA populations using aRNA generated from immobilized oligo(dT)-T7 primed cDNA. *Biotechniques* 20:584-591.

Edmondson, D.G., Smith, M.M., and Roth, S.Y. 1996. Repression domain of the yeast global repressor Tup1 interacts directly with histones H3 and H4. *Genes & Dev.* 10:1247-1259.

Eisen, M.B., Spellman, P.T., Brown, P.O., and Botstein, D. 1998. Cluster analysis and display of genome-wide expression patterns. *Proc. Natl. Acad. Sci. U.S.A.* 95:14863-14868.

Elroy-Stein, O. and Moss, B. 1990. Cytoplasmic expression system based on constitutive synthesis of bacteriophage T7 RNA polymerase in mammalian cells. *Proc. Natl. Acad. Sci. U.S.A.* 87:6743-6747.

Epstein, R.J., Druker, B.J., Roberts, T.M., and Stiles, C.D. 1992. Synthetic phosphopeptide immunogens yield activation-specific antibodies to the c-erbB-2 receptor. *Proc. Natl. Acad. Sci. U.S.A.* 89:10435-10439.

Fasman, G. (ed.). 1975. Handbook of Biochemistry and Molecular Biology, Vol. 1: Nucleic Acids, 3rd ed. CRC Press, Boca Raton, Fla.

Ferea, T.L., Botstein, D., Brown, P.O., and Rosenzweig, R.F. 1999. Systematic changes in gene expression patterns following adaptive evolution in yeast. *Proc. Natl. Acad. Sci. U.S.A.* 96:9721-9726.

Fearon, E.R., Finkel, T., Gillison, M.L., Kennedy, S.P., Casella, J.F., Tomaselli, G.F., Morrow, J.S., and Dang, C.V. 1992. Karyoplasmic interaction selection strategy: A general strategy to detect protein-protein interactions in mammalian cells. *Proc. Nat. Acad. Sci. U.S.A.* 89:7958-7962.

Finley, R.L. Jr. and Brent, R. 1994. Interaction mating reveals binary and ternary connections between Drosophila cell cycle regulators. *Proc. Natl. Acad. Sci. U.S.A.* 91:12980-12984.

Fischer, A., Saedler, H., and Theissen, G. 1995. Restriction fragment length polymorphism-coupled domain-directed differential display: A highly efficient technique for expression analysis of multigene families. *Proc. Natl. Acad. Sci. U.S.A.* 92:5331-5335.

Fodor, S.P., Read, J.L., Pirrung, M.C., Stryer, L., Lu, A.T., and Solas, D. 1991. Light-directed, spatially addressable parallel chemical synthesis. *Science* 251:767-773.

Freshney, R.I. 1993. Culture of Animal Cells. A Manual of Basic Techniques, 3rd ed. Wiley-Liss, New York.

Frohman, M.A., Dush, M.K., and Martin, G.R. 1988. Rapid production of full length cDNAs from rare transcripts: Amplification using a single gene-specific oligonucleotide primer. *Proc. Natl. Acad. Sci. U.S.A.* 85: 8998-9002.

Fuerst, T.R., Niles, E.G., Studier, F.W., and Moss, B. 1986. Eukaryotic transient expression system based on recombinant vaccinia virus that synthesizes bacteriophage T7 RNA polymerase. *Proc. Natl. Acad. Sci. U.S.A.* 83:8122-8126.

Garrity, P.A. and Wold, B.J. 1992. Effects of different DNA polymerases in ligation-mediated PCR: Enhanced genomic sequencing and in vivo footprinting. *Proc. Natl. Acad. Sci. U.S.A.* 89:1021-1025.

Geyer, C.R., Colman-Lerner, A., and Brent, R. 1999. "Mutagenesis" by peptide aptamers identifies genetic network members and pathway connections. *Proc. Natl. Acad. Sci. U.S.A.* 96:8567-8572.

Gish, W. and States, D.J. 1993. Identification of protein coding regions by database similarity search. *Nature Genet.* 3:266-272.

Gossen, M. and Bujard, H. 1992. Tight control of gene expression in mammalian cells by tetracycline-responsive promoters. *Proc. Natl. Acad. Sci. U.S.A.* 89:5547-5551.

Gross, E. 1967. The cyanogen bromide reaction. *Methods Enzymol.* 11:238-255.

Grulich-Henn, J., Spiess, S., Heinrich, U., Schonberg, D., and Bettendorf, M. 1998. Ligand blot analysis of insulin-like growth factor-binding proteins using biotinylated insulin-like growth factor-I. *Horm. Res.* 49:1-7.

Guarente, L. 1983. Yeast promoters and *lacZ* fusions designed to study expression of cloned genes in yeast. *Methods Enzymol.* 101:181-191.

Guarente, L., Lauer, G., Roberts, T.M., and Ptashne, M. 1980. Improved methods for maximizing expression of a cloned gene: A bacterium that synthesizes rabbit β-globin. *Cell* 20:543-553.

Gyuris, J., Golemis, E., Chertkov, H. and Brent, R. 1993. Cdi1, a human G1- and S-phase protein phosphatase that associates with Cdk2. *Cell* 75:791-803.

Hacia, J.G., Brody, L.C., Chee, M.S., Fodor, S.P., and Collins, F.S. 1996. Detection of heterozygous mutations in *BRCA1* using high density oligonucleotide arrays and two-colour fluorescence analysis. *Nature Genet.* 14:441-447.

Hamilton, C.M. Aldea, M., Washburn, B.K., Babitzke, P., and Kushner, S.R. 1989. New methods for generating deletions and gene replacements in *Escherichia coli*. *J. Bacteriol.* 171:4617-4622.

Hampton, R.E. 1994. Introductory Biological Statistics. William. C. Brown Publishers, Dubuque, Iowa.

Haramis, A.G., Brown, J.M., and Zeller. R. 1995. The *limb deformity* mutation disrupts the SHH/FGF-4 feedback loop and regulation of 5′ *HoxD* genes during limb pattern formation. *Development* 121:4237-4245.

Harland, R.M. 1991. In situ hybridization: An improved whole-mount method for *Xenopus* embryos. *Methods Cell Biol.* 36:685-695.

Harlow, E. and Lane, D. 1988 Antibodies: A Laboratory Manual. Cold Spring Harbor Laboratory, Cold Spring Harbor, N.Y.

Hasse, A.T., Retzel, E.F., and Staskus, K.A. 1990. Amplification and detection of lentiviral DNA inside cells. *Proc. Natl. Acad. Sci. U.S.A.* 37:4971-4975.

Hayward, R., DeRisi, J., Alfadhli, S., Kaslow, D., Brown, P., and Rathod, P. 2000. Shot-gun DNA microarrays and stage specific gene expression in *Plasmodium falciparum*, *Mol. Microbiol.* 35:6-14..

Hecht, A., Strahl-Bolsinger, S., and Grunstein, M. 1996. Spreading of transcriptional repressor SIR3 from telomeric heterochromatin. *Nature* 383:92-96.

Hedrick, S.M., Cohen, D.I., Nielsen, E.A., and Davis, M.M. 1984. Isolation of cDNA clones encoding T cell-specific membrane-associated proteins. *Nature (Lond.)* 308:149-153.

Henikoff, S. and Henikoff, J.G. 1992. Amino acid substitution matrices from protein blocks. *Proc. Natl. Acad. Sci. U.S.A.* 89:10915-10919.

Hinnen, A., Hicks, J.B., and Fink, G.R. 1978. Transformation of yeast. *Proc. Natl. Acad. Sci. U.S.A.* 75:1929-1933.

Hogan, B., Constantini, F., and Lacy, E. 1986. Manipulating the Mouse Embryo. Cold Spring Harbor Laboratory, Cold Spring Harbor, N.Y.

Hollands, B. 1962. Histochemistry and microtomy of fresh-frozen tissue. *In* Progress in Medical Laboratory Technique (F.J. Baker, ed.) pp. 112-135. Butterworth, London.

Holm, L. and Sander, C. 1997. An evolutionary treasure: Unification of a broad set of amidohydrolases related to urease. *Proteins* 28:72-82.

Holmes, K. and Fowlkes, B.J. 1991. Preparation of cells and reagents for flow cytometry. *In* Current Protocols in Immunology (J.E. Coligan, A.M. Kruisbeek, D.H. Margulies, E.M. Shevach, and W. Strober, eds.) pp. 5.3.1-5.3.11. John Wiley & Sons, New York.

Huynh, T.V., Young, R.A., and Davis, R.W. 1985. Constructing and screening cDNA libraries in λgt10 and λgt11. *In* DNA Cloning: A Practical Approach (D.M. Glover, ed.) pp. 49-78. IRL Press, Oxford.

Inoué, S. and Spring, K.R. 1997. Video Microscopy: The Fundamentals, 2nd ed. Plenum, New York.

Ito, H., Fukuda, Y., Murata, K., and Kimura, A. 1983. Transformation of intact yeast cells treated with alkali cations. *J. Bacteriol.* 153:163-168.

Ito, T., Tyler, J.K., and Kadonaga, J.T. 1997. Chromatin assembly factors: A dual function in nucleosome formation and mobilization? *Genes Cells* 2:593-600.

Iyer, V.R., Eisen, M.B., Ross, D.T., Schuler, G.T., Moore, J.C., Lee, F., Trent, J.M., Staudt, L.M., Hudson, J., Jr., Boguski, M.S., Lashkari, D., Shalon, D., Botstein, D., and Brown, P.O. 1999. The transcriptional program in the response of human fibroblasts to serum. *Science* 283:83-87.

Johnson, G.P., Goebel, S.J., and Paoletti, E. 1993. An update on the vaccinia virus genome. *Virology* 196: 381-401.

Johnsson, N. and Varshavsky, A. 1994. Split ubiquitin as a sensor of protein interactions in vivo. *Proc. Natl. Acad. Sci. U.S.A.* 91:10340-10344.

Johnston, R.F., Pickett, S.C., and Barker, D.L. 1990. Autoradiography using storage phosphor technology. *Electrophoresis* 11:355-360.

Kallioniemi, A., Kallioniemi, O.P., Sudar, D., Rutovitz, D., Gray, J.W., Waldman, F., and Pinkel, D. 1992. Comparative genomic hybridization for molecular cytogenetic analysis of solid tumors. *Science* 258:818-821.

Kamabadur, R., Koizumi, K., Stivers, C., Nagle, J., Poole, S., and Oldenwald, W. 1998. Regulation of *POU* genes by *castor* and *hunchback* establishes layered compartments in the *Drosophila* CNS. *Genes & Devel.* 12:246-260.

Kameshita, I. and Fujisawa, H. 1989. A sensitive method for detection of calmodulin-dependent protein kinase II activity in sodium dodecyl sulfate polyacrylamide gel. *Anal. Biochem.* 183:139-143.

Kamps, M.P. and Sefton, B.M. 1988. Identification of multiple novel polypeptide substrates of the v-src, v-yes, v-fps, v-ros, and v-erb-B oncogenic tyrosine protein kinases utilizing antisera against phosphotyrosine. *Oncogene* 2:305-315.

Kamps, M.P. and Sefton, B.M. 1989. Acid and base hydrolysis of phosphoproteins bound to Immobilon facilitates the analysis of phosphoamino acids in gel-fractionated proteins. *Anal. Biochem.* 176:22-27.

Karlin, S. and Altschul, S.F. 1990. Methods for assessing the statistical significance of molecular sequence features by using general scoring schemes. *Proc. Natl. Acad. Sci. U.S.A.* 87:2264-2268.

Katz, J.P., Bodin, E.T., and Coen, D.M. 1990. Quantitative polymerase chain reaction analysis of herpes simplex virus DNA in ganglia of mice infected with replication-incompetent mutants. *J. Virol.* 64:4288-4295.

Kaufman, R.J. 1987. High level production of proteins in mammalian cells. *In* Genetic Engineering: Principles and Methods (J.K. Setlow, ed.) pp. 155-198. Plenum, New York.

Kaufman, R.J. 1990a. Selection and coamplification of heterologous genes in mammalian cells. *Methods Enzymol.* 185:537-566.

Kaufman, R.J. 1990b. Overview of vectors used for expression in mammalian cells. *Methods Enzymol.* 185:487-511.

Kerr, J.F.R., Wyllie, A.H., and Currie, A.R. 1972. Apoptosis: A basic biological phenomenon with wide-ranging implications in tissue kinetics. *Br. J. Cancer* 26:239-257.

Kershnar, E., Wu, S.-Y., and Chiang, C.-M. 1998. Immunoaffinity purification and functional characterization of human transcription factor IIH and RNA polymerase II from clonal cell lines that conditionally express epitope-tagged subunits of the multiprotein complexes. *J. Biol. Chem.* 273:34444-34453.

Kimball, S. R., Heinzinger, N. K., Horetsky, R. L., and Jefferson, L. S. 1998. Identification of interprotein interactions between the subunits of eukaryotic initiation factors eIF2 and eIF2B. *J. Biol. Chem.* 273:3039-3044.

Knehr, M., Poppe, M., Enulescu, M., Eickelbaum, W., Stoehr, M., Schroeter, D., and Paweletz, N. 1995. A critical appraisal of synchronization methods applied to achieve maximal enrichment of HeLa cells in specific cell cycle phases. *Exp. Cell Res.* 217:546-553.

Knutsen, T. 1991. *In* The ACT Cytogenetic Laboratory Manual, 2nd ed. (M.J. Barch, ed.) pp. 563-587. Raven Press, New York.

Kolonin, M.G. and Finley, R.L. Jr. 1998. Targeting cyclin-dependent kinases in Drosophila with peptide aptamers. *Proc. Natl. Acad. Sci. U.S.A.* 95:14266-14271.

Kusukawa, N., Uemori, T., Asada, K., and Kato, I. 1990. Rapid and reliable protocol for direct sequencing of material amplified by polymerase chain reaction. *BioTechniques* 9:66-72.

Labarca, C. and Paigen, K. 1980. A simple, rapid, and sensitive DNA assay procedure. *Anal. Biochem.* 102:344-352.

Landon, M. 1977. Cleavage at aspartyl-prolyl bonds. *Methods Enzymol.* 47(E):145-149.

Laskey, R.A. 1980. The use of intensifying screens or organic scintillators for visualizing radioactive molecules resolved by gel electrophoresis. *Methods Enzymol.* 65:363-371.

Laskey, R.A. and Mills, A.D. 1975. Quantitative film detection of ^{3}H and ^{14}C in polyacrylamide gels by fluorography. *Eur. J. Biochem.* 56:335-341.

Laskey, R.A. and Mills, A.D. 1977. Enhanced autoradiographic detection of ^{32}P and ^{125}I using intensifying screens and hypersensitized film. *FEBS Lett.* 82:314-316.

LaVallie, E.R., DiBlasio, E.A., Kovacic, S., Grant, K.L., Schendel, P.F., and McCoy, J.M. 1993a. A thioredoxin gene fusion system that circumvents inclusion body formation in the *E. coli* cytoplasm. *Bio/Technology* 11:187-193.

Lavin, M.F. and Shiloh, Y. 1997. The genetic defect in ataxia-telangiectasia. *Annu. Rev. Immunol.* 15:177-202.

Lederer, C.M., Hollander, J.M., and Perlman, I. (eds.).1967. Tsable of Radioisotopes. John Wiley and Sons. New York.

Lee, E.C. 1991. Cytogenetic Analysis of Continuous Cell Lines. *In* The ACT Cytogenetic Laboratory Manual, 2nd ed. (M.J. Barch, ed.) pp. 107-148. Raven Press, New York.

Lee, N., Cozzikorto, J., Wainwright, N., and Testa, D. 1984. Cloning with tandem gene systems for high level gene expression. *Nucl. Acids Res.* 12:6797-6812.

Lewin, B. 1980. *In* Gene Expression 2, p. 962. John Wiley & Sons, New York

Liang, P. and Pardee, A.B. 1993. Distribution and cloning of eukaryotic mRNAs by means of differential display: Refinements and optimization. *Nucl. Acids Res.* 21:3269-3275.

Liang, P., Zhu,W., Zhang, X., Gui, Z., O'Connell, R.P., Averboukh, L., Want, F., and Pardee, A.B. 1994. Differential display using one-base anchored oligo-dT primers. *Nucleic Acids Res.* 22:5763-5764.

Lichter, P., Boyle, A.L., Cremer, T., and Ward, D.C. 1991. Analysis of genes and chromosomes by nonisotopic in situ hybridization. *Genet. Anal. Techn. Appl.* 8:24-35.

Liedberg, B., Nylander, C., and Lundstrom, I. 1983. Surface plasmon resonance for gas detection and biosensing. *Sens. Actuators* 4:299-304.

Linscott, W.D. 2002. Linscott's Directory of Immunological and Biological Reagents, 12th ed. W.D. Linscott, Santa Rosa, CA.

Liu, J.-K., Bergman, Y., and Zaret, K.S. 1988. The mouse albumin promoter and a distal upstream site are simultaneously DNAaseI-hypersensitive in liver chromatin and bind similar liver-abundant factors in vitro. *Genes Dev.* 2:528-541.

Liu, R., Barrick, J., Szostak, J.W., and Roberts, R.W. 2000. Optimized synthesis of RNA-protein fusions for in vitro protein selection. *Methods Enzymol.* 317:268-293.

Lockhart, D.J., Dong, H., Byrne, M.C., Follettie, M.T., Gallo, M.V., Chee, M.S., Mittmann, M., Wang, C., Kobayashi, M., Horton, H., and Brown, E.L. 1996. Expression monitoring by hybridization to high-density oligonucleotide arrays. *Nature Biotechnol.* 14:1675-1680.

Lu, Z., Murray, K.S., Van Cleave, V., LaVallie, E.R., Stahl, M.L., and McCoy, J.M. 1995. Expression of thioredoxin random peptide libraries on the Escherichia-Coli cell-surface as functional fusions to flagellin - a system designed for exploring protein-protein interactions. *Biotechnology* 13:366-372.

Luger, K., Rechsteiner, T.J., Flaus, A.J., Waye, M.M., and Richmond, T.J. 1997. Characterization of nucleosome core particles containing histone protein made in bacteria. *J. Mol. Biol.* 272:301-311.

Luger, K., Rechsteiner, T.J., and Richmond, T.J. 1999. Preparation of nucleosome core particle from recombinant histones. *Methods Enzymol.* 304:3-19.

Luna, E.J. 1996. Biotinylation of proteins in solution and on cell surfaces. *In* Current Protocols in Protein Science. (J.E. Coligan, B.M. Dunn, H.L. Ploegh, D.W. Speicher, and P.T. Wingfield, eds.) pp. 3.6.1-3.6.15. John Wiley & Sons, New York.

Luna, L.G. 1968. Manual of Histologic Staining: Methods of the Armed Forces Institute of Pathology (3rd ed.). McGraw-Hill, New York, N.Y.

Mackett, M., Smith, G.L., and Moss, B. 1982. Vaccinia virus: A selectable eukaryotic cloning and expression vector. *Proc. Natl. Acad. Sci. U.S.A.* 79:7415-7419.

Mackett, M., Smith, G.L., and Moss, B. 1984. General method for production and selection of infectious vaccinia virus recombinants expressing foreign genes. *J. Virol.* 49:857-864.

Maina, C.V., Riggs, P.D., Grandea, A.G., Slatko, B.E., Moran, L.S., Tagliamonte, J.A., McReynolds, L.A., and Guan, C. 1988. An *Escherichia coli* vector to express and purify foreign proteins by fusion to and separation from maltose-binding protein. *Gene* 74:365-373.

Marchuk, D., Drumm, M., Saulino, A., and Collins, F.S. 1991. Construction of T-vectors, a rapid and general system for direct cloning of unmodified PCR products. *Nucl. Acids Res.* 19:1154.

Margolis, B., Silvennoinen, O., Comoglio, F., Roonprapunt, C., Skolnik, E., Ullrich, A., and Schlessinger, J. 1992. High-efficiency expression/cloning of epidermal growth factor-receptor-binding proteins with *src* homology 2 domains. *Proc. Natl. Acad. Sci. U.S.A* 89:8894-8898.

Marshall, C.J. 1995. Specificity of receptor tyrosine kinase signalling: Transient versus sustained extracellular signal-regulated kinase activation. *Cell* 80:179-185.

Matsumoto, B. (ed.) 1993. Cell Biological Applications of Confocal Microscopy. Academic Press, London.

Maxam, A.M. and Gilbert, W. 1980. Sequencing end-labeled DNA with base-specific chemical cleavages. *Methods Enzymol.* 65:499-559.

McAllister, L., Penland, L., and Brown, P.O. 1998. Enrichment for loci identical-by-descent between pairs of mouse or human genomes by genomic mismatch scanning. *Genomics* 47:7-11.

McGregor, W.C. 1986. Selection and use of ultrafiltration membranes. *In* Membrane Separations in Biotechnology (W.C. McGregor, ed.) pp. 1-36. Marcel Dekker, New York.

McPherson, C.E., Shim, E.-Y., Friedman, D.S., and Zaret, K.S. 1993. A tissue-specific enhancer and bound transcription factors existing in a precisely positioned nucleosome array. *Cell* 75:387-398.

McPhie, P. 1971. Dialysis. *Methods Enzymol.* 22:23-32.

Meisenhelder, J. and Hunter, T. 1988. Radioactive protein-labelling techniques. *Nature* 335:120.

Melcher, K. and Johnston, S.A. 1995. Gal4 interacts with TATA-binding protein and co-activators. *Mol. Cell Biol.* 15:2839-2848.

Miyahara, J. 1989. Visualizing things never seen before: The imaging plate, a new radiation sensor. *Chemistry Today* Oct. 1989:29-36.

Moqtaderi, Z., Bai, Y., Poon, D., Weil, P.A., and Struhl, K. 1996. TBP-associated factors are not generally required for transcriptional activation in yeast. *Nature* 383:188-191.

Morla, A. and Wang, J.Y.J. 1986. Protein tyrosine phosphorylation in the cell cycle of BALB/c 3T3 fibroblasts. *Proc. Natl. Acad. Sci. U.S.A.* 83:8191-8195.

Moss, B. 1996a. *Poxviridae:* The viruses and their replication. *In* Virology (B.N. Fields, D.M. Knipe, and P. M. Howley, eds.) pp. 2637-2671. Raven Press, New York.

Moss, B. 1996b. Genetically engineered poxviruses for recombinant gene expression, vaccination, and safety. *Proc. Natl. Acad. Sci. U.S.A.* 93:11341-11348.

Moss, B., Elroy-Stein, O., Mizukami, T., Alexander, W.A., and Fuerst, T.R. 1990. New mammalian expression vectors. *Nature (Lond.)* 348:91-92.

Motulsky, H. 1995. Intuitive Biostatistics. Oxford University Press, New York.

Muhlrad, D., Hunter, R.,and Parker, R. 1992. A rapid method for localized mutagenesis of yeast genes. *Yeast* 8:79-92.

Muzyczka, N. (ed.) 1989. Eukaryotic Viral Expression Vectors: Current Topics in Microbiology and Immunology. Springer-Verlag, Berlin.

Nagai, K. and Thogersen, H. C. 1987. Synthesis and sequence-specific proteolysis of hybrid proteins produced in *Escherichia coli. Methods Enzymol.* 153:461-481.

Nelson, S.F., McCusker, J.H., Sander, M.A., Kee, Y., Modrich, P., and Brown, P.O. 1993. Genomic mismatch scanning: A new approach to genetic linkage mapping. *Nature Genet.* 4:11-18.

Norman, T.C., Smith, D.L., Sidhu, S.S. and Weiss, G.A. 2000. Constructing phage display libraries by oligonucleotide-directed mutagenesis. *In* Phage Display: A Practical Approach (T. Clackson and H.B. Lowman, eds.) In press. Oxford University Press, Oxford.

Nuovo, G.J., Gallery, F., MacConnell, P., Becker, J., and Bloch, W. 1991. An improved technique for the in situ detection of DNA after polymerase chain reaction amplification. *Am. J. Path.* 139:1239-1244.

Ohara, O., Dorit, R.L. and Gilbert, W. 1989. One-sided polymerase chain reaction: The amplification of cDNA. *Proc. Natl. Acad. Sci. U.S.A.* 86:5673-5677.

Olson, M., Hood, L., Cantor, C., and Botstein, D. 1989. A common language for physical mapping of the human genome. *Science* 245:1434-1435.

O'Reilly, D.R., Miller, L.K., and Luckow, V.A. 1992. Baculovirus Expression Vectors. W.H. Freeman, New York.

Orlando, V., Strutt, H., and Paro, R. 1997. Analysis of chromatin structure by in vivo formaldehyde cross-linking. *Methods* 11:205-214.

Ostell, J.M. and Kans, J.A. 1998. The NCBI data model. *In* Bioinformatics: A Practical Guide to the Analysis of Genes and Proteins (A.D. Baxevanis and B.F.F. Ouellette, eds.) pp. 121-144. John Wiley & Sons, New York.

Otten G., Yokoyama, W.M. and Holmes K.H. 1995. Flow cytometry analysis using the Becton Dickinson FACScan. *In* Current Protocols in Immunology (J.E. Coligan, A.M. Kruisbeek, D.H. Margulies, E.M. Shevach, and W. Strober, eds.) pp. 5.4.1-5.4.19. John Wiley & Sons, New York.

Ouellette, B.F.F. 1998. The GenBank sequence database. *In* Bioinformatics: A Practical Guide to the Analysis of Genes and Proteins (A.D. Baxevanis and B.F.F. Ouellette, eds.) pp. 16-45. John Wiley & Sons, New York.

Ouellette, B.F. and Boguski, M.S. 1997. Database divisions and homology search files: A guide for the perplexed. *Genome Res.* 7:952-955.

Panicali, D. and Paoletti, E. 1982. Construction of poxviruses as cloning vectors: Insertion of the thymidine kinase gene from herpes simplex virus into the DNA of infectious vaccinia virus. *Proc. Natl. Acad. Sci. U.S.A.* 79:4927-4931.

Pardue, M.L. 1985. In situ Hybridization. *In* Nucleic Acid Hybridization: A Practical Approach (B.D. Hames and S.J. Higgins, eds.) pp. 179-202. IRL Press, Oxford.

Pawley, J.B. (ed.) 1995. Handbook of Biological Confocal Microscopy. Plenum, New York.

Pearson, R.B., and Kemp, B.E. 1991. Protein kinase phosphorylation site sequences and consensus specificity motifs. *Methods Enzymol.* 200:62-81.

Perou, C.M., Jeffrey, S.S., van de Rijn, M., Rees, C.A., Eisen, M.B., Ross, D.T., Pergamenschikov, A., Williams, C.F., Zhu, S.X., Lee, J.C., Lashkari, D., Shalon, D., Brown, P.O., and Botstein, D. 1999. Distinctive gene expression patterns in human mammary epithelial cells and breast cancers. *Proc. Natl. Acad. Sci. U.S.A.* 96:9212-9217.

Peterson, D.F. and Anderson, E.C. 1964. Quantity production of synchronized mammalian cells in suspension culture. *Nature* 203:642-643.

Piccini, A., Perkus, M.E., and Paoletti, E. 1987. Vaccinia virus as an expression vector. *Methods Enzymol.* 153:545-563.

Phimister, B.E. 1999. The chipping forecast. *Nat. Genet.* 21(1 Suppl).

Phizicky, E.M. and Fields, S. 1995. Protein-protein interactions: Methods for detection and analysis. *Microbiol. Rev.* 59:94-123.

Pinkel, D., Segraves, R., Sudar, D., Clark, S., Poole, I., Kowbel, D., Collins, C., Kuo, W.L., Chen, C., Zhai, Y., Dairkee, S.H., Ljung, B.M., Gray, J.W., and Albertson, D.G. 1998. High resolution analysis of DNA copy number variation using comparative genomic hybridization to microarrays. *Nature Genet.* 20:207-211.

Pohl, T. 1990. Concentration of proteins and removal of solutes. *Methods Enzymol.* 182:68-83.

Pollack, J.R., Perou, C.M., Alizadeh, A.A., Eisen, M.B., Pergamenschikov, A., Williams, C.F., Jeffrey, S.S., Botstein, D., and Brown, P.O. 1999. Genome-wide analysis of DNA copy-number changes using cDNA microarrays. *Nature Genet.* 23:41-46.

Richmond, J.Y. and McKinney, R.W. 1993. Biosafety in Microbiological and Biomedical Laboratories, 3rd ed. U.S. Government Printing Office, Washington, D.C.

Riley, J., Butler, R., Ogilvie, D., Finniear, R., Jenner, D., Powell, S., Anand, R., Smith, J.C., and Markham, A.F. 1990. A novel, rapid method for the isolation of terminal sequences from yeast artificial chromosome (YAC) clones. *Nucleic Acids Res.* 18:2887-2890.

Roberts, R.W. and Szostak, J.W. 1997. RNA-peptide fusions for the in vitro selection of peptides and proteins. *Proc. Natl. Acad. Sci. U.S.A.* 94:12297-12302.

Rose, M.D. 1987. Isolation of genes by complementation in yeast. *Meth. Enzymol.* 152:481-504.

Ross-Macdonald, P., Sheehan, A., Roeder, G.S., and Snyder, M. 1997. A multipurpose transposon system for analyzing protein production, localization, and function in *Saccharomyces cerevisiae*. *Proc. Natl. Acad. Sci. U.S.A.* 94:190-195.

Ross-Macdonald, P., Coelho, P., Roemer, T., Agarwal, S., Kumar, A., Cheung, K.-H., Jansen, R., Sheehan, A., Symoniatis, D., Umansky, L., Nelson, K., Iwasaki, H., Hager, K., Gerstein, M., Miller, P., Roeder, G.S., and Snyder, M. 1999. Large-scale analysis of the yeast genome by transposon tagging and gene disruption. *Nature* 402:413-418.

Rost, F.W.D. 1992. Fluorescence Microscopy. Cambridge University Press, Cambridge.

Rothstein, R.J. 1983. One-step gene disruption in yeast. *Methods Enzymol.* 101:202-210.

Rothstein, R. 1985. Cloning in yeast. *In* DNA Cloning, Vol. 2: A Practical Approach (D.M. Glover, ed.) 4th ed., pp. 45-67. IRL Press, Oxford.

Ruden, D.M., Ma, J., Li, Y., Wood, K., and Ptashne, M. 1991. Generating yeast transcriptional activators containing no yeast protein sequences. *Nature* 350:426-430.

Saenger, W. 1993. Principles of Nucleic Acid Structure. Springer-Verlag, New York.

Saiki, R.K., Gelfand, D.H., Stoffel, S., Scharf, S.J., Higuchi, R., Horn, G.T., Mullis, K.B., and Erlich, H.A. 1988. Primer-directed enzymatic amplification of DNA with a thermostable DNA polymerase. *Science* 239:487-491.

Sanger, F., Nicklen, S., and Coulson, A.R. 1977. DNA sequencing with chain-terminating inhibitors. *Proc. Natl. Acad. Sci. U.S.A.* 74:5463-5467

Schein, C.H. 1989. Production of soluble recombinant proteins in bacteria. *Bio/Technology* 7:1141-1148.

Schena, M., Shalon, D., Davis, R.W., and Brown, P.O. 1995. Quantitative monitoring of gene expression patterns with a complementary DNA microarray. *Science* 270:467-470.

Scherer, S. and Davis, R.W. 1979. Replacement of chromosome segments with altered DNA sequences constructed in vitro. *Proc. Natl. Acad. Sci. U.S.A.* 76:4951-4955.

Schuler, G.D. 1998. Sequence alignment and database searching. *In* Bioinformatics: A Practical Guide to the Analysis of Genes and Proteins (A.D. Baxevanis and B.F.F. Ouellette, eds.) pp. 145-171. John Wiley & Sons, New York.

Schumacher, T.N.M. and Tsomides, T.I. 1995. In vitro radiolabeling of peptides and proteins. *In* Current Protocols in Protein Science (J.E. Coligan, B.M. Dunn, H.L. Ploegh, D.W. Speicher, and P.T. Wingfield. eds.) pp. 3.3.1-3.3.19. John Wiley & Sons, New York.

Schwartz, R.M. and Dayhoff, M.O. 1978. Matrices for detecting distant relationships. *In* Atlas of Protein Sequence and Structure, Vol. 5, suppl. 3. (M.O. Dayhoff, ed.) pp. 353-358. National Biomedical Research Foundation, Washington, D.C.

Seabra, M.C., Brown, M.S., and Goldstein, J.L. 1993. Retinal degeneration in choroideremia: Deficiency of rab geranylgeranyl transferase. *Science* 259:377-381.

Seed, B. 1987. An LFA-3 cDNA encodes a phospholipid-linked membrane protein homologous to its receptor CD2. *Nature* 329:840-842.

Sen, D. and Gilbert, W. 1988. Formation of parallel four-stranded complexes by guanine-rich motifs in DNA and its implications for meiosis. *Nature* 334:364-366.

Shankarappa, B., Sirko, D.A., and Ehrlich, G.D. 1992a. A general method for the identification of regions suitable for site-directed silent mutagenesis. *BioTechniques* 12:382-384.

Shankarappa, B., Balachandran, R., Gupta, P., and Ehrlich, G.D. 1992b. Introduction of multiple restriction enzyme sites by in vitro mutagenesis using the polymerase chain reaction. *PCR Method. Appl.* 1:277-278.

Shankarappa, B., Vijayananda, K., and Ehrlich, G.D. 1992c. SILMUT: A computer program for the identification of regions compatible for the introduction of restriction enzyme sites by site-directed silent mutagenesis. *BioTechniques* 12:882-884.

Shenolikar, S. 1994. Protein serine/threonine phosphatases: New avenues for cell regulation. *Annu. Rev. Cell Biol.* 10:55-86.

Sherman, F. 1987. Micromanipulators for yeast genetic studies. *Applied Microbiol.* 26:829.

Sherman, F., Fink, G.R., and Lawrence, C.W. 1979. Methods in Yeast Genetics. Cold Spring Harbor Laboratory, Cold Spring Harbor, N.Y. 13.2

Shleien, B. (ed.) 1987. Radiation Safety Manual for Users of Radioisotopes in Research and Academic Institutions. Nucleon Lectern Associates, Olney, Md.

Shockett, P.E. and Schatz, D.G. 1996. Commentary: Diverse strategies for tetracycline-regulated inducible gene expression. *Proc. Natl. Acad. Sci. U.S.A.* 93:5173-5176.

Shockett, P., Difilippantonio, M., Hellman, N., and Schatz, D. 1995. A modified tetracycline-regulated system provides autoregulatory, inducible gene expression in cultured cells and transgenic mice. *Proc. Natl. Acad. Sci. U.S.A.* 92:6522-6526.

Shortle, D., Haber, J.E., and Botstein, D. 1982. Lethal disruption of the yeast actin gene by integrative DNA transformation. *Science* 217:371-373.

Shotton, D.M. 1993. Electronic acquistion of light microscope images. *In* Electronic Light Microscopy (D.M. Shotton, ed.) pp. 1-38. Wiley-Liss, New York.

Sidhu, S.S. and Weiss, G.A. 2000. Constructing phage display libraries by oligonucleotide-directed mutagenesis. *In* Phage Display: A Practical Approach (T. Clackson and H.B. Lowman, eds.) Oxford University Press, Oxford.

Siegel, S. and Castellan, N.J., Jr. 1988. Nonparametric Statistics for the Behavioral Sciences, 2nd ed. McGraw-Hill, New York.

Smith, D.B. 1993. Purification of glutathione-S-transferase fusion proteins. *Methods Mol. Cell Biol.* 4:220-229.

Smith, D.B. and Johnson, K.S. 1988. Single-step purification of polypeptides expressed in *Escherichia coli* as fusions with glutathione S-transferase. *Gene* 67:31-40.

Smith, M.W., Holmsen, A.L., Wei, Y.H., Peterson, M., and Evans, G.A. 1994. Genomic sequence sampling: A strategy for high resolution sequence-based physical mapping of complex genomes. *Nature Genet.* 7:40-47.

Sokal, R.R. and Rohlf, F.J. 1981. Biometry, 2nd ed. W.H. Freeman, New York.

Sokal, R.R. and Rohlf, F.J. 1987. Introduction to Biostatistics, 2nd ed. W.H. Freeman, New York.

Solinas-Toldo, S., Lampel, S., Stilgenbauer, S., Nickolenko, J., Benner, A., Dohner, H., Cremer, T., and Lichter, P. 1997. Matrix-based comparative genomic hybridization: Biochips to screen for genomic imbalances. *Genes Chrom. Cancer* 20:399-407.

Solomon, M.J. and Varshavsky, A. 1985. Formaldehyde-mediated DNA-protein crosslinking: A probe for in vivo chromatin structures. *Proc. Natl. Acad. Sci. U.S.A.* 82:6470-6474.

Solomon, M.J., Larsen, P.L., and Varshavsky, A. 1988. Mapping protein-DNA interactions in vivo with formaldehyde: Evidence that histone H4 is retained on a highly transcribed gene. *Cell* 53:937-947.

Songyang, Z., Carraway, K.L. III, Eck, M.J., Harrison, S.C., Feldman, R.A., Mohammadi, M., Schlessinger, J., Hubbard, S.R., Smith, D.P., Eng, C., Lorenzo, M.J., Ponder, B.A.J., Mayer, B.J., and Cantley, L.C. 1995. Catalytic specificity of protein tyrosine kinases is critical for selective signalling. *Nature* 373:536-539.

Sorger, P.K., Ammerer, G., and Shore, D. 1989. Identification and purification of sequence-specific DNA-binding proteins. *In* Protein Function: A Practical Approach (T.E. Creighton, ed.) pp. 199-223. IRL Press. Oxford.

Sorger, P.K., Drees, B.L., O'Rourke, S.M., Hughes, T.R., Roberts, C.J., Friend, S.H., Fields, S., and Murray, A.W. 1999. Genetic selection of peptide inhibitors of biological pathways. *Science* 285:591-595.

Spande, T.F., Witkop, B., Degani, Y., and Patchornik, A. 1970. Selective cleavage and modification of peptides and proteins. *Adv. Prot. Chem.* 24:97-260.

Speel, E.J.M., Schutte, B., Wiegant, J., Ramaekers, F.C., and Hopman, A.H.N. 1992. A novel fluorescence detection method for in situ hybridization, based on the alkaline phosphatase-fast red reaction. *J. Histochem. Cytochem.* 40:1299-1308.

Spellman, P.T., Sherlock, G., Zhang, M.Q., Iyer, V.R., Anders, K., Eisen, M.B., Brown, P.O., Botstein, D., and Futcher, B. 1998. Comprehensive identification of cell cycle-regulated genes of the yeast *Saccharomyces cerevisiae* by microarray hybridization. *Mol. Biol. Cell* 9:3273-3297.

Sternberger, L. 1979. Immunocytochemistry. John Wiley & Sons, New York.

Sternberger, L.A., Hardy, P.H. Jr., Cuculis, J.J., and Meyer, H.G. 1970. The unlabeled antibody- enzyme method of immunohistochemistry. Preparation of soluble antigen-antibody complex (horseradish peroxidase-anti-horseradish peroxidase) and its use in the identification of spirochetes. *J. Histochem. Cytochem.* 18:315-333.

Stoesser, G., Moseley, M.A., Sleep, J., McGowran, M., Garcia-Pastor, M., and Sterk, P. 1998. The EMBL nucleotide sequence database. *Nucl. Acids Res.* 26:8-15.

Strathern, J.N., Jones, E.W., and Broach, J.R. (eds.) 1981. The Molecular Biology of the Yeast *Saccharomyces*: Life Cycle and Inheritance. Cold Spring Harbor Laboratory, Cold Spring Harbor, N.Y.

Strathern, J.N., Jones, E.W. and Broach, J.R. (eds.) 1982. The Molecular Biology of the Yeast *Saccharomyces*: Metabolism and Gene Expression. Cold Spring Harbor Laboratory, Cold Spring Harbor, N.Y.

Studier, F.W., Rosenberg, A.H., Dunn, J.J., and Dubendorff, J.W. 1990. Use of T7 RNA polymerase to direct the expression of cloned genes. *Methods Enzymol.* 185. In press.

Summers, M.D. and Smith, G.E. 1987. A manual of methods for baculovirus vectors and insect cell culture procedures. Texas Agricultural Experiment Station Bulletin No.1555. College Station, Texas.

Sutter, G. and Moss, B. 1992. Nonreplicating vaccinia virus efficiently expresses recombinant genes. *Proc. Natl. Acad. Sci. U.S.A.* 89:10847-10851.

Sutter, G., Wyatt, L.S., Foley, P.L., Bennink, J.R., and Moss, B. 1994. A recombinant vector derived from the host range-restricted and highly attenuated MVA strain of vaccinia virus stimulates protective immunity in mice to influenza virus. *Vaccine* 12:1032-1040.

Sweet, R.M. and Eisenberg, D. 1983. Correlation of sequence hydrophobicities measures similarity in three-dimensional protein structure. *J. Mol. Biol.* 171:479-488.

Tabor, S. and Richardson, C.C. 1985. A bacteriophage T7 RNA polymerase/promoter system for controlled exclusive expression of specific genes. *Proc. Natl. Acad. Sci. U.S.A.* 82:1074-1078.

Tartaglia, J., Perkus, M.E., Taylor, J., Norton, E.K., Audonnet, J.C., Cox, W.I., Davis, S.W., Vanderhoeven, J., Meignier, B., Riviere, M., Languet, B., and Paoletti, E. 1992. NYVAC-A highly attenuated strain of vaccinia virus. *Virology* 188:217-232.

Tateno, Y., Fukami-Kobayashi, K., Miyazaki, S., Sugawara, H., and Gojobori, T. 1998. DNA Data Bank of Japan at work on genome sequence data. *Nucl. Acids Res.* 26:16-20.

Tautz, D. and Pfeifle, C. 1989. A nonradioactive *in situ* hybridization method for the localization of specific RNAs in *Drosophila* embryos reveals translational control of the segmentation gene *hunchback*. *Chromosoma* 98:81-85.

Trent, J.M., Bittner, M., Zhang, J., Wiltshire, R., Ray, M., Su, Y., Gracia, E., Meltzer, P., De Risi, J., Penland, L., and Brown, P. 1997. Use of microgenomic technology for analysis of alterations in DNA copy number and gene expression in malignant melanoma. *Clin. Exp. Immunol.* 107(Suppl 1):33-40.

T'so, P.O.P. 1974. Bases, nucleosides, and nucleotides. *In* Basic Principles in Nucleic Acid Chemistry, Vol. 1 (P.O.P. T'so, ed.) pp. 453-584. Academic Press, San Diego.

van der Geer, P., Luo, K. Sefton, B.M., and Hunter, T. 1993. Phosphopeptide mapping and phosphoamino acid analysis on cellulose thin-layer plates. *In* Protein Phosphorylation: A Practical Approach (D.G. Hardie, ed.) pp. 31-59, IRL Press, Oxford.

Varshavsky, A. 1992. The N-end rule. *Cell* 69:725-735.

Vasavada, H.A., Ganguly, S., Germino, F.J., Wang, Z.X., and Weissman, S.M. 1991. A contingent replication assay for the detection of protein-protein interactions in animal cells. *Proc. Nat. Acad. Sci. U.S.A.* 88:10686-10690.

Velculescu, V.E., Zhang, L., Vogelstein, B., and Kinzler, K.W. 1995. Serial analysis of gene expression. *Science* 270:484-487.

Vojtek, A.B., Hollenberg, S.M., and Cooper, J.A. 1993. Mammalian Ras interacts directly with the serine/threonine kinase Raf. *Cell* 74:205-214.

Vos, P. and Kuiper, M. 1998. AFLP analysis. *In* DNA Markers: Protocols, Applications and Overviews (G. Caetano-Anolles and P.M. Gresshoff, eds.) pp. 115-131. John Wiley and Sons, New York.

Vos, P., Hogers, R., Bleeker, M., Reijans, M., van de Lee, T., Hornes, M., Frijters, A., Pot, J., Peleman, J., Kuiper, M., and Zabeau, M. 1995. AFLP: A new technique for DNA fingerprinting. *Nucleic Acids Res.* 23:4407-4414.

Wallace, R.B. and Miyada C.G. 1987. Oligonucleotide probes for the screening of recombinant DNA libraries. *In* Methods of Enzymology, Vol. 152: Guide to Molecular Cloning Techniques (S.L. Berger and A.R. Kimmel, eds.) pp. 432-442. Academic Press, San Diego.

Wang, A.H., Quigley, G.J., Kolpak, F.J., Crawford, J.L., van Boom, J.H., van der Marel, G., and Rich, A. 1979. Molecular structure of a left-handed double helical DNA fragment at atomic resolution. *Nature* 282:680-686.

Wang, Z. and Brown, D.D. 1991. A gene expression screen. *Proc. Natl. Acad. Sci. U.S.A.* 88:11505-11509.

Ward, G.A., Stover, C.K., Moss, B., and Fuerst, T.R. 1995. Stringent chemical and thermal regulation of recombinant gene expression by vaccinia virus vectors in mammalian cells. *Proc. Natl. Acad. Sci. U.S.A.* 92:6773-6777.

Warren, T.G. and Shields, D. 1984. Expression of preprosomatostatin in heterologous cells: Biosynthesis, posttranslational processing, and secretion of mature somatostatin. *Cell* 39:547-555.

Wasserman, P.M. and Wolffe, A.P. (eds.) 1999. Chromatin. *Methods Enzymol.* Vol. 304.

Watkins, S. 1995. Cryosectioning *In* Current Protocols in Molecular Biology (F. Ausubel, D. Moore, J.G. Seidman, J, Smith, and K. Struhl, eds.) pp. 14.2.1-14.2.8. John Wiley & Sons, New York.

Watson, J.D., Hopkins, N.H., Roberts, J.W., Steitz, J.A., and Weiner, A.M. 1987. Yeasts as the *E. coli* of eukaryotic cells. *In* Molecular Biology of the Gene, Vol. 1, pp. 550-594. Benjamin/Cummings, Menlo Park, Calif.

Watson, M.A., Buckholz, R., and Weiner, M.P. 1996. Vectors encoding alternative antibiotic resistance for use in the yeast two-hybrid system. *BioTechniques* 21:255-259.

Wenzel, R.P. and Nettelman, M.D. 1989. Smallpox vaccination for investigators using vaccinia recombinants. *Lancet* 2:630-631.

Wessendorf, M.W. and Brelje, T.C. 1993. Multicolor fluorescence microscopy using the laser-scanning confocal microscope. *Neuroprotocols* 2:121-140.

West, R.W.J., Yocum, R.R., and Ptashne, M. 1984. *Saccharomyces cerevisiae GAL1-GAL10* divergent promoter region: Location and function of the upstream activator sequence UASG. *Mol. Cell Biol.* 4:2467-2478.

Wilson, M., DeRisi, J., Kirstensen, H., Imboden, P., Rane, S., Brown, P., and Schoolnik, G. 1999. Exploring drug-induced alterations in gene expression in *Mycobacterium tuberculosis* by microarray hybridization. *Proc. Natl. Acad. Sci. U.S.A.* 96:12833-12838..

Wilson, T. (ed.) 1990. Confocal Microscopy. Academic Press, London.

Wise, R.J., Orkin, S.H., and Collins, T. 1989. Aberrant expression of platelet-derived growth factor A-chain cDNAs due to cryptic splicing of RNA transcripts in COS-1 cells. *Nucl. Acid Res.* 17:6591-6601.

Wodicka, L., Dong, H., Mittmann, M., Ho, M.H., and Lockhart, D.J. 1997. Genome-wide expression monitoring in *Saccharomyces cerevisiae*. *Nature Biotechnol.* 15:1359-1367.

Wolfsberg, T.G., Straight, P.D., Gerena, R.L., Huovila, A.P., Primakoff, P., Myles, D.G., and White, J.M. 1995. ADAM, a widely distributed and developmentally regulated gene family encoding membrane proteins with a disintegrin and metalloprotease domain. *Dev. Biol.* 169:378-383.

Wootton, J.C. and Federhen, S. 1993. Statistics of local complexity in amino acid sequences and sequence databases. *Comput. Chem.* 17:149-163.

Wootton, J.C. and Federhen, S. 1996. Analysis of compositionally biased regions in sequence databases. *Methods Enzymol.* 266:554-571.

Wu, C. 1980. The 5′ ends of *Drosophila* heat shock genes in chromatin are hypersensitive to DNase I. *Nature* 286:854-860.

Wu, S.-Y. and Chiang, C.-M. 1996. Establishment of stable cell lines expressing potentially toxic proteins by tetracycline-regulated and epitope-tagging methods. *BioTechniques* 21:718-725.

Wu, S.-Y., Thomas, M.C., Hou, S.Y., Likhite, V., and Chiang, C.-M. 1999. Isolation of mouse TFIID and functional characterization of TBP and TFIID in mediating estrogen receptor and chromatin transcription. *J. Biol. Chem.* 274:23480-23490.

Wyatt, L.S., Moss, B., and Rozenblatt, S. 1995. Replication-deficient vaccinia virus encoding bacteriophage T7 RNA polymerase for transient gene expression in mammalian cells. *Virology* 210:202-205.

Wyatt, L.S., Shors, S.T., Murphy, B.R., and Moss, B. 1996. Development of a replication-deficient recombinant vaccinia virus vaccine effective against parainfluenza virus 3 infection in an animal model. *Vaccine* 14:1451-1458.

Zar, J.H. 1984. Biostatistical Analysis, 2nd ed. Prentice-Hall, Englewood Cliffs, New Jersey.

Zhang, H., Zhang, R., and Liang, P. 1996. Differential screening of gene expression difference enriched by differential display. *Nucleic Acids Res.* 24:2454-2455.

Zhang, J. and Madden, T.L. 1997. PowerBLAST: A new network BLAST application for interactive or automated sequence analysis and annotation. *Genome Res.* 7:649-656.

Zhang, Y. and Moss, B. 1991. Inducer-dependent conditional-lethal mutant animal viruses. *Proc. Natl. Acad. Sci. U.S.A.* 88:1511-1515.

Zhang, Z., Berman, P., and Miller, W. 1998. Alignments without low-scoring regions. *J. Comput. Biol.* 5:197-210.

Zugibe, F. 1970. Diagnostic Histochemistry. C.V. Mosby, St. Louis.

Zweidler, A. 1978. Resolution of histones by polyacrylamide gel electrophoresis in presence of nonionic detergents. *Methods Cell Biol.* 17:223-233.

索　引